"十三五"国家重点出版物出版规划项目
国家科技基础性工作专项重点项目
国家社会公益研究专项项目
中国农业科学院科技创新工程

中国土壤剖面数据集

·贵州、云南卷

主　编　张维理

本卷主编　张认连　田有国　洪丽芳　秦松

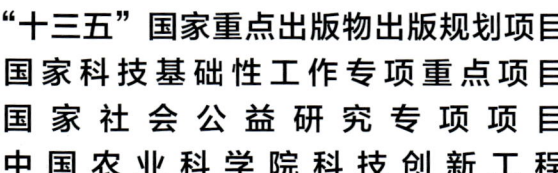
浙江科学技术出版社·杭州

版权所有　侵权必究

图书在版编目（CIP）数据

中国土壤剖面数据集. 贵州、云南卷 / 张维理主编；张认连等本卷主编. -- 杭州：浙江科学技术出版社，2024.6. -- ISBN 978-7-5739-1285-5

Ⅰ. S152.2

中国国家版本馆CIP数据核字第2024EV5980号

书　　名	中国土壤剖面数据集·贵州、云南卷			
主　　编	张维理			
本卷主编	张认连　田有国　洪丽芳　秦　松			
出版发行	浙江科学技术出版社			
	杭州市拱墅区环城北路177号　邮政编码：310006			
	办公室电话：0571-85152719			
	销售部电话：0571-85176040			
排　　版	杭州万方图书有限公司			
印　　刷	浙江新华数码印务有限公司			
经　　销	全国各地新华书店			
开　　本	787mm×1092mm　1/8	**印　　张**	117	
字　　数	2067千字			
版　　次	2024年6月第1版	**印　　次**	2024年6月第1次印刷	
书　　号	ISBN 978-7-5739-1285-5	**定　　价**	900.00元	
地图审核号	GS浙（2024）312号			
策划组稿	詹　喜　章建林	**责任编辑** 周乔俐　王季丰	**文字编辑**	汪哲远
责任校对	张　宁	**责任美编** 金　晖	**责任印务**	叶文炀

如发现印、装问题，请与承印厂联系。电话：0571-85155604

《中国土壤剖面数据集》
编委会

主　　任　赵其国

副 主 任　张维理

委　　员（按姓氏笔画排序）

　　　　毛达如　　史学正　　刘　旭　　刘先林　　刘更另

　　　　孙　睿　　孙九林　　孙铁珩　　杨　鹏　　张洪江

　　　　张维理　　周健民　　赵其国　　陶　澍　　黄鸿翔

　　　　黄德明　　傅伯杰

《中国土壤剖面数据集·贵州、云南卷》
编写人员

主　　编　张维理

本卷主编　张认连　　田有国　　洪丽芳　　秦　松

本卷编委（按姓氏笔画排序）

　　　　尹　梅　　田有国　　付利波　　朱　青　　朱红业

　　　　李　渝　　张认连　　张维理　　武淑霞　　范成五

　　　　洪丽芳　　秦　松　　徐爱国　　黄鸿翔　　续永波

　　　　雷宝坤　　冀宏杰

土壤大数据整合与数字制图

设　　计　张维理

制　　作　徐爱国　　张认连　　冀宏杰

程序编制　贾　萌　　吴章生　　严　豪

地图编辑　中国地图出版社集团有限公司

内容提要

本数据集以分县主要土壤类型与土壤剖面点分布图、土壤剖面理化性状表的形式，提供了我国各地详尽的土壤资源与质量的科学数据。全集共25卷，收录了全国2200多个县（市、区）的分县土壤图和6万多个土壤剖面的分层理化性状数据。根据各省级行政区土壤剖面数量和地域关联特征，既有一个省（自治区）的单卷，也有多个省（自治区、直辖市、特别行政区）的合订卷。各卷内容包含分县主要土类说明、主要土壤类型与土壤剖面点分布图、中心区气候特征图表，还含有全国和各卷所涉省级行政区的土壤图、土壤有机质含量图与地势图，以便读者在全国、省级和县级不同视角和尺度上，了解土壤资源与质量状况及其空间分布特征，以及土壤类型、土壤肥力与气候条件、地势、地貌之间的相互关联。

贵州省地势西高东低，自中部向北、东、南三面倾斜，平均海拔在1100m左右。贵州省地貌包括高原山地、丘陵和盆地三种基本类型，其中92.5%的面积为山地和丘陵，岩溶地貌发育非常典型。贵州省属亚热带湿润季风气候区，气候温暖湿润，年平均气温在15℃左右，年平均降水量为1000—1400mm。主要土壤类型有黄壤、石灰（岩）土、水稻土、黄棕壤、红壤、紫色土、粗骨土、石质土、棕壤、山地草甸土、潮土、沼泽土等12个土类。云南省位于我国西南地区，属低纬度内陆地区，北回归线横贯南部，地势呈现出西北高、东南低的特征，自北向南呈阶梯状逐级下降。云南省属山地高原地形，山地面积占全省总面积的88.6%，地跨长江、珠江、元江、澜沧江、怒江、大盈江六大水系。云南省基本属亚热带和热带季风气候，西北部属高原山地气候，1月平均气温为7—11℃，7月平均气温为20—23℃，年温差一般为10—12℃，全省降水在季节和地域上分配极不均匀。主要土壤类型有红壤、赤红壤、紫色土、黄棕壤、黄壤、棕壤、水稻土、石灰（岩）土、暗棕壤、砖红壤、棕色针叶林土、燥红土、黑毡土、草毡土、寒冻土、褐土、新积土等17个土类。本卷收录了贵州省64个县（市、区）、云南省125个县（市、区）共计5451个典型土壤剖面的分层理化性状数据，便于读者了解贵州省、云南省主要土壤类型的分布特征及剖面特征，可作为农业、林业、环境、气象、国土、水利、经济等领域的科研、管理、技术人员的工具书和参考书，也适合高等院校相关专业研究生参考使用。

序

万物土中生，有土斯有粮。土为万物之本，土壤的重要性是怎么强调都不为过的。现在，土壤相关数据已成为农业、林业、环境、气象、国土、水利等各部门、各行业的基础数据。土壤研究最基础、最重要的表现形式是土壤剖面数据，其反映了不同层次的土壤理化性状。然而，长期以来，我国一直缺乏一套完整的系统性表现全国各区域土壤性状的剖面数据。

中华人民共和国成立以来，我国曾开展了两次全国性土壤普查，其中20世纪70年代末开始的全国第二次土壤普查是迄今为止最完整的。当时全国挖掘了550余万个剖面，各地分县完成了大比例尺土壤图，数据完整且可靠性高；然而，限于种种因素，当时仅完成了全国范围小比例尺土壤类型图和养分图的汇总，未及时完成全国土壤剖面库的整理。这些纸质资料散落于各地，并且年代久远，面临丢失、损毁的风险。这些宝贵数据具有时空尺度的唯一性，一旦出现问题，将对国家和社会各层面造成无法挽回的损失。

自2001年起，在国家社会公益研究专项项目资助下，张维理研究员带领团队，在全国范围开始对分散存留各地的土壤调查资料进行抢救性收集和整理。2006年，科技部启动了国家科技基础性工作专项项目，"我国1∶5万土壤图籍编撰及高精度数字土壤构建"项目被列入首批重点项目并连续获得两期资助。该项目由中国农业科学院农业资源与农业区划研究所牵头，全国近20个科研单位（两期）共同承担任务，极大地加快了土壤数据抢救的进程，为编制本数据集奠定了基础。在参与本数据集编制的土壤科技工作者20年的持续努力下，在2019年度国家出版基金的资助下，在中国农业科学院科技创新工程的持续支持下，本数据集终于得以面世。

本数据集以涵盖全国2200多个县的土壤剖面分层数据为主体，首次同时展示了分县土壤图与典型土壤剖面分布图，描述了影响土壤发生的气候特征、主要土类的性状等，内容丰富，兼具专业性和科普性。全集共25卷，既有一个省、自治区的单卷，也有多个省、自治区、直辖市、特别行政区的合订卷。鉴于其数据的完整性、系统性、科学性，本数据集可成为我国资源环境领域的必备工具书之一。

本数据集至少可以应用于以下几个方面：

第一，直接服务于农业生产，保障粮食安全和食品安全。全国分县的不同土壤类型分层养分数据、土壤质地信息，可为科学施肥、土壤培肥与耕作措施的制定提供决策依据。

第二，为水利、环境、建筑、旅游等行业提供便捷、直观的土壤分层次基础信息。信息后标有剖面点经纬度，便于查询获取。

第三，对于土壤质量演变、耕地地力演变、碳储量、面源污染、气候变化等多学科研究具有土壤科学起始点数据意义。

我国疆域辽阔，编制本数据集需要对各地分县完成的大比例尺土壤图和土壤调查资料进行数字化整合，创建覆盖我国全域的高精度数字土壤，再进行分县土壤剖面表的提取与分县土壤图的缩编。本数据集的总数据处理量达到TB级且数据来源多而复杂、专业性强、处理难度大，按常规方法，需数万人历时多年方能处理完成。张维理研究员创造性地将数据科学、人工智能与人机交互设计原理引入土壤学范畴，首创土壤大数据方法，以土壤科学需求设计统领其他各层级设计，以智能化、自动化、人机交互式的数据分析流程替代人工流程，高效、精准地完成了土壤大数据的时空整合和表达，这一巨著才得以面世。作为两期项目的专家组组长，我亲历了整个项目的全过程，对张维理研究员勇于创新、踏实、勤奋、务实、敬业、有担当的优秀品质印象深刻，也深感钦佩！

本数据集的完成前后历时20年之久，直接参与数据收集、编撰人数近百人，涉及我国各省（自治区、直辖市）的土壤肥料相关单位。正是他们的付出和努力，才使得本数据集得以面世。衷心希望本数据集能在农业、林业、环境、气象、国土、水利以及肥料工业等领域发挥积极作用，更好地服务于我国经济和社会发展。

中国科学院院士　赵其国

2021年12月

前 言

土壤是农业的基础，是陆地生态系统生命过程的基础，也是维持地球上能量与水的交换、生命元素循环的重要基础。《中国土壤剖面数据集》首次以分县土壤图和土壤剖面理化性状表的形式，提供了我国陆域全覆盖的土壤资源与质量的科学数据，为农业、林业、环境、气象、国土、水利等部门和相关行业精准了解各地土壤资源分布与质量状况，科学利用土壤资源，发展绿色农业、特色农业和节水农业，进行耕地保育、科学施肥、面源污染防治和基本农田保护等提供了科学依据；也为农业科学、环境科学及地学、气象、测绘、水利等多个学科领域的科研工作者研究陆地生态系统生产力演变、地球物质循环、气候与环境变化提供了基础数据。

编入本数据集的分县土壤图和土壤剖面理化性状表主要源于对全国第二次土壤普查（以下简称"二普"）调查资料的收集、整理、提取与汇总。二普是我国现代规模最大的以查清土壤资源和土壤肥力为主要目标的土壤资源综合调查，既完成了我国迄今为止最详尽的土壤分类调查，也首次在全国范围进行了较高密度的土壤采样化验，开启了我国用土壤理化性状量化指标描述土壤资源与质量状况的时代。二普地面调查采样实施于1979—1987年，通过550万个土壤剖面观测和采样，分县完成了1∶5万比例尺土壤图绘制和10万余个土壤剖面的分层采样、化验、记录，其中的土壤质量稳定性要素，如土体构造、质地、母质、成土条件、土壤类型等时效性长，CRT值（土壤特性响应时间，characteristic response time）达上千年，可长久使用；土壤有机质含量，氮、磷、钾含量，酸碱度，耕层厚度等土壤质量变化性要素为了解土壤与环境质量演变提供了重要信息。无论从数量还是质量上看，二普获取的土壤科学数据至今都是我国最详尽、最有价值的土壤资源基础数据，其精度与质量超过许多发达国家的土壤资源基础数据。

20世纪末期以来，全球性人口和经济快速增长导致的人均土地资源与水资源紧缺、环境污染、气候变化、粮食安全危机，使科学界对土壤及其形成过程的关注度不断提高，关注重点也从了解土壤与环境质量现状转变为弄清演变趋势、引致变化的内在机理和驱动因素。土壤圈处于地球大气圈、水圈、生物圈和岩石圈的交会处。土壤层中的生物过程和物质循环过程既活跃，又具有一定的稳定性，能较好地反映地球水圈、土壤圈、大气圈、生物圈及岩石圈五大圈层动态交互作用的结果。只要对近年来国际上关于碳足迹、气候变化的研究进展稍加关注，就可知晓具有时空维度的土壤科学数据对于阐明土壤与环境过程并弄清其驱动因素、预测未来土壤与环境质量变化具有无可替代的作用。本数据集编入的土壤质量数据既是我国在全国范围内首次完成的土壤理化性状的科学记载，也是40多年前对我国土壤质量变化性要素的客观记录，能帮助我们了解改革开放以来经济、农业高速发展以及农用化学品投入量高速增长对土壤与环境质量的影响，对了解我国土壤与环境质量时空演变亦具有起始点土壤科学数据的意义。本数据集编入的起始点数据使我们对全国土壤及相关过程的认识延伸了40多年。历史上的土壤调查结果不能被新的调查结果替代，这一不可替代性使得本数据集将成为我国农业与环境领域最具影响力的工具书和参考书之一。

本数据集既是我国老一辈土壤与农业科研工作者在全国土壤普查工作中取得的成果，也是数据集编制人员长期以来默默耕耘的结晶。二普完成的大比例尺土壤图件和土壤剖面理化性状主要为手绘纸质图件和非正式出版的铅印或油印资料，份数少且由各地自行保存。二普结束后，随着各地机构调整与人员变动，土壤调查资料被损毁或丢失严重，难以发挥作用。在我国多位知名科学家的倡议和推动下，"十一五"期间，"我国1∶5万土壤图籍编撰及高精度数字土壤构建"项目（2006—2017）被列为国家科技基础性工作专项重点项目。其目的是对各地宝贵的土壤科学数据进行抢救性收集、数字化和整合，提升我国科学研究与管理基础数据的条件。为实现这一目标，项目组研究人员首先对各地分散存留的纸质分县土壤调查资料进行了全面的收集、修复和整理。针对国际范围内缺少对异源、异质、异构、异形土壤大数据的提取、整合方法的难题，项目组研究人员积极探索、勇于创新，融合应用土壤学、地理信息系统技术、数据科学、人工智能、人机交互设计方法，创建了土壤大数据方法，以层级化的流程设计实现土壤科学层面的需求设计统领体系架构、数据流程及模块设计，以独立于数据流程的监控设计实现土壤科学家对全流程的掌控和人工干预，以智能化、人机交互式数据流程替代人工流程，优质、高效地完成了对各地异源土壤资料的审核、提取、过滤、分类、整合与表达，完成了覆盖我国全陆域的1∶5万比例尺土壤图绘制与土壤剖面点空间数据库建设工作。为满足各行各业准确了解我国各地土壤资源与质量状况的广泛需求，编者通过对1∶5万比例尺土壤图数据的缩编表达与10万余个土壤剖面理化性状数据的进一步提取，最终完成了本数据集的编制。

本数据集共25卷，收录了全国2200多个县（市、区）的分县土壤图和6万多个土壤剖面的理化性状数据。根据各省级行政区土壤剖面数量的多寡和地域关联特征，既有一个省（自治区）的单卷，也有多个省（自治区、直辖市、特别行政区）的合订卷。为便于读者了解全国及各省级行政区土壤资源与质量的分布特征，特别编制了全国及各省级行政区土壤图、土壤有机质含量图与地势图三个序图，读者可以方便地查询全国及各省级行政区任何地区拥有的主要土壤类型，了解其土壤有机质含量及地势、地貌特征。在各分卷中，分县土壤资源与质量性状由主要土类说明、中心区气候特征图表、分县主要土壤类型与土壤剖面点分布图以及土壤剖面理化性状表共同呈现。

本数据集既可作为工具书、参考书，供农业、林业、环境、气象、国土、水利、经济等领域的管理人员和技术人员使用，也适合高等院校相关专业研究生参考使用。

我国幅员辽阔，从收集、整理全国分县土壤调查资料，到完成覆盖我国全境的1∶5万比例尺土壤图籍，再到完成本数据集的编制，来自全国近20家研究机构的科研人员组成项目组，辛苦工作了20多年。其间，本项工作得到了国家社会公益研究专项项目、国家科技基础性工作专项重点项目的长期、连续资助和在项目实施年限上给予的充分理解，同时得到了中国农业科学院科技创新工程的资助，全国50多家国家级及省级土壤、测绘、农业科研与管理机构的大力支持以及我国老一辈土壤科学家自始至终的关心和鼓励。在整个项目实施期间，有9位院士和7位长期从事土壤科学、农业资源环境研究的专家给予了直接和全程的指导。近20年间，项目组研究人员一方面要承担艰难而繁重的科研任务，另一方面要顶着多年没有科研产出的压力，没有他们的坚持和付出，就没有本数据集的面世。在此，谨向所有参加数据集编制的科研人员及对本项工作给予支持的部门和人员一并表示衷心的感谢！

由于本数据集包含的数据量庞大，且不限于土壤学本身，尽管我们在编撰过程中极尽斟酌，仍难免存在不足之处，敬请读者批评指正，以便今后修订完善。

中国农业科学院研究员　张维理
2021年12月

目 录

第一编 编制说明与序图

编制说明

编制目的 ………………………………………………………… 002
土壤数据基础知识 ………………………………………………… 002
数据集内容 ………………………………………………………… 005
土壤数据来源 ……………………………………………………… 005
编制方法——土壤大数据方法 …………………………………… 006
中国土壤图、中国土壤有机质含量图与中国地势图编制 ……… 007
分省土壤图、分省土壤有机质含量图与分省地势图编制 ……… 009
县域中心区气候特征图表编制 …………………………………… 011
分县主要土壤类型与土壤剖面点分布图编制 …………………… 012
分县土壤剖面理化性状表编制 …………………………………… 012
土壤专题图与土壤剖面数据可靠性检验 ………………………… 017
参编单位 …………………………………………………………… 019

序 图

中国土壤图 ………………………………………………………… 020
中国土壤有机质含量图 …………………………………………… 022
中国地势图 ………………………………………………………… 024
贵州省土壤图 ……………………………………………………… 026
贵州省土壤有机质含量图 ………………………………………… 028
贵州省地势图 ……………………………………………………… 030
云南省土壤图 ……………………………………………………… 032
云南省土壤有机质含量图 ………………………………………… 034
云南省地势图 ……………………………………………………… 036

第二编　贵州省分县土壤图与土壤剖面数据

贵　阳　市

市辖区 …………………………… 040	息烽县 …………………………… 054
花溪区 …………………………… 043	修文县 …………………………… 060
开阳县 …………………………… 047	

六　盘　水　市

市辖区 …………………………… 064	盘州市 …………………………… 070
六枝特区 ………………………… 067	

遵　义　市

市辖区 …………………………… 077	凤冈县 …………………………… 108
播州区 …………………………… 080	湄潭县 …………………………… 111
桐梓县 …………………………… 088	余庆县 …………………………… 114
绥阳县 …………………………… 091	习水县 …………………………… 121
正安县 …………………………… 097	赤水市 …………………………… 125
道真仡佬族苗族自治县 ………… 100	仁怀市 …………………………… 129
务川仡佬族苗族自治县 ………… 105	

安　顺　市

市辖区 …………………………… 134	平坝区 …………………………… 141

毕　节　市

市辖区 …………………………… 144	威宁彝族回族苗族自治县 ……… 168
大方县 …………………………… 151	赫章县 …………………………… 174
金沙县 …………………………… 157	黔西市 …………………………… 180
纳雍县 …………………………… 162	

铜 仁 市

市辖区 ……………………… 187	印江土家族苗族自治县 ……… 207
江口县 ……………………… 191	德江县 ……………………… 210
石阡县 ……………………… 194	沿河土家族自治县 …………… 213
思南县 ……………………… 201	松桃苗族自治县 ……………… 216

黔西南布依族苗族自治州

兴义市 ……………………… 224	兴仁市 ……………………… 229

黔东南苗族侗族自治州

凯里市 ……………………… 232	台江县 ……………………… 262
黄平县 ……………………… 237	黎平县 ……………………… 265
施秉县 ……………………… 240	榕江县 ……………………… 270
三穗县 ……………………… 246	从江县 ……………………… 273
镇远县 ……………………… 250	雷山县 ……………………… 276
天柱县 ……………………… 255	麻江县 ……………………… 279
锦屏县 ……………………… 259	丹寨县 ……………………… 282

黔南布依族苗族自治州

都匀市 ……………………… 285	独山县 ……………………… 306
福泉市 ……………………… 288	罗甸县 ……………………… 312
荔波县 ……………………… 293	龙里县 ……………………… 318
贵定县 ……………………… 296	惠水县 ……………………… 323
瓮安县 ……………………… 300	三都水族自治县 ……………… 326

第三编　云南省分县土壤图与土壤剖面数据

昆 明 市

市辖区 …………………………… 330	宜良县 …………………………… 354
官渡区 …………………………… 334	石林彝族自治县 ………………… 358
西山区 …………………………… 338	嵩明县 …………………………… 361
东川区 …………………………… 342	禄劝彝族苗族自治县 …………… 365
晋宁区 …………………………… 346	寻甸回族彝族自治县 …………… 369
富民县 …………………………… 350	安宁市 …………………………… 373

曲 靖 市

市辖区 …………………………… 376	罗平县 …………………………… 398
沾益区 …………………………… 380	富源县 …………………………… 404
马龙区 …………………………… 385	会泽县 …………………………… 409
陆良县 …………………………… 391	宣威市 …………………………… 414
师宗县 …………………………… 395	

玉 溪 市

市辖区 …………………………… 419	峨山彝族自治县 ………………… 444
江川区 …………………………… 422	新平彝族傣族自治县 …………… 449
通海县 …………………………… 426	元江哈尼族彝族傣族自治县 …… 457
华宁县 …………………………… 431	澄江市 …………………………… 464
易门县 …………………………… 438	

保 山 市

市辖区 …………………………… 469	昌宁县 …………………………… 477
龙陵县 …………………………… 473	腾冲市 …………………………… 483

昭 通 市

市辖区 …………………………… 486	绥江县 …………………………… 506
鲁甸县 …………………………… 490	镇雄县 …………………………… 509
巧家县 …………………………… 494	彝良县 …………………………… 512
盐津县 …………………………… 497	威信县 …………………………… 515
大关县 …………………………… 500	水富市 …………………………… 518
永善县 …………………………… 503	

丽 江 市

古城区、玉龙纳西族自治县 ……… 521	华坪县 …………………………… 530
永胜县 …………………………… 526	宁蒗彝族自治县 ………………… 536

普 洱 市

市辖区 …………………………… 543	镇沅彝族哈尼族拉祜族自治县 …… 568
宁洱哈尼族彝族自治县 …………… 547	江城哈尼族彝族自治县 …………… 573
墨江哈尼族自治县 ………………… 551	孟连傣族拉祜族佤族自治县 ……… 576
景东彝族自治县 …………………… 555	澜沧拉祜族自治县 ………………… 580
景谷傣族彝族自治县 ……………… 562	西盟佤族自治县 …………………… 585

临 沧 市

市辖区 …………………………… 589	双江拉祜族佤族布朗族傣族自治县 … 608
凤庆县 …………………………… 592	耿马傣族佤族自治县 ……………… 611
云县 ……………………………… 595	沧源佤族自治县 …………………… 615
永德县 …………………………… 600	
镇康县 …………………………… 605	

楚雄彝族自治州

楚雄市 …………………………… 619	双柏县 …………………………… 630
禄丰市 …………………………… 624	牟定县 …………………………… 635

南华县	640	永仁县	655
姚安县	645	元谋县	660
大姚县	649	武定县	667

红河哈尼族彝族自治州

个旧市	673	泸西县	707
开远市	678	元阳县	712
蒙自市	683	红河县	719
弥勒市	690	金平苗族瑶族傣族自治县	724
屏边苗族自治县	693	绿春县	730
建水县	697	河口瑶族自治县	734
石屏县	702		

文山壮族苗族自治州

文山市	738	马关县	754
砚山县	742	丘北县	757
西畴县	746	广南县	760
麻栗坡县	751	富宁县	766

西双版纳傣族自治州

景洪市	769	勐腊县	780
勐海县	775		

大理白族自治州

大理市	786	巍山彝族回族自治县	817
漾濞彝族自治县	793	永平县	821
祥云县	797	云龙县	825
宾川县	803	洱源县	829
弥渡县	807	剑川县	835
南涧彝族自治县	813	鹤庆县	839

德宏傣族景颇族自治州

瑞丽市 …… 846
芒市 …… 852
梁河县 …… 855
盈江县 …… 861
陇川县 …… 864

怒江傈僳族自治州

泸水市 …… 867
福贡县 …… 871
贡山独龙族怒族自治县 …… 874
兰坪白族普米族自治县 …… 877

迪庆藏族自治州

香格里拉市 …… 880
德钦县 …… 883
维西傈僳族自治县 …… 887

附　录

附录1　贵州省县级行政区及分县主要土壤类型与土壤剖面点分布图地域名对照表 …… 896

附录2　云南省县级行政区及分县主要土壤类型与土壤剖面点分布图地域名对照表 …… 898

附录3　专题图基础地理要素图例 …… 901

附录4　土壤图土类图例 …… 902

附录5　中国主要土壤类型简表 …… 904

附录6　贵州省、云南省主要土壤类型表 …… 909

附录7　分省土壤有机质含量图有机质含量分级图例 …… 910

附录8　贵州省、云南省典型剖面0—20cm土层土壤理化性状中位数与平均数 …… 911

附录9　贵州省、云南省主要土地利用类型0—30cm土层土壤有机质含量 …… 912

附录10　贵州省、云南省耕地、园地、林地和草地中主要土壤类型占比 …… 913

附录11　《中国土壤剖面数据集》参编单位 …… 915

参考文献 …… 917

中国土壤剖面数据集·贵州、云南卷

第一编 | 编制说明与序图

编制说明

编制目的

土壤是农业的基础，也是维持地球碳、氮、硫、磷等重要生命元素正常循环的基础。肥沃的土壤促进了人类文明的诞生和繁荣。科学研究表明，地球上种类繁多、形态各异的土壤是在气候、生物、地形、时间、成土母质五大成土因素共同作用下形成的。北京社稷坛铺设的青、白、红、黑、黄五种不同颜色的土壤（五色土），分别代表我国东、西、南、北、中五大区域的典型土壤。不同类型的土壤性状差别很大。例如，南方红壤呈酸性，易缺乏钾离子、钙离子、镁离子等阳离子，农业生产上要注意调酸和补充富含钾、钙、镁的肥料；而西部土壤有机质含量低，施用有机肥料和秸秆还田对提高地力至关重要。我国人均土地资源紧缺，要实现粮食安全、环境安全和可持续发展，需要精准掌握各地土壤资源与质量状况，做到因土制宜，科学管理。

《中国土壤剖面数据集》是国家自然资源基本资料之一，其首次以分县土壤图和土壤剖面理化性状表的形式，提供了我国各地详尽的土壤资源与质量科学数据，为农业、林业、环境、气象、国土、水利等部门了解各地土壤质量状况，科学利用土壤资源，发展绿色农业、特色农业和节水农业，进行耕地保育、科学施肥、面源污染防治和基本农田保护提供了基础数据，也为农业科学、环境科学及地学、气象、测绘、水利多个学科领域的科研工作者研究陆地生态系统生产力及其演变、地球物质循环、气候与环境变化提供了科学依据。

本数据集编入的土壤质量数据亦是我国在全国范围内首次完成的土壤理化性状的科学记载，对了解我国土壤与环境质量时空演变具有起始点数据的意义。通过这些数据，科研工作者可以追溯我国全国范围土壤与环境相关过程至20世纪80年代，分析和了解导致土壤质量变化的环境和人为因素，并对土壤与环境质量演变趋势进行预报与预警。历史上的土壤调查结果不能被新的调查结果替代，这一不可替代性使得本数据集将成为我国农业与环境领域最具影响力的工具书和参考书之一。

土壤数据基础知识

本数据集收录的土壤数据源于土壤调查。为便于读者了解和应用这些数据，本节对土壤调查的目标、内容与主要方法，土壤数据的时空维度特征，土壤数据的应用领域与时效性做一简要介绍。

（一）土壤调查的目标、内容与主要方法

土壤调查的主要目标是查清一个区域内土壤资源与质量状况及其空间分布特征。19世纪末期至20世纪中后期，各国土壤调查的主要目标是查清土壤类型及分布特征[1-2]。由于不同土壤类型最典型的区别是成土过程中形成的土壤剖面特征，因而在传统的土壤调查中，需要在调查区域内进行多点采样，并在每个采样点对0—1—2m深土体的土壤剖面进行分层采样、观测、理化性状分析，记录剖面各分层土壤理化性状，据此进行土壤

分类、命名，并最终依据多点调查结果完成土壤图的绘制。

20世纪末期以来，全球人口及经济快速增长导致人均土地资源和水资源紧缺、环境污染、气候变化与粮食安全危机，不同行业及学科领域对土壤生产功能和环境功能的关注度不断提高，土壤调查的核心内容也逐步从查清土壤类型分布特征转为土壤功能调查。土壤功能调查的目标是了解土壤生产力、土壤环境质量和土壤健康质量等。例如，为了耕地保育和科学施肥，需要进行土壤有效养分含量状况、土壤障碍因素调查；为了了解环境质量，需要进行土壤污染状况、土壤环境容量调查；为了发展节水农业，需要进行土壤保水性状调查；为了控制水污染，需要进行流域农田土壤氮、磷流失特征与风险调查。土壤功能调查的内容主要为可量化的，或含义单一且明确、易于被其他学科和行业认知的土壤功能性指标，如土壤有机碳含量、土壤重金属含量、土壤质地类型、耕层厚度等。在土壤功能调查中，也需要在调查区进行多点采样，并根据调查目标的不同，选择适宜的采样深度。例如，当调查目标是了解土壤有效养分供应量或农田土壤污染物含量时，通常仅对耕层土壤进行采样；当调查目标是了解土壤保水性能、土壤水土流失与养分流失性状时，则需要对较深的土壤剖面进行分层采样和观测。

较早的土壤调查主要通过地面多点采样来了解一个区域土壤资源与质量性状的空间分布特征。近年来，随着遥感技术、地理信息系统（GIS）技术、模拟技术与大数据技术的发展，土壤质量相关数据（如数字高程、土地覆盖、植被数据等）产生量急剧增长，这使得在大区域尺度内通过多类型相关信息精确地捕捉和表达土壤质量性状以及相关过程成为可能。在国际上，地面采样调查与辅助信息结合的方法——数字土壤制图方法（digital soil mapping）已成为土壤调查的重要方法[3]。该方法能利用采样设计、辅助信息、推理模型与地统计检验，大幅度减少地面采样和土壤理化性状测试分析的工作量。与传统方法相比，采用数字土壤制图方法进行土壤调查，可缩短调查周期，降低调查成本，提高用土壤专题地图表征土壤资源与质量性状空间分布特征的可靠性和精度，从而提高土壤调查的效率与质量。

（二）土壤数据的时空维度特征

在现代社会，农业、环境等领域的专业工作者要了解最新的土壤调查结果，更需要掌握未来土壤质量变化趋势，以便根据变化趋势、自然与人为要素对土壤质量的影响，制定具有针对性的政策与技术措施，实现高产、稳产和环境安全。要精确进行土壤与环境质量预测和预警，就需要对重要的土壤质量性状进行周期性的采样、调查、记录，构建具有时空维度的土壤质量数据。这意味着历史上完成的土壤调查不能被新的调查所替代，所以其结果十分宝贵。

土壤数据最重要的特征之一是时空维度特征。通过历史上的土壤调查结果记录，构建具有时间序列的土壤质量科学数据，能将土壤质量现状与土壤质量演变过程相关联，并以此对土壤质量演变趋势和导致其变化的因素进行分析、预测。而土壤数据标有空间坐标，便于科研工作者将土壤调查结果与其他类别的要素和过程，如与气候、地形、土地利用情况有关的变化信息，以及随施肥投入农田的碳、氮、硫、磷数据等相关联，从而进一步提高分析的精度和预测、预报的可靠性。

土壤圈处于地球大气圈、水圈、生物圈和岩石圈的交会处。土壤层中的生物过程和物质循环过程既活跃，又具有一定的稳定性，能较好地反映地球水圈、土壤圈、大气圈、生物圈及岩石圈五大圈层动态交互作用的结果。具有时空维度的土壤科学数据对于阐明土壤与环境过程并弄清其驱动因素、预测未来土壤与环境质量变化具有不可替代的作用。

近年来，具有地理坐标的土壤剖面点数据受到科学界的广泛关注。剖面数据记载了土体构造、剖面分层土壤理化性状，是了解成土过程的基础，也是构建推理模型，量化表征区域尺度土壤过程、流域水土流失与氮磷流失特征、碳氮循环与环境质量演变的基础。在过去的半个世纪中，尽管完成了大量的土壤剖面调查，但由于在较早的土壤调查中尚未使用全球定位系统（GPS）设备，各国在构建地理坐标的土壤剖面点数据库上差别较大。目前，美国完成了约2万个有地理位点标识的土壤剖面数据[4]，澳大利亚已完成约16万个有地理坐标的土壤剖面数据[5]，欧盟各成员国共享使用的土壤剖面数据库含4000个剖面的分层土壤理化性状数据[6]。本数据集则汇集了我国总计6万多个有地理坐标的土壤剖面数据。

（三）土壤数据的应用领域与时效性

表1汇总了本数据集编入的土壤理化性状及其主要影响因素与过程、时间变化特征、所关联的土壤质量性状和应用领域。

表1　土壤理化性状及其主要影响因素与过程、时间变化特征、所关联的土壤质量性状和应用领域

土壤理化性状	主要影响因素与过程	时间变化特征	所关联的土壤质量性状	应用领域
土壤类型	成土过程	变化慢	土壤肥力与环境质量	农业、水利、环境、建筑、肥料工业等
剖面深度（指剖面各土层厚度的总和）	成土过程	变化慢	土壤肥力、土壤环境容量、土壤保水和保肥性能、土壤持水性能	农业、环境等
土体构造（指土壤剖面各发生层有规律的组合，是土壤剖面最重要的特征）	成土过程	变化慢	土壤肥力、土壤环境容量、土壤保水和保肥性能、土壤持水性能、土壤透水性能	农业、水利、环境等
母质	成土因素	变化慢	土壤肥力、土壤矿物组成、矿质养分含量、土壤质地	农业、水利、环境、肥料工业等
质地	成土过程、母质	变化慢	土壤肥力、土壤环境容量、土壤持水性能、土壤耕性、土壤有机碳与养分含量、土壤重金属吸附性能	农业、水利、环境、建筑等
颜色	土壤氧化还原、淋溶等成土过程，土壤有机质累积过程	变化较慢	土壤肥力、土壤有机碳与养分含量	农业
土壤结构	成土过程、耕作措施	耕层：变化快；深层：变化慢	土壤水分、通气与养分供应状况，土壤持水性能、土壤透水性能、土壤阳离子交换量、土壤孔隙度、土壤松紧度、土壤耕性等多个土壤肥力相关性状	农业
有机质含量	成土过程、质地、土地利用、施肥、轮作等	变化较慢	与多项土壤肥力与环境指标密切相关，是土壤肥力最重要的指标	农业、环境、肥料工业等
全氮含量	成土过程、土地利用、施肥、轮作等	变化较慢	土壤肥力、土壤供氮性能	农业、环境等
全磷含量	成土过程、母质等	变化较慢	土壤肥力、土壤供磷性能	农业、环境等
全钾含量	成土过程、母质等	变化较慢	土壤肥力、土壤供钾性能	农业、环境等
pH	成土过程、酸雨、土壤调理剂施用等	变化快	土壤肥力、土壤养分有效性、土壤结构及重金属吸附性能	农业、环境、肥料工业等
碱解氮含量	土地利用、施肥等	变化快	土壤供氮性能、土壤氮素流失特征	农业、环境、肥料工业等
有效磷含量	土地利用、施肥等	变化快	土壤供磷性能、土壤磷素流失特征	农业、环境、肥料工业等
速效钾含量	土地利用、施肥等	变化快	土壤供钾性能、土壤钾素流失特征	农业、环境、肥料工业等
阳离子交换量	成土过程、黏粒、有机质含量、盐分含量	变化较慢	土壤供肥和保肥性能、土壤重金属吸附性能	农业、环境等

在表1中，主要影响因素与过程指对某项理化性状起主要作用的过程和因素。例如，土壤类型、土壤剖面深度、土体构造、母质、土壤质地类型主要由成土过程或成土条件决定；土壤有机质含量和土壤全氮含量则受成土过程、施肥及轮作等农业技术措施的共同影响；在耕地土壤上，施肥等农业技术措施对土壤碱解氮、有效磷、速效钾等土壤有效养分含量的影响很大。

土壤理化性状的现势性主要取决于其影响因素与过程的时间尺度。自然条件下，成土过程通常需要数万年。受成土过程影响的土壤类型、土层厚度、土体构造、土壤质地类型、母质等土壤理化性状变化很慢，CRT值（土壤特性响应时间，characteristic response time）达上千年，可称为土壤稳定性要素或慢变化性状，其相关数据时效性很长，可长久使用。而农田土壤有效养分含量、酸碱度、耕层厚度等土壤质量性状受施肥和耕作等农业措施影响大，变化较快。例如，农田土壤有效磷、速效钾养分含量，在大量施用磷肥、钾肥条件下，10余年后可成倍提升。这些土壤理化性状亦可称为土壤变化性要素或快变化性状。

不同土壤理化性状的应用范围既取决于其现势性、时空维度特征，又取决于其所关联的土壤质量性状。土壤剖面深度、土体构造、质地、有机质含量等与土壤持水、保肥、通气和透水性能密切相关，可供农业、水利、环境、金融等行业用于农田稳产、高产性能，农田排灌设施规划与灌溉定额编制，农田水土流失风险分级，流域农田蓄水容量与降雨后流失水量分级，农田水、旱灾害风险分级，农田环境容量测算等各方面的地力评价。土壤有效养分含量、pH与土壤需肥性状和调酸性状密切相关，可供农业、肥料生产和销售部门用于科学施肥和土壤改良。土体构造和质地、土壤结构、土壤有效养分含量还影响流域农田土壤养分流失特征，农业和环境部门在进行农业面源污染防控时，可利用这些土壤性状与其他要素共同编制流域污染源解析与控制类型区分布图，以便对农业面源污染采取分类型、分区段的源头控制措施。土壤有机质含量变化也是了解气候变化和碳减排措施效果的基础，对于环境管控和环境外交具有重要意义。

数据集内容

本数据集全集共25卷，收录了我国2200多个县（市、区）的分县土壤图和6万多个土壤剖面的理化性状数据。根据各省级行政区土壤剖面数量的多寡和地域关联特征，既有一个省（自治区）的单卷，也有多个省（自治区、直辖市、特别行政区）的合订卷。

为便于读者了解各地土壤资源与质量分布概况及其主要特征，编者为各分卷编制了省级行政区的土壤图、土壤有机质含量图与地势图三图。读者可通过分省三图查询各省级行政区任何地区拥有的主要土壤类型，了解其土壤有机质含量及其地势、地貌特征。此外，编者还编制了全国土壤图、土壤有机质含量图与地势图三图附于各分卷，供读者比较和了解各省级行政区土壤资源及质量特征同全国其他地区的区别和关联。

各分卷的第二部分为分县土壤图与土壤剖面数据。在每个省级行政区内，各分县按四部分展示土壤及其相关信息，即分县主要土类说明、本区域中心区气候特征、主要土壤类型与土壤剖面点分布图以及土壤剖面理化性状表。在本卷目录中，分县按民政部于2022年3月发布的《2021年中华人民共和国行政区划代码》中的地级、县级行政区顺序排序。本卷目录中仅收录了县域内有土壤剖面数据的县级行政区，无土壤剖面数据的县级行政区未纳入本卷目录中，并在附录1和附录2中对其进行了标注。

土壤数据来源

编入数据集的分县土壤图与土壤剖面理化性状数据主要源于全国第二次土壤普查（以下简称"二普"）。二普是我国现代规模最大的、以查清土壤类型和土壤肥力为主要目标的土壤资源综合调查。二普之前，我国土壤调查以观测性调查和定性评价为主，很少有采样化验。在总结之前国内外土壤调查经验的基础上，二普不仅完成了我国迄今为止最为详尽的土壤分类调查，也首次在全国范围进行了高密度土壤采样化验，开启了我国用土壤理化性状量化指标描述土壤资源与质量状况的时代。

二普地面采样调查实施于1979—1987年，调查区域基本覆盖我国全陆域。二普不仅地面采样密度高，科学性和系统性也比较突出。全国百余名长期从事土壤研究的科研工作者共同制定了全国土壤分类系统和统一的土壤调查技术规程[7]。在地面调查中，各地以1∶1万比例尺地形图作为工作底图，以乡为调查单元进行野外采样作业，全国共挖取土壤观察剖面550余万个，记录了1—2m深土体各发生层形态和特征，并根据土壤分类标准对土壤进行了分类和命名。对边远区、高寒区和无人区应用遥感解译方法，填补了之前土壤调查及成图中上述地区土壤数据的空白。在大量剖面土体观测和采样调查的基础上，完成了全国绝大部分分县1∶5万比例尺土壤图的绘制，牧区和边疆地区完成了 1∶20 万—1∶10 万比例尺土壤图的绘制。二普还完成了 10 余万个典型剖面的分层采样，化验分析了剖面分层质地，有机质含量，大量、中量和微量元素含量，pH，阳离子交换量，土壤矿物组成等多项土壤理化性状，编制了分县土壤志。二普通过野外实地调查、采样和测试获取的土壤科学数据，至今仍是我国最详尽、最有实用价值的土壤资源基础数据，其精度与质量超过许多发达国家的土壤资源基础数据[8]。

如图 1 所示，收录于本数据集的土壤质量数据是对我国 40 多年前土壤质量状况的客观记录，亦是我国在全国范围内首次完成的土壤理化性状的科学记载，其中的土壤稳定性要素现势性较长，可在今后若干年间长期使用；而土壤变化性要素对了解我国土壤与环境过程的作用亦不可替代。这些数据使我们用现代科学手段研究各地土壤及相关过程的历史可上溯至 20 世纪 80 年代。

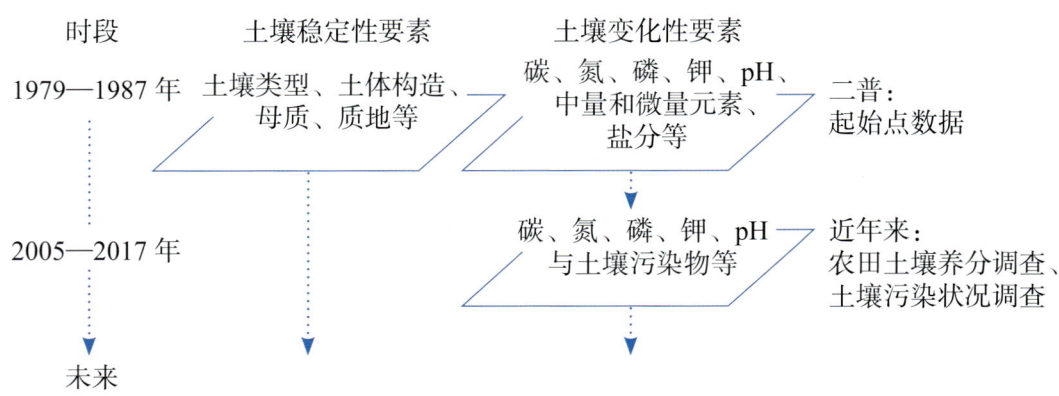

图 1　全国性土壤调查所覆盖的时段

受历史条件限制，二普完成的大比例尺土壤图和土壤剖面理化性状主要为手绘纸质图件、非正式出版的铅印或油印资料，份数少且由各地自行保存。二普结束后，随着各地机构调整与人员变动，土壤调查资料被损毁或丢失严重。2000 年以来，编者开始对各地分散存留的纸质分县土壤调查资料进行系统性收集、修复与整理，通过对宝贵的土壤科学数据的提取、整合和表达，我国科学研究与管理基础数据的水平得到了提升。本数据集收录的分县土壤图和剖面数据主要源于对全国分县土壤图、分县土种志和分省土种志的整理、提取、汇总与表达（表 2）。

表 2　数据集主要土壤资料与数据来源

资料类型	资料名称及数量
土壤图（纸质）	1∶5 万分县土壤图，总计约 1600 个县
	1∶100 万—1∶50 万省级土壤图，总计 570 个县
土壤剖面资料（纸质）	分县土种志：约 2200 册，计约 2200 个县；分省土种志：28 册
土壤有机质含量图（纸质）	全国、分省土壤有机质含量图
农区土壤耕层采样数据（电子）	2005—2017 年在全国农区采集的、含 GPS 坐标定位的 1000 万个采样点耕层有机质含量数据

为编制全国与分省土壤有机质含量分布图，本数据集还使用了我国于二普期间完成的全国、分省土壤有机质含量图纸质图件和于 2005—2017 年在全国采集的 1000 万个具有 GPS 坐标定位的采样点耕层有机质含量数据[9]。

编制方法——土壤大数据方法

我国幅员辽阔，不同地区土壤的土壤类型及其质量状况和分布特征差别较大，各地土壤调查技术条件和水平差别也较大，因此各地分县完成的图件和剖面资料在形式和内容上有较大差异。在用异源土壤数据生成新数据时，新数据的科学性既取决于各异源数据本身的科学性和可靠性，也取决于数据整合采用方法的科学性和可靠性。例如，对分县剖面资料进行整合时，对国标上未出现过的土壤类型名进行归并需要有土壤分类学上的依据；用新的土壤调查数据对原有土壤有机质含量图进行更新，也需要有进行合并表达的科学依据。编制本数据集需要对海量异源数据进行提取、分析、整合、缩编与表达，数据分析流程复杂。同时，在数据分析过程中，土壤专业问题，非标准化数据问题，计算机硬、软件平台系统问题和数据分析员、程序员疏漏问题等可能引致多类别数据分析错误。若既要准确无误地完成各项数据分析技术任务，又要在繁复的数据分析流程中有效贯彻科学原则、实现数据分析科学目标，这就需要一套科学的方法体系。为此，本数据集编者通过研究异源非标准土壤数据特征，融合应用土壤学、数据科学、人工智能、人机交互设计方法与地理信息系统技术，创建了土壤大数据方法[10-11]。

土壤大数据方法是专门供土壤科研工作者使用的一种设计方法，是对经典土壤学研究方法的补充，主要适用于对海量异源土壤数据信息的提取、筛选、分析与表达。通过土壤大数据方法的使用，科研工作者能够分析、认识和阐明土壤性状及相关过程和规律。土壤大数据方法的主要设计规则为以层级化的流程设计实现土壤科学层面的需求设计统领体系架构设计，界定各分段流程目标和关联，部署低层级分段流程、模型和功能模块；以独立于数据流程的监控设计实现土壤科学家对全流程的掌控和人工干预。土壤大数据方法的设计内容包括数据科学分析目标与科学基础界定、数据流程体系架构、流程及软件工具设计、数据流程监控设计。设计中，所有节点均采用双命名制命名，即对流程中各节点数据同时进行土壤科学内涵命名和函数代码命名。应用以上设计方法编制设计文档，能在庞杂的异源、异质、异形、异构大数据分析中，实现以科学目标引领数据分析流程，以自动化、人工智能、人机交互式的数据流程替代人工流程，提高大数据分析效率。

在本数据集编制过程中，编者需要完成图件与资料数字化、矢量化，元数据构建，信息提取、过滤、分类、赋码，土壤空间数据逻辑结构、存储结构归一化，统计检验，数据整合、缩编表达、输出等多项数据分析任务，分段流程达1500余个，需要存储的重要节点数据超过2000个，数据量超过20TB。采用土壤大数据方法，编者自主设计和完成了6个土壤大数据分析工具软件包，其中包含157个功能模块（表3），设计文档的科学和工程目标实现率超过99%，为准确、高效完成数据集编制提供了保障，也为土壤学研究提供了新的方法。

表3 系列化土壤大数据分析软件包及其主要功能与模块数

软件包	主要功能	模块数/个
IMAT2.0（intelligent mapping tools）智能化制图工具	异源土壤空间数据的要素提取、过滤、分类、赋码、坐标转换，空间库要素与字段的编辑，图幅与图层的编辑，土壤要素空间库外挂属性表编辑与管理等	35
IMAT-big（intelligent mapping tools for big data）智能化大数据制图工具	超大土壤及相关要素空间数据的要素筛选、图层拆分、数据整合、节点监控、逻辑结构重组等分析	37
IMAP（intelligent map presentation）智能化地图表达工具	土壤大数据地图制图表达与输出	30
ISPA（intelligent soil profile data analysis）智能化土壤剖面数据分析	异源土壤剖面数据的信息提取、过滤、赋码、坐标匹配、检验、整合与统计等	22
ISPP（intelligent soil profile presentation）智能化土壤剖面表达	土壤剖面图表及辅助信息的表达	12
IMAT-SOM（intelligent mapping tools-SOM）土壤有机质图制图工具	异源土壤有机质数据整合与表达	21

中国土壤图、中国土壤有机质含量图与中国地势图编制

编制全国三图的目的是便于读者在全国视角和尺度上了解我国各地区土壤资源与质量状况空间分布特征，土壤类型和土壤肥力与地势、地貌之间的相互关联。其中，土壤图用于展示土壤资源分布状况及与成土过程相关的土壤质量状况；土壤有机质含量图用于直观反映土壤肥力情况；地势图便于读者了解不同类型和肥力水平土壤的地势、地貌特征。全国三图的制图比例尺为1∶1300万。

全国三图中采用的境界、城市等基础地理信息要素源于中国地图出版社出版的《第一次全国地理国情普查地图集》[12]和《中国地图集》[13]。全国三图中，境界、水系、居民地、地级以上城市等基础地理信息要素的图示与图例表达见附录3。

（一）中国土壤图

由于制图比例尺小，中国土壤图是在二普完成的1∶400万比例尺全国土壤图的基础上进行矢量化和缩编表达获得的。在缩编表达过程中，土壤类型仅保留了我国土壤分类系统中的第三层级——土类。

在土壤图中，土类颜色主要根据不同土类在其成土因素、发育程度下形成的典型颜色进行设计（附录4）。红色系供土壤富铝化程度高的土壤选用，如红壤、砖红壤、赤红壤等；黄色系、棕色系供干旱区发育程度低的土壤选用，如黄绵土、灰漠土、灰棕漠土等。受灌水、耕作和地下水影响大的土壤采用绿色系，如水稻土、灌淤土、潮土、草甸土等，表示土壤肥力较高，绿色植物生长茂盛；黑土、黑钙土、栗钙土、棕壤、褐土、黄棕壤、紫色土等分别选用深棕色系、褐色系、紫色系；盐土、碱土、沼泽土等植物生长有障碍的土类采用暗色系，如暗紫色系、灰褐色系、青灰色系等，表示土壤生产力低下，植物生长较差。这一颜色设计与国标相关规定一致[14]。

在图例中，按照我国主要土壤类型从南到北、从东向西的地带性分布规律对土类进行排序，附录5所列中国主要土壤类型的排序也按此规则编排。

（二）中国土壤有机质含量图

土壤有机质含量是指土壤中各种含碳有机物质的总和。土壤有机质主要包括土壤腐殖质、半分解的动植物残体、与土壤黏粒和细粉粒紧密结合的有机物质、土壤微生物体所含的有机物质等。以动植物残体形式进入土壤的有机物质成为土壤生物的食物，供养土壤生物的生命活动；在土壤生物，特别是土壤微生物作用下生成的土壤腐殖质，能够促进土壤团聚体形成，提高土壤保水、保肥、供水、供肥性能，提高土壤肥力，并大幅度提高耕地土壤高产、稳产性能。因此，土壤有机质含量是最重要的土壤质量指标之一。土壤有机质碳量是大气总碳量的2倍，是地球植被总碳量的3倍，参与地球陆域碳循环总碳量中80%的碳以土壤有机质碳的形式存在。研究显示，土壤有机质含量实质上是土壤有机碳投入和分解之间动态平衡的表现，影响这一平衡的主要因素为气候、土壤质地与土地利用方式，施肥和耕作等农业技术措施对其影响则相对较小。当影响平衡的主要因素未发生变化时，土壤有机质含量也比较稳定[15]。

中国土壤有机质含量图由各分省土壤有机质含量图（0—30cm土层）合并编制生成。制图用源数据和编制方法在分省土壤有机质含量图编制说明中加以叙述。

为展示全国范围的土壤有机质含量空间分布特征，编者在中国土壤有机质含量图的图示和图例表达中采用了有机质含量范围的非等距划分分级方式，将我国土壤有机质含量分为7个等级（表4），各分级所占我国陆域面积的比例也列于表中。其中，占我国陆域面积29%的"很低"和"低"两个分级的土壤（有机质含量小于10g/kg）主要分布于西北干旱地区，而"较高""高""很高"三个分级的土壤（有机质含量大于25g/kg）主要分布于东北、西南地区，这些地区森林覆盖率较高，雨量充沛，温度适宜，有利于土壤有机质的累积。

表4 中国土壤有机质含量（0—30cm土层）分级

分级	分级释义	有机质含量/（g/kg）	换算系数	有机碳含量/（g/kg）	占陆域面积/%
1	很低	≤5	1.724	≤2.9	5
2	低	5—10（含）	1.724	2.9—5.8（含）	24
3	较低	10—15（含）	1.724	5.8—8.7（含）	18
4	中	15—25（含）	1.724	8.7—14.5（含）	19
5	较高	25—35（含）	1.724	14.5—20.3（含）	9
6	高	35—45（含）	1.724	20.3—26.1（含）	16
7	很高	>45	1.724	>26.1	6

（三）中国地势图

地势图是表示制图区域地貌特征的专题地图，强调表现地面的高低起伏、倾斜程度及其区域对比关系，以及与地形密切相关的河流、湖泊等水系要素分布特征，显示出制图区域山河分布的脉络体系、结构形式、各种地貌类型的形态特征。地势是影响土壤类型的重要因素，地势图也是编制土壤图、气候图、植被图等的基础。

中国地势图的地貌晕渲图采用 SRTM3 DEM（shuttle radar topography mission，digital elevation model，2003）数据，考虑我国地势呈三级阶梯状分布的特点，按 0—50—100—200—500—800—1000—1200—1500—2000—2500—3000—3500—5000m 及以上设计高度表，以深绿色—黄绿色—棕色—紫色色调的象征色表示海拔由低向高过渡。其他矢量数据来源于中国地图出版社编制的 1:400 万《中国地形图》[16]。河流参照中国地图出版社编制的《中国河流、水运资料图》进行选取、表达，三级及以上河流全部选取，二级及以上河流标注名称，低级别河流适当选取以反映区域水系特点；成图面积 4mm² 以上湖泊和水库全部表示，但仅标注大型湖泊名称，小面积湖泊适当选取以反映区域特点，如青藏高原湖泊群分布；山脉、山峰参照中国地图出版社编制的《中国山脉资料图》选取，三级及以上山脉全部选取、表达，二级山脉主峰及知名山峰标注名称和高程，我国主要高原、平原、盆地和沙漠均选取、表达；自然地理要素分级参考中国地图出版社采用的地图编制分级系统；根据版面载负量情况选取省会、部分地级市和少量县级居民点（主要位于西部地区），居民地主要用于定位参照。

分省土壤图、分省土壤有机质含量图与分省地势图编制

编制分省土壤图、分省土壤有机质含量图与分省地势图三图的主要目的是使读者了解各省级行政区内不同地区土壤类型、土壤肥力与地貌的主要分布特征及其相互关联。其中，土壤图用于展示土壤资源分布状况及与成土过程相关的土壤质量状况；土壤有机质含量图用于直观反映土壤肥力情况；地势图便于读者了解不同类型和肥力水平土壤的地势、地貌特征。为便于比较，每个省级行政区的分省三图采用的比例尺相同，制图则采用幅面固定、各省级行政区制图比例尺自适应方法。

分省三图中采用的境界、城市等基础地理信息要素源于中国地图出版社出版的《第一次全国地理国情普查地图集》[12]和《中国地图集》[13]。分省三图中，境界、水系、居民地、地级以上城市等基础地理信息要素的图示与图例表达见附录 3。

（一）分省土壤图

为编制数据集用分省土壤图，编者对二普完成的纸质分省土壤图（原图比例尺主要为 1:50 万）进行了地理校正、空间要素提取、图层与分级码标准化、土壤学专业校正、属性表制作、挂接和专题图缩编表达。在缩编表达过程中，制图比例尺一般在 1:200 万—1:100 万之间。由于制图比例尺较小，土壤类型仅保留了我国土壤分类系统中的第三层级——土类。各土类颜色与中国土壤图中采用的土类颜色相同（附录 4）。在分省土壤图中，按照我国主要土壤类型从南到北、自东向西的分布规律对图例中的土壤类型进行排序。附录 5 所列中国主要土壤类型的排序也按此规则编排。附录 6 列出了贵州省、云南省主要土壤类型及其占省级行政区域面积百分比。

（二）分省土壤有机质含量图

1. 数据源说明

本数据集中，土壤剖面理化性状表给出了有确切时间和空间坐标的剖面信息。分省土壤有机质含量图的主要作用是便于读者直观了解各省级行政区最重要的土壤肥力指标——土壤有机质含量的空间分布特征。

二普中，受当时技术条件限制，全国仅完成了比例尺为1∶400万的纸质土壤有机质含量分布图的绘制，19个省、自治区、直辖市完成了比例尺为1∶250万—1∶50万的纸质分省土壤有机质含量分布图的绘制。直接采用小比例尺纸质图矢量化生成的土壤有机质含量等级划线图作为分省土壤有机质含量图，存在有机质含量分级的级差大、信息均化、图斑大、制图精度不够等问题，难以精细表现一个省级行政区域内土壤有机质含量的空间分布特征。

2005—2017年，我国在农区进行了测土施肥，农田耕层采样点达到1000万个。这批数据的主要优点是采样密度大且有空间坐标，通过对这批数据进行空间插值分析，可较精细地展示各地农田土壤有机质含量分布特征；其缺点是采样点主要集中在占陆域面积不到20%的农田，仅采用这批数据难以绘制覆盖全域的土壤有机质含量分布图。考虑到土壤，尤其是林地、草地土壤的有机质含量变化较慢，在制图中采用了混合时段数据合并表达的方式。对无测土数据的林地、草地等，仍然采用从小比例尺土壤有机质含量等级划线图中提取的数据；对有测土数据的农田，则采用2005—2017年间耕层采样数据，对原有数据进行了更新。通过对两源数据的提取、土层转换、合并、插值，最终生成各省级行政区土壤有机质含量分布图（土层厚度0—30cm），这样既可较精细展示出各省级行政区土壤有机质含量的空间分布特征，也能保证所做专题图有很强的现势性。

三个数据源制图表达结果比较显示，采用异源数据合并表达的方式制图，各分省图展示的有机质含量空间分布特征与二普小比例尺图相近，但制图精度有较大改进，一个省级行政区域内土壤有机质含量的空间分布特征更为清晰（表5）。

表5 三个数据源制图表达结果比较

数据源	土壤有机质含量图制图表达效果	
	优点	存在问题
采用二普完成的手绘图	小比例尺手绘图中，土壤有机质含量地带性分布特征十分明显；基本无数据空区	局部地区图斑大，制图精度不够
采用新的测土数据插值生成	有数据的区域制图精度高	占陆域面积约80%的林地、草地和一些县域无新的测土数据，难以通过采样点插值生成覆盖全域的有机质含量图
异源数据合并表达	基本无数据空区；制图精度有较大改进；小比例尺图中土壤有机质含量的地带性分布特征被保留	用混合时段数据表达全陆域土壤有机质含量分布状况，其中林地、草地数据主要源于20世纪80年代采样数据，农田数据更新至2017年

表6汇总了分省土壤有机质含量图的主要制图信息。制图采用异源数据合并表达的方式，生成的分省土壤有机质含量图所代表的时间段为1979—2017年，图中核算土壤有机质含量的土层厚度为0—30cm。

表6 分省土壤有机质含量图制图信息

制图数据	异源数据合并表达
采样时间	草地、林地及其他非农田土壤采样时间段为1979—1987年，农田土壤采样时间段为2005—2017年
土层厚度	0—30cm（对采样深度不足0—30cm的耕层采样数据，用剖面数据进行了土层厚度转换，统一转换为0—30cm）
制图方法	普通克利金插值（ordinary Kriging）
网格尺寸	200m

2. 制图表达说明

我国地域辽阔，各地土壤有机质含量差异极大。西北部地区降水量少，土壤粗砂粒含量高，风沙土、漠土大量分布，占我国陆域总面积的12.6%，其0—30cm土层内有机质平均含量不到10g/kg；东北部地区雨量充沛，气候、植被有利于土壤有机碳累积，其0—30cm土层有机质平均含量在40g/kg以上。另外，一些省级行政区的土壤有机质含量变化范围很宽，如内蒙古土壤有机质含量主要为4—70g/kg；而北京、山东等地土壤有机质含量变化范围很窄，为7—17g/kg。

为使各省级行政区域内土壤有机质含量空间分布特征均能得到充分展示，编者在分省土壤有机质含量图的图示和图例表达中对有机质含量范围进行等距划分分级，根据各省级行政区土壤有机质含量分布特征，将有机质含量分为7—14个等级。各分级的颜色设计及其RGB与CMYK色码见附录7。

（三）分省地势图

根据各省级行政区的成图比例尺和地形特点，选取合适精度的数字高程模型（DEM）栅格数据，确定设色原则和色层表进行分层设色，编制彩色晕渲的分省地势图。图中的河流水系及山峰、山脉等地理要素基于中国地图出版社研制的多尺度中国地图数据库选取，按各省级行政区地图设定的投影参数和比例尺投影转换后进行数据融合处理，再进行图形化编辑和地图整饰，最后输出成图。各省级行政区的彩色地貌晕渲图，按0—50—200—500—1000—1500—2000—3000—4000—5000—6000m及以上设计统一的高度表，但对一些低海拔平原地区，如天津、山东、上海等省、直辖市，则增添了20m等高距。确定统一的设色原则，建立色层表，以深绿色—黄绿色—棕色—紫色色调的象征色过渡方式表示海拔由低向高过渡，低海拔地区以绿色为主，中海拔地区以棕色为主，高海拔地区的高寒地带则用冷色调紫色。地势图中的其他地理要素，地级市及以上级别居民地全部选取，县级居民地根据图面载负量情况酌情选取；河流按等级选取以反映地域水系结构特点，主要河流加注名称；成图面积$4mm^2$以上的湖泊和水库全部选取，大型湖泊、水库加注名称，适当选取小面积湖泊以反映区域分布特点；山脉按等级选取，仅标注主要山脉主峰和知名山峰。

县域中心区气候特征图表编制

气候是五大成土因素之一，也是土壤质量的重要影响因素。为便于读者了解各地土壤资源与质量状况及其与气候特征的关联，编者编制了各县域中心区（位于各县域中心点、代表面积约为$400km^2$的区域）气候特征值表、月平均气温与月平均降水量分布图。各县域中心区气候特征值是通过对160个中国地面国际交换站的气象年值、月值以及日值数据的计算和空间分析获得的。气象数据的相关用语也采用中国地面国际交换站所用的表达方式。鉴于各地气候特征值需要依据多年气象观测数据分析和提取，而二普采样时段为1979—1987年，因此采用了1971—2000年共计30年的年值、月值和日值气象数据，气象数据时段覆盖二普采样时段。

在分县气候特征值编制过程中，先从相应的各数据源中提取出各站点年值、月值以及日值数据，再按照表7所示计算方法，计算160个站点的各项气候特征值并对其分别进行插值计算，获得覆盖我国全域、网格尺寸约为20km的网格化气候特征年值与月值数据，最后再与县域中心点图层叠加，提取出各县中心区气候特征值。各县所处气候带则是通过县域中心点图层与中国气候区划图叠加后提取获得的[17]。

表7 县域中心区气候特征值的计算方法与数据来源

县域中心区气候特征	计算方法	气象数据来源
年平均气温 /℃	30年的年值平均	中国地面国际交换站气候标准值年值数据集（160个站点，1971—2000年）
年平均最高气温 /℃		
年平均最低气温 /℃		
年降水量 /mm		
年平均相对湿度 /%		
年日照时数 /h		
月平均气温 /℃	30年的月值平均	中国地面国际交换站气候标准值月值数据集（160个站点，1971—2000年）
月平均降水量 /mm		
≥10℃的积温 /℃	一年中日平均气温≥10℃的温度值加和	中国地面国际交换站气候资料日值数据集（160个站点，1971—2000年）
干燥度	修正的谢良尼诺夫公式： 干燥度 $= 0.16 \times \dfrac{\text{全年} \geq 10℃\text{的积温}}{\text{全年} \geq 10℃\text{期间的降水量}}$	
气候带	提取	1:3200万中国气候区划图

分县主要土壤类型与土壤剖面点分布图编制

编制分县主要土壤类型与土壤剖面点分布图的主要目的是使读者在一个较小的图幅上也能大致了解一个县域内主要土壤类型概况。编者通过对全国1∶5万土壤图的缩编表达，为有土壤剖面数据的县级行政区编制了分县主要土壤类型图。受地图幅面限制，在分县土壤图中，仅保留了我国土壤分类系统中的第三层级——土类，通过缩编滤掉了亚类、土属、土种信息。

各分县主要土壤类型与土壤剖面点分布图的制图采用幅面固定、制图比例尺自适应的方法，制图比例尺一般为1∶35万—1∶20万，自适应制图由编制者自行设计的软件模块自动完成。

在分县主要土壤类型与土壤剖面点分布图中，各土类颜色与中国土壤图中采用的土类颜色相同（附录4）。图中各土类在图例中的排序则按各土类占本县县域面积比例从大到小的顺序排列，便于读者了解本县内主要土壤类型的分布。

在分县主要土壤类型与土壤剖面点分布图中，为便于读者查找，剖面点按照其在图面的位置，先左后右、先上后下顺序编码，编码过程也由ISPP软件包（表3）中的模块自动完成。

分县主要土壤类型与土壤剖面点分布图中的基础地理底图来源于国家基础地理信息中心提供的1∶25万DLG（公众版）数据（使用许可协议编号：非2011-1011），基础地理信息要素的图示与图例表达主要参照相关国标（详见附录3）。为保证本数据集中主要土壤类型与土壤剖面点分布图的内容和土壤剖面数据表对应，分县主要土壤类型与土壤剖面点分布图中的市级界线、县级界线均采用二普时的普查界线，并以此作为分县主要土壤类型与土壤剖面点分布图的分幅标准。为兼顾地名位置定位准确性和图书实用性，地图中乡镇级及以上居民地分别根据新版《中华人民共和国行政区划简册》和各省级行政区地图册进行了更新，现势性截至2021年12月。为更好地表现全书的系统性与协调性，在地图下方加注说明县级行政区划变更情况，部分市辖区图幅的图名根据图上县级居民点进行了更新。

二普后，随着城市化的加快，城市周边土地利用情况变化很大，居民地面积大幅增加，导致一些分县土壤图中的土壤面积占县域面积比例和分县主要土类说明中的一些土类面积占县域面积比例较二普时均有下降。在一些大城市周边县（市、区），土地利用情况的变化使各类土壤总面积不到县域面积的60%。

二普时，分县完成了1∶5万比例尺土壤图编绘后，还通过省级汇总和缩编制图，完成了1∶50万比例尺省级土壤图。在省级汇总中，对一些分县土壤图中原有土壤类型名进行了修订。例如，浙江在进行省级汇总时，将分县土壤图中原命名为侵蚀型红壤亚类的大部分土属划归粗骨土类；安徽、湖北等省在省级汇总时将黏盘黄棕壤亚类改为黄褐土类。在对二普调查成果的数字整合中，编者仅收集到约1600个县的大比例尺土壤图（表2）。对大比例尺图数据缺失的县，则以省级土壤图裁切方式进行了补全。这种补全虽有利于完成覆盖我国全域的高、中精度土壤图，但也引起了在一个省级行政区里源于分县和分省的两类土壤图中土壤分类命名不统一的问题，编者在尽量保持调查资料原始记载的前提下，对这类问题进行了力所能及的修订。

分县土壤剖面理化性状表编制

分县土壤剖面理化性状表是本数据集的主体内容。前文已对各项土壤理化性状应用范围以及从分县纸质土种志中进行信息提取、表达和制作的方法做了说明，本节仅对土壤理化性状测试方法、剖面点坐标匹配方法与土壤剖面分类名的修订加以说明。

（一）土壤理化性状测定方法

本数据集所列土壤理化性状的测定方法见表8。其中，土壤有机质含量，土壤氮、磷、钾全量与有效态含量，pH，土壤阳离子交换量的测定方法以及土壤分类方法均为国标方法。剖面理化性状表中的土壤全氮、全磷、全钾、碱解氮、有效磷、速效钾含量均以N、P、K纯养分量计。

在二普中，我国大多数地区土壤质地分级采用了卡庆斯基制，仅极少数地区采用了国际制。其中，卡庆斯基制采用了简制,将土壤质地分为3组9种类型;国际制将土壤质地分为12种类型(表9)。由于两种分级制中的质地分级名并无重复,因此在分县土壤剖面理化性状表中未对两种分级制的分级名进行合并。

表8 土壤理化性状的测定方法

土壤理化性状	测定方法
有机质	湿灰化或干灰化消化后,重铬酸钾滴定法测定(丘林法)
全氮	凯氏定氮法测定
全磷	酸溶或碱熔消化后,钼锑抗比色法测定
全钾	碱熔或酸溶消化后,火焰光度法或四苯硼钠比浊法测定
pH	水浸提法,水土比为5∶1或2∶1
碱解氮	扩散吸收法(康惠法)测定
有效磷	中性及石灰性土壤:Olsen法测定;酸性土壤:Bray法测定
速效钾	醋酸铵浸提后,火焰光度法或四苯硼钠比浊法测定
阳离子交换量	醋酸铵法测定

表9 卡庆斯基制与国际制土壤质地分级名

等级序号	卡庆斯基制[1)]土壤质地分级名	等级序号	国际制[2)]土壤质地分级名
1	松砂土	1	砂土
2	紧砂土	2	壤质砂土
3	砂壤土	3	砂质壤土
4	轻壤土	4	壤土
5	中壤土	5	粉砂质壤土
		6	砂质黏壤土
		7	黏壤土
6	重壤土	8	粉砂质黏壤土
7	轻黏土	9	砂质黏土
		10	壤质黏土
8	中黏土	11	粉砂质黏土
9	重黏土	12	黏土

注:1)卡庆斯基制指按卡庆斯基粒径分级的质地分类。该分类制有简制和详制两种。简制有3组9种质地,其主要特点是将土粒分为物理性黏粒和物理性砂粒两级;按物理性黏粒或物理性砂粒的数量进行质地分类,而不是按照砂粒、粉粒、黏粒三个粒级的质量比分组。详制是在简制的基础上,把9种质地进一步细分为39种质地类别,把含量最多和次多的粒组作为冠词,顺序放在简制名称前面,主要用于土壤基层分类及大比例尺制图。卡庆斯基还提出根据石砾含量而定的附加分类,也可作为质地分类的冠词,主要应用于山地土壤的质地分类。
2)国际制土壤质地分类在第二届国际土壤学会上通过,根据砂粒(粒径0.02—2mm)、粉粒(粒径0.002—0.02mm)、黏粒(粒径小于0.002mm)三粒组含量的比例,通过国际制土壤质地分类三角图,以黏粒含量为主要标准,小于15%为砂土质地组和壤土质地组,15%—25%者为黏壤组,黏粒含量大于25%者为黏土组,划定12种质地类别。

(二)土壤剖面点的坐标匹配

含地理坐标的剖面数据可直观展示该土壤剖面点所代表土壤的土层厚度、土体构造及理化性状等特征,也是构建推理模型,进行土壤及其理化性状数字制图的基础。

二普完成的分县土种志中虽无典型剖面地理坐标记载,却有关于剖面采样地点、景观和土壤剖面分类命名的详细记录,如乡镇名、村名、高程和土类、亚类、土属、土种名等。从1∶5万土壤类型图与1∶5万基础地理信息数据库中也能提取出上述信息。在1∶5万比例尺空间数据库中，空间对象分辨率可达到100m×100m精度，折合为1hm²。在全国性土壤调查中，对于选择、确定典型剖面采样点点位，通常要求其所代表的土壤类型在面积上能代表采样点周围100亩（1亩≈666.7m²）以上的土壤，通过这种匹配方法获得的点位对实际采样点点位有较高的代表性。

为了使分县土种志中记载的剖面数据获得坐标，编者构建了多要素土壤剖面点坐标匹配模型，无空间坐标的土壤剖面从1∶5万土壤类型图和基础地理信息数据库中获得空间坐标。坐标匹配模型工作机制如图2所示。首先，从分县土种志中提取出A源数据，即每个剖面隶属的土类、亚类、土属、土种名及剖面采样点地名、采样点高程等多要素信息；然后，用分县1∶5万土壤图与多要素基础地理信息数据库叠加，生成含土类、亚类、土属、土种名和村名、乡镇名、高程等要素信息的空间数据，即B源数据；最后，利用多要素匹配模型，逐县对A、B两源数据进行匹配。当A源数据中某剖面点土类、亚类、土属、土种名和采样点地名、高程与B源数据中某土壤要素空间对象的四个土壤分类名、地名、高程等多要素信息一致时，该剖面点获得B源数据中土壤要素空间对象中心点坐标。若一个县域内，某剖面点与B源数据中多个空间对象存在配对关系，则取其中面积最大的空间对象的中心点坐标。

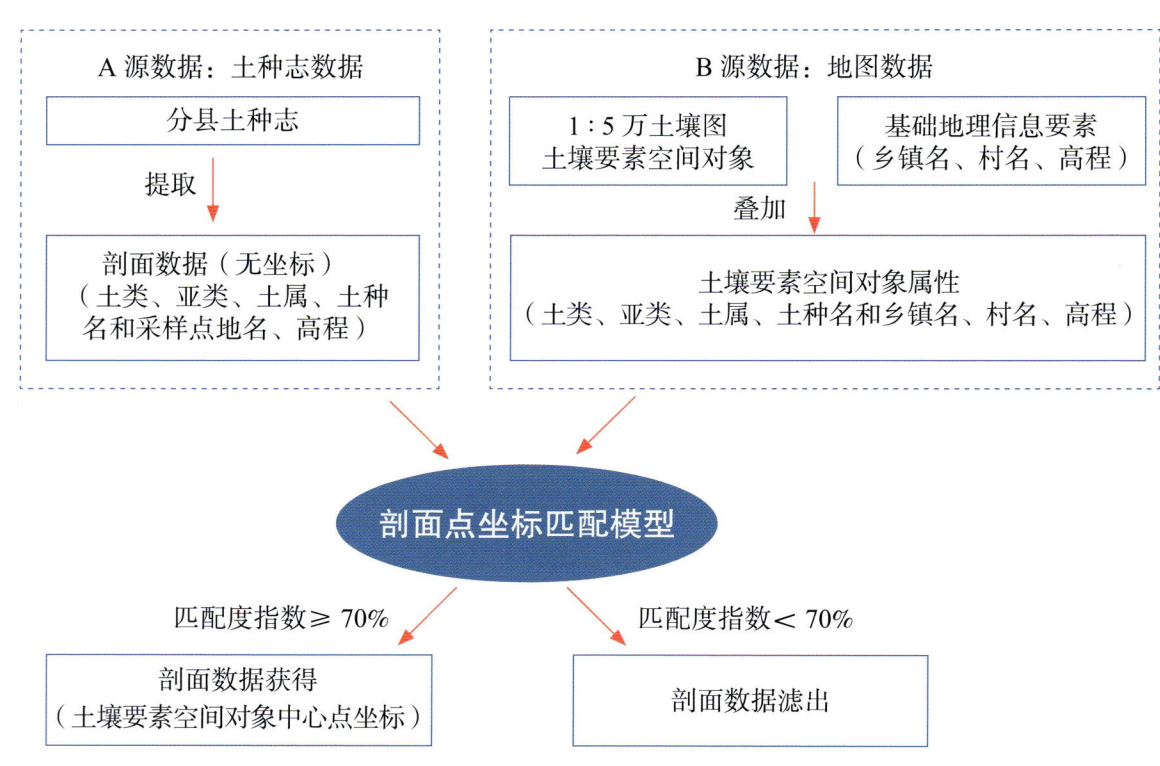

图2 土壤剖面坐标匹配模型工作机制图

为衡量每个土壤剖面坐标匹配的质量，在匹配模型中植入了匹配度评价模型，分析和提取每个土壤剖面点坐标匹配中多要素信息的吻合度。匹配度指数较高，代表两源数据中的土类、亚类、土属、土种名和地名、高程等多要素信息一致性高；匹配度指数较低，代表A、B两源多要素信息存在一些不一致性；匹配度指数小于70%的剖面数据会被滤出，该剖面也会从分县土壤剖面理化性状表中删除（表10）。利用坐标匹配模型，从分县土种志中提取出的10万余个剖面数据中，有6万多个获得了地理坐标并被收录于本数据集的分县土壤剖面理化性状表中，有约3万个由于匹配度指数较低被滤出。

表10 坐标匹配的匹配度指数及释义

匹配度指数 / %	释义
90—100	匹配度高：A（分县土种志）、B（地图）两源数据中乡镇名、村名和三个以上土壤分类名（土类、亚类、土属、土种）、高程均一致
80—90	匹配度较高：A、B两源数据中乡镇名、村名和两个土壤分类名（土类、亚类）、高程一致
70—80	具有一定匹配度：A、B两源数据中乡镇名、村名、土类名、高程一致
＜70	匹配度较低：A、B两源数据中地名和土类名不能全匹配

为检验通过匹配模型获得地理坐标的剖面对当地土壤类型是否具有代表性，编者自2008年以来，在河北、

山东、黑龙江、宁夏、海南等地挖取了300余个校验剖面，进行了比对研究。比对研究结果显示，校验剖面与二普完成的剖面记载在土壤类型、土体构造、母质、质地等土壤质量慢变化性状上都有很好的一致性。

（三）土壤剖面分类名的修订

分县土壤剖面理化性状表列出了每个土壤剖面的分类名。土壤分类名是对某一类土壤资源的抽象概括和表达，表述了各类土壤的主要成土过程以及各类土壤综合性的典型特征。如黑土是指在温带半湿润地区草甸草原植被条件下形成的具有深厚均匀腐殖质层的土壤，呈黑色，富含有机质和各种养分；褐土是指在暖温带半湿润地区形成的具有弱腐殖质表层和黏化层的土壤，盐基饱和度较高，呈棕褐色。土壤分类名既具有典型性，又具有综合性，是土壤最基本的属性。

二普中，我国基于全国第一次土壤普查经验制定了六等级土壤分类系统，这也是目前的国标系统。该系统中的六等级分别为土纲、亚纲、土类、亚类、土属和土种，从高级到低级，不同层级之间为隶属关系。其中，土纲用于界定水、温等主要的土壤成土条件，亚纲用来进一步区分土纲内成土条件与过程的差异，土类反映成土条件引致的最典型土壤特征，亚类反映土类内成土条件引致剖面特征的进一步分异，土属反映母质等成土条件引致亚类剖面的分异，土种反映同一土属中土壤的分异或当地群众对该土壤的命名。

在对各地土壤调查数据进行全国汇总时，编者发现，从全国2200多个分县土壤剖面资料中提取出的土壤分类名与我国在1998—2009年发布的三版《中国土壤分类与代码》国标差异较大[18-20]。国标发布的土类、亚类、土属、土种名数量分别为60个、229个、663个和3246个，而从2200多个分县土壤图件与剖面资料中提取出的土类、亚类、土属、土种名数量分别为312个、1520个、12150个和43200个。对国标上从未出现的土壤类型名进行审核和归并需要有土壤分类学上的依据。通过对俄罗斯、美国、加拿大、澳大利亚、德国、英国等各国土壤分类研究及发展状况的研究，编者总结了我国和其他世界各国过去半个世纪中在土壤分类方面的经验，确定了土壤剖面分类名的修订原则[1]。

研究显示，我国国标分类系统中的第三层级——土类（附录5），能很好地反映我国主要土壤类型形态上的典型特征。通过土类及其隶属的12大土纲可清晰展现出我国60个土类受温度、海拔、降雨、土壤发育度、地下水盐运动、耕种垦殖等主要成土条件影响而形成的地带性分布特征。另外，土类本身属于高层级分类，数目有限，命名符合汉语语言特征，易于专业及非专业人员掌握。通过土类名，读者能够辨识各种土壤类型，了解其成土过程、土壤质量与肥力特征。因此，在土壤剖面分类名的修订中，应重视维护土类名的稳定性。根据这一原则，在对分县资料中土壤分类名的编审中，编者将国标发布的60个土类名进行了归并，对亚类及以下的中、低级分类名称则在尽量保留现场获取的一手土壤调查信息的前提下进行适度归并与整合。

为便于读者了解我国目前采用的土壤分类名与国际土壤学会推荐的土壤分类名（world reference base for soil resources，WRB）[21]之间的关联，附录5中还给出了由史学正研究员通过剖面比对建立的WRB土组名与我国60个土类名的关联及WRB土组名对我国土类名的最大可参比性[22]。

（四）剖面土层代码

在形成过程中，由于物质迁移和转化，土壤会分化成一系列组成、性质和形态各不相同的层次，称为发生层或土层。土壤剖面各土层的顺序和变化情况，反映了土壤形成过程及土壤性质。

目前各国尚无统一的土层命名。1967年国际土壤学会提出将土壤剖面划分成O层（有机层）、A层（腐殖质层）、E层（淋溶层）、B层（淀积层）、C层（母质层）和R层（基岩）等6个主要土层。全国土壤普查办公室编制出版的《中国土种志》（6卷）[23-28]、《中国土壤》[29]则将自然土壤剖面划分成O层（凋落物有机质层）、A层（表层）、B层（淀积层）、C层（母质层）、D层（岩石碎屑层）和R层（坚硬岩石层）等6个主要土层；将旱地农田土壤划分成A（耕层）、C_1（心土层）和C_2（底土层）等几个主要土层；将水田土壤划分成Aa（耕作层）、Ap（犁底层）、P（渗育层）、W（潜育层）和G（潜育层）等5个主要土层。

由于分县土种志中，土层代码和释义与以上文献给出的土层码不尽相同，因此在数据集编制中，编者主要保留了2200多个分县土种志中实际采用的土层代码和释义（表11）。为便于读者参考，编者在附录5中列出了引自《中国土壤》部分土类典型剖面的土体构造及其关联的土层代码[29]。

表 11 土壤剖面土层代码和释义[1]

代码		释义
自然土壤与旱地土壤	Ao	位于土表的枯枝落叶层
	A	自然土壤指表土层，耕地土壤指耕作层
	B	心土层，受成土作用形成的淋溶淀积层
	C	底土层，受成土作用少的母质层，较紧实，通常不受耕作、施肥影响
	D	未风化的母岩层，岩石碎屑层
水田土壤	A	耕作层，亦称淹育层和作物栽培层
	P	犁底层，位于耕作层下，经机械耕作和黏粒淀积，结构较为紧实
	W[2]	潴育层，位于犁底层下，水田在干湿交替作用下，铁、锰淋溶淀积形成斑纹层，使水稻土有较好的通透性，渗水而不漏水，渍水而不滞水
	G	潜育层，存在于水稻土、沼泽土和泥炭土中。土体长期积水，通透性不良，在还原状态下形成青灰色土层又叫青泥层，作物受还原性物质危害。若在其他土层出现，可用 g 表示，如 Pg、Wg
	E	漂洗层，侧渗作用下黏粒、有机质被淋洗，铁质溶脱，形成灰白色或白色漂洗层

注：1）表中土层代码和释义主要根据全国各分县土种志中实际采用代码和释义进行综合与汇总。土体构造中，两个字母并列表示过渡层土壤，例如 AB 层、BC 层等。
2）一些地区将潴育层细分为 W_1（渗育层）和 W_2（淀积层）两层。渗育层指有明显水化铁层，多见黄色锈斑；淀积层指明显有铁锰淀斑或铁锰结核的土层。

（五）其他

分县土壤剖面理化性状表中，空格代表本项无数据。

若土壤剖面的土层码为数字，则表示调查中未对该剖面的各分层进行土层代码赋码。对这类剖面，编者按从地表至底土顺序赋土层序号 1、2、3……。土层序号不具有土壤发生学上的含义，仅表达每一土层的顺序。

分县土壤剖面理化性状表中土层厚度的上、下边界表示该土层采样范围。例如：土层厚度为 0—17cm，表示土层采自剖面 0—17cm 部位；土层厚度为 50—100cm 表示采自剖面 50—100cm 部位。一些剖面底土的土层厚度仅有上界而无下界。例如：85—，表示该土层采自剖面 85cm 至更深部位。

个别剖面上、下土层的上、下边界相互不衔接，例如：两个土层厚度分别为 0—10cm、30—35cm，表示该剖面的采样为不连贯采样，每个土层只选取了该土层的代表性层段。

一些剖面分层样本上、下土层的上、下边界相互不衔接，例如：按从地表至底土顺序，6 个土层采样范围分别为 0—13cm、13—18cm、18—40cm、18—32cm、32—100cm、50—100cm，其中第三个土层 18—40cm 为额外增加的采样层。在土壤调查中，当调查者认为需要对某些区域或土类的特定土层进行单独采样和分析时，往往会出现这一情形。为了最大限度保持第一手调查资料的完整性，编者将这类土层也编入了分县土壤剖面理化性状表中。

本卷收录的贵州省、云南省典型土壤剖面分别为 1826 个和 3625 个，共计 5451 个。通过对剖面数据的土层厚度转换，附录 8 给出了这些典型剖面 0—20cm 土层土壤理化性状中位数与平均数。二普剖面采样为典型土类采样，而非网格化采样。0—20cm 土层土壤理化性状中位数与平均数不代表本省土壤理化性状平均状况。但二普是我国最早的大样本量调查，附录 8 所示的 0—20cm 土层土壤理化性状中位数与平均数对了解贵州省、云南省 20 世纪 80 年代土壤肥力性状具有一定参考价值。

附录 9 列出了贵州省、云南省耕地、园地、林地、草地和湿地 0—30cm 土层土壤有机质含量的平均值。该值由贵州省土壤有机质含量图、云南省土壤有机质含量图和自然资源部土地科学数据中心编制的 2019 年 1：100 万比例尺全国土地利用缩编图通过叠加、计算生成。其中，耕地包括水田、水浇地和旱地三种土地利用类型；园地包括果园、茶园和其他园地三种土地利用类型；林地包括有林地、灌木林地和其他林地三种土地利用类型；草地包括天然牧草地、人工牧草地和其他草地三种土地利用类型；湿地包括沼泽地、沿海滩涂和内陆滩涂三种土地利用类型。鉴于贵州省土壤有机质含量图和云南省土壤有机质含量图源于大样本量地面采样，土壤有机质含量亦为变化较慢的土壤质量性状[15]，附录9对了解贵州省、云南省耕地、园地、林地、草地和湿地的土壤有机质含量状况及演变具有较高的参考价值。为便于读者了解贵州省、云南省耕地、园地、林地和草地四种土地利用类型中受成土过程影响而形成的各主要土壤类型及其在各土地利用类型中的占比情况，附录10给出了主要土壤类型在这四种土地利用类型中的占比。

土壤专题图与土壤剖面数据可靠性检验

该检验目的是对数据集中的土壤专题图和土壤剖面数据能否真实反映土壤资源与土壤理化性状及其空间分布特征给出科学、客观的评价。另外，数据集中的土壤专题图和土壤剖面数据主要源于1979—1987年的二普和2005—2017年在全国测土配方施肥项目中的土壤养分调查，因此，该检验也是对我国两次全国性土壤调查所获成果的质量评估。

对土壤专题图及含地理坐标的剖面数据的检验涉及地图制图学、测绘科学、土壤学、地统计学等多学科内容，而对于不同的学科，数据检验的目标和内容也不同。对于地图制图，精度检验十分重要；而在土壤学范畴，可靠性检验更为重要。精度检验方面，本数据集剖面坐标是通过1∶5万比例尺地图数据匹配获得，匹配用地图精度直接影响剖面数据坐标精度。可靠性检验方面，土壤专题图和土壤剖面数据均属于土壤学范畴，还需要从土壤学角度给出科学评价。借助目前仍在发展中的地统计方法，编者最终给出了合理的可靠性检验方法。为便于读者理解，本节将重点说明两点：一是地图精度与土壤专题图制图的关联；二是土壤专题图和剖面数据的地统计检验结果。

在地图制图中，地图精度用于衡量某一地物点或地物轮廓点的平面位置和高程位置偏离其真实位置的平均误差。这里的地物点或地物轮廓点可以是测量控制点、水准点、道路交叉点、境界线方向变化点、山脚点、山顶等。地图精度与地图投影、比例尺、制作方法和工艺有关。地图比例尺不同，误差控制要求也不同。一般来说，地图比例尺越大，误差越小，精度越高。换言之，地图精度或比例尺主要反映对地图中基础地理信息要素，如测量控制点、河流、道路、等高线、境界的误差控制要求。

在土壤专题图制图中，需要用基础地理信息要素标识土壤要素空间位置。在较早的土壤调查中，没有GPS设备，通常用纸质地形图为底图标识采样点位置。地面土壤采样调查完成后，根据底图标记的采样点位置和实测获得的土壤要素值，由经验丰富的土壤科学家依据土壤及相关要素的空间分布、空间相关性和空间依赖性规律进行人工综合判图，在底图上手工完成土壤专题图的勾绘和制图。我国的二普与欧美各国在20世纪80年代之前进行的全国性土壤调查基本均采用这一方法进行土壤专题图编绘。二普为大样本量土壤调查，采样密度高，采用1∶1万大比例尺地形图为工作底图，全国共挖取土壤观察剖面550余万个，采集0—20cm土壤表层样本200余万个，通过综合判图和人工勾绘，最终完成分县1∶5万比例尺土壤图和各类土壤养分含量图的编制。土壤专题图比例尺不代表地图中对土壤要素的误差控制要求，客观上，地面采样中应用大比例尺的工作底图，采样密度高，土壤采样点均衡分布于调查区域中，以此为依据编制的土壤专题图能精细地表达调查区域内土壤要素的空间变化特征。采样密度低的土壤调查结果则不适合编制大比例尺土壤专题图。

近年来，随着GPS和GIS技术的发展，地统计方法已较多用于反映和研究土壤要素的空间变化规律。地统计方法不仅提供了利用含地理坐标的土壤采样点数据制作土壤专题图的地统计模型，还提供了对模拟结果进行不确定性检验的方法。地统计检验的主要目的是了解模拟结果对真实情况反演的客观性和可靠性，而不是评价地图中土壤要素的精度或误差控制。检验结果既受地面采样原则、采样量的影响，也受所选模型类型、建模过程中是否引入协变量等因素的影响。

由于二普完成的土壤图和养分含量图中没有采样点标注，难以对其进行地统计检验。为此，编者同时对我国在全国测土配方施肥项目中完成的有GPS定位坐标的农田耕层土壤有机质含量数据进行了地统计分析和检验。与二普相似，全国测土配方施肥项目也按网格化均匀分布原则进行大样本量、高密度土壤采样，全国总计完成1000万个农田土壤耕层样本的采集。

检验方法为：首先，在我国东、南、西、北、中不同地域选取7个代表性片区，每片区包含地域相连、域内无大面积剖面点缺失的多个行政县，且含土壤剖面点500个以上。其次，提取7个片区源于二普剖面0—

20cm土层和源于2005—2017年0—20cm农田耕层采样的土壤有机质含量数据。二普剖面数据的采样特征为在优先选取典型土壤类型的前提下，尽量均衡分布；样本量较小，全国有6万多个具有匹配坐标的剖面。2005—2017年农田养分调查数据为网格化均衡分布的大样本量，全国完成了1000万个有GPS定位坐标的耕层样本。最后，用普通克利金插值（ordinary Kriging）方法进行地统计分析和检验。在每片区剖面点和耕层采样点的数据中分别随机选取80%作为训练样本集，20%作为验证样本集，同时进行建模；将验证样本预测值与实测值进行线性回归，计算R^2（决定系数）和RMSE（均方根误差），以此评价两组数据表达土壤要素空间分布特征的可靠性和误差。选择土壤有机质含量作为检验指标的原因为该指标是最重要的土壤质量性状之一，且可量化表达，便于进行地统计检验。

二普剖面数据的检验结果显示，在7个代表性片区，剖面点数据表达的有机质含量分布状况可靠性均达极显著水平（表12）。这表明，尽管二普典型剖面数据为非网格化采样，含地理坐标样本量较少，需采用匹配坐标替代原点坐标，但在一个由多县组成的片区内，当剖面样本量达到一定数量后，即使未引入可极大改进R^2的地形、土地利用类型等辅助变量，用普通克利金插值仍然能比较真实、可靠地反演土壤要素空间分布特征。2005—2017年耕层采样点数据的检验结果显示，与二普剖面点数据相比，大部分片区的有机质含量分布数据R^2更大（达到中等相关至强相关），RMSE更小，可靠性和预测精度明显更优，这说明就表征土壤要素空间分布特征而言，网格化均衡分布的大样本量采样得到的数据可靠性和精度相对较高。这为二普大比例尺土壤专题图数据（土壤图和土壤pH、有机质、氮、磷、钾养分含量图）的地统计检验特征提供了佐证。二普大比例尺土壤专题图数据均源于网格化均衡分布的大样本量地面调查，其可靠性和精度应优于二普剖面点数据。

两组数据地统计检验结果还显示，尽管相隔近30年，两时段调查的土壤有机质含量也有一定变化，但各片区土壤有机质含量的空间分布规律总体相近。图3展示了东北片区两组数据通过普通克利金插值获得的土壤有机质含量分布图。可以看出，尽管二普土壤剖面样本数（546）远少于农田耕层土壤样本数（45182），20%校验集所获R^2较低，预测值与实测值偏差较大，但两组数据展示的土壤有机质含量空间分布格局相近，均为东北角最高，西南角最低。另外，该片区2005—2017年的农田耕层有机质含量均值为36.41g/kg，低于1979—1987年的二普采样结果（40.53g/kg），这一结果与东北地区所做长期定位试验结论一致。这表明，本数据集剖面数据可为了解土壤质量时空演变规律提供可靠的数据支持[9]。

表12 二普典型土壤剖面数据和2005—2017年耕层采样点数据的地统计检验结果

编号	片区名	县数	面积/km²	二普剖面土壤有机质含量[1]			耕层土壤有机质含量[2]		
				样本量	R^2 [3]	RMSE[3]	样本量	R^2 [3]	RMSE[3]
1	东北片区	19	72353	546	0.329**	14.77	45182	0.689**	6.32
2	冀鲁豫片区	64	50071	881	0.363**	5.65	256341	0.429**	3.47
3	江浙片区	53	63003	1312	0.334**	8.83	51759	0.666**	4.05
4	湖北片区	10	21044	515	0.286**	20.21	60545	0.281**	11.09
5	四川片区	39	98052	1283	0.380**	9.20	206682	0.344**	7.08
6	粤闽赣片区	27	58745	801	0.223**	13.33	51759	0.285**	6.42
7	陕甘片区	47	109010	990	0.296**	7.20	256341	0.558**	2.48

注：1）数据源于二普土壤剖面（1979—1987年采样，0—20cm土层）数据库，土壤有机质含量单位为g/kg。
2）数据源于2005—2017年农田耕层（0—20cm）土壤养分调查数据库，土壤有机质含量单位为g/kg。
3）20%验证样本所获预测值与实测值的线性回归R^2（决定系数，其中**表示1%水平显著）和RMSE（均方根误差）。

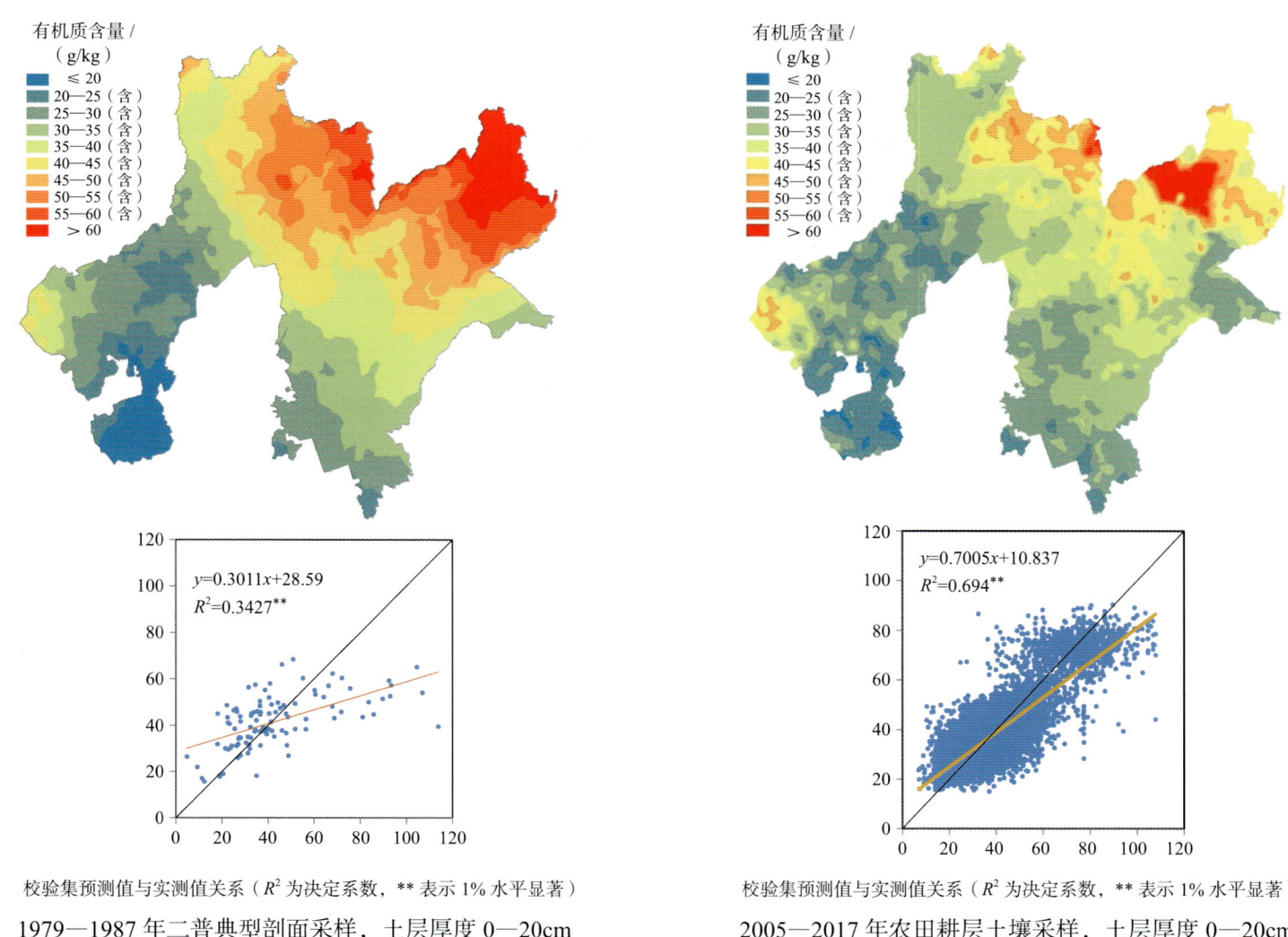

图3　东北片区土壤有机质含量分布图及地统计检验结果

参编单位

《中国土壤剖面数据集》的编制工作始于1998年。其编制过程主要分为以下两个阶段：

第一阶段为全国1∶5万土壤图编制和中国剖面数据库构建阶段。20世纪末，随着现代科学研究与管理对土壤时空信息的迫切需要和大数据技术的发展，利用土壤调查结果构建我国土壤资源与质量时空数据库日益显现出可行性和必要性。1998年，我国土壤科技工作者开始对二普分县土壤图件和资料进行系统收集和整理，这项工作曾得到国家社会公益性研究专项的资助。"十一五"期间，"我国1∶5万土壤图籍编撰及高精度数字土壤构建"被列为国家科技基础性工作专项重点项目。在全国各地农业、国土、档案等多家单位的大力配合和各地土壤科技工作者的支持下，项目组汇聚全国土壤科学、农业、测绘与环境领域多家专业科研院所的科研力量，深入31个省、自治区、直辖市以及数百个县的原始图件与资料存放部门，完成了2200多个县的分县大比例尺纸质土壤图与土种志的收集。同时，项目组还收集了31个省、自治区、直辖市的分省土壤图、土壤有机质含量图等多类别土壤专题图和分省土壤调查资料，并在此基础上，项目组研究人员通过融合多学科方法创建土壤大数据方法，以方法创新带动异源非标准海量土壤信息的时空整合与表达，至2017年，完成了我国1∶5万土壤图的整合表达和中国土壤剖面数据库的构建，为编制《中国土壤剖面数据集》奠定了科学基础、方法基础和数据基础。

第二阶段为《中国土壤剖面数据集》编制阶段。为满足我国农业、林业、环境、气象、国土、水利等各部门对公众版土壤资源与质量信息的迫切需求，项目组于2017年启动了数据集编制工作。在数据集编制过程中，项目组一方面利用土壤大数据方法进行数据的审核、土壤专题图的缩编与剖面数据表的表达等多项工作，另一方面组织了各省级土壤专业科研院所参与各分卷内容的审核和修订工作。数据集的编制还得到了中国农业科学院科技创新工程的资助。

本数据集的最终面世离不开多家科研单位在过去20多年时间里的共同付出。这些单位包括国家科技基础性工作专项重点项目"我国1∶5万土壤图籍编撰及高精度数字土壤构建""我国1∶5万土壤图籍编撰及高精度数字土壤构建二期工程"主持与参加单位、参加数据集各分卷审核和修订工作的土壤专业科研单位以及参与分县大比例尺纸质土壤图与土种志收集的各地相关管理与科研部门（附录11）。

（张维理、徐爱国、张认连、冀宏杰）

序图

中国土壤图
1 : 13 000 000

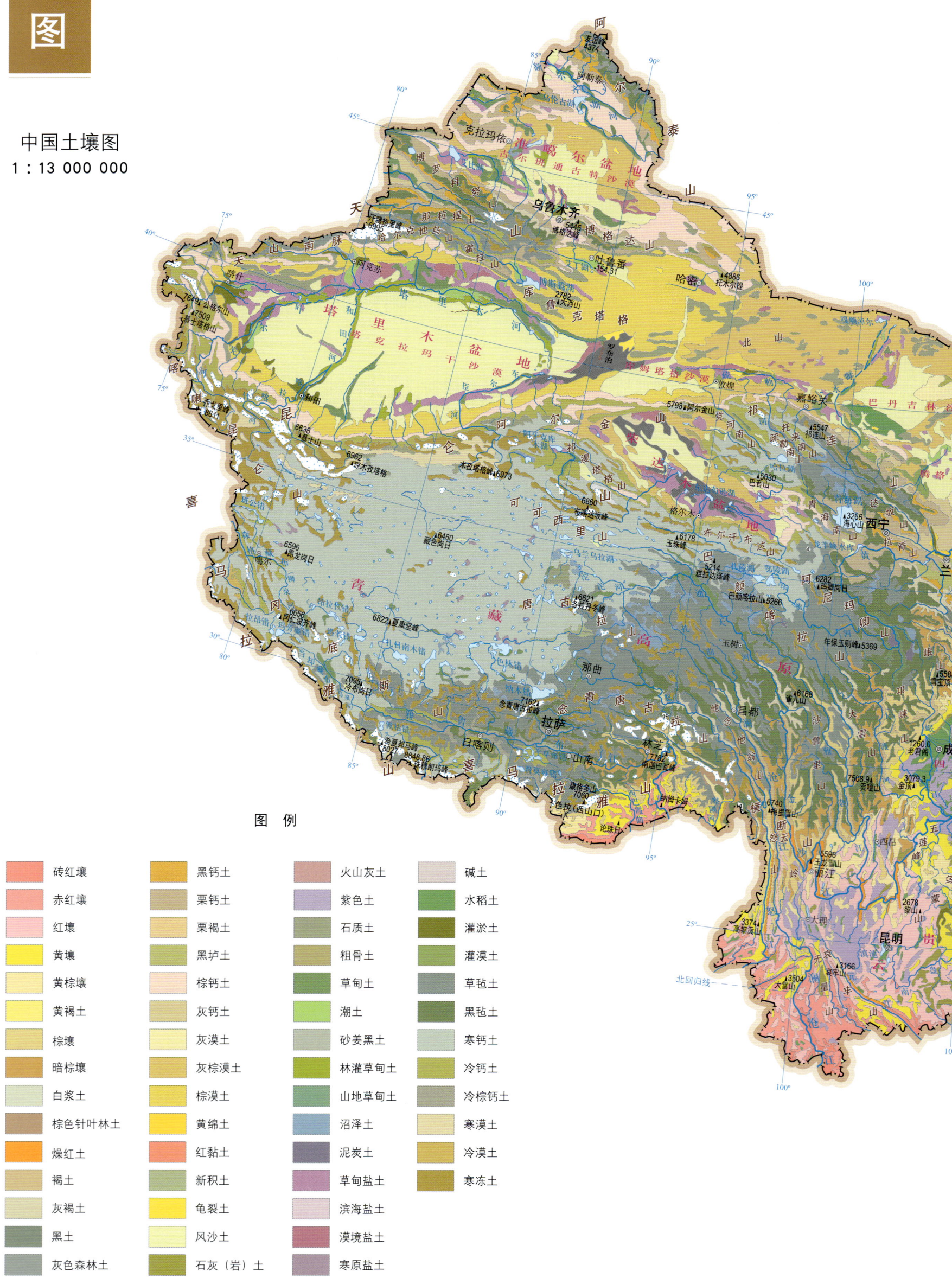

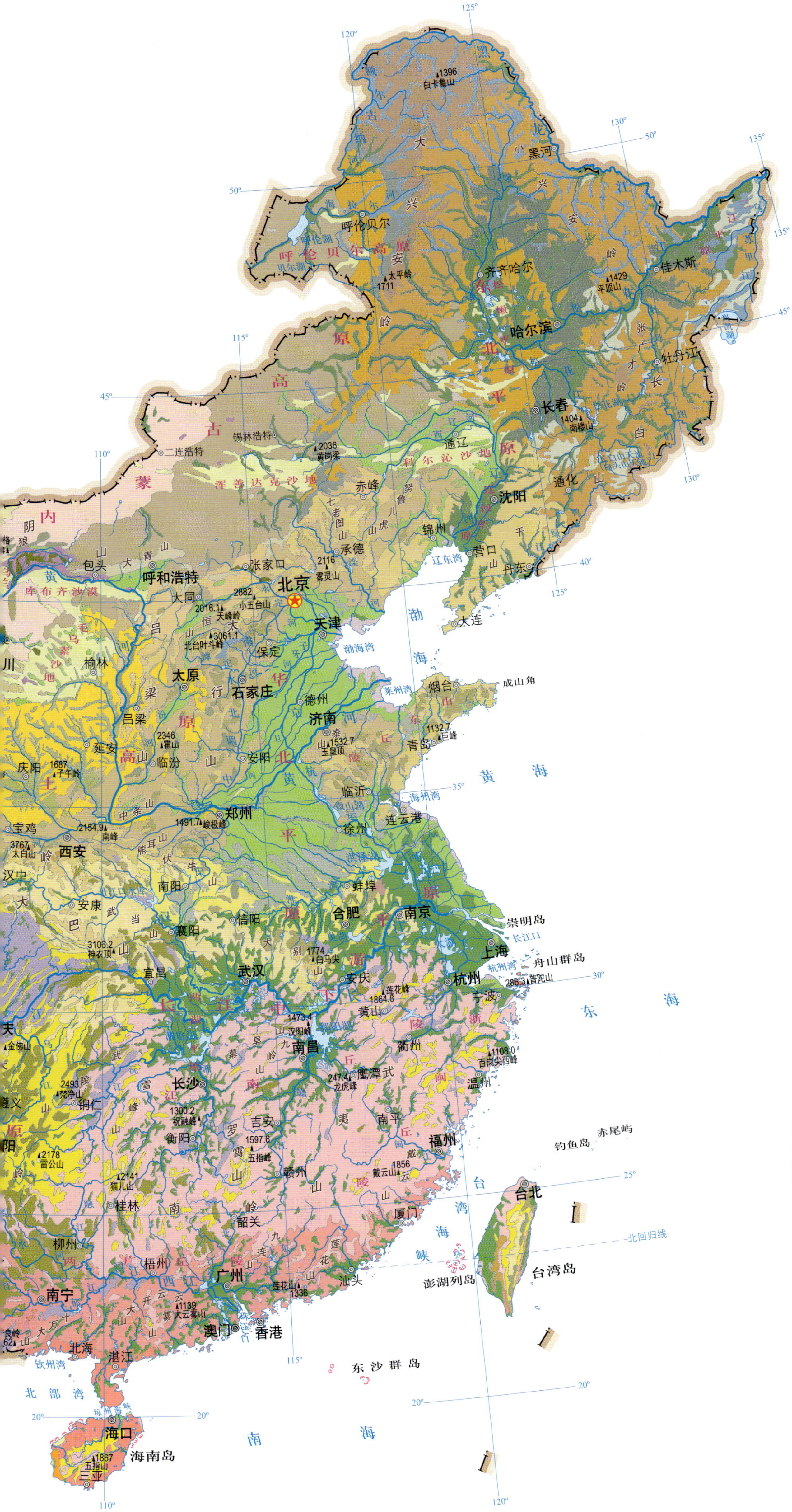

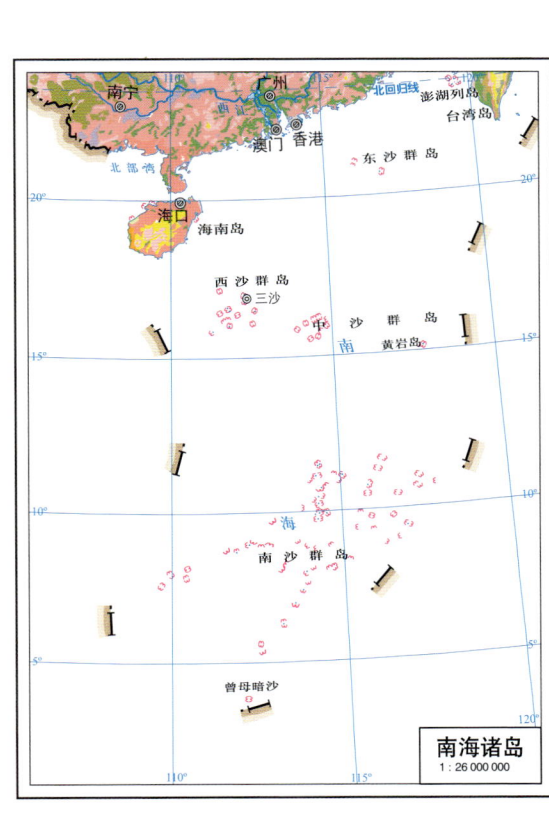

中国土壤有机质含量图
1∶13 000 000

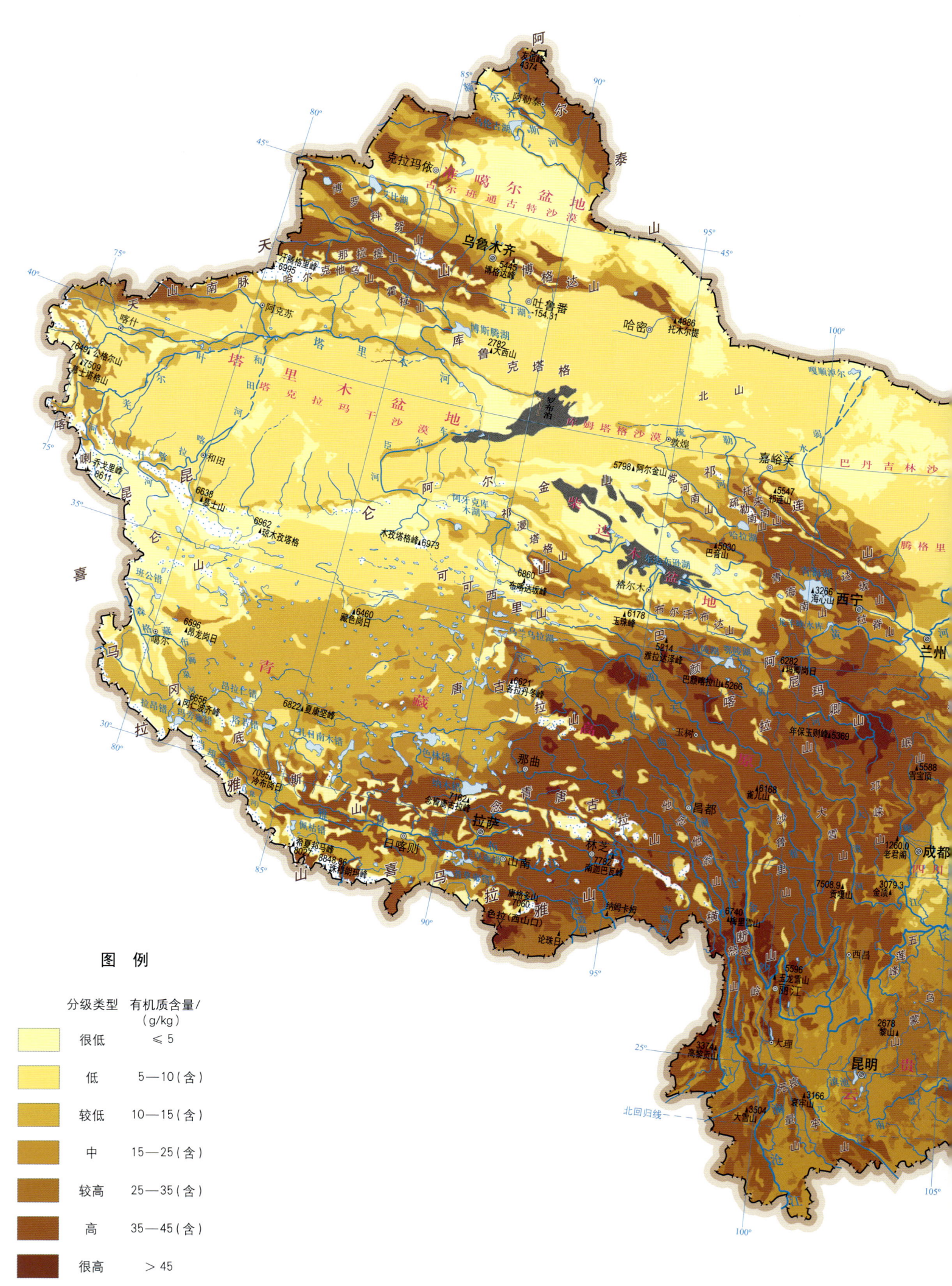

图 例

分级类型	有机质含量/（g/kg）
很低	≤5
低	5—10（含）
较低	10—15（含）
中	15—25（含）
较高	25—35（含）
高	35—45（含）
很高	>45

注：土层厚度为0—30cm。

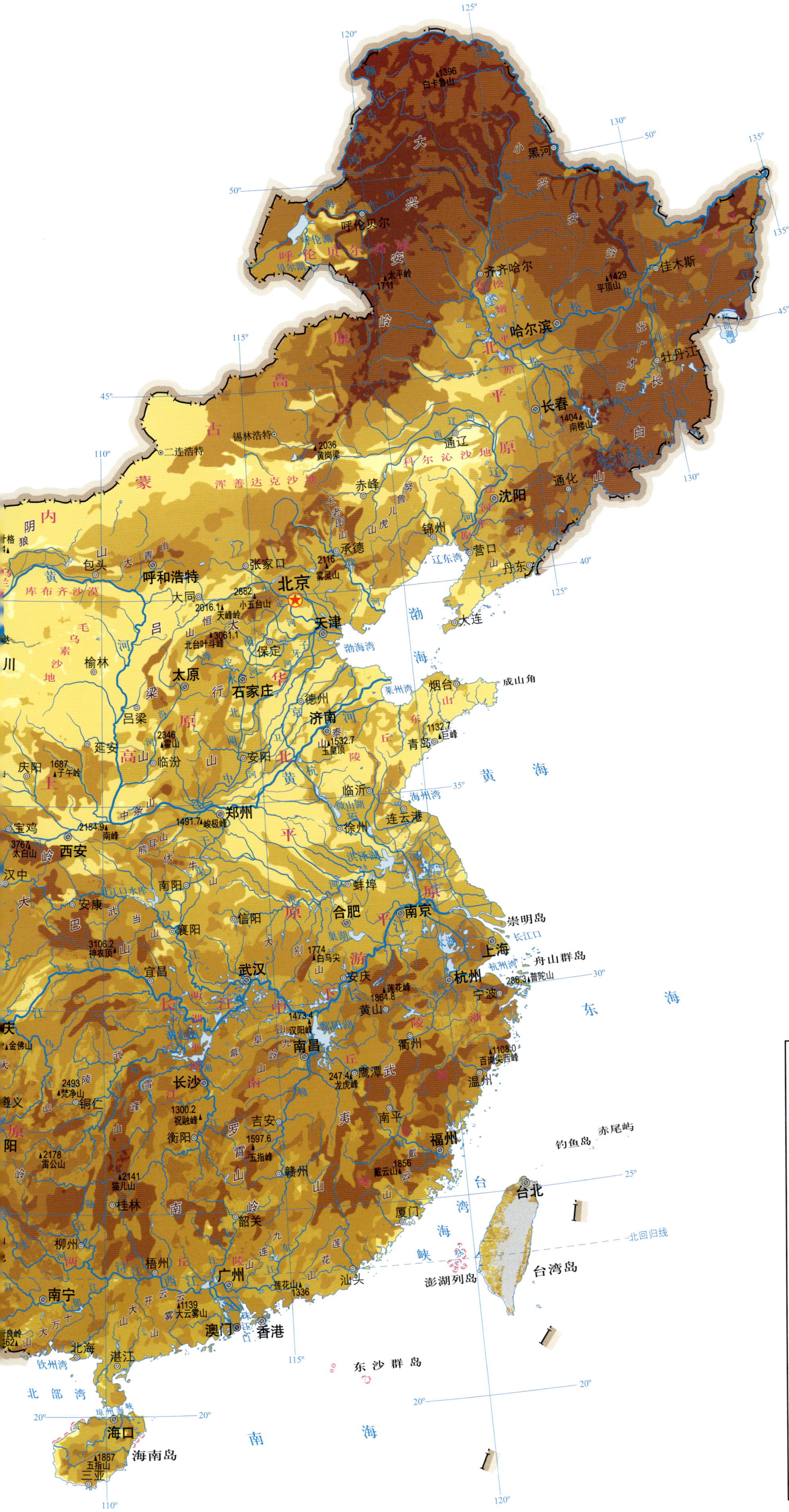

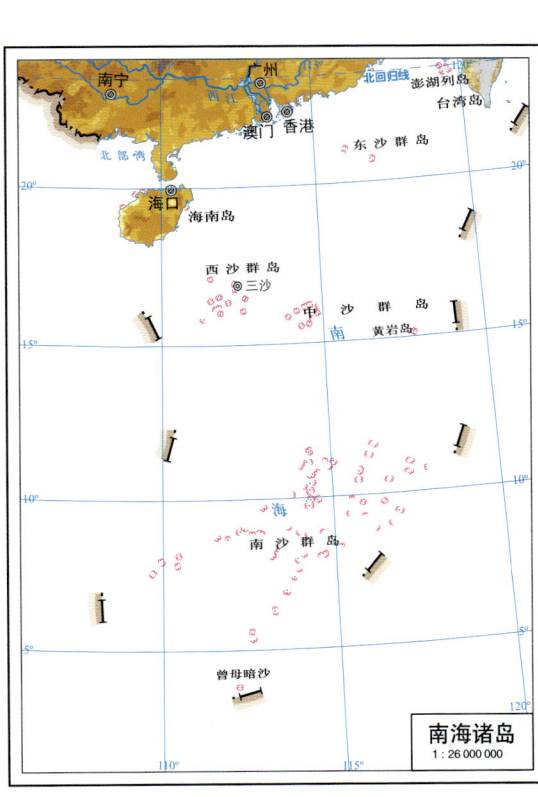

中国地势图

1 : 13 000 000

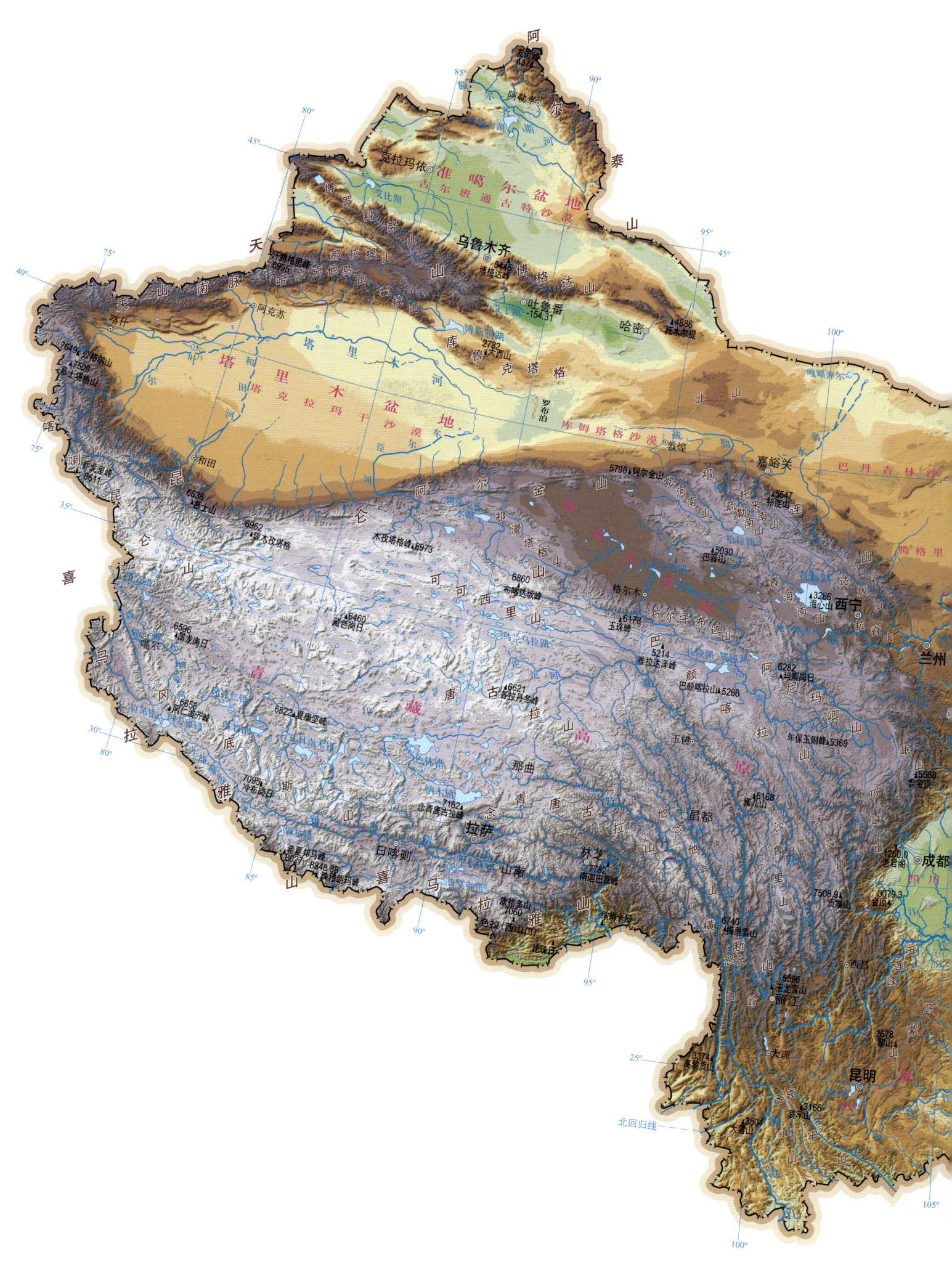

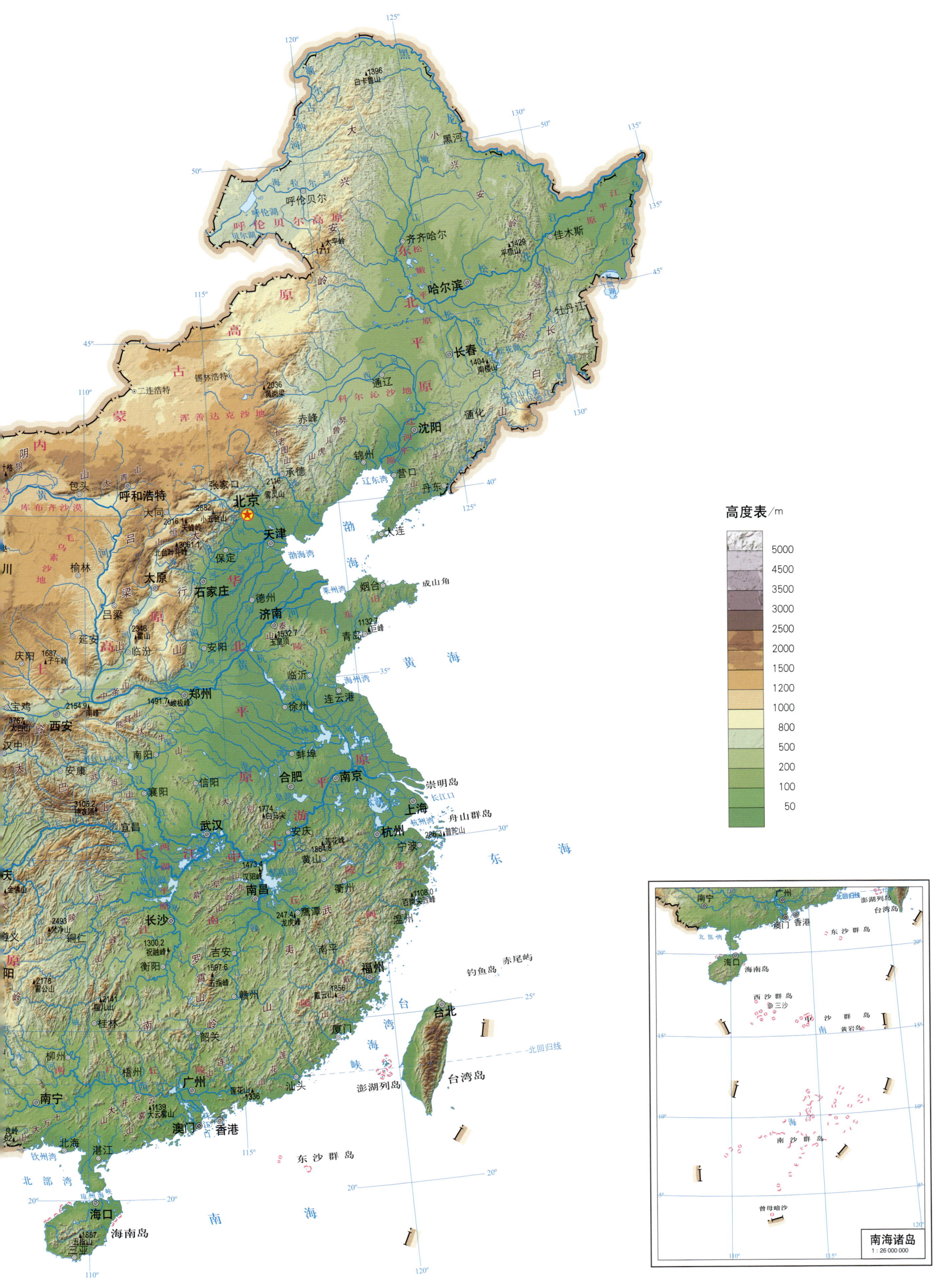

贵州省土壤图

1:1 470 000

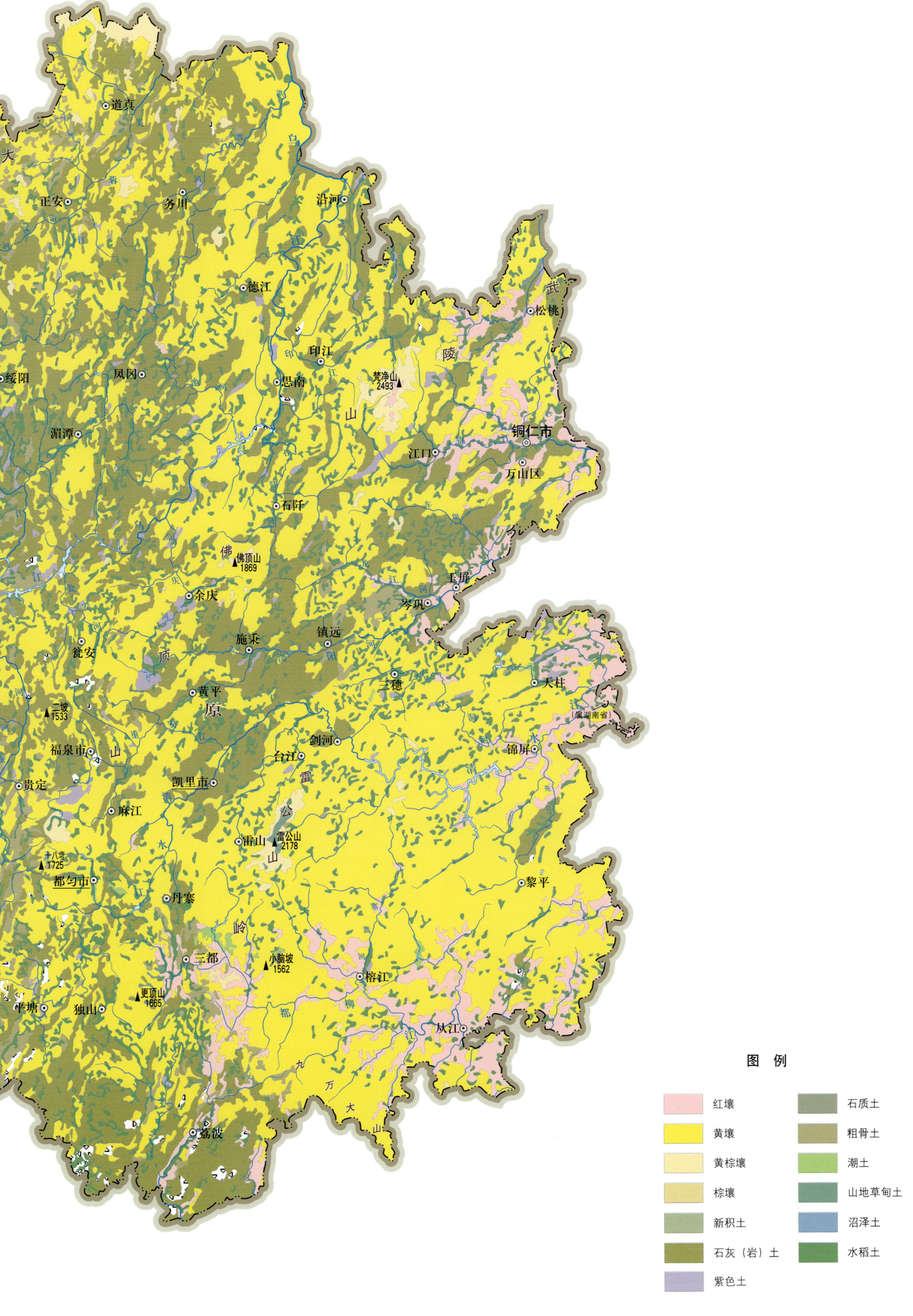

贵州省土壤有机质含量图
1∶1 470 000

注：土层厚度为 0—30cm。

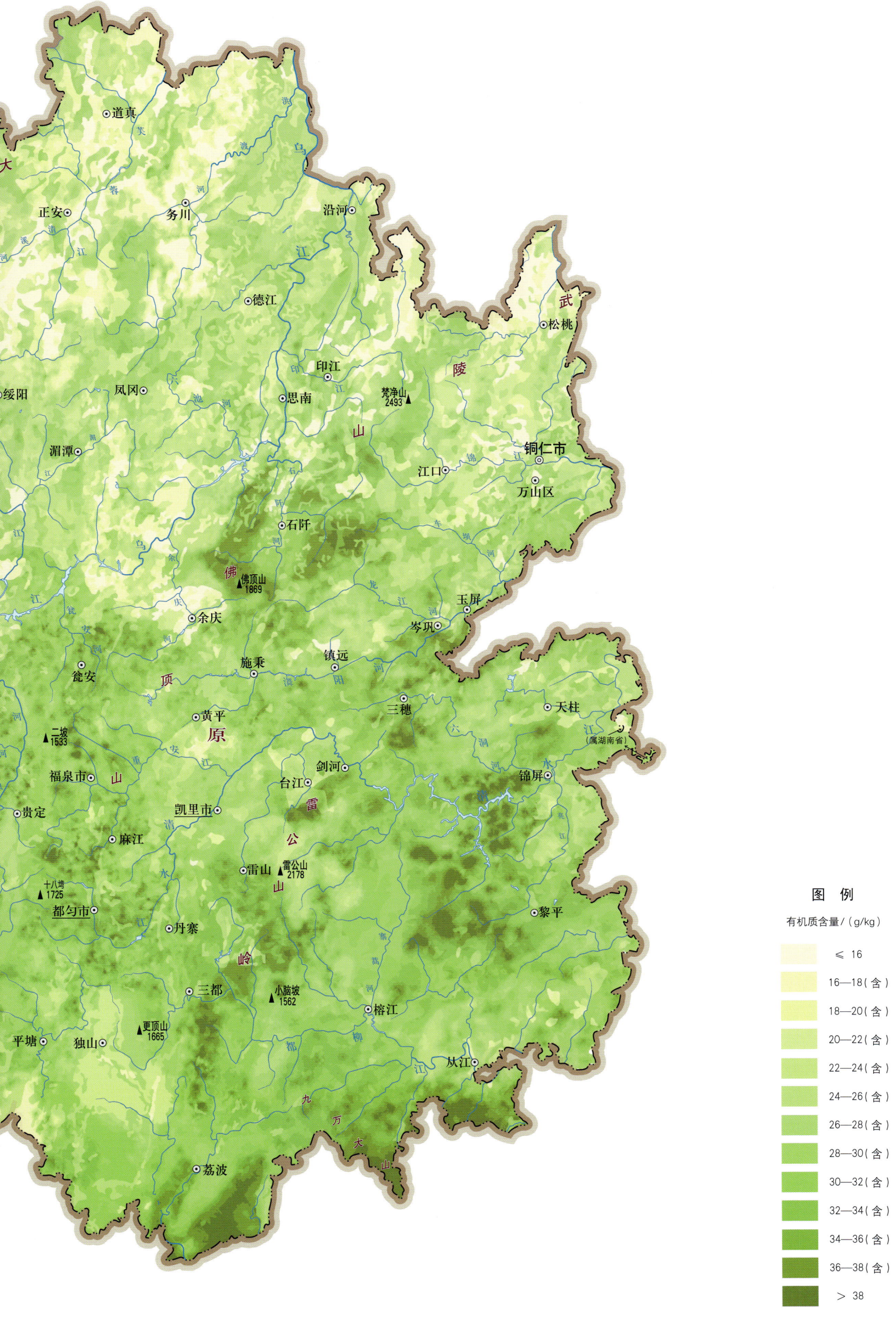

贵州省地势图
1:1 470 000

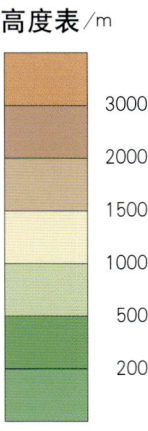

云南省土壤图
1:2 800 000

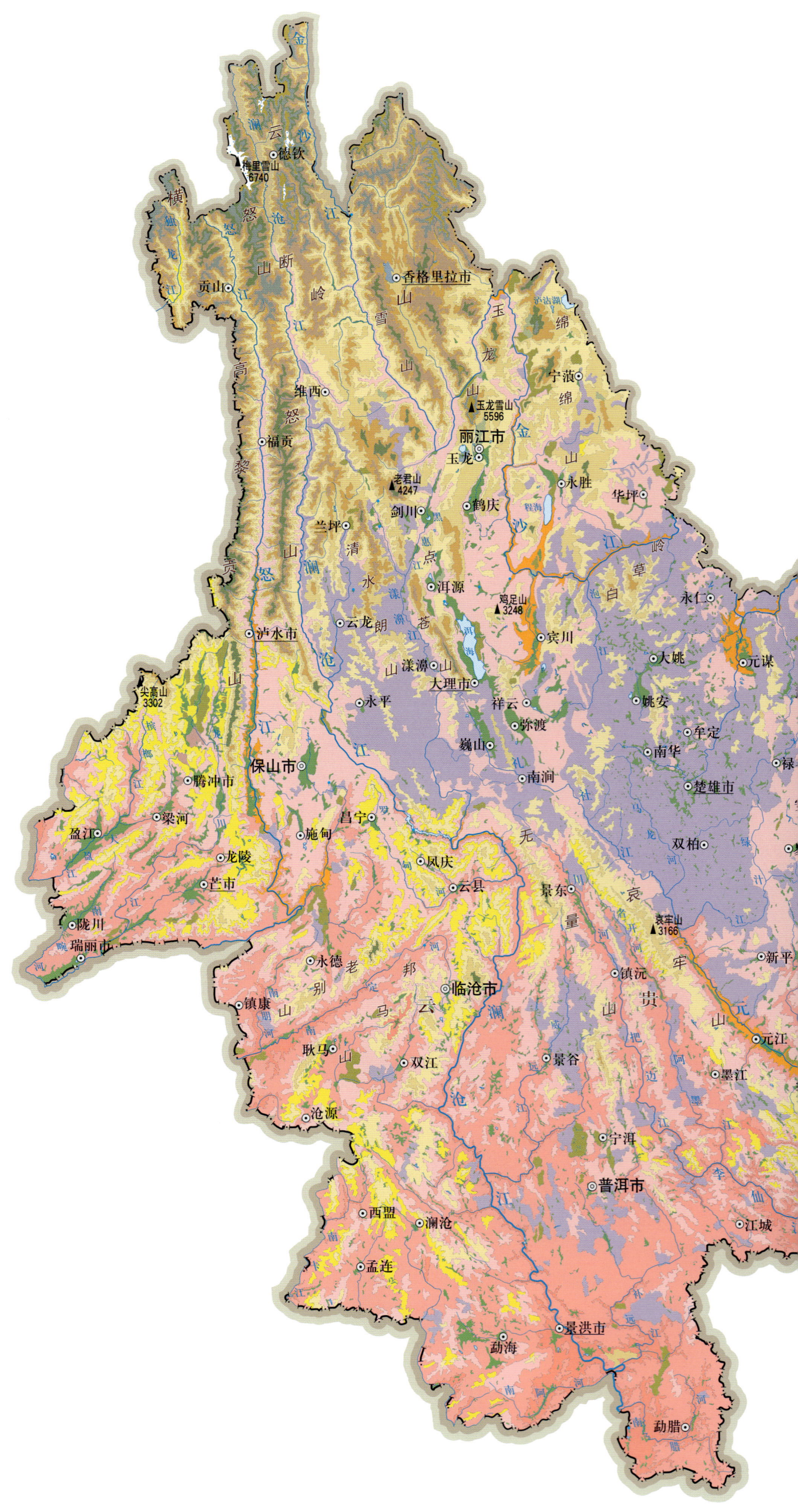

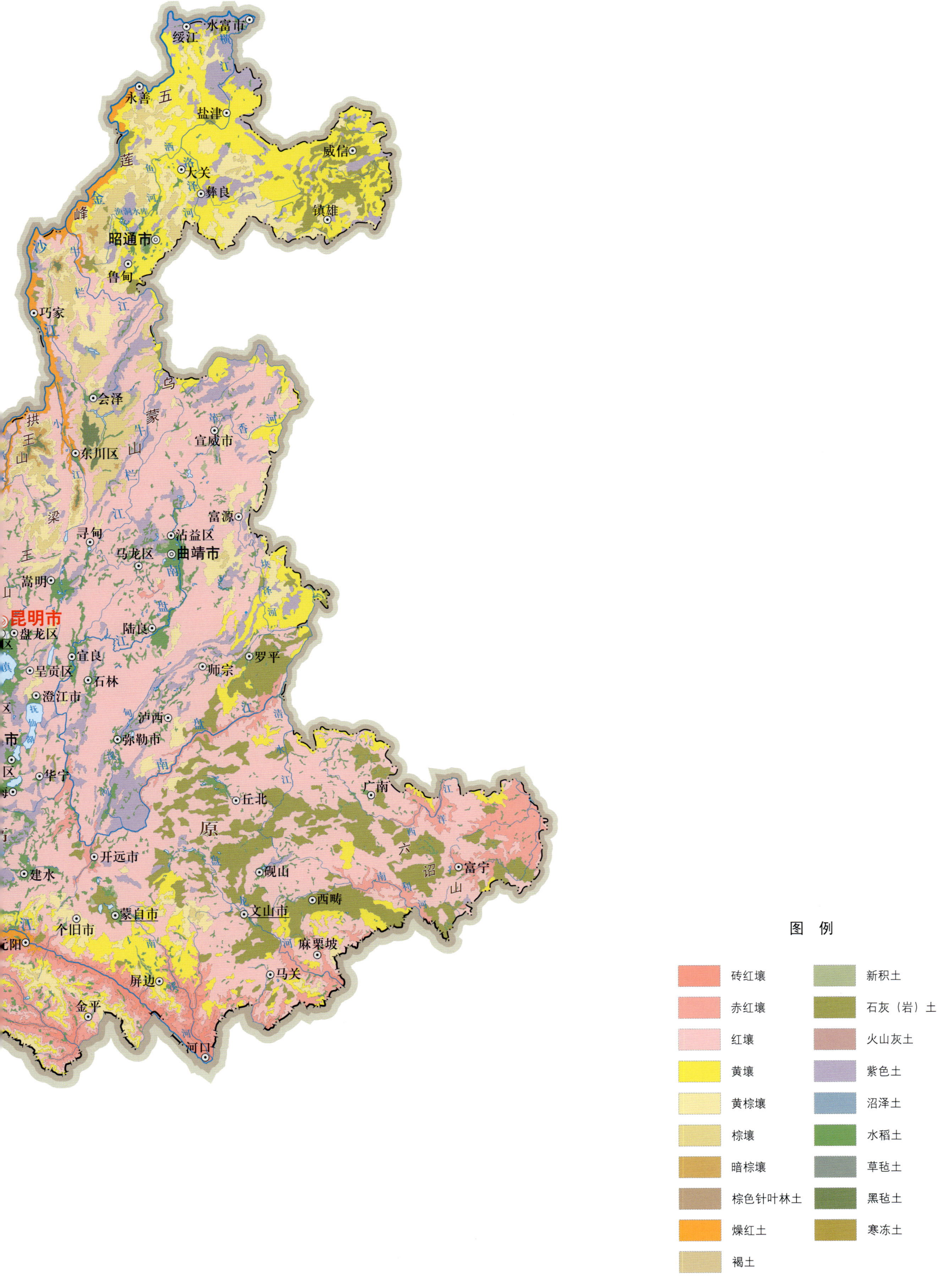

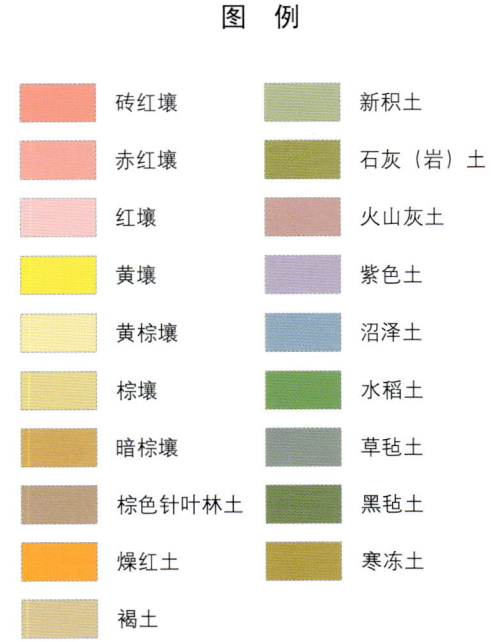

云南省土壤有机质含量图
1∶2 800 000

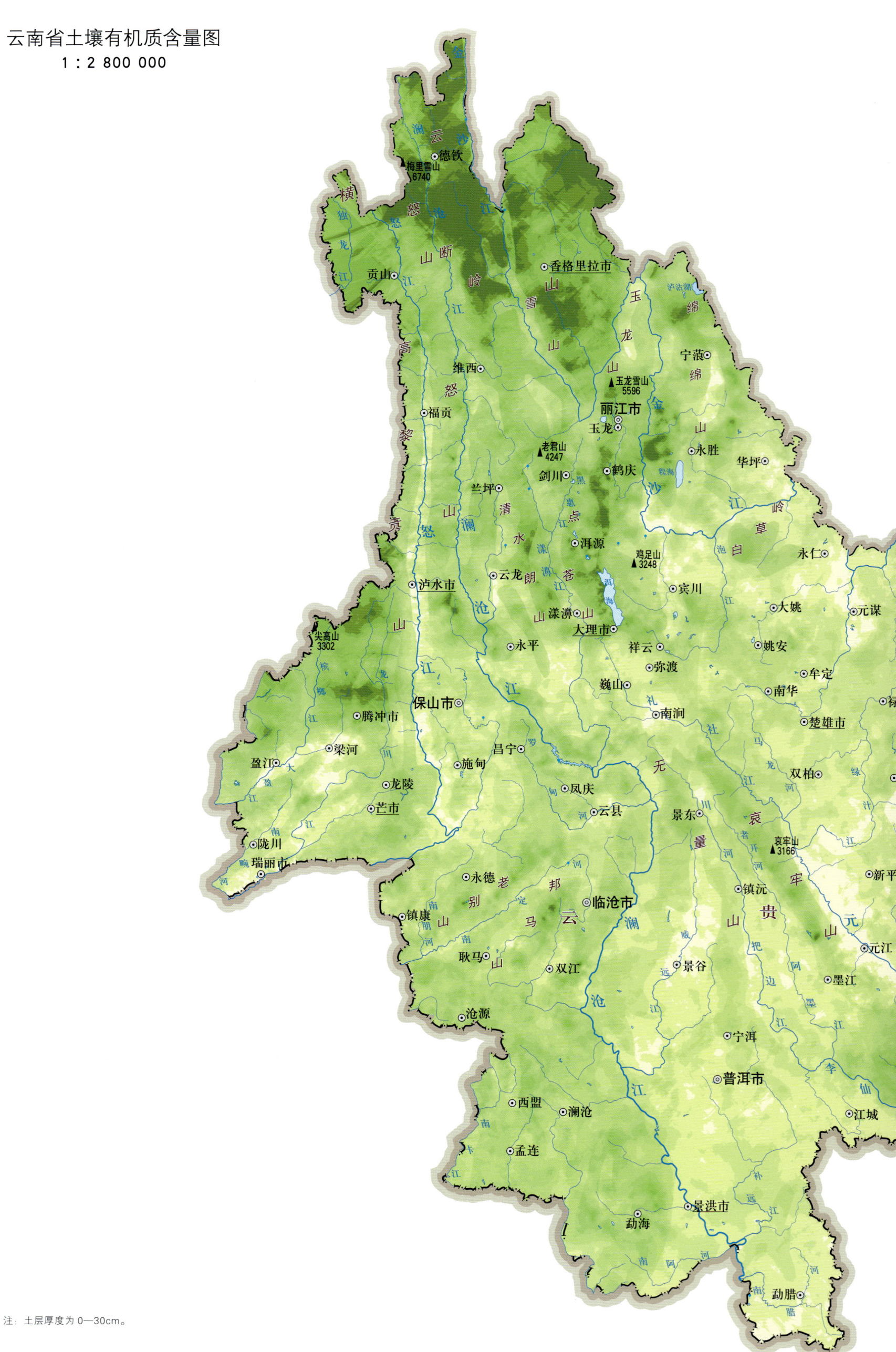

注：土层厚度为0—30cm。

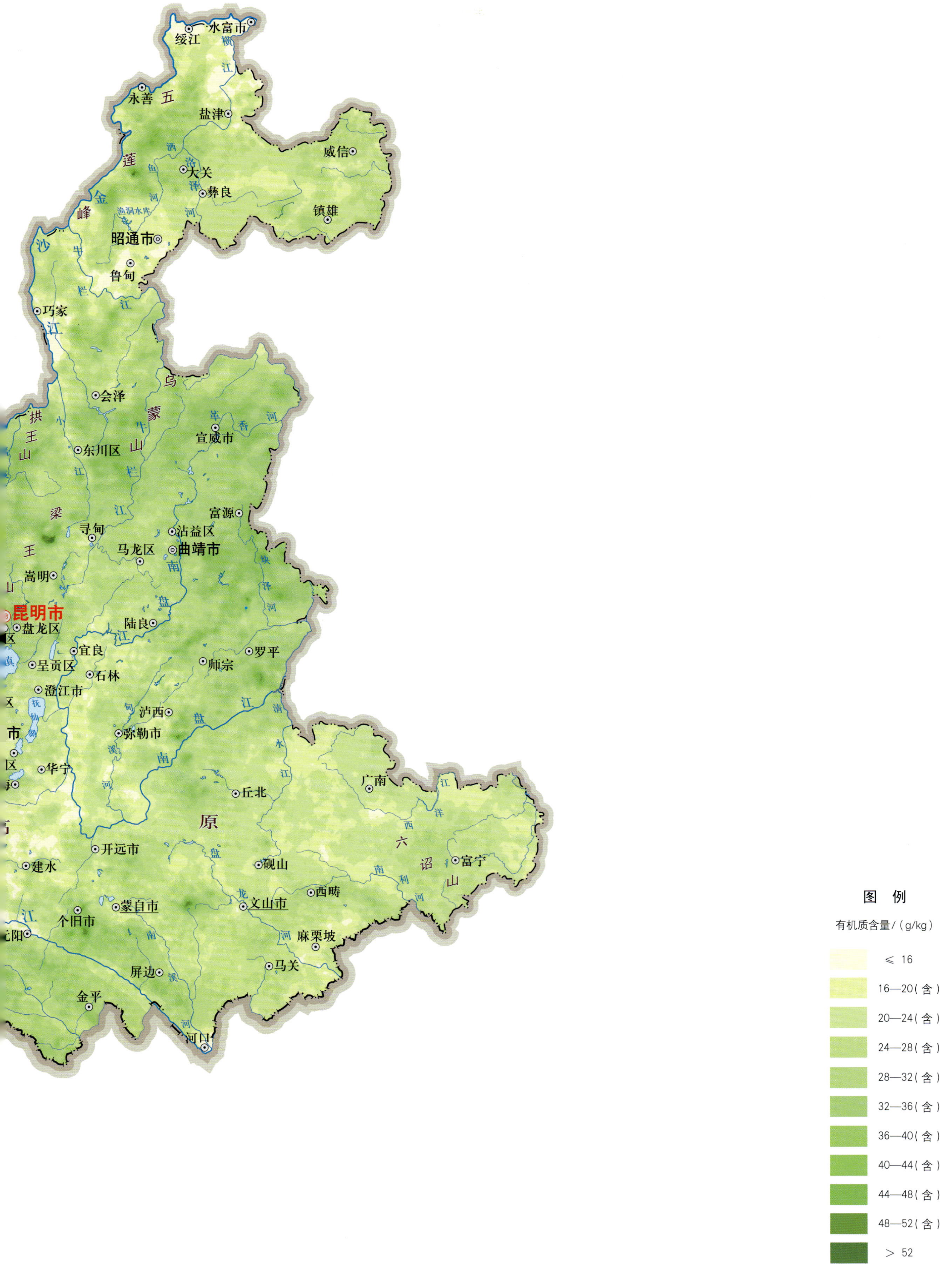

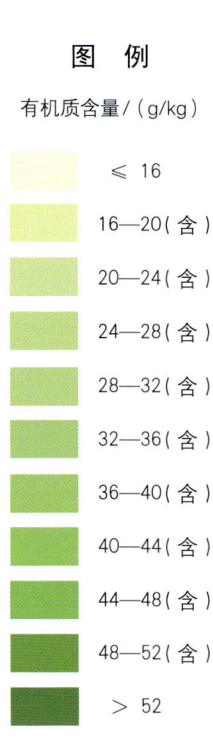

水富市
绥江
永善
盐津
威信
大关
彝良
镇雄
昭通市
鲁甸
巧家
会泽
宣威市
东川区
富源
寻甸
沾益区
马龙区
曲靖市
嵩明
昆明市
盘龙区
陆良
宜良
呈贡区
石林
师宗
罗平
澄江市
泸西
弥勒市
华宁
丘北
广南
原
开远市
建水
砚山
富宁
六
诏
山
西畴
蒙自市
文山市
个旧市
麻栗坡
马关
屏边
金平
河口
图 例
有机质含量/(g/kg)
≤ 16
16—20(含)
20—24(含)
24—28(含)
28—32(含)
32—36(含)
36—40(含)
40—44(含)
44—48(含)
48—52(含)
> 52

云南省地势图
1:2 800 000

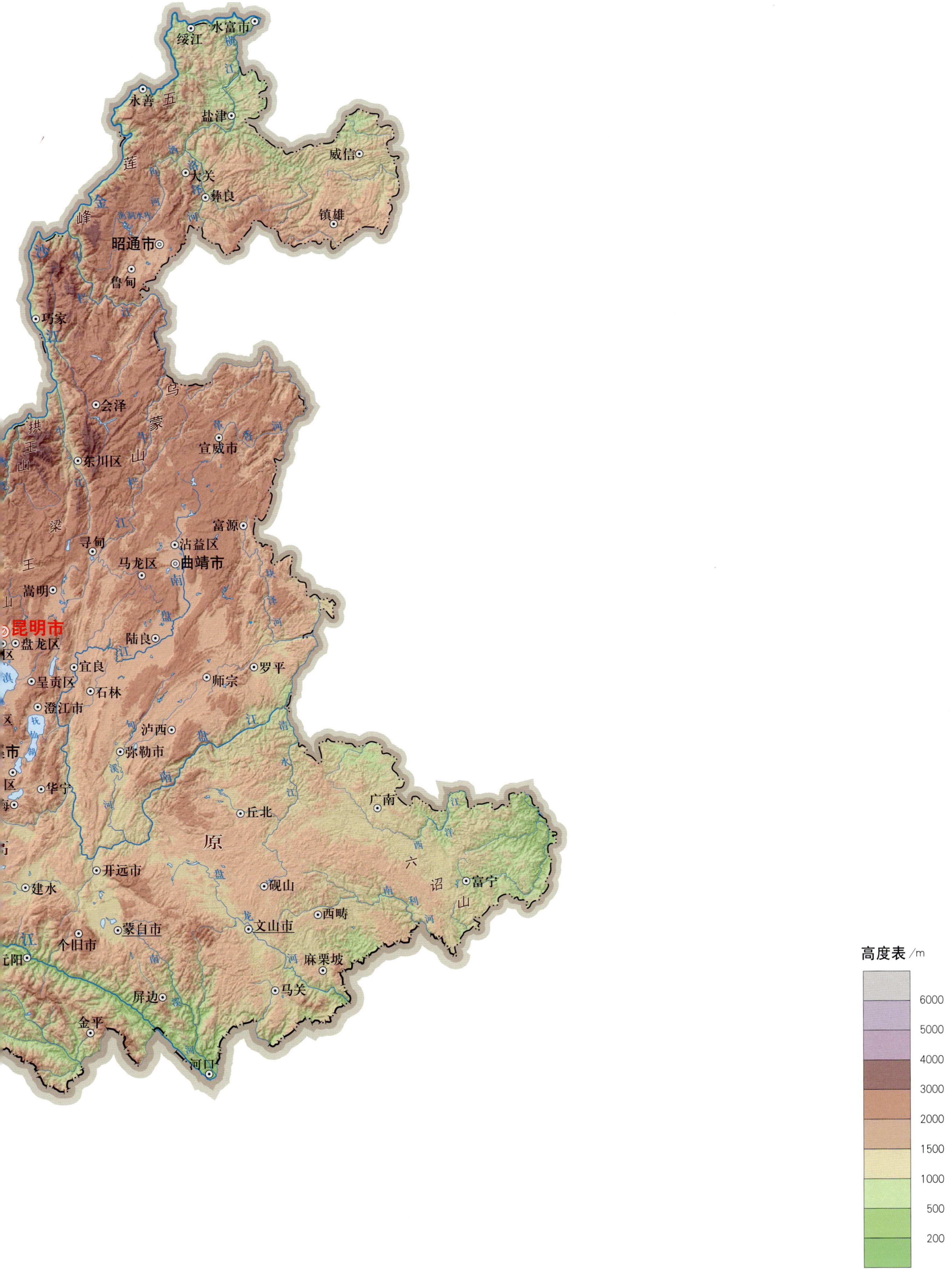

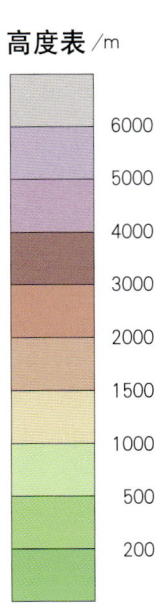

高度表/m

中国土壤剖面数据集·贵州、云南卷

第二编 | 贵州省分县土壤图与土壤剖面数据

贵 阳 市

市 辖 区

主要土类说明

黄壤是贵阳市主要土壤类型，占本市地域面积的41%。黄壤发育于温暖湿润的亚热带气候条件下，成土母质主要为砂页岩、砂岩、页岩等风化物及红色黏土。土体一般较深厚，酸性强，土壤剖面具有黄化层，养分含量低，有效磷缺乏。

粗骨土是贵阳市第二大土壤类型，占本市地域面积的24%。粗骨土属初育土，主要发生于亚热带湿润气候区，具A-C剖面构型，盐基饱和度为15%—30%。土体厚度一般为20—50cm，A层厚度以10—15cm居多。成土过程无黏化作用，有不同程度的淋溶作用。粗骨土多分布在山丘陡坡地段，土壤侵蚀严重。

石灰（岩）土是贵阳市第三大土壤类型，占本市地域面积的19%。石灰（岩）土为岩成土，主要发育于碳酸岩类出露区域。石灰（岩）土具有碳酸盐强烈淋失，硅、铁、铝相对聚集，有机质积累量高等特点，土层浅薄，多具A-R剖面构型。

水稻土占本市地域面积的15%，多连片集中分布在河流阶地、丘陵盆地及山冲槽谷地带。水稻土是在长期的季节性淹灌、水下翻耕、季节性脱水、氧化还原交替影响下，原来的成土母质或母土的特性发生重大改变形成的新的土壤类型。由于干湿交替，水稻土形成糊状的淹育层、较坚实板结的犁底层、渗育层、潴育层与潜育层等多种发生层。这些不同发生层是在人为耕作、水浆管理下形成的。

小于本市地域面积3%的土壤类型有紫色土。

本区域中心区气候特征

本区域中心区气候特征值
Regional climate characteristics in central area of the region

气候带：北亚热带湿润气候 Climate region: North subtropical humid climate	
年平均气温 /℃ Annual average temperature /℃	15.5
年平均最高气温 /℃ Annual average maximum temperature /℃	19.8
年平均最低气温 /℃ Annual average minimum temperature /℃	12.4
年降水量 /mm Annual precipitation /mm	1123
≥10℃的积温 /℃ Daily temperature accumulated in a year（≥10℃）/℃	5598
年日照时数 /h Annual sunshine /h	1138
年平均相对湿度 /% Annual average relative humidity /%	78
干燥度 Dryness	0.80

本区域中心区月平均气温与月平均降水量
Monthly temperature and precipitation in central area of the region

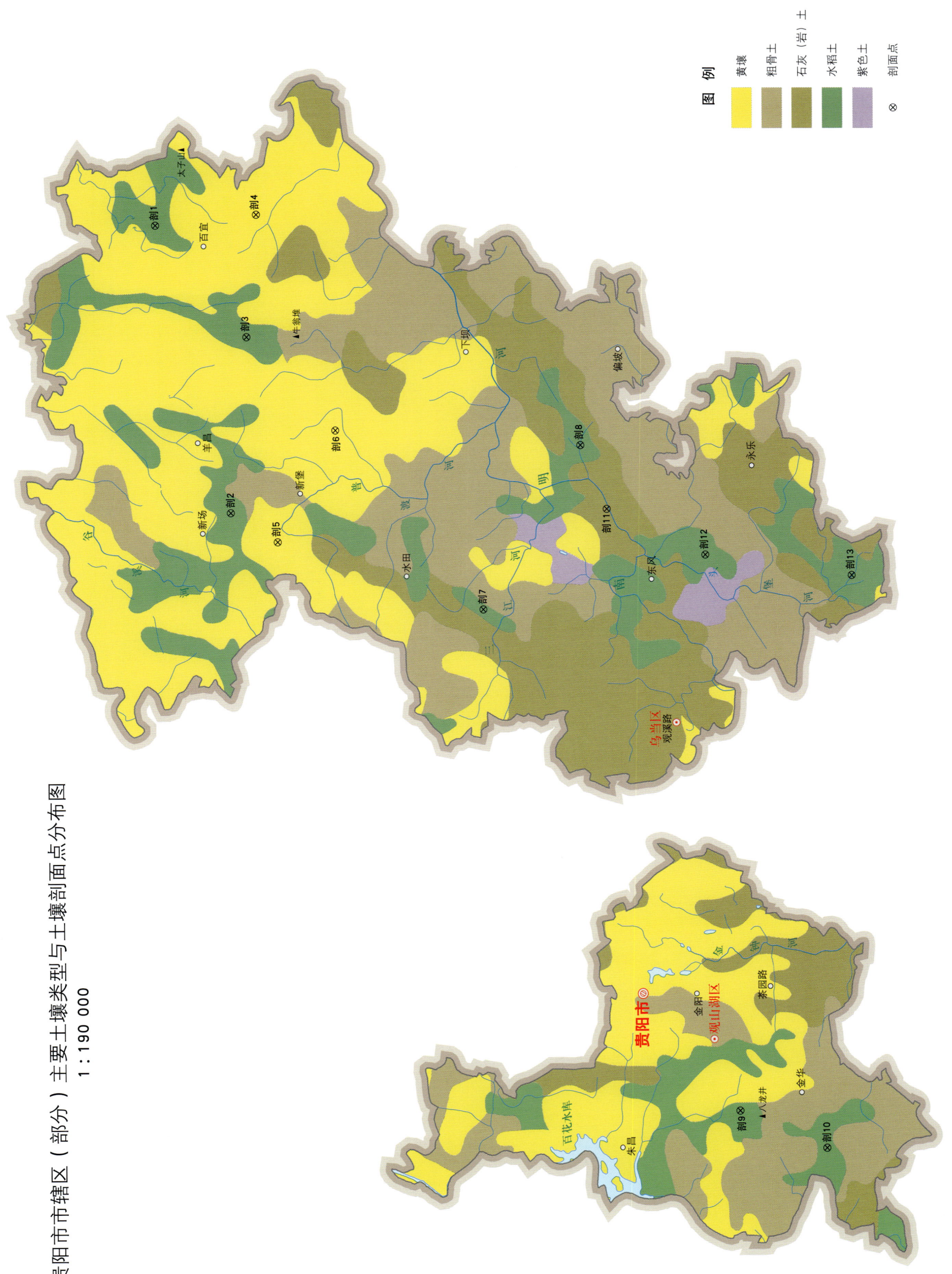

贵阳市市辖区（部分）主要土壤类型与土壤剖面点分布图 1:190 000

贵阳市土壤剖面理化性状表

剖面号 Soil profile	土纲 Soil order	土类 Soil great group	亚类 Soil subgroup	土属 Soil genus	土种 Soil species	土层码 Layer code	土层厚度 Depth/cm	颜色 Soil color	质地 Soil texture	土壤结构 Soil structure	pH	有机质 OM/(g/kg)	全氮 TN/(g/kg)	全磷 TP/(g/kg)	全钾 TK/(g/kg)	有效磷 AP/(mg/kg)	速效钾 AK/(mg/kg)	阳离子交换量CEC/(cmol/kg)	土壤母质 Parent material	剖面点坐标 Profile coordinate	匹配指数 Matching index/%
剖1	人为土	水稻土	潴育水稻土	黄泥田	黄油砂泥田	1	0—21	暗灰色	砂壤土	粒状	6.5									E 106°59′03.8″ N 26°51′03.6″	93
						2	21—26	灰色	壤土	小块状	6.5										
						3	26—41	棕色	壤土	柱状	6.8										
						4	41—100	黄棕色	粘壤土	碎块状	6.8										
剖2	人为土	水稻土	渗育水稻土	黄泥田	黄泥田	Aa	0—16	灰黄色	壤质黏土	小块状	6.2	33.6	2.10	0.83	18.7	8.0	212	16.9	由页岩风化坡积物发育的黄壤	E 106°50′53.9″ N 26°49′16.7″	74
						Ap	16—27	灰黄色	黏土	块状	6.2	31.0	1.99	0.76	18.2	6.0	154	15.6			
						P	27—55	黄色	黏土	棱柱状	4.9	16.6	1.43	0.51	21.3	2.0	74	12.0			
						C	55—100	浅红黄色	黏土	大块状	5.2	3.0	0.18	0.33	19.9	1.0	90				
剖3	人为土	水稻土	潴育水稻土	大眼泥田	大眼泥田	1	0—19	暗灰色	壤土	小块状	7.0									E 106°55′51.6″ N 26°48′47.5″	80
						2	41—62	棕灰色	黏土质壤土	棱柱状	7.2										
						3	62—100		黏土												
剖4	铁铝土	黄壤		黄砂泥土	黄砂泥土	A	0—17	浅黄棕色	粉砂质黏土	粒状	5.7	34.0	1.44	0.62	11.0	17.0	52	9.4	砂页岩残积物	E 106°59′19.3″ N 26°48′29.2″	73
						AB	17—45	暗黄棕色	壤质黏土	块状	5.1	30.9	1.34	0.39	11.4	2.0	29	11.1			
						B	45—66	暗黄棕色	粉质黏土	块状	5.1	17.9	1.03	0.28	13.9	1.0	20	8.1			
						BC	66—100	暗黄棕色	粉质黏土	无明显结构	5.6	13.4	0.73	0.73	18.9	1.0	28				
剖5	铁铝土	黄壤		黄砂泥土	厚黄砂泥土	A	0—20	暗黄棕色	壤质黏土	粒状	4.5	65.2	2.82	0.77	16.0	2.3	143	30.7	砂页岩互层风化物	E 106°50′03.3″ N 26°48′05.6″	81
						B	20—60	浅黄棕色	壤质黏土	碎块状	5.3	12.1	0.82	0.22	12.2		19	8.8			
						BC	60—100	黄色	壤质黏土	碎块状	5.2	9.8	0.53	0.19	8.2		24	8.2			
剖6	铁铝土	黄壤		黄砂泥土	覆钙黄砂泥土	A	0—20	灰灰色	粉砂质黏壤土	团粒块状	7.3	28.6	1.26	0.38		6.0	71		砂页岩风化残积物	E 106°53′11.4″ N 26°46′34.3″	99
						B₁	20—45	灰黄色	粉砂质黏壤土	碎块状	6.2	17.6	0.95	0.30		4.0	25				
						B₂	45—100	黄灰色	粉砂质黏壤土	块状	6.6	3.7	0.31	0.14		3.0	24				
剖7	人为土	水稻土	淹育水稻土	坡烂黄泥田	黄砂泥田	1	0—14	黄灰色	砂壤土	块状	6.0								砂岩坡积物	E 106°48′03.2″ N 26°42′53.3″	88
						2	14—24	灰黄色	壤土	棱块状	5.0										
						3	24—100	黄色	壤土	碎屑状	7.2										
剖8	人为土	水稻土	潴育水稻土	黄泥田	黄泥田	1	0—16	黄色	轻黏土	小块状、粒状	6.8									E 106°52′39.0″ N 26°40′19.9″	95
						2	42—100	灰黄色	粉砂质黏壤土	片块状	6.7	42.7	2.42	1.12	26.7	2.0	99	12.8			
剖9	人为土	水稻土	潴育水稻土	斑黄泥田	油黄泥田	Aa	0—19	浅灰棕色	粉砂质黏壤土	棱柱状	6.4	31.8	1.99	0.39	27.5	3.0	98	11.6		E 106°33′47.9″ N 26°36′35.6″	87
						Ap	19—26	浅黄棕色	壤质黏壤土	棱柱状	6.3	24.3	1.48	0.74	25.8	8.0	147	9.8			
						W₁	26—66	黄棕色	壤质黏壤土	块柱状	6.4	21.9	1.35	0.49	23.4	16.0	127	13.3			
						W₂	66—100		重壤土	块粒状											
剖10	人为土	水稻土	潴育水稻土	鸭屎泥田	湿鸭屎泥田	1	0—15	棕色	黏土	块状	7.0									E 106°32′42.7″ N 26°34′23.9″	99
						3	25—90	青灰色	黏壤土	核状	7.8										
剖11	初育土	石灰（岩）土	黑色石灰土	黑色石灰土		1	0—10	黑棕色	黏土	核块状	7.5									石灰岩残积物	E 106°50′49.9″ N 26°39′41.8″	81
						2	10—20	灰棕色	黏壤土	棱块状	6.5										
剖12	人为土	水稻土	潴育水稻土	黄泥田	小黄泥田	1	0—20	暗黄色	壤土	块状	6.5									E 106°49′29.3″ N 26°37′12.4″	93
						2	20—28	浅黄色	壤土	细棱块状	7.0										
						3	28—45	浅黄灰色	壤土	团粒状	5.5										
						4	45—100	浅黄黄色	壤土	块状	7.5										
剖13	人为土	水稻土	潴育水稻土	大眼泥田	龙风大眼泥田	1	0—22	灰黑色	壤土	小块状	7.5									E 106°48′50.4″ N 26°33′29.2″	78
						2	22—30	浅黄色	壤土	小棱块状	7.5										
						3	30—85	浅黄色	壤土	块状	7.5										
						4	85—100	浅黄色	黏土	小棱块状	7.5										

花 溪 区

主要土类说明

粗骨土是花溪区主要土壤类型，占本区地域面积的30%。粗骨土属初育土，主要发生于亚热带湿润气候区，具A-C剖面构型，盐基饱和度为15%—30%。土体厚度一般为20—50cm，A层厚度以10—15cm居多。成土过程无黏化作用，有不同程度的淋溶作用。粗骨土多分布在山丘陡坡地段，土壤侵蚀严重。

石灰（岩）土是花溪区第二大土壤类型，占本区地域面积的29%。石灰（岩）土为岩成土，主要发育于碳酸岩类出露区域，多分布在石板、党武、青岩、马铃等地。石灰（岩）土具有碳酸盐强烈淋失，硅、铁、铝相对聚集，有机质积累量高等特点，土层浅薄，多具A-R剖面构型。

水稻土是花溪区第三大土壤类型，占本区地域面积的25%，多连片集中分布在河流阶地、丘陵盆地及山冲槽谷地带。水稻土是在长期的季节性淹灌、水下翻耕、季节性脱水、氧化还原交替影响下，原来的成土母质或母土的特性发生重大改变形成的新的土壤类型。

黄壤占本区地域面积的12%。黄壤发育于温暖湿润的亚热带气候条件下，成土母质主要为砂页岩、砂岩、页岩等风化物及红色黏土。土体一般较深厚，酸性强，土壤剖面具有黄化层，养分含量低，有效磷缺乏。

紫色土占本区地域面积的3%。由侏罗系棕紫色砂页岩发育而成的紫色土，在本区分布范围小。成土过程以物理风化为主，成土迅速，水土流失严重，具A-AC-C剖面构型，阳离子交换量较高。

小于本区地域面积3%的土壤类型有山地草甸土。

本区域中心区气候特征

本区域中心区气候特征值
Regional climate characteristics in central area of the region

气候带：北亚热带湿润气候 Climate region: North subtropical humid climate	
年平均气温 /℃ Annual average temperature /℃	15.4
年平均最高气温 /℃ Annual average maximum temperature /℃	19.8
年平均最低气温 /℃ Annual average minimum temperature /℃	12.3
年降水量 /mm Annual precipitation /mm	1126
≥10℃的积温 /℃ Daily temperature accumulated in a year (≥10℃) /℃	5586
年日照时数 /h Annual sunshine /h	1180
年平均相对湿度 /% Annual average relative humidity /%	77
干燥度 Dryness	0.79

本区域中心区月平均气温与月平均降水量
Monthly temperature and precipitation in central area of the region

花溪区主要土壤类型与土壤剖面点分布图
1∶190 000

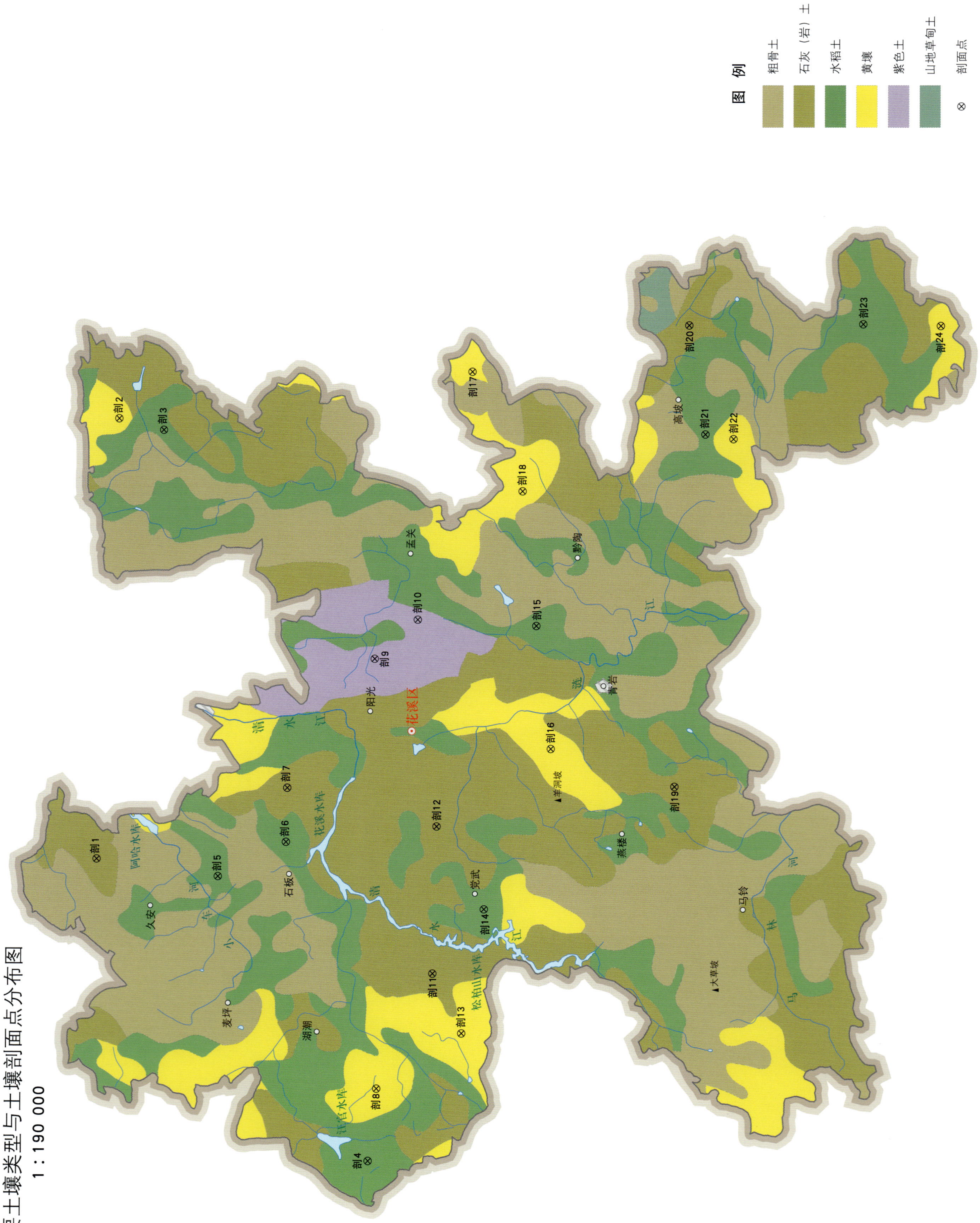

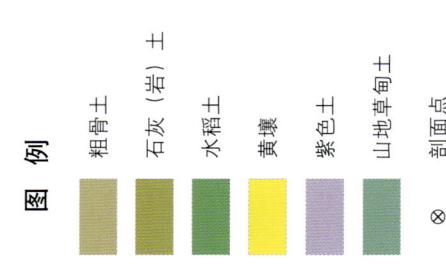

图 例　粗骨土　石灰(岩)土　水稻土　黄壤　紫色土　山地草甸土　⊗ 剖面点

花溪区土壤剖面理化性状表

剖面号 Soil profile	土纲 Soil order	土类 Soil great group	亚类 Soil subgroup	土属 Soil genus	土种 Soil species	土层码 Layer code	土层厚度 Depth/cm	颜色 Soil color	质地 Soil texture	土壤结构 Soil structure	pH	有机质 OM/(g/kg)	全氮 TN/(g/kg)	全磷 TP/(g/kg)	全钾 TK/(g/kg)	碱解氮 AN/(mg/kg)	有效磷 AP/(mg/kg)	速效钾 AK/(mg/kg)	阳离子交换量CEC/(cmol/kg)	土壤母质 Parent material	剖面点坐标 Profile coordinate	匹配指数 Matching index/%
剖1	初育土	石灰（岩）土	大土泥	大土泥	岩泥	1	0~23	暗棕色	壤土	团粒状	7.5	56.9	3.57	1.89		244	10.0	122			E 106°36′29.2″ N 26°32′26.9″	79
						2	23~54	暗灰色	壤土	块状	7.0	53.3	2.36	1.32		223	7.0	97				
						3	54—	黄棕色	壤土	块状	7.0	31.2	1.74	0.95		215	3.0	92				
剖2	铁铝土	黄壤	硅铁质黄壤	厚层硅铁质黄壤		1	0~15	棕黄色	中壤土	团块状	6.0	40.1	1.92	2.06		249	24.0	125			E 106°48′26.1″ N 26°31′47.7″	81
						2	15~20	棕黄色	中壤土	小块状	6.0	42.8	1.72	1.71		220	19.0	119				
						3	20~40	黄棕色	重壤土	大块状	5.5	29.2	1.25	2.02			10.0	72				
						4	40—	黄色	重壤土	块状	5.5	12.0	0.67	2.32		84	6.0	44				
剖3	人为土	水稻土	潴育水稻土	黄泥田	黄泥田	1	0~13	棕黄色	中壤土	小块状	7.0	31.3	1.85	1.26		154	1.7	105		由砂页岩发育的寨泥田	E 106°48′06.0″ N 26°30′42.0″	87
						2	13~22	黄棕色	重壤土	梭柱状	7.0	30.6	1.65	1.16		141	1.5	102				
						W	22~100	黄色	黏土	柱状	7.0	20.8	0.86	0.65		71	0.4	99				
剖4	人为土	水稻土	潴育水稻土	潮泥田	潮泥田	1	0~20		轻壤土	团粒状	8.0	35.0	2.55	1.27		174	2.0	101		河流沉积物	E 106°28′13.4″ N 26°25′50.9″	72
						2	20~32	棕黄色	中壤土	梭柱状	7.0	36.1	1.60	1.29		156	0.5	90				
						W	32~70	黄色	中壤土	梭柱状	8.0	14.5	0.38	1.15		78	1.0	185				
剖5	人为土	水稻土	潴育水稻土	紫泥田	紫泥田	1	0~20	紫红色	轻壤土	粒状	7.5	36.9								页岩	E 106°35′58.4″ N 26°29′28.8″	78
						2	20~30	紫红色	黏土	块状	7.5	29.8										
						3	30~60	紫红色	黏土	梭柱状	7.5	10.8										
剖6	人为土	水稻土	潴育水稻土	黄泥田	小黄泥田	1	0~20	暗黄色	中壤土	粒状	6.5	44.2	2.20	1.46		205	33.0	100			E 106°36′53.3″ N 26°27′47.9″	73
						2	20~28	棕黄色	重壤土	块状	7.0	37.7	1.67	1.45		165	20.0	98				
						W	28~56	棕黄色	重壤土	梭柱状	7.0	17.8	0.96	0.99		80	14.0	97				
						4	56~100	黄色	重壤土	块状	7.0	15.9	0.64	0.92		70	22.0	98				
剖7	初育土	石灰（岩）土	大土泥	大土泥	大土泥	1	0~14	灰黄色	中壤土	粒状	7.0	39.8	2.20	0.86		193	13.0	132			E 106°38′21.1″ N 26°27′45.4″	77
						2	14~42	黄棕色	中壤土	块状	7.5	29.8	1.73	2.22		158	4.0	41				
						3	42—	棕黄色	重壤土	块状	8.0	10.7	1.78	2.98		166	10.0	20				
剖8	铁铝土	黄壤	硅铝质黄壤	硅铝质黄壤	厚层硅铝质黄壤	1	0~10	黄灰色	砂壤土	碎块状	4.1	86.3	1.12	0.58		100	2.4	88	13.0	砂页岩	E 106°30′09.7″ N 26°25′37.6″	96
						2	10~38	黄灰色	砂壤土	碎块状	4.7	18.8	0.48	0.66		66	1.6	30	11.8			
						3	38~100	黄色	砂壤土	块状	4.1	6.6	0.43	0.51		56	1.6	98				
剖9	初育土	紫色土	酸性紫色土	血砂泥土	厚层血砂泥	A	0~20	暗紫红色	砂质黏壤土	细粒状	4.1	60.1	1.79	0.30	2.6		4.0	52	19.6	粉砂岩风化物	E 106°41′49.2″ N 26°25′35.1″	81
						C	20~81	暗紫红色	粉砂质黏土	细粒状、块状	4.1	8.5	0.40	0.21	4.6		微量	34	17.6			
剖10	初育土	紫色土	酸性紫色土	血泥土	血泥土	A	0~15	紫红色	壤质黏土	小块状	5.0	27.3	1.15	0.05	18.5		5.0	249		酸性砂页岩风化残积物	E 106°42′52.2″ N 26°24′31.3″	71
						C_1	15~34	紫红色	黏质黏土	小块状	4.7	8.8	0.52	0.23	19.4			92				
						C_2	34~80	紫红色	黏土	无明显结构	4.8	8.3	0.31	0.53			1.0	91				
剖11	初育土	石灰（岩）土	大土泥	大土泥	大土泥	1	0~20	暗棕色	中壤土	小团粒状	7.5	28.8	1.69	1.03		172	7.0	103			E 106°33′15.5″ N 26°24′13.7″	75
						2	20~33	暗棕色	中壤土	团粒状	7.0	21.2	1.11	1.28		85	7.0	43				
						3	33~100	暗棕色	中壤土	团粒状	8.0	11.0	0.65	0.93		40	5.0	25				
剖12	初育土	石灰（岩）土	黑色石灰土	黑色石灰土	厚层黑色石灰土	1	0~3	黑色	壤土	团粒状	8.0	101.0	4.61	1.42		350	8.0	120		白云质灰岩	E 106°37′15.6″ N 26°24′06.1″	80
						2	3~34	黑色	壤土	团粒状	8.0	25.0	1.45	0.99		132	3.0	53				
						3	34~44	暗黑色	重壤土	块状	8.0	12.2	0.94	0.84		74	2.0	39				
						4	44~50	灰色		块状	8.0											
剖13	铁铝土	黄壤	黄壤	黄泥土	死黄泥土	1	0~10	棕黄色	重壤土	块状	5.0	28.6	1.29	1.87		136	0.8	84			E 106°31′37.6″ N 26°23′31.9″	87
						2	10~60	黄色	重壤土	块状	4.5	8.1	0.46	1.66		35	0.8	15				
						3	60—	棕黄色	重壤土	团粒状	4.5	6.5	0.43	1.78		47	0.5	21				
剖14	人为土	水稻土	潴育水稻土	黄泥田	黄胶泥田	1	0~18	棕黄色		块状	5.5	46.0	1.81	1.75		172	1.5	141		第四纪红色黏土	E 106°34′59.2″ N 26°22′57.4″	93
						2	18~31	黄棕色		块状	5.5	26.8	1.15	1.72		104	1.0	72				
						W	31—	黄色		团粒状	5.0	29.0	0.41	0.69		28	0.8	71				

续表 Continued

剖面号 Soil profile	土纲 Soil order	土类 Soil great group	亚类 Soil subgroup	土属 Soil genus	土种 Soil species	土层码 Layer code	土层厚度 Depth/cm	颜色 Soil color	质地 Soil texture	土壤结构 Soil structure	pH	有机质 OM/(g/kg)	全氮 TN/(g/kg)	全磷 TP/(g/kg)	全钾 TK/(g/kg)	碱解氮 AN/(mg/kg)	有效磷 AP/(mg/kg)	速效钾 AK/(mg/kg)	阳离子交换量CEC/(cmol/kg)	土壤母质 Parent material	剖面点坐标 Profile coordinate	匹配指数 Matching index/%
剖15	人为土	水稻土	渗育水稻田	煤锈水田	煤锈田	Aa	0—16	灰黄棕色	壤质黏土	小块状	4.3	93.3	3.07	1.14	10.6		7.0	88	21.1	煤系砂页岩风化物	E 106° 42′ 39.6″ N 26° 21′ 37.1″	84
						Ap	16—25	灰黄棕色	黏土	块状	4.1	86.8		1.11	11.2		7.0	76				
						P	25—49	暗黄棕色	壤质黏土	核块状	3.5	45.3		1.08	12.3		1.0	102				
						C	49—100	暗紫灰色	黏土	块状	3.8	36.1		1.14	12.3		3.0	80				
剖16	铁铝土	黄壤	黄壤	硅质黄壤	厚层硅质黄壤	1	0—20					23.8	0.70	0.29		81	3.8	27		石英砂岩	E 106° 39′ 19.4″ N 26° 21′ 17.3″	75
						2	20—45					4.8	0.21	0.28		15	2.8	9				
剖17	铁铝土	黄壤	黄壤	黄砂泥土	黄砂泥土	1	0—12	灰黄色	砂壤土	碎块状	6.0	24.7	0.43	0.97		89	2.5	38			E 106° 49′ 34.2″ N 26° 23′ 07.2″	78
						2	12—37	暗黄色	砂壤土	块状	5.5	11.9	0.16	0.47		42	2.0	15				
						3	37—	黄色	砂壤土	块状	5.5	8.7	0.06	0.54		36	1.8					
剖18	铁铝土	黄壤	黄壤	黄泥土	黄泥土	1	0—16	黄灰色	中壤土	团粒状	6.5	29.0	1.29	1.04		133	8.0	128			E 106° 46′ 18.5″ N 26° 21′ 55.4″	88
						2	16—38	灰黑色	重壤土	小块状	6.0	15.0	0.96	0.70		96	7.0	98				
						3	38—	黄色	重壤土	大块状	6.0	10.8	0.73	0.58		64	5.0	79				
剖19	初育土	石灰（岩）土	黄色石灰（岩）土	黄色石灰土	厚层黄色石灰土	1	0—20	灰黑色	中壤土	团粒状	7.0	69.9	3.83	1.79		41	8.0	132		白云质灰岩	E 106° 38′ 16.1″ N 26° 18′ 15.8″	87
						2	20—38	棕灰色	重壤土	团粒状	7.0	35.3	1.87	0.82		27	4.0	116				
						3	38—70	黄灰色	重壤土	块状	7.0	20.2	1.30	0.51		21	2.0	79				
剖20	初育土	石灰（岩）土		大土泥	黑油砂土	1	0—23	灰黑色	壤土	团粒状	7.5	74.3	2.46	6.95		222	13.0	120			E 106° 50′ 44.5″ N 26° 17′ 47.8″	89
						2	23—34	灰黑色	壤土	团粒状	7.5	60.0	2.24	0.86		214	10.0	98				
						3	34—	灰黑色	中壤土	团粒状	7.5		3.77	0.76		244	8.0					
剖21	人为土	水稻土	潴育水稻田	大眼泥田	龙井大眼泥田	1	0—20	深灰色	中壤土	粒状	8.0	76.6	3.30	2.48		300	2.0	109			E 106° 47′ 46.7″ N 26° 17′ 25.4″	91
						2	20—30	深灰色	中壤土	块状	7.5	47.5	2.28	0.82		267	2.0	86	8.0			
						W	30—44	棕灰色	重壤土	块状	7.5	7.5	1.44	1.50		235	1.5	107	10.3			
						4	44—	棕黄色	重壤土	大块状	7.5		0.74			109	1.3	131	8.9			
剖22	铁铝土	黄壤	漂洗黄壤	白散土	白散泥	A	0—15	暗棕灰色	砂壤土	粒状	4.0	45.5	1.81	0.33	3.9		5.0	29	8.0	砂岩风化物	E 106° 47′ 38.4″ N 26° 16′ 44.0″	83
						E	15—28	灰白色	黏壤土	单粒状	4.3	9.2	0.52	0.28	9.9		2.0	26				
						B₁	28—50	灰黄色	黏壤土	块状	4.5	7.5	0.43	0.24	9.9		1.0	26				
						B₂	50—100	灰黄色	壤质黏土	大块状	4.7	5.0	0.49	0.24	11.2		1.0	28				
剖23	水稻土	水稻土	潴育水稻田	大眼泥田	大眼泥田	1	0—18	棕灰色	中壤土	团粒状	7.0	43.2	2.38	0.72		266	14.0	135		石灰岩	E 106° 50′ 42.4″ N 26° 13′ 31.4″	84
						2	18—23	棕灰色	中壤土	棱块状	7.0	44.5	2.19	0.72		221	5.0	106				
						W	23—43	棕灰色	重壤土	棱柱状	7.0	11.2	0.73	0.55		171	2.0	101				
						4	43—	浅黄棕色	轻黏土	棱柱状	7.5	17.0	0.61	0.33		230	3.0	99				
剖24	铁铝土	黄壤	黄壤	黄砂土	寨黄砂土	A	0—13	浅黄棕色	砂质黏壤土	小块状	5.2	11.3	0.43	0.12			2.0	108	4.4	砂岩风化物	E 106° 50′ 38.1″ N 26° 11′ 37.2″	75
						B	13—34	黄色	黏壤土	单粒状	4.8	7.2	0.35	0.09			微量	19	3.1			
						C	34—100	黄橙色		无明显结构	5.0	3.8	0.38	0.10			微量	19				

开 阳 县

主要土类说明

黄壤是开阳县主要土壤类型，占本县地域面积的 63%。黄壤发育于温暖湿润的亚热带气候条件下，主要分布在海拔 600—1400m 的地区。黄壤土层深厚，土体长期处于湿润状态，质地多黏性，结构差，养分含量低，有效磷缺乏，土壤呈酸性，有机质在植被覆盖好的地方含量高，在植被覆盖差的地方含量低。

石灰（岩）土是开阳县第二大土壤类型，占本县地域面积的 19%。石灰（岩）土主要发育于碳酸岩类出露区域。本县各地都有碳酸岩类出露，形成的石灰（岩）土面积较大，主要分布在花梨、双流等地。石灰（岩）土一般土层较薄，富含钙质，土壤呈中性至微碱性，腐殖质和有机质容易积累，多具 A-R 剖面构型。由于机械淋溶作用，黏粒下渗，剖面层次多为上壤下黏。

水稻土是开阳县第三大土壤类型，占本县地域面积的 13%，多连片集中分布在坡脚和坝子。水稻土是在长期的季节性淹灌、水下翻耕、季节性脱水、氧化还原交替影响下，原来的成土母质或母土的特性发生重大改变形成的新的土壤类型。由于干湿交替，水稻土形成糊状的淹育层、较坚实板结的犁底层、渗育层、潴育层与潜育层等多种发生层。这些不同发生层是在人为耕作、水浆管理下形成的。

小于本县地域面积 3% 的土壤类型有粗骨土、紫色土、黄棕壤和石质土。

本区域中心区气候特征

本区域中心区气候特征值
Regional climate characteristics in central area of the region

气候带：北亚热带湿润气候 Climate region: North subtropical humid climate	
年平均气温 /℃ Annual average temperature /℃	15.4
年平均最高气温 /℃ Annual average maximum temperature /℃	19.8
年平均最低气温 /℃ Annual average minimum temperature /℃	12.4
年降水量 /mm Annual precipitation /mm	1122
≥10℃的积温 /℃ Daily temperature accumulated in a year（≥10℃）/℃	5591
年日照时数 /h Annual sunshine /h	1120
年平均相对湿度 /% Annual average relative humidity /%	78
干燥度 Dryness	0.81

本区域中心区月平均气温与月平均降水量
Monthly temperature and precipitation in central area of the region

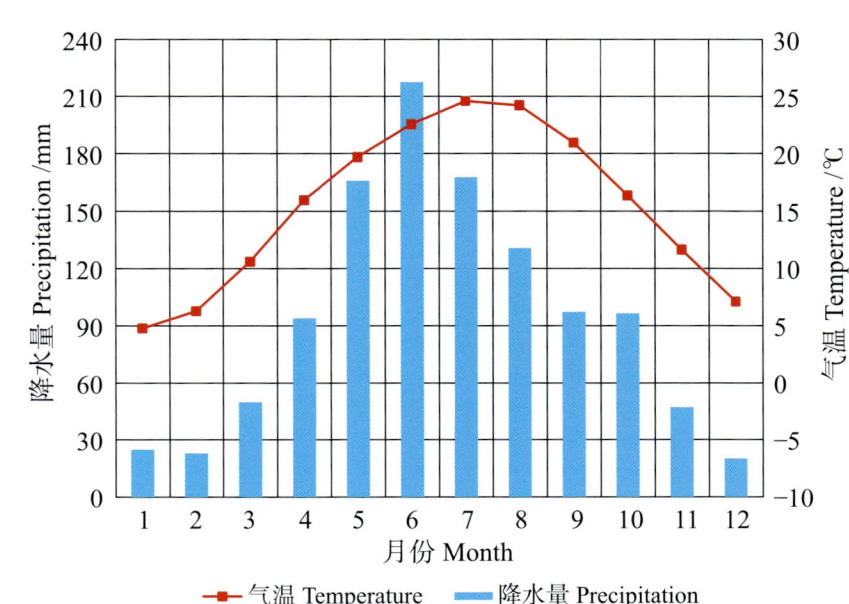

开阳县主要土壤类型与土壤剖面点分布图
1 : 240 000

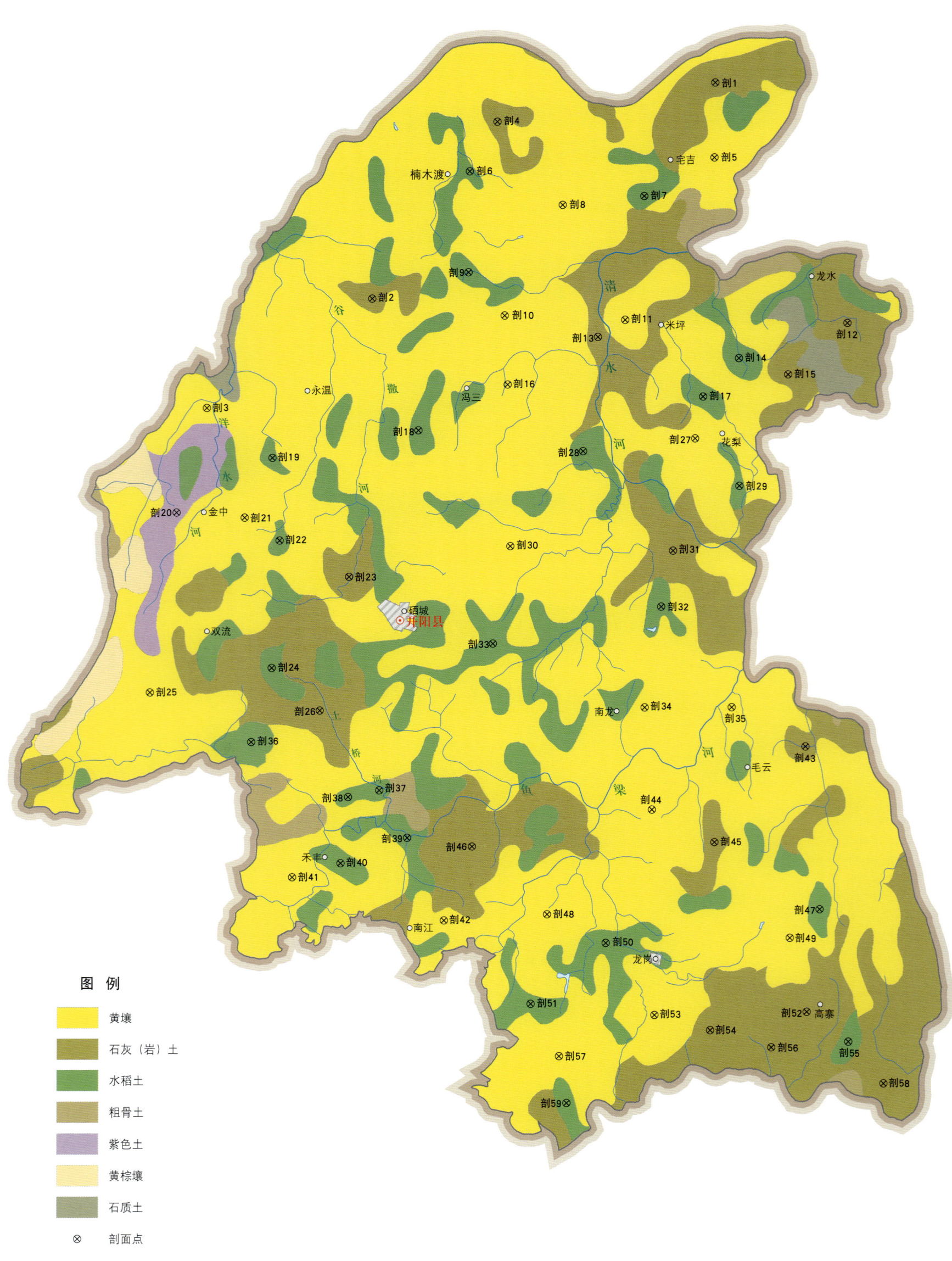

图例
- 黄壤
- 石灰（岩）土
- 水稻土
- 粗骨土
- 紫色土
- 黄棕壤
- 石质土
- ⊗ 剖面点

开阳县土壤剖面理化性状表

剖面号 Soil profile	土纲 Soil order	土类 Soil great group	亚类 Soil subgroup	土属 Soil genus	土种 Soil species	土层码 Layer code	土层厚度 Depth/cm	颜色 Soil color	质地 Soil texture	土壤结构 Soil structure	pH	有机质 OM/(g/kg)	全氮 TN/(g/kg)	全磷 TP/(g/kg)	有效磷 AP/(mg/kg)	速效钾 AK/(mg/kg)	土壤母质 Parent material	剖面点坐标 Profile coordinate	匹配指数 Matching index/%
剖1	初育土	石灰(岩)土	黄色石灰土	黑色石灰土		1	0—3				7.9	119.0	6.33	0.66	10.0	175		E 107°09′07.3″ N 27°20′05.5″	100
						2	3—20				7.0	80.9	4.73	0.72					
						3	20—35				7.0	50.8	3.24	0.65					
						4	35—65				6.9	19.8	1.27	0.42					
剖2	初育土	石灰(岩)土	大土泥	大土泥	岩瓣土	1	0—14		中黏土		6.9	26.0	1.91	0.44	15.0	66		E 106°56′58.0″ N 27°13′33.9″	100
						2	14—29		中黏土		7.6	25.4	0.99	0.43					
						3	29—95		重壤土		6.9	9.8	0.99	0.33					
剖3	铁铝土	黄壤	黄壤	黄泥土	豆瓣泥土	1	0—16				5.8	18.2	1.66	0.31	5.0	23		E 106°51′07.4″ N 27°10′14.4″	79
						2	16—50				5.7	12.9	1.47	0.31					
						3	50—100				5.7	6.6	1.35	0.29					
剖4	初育土	石灰(岩)土	大土泥	大土泥	大土泥	1	0—20		轻黏土		7.5	23.8	1.55	0.25	4.0	18		E 107°01′27.1″ N 27°19′00.5″	87
						2	20—54		重黏土		7.5	19.0	1.23	0.21					
						3	54—		重黏土		7.5	10.3	0.51	0.28					
剖5	铁铝土	黄壤	黄壤	硅质黄壤		1	0—6		轻壤土		5.0	13.7	0.70			20		E 107°09′02.7″ N 27°17′46.2″	79
						2	6—19		重壤土		5.0	9.7	0.31						
						3	19—100		重壤土		5.6	2.5	0.31						
剖6	人为土	水稻土	潴育水稻土	潮泥田	潮砂泥田	1	0—17		重壤土		7.3	20.0	0.92	0.40	4.0	56		E 107°00′27.4″ N 27°17′28.7″	93
						2	17—27		轻壤土		7.6	20.6	0.95	0.45					
						3	27—50		中壤土		7.9	15.6	0.69	0.48					
						4	50—100		重壤土		7.4	17.0	0.72	0.42					
剖7	人为土	水稻土	潴育水稻土	黄泥田	黄胶泥田	1	0—18		中壤土		5.5	23.4	1.65	0.24	1.0	91		E 107°06′33.8″ N 27°16′36.1″	78
						2	18—29		中壤土		5.9	15.6	0.86	0.21					
						3	29—80		中壤土		5.9	11.0	0.71	0.15					
						4	80—100		重壤土		5.8	6.4	0.69	0.14					
剖8	铁铝土	黄壤	黄壤	硅铁质黄壤		1	0—3		重壤土		4.1	63.8	1.95	0.62	5.0	51		E 107°03′41.8″ N 27°16′22.4″	78
						2	3—15		中壤土		4.2	21.1	0.79	0.63					
						3	15—50		中壤土		4.3	13.7	0.61	0.52					
						4	50—100		中壤土		4.8	11.2	0.54	0.52					
剖9	人为土	水稻土	潴育水稻土	黄泥田	黄泥田	1	0—18		中壤土		6.7	24.5	1.56	0.30	4.0	48		E 107°00′21.6″ N 27°14′19.7″	93
						2	18—23		中壤土		6.9	20.2	1.35	0.03					
						3	23—47		重壤土		6.8	5.4	0.42	0.03					
						4	47—100		重壤土		6.8	1.2	0.39	0.01					
剖10	铁铝土	黄壤	黄壤	黄泥土	黄泥土	1	0—20		轻壤土			63.8	1.95	0.62		174		E 107°01′36.1″ N 27°12′58.0″	100
						2	20—58		轻壤土										
						3	58—100		轻壤土										
剖11	铁铝土	黄壤	黄壤	铁铝质黄壤		1	0—1		重黏土		5.6	44.0	1.57	0.13	3.0			E 107°05′49.6″ N 27°12′45.7″	94
						2	1—18		重黏土		6.5	26.5	1.18	0.11					
						3	18—50		中黏土		6.3	8.7	0.58	0.04					
						4	50—100		轻黏土		5.8	0.8	0.24	0.02					
剖12	初育土	石灰(岩)土	黄色石灰土	黑色石灰土		1	1—8		中黏土									E 107°13′36.5″ N 27°12′32.0″	81
						2	8—21		中黏土										
						3	21—47		重黏土										
						4	47—												

续表 Continued

剖面号 Soil profile	土纲 Soil order	土类 Soil great group	亚类 Soil subgroup	土属 Soil genus	土种 Soil species	土层码 Layer code	土层厚度 Depth/cm	颜色 Soil color	质地 Soil texture	土壤结构 Soil structure	pH	有机质 OM/(g/kg)	全氮 TN/(g/kg)	全磷 TP/(g/kg)	有效磷 AP/(mg/kg)	速效钾 AK/(mg/kg)	土壤母质 Parent material	剖面点坐标 Profile coordinate	匹配指数 Matching index/%
剖13	初育土	石灰（岩）土	黄色石灰土	黄色石灰土		1	0~4		轻黏土		7.2	60.3	2.87	0.11	4.0	166		E 107°04′51.2″ N 27°12′14.8″	100
						2	4~26		轻黏土		7.4	29.1	1.67	0.14					
						3	26~42		轻黏土		7.4	24.9	1.40	0.17					
						4	42~62		轻黏土		7.5	9.3	0.74	0.15					
剖14	人为土	水稻土	潴育水稻土	黄泥田	黄胶泥田	1	0~18	灰黄色	轻黏土		5.5						第四纪红色黏土	E 107°09′47.3″ N 27°11′30.4″	77
						2	18~24	黄色	轻黏土	块状	6.0								
						3	24~46	黄色	中黏土	柱状	6.5								
						4	46~100	黄色	重黏土	柱状	5.0								
剖15	初育土	石灰（岩）土	大土泥	白云砂土	白云砂土	1	0~14		轻黏土		7.2	28.1	1.54	0.29	3.0	70		E 107°11′30.4″ N 27°10′58.2″	98
						2	14~47		轻黏土		7.3	27.8	1.71	0.42					
						3	47~85		中黏土		7.1	13.6	1.15	0.26					
剖16	铁铝土	黄壤	黄壤	灰泡黄泥土	灰泡黄泥土	1	0~16		轻黏土		6.1	12.6	1.10	0.17	3.0	31		E 107°01′40.1″ N 27°10′49.1″	76
						2	16~54		轻黏土		6.2	9.3	1.03	0.11					
						3	54~		轻黏土		5.8		0.47	0.07					
剖17	人为土	水稻土	潴育水稻土	黄泥田	小黄泥田	1	0~18		轻黏土		6.9	47.1	2.36	0.32	7.0	5		E 107°08′30.5″ N 27°10′19.9″	86
						2	18~53		轻黏土		6.9	33.5	2.26	0.25					
						3	53~62		轻黏土		6.9	28.2	1.43	0.18					
						4	62~100		轻黏土		6.7	24.1	1.45	0.17					
剖18	人为土	水稻土	潴育水稻土	黄泥田	黄泥田	1	0~24	灰黄色	轻壤土	粒状	5.5						砂页岩坡积物	E 106°58′31.1″ N 27°09′25.9″	89
						2	24~34	灰黄色	轻壤土	块状	6.5								
						3	34~56	棕黄色	中壤土	棱柱状	5.0								
						4	56~100	黄色	中壤土	棱柱状	4.5								
剖19	人为土	水稻土	潴育水稻土	大泥田	大泥田	1	0~16		重壤土	粒状	7.3	63.4	3.72	0.50	11.0	32		E 106°53′23.6″ N 27°08′38.8″	89
						2	16~22		轻黏土	块状	7.2	55.8	2.90	0.50					
						3	22~29		轻黏土	块状	7.2	35.4	1.48	0.79					
						4	29~50		轻黏土		7.2	22.9	1.38	0.74					
剖20	初育土	紫色土	酸性紫色土	酸性紫色土		1	0~7	浅红色	重壤土		4.8	14.9	1.17	0.15	4.0	161	页岩残积物	E 106°50′00.6″ N 27°06′59.4″	77
						2	7~52	紫红色	轻黏土	小块状	4.7	3.0	0.63	0.13					
						3	52~100	浅红色	轻黏土	块状	5.0	1.8	0.55	0.12					
剖21	铁铝土	黄壤	黄壤	硅铝质黄壤		1	0~20		中壤土		5.1	47.4	2.02	0.11		183		E 106°52′23.8″ N 27°06′47.8″	74
						2	20~50		重壤土		4.9	41.9	1.60	0.06					
						3	50~100		重壤土		4.8	8.5	1.51	0.02					
剖22	人为土	水稻土	淹育水稻土	大泥田	黄油砂泥田	1	1~21	灰棕色	重壤土	核状	7.5						石灰岩坡积物	E 106°53′36.2″ N 27°06′04.0″	74
						2	21~33	棕色	中壤土	块状	7.0								
						3	33~58	黄色	中壤土	块状	7.0								
						4	58~90	灰黄色	轻壤土	无明显结构	7.0								
剖23	初育土	石灰（岩）土	大土泥	大土泥		1	0~16		轻黏土		7.4	20.1	1.30	0.15				E 106°56′01.0″ N 27°04′54.1″	98
						2	16~47		轻黏土		7.3	17.4	1.20	0.15					
						3	47~80		轻黏土		7.5	3.8	0.34	0.08					
剖24	人为土	水稻土	潴育水稻土	黄泥田	黄油砂泥田	1	0~18		重壤土									E 106°53′16.1″ N 27°02′06.0″	82
						2	18~31		中壤土										
						3	31~71		中壤土										
						4	71~100		中壤土										
剖25	铁铝土	黄壤	黄壤	黄砂泥土	黄砂土	1	0~22		轻黏土									E 106°48′59.8″ N 27°01′23.2″	70
						2	22~35		中壤土										
						3	35~100		轻壤土										

续表 Continued

剖面号 Soil profile	土纲 Soil order	土类 Soil great group	亚类 Soil subgroup	土属 Soil genus	土种 Soil species	土层码 Layer code	土层厚度 Depth/ cm	颜色 Soil color	质地 Soil texture	土壤结构 Soil structure	pH	有机质 OM/ (g/kg)	全氮 TN/ (g/kg)	全磷 TP/ (g/kg)	有效磷 AP/ (mg/kg)	速效钾 AK/ (mg/kg)	土壤母质 Parent material	剖面点坐标 Profile coordinate	匹配指数 Matching index/%
剖26	初育土	石灰(岩)土	黄色石灰土	淋溶黄色石灰土		1	0—1	灰棕色	中壤土	粒状	5.5						石灰岩坡积物	E 106°54′55.8″ N 27°00′44.6″	70
						2	1—10	棕色	中壤土	核状	6.0								
						3	10—43	黄棕色	中壤土	核状	7.0								
						4	43—80	黄色	重壤土	粒状	8.0								
剖27	铁铝土	黄壤	黄壤	黄砂泥土	黄砂土	1	0—13	棕黄色	砂壤土	粒状	6.0						砂岩坡积物	E 107°08′12.5″ N 27°09′01.8″	72
						2	13—39	灰黄色	紧砂土	块状	5.0								
						3	39—100	灰黄色	紧砂土	块状	5.0								
剖28	人为土	水稻土	潴育水稻土	大眼泥田	龙凤大眼泥田	1	0—19	棕黄色	轻黏土		8.0	55.9	2.58	0.39	7.0	163		E 107°04′16.3″ N 27°08′41.3″	96
						2	19—32	红黄色	轻黏土	核状	8.1	55.9	2.54	0.42					
						3	32—58	黄色	中黏土	核状	7.9	38.2	1.82	0.32					
						4	58—100		中黏土		7.6	18.1	1.20	0.26					
剖29	人为土	水稻土	淹育水稻土	大泥田	大泥田	1	0—12	灰黄色	中壤土	核状	7.0						石灰岩坡积物	E 107°09′43.6″ N 27°07′31.4″	96
						2	12—20	棕黄色	中壤土	块状	6.5								
						3	20—40	褐色	重壤土	块状	6.5								
						4	40—90	黄色	重壤土	块状	6.5								
剖30	铁铝土	黄壤	黄壤	黄泥土	黄砂土	1	0—13	棕黄色	中壤土	粒状	6.5						第四纪红色黏土	E 107°01′40.4″ N 27°05′46.3″	91
						2	13—60	红黄色	重黏土	块状	6.0								
						3	60—100	黄色	轻黏土	小块状	5.5								
剖31	初育土	石灰(岩)土	黄色石灰土	次生黄色石灰土	中层次生黄色石灰土	1	0—30	灰黄色	轻黏土	粒状	7.5						第四纪黏土坡积物	E 107°07′21.9″ N 27°05′32.9″	81
						2	30—52	灰黄色	中壤土	块状	6.5								
						3	52—74	黄色	中壤土	块状	5.5								
						4	74—97	灰黄色	重壤土	棱柱状	5.5								
剖32	人为土	水稻土	潴育水稻土	黄泥田	黄油砂泥田	1	0—21	灰黄色	中壤土	团粒状	6.2						砂岩坡积物	E 107°06′55.4″ N 27°03′48.9″	89
						2	21—36	棕黄色	中壤土	块状	6.4								
						3	36—48	棕黄色	中壤土	棱柱状	6.5								
						4	48—100	黄色	中壤土	小块状	6.5								
剖33	人为土	水稻土	潴育水稻土	潮泥田	潮泥田	1	0—20	灰黄色	中壤土	粒状	5.5					86	冲积物	E 107°01′00.6″ N 27°02′44.7″	86
						2	20—26	灰黄色	中壤土	块状	6.0								
						3	26—90	黄色	重壤土	核状	7.5								
						4	90—100	黄色	紧黏土	无明显结构	8.0								
剖34	黄壤性	黄壤	黄壤性	硅铁质黄壤土		1	0—2	棕色	中壤土	粒状	4.5						页岩坡积物	E 107°06′17.6″ N 27°00′40.3″	99
						2	2—20	灰黄色	重壤土	核状	5.0								
						3	20—50	黄色	中壤土	无明显结构	5.0								
						4	50—100		中壤土	无明显结构									
剖35	铁铝土	黄壤	黄壤	铁质黄壤	小黄泥田	1	0—10	灰棕色	轻壤土	团粒状	4.7	41.3	1.82	0.75			砂页岩坡积物	E 106°52′31.1″ N 26°59′47.8″	89
						2	10—20	黄黄色	轻壤土	无明显结构	4.8	19.6	1.22	0.77					
						3	20—100	黄色	重壤土	棱柱状	4.7	2.6	0.59	0.77					
剖36	人为土	黄壤	黄壤	黄泥田		1	0—30	灰黄色	中壤土	团粒状	6.5						砂页岩坡积物	E 107°09′20.4″ N 27°00′38.1″	84
						2	30—42	黄棕色	重壤土	棱柱状	6.5								
						3	42—60	黄色	轻黏土	棱柱状	6.0								
						4	60—94	黄色	中黏土	块状	5.5								
剖37	人为土	水稻土	潜育水稻土	冷浸田	冷砂田	1	0—17	灰黄色	轻壤土	粒状	7.5						砂页岩坡积物	E 106°56′57.8″ N 26°58′13.8″	81
						2	17—32	黄黄色	重壤土	块状	8.0								
						3	32—52	黄灰色	轻壤土	块状	6.5								
						4	52—100	青灰色	砂壤土	无明显结构	7.5								

续表 Continued

剖面号 Soil profile	土纲 Soil order	土类 Soil great group	亚类 Soil subgroup	土属 Soil genus	土种 Soil species	土层码 Layer code	土层厚度 Depth/cm	颜色 Soil color	质地 Soil texture	土壤结构 Soil structure	pH	有机质 OM/(g/kg)	全氮 TN/(g/kg)	全磷 TP/(g/kg)	有效磷 AP/(mg/kg)	速效钾 AK/(mg/kg)	土壤母质 Parent material	剖面点坐标 Profile coordinate	匹配指数 Matching index/%
剖38	人为土	水稻土	潴育水稻土	冷水田	冷水田	1	0—14				8.0	74.6	4.47	0.24	5.0	90		E 106°55′52.5″ N 26°58′02.0″	80
						2	14—27				8.0	68.8	4.12	0.23					
						3	27—60				8.2	84.0	4.04	0.18					
						4	60—100				8.0	38.0	1.83	0.11					
剖39	人为土	水稻土	潴育水稻土	潮泥田	黑潮泥田	1	0—20				7.3	52.5	1.74	1.13		194		E 106°57′55.4″ N 26°56′43.9″	73
						2	20—35				7.6	46.3	1.60	1.13	24.0				
						3	35—70				7.7	21.3	1.09	0.79					
						4	70—90				7.5	19.0	0.73	0.63					
剖40	人为土	水稻土	潴育水稻土	黄泥田	黄油砂泥田	1	0—17				6.5	55.2	3.17	0.08	11.0	54		E 106°55′35.0″ N 26°55′57.7″	77
						2	17—35				6.4	54.1	3.27	0.21					
						3	35—75				8.0	0.6	0.40	0.25					
剖41	铁铝土	黄壤	黄壤	黄泥土	黄泥土	1	0—14	棕黑色	中壤土	团粒状	5.8	28.4	1.42	0.17	4.0	67		E 106°53′53.1″ N 26°55′32.8″	88
						2	14—36	黄棕色	重黏土	块状	5.8	13.5	1.05	0.16					
						3	36—70	黄棕色	轻黏土	块状	5.7	12.4	0.89	0.14					
剖42	铁铝土	黄壤	黄壤	铁质黄壤		1	0—25	灰黄色	中壤土	核状	4.5						玄武岩坡积物		83
						2	25—80	黄色	中壤土	块状	4.0								
						3	80—100	黄色	重黏土		4.0								
剖43	初育土	石灰(岩)土	大土泥	大土泥	大土泥	1	0—15		中壤土	核状	7.5						石灰岩残积物	E 107°11′53.9″ N 26°59′22.2″	94
						2	15—50	黄色	中壤土	块状	7.0								
						3	50—100	灰色	重黏土		7.0								
剖44	铁铝土	黄壤	黄壤	硅铝质黄壤		1	0—1	灰色			4.0						砂页岩残积物	E 107°06′29.5″ N 26°57′29.5″	82
						2	1—16	黄棕色	中壤土	粒状	4.0								
						3	16—65	黄棕色	轻黏土	块状	4.5								
						4	65—96	红黄色	轻黏土	块状	4.5								
剖45	初育土	石灰(岩)土	大土泥	大土泥	黑油砂土	1	0—20		轻黏土	核状	7.5	39.9	2.31	0.47	9.0	163	石灰岩残积物	E 107°08′39.8″ N 26°56′26.5″	99
						2	20—39		中壤土	团粒状	5.2	23.1	1.53	0.31					
						3	39—84	灰黑色	中壤土	粒状	5.3	4.0	1.05	0.18					
剖46	初育土	黄色石灰土	黄色石灰土	黑色石灰土		1	0—2	黑色	重壤土	块状	7.0						页岩坡积物		88
						2	2—12	棕色	中壤土	棱柱状	7.5								
						3	12—65	浅红色	重壤土		8.5								
剖47	人为土	水稻土	潴育水稻土	紫泥田	紫油泥田	1	0—20	浅红色	中壤土	块状	6.0	62.8	3.52	2.57	4.0	3		E 107°00′10.9″ N 26°56′25.7″	99
						2	20—34	紫色	重壤土	棱柱状	6.0	46.4	3.00	2.44					
						3	34—53	紫色	轻黏土	无明显结构	5.5	16.2	1.00	1.78					
						4	53—100		轻黏土		6.0	13.2	0.97	1.45					
剖48	铁铝土	黄壤	黄壤	黄泥土	小黄泥土	1	0—25				7.0	29.5	1.75	0.35	9.0	195		E 107°02′46.3″ N 26°54′15.8″	88
						2	25—37				6.8	4.0	0.75	0.29					
						3	37—100				5.9	1.0	0.72	0.12					
剖49	铁铝土	黄壤	黄壤	黄泥土	死黄泥土	1	0—15				5.3	16.3	1.31	0.37	1.0	231		E 107°11′14.9″ N 26°53′24.2″	96
						2	15—75				5.3	0.6	0.80	0.40					
						3	75—90				5.2		0.79	0.31					
剖50	人为土	水稻土	潴育水稻土	潮泥田	潮泥田	1	0—19		轻壤土		5.6	41.9	2.55	0.31	5.0	225		E 107°04′48.3″ N 26°53′20.4″	99
						2	19—30		轻壤土		6.4	28.5	2.06	0.31					
						3	30—58		轻黏土		6.7	10.4	0.97	0.26					
						4	58—100		中黏土		6.7	6.5	0.81	0.40					

续表 Continued

剖面号 Soil profile	土纲 Soil order	土类 Soil great group	亚类 Soil subgroup	土属 Soil genus	土种 Soil species	土层码 Layer code	土层厚度 Depth/cm	颜色 Soil color	质地 Soil texture	土壤结构 Soil structure	pH	有机质 OM/(g/kg)	全氮 TN/(g/kg)	全磷 TP/(g/kg)	有效磷 AP/(mg/kg)	速效钾 AK/(mg/kg)	土壤母质 Parent material	剖面点坐标 Profile coordinate	匹配指数 Matching index/%
剖51	人为土	水稻土	潴育水稻土	大眼泥田	大眼泥田	1	0—17		轻黏土		7.8	60.1	3.37	0.21	8.0	72		E 107°02′09.2″ N 26°51′29.9″	85
						2	17—26		轻黏土		8.0	46.1	2.66	0.19					
						3	26—40		轻黏土		7.7	11.5	1.15	0.18					
						4	40—85		重黏土		7.5	2.5	0.42	0.06					
剖52	初育土	石灰（岩）土	黄色石灰土	黄色石灰土		1	0—3				7.8						白云质灰岩残积物	E 107°11′48.1″ N 26°51′07.1″	97
						2	3—9	灰黑色	重壤土	粒状	8.0								
						3	9—33	棕黄色	轻黏土	粒状	8.0								
						4	33—70	棕黄色	轻黏土	粒状	8.0								
剖53	铁铝土	黄壤	黄壤	黄砂泥土	黄砂土	1	0—20				5.7	12.0	1.02	0.31	4.0	81		E 107°06′28.8″ N 26°51′05.8″	75
						2	20—60				5.9	4.5	0.80	0.46					
						3	60—100				6.0	3.0	0.71	0.49					
剖54	初育土	石灰（岩）土	大土泥	白云砂土	白云砂土	1	0—14	灰白色	轻壤土	粒状	8.0						白云岩岩残积物	E 107°08′24.9″ N 26°50′36.0″	90
						2	14—44	灰黄色		核状	7.5								
						3	44—50	灰白色		核状	7.5								
剖55	人为土	水稻土	大土泥	紫泥田	紫泥田	1	0—17				5.1	65.9	2.88	0.54	4.0	284		E 107°13′13.8″ N 26°50′10.7″	90
						2	17—29				5.5	26.3	1.69	0.50					
						3	29—46				5.5	11.3	1.28	0.46					
						4	46—91				5.6	3.4	1.43	0.15					
剖56	初育土	石灰（岩）土	大土泥	小土泥	小土泥	1	0—20	灰黄色	轻壤土	粒状	7.0						第四纪黏土	E 107°10′32.4″ N 26°50′02.3″	94
						2	20—44	灰黄色	中壤土	小块状	7.0								
						3	44—100	黄色	中壤土	块状	6.5								
剖57	铁铝土	黄壤	黄壤	黄油砂泥土	黄油砂土	1	0—20		中壤土		5.7	33.6	1.11	4.0		129		E 107°03′07.6″ N 26°49′52.0″	95
						2	20—50		中壤土		5.7	26.7	0.94	0.84					
						3	50—100		轻壤土		5.5	25.0	0.94	0.74					
剖58	初育土	石灰（岩）土	大土泥	小土泥	小土泥	1	0—18		中壤土		6.9	16.4	1.31	0.24	6.0	65		E 107°14′26.7″ N 26°48′52.5″	98
						2	18—30		中壤土		6.4	15.2	1.25	0.20					
						3	30—60		轻壤土		6.8	8.9	0.97	0.16					
剖59	人为土	水稻土	潴育水稻土	大眼泥田	大眼泥田	1	0—18	灰黄色	重黏土	粒状	8.0						石灰岩坡积物	E 107°03′21.8″ N 26°48′25.4″	95
						2	18—28	灰黄色	轻黏土	块状	8.0								
						3	28—54	灰黄色	重黏土	块状	7.5								
						4	54—100	黄色	重黏土	块状	7.5								

息 烽 县

主要土类说明

石灰（岩）土是息烽县主要土壤类型，占本县地域面积的 32%。石灰（岩）土为岩成土，主要由寒武系、二叠系、三叠系等地层年代的钙质岩风化坡积物和残积物发育而成。本县各地碳酸岩类出露区域均有石灰（岩）土分布，主要分布在海拔 700—1400m 的地区。石灰（岩）土质地较黏，土粒较细，富含钙质，土壤呈中性至微碱性，多具 A-R 剖面构型。

粗骨土是息烽县第二大土壤类型，占本县地域面积的 25%。粗骨土属初育土，主要发生于亚热带湿润气候区，具 A-C 剖面构型，盐基饱和度为 15%—30%。土体厚度一般为 20—50cm，A 层厚度以 10—15cm 居多。成土过程无黏化作用，有不同程度的淋溶作用。粗骨土多分布在山丘陡坡地段，土壤侵蚀严重。

黄壤是息烽县第三大土壤类型，占本县地域面积的 19%。黄壤发育于温暖湿润的亚热带气候条件下，主要分布在海拔 800—1400m 的地区，本县非钙质基岩或钙质基岩上的泥页岩等地段均有分布。成土母质多种多样，主要有砂页岩、砂岩、页岩，部分为白云质灰岩、燧石灰岩及小面积玄武岩和红色黏土。黄壤土层深厚，土体长期处于湿润状态，质地多黏性，结构差，养分含量低，有效磷缺乏，土壤呈酸性，有机质在植被覆盖好的地方含量高，在植被覆盖差的地方含量低。

水稻土占本县地域面积的 9%，主要分布在海拔 800—1400m 的平坝、盆地、沿河两岸、沟谷、槽谷洼地、缓坡等地段。水稻土是在水耕熟化和旱耕熟化交替影响下形成的土壤类型。成土过程具有氧化还原过程，水耕条件下铁锰发生强烈迁移。

紫色土占本县地域面积的 6%。紫色土为岩成土，发育于紫色岩类出露各处。本县紫色岩有侏罗系紫色砂岩、砂页岩、页岩、角砾岩和三叠系紫色页岩等，主要分布在鹿窝、西山、九庄、小寨坝、温泉等地海拔 700—1500m 的地区，呈条带状分布。紫色土的形成和特点都与母岩的种类和性质密切相关，成土过程以物理风化为主，成土迅速，水土流失严重，具 A-AC-C 剖面构型，阳离子交换量较高。

石质土占本县地域面积的 3%。石质土土壤表层岩石裸露，风化层浅薄，厚度一般小于 10cm，风化度低，富含砾石，多碎屑岩粒；风化层下为坚硬岩石层。该土壤广泛分布在侵蚀严重、岩石裸露的石质山地、侵蚀残丘，以及丘顶、山脊、山坡等坡度陡峻的地形部位。

黄棕壤占本县地域面积的 3%。黄棕壤发生于亚热带暖湿落叶阔叶林下，弱度富铝化，黏聚现象明显，呈黄棕色。该土壤具 A-B-C 或 A-（B）-C 剖面构型，黏粒硅铝率在 2.5 左右，铁的游离度较红壤低，B 层交换性酸大于 A 层。

本区域中心区气候特征

本区域中心区气候特征值
Regional climate characteristics in central area of the region

气候带：北亚热带湿润气候 Climate region: North subtropical humid climate	
年平均气温 /℃ Annual average temperature /℃	14.9
年平均最高气温 /℃ Annual average maximum temperature /℃	19.3
年平均最低气温 /℃ Annual average minimum temperature /℃	11.8
年降水量 /mm Annual precipitation /mm	1067
≥10℃的积温 /℃ Daily temperature accumulated in a year (≥10℃) /℃	5484
年日照时数 /h Annual sunshine /h	1123
年平均相对湿度 /% Annual average relative humidity /%	79
干燥度 Dryness	0.81

本区域中心区月平均气温与月平均降水量
Monthly temperature and precipitation in central area of the region

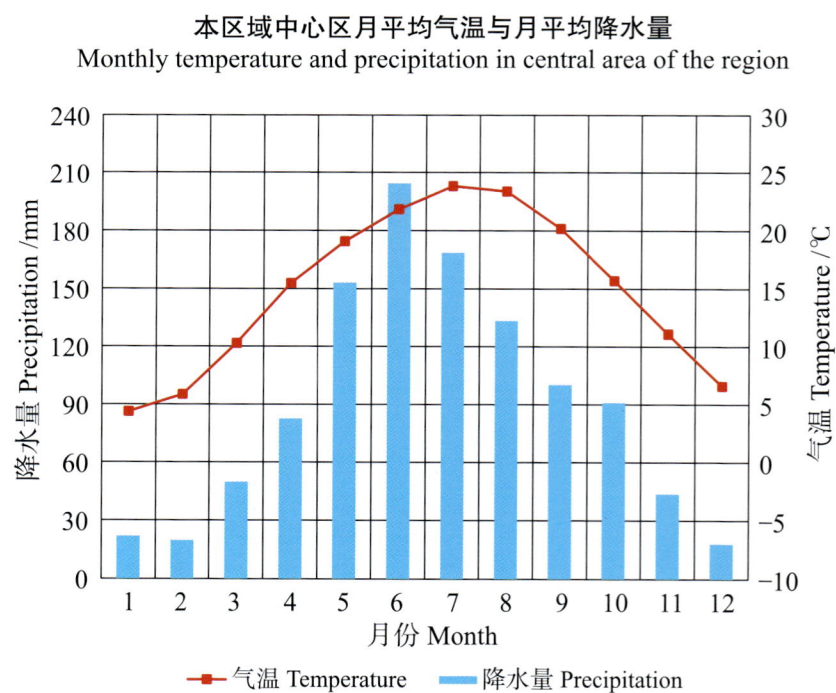

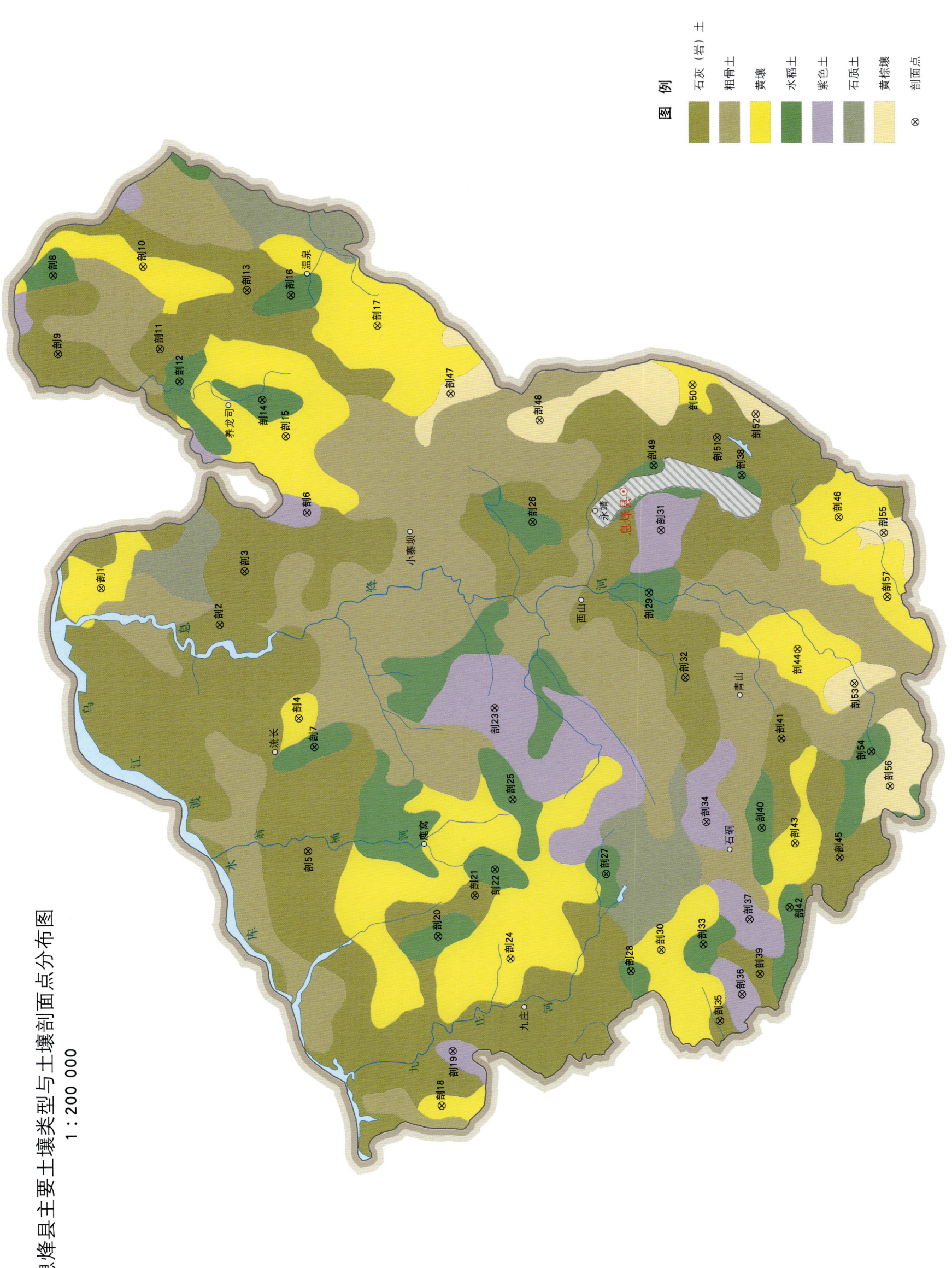

息烽县土壤剖面理化性状表

剖面号 Soil profile	土纲 Soil order	土类 Soil great group	亚类 Soil subgroup	土属 Soil genus	土种 Soil species	土层码 Layer code	土层厚度 Depth/cm	颜色 Soil color	质地 Soil texture	土壤结构 Soil structure	pH	有机质 OM/(g/kg)	全氮 TN/(g/kg)	全磷 TP/(g/kg)	有效磷 AP/(mg/kg)	速效钾 AK/(mg/kg)	土壤母质 Parent material	剖面点坐标 Profile coordinate	匹配指数 Matching index/%
剖1	铁铝土	黄壤	黄壤	硅铁质黄壤	小黄泥土	1	0—25	浅黄色	中黏土	粒状	4.6	40.8	2.58	0.68	9.0	100	页岩积物、残积物	E 106°42′08.1″ N 27°17′32.9″	99
剖2	初育土	石灰（岩）土	黑色石灰土	白云岩黑色石灰土	白云砂土	2	25—57	黄色	中黏土	块状	4.9	40.2	2.28	0.57	9.0	50	灰质白云岩坡积物、残积物	E 106°41′07.5″ N 27°14′46.3″	86
						3	57—100	暗黄色	轻黏土	块状	5.2	32.2	1.88	0.51	7.0	47			
剖3	初育土	石灰（岩）土	黄色石灰土	黄色石灰土	大泥土	1	0—22	灰白色	重壤土	粒状	7.6	29.6	2.39	0.58	3.0	151	石灰岩坡积物	E 106°42′30.6″ N 27°14′09.5″	87
						2	22—50	灰黄色	重壤土	块状	7.8	20.6	1.76	0.50	2.0	39			
						3	50—	灰白色	多砾质重壤土	块状	7.8	16.0	1.28	0.42	3.0	24			
剖4	铁铝土	黄壤	黄壤	第四纪黏土黄壤	油黄泥土	1	0—20	暗灰黄色	轻黏土	团粒状	7.6	23.0	2.01	0.50	7.0	61	第四纪红色黏土	E 106°38′37.3″ N 27°12′56.5″	73
						2	20—60	黄色	轻黏土	小块状	7.4	19.0	1.58	0.41	2.0	36			
						3	60—100	棕黄色	轻黏土	小块状	7.2	18.6	1.24	0.41	3.0	36			
剖5	初育土	石灰（岩）土	黄色石灰土	黄色石灰土	白大泥土	1	0—18	灰黄色	重壤土	粒状	5.2	26.1	1.13	0.24	2.0	167	白云岩坡积物	E 106°44′01.0″ N 27°12′39.7″	79
						2	18—40	黄色	重壤土	块状	5.4	13.3	0.91	0.23	1.0	57			
						3	40—100	暗黄橙色	轻壤土	棱柱状	5.6	4.8	0.67	0.21	1.0	41			
剖6	初育土	中性紫色土	中性紫色土	中性紫色土	血肝泥土	1	0—14	白色	多砾质轻黏土	粒状	6.9	14.4	1.03	0.36	4.0	122	石灰岩、页岩残积物	E 106°44′01.0″ N 27°12′39.7″	96
						2	14—23	灰白色	多砾质轻黏土	小块状	7.9	14.3	1.02	0.39	2.0	104			
						3	23—60	浅灰黄色	多砾质轻黏土	块状	7.9	15.8	1.32	0.87	3.0	79			
剖7	初育土	紫色土	中性紫色土	中性紫色土	血肝泥土	1	0—15	紫棕色	重壤土	粒状	6.9	14.8	1.26	0.75	5.0	52	砂页岩坡积物	E 106°37′52.0″ N 27°12′35.3″	88
						2	15—	红棕色	中壤土	块状	6.8	14.1	0.97	0.63	4.0	57			
剖8	人为土	水稻土	潴育水稻土	潴育黄泥田	黄砂泥田	1	0—18	浅黄色	重壤土	团粒状	6.4	17.9	1.09	0.28	15.0	75	砂页岩坡积物、残积物	E 106°50′20.7″ N 27°18′32.7″	90
						2	18—49	暗黄色	重壤土	棱状	5.3	18.9	1.15	0.17	2.0	58			
						3	49—90	黄色	重壤土	块状	5.2	4.7	0.47	0.16	1.0	63			
剖9	人为土	水稻土	潴育水稻土	潴育黄泥田	轻白鳝泥田	1	0—20	黄灰色	多砾质中壤土	粒状	7.4	13.9	0.99	0.23	3.0	41	白云岩坡积物、残积物	E 106°48′17.7″ N 27°18′27.8″	92
						2	20—60	灰黄色	轻壤土	小块状	7.0	12.0	0.88	0.20	4.0	30			
						3	60—100	灰白色	轻壤土	无明显结构	7.0	2.9	0.28	0.21	3.0	38			
剖10	初育土	石灰（岩）土	黄色石灰土	黄色石灰土	黄岩泥土	1	0—19	灰黄色	重黏土	粒状	6.7	36.0	2.42	0.87	4.0	121	白云岩灰岩坡积物	E 106°48′17.7″ N 27°18′27.8″	70
						2	19—41	灰黄色	重壤土	小块状	7.0	15.2	1.47	0.29	2.0	56			
剖11	铁铝土	黄壤	黄壤	硅质黄壤	死黄砂土	1	0—20	灰黄色	中壤土	粒状	5.8	8.9	0.73	0.18	3.0	106	石灰岩、砂岩残积物	E 106°50′32.6″ N 27°16′25.3″	88
						2	20—47	黄色	中壤土	块状	6.4	7.4	0.71	0.20	1.0	94			
						3	47—	黄色	中壤土	小块状	5.7	5.1	0.64	0.17	1.0	58			
剖12	初育土	石灰（岩）土	黄色石灰土	黄色石灰土	中腐中层黄色石灰土	1	0—4	灰黄色	重壤土	粒状	6.6	47.0	2.47	0.37	4.0	81	石灰岩坡积物、残积物	E 106°48′23.0″ N 27°16′03.4″	100
						2	4—28	暗黄色	轻壤土	棱状	6.8	29.1	1.81	0.34	1.0	36			
						3	28—53	暗黄色	轻壤土	团粒状	6.7	22.2	1.61	0.31	2.0	40			
剖13	人为土	水稻土	潴育水稻土	潮泥田	潮砂泥田	1	0—22	棕黄色	中壤土	粒状	5.1	35.1	2.21	0.26	4.0	66	冲积物	E 106°47′31.2″ N 27°15′36.7″	75
						2	22—35	黄棕色	中壤土	团粒状	6.2	19.1	1.23	0.23	4.0	35			
						3	35—60	黄灰色	轻壤土	团粒状	6.5	3.8	0.37	1.04	3.0	38			
剖14	初育土	石灰（岩）土	黄色石灰土	黄色石灰土	黄大泥土	1	0—20	灰棕色	轻黏土	小块状	7.6	18.9	1.23	0.30	3.0	84	石灰岩坡积物	E 106°49′52.4″ N 27°13′59.0″	92
						2	20—60	黄棕色	轻黏土	小块状	7.3	12.7	0.85	0.32	4.0	33			
						3	60—100	浅黄色	轻黏土	棱柱状	7.0	3.7	0.80	0.29	3.0	42			
剖15	人为土	水稻土	潴育水稻土	大眼泥田	灰砂泥田	1	0—18	暗黄灰色	轻黏土	粒状	7.1	33.4	2.00	0.63	5.0	67	石灰岩坡积物	E 106°46′59.9″ N 27°13′39.7″	92
						2	18—27	灰黄色	轻黏土	块状	7.1	31.9	2.27	0.58	5.0	84			
						3	27—65	灰黄色	轻黏土	棱柱状	8.0	28.4	2.25	0.52	5.0	80			
						4	65—	暗灰黄色	轻黏土	块状	8.8	12.3	1.06	0.66	6.0	79			

续表 Continued

剖面号 Soil profile	土纲 Soil order	土类 Soil great group	亚类 Soil subgroup	土属 Soil genus	土种 Soil species	土层码 Layer code	土层厚度 Depth/cm	颜色 Soil color	质地 Soil texture	土壤结构 Soil structure	pH	有机质 OM/(g/kg)	全氮 TN/(g/kg)	全磷 TP/(g/kg)	有效磷 AP/(mg/kg)	速效钾 AK/(mg/kg)	土壤母质 Parent material	剖面点坐标 Profile coordinate	匹配指数 Matching index/%
剖15	铁铝土	黄壤	黄壤	第四纪黏土黄壤	黄泥土	1	0—18	灰黄色	轻黏土	团粒状	6.8	19.1	1.14	0.39	4.0	129	第四纪红色黏土	E 106°46′01.7″ N 27°13′07.6″	83
						2	18—37	棕黄色	轻黏土	块状	5.9	17.1	1.14	0.08	4.0	124			
						3	37—100	暗黄橙色	中黏土	棱黏状	5.0	4.4	0.81	0.33	4.0	67			
剖16	人为土	水稻土	潴育水稻土	大眼泥田	龙凤大眼泥田	1	0—23	灰黄色	轻黏土	核粒状	6.5	61.6	3.33	0.27	15.0	108	石灰岩坡积物	E 106°49′43.7″ N 27°12′56.9″	86
						2	23—32	暗黄色	轻黏土	团粒状	6.5	56.8	3.10	0.38	9.0	100			
						3	32—100	浅黄色	轻黏土	棱柱状	6.6	37.8	2.10	0.25	9.0	76			
剖17	铁铝土	黄壤	黄壤	硅铝质黄壤	厚腐厚层硅铝质黄壤	1	0—30	黄棕色	中壤土	粒状	4.3	37.7	11.50	0.51	3.0	16	砂页岩坡积物、残积物	E 106°48′53.6″ N 27°10′54.8″	78
						2	30—75	暗灰棕色	中黏土	小块状	4.1	31.3	1.41	0.28	3.0	40			
						3	75—100	黄色	重黏土	块状	4.2	8.5	0.62	0.15	1.0	36			
剖18	铁铝土	黄壤	黄壤	硅铝质黄壤	油黄砂泥土	1	0—25	灰黄色	中壤土	粒状	6.0	35.6	1.62	0.92	57.0	118	砂页岩坡积物、残积物	E 106°28′25.3″ N 27°09′44.3″	87
						2	25—64	浅黄色	中黏土	大块状	6.4	28.3	0.98	1.08	59.0	40			
						3	64—100	暗黄色	重黏土	块状	6.1	10.8	1.09	0.35	78.0	35			
剖19	紫色土	紫色土	酸性紫色土	酸性紫色黄壤	血凝土	1	0—19	暗棕红色	多砾质重壤土	粒粒状	5.9	15.2	1.23	0.65	3.0	45	酸性页岩残积物	E 106°29′50.3″ N 27°09′27.6″	71
						2	19—57	红灰色	重黏土	黏状	6.0	4.7	1.20	0.12	1.0	50			
						3	57—100	红棕色	重黏土	粒状	5.4	4.3	0.62	0.15	2.0	46			
剖20	人为土	水稻土	潴育水稻土	大眼泥田	龙凤大眼泥田	1	0—18	黑灰色	中黏土	棱柱状	6.8	74.0	3.85	0.34	13.0	68	石灰岩坡积物	E 106°32′49.6″ N 27°09′45.4″	83
						2	18—27	棕灰色	中黏土	粒状	6.8	50.8	2.75	0.62	6.0	65			
						3	27—65	暗黄灰色	中黏土	粒状	7.2	42.5	2.32	0.61	4.0	41			
						4	65—	浅黄棕色	中黏土	块状	7.3	7.2	0.87	0.28	2.0	41			
剖21	初育土	石灰(岩)土	黑色石灰土	白云岩黑色石灰土		1	0—14	黑色	重壤土	粒状	7.7	89.3	2.93	0.53	12.0	91	白云岩残积物	E 106°33′52.6″ N 27°08′52.1″	76
						2	14—												
剖22	人为土	水稻土	潴育水稻土	潴育黄泥田	黄砂田	1	0—20	灰黄色	轻壤土	核粒状	5.1	12.8	0.81	0.13	4.0	38	砂岩残积物	E 106°34′33.2″ N 27°08′22.9″	93
						2	20—25	灰黄棕色	中壤土	小块状	4.4	9.5	0.61	0.13	5.0	32			
						3	25—90	暗黄棕色	重壤土	核粒状	5.7	5.0	0.28	0.10	3.0	32			
剖23	初育土	紫色土	中性紫色土	中性紫色泥土	血肝泥土	1	0—18	棕红色	重壤土	核粒状	7.0	14.8	1.09	0.25	4.0	60	酸性页岩坡积物	E 106°38′48.4″ N 27°08′19.0″	76
						2	18—58	棕红色	重壤土	块状	7.1	19.1	0.80	0.21	3.0	51			
剖24	铁铝土	黄壤	黄壤	硅铝质黄壤	中厚层硅铝质黄壤	1	0—18	黄棕色	重壤土	粒状	4.5	19.4	1.34	0.24	2.0	62	砂页岩坡积物	E 106°32′12.8″ N 27°08′03.5″	97
						2	18—100	黄棕色	重壤土	块状	4.4	12.5	1.18	0.30	3.0	53			
剖25	人为土	水稻土	潴育水稻土	潴泥田	潮泥田	1	0—25	灰黄色	重壤土	粒状	6.4	51.8	2.61	0.13	11.0	72	冲积物	E 106°36′23.4″ N 27°07′56.3″	77
						2	25—35	暗黄色	重壤土	团粒状	6.7	26.7	1.69	0.20	4.0	54			
						3	35—82	灰黄棕色	重壤土	棱柱状	6.6	21.7	2.90	0.13	3.0	57			
						4	82—100	灰黄色	多砾质中壤土	小块状	6.3	8.9	0.61	0.21	2.0	60			
剖26	人为土	水稻土	潴育水稻土	潴育黄泥田	中白瓦泥田	1	0—21	暗黄棕色	多砾质中壤土	无明显结构	5.9	23.7	1.68	0.38	10.0	110	页岩坡积物、残积物	E 106°43′40.4″ N 27°07′20.6″	88
						2	21—26	暗黄棕色	重壤土	块状	6.0	12.4	1.56	0.43	11.0	107			
						3	26—43	暗灰棕色	中黏土	棱柱状	6.2	14.6	0.95	0.22	3.0	76			
						4	43—100	灰白色	中黏土	小块状	5.5	17.0	1.27	0.30	2.0	77			
剖27	铁铝土	黄壤	黄壤	黄泥田	黄油砂泥田	1	0—28	暗灰黄色	重壤土	粒状	5.2	33.1	1.96	0.16	5.0	60	砂岩残积物	E 106°34′23.2″ N 27°05′46.0″	71
						2	28—35	浅灰黄色	中黏土	块状	6.3	21.8	1.33	0.13	5.0	53			
						3	35—75	灰白色	重黏土	块状	5.9	4.2	0.29	0.03	5.0	50			
						4	75—100	浅灰色	轻黏土	粒状	5.9	3.5	0.31	0.78	5.0	70			
剖28	人为土	水稻土	渗育水稻土	渗育血肝泥田	血泥土	1	0—22	紫色	轻黏土	块状	5.9	33.8	2.07	0.13	11.0	106	钙质页岩残积物	E 106°31′50.3″ N 27°05′13.1″	91
						2	22—31	紫灰色	轻黏土	块状	5.8	30.1	1.84	0.72	11.0	179			
						3	31—100	紫红色	轻黏土	块状	5.8	23.9	1.42	0.68	9.0	116			

续表 Continued

剖面号 Soil profile	土纲 Soil order	土类 Soil great group	亚类 Soil subgroup	土属 Soil genus	土种 Soil species	土层码 Layer code	土层厚度 Depth/cm	颜色 Soil color	质地 Soil texture	土壤结构 Soil structure	pH	有机质 OM/(g/kg)	全氮 TN/(g/kg)	全磷 TP/(g/kg)	有效磷 AP/(mg/kg)	速效钾 AK/(mg/kg)	土壤母质 Parent material	剖面点坐标 Profile coordinate	匹配指数 Matching index/%
剖29	人为土	水稻土	潴育水稻土	大眼泥田	大眼泥田	1	0–21	灰褐色	轻黏土	团粒状	6.8	47.0	1.53	0.07	7.0	79	石灰岩坡积物	E 106°41′46.1″ N 27°04′37.6″	88
						2	21–29	暗黄棕色	轻黏土	核状	6.5	22.4	1.49	0.98	4.0	53			
						3	29–60	棕色	轻黏土	棱柱状	7.2	9.1	0.98	0.15	4.0	51			
						4	60–100	黄色	中黏土	棱柱状	7.4	13.9	1.02	0.19	5.0	43			
剖30	铁铝土	黄壤	黄壤	硅铁质黄壤	寡黄泥土	1	0–19	棕黄色	轻黏土	块状	5.0	8.0	0.37	0.50	4.0	109	页岩坡积物、残积物	E 106°32′22.3″ N 27°04′29.6″	92
						2	19—	黄色	轻黏土	大块状	6.3	3.4	0.69	0.41	4.0	52			
剖31	初育土	紫色土	酸性紫色土	酸性紫色泥土	薄腐厚层酸性紫色泥土	1	0–11	浅棕红色	轻黏土	粒状	4.4	26.7	1.09	0.27	2.0	83	酸性页岩残积物	E 106°43′24.2″ N 27°04′18.8″	92
						2	11–40	红色	轻黏土	小块状	4.6	11.0	0.65	0.19	2.0	33			
						3	40–85	红色	多砾质轻黏土	大块状	4.8	3.4	0.29	0.11	4.0	22			
剖32	初育土	石灰（岩）土	黄色石灰土	黄色石灰土	薄腐薄层黄色石灰土	1	0–13	黑黄色	中黏土	团粒状	7.1	121.7	2.71	0.90	8.0	44	石灰岩残积物	E 106°39′31.3″ N 27°03′48.2″	77
						2	13–35	棕黄色	轻黏土	棱柱状	6.9	37.9	3.13	0.96	3.0	32			
剖33	人为土	水稻土	潴育水稻土	黄泥田	黄泥田	1	0–18	灰黄色	轻黏土	团粒状	6.8	21.0	1.45	0.80	19.0	113	石灰岩、泥页岩坡积物或残积物	E 106°32′29.8″ N 27°03′29.9″	70
						2	18–28	浅黄棕色	轻黏土	棱柱状	6.8	19.4	1.31	0.55	12.0	53			
						3	28–60	黄棕色	轻黏土	棱柱状	6.6	11.8	0.90	0.52	5.0	43			
						4	60–100	黄黄色	中黏土	块状	6.4	5.6	0.62	0.31	3.0	31			
剖34	初育土	紫色土	酸性紫色土	淋溶酸性紫色泥土	薄腐薄层淋溶酸性紫色泥土	1	0–10	紫棕色	多砾质中黏土	粒状	6.0	21.8	1.21	0.55	2.0	36	石灰岩、页岩坡积物或残积物	E 106°35′42.4″ N 27°03′22.3″	82
						2	10–30	紫棕色	多砾质轻黏土	块状	6.3	12.4	0.78	0.21	1.0	26			
剖35	初育土	紫色土	酸性紫色土	淋溶黄色紫色泥土	表酸油黄泥土	1	0–20	灰黄色	轻黏土	粒状	6.0	27.5	1.90	0.53	9.0	108	酸性页岩	E 106°30′30.1″ N 27°03′08.4″	72
						2	20–45	黄棕色	轻黏土	块状	6.5	14.6	1.15	0.26	5.0	93			
						3	45—	黄棕色	轻黏土	块状	6.7	12.6	0.92	0.31	7.0	39			
剖36	初育土	紫色土	酸性紫色土	酸性紫色泥土	砾质血肝土	1	2–21	暗紫棕色	重壤土	块状	5.2	15.8	1.28	0.43	2.0	34	钙质页岩坡积物	E 106°31′10.6″ N 27°02′36.6″	86
						2	21–31	红棕色	重黏土	块状	4.9	7.6	0.57	0.38	3.0	38			
剖37	初育土	紫色土	酸性紫色土	酸性紫色泥土	血肝泥田	1	0–25	紫棕色	重黏土	粒状	5.1	21.5	1.72	0.92	2.0	33	酸性页岩	E 106°33′07.2″ N 27°02′24.0″	71
						2	25–62	紫红色	重黏土	块状	4.9	12.0	1.23	0.92	4.0	84			
剖38	人为土	水稻土	潴育水稻土	渗育血肝泥田	血肝泥田	1	0–18	紫色	重壤土	小块状	6.2	20.8	1.35	0.34	9.0	54	中性页岩坡积物	E 106°44′48.4″ N 27°02′23.1″	82
						2	18–22	暗紫棕色	轻黏土	块状	6.4	13.3	0.82	0.25	5.0	52			
						3	22–55	紫紫色	轻黏土	块状	6.7	13.2	0.69	0.28	3.0	26			
剖39	初育土	石灰（岩）土	黄色石灰土	淋溶黄色石灰土	薄腐薄层淋溶黄色石灰土	1	5–18	灰黄色	轻黏土	粒状	5.2	18.1	0.94	0.12	4.0	31	石灰岩、泥页岩	E 106°31′42.2″ N 27°02′11.0″	99
						2	18–29	浅黄棕色	轻黏土	块状	5.4	9.7	0.59	0.11	35.0	33			
						3	29–40	暗黄棕色	中黏土	块状	6.8	19.4	1.50	0.17	3.0	32			
剖40	人为土	水稻土	渗育水稻土	渗育大泥土	黄白砂泥田	1	0–21	灰褐色	多砾质中黏土	粒状	6.7	29.2	1.70	0.53	5.0	122	石灰岩坡积物	E 106°35′31.6″ N 27°02′04.2″	76
						2	21–29	浅黄棕色	轻黏土	团粒状	6.7	28.0	1.76	0.50	4.0	164			
						3	29–60	浅灰黄色	轻黏土	块状	7.5	7.4	0.66	0.29	1.0	52			
剖41	初育土	石灰（岩）土	黄色石灰土	黄色石灰土	油大泥土	1	0–31	黑黄色	轻黏土	团粒状	6.4	41.0	2.62	1.18	52.7	176	白云岩坡积物	E 106°37′52.7″ N 27°01′34.0″	97
						2	31–100	黄棕色	轻黏土	块状	6.4	11.7	1.32	0.44	7.0	57			
剖42	人为土	水稻土	渗育水稻土	渗育黄色泥田	寡黄泥田	1	0–18	灰黄棕色	轻黏土	粒状	6.4	20.3	1.49	0.29	2.0	86	石灰岩坡积物	E 106°44′25.3″ N 27°01′26.9″	87
						2	18–25	棕色	中黏土	大块状	6.5	21.9	1.47	0.31	4.0	98			
						3	25–63	棕黄色	中黏土	大块状	5.9	7.6	0.86	0.23	2.0	77			
						4	63–100	浅黄黄色	中黏土	大块状	5.7	6.1	0.68	0.09	3.0	107			
剖43	铁铝土	黄壤	黄壤	硅铝质黄壤	黄泥土	1	0–20	浅黄黄色	中壤土	小块状	5.9	19.3	1.09	6.15	3.0	32	泥页岩	E 106°33′06.7″ N 27°01′17.4″	70
						2	20–100	浅黄黄色	中黏土	块状	6.5	5.3	0.43	0.12	3.0	3			
剖44	铁铝土	黄壤	黄壤	硅铁质黄壤	黄砂土	1	0–17	蜡黄色	中黏土	粒状	5.2	19.0	1.82	0.50	18.0	109	砂岩坡积物	E 106°35′13.1″ N 27°01′08.8″	91
						2	17–53	黄橙色	中黏土	块状	5.5	15.4	1.42	0.55	3.0	58			
						3	53–100	黄黄色	中黏土	棱状	5.7	7.2	1.04	0.33	1.0	56			
剖45	初育土	石灰（岩）土	黄色石灰土	黄色石灰土	砾质白云砂土	1	0–20	多砾黄色	中壤土	颗粒状	8.0	25.2	1.41	0.26	3.0	47	泥质白云岩坡积物	E 106°34′43.0″ N 27°00′14.8″	85
						2	20–50	灰黄色	中壤土	小块状	8.2	6.1	2.22	0.16	0.4	33			

续表 Continued

剖面号 Soil profile	土纲 Soil order	土类 Soil great group	亚类 Soil subgroup	土属 Soil genus	土种 Soil species	土层码 Layer code	土层厚度 Depth/cm	颜色 Soil color	质地 Soil texture	土壤结构 Soil structure	pH	有机质 OM/(g/kg)	全氮 TN/(g/kg)	全磷 TP/(g/kg)	有效磷 AP/(mg/kg)	速效钾 AK/(mg/kg)	土壤母质 Parent material	剖面点坐标 Profile coordinate	匹配指数 Matching index/%
剖46	铁铝土	黄壤	黄壤	硅铁质黄壤	黄泥土	1	0—18	灰黄色	多砾质轻黏土	粒状	6.1	18.9	1.44	0.38	9.0	151	石灰岩、页岩残积物	E 106°43′39.7″ N 27°00′07.2″	89
剖47	淋溶土	黄棕壤	山地黄棕壤	硅铁质粗骨性黄棕壤	砾质灰泡砂土	1	0—25	浅蜡黄色	轻黏土	块状	5.8	16.9	1.32	0.37	4.0	96	砂岩坡积物、残积物	E 106°47′04.8″ N 27°09′13.1″	98
						2	18—30	浅棕黄色	多砾质轻黏土	块状	5.9	6.8	0.78	0.27	4.0	39			
						3	30—												
剖48	淋溶土	黄棕壤	山地黄棕壤	硅铝质黄棕壤	灰泡土	1	0—15	灰棕色	多砾质中壤土	粒状	4.5	37.8	3.10	0.87	3.0	38	砂页岩坡积物、残积物	E 106°46′20.7″ N 27°07′08.0″	91
						2	25—55	黄黄色	多砾质中壤土	团粒状	4.6	13.8	1.36	0.60	1.0	40			
剖49	人为土	水稻土	潜育水稻土	烂锈田	浅脚烂泥田	1	0—15	黄黄色	重壤土	粒状	4.8	52.5	2.76	0.75	5.0	177	砂页岩坡积物	E 106°45′06.2″ N 27°04′27.5″	85
						2	15—100	棕黄色	重壤土	块状	5.0	10.0	1.06	0.50	2.0	108			
剖50	铁铝土	黄壤	黄壤	中厚层硅铁质黄壤		1	0—30	青黑色	重黏土	浮泥状	7.5	49.5	3.12	0.57	6.0	54	页岩残积物	E 106°47′12.5″ N 27°03′30.6″	70
						2	30—40	青灰色	重黏土	无明显结构	7.3	55.0	3.28	0.74	11.0	69			
剖51	初育土	石灰(岩)土	棕色石灰土	淋容棕色石灰土		1	0—20	浅棕黄色	轻黏土	团粒状	4.1	35.5	1.74	0.57	4.0	28	白云质砂岩残积物	E 106°45′48.4″ N 27°02′56.9″	94
						2	20—52	暗黄色	中壤土	块状	4.3	20.4	1.07	0.41	2.0	27			
						3	52—100	黄色	中壤土	粒状	4.2	17.4	1.00	0.29	2.0	29			
剖52	淋溶土	黄棕壤	山地黄棕壤	铁铝质黄棕壤	灰泡大土	1	0—10	灰黄棕色	中壤土	粒状	6.4	44.9	2.16	0.34	1.0	105	白云质残积物	E 106°46′24.7″ N 27°02′01.8″	98
						2	10—50	暗棕色	中壤土	粒状	6.9	40.0	1.60	0.24	1.0	71			
						3	20—32	灰棕色	重壤土	粒状	5.9	32.0	2.26	0.54	4.0	125			
剖53	淋溶土	黄棕壤	山地黄棕壤	铁铝质黄棕壤	薄腐中层铁铝质黄棕壤	1	32—67	暗棕色	重壤土	团粒状	6.1	15.0	2.06	0.48	5.0	66	白云质坡积物、残积物	E 106°39′17.3″ N 26°59′49.2″	71
						2	0—15	棕色	轻壤土	核状	6.1	10.0	1.40	0.44	2.0	70			
						3	15—75	暗棕色	多砾质轻壤土	粒状	5.6	60.1	3.32	0.45	3.0	68			
							75—90	棕红色	多砾质中壤土	块状	5.5	15.0	1.19	0.45	7.0	28			
剖54	人为土	水稻土	渗育水稻土	渗育大泥田	大泥田	1	0—19	棕色	多砾质重壤土	块状	5.6	12.5	1.13	0.47	6.0	119	石灰岩	E 106°37′29.6″ N 26°59′26.9″	72
						2	19—28	暗棕色	重黏土	块状	6.3	25.4	1.57	0.49	13.0	122			
						3	28—100	暗棕色	轻黏土	块状	6.7	27.8	1.34	0.36	6.0	69			
剖55	淋溶土	黄棕壤	山地黄棕壤	硅铁质粗骨性黄棕壤	砾质灰泡砂土	1	0—25	黄橙色	中壤土	屑粒状	7.0	12.1	0.94	0.24	1.0	163	页岩坡积物	E 106°43′14.2″ N 26°59′03.5″	87
						2	25—65	黄橙色	多砾质轻黏土	块状	5.5	25.1	1.83	0.44	9.0	58			
						3	65—	黄橙色	多砾质轻黏土	块状	5.3	25.6	1.47	0.29	4.0	64			
剖56	淋溶土	黄棕壤	山地黄棕壤	硅铝质黄棕壤	薄腐厚层硅铁质黄棕壤	1	0—8	褐棕色	轻壤土	粒状	5.4	42.3	2.20	0.02	6.0	59	页岩坡积物、残积物	E 106°36′34.4″ N 26°59′01.7″	81
						2	8—26	棕黄色	中黏土	小块状	5.6	10.3	1.01	0.24	1.0	41			
						3	26—100	浅棕色	重黏土	块状	5.6	17.4	1.20	0.14	1.0	38			
剖57	铁铝土	黄壤	黄壤	硅质黄壤	黄砂土	1	0—18	浅棕黄色	轻壤土	粒状	6.1	14.1	0.97	0.21	6.0	65	砂岩坡积物	E 106°41′33.4″ N 26°59′00.2″	82
						2	18—100	黄色	重黏土	粒状	5.2	5.1	0.48	0.19	1.0	34			

修 文 县

主要土类说明

黄壤是修文县主要土壤类型，占本县地域面积的50%。黄壤发育于温暖湿润的亚热带气候条件下，集中分布在六屯、扎佐、龙场、六广等地，多为海拔700—1450m的丘陵山地。成土母质为页岩、砂页岩、砂岩、泥质灰岩、紫色砂岩、白云岩等风化物及红色黏土。黄壤土层深厚，土体长期处于湿润状态，质地多黏性，结构差，养分含量低，有效磷缺乏，土壤呈酸性，有机质在植被覆盖好的地方含量高，在植被覆盖差的地方含量低。

水稻土是修文县第二大土壤类型，占本县地域面积的21%。水稻土是在水耕熟化和旱耕熟化交替影响下形成的，集中分布在扎佐、龙场、久长等地的低山丘陵盆地，小箐、六广等地的槽谷洼地和溶蚀盆地也有分布。成土过程具有氧化还原过程，水耕条件下铁锰发生强烈迁移。由于干湿交替，水稻土形成糊状的淹育层、较坚实板结的犁底层、渗育层、潴育层与潜育层等多种发生层。

石灰（岩）土是修文县第三大土壤类型，占本县地域面积的20%。石灰（岩）土为岩成土，主要由泥质灰岩、钙质砾岩、白云质灰岩、燧石灰岩、纯质灰岩风化物发育而成，也有第四系红色风化壳和页岩残积物在复盐基作用下形成，主要分布在小箐和六广，其他地区为零星分布。土体多具A-R剖面构型。

紫色土占本县地域面积的5%。紫色土为岩成土，发育于紫色岩类出露各处，多分布在本县中部海拔1200—1300m的丘陵山地。成土母质主要为紫红色砂岩、红色钙质砾岩和紫色砂页岩。紫色土的形成和特点都与母岩的种类和性质密切相关，成土过程以物理风化为主，成土迅速，水土流失严重，具A-AC-C剖面构型，阳离子交换量较高。

粗骨土占本县地域面积的3%。粗骨土属于A-C型，甚至（A）-C型土壤。A层发育不明显，与母质土层性状相似，略显有机质积累。有时母质层富含砾石，很少出现剖面分异与发育特征。

小于本县地域面积3%的土壤类型有黄棕壤和山地草甸土。

本区域中心区气候特征

本区域中心区气候特征值
Regional climate characteristics in central area of the region

气候带：北亚热带湿润气候 Climate region: North subtropical humid climate	
年平均气温 /℃ Annual average temperature /℃	14.9
年平均最高气温 /℃ Annual average maximum temperature /℃	19.4
年平均最低气温 /℃ Annual average minimum temperature /℃	11.9
年降水量 /mm Annual precipitation /mm	1077
≥10℃的积温 /℃ Daily temperature accumulated in a year (≥10℃) /℃	5490
年日照时数 /h Annual sunshine /h	1130
年平均相对湿度 /% Annual average relative humidity /%	78
干燥度 Dryness	0.81

本区域中心区月平均气温与月平均降水量
Monthly temperature and precipitation in central area of the region

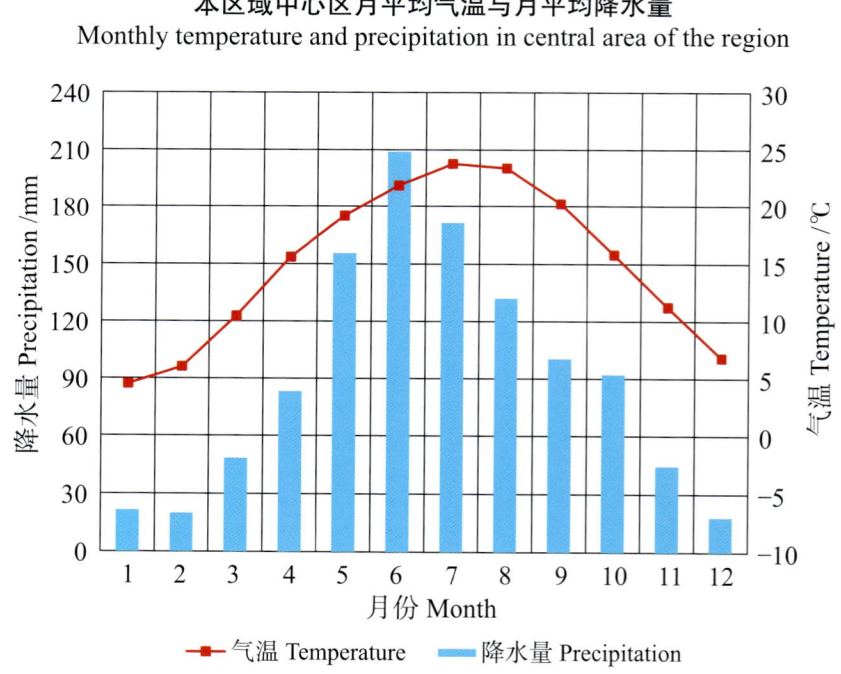

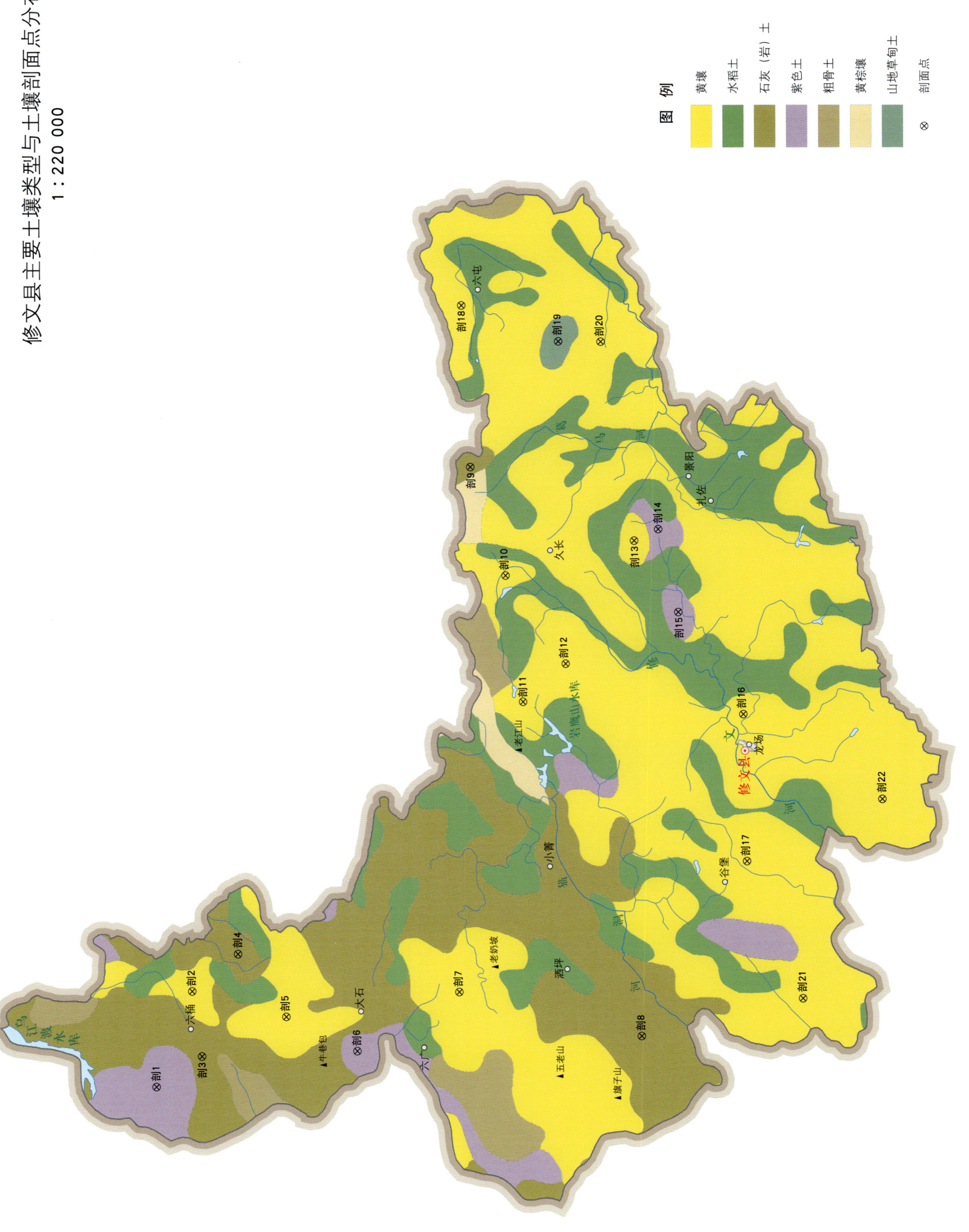

修文县土壤剖面理化性状表

剖面号 Soil profile	土纲 Soil order	土类 Soil great group	亚类 Soil subgroup	土属 Soil genus	土种 Soil species	土层码 Layer code	土层厚度 Depth/cm	颜色 Soil color	质地 Soil texture	土壤结构 Soil structure	pH	有机质 OM/(g/kg)	全氮 TN/(g/kg)	全磷 TP/(g/kg)	碱解氮 AN/(mg/kg)	有效磷 AP/(mg/kg)	土壤母质 Parent material	剖面点坐标 Profile coordinate	匹配指数 Matching index/%
剖1	初育土	紫色土	紫泥土	紫泥土	血泥土	1	0—23	棕色	轻壤土	粒状	6.0	31.4	1.20	1.70	13	2.2	砂岩	E 106°25′08.8″ N 27°07′18.5″	91
						2	23—33	红棕色	轻壤土	块状	5.5								
						3	33—85	黄红色	中壤土	块状	5.0								
						4	85—	紫红色	中壤土	无明显结构	5.5								
剖2	铁铝土	黄壤	黄壤	黄泥土	小黄泥土	1	0—20	暗黄色	中壤土	团粒状	6.5	37.5	1.85	1.10	11	2.4	风化壳黄色黏土	E 106°28′04.4″ N 27°06′15.5″	89
						2	20—40	黄色	中壤土	小块状	6.0								
						3	40—60	灰黄色	中壤土	块状	5.5								
						4	60—	黄棕色	中壤土	块状	4.5								
剖3	初育土	石灰(岩)土	黄色石灰土	淋溶黄色石灰土		1	0—7	灰黄色	中壤土	小粒状	6.2						泥质灰岩	E 106°26′03.7″ N 27°06′00.9″	87
						2	7—14	棕红色	中壤土	核状	6.0								
						3	14—80	浅黄色	中壤土	无明显结构	7.0								
剖4	初育土	石灰(岩)土	黄色石灰土			1	0—5	灰棕色	中壤土	小核状	7.5						纯质灰岩	E 106°29′11.4″ N 27°04′57.7″	84
						2	5—20	暗黄色	重壤土	核状	7.5								
						3	20—	灰黄色	重壤土	核状	7.5								
剖5	铁铝土	黄壤	黄壤	黄泥土	石渣子黄泥土	1	0—19	棕色	轻壤土	无明显结构	6.5						含铁矿风化物	E 106°27′14.4″ N 27°03′38.1″	88
						2	19—27	棕红色	中壤土	粒状	5.5								
						3	27—	浅红色	中壤土	块状	5.5								
剖6	初育土	紫色土				1	0—15	灰黑色	重壤土	核状	7.0						钙质砂岩	E 106°26′08.5″ N 27°01′40.0″	89
						2	15—26	棕色	重壤土	核状	7.2								
						3	26—80	暗黄色	重壤土	核状	7.5								
						4	80—	紫红色	轻壤土	核状	7.5								
剖7	铁铝土	黄壤	黄砂土	黄砂土		1	0—18	灰棕色	轻壤土	屑粒状	6.0						页岩	E 106°27′54.4″ N 26°58′46.9″	87
						2	18—30	暗黄色	中壤土	粒状	6.0								
剖8	初育土	石灰(岩)土	棕色石灰土	黄砂土	黄油砂土	1	0—8	黑灰色	轻壤土	屑粒状	7.0						钙质砾岩	E 106°26′27.2″ N 26°53′41.6″	79
						2	8—18	黄色	重壤土	无明显结构	7.5								
						3	18—45	棕色	重壤土	无明显结构	7.5								
						4	45—												
剖9	初育土	石灰(岩)土	棕色石灰土			1	0—12	黑灰色	轻壤土	粒状	7.0	20.0	1.35	1.63	14	1.7	白云质灰岩夹钙石灰岩	E 106°44′13.2″ N 26°58′11.8″	76
						2	12—27	暗黄色	重壤土	核状	6.5								
						3	27—50	红棕色	重壤土	核状	6.8								
						4	50—70	红棕色	重壤土	核状	4.8								
剖10	铁铝土	黄壤	黄壤		冷砂土	1	0—22	白色	砂壤土	粒状	4.8	78.6	3.81	1.61	42	1.2	硅质页岩	E 106°40′50.5″ N 26°57′15.9″	77
						2	22—31	棕红色	中壤土	小块状	4.3								
剖11	铁铝土	黄壤	黄壤	硅铝质黄壤		1	0—11	灰黄色	中壤土	屑粒状	5.0	32.6	0.88	0.68	11	0.8	页岩	E 106°36′54.0″ N 26°56′50.6″	79
						2	11—28	黄色	轻壤土	核状	5.0								
						3	28—62	黄色	中壤土	小块状	4.5								
						4	62—	灰黑色	重壤土	小块状	4.5								
剖12	铁铝土	黄壤	黄壤	铁质黄壤		1	0—3	灰棕色	轻壤土	屑粒状	4.0						第四纪红色黏土	E 106°38′03.5″ N 26°55′37.9″	70
						2	3—16	棕色	轻壤土	小块状	4.0								
						3	16—62	黄棕色	轻黏土	块状	3.8								
						4	62—120	浅棕色	轻壤土	块状	3.8								
						5	120—												

续表 Continued

剖面号 Soil profile	土纲 Soil order	土类 Soil great group	亚类 Soil subgroup	土属 Soil genus	土种 Soil species	土层码 Layer code	土层厚度 Depth/cm	颜色 Soil color	质地 Soil texture	土壤结构 Soil structure	pH	有机质 OM/(g/kg)	全氮 TN/(g/kg)	全磷 TP/(g/kg)	碱解氮 AN/(mg/kg)	有效磷 AP/(mg/kg)	土壤母质 Parent material	剖面点坐标 Profile coordinate	匹配指数 Matching index/%
剖13	铁铝土	黄壤	黄壤	黄泥土	油黄泥土	1	0—22	黑灰色	重壤土	团粒状	6.5	84.7	1.94	1.56	16	1.2	风化壳	E 106° 41′ 51.4″ N 26° 53′ 39.1″	88
						2	22—34	灰棕色	轻黏土	块状	6.5								
						3	34—75	黄灰色	轻黏土	无明显结构	6.0								
						4	75—	黄色	轻壤土	无明显结构	5.5								
剖14	初育土	紫色土	紫泥土	紫泥土	紫泥土	1	0—15	紫红色	中壤土	粒状	5.0	20.7	1.05	1.60	11	1.9	酸性砂岩	E 106° 42′ 11.9″ N 26° 52′ 58.1″	97
						2	15—27	紫红色	中壤土	粒状	4.7								
						3	27—	浅紫红色	中壤土	无明显结构	4.5								
剖15	初育土	紫色土	紫泥土	紫油砂土	紫油砂土	1	0—19	灰棕色	轻壤土	小粒状	6.5						钙质砂页岩	E 106° 39′ 36.7″ N 26° 52′ 27.1″	75
						2	19—30	灰棕色	中壤土	块状	6.5								
						3	30—83	黄灰色	中壤土	块状	6.5								
						4	83—110	红棕色	中壤土	块状	7.0								
						5	110—	红棕色											
剖16	铁铝土	黄壤	黄壤	黄泥土	黄泥土	1	0—18	灰黄色	中壤土	屑粒状	5.5	23.0	1.40	1.63		1.7	页岩	E 106° 36′ 23.8″ N 26° 50′ 40.9″	90
						2	18—31	黄色	重壤土	小块状	5.5								
						3	31—60	黄色	重壤土	块状	5.5								
						4	60—	黄色	重壤土	块状	5.5								
剖17	铁铝土	黄壤	黄壤	黄砂土	黄砂土	1	0—12	浅黄色	砂壤土	小块状	6.5						砂页岩	E 106° 31′ 48.5″ N 26° 50′ 39.4″	96
						2	12—32	棕黄色	轻壤土	小块状	6.0								
						3	32—80	黄色	砂壤土	小块状	5.5								
剖18	铁铝土	黄壤	黄壤	黄砂土	石渣子黄泥土	1	0—15	灰黑色	砂壤土	无明显结构	6.0						页岩夹砾石	E 106° 49′ 15.3″ N 26° 58′ 22.1″	77
						2	15—30	灰黄色	砂壤土	无明显结构	5.5								
						3	30—	黄灰色	砂壤土	无明显结构	5.5								
剖19	半水成土	山地草甸土	山地灌丛草甸土			1	0—5		轻壤土		4.0						白云质灰岩夹燧石灰岩	E 106° 48′ 05.4″ N 26° 55′ 40.4″	90
						2	5—20	灰黑色	轻壤土	粒状	4.0								
						3	20—32	黑色	轻壤土	核状	4.0								
						4	32—45	浅زه色	重壤土	核状	4.5								
剖20	铁铝土	黄壤	黄壤	黄泥土	死黄泥土	1	0—14	黄棕色	轻黏土	粒状	5.0						风化壳	E 106° 48′ 03.5″ N 26° 54′ 29.1″	83
						2	14—32	黄色	轻黏土	小块状	5.0								
						3	32—	黄色	轻黏土	无明显结构	4.5								
剖21	铁铝土	黄壤	黄壤	灰泡黄泥土	灰泡黄泥土	1	0—15	灰棕色	轻壤土	粒状	5.0	64.1	2.68	1.12	4	2.6	砂页岩	E 106° 27′ 32.0″ N 26° 49′ 09.6″	74
						2	15—41	黄色	壤土	粒状	5.0								
剖22	铁铝土	黄壤	黄壤	黄砂土	火石砂土	1	0—14	黄色	砂壤土	小块状	5.0						页岩夹燧石	E 106° 33′ 41.4″ N 26° 46′ 50.2″	100
						2	14—44	浅黄色	中壤土	块状	4.5								
						3	44—	黄色			4.0								

六 盘 水 市

市 辖 区

主要土类说明

黄壤是六盘水市主要土壤类型，占本市地域面积的40%。黄壤在本市分布东南部多于西北部，一般分布在酸性基岩构成的丘陵和海拔800—1900m的坡地。成土母质主要为页岩、砂岩、泥岩、紫色砂岩、玄武岩、轻变质岩风化物及古风化壳。黄壤土体厚度多为35—63cm。剖面发育明显，表层呈灰色至棕灰色，厚10—20cm，以壤土居多。心土层呈黄色至蜡黄色，质地为重壤土至轻黏土，有机质和铁锰淋溶淀积现象明显，结构体表面有黑色胶膜，土体内有铁锰结核。母质层的结构、颜色和质地均因基岩而异。

黄棕壤是六盘水市第二大土壤类型，占本市地域面积的26%。黄棕壤主要分布在双水、南开、玉舍等地海拔1900—2300m的高中山及山原、丘陵地区。成土母质十分广泛，黏土矿物以2:1型为主，具有弱的脱硅富铝化过程和较强的黏化作用，黏粒硅铝率为1.6—2.5。该土壤具A-B-C剖面构型，土体厚度在50cm以下耕地pH为4.5—6.0。

石灰（岩）土是六盘水市第三大土壤类型，占本市地域面积的18%。石灰（岩）土具有碳酸盐强烈淋失，硅、铁、铝相对聚集，有机质积累量高等特点，土层浅薄，多具A-R剖面构型。

紫色土占本市地域面积的8%，主要分布在玉舍、米箩、南开等地。成土母质为以紫色为主的杂色泥页岩及紫红色泥页岩坡积物和残积物。紫色土的形成和特点都与母岩的种类和性质密切相关，成土过程以物理风化为主，成土迅速，水土流失严重，具A-AC-C剖面构型，阳离子交换量较高。

小于本市地域面积5%的土壤类型有粗骨土、水稻土、石质土、红壤、棕壤和潮土。

本区域中心区气候特征

本区域中心区气候特征值
Regional climate characteristics in central area of the region

气候带：暖温带湿润气候 Climate region: Warm temperate humid climate	
年平均气温 /℃ Annual average temperature /℃	13.8
年平均最高气温 /℃ Annual average maximum temperature /℃	18.8
年平均最低气温 /℃ Annual average minimum temperature /℃	10.4
年降水量 /mm Annual precipitation /mm	1094
≥10℃的积温 /℃ Daily temperature accumulated in a year (≥10℃) /℃	5333
年日照时数 /h Annual sunshine /h	1450
年平均相对湿度 /% Annual average relative humidity /%	80
干燥度 Dryness	0.76

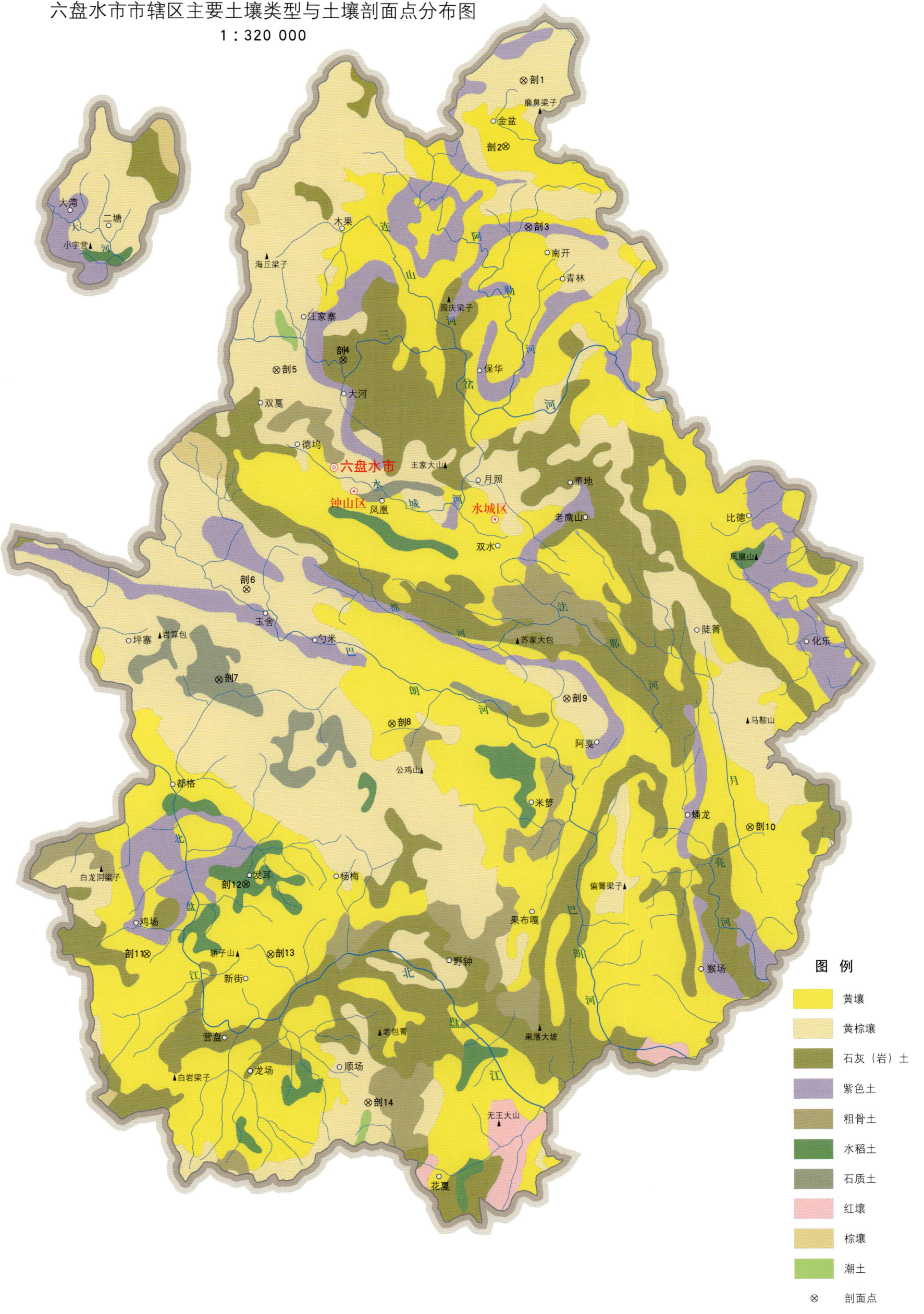

六盘水市土壤剖面理化性状表

剖面号 Soil profile	土纲 Soil order	土类 Soil great group	亚类 Soil subgroup	土属 Soil genus	土种 Soil species	土层码 Layer code	土层厚度 Depth/cm	颜色 Soil color	质地 Soil texture	土壤结构 Soil structure	pH	有机质 OM/(g/kg)	全氮 TN/(g/kg)	全磷 TP/(g/kg)	全钾 TK/(g/kg)	有效磷 AP/(mg/kg)	速效钾 AK/(mg/kg)	阳离子交换量CEC/(cmol/kg)	土壤母质 Parent material	剖面点坐标 Profile coordinate	匹配指数 Matching index/%
剖1	淋溶土	黄棕壤	暗黄棕壤	灰泡泥土	灰泡泥土	A	0—14	黄棕色	粉砂质黏土	粒状	7.7	34.9	2.23	2.02		8.0	221	16.6	页岩坡积物、残积物	E 104°58′55.8″ N 26°52′44.7″	77
						B	14—44	棕黄色	壤质黏土	小块状	5.8	45.3	2.47	1.86		微量	49	19.4			
						C	44—85	浅黄色	壤质黏土	拟块状	5.3	15.1	1.32	0.94		微量	30	13.7			
剖2	铁铝土	黄壤	黄壤	大黄泥土	囊残黄壤土	A	0—12	黄灰色	粉砂质壤土	粒状	6.7	9.3	0.66	1.06		3.0	15	2.6	白云岩风化物	E 104°58′03.3″ N 26°49′52.1″	74
						B	12—78	灰黄色	黏质壤土	小块状	6.2	8.7	0.64	0.96		微量	32	4.0			
剖3	初育土	紫色土	酸性紫血土	血泥土	油血泥土	A	0—18	暗紫色	砂质黏壤土	团粒状	6.3	39.1	1.48	2.39		21.0	199	20.9	酸性砂页岩风化物	E 104°59′10.0″ N 26°46′20.3″	93
						C₁	18—35	紫色	砂质黏土	块状	6.0	13.9	1.09	2.53		12.0	97	23.8			
						C₂	35—75	紫色	砂质黏土	拟块状	6.0	8.2	0.93	2.59		微量	85	23.2			
剖4	初育土	石灰（岩）土	棕色石灰土	棕大泥土	棕大泥土	Ah	0—15	暗灰棕色	壤质黏土	粒状	7.2	44.7	2.84	0.87		10.0	144	19.8	石灰岩残积物、坡积物	E 104°50′05.3″ N 26°40′31.1″	78
						Ah	15—35	灰棕色	壤质黏土	小块状	7.2	40.7	2.31	0.86		2.0	44	20.1			
						AC	35—80	黄棕色	壤质黏土	棱块状	7.3	17.1	1.54	1.38		微量	10	14.2			
剖5	淋溶土	黄棕壤	暗黄棕壤	幼大泡泥土	薄幼大灰泡泥	(B)	0—9	棕黑色	砂质黏壤土	屑粒状	4.3	110.8	4.98	1.15		2.0	87	21.8	白云岩坡积物、残积物	E 104°46′48.4″ N 26°40′04.4″	70
						(B)	9—24	棕黄色	黏质壤土	块状	4.8	30.8	1.55	0.80		2.0	74	19.0			
						C	24—	灰白色	砂质黏壤土	拟块状	5.7	5.5	0.33	0.77		2.0	69				
剖6	淋溶土	黄棕壤	暗黄棕壤	灰泡泥	厚灰泡泥	A	0—15	暗棕色	壤质黏土	粒状	4.1	97.6	3.81	0.34	7.3	4.0	98	14.3	页岩风化物	E 104°45′20.1″ N 26°30′29.9″	97
						B₁	15—58	棕黄色	壤质黏土	小块状	4.4	13.7	1.27	0.20	14.9	1.0	63	13.3			
						B₂	58—78	浅黄灰色	黏土	小块状	4.6	10.5	1.32	0.23	18.2	1.0	63	11.9			
						C	78—100	浅黄灰色	壤质黏土	拟块状	5.0	5.8	1.19	0.24	19.9	1.0	63	12.0			
剖7	初育土	石质土	酸性石质土	暗石渣子土	暗石渣子泥	A	0—7	暗棕色	砂壤土	屑粒状	5.1	269.1	10.91	2.59	2.0	6.0	282	39.7	玄武岩风化物	E 104°43′59.5″ N 26°26′32.6″	71
						R	7—														
剖8	铁铝土	黄壤	黄壤	橘黄泥土	厚橘黄泥	A	0—4	暗棕色	壤质黏土	粒状	5.0	40.7	1.63	2.09	2.0	2.0	112	19.3	玄武岩坡积物、残积物	E 104°52′26.8″ N 26°24′37.4″	82
						AB	4—47	黄棕色	壤质黏土	块状	5.1	41.8	1.48	1.92	2.1	1.0	61	15.6			
						B	47—98	棕红色	少砾质黏土	块状	5.5	11.9	0.75	1.29	2.8	2.0	56	11.8			
剖9	淋溶土	黄棕壤	暗黄棕壤	灰泡土	灰泡土	A	0—10	黄棕色	壤质黏土	粒状	6.3	40.9	1.87	1.21		7.0	132	20.8	砂页岩坡积物、残积物	E 105°01′00.1″ N 26°25′42.2″	90
						B	10—65	黄棕色	壤质黏土	块状	6.1	12.9	0.80	0.91		5.0	12	19.6			
						C	65—				5.7										
剖10	铁铝土	黄壤	黄壤	黄砂土	黄砂土	A	0—15	浅黄棕色	砂质壤土	粒状	6.2	37.8	2.00	1.42		6.0	43	13.0	玄武岩风化物	E 105°09′55.4″ N 26°20′02.8″	91
						B	15—60	黄棕色	壤土	粒状、块状 无明显结构	5.1	15.7	0.70	0.42		5.0	11	12.6			
						C	60—90														
剖11	黄壤	黄壤	黄壤	橘黄泥土	橘黄泥	A	0—7	暗棕色	壤质黏土	屑粒状	4.7	89.4	3.43	1.81				15.0	玄武岩风化物	E 104°40′26.0″ N 26°14′32.3″	81
						B	7—22	棕黄色	黏土	无明显结构	5.0	32.8	1.43	1.44				13.4			
						C	22—62	黄棕色	黏土	粒状	5.3	16.5	0.76	1.45				11.0			
剖12	人为土	水稻土	渗育水稻土	血肝泥田	血肝泥田	Aa	0—16	紫红色	黏土	块状	5.9	21.2	1.19	1.44		7.0	89	22.2	砂页岩坡积物、残积物	E 104°45′17.2″ N 26°17′34.8″	92
						Ap	16—39	紫棕色	壤质黏土	棱块状	5.7	23.3	1.25	0.84		4.0	21	24.0			
						P	39—75	紫棕色	壤质黏土	块状	6.1	16.2	0.92	0.69		5.0	18	23.7			
剖13	铁铝土	黄壤	黄壤	黄泥土	油马肝黄泥土	A	0—18	暗紫棕色	壤质黏土	小块状	6.2	93.7	4.38	2.90		15.0	253	27.4	凝灰岩坡积物、残积物	E 104°46′29.5″ N 26°14′30.7″	82
						B₁	18—38	棕黄色	壤质黏土	块状	5.1	59.1	3.00	2.19		2.0	96	29.1			
						B₂	38—95	黄色	中砂质黏土	粒状	5.3	36.7	1.83	2.16			53	21.4			
剖14	淋溶土	黄棕壤	暗黄棕壤	灰泡泥土	马肝灰泡土	A	0—16	棕色	壤土	小块状	7.9	47.1	2.34	1.22		10.0	136	16.6	凝灰岩坡积物、残积物	E 104°51′13.9″ N 26°08′05.6″	72
						B	16—46	黄棕色	黏土	粒状	5.7	41.2	2.17	0.78		3.0	116	19.7			
						C	46—70	黄色	黏土	块状	6.2	11.5	1.02	1.91		微量	84	16.2			

六 枝 特 区

主要土类说明

黄壤是六枝特区主要土壤类型，占本特区地域面积的51%。黄壤在本特区各地均有分布，一般分布在酸性基岩构成的丘陵和海拔1000—1700m的坡地。成土母质主要为页岩、砂岩、泥岩、紫色砂岩、玄武岩、轻变质岩风化物及古风化壳。黄壤土体厚度多为35—63cm。剖面发育明显，表层呈灰色至棕灰色，厚10—20cm，以壤土居多。心土层呈黄色至蜡黄色，质地为重壤土至轻黏土，有机质和铁锰淋溶淀积现象明显，结构体表面有黑色胶膜，土体内有铁锰结核。母质层的结构、颜色和质地均因基岩而异。该土壤呈酸性，pH为4.4—6.3。表层有机质含量较高，一般为48—359g/kg。

石灰（岩）土是六枝特区第二大土壤类型，占本特区地域面积的16%。石灰（岩）土具有碳酸盐强烈淋失，硅、铁、铝相对聚集，有机质积累量高等特点，土层浅薄，多具A-R剖面构型。

水稻土是六枝特区第三大土壤类型，占本特区地域面积的10%。水稻土分布在海拔615—1800m的地区，以郎岱、落别、月亮河等地面积较大。水稻土是在长期的季节性淹灌、水下翻耕、季节性脱水、氧化还原交替影响下，原来的成土母质或母土的特性发生重大改变形成的新的土壤类型。由于干湿交替，水稻土形成糊状的淹育层、较坚实板结的犁底层、渗育层、潴育层与潜育层等多种发生层。这些不同发生层是在人为耕作、水浆管理下形成的。

紫色土占本特区地域面积的10%。紫色土属初育土，分布在本特区的大多数地区，海拔为1200—1800m。紫色土的形成和特点都与母岩的种类和性质密切相关，成土过程以物理风化为主，成土迅速，水土流失严重，具A-AC-C剖面构型，阳离子交换量较高。

黄棕壤占本特区地域面积的7%，主要分布在关寨、中寨和新场的部分地区，海拔约为1800m。成土母质十分广泛，黏土矿物以2∶1型为主，具有弱的脱硅富铝化过程和较强的黏化作用，黏粒硅铝率为1.6—2.5。该土壤具A-B-C剖面构型，土体厚度在50cm以下，耕地pH为4.5—6.0。

石质土占本特区地域面积的3%。石质土土壤表层岩石裸露，风化层浅薄，厚度一般小于10cm，风化度低，富含砾石，多碎屑岩粒；风化层下为坚硬岩石层。该土壤广泛分布在侵蚀严重、岩石裸露的石质山地、侵蚀残丘，以及丘顶、山脊、山坡等坡度陡峻的地形部位。

小于本特区地域面积3%的土壤类型有粗骨土、红壤和潮土。

本区域中心区气候特征

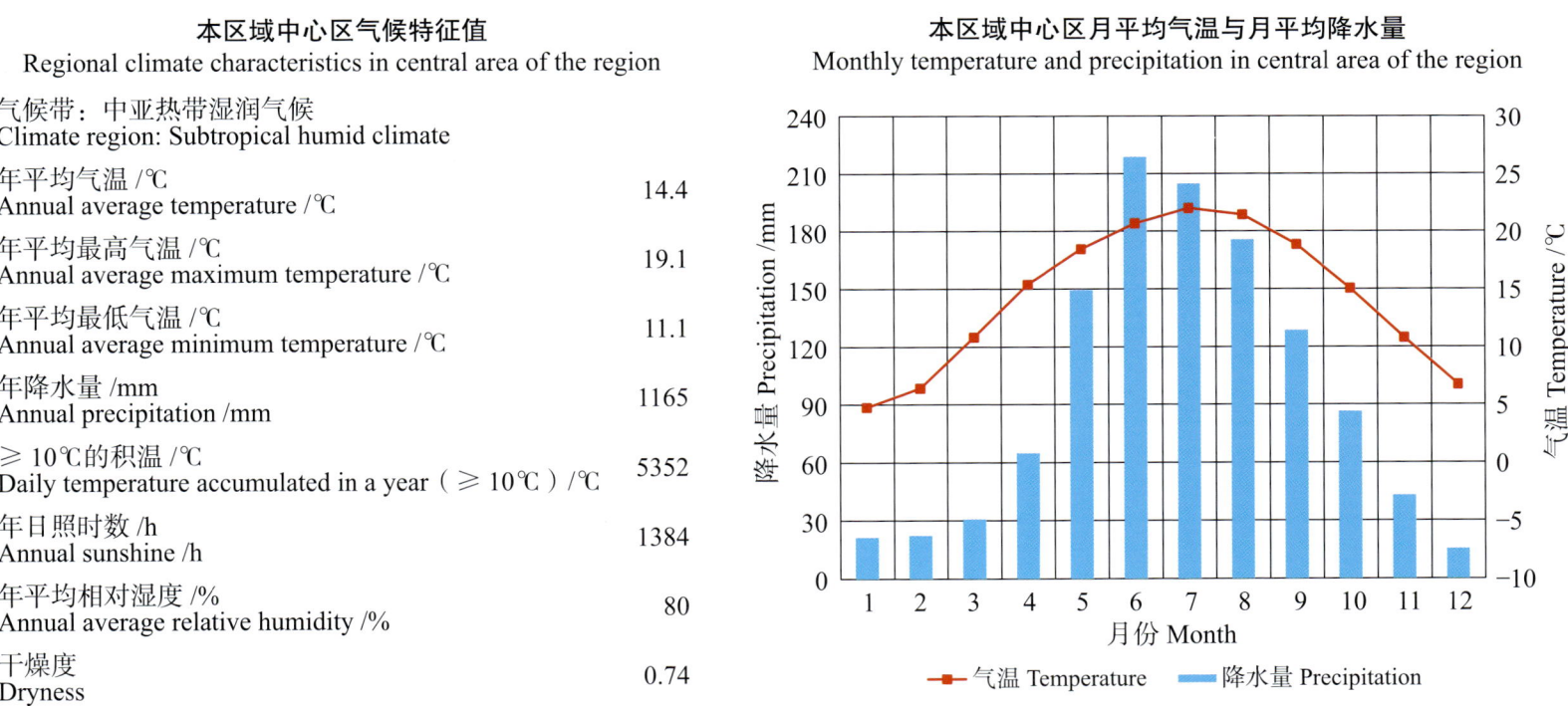

本区域中心区气候特征值
Regional climate characteristics in central area of the region

气候带：中亚热带湿润气候 Climate region: Subtropical humid climate	
年平均气温 /℃ Annual average temperature /℃	14.4
年平均最高气温 /℃ Annual average maximum temperature /℃	19.1
年平均最低气温 /℃ Annual average minimum temperature /℃	11.1
年降水量 /mm Annual precipitation /mm	1165
≥10℃的积温 /℃ Daily temperature accumulated in a year (≥10℃) /℃	5352
年日照时数 /h Annual sunshine /h	1384
年平均相对湿度 /% Annual average relative humidity /%	80
干燥度 Dryness	0.74

本区域中心区月平均气温与月平均降水量
Monthly temperature and precipitation in central area of the region

六枝特区主要土壤类型与土壤剖面点分布图

1∶280 000

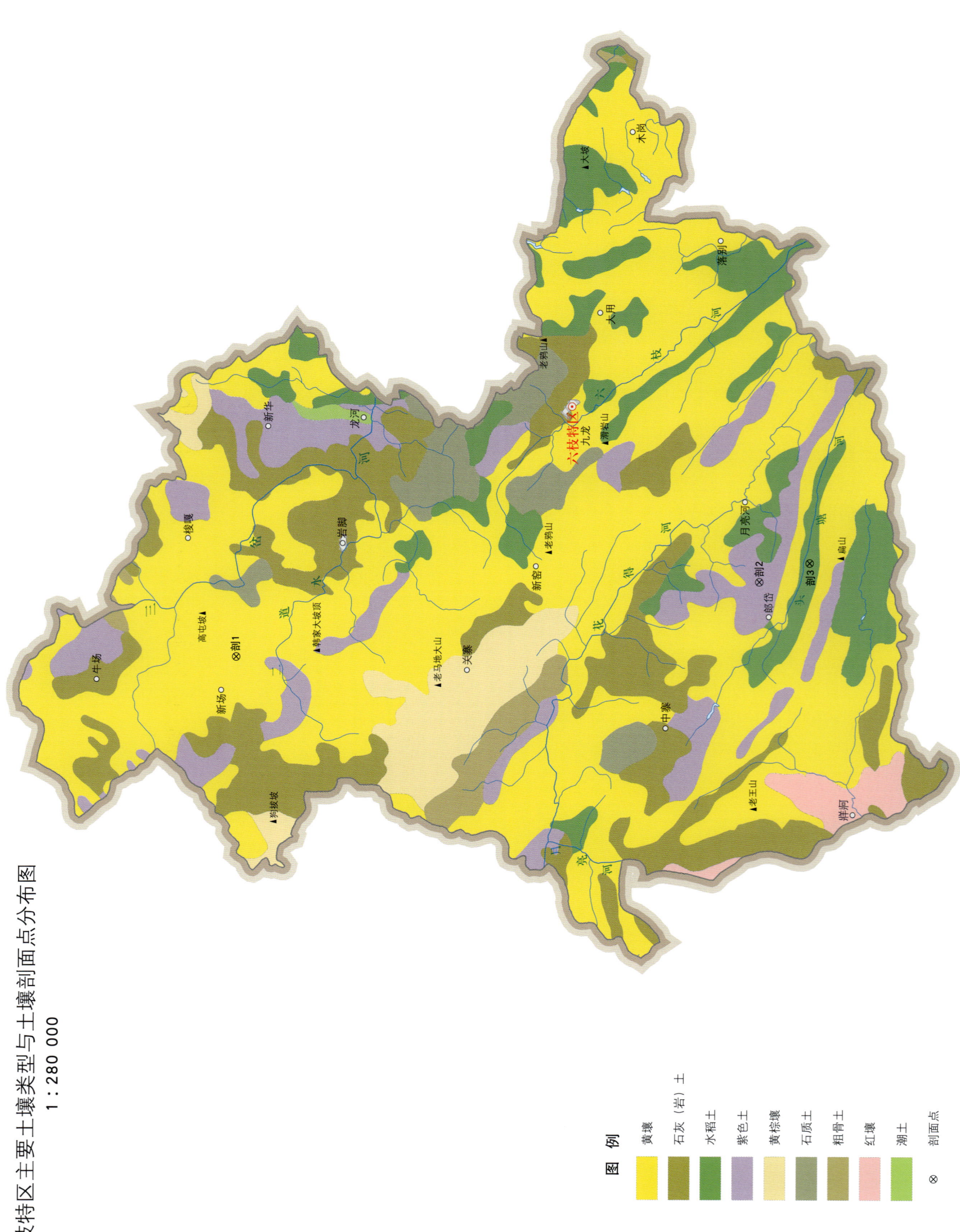

图例：黄壤、石灰（岩）土、水稻土、紫色土、黄棕壤、石质土、粗骨土、红壤、潮土、剖面点

六枝特区土壤剖面理化性状表

剖面号 Soil profile	土纲 Soil order	土类 Soil great group	亚类 Soil subgroup	土属 Soil genus	土种 Soil species	土层码 Layer code	土层厚度 Depth/cm	颜色 Soil color	质地 Soil texture	土壤结构 Soil structure	pH	有机质 OM/(g/kg)	全氮 TN/(g/kg)	全磷 TP/(g/kg)	有效磷 AP/(mg/kg)	速效钾 AK/(mg/kg)	阳离子交换量 CEC/(cmol/kg)	土壤母质 Parent material	剖面点坐标 Profile coordinate	匹配指数 Matching index/%
剖1	铁铝土	黄壤	黄壤	黄泥土	黄胶泥土	A	0—13	浅黄色	黏土	粒状	5.6	28.4	1.51	1.26	3.0	126	17.3	泥岩风化物	E 105°19′06.9″ N 26°24′21.0″	79
						B₁	13—34	蜡黄色	黏土	大块状	5.8	21.0	1.26	1.24	1.0	69	16.3			
						B₂	34—61	黄色	黏土	大块状	5.9	10.3	0.76	1.25	1.0	80	15.4			
剖2	初育土	紫色土	酸性紫色土	血泥土	厚血泥	A	0—7	暗紫红色	壤质黏土	粒状	4.7	55.8	2.23	0.70	3.0	54	20.2	泥岩残积物、坡积物	E 105°21′59.4″ N 26°05′42.2″	77
						C₁	7—43	紫红色	壤质黏土	小块状	5.0	12.6	0.58	0.30	2.0	29	14.7			
						C₂	43—100	紫红色	砂质黏壤土	拟块状	5.0	9.1	0.44	0.32	1.0	25	11.6			
剖3	人为土	水稻土	渗育水稻土	大泥田	胶大泥田	Aa	0—17	亮棕色	粉砂质黏土	核状	7.9	45.0	2.87	1.06	7.0	152	22.1	由泥灰岩风化坡积物发育的石灰土	E 105°22′43.0″ N 26°03′53.6″	89
						Ap	17—25	亮棕色	黏土	块状	7.7	41.0	2.60	1.01	5.0	129	21.2			
						P	25—53	灰棕色	黏土	棱块状	7.9	36.3	1.86	0.94	4.0	136	20.8			
						C	53—75	亮棕色	黏土	大块状	7.9	18.1	1.38	0.70	4.0	100	22.5			

盘 州 市

主要土类说明

黄壤是盘州市主要土壤类型，占本市地域面积的47%。黄壤广泛分布在海拔1900m以下的地区。成土母质中较典型的有砂页岩、泥页岩风化物及白云岩、白云质灰岩、石灰岩坡积物和残积物。黄壤土体厚度多为35—63cm。剖面发育明显，表层呈灰色至棕灰色，厚10—20cm，以壤土居多。心土层呈黄色至蜡黄色，质地为重壤土至轻黏土，有机质和铁锰淋溶淀积现象明显，结构体表面有黑色胶膜，土体内有铁锰结核。母质层的结构、颜色和质地均因基岩而异。表层有机质含量较高，一般为48—359g/kg。

黄棕壤是盘州市第二大土壤类型，占本市地域面积的21%。黄棕壤广泛分布在本市西部、北部海拔1900m以上，南部海拔1800m以上的地区。成土母质十分广泛，主要为砂页岩、玄武岩、凝灰岩、白云岩、白云质灰岩、泥岩和泥页岩等岩石坡积物和残积物。黏土矿物以2∶1型为主，具有弱的脱硅富铝化过程和较强的黏化作用，黏粒硅铝率为1.6—2.5。该土壤具A-B-C剖面构型，土体厚度在50cm以下，耕地pH为4.5—6.0。

紫色土是盘州市第三大土壤类型，占本市地域面积的13%。紫色土主要发育于三叠系飞仙关组紫色砂页岩坡积物和残积物，后经人为垦殖耕作而形成。紫色土集中分布在本市南部的石桥、响水、新民等地，北部的羊场、英武，西部的盘关以及中部的丹霞、双凤等地，均呈条带状分布。紫色土的形成和特点都与母岩的种类和性质密切相关，成土过程以物理风化为主，成土迅速，水土流失严重，具A-AC-C剖面构型，阳离子交换量较高。

石灰（岩）土占本市地域面积的11%，分布在碳酸岩类集中出露区域的缓坡和洼地地段。成土母质主要为石灰岩残积物。石灰（岩）土具有碳酸盐强烈淋失，硅、铁、铝相对聚集，有机质积累量高等特点，土层浅薄，多具A-R剖面构型。

小于本市地域面积3%的土壤类型有水稻土、石质土、粗骨土、红壤、棕壤、山地草甸土和潮土。

本区域中心区气候特征

本区域中心区气候特征值
Regional climate characteristics in central area of the region

气候带：中亚热带湿润气候 Climate region: Subtropical humid climate	
年平均气温 /℃ Annual average temperature /℃	14.6
年平均最高气温 /℃ Annual average maximum temperature /℃	19.7
年平均最低气温 /℃ Annual average minimum temperature /℃	11.0
年降水量 /mm Annual precipitation /mm	1217
≥10℃的积温 /℃ Daily temperature accumulated in a year (≥10℃) /℃	5438
年日照时数 /h Annual sunshine /h	1644
年平均相对湿度 /% Annual average relative humidity /%	79
干燥度 Dryness	0.72

本区域中心区月平均气温与月平均降水量
Monthly temperature and precipitation in central area of the region

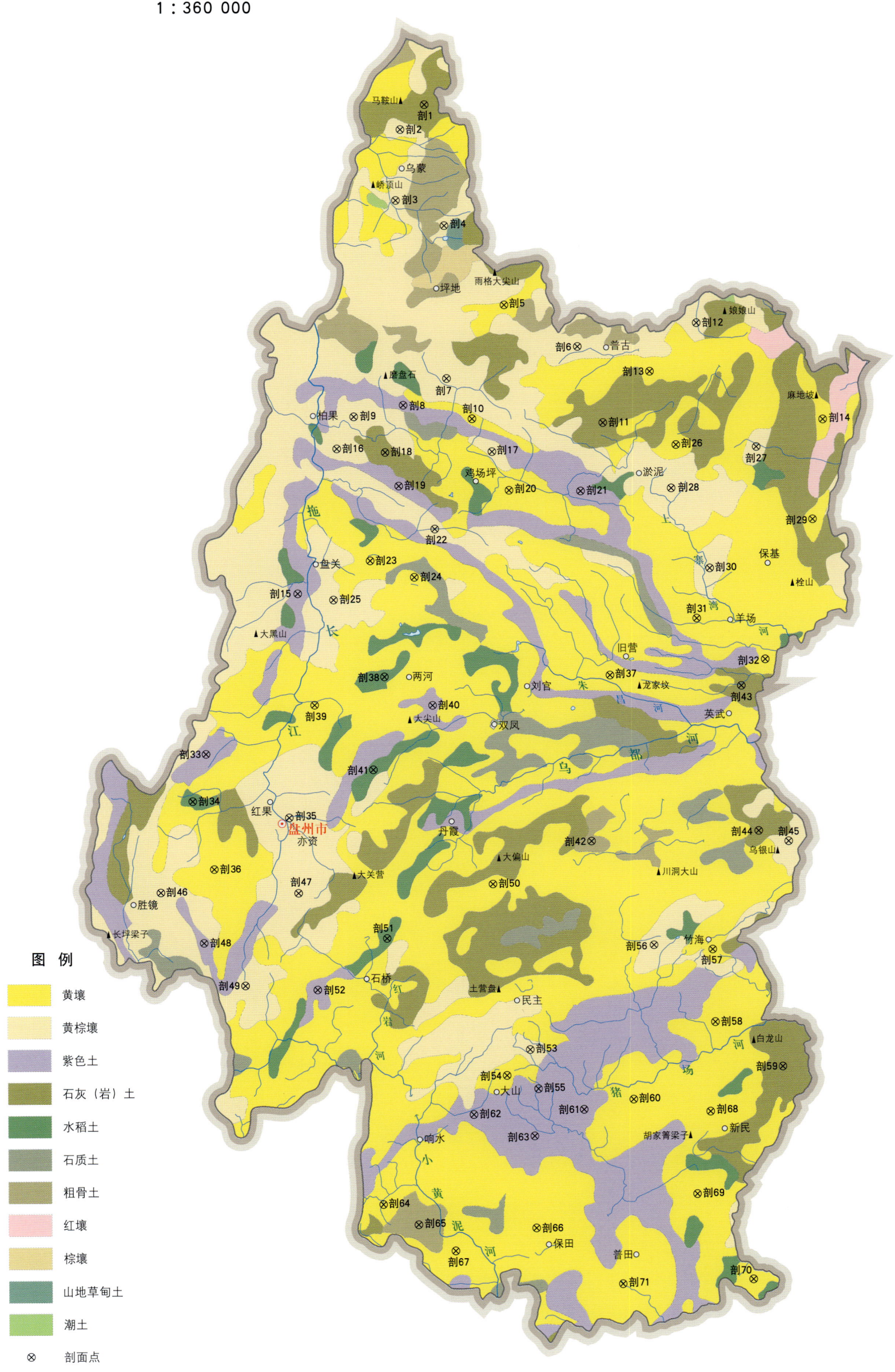

盘县特区主要土壤类型与土壤剖面点分布图
1∶360 000

图例：黄壤、黄棕壤、紫色土、石灰（岩）土、水稻土、石质土、粗骨土、红壤、棕壤、山地草甸土、潮土、⊗ 剖面点

注：国务院1999年2月批准，盘县特区改为盘县；2017年4月批准，撤销盘县，设立盘州市。

盘州市土壤剖面理化性状表

剖面号 Soil profile	土纲 Soil order	土类 Soil great group	亚类 Soil subgroup	土属 Soil genus	土种 Soil species	土层码 Layer code	土层厚度 Depth/cm	颜色 Soil color	质地 Soil texture	土壤结构 Soil structure	pH	有机质 OM/(g/kg)	全氮 TN/(g/kg)	全磷 TP/(g/kg)	碱解氮 AN/(mg/kg)	有效磷 AP/(mg/kg)	速效钾 AK/(mg/kg)	阳离子交换量CEC/(cmol/kg)	土壤母质 Parent material	剖面点坐标 Profile coordinate	匹配指数 Matching index/%
剖1	初育土	石灰（岩）土	棕色石灰土	棕色石灰土	棕色石灰土	A₁	0—16	暗棕色	中黏土	粒状	8.0	64.6	2.95	0.34		3.0	27	45.7	石灰岩残积物	E 104° 35′ 35.7″ N 26° 14′ 54.1″	90
						C	16—45	黄棕色	中黏土	小块状	8.0	61.4	2.77	0.34				44.9			
剖2	淋溶土	黄棕壤	山地黄棕壤	灰泡土	冷黄泡砂土	A	0—14	棕棕色	轻黏土	块状	5.5	21.8	1.02	0.66		3.0	99		砂岩坡积物、残积物	E 104° 34′ 23.5″ N 26° 13′ 46.9″	98
						C	14—60	棕黄色	轻黏土	块状	5.0	13.8	0.72	0.67							
剖3	淋溶土	黄棕壤	山地黄棕壤	硅铝质黄棕壤		Ao	0—5	暗棕色	重黏土	小粒状	4.5	590.1	17.92	0.98		42.0	802	66.0	砂页岩坡积物、残积物	E 104° 34′ 09.8″ N 26° 10′ 36.2″	80
						As	5—15	暗棕色	重黏土	无明显结构	4.5	239.3	9.16	0.86		13.0	322	31.8			
						A₁	15—31	暗棕色	轻黏土	粒状	5.0	110.4	4.68	0.83		4.0	64	29.0			
						B	31—43	黄棕色	轻黏土	粒状	5.2	64.3	2.34	0.64			49	24.8			
						BC	43—68	棕黄色		小块状	4.9	42.4	1.88			2.0	89				
						C	68—98	棕黄色		大块状	4.9	37.5	1.69			2.0	85				
剖4	淋溶土	黄棕壤	暗黄棕壤	黏灰泡土	黏灰泡泥	A	0—13	暗棕色	壤质黏土	粒状	4.4	79.7	2.71	1.72		3.0	97	31.5	砂页岩坡积物、残积物	E 104° 36′ 35.0″ N 26° 09′ 28.2″	88
						B	13—65	黄棕色	黏土	块状	4.7	49.5	1.55	1.74				30.9			
						C	65—	棕黄色		拟大块状											
剖5	铁铝土	黄壤	黄壤	豆面黄泥土	灰豆面黄泥土	A	0—14	暗棕色	重壤土	核状	5.4	24.1	1.40	0.60		5.0	147		风化壳	E 104° 39′ 34.6″ N 26° 05′ 56.0″	74
						BC	14—52	黄棕色	轻黏土	块状	4.8	15.7	0.97	0.47			92				
						C	52—79	棕黄色	重黏土	块状	4.9	12.7	0.85	0.31			101				
剖6	淋溶土	黄棕壤	暗黄棕壤	灰泡泥土	暗马肝灰泡泥土	A	0—21	亮黄棕色	壤质黏土	屑粒状	6.0	89.0	3.50	4.71		10.0	119	21.1	凝灰岩坡积物、残积物	E 104° 43′ 14.2″ N 26° 04′ 04.1″	89
						B	21—100	棕色	壤质黏土	块状	5.9	64.4	2.30	4.78		5.0	39	18.9			
						BC	100—125	黄棕色	重黏土	拟块状	6.2	23.0	0.80	3.20		5.0	38	23.1			
剖7	淋溶土	黄棕壤	暗黄棕壤	橘灰泡泥土	厚橘灰泡泥	A	0—7	暗棕色	黏土	粒状	4.7	84.5	2.66					4.6	玄武岩坡积物	E 104° 36′ 41.8″ N 26° 02′ 38.0″	97
						AB	7—21	暗棕红色	黏土	核块状	5.5	14.4	0.89					6.5			
						B₁	21—52	暗棕红色	黏土	碎块状	5.2	9.8	0.65					9.4			
						B₂	52—89	暗红棕色	黏土	块状	5.2										
						BC	89—	暗红棕色	壤质黏土	拟块状	5.2	11.8	0.76					13.9			
剖8	初育土	紫色土	紫泥土	紫红泥土	紫红油土	A	0—19	棕棕色	中壤土	粒状	6.8	66.8	2.27	0.69		5.0	130	18.3	红土	E 104° 34′ 32.5″ N 26° 01′ 25.7″	97
						B	19—47	棕色	中壤土	块状	7.2	50.7	1.90	0.56		4.0	53	19.0			
						C	47—90	棕黄色	重黏土	块状	6.8	9.0	0.82	0.31		4.0	25	8.9			
剖9	淋溶土	黄棕壤	山地黄棕壤	灰泡土	灰泡砂土	A	0—16	暗棕色	中壤土	小块状	7.3	55.5	2.60	0.58		5.0	71		白云质灰岩坡积物、残积物	E 104° 32′ 03.7″ N 26° 00′ 54.5″	100
						B	16—48	暗棕色	重黏土	小块状	7.2	25.5	1.51	0.37		5.0	12				
						BC	48—73	黄棕色	重黏土	小块状	7.2	49.8	2.48	0.57		5.0	16				
剖10	铁铝土	黄壤	黄壤	石砂土	火石砂土	A	0—13	暗棕色	黏土	粒状	5.1	36.6	1.61	0.44		8.0	130		燧石坡积物、残积物	E 104° 37′ 58.1″ N 26° 00′ 49.7″	100
						C	13—61	灰白色	黏土	块状	4.5	26.6	1.32	0.42							
剖11	初育土	石灰（岩）土	黑色石灰土	黑色石灰土	黑色石灰土	A₁	0—10	褐色	重黏土	粒状	6.6	56.9	2.42	0.41		2.0	13	21.0	石岩残积坡积物	E 104° 44′ 29.8″ N 26° 00′ 39.6″	87
						BC	10—30	褐色	重黏土	块状	6.8	37.1	1.19	0.30				15.3			
剖12	淋溶土	黄棕壤	山地黄棕壤	灰泡土	冷灰泡泥土	A	0—16	黄棕色	中壤土	块状	6.0	17.0	1.09	0.56	104	5.0	83		泥页岩坡积物、残积物	E 104° 49′ 10.4″ N 26° 05′ 07.7″	89
						BC	16—105	黄棕色	中壤土	块状	5.5	17.8	1.17	0.58	111	4.0	72				
剖13	铁铝土	黄壤	黄壤	硅质土	熟胶泥土	A₁	0—13	棕色	中壤土	团粒状	4.5	58.0	2.60	0.37		7.0	120	15.2	砂岩坡积物、残积物	E 104° 46′ 50.5″ N 26° 02′ 57.1″	78
						BC	13—48	棕黄色	重黏土	块状	4.5	11.8	0.42	0.33				26.5			
						C	48—100	黄色	重黏土	块状	4.8	4.4		0.35				19.4			
剖14	铁铝土	黄壤	黄壤	胶泥土		A	0—14	黄色	中黏土	小块状	6.3	34.2	2.00	0.66		9.0	205	17.0	泥岩坡积物、残积物	E 104° 55′ 28.6″ N 26° 00′ 47.9″	81
						C	40—62	黄色	重黏土	大块状	6.4	11.7	0.80	0.51		2.0	47	15.5			

续表 Continued

剖面号 Soil profile	土纲 Soil order	土类 Soil great group	亚类 Soil subgroup	土属 Soil genus	土种 Soil species	土层码 Layer code	土层厚度 Depth/cm	颜色 Soil color	质地 Soil texture	土壤结构 Soil structure	pH	有机质 OM/(g/kg)	全氮 TN/(g/kg)	全磷 TP/(g/kg)	碱解氮 AN/(mg/kg)	有效磷 AP/(mg/kg)	速效钾 AK/(mg/kg)	阳离子交换量CEC/(cmol/kg)	土壤母质 Parent material	剖面点坐标 Profile coordinate	匹配指数 Matching index/%
剖15	初育土	紫色土	紫泥土	紫胶泥土	生紫胶泥土	A	0~15	暗栗色	轻黏土	核状	8.8	10.5	0.44	0.55		3.0	64		泥页岩坡积物、残积物	E 104°29′15.3″ N 25°52′58.0″	80
						C	15~85	栗色	轻黏土	块状	8.5	13.8	0.59	0.49				35.2			
剖16	淋溶土	黄棕壤	山地黄棕壤	灰泡土	黑灰泡砂土	A	0~14	暗棕色	轻黏土	粒状	8.1	126.3	3.90	1.75	187	65.0	143	30.4	白云质灰岩坡积物、残积物	E 104°31′13.4″ N 25°59′28.0″	80
						B	14~54	暗棕色	轻黏土	小块状	8.3	125.7	2.60	1.86	190	60.0	142	32.6			
						BC	54~90	暗栗色	轻黏土	柱状	8.1	101.1	1.70	1.51	144	59.0	107				
剖17	淋溶土	黄棕壤	山地黄棕壤	硅铁质黄棕壤		A_1	0~13	暗棕色	轻黏土	块状	4.4	79.7	2.71	0.70		3.0	97	31.5	第四纪红色黏土残积物	E 104°38′57.8″ N 25°59′21.1″	81
						A	13~65	暗棕色	中粘土	块状	4.7	49.5	1.55	0.71				30.9			
剖18	初育土	石灰（岩）土	棕色石灰土	棕泥大泥	薄棕大泥	A	0~10	暗棕色	壤质黏土	粒状	6.6	56.9	2.42	1.00		2.0	13	21.0	石灰岩残积物	E 104°33′37.8″ N 25°59′18.6″	93
						AC	10~30	黄棕色	壤质黏土	棱块状	6.8	37.1	1.19	0.73				15.3			
						C	30~														
剖19	初育土	紫色土	紫泥土	紫红泥土	紫红泥土	A	0~18	棕红色	重黏土	粒状	5.1	3.0	0.30	0.07		3.0	108	15.4	红土坡积物、残积物	E 104°34′19.0″ N 25°57′47.6″	76
						BC	18~74	棕色	中壤土	块状	5.2	1.3	0.10	0.04		2.0	78	12.9			
剖20	铁铝土	黄壤	黄壤	黄油泥土	黄油砂土	A	0~17	暗棕色	轻黏土	粒状	5.1	45.0	2.44	1.25		6.0	182	17.0	砂岩坡积物、残积物	E 104°39′48.6″ N 25°57′36.7″	89
						B	17~65	棕色	轻黏土	团块状	5.8	26.2	1.77	0.47				18.5			
						C	65~110	暗黄色	中粘土	块状											
剖21	初育土	紫色土	紫泥土	羊肝石土		A	0~17	暗棕色	轻黏土	粒状	6.0	30.0	1.50	1.17		9.0	154	15.8	砂页岩坡积物、残积物	E 104°43′23.2″ N 25°57′34.6″	94
						BC	17~81	暗棕色	中壤土	块状	5.5	25.5	1.60	0.75		4.0	126	14.1			
剖22	淋溶土	黄棕壤	山地黄棕壤	灰泡土	灰泡土	A	0~12	暗棕色	重黏土	小块状	6.8	40.7	1.63	0.57	175	7.0	73	14.6	砂页岩坡积物、残积物	E 104°36′06.1″ N 25°55′52.0″	84
						B	12~62	暗棕色	重黏土	块状	6.0	42.9	1.55	0.73	171	6.0	29	13.5			
						C	62~110	暗黄色	轻黏土	大块状	5.7	15.6	0.89	0.41	102	5.0	59	10.3			
剖23	铁铝土	黄壤	黄壤	白云砂土	白砂土	A	0~13	红褐色	重黏壤	小块状	7.0	12.3	0.75	0.46		1.0	68	6.1	泥岩坡积物、残积物	E 104°32′52.4″ N 25°54′26.6″	77
						BC	13~50	红棕色	重黏壤	块状	6.7	12.2	0.65	0.39		微量	85	4.6			
剖24	淋溶土	黄棕壤	黄棕壤	石砂土	扁砂土	A	0~14	暗棕色	轻黏壤	核状	4.6	50.6	2.35	0.13		1.0	54	16.0	硬质页岩坡积物	E 104°35′04.6″ N 25°53′42.7″	81
						AC	14~70	棕黄色	中砾质黏土	小块状	4.3	48.4	2.25	0.11				13.0			
剖25	淋溶土	黄棕壤	山地黄棕壤	灰泡土	黑螺子灰泡土	A	0~21	棕色	重黏土	粒状	6.0	89.0	3.50	1.92	399	10.0	119	21.1	凝灰岩坡积物、残积物	E 104°31′02.6″ N 25°52′11.5″	82
						B	21~100	棕色	中壤土	块状	5.9	64.4	2.30	1.95	204	5.0	23	18.9			
						C	100~125	黄棕色	重壤土	块状	6.2	23.0	0.80	1.31	216	5.0	38	23.1			
剖26	铁铝土	黄壤	山地黄棕壤	硅铁质黄壤		A	0~10	棕黄色	重黏土	块状	4.4	42.6	2.09	0.26		3.0	118	45.3	白云岩坡积物、残积物	E 104°48′08.5″ N 25°59′39.8″	70
						A_1	10~40	黄色	中壤土	块状	4.7	21.9	1.23	0.27				43.5			
剖27	淋溶土	黄棕壤	山地黄棕壤	灰泡土	白灰泡砂土	A	0~13	棕色	重黏土	核状	7.9	37.8	2.00	0.23	264	8.0	157	23.6	凝灰岩坡积物、残积物	E 104°52′09.1″ N 25°57′34.1″	96
						BC	13~35	暗黄色	重黏土	小块状	7.7	10.4	0.80	0.10	234	3.0	35	21.4			
						C	35~75	暗黄色	重黏土	小块状	7.8	13.0	0.70	0.18	87	1.0	23	13.7			
剖28	淋溶土	黄棕壤	山地黄棕壤	灰泡土	螺子灰泡土	A	0~16	棕色	重黏土	团粒状	5.6	63.2	2.60	1.24	258	11.0	142	24.2	白云岩坡积物、残积物	E 104°47′53.9″ N 25°57′42.4″	79
						B	16~33	暗黄色	重黏土	团块状	5.8	47.2	2.00	1.27	162	8.0	121	21.4			
						C	33~63	暗黄色	重黏土	整体状	5.8	12.0	0.20	1.18	87	5.0	121	13.7			
剖29	铁铝土	黄棕壤	黄棕壤性	铁铝质黄棕性		As	0~13	棕色	重黏土	小块状	8.0	77.9	4.10	0.77	258	12.0	26	24.2	白云岩坡积物、残积物	E 104°54′57.1″ N 25°56′18.5″	79
						BC	13~30	浅黄色	重黏土	小块状	8.1	35.3	1.80	0.63	162	11.0	17	18.4			
剖30	淋溶土	黄棕壤	山地黄棕壤	灰泡土	黑灰泡泥土	A	0~16	暗黄色	轻黏土	团块状	6.0	61.5	2.93	0.82	255	8.0	61	31.5	泥岩坡积物、残积物	E 104°49′49.1″ N 25°54′07.2″	79
						B	16~50	黄棕色	轻黏土	团块状	6.5	31.2	1.59	0.81	200	6.0	58	31.0			
						C	50~106	黄棕色	中粘土	块状	7.1	15.8	1.13	0.67	109	4.0	50	29.0			
剖31	铁铝土	黄壤	黄壤	黄泥土	黄泥土	A	0~18	暗棕色	轻砾质	块状	5.5	48.2	2.32	0.96		7.0	144		第四纪黄色黏土残积物	E 104°49′09.2″ N 25°51′52.5″	74
						C	18~75	黄棕色	重黏土	粒状	4.7	11.2	1.08	0.31							
剖32	铁铝土	黄壤	黄壤	石砂土	冷砂土	A	0~13	灰白色	重砾质土	粒状	8.4	11.9	0.57	0.21		4.0	40		山麓粗骨性洪积物	E 104°52′33.6″ N 25°50′02.4″	90
						C	13~60	灰白色	重砾质土	块状	8.5	7.2	0.26	0.17							

续表 Continued

剖面号 Soil profile	土纲 Soil order	土类 Soil great group	亚类 Soil subgroup	土属 Soil genus	土种 Soil species	土层码 Layer code	土层厚度 Depth/cm	颜色 Soil color	质地 Soil texture	土壤结构 Soil structure	pH	有机质 OM/(g/kg)	全氮 TN/(g/kg)	全磷 TP/(g/kg)	碱解氮 AN/(mg/kg)	有效磷 AP/(mg/kg)	速效钾 AK/(mg/kg)	阳离子交换量CEC/(cmol/kg)	土壤母质 Parent material	剖面点坐标 Profile coordinate	匹配指数 Matching index/%
剖33	初育土	紫色土	紫泥土	紫胶泥土	熟紫胶泥土	A	0—20	紫色	轻黏土	块状	5.7	38.6	1.77	0.72		4.0	16		酸性页岩坡积物、残积物	E 104°24′40.7″ N 25°45′45.4″	85
						B	20—70	紫色	重壤土	块状	6.5	36.5	1.71	0.69				24.0			
						C	70—100	紫灰色	重壤土	块状	5.9	11.4	0.88	0.58				27.0			
剖34	人为土	水稻土	潴育水稻土	潮泥田	潮砂泥田	A	0—14	黄棕色	重壤土	大块状	8.2	40.7	1.50	0.57		5.0	150	23.9	河流冲积物	E 104°24′00.7″ N 25°43′38.3″	71
						P	14—21	棕黄色	重壤土	块状	8.3	38.2	1.40	0.53			104				
						W₁	21—100	棕色	轻壤土	核柱状	8.3	39.8	1.10	0.49			110				
剖35	淋溶土	黄棕壤	山地黄棕壤	灰泡土	黑灰泡土	A	0—12	棕黄色	重壤土	小块状	4.6	73.8	3.10	0.49		2.0	3		砂页岩坡积物、残积物	E 104°28′49.1″ N 25°42′55.0″	75
						B	12—40	棕黄色	轻壤土	块状	4.6	50.5	2.25	0.43							
						BC	40—110	棕黄色	重壤土	小块状	5.4										
剖36	铁铝土	黄壤	黄壤	豆面黄泥土	豆面黄泥土	A	0—16	黄棕色	轻黏土	小块状	6.7	57.3	2.59	1.37		8.0	221		砂页岩坡积物、残积物	E 104°25′04.4″ N 25°40′36.1″	88
						B	16—45	黄棕色	重黏土	块状	6.9	27.0	1.52	1.13		7.0	248				
						BC	45—70	黄色	中黏土	小块状	5.6	4.5	0.68	1.15		8.0	241				
剖37	铁铝土	黄壤	黄壤	黄泥土	小黄泥土	A	0—18	暗棕色	轻黏土	柱状	6.4	59.2	2.46	0.71		2.0		27.6	第四纪黄色黏土残积物	E 104°44′48.8″ N 25°49′19.9″	75
						B	18—45	黄棕色	轻黏土	大块状	6.8	65.7	2.02	0.90				30.9			
						C	45—80	暗棕色	中黏土	小块状	6.5	14.5	1.12	0.45				22.1			
剖38	人为土	水稻土	潜育水稻土	青潮泥田	青潮泥田	A	0—14	黄棕色	轻壤土	核柱状									河流冲积物	E 104°33′34.9″ N 25°49′15.6″	92
						P	14—22	棕黄色	中黏土	棱柱状											
						Wo	22—50	棕黄色	中黏土	块状											
						C	50—100	浅绿色	轻壤土	块状											
剖39	铁铝土	黄壤	黄壤	白云砂土	灰砂土	A	0—16	棕黄色	中壤土	粒状	7.0	58.9	1.86	1.17	154	4.0	42	22.8	白云岩坡积物、残积物	E 104°30′05.8″ N 25°47′58.6″	92
						B	16—62	棕黄色	中黏土	柱状	7.0	47.1	1.77	0.91	156	3.0	20	25.1			
						BC	62—104	黄色	中壤土	块状	7.0	9.9	1.06	0.58	76	2.0	18	18.9			
剖40	初育土	紫色土	紫泥土	紫泥土	紫泥土	A	0—17	棕色	中壤土	粒状	7.0	57.0	2.20	1.46	221	1.0	101	26.7	砂页岩坡积物、残积物	E 104°35′58.6″ N 25°47′57.8″	88
						BC	17—75	暗棕色	中壤土	粒状	6.0	12.0	0.80	1.62	101	1.0	53	9.1			
剖41	人为土	水稻土	渗育水稻土	潮泥田	潮砂泥田	Aa	0—15	暗棕色	黏壤土	粒状	6.8	54.6	1.90	0.56		10.0	113	25.8	河流冲积物	E 104°33′00.7″ N 25°45′04.0″	95
						Ap	15—23	棕色	黏壤土	粒状	7.4	35.6	1.50	0.56		9.0	88	25.4			
						P	23—60	棕色	壤质黏土	核块状	7.7	28.1	1.00	0.32		9.0	24	25.5			
剖42	初育土	粗骨土	酸性粗骨土	砾石灰泡泥土	砾石马肝灰泡土	A	0—15	黄棕色	壤质黏土	扰块状	5.7	31.2	1.10	4.20		6.0	78	14.3	凝灰岩风化	E 104°43′52.0″ N 25°41′52.1″	87
						C₁	15—40	棕色	壤质黏土	块状	5.7	27.7	1.10	3.90		6.0	38	11.7			
						C₂	40—80	暗棕色	壤质黏土	无明显结构	5.5	7.6	0.50	3.30		4.0	31	10.6			
剖43	石灰(岩)土	大土泥土	蚂蚁泡土	蚂蚁泡土	A	0—12	黑色	重壤土	粒状	6.9	57.7	2.66	0.67	161	3.0	189	43.8	石灰岩残积物	E 104°51′21.6″ N 25°48′51.1″	90
						B	12—70	暗棕色	重壤土	小块状	6.9	56.2	2.54	0.63	141			41.3			
						BC	70—100	棕色	重壤土	块状	6.9	22.3	1.37	0.42	68		66	41.3			
剖44	初育土	石灰(岩)土	大土泥土	冷蚂蚁泡土	冷蚂蚁泡土	A	0—12	暗棕色	黏壤土	小块状	8.2	41.7	2.22	0.57		4.0			石灰岩残积物	E 104°52′11.3″ N 25°42′19.4″	74
						BC	12—83	棕黄色	中壤土	柱状	8.0	43.4	2.31	0.15							
						C	83—100	黄棕色	重壤土	整体状	7.9	18.8	1.30	0.14		8.0	10				
剖45	淋溶土	黄棕壤	山地黄棕壤	灰泡土	冷螺子灰泡土	A	0—15	黄棕色	中壤土	核状	5.6	31.2	1.10	1.71		6.0	78	14.3	砂页岩坡积物、残积物	E 104°53′41.2″ N 25°41′51.4″	94
						BC	15—40	棕黄色	中壤土	块状	5.7	27.1	1.10	1.61		6.0	38	11.7			
						C	40—100	棕色	中壤土	大块状	5.5	7.6	0.50	1.35		4.0	31	10.6			
剖46	淋溶土	黄棕壤	山地黄棕壤	灰泡土	黄灰泡土	A	0—18	黑色	中壤土	块状	8.4	25.0	1.40	0.68		8.0			砂页岩坡积物、残积物	E 104°22′25.3″ N 25°39′31.8″	84
						BC	18—37	黄棕色	中壤土	大块状	8.4	29.2	1.67	0.71							
						C	37—100	黄棕色	中壤土	块状	8.3	13.6	0.92	0.73							
剖47	淋溶土	黄棕壤	山地黄棕壤	黄棕罐性土		A₁	0—10	棕黄色	重壤土	粒状	5.5	18.4	0.60	1.25	122	5.0	73	16.5	凝灰岩坡积物、残积物	E 104°29′16.1″ N 25°39′30.9″	94
						As	10—25	棕黄色	轻黏土	粒状	5.6	47.2	1.70	1.29	247	4.0	52	22.0			

续表 Continued

剖面号 Soil profile	土纲 Soil order	土类 Soil great group	亚类 Soil subgroup	土属 Soil genus	土种 Soil species	土层码 Layer code	土层厚度 Depth/cm	颜色 Soil color	质地 Soil texture	土壤结构 Soil structure	pH	有机质 OM/(g/kg)	全氮 TN/(g/kg)	全磷 TP/(g/kg)	碱解氮 AN/(mg/kg)	有效磷 AP/(mg/kg)	速效钾 AK/(mg/kg)	阳离子交换量 CEC/(cmol/kg)	土壤母质 Parent material	剖面点坐标 Profile coordinate	匹配指数 Matching index/%
剖48	初育土	紫色土	钙质淋溶紫色土	紫红色土	紫红色土	A₁	0–15	黄棕色	轻黏土	块状	5.6	14.8	0.60	0.24	192	3.0	126	20.8	红土坡积物、残积物	E 104°24′33.9″ N 25°37′15.6″	82
						B	15–90	黄棕色	轻黏土	团固状	5.8	12.5	0.50	0.32	174	2.0	104	20.6			
剖49	淋溶土	黄棕壤	山地黄棕壤	灰泥土	灰泡泥土	A	0–20	暗棕色	重壤土	粒状	7.7	34.5	1.51	0.65	149	5.0	44	23.6	泥页岩坡积物、残积物	E 104°26′37.2″ N 25°35′21.1″	79
						B	20–50	棕色	重黏土	块状	7.7	32.0	0.99	0.65	135	5.0	36	20.5			
						C	50–100	黄棕色	中壤土	块状	7.7	5.4	0.45	0.54	48	5.0	24	17.5			
剖50	铁铝土	黄壤	黄壤	黄泥土	马肝黄泥土	A	0–18	紫棕色	壤质黏土	粒状、小块状	7.0	44.5	2.40	1.27		3.0	482		凝灰岩风化物	E 104°38′56.8″ N 25°39′56.2″	97
						B₁	18–45	棕黄色	壤质黏土	小块状	6.0	32.4	1.95	1.11		3.0	245				
						B₂	45–65	黄色	黏土	棱块状	5.5	17.6	0.85	0.88		3.0	234				
剖51	人为土	水稻土	潴育水稻土	潮泥田	潮泥田	A	0–13	暗棕色	轻黏土	块状	8.9	65.0	3.10	0.55		10.0	61		河流冲积物	E 104°33′40.3″ N 25°37′28.9″	95
						P	13–21	暗棕色	轻黏土	块状	8.8	29.9	1.50	0.49		9.0	39				
						Wo	21–100	棕棕色	轻黏土	小块状	8.7	16.6	0.60	0.46		9.0	38				
剖52	初育土	紫色土	紫泥土	紫泥土	紫泥大土	A	0–17	紫色	轻黏土	块状	6.2	96.0	3.77	1.44	325	9.0	162	26.9	砂页岩坡积物、残积物	E 104°30′13.0″ N 25°35′09.5″	83
						B	17–90	紫色	重黏土	团块状	6.1	57.0	2.59	1.31	234	6.0	123	19.6			
剖53	淋溶土	黄棕壤	山地黄棕壤	灰泥土	黄泥砂土	A	0–15	黄棕色	重壤土	块状	6.9	54.5	2.20	1.03	160	12.0	37	15.3	粉砂岩坡积物、残积物	E 104°40′45.8″ N 25°32′30.5″	93
						B	15–49	棕黄色	重黏土	块状	7.3	24.3	1.40	0.90	134	14.0	34	16.0			
						C	49–100	黄棕色	中壤土	块状	8.2	10.2	0.60	0.12	43	10.0	30	12.0			
剖54	铁铝土	黄壤	黄壤	硅铝质黄壤		A₁	0–13	黄棕色	重壤土	粒状	5.4	20.1	0.80	1.17	105	5.0	78	17.2	砂页岩坡积物、残积物	E 104°39′36.7″ N 25°31′21.4″	74
						C	13–18	暗棕色	重壤土	块状	5.5	3.7	0.20	0.86	45	5.0	7	16.6			
剖55	初育土	紫色土	紫泥土	紫泥土		A₁	0–10	紫色	重黏土	粒状	5.4	74.4	2.66	0.86	270	7.0	268	19.7	砂页岩坡积物、残积物	E 104°41′10.1″ N 25°30′46.0″	91
						BC	10–33	紫色	重黏土	小块状	4.9	59.8	2.19	0.71	255	4.0		19.2			
剖56	淋溶土	黄棕壤	山地黄棕壤	硅铁质黄棕壤		A₁	0–10	棕色	中壤土	团粒状	5.0	56.3	2.36	1.43		3.0	37	14.2	砂岩坡积物、残积物	E 104°46′57.0″ N 25°37′10.5″	100
						B	10–30	暗棕色	中壤土	粒状	5.2	7.0	1.02	0.73				16.8			
						BC	30–60	黄棕色	轻壤土	粒状	5.0	11.0	1.23	0.72				14.9			
						C	60–100	黄棕色	轻壤土	粒状	5.1	4.0	1.13	0.72				23.5			
剖57	铁铝土	黄壤	黄壤性	硅铝质黄壤性		Ao	0–10	棕色	中壤土	块状	6.4	42.9	2.08	0.30	280	4.0	73	38.0	泥页岩坡积物、残积物	E 104°49′52.6″ N 25°36′58.3″	84
						C	10–28	棕黄色	中壤土	块状	6.5	13.6	1.05	0.32	250			26.6			
剖58	淋溶土	黄壤	黄壤	胶泥土	黄胶泥土	A	0–13	黄棕色	中壤土	块状	7.9	53.6	2.35	1.05	163	5.0	117	25.4	泥页岩残积物	E 104°49′59.2″ N 25°33′42.6″	96
						B	13–23	棕色	中壤土	块状	7.9	47.6	2.21	0.97	79	4.0	101	24.0			
						BC	23–100	黄色	中壤土	粒状	6.6	29.1	1.84	0.87	126	6.0	48	23.8			
剖59	初育土	石灰（岩）土	大土泥土	大土泥土	大土泥土	A	0–18	棕黄色	中壤土	小块状	8.0	28.4	3.29	0.53		12.0	32	27.0	石灰岩残积物	E 104°53′20.0″ N 25°31′44.0″	73
						Ao	18–80	黄色	中壤土	块状	8.6	45.9	2.29	0.42				22.9			
剖60	铁铝土	黄壤	黄壤	铁质黄壤		A₁	0–2	暗棕色	中壤土	粒状	4.7	68.9	2.36	0.86		4.0	52	17.6	凝灰泥岩坡积物、残积物	E 104°45′54.4″ N 25°30′17.3″	71
						B	2–10	黄色	中壤土	柱状	4.9	59.0	2.11	0.86				18.0			
						B	10–50	黄棕色	重壤土	粒粒状	5.7	11.2	0.59	0.62		4.0	117	16.4			
剖61	初育土	紫色土	紫泥土	紫胶泥土	紫胶泥土	A	0–20	棕黄色	中壤土	小块状	5.7	20.9	0.97	0.47		4.0		19.0	酸性砂岩坡积物、残积物	E 104°43′26.4″ N 25°29′50.3″	95
						B	20–36	黄色	重壤土	大块状	5.2	4.4	0.24	0.45				16.8			
剖62	初育土	紫色土	紫泥土	紫红泥土	暗紫红泥土	A	0–14	暗紫色	轻壤土	小块状	8.4	33.0	1.30	0.29	84	9.0	52	18.6	砂页岩坡积物、残积物	E 104°37′57.7″ N 25°29′37.3″	93
						B	14–56	黄色	轻壤土	柱状	8.1	22.8	1.00	0.22	73	8.0	70	19.7			
						C	56–100	紫红色	轻壤土	团粒状	5.5	13.3	1.30	0.16	69	5.0	25	17.8			
剖63	初育土	紫色土	酸性紫色土	酸性紫色土	酸性紫色土		0–13	紫红色	轻壤土	块状	8.2	18.4	1.00	0.53		2.0	6	20.6	砂页岩坡积物、残积物	E 104°40′58.4″ N 25°28′40.4″	96
						C	13–15	紫色	轻壤土	块状	8.4	9.6	0.88	0.49				17.7			
剖64	铁铝土	黄壤	黄壤性	硅铝质黄壤性土		As	0–18	暗棕色	轻壤土	粒状	4.6	46.9	1.83	0.44		3.0	123	21.5	砂页岩坡积物、残积物	E 104°33′27.1″ N 25°25′38.3″	100

续表 Continued

剖面号 Soil profile	土纲 Soil order	土类 Soil great group	亚类 Soil subgroup	土属 Soil genus	土种 Soil species	土层码 Layer code	土层厚度 Depth/cm	颜色 Soil color	质地 Soil texture	土壤结构 Soil structure	pH	有机质 OM/(g/kg)	全氮 TN/(g/kg)	全磷 TP/(g/kg)	碱解氮 AN/(mg/kg)	有效磷 AP/(mg/kg)	速效钾 AK/(mg/kg)	阳离子交换量CEC/(cmol/kg)	土壤母质 Parent material	剖面点坐标 Profile coordinate	匹配指数 Matching index/%
剖65	初育土	粗骨土	酸性粗骨土	砾石灰泡泥土	砾石灰泡泥土	A	0—8	黄棕色	壤质黏土	粒状	5.5	28.7	1.14	2.37		1.0	124	18.0	玄武岩风化物	E 104°35′12.5″ N 25°24′44.3″	93
						C₁	8—27	黄棕色	轻砾质黏壤土	拟块状	5.2	12.0	0.85	2.39		2.0	129	13.3			
						C₂	27—40	黄色	轻砾质黏壤土	无明显结构	5.4	3.0	0.13	2.90		2.0	181	14.3			
剖66	铁铝土	黄壤	黄壤	黄砂泥土	豆面泥土	A	0—13	灰色	中壤土	粒状	5.3	7.7	0.35	0.06		2.0	30		砂岩坡积物、残积物	E 104°41′02.8″ N 25°24′34.9″	76
						C	13—35	灰色	轻壤土	粒状	4.7	2.5	0.21	0.06							
剖67	铁铝土	黄壤	黄壤性	铁质黄壤性土		A₁	0—5	暗棕色	轻黏土	粒状	4.5	44.5	2.27	0.33		4.0	84	16.6	凝灰岩坡积物、残积物	E 104°37′02.3″ N 25°23′34.8″	76
						BC	5—20	棕黄色	轻黏土	粒状	4.8	21.6	1.71	0.31				12.0			
剖68	铁铝土	黄壤	黄壤	黄砂泥土	黄砂泥土	A	0—15	棕黄色	轻壤土	块状	6.0	21.1	0.90	0.21		4.0	30		砂岩坡积物、残积物	E 104°49′43.9″ N 25°29′44.7″	80
						BC	15—80	暗灰色	轻壤土	团块状	6.3	19.5	0.80	0.11							
剖69	铁铝土	黄壤	黄壤	豆面黄泥土	黑豆面黄泥土	A	0—16	暗灰色	轻黏土	粒状	8.3	80.6	2.80	1.35	165	11.0	46	23.0	砂页岩坡积物、残积物	E 104°49′03.0″ N 25°26′05.2″	71
						B	16—42	黄褐色	重黏土	小块状	8.1	70.6	2.40	1.15	165	5.0	35	21.2			
						BC	42—100	黄褐色	中壤土	小块状	7.0	10.9	0.70	0.29	73	7.0	15				
剖70	铁铝土	黄壤	黄壤	石砂土	白砂土	A	0—16	暗棕色		粒状	5.2	28.4	1.38	0.28		2.0	31		硅质白云岩坡积物	E 104°51′49.3″ N 25°22′17.8″	82
						C	16—65	暗棕色		粒状	4.4	6.6	0.44	0.24							
剖71	铁铝土	黄壤	黄壤	石砂土	石渣子土	A	0—14	暗灰色	轻砾质土	块状	5.6	52.6	2.70	0.41		4.0	62		砾石坡积物	E 104°45′20.7″ N 25°22′06.3″	95
						BC	14—65	暗灰色	中砾质土	块状	5.7	54.0	2.67	0.39							

遵义市

市 辖 区

主要土类说明

黄壤是遵义市主要土壤类型，占本市地域面积的36%。黄壤发育于温暖湿润的亚热带气候条件下，集中分布在低中山和低山丘陵，含有较多水合氧化铁，土体多呈黄色，典型黄壤具A-AB-B-C剖面构型。自然植被主要为常绿阔叶林。成土母质极其广泛，黏土矿物以蛭石为主，具有较强的脱硅富铝化过程，黏粒硅铝率约为2.5。全剖面呈酸性，pH为4.0—5.5，部分土壤受母岩和耕种影响，pH为5.0—6.5。在森林植被下自然土壤有机质含量可达151g/kg，在次生灌丛植被下为50—80g/kg，在荒山草坡仅为30g/kg，碳氮比为13—16；人为耕垦熟化旱作的土壤有机质分解加速，含量仅为20—24g/kg，碳氮比约为10。

石灰（岩）土是遵义市第二大土壤类型，占本市地域面积的31%。石灰（岩）土为岩成土，主要发育于碳酸岩类出露区域。石灰（岩）土具有碳酸盐强烈淋失，硅、铁、铝相对聚集等特点，土层浅薄，多具A-R剖面构型。

水稻土是遵义市第三大土壤类型，占本市地域面积的23%，主要分布在海拔1200m以下的低山丘陵、坝地、槽谷及河流沿岸地区。成土过程具有氧化还原过程，水耕条件下铁锰发生强烈迁移。由于干湿交替，水稻土形成糊状的淹育层、较坚实板结的犁底层、渗育层、潴育层与潜育层等多种发生层。

粗骨土占本市地域面积的4%。粗骨土属初育土，具A-C剖面构型。土体厚度一般为20—50cm，A层厚度以5—15cm居多。成土过程无黏化作用，有不同程度的淋溶作用。

小于本市地域面积3%的土壤类型有紫色土和黄棕壤。

本区域中心区气候特征

本区域中心区气候特征值
Regional climate characteristics in central area of the region

气候带：北亚热带湿润气候 Climate region: North subtropical humid climate	
年平均气温 /℃ Annual average temperature /℃	15.4
年平均最高气温 /℃ Annual average maximum temperature /℃	19.7
年平均最低气温 /℃ Annual average minimum temperature /℃	12.5
年降水量 /mm Annual precipitation /mm	1079
≥10℃的积温 /℃ Daily temperature accumulated in a year（≥10℃）/℃	5742
年日照时数 /h Annual sunshine /h	1051
年平均相对湿度 /% Annual average relative humidity /%	80
干燥度 Dryness	0.84

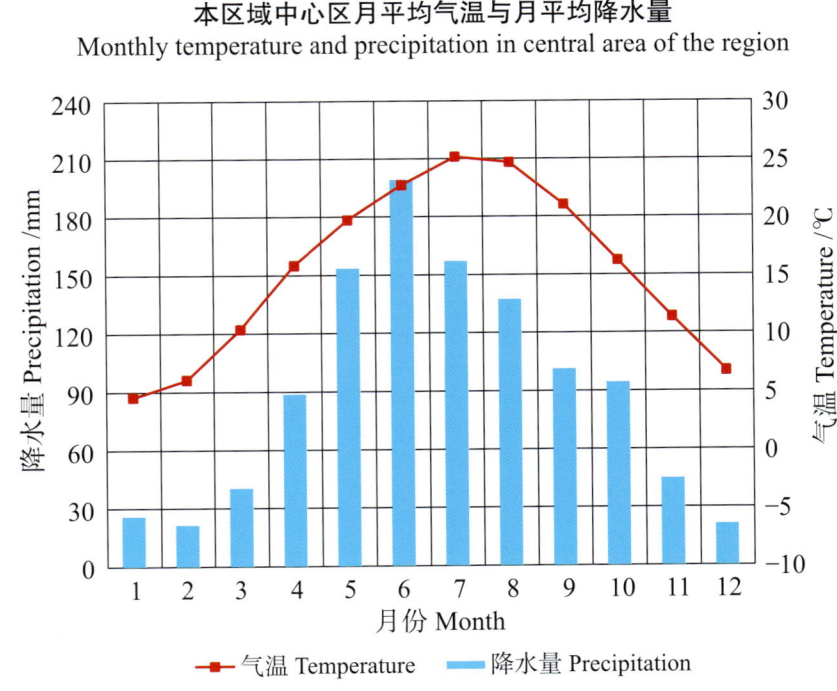

本区域中心区月平均气温与月平均降水量
Monthly temperature and precipitation in central area of the region

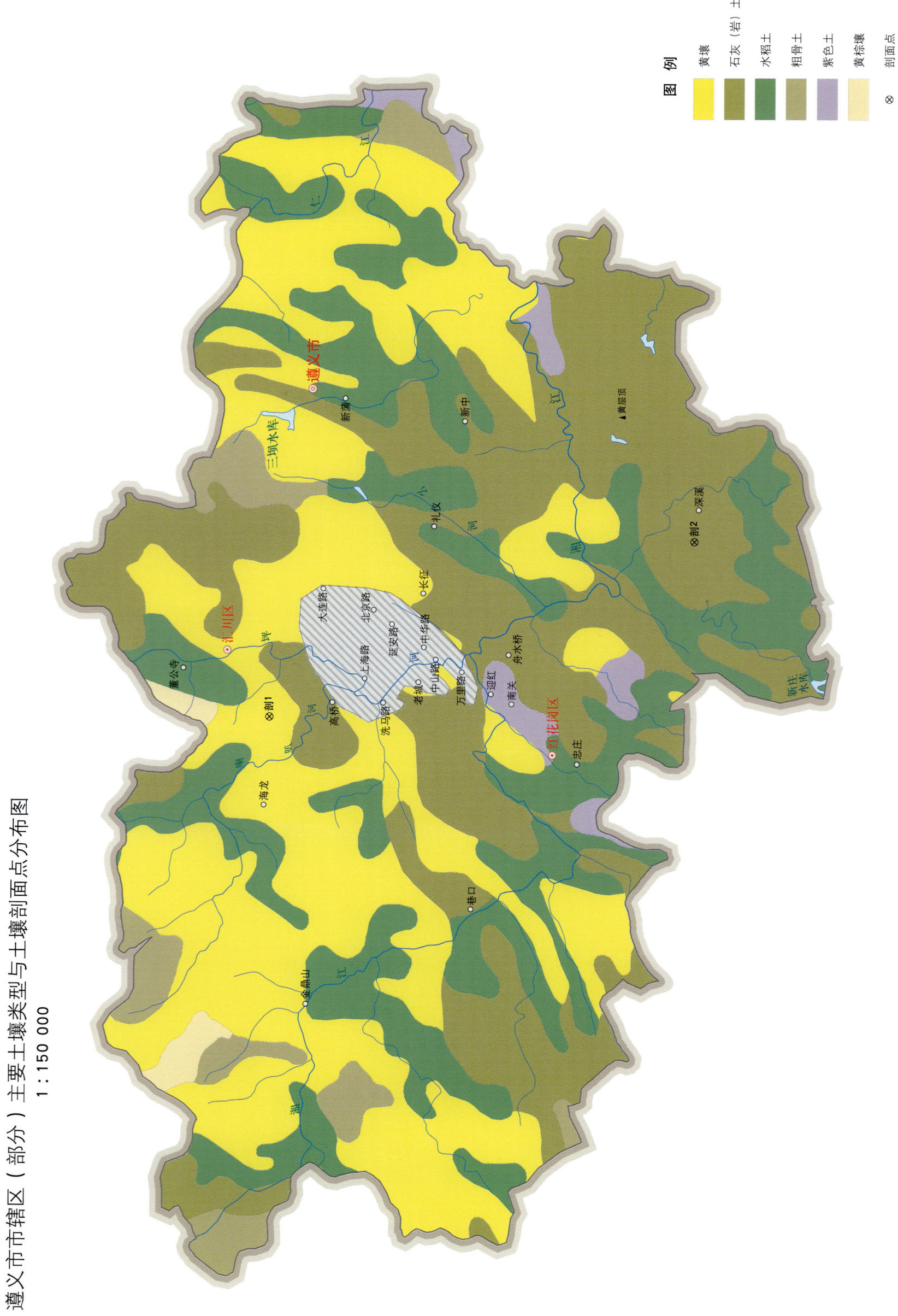

遵义市市辖区（部分）主要土壤类型与土壤剖面点分布图
1∶150 000

遵义市土壤剖面理化性状表

剖面号 Soil profile	土纲 Soil order	土类 Soil great group	亚类 Soil subgroup	土属 Soil genus	土种 Soil species	土层码 Layer code	土层厚度 Depth/cm	颜色 Soil color	质地 Soil texture	土壤结构 Soil structure	pH	有机质 OM/(g/kg)	全氮 TN/(g/kg)	全磷 TP/(g/kg)	全钾 TK/(g/kg)	碱解氮 AN/(mg/kg)	有效磷 AP/(mg/kg)	速效钾 AK/(mg/kg)	阳离子交换量CEC/(cmol/kg)	土壤母质 Parent material	剖面点坐标 Profile coordinate	匹配指数 Matching index/%
剖1	铁铝土	黄壤	黄壤	黄砂土	黄砂土	A	0—10	黑棕色	中砾质砂壤土	粒状	3.7	31.2	1.08	0.30	2.8		3.0	39	5.7	砂岩残积物、坡积物	E 106°54′04.2″ N 27°41′25.4″	77
						B	10—25	暗黄色	砂质黏壤土	小块状	3.9	17.9	0.59	0.33	3.3		3.0	32	6.4			
						C	25—75	黄色	砂质黏壤土	无明显结构	4.3	6.8	0.30	0.23	3.3		微量	32	2.5			
剖2	初育土	石灰（岩）土	黄色石灰土	砂泥质黄色石灰土	扁砂泥石灰土	Aa	0—18	棕灰色	轻砾质重壤土	小块状	8.1	21.4	1.28	0.36	17.3	2	6.0	150	13.6		E 106°57′48.2″ N 27°36′02.5″	73
						B₁	18—30	灰绿色	多砾质重壤土	块状	8.2	20.5	1.34	0.36	18.1	2	5.0	99	14.7			
						B₂	30—50	灰绿色	轻砾质重壤土	块状	8.3	15.1	0.91	0.25	11.6	4	4.0	100	10.7			

播 州 区

主要土类说明

石灰（岩）土是播州区主要土壤类型，占本区地域面积的51%。石灰（岩）土为岩成土，主要发育于碳酸岩类出露区域。石灰（岩）土具有碳酸盐强烈淋失，硅、铁、铝相对聚集等特点，土层浅薄，多具A-R剖面构型。

水稻土是播州区第二大土壤类型，占本区地域面积的18%。水稻土是本区主要的耕作土壤，主要分布在海拔1200m以下的低山丘陵、坝地、槽谷及河流沿岸地区。成土过程具有氧化还原过程，水耕条件下铁锰发生强烈迁移。由于干湿交替，水稻土形成糊状的淹育层、较坚实板结的犁底层、渗育层、潴育层与潜育层等多种发生层。

黄壤是播州区第三大土壤类型，占本区地域面积的17%。黄壤发育于温暖湿润的亚热带气候条件下，集中分布在低中山和低山丘陵，含有较多水合氧化铁，土体多呈黄色，典型黄壤具A-AB-B-C剖面构型。自然植被主要为常绿阔叶林。成土母质极其广泛，黏土矿物以蛭石为主，具有较强的脱硅富铝化过程，黏粒硅铝率约为2.5。全剖面呈酸性，pH为4.0—5.5，部分土壤受母岩和耕种影响，pH为5.0—6.5。在森林植被下自然土壤有机质含量可达151g/kg，在次生灌丛植被下为50—80g/kg，在荒山草坡仅为30g/kg，碳氮比为13—16；人为耕垦熟化旱作的土壤有机质分解加速，含量仅为20—24g/kg，碳氮比约为10。

紫色土占本区地域面积的8%。紫色土是由热带、亚热带紫红色岩层直接风化形成的A-C型土壤。其理化性质与母岩组成直接相关，土层浅薄，剖面层次发育不明显，仍处于初育阶段。母岩富含矿质养分，且风化迅速。

粗骨土占本区地域面积的5%。粗骨土属于A-C型，甚至（A）-C型土壤。A层发育不明显，与母质土层性状相似，略显有机质积累。有时母质层富含砾石，很少出现剖面分异与发育特征。

小于本区地域面积3%的土壤类型有黄棕壤和沼泽土。

本区域中心区气候特征

本区域中心区气候特征值
Regional climate characteristics in central area of the region

气候带：北亚热带湿润气候 Climate region: North subtropical humid climate	
年平均气温 /℃ Annual average temperature /℃	15.2
年平均最高气温 /℃ Annual average maximum temperature /℃	19.6
年平均最低气温 /℃ Annual average minimum temperature /℃	12.3
年降水量 /mm Annual precipitation /mm	1081
≥10℃的积温 /℃ Daily temperature accumulated in a year (≥10℃) /℃	5598
年日照时数 /h Annual sunshine /h	1075
年平均相对湿度 /% Annual average relative humidity /%	79
干燥度 Dryness	0.83

本区域中心区月平均气温与月平均降水量
Monthly temperature and precipitation in central area of the region

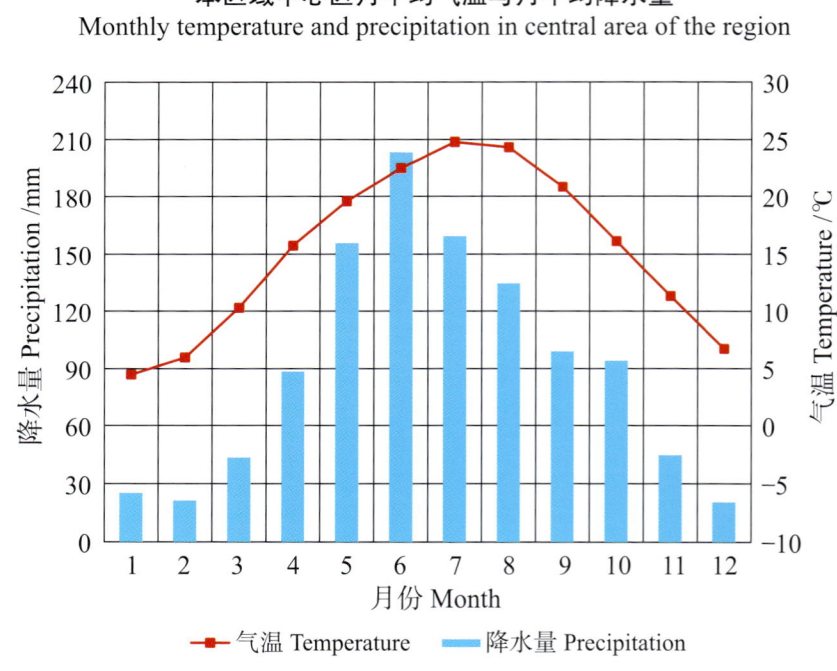

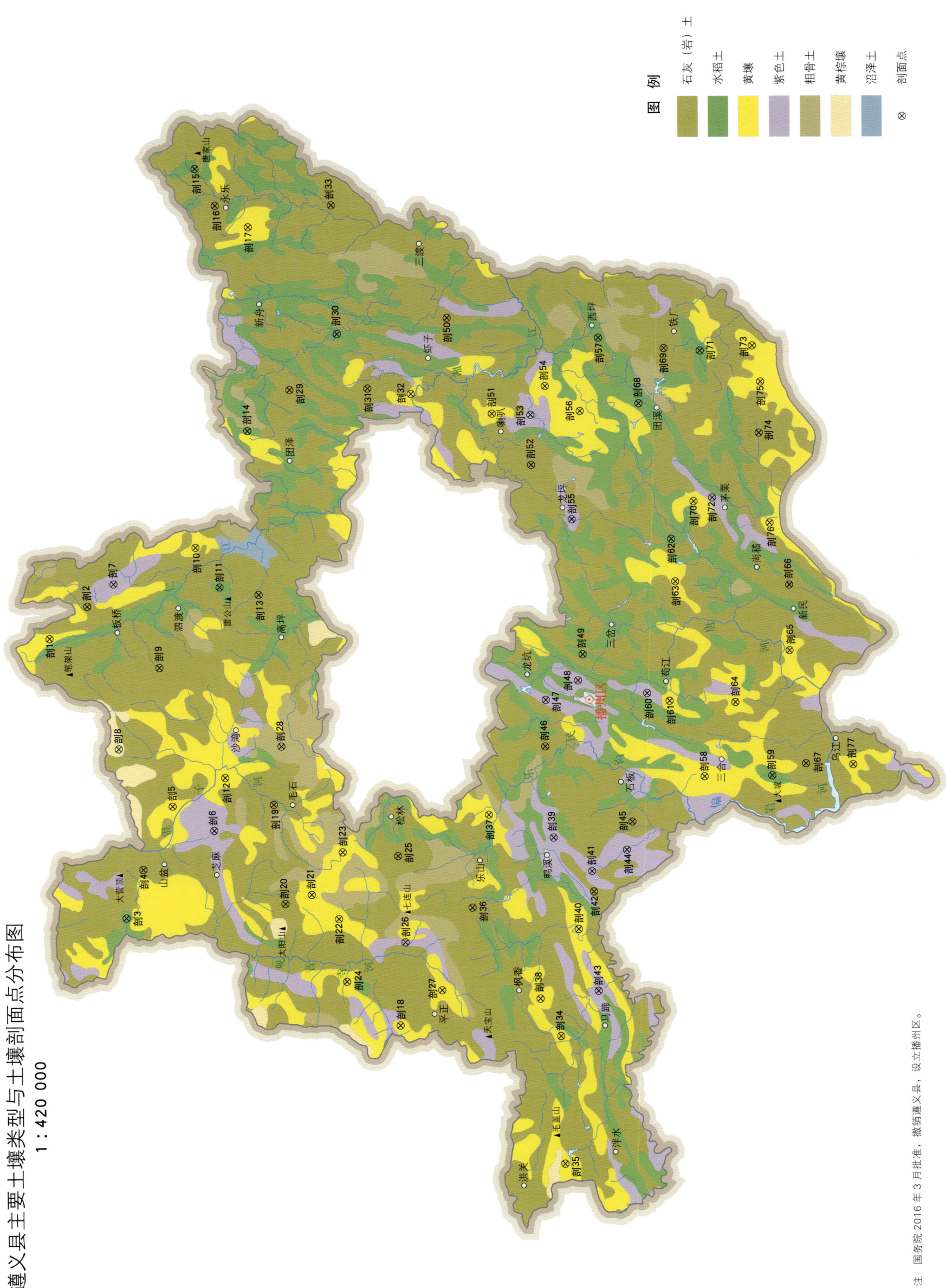

播州区土壤剖面理化性状表

剖面号 Soil profile	土纲 Soil order	土类 Soil great group	亚类 Soil subgroup	土属 Soil genus	土种 Soil species	土层码 Layer code	土层厚度 Depth/cm	颜色 Soil color	质地 Soil texture	土壤结构 Soil structure	pH	有机质 OM/(g/kg)	全氮 TN/(g/kg)	全磷 TP/(g/kg)	全钾 TK/(g/kg)	碱解氮 AN/(mg/kg)	有效磷 AP/(mg/kg)	速效钾 AK/(mg/kg)	阳离子交换量 CEC/(cmol/kg)	土壤母质 Parent material	剖面点坐标 Profile coordinate	匹配指数 Matching index/%
剖1	铁铝土	黄壤	漂洗黄壤	漂洗灰砂泥土	漂洗灰砂泥土	1	0—20	灰色	轻砾质重壤土	屑粒状	5.4	14.9	0.87	0.48	16.4		6.0	113		白云质灰岩坡积物	E 106°54′12.1″ N 28°02′10.0″	97
						2	20—35	灰色	多砾质重壤土	片状	5.6	7.9	0.63	0.36								
						3	35—55	灰白色	多砾质轻黏土	块状	5.7	4.1	0.37	0.10								
						4	55—80	灰黄色	轻砾质轻黏土	块状	5.6	3.2	0.26	0.16								
						5	80—															
剖2	初育土	石灰(岩)土	黑色石灰土	石灰岩黑色石灰土	中层石灰岩黑色石灰土	A	0—9	黑灰色	重壤土	粒状	7.4	74.8	4.12	0.63	16.0	170	5.0	183	28.9		E 106°56′09.9″ N 28°00′02.0″	78
						B₁	9—36	灰色		棱块状	7.1	37.2	2.38	0.63		126	4.0	143				
						B₂	36—70	浅灰色		块状	7.3	19.3	1.27	0.38				48				
剖3	人为土	水稻土	潴育水稻土	大眼泥田	砂大眼泥田	Aa	0—17	灰色	粉砂质黏壤土	粒状	7.7	53.6	2.35	0.55	19.0		6.0	71	22.8		E 106°36′43.8″ N 27°58′13.0″	71
						Ap	17—31	灰黄色	粉砂质黏壤土	片块状	7.7	42.6	2.27	0.52					19.4			
						W₁	31—49	灰黄色	粉砂质黏壤土	大棱柱状	7.7	26.6	2.14	0.50					19.2			
						W₂	49—80	灰黄色	黏土	大棱柱状	7.6	19.8	1.49	0.49					15.0			
剖4	初育土	石灰(岩)土	黄色石灰土	黄色石灰土	中层黄色石灰土	1	0—27	灰黄色	黏土	粒状										第四纪黏土	E 106°39′43.6″ N 27°57′13.7″	97
						2	27—52	灰黄色	黏土	片状												
						3	52—80															
剖5	铁铝土	黄壤	粗骨性黄壤	砾质黄泡泥土	砾质黄泡泥土	1	0—18	灰黄色	多砾质重壤土	屑粒状	5.8	20.5	1.46	0.54	17.0		8.0	111		砂页岩风化坡积物	E 106°43′38.6″ N 27°55′32.2″	100
						2	18—24	灰黄色	多砾质黏壤土	鳞片状	6.2	11.3	1.01	0.49								
						3	24—40	灰黄色	多砾质重壤土	块状	6.1	9.7	0.84	0.46								
						4	40—80	浅灰黄色	多砾质重壤土	大块状	5.8	5.7	0.64	0.43								
剖6	初育土	紫色土	中性紫色土	中性血泥土	中性血泥土	1	0—25	紫红色	多砾质中壤土	块状	7.7	8.5	0.95	0.54	19.7		2.0	146		粉砂质页岩	E 106°42′04.0″ N 27°53′15.4″	77
						2	25—40	紫红色	多砾质中壤土	大块状	6.8	8.1	0.61	0.18	21.7							
						3	40—80	紫红色	多砾质中壤土	屑粒状	7.1	7.5	0.59	0.15	18.8							
剖7	初育土	紫色土	中性紫色土	中性紫泥土	中性紫泥土	1	0—18	紫色	轻砾质重壤土	块状	7.5	12.5	0.83	0.39	15.8		5.0	99		页岩风化坡积物	E 106°57′31.1″ N 27°58′33.2″	80
						2	18—49	紫色	多砾质重壤土	屑粒状	7.3	10.7	0.71	0.34								
						3	49—69	紫色	中砾质重壤土	块状	7.2	8.4	0.51	0.26								
剖8	淋溶土	黄棕壤	山地黄棕壤	硅铝质厚层黄棕壤	硅铝质厚层黄棕壤	1	0—2	黑色		碎块状										砂页岩残积物	E 106°47′17.4″ N 27°58′27.1″	71
						2	2—14	暗灰棕色	轻砾质中壤土	粒状	4.9	76.5	2.25	0.65	5.7		3.0	155				
						3	14—45	黄棕色	轻砾质中壤土	块状	5.1	27.0	1.65	0.49								
						4	45—80	黄棕色	轻砾质重壤土	小块状	5.4	10.6	1.01	0.37								
剖9	初育土	石灰(岩)土	黄色石灰土	灰砂泥土	盐砂土	2	0—12	浅灰黄色	多砾质重壤土	块状	5.0	39.6	1.67	0.33	6.9		2.0	64		白云质灰岩坡残积物	E 106°52′16.9″ N 27°56′06.4″	90
						C	12—30	黄棕色	多砾质重壤土	粒状	4.6	27.6	1.09	0.29								
							30—62	灰色	多砾质重壤土	大块状	5.0	19.5	0.90	0.25								
剖10	铁铝土	黄壤	黄壤	灰砂黄泥土	灰砂黄泥土	1	0—20	黄色	多砾质重壤土	大块状	5.0	16.5	0.82	0.24	28.1		1.0	312	19.9	白云质灰岩风化积物	E 106°59′41.7″ N 27°53′57.2″	88
						2	20—40	黄黄色	少砾质轻黏土	小块状	5.4	31.3	1.63	0.40								
						3	40—62	灰黄色	少砾质轻黏土	片状	6.0	28.0	0.99	0.48								
						4	62—80	黄灰色	中砾质黏土	柱状	7.2	19.1	0.57	0.59					22.2			
剖11	人为土	水稻土	潴育水稻土	油大眼泥田	扁油砂泥田	1	0—20	黄灰色	少砾质轻黏土	块状	7.5	12.0	0.44	0.65	10.9		0.5	90	22.0	页岩风化坡积物	E 106°57′11.2″ N 27°52′40.5″	73
						2	20—38	浅灰黄色	少砾质中黏土	屑粒状	5.8	16.9	1.03	0.57					24.1			
						3	38—65	浅灰色	少砾质中黏土	片状	5.6	14.9	0.99	0.54	10.1							
						4	65—80	黄灰色	少砾质中黏土	块状												
剖12	铁铝土	黄壤	黄壤	豆面泥土	豆面泥土	1	0—20	浅黄色		屑粒状										页岩风化坡积物	E 106°45′22.0″ N 27°52′35.4″	91
						2	20—30	浅黄色		片状												
						3	30—70	黄色		块状	5.7	14.1	0.99	0.56	9.3							

续表 Continued

剖面号 Soil profile	土纲 Soil order	土类 Soil great group	亚类 Soil subgroup	土属 Soil genus	土种 Soil species	土层码 Layer code	土层厚度 Depth/cm	颜色 Soil color	质地 Soil texture	土壤结构 Soil structure	pH	有机质 OM/(g/kg)	全氮 TN/(g/kg)	全磷 TP/(g/kg)	全钾 TK/(g/kg)	碱解氮 AN/(mg/kg)	有效磷 AP/(mg/kg)	速效钾 AK/(mg/kg)	阳离子交换量 CEC/(cmol/kg)	土壤母质 Parent material	剖面点坐标 Profile coordinate	匹配指数 Matching index/%
剖13	初育土	石灰(岩)土	黑色石灰土	白云岩黑色石灰土	厚层白云岩黑色石灰土	1	0-15	黑灰色	多砾质中壤土	小块状	7.0	31.6	1.90	0.44	21.9		微量	77		白云质灰岩风化坡积物	E 106°56'40.2" N 27°50'30.8"	85
						2	15-40	黄灰色	少砾质中壤土	块状	7.2	14.2	1.03	0.48								
						3	40-55	灰黄色	少砾质中壤土	块状	7.3	14.2	0.81	0.42								
						4	55-80	灰黄色	少砾质中壤土	屑粒状	7.3	10.5	0.70	0.37								
剖14	人为土	水稻土	淹育水稻土	大土泥田	大粉砂泥田	1	0-18	灰黄色	多砾质中壤土	屑粒状	6.4	35.5	2.05	0.63	8.6		7.0	97	16.5	燧石灰岩坡积物	E 107°06'50.8" N 27°50'56.0"	75
						2	18-27	灰黄色	多砾质重壤土	块状	7.2	28.0	1.57	0.60	7.1				16.5			
						3	27-46	灰黄色	多砾质重壤土	柱状	7.4	27.5	1.64	0.56	7.8				14.5			
						4	46-80	灰黑色	多砾质重壤土	块状	7.7	15.2	0.93	0.34	6.2				12.2			
剖15	人为土	水稻土	渗育水稻土	黄泥田	煤泥田	Aa	0-20	暗黑色	壤质黏土	小块状	5.8	76.3	4.32	0.98	12.7		24.0	86	20.7	炭质页岩风化坡积物	E 107°23'10.3" N 27°53'30.8"	71
						Ap	20-30	暗黑色	壤质黏土	片状	5.8	71.3	3.97	0.94					15.8			
						P	30-49	暗黑色	壤质黏土	棱柱状	6.0	52.8	2.83	0.85					15.8			
						C	49-70	暗黑色	壤质黏土	块状	5.0	33.4	1.80	0.10								
剖16	初育土	石灰(岩)土	黄色石灰土	黄泥田	煤泥田	1	0-21	暗黑色	多砾质重壤土	大块状	7.5	56.3	1.46	0.59	13.7		34.0	221		泥灰岩风化坡积物	E 107°20'51.9" N 27°52'27.0"	89
						2	21-30	灰黄色	多砾质重壤土	大块状	7.5	50.1	1.25	0.63	12.1							
						3	30-60	黄黑色	多砾质重壤土	大块状	7.3	37.8	0.90	0.51	11.0							
						4	60-80	灰黄色	少砾质重壤土	大块状	7.2	33.7	0.86	0.45	10.5							
剖17	铁铝土	黄壤	粗骨性黄壤	砾质黄泥土	煤泥土	1	0-15	灰黑色	多砾质轻壤土	屑粒状	4.4	242.9	2.40	0.79	10.7		6.0	54		炭质页岩风化坡积物	E 107°19'29.6" N 27°50'37.7"	72
						2	15-30	灰黑色	中砾质重壤土	块状	4.4	340.6	3.00	1.03	11.5							
						3	30-60	灰黑色	中砾质重壤土	块状	4.4	248.5	2.30	0.85	11.1							
剖18	铁铝土	黄壤	漂洗黄壤	铁铝质漂洗黄壤	漂洗灰砂泥土	Aa	0-20	灰色	轻砾质重壤土	大块状	5.4	14.9	0.57	0.48	16.4		6.0	113			E 106°29'49.9" N 27°43'07.0"	95
						AB	20-35	灰色	轻砾质中壤土	片状	5.6	7.9	0.55	0.36								
						E	35-55	灰白色	轻砾质中壤土	块状	5.7	4.1	0.21	0.10								
						B	55-80	灰黄色	轻砾质中壤土	块状	5.6	3.2	0.17	0.16								
剖19	初育土	石灰(岩)土	黄色石灰土	胶泥土	胶泥土	1	0-20	灰色	中砾质轻黏土	屑粒状	8.2	22.2	1.34	0.40	18.0		3.0	134	20.5	泥灰岩风化坡积物	E 106°43'37.9" N 27°49'54.1"	82
						2	20-37	灰黄色	中砾质轻黏土	小块状	8.2	20.7	0.90	0.48					17.7			
						3	37-54	灰黄色	少砾质中黏土	块状	8.0	10.5	0.78	0.15					21.0			
						4	54-80	灰黄色	少砾质中黏土	块状	8.2	8.9	0.75	0.15					21.5			
剖20	初育土	石灰(岩)土	黑色石灰土	石灰岩黑色石灰土	厚层石灰岩黑色石灰土	1	0-9	黑灰色	中砾质重壤土	块状	7.4	74.8	4.12	0.36	16.0		微量	183		石灰岩风化残积物、坡积物	E 106°37'26.1" N 27°49'22.4"	87
						2	9-36	灰色	轻黏土	块状	7.1	37.2	2.38	0.63								
						3	36-70	灰黑色	轻黏土	粒状	7.3	19.3	1.27	0.38	11.6							
剖21	铁铝土	黄壤	粗骨性黄壤	砾质黄泥土	粗扁砂土	1	0-18	棕褐色	中砾质重黏土	块状	5.5	12.2	0.66	0.22	4.4		1.0	71	14.7	页岩坡积物	E 106°37'58.7" N 27°47'54.3"	85
						2	18-30	黄色	中砾质重黏土	块状	5.4	8.4	0.55	0.17					11.5			
						3	30-70	浅黄色	中砾质重黏土	块状	5.3	3.1	0.55	0.22					15.6			
剖22	铁铝土	黄壤	漂洗黄壤	白泥土	白泥	A	0-15	黄色	中砾质重黏土	块状	4.9	13.6	1.12	0.22	4.4		1.0	81	13.6	白云质灰岩	E 106°36'26.6" N 27°46'25.0"	75
						E	15-34	黄色	中砾质重黏土	屑粒状	4.9	4.5	0.68	0.20					14.7			
						B	34-61	浅黄色	中砾质重黏土	块状	5.0	4.2	0.65	0.16		43			11.5			
						BC	61-86	黄色	中砾质重黏土	大块状	5.0	3.1	0.61	0.14					15.6			
剖23	铁铝土	黄壤	漂洗黄壤	铁铝质漂洗黄壤	薄腐厚层铁铝质漂洗黄壤	A	0-15	黄色	多砾质重黏土	屑粒状	4.9	13.6	1.12	0.22	4.4		1.0	81	14.7		E 106°40'34.8" N 27°46'08.1"	88
						E	15-34	黄色	中砾质重黏土	块状	4.9	4.5	0.86	0.20					11.5			
						B	34-61	浅黄色	中砾质重黏土	块状	5.0	4.2	0.65	0.16					15.6			
						C	61-86	黄色	多砾质重黏土	大块状	5.0	3.1	0.61	0.14					13.6			
剖24	铁铝土	黄壤	黄壤	硅质黄壤	中层硅质黄壤	1	0-20	灰黄色	砂壤土	屑粒状	4.4	55.6	1.37	0.26	17.3		6.0	82	19.8	砂岩风化残积物	E 106°32'35.3" N 27°46'02.3"	95
						2	20-40	黄色	轻壤土	粒状	4.5	14.5	0.56	0.42	16.9				17.2			
						3	40-60	黄色	中壤土	粒状	4.6	10.4	0.42	0.26	13.6				15.2			

续表 Continued

剖面号 Soil profile	土纲 Soil order	土类 Soil great group	亚类 Soil subgroup	土属 Soil genus	土种 Soil species	土层码 Layer code	土层厚度 Depth/cm	颜色 Soil color	质地 Soil texture	土壤结构 Soil structure	pH	有机质 OM/(g/kg)	全氮 TN/(g/kg)	全磷 TP/(g/kg)	全钾 TK/(g/kg)	碱解氮 AN/(mg/kg)	有效磷 AP/(mg/kg)	速效钾 AK/(mg/kg)	阳离子交换量CEC/(cmol/kg)	土壤母质 Parent material	剖面点坐标 Profile coordinate	匹配指数 Matching index/%
剖25	初育土	石灰（岩）土	黄色石灰土	小粉土	小粉土	1	0—15	暗红色	中砾质中壤土	块状	6.7	12.0	0.57	0.15	13.6		微量	39			E 106°40′17.4″ N 27°43′04.1″	91
						2	15—28	暗红色	中砾质中壤土	块状	7.0	9.1	0.50	0.14								
						3	28—45	灰色	中砾质中壤土	块状	6.9	9.0	0.53	0.13								
						4	45—80	褐黄色	轻砾质中壤土	粒状	7.3	10.9	0.63	0.16								
剖26	初育土	紫色土	中性紫色土	中性紫色土	薄腐中性紫色土	1	0—12	紫红色	轻砾质重壤土	块状	7.1	14.1	0.84	0.39	19.1		微量	51		页岩风化残积物	E 106°34′56.3″ N 27°42′45.4″	80
						2	12—20	紫红色	中砾质重壤土	大块状	7.4	11.1	0.65	0.24								
						3	20—29	紫红色														
剖27	铁铝土	黄壤	黄壤	硅质黄壤	薄腐中层硅质黄壤	A	0—20	灰黄色	砂壤土	粒状	4.4	55.6	1.37	0.26	17.3	19	6.0	82	19.8		E 106°31′56.7″ N 27°40′46.0″	71
						B	20—40	黄色	轻壤土	粒状	4.5	14.5	0.56	0.42	16.9				17.2			
						BC	40—60	黄色	中壤土	粒状	4.6	10.4	0.42	0.26	13.9				15.2			
剖28	初育土	粗骨土	酸性粗骨土	砾石黄泥土	砾石黄泥土	A	0—20	灰黄色	砂砾质黏土	粒状	6.2	11.7	0.92	0.33	16.9		3.0	84	15.1		E 106°47′15.4″ N 27°49′24.8″	92
						C	20—45	浅黄色	砂砾质黏壤土	无明显结构	6.3	8.3	0.69	0.34					11.4			
剖29	初育土	石灰（岩）土	黄色石灰土	硅镁质淋溶石灰土	薄层硅镁质淋溶石灰土	A	0—9	黄黄色	中壤土	小块状结构	6.5	24.9	1.11	0.13	26.3	110	2.0	52			E 107°09′20.1″ N 27°48′32.0″	95
						B	9—32	灰黄色	中壤土	块状	7.1	12.1	0.68	0.10	23.9							
						C	32—80	黄色														
剖30	人为土	水稻土	渗育水稻土	渗育黄泥田	扁砂泥田	A	0—22	灰绿色	中砾质轻黏土	块状	5.6	26.9	1.33	0.54	30.6	163	2.0	214	22.2		E 107°12′45.6″ N 27°45′49.8″	90
						Ap	22—42	黄绿色	中砾质轻黏土	柱状	6.0	20.7	1.07	0.51					22.8			
						P	42—60	黄黄色	多砾质重黏土	大块状	5.0	17.4	0.56	0.52					23.3			
						B	60—80	灰黄色	多砾质重黏土	屑粒状	6.6	4.8	0.33	0.56	8.7				19.6			
剖31	初育土	石灰（岩）土	黄色石灰土	淋溶质石灰土	厚层淋溶石灰土	1	0—15	灰黄色	轻壤土	块状	7.9	42.0	2.09	0.45			微量	84		泥灰岩风化残积物、坡积物	E 107°09′19.8″ N 27°44′12.1″	96
						2	15—30	浅黄色	重壤土	大块状	8.1	21.6	1.22	0.36								
						3	30—45	黄色	轻壤土	大块状	8.2	5.6	0.23	0.32								
剖32	铁铝土	黄壤	黄壤	铁铝质黄壤	厚层铁铝质黄壤	1	0—20	灰黄色	中砾质轻黏土	块状	5.8	20.1	0.97	0.32	18.5		0.4	196		石灰岩风化残积物、坡积物	E 107°08′56.1″ N 27°41′48.1″	86
						2	20—38	浅黄色	中砾质轻黏土	大块状	5.8	8.6	0.58	0.31								
						3	38—55	黄色	少砾质轻黏土	大块状	5.9	7.8	0.57	0.26								
						4	55—80	黄色	轻壤土	大块状	5.9	7.5	0.52	0.25								
剖33	初育土	石灰（岩）土	黄色石灰土	硅镁质淋溶石灰土	中层硅镁质淋溶石灰土	1	0—4	黄黄色	重壤土	块状	6.3	80.6	3.12	0.40	25.4		1.0	201		石灰岩风化残积物	E 107°20′44.2″ N 27°45′59.4″	70
						2	4—19	黄黄色	重壤土	大块状	6.9	34.3	1.55	0.36								
						3	19—35	黄色	轻壤土	大块状	7.5	12.3	0.99	0.16								
						4	35—80	黄色	壤土	大块状	7.5	6.4	0.96	0.19								
剖34	初育土	水稻土	漂洗黄壤	漂洗盐砂泥土	漂洗盐砂泥土	1	0—15	灰黄色	黏土	块状	5.8	20.2		0.15			10.0	98	18.5	泥灰岩风化残积物、坡积物	E 106°29′00.2″ N 27°34′12.4″	87
						2	15—48	黄黄色	黏土	块状	5.0	9.7		0.14								
						3	48—60	黄黄色	黏土	屑粒状	5.0	7.0		0.17								
剖35	铁铝土	黄壤	黄壤	黄砂泥土	黄砂泥土	1	0—20	浅黄色	多砾质中壤土	小块状	4.9	10.2	0.74	0.15	7.3			149	15.9	砂岩风化残积物	E 106°21′11.2″ N 27°34′06.3″	91
						2	20—35	黄色	多砾质中壤土	块状	5.0	9.7	0.51	0.14								
						3	35—60	黄色	多砾质中壤土	大块状	5.0	7.0	0.53	0.17								
						4	60—80	黄色	多砾质中壤土	大块状	5.0	6.9	0.50	0.14			16.0					
剖36	初育土	石灰（岩）土	黄色石灰土	大土泥土	大土泥土	1	0—18	黄黄色	少砾质中黏土	小块状	7.8	34.5	1.77	0.66	18.5				15.8	石灰岩风化残积物	E 106°36′59.2″ N 27°38′59.7″	73
						2	18—25	黄黄色	少砾质中黏土	块状	7.6	13.2	1.23	0.50								
						3	25—35	黄黄色	少砾质中黏土	块状	7.6	12.8	1.13	0.47					14.6			
						4	35—80	灰黄色	少砾质中黏土	屑粒状	7.7	11.6	1.12	0.46								
剖37	铁铝土	黄壤	黄壤	灰砂黄泥土	浅灰砂黄泥土	1	0—15	黄粒状	中砾质黄壤土	块状	6.1	7.0	0.24	0.05	1.7		3.0	63		白云质灰岩风化残积物	E 106°42′45.0″ N 27°37′58.1″	91
						2	15—30	灰黄色	中砾质重壤土	块状	5.8	5.0	0.11	0.03								
						3	30—62	黄色	重砾质重壤土	块状	6.0	1.4	0.08	0.02								

续表 Continued

剖面号 Soil profile	土纲 Soil order	土类 Soil great group	亚类 Soil subgroup	土属 Soil genus	土种 Soil species	土层码 Layer code	土层厚度 Depth/cm	颜色 Soil color	质地 Soil texture	土壤结构 Soil structure	pH	有机质 OM/(g/kg)	全氮 TN/(g/kg)	全磷 TP/(g/kg)	全钾 TK/(g/kg)	碱解氮 AN/(mg/kg)	有效磷 AP/(mg/kg)	速效钾 AK/(mg/kg)	阳离子交换量CEC/(cmol/kg)	土壤母质 Parent material	剖面点坐标 Profile coordinate	匹配指数 Matching index/%
剖38	铁铝土	黄壤	黄壤	第四纪黏土	黏土厚层黄壤	1	0~24	灰黄色	中砾质中壤土	块状	5.4	20.5	1.38	0.45	17.4		微量	118		第四纪中黏土	E 106°31′19.2″ N 27°35′18.8″	91
						2	24~45	灰黄色	多砾质中黏土	大块状	5.2	11.4	1.30	0.47					28.7			
						3	45~80	黄白色	少砾质中黏土	大块状	5.7	10.0	1.25	0.40					27.3			
剖39	初育土	紫色土	中性紫色土	中性紫胶泥土	中性紫胶泥土	1	0~15	浅紫色	少砾质轻黏土	粒状	7.3	15.8	1.05	0.22	11.9		2.0	113	26.6	泥岩风化坡积物	E 106°41′14.4″ N 27°34′24.5″	99
						2	15~39	浅紫色	少砾质轻黏土		7.5	12.8	0.97	0.17	10.1							
						3	39~58	黄紫色	少砾质轻黏土		7.7	9.8	0.62	0.18	9.3							
剖40	铁铝土	黄壤	黄壤	小粉黄土	小粉黄土	1	0~18	黄灰色	中砾质重壤土	小块状	5.6	12.6	0.66	0.19	3.0		5.0	40		缝木灰岩风化坡积物	E 106°35′32.9″ N 27°33′06.5″	71
						2	18~27	黄灰色	中砾质重壤土	片状	5.5	10.5	0.51	0.16								
						3	27~54	灰黄色	轻砾质重壤土	柱状	6.1	3.0	0.22	0.14								
						4	54~70	黄色	中砾质重壤土	大块状	6.0	2.4	0.14	0.09								
剖41	初育土	紫色土	酸性紫色土	酸性紫色土	厚层酸性紫色土	1	0~18	紫色	多砾质重壤土	块状	5.2	25.9	1.21	0.53	8.7		微量	43		页岩风化残积物、坡积物	E 106°39′07.3″ N 27°32′18.3″	93
						2	18~45	紫色	多砾质重壤土	块状	5.3	18.3	0.96	0.37								
						3	45~80	浅紫色	轻砾质重壤土	柱状	6.1	15.9	0.86	0.30								
剖42	初育土	石灰(岩)土	黄色石灰土	硅质酸性紫色土	硅质薄层	1	0~28	灰黄色	砂壤土	块状												
						2	28~65	棕黄色	壤土	块状	4.6	26.7	1.07	0.14	3.4		2.0	34	9.7			83
剖43	初育土	紫色土	酸性紫色土	硅质酸性紫色土	薄大紫砂泥	1	0~7	浅紫红色	少砾质轻壤土	屑粒状	4.6	10.1	0.38	0.12					10.6	砂岩风化残积物	E 106°37′50.9″ N 27°32′13.9″	80
						2	7~30	紫红色	多砾质重壤土	无明显结构	7.6	12.1	0.54	0.22	9.9		1.0	142	10.1		E 106°31′43.8″ N 27°32′04.7″	
						C	30~	紫红色	砂壤土	无明显结构	7.6	9.3	0.44	0.23								
剖44	初育土	紫色土	石灰性紫色土	大紫砂泥	大胶泥土	C₁	0~15	紫红色	砂壤土		8.0	7.8	0.32	0.20						钙质粉砂岩风化残积物	E 106°40′24.5″ N 27°30′21.4″	74
						C₂	15~20	紫红色	砂壤土													
							20~30	紫灰色	砂土													
						A	0~20	灰色	黏土	核粒状	8.2	22.2	1.30	0.40	18.0		3.0	134	20.5			
剖45	初育土	石灰(岩)土	黄色石灰土	土泥土	大胶泥土	Ap	0~30	灰色	黏土	块状	8.2	20.7	0.90	0.50					17.7	泥灰岩坡积物	E 106°42′09.0″ N 27°30′01.4″	74
						AC₁	30~54	灰黄色	重黏土	梭块状	8.0	10.5	0.80	0.20					21.0			
						AC₂	54~80	灰黄色	重黏土	核块状	8.2	8.9	0.80	0.20					21.5			
剖46	初育土	石灰(岩)土	黄色石灰土	淋溶黄色石灰土	中层淋溶黄色石灰土	1	0~9	灰黄色	少砾质中壤土	粒状	6.5	24.9	1.11	0.13	26.3	186	2.0	52	17.3	白云岩风化残积物	E 106°46′56.5″ N 27°34′46.5″	95
						2	9~32	灰黄色	中壤土	片状	7.1	12.1	0.68	0.10	23.9				17.4			
						C	32~50	灰黄色	中壤土	块状												
剖47	初育土	紫色土	中性紫色土	中性紫泥土	中性羊肝土	1	0~17	紫色	中砾质中壤土	大块状	6.8	10.5	0.58	0.22	4.8		5.0	35	13.1	粉砂质页岩风化坡积物	E 106°49′48.8″ N 27°34′41.0″	76
						2	17~42	紫紫色	重砾质中壤土	屑粒状	6.6	5.8	0.36	0.18	3.1				13.5			
剖48	初育土	紫色土	酸性紫色土	酸性血泥土	酸性血泥土	1	0~20	浅紫红色	轻砾质中壤土		6.0	11.2	0.71	0.15	6.3		6.0	95			E 106°50′59.3″ N 27°32′52.4″	78
						2	20~35	浅紫红色	多砾质中壤土		5.9	7.0	0.41	0.14								
						3	35~61	浅紫色	多砾质重壤土		6.1	2.5	0.31	0.08								
						4	61~80	灰紫色	少砾质重壤土		5.9	2.1	0.33	0.10								
剖49	人为土	水稻土	渗育水稻土	渗育灰砂泥田	灰砂泥田	A	0~20	灰黄色	重壤土	粒状	6.4	40.1	1.86	0.82	19.1		12.0	112			E 106°52′35.4″ N 27°32′34.8″	91
						Ap	20~31	灰黄色	轻黏土	片状	7.9	30.4	1.24	0.80					17.4			
						P	31~60	黄褐色	轻黏土	柱状	8.3	23.7	0.62	0.56								
						B	60~80	灰黄色	壤黏土	棱柱状	8.2	13.4	0.54	0.41								
剖50	初育土	石灰(岩)土	黑色石灰土	石灰黑色石灰土	岩泥土	A	0~15	灰黄色	轻砾质轻黏土	粒状	4.2	19.6	0.85	0.26	13.0		1.0	67	12.7		E 107°13′36.5″ N 27°39′42.4″	76
						B	15~60	黄褐色	粉砂质黏土	块状	4.5	6.6	0.41	0.24	12.2		微量	58	9.9			
剖51	铁铝土	黄壤	黄壤	黄泥土	黄泥	A	0~19	黄褐色	粉砂质黏土	大块状	4.8	5.3	0.43	0.22	18.3		微量	81	18.8	泥页岩风化物	E 107°07′35.9″ N 27°37′20.1″	80
						BC	19~50	黄橙色	壤黏土	块状												
							50~69															
剖52	初育土	石灰(岩)土	黄色石灰土	扁砂石灰泥土	扁砂泥土	1	0~18	棕灰色	轻砾质重黏土	块状	8.1	21.4	1.28	0.36	17.3			150	13.6	页岩风化坡积物	E 107°04′23.4″ N 27°35′12.7″	81
						2	18~30	黄绿色	多砾质重黏土	块状	8.2	20.5	1.34	0.36	18.1				14.7			
						3	30~50	黄绿色	轻砾质重黏土	小块状	8.3	15.1	0.91	0.25	11.6				10.7			

续表 Continued

剖面号 Soil profile	土纲 Soil order	亚类 Soil subgroup	土属 Soil genus	土种 Soil species	土层码 Layer code	土层厚度 Depth/cm	颜色 Soil color	质地 Soil texture	土壤结构 Soil structure	pH	有机质 OM/(g/kg)	全氮 TN/(g/kg)	全磷 TP/(g/kg)	全钾 TK/(g/kg)	碱解氮 AN/(mg/kg)	有效磷 AP/(mg/kg)	速效钾 AK/(mg/kg)	阳离子交换量 CEC/(cmol/kg)	土壤母质 Parent material	剖面点坐标 Profile coordinate	匹配指数 Matching index/%
剖53	初育土	中性紫色土	中性紫色砂土	中层中性紫色砂土	1	0—16	紫红色	砂壤土	块状											E 107°07′29.3″ N 27°35′11.4″	94
					2	16—34	紫红色	壤土	块状												
					3	34—55	紫红色	壤土	屑粒状												
					4	55—60	紫红色		块状												
剖54	铁铝土	粗骨性黄壤	砾质黄泥土	砾质黄砂土	1	0—17	黄黄色	中砾质重壤土	屑粒状	4.3	9.9	0.37	0.16	8.3			67	7.9	砂页岩风化坡积物	E 107°09′14.4″ N 27°34′21.0″	98
					2	17—35	灰黄色	轻砾质重壤土	块状	4.6	8.6	0.39	0.18	8.1				8.9			
					3	35—68	黄色	中砾质重壤土	大块状	4.5	8.9	0.34	0.19	9.1				9.3			
剖55	初育土	酸性紫色土	酸性紫色砂土	厚层酸性紫色砂土	1	0—12	紫红色	多砾质中壤土	块状	4.8	8.2	0.49	0.07	15.3		微量				E 107°00′58.3″ N 27°33′01.4″	85
					2	12—32	紫红色	轻砾质中壤土	大块状	4.9	5.4	0.44	0.09			3.0	76				
					3	32—60	紫红色	中砾质中壤土	块状	4.8	1.7	0.11	0.05								
					4	60—80	紫红色	中砾质中壤土	小块状	4.9	1.6	0.10	0.03								
剖56	铁铝土	黄壤	硅铝质黄壤	厚层硅铝质黄壤	1	0—2	黑色	壤土	粒状	4.7	54.1	3.03	0.86	15.4					砂页岩风化坡积物	E 107°07′39.7″ N 27°32′26.2″	81
					2	2—20	灰黄色	多砾质重壤土	块状	4.9	12.7	1.12	0.61			3.0	116				
					3	20—50	浅黄色	多砾质重壤土	块状	5.3	6.0	0.79	0.62								
					4	50—80	紫红色	中砾质中壤土	块状												
剖57	水稻土	潴育水稻土	潮泥田	潮泥田	1	0—20		少砾质中壤土	粒状	6.7	60.7	2.73	0.51	23.5		6.0	80	20.3	冲积物	E 107°12′11.0″ N 27°31′19.6″	75
					2	20—48		少砾质中壤土	鳞片状	7.2	61.0	2.63	0.55	19.2				9.7			
					3	48—65		重壤土	棱柱状	7.2	7.6	0.57	0.58	19.7				13.7			
					4	65—80		重壤土	棱柱状	6.7	6.5	0.44	0.65	18.4				11.0			
剖58	水稻土	淹育水稻土	豆面泥土	豆面泥土	1	0—18	黄色	多砾质重壤土	块状	5.5	31.6	1.71	0.69	19.6		9.0	66	16.0	页岩风化坡积物	E 106°44′53.5″ N 27°25′57.0″	91
					2	18—30	黄色	中砾质轻黏土	大块状	5.6	7.2	0.56	0.28								
					3	30—65	黄色	轻黏土	大块状	5.5	5.9	0.60	0.20								
剖59	人为土	酸性紫色土	潮油泥田	黄潮泥田	1	0—21	灰色	少砾质中壤土	粒状	7.0	45.2	2.39	0.72	21.8		4.0	61	19.9	冲积物	E 106°44′52.1″ N 27°22′12.0″	88
					2	21—40	灰色	中黏土	片状	6.4	44.8	2.13	0.52					16.8			
					3	40—60	灰色	重壤土	棱柱状	5.8	44.1	2.12	0.49					15.9			
					4	60—80	灰色	少砾质中壤土	棱柱状	5.5	36.4	2.06	0.56								
剖60	初育土	酸性紫色土	酸性羊肝土	酸性羊肝土	1	0—19	紫色	中砾质中壤土	块状	5.7	5.8	0.45	0.38	5.7		0.2	99	11.1	页岩灰岩残积坡积物	E 106°50′06.7″ N 27°29′02.4″	88
					2	19—42	紫色	重砾质中壤土	块状	5.8	2.5	0.24	0.23					6.0			
					C	42—															
剖61	铁铝土	黄壤	小粉黄土	灰汤黄泥土	1	0—15	黄色	中砾质重壤土	块状	5.9	15.7	0.88	0.41	10.0		10.0	114	25.6	缝石灰岩风化残积坡积物	E 106°44′36.2″ N 27°25′48.3″	100
					2	15—25	浅黄色	大块状	5.5	15.8	0.78	0.36					24.7				
					3	25—60	浅黄色	中砾质重壤土	柱状	5.5	3.7	0.25	0.11					23.2			
剖62	人为土	渗育水稻土	渗青紫胶泥田	紫胶泥田	Ap	0—20	紫色	少砾质轻壤土	块状	7.9	38.9	1.77	0.46	15.1	171	9.0	264		页岩灰岩残积坡积物	E 106°59′38.2″ N 27°27′31.3″	75
					P	20—30	紫棕色	中砾质重壤土	块状	7.8	33.5	1.62	0.35								
						30—70	紫棕色	中黏土	柱状	7.6	25.5	1.46	0.38								
剖63	铁铝土	粗骨性黄壤	砾质黄泥土	豆瓣土	1	0—15	黄灰色	中砾质重壤土	屑粒状	6.0	9.8	0.82	0.35	7.6		14.0	44		页岩坡积物	E 106°49′36.2″ N 27°27′21.2″	84
					2	18—27	黄灰色	轻砾质轻黏土	块状	6.0	6.7	0.58	0.31	6.8							
					3	27—51	灰黄绿色	轻砾质轻黏土	块状	6.1	7.5	0.61	0.41	8.2							
					4	51—80	黄绿色	中砾质重壤土	块状	6.1	6.8	0.61	0.38	8.3							
剖64	铁铝土	粗骨性黄壤	砾质黄泥土	煤矸土	1	0—13	暗黄色	多砾质重黏土	屑粒状	5.0	48.8	1.99	0.41	10.4		1.0	119	14.7	炭质页岩坡积物	E 106°49′27.1″ N 27°24′09.0″	75
					2	13—40	暗黄色	中砾质重黏土	屑粒状	4.6	13.5	0.82	0.20					11.5			
剖65	铁铝土	漂洗黄壤	铁铝质黄漂洗黄壤	厚层铁铝质黄漂洗黄壤	1	0—15	灰黄色	中砾质轻黏土	块状	4.9	13.6	1.12	0.22	4.4			81	15.8	白云质灰岩风化坡积物	E 106°52′34.7″ N 27°21′05.0″	95
					2	15—34	黄色	中砾质轻黏土	块状	4.9	4.5	0.68	0.20								
					3	34—61	浅黄色	中砾质中壤土	大块状	5.0	4.2	0.65	0.16					13.6			
					4	61—80	黄色	多砾质中壤土	大块状	5.0	3.1	0.61	0.14								

续表 Continued

剖面号 Soil profile	土纲 Soil order	土类 Soil great group	亚类 Soil subgroup	土属 Soil genus	土种 Soil species	土层码 Layer code	土层厚度 Depth/cm	颜色 Soil color	质地 Soil texture	土壤结构 Soil structure	pH	有机质 OM/(g/kg)	全氮 TN/(g/kg)	全磷 TP/(g/kg)	全钾 TK/(g/kg)	碱解氮 AN/(mg/kg)	有效磷 AP/(mg/kg)	速效钾 AK/(mg/kg)	阳离子交换量CEC/(cmol/kg)	土壤母质 Parent material	剖面点坐标 Profile coordinate	匹配指数 Matching index/%
剖66	初育土	石灰(岩)土	黄色石灰土	胶泥土	死胶泥土	1	0—14	黄灰色	多砾质中黏土	小块状	8.2	21.6	1.51	0.35	20.5		微量	99		泥灰岩风化残积物、坡积物	E 106°56′39.1″ N 27°21′01.8″	79
						2	14—25	灰黄色	少砾质中壤土	块状	8.2		1.50	0.40								
						3	25—40	浅黄色	中砾质中黏土	块状	8.3		0.87	0.18								
剖67	初育土	石灰(岩)土	黄色石灰土	灰砂泥土	灰砂泥土	1	0—24	灰色	多砾质重黏土	粒状	8.1	19.1	0.87	0.37	6.2		8.0	58	10.4	白云质灰岩风化坡积物	E 106°45′34.6″ N 27°20′18.2″	86
						2	24—44	灰灰色	轻砾质重黏土		8.1	15.7	0.75	0.36					9.2			
						3	44—60	黄灰黄色	轻砾质重黏土	小块状	7.8	6.7	0.48	0.20					8.5			
						4	60—80	黄色	多砾质重黏土	块状	7.8	3.2	0.42	0.17					8.9			
剖68	人为土	水稻土	渗育水稻土	渗育潮泥田	黄潮泥田	A	0—21	暗黄色	中砾质中壤土	粒状	7.0	45.2	1.74	0.72	21.8	164	4.0	61	16.0		E 107°08′02.7″ N 27°29′10.6″	85
						Ap	21—40	暗黄色	中砾质重黏土	块状	6.4	44.8	1.65	0.52					19.9			
						P	40—60	暗黄色	中砾质重黏土	棱柱状	5.8	44.1	1.60	0.49					16.8			
						C	60—80	黄灰色	中砾质重黏土	块状	5.5	36.4	1.48	0.56					15.9			
剖69	初育土	石灰(岩)土	黄色石灰土	大土泥土	大眼泥土	1	0—18	黑灰色	少砾质重黏土	块状	8.2	35.9	2.22	0.64	15.4		6.0	128		石灰岩风化坡积物	E 107°11′27.2″ N 27°27′42.4″	94
						2	18—43	灰色	中砾质轻黏土	粒状	8.3	24.8	1.40	0.48								
						3	43—62	黄灰色	中砾质轻黏土	棱柱状	8.3	22.9	1.20	0.53								
						4	62—80	黄灰色	中砾质重黏土	柱状	8.5	19.7	1.21	0.50								
剖70	铁铝土	黄壤	粗骨性黄壤	砾质黄砂土	砾质黄砂土	1	0—20	灰黄色	少砾质中黏土	屑粒状	5.4	15.2	0.69	0.38	12.3		5.0	194	18.3	砂岩坡积物	E 107°01′55.7″ N 27°26′14.6″	79
						2	20—35	浅黄色	少砾质中黏土	块状	5.4	7.5	0.39	0.24					13.2			
						3	35—65	黄色	少砾质中黏土	片状	5.4	5.5	0.27	0.22					10.5			
剖71	人为土	水稻土	潴育水稻土	斑黄泥田	黄扁泥田	Aa	0—20	灰黄色	粉砾质黏土	小块状	6.5	31.3	1.63	0.40	28.1		1.0	312	16.6	由页岩风化发育的黄壤	E 107°11′15.4″ N 27°25′42.2″	90
						Ap	20—38	灰黄色	粉砾质黏土	片块状	6.0	28.0	1.47	0.48					18.5			
						W	38—65	灰棕黄色	粉砾质黏土	棱柱状	6.2	19.1	0.95	0.59					18.3			
						C	65—85	浅棕黄色	粉砾质黏土	块状	6.5	17.0	0.70	0.65					20.3			
剖72	初育土	紫色土	酸性紫色土	酸性紫胶泥田	酸性紫胶泥田	1	0—15	浅紫色	黏土		5.5	14.7	0.98	0.33	8.6		4.0	119	13.2	泥岩风化残积物	E 107°02′08.2″ N 27°25′12.5″	74
						2	15—30	紫红色	黏土	状	5.5	4.3	0.35	0.17					8.1			
						3	30—50	紫红色	黏土	块状	5.0	5.1	0.44	0.21					14.7			
剖73	铁铝土	黄壤	黄壤	黄泥土	黄泥土	1	0—18	黄色	少砾质中黏土	片状	5.5	14.7	0.98	0.33						第四纪黏土	E 107°11′30.0″ N 27°22′48.5″	89
						2	18—25	黄色	少砾质中黏土	大块状												
						3	25—60	黄色	中砾质中黏土	大块状												
						4	60—80	黄色	黏土													
剖74	初育土	石灰(岩)土	黄色石灰土	砂泥质次生黄色石灰土	厚层砂泥质次生黄色石灰土	1	0—21	灰色	少砾质中壤土	柱状	7.1	30.6	1.52	0.74	22.4		11.0	65		白云质灰岩风化坡积物	E 107°06′04.6″ N 27°22′32.7″	91
						2	21—40	浅黄色	重砾质中黏土	屑粒状	7.3	19.4	1.23	0.81								
						3	40—65	黄色	中砾质中黏土	块状	7.5	15.9	1.05	0.61								
						4	65—80	黄色	中砾质中黏土	块状	7.6	13.9	0.86	0.61								
剖75	铁铝土	黄壤	粗骨性黄壤	硅质粗骨性黄壤	中层硅质粗骨性黄壤	1	0—22	灰黄色	中砾质中黏土	屑粒状	4.6	14.2	0.64	0.16	3.6		0.3	24		砂页岩坡积物	E 107°09′14.0″ N 27°22′23.9″	91
						2	22—39	浅黄色	中砾质中黏土	块状	4.8	8.2	0.46	0.18								
						3	39—58	黄色	中砾质中黏土	块状	5.0	8.1	0.54	0.21								
剖76	铁铝土	黄壤	黄壤	黄泥土	生黄泥土	1	0—18	黄色	重黏土	大块状	4.9	13.7	0.60	0.30	11.4		1.0	62		第四纪黏土	E 107°00′30.3″ N 27°22′02.8″	71
						2	18—48	黄色	中砾质中黏土	大块状	5.4	5.2	0.40	0.30								
						C	48—															
剖77	铁铝土	黄壤	黄壤	黄砂泥土	黄砂泥	A	0—15	棕褐色	砂壤土	粒状	4.4	55.6	13.70	0.26	17.3		6.0	182	19.8	砂页岩风化物	E 106°45′27.7″ N 27°17′41.8″	98
						B₁	15—37	棕褐色	砂壤土	块状	4.3	14.5	0.58	0.42	16.7				17.2			
						B₂	37—50	黄色	砂质黏土	块状	4.6	10.4	0.42	0.26	13.7				15.2			

桐 梓 县

主要土类说明

石灰（岩）土是桐梓县主要土壤类型，占本县地域面积的 57%。石灰（岩）土为岩成土，主要发育于碳酸岩类出露区域。石灰（岩）土具有碳酸盐强烈淋失，硅、铁、铝相对聚集等特点，土层浅薄，多具 A-R 剖面构型。

黄壤是桐梓县第二大土壤类型，占本县地域面积的 21%。黄壤发育于温暖湿润的亚热带气候条件下，集中分布在低中山和低山丘陵，含有较多水合氧化铁，土体多呈黄色，典型黄壤具 A-AB-B-C 剖面构型。自然植被主要为常绿阔叶林。成土母质极其广泛，黏土矿物以蛭石为主，具有较强的脱硅富铝化过程，黏粒硅铝率约为 2.5。全剖面呈酸性，pH 为 4.0—5.5，部分土壤受母岩和耕种影响，pH 为 5.0—6.5。在森林植被下自然土壤有机质含量可达 151g/kg，在次生灌丛植被下为 50—80g/kg，在荒山草坡仅为 30g/kg，碳氮比为 13—16；人为耕垦熟化旱作的土壤有机质分解加速，含量仅为 20—24g/kg，碳氮比约为 10。

紫色土是桐梓县第三大土壤类型，占本县地域面积的 7%。紫色土为岩成土，发育于紫色岩类出露各处。成土母质主要为三叠系飞仙关组紫色砂岩、侏罗系紫红色砂页岩、白垩系砖红色泥岩和长石石英砂岩等。黏土矿物以水云母为主，母岩富含矿质养分。紫色土的形成、特点和理化性质都与母岩的种类和性质密切相关，成土过程以物理风化为主，成土迅速，水土流失严重，土层浅薄，剖面层次发育不明显，仍处于初育阶段。

黄棕壤占本县地域面积的 6%。黄棕壤发生于亚热带暖湿落叶阔叶林下，弱度富铝化，黏聚现象明显，呈黄棕色。该土壤具 A-B-C 或 A-(B)-C 剖面构型，黏粒硅铝率在 2.5 左右，铁的游离度较红壤低，B 层交换性酸大于 A 层。

粗骨土占本县地域面积的 5%。粗骨土属于 A-C 型，甚至（A）-C 型土壤。A 层发育不明显，与母质土层性状相似，略显有机质积累。有时母质层富含砾石，很少出现剖面分异与发育特征。

水稻土占本县地域面积的 4%。水稻土是在长期的季节性淹灌、水下翻耕、季节性脱水、氧化还原交替影响下，原来的成土母质或母土的特性发生重大改变形成的新的土壤类型。由于干湿交替，水稻土形成糊状的淹育层、较坚实板结的犁底层、渗育层、潴育层与潜育层等多种发生层。这些不同发生层是在人为耕作、水浆管理下形成的。

本区域中心区气候特征

本区域中心区气候特征值
Regional climate characteristics in central area of the region

气候带：北亚热带湿润气候 Climate region: North subtropical humid climate	
年平均气温 /℃ Annual average temperature /℃	15.8
年平均最高气温 /℃ Annual average maximum temperature /℃	20.0
年平均最低气温 /℃ Annual average minimum temperature /℃	12.9
年降水量 /mm Annual precipitation /mm	1096
≥10℃的积温 /℃ Daily temperature accumulated in a year (≥10℃) /℃	6093
年日照时数 /h Annual sunshine /h	1047
年平均相对湿度 /% Annual average relative humidity /%	80
干燥度 Dryness	0.85

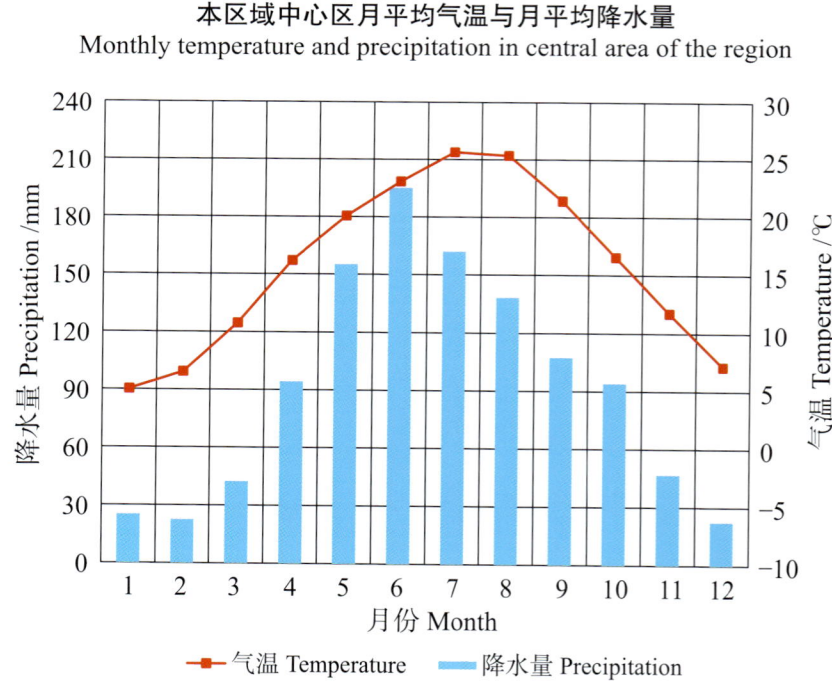

本区域中心区月平均气温与月平均降水量
Monthly temperature and precipitation in central area of the region

桐梓县主要土壤类型与土壤剖面点分布图
1∶360 000

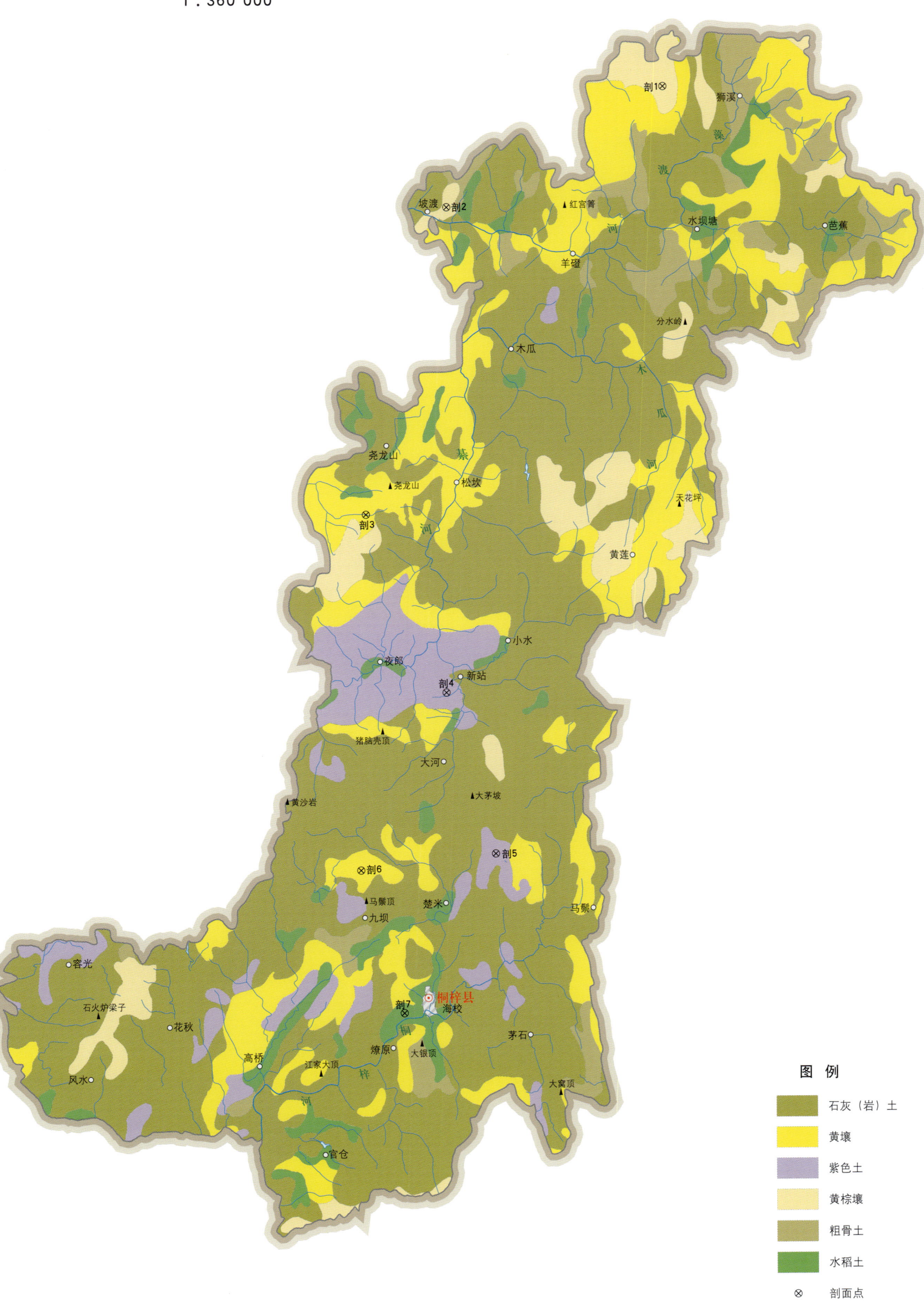

图 例

- 石灰（岩）土
- 黄壤
- 紫色土
- 黄棕壤
- 粗骨土
- 水稻土
- ⊗ 剖面点

桐梓县土壤剖面理化性状表

剖面号 Soil profile	土纲 Soil order	土类 Soil great group	亚类 Soil subgroup	土属 Soil genus	土种 Soil species	土层码 Layer code	土层厚度 Depth/cm	颜色 Soil color	质地 Soil texture	土壤结构 Soil structure	pH	有机质 OM/(g/kg)	全氮 TN/(g/kg)	全磷 TP/(g/kg)	全钾 TK/(g/kg)	碱解氮 AN/(mg/kg)	有效磷 AP/(mg/kg)	速效钾 AK/(mg/kg)	阳离子交换量 CEC/(cmol/kg)	土壤母质 Parent material	剖面点坐标 Profile coordinate	匹配指数 Matching index/%
剖1	淋溶土	黄棕壤	暗黄棕壤	幼灰泡泥土	薄幼灰泡泥	A	0—10	灰黄色	多砾质砂壤土	粒状	4.3	45.0	2.14	0.60	4.8			105	9.0	页岩残积物	E 107°02′53.5″ N 28°50′55.0″	71
						(B)	10—15	浅黄棕色	多砾质壤土	块状	4.6	38.9	1.96	0.31	4.1			115	9.1			
						C	15—40	浅黄棕色	多砾质黏壤土	扰块状	4.8	37.8	2.40	0.37	7.3			59	9.4			
剖2	淋溶土	黄棕壤	黄棕壤性土	硅铁质黄棕壤性土	硅铁质黄棕壤性土	A	0—10	灰黄色	砂壤土	粒状	4.3	45.0	2.14	0.60	4.8				9.0		E 106°51′07.7″ N 28°45′23.4″	95
						B	10—15	浅黄棕色	轻壤土	碎块状	4.6	38.9	1.96	0.31	4.1				9.1			
						C	15—40	浅黄棕色	中壤土	块状	4.8	37.8	1.24	0.37	7.3				9.4			
剖3	铁铝土	黄壤	漂洗黄壤	硅铁质漂洗黄壤	薄腐中层硅铁质漂洗黄壤	A	0—2	黄色	轻砾质中壤土	屑粒状	4.6	14.7	0.97	0.87	17.3		2.0	253	9.9		E 106°46′29.1″ N 28°30′58.4″	70
						AB	2—6	黄色	轻砾质中壤土	块状	4.5	13.5	0.99	0.55	19.4		1.0	147	9.8			
						E	6—22	灰白色	中砾质壤土	块状	4.2	8.8	0.78	0.34	5.4		1.0	74	7.7			
						B	22—42	浅黄色	中砾质中壤土		4.4	8.2	0.68	0.31	4.0		1.0	81	6.8			
						C	42—	黄色														
剖4	初育土	紫色土	中性紫色土	紫砂泥土	紫砂泥土	A	0—20	灰紫色	砂质黏壤土	团粒状	7.4	23.9	1.09	8.30	13.8		11.0	71	12.9	砂岩风化残积物、坡积物	E 106°50′37.0″ N 28°22′32.2″	93
						AC	20—40	紫红色	黏质黏土	粒状	6.9	16.7	0.96	0.57	11.2		13.0	72				
						C	40—60		壤质黏土	无明显结构	6.5	5.9	0.48	0.41	7.5		3.0	69				
剖5	初育土	紫色土	中性紫色土	中性紫色砂土	中性紫色砂土	Aa	0—20	灰紫色	中壤土	团粒状	7.4	23.9	1.09	0.83	15.9		11.0	71	12.9		E 106°53′04.4″ N 28°14′52.8″	82
						B	20—40	紫色	重壤土	粒状	6.9	16.7	0.96	0.57	16.4	55	13.0	72				
						C	40—60	紫红色	轻壤土	核状	6.5	5.9	0.48	0.41	13.7		8.0	69				
剖6	铁铝土	黄壤	黄壤	硅质黄壤	黄砂泥土	Aa	0—15	浅黄色	中壤土	粒状	5.3	15.6	0.75	0.57	20.2		6.0	101	10.9		E 106°45′50.4″ N 28°14′11.4″	90
						B	15—25	灰黄色	轻壤土	粒状	5.3	10.8	0.58	0.67	12.9			33				
						C	25—65	灰黄色	中壤土	碎屑粒状	5.2	5.3	0.33	0.54	18.0			41				
剖7	人为土	水稻土	渗育水稻土	渗育黄泡砂泥田	黄泡砂泥田	A	0—20	暗黄色	少砾质中壤土	粒状	5.9	45.3	2.57	0.96	24.6	178	20.0	142	17.9		E 106°48′00.5″ N 28°07′26.3″	71
						Ap	20—30	灰黄色	少砾质中壤土	小块状	5.6	42.9	2.02	0.48	30.3		18.0	107	17.9			
						P	30—70	灰黄色	多砾质中壤土	棱块状	5.8	16.9	0.72	0.29	29.0		11.0	110	14.3			

绥 阳 县

主要土类说明

石灰（岩）土是绥阳县主要土壤类型，占本县地域面积的 50%。石灰（岩）土为岩成土，主要发育于碳酸岩类出露区域。石灰（岩）土具有碳酸盐强烈淋失，硅、铁、铝相对聚集等特点，土层浅薄，多具 A-R 剖面构型。

黄壤是绥阳县第二大土壤类型，占本县地域面积的 34%。黄壤发育于温暖湿润的亚热带气候条件下，集中分布在低中山和低山丘陵，含有较多水合氧化铁，土体多呈黄色，典型黄壤具 A-AB-B-C 剖面构型。自然植被主要为常绿阔叶林。成土母质极其广泛，黏土矿物以蛭石为主，具有较强的脱硅富铝化过程，黏粒硅铝率约为 2.5。全剖面呈酸性，pH 为 4.0—5.5，部分土壤受母岩和耕种影响，pH 为 5.0—6.5。在森林植被下自然土壤有机质含量可达 151g/kg，在次生灌丛植被下为 50—80g/kg，在荒山草坡仅为 30g/kg，碳氮比为 13—16；人为耕垦熟化旱作的土壤有机质分解加速，含量仅为 20—24g/kg，碳氮比约为 10。

水稻土是绥阳县第三大土壤类型，占本县地域面积的 9%，主要分布在海拔 1200m 以下的低山丘陵、坝地、槽谷及河流沿岸地区。成土过程具有氧化还原过程，水耕条件下铁锰发生强烈迁移。由于干湿交替，水稻土形成糊状的淹育层、较坚实板结的犁底层、渗育层、潴育层与潜育层等多种发生层。

粗骨土占本县地域面积的 4%。粗骨土属初育土，具 A-C 剖面构型。土体厚度一般为 20—50cm，A 层厚度以 5—15cm 居多。成土过程无黏化作用，有不同程度的淋溶作用。

小于本县地域面积 3% 的土壤类型有黄棕壤、紫色土和沼泽土。

本区域中心区气候特征

本区域中心区气候特征值
Regional climate characteristics in central area of the region

气候带：北亚热带湿润气候 Climate region: North subtropical humid climate	
年平均气温 /℃ Annual average temperature /℃	15.6
年平均最高气温 /℃ Annual average maximum temperature /℃	19.9
年平均最低气温 /℃ Annual average minimum temperature /℃	12.8
年降水量 /mm Annual precipitation /mm	1106
≥10℃的积温 /℃ Daily temperature accumulated in a year (≥10℃) /℃	5906
年日照时数 /h Annual sunshine /h	1053
年平均相对湿度 /% Annual average relative humidity /%	80
干燥度 Dryness	0.83

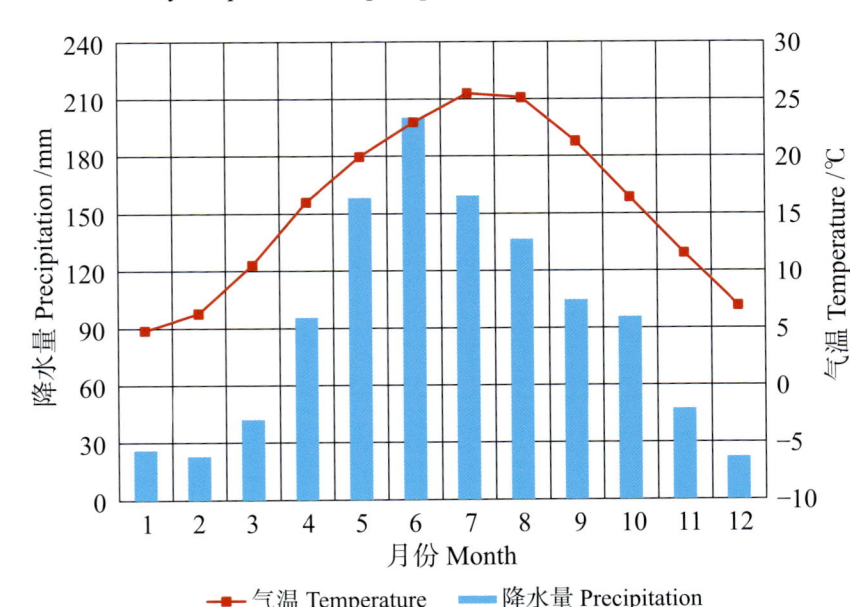

本区域中心区月平均气温与月平均降水量
Monthly temperature and precipitation in central area of the region

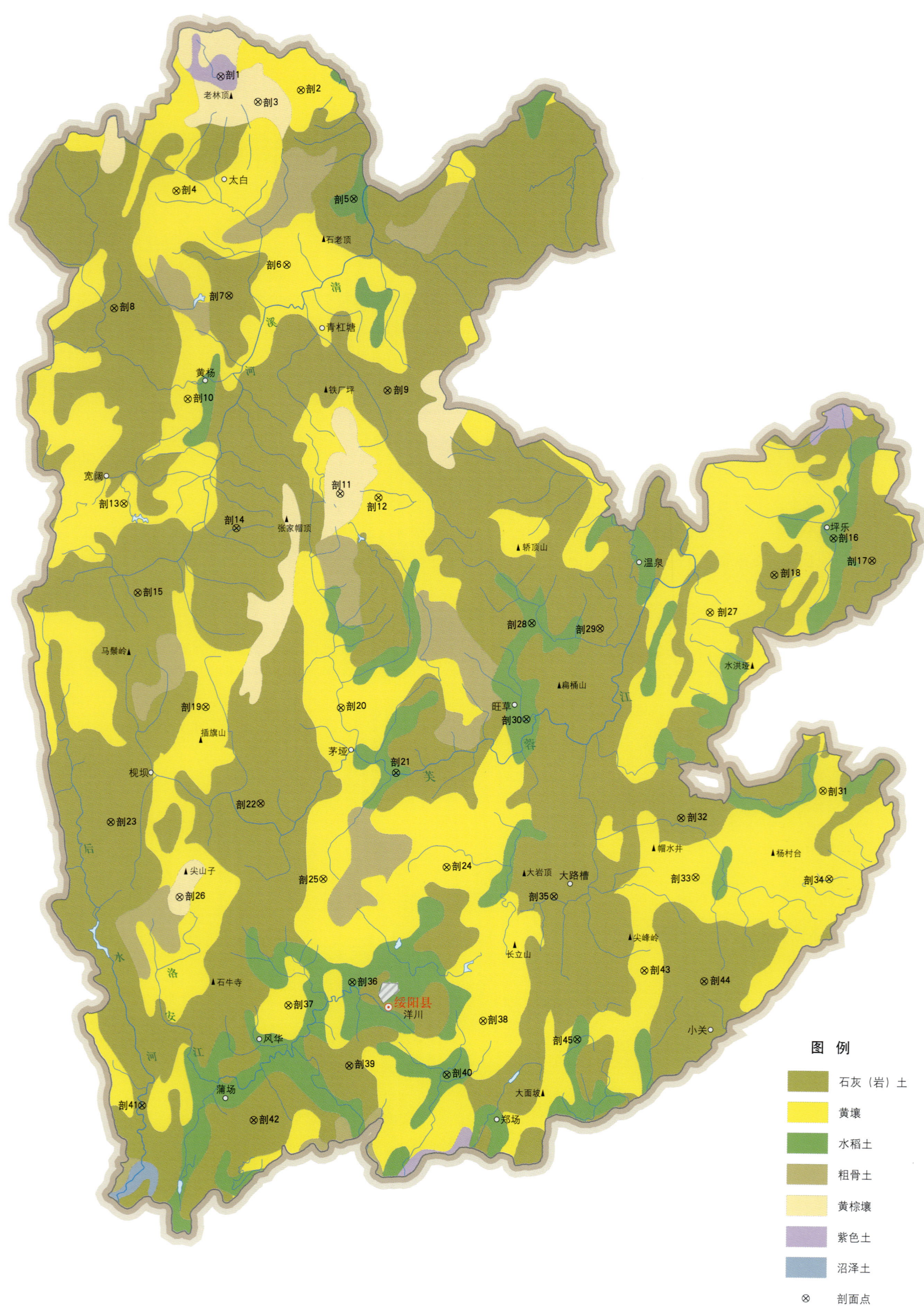

绥阳县土壤剖面理化性状表

剖面号 Soil profile	土纲 Soil order	土类 Soil great group	亚类 Soil subgroup	土属 Soil genus	土种 Soil species	土层码 Layer code	土层厚度 Depth/cm	颜色 Soil color	质地 Soil texture	土壤结构 Soil structure	pH	有机质 OM/(g/kg)	全氮 TN/(g/kg)	全磷 TP/(g/kg)	全钾 TK/(g/kg)	碱解氮 AN/(mg/kg)	有效磷 AP/(mg/kg)	速效钾 AK/(mg/kg)	阳离子交换量CEC/(cmol/kg)	土壤母质 Parent material	剖面点坐标 Profile coordinate	匹配指数 Matching index/%
剖1	初育土	紫色土	石灰性紫色土	大紫泥土	大紫泥土	A	0-17	暗紫色	壤质黏土	粒状	7.6	31.1	1.30	0.77	16.7		5.0	86	18.5	钙质页岩坡积物	E 107°05′09.1″ N 28°27′49.2″	93
						C₁	17-28	灰紫色	壤质黏土	小块状	7.7	25.2	1.18	0.76			1.0	3				
						C₂	28-67	紫色	壤质黏土	无明显结构	7.8	22.7	1.06	0.56			2.0	3				
剖2	铁铝土	黄壤	黄壤	硅铁质黄壤	薄层硅铁质黄壤	1	0-4	黄褐色	中壤土	颗粒状	4.9	74.0	5.08	0.90			16.5			页岩风化物	E 107°08′09.9″ N 28°27′20.3″	92
						2	4-10	灰色	中壤土	颗粒状	4.9	26.0	0.98	1.18			微量					
						Oi	0-10	灰黑色			6.4											
剖3	淋溶土	黄棕壤	暗黄棕壤	大灰泡泥土	厚大灰泡泥土	1	10-19	暗灰棕色	砂质黏土	粒状	5.8	48.0	1.90	0.32	16.6		1.0	128	12.2	白云质灰岩残积物、坡积物	E 107°06′32.6″ N 28°26′57.6″	81
						2	19-45	黄棕色	壤质黏土	大块状	5.2	14.8	1.02	0.31	12.4		微量	58	7.9			
						3	45-85	浅黄棕色	壤质黏土	拟块状	5.2	7.2	1.14	0.21	22.7		微量	92	10.5			
剖4	铁铝土	黄壤	黄壤	硅铁质黄壤	中层硅铁质黄壤	1	0-3	黄黄色	中壤土	颗粒状	5.1	6.5	1.46	1.34			2.1		17.0	页岩风化物	E 107°03′26.3″ N 28°24′02.8″	96
						2	3-25	灰灰色	重壤土	小块状	4.9	1.6	1.36	1.41			微量					
						3	25-40	灰灰色	重壤土	块状	5.3	12.0	1.49	1.31			微量					
剖5	人为土	水稻土	潜育水稻土	青潮泥田	青潮泥田	1	0-20	灰灰色	中壤土	团粒状	8.1	59.2	1.47	1.02			9.9			河流冲积物	E 107°10′06.2″ N 28°23′42.7″	78
						2	20-35	灰灰色	重壤土	棱柱状	8.0	59.0	2.12	0.83			0.9					
						3	35-70	暗灰色	重壤土	柱状	7.9	63.2	2.17	0.75			12.1					
						4	70-83	暗灰色	重壤土	粒状	7.4	45.1	1.60	0.61			9.5					
剖6	铁铝土	黄壤	黄壤	第四纪黏土黄壤	薄腐中层黏土黄壤	A	0-5	深灰色	重壤土	小块状	4.1	55.0	1.53	0.33	12.5	173	22.0	162	13.0	第四纪黏土	E 107°07′33.6″ N 28°21′33.8″	87
						AB	5-15	灰黄黑色	轻壤土	块状	4.4	14.4	0.63	0.21			0.9					
						B	15-40	黄色	轻壤土	大块状	4.5	8.0	0.23	0.19								
						BC	40-80	红黄色														
剖7	初育土	石灰(岩)土	黑色石灰土	灰砂泥土	灰砂泥土	1	0-16	暗黑色	重壤土	团粒状	8.0	43.7	2.05	2.07			6.2			白云质灰岩风化物	E 107°05′22.6″ N 28°20′33.7″	96
						2	16-27	暗黄色	中壤土	棱粒状	8.0	41.2	1.75	1.62			4.1					
						3	27-50	暗灰色	重壤土	团粒状	7.9	42.3	1.75	1.43			2.1					
剖8	初育土	石灰(岩)土	黄色石灰土	扁砂灰泥土	扁砂灰泥土	1	0-17	暗黄色	重壤土	团粒状	6.9	26.4	1.43	1.16			0.8			页岩风化物	E 107°01′03.0″ N 28°20′11.4″	93
						2	17-60	黑黄色	中壤土	块状	7.3	30.9	1.58	0.97			4.7					
剖9	初育土	石灰(岩)土	黑色石灰土	白云岩黑色石灰土	白云岩黑色石灰土	1	0-10	黑灰色	中壤土	团粒状	8.1	59.0	2.69	1.53			6.2			白云质灰岩风化物	E 107°11′18.2″ N 28°17′21.5″	82
						2	10-35	黄灰色	重壤土	颗粒状	8.1	21.5	2.33	1.34			2.1					
剖10	铁铝土	黄壤	黄壤	硅铁质黄壤	薄腐中层硅铁质黄壤	A	0-12	灰色	中壤土	粒状	5.1	26.0	1.39	0.59	20.7	168	2.0	374		页岩风化物	E 107°03′47.9″ N 28°17′09.0″	98
						B	12-25	浅黄色	重壤土	小块状	4.9	12.0	1.26	0.62								
						BC	25-40	黄灰色	重壤土	块状	5.3	6.6	0.48	0.57								
						C	40-	黄色														
剖11	淋溶土	黄棕壤	黄棕壤	硅铝质黄棕壤	中腐厚层硅铝质黄棕壤	Ao	0-11				3.6	329.7	13.90	1.06	11.7		10.0	304	37.7	第四纪黏土	E 107°09′29.2″ N 28°13′58.1″	90
						A	11-25	灰黑色	中砾质中壤土	小块状	4.5	68.0	0.75	0.56	22.7		1.0	116	15.3			
						B	25-45	黄棕色	中砾质重壤土	块状	4.7	17.7	1.09	0.80	19.5			86	10.0			
						C	45-86	黄灰色	中砾质重壤土	块状	4.9	13.2	0.88	0.41	20.3			109	8.9			
剖12	铁铝土	黄壤	黄壤	豆面泥土	豆面泥土	1	0-18	灰黄色	重壤土	颗粒状	6.6	19.0	1.21	1.82			6.2		9.1	页岩风化物	E 107°10′55.6″ N 28°13′49.4″	83
						2	18-35	灰黄色	中壤土	粒状	6.8	20.2	1.26	1.18			5.3					
						3	35-50	黄黄色	中壤土	状状	6.8	18.6	0.98	1.06			4.9					
						4	50-70	黄灰色	中壤土	块状	6.7	18.3	0.92	1.18			7.3					
剖13	铁铝土	黄壤	黄壤	黄泥土	大眼黄泥土	1	0-23	灰色	轻黏土	小块状	4.7	42.2	1.42	1.99			47.4		19.2	第四纪黏土	E 107°01′21.7″ N 28°13′43.0″	76
						2	23-40	灰黄色	轻壤土	块状	4.7	1.2	0.76	1.23			12.4					
						3	40-60	黄黄色	轻壤土	状状	4.6	36.2	1.11	1.27			10.7					

续表 Continued

剖面号 Soil profile	土纲 Soil order	土类 Soil great group	亚类 Soil subgroup	土属 Soil genus	土种 Soil species	土层码 Layer code	土层厚度 Depth/cm	颜色 Soil color	质地 Soil texture	土壤结构 Soil structure	pH	有机质 OM/(g/kg)	全氮 TN/(g/kg)	全磷 TP/(g/kg)	全钾 TK/(g/kg)	碱解氮 AN/(mg/kg)	有效磷 AP/(mg/kg)	速效钾 AK/(mg/kg)	阳离子交换量CEC/(cmol/kg)	土壤母质 Parent material	剖面点坐标 Profile coordinate	匹配指数 Matching index/%
剖面14	初育土	石灰（岩）土	黑色石灰土	白云岩黑色石灰土	中层白云岩黑色石灰土	1	0~3	灰色	中壤土	粒状	7.8	70.8	3.64	1.83			12.5		23.1	白云质灰岩风化物	E 107°05′35.2″ N 28°12′52.2″	74
						2	3~10	灰黄色	中壤土	块状	7.1	60.8	2.81	1.82			8.3					
						3	10~42	灰黄色	中壤土	块状	8.3	33.0	1.75	1.42			微量					
剖面15	初育土	石灰（岩）土	黄色石灰土	黏土次生黄色石灰土	小土泥灰土	Aa	0~20	灰黄色	轻黏土	粒状	7.2	32.3	1.26	9.20	18.2	137	2.0	248	12.8		E 107°01′51.5″ N 28°10′45.4″	99
						AB	20~30	灰黄色	轻黏土	块状	7.3	28.9	1.32	0.27		127	2.0	168	24.1			
						B	30~65	黄色	轻黏土	块状	6.6	12.9	0.77	0.01		110	2.0	190	23.9			
						C	65~90	黄色	轻黏土	块状	5.5	13.9	0.87	0.02			5.0	129				
剖面16	人为土	水稻土	渗育水稻土	黄泥田	黄扁砂泥田	Aa	0~19	暗灰黄色	壤质黏土	小块状	6.3	45.8	2.21	1.18			12.0	90		由页岩黑化物发育的黄壤	E 107°27′58.4″ N 28°12′17.7″	92
						Ap	19~30	灰黄色	壤质黏土	块状	6.4	20.2	1.25	1.03			13.0	66				
						P	30~48	灰黄色	壤质黏土	棱块状	6.4	15.2	1.03	0.95			12.0	77				
						C	48~80	黄色	壤质黏土	大块状	6.0	10.9	1.01	0.99			12.0	87				
剖面17	初育土	石灰（岩）土	黄色石灰土	胶泥土		1	0~18	黄黄色	重壤土	粒状	7.8	25.9	1.64	0.06			4.5		14.5	泥灰岩、泥岩风化物	E 107°29′24.4″ N 28°11′32.3″	80
						2	18~28	黄色	重壤土	块状	6.3	20.1	1.44	1.77			4.1					
						3	28~60	暗黄色	重壤土	块状	6.7	23.4	1.80	1.91			2.1					
剖面18	初育土	石灰（岩）土	黑色石灰土	灰色砂泥土	灰油砂泥土	1	0~20	暗黄色	轻黏土	小块状	7.7	30.8	1.45	3.09			16.5		14.6	白云质灰岩风化物	E 107°25′44.5″ N 28°11′06.5″	73
						2	20~34	暗黄色	轻黏土	块状	7.6	25.4	1.22	1.79			2.4					
						3	34~60	暗黄色	轻黏土	块状	7.7	25.9	1.28	1.75			6.2					
剖面19	铁铝土	黄壤	漂洗黄壤	白鳝泥	白鳝泥	1	0~12	灰色	黏质壤土	粒状	5.9	28.0	1.39	1.23	13.2			43	7.6	砂页岩坡积物	E 107°04′22.7″ N 28°06′57.9″	87
						2	12~32	灰白色	黏质壤土	块状	6.1	26.7	1.21	1.09	7.5		6.0	71				
						3	32~60	黄白色	轻黏土	团粒状	6.1	17.0	0.80	1.20	11.0			80				
剖面20	铁铝土	黄壤	黄壤	黄泥土		1	0~17	灰灰色	重壤土	团粒状	4.6	14.9	0.86	0.69			5.0		12.6	第四纪黏土	E 107°09′27.0″ N 28°06′53.3″	94
						2	17~34	黄黄色	轻黏土	块状	4.6	15.8	0.64	0.52			微量					
						3	34~60	黄黄色	轻黏土	块状	4.6	19.3	1.76	0.50			微量					
剖面21	人为土	水稻土	潴育水稻土	潮油泥田	潮油泥田	1	0~22	黄黄色	重壤土	块状	6.4	39.0	2.11	1.06	24.3		22.0			河流冲积物	E 107°11′29.8″ N 28°04′43.3″	87
						2	22~31	灰黄色	重壤土	块状	7.1	23.7	1.43	0.90			17.1					
						3	31~62	灰黄色	重壤土	块状	7.2	19.6	0.94	1.09		212	17.1	151				
						4	62~80	灰黄色	中壤土	块状	7.7	19.2	0.94	0.97			14.0					
剖面22	初育土	石灰（岩）土	黄色石灰土	白云岩黑色石灰土	厚层白云岩黑色石灰土	1	0~2	暗黄色	重壤土	粒状	7.4	42.9	1.60	0.82			6.1			石灰岩风化物	E 107°06′24.8″ N 28°03′45.3″	84
						2	2~15	黄黄色	重壤土	块状	7.5	35.0	1.43	0.82			微量					
						3	15~60	黄黄色	重壤土	块状	7.4	21.0	1.15	0.43			6.0					
剖面23	初育土	石灰（岩）土	黑色石灰土	白云岩黑色石灰土	中层白云岩黑色石灰土	A	0~2	暗黄色	重壤土	粒状	7.4	43.2	1.60	0.44	18.1		17.1			石灰岩风化物	E 107°09′47.1″ N 28°03′10.2″	87
						AB	2~15	灰色	重壤土	块状	7.5	35.0	1.43	0.23			微量					
						B	15~60	灰色	重壤土	块状	7.8	21.0	1.15	0.19			6.0					
剖面24	铁铝土	黄壤	黄壤	黄砂泥土	黄油砂泥土	1	0~24	灰黄色	重黏土	颗粒状	6.4	23.6	2.30	0.98			4.9	116	14.4	页岩风化物	E 107°13′21.8″ N 28°01′35.0″	93
						2	24~45	灰黄色	重黏土	块状	6.3	20.6	0.47	0.90	22.7		2.8	86				
						3	45~60	灰黄色	重黏土	粒状	6.4	22.6	0.30	0.03	19.5		3.2	109				
剖面25	黄壤	黄壤	粗骨性黄壤	砾质黏土	粗扁砂泥	1	0~15	灰黄色	砂质黏壤土	粒状	6.2	32.6	1.87	1.93	20.8		3.7		15.3	砂页岩风化物	E 107°08′44.9″ N 28°00′13.8″	73
						2	15~60	黄黄色	壤质黏土	块状	5.8	21.1	1.05	1.53			0.8		10.0			
剖面26	淋溶土	黄棕壤	暗黄棕壤	灰泡土	厚灰泡泥	O	0~11	棕褐色	重壤土	粒状	3.6	68.0	2.75	0.56			1.0		8.9		E 107°03′21.6″ N 28°00′39.7″	72
						A	11~25	棕褐色	重黏土	块状	4.5	17.7	1.09	0.80								
						B	25~45	黄棕色	重黏土	粒状	4.7	13.7	0.88	0.41			4.1					
						C	45~86	黄棕色	壤黏土	小块状	4.9	27.8	1.03	1.83			微量		8.4			
剖面27	铁铝土	黄壤	黄壤	豆面泥土	豆面黄泥土	1	0~18	棕黄色	重黏土	棱柱状	6.7	31.8	5.03	1.59						页岩风化物	E 107°23′18.7″ N 28°09′53.8″	94
						2	18~27	棕黄色	重黏土	块状	6.9											
						3	27~55	棕黄色	中黏土	块状	6.3	22.0	0.69	1.51			微量					

续表 Continued

剖面号 Soil profile	土纲 Soil order	土类 Soil great group	亚类 Soil subgroup	土属 Soil genus	土种 Soil species	土层码 Layer code	土层厚度 Depth/cm	颜色 Soil color	质地 Soil texture	土壤结构 Soil structure	pH	有机质 OM/(g/kg)	全氮 TN/(g/kg)	全磷 TP/(g/kg)	全钾 TK/(g/kg)	碱解氮 AN/(mg/kg)	有效磷 AP/(mg/kg)	速效钾 AK/(mg/kg)	阳离子交换量CEC/(cmol/kg)	土壤母质 Parent material	剖面点坐标 Profile coordinate	匹配指数 Matching index/%
剖28	人为土	水稻土	渗育水稻土	白胶泥田	中白胶泥田	1	0~16	黄灰色	轻黏土	团块状	4.6	31.0	1.51	0.31			52.6		7.0	河流冲积物	E 107°16′37.9″ N 28°09′37.0″	88
						2	16~23	浅黄色	轻黏土	块状	5.5	24.9	1.25	0.16			51.7					
						3	23~35	浅黄色	重壤土	棱块状	4.4	7.2	0.49	0.06			76.9					
						4	35~57	浅黄色	重壤土	柱状	4.2	6.0	0.39	0.05			76.4					
						5	57~80	浅黄色	重壤土	重壤土	4.4	5.3	0.18	0.12			78.4					
剖29	初育土	石灰(岩)土	黄色石灰土	扁砂石灰土	扁砂石灰土	1	0~15	灰黄色	重壤土	小块状	7.6	27.1	1.72	2.07			42.7		13.5	页岩风化物	E 107°19′11.1″ N 28°09′25.1″	71
						2	15~35	灰黄色	重壤土	块状	7.5	28.3	1.78	2.25			48.8					
						3	35~49	灰黄色	重壤土	棱块状	7.6	30.2	2.01	2.65			52.9					
						4	49~80	黄色	重壤土	柱状	7.3	33.4	1.16	3.66			46.9					
剖30	人为土	水稻土	潴育水稻土	潮油泥田	黑潮泥田	1	0~23	黄灰色	中壤土	团粒状	6.7	26.1	1.42	0.89	22.2		3.1		8.4	河流冲积物	E 107°16′23.9″ N 28°06′27.0″	90
						2	23~31	黄灰色	中壤土	块状	6.8	29.9	1.44	0.86			2.8					
						3	31~48	灰黄色	重壤土	柱状	6.8	15.9	0.88	0.58			5.2					
						4	48~82	黄色	重壤土	柱状	6.5	14.8	0.99	0.90			12.6					
剖31	铁铝土	黄壤	硅铁质黄壤	厚层硅铁质黄壤		1	0~10	灰黄色	中壤土	小块状		29.0	1.13	1.05						页岩风化物	E 107°27′29.2″ N 28°03′58.3″	85
						2	10~50	灰黄色	中壤土	颗粒状	4.7	48.0	3.43	1.32			2.1		3.5			
						3			重壤土	颗粒状												
剖32	初育土	石灰(岩)土	黑色石灰土	石灰岩黑色石灰土	中层石灰岩黑色石灰土	1	0~3	黄色	轻黏土	柱状	7.5	31.0	1.56	1.42			10.6			石灰岩风化物	E 107°22′09.8″ N 28°03′07.3″	81
						2	3~10	黄色	轻黏土	块状	7.9		1.72	1.46			6.4					
						3	10~50	黄色	轻黏土	柱状	7.7	26.0										
剖33	铁铝土	黄壤	粗骨质黄壤	砾质黄泥土	粗扁砂黄泥土	1	0~18	灰黄色	中壤土	小块状	5.1	19.8	1.60	1.66			5.0		9.9	页岩风化物	E 107°22′41.2″ N 28°01′09.5″	91
						2	18~37	黄色	中壤土	块状	6.0	18.7	1.33	1.67			9.0					
						3	37~60	黄色	中壤土	块状	6.0	19.4	1.30	1.62			6.8					
剖34	铁铝土	黄壤	黄壤	黄泥土	生黄泥土	1	0~21	黄色	重壤土	颗粒状	5.9	24.0	1.10	0.26			微量		12.7	第四纪黏土	E 107°27′40.8″ N 28°01′02.9″	78
						2	21~57	黄色	中壤土	粒状	4.7	10.9	0.35	0.15			2.1					
剖35	初育土	石灰(岩)土	黑色石灰土	黑泥土	黑泥土	1	0~16	灰黄色	轻黏土	块状	7.2	41.7	2.17	1.47			2.5		22.4	泥灰岩、泥岩风化物	E 107°17′22.7″ N 28°00′34.4″	77
						2	16~30	黄色	轻黏土	块状	7.6	37.3	2.05	1.32			0.1					
						3	30~70	黄色	轻黏土	块状	7.7	24.8	2.04	1.16			微量					
剖36	人为土	水稻土	渗育水稻土	白胶泥田	轻白胶泥田	1	0~23	灰黄色	轻黏土	小块状	5.8	33.3	1.69	0.76			48.9		4.0	河流冲积物	E 107°09′48.2″ N 27°57′47.7″	77
						2	23~54	黄色	轻黏土	块状	5.9	33.8	1.66	0.55			51.3					
						3	54~80	黄色	轻黏土	块状	5.8	14.0	0.71	0.43			45.4					
剖37	铁铝土	黄壤	黄壤	第四纪黏土黄壤	黏土厚层黄壤	1	0~4	灰黄色	中壤土	团粒状	4.9	6.5	0.22	0.20			微量			第四纪黏土	E 107°07′24.3″ N 27°57′02.9″	70
						2	4~38	灰黄色	中壤土	块柱状	5.2	5.6	0.13	0.20			微量					
						3	38~60	灰黄色	中壤土	柱状	5.3	5.6	0.34	0.16			微量					
剖38	铁铝土	黄壤	黄壤	豆面泥土	黄油泥土	1	0~20	黄黄色	轻黏土	块状	6.8	26.8	1.31	1.69			12.2		11.8	页岩风化物	E 107°14′41.6″ N 27°56′29.0″	94
						2	20~37	黄色	轻黏土	颗粒状	6.9	24.9	1.09	1.30			24.9					
						3	37~60	黄色	轻黏土	块状	6.9	27.6	1.32	1.53			5.3					
剖39	初育土	石灰(岩)土	黑色石灰土	石灰岩黑色石灰土		1	0~7	暗黑色	轻黏土	块状	6.5	11.9	1.11	1.01			48.9			石灰岩风化物	E 107°09′40.3″ N 27°55′03.0″	81
						2	7~29	灰色	轻黏土	小块状	6.5	53.2	1.36	0.29			51.8					
剖40	人为土	水稻土	渗育水稻土	白胶泥田	重白胶泥田	1	0~20	浅灰色	轻黏土	块状	5.5	18.2	0.87	0.91			48.8			河流冲积物	E 107°13′18.8″ N 27°54′43.9″	85
						2	20~32	灰色	轻黏土	团粒状	5.6	19.4	0.60	0.96			51.8					
						3	32~53	黄色	轻黏土	棱柱状	5.8	7.5	0.38	0.36			53.4					
						4	53~80	灰白色	轻黏土	柱状	4.6	3.8	0.18	0.34			57.5					
剖41	初育土	石灰(岩)土	黑色石灰土	大土泥土	岩泥土	1	0~10	灰黄色	轻黏土	团粒状	6.2	10.6	0.60	0.49			微量		8.8	石英岩风化物	E 107°01′54.5″ N 27°53′48.1″	71
						2	10~40	黄色	轻黏土	粒状	6.3	11.2	1.88	0.57			6.2					
						3	40~60	黄色	轻黏土	块状	6.6	15.1	1.07	0.69								

续表 Continued

剖面号 Soil profile	土纲 Soil order	土类 Soil great group	亚类 Soil subgroup	土属 Soil genus	土种 Soil species	土层码 Layer code	土层厚度 Depth/cm	颜色 Soil color	质地 Soil texture	土壤结构 Soil structure	pH	有机质 OM/(g/kg)	全氮 TN/(g/kg)	全磷 TP/(g/kg)	全钾 TK/(g/kg)	碱解氮 AN/(mg/kg)	有效磷 AP/(mg/kg)	速效钾 AK/(mg/kg)	阳离子交换量CEC/(cmol/kg)	土壤母质 Parent material	剖面点坐标 Profile coordinate	匹配指数 Matching index/%
剖42	初育土	石灰（岩）土	黑色石灰土	大土泥土	大眼泥土	1	0—20	灰黄色	中黏土	颗粒状	7.0	23.4	1.13	1.79			12.7		12.0	石灰岩风化物	E 107°06′04.9″ N 27°53′18.3″	86
						2	20—41	黄灰色	中黏土	粒状	7.1	19.0	1.08	0.26			17.0					
						3	41—60	黄灰色	轻黏土	小块状	7.8	20.4	0.91	2.02			8.1					
剖43	铁铝土	黄壤		第四纪黏土黄壤	黄泥土	Aa	0—17	灰黄色	轻黏土	块状	5.5	18.7	0.81	0.21	11.4	97	5.0	131	14.8	第四纪黏土	E 107°20′44.2″ N 27°58′05.5″	79
						AB	17—25	灰黄色	轻黏土	块状	4.6	16.7	0.83	0.06								
						B	25—60	黄色	轻黏土	块状	4.5	9.2	0.50	0.07								
						C	60—	黄色	中黏土	大块状	5.8	6.1	0.39	0.05								
剖44	初育土	石灰（岩）土	黑色石灰土	大土泥土	大土泥土	1	0—19	灰黄色	轻壤土	粒状	7.2	22.0	1.07	1.45			1.3		9.6	石灰岩风化物	E 107°22′58.4″ N 27°57′42.8″	100
						2	19—27	灰黄色	轻壤土	块状	7.2	21.4	0.94	1.42			0.1					
						3	27—53	黄灰色	中壤土	棱状	7.0	19.2	0.90	1.18			2.0					
						4	53—80	黄色	中壤土	块状	7.1	19.8	0.83	1.15			2.1					
剖45	人为土	水稻土	渗育水稻土	白鳝泥田	轻白鳝泥田	1	0—23	灰黄色	重壤土	小块状	6.8	34.8	1.50	0.07			8.1			河流冲积物	E 107°18′12.5″ N 27°55′51.3″	87
						2	23—46	灰白色	轻黏土	块状	6.5	33.9	1.65	0.85			22.4					
						3	46—78	浅黄色	重黏土	块状	6.8	6.2	0.33	0.27			微量					

正 安 县

主要土类说明

黄壤是正安县主要土壤类型，占本县地域面积的49%。黄壤发育于温暖湿润的亚热带气候条件下，集中分布在低中山和低山丘陵，含有较多水合氧化铁，土体多呈黄色，典型黄壤具A-AB-B-C剖面构型。自然植被主要为常绿阔叶林。成土母质极其广泛，黏土矿物以蛭石为主，具有较强的脱硅富铝化过程，黏粒硅铝率约为2.5。全剖面呈酸性，pH为4.0—5.5，部分土壤受母岩和耕种影响，pH为5.0—6.5。在森林植被下自然土壤有机质含量可达151g/kg，在次生灌丛植被下为50—80g/kg，在荒山草坡仅为30g/kg，碳氮比为13—16；人为耕垦熟化旱作的土壤有机质分解加速，含量仅为20—24g/kg，碳氮比约为10。

石灰（岩）土是正安县第二大土壤类型，占本县地域面积的28%。石灰（岩）土为岩成土，主要发育于碳酸岩类出露区域。石灰（岩）土具有碳酸盐强烈淋失，硅、铁、铝相对聚集等特点，土层浅薄，多具A-R剖面构型。

粗骨土是正安县第三大土壤类型，占本县地域面积的10%。粗骨土属初育土，具A-C剖面构型。土体厚度一般为20—50cm，A层厚度以10—15cm居多。成土过程无黏化作用，有不同程度的淋溶作用。

水稻土占本县地域面积的9%，主要分布在海拔1200m以下的低山丘陵、坝地、槽谷及河流沿岸地区。成土过程具有氧化还原过程，水耕条件下铁锰发生强烈迁移。由于干湿交替，水稻土形成糊状的淹育层、较坚实板结的犁底层、渗育层、潴育层与潜育层等多种发生层。

黄棕壤占本县地域面积的3%。黄棕壤发生于亚热带暖湿落叶阔叶林下，弱度富铝化，黏聚现象明显，呈黄棕色，pH为5.5—6.0。该土壤具A-B-C或A-（B）-C剖面构型，黏粒硅铝率在2.5左右，铁的游离度较红壤低，B层交换性酸大于A层。

小于本县地域面积3%的土壤类型有紫色土。

本区域中心区气候特征

本区域中心区气候特征值
Regional climate characteristics in central area of the region

气候带：北亚热带湿润气候 Climate region: North subtropical humid climate	
年平均气温 /℃ Annual average temperature /℃	16.0
年平均最高气温 /℃ Annual average maximum temperature /℃	20.2
年平均最低气温 /℃ Annual average minimum temperature /℃	13.2
年降水量 /mm Annual precipitation /mm	1177
≥10℃的积温 /℃ Daily temperature accumulated in a year (≥10℃) /℃	6006
年日照时数 /h Annual sunshine /h	1051
年平均相对湿度 /% Annual average relative humidity /%	80
干燥度 Dryness	0.82

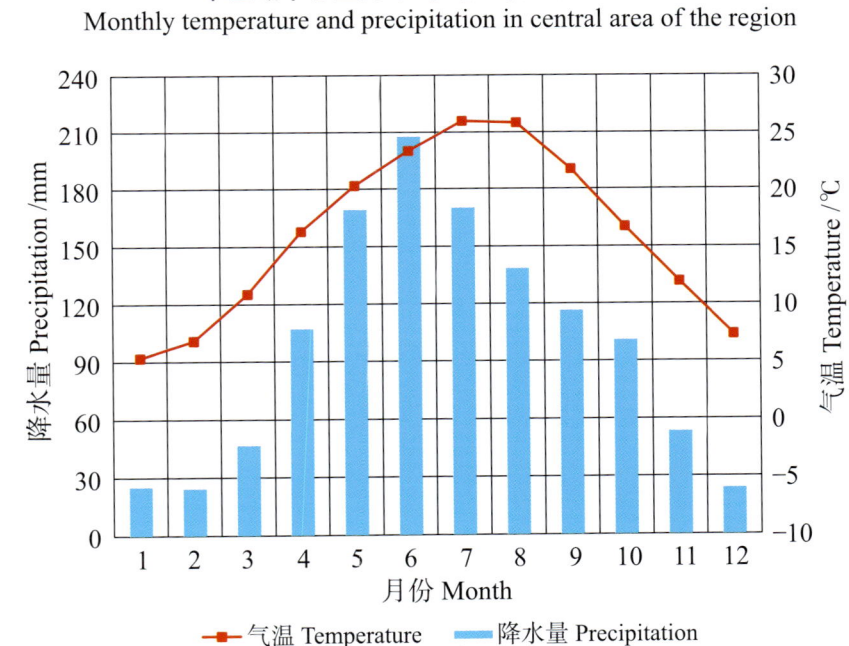

本区域中心区月平均气温与月平均降水量
Monthly temperature and precipitation in central area of the region

正安县主要土壤类型与土壤剖面点分布图
1:280 000

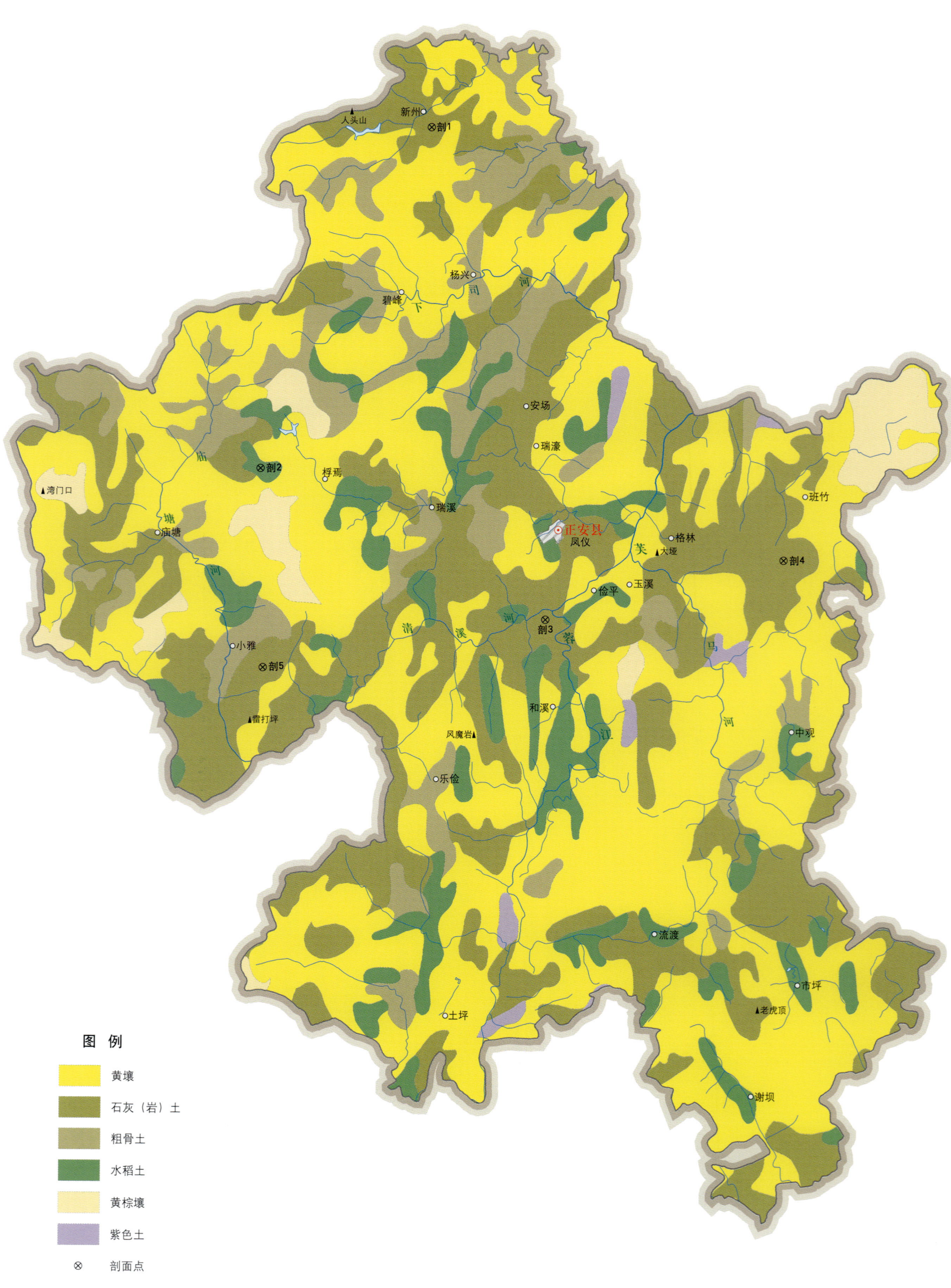

图 例
- 黄壤
- 石灰（岩）土
- 粗骨土
- 水稻土
- 黄棕壤
- 紫色土
- ⊗ 剖面点

正安县土壤剖面理化性状表

剖面号 Soil profile	土纲 Soil order	土类 Soil great group	亚类 Soil subgroup	土属 Soil genus	土种 Soil species	土层码 Layer code	土层厚度 Depth/cm	颜色 Soil color	质地 Soil texture	土壤结构 Soil structure	pH	有机质 OM/(g/kg)	全氮 TN/(g/kg)	全磷 TP/(g/kg)	全钾 TK/(g/kg)	碱解氮 AN/(mg/kg)	有效磷 AP/(mg/kg)	速效钾 AK/(mg/kg)	阳离子交换量 CEC/(cmol/kg)	土壤母质 Parent material	剖面点坐标 Profile coordinate	匹配指数 Matching index/%
剖1	初育土	石灰(岩)土	黄色石灰土	黄色石灰土	大土泥土	Aa	0—20	黄褐色	轻黏土	粒状	7.0	23.2	1.42	0.37	14.7	126	3.0	152	16.2		E 107°21′31.3″ N 28°47′56.0″	92
						B₁	20—28	黄色	少砾质轻黏土	小块状	7.0	20.0	1.17	0.37	14.8	118	3.0	125	14.7			
						B₂	28—50	黄色	少砾质轻黏土	块状	6.9	20.6	1.21	0.29	13.1	90	2.0	107	15.6			
						C	50—80	黄色	少砾质轻黏土	大块状	7.1	16.4	0.96	0.29	14.5	64	微量	70	15.4			
剖2	人为土	水稻土	潜育水稻土	冷水田	冷水田	A	0—17	绿灰色	轻黏土	屑粒状	6.1	24.1	1.40	0.50			6.0	123			E 107°14′17.0″ N 28°35′40.9″	81
						Ap	17—31	绿灰色	轻砾质重壤土	块状	6.1	17.6	1.20	0.48			6.0	101				
						B	31—49	黄灰色	轻砾质重壤土	块状	6.7	13.2	0.63	0.43			5.0	100				
						C	49—70	黄灰色	轻砾质重壤土	大块状	6.8	13.2	0.68	0.43			6.0	115				
剖3	初育土	石灰(岩)土	黑色石灰土	黑岩泥土	薄黑岩泥	Ah₁	0—6	暗棕色	黏壤土	团粒状	7.2	103.6	6.60	0.44	6.8		7.0	80	40.7	石灰岩风化物	E 107°25′57.6″ N 28°30′02.8″	85
						Ah₂	6—20	暗棕灰色	壤质黏土	小核状	7.3	76.2	5.36	0.40	6.5		4.5	46	36.9			
						Ah₃	20—30	黄棕色	壤质黏土	核状	7.5	53.0	3.20	0.32	6.8		3.0	79	34.5			
剖4	初育土	石灰(岩)土	黄色石灰土	砂泥质黄色石灰土	厚层砂泥质黄色石灰土	A	0—20	灰黄色	少砾质轻黏土	粒状	7.4	17.8	1.14	0.25	14.5	124	2.0	75	9.1		E 107°35′49.0″ N 28°32′02.7″	90
						B	20—32	黄色	少砾质中黏土	块状	7.2	15.3	0.93	0.14			2.0	92				
						BC	32—41	黄色	少砾质重黏土	块状	7.3	14.8	0.89	0.22			1.0	92				
						C	41—80	黄色	少砾质重黏土	块状	7.4	14.1	0.88	0.23			1.0					
剖5	初育土	石灰(岩)土	黄色石灰土	大泥土	大泥土	A	0—17	灰棕色	壤质黏土	粒状	7.0	25.2	1.42	0.37	14.7		3.0	152	16.2	石灰岩风化残积物、坡积物	E 107°14′17.0″ N 28°28′27.9″	85
						AC₁	17—50	黄棕色	壤质黏土	小块状	7.0	20.0	1.17	0.37	14.8		3.0	107	15.2			
						AC₂	50—80	黄色	壤质黏土	大块状	7.1	16.4	0.96	0.29	14.5		微量	70	15.4			
						C	80—															

道真仡佬族苗族自治县

主要土类说明

黄壤是道真仡佬族苗族自治县主要土壤类型，占本县地域面积的40%。黄壤发育于温暖湿润的亚热带气候条件下，集中分布在低中山和低山丘陵，含有较多水合氧化铁，土体多呈黄色，典型黄壤具A-AB-B-C剖面构型。自然植被主要为常绿阔叶林。成土母质极其广泛，黏土矿物以蛭石为主，具有较强的脱硅富铝化过程，黏粒硅铝率约为2.5。全剖面呈酸性，pH为4.0—5.5，部分土壤受母岩和耕种影响，pH为5.0—6.5。在森林植被下自然土壤有机质含量可达151g/kg，在次生灌丛植被下为50—80g/kg，在荒山草坡仅为30g/kg，碳氮比为13—16；人为耕垦熟化旱作的土壤有机质分解加速，含量仅为20—24g/kg，碳氮比约为10。

石灰（岩）土是道真仡佬族苗族自治县第二大土壤类型，占本县地域面积的35%。石灰（岩）土为岩成土，主要发育于碳酸岩类出露区域。石灰（岩）土具有碳酸盐强烈淋失，硅、铁、铝相对聚集等特点，土层浅薄，多具A-R剖面构型。

黄棕壤是道真仡佬族苗族自治县第三大土壤类型，占本县地域面积的13%。黄棕壤发育于海拔较高的山地，主要分布在大娄山脉海拔1400m以上的地段。成土母质十分广泛，黏土矿物以2∶1型为主，具有弱的脱硅富铝化过程和较强的黏化作用，黏粒硅铝率为1.6—2.5。该土壤具A-B-C剖面构型，表层pH为3.6—5.9。

粗骨土占本县地域面积的8%。粗骨土属于A-C型，甚至（A）-C型土壤。A层发育不明显，与母质土层性状相似，略显有机质积累。有时母质层富含砾石，很少出现剖面分异与发育特征。

水稻土占本县地域面积的3%。水稻土是在长期的季节性淹灌、水下翻耕、季节性脱水、氧化还原交替影响下，原来的成土母质或母土的特性发生重大改变形成的新的土壤类型。由于干湿交替，水稻土形成糊状的淹育层、较坚实板结的犁底层、渗育层、潴育层与潜育层等多种发生层。这些不同发生层是在人为耕作、水浆管理下形成的。

小于本县地域面积3%的土壤类型有紫色土。

本区域中心区气候特征

本区域中心区气候特征值
Regional climate characteristics in central area of the region

气候带：北亚热带湿润气候 Climate region: North subtropical humid climate	
年平均气温 /℃ Annual average temperature /℃	16.1
年平均最高气温 /℃ Annual average maximum temperature /℃	20.3
年平均最低气温 /℃ Annual average minimum temperature /℃	13.2
年降水量 /mm Annual precipitation /mm	1209
≥10℃的积温 /℃ Daily temperature accumulated in a year（≥10℃）/℃	5973
年日照时数 /h Annual sunshine /h	1052
年平均相对湿度 /% Annual average relative humidity /%	80
干燥度 Dryness	0.80

本区域中心区月平均气温与月平均降水量
Monthly temperature and precipitation in central area of the region

道真仡佬族苗族自治县主要土壤类型与土壤剖面点分布图
1:230 000

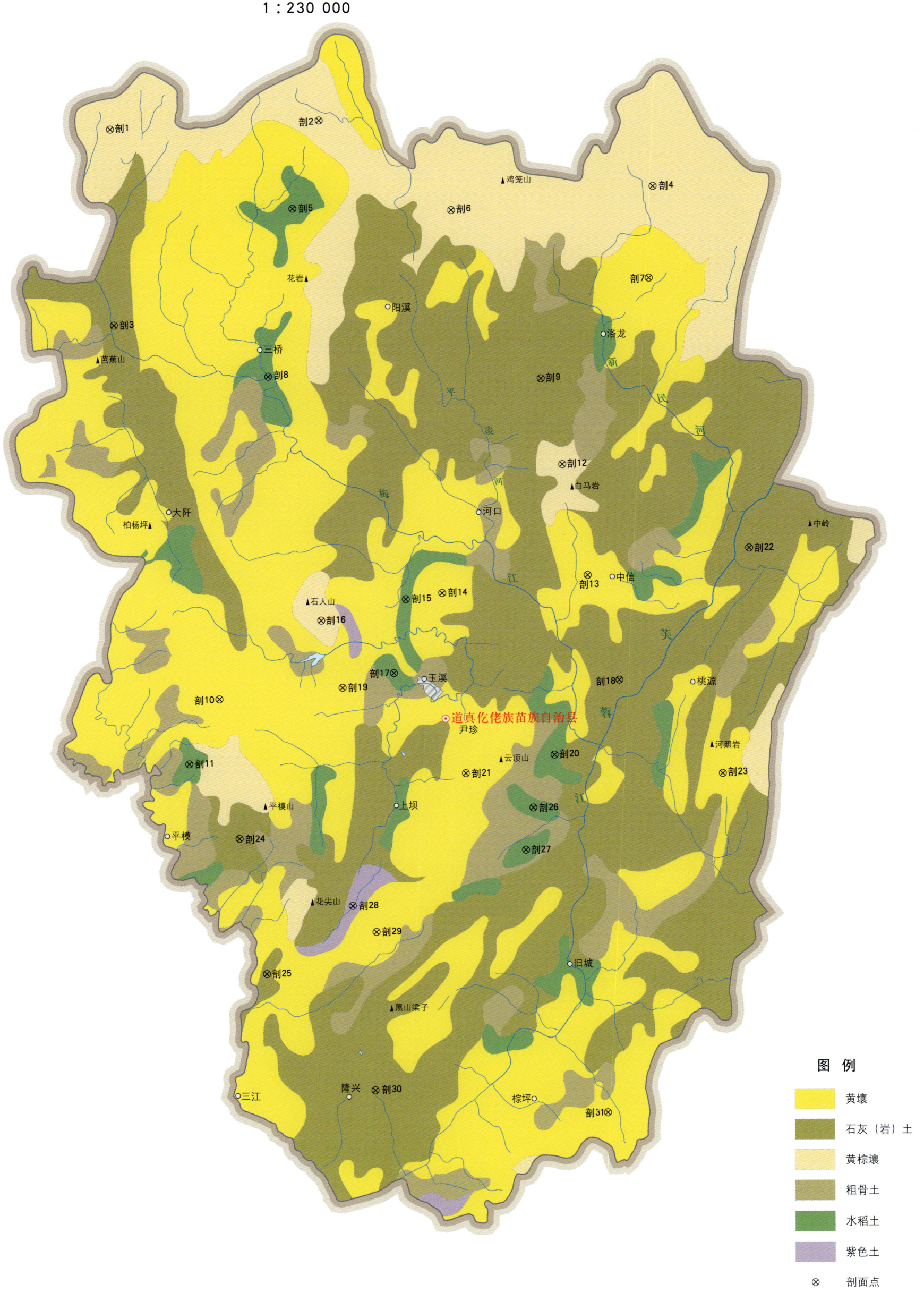

图 例
- 黄壤
- 石灰（岩）土
- 黄棕壤
- 粗骨土
- 水稻土
- 紫色土
- ⊗ 剖面点

道真仡佬族苗族自治县土壤剖面理化性状表

剖面号 Soil profile	土纲 Soil order	土类 Soil great group	亚类 Soil subgroup	土属 Soil genus	土种 Soil species	土层码 Layer code	土层厚度 Depth/cm	颜色 Soil color	质地 Soil texture	土壤结构 Soil structure	pH	有机质 OM/(g/kg)	全氮 TN/(g/kg)	全磷 TP/(g/kg)	全钾 TK/(g/kg)	有效磷 AP/(mg/kg)	速效钾 AK/(mg/kg)	阳离子交换量CEC/(cmol/kg)	土壤母质 Parent material	剖面点坐标 Profile coordinate	匹配指数 Matching index/%
剖1	淋溶土	黄棕壤	暗黄棕壤	灰泡砂土	灰泡砂土	A	0—13	暗棕色	黏壤土	粒状	5.0	101.1	3.89	0.41	9.0	7.0	167	21.4	砂岩风化坡积物	E 107°25′06.0″ N 29°10′26.2″	83
						B₁	13—45	黄棕色	黏壤土	小块状	5.2	36.4	1.45	0.24		1.0	92	13.4			
						B₂	45—78	黄色	壤质黏土	块状	5.3	14.9	1.11	0.21		1.0	51	9.5			
剖2	淋溶土	黄棕壤	山地黄棕壤	黄灰泡土	黄灰泡土	1	0—15	暗灰色	中砾质重壤土	片状	5.4	33.1	2.29	0.45	9.9	3.0	168	14.1	页岩风化坡积物	E 107°32′29.2″ N 29°10′34.7″	89
						2	15—26	暗灰色	中砾质重壤土	片状	5.3	25.9	1.82	0.44		2.0	77	14.0			
						3	26—60	暗灰色	少砾质轻黏土	块状	5.0	18.7	1.62	0.34		1.0	58	14.2			
剖3	初育土	石灰(岩)土	黑色石灰土	大土泥石灰土	大土泥石灰土	1	0—17	浅黄棕色	中壤土	团粒状	7.5	20.6	1.33	0.80	20.3	76.5	354	9.8	石灰岩风化坡积物	E 107°25′04.7″ N 29°04′24.4″	99
						2	17—24	浅黄棕色	中壤土	块状	7.8	16.5	1.08	0.70		66.0	227				
						3	24—47	浅黄棕色	中壤土	块状	7.6	13.9	0.94	0.73		57.0	263				
						4	47—80	黄色	中壤土	块状	7.5	9.1	0.68	0.46		30.0	202	6.9			
剖4	淋溶土	黄棕壤	暗黄棕壤	灰泡泥土	灰泡泥	A	0—7	暗黄棕色	壤质黏土	粒状	4.8	61.3	3.13	0.27	19.7	4.0	186	20.5	页岩坡积物、残积物	E 107°44′13.9″ N 29°08′19.7″	80
						B	7—30	黄灰色	壤质黏土	块状	4.9	33.2	2.01	0.32	19.6	2.0	88	17.1			
						C	30—57	棕色	中壤土	拟块状	4.9	33.2	2.22	0.36	19.9	1.0	90	18.7			
剖5	人为土	水稻土	渗育水稻土	黄泥田	黄砂泥田	Aa	0—19	黄灰色	黏壤土	粒状	6.3	30.5	1.85	0.40	14.0	12.0	57		由砂页岩发育的黄砂泥土	E 107°31′29.1″ N 29°07′52.9″	93
						Ap	19—39	灰黄色	黏壤土	块状	6.5	27.8	1.54	0.41	13.6	8.0	62				
						P	39—42	灰黄色	少砂质黏壤土	棱块状	6.5	21.8	1.35	0.32	8.5	8.0	57				
						C	42—77	黄色	少砾质黏壤土	大块状	6.5	4.9	0.25	0.38	8.4	3.0	26				
剖6	淋溶土	黄棕壤	暗黄棕壤	大灰泡土	大灰泡泥	A	0—14	灰棕色	砂质黏壤土	粒状	5.9	42.2	2.69	0.45	18.4	6.0	357	19.6	石灰岩风化物	E 107°37′05.3″ N 29°07′43.8″	89
						B₁	14—22	暗黄棕色	壤质黏土	块状	6.0	30.5	2.11	0.42		4.0	228	18.7			
						B₂	22—35	黄棕色	壤质黏土	块状	6.3	24.6	1.08	0.40		2.0	144	15.9			
						C	35—75	黄色	壤质黏土	拟块状	6.5	24.6	1.69	0.38		2.0	120	17.1			
剖7	铁铝土	黄壤	粗骨性黄壤	砾质黄泥土	豆瓣黄泥田	1	0—18	灰黄色	重壤土	屑状	5.4	20.7	1.16	0.51	20.2	10.0	255		页岩风化残积物	E 107°44′00.6″ N 29°05′30.1″	99
						2	18—29	黄黄色	重壤土	片状	5.2	19.9	1.14	0.51		8.0	230	10.9			
						3	29—41	灰黄色	重壤土	柱状	5.3	16.8	0.87	0.48		3.0	91	9.4			
						4	41—77	黄黄色	重壤土	块状	5.4	8.0	0.54	0.28		3.0	64				
剖8	人为土	水稻土	渗育水稻土	白胶泥田	轻白胶泥田	1	0—18	暗黄色	重壤土	粒状	5.3	21.9	1.54	0.56	25.9	14.0	102	11.2	页岩风化坡积物	E 107°30′29.5″ N 29°02′43.4″	90
						2	18—24	灰色	重壤土	块状	7.5	15.4	1.16	0.34		8.0	72	10.2			
						3	24—75	黄色	重壤土	块状	7.4	9.4	0.36	0.26		4.0	58	10.0			
剖9	初育土	石灰(岩)土	黄色石灰土	淋溶石灰土	中层淋溶石灰土	1	0—18	灰黄色	轻壤土	块状	6.8	48.1	2.26	0.50	14.0	1.5	79	24.1	石灰岩风化坡积物	E 107°40′06.4″ N 29°02′28.8″	71
						2	18—35	黄色	轻壤土	核状	7.0	28.0	1.72	0.52	17.8	1.0	70	25.6			
						3	35—55	黄色	轻壤土	核状	7.3	14.4	1.16	0.32	19.4	1.0	65	22.3			
剖10	铁铝土	黄壤	黄壤	黄胶泥土	黄胶泥土	1	0—19	浅黄色	重壤土	柱状	6.5	23.0	1.55	0.42	21.0	3.0	211	20.4	泥灰岩	E 107°28′30.0″ N 28°52′49.1″	84
						2	19—28	浅黄色	重壤土	块状	6.5	22.7	1.54	0.48		3.0	199	20.1			
						3	28—66	灰黄色	重壤土	块状	6.8	7.0	0.44	0.20		4.0	103	16.5			
剖11	人为土	水稻土	淹育水稻土	大土泥田	胶大土泥田	1	0—18	灰黄色	黏土	块状	8.0	25.6	2.13	0.57	22.0	13.0	215	11.3	由泥岩风化物发育的胶大泥土	E 107°27′22.7″ N 28°50′50.3″	100
						2	18—29	黄色	黏土	块状	8.0	20.8	1.96	0.57	22.5	10.0	215	10.2			
						C	29—62	黑色	黏土	大块状	8.2	8.1	0.47	0.25	18.3	2.0	144	9.9			
剖12	淋溶土	黄棕壤	山地黄棕壤	硅铁质黄棕壤	中层硅铁质黄棕壤	1	0—1	灰褐色	中质质重壤土	块状	4.8	61.7	3.13	0.77	19.7	4.0	186		页岩风化坡积物	E 107°40′47.8″ N 28°59′49.4″	97
						2	1—7	灰黄色	中质质轻黏土	块状	4.9	33.2	2.01	0.32	19.6	2.0	88				
						3	7—30	灰黄色	少砾质轻黏土	块状	4.9	33.2	2.22	0.36	19.9	1.0	90				

续表 Continued

剖面号 Soil profile	土纲 Soil order	土类 Soil great group	亚类 Soil subgroup	土属 Soil genus	土种 Soil species	土层码 Layer code	土层厚度 Depth/cm	颜色 Soil color	质地 Soil texture	土壤结构 Soil structure	pH	有机质 OM/(g/kg)	全氮 TN/(g/kg)	全磷 TP/(g/kg)	全钾 TK/(g/kg)	有效磷 AP/(mg/kg)	速效钾 AK/(mg/kg)	阳离子交换量CEC/(cmol/kg)	土壤母质 Parent material	剖面点坐标 Profile coordinate	匹配指数 Matching index/%
剖13	铁铝土	黄壤	黄壤	黄砂泥土	黄砂泥土	1	0—18	黄灰色	中壤土	粒状	6.4	19.8	1.32	0.22	6.6	2.0	41	3.9	砂岩风化物	E 107° 41′ 35.0″ N 28° 56′ 23.2″	79
						2	18—24	黄灰色	中壤土	片状	6.3	15.2	0.94	0.23	6.7	2.0	24	2.7			
						3	24—30	灰黄色	中壤土	块状	6.0	12.0	0.81	0.26	6.6	1.0	40	3.9			
						4	30—60	黄黄色	中壤土	柱状	6.1	7.3	0.53	0.17	6.6	1.0	28	3.2			
剖14	铁铝土	黄壤	黄壤	硅铁质黄壤		1	0—20	灰黄色	轻黏土	块状	5.1	30.1	0.81	0.27	9.3	1.0	186	13.0	页岩风化物	E 107° 36′ 26.6″ N 28° 55′ 56.2″	95
						2	20—40	黄色	轻黏土	块状	4.9	16.4	0.78	0.24	14.8	微量	107	12.8			
剖15	人为土	水稻土	淹育水稻土	潮泥田	黄潮泥田	1	0—20	灰黄色	重壤土	团粒状	7.9	31.3	1.53	0.36	17.1	9.0	67		冲积物	E 107° 35′ 09.3″ N 28° 55′ 46.2″	72
						2	20—29	暗灰色	重壤土	片状	7.9	30.1	1.51	0.37		9.0	52	19.6			
						3	29—48	黄灰色	重壤土	粒状	8.0	28.5	1.27	0.39		9.0	61	18.7			
						4	48—75	黄灰色	中壤土	柱状	8.0	17.8	0.95	0.49	18.4	6.0	60	15.9			
剖16	淋溶土	黄棕壤	山地黄棕壤	黄灰泡土	灰泡土	1	0—16	暗黄色	少砾质重壤土	屑粒状	5.9	42.2	2.69	0.45		5.5	357	17.1	石灰岩风化坡积物	E 107° 32′ 09.2″ N 28° 55′ 10.9″	95
						2	16—24		轻壤土	块状	6.0	30.5	2.11	0.42		4.0	228	11.2			
						3	24—48	黄色	轻壤土	粒状	6.5	24.6	1.08	0.40		2.0	144	11.9			
						4	48—80	黄色	轻壤土	块状	6.5	24.6	1.75	0.38		2.0	120	10.0			
剖17	人为土	水稻土	潜育水稻土	冷水田	冷扁砂田	1	0—23	暗黄色	轻壤土	糊状	5.2	27.1	1.78	1.85	4.7	2.0	74	18.9	页岩坡积物	E 107° 34′ 40.1″ N 28° 53′ 30.5″	98
						2	23—34	暗灰色	轻壤土	核状	5.5	27.8	1.85	0.23		2.0	70				
						3	34—54	暗灰色	轻壤土	片状	5.5	27.0	1.78	0.25		1.0	61	11.9			
						4	54—80	浅灰黄色	轻壤土	块状	5.6	18.6	1.21	0.11		2.0	50	10.0			
剖18	初育土	石灰（岩）土	黑色石灰土	白云岩黑色石灰土	中层白云岩石灰土	1	0—10	黄灰色	少砾质重黏土	块状	7.5	44.6	2.20	2.20	23.4	2.0	89	25.9	白云岩残积物	E 107° 42′ 36.4″ N 28° 53′ 08.2″	82
						2	10—22	黄灰色	重黏土	块状	8.0	25.6	1.88	0.19	21.6	2.0	157				
						3	22—57	黄灰色	重黏土	块状	8.0	25.0	1.94	0.18	18.8	1.0	140				
剖19	铁铝土	黄壤	黄壤	灰汤泥土	灰汤土	1	0—21	灰黄色	重壤土	粒状	6.7	18.2	1.06	0.31	9.2	3.0	184	8.8	硅质灰岩坡化积物	E 107° 32′ 50.9″ N 28° 53′ 05.5″	91
						2	21—30	灰黄色	重壤土	片状	6.9	17.8	1.07	0.24		2.0	162	9.3			
						3	30—50	浅灰黄色	重壤土	柱状	6.9	11.4	0.77	0.29		1.0	123	8.1			
						4	50—80	深黄色	重壤土	块状	7.0	7.2	0.59	0.27		2.0	121	7.0			
剖20	人为土	水稻土	渗育水稻土	渗育黄砂泥田	黄砂泥田	1	0—19	黄灰色	中壤土	粒状	6.3	30.5	1.85	0.40	14.0	12.0	57	11.6		E 107° 40′ 15.6″ N 28° 50′ 52.1″	96
						Ap	19—29	灰黄色	中壤土	小块状	6.5	27.8	1.54	0.41	13.6	8.0	62				
						P	29—42	灰黄色	少砾质中壤土	棱柱状	6.5	21.8	1.35	0.32	8.5	8.0	57				
						B	42—77	黄色	少砾质中壤土	大块状	6.5	4.9	0.25	0.38	8.4	3.0	26				
剖21	铁铝土	黄壤	黄壤	黄泥土	黄大泥土	1	0—19	暗黄色	轻黏土	柱状	6.8	39.2	2.33	0.48	14.3	3.0	113	16.8	石灰岩残积物	E 107° 37′ 07.1″ N 28° 50′ 21.5″	71
						2	19—29	暗黄色	轻黏土	块状	6.9	15.2	1.31	0.37		2.0	58	14.7			
						3	29—65	浅黄色	轻黏土	粒状	7.0	9.0	1.19	0.33		1.0	74	19.5			
剖22	初育土	石灰（岩）土	黄色石灰土	大泥土	油砂大泥土	A	0—18	暗黄色	粉砂质重黏土	块状	7.0	43.2	2.30	0.40	6.8	1.0	105	22.5	白云岩残积物	E 107° 47′ 17.9″ N 28° 57′ 06.3″	82
						Ap	18—26	暗黄色	粉砂质重黏土	粒状	7.4	22.2	1.40	0.30	6.4	1.0	82	19.4			
						AC	26—80	灰黄色	重黏土	块状	7.6	15.1	1.10	0.30	6.0	微量	56	16.8			
						C	80—														
剖23	铁铝土	黄壤	黄壤	硅质黄壤	厚层硅质黄壤	1	0—18	黄灰色	重黏土	屑粒状	5.0	20.3	1.32	0.19	9.2	1.0	35	4.7	砂岩风化坡积物	E 107° 46′ 09.8″ N 28° 50′ 10.0″	73
						2	18—45	灰黄色	重黏土	块状	4.9	26.0	1.69	0.20		微量	44	5.4			
						3	45—75	黄色	重黏土	块状	4.9	22.6	1.69	0.16		微量	32	6.6			
剖24	初育土	石灰（岩）土	黑色石灰土	大土泥石灰土	大眼泥土	1	0—19	黄灰色	轻黏土	团粒状	6.9	28.3	1.66	0.94	21.2	7.2	155	19.7	石灰岩风化残积物	E 107° 29′ 04.9″ N 28° 48′ 29.9″	75
						2	19—31	黄灰色	轻黏土	片状	7.0	19.5	1.34	0.56		7.0	89	16.7			
						3	31—60	灰黄色	轻黏土	块状	7.1	23.8	1.45	0.62		7.0	105	18.8			
						4	60—80	灰黄色	轻黏土	核状	7.2	21.8	1.55	0.54		5.0	96	16.6			
剖25	初育土	石灰（岩）土	黑色石灰土	大土泥石灰土	岩泥石灰土	1	0—16	浅黄色	轻黏土	块状									石灰岩风化坡积物	E 107° 29′ 56.2″ N 28° 44′ 19.2″	98
						2	16—26	黄色	轻黏土	块状											
						3	26—60			大块状											

续表 Continued

剖面号 Soil profile	土纲 Soil order	亚类 Soil subgroup	土属 Soil genus	土种 Soil species	土层码 Layer code	土层厚度 Depth/cm	颜色 Soil color	质地 Soil texture	土壤结构 Soil structure	pH	有机质 OM/(g/kg)	全氮 TN/(g/kg)	全磷 TP/(g/kg)	全钾 TK/(g/kg)	有效磷 AP/(mg/kg)	速效钾 AK/(mg/kg)	阳离子交换量CEC/(cmol/kg)	土壤母质 Parent material	剖面点坐标 Profile coordinate	匹配指数 Matching index/%
剖26	人为土	淹育水稻土	大土泥田	大土泥田	1	0—18	黄灰色	重壤土	粒状	5.7	25.0	1.36	0.56	11.8	12.0	65	6.2	石灰岩风化物	E 107°39′27.4″ N 28°49′15.2″	84
					2	18—27	黄灰色	重壤土	片状	6.2	22.3	1.27	0.40	11.7	12.0	52	7.6			
					3	27—38	黄灰色	重壤土	柱状	6.8	15.7	0.99	0.38	1.8	5.0	56	7.4			
					4	38—76	黄灰色	重壤土	块状	7.7	9.3	0.53	0.36	1.6	5.0	50				
					5	76—	浅黄色	中黏土	粒状											
剖27	人为土	淹育水稻土	黄泥田	扁砂泥田	1	0—20	灰色	中黏土	粒状	6.4	32.8	2.01	0.33	24.4	16.5	114	8.3	页岩	E 107°39′09.7″ N 28°47′57.1″	72
					2	20—30	灰色	中黏土	片状	5.8	31.7	1.85	0.35		12.0	92	8.9			
					3	30—46	暗紫色	轻黏土	柱状	6.4	25.1	1.52	0.31		6.0	72	7.3			
					4	46—80	暗紫色	中黏土	块状	7.1	13.8	0.86	0.35		3.0	61	6.3			
剖28	初育土	中性紫色土	中性紫色泥土	中性紫油泥土	1	0—20	暗紫色	重壤土	块状	7.5	15.7	0.95	0.50	28.9	4.0	97	15.1	页岩风化坡积物	E 107°33′00.7″ N 28°46′20.6″	99
					2	20—31	暗紫色	重壤土	块状	7.3	12.0	0.77	0.35		3.0	85	14.7			
					3	31—66	浅紫色	轻黏土	块状	7.3	12.1	0.77	0.24		2.0	94	17.6			
剖29	铁铝土	粗骨性黄壤	砾石黄砂泥土	砾石黄砂泥土	1	0—16	灰黄色	多砾质中壤土	粒状	6.1	13.4	0.86	0.23	15.2	2.0	79	8.8	砂岩风化坡积物	E 107°33′49.5″ N 28°45′31.1″	98
					2	16—27	浅黄色	中砾质中壤土	块状	6.1	12.0	0.77	0.21		2.0	77	8.3			
					3	27—46	黄色	中砾质中壤土	块状	6.3	12.1	0.78	0.20		1.0	72	8.8			
					4	46—71	黄黄色	中砾质重壤土	块状	5.8	6.6	0.46	0.15		2.0	72	11.7			
剖30	初育土	黄色石灰土	扁砂泥石灰土	扁砂泥土	1	0—11	黄灰色	轻黏土	屑状	7.1	16.5	1.31	0.30	22.1	4.0	87	13.6	页岩风化残积物	E 107°33′38.7″ N 28°40′41.7″	75
					2	11—21	黄黄色	轻黏土	块状	7.4	12.8	1.15	0.23	20.9	2.0	63	11.7			
					3	21—38	灰黄色	轻黏土	块状	7.4	12.5	1.06	0.19	21.7	2.0	62	12.8			
					4	38—68	灰黄色	轻黏土	块状	7.2	1.5	1.00	2.20	14.0	1.0	53	11.9			
剖31	铁铝土	粗骨性黄壤	砾质黄泥土	扁砂泥土	1	0—15	暗灰色	轻砾质中壤土	粒状	6.7	18.4	1.17	0.33	17.2	4.0	93	11.4	页岩风化残积物	E 107°41′48.3″ N 28°39′50.1″	74
					2	15—29	浅灰色	多砾质中壤土	片状	6.9	12.6	0.89	0.33		2.0	58	10.1			
					3	29—48	浅灰色	多砾质中壤土	粒状	6.7	13.2	0.97	0.37		2.0	62	11.5			
					4	48—79	黄灰色	多砾质中壤土	块状	6.4	11.1	0.91	0.38		2.0	63	10.1			

务川仡佬族苗族自治县

主要土类说明

石灰（岩）土是务川仡佬族苗族自治县主要土壤类型，占本县地域面积的 58%。石灰（岩）土为岩成土，主要发育于碳酸岩类出露区域。石灰（岩）土具有碳酸盐强烈淋失，硅、铁、铝相对聚集等特点，土层浅薄，多具 A-R 剖面构型。

黄壤是务川仡佬族苗族自治县第二大土壤类型，占本县地域面积的 32%。黄壤发育于温暖湿润的亚热带气候条件下，集中分布在低中山和低山丘陵，含有较多水合氧化铁，土体多呈黄色，典型黄壤具 A-AB-B-C 剖面构型。自然植被主要为常绿阔叶林。成土母质极其广泛，黏土矿物以蛭石为主，具有较强的脱硅富铝化过程，黏粒硅铝率约为 2.5。全剖面呈酸性，pH 为 4.0—5.5，部分土壤受母岩和耕种影响，pH 为 5.0—6.5。在森林植被下自然土壤有机质含量可达 151g/kg，在次生灌丛植被下为 50—80g/kg，在荒山草坡仅为 30g/kg，碳氮比为 13—16；人为耕垦熟化旱作的土壤有机质分解加速，含量仅为 20—24g/kg，碳氮比约为 10。

水稻土是务川仡佬族苗族自治县第三大土壤类型，占本县地域面积的 5%，主要分布在海拔 1200m 以下的低山丘陵、坝地、槽谷及河流沿岸地区。成土过程具有氧化还原过程，水耕条件下铁锰发生强烈迁移。由于干湿交替，水稻土形成糊状的淹育层、较坚实板结的犁底层、渗育层、潴育层与潜育层等多种发生层。

小于本县地域面积 3% 的土壤类型有黄棕壤、粗骨土和紫色土。

本区域中心区气候特征

本区域中心区气候特征值
Regional climate characteristics in central area of the region

气候带：中亚热带湿润气候 Climate region: Subtropical humid climate	
年平均气温 /℃ Annual average temperature /℃	15.6
年平均最高气温 /℃ Annual average maximum temperature /℃	19.9
年平均最低气温 /℃ Annual average minimum temperature /℃	12.7
年降水量 /mm Annual precipitation /mm	1230
≥ 10℃的积温 /℃ Daily temperature accumulated in a year（≥ 10℃）/℃	5715
年日照时数 /h Annual sunshine /h	1066
年平均相对湿度 /% Annual average relative humidity /%	80
干燥度 Dryness	0.76

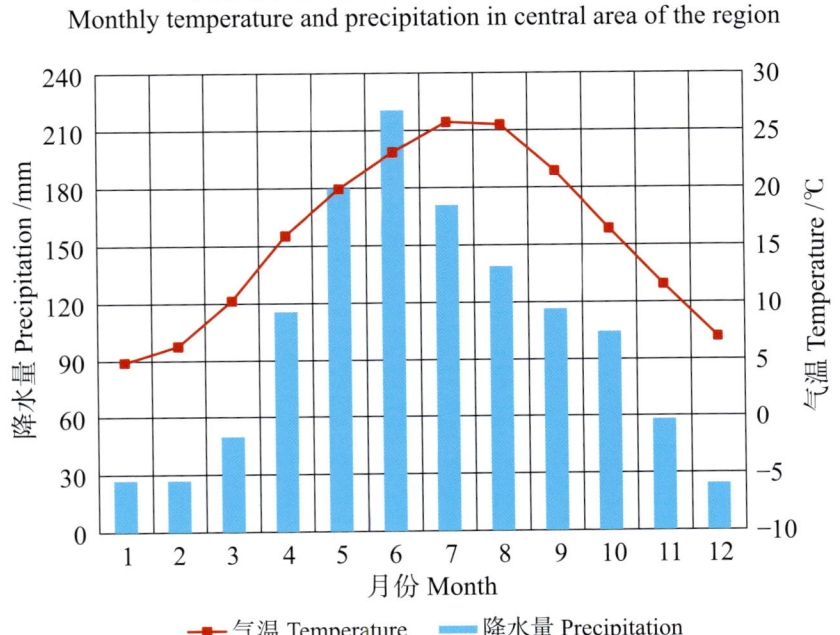

本区域中心区月平均气温与月平均降水量
Monthly temperature and precipitation in central area of the region

务川仡佬族苗族自治县主要土壤类型与土壤剖面点分布图
1：340 000

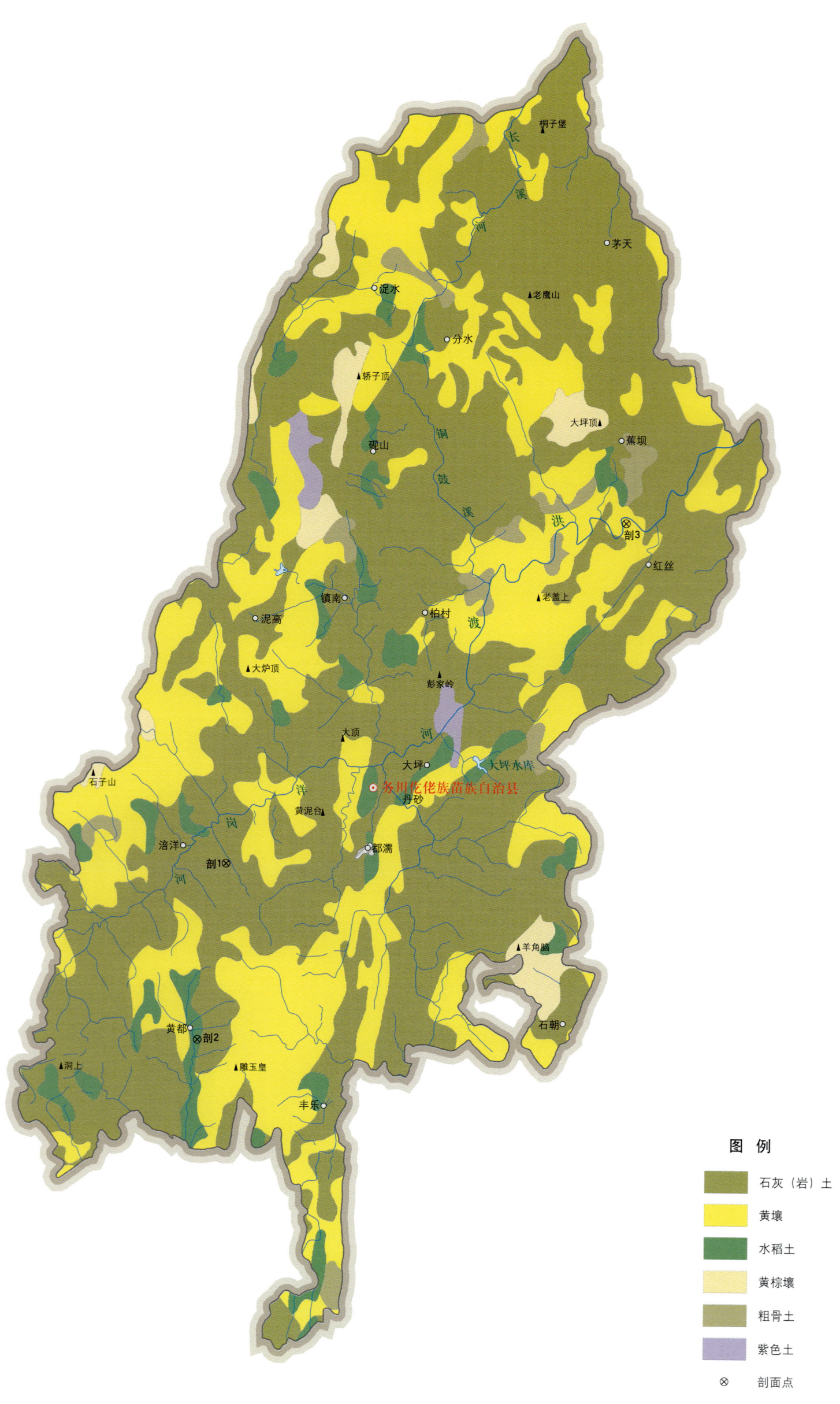

图　例
- 石灰（岩）土
- 黄壤
- 水稻土
- 黄棕壤
- 粗骨土
- 紫色土
- ⊗ 剖面点

务川仡佬族苗族自治县土壤剖面理化性状表

剖面号 Soil profile	土纲 Soil order	土类 Soil great group	亚类 Soil subgroup	土属 Soil genus	土种 Soil species	土层码 Layer code	土层厚度 Depth/cm	颜色 Soil color	质地 Soil texture	土壤结构 Soil structure	pH	有机质 OM/(g/kg)	全氮 TN/(g/kg)	全磷 TP/(g/kg)	全钾 TK/(g/kg)	碱解氮 AN/(mg/kg)	有效磷 AP/(mg/kg)	速效钾 AK/(mg/kg)	阳离子交换量CEC/(cmol/kg)	土壤母质 Parent material	剖面点坐标 Profile coordinate	匹配指数 Matching index/%
剖1	初育土	石灰（岩）土	黑色石灰土	石灰岩黑色石灰土	岩泥土	Aa	0—20	灰黑色	重壤土	粒状	7.3	45.3	2.04	0.47	22.3	149	9.0	116	20.5		E 107°46′25.8″ N 28°31′00.7″	93
						B	20—30	棕灰色	中壤土	梭块状	7.4	9.8	0.57	0.57								
						C	30—38	灰色	重壤土	块状	7.3	6.1	0.57	0.50								
剖2	人为土	水稻土	渗育水稻土	血肝泥田	羊肝泥田	Aa	0—20	暗紫色	粉砂质黏土	小块状	7.0	43.7	2.00	0.32			12.0	110		石灰性紫色土	E 107°44′53.6″ N 28°23′35.1″	93
						Ap	20—30	紫色	粉砂质黏土	块状	7.2	40.8	2.32	0.56			7.0					
						P	30—70	紫色	粉砂质黏土	梭块状	7.1	40.5	2.05	0.55			12.0					
剖3	铁铝土	黄壤	黄壤	硅铁质黄壤	豆面泥土	Aa	0—17	灰棕色	轻黏土	梭块状	5.1	22.3	1.13	0.35	19.9	99	21.0	57	12.0		E 108°05′41.2″ N 28°44′55.4″	86
						AB	17—26	棕黄色	重壤土	块状	5.3	12.3	0.57	0.27			6.0		8.6			
						B	26—35	棕黄色	重壤土	块状	5.5	15.1	0.76	0.18			2.0		8.7			
						C	35—65	黄色	重壤土		8.5	8.6	0.35	0.60			2.0		7.7			

凤 冈 县

主要土类说明

石灰（岩）土是凤冈县主要土壤类型，占本县地域面积的 53%。石灰（岩）土为岩成土，主要发育于碳酸岩类出露区域。石灰（岩）土具有碳酸盐强烈淋失，硅、铁、铝相对聚集等特点，土层浅薄，多具 A-R 剖面构型。

黄壤是凤冈县第二大土壤类型，占本县地域面积的 23%。黄壤发育于温暖湿润的亚热带气候条件下，集中分布在低中山和低山丘陵，含有较多水合氧化铁，土体多呈黄色，典型黄壤具 A-AB-B-C 剖面构型。自然植被主要为常绿阔叶林。成土母质极其广泛，黏土矿物以蛭石为主，具有较强的脱硅富铝化过程，黏粒硅铝率约为 2.5。全剖面呈酸性，pH 为 4.0—5.5，部分土壤受母岩和耕种影响，pH 为 5.0—6.5。在森林植被下自然土壤有机质含量可达 151g/kg，在次生灌丛植被下为 50—80g/kg，在荒山草坡仅为 30g/kg，碳氮比为 13—16；人为耕垦熟化旱作的土壤有机质分解加速，含量仅为 20—24g/kg，碳氮比约为 10。

水稻土是凤冈县第三大土壤类型，占本县地域面积的 21%，主要分布在海拔 1200m 以下的低山丘陵、坝地、槽谷及河流沿岸地区。成土过程具有氧化还原过程，水耕条件下铁锰发生强烈迁移。由于干湿交替，水稻土形成糊状的淹育层、较坚实板结的犁底层、渗育层、潴育层与潜育层等多种发生层。

小于本县地域面积 3% 的土壤类型有粗骨土、紫色土和红壤。

本区域中心区气候特征

本区域中心区气候特征值
Regional climate characteristics in central area of the region

气候带：中亚热带湿润气候 Climate region: Subtropical humid climate	
年平均气温 /℃ Annual average temperature /℃	15.7
年平均最高气温 /℃ Annual average maximum temperature /℃	20.0
年平均最低气温 /℃ Annual average minimum temperature /℃	12.6
年降水量 /mm Annual precipitation /mm	1179
≥ 10℃ 的积温 /℃ Daily temperature accumulated in a year (≥ 10℃) /℃	5682
年日照时数 /h Annual sunshine /h	1122
年平均相对湿度 /% Annual average relative humidity /%	80
干燥度 Dryness	0.78

本区域中心区月平均气温与月平均降水量
Monthly temperature and precipitation in central area of the region

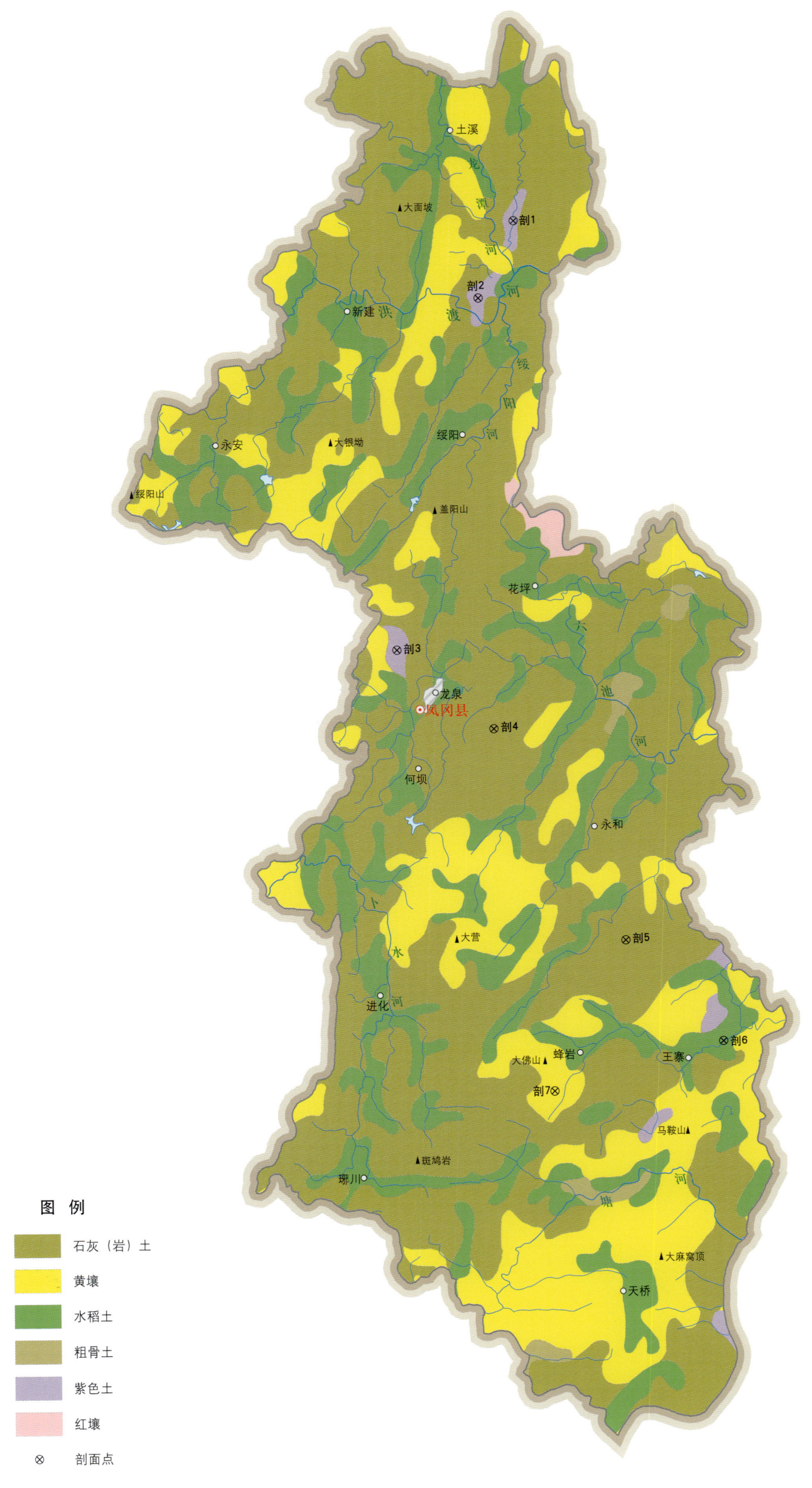

凤冈县土壤剖面理化性状表

剖面号 Soil profile	土纲 Soil order	土类 Soil great group	亚类 Soil subgroup	土属 Soil genus	土种 Soil species	土层码 Layer code	土层厚度 Depth/cm	颜色 Soil color	质地 Soil texture	土壤结构 Soil structure	pH	有机质 OM/(g/kg)	全氮 TN/(g/kg)	全磷 TP/(g/kg)	全钾 TK/(g/kg)	碱解氮 AN/(mg/kg)	有效磷 AP/(mg/kg)	速效钾 AK/(mg/kg)	阳离子交换量CEC/(cmol/kg)	土壤母质 Parent material	剖面点坐标 Profile coordinate	匹配指数 Matching index/%
剖1	初育土	紫色土	中性紫色土	紫泥土	紫泥土	A	0—18	棕紫色	壤质黏土	粒状	6.5	20.5	1.50	0.67	24.6		5.0	136	17.2	页岩风化物	E 107°46′54.8″ N 28°14′20.4″	97
						C₁	18—30	棕紫色	壤质黏土	拟块状	6.5	13.6	1.20	0.60	23.8			97	18.3			
						C₂	30—60	棕紫色	壤质黏土		6.5	10.5	0.90	0.54	21.7			64	15.5			
剖2	初育土	紫色土	中性紫色土	紫泥土	紫胶泥土	A	0—20	紫色	黏土	小块状	6.5	18.7	1.50	0.75	18.4		4.0	143	18.0	泥岩风化物	E 107°45′26.5″ N 28°11′41.9″	79
						AC	20—35	红色	黏土	块状	6.6	12.8	1.30	0.50	18.0		4.0	106	15.5			
						C₁	35—45	紫红色	黏土	大块状	7.2	4.3	0.50	0.40	13.5		4.0	69	13.2			
						C₂	45—50	紫红色	黏土	无明显结构	7.1	5.4	0.80	0.30	14.9		5.0	69	11.5			
剖3	初育土	紫色土	中性紫色土	中性紫色泥土	中性紫胶泥土	Aa	0—20	浅紫色	轻黏土	块状	6.5	18.7	1.50	0.75	18.4	134	4.0	143	18.0		E 107°41′51.0″ N 27°59′37.7″	89
						AB	20—30	浅紫色	中黏土	块状	6.6	12.8	1.30	0.50	19.0		4.0	106	15.5			
						B	30—45	紫色	轻黏土	大块状	7.6	4.3	0.50	0.40	13.5		4.0	69	13.2			
						C	45—60	紫色	中黏土	大块状	7.1	5.4	0.80	0.30	14.9		5.0	69	11.5			
剖4	初育土	石灰(岩)土	黄色石灰土	黄色石灰土	厚层黄色石灰土	A	0—20	灰黄色	重黏土	块状	7.0	31.9	1.98	0.28	22.5		6.0	92	20.1		E 107°45′33.5″ N 27°56′48.8″	95
						B	20—50	黄黄色	中黏土	块状	7.4	10.1	0.94	0.20	30.2		微量	45				
						C	60—90	黄色	轻黏土	块状	7.4	10.1	1.06	0.22	31.9		微量	76				
剖5	初育土	石灰(岩)土	黄色石灰土	淋溶黄色石灰土	厚层淋溶黄色石灰土	A	0—25	灰黄色	轻黏土	小块状	6.0	59.1	3.80	0.78	11.7	258	5.0	170	21.4		E 107°50′26.7″ N 27°49′22.1″	91
						B	25—50	黄色	中黏土	块状	6.5	40.0	2.50	0.75	18.5		3.0	104	22.8			
						BC	50—60	黄色	轻黏土	块状	7.4	11.7	0.70	0.35	15.9		1.0	104	11.8			
						C	60—85	黄色	重黏土	块状	7.5	8.9	0.50	0.45	15.1		2.0	84	15.1			
剖6	人为土	水稻土	渗育水稻土	渗育血泥田	血泥田	A	0—20	暗棕红色	中壤土	粒状	5.7	26.3	1.50	0.30	17.1	195	5.0	91	19.1		E 107°54′08.6″ N 27°45′46.1″	88
						Ap	20—32	暗棕红色	中壤土	小块状	5.6	17.8	1.30	0.20	20.6		2.0	79	18.1			
						P	32—55	浅棕红色	中壤土	棱柱状	5.6	18.0	1.00	0.20	15.8		2.0	98	19.2			
						B	55—80	浅棕红色	中壤土	大块状	5.3	13.8	0.60	0.20	13.4		2.0	110	17.6			
剖7	铁铝土	黄壤	黄壤	铁铝质黄壤	大眼黄泥土	Aa	0—21	灰黄色	轻黏土	小块状	6.5	14.9	1.20	0.35	18.8	153	4.0	165	9.4		E 107°47′29.3″ N 27°44′12.7″	95
						AB	21—30	黄色	轻黏土	块状	5.5	8.0	1.00	0.30	20.8		1.0	103	9.2			
						BC	30—40	黄色	轻黏土	大块状	5.4	5.4	0.80	0.10	21.5		1.0	95	10.8			

湄 潭 县

主要土类说明

石灰（岩）土是湄潭县主要土壤类型，占本县地域面积的 46%。石灰（岩）土为岩成土，主要发育于碳酸岩类出露区域。石灰（岩）土具有碳酸盐强烈淋失，硅、铁、铝相对聚集等特点，土层浅薄，多具 A-R 剖面构型。

黄壤是湄潭县第二大土壤类型，占本县地域面积的 40%。黄壤发育于温暖湿润的亚热带气候条件下，集中分布在低中山和低山丘陵，含有较多水合氧化铁，土体多呈黄色，典型黄壤具 A-AB-B-C 剖面构型。自然植被主要为常绿阔叶林。成土母质极其广泛，黏土矿物以蛭石为主，具有较强的脱硅富铝化过程，黏粒硅铝率约为 2.5。全剖面呈酸性，pH 为 4.0—5.5，部分土壤受母岩和耕种影响，pH 为 5.0—6.5。在森林植被下自然土壤有机质含量可达 151g/kg，在次生灌丛植被下为 50—80g/kg，在荒山草坡仅为 30g/kg，碳氮比为 13—16；人为耕垦熟化旱作的土壤有机质分解加速，含量仅为 20—24g/kg，碳氮比约为 10。

水稻土是湄潭县第三大土壤类型，占本县地域面积的 13%，主要分布在海拔 1200m 以下的低山丘陵、坝地、槽谷及河流沿岸地区。成土过程具有氧化还原过程，水耕条件下铁锰发生强烈迁移。由于干湿交替，水稻土形成糊状的淹育层、较坚实板结的犁底层、渗育层、潴育层与潜育层等多种发生层。

小于本县地域面积 3% 的土壤类型有紫色土和粗骨土。

本区域中心区气候特征

本区域中心区气候特征值
Regional climate characteristics in central area of the region

气候带：北亚热带湿润气候 Climate region: North subtropical humid climate	
年平均气温 /℃ Annual average temperature /℃	15.6
年平均最高气温 /℃ Annual average maximum temperature /℃	19.9
年平均最低气温 /℃ Annual average minimum temperature /℃	12.6
年降水量 /mm Annual precipitation /mm	1130
≥ 10℃的积温 /℃ Daily temperature accumulated in a year（≥ 10℃）/℃	5680
年日照时数 /h Annual sunshine /h	1085
年平均相对湿度 /% Annual average relative humidity /%	80
干燥度 Dryness	0.81

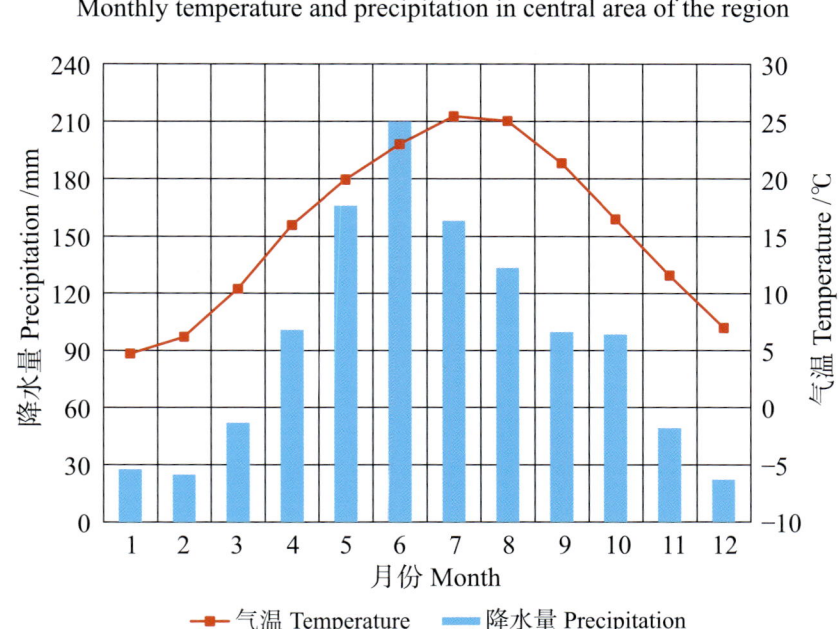

本区域中心区月平均气温与月平均降水量
Monthly temperature and precipitation in central area of the region

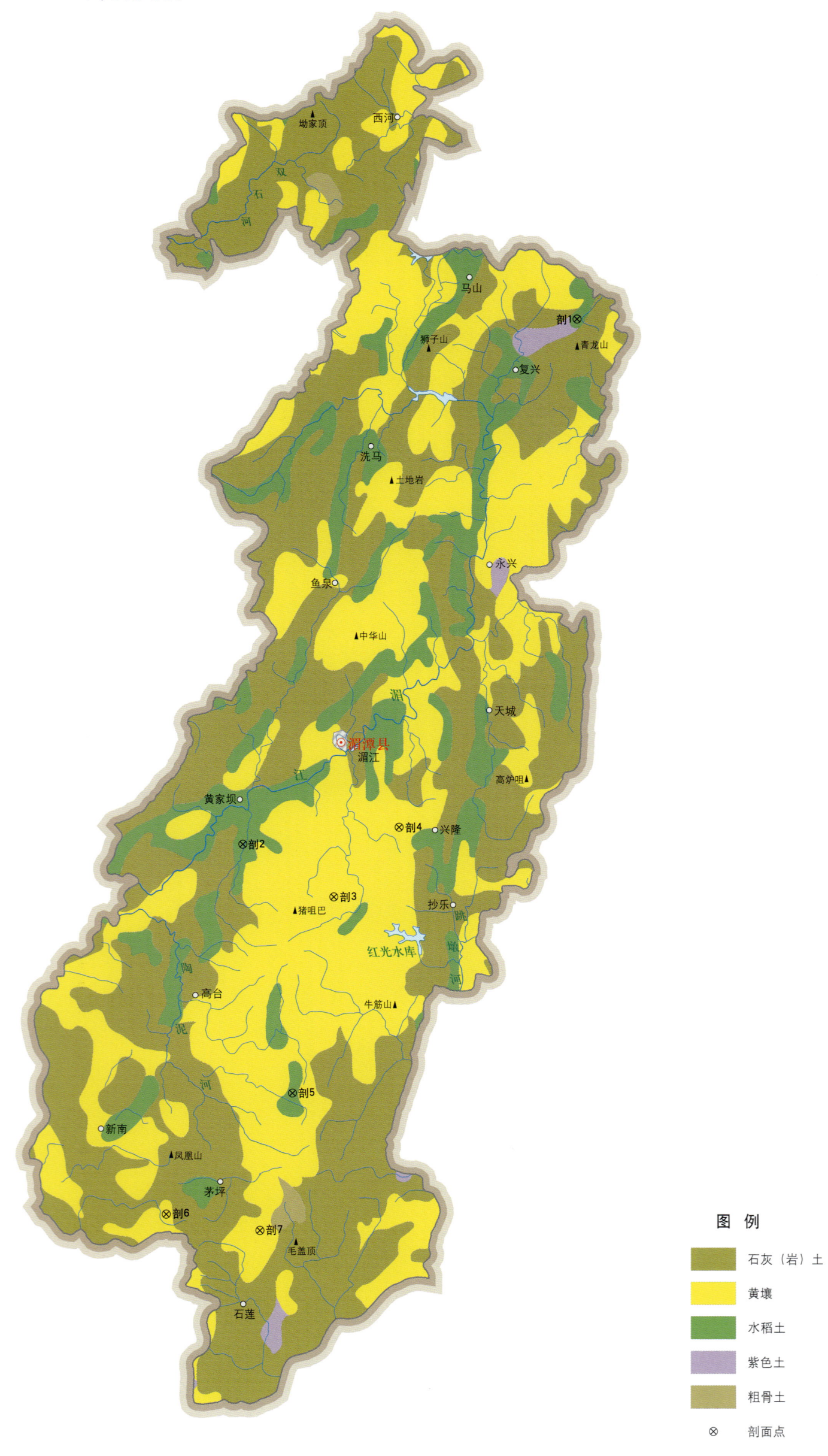

湄潭县土壤剖面理化性状表

剖面号 Soil profile	土纲 Soil order	土类 Soil great group	亚类 Soil subgroup	土属 Soil genus	土种 Soil species	土层码 Layer code	土层厚度 Depth/cm	颜色 Soil color	质地 Soil texture	土壤结构 Soil structure	pH	有机质 OM/(g/kg)	全氮 TN/(g/kg)	全磷 TP/(g/kg)	全钾 TK/(g/kg)	碱解氮 AN/(mg/kg)	有效磷 AP/(mg/kg)	速效钾 AK/(mg/kg)	阳离子交换量CEC/(cmol/kg)	土壤母质 Parent material	剖面点坐标 Profile coordinate	匹配指数 Matching index/%
剖1	人为土	水稻土	渗育水稻土	渗育黏土黄泥田	黄泥田	A	0—20	灰黄色	轻黏土	块状	6.4	43.1	2.00	0.61	21.1	163	5.0	81	14.7		E 107°39′10.8″ N 28°01′31.1″	93
						Ap	20—30	灰黄色	轻黏土	块状	6.5	31.2	1.46	0.34			6.0	115				
						P	30—75	黄色	轻黏土	大块状	6.4	18.6	1.36	0.52			6.0	62				
						C	75—88	黄色	重黏土	大块状	6.7	3.7	0.60	0.27			4.0	111				
剖2	人为土	水稻土	脱潜水稻土	干青潮泥田	干青潮泥田	Aa	0—20	暗黄色	粉砂质黏土		6.3	61.7	2.46	0.45			6.0	51	15.4		E 107°24′47.5″ N 27°42′27.4″	93
						Ap	20—30	暗黄色	粉砂质黏壤土		7.1	53.4	1.89	0.27			17.0	118				
						Gw	30—60	青灰色	粉砂质黏壤土		7.8	52.6	1.66	0.24			2.0	97				
						4	60—															
剖3	铁铝土	黄壤		硅铝质黄壤	黄泡泥土	Aa	0—20	灰黄色	重壤土	粒状	4.2	50.5	2.27	0.45	21.7		9.0	89	14.4		E 107°28′31.4″ N 27°40′26.4″	94
						B	20—45	黄色	重壤土	块状	4.4	19.2	0.90	0.39	21.1		10.0	41				
						C	45—75	黄色	重壤土	块状	4.4	8.1	0.77	0.39			1.0	60				
剖4	铁铝土	黄壤		黄黏泥土	死黄黏泥土	A	0—13	灰黄色	黏土	小块状	5.7	13.5	0.95	0.43	11.4		微量	122	12.2	风化壳	E 107°31′18.8″ N 27°42′57.6″	87
						B₁	13—28	棕黄色	黏土	块状	5.4	9.9	0.85	0.33			微量	72				
						B₂	28—48	黄色	黏土	块状	5.4	6.2	0.68	0.37			微量	61				
						C	48—80	黄棕色	黏土	大块状	5.3	5.0	0.57	0.36			微量	82				
剖5	人为土	水稻土	脱潜水稻土	脱潜青潮泥田	脱潜青潮泥田	A	0—25	暗灰色	中壤土	团粒状	7.5	41.2	2.29	0.39	23.1	141	13.0	150	18.2		E 107°26′39.5″ N 27°33′12.6″	88
						Ap	25—35	黄灰色	重壤土	块状	7.4	40.8	1.86	0.37			10.0	118				
						Gw	35—60	黄灰色	重壤土	棱柱状	7.2	34.2	1.72	0.33			9.0	105				
						G	60—80	青灰色	重壤土	整体状	7.2	33.6	1.46	0.33			7.0	92				
剖6	铁铝土	黄壤性		硅铁质黄壤性土	硅铁质黄壤性土	A	0—6	灰黄色	重壤土	粒状	5.2	27.5	1.50	0.30			1.0	170	13.2		E 107°21′19.4″ N 27°28′51.9″	99
						BC	6—30	浅黄色	重壤土	块状	5.3	18.4	0.75	0.25			1.0	85				
剖7	铁铝土	黄壤		硅铝质黄壤	薄黏中层硅铝质黄壤	A	0—8	暗灰黄色	中壤土	屑粒状	5.3	82.0	3.26	0.43	13.9		10.0	330	20.6		E 107°25′12.3″ N 27°28′12.3″	90
						AB	8—20	浅黄色	重壤土	粒状	5.2	33.4	1.83	0.37			3.0	80				
						B	20—50	蜡黄色	轻黏土	小块状	5.4	10.5	1.13	0.24				74				
						C	50—															

余 庆 县

主要土类说明

黄壤是余庆县主要土壤类型，占本县地域面积的39%。黄壤发育于温暖湿润的亚热带气候条件下，集中分布在低中山和低山丘陵，含有较多水合氧化铁，土体多呈黄色，典型黄壤具 A-AB-B-C 剖面构型。自然植被主要为常绿阔叶林。成土母质极其广泛，黏土矿物以蛭石为主，具有较强的脱硅富铝化过程，黏粒硅铝率约为2.5。全剖面呈酸性，pH 为 4.0—5.5，部分土壤受母岩和耕种影响，pH 为 5.0—6.5。在森林植被下自然土壤有机质含量可达 151g/kg，在次生灌丛植被下为 50—80g/kg，在荒山草坡仅为 30g/kg，碳氮比为 13—16；人为耕垦熟化旱作的土壤有机质分解加速，含量仅为 20—24g/kg，碳氮比约为 10。

石灰（岩）土是余庆县第二大土壤类型，占本县地域面积的31%。石灰（岩）土为岩成土，主要发育于碳酸岩类出露区域。石灰（岩）土具有碳酸盐强烈淋失，硅、铁、铝相对聚集等特点，土层浅薄，多具 A-R 剖面构型。

水稻土是余庆县第三大土壤类型，占本县地域面积的24%，主要分布在海拔 1200m 以下的低山丘陵、坝地、槽谷及河流沿岸地区。成土过程具有氧化还原过程，水耕条件下铁锰发生强烈迁移。由于干湿交替，水稻土形成糊状的淹育层、较坚实板结的犁底层、渗育层、潴育层与潜育层等多种发生层。

紫色土占本县地域面积的5%。紫色土是由热带、亚热带紫红色岩层直接风化形成的 A-C 型土壤。其理化性质与母岩组成直接相关，土层浅薄，剖面层次发育不明显，仍为初育阶段。母岩富含矿质养分，且风化迅速。

小于本县地域面积 3% 的土壤类型有潮土和黄棕壤。

本区域中心区气候特征

本区域中心区气候特征值
Regional climate characteristics in central area of the region

气候带：北亚热带湿润气候 Climate region: North subtropical humid climate	
年平均气温 /℃ Annual average temperature /℃	15.7
年平均最高气温 /℃ Annual average maximum temperature /℃	20.0
年平均最低气温 /℃ Annual average minimum temperature /℃	12.7
年降水量 /mm Annual precipitation /mm	1149
≥10℃的积温 /℃ Daily temperature accumulated in a year (≥10℃) /℃	5662
年日照时数 /h Annual sunshine /h	1121
年平均相对湿度 /% Annual average relative humidity /%	79
干燥度 Dryness	0.80

余庆县主要土壤类型与土壤剖面点分布图
1:270 000

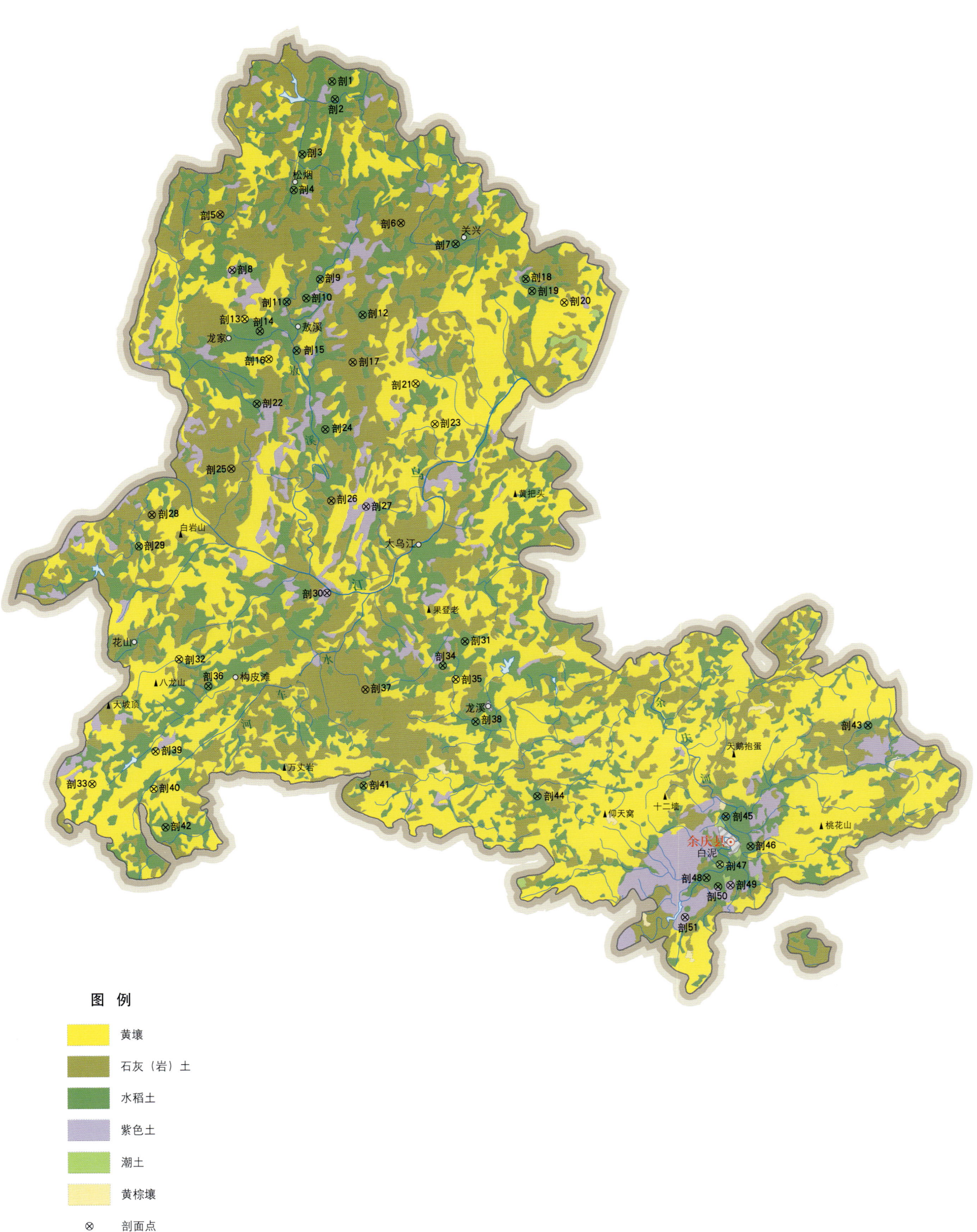

图 例
- 黄壤
- 石灰（岩）土
- 水稻土
- 紫色土
- 潮土
- 黄棕壤
- ⊗ 剖面点

余庆县土壤剖面理化性状表

剖面号 Soil profile	土纲 Soil order	土类 Soil great group	亚类 Soil subgroup	土属 Soil genus	土种 Soil species	土层码 Layer code	土层厚度 Depth/cm	颜色 Soil color	质地 Soil texture	土壤结构 Soil structure	pH	有机质 OM/(g/kg)	全氮 TN/(g/kg)	全磷 TP/(g/kg)	全钾 TK/(g/kg)	碱解氮 AN/(mg/kg)	有效磷 AP/(mg/kg)	速效钾 AK/(mg/kg)	阳离子交换量CEC/(cmol/kg)	土壤母质 Parent material	剖面点坐标 Profile coordinate	匹配指数 Matching index/%
剖1	人为土	水稻土	潜育水稻土	青紫泥田	轻潴青紫泥田	1	0—27	灰紫色	中壤土	块状	7.5									页岩风化物	E 107°38′40.2″ N 27°39′55.4″	81
						2	27—35	青灰色	黏壤土	棱块状	7.8											
						3	35—60	青灰紫色	黏壤土	无明显结构	8.0											
剖2	人为土	水稻土	潴育水稻土	紫油泥田	紫油泥田	A	0—18	灰棕色	轻黏土	小块状	7.3	33.6	2.24	0.43	18.3	163	1.0	99	20.5	页岩风化物	E 107°38′45.8″ N 27°39′18.6″	77
						Ap	18—32	灰黄色	轻黏土	块状	7.4	26.4	2.19	0.34				125	18.4			
						W	32—70	灰黄色	轻黏土	棱柱状	7.0	15.5	1.63	0.25				90	13.5			
剖3	人为土	水稻土	潴育水稻土	大眼黄泥田	大眼黄泥田	1	0—21	黄色	粉砂质壤土	块状	6.4	23.8	1.60	0.94		132	3.3	36	19.0	第四纪黄色黏土	E 107°37′25.5″ N 27°37′26.1″	99
						2	21—37	灰黄色	壤土	块状	7.0	10.8	0.80	0.54		102	0.5	38	16.9			
						3	37—62	黄色	重黏土	棱柱状	7.2	13.3	0.50	0.53		73	0.9	32	14.2			
						4	62—70	黄色	重黏土	大柱状	7.3	8.8	0.50	0.40		59	3.1		11.8			
剖4	人为土	水稻土	淹育水稻土	大土泥田		1	0—16	暗黄色	壤土	小块状	7.7	27.6	1.63	0.93		121	5.3	135	21.9	石灰岩风化物	E 107°37′03.3″ N 27°36′11.9″	98
						2	16—28	黄灰色	重黏土	棱柱状	7.9	16.6	0.87	0.90		111	1.6	100	15.8			
						3	28—42	灰黄色	重黏土	棱柱状	7.4	5.8	0.52	0.63		87	0.8	182	15.1			
						4	42—55	黄色	重黏土	大柱状	7.1	4.6	0.63	0.74		120	0.8	273	14.3			
						5	55—	白色	重黏土	大块状	7.3	28.1	1.72	0.93		134	0.8	252	20.5			
剖5	初育土	石灰（岩）土	黑色石灰土	大土泥土	大土泥土	1	0—18	棕灰色	重壤土	粒状	6.9	19.6	1.49	0.32		118		105	15.3	石灰岩风化物	E 107°34′09.3″ N 27°35′25.2″	74
						2	18—35	黄灰色	轻黏土	小块状	6.8	14.7	0.88	0.77		176		52	17.7			
						3	35—60	黄灰色	黏壤土	块状	6.8	14.4	0.90	0.16		117		52	18.4			
剖6	初育土	石灰（岩）土	黑色石灰土	岩泥土	岩泥土	1	0—17	黄棕色	黏壤土	碎块状	7.9	26.8	1.29	1.16		161	5.0	92	23.5	石灰岩风化物	E 107°41′12.8″ N 27°34′58.4″	70
						2	17—30	灰黄色	黏壤土	小块状	8.0	25.0	1.17	0.71		148	2.7	73	21.7			
						3	30—45	灰黄色	黏壤土	块状	8.0	16.5	0.37	0.81		147		38	15.7			
剖7	人为土	水稻土	潴育水稻土	豆面泥田	豆面泥田	1	0—17	黄褐色	粉砂质壤土	碎块状	6.2	43.1	2.90	1.40		235		305	20.6	粉砂质岩风化物	E 107°43′20.0″ N 27°34′12.6″	74
						2	17—27	黄棕色	壤土	块状	6.5	25.8	2.69	0.48		211		261	18.4			
						3	27—45	黄棕色	壤土	棱块状	6.5	17.4	1.67	0.77		131		174	19.9			
						4	45—65	灰黄色	黏壤土	大块状	7.5	12.7	1.05	0.43		118		160	17.1			
剖8	初育土	紫色土	紫色土	紫色粉砂土		Ao	0—2	褐红色	轻壤土	无明显结构	7.1	37.8	1.71	0.66		110	10.6	54	15.0	页岩风化物	E 107°34′34.3″ N 27°33′29.9″	90
						A	2—7	暗红色	中壤土	小块状	7.6	21.1	0.86	0.55		100		32				
						B	7—21	紫色	重壤土	块状	7.4	5.7	0.32	0.55		60		33				
						C	21—42	浅紫色	黏壤土	柱状	7.3	3.4	0.32	0.52		60		60				
剖9	人为土	水稻土	潴育水稻土	紫泥田		1	0—17	黄棕色	轻壤土	块状	7.2	21.2	1.94	0.67		132	1.6	209	20.0	页岩风化物	E 107°37′59.7″ N 27°33′06.4″	70
						2	17—27	灰棕色	中壤土	块状	7.4	16.4	1.10	0.38		92	0.8	140	14.8			
						3	27—45	灰黄色	壤土	块状	7.4	13.9	1.05	0.61		85	0.8	101	13.5			
						4	45—65	黄棕色	黏壤土	大块状	7.5											
剖10	人为土	水稻土	潴育水稻土	紫油泥田	紫油泥田	1	0—18	灰棕色	中壤土	小块状	7.3	33.6	2.24	0.43		180	0.4	123	23.5	页岩风化物	E 107°37′26.4″ N 27°32′28.0″	88
						2	18—32	灰黄色	中壤土	棱块状	7.4	26.4	2.39	0.34		145	微量	156	18.4			
						3	32—55	紫黄色	中壤土	棱柱状	7.0	16.5	1.63	0.25		84	微量	112	13.5			
						4	55—	紫黄色	中壤土	大块状	7.0											
剖11	人为土	水稻土	淹育水稻土	黄胶泥田		1	0—20	灰黄色	黏壤土	块状	8.3	27.8	1.64	0.87		119	0.2	108	19.6	泥灰岩、泥页岩风化物	E 107°36′40.0″ N 27°32′21.5″	74
						2	20—32	灰黄色	黏壤土	大块状	7.8	16.0	0.97	0.73		74	0.1	80	12.8			
						3	32—50	灰黄色	轻壤土	大块状	8.1	13.8	0.80	0.31		51		115	12.5			
						4	50—68	黄棕色	黏土	整体状	6.8	10.5	0.60	0.28		44		71	10.6			

续表 Continued

剖面号 Soil profile	土纲 Soil order	土类 Soil great group	亚类 Soil subgroup	土属 Soil genus	土种 Soil species	土层码 Layer code	土层厚度 Depth/cm	颜色 Soil color	质地 Soil texture	土壤结构 Soil structure	pH	有机质 OM/(g/kg)	全氮 TN/(g/kg)	全磷 TP/(g/kg)	全钾 TK/(g/kg)	碱解氮 AN/(mg/kg)	有效磷 AP/(mg/kg)	速效钾 AK/(mg/kg)	阳离子交换量 CEC/(cmol/kg)	土壤母质 Parent material	剖面点坐标 Profile coordinate	匹配指数 Matching index/%
剖12	人为土	水稻土	潜育水稻土	鸭屎泥田	重潜鸭屎泥田	1	0—20	暗灰色	重壤土	无明显结构	7.9	30.5	1.40	0.50		89	1.1	102	24.4	石灰岩风化坡积物、洪积物	E 107°39′37.0″ N 27°31′50.6″	76
						2	20—30	青灰色	壤土	无明显结构	7.9	14.7	0.42	0.62		26	2.2	47	20.4			
						3	30—50	蓝灰色	壤土	整体状	7.4	2.2	0.37	0.53		88	2.6	58	20.2			
						4	50—	灰黄色	黏土	无明显结构	7.4											
剖13	铁铝土	黄壤		黄泥土		1	0—18	灰黄色	重壤土	核块状	5.2	20.8	1.50	0.31		118	0.2	105	12.0	第四纪黄色黏土	E 107°35′00.6″ N 27°31′48.0″	94
						2	18—30	黄色	轻黏土	块状	5.1	15.8	1.10	0.42		117		90	12.4			
						3	30—60	黄色	轻黏土	大块状	5.0	7.0	0.60	0.20		60		84	9.3			
剖14	人为土	水稻土	渗育水稻土	灰胶泥田		1	0—18	黄灰色	重壤土	块状	6.4	21.4	1.77	0.80		169		190	17.9	泥灰岩风化物	E 107°35′35.5″ N 27°31′22.1″	98
						2	18—26	灰黄色	黏壤土	大块状	6.3	11.8	1.38	0.79		144	14.0	146	16.8			
						3	26—49	灰白色	黏土	无明显结构	7.3	13.2	0.41	0.30		80	3.0	101	16.6			
						4	49—75	黄黄色	黏土	无明显结构	7.4	11.3	0.89	0.51		88	7.0	174	15.1			
剖15	人为土	水稻土	渗育水稻土	渗育紫泥田	紫泥田	A	0—18	灰紫色	重壤土	块状	7.1	30.5	1.93	1.35	30.6	178	13.0	264	19.5		E 107°37′00.5″ N 27°30′40.3″	86
						Ap	18—30	灰紫色	中黏土	片状	7.1	23.3	1.70	1.13			14.0	96	23.4			
						P	30—50	灰紫色	中黏土	柱状	7.4	10.1	0.63	0.58			3.0	134	18.2			
						B	50—80	棕紫色	轻壤土	块状	7.4	11.6	0.57	0.75			7.0	112	13.1			
剖16	铁铝土	黄壤		铁铝质黄壤		Ao	0—3				5.7									第四纪黄色黏土	E 107°35′54.6″ N 27°30′24.0″	99
						A₁	3—17	浅灰黑色	中壤土	屑粒状	5.1											
						AB	17—36	深灰棕色	中壤土	粒状	5.1											
						B	36—50		轻黏土	小块状	5.0											
						C	50—80		中黏土	无明显结构												
剖17	初育土	石灰(岩)土	黑色石灰土	硅镁质黑色石灰土		Ao	0—2	棕黄色	壤土	团粒状	6.3	75.4	4.84	1.73		320	47.3	374	21.4	石灰岩风化物	E 107°39′11.2″ N 27°30′13.3″	95
						A	2—37	黑灰色	中壤土	团粒状	6.4	23.3	1.87	0.83		180	3.7	59				
						B	37—77	棕灰色	轻黏土	小块状	6.6	15.8	1.30	0.87		130	4.3	56				
						C	77—107	灰棕色	中黏土	块状	6.2	10.1	0.86	0.80		120	0.9	79				
						5	107—			无明显结构	5.9	4.9	0.51	0.60		130	0.9	95				
剖18	人为土	水稻土	淹育水稻土	扁砂泥田		1	0—15	黑灰色	砂壤土	柱状	7.7	21.3	1.32	0.95		101	6.9	105	14.3	页岩风化物	E 107°46′02.2″ N 27°32′55.9″	98
						2	15—32	青灰色	中壤土	块状	7.0	15.3	0.98	0.94		106	7.3	72	7.3			
						3	32—45	棕黄色	中壤土	大块状	7.4	6.3	0.71	0.91		43	4.1	106	8.8			
						4	45—78	灰黄色	砂壤土	大块状	7.6	7.2	0.81	1.10		36	0.8	100	9.8			
剖19	人为土	水稻土	渗育水稻土	白鳞泥田		1	0—20	浅灰色	粉砂质壤土	碎块状	5.7	23.4	1.90	0.45		161	1.5	66	15.4	河流冲积物	E 107°46′16.0″ N 27°32′30.8″	88
						2	20—29	暗灰色	粉砂质黏壤土	块状	5.6	23.4	1.50	0.44			0.9	60	12.7			
						3	29—58	灰白色	粉砂质壤土	梭柱状	6.3	6.7	0.70	0.29			0.8	31	5.1			
						4	58—	黄灰色	粉砂壤土	砂粒状	5.5	5.8	0.40				0.4	38	8.5			
剖20	人为土	水稻土		生豆面泥土	生豆面泥土	1	0—11	棕灰色	黏壤土	碎块状	7.5	32.2	1.33	1.46		188	10.3	203	17.5	页岩风化物	E 107°47′30.9″ N 27°32′05.6″	76
						2	11—21	棕黄色	黏壤土	小块状	7.4	19.7	1.35	1.88		160	12.6	215	11.1			
						3	21—40	棕黄色	黏壤土	块状	7.2	16.5	1.07	1.68		109	14.2	109	10.0			
						4	40—60	灰黄色	黏壤土	块状	7.2	7.2	0.77	1.37		143	9.2	142	10.1			
剖21	铁铝土	黄壤		灰砂泥土	灰砂泥土	1	0—16	黑灰色	砂土	无明显结构	7.5	21.8	1.54	0.67		118	3.0	70	15.1	白云质灰岩风化物	E 107°41′37.3″ N 27°29′25.8″	76
						2	16—23	棕灰色	砂土	棱块状	7.4	15.3	0.98	0.53		114	2.1	49	14.0			
						3	23—60	灰棕色	砂土	大块状	7.8	15.0	0.87	0.36		106	1.3	68	12.3			
剖22	人为土	水稻土	潜育水稻土	青血流泥田	轻潜青血流泥田	1	0—18	灰色	黏土	无明显结构	7.8	20.0				40	6.1	50		砂页岩风化坡积物	E 107°35′24.0″ N 27°28′51.6″	94
						2	18—24	棕灰色	黏土	棱块状	7.5	18.0				45	4.1	46				
						3	24—40	青灰色	黏土	大块状	7.0	10.0				10	1.0	50				
						4	40—65	青灰色	黏土	无明显结构	6.5	5.0				8	1.0	42				

续表 Continued

剖面号 Soil profile	土纲 Soil order	土类 Soil great group	亚类 Soil subgroup	土属 Soil genus	土种 Soil species	土层码 Layer code	土层厚度 Depth/cm	颜色 Soil color	质地 Soil texture	土壤结构 Soil structure	pH	有机质 OM/(g/kg)	全氮 TN/(g/kg)	全磷 TP/(g/kg)	全钾 TK/(g/kg)	碱解氮 AN/(mg/kg)	有效磷 AP/(mg/kg)	速效钾 AK/(mg/kg)	阳离子交换量 CEC/(cmol/kg)	土壤母质 Parent material	剖面点坐标 Profile coordinate	匹配指数 Matching index/%
剖23	铁铝土	黄壤	黄壤	黄泡泥土	黄泡泥土	1	0—17	黄灰色	粉砂质壤土	屑粒状	6.9	16.3	1.13	0.55		91	3.8	41	14.3	砂页岩风化物	E 107°42′19.8″ N 27°28′00.1″	100
						2	17—30	浅黄灰色	砂壤土	小块状	7.2	5.4	0.61	0.24		78	2.5	23	12.4			
						3	30—70	黄色	砂壤土	块状	7.2	6.5	0.36	0.33		70	4.0	162	12.5			
剖24	人为土	水稻土	淹育水稻土	豆面黄泥田		1	0—17	青灰色	壤土	小块状	7.2	48.9	2.93	0.76		223	1.2	162	18.4	页岩风化物	E 107°38′02.7″ N 27°27′54.8″	83
						2	17—26	黄灰色	砂壤土	棱块状	7.2	15.0	0.82	0.99		126	0.8	106	18.3			
						3	26—38	浅黄灰色	壤土	块状	7.4	13.8	0.96	0.77		88	0.8	110	11.1			
						4	38—60	黄灰色	壤土	大块状	6.2	28.1	1.42	0.65		95	1.6	162	12.3			
剖25	初育土	石灰（岩）土	黄色石灰土	砂泥质次生黄色石灰土	次生豆面泥土	Aa	0—20	黄灰色	重壤土	小块状	7.8	18.0	1.31	0.70	33.2	111	5.0	153	14.8		E 107°34′20.0″ N 27°26′37.9″	82
						B	20—50	黄灰色	中壤土	块状	6.8	16.3	1.01	0.90	16.6	108	3.0	161	18.5			
						C	50—65	黄灰色	中壤土	块状	5.8	3.6	0.45	0.17		69	3.0	69				
剖26	初育土	石灰（岩）土	油泥土	大眼泥土	大眼泥土	1	0—18	灰黄色	中壤土	粒状	6.9	19.6	1.49	0.32		118	微量	105	20.3	石灰岩坡积物	E 107°38′12.2″ N 27°25′26.8″	77
						2	18—33	棕泥色	中壤土	小块状	6.8	14.7	0.88	0.27		176	3.0	52	19.7			
						3	33—60	黄色	中壤土	块状	6.8	14.4	0.90	0.16		117		52	18.4			
剖27	初育土	紫色土	大紫泥土	大紫泥土		A	0—10	灰紫色	轻砾质黏壤土	小块状	8.1	15.6	0.67	1.67	36.0	280	6.0	300	19.8	页岩风化物	E 107°39′33.5″ N 27°25′13.1″	78
						C	10—70	紫色	壤质黏土	无明显结构	8.2	8.5	0.22	0.62			1.0	200	11.6			
剖28	初育土	石灰（岩）土	淋溶黄色石灰土	淋溶黄色石灰土	砾大紫泥土	Ao	0—2	褐色											15.3	白云质灰岩风化物	E 107°31′11.3″ N 27°25′06.9″	77
						A	2—13	灰色	壤土	粒状	6.5	41.5	2.78	0.90		200	4.5	32	20.8			
						AB	13—21	灰黄色	轻壤土	核状	6.9	34.2	2.37	0.88		240	0.4	37	19.3			
						B	21—49	浅黄褐色	中壤土	核状	6.5	22.4	1.57	0.79		230	4.1	41	19.3			
						C	49—63	浅黄色		块状	7.0	29.4	1.80	1.09		100	1.6	45	14.7			
						6	63—150				7.5	6.5	0.92	0.47			0.4	41	7.6			
剖29	人为土	水稻土	潜育水稻土	青扁青砂泥田	中潜青扁砂泥田	1	0—14	灰棕黄色	轻壤土	块状	8.1	44.5	2.56	0.91		183	0.2	59	23.5	页岩风化物	E 107°37′56.3″ N 27°22′16.5″	100
						2	14—18	灰灰色	砂壤土	大块状	8.1	45.1	2.74	0.50		211	0.8	63	12.3			
						3	18—30	灰黄褐色	中壤土	棱块状	8.0	35.2	2.43	0.85		211	4.1	76	13.9			
						4	30—70	青灰色	中壤土	整体状	8.0	37.5	2.02	0.65		206	1.6	70	11.9			
剖30	初育土	紫色土	酸性紫色土	酸性紫色粉砂土	大眼泥土	Ao	0—2	灰灰色			4.1	15.1	0.73	0.23		120	0.4	43		粉砂质页岩风化物	E 107°32′06.0″ N 27°20′05.6″	72
						A	2—38	棕灰色	中壤土	核粒状	4.4	11.6	0.56	0.26		100	0.1	52				
						B	38—70	暗褐色	轻壤土	块状	4.3	8.2	0.51	0.29		90		38				
						C	70—87	紫褐色	轻壤土	大块状	4.3	6.9	0.42	0.29		120		47				
						D	87—	紫红色														
剖31	人为土	水稻土	潜育水稻土	大眼泥田	大眼泥田	1	0—17	暗黄色	中壤土	核粒状	7.3	37.5	2.81	0.98		243	0.2	135	23.5	石灰岩风化物	E 107°43′16.4″ N 27°20′28.2″	87
						2	17—25	灰黄色	中壤土	棱块状	7.4	30.1	2.38	1.44		256	0.8	203	12.3			
						3	25—50	灰黄色	重壤土	块状	7.6	15.4	1.62	0.61		250	4.1	193	13.9			
						4	50—	青灰色	重壤土	大块状	7.8	14.4	1.56	0.44		96	0.1	98	11.9			
剖32	铁铝土	黄壤	豆面黄泥土	豆面黄泥土	豆面黄泥土	1	0—18	黄灰色	砂壤土	粒状	6.8	18.0	1.31	0.70		101	1.2	293	18.4	页岩风化物	E 107°37′56.3″ N 27°22′16.5″	89
						2	18—40	黄灰色	中壤土	块状	6.8	16.3	1.01	0.90		141	2.0	134	17.7			
						3	40—60	黄灰色	中壤土	块状	5.8	3.6	0.45	0.17		36	1.2	57	10.0			
剖33	铁铝土	黄壤	黄壤	生黄泥土	生黄泥土	1	0—18	黄灰色	重壤土	小块状	5.1	22.0	1.22	0.68		193	0.4	147	13.0	第四纪黄色黏土	E 107°28′35.5″ N 27°15′50.4″	76
						2	18—28	灰黄色	重壤土	块状	5.5	20.3	1.45	0.66		176	0.1	103	15.9			
						3	28—	黄色	黏壤土	大块状												
剖34	人为土	水稻土	潜育水稻土	青潮泥田	轻潜青潮泥田	1	0—20	黄灰色	重壤土	块状	7.5	43.1	2.10	0.43		15	1.0	84	20.5	河流冲积物	E 107°42′23.0″ N 27°19′39.0″	79
						2	20—35	黄灰色	壤土	块状	7.4	11.5	0.50	0.31		34	0.5	50	17.2			
						3	35—63	青灰色	砂壤土	无明显结构	7.2	4.3	0.20	1.20		13	0.2	42				
剖35	铁铝土	黄壤	粗骨性黄壤	扁砂土	扁砂土	1	0—18	棕灰色	砂壤土	粒状	7.2	14.6	0.86	0.81		65	4.5	92	16.7	页岩风化物	E 107°42′52.4″ N 27°19′09.7″	71
						2	18—45	黄灰色	砂壤土		7.1	13.9	0.87	0.78		45	3.4	90	14.3			
						3	45—															

续表 Continued

剖面号 Soil profile	土纲 Soil order	土类 Soil great group	亚类 Soil subgroup	土属 Soil genus	土种 Soil species	土层码 Layer code	土层厚度 Depth/cm	颜色 color	质地 Soil texture	土壤结构 Soil structure	pH	有机质 OM/(g/kg)	全氮 TN/(g/kg)	全磷 TP/(g/kg)	全钾 TK/(g/kg)	碱解氮 AN/(mg/kg)	有效磷 AP/(mg/kg)	速效钾 AK/(mg/kg)	阳离子交换量CEC/(cmol/kg)	土壤母质 Parent material	剖面点坐标 Profile coordinate	匹配指数 Matching index/%
剖36	人为土	水稻土	淹育水稻土	黄泥田		1	0—18	黄灰色	中壤土	块状	6.7	35.0	2.10	0.58		157		153	14.3	第四纪黄色黏土	E 107°33′13.0″ N 27°19′08.4″	91
						2	18—29	棕灰色	重壤土	大块状	6.7	26.6	1.95	0.52		203	0.1	157	10.9			
						3	29—42	黄色	重壤土	柱状	6.8	5.0	0.61	0.50		58		153	9.1			
						4	42—60	灰黄色	重壤土	无明显结构	7.2	4.7	0.49	0.46		73	0.3	139	8.6			
剖37	初育土	石灰（岩）土	次生碳酸盐石灰土	铁铝质次生碳酸盐石灰土		A	0—14	灰棕色	重壤土	粒状	6.2	21.2	1.31	1.05		150			16.1	第四纪黄色黏土	E 107°39′20.2″ N 27°18′53.4″	81
						AB	14—22	灰黄色	重壤土	小块状	5.3	3.0	0.26	0.57		140		100				
						B	22—36	黄色	轻壤土	核块状	5.0	4.4	0.54	0.77		120		60				
						C	36—140	浅棕色	中黏土	块状	5.0	7.7	0.11	0.89		100		68				
						D	140—150	棕红色			5.5	7.1	0.54	1.51		140		61				
剖38	人为土	水稻土	淹育水稻土	潮泥田		1	0—14	浅黄灰色	砂壤土	小块状	6.2	29.0	1.80	0.45		136	0.8	56	18.5	冲积物	E 107°43′36.1″ N 27°17′41.3″	82
						2	14—23	黄灰色	粉砂质壤土	块状	6.2	18.6	1.50	0.44		130	0.7	35	15.5			
						3	23—39	灰黄色	轻壤土	棱块状	7.3	6.3	1.00	0.33		73	1.5	30	15.4			
						4	39—60	黄色	轻壤土	大块状	7.4	1.9	0.80	0.36		58	0.3	47	14.6			
剖39	铁铝土	黄壤	油泥土	大眼黄泥土	大眼黄泥土	1	0—18	灰黄色	中壤土	粒状	5.6	13.4	1.07	0.66		98	1.2	54	12.8	第四纪黄色黏土	E 107°31′05.5″ N 27°16′54.8″	98
						2	18—28	棕黄色	重壤土	大块状	5.8	12.2	0.55	0.65		44	0.4	43	14.7			
						3	28—45	黄色	重壤土	大块状	5.9	12.8	0.66	0.69		60		39	10.3			
						4	45—60	棕色	中壤土	块状	5.9	12.0	0.66	0.64		60		28	10.6			
剖40	铁铝土	黄壤	黄壤	黄砂泥土		1	0—17	棕黄色	砂壤土	粒状	6.4	24.8	1.85	0.24		131	0.8	163	7.6	砂页岩风化物	E 107°30′59.1″ N 27°15′37.0″	90
						2	17—32	浅黄色	砂壤土	小块状	6.3	16.2	0.95	0.33		109	0.8	72	7.2			
						3	32—70	黄色	中壤土	块状	6.0	6.1	0.50	0.11		43	0.2	69	9.9			
						4	70—				5.9	1.6	0.41	0.11		43		61	8.8			
剖41	人为土	水稻土	矿毒型水稻土	锈水田	锈水田	1	0—18	棕灰色	重壤土	无明显结构	6.0									砂岩风化物	E 107°39′10.1″ N 27°15′33.2″	93
						2	18—31	黑灰色	重壤土	肩状	5.5	20.5	1.60	0.60		156	4.6	56	14.6			
						3	31—60	黑灰色	粉砂质壤土	块状	5.4	10.9	0.50	0.34		38		84	10.4			
剖42	人为土	水稻土	渗育水稻土	黄泡泥田		1	0—15	黄灰色	粉砂质壤土	棱柱状	6.8	12.8	0.60	0.40		104	1.7	105	7.9	砂页岩风化物	E 107°31′24.2″ N 27°14′16.5″	80
						2	15—29	浅黄色	粉砂质壤土	块状	7.0	7.2	0.60	0.74		87	8.0	50	12.4			
						3	29—40	黄色	粉砂质壤土	块柱状	6.6	13.5	1.10	0.47		170	0.5	33	8.8			
剖43	人为土	水稻土	渗育水稻土	黄砂泥田		1	0—15	黄黄色	砂壤土	单粒状	6.7	11.5	1.00	0.43			0.3	47	9.7	砂岩风化物	E 107°58′53.3″ N 27°17′11.5″	88
						2	15—26	暗黄色	砂壤土	块状	6.9	3.8	1.00	0.47			0.2	45	10.5			
						3	26—45	灰色	砂壤土	无明显结构	7.2	2.4	0.50	0.48			1.0	36	10.5			
						4	45—77	浅黄色	砂壤土	无明显结构	7.1		1.20	0.49			0.3	60				
剖44	人为土	水稻土	渗育水稻土	红白泥田		1	0—15	红棕色	黏壤土	块状	7.4	15.1	0.20	0.48		113	0.2	67	18.0	风化坡积物	E 107°45′55.7″ N 27°15′01.7″	95
						2	15—29	棕色	黏壤土	棱块状	7.3	9.1	0.10	0.48			微量	60	15.0			
						3	29—53	灰色	壤土	棱块状	7.6	3.5		0.40					10.4			
						4	53—70	浅黄棕色	壤土	无明显结构	6.2	28.6	2.10	0.48		191	1.7	93	21.4			
剖45	人为土	水稻土	潴育水稻土	潮油泥田	灰潮油泥田	1	0—18	暗黄色	重壤土	碎块状	6.2	21.7	2.00	0.41			3.3	71	18.1	河流冲积物	E 107°53′14.4″ N 27°14′09.5″	75
						2	18—37	灰黄色	重壤土	棱块状	7.0	8.6	0.50	0.16			0.4	64	16.3			
						3	37—60	灰黄色	重壤土	棱柱状	7.3	3.3	0.10	0.48		190	0.4	68	13.5			
						4	60—80	黄色	壤土	小块状	6.3	29.1	2.10	0.77			0.7	34	16.2			
剖46	人为土	水稻土	潴育水稻土	血油泥田	血油泥田	1	0—18	暗棕色	壤土	棱块状	6.9	27.7	1.70	0.58			0.1	70	15.2	粉砂质岩风化物	E 107°54′10.8″ N 27°13′05.5″	95
						2	18—25	灰棕色	重壤土	棱柱状	6.8	13.8	1.10	0.49			0.1	97	14.8			
						3	25—45	红棕色	重壤土	棱柱状	7.4											
						4	45—60	黄棕色	壤土	大块状	8.1			0.54			0.3	42	12.5			
						5	60—	黄红色														

续表 Continued

剖面号 Soil profile	土纲 Soil order	土类 Soil great group	亚类 Soil subgroup	土属 Soil genus	土种 Soil species	土层码 Layer code	土层厚度 Depth/cm	颜色 Soil color	质地 Soil texture	土壤结构 Soil structure	pH	有机质 OM/(g/kg)	全氮 TN/(g/kg)	全磷 TP/(g/kg)	全钾 TK/(g/kg)	碱解氮 AN/(mg/kg)	有效磷 AP/(mg/kg)	速效钾 AK/(mg/kg)	阳离子交换量CEC/(cmol/kg)	土壤母质 Parent material	剖面点坐标 Profile coordinate	匹配指数 Matching index/%
剖47	半水成土	潮土	潮土	潮砂泥土	潮砂泥土	A	0—15	暗棕灰色	少砾质黏壤土	粉状	7.5	17.4	1.40	1.49	14.5		5.0	44	12.0	河流冲积物	E 107°52′57.4″ N 27°12′28.9″	87
						Cu	15—25	棕黄色	粉砂质黏壤土	碎块状	7.6	12.6	1.10	1.37			5.0	54	11.1			
						C	25—60	灰黄色	中砾质黏壤土	小块状	7.5	7.6	0.40	1.01			4.0	50	12.0			
剖48	人为土	水稻土	渗育水稻土	渗育大土泥田	大土泥田	Aw	0—20	灰黄色	重黏土	小块状	7.7	27.6	1.63	0.93	7.7	173	13.0	227	21.9		E 107°52′25.1″ N 27°12′01.9″	95
						Ap	20—30	灰黄色	轻黏土	块状	7.9	16.6	0.87	0.90			4.0	167	15.8			
						P	30—50	黄色	轻黏土	棱柱状	7.4	5.8	0.52	0.63			2.0	305	15.1			
						B	50—70	黄色	轻黏土	大块状	7.1	4.6	0.43	0.74			2.0	459	14.3			
剖49	初育土	紫色土	熟土	血泥土		1	0—18	棕红色	壤土	粒状	7.3	12.2	1.00	0.08		59	0.1	60	16.1	粉砂质页岩风化物	E 107°53′21.0″ N 27°11′45.4″	89
						2	18—30	黄红色	中壤土	小块状	7.2	19.4	0.80	0.21		59	微量	52	18.9			
						3	30—65	紫红色	中壤土	棱柱状	7.2	4.1	0.40	0.13		30	0.1	68	13.2			
						4	65—				7.2	2.7	0.30	0.18		22	0.1	61	13.1			
剖50	人为土	水稻土	淹育水稻土	血泥田		1	0—16	灰棕色	壤土	块状	6.5	24.5	1.70	0.46		131	0.3	83	23.5	砂页岩风化物	E 107°52′51.7″ N 27°11′43.4″	97
						2	16—24	红黄色	重黏土	棱块状	7.3	24.0	1.90	0.30			0.5	86	22.3			
						3	24—52	黄红色	重黏土	棱柱状	7.5	15.9	1.90	0.31			0.1	86	21.4			
						4	52—72	红色	重黏土	大棱柱状	7.8	5.2	0.70	0.06			0.3	55	30.9			
剖51	初育土	紫色土	钙质紫色土	钙质紫色粉砂土		Ao	0—2	黑棕色	重黏土	核粒状	7.3	44.9	1.97	0.43		200	0.4	60	20.1	粉砂质页岩风化物	E 107°51′32.9″ N 27°10′42.2″	84
						A	2—13	暗红色	轻黏土	核状	7.5	19.2	0.87	0.36		120	0.1	44				
						AB	13—24	褐红色		块状	7.6	4.0	0.54	0.43		110		36				
						B	24—35	紫红色			7.6	3.0	0.32	0.65		80		43				
						C	35—46	紫红色														

习 水 县

主要土类说明

紫色土是习水县主要土壤类型，占本县地域面积的 39%。紫色土为岩成土，发育于紫色岩类出露各处。成土母质主要为三叠系飞仙关组紫色砂岩、侏罗系紫红色砂页岩、白垩系砖红色泥岩和长石石英砂岩等。黏土矿物以水云母为主，母岩富含矿质养分。紫色土的形成、特点和理化性质都与母岩的种类和性质密切相关，成土过程以物理风化为主，成土迅速，水土流失严重，土层浅薄，剖面层次发育不明显，仍处于初育阶段。

黄壤是习水县第二大土壤类型，占本县地域面积的 32%。黄壤发育于温暖湿润的亚热带气候条件下，集中分布在低中山和低山丘陵，含有较多水合氧化铁，土体多呈黄色，典型黄壤具 A-AB-B-C 剖面构型。自然植被主要为常绿阔叶林。成土母质极其广泛，黏土矿物以蛭石为主，具有较强的脱硅富铝化过程，黏粒硅铝率约为 2.5。全剖面呈酸性，pH 为 4.0—5.5，部分土壤受母岩和耕种影响，pH 为 5.0—6.5。在森林植被下自然土壤有机质含量可达 151g/kg，在次生灌丛植被下为 50—80g/kg，在荒山草坡仅为 30g/kg，碳氮比为 13—16；人为耕垦熟化旱作的土壤有机质分解加速，含量仅为 20—24g/kg，碳氮比约为 10。

石灰（岩）土是习水县第三大土壤类型，占本县地域面积的 16%。石灰（岩）土为岩成土，主要发育于碳酸岩类出露区域。石灰（岩）土具有碳酸盐强烈淋失，硅、铁、铝相对聚集等特点，土层浅薄，多具 A-R 剖面构型。

水稻土占本县地域面积的 10%。水稻土是在长期的季节性淹灌、水下翻耕、季节性脱水、氧化还原交替影响下，原来的成土母质或母土的特性发生重大改变形成的新的土壤类型。由于干湿交替，水稻土形成糊状的淹育层、较坚实板结的犁底层、渗育层、潴育层与潜育层等多种发生层。这些不同发生层是在人为耕作、水浆管理下形成的。

小于本县地域面积 3% 的土壤类型有黄棕壤。

本区域中心区气候特征

本区域中心区气候特征值
Regional climate characteristics in central area of the region

气候带：北亚热带湿润气候 Climate region: North subtropical humid climate	
年平均气温 /℃ Annual average temperature /℃	15.7
年平均最高气温 /℃ Annual average maximum temperature /℃	19.9
年平均最低气温 /℃ Annual average minimum temperature /℃	13.0
年降水量 /mm Annual precipitation /mm	1055
≥10℃的积温 /℃ Daily temperature accumulated in a year (≥10℃) /℃	6577
年日照时数 /h Annual sunshine /h	1027
年平均相对湿度 /% Annual average relative humidity /%	81
干燥度 Dryness	0.87

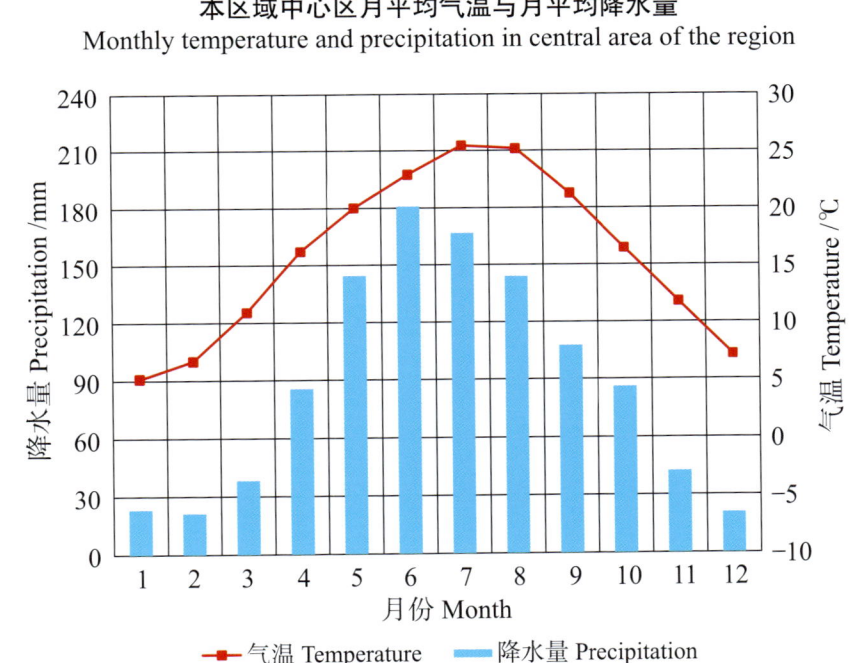

本区域中心区月平均气温与月平均降水量
Monthly temperature and precipitation in central area of the region

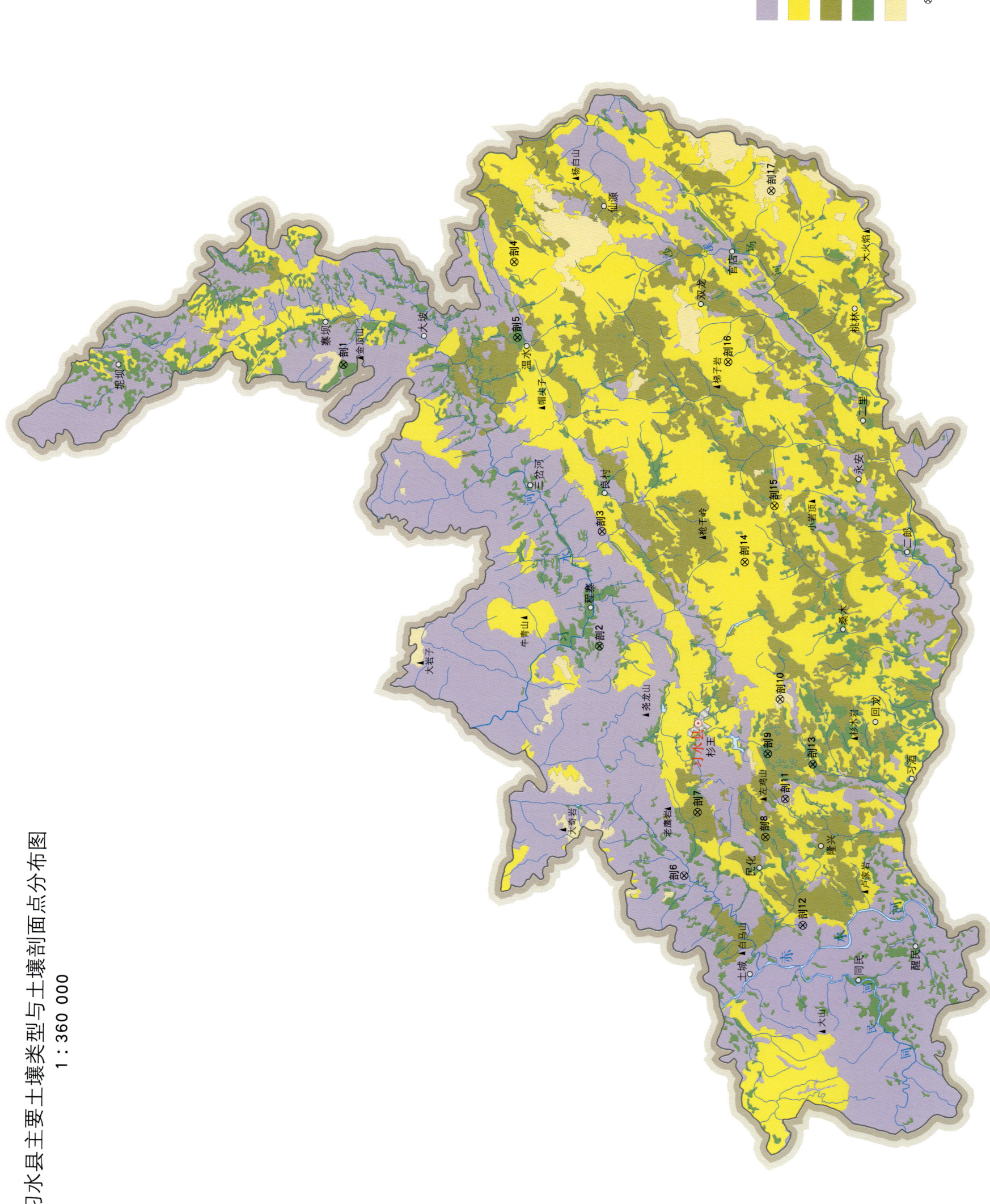

习水县主要土壤类型与土壤剖面点分布图
1∶360 000

习水县土壤剖面理化性状表

剖面号 Soil profile	土纲 Soil order	土类 Soil great group	亚类 Soil subgroup	土属 Soil genus	土种 Soil species	土层码 Layer code	土层厚度 Depth/cm	颜色 Soil color	质地 Soil texture	土壤结构 Soil structure	pH	有机质 OM/(g/kg)	全氮 TN/(g/kg)	全磷 TP/(g/kg)	全钾 TK/(g/kg)	碱解氮 AN/(mg/kg)	有效磷 AP/(mg/kg)	速效钾 AK/(mg/kg)	阳离子交换量CEC/(cmol/kg)	土壤母质 Parent material	剖面点坐标 Profile coordinate	匹配指数 Matching index/%
剖1	人为土	水稻土	淹育水稻土	淹育黄砂田	黄砂田	A	0–18	暗灰黄色	中壤土	粒状	4.8	13.4	0.76	0.13	6.8	129	2.0	123	9.5		E 106°30′46.8″ N 28°35′24.9″	71
						Ap	18–26	暗灰黄色	中壤土	小块状	4.9	5.5	0.21	0.05	3.8		2.0	88	9.1			
						B	26–56	浅黄色	中砾质重壤土		5.4	6.7	0.31	0.07	8.9		1.0	113	9.4			
						C	56–75	浅黄色	中壤土		4.9	0.2	0.06	0.14	6.9		1.0	94	8.6			
剖2	人为土	水稻土	潴育水稻土	黄油砂泥田	黄油砂泥田	A	0–20	灰黄色	中壤土	块状	5.6	27.6	1.45	0.26	10.2	103	9.0	121	15.2		E 106°16′19.2″ N 28°23′48.1″	97
						Ap	20–29	黄灰色	中壤土	鳞片状	5.7	24.3	1.40	0.24	9.4	96	8.0	118	11.8			
						W	29–65	灰黄色	中壤土	柱状	5.7	23.7	1.29	0.22	9.4	84	7.0	86	9.6			
						B	65–80	灰黄色	中壤土	块状	5.6	21.0	1.18	0.22	9.4	78	6.0	68	12.1			
剖3	初育土	紫色土	中性紫色土	紫砂泥土	紫砂泥	A	0–20	灰紫色	少砾质砂壤土	粒状	6.8	12.0	1.32	0.40	15.5		1.0	193	14.3	砂岩风化物	E 106°22′12.1″ N 28°23′40.7″	95
						C	20–60	灰紫色	中砾质砂壤土	单粒状	6.5	7.6	0.56	0.42	15.0		1.0	155	10.5			
剖4	铁铝土	黄壤	黄壤	铁铝质黄壤	薄腐中层铁铝质黄壤	Ao	0–3														E 106°35′58.3″ N 28°27′37.8″	91
						A	3–13	灰黄色	轻黏土	粒状	6.3	78.0	3.20	0.53	7.2		1.0	296	15.2			
						B	13–39	黄色	轻黏土	块状	6.3	22.2	1.35	0.30				81				
						C	39–55	棕黄色	轻黏土	块状	6.1	12.7	1.54	0.34				38				
剖5	人为土	水稻土	潜育水稻土	大土泥田	砂大土泥田	Aa	0–20	暗黄色	壤质黏土	粒状	7.0	19.8	1.12	0.57		10	7.0	111	17.6		E 106°32′07.8″ N 28°27′29.9″	76
						Ap	20–26	浅黄生	壤质黏土	块状	7.9	10.1	0.60	0.56	5.0	7	5.0	94	17.6			
						C_1	26–50	浊黄色	重壤土	块状	7.6	6.5	0.40	0.34	4.1		5.0	85	17.6			
						C_2	50–80	灰灰色	重壤土	块状	7.9	2.3	0.25	0.32	12.0		2.0	99				
剖6	初育土	紫色土	中性紫色土	中性紫色泥土	中层中性紫色泥田	A	0–21	暗紫红色	重壤土	粒状	6.2	14.6	0.76	0.32	5.0	136	1.0	124	8.2		E 106°04′33.0″ N 28°19′56.9″	87
						BC	21–70	紫红色	重壤土	小块状	6.5	14.2	0.70	0.34	4.1	7	1.0	62	10.2			
剖7	初育土	石灰（岩）土	黄色石灰土	硅镁质淋溶石灰土	淋溶白云砂灰土	Aa	0–19	黄灰色	多砾质黏土	粒状	6.0	47.5	1.28	0.49	12.0	198	5.0	79	13.2		E 106°07′48.4″ N 28°19′21.0″	100
						AB	19–30	灰灰色	多砾质黏土	块状	6.9	23.0	0.94	0.26	11.8	102	2.0	33	16.3			
						BC	30–60	青灰色	轻砾质中壤土	块状	6.9	17.3	0.66	0.23	9.0	84	2.0	20	14.3			
						C	60–80	黄色	壤质黏土	块状	7.0	15.5	0.55	0.20	10.6	49	1.0	16	17.3			
剖8	初育土	石灰（岩）土	黄色石灰土	淋溶石灰土	中层淋溶石灰土	A	0–18	灰灰色	重壤土	核状	6.4	36.3	1.17	0.19	12.9		2.0	41	18.0		E 106°06′31.2″ N 28°16′15.2″	81
						B_1	18–35	灰灰色	重壤土	块状	6.6	19.7	0.77	0.14	16.8		1.0	39	15.6			
						B_2	35–60	黄灰色	重壤土	块状	6.6	10.0	0.39	0.13	14.3		1.0	32	12.1			
剖9	人为土	水稻土	潜育水稻土	青紫泥田	青紫泥田	Aa	0–14	紫灰色	壤质黏土	片状块	5.5	42.8	1.99	1.06	21.0		20.0	129	17.3	由质岩风化物发育的紫色土	E 106°10′48.7″ N 28°16′09.1″	74
						Apg	14–31	青灰色	壤质黏土	片状块	6.1	39.5	1.82	1.01	20.7		20.0	158	15.6			
						G	31–50	灰灰色	壤质黏土	整体状	6.0	33.4	1.15	0.82	17.2		14.0	95	12.1			
						C	50–80	灰灰棕色	壤质中壤土	块状	6.2	29.6	1.57	0.83	18.9		17.0	113	17.6			
剖10	淋溶土	黄棕壤	黄棕壤性土	硅质黄棕壤性土	硅质黄棕壤性土	A	0–22	灰棕色	多砾质轻壤	粒状	4.5	76.5	2.57	0.49			2.0	141	18.0		E 106°13′34.7″ N 28°15′35.3″	82
						C	22–50	浅黄色	中壤土	块状	4.7	20.9	0.64	0.25			微量	69	15.6			
剖11	初育土	紫色土	中性紫色土	紫泥土	紫泥	A	0–21	紫红色	中壤土	粒状	6.8	24.2	1.76	0.32	5.0		1.0	24	8.2		E 106°08′27.8″ N 28°15′21.2″	83
						C	21–59	紫红色	中壤土	拟块状	6.5	14.2	0.76	0.34	4.1	56		34	10.1			
剖12	初育土	紫色土	石灰性紫色土	钙质紫色砂泥土	钙质紫色泥	Aa	0–19	暗紫色	壤质中壤土	粒状	8.2	12.5	0.57	0.27	13.8		6.0	141	11.4	页岩风化物	E 106°02′01.0″ N 28°14′33.6″	75
						B	19–28	紫色	中壤土	块状	8.1	12.3	0.51	0.51	13.2		8.0	146	10.4			
						BC	28–40	紫色	中壤土	小块状	7.8	6.8	0.24	0.14	10.8		3.0	56	10.0			
						C	40–70	紫色			7.7	6.3	0.24	0.14	10.8		3.0	46	9.1			
剖13	人为土	水稻土	淹育水稻土	淹育黄泥田	扁砂田	A	0–17	浅灰色	少砾质重壤土	核状	6.1	15.6	1.30	0.53	24.3	108	7.0	104	9.5		E 106°10′15.7″ N 28°14′06.0″	88
						Ap	17–25	灰灰色	中砾质重壤土	块状	5.8	12.9	1.04	0.50	22.2		10.0	112	8.5			
						B	25–40	绿灰色	轻砾质重壤土	块状	5.5	12.9	0.88	0.40	16.7		8.0	94	6.8			
						C	40–60				6.8	7.9	0.52	0.23	7.8		微量	41	3.5			

续表 Continued

剖面号 Soil profile	土纲 Soil order	土类 Soil great group	亚类 Soil subgroup	土属 Soil genus	土种 Soil species	土层码 Layer code	土层厚度 Depth/cm	颜色 Soil color	质地 Soil texture	土壤结构 Soil structure	pH	有机质 OM/(g/kg)	全氮 TN/(g/kg)	全磷 TP/(g/kg)	全钾 TK/(g/kg)	碱解氮 AN/(mg/kg)	有效磷 AP/(mg/kg)	速效钾 AK/(mg/kg)	阳离子交换量CEC/(cmol/kg)	土壤母质 Parent material	剖面点坐标 Profile coordinate	匹配指数 Matching index/%
剖14	铁铝土	黄壤	黄壤性土	硅质黄壤性土	硅质黄壤性土	A	0—20	灰黄色	中砾质中壤土	粒状	4.4	22.4	0.72	0.19	3.2		4.0	85	4.3		E 106°20′36.2″ N 28°17′11.8″	85
						B	20—38	灰黄色	多砾质中壤土	块状	4.5	8.7	0.30	0.17	2.8		3.0	30	3.2			
						C	38—55	黄色	多砾质中壤土	块状	4.5	6.3	0.23	0.15	3.7		1.0	30	4.7			
剖15	铁铝土	黄壤	黄壤性土	硅铁质黄壤性土	黄砂土	Aa	0—15	灰黄色	多砾质轻壤土	屑粒状	6.3	17.6	0.84	0.42	12.4		11.0	307			E 106°23′27.3″ N 28°15′50.8″	78
						B	15—22	浅黄色	多砾质中壤土	块状	5.9	13.7	1.01	0.18			2.0	108				
						C	22—45	黄色	多砾质中壤土	块状	6.1	4.0	0.30	0.38			5.0	156				
剖16	铁铝土	黄壤	黄壤性土	硅铁质黄壤性土	扁砂泥土	Aa	0—16	灰黄色	重砾质重壤土	屑粒状	5.3	3.3	0.22	0.09	4.8		1.0	9	3.8		E 106°30′48.0″ N 28°17′55.5″	97
						B	16—26	灰黄色	中砾质重壤土	块状	5.4	5.3	0.38	0.13	8.0		2.0	15	4.1			
						C	26—37	黄绿色	多砾质重壤土	块状	5.5	5.5	0.37	0.13	7.6		1.0	18	3.9			
剖17	淋溶土	黄棕壤	黄棕壤性土	铁铝质黄棕壤性土	铁铝质黄棕壤性土	A	0—5	灰黄色	多砾质轻黏土	粒状	5.3	35.0	1.27	0.45	8.6		2.0	123	8.7		E 106°39′30.2″ N 28°15′56.2″	98
						C	5—32	浅黄色	多砾质轻黏土	块状	5.3	18.4	0.67	0.37	9.2		微量	41	7.7			

赤 水 市

主要土类说明

紫色土是赤水市主要土壤类型，占本市地域面积的70%。紫色土为岩成土，发育于紫色岩类出露各处。成土母质主要为三叠系飞仙关组紫色砂岩、侏罗系紫红色砂页岩、白垩系砖红色泥岩和长石石英砂岩等。黏土矿物以水云母为主，母岩富含矿质养分。紫色土的形成、特点和理化性质都与母岩的种类和性质密切相关，成土过程以物理风化为主，成土迅速，水土流失严重，土层浅薄，剖面层次发育不明显，仍处于初育阶段。

黄壤是赤水市第二大土壤类型，占本市地域面积的22%。黄壤发育于温暖湿润的亚热带气候条件下，集中分布在低中山和低山丘陵，含有较多水合氧化铁，土体多呈黄色，典型黄壤具A-AB-B-C剖面构型。自然植被主要为常绿阔叶林。成土母质极其广泛，黏土矿物以蛭石为主，具有较强的脱硅富铝化过程，黏粒硅铝率约为2.5。全剖面呈酸性，pH为4.0—5.5，部分土壤受母岩和耕种影响，pH为5.0—6.5。在森林植被下自然土壤有机质含量可达151g/kg，在次生灌丛植被下为50—80g/kg，在荒山草坡仅为30g/kg，碳氮比为13—16；人为耕垦熟化旱作的土壤有机质分解加速，含量仅为20—24g/kg，碳氮比约为10。

水稻土是赤水市第三大土壤类型，占本市地域面积的7%，主要分布在海拔1200m以下的低山丘陵、坝地、槽谷及河流沿岸地区。成土过程具有氧化还原过程，水耕条件下铁锰发生强烈迁移。由于干湿交替，水稻土形成糊状的淹育层、较坚实板结的犁底层、渗育层、潴育层与潜育层等多种发生层。

小于本市地域面积3%的土壤类型有黄棕壤。

本区域中心区气候特征

本区域中心区气候特征值
Regional climate characteristics in central area of the region

气候带：中亚热带湿润气候 Climate region: Subtropical humid climate	
年平均气温 /℃ Annual average temperature /℃	16.0
年平均最高气温 /℃ Annual average maximum temperature /℃	20.1
年平均最低气温 /℃ Annual average minimum temperature /℃	13.2
年降水量 /mm Annual precipitation /mm	1029
≥10℃的积温 /℃ Daily temperature accumulated in a year（≥10℃）/℃	7456
年日照时数 /h Annual sunshine /h	1026
年平均相对湿度 /% Annual average relative humidity /%	81
干燥度 Dryness	0.89

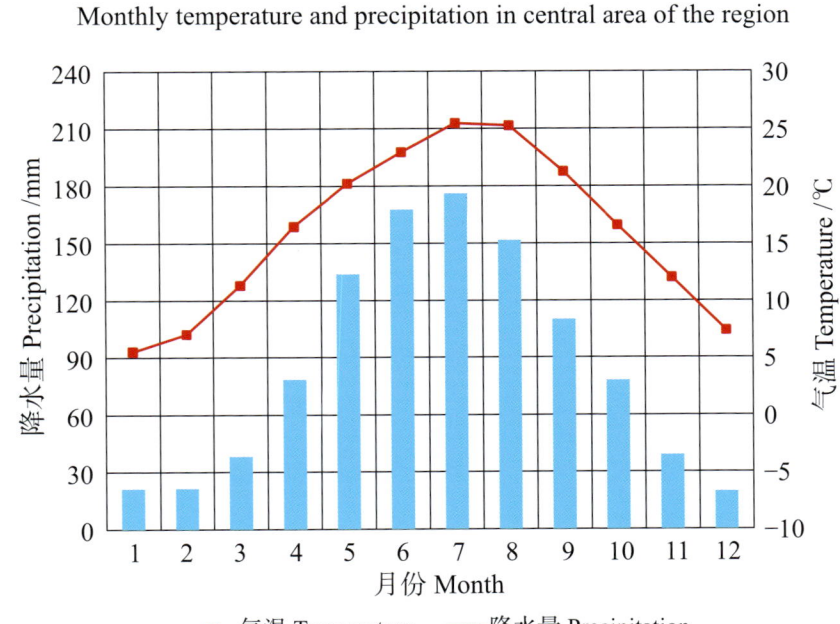

本区域中心区月平均气温与月平均降水量
Monthly temperature and precipitation in central area of the region

赤水市主要土壤类型与土壤剖面点分布图

1:250 000

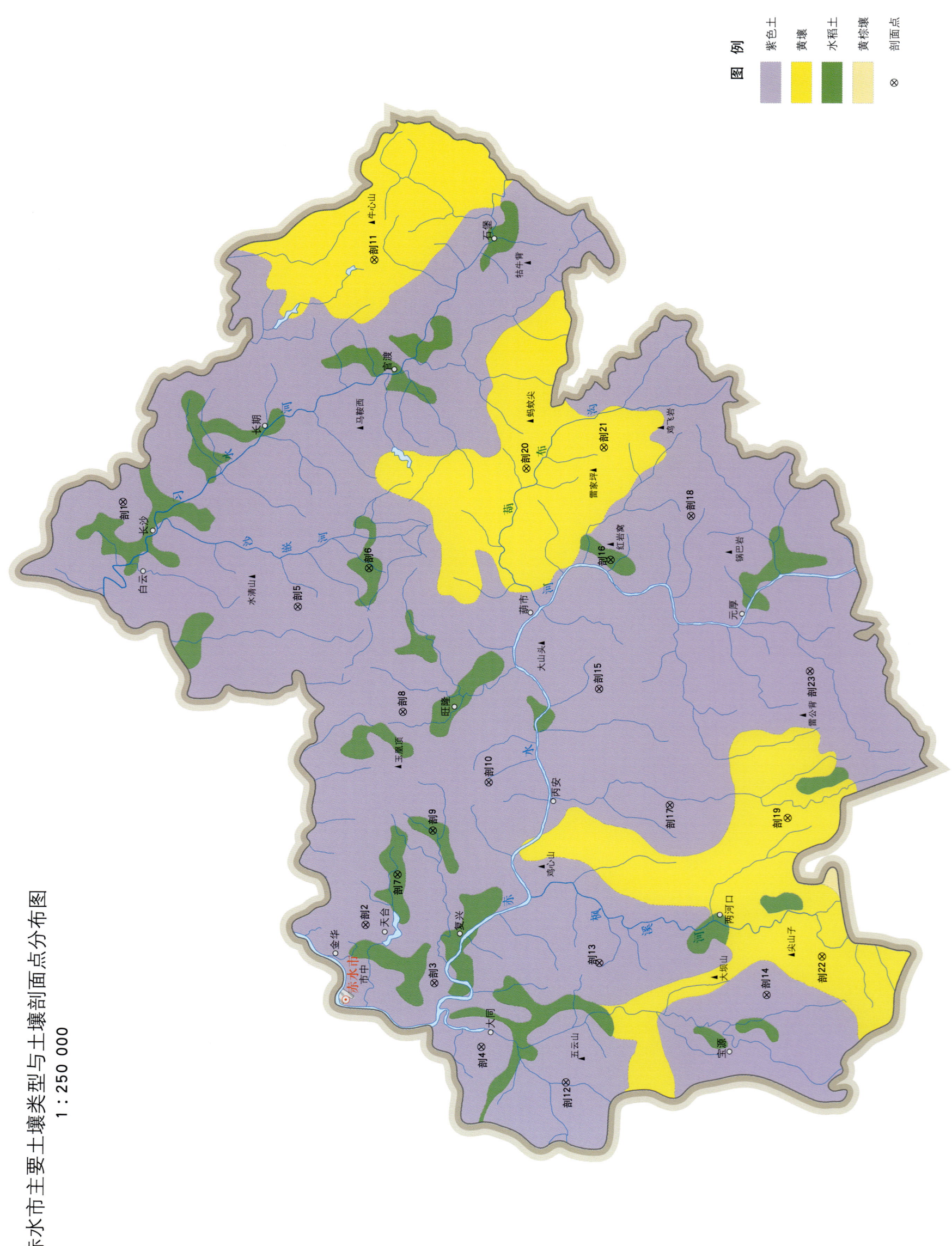

赤水市土壤剖面理化性状表

剖面号 Soil profile	土纲 Soil order	土类 Soil great group	亚类 Soil subgroup	土属 Soil genus	土种 Soil species	土层码 Layer code	土层厚度 Depth/cm	颜色 Soil color	质地 Soil texture	土壤结构 Soil structure	pH	有机质 OM/(g/kg)	全氮 TN/(g/kg)	全磷 TP/(g/kg)	全钾 TK/(g/kg)	碱解氮 AN/(mg/kg)	有效磷 AP/(mg/kg)	速效钾 AK/(mg/kg)	阳离子交换量CEC/(cmol/kg)	土壤母质 Parent material	剖面点坐标 Profile coordinate	匹配指数 Matching index/%
剖1	初育土	紫色土	酸性紫色土	酸性紫胶泥土	酸性紫油胶泥土	1	0~25	棕紫色	中砾质中壤土	粒状	5.8	19.6	1.18	0.07	23.4		9.0	343	16.7		E 106°00′18.3″ N 28°42′21.0″	99
						2	25~56	棕紫色	中砾质重壤土	块状	5.9	13.6	0.85	0.34	18.5		5.0	253				
						3	56~76	棕紫色	中砾质重壤土	块状	6.0	11.2	0.70	0.22	12.7		2.0	169				
剖2	初育土	紫色土	酸性紫色土	血砂泥土	血砂土	1	0~20	紫红色	少砾质砂壤土	粒状	6.1	17.8	1.12	0.67	20.8		5.0	299	13.8	砂岩风化物	E 105°44′33.6″ N 28°34′23.1″	80
						AC	20~55	黄红色	少砾质砂壤土	核粒状	5.2	13.5	0.88	0.63	17.5		7.0	249				
						C	55~75	红色	无明显结构		5.3	7.3	0.65	0.18	13.0		1.0	173				
剖3	初育土	紫色土	酸性紫色土	血砂泥土	血砂土	A	0~25	红紫色	砂质黏壤土	粒状	5.5	16.3	0.72	1.03	10.3		3.0	190	13.5	砂岩风化物	E 105°42′23.5″ N 28°32′07.3″	99
						C	25~41	红紫色	砂质黏壤土	单粒状	5.5	7.7	0.43	0.89			3.0	135	11.9			
剖4	初育土	紫色土	酸性紫血土	血泥土	砾血泥土	A	0~25	棕紫色	壤质黏土	粒状	4.8	19.6	1.18	0.97	23.4		9.0	243	16.7	酸性泥岩风化物	E 105°40′02.6″ N 28°30′34.5″	89
						C_1	25~51	棕紫色	壤质黏土	扰块状	4.8	13.6	0.85	0.34	18.5		5.0	253				
						C_2	51~76	棕紫色	壤质黏土	无明显结构	4.8	11.2	0.70	0.22	12.7		2.0	169				
剖5	初育土	紫色土	酸性紫色土	酸性紫胶泥土	中层酸性紫紫胶土	1	0~3	紫紫色	少砾质中壤土	粒状	5.4	13.5	0.78	0.29	13.1		0.2	169	20.5	泥岩	E 105°56′23.1″ N 28°36′36.5″	83
						2	3~35	紫色	少砾质中壤土	块状	5.5	11.1	0.64	0.28	12.7		0.2	149				
						3	35~49	紫色	少砾质中壤土	柱状	5.4	13.8	0.78	0.25	7.4	180	7.0	278	20.8			
剖6	人为土	水稻土	淹育水稻土	淹育红紫砂泥田	浅紫砂田	A	0~18	紫灰色	砂壤土	粒状	6.0	7.8	0.54	0.25			2.0	202		砂岩	E 105°57′48.3″ N 28°34′16.2″	76
						Ap	18~32	紫棕色	砂壤土	块状	6.0	6.0	0.42	0.07			7.0	201				
						B	32~60	紫棕色	砂壤土	块状	5.3	1.3	0.11	0.06			0.4	110				
						C	60~80	中砾质砂壤土														
剖7	人为土	水稻土	潴育水稻土	紫油砂泥田	紫油砂泥田	A	0~22	灰紫色	砂壤土	团粒状	5.6	20.1	1.33	0.95	17.2	105	15.0	217	11.6	砂岩	E 105°46′25.7″ N 28°33′20.2″	78
						Ap	22~36	紫紫色	轻壤土	块状	5.0	14.0	0.96	0.19	14.3	102	5.0	202	10.2			
						W	36~63	紫紫色	轻壤土	棱柱状	4.9	8.1	0.55	0.14	8.1	85	5.0	175	10.8			
						B	63~80	紫紫色	轻壤土	棱柱状	4.7	8.3	0.61	0.13	9.2	70	2.0	141	13.3			
剖8	初育土	紫色土	酸性紫色土	酸性红砂泥土	酸性红油砂泥土	1	0~16	黄红色	多砾质轻壤土	粒状	6.1	17.8	1.12	0.67	20.8		5.0	299	18.3	砂岩	E 105°52′28.5″ N 28°33′09.7″	75
						2	16~50	黄红色	多砾质轻壤土	块状	5.3	13.5	0.88	0.63	17.5		3.0	249				
						3	50~80	砖红色	中砾质中壤土	粒状	5.0	7.5	0.65	0.10	13.0		1.0	173				
剖9	人为土	水稻土	潴育水稻土	紫泥田	浅血砂泥田	Aa	0~22	紫灰色	砂壤土	片状粒	5.0	20.1	1.33	0.95			15.0	217	11.6	砂岩	E 105°48′04.0″ N 28°32′10.7″	89
						Ap	22~36	紫色	砂壤土	片状状	5.0	14.0	0.96	0.19	18.7		5.0	202	10.2			
						W	36~63	紫色	砂壤土	棱柱状	4.9	10.1	0.57	0.14	14.0		9.0	187	10.8			
						Wc	63~80	紫灰色	砂壤土	大棱柱状	4.7	5.1	0.29	0.32	12.7		8.0	155	13.3			
剖10	初育土	紫色土	酸性紫色土	硅质酸性紫砂土	硅质厚层酸性紫砂土	1	0~1	灰黑色														
						2	1~6	紫红色	少砾质中壤土	屑粒状	4.9	22.4	1.04	0.40			9.0	227	22.9		E 105°49′51.3″ N 28°30′20.5″	74
						3	6~18	紫红色	中砾质中壤土	粒状	4.5	10.1	0.57	0.39			9.0	187				
						4	18~30	多砾质重壤土	块状													
						5	30~68	多砾质重壤土	块状	4.5	5.1	0.29	0.32	12.7		8.0	155					
剖11	铁铝土	黄壤	黄壤	紫底黄砂泥土	红底黄油砂泥土	1	0~20	紫红色	少砾质中壤土	粒状	5.6	12.4	0.95	0.32	17.5		12.0	209	12.7	砂岩	E 106°09′13.4″ N 28°34′03.3″	91
						2	20~48	红黄色	重砾质中壤土	块状	5.6	10.1	0.70	0.28	14.3		3.0	151				
						3	48~75	砖红色	中砾质轻壤土	粒状	5.5	1.9	0.14	0.05			2.0	193				
剖12	初育土	紫色土	中性紫色土	中性紫胶泥土	中层酸性紫胶泥土	1	0~20	黑紫色	中砾质中壤土	粒状	7.2	11.8	0.80	0.59			9.0	213	21.3	砂岩	E 105°38′45.6″ N 28°27′47.9″	86
						2	20~40	紫色	轻砾质中壤土	粒状	7.2	7.3	0.71	0.42			2.0	167				
						3	40~60	紫色	中砾质重壤土	块状	7.1	5.4	0.43	0.24			1.0	220				
剖13	初育土	紫色土	酸性紫色土	酸性紫砂泥土	酸性紫油砂泥土	1	0~23	灰紫色	中砾质中壤土	细粒状	4.9	13.7	0.92	0.51	16.6		25.0	215	18.3	砂岩	E 105°43′08.0″ N 28°26′42.3″	76
						2	23~42	紫色	少砾质轻壤土	块状	4.9	8.0	0.55	0.38	15.9		7.0	143				
						3	42~60	紫色	少砾质轻壤土	块状	4.7	4.8	0.43	0.38	12.9		8.0	129				

续表 Continued

剖面号 Soil profile	土纲 Soil order	土类 Soil great group	亚类 Soil subgroup	土属 Soil genus	土种 Soil species	土层码 Layer code	土层厚度 Depth/cm	颜色 Soil color	质地 Soil texture	土壤结构 Soil structure	pH	有机质 OM/(g/kg)	全氮 TN/(g/kg)	全磷 TP/(g/kg)	全钾 TK/(g/kg)	碱解氮 AN/(mg/kg)	有效磷 AP/(mg/kg)	速效钾 AK/(mg/kg)	阳离子交换量CEC/(cmol/kg)	土壤母质 Parent material	剖面点坐标 Profile coordinate	匹配指数 Matching index/%
剖14	初育土	紫色土	中性紫色土	硅质紫色土	硅质中层中性紫色土	1	0–5	黑褐色	轻砾质轻壤土	粒状	6.8	12.0	1.32	0.40	15.5		1.0	193	14.3	砂岩	E 105°41′57.5″ N 28°21′12.6″	81
						2	5–28	棕褐色	中砾质轻壤土	块状	6.5	7.6	0.56	0.42	15.0		0.9	157				
剖15	初育土	紫色土	酸性紫色土	血砂泥土	血砂泥土	3	28–48	紫色	中砾质中壤土	块状	5.5	19.2	1.14	0.36			9.0	286	18.2	粉砂质页岩风化物	E 105°53′18.1″ N 28°26′42.9″	81
						A	0–18	红黄色	黏壤土	粒状	5.7	14.1	0.98	0.22			2.0	127				
						C_1	18–40	红黄色	少砾质黏壤土	批块状	5.5	11.7	0.78	0.22			2.0	117				
						C_2	40–65	砖红色	少砾质中壤土	批块状												
剖16	人为土	水稻土	潴育水稻土	紫油泥田	紫油泥田	1	0–23	棕紫色	中壤土	核状	5.8	23.6	1.69	0.33			9.0	271	20.0		E 105°58′04.2″ N 28°26′19.4″	70
						2	23–33	棕紫色	中壤土	片状	6.0	24.6	1.55	0.41			11.0	296				
						W	33–65	灰紫色	中壤土	棱柱状	6.1	18.5	1.31	0.46			11.0	264				
						4	65–80	灰紫色	少砾质中壤土	块状	5.9	9.0	0.66	0.26			4.0	244				
剖17	初育土	紫色土	酸性紫色土	酸性紫色砂土	中层酸性紫色砂土	A	0–25	紫红色	中砾质中壤土	粒状	5.5	16.3	0.72	1.03	10.3	62	3.0	190	13.5		E 105°48′58.9″ N 28°24′23.5″	80
						BC	25–50	紫红色	多砾质中壤土	粒状	5.5	7.7	0.43	0.89			3.0	135	11.9			
剖18	初育土	紫色土	酸性紫色土	酸性红砂土	中层酸性红砂土	1	0–7	黑色	轻壤土	核状											E 105°59′40.8″ N 28°23′40.9″	84
						2	7–20	灰紫色	少砾质重壤土	块状	4.7	9.5	0.66	0.16	10.8		2.0	139	18.0			
						3	20–48	浅黄色	砂质黏壤土	块状	4.8	6.4	0.44	0.12	9.5		2.0	102				
						B_2	48–65	黄色	砂质黏壤土		4.6				7.4							
剖19	铁铝土	黄壤	黄壤	紫黄砂泥土	紫黄砂土	A	0–20	灰黄色	砂质黏壤土	粒状	4.7	39.2	1.78	0.34	7.4	118	1.0	277	10.8	砂岩风化物	E 105°48′29.9″ N 28°20′30.8″	72
						B_2	20–55	黄色	砂质黏壤土	块状	4.8	5.5	0.52	0.21	7.9		2.0	85	6.7			
						BC	55–83	黄红色	砂质黏壤土	块状	4.6	3.8	0.37	0.13	6.8		2.0	60	6.3			
						C	83–105	棕红色			4.4	2.2	0.17	0.15	5.9		2.0	40	6.0			
剖20	铁铝土	黄壤	黄壤	紫底黄砂土	红底黄泥土	1	0–1		轻壤土	粒状											E 106°01′27.8″ N 28°29′05.3″	87
						2	1–8	黑黄色	多砾质中壤土	粒状	5.0	9.5	0.66	0.16	10.8		2.0	139	18.0			
						3	8–17	黑黄色	中砾质中壤土	柱状	5.0	6.4	0.44	0.12	1.5		2.0	102				
						4	17–48	红黄色	多砾质重壤土	柱状	5.0	4.3	0.33	0.13	9.4		2.0	90				
						C	48–58	砖红色	重壤土													
剖21	铁铝土	黄壤	黄壤	紫黄泥土	紫黄泥土	Aa	0–20	灰黄色	重壤土	粒状	4.7	39.2	1.78	0.34	7.4		1.0	277	10.8	砂岩	E 106°02′13.5″ N 28°26′32.3″	94
						B	20–55	黄色	中壤土		4.8	5.5	0.52	0.21	7.9	97		85	6.7			
						BC	55–83	黄红色			4.6	3.8	0.37	0.13	6.8			60	6.3			
						C	83–105	棕红色			4.4	2.2	0.17	0.15	5.9			40	6.0			
剖22	铁铝土	黄壤	黄壤	紫黄泥土	厚紫黄泥	0i	0–1														E 105°43′21.6″ N 28°19′23.3″	90
						A	1–10	灰黄色	砂质黏壤土	粒状	4.2	62.5	2.57	0.32	7.4		5.0	147	15.5	紫色岩风化物		
						B	10–45	红黄色	中壤土	块状	4.4	13.6	0.68	0.19	7.8		2.0	50	12.8			
						C	45–85	红色														
剖23	初育土	紫色土	酸性紫色土	酸性紫色砂土	酸性红泥土	Aa	0–20	黄红色	轻壤土	粒状	6.1	17.8	1.12	0.67	20.8		5.0	299	13.8		E 105°53′55.4″ N 28°19′46.9″	74
						B	20–55	红色	轻壤土	小块状	5.2	13.5	0.88	0.63	17.5		7.0	249				
						C	55–75	红色	轻壤土	小块状	5.3	7.3	0.65	0.18	13.0		1.0	173				

仁 怀 市

主要土类说明

石灰（岩）土是仁怀市主要土壤类型，占本市地域面积的 52%。石灰（岩）土为岩成土，主要发育于碳酸岩类出露区域。石灰（岩）土具有碳酸盐强烈淋失，硅、铁、铝相对聚集等特点，土层浅薄，多具 A-R 剖面构型。

黄壤是仁怀市第二大土壤类型，占本市地域面积的 22%。黄壤发育于温暖湿润的亚热带气候条件下，集中分布在低中山和低山丘陵，含有较多水合氧化铁，土体多呈黄色，典型黄壤具 A-AB-B-C 剖面构型。自然植被主要为常绿阔叶林。成土母质极其广泛，黏土矿物以蛭石为主，具有较强的脱硅富铝化过程，黏粒硅铝率约为 2.5。全剖面呈酸性，pH 为 4.0—5.5，部分土壤受母岩和耕种影响，pH 为 5.0—6.5。在森林植被下自然土壤有机质含量可达 151g/kg，在次生灌丛植被下为 50—80g/kg，在荒山草坡仅为 30g/kg，碳氮比为 13—16；人为耕垦熟化旱作的土壤有机质分解加速，含量仅为 20—24g/kg，碳氮比约为 10。

紫色土是仁怀市第三大土壤类型，占本市地域面积的 16%。紫色土为岩成土，发育于紫色岩类出露各处。成土母质主要为三叠系飞仙关组紫色砂岩、侏罗系紫红色砂页岩、白垩系砖红色泥岩和长石石英砂岩等。黏土矿物以水云母为主，母岩富含矿质养分。紫色土的形成、特点和理化性质都与母岩的种类和性质密切相关，成土过程以物理风化为主，成土迅速，水土流失严重，土层浅薄，剖面层次发育不明显，仍处于初育阶段。

水稻土占本市地域面积的 6%。水稻土是在长期的季节性淹灌、水下翻耕、季节性脱水、氧化还原交替影响下，原来的成土母质或母土的特性发生重大改变形成的新的土壤类型。由于干湿交替，水稻土形成糊状的淹育层、较坚实板结的犁底层、渗育层、潴育层与潜育层等多种发生层。这些不同发生层是在人为耕作、水浆管理下形成的。

小于本市地域面积 3% 的土壤类型有粗骨土和黄棕壤。

本区域中心区气候特征

本区域中心区气候特征值
Regional climate characteristics in central area of the region

气候带：北亚热带湿润气候 Climate region: North subtropical humid climate	
年平均气温 /℃ Annual average temperature /℃	15.1
年平均最高气温 /℃ Annual average maximum temperature /℃	19.4
年平均最低气温 /℃ Annual average minimum temperature /℃	12.2
年降水量 /mm Annual precipitation /mm	1033
≥ 10℃的积温 /℃ Daily temperature accumulated in a year（≥ 10℃）/℃	5992
年日照时数 /h Annual sunshine /h	1070
年平均相对湿度 /% Annual average relative humidity /%	80
干燥度 Dryness	0.85

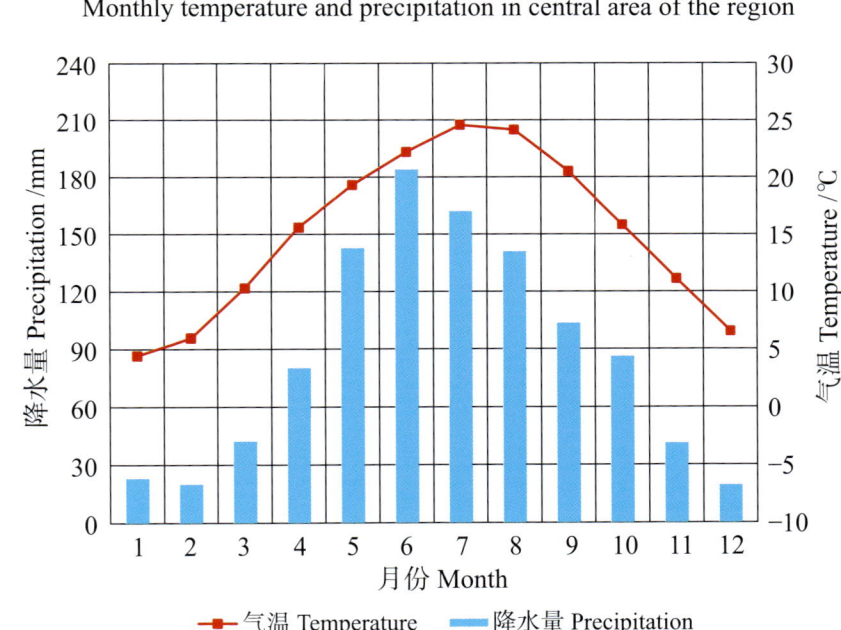

本区域中心区月平均气温与月平均降水量
Monthly temperature and precipitation in central area of the region

仁怀县主要土壤类型与土壤剖面点分布图
1:260 000

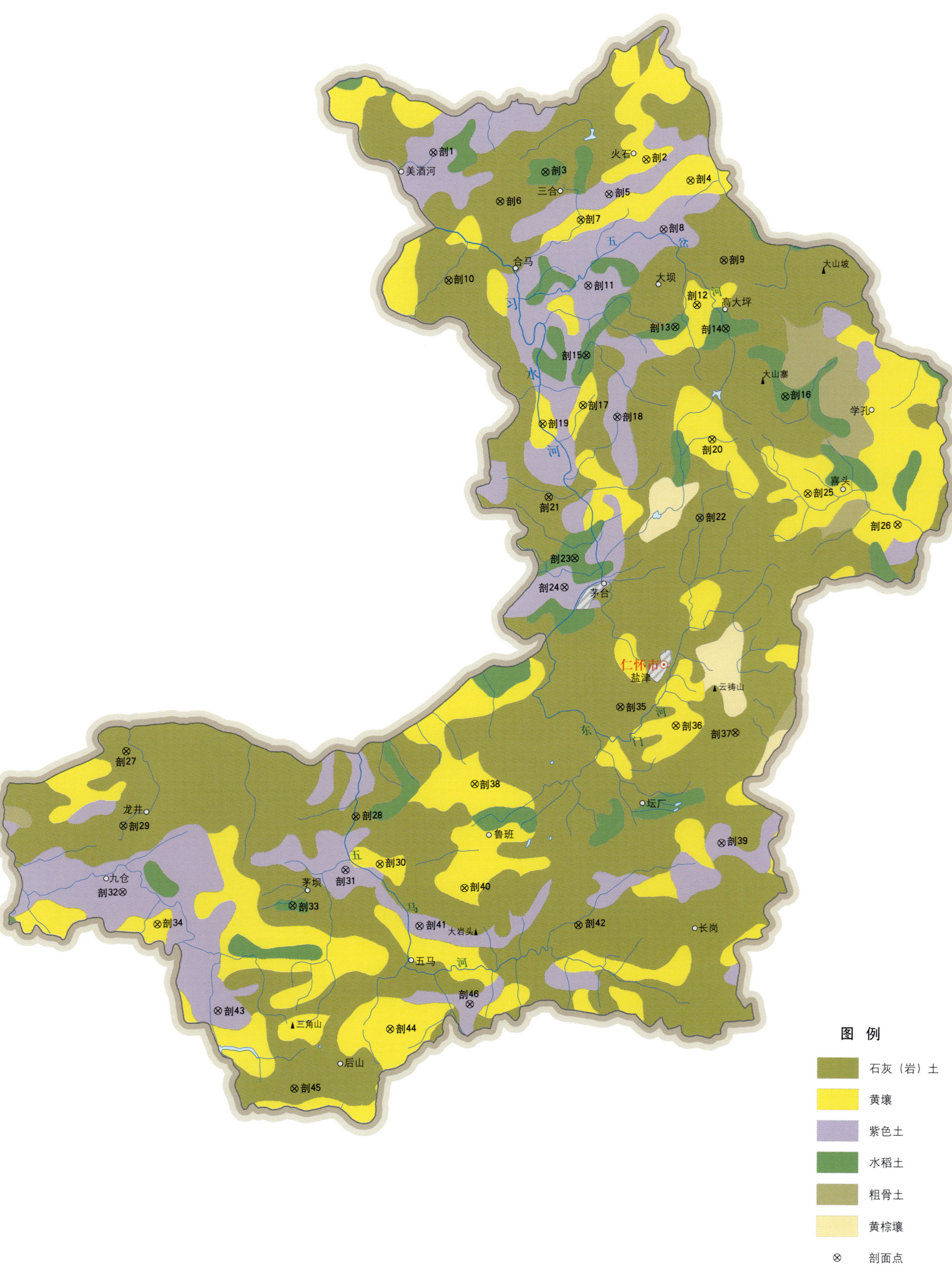

注：国务院 2018 年 12 月批准，撤销仁怀县，设立仁怀市。

仁怀市土壤剖面理化性状表

剖面号 Soil profile	土纲 Soil order	土类 Soil great group	亚类 Soil subgroup	土属 Soil genus	土种 Soil species	土层码 Layer code	土层厚度 Depth/cm	颜色 Soil color	质地 Soil texture	土壤结构 Soil structure	pH	有机质 OM/(g/kg)	全氮 TN/(g/kg)	全磷 TP/(g/kg)	全钾 TK/(g/kg)	有效磷 AP/(mg/kg)	速效钾 AK/(mg/kg)	阳离子交换量 CEC/(cmol/kg)	土壤母质 Parent material	剖面点坐标 Profile coordinate	匹配指数 Matching index/%
剖1	初育土	紫色土	酸性紫色土	酸性紫胶泥土	厚层酸性紫胶泥土	1	0–5	紫色	轻黏土	团粒状	4.2	21.0	0.72	0.09	5.3	微量	9	6.8	泥岩风化物	E 106°16′13.3″ N 28°06′06.9″	76
						2	5–25	紫黄色	轻黏土	团粒状											
剖2	铁铝土	黄壤	漂洗黄壤	硅铝质漂洗黄壤	漂洗黄泡土	Aa	0–17	灰白色	中壤土	粒状	5.2	15.3	0.82	0.64		6.0	128			E 106°24′21.6″ N 28°05′48.1″	88
						E	17–23	灰白色	中壤土	块状	5.0	5.8	0.86	0.51		6.0					
						BC	23–80	浅黄色	重壤土	块状	4.6	4.1	0.58	0.72		微量					
						C	80—	黄色													
剖3	人为土	水稻土	渗育水稻土	白砂泥田	轻白砂泥田土	1	0–20	紫色	重壤土	块状	6.5	16.7	1.08	0.05	1.3	1.1	60	9.7		E 106°20′30.1″ N 28°05′25.1″	81
						2	20–32	紫黄色	中壤土	片状	7.5	7.8	0.50	0.11							
						3	32–80	灰白色	中壤土	柱状	7.5	1.8	0.29	0.11							
剖4	铁铝土	黄壤	粗骨性黄壤	砾石黄砂土	砾石黄砂土	1	0–25	灰白色	重壤土	粒状	7.4	3.8	0.33	0.08	8.2	微量	27	9.1	砂岩风化物	E 106°26′02.8″ N 28°05′04.6″	70
						2	25–80	黄色	中壤土	粒状	6.2	7.0	0.70	0.10	13.9						
剖5	初育土	紫色土	中性紫色土	中性血泥土	中性血泥土	1	0–19	棕色	中壤土	粒状	6.9	11.0	0.72	0.67	14.3	微量	17	22.1	砂岩风化残积物	E 106°22′55.6″ N 28°04′39.0″	83
						2	19–40	棕色	轻壤土	粒状	6.9	10.1	0.77	0.50							
						3	40–80														
剖6	初育土	石灰(岩)土	黄色石灰土	砂泥质黄色石灰土		1	0–18	灰黄色	轻壤土	粒状	6.8	6.7	1.97	0.30	6.7	4.5	155	8.2	页岩风化物	E 106°18′45.1″ N 28°04′26.7″	74
						2	18–35	紫灰色	轻黏土	团粒状											
剖7	铁铝土	黄壤	黄壤	黄泥土	生黄泥土	1	0–17	浅黄色	轻黏土	块状	5.6	15.0	0.97	0.40	4.6	1.5	45	11.4	白云岩风化残积物	E 106°21′50.3″ N 28°03′47.2″	100
						2	17–28	黄色	中黏土	块状	5.6	10.5		0.25							
						3	28–80	黄色	中黏土	块状	5.6	7.4		0.17							
剖8	初育土	紫色土	中性紫色土	中性紫色泥土	厚层中性紫色泥土	1	0–20	紫色	轻壤土	粒状	7.0	20.3	2.50	0.76	5.5	0.7	50	19.3	第四纪紫色黏土	E 106°25′00.1″ N 28°03′25.9″	81
剖9	初育土	石灰(岩)土	黄色石灰土	黏土次生黄色石灰土	黏土次生黄色石灰土	1	0–20	暗棕色	中壤土	团粒状	6.9	31.6	1.14	0.19	2.2	微量	9	16.3	页岩风化物	E 106°27′17.6″ N 28°02′22.2″	96
						2	20–45	暗棕色	中壤土	粒状											
剖10	初育土	石灰(岩)土	黑色石灰土	灰砂泥田	灰油砂土	1	0–24	暗棕色	重壤土	团粒状	7.6	24.0	3.46	0.89		微量	29		白云岩风化残积物	E 106°16′45.8″ N 28°01′47.6″	80
						2	24–80	暗棕色	重壤土	粒状	7.4	31.9	1.98	0.69		2.5	347				
剖11	初育土	紫色土	酸性紫色土	酸性紫胶泥土	酸性死紫胶泥土	1	0–20	紫红色	砂壤土	小块状	6.6	2.3	0.79	0.66		微量			泥岩风化物	E 106°22′05.9″ N 28°01′34.0″	75
						2	20–39	紫红色	重壤土	块状	6.8	5.8	0.74	0.63							
						3	39–80	灰色	中壤土	块状	5.2	2.7	0.50	0.10		1.5	31				
剖12		黄壤	黄壤	黄泥土	厚黄泥	0	0–2	褐色			4.5								页岩风化物	E 106°26′15.0″ N 28°00′52.8″	78
						Oi	2–9	暗黄棕色	多砾质黏壤土	小粒状	4.9	58.7	1.44	0.33	3.7	4.5		19.4			
						A	9–22	灰黄色	少砾质黏壤土	块状	5.3	34.1	1.08	0.30	2.4	1.5		14.1			
						B₁	22–38	蜡黄色	多砾质黏壤土	块状	5.4	20.0	0.76	0.37	7.0			9.9			
						B₂	38–89														
						C	89—														
剖13	铁铝土	水稻土	淹育水稻土	大土泥田	大土泥田	1	0–18	浅黄色	中黏土	小块状	6.0	48.2	2.29	0.60		微量		26.1	石灰岩风化残积物	E 106°25′25.0″ N 28°00′09.0″	85
						2	18–28	灰黄色	轻壤土	块状	6.7	45.0	2.26	0.67							
						3	28–80	棕黄色	重壤土	柱状	5.1	2.3	2.42	0.38	7.8	微量	231				
剖14	人为土	水稻土	潴育水稻土	油大眼黄泥田	大眼黄泥田	1	0–21	浅黄色	轻壤土	团粒状	6.4	34.3	1.29	0.69	2.5	微量	207	11.4	紫黄色紫土	E 106°27′20.5″ N 28°00′04.3″	91
						2	21–30	黄色	轻壤土	小块状	5.8	15.7	0.60	0.38							
						3	30–60	黄色	轻壤土	块状	5.6	3.1	0.70	0.12							
						4	60–80	浅黄色	重黏土	粒状	5.6	8.6	0.40	0.12							

续表 Continued

剖面号 Soil profile	土纲 Soil order	土类 Soil great group	亚类 Soil subgroup	土属 Soil genus	土种 Soil species	土层码 Layer code	土层厚度 Depth/cm	颜色 Soil color	质地 Soil texture	土壤结构 Soil structure	pH	有机质 OM/(g/kg)	全氮 TN/(g/kg)	全磷 TP/(g/kg)	全钾 TK/(g/kg)	有效磷 AP/(mg/kg)	速效钾 AK/(mg/kg)	阳离子交换量CEC/(cmol/kg)	土壤母质 Parent material	剖面点坐标 Profile coordinate	匹配指数 Matching index/%
剖15	人为土	水稻土	渗育水稻土	白砂泥田	重白砂泥田	1	0–18	暗灰色	轻黏土	团粒状	5.2	10.2	1.35	0.12		2.2	189		砂岩风化物	E 106°22′00.1″ N 27°59′13.6″	73
						2	18–25	浅灰色	重壤土	团粒状	5.0	16.2	0.90	0.12							
						3	25–60	浅灰色	重壤土	块状	5.2	11.2	4.09	0.09							
						4	60–80	黄灰色	重黏土	块状	5.8	6.5	0.51	0.09							
剖16	人为土	水稻土	潴育水稻土	油大眼黄泥田	扁油砂泥田	1	0–18	暗灰色	重黏土	团粒状	5.8	27.2	1.29	0.36	2.2	5.5	134	10.2	页岩风化物	E 106°29′35.5″ N 27°57′45.9″	99
						2	18–28	灰黄色	重黏土	块状	6.0	22.9	1.20	0.33							
						3	28–50	灰黄色	重黏土	块状	6.9	11.1	0.90	0.21							
						4	50–80	黄色	重黏土	粒状	6.0	11.2	0.79	0.46							
剖17	黄壤	粗骨性黄壤	砾质黄泥土	煤泥土	1	0–18	黑色	轻壤土	团粒状	6.6	9.1	0.80	0.01	7.3	217.8			炭质页岩风化物	E 106°21′51.5″ N 27°57′33.1″	85
						2	18–45	黑色	中壤土	块状	6.8	49.4	2.63	0.57	61.7						
						3	45–														
剖18	紫色土	中性紫色土	中性紫胶泥土	中性死胶泥土	1	0–20	紫红色	中壤土	整体状	7.5	19.0	1.44	0.84	4.6	6.6	7	17.1	泥页岩风化物	E 106°23′10.1″ N 27°57′08.5″	70
						2	20–38	紫红色	中壤土	整体状	7.2	21.2				4.3					
						3	38–				7.3	24.0			微量	1.4					
剖19	黄壤	粗骨性黄壤	砾质黄泥土	扁砂土	1	0–20	暗黄色	中壤土	块状	7.1	21.1	0.89	0.29	22.6				石灰岩风化物	E 106°20′19.0″ N 27°56′56.0″	84
						2	20–60	灰黄色	轻壤土	团粒状	6.5	1.3	0.78	0.69			88				
剖20	铁铝土	黄壤	灰砂泥土	浅灰砂泥土	1	0–17	浅黄色	重黏土	片状	7.2	15.5	0.85	0.36					白云岩风化坡积物	E 106°26′46.7″ N 27°56′21.1″	91
						2	17–60	黄色	重黏土	片状	7.2	17.8	1.07	0.12	35.4	61.2					
						3	60–80	暗棕色	轻黏土	粒状	7.0	15.2	0.78	0.07	49.9						
剖21	初育石灰（岩）土	黑色石灰土	黑泥土	死胶泥土	1	0–15	灰黄色	重壤土	砂状	7.2	31.9	1.41	0.38	2.2	微量	170	36.0	泥灰岩风化残积物	E 106°20′31.5″ N 27°54′27.5″	73
						2	15–32	暗黄色	中壤土	块状	7.2	15.5	0.85	0.36		微量					
剖22	初育石灰（岩）土	黑色石灰土	白云岩黑色石灰土	厚层白云岩黑色石灰土	1	0–21	灰黄色	中壤土	整体状	5.6	17.8	14.70	1.48	2.9	8.1	84	19.4	白云岩风化坡积物	E 106°26′17.0″ N 27°53′42.6″	93
						2	21–80	黄色	中壤土	整体状	5.2	13.3	0.70	0.13	2.1	5.5	16	9.3			
剖23	人为土	水稻土	渗育水稻土	白砂泥田	中白砂泥田	1	0–15	暗灰色	中壤土	团粒状	5.1	5.4	0.70	0.15					砂岩风化坡积物	E 106°21′29.9″ N 27°52′23.5″	99
						2	15–23	暗灰色	中壤土	粒状	5.3	6.4	0.60	0.09							
						3	23–80	灰白色	中壤土	块状	5.4	7.7	0.79	0.39		1.1	39				
剖24	紫色土	酸性紫色土	酸性紫泥土	酸性羊肝土	1	0–17	紫色	中壤土	片状	5.8	5.6	0.80	4.02		0.9			页岩风化物	E 106°21′05.8″ N 27°51′25.2″	97
						2	17–50	紫色	中壤土	粒状	5.4	17.7	1.12	0.75		3.5					
剖25	黄壤	黄壤	豆面黄泥土	豆面黄泥土	1	0–18	暗棕色	重壤土	粒状	5.4	12.3	0.83	0.70		3.0	170		石灰岩风化坡积物	E 106°30′24.8″ N 27°54′28.8″	91
						2	18–59	浅棕色	重壤土	粒状	5.4	7.3	0.89	0.43		2.2					
						3	59–80	黄棕色	重壤土	粒状	4.6	4.1	0.58	0.72		微量					
剖26	黄壤	灰化黄壤	灰化小粉土	灰化灰泡土	1	0–19	暗棕色	重壤土	粒状	6.8	17.8	0.96	0.31		0.7	138		缝石灰岩风化坡积物	E 106°33′49.3″ N 27°53′24.4″	84
						2	19–30	暗棕色	中壤土	块状	6.2	1.2	0.77	0.28		2.0					
						3	30–80	黄色	中壤土	小块状	6.9	19.9	0.84	0.12	5.9	微量	23	8.8			
剖27	黑色石灰（岩）土	黑色石灰土	黑泥土	胶泥土	1	0–21	暗黄色	轻黏土	片状	7.2	30.0	1.09	0.25		1.5	53		砂岩风化坡积物	E 106°04′21.4″ N 27°46′00.5″	83
						2	21–48	浅黄色	中壤土	块状	7.2	16.7	0.79	0.29							
						3	48–80	灰黄色	中壤土	块状	7.6	24.3	11.92	0.47							
剖28	黄色石灰（岩）土	黄色石灰土	大土泥土	大土泥土	1	0–18	黄棕色	轻壤土	团粒状	6.8	13.1	0.76	0.11	15.2	4.4	134	10.5	石灰岩风化物	E 106°13′05.2″ N 27°43′44.9″	98
						2	18–57	黄棕色	重壤土	块状	6.8	12.0	0.79	0.36		1.0					
剖29	初育石灰（岩）土	黄色石灰土	黄色石灰土	厚层黄色石灰土	1	0–8	黄棕色	重壤土	块状	5.7	10.3	2.60	0.34	11.1	3.1	227	20.5	泥灰岩风化物	E 106°04′13.8″ N 27°43′30.0″	71
						2	8–63	黄色	中壤土	粒状	6.7	3.8	0.55	0.08		微量	128				
剖30	铁铝土	黄壤	灰化灰泡泥土	灰化黄泡泥土	1	0–17	黄色	中壤土	片状	5.2	15.3	0.82	0.64		5.9			砂页岩风化物	E 106°13′59.5″ N 27°42′08.3″	75
						2	17–23	黄色	重黏土	块状	5.0	5.8	0.86	0.51		6.3					
						3	23–80														

续表 Continued

剖面号 Soil profile	土纲 Soil order	土类 Soil great group	亚类 Soil subgroup	土属 Soil genus	土种 Soil species	土层码 Layer code	土层厚度 Depth/cm	颜色 Soil color	质地 Soil texture	土壤结构 Soil structure	pH	有机质 OM/(g/kg)	全氮 TN/(g/kg)	全磷 TP/(g/kg)	全钾 TK/(g/kg)	有效磷 AP/(mg/kg)	速效钾 AK/(mg/kg)	阳离子交换量CEC/(cmol/kg)	土壤母质 Parent material	剖面点坐标 Profile coordinate	匹配指数 Matching index/%
剖31	初育土	紫色土	石灰性紫色土	钙质紫色土	钙质厚层紫砂土	1	0—18	紫色	中壤土	粒状	7.6	13.9	6.49	0.18	15.9	微量			砂岩风化物	E 106° 12′ 41.0″ N 27° 41′ 56.5″	92
						2	18—35	紫色	中壤土	粒状											
剖32	初育土	紫色土	酸性紫色土	硅质酸性紫色土	硅质厚层酸性紫砂土	1	0—3	紫红色	砂壤土	粒状	5.6	3.1	0.31	0.04	0.5	微量	6	7.9	砂岩风化物	E 106° 04′ 11.3″ N 27° 41′ 15.0″	97
						2	3—30	紫红色	砂壤土	块状											
						3	30—60	紫红色	砂壤土	块状											
剖33	人为土	水稻土	潴育水稻土	油大眼黄泥田	豆面泥田	1	0—17	黄棕色	重黏土	核状	6.1	29.9	1.20	0.28	10.3	2.3	35	13.4	页岩风化物	E 106° 10′ 39.4″ N 27° 40′ 44.4″	81
						2	17—32	黄棕色	重黏土	片状	6.3	35.9	0.99	0.27							
						3	32—61	黄棕色	重黏土	块状	6.2	32.1	1.04	0.59							
						4	61—70	黄棕色	重黏土	块状	6.7	12.3	0.44	0.52							
						5	70—														
剖34	铁铝土	黄壤	黄壤	黄泡土	黄泡土	1	0—19	暗棕色	重壤土	粒状	5.2	3.9	0.39	0.03		2.6	207		砂页岩风化物	E 106° 05′ 30.7″ N 27° 40′ 08.6″	100
						2	19—26	暗棕色	重壤土	粒状	5.2	1.4	1.18	1.80		微量					
						3	26—80	暗棕色	重壤土	片状	4.9	8.9	0.90	1.40							
剖35	初育土	石灰(岩)土	黄色石灰土	硅镁质淋溶石灰土	厚层硅质淋溶石灰土	1	0—15	暗棕色	轻壤土	团粒状	7.4	14.1	0.83	0.22	9.1	微量			白云岩风化坡积物	E 106° 23′ 11.7″ N 27° 47′ 21.9″	75
						2	15—35	浅黄色	中壤土	团粒状											
剖36	铁铝土	黄壤	黄壤	铁质黄壤		1	0—12	浅黄色	重壤土	块状	5.3	3.3	0.59	1.95					页岩风化物	E 106° 25′ 18.2″ N 27° 46′ 42.5″	74
						2	12—46	黄色	重壤土	粒状											
						3	46—80	浅黄色	重壤土	粒状											
剖37	初育土	石灰(岩)土	黑色石灰土	黑泥土	胶泥土	1	0—12	黑色	重壤土	核状	7.6	27.2	1.20	0.51	9.1	微量	44	24.0	泥灰岩风化残积物	E 106° 27′ 34.5″ N 27° 16′ 27.3″	91
						2	12—50	暗棕色	重壤土	块状	7.8	22.2	1.20	0.28	11.1	微量	125	24.3			
						3	50—														
剖38	铁铝土	黄壤	粗骨质黄壤	硅铁质黄壤	中性羊肝土	1	0—10	暗棕色	中壤土	团粒状	5.6	35.0	2.60	0.08	2.7	微量	17	16.1	岩石风化物	E 106° 17′ 37.3″ N 27° 44′ 48.5″	97
						2	10—50	暗棕色	中壤土	团粒状											
剖39	紫色土	紫色土	中性紫色土	中性紫砂土	扁砂泥土	1	0—16	紫色	轻壤土	粒状	6.5	24.7	7.15	0.57	11.0	4.2			页岩风化物	E 106° 27′ 01.1″ N 27° 42′ 44.5″	72
						2	16—35	紫色	轻壤土	粒状	6.6	29.7	0.60	0.21	微量	1.3					
						3	35—46	紫色	中壤土	粒状	6.6	9.3	0.26	0.04	微量	微量					
剖40	铁铝土	黄壤	中性紫色土	砾质黄泥土		1	0—16	暗棕色	轻黏土	小块状	7.0	5.1	0.74	0.07	微量	52.1			石灰岩风化物	E 106° 17′ 12.5″ N 27° 41′ 17.5″	97
						2	16—25	暗棕色	轻黏土	块状	7.4	24.3	0.90	0.33							
						3	25—49	暗棕色	轻黏土	粒状	7.4	25.0	0.70	0.30							
						4	49—80	暗棕色	轻黏土	粒状	7.2	20.6	0.24	0.28							
剖41	初育土	紫色土	中性紫色土	中性紫砂土		1	0—14	紫色	重壤土	粒状	6.8	7.0	4.57	0.35		0.7	4		页岩风化物	E 106° 15′ 29.2″ N 27° 40′ 01.2″	90
						2	14—20	紫色	轻壤土	块状	6.7	7.6	0.51	0.39		微量					
						3	20—														
剖42	初育土	石灰(岩)土	酸性紫色土	酸性紫砂泥土	酸性疏矿紫砂土	1	0—18	暗棕色	中壤土	团粒状	6.9	101.2	10.50	0.23	10.9		185	12.3	页岩风化物	E 106° 21′ 32.4″ N 27° 40′ 00.1″	78
						2	18—44	紫色	中壤土	块状	7.0	21.1	1.33	0.73							
						3	44—				7.0	10.9	1.29	0.69							
剖43	铁铝土	黄壤	黄壤	黄砂泥土	板板土	1	0—18	紫红色	轻壤土	粒状	6.3	7.8	0.91	0.12	3.2	1.0	62	10.2	砂岩风化物	E 106° 07′ 47.6″ N 27° 37′ 11.6″	88
						2	18—42	紫色	中壤土	块状	6.2	7.1	0.70	0.17		1.0					
剖44	初育土	紫色土	黄壤			1	0—17	浅黄色	轻黏土	块状	5.5	19.1	4.09	0.57	8.7	8.1	262		砂岩风化物	E 106° 14′ 20.8″ N 27° 36′ 32.8″	80
						2	17—56	浅黄色	轻黏土	粒状	4.8	1.5	0.28	0.03			73				
剖45	初育土	石灰(岩)土	黑色石灰土	黑泥土	死胶泥土	1	0—18	紫色	中壤土	块状	7.0	12.4	0.65	0.10	2.2	微量	170	36.0	页岩风化物	E 106° 10′ 41.3″ N 27° 34′ 34.7″	79
						2	18—80	浅黄色	中壤土	粒状	7.2	31.9	1.81	0.38	4.8	微量					
剖46	初育土	紫色土	中性紫色土	中性紫砂泥土	中性薄层紫泥土	1	0—19	浅黄色	中壤土	粒状	7.0	7.3	0.61	0.23	4.8	7.8			砂岩风化物	E 106° 17′ 23.0″ N 27° 37′ 21.5″	84
						2	19—60	浅黄色	中壤土	块状	7.8	1.4	0.55	0.20	9.3						

安 顺 市

市 辖 区

主要土类说明

黄壤是安顺市主要土壤类型，占本市地域面积的35%。黄壤发育于温暖湿润的亚热带气候条件下，集中分布在低中山和低山丘陵，含有较多水合氧化铁，土体多呈黄色，具 A-B-C 剖面构型。自然植被主要为常绿阔叶林。成土母质极其广泛，本市各地的非钙质基岩和古风化壳地段均有分布。黏土矿物以蛭石为主，具有较强的脱硅富铝化过程，黏粒硅铝率为 1.5—2.7。

水稻土是安顺市第二大土壤类型，占本市地域面积的31%。水稻土是在长期的季节性淹灌、水下翻耕、季节性脱水、氧化还原交替影响下，原来的成土母质或母土的特性发生重大改变形成的新的土壤类型。由于干湿交替，水稻土形成糊状的淹育层、较坚实板结的犁底层、渗育层、潴育层与潜育层等多种发生层。

石灰（岩）土是安顺市第三大土壤类型，占本市地域面积的26%。石灰（岩）土为岩成土，由石灰岩、白云岩、钙质岩类风化物，覆盖在石灰岩上的薄层古风化壳以及残留的砂页岩类风化残积物和坡积物发育而成。本市各地碳酸岩类出露区域均有石灰（岩）土分布。

石质土占本市地域面积的3%。石质土土壤表层岩石裸露，风化层浅薄，厚度一般小于10cm，风化度低，富含砾石，多碎屑岩粒；风化层下为坚硬岩石层。该土壤广泛分布在侵蚀严重、岩石裸露的石质山地、侵蚀残丘，以及丘顶、山脊、山坡等坡度陡峻的地形部位。

小于本市地域面积3%的土壤类型有黄棕壤、粗骨土和紫色土。

本区域中心区气候特征

本区域中心区气候特征值
Regional climate characteristics in central area of the region

气候带：北亚热带湿润气候 Climate region: North subtropical humid climate	
年平均气温 /℃ Annual average temperature /℃	15.2
年平均最高气温 /℃ Annual average maximum temperature /℃	19.8
年平均最低气温 /℃ Annual average minimum temperature /℃	12.0
年降水量 /mm Annual precipitation /mm	1162
≥10℃的积温 /℃ Daily temperature accumulated in a year（≥10℃）/℃	5542
年日照时数 /h Annual sunshine /h	1279
年平均相对湿度 /% Annual average relative humidity /%	79
干燥度 Dryness	0.77

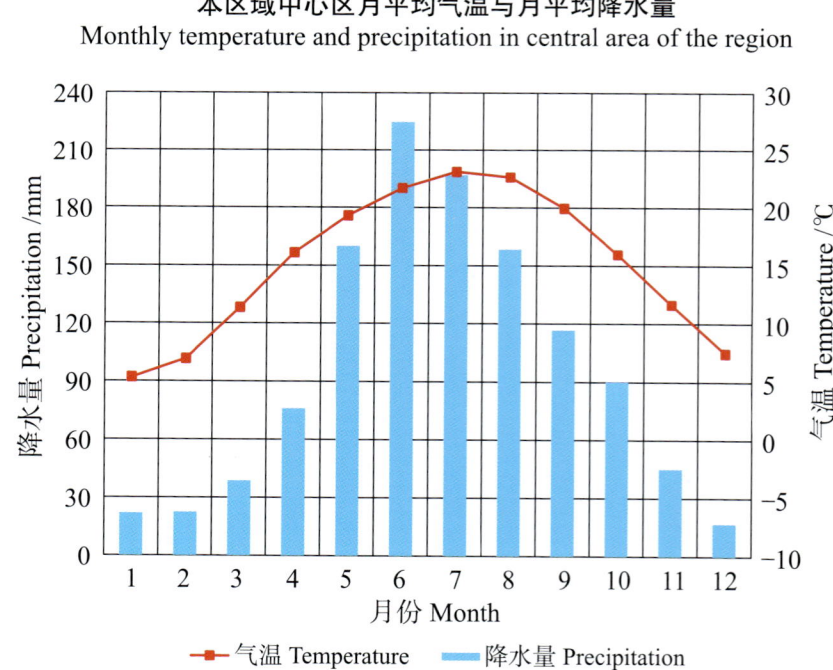

本区域中心区月平均气温与月平均降水量
Monthly temperature and precipitation in central area of the region

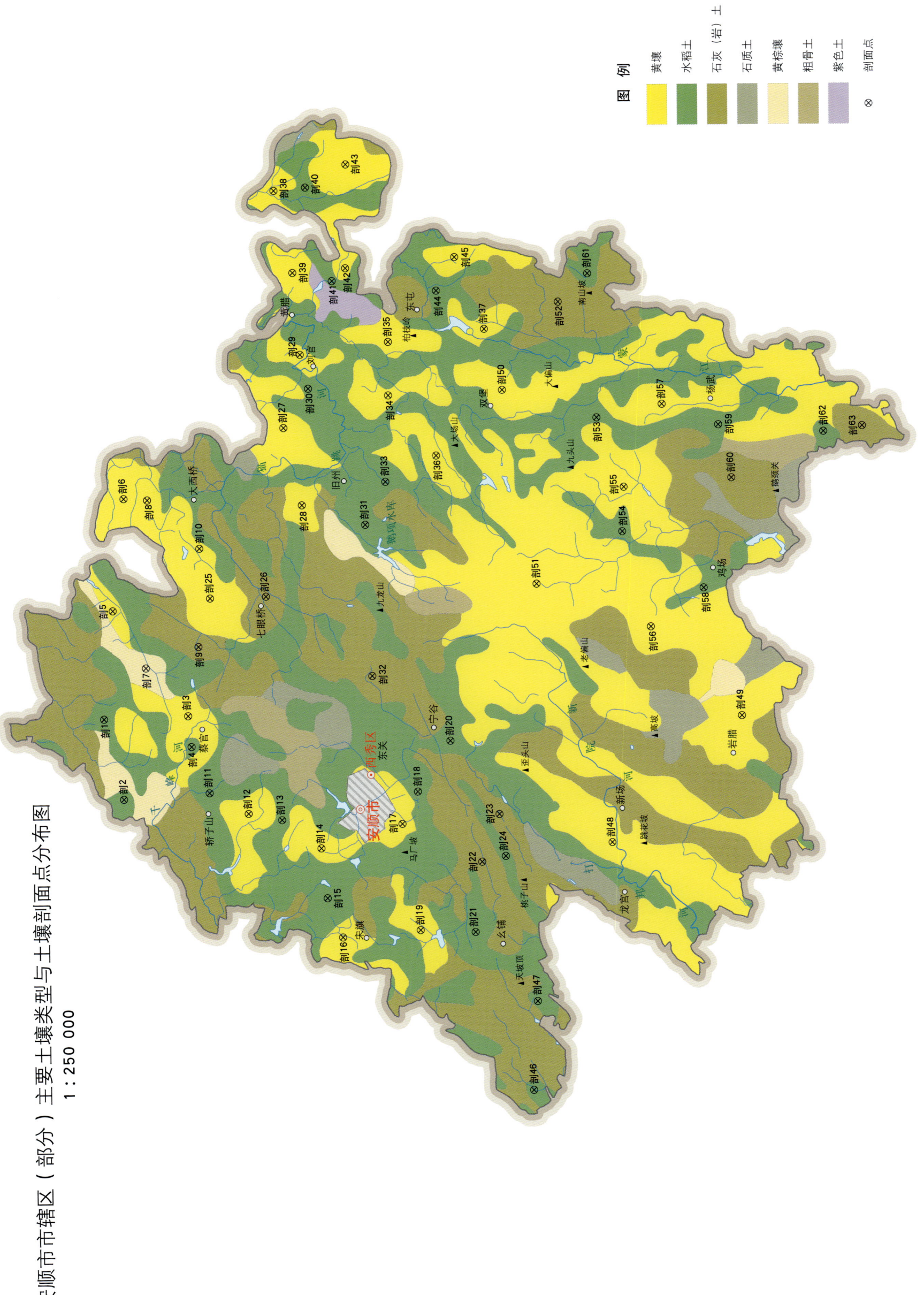

安顺市市辖区（部分）主要土壤类型与土壤剖面点分布图
1∶250 000

安顺市土壤剖面理化性状表

剖面号 Soil profile	土纲 Soil order	土类 Soil great group	亚类 Soil subgroup	土属 Soil genus	土种 Soil species	土层码 Layer code	土层厚度 Depth/cm	颜色 Soil color	质地 Soil texture	土壤结构 Soil structure	pH	有机质 OM/(g/kg)	全氮 TN/(g/kg)	全磷 TP/(g/kg)	全钾 TK/(g/kg)	碱解氮 AN/(mg/kg)	有效磷 AP/(mg/kg)	速效钾 AK/(mg/kg)	阳离子交换量 CEC/(cmol/kg)	土壤母质 Parent material	剖面点坐标 Profile coordinate	匹配指数 Matching index/%
剖1	人为土	水稻土	潴育水稻土	大眼泥田	大眼泥田	1	0—24	黑灰色	轻壤土	粒状	6.5									石灰岩坡积物	E 105°59′26.8″ N 26°23′24.9″	83
						2	24—38	黄灰色	中壤土	核状	6.6											
						3	38—56	黄灰色	轻黏土	棱柱状	6.7											
						4	56—100	黄灰色	中黏土	块状	6.8											
剖2	人为土	水稻土	潴育水稻土	黄泥田	油黄砂泥田	1	0—19	黄灰色	重黏土	粒状	6.8	45.9	1.98	0.87		116	6.0	36		砂页岩坡积物	E 105°56′28.4″ N 26°22′48.0″	76
						2	19—31	黄灰色	轻黏土	块状	6.2	42.9	1.72	0.67		79	6.0	微量				
						3	31—100	灰黄色	中黏土	棱柱状	6.9	42.9	2.88	0.36		66	7.0	微量				
剖3	铁铝土	黄壤	黄壤	白泥土	熟白胶泥土	1	0—20	黄灰色	中壤土	团状	6.5									泥页岩积物	E 105°59′31.2″ N 26°20′35.9″	97
						2	20—30	白色	重壤土	小块状	6.2											
						3	30—50	褐灰色	重壤土	块状	5.8											
剖4	人为土	水稻土	潴育水稻土	紫泥田	紫泥田	1	0—15	褐灰色	中黏土	团状	7.7									页岩坡积物	E 105°58′22.8″ N 26°20′30.1″	86
						2	15—35	棕灰色	重壤土	块状	6.5											
						3	35—100	浅灰色	中黏土	棱柱状	6.5											
剖5	铁铝土	黄壤	黄壤	硅质黄黄壤		1	0—7	棕灰色	砾质轻黏土	粒状	4.4	57.4	2.74	0.62		176	2.0	60	16.3	砂质页岩残坡积物	E 106°03′26.3″ N 26°23′03.5″	94
						2	7—50	黄灰色	砾质中黏土	块状	4.5	8.9	1.19	0.61		54	7.0	微量	15.5			
剖6	铁铝土	黄壤	黄壤	石砾砂土	火石砂土	1	0—17	黑黄色	重壤土	无明显结构	5.3	123.0	4.24	3.02		217	8.0	222	33.1		E 106°07′34.5″ N 26°22′37.6″	90
						2	17—32	黑黄色	重壤土	小块状	5.7	133.0	4.13	2.73		217	5.0	181	27.5			
						3	32—70	黄灰色	重壤土	块状	6.0	71.6	3.68	2.71		139	15.0	157				
剖7	淋溶土	黄棕壤	暗黄棕壤	灰泡土	灰泡砂泥	A	0—17	灰棕色	粉砂质黏土	屑粒状	4.7	91.4	4.49	3.87			7.0	117	32.1	砂页岩互层坡积物、残积物	E 106°01′18.5″ N 26°21′59.0″	77
						B_1	17—30	棕黄色	壤质黏土	块状	4.5	79.3	4.03	3.47			3.0	256	28.9			
						B_2	30—70	浅棕黄色	壤质黏土	块状	4.2	44.1	3.98	2.98			微量	229	22.4			
剖8	铁铝土	黄壤	黄壤	黄黏泥土		A	0—40	暗黄棕色	壤质黏土	团粒状	7.0	47.5	2.37	1.94			64.0	126	18.2	第四纪红色黏土残积物	E 106°07′30.7″ N 26°21′50.4″	95
						B_1	40—79	灰黄色	黏土	粒状夹小块状	6.3	25.5	2.31	1.80	15.1		24.0	73	14.1			
						B_2	79—100	暗黄红色	黏土	块状	5.8	26.9	1.53	1.87	15.2		19.0	95	21.0			
剖9	初育土	石灰(岩)土	棕色石灰土	棕质石灰土	油黄黏土	1	0—18	灰黑色	砾质轻黏土	块状	4.7	60.3	3.54	2.45	13.9	160	4.0	69	33.3	石灰岩残积物	E 106°02′04.2″ N 26°20′12.8″	80
						2	18—40	黑黄色	砾质轻黏土	粒状	4.7	76.6	2.96	2.08		114	7.0	61	35.4			
剖10	铁铝土	黄壤	黄壤	铁质黄壤		1	0—17	黄棕色	重黏土	块状	4.8									玄武岩残积物	E 106°05′41.6″ N 26°20′07.7″	87
						2	17—85	黄灰色	重黏土	核状	4.5											
剖11	人为土	水稻土	潴育水稻土	大眼泥田	黄黄眼泥田	1	0—22	褐黄色	轻黏土	小块状	6.4									石灰岩坡积物	E 105°56′39.4″ N 26°19′56.2″	95
						2	22—33	黄灰色	重黏土	核状	6.7											
						3	33—100	黄灰色	轻黏土	棱柱状	6.9											
剖12	铁铝土	黄壤	黄壤	白泥土	白胶泥土	1	0—10	浅灰色	中黏土	块状	6.4									泥页岩坡积物	E 105°55′52.0″ N 26°18′38.2″	82
						2	10—20	浅灰色	重黏土	块状	6.6											
						3	20—65	灰褐色	砂土	小块状	5.8											
剖13	铁铝土	黄壤	黄壤	大泥土	大泥田	1	0—12	浅红色	砂壤	小块状	5.7									石灰岩残积物	E 105°55′36.5″ N 26°17′31.3″	92
						2	12—74	浅红色	重壤土	粒状	5.2	34.3	3.70	1.11		165	6.8	216	15.9			
剖14	铁铝土	黄壤	黄壤	黄泥土	黄泥田	1	0—12	灰黄色	轻壤土	核状	4.7	30.0	2.20	1.27		165	6.0	128	16.1	砂页岩坡积物	E 105°54′32.4″ N 26°16′13.1″	98
						2	12—22	紫红色	中壤土	棱状	4.5	13.5	2.02	0.99		105	16.0	45				
						3	22—35	紫红色	重壤土	块状	7.0											
剖15	人为土	水稻土	潴育水稻土	潮泥田	潮泥田	1	0—26	紫红色	轻黏土	块状	6.8									河流冲积物	E 105°52′41.7″ N 26°16′02.5″	99
						2	26—38	紫红色	中黏土	块状	6.7											
						3	38—100	紫红色	重黏土	棱柱状												

续表 Continued

剖面号 Soil profile	土纲 Soil order	土类 Soil great group	亚类 Soil subgroup	土属 Soil genus	土种 Soil species	土层码 Layer code	土层厚度 Depth/cm	颜色 Soil color	质地 Soil texture	土壤结构 Soil structure	pH	有机质 OM/(g/kg)	全氮 TN/(g/kg)	全磷 TP/(g/kg)	全钾 TK/(g/kg)	碱解氮 AN/(mg/kg)	有效磷 AP/(mg/kg)	速效钾 AK/(mg/kg)	阴离子交换量CEC/(cmol/kg)	土壤母质 Parent material	剖面点坐标 Profile coordinate	匹配指数 Matching index/%
剖16	铁铝土	黄壤	黄壤	细黄泥土	细黄泥土	1	0—18	棕黄色	轻黏土	粒状	6.1	19.8	1.50	1.69		124	2.0	187		风化壳残积物	E 105°51′14.1″ N 26°15′33.2″	92
剖17	铁铝土	黄壤	黄壤	细黄泥土	熟黄泥土	2	18—100	黄色	中壤土	块状	6.0	12.3	1.49	1.79		116	2.0	55		风化壳坡积物	E 105°55′23.8″ N 26°13′29.4″	87
						1	0—22	棕色	重壤土	团状	6.8											
						2	22—38	棕色	重黏土	核状	6.6											
						3	38—58	棕黄色	轻黏土	块状	6.5											
						4	58—90	深灰色	中壤土	大块状	6.5											
剖18	人为土	水稻土	潴育水稻土	潮泥田	潮砂泥田	1	0—18	黄棕色	重壤土	核状	7.2									河流冲积物	E 105°56′35.5″ N 26°12′57.2″	81
						2	18—27	黄灰色	重黏土	块状	7.0											
						3	27—60	青灰色	轻黏土	棱柱状	7.0											
						4	60—100	黄灰色	重壤土	紧块状	6.8											
剖19	铁铝土	黄壤	黄壤	细黄泥土	死黄泥土	1	0—12	黄棕色	重黏土	小块状	5.8									风化壳残积物	E 105°51′27.4″ N 26°12′56.9″	84
						2	12—25	黄色	重黏土	核柱状	5.8											
						3	25—100	黄色	重黏土	块状	6.0											
剖20	人为土	水稻土	潴育水稻土	潮泥田	淤泥田	1	0—14	黑灰色	重壤土	核状	7.5	72.1	3.96	2.53		260	26.0	93		洪水冲积物	E 105°58′26.7″ N 26°11′50.4″	82
						2	14—24	黄色	重黏土	核柱状	7.7	73.4	4.14	2.79		265	24.0	68				
						3	24—36	灰棕色	重黏土	块状	7.9	40.1	3.93	2.51		181	13.0	19				
						4	36—85	黄灰色	轻黏土	棱柱状	7.5	26.4	2.74	2.38		149	16.0	53				
剖21	人为土	水稻土	潴育水稻土	大眼泥田	黑泥田	1	0—19	灰黑色	重黏土	团状	7.2									石灰岩残积物	E 105°51′21.2″ N 26°11′06.7″	85
						2	19—31	黑色	中壤土	块状	7.0											
						3	31—100	黑灰色	重黏土	棱柱状	8.0											
剖22	初育土	石灰（岩）土	黑色石灰土	砂砾质黑色石灰土		1	0—7	黑棕色	轻壤土	核状	7.0									石灰岩残积物	E 105°53′56.8″ N 26°10′50.9″	87
						2	7—15	棕红色	重黏土	粒状	6.8											
剖23	初育土	石灰（岩）土	黑色石灰土	壤土质黑色石灰土		1	0—13	黑色	重黏土	核状	6.8									石灰岩残积物	E 105°55′42.8″ N 26°10′14.5″	82
						2	13—28	褐棕色	中壤土	粒状	6.9											
						3	28—42	褐棕色	重壤土	棱柱状	7.0											
剖24	人为土	水稻土	潴育水稻土	大眼泥田	黄黏泥田	1	0—17	灰黄色	重黏土	小块状	5.6	49.5	4.52	2.23	20.4	158	6.0	172	14.3	砂页岩坡积物	E 105°54′08.6″ N 26°10′03.4″	100
						2	17—32	灰黄色	重黏土	块状	5.8	40.8	2.20	1.97	25.9	98	5.00	136	12.2			
						3	32—100	黄色	黏土	棱柱状	5.3	16.2	1.80	1.56	24.2	84	微量	119	11.5			
剖25	铁铝土	黄壤	黄壤	厚黄黏泥土		A	0—10	黄棕色	轻砾质黏壤土	粒状	5.5	34.0	2.05	1.10			2.0	105		第四纪黏土堆积物	E 106°03′50.8″ N 26°19′48.0″	79
						B	10—49	浅黄棕色	中砾质黏壤土	小块状	5.3	5.4	0.76	1.10			微量	66				
						C	49—100	棕色	黏土	棱柱状	5.4	3.0	0.74	1.40			微量	84				
剖26	初育土	石灰（岩）土	红色石灰土	壤土质红色石灰土		1	0—20	红棕色	中壤土	小块状	7.0									白云质灰岩坡积物	E 106°03′52.6″ N 26°17′55.2″	93
剖27	铁铝土	黄壤	黄壤	砂黄泥土	砂黄泥田	1	0—15	灰黄色	重黏土	小块状	6.8	27.9	2.35	1.33		92	19.5	22	22.8	砂页岩坡积物	E 106°10′05.5″ N 26°17′13.9″	100
						2	15—100	灰黄色	重壤土	核状	5.5	12.3	1.72			46	微量	5				
剖28	铁铝土	黄壤	黄壤	黄胶泥土	黄胶泥田	1	0—18	灰黄色	中壤土	块状	5.9	62.3	5.40	2.54		229	7.4	445	25.1	泥页岩坡积物	E 106°07′13.8″ N 26°16′39.7″	81
						2	18—29	褐黄色	重黏土	小块状	4.9	37.0	2.55	1.63		123	3.2	138	20.2			
						3	29—52	暗黄色	重黏土	肩粒状	4.7	13.4	1.37	0.74		49	微量	51				
剖29	铁铝土	黄壤	黄壤	黄泥土	蒙黄泥土	1	0—16	灰黄色	中壤土	核状	4.5	7.6	1.96	1.53		119	6.0	94		砂页岩坡积物	E 106°12′46.8″ N 26°16′38.3″	95
						2	16—28	黄黄色	重黏土	块状	5.8	35.7	1.80	1.27		114	5.0	68				
						3	28—55	黄色	中壤土	粒状	5.4	27.9	1.60	1.38		123	2.0	61				
剖30	人为土	水稻土	潴育水稻土	大眼泥田	潴育大黄泥田	1	0—17	褐棕色	轻黏土	小块状	6.4									石灰岩坡积物	E 106°11′31.0″ N 26°16′22.8″	94
						2	17—28	灰褐色	中壤土	核柱状	6.6											
						3	28—78	灰褐色	重壤土	块状	6.8											

续表 Continued

剖面号 Soil profile	土纲 Soil order	土类 Soil great group	亚类 Soil subgroup	土属 Soil genus	土种 Soil species	土层码 Layer code	土层厚度 Depth/cm	颜色 Soil color	质地 Soil texture	土壤结构 Soil structure	pH	有机质 OM/(g/kg)	全氮 TN/(g/kg)	全磷 TP/(g/kg)	全钾 TK/(g/kg)	碱解氮 AN/(mg/kg)	有效磷 AP/(mg/kg)	速效钾 AK/(mg/kg)	阳离子交换量CEC/(cmol/kg)	土壤母质 Parent material	剖面点坐标 Profile coordinate	匹配指数 Matching index/%
剖31	人为土	水稻土	淹育水稻土	大泥田	大黄泥田	1	0—21	灰黑色	轻黏土	粒状	6.8	81.2	4.40	2.20		235	4.0	166		石灰岩坡积物	E 106°06′28.4″ N 26°14′33.4″	90
						2	21—32	灰色	轻黏土	小块状	7.3	81.6	4.50	2.30		221	4.0	38				
						3	32—100	灰黄色	中黏土	块状	7.3	34.8	4.40	2.35		153	5.0	微量				
剖32	初育土	石灰(岩)土	黄色石灰土	黏质黄色石灰土		1	0—13	灰黄色	中黏土	黏块状	7.4	43.3	3.82	1.33		211	2.0	28		石灰岩残积物	E 106°00′52.9″ N 26°14′24.7″	96
						2	13—35	黄色	中黏土	棱块状	7.4	26.2	2.81	0.94		117	2.0	微量				
剖33	人为土	水稻土	潴育水稻土	大眼泥田	大眼黑泥田	1	0—20	灰黄色	砾质重黏土	小块状	6.5	53.6		1.00		168	3.0	140		石灰岩坡积物	E 106°08′02.4″ N 26°13′51.2″	76
						2	20—29	黄色	砾质重黏土	块状	7.0	42.1		1.10		208	4.0	160				
						3	29—45	黄色	砾质重黏土	棱柱状	6.9	43.9		1.25		140	3.0	179				
						4	45—100	棕黄色	重黏土	块状	6.4											
剖34	铁铝土	黄壤	黄砂土	磨石砂土	1	0—17	黄黄色	重壤土	粒状	5.2	26.0	3.65	0.36		116	微量	19		砂岩坡积物	E 106°11′13.1″ N 26°13′42.4″	73
						2	17—32	褐色	重壤土	小块状	5.9	19.0	2.62	0.62		70	微量	13				
						3	32—100	黑黄色	重壤土	块状	5.8	10.1	1.75	0.36		54	微量	微量				
剖35	铁铝土	黄壤	煤山泥土	煤山泥土	1	0—17	浅白色	中壤土	屑粒状	4.8	33.6	2.88	0.91		138	微量	129		砂页岩残积物	E 106°13′12.2″ N 26°13′40.8″	84
						2	17—28	浅灰色	中壤土	粒状	4.6	3.4	0.29	1.21		25	4.0	59	4.9			
						3	28—100	黄色	中壤土	小块状	4.5								12.7			
剖36	铁铝土	黄壤	砂黄泥土	油砂黄泥土	1	0—22	灰黄色	轻壤土	粒状	5.8	40.0	4.36	1.73		116	25.0	264		砂质泥岩坡积物	E 106°08′58.6″ N 26°12′08.3″	93
						2	22—45	黄色	中壤土	小块状	5.0	48.5	5.06	1.07		99	12.0	145				
						3	45—65	黄色	重壤土	核状	5.7	31.1	3.38	0.36		53	4.0	117				
剖37	铁铝土	黄壤	硅铝质黄壤		1	0—25	灰褐色	中壤土	团粒状	4.6	149.3	7.53	2.63		317	7.0	178	39.5	砂页岩残积物	E 106°13′37.6″ N 26°10′27.2″	100
						2	25—65	黄色	重壤土	棱柱状	4.6	22.1	1.51	1.03		123	2.0	27	16.7			
						3	65—100	黄色	重壤土	粒状	4.8	14.5	0.72	2.24		86	2.0	69	26.6			
剖38	铁铝土	黄壤	硅质黄壤		1	0—12	黄灰色	砂壤土	粒状	5.0									砂岩残积物	E 106°18′50.4″ N 26°17′24.7″	92
						2	12—28	灰黄色	轻壤土	小块状	5.1											
						3	28—45	浅黄色	重壤土	块状	4.2	73.5	1.99	2.05		221	3.6	5	23.6			
剖39	铁铝土	黄壤	灰泡黄泥土	灰泡黄泥土	1	0—16	灰黄色	砾质重黏土	屑粒状	4.1	60.5	1.61	2.06		169	2.4	19	20.7	砂页岩坡积物	E 106°15′48.6″ N 26°15′49.8″	85
						2	16—30	棕黄色	砾质重黏土	小块状	4.3	14.6	0.44	1.84		101	1.9	16	16.4			
						3	30—100	棕黄色	砾质重黏土	块状	6.6	68.9		2.06		246	8.0	44				
剖40	人为土	水稻土	潴育水稻土	大眼泥田	熟荞子泥田	1	0—13	黑色	轻黏土	块状	6.8	65.3	2.04	2.04		222	8.0	60		白云岩、古风化壳混积物	E 106°18′56.5″ N 26°16′21.4″	80
						2	13—23	黄灰色	中黏土	棱柱状	6.9	35.9		1.98		186	5.0	微量				
						3	23—85	灰黄色	重黏土	棱柱状	6.3											
剖41	人为土	水稻土	潴育水稻土	大眼泥田		1	0—20	黑黄色	轻壤土	小块状	6.5	41.7	2.21	1.80		213	4.0	456		石灰岩坡积物	E 106°15′28.9″ N 26°15′31.2″	98
						2	20—35	灰灰色	重壤土	块状	6.4	17.1	1.90	1.80		191	2.0	456				
						3	35—60	灰黄色	重壤土	块状	6.3											
						4	60—100	黄色	重壤土	块状	6.3											
剖42	铁铝土	黄壤	硅铁质黄壤		1	0—13	灰黄色	重黏土	粒状	5.7	41.7	2.21	1.80		194	4.0			风化壳	E 106°15′56.7″ N 26°15′03.5″	81
						2	13—100	棕黄色	重黏土	粒状	5.9					159	2.0					
剖43	铁铝土	黄壤	砂黄泥土	油灰土	1	0—18	黑灰色	中壤土	块状	6.5	80.8		4.60		213	41.0	351		砂质岩坡积物	E 106°19′46.2″ N 26°14′59.6″	91
						2	18—26	浅灰色	重壤土	块状	6.6	74.5		5.70		191	44.0	187				
						3	26—45	黄灰色	重壤土	块状	6.0	49.2		3.80		138	10.0	77				
						4	45—100	黄色	重壤土	块状	5.8											
剖44	人为土	水稻土	潴育水稻土	大眼泥田	潴育大泥田	1	0—17	暗褐色	砾质黏土	团状	6.3									石灰岩坡积物	E 106°15′04.0″ N 26°12′02.2″	72
						2	17—29	黄褐色	轻黏土	小块状	6.7											
						3	29—54	黄褐色	砾质中黏土	棱柱状	7.5											
						4	54—100	黑色	重黏土	块状	7.8											

续表 Continued

剖面号 Soil profile	土纲 Soil order	土类 Soil great group	亚类 Soil subgroup	土属 Soil genus	土种 Soil species	土层码 Layer code	土层厚度 Depth/cm	颜色 Soil color	质地 Soil texture	土壤结构 Soil structure	pH	有机质 OM/(g/kg)	全氮 TN/(g/kg)	全磷 TP/(g/kg)	全钾 TK/(g/kg)	碱解氮 AN/(mg/kg)	有效磷 AP/(mg/kg)	速效钾 AK/(mg/kg)	阳离子交换量 CEC/(cmol/kg)	土壤母质 Parent material	剖面点坐标 Profile coordinate	匹配指数 Matching index/%
剖45	铁铝土	黄壤	黄壤	黄泥土	小黄泥土	1	0—21	黄灰色	轻壤土	团状	6.5									砂页岩残积物	E 106°16′17.2″ N 26°11′24.5″	98
						2	21—38	灰黄色	重壤土	小块状	6.3											
						3	38—60	灰黄色	轻壤土	小块状	6.3											
						4	60—90	黄色	轻黏土	块状	6.2											
剖46	人为土	潴育水稻土	黄泥田	油砂黄泥田	1	0—17	浅灰色	重黏土	小块状	6.4									砂质页岩坡积物	E 105°45′32.3″ N 26°09′14.8″	87
						2	17—29	黄灰色	轻黏土	块状	6.7											
						3	29—49	灰黄色	轻黏土	梭柱状	6.7											
						4	49—100	黄棕色	中黏土	梭柱状	6.7											
剖47	人为土	淹育水稻土	大泥田	黑砂泥田	1	0—15	灰黄色	重壤土	粒状	6.6									石灰岩坡积物	E 105°48′47.0″ N 26°09′03.9″	86
						2	15—24	黄灰色	重黏土	块状	6.8											
						3	24—80	黄棕色	轻壤土	块状	6.7											
剖48	铁铝土	黄壤	砂黄泥土	灰土	1	0—14	灰色	中壤土	单粒状	7.0	39.7	1.71	0.71		85	113.5	53		砂质页岩坡积物	E 105°54′35.2″ N 26°06′28.6″	77
						2	14—28	灰白色	砾质轻壤土	块粒状	5.9	8.6	1.68			41	微量	25				
						3	28—100	粉白色	砾质轻壤土	小粒状	5.8	4.7	1.14			18	微量	16				
剖49	铁铝土	黄壤	砂黄泥土	黄砂土	1	0—17	浅黄色	砾质中黏土	核状	6.2	12.0	2.65	2.07		80	4.0	163		砂岩坡积物	E 105°59′12.1″ N 26°02′03.8″	79
						2	17—30	浅黄色	砾质重黏土	小块状	6.1	12.8	1.92			64	0.5	140				
						3	30—65	灰黄色	砾质重黏土	小块状	6.0	10.6	1.75	1.52		61	微量	43				
						4	65—100	灰黄色	中黏土	块状	6.0											
剖50	铁铝土	黄壤	黄砂泥土	黄灰砂土	1	0—17	浅黄色	轻壤土	核状	6.8									砂页岩残积物	E 106°11′21.5″ N 26°09′53.3″	92
						2	17—30	黄灰色	轻壤土	核状	6.9											
						3	30—100	黄灰色	小块土	小块状	6.7											
剖51	铁铝土	黄壤	黄砂泥土	黄砂土	1	0—12	黄灰色	轻壤土	粒状	6.1									砂页岩坡积物	E 106°04′11.4″ N 26°08′51.4″	70
						2	12—29	灰黄色	中壤土	核状	6.1											
						3	29—100	灰黄色	重壤土	核状	6.0											
剖52	初育土	石灰(岩)土	黄色石灰土	砂砾质黄色石灰土	1	0—9	灰黑色	壤质黏土	块状	6.6								15.1	石灰岩残积物	E 106°14′34.8″ N 26°07′58.1″	94
						2	9—45	黄棕色	轻壤土	块状	6.8											
						3	45—80	棕色	轻壤土	块状	6.8											
剖53	人为土	渗育水稻土	大泥田	火烧土田	Aa	0—18	棕色	重壤土	块状	6.7	58.6	3.02	1.49		86	12.0	165		泥灰岩风化坡积物	E 106°10′17.0″ N 26°06′44.6″	91
						Ap	18—27	棕色	壤质黏土	块状	6.7	29.4	1.62	1.43		86	9.0	136				
						P	27—65	红棕色	壤质黏土	梭柱状	6.0	25.8	1.52	1.86		55	8.0	134				
						C	65—100	棕色	黏土	小块状	6.8	10.3	0.89	1.61			微量	132				
剖54	人为土	淹育水稻土	冲砂泥田	冲砂田	1	0—16	暗红色	轻壤土	块状	7.0	24.7	2.94	1.61		86	5.0	147		冲积物	E 106°06′04.3″ N 26°05′57.1″	99
						2	16—30	棕红色	重壤土	小块状	7.0	20.9	2.94	0.73		86	5.0	139				
						3	30—75	棕红色	重黏土	块状	7.0	11.6	3.62	0.63		55	微量	44				
剖55	铁铝土	黄壤	白泥土	漂白砂泥土	1	0—15	浅灰色	中壤土	粒状	5.9									砂页岩坡积物	E 106°07′42.6″ N 26°05′52.8″	81
						2	15—100	灰白色	砂壤土	小块状	6.1											
剖56	铁铝土	黄壤	铁铝质黄壤	油黄砂泥土	1	0—13	黄棕色	砂壤土	粒状	5.0									菱铁砂页岩残积物	E 106°02′32.3″ N 26°05′03.1″	73
						2	13—35	黄棕色	重黏土	小块状	5.0											
						3	35—100	黄棕色	重黏土	块状	4.8											
剖57	铁铝土	黄壤	黄砂泥土		1	0—20	棕灰色	砂壤土	小块状	6.2									砂页岩残积物	E 106°10′43.9″ N 26°05′57.1″	71
						2	20—38	黄灰色	轻黏土	块状	6.4											
						3	38—100	灰黄色	重黏土	小块状	6.6											
剖58	人为土	潴育水稻土	黄泥田	熟黄胶泥田	1	0—23	灰黄色	轻壤土	块状	6.5									风化壳残积物	E 106°03′56.5″ N 26°03′15.5″	91
						2	23—36	青灰色	轻壤土	块状	7.2											
						3	36—47	青灰色	中黏土	棱柱状	7.0											
						4	47—100	黄灰色	重黏土	块状	6.2											

续表 Continued

剖面号 Soil profile	土纲 Soil order	土类 Soil great group	亚类 Soil subgroup	土属 Soil genus	土种 Soil species	土层码 Layer code	土层厚度 Depth/cm	颜色 Soil color	质地 Soil texture	土壤结构 Soil structure	pH	有机质 OM/(g/kg)	全氮 TN/(g/kg)	全磷 TP/(g/kg)	全钾 TK/(g/kg)	碱解氮 AN/(mg/kg)	有效磷 AP/(mg/kg)	速效钾 AK/(mg/kg)	阳离子交换量 CEC/(cmol/kg)	土壤母质 Parent material	剖面点坐标 Profile coordinate	匹配指数 Matching index/%
剖59	人为土	水稻土	潴育水稻土	大眼泥田	熟火烧土田	1	0—17	灰棕色	重壤土	块状	7.6	83.3		2.53		235	10.0	140		石灰岩坡积物	E 106°09′57.2″ N 26°02′40.6″	70
						2	17—25	暗灰色	轻黏土	块状	7.7	82.1		1.74		220	10.0	38				
						3	25—54	褐灰色	中黏土	棱柱状	7.7	78.1		1.70		212	11.0	5				
剖60	初育土	石灰（岩）土	黄色石灰土	黏土质黄色石灰土		1	0—13	灰黄色	砂土	粒状	7.0									石灰岩残积物	E 106°07′59.1″ N 26°02′16.4″	72
						2	13—24	棕黄色	砂壤土	粒状	7.0											
						3	24—50	黄色	轻壤土	块状	7.0											
剖61	人为土	水稻土	潴育水稻土	黄泥田	小黄泥田	1	0—18	灰黄色	砂土	粒状	6.4									砂页岩坡积物	E 106°15′36.6″ N 26°06′57.7″	70
						2	18—36	黄灰色	砂壤土	棱状	6.6											
						3	36—100	黄灰色	轻黏土	小块状	6.5											
剖62	人为土	水稻土	淹育水稻土	大泥田	黑胶泥田	1	0—13	灰黄色	中黏土	块状	7.3									泥灰岩坡积物	E 106°09′38.7″ N 25°59′09.8″	74
						2	13—22	灰色	中黏土	块状	7.0											
						3	22—90	黑色	重黏土	块状	6.9											
剖63	初育土	石灰（岩）土	黑色石灰土	黏土质黑色石灰土		1	0—13	黑色	砂壤土	核块状	8.2	182.9	10.98	6.97		556	24.2	212		石灰岩残积物	E 106°09′49.7″ N 25°57′51.5″	81
						2	13—49	暗黑色	砂壤土	块状	8.0	99.8	6.62	5.91		398	12.0	14				

平 坝 区

主要土类说明

石灰（岩）土是平坝区主要土壤类型，占本区地域面积的 35%。石灰（岩）土为岩成土，由石灰岩、白云岩、钙质岩类风化物，覆盖在石灰岩上的薄层古风化壳以及残留的砂页岩类风化残积物和坡积物发育而成，分布在乐平、天龙、十字、高峰、马场等地的广大地区。石灰（岩）土一般土层较薄，土壤呈中性至微碱性，腐殖质和有机质容易积累，矿物养分含量丰富，多具 A-R 剖面构型，剖面层次多为上壤下黏。表层有机质含量为 27—101g/kg，pH 为 6.9—7.5，游离碳酸钙含量一般为 1—100g/kg，全氮含量为 1.53—4.79g/kg，全磷含量为 1.10—5.66g/kg。

黄壤是平坝区第二大土壤类型，占本区地域面积的 30%。黄壤主要分布在齐伯、白云、羊昌、高峰、马场等地。成土母质主要为三叠系泥页岩、砂页岩、黏土岩、泥灰岩等，土壤特性因母质类型及地形部位而异。黄壤土层深厚，具 A-B-C 剖面构型，耕作层厚 10—25cm，pH 多为 4.2—6.0，有机质含量为 5—54g/kg，全氮含量为 1.82—3.17g/kg。

水稻土是平坝区第三大土壤类型，占本区地域面积的 25%。水稻土是在长期的季节性淹灌、水下翻耕、季节性脱水、氧化还原交替影响下，原来的成土母质或母土的特性发生重大改变形成的新的土壤类型。由于干湿交替，水稻土形成糊状的淹育层、较坚实板结的犁底层、渗育层、潴育层与潜育层等多种发生层。这些不同发生层是在人为耕作、水浆管理下形成的。

石质土占本区地域面积的 5%。石质土土壤表层岩石裸露，风化层浅薄，厚度一般小于 10cm，风化度低，富含砾石，多碎屑岩粒；风化层下为坚硬岩石层。该土壤广泛分布在侵蚀严重、岩石裸露的石质山地、侵蚀残丘，以及丘顶、山脊、山坡等坡度陡峻的地形部位。

小于本区地域面积 3% 的土壤类型有黄棕壤、粗骨土和红壤。

本区域中心区气候特征

本区域中心区气候特征值
Regional climate characteristics in central area of the region

气候带：北亚热带湿润气候 Climate region: North subtropical humid climate	
年平均气温 /℃ Annual average temperature /℃	15.2
年平均最高气温 /℃ Annual average maximum temperature /℃	19.7
年平均最低气温 /℃ Annual average minimum temperature /℃	12.0
年降水量 /mm Annual precipitation /mm	1118
≥10℃的积温 /℃ Daily temperature accumulated in a year（≥10℃）/℃	5525
年日照时数 /h Annual sunshine /h	1196
年平均相对湿度 /% Annual average relative humidity /%	78
干燥度 Dryness	0.79

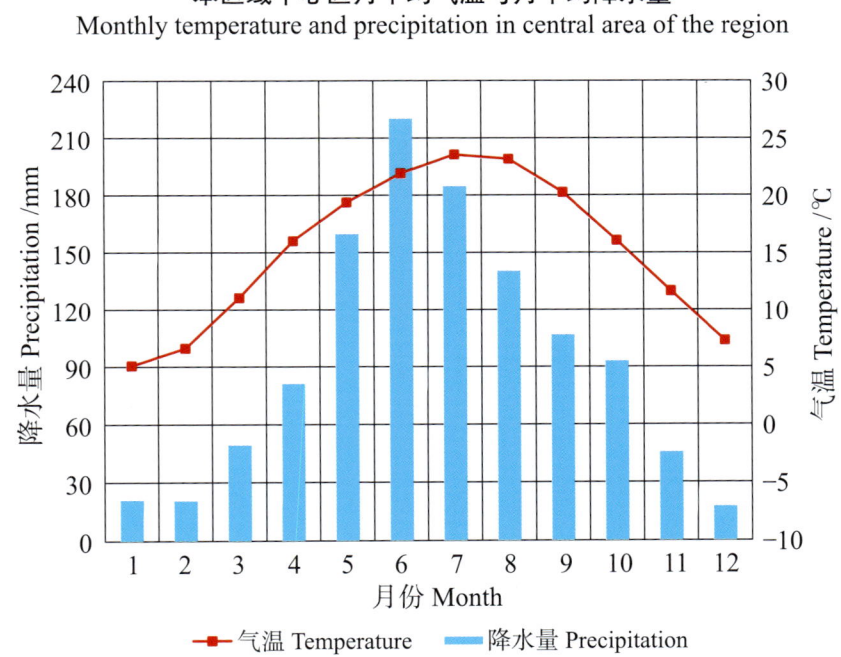

本区域中心区月平均气温与月平均降水量
Monthly temperature and precipitation in central area of the region

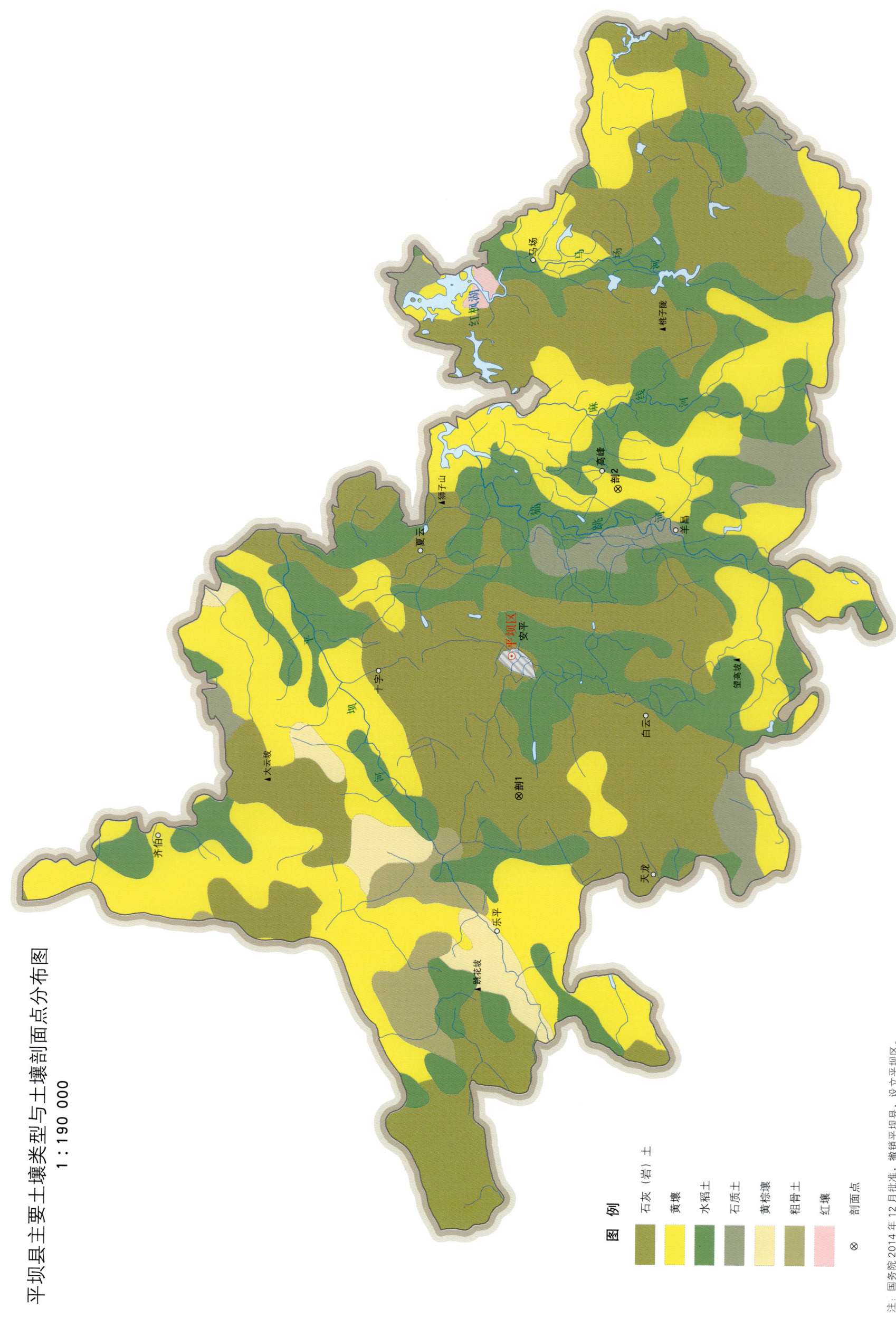

平坝县主要土壤类型与土壤剖面点分布图
1∶190 000

平坝区土壤剖面理化性状表

剖面号 Soil profile	土纲 Soil order	土类 Soil great group	亚类 Soil subgroup	土属 Soil genus	土种 Soil species	土层码 Layer code	土层厚度 Depth/cm	颜色 Soil color	质地 Soil texture	土壤结构 Soil structure	pH	有机质 OM/(g/kg)	全氮 TN/(g/kg)	全磷 TP/(g/kg)	全钾 TK/(g/kg)	有效磷 AP/(mg/kg)	速效钾 AK/(mg/kg)	阳离子交换量 CEC/(cmol/kg)	土壤母质 Parent material	剖面点坐标 Profile coordinate	匹配指数 Matching index/%
剖1	初育土	石灰(岩)土	黄色石灰土	大泥土	厚大泥	A	0—14	灰棕色	黏土	粒状	7.4	51.3	3.01	1.41	15.3	2.0	71	22.4	白云岩坡积物、残积物	E 106°11′39.0″ N 26°24′44.4″	96
						AC	14—50	黄棕色	黏土	小块状	7.8	21.3	1.53	0.84	13.9	1.0	54	20.0			
						C	50—100	灰黄色	黏土	块状	7.8	9.0	0.83	0.65	16.9	1.0	60	15.0			
剖2	铁铝土	黄壤	黄壤	黄黏泥土	黄黏泥土	A	0—18	浅棕色	黏土	粒状	5.9	36.2	2.04	0.45	15.3	6.0	143	17.0	第四纪红色黏土残积物	E 106°20′22.2″ N 26°22′11.2″	91
						B₁	18—46	黄色	黏土	小块状	5.3	18.5	0.96	0.29	16.8	3.0	82	12.4			
						B₂	46—70	黄色	黏土	块状	5.5	9.5	0.79	0.27	17.2	3.0	80	12.7			
						C	70—105	黄色	黏土	大块状	5.3	6.3	0.56	0.20	18.0	2.0	65	9.8			

毕 节 市

市 辖 区

主要土类说明

黄壤是毕节市主要土壤类型，占本市地域面积的46%。黄壤集中分布在低中山和低山丘陵，含有较多水合氧化铁，土体多呈黄色，具A-B-C剖面构型，自然植被主要为常绿阔叶林。成土母质极其广泛，黏土矿物以蛭石为主，具有较强的脱硅富铝化过程，黏粒硅铝率为1.5—2.7。

紫色土是毕节市第二大土壤类型，占本市地域面积的22%。紫色土为岩成土，发育于紫色岩类出露各处，分布在海拔680—1900m的山地。成土母质主要为侏罗系和三叠系的钙质页岩、中性紫色砂页岩等。紫色土的形成和特点都与母岩的种类和性质密切相关，成土过程以物理风化为主，成土迅速，水土流失严重。

石灰（岩）土是毕节市第三大土壤类型，占本市地域面积的13%。石灰（岩）土为岩成土，主要发育于碳酸岩类出露区域。石灰（岩）土具有碳酸盐强烈淋失，硅、铁、铝相对聚集，有机质积累量高等特点，土层浅薄，多具A-C或A-R剖面构型。

黄棕壤占本市地域面积的11%。黄棕壤发育于海拔较高的山地，主要分布在海拔1800m以上的中山和中低山。自然植被为落叶阔叶与常绿阔叶混交林及针阔叶混交林。成土母质十分广泛，黏土矿物以2:1型为主，具有弱的脱硅富铝化过程和较强的黏化作用。

粗骨土占本市地域面积的6%。粗骨土属于A-C型，甚至（A）-C型土壤。A层发育不明显，与母质土层性状相似，略显有机质积累。有时母质层富含砾石，很少出现剖面分异与发育特征。

小于本市地域面积5%的土壤类型有水稻土和棕壤。

本区域中心区气候特征

本区域中心区气候特征值
Regional climate characteristics in central area of the region

气候带：暖温带湿润气候 Climate region: Warm temperate humid climate	
年平均气温 /℃ Annual average temperature /℃	13.2
年平均最高气温 /℃ Annual average maximum temperature /℃	17.9
年平均最低气温 /℃ Annual average minimum temperature /℃	10.1
年降水量 /mm Annual precipitation /mm	920
≥10℃的积温 /℃ Daily temperature accumulated in a year (≥10℃) /℃	5394
年日照时数 /h Annual sunshine /h	1186
年平均相对湿度 /% Annual average relative humidity /%	82
干燥度 Dryness	0.84

本区域中心区月平均气温与月平均降水量
Monthly temperature and precipitation in central area of the region

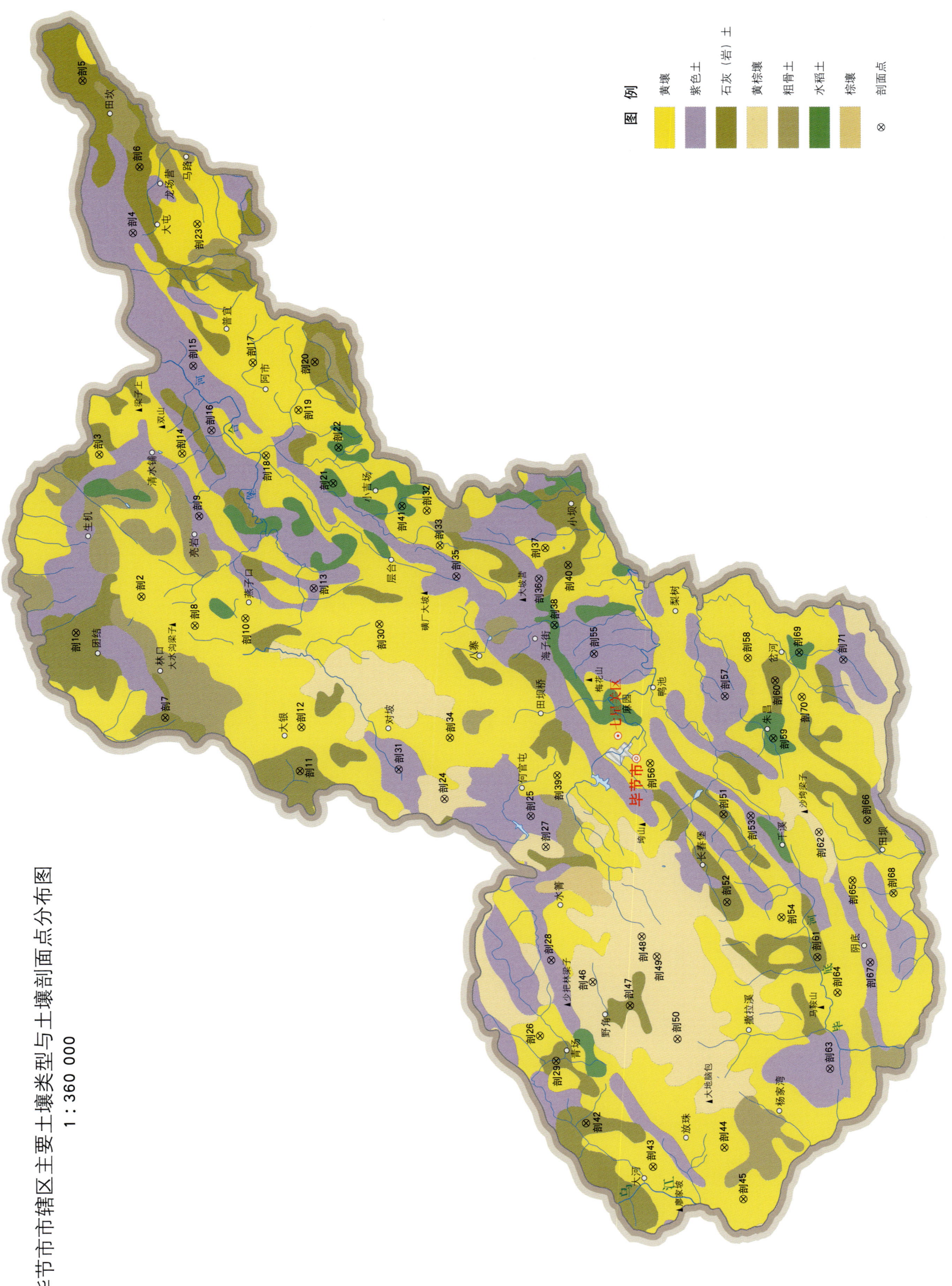

毕节市市辖区主要土壤类型与土壤剖面点分布图

1:360 000

毕节市土壤剖面理化性状表

剖面号 Soil profile	土纲 Soil order	土类 Soil great group	亚类 Soil subgroup	土属 Soil genus	土种 Soil species	土层码 Layer code	土层厚度 Depth/cm	颜色 Soil color	质地 Soil texture	土壤结构 Soil structure	pH	有机质 OM/(g/kg)	全氮 TN/(g/kg)	全磷 TP/(g/kg)	有效磷 AP/(mg/kg)	速效钾 AK/(mg/kg)	阴离子交换量CEC/(cmol/kg)	土壤母质 Parent material	剖面点坐标 Profile coordinate	匹配指数 Matching index/%
剖1	初育土	石灰(岩)土	黄色石灰土	淋溶黄色石灰土		1	0—23	黄灰色	轻黏土	粒状	6.4	41.4	2.90	0.39	3.0	37		纯质灰岩	E 105°23′33.0″ N 27°43′48.7″	72
						2	23—58	棕黄色	轻黏土	块状	7.5	30.0	2.04	0.47	2.0	28				
						3	58—100	棕黄色	轻黏土	块状	7.6	21.2	1.54	0.38	2.0	24				
剖2	铁铝土	黄壤土	黄壤性土	硅铝质黄壤性土		1	0—5	黑黄色	重壤土	粒状	5.6	105.0	4.80	0.40	6.0	109		石灰岩	E 105°25′25.0″ N 27°40′42.6″	100
						2	5—29	灰黄色	中壤土	粒状	5.6	85.3	3.90	0.30	4.0	101				
						3	29—47	灰黄色	重壤土	块状	5.2	37.0	2.00	0.20	3.0	63				
						4	47—71	黄色												
剖3	铁铝土	黄壤	黄壤土	石砂土	石渣子土	1	0—15	灰色	砾质重壤土	粒状	5.0	78.5	1.40		2.0	318			E 105°32′54.6″ N 27°42′38.9″	83
						2	15—50	浅黄色	砾质重壤土	粒状	5.1	7.0	0.80			175				
剖4	初育土	紫色土	紫泥土	砾质紫泥土	砾石紫泥土	1	0—15	暗紫色	重壤土	核粒状	5.8	43.6	1.78		3.0	91		砾质紫色岩	E 105°44′33.0″ N 27°40′57.4″	100
						2	15—	暗紫色	轻壤土	核粒状	6.1	11.1	0.67		1.0	61				
剖5	初育土	石灰(岩)土	黄色石灰土	黄色石灰土	黄大土泥土	1	0—10	灰黄色	重壤土	核粒状	7.7	20.1	4.20	0.42	6.0	125		白云质灰岩	E 105°52′34.5″ N 27°43′16.2″	98
						2	10—30	棕黄色	重壤土	块状	7.7	19.0	1.12	0.22	3.0	75				
						3	30—50	黄色	砂壤土	块状	7.7	22.0	1.12	0.36	3.0	50				
剖6	初育土	石灰(岩)土	大土泥土	白石砂泥土	白石砂土	1	0—12	黄灰色	中壤土	砂粒状	6.6	5.4	1.30	0.28	5.0	81		白云岩	E 105°48′01.8″ N 27°40′37.2″	75
						2	12—28	黄灰色	砂壤土	块状	5.6	3.9	0.36	0.17	2.0	63				
						3	28—69	黄色	砂壤土	块状	6.7	34.1	0.33	0.11	1.0	51				
剖7	初育土	石灰(岩)土	大土泥土	大土泥土	黄大土泥土	1	0—14	黄灰色	中壤土	小块状	7.5	16.5	1.60	4.30	4.0	127			E 105°19′01.5″ N 27°39′37.5″	83
						2	14—33	棕黄色	中壤土	小块状	7.5	11.7	1.10	0.30	2.0	84				
						3	33—50	棕黄色	中壤土	块状	7.4	100.3	0.90	0.30	2.0	62				
剖8	铁铝土	黄壤	黄壤土	煤砂泥土	煤砂土	1	0—18	灰黄色	中壤土	粒状	8.1	14.0	2.60	1.00	5.0	52			E 105°23′52.9″ N 27°38′11.1″	89
						2	18—32	黑色	轻壤土	块粒状	8.3	14.0	2.60	0.80	4.0	30				
						3	32—50	黑黄色	轻壤土	粒状	8.0	14.3	2.30	0.80	4.0	50				
剖9	初育土	紫色土	石灰性紫色土	钙质紫泥土		1	0—8	紫棕色	砂黏土	粒状	7.5	39.0	6.98	0.48	12.0	240		钙质紫色岩	E 105°29′37.2″ N 27°37′57.0″	70
						2	8—45	紫红色	砂壤土	核状	7.4	28.2	0.83	0.22	1.0	3				
剖10	铁铝土	黄壤	黄泥土	黄泥土	死黄泥土	1	0—12	棕黄色	砂壤土	块状	6.0	12.8	1.00	0.40		109			E 105°24′14.1″ N 27°35′48.0″	76
						2	12—26	黄色	重黏土	块状	5.3	3.5	0.70	0.40		217				
剖11	初育土	石灰(岩)土	黑色石灰土	黑色石灰土		1	0—6	灰黄色	轻黏土	团粒状	7.8	71.7	4.09	0.49	4.0	53		泥质灰岩	E 105°16′10.4″ N 27°33′16.9″	98
						2	6—31	棕褐色	轻黏土	粒状	7.8	31.4	2.28	0.36	3.0	20				
剖12	铁铝土	黄壤	黄壤土	黄砂泥土		1	0—28	灰黄色	轻黏土	小块状	5.6	25.8	0.60	0.30	7.0	52	6.4	砂岩	E 105°18′28.9″ N 27°33′11.5″	94
						2	28—64	棕黄色	砂壤土	粒状	5.0	4.0	0.40	1.40	微量	40				
剖13	初育土	紫色土	紫泥土	血泥土	血砂泥土	1	0—17	紫色	轻壤土	粒状	4.8	12.6	1.04	0.26	2.0	35		酸性砂页岩	E 105°25′47.6″ N 27°32′33.7″	79
						2	17—36	紫色	中壤土	块状	4.9	17.7	1.18	0.28	1.0	18				
						3	36—58	棕色	重壤土	块状	5.2	14.0	1.10	0.37	微量	15				
剖14	铁铝土	黄壤	黄壤土	胶泥土	黄胶泥土	1	0—15	灰黄色	轻壤土	块状	7.7	18.3	1.47	0.38	微量	386		白云质灰岩	E 105°32′56.1″ N 27°38′43.8″	70
						2	15—24	灰黄色	轻壤土	块状	7.8	16.0	1.42	0.36	微量	339				
						3	24—50	灰黄色	重壤土	核粒状	8.0	12.9	0.84	0.32	微量	51				
剖15	初育土	紫色土	酸性紫色土	淋溶紫砂土		1	0—16	紫红色	砂壤土	粒状	5.0	24.7	0.90	1.70	1.0	317		砂岩	E 105°37′32.2″ N 27°38′10.0″	91
						2	16—32	紫红色	轻壤土	核状	4.9	15.4	1.27	1.49	1.0	194				
剖16	初育土	紫色土	酸性紫色土	淋溶紫色土		1	0—18	暗紫色	中壤土	核状	4.1	26.0	1.46	0.50	3.0	293		钙质页岩	E 105°34′08.8″ N 27°37′19.9″	89
						2	18—47	暗紫色	中壤土	核状	4.2	14.7	0.93	0.40	3.0	197				
						3	47—70	紫色	重壤土	核状	4.6	8.1	0.61	0.70	2.0	183				

续表 Continued

剖面号 Soil profile	土纲 Soil order	土类 Soil great group	亚类 Soil subgroup	土属 Soil genus	土种 Soil species	土层码 Layer code	土层厚度 Depth/cm	颜色 Soil color	质地 Soil texture	土壤结构 Soil structure	pH	有机质 OM/(g/kg)	全氮 TN/(g/kg)	全磷 TP/(g/kg)	有效磷 AP/(mg/kg)	速效钾 AK/(mg/kg)	阳离子交换量CEC/(cmol/kg)	土壤母质 Parent material	剖面点坐标 Profile coordinate	匹配指数 Matching index/%
剖17	铁铝土	黄壤	黄壤	黄泥土	小黄泥土	1	0—22	黄色	轻粒土	块粒状	5.3	13.6	1.00	0.40		152			E 105°37′41.2″ N 27°35′21.1″	72
						2	22—40	棕色	轻粒土	核块状	5.4	2.6	0.50	0.50		87				
						3	40—100	黄色	重粒土	块状	5.2	2.2	0.30	0.50		152				
剖18	铁铝土	黄壤	黄壤	胶泥土	白胶泥土	1	0—20	灰黄色	轻黏土	核状	5.7	39.3	2.41	0.59		329		泥灰岩	E 105°32′47.7″ N 27°34′45.7″	73
						2	20—45	灰黄色	轻黏土	块状	5.7	34.4	2.12	0.35	3.0	55				
						3	45—90	灰白色	轻黏土	块状	5.2	9.5	0.89	0.27	2.0	22				
剖19	铁铝土	黄壤	黄壤	硅铝质黄壤		1	0—8	黄灰色	轻黏土	核状	4.2	64.3	1.50	0.70	3.0	51	3.3	砂页岩	E 105°35′10.6″ N 27°33′12.9″	94
						2	8—20	黄色	轻黏土	核状	4.4	59.0	1.50	0.70	2.0	38	2.3			
						3	20—50	黄色	中壤土	核状	4.4	47.0	1.40	0.60	2.0	38	2.4			
剖20	初育土	石灰(岩)土	棕色石灰土	棕色石灰土		1	0—13	灰棕色	重壤土	核状	7.8	75.0	3.22	0.42	4.0	13		白云质灰岩	E 105°37′42.1″ N 27°32′25.4″	100
						2	13—50	黄棕色	中壤土	粒状	8.0	20.5	1.05	0.22	2.0	8				
剖21	人为土	水稻土	潜育水稻土	青潮泥田	青潮泥田	1	0—27	黑灰色	轻黏土	粒状	7.1	56.8	2.43	1.05	14.0	141		冲积物	E 105°31′18.1″ N 27°31′36.5″	92
						2	27—47	青灰色	轻黏土	块状	7.3	55.4	2.45	1.02	15.0	68				
						3	47—95	青灰色	轻黏土	粒状	7.1	50.9	2.34	0.99	10.0	121				
剖22	人为土	水稻土	潜育水稻土	冷浸田	冷砂田	1	0—18	黄灰色	重壤土	粒状	7.4	50.6	2.02	1.11	5.0	38			E 105°33′11.3″ N 27°31′20.2″	70
						2	18—30	紫灰色	中壤土	碎块状	6.3	24.8	1.15	0.94	6.0	22				
						3	30—65	紫灰色	中壤土	块状	7.1	18.9	1.15	1.00	8.0	19				
剖23	铁铝土	黄壤	黄壤	黄泥土	油黄泥土	1	0—18	黄灰色	轻黏土	团粒状	7.5	27.8	2.10	1.00	9.0	87			E 105°45′00.4″ N 27°37′54.9″	97
						2	18—25	棕色	轻黏土	块状	7.1	24.4	1.20	1.00	5.0	41				
						3	25—65	黄色	轻黏土	粒状	6.4	14.6	0.90	1.00	1.0	132				
剖24	淋溶土	黄棕壤	山地黄棕壤	铁铝质黄棕壤		1	0—1	黑灰色	中壤土	粒状	5.3	97.3	3.80	0.40	5.0	59		白云质灰岩	E 105°14′38.9″ N 27°26′27.2″	83
						2	1—4	灰色	轻壤土	块状	5.7	15.7	2.20	0.10	3.0	17	15.8			
						3	4—30	黄色	中壤土	块状	5.3	7.9	1.00	0.10	2.0	9	5.8			
						4	30—70	棕色	重壤土	块状	8.0	14.2	0.78	0.24	3.0	75				
剖25	初育土	紫色土	紫色土	血泥土	血泥土	1	0—17	紫红色	重壤土	块状	7.8	8.1	0.58	0.20	1.0	155		砂页岩	E 105°13′43.4″ N 27°22′23.4″	81
						2	17—37	紫红色	中壤土	粒状	5.5	24.3	1.90	0.90	6.0	25	8.7			
						3	37—	紫红色	砾质重壤土	块状	5.4	17.4	0.40	0.20	2.0	5	8.7			
剖26	铁铝土	黄壤	黄壤	石砂土	冷砂土	1	0—12	棕色	重壤土	块状	6.0	7.6	0.80	0.30	4.0	3	12.4		E 105°02′11.2″ N 27°22′00.9″	81
						2	12—33	黄灰色	中壤土	屑状	5.6	52.1	1.90	1.10	1.0	108				
						3	33—67	浅黄色	轻壤土	粒状	5.6	41.9	1.60	1.00	微量	55	3.6			
剖27	淋溶土	黄棕壤	山地黄棕壤	灰泡土	灰泡土	1	0—24	紫黄色	重壤土	粒状	5.9	36.4	1.50	1.10	3.0	51		砂页岩	E 105°12′05.8″ N 27°21′41.2″	96
						2	24—88	黄黄色	中壤土	块状	6.4	26.4	1.72	3.68	5.0	273				
						3	88—100	紫色	中壤土	粒状	6.9	26.7	1.67	3.77	1.0	231				
剖28	初育土	紫色土	紫色土	羊肝石土	岩石土	1	0—15	紫色	轻壤土	块状	7.7	64.2	3.00	0.37	4.0	144		砂页岩	E 105°06′07.3″ N 27°21′27.6″	84
						2	15—45	紫色	轻壤土	团粒状	7.4	41.8	2.10	0.28	2.0	77				
剖29	初育土	石灰(岩)土	大土泥土	大土泥土		1	0—14	灰黑色	重壤土	粒状	6.3	46.4	1.60	0.50	9.0	58			E 105°00′53.4″ N 27°21′15.3″	90
						2	14—34	黑灰色	重壤土	小块状	6.7	39.5	0.50	0.20	2.0	12				
剖30	铁铝土	黄壤	黄壤	黄砂泥土	黄油砂土	1	0—22	棕色	重壤土	粒状	6.8	5.8	0.40	0.40	3.0	19	11.7	砂岩	E 105°23′53.5″ N 27°29′28.3″	97
						2	22—30	棕黄色	中壤土	块状	6.1	25.0	1.24	0.73	7.0	54	14.4			
剖31	初育土	紫色土	紫色土	紫砂土	紫砂土	1	0—15	紫色	砂壤土	粒状	6.3	19.8	1.08	0.75	4.0	17		钙质砂页岩	E 105°16′13.8″ N 27°28′36.5″	89
						2	15—35	紫棕色	砂壤土	粒状	4.7	76.1	3.90	0.80	3.0	281				
剖32	铁铝土	黄壤	黄壤	铁质黄壤		1	0—5	黄棕色	中壤土	核状	5.0	25.0	1.70	0.70	2.0	96		玄武岩	E 105°29′50.2″ N 27°27′11.2″	89
						2	5—30	黄色	重壤土	块状										
						3	30—70	黄色	轻壤土	块状	5.0	18.0	1.40	0.30	2.0	96				

续表 Continued

剖面号 Soil profile	土纲 Soil order	土类 Soil great group	亚类 Soil subgroup	土属 Soil genus	土种 Soil species	土层码 Layer code	土层厚度 Depth/cm	颜色 Soil color	质地 Soil texture	土壤结构 Soil structure	pH	有机质 OM/(g/kg)	全氮 TN/(g/kg)	全磷 TP/(g/kg)	有效磷 AP/(mg/kg)	速效钾 AK/(mg/kg)	阳离子交换量CEC/(cmol/kg)	土壤母质 Parent material	剖面点坐标 Profile coordinate	匹配指数 Matching index/%
剖33	铁铝土	黄壤	黄壤	煤砂泥土	煤泥土	1	0—16	黑灰色	重壤土	粒状	5.6	260.3	3.60	0.60	4.0	53			E 105°27′59.8″ N 27°26′34.8″	93
						2	16—45	黑灰色	轻壤土	核状	4.8	81.0	2.90	0.60	微量	10				
						3	45—100	黄灰色		块状	5.9	22.9	1.70	0.60	2.0	24				
剖34	铁铝土	黄壤	黄壤	黄砂泥土	豆面泥土	1	0—8	灰黄色	砂壤土	粒状	7.0	59.3	1.90	0.30	1.0	152		砂页岩	E 105°26′52.6″ N 27°26′10.7″	94
						2	8—28	浅黄色	轻壤土	块状	4.9	18.5	0.70	0.30	微量	117				
						3	28—100	黄色	中黏土	块状	4.9	11.3	0.40		微量	50				
剖35	初育土	紫色土	中性紫色土	中性紫色砂土		1	0—16	紫色	中壤土	核粒状	7.0	21.2	9.99	1.70	2.0	125		中性砂页岩	E 105°26′21.9″ N 27°25′49.2″	79
						2	16—36	紫色	重壤土	核粒状	7.3	14.7	0.79	2.20	2.0					
剖36	初育土	紫色土	紫泥土	紫砂土	羊肝砂土	1	0—14	灰紫色	砂壤土	粒状	5.5	18.4	1.01	0.90	9.0	250		砂页岩	E 105°26′13.5″ N 27°21′55.6″	99
						2	14—46	紫褐色	砂壤土	粒状	4.7	8.4	1.26	0.80	20.0	290				
						3	46—59	紫褐色	中壤土	块状	5.2	6.9	0.59	1.10	15.0	280				
剖37	铁铝土	黄壤	黄壤	石砂土	裸子石土	1	0—15	褐色	砾质中壤土	粒状	6.5	59.0	2.70		3.0	157			E 105°27′50.0″ N 27°21′36.7″	98
						2	15—47	灰黑色	砾质中壤土	块状	6.0	12.4	1.20		3.0	51				
						3	47—100	棕黑色	中壤土	块状	6.3	10.4	1.90		1.0	67				
剖38	人为土	水稻土	潴育水稻土	潮泥田	潮砂泥田	1	0—18	暗灰色	轻黏土	核柱状							6.6	泥质岩残积物、坡积物	E 105°23′47.4″ N 27°21′12.2″	91
						2	18—26	灰黄色	中黏土	粒状							2.2			
						3	26—48	灰黄色	中壤土	棱柱状							3.2			
剖39	铁铝土	黄壤	黄壤	黄砂泥土	黄砂泥土	1	0—14	黄灰色	轻壤土	粒状	5.6	31.4	1.30	0.90	9.0	104		砂岩	E 105°15′51.8″ N 27°21′07.6″	97
						2	14—27	灰黄色	中壤土	粒状	4.7	7.0	0.90	0.80	6.0	113				
						3	27—52	灰黄色	重壤土	块状	4.8	7.0	0.50	1.00	2.0	288				
剖40	初育土	石灰(岩)土	大土泥土	白石砂土	白石砂泥土	1	0—10	黄灰色	轻壤土	粒状	7.5	28.3	1.24	0.38	2.0	53		白云岩	E 105°26′55.9″ N 27°20′32.1″	80
						2	10—40	棕褐色	中壤土	块状	7.0	26.4	1.90	0.37	1.0	40				
剖41	人为土	水稻土	潜育水稻土	冷浸田	冷浸田	1	0—25	青灰色	重壤土	粒状	5.5	71.5	2.66	0.87	6.0	195			E 105°30′04.8″ N 27°28′21.7″	100
						2	25—41	青灰色	中壤土	块粒状	6.0	50.5	2.45	0.86	5.0	141				
						3	41—90	灰色	重壤土	块状	6.2	52.0	2.63	0.79	5.0	184				
剖42	初育土	石灰(岩)土	黄色石灰土	次生黄石灰土		1	0—6	灰黄色	轻黏土	粒状	6.4	18.4	1.18	0.25	3.0	57	23.5		E 104°57′38.0″ N 27°19′51.7″	84
						2	6—12	灰黄色	中黏土	块状	5.4	11.8	0.70	0.30	2.0	88	16.7			
						3	12—70		砾质重壤土	块状										
剖43	铁铝土	黄壤	黄壤	石砂土	扁砂土	1	0—16	棕色	重壤土	粒状	5.3	19.8	1.10	0.90	5.0	71	7.8	砂岩	E 104°55′20.4″ N 27°16′42.2″	94
						2	16—36	灰黄色	重壤土	粒状	5.9	8.9	0.80	0.80	微量	163	7.1			
						3	36—100	黄色	中壤土	块状	5.4	14.3	1.20	1.00	2.0	40	3.7			
剖44	铁铝土	黄壤	黄壤	煤砂泥土	煤砂泥土	1	0—16	灰褐色	中壤土	粒状	6.8	37.0	1.70	7.20	1.0	68			E 104°56′19.3″ N 27°13′19.6″	82
						2	16—40	灰黑色	中壤土	块状	5.2	14.3	1.70	0.70	2.0	49				
						3	40—60	灰黄色	重壤土	粒状	5.0	19.4	1.80	1.80	1.0	90				
剖45	黄棕壤	黄棕壤	黄棕壤性土	硅铁质黄壤		1	1—15	黄棕色	中壤土	核状	4.5	37.7	1.80	0.70	2.0	164	5.2	泥灰岩	E 104°53′37.7″ N 27°12′26.6″	70
						2	15—52	灰色	轻壤土	块状	4.5	8.2	0.50	0.40	1.0	99	4.6			
剖46	淋溶土	黄棕壤	黄棕壤	铁铝质黄棕壤性土		1	5—23	棕黄色			4.5	82.5	2.90	6.40	3.0	479		红色黏土、页岩残留物	E 105°04′57.7″ N 27°19′30.7″	77
						2	23—39				4.9	22.4	2.20	0.40	2.0	341				
						3	39—70				5.3				1.0	231				
剖47	初育土	石灰(岩)土	大土泥土	大土泥土	砾质黄大土泥土	1	0—15	黄灰色	重壤土	核块状	8.2	18.0	1.80	0.50	9.0	59		白云质灰岩	E 105°03′43.6″ N 27°17′45.2″	84
						2	15—40	黄灰色	重壤土	块状	8.2	9.3	1.30	0.40	2.0	22				
						3	40—70	棕黄色	重壤土	碎块状	8.2		1.20	0.30	微量	15				
剖48	淋溶土	黄棕壤	山地黄棕壤	灰泡土	灰泡白胶泥土	1	0—20	灰灰色	重壤土	块状	7.8	48.6	1.40	1.40	5.0	148	4.9		E 105°07′19.9″ N 27°17′11.0″	95
						2	20—80	浅黄色	轻黏土		4.7	10.4	0.40	0.40	微量	116	1.0			

续表 Continued

剖面号 Soil profile	土纲 Soil order	土类 Soil great group	亚类 Soil subgroup	土属 Soil genus	土种 Soil species	土层码 Layer code	土层厚度 Depth/cm	颜色 Soil color	质地 Soil texture	土壤结构 Soil structure	pH	有机质 OM/(g/kg)	全氮 TN/(g/kg)	全磷 TP/(g/kg)	有效磷 AP/(mg/kg)	速效钾 AK/(mg/kg)	阳离子交换量 CEC/(cmol/kg)	土壤母质 Parent material	剖面点坐标 Profile coordinate	匹配指数 Matching index/%
剖49	淋溶土	黄棕壤	山地黄棕壤	灰泡土	黄灰泡土	1	0—21	黄棕色	中壤土	屑粒状		64.0	3.10	1.50	2.0	99		砂页岩	E 105°06′16.2″ N 27°16′28.2″	82
						2	21—49	黄棕色	轻黏土	粒状		40.0	2.10	1.00	1.0	42				
						3	49—100	黄色	轻黏土	块状		6.0	0.80	0.60	1.0	36				
剖50	淋溶土	黄棕壤	山地黄棕壤	硅铝质黄棕壤		1	0—4	灰棕色	轻壤土	粒状	4.7	134.0	5.10	0.90	7.0	357			E 105°01′58.8″ N 27°15′31.7″	81
						2	4—16	棕色	中壤土	核状	4.9	85.0	3.70	0.90	4.0	247				
						3	16—50	黄棕色	中壤土	核块状	5.1	24.0	0.90	0.10	3.0	170				
						4	50—100	黄棕色	中壤土	块状	5.2	8.6	0.50	0.10	2.0	105				
剖51	初育土	石灰(岩)土	大土泥土	大土泥土	黑油砂土	1	0—28	黑棕色	轻黏土	团粒状	7.2	40.6	2.20	1.11	18.0	31			E 105°13′46.4″ N 27°13′16.6″	79
						2	28—50	紫棕色	轻黏土	核块状	7.0	36.0	1.93	2.80	12.0	27				
						3	50—100	紫棕色	轻黏土	块状	7.4	38.0	1.52	0.81	12.0	23				
剖52	初育土	石灰(岩)土	大土泥土	大土泥土	大土泥土	1	0—20	灰黄色	重黏土	团粒状	7.7	41.8	1.99	0.58	4.0	77		中性砂页岩	E 105°09′07.9″ N 27°13′08.8″	80
						2	20—50	灰黄色	轻黏土	核状	7.7	33.1	2.38	0.53	2.0	40				
						3	50—90	灰黄色	轻黏土	块状	6.7	29.2	1.69	0.58	5.0	34				
剖53	初育土	紫色土	紫泥土	紫大土泥土	紫大土泥土	1	0—22	紫棕色	重壤土	团粒状	8.1	64.1	2.54	1.95	79.0	230			E 105°13′41.3″ N 27°11′59.9″	88
						2	22—43	紫棕色	重壤土	块状	7.4	64.3	2.13	2.03	61.0	31				
						3	43—87	紫色			7.6	63.2	1.96	1.90	67.0	109				
剖54	铁铝土	黄壤	石砂土	白砂土	1	0—14	灰紫色			5.2	35.3	1.50	0.30		313				E 105°08′18.6″ N 27°10′34.7″	74
						2	14—47				5.2	14.4	0.70	0.20		165				
						3	47—100				5.2	5.4	0.60	0.20		285				
剖55	初育土	紫色土	酸性紫色土	酸性紫红色砂土		1	0—13	灰紫色	轻壤土	粒状	4.5	11.9	0.34	0.17	2.0	40		砂页岩	E 105°22′15.7″ N 27°19′20.8″	95
						2	13—22	紫红色	轻壤土	粒状	4.4	10.6	0.63	0.12	2.0	35	1.3			
						3	22—33	紫红色	轻壤土	块状	4.5	6.3	0.37	0.05	1.0	22	1.2			
剖56	铁铝土	黄壤	胶泥土	黑胶泥土		1	0—13	黑棕色	黏土	粒状	5.6	31.2	1.75	1.14	9.0	230		白云质灰岩	E 105°16′28.4″ N 27°16′43.8″	99
						2	13—21	黄棕色	黏土	块状	5.3	35.3	1.75	0.91	8.0	85				
						3	21—68	黄色	中壤土	粒状	4.9	12.7	1.27	0.52	2.0	110				
剖57	初育土	紫色土	紫泥土	血泥土	血大泥土	1	0—20	暗红色	轻壤土	块状	6.3	17.8	0.85	0.61	5.0	155		页岩	E 105°19′59.2″ N 27°13′10.6″	92
						2	20—35	暗红色	轻壤土	块状	6.5	8.5	0.38	0.51	1.0	138				
						3	35—100	紫红色	轻壤土	块状	6.5	3.3	0.33	0.51	1.0	143				
剖58	铁铝土	黄壤	黄泥土	大黄泥土	1	0—21	黄棕色	中壤土	块粒状	7.4	23.3	1.40	0.50	微量	97				E 105°21′59.8″ N 27°12′05.0″	89
						2	21—49	黄色	轻壤土	块状	6.6	15.6	0.90	0.50	8.0	31				
						3	49—89	黄色	重壤土	核块状	6.5	12.8	1.00	0.50	2.0	31				
剖59	人为土	水稻土	潴育水稻土	潮泥田	潮泥田	1	0—19	灰色	轻壤土	核块状	8.0	46.9	2.21	0.86	5.0	100		冲积物	E 105°17′45.4″ N 27°10′54.9″	94
						2	19—28	灰黄色	轻壤土	核块状	8.1	46.9	2.22	0.85	19.0	76				
						3	28—46	灰黄色	轻壤土	块状	8.1	26.3	1.11	0.75	3.0	53				
						4	46—78	黄棕色	轻壤土	粒状	6.5	36.4	1.78	0.69	5.0	31				
剖60	初育土	石灰(岩)土	大土泥土	小土泥土	小土泥土	1	0—16	浅黄色	中壤土	粒状	6.0	22.9	1.98	0.14	3.0	347	20.2	白云质灰岩	E 105°20′47.9″ N 27°10′48.4″	82
						2	16—43	灰黄色	中壤土	块状	5.5	33.2	1.47	0.12	1.0	191	19.5			
						3	43—84	黄棕色	轻壤土	块状	8.1	21.3	1.62	0.33	1.0	284	15.6			
剖61	初育土	石灰(岩)土	大土泥土	白石砂泥土	石蛋护土	1	0—10	灰色	中壤土	粒状	8.1	6.4	1.07	0.35	1.0	36			E 105°06′11.2″ N 27°08′53.9″	79
						2	10—40	灰色	轻壤土	块状	8.1	3.4	0.53	0.29	微量	17				
						3	40—70	灰色	中壤土	核状	8.4		0.27	0.36	微量	14				
剖62	淋溶土	黄棕壤	山地黄棕壤	灰泡土	黑灰泡土	1	0—12	黑黑色	中壤土	屑粒状	5.4	87.0	3.86	1.22	12.0	22			E 105°12′47.5″ N 27°08′46.7″	75
						2	12—36	灰黑色	中壤土	粒状	3.9	79.0	3.22	0.99	4.0	14				
						3	36—60	棕黑色	中壤土	块状	4.1	39.7	2.22	0.82	1.0	16				

续表 Continued

剖面号 Soil profile	土纲 Soil order	土类 Soil great group	亚类 Soil subgroup	土属 Soil genus	土种 Soil species	土层码 Layer code	土层厚度 Depth/ cm	颜色 Soil color	质地 Soil texture	土壤结构 Soil structure	pH	有机质 OM/ (g/kg)	全氮 TN/ (g/kg)	全磷 TP/ (g/kg)	有效磷 AP/ (mg/kg)	速效钾 AK/ (mg/kg)	阳离子 交换量CEC/ (cmol/kg)	土壤母质 Parent material	剖面点坐标 Profile coordinate	匹配指数 Matching index/%
剖63	初育土	紫色土	紫泥土	紫砂土	紫砂泥土	1	0—16	紫色	中壤土	粒状	7.7	28.4	1.55	0.22	2.0	81		钙质砂页岩	E 105°00′23.8″ N 27°08′19.7″	84
						2	16—22	紫色	中壤土	粒状	6.8	16.2	1.02	0.38	2.0	22				
						3	22—37	紫褐色	中壤土	粒状	7.3	20.0	1.11	0.44	4.0	31				
剖64	铁铝土	黄壤	黄壤	黄泥土	豆瓣泥土	1	0—13	灰黄色	重黏土	块粒状	5.2	25.6	1.50	0.60	3.0	82			E 105°04′20.8″ N 27°07′57.4″	84
						2	13—53	灰黄色	轻黏土	核块状	4.9	33.5	1.40	0.60	微量	20				
剖65	铁铝土	黄壤	黄壤	石砂土	火石砂土	1	0—14	褐色	砾质重壤土	粒状	7.9	15.5	1.50	0.70	6.0	55			E 105°10′14.9″ N 27°07′13.1″	79
						2	14—40	黄褐色	轻黏土	块状	5.8	6.8	0.60	0.50	2.0	40				
						3	40—57	黄色	重壤土	粒状	5.1	3.0	0.90	0.40	2.0	38				
剖66	石灰(岩)土	大土泥土	白大土泥土	白大土泥土	1	0—12	灰褐色	轻黏土	小块状	8.6	21.3	1.06	0.52	1.0	26		泥灰岩	E 105°13′25.7″ N 27°06′29.5″	95
						2	12—25	黄褐色	轻黏土	块状	8.5	6.1	1.02	0.36	微量	25				
						3	25—100	黄棕色	中壤土	块状	8.7	3.0	0.51	0.31	微量	14				
剖67	初育土	紫色土	紫泥土	紫砂土	紫油砂土	1	0—21	紫褐色	重壤土	团粒状	7.0	41.0	1.52	1.05	15.0	28		砂页岩混合物	E 105°05′53.9″ N 27°06′24.3″	87
						2	21—30	灰褐色	中壤土	核粒状	6.8	39.1	1.56	1.04	9.0	22				
						3	30—78	黄褐色	中壤土	块状	6.8	43.0	0.88	1.03	5.0	22				
剖68	铁铝土	黄壤	黄壤	铁铝质黄壤		1	0—7	黄灰色	中壤土	核状	4.7	40.1	1.80	1.20	1.0	154		白云质灰岩	E 105°09′33.1″ N 27°05′17.3″	83
						2	7—18	浅黄色	重壤土	核状	4.8	13.8	1.30	1.20		141				
						3	18—60	棕黄色	重壤土	块状	4.9		0.90	1.00		72				
剖69	人为土	水稻土	潜育水稻土	潮泥田	潮砂泥田	1	0—18	黄灰色	重壤土	粒状	6.3	48.9	2.55	0.81	3.0	218		冲积物	E 105°22′16.0″ N 27°09′39.2″	77
						2	18—33	黑灰色	中壤土	粒状	7.4	23.8	1.30	0.79	2.0	136				
						3	33—70	灰灰色	中壤土	粒状	6.7	4.7	0.64	0.90	微量	106				
						4	70—	黄褐色	中壤土	核状	7.5	5.6	0.62	1.39	2.0	79				
剖70	铁铝土	黄壤	胶泥土	白鳝泥土		1	0—17	灰白色	重黏土	核状	5.1	30.9	1.44	0.37	2.0	47		砂页岩	E 105°19′55.6″ N 27°09′32.8″	92
						2	17—40	灰白色	轻黏土	块状	4.5	3.0	0.43	0.14	1.0	38				
						3	40—90	浅黄色	重黏土	块状	4.5	2.2	0.44	0.10	微量	30				
剖71	初育土	紫色土	酸性紫色土	酸性紫红色土		1	0—13	暗紫色	中壤土	小块状	4.9	13.1	0.84	0.16	2.0	35	9.6	砂页岩	E 105°21′52.2″ N 27°07′34.7″	82
						2	13—50	紫红色	轻壤土	块状	5.0	10.8	0.55	0.13	2.0	19	12.4			
						3	50—90	紫红色	中壤土	块状	5.0	7.5	0.43	0.11	1.0	17	7.7			

大 方 县

主要土类说明

黄壤是大方县主要土壤类型，占本县地域面积的59%。黄壤集中分布在低中山和低山丘陵，含有较多水合氧化铁，土体多呈黄色，具A-B-C剖面构型。自然植被主要为常绿阔叶林。成土母质极其广泛，黏土矿物以蛭石为主，具有较强的脱硅富铝化过程，黏粒硅铝率为1.5—2.7。该土壤质地较黏重，物理性黏粒含量为50%—80%，阳离子交换量低，盐基饱和度为12%—23%。

紫色土是大方县第二大土壤类型，占本县地域面积的21%。紫色土为岩成土，发育于紫色岩类出露各处，分布在海拔680—1900m的山地。成土母质主要为侏罗系和三叠系的钙质页岩、中性紫色砂页岩、酸性紫红色砂页岩等。黏土矿物以水云母为主。紫色土的形成和特点都与母岩的种类和性质密切相关，成土过程以物理风化为主，成土迅速，水土流失严重。

石灰（岩）土是大方县第三大土壤类型，占本县地域面积的11%。石灰（岩）土为岩成土，主要发育于碳酸岩类出露区域。石灰（岩）土具有碳酸盐强烈淋失，硅、铁、铝相对聚集，有机质积累量高等特点，土层浅薄，土体平均厚度为60.2cm，多具A-C或A-R剖面构型，pH为6.7—8.6。

黄棕壤占本县地域面积的5%。黄棕壤发育于海拔较高的山地，主要分布在海拔1800m以上的中山和中低山。自然植被为落叶阔叶与常绿阔叶混交林及针阔叶混交林。成土母质十分广泛，黏土矿物以2∶1型为主，具有弱的脱硅富铝化过程和较强的黏化作用，黏粒硅铝率为1.6—2.5。该土壤具A-B-C剖面构型，A层呈灰棕色，碳氮比约为20。

小于本县地域面积3%的土壤类型有水稻土和粗骨土。

本区域中心区气候特征

本区域中心区气候特征值
Regional climate characteristics in central area of the region

气候带：暖温带湿润气候 Climate region: Warm temperate humid climate	
年平均气温 /℃ Annual average temperature /℃	13.4
年平均最高气温 /℃ Annual average maximum temperature /℃	18.1
年平均最低气温 /℃ Annual average minimum temperature /℃	10.3
年降水量 /mm Annual precipitation /mm	952
≥10℃的积温 /℃ Daily temperature accumulated in a year (≥10℃) /℃	5274
年日照时数 /h Annual sunshine /h	1187
年平均相对湿度 /% Annual average relative humidity /%	81
干燥度 Dryness	0.83

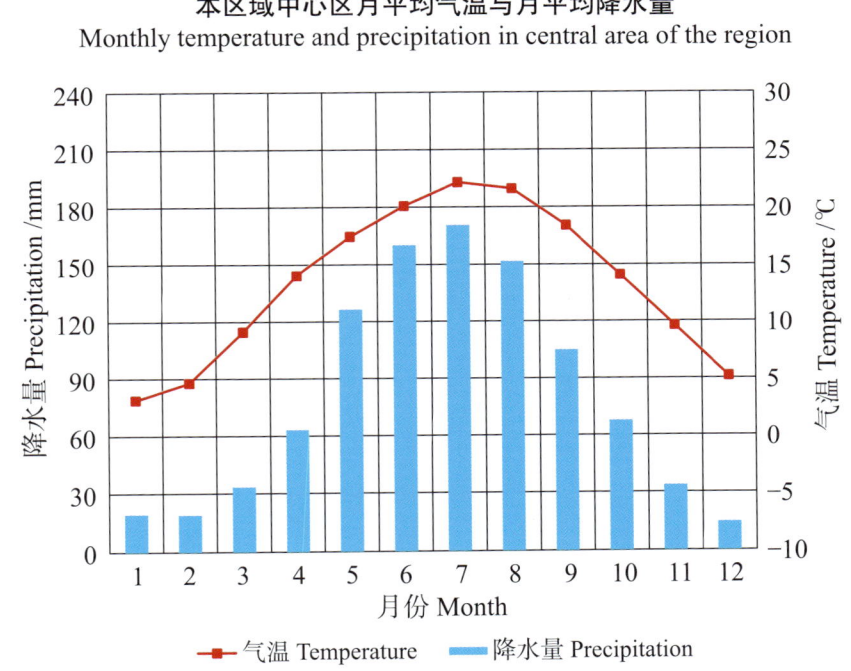

本区域中心区月平均气温与月平均降水量
Monthly temperature and precipitation in central area of the region

大方县主要土壤类型与土壤剖面点分布图
1 : 380 000

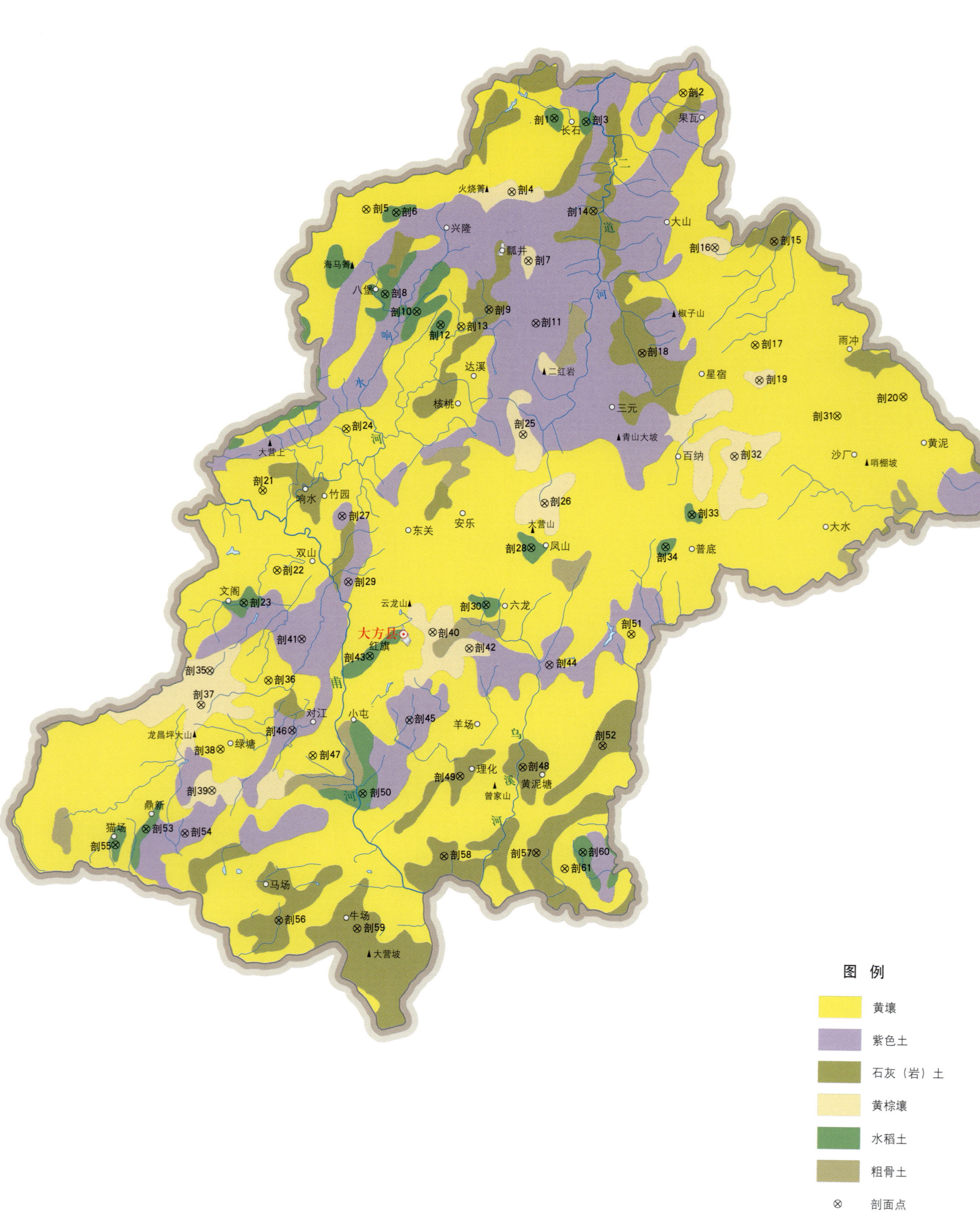

图 例
- 黄壤
- 紫色土
- 石灰（岩）土
- 黄棕壤
- 水稻土
- 粗骨土
- ⊗ 剖面点

大方县土壤剖面理化性状表

剖面号 Soil profile	土纲 Soil order	土类 Soil great group	亚类 Soil subgroup	土属 Soil genus	土种 Soil species	土层码 Layer code	土层厚度 Depth/cm	颜色 Soil color	质地 Soil texture	土壤结构 Soil structure	pH	有机质 OM/(g/kg)	全氮 TN/(g/kg)	全磷 TP/(g/kg)	有效磷 AP/(mg/kg)	速效钾 AK/(mg/kg)	土壤母质 Parent material	剖面点坐标 Profile coordinate	匹配指数 Matching index/%
剖1	人为土	水稻土	潴育水稻土	黄泥田	黄胶泥田	1	0–15	黄灰色	轻黏土	块状	7.8	38.3	2.13	0.93	3.0	106	泥页岩坡积物	E 105° 44′ 16.1″ N 27° 33′ 20.9″	89
						2	15–25	灰黄色	重黏土	块状	7.5	27.1	1.64	0.79		174			
						3	25–38	黄色	重黏土	块状	5.1	16.9	1.25	0.55		198			
						4	38–60	黄色	轻黏土	块状	4.8	5.7	0.48	0.55		180			
剖2	铁铝土	黄壤	黄壤	铁铝质黄壤	大灰黄泥土	1	0–18	黄灰色	轻黏土	粒状	6.6	31.4	1.93	0.58	4.0		石灰岩残积物	E 105° 51′ 10.7″ N 27° 34′ 33.8″	72
						2	18–28	灰黄色	重黏土	块状	6.7	18.9	1.55	0.52	1.0				
						3	28–100	黄色	重黏土	块状	6.7	11.5	1.02	0.37		139			
剖3	人为土	水稻土	潴育水稻土	黄泥田	黄泥田	1	0–18	黑黄色	重黏土	粒状	6.1	54.5	2.82	0.95	5.0	120	石灰岩坡积物	E 105° 45′ 58.7″ N 27° 33′ 10.8″	88
						2	18–26	黑黄色	重黏土	块状	6.4	44.9	2.19	0.99	2.0	69			
						3	26–51	黄色	轻黏土	块状	7.5	6.6	0.76	0.83		136			
						4	51–89	黄色	轻黏土	块状	7.7	6.9	0.74	0.57					
剖4	淋溶土	黄棕壤	山地黄棕壤	硅铁质山地黄棕壤	黄灰泡土	1	0–15	黄灰色	重黏土	微泥状	5.3	21.0	3.52	0.88	8.0	170	页岩坡积物	E 105° 41′ 59.8″ N 27° 29′ 51.0″	75
						2	15–44	灰黄色	重黏土	块状	5.2	24.0	1.76	0.74	2.0	239			
						3	44–90	灰黄色	重黏土	块状	5.3	23.0	1.29	0.46	1.0				
剖5	铁铝土	黄壤	黄壤	硅质黄壤	熟黄砂土	1	0–19	黄灰色	中壤土	微粒状	6.6	15.2	1.28	0.26	2.0	202	砂岩坡积物	E 105° 34′ 11.2″ N 27° 29′ 00.6″	91
						2	19–100	灰黄色	轻壤土	微块状	6.7	9.8	0.81	0.23	1.0	360			
剖6	人为土	水稻土	渗育水稻土	黄泥田	小黄泥田	1	0–16	黄灰色	轻黏土	块状	5.9	23.9	1.79	1.31	5.0	147	石灰岩残积物	E 105° 35′ 48.5″ N 27° 28′ 51.6″	87
						2	16–25	灰黄色	轻黏土	块状	6.1	22.9	1.57	1.31	7.0	130			
						3	25–100	灰黄色	轻黏土	块状		23.7	1.52	1.34	6.0				
剖7	淋溶土	黄棕壤	山地黄棕壤	紫色岩山地黄棕壤	厚层紫色岩山地黄棕壤	1	0–5	紫黑色		微粒状							砂页岩残积物	E 105° 42′ 54.0″ N 27° 26′ 34.8″	79
						2	5–30	紫黑色		微块状									
						3	30–80	紫色		块状									
剖8	人为土	水稻土	潴育水稻土	冷浸田	冷砂田	1	0–15	黄灰色	轻黏土	粒状	6.3	51.0	2.90	1.30	7.0	168	砂岩坡积物	E 105° 35′ 13.5″ N 27° 24′ 59.0″	83
						2	15–25	黄灰色	重黏土	块状	5.7	58.0	3.20	1.20	7.0	264			
						3	25–100	青灰色	重黏土	块状	6.3	25.0	1.70	1.30	6.0	127			
剖9	初育土	石灰（岩）土	黄色石灰土	黄色石灰土	砾质石蛋护砂土	1	0–14	浅灰色	重黏土	碎块状	8.1	19.9	1.49	0.27	1.0	42	泥灰岩冲积物	E 105° 40′ 48.2″ N 27° 24′ 16.1″	83
						2	14–25	灰白色	重黏土	块状	8.1	12.0	0.74	0.25	3.0	28			
						3	25–70	灰黄色	重黏土	块状	8.2	6.5	0.46	0.22	1.0	19			
剖10	人为土	水稻土	潴育水稻土	潮泥田	潮泥田	1	0–17	灰色	中壤土	微块状	6.7	11.4	0.73	0.26	3.0	53	多种岩石冲积物	E 105° 36′ 55.9″ N 27° 24′ 09.5″	90
						2	17–24	紫黑色	轻黏土	微块状	5.8	11.2	0.81	0.27	4.0	46			
						3	24–50	紫黄色	中壤土	微块状	5.9	12.0	0.74	0.27	2.0	62			
						4	50–100	紫色	砂壤土	微块状	6.5	5.3	0.35	0.20	微量	86			
剖11	初育土	紫色土	酸性紫色土	淋溶紫砂土	厚层淋溶紫砂土	1	0–14	紫色	中砾质土	粒状	6.3	51.4	2.65	1.65	3.0	156	砂岩残积物	E 105° 43′ 18.8″ N 27° 23′ 37.5″	87
						2	14–75	紫色	少砾质土	块状	6.7	39.0	2.16	1.48	3.0	123			
剖12	人为土	水稻土	渗育水稻土	渗育煤泥田	煤泥田	1	0–20	灰黑色	轻黏土	块状	5.2	86.0	3.98	1.13	7.0	263	煤系砂页岩坡积物	E 105° 38′ 12.5″ N 27° 23′ 32.3″	89
						2	20–40	灰黄色	轻黏土	块状	5.4	78.0	3.53	1.26	7.0	96			
						3	40–80	灰色	轻黏土	块状	5.4	78.0	1.04	0.73	2.0	199			
剖13	铁铝土	黄壤	黄壤	硅铝质黄壤	煤粒土	1	0–20	灰色	中壤土	粒状	7.4	37.1	2.24	0.87	3.0	69	砂页岩坡积物	E 105° 39′ 18.8″ N 27° 23′ 27.5″	87
						2	20–27	黄灰色	重黏土	粒状	7.5	41.1	2.42	0.74	3.0	59			
						3	27–80	黄灰色	轻壤土	粒状	6.5	15.4	1.49	0.64	2.0	55			
剖14	初育土	石灰（岩）土	黄色石灰土	黄色石灰土	黄大土泥土	1	0–18	黄黄色	轻壤土	块状	7.8	24.6	1.66	0.49	5.0	370	泥灰岩坡积物	E 105° 46′ 22.4″ N 27° 28′ 56.9″	74
						2	18–29	灰黄色	重壤土	块状	8.0	18.9	1.52	0.45	2.0	81			
						3	29–70	灰黄色	轻黏土	块状	7.8	9.3	0.91	0.32	2.0	148			

续表 Continued

剖面号 Soil profile	土纲 Soil order	土类 Soil great group	亚类 Soil subgroup	土属 Soil genus	土种 Soil species	土层码 Layer code	土层厚度 Depth/cm	颜色 Soil color	质地 Soil texture	土壤结构 Soil structure	pH	有机质 OM/(g/kg)	全氮 TN/(g/kg)	全磷 TP/(g/kg)	有效磷 AP/(mg/kg)	速效钾 AK/(mg/kg)	土壤母质 Parent material	剖面点坐标 Profile coordinate	匹配指数 Matching index/%
剖15	初育土	石灰(岩)土	黑色石灰土	黑色石灰土	薄层石灰岩黑色石灰土	1	0—10	黑色	重壤土	粒状	7.0	117.0	5.90	0.96	5.0	80	石灰岩残积物	E 105°56′04.9″ N 27°27′30.6″	72
						2	10—30	灰黑色	重壤土	核状	6.9	81.2	4.25	0.70	2.0	29			
剖16	淋溶土	黄棕壤	山地黄棕壤	硅铁质山地黄棕壤	厚层硅铁质山地黄棕壤	1	0—15	黑灰色	轻壤土	微粒状	4.5	77.0	4.12	1.20	7.0		页岩残积物	E 105°52′54.1″ N 27°27′13.0″	78
						2	15—23	黄灰色	中壤土	微粒状	4.8	38.0	2.72	1.02		379			
						3	23—80	黄灰色	中壤土	块状	4.8	32.0	2.48	0.95					
剖17	铁铝土	黄壤	黄壤	硅铝质黄壤	熟黄砂泥土	1	0—8	黄灰色	重壤土	微粒状	6.1	49.1	2.26	1.50	30.0	153	砂页岩坡积物	E 105°55′04.4″ N 27°27′35.8″	100
						2	8—25	灰黄色	重壤土	微块状	5.1	23.2	1.93	1.73	8.0	38			
						3	25—90	灰黄色	重壤土	微块状	5.2	23.4	1.69	1.19	6.0	28			
剖18	初育土	石灰(岩)土	黄色石灰土	黄色石灰土	大土泥土	1	0—20	黄灰色	重壤土	粒状	7.3	28.2	1.61	0.77	9.0	72	泥灰岩坡积物	E 105°49′01.2″ N 27°22′12.4″	77
						2	20—38	黄灰色	重壤土	块状	7.0	26.9	1.60	0.77	5.0	78			
						3	38—100	黄灰色	重壤土	块状	7.0	18.1	1.06	0.58	2.0	47			
剖19	淋溶土	山地黄棕壤	山地黄棕壤	铁铝质山地黄棕壤	中层铁铝质山地黄棕壤	1	0—6	黑色	重壤土	微块状	3.8	109.5	4.37	0.47	14.0	35	白云岩坡积物	E 105°55′18.5″ N 27°20′55.0″	86
						2	6—16	灰黄色	重壤土	块状	4.0	37.4	1.49	0.22	3.0	24			
						3	16—50	浅灰色	重壤土		4.4	28.8	1.51	0.24					
剖20	铁铝土	粗骨性黄壤	粗骨性黄壤	硅铝质粗骨性黄壤	砾石质偏砂泥土	1	0—15	灰黄色	中壤质土	粒状	5.2	46.1	1.60	3.54	9.0	396	砂页岩坡积物	E 106°03′01.6″ N 27°20′08.4″	80
						2	15—90	灰黄色	多砾质土		4.2	14.8	1.41	3.46	13.0	377			
剖21	铁铝土	黄壤	黄壤	硅铝质黄壤	油砂泥土	1	0—19	灰色	重壤土	粒状	7.5	14.6	12.38	1.57	18.0	329	页岩坡积物	E 105°28′43.7″ N 27°15′37.1″	95
						2	19—27	灰色	轻壤土	块状	7.4	63.9	2.12	1.52	9.0	272			
						3	27—100	黄色	中壤土	块状	7.1	44.8	1.15	1.52	8.0	283			
剖22	铁铝土	黄壤	黄壤	硅铝质黄壤	底白鳝泥田	1	0—18	黑灰色	重壤土	粒状	5.5	56.5	2.51	2.23	23.0	207	砂页岩坡积物	E 105°29′31.9″ N 27°11′50.3″	85
						2	18—32	灰黄色	重壤土	块状	5.2	14.7	0.80	1.65	12.0	211			
						3	32—100	灰黄色	重黏土	块状	5.0	16.7	0.85	0.74		186			
剖23	人为土	水稻土	渗育水稻土	渗育大泥田	苦大泥土	1	0—18	灰色	重壤土	块状	7.9	18.4	1.15	0.46	3.0	111	泥灰岩残积物	E 105°27′45.0″ N 27°10′16.3″	81
						2	18—30	灰色	中壤土	块状	8.0	12.5	0.83	0.37	2.0	96			
						3	30—50	灰白色	轻壤土	粒状	8.2	5.3	0.36	0.26	2.0	50			
剖24	淋溶土	黄棕壤	粗骨性黄棕壤	硅铝质粗骨性黄棕壤	厚层硅质黄壤	1	0—7	灰黄色	中壤土	块状	4.6	23.7	1.84	2.71	2.0		页岩坡积物	E 105°33′11.2″ N 27°18′33.8″	70
						2	7—35	黄黄色	重壤土	块状	4.6	14.8	1.08	1.93	2.0				
						3	35—100	橙黄色	中壤土			6.5	0.12	1.87					
剖25	铁铝土	黄壤	山地黄壤	紫色山地黄壤	紫砂黄泥泡土	1	0—15	浅紫色	少砾质土		5.2		3.01	2.04	9.0	314	砂页岩坡积物	E 105°42′39.2″ N 27°18′19.4″	90
						2	15—50	深紫色	少砾质土		5.1		2.25	1.79		263			
剖26	淋溶土	黄棕壤	铁铝质黄棕壤	铁铝质山地粗骨性黄棕壤	火石灰泡土	1	0—15	灰色	中砾质土	块状	7.4	33.2	2.10	1.27	8.0	236	礫石灰岩坡积物	E 105°43′49.4″ N 27°15′04.0″	98
						2	15—80	灰色	中砾质土	块状	7.7	28.2	1.81	1.18	7.0	143			
剖27	淋溶土	紫色土	中性紫砂土	中性紫砂土	礫石紫砂土	1	0—15	紫色	轻黏土	块状	5.2	48.8	2.60	0.76	2.0	221	砂页岩坡积物	E 105°32′59.6″ N 27°14′25.1″	100
						2	15—60	紫色	中黏土		5.0	3.9	0.72	0.51	1.0	319			
剖28	人为土	水稻土	渗育水稻土	渗育黄泥田	表白胶泥田	1	0—16	浅灰色	中黏土	块状	6.7	30.2	1.36	2.48	4.0	232	石灰岩残积物	E 105°43′07.0″ N 27°12′57.2″	72
						2	16—100	灰白色	中黏土		6.5	19.4	1.19	2.45	2.0	228			
剖29	初育土	紫色土	中性紫砂土	中性紫黄砂土	厚层中性紫砂土	1	0—7	紫灰色	轻壤土	块状	6.1	52.4	2.59	0.94	7.0	356	砂页岩残积物	E 105°33′20.9″ N 27°11′18.2″	77
						2	7—65	浅灰色	轻黏土	块状	6.1	54.1	2.75	0.91	7.0	413			
剖30	人为土	水稻土	渗育水稻土	渗育黄泥田	底白胶泥田	1	0—18	灰白色	中黏土	块状	6.9	11.5	0.83	0.33	1.0	108	页岩坡积物	E 105°40′43.3″ N 27°10′13.8″	75
						2	18—28	灰黄色	重黏土	块状	6.2			3.70	2.0	348			
						3	28—100			碎块状									
剖31	铁铝土	黄壤	黄壤	第四纪黏土黄壤	黄胶泥土	1	0—15	灰黄色	重黏土	块状	6.4	9.3	0.75	3.30	3.0	195	第四纪黏土洪积物	E 105°59′29.0″ N 27°19′13.8″	98
						2	15—26	黄色	重黏土	块状	6.2	6.6	0.44	2.20		105			
						3	26—100												

续表 Continued

剖面号 Soil profile	土纲 Soil order	土类 Soil great group	亚类 Soil subgroup	土属 Soil genus	土种 Soil species	土层码 Layer code	土层厚度 Depth/cm	颜色 Soil color	质地 Soil texture	土壤结构 Soil structure	pH	有机质 OM/(g/kg)	全氮 TN/(g/kg)	全磷 TP/(g/kg)	有效磷 AP/(mg/kg)	速效钾 AK/(mg/kg)	土壤母质 Parent material	剖面点坐标 Profile coordinate	匹配指数 Matching index/%
剖32	淋溶土	黄棕壤	山地黄棕壤	铁铝质山地黄棕壤	灰泡大黄泥土	1	0–18	黑灰色	重壤土	粒状	7.0	71.0	3.41	0.63	11.0		石灰岩坡积物	E 105° 53′ 58.9″ N 27° 17′ 18.3″	98
						2	18–26	黑灰色	重壤土	块状	7.2	73.7	3.48	0.55	6.0				
						3	26–90	棕黄色	重壤土	块状	6.5	33.0	2.52	0.44	3.0				
剖33	人为土	水稻土	潴育水稻土	黄泥煤泥田	熟白胶泥田	1	0–15	灰色	重壤土	粒状	7.6	57.9	2.98	1.17	21.0	131	黄色黏土洪积物	E 105° 51′ 42.8″ N 27° 14′ 32.6″	76
						2	15–25	灰黄色	轻壤土	块状	7.8	45.7	2.29	1.39	22.0	86			
						3	25–100	浅白色	重黏土	粒状	6.7	3.5	0.29	0.67	2.0	89			
剖34	人为土	水稻土	渗育水稻土	渗育煤泥田	煤泥田	1	0–17	黑灰色	重黏土	块状	5.4	78.1	2.42	0.59	1.0		煤系砂页岩坡积物	E 105° 50′ 19.3″ N 27° 13′ 01.2″	90
						2	17–65	黄黑色	重黏土	粒状	4.9	78.0	2.28	0.65		107			
剖35	淋溶土	黄棕壤	山地黄棕壤	铁铝质山地黄棕壤	灰泡小黄泥土	1	0–18	黄黄色	重壤土	块状	7.8	32.7	1.93	0.52	5.0	79	石灰岩坡积物	E 105° 25′ 57.6″ N 27° 07′ 01.4″	95
						2	18–45	灰黄色	重壤土	粒状	8.1	35.5	1.95	0.49	4.0	81			
						3	45–100	浅灰黄色	重黏土	块状	6.2	16.0	1.09	0.44	5.0				
剖36	铁铝土	黄壤		硅铝质黄壤	厚层硅铝质黄壤	1	0–8	黄黑色	轻黏土	粒状	4.4	25.5	2.02	0.95	2.0	317	砂页岩残积物	E 105° 29′ 06.7″ N 27° 06′ 34.8″	97
						2	8–20	黄黑色	重黏土	块状	4.3	34.6	2.26	0.86		297			
						3	20–65	灰黄色	重壤土	块状	4.3	21.6	2.01	0.67		284			
剖37	淋溶土	黄壤		硅铝质山地黄棕壤	灰泡土	1	0–10	灰黑色	中壤土	微粒状	4.6	87.6	4.90	1.94	10.0		页岩坡积物	E 105° 25′ 30.5″ N 27° 05′ 23.5″	90
						2	10–50	黄黑色	中黏土	块状	4.6	38.0	2.96	1.23	2.0	323			
						3	50–80	灰黄色	重壤土	碎块状	8.1	24.9	43.12	1.45	2.0				
剖38	铁铝土	黄壤		硅铁质山地黄棕壤	小黄泥土	1	0–12	灰黑色	轻壤土	块状	7.5	17.0	1.04	0.68	6.0	62	页岩坡积物	E 105° 26′ 33.6″ N 27° 03′ 17.7″	93
						2	12–17	黄色	重壤土	块状	6.0	14.4	1.05	0.45	4.0	71			
						3	17–100	黄色	轻黏土	块状	4.6	14.5	8.95	0.53	2.0	103			
剖39	淋溶土	黄棕壤	山地黄棕壤	硅铁质山地黄棕壤	黑泡泡土	1	0–11	黑色	重壤土	微块状	5.0	114.5	5.66	2.70	9.0	293	砂页岩残积物	E 105° 26′ 07.8″ N 27° 01′ 19.6″	95
						2	11–80	灰色	重壤土	微粒状	4.3	81.6	2.75	1.95	12.0	201			
剖40	淋溶土	黄棕壤	山地黄棕壤	硅铝质山地黄棕壤	薄层硅铁质山地黄棕壤	1	0–8	灰黑色	轻壤土	微粒状	3.9	87.6	3.53	0.32	3.0	94	砂页岩残积物	E 105° 37′ 52.5″ N 27° 07′ 54.9″	90
						2	8–27	灰黄色	重壤土	微粒状	4.3	7.3	0.44	0.07	2.0	210			
剖41	紫色土	紫色土	酸性紫色土	酸性紫红泥土	厚层酸性紫红泥土	1	0–6	紫红色	重壤土	粒状	4.3	20.0	0.86	0.17	2.0	164	页岩坡积物	E 105° 30′ 52.2″ N 27° 08′ 33.4″	72
						2	6–15	紫红色	重壤土	块状	4.4	11.7	0.61	0.13	2.0	97			
						3	15–100	紫红色	重壤土	块状	4.6	4.2	0.39	0.12	1.0				
剖42	淋溶土	黄棕壤	粗骨黄棕壤	铁铝质山地黄棕壤	砾石棵子石灰泡土	1	0–16	黄灰色	中砾质土	粒状	5.1	49.1	3.13	2.31	5.0	222	残积物	E 105° 39′ 50.0″ N 27° 08′ 08.9″	77
						2	16–90	灰黑色	少砾质土	块状	5.8	19.4	1.49	1.76	1.0	159			
剖43	水稻土	水稻土	潴育水稻土	大眼泥田	大眼泥田	1	0–19	灰黑色	重壤土	粒状	7.4	67.2	3.69	0.78	8.0	179	泥岩坡积物	E 105° 34′ 31.1″ N 27° 07′ 45.5″	84
						2	19–32	黄黑色	重壤土	块状	7.2	50.8	3.03	0.54	5.0	168			
						3	32–90	黄黑色	重壤土	块状	7.2	15.7	1.11	0.58					
剖44	初育土	紫色土	酸性紫色土	淋溶紫砂土	砾石夹紫酸砂土	1	0–15	紫红色	中砾质土	微块状	5.3	38.5	2.64	1.31	5.0	248	砂岩坡积物	E 105° 44′ 07.5″ N 27° 07′ 22.4″	85
						2	15–72	紫红色	重砾质土	块状	6.0	12.9	1.26	0.91	4.0	247			
剖45	初育土	紫色土	酸性紫色土	酸性紫红泥土	血砂土	1	0–13	紫红色	中壤土	块状	6.4	10.4	0.78	0.80	1.0	103	页岩坡积物	E 105° 36′ 39.6″ N 27° 04′ 43.7″	76
						2	13–46	紫红色	重壤土	块状	5.9	8.4	0.65	0.47	1.0	74			
						3	46–75	紫红色	重壤土	块状	5.5	7.2	0.60	0.50	2.0	252			
剖46	初育土	紫色土		酸性紫红泥土	血砂土	1	0–15	紫红色	重壤土	微块状	6.5	8.2	0.63	0.27		215	砂岩坡积物	E 105° 30′ 23.4″ N 27° 04′ 12.7″	90
						2	15–29	紫红色	重壤土	微块状	6.5	11.7	0.61	0.41	5.0	223			
						3	29–56	紫灰色	重壤土	微块状	6.0	12.1	0.63	0.44	4.0	227			
剖47	铁铝土	黄壤		硅铝质黄壤	黄砂质土	1	0–13	紫黄色	中壤土	粒状	5.1	22.0	1.38	1.37	1.0		砂页岩坡积物	E 105° 31′ 30.4″ N 27° 03′ 01.4″	84
						2	13–60	灰黄色	中壤土	块状	8.0	8.0	0.63	1.39	8.0				
剖48	初育土	石灰(岩)土	黄色石灰土	黏土质从次生黄色石灰土	表碱黄小泥土	1	0–19	黄黄色	轻壤土	粒状	7.8	36.9	2.33	0.96	2.0	295	石灰岩坡积物	E 105° 42′ 44.2″ N 27° 02′ 30.7″	75
						2	19–28	黄灰色	轻黏土	块状	7.8	33.4	2.18	0.74	7.0				
						3	28–100	黄灰色	轻黏土	块状	6.5	21.4	1.78	0.60	2.0				

续表 Continued

剖面号 Soil profile	土纲 Soil order	土类 Soil great group	亚类 Soil subgroup	土属 Soil genus	土种 Soil species	土层码 Layer code	土层厚度 Depth/cm	颜色 Soil color	质地 Soil texture	土壤结构 Soil structure	pH	有机质 OM/(g/kg)	全氮 TN/(g/kg)	全磷 TP/(g/kg)	有效磷 AP/(mg/kg)	速效钾 AK/(mg/kg)	土壤母质 Parent material	剖面点坐标 Profile coordinate	匹配指数 Matching index/%
剖49	初育土	石灰(岩)土	黄色石灰土	黏土质次生黄色石灰土	厚层黏土质次生黄色石灰土	1	0~12	黄灰色	轻黏土	粒状	6.8	53.7	2.76	0.60		112	石灰岩坡积物	E 105°39′23.2″ N 27°02′04.7″	78
						2	12~60	灰黄色	轻黏土	块状	5.9	25.7	1.63	0.55	1.0	128			
						3	60~100	黄色	轻黏土	块状	6.1	18.9	1.29	0.45		97			
剖50	人为土	水稻土	潴育水稻土	潮泥田	潮泥田	1	0~18	紫灰色	中壤土	微块状	7.5	29.0	1.56	0.53	8.0	127	多种岩冲积物	E 105°34′11.3″ N 27°01′13.1″	74
						2	18~28	紫灰色	中壤土	微块状	7.6	7.4	0.57	0.30	1.0	114			
						3	28~90	紫灰色	中壤土	微块状	7.6	9.6	0.58	0.29		108			
剖51	铁铝土	黄壤	黄壤	铁铝质黄壤	死灰黄泥土	1	0~15	黄灰色	重黏土	碎块状	4.6	29.2	1.69	0.54		206	石灰岩残积物	E 105°48′29.8″ N 27°08′50.8″	97
						2	15~100	黄灰色	重黏土	块状	5.0	14.2	1.05	0.22		157			
剖52	初育土	石灰(岩)土	黄色石灰土	淋溶黄色石灰土	厚层淋溶黄色石灰土	1	0~17	黑色	轻黏土	粒状	6.4	113.7		1.61	2.0	347	石灰岩残积物	E 105°47′00.1″ N 27°03′33.0″	94
						2	17~28	灰色	轻黏土	块状	6.3	64.2		1.86	1.0	176			
						3	28~90	黄灰色	重壤土	块状	6.9	32.6		1.31		262			
剖53	水稻土	水稻土	潴育水稻土	潴育大泥田	黄大泥田	1	0~16	灰黄色	重壤土	粒状	7.7	48.9	2.48	0.89	9.0	230	泥灰岩坡积物	E 105°22′37.6″ N 26°59′26.9″	76
						2	16~31	灰黄色	重壤土	块状	7.7	41.8	2.24	0.68	5.0	211			
						3	31~95	黄色	重壤土	块状	7.8	33.0	1.70	0.57	1.0	179			
剖54	初育土	紫色土	酸性紫色土	酸性紫砂土	中层酸淋溶紫红砂土	1	0~10	紫红色	中壤土	微块状	6.2	19.0	1.05	0.22	3.0	399	砂页岩残积物	E 105°24′42.7″ N 26°59′15.2″	86
						2	10~30	紫红色	中壤土	微块状	5.2	25.5	1.19	0.19	2.0	224			
						3	30~50	紫红色	中壤土	微块状	5.3	11.0	0.71	0.09	2.0	285			
剖55	人为土	水稻土	潴育水稻土	潴育黄泥田	死黄泥田	1	0~13	灰黄色	轻黏土	块状	7.8	39.2	1.84	0.80	6.0	437	玄武岩坡积物	E 105°20′59.9″ N 26°58′41.4″	92
						2	13~70	灰黄色	重黏土	块状	5.8	14.7	1.37	0.48		144			
剖56	初育土	石灰(岩)土	黄色石灰土	黄色石灰土	油大泥泥土	1	0~19	灰色	重黏土	块状	7.6	34.0	1.88	0.80	2.0	33	泥灰岩残积物	E 105°29′46.3″ N 26°55′07.3″	98
						2	19~30	灰色	重黏土	块状	6.7	41.0	2.57	1.13	2.0	63			
						3	30~85	灰色	重黏土	块状	7.0	29.0	2.10	1.08	1.0	25			
剖57	初育土	石灰(岩)土	黄色石灰土	黄色石灰土	中层黄色石灰土	1	0~13	灰灰黑色	中壤土	粒状	8.2	85.7	5.14	0.45	5.0	74	泥灰岩残积物	E 105°43′29.6″ N 26°58′25.6″	96
						2	13~27	黄灰色	重壤土	粒状	8.1	57.8	3.87	0.60		129			
						3	27~57	灰黄色	重壤土	块状	8.1	27.7	1.88	0.45		90			
剖58	初育土	石灰(岩)土	黄色石灰土	黄色石灰土	砾石石蛋护土	1	0~12	浅灰色	中砾质土		8.2	31.6	1.70	0.33	2.0	78	泥灰岩残积物	E 105°38′34.1″ N 26°58′13.7″	91
						2	12~50	浅黄色	少砾质土		8.0	40.7	2.01	0.42	2.0	69			
剖59	初育土	石灰(岩)土	黄色石灰土	黄色石灰土	白大泥土	1	0~18	灰白色	重黏土	碎块状	7.4	16.0	1.16	0.31		201	泥灰岩残积物	E 105°33′57.4″ N 26°54′45.4″	80
						2	18~80	灰白色	重黏土	块状	7.2	12.8	0.61	0.16		53			
剖60	人为土	水稻土	潴育水稻土	潴育大泥田	大泥田	1	0~18	灰色	中黏土	粒状	7.9	31.1	1.99	0.55	2.0	190	泥灰岩残积物	E 105°45′59.1″ N 26°58′27.1″	89
						2	18~33	灰黄色	中黏土	块状	7.8	24.3	1.63	0.46		102			
						3	33~107	灰黄色	中黏土	块状	7.9	15.3	1.08	0.47		44			
剖61	铁铝土	黄壤	黄壤	硅质黄壤	黄砂壤	1	0~14	灰黄色	轻壤土	微块状	5.2	17.8	1.11	0.39	2.0	378	砂岩坡积物	E 105°45′00.7″ N 26°57′39.3″	88
						2	14~70	灰黄色	轻壤土	微块状	5.5	15.3	1.01	0.37		161			
						3	70~100	黄色	中壤土	微块状	5.2	5.9	0.46	0.30		47			

金 沙 县

主要土类说明

黄壤是金沙县主要土壤类型，占本县地域面积的42%。黄壤发育于温暖湿润的亚热带气候条件下，集中分布在低中山和低山丘陵，含有较多水合氧化铁，土体多呈黄色，具A-B-C剖面构型。自然植被主要为常绿阔叶林。成土母质极其广泛，黏土矿物以蛭石为主，具有较强的脱硅富铝化过程，黏粒硅铝率为1.5—2.7。该土壤质地较黏重，物理性黏粒含量为50%—80%，阳离子交换量低，盐基饱和度为12%—23%。

石灰（岩）土是金沙县第二大土壤类型，占本县地域面积的34%。石灰（岩）土为岩成土，主要发育于碳酸岩类出露区域。石灰（岩）土具有碳酸盐强烈淋失，硅、铁、铝相对聚集，有机质积累量高等特点，土层浅薄，土体平均厚度为60.2cm，多具A-C或A-R剖面构型，表层有机质含量平均为48g/kg，pH为6.7—8.6。

紫色土是金沙县第三大土壤类型，占本县地域面积的14%。紫色土为岩成土，发育于紫色岩类出露各处，分布在海拔680—1900m的山地。成土母质主要为侏罗系和三叠系的钙质页岩、中性紫色砂页岩、酸性紫红色砂页岩等。黏土矿物以水云母为主。紫色土的形成和特点都与母岩的种类和性质密切相关，成土过程以物理风化为主，成土迅速，水土流失严重。

水稻土占本县地域面积的7%，主要分布在海拔1850m以下的河谷、坝地、沟槽等地段。水稻土是在水耕熟化和旱耕熟化交替影响下形成的土壤类型。成土过程具有氧化还原过程，水耕条件下铁锰发生强烈迁移。由于干湿交替，水稻土形成糊状的淹育层、较坚实板结的犁底层、渗育层、潴育层与潜育层等多种发生层。

粗骨土占本县地域面积的3%。粗骨土属于A-C型，甚至（A）-C型土壤。A层发育不明显，与母质土层性状相似，略显有机质积累。有时母质层富含砾石，很少出现剖面分异与发育特征。

本区域中心区气候特征

本区域中心区气候特征值
Regional climate characteristics in central area of the region

气候带：北亚热带湿润气候 Climate region: North subtropical humid climate	
年平均气温 /℃ Annual average temperature /℃	14.7
年平均最高气温 /℃ Annual average maximum temperature /℃	19.1
年平均最低气温 /℃ Annual average minimum temperature /℃	11.8
年降水量 /mm Annual precipitation /mm	1032
≥10℃的积温 /℃ Daily temperature accumulated in a year (≥10℃) /℃	5704
年日照时数 /h Annual sunshine /h	1078
年平均相对湿度 /% Annual average relative humidity /%	80
干燥度 Dryness	0.84

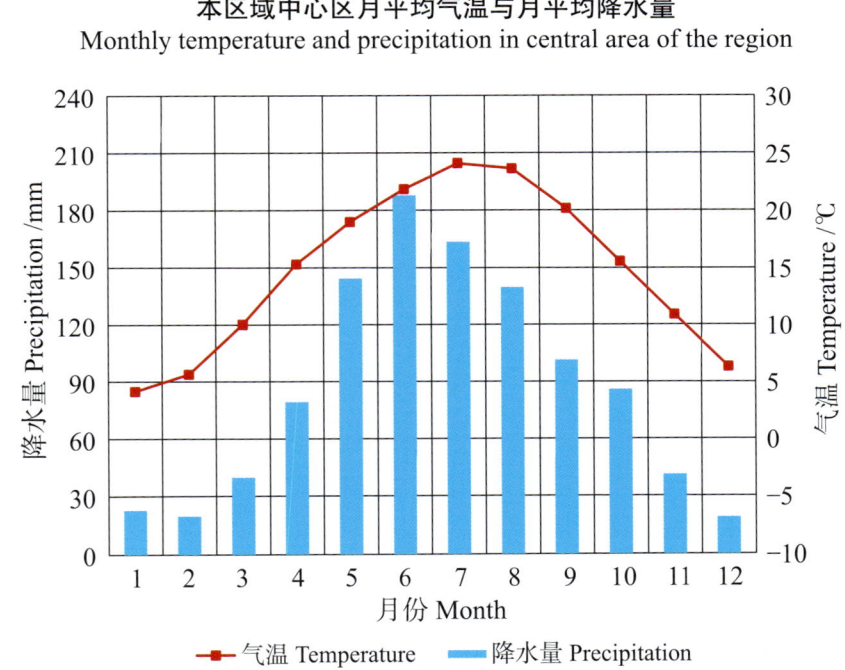

本区域中心区月平均气温与月平均降水量
Monthly temperature and precipitation in central area of the region

金沙县主要土壤类型与土壤剖面点分布图

1：320 000

图 例

黄壤	（黄色）
石灰（岩）土	（橄榄绿）
紫色土	（紫色）
水稻土	（深绿）
粗骨土	（灰绿）
⊗	剖面点

金沙县土壤剖面理化性状表

剖面号 Soil profile	土纲 Soil order	土类 Soil great group	亚类 Soil subgroup	土属 Soil genus	土种 Soil species	土层码 Layer code	土层厚度 Depth/cm	颜色 Soil color	质地 Soil texture	土壤结构 Soil structure	pH	有机质 OM/(g/kg)	全氮 TN/(g/kg)	全磷 TP/(g/kg)	有效磷 AP/(mg/kg)	速效钾 AK/(mg/kg)	土壤母质 Parent material	剖面点坐标 Profile coordinate	匹配指数 Matching index/%
剖1	铁铝土	黄壤	黄壤	铁铝质黄壤	小灰黄泥土	1	0–15	灰黄色	轻黏土	粒状	6.7	19.3	1.19	0.27	29.0	152	石灰岩	E 105°52′46.1″ N 27°35′44.6″	73
						2	15–28	蜡黄色	轻黏土	块状	6.5	14.3	1.08	0.47	33.0	67			
						3	28–70	黄色	轻黏土	块状	6.6	12.0	0.63	0.33	24.0	63			
剖2	铁铝土	黄壤	黄壤	硅铁质黄壤	死黄泥土	1	0–15	浅黄色	轻黏土	核状	5.7	15.5	1.47	0.67	1.0	100	泥页岩	E 105°55′11.3″ N 27°33′44.0″	81
						2	15–45	黄色	中黏土	块状	5.5	13.0	1.72	0.34	5.0	82			
剖3	铁铝土	黄壤	黄壤	铁铝质黄壤	大灰黄泥土	1	0–20	褐黄色	轻黏土	团粒状	5.6	25.0	1.70	0.57	5.0	96	白云质灰岩	E 106°02′48.5″ N 27°36′33.5″	79
						2	20–38	深黄色	轻黏土	块状	5.7	15.5	1.03	0.41	1.0	134			
						3	38–74	黄色	轻黏土	块状	5.6	14.3	0.96	0.51	1.0	141			
剖4	人为土	水稻土	渗育水稻土	黄泥田	小黄泥田	1	0–19	灰黄色	中黏土	核块状	6.0	24.3	1.80	0.62	1.0	179	白云质灰岩	E 106°13′10.9″ N 27°32′11.0″	77
						2	19–35	深黄色	中黏土	块状	6.2	18.1	1.53	0.59	4.0	158			
						3	35–100	黄色	重黏土	块状	6.6	6.3	1.17	0.41	3.0	124			
剖5	铁铝土	黄壤	黄壤	硅铝质黄壤	熟黄砂泥土	1	0–18	浅黄色	重壤土	块状	5.8	20.7	1.24	0.49	9.0	62	砂页岩	E 106°09′47.3″ N 27°31′26.8″	84
						2	18–33	黄色	重壤土	小块状	5.9	19.1	1.15	0.41	9.0	40			
						3	33–70	浅黄色	重壤土	块状	5.9	5.3	0.41	0.12	2.0	49			
剖6	初育土	石灰(岩)土	黄色石灰土	黄大土石灰土	黄大土石灰土	1	0–15	黄色	轻黏土	颗粒状	7.5	17.2	1.53	0.38	4.0	52	白云质灰岩	E 106°00′33.9″ N 27°30′28.9″	96
						2	15–35	黄色	中黏土	块状	7.7	14.7	1.45	0.10	2.0	31			
						3	35–80	黄色	轻黏土	块状	7.4	5.8	0.87	0.43	2.0	54			
剖7	人为土	水稻土	渗育水稻土	渗育血肝泥田	血肝泥田	1	0–16	紫红色	中黏土	核块状	5.5	13.3	1.05	0.31	3.0	290	泥岩	E 106°17′38.0″ N 27°33′08.3″	92
						2	16–28	紫红色	中黏土	块状	4.9	8.5	0.71	0.29	7.0	340			
						3	28–50	紫红色	中黏土	块状	5.1	5.3	0.86	0.31	2.0	319			
剖8	人为土	水稻土	渗育水稻土	渗育砂泥田	黄石砂泥田	1	0–18	灰黄色	重壤土	块状	6.5	35.1	1.99	0.48	7.0	63	砂页岩	E 106°16′34.0″ N 27°31′03.7″	71
						2	18–30	灰黄色	中壤土	块状	7.4	32.0	1.68	0.44	3.0	66			
						3	30–65	灰色	中壤土	块状	7.4	11.8	0.80	0.22	微量	45			
剖9	人为土	潴育水稻土	潴育水稻土	潮泥田	潮泥田	1	0–20	灰黄色	重壤土	屑状	6.3	29.1	1.79	0.53	5.0	139	混合物	E 106°10′34.3″ N 27°29′42.4″	80
						2	20–35	灰色	重壤土	块状	6.8	13.8	1.20	0.24	3.0	55			
						3	35–80	灰色	中壤土	块状	6.8	7.5	0.90	0.48	3.0	52			
剖10	铁铝土	黄壤	黄壤	硅质黄壤	黄油砂土	1	0–23	黑褐色	中壤土	团粒状	5.7	23.3	1.24	0.91	34.0	142	砂岩	E 106°03′55.4″ N 27°28′08.8″	96
						2	23–39	黄色	中壤土	块粒状	7.0	17.5	0.83	0.88	33.0	252			
						3	39–84	黄色	中壤土	粒状	5.5	3.4	0.53	0.35	34.0	89			
剖11	铁铝土	粗骨性黄壤	粗骨性黄壤	铁铝质粗骨性黄壤	砾石石渣土	1	0–15	褐灰色	重黏土	核块状	5.0	21.9	1.64	0.66	2.0	128	砂页岩	E 106°10′30.0″ N 27°27′56.2″	83
						2	15–45	黄色	重黏土	块状	4.9	17.4	1.30	0.63	1.0	32			
剖12	铁铝土	粗骨性黄壤	粗骨性黄壤	铁铝质粗骨性黄壤	砾石火石砂土	1	0–22	黄褐色	重黏土	团粒状	6.0	25.2	1.38	0.13	1.0	406	砂页岩	E 106°14′32.8″ N 27°26′59.4″	78
						2	22–50	黄灰色	重黏土	块状	5.4	24.8	1.31	0.16	3.0	453			
剖13	人为土	水稻土	潴育水稻土	大眼泥田	大眼泥田	1	0–19	青灰色	中黏土	块状	7.4	37.9	2.79	0.61	9.0	79	白云质灰岩	E 106°12′41.0″ N 27°26′47.9″	76
						2	19–30	黄褐色	轻黏土	颗粒状	7.7	33.5	2.69	0.72	10.0	65			
						3	30–100	灰黄色	轻黏土	块状	8.5	22.9	1.58	0.39	6.0	22			
剖14	铁铝土	粗骨性黄壤	粗骨性黄壤	硅质粗骨性黄壤	砾石偏砂泥土	1	0–18	灰褐色	重黏土	颗粒状	5.5	34.2	1.87	0.73	6.0	56	硬质页岩	E 106°03′00.1″ N 27°25′15.5″	81
						2	18–58	灰褐色	重黏土	粒状	4.5	15.1	1.71	0.49	6.0	40			
						3	58–70	灰褐色	中壤土	粒状	5.8	12.4	1.77	0.98	5.0	66			
剖15	铁铝土	粗骨性黄壤	粗骨性黄壤	硅铝质粗骨性黄壤	砾石煤砂泥土	1	0–15	黑褐色	重壤土	颗粒状	5.7	119.0	4.03	1.07	9.0	187	炭质页岩	E 106°05′45.4″ N 27°23′38.7″	99
						2	15–30	黑褐色	颗粒状	颗粒状	6.1	148.2	4.43	1.02	4.0	191			
						3	30–50	黑褐色	轻黏土	核块状	5.3	205.0	4.10	1.07	9.0	114			

续表 Continued

剖面号 Soil profile	土纲 Soil order	土类 Soil great group	亚类 Soil subgroup	土属 Soil genus	土种 Soil species	土层码 Layer code	土层厚度 Depth/cm	颜色 Soil color	质地 Soil texture	土壤结构 Soil structure	pH	有机质 OM/(g/kg)	全氮 TN/(g/kg)	全磷 TP/(g/kg)	有效磷 AP/(mg/kg)	速效钾 AK/(mg/kg)	土壤母质 Parent material	剖面点坐标 Profile coordinate	匹配指数 Matching index/%
剖16	铁铝土	黄壤	黄壤	硅铁质黄壤	白胶泥黄壤	1	0—15	灰白色	轻黏土	小块状	6.6	29.5	1.78	0.38	5.0	51	泥页岩	E 106°08′55.0″ N 27°22′01.9″	89
						2	15—31	白色	轻黏土	块状	5.2	23.2	1.51	0.38	3.0	43			
						3	31—55	白色	轻黏土	块状	4.9	11.3	0.59	0.17	1.0	46			
剖17	人为土	水稻土	潴育水稻土	黄泥田	黄泥田	1	0—19	褐黄色	重壤土	小块状	6.9	40.4	2.19	0.57	19.0	36	泥页岩	E 106°16′40.3″ N 27°29′15.6″	99
						2	19—29	浅黄色	轻黏土	小块状	7.1	30.6	2.01	0.50	16.0	53			
						3	29—100	黄色	轻黏土	块状	7.2	21.3	1.54	0.48	12.0	49			
剖18	人为土	水稻土	渗育水稻土	渗育砂泥田	黄砂泥田	1	0—18	浅黄色	轻壤土	块粒状	4.3	11.7	0.67	0.78	5.0	68	砂页岩	E 106°26′15.8″ N 27°29′02.9″	98
						2	18—41	黄色	轻壤土	块状	4.3	11.3	0.40	0.17	5.0	54			
						3	41—80												
剖19	人为土	水稻土	渗育水稻土	渗育黄泥田	死黄泥田	1	0—12	浅黄色	中壤土	核块状	6.2	21.4	1.27	0.46	10.0	26	第四纪黏土	E 106°17′01.0″ N 27°27′51.6″	71
						2	12—37	黄色	中壤土	块状	5.6	10.2	0.90	0.42	5.0	31			
剖20	初育土	紫色土	石灰性紫色土	钙质紫砂泥土	砾质羊肝砂泥土	1	0—21	紫褐色	重壤土	块粒状	7.8	18.3	1.53	0.61	10.0	33	钙质砂页岩	E 106°26′04.2″ N 27°27′51.1″	91
						2	21—45	紫色	重壤土	块状	7.9	17.5	1.43	0.62	1.0	39			
						3	45—70	紫色	重壤土	块状	8.0	7.6	0.60	0.53	2.0	36			
剖21	初育土	紫色土	酸性紫色土	淋溶紫泥土	砾石表酸紫砂泥土	1	0—13	紫色	轻黏土	颗粒状	6.5	39.6	1.93	0.86	5.0	49	钙质砂页岩	E 106°21′53.8″ N 27°27′09.7″	75
						2	13—40	紫色	轻黏土	核粒状	7.4	38.8	8.80	0.89	2.0	36			
剖22	铁铝土	黄壤	黄壤	硅铁质黄壤	小黄泥土	1	0—20	褐黄色	中壤土	小核块状	6.3	29.2	1.63	0.73	41.0	31	泥页岩	E 106°28′17.4″ N 27°26′37.3″	97
						2	20—45	深黄色	轻黏土	核块状	5.5	16.5	0.92	0.47	12.0	71			
						3	45—65	黄色	重壤土	块状	6.6	7.0	0.59	1.57	5.0	35			
剖23	人为土	水稻土	渗育水稻土	渗育大泥田	大泥田	1	0—18	灰黄色	轻黏土	核块状	7.8	27.2	1.62	0.38	7.0	108	白云质灰岩	E 106°23′30.1″ N 27°26′21.5″	98
						2	18—30	灰黄色	轻黏土	核块状	7.7	25.1	0.98	0.34	5.0	53			
						3	30—80	灰黄色	重壤土	核粒状	7.6	15.4	1.66	0.33	3.0	67			
剖24	人为土	水稻土	渗育水稻土	渗育大泥田	黄大泥田	1	0—20	灰褐色	重壤土	核粒状	8.0	31.9	1.31	0.32	8.0	121	泥页岩	E 106°18′47.1″ N 27°25′51.5″	87
						2	20—35	黄色	中壤土	粒块状	7.8	22.8	0.72	0.34	6.0	105			
						3	35—75	黄色	中壤土	粒状	8.5	7.5	1.03	0.41	7.0	120			
剖25	铁铝土	黄壤	黄壤	硅质黄壤	熟黄砂土	1	0—22	浅黄色	轻壤土	粒状	5.4	33.8	0.92	0.42	16.0	24	砂岩	E 106°17′39.5″ N 27°25′13.8″	71
						2	22—38	黄色	轻壤土	粒状	5.3	30.7	0.66	0.31	10.0	50			
						3	38—80	黄色	轻壤土	粒状	5.3	14.9	1.41	0.02	9.0	28			
剖26	人为土	水稻土	渗育水稻土	第四纪黏土黄壤	小黄黏土	1	0—16	浅黄色	中黏土	粒状	6.3	21.3	1.28	0.49	9.0	88	黄色黏土	E 106°21′25.5″ N 27°24′03.5″	76
						2	16—25	蜡黄色	中壤土	粒状	6.1	16.2	0.46	0.23	8.0	88			
						3	25—100	黄色	中壤土	小块状	5.6	3.8	0.41	0.50	2.0	60			
剖27	人为土	水稻土	潴育水稻土	黄泥田	熟白胶泥田	1	0—20	灰褐色	重黏土	块状	7.1	41.1	2.38	0.42	16.0	36	第四纪黏土	E 106°29′13.6″ N 27°23′28.0″	81
						2	20—31	白色	轻黏土	块状	6.9	39.1	2.36	0.38	19.0	19			
						3	31—100	浅黄色	轻黏土	团粒状	7.1	7.4	0.54	0.53	11.0	11			
剖28	人为土	水稻土	潴育水稻土	大眼泥田	龙凤大眼泥田	1	0—20	黑褐色	轻黏土	核块状	6.8	43.2	2.60	5.10	9.0	26	白云质灰岩	E 106°25′60.0″ N 27°23′19.6″	86
						2	20—34	青灰色	轻黏土	核块状	7.1	34.1	2.37	0.38	13.0	36			
						3	34—100	黄褐色	轻黏土	块粒状	7.7	20.5	3.90	0.76	11.0	31			
剖29	人为土	水稻土	潴育水稻土	砂泥田	熟白鳝泥田	1	0—20	灰白色	中黏土	核块状	5.1	40.5	2.32	0.57	8.0	178	粉砂岩	E 106°18′30.6″ N 27°21′47.9″	97
						2	20—30	灰白色	中黏土	块粒状	5.1	32.2	1.84	0.76	8.0	142			
						3	30—80	灰黄色	壤土	团粒状	5.1	8.5	0.74	0.96	3.0	31			
剖30	铁铝土	黄壤	黄壤	硅铁质黄壤	大黄泥土	1	0—21	褐黄色	重黏土	块状	6.6	34.4	2.00	0.65	5.0	137	泥页岩	E 106°20′13.6″ N 27°20′45.6″	77
						2	21—55	蜡黄色	轻黏土	块状	6.5	34.0	1.99	0.31	2.0	44			
						3	55—80	浅黄色	中黏土	团粒状	5.4	12.5	1.12	0.82	1.0	177			
剖31	铁铝土	黄壤	黄壤	第四纪黏土黄壤	大黄黏土	1	0—23	褐黄色	中黏土	块状	5.9	27.9	1.65	0.49	19.0	137	黄色黏土	E 106°17′09.3″ N 27°20′19.9″	95
						2	23—50	蜡黄色	中黏土	块状	5.3	20.2	1.70	0.49	1.0	46			
						3	50—100	黄色	中黏土	块状	5.6	6.8	1.30	0.50	1.0	112			

续表 Continued

剖面号 Soil profile	土纲 Soil order	土类 Soil great group	亚类 Soil subgroup	土属 Soil genus	土种 Soil species	土层码 Layer code	土层厚度 Depth/cm	颜色 Soil color	质地 Soil texture	土壤结构 Soil structure	pH	有机质 OM/(g/kg)	全氮 TN/(g/kg)	全磷 TP/(g/kg)	有效磷 AP/(mg/kg)	速效钾 AK/(mg/kg)	土壤母质 Parent material	剖面点坐标 Profile coordinate	匹配指数 Matching index/%
剖32	铁铝土	黄壤	粗骨性黄壤	硅铝质粗骨性黄壤	砾石黄砂泥土	1	0–17	浅黄色	轻黏土	粒状	4.5	32.9	1.98	0.41	4.0	97	粉砂质页岩	E 106°33′49.7″ N 27°26′56.0″	73
						2	17–30	浅黄色	中黏土	粒状	5.1	9.3	1.06	0.39	1.0	75			
剖33	初育土	紫色土	石灰性紫色土	钙质紫砂泥土	砾石羊肝砂泥土	1	0–14	灰紫色	重壤土	碎粒状	8.0	21.4	1.14	1.03	6.0	33	钙质砂页岩	E 106°36′35.3″ N 27°25′45.1″	93
						2	14–30	紫色	中壤土	碎粒状	7.9	24.6	1.71	0.35	6.0	33			
剖34	初育土	石灰（岩）土	黄色石灰土	黄色石灰土	砾石石蛋护土	1	0–17	灰褐色	重壤土	小核块状	8.2	60.5	1.83	0.59	5.0	59	白云质灰岩	E 106°34′39.7″ N 27°24′29.2″	95
						2	17–50	灰褐色	中壤土	碎块状	8.4	46.1	1.61	0.52	5.0	65			
剖35	人为土	水稻土	渗育水稻土	渗育砂泥田	扁砂泥田	1	0–15	灰褐色	重壤土	颗粒状	5.9	33.0	2.11	0.74	13.0	84	硬质砂页岩	E 106°31′54.8″ N 27°20′53.5″	87
						2	15–25	灰褐色	重壤土	块状	6.3	25.9	1.72	0.63	10.0	46			
						3	25–65	灰褐色	重壤土	块状	6.8	17.1	1.08	0.70	8.0	37			
剖36	初育土	紫色土	酸性紫色土	淋溶紫砂泥土	表酸紫油砂泥土	1	0–24	紫褐色	重壤土	团粒状	6.2	58.9	2.10	1.56	21.0	138	钙质砂页岩	E 106°08′30.7″ N 27°19′02.8″	70
						2	24–34	暗紫色	轻壤土	块粒状	6.7	46.3	1.26	1.38	38.0	94			
						3	34–60	紫色	轻壤土	块状	6.6	29.3	1.36	1.52	38.0	156			
剖37	初育土	石灰（岩）土	黄色石灰土	黄色石灰土	大土泥土	1	0–20	褐灰色	轻黏土	团粒状	8.0	28.7	1.73	0.48	8.0	51	石灰岩	E 106°28′41.4″ N 27°16′04.7″	95
						2	20–47	暗黄色	轻黏土	块状	8.0	18.4	3.60	0.38	1.0	33			
						3	47–85	黄色	轻黏土	块状	7.9	13.6	1.14	0.36	4.0	14			
剖38	人为土	水稻土	潴育水稻土	砂泥田	黄油砂泥土	1	0–20	褐灰色	重壤土	团粒状	7.6	46.3	2.75	0.34	22.0	68	泥页岩	E 106°24′55.4″ N 27°15′27.0″	79
						2	20–32	灰黄色	重壤土	块粒状	7.6	46.1	2.59	0.32	3.0	21			
						3	32–100	灰黄色	重壤土	块粒状	7.6	37.5	2.23	0.65	6.9	54			
剖39	铁铝土	黄壤	黄壤	硅铝质黄壤	油黄砂泥土	1	0–20	褐黄色	重壤土	单粒状	6.5	24.1	1.34	0.46	5.0	79	砂页岩	E 106°24′15.1″ N 27°14′36.1″	70
						2	20–35	黄色	重壤土	块状	6.0	11.4	0.73	0.37	2.0	81			
						3	35–85	浅黄色	重壤土	块状	4.7	3.8	0.29	0.09	1.0	76			
剖40	人为土	水稻土	渗育水稻土	渗育砂泥田	白鳝泥田	1	0–17	灰白色	重壤土	粒状	4.8	11.4	0.82	0.15	9.0	87	粉砂质页岩	E 106°25′30.2″ N 27°11′55.8″	96
						2	17–28	灰白色	重壤土	粒状	4.7	11.6	0.76	0.17	9.0	47			
						3	28–60	灰黄色	重壤土	屑状	4.5	2.2	0.42	0.10	8.0	88			
剖41	人为土	水稻土	潴育水稻土	潮泥田	潮砂泥田	1	0–18	灰色	重壤土	棱块状	6.9	23.3	1.39	0.91	11.0	67	混合物	E 106°33′18.7″ N 27°17′56.4″	70
						2	18–27	灰色	重壤土	棱块状	8.4	22.8	1.42	0.88	12.0	65			
						3	27–70	灰色	重壤土	粒状	8.1	19.8	1.28	0.85	18.0	91			
剖42	人为土	水稻土	渗育水稻土	渗育血肝泥田	血肝砂泥田	1	0–17	浅紫红色	重壤土	粒状	6.0	15.5	0.81	0.17	3.0	157	砂岩	E 106°33′23.4″ N 27°16′49.8″	71
						2	17–28	浅紫红色	重壤土		6.4	7.5	0.72	0.24	5.0	37			
						3	28–53	褐黄色	重壤土	粒状	6.4	6.8	0.57	0.13	1.0	26			
剖43	铁铝土	黄壤	黄壤	硅质黄壤	黄砂土	1	0–17	黄色	轻壤土	粒状	5.3	5.1	0.43	0.21	2.0	46	砂岩	E 106°30′33.6″ N 27°16′11.2″	92
						2	17–60	黄色	中壤土	粒状	5.3	3.0	0.22	0.11	微量	43			

纳 雍 县

主要土类说明

黄壤是纳雍县主要土壤类型，占本县地域面积的 53%。黄壤集中分布在低中山和低山丘陵，含有较多水合氧化铁，土体多呈黄色，具 A-B-C 剖面构型。自然植被主要为常绿阔叶林。成土母质极其广泛，黏土矿物以蛭石为主，具有较强的脱硅富铝化过程，黏粒硅铝率为 1.5—2.7。该土壤质地较黏重，物理性黏粒含量为 50%—80%，阳离子交换量低，盐基饱和度为 12%—23%。

黄棕壤是纳雍县第二大土壤类型，占本县地域面积的 18%。黄棕壤发育于海拔较高的山地，主要分布在海拔 1800m 以上的中山和中低山。自然植被为落叶阔叶与常绿阔叶混交林及针阔叶混交林。成土母质十分广泛，黏土矿物以 2:1 型为主，具有弱的脱硅富铝化过程和较强的黏化作用，黏粒硅铝率为 1.6—2.5。该土壤具 A-B-C 剖面构型，A 层呈灰棕色，碳氮比约为 20。

紫色土是纳雍县第三大土壤类型，占本县地域面积的 14%。紫色土为岩成土，发育于紫色岩类出露各处，分布在海拔 680—1900m 的山地。成土母质主要为侏罗系和三叠系的钙质页岩、中性紫色砂页岩、酸性紫红色砂页岩等。黏土矿物以水云母为主。紫色土的形成和特点都与母岩的种类和性质密切相关，成土过程以物理风化为主，成土迅速，水土流失严重。

石灰（岩）土占本县地域面积的 7%。石灰（岩）土为岩成土，主要发育于碳酸岩类出露区域。石灰（岩）土具有碳酸盐强烈淋失，硅、铁、铝相对聚集，有机质积累量高等特点，土层浅薄，多具 A-C 或 A-R 剖面构型，pH 为 6.7—8.6。

粗骨土占本县地域面积的 4%。粗骨土属于 A-C 型，甚至（A）-C 型土壤。A 层发育不明显，与母质土层性状相似，略显有机质积累。有时母质层富含砾石，很少出现剖面分异与发育特征。

水稻土占本县地域面积的 4%。水稻土是在长期的季节性淹灌、水下翻耕、季节性脱水、氧化还原交替影响下，原来的成土母质或母土的特性发生重大改变形成的新的土壤类型。由于干湿交替，水稻土形成糊状的淹育层、较坚实板结的犁底层、渗育层、潴育层与潜育层等多种发生层。这些不同发生层是在人为耕作、水浆管理下形成的。

小于本县地域面积 3% 的土壤类型有山地草甸土。

本区域中心区气候特征

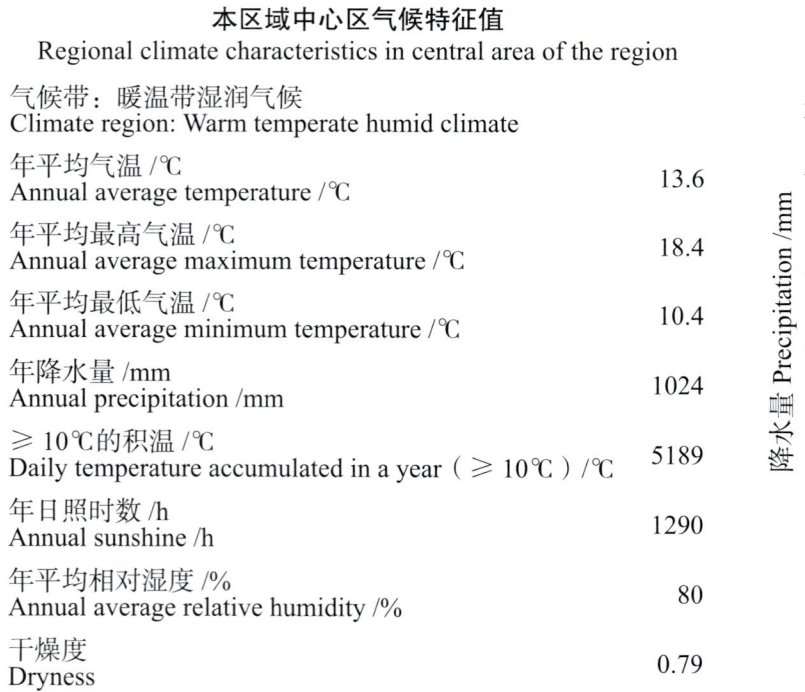

本区域中心区气候特征值
Regional climate characteristics in central area of the region

气候带：暖温带湿润气候 Climate region: Warm temperate humid climate	
年平均气温 /℃ Annual average temperature /℃	13.6
年平均最高气温 /℃ Annual average maximum temperature /℃	18.4
年平均最低气温 /℃ Annual average minimum temperature /℃	10.4
年降水量 /mm Annual precipitation /mm	1024
≥10℃的积温 /℃ Daily temperature accumulated in a year (≥10℃) /℃	5189
年日照时数 /h Annual sunshine /h	1290
年平均相对湿度 /% Annual average relative humidity /%	80
干燥度 Dryness	0.79

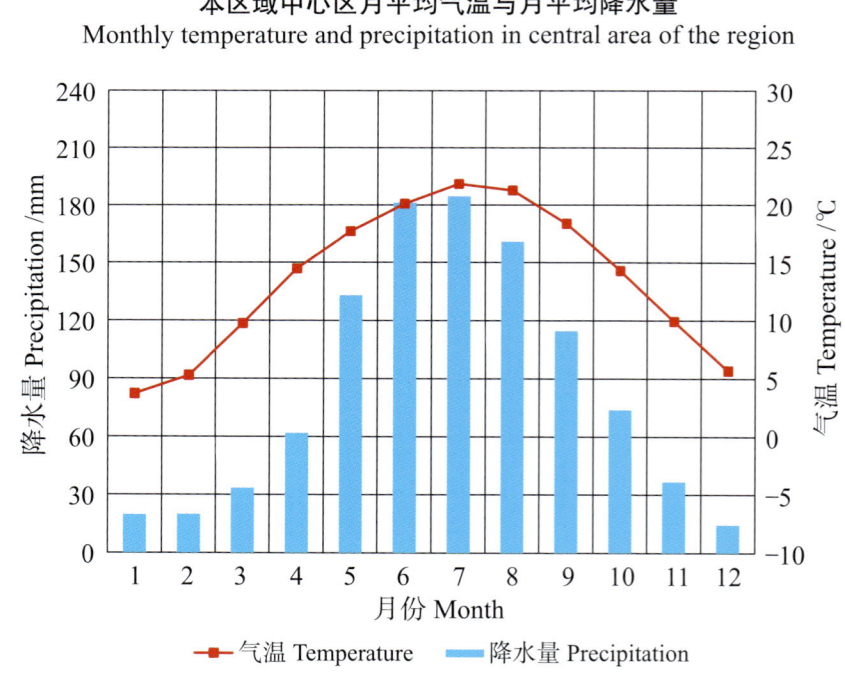

本区域中心区月平均气温与月平均降水量
Monthly temperature and precipitation in central area of the region

纳雍县主要土壤类型与土壤剖面点分布图

1:300 000

图 例

- 黄壤
- 黄棕壤
- 紫色土
- 石灰(岩)土
- 粗骨土
- 水稻土
- 山地草甸土
- ⊗ 剖面点

第二编 贵州省分县土壤图与土壤剖面数据 | 163

纳雍县土壤剖面理化性状表

剖面号 Soil profile	土纲 Soil order	土类 Soil great group	亚类 Soil subgroup	土属 Soil genus	土种 Soil species	土层码 Layer code	土层厚度 Depth/cm	颜色 Soil color	质地 Soil texture	土壤结构 Soil structure	pH	有机质 OM/(g/kg)	全氮 TN/(g/kg)	碱解氮 AN/(mg/kg)	有效磷 AP/(mg/kg)	速效钾 AK/(mg/kg)	土壤母质 Parent material	剖面点坐标 Profile coordinate	匹配指数 Matching index/%
剖1	初育土	石灰（岩）土	黄色石灰土	黄色石灰土		1	0—5	褐黄色	轻黏土	粒状	6.8	69.9	3.12		3.0	18	石灰岩	E 105°02′42.0″ N 27°03′11.9″	85
						2	5—15	黄色	轻黏土	核状	7.6	36.6	2.16		3.0	5			
						3	15—45	黄色	轻黏土	块状	8.0	33.3				6			
剖2	初育土	石灰（岩）土	黄色石灰土	黄色石灰土	大土泥土	1	0—18	褐黄色	轻黏土	粒状	7.5	48.4	2.50		10.0	294	石灰岩坡积物	E 105°11′18.8″ N 27°02′24.1″	94
						2	18—45	黄色	轻黏土	小块状	7.0	20.2	1.22		6.0	54			
						3	45—100	黄色	轻黏土	块状	7.0	19.7	1.19		2.0	30			
剖3	铁铝土	黄壤	黄壤		死灰黄泥土	1	0—8	黄色	轻黏土	核状	5.2	23.6	1.65		2.0	87	石灰岩	E 105°04′02.5″ N 27°01′41.3″	100
剖4	人为土	水稻土	渗育水稻土	铁铝质黄壤	煤泥田	1	0—20	黑褐色	重黏土	细粒状	4.7	159.0	4.32		7.0	39	煤系地层	E 105°09′43.2″ N 27°01′37.9″	96
						2	20—30	黑褐色	重黏土	块状	4.7	152.0	3.80		7.0	26			
						3	30—50	黑褐色	中黏土	块状	4.9	94.8	2.39		6.0	21			
剖5	人为土	水稻土	潴育水稻土	潮泥田	潮砂泥田	1	0—18	灰褐色	中黏土	粒状	6.3	47.6	2.15		8.0	52	河流冲积物、页岩	E 105°12′17.1″ N 27°01′37.1″	97
						2	18—26	灰褐色	中黏土	块状	6.0	44.7	2.06		8.0	43			
						3	26—72	青灰色	重黏土	块状	6.3	36.0	1.65		8.0	34			
						4	72—	青灰色			6.2								
剖6	人为土	水稻土	渗育水稻土	黄泥田	小黄泥田	1	0—20	黄褐色	中黏土	小块状	5.5	38.3	2.28		9.0	21	石灰岩坡积物	E 105°05′23.9″ N 27°00′40.5″	75
						2	20—28	黄色	中黏土	柱状	5.4	32.8	2.08		9.0	21			
						3	28—60	黄色	轻黏土	柱状	4.5	18.7	1.07			22			
						4	60—												
剖7	初育土	石灰（岩）土	黄色石灰土	黄色石灰土	油大土泥土	1	0—19	黑褐色	中壤土	团粒状	8.0	72.9	2.92		7.0	218	石灰岩冲积物	E 105°02′39.1″ N 27°00′20.9″	92
						2	19—50	黄褐色	轻黏土	核状	7.6	71.7	2.89		6.0	134			
						3	50—100	黄褐色	轻黏土	块状	6.6	53.9			2.0	101			
剖8	铁铝土	黄壤	黄壤	第四纪黏土黄壤	小黄黏土	1	0—17	黄褐色	砂土	核粒状	5.1	24.7	1.68		4.0	121	第四纪黄色黏土	E 104°59′42.5″ N 26°58′36.1″	79
						2	17—36	黄褐色	中壤土	粒状	4.8	20.0	0.86		2.0	74			
						3	36—100	黄褐色	中壤土	粒状	4.7	11.2							
剖9	淋溶土	黄棕壤	山地黄棕壤	硅铝质山地黄棕壤	薄层硅质山地黄棕壤	1	0—8	黄褐色	砾质中壤土	粒状	5.5	92.6	5.64		3.0	82	砂岩	E 104°57′56.9″ N 26°58′21.0″	97
						2	8—25	灰棕色	砾质中壤土	核状	5.5	39.6	2.62		1.0	67			
						3	25—40	棕色	砾质中壤土	块状	5.3	19.4	1.09			30			
剖10	初育土	紫色土	中性紫色土	中性紫砂土	中层中性紫砂土	1	0—15	紫色	砾质中壤土	小块状	6.8	69.9	3.41		4.0	39	砂岩	E 105°05′54.2″ N 26°59′19.5″	87
						2	15—40	紫色	砾质中壤土	小块状	6.8	62.0	2.92		2.0	29			
						3	40—60	紫色	砾质重壤土	块状	6.5	22.3	1.61		2.0	8			
剖11	初育土	紫色土	酸性紫色土	酸性紫红砂土	血砂土	1	0—16	紫红色	砾质中壤土	粒状	5.5	27.9	1.70		4.0	146	酸性砂页岩	E 105°03′38.9″ N 26°56′26.9″	81
						2	16—37	紫红色	砾质中壤土	核状	6.0	11.3	0.70		3.0				
						3	37—84	紫色	中壤土	块状	6.1	7.8	0.49		1.0				
剖12	人为土	水稻土	渗育水稻土	渗育砂泥田	表白鳝泥田	1	0—18	灰黄色	轻黏土	细粒状	5.1	59.9	3.13		7.0	159	粉砂质泥岩	E 105°09′09.7″ N 26°56′10.0″	71
						2	18—22	白色	重黏土	块状	5.0	29.3	1.67		5.0	135			
						3	22—100	灰黄色	中黏土	块状	4.8	7.1	0.41		5.0	119			
						4	100—												
剖13	铁铝土	黄壤	黄壤	硅铝质黄壤	大黄泥土	1	0—18	黄褐色	重黏土	粒状	4.0	31.0	2.08		2.0	65	煤系砂页岩	E 105°07′54.5″ N 26°55′54.1″	83
						2	18—44	黄色	中黏土	核状	3.9	8.9	0.29		<0.5	46			
						3	44—100	褐色	壤土	块状	4.0					48			
剖14	铁铝土	黄壤	黄壤	硅铁铝质黄壤		1	0—20	黄褐色	轻黏土	粒状	6.5	45.3	2.30		4.0	36	泥页岩	E 105°06′33.3″ N 26°52′50.3″	90
						2	20—44	黄色	轻黏土	核状	5.1	30.7	1.81		4.0	16			
						3	44—100	黄褐色	重黏土	块状	4.8	16.8	0.88						

续表 Continued

剖面号 Soil profile	土纲 Soil order	土类 Soil great group	亚类 Soil subgroup	土属 Soil genus	土种 Soil species	土层码 Layer code	土层厚度 Depth/cm	颜色 Soil color	质地 Soil texture	土壤结构 Soil structure	pH	有机质 OM/(g/kg)	全氮 TN/(g/kg)	碱解氮 AN/(mg/kg)	有效磷 AP/(mg/kg)	速效钾 AK/(mg/kg)	土壤母质 Parent material	剖面点坐标 Profile coordinate	匹配指数 Matching index/%
剖15	淋溶土	黄棕壤	山地黄棕壤	铁铝质山地黄棕壤	厚层铁铝质山地黄棕壤	1	0—15	棕黄色	轻黏土	粒状	4.9	57.4	2.59		2.0	27	石灰岩	E 105°12′22.7″ N 26°52′08.4″	84
						2	15—50	棕色	轻黏土	块状	4.9	33.6	1.82		2.0	27			
						3	50—100	棕色	黏土	块状	5.3	11.3	1.01		2.0	26			
剖16	淋溶土	黄棕壤	山地黄棕壤	硅铝质山地黄棕壤	灰泡黄砂泥土	1	0—20	黄灰色	轻黏土	细粒状	4.9	53.3	2.03		3.0	73	砂页岩互层	E 105°02′37.7″ N 26°51′49.0″	86
						2	20—50	黄灰色	黏土	块状	4.4	44.4	1.78		2.0	40			
						3	50—90	黄色	黏土	块状	4.5		0.68		2.0	18			
剖17	铁铝土	黄壤	第四纪黏土黄壤	第四纪黏土黄壤	底白胶泥土	1	0—16	黑黄色	轻黏土	核状	5.5	35.9	1.41		4.0	60	第四纪黄色黏土	E 105°21′14.4″ N 26°56′27.4″	92
剖18	初育土	紫色土	酸性紫色土	酸性紫红泥土	血泥土	1	0—18	褐色	重壤土	核粒状	5.7	35.7	2.24		7.0	68	酸性砂岩	E 105°19′21.5″ N 26°54′38.9″	70
						2	18—45	黄色	重壤土	核粒状	5.7	24.4	1.46		4.0				
						3	45—	黄色	轻壤土	核状	6.0	14.9	0.98						
剖19	铁铝土	黄壤	铁铝质黄壤	铁铝质黄壤	小灰黄泥土	1	0—15	黄褐色	轻黏土	细粒状	4.7	26.8	1.75		5.0	164	石灰岩	E 105°24′59.7″ N 26°54′27.5″	89
						2	15—45	黄色	黏土	块状	4.2	25.3	1.69		4.0	120			
						3	45—100	黄色	黏土	块状	4.4	9.6	0.74		2.0				
剖20	铁铝土	黄壤	铁铝质黄壤	铁铝质黄壤		1	0—5	灰黑色	轻黏土	粒状	5.5	94.6	3.45		<0.5	135	石灰岩	E 105°23′38.4″ N 26°52′20.3″	86
						2	5—20	黄色	轻黏土	核状	4.7	31.5	1.13		<0.5	45			
						3	20—48	黄色	轻黏土	块状	5.1	28.4	1.07		3.0	30			
剖21	初育土	石灰（岩）土	黑色石灰土	白云岩黑色石灰土	白云砂土	1	0—16	灰黑色	砾质黏壤土	粒状	8.6	31.5	1.67		2.0	54	硅质白云岩	E 105°21′25.9″ N 26°52′14.2″	74
						2	16—40	灰白色	砾质黏砂土	散粒状	8.5	13.5	0.87			26			
						3	40—	灰白色											
剖22	人为土	水稻土	渗育水稻田	渗育黄泥田	表白胶泥田	1	0—18	黄褐色	轻黏土	小块状	5.4	28.6	1.70		5.0	46	泥页岩坡积物	E 105°18′08.3″ N 26°52′09.8″	82
						2	18—35	白色	中黏土	块状	4.8	17.0	1.01		2.0	21			
						3	35—95	白色	中黏土	粒状	4.9								
剖23	初育土	石灰（岩）土	黄色石灰土	黏土质次生黄色石灰土	表碱黄小泥土	1	0—16	褐色	中壤土	块状	7.0	29.6	1.45		3.0	152	石灰岩	E 105°28′15.6″ N 26°51′57.6″	73
						2	16—30	黄褐色	重壤土	块状	6.5	24.8	1.16		3.0	70			
						3	30—80	黄褐色	重壤土	块状	4.5				1.0	28			
剖24	初育土	紫色土	中性紫色土	中性紫砂土	紫油砂土	1	0—25	紫色	重壤土	粒状	7.6	76.9	3.20		40.0	143	紫色岩冲积物	E 105°27′21.4″ N 26°50′27.2″	70
						2	25—40	紫色	重壤土	小块状	6.8	65.9	2.74		5.0				
						3	40—100	紫色	砾质中壤土	小块状	6.0	51.4			7.0	139			
剖25	铁铝土	黄壤	黄壤	铁质黄壤		1	0—5	灰黑色	轻黏土	粒状	4.9	132.1	4.59	225	5.0	195	玄武岩	E 105°12′55.8″ N 26°49′56.3″	80
						2	5—23	赤黄色	重壤土	核状	4.9	89.9	3.51	184	2.0	42			
						3	23—54	赤黄色	中壤土	块状	5.0	55.0		72	<0.5	20			
						4	54—80	黄色	中壤土	块状	4.2	29.2	1.23						
剖26	铁铝土	黄壤	硅质黄壤			1	0—15	黑褐色	重壤土	粒状	5.1	23.2	1.01		8.0	50	泥页岩、板岩	E 105°05′52.8″ N 26°46′28.0″	85
						2	15—50	黄褐色	重壤土	块状	5.1	22.6	2.03		5.0	34			
						3	50—70	黄色	重壤土	块状	5.2	11.3	1.40		2.0	22			
剖27	铁铝土	黄壤	第四纪黏土黄壤	第四纪黏土黄壤		1	0—17	褐黄色	重壤土	粒状	5.0	53.1	3.87		6.0	146	第四纪黄色黏土	E 105°13′08.8″ N 26°45′56.2″	81
						2	17—42	黄黄色	重壤土	核状	4.6	36.6	1.18		3.0	77			
						3	42—100	褐色	重壤土	块状	4.6				0.5	24			
剖28	淋溶土	黄棕壤	山地黄棕壤	硅铁质山地黄棕壤	灰泡黑黄砂泥土	1	0—20	黑褐色	重壤土	粒状	6.7	123.5			1.0		砂页岩互层	E 105°11′53.3″ N 26°45′18.4″	75
						2	20—30	褐色	重壤土	核状	7.0	53.4	3.19		3.0	61			
						3	30—70	棕色	重壤土	块状	7.3	44.9	2.72		1.0	39			
剖29	初育土	石灰（岩）土	黑色石灰土	白云岩黑色石灰土	薄层白云岩黑色石灰土	1	0—18	黑褐色	重壤土	核状	7.5						白云岩	E 105°08′23.3″ N 26°42′41.4″	75
						2	18—35	褐色	重壤土	块状	7.4		0.92			26			
						3	35—60	褐色	轻壤土	块状	6.9	14.7							

续表 Continued

剖面号 Soil profile	土纲 Soil order	土类 Soil great group	亚类 Soil subgroup	土属 Soil genus	土种 Soil species	土层码 Layer code	土层厚度 Depth/cm	颜色 Soil color	质地 Soil texture	土壤结构 Soil structure	pH	有机质 OM/(g/kg)	全氮 TN/(g/kg)	碱解氮 AN/(mg/kg)	有效磷 AP/(mg/kg)	速效钾 AK/(mg/kg)	土壤母质 Parent material	剖面点坐标 Profile coordinate	匹配指数 Matching index/%
剖30	铁铝土	黄壤	黄壤	硅质黄壤	中层硅质黄壤	1	0—12	褐黄色	轻壤土	散粒状	3.8	17.0	1.04		2.0	60	砂岩	E 105°11′34.8″ N 26°42′32.8″	100
						2	12—30	黄褐色	轻壤土	小块状	3.8	11.7	0.89		1.0	33			
						3	30—70	黄褐色	轻壤土	小块状	3.7	6.5	0.44		<0.5	20			
剖31	铁铝土	黄壤	黄壤	铁铝质黄壤	小灰黄泥土	1	0—15	黄褐色	轻壤土		4.7	26.8	1.75		5.0	164	石灰岩	E 105°08′28.0″ N 26°41′30.5″	82
剖32	铁铝土	黄壤	黄壤	硅铁质黄壤	小黄泥土	1	0—13	黄褐色	壤土	细粒状	5.5	25.8	0.92		3.0	37	泥页岩	E 105°22′12.2″ N 26°49′39.9″	71
						2	13—33	黄褐色	重壤土	核状	5.2	16.4	0.91		1.0	24			
						3	33—100	黄色	轻黏土	块状	5.2	8.8	0.65		<0.5				
剖33	人为土	水稻土	渗育水稻土	渗育大泥田	大泥田	1	0—17	黄褐色	中壤土	粒状	7.0	41.3	1.77		4.0	153	石灰岩	E 105°28′35.0″ N 26°49′39.4″	99
						2	17—23	黄灰色	重壤土	块状	7.0	20.7	0.68		4.0	60			
						3	23—47	灰黄色	中壤土	粒状	7.5	7.9			2.0				
						4	47—												
剖34	初育土	石灰(岩)土	黄色石灰土	黏土次生黄色石灰土	表碱黄大泥土	1	0—20	褐黄色	中黏土	粒状	7.0	33.2	1.66		4.0	216	石灰岩	E 105°29′52.4″ N 26°49′07.0″	96
						2	20—65	褐色	轻黏土	核状	5.8	32.4	1.90		3.0	276			
						3	65—100	黄色	轻黏土	块状	5.9	29.2	1.45		3.0	203			
剖35	初育土	紫色土	酸性紫色土	酸性紫色紫红砂土	中层酸性紫红砂土	1	0—3	紫黑色	重壤土	粒状	4.0	62.4	2.32		6.0	40	酸性砂岩	E 105°17′03.0″ N 26°48′23.9″	85
						2	3—13	紫色	轻壤土	块状	4.0	27.1			4.0				
						3	13—25	紫色	轻壤土		5.0	11.0							
剖36	人为土	水稻土	渗育水稻土	渗育黄泥田	底白胶泥田	1	0—10	黄褐色	轻壤土	细粒状	7.5	32.2	1.91		6.0	52	泥灰岩坡积物	E 105°23′39.1″ N 26°47′38.0″	74
						2	10—18	黄褐色	重壤土	块状	8.0	29.8	1.77		3.0	32			
						3	18—45	黄灰色	重壤土	块状	8.0	16.6	0.98						
						4	45—100	白色	轻壤土		6.7								
剖37	黄壤	黄壤	黄壤	硅质黄壤	熟黄砂土	1	0—14	褐黄色	轻壤土	粒状	4.9	15.9	1.21		4.0	78	砂岩	E 105°29′52.8″ N 26°47′29.8″	80
						2	14—35	黄色	轻壤土	核状	4.1	15.4	1.13		1.0	28			
						3	35—100	黄色	轻壤土		4.0	12.5							
剖38	初育土	紫色土	酸性紫色土	酸性紫色紫红砂土	中层酸性紫红砂土	1	0—20	浅紫红色	轻壤土	屑粒状	4.3	60.1	3.47		4.0	46	砂页岩	E 105°27′08.6″ N 26°47′29.0″	81
						2	20—60	浅紫红色	砾质轻壤土	屑粒状	4.2	41.5	3.33		2.0				
						3	60—	紫红色		小石块状									
剖39	人为土	水稻土	渗育水稻土	渗育砂泥田	潮砂土	1	0—16	褐黄色	砂土		7.0	46.4	2.27		5.0	59	河流冲积物	E 105°20′16.8″ N 26°46′31.8″	79
						2	16—48	黄色	粗砂土		7.0	19.7							
						3	48—100	黄色			6.5								
						4	100—												
剖40	人为土	水稻土	渗育水稻土	渗育大泥田	黄大泥土	1	0—20	灰黄色	中黏土	细粒状	8.1	76.8	2.98		12.0	89	砂岩	E 105°25′55.4″ N 26°45′33.3″	71
						2	20—25	灰黄色	中黏土	块状	7.8	68.3	2.74		3.0	47			
						3	25—70	黄色	重壤土		5.8	53.5	2.18		1.0	24			
						4	70—												
剖41	人为土	水稻土	潴育水稻土	潮泥田	潮泥田	1	0—20	黄褐色	重壤土	粒状	7.7	40.0	2.15		41.0	122	河流冲积物、页岩	E 105°22′20.3″ N 26°44′07.8″	100
						2	20—28	黄褐色	重壤土	粒状	7.6	39.0	2.05		28.0	177			
						3	28—60	黄褐色	重壤土		7.8	35.0	1.75		22.0	91			
						C	60—												
剖42	铁铝土	黄壤	黄壤	第四纪黏土黄壤	大黄黏土	1	0—20	褐色	轻黏土	粒状	5.0	47.5	2.65		6.0	186	第四纪黄色黏土	E 105°29′28.0″ N 26°43′20.6″	91
						2	20—40	黄褐色	轻黏土	核状	4.8	27.3	1.73		4.0	106			
						3	40—100	黄褐色	轻黏土	核状	4.8	14.0							
剖43	铁铝土	黄壤	黄壤	硅铝质黄壤	油砂泥土	1	0—20	黄褐色	轻壤土	粒状	8.0	52.2	2.03		32.0	519	砂页岩、砂岩冲积物	E 105°22′36.8″ N 26°42′29.9″	84
						2	23—44	黄褐色	重壤土	核状	5.7	44.9	1.70		10.0	118			
						3	44—100	黄褐色	重壤土	核状	5.2	26.2	1.08		12.0				

续表 Continued

剖面号 Soil profile	土纲 Soil order	土类 Soil great group	亚类 Soil subgroup	土属 Soil genus	土种 Soil species	土层码 Layer code	土层厚度 Depth/cm	颜色 Soil color	质地 Soil texture	土壤结构 Soil structure	pH	有机质 OM/(g/kg)	全氮 TN/(g/kg)	碱解氮 AN/(mg/kg)	有效磷 AP/(mg/kg)	速效钾 AK/(mg/kg)	土壤母质 Parent material	剖面点坐标 Profile coordinate	匹配指数 Matching index/%
剖44	淋溶土	黄棕壤		粗骨质山地粗骨性黄棕壤	火石灰山泥土	1	0~20	浅黄色	中壤土	细粒状	4.2	115.3	5.81		12.0	489	石灰岩夹燧石	E 105°29′46.0″ N 26°40′45.1″	81
						2	20~65	黄褐色	重壤土	块状	4.2	40.0	3.86		2.0	107			
						3	65—								3.0	44			
剖45	铁铝土	黄壤	黄壤	硅铝质黄壤	煤系砂泥土	1	0~13	黑色	轻壤土	粒状	4.5	80.0	3.04		9.0	75	煤系地层	E 105°34′57.7″ N 26°46′03.1″	76
						2	13~50	黑色	壤土	块状	3.8	70.7			7.0	31			
						3	50~75	褐色	壤土	块状	3.7	55.0			5.0				
剖46	铁铝土	黄壤	黄壤	铁铝质黄壤	大灰黄泥土	1	0~20	褐黄色	重壤土	粒状	5.2	34.6	1.84		3.0	186	石灰岩	E 105°31′47.6″ N 26°45′36.7″	88
						2	20~40	黄褐色	重壤土	核状	5.5	31.3	1.61		2.0				
						3	40~100	黄色	重壤土	块状	5.6		0.40		0.5				
剖47	铁铝土	黄壤	黄壤	硅质黄壤	黄砂土	1	0~18	黄褐色	砂土	细粒状	4.8	9.9	0.78		3.0	44	砂岩	E 105°33′57.5″ N 26°43′41.2″	73
						2	18~30	黄色	砂土	细核状	4.8	7.9	0.57		1.0	23			
						3	30~70	黄色	砂土	细核状	4.9	4.4			<0.5	19			
剖48	淋溶土	黄棕壤	山地黄棕壤	铁铝质山地黄棕壤	厚层铁质山地黄棕壤	1	0~4	灰黑色	重壤土	粒状	4.8	244.5	8.53		12.0	308	玄武岩	E 105°07′55.2″ N 26°38′43.1″	76
						2	4~35	黄棕色	重壤土	核状	5.0	88.2	4.37		5.0	65			
						3	35~72	赤棕色	重壤土	块状	4.9	52.4	2.79		2.0	55			
						4	72~100	赤棕色	轻壤土	块状	5.3	37.3	1.95						
剖49	初育土	紫色土	中性紫色土	中性紫砂土	紫砂土	1	0~15	紫色	砾质中壤	粒状	6.7	24.5	1.52		4.0	24	砂页岩	E 105°08′15.4″ N 26°37′32.9″	77
						2	15~35	紫色	砾质中壤	小块状	6.5	18.1	1.29		3.0	13			
						3	35~90	紫色	砾质中壤	小块状	6.8	13.9	0.98		3.0	11			
剖50	铁铝土	黄壤	黄壤	硅质黄壤	黄砂泥土	1	0~14	褐黄色	中壤土	粒状	8.0	17.2	1.10		33.0	160	砂页岩互层	E 105°11′16.4″ N 26°37′23.4″	72
						2	14~30	黄色	中壤土	核状	3.8	8.1	0.74		16.0	99			
						3	30~100	黄色	中壤土	核状	3.8	5.9				59			
剖51	人为土	水稻土	潴育水稻土	潮泥田	黑潮泥田	1	0~20	灰黑色	轻壤土	粒状	7.8	40.1	1.91		6.0	91	河流冲积物	E 105°14′52.5″ N 26°37′02.4″	84
						2	20~50	褐色	重壤土	块状	7.7	34.1	1.73		4.0	99			
						3	50~100	褐色	中壤土	粒状	7.2	26.4	1.58		2.0	72			
剖52	人为土	水稻土	渗育水稻土	渗育砂泥田	潮砂泥土	1	0~18	灰褐色	砾质轻壤	块状	7.4	32.7	1.36		10.0	107	河流冲积物	E 105°23′14.8″ N 26°37′58.6″	80
						2	18~30	灰褐色	砾质中壤	核状	7.5	25.6	1.23		8.0	69			
						3	30~100	灰黄色	砾质中壤	块状	7.4	15.3	1.01		7.0	51			
剖53	初育土	紫色土	中性紫色土	中性紫泥土	砾质紫泥土	1	0~20	紫色	轻壤土	粒状	7.0	25.3	1.91		18.0	82	砂页岩	E 105°18′50.1″ N 26°36′12.7″	89
						2	20~45	紫色	砾质轻壤	块状	6.5	17.4	1.44		3.0				
						3	45—	紫色	砾质轻壤	碎块状	6.8	8.9	0.96		3.0	87			
剖54	铁铝土	黄壤	黄壤	铁铝质黄壤	死灰黄泥土	1	0~8	黄色	中黏土	核状	5.2	23.6	1.65		2.0	78	白云岩	E 105°23′08.5″ N 26°35′58.4″	74
						2	8~21	浅黄色	轻壤土	块状	5.1	5.1	0.47			20			
						3	21~100	浅黄色			5.2	4.9							
剖55	铁铝土	黄壤	黄壤	第四纪黄壤	表白胶泥土	1	0~15	灰白色	中黏土	小块状	5.6	36.8	1.35		3.0	65	第四纪黄色黏土	E 105°15′11.2″ N 26°32′58.5″	95

威宁彝族回族苗族自治县

主要土类说明

黄棕壤是威宁彝族回族苗族自治县主要土壤类型，占本县地域面积的59%。黄棕壤发育于海拔较高的山地，主要分布在海拔1800m以上的中山和中低山。自然植被为落叶阔叶与常绿阔叶混交林及针阔叶混交林。成土母质十分广泛，黏土矿物以2∶1型为主，具有弱的脱硅富铝化过程和较强的黏化作用，黏粒硅铝率为1.6—2.5。该土壤具A-B-C剖面构型，A层呈灰棕色，碳氮比约为20。

粗骨土是威宁彝族回族苗族自治县第二大土壤类型，占本县地域面积的10%。粗骨土属初育土，具A-C剖面构型，pH为4.2—6.3。土体厚度一般为20—50cm，A层厚度以10—15cm居多。成土过程无黏化作用，有不同程度的淋溶作用。

棕壤是威宁彝族回族苗族自治县第三大土壤类型，占本县地域面积的10%。棕壤主要分布在海拔2500m以上的高中山坡地，原生植被多已被破坏。成土母质主要为碳酸岩、玄武岩等风化坡积物和残积物。黏土矿物以高岭石为主，含有大量云母以及少量绿泥石、蛭石、石英等。该土壤处于硅铝风化阶段，具有弱的淋溶作用和黏化作用，剖面构型多为A-B-C，A层厚15—20cm。

紫色土占本县地域面积的9%。紫色土为岩成土，发育于紫色岩类出露各处，分布在海拔680—1900m的山地。成土母质主要为侏罗系和三叠系的钙质页岩、中性紫色砂页岩、酸性紫红色砂页岩等。黏土矿物以水云母为主。紫色土的形成和特点都与母岩的种类和性质密切相关，成土过程以物理风化为主，成土迅速，水土流失严重。

黄壤占本县地域面积的5%，多见于海拔700—1200m的山区。土壤有机质积累较多，具O-A-AB-B-C剖面构型。淀积层（B层）富含水合氧化物（针铁矿），呈黄色，有时含三水铝石。

石灰（岩）土占本县地域面积的4%。石灰（岩）土是石灰岩经溶蚀风化形成的厚薄不同的钙质饱和或含游离钙质的土壤，多见于石隙、溶洞或峰丛底部。该土壤碳酸钙淋溶程度不一，多黏土，多为铁钙质胶结物，风化程度不一，盐基饱和度高，有机质含量及胶结状态有较大差异。

小于本县地域面积3%的土壤类型有沼泽土、山地草甸土、水稻土和新积土。

本区域中心区气候特征

本区域中心区气候特征值
Regional climate characteristics in central area of the region

气候带：暖温带湿润气候 Climate region: Warm temperate humid climate	
年平均气温 /℃ Annual average temperature /℃	14.7
年平均最高气温 /℃ Annual average maximum temperature /℃	20.0
年平均最低气温 /℃ Annual average minimum temperature /℃	11.0
年降水量 /mm Annual precipitation /mm	1056
≥10℃的积温 /℃ Daily temperature accumulated in a year（≥10℃）/℃	6125
年日照时数 /h Annual sunshine /h	1658
年平均相对湿度 /% Annual average relative humidity /%	77
干燥度 Dryness	0.79

本区域中心区月平均气温与月平均降水量
Monthly temperature and precipitation in central area of the region

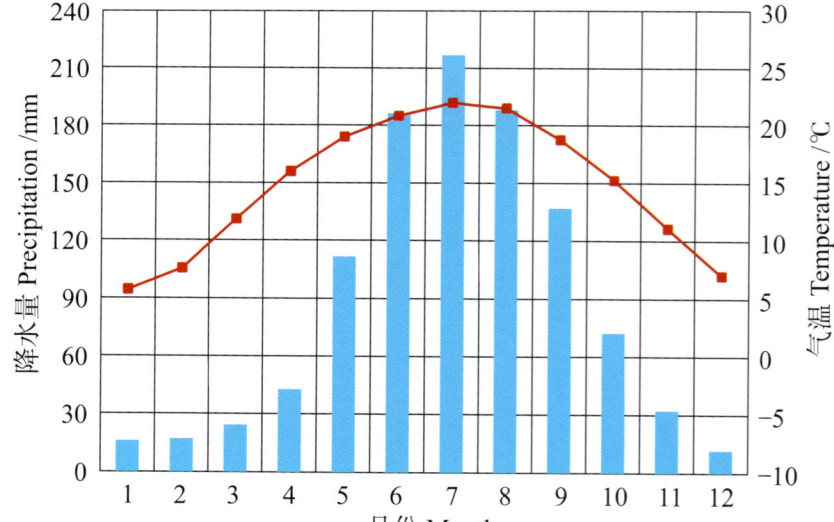

威宁彝族回族苗族自治县主要土壤类型与土壤剖面点分布图

1∶460 000

图例

颜色	类型
	黄棕壤
	粗骨土
	棕壤
	紫色土
	黄壤
	石灰（岩）土
	沼泽土
	山地草甸土
	水稻土
	新积土
⊗	剖面点

第二编　贵州省分县土壤图与土壤剖面数据

威宁彝族回族苗族自治县土壤剖面理化性状表

剖面号 Soil profile	土纲 Soil order	土类 Soil great group	亚类 Soil subgroup	土属 Soil genus	土种 Soil species	土层码 Layer code	土层厚度 Depth/cm	颜色 Soil color	质地 Soil texture	土壤结构 Soil structure	pH	有机质 OM/(g/kg)	全氮 TN/(g/kg)	全磷 TP/(g/kg)	全钾 TK/(g/kg)	有效磷 AP/(mg/kg)	速效钾 AK/(mg/kg)	阳离子交换量CEC/(cmol/kg)	土壤母质 Parent material	剖面点坐标 Profile coordinate	匹配指数 Matching index/%
剖1	初育土	石灰(岩)土	黑色石灰土	石灰岩黑色石灰土	岩泥土	1	0—15	暗灰色	轻黏土	粒状	8.1	25.2	1.43	0.69		9.0	54		石灰岩	E 103°58′26.4″ N 27°23′25.5″	86
						2	15—60	灰色	轻黏土	小块状	8.1	19.6	1.15	0.52		4.0	45				
剖2	初育土	石灰(岩)土	黄色石灰土	黄色石灰土	大土泥土	1	0—20	棕黄色		粒状	7.6	20.1	0.94	0.57		5.0	71		石灰岩	E 103°58′04.3″ N 27°21′44.4″	90
						2	20—60	黄色	轻壤土	块状	7.4	14.2	0.21	0.46		3.0	44				
						3	60—100	黄色		块状	8.0	18.9	0.65	0.36		2.0	29				
剖3	淋溶土	黄棕壤	山地黄棕壤	硅质山地黄棕壤	黄色泡砂土	1	0—3	灰棕色	轻壤土	粒状	5.2	42.3	1.82	0.46		1.0	274		砂岩	E 103°55′02.6″ N 27°17′50.6″	96
						2	3—63	黄棕色	中壤土	块状	5.3	41.4	1.80	0.45		0.6	225				
剖4	初育土	石灰(岩)土	黄色石灰土	黄色石灰土	中层黄色石灰土	1	0—11	灰色	中壤土	粒状	7.8	47.6	9.30	0.56		4.0	44		石灰岩	E 103°48′58.0″ N 27°14′33.0″	88
						2	11—28	蜡黄色	中壤土	小块状	8.2	13.8	0.74	0.25		2.0	38				
						3	28—70	棕黄色	轻壤土	块状	8.1	5.8	0.46	0.37		2.0	35				
剖5	铁铝土	黄壤	黄壤	硅质黄壤	生黄砂土	1	0—10	灰黄色	轻壤土	粒状	5.5	21.8	1.04	0.40		5.0	160		石英砂岩	E 103°59′18.2″ N 27°14′28.0″	74
						2	10—28	黄色	轻壤土	粒状	5.3	20.7	1.03	0.29		4.0	107				
						3	28—64	黄黄色	轻壤土	粒状	4.7	4.1	0.37	0.22		1.0	70				
剖6	人为土	水稻土	潴育水稻土	潮泥黄壤	潮泥田	1	0—25	黄黄色		粒状	6.2	36.7	1.60			6.0	51		冲积物	E 103°47′03.7″ N 27°12′52.9″	72
						2	25—33	暗黄色		块状	6.2	39.4	1.21	0.39		12.0	39				
						3	33—100	灰黄色		块状	7.1	28.0	0.85			3.0	39				
剖7	淋溶土	黄棕壤	山地黄棕壤	硅质山地黄棕壤	中层硅质山地黄棕壤	1	0—3				5.2	60.8	2.59	0.39		6.0	190		砂岩	E 103°50′18.6″ N 27°12′04.7″	72
						2	3—10	灰棕色	中壤土	粒状	5.7	13.7	0.95	0.29		3.0	54				
						3	10—31	黄棕色	重壤土	核状	5.0	4.5	0.36	0.29		2.0	41				
						4	31—50	黄棕色	中壤土	块状	4.9	6.9	0.29	0.27		1.0	38				
剖8	铁铝土	黄壤	黄壤	铁质黄壤	中层铁铝质黄壤	1	0—18	黄色	轻壤土	粒状	5.1	27.8	1.50	0.21		19.0	304		石灰岩	E 103°48′15.8″ N 27°11′41.3″	85
						2	18—50	蜡黄色	中黏土	小块状	5.1	18.3	1.03	0.12		13.0	76				
						3	50—75	黄棕色	重黏土	大块状	5.4	5.7	0.60	0.08		12.0	87				
剖9	初育土	紫色土	中性紫色土	中性紫色砂泥土	砾质紫色砂泥土	1	0—15	灰棕色	重壤土	粒状	5.9	86.9	3.59	1.18		9.0	557		砂页岩	E 103°46′40.1″ N 27°10′19.6″	74
						2	15—42	紫色	重壤土	块状	5.7	67.5	3.18	1.10		6.0	241				
						3	42—60	紫色	重壤土	块状	5.6	29.2	1.58	1.05		5.0	109				
剖10	淋溶土	黄棕壤	山地黄棕壤	铁铝质黄棕壤	中层铁铝质山地棕壤	1	0—14	黑色	砂壤土	粒状	4.2	195.0	8.31	0.89		9.0	72		石灰岩	E 103°55′16.4″ N 27°10′14.5″	78
						2	14—28	灰棕色	轻黏土	小块状	5.4	61.5	3.48	0.50		3.0	53				
						3	28—70	黄棕色	轻黏土	大块状	5.6	41.2	2.36	0.52		2.0	49				
剖11	铁铝土	黄壤	黄壤	硅铝铁质黄壤	生黄砂泥土	1	0—12	灰黄色	重壤土	粒状	5.4	17.3	0.86	0.24		21.0	118		砂页岩	E 104°06′21.6″ N 27°19′03.9″	72
						2	12—19	蜡黄色	重壤土	小块状	5.2	14.8	0.72	0.12		14.0	175				
						3	19—53	鲭黄色	重壤土	块状	5.3	7.4	0.48	0.09		13.0	130				
剖12	铁铝土	黄壤	黄壤	铁质黄壤	中层黄质黄壤	1	0—13	浅黄棕色	轻壤土		4.7	29.0	1.25	0.81		4.0	48		砂页岩	E 104°15′53.5″ N 27°12′16.3″	73
						2	13—65	红棕色	轻壤土	小块状	4.9	21.5	1.02	0.93		3.0	26				
						3	65—71		轻壤土		5.0	11.9	0.72	1.28		6.0	19				
剖13	初育土	紫色土	中性紫色土	中层中性紫砂泥土	中性紫砂泥土	1	0—15	灰紫色	中壤土	小块状	6.5	25.6	0.84	0.98		4.0	39		玄武岩	E 103°41′16.1″ N 27°05′57.5″	82
						2	15—50	紫色	重壤土	块状	7.1	12.0	0.52	0.52		6.0	25				
剖14	初育土	石灰(岩)土	黑色石灰土	石灰岩黑色石灰土	黑色石灰岩	1	0—16	黑紫色	中壤土	团粒状	7.9	91.3	4.62	1.48		6.0	390		砂页岩	E 103°37′05.9″ N 27°03′43.6″	74
						2	16—50	黑紫色	中壤土	小块状	7.6	68.8	3.98	1.12		5.0	385				
剖15	初育土	紫色土	石灰性紫色土	钙质砂泥土	薄层砂质紫砂泥土	1	0—12	紫红色	中壤土	片状	8.2	17.3	0.68	1.51		6.0	62		砂页岩	E 103°45′06.8″ N 27°07′42.2″	73
						2	12—38	紫色	中壤土		8.0	12.5	0.54	1.38		4.0	51				

续表 Continued

剖面号 Soil profile	土纲 Soil order	土类 Soil great group	亚类 Soil subgroup	土属 Soil genus	土种 Soil species	土层码 Layer code	土层厚度 Depth/cm	颜色 Soil color	质地 Soil texture	土壤结构 Soil structure	pH	有机质 OM/(g/kg)	全氮 TN/(g/kg)	全磷 TP/(g/kg)	全钾 TK/(g/kg)	有效磷 AP/(mg/kg)	速效钾 AK/(mg/kg)	阳离子交换量CEC/(cmol/kg)	土壤母质 Parent material	剖面点坐标 Profile coordinate	匹配指数 Matching index/%
剖16	水成土	沼泽土	脱沼泽土	砂泥质脱沼泽土	中层砂泥质脱沼泽土	1	0—3	黑灰色	中壤土	核状	8.0	68.6	3.04	0.51		11.0	181		湖沼沉积物	E 103°53′06.8″ N 27°05′05.5″	97
						2	3—25	黄灰色	轻壤土	块状	8.0	47.2	2.68	0.48		8.0	72				
						3	25—75	黑色	轻壤土	粒状	7.4	74.6	2.45	0.35		2.0	42				
剖17	淋溶土	黄棕壤	山地粗骨性黄棕壤	硅铝质山地粗骨性黄棕壤	砾质灰泡煤砂泥土	1	0—13	黄黄色	中壤土	粒状	5.7	286.0	9.46	1.89		11.0	134		煤系砂页岩	E 103°58′13.6″ N 27°02′41.1″	92
						2	13—36	黄黄色	中壤土	块状	5.5	167.0	6.13	1.61		9.0	108				
						3	36—80	灰黄色	重壤土	块状	5.9	40.7	2.83	0.83		6.0	44				
剖18	铁铝土	黄壤	黄壤	硅质黄壤	熟质黄壤	1	0—15	黄黄色	中壤土	粒状	5.5	30.5	1.56	0.84		5.0	212		砂岩	E 103°45′17.5″ N 27°00′23.3″	82
						2	15—33	蜡黄色	中壤土	小块状	5.7	5.6	0.59	0.78		6.0	76				
						3	33—95	棕黄色	重壤土	小块状夹块状	5.8	4.4	0.58	0.77		8.0	65				
剖19	淋溶土	棕壤	山地棕壤	硅铝质山地粗骨性棕壤	棕羊毛砂泥土	1	0—15	灰黑色		粒状	5.2	28.7	1.41	0.54		3.0	153		砂页岩	E 104°06′49.1″ N 27°06′09.8″	100
						2	15—44	灰棕色		粒状夹块状	5.3	18.2	0.99	0.45		2.0	65				
						3	44—96	黄棕色		粒状	5.4	3.1	0.82	0.43		2.0	50				
剖20	淋溶土	黄壤	山地粗骨性黄棕壤	铁铝质山地粗骨性黄棕壤	砾石灰泡火石灰土	1	0—15	灰棕色	重壤土	粒状	4.8	38.7	1.96	0.38		6.0	117		燧石灰岩	E 104°10′02.6″ N 27°00′10.4″	72
						2	15—70	黄棕色	轻壤土	粒状	4.9	9.5	0.50	0.19		6.0	58				
剖21	铁铝土	黄壤	黄壤	铁铝质黄壤	大灰黄泥土	1	0—20	黑黄色	中壤土	团粒状	6.2	37.9	1.92	1.30		10.0	130		石灰岩	E 104°17′46.1″ N 27°07′46.5″	100
						2	20—40	蜡黄色	中壤土	粒状	6.2	16.7	0.86	1.38		9.0	42				
						3	40—100	黄色	重壤土	核柱状	5.8	12.8	0.76	1.68		23.0	32				
剖22	淋溶土	黄棕壤	山地黄棕壤	铁质山地黄棕壤	大赤黄泡火石土	1	0—22	黄黄色	中壤土	粒状	6.5	48.7	2.05	1.19		9.0	119		玄武岩	E 103°49′28.2″ N 26°56′35.9″	82
						2	22—40	黄棕色	中壤土	小块状	5.5	24.0	1.62	0.99		2.0	88				
						3	40—100	灰棕色		小块状											
剖23	初育土	石灰（岩）土	棕色石灰土	棕色石灰土	棕大土泥土	1	0—15	黑黑色	重壤土	粒状	8.1	50.1	1.95	0.26		4.0	104		石灰岩	E 104°14′50.9″ N 26°52′51.1″	70
						2	15—24	棕色	重壤土	小块状	7.9	42.7	1.72	0.21		2.0	43				
						3	24—85	灰棕色	重壤土	块状	8.0	42.0	1.70	0.18		2.0	30				
剖24	水成土	沼泽土	脱沼泽土	砂泥质脱沼泽土	海砂泥土	1	0—15	灰黄色	重壤土	粒状	5.5	41.9	1.82	0.54		7.0	227		湖积物	E 104°11′50.8″ N 26°51′37.4″	74
						2	15—92	灰黄色	重壤土	块状	5.6	21.6	1.32	0.48		5.0	66				
剖25	淋溶土	棕壤	山地棕壤	铁铝质山地棕壤	黑灰羊毛泥土	1	0—17	灰黑色	中壤土	块状	5.8	170.4	5.97	0.57		6.0	109		石灰岩	E 104°27′52.3″ N 26°56′30.8″	80
						2	17—51	棕色	中壤土	粒状	6.2	43.3	2.84	0.44		2.0	29				
剖26	初育土	紫色土	中性紫色土	中性紫砂泥土	砾质紫砂泥土	1	0—20	灰紫色	中壤土	块状	7.5	13.5	0.97	1.08		33.0	146		砂页岩	E 103°58′21.4″ N 26°48′37.4″	92
						2	20—47	紫色	中壤土	粒状	7.4	13.1	0.95	1.11		27.0	119				
						3	47—100	灰紫色	中壤土	粒状	7.3	5.8	0.62	1.34		45.0	102				
剖27				橘灰泡紫泥土	橘紫泡紫泥土	A	0—3	暗黄灰色	黏质黏土	屑状	5.1	54.3	1.13	0.58	6.4			10.5	玄武岩风化物	E 103°51′37.4″ N 26°48′25.6″	72
						AB	3—14	灰棕色	壤质黏土	碎状	5.1	14.9	0.46	0.76	9.5			9.1			
						B₁	14—24	红灰色	壤质黏土	块状	5.4	9.9	0.33	0.69	9.7			8.3			
						B₂	24—40	棕黄色	壤质黏土	块状	5.9	5.3	0.35	0.62	9.9			8.2			
						C	40—60	棕黄色		无明显结构	5.3	2.7	0.25	0.59	9.1			7.7			
剖28	淋溶土	黄棕壤	暗黄棕壤	铁质山地黄棕壤	赤黄羊毛泥土	1	0—12	灰棕色	重壤土	小块状	5.9	25.1	1.91	1.58		7.0	223		玄武岩	E 103°46′57.4″ N 26°47′46.0″	78
						2	12—39	红棕色	重壤土	块状	6.1	33.4	1.86	1.60		5.0	146				
						3	39—88	棕黄色	重壤土	粒状	5.9	32.2	1.82	1.69		6.0	94				
剖29	初育土	紫色土	中性紫色土	中性紫砂泥土	砾质紫泥土	1	0—20	紫棕色	重壤土	粒状	6.5	34.9	1.89	2.11		64.0	542		砂页岩	E 103°53′17.9″ N 26°47′34.4″	94
						2	20—47	紫紫色	重壤土	小块状	6.3	18.6	1.00	1.52		40.0	539				
						3	47—85	灰灰色	中壤土	粒状	6.4	16.3	0.95	1.72		38.0	257				
剖30	初育土	紫色土	酸性紫色土	酸性紫红砂土	血砂土	1	0—16	紫红色	重壤土	粒状	6.0	19.6	0.81	0.72		21.0	309		砂页岩	E 103°57′00.4″ N 26°43′20.6″	85
						2	16—45	紫红色	重壤土	小块状	6.0	10.0	0.45	0.81		20.0	207				
						3	45—96	紫红色	重壤土	块状	5.7	9.0	0.44	0.72		16.0	110				

续表 Continued

剖面号 Soil profile	土纲 Soil order	土类 Soil great group	亚类 Soil subgroup	土属 Soil genus	土种 Soil species	土层码 Layer code	土层厚度 Depth/cm	颜色 Soil color	质地 Soil texture	土壤结构 Soil structure	pH	有机质 OM/(g/kg)	全氮 TN/(g/kg)	全磷 TP/(g/kg)	全钾 TK/(g/kg)	有效磷 AP/(mg/kg)	速效钾 AK/(mg/kg)	阳离子交换量CEC/(cmol/kg)	土壤母质 Parent material	剖面点坐标 Profile coordinate	匹配指数 Matching index/%
剖31	初育土	石灰（岩）土	黄色石灰土	黄色石灰土	白土泥土	1	0-20	黄灰色	轻黏土	粒状	7.7	30.2	1.53	0.33		5.0	66		石灰岩	E 103°46′11.6″ N 26°40′55.6″	97
						2	20-50	黄白色	轻黏土	块状	7.9	16.6	0.87	0.32		3.0	43				
						3	50-100	灰白色	轻黏土	块状	8.0	10.3	0.60	0.28		4.0	41				
剖32	淋溶土	棕壤	山地棕壤	铁铝质山地棕壤	灰羊毛泥土	1	0-15	灰白色		粒状	5.5	15.5	0.77	0.82		2.0	66		石灰岩	E 104°06′17.3″ N 26°47′44.9″	73
						2	15-34	浅棕色		块状	5.3	15.1	0.76	0.61		2.0	98				
						3	34-90	浅黄色		块状	5.3	7.4	0.33	0.86		5.0	146				
剖33	淋溶土	棕壤	山地棕壤	铁铝质山地棕壤	中层铁铝质山地棕壤	1	0-12	棕黑色	中壤土	粒状	4.6	182.0	7.58	1.68		4.0	42		玄武岩	E 104°13′30.7″ N 26°43′47.6″	86
						2	12-42	黄黄色	重壤土	小块状	5.1	88.6	4.63	1.37		2.0	32				
						3	42-70	灰黄色	重壤土	块状	5.0	80.8	4.26	1.11		1.0	26				
剖34	淋溶土	棕壤	山地棕壤	硅铝质山地棕壤	中层硅铝质山地棕壤	1	0-3												煤系砂页岩	E 104°04′59.5″ N 26°41′37.7″	74
						2	3-35	灰黑色	重壤土	粒状	4.8	20.6	0.74	0.37		2.0	109				
						3	35-80	灰棕色	重壤土	块状	4.7	17.2	0.69	0.36		3.0	84				
剖35	初育土	石灰（岩）土	棕色石灰土	棕色石灰土	厚层棕色石灰土	1	0-15	灰黑色	中黏土	粒状	7.6	88.6	3.88	0.71		3.0	37		石灰岩	E 104°17′37.3″ N 26°49′02.6″	91
						2	15-65	棕黄色	中壤土	块状	7.8	25.2	1.31	0.37		2.0	30				
						3	65-100	灰棕色	轻壤土	块状	7.7	25.1	1.30	0.36		1.0	28				
剖36	淋溶土	黄棕壤	山地黄棕壤	硅质山地黄棕壤	黑灰泡砂土	1	0-16	灰黑色	中壤土	粒状	6.0	12.4	0.75	0.34		6.0	34		砂岩	E 104°22′05.7″ N 26°47′18.3″	96
						2	16-60	黄棕色	轻壤土	块状	6.2	7.0	0.63	0.31		4.0	32				
剖37	初育土	石灰（岩）土	黄色石灰土	黄色山地棕壤	黄大土泥土	1	0-19	黄灰色	重壤土	粒状	7.6	24.5	1.09	0.72		6.0	50		石灰岩	E 104°28′55.2″ N 26°44′17.5″	77
						2	19-60	灰黄色	重壤土	块状	7.4	14.9	0.99	0.71		5.0	34				
剖38	铁铝土	黄壤	黄壤	硅质黄壤	中层硅质黄壤	1	0-12	黑灰色	中壤土	粒状	5.3	34.6	1.39	0.32		3.0	155		砂岩	E 104°23′20.8″ N 26°43′37.6″	70
						2	12-30	蜡黄色	轻壤土	块状	5.5	11.7	0.51	0.27		2.0	37				
						3	30-55	黄黄色	砂壤土		5.5	1.2	0.43	0.18		2.0	20				
剖39	铁铝土	黄壤	黄壤	铁铝质黄壤	小灰黄泥土	1	0-13	灰黄色	中黏土	粒状	6.4	24.9	1.53	0.47		16.0	24		石灰岩	E 104°21′34.2″ N 26°41′57.7″	84
						2	13-30	土黄色	重黏土	块状	6.6	10.9	0.98	0.43		14.0	19				
						3	30-80	黄黄色	中黏土	块状	6.9	8.2	0.72	0.38		11.0	16				
剖40	初育土	紫色土	酸性紫色土	酸性紫色砂红泥土	中层酸性紫红砂土	1	0-5	紫黑色	轻壤土	粒状	5.2	73.1	2.17	0.25		4.3	167		砾岩	E 104°19′58.7″ N 26°40′17.5″	99
						2	5-29	暗红色	中壤土	核状	5.1	11.2	0.44	0.11		3.0	38				
						3	29-58	棕红色	重壤土	块状	4.5	5.4	0.39	0.11		3.0	19				
剖41	人为土	水稻土	渗育水稻土	硅铝质山地粗骨性黄棕壤	大泥田	1	0-13	灰黄色	重壤土	粒状	8.0	26.8	0.94	0.34		3.0	114		石灰岩	E 104°31′46.8″ N 26°46′35.0″	95
						2	13-29	浅黄色	重壤土	块状	8.1	9.2	0.38	0.33		2.0	64				
						3	29-55	黄棕色	重壤土	块状	8.0	10.6	0.79	0.32		1.0	61				
剖42	淋溶土	黄棕壤	山地黄棕壤	黄泥田	小黄泥田	1	0-13	灰黄色	中壤土	粒状	5.9	26.9	0.90	0.74		19.0	54		煤系砂页岩	E 104°43′33.3″ N 26°46′02.3″	83
						2	13-45	浅黄色	重壤土	小块状	6.1	23.1	0.86	0.42		15.0	35				
剖43	人为土	水稻土	渗育水稻土	硅铝质山地黄棕壤	灰池砂泥土	1	0-20	黄棕色	中壤土	块状	5.2	62.9	3.09	1.33		13.0	80		砂页岩	E 104°39′16.7″ N 26°43′40.6″	95
						2	20-25	灰黄色	重壤土	块状	6.2	30.8	1.57	1.92		14.0	71				
						3	25-45	黄棕色	重壤土	粒状	5.3	55.7	3.02	1.14		12.0	78				
剖44	淋溶土	黄棕壤	山地黄棕壤	硅铝质山地黄棕壤	小黄泥泡土	1	0-16	灰黄色	轻壤土	粒状	5.2	11.7	0.45	0.20		3.0	28		砂页岩	E 104°39′48.9″ N 26°42′20.6″	87
						2	16-38	黄黄色	中壤土	小块状	5.0	17.1	0.77	0.17		2.0	23				
						3	38-82	黄色	重壤土	块状	5.7	20.7	1.12	0.08		1.0	20				
剖45	初育土	紫色土	酸性紫色土	酸性紫色砂红土	砾石血红土	1	0-14	暗紫色	中壤土	粒状	5.5	28.7	1.31	0.62		4.0	82		砾岩	E 104°32′08.9″ N 26°41′57.5″	78
						2	14-25	紫红色	重黏土	块状	5.4	19.6	1.03	0.32		6.0	50				
						3	25-35	红黄色	重黏土	核状	5.3	9.2	0.77	0.43		5.0	32				
剖46	淋溶土	黄棕壤	山地黄棕壤	铁质山地黄棕壤	小赤黄泡土	1	0-19	灰黄棕色	轻壤土	粒状	6.5	30.2	1.71	1.01		9.0	98		玄武岩	E 104°42′45.0″ N 26°41′19.7″	91
						2	19-28	灰黄棕色	轻壤土	核状	6.4	20.7	1.39	0.99		8.0	64				
						3	28-100	灰黄色	中壤土	块状	6.3	11.8	1.05	0.53		5.0	78				

续表 Continued

剖面号 Soil profile	土纲 Soil order	土类 Soil great group	亚类 Soil subgroup	土属 Soil genus	土种 Soil species	土层码 Layer code	土层厚度 Depth/cm	颜色 Soil color	质地 Soil texture	土壤结构 Soil structure	pH	有机质 OM/(g/kg)	全氮 TN/(g/kg)	全磷 TP/(g/kg)	全钾 TK/(g/kg)	有效磷 AP/(mg/kg)	速效钾 AK/(mg/kg)	阳离子交换量CEC/(cmol/kg)	土壤母质 Parent material	剖面点坐标 Profile coordinate	匹配指数 Matching index/%
剖47	初育土	石灰（岩）土	黑色石灰土	石灰岩黑色石灰土	岩灰泡土	1	0—15	灰黄色	重壤土	粒状	8.0	36.5	1.54	0.81		7.0	35		石灰岩	E 104°42′03.1″ N 26°40′06.8″	85
						2	15—60	灰棕黄色	重壤土	块状	7.9	21.9	1.05	0.68		2.0	27				
						3	60—70	棕黑色	重壤土	块状	7.7	21.0	1.04	0.67		1.0	26				
剖48	淋溶土	黄棕壤	山地黄棕壤	铁质山地黄棕壤	中层铁质山地黄棕壤	1	0—19	暗棕色	中壤土	粒状	6.1	83.9	3.84	1.58		8.0	46		玄武岩	E 103°58′48.4″ N 26°39′12.6″	84
						2	19—46	棕色	中壤土	核状	6.2	13.9	0.85	1.15		9.0	33				
						3	46—78	黄棕色	中壤土	块状	6.3	12.4	0.82	1.14		11.0	37				
剖49	初育土	紫色土	酸性紫色土	酸性紫红泥土	中层酸性紫红泥土	1	0—8	紫红色	中壤土	粒状	5.9	26.9	1.32	3.10		4.0	246		泥岩	E 103°55′48.0″ N 26°35′56.0″	80
						2	8—50	棕红色	中壤土	小块状	5.3	6.6	0.48	0.29		3.0	94				
剖50	人为土	水稻土	渗育水稻土	渗育大泥田	苦大泥田	1	0—16	黄灰色	轻黏土	团粒状	5.9	56.0	2.54	1.13		9.0	81		第四纪黏土	E 104°04′40.8″ N 26°38′31.6″	70
						2	16—20	棕黄色	重壤土	小粒状	6.9	32.3	1.84	1.13		9.0	47				
						3	20—100	棕黄色	轻壤土	块状	7.0	32.8	1.82	1.13		9.0	43				
剖51	铁铝土	黄壤	黄壤	黏土质黄壤	厚层黏土黄壤	1	0—17	灰黄色	轻黏土	粒状	5.7	19.5	0.73	0.18		2.0	47		第四纪红色黏土	E 104°29′15.7″ N 26°39′04.4″	82
						2	17—35	蜡黄色	中黏土		5.6	11.2	0.57	0.17		1.0	41				
						3	35—100	灰白色	轻黏土		5.6	5.4	3.70	0.16		0.8	37				
剖52	铁铝土	黄壤	黄壤	硅质黄壤	油砂土	1	0—18	灰黄色	中壤土	粒状	5.9	17.2	0.62	1.56		11.0	103		砂岩	E 104°19′49.6″ N 26°38′14.7″	74
						2	18—35	蜡黄色	重壤土	块状	5.7	17.0	0.62	1.39		9.0	84				
						3	35—70	油黄色	轻壤土	块状	5.6	12.8	0.60	1.67		2.0	64				
剖53	淋溶土	黄棕壤	山地黄棕壤	硅铝质山地黄棕壤	灰泡白鳝泥土	1	0—13	白色	重壤土	粒状	4.9	33.1	1.03	0.30		6.0	35		砂页岩	E 104°33′39.6″ N 26°37′43.7″	79
						2	13—41	灰棕色	重壤土	小块状	4.5	18.9	1.08	2.28		5.0	31				
						3	41—92	浅黄色	中黏土	大块状	4.9	16.3	0.96	0.15		3.0	28				
剖54	初育土	石灰（岩）土	黄色石灰土	黄色石灰土	砾石石蛋坩土	1	0—16	灰黑色	轻黏土	核状	8.2	38.6	1.98	0.25		3.0	93		泥灰岩	E 104°35′49.4″ N 26°33′55.1″	93
						2	16—25	灰黄色	轻黏土	块状	8.1	13.0	0.72	0.14		2.0	46				
						3	25—55	灰黄色	轻黏土	块状	8.2	14.5	0.91	0.17		1.0	61				

赫 章 县

主要土类说明

黄棕壤是赫章县主要土壤类型，占本县地域面积的52%。黄棕壤发育于海拔较高的山地，主要分布在海拔1800m以上的中山和中低山。自然植被为落叶阔叶与常绿阔叶混交林及针阔叶混交林。成土母质十分广泛，黏土矿物以2∶1型为主，具有弱的脱硅富铝化过程和较强的黏化作用，黏粒硅铝率为1.6—2.5。该土壤具A–B–C剖面构型，A层呈灰棕色，碳氮比约为20。

黄壤是赫章县第二大土壤类型，占本县地域面积的17%。黄壤集中分布在低中山和低山丘陵，含有较多水合氧化铁，土体多呈黄色，具A–B–C剖面构型。自然植被主要为常绿阔叶林。成土母质极其广泛，黏土矿物以蛭石为主，具有较强的脱硅富铝化过程，黏粒硅铝率为1.5—2.7。该土壤质地较黏重，物理性黏粒含量为50%—80%，阳离子交换量低，盐基饱和度为12%—23%。

紫色土是赫章县第三大土壤类型，占本县地域面积的13%。紫色土为岩成土，发育于紫色岩类出露各处，分布在海拔680—1900m的山地。成土母质主要为侏罗系和三叠系的钙质页岩、中性紫色砂页岩、酸性紫红色砂页岩等。黏土矿物以水云母为主。紫色土的形成和特点都与母岩的种类和性质密切相关，成土过程以物理风化为主，成土迅速，水土流失严重。

粗骨土占本县地域面积的7%。粗骨土属初育土，具A–C剖面构型。土体厚度一般为20—50cm，A层厚度以10—15cm居多。成土过程无黏化作用，有不同程度的淋溶作用。

石灰（岩）土占本县地域面积的7%。石灰（岩）土是石灰岩经溶蚀风化形成的厚薄不同的钙质饱和或含游离钙质的土壤，多见于石隙、溶洞或峰丛底部。该土壤碳酸钙淋溶程度不一，多黏土，多为铁钙质胶结物，风化程度不一，盐基饱和度高，有机质含量及胶结状态有较大差异。

小于本县地域面积3%的土壤类型有棕壤、水稻土、石质土、山地草甸土和潮土。

本区域中心区气候特征

本区域中心区气候特征值
Regional climate characteristics in central area of the region

气候带：暖温带湿润气候 Climate region: Warm temperate humid climate	
年平均气温 /℃ Annual average temperature /℃	13.9
年平均最高气温 /℃ Annual average maximum temperature /℃	18.9
年平均最低气温 /℃ Annual average minimum temperature /℃	10.5
年降水量 /mm Annual precipitation /mm	1012
≥10℃的积温 /℃ Daily temperature accumulated in a year（≥10℃）/℃	5924
年日照时数 /h Annual sunshine /h	1457
年平均相对湿度 /% Annual average relative humidity /%	79
干燥度 Dryness	0.80

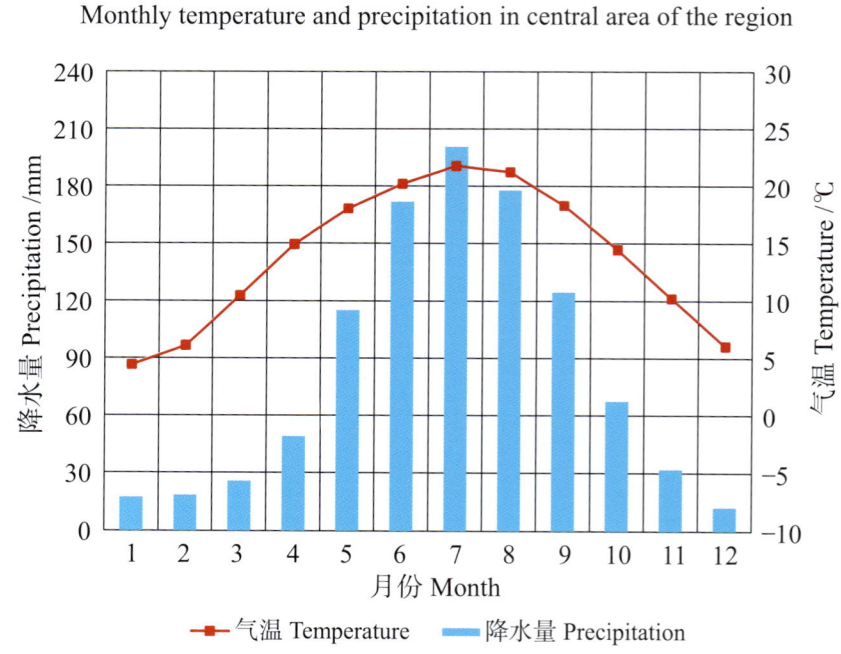

本区域中心区月平均气温与月平均降水量
Monthly temperature and precipitation in central area of the region

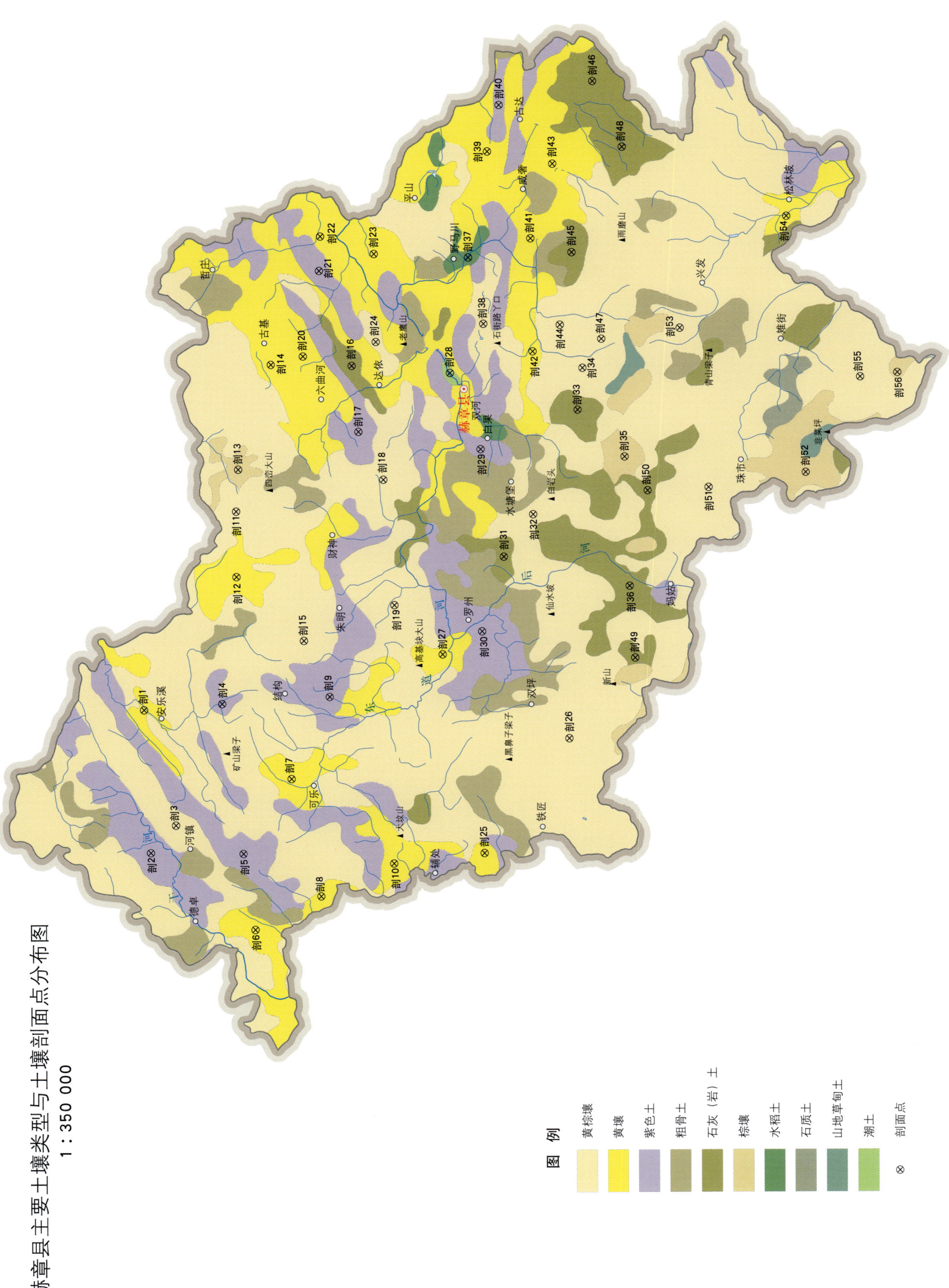

赫章县主要土壤类型与土壤剖面点分布图
1:350 000

赫章县土壤剖面理化性状表

剖面号 Soil profile	土纲 Soil order	土类 Soil great group	亚类 Soil subgroup	土属 Soil genus	土种 Soil species	土层码 Layer code	土层厚度 Depth/cm	颜色 Soil color	质地 Soil texture	土壤结构 Soil structure	pH	有机质 OM/(g/kg)	全氮 TN/(g/kg)	全磷 TP/(g/kg)	有效磷 AP/(mg/kg)	速效钾 AK/(mg/kg)	土壤母质 Parent material	剖面点坐标 Profile coordinate	匹配指数 Matching index/%
剖1	铁铝土	黄壤	黄壤	铁质黄壤	薄层铁质黄壤	A	0–10	黄红色	轻黏土	粒状	4.6	10.9	0.88	0.56	2.5	32	石灰岩	E 104°27′13.4″ N 27°22′05.0″	78
						B	10–32	棕黄色	中砾质中黏土	块状	4.9	5.9	0.67	0.54	1.9	27			
						C	32–40	黄色	轻黏土	块状	5.3	4.2	0.63	0.59	2.5	18			
剖2	初育土	紫色土	中性紫色土	中性紫砂土	熟紫砂泥土	Ar	0–20	紫色	中壤土	粒状	6.6	15.4	0.42	0.40	3.4	45	砂页岩	E 104°19′59.0″ N 27°21′45.8″	91
						Bs	20–50	紫色	中壤土	粒状	6.8	15.1	0.50	0.45	11.7	66			
						Cs	50–100	紫色	中壤土	粒状	6.6	9.8	0.21	0.44	9.6	43			
剖3	淋溶土	黄棕壤	山地黄棕壤	铁铝质山地黄棕壤	小黄泥灰泡土	Ar	0–15	灰棕色	中黏土	粒状	5.9	17.2	0.72	0.58	2.2	109	石灰岩	E 104°21′22.7″ N 27°20′37.3″	85
						Br	15–65	黄棕色	中黏土	块状	6.1	6.6	0.37	0.68	5.9	83			
						Cr	65–90	黄色	中黏土	块状	6.0	6.2	0.32	0.73	2.2	73			
剖4	初育土	紫色土	酸性紫色土	酸性紫红泥土	血砂土	As	0–19	紫红色	中壤土	粒状	5.8	14.6	0.64	0.39	4.6	74	砂岩	E 104°27′32.8″ N 27°18′32.4″	86
						Bs	19–30	紫红色	中砾质中壤土	块状	5.7	4.7	0.25	0.98	4.9	96			
						Cs	30–100	紫红色	中壤土	粒状	4.7	4.7	0.24	0.39	3.7	115			
剖5	初育土	紫色土	中性紫色土	中性紫砂土	薄层中性紫砂土	A	0–15	紫色	多砾质中壤土	粒状	6.8	90.8	4.50	1.50	6.0	69	泥岩	E 104°19′57.7″ N 27°17′33.8″	72
						C	15–30	紫色	多砾质重壤土	小块状	6.6	48.5	1.37	1.42	6.0	微量			
剖6	铁铝土	黄壤	黄壤	铁铝质黄壤	死黄黄泥土	Ar	0–20	灰黄色	中壤土	粒状	6.0	23.5	1.24	0.40	4.1	48	石灰岩	E 104°16′07.5″ N 27°17′00.1″	96
						Br	20–65	黄色	轻砾质中壤土	块状	5.6	14.5	1.03	0.33	4.1	129			
						Cr	65–100	黄色	中壤土	块状	5.2	10.0	0.65	0.42	12.6	65			
剖7	铁铝土	黄壤	黄壤	硅铝质黄壤	生黄砂泥土	As	0–14	灰黄色	多砾质轻黏土	粒状	5.5	25.5	0.78	0.93	3.0	50	砂页岩	E 104°23′46.7″ N 27°15′22.7″	75
						Bs	14–40	黄色	中黏土	块状	5.4	14.6	0.46	0.95	3.0	31			
						Cs	40–100	黄色	中黏土	粒状	5.3	3.7	0.58	0.96	3.0	31			
剖8	铁铝土	黄壤	黄壤	铁质黄壤	大赤黄泥土	Ar	0–18	棕黄色	中壤土	粒状	5.3	26.0	1.21	1.02	10.4	19	玄武岩	E 104°17′49.8″ N 27°14′01.2″	89
						Br	18–42	黄色	重壤土	块状	4.7	21.5	1.07	0.99	3.7	16			
						Cr	42–80	黄色	轻壤土	块状	4.5	9.9	0.83	1.18	20.0	14			
剖9	初育土	紫色土	酸性紫色土	酸性紫红泥土	薄层酸性紫红泥土	A	0–10	紫红色	重壤土	粒状	5.3	49.7	0.83	0.31	1.0	55	泥岩	E 104°27′55.7″ N 27°13′39.1″	75
						B	10–23	紫红色	重壤土	小块状	5.5	12.8	0.45	0.18	0.4	52			
						C	23–40	紫红色	轻壤土	小块状	5.1	27.2	0.87	0.22	1.5	70			
剖10	铁铝土	黄壤	黄壤	硅铝质黄壤	煤砂泥土	As	0–20	黑褐色	重壤土	核块状	6.0	121.4	1.98	0.50	7.8	58	砂岩	E 104°19′30.4″ N 27°10′42.7″	92
						Bs	20–50	黑褐色	重壤土	块状	5.0	111.0	1.71	0.37	3.5	78			
						Cs	50–100	黑褐色	重壤土	块状	5.8	152.5	1.37	0.24	2.5	57			
剖11	黄棕壤	黄棕壤	山地粗骨性黄棕壤	硅质山地粗骨性黄棕壤	砾石灰泡砂泥土	As	0–20	紫灰色	轻砾质黏土	粒状	5.6	61.7	2.56	1.45	16.8	241	砂页岩	E 104°37′16.3″ N 27°17′54.6″	80
						Bs	20–55	黄棕色	中壤土	块状	5.3	14.4	0.76	1.41	4.3	74			
						Cs	55–87	黄色	中壤土	块状	5.3	8.9	0.64	0.72	4.4	74			
剖12	淋溶土	黄壤	黄壤	硅铝质黄壤	厚层硅铝质黄壤	A	0–14	灰黄色	中壤土	粒状	5.5	53.5	1.24	0.55	2.9	62	砂岩	E 104°33′57.6″ N 27°17′53.5″	85
						B	14–52	黄色	中壤土	粒状	4.6	59.3	1.06	0.62	2.9	52			
						C	52–90	黄色	中壤土	粒状	4.7	15.4	0.57	0.46	2.6	43			
剖13	淋溶土	棕壤	山地棕壤	铁铝质山地棕壤	灰羊毛土	Ar	0–10	灰黄色	中黏土	小块状	5.3	73.1	3.25	1.21		124	石灰岩	E 104°39′22.7″ N 27°17′49.2″	97
						Br	10–32	暗棕色	中黏土	块状	4.0	24.1	1.26	0.71	32.1	58			
						Cr	32–55	暗黄色	轻黏土	粒状	4.8	14.9	1.06	0.47	16.2	59			
剖14	铁铝土	黄壤	黄壤	硅铝质黄壤	熟黄砂泥土	As	0–17	黄色	轻黏土	块状	6.2	33.6	1.24	2.53		156	砂页岩	E 104°44′40.2″ N 27°16′20.6″	84
						Bs	17–47	黄色	轻黏土	块状	5.6	21.1	0.86	2.10	16.2	106			
						Cs	47–100	黄色	轻砾质黏土	块状		7.3	0.45	2.53	2.2	67			

续表 Continued

剖面号 Soil profile	土纲 Soil order	土类 Soil great group	亚类 Soil subgroup	土属 Soil genus	土种 Soil species	土层码 Layer code	土层厚度 Depth/cm	颜色 Soil color	质地 Soil texture	土壤结构 Soil structure	pH	有机质 OM/(g/kg)	全氮 TN/(g/kg)	全磷 TP/(g/kg)	有效磷 AP/(mg/kg)	速效钾 AK/(mg/kg)	土壤母质 Parent material	剖面点坐标 Profile coordinate	匹配指数 Matching index/%
剖15	淋溶土	黄棕壤	山地黄棕壤	硅质山地黄棕壤	黄砂泥池灰土	As	0—14	灰黄色	轻壤土	粒状	4.8	63.1	1.75	0.84	1.0	197	砂岩	E 104°30′44.6″ N 27°14′49.6″	92
						Bs	14—35	黄棕色	轻壤土	粒状	5.3	14.7	0.64	0.93		82			
						Cs	35—70	黄棕色	中壤土	粒状	5.1	12.5	0.41	1.05		78			
剖16	初育土	石灰(岩)土	黄色石灰土	黄色石灰土	大土泥灰土	Ar	0—20	黄棕色	重黏土	团粒状	7.8	31.0	1.47	1.24	19.1	83	石灰岩	E 104°44′37.3″ N 27°12′40.0″	74
						Br	20—41	黄棕色	轻黏土	块状	7.7	26.6	1.21	1.57	24.5	68			
						Cr	41—100	黄棕色	轻黏土	块状	7.4	25.0	1.09	1.76	9.0	61			
剖17	初育土	紫色土	中性紫色土	中性紫砂土	油豆紫砂泥土	Ar	0—20	紫黄色	中壤土	粒状	7.1	23.2	1.12	0.98	16.7	18	砂页岩坡积物	E 104°41′18.1″ N 27°12′21.5″	84
						Bs	20—40	紫黄色	中壤土	粒状	6.6	19.6	0.88	0.95	4.8	18			
						Cs	40—100	紫黄色	中壤土	粒状	6.6	16.6	0.88	0.91	3.8	18			
剖18	淋溶土	黄棕壤	山地黄棕壤	紫岩山地黄棕壤	灰泡蜡紫砂泥土	As	0—15	紫黄色	多砾质中壤土	粒状							砂页岩	E 104°38′53.2″ N 27°11′13.5″	96
						Bs	15—31	黄棕黄色	轻砾质中壤土	粒状									
						Cs	31—80	紫黄黄色	中壤土	粒状									
剖19	淋溶土	黄棕壤	山地黄棕壤	铁质山地黄棕壤	大赤黄泥灰泡土	Ar	0—18	褐黄色	重黏土	粒状							玄武岩	E 104°32′33.7″ N 27°10′43.0″	78
						Br	18—40	黄棕色	中壤土	粒状									
						Cr	40—78	黄色	中壤土	小块状									
剖20	铁铝土	黄壤	黄壤	硅质黄壤	中层硅质黄壤	A	0—7	灰黄色	砂壤土	块状	4.5	41.4	1.59	0.84	4.7	188	石灰岩	E 104°45′05.4″ N 27°14′52.8″	86
						B	7—23	黄灰色	砂壤土	粒状	4.4	15.7	0.48	0.89	0.3	73			
						C	23—50	黄灰色	砂壤土	粒状	5.0	5.7	0.21	0.95		65			
剖21	初育土	紫色土	酸性紫色土	酸性紫紫红土	薄层酸性紫紫红土	A	0—10	紫红色	重黏土	粒状	5.3	49.7	0.83	0.31	1.0	55	砂页岩	E 104°49′25.0″ N 27°14′09.2″	78
						B	10—23	紫红色	轻黏土	小块状	5.5	12.8	0.45	0.18	0.4	52			
						C	23—40	紫红色	中壤土	小块状	5.1	27.2	0.87	0.22	1.5	70			
剖22	铁铝土	黄壤	黄壤	铁铝质黄壤	砾石黄壤土	A	0—10	黄色	中砾质壤土	单粒状	6.0	21.5	1.46	0.98	7.1	111	玄武岩	E 104°51′09.4″ N 27°14′05.6″	90
						B	10—20	黄色	中壤土	粒状	5.7	26.4	1.32	1.00	7.7	44			
						C	20—60	黄色	重壤土	粒状	6.3	17.6	1.23	1.14	6.0	68			
剖23	铁铝土	黄壤	黄壤	硅铝质黄壤	白鳝泥土	As	0—13	灰白色	轻黏土	核块状	5.8	46.1	1.37	0.25	7.2	53	砂页岩	E 104°50′16.4″ N 27°11′39.5″	82
						Bs	13—40	灰白色	轻黏土	块状	5.5	31.3	1.11	0.83	4.2	43			
						Cs	40—100	灰白色	多砾质轻壤土	块状	5.5	6.6	0.25	0.23	4.0	40			
剖24	淋溶土	黄棕壤	山地黄棕壤	中层硅质山地黄棕壤	中层硅质黄棕壤	A	0—8	灰黑色	轻壤土	粒状	5.9	175.6	5.25	0.95	5.5	11	玄武岩	E 104°45′50.0″ N 27°11′34.2″	99
						B	8—40	黄棕色	重黏土	粒状	4.9	73.6	2.11	0.94	0.7	9			
						C	40—80	黄棕色	重壤土	粒状	5.6	15.8	0.59	0.56	微量	15			
剖25	铁铝土	黄壤	黄壤	铁质黄壤	小灰黄泥土	Ar	0—17	黄褐色	重壤土	粒状	6.8	20.6	0.94	1.58	11.5	66	砂页岩	E 104°20′02.9″ N 27°06′36.0″	76
						Br	17—35	棕黄色	中砾质重壤土	块状	6.0	10.1	0.47	1.38	4.3	44			
						Cr	35—80	黄黄色	中砾质重壤土	块状	6.1	9.2	0.46	1.07	2.2	46			
剖26	淋溶土	黄棕壤	山地粗骨性黄棕壤	硅铝质山地粗骨性黄棕壤	砾石灰砂煤砂黑土	As	0—15	黑黄色	多砾质重壤土	块状	6.2	117.0	2.51	0.86	1.9	77	煤系砂页岩	E 104°25′52.7″ N 27°02′45.2″	74
						Bs	15—40	黄棕色	多砾质中壤土	块状	5.7	45.4	1.59	1.07	0.5	64			
						Cs	40—100	黄棕色	轻砾质中壤土	块状	5.9	13.2	0.57	0.52	1.2	38			
剖27	铁铝土	黄壤	黄壤	铁铝质黄壤	小夹黄泥土	Ar	0—12	黄灰色	重黏土	块状	5.3	35.9	1.10	0.17	微量	104	石灰岩	E 104°30′05.0″ N 27°08′31.2″	99
						Br	12—60	黄色	重黏土	粒状	5.3	14.6	0.58	0.11	0.7	79			
						Cr	60—100	黄色	轻壤土	粒状	5.3	9.7	0.29	0.09	5.7	58			
剖28	半水成土	潮土	潮土	潮砂泥土	潮砂泥土	As	0—20	灰黑色	中壤土	粒状	8.0	22.6	0.90	0.84	15.0	76	河流冲积物	E 104°44′16.4″ N 27°08′11.8″	90
						Bs	20—55	灰黄色	砂砾质中壤土	粒状	8.0	19.3	0.84	0.84	10.0	46			
						Cs	55—100	灰黄色	砂砾质中壤土	粒状	8.0	8.3	0.32	0.79	5.0	34			
剖29	初育土	紫色土	酸性紫色土	酸性紫紫红泥土	血泥土	As	0—10	紫红色	多砾质黏土	粒状	4.4	32.9	1.06	0.16	2.0	114	泥岩	E 104°40′26.5″ N 27°06′48.6″	98
						Br	10—40	紫红色	轻壤土	粒状	5.2	11.8	0.53	0.16	0.7	57			
						Cr	40—100	紫红色	粒状		5.3	7.0	0.44	0.29	0.7	68			

续表 Continued

剖面号 Soil profile	土纲 Soil order	土类 Soil great group	亚类 Soil subgroup	土属 Soil genus	土种 Soil species	土层码 Layer code	土层厚度 Depth/cm	颜色 Soil color	质地 Soil texture	土壤结构 Soil structure	pH	有机质 OM/(g/kg)	全氮 TN/(g/kg)	全磷 TP/(g/kg)	有效磷 AP/(mg/kg)	速效钾 AK/(mg/kg)	土壤母质 Parent material	剖面点坐标 Profile coordinate	匹配指数 Matching index/%
剖30	初育土	紫色土	中性紫色土	中性紫砂土	砾石紫砂土	As	0—15	紫色	中砾质壤土	粒状	6.7	22.0	0.41	0.59	10.4	58	砂页岩	E 104°31′14.6″ N 27°06′44.2″	95
						Bs	15—50	紫色	多砾质砂土	粒状	6.8	14.1	0.45	0.49	6.2	66			
						Cs	50—80	紫白色	重砾质砂土	粒状	7.1	4.1	0.17	0.41	36.2	50			
剖31	初育土	石灰(岩)土	黄色石灰土	黄色石灰土	砾石白石砂土	As	0—13	灰白色	轻砾质砂土	粒状	7.4	28.8	0.93	1.16	10.0	44	石灰岩	E 104°35′02.0″ N 27°05′44.5″	73
						Bs	13—35	灰色	轻砾质砂土	粒状	7.2	26.1	1.00	1.39	11.8	59			
						Cs	35—80	灰色	轻砾质砂土	粒状	7.5	24.3	0.41	1.98	11.3	65			
剖32	淋溶土	黄棕壤	山地黄棕壤	铁质山地黄棕壤	中层铁质黄棕壤	Ar	0—15	褐黄色	重壤土	粒状							玄武岩	E 104°37′10.7″ N 27°04′25.0″	87
						Br	15—46	黄棕色	中壤土	小块状									
						Cr	46—80	黄棕色	中壤土	块状									
剖33	初育土	石灰(岩)土	黑色石灰土	石灰岩黑色石灰土	岩泥土	Ar	0—16	灰黑色	重壤土	粒状	7.5	43.6	1.86	1.02	8.4	68	石灰岩坡积物	E 104°42′26.3″ N 27°02′24.0″	99
						Br	16—30	浅黄色	轻黏土	块状	7.2	26.6	0.98	0.70	5.0	47			
						Cr	30—100	黄棕色	轻黏土	块状	7.0	26.9	1.70	0.70	5.6	104			
剖34	淋溶土	黄棕壤	山地黄棕壤	硅质山地黄棕壤	厚层硅质山地黄棕壤	A	0—18	黑灰色	轻壤土	粒状	4.5	129.4	3.33	0.48	2.7	141	砂岩	E 104°44′33.0″ N 27°02′10.7″	78
						B	18—60	黄棕色	中砾质中壤土	粒状	5.0	44.0	1.39	0.25	1.8	85			
						C	60—89	黄色	中砾质中壤土	粒状	4.9	7.1	0.38	0.18	1.8	77			
剖35	淋溶土	棕壤	山地黄棕壤	铁质山地黄棕壤	薄层铁质山地黄棕壤	A	0—8	灰灰色	中壤土	粒状	4.9	83.9	2.15	0.20		192	石灰岩	E 104°40′05.2″ N 27°00′15.8″	92
						B	8—30	暗棕色	重壤土	小块状	5.5	23.2	0.69	0.66		59			
						C	30—40	棕色	重壤土	小块状	5.1	12.4	0.41	0.60		41			
剖36	初育土	石灰(岩)土	棕色石灰土	棕色石灰土	薄层棕色石灰土	A	0—10	棕灰色	重黏土	块状	6.6	87.3	2.30	1.09	6.5	97	石灰岩	E 104°33′34.9″ N 27°00′02.2″	83
						B	10—30	黄灰色	重黏土	块状	7.0	28.0	0.81	1.09	1.9	67			
						C	30—40	黄色	重黏土	块状	7.4	18.2	0.85	1.09	4.0	66			
剖37	人为土	水稻土	渗育水稻土	黄泥田	小黄泥田	A	0—16	灰灰色	中壤土	碎粒状	6.2	42.6	1.33	0.20	2.2	93	砂页岩	E 104°50′06.3″ N 27°07′22.2″	72
						P	16—24	灰灰色	中壤土	块状	6.4	26.9	0.83	0.55	1.9	79			
						C	24—100	灰灰色	重壤土	块状	5.6	15.1	0.45	0.59	1.4	47			
剖38	淋溶土	黄棕壤	粗骨性黄棕壤	铁质山地粗骨性黄棕壤	砾石裸子石灰泥土	As	0—12	灰灰色	轻砾质壤土	粒状	6.2	91.2	1.65	1.56	17.4	92	玄武岩	E 104°46′45.8″ N 27°06′41.0″	90
						Bs	12—25	黄棕色	石质重壤土	块状	5.3	38.8	1.34	1.20	15.8	48			
剖39	铁铝土	黄壤	黄壤	硅质黄壤	油黄砂土	As	0—17	黄色	轻砾质壤土	粒状	6.5	33.6	1.24	2.53	32.0	156	砂岩	E 104°55′26.4″ N 27°06′30.6″	93
						Bs	17—80	黄色	轻砾质壤土	粒状	5.2	21.1	0.86	2.10	16.2	106			
						Cs	80—100	黄色	中壤土	粒状	5.8	7.3	0.45	2.53	2.2	67			
剖40	初育土	紫色土	酸性紫色土	酸性紫红砂土	薄层酸性紫红砂土	A	0—14	紫红色	重壤土	粒状	4.5	8.1	0.55	0.19	3.0	76	砂岩	E 104°57′47.2″ N 27°05′58.6″	92
						C	14—40	紫红色	重壤土	粒状	4.7	3.1	0.46	0.21	2.0	47			
剖41	铁铝土	黄壤	黄壤	硅质黄壤	熟黄砂土	As	0—16	黄色	中壤土	粒状	5.2	40.2	1.45	1.22		138	砂岩	E 104°51′04.7″ N 27°04′32.5″	94
						Bs	16—60	黄色	重壤土	粒状	5.6	14.3	0.49	0.98	3.4	115			
						Cs	60—100	黄色	中壤土	粒状	6.1	4.3	1.15	1.75		23			
剖42	铁铝土	黄壤	黄壤	硅质黄壤	生黄砂土	As	0—15	灰黄色	轻砾质壤土	粒状	5.6	26.4	0.86	0.23	2.6	122	砂岩	E 104°45′22.7″ N 27°04′26.4″	88
						Bs	15—40	黄色	多砾质中壤土	粒状	5.6	25.1	0.76	0.16	7.9	265			
						Cs	40—60	黄色	轻砾质中壤土	粒状	5.6	7.5	0.17	0.11	2.6	56			
剖43	铁铝土	黄壤	粗骨性黄壤	硅铝质粗骨性黄壤	砾石扁骨砂土	As	0—13	灰色	中砾质中壤土	粒状	6.2	24.7	1.12	0.73	6.0	128	砂页岩	E 104°54′50.0″ N 27°03′32.8″	78
						Bs	13—33	黄棕色	轻砾质中壤土		6.4	11.0	1.57	0.53	3.0	77			
						Cs	33—58	灰黄色	重砾质中壤土	粒状	6.0	10.6	0.62	0.69	4.0	92			
剖44	淋溶土	黄棕壤	山地黄棕壤	铁质山地黄棕壤	薄层铁质黄棕壤	A	0—10	灰黄色	重壤土	小块状							玄武岩	E 104°46′43.3″ N 27°03′12.6″	70
						B	10—28	黄棕色	多砾质轻黏土	块状	8.0	27.1	1.09	0.51	6.6	77			
						C	28—40	黄色	多砾质轻黏土	粒状	7.8	15.0	0.74	0.49	1.6	66			
剖45	初育土	石灰(岩)土	黄色石灰土	黄色石灰土	黄大土泥土	Ar	0—18	黄棕色	轻黏土	粒状							石灰岩	E 104°50′22.9″ N 27°02′40.6″	89
						Bz	18—70	黄色	中黏土	块状	7.7	15.6	0.62	0.41	10.4	57			
						Cz	70—100												

续表 Continued

剖面号 Soil profile	土纲 Soil order	土类 Soil great group	亚类 Soil subgroup	土属 Soil genus	土种 Soil species	土层码 Layer code	土层厚度 Depth/cm	颜色 Soil color	质地 Soil texture	土壤结构 Soil structure	pH	有机质 OM/(g/kg)	全氮 TN/(g/kg)	全磷 TP/(g/kg)	有效磷 AP/(mg/kg)	速效钾 AK/(mg/kg)	土壤母质 Parent material	剖面点坐标 Profile coordinate	匹配指数 Matching index/%
剖46	初育土	石灰（岩）土	黄色石灰土	黏土质次生黄色石灰土	薄层黄色石灰土	A	0—10	棕灰色	轻黏土	核粒状	6.6	66.7	1.74	0.39	微量	114	石灰岩	E 104°59′00.6″ N 27°01′43.8″	82
						C	10—40	棕黄色	重黏土	棱块状	7.2	15.3	0.58	0.29	微量	68			
剖47	淋溶土	黄棕壤	山地粗骨性黄棕壤	铁铝质粗骨性黄棕壤	薄层铁铝质粗骨性黄棕壤	A	0—6	黑灰色	中砾质土	单粒状	6.0	87.3	3.61	0.45	2.0	159	玄武岩	E 104°46′01.5″ N 27°01′19.2″	86
						B	6—16	黄棕色	重铝质黏土	单粒状	5.9	26.7	1.25	0.28	1.0	63			
						C	16—30	黄色	黏土	单粒状	5.7	26.4	0.70	0.20		62			
剖48	初育土	石灰（岩）土	棕色石灰土	棕色石灰土	棕大土泥土	Ar	0—17	灰棕色	重黏土	块状	7.4	59.4	2.12	0.39	3.2	61	石灰岩坡积物	E 104°55′41.1″ N 27°00′23.4″	100
						Br	17—37	黄棕色	轻黏土	块状	6.8	34.0	2.11	0.34	1.6	32			
						Cr	37—100	黄色	中黏土	块状	6.6	25.4	1.12	0.38	微量	30			
剖49	初育土	石灰（岩）土	黄色石灰土	黏土质次生黄色石灰土	表碱黄小土泥土	Ar	0—15	黄褐色	轻黏土	粒状	6.8	25.9	0.98	1.51	11.4	42	石灰岩	E 104°29′57.2″ N 26°59′46.9″	87
						Bz	15—40	黄色	重黏土	块状	6.8	15.7	0.52	1.43	2.8	微量			
						Cz	40—100	黄色	重黏土	块状	5.5	10.3	0.55	0.90	3.3	微量			
剖50	初育土	石灰（岩）土	黑色石灰土	石灰岩黑色石灰土	岩灰泡土	Ar	0—13	灰黑色	黏土	粒状	7.8	22.0	0.88	5.45	2.6	72	石灰岩	E 104°38′23.3″ N 26°59′13.5″	86
						Br	13—30	灰黄色	重黏土	小块状	7.8	18.3	0.30	2.40	21.9	235			
						Cr	30—100	灰黄色	重黏土	小块状	7.6	11.3	0.30	1.97	20.7	146			
剖51	淋溶土	黄棕壤	山地粗骨性黄棕壤	铁铝质粗骨性黄棕壤	砾石火石灰泡土	As	0—14	黄灰色	轻砾质土	粒状	5.5	47.2	1.03	0.47	8.8	198	石灰岩	E 104°38′33.4″ N 26°56′27.3″	71
						Bs	14—62	黄棕色	轻砾质土	粒状	5.5	40.3	1.13	0.20	4.1	176			
						Cs	62—100	黄棕色	轻砾质土	粒状	5.6	9.1	0.25	0.22	2.1	87			
剖52	淋溶土	棕壤	山地黄棕壤	硅质山地棕壤	薄层硅质山地棕壤	A	0—8	黑色	中壤土	粒状	5.0	206.1	6.89	0.77	9.4	172	砂岩	E 104°39′19.8″ N 26°52′02.3″	88
						B	8—39	棕色	多砾质中壤土	粒状	5.1	108.8	3.18	1.40	7.6	104			
剖53	淋溶土	黄棕壤	山地黄棕壤	铁铝质山地黄棕壤	薄层铁铝质黄棕壤	A	0—10	灰黑色	轻黏土	粒状	4.7	40.1	1.46	0.33	1.5	51	石灰岩	E 104°46′35.3″ N 26°57′45.7″	73
						B	10—30	黄棕色	轻黏土	块状	5.3	36.1	1.43	0.87	0.3	12			
						C	30—40	黄色	中黏土	块状	5.8	15.7	0.75	0.75		9			
剖54	铁铝土	黄壤	黄壤	铁铝质黄壤	薄层铁铝质黄壤	A	0—10	灰黄色	重黏土	粒状	6.3	61.9	2.23	0.37	微量	69	砂页岩	E 104°52′13.3″ N 26°52′55.2″	75
						B	10—40	黄色	少砾质中黏土	块状	5.3	26.2	1.01	0.34	微量	49			
剖55	淋溶土	黄棕壤	山地粗骨性黄棕壤	硅质山地粗骨性黄棕壤	薄层硅质粗骨性黄棕壤	A	0—5	黑黄色	轻砾质粗黏土	粒状	4.2	70.3	2.85	1.22	1.4	98	砂岩	E 104°44′08.2″ N 26°49′34.3″	94
						B	5—15	黄棕色	中砾质粗黏土	粒状	5.3	17.8	1.42	1.68	1.4	56			
						C	15—40	黄色	中砾质粗黏土	粒状	5.3	18.9	0.66	1.36	1.4	43			
剖56	淋溶土	棕壤	山地棕壤	铁质山地棕壤	薄层铁质山地棕壤	A	0—15	灰黑色	重黏土	小块状	5.2	60.5	4.32	1.47	2.3	154	玄武岩	E 104°44′22.0″ N 26°47′52.9″	94
						B	15—30	暗棕色	多砾质土	块状	5.1	35.4	1.34	1.42		82			
						C	30—40	黄棕色	轻黏土	块状	5.5	9.4	0.42	1.18		44			

黔 西 市

主要土类说明

石灰（岩）土是黔西市主要土壤类型，占本市地域面积的48%。石灰（岩）土为岩成土，主要发育于碳酸岩类出露区域。石灰（岩）土具有碳酸盐强烈淋失，硅、铁、铝相对聚集，有机质积累量高等特点，土层浅薄，土体平均厚度达60.2cm，多具A-C或A-R剖面构型，表层有机质含量平均为48g/kg，pH为6.7—8.6。

黄壤是黔西市第二大土壤类型，占本市地域面积的36%。黄壤发育于温暖湿润的亚热带气候条件下，集中分布在低中山和低山丘陵，含有较多水合氧化铁，土体多呈黄色，具A-B-C剖面构型。自然植被主要为常绿阔叶林。成土母质极其广泛，黏土矿物以蛭石为主，具有较强的脱硅富铝化过程，黏粒硅铝率为1.5—2.7。该土壤质地较黏重，物理性黏粒含量为50%—80%，阳离子交换量低，盐基饱和度为12%—23%。

紫色土是黔西市第三大土壤类型，占本市地域面积的10%。紫色土为岩成土，发育于紫色岩类出露各处，分布在海拔680—1900m的山地。成土母质主要为侏罗系和三叠系的钙质页岩、中性紫色砂页岩、酸性紫红色砂页岩等。黏土矿物以水云母为主。紫色土的形成和特点都与母岩的种类和性质密切相关，成土过程以物理风化为主，成土迅速，水土流失严重。

水稻土占本市地域面积的5%，主要分布在海拔1850m以下的河谷、坝地、沟槽等地段。水稻土是在水耕熟化和旱耕熟化交替影响下形成的，成土过程具有氧化还原过程，水耕条件下铁锰发生强烈迁移。由于干湿交替，水稻土形成糊状的淹育层、较坚实板结的犁底层、渗育层、潴育层与潜育层等多种发生层。

小于本市地域面积3%的土壤类型有粗骨土。

本区域中心区气候特征

本区域中心区气候特征值
Regional climate characteristics in central area of the region

气候带：北亚热带湿润气候 Climate region: North subtropical humid climate	
年平均气温 /℃ Annual average temperature /℃	14.2
年平均最高气温 /℃ Annual average maximum temperature /℃	18.7
年平均最低气温 /℃ Annual average minimum temperature /℃	11.1
年降水量 /mm Annual precipitation /mm	1022
≥10℃的积温 /℃ Daily temperature accumulated in a year (≥10℃) /℃	5382
年日照时数 /h Annual sunshine /h	1148
年平均相对湿度 /% Annual average relative humidity /%	80
干燥度 Dryness	0.82

本区域中心区月平均气温与月平均降水量
Monthly temperature and precipitation in central area of the region

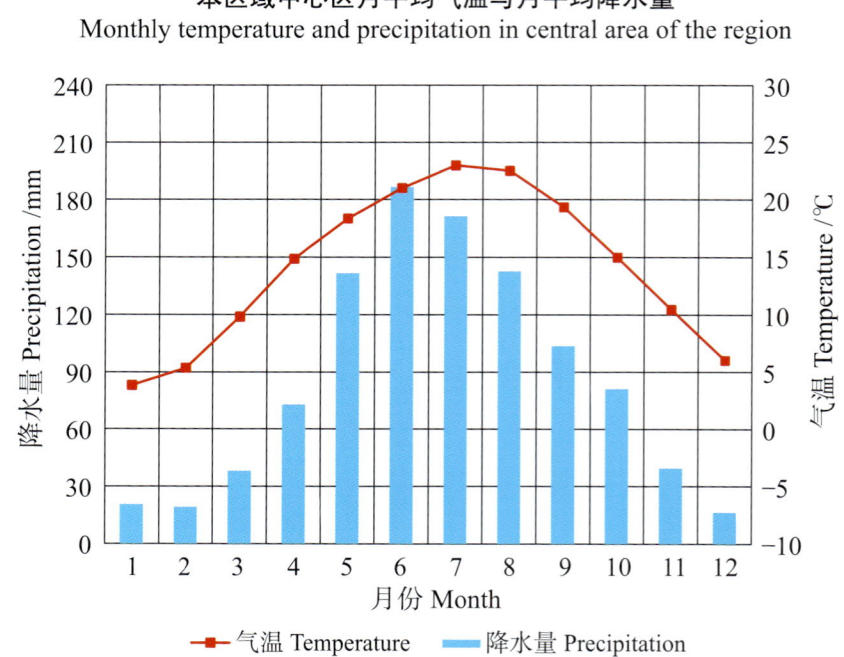

黔西县主要土壤类型与土壤剖面点分布图

1:290 000

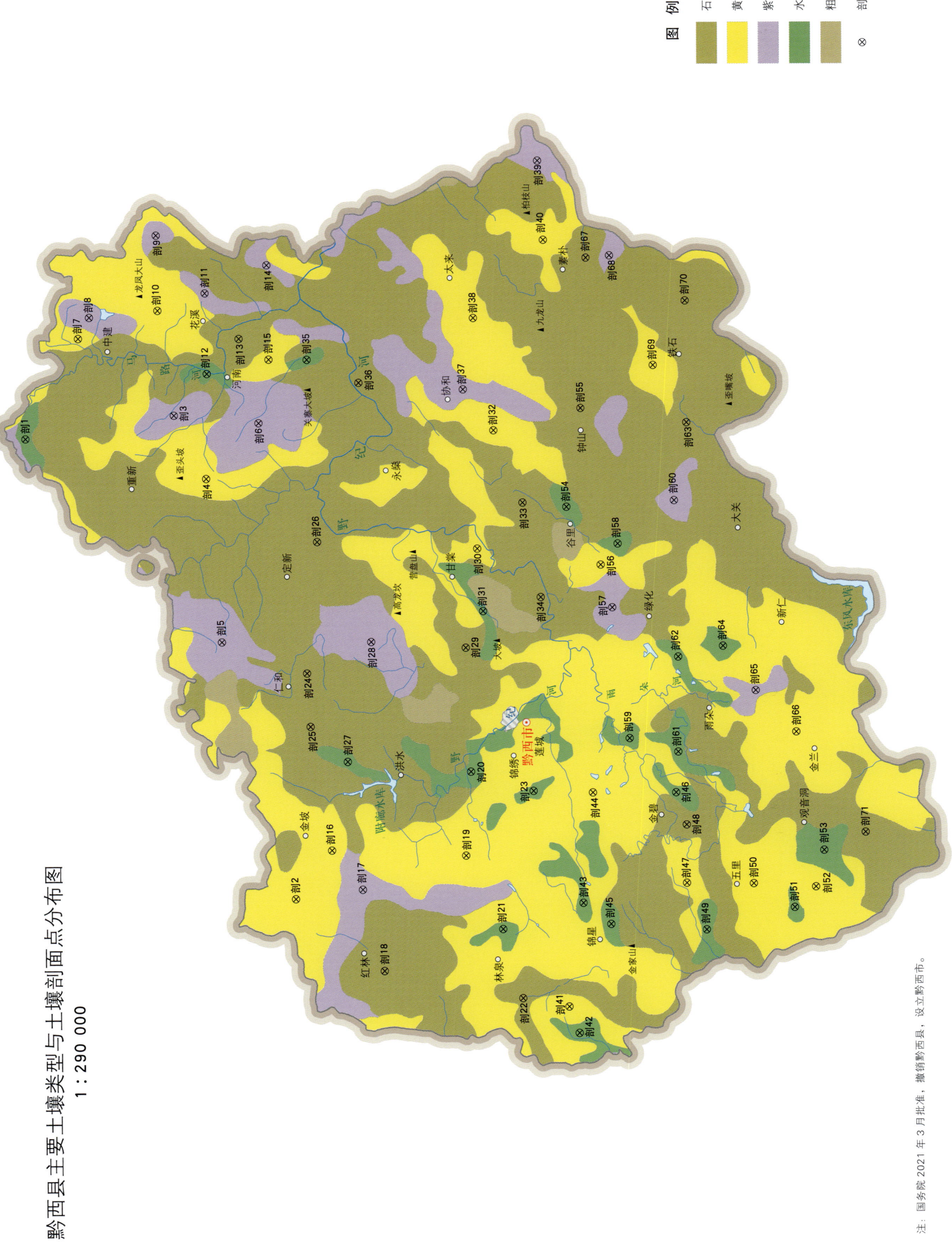

图 例
- 石灰(岩)土
- 黄壤
- 紫色土
- 水稻土
- 粗骨土
- ⊗ 剖面点

注：国务院 2021 年 3 月批准，撤销黔西县，设立黔西市。

黔西市土壤剖面理化性状表

剖面号 Soil profile	土纲 Soil order	亚类 Soil subgroup	土属 Soil genus	土种 Soil species	土层码 Layer code	土层厚度 Depth/cm	颜色 Soil color	质地 Soil texture	土壤结构 Soil structure	pH	有机质 OM/(g/kg)	全氮 TN/(g/kg)	全磷 TP/(g/kg)	有效磷 AP/(mg/kg)	速效钾 AK/(mg/kg)	土壤母质 Parent material	剖面点坐标 Profile coordinate	匹配指数 Matching index/%
剖1	人为土	渗育水稻土	渗育黄泥田	豆瓣泥田	1	0—17	灰黄色	轻黏土	粒状	5.7	36.2	1.64	0.53	5.0	183	泥页岩坡积物、残积物	E 106°13′48.1″ N 27°20′01.3″	97
					2	17—27	黄色	轻黏土	块状	5.7	32.4	1.59	0.49	5.0	159			
					3	27—60	黄色	轻黏土	块状	6.0	14.9	1.17	0.46	4.0	99			
剖2	铁铝土	黄壤	硅铁质黄壤	厚层硅铁质黄壤	1	0—6		中壤土	小块状	4.9	39.1	1.62	0.48	微量	152	泥页岩残积物	E 105°54′17.2″ N 27°10′02.5″	79
					2	6—50		重黏土	大块状	4.7	15.9	0.83	0.44	3.0	96			
					3	50—100		重黏土		5.0	12.7	0.78	0.42	5.0	75			
剖3	紫色土	酸性紫色土	淋溶紫砂土	厚层淋溶紫砂土	1	0—10	暗紫色	重黏土	粒状	4.9	79.7	5.36	0.69	5.0	477		E 106°14′42.4″ N 27°14′23.6″	94
					2	10—30	紫色	重黏土	核块状	4.4	24.4	1.86	0.36	微量	433			
					3	30—82	紫色	轻黏土	块状	4.5	33.3	2.06	0.48	微量				
剖4	铁铝土	黄壤	硅质黄壤	黄砂土	1	0—10	灰黄色	轻黏土	单粒状	4.5	16.1	0.71	0.15	4.0	215	砂岩坡积物	E 106°12′00.6″ N 27°13′12.4″	90
					2	10—22	黄色	轻黏土	单粒状	4.6	9.3	0.56	0.13	2.0	247			
					3	22—70	黄色	轻黏土	小块状	4.6	4.3	0.30	0.14	2.0	229			
剖5	初育土	酸性紫色土	淋溶紫砂土	表酸紫砂土	1	0—25	暗紫色	重黏土	粒状	5.0	30.7	2.20	0.50	5.0	270		E 106°05′08.2″ N 27°12′42.5″	77
					2	25—60	紫色	重黏土	小块状	5.0	19.5	1.70	0.47	5.0	216			
剖6	初育土	酸性紫色土	淋溶紫泥土	砭质淋溶紫泥土	1	0—13	暗紫色	轻黏土	粒状	4.9	21.5	1.15	0.51	4.0	421	泥页岩坡积物	E 106°14′20.0″ N 27°11′11.4″	90
					2	13—45	紫色	轻黏土	小块状	4.6	10.1	0.59	0.36	5.0	278			
剖7	铁铝土	黄壤	第四纪黏土黄壤	大黄黏土	1	0—14	黄色	中黏土	块粒状	4.5	33.7	1.73	0.72	1.0	203	老风化壳	E 106°17′59.1″ N 27°17′58.4″	80
					2	14—45	黄色	中黏土	块状	4.7	25.2	1.39	0.63	3.0	126			
					3	45—100	黄色	重黏土	块状	5.0	11.3	0.88	0.47	1.0	97			
剖8	初育土	中性紫色土	中性紫泥土	紫泥土	1	0—25	暗紫色	重黏土	粒状	6.6	28.4	1.66	0.59	10.0	334	页岩坡积物	E 106°18′52.1″ N 27°17′32.8″	96
					2	25—49	紫色	重黏土	小块状	7.0	25.5	1.60	0.54	4.0	221			
					3	49—78	紫色	重黏土	块状	6.7	13.1	1.25	0.61	2.0	125			
剖9	初育土	酸性紫色土	酸性紫红泥土	血泥土	1	0—16	暗红色	重黏土	小块状	4.5	22.7	1.36	0.15	4.0	243	泥页岩坡积物	E 106°22′16.3″ N 27°14′57.8″	71
					2	16—36	紫色	重黏土	块状	4.5	13.2	1.11	0.13	4.0	339			
					3	36—75	红色	重黏土	块状	4.6	7.4	0.79	0.12	2.0	356			
剖10	铁铝土	黄壤	硅铁质黄壤	煤泥土	1	0—22		轻壤土	核粒状	3.6	322.2	8.16	0.30	4.0	230	砂岩坡积物	E 106°19′07.2″ N 27°14′57.1″	79
					2	22—37		中壤土	核粒状	3.7	91.8	6.16	0.20	1.0	153			
					3	37—70		重黏土	核粒状	3.7	116.5	7.01	0.19	1.0	169			
剖11	紫色土	中性紫砂土	中性紫泥土	紫砂土	1	0—25	暗紫色	重黏土	粒状	6.9	46.0	2.41	0.75	17.0	199	砂岩坡积物	E 106°19′49.1″ N 27°13′09.5″	71
					2	25—45	紫色	重黏土	粒状	7.0	27.6	1.43	0.59	5.0	103			
剖12	人为土	渗育水稻土	渗育煤泥田	煤泥田	1	0—17	深黑色	重黏土	核粒状	3.7	140.6	3.65	0.64	9.0	302	煤系砂页岩坡积物	E 106°16′25.7″ N 27°13′07.3″	75
					2	17—25	灰黄色	轻黏土	粒状	3.5	131.0	3.20	0.69	3.0	442			
					3	25—60	灰黄色	重黏土	块状	4.0	90.4	3.15	0.63	2.0	405			
剖13	初育土	黑色石灰土	白云岩黑色石灰土	中层白云岩黑色石灰土	1	0—15	灰黑色	重黏土	粒状	7.3	76.6	3.82	0.61	微量	221	白云质岩残积物	E 106°17′53.2″ N 27°11′53.5″	97
					2	15—20	黑灰色	重黏土	粒状	7.1	59.2	3.29	0.88	1.0	221			
					3	20—65	灰黄色	轻黏土	小块状	7.3	28.8	1.86	0.84	1.0	173			
剖14	初育土	酸性紫色土	淋溶紫砂土	中层淋溶紫砂土	1	0—13	紫色	重黏土	核粒状	4.2	35.8	2.36	0.38	7.0	155	砂岩坡积物	E 106°20′57.4″ N 27°10′47.9″	72
					2	13—40	紫色	轻黏土	单粒状	4.5	18.9	1.23	0.23	3.0	104			
剖15	铁铝土	黄壤	硅质黄壤	黄油砂土	1	0—20	灰黄色	中壤土	单粒状	5.5	22.8	1.40	1.13	7.0	436	砂岩坡积物	E 106°16′59.9″ N 27°10′46.6″	91
					2	20—50	黄色	中壤土	小块状	5.8	15.2	1.02	0.85	1.0	220			
					3	50—70				5.6	0.5	0.54	0.29	微量	139			

续表 Continued

剖面编号 Soil profile	土纲 Soil order	土类 Soil great group	亚类 Soil subgroup	土属 Soil genus	土种 Soil species	土层码 Layer code	土层厚度 Depth/cm	颜色 Soil color	质地 Soil texture	土壤结构 Soil structure	pH	有机质 OM/(g/kg)	全氮 TN/(g/kg)	全磷 TP/(g/kg)	有效磷 AP/(mg/kg)	速效钾 AK/(mg/kg)	土壤母质 Parent material	剖面点坐标 Profile coordinate	匹配指数 Matching index/%
剖16	铁铝土	黄壤	黄壤	硅铝质黄壤	黄砂泥土	1	0—18	灰黄色	中壤土	核粒状	5.1	17.8	1.45	0.16	3.0	304	砂页岩坡积物	E 105°56′17.5″ N 27°08′38.8″	88
						2	18—85	黄黄色	重壤土	核粒状	4.7	9.4	0.72	0.23	3.0	275			86
						3	85—												
剖17	初育土	紫色土	酸性紫色土	淋溶紫泥土	薄层淋溶紫泥土	1	0—10	紫色	重壤土	粒状	5.4	27.3	0.59	0.40	4.0	401	泥页岩残积物	E 105°54′38.1″ N 27°07′30.0″	96
						2	10—40	紫色	轻壤土	粒状	5.2	9.8	0.32	0.29		350			
剖18	初育土	石灰(岩)土	黄色石灰土	黄色石灰土	砾质石蛋护土	1	0—10	灰黄色	重壤土	小块状	7.6	33.4	2.43	0.59	6.0	405	石灰岩残积物	E 105°51′14.4″ N 27°06′43.0″	72
						2	10—30	灰黄色	重壤土	团块状	7.4	11.7	1.53	0.43	6.0	258			
						3	30—72	灰黄色	中黏土	团块状	7.5	22.9	1.12	0.53	1.0	324			
剖19	铁铝土	黄壤	黄壤	硅铝质黄壤	薄层硅铝质黄壤	1	0—13	黄黄色	轻壤土	粒状	4.5	74.3	3.01	0.35	3.0	265	砂页岩坡积物	E 105°56′00.2″ N 27°03′34.5″	92
						2	13—25	黄色	轻壤土	粒状	5.0	98.4	3.82	0.35	3.0	277			
						3	25—40	黄色	中壤土	块状	4.7	30.1	1.67	0.28	3.0	167			
剖20	人为土	水稻土	渗育水稻土	渗育大泥田	大泥田	1	0—25	灰黄色	重壤土	核粒状	7.0	56.8	2.69	0.31	10.0	215	石灰岩坡积物	E 105°59′32.3″ N 27°03′20.5″	71
						2	25—35	灰黄色	轻壤土	小块状	7.5	35.5	2.11	0.28	7.0	192			
						3	35—100	浅黄色	轻壤土	块状	7.8	16.4	1.05	0.32	8.0	117			
剖21	人为土	水稻土	潴育水稻土	黄泥田	黄胶泥田	1	0—26	黄黄色	重壤土	碎块状	5.9	21.0	1.73	0.35	3.0	301	白云质页岩坡积物	E 105°52′54.8″ N 27°02′12.5″	81
						2	26—36	灰黄色	中壤土	块状	6.0	18.3	1.43	0.26	2.0	221			
						3	36—100	黄色	重壤土	块状	5.3	5.6	0.88	0.18	微量	203			
剖22	初育土	石灰(岩)土	黄色石灰土	斜土黏土次生黄色石灰土	中层斜土质次生黄色石灰土	1	0—16	灰褐色	重壤土	小粒状	7.2	83.7	4.62	0.25	3.0	130	石灰岩坡积物	E 105°58′41.9″ N 27°01′29.2″	97
						2	16—26	黄色	轻壤土	核粒状	6.9	60.9	3.70	0.33	1.0	26			
						3	26—90	灰黄色	轻壤土	小块状	7.8	27.1	1.90	0.50	6.0	30			
剖23	人为土	水稻土	渗育水稻土	渗育锈水田	煤系水田	1	0—12	灰黑色	轻壤土	块状	4.5	97.2	3.21	0.53	6.0	239	煤系砂页岩坡积物	E 105°50′46.8″ N 27°00′59.0″	95
						2	12—40	灰黄色	轻壤土	粒状	4.5	93.8	3.09	0.56	9.0	295			
						3		灰黄色	轻壤土	块状	4.0	63.6	2.08	0.49	3.0	207			
剖24	初育土	石灰(岩)土	黑色石灰土	白云质白云岩黑色石灰土	薄层白云岩黑色石灰土	1	0—12	灰黄色	重壤土	粒状	7.5	55.5	3.42	0.30	3.0	109	白云质砂页岩坡积物	E 106°03′46.8″ N 27°09′29.6″	94
						2	12—40	灰黄色	轻壤土	核粒状	7.5	50.6	2.24	0.30	1.0	47			
剖25	初育土	石灰(岩)土	黄色石灰土	黄色石灰土	砾质石蛋护土	1	0—12	灰黄色	轻壤土	核块状	8.0	40.7	3.01	0.48	9.0	457	石灰岩坡积物	E 106°01′31.6″ N 27°09′23.6″	93
						2	12—40	灰黄色	轻壤土	碎块状	8.0	35.5	2.41	0.43	4.0	206			
						3	40—100	灰黄色	轻壤土	团块状	7.8	38.7	1.90	0.41	3.0	171			
剖26	初育土	石灰(岩)土	黄色石灰土	黄色石灰土	大土泥土	1	0—22	黑褐色	轻黏土	核粒状	7.8	30.1	2.16	0.39	6.0	119	白云质灰岩坡积物	E 106°09′18.0″ N 27°09′02.6″	92
						2	22—45	灰黄色	轻黏土	核粒状	7.8	29.1	1.94	0.33	5.0	102			
						3	45—94	灰黄色	中黏土	核粒状	7.8	26.3	1.74	0.33	4.0	129			
剖27	人为土	水稻土	渗育水稻土	渗育黄泥田	黄泥田	1	0—21	灰黄色	中壤土	小块状	5.5	48.3	2.46	0.98	16.0	399	泥灰质灰岩坡积物	E 106°00′01.1″ N 27°08′00.2″	91
						2	21—31	黄色	重壤土	块状	7.5	43.0	1.71	0.46	9.0	152			
						3	31—100	灰黄色	重壤土	粒状	7.5	14.7	0.78	0.96	7.0	127			
剖28	初育土	紫色土	酸性紫色土	淋溶紫砂土	薄层淋溶紫砂土	1	0—14	紫色	轻壤土	核粒状	4.9	27.2	1.72	1.18	14.0	484		E 106°05′04.2″ N 27°07′02.6″	76
						2	14—30	紫色	中壤土	粒状	5.0	26.2	1.17	1.33	2.0	214			
剖29	初育土	石灰(岩)土	黄色石灰土	淋溶溶色黄色石灰土	薄层淋溶溶黄色石灰土	1	0—10	黄黄色	重壤土	小粒状	5.4	31.3	1.88	0.25	1.0	73	石灰岩坡积物	E 106°04′46.6″ N 27°09′28.4″	91
						2	10—40	黄色	中壤土		6.5	10.3	0.78	0.12	1.0	18			
剖30	铁铝土	黄壤	黄壤	硅铁质黄壤	薄层硅铁质黄壤	1	0—15	黑褐色	中黏土	小块状	4.5	54.7	2.12	0.37	微量	157	泥页岩残积物	E 106°08′55.4″ N 27°09′58.8″	87
						2	15—40	黄黄色	重黏土	大块状	4.7	19.8	0.98	0.31	1.0	133			
剖31	人为土	水稻土	潴育水稻土	潮湿田	潮砂泥田	1	0—21	棕灰色	团块状		8.1	35.0	2.20	0.21	5.0	106	河流冲积物	E 106°06′17.6″ N 27°02′47.8″	85
						2	21—29	灰棕色	重壤土	小块状	8.0	41.1	2.53	0.20	4.0	123			
						3	29—100	灰棕色	轻壤土	小块状	8.1	32.7	1.89	0.10	2.0	120			
剖32	铁铝土	黄壤	黄壤	硅质黄壤	薄层硅质黄壤	1	0—9	黄色	中壤土	单粒状	4.5	20.0	1.07	0.10	2.0	101	砂岩残积物	E 106°13′53.8″ N 27°02′18.2″	
						2	9—40	黄色	中壤土	单粒状	4.6	8.4	0.58	0.07	微量	129			

续表 Continued

剖面号 Soil profile	土纲 Soil order	土类 Soil great group	亚类 Soil subgroup	土属 Soil genus	土种 Soil species	土层码 Layer code	土层厚度 Depth/cm	颜色 Soil color	质地 Soil texture	土壤结构 Soil structure	pH	有机质 OM/(g/kg)	全氮 TN/(g/kg)	全磷 TP/(g/kg)	有效磷 AP/(mg/kg)	速效钾 AK/(mg/kg)	土壤母质 Parent material	剖面点坐标 Profile coordinate
剖33	初育土	石灰(岩)土	黑色石灰土	白云岩黑色石灰土	砾质白云砂土	1	0~16		重壤土		8.0	34.3	1.76	0.29	4.0	243		E 106°10′49.8″ N 27°01′14.2″
						2	16~40		轻黏土	小块状	8.0	23.9	1.20	0.21	1.0	145		
						3	40~100		轻黏土	小块状	7.7	16.8	1.20	0.26	1.0	178		
剖34	初育土	石灰(岩)土	黄色石灰土	淋溶黄色石灰土	中层淋溶黄色石灰土	1	0~12	灰黄色	重壤土	小块状	5.3	20.0	1.19	0.10	3.0	185	石灰岩残积物	E 106°06′51.1″ N 27°00′36.4″
						2	12~38	灰黄色	轻黏土	小块状	5.0	12.7	0.93	0.09	1.0	129		
						3	38~80	黄色	轻黏土	大块状	6.5	12.3	0.89	0.09	微量	174		
剖35	人为土	水稻土	渗育水稻土	渗育血肝砂泥田	血肝泥田	1	0~18	紫红色	重壤土	棱柱状	6.1	14.8	0.87	0.17	2.0	179	砂岩坡积物	E 106°16′58.1″ N 27°09′19.4″
						2	18~30	紫红色	壤土	柱状	6.1	10.0	0.67	0.14	微量	290		
						3	30~50	紫红色	壤土		6.6	4.4	0.26	0.10	微量	380		
剖36	初育土	石灰(岩)土	黑色石灰土	石灰岩黑色石灰土	薄层石灰岩黑色石灰土	1	0~20	灰黑色	重壤土	核粒状	7.6	58.1	3.95	0.58	15.0	153	石灰岩残积物	E 106°15′58.3″ N 27°07′22.4″
						2	20~40	灰黄色	轻黏土	核粒状	7.3	21.1	1.18	0.64	10.0	111		
剖37	初育土	紫色土	中性紫色土	中性紫泥土	紫大土泥土	1	0~25	紫色	轻黏土	粒状	7.4	29.2	2.21	0.39	8.0	411	页岩坡积物	E 106°15′37.8″ N 27°03′25.6″
						2	25~58	紫色	轻黏土	块状	7.1	26.5	2.06	0.36	4.0	250		
						3	58~100	紫色	重壤土	块状	6.9	18.4	1.68	0.39	2.0	347		
剖38	铁铝土	黄壤		硅铁质黄壤	中层硅铁质黄壤	1	0~18		重壤土	核粒状	4.4	12.4	0.80	0.07	微量	107	泥页岩残积物	E 106°18′37.1″ N 27°03′00.4″
						2	18~35		重壤土	核粒状	4.7	11.6	0.64	0.07	1.0	160		
						3	35~75		重壤土	核粒状	4.7	6.0	0.40	0.05	1.0	114		
剖39	初育土	紫色土	石灰性紫色土	钙质紫色泥土	薄层钙质紫红泥土	1	0~12	暗红色	中壤土	小块状	7.5	31.2	2.11	0.46	3.0	437	泥岩残积物	E 106°25′11.7″ N 27°00′28.4″
						2	12~30	紫红色	中壤土	小块状	7.6	29.7	2.50	0.41	3.0	506		
						3	30~40	紫红色	中壤土	块状	7.7	21.8	1.82	0.45	2.0	426		
剖40	铁铝土	黄壤		硅质黄壤	厚层硅质黄壤	1	0~17	黄灰色	重壤土	粒状	4.4	30.9	1.51	0.16	4.0	399	砂岩残积物	E 106°21′51.7″ N 27°00′18.4″
						2	17~100	深黄色	中壤土	小块状	4.8	6.7	0.83	0.10	2.0	260		
剖41	铁铝土	黄壤		铁铝质黄壤	薄层铁铝质黄壤	1	0~14	灰黄色	轻黏土	小块状	4.6	43.5	2.38	0.48	2.0	301	白云岩残积物	E 105°49′39.5″ N 26°59′44.4″
						2	14~35	黄灰色	中黏土	大块状	4.8	17.6	1.09	0.47	1.0	211		
剖42	人为土	水稻土	潴育水稻土	大眼泥田	大眼风大眼泥田	1	0~24	灰黑色	轻黏土	棱柱状	7.1	41.3	2.34	0.39	8.0	91	白云质灰岩坡积物	E 105°48′33.4″ N 26°59′21.8″
						2	24~43	黑灰色	中黏土	棱柱状	7.1	44.3	2.83	0.39	7.0	58		
						3	43~100		中黏土	团粒状	5.6	51.8	3.42	0.56	3.0	218		
剖43	人为土	水稻土	潴育水稻土	大眼泥田	大眼泥田	1	0~21	黑灰色	轻壤土	团粒状	6.4	42.2	2.16	0.55	4.0	222	石灰岩坡积物	E 105°53′57.5″ N 26°59′09.2″
						2	21~40	黑灰色	中壤土	核状	7.8	17.3	0.99	0.45	3.0	106		
						3	40~100		中壤土	核状	7.3	35.6	1.81	0.41	9.0	133		
剖44	铁铝土	黄壤		硅铁质黄壤	小黄泥土	1	0~19	黄灰色	轻壤土	小块状	6.6	21.8	1.69	0.20	4.0	273	泥砂岩坡积物	E 105°58′36.2″ N 26°58′44.3″
						2	19~55	黄灰色	重壤土	核粒状	6.4	18.0	1.34	0.29	5.0	197		
						3	55~90	黄灰色	中壤土	核粒状	5.4	17.3	1.40	0.27	28.0	29		
剖45	人为土	水稻土	潴育水稻土	黄泥田	小黄泥田	1	0~25	黄灰色	重壤土	核粒状	5.9	59.2	3.28	0.45	3.0	310	石灰岩残积物	E 105°53′04.2″ N 26°58′07.0″
						2	25~35	黄灰色	轻黏土	块状	6.0	54.2	3.18	0.56	7.0	274		
						3	35~100	黄黄色	轻壤土	小块状	7.0	22.2	1.57	0.56	5.0	184		
剖46	人为土	水稻土	渗育水稻土	渗育黄泥田	死黄泥田	1	0~15	灰黄色	中黏土	块状	4.6	28.6	1.69	0.26	5.0	218	泥页岩残积物	E 105°58′33.6″ N 26°55′35.3″
						2	15~22	黄黄色	中黏土	大块状	4.7	28.2	1.64	0.25	4.0	177		
						3	22~100		黏土	大块状	3.9	2.7	0.69	0.25	2.0	382		
剖47	铁铝土	黄壤		铁铝质黄壤	死灰黄泥土	1	0~11	灰黄色	重黏土	大块状	4.6	34.2	1.83	0.46	3.0	223	白云岩残积物	E 105°54′44.3″ N 26°55′13.4″
						2	11~43		重黏土	大块状	4.7	18.1	1.51	0.39	2.0	211		
						3	43~75		中黏土	粒状	4.9	12.5	0.86	0.54	5.0	235		
剖48	初育土	石灰(岩)土	黄色石灰土	黄色石灰土	黄大土泥土	1	0~18	灰黄色	轻壤土	小块状	7.8	23.4	1.49	0.23	5.0	159	白云质灰岩坡积物	E 105°57′11.5″ N 26°55′12.4″
						2	18~60	黄色	中黏土	小块状	7.9	20.5	1.28	0.21	2.0	128		
						3	60~100	黄色	中黏土		7.8	15.0	1.04	0.18	2.0	108		

剖面号	匹配指数 Matching index/%
剖33	71
剖34	87
剖35	92
剖36	100
剖37	99
剖38	94
剖39	74
剖40	91
剖41	98
剖42	82
剖43	78
剖44	95
剖45	95
剖46	74
剖47	91
剖48	74

续表 Continued

剖面号 Soil profile	土纲 Soil order	土类 Soil great group	亚类 Soil subgroup	土属 Soil genus	土种 Soil species	土层码 Layer code	土层厚度 Depth/cm	颜色 Soil color	质地 Soil texture	土壤结构 Soil structure	pH	有机质 OM/(g/kg)	全氮 TN/(g/kg)	全磷 TP/(g/kg)	有效磷 AP/(mg/kg)	速效钾 AK/(mg/kg)	土壤母质 Parent material	剖面点坐标 Profile coordinate	匹配指数 Matching index/%
剖49	人为土	水稻土	渗育水稻土	渗育黄泥田	底白胶泥田	1	0—23	灰褐色	重壤土	粒状	7.4	29.8	1.84	0.25	4.0	86	泥岩坡积物	E 105° 52' 46.7" N 26° 54' 29.7"	76
						2	23—37	黄褐色	重壤土	小块状	7.7	23.4	1.32	0.21	3.0	36			
						3	37—71	灰白色	轻壤土	块状	7.9	14.4	0.48	0.11	1.0	47			
剖50	铁铝土	黄壤	黄壤	硅铁质黄壤	死黄泥土	1	0—17		重黏土	大块状	5.2	11.6	0.91	0.32	4.0	237	泥砂岩坡积物	E 105° 54' 40.7" N 26° 52' 41.6"	76
						2	17—50		重黏土	粒状	5.2	4.7	0.58	0.16	3.0	250			
剖51	人为土	水稻土	渗育水稻土	渗育羊肝砂泥田	羊肝砂泥田	1	0—23	暗紫色	中壤土	粒状	7.2	40.8	2.71	0.12	23.0	370	砂页岩坡积物	E 105° 53' 39.5" N 26° 51' 09.0"	91
						2	23—33	浅棕色	中黏土	小块状	7.5	39.3	3.05	0.12	28.0	520			
						3	33—100	灰棕色	中壤土	块状	7.3	36.8	2.54	0.12	6.0	463			
剖52	铁铝土	黄壤	黄壤	铁铝质黄壤	中层铁铝质黄壤	1	0—21	灰黄色	轻黏土	小块状	4.3	49.3	2.27	0.32	3.0	209	白云岩残积物	E 105° 54' 30.5" N 26° 50' 20.5"	81
						2	21—45	黄色	重黏土	大块状	4.6	17.4	1.15	0.31	1.0	202			
						3	45—75	黄色	轻黏土	大块状	4.9	12.1	0.93	0.40	2.0	133			
剖53	人为土	水稻土	渗育水稻土	渗育大泥田	黄大泥田	1	0—16	灰白色	重壤土	核粒状	8.1	27.0	1.28	0.19	3.0	117	泥灰岩坡积物	E 105° 56' 03.1" N 26° 50' 00.6"	90
						2	16—26	暗黄色	中壤土	小块状	7.8	14.2	0.96	0.18	1.0	90			
						3	26—100	黄色	中壤土	块状	7.4	5.8	0.64	0.21	1.0	148			
剖54	人为土	水稻土	渗育水稻土	渗育砂泥田	黄砂泥田	1	0—18	灰黄色	重壤土	粒状	5.8	43.9	2.54	0.31	6.0	123	石英砂岩坡积物	E 106° 10' 37.9" N 26° 59' 34.8"	97
						2	18—32	黄色	中壤土	小块状	6.6	34.8	1.89	0.26	6.0	72			
						3	32—100	黄色	轻黏土	块状	6.5	22.7	1.42	0.26	微量	32			
剖55	铁铝土	石灰（岩）土	黄色石灰土	黄色石灰土	白大土泥田	1	0—17	灰白色	中黏土	小块状	7.5	25.5	1.72	0.19	4.0	171	泥灰岩坡积物	E 106° 14' 46.8" N 26° 58' 59.4"	95
						2	17—47	白色	重黏土	大块状	7.2	6.5	0.70	0.17	2.0	9			
						3	47—70	灰白色	轻黏土	团粒状	7.5	5.0	0.59	0.37	2.0	112			
剖56	铁铝土	黄壤	黄壤	铁铝质黄壤	大灰黄泥土	1	0—20	灰黄色	轻黏土	核粒状	6.4	26.6	2.13	0.25	1.0	63	白云岩残积物	E 106° 08' 11.0" N 26° 58' 18.8"	96
						2	20—55	灰黄色	重黏土	核粒状	6.5	23.3	1.43	0.24	2.0	26			
						3	55—100	黄色	中壤土	小块状	7.2	10.9	0.76	0.24	2.0	39			
剖57	初育土	紫色土	中性紫砂土	中性紫坭土	紫砂土	1	0—18	暗紫色	重壤土	粒状	7.7	20.1	1.26	0.47	5.0	329	砂岩坡积物	E 106° 06' 23.0" N 26° 57' 54.0"	71
						2	18—30	紫色	中壤土	粒状	7.8	24.2	1.24	0.42	5.0	283			
剖58	初育土	水稻土	潴育水稻土	砂泥田土	黄油砂泥田	1	0—21	黄灰色	中壤土	粒状	4.6	42.5	2.30	0.40	4.0	161	石英砂岩坡积物	E 106° 09' 03.6" N 26° 57' 39.6"	91
						2	21—29	灰棕色	中壤土	小块状	4.6	32.1	1.78	0.30	2.0	76			
						3	29—49	黄黄色	中壤土	块状	5.0	18.2	1.08	0.34	2.0	57			
						4	49—100	黄色	中壤土	块状	5.8	9.4	0.76	0.29	1.0	25			
剖59	人为土	水稻土	渗育水稻土	渗育砂泥田	底白鳝泥田	1	0—19	暗黄色	重壤土	块状	4.8	21.7	1.24	0.18	14.0	176	砂页岩坡积物	E 106° 00' 52.0" N 26° 57' 19.0"	70
						2	19—22	灰白色	壤土	块状	4.9	8.7	1.35	0.18	13.0	202			
						3	22—56	灰白色	中壤土	块状	4.9	11.3	0.77	0.09	4.0	150			
剖60	初育土	紫色土	石灰性紫色土	钙质紫泥土	砾石血肝泥田	1	0—10	暗红色	中壤土	粒状	7.7	9.9	1.13	0.23	4.0	180	泥岩坡积物	E 106° 10' 50.1" N 26° 55' 30.0"	99
						2	10—40	紫红色	中壤土	小块状	7.6	9.9	0.95	0.22	2.0	166			
						3	40—80	紫红色	中壤土	块状	7.4	5.7	0.74	0.15	2.0	132			
剖61	人为土	水稻土	潴育水稻土	潮湿田	潮泥田	1	0—21	浅黄色	轻黏土	团粒状	7.8	25.9	1.71	0.40	3.0	177	河流冲积物	E 106° 09' 16.1" N 26° 55' 29.0"	82
						2	21—32	灰黄色	轻黏土	小块状	7.8	22.4	1.48	0.40	4.0	173			
						3	32—100	灰棕色	轻黏土	块状	8.0	26.1	1.54	0.30	4.0	183			
剖62	人为土	水稻土	渗育水稻土	渗育黄泥田	表白胶泥田	1	0—20	灰黄色	中壤土	小块状	5.3	19.9	1.37	0.13	1.0	234	白云岩坡积物	E 106° 04' 16.6" N 26° 55' 25.9"	79
						2	20—35	白色		块状	5.0	15.7	1.26	0.19	1.0	79			
						3	35—100	浅黄色		块状	4.5	3.1	0.48	0.18	微量	115			
剖63	初育土	石灰（岩）土	黑色石灰土	白云岩黑色石灰土	砾石白云砂土	1	0—10		中粘土	块状	7.8	44.6	2.99	0.34	2.0	218	泥岩残积物	E 106° 14' 07.2" N 26° 54' 59.1"	89
						2	10—18				7.6	28.2	1.75	0.31	3.0	183			
						3	18—40				7.5	39.3	1.93	0.30	3.0	131			

续表 Continued

剖面号 Soil profile	土纲 Soil order	土类 Soil great group	亚类 Soil subgroup	土属 Soil genus	土种 Soil species	土层码 Layer code	土层厚度 Depth/cm	颜色 Soil color	质地 Soil texture	土壤结构 Soil structure	pH	有机质 OM/(g/kg)	全氮 TN/(g/kg)	全磷 TP/(g/kg)	有效磷 AP/(mg/kg)	速效钾 AK/(mg/kg)	土壤母质 Parent material	剖面点坐标 Profile coordinate	匹配指数 Matching index/%
剖64	人为土	水稻土	渗育水稻土	渗育砂泥田	黄石砂泥田	1	0—20	灰黄色	重壤土	小块状	6.9	18.4	0.94	0.18		192	石灰岩坡积物	E 106°04′42.2″ N 26°53′43.4″	96
						2	20—23	暗黄色	重壤土	块状	7.0	23.4	1.16	0.23	5.0	268			
						3	23—100	黄色	壤土	块状	5.6	18.9	1.04	0.21	4.0	132			
剖65	初育土	紫色土	酸性紫色土	淋溶紫砂土	砾质表酸紫砂土	1	0—13	暗紫色	重壤土	粒状	6.0	25.1	2.40	0.91	4.0	287	砂页岩残积物	E 106°02′48.8″ N 26°52′31.1″	76
						2	13—28	紫色	重壤土	小块状	5.9	42.3	2.37	0.76	5.0	199			
剖66	铁铝土	黄壤	黄壤	硅铝质黄壤	中层硅铝质黄壤	1	0—15	灰黄色	轻壤土	粒状	4.8	108.2	6.60	0.72	6.0	240		E 106°01′02.6″ N 26°51′00.3″	81
						2	15—30	灰黄色	轻壤土	核粒状	4.8	92.5	5.80	0.52	2.0	462			
						3	30—70	黄色	轻黏土	小块状	4.9	23.0	1.65	0.38	2.0	349			
剖67	初育土	石灰(岩)土	黑色石灰土	石灰岩黑色石灰土	岩泥土	1	0—14	黑灰色	重壤土	核粒状	7.5	92.1	5.32	0.72	3.0	97	石灰岩坡积物	E 106°21′05.1″ N 26°58′42.2″	85
						2	14—38	灰黄色	轻黏土	核粒状	7.3	34.0	2.34	0.36	3.0	66			
						3	38—71		中黏土		7.6	19.2	1.68	0.24	3.0	52			
剖68	初育土	紫色土	石灰性紫色土	钙质紫色泥土	血肝泥土	1	0—18	暗红色	轻黏土	小块状	8.0	18.9	1.12	0.29	2.0	238	泥岩坡积物	E 106°21′09.7″ N 26°57′49.0″	87
						2	18—54	紫红色	轻黏土	小块状	8.1	15.0	1.45	0.24	1.0	231			
						3	54—100	紫红色	轻黏土	块状	7.9	17.1	1.01	0.20	9.0	163			
剖69	铁铝土	黄壤	黄壤	第四纪黏土黄壤	小黄黏土	1	0—20	灰黄色	轻黏土	粒状	6.9	41.1	2.60	0.32	6.0	106	老风化壳	E 106°16′32.2″ N 26°56′13.6″	96
						2	20—60	黄色	轻黏土	小块状	6.2	42.0	2.48	0.33	3.0	91			
						3	60—100	黄色	轻黏土	块状	6.5	21.9	1.09	0.24	2.0	114			
剖70	初育土	石灰(岩)土	黄色石灰土	黏土质次生黄色石灰土	表碱黄大泥土	1	0—20	黄褐色	轻黏土	核粒状	7.8	35.7	1.76	0.98	4.0	303	石灰岩残积物	E 106°19′13.4″ N 26°54′58.2″	97
						2	20—38	灰黄色	轻黏土	小块状	6.2	19.0	1.11	0.54	微量	209			
						3	38—100	黄色	中黏土	块状	5.6	20.0	1.05	0.52	微量	219			
剖71	初育土	石灰(岩)土	黄色石灰土	黄色石灰土	厚层黄色石灰土	1	0—12	灰黄色	轻黏土	核粒状	7.7	44.8	2.77	0.40	16.0	195	石灰岩残积物	E 105°56′47.3″ N 26°48′25.8″	70
						2	12—40	黄色	轻黏土	小块状	8.0	14.3	1.05	0.31	微量	93			

铜 仁 市

市 辖 区

主要土类说明

黄壤是铜仁市主要土壤类型，占本市地域面积的34%。黄壤发育于温暖湿润的亚热带气候条件下，集中分布在低中山和低山丘陵，含有较多水合氧化铁，土体多呈黄色，具A-B-C剖面构型。自然植被主要为常绿阔叶林。成土母质极其广泛，黏土矿物以蛭石为主，具有较强的脱硅富铝化过程，黏粒硅铝率为1.5—2.7，林草地pH为4.5—5.5，耕地pH为5.6—7.0。

红壤是铜仁市第二大土壤类型，占本市地域面积的30%。红壤发育于本市水热条件最优越的地段，集中分布在低山丘陵河谷地带，具A-Bs-Bv或A-Bs-C剖面构型。自然植被以偏湿性常绿阔叶林为主。成土母质较为广泛，黏土矿物一般以高岭石为主，具有强的脱硅富铝化过程，黏粒硅铝率一般为2.0—2.5，有深厚的红色土层。

石灰（岩）土是铜仁市第三大土壤类型，占本市地域面积的24%。石灰（岩）土为岩成土，主要发育于碳酸岩类出露区域。石灰（岩）土具有碳酸盐强烈淋失，硅、铁、铝相对聚集，有机质积累量高等特点，土层浅薄，多具A-R剖面构型，pH为6.5—8.5，游离碳酸钙含量一般为1—100g/kg。

水稻土占本市地域面积的12%。水稻土是在水耕熟化和旱耕熟化交替影响下形成的土壤类型。成土过程具有氧化还原过程，水耕条件下铁锰发生强烈迁移。由于干湿交替，水稻土形成糊状的淹育层、较坚实板结的犁底层、渗育层、潴育层与潜育层等多种发生层。

本区域中心区气候特征

本区域中心区气候特征值
Regional climate characteristics in central area of the region

气候带：中亚热带湿润气候 Climate region: Subtropical humid climate	
年平均气温 /℃ Annual average temperature /℃	16.1
年平均最高气温 /℃ Annual average maximum temperature /℃	20.6
年平均最低气温 /℃ Annual average minimum temperature /℃	12.9
年降水量 /mm Annual precipitation /mm	1247
≥10℃的积温 /℃ Daily temperature accumulated in a year (≥10℃) /℃	5911
年日照时数 /h Annual sunshine /h	1347
年平均相对湿度 /% Annual average relative humidity /%	80
干燥度 Dryness	0.76

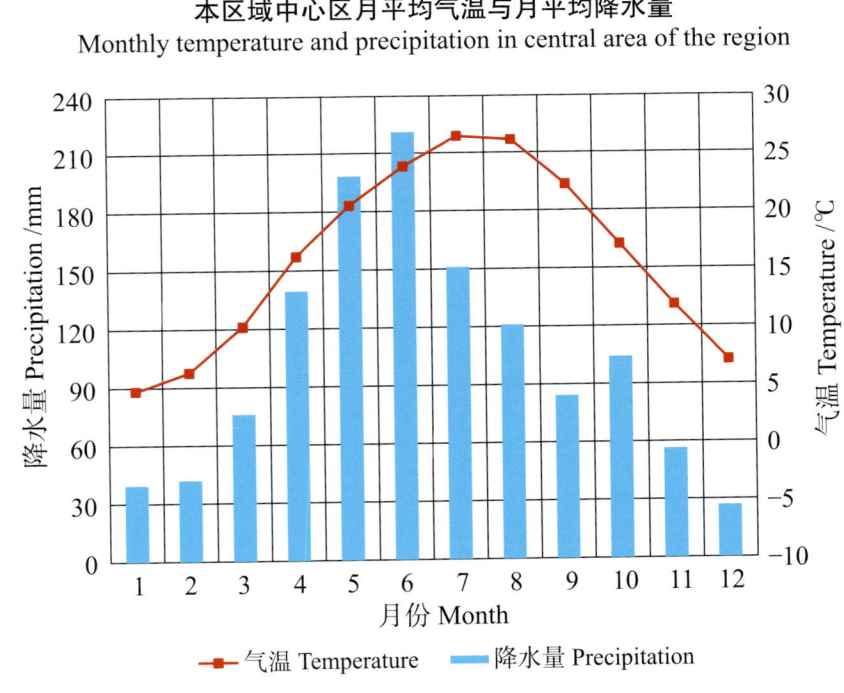

本区域中心区月平均气温与月平均降水量
Monthly temperature and precipitation in central area of the region

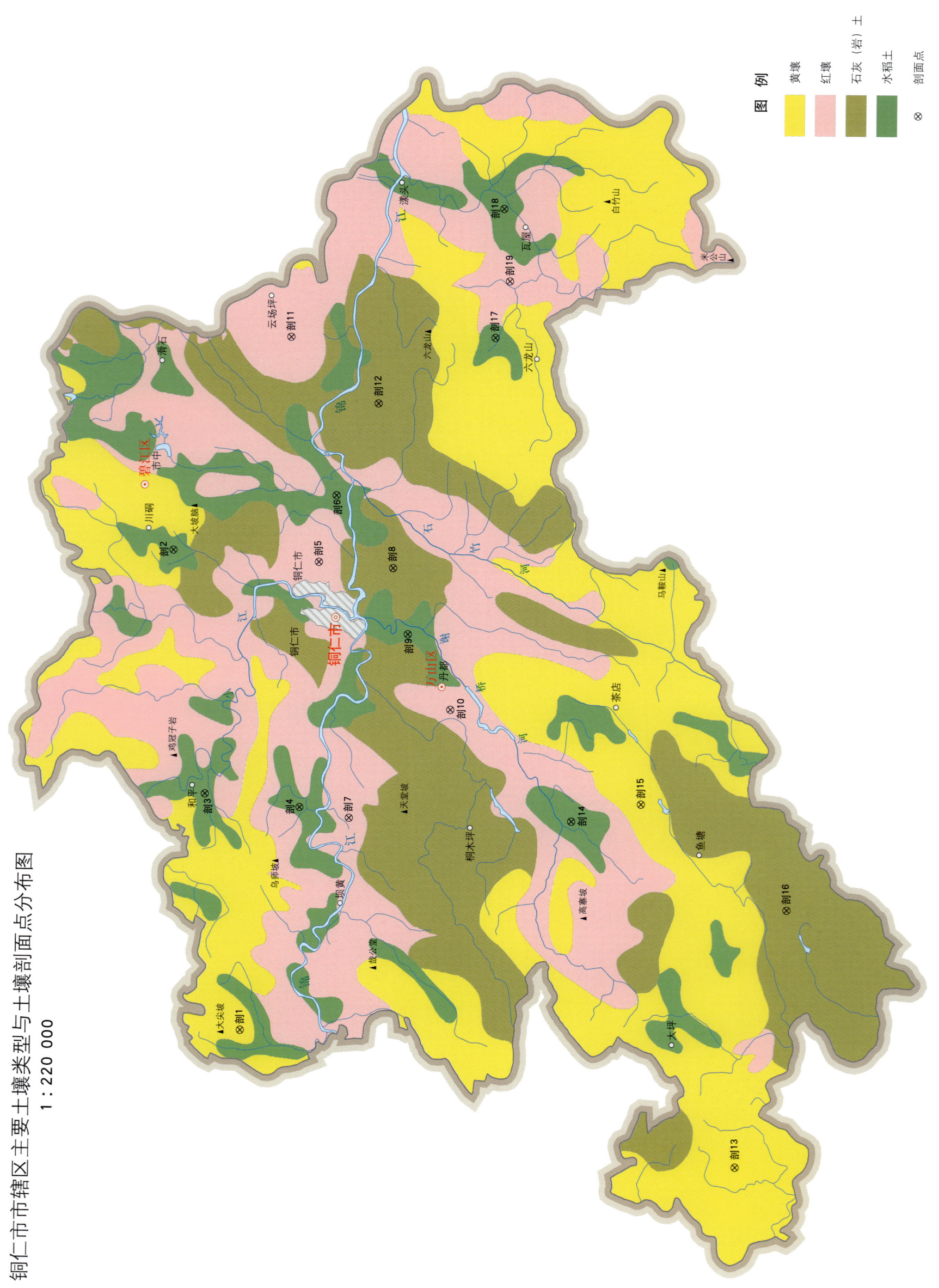

铜仁市土壤剖面理化性状表

剖面号 Soil profile	土纲 Soil order	土类 Soil great group	亚类 Soil subgroup	土属 Soil genus	土种 Soil species	土层码 Layer code	土层厚度/cm Depth/cm	颜色 Soil color	质地 Soil texture	土壤结构 Soil structure	pH	有机质 OM/(g/kg)	全氮 TN/(g/kg)	全磷 TP/(g/kg)	有效磷 AP/(mg/kg)	速效钾 AK/(mg/kg)	阴离子交换量CEC/(cmol/kg)	剖面点坐标 Profile coordinate	匹配指数 Matching index/%
剖1	铁铝土	黄壤	黄壤	铁铝质黄壤	死黄泥土	A	0—17		重黏土	块状	5.9	9.0	0.95	0.75	2.0	139	12.2	E 108°57′26.1″ N 27°45′52.9″	95
						C	17—63		轻黏土	块状	6.5	2.0	0.43	0.58	2.0	63	11.8		
剖2	人为土	水稻土	渗育水稻土	白鳝泥田	白胶泥田	Ae	0—18	灰白色			5.8	17.4	0.98	0.37	9.0	131	8.5	E 109°12′56.7″ N 27°48′11.6″	70
						Ep	18—40	灰色			6.4	10.4	0.83	0.36	5.0	150	8.4		
						B	40—70	黑灰色			5.8	11.2	0.74	0.33	4.0	133	10.3		
						C	70—100	浅黄色			5.8	3.9	0.49	0.24	4.0	277	8.7		
剖3	人为土	水稻土	潴育水稻土	黄红泥田	黄红泥田	A	0—15		重壤土	粒状	5.9	30.7	1.80	0.38	8.0	137	9.1	E 109°05′04.2″ N 27°47′06.1″	81
						P	15—21		轻黏土	块状	6.2	19.9	1.33	0.34	1.0	110	9.0		
						W	21—35		轻黏土	棱块状	6.5	5.9	0.52	0.24	1.0	153	11.6		
						C	35—100		轻黏土	块状	6.5	4.0	0.39	0.17	1.0	166	10.9		
剖4	人为土	水稻土	潴育水稻土	黄红泥田	小黄红泥田	A	0—19		中壤土	粒状	6.7	37.4	1.93	0.93	12.0	65	19.1	E 109°04′42.5″ N 27°44′20.8″	80
						P	19—39		重壤土	小块状	6.8	31.4	1.73	0.57	3.0	77	16.9		
						Wb	39—68		轻黏土	棱块状	6.7	18.3	0.73	0.70	9.0	80	11.6		
						C	68—100		轻黏土	小块状	6.7	16.1	0.74	0.51	6.0	103	10.6		
剖5	铁铝土	红壤	黄红壤	硅质黄红壤	黄红砂土	A	0—20		中壤土	粒状	5.4	17.6	0.70	0.29	2.0	149	13.0	E 109°12′40.0″ N 27°43′58.5″	71
						B	20—100		中壤土	粒状	5.4	7.6	0.90	0.28	2.0	124	13.2		
						C	100—												
剖6	人为土	水稻土	渗育水稻土	渗育潮砂田	潮砂田	A	0—15		砂壤土	粒状	6.8	16.5	0.97	0.54	7.0	64	11.0	E 109°14′50.1″ N 27°43′30.8″	76
						P	15—19		砂壤土	粒状	6.8	11.2	0.74	0.81	2.0	69	7.8		
						O	19—22		多砾质壤土	无明显结构	6.8	1.6	0.16	0.38	1.0	48	4.7		
						C	22—100		砂壤土	粒状	6.7	3.3	0.26		1.0	32	3.7		
剖7	铁铝土	红壤	黄红壤	硅铝质黄红壤	薄腐厚层硅铝质黄红壤	A	0—6		中壤土	粒状	5.4	28.2	1.43	0.15	4.0	285	13.0	E 109°04′24.2″ N 27°42′54.7″	97
						B	6—42		中壤土	块状	5.2	14.7	0.97	0.14	1.0	128	12.6		
						C	42—100		轻黏土	块状	5.0	8.9	0.78	0.24	微量	130	11.2		
剖8	初育土	石灰（岩）土	红色石灰土	红色石灰土	薄腐薄层红色石灰土	A	0—12		轻黏土	小块状	7.5	74.2	3.18	0.81	3.0	105	31.9	E 109°12′31.0″ N 27°41′49.6″	77
						BC	12—16		中黏土	块状	7.8	23.5	1.25	0.70	55.0	16	22.5		
						C	16—22		重壤土	大块状	7.7	13.4	1.00	0.87	56.0	22	20.5		
剖9	人为土	水稻土	潴育水稻土	黄泥田	小黄泥田	A	0—20		中壤土	粒状	6.5	47.3	2.83	1.64	36.0	460	23.7	E 109°04′24.2″ N 27°42′54.7″	73
						P	20—35		轻黏土	粒状	6.8	20.1	1.37	1.46	11.0	192	20.0		
						W	35—71		中黏土	棱块状	6.8	13.1	1.02	1.09	3.0	197	18.5		
						C	71—100		轻黏土	块状	6.8	13.7	0.95	0.59	1.0	180	20.1		
剖10	铁铝土	红壤	黄红壤	硅铁质黄红壤	薄腐中层硅铁质黄红壤	A	0—5		轻黏土	块状	5.4	16.7	1.28	0.37	3.0	503	13.8	E 109°07′59.2″ N 27°40′03.7″	95
						B	5—25	浅红黄色	轻黏土	块状	5.3	8.4	0.91	0.32	1.0	306	14.0		
						C	25—60	浅红黄色	中黏土	粒状	5.2	6.7	0.76	0.34	微量	299	14.2		
剖11	铁铝土	红壤	黄红壤	铁铝质黄红壤	薄腐厚层铁铝质黄红壤	A	0—6		轻黏土	粒状	5.3	73.7	3.11	0.34	4.0	276	18.5	E 109°19′55.4″ N 27°44′56.1″	96
						B	6—66	红黄色	轻黏土	块状	5.2	12.5	0.88	0.28	1.0	139	13.6		
						C	66—100		轻黏土	块状	5.0	12.0	0.69	0.27	微量	130	11.9		
剖12	初育土	石灰（岩）土	黄色石灰土	黄色石灰土	薄腐中层黄色石灰土	A	0—10		重壤土	团粒状	7.2	88.2	4.01	0.53	4.0	204	29.3	E 109°17′49.9″ N 27°42′21.6″	97
						BC	10—20		重壤土	小块状	7.6	48.6	2.69	0.46	1.0	120	21.4		
						C	20—41		重壤土	块状	7.7	29.0	1.61	0.42	1.0	76	17.1		
剖13	铁铝土	黄壤	粗骨性黄壤	硅铝质粗骨性黄壤	薄腐中层硅铝质粗骨性黄壤	A	0—15		轻砾质土	粒状	6.0	51.0	2.86	0.41	1.0	263	15.9	E 108°53′30.1″ N 27°31′27.5″	81
						BC	15—30		轻砾质土	块状	5.5	25.9	1.95	0.42	1.0	136	12.2		
						C	30—60		中砾质土	块状	5.5	19.3	1.88	0.41	1.0	112	12.2		

续表 Continued

剖面号 Soil profile	土纲 Soil order	土类 Soil great group	亚类 Soil subgroup	土属 Soil genus	土种 Soil species	土层码 Layer code	土层厚度 Depth/cm	颜色 Soil color	质地 Soil texture	土壤结构 Soil structure	pH	有机质 OM/(g/kg)	全氮 TN/(g/kg)	全磷 TP/(g/kg)	有效磷 AP/(mg/kg)	速效钾 AK/(mg/kg)	阳离子交换量CEC/(cmol/kg)	剖面点坐标 Profile coordinate	匹配指数 Matching index/%
剖14	人为土	水稻土	渗育水稻土	渗育黄红泥田	黄红砂泥田	A	0—13		重壤土	核状	5.5	27.6	1.92	0.24	2.0	166	11.9	E 109°04′27.8″ N 27°36′28.8″	92
						P	13—23		重壤土	小块状	5.7	19.8	1.31	0.24	4.0	152	11.1		
						C	23—100		中砾质土	粒状	6.8	6.9	0.64	0.24	3.0	156	11.9		
剖15	铁铝土	黄壤	黄壤	硅质黄壤	黄油砂泥土	A	0—30		轻黏土	粒状	6.3	22.7	1.51	0.35	2.0	342	11.8	E 109°05′04.5″ N 27°34′28.7″	85
						B	30—50		轻黏土	粒状	6.3	8.7	0.80	0.24	1.0	323	8.0		
						C	50—100		轻黏土	粒状	6.5	6.2	0.49	0.23	微量	334	8.7		
剖16	初育土	石灰(岩)土	黄色石灰土	淋溶黄色石灰土	薄腐中层淋溶黄色石灰土	A	0—10		轻黏土	粒状	6.0	52.0	2.75	0.34	2.0	115	23.5	E 109°01′46.6″ N 27°30′10.4″	79
						B	10—30		中黏土	小块状	6.4	35.3	2.03	0.95	微量	59	22.6		
						C	30—60		中黏土	块状	7.1	18.8	1.42	0.34	微量	46	24.9		
剖17	人为土	水稻土	潜育水稻土	烂泥田	浅脚烂泥田	Ag	0—30		轻黏土	无明显结构	6.3	44.2	2.45	0.31	3.0	281	13.7	E 109°20′02.0″ N 27°39′01.8″	90
						Gp	30—44		轻黏土	大块状	6.7	41.6	2.09	0.29	1.0	268	13.9		
						B	44—70		中黏土	大块状	6.2	13.9	0.95	0.28	5.0	287	11.5		
						C	70—100		中黏土	大块状	6.2	7.7	0.80	0.30	2.0	336	12.4		
剖18	人为土	水稻土	潴育水稻土	大眼泥田	龙凤大眼泥田	A	0—17		轻黏土		7.5	53.8	2.93	0.69	13.0	122	21.6	E 109°24′12.6″ N 27°38′51.4″	77
						P	17—24		轻黏土		7.6	45.1	2.39	0.67	11.0	123	21.2		
						W	24—50		轻黏土		7.7	21.8	1.31	0.45	5.0	116	15.7		
						B	50—100		轻黏土		7.0	1.4	0.55	0.41	6.0	115	11.1		
剖19	铁铝土	红壤	黄红壤	硅质黄红壤	薄腐中层硅质黄红壤	A	0—4		重黏土	粒状	5.5	48.6	2.80	0.20	2.0	369	14.3	E 109°21′52.2″ N 27°38′39.0″	72
						B	4—70		重黏土	块状	5.4	35.7	1.80	0.20	1.0	223	13.5		
						C	70—100		重黏土	块状	4.9	6.1	0.50	0.10	微量	346	10.7		

江 口 县

主要土类说明

黄壤是江口县主要土壤类型，占本县地域面积的46%。黄壤发育于温暖湿润的亚热带气候条件下，集中分布在低中山和低山丘陵，含有较多水合氧化铁，土体多呈黄色，具A-B-C剖面构型。自然植被主要为常绿阔叶林。成土母质极其广泛，黏土矿物以蛭石为主，具有较强的脱硅富铝化过程，黏粒硅铝率为1.5—2.7，林草地pH为4.5—5.5，耕地pH为5.6—7.0。

石灰（岩）土是江口县第二大土壤类型，占本县地域面积的21%。石灰（岩）土为岩成土，主要发育于碳酸岩类出露区域。石灰（岩）土具有碳酸盐强烈淋失，硅、铁、铝相对聚集，有机质积累量高等特点，土层浅薄，多具A-R剖面构型，pH为6.5—8.5，游离碳酸钙含量一般为1—100g/kg。

水稻土是江口县第三大土壤类型，占本县地域面积的12%。水稻土是在水耕熟化和旱耕熟化交替影响下形成的土壤类型。成土过程具有氧化还原过程，水耕条件下铁锰发生强烈迁移。由于干湿交替，水稻土形成糊状的淹育层、较坚实板结的犁底层、渗育层、潴育层与潜育层等多种发生层。

红壤占本县地域面积的9%。红壤发育于本县水热条件最优越的地段，集中分布在低山丘陵河谷地带，具A-Bs-Bv或A-Bs-C剖面构型。自然植被以偏湿性常绿阔叶林为主。成土母质较为广泛，黏土矿物一般以高岭石为主，具有强的脱硅富铝化过程，黏粒硅铝率一般为2.0—2.5，有深厚的红色土层。

黄棕壤占本县地域面积的8%。黄棕壤发生于亚热带暖湿落叶阔叶林下，弱度富铝化，黏聚现象明显，呈黄棕色，pH为5.5—6.0。该土壤具A-B-C或A-(B)-C剖面构型，黏粒硅铝率在2.5左右，铁的游离度较红壤低，B层交换性酸大于A层。

小于本县地域面积3%的土壤类型有紫色土和山地草甸土。

本区域中心区气候特征

本区域中心区气候特征值
Regional climate characteristics in central area of the region

气候带：中亚热带湿润气候 Climate region: Subtropical humid climate	
年平均气温/℃ Annual average temperature /℃	15.9
年平均最高气温/℃ Annual average maximum temperature /℃	20.4
年平均最低气温/℃ Annual average minimum temperature /℃	12.8
年降水量/mm Annual precipitation /mm	1250
≥10℃的积温/℃ Daily temperature accumulated in a year (≥10℃) /℃	5866
年日照时数/h Annual sunshine /h	1279
年平均相对湿度/% Annual average relative humidity /%	80
干燥度 Dryness	0.76

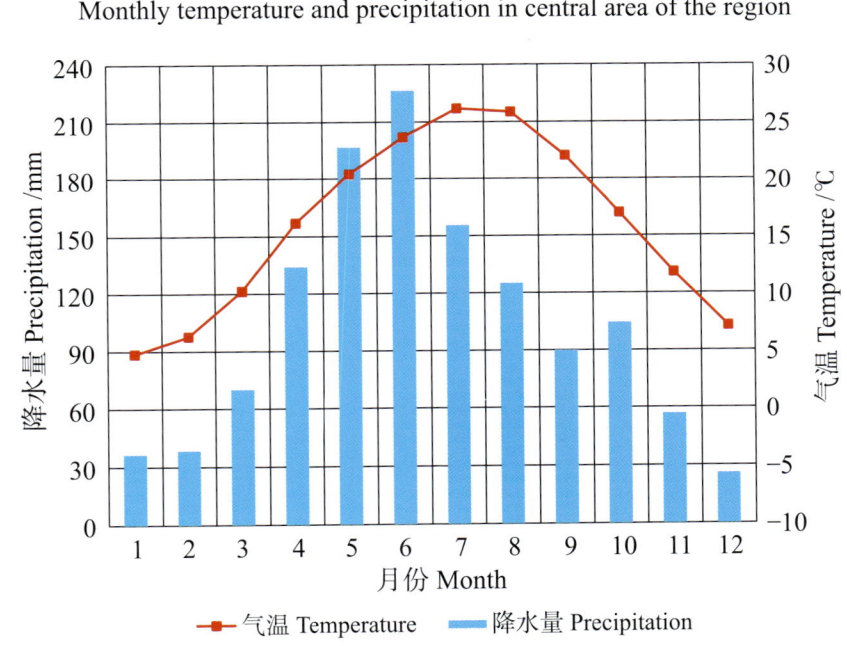

本区域中心区月平均气温与月平均降水量
Monthly temperature and precipitation in central area of the region

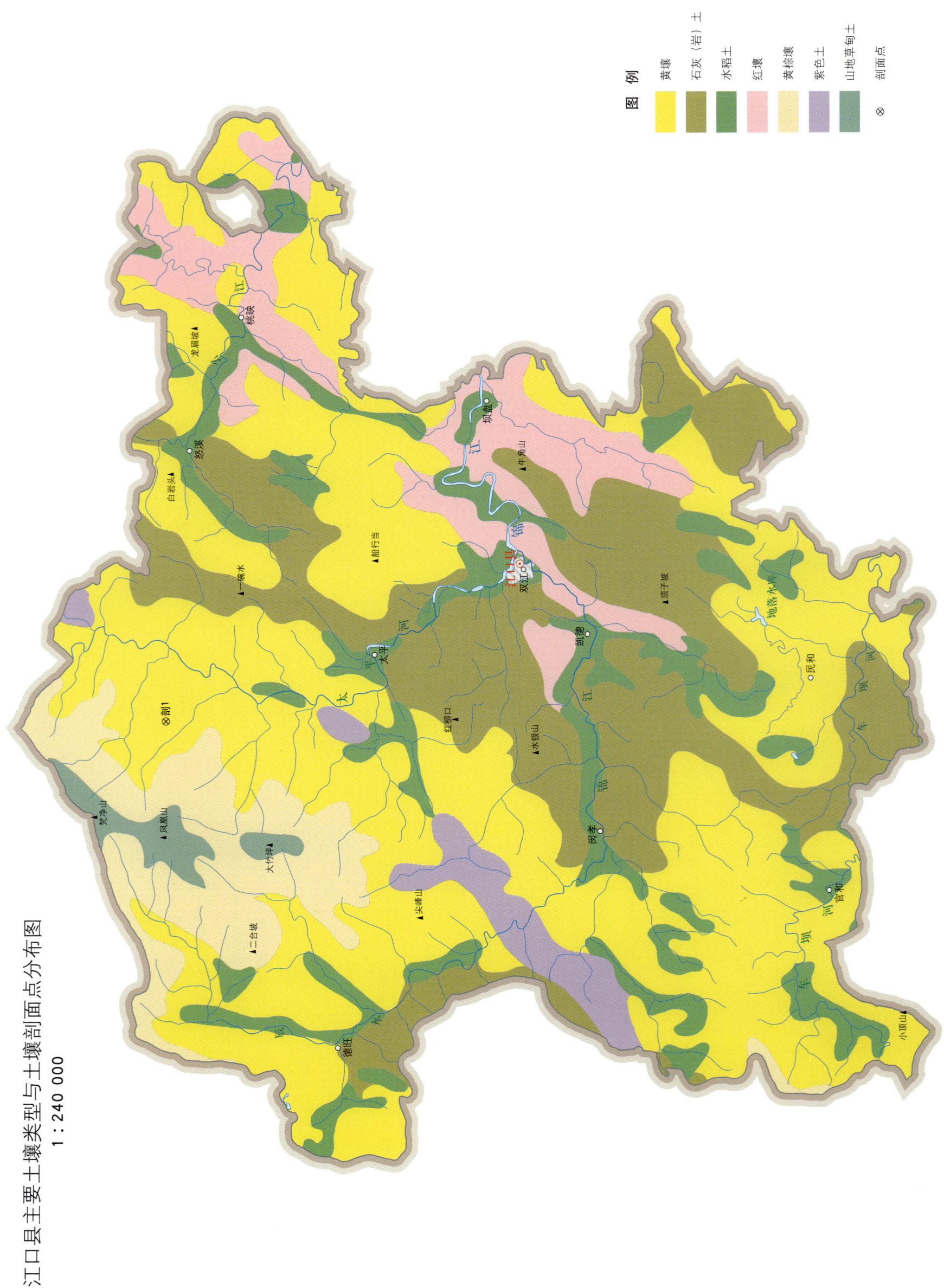

江口县土壤剖面理化性状表

剖面号 Soil profile	土纲 Soil order	土类 Soil great group	亚类 Soil subgroup	土属 Soil genus	土种 Soil species	土层码 Layer code	土层厚度/cm Depth/cm	颜色 Soil color	质地 Soil texture	土壤结构 Soil structure	pH	有机质 OM/(g/kg)	全磷 TP/(g/kg)	有效磷 AP/(mg/kg)	速效钾 AK/(mg/kg)	阴离子交换量CEC/(cmol/kg)	剖面点坐标 Profile coordinate	匹配指数 Matching index/%
剖1	铁铝土	黄壤	粗骨性黄壤	硅铁质粗骨性黄壤	薄腐中层硅铁质粗骨性黄壤	Ao	0—11	棕黄色	多砾质重壤土	粒状	5.0	153.1	3.57	2.0	70	42.2	E 108°44′55.3″ N 27°52′48.7″	98
						A	11—27											
						BC	27—61	黄色	中砾质重壤土	屑粒状	5.0	80.3	3.30	1.0	78	30.0		

石 阡 县

主要土类说明

黄壤是石阡县主要土壤类型，占本县地域面积的65%。黄壤发育于温暖湿润的亚热带气候条件下，集中分布在低中山和低山丘陵，含有较多水合氧化铁，土体多呈黄色，具A–B–C剖面构型。自然植被主要为常绿阔叶林。成土母质极其广泛，黏土矿物以蛭石为主，具有较强的脱硅富铝化过程，黏粒硅铝率为1.5—2.7，林草地pH为4.5—5.5，耕地pH为5.6—7.0。

石灰（岩）土是石阡县第二大土壤类型，占本县地域面积的21%。石灰（岩）土为岩成土，主要发育于碳酸岩类出露区域。石灰（岩）土具有碳酸盐强烈淋失，硅、铁、铝相对聚集，有机质积累量高等特点，土层浅薄，多具A–R剖面构型，pH为6.5—8.5，游离碳酸钙含量一般为1—100g/kg。

水稻土是石阡县第三大土壤类型，占本县地域面积的10%。水稻土是在水耕熟化和旱耕熟化交替影响下形成的土壤类型。成土过程具有氧化还原过程，水耕条件下铁锰发生强烈迁移。由于干湿交替，水稻土形成糊状的淹育层、较坚实板结的犁底层、渗育层、潴育层与潜育层等多种发生层。

小于本县地域面积3%的土壤类型有紫色土和黄棕壤。

本区域中心区气候特征

本区域中心区气候特征值
Regional climate characteristics in central area of the region

气候带：中亚热带湿润气候 Climate region: Subtropical humid climate	
年平均气温 /℃ Annual average temperature /℃	15.9
年平均最高气温 /℃ Annual average maximum temperature /℃	20.3
年平均最低气温 /℃ Annual average minimum temperature /℃	12.9
年降水量 /mm Annual precipitation /mm	1202
≥10℃的积温 /℃ Daily temperature accumulated in a year (≥10℃) /℃	5705
年日照时数 /h Annual sunshine /h	1179
年平均相对湿度 /% Annual average relative humidity /%	79
干燥度 Dryness	0.78

本区域中心区月平均气温与月平均降水量
Monthly temperature and precipitation in central area of the region

石阡县主要土壤类型与土壤剖面点分布图

1:270 000

图 例

黄壤	
石灰(岩)土	
水稻土	
紫色土	
黄棕壤	
⊗	剖面点

第二编　贵州省分县土壤图与土壤剖面数据

石阡县土壤剖面理化性状表

剖面号 Soil profile	土纲 Soil order	土类 Soil great group	亚类 Soil subgroup	土属 Soil genus	土种 Soil species	土层码 Layer code	土层厚度 Depth/cm	颜色 Soil color	质地 Soil texture	土壤结构 Soil structure	pH	有机质 OM/(g/kg)	全氮 TN/(g/kg)	全磷 TP/(g/kg)	有效磷 AP/(mg/kg)	速效钾 AK/(mg/kg)	阳离子交换量CEC/(cmol/kg)	土壤母质 Parent material	剖面点坐标 Profile coordinate	匹配指数 Matching index/%
剖1	铁铝土	黄壤	黄壤	硅质黄壤	厚层硅质黄壤	Ao	0—2	黑灰色	壤土	团粒状	6.8		2.77	0.63			27.2	砂岩坡积物	E 107°56′34.6″ N 27°35′04.3″	83
						A	2—3	黄灰色	轻黏土	团粒状	5.4	21.2	1.26	0.55	2.0	85	14.2			
						AB	3—19	土黄色	多砾质中壤土	小块状	4.7	21.9	1.21	0.28	微量	45	5.1			
						B	19—47	黄红色	多砾质中壤土	无明显结构	5.4	6.9	0.61	0.10	微量	40	4.0			
						C	47—100				5.3	2.9	0.55	0.05	13.0		48.5			
剖2	初育土	紫色土	钙质中性紫色土	紫色砂土	薄层紫色砂土	A	0—4				6.4	164.0	6.86	0.90		583		钙质砂页岩坡残积物	E 107°54′35.2″ N 27°33′56.8″	87
						AB	4—8		少砾质轻黏土		6.0	98.0	3.44	0.67	6.0	356	37.2			
						B	8—28		多砾质中壤土		6.4	54.8	2.47	0.76	微量	123	34.0			
						C	28—40		重黏土		6.4	40.6	1.94	1.08	4.0		31.0			
剖3	初育土	石灰（岩）土	大泥土	大土泥	岩泥土	A	0—16	灰黄色	少砾质重壤土	粒状	6.9	23.9	1.62	0.26	10.0	292	15.7	石灰岩坡积物	E 107°56′22.6″ N 27°33′28.8″	88
						B	16—38	灰黄色	重黏土	块状	7.1	15.7	1.27	0.27	2.0	46	14.4			
						C	38—48	棕灰色	重黏土	块状	7.1	15.3	1.09	0.32	2.0	41	14.3			
剖4	铁铝土	黄壤	黄壤	石砂土	石渣子土	A	0—21	黄棕色	轻砾质砂壤土	无明显结构	6.6	31.2	1.79	0.39	7.0	77	12.3	砂岩坡积物，洪积物	E 107°58′41.7″ N 27°32′46.7″	83
						B	21—69	黑色	中砾质壤土	无明显结构	6.6	24.0	1.18	0.41	1.0	59	15.0			
						C	69—100	黄色	中砾质壤土	无明显结构	6.7	16.7	1.26	0.38	6.0	46	13.1			
剖5	人为土	水稻土	潴育水稻土	潮泥田	潮泥田	A	0—22	灰黄色	少砾质轻壤土	粒状	7.6	19.8	1.27	0.46	20.0	157	9.7	河流冲积物	E 107°55′36.1″ N 27°32′28.7″	100
						Ap	22—40	灰黄色	少砾质中壤土	棱块状	7.9	10.7	0.54	0.40	9.0	76	9.7			
						W₂	40—100	黄黄色	中壤土	棱柱状	7.6	3.0	0.32	0.28	6.0	38	9.9			
剖6	人为土	水稻土	潴育水稻土	黄泥田	细黄砂泥田	A	0—17	灰黄色	少砾质中壤土	粒状	6.2	30.1	1.22	0.42	7.0	184	11.7	砂岩坡积物	E 107°50′22.2″ N 27°31′05.2″	86
						Ap	17—32	灰黄色	中壤土	块状	7.4	16.0	0.61	0.29	3.0	115	9.8			
						W₁	32—76	棕灰色	中壤土	棱柱状	7.4	3.5	0.33	0.36	4.0	106	14.7			
						C	76—100	蜡黄色	中黏土	块状	5.2	5.3	0.30	0.38	2.0	81	14.1			
剖7	铁铝土	黄壤	黄壤	硅质黄壤	薄层硅质黄壤	A	0—5	灰黄色	多砾质重壤土	粒状	6.0	85.1	4.13	0.50	8.0	220	20.2	砂岩坡积物	E 107°51′51.8″ N 27°31′02.3″	82
						B	5—9		轻砾质壤土	块状	5.7	36.1	1.77	0.43	7.0	117	12.2			
						C	9—17		多砾质重壤土	棱柱状	5.7	53.0	2.82	0.68	10.0	83	18.0			
剖8	人为土	水稻土	淹育水稻土	坡垴黄泥田	豆面泥田	A	0—14		多砾质轻壤土	粒状	6.0	17.6	1.20	0.28	7.0	212	6.8	粉砂质砂页岩坡积物	E 107°58′41.2″ N 27°30′19.8″	100
						Ap	14—19	黄棕色	轻砾质轻壤土	块状	6.0	14.6	0.87	0.24	5.0	200	6.0			
						B	19—51	棕灰色	轻砾质壤土	块状	6.7	7.4	0.56	0.18	1.0	138	6.0			
						C	51—67	黄棕色	轻壤土	块状	6.9	7.3	0.44	0.14	1.0	49	5.4			
剖9	人为土	水稻土	潴育水稻土	潮泥田	潮泥田	A	0—24		轻壤土	粒状	7.3	16.6	1.21	0.35	6.0	24	9.1	砂岩坡积物	E 107°51′51.8″ N 27°29′07.8″	72
						P	24—30		轻壤土	块状	7.8	11.1	0.84	0.38	3.0	21	8.2			
						W	30—51		轻壤土	棱柱状	7.9	6.6	0.86	0.32	2.0	20	7.1			
							51—100		砂壤土	块状	8.1	4.0	0.36	0.31	微量		6.0			
剖10	铁铝土	黄壤	黄壤	石砂土	扁砂土	A	0—16	黄黄色	轻砾质轻壤土	无明显结构	6.6	33.2	2.05	0.57	19.0	222	20.7	砂页岩坡积物	E 107°55′48.0″ N 27°28′19.9″	70
						B	16—74		轻砾质轻壤土	块状	7.3	11.4	0.90	0.36	3.0	48	20.4			
						C	74—100		轻砾质轻壤土	块状	7.2	11.0	0.83	0.33	3.0	54	19.4			
剖11	铁铝土	黄壤	黄壤	石砂土	火石砂土	A	0—15	灰棕色	重砾质中壤土	无明显结构	6.4	48.7	2.37	0.56	32.0	121	14.0	燧石灰岩残积物	E 107°47′05.3″ N 27°27′41.7″	80
						B	15—28	灰棕色	中砾质壤土	块状	6.4	22.4	0.98	0.38	4.0	77	10.9			
						C	28—68	灰棕色	中砾质轻壤土	块状	6.4	20.6	0.85	0.39	4.0	42	10.3			
剖12	初育土	石灰（岩）土	大泥土	白云砂土	白云砂土	A	0—16	灰黄色	中砾质轻壤土	粒状	7.9	20.8	1.17	0.43	2.0	89	11.6	白云质灰岩残积物	E 107°19′34.0″ N 27°26′34.8″	98
						B	16—81	黄黄色	中砾质中壤土	无明显结构	8.0	17.1	0.68	0.45	微量	39	11.0			
						C	81—84		少砾质中壤土	小块状	8.0	9.4	0.47	0.40	微量	59	10.8			

续表 Continued

剖面号 Soil profile	土纲 Soil order	土类 Soil great group	亚类 Soil subgroup	土属 Soil genus	土种 Soil species	土层码 Layer code	土层厚度 Depth/cm	颜色 Soil color	质地 Soil texture	土壤结构 Soil structure	pH	有机质 OM/(g/kg)	全氮 TN/(g/kg)	全磷 TP/(g/kg)	有效磷 AP/(mg/kg)	速效钾 AK/(mg/kg)	阳离子交换量CEC/(cmol/kg)	土壤母质 Parent material	剖面点坐标 Profile coordinate	匹配指数 Matching index/%
剖13	铁铝土	黄壤	黄壤性土	硅铝质黄壤性土	薄层硅铝质黄壤性土	A	0—26	灰黄色	多砾质中壤土	无明显结构	5.8	23.6	1.08	0.35	1.0	70	18.3	砂页岩残积物	E 107°52′46.2″ N 27°26′30.7″	82
						C	26—36	黄色	轻砾质土		6.5	14.6	0.78	0.35	1.0	49	20.6			
剖14	铁铝土	黄壤	黄壤	硅铝质黄壤	厚层硅铝质黄壤	A	0—1	黑灰色	多砾质重壤土	粒状	5.2	50.5	2.57	0.39	6.0	353	17.2	砂页岩坡积物	E 107°56′57.3″ N 27°26′24.0″	84
						AB	1—14	黄灰色	多砾质重壤土	粒状	5.3	37.3	1.98	0.46	4.0	92	14.9			
						B	14—53	黄色	多砾质重壤土	小块状	5.2	8.5	0.75	0.33	2.0	57	11.6			
						C	53—100	黄色	多砾质轻黏土	无明显结构	5.2	4.6	0.55	0.22	2.0	39	13.7			
剖15	初育土	紫色土	钙质中性紫色土	紫色砂土	中层紫色砂土	A	0—2	紫红色	重壤土	粒状	7.5	40.4	2.20	0.86	20.0	106	24.4	砂页岩坡积物	E 107°51′01.8″ N 27°26′09.2″	78
						AB	2—15	紫色	中砾质重壤土	块状	7.7	13.8	0.91	0.98	17.0	99	21.2			
						B	15—36	棕紫色	中砾质重壤土	块状	7.6	12.5	1.01	0.78	18.0	23	20.8			
						C	36—62	棕紫色	少砾质轻黏土	块状	7.5	9.7	0.94	0.58	15.0	微量	24.2			
剖16	人为土	水稻土	潴育水稻土	潮泥田	溪沟潮泥田	A	0—17	深灰色	少砾质中壤土	粒状	5.6	37.1	2.04	0.15	10.0	178	10.7	洪积物、冲积物	E 107°54′36.7″ N 27°24′51.6″	94
						Ap	17—28	灰黄色	少砾质中壤土	粒状	6.0	34.0	1.93	0.40	10.0	171	10.3			
						W₂	28—42	黄褐色	多砾质中壤土	梭块状	6.6	9.6	0.52	0.28	7.0	75	8.5			
剖17	初育土	石灰（岩）土	黄色石灰土	淋溶黄色石灰土	中层淋溶黄色石灰土	A	0—8		轻黏土	粒状	7.2	114.7	5.15	0.40	4.0	312	47.6	泥灰岩坡积物	E 107°58′06.6″ N 27°24′38.9″	89
						AB	8—25		中黏土	块状	6.9	69.7	3.03	0.40	2.0	201	42.9			
						B	25—41		多砾质重壤土	块状	8.0	10.2	0.80	0.28	微量	42	16.6			
						C	41—64		中砾质重壤土	块状	7.2	9.6	0.76	0.30	微量	62	28.4			
剖18	人为土	水稻土	潴育水稻土	黄泥田	细扁砂泥田	A	0—22	灰黄色	多砾质中壤土	小块状	5.2	31.1	1.65	0.35	7.0	120	11.9	砂页岩坡积物	E 107°50′04.2″ N 27°24′36.4″	72
						Ap	9—31	灰黄色	多砾质重壤土	块状	5.9	17.3	1.35	0.32	9.0	61	9.3			
						W₂	22—36	灰黄色	多砾质重壤土	块状	6.2	11.0	0.83	0.28	8.0	73	9.8			
						C	36—56	黄灰色	少砾质轻黏土	梭块状	6.5	4.1	0.57	0.23	3.0	61	12.8			
剖19	铁铝土	黄壤	黄壤	硅质黄壤	厚层硅质黄壤	Ao	0—1	黄色	轻黏土	块状	5.3	68.2	3.03	0.35	微量	292	15.0	砂岩坡积物	E 107°48′11.9″ N 27°24′14.0″	82
						A	1—6	暗黄色	中黏土	粒状	4.7	25.7	1.36	0.05	微量	93	10.9			
						AB	6—16	蜡黄色	轻黏土	粒状	4.4	18.3	1.32	0.27	微量	92	10.5			
						B	16—59	蜡黄色	中砾质黏土	块状	5.0	16.8	1.27	0.37	微量	94	11.4			
						C	59—100	黄色	重黏土	大块状	7.2	50.8	0.37	3.32	3.0	62	23.5			
剖20	初育土	紫色土	钙质中性紫色土	紫色土	厚层紫色土	A	0—9	灰黄色	少砾质重壤土	粒状	6.4	28.0	0.26	1.37	3.0	32	18.3	钙质砂页岩坡积物	E 107°48′55.7″ N 27°23′53.8″	99
						Ap	9—31	黄灰色	多砾质重黏土	粒状	7.1	12.0	0.29	1.20	4.0	23	22.6			
						B	31—100	黄色	重黏土	块状	7.2	119.7	5.73	0.65	8.0	136	34.9			
剖21	初育土	石灰（岩）土	黄色石灰土	黄色石灰土	厚层黄色石灰土	A	0—5	灰黄色	少砾质重壤土	粒状	7.3	92.3	4.57	0.50	7.0	107	38.1	石灰岩坡积物	E 107°52′01.8″ N 27°22′02.2″	70
						AB	5—27	蜡黄色	多砾质中黏土	粒状	7.2	89.1	2.26	0.36	2.0	34	25.3			
						B	27—51	棕黄色	多砾质轻黏土	块状	7.2	11.2	1.55	0.24	2.0	35	32.0			
						C	51—100	黄色	重黏土	核块状	7.4	22.4	1.35	0.36	4.0	84	15.2			
剖22	初育土	石灰（岩）土	大泥土	大土泥田	大土泥田	A	0—16	灰黄色	少砾质重壤土	粒状	6.6	13.7	0.97	0.31	8.0	42	13.3	石灰岩坡积物	E 108°13′40.0″ N 27°41′32.1″	75
						B	16—74	蜡黄色	少砾质重壤土	块状	6.7	6.2	0.54	0.22	4.0	40	11.4			
						C	74—90	棕黄色	中砾质重壤土	核块状	7.6	19.7	1.08	0.41	8.0	39	17.6			
剖23	人为土	水稻土	潴育水稻土	大泥土	大泥田	A	0—18	棕黄色	中砾质重壤土	块状	7.8	9.9	0.58	0.32	2.0	28	13.2	泥灰岩坡积物	E 108°05′43.1″ N 27°38′01.2″	78
						Ap	18—24	棕黄色	重黏土	块状	7.9	26.9	1.56	0.50	10.0	77	16.5			
						C	24—50	棕黄色	轻黏土	大块状	7.6	7.8	0.57	0.32	6.0	39	13.5			
剖24	初育土	石灰（岩）土	淋溶黄色石灰土	淋溶黄色石灰土	薄层淋溶黄色石灰土	A	0—8	黑灰色	中黏土	粒状	7.1	90.4	4.10	0.38	5.0	216	41.9	泥灰岩坡积物	E 108°08′39.5″ N 27°37′26.0″	88
						B	8—22	浅黄色	中黏土	屑粒状	7.2	93.4	2.05	0.26	2.0	84	42.8			
						C	22—38	灰黄色	轻黏土	块状	7.8	11.4	0.62	0.27	4.0	95	21.4			
剖25	铁铝土	黄壤	黄壤	黄砂泥土	豆面泥土	A	0—18	黄色	少砾质中壤土	块状	6.8	9.3	0.96	0.21	3.0	168	6.8	粉砂质砂页岩坡积物	E 108°06′56.5″ N 27°36′03.4″	72
						B	18—89	黄色	轻砾质黏土	块状	6.8	10.5	0.80	0.34	1.0	43	6.8			
						C	89—100	黄色	少砾质中壤土	块状	6.4	2.7	0.31	0.16	2.0	39	5.9			

续表 Continued

剖面号 Soil profile	土纲 Soil order	土类 Soil great group	亚类 Soil subgroup	土属 Soil genus	土种 Soil species	土层码 Layer code	土层厚度 Depth/cm	颜色 Soil color	质地 Soil texture	土壤结构 Soil structure	pH	有机质 OM/(g/kg)	全氮 TN/(g/kg)	全磷 TP/(g/kg)	有效磷 AP/(mg/kg)	速效钾 AK/(mg/kg)	阳离子交换量 CEC/(cmol/kg)	土壤母质 Parent material	剖面点坐标 Profile coordinate	匹配指数 Matching index/%
剖26	人为土	水稻土	潴育水稻土	渗育紫泥田	血砂泥田	A	0—16		中砾质中壤土	粒状	6.2	19.4	1.17	0.44	4.0	97	11.5	砂岩坡积物	E 108°13′41.5″ N 27°33′54.7″	88
						P	16—32		少砾质中壤土	小块状	6.5	11.7	0.89	0.25	3.0	66	10.6			
						C	32—55		少砾质中壤土	块状	5.5	9.2	0.68	0.24	2.0	61	9.7			
剖27	铁铝土	黄壤	黄壤性土	硅质黄壤性土	中层硅质黄壤性土	A	0—2		重砾质土		6.0	94.1	4.58	0.60	10.0	387	24.3	砂质岩坡积物	E 108°06′25.2″ N 27°31′11.3″	89
						B	2—25		中砾质土		6.0	54.8	2.74	0.55	4.0	163	17.1			
						C	25—59		中砾质土		5.6	23.2	0.56	0.61	微量	40	8.3			
剖28	初育土	紫色土	酸性紫色土	酸性紫色砂土	薄层酸性紫色砂土	A	0—7	浅紫色	少砾质重壤土	粒状	4.6	13.7	0.81	0.24	4.0	82	16.0	砂页岩坡积物	E 108°18′10.8″ N 27°39′00.7″	89
						C	7—38	紫红色	多砾质重壤土	块状	4.8	5.2	0.36	0.21	3.0	62	15.6			
剖29	人为土	水稻土	潴育水稻土	大眼泥田	大眼泥田	A	0—18	黄灰色	少砾质重壤土	核粒状	7.7	33.9	1.92	0.52	7.0	74	21.0	石灰岩坡积物	E 108°18′51.8″ N 27°38′32.6″	94
						Ap	18—33	黄色	轻黏土	块状	7.9	17.6	1.18	0.41	3.0	45	18.6			
						W₂	33—52	黄色	中黏土	棱粒状	7.8	24.7	1.57	0.28	5.0	54	18.3			
						C	52—100	黄色	中砾质中壤土	块状	7.9	9.0	0.69	0.25	1.0	41	15.8			
剖30	铁铝土	黄壤	黄壤	硅质黄壤	薄层硅质黄壤	A	0—5		中砾质轻黏土		6.0	229.0	6.04	0.44	10.0	729	34.3	砂岩坡积物	E 108°21′13.0″ N 27°36′09.5″	97
						B	5—8		黏土		5.3	44.5	3.05	0.28	11.0	327	19.2			
						C	8—15		中砾质土		7.7	25.5	1.16	0.19	3.0	105	10.4			
剖31	初育土	石灰(岩)土	黄色石灰土	黄色石灰土	中层黄色石灰土	A	0—7		多砾质轻黏土		7.7	48.5	2.25	0.48	3.0	100	21.8	石灰岩坡积物	E 108°16′46.2″ N 27°33′29.5″	88
						B	7—32		多砾质重壤土		7.7	17.0	0.73	0.46	微量	50	19.6			
						C	32—56		多砾质重壤土		7.9	7.5	0.47	0.41	微量	56	18.9			
剖32	初育土	石灰(岩)土	黄色石灰土	次生黄色石灰土	薄层次生黄色石灰土	A	0—8	灰黑色	黏土	粒状	7.8							风化壳残积物	E 108°25′40.1″ N 27°32′49.9″	86
						B	8—19	灰黄色	黏土	块状	7.0									
						C	19—35	棕黄色	中黏土	块状										
剖33	人为土	水稻土	潴育水稻土	冷水田	冷水田	A	0—16	黄灰黄	少砾质中壤土	核块状	7.3	32.4	2.00	0.24	7.0	59	14.1	砂岩坡积物	E 108°26′37.5″ N 27°31′35.2″	94
						Ap	16—33	黄灰色	少砾质中壤土	块状	7.6	13.8	1.02	0.23	4.0	40	12.5			
						W₁	33—61	黄灰色	多砾质中壤土	块状	7.6	11.5	0.72	0.31	6.0	57	11.5			
						C	61—88	灰黄色	多砾质重壤土	块状	7.6	8.5	0.83	0.15	4.0	48	11.7			
剖34	人为土	水稻土	潴育水稻土	黄泥田	黄泥田	A	0—18	灰黄色	轻黏土	小块状	6.0	27.5	1.77	0.19	20.0	147	14.9	石灰岩坡积物	E 108°19′46.1″ N 27°31′34.2″	97
						Ap	18—25	黄黄色	轻黏土	块状	6.4	29.4	1.51	0.53	17.0	72	15.3			
						W	25—68	棕黄色	黏土	块状	6.0	15.5	0.70	0.42	8.0	55	16.3			
						C	68—100	棕黄色	黏土	块状	6.0	12.3	1.91	0.43	5.0	38	13.2			
剖35	人为土	水稻土	潴育水稻土	矿毒田	煤锈田	A	0—16	黑黄色	少砾质重壤土	核状	3.6	12.8	2.71	0.25	3.0	87	13.2	砂岩坡积物	E 108°28′14.1″ N 27°31′03.5″	97
						P	16—27	灰灰色	少砾质中壤土	块状	3.4	38.1	0.34	0.17	微量	65	11.9			
						B	27—43	棕灰色	中砾质中壤土	块状	3.9	14.8	0.48	0.26	微量	33	10.9			
						C	43—91	棕灰色	轻砾质中壤土	块状	4.4	10.7	1.52	0.21	2.0	42	12.4			
剖36	铁铝土	黄壤	黄壤	硅质黄壤	薄层硅质黄壤	A	0—2	黄棕色	中砾质土	无明显结构	6.0	140.0	4.84	0.28	12.0	302	25.3	砂岩坡积物	E 108°25′00.5″ N 27°30′06.5″	91
						AB	2—5	黄黄色	轻砾质土	无明显结构	5.6	52.0	2.24	0.19	11.0	181	16.0			
						B	5—17	棕黄色	轻砾质土	核状	5.6	12.1	0.86	0.09	4.0	112	13.2			
						C	17—32	棕黄色	重砾质土	块状	6.0	11.9	0.74	0.09	微量	107	13.6			
剖37	铁铝土	黄壤	黄壤	石砂土	冷砂土	A	0—16	黄棕色	中砾质土	核状	6.8	21.4	1.52	0.42	3.0	99	9.4	各类岩石残积物、洪积物	E 108°31′51.9″ N 27°34′16.2″	98
						B	16—35	棕黄色	轻砾质土	块状	5.4	15.5	1.22	0.40	1.0	48	9.1			
						C	35—100	黄黄色	中砾质土	块状	6.0	13.4	0.78	0.45	微量	42	8.5			
剖38	人为土	水稻土	潴育水稻土	大眼泥田	大眼黄泥田	A	0—15	灰灰色	少砾质中黏土	核状	7.8	44.7	2.28	0.39	10.0	241	29.7	风化壳残积物	E 108°30′52.0″ N 27°32′56.8″	74
						Ap	15—31	黄黄色	中砾质中壤土	块状	7.9	25.0	1.71	0.44	4.0	155	26.7			
						W₂	31—71	棕黄色	中砾质中壤土	棱块状	7.8	9.0	0.80	0.30	2.0	66	27.1			
						C	71—90	棕黄色	中砾质轻黏土	大块状	7.9	6.6	0.57	0.35	3.0	54	29.9			

续表 Continued

剖面号 Soil profile	土纲 Soil order	土类 Soil great group	亚类 Soil subgroup	土属 Soil genus	土种 Soil species	土层码 Layer code	土层厚度 Depth/cm	颜色 Soil color	质地 Soil texture	土壤结构 Soil structure	pH	有机质 OM/(g/kg)	全氮 TN/(g/kg)	全磷 TP/(g/kg)	有效磷 AP/(mg/kg)	速效钾 AK/(mg/kg)	阳离子交换量CEC/(cmol/kg)	土壤母质 Parent material	剖面点坐标 Profile coordinate	匹配指数 Matching index/%
剖39	铁铝土	黄壤	黄壤	黄泥土	死黄泥土	A	0—15	灰黄色	中砾质重壤土	核状	6.4	21.8	1.11	0.34	17.0	50	13.7	石灰岩坡积物	E 108°30′29.5″ N 27°30′50.8″	73
						B	15—58	黄色	少砾质重壤土	块状	6.2	10.8	0.54	0.24	11.0	40	12.6			
						C	58—100	黄色	少砾质重壤土	大块状	6.0	4.3	0.33	0.19	6.0	59	12.4			
剖40	人为土	潴育水稻土	黄泥田	黄油砂泥田	A	0—23	棕黄色	重壤土	粒状	5.5	30.7	2.07	0.55	21.0	203	12.6	砂岩坡积物	E 108°08′23.3″ N 27°29′53.5″	82
						Ap	23—32	棕黄色	重壤土	核状	6.4	22.1	1.70	0.53	12.0	107	15.5			
						W₂	32—58	黄棕色	多砾质中壤土	核柱状	6.7	7.6	0.77	0.48	22.0	105	11.9			
						C	58—100	浅黄色	多砾质中壤土	核柱状	6.5	11.1	0.91	0.52	24.0	102	10.6			
剖41	人为土	潴育水稻土	潮泥田	潮砂泥田	A	0—24	棕褐色	轻壤土	粒状	7.3	16.6	1.21	0.35	6.0	24	9.1	河流冲积物	E 108°13′09.8″ N 27°29′38.8″	91
						Ap	24—30	黑褐色	轻壤土	块状	7.8	11.1	0.84	0.38	3.0	21	8.2			
						W₃	30—51	黄棕色	轻壤土	棱柱状	7.9	6.6	0.68	0.32	2.0	20	7.1			
						C	51—100	黄棕色	砂壤土	块状	8.1	4.0	0.36	0.31	微量	微量	6.0			
剖42	铁铝土	黄壤	石砂土	白砂土	A	0—12	黑黄色	轻砾质重壤土	单粒状	5.9	30.0	1.66	0.35	4.0	54	14.2	白砂岩残积物	E 108°05′27.0″ N 27°29′12.5″	91
						C	12—28	灰黄色	中砾质重壤土	无明显结构	5.9	14.4	0.89	0.34	6.0	68	16.5			
剖43	人为土	淹育水稻土	坡塝黄泥田	扁砂泥田	A	0—13	灰黄色	多砾质重壤土	粒状	6.3	23.5	1.47	0.16	3.0	181	11.0	砂页岩坡积物	E 108°11′04.6″ N 27°28′41.9″	78
						Ap	13—25	黄棕色	少砾质中壤土	块状	6.4	10.1	1.03	0.32	1.0	72	8.5			
						C	25—32	黄棕色	多砾质中壤土	单粒状	5.5	5.9	0.82	0.22	1.0	59	9.8			
剖44	人为土	潴育水稻土	黄泥田	小黄泥田	A	0—20	灰黑色	少砾质中壤土	粒状	6.6	26.7	1.23	0.92	37.0	82	15.9	冲积物	E 108°07′40.1″ N 27°26′56.5″	85
						Ap	20—33	灰黑色	少砾质重壤土	核块状	7.6	20.0	1.12	0.96	43.0	64	15.5			
						W₃	33—67	棕黄色	重壤土	核块状	7.8	5.4	0.65	0.40	21.0	53	11.6			
						C	67—100	黄棕色	中壤土	块状	7.4	1.4	0.28	0.37	17.0	43	8.1			
剖45	初育土	石灰（岩）土	黄色石灰土	黑色石灰土	薄层黄色石灰土	A	0—2		中砾质轻壤土		7.8	103.0	4.20	0.48	7.0	120	30.8	白云质灰岩坡积物	E 108°14′15.2″ N 27°27′38.2″	83
						B	2—24	灰黄色	多砾质轻壤土	核状	7.6	8.5	3.06	0.41	5.0	45	23.7			
						C	24—35	棕黄色	少砾质中壤土	核状	7.7	19.6	1.28	0.28	3.0	35	21.1			
剖46	人为土	潴育水稻土	黄泥田	黄泡泥田	A	0—18	灰黄色	中砾质轻壤土	核状	7.8	38.1	2.06	0.36	7.0	168	19.7	砂岩坡积物	E 108°12′01.8″ N 27°25′28.7″	85
						Ap	18—30	黄棕色	少砾质中壤土	块状	7.8	24.9	1.68	0.43	6.0	89	18.5			
						W₁	30—61	棕黄色	少砾质中壤土	核柱状	7.8	8.4	0.55	0.04	2.0	58	18.6			
						C	61—81	棕黄色	中黏土	大块状	7.8	5.2	0.66	0.08	2.0	52	18.2			
剖47	人为土	淹育水稻土	大泥田	苦大泥田	A	0—16	灰黄色	少砾质轻黏土	核块状	8.0	20.0	1.26	0.43	9.0	88	16.6	石灰岩残积物	E 108°07′34.7″ N 27°26′46.3″	96
						Ap	16—25	黄棕色	中黏土	块状	8.0	15.2	1.04	0.37	5.0	37	16.9			
						B	25—52	黄棕色	少砾质黏土	块状	7.8	9.7	0.80	0.38	8.0	37	16.6			
						C	52—100	黄棕色	中黏土	大块状	7.7	11.9	0.69	0.35	6.0	37	16.2			
剖48	初育土	石灰（岩）土	黑色石灰土	黑色石灰土	薄层黑色石灰土	A	0—3	灰黑色	重黏土	粒状	8.0	59.0	3.18	0.38	4.0	38	14.4	白云岩残积物	E 108°05′37.3″ N 27°25′04.4″	83
						B	3—15	黄棕色	重黏土	核状	7.6	27.1	1.11	0.27	5.0	41	8.7			
						C	15—39	黄棕色	中砾质中壤土	无明显结构	7.6	16.5	0.96	0.25	1.0	39	7.1			
剖49	铁铝土	黄壤	黄泥土	黄砂泥土	A	0—16	灰黄色	少砾质中壤土	核状	6.0	13.9	1.07	0.39	6.0	61	10.3	泥质页岩坡积物	E 108°00′30.6″ N 27°23′57.1″	94
						B	16—32	棕黄色	中砾质中壤土	块状	5.5	12.6	0.78	0.35	4.0	55	10.0			
						C	32—82	棕黄色	多砾质重壤土	块状	5.6	5.4	0.46	0.22	2.0	78	10.4			
剖50	铁铝土	黄壤	粗骨性黄壤	硅质粗骨性黄壤	黄砂石土	A	0—16	黄棕色	多砾质中壤土	粒状	6.9	18.4	1.05	0.22	7.0	73	11.0	石灰岩残积物	E 108°03′22.1″ N 27°23′28.7″	90
						B	16—36		多砾质中壤土	块状	7.3	11.8	0.55	0.14	微量	36	9.7			
						C	36—100		多砾质中壤土	块状	6.7	4.8	0.45	0.20	微量	37	7.7			
剖51	铁铝土	黄壤	黄壤	黄泥土	豆瓣泥土	A	0—12	灰黄色	轻砾质重壤土	核状	6.6	29.7	1.44	0.27	3.0	111	10.8	泥质硅岩黄色残积物	E 108°09′20.7″ N 27°23′02.0″	92
						C	12—29	黄色	轻砾质中壤土	核状	5.6	9.2	0.57	0.13	1.0	90	9.1			
剖52	铁铝土	黄壤性土	黄壤性土	硅质黄壤性土	薄层硅质黄壤性土	A	0—1	灰黄色	多砾质重壤土	粒状	6.0	48.8	2.16	0.17	8.0	224	14.2	砂岩坡积物	E 108°10′24.6″ N 27°20′35.2″	94
						B	1—3	灰黄色	轻砾质中壤土		6.0	46.4	2.17	0.27	7.0	225	11.8			
						C	3—37	黄色	中砾质中壤土	无明显结构	5.2	8.2	0.44	0.12	微量	113	7.6			

续表 Continued

剖面号 Soil profile	土纲 Soil order	土类 Soil great group	亚类 Soil subgroup	土属 Soil genus	土种 Soil species	土层码 Layer code	土层厚度 Depth/cm	颜色 Soil color	质地 Soil texture	土壤结构 Soil structure	pH	有机质 OM/(g/kg)	全氮 TN/(g/kg)	全磷 TP/(g/kg)	有效磷 AP/(mg/kg)	速效钾 AK/(mg/kg)	阳离子交换量 CEC/(cmol/kg)	土壤母质 Parent material	剖面点坐标 Profile coordinate	匹配指数 Matching index/%
剖53	人为土	水稻土	潴育水稻土	潮泥田	溪沟潮砂泥田	A	0—13	灰色	多砾质轻壤土	粒状	7.8	22.9	1.27	0.35	2.0	63	11.4	冲积物、洪积物	E 108°18′14.5″ N 27°28′25.5″	88
						Ap	13—24	灰黄色	多砾质中壤土	块状	7.8	19.2	1.07	0.31	2.0	55	10.9			
						W₁	24—67	黄棕色	重砾质土	单粒状	8.0	14.8	0.75	0.27	微量	52	10.0			
剖54	初育土	紫色土	钙质中性紫色土	紫色土	薄层紫色土	A	0—1	棕紫色	多砾质重壤土	粒状	7.4	97.3	4.13	0.58	9.0	414	41.1	钙质砂页岩坡积物	E 108°24′36.3″ N 27°28′03.6″	76
						AB	1—2	紫色	多砾质重壤土	粒状	7.6	63.4	1.58	0.41	4.0	210	37.1			
						B	2—18	紫色	中砾质轻黏土	块状	7.6	32.4	1.43	0.49	2.0	66	35.6			
						C	18—39	紫色	轻砾质土	无明显结构	8.0	9.9	0.61	0.86	1.0	57	20.2			
剖55	人为土	水稻土	淹育水稻土	大泥田	大泥田	A	0—17	灰黄色	多砾质重壤土	粒状	7.7	23.5	1.35	0.60	11.0	106	13.4	石灰岩坡积物	E 108°26′43.4″ N 27°27′32.4″	74
						Ap	17—35	黄黄色	少砾质重壤土	块状	7.7	19.4	1.26	0.47	5.0	58	14.6			
						3	35—85	棕黄色	少砾质重壤土	柱块状	8.0	12.7	0.87	0.42	7.0	83	11.9			
						C	85—100	黄色	少砾质重壤土	块状	8.1	7.4	0.76	0.45	7.0	84	11.9			
剖56	初育土	石灰(岩)土	黄色石灰土	黄色石灰土	薄层黄色石灰土	A	0—2		重壤土	粒状	7.2	119.0	5.06	0.37	6.0	271	38.4	白云质灰岩坡积物	E 108°22′19.3″ N 27°26′30.2″	93
						B	2—7		重壤土	块状	6.5	38.0	2.13	0.20	2.0	47	25.2			
						C	7—40		轻黏土	块状	6.0	16.9	1.53	0.29	1.0	40	21.9			
剖57	铁铝土	黄壤	黄壤	黄砂泥土	黄砂泥土	A	0—16	灰黄色	少砾质重壤土	粒状	6.9	18.4	1.05	0.22	7.0	73	11.0	砂岩坡积物	E 108°18′34.2″ N 27°24′21.6″	85
						B	16—36	黄褐色	少砾质重壤土	块状	7.3	11.8	0.55	0.14	微量	36	9.7			
						C	36—100	黄色	中砾质中壤土	块状	6.9	4.8	0.45	0.20	微量	37	7.7			
剖58	铁铝土	黄壤	黄壤	硅铝质黄壤	中层硅铝质黄壤	A	0—2		轻砾质重壤土		4.9	65.9	2.39	0.34	6.0	270	18.8	砂页岩坡积物	E 108°15′56.5″ N 27°24′01.8″	95
						B	2—25		轻砾质重壤土	粒状	4.0	34.5	1.75	0.39	3.0	94	16.7			
						C	25—51		中砾质重壤土	块状	4.7	21.6	1.28	0.46	2.0	75	16.3			
剖59	初育土	紫色土	酸性紫色土	酸性紫色砂土	中层酸性紫色砂土	A	0—3		多砾质重壤土		5.2	186.0	5.31	0.56	12.0	123	30.3	钙质砂页岩坡积物	E 108°20′08.8″ N 27°22′45.9″	85
						AB	3—12		轻砾质重壤土	块状	4.5	81.8	2.42	0.43	5.0	118	21.9			
						B	12—38		多砾质重壤土	块状	4.7	25.2	1.02	0.32	1.0	111	16.6			
						C	38—47		轻砾质重壤土		5.0	6.4	0.55	0.25	1.0	70	13.2			
剖60	铁铝土	黄壤	黄壤	黄砂泥土	黄油砂土	A	0—15	灰棕色	多砾质中壤土	粒状	6.2	21.3	1.47	0.34	24.0	326	12.7	砂岩坡积物	E 108°30′10.2″ N 27°26′53.8″	72
						B	15—27	棕色	多砾质重壤土	块状	5.5	15.5	1.17	0.42	12.0	168	11.3			
						C	27—66	棕黄色	多砾质重壤土	块状	5.5	14.7	1.04	0.43	4.0	77	12.0			

思 南 县

主要土类说明

黄壤是思南县主要土壤类型，占本县地域面积的 63%。黄壤发育于温暖湿润的亚热带气候条件下，集中分布在低中山和低山丘陵，含有较多水合氧化铁，土体多呈黄色，具 A-B-C 剖面构型。自然植被主要为常绿阔叶林。成土母质极其广泛，黏土矿物以蛭石为主，具有较强的脱硅富铝化过程，黏粒硅铝率为 1.5—2.7，林草地 pH 为 4.5—5.5，耕地 pH 为 5.6—7.0。

石灰（岩）土是思南县第二大土壤类型，占本县地域面积的 21%。石灰（岩）土为岩成土，主要发育于碳酸岩类出露区域。石灰（岩）土具有碳酸盐强烈淋失，硅、铁、铝相对聚集，有机质积累量高等特点，土层浅薄，多具 A-R 剖面构型，pH 为 6.5—8.5，游离碳酸钙含量一般为 1—100g/kg。

水稻土是思南县第三大土壤类型，占本县地域面积的 13%。水稻土是在水耕熟化和旱耕熟化交替影响下形成的土壤类型。成土过程具有氧化还原过程，水耕条件下铁锰发生强烈迁移。由于干湿交替，水稻土形成糊状的淹育层、较坚实板结的犁底层、渗育层、潴育层与潜育层等多种发生层。

小于本县地域面积 3% 的土壤类型有紫色土。

本区域中心区气候特征

本区域中心区气候特征值
Regional climate characteristics in central area of the region

气候带：中亚热带湿润气候 Climate region: Subtropical humid climate	
年平均气温 /℃ Annual average temperature /℃	15.6
年平均最高气温 /℃ Annual average maximum temperature /℃	20.0
年平均最低气温 /℃ Annual average minimum temperature /℃	12.6
年降水量 /mm Annual precipitation /mm	1203
≥10℃的积温 /℃ Daily temperature accumulated in a year（≥10℃）/℃	5658
年日照时数 /h Annual sunshine /h	1139
年平均相对湿度 /% Annual average relative humidity /%	80
干燥度 Dryness	0.77

本区域中心区月平均气温与月平均降水量
Monthly temperature and precipitation in central area of the region

思南县主要土壤类型与土壤剖面点分布图
1:250 000

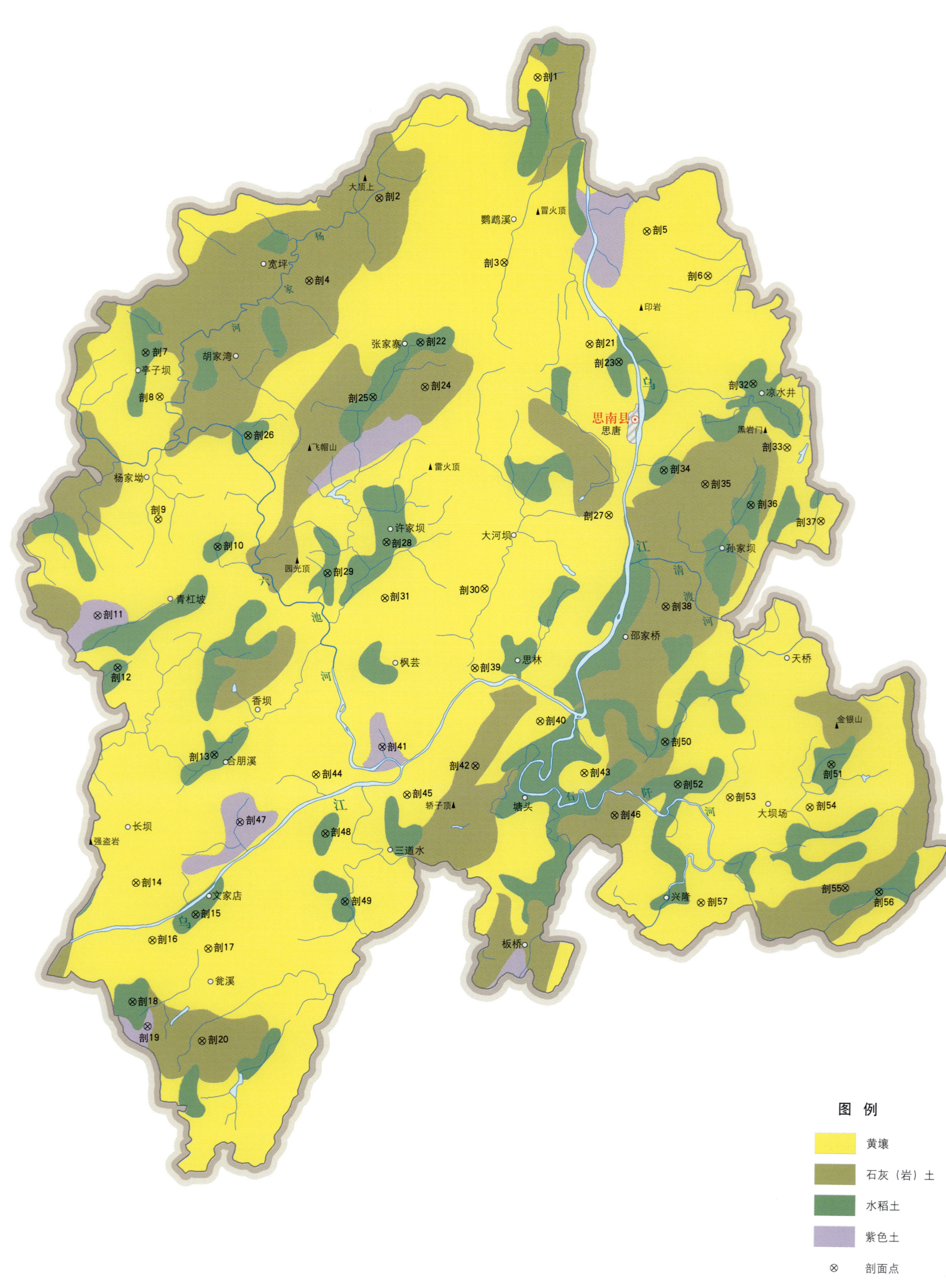

思南县土壤剖面理化性状表

剖面号 Soil profile	土纲 Soil order	土类 Soil great group	亚类 Soil subgroup	土属 Soil genus	土种 Soil species	土层码 Layer code	土层厚度 Depth/cm	颜色 Soil color	质地 Soil texture	土壤结构 Soil structure	pH	有机质 OM/(g/kg)	全氮 TN/(g/kg)	全磷 TP/(g/kg)	有效磷 AP/(mg/kg)	速效钾 AK/(mg/kg)	阳离子交换量 CEC/(cmol/kg)	土壤母质 Parent material	剖面点坐标 Profile coordinate	匹配指数 Matching index/%
剖1	铁铝土	黄壤	黄壤	硅质黄壤	中层硅质黄壤	1	0—4	褐灰色	少砾质中壤土	块状	4.7	33.1	1.23	0.24	6.0	111	10.9	砂岩坡积物	E 108°11′00.5″ N 28°07′50.6″	94
						2	4—20	灰棕色	少砾质中壤土	块状	4.9	18.6	0.86	0.21			9.2			
						3	20—80	黄色	少砾质中壤土	块状	5.1	8.4	0.43	0.20			9.2			
剖2	初育土	石灰(岩)土	黑色石灰土	黑色石灰土	薄层黑色石灰土	1	0—2	栗色	少砾质轻黏土	粒状	6.4	93.3	3.79	0.72	5.0	83	37.2	石灰岩坡积物	E 108°05′15.7″ N 28°03′43.9″	90
						2	2—15	褐色	少砾质重黏土	粒状	6.6	56.2	3.50	0.81			36.0			
						3	15—40	棕黄色	少砾质中黏土	小块状	6.7	32.7	1.84	0.61			31.1			
剖3	铁铝土	黄壤	黄壤	黄泥土	死黄泥土	1	0—15		少砾质中黏土	大块状	6.1	18.0	1.03	0.36	2.0	126	5.2	白云质灰岩坡积物	E 108°09′58.3″ N 28°01′44.8″	93
						2	15—19		轻黏土	块状	6.2	8.3	0.44	0.26			6.7			
						3	19—32		重黏土	块状	6.9	7.6	0.68	0.35			6.6			
						4	32—100		中黏土	块状	6.7	3.9	0.45	0.28			9.4			
剖4	初育土	石灰(岩)土	黄色石灰土	黄色石灰土	薄层黄色石灰土	1	0—8	棕黄色	少砾质重壤土	粒状	6.9	94.4	3.98	0.89	5.0	84	35.9	石灰岩坡积物	E 108°02′45.2″ N 28°00′57.6″	84
						2	8—14	棕色	轻黏土	块状	6.7	36.6	3.10	0.68			28.3			
						3	14—30	棕黄色	中黏土	块状	6.8	23.2	1.46	0.53			31.7			
剖5	铁铝土	黄壤	黄壤	硅质黄壤	薄腐中层硅质黄壤	A	0—4	褐灰色	中壤土	粒状	4.7	33.1	1.23	0.24	6.0	111	10.9	砂页岩坡积物	E 108°15′14.3″ N 28°02′54.5″	98
						B	4—20	棕褐色	中壤土	块状	4.4	18.6	0.86	0.21	微量		9.2			
						C	20—80	黄褐色	中壤土	小块状	5.1	8.4	0.43	0.20	微量		9.2			
剖6	铁铝土	黄壤	黄壤	黄砂泥土	黄油砂质黄壤	1	0—20		少砾质中黏土	粒状	5.6	19.6	1.57	0.59	12.0	53	13.1	石灰岩	E 108°17′33.4″ N 28°01′30.7″	82
						2	20—55		少砾质轻黏土	块状	6.2	13.7	1.03	0.53			14.9			
						3	55—100		中砾质中黏土	块状	6.6	5.6	0.85	0.50			17.5			
剖7	人为土	水稻土	潴育水稻土	黄泥田	黄泥田	1	0—18		少砾质中黏土	块状	6.6	30.8	1.31	0.97	15.0	190	12.8	砂页岩坡积物	E 107°56′46.0″ N 27°58′25.7″	81
						2	18—29		少砾质中黏土	块状	6.5	29.3	1.72	0.97			12.7			
						3	29—59		少砾质中黏土	块状	6.7	28.9	1.61	0.89			13.4			
						4	59—100		少砾质中黏土	块状	6.7	10.4	8.70	0.58			11.4			
剖8	铁铝土	黄壤	黄壤	铁铝质黄壤	厚层铁铝质黄壤	1	0—8	灰黄色	轻黏质土	块状	4.9	67.5	1.78	0.36	8.0	176	12.3	石灰岩坡积物	E 107°57′20.8″ N 27°56′59.9″	73
						2	8—40	橙黄色	中黏质土	块状	5.1	25.8	0.95	0.30			9.0			
						3	40—100	黄色	多砾质轻壤土	粒状	5.1	9.6	0.75	0.23			18.2			
剖9	铁铝土	黄壤	黄壤	黄砂泥土	黄砂泥土	1	0—15	黄灰色	中壤质土	块状	6.6	13.1	0.95	0.22	4.0	62	9.2	砂页岩坡积物	E 107°57′27.0″ N 27°52′59.2″	89
						2	15—31	暗黄色	中壤质土	小块状	6.4	15.6	0.87	0.25			12.0			
						3	31—62	棕黄色	中砾质中壤土	无明显结构	6.5	4.2	0.62	0.22			10.1			
剖10	人为土	水稻土	淹育水稻土	血肝泥土	马血泥田	1	0—16	灰黄色	中砾质中壤土	块状	5.5	22.4	1.46	0.34	8.0	83	13.1	石灰岩	E 107°59′40.9″ N 27°52′09.1″	78
						2	16—27	橙色	中砾质中壤土	梭状结构	5.5	18.7	1.40	0.43			9.4			
						3	27—100	灰黄色	少砾质中壤土	块状	6.8	12.2	0.66	0.40			10.5			
剖11	初育土	紫色土	酸性紫色土	酸性紫色砂土	薄腐薄层酸性紫色砂土	A	0—8		轻黏质土	粒状	5.3	18.1	1.27	0.42	2.0	102	11.3	石灰岩坡积物	E 107°55′19.6″ N 27°49′45.5″	95
						C	8—30		中壤质土	屑粒状	5.2	8.2	0.91	0.41			11.0			
剖12	人为土	水稻土	潴育水稻土	潮泥田	潮泥田	A	0—17		少砾质中黏土	块状	6.2	33.1	1.50	1.26	18.0	177	15.4	砂页岩坡积物	E 107°56′07.8″ N 27°48′04.0″	94
						P	17—22		重黏土	块状	6.6	30.7	1.26	0.84			15.9			
						W	22—32		重黏土	梭状块状	6.8	24.0	0.93	0.83			15.3			
						C	32—100		重黏土	块状	7.3	13.1	0.58	0.80			16.5			
剖13	人为土	水稻土	潴育水稻土	黄泥田	细偏砂泥田	1	0—18	浅灰色	轻黏土	块状	6.8	41.7	1.61	0.77	13.0	185	18.1	砂页岩坡积物	E 107°59′49.6″ N 27°45′19.1″	94
						2	18—27		中黏土	块状	6.9	39.1	1.22	0.71			24.3			
						3	27—66	灰色	轻黏土	块状	7.1	30.5	1.07	0.67			19.3			
						4	66—92	浅黄色	重壤土	块状	7.5	9.4	0.39	0.66			16.0			

续表 Continued

剖面号 Soil profile	土纲 Soil order	土类 Soil great group	亚类 Soil subgroup	土属 Soil genus	土种 Soil species	土层码 Layer code	土层厚度 Depth/cm	颜色 Soil color	质地 Soil texture	土壤结构 Soil structure	pH	有机质 OM/(g/kg)	全氮 TN/(g/kg)	全磷 TP/(g/kg)	有效磷 AP/(mg/kg)	速效钾 AK/(mg/kg)	阳离子交换量CEC/(cmol/kg)	土壤母质 Parent material	剖面点坐标 Profile coordinate	匹配指数 Matching index/%
剖14	铁铝土	黄壤	黄壤	胶泥土	白鳝泥土	1	0—15	灰黄色	少砾质中黏土	块状	8.0	11.0	1.09	0.43	2.0	88	25.4	泥页岩坡积物	E 107°57′05.8″ N 27°41′00.6″	85
						2	15—50	浅黄色	少砾质中黏土	块状	7.9	17.2	1.02	0.49			24.9			
						3	50—100	浅黄色	少砾质轻黏土	块状	7.8	10.1	0.99	0.36			25.4			
剖15	人为土	淹育水稻土	坡渣黄泥田	扁砂泥田		1	0—18		中砾质轻黏土	小块状	6.1	18.2	1.31	0.50	10.0	169	11.8	砂页岩坡积物	E 107°59′20.9″ N 27°40′02.3″	88
						2	18—22		轻黏土	块状	6.2	10.3	1.01	0.43			12.2			
						3	22—100		少砾质中壤土	块状	6.5	5.9	0.90	0.46			10.3			
剖16	铁铝土	黄壤	黄壤	黄泥土	黄壤土	1	0—17	棕色	少砾质轻黏土	小块状	6.6	23.8	1.34	0.43	4.0	93	15.5	石灰岩坡积物	E 107°57′46.4″ N 27°39′08.3″	70
						2	17—57	黄棕色	少砾质轻黏土	小块状	6.9	19.6	1.27	0.40			16.7			
						3	57—100	黄色	少砾质轻黏土	小块状	6.4	14.8	0.99	0.38			14.6			
剖17	铁铝土	黄壤	硅铝质黄壤	厚层硅铝质黄壤		1	0—5	灰褐色	轻黏土	黏状	5.1	28.8	0.87	0.35	6.0	358	11.8	砂页岩坡积物	E 107°59′51.4″ N 27°38′55.7″	81
						2	5—25	棕黄色	少砾质中壤土	块状	5.1	12.3	1.03	0.37			11.5			
						3	25—90	黄色	重黏土	块状	5.6	4.4	0.81	0.37			17.0			
剖18	人为土	淹育水稻土	大土泥田	黄大泥田		1	0—15	灰黄色	少砾质重壤土	块状	6.5	18.5	1.14	0.68	8.0	187	16.9	石灰岩	E 107°57′07.6″ N 27°37′05.2″	87
						2	15—21	灰黄色	少砾质中黏土	块状	6.8	16.7	1.26	0.56			17.1			
						3	21—26	黄色	少砾质轻黏土	块状	6.7	10.1	1.13	0.56			23.9			
						4	26—100	黄色	少砾质轻黏土	块状	6.6	10.2	0.91	0.63			21.5			
剖19	紫色土	酸性紫色土	酸性紫色土	厚层酸性紫色土		1	0—15	棕红色	中砾质土	粒状	5.0	13.8	1.06	1.48	4.0	119	19.7	页岩坡积物	E 107°57′42.7″ N 27°36′18.3″	77
						2	15—40	红棕色	轻砾质土	粒状	5.4	7.2	0.76	0.53			14.8			
						3	40—100	红棕色	砾质土	粒状	5.8	5.6	0.51	0.43			15.4			
剖20	初育土	石灰（岩）土	黑色石灰土	黑色石灰土	中层黑色石灰土	1	0—8	灰褐色	多砾质黏土	小块状	6.7	57.2	2.68	0.47	2.0	85	34.1	石灰岩坡积物	E 107°59′44.9″ N 27°35′53.5″	88
						2	8—16	棕灰色	多砾质黏土	块状	7.5	32.6	1.74	0.61			30.3			
						3	16—60	棕灰色	少砾质轻黏土	块状	7.1	38.7	2.05	0.64			29.0			
剖21	铁铝土	黄壤	硅铝质黄壤	薄层硅铝质黄壤		1	0—20	褐色	轻砾质黏土	小块状	8.1	30.2	1.64	0.48	2.0	128	28.2	砂页岩坡积物	E 108°13′14.4″ N 27°59′09.2″	81
						2	20—40	黄色	轻砾质轻黏土	块状	7.9	12.2	1.53	0.39			23.8			
剖22	人为土	潴育水稻土	黄泥田	细黄砂泥田		1	0—16	棕黄色	少砾质轻壤土	小块状	5.4	34.8	1.79	0.38	51.0	111	16.7	砂页岩坡积物	E 108°06′57.2″ N 27°59′02.8″	100
						2	16—20		少砾质轻壤土	棱柱状	6.1	33.3	1.85	0.37			15.2			
						3	20—47		中壤土	棱柱状	6.5	36.0	1.04	0.41			16.5			
						4	47—100		中壤土	棱柱状	7.1	12.5		0.42			14.1			
剖23	人为土	潴育水稻土	黄泥田	黄胶砂泥田		1	0—15	褐色	中壤土	块状	6.6	21.2	1.53	0.61	5.0	38	13.4	石灰岩坡积物	E 108°14′20.9″ N 27°58′35.7″	73
						2	16—20		轻壤土	块状	7.1	18.8	0.88	0.49			12.2			
						3	20—30		轻黏土	块状	6.4	24.8	0.58	0.59			14.6			
						4	30—100		中壤土	块状	6.6	11.2	0.63	0.50			14.1			
剖24	初育土	石灰（岩）土	大土泥田	岩泥土		1	0—15	褐色	少砾质中黏土		7.2	44.6	2.50	0.67	10.0	17	41.0	石灰岩坡积物	E 108°07′10.9″ N 27°57′35.3″	83
						2	15—70	黄色	少砾质中黏土		7.0	11.3	0.84	0.43			33.9			
剖25	人为土	淹育水稻土	大土泥田	大泥田		1	0—20	灰色	少砾质轻黏土	小块状	8.0	18.6	1.38	0.65		81	14.3	石灰岩	E 108°05′15.8″ N 27°57′12.5″	75
						2	20—26	浅黄色	少砾质轻黏土	小块状	7.8	12.7	1.01	0.40			16.0			
						3	26—45	黄灰色	中砾质中壤土	小块状	7.8	12.8	1.01	0.42			17.8			
						4	45—100	黄灰色	中砾质重壤土	小块状	7.5	6.5	0.71	0.38			11.9			
剖26	人为土	淹育水稻土	坡垯黄泥田	黄砂泥田		1	0—16		中壤土	块状	5.8	12.0	0.59	0.40	5.0		7.6	砂页岩坡积物	E 108°14′40.7″ N 27°55′49.4″	94
						2	16—23	灰棕色	中壤土	块状	6.5	8.5	0.59	0.42			8.2			
						3	23—80	灰棕色	轻壤土	块状	6.1	4.0	0.56	0.28			6.3			
剖27	铁铝土	黄壤	黄壤	黄泥土	小黄泥土	1	0—19	橙色	少砾质轻壤土	小块状	6.7	20.1	0.98	0.64	16.0	364	16.5	白云质灰岩坡积物	E 108°14′09.6″ N 27°53′35.2″	91
						2	19—31		少砾质中黏土	小块状	6.6	15.5	0.66	0.83			12.1			
						3	31—100		少砾质中黏土	小块状	6.2	14.2	0.74	0.71			16.2			

续表 Continued

剖面号 Soil profile	土纲 Soil order	土类 Soil great group	亚类 Soil subgroup	土属 Soil genus	土种 Soil species	土层码 Layer code	土层厚度 Depth/cm	颜色 Soil color	质地 Soil texture	土壤结构 Soil structure	pH	有机质 OM/(g/kg)	全氮 TN/(g/kg)	全磷 TP/(g/kg)	有效磷 AP/(mg/kg)	速效钾 AK/(mg/kg)	阴离子交换量CEC/(cmol/kg)	土壤母质 Parent material	剖面点坐标 Profile coordinate	匹配指数 Matching index/%
剖28	人为土	水稻土	潴育水稻土	大眼泥田	大眼泥田	1	0—15	灰黄色	少砾质轻黏土	小块状	7.8	30.0	1.65	0.54	7.0	84	20.5	石灰岩坡积物	E 108°05′56.7″ N 27°52′28.5″	81
						2	15—28	黄色	少砾质轻黏土	大块状	7.7	18.9	1.23	0.80			20.9			
						3	28—83	黄色	少砾质轻黏土	块状	7.8	26.5	1.81	0.80			16.2			
						4	83—100	黄白色	少砾质重黏土	块状	7.3	16.1	1.14	0.62			13.9			
剖29	人为土	水稻土	潴育水稻土	黄泥田	小黄泥田	1	0—19		少砾质中黏土	小块状	6.5	28.0	1.62	1.24	18.0	160	11.3	石灰岩坡积物	E 108°03′47.9″ N 27°51′23.6″	72
						2	19—21		中砾质中黏土	小块状	6.8	26.0	1.45	1.52			12.1			
						3	21—56		中砾质中黏土	大块状	6.9	23.7	1.16	0.82			11.0			
						4	56—100		多砾质重黏土	大块状	6.7	8.1	0.72	9.00			12.0			
剖30	铁铝土	黄壤	黄壤性土	硅铝质黄壤性土	中层硅铝质黄壤性土	1	0—11	灰黄色	多砾质中壤土	团块状	6.1	42.0	1.28	0.51	4.0	242	17.6	砂页岩坡积物	E 108°09′38.2″ N 27°51′02.5″	100
						2	11—45	灰黄色	轻砾质黏土	团块状	5.5	8.7	0.88	0.52			13.4			
						3	45—70	灰黄色	中砾质黏土	团块状	5.3	7.3	0.78	0.56			15.1			
剖31	铁铝土	黄壤	黄壤	石砂土	石渣子土	1	0—17	灰褐色	中砾质黏土	粒状	6.9	30.3	1.49	0.78	12.0	223	15.2	砂页岩冲积物	E 108°05′57.1″ N 27°50′37.7″	90
						2	17—100	棕褐色	中砾质黏土	粒状	6.7	7.2	0.77	0.43			14.0			
剖32	人为土	水稻土	潴育水稻土	大眼泥田	龙凤大眼泥田	1	0—31	暗灰色	多砾质重壤土	粒状	7.7	67.6	3.20	0.50	10.0	181	16.6	石灰岩坡积物	E 108°19′22.1″ N 27°58′00.8″	70
						2	31—38	黄灰色	中砾质轻黏土	棱柱状	7.6	30.2	1.67	0.56			17.6			
						3	38—65	黄灰色	中砾质轻黏土	块状	6.9	27.6	1.56	0.57			15.9			
						4	65—100	黄色	轻砾质轻黏土	大块状	7.5	5.6	0.73	0.55			14.2			
剖33	铁铝土	黄壤	黄壤	铁铝质黄壤	中层铁铝质黄壤	1	0—4	黄色	多砾质轻黏土	团块状	6.0	25.8	1.06	0.36	1.0	97	12.1	石灰岩坡积物	E 108°20′41.5″ N 27°55′58.1″	76
						2	4—30	黄色	中砾质轻黏土	小块状	6.4	13.0	0.95	0.33			13.3			
						3	30—80	黄色	中砾质黏土	块状	6.5	13.3	0.80	0.33			11.6			
剖34	人为土	水稻土	淹育水稻土	坡塝黄泥田	火石砂田	1	0—15	棕褐色	多砾质黏土	块状	6.6	25.5	1.65	0.51	2.0	149	11.7	缝夹灰岩坡积物	E 108°16′08.8″ N 27°55′06.2″	97
						2	15—19	棕褐色	轻砾质黏土	块状	6.9	26.9	1.49	0.53			11.3			
						3	19—100	黄褐色	中砾质黏土	块状	7.1	10.6	1.23	0.35			19.3			
剖35	铁铝土	黄色石灰土	淋溶黄色石灰土	中层淋溶黄色石灰土	1	0—2	栗色	轻黏土	块状	8.7	80.1	2.80	0.62	1.0	100	37.8	石灰岩坡积物	E 108°17′41.6″ N 27°54′41.4″	79
						2	2—20	棕灰色	中黏土	小块状	6.8	28.3	1.36	0.58			36.4			
						3	20—60	棕灰色	黏土	块状	6.9	20.2	1.48	0.64			19.7			
剖36	初育土	石灰(岩)土	黄色石灰土	淋溶黄色石灰土	薄层淋溶黄色石灰土	1	0—15	灰灰色	轻黏土	小块状	7.2	22.3	1.50	0.45	5.0	120	20.2	白云质灰岩	E 108°19′24.6″ N 27°54′03.2″	82
						2	15—20	黄黄色	轻砾质黏土	块状	7.3	16.3	1.42	0.39			18.4			
						3	20—53	黄黄色	轻砾质黏土	棱柱状	6.8	15.9	1.33	0.37			17.8			
						4	53—100	灰灰色	多砾质重黏土	棱柱状	6.8	11.3	0.92	0.35			16.2			
剖37	铁铝土	黄壤	黄壤	硅质黄壤	中层硅铝质黄壤	1	0—6	黄黄色	中砾质重黏土	块状	5.7	39.6	1.50	0.37	6.0	190	19.8	石灰岩坡积物	E 108°22′01.6″ N 27°53′35.7″	82
						2	6—48	黄灰色	中砾质重黏土	块状	6.0	9.7	0.76	0.26			32.4			
剖38	初育土	石灰(岩)土	黄色石灰土	淋溶黄色石灰土	薄层淋溶黄色石灰土	1	0—7	黑黑色	中层质重黏土	小块状	6.8	79.3	3.82	0.70	4.0	88	30.9	砂页岩坡积物	E 108°16′22.4″ N 27°50′38.0″	72
						2	7—35	棕黄色	轻壤土	块状	6.8	35.0	2.03	0.61			15.3			
剖39	铁铝土	黄壤	黄壤	大土泥田	扁砂土	1	0—10	青黄色	多砾质黏土	小块状	6.2	17.2	1.32	0.52	3.0	183	15.3	砂页岩坡积物	E 108°09′22.6″ N 27°48′26.0″	90
						2	10—20	褐黄色	多砾质黏土	块状	5.9	20.7	1.47	0.48			15.3			
						3	20—35	黄黄色	多砾质黏土	块状	5.2	17.3	1.32	0.51			13.7			
剖40	铁铝土	黄壤	黄壤	硅铝质黄壤	中层硅铝质黄壤	1	0—4	黄黄色	多砾质重黏土	块状	5.7	34.2	1.89	0.30	2.0	273	17.5	砂页岩坡积物	E 108°11′51.4″ N 27°46′45.5″	73
						2	4—30	黄灰色	多砾质重黏土	块状	5.8	11.1	0.91	0.32			14.4			
						3	30—75	黄棕色	重黏土	块状	5.9	9.7	0.79	0.30			11.2			
剖41	初育土	紫色土	酸性紫色土	酸性紫色土	薄层酸性紫色土	1	0—8	紫红色	轻砾质黏土	粒状	5.3	18.1	1.27	0.42	2.0	102	11.3	页岩坡积物	E 108°06′02.2″ N 27°45′45.0″	82
						2	8—30	紫色	中黏土	块状	5.2	8.2	0.91	0.41			11.0			
剖42	初育土	石灰(岩)土	大土泥田	小土泥田	小土泥田	1	0—17	暗红色	多砾质轻黏土	块状	6.7	22.8	1.58	0.50	4.0	76	22.5	石灰岩坡积物	E 108°09′31.0″ N 27°45′13.7″	80
						2	17—59	暗黄色	多砾质轻黏土	块状	7.1	13.5	1.07	0.43			26.7			
剖43	铁铝土	黄壤	黄壤	铁铝质黄壤	薄层铁铝质黄壤	1	0—5	浅黄色	多砾质中黏土	小块状	6.5	16.4	0.92	0.41	3.0	168	8.4	石灰岩坡积物	E 108°13′33.5″ N 27°45′06.4″	74
						2	5—13	黄黄色	多砾质中黏土	块状	6.7	5.2	0.64	0.41			13.2			

续表 Continued

剖面号 Soil profile	土纲 Soil order	土类 Soil great group	亚类 Soil subgroup	土属 Soil genus	土种 Soil species	土层码 Layer code	土层厚度 Depth/cm	颜色 Soil color	质地 Soil texture	土壤结构 Soil structure	pH	有机质 OM/(g/kg)	全氮 TN/(g/kg)	全磷 TP/(g/kg)	有效磷 AP/(mg/kg)	速效钾 AK/(mg/kg)	阳离子交换量CEC/(cmol/kg)	土壤母质 Parent material	剖面点坐标 Profile coordinate	匹配指数 Matching index/%
剖44	铁铝土	黄壤	黄壤性土	硅铝质黄壤性土	薄层硅铝质黄壤性土	1	0-15	褐色	轻砾质土	团状	5.9	30.7	1.12	0.64	7.0	59	15.0	砂页岩坡积物	E 108°03′37.6″ N 27°44′46.7″	78
						2	15-29	棕色	多砾质中壤土	团状	6.3	14.5	0.99	0.65			12.5			
剖45	铁铝土	黄壤	黄壤	硅质黄壤	厚层硅质黄壤	1	0-4	棕红色	少砾质中壤土	小块状	5.0	37.9	0.75	0.69	5.0	80	8.1	砂岩坡积物	E 108°07′01.2″ N 27°44′12.1″	81
						2	4-25	棕红色	中壤土	小块状	4.8	20.0	0.74	0.28			8.7			
						3	25-85	棕灰色	少砾质中壤土	块状	5.6	7.4	0.53	0.25			10.0			
剖46	初育土	石灰(岩)土	大土泥土	大土泥土	黑油砂土	1	0-18	黑色	中砾质轻黏土	粒状	7.0	94.2	3.80	0.59	6.0	77	32.3	石灰岩坡积物	E 108°14′43.8″ N 27°43′44.4″	95
						2	18-36	棕黄色	多砾质重黏土	粒状	6.5	33.5	1.73	0.48			15.1			
						3	36-100	黄色	轻黏土	块状	6.5	11.0	0.89	0.37			10.7			
剖47	初育土	紫色土	酸性紫色土	酸性紫色砂土	薄层酸性紫色砂土	1	0-5	紫色	中砾质中壤土	块状	5.5	38.5	1.33	0.69	6.0	87	11.4	砂页岩坡积物	E 108°00′51.8″ N 27°43′07.6″	90
						2	5-38	紫色	中砾质中壤土	块状	5.4	5.7	0.56	0.40			9.8			
剖48	人为土	水稻土	淹育水稻土	坡岗黄泥田	黄石砂田	1	0-15	浅灰色	轻砾质泥	块状	7.5	23.8	1.52	0.34	8.0	87	16.5	砂页岩	E 108°04′02.6″ N 27°42′50.8″	83
						2	15-23	浅灰色	轻砾质泥	小块状	7.6	21.6	1.24	0.46			11.9			
						3	23-40	灰黄色	轻砾质泥	块状	7.6	16.3	1.20	0.47			10.9			
						4	40-100	黄色	多砾质重壤土	小块状	7.7	5.6	0.73	0.37			8.1			
剖49	人为土	水稻土	淹育水稻土	坡岗黄泥田	赛黄泥田	1	0-14		少砾质中黏土	粒状	6.8	21.3	1.36	0.84	8.0	125	17.6	石灰岩坡积物	E 108°04′51.2″ N 27°40′37.6″	98
						2	14-23		少砾质中黏土	块状	6.8	20.0	1.10	0.83			20.2			
						3	23-81		中砾质中黏土	块状	5.3	19.9	1.34	0.73			19.6			
剖50	人为土	水稻土	潴育水稻土	潮泥田	潮泥田	1	0-18	浅灰色	中壤土	粒状	6.1	25.7	1.36	0.38	6.0	167	8.2	冲积物	E 108°16′30.4″ N 27°46′12.7″	94
						2	18-49	灰黄色	重壤土	块状	6.2	19.9	1.25	0.37			9.2			
						3	49-64	浅黄色	中壤土	块状	6.7	10.0	0.68	0.36			8.0			
						4	64-100	灰黄色	轻壤土	块状	7.0	19.3	0.74	0.55			10.5			
剖51	人为土	水稻土	潴育水稻土	潮泥田	潮泥田	1	0-17	灰色	少砾质轻黏土	散状	6.2	33.1	1.50	1.26	18.0	177	15.4	冲积物	E 108°22′41.9″ N 27°45′37.8″	99
						2	17-22	黄黄色	重壤土	棱柱状	6.6	30.7	1.26	0.84			15.9			
						3	22-32	灰棕色	重黏土	块状	6.8	24.0	0.95	0.83			15.3			
						4	32-100	灰黄色	重壤土	块状	7.3	13.1	0.58	0.80			16.5			
剖52	人为土	水稻土	潴育水稻土	潮泥田	黑潮泥田	1	0-20	暗黄色	轻砾质中壤土	粒状	6.3	26.9	1.53	0.60	92.0	110	17.8	冲积物	E 108°17′02.0″ N 27°44′49.4″	80
						2	20-27	暗黄色	少砾质中黏土	粒状	6.4	24.0	1.58	0.54			17.2			
						3	27-62	灰黄色	少砾质轻壤土	小块状	6.6	16.3	1.41	0.56			17.0			
						4	62-100	黄色	中砾质中黏土	小块状	6.8	9.1	0.96	0.58			17.5			
剖53	铁铝土	黄壤	黄壤	石砂土	白砂土	1	0-12	灰色	多砾质轻壤土	粒状	7.9	25.5	1.20	0.44	9.0	126	14.0	砂页岩坡积物	E 108°18′59.9″ N 27°44′26.5″	74
						2	12-70	黄棕色	多砾质重黏土	块状	7.8	16.8	0.86	0.48			11.1			
剖54	铁铝土	黄壤	黄壤	黄泥土	死黄泥土	1	0-13	黄色	轻黏土	块状	6.4	17.4	1.29	0.46	3.0	120	8.5	白云质灰岩、石灰岩坡积物	E 108°21′57.1″ N 27°44′12.0″	71
						2	13-16	黄棕色	轻黏土	块状	6.5	11.0	0.93	0.60			12.5			
						3	16-26	黄棕色	少砾质中黏土	块状	6.6	5.0	0.93	0.31			10.9			
						4	26-100	黄色	中黏土	块状	6.7	4.7	0.98	0.54			15.3			
剖55	初育土	石灰(岩)土	大土泥土	大土泥土	黑潮泥田	1	0-18	灰棕色	多砾质中黏土	粒状	6.8	20.6	1.20	0.43	6.0	85	15.7	石灰岩坡积物	E 108°23′21.7″ N 27°41′34.9″	75
						2	18-55	浅灰色	多砾质重黏土	粒状	7.6	18.8	1.15	0.89			28.5			
						3	55-100	浅黄色	多砾质重黏土	块状	7.3	19.3	1.38	0.62			24.1			
剖56	人为土	水稻土	潴育水稻土	黄泥田	黄油砂泥田	1	0-15	灰黄色	少砾质重壤土	小块状	5.8	21.5	1.39	0.35	9.0	242	10.9	砂页岩坡积物	E 108°24′36.9″ N 27°41′29.7″	76
						2	15-19	浅黄色	轻黏土	小块状	6.3	16.1	1.22	0.35			11.2			
						3	19-39	灰黄色	中砾质中黏土	块状	6.8	9.0	0.89	0.36			10.8			
						4	39-100	黄色	少砾质中黏土	小块状	6.9	6.5	0.78	0.32			10.6			
剖57	铁铝土	黄壤	黄壤	灰泡黄泥土	灰泡黄泥土	1	0-16	灰黄色	少砾质轻黏土	小块状	6.3	32.6	1.91	0.73	3.0	104	18.2	鳞石灰岩坡积物	E 108°18′02.6″ N 27°40′57.5″	79
						2	16-27		少砾质轻黏土	小块状	6.5	27.4	2.00	0.56			17.6			
						3	27-100		少砾质轻黏土	小块状	6.6	19.0	1.20	0.47			11.2			

印江土家族苗族自治县

主要土类说明

黄壤是印江土家族苗族自治县主要土壤类型，占本县地域面积的 63%。黄壤发育于温暖湿润的亚热带气候条件下，集中分布在低中山和低山丘陵，含有较多水合氧化铁，土体多呈黄色，具 A-B-C 剖面构型。自然植被主要为常绿阔叶林。成土母质极其广泛，黏土矿物以蛭石为主，具有较强的脱硅富铝化过程，黏粒硅铝率为 1.5—2.7，林草地 pH 为 4.5—5.5，耕地 pH 为 5.6—7.0。

石灰（岩）土是印江土家族苗族自治县第二大土壤类型，占本县地域面积的 15%。石灰（岩）土为岩成土，主要发育于碳酸岩类出露区域。石灰（岩）土具有碳酸盐强烈淋失，硅、铁、铝相对聚集，有机质积累量高等特点，土层浅薄，多具 A-R 剖面构型，pH 为 6.5—8.5，游离碳酸钙含量一般为 1—100g/kg。

水稻土是印江土家族苗族自治县第三大土壤类型，占本县地域面积的 14%。水稻土是在水耕熟化和旱耕熟化交替影响下形成的土壤类型。成土过程具有氧化还原过程，水耕条件下铁锰发生强烈迁移。由于干湿交替，水稻土形成糊状的淹育层、较坚实板结的犁底层、渗育层、潴育层与潜育层等多种发生层。

黄棕壤占本县地域面积的 6%，发育于海拔较高的山地。自然植被为落叶阔叶与常绿阔叶混交林及针阔叶混交林。成土母质十分广泛，黏土矿物以 2∶1 型为主，具有弱的脱硅富铝化过程和较强的黏化作用，黏粒硅铝率为 1.6—2.5。该土壤具 A-B-C 剖面构型，林草地 pH 为 3.5—5.8，耕地 pH 为 4.0—8.5。

小于本县地域面积 3% 的土壤类型有紫色土和山地草甸土。

本区域中心区气候特征

本区域中心区气候特征值
Regional climate characteristics in central area of the region

气候带：中亚热带湿润气候 Climate region: Subtropical humid climate	
年平均气温 /℃ Annual average temperature /℃	15.7
年平均最高气温 /℃ Annual average maximum temperature /℃	20.1
年平均最低气温 /℃ Annual average minimum temperature /℃	12.6
年降水量 /mm Annual precipitation /mm	1238
≥ 10℃的积温 /℃ Daily temperature accumulated in a year（≥ 10℃）/℃	5664
年日照时数 /h Annual sunshine /h	1208
年平均相对湿度 /% Annual average relative humidity /%	80
干燥度 Dryness	0.75

本区域中心区月平均气温与月平均降水量
Monthly temperature and precipitation in central area of the region

印江土家族苗族自治县主要土壤类型与土壤剖面点分布图
1 : 280 000

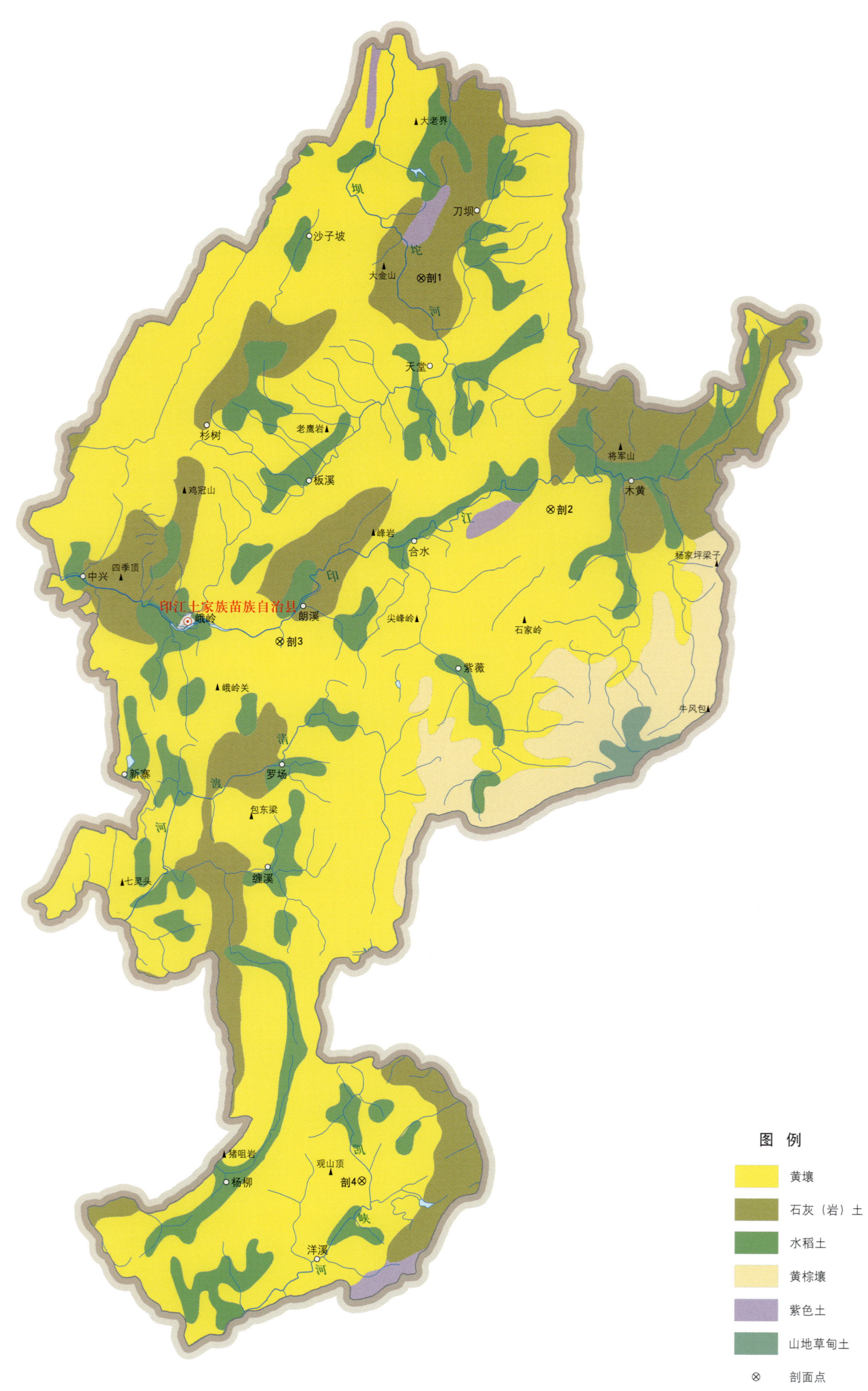

印江土家族苗族自治县土壤剖面理化性状表

剖面号 Soil profile	土纲 Soil order	土类 Soil great group	亚类 Soil subgroup	土属 Soil genus	土种 Soil species	土层码 Layer code	土层厚度 Depth/cm	质地 Soil texture	土壤结构 Soil structure	pH	有机质 OM/(g/kg)	全氮 TN/(g/kg)	全磷 TP/(g/kg)	有效磷 AP/(mg/kg)	速效钾 AK/(mg/kg)	阳离子交换量 CEC/(cmol/kg)	剖面点坐标 Profile coordinate	匹配指数 Matching index/%
剖1	初育土	石灰(岩)土	黄色石灰土	黄色石灰土	白云砂土	A	0—12	轻砾质土	粒状	7.9	28.3	1.97	0.60	7.0	102	16.1	E 108°32′57.0″ N 28°11′59.6″	85
						B	12—54	多砾质中壤土	小块状	8.2	18.4	1.28	0.67					
						C	54—70	轻砾质土	粒状	8.2	13.6	1.03	0.49					
剖2	铁铝土	黄壤	粗骨性黄壤	硅质粗骨性黄壤	薄腐薄层硅质粗骨性黄壤	A	0—12	重砾质土	无明显结构	4.6	32.4	3.77	0.34	2.0	176	19.9	E 108°38′11.4″ N 28°04′08.8″	88
						BC	12—30	中砾质土	小块状	4.6	29.9	1.19	0.34	微量				
						C	30—80	砂壤土	小块状	5.0	8.4	0.62	0.27	微量				
剖3	铁铝土	黄壤	黄壤	硅质黄壤	豆面泥土	A	0—16	中壤土	粒状	4.2	11.0	0.75	0.17	2.0	80	4.6	E 108°27′45.7″ N 27°59′25.1″	75
						B	16—42	中壤土	粒状	3.8	9.3	0.63	0.15					
						C	42—100	轻砾质土	粒状	3.6	5.0	0.49	0.15					
剖4	铁铝土	黄壤	黄壤	铁铝质黄壤	薄腐厚层铁铝质黄壤	Ao	0—2	轻黏土	块状	5.9	45.7	2.27	2.28	2.0	160	11.9	E 108°31′26.5″ N 27°40′57.8″	89
						A	2—15	轻黏土	块状	5.9	25.3	1.51	0.25					
						B	15—32	轻黏土	块状	5.8	9.6	0.83	0.23					
						C	32—100	轻黏土	块状	5.5	5.3	0.63	0.23					

德 江 县

主要土类说明

黄壤是德江县主要土壤类型，占本县地域面积的 71%。黄壤发育于温暖湿润的亚热带气候条件下，集中分布在低中山和低山丘陵，含有较多水合氧化铁，土体多呈黄色，具 A-B-C 剖面构型。自然植被主要为常绿阔叶林。成土母质极其广泛，黏土矿物以蛭石为主，具有较强的脱硅富铝化过程，黏粒硅铝率为 1.5—2.7，林草地 pH 为 4.5—5.5，耕地 pH 为 5.6—7.0。

石灰（岩）土是德江县第二大土壤类型，占本县地域面积的 16%。石灰（岩）土为岩成土，主要发育于碳酸岩类出露区域。石灰（岩）土具有碳酸盐强烈淋失，硅、铁、铝相对聚集，有机质积累量高等特点，土层浅薄，多具 A-R 剖面构型，pH 为 6.5—8.5，游离碳酸钙含量一般为 1—100g/kg。

水稻土是德江县第三大土壤类型，占本县地域面积的 11%。水稻土是在水耕熟化和旱耕熟化交替影响下形成的土壤类型。成土过程具有氧化还原过程，水耕条件下铁锰发生强烈迁移。由于干湿交替，水稻土形成糊状的淹育层、较坚实板结的犁底层、渗育层、潴育层与潜育层等多种发生层。

小于本县地域面积 3% 的土壤类型有紫色土、黄棕壤和粗骨土。

本区域中心区气候特征

本区域中心区气候特征值
Regional climate characteristics in central area of the region

气候带：中亚热带湿润气候 Climate region: Subtropical humid climate	
年平均气温 /℃ Annual average temperature /℃	15.5
年平均最高气温 /℃ Annual average maximum temperature /℃	19.9
年平均最低气温 /℃ Annual average minimum temperature /℃	12.5
年降水量 /mm Annual precipitation /mm	1221
≥10℃的积温 /℃ Daily temperature accumulated in a year (≥10℃) /℃	5648
年日照时数 /h Annual sunshine /h	1098
年平均相对湿度 /% Annual average relative humidity /%	80
干燥度 Dryness	0.75

德江县主要土壤类型与土壤剖面点分布图
1:280 000

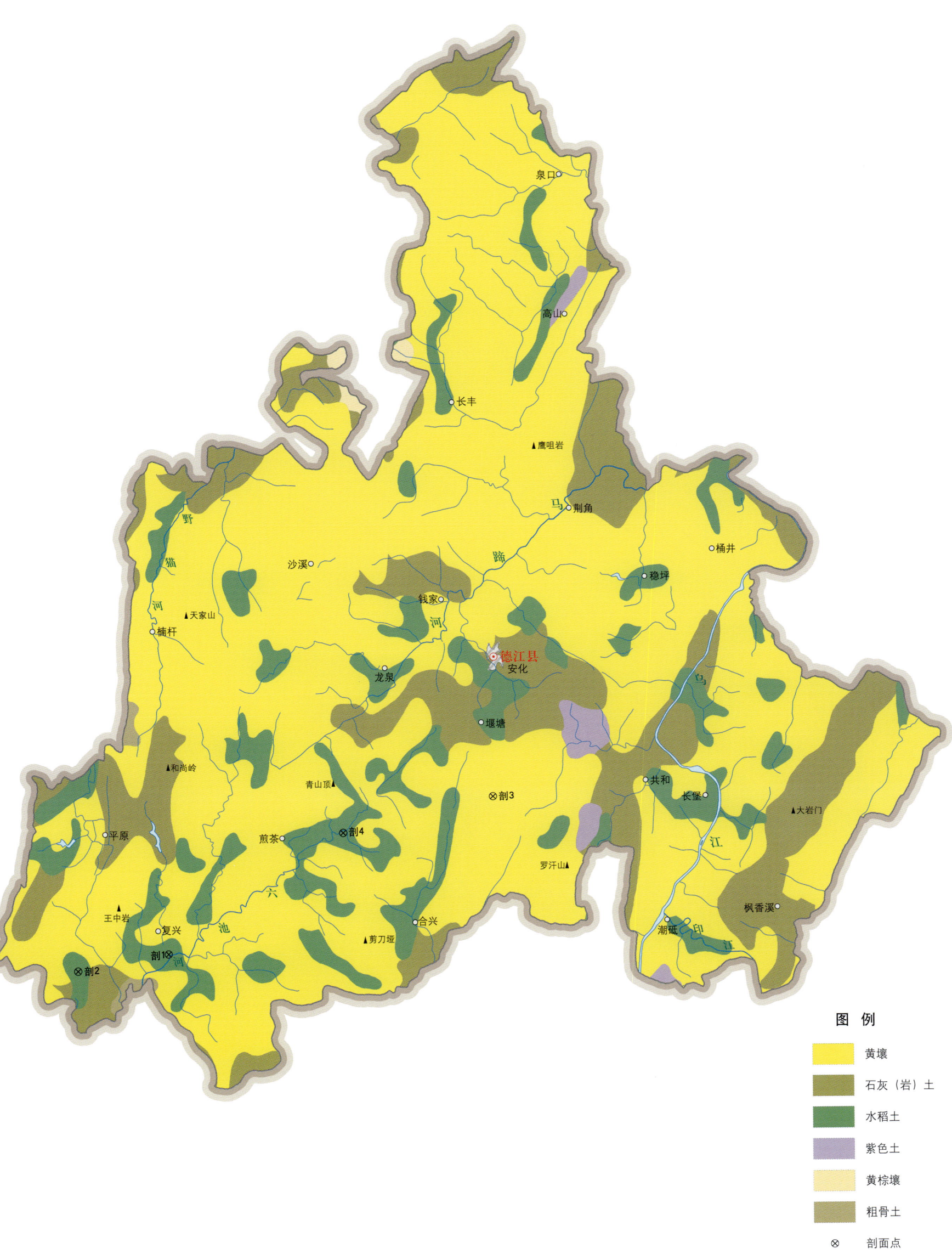

德江县土壤剖面理化性状表

剖面号 Soil profile	土纲 Soil order	土类 Soil great group	亚类 Soil subgroup	土属 Soil genus	土种 Soil species	土层码 Layer code	土层厚度 Depth/cm	质地 Soil texture	土壤结构 Soil structure	pH	有机质 OM/(g/kg)	全氮 TN/(g/kg)	全磷 TP/(g/kg)	有效磷 AP/(mg/kg)	速效钾 AK/(mg/kg)	阳离子交换量 CEC/(cmol/kg)	剖面点坐标 Profile coordinate	匹配指数 Matching index/%
剖1	人为土	水稻土	渗育水稻土	渗育大土泥田	火石子田	A	0—15	多砾质砂土		6.3	8.0	0.56	0.24	5.0	108	6.8	E 107°53′34.4″ N 28°04′45.8″	89
						P	15—23	多砾质重壤土		7.3	7.6	0.32	0.11	1.0	170	8.1		
						C	23—54	多砾质轻黏土		6.5	1.9	0.37	0.21	1.0	146	7.8		
剖2	人为土	水稻土	渗育水稻土	渗育黄泥田	豆面泥田	A	0—16		粒状	5.3	22.7	1.35	0.29	8.0	31	6.9	E 107°49′51.2″ N 28°04′05.7″	88
						P	16—23		块状	5.7	20.2	1.09	0.26	8.0	43	7.0		
						C	23—100		小块状	6.1	16.9	0.98	0.31	8.0	31	6.5		
剖3	铁铝土	黄壤	黄壤	铁铝质黄壤	黄泥土	A	0—15	轻黏土	小块状	4.3	18.5	1.01	0.31	7.0	82	11.5	E 108°06′50.6″ N 28°10′42.7″	89
						B	15—35	重黏土	块状	4.4	18.5	0.94	0.24	8.0	41	11.1		
						C	35—100	重黏土	块状	4.4	16.1	0.74	0.13	6.0	40	11.2		
剖4	人为土	水稻土	潴育水稻土	大眼泥田	麻枯泥田	A	0—16	少砾质轻黏土		6.7	19.8	0.99	0.47	17.2	38	10.8	E 108°00′41.3″ N 28°09′16.6″	90
						P	16—21	少砾质轻黏土		7.5	12.6	1.02	0.51	13.4	33	10.1		
						Wg	21—80	轻黏土		7.4	8.7	0.65	0.32	12.9	37	10.0		
						C	80—100	少砾质轻黏土		7.0	4.8	0.30	0.34	12.1	39	10.6		

沿河土家族自治县

主要土类说明

黄壤是沿河土家族自治县主要土壤类型，占本县地域面积的65%。黄壤发育于温暖湿润的亚热带气候条件下，集中分布在低中山和低山丘陵，含有较多水合氧化铁，土体多呈黄色，具A-B-C剖面构型。自然植被主要为常绿阔叶林。成土母质极其广泛，黏土矿物以蛭石为主，具有较强的脱硅富铝化过程，黏粒硅铝率为1.5—2.7，林草地pH为4.5—5.5，耕地pH为5.6—7.0。

石灰（岩）土是沿河土家族自治县第二大土壤类型，占本县地域面积的21%。石灰（岩）土为岩成土，主要发育于碳酸岩类出露区域。石灰（岩）土具有碳酸盐强烈淋失，硅、铁、铝相对聚集，有机质积累量高等特点，土层浅薄，多具A-R剖面构型，pH为6.5—8.5，游离碳酸钙含量一般为1—100g/kg。

水稻土是沿河土家族自治县第三大土壤类型，占本县地域面积的13%。水稻土是在水耕熟化和旱耕熟化交替影响下形成的土壤类型。成土过程具有氧化还原过程，水耕条件下铁锰发生强烈迁移。由于干湿交替，水稻土形成糊状的淹育层、较坚实板结的犁底层、渗育层、潴育层与潜育层等多种发生层。

小于本县地域面积3%的土壤类型有紫色土。

本区域中心区气候特征

本区域中心区气候特征值
Regional climate characteristics in central area of the region

气候带：中亚热带湿润气候 Climate region: Subtropical humid climate	
年平均气温 /℃ Annual average temperature /℃	15.3
年平均最高气温 /℃ Annual average maximum temperature /℃	19.7
年平均最低气温 /℃ Annual average minimum temperature /℃	12.3
年降水量 /mm Annual precipitation /mm	1262
≥10℃的积温 /℃ Daily temperature accumulated in a year（≥10℃）/℃	5597
年日照时数 /h Annual sunshine /h	1107
年平均相对湿度 /% Annual average relative humidity /%	80
干燥度 Dryness	0.72

本区域中心区月平均气温与月平均降水量
Monthly temperature and precipitation in central area of the region

沿河土家族自治县主要土壤类型与土壤剖面点分布图
1 : 330 000

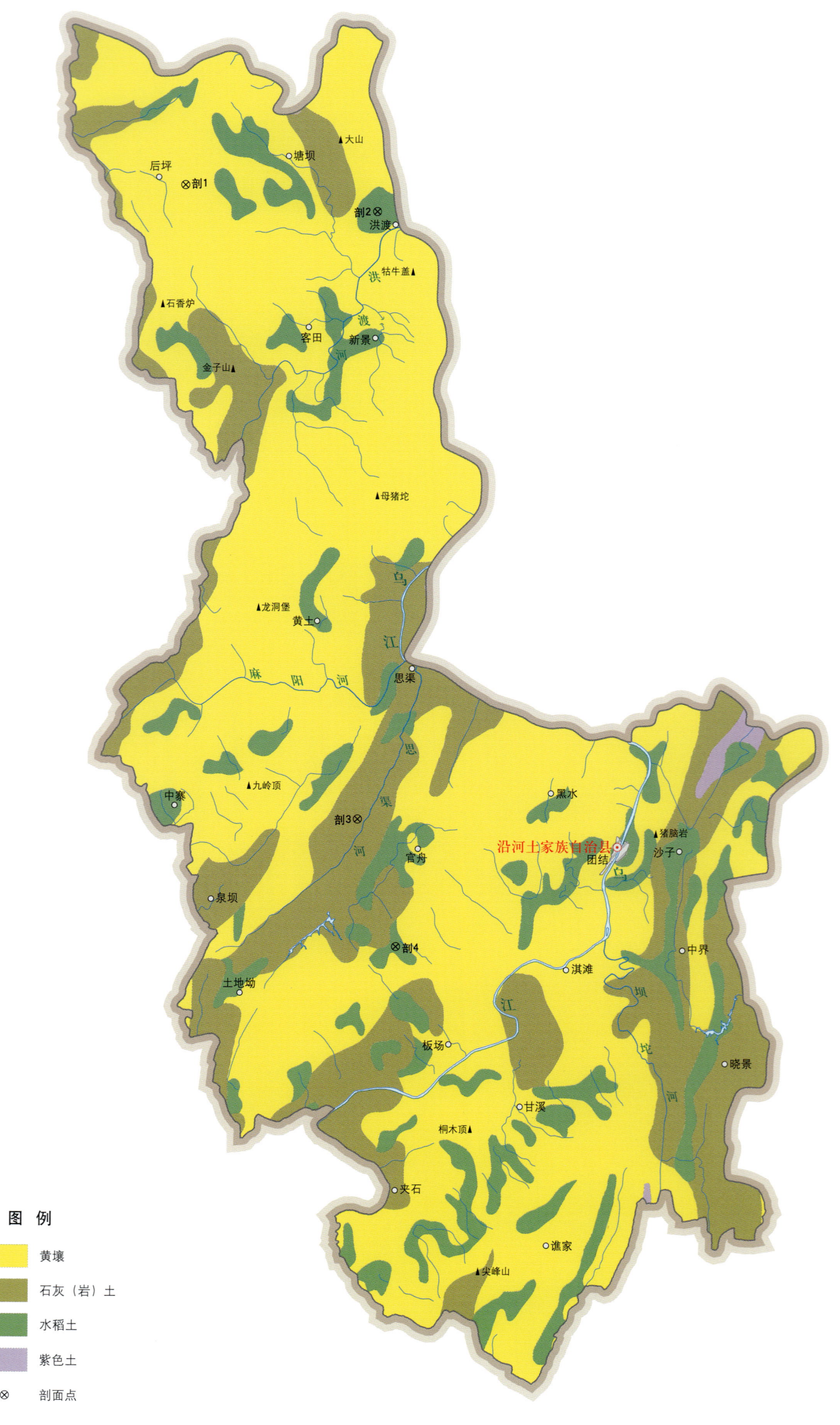

沿河土家族自治县土壤剖面理化性状表

剖面号 Soil profile	土纲 Soil order	土类 Soil great group	亚类 Soil subgroup	土属 Soil genus	土种 Soil species	土层码 Layer code	土层厚度 Depth/cm	颜色 Soil color	质地 Soil texture	土壤结构 Soil structure	pH	有机质 OM/(g/kg)	全氮 TN/(g/kg)	全磷 TP/(g/kg)	有效磷 AP/(mg/kg)	速效钾 AK/(mg/kg)	阳离子交换量CEC/(cmol/kg)	剖面点坐标 Profile coordinate	匹配指数 Matching index/%
剖1	铁铝土	黄壤	粗骨性黄壤	硅铝质粗骨黄壤	扁砂土	A	0—20		中砾质土	粒状	6.7	28.1	2.03	1.06	4.0	89	11.7	E 108°09′21.2″ N 28°59′01.3″	82
						B	20—52		中砾质土	小块状	5.5	12.8	0.85	0.96	1.0	105	8.8		
						C	52—100		中砾质土	粒状	5.4	14.2	0.90	0.88	1.0	70	9.3		
剖2	人为土	水稻土	渗育水稻土	渗育黄泥田	死黄泥田	A	0—16		少砾质轻黏土		5.2	11.2	1.03	0.57	4.0	75	9.0	E 108°17′56.0″ N 28°58′09.1″	76
						P	16—28		中黏土		4.7	6.1	0.55	0.70	2.0	46	10.3		
						C	28—100		多砾质中黏土		5.2	12.1	1.58	0.45	2.0	66	7.8		
剖3	初育土	石灰(岩)土	黄色石灰土	黄色石灰土	大土泥	A	0—16		少砾质轻黏土	小块状	7.8	20.0	1.56	0.91	1.0	43	12.6	E 108°17′46.0″ N 28°34′28.2″	96
						B	16—44		轻黏土	块状	7.5	20.5	1.49	0.84	1.0	34	13.5		
						C	44—91		重壤土	块状	7.8	7.3	0.53	0.77	1.0	44	7.8		
剖4	人为土	水稻土	渗育水稻土	白鳝泥田	白鳝泥田	Ae	0—15	灰白色	轻砾质重壤土	块状	7.1	22.7	1.90	0.92	9.0	43	10.8	E 108°19′36.4″ N 28°29′32.8″	93
						Pe	15—24	灰白色	多砾质重壤土	块状	7.3	23.1	1.80	0.91	6.0	46	10.3		
						W	24—70	褐色	轻黏土	圆柱状	7.5	9.5	0.70	0.53	1.0	34	12.1		
						C	70—90	褐色	重壤土	块状	5.8	7.9	1.13	0.41	1.0	40	7.4		

松桃苗族自治县

主要土类说明

黄壤是松桃苗族自治县主要土壤类型，占本县地域面积的52%。黄壤发育于温暖湿润的亚热带气候条件下，集中分布在低中山和低山丘陵，含有较多水合氧化铁，土体多呈黄色，具A-B-C剖面构型。自然植被主要为常绿阔叶林。成土母质极其广泛，黏土矿物以蛭石为主，具有较强的脱硅富铝化过程，黏粒硅铝率为1.5—2.7，林草地pH为4.5—5.5，耕地pH为5.6—7.0。

石灰（岩）土是松桃苗族自治县第二大土壤类型，占本县地域面积的18%。石灰（岩）土为岩成土，主要发育于碳酸岩类出露区域。石灰（岩）土具有碳酸盐强烈淋失、硅、铁、铝相对聚集，有机质积累量高等特点，土层浅薄，多具A-R剖面构型，pH为6.5—8.5，游离碳酸钙含量一般为1—100g/kg。

水稻土是松桃苗族自治县第三大土壤类型，占本县地域面积的13%。水稻土是在水耕熟化和旱耕熟化交替影响下形成的土壤类型。成土过程具有氧化还原过程，水耕条件下铁锰发生强烈迁移。由于干湿交替，水稻土形成糊状的淹育层、较坚实板结的犁底层、渗育层、潴育层与潜育层等多种发生层。

红壤占本县地域面积的13%。红壤发育于本县水热条件最优越的地段，集中分布在低山丘陵河谷地带，具A-Bs-Bv或A-Bs-C剖面构型。自然植被以偏湿性常绿阔叶林为主。成土母质较为广泛，黏土矿物一般以高岭石为主，具有强的脱硅富铝化过程，黏粒硅铝率一般为2.0—2.5，有深厚的红色土层，林草地pH为3.7—6.5。

小于本县地域面积3%的土壤类型有紫色土、黄棕壤和山地草甸土。

本区域中心区气候特征

本区域中心区气候特征值
Regional climate characteristics in central area of the region

气候带：中亚热带湿润气候 Climate region: Subtropical humid climate	
年平均气温 /℃ Annual average temperature /℃	15.6
年平均最高气温 /℃ Annual average maximum temperature /℃	20.0
年平均最低气温 /℃ Annual average minimum temperature /℃	12.4
年降水量 /mm Annual precipitation /mm	1267
≥10℃的积温 /℃ Daily temperature accumulated in a year（≥10℃）/℃	5741
年日照时数 /h Annual sunshine /h	1218
年平均相对湿度 /% Annual average relative humidity /%	80
干燥度 Dryness	0.73

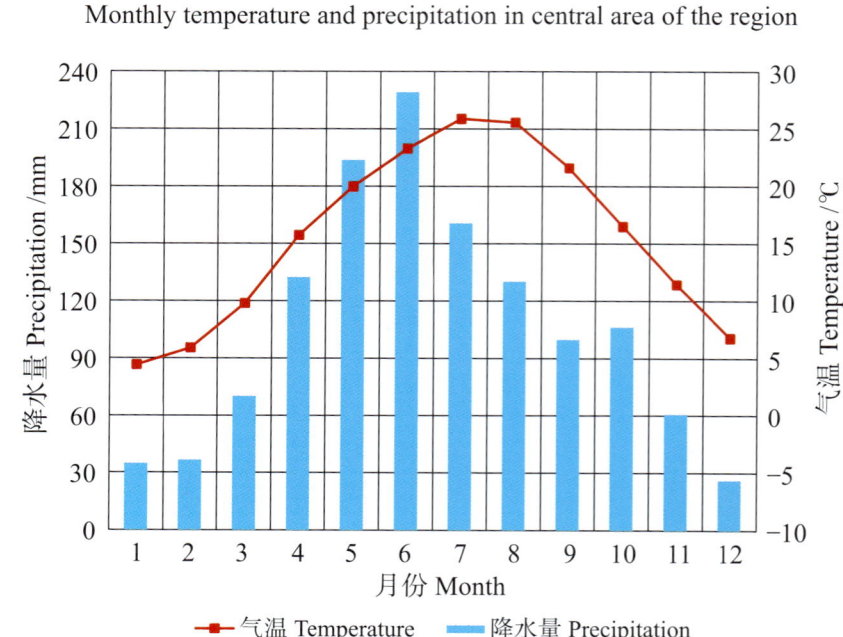

本区域中心区月平均气温与月平均降水量
Monthly temperature and precipitation in central area of the region

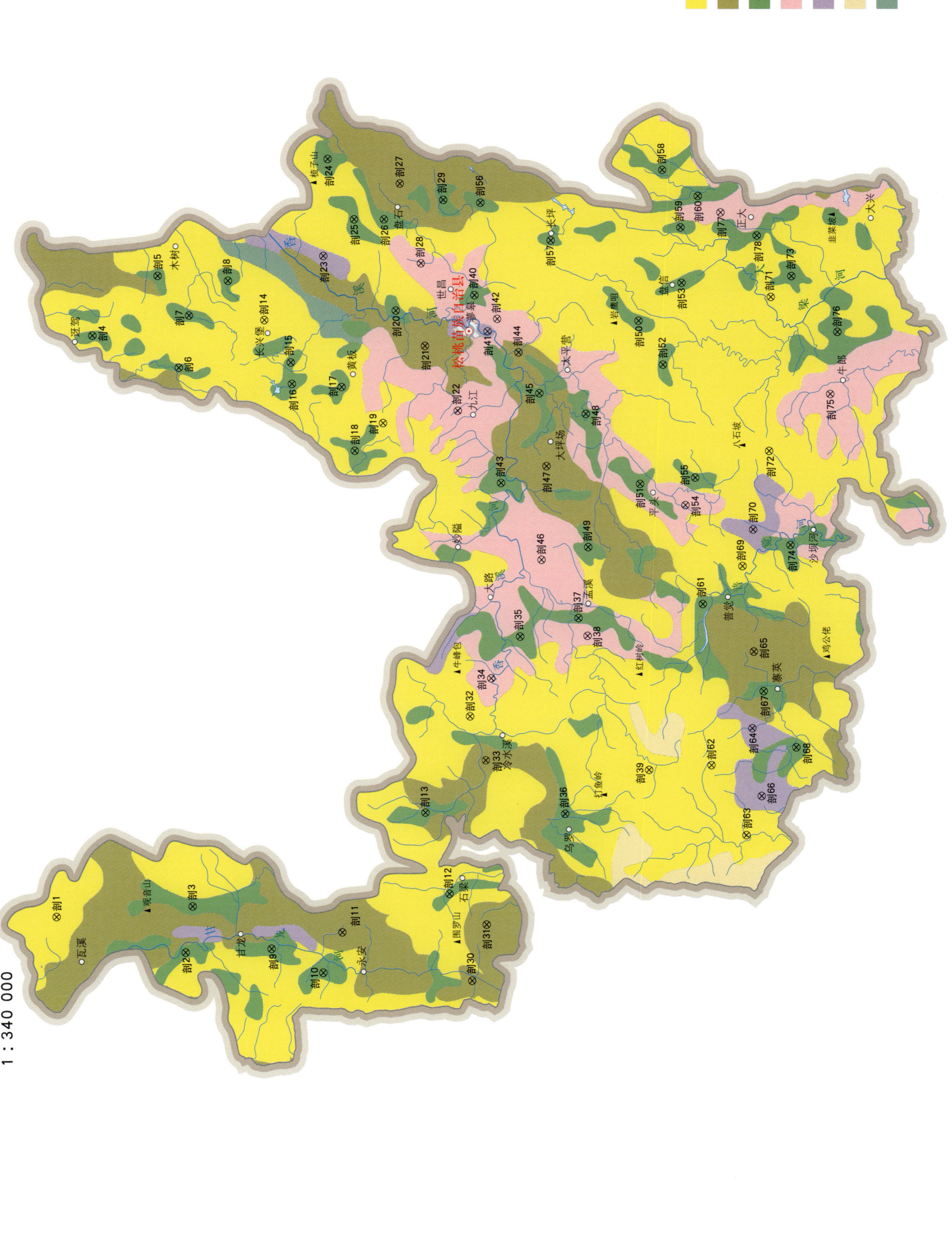

松桃苗族自治县土壤剖面理化性状表

剖面号	土纲	土类	亚类	土属	土种	土层码	土层厚度/cm	颜色	质地	土壤结构	pH	有机质 OM/(g/kg)	全氮 TN/(g/kg)	全磷 TP/(g/kg)	有效磷 AP/(mg/kg)	速效钾 AK/(mg/kg)	阳离子交换量CEC/(cmol/kg)	土壤母质	剖面点坐标	匹配指数/%
剖1	铁铝土	黄壤	黄壤	黄泥土	死黄泥土	1	0–13		轻黏土	粒状	6.4	16.3	0.86	1.02	1.0	375	20.4	第四纪黏土	E 108°42′52.6″ N 28°27′42.5″	93
						2	13–28		中壤土	粒状	6.0	10.6	0.71	0.92	微量	121	23.6			
						3	28–100		重壤土	小块状	5.8	14.6	1.02	1.14	微量	129	27.2			
剖2	人为土	水稻土	潴育水稻土	黄泥田	扁砂泥田	1	0–15		轻砾质中壤土		5.7	35.1	1.95	0.37	6.0	433	14.3		E 108°41′14.4″ N 28°22′04.7″	95
						2	15–23		少砾质中壤土		5.8	16.6	0.84	0.30	9.0	103	10.7			
						3	23–32		少砾质中壤土		5.9	10.8	0.55	0.35	10.0	123	10.9			
						4	32–80		少砾质中壤土		5.8	6.6	0.55	0.37	11.0	98	9.0			
剖3	人为土	水稻土	潴育水稻土	大眼泥田	大眼黄泥田	1	0–18		中壤土		7.0	31.8	1.49	0.44	6.0	234	14.1	砂页岩坡积物	E 108°43′28.6″ N 28°21′48.1″	78
						2	18–27		重壤土		7.4	18.1	0.86	0.31	4.0	108	11.5			
						3	27–60		重壤土		8.0	6.7	0.49	0.19	2.0	108	11.6			
						4	60–100		重壤土		8.1	5.1	0.45	0.16	2.0	83	9.6			
剖4	人为土	水稻土	淹育水稻土	血肝泥田	羊肝泥田	1	0–12		重壤土		8.1	24.9	1.23	0.23	3.0	106	19.7	砂页岩	E 109°11′16.4″ N 28°26′27.6″	96
						2	12–21		重壤土		8.2	22.7	1.36	0.24	2.0	95	11.7			
						3	21–100		轻壤土		8.2	3.4	0.50	0.10	微量	113	10.6			
剖5	人为土	水稻土	潴育水稻土	黄红泥田	黄红油砂泥田	A	0–16		少砾质重壤土	粒状	5.5	35.0	2.22	0.35	5.0	146	11.7	砂页岩坡积物	E 109°14′13.3″ N 28°23′39.0″	73
						P	16–25		重壤土	块状	5.7	19.7	0.72	0.60	11.0	99	9.7			
						W	25–65		重壤土	棱块状	5.6	20.8	0.32	0.37	11.0	61	9.2			
						C	65–100		轻壤土		5.6	18.6		0.43	12.0	75	10.0			
剖6	人为土	水稻土	潴育水稻土	黄泥田	小黄泥田	1	0–17		重壤土		6.3	35.0	1.70	1.27	5.0	189	14.9	砂页岩坡积物	E 109°09′45.7″ N 28°22′41.5″	76
						2	17–22		重壤土	块状	6.7	25.7	1.27	1.12	17.0	182	13.6			
						3	22–58		重壤土		7.0	11.5	0.70	0.78	15.0	169	16.9			
						4	58–100		重壤土		7.0	6.0	0.62	0.68	14.0	163	15.3			
剖7	人为土	水稻土	潴育水稻土	黄泥田	黄泥田	1	0–14		中壤土		6.0	35.5	1.87	0.35	5.0	159	10.8	泥质页岩	E 109°12′19.1″ N 28°22′16.3″	73
						2	14–24		重壤土		6.3	19.8	0.88	0.35	3.0	140	12.2			
						3	24–43		重壤土		6.1	17.6	0.91	0.38	3.0	170	13.2			
						4	43–100		重壤土		6.1	18.3		0.37	3.0	126	13.9			
剖8	人为土	水稻土	潴育水稻土	黄泥田	油扁砂泥田	1	0–16		重壤土		6.6	39.8	2.68	0.37	5.0	325	16.9	砂页岩坡积物	E 109°14′01.5″ N 28°20′35.8″	78
						2	16–24		重壤土		7.8	23.0	1.44	0.29	3.0	86	14.5			
						3	24–31		轻砾质重壤土		8.1	11.4	0.92	0.26	3.0	65	15.1			
						4	31–100		轻砾质黏土		8.4	4.5	0.55		2.0	77	13.2			
剖9	人为土	水稻土	淹育水稻土	大泥田	白砂泥田	1	0–16		中壤土		8.2	45.0	1.46	0.56	6.0	98	17.8	白云岩坡积物	E 108°41′28.3″ N 28°18′20.9″	74
						2	16–26		中砾质重壤土		8.3	55.0	2.48	0.54	6.0	65	19.2			
						3	26–100		多砾质重壤土		8.4	22.0	1.27	0.62	6.0	55	17.2			
剖10	人为土	水稻土	渗育水稻土	渗育黄红泥田	黄红扁砂泥田	A	0–14		少砾质重壤土	小块状	5.6	37.9	2.39	0.38	14.0	223	11.1		E 108°40′21.0″ N 28°16′05.2″	75
						P	14–20		少砾质重壤土		5.9	27.4	1.31	0.31	5.0	175	10.5			
						C	20–100		少砾质重壤土		7.0	4.5	0.29	0.22	1.0	151	13.6			
剖11	初育土	石灰（岩）土	黄色石灰土	次生黄色石灰土	小泥土	A	0–13		轻黏土	小块状	7.3	22.7	0.62	0.14	3.0	287	17.2		E 108°42′20.2″ N 28°14′42.4″	80
						B	13–37		轻黏土	块状	6.8	14.5	0.91	0.21	2.0	103	16.8			
						C	37–100		中壤土	块状	6.2	10.0	0.67	0.60	3.0	119	19.1			
剖12	人为土	水稻土	淹育水稻土	坡塝黄红泥田	黄红扁砂泥田	1	0–14		少砾质重壤土		5.6	37.9	2.37	0.38	14.0	223	11.1	砂页岩坡积物	E 108°44′15.0″ N 28°10′39.6″	72
						2	14–20		少砾质重壤土		5.9	27.4	1.31	0.31	5.0	175	10.5			
						3	20–100		轻砾质重壤土		7.0	4.5	0.29	0.22	1.0	151	13.6			

续表 Continued

剖面号 Soil profile	土纲 Soil order	土类 Soil great group	亚类 Soil subgroup	土属 Soil genus	土种 Soil species	土层码 Layer code	土层厚度 Depth/cm	颜色 Soil color	质地 Soil texture	土壤结构 Soil structure	pH	有机质 OM/(g/kg)	全氮 TN/(g/kg)	全磷 TP/(g/kg)	有效磷 AP/(mg/kg)	速效钾 AK/(mg/kg)	阳离子交换量CEC/(cmol/kg)	土壤母质 Parent material	剖面点坐标 Profile coordinate	匹配指数 Matching index/%
剖13	人为土	水稻土	渗育水稻土	渗育大土泥田	石砂田	A	0—16		少砾质砂壤土	粒状	8.2	25.0	1.46	0.56	6.0	98	17.8	泥质页岩坡积物	E 108°48′12.2″ N 28°11′44.9″	87
						P	16—26		中砾质中壤土	块状	8.3	55.0	2.48	0.54	6.0	65	19.2			
						C	26—100		多砾质中壤土	块状	8.4	22.0	1.27	0.62	2.0	55	17.2			
剖14	铁铝土	黄壤	黄壤	黄泥土	豆瓣泥土	1	0—19		中砾质中壤土	粒状	5.5	17.5	1.36	0.71	3.0	148	11.0	石灰岩、页岩坡积物	E 109°12′08.3″ N 28°19′00.1″	84
						2	19—37		轻砾质重壤土	小块状	5.5	17.0	1.06	0.72	3.0	160	11.7			
						3	37—100		砾质重壤土	小块状	5.7	14.5	0.71	0.72	3.0	192	13.7			
剖15	人为土	水稻土	潜育水稻土	冷水田	冷水田	1	0—21		中壤土		8.1	44.7	2.63	0.40	5.0	120	14.9	砂页岩坡积物	E 109°10′05.4″ N 28°17′49.7″	96
						2	21—27		重黏土		8.2	37.7	0.83	0.36	3.0	91	16.1			
						3	27—76		轻黏土		7.8	18.6	0.35	0.31	5.0	129	13.9			
						4	76—100		轻黏土		7.0	16.4	0.89	0.38	7.0	186	13.7			
剖16	人为土	水稻土	潜育水稻土	冷浸田	冷浸砂田	1	0—15		轻砾质中壤土		7.1	73.0	3.02	0.38	4.0	261	21.1	砂页岩坡积物	E 109°09′03.0″ N 28°17′45.9″	88
						2	15—24		重壤土		6.8	68.1	3.10	0.31	3.0	230	19.9			
						3	24—100		中砾质中壤土		6.8	34.0	1.67	0.40	3.0	280	16.3			
剖17	人为土	水稻土	潜育水稻土	黄泥田	黄油砂泥田	1	0—14		重壤土		5.2	48.1	2.12	0.40		328	9.5	砂页岩坡积物	E 109°08′55.3″ N 28°15′36.4″	90
						2	14—24		重壤土		5.2	25.7	1.26	0.36	3.0	289	12.6			
						3	24—38		重壤土		5.2	17.5	0.55	0.35	5.0	201	9.7			
						4	38—													
剖18	人为土	水稻土	潜育水稻土	黄红泥田	黄红油扁砂泥田	1	0—16		重壤土		5.5	35.0	2.22	0.35	5.0	146	11.7	砂页岩坡积物	E 109°05′49.4″ N 28°15′00.1″	94
						2	16—25		重壤土		5.7	19.7	0.72	0.60	11.0	99	9.7			
						3	25—65		重壤土		5.6	20.8	0.32	0.37	11.0	61	9.2			
						4	65—100		重壤土		5.6	18.6		0.43	12.0	75	10.0			
剖19	铁铝土	黄壤	黄壤性土	硅质黄壤性土	厚层硅质壤性土	1	0—8		中砾质重壤土		6.4	14.6	0.72	0.66	2.0	148	11.2	砂岩坡积物	E 109°07′12.1″ N 28°13′47.5″	100
						2	8—38		轻砾质重壤土		5.8	19.2	0.91	0.74	1.0	172	11.3			
						3	38—78		轻砾质重壤土		6.0	10.2	0.64	0.70	微量	124	14.1			
剖20	人为土	水稻土	潜育水稻土	黄红泥田	黄红扁砂泥田	1	0—13		少砾质重壤土		6.5	27.1	1.43	0.69	6.0	234	12.9		E 109°12′41.4″ N 28°13′17.8″	74
						P	13—25		少砾质重壤土		7.0	16.4	1.03	0.23	2.0	110	15.2			
						W	25—65		少砾质重壤土		7.2	12.8	0.77	0.30	2.0	66	11.2			
						C	65—100		轻砾质重壤土		7.4	6.4	0.83	0.25	3.0	101	17.6			
剖21	初育土	石灰(岩)土	大土泥	白云砂土	白云砂土	1	0—16		多砾质重壤土	粒状	8.2	19.0	2.64	0.41	3.0	159	15.3	粉砂质白云岩	E 109°10′58.4″ N 28°12′00.2″	96
						2	16—31		中壤土	粒状	8.0	15.2	1.56	0.33	2.0	68	13.8			
						3	31—80		轻黏土	小块状	7.9	11.1	0.62	0.43	3.0	53	20.0			
剖22	铁铝土	红壤	黄红壤	黄红泥土	黄红泥土	1	0—15		轻黏土	小块状	6.4	18.9	1.61	1.35	3.0	431	16.8	风化壳	E 109°07′50.5″ N 28°10′32.9″	90
						2	15—74		轻黏土	块状	5.9	6.3	0.43	1.27	3.0	198	16.6			
						3	74—100		轻黏土	块状	5.2	5.2	0.56	1.23	4.0	290	16.9			
剖23	初育土	紫色土	石灰性紫色土	钙质紫泥土	薄腐中层钙质紫色泥土	Ao	0—3		多砾质重壤土		6.9	51.4	2.64	0.30	6.0	122	23.9		E 109°15′18.0″ N 28°16′28.2″	88
						BC	3—20		重壤土	块状	7.1	27.0	1.56	0.22	1.0	150	20.8			
						C	20—31		重壤土	块状	7.0	14.0	0.62	0.20	1.0	108	15.7			
剖24	人为土	水稻土	淹育水稻土	坡塝黄红泥田	大黄胶泥田	2	16—24		重壤土	块状	6.4	18.3	0.60	0.19	微量	254	18.8	风化壳	E 109°12′50.5″ N 28°16′19.6″	92
						3	24—34		轻黏土	块状	6.9	11.3	1.08	0.45	6.0	184	10.8			
						4	34—100		重壤土	小块状	5.7	26.0	0.65	0.38	3.0	80	12.8			
剖25	人为土	水稻土	渗育水稻土	渗育黄泥田	寡黄泥田	2	0—14		重壤土	块状	6.2	16.5	0.64	0.44	2.0	102	15.7		E 109°20′06.7″ N 28°17′08.6″	71
						P	14—26		重壤土	块状	6.8	9.5	0.39	0.81	1.0	69	19.5			
						C	26—45		轻黏土	小块状	6.8	8.5	1.39	0.35	微量	261	9.6			

续表 Continued

剖面号 Soil profile	土纲 Soil order	土类 Soil great group	亚类 Soil subgroup	土属 Soil genus	土种 Soil species	土层码 Layer code	土层厚度 Depth/cm	颜色 Soil color	质地 Soil texture	土壤结构 Soil structure	pH	有机质 OM/(g/kg)	全氮 TN/(g/kg)	全磷 TP/(g/kg)	有效磷 AP/(mg/kg)	速效钾 AK/(mg/kg)	阳离子交换量CEC/(cmol/kg)	土壤母质 Parent material	剖面点坐标 Profile coordinate	匹配指数 Matching index/%
剖26	人为土	水稻土	淹育水稻土	大泥田	黄大泥田	1	0—15		轻壤土		7.5	41.3	2.44	1.00	5.0	216	22.0	风化壳	E 109°17′07.7″ N 28°13′50.9″	73
剖27	初育土	石灰（岩）土	黄色石灰土	淋溶黄色石灰土	中层淋溶黄色石灰土	1	0—15		轻黏土		7.5	34.9	2.06	0.90	6.0	116	21.3	石灰岩坡积物	E 109°18′53.6″ N 28°13′10.8″	83
						2	15—25		轻黏土		7.8	9.9	0.70	0.51	4.0	110	21.3			
						3	25—100		中黏土	粒状	6.0	38.8	2.13	0.40	1.0	143	18.6			
剖28	铁铝土	红壤		大红泥土	死大红泥土	1	0—15		重壤土	小块状	7.0	34.5	1.62	0.50	微量	81	25.2	石灰岩坡积物、坡积物	E 109°15′00.4″ N 28°12′13.7″	83
						2	15—50	灰黄色	壤质黏土	小块状	5.5	17.7	0.84	1.32	2.0	225	15.2			
						3	50—80	浅黄棕色	壤质黏土	块状	5.5	15.4	0.78	0.97	2.0	159	14.2			
剖29	人为土	水稻土	淹育水稻土	坡垮黄泥田	犟黄泥田	A	0—15	黄色	黏土		5.5	9.3	0.58	0.90	2.0	134	16.6	白云岩残积物、坡积物	E 109°18′07.2″ N 28°11′17.2″	100
						B	15—35		重壤土		5.2	28.9	1.39	0.36	5.0	261	9.6			
						C	35—100		重壤土		6.4	9.1	0.78	0.22	微量	272	10.0			
剖30	初育土	石灰（岩）土	大土泥	大土泥	大土泥	1	0—14		重壤土		7.4	4.5	0.61	0.16	1.0	188	10.3	泥页岩坡积物	E 108°40′04.4″ N 28°09′37.5″	91
						2	14—26		多砾质中壤土		8.3	35.9	0.54	0.90	2.0	150	14.9			
						3	26—45		多砾质中壤土		8.2	20.8	0.42	0.70	5.0	62	14.1			
剖31	初育土	石灰（岩）土	黑色石灰土	黑色石灰土	薄层黑色石灰土	1	0—19		多砾质轻壤土		8.6	22.5	0.22	0.30	5.0	53	8.0	白云岩洪积物	E 108°42′48.2″ N 28°09′01.6″	73
						2	19—50		中壤土	粒状	8.4	69.8	3.26	1.34	5.0	99	36.5			
						3	50—100		中壤土	粒状	8.5	35.0	0.57	1.11	1.0	30	27.2			
剖32	铁铝土	黄壤		黄砂泥土	豆面泥土	1	0—17		砾质壤土	粒状	5.3	10.4	2.78	1.47	5.0	511	32.0	砂页岩坡积物	E 108°52′56.3″ N 28°09′51.8″	80
						2	17—60		重壤土	屑粒状	5.0	14.0	0.66	0.54	微量	220	23.4			
						3	60—100		重壤土	屑粒状	5.0	30.5	0.88	0.59	微量	244	19.1			
剖33	初育土	石灰（岩）土	大土泥	大土泥	大土泥	1	0—18		轻壤土	粒状	8.3	22.0	1.24	0.50	4.0	150	20.6	坡积物、残积物	E 108°50′48.0″ N 28°09′09.2″	97
						2	18—70		轻壤土	小块状	8.1	20.4	0.88	0.43	2.0	70	20.1			
						3	70—100		轻壤土	小块状	8.0	44.6	2.45	0.43	1.0	79	22.1			
剖34	铁铝土	黄红壤		硅铁质黄红壤	厚层硅铝质黄红壤	1	0—15		中黏土	粒状	5.3	8.7	0.63	1.34	2.0	311	21.6	第四纪红色黏土	E 108°54′49.2″ N 28°08′57.4″	98
						2	15—27		中壤土	粒状	5.6	19.7	1.04	0.87	微量	135	14.5			
						3	27—100		中壤土	块状	5.5	11.3	0.50	1.04	2.0	276	15.6			
剖35	人为土	水稻土	潴育水稻土	潮板砂田	潮板砂田	1	0—13		砾质黏土		7.0	15.3	0.66	0.37	4.0	266		冲积物	E 108°56′52.1″ N 28°07′43.7″	100
						2	13—100		轻黏土	无明显结构	7.6	11.8	0.50	0.46	4.0	86	12.8			
剖36	人为土	水稻土	渗育水稻土	潮泥田	砾石底潮泥田	1	0—15		中黏土	小块状	8.2	20.3	0.40	0.54	2.0	76	11.1	冲积物	E 108°50′48.0″ N 28°05′40.7″	98
						2	13—19		重黏土	粒状	8.8	20.3	0.50	0.47	2.0	54				
						3	19—34		重黏土	块状										
						4	34—		中砾质											
剖37	铁铝土	红壤		铁铝质黄红壤	死砂田	A	0—13		砂砾壤土	粒状	7.0	15.3	0.84	0.37	4.0	266	15.2	第四纪红色黏土	E 108°57′49.0″ N 28°05′12.1″	80
						C	13—100		轻黏土	小块状	7.6	11.8	0.50	0.46	4.0	86	14.7			
剖38	铁铝土	红壤		铁铝质黄红壤	死黄红泥土	A	0—15		轻黏土	粒状	5.5	17.7	0.84	1.32	3.0	225	16.6	砂页岩	E 108°56′57.4″ N 28°04′47.9″	93
						B	15—35		重黏土	粒状	5.5	15.4	0.76	0.97	2.0	159	15.5			
						C	35—100		重黏土	块状	5.5	9.3	0.58	0.90	2.0	134	15.9			
剖39	黄壤	黄壤		黄泥土	小黄泥土	1	0—18		重黏土	粒状	7.0	18.9	1.08	1.14	2.0	328	16.3		E 108°48′15.2″ N 28°02′03.7″	73
						2	18—31		重黏土	块状	6.0	19.4	1.04	1.16	2.0	221	11.5			
						3	31—100		重黏土		5.5	20.6	1.03	1.65	7.0	198	9.9			
剖40	人为土	水稻土	淹育水稻土	血肝泥田	血泥田	1	0—13		中壤土		6.5	15.2	0.81	0.34	7.0	169	10.5	砂页岩	E 109°13′28.9″ N 28°09′52.9″	83
						2	13—21		中壤土	块状	6.5	11.2	0.66	0.32	4.0	213	14.4			
						3	21—66		轻砾质土	块状	6.5	5.1	0.50	0.24	1.0	138	13.7			
剖41	初育土	紫色土	酸性紫色土	酸性紫色泥土	血泥土	A	0—16		重壤土		5.2	5.8	0.62	0.20	2.0	234	13.8		E 109°11′44.0″ N 28°09′18.1″	71
						B	16—37		重壤土		6.2	12.1	0.82	0.29	3.0	157				
						C	37—100		重壤土		5.8	6.3	0.62	0.23	1.0	124				

续表 Continued

剖面号 Soil profile	土纲 Soil order	土类 Soil great group	亚类 Soil subgroup	土属 Soil genus	土种 Soil species	土层码 Layer code	土层厚度 Depth/cm	颜色 Soil color	质地 Soil texture	土壤结构 Soil structure	pH	有机质 OM/(g/kg)	全氮 TN/(g/kg)	全磷 TP/(g/kg)	有效磷 AP/(mg/kg)	速效钾 AK/(mg/kg)	阳离子交换量CEC/(cmol/kg)	土壤母质 Parent material	剖面点坐标 Profile coordinate	匹配指数 Matching index/%
剖42	铁铝土	红壤	黄红壤	黄红砂泥土	黄红扁砂土	1	0–13		中砾质土	粒状	7.3	23.1	1.62	1.27	13.0	431	15.3	砂页岩坡积物	E 109°12′20.9″ N 28°08′53.2″	75
						2	13–100		轻砾质土	粒状	5.6	11.7	0.63	0.73	2.0	111	11.4			
剖43	人为土	水稻土	渗育水稻土	渗育黄红泥田	死黄红泥田	A	0–13		重壤土	块状	6.5	16.0	0.97	0.27	1.0	375	13.6		E 109°04′20.6″ N 28°08′37.7″	100
						P	13–21		重壤土	块状	5.8	13.1	0.63	0.27	2.0	281	12.9			
						C	21–100		重壤土		5.5	7.9	0.49	0.22	2.0	180	14.9			
剖44	初育土	石灰(岩)土	大土泥	大土泥	岩泥	1	0–17		轻壤土	粒状	7.1	21.2	1.42	0.41	4.0	214	14.8	石灰岩坡积物、残积物	E 109°10′43.0″ N 28°07′56.5″	75
						2	17–50		轻壤土	块状	6.8	17.8	1.06	0.38	2.0	177	14.8			
						3	50–100		轻壤土	块状	6.7	17.2	0.95	0.22	2.0	142	14.4			
剖45	人为土	水稻土	潴育水稻土	大眼泥田	大眼泥田	1	0–22		重壤土		6.7	31.5	1.35	0.39	5.0	216	14.2	白云岩坡积物	E 109°08′45.1″ N 28°07′00.9″	92
						2	22–36		重壤土		7.0	24.8	1.17	0.41	4.0	60	13.9			
						3	36–70		重壤土		7.8	14.2	0.73	0.11	7.0	87	11.8			
						4	70–100		重壤土		7.5	12.6	0.70	0.43	8.0	88	13.9			
剖46	铁铝土	红壤	黄红壤	黄色泥田	大眼泥田	1	0–15		轻壤土	小块状	5.5	17.7	0.84	1.32	3.0	225	15.2	风化壳	E 109°08′38.2″ N 28°06′50.4″	88
						2	15–35		轻壤土	块状	5.5	15.4	0.76	0.97	2.0	159	14.7			
						3	35–100		重壤土	块状	5.5	9.3	0.58	0.90	2.0	134	16.6			
剖47	初育土	石灰(岩)土	黄色石灰土	黄色石灰土	中层黄色石灰土	1	0–9		砾质轻壤土	粒状	7.4	30.2	0.86	0.58	1.0	171	12.7	白云质灰岩坡积物	E 109°05′12.0″ N 28°06′40.4″	83
						2	9–29		砾质轻壤土	粒状	7.4	20.8	0.31	0.58	微量	26	12.1			
						3	29–50		重壤土	小块状	7.4	13.2	0.22	0.68	1.0	26	16.5			
剖48	人为土	水稻土	渗育水稻土	渗育大土泥	大土泥田	A	0–14		重壤土	块状	8.0	22.4	1.34	0.48	7.0	191	18.2		E 109°07′46.1″ N 28°04′59.1″	95
						P	14–28		重壤土	块状	8.0	20.1	1.07	0.40	1.0	94	17.4			
						C	28–100		轻壤土	块状	7.8	6.0	0.51	0.24	<1.0	104	14.2			
剖49	人为土	水稻土	渗育水稻土	渗育紫泥田	羊肝泥田	A	0–12		重壤土	块状	8.1	24.9	1.23	0.23	3.0	106	19.7		E 109°01′16.7″ N 28°04′49.1″	79
						P	12–21		重壤土	块状	8.2	22.7	1.36	0.24	2.0	95	11.7			
						C	21–100		轻壤土	块状	8.1	3.4	0.50	0.10	<1.0	113	10.6			
剖50	人为土	水稻土	淹育水稻土	坡旁黄红泥田	扁砂田	1	0–16		轻砾质土		6.5	26.0	3.59	1.30	17.0	263	14.1	砂页岩坡积物	E 109°12′20.5″ N 28°02′44.9″	100
						2	16–23		轻砾质土		6.5	23.4	2.62	1.78	5.0	91	12.9			
						3	23–100		重壤土		6.5	11.8	1.72	3.56	4.0	94	16.5			
剖51	人为土	水稻土	潴育水稻土	黄红泥田	黄红泥田	1	0–16		重壤土	块状	5.0	8.5	1.78	0.72	10.0	285	15.0	砂页岩坡积物	E 109°04′23.5″ N 28°02′36.2″	72
						2	16–26		重壤土	块状	6.5	23.4	1.31	0.76	12.0	124	17.4			
						3	26–55		重壤土	块状	6.5	11.8	0.66	1.03	21.0	110	19.6			
						4	55–100		重壤土	块状	5.0	8.5	0.64	0.36	15.0	76	23.1			
剖52	人为土	水稻土	淹育水稻土	坡旁黄红泥田	死黄红泥田	1	0–15		重壤土	块状	5.8	27.7	1.37	0.93	6.0	150	13.6	风化壳	E 109°10′13.1″ N 28°01′39.7″	84
						2	15–24		中壤土	块状	7.2	11.5	0.66	0.65	3.0	76	12.9			
						3	24–100		重壤土	块状	7.1	11.6	0.91	0.84	3.0	84	14.9			
剖53	人为土	水稻土	潴育水稻土	坡旁黄红泥田	死黄红泥田	1	0–13		重壤土	块状	6.5	16.0	0.97	0.27	1.0	375	16.8	风化壳	E 109°14′13.2″ N 28°00′53.6″	99
						2	13–21		重壤土	块状	5.8	13.1	0.63	0.27	2.0	281	16.6			
						3	21–100		轻壤土		5.5	7.9	0.49	0.22	3.0	180	14.9			
剖54	铁铝土	红壤	黄红壤	铁铝质黄红壤	黄红泥土	A	0–15		中壤土	小块状	6.4	18.9	1.61	0.59	3.0	431	17.8	风化壳	E 109°03′22.7″ N 28°00′37.2″	88
						B	15–74		重壤土	块状	5.9	6.3	0.43	0.55	4.0	198	14.4			
						C	74–100		重壤土	块状	5.7	5.2	0.56	0.54	4.0	290	14.3			
剖55	人为土	水稻土	潴育水稻土	黄泥田	黄胶泥田	1	0–18		重壤土	块状	6.5	34.5	1.76	0.78	12.0	384	14.9	第四纪红色黏土	E 109°04′44.0″ N 28°00′12.6″	88
						2	18–26		轻壤土	块状	7.3	19.4	1.04	0.75	8.0	239	16.8			
						3	26–56		轻壤土		5.7	9.5	0.73	0.58	2.0	184	18.9			
						4	56–100		轻壤土		6.1	2.7	0.57	0.63	4.0	188	17.4			
剖56	人为土	水稻土	沼泽型水稻土	烂泥田	浅脚烂泥田	1	0–39		中壤土		7.8	71.0	3.22	0.83	8.0	234		坡积物、洪积物	E 109°18′00.4″ N 28°09′40.7″	98
						2	39–62		重壤土		7.4	56.6	2.96	0.54	3.0	154				

续表 Continued

剖面号 Soil profile	土纲 Soil order	土类 Soil great group	亚类 Soil subgroup	土属 Soil genus	土种 Soil species	土层码 Layer code	土层厚度 Depth/cm	颜色 Soil color	质地 Soil texture	土壤结构 Soil structure	pH	有机质 OM/(g/kg)	全氮 TN/(g/kg)	全磷 TP/(g/kg)	有效磷 AP/(mg/kg)	速效钾 AK/(mg/kg)	阳离子交换量CEC/(cmol/kg)	土壤母质 Parent material	剖面点坐标 Profile coordinate	匹配指数 Matching index/%
剖57	人为土	水稻土	潴育水稻土	紫泥田	油紫泥田	A	0—22		中壤土	粒状	6.1	31.5	1.47	0.41	6.0	248	17.2		E 109°16′21.0″ N 28°06′36.7″	92
						P	22—34		重壤土	梭块状	7.3	23.5	1.14	0.40	8.0	114	14.9			
						W	34—80		中壤土	梭块状	7.8	12.6	0.58	0.37	4.0	68	13.5			
						C	80—100		轻砾质中壤土	块状	7.7	15.0	0.84	0.53	3.0	62	16.2			
剖58	人为土	水稻土	潴育水稻土	黄红泥田	油黄红泥田	1	0—16		重黏土		5.9	26.8	1.38	0.69	8.0	167	13.4	第四纪红色黏土	E 109°19′43.0″ N 28°01′47.3″	71
						2	16—29		轻黏土		5.8	21.0	0.86	0.55	1.0	37	16.4			
						3	29—63		轻黏土		6.3	15.8	1.03	0.58	3.0	56	13.9			
						4	63—100		重壤土		7.4	17.0	0.69	0.52	2.0	71	15.0			
剖59	人为土	水稻土	淹育水稻土	幼红泥田	幼红扁砂田	Aa	0—14	亮黄棕色	壤质黏土	块状	5.5	27.9	2.39	0.38	4.0	85	10.1	片状页岩风化物	E 109°16′55.2″ N 28°00′58.3″	72
						Ap	14—20	浅红棕色	多砾质黏土	块状	5.6	17.4	1.31	0.31	3.0	75	10.0			
						C	20—80	浅红色	多砾质砂壤土		6.0	4.5	0.29	0.22	1.0	51	9.6			
剖60	人为土	水稻土	淹育水稻土	大泥田	大泥田	1	0—14		重壤土		8.0	22.4	1.07	0.48	7.0	191	18.2	白云岩坡积物	E 109°18′27.4″ N 28°00′13.7″	98
						2	14—28		重黏土		8.0	20.1	1.34	0.40	1.0	94	17.4			
						3	28—100		中壤土		7.8	6.0	0.51	0.24	<1.0	104	14.2			
剖61	人为土	水稻土	潴育水稻土	潮泥田	潮砂泥田	1	0—14		中壤土		5.9	19.6	1.05	2.15	7.0	176	10.2	冲积物	E 108°58′34.6″ N 27°59′48.9″	88
						2	14—27		中壤土		6.9	16.7	0.79	0.51	5.0	92	9.1			
						3	27—54		中壤土		7.3	18.3	0.66	0.36	3.0	41	8.0			
						4	54—100		砂质壤土		7.1	4.1	0.30	0.41	8.0	45	6.6			
剖62	铁铝土	黄壤		硅铝质黄壤	薄层硅铝质黄壤性土	1	0—1											砂页岩坡积物	E 108°50′42.7″ N 27°59′21.1″	90
						2	1—30		轻砾质土	粒状	4.8	19.7	11.10	0.80		154	16.0			
						3	30—47		中砾质土	粒状	4.7	20.8	1.24	0.76		343	12.5			
						4	47—													
剖63	铁铝土	黄壤		扁砂土	扁砂土	1	0—12		中砾质土	粒状	5.0	16.4	0.91	0.72	2.5	255	13.7	砂页岩坡积物	E 108°47′19.3″ N 27°57′47.9″	73
						2	12—30		中砾质土	粒状	5.0	12.3	0.88	0.78	2.0	216	13.7			
						3	30—100		轻砾质土		4.5	11.9	0.80	0.56	1.0	178	13.9			
剖64	初育土	紫色土	酸性紫色土	酸腐质中层酸性紫色泥土		A	0—13		中壤土	粒状	5.1	10.5	0.56	0.19	2.0	379	13.1	泥质灰岩坡积物	E 108°52′32.9″ N 27°57′35.6″	89
						B	13—32		中壤土	块状	5.1	5.2	0.33	0.14	微量	258	13.6			
						C	32—100		砾质土	块状	5.0	4.6	0.47	0.17	微量	269	11.9			
剖65	石灰(岩)土	大土泥		白大土泥	白大土泥	1	0—17		重黏土	粒状	7.1	11.6	0.86	0.44	1.0	197	12.8		E 108°56′17.6″ N 27°57′34.2″	84
						2	17—45		轻黏土	块状	6.9	6.5	0.39	0.39	1.0	129	8.6			
						3	45—100		轻黏土	块状	5.9	8.0	0.57	0.21	1.0	198	22.1			
剖66	紫色土	酸性砾性紫色土		酸层酸性砾质紫色土		1	0—10		中壤土		5.3	19.0	0.86	0.42	2.0	347	15.7	砂页岩	E 108°49′14.5″ N 27°57′09.7″	74
						2	10—35		中壤土		5.5	19.8	0.45	0.42	2.0	288	15.2			
剖67	水稻土	渗育水稻土		渗育紫泥田	血泥田	1	0—13		中壤土		6.5	15.2	0.81	0.34	7.0	169	11.5		E 108°54′22.4″ N 27°57′08.0″	87
						P	13—21		中壤土		6.5	11.2	0.66	0.32	4.0	213	9.9			
						C	21—36		轻砾质壤土		6.5	5.1	0.50	0.24	1.0	138	10.5			
剖68	人为土	水稻土	潴育水稻土	黄红泥田	黄红胶泥田	1	0—14		重黏土		6.5	27.0	1.67	0.53	6.0	300	15.1	第四纪红色黏土	E 108°51′38.2″ N 27°55′40.4″	71
						2	14—21		轻黏土		6.5	24.2	1.22	0.68	7.0	147	14.8			
						3	21—65		轻黏土		5.5	6.4	0.71	0.43	3.0	140	18.6			
						4	65—100		重壤土		5.5	17.1	0.51	0.52	3.0	101	17.6			
剖69	铁铝土	黄壤		黄泥土	黄泥土	1	0—18		重壤土	团粒状	6.6	7.5	0.89	0.86	微量	450	14.1	风化壳	E 109°00′26.9″ N 27°58′06.3″	77
						2	18—29		中壤土	块状	6.1	2.7	0.75	0.75	1.0	328	14.3			
						3	29—100		重壤土	块状	6.1	5.8	0.50	0.82	1.0	300	14.3			
剖70	初育土	紫色土		血泥沙土	血泥沙土	1	0—16		重壤土		5.2	12.1	0.62	0.20	1.0	234	14.4		E 109°02′13.9″ N 27°57′39.6″	89
						2	16—37		重壤土		6.2	6.3	0.82	0.28	3.0	157	13.7			
						3	37—100		重壤土		5.8	6.3	0.62	0.22	1.0	124	13.8			

续表 Continued

剖面号 Soil profile	土纲 Soil order	土类 Soil great group	亚类 Soil subgroup	土属 Soil genus	土种 Soil species	土层码 Layer code	土层厚度 Depth/cm	颜色 Soil color	质地 Soil texture	土壤结构 Soil structure	pH	有机质 OM/(g/kg)	全氮 TN/(g/kg)	全磷 TP/(g/kg)	有效磷 AP/(mg/kg)	速效钾 AK/(mg/kg)	阳离子交换量CEC/(cmol/kg)	土壤母质 Parent material	剖面点坐标 Profile coordinate	匹配指数 Matching index/%
剖71	铁铝土	黄壤	黄壤	石砂土	白砂土	1	0—16		轻砾质土		7.2	21.5	1.66	1.38	5.0	305	13.2	坡积物	E 109°13′34.7″ N 27°57′01.1″	78
						2	16—35		砾质质土		7.2	17.9	0.96	0.83	3.0	300	13.0			
						3	35—100		轻砾质土		4.7	6.1	1.15	0.90	微量	177	12.3			
剖72	铁铝土	黄壤	黄壤性土	硅铁质黄壤性土	中层硅铁质黄壤性土	1	0—2		砾质土	粒状	4.5	50.3	3.12	0.88		413	25.2	泥质页岩	E 109°06′04.5″ N 27°57′00.7″	72
						2	2—16		砾质质土	小块状	4.5	28.5	1.08	0.76		53	18.1			
						3	16—62		砾质质土	小块状	4.5	19.1	0.84	0.57		68	15.5			
						4	62—100		砾质质土	小块状	4.5	7.1	0.45	1.13		49	11.4			
剖73	人为土	水稻土	渗育水稻土	白鳝泥田	熟白鳝泥田	A	0—15	棕灰色			6.5	35.9	1.78	0.20	14.0	359	11.6		E 109°14′36.5″ N 27°56′08.1″	83
						P	15—25	灰白色			7.0	11.7	0.92	0.61	5.0	57	10.0			
						Ew	25—42	灰色			7.1	15.7	0.84	0.45	9.0	68	7.3			
						C	42—100	深栗色												
剖74	人为土	水稻土	潴育水稻土	黄红泥田	黄红扁砂泥田	1	0—13		砾质重壤土		6.5	27.1	1.43	0.69	6.0	234	12.9	砂页岩坡积物	E 109°01′30.2″ N 27°56′02.2″	72
						2	13—25		砾质重壤土		7.0	16.4	1.03	0.23	2.0	110	15.2			
						3	25—65		砾质重壤土		7.2	12.8	0.77	0.30	2.0	66	11.2			
						4	65—100		轻砾质土		7.4	6.4	0.83	0.25	3.0	101	17.6			
剖75	铁铝土	红壤	黄红壤	石骨子黄红泥土	砾质黄红泥土	1	0—16		中砾质轻黏土	粒状	6.3	28.3	1.39	1.90	13.0	308	17.9	砂页岩坡积物	E 109°08′53.5″ N 27°54′22.7″	79
						2	16—22		轻砾质黏土	粒状	5.3	20.5	1.02	1.92	9.0	173	16.8			
						3	22—100		轻黏土	小块状	5.4	13.0	0.93	0.93	1.0	139	13.8			
剖76	人为土	水稻土	潴育水稻土	潮泥田	潮泥田	1	0—22		重壤土		7.1	26.5	1.38	0.51	11.0	149	10.2	冲积物	E 109°11′55.7″ N 27°54′06.1″	82
						2	22—31		重壤土		7.3	13.6	0.95	0.48	14.0	175	10.0			
						3	31—61		重壤土		7.2	10.9	0.58	0.49	13.0	180	9.6			
						4	61—100		重壤土		7.9	6.9	0.48	5.70	17.0	86				
剖77	铁铝土	红壤	黄红壤	硅质黄红壤	厚层硅质黄红壤	1	0—20		轻黏土	小块状	5.0	35.3	2.01	0.69	微量	154	16.2	砂岩坡积物	E 109°17′40.5″ N 27°59′14.5″	78
						2	20—40		中壤土	块状	5.5	6.2	0.79	0.39	微量	343	16.4			
						3	40—80		重壤土	块状	5.4	33.9	1.49	0.93	9.0	178	10.4			
剖78	人为土	水稻土	潴育水稻土	大眼泥田	龙凤大眼泥田	1	0—18		重壤土		7.4	46.4	1.94	0.44	3.0	141	17.7	白云岩坡积物	E 109°16′34.3″ N 27°57′39.3″	87
						2	18—23		重壤土		7.3	29.1	1.57	0.35	4.0	143	15.5			
						3	23—55		重壤土		7.5	14.7	0.83	0.36	4.0	154	12.2			
						4	55—100		重壤土		7.6	4.5	0.48	0.27	4.0		10.7			

黔西南布依族苗族自治州

兴 义 市

主要土类说明

石灰（岩）土是兴义市主要土壤类型，占本市地域面积的47%。石灰（岩）土为岩成土，主要发育于碳酸岩类出露区域。石灰（岩）土具有碳酸盐强烈淋失，硅、铁、铝相对聚集，有机质积累量高等特点，土层浅薄，多具A-R剖面构型，pH为6.5—8.5，游离碳酸钙含量一般为1—100g/kg。

黄壤是兴义市第二大土壤类型，占本市地域面积的25%。黄壤发育于温暖湿润的亚热带气候条件下，集中分布在低中山和低山丘陵，含有较多水合氧化铁，土体多呈黄色，具A-B-C剖面构型。成土母质极其广泛，黏土矿物以蛭石为主，具有较强的脱硅富铝化过程，黏粒硅铝率为1.5—2.7，林草地pH为4.5—5.5，耕地pH为5.6—7.0。

红壤是兴义市第三大土壤类型，占本市地域面积的12%。红壤发育于本市水热条件最优越的地段，集中分布在低山丘陵河谷地带，具A-Bs-Bv或A-Bs-C剖面构型。自然植被以偏湿性常绿阔叶林为主。成土母质较为广泛，黏土矿物一般以高岭石为主，具有强的脱硅富铝化过程，黏粒硅铝率一般为2.0—2.5，有深厚的红色土层。

水稻土占本市地域面积的8%。成土过程具有氧化还原过程，水耕条件下铁锰发生强烈迁移。由于干湿交替，水稻土形成糊状的淹育层、较坚实板结的犁底层、渗育层、潴育层与潜育层等多种发生层。

黄棕壤占本市地域面积的7%。黄棕壤发生于亚热带暖湿落叶阔叶林下，弱度富铝化，黏聚现象明显，呈黄棕色。该土壤具A-B-C或A-(B)-C剖面构型，黏粒硅铝率在2.5左右，铁的游离度较红壤低。

小于本市地域面积3%的土壤类型有紫色土和石质土。

本区域中心区气候特征

本区域中心区气候特征值
Regional climate characteristics in central area of the region

气候带：中亚热带湿润气候 Climate region: Subtropical humid climate	
年平均气温 /℃ Annual average temperature /℃	16.6
年平均最高气温 /℃ Annual average maximum temperature /℃	21.7
年平均最低气温 /℃ Annual average minimum temperature /℃	13.1
年降水量 /mm Annual precipitation /mm	1231
≥10℃的积温 /℃ Daily temperature accumulated in a year (≥10℃) /℃	6095
年日照时数 /h Annual sunshine /h	1700
年平均相对湿度 /% Annual average relative humidity /%	78
干燥度 Dryness	0.83

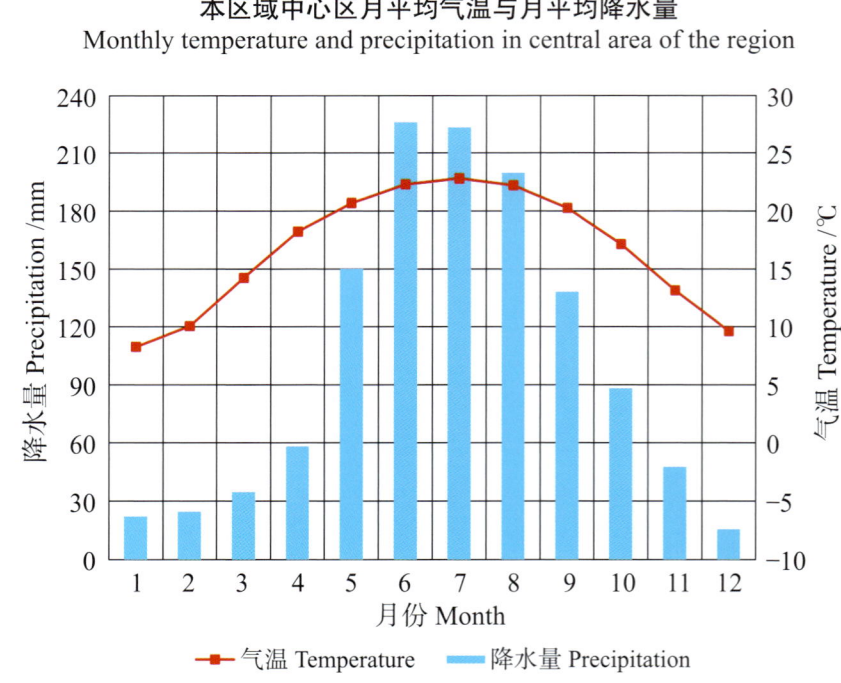

本区域中心区月平均气温与月平均降水量
Monthly temperature and precipitation in central area of the region

兴义市主要土壤类型与土壤剖面点分布图
1:300 000

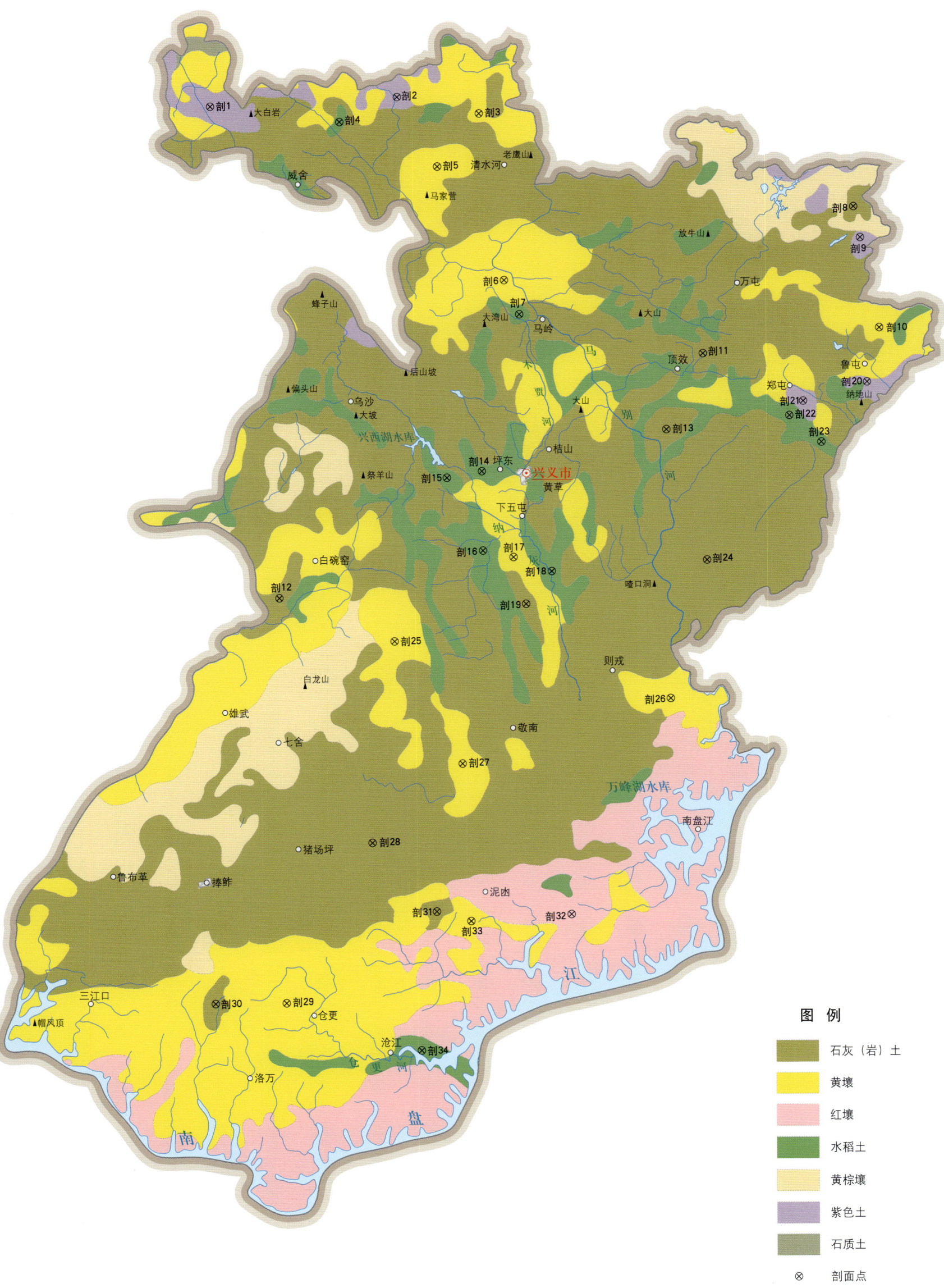

图例：石灰（岩）土、黄壤、红壤、水稻土、黄棕壤、紫色土、石质土、⊗ 剖面点

兴义市土壤剖面理化性状表

剖面号 Soil profile	土纲 Soil order	土类 Soil great group	亚类 Soil subgroup	土属 Soil genus	土种 Soil species	土层码 Layer code	土层厚度 Depth/cm	颜色 Soil color	质地 Soil texture	土壤结构 Soil structure	pH	有机质 OM/(g/kg)	全氮 TN/(g/kg)	全磷 TP/(g/kg)	速效钾 AK/(mg/kg)	阳离子交换量 CEC/(cmol/kg)	土壤母质 Parent material	剖面点坐标 Profile coordinate	匹配指数 Matching index/%
剖1	初育土	紫色土	中性紫色土	中性紫色砂土	中层中性紫色砂土	1	0~9	紫色	重壤土	粒状	7.2	42.3	1.91	0.24	239	18.6	砂页岩风化坡积物	E 104° 40' 22.1" N 25° 19' 33.9"	75
						2	9~18	紫色	重壤土	小块状	7.1	20.8	1.01	0.19					
						3	18~33	紫色	重壤土	块状	7.1	13.9	0.91	0.20					
剖2	初育土	紫色土	酸性紫色土	酸性紫色土	厚层酸性紫色土	1	0~10	紫色	轻黏土	小块状	5.2	27.2	1.52	0.40	123	30.0	泥页岩、砂页岩风化残积物	E 104° 48' 14.8" N 25° 19' 57.2"	95
						2	10~35	紫色	轻黏土	小块状	5.2	26.1	1.27	0.39					
						3	35~70	紫色	轻黏土	小块状	5.0	20.5	0.98	0.33					
剖3	铁铝土	黄壤	黄壤	黄泥土	小黄泥土	1	0~23	黑棕色	中黏土	小块状	7.8					24.3	第四纪黄色黏土	E 104° 51' 42.2" N 25° 19' 19.7"	94
						2	23~50	黑棕色	中黏土	块状	7.6								
						3	50~100	黑棕色	中黏土	块状	7.4								
剖4	人为土	水稻土	淹育水稻田	大泥田	黄大泥田	1	0~11	灰棕色	轻黏土	块状	7.1	48.0	2.85	0.51	131	20.0	第四纪黄色黏土	E 104° 45' 49.4" N 25° 18' 59.3"	92
						2	11~28	灰棕色	中黏土	块状	6.9	45.0	2.35	0.48					
						3	28~65	灰棕色	中黏土	块状	6.5	6.5	0.61	0.34					
剖5	铁铝土	黄壤	黄壤	黄石砂土	石渣子土	1	0~9	灰黄色	中壤土	小块状	5.3					14.3	砂页岩风化坡积物	E 104° 49' 56.6" N 25° 17' 17.9"	98
						2	9~27	灰黄色	重黏土	小块状	5.4								
						3	27~40	黄黄棕色	重黏土	块状	5.5								
剖6	铁铝土	黄壤	黄壤	红泥田	豆瓣泥土	1	0~14	灰棕色	重黏土	粒状	5.1	18.6	1.25	0.20	205	10.8	泥岩风化坡积物	E 104° 52' 45.5" N 25° 12' 59.0"	90
						2	14~62	暗黄棕色	重黏土	块状	4.8	8.4	0.95	0.17					
						3	0~14	暗黄棕色	重黏土	块状	5.1	18.9	1.26	0.26					
剖7	人为土	水稻土	潜育水稻田	红泥田	油红砂泥田	2	14~23	灰黄色	中黏土	粒状	5.5	17.1	1.15	0.22	91	10.5	砂页岩风化残积物	E 104° 53' 23.3" N 25° 11' 41.3"	83
						3	23~60	暗黄色	重黏土	棱块状	7.0	11.7	0.70	0.18					
						4	60~72	暗黄色	轻黏土	粒状	7.5	12.4	0.75	0.21					
						5	72~100	灰黄色	轻黏土	块状	7.0	7.3	0.63	0.21					
剖8	初育土	石灰(岩)土	大土泥	棕大土泥	棕大泥土	1	0~10	灰黄棕色	重黏土	团粒状	8.0						白云质灰岩风化残积物、第四纪黏土	E 105° 07' 28.4" N 25° 15' 47.4"	73
						2	10~20	浅黄棕色	轻黏土	小块状	8.0								
						3	20~45	暗黄棕色	轻黏土	块状	8.0								
剖9	初育土	紫色土	紫泥土	紫砂土	紫砂土	1	0~20	紫色	轻黏土	粒状	6.5	48.4	2.64	0.98	239	25.5	中性砂页岩风化坡积物	E 105° 07' 45.1" N 25° 14' 36.4"	90
						2	20~40	紫色	重黏土	粒状	6.9	49.5	2.80	1.24					
剖10	铁铝土	黄壤	黄壤	硅铝质黄壤	中层硅铝质黄壤	1	0~8	灰棕色	中壤土	粒状	4.6	22.9	1.18	0.12	84	7.8	砂岩、页岩互层残积物	E 105° 08' 33.0" N 25° 11' 10.9"	98
						2	8~18	黄色	轻黏土	块状	4.6	11.4	0.84	0.17					
						3	18~40	黄色	轻黏土	粒状	4.9	7.6	0.36	0.13					
剖11	初育土	石灰(岩)土	黄色石灰土	黄色石灰土	中层黄色石灰土	1	0~11	灰黄棕色	重黏土	粒状	7.1	46.9	2.69	0.35	147	29.0	石灰岩覆第四纪黏土	E 105° 01' 07.3" N 25° 10' 11.6"	75
						2	11~25	灰黄棕色	中黏土	小块状	7.4	44.3	2.48	0.35					
						3	25~40	浅黄棕色	中壤土	块状	7.2	31.4	2.02	0.32					
剖12	初育土	石灰(岩)土	淋溶黄色石灰土	薄层淋溶黄色石灰土	白云砂土	1	0~8	灰黄色	轻黏土	粒状	7.8	59.7	1.99	0.21	24	7.8	白云岩风化残积物	E 104° 43' 16.3" N 25° 00' 51.8"	84
						2	8~19	暗棕色	重黏土	小块状	8.0	26.0	0.39	0.14					
剖13	初育土	石灰(岩)土	大土泥	白云砂土	白云砂土	1	0~12	暗黄棕色	中黏土	小块状	7.9	26.4	1.60	0.36	206	13.8	白云岩风化残积物	E 104° 59' 34.8" N 25° 07' 17.4"	70
						2	12~30	棕色	中黏土	粒状	7.9	18.3	1.37	0.40					
						3	30~75	灰色	中黏土	小块状	8.0	10.8	1.19	0.32					
剖14	人为土	水稻土	潜育水稻田	大眼泥田	大眼泥田	1	0~18	暗黄色	中壤土	块状	7.8	49.6	2.74	1.59	98	11.6	第四纪黄色黏土	E 104° 51' 48.1" N 25° 05' 42.0"	86
						2	18~27	暗黄色	中壤土	块状	7.3	47.1	2.65	1.18					
						3	27~56	暗灰色	轻黏土	棱柱状	7.7	24.4	1.47	1.34					
						4	56~100	灰黄色	重黏土	大块状	7.1	10.9	0.83	1.11					

续表 Continued

剖面号 Soil profile	土纲 Soil order	土类 Soil great group	亚类 Soil subgroup	土属 Soil genus	土种 Soil species	土层码 Layer code	土层厚度 Depth/cm	颜色 Soil color	质地 Soil texture	土壤结构 Soil structure	pH	有机质 OM/(g/kg)	全氮 TN/(g/kg)	全磷 TP/(g/kg)	速效钾 AK/(mg/kg)	阳离子交换量CEC/(cmol/kg)	土壤母质 Parent material	剖面点坐标 Profile coordinate	匹配指数 Matching index/%
剖15	人为土	水稻土	潴育水稻土	红泥田	红泥田	1	0-21	浅黄灰色	中壤土	粒状	6.3	25.0	0.87	0.84	96	12.6	砂页岩风化坡积物、残积物	E 104°50′19.9″ N 25°05′27.0″	100
						2	21-31	暗黄灰色	中壤土	小块状	6.8	22.1	0.44	0.81					
						3	31-42	暗黄灰色	重壤土	小块状	7.0	16.2	0.67	0.78					
						4	42-80	暗黄灰色	重壤土	小块状	7.0	13.4	0.41	0.77					
剖16	人为土	水稻土	潴育水稻土	潮砂泥田	潮砂泥田	1	0-20	灰黄色	中壤土	小黄状	6.5	22.0	1.34	0.15	66	13.5	砂岩风化冲积物	E 104°51′50.4″ N 25°02′41.3″	92
						2	20-26	黄棕色	中壤土	块状	6.8	10.5	0.70	0.13					
						3	26-50	黄棕色	重壤土	大块状	7.1	3.8	0.18	0.11					
						4	50-70	灰黄色	中壤土	大块状	7.0	7.8	0.38	0.14					
剖17	铁铝土	黄壤	黄壤	黄泥土	黄泥土	1	0-15	棕黄色	中黏土	粒状	6.9	39.1	1.59	0.31	33	20.3	第四纪黄色黏土	E 104°53′07.7″ N 25°02′26.5″	80
						2	15-30	棕黄色	重黏土	块状	6.8	29.6	1.40	0.23					
						3	30-54	浅黄色	重黏土	核粒状	5.6	23.2	1.47	0.21					
剖18	人为土	水稻土	潴育水稻土	大眼泥田	大眼泥田	1	0-20	栗色	重黏土	粒状	7.8	74.4	3.77	0.34	116	11.3	石灰岩风化残积物、坡积物	E 104°54′43.6″ N 25°01′54.1″	99
						2	20-28	棕色	轻黏土	小块状	7.8	74.0	3.70	0.35					
						3	28-45	棕色	重黏土	大块状	7.8	72.5	3.57	0.32					
						4	45-	暗灰色	轻黏土	大块状	8.0								
剖19	初育土	石灰（岩）土	大土泥	大土泥	大土泥	1	0-10	棕黑色	中黏土	小块状	7.8	68.9	3.34	0.70	175	33.7	石灰岩风化残积物	E 104°53′39.1″ N 25°00′39.2″	99
						2	10-28	黄褐色	轻黏土	块状	7.4	59.9	3.18	0.51					
						3	28-57	褐色	中黏土	块状	7.7	60.1	2.98	0.44					
剖20	紫色土	紫泥土	血泥土	血泥土	血泥土	1	0-11	紫色	轻黏土	粒状	5.1	23.0	1.41	0.37	121	29.4	酸性页岩风化积物	E 105°08′01.5″ N 25°09′05.9″	94
						2	11-40	紫色	轻黏土	块状	5.2	24.5	1.22	0.41					
						3	40-65	紫色	中黏土	粒状	5.3	16.2	1.04	0.29					
剖21	紫色土	紫泥土	血泥土	血泥土	血泥土	1	0-11	紫色	轻黏土	粒状	5.0	35.3	1.97	0.59	503	31.2	酸性砂岩风化积物	E 105°05′20.0″ N 25°08′22.2″	73
						2	11-25	紫色	轻黏土	块状	6.1	20.9	1.14	0.56					
						3	25-40	紫色	重壤土	小块状	5.6	9.6	0.57	0.53					
剖22	人为土	水稻土	潴育水稻土	大眼泥田	龙凤大眼泥田	1	0-18	灰黄色	轻黏土	粒状	7.8	31.6	1.94	0.35	119	11.7	第四纪黄色黏土	E 105°04′45.1″ N 25°07′49.2″	90
						2	18-24	灰黄色	中黏土	小块状	7.8	31.0	1.91	0.34					
						3	24-57	灰黄色	轻黏土	块状	7.8	25.9	1.45	0.38					
						4	57-85	暗黄色	中黏土	块状	7.4	21.9	1.40	0.46					
剖23	人为土	水稻土	淹育水稻土	大泥田	大泥田	1	0-14	暗黄棕色	轻黏土	粒状	7.8	68.4	3.11	0.57	99	20.7	第四纪黄色黏土	E 105°06′05.7″ N 25°06′48.6″	97
						2	14-21	灰黄色	重壤土	块状	7.8	71.8	3.70	0.54					
						3	21-50	灰黄色	重壤土	小块状	7.8	38.7	2.14	0.41					
						4	50-90	灰黄色	重壤土	小块状	8.0	10.0	0.46	0.19					
剖24	初育土	石灰（岩）土	黑色石灰土	黑色石灰土	薄层黑色石灰土	1	0-7	黑棕色	重黏土	团粒状	7.6	159.1	9.36	0.91	284	62.1	石灰岩、第四纪黏土	E 105°01′16.3″ N 25°02′20.0″	78
						2	7-29	暗棕色	重壤土	块状	6.3	118.9	6.45	0.93					
剖25	铁铝土	黄壤	黄砂泥土	黄砂泥土	黄砂泥土	1	0-15	浅黄棕色	重壤土	粒状	5.8	31.8	1.56	0.71	298	14.3	砂页岩风化残积物	E 104°48′06.8″ N 24°59′13.1″	83
						2	15-30	黄棕色	重壤土	块状	6.4	29.2	1.33	0.72					
						3	30-60	黄棕色	重壤土	块状	7.3	15.5	1.25	0.33					
剖26	铁铝土	黄壤	硅铁质黄壤	中层硅铁质黄壤	中层硅铁质黄壤	1	0-7	暗黄棕色	轻黏土	粒状	6.9	78.1	2.47	0.54	134	22.3	泥岩	E 105°06′43.5″ N 24°57′02.4″	70
						2	7-15	浅黄色	重壤土	小块状	5.0	34.6	2.45	0.29					
						3	15-50	灰黄色	重壤土	块状	5.4	18.9	1.19	0.28					
剖27	铁铝土	黄壤	黄泥土	黄泥土	死黄泥土	1	0-13	黄棕色	中黏土	块状	5.0	37.0	2.06	0.48	107	18.7	第四纪黏土	E 104°50′57.5″ N 24°54′33.8″	84
						2	13-45	黄棕色	重黏土	块状	5.0	36.8	1.92	0.55					
						3	45-100	黄棕色	重黏土	大块状	4.5	20.7	1.10	0.33					
剖28	初育土	石灰（岩）土	黄色石灰土	次生黄色石灰土	薄层次生黄色石灰土	1	0-8	暗黄棕色	重黏土	小块状	7.7	106.1	2.12	0.48	94	18.0	石灰岩覆第四纪黏土	E 104°47′09.4″ N 24°51′31.2″	79
						2	8-14	灰黄棕色	轻黏土	小块状	7.4	72.0	1.88	0.58					
						3	14-26	暗黄黄色	轻黏土	小块状	6.9	31.3	1.63	0.59					

续表 Continued

剖面号 Soil profile	土纲 Soil order	土类 Soil great group	亚类 Soil subgroup	土属 Soil genus	土种 Soil species	土层码 Layer code	土层厚度 Depth/cm	颜色 Soil color	质地 Soil texture	土壤结构 Soil structure	pH	有机质 OM/(g/kg)	全氮 TN/(g/kg)	全磷 TP/(g/kg)	速效钾 AK/(mg/kg)	阳离子交换量CEC/(cmol/kg)	土壤母质 Parent material	剖面点坐标 Profile coordinate	匹配指数 Matching index/%
剖29	铁铝土	黄壤	黄壤	黄砂泥土	豆面泥土	1	0—13	灰黄色	重壤土	粒状	5.1	18.6	1.25	0.20	205	10.1	粉砂岩风化坡积物、残积物	E 104°43′32.0″ N 24°45′26.4″	94
						2	13—25	黄棕色	重壤土	块状	4.8	14.8	1.09	0.18					
						3	25—55	灰黄色	重壤土	块状	5.0	8.2	0.95	0.17					
剖30	初育土	石灰(岩)土	大土泥	小土泥	小土泥	1	0—13	灰黄色	重黏土	棱块状	8.5	37.6	2.56	0.63	91	32.8	第四纪黏土	E 104°40′32.9″ N 24°45′24.8″	97
						2	13—24	灰黄色	重黏土	小块状	8.0	24.1	1.81	0.55					
						3	24—47	黄色	重黏土	块状	7.9	21.1	1.65	0.52					
剖31	初育土	石灰(岩)土	大土泥	棕小土泥	棕小土泥	1	0—16	灰棕色	中黏土	粒状	7.5						石灰岩覆第四纪黏土	E 104°49′51.2″ N 24°48′54.0″	82
						2	16—25	棕色	中壤土	棱块状	7.5								
						3	25—60	棕色	轻黏土	块状	7.0								
						4	60—100	灰黄色	中壤土	块状	6.5								
剖32	铁铝土	红壤	黄红壤	硅铝质黄红壤	中层硅铝质黄红壤	1	0—16	黄黄色	轻黏土	粒状	4.8	24.8	1.17	0.16	98	10.0	砂页岩风化残积物、坡积物	E 104°55′31.0″ N 24°48′47.7″	92
						2	16—25	黄灰色	轻黏土	粒状	4.9	20.1	1.36	0.17					
						3	25—51	黄色	轻黏土	粒状	4.9	18.6	0.97	0.18					
剖33	铁铝土	黄壤	黄壤	硅质黄壤	中层硅质黄壤	1	0—11	灰黄色	轻壤土	粒状	4.7	51.2	2.22	0.15	170	11.4	砂岩坡积物	E 104°51′17.4″ N 24°48′32.2″	90
						2	11—35	褐色	轻壤土	小块状	5.4	14.1	0.84	0.12					
						3	35—42	灰黄色	轻壤土	小块状	5.1	4.8	0.34	0.09					
剖34	人为土	水稻土	潜育水稻土	烂锈田	浅脚烂泥田	M	0—24	灰黄色	黏土		7.7	68.0	3.58	0.40	188	24.0	由泥页岩风化物发育的沼泽土	E 104°49′12.0″ N 24°43′39.0″	77
						G	24—40	青棕色	黏土		7.6	67.8	3.46	0.40					
						Wg	40—65	青灰色	黏土		6.6	37.2	2.30	0.33					
						C	65—84	浅青灰色	黏土	块状	7.7	28.4	1.75	0.31					

兴 仁 市

主要土类说明

黄壤是兴仁市主要土壤类型，占本市地域面积的 47%。黄壤发育于温暖湿润的亚热带气候条件下，集中分布在低中山和低山丘陵，含有较多水合氧化铁，土体多呈黄色，具 A-B-C 剖面构型。自然植被主要为常绿阔叶林。成土母质极其广泛，黏土矿物以蛭石为主，具有较强的脱硅富铝化过程，黏粒硅铝率为 1.5—2.7，林草地 pH 为 4.5—5.5，耕地 pH 为 5.6—7.0。

石灰（岩）土是兴仁市第二大土壤类型，占本市地域面积的 41%。石灰（岩）土为岩成土，主要发育于碳酸岩类出露区域。石灰（岩）土具有碳酸盐强烈淋失，硅、铁、铝相对聚集，有机质积累量高等特点，土层浅薄，多具 A-R 剖面构型，pH 为 6.5—8.5，游离碳酸钙含量一般为 1—100g/kg。

紫色土是兴仁市第三大土壤类型，占本市地域面积的 5%。紫色土为岩成土，发育于紫色岩类出露各处。成土母质主要为三叠系飞仙关组紫色砂岩、侏罗系紫红色砂页岩、白垩系砖红色泥岩和长石石英砂岩等。黏土矿物以水云母为主。紫色土的形成和特点都与母岩的种类和性质密切相关，成土过程以物理风化为主，成土迅速，水土流失严重，具 A-AC-C 剖面构型，阳离子交换量较高。

黄棕壤占本市地域面积的 5%，发育于海拔较高的山地。自然植被为落叶阔叶与常绿阔叶混交林及针阔叶混交林。成土母质十分广泛，黏土矿物以 2:1 型为主，具有弱的脱硅富铝化过程和较强的黏化作用，黏粒硅铝率为 1.6—2.5。该土壤具 A-B-C 剖面构型，林草地 pH 为 3.5—5.8，耕地 pH 为 4.0—8.5。

小于本市地域面积 3% 的土壤类型有水稻土和红壤。

本区域中心区气候特征

本区域中心区气候特征值
Regional climate characteristics in central area of the region

气候带：中亚热带湿润气候 Climate region: Subtropical humid climate	
年平均气温 /℃ Annual average temperature /℃	15.2
年平均最高气温 /℃ Annual average maximum temperature /℃	20.0
年平均最低气温 /℃ Annual average minimum temperature /℃	11.9
年降水量 /mm Annual precipitation /mm	1323
≥ 10℃的积温 /℃ Daily temperature accumulated in a year (≥ 10℃) /℃	5588
年日照时数 /h Annual sunshine /h	1545
年平均相对湿度 /% Annual average relative humidity /%	80
干燥度 Dryness	0.68

本区域中心区月平均气温与月平均降水量
Monthly temperature and precipitation in central area of the region

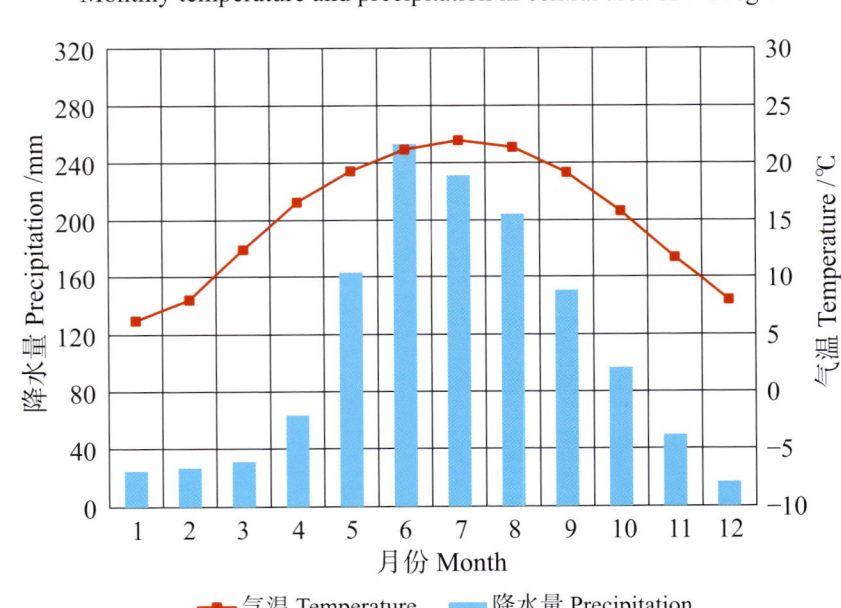

兴仁县主要土壤类型与土壤剖面点分布图

1∶260 000

图 例
- 黄壤
- 石灰（岩）土
- 紫色土
- 黄棕壤
- 水稻土
- 红壤
- ⊗ 剖面点

注：国务院 2018 年 8 月批准，撤销兴仁县，设立兴仁市。

兴仁市土壤剖面理化性状表

剖面号 Soil profile	土纲 Soil order	土类 Soil great group	亚类 Soil subgroup	土属 Soil genus	土种 Soil species	土层码 Layer code	土层厚度 Depth/cm	颜色 Soil color	土壤结构 Soil structure	pH	有机质 OM/(g/kg)	全氮 TN/(g/kg)	全磷 TP/(g/kg)	速效钾 AK/(mg/kg)	土壤母质 Parent material	剖面点坐标 Profile coordinate	匹配指数 Matching index/%
剖1	人为土	水稻土	潜育水稻土	烂锈田	深脚烂泥田	M	0—40	灰黄色		7.7	85.8	3.37	0.53	176	由石灰岩坡积物发育的沼泽土	E 105°01′58.1″ N 25°25′25.7″	76
						G	40—100	暗青灰色	整体状	7.1	84.5	3.17	0.47	141			
						Cg	100—	灰黄色	大块状	7.1	91.8	3.10	0.42	152			

黔东南苗族侗族自治州

凯 里 市

主要土类说明

黄壤是凯里市主要土壤类型，占本市地域面积的44%。黄壤发育于温暖湿润的亚热带气候条件下，集中分布在低中山和低山丘陵，含有较多水合氧化铁，土体多呈黄色，具A-B-C剖面构型。自然植被主要为常绿阔叶林。成土母质极其广泛，黏土矿物以蛭石为主，具有较强的脱硅富铝化过程，黏粒硅铝率为1.5—2.7，林草地pH为4.5—5.5，耕地pH为5.6—7.0。

石灰（岩）土是凯里市第二大土壤类型，占本市地域面积的43%。石灰（岩）土为岩成土，主要发育于碳酸岩类出露区域。石灰（岩）土具有碳酸盐强烈淋失，硅、铁、铝相对聚集，有机质积累量高等特点，土层浅薄，多具A-R剖面构型，pH为6.5—8.5，游离碳酸钙含量一般为1—100g/kg。

水稻土是凯里市第三大土壤类型，占本市地域面积的13%。水稻土是在水耕熟化和旱耕熟化交替影响下形成的土壤类型。成土过程具有氧化还原过程，水耕条件下铁锰发生强烈迁移。由于干湿交替，水稻土形成糊状的淹育层、较坚实板结的犁底层、渗育层、潴育层与潜育层等多种发生层。

本区域中心区气候特征

本区域中心区气候特征值
Regional climate characteristics in central area of the region

气候带：北亚热带湿润气候 Climate region: North subtropical humid climate	
年平均气温 /℃ Annual average temperature /℃	16.6
年平均最高气温 /℃ Annual average maximum temperature /℃	21.0
年平均最低气温 /℃ Annual average minimum temperature /℃	13.5
年降水量 /mm Annual precipitation /mm	1273
≥10℃的积温 /℃ Daily temperature accumulated in a year (≥10℃) /℃	5919
年日照时数 /h Annual sunshine /h	1216
年平均相对湿度 /% Annual average relative humidity /%	78
干燥度 Dryness	0.77

本区域中心区月平均气温与月平均降水量
Monthly temperature and precipitation in central area of the region

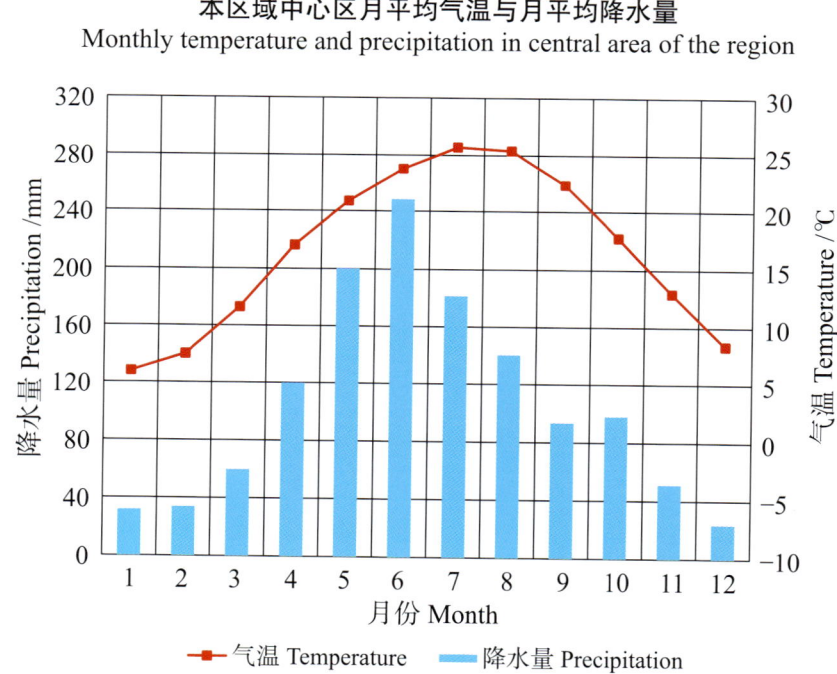

凯里市主要土壤类型与土壤剖面点分布图

1:200 000

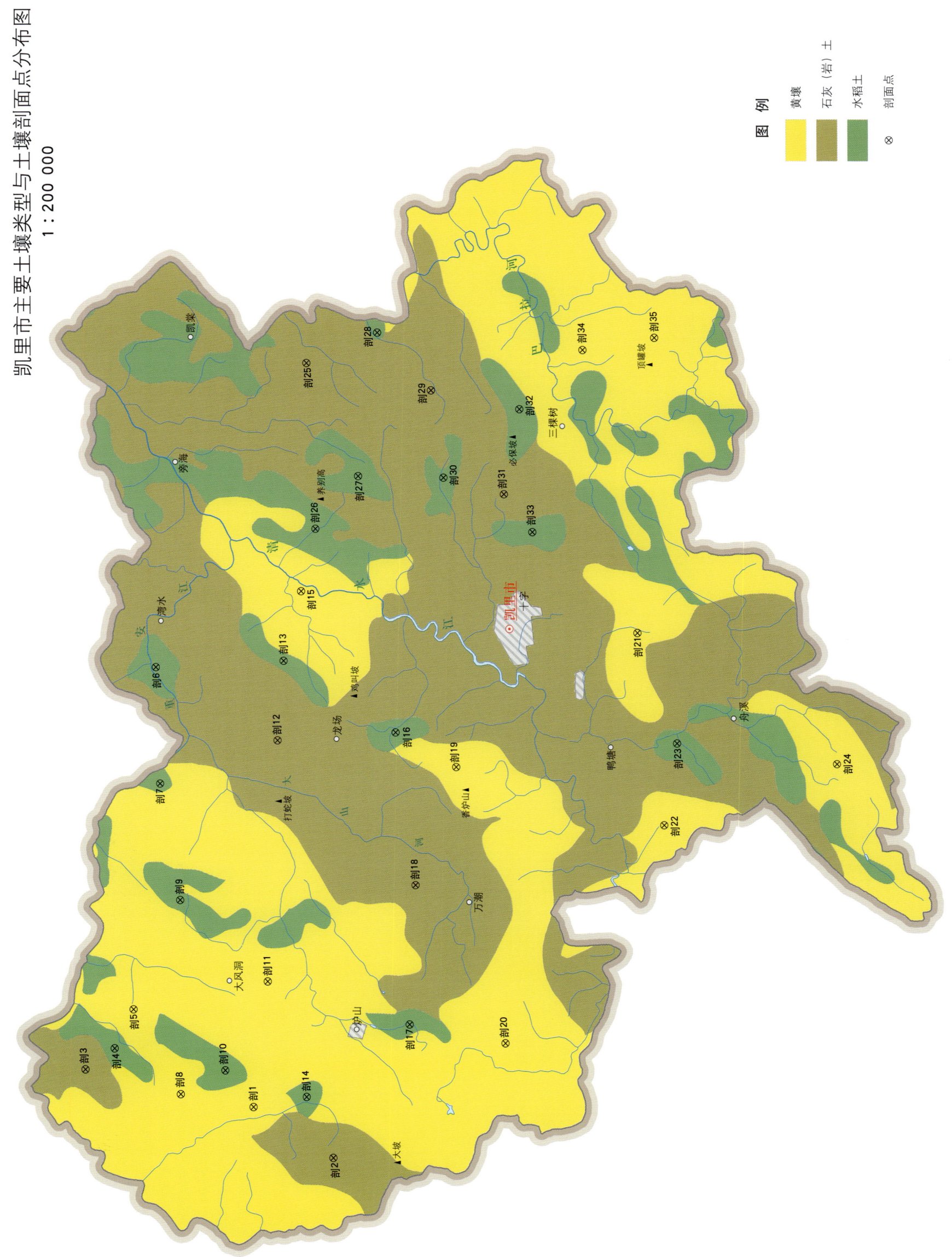

图例: 黄壤 | 石灰(岩)土 | 水稻土 | 剖面点

第二编 贵州省分县土壤图与土壤剖面数据 | 233

凯里市土壤剖面理化性状表

剖面号 Soil profile	土纲 Soil order	土类 Soil great group	亚类 Soil subgroup	土属 Soil genus	土种 Soil species	土层码 Layer code	土层厚度 Depth/cm	颜色 Soil color	质地 Soil texture	土壤结构 Soil structure	pH	有机质 OM/(g/kg)	全氮 TN/(g/kg)	全磷 TP/(g/kg)	有效磷 AP/(mg/kg)	速效钾 AK/(mg/kg)	阳离子交换量 CEC/(cmol/kg)	土壤母质 Parent material	剖面点坐标 Profile coordinate	匹配指数 Matching index/%
剖1	铁铝土	黄壤	黄壤	石渣子土	火石砂土	1	0—16		重石质重壤土		5.4	43.6	2.70	0.33	3.0	73	31.7		E 107°44′52.1″ N 26°42′16.2″	70
						2	16—30		重石质重壤土		5.3	40.6	1.54	0.33						
						3	30—		重石质重壤土		5.1	32.5	1.26	0.41						
剖2	初育土	石灰(岩)土	大土泥	白云砂土	白云黄砂泥土	1	0—17		重壤土		7.7	33.0	1.55	0.56	4.0	40	18.2	白云岩	E 107°43′20.6″ N 26°40′13.1″	76
						2	17—28		重壤土		7.8	30.5	1.54	0.49						
						3	28—		重壤土		8.0	38.0	2.54	0.73						
剖3	初育土	石灰(岩)土	大土泥	大土泥	大土泥	1	0—14		重黏土		8.5	37.5	1.77	0.48	3.0	168	26.2	石灰岩	E 107°46′04.7″ N 26°46′38.2″	74
						2	14—24		重黏土		8.4	30.2	1.43	0.51						
						3	24—40		重黏土		8.5	7.1	0.43	0.17						
剖4	人为土	水稻土	潴育水稻土	潮泥田	潮砂田	1	0—7		轻壤土		4.6	14.9	0.94	0.19	6.0	120	11.0		E 107°46′39.3″ N 26°45′51.5″	80
						2	7—18		轻壤土		4.6	12.9	0.70	0.19						
						3	18—22		轻壤土		4.8	12.5	0.72							
剖5	铁铝土	黄壤	黄壤	黄泥土	死黄泥土	1	0—14		黏土		6.1	20.6	1.05		3.0	169			E 107°47′45.2″ N 26°45′20.2″	87
剖6	人为土	水稻土	淹育水稻土	坡垮黄泥田	犟黄泥田	1	0—11		中黏土		5.5	26.6	1.82	0.70	4.0	80	12.7		E 107°57′38.5″ N 26°44′29.8″	82
						2	11—21		中黏土		5.2	24.2	1.73	0.37						
						3	21—		中黏土		5.3	8.8	0.87	0.44						
剖7	人为土	水稻土	淹育水稻土	坡垮黄泥田	死黄泥田	1	0—18		中黏土		5.6	28.5	1.74	0.70	4.0	80	12.7		E 107°54′16.0″ N 26°44′28.1″	98
						2	18—25		中黏土		6.3	21.9	1.53	0.37						
						3	25—33		轻黏土		6.9	16.8	1.01	0.44						
剖8	铁铝土	黄壤	黄壤	硅铁质黄壤	中层硅铁质黄壤	1	0—21	灰黄色	轻黏土	粒状	5.0	8.5	2.29	0.11	4.0	170	25.3	第四纪黏土	E 107°45′17.3″ N 26°44′09.6″	98
						2	21—80	黄红色	中壤土	块状	4.8	7.0	0.66	0.11						
剖9	人为土	水稻土	淹育水稻土	大泥田	大泥田	1	0—25		轻石质重壤土		7.2	39.4	1.46	0.43	28.0	60	16.1		E 107°50′52.1″ N 26°44′02.0″	84
						2	25—70		轻石质重壤土		7.2	34.3	1.54	0.34						
						3	70—		轻石质重壤土		7.3	22.8	1.03	0.24						
剖10	人为土	水稻土	淹育水稻土	大泥田	苕大泥田	1	0—14		中壤土		7.9	40.9	2.20	1.90	6.0	230	22.1		E 107°45′56.2″ N 26°42′59.0″	75
						2	14—25		中壤土		8.2	31.6	1.96	0.67						
						3	25—100		中壤土		8.3	22.7	1.60	0.59						
剖11	铁铝土	黄壤	黄壤	黄砂泥土	黄砂泥土	1	0—14		中壤土		5.4	30.2	2.05	0.48	8.0	180	11.6		E 107°48′26.6″ N 26°41′48.1″	83
						2	14—23		重壤土		5.5	16.4	1.21	0.40						
						3	23—33		重壤土		5.5	12.2	0.92	0.12						
剖12	初育土	石灰(岩)土	黄色石灰土	淋溶黄色石灰土	淋溶黄色石灰土	1	0—12		重石质中黏土		7.0	31.2	1.18	0.10	4.0		15.1	白云质灰岩	E 107°55′25.7″ N 26°41′21.8″	83
						2	12—30		重石质中黏土		7.1	16.6	0.81	0.11						
						3	30—		重石质中黏土		7.2	12.4	0.88	0.23						
剖13	人为土	水稻土	潴育水稻土	潮泥田	潮砂泥田	1	0—16		轻石质轻壤土		6.7	15.6	0.17	0.32	11.0	50	6.4		E 107°57′43.6″ N 26°41′08.9″	71
						2	16—30		轻石质轻壤土		6.7	7.2	0.37	0.23						
						3	30—40		轻石质轻壤土		6.8	9.0	0.43	0.25						
剖14	人为土	水稻土	淹育水稻土	坡垮黄泥田	火石砂田	1	0—13		重石质轻黏土		5.7	47.6	2.21	0.48	12.0	100	11.1		E 107°45′06.5″ N 26°40′52.3″	77
						2	13—24		重石质轻黏土		6.0	30.7	1.41	0.41						
						3	24—40		重石质轻黏土		6.4	26.3	0.98	0.31						
剖15	铁铝土	黄壤	黄壤	硅铝质黄壤	厚层硅铝质黄壤	1	0—15	黑灰色	轻壤土	粒状	4.7	53.7	2.35	0.35	3.0	90	17.2	砂页岩	E 107°59′43.1″ N 26°40′38.3″	89
						2	15—25	灰黄色	中壤土	小块状		13.1	0.66	0.22						

续表 Continued

剖面号 Soil profile	土纲 Soil order	土类 Soil great group	亚类 Soil subgroup	土属 Soil genus	土种 Soil species	土层码 Layer code	土层厚度 Depth/cm	颜色 Soil color	质地 Soil texture	土壤结构 Soil structure	pH	有机质 OM/(g/kg)	全氮 TN/(g/kg)	全磷 TP/(g/kg)	有效磷 AP/(mg/kg)	速效钾 AK/(mg/kg)	阳离子交换量CEC/(cmol/kg)	土壤母质 Parent material	剖面点坐标 Profile coordinate	匹配指数 Matching index/%
剖16	人为土	水稻土	潴育水稻土	冲沟砂泥田	冲沟油砂泥田	1	0—16		重壤土		5.5	55.7	3.21	0.26	3.0	100	21.1		E 107°55′34.0″ N 26°38′16.1″	76
剖17	人为土	水稻土	潴育水稻土	冲沟砂泥田	冲沟细砂泥田	1	0—16		重壤土		5.8	52.3	3.41	0.32					E 107°47′05.6″ N 26°38′07.4″	70
						2	16—24		重壤土		6.0	12.6	0.66	0.14	5.0	100	12.0			
						3	24—													
剖18	初育土	石灰(岩)土	黄色石灰土	黄色石灰土	中层黄色石灰土	1	0—17		重壤土		5.6	39.6	1.88	0.74				白云质岩	E 107°51′06.8″ N 26°37′52.0″	86
						2	17—27		重壤土		5.5	37.8	1.75	0.33						
						3	27—40		重壤土		5.5	24.6	1.41	0.22						
剖19	铁铝土	黄壤	黄泥土	黄泥土	先潴小黄泥土	1	0—15		轻石质中黏土		7.8	84.4	4.08	0.39	4.0	135	44.0		E 107°54′30.6″ N 26°36′42.8″	73
						2	15—40		轻石质中黏土		8.0	28.9	1.46	0.30	4.0					
剖20	铁铝土	黄壤	黄泥土	黄泥土	黄泥土	1	0—16		轻黏土		7.1	42.9			29.0	152			E 107°46′28.4″ N 26°35′38.1″	83
剖21	铁铝土	黄壤	石渣子土	石渣子土	扁砂土	1	0—14		重石质重壤土		5.5	24.0	1.22		7.0	166			E 107°58′14.9″ N 26°31′52.3″	84
						2	14—22		重石质重壤土		4.9	19.4	0.91	0.41	8.0	152	14.0			
						3	22—40		重石质重壤土		4.9	16.5	0.75	0.36						
剖22	铁铝土	黄壤	石渣子土	石渣子土	石渣子土	1	0—11		重石质重壤土		4.9	14.4	0.89	0.37					E 107°52′39.1″ N 26°31′19.2″	74
						2	11—24		重石质重壤土		5.9	31.0	1.56	0.53	3.0	120	14.0			
						3	24—		重石质重壤土		5.8	10.5	1.40	0.29						
剖23	人为土	淹育水稻土	坡垮黄泥田	黄砂泥田		1	0—12		重壤土		5.7	13.7	1.37	0.41					E 107°55′01.2″ N 26°30′55.4″	85
						2	12—28		重壤土		5.6	66.5	1.39	0.29	4.0	70	11.3			
						3	28—		重壤土		5.6	22.5	0.91	0.20						
剖24	铁铝土	黄壤	铁质黄壤	中层铁质黄壤		1	0—10	紫棕色	中壤土	核状	5.6	18.5	0.65	0.11				玄武岩	E 107°54′17.8″ N 26°26′45.3″	96
						2	10—30	黄棕色	轻石土	块状	6.2	33.2	2.18	0.29	3.0	182	14.5			
						3	30—80				6.1	15.6	0.73	0.17	3.0	266	20.0			
剖25	初育土	大泥土	白云砂土	白云砂土		1	0—16		壤土		6.4	9.1	0.34	0.13	3.0	200		白云岩	E 108°06′19.1″ N 26°40′19.9″	92
						2	16—40		壤土		8.1	26.3	1.46	0.03	2.0		11.4			
						3	40—		壤土		7.9	23.0	1.51	0.14						
剖26	人为土	水稻土	潴育水稻土	潮泥田	潮泥田	1	0—18		重壤土		7.4	16.9	1.14	0.21	4.0	80			E 108°01′31.1″ N 26°40′13.1″	72
						2	18—30		重壤土		5.1	37.2	2.10	0.17			10.7			
						3	30—70		重壤土		5.1	34.4	1.99	0.13						
剖27	人为土	水稻土	淹育水稻土	大泥田	黄大泥田	1	0—13		中黏土		5.3	19.6	1.31	0.38	4.0	100			E 108°03′00.6″ N 26°39′03.6″	87
						2	13—26		中黏土		7.3	6.9	1.25	0.18						
						3	26—32		重黏土		7.4	20.4	1.01	0.11						
剖28	初育土	石灰(岩)土	大泥田土	大泥田	大眼泥田	1	0—20		重壤土		7.5	6.4	0.35	0.43	4.0	90	18.8		E 108°07′08.1″ N 26°38′27.5″	81
						2	20—35		重壤土		7.9	46.0	2.15	0.21						
						3	35—60		重壤土		8.0	31.8	1.93	0.21						
剖29	初育土	石灰(岩)土	次生黄色石灰土	次生黄色石灰土	中层次生黄色石灰土	1	0—20		轻石质中黏土		7.1	18.5	0.94	0.24	3.0	62	17.9	第四纪红色黏土	E 108°05′25.8″ N 26°37′05.5″	76
						2	20—100		轻石质中黏土		7.0	6.9	0.47	0.41						
						3	100—		轻石质中黏土		6.9	4.3	0.42	0.34						
剖30	人为土	水稻土	坡垮黄泥田	黄石渣子田		1	0—11	灰黑色	重石质轻黏土	粒状	5.9	42.4	2.03	0.30					E 108°02′53.5″ N 26°36′50.0″	92
						2	11—17		重石质中黏土		5.8	52.7	2.48	0.28	3.0	100	16.1			
						3	17—25		重石质中黏土		6.1	47.1	1.86	0.30	5.0					
剖31	初育土	石灰(岩)土	黑色石灰土	黑色石灰土	薄层黑色石灰土	1	0—20	灰黄色	中壤土	核块状	7.9	34.4	1.72	0.13		90		白云质灰岩	E 108°02′22.2″ N 26°35′15.7″	80
						2	20—40		重壤土		8.2	6.5	0.20	0.15						

续表 Continued

剖面号 Soil profile	土纲 Soil order	土类 Soil great group	亚类 Soil subgroup	土属 Soil genus	土种 Soil species	土层码 Layer code	土层厚度 Depth/cm	颜色 Soil color	质地 Soil texture	土壤结构 Soil structure	pH	有机质 OM/(g/kg)	全氮 TN/(g/kg)	全磷 TP/(g/kg)	有效磷 AP/(mg/kg)	速效钾 AK/(mg/kg)	阳离子交换量CEC/(cmol/kg)	土壤母质 Parent material	剖面点坐标 Profile coordinate	匹配指数 Matching index/%
剖32	人为土	水稻土	淹育水稻土	坡垮黄泥田	白云黄砂泥田	1	0—17		重石质轻黏土		7.5	28.6	1.41	0.15	9.0	9	13.1		E 108°04′49.1″ N 26°34′48.0″	71
						2	17—26		重石质轻黏土		7.6	22.1	1.09	0.24						
						3	26—37		重石质轻黏土		7.7	11.1	0.60	0.11						
剖33	人为土	水稻土	潴育水稻土	冲沟砂泥田	冲沟粗砂泥田	1	0—13		重壤土		5.0	30.2	2.11	0.35	5.0	80	11.5		E 108°01′15.2″ N 26°34′32.9″	96
						2	13—22		重壤土		5.2	16.7	1.06	0.27						
						3	22—43		重壤土		5.3	12.2	0.94	0.36						
剖34	铁铝土	黄壤	黄壤	黄砂泥土	黄油砂泥土	1	0—15		轻壤土	粒状	5.1	50.8	2.29		9.0	112			E 108°06′28.8″ N 26°33′06.1″	81
剖35	铁铝土	黄壤	黄壤	硅质黄壤	厚层硅质黄壤	1	0—16	灰黄色	轻壤土		4.1	60.4	1.38		3.0	51	13.2	砂岩	E 108°06′46.4″ N 26°31′13.1″	95
						2	16—80	浅黄色	轻壤土	小块状	4.1	16.4	0.78		3.0	51				

黄 平 县

主要土类说明

黄壤是黄平县主要土壤类型，占本县地域面积的 50%。黄壤发育于温暖湿润的亚热带气候条件下，集中分布在低中山和低山丘陵，含有较多水合氧化铁，土体多呈黄色，具 A-B-C 剖面构型。自然植被主要为常绿阔叶林。成土母质极其广泛，黏土矿物以蛭石为主，具有较强的脱硅富铝化过程，黏粒硅铝率为 1.5—2.7，林草地 pH 为 4.5—5.5，耕地 pH 为 5.6—7.0。

石灰（岩）土是黄平县第二大土壤类型，占本县地域面积的 27%。石灰（岩）土为岩成土，主要发育于碳酸岩类出露区域。石灰（岩）土具有碳酸盐强烈淋失，硅、铁、铝相对聚集，有机质积累量高等特点，土层浅薄，多具 A-R 剖面构型，pH 为 6.5—8.5，游离碳酸钙含量一般为 1—100g/kg。

水稻土是黄平县第三大土壤类型，占本县地域面积的 18%。水稻土是在水耕熟化和旱耕熟化交替影响下形成的土壤类型。成土过程具有氧化还原过程，水耕条件下铁锰发生强烈迁移。由于干湿交替，水稻土形成糊状的淹育层、较坚实板结的犁底层、渗育层、潴育层与潜育层等多种发生层。

紫色土占本县地域面积的 5%。紫色土为岩成土，发育于紫色岩类出露各处。成土母质主要为三叠系飞仙关组紫色砂岩、侏罗系紫红色砂页岩、白垩系砖红色泥岩和长石石英砂岩等。黏土矿物以水云母为主。紫色土的形成和特点都与母岩的种类和性质密切相关，成土过程以物理风化为主，成土迅速，水土流失严重，具 A-AC-C 剖面构型，阳离子交换量较高。

本区域中心区气候特征

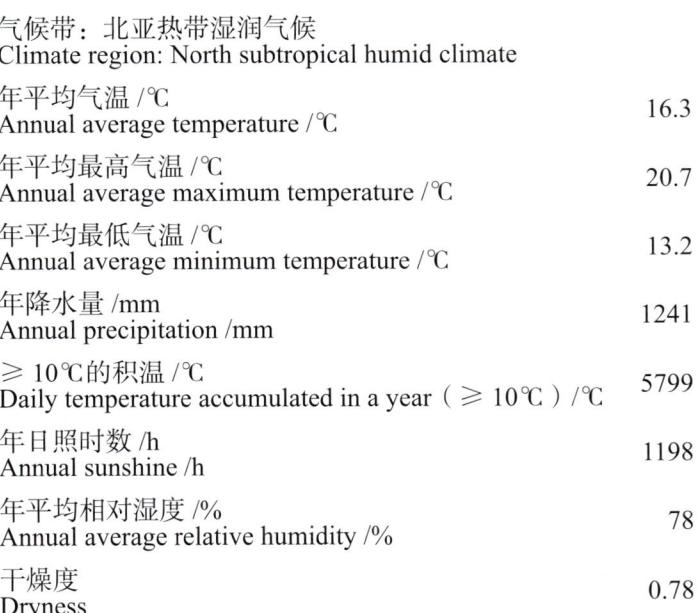

本区域中心区气候特征值
Regional climate characteristics in central area of the region

气候带：北亚热带湿润气候 Climate region: North subtropical humid climate	
年平均气温 /℃ Annual average temperature /℃	16.3
年平均最高气温 /℃ Annual average maximum temperature /℃	20.7
年平均最低气温 /℃ Annual average minimum temperature /℃	13.2
年降水量 /mm Annual precipitation /mm	1241
≥ 10℃的积温 /℃ Daily temperature accumulated in a year（≥ 10℃）/℃	5799
年日照时数 /h Annual sunshine /h	1198
年平均相对湿度 /% Annual average relative humidity /%	78
干燥度 Dryness	0.78

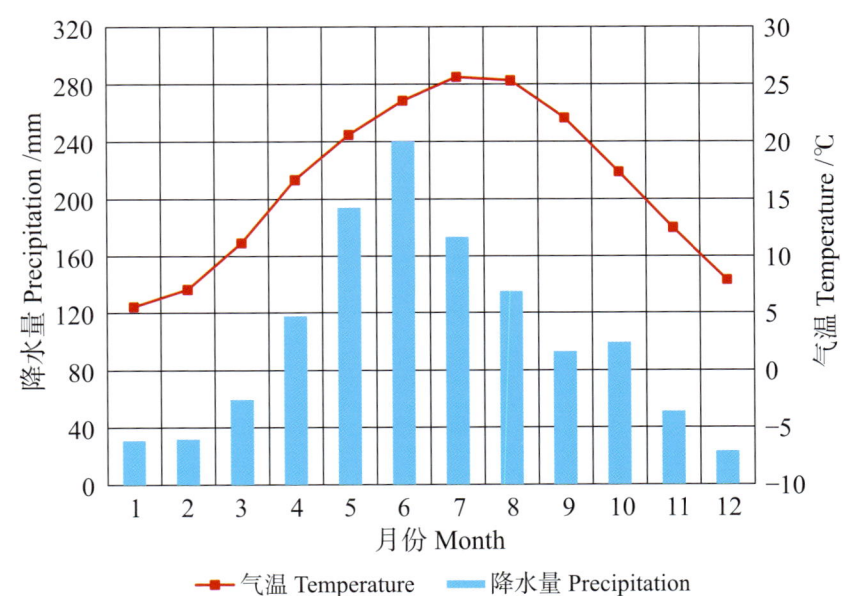

本区域中心区月平均气温与月平均降水量
Monthly temperature and precipitation in central area of the region

黄平县主要土壤类型与土壤剖面点分布图

1∶250 000

图例
- 黄壤
- 石灰（岩）土
- 水稻土
- 紫色土
- ⊗ 剖面点

黄平县土壤剖面理化性状表

剖面号 Soil profile	土纲 Soil order	土类 Soil great group	亚类 Soil subgroup	土属 Soil genus	土种 Soil species	土层码 Layer code	土层厚度/cm Depth/cm	颜色 Soil color	质地 Soil texture	土壤结构 Soil structure	pH	有机质 OM/(g/kg)	全氮 TN/(g/kg)	全磷 TP/(g/kg)	土壤母质 Parent material	剖面点坐标 Profile coordinate	匹配指数 Matching index/%
剖1	初育土	石灰（岩）土	黑色石灰土	岩泥土	岩泥土	A	0—20	浅黑色	壤质黏土	粒状	6.9	52.8	2.91	0.87	石灰岩坡积物	E 108°06′18.0″ N 26°53′46.3″	93
						Ah₁	20—33	浅灰色	壤质黏土	核块状	6.9	35.0	1.75	0.64			
						Ah₂	33—49	黄灰色	壤质黏土	块状	7.0	21.4	1.57	0.38			

施 秉 县

主要土类说明

石灰（岩）土是施秉县主要土壤类型，占本县地域面积的52%。石灰（岩）土为岩成土，主要发育于碳酸岩类出露区域。石灰（岩）土具有碳酸盐强烈淋失，硅、铁、铝相对聚集，有机质积累量高等特点，土层浅薄，多具A-R剖面构型，pH为6.5—8.5，游离碳酸钙含量一般为1—100g/kg。

黄壤是施秉县第二大土壤类型，占本县地域面积的32%。黄壤发育于温暖湿润的亚热带气候条件下，集中分布在低中山和低山丘陵，含有较多水合氧化铁，土体多呈黄色，具A-B-C剖面构型。自然植被主要为常绿阔叶林。成土母质极其广泛，黏土矿物以蛭石为主，具有较强的脱硅富铝化过程，黏粒硅铝率为1.5—2.7，林草地pH为4.5—5.5，耕地pH为5.6—7.0。

水稻土是施秉县第三大土壤类型，占本县地域面积的14%。水稻土是在水耕熟化和旱耕熟化交替影响下形成的土壤类型。成土过程具有氧化还原过程，水耕条件下铁锰发生强烈迁移。由于干湿交替，水稻土形成糊状的淹育层、较坚实板结的犁底层、渗育层、潴育层与潜育层等多种发生层。

小于本县地域面积3%的土壤类型有紫色土、黄棕壤和红壤。

本区域中心区气候特征

本区域中心区气候特征值
Regional climate characteristics in central area of the region

气候带：中亚热带湿润气候 Climate region: Subtropical humid climate	
年平均气温 /℃ Annual average temperature /℃	16.4
年平均最高气温 /℃ Annual average maximum temperature /℃	20.8
年平均最低气温 /℃ Annual average minimum temperature /℃	13.3
年降水量 /mm Annual precipitation /mm	1256
≥10℃的积温 /℃ Daily temperature accumulated in a year (≥10℃) /℃	5991
年日照时数 /h Annual sunshine /h	1224
年平均相对湿度 /% Annual average relative humidity /%	78
干燥度 Dryness	0.77

本区域中心区月平均气温与月平均降水量
Monthly temperature and precipitation in central area of the region

施秉县主要土壤类型与土壤剖面点分布图
1:270 000

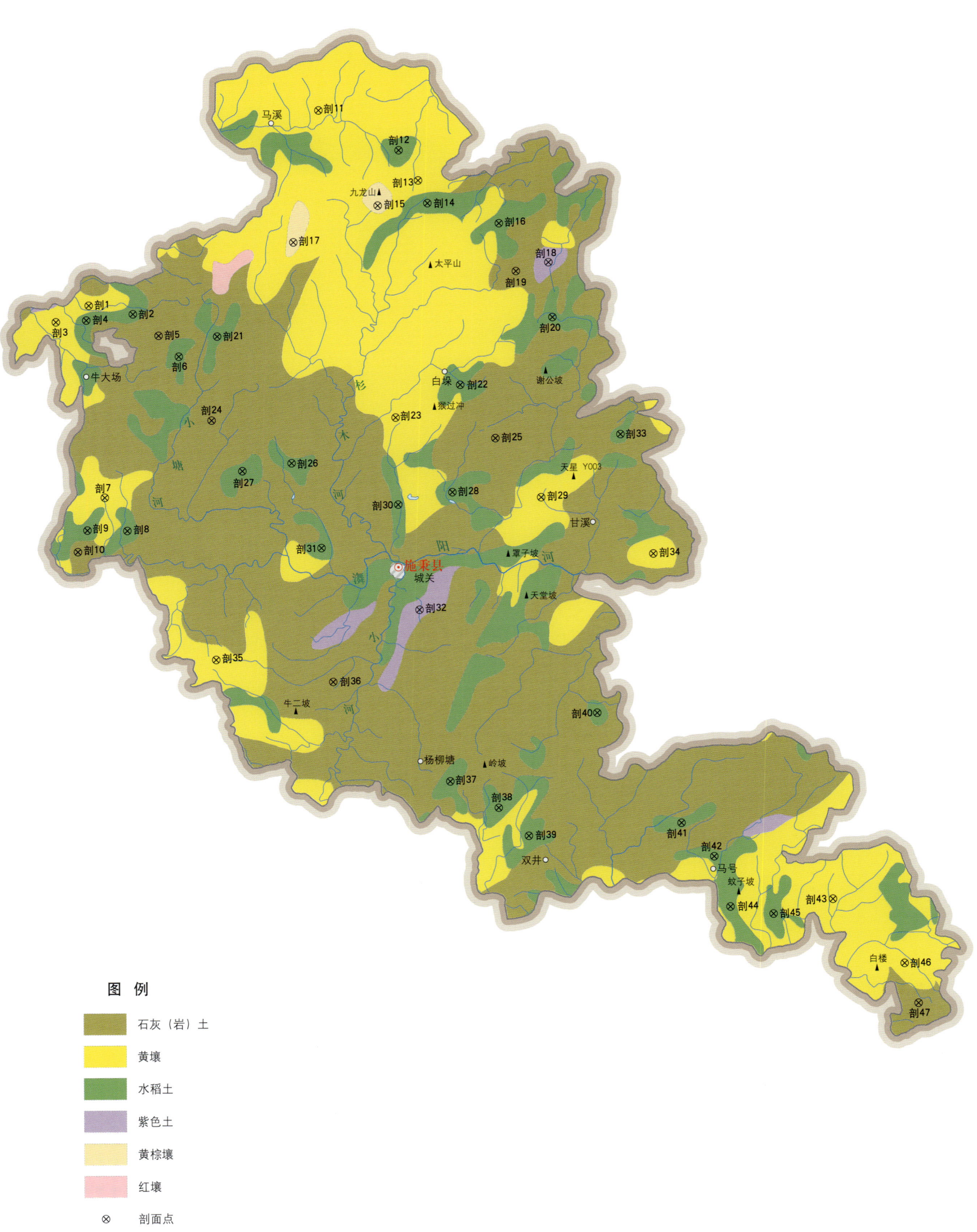

图 例
- 石灰（岩）土
- 黄壤
- 水稻土
- 紫色土
- 黄棕壤
- 红壤
- ⊗ 剖面点

施秉县土壤剖面理化性状表

剖面号 Soil profile	土纲 Soil order	土类 Soil great group	亚类 Soil subgroup	土属 Soil genus	土种 Soil species	土层码 Layer code	土层厚度 Depth/cm	颜色 Soil color	质地 Soil texture	土壤结构 Soil structure	pH	有机质 OM/(g/kg)	全氮 TN/(g/kg)	全磷 TP/(g/kg)	有效磷 AP/(mg/kg)	速效钾 AK/(mg/kg)	阳离子交换量 CEC/(cmol/kg)	土壤母质 Parent material	剖面点坐标 Profile coordinate	匹配指数 Matching index/%
剖1	铁铝土	黄壤	黄壤	黄泥土	小黄泥土	1	0—18	灰黑色	中壤土	粒状	6.5	67.0	3.70	0.40	26.0	184	18.7		E 107°55′18.0″ N 27°10′56.5″	99
						2	18—43	灰黑色	重壤土	块状	6.5	43.0	3.00	0.30						
						3	43—63	灰黄色	重壤土	块状	6.5	27.0	2.70	0.20						
剖2	人为土	水稻土	淹育水稻土	大泥田	大泥田	1	0—19	暗棕色	重黏土	粒状	7.4	35.6	1.60	0.20		103	13.4		E 107°57′00.3″ N 27°10′41.1″	86
						2	19—31	暗黄色	重黏土	块状	7.9	17.7	0.80	0.20						
						3	31—80	暗棕色	重黏土	块状	7.7	17.4	0.80	0.20						
剖3	铁铝土	黄壤	黄壤	石砂土	火石砂土	1	0—12	黄色	中黏土	粒状	7.6	35.5	1.70	0.20	5.0	318	13.0		E 107°54′03.6″ N 27°10′21.1″	93
						2	12—38		中黏土	核状	7.2	20.8	1.20	0.10						
						3	38—													
剖4	初育土	石灰(岩)土	大土泥土	大土泥土	岩泥土	1	0—12	褐色	轻黏土	粒状	8.0	39.1	1.80	0.30	4.0	188	22.8		E 107°55′49.1″ N 27°09′53.2″	87
						2	12—25	棕色	中黏土	粒状	8.0	35.8	1.50	0.30						
						3	25—79	黄色	重壤土	块状	7.9	24.5	1.30	0.20						
剖5	人为土	水稻土	淹育水稻土	血肝泥田	羊肝泥田	1	0—20	紫色	重壤土	小块状	7.2	38.0	2.00	0.30	6.0	209	18.3		E 107°56′13.2″ N 27°09′23.5″	95
						2	20—30	紫色	重黏土	块状	7.5	32.7	1.90	0.20						
						3	30—60	紫红色	重黏土	粒状	8.1	23.4	1.40	0.20						
剖6	人为土	水稻土	淹育水稻土	坡塝黄泥田	黄砂泥田	1	0—15	灰色	中黏土	粒状	5.0	31.7	1.50	0.10	4.0	92	6.6		E 107°58′48.0″ N 27°09′16.2″	85
						2	15—30	黄色	重黏土	小块状	5.4	15.7	0.80	0.10						
						3	30—60	黄色	重黏土	块状	6.1	5.2	0.30	0.10						
剖7	铁铝土	黄壤	黄壤	黄泥土	死黄泥土	1	0—15	黄棕色	中黏土	核状	6.6	30.2	1.70	0.30	3.0	229	16.9		E 107°56′03.8″ N 27°04′25.3″	83
						2	15—36	黄色	重黏土	块状	6.6	15.2	1.00	0.20						
						3	36—70	黄色	重黏土	块状	5.8	9.2	0.70	0.10						
剖8	人为土	水稻土	潜育水稻土	紫泥田	浅血泥田	1	0—18	浅紫色	中壤土	粒状	5.3	27.5	2.10	0.20	3.0	134	12.5		E 107°56′57.2″ N 27°03′18.4″	73
						2	18—27	灰紫色	中黏土	块状	7.3	19.6	1.10	0.10						
						3	27—41	棕色	中黏土	块状	7.4	5.8	0.40	0.10						
剖9	人为土	水稻土	潜育水稻土	大眼泥田	龙凤大眼泥田	1	0—14	灰色	轻黏土	粒状	7.9	98.5	4.30	0.50	24.0	145	20.0		E 107°55′25.1″ N 27°03′17.2″	78
						2	14—27	灰色	中黏土	柱状	8.1	58.0	2.60	0.70						
						3	27—72	黄棕色	中黏土	块状	8.3	30.7	1.50	0.50						
剖10	初育土	石灰(岩)土	大土泥土	大土泥土	大土泥土	1	0—15	灰黄色	轻黏土	粒状	7.7	48.7	2.40	0.40	12.0	113	19.7		E 107°55′04.3″ N 27°02′32.9″	73
						2	15—34	棕黄色	中黏土	小块状	8.0	27.5	1.40	0.30						
						3	34—80	黄黄色	中壤土	块状	7.9	21.2	1.10	0.30						
剖11	铁铝土	黄壤	黄壤	硅质黄壤		1	0—10	黑色	重黏土	粒状	5.7	53.6	2.70	0.10	4.0	103	7.3		E 108°03′58.2″ N 27°17′45.7″	96
						2	10—21	黄棕色	中黏土	小块状		32.2	1.50	0.10						
						3	21—40	浅黄色	中黏土	小块状		14.8	0.80	0.10						
剖12	人为土	水稻土	淹育水稻土	坡塝黄泥田	鳝黄泥田	1	0—13	灰黄色	重黏土	粒状	4.5	25.8	1.80	0.20	3.0	123	12.4		E 108°07′04.4″ N 27°16′27.8″	83
						2	13—28	灰黄色	中黏土	块状	6.6	13.2	1.20	0.10						
						3	28—75	灰黄色	轻黏土	棱块状	5.5	10.7	1.00	0.20						
剖13	铁铝土	黄壤	黄壤	黄泥土	黄泥土	1	0—17	灰黑色	轻黏土	粒状	5.4	40.5	2.40	0.30	5.0	196	14.2		E 108°07′50.9″ N 27°15′27.4″	90
						2	17—27	灰黑色	轻黏土	棱块状	5.0	40.2	1.90	0.20						
						3	27—98	棕黄色	中黏土	粒状	4.8	23.4	1.20	0.10						
剖14	人为土	水稻土	潜育水稻土	潮泥田	潮泥田	1	0—18	灰黄色	中黏土	块状	7.8	58.3	2.60	0.20	4.0	92	12.8	粉砂岩	E 108°08′13.2″ N 27°14′41.3″	100
						2	18—30	灰黑色	中黏土	棱柱状	8.1	35.8	1.70	0.20						
						3	30—60	灰黄色	中壤土	块状	8.3	19.4	0.90	0.10						

续表 Continued

剖面号 Soil profile	土纲 Soil order	土类 Soil great group	亚类 Soil subgroup	土属 Soil genus	土种 Soil species	土层码 Layer code	土层厚度 Depth/cm	颜色 Soil color	质地 Soil texture	土壤结构 Soil structure	pH	有机质 OM/(g/kg)	全氮 TN/(g/kg)	全磷 TP/(g/kg)	有效磷 AP/(mg/kg)	速效钾 AK/(mg/kg)	阳离子交换量 CEC/(cmol/kg)	土壤母质 Parent material	剖面点坐标 Profile coordinate	匹配指数 Matching index/%
剖15	淋溶土	黄棕壤	山地黄棕壤	硅铁质黄棕壤		1	0—15	黑色	重壤土	粒状	5.1	105.0	4.22	0.29	3.0	199	21.4	板岩	E 108°06′18.8″ N 27°14′34.1″	83
						2	15—32	灰棕色	重壤土	核状	5.0	60.5	2.64	0.23						
						3	32—100	黄棕色	中壤土	块状	4.9	17.4	0.89	0.13						
剖16	人为土	水稻土	潴育水稻土	潮泥田	潮砂泥田	1	0—16	灰黄色	中壤土	粒状	5.5	65.0	2.30	0.20	17.0	122	12.3		E 108°10′58.5″ N 27°14′03.2″	78
						2	16—40	黄黄色	中壤土	棱柱状	6.5	15.9	1.00	0.10						
						3	40—60	黄色	中壤土	块状	7.0	12.7	0.60	0.10						
剖17	淋溶土	黄棕壤	山地黄棕壤	硅铝质黄棕壤		1	0—15	黑色	中壤土	粒状	4.9	131.2	4.81	0.43	7.0	27	29.0	砂页岩	E 108°03′06.2″ N 27°13′15.3″	74
						2	15—30	黄棕色	重壤土	块状		59.5	2.27	0.33						
						3	30—100	棕黄色	轻壤土	块状		57.4	2.46	0.33						
剖18	初育土	紫色土	酸性紫色土	酸性紫色土		1	0—10	紫色	重壤土	粒状	4.8	29.6	1.60	0.10	5.0	197	18.6	酸性砂页岩	E 108°12′54.0″ N 27°12′46.1″	88
						2	10—25	紫红色	重壤土	块状	4.9	21.3	1.00	0.10						
剖19	初育土	石灰（岩）土	黄色石灰土	淋溶黄色石灰土		1	0—17	黑色	中黏土		4.6	66.7	2.90	0.30	3.0	178	15.3	白云岩	E 108°11′39.6″ N 27°12′26.2″	94
						2	17—25	褐色	中黏土	粒状	5.1	14.9	1.10	0.30						
						3	25—50	黄色	中黏土		7.1	13.0	0.90	0.10						
剖20	人为土	水稻土	潴育水稻土	斑潮泥田	油潮砂泥田	Aa	0—18	灰黑色	壤土	小块状、粒状	7.0	49.4	2.58	0.57	21.0	116	19.7	由河流沉积物发育的潮土	E 108°13′05.5″ N 27°10′53.4″	99
						Ap	18—36	暗灰色	黏壤土	片块状	7.2	37.2	1.86	0.43						
						W	36—60	灰色	粉砂质黏壤土	棱柱状	7.1	19.5	1.12	0.22						
剖21	人为土	水稻土	潴育水稻土	冲沟砂泥田	冲沟粗砂泥田	1	0—30	浅黄色	重壤土	粒状	8.2	47.5	2.30	0.40	10.0	153	12.0		E 108°00′15.1″ N 27°09′58.7″	82
						2	30—40	黄色	中壤土	棱状	7.0	25.7	1.30	0.30						
						3	40—60	灰黄色	中壤土	块状	7.2	21.1	1.40	0.30						
剖22	人为土	水稻土	潴育水稻土	大眼泥田	大眼泥田	1	0—22	深灰色	中黏土	小块状	7.4	95.9	4.60	0.40	7.0	114	21.8		E 108°09′36.0″ N 27°08′30.8″	83
						2	22—38	深灰色	中黏土	柱状	7.8	61.7	3.10	0.40						
						3	38—60	灰棕色	中黏土	块状	8.0	29.6	1.50	0.50						
剖23	铁铝土	黄壤	黄壤	硅铁质黄壤		1	0—5	暗黄色	中黏土	小块状	5.0	67.5	2.40	0.20	2.0	198	16.6	第四纪黏土	E 108°07′09.1″ N 27°07′21.4″	76
						2	5—45	红黄色	重壤土	小块状	5.0	23.8	1.10	1.10						
						3	45—90	黄红色	重壤土	散状	5.1	9.1	0.50	0.10						
剖24	初育土	石灰（岩）土	黄色石灰土	小土泥土	小土泥土	1	0—20	棕色	重壤土	粒状	7.5	24.8	1.20	0.20	3.0	113	8.8		E 108°00′06.1″ N 27°07′07.3″	82
						2	20—30	灰黄色	中壤土	粒状	7.3	19.5	0.90	0.10						
						3	30—80	黄黄色	中壤土	核状	7.0	16.5	0.70	0.10						
剖25	初育土	石灰（岩）土	黄色石灰土	坡残黄泥土	扁砂泥田	1	0—13	黑色	轻黏土	块状	7.2	60.0	2.40	0.20	3.0	94	19.1	白云岩	E 108°10′59.5″ N 27°06′43.2″	92
						2	13—26	红棕色	轻黏土	块状	7.1	38.6	1.80	0.20						
						3	26—50	红棕色	中黏土	块状	7.2	32.2	1.70	0.20						
剖26	人为土	水稻土	淹育水稻土	坡残黄泥田	黄泥田	1	0—16	灰黄色	重壤土	小块状	6.6	60.4	3.10	0.30	6.0	134	16.7		E 108°07′09.1″ N 27°05′43.4″	78
						2	16—21	黄黄色	中壤土	块状	6.0	53.9	2.00	0.20						
						3	21—45	灰黄色	重壤土	粒状	6.5	42.2	2.30	0.20						
剖27	初育土	石灰（岩）土	淹育水稻土	黄泥田		1	0—18	灰黄色	重壤土	粒状	5.1	29.1	1.60	0.20	9.0	133	6.7		E 108°01′18.6″ N 27°05′25.2″	80
						2	18—28	灰棕色	中壤土	粒状	5.1	25.1	1.50	0.20						
						3	28—50	黄黄色	重黏土	粒状	6.0	12.8	0.80	0.20						
剖28	人为土	水稻土	潴育水稻土	潮泥田	黑潮泥田	1	0—15	黑色	轻黏土	团块状	7.7	149.4	6.60	0.60	21.0	116	31.7		E 108°10′59.5″ N 27°04′51.2″	93
						2	15—30	灰色	轻黏土	块状	7.9	107.2	5.20	0.40						
						3	30—60	灰色	轻黏土	块状	7.9	70.5	3.70	0.20						
剖29	铁铝土	黄壤	黄壤	黄砂泥土	黄油砂土	1	0—20	褐色	重壤土	粒状	4.9	38.5	2.20	0.20	5.0	205	14.0		E 108°12′46.8″ N 27°04′44.3″	75
						2	20—45	浅黄黄色	中壤土	棱柱状	6.0									
						3	45—													

续表 Continued

剖面号 Soil profile	土纲 Soil order	土类 Soil great group	亚类 Soil subgroup	土属 Soil genus	土种 Soil species	土层码 Layer code	土层厚度 Depth/cm	颜色 Soil color	质地 Soil texture	土壤结构 Soil structure	pH	有机质 OM/(g/kg)	全氮 TN/(g/kg)	全磷 TP/(g/kg)	有效磷 AP/(mg/kg)	速效钾 AK/(mg/kg)	阳离子交换量CEC/(cmol/kg)	土壤母质 Parent material	剖面点坐标 Profile coordinate	匹配指数 Matching index/%
剖30	人为土	水稻土	潴育水稻土	大眼泥田	龙风大眼泥田	Aa	0—22	深灰色	粉砂质黏壤土	团块状	7.4	65.9	3.46	0.89	17.0	114	21.8	由白云质灰岩风化物发育的黑色石灰土	E 108°07′18.5″ N 27°04′23.7″	72
剖31	人为土	水稻土	淹育水稻土	黄泥田	小黄泥田	Ap	22—36	暗灰色	壤质黏土	片块状	7.6	41.9	1.49	0.87	11.0	145	16.3		E 108°04′23.9″ N 27°02′51.4″	96
						W	36—60	棕灰色	壤质黏土	大棱柱状	7.6	41.7		0.49						
剖32	初育土	紫色土	紫泥土	紫泥土	紫泥土	1	0—21	黄棕色	重壤土	粒状	6.8	59.9	3.00	0.40	3.0	145	14.7		E 108°08′12.1″ N 27°00′49.0″	100
						2	21—37	棕黄色	重壤土	棱状	7.1	28.7	1.60	0.30						
						3	37—68	黄色	中黏土	块状	7.9	12.3	0.70	0.10						
剖33	人为土	水稻土	淹育水稻土	血肝泥田	血泥田	1	0—17	浅紫色	中黏土	粒状	7.6	15.2	0.90	0.10	4.0	249	18.5		E 108°15′46.6″ N 27°06′56.3″	86
						2	17—28	红色	中黏土	小块状	7.7	14.2	0.90	0.10						
						3	28—80	红色	中黏土	块状	5.6	13.9	0.90	0.10						
剖34	黄壤	黄壤		石砂土	扁砂土	1	0—14	浅紫色	轻黏土	粒块状	6.5	38.4	1.90	0.20	13.0	404	18.0		E 108°17′07.1″ N 27°02′53.5″	76
						2	14—29	棕红色	轻黏土	棱块状	7.6	30.7	1.70	0.20						
						3	29—60	紫红色	中壤土	棱块状	7.4	12.9	0.80	0.20						
剖35	黄壤	黄壤		硅铝质黄壤		1	0—13	灰色	中壤土	粒状	7.1	57.2	2.60	0.50	4.0	102	9.5		E 108°00′26.9″ N 26°58′58.3″	80
						2	13—25	灰黄色	中壤土	粒状	6.9	43.3	2.20	0.30						
						3	25—50	灰黄色	重壤土	粒状	4.4	23.5	1.30	0.30						
剖36	初育土	石灰（岩）土	黄色石灰土	次生黄色石灰土		2	8—30	棕黄色	中壤土	小块状	4.8	31.8	1.20	0.90	1.0	91	5.6	砂页岩	E 108°04′56.9″ N 26°58′17.9″	90
						3	30—		中壤土			14.7	0.70	0.10						
剖37	人为土	水稻土	淹育水稻土	黄泥田	黄油砂泥田	1	0—9	灰黄色	重壤土		5.6	13.1	0.70	0.10	3.0	163	15.3		E 108°09′29.2″ N 26°54′57.6″	71
						2	9—27	棕黄色	轻壤土		5.5	6.8	0.40	0.10						
						3	27—60		轻壤土		5.4	5.4	0.40	0.50						
剖38	人为土	水稻土	淹育水稻土	大泥田	黄大泥田	1	0—15	灰黄色	中壤土	粒状	5.9	44.0	2.60	0.20	5.0	135	15.5		E 108°11′21.5″ N 26°54′05.4″	73
						2	15—25	黄棕色	重壤土	块状	6.0	17.5	1.00	0.20						
						3	25—80	黄色	中壤土	小块状	6.3	16.9	0.90	0.30						
剖39	人为土	潴育水稻土	冲沟砂泥田	冲沟细砂泥田		1	0—14	棕色	重黏土	块状	7.9	33.3	1.70	0.20	12.0	176	25.0		E 108°12′31.7″ N 26°53′08.9″	92
						2	14—27	黄棕色	重黏土	块状	7.4	29.5	1.40	0.40						
						3	27—58	黄色	重黏土	核状	7.1	7.3	0.60	0.40						
剖40	人为土	水稻土	淹育水稻土	死黄泥田		1	0—12	黑色	轻黏土	核状	7.7	99.1	4.30	0.30	2.0	50	11.3		E 108°15′04.0″ N 26°57′25.2″	73
						2	12—21	灰黄色	中壤土	块状	7.6	86.8	4.30	0.15						
						3	21—40	灰黄色	重黏土	块状	5.0	95.6	1.00	0.10						
剖41	人为土	水稻土	潴育水稻土	紫泥田	紫泥田	1	0—25	浅黄色	中黏土	粒状	5.3	23.0	0.80	0.05	4.0	210	30.0		E 108°18′21.3″ N 26°53′40.9″	80
						2	25—40	紫黄色	重黏土	块状	5.6	13.0	0.50	0.20						
						3	40—86	紫红色	重黏土	块状	7.5	10.0	2.40	0.20						
剖42	人为土	潴育水稻土	冷浸田	冷浸田		1	0—12	青紫色	轻黏土	块状	7.9	44.9	1.70	0.20	3.0	104	17.9		E 108°19′38.1″ N 26°52′33.7″	86
						2	12—20	青紫色	中黏土	块状	8.1	24.6	0.80	0.10						
						3	20—60	青灰色	中黏土	块状	8.1	13.4	1.10	0.10						
剖43	铁铝土	黄壤	黄砂泥土	黄砂泥土		1	0—15	浅灰色	重壤土	粒状	8.3	22.7	1.10	0.10	6.0	184	10.3	第四纪黏土	E 108°24′11.5″ N 26°51′10.8″	90
						2	15—40	黄棕色	重黏土	核状	8.3	20.3	1.10	0.20						
						3	40—		灰黑色	中黏土	核状	5.3	15.5	0.90	0.20						
剖44	人为土	水稻土	潴育水稻土	冷水田	冷水田	1	0—15	棕灰色	轻黏土	块状	7.6	71.3	3.00	0.20	3.0	83	17.8		E 108°20′17.0″ N 26°50′52.2″	82
						2	15—28	棕灰色	轻黏土	块状	7.5	65.8	2.90	0.20						
						3	28—80	棕灰色	轻黏土	块状	7.6	63.4	2.90	0.10						

续表 Continued

剖面号 Soil profile	土纲 Soil order	土类 Soil great group	亚类 Soil subgroup	土属 Soil genus	土种 Soil species	土层码 Layer code	土层厚度 Depth/cm	颜色 Soil color	质地 Soil texture	土壤结构 Soil structure	pH	有机质 OM/(g/kg)	全氮 TN/(g/kg)	全磷 TP/(g/kg)	有效磷 AP/(mg/kg)	速效钾 AK/(mg/kg)	阳离子交换量CEC/(cmol/kg)	土壤母质 Parent material	剖面点坐标 Profile coordinate	匹配指数 Matching index/%
剖45	人为土	水稻土	淹育水稻土	黄泥田	黄胶泥田	1	0—14	灰棕色	中黏土	块状	5.3	34.7	1.60	0.30	4.0	238	13.0		E 108°21′55.4″ N 26°50′39.1″	75
						2	14—26	灰黄色	中黏土	块状	5.8	26.5	1.70	0.20						
						3	26—80	灰黄色	中黏土	块状	6.9	15.2	1.30	0.20						
剖46	铁铝土	黄壤	黄壤	石砂土	石渣子土	1	0—25	浅灰色	中壤土	粒状	6.5	35.9	2.30	0.30	6.0	175	19.2		E 108°26′57.8″ N 26°49′03.0″	99
						2	25—40	灰色	中壤土	粒状	6.8	39.0	2.60	0.20						
						3	40—59	灰黄色	中壤土	粒状	6.5	9.1	0.90	0.20						
剖47	初育土	石灰（岩）土	大土泥土	白砂土	白云砂土	1	0—12	灰黄色	中壤土	粒状	8.0	43.0	1.30	0.20	2.0	205	12.6		E 108°27′31.1″ N 26°47′42.8″	80
						2	12—29	黄色	中壤土	核状	8.1	24.3	1.20	0.10						

三 穗 县

主要土类说明

黄壤是三穗县主要土壤类型，占本县地域面积的73%。黄壤发育于温暖湿润的亚热带气候条件下，集中分布在低中山和低山丘陵，含有较多水合氧化铁，土体多呈黄色，具A-B-C剖面构型。自然植被主要为常绿阔叶林。成土母质极其广泛，黏土矿物以蛭石为主，具有较强的脱硅富铝化过程，黏粒硅铝率为1.5—2.7，林草地pH为4.5—5.5，耕地pH为5.6—7.0。

水稻土是三穗县第二大土壤类型，占本县地域面积的23%。水稻土是在水耕熟化和旱耕熟化交替影响下形成的土壤类型。成土过程具有氧化还原过程，水耕条件下铁锰发生强烈迁移。由于干湿交替，水稻土形成糊状的淹育层、较坚实板结的犁底层、渗育层、潴育层与潜育层等多种发生层。

小于本县地域面积3%的土壤类型有红壤、紫色土、潮土和石灰（岩）土。

本区域中心区气候特征

本区域中心区气候特征值
Regional climate characteristics in central area of the region

气候带：中亚热带湿润气候 Climate region: Subtropical humid climate	
年平均气温 /℃ Annual average temperature /℃	16.8
年平均最高气温 /℃ Annual average maximum temperature /℃	21.2
年平均最低气温 /℃ Annual average minimum temperature /℃	13.6
年降水量 /mm Annual precipitation /mm	1323
≥10℃的积温 /℃ Daily temperature accumulated in a year (≥10℃) /℃	6134
年日照时数 /h Annual sunshine /h	1293
年平均相对湿度 /% Annual average relative humidity /%	78
干燥度 Dryness	0.75

本区域中心区月平均气温与月平均降水量
Monthly temperature and precipitation in central area of the region

三穗县主要土壤类型与土壤剖面点分布图

1:180 000

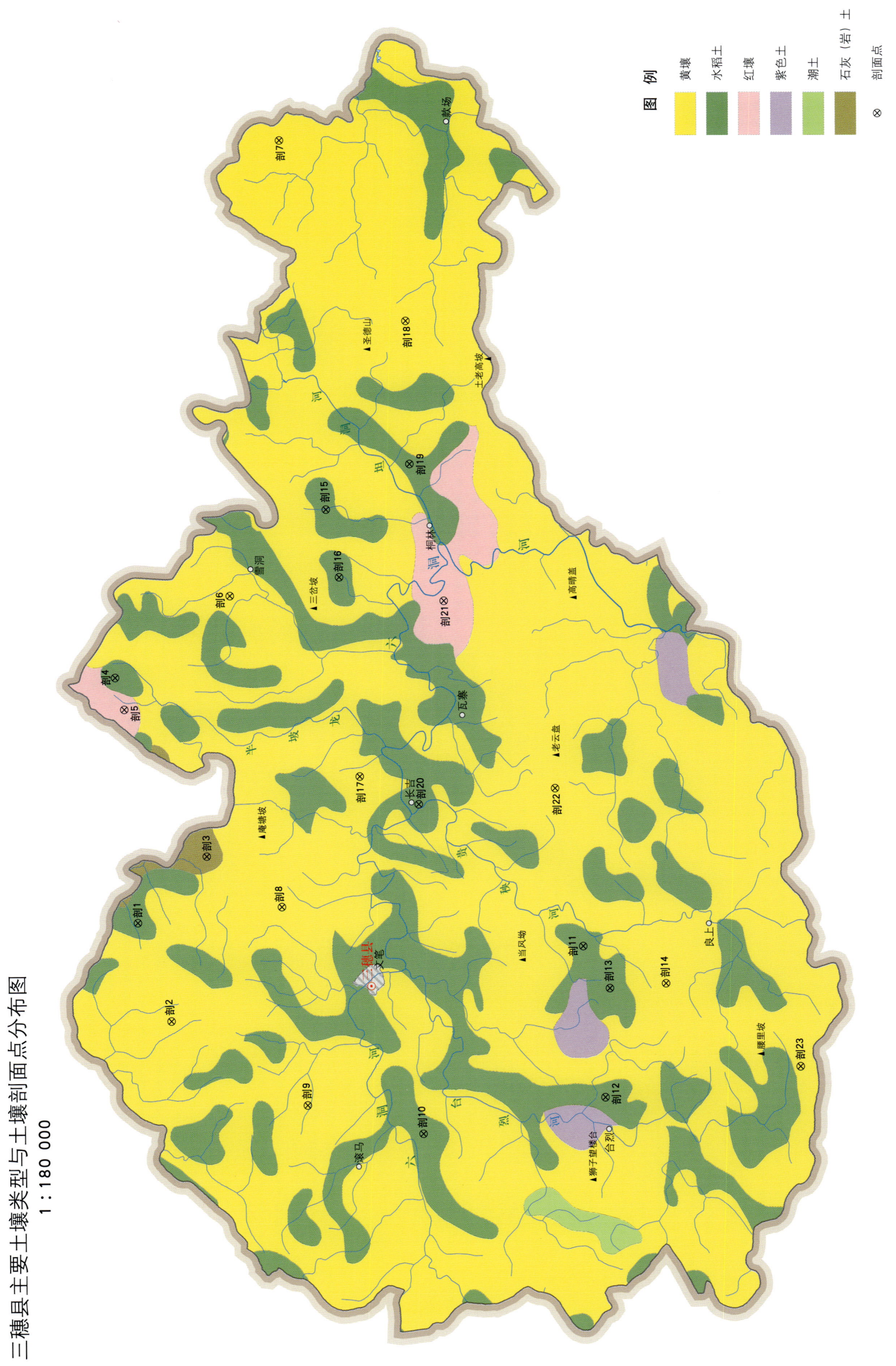

图 例: 黄壤 水稻土 红壤 紫色土 潮土 石灰（岩）土 ⊗ 剖面点

三穗县土壤剖面理化性状表

剖面号 Soil profile	土纲 Soil order	土类 Soil great group	亚类 Soil subgroup	土属 Soil genus	土种 Soil species	土层码 Layer code	土层厚度 Depth/cm	颜色 Soil color	质地 Soil texture	土壤结构 Soil structure	pH	有机质 OM/(g/kg)	全氮 TN/(g/kg)	全磷 TP/(g/kg)	碱解氮 AN/(mg/kg)	有效磷 AP/(mg/kg)	速效钾 AK/(mg/kg)	阳离子交换量CEC/(cmol/kg)	土壤母质 Parent material	剖面点坐标 Profile coordinate	匹配指数 Matching index/%
剖1	人为土	水稻土	淹育水稻土	黄泥田	黄泥田	1	0~14	黄灰色	黏土	粒状	5.9								砂页岩坡积物	E 108°41′54.1″ N 27°03′10.9″	87
						2	14~19	灰黄色	黏土	块状	5.9										
						3	19~28	棕灰色	黏土	块状	6.0										
						4	28~	棕黄色	黏土	块状	6.0										
剖2	铁铝土	黄壤	黄壤性土	硅铝质黄壤	厚层硅铝质黄壤性土	1	0~9	黄灰色	壤质黏土	粒状	5.4	14.6	0.83	0.88	81	2.3	95		砂页岩	E 108°39′26.2″ N 27°02′23.6″	95
						2	9~40	棕黄色	壤质黏土	块状	5.4	26.5	1.31	0.99	124	1.3	157				
剖3	初育土	石灰(岩)土	黄色石灰土	淋溶黄色石灰土	厚层淋溶黄色石灰土	2	16~22	浅黄色	轻黏土	核状	6.5								薄层石灰岩	E 108°43′37.0″ N 27°01′38.0″	94
						3	22~28	黄色	黏土	小粒状	6.4										
											7.0										
剖4	人为土	水稻土	潜育水稻土	冷水田	冷砂泥田	1	0~17	浅黄色	砂壤土	块状	5.7	39.2	2.09	0.82	184	102.0	41		砂页岩坡积物	E 108°48′07.2″ N 27°03′45.9″	91
						2	17~24	青灰色	壤质黏土	块状	5.7	38.0	1.73	0.75							
						3	24~	青灰色	砂质黏土		5.6	24.0	1.13	0.72							
剖5	铁铝土	黄红壤		黄红泥土	黄红泥土	1	0~12		壤质黏土		5.8	17.4	1.33	1.11	113	17.9	184		砂页岩	E 108°47′19.1″ N 27°03′33.1″	91
						2	12~29		砂质黏土		5.6	14.0	1.18	0.99							
						3	29~63		壤质黏土		5.4	6.6	0.99	0.63							
剖6	铁铝土	黄壤		石砂土	扁砂土	1	0~13	灰黄色	砂土	粒状	5.3	21.7	1.22	3.27	136	12.9	121		页岩	E 108°50′14.3″ N 27°01′10.1″	89
						2	13~20	黄色	壤质黏土	块状	5.1										
						3	20~32	棕黄色	砂质黏土	块状	5.2										
						4	32~														
剖7	铁铝土	黄壤		石砂土	火石砂土	1	0~17	黑灰色	粉砂质黏土	核状		44.4	2.51	3.28	259	4.2	276		砂页岩、板岩	E 109°01′47.0″ N 27°00′09.9″	90
						2	17~31	黄灰色	粉砂质黏土	核状	5.3	37.5	2.05	7.89	198	1.0	187				
						3	31~	黄褐色	粉砂质黏土	块状	5.2										
剖8	铁铝土	黄壤		黄砂泥土	黄油砂土	1	0~12	黄灰色	粉砂质黏土	粒状	5.1								砂页岩风化坡积物	E 108°42′21.7″ N 26°59′54.1″	94
						2	12~22	浅黄色	粉砂质黏土	核状											
						3	22~36	棕黄色	粉砂质黏土	块状											
						4	36~52	棕黄色	粉砂质黏土												
剖9	铁铝土	黄壤		黄砂泥土	死黄泥土	1	0~12	黄棕色	壤质黏土	核状	5.7	17.6	0.97	1.36	100	1.7	337			E 108°37′22.5″ N 26°59′15.7″	72
						2	12~22	黄棕色	壤质黏土	块状	5.6										
						3	22~31	黄棕色	壤质黏土	块状	5.3										
						4	31~	黄棕色	壤质黏土	无明显结构											
剖10	人为土	水稻土	潜育水稻土	潮泥田	潮泥田	1	0~18				6.1	19.2	1.05	0.80	11	5.3	106	7.5	砂页岩	E 108°36′41.9″ N 26°56′36.8″	81
						2	18~25				5.9	18.8	1.11	0.81	10	7.1	78				
						3	25~50				6.2	0.7	0.70	0.30	9	3.8	49				
剖11	水稻土	水稻土	淹育水稻土	黄砂泥土	死黄泥田	1	0~14	浅黄色	黏土	块状	6.6	23.7	1.60	2.20	145	1.3	300		砂页岩	E 108°41′28.3″ N 26°53′01.0″	81
						2	14~29	深黄色	黏土	块状	6.0	14.4	0.56	1.47							
						3	29~	深黄色	黏土	块状	6.7	4.9	1.00	1.70							
剖12	人为土	水稻土	潜育水稻土	烂泥田	浅脚烂泥田	1	0~22	灰色	黏壤土	糊烂状	6.1	34.8	1.94	2.05	183	12.2	147	7.8	砂页岩	E 108°37′40.3″ N 26°52′28.1″	86
						2	22~42	棕灰色	黏壤土	块状	6.0										
						3	42~	青灰色	黏壤土	泥糊状	5.8										
剖13	人为土	水稻土	潜育水稻土	烂泥田	深脚烂泥田	1	0~35	青灰色	黏壤土	泥状	5.7								砂页岩坡积物	E 108°40′24.6″ N 26°52′23.5″	95
						2	35~				5.4										

续表 Continued

剖面号 Soil profile	土纲 Soil order	土类 Soil great group	亚类 Soil subgroup	土属 Soil genus	土种 Soil species	土层码 Layer code	土层厚度 Depth/cm	颜色 Soil color	质地 Soil texture	土壤结构 Soil structure	pH	有机质 OM/(g/kg)	全氮 TN/(g/kg)	全磷 TP/(g/kg)	碱解氮 AN/(mg/kg)	有效磷 AP/(mg/kg)	速效钾 AK/(mg/kg)	阳离子交换量 CEC/(cmol/kg)	土壤母质 Parent material	剖面点坐标 Profile coordinate	匹配指数 Matching index/%
剖14	铁铝土	黄壤	黄壤	硅铝质黄壤	厚层硅铝质黄壤	1	0—55	黑棕色	壤土	粒状	4.9	55.7	1.63	0.95					砂页岩	E 108°40′33.2″ N 26°51′07.0″	82
						2	55—100	棕黄色	壤质黏土	核状	5.4	7.4	0.35	0.34							
						3	100—176	深黄色	壤质黏土	块状	5.3	6.6	0.31	0.31							
剖15	人为土	水稻土	潴育水稻土	大眼泥田	龙凤大眼泥田	1	0—17	灰黑色	壤质黏土	团粒状	6.9	38.9	2.17	2.17	82	1.5	159		薄层石灰岩	E 108°52′27.1″ N 26°58′59.9″	89
						2	17—27	黑色	壤质黏土	核状、块状	7.0										
						W	27—46	灰棕黄色	粉砂质黏土	核状	7.1										
						4	46—	棕黄色	粉砂质黏土	核块状											
剖16	人为土	水稻土	淹育水稻土	黄泥田	小黄泥田	1	0—14	黄黄色	粉砂质黏土	核状	5.8	31.5	1.82		163	9.2	211		砂页岩	E 108°50′44.9″ N 26°58′40.8″	88
						2	14—18	灰黄色	粉砂质黏土	小块状	6.5										
						3	18—28	黄棕黄色	粉砂质黏土	小块状	6.6										
						4	28—	黄色	粉砂质黏土	块状											
剖17	铁铝土	黄壤	黄壤	黄砂泥土	小黄泥土	1	0—18	黄棕色	粉砂质黏土	粒状	6.1	30.9	1.42	1.13	145	3.3	148		页岩、砂页岩	E 108°45′42.5″ N 26°58′09.5″	95
						2	18—40	棕黄色	粉砂质黏土	核状	6.0										
						3	40—60	灰黄黄色	粉砂质黏土	块状	6.1										
						4	60—	黄色	重黏土	块状											
剖18	铁铝土	黄壤	黄壤	黄砂泥土	黄砂泥土	1	0—12	黄灰色	壤土	核状	6.4	18.7	0.85	1.17	97	1.0	155	9.2	砂页岩	E 108°57′16.0″ N 26°57′13.8″	86
						2	12—22	灰黄色	黏壤土	核状	6.0	8.4	0.41	0.70							
						3	22—34	棕黄色	黏壤土	块状	6.1	6.0	0.41	0.63							
						4	34—	棕黄色	黏壤土	无明显结构											
剖19	人为土	水稻土	潴育水稻土	大眼泥田	大眼泥田	1	0—13	暗黄色	粉砂质黏土	核状	6.3	28.8	2.19	1.66	173	17.1	175		石灰岩	E 108°53′38.0″ N 26°57′06.1″	89
						2	13—21	灰黄棕色	黏土	小块状											
						W	21—38	棕黄色	粉砂质黏土	块状											
						4	38—	棕黄色	粉砂质黏土	块状											
剖20	人为土	水稻土	潴育水稻土	潮泥田	潮泥田	1	0—20	褐灰色	粉砂质黏土	粒状	5.4	32.9	1.71	0.58	26	62.5	130	9.3	冲积物	E 108°45′01.1″ N 26°56′48.1″	98
						2	20—28	深灰色	黏土	块状	5.4	27.2	1.87	0.46	94	2.1	94				
						3	28—43	黄棕色	壤土	柱状	6.1	7.2	0.55	0.39	5	5.3	50				
						4	43—71	黄棕色	壤土	柱状											
剖21	铁铝土	红壤	黄红壤	硅铝质黄红壤	厚层硅铝质黄红壤	1	0—12	暗红黄色	壤质黏土	核状	5.5	10.0	0.78	1.34	70	5.1	110		砂页岩	E 108°50′11.4″ N 26°56′17.2″	100
						2	12—54	红黄色	黏土	块状	5.5										
						3	54—80	红棕色	黏土	块状	5.2										
剖22	铁铝土	黄壤	黄壤	黄砂泥土	豆面泥土	1	0—12	黄棕色	砂壤土	粒状	6.7	13.2	0.76	0.72	112	4.6	175		粉砂质砂岩	E 108°45′28.5″ N 26°53′41.7″	100
						2	12—18	黄色	砂壤土	核状	6.4										
						3	18—24	黄色	砂壤土	块状	5.6										
						4	24—														
剖23	铁铝土	黄壤	黄壤	黄泥土	黄泥土	1	0—15	灰棕色	黏土	粒状	6.5	20.9	1.39	2.30	133	16.6	320		砂页岩	E 108°38′30.7″ N 26°48′01.5″	76
						2	15—25	棕色	黏土	小块状	6.6										
						3	25—		轻黏土	块状											

镇 远 县

主要土类说明

黄壤是镇远县主要土壤类型，占本县地域面积的 39%。黄壤发育于温暖湿润的亚热带气候条件下，集中分布在低中山和低山丘陵，含有较多水合氧化铁，土体多呈黄色，具 A-B-C 剖面构型。自然植被主要为常绿阔叶林。成土母质极其广泛，黏土矿物以蛭石为主，具有较强的脱硅富铝化过程，黏粒硅铝率为 1.5—2.7，林草地 pH 为 4.5—5.5，耕地 pH 为 5.6—7.0。

石灰（岩）土是镇远县第二大土壤类型，占本县地域面积的 32%。石灰（岩）土为岩成土，主要发育于碳酸岩类出露区域。石灰（岩）土具有碳酸盐强烈淋失，硅、铁、铝相对聚集，有机质积累量高等特点，土层浅薄，多具 A-R 剖面构型，pH 为 6.5—8.5，游离碳酸钙含量一般为 1—100g/kg。

水稻土是镇远县第三大土壤类型，占本县地域面积的 18%。水稻土是在水耕熟化和旱耕熟化交替影响下形成的土壤类型。成土过程具有氧化还原过程，水耕条件下铁锰发生强烈迁移。由于干湿交替，水稻土形成糊状的淹育层、较坚实板结的犁底层、渗育层、潴育层与潜育层等多种发生层。

粗骨土占本县地域面积的 9%。粗骨土属初育土，具 A-C 剖面构型。土体厚度一般为 20—50cm，A 层厚度以 10—15cm 居多。成土过程无黏化作用，有不同程度的淋溶作用。

小于本县地域面积 3% 的土壤类型有红壤。

本区域中心区气候特征

本区域中心区气候特征值
Regional climate characteristics in central area of the region

气候带：中亚热带湿润气候 Climate region: Subtropical humid climate	
年平均气温 /℃ Annual average temperature /℃	16.4
年平均最高气温 /℃ Annual average maximum temperature /℃	20.9
年平均最低气温 /℃ Annual average minimum temperature /℃	13.4
年降水量 /mm Annual precipitation /mm	1271
≥10℃的积温 /℃ Daily temperature accumulated in a year (≥10℃) /℃	6023
年日照时数 /h Annual sunshine /h	1247
年平均相对湿度 /% Annual average relative humidity /%	78
干燥度 Dryness	0.77

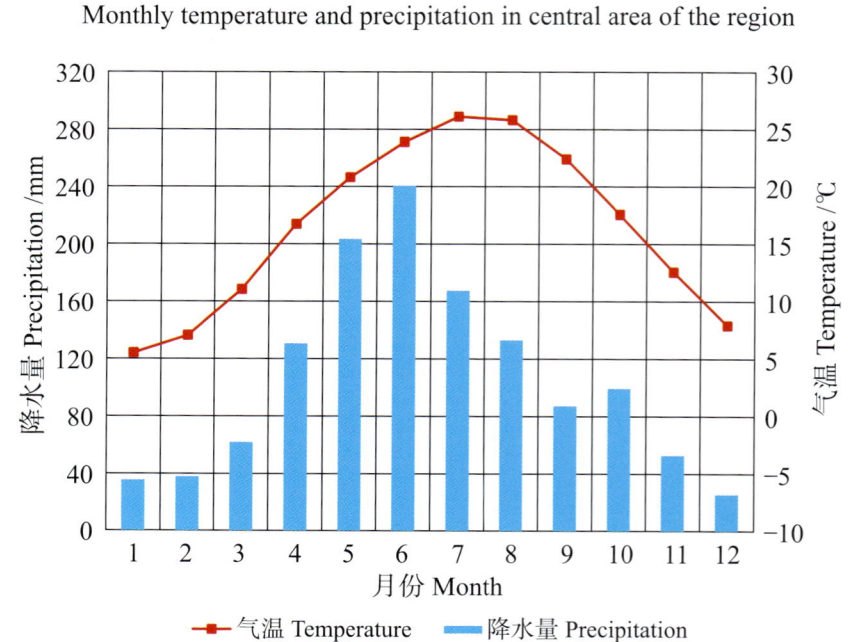

本区域中心区月平均气温与月平均降水量
Monthly temperature and precipitation in central area of the region

镇远县主要土壤类型与土壤剖面点分布图

1:290 000

图例

黄壤	石灰(岩)土	水稻土	粗骨土	红壤	剖面点
					⊗

第二编　贵州省分县土壤图与土壤剖面数据 | 251

镇远县土壤剖面理化性状表

剖面号 Soil profile	土纲 Soil order	土类 Soil great group	亚类 Soil subgroup	土属 Soil genus	土种 Soil species	土层码 Layer code	土层厚度 Depth/cm	颜色 Soil color	质地 Soil texture	土壤结构 Soil structure	pH	有机质 OM/(g/kg)	全氮 TN/(g/kg)	全磷 TP/(g/kg)	有效磷 AP/(mg/kg)	速效钾 AK/(mg/kg)	阳离子交换量 CEC/(cmol/kg)	土壤母质 Parent material	剖面点坐标 Profile coordinate	匹配指数 Matching index/%
剖1	人为土	水稻土	潜育水稻土	冲沟砂泥田	冲沟细砂泥田	1	0—22	暗灰色			5.8	35.3	2.10	0.90	9.0	77			E 108°14′35.5″ N 27°18′09.7″	97
						2	22—27	黄灰色			5.5	17.7	1.30	0.80						
						3	27—70	黄色			6.5	16.0	1.00	0.50						
剖2	铁铝土	黄壤	黄壤	黄泥土	死黄泥土	1	0—15	灰黄色	中壤土	小块状	5.0	37.4	1.90	0.60	1.0	56			E 108°10′42.9″ N 27°17′15.5″	81
						2	15—26	黄棕色	中壤土	小块状	4.9	13.4	1.00	0.50						
						3	26—60	黄棕色	轻壤土	块状	4.6	8.6	0.80	0.60						
剖3	初育土	石灰(岩)土	黄色石灰土	次生黄色石灰土		1	0—20	灰黄色	中壤土	粒状	6.2	47.3	3.40	0.80	1.0	58			E 108°16′18.8″ N 27°17′11.0″	73
						2	20—50	黄色	轻壤土	块状	6.0	30.9	1.80	1.00						
						3	50—86	黄色	重壤土	粒状	5.5	8.3	0.80	0.60						
剖4	人为土	水稻土	潜育水稻土	大眼泥田	大眼泥田	1	0—28	暗灰色	轻壤土	小块状	7.9								E 108°26′00.9″ N 27°16′48.1″	96
						2	28—53	灰黄色	重壤土	块状	5.4	30.6	2.10	0.90	6.0	238				
						3	53—69	黄灰色	轻壤土	小块状	5.8	15.6	1.60	1.60						
剖5	人为土	水稻土	潜育水稻土	黄红油砂泥田	黄红油砂泥田	1	0—15	黄灰色	重壤土	粒状	6.1	10.9	0.80	1.40					E 108°21′53.6″ N 27°15′28.4″	82
						2	15—35	灰黄色	重壤土	粒状	5.2	21.6	1.40	0.50	2.0	237	17.5			
						3	35—55	浅黄色	轻壤土	块状	4.9	13.0	1.00	0.40						
剖6	铁铝土	黄壤	黄壤	黄砂泥土	豆面泥土	1	0—12	黄灰色	重壤土	粒状	4.5	7.0	0.70	0.30					E 108°27′28.1″ N 27°14′23.5″	100
						2	12—17	黄灰色	重壤土	块状	5.7	38.9	2.10	0.70	3.0	314				
						3	17—32	紫灰色	重壤土	粒状	5.8	30.7	1.90	6.60						
剖7	人为土	水稻土	潜育水稻土	紫泥田	紫油泥田	1	0—22	紫灰色	重壤土	小块状	6.4	18.2	0.90	0.80					E 108°17′26.2″ N 27°13′58.1″	94
						2	22—30	紫色	重壤土	块状	5.5	27.5	1.70	0.40	9.0	155	37.0			
						3	30—70	黄灰色	轻壤土	粒状	5.5	17.4	1.20	0.30						
剖8	人为土	水稻土	潜育水稻土	冲沟砂泥田	冲沟粗砂泥田	1	0—15	灰黄色	重壤土	单粒状	6.1	9.0	0.80	0.40					E 108°29′50.9″ N 27°10′55.4″	93
						2	15—24	棕黄色	重壤土	核状	7.2	21.5	0.80	0.50	2.0	257	27.1			
						3	24—61		重壤土	块状	6.4	12.8	0.80	0.50						
剖9	人为土	水稻土	淹育水稻土	血肝泥田	血砂泥田	1	0—27	紫红色	重壤土	块状	7.5	9.6	0.70	0.30					E 108°23′07.4″ N 27°10′11.3″	81
						2	27—44	紫红色	重壤土	粒状	5.5	58.5	3.30	0.70	12.0	208				
						3	44—60	紫红色	重壤土	块状	4.9	57.2	3.20	0.90						
剖10	人为土	水稻土	潜育水稻土	青潮泥田	青潮泥田	1	0—16	黄灰色	重壤土	粒状	5.0	40.7	2.10	1.00					E 108°33′29.9″ N 27°12′15.1″	90
						2	16—20	青灰色	重壤土	核状	8.1	28.1	1.90	0.80	8.0	170				
						3	20—45	青灰色	中壤土	块状	8.4	15.6	1.50	0.60						
剖11	人为土	水稻土	淹育水稻土	大泥田	苕泥田	1	0—14	灰黄色	轻壤土	核状	8.1	21.4	1.60	0.90					E 108°32′26.5″ N 27°10′43.1″	79
						2	14—20	棕黄色	重壤土	小块状	5.6	51.6	2.80	0.60	2.0	257				
						3	20—31	棕黄色	重壤土	块状	5.7	53.6	2.30	0.50						
剖12	人为土	水稻土	潜育水稻土	冷浸田	冷砂田	1	0—21	青黄色	中壤土	粒状	5.9	33.7	1.80	0.40					E 108°16′59.9″ N 27°09′55.8″	85
						2	21—30	灰黄色	轻壤土	小块状	7.0	35.3	3.00	1.10	8.0	167				
						3	30—36	棕黄色	轻黏土	核状	7.2	35.2	2.30	1.40						
剖13	人为土	水稻土	淹育水稻土	大泥田	大泥田	1	0—13	青黄色	重壤土	核状	7.7	25.9	1.90	1.00					E 108°20′40.9″ N 27°07′59.2″	91
						2	13—19	蜡黄色	轻黏土	块状	4.7	69.7	3.70	0.60	8.0	130				
						3	19—29	灰黄色	轻黏土	块状	4.9	26.5	1.50	1.80						
剖14	初育土	石灰(岩)土	黄色石灰土	黄色石灰土		1	0—12	黄色	轻黏土	块状	5.7	7.1	0.70	0.90					E 108°29′20.4″ N 27°07′12.4″	78
						2	12—38													
						3	38—90													

续表 Continued

剖面号 Soil profile	土纲 Soil order	土类 Soil great group	亚类 Soil subgroup	土属 Soil genus	土种 Soil species	土层码 Layer code	土层厚度 Depth/cm	颜色 Soil color	质地 Soil texture	土壤结构 Soil structure	pH	有机质 OM/(g/kg)	全氮 TN/(g/kg)	全磷 TP/(g/kg)	有效磷 AP/(mg/kg)	速效钾 AK/(mg/kg)	阳离子交换量CEC/(cmol/kg)	土壤母质 Parent material	剖面点坐标 Profile coordinate	匹配指数 Matching index/%
剖15	人为土	水稻土	潴育水稻土	黄泥田	黄油砂泥田	1	0—20	黄灰色	重壤土		5.5	36.7	2.30	8.00	25.0	257			E 108°23′31.9″ N 27°03′35.3″	81
						2	20—38	黄灰色	中壤土		5.7	15.9	0.80	0.40						
						3	38—55	黄色	轻黏土	块状	5.6	8.1	0.70	0.30						
剖16	铁铝土	黄壤		黄泥土	黄泥土	1	0—11	黄灰色	中壤土	块状	5.7	14.5	1.20	0.80	2.0	368			E 108°21′15.1″ N 27°02′03.1″	91
						2	11—30	黄棕色	重黏土	小块状	5.4	6.8	0.80	1.40						
						3	30—36	黄棕色	中壤土	块状	5.2	5.1	0.40	1.00						
剖17	人为土	水稻土	潴育水稻土	冷浸田	冷浸田	1	0—15	青灰色	重黏土	粒状	5.9	58.5	3.60	0.60	13.0	102			E 108°22′05.5″ N 27°00′12.6″	77
						2	15—36	青灰色	轻黏土	块状	5.8	51.8	3.50	1.10						
						3	36—58	灰色	重黏土	块状	5.6	48.0	3.20	1.00						
剖18	铁铝土	黄壤		黄红泥土	豆瓣泥土	1	0—13	灰黄黄色	重黏土	碎片状	6.2	46.9	2.90	1.10	4.0	180			E 108°31′29.9″ N 27°09′37.4″	75
						2	13—18	黄色	重黏土	小块状	6.5	35.6	2.20	0.80						
						3	18—35	黄色	重黏土	块状	5.6	20.8	1.30	1.30						
剖19	人为土	水稻土	潴育水稻土	黄红泥田	小黄红泥田	1	0—14	黄灰色	轻黏土	粒状	5.8	29.2	2.00	0.70	6.0	136			E 108°38′04.0″ N 27°08′32.3″	70
						2	14—29	黄红色	轻黏土	块状	6.0	12.6	1.20	0.90						
						3	29—62	黄红色	重黏土	大块状	6.4	10.4	1.20	1.50						
剖20	铁铝土	黄壤		石砂土	石砂子土	1	0—13	灰黄色	重壤土	粒状	4.8	12.1	1.20	1.00	1.0	154	38.1		E 108°44′10.7″ N 27°08′26.2″	73
						2	13—23	黄色	轻黏土	块状	4.6	40.1	2.40	0.10						
						3	23—60	黄色	重黏土	粒状	5.0	44.9	2.70	0.70						
剖21	人为土	水稻土	潴育水稻土	斑潮泥田	斑潮砂泥田	Aa	0—14	暗灰色	砂质黏壤土	粒状	6.7	36.7	2.10	0.38	9.0	106	11.2	由河流沉积物发育的潮土	E 108°42′44.9″ N 27°06′01.4″	79
						Ap	14—23	灰色	砂质黏壤土	片块状	6.8	18.7	0.75	0.22						
						W	23—49	棕黄色	砂质黏壤土	小棱块状	6.9	7.5	0.57	0.22						
剖22	铁铝土	黄壤		胶泥土	白鳝泥土	1	0—11	灰白色	重黏土	核状	6.3	21.3	1.50	0.50	9.0	168			E 108°35′13.9″ N 27°04′37.6″	72
						2	11—14	灰白色	轻黏土	核状	6.2	21.0	1.40	0.40						
						3	14—35	浅黄色	重黏土	核状	4.2	7.4	0.80	0.30						
剖23	人为土	水稻土	淹育水稻土	大泥田	黄大泥田	1	0—26	黄灰色	中壤土	小块状	7.6	68.5	3.90	1.60	22.0	132			E 108°43′45.8″ N 27°04′34.7″	77
						2	26—44	棕黄色	重黏土	块状	7.4	28.9	3.40	2.00						
						3	44—60	蜡黄色	轻黏土	块状	6.9	13.5	1.00	1.60						
剖24	人为土	水稻土	潴育水稻土	潮泥田	潮泥田	1	0—14	灰黄色	重黏土		5.5	20.5	1.30	0.80	17.0	134			E 108°49′58.9″ N 27°08′35.1″	85
						2	14—23	黄灰色	重黏土		5.9	13.1	0.90	0.60						
						3	23—57	黄色	中壤土	粒状	6.8	7.4	0.90	0.70						
剖25	铁铝土	黄红壤		黄红泥土	黄红泥土	1	0—12	黄色	重黏土	粒状	6.0	11.5	0.63	1.66	9.0	120			E 108°46′54.8″ N 27°06′12.2″	72
						2	12—29	棕黄色	重黏土		5.7	27.0	1.62	8.04						
						3	29—63	黄红色	中壤土		5.3	14.8	1.00	0.84						
剖26	初育土	石灰(岩)土	黄色石灰土	淋溶黄色石灰土		1	0—12	黄黄色	轻黏土	粒状	5.3	59.6	3.50	0.80	1.0	161			E 108°24′55.1″ N 26°57′56.9″	89
						2	12—30	黄黄色	重黏土	块状	5.6	12.1	1.50	0.40						
						3	30—60	灰黄色	重黏土	粒状	5.5	16.7	1.20	0.50						
剖27	铁铝土	黄壤		黄砂泥土	黄砂泥土	1	0—16	黄黄色	中壤土	块状	5.9	24.9	1.10	0.60	2.0	205	32.7		E 108°26′08.5″ N 26°54′51.3″	98
						2	16—32	黄黄色	重黏土	粒状	5.8	15.5	1.00	0.60						
						3	32—51	黄灰色	重黏土	块状	5.4	8.0	0.50	0.50						
剖28	人为土	水稻土	潴育水稻土	黄泥田	黄泥田	1	0—17	黄黄色	轻黏土		5.6	25.7	1.60	0.90	8.0	102			E 108°28′16.7″ N 26°54′49.3″	85
						2	17—24	灰黄色	重黏土			5.9	0.70	0.30						
						3	24—47	黄色	中壤土			7.0	10.80	0.50						
剖29	人为土	水稻土	潴育水稻土	黄泥田	小黄泥田	1	0—18	黄黄色	轻黏土		5.7	39.3	2.60	1.10	14.0	101			E 108°30′44.3″ N 26°57′06.8″	98
						2	18—26	灰黄色	轻黏土		6.7	28.5	1.80	0.70						
						3	26—56	灰黄色	轻黏土		7.6	11.4	1.10	0.50						

续表 Continued

剖面号 Soil profile	土纲 Soil order	土类 Soil great group	亚类 Soil subgroup	土属 Soil genus	土种 Soil species	土层码 Layer code	土层厚度 Depth/cm	颜色 Soil color	质地 Soil texture	土壤结构 Soil structure	pH	有机质 OM/(g/kg)	全氮 TN/(g/kg)	全磷 TP/(g/kg)	有效磷 AP/(mg/kg)	速效钾 AK/(mg/kg)	阳离子交换量CEC/(cmol/kg)	土壤母质 Parent material	剖面点坐标 Profile coordinate	匹配指数 Matching index/%
剖30	铁铝土	黄壤	黄壤	石砂土	火石砂土	1	0—20	黄灰色	中壤土	粒状	5.5	32.4	1.90	0.90	7.0	202	25.1		E 108°30′23.0″ N 26°55′10.9″	94
						2	20—35	灰黄色	中壤土	块状	5.1	36.5	1.90	1.50						
剖31	铁铝土	黄壤	黄壤	石砂土	砾砂土	1	0—16	灰黄色	中壤土	粒状	6.1	37.9	2.60	1.20	1.0	362	25.9		E 108°32′19.8″ N 26°53′47.2″	97
						2	16—21	黄色	重壤土	粒状	6.3	33.8	2.20	0.80						
						3	21—52	黄色	重壤土	块状	5.6	18.7	1.40	0.40						
剖32	人为土	水稻土	潴育水稻土	潮泥田	潮砂泥田	1	0—21	黄灰色			5.8	43.0	2.70	0.80	15.0	308			E 108°31′07.0″ N 26°51′21.2″	79
						2	21—26	灰黄色			5.7	29.7	2.30	0.70						
						3	26—63	黄色			5.4	17.6	1.30	0.80						

天 柱 县

主要土类说明

黄壤是天柱县主要土壤类型，占本县地域面积的 48%。黄壤发育于温暖湿润的亚热带气候条件下，集中分布在低中山和低山丘陵，含有较多水合氧化铁，土体多呈黄色，具 A-B-C 剖面构型。自然植被主要为常绿阔叶林。成土母质极其广泛，黏土矿物以蛭石为主，具有较强的脱硅富铝化过程，黏粒硅铝率为 1.5—2.7，林草地 pH 为 4.5—5.5，耕地 pH 为 5.6—7.0。

红壤是天柱县第二大土壤类型，占本县地域面积的 29%。红壤发育于本县水热条件最优越的地段，集中分布在低山丘陵河谷地带，具 A-Bs-Bv 或 A-Bs-C 剖面构型。自然植被以偏湿性常绿阔叶林为主。成土母质较为广泛，黏土矿物一般以高岭石为主，具有强的脱硅富铝化过程，黏粒硅铝率一般为 2.0—2.5，有深厚的红色土层。

水稻土是天柱县第三大土壤类型，占本县地域面积的 16%。水稻土是在水耕熟化和旱耕熟化交替影响下形成的土壤类型。成土过程具有氧化还原过程，水耕条件下铁锰发生强烈迁移。由于干湿交替，水稻土形成糊状的淹育层、较坚实板结的犁底层、渗育层、潴育层与潜育层等多种发生层。

小于本县地域面积 3% 的土壤类型有紫色土、石灰（岩）土、粗骨土和潮土。

本区域中心区气候特征

本区域中心区气候特征值
Regional climate characteristics in central area of the region

气候带：中亚热带湿润气候 Climate region: Subtropical humid climate	
年平均气温 /℃ Annual average temperature /℃	16.9
年平均最高气温 /℃ Annual average maximum temperature /℃	21.4
年平均最低气温 /℃ Annual average minimum temperature /℃	13.7
年降水量 /mm Annual precipitation /mm	1325
≥10℃的积温 /℃ Daily temperature accumulated in a year (≥10℃) /℃	6190
年日照时数 /h Annual sunshine /h	1412
年平均相对湿度 /% Annual average relative humidity /%	79
干燥度 Dryness	0.76

本区域中心区月平均气温与月平均降水量
Monthly temperature and precipitation in central area of the region

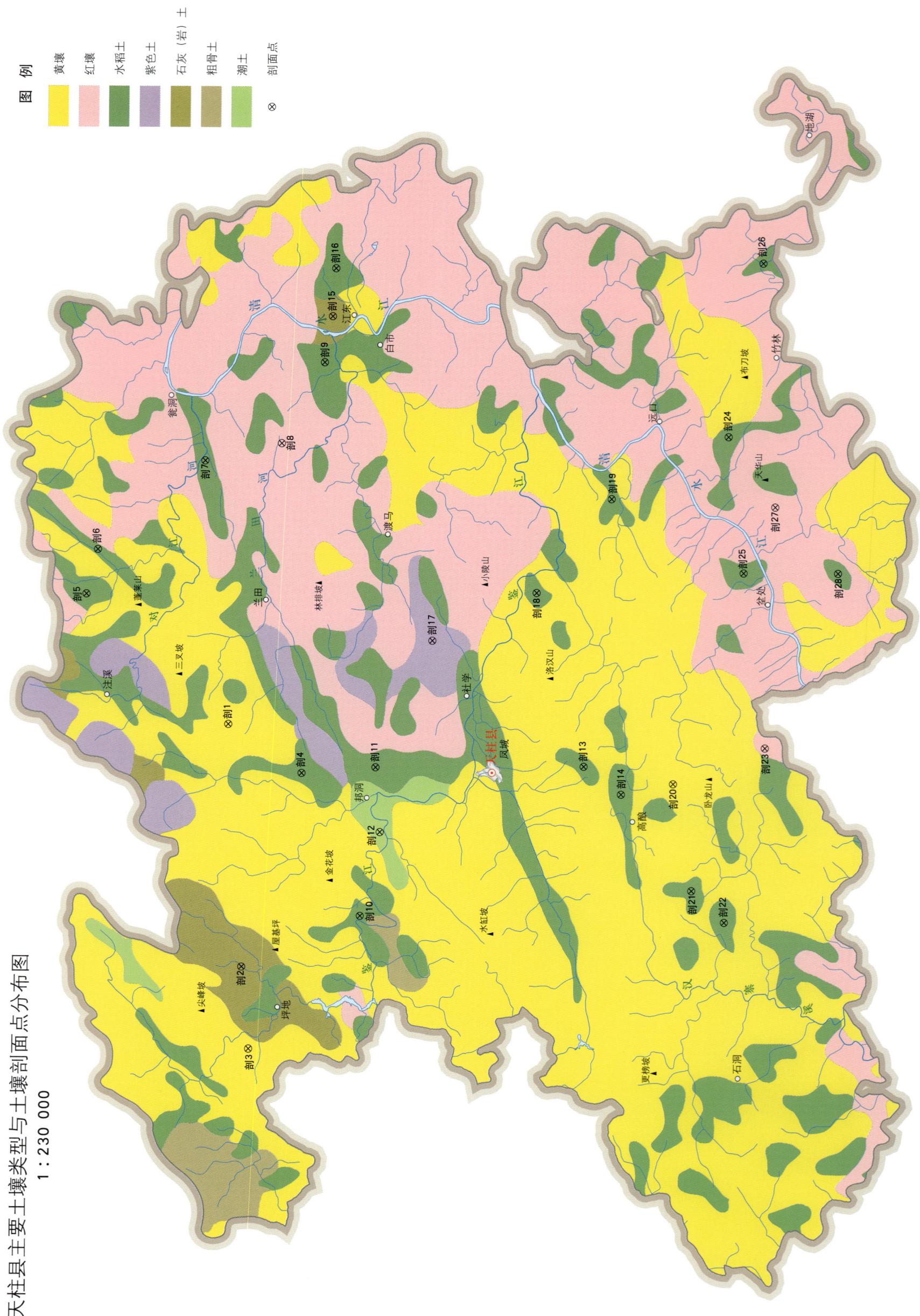

天柱县土壤剖面理化性状表

剖面号 Soil profile	土纲 Soil order	土类 Soil great group	亚类 Soil subgroup	土属 Soil genus	土种 Soil species	土层码 Layer code	土层厚度 Depth/cm	质地 Soil texture	pH	有机质 OM/(g/kg)	全氮 TN/(g/kg)	全磷 TP/(g/kg)	全钾 TK/(g/kg)	碱解氮 AN/(mg/kg)	有效磷 AP/(mg/kg)	速效钾 AK/(mg/kg)	阳离子交换量CEC/(cmol/kg)	土壤母质 Parent material	剖面点坐标 Profile coordinate	匹配指数 Matching index/%
剖1	铁铝土	黄壤	黄壤	硅铝质黄壤	中层硅铝质黄壤	1	1–9	重壤土	4.7	74.1	2.50	0.28		243	0.6	105	22.4	砂页岩	E 109°13′38.3″ N 27°02′43.8″	82
						2	9–15	中黏土	4.7	19.6	0.75	0.19								
						3	15–60	轻黏土	4.7	8.7	0.39	0.09								
剖2	初育土	石灰(岩)土	黄色石灰土	次生黄色石灰土	中层次生黄色石灰土	1	0–17	重壤土	6.3	67.4	3.90	1.40	12.0	318	18.6	395	33.6	第四纪红色黏土	E 109°05′22.6″ N 27°02′09.2″	100
						2	17–34	轻黏土	6.8	34.4	2.10	1.27	12.7							
						3	34–50	轻黏土	7.3	16.6	1.20	0.85	12.7							
剖3	铁铝土	黄壤	黄壤	硅质黄壤	薄层硅质黄壤	1	0–18	砂壤土	4.4	46.7	4.87	0.30	22.1	196	7.0	83	24.7	细砂岩	E 109°02′35.0″ N 27°01′52.6″	78
						2	18–43	砂壤土	4.4	6.5	0.93	0.20	24.9							
剖4	人为土	水稻土	潴育水稻土	黄红砂泥田	黄红砂泥田	1	0–16	轻壤土	4.8	33.8	2.27	4.77		170	3.0	92	13.7	酸性泥页岩	E 109°12′01.1″ N 27°00′27.4″	70
						2	16–20	重壤土	4.8	32.3	2.20	0.79								
						3	20–30	轻壤土	5.0	18.5	1.55	0.58								
剖5	人为土	水稻土	潴育水稻土	紫泥田	紫泥田	1	0–13	轻黏土	5.0	20.1	1.29	0.53	14.9	141	1.3	56	11.6	酸性泥页岩	E 109°17′57.9″ N 27°07′09.8″	96
						2	13–17	轻黏土	5.3	17.3	1.05	0.33	14.0							
						3	17–41	轻壤土	7.1	7.5	0.58	0.32	16.2							
剖6	人为土	水稻土	潴育水稻土	黄红泥田	黄红泥田	1	0–14	轻壤土	5.2	33.2	2.60	0.24		165	5.0	51	14.7		E 109°19′29.3″ N 27°06′50.4″	91
						2	14–20	轻壤土	5.2	7.1	2.10	0.20								
						3	20–30	中壤土	6.1	6.9	1.60	9.30								
剖7	铁铝土	红壤	黄红壤	大眼泥田	大眼泥田	1	0–15	轻壤土	7.9	39.8	1.66	0.48	8.2	128	9.9	77	14.8		E 109°22′34.3″ N 27°03′37.4″	76
						2	15–26	重壤土	8.0	33.3	1.55	0.47	8.1							
						3	26–45	重壤土	7.7	14.8	0.98	0.28	8.3							
剖8	人为土	水稻土	潴育水稻土	硅铁质黄红壤	中层硅铁质黄红壤	1	0–11	轻壤土	5.4	73.4	3.03	0.08	15.7	250	6.5	245	17.6	第四纪黏土	E 109°23′12.4″ N 27°01′17.4″	92
						2	11–19	中黏土	4.6	16.3	0.94	0.15	11.3							
						3	19–38	中黏土	4.7	7.1	0.70	0.14	19.3							
剖9	人为土	水稻土	潴育水稻土	潮泥田	潮泥田	1	0–15	重壤土	5.3	29.6	1.72	0.40	23.0	153	12.2	76	9.9	冲积物	E 109°25′58.3″ N 27°00′01.5″	71
						2	15–19	重壤土	5.0	26.9	1.62	0.42	22.7							
						3	19–35	重壤土	5.4	14.2	1.01	0.53	23.3							
剖10	人为土	水稻土	潴育水稻土	黄泥田	黄泥田	1	0–17	轻壤土	5.1	35.3	2.00	0.35	15.7	175	30.0	103	11.5	第四纪潮砂土覆泥砂冲积物	E 109°07′12.0″ N 26°58′34.0″	99
						2	17–27	中壤土	5.1	33.1	5.90	0.39								
						3	27–37	中壤土	5.4	15.0	0.90	0.20								
剖11	人为土	水稻土	潴育水稻土	潮黄泥田	潮黄泥田	1	0–17	重壤土	6.3	32.4	1.88	0.33	13.1	169	2.7	56	15.3	第四纪潮砂土覆泥砂冲积物	E 109°12′15.9″ N 26°58′11.8″	72
						2	17–26	重壤土	7.4	24.1	1.40	0.34	14.1							
						3	26–50	重壤土	5.1	7.3	0.60	0.46	17.1							
剖12	半成土	潮土	潮土	潮砂泥田	潮砂泥田	1	0–10	中壤土	7.7	13.7	0.70	0.41		56	32.4	142	4.4	河流冲积物	E 109°10′03.7″ N 26°58′01.2″	95
						2	10–39	重壤土	7.6	11.2	0.80	0.41								
						3	39—	重壤土	7.5	8.4	0.60	0.61								
剖13	人为土	水稻土	潴育水稻土	青紫泥田	青紫泥田	1	0–15	重壤土	5.6	20.4	1.09	0.27		104	4.6	51	11.3	砂页岩	E 109°12′26.3″ N 26°51′50.0″	92
						2	15–23	重壤土	6.1	19.7	1.19	0.27								
						3	23–26	重壤土	6.1	6.1	0.51	0.16								
剖14	人为土	水稻土	潴育水稻土	紫潮泥田	紫潮泥田	1	0–13	重壤土	7.3	35.0	2.03	0.60		171	7.7	118	16.2	钙质砂岩洪积物	E 109°11′30.5″ N 26°50′40.2″	80
						2	13–21	重壤土	6.3	24.6	1.51	0.54								
						3	21–47	轻黏土	7.7	10.2	0.76	0.51								

续表 Continued

剖面号 Soil profile	土纲 Soil order	土类 Soil great group	亚类 Soil subgroup	土属 Soil genus	土种 Soil species	土层码 Layer code	土层厚度 Depth/cm	质地 Soil texture	pH	有机质 OM/(g/kg)	全氮 TN/(g/kg)	全磷 TP/(g/kg)	全钾 TK/(g/kg)	碱解氮 AN/(mg/kg)	有效磷 AP/(mg/kg)	速效钾 AK/(mg/kg)	阳离子交换量 CEC/(cmol/kg)	土壤母质 Parent material	剖面点坐标 Profile coordinate	匹配指数 Matching index/%
剖15	初育土	石灰(岩)土	黄色石灰土	淋溶黄色石灰土	中层淋溶黄色石灰土	1	0—5	中壤土	5.8	38.9	1.50	0.26		147	0.2	209	19.5	石灰岩	E 109°27′32.5″ N 26°59′48.9″	86
剖16	人为土	水稻土	潜育水稻土	黄砂泥田	黄砂泥田	1	0—13	轻壤土	6.5	14.9	0.80	0.22	17.1	72	0.7	77	12.8		E 109°29′10.3″ N 26°59′44.5″	96
						2	13—27	轻黏土	7.5	9.9	0.80	0.21	9.1							
						3	29—79	轻壤土	5.1	37.9	2.50	0.33	15.0							
剖17	初育土	紫色土	酸性紫色土	酸性紫色土	中层酸性紫色土	1	0—16	轻壤土	5.2	15.5	0.70	0.35	31.7	145	37.0	77	27.2	酸性砂页岩、砂岩、砾岩	E 109°16′35.7″ N 26°56′33.2″	84
						2	16—32	轻壤土	6.1	12.3	1.10	0.30	32.0							
						3	32—60	重壤土	4.3	29.4	1.50	0.24	31.4							
剖18	人为土	水稻土	潜育水稻土	冷水田	冷水田	1	0—18	中黏土	3.7	16.6	0.90	0.17	22.4	184	2.2	46	16.2		E 109°18′17.0″ N 26°53′23.8″	99
						2	18—25	轻壤土	4.7	13.1	0.80	0.33	20.4							
						3	25—65	重黏土	3.5	44.3	2.37	0.27	22.3							
剖19	人为土	水稻土	潜育水稻土	冷浸田	冷浸田	1	0—17	轻壤土	4.8	36.2	2.08	0.39		259	0.9	72	14.6		E 109°21′31.3″ N 26°51′09.7″	71
						2	17—35	重壤土	4.7	53.6	2.66	0.21								
						3	35—	重黏土		48.8	2.25	0.35								
剖20	铁铝土	黄壤	硅铁质黄壤	硅铁质黄壤	中层页岩硅质黄壤	1	0—15	中黏土	4.7	42.4	0.50	0.26	13.6	212	1.0	109	19.2	泥页岩、第四纪红土	E 109°11′54.2″ N 26°49′05.0″	70
						2	15—35	中黏土	4.7	12.2	1.89	0.24	13.2							
						3	35—55	中黏土	4.9	7.5	0.66	0.12	14.5							
剖21	人为土	水稻土	潜育水稻土	青胶泥田	重青胶泥田	1	0—13	轻壤土	5.7	51.2	2.55	0.08		198	1.8	57	12.7	第四纪红色黏土	E 109°08′17.5″ N 26°48′26.8″	92
						2	13—19	中黏土	5.6	49.0	2.42	0.25								
						3	19—38	重黏土	5.6	51.3	2.59	0.22								
剖22	人为土	水稻土	潜育水稻土	青潮泥田	青潮泥田	1	0—20	轻壤土	5.8	35.2	1.97	0.48	22.2	143	2.0	41	13.0	砂页岩、第四纪红黏土	E 109°07′14.5″ N 26°47′25.4″	96
						2	20—35	轻壤土	5.6	31.5	1.77	0.30	22.3							
						3	35—100	中黏土	5.0	33.3	1.78	0.17	23.4							
剖23	铁铝土	红壤	硅铝质红壤	硅铝质黄壤	中层硅铝质黄壤	1	0—11	重壤土	6.1	14.2	0.90	0.11		70	2.4	76	10.6	砂页岩、第四纪红黏土	E 109°13′11.2″ N 26°46′18.0″	94
						2	11—41	重黏土	4.6	3.3	0.50	0.31								
						3	41—	中黏土	4.5	5.2	0.60	0.14								
剖24	人为土	水稻土	潜育水稻土	冲沟砂泥田	冲沟细砂泥田	1	0—13	轻壤土	5.0	33.2	2.05	0.15		178	34.2	97	11.4	冲积物、第四纪红黏土	E 109°23′41.3″ N 26°47′37.7″	89
						2	21—30	重壤土	5.1	22.7	1.31	0.36								
						3	30—35	重黏土	5.1	20.2	1.05	0.24								
剖25	人为土	水稻土	淹育水稻土	坡垴黄红泥田	死黄红泥田	1	0—20	轻壤土	6.1	22.7	0.84	0.17					14.9		E 109°19′05.5″ N 26°47′04.9″	86
						2	12—17	中黏土	6.3	17.6	1.00	1.01								
						3	17—50	重黏土	6.3	7.4	0.60	0.40								
剖26	人为土	水稻土	潜育水稻土	鸭屎泥田	湿鸭屎泥田	1	0—14	轻壤土	7.8	55.6	2.82	0.26	10.4	216	9.4	52	20.0		E 109°29′34.9″ N 26°46′40.5″	97
						2	14—26	轻黏土	7.9	50.6	2.92	0.54	9.3							
						3	26—	轻壤土	7.4	42.0	2.13	0.55	11.3							
剖27	铁铝土	红壤	硅铝质红壤	硅铝质黄红泥田	中层硅铝质黄红泥田	1	0—16	中黏土	4.8	47.4	2.30	0.30	20.0	236	0.8	166	15.0	砂页岩、第四纪红黏土	E 109°21′20.9″ N 26°46′09.1″	81
						2	16—49	中黏土	4.9	16.3	1.36	0.55	22.6							
						3	49—63	中黏土	5.0	9.0	0.60	0.39	3.9							
剖28	人为土	水稻土	淹育水稻土	坡垴黄泥田	死黄泥田	1	0—15	中黏土	4.9	23.5	1.50	0.87		142	1.3	92	11.2		E 109°19′08.8″ N 26°44′11.0″	74
						2	15—24	中黏土	4.8	24.3	1.80	0.47								
						3	24—60	中黏土	5.1	13.0	1.10	0.40								

锦 屏 县

主要土类说明

黄壤是锦屏县主要土壤类型，占本县地域面积的 70%。黄壤发育于温暖湿润的亚热带气候条件下，集中分布在低中山和低山丘陵，含有较多水合氧化铁，土体多呈黄色，具 A-B-C 剖面构型。自然植被主要为常绿阔叶林。成土母质极其广泛，黏土矿物以蛭石为主，具有较强的脱硅富铝化过程，黏粒硅铝率为 1.5—2.7，林草地 pH 为 4.5—5.5，耕地 pH 为 5.6—7.0。

红壤是锦屏县第二大土壤类型，占本县地域面积的 18%。红壤发育于本县水热条件最优越的地段，集中分布在低山丘陵河谷地带，具 A-Bs-Bv 或 A-Bs-C 剖面构型。自然植被以偏湿性常绿阔叶林为主。成土母质较为广泛，黏土矿物一般以高岭石为主，具有强的脱硅富铝化过程，黏粒硅铝率一般为 2.0—2.5，有深厚的红色土层。

水稻土是锦屏县第三大土壤类型，占本县地域面积的 8%。水稻土是在水耕熟化和旱耕熟化交替影响下形成的土壤类型。成土过程具有氧化还原过程，水耕条件下铁锰发生强烈迁移。由于干湿交替，水稻土形成糊状的淹育层、较坚实板结的犁底层、渗育层、潴育层与潜育层等多种发生层。

石灰（岩）土占本县地域面积的 4%。石灰（岩）土为岩成土，主要发育于碳酸岩类出露区域。石灰（岩）土具有碳酸盐强烈淋失，硅、铁、铝相对聚集，有机质积累量高等特点，土层浅薄，多具 A-R 剖面构型，pH 为 6.5—8.5，游离碳酸钙含量一般为 1—100g/kg。

本区域中心区气候特征

本区域中心区气候特征值
Regional climate characteristics in central area of the region

气候带：中亚热带湿润气候 Climate region: Subtropical humid climate	
年平均气温 /℃ Annual average temperature /℃	17.3
年平均最高气温 /℃ Annual average maximum temperature /℃	21.7
年平均最低气温 /℃ Annual average minimum temperature /℃	14.2
年降水量 /mm Annual precipitation /mm	1430
≥10℃的积温 /℃ Daily temperature accumulated in a year (≥10℃) /℃	6346
年日照时数 /h Annual sunshine /h	1358
年平均相对湿度 /% Annual average relative humidity /%	78
干燥度 Dryness	0.73

本区域中心区月平均气温与月平均降水量
Monthly temperature and precipitation in central area of the region

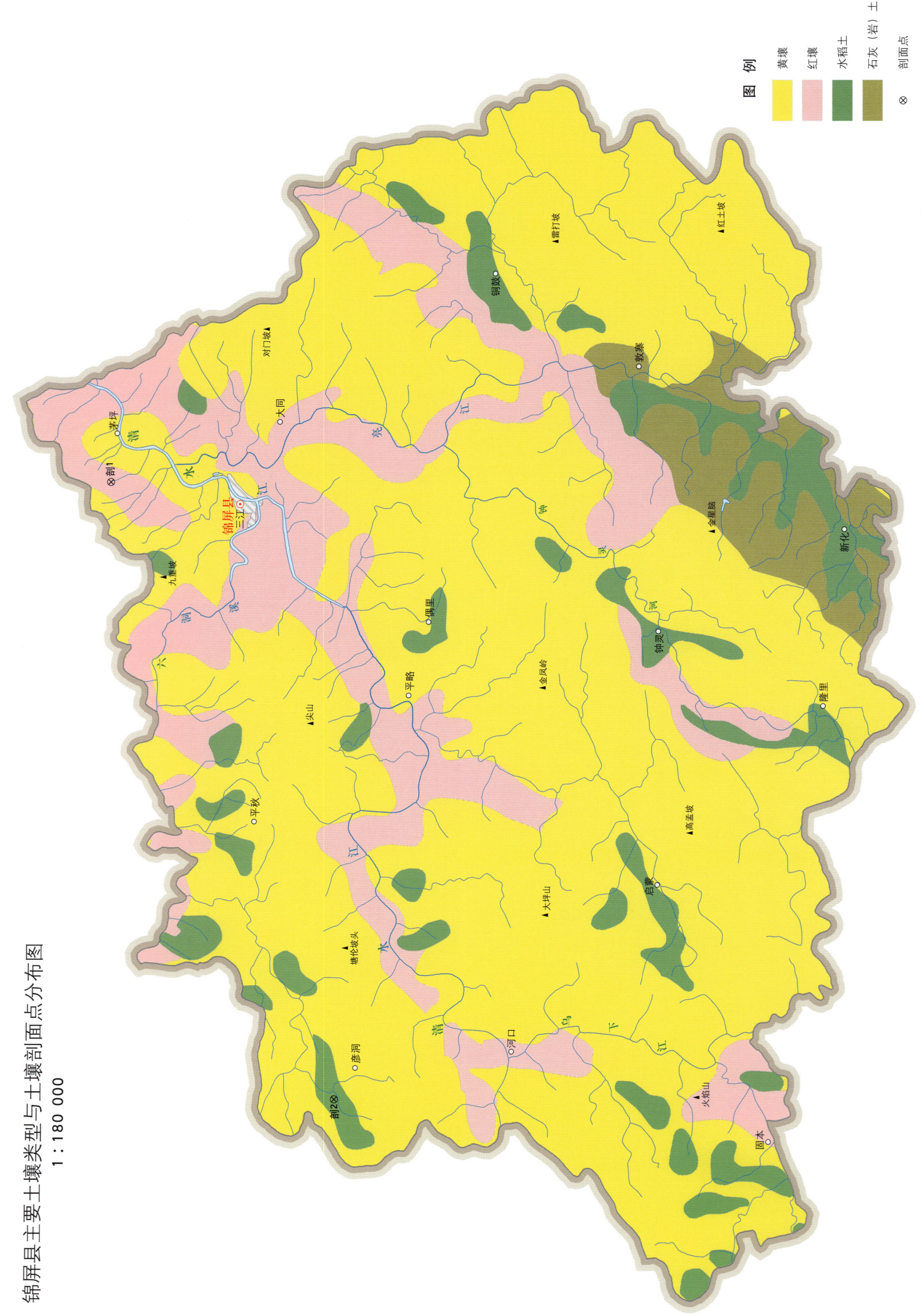

锦屏县主要土壤类型与土壤剖面点分布图
1:180 000

锦屏县土壤剖面理化性状表

剖面号 Soil profile	土纲 Soil order	土类 Soil great group	亚类 Soil subgroup	土属 Soil genus	土种 Soil species	土层码 Layer code	土层厚度 Depth/cm	颜色 Soil color	质地 Soil texture	土壤结构 Soil structure	pH	有机质 OM/(g/kg)	全氮 TN/(g/kg)	全磷 TP/(g/kg)	有效磷 AP/(mg/kg)	速效钾 AK/(mg/kg)	阳离子交换量 CEC/(cmol/kg)	土壤母质 Parent material	剖面点坐标 Profile coordinate	匹配指数 Matching index/%
剖1	铁铝土	红壤	红壤	红泥土	死红泥土	A	0—11	灰红色	壤质黏土	粒状	5.4	20.1	1.02	0.07	5.0	113	8.8	板岩风化物	E 109°12′24.2″ N 26°44′25.1″	85
						B₁	11—51	浅红色	壤质黏土	小块状		4.8	6.7	0.61	0.11						
						B₂	51—100	深红色	黏土	块状	5.1	4.2	0.61	0.08						
剖2	人为土	水稻土	潜育水稻土	青潮泥田	青潮泥田	Aa	0—23	暗灰色	壤质黏土	块状	4.9	65.0	2.67	0.13	5.0	82	11.5	由河流沉积物发育的潮土	E 108°54′08.3″ N 26°38′05.1″	100
						Apg	23—33	灰色	壤质黏土	片块状	4.9	58.5	2.57	0.11						
						G	33—58	青灰色	粉砂质黏土	整体状	4.6	54.4	2.27	0.91						

台 江 县

主要土类说明

黄壤是台江县主要土壤类型，占本县地域面积的73%。黄壤发育于温暖湿润的亚热带气候条件下，集中分布在低中山和低山丘陵，含有较多水合氧化铁，土体多呈黄色，具A-B-C剖面构型。自然植被主要为常绿阔叶林。成土母质极其广泛，黏土矿物以蛭石为主，具有较强的脱硅富铝化过程，黏粒硅铝率为1.5—2.7，林草地pH为4.5—5.5，耕地pH为5.6—7.0。

水稻土是台江县第二大土壤类型，占本县地域面积的13%。水稻土是在水耕熟化和旱耕熟化交替影响下形成的土壤类型。成土过程具有氧化还原过程，水耕条件下铁锰发生强烈迁移。由于干湿交替，水稻土形成糊状的淹育层、较坚实板结的犁底层、渗育层、潴育层与潜育层等多种发生层。

石灰（岩）土是台江县第三大土壤类型，占本县地域面积的9%。石灰（岩）土为岩成土，主要发育于碳酸岩类出露区域。石灰（岩）土具有碳酸盐强烈淋失，硅、铁、铝相对聚集等特点，土层浅薄，多具A-R剖面构型，pH为6.5—8.5，游离碳酸钙含量一般为1—100g/kg。

黄棕壤占本县地域面积的3%，发育于海拔较高的山地，其中以中山和中低山地貌居多。自然植被为落叶阔叶与常绿阔叶混交林及针阔叶混交林。成土母质十分广泛，黏土矿物以2∶1型为主，具有弱的脱硅富铝化过程和较强的黏化作用，黏粒硅铝率为1.6—2.5。该土壤具A-B-C剖面构型，林草地pH为3.5—5.8，耕地pH为4.0—8.5。

小于本县地域面积3%的土壤类型有紫色土、粗骨土和山地草甸土。

本区域中心区气候特征

本区域中心区气候特征值
Regional climate characteristics in central area of the region

气候带：中亚热带湿润气候 Climate region: Subtropical humid climate	
年平均气温 /℃ Annual average temperature /℃	17.0
年平均最高气温 /℃ Annual average maximum temperature /℃	21.4
年平均最低气温 /℃ Annual average minimum temperature /℃	13.9
年降水量 /mm Annual precipitation /mm	1336
≥10℃的积温 /℃ Daily temperature accumulated in a year (≥10℃) /℃	6199
年日照时数 /h Annual sunshine /h	1264
年平均相对湿度 /% Annual average relative humidity /%	78
干燥度 Dryness	0.76

台江县主要土壤类型与土壤剖面点分布图
1∶180 000

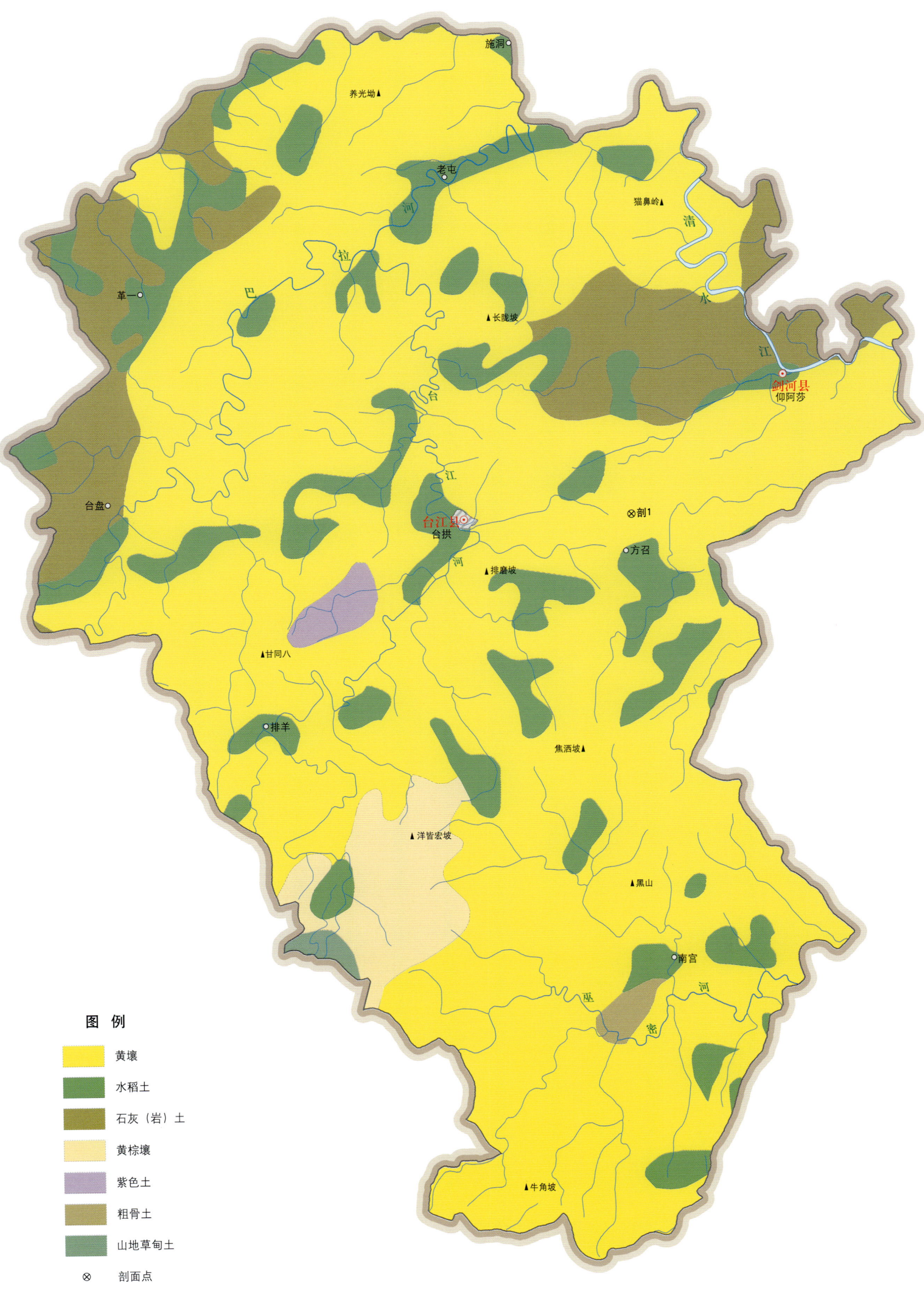

图 例
- 黄壤
- 水稻土
- 石灰（岩）土
- 黄棕壤
- 紫色土
- 粗骨土
- 山地草甸土
- ⊗ 剖面点

注：因行政区划界线的变化，2005年剑河县人民政府迁至此地。

台江县土壤剖面理化性状表

剖面号 Soil profile	土纲 Soil order	土类 Soil great group	亚类 Soil subgroup	土属 Soil genus	土种 Soil species	土层码 Layer code	土层厚度 Depth/cm	颜色 Soil color	质地 Soil texture	土壤结构 Soil structure	pH	有机质 OM/(g/kg)	全氮 TN/(g/kg)	全磷 TP/(g/kg)	土壤母质 Parent material	剖面点坐标 Profile coordinate	匹配指数 Matching index/%
剖1	铁铝土	黄壤	黄壤	黄泥土	死黄泥土	A	0—12	灰黄色	壤质黏土	碎块状	5.5	20.4	0.94	0.10	页岩风化物	E 108°23′01.9″ N 26°40′34.6″	93
						B_1	12—35	浅黄色	壤质黏土	块状	5.6	17.6	0.84	0.10			
						B_2	35—80	黄色	壤质黏土	块状	5.3	6.7	0.45	0.07			

黎 平 县

主要土类说明

黄壤是黎平县主要土壤类型，占本县地域面积的 80%。黄壤发育于温暖湿润的亚热带气候条件下，集中分布在低中山和低山丘陵，含有较多水合氧化铁，土体多呈黄色，具 A-B-C 剖面构型。自然植被主要为常绿阔叶林。成土母质极其广泛，黏土矿物以蛭石为主，具有较强的脱硅富铝化过程，黏粒硅铝率为 1.5—2.7，林草地 pH 为 4.5—5.5，耕地 pH 为 5.6—7.0。

红壤是黎平县第二大土壤类型，占本县地域面积的 11%。红壤发育于本县水热条件最优越的地段，集中分布在低山丘陵河谷地带，具 A-Bs-Bv 或 A-Bs-C 剖面构型。自然植被以偏湿性常绿阔叶林为主。成土母质较为广泛，黏土矿物一般以高岭石为主，具有强的脱硅富铝化过程，黏粒硅铝率一般为 2.0—2.5，有深厚的红色土层。

水稻土是黎平县第三大土壤类型，占本县地域面积的 7%。水稻土是在水耕熟化和旱耕熟化交替影响下形成的土壤类型。成土过程具有氧化还原过程，水耕条件下铁锰发生强烈迁移。由于干湿交替，水稻土形成糊状的淹育层、较坚实板结的犁底层、渗育层、潴育层与潜育层等多种发生层。

小于本县地域面积 3% 的土壤类型有石灰（岩）土和潮土。

本区域中心区气候特征

本区域中心区气候特征值
Regional climate characteristics in central area of the region

气候带：中亚热带湿润气候 Climate region: Subtropical humid climate	
年平均气温 /℃ Annual average temperature /℃	17.8
年平均最高气温 /℃ Annual average maximum temperature /℃	22.1
年平均最低气温 /℃ Annual average minimum temperature /℃	14.7
年降水量 /mm Annual precipitation /mm	1501
≥10℃的积温 /℃ Daily temperature accumulated in a year（≥10℃）/℃	6495
年日照时数 /h Annual sunshine /h	1363
年平均相对湿度 /% Annual average relative humidity /%	77
干燥度 Dryness	0.71

本区域中心区月平均气温与月平均降水量
Monthly temperature and precipitation in central area of the region

黎平县主要土壤类型与土壤剖面点分布图
1:390 000

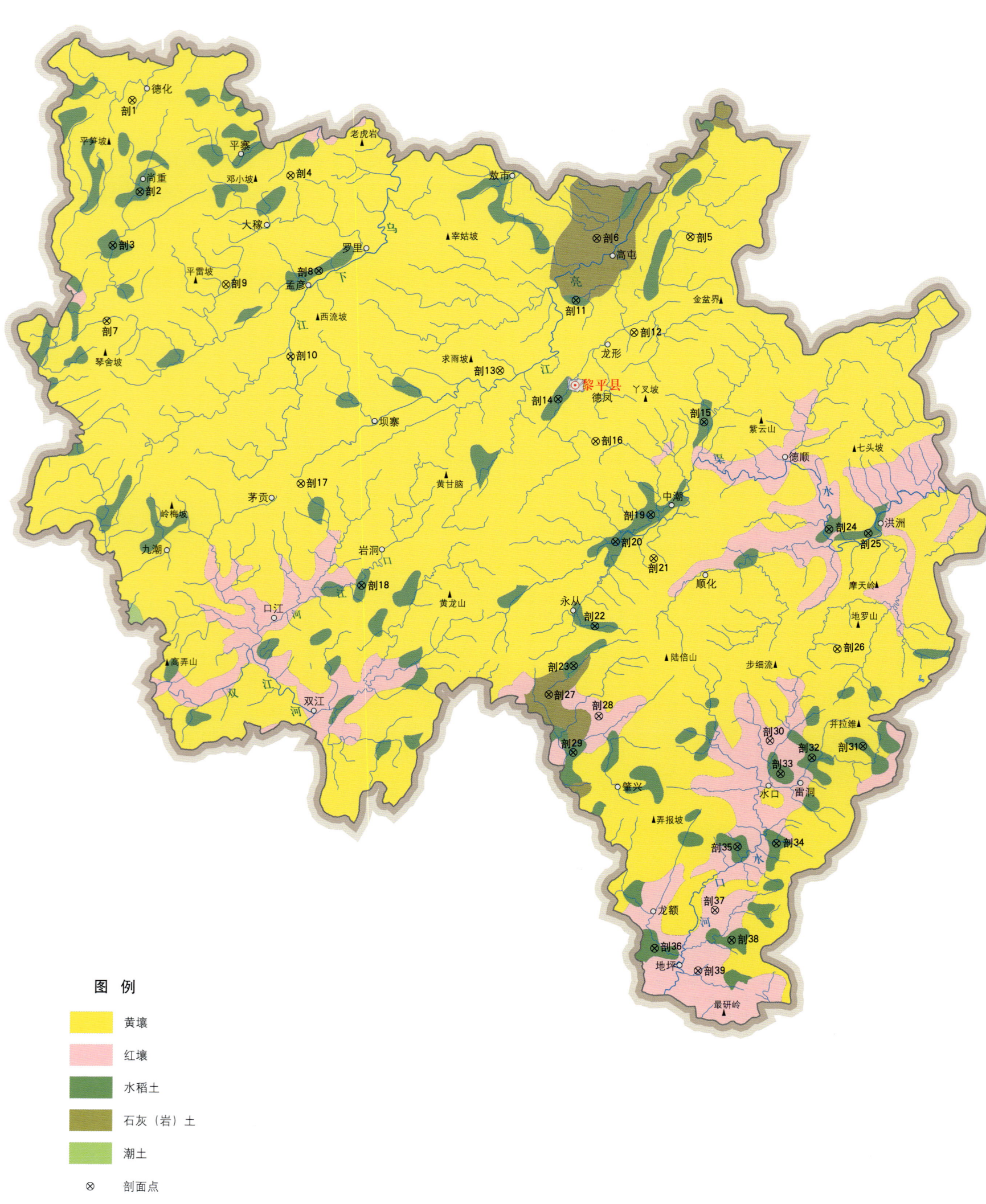

黎平县土壤剖面理化性状表

剖面号 Soil profile	土纲 Soil order	土类 Soil great group	亚类 Soil subgroup	土属 Soil genus	土种 Soil species	土层码 Layer code	土层厚度 Depth/cm	颜色 Soil color	质地 Soil texture	土壤结构 Soil structure	pH	有机质 OM/(g/kg)	全氮 TN/(g/kg)	全磷 TP/(g/kg)	有效磷 AP/(mg/kg)	速效钾 AK/(mg/kg)	阳离子交换量CEC/(cmol/kg)	土壤母质 Parent material	剖面点坐标 Profile coordinate	匹配指数 Matching index/%
剖1	铁铝土	黄壤	黄壤	石砂土	扁砂土	1	0—13	黄棕色	砂壤土	粒状	5.9	60.6	2.00	0.23	28.0	60			E 108°43′26.2″ N 26°27′32.7″	72
						2	13—18	棕黄色	轻壤土	小块状	5.3	54.3	2.13	0.25						
						3	18—25	黄色	轻壤土	小块状	4.7	28.6	1.30	0.10						
剖2	人为土	潴育水稻土	冲沟砂泥田	冲沟粗砂泥田		1	0—11	黄黄色	砂壤土	粒状	5.0	52.5	2.77	0.22	76.0	118		洪积物、坡积物	E 108°43′57.6″ N 26°23′04.0″	84
						2	11—15	灰黄色	轻黏土	碎块状	4.9	39.8	2.07	0.25						
						3	15—21	棕黄色	砂壤土	碎块状	5.4	26.7	1.10	0.15						
剖3	人为土	水稻土	大眼泥田	大眼泥田		1	0—16	暗黄色	轻黏土	核粒状	6.5	43.8	2.41		5.0	109		次生黄色石灰土	E 108°42′33.5″ N 26°20′25.8″	93
						2	16—21	灰黄色	轻黏土	柱状	6.5	43.8	2.41							
						3	21—42	棕黄色	轻黏土	柱状	6.5	43.8	2.41							
剖4	铁铝土	黄壤	硅铝质黄壤	厚层硅铝质黄壤		1	0—3	灰黄色	壤土	粒状	4.5	27.9	1.21	0.06	0.2	67	20.8	粉砂岩	E 108°52′09.0″ N 26°24′00.1″	99
						2	3—19	棕黄色	壤土	块状	4.6	16.8	0.74	0.05			20.8			
						3	19—56	红黄色	壤土	块状	5.0	5.6	0.37	0.04			20.8			
剖5	铁铝土	黄壤	黄砂土	小黄泥土		1	0—20	黄灰色	轻壤土	粒状	5.4	38.7	1.90	0.29	29.0	148			E 109°13′58.1″ N 26°21′19.8″	85
						2	20—32	浅黄色	中壤土	块状	5.1	24.7	1.27	0.25						
						3	32—68	黄黄色	重壤土	块状	5.6	16.4	1.01	0.13						
剖6	初育土	石灰(岩)土	次生黄色石灰土	次生黄色石灰土	厚层次生黄色石灰土	1	0—9	棕黄色	盐土	粒状	6.8	38.0	1.76	0.07	2.0	86	10.4	风化壳	E 109°08′53.2″ N 26°21′11.5″	93
						2	9—14	黄色	盐土	块状	6.2	14.6	0.84	0.06						
						3	14—60	黄色	重黏土	块状	5.1	8.6	0.61	0.06						
剖7	铁铝土	黄壤	黄砂泥土	黄油泥土		1	0—19	黄灰色	砂壤土	粒状	5.6	48.5	2.48	0.95	158.0	81			E 108°42′19.2″ N 26°16′45.2″	80
						2	19—33	棕黄色	中壤土	团粒状	5.8	30.8	1.57	0.76						
						3	33—47	黄黄色	重壤土	小块状	5.9	17.8	1.15	0.53						
剖8	人为土	潴育水稻土	潮泥田	潮泥田		1	0—15	灰黄色	重黏土	粒状	4.3	32.1	2.11	0.11	7.0	78		冲积物	E 108°53′47.7″ N 26°19′22.7″	82
						2	15—21	黄棕色	重黏土	块状	4.8	17.9	1.25	0.07						
						3	21—28	棕黄色	重黏土	块状	5.4	8.2	0.78	0.13						
剖9	铁铝土	黄壤	黄砂土	死黄泥土		1	0—14	灰黄色	中黏土	小块状	4.5	37.1	1.58	0.10	1.0	209		砂板岩	E 108°48′45.8″ N 26°18′37.9″	79
						2	14—22	棕黄色	中黏土	块状	4.4	21.1	1.25	0.07						
						3	22—39	黄灰色	壤土	块状	4.8	9.9	0.78	0.06						
剖10	铁铝土	黄壤	硅铝质黄壤	厚层硅铝质黄壤		1	0—5	棕黄色	砂壤土	粒状	4.6	48.6	1.50	0.08	2.0	129	5.5	砂板岩	E 108°52′21.0″ N 26°15′11.5″	76
						2	5—11	棕黄色	轻黏土	块状	4.8	11.7	0.66	0.07						
						3	11—29	红黄色	重黏土	块状	4.8	8.4	0.61	0.06						
剖11	人为土	淹育水稻土	坡黄黄红泥田	黄红泥田		1	0—11	灰黄色	轻壤土	粒状	5.3	30.1	1.66	0.13	10.0	120		板岩	E 109°07′48.7″ N 26°18′10.1″	85
						2	11—15	棕黄色	轻黏土	块状	5.1	23.4	1.59	0.11						
						3	15—30	棕黄色	重黏土	块状	5.2	7.5	0.92	0.08						
剖12	铁铝土	黄壤	硅铁质黄壤	厚层硅铁质黄壤		1	0—15	黄棕色	轻壤土	粒状	4.2	92.8	4.16	0.17	4.0	93	23.2	泥页岩	E 109°11′00.2″ N 26°16′39.1″	82
						2	15—29	棕黄色	轻黏土	小块状	4.0	36.3	1.99	0.11			23.2			
						3	29—60	黄色	重黏土	块状	4.2	18.0	1.15	0.09			23.2			
剖13	铁铝土	黄壤	黄泥土	黄泥土		1	0—13	灰黄色	轻黏土	粒状	4.9	45.3	1.97	0.19	8.0	244			E 109°03′45.3″ N 26°14′41.4″	93
						2	13—18	棕黄色	中黏土	块状	4.9	20.5	1.85	0.13						
						3	18—34	黄黄色	中黏土	块状	5.0	12.1	0.86	0.09						
剖14	人为土	潴育水稻土	冲沟砂泥田	冲沟细砂泥田		1	0—14	暗黄色	砂壤土	粒状	5.0	57.7	3.13	0.15	76.0	118		洪积物、坡积物	E 109°06′56.9″ N 26°13′19.9″	83
						2	14—21	灰棕色	砂壤土	块状	4.9	53.4	2.84	0.15						
						3	21—33	棕黄色	中壤土	块状	5.4	30.0	1.76	0.11						

续表 Continued

剖面号 Soil profile	土纲 Soil order	土类 Soil great group	亚类 Soil subgroup	土属 Soil genus	土种 Soil species	土层码 Layer code	土层厚度 Depth/cm	颜色 Soil color	质地 Soil texture	土壤结构 Soil structure	pH	有机质 OM/(g/kg)	全氮 TN/(g/kg)	全磷 TP/(g/kg)	有效磷 AP/(mg/kg)	速效钾 AK/(mg/kg)	阳离子交换量 CEC/(cmol/kg)	土壤母质 Parent material	剖面点坐标 Profile coordinate	匹配指数 Matching index/%
剖15	人为土	水稻土	潴育水稻土	黄泥田	小黄泥田	1	0—18	棕灰色	轻黏土	粒状	4.7	59.0	3.42	0.29	82.0	57		板岩	E 109°14′53.9″ N 26°12′19.8″	84
						2	18—25	灰棕色	重壤土	小块状	4.8	36.4	2.20	0.22						
						3	25—44	灰黄色	轻黏土	块状	5.3	17.2	1.13	0.25						
剖16	铁铝土	黄壤	黄壤	黄砂泥土	黄砂泥土	1	0—15	黄黄色	砂壤土	粒状	4.5	43.8	1.90	0.17	4.0	67			E 109°09′01.4″ N 26°11′18.2″	99
						2	15—23	灰黄色	砂壤土	粒状	4.2	33.9	1.55	0.14						
						3	23—40	黄黄色	轻壤土	小块状	4.1	22.5	1.22	0.10						
剖17	铁铝土	黄壤	黄壤	硅铝质红色土	厚层硅铝质红色土	1	0—8	灰黑色	轻壤土	粒状	4.7	65.1	2.38	0.07	2.0	113	13.2	砂页岩	E 108°53′03.1″ N 26°08′59.6″	87
						2	8—22	灰黄色	中壤土	块状	7.7	27.0	1.17	0.06			13.2			
						3	22—63	黄红色	中壤土	块状	4.8	4.0	0.20	0.05			13.2			
剖18	人为土	水稻土	淹育水稻土	坡塝红泥田	死红泥田	1	0—15	棕黄色	中壤土	小块状	5.5	33.4	1.91	0.11	11.0	110		板岩、泥页岩	E 108°56′27.6″ N 26°04′05.2″	88
						2	15—20	棕黄色	重壤土	块状	5.0	27.6	1.83	0.13						
						3	20—36	黄红色	黏土	块状	5.0	10.8	1.04	0.11						
剖19	人为土	水稻土	潴育水稻土	斑红泥田	油砂红泥田	Aa	0—17	暗灰色	中砾质黏壤土	团粒状、粒状	7.3	53.5	3.20	0.24	8.0	200	12.8	由砂页岩风化发育的红壤	E 109°12′05.9″ N 26°07′47.2″	89
						Ap	17—22	灰黄色	中砾质黏壤土	片块状	6.3	44.9	2.75	0.15						
						W	22—43	棕黄色	少砾质黏壤土	棱柱状	6.0	24.2	1.56	0.12						
剖20	人为土	水稻土	潴育水稻土	坡塝红泥田	红砂泥田	1	0—13	灰黄色	砂壤土	粒状	4.6	35.1	1.95	0.17	2.4	51			E 109°10′11.5″ N 26°06′26.9″	93
						2	13—18	棕灰色	壤土	粒状	4.5	25.3	1.65	0.12						
						3	18—31	灰黄色	重壤土	小块状	4.7	15.2	0.94	0.08						
剖21	铁铝土	黄壤	黄壤	黄泥土	豆瓣泥土	1	0—19	浅黄色	重壤土	块状	6.5	60.4	2.72	0.64	50.0	360			E 109°12′17.6″ N 26°05′39.5″	100
						2	19—24	黄色	重壤土	块状	6.8	23.8	1.19	0.18						
						3	24—40	黄红色	轻壤土	块状	6.8	17.0	0.96	0.14						
剖22	人为土	水稻土	潴育水稻土	黄泥田	黄胶泥田	1	0—15	灰黄色	重壤土	块状	4.6	66.7	3.97	0.19	43.0	148		板岩	E 109°09′10.1″ N 26°02′19.3″	93
						2	15—21	黄色	中壤土	块状	4.6	54.0	3.42	0.19						
						3	21—44	黄黄色	中壤土	棱柱	4.7	19.1	1.34	1.78						
剖23	人为土	水稻土	潴育水稻土	黄泥田	黄泥田	1	0—15	灰棕色	重壤土	粒状	4.5	43.7	2.38	0.17	15.0	118		板岩	E 109°08′03.8″ N 26°00′21.2″	74
						2	15—22	黄黄色	中壤土	块状	4.5	17.3	1.14	0.17						
						3	22—35	灰黄色	重壤土	块状	5.1	12.6	0.80	0.15						
剖24	铁铝土	黄壤	黄壤性	红泥田	红砂泥土	1	0—13	红黄色	重壤土	粒块状	5.3	16.7	0.54	0.14	3.0	132		砂板岩	E 109°21′47.5″ N 26°07′13.4″	97
						2	13—30	蜡黄色	重壤土	棱块状	4.0	10.8	0.92	0.13						
剖25	人为土	水稻土	潴育水稻土	硅铝质黄壤性土	厚黄红泥田	1	0—15	棕黄色	重壤土	块状	4.5	43.8	2.48	0.08	4.0	108		砂页岩	E 109°23′56.2″ N 26°07′03.2″	82
						2	18—25	棕黄色	中壤土	块状	4.9	20.1	2.01	0.03						
						3	25—60	黄棕色	中壤土	粒状	4.8	24.4	1.08	0.03						
剖26	铁铝土	黄壤	黄壤性	硅铝质黄壤性土	厚层硅铝质黄壤性土	1	0—13	蜡黄色	砂壤土	粒状	5.1	137.7	3.41	0.43	10.0	740		砂页岩	E 109°22′21.4″ N 26°01′23.9″	81
						2	13—30	灰黄色	壤土	块状	4.6	68.4	2.64	0.37						
剖27	初育土	石灰(岩)土	黄色石灰土	黄色黄泥田	薄层黄色石灰土	1	0—12	棕棕色	重壤土	核粒状	7.1	29.0	1.22		3.0	163	12.4	石灰岩	E 109°06′45.2″ N 25°58′55.5″	86
						2	12—19	棕黄色	重壤土	棱柱状	7.2	18.5	0.80							
						3	19—32	黄棕色	轻壤土	小块状	7.5	17.0	0.50							
剖28	铁铝土	红壤	红壤	红砂泥土	红砂泥土	A	0—13	灰棕色	砂质黏土	粒状	5.4	25.0	1.44	0.18	10.0	201	12.4	板岩夹砂岩坡积物	E 109°09′29.2″ N 25°57′55.4″	91
						B₁	13—34	棕黄色	砂质黏土	块状	5.4	15.0	0.85	0.15						
						B₂	34—64	黄红色	砂质黏土	块状	4.6	10.4	0.72	0.07						
剖29	人为土	水稻土	潴育水稻土	潮泥土	潮砂泥	1	0—18	灰色	砂壤土	粒状	4.5	21.9	1.49	0.13	23.0	59		冲积物	E 109°08′08.6″ N 25°56′07.7″	72
						2	18—25	黄黄色	轻壤土	棱柱状	4.4	17.7	1.13	0.11						
						3	25—45	灰黄色	轻壤土	块状	4.5	12.5	0.91	0.10						

续表 Continued

剖面号 Soil profile	土纲 Soil order	土类 Soil great group	亚类 Soil subgroup	土属 Soil genus	土种 Soil species	土层码 Layer code	土层厚度 Depth/cm	颜色 Soil color	质地 Soil texture	土壤结构 Soil structure	pH	有机质 OM/(g/kg)	全氮 TN/(g/kg)	全磷 TP/(g/kg)	有效磷 AP/(mg/kg)	速效钾 AK/(mg/kg)	阳离子交换量 CEC/(cmol/kg)	土壤母质 Parent material	剖面点坐标 Profile coordinate	匹配指数 Matching index/%
剖30	铁铝土	红壤	黄红壤	硅铝质黄红壤	厚层硅铝质黄红壤	1	0—3	黄棕色	壤土	粒状	4.7	44.0	1.68	0.06	1.0	102	8.8	粉砂岩	E 109°18'47.9" N 25°56'52.4"	90
						2	3—18	灰黄色	壤土	块状	4.6	15.3	0.82	0.04						
						3	18—58	黄红色	壤土	块状	5.0	5.1	0.46	0.03						
剖31	人为土	水稻土	潴育水稻土	黄红泥田	油黄红砂泥田	1	0—20	黄黄色	轻壤土	粒状	4.7	73.4	3.77	0.40	144.0	211		砂页岩坡积物	E 109°23'50.7" N 25°56'41.3"	85
						2	20—28	灰黄色	轻壤土	小块状	5.0	41.3	2.48	0.52						
						3	28—47	黄红色	轻壤土	块状	5.4	13.7	1.00	0.32						
剖32	人为土	水稻土	潴育水稻土	潮泥田	板砂田	1	0—8	黄灰色	砂黏土	小块状	4.6	24.0	1.82	0.27	34.0	305		冲积物	E 109°21'05.4" N 25°56'04.2"	81
						2	8—	灰黄色	轻黏土	块状										
剖33	人为土	水稻土	潴育水稻土	黄泥田	黄油砂泥田	1	0—16	黄黄色	轻黏土	粒状	4.5	54.3	3.21	0.22	29.0	334		砂页岩	E 109°19'24.2" N 25°55'17.0"	83
						2	16—22	灰黄色	重黏土	块状	4.6	43.0	2.51	0.20						
						3	22—40	黄色	轻黏土	块状	5.2	20.9	1.26	0.15						
剖34	人为土	水稻土	潴育水稻土	黄红泥田	油黄红泥田	1	0—17	黄黄色	重黏土	粒状	4.7	59.6	3.42	0.29	52.0	96		板岩坡积物	E 109°19'15.0" N 25°51'51.4"	79
						2	17—23	灰色	重黏土	块状	4.7	44.9	2.81	0.29						
						3	23—36	黄棕色	重黏土	块状	5.3	14.8	1.20	0.89						
剖35	人为土	水稻土	潴育水稻土	红泥田	红泥田	1	0—18	灰黄色	轻黏土	小块状	4.9	32.9	1.38	0.12	9.0	117		页岩	E 109°17'09.0" N 25°51'40.1"	93
						2	18—23	棕黄色	中黏土	块状	4.9	25.7	1.77	0.10						
						3	23—45	黄红色	中黏土	块状	5.5	10.8	0.89	0.13						
剖36	人为土	水稻土	潴育水稻土	潮泥田	黑潮泥田	1	0—19	黑灰色	中壤土	粒状	5.4	48.8	2.88	0.22	37.0	154		冲积物	E 109°12'46.1" N 25°46'38.6"	90
						2	19—28	黄灰色	中壤土	小块状	5.5	31.2	1.20	0.18						
						3	28—41	棕黄色	重黏土	块状	6.1	16.6	1.15	0.21						
剖37	铁铝土	红壤	黄红壤	硅铁质黄红壤	厚层硅铁质黄红壤	1	0—21	灰黄色	轻黏土	团粒状	4.5	66.2	2.96	0.07	3.0	165	13.5	泥页岩	E 109°16'00.3" N 25°48'31.9"	75
						2	21—36	棕红色	中黏土	小块状	4.7	9.0	0.79	0.07						
						3	36—51	深红色	黏土	块状	4.8	2.6	0.41	0.07						
剖38	人为土	水稻土	潴育水稻土	冲沟砂泥田	冲沟黑砂泥田	1	0—19	灰黑色	砂壤土	粒状	4.9	103.6	5.18	0.36	66.0	57		洪积物、坡积物	E 109°16'56.6" N 25°47'06.4"	98
						2	19—24	黄色	轻黏土	块状	4.8	85.7	4.19	0.25						
						3	24—39	黄灰色	中壤土	块状	4.0	34.2	1.78	0.20						
剖39	铁铝土	红壤	红壤	红泥土	红泥土	A	0—13	黄黄色	壤质黏土	粒状	4.9	32.8	1.86	0.22	20.0	112	12.4	板岩风化物	E 109°15'08.8" N 25°45'35.7"	94
						B	13—28	棕黄色	壤质黏土	块状	4.6	22.0	1.38	0.11						
						C	28—60	黄色	壤质黏土	块状	4.2	13.3	0.94	0.09						

榕 江 县

主要土类说明

黄壤是榕江县主要土壤类型,占本县地域面积的84%。黄壤发育于温暖湿润的亚热带气候条件下,集中分布在低中山和低山丘陵,含有较多水合氧化铁,土体多呈黄色,具A-B-C剖面构型。自然植被主要为常绿阔叶林。成土母质极其广泛,黏土矿物以蛭石为主,具有较强的脱硅富铝化过程,黏粒硅铝率为1.5—2.7,林草地pH为4.5—5.5,耕地pH为5.6—7.0。

红壤是榕江县第二大土壤类型,占本县地域面积的10%。红壤发育于本县水热条件最优越的地段,集中分布在低山丘陵河谷地带,具A-Bs-Bv或A-Bs-C剖面构型。自然植被以偏湿性常绿阔叶林为主。成土母质较为广泛,黏土矿物一般以高岭石为主,具有强的脱硅富铝化过程,黏粒硅铝率一般为2.0—2.5,有深厚的红色土层。

水稻土是榕江县第三大土壤类型,占本县地域面积的5%。水稻土是在水耕熟化和旱耕熟化交替影响下形成的土壤类型。成土过程具有氧化还原过程,水耕条件下铁锰发生强烈迁移。由于干湿交替,水稻土形成糊状的淹育层、较坚实板结的犁底层、渗育层、潴育层与潜育层等多种发生层。

小于本县地域面积3%的土壤类型有紫色土、粗骨土、潮土和黄棕壤。

本区域中心区气候特征

本区域中心区气候特征值
Regional climate characteristics in central area of the region

气候带:中亚热带湿润气候 Climate region: Subtropical humid climate	
年平均气温 /℃ Annual average temperature /℃	17.7
年平均最高气温 /℃ Annual average maximum temperature /℃	22.1
年平均最低气温 /℃ Annual average minimum temperature /℃	14.7
年降水量 /mm Annual precipitation /mm	1406
≥10℃的积温 /℃ Daily temperature accumulated in a year (≥10℃) /℃	6476
年日照时数 /h Annual sunshine /h	1275
年平均相对湿度 /% Annual average relative humidity /%	77
干燥度 Dryness	0.75

本区域中心区月平均气温与月平均降水量
Monthly temperature and precipitation in central area of the region

榕江县主要土壤类型与土壤剖面点分布图
1:310 000

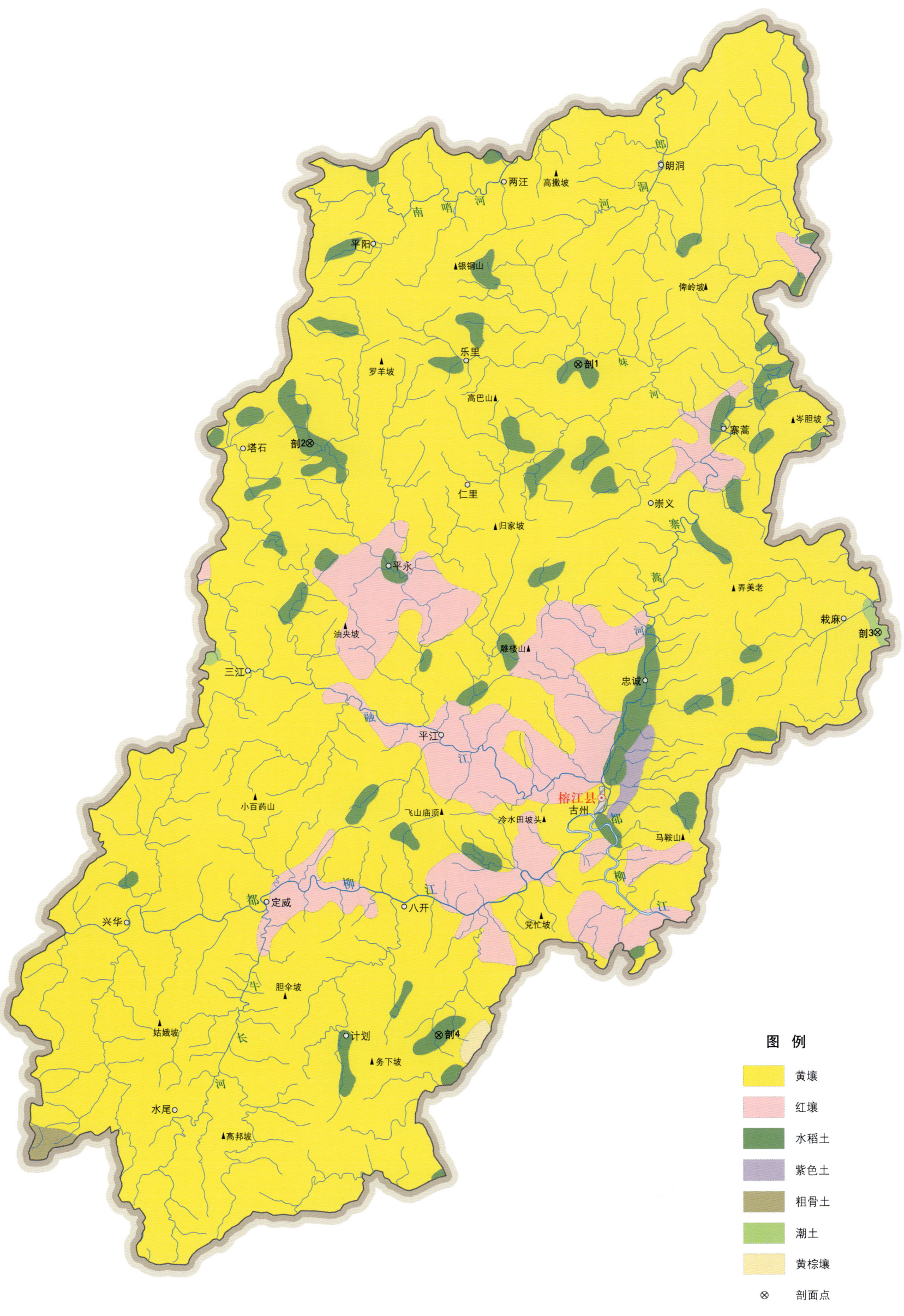

榕江县土壤剖面理化性状表

剖面号 Soil profile	土纲 Soil order	土类 Soil great group	亚类 Soil subgroup	土属 Soil genus	土种 Soil species	土层码 Layer code	土层厚度 Depth/cm	颜色 Soil color	质地 Soil texture	土壤结构 Soil structure	pH	有机质 OM/(g/kg)	全氮 TN/(g/kg)	全磷 TP/(g/kg)	有效磷 AP/(mg/kg)	速效钾 AK/(mg/kg)	阳离子交换量CEC/(cmol/kg)	土壤母质 Parent material	剖面点坐标 Profile coordinate	匹配指数 Matching index/%
剖1	人为土	水稻土	潴育水稻土	斑红泥田	小红泥田	Aa	0—18	暗灰色	壤质黏土	粒状	6.0	46.3	3.07	0.33	15.0	241	14.8	由绢云母板岩坡积物发育的红壤	E 108°29′38.8″ N 26°13′27.5″	89
						Ap	18—25	棕色	壤质黏土	片块状	6.1	32.1	1.98	0.31						
						W	25—47	红橙色	黏土	棱柱状	6.4	16.3	0.87	0.22						
剖2	人为土	水稻土	潴育水稻土	斑红泥田	斑红砂泥田	Aa	0—15	暗灰色	少砾质黏壤土	粒状、小块状	5.1	30.5	1.83	0.17	11.0	106	7.2	由砂页岩发育的红壤	E 108°17′35.7″ N 26°10′01.9″	91
						Ap	15—27	浅灰色	少砾质黏壤土	片块状	5.3	22.9	1.63	0.18						
						W	27—66	黄橙色	中砾质黏壤土	棱块状	5.2	10.5	6.30	0.15						
剖3	半水成土	潮土	潮土	潮砂泥土	潮泥土	A	0—16	黄灰色	壤质黏土	碎块状	5.1	28.6	1.40	0.40	60.0	187	11.5	河流冲积物	E 108°43′21.5″ N 26°02′50.4″	100
						Cu₁	16—21	黄灰色	壤质黏土	块状	6.4	18.2	1.02	0.34						
						Cu₂	21—31	黄棕色	壤质黏土	块状	5.6	16.4	0.98	0.15						
剖4	人为土	水稻土	潴育水稻土	斑红泥田	斑红泥田	Aa	0—14	棕黄色	壤质黏土	小块状	4.8	34.4	1.72	0.25	14.0	112	6.6	由板岩坡积物发育的红壤	E 108°23′55.0″ N 25°46′12.7″	86
						Ap	14—21	红棕色	壤质黏土	片块状	5.3	16.5	1.22	0.20						
						W	21—47	橙色	壤质黏土	棱块状	5.7	12.0	0.60	0.20						

从 江 县

主要土类说明

黄壤是从江县主要土壤类型，占本县地域面积的58%。黄壤发育于温暖湿润的亚热带气候条件下，集中分布在低中山和低山丘陵，含有较多水合氧化铁，土体多呈黄色，具 A-B-C 剖面构型。自然植被主要为常绿阔叶林。成土母质极其广泛，黏土矿物以蛭石为主，具有较强的脱硅富铝化过程，黏粒硅铝率为1.5—2.7，林草地 pH 为 4.5—5.5，耕地 pH 为 5.6—7.0。

红壤是从江县第二大土壤类型，占本县地域面积的32%。红壤发育于本县水热条件最优越的地段，集中分布在低山丘陵河谷地带，具 A-Bs-Bv 或 A-Bs-C 剖面构型。自然植被以偏湿性常绿阔叶林为主。成土母质较为广泛，黏土矿物一般以高岭石为主，具有强的脱硅富铝化过程，黏粒硅铝率一般为2.0—2.5，有深厚的红色土层。

水稻土是从江县第三大土壤类型，占本县地域面积的8%。水稻土是在水耕熟化和旱耕熟化交替影响下形成的土壤类型。成土过程具有氧化还原过程，水耕条件下铁锰发生强烈迁移。由于干湿交替，水稻土形成糊状的淹育层、较坚实板结的犁底层、渗育层、潴育层与潜育层等多种发生层。

小于本县地域面积3%的土壤类型有潮土、石灰（岩）土、黄棕壤、粗骨土和棕壤。

本区域中心区气候特征

本区域中心区气候特征值
Regional climate characteristics in central area of the region

气候带：中亚热带湿润气候 Climate region: Subtropical humid climate	
年平均气温 /℃ Annual average temperature /℃	18.5
年平均最高气温 /℃ Annual average maximum temperature /℃	22.8
年平均最低气温 /℃ Annual average minimum temperature /℃	15.5
年降水量 /mm Annual precipitation /mm	1522
≥10℃的积温 /℃ Daily temperature accumulated in a year (≥10℃) /℃	6759
年日照时数 /h Annual sunshine /h	1304
年平均相对湿度 /% Annual average relative humidity /%	77
干燥度 Dryness	0.73

本区域中心区月平均气温与月平均降水量
Monthly temperature and precipitation in central area of the region

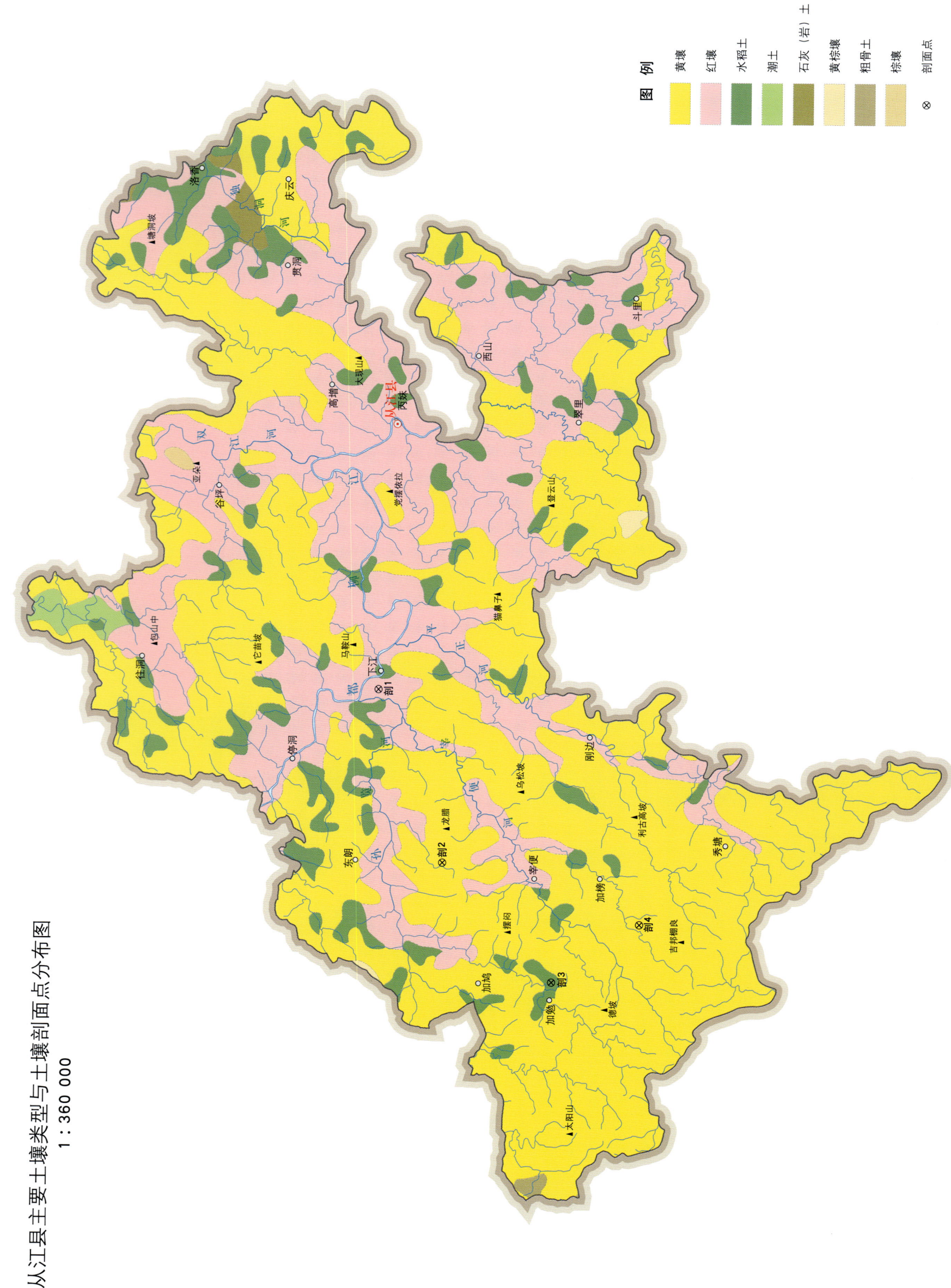

从江县土壤剖面理化性状表

剖面号	土纲	土类	亚类	土属	土种	土层码	土层厚度/cm	颜色	质地	土壤结构	pH	有机质/(g/kg)	全氮/(g/kg)	全磷/(g/kg)	全钾/(g/kg)	有效磷/(mg/kg)	速效钾/(mg/kg)	阳离子交换量CEC/(cmol/kg)	土壤母质	剖面点坐标	匹配指数/%
剖1	铁铝土	红壤	红壤	红黏泥土	厚红黏泥	A	0—10	红棕色	黏土	小块状	4.6	14.1	1.16	0.39	17.0	1.0	34	7.0	第四纪红色黏土残积物	E 108°40′31.0″ N 25°45′34.0″	88
						B₁	10—60	浅棕色	黏土	块状	4.6	9.8	0.92	0.41	16.9	1.0	25	6.4			
						B₂	60—100	浅棕红色	黏土	块状	4.6	6.4	0.78	0.39	16.9	1.0	24	5.9			
剖2	铁铝土	黄壤	黄壤	麻砂黄泥土	麻砂黄泥土	A	0—19	暗黄灰色	砂壤土	碎块状	4.7	57.5	2.60	1.03		3.0	174	16.4	花岗岩风化坡积物	E 108°31′35.0″ N 25°42′19.0″	87
						B₁	19—41	浅红黄色	砂壤土	块状	4.7	16.3	0.77	0.51							
						B₂	41—65	红黄色	粉砂质黏壤土	粒状、小块状	4.6	10.5	0.57	0.51							
剖3	人为土	水稻土	渗育水稻土	红砂泥田	红砂泥田	Aa	0—17	暗棕色	粉砂质黏壤土	团块状	4.9	29.6	1.67	0.45	17.0	5.0	36	21.1	由板岩风化物发育的红壤	E 108°25′28.5″ N 25°36′58.5″	76
						Ap	17—22	棕灰色	粉砂质黏壤土	块状	4.9	28.1		0.38	20.2	5.0	33				
						P	22—50	亮棕色	壤质黏壤土	棱柱状	5.5	7.4		0.17	16.0	4.0	31				
						C	50—90	浅黄棕色	壤质黏壤土	块状	5.9	6.2		0.23	15.9	4.0	53				
剖4	铁铝土	黄壤	黄壤	黄泥土	黄泥土	A	0—15	灰黄色	壤质黏土	粒状	6.0	28.9	1.31	0.90		15.0	210	15.0	板岩风化坡积物	E 108°28′36.8″ N 25°32′53.9″	87
						B₁	15—40	棕黄色	壤质黏土	块状	5.5	14.8	0.79	0.63							
						B₂	40—68	黄色	壤质黏土	块状	4.6	14.8	0.97	0.63							

雷 山 县

主要土类说明

黄壤是雷山县主要土壤类型，占本县地域面积的67%。黄壤发育于温暖湿润的亚热带气候条件下，集中分布在低中山和低山丘陵，含有较多水合氧化铁，土体多呈黄色，具A-B-C剖面构型。自然植被主要为常绿阔叶林。成土母质极其广泛，黏土矿物以蛭石为主，具有较强的脱硅富铝化过程，黏粒硅铝率为1.5—2.7，林草地pH为4.5—5.5，耕地pH为5.6—7.0。

黄棕壤是雷山县第二大土壤类型，占本县地域面积的14%。黄棕壤发育于海拔较高的山地，其中以中山和中低山地貌居多。自然植被为落叶阔叶与常绿阔叶混交林及针阔叶混交林。成土母质十分广泛，黏土矿物以2∶1型为主，具有弱的脱硅富铝化过程和较强的黏化作用，黏粒硅铝率为1.6—2.5。该土壤具A-B-C剖面构型，林草地pH为3.5—5.8，耕地pH为4.0—8.5。

水稻土是雷山县第三大土壤类型，占本县地域面积的13%。水稻土是在水耕熟化和旱耕熟化交替影响下形成的土壤类型。成土过程具有氧化还原过程，水耕条件下铁锰发生强烈迁移。由于干湿交替，水稻土形成糊状的淹育层、较坚实板结的犁底层、渗育层、潴育层与潜育层等多种发生层。

山地草甸土占本县地域面积的4%。山地草甸土分布在亚热带中山顶部，主要出现在孤峰或山脉主峰上部，气候特点是风大、气温低、云雾多、湿度大。成土过程中腐殖质积累明显，物理风化较强。该土壤多具A-AB-C（R）或A-BC-C（R）剖面构型，土体厚度为30—40cm，pH为4.0—4.9。

小于本县地域面积3%的土壤类型有石灰（岩）土、红壤和粗骨土。

本区域中心区气候特征

本区域中心区气候特征值
Regional climate characteristics in central area of the region

气候带：北亚热带湿润气候 Climate region: North subtropical humid climate	
年平均气温 /℃ Annual average temperature /℃	17.1
年平均最高气温 /℃ Annual average maximum temperature /℃	21.5
年平均最低气温 /℃ Annual average minimum temperature /℃	14.0
年降水量 /mm Annual precipitation /mm	1336
≥10℃的积温 /℃ Daily temperature accumulated in a year (≥10℃) /℃	6235
年日照时数 /h Annual sunshine /h	1250
年平均相对湿度 /% Annual average relative humidity /%	77
干燥度 Dryness	0.76

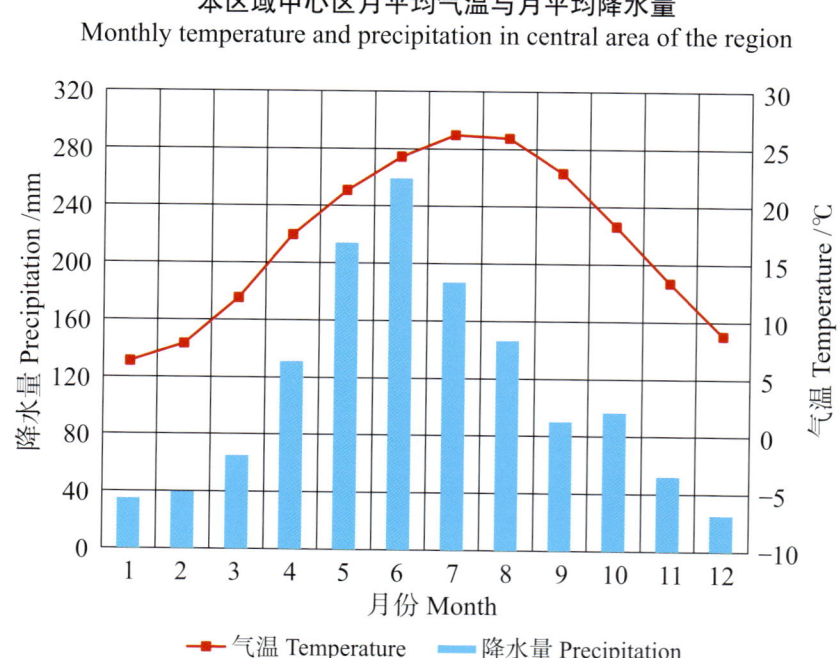

本区域中心区月平均气温与月平均降水量
Monthly temperature and precipitation in central area of the region

雷山县主要土壤类型与土壤剖面点分布图
1:200 000

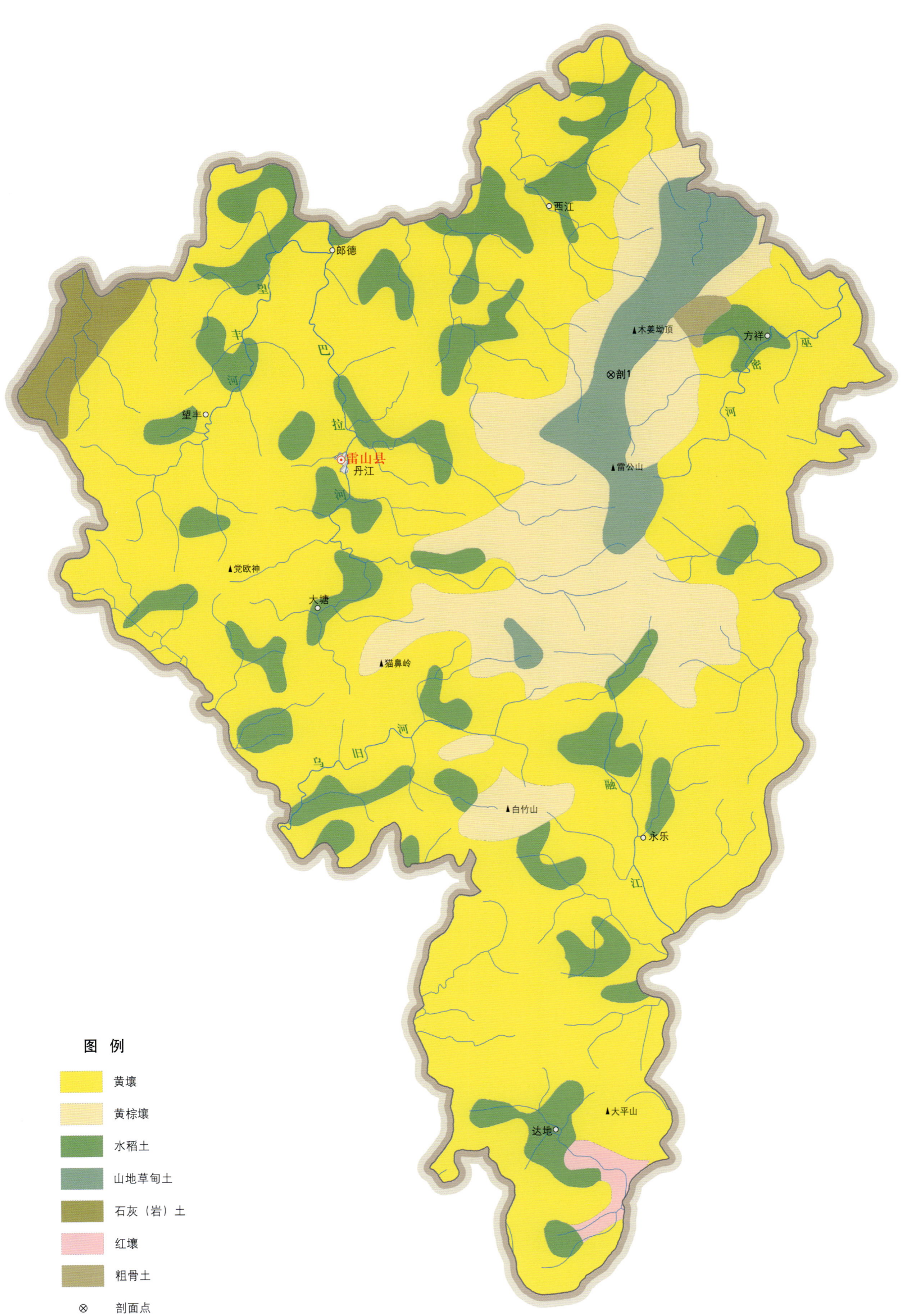

雷山县土壤剖面理化性状表

剖面号 Soil profile	土纲 Soil order	土类 Soil great group	亚类 Soil subgroup	土属 Soil genus	土种 Soil species	土层码 Layer code	土层厚度 Depth/cm	颜色 Soil color	质地 Soil texture	土壤结构 Soil structure	pH	有机质 OM/(g/kg)	全氮 TN/(g/kg)	全磷 TP/(g/kg)	全钾 TK/(g/kg)	阳离子交换量 CEC/(cmol/kg)	剖面点坐标 Profile coordinate	匹配指数 Matching index/%
剖1	半水成土	山地草甸土	山地草甸土	草甸泥土	薄草甸泥土	As	0—6										E 108°11′58.8″ N 26°25′29.6″	80
						A	6—16	灰黑色	壤质黏土	屑粒状	4.6	274.9	11.00	0.53	7.4	43.1		
						AC	16—31	浅灰黑色	多砾质壤质黏土	小核粒状	4.3	166.9	6.40	0.36	1.3	34.3		

麻 江 县

主要土类说明

黄壤是麻江县主要土壤类型，占本县地域面积的 69%。黄壤发育于温暖湿润的亚热带气候条件下，分布在海拔 600—800m 的低山和中山地带，含有较多水合氧化铁，土体多呈黄色，具 A-B-C 剖面构型。成土母质主要为砂页岩、泥页岩、白云岩、砂岩等风化物及红色黏土。土层厚 40—100cm，pH 为 4.2—5.8，有机质含量为 40—100g/kg。

石灰（岩）土是麻江县第二大土壤类型，占本县地域面积的 11%。石灰（岩）土为岩成土，分布在海拔 900—1000m 的碳酸岩类出露区域。石灰（岩）土具有碳酸盐强烈淋失，硅、铁、铝相对聚集，有机质积累量高等特点，土层浅薄，多具 A-R 剖面构型，pH 为 6.5—8.5，游离碳酸钙含量一般为 1—100g/kg。

水稻土是麻江县第三大土壤类型，占本县地域面积的 10%，主要分布在海拔 1200m 以下的河谷平坝、槽谷等地段。水稻土是在水耕熟化和旱耕熟化交替影响下形成的土壤类型。成土过程具有氧化还原过程，水耕条件下铁锰发生强烈迁移。由于干湿交替，水稻土形成糊状的淹育层、较坚实板结的犁底层、渗育层、潴育层与潜育层等多种发生层。

黄棕壤占本县地域面积的 6%，分布在海拔 1400m 以上的低中山区。自然植被为落叶阔叶与常绿阔叶混交林及针阔叶混交林。成土母质十分广泛，黏土矿物以 2∶1 型为主，具有弱的脱硅富铝化过程和较强的黏化作用，黏粒硅铝率为 1.6—2.5。该土壤具 A-B-C 剖面构型，pH 为 2.4—4.9，有机质含量高达 130g/kg，严重缺磷，但钾素丰富。

紫色土占本县地域面积的 3%。紫色土是由热带、亚热带紫红色岩层直接风化形成的 A-C 型土壤。其理化性质与母岩组成直接相关，土层浅薄，剖面层次发育不明显，仍处于初育阶段。母岩富含矿质养分，且风化迅速。

小于本县地域面积 3% 的土壤类型有红壤和粗骨土。

本区域中心区气候特征

本区域中心区气候特征值
Regional climate characteristics in central area of the region

气候带：北亚热带湿润气候 Climate region: North subtropical humid climate	
年平均气温 /℃ Annual average temperature /℃	16.7
年平均最高气温 /℃ Annual average maximum temperature /℃	21.1
年平均最低气温 /℃ Annual average minimum temperature /℃	13.6
年降水量 /mm Annual precipitation /mm	1268
≥10℃的积温 /℃ Daily temperature accumulated in a year（≥10℃）/℃	5944
年日照时数 /h Annual sunshine /h	1212
年平均相对湿度 /% Annual average relative humidity /%	77
干燥度 Dryness	0.77

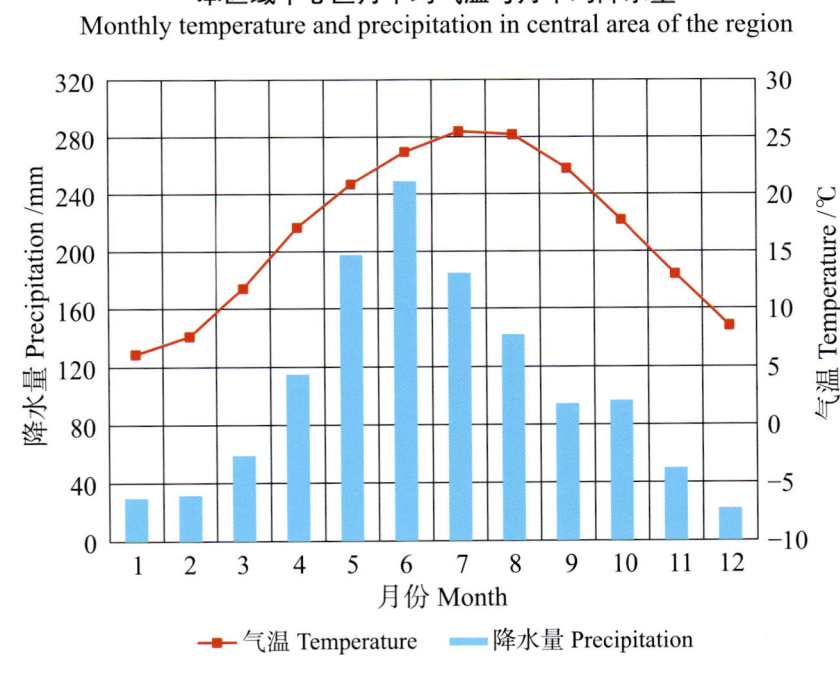

本区域中心区月平均气温与月平均降水量
Monthly temperature and precipitation in central area of the region

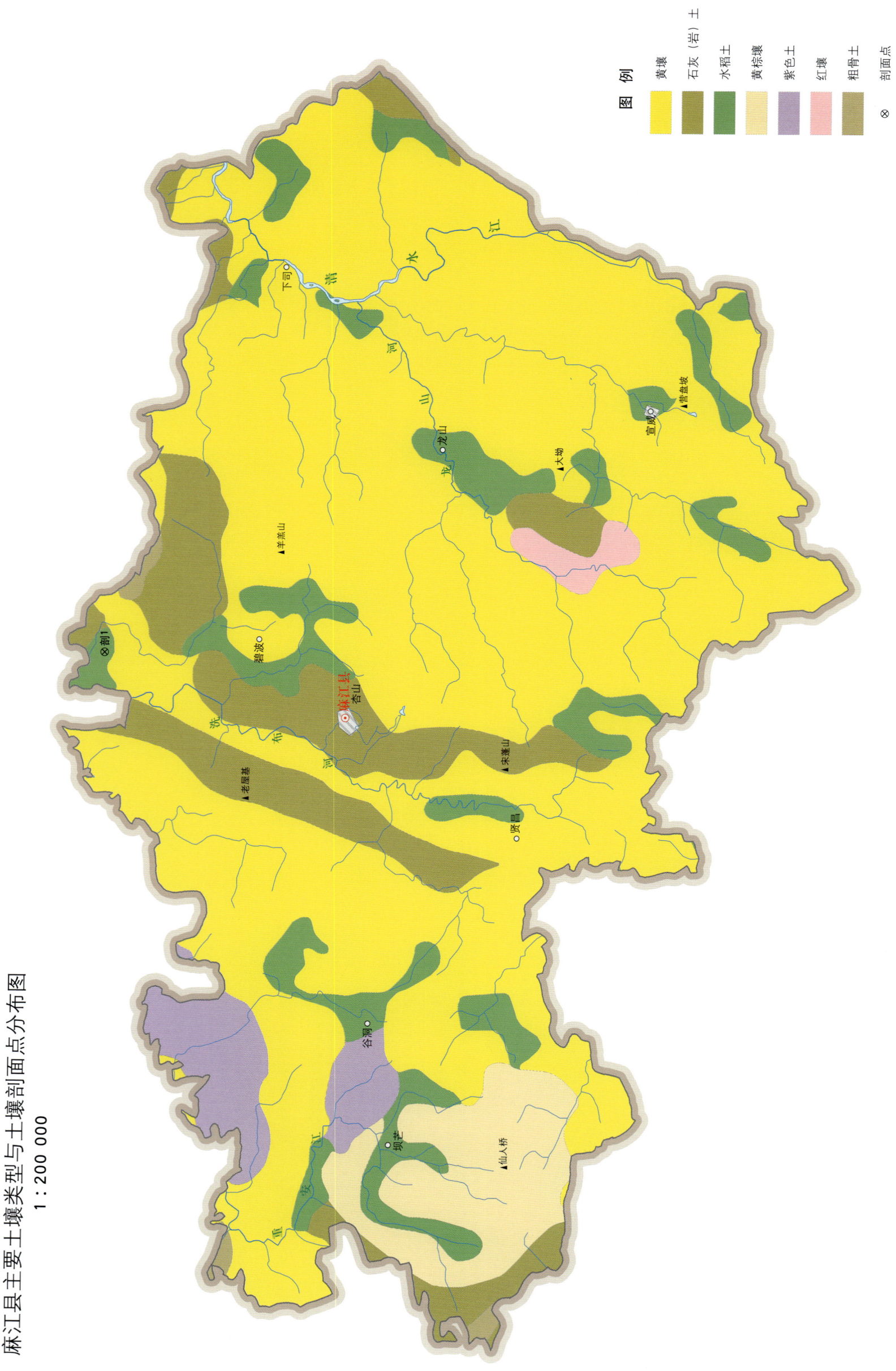

麻江县主要土壤类型与土壤剖面点分布图
1∶200 000

麻江县土壤剖面理化性状表

剖面号 Soil profile	土纲 Soil order	土类 Soil great group	亚类 Soil subgroup	土属 Soil genus	土种 Soil species	土层码 Layer code	土层厚度 Depth/cm	颜色 Soil color	质地 Soil texture	土壤结构 Soil structure	pH	有机质 OM/(g/kg)	全氮 TN/(g/kg)	全磷 TP/(g/kg)	土壤母质 Parent material	剖面点坐标 Profile coordinate	匹配指数 Matching index/%
剖1	人为土	水稻土	潜育水稻土	鸭屎泥田	鸭屎泥田	Aa	0—14	灰黑色	粉砂质黏壤土	块状	7.6	86.5	4.31	0.27	由石灰岩风化物发育的黑色石灰土	E 107°37′15.4″ N 26°35′48.3″	96
						Ap	14—20	暗灰色	粉砂质黏土	片块状	7.8	86.3	3.68	0.26			
						G	20—50	青灰白色	壤质黏土	整体状	7.8	79.8	3.67	0.22			

丹 寨 县

主要土类说明

黄壤是丹寨县主要土壤类型，占本县地域面积的78%。黄壤发育于温暖湿润的亚热带气候条件下，集中分布在低中山和低山丘陵，含有较多水合氧化铁，土体多呈黄色，具A-B-C剖面构型。自然植被主要为常绿阔叶林。成土母质极其广泛，黏土矿物以蛭石为主，具有较强的脱硅富铝化过程，黏粒硅铝率为1.5—2.7，林草地pH为4.5—5.5，耕地pH为5.6—7.0。

石灰（岩）土是丹寨县第二大土壤类型，占本县地域面积的10%。石灰（岩）土为岩成土，主要发育于碳酸岩类出露区域。石灰（岩）土具有碳酸盐强烈淋失，硅、铁、铝相对聚集，有机质积累量高等特点，土层浅薄，多具A-R剖面构型，pH为6.5—8.5，游离碳酸钙含量一般为1—100g/kg。

水稻土是丹寨县第三大土壤类型，占本县地域面积的10%。水稻土是在水耕熟化和旱耕熟化交替影响下形成的土壤类型。成土过程具有氧化还原过程，水耕条件下铁锰发生强烈迁移。由于干湿交替，水稻土形成糊状的淹育层、较坚实板结的犁底层、渗育层、潴育层与潜育层等多种发生层。

小于本县地域面积3%的土壤类型有潮土、粗骨土和红壤。

本区域中心区气候特征

本区域中心区气候特征值
Regional climate characteristics in central area of the region

气候带：北亚热带湿润气候 Climate region: North subtropical humid climate	
年平均气温 /℃ Annual average temperature /℃	17.1
年平均最高气温 /℃ Annual average maximum temperature /℃	21.5
年平均最低气温 /℃ Annual average minimum temperature /℃	14.0
年降水量 /mm Annual precipitation /mm	1316
≥10℃的积温 /℃ Daily temperature accumulated in a year (≥10℃) /℃	6233
年日照时数 /h Annual sunshine /h	1230
年平均相对湿度 /% Annual average relative humidity /%	77
干燥度 Dryness	0.77

本区域中心区月平均气温与月平均降水量
Monthly temperature and precipitation in central area of the region

丹寨县主要土壤类型与土壤剖面点分布图
1：180 000

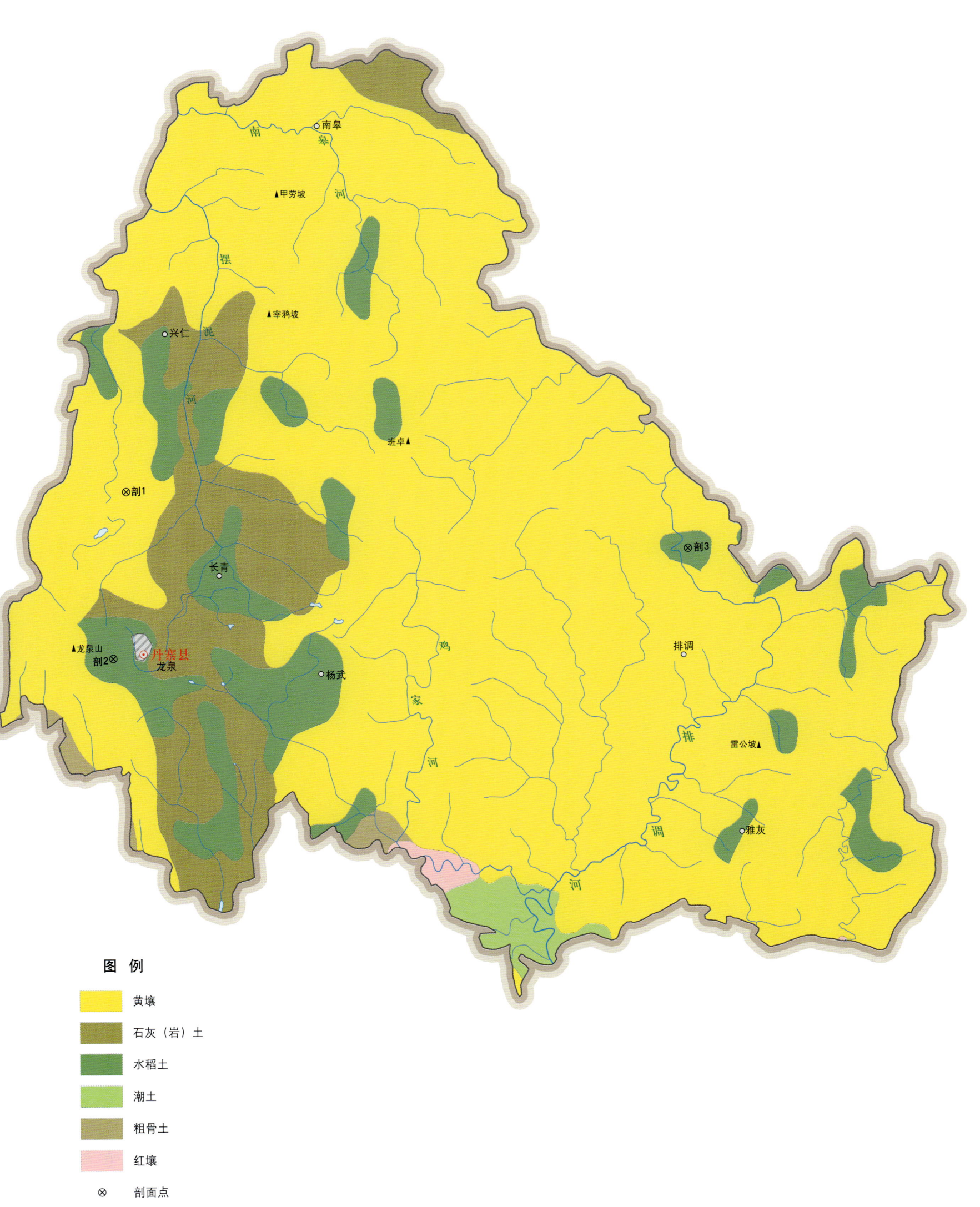

丹寨县土壤剖面理化性状表

剖面号 Soil profile	土纲 Soil order	土类 Soil great group	亚类 Soil subgroup	土属 Soil genus	土种 Soil species	土层码 Layer code	土层厚度 Depth/cm	颜色 Soil color	质地 Soil texture	土壤结构 Soil structure	pH	有机质 OM/(g/kg)	全氮 TN/(g/kg)	全磷 TP/(g/kg)	全钾 TK/(g/kg)	有效磷 AP/(mg/kg)	速效钾 AK/(mg/kg)	阳离子交换量CEC/(cmol/kg)	土壤母质 Parent material	剖面点坐标 Profile coordinate	匹配指数 Matching index/%
剖1	铁铝土	黄壤	黄壤	大黄泥土	厚大黄泥	A	0—9	深灰色	黏壤土	粒状	5.0	44.9	2.07	0.38	5.5	2.0	66	7.9	白云岩风化物	E 107°47′17.3″ N 26°15′34.2″	100
						AB	9—29	黄灰色	黏壤土	小块状夹粒状	5.2	19.7	1.14	0.43	6.1	微量	59	5.2			
						B	29—69	黄色	黏壤土	小块状	5.3	10.0	0.65	0.33	6.4	微量	49	4.2			
						BC	69—89	灰红色	黏壤土	块状	5.1	4.5	0.30	0.24	5.1		53	3.7			
剖2	人为土	水稻土	渗育水稻土	大泥田	砂大泥田	Aa	0—16	暗灰色	中砾质砂壤土	粒状	6.8	54.4	2.99	0.21		4.0	104	14.5	由白云岩风化坡积物发育的石灰土	E 107°46′50.7″ N 26°11′43.8″	100
						Ap	16—25	深灰色	多砾质砂壤土	块状	6.8	34.7	2.05	0.12		4.0	61				
						P	25—65	浊黄色	多砾质砂壤土		7.1	17.5	1.03	0.10		8.0	152				
剖3	人为土	水稻土	潜育水稻土	烂锈田	烂锈田	M	0—14	灰黄色	壤质黏土		6.3	77.5	3.26	1.36		2.0	108	13.0		E 108°01′42.6″ N 26°13′57.0″	98
						G	14—60	青灰色	黏壤土		6.4	66.1	2.70	1.15							

黔南布依族苗族自治州

都 匀 市

主要土类说明

黄壤是都匀市主要土壤类型，占本市地域面积的 58%。黄壤发育于温暖湿润的亚热带气候条件下，集中分布在低中山和低山丘陵，含有较多水合氧化铁，土体多呈黄色，具 A-B-C 剖面构型。自然植被主要为常绿阔叶林。成土母质多为砂页岩、碎屑岩等风化物及红色黏土。黄壤一般土层较厚，土体连贯性较好，黏土矿物以蛭石为主，具有较强的脱硅富铝化过程，黏粒硅铝率为 1.5—2.7。

石灰（岩）土是都匀市第二大土壤类型，占本市地域面积的 19%。石灰（岩）土为岩成土，由石灰岩、白云岩、钙质岩类风化物，覆盖在石灰岩上的薄层古风化壳以及残留的砂页岩类风化残积物和坡积物发育而成。本市各地碳酸岩类出露区域均有石灰（岩）土分布。石灰（岩）土一般土层较薄，土壤呈中性至微碱性，腐殖质和有机质容易积累，矿物养分含量丰富，多具 A-R 剖面构型，剖面层次多为上壤下黏。

水稻土是都匀市第三大土壤类型，占本市地域面积的 19%，广泛分布在本市各地。水稻土是在长期的季节性淹灌、水下翻耕、季节性脱水、氧化还原交替影响下，原来的成土母质或母土的特性发生重大改变形成的新的土壤类型。由于干湿交替，水稻土形成糊状的淹育层、较坚实板结的犁底层、渗育层、潴育层与潜育层等多种发生层。这些不同发生层是在人为耕作、水浆管理下形成的。

小于本市地域面积 3% 的土壤类型有粗骨土、潮土、沼泽土和紫色土。

本区域中心区气候特征

本区域中心区气候特征值
Regional climate characteristics in central area of the region

气候带：北亚热带湿润气候 Climate region: North subtropical humid climate	
年平均气温 /℃ Annual average temperature /℃	17.1
年平均最高气温 /℃ Annual average maximum temperature /℃	21.6
年平均最低气温 /℃ Annual average minimum temperature /℃	14.0
年降水量 /mm Annual precipitation /mm	1276
≥10℃的积温 /℃ Daily temperature accumulated in a year（≥10℃）/℃	6242
年日照时数 /h Annual sunshine /h	1234
年平均相对湿度 /% Annual average relative humidity /%	77
干燥度 Dryness	0.79

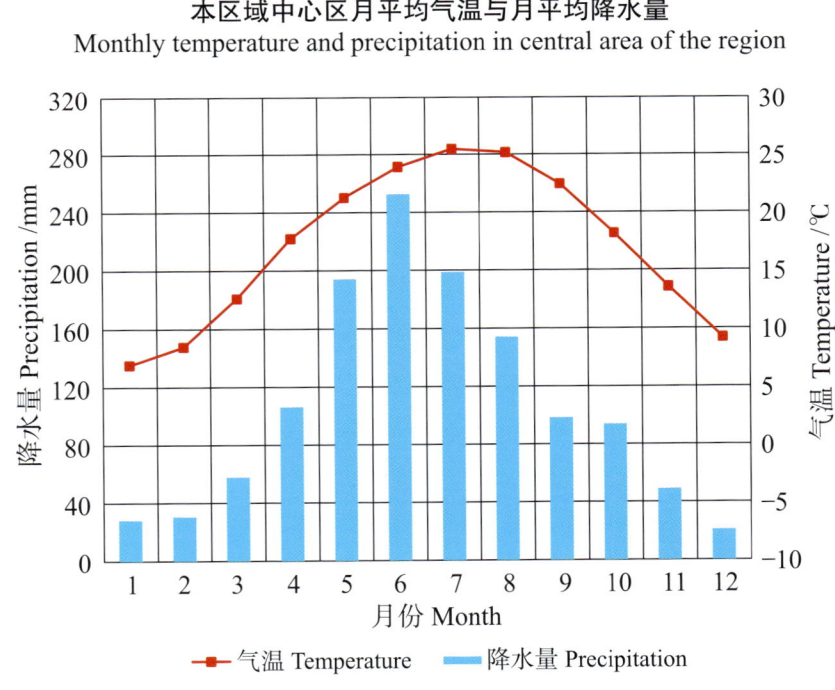

本区域中心区月平均气温与月平均降水量
Monthly temperature and precipitation in central area of the region

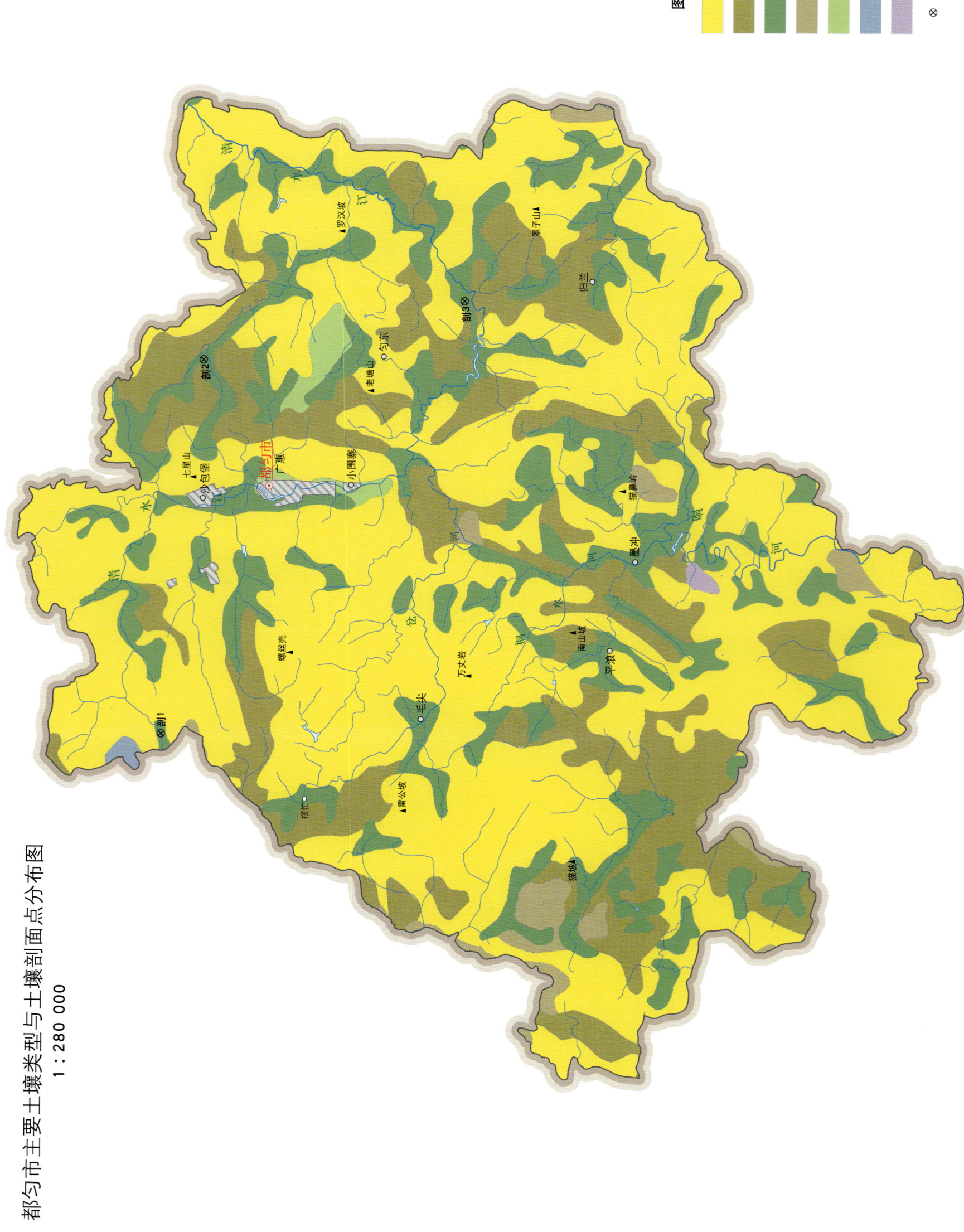

都匀市土壤剖面理化性状表

剖面号 Soil profile	土纲 Soil order	土类 Soil great group	亚类 Soil subgroup	土属 Soil genus	土种 Soil species	土层码 Layer code	土层厚度 Depth/cm	颜色 Soil color	质地 Soil texture	土壤结构 Soil structure	pH	有机质 OM/(g/kg)	土壤母质 Parent material	剖面点坐标 Profile coordinate	匹配指数 Matching index/%
剖1	人为土	水稻土	潴育水稻土	斑黄泥田	斑黄胶泥田	Aa	0—14	浅灰黄色	黏土	块状	7.0	25.5	由红黏土发育的黄壤	E 107°21′11.6″ N 26°20′12.9″	91
						Ap	14—20	灰黄色	黏土	块状	6.8	25.6			
						W	20—41	浅灰黄色	黏土	棱块状	6.7	7.9			
						C	41—85	黄色	黏土	块状	5.2	4.8			
剖2	人为土	水稻土	潴育水稻土	斑黄泥田	斑黄泥田	Aa	0—15	暗灰黄色	壤质黏土	块状、小块状	6.3	50.3	由碳酸岩类发育的黄壤	E 107°36′01.3″ N 26°18′30.5″	84
						Ap	15—22	暗灰黄色	壤质黏土	扁平块状	6.7	38.7			
						W_1	22—37	暗灰黄色	壤质黏土	大棱柱状	7.4	14.7			
						W_2	37—72	黄色	黏土	棱柱状	7.2	6.2			
						C	72—100	橙红色	黏土	块状、碎块状	7.4	6.4			
剖3	人为土	水稻土	潴育水稻土	斑黄泥田	小黄泥田	Aa	0—18	暗灰黄色	壤质黏土	小块状夹粒状	5.6	44.5	由碳酸岩类发育的黄壤	E 107°38′08.6″ N 26°09′05.3″	70
						Ap	18—30	暗灰黄色	壤质黏土	扁平块状	6.7	33.9			
						W_1	30—48	暗灰黄色	壤质黏土	大棱柱状	7.1	13.9			
						W_2	48—82		壤质黏土	棱柱状	7.3	7.2			
						C	82—100	黄色	黏土	整体状	7.2	4.9			

福 泉 市

主要土类说明

黄壤是福泉市主要土壤类型，占本市地域面积的45%。黄壤发育于温暖湿润的亚热带气候条件下，集中分布在低中山和低山丘陵，含有较多水合氧化铁，土体多呈黄色，具A-B-C剖面构型。自然植被主要为常绿阔叶林。成土母质多为砂页岩、碎屑岩等风化物及红色黏土。黄壤一般土层较厚，土体连贯性较好，黏土矿物以蛭石为主，具有较强的脱硅富铝化过程，黏粒硅铝率为1.5—2.7。

石灰（岩）土是福泉市第二大土壤类型，占本市地域面积的43%。石灰（岩）土为岩成土，由石灰岩、白云岩、钙质岩类风化物，覆盖在石灰岩上的薄层古风化壳以及残留的砂页岩类风化残积物和坡积物发育而成。本市各地碳酸岩类出露区域均有石灰（岩）土分布。石灰（岩）土一般土层较薄，土壤呈中性至微碱性，腐殖质和有机质容易积累，矿物养分含量丰富，多具A-R剖面构型，剖面层次多为上壤下黏。

水稻土是福泉市第三大土壤类型，占本市地域面积的8%，广泛分布在本市各地。水稻土是在长期的季节性淹灌、水下翻耕、季节性脱水、氧化还原交替影响下，原来的成土母质或母土的特性发生重大改变形成的新的土壤类型。由于干湿交替，水稻土形成糊状的淹育层、较坚实板结的犁底层、渗育层、潴育层与潜育层等多种发生层。这些不同发生层是在人为耕作、水浆管理下形成的。

小于本市地域面积3%的土壤类型有粗骨土、紫色土和沼泽土。

本区域中心区气候特征

本区域中心区气候特征值
Regional climate characteristics in central area of the region

气候带：北亚热带湿润气候 Climate region: North subtropical humid climate	
年平均气温 /℃ Annual average temperature /℃	16.0
年平均最高气温 /℃ Annual average maximum temperature /℃	20.4
年平均最低气温 /℃ Annual average minimum temperature /℃	12.9
年降水量 /mm Annual precipitation /mm	1191
≥10℃的积温 /℃ Daily temperature accumulated in a year（≥10℃）/℃	5721
年日照时数 /h Annual sunshine /h	1164
年平均相对湿度 /% Annual average relative humidity /%	78
干燥度 Dryness	0.79

福泉县主要土壤类型与土壤剖面点分布图
1 : 230 000

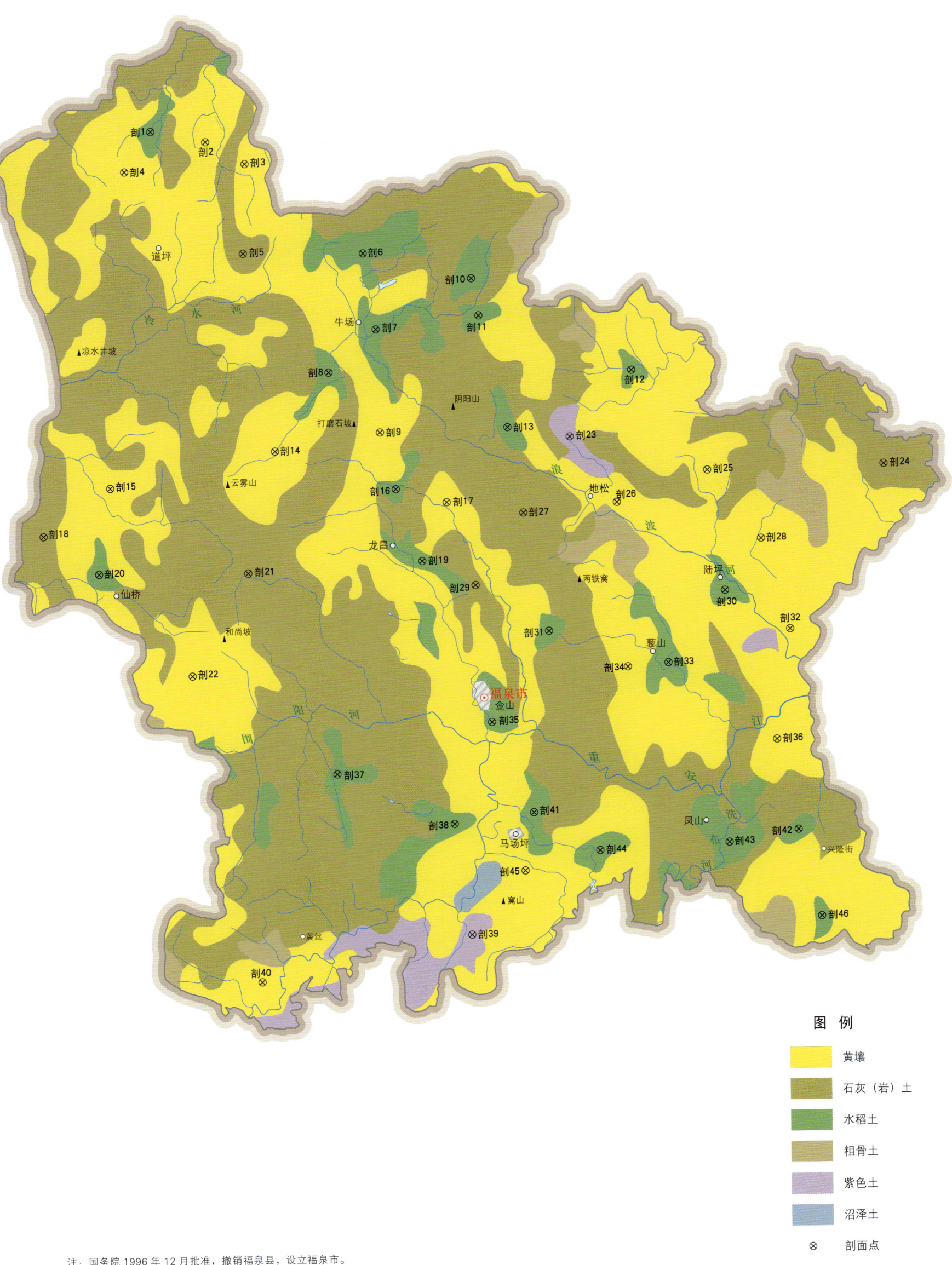

图例
- 黄壤
- 石灰（岩）土
- 水稻土
- 粗骨土
- 紫色土
- 沼泽土
- ⊗ 剖面点

注：国务院 1996 年 12 月批准，撤销福泉县，设立福泉市。

福泉市土壤剖面理化性状表

剖面号 Soil profile	土纲 Soil order	土类 Soil great group	亚类 Soil subgroup	土属 Soil genus	土种 Soil species	土层码 Layer code	土层厚度 Depth/cm	颜色 Soil color	质地 Soil texture	土壤结构 Soil structure	pH	有机质 OM/(g/kg)	全氮 TN/(g/kg)	全磷 TP/(g/kg)	有效磷 AP/(mg/kg)	速效钾 AK/(mg/kg)	阳离子交换量 CEC/(cmol/kg)	土壤母质 Parent material	剖面点坐标 Profile coordinate	匹配指数 Matching index/%
剖1	人为土	水稻土	潴育水稻土	大眼泥田	大眼泥田	Aa	0—18	灰黄色	壤质黏土	块状	6.5	46.7						由泥质灰岩发育的黑色石灰土	E 107°19′44.9″ N 26°59′17.1″	96
						Ap	18—31	暗灰黄色	壤质黏土	大棱块状	6.9	35.3								
						W	31—80	灰黄色	黏土	棱柱状	7.5	8.8								
						Wc	80—107	浅灰黄色	黏土	棱柱状	7.5	2.9								
剖2	铁铝土	黄壤	黄壤	粉黄泥土	死粉黄泥土	1	0—17		轻黏土		6.0	29.7	1.70	0.40	3.8	140	14.5	砂页岩	E 107°21′34.6″ N 26°58′56.3″	73
						2	17—42				5.4	13.6	0.80	0.20	3.1	80				
						3	42—100				5.2	12.5	0.90	0.20	4.4	71				
剖3	铁铝土	黄壤	黄壤	硅铝质黄壤		1	0—10	灰黄色	中黏土	粒状	5.1	40.7	2.28	0.29	3.3	251	15.0	砂页岩	E 107°22′52.8″ N 26°58′15.4″	96
						2	10—100	黄色	重黏土	核粒状	5.0	18.3	1.19	0.23	3.1	119				
剖4	铁铝土	黄壤	黄壤	黄砂土	黄砂土	1	0—15		轻壤土		5.4	20.4	1.20		10.0	231		砂岩坡积物	E 107°18′49.7″ N 26°58′05.8″	83
						2	15—60		轻壤土		5.0	14.0	1.00		1.0	104				
剖5	初育土	石灰(岩)土	黄色石灰土	砂泥质黄色石灰土		1	0—1	灰棕色	中壤质中壤土	粒状	7.3	44.0	7.00	0.90	15.0	310	37.8	石灰岩	E 107°22′44.4″ N 26°55′34.3″	86
						2	1—12	暗棕色	少砾质中壤土	小块状	7.6	58.0	4.00	0.90	7.7	144				
						3	12—50	浅黄色	中壤土	块状	7.5	42.0	2.00	0.70	6.7	53				
剖6	人为土	水稻土	潴育水稻土	斑潮泥田	黄潮砂泥田	1	0—17	深灰色	轻黏土	粒状	7.3	36.0		0.40	3.0	59	10.9	冲积物	E 107°26′46.0″ N 26°55′29.6″	96
						2	17—22	灰褐色	重黏土	块状	7.3	37.0		0.30	3.0	59				
						3	22—37	灰褐色	重黏土	粒状	7.0	39.0		0.40	3.0	54				
						4	37—100	黄黄色	轻壤土	块状	7.3	5.0		0.30	1.3	53				
剖7	人为土	水稻土	潴育水稻土	青潮泥田	黄重青潮泥田	1	0—16	棕灰色	重黏土	块状	5.5	85.0	4.00	0.30	2.1	248	31.0	冲积物	E 107°27′07.7″ N 26°53′12.9″	95
						2	16—24	棕灰色	重黏土	核块状	5.7	42.0	2.00	0.20	3.1	66				
						3	24—50	灰褐色	重黏土	块状	7.2	23.0	0.90	0.10	1.0	54				
						4	50—100	灰褐色	中壤土	整体状	7.4	17.0	0.60	0.10	1.0	61				
剖8	人为土	水稻土	潴育水稻土	斑潮泥田	黄中白胶泥田	1	0—17	棕灰色	中黏土	块状	6.5	29.0	1.70	0.40	3.2	126	28.1	泥页岩坡积物、残积物	E 107°25′29.9″ N 26°51′58.2″	74
						2	17—31	暗黄色	中黏土	大块状	6.9	18.0	1.30	0.40	3.1	97				
						3	31—59	黄色	中黏土	棱柱状	7.4	16.0	1.10	0.40	1.0	100				
						4	59—100	白色	中壤土	整体状	5.8	3.0	0.20	0.40	2.2	84				
剖9	铁铝土	黄壤	黄壤	黄胶泥土	死正黄泥土	1	0—18	浅灰色	轻黏土	小块状	5.3	25.6	1.50	0.30	1.9	120	12.5	黏土岩	E 107°27′10.3″ N 26°50′08.2″	96
						2	18—100	黄色	中黏土	块状	4.9	11.5	1.10	0.20	3.2	67				
剖10	人为土	水稻土	渗育水稻土	淡黄泥田	淡粉黄泥田	1	0—15	浅黄色	轻黏土	块状	4.9	26.3	1.40	0.50	8.8	54	27.1	泥质页岩坡积物	E 107°30′22.0″ N 26°54′40.0″	73
						2	15—100	浅黄色	中黏土	块状	4.5	5.5	0.50	0.20	微量	49				
剖11	人为土	水稻土	潴育水稻土	斑矿毒田	斑锈毒田	1	0—15	暗黄色	轻黏土	块状	4.5	19.0	1.80	0.50	11.1	66	10.0	泥岩坡积物	E 107°30′34.6″ N 26°53′33.4″	93
						2	15—20	灰黄棕色	重黏土	核块状	5.9	31.0	1.60	0.40	10.0	72				
						3	20—80	黄色	重黏土	块状	4.5	22.0	1.00	0.40	5.1	51				
						4	80—100	灰棕色	重黏土	块状	5.2	7.0	0.60	0.30	3.8	100				
剖12	人为土	水稻土	潴育水稻土	大眼泥田	黄大眼胶泥田	1	0—20	灰棕色	轻黏土	块状	6.5	37.0	2.60	0.30	3.2	152	27.4	泥灰岩坡积物	E 107°35′39.1″ N 26°51′49.0″	90
						2	20—28	暗棕色	轻黏土	块状	7.1	31.8	1.80	0.30	3.3	182				
						3	28—85	灰黄棕色	轻黏土	块状	7.2	30.7	1.20	0.30	3.3	156				
						4	85—100	灰棕色	中壤土	块状	6.5	22.6	0.90	0.30	1.0	68				
剖13	人为土	水稻土	渗育水稻土	淡紫泥田	黄羊肝田	1	0—15	暗紫色	轻黏土	核状	7.9	29.0	1.40	0.49	5.1	196	12.0	钙质页岩坡积物	E 107°31′26.8″ N 26°50′11.7″	85
						2	15—25	紫色	轻黏土	块状	8.1	27.0	1.30	0.49	7.3	199				
						3	25—80	紫色	轻黏土		8.0	24.0	1.10	0.61	6.3	193				
剖14	铁铝土	黄壤	黄壤	黄砂泥土	油黄砂泥土	1	0—17		中壤土	块状	6.2	63.0	2.70		3.0	137		泥灰质页岩坡积物	E 107°23′37.7″ N 26°49′38.6″	72
						2	17—100		中壤土		5.5	40.0	2.00		2.0	112				

续表 Continued

剖面号 Soil profile	土纲 Soil order	土类 Soil great group	亚类 Soil subgroup	土属 Soil genus	土种 Soil species	土层码 Layer code	土层厚度 Depth/cm	颜色 Soil color	质地 Soil texture	土壤结构 Soil structure	pH	有机质 OM/(g/kg)	全氮 TN/(g/kg)	全磷 TP/(g/kg)	有效磷 AP/(mg/kg)	速效钾 AK/(mg/kg)	阳离子交换量 CEC/(cmol/kg)	土壤母质 Parent material	剖面点坐标 Profile coordinate	匹配指数 Matching index/%
剖15	铁铝土	黄壤	黄壤	黄砂泥土	黄砂泥土	1	0—17		轻壤土		6.2	22.5	1.30		7.0	60	9.8		E 107°18′03.8″ N 26°48′39.7″	73
						2	17—100				5.8	13.3	0.80		4.0	142	23.8			
剖16	人为土	水稻土	潴育水稻土	斑紫泥田	黄紫泥田	1	0—20	暗紫色	轻黏土	块状	6.5	34.0	1.70	0.30	3.3	122		页岩坡积物	E 107°27′38.7″ N 26°48′25.6″	70
						2	20—25	紫棕色	中黏土		6.5	34.0	1.60	0.30	2.2	120				
						3	25—58	浅紫色	轻黏土	核状	6.2	53.0	2.00	0.20	2.2	129				
						4	58—100		重黏土		6.3	21.0	1.20	0.10	2.2	95				
剖17	铁铝土	黄壤	黄壤	粉黄泥土	粉黄泥土	1	0—16		轻黏土		4.6	51.1	1.90	0.90	3.2	75	12.1		E 107°29′20.4″ N 26°47′59.6″	83
						2	16—100				4.4	59.4	1.60	0.90	1.6	45				
剖18	初育土	石灰(岩)土	黄色石灰土	泥质黄色石灰土		1	0—2	灰棕色	中壤土	粒状	6.9	129.0	3.50	0.70	3.3	114	46.8	石灰岩	E 107°15′47.5″ N 26°47′16.4″	75
						2	2—28	暗棕色	重壤土	小块状	7.0	80.8	4.00	0.50	1.1	41				
						3	28—59	棕色	重黏土	块状	7.0	23.9	1.50	0.40	微量	61				
剖19	人为土	水稻土	潴育水稻土	斑黄泥田	黄黄泥田	1	0—15	暗黄色	中壤土	团块状	5.2	53.0	3.50	0.50	11.1	108	16.5	砂质白云岩残积物	E 107°28′27.8″ N 26°46′15.2″	81
						2	15—25	棕黄色	中壤土	小块状	5.4	50.0	3.00	0.30	9.8	115				
						3	25—35	灰黄色	中壤土	梭块状	6.0	26.0	1.40	0.10	3.0	55				
						4	35—100	棕黄色	中黏土		7.0	8.0	0.50	0.40	5.0	42				
剖20	人为土	水稻土	潴育水稻土	斑黄泥田	油黄砂泥田	1	0—15	灰棕色			6.3	18.0	1.00	0.10	3.0	51		砂质页岩残积物	E 107°17′37.2″ N 26°46′06.3″	79
						2	15—24	灰黄棕色			6.3	36.0	1.60	0.40	4.5	64				
						3	24—43	灰黄棕色			7.1	20.0	1.10	0.20	4.4	42				
剖21	初育土	石灰(岩)土	黄色石灰土	黄大土泥土	黄大土泥土	1	0—19	黄棕色	重壤土	块状	7.1	39.0	2.00	0.70	6.1	138	26.5	石灰岩	E 107°22′37.2″ N 26°46′01.6″	88
						2	19—100	灰棕色	中壤土	块状	7.7	12.8	0.70	0.60	2.3	61				
剖22	铁铝土	黄壤	黄壤	硅质黄壤		1	0—10	浅灰色	中壤土	粒状	5.1	152.0	4.90	0.47	5.0	135	34.2	砂岩	E 107°20′39.5″ N 26°42′59.8″	99
						2	10—53	灰黄色	轻壤土	细粒状	5.4	54.0	2.10	0.31	3.0	85				
剖23	初育土	紫色土	石灰性紫色土	钙质紫泥土	黄紫大土泥土	1	0—22	暗紫色	中壤土	块状	7.6	22.6	1.30	0.40	3.1	115	16.4	页岩	E 107°33′31.4″ N 26°49′52.0″	83
						2	22—55	紫红色	中壤土	块状	7.5	9.6	0.90	0.40	1.0	68				
剖24	初育土	石灰(岩)土	黄色石灰土	黄大土泥土	油黄大土泥土	1	0—17	暗棕色	轻壤土	块状	7.1	30.1	1.70	0.40	9.8	173		石灰岩	E 107°44′00.2″ N 26°48′48.1″	83
						2	17—100	棕色	中壤土	块状	7.8	7.0	1.60	0.30	微量	123				
剖25	铁铝土	黄壤	黄壤	黄胶泥土	正黄泥田	1	0—16	灰黄色	轻壤土	块状	6.0	26.5	1.60	0.40	4.7	109	13.4	黏土岩	E 107°38′05.6″ N 26°48′45.4″	73
						2	16—100	黄色	轻黏土		5.9	13.3	1.10	0.30	1.6	39				
剖26	铁铝土	黄壤	黄壤	粉黄泥土	油粉黄泥土	1	0—16	灰黄色	重壤土	小块状	5.5	55.0	2.30	0.80	18.0	110	8.8	石灰岩	E 107°35′02.5″ N 26°47′52.2″	99
						2	16—100	灰黄棕色	重壤土	块状	5.0	57.0	2.40	0.70	18.0	112				
剖27	初育土	石灰(岩)土	黄色石灰土	砾质紫色土	大眼黄泥田	1	0—16	棕黄色	重砾质轻壤土	块状	7.3	30.0	1.80	0.50	12.3	116	10.8	白云质灰岩	E 107°31′54.0″ N 26°47′37.3″	71
						2	16—100	棕黄色	重砾质重壤土	小块状	7.3	10.5	0.60	0.10	2.0	66				
剖28	铁铝土	黄壤	黄壤	铁铝质黄壤		1	0—25	灰棕色	重壤土	小块状	6.5	53.7	2.96	0.76	2.2	81	32.5	石灰岩	E 107°39′50.0″ N 26°46′40.4″	89
						2	25—46	黄棕色	中壤土	粒状	6.2	45.5	3.35	0.75	3.3	97				
剖29	初育土	石灰(岩)土	黄色石灰土	泥质淋溶黄色石灰土		1	0—9	暗棕色	中壤土	块状	5.8							石灰岩	E 107°30′13.0″ N 26°45′29.9″	79
						2	9—36	暗褐色	轻壤土	小块状	6.4	37.0			5.0					
						3	36—49	黄色	轻壤土	梭体状	7.0		1.80			150				
剖30	人为土	水稻土	潴育水稻土	大眼泥田	大眼黄泥田	1	0—16	灰棕色	重壤土	块状	8.0							黏土岩	E 107°38′34.1″ N 26°45′08.9″	84
						2	16—30	暗棕色	重壤土	块状	7.0									
						3	30—50	灰棕色	重壤土	块状	6.5									
						4	50—100	黄棕色	中壤土	浮泥状	6.4									
剖31	人为土	水稻土	潴育水稻土	青黄泥田	浅潮黄烂泥田	1	0—20	蓝灰色	轻砾质中壤土	整体状	6.0	75.0	4.00	0.60	16.5	192	27.9	泥灰质坡积物	E 107°32′38.4″ N 26°44′04.6″	71
						2	20—100	蓝棕色	重砾质重壤土	块状	6.0	71.0	3.00	0.50	13.9	169				
剖32	铁铝土	黄壤	粗骨性黄壤	铁铝质粗骨性黄壤		1	0—2			块状	4.3	32.0	1.80	0.40	2.8	310			E 107°40′42.7″ N 26°43′56.5″	90
						2	2—13		重砾质重壤土	块状	4.2	25.0	1.20	0.40	0.9	121				
						3	13—70		重砾质重壤土	块状	4.3	12.0	0.70	1.70	0.2	90				

续表 Continued

剖面号 Soil profile	土纲 Soil order	土类 Soil great group	亚类 Soil subgroup	土属 Soil genus	土种 Soil species	土层码 Layer code	土层厚度 Depth/cm	颜色 Soil color	质地 Soil texture	土壤结构 Soil structure	pH	有机质 OM/(g/kg)	全氮 TN/(g/kg)	全磷 TP/(g/kg)	有效磷 AP/(mg/kg)	速效钾 AK/(mg/kg)	阳离子交换量CEC/(cmol/kg)	土壤母质 Parent material	剖面点坐标 Profile coordinate	匹配指数 Matching index/%
剖33	人为土	水稻土	潴育水稻土	斑黄泥田	斑粉黄泥田	1	0—18	黄棕色	重壤土	小块状	5.8	34.0	1.50	0.30	11.1	64	10.3	页岩坡积物	E 107°36′36.6″ N 26°43′02.0″	82
						2	18—27	灰棕色	重壤土	块状	6.5	17.0	1.10	0.20	3.1	71				
						3	27—58	黄棕色	重壤土	块状	6.6	18.0	1.00	0.20	1.6	62				
						4	58—100	黄色	轻黏土		6.7	10.5	0.70	0.20	微量	44				
剖34	铁育土	黄壤	黄壤	准黄泥土	准黄泥土	1	0—19		重壤土		6.1	23.6	1.20	0.30	5.7	70	12.7		E 107°35′14.6″ N 26°42′56.6″	76
						2	19—65		轻黏土		6.7	24.9	1.60	0.30	5.5	112				
剖35	人为土	水稻土	潴育水稻土	斑黄泥田	油粉黄泥田	1	0—18	暗棕色	轻黏土	块状	5.7	39.0	2.10	0.70	26.5	221	16.1	泥岩坡积物	E 107°30′38.2″ N 26°41′23.2″	80
						2	18—27	棕色	轻黏土	块状	5.9	35.0	2.00	0.60	27.7	181				
						3	27—90	灰黄色	中壤土	大棱块状	6.7	27.0	1.70	0.60	27.7	162				
						4	90—	灰黄色	中壤土	大棱状	7.1	6.0	0.40	0.40	6.3	190				
剖36	铁育土	黄壤	黄壤	黄砂泥土	偏砂黄泥土	1	0—15	灰白色	中壤土	大块状	5.6	41.0	2.00	0.30	9.0	155	10.0	泥页岩坡积物、残积物	E 107°40′09.6″ N 26°40′38.5″	81
						2	15—80		重壤土		5.0	25.0	1.60	0.30	7.0	70				
剖37	人为土	水稻土	潴育水稻土	斑黄泥田	黄轻白鳝泥田	1	0—15	蓝灰色	中黏土	大块状	7.3	28.0	1.40	0.30	8.4	85	8.9	泥岩坡积物、坡积物	E 107°25′24.6″ N 26°39′56.9″	80
						2	15—23	白色	轻黏土	核状	7.0	22.0	1.20	0.30	7.0	68				
						3	23—35	白色	轻壤土	块状	7.1	6.0	0.80	0.30	2.7	66				
						4	35—100	灰黄色	轻壤土		5.5	6.2	0.60	0.10	1.2	45				
剖38	人为土	水稻土	潴育水稻土	斑黄泥田	斑粉黄胶泥田	1	0—21	暗黄色	重黏土	大块状	5.6	51.0	2.70	0.50	11.9	213	29.8	页岩坡积物、坡积物	E 107°29′17.5″ N 26°38′21.8″	93
						2	21—39	灰黄色	中黏土	块状	6.2	32.0	1.90	0.40	8.6	198				
						3	39—99	浅黄棕色	中黏土	块状	6.0	7.0	1.20	0.20	2.2	180				
剖39	初育土	紫色土	酸性紫色土	酸性紫泥土	马血泥土	1	0—16	紫棕色	轻黏土	小块状	5.0	25.9	1.30	0.10	1.6	111	21.2	泥岩	E 107°29′45.8″ N 26°35′02.4″	86
						2	16—80	紫红色	轻壤土	块状	5.1	11.9	1.30	0.10	微量	80				
剖40	铁育土	黄壤	黄壤	黄砂土	油黄砂土	1	0—17	暗紫色	中壤土	块状	5.6	38.0	2.10		5.0	65	17.3	砂岩坡积物	E 107°22′42.2″ N 26°33′48.5″	79
						2	17—70	浅紫色	重壤土	块状	6.6	9.0	0.50							
剖41	人为土	水稻土	潴育水稻土	大土泥田	黄大土泥田	1	0—13	灰紫色	重壤土	小块状	6.5	74.0	1.80	0.40	8.3	90	16.4	缝石岩坡积物	E 107°31′57.3″ N 26°38′38.9″	86
						2	13—17	紫色	中黏土	块状	7.1	27.0	1.40	0.30	3.2	90				
						3	17—81	深灰色	中黏土	棱状	7.2	8.0	0.50	0.30	6.2	53				
						4	—													
剖42	人为土	水稻土	潴育水稻土	斑紫泥田	黄砂紫泥田	1	0—20	灰灰色	中黏土	核柱状	5.6	33.0	1.80	0.49	6.9	153	13.2	砂页岩坡积物	E 107°40′47.3″ N 26°37′54.8″	80
						2	20—28	暗紫色	轻黏土	块状	6.5	38.0	1.30	0.43	7.9	140				
						3	28—44	浅紫色	轻黏土	大块状	6.9	8.0	0.50	0.26	5.0	80				
						4	44—100	紫色	重壤土		6.6	9.0	0.70	0.21	4.6	74				
剖43	人为土	水稻土	潴育水稻土	斑潮泥田	黄潮泥田	1	0—15	暗棕色	重壤土	块状	6.7	36.0	1.60	0.20	2.0	67	16.1	冲积物	E 107°38′28.0″ N 26°37′35.0″	96
						2	15—22	深灰色	中黏土	棱状	7.1	22.0	1.30	0.20	2.0	66				
						3	22—68	灰灰色	中壤土	棱柱状	7.0	14.0	0.80	0.40	1.3	109				
						4	68—100	灰黄棕色	轻壤土	块状	7.5	10.0	0.30	0.30	5.2	50				
剖44	铁育土	黄壤	黄壤	大土泥田	黄大土泥田	1	0—15	暗棕色	轻黏土	块状	6.9	41.7	2.00	0.70	11.9	95	9.0	砂页岩坡积物	E 107°31′08.0″ N 26°37′27.1″	74
						2	15—23	棕色	轻黏土	大块状	7.1	32.5	1.70	0.60	7.0	70				
						3	23—100	黄色	重黏土	核块状	7.6	13.9	1.30	0.60	1.9	99				
剖45	铁育土	黄壤	黄壤	黄砂泥土	寒黄砂泥土	1	0—16	紫色	中壤土	核块状	6.2	23.3	1.30		7.0	60	10.9	泥灰岩坡积物	E 107°31′36.7″ N 26°36′54.7″	85
						2	16—70	灰棕色	重壤土	块状	5.8	13.3	0.80	0.60	4.0	72				
剖46	人为土	水稻土	潴育水稻土	大眼泥田	黄大眼泥田	1	0—18	暗棕色	重壤土	小块状	6.5	43.0	2.70	0.60	14.0	64		泥灰岩坡积物	E 107°41′29.0″ N 26°35′17.9″	78
						2	18—28	暗棕色	中黏土	大块状	7.0	16.0	1.40	0.40	10.0	59				
						3	28—75	灰黄棕色	重壤土	小块状	6.8	14.0	0.90	0.30	7.6	59				
						4	75—100	棕黄色	中黏土	块状	7.4	11.0	1.00	0.30	3.2	92				

荔 波 县

主要土类说明

石灰（岩）土是荔波县主要土壤类型，占本县地域面积的 52%。石灰（岩）土为岩成土，由石灰岩、白云岩、钙质岩类风化物，覆盖在石灰岩上的薄层古风化壳以及残留的砂页岩类风化残积物和坡积物发育而成。本县各地碳酸岩类出露区域均有石灰（岩）土分布。石灰（岩）土一般土层较薄，土壤呈中性至微碱性，腐殖质和有机质容易积累，矿物养分含量丰富，多具 A-R 剖面构型，剖面层次多为上壤下黏。

黄壤是荔波县第二大土壤类型，占本县地域面积的 24%。黄壤发育于温暖湿润的亚热带气候条件下，集中分布在低中山和低山丘陵，含有较多水合氧化铁，土体多呈黄色，具 A-B-C 剖面构型。自然植被主要为常绿阔叶林。成土母质多为砂页岩、碎屑岩等风化物及红色黏土。黄壤一般土层较厚，土体连贯性较好，黏土矿物以蛭石为主，具有较强的脱硅富铝化过程，黏粒硅铝率为 1.5—2.7。

水稻土是荔波县第三大土壤类型，占本县地域面积的 10%，广泛分布在本县各地。水稻土是在长期的季节性淹灌、水下翻耕、季节性脱水、氧化还原交替影响下，原来的成土母质或母土的特性发生重大改变形成的新的土壤类型。由于干湿交替，水稻土形成糊状的淹育层、较坚实板结的犁底层、渗育层、潴育层与潜育层等多种发生层。这些不同发生层是在人为耕作、水浆管理下形成的。

红壤占本县地域面积的 9%。红壤发育于本县水热条件最优越的地段，集中分布在低山丘陵河谷地带，具 A-Bs-Bv 或 A-Bs-C 剖面构型。自然植被以偏湿性常绿阔叶林为主。成土母质较为广泛，黏土矿物一般以高岭石为主，具有强的脱硅富铝化过程，黏粒硅铝率一般为 2.0—2.5，有深厚的红色土层。

粗骨土占本县地域面积的 5%。粗骨土属于 A-C 型，甚至（A）-C 型土壤。A 层发育不明显，与母质土层性状相似，略显有机质积累。有时母质层富含砾石，很少出现剖面分异与发育特征。

小于本县地域面积 3% 的土壤类型有紫色土。

本区域中心区气候特征

本区域中心区气候特征值
Regional climate characteristics in central area of the region

气候带：南亚热带湿润气候 Climate region: South subtropical humid climate	
年平均气温 /℃ Annual average temperature /℃	18.8
年平均最高气温 /℃ Annual average maximum temperature /℃	23.2
年平均最低气温 /℃ Annual average minimum temperature /℃	15.8
年降水量 /mm Annual precipitation /mm	1413
≥10℃的积温 /℃ Daily temperature accumulated in a year（≥10℃）/℃	6852
年日照时数 /h Annual sunshine /h	1274
年平均相对湿度 /% Annual average relative humidity /%	76
干燥度 Dryness	0.79

本区域中心区月平均气温与月平均降水量
Monthly temperature and precipitation in central area of the region

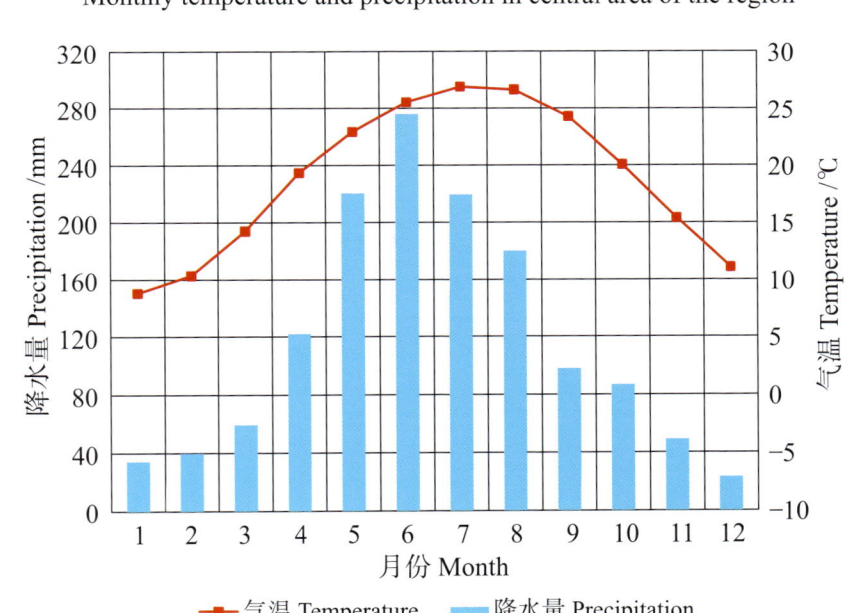

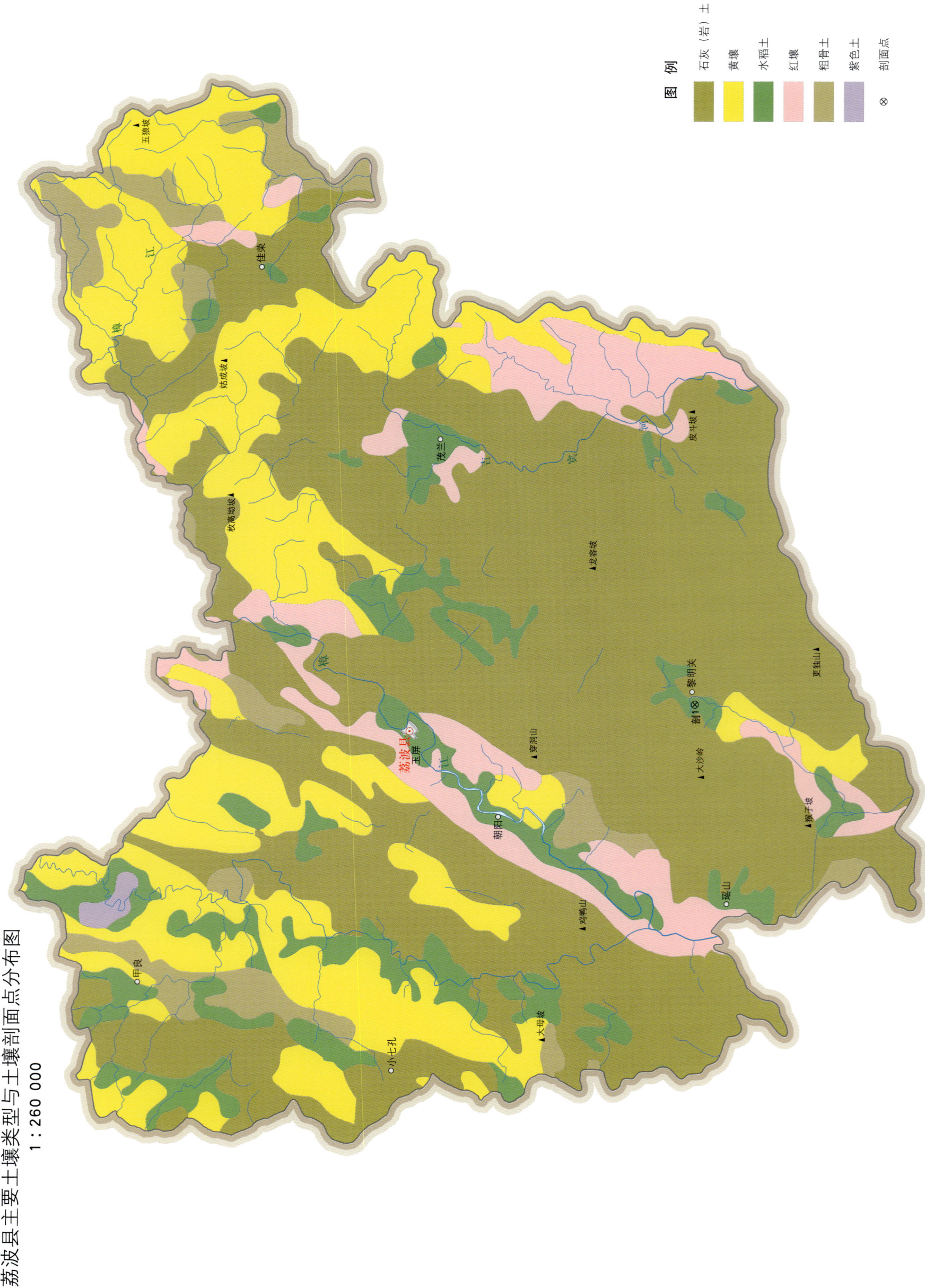

荔波县主要土壤类型与土壤剖面点分布图

1∶260 000

荔波县土壤剖面理化性状表

剖面号 Soil profile	土纲 Soil order	土类 Soil great group	亚类 Soil subgroup	土属 Soil genus	土种 Soil species	土层码 Layer code	土层厚度 Depth/cm	颜色 Soil color	质地 Soil texture	土壤结构 Soil structure	pH	有机质 OM/(g/kg)	全氮 TN/(g/kg)	全磷 TP/(g/kg)	全钾 TK/(g/kg)	有效磷 AP/(mg/kg)	速效钾 AK/(mg/kg)	阳离子交换量CEC/(cmol/kg)	土壤母质 Parent material	剖面点坐标 Profile coordinate	匹配指数 Matching index/%
荔1	人为土	水稻土	渗育水稻土	大泥田	大泥田	Aa	0—18	灰色	壤质黏土	块状	8.1	36.0	2.23	0.35	18.9	6.0	156	22.3	石灰岩风化坡积物	E 107°53′35.4″ N 25°14′54.6″	72
						Ap	18—28	浅黄色	壤质黏土	块状	7.8	19.4	1.74	0.19	17.6	4.0	62	16.9			
						P	28—69	灰黄色	黏土	棱柱状	8.0	5.9	0.66	0.17	14.4	3.0	35	17.1			

贵 定 县

主要土类说明

黄壤是贵定县主要土壤类型，占本县地域面积的41%。黄壤发育于温暖湿润的亚热带气候条件下，集中分布在低中山和低山丘陵，含有较多水合氧化铁，土体多呈黄色，具 A-B-C 剖面构型。自然植被主要为常绿阔叶林。成土母质多为砂页岩、碎屑岩等风化物及红色黏土。黄壤一般土层较厚，土体连贯性较好，黏土矿物以蛭石为主，具有较强的脱硅富铝化过程，黏粒硅铝率为 1.5—2.7。

石灰（岩）土是贵定县第二大土壤类型，占本县地域面积的23%。石灰（岩）土为岩成土，由石灰岩、白云岩、钙质岩类风化物，覆盖在石灰岩上的薄层古风化壳以及残留的砂页岩类风化残积物和坡积物发育而成。本县各地碳酸岩类出露区域均有石灰（岩）土分布。石灰（岩）土一般土层较薄，土壤呈中性至微碱性，腐殖质和有机质容易积累，矿物养分含量丰富，多具 A-R 剖面构型，剖面层次多为上壤下黏。

粗骨土是贵定县第三大土壤类型，占本县地域面积的19%。粗骨土属初育土，主要发生于亚热带湿润气候区。成土母质多为砂岩、页岩等沉积岩，也有部分为玄武岩、辉绿岩等岩浆岩。该土壤具 A-C 剖面构型，盐基饱和度为 15%—30%。土体厚度一般为 20—50cm，A 层厚度以 10—15cm 居多。成土过程无黏化作用，有不同程度的淋溶作用。粗骨土多分布在山丘陡坡地段，土壤侵蚀严重。

水稻土占本县地域面积的17%，广泛分布在本县各地。水稻土是在长期的季节性淹灌、水下翻耕、季节性脱水、氧化还原交替影响下，原来的成土母质或母土的特性发生重大改变形成的新的土壤类型。由于干湿交替，水稻土形成糊状的淹育层、较坚实板结的犁底层、渗育层、潴育层与潜育层等多种发生层。这些不同发生层是在人为耕作、水浆管理下形成的。

小于本县地域面积 3% 的土壤类型有紫色土、沼泽土和山地草甸土。

本区域中心区气候特征

本区域中心区气候特征值
Regional climate characteristics in central area of the region

气候带：北亚热带湿润气候 Climate region: North subtropical humid climate	
年平均气温 /℃ Annual average temperature /℃	16.0
年平均最高气温 /℃ Annual average maximum temperature /℃	20.4
年平均最低气温 /℃ Annual average minimum temperature /℃	12.9
年降水量 /mm Annual precipitation /mm	1176
≥10℃的积温 /℃ Daily temperature accumulated in a year（≥10℃）/℃	5735
年日照时数 /h Annual sunshine /h	1176
年平均相对湿度 /% Annual average relative humidity /%	77
干燥度 Dryness	0.79

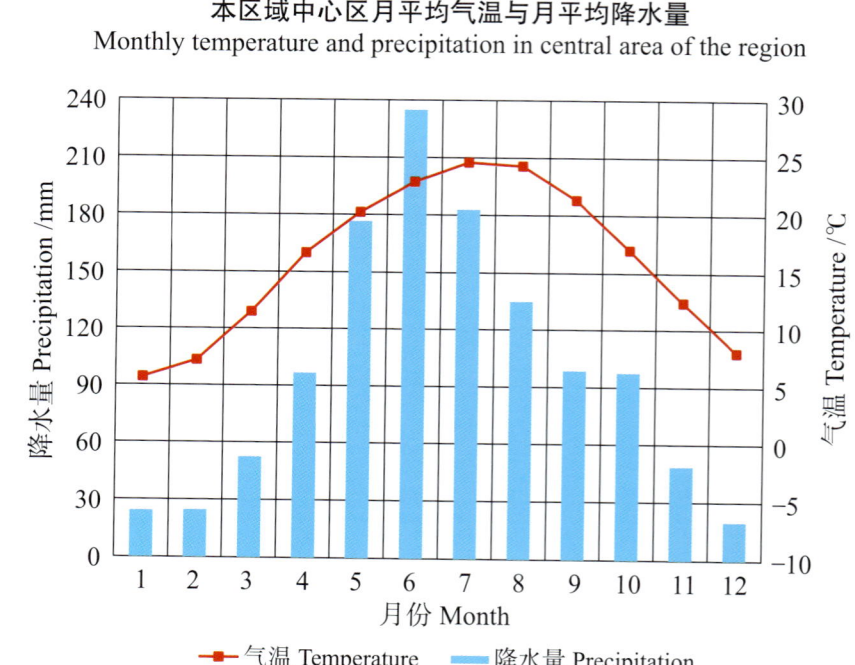

本区域中心区月平均气温与月平均降水量
Monthly temperature and precipitation in central area of the region

贵定县主要土壤类型与土壤剖面点分布图
1∶250 000

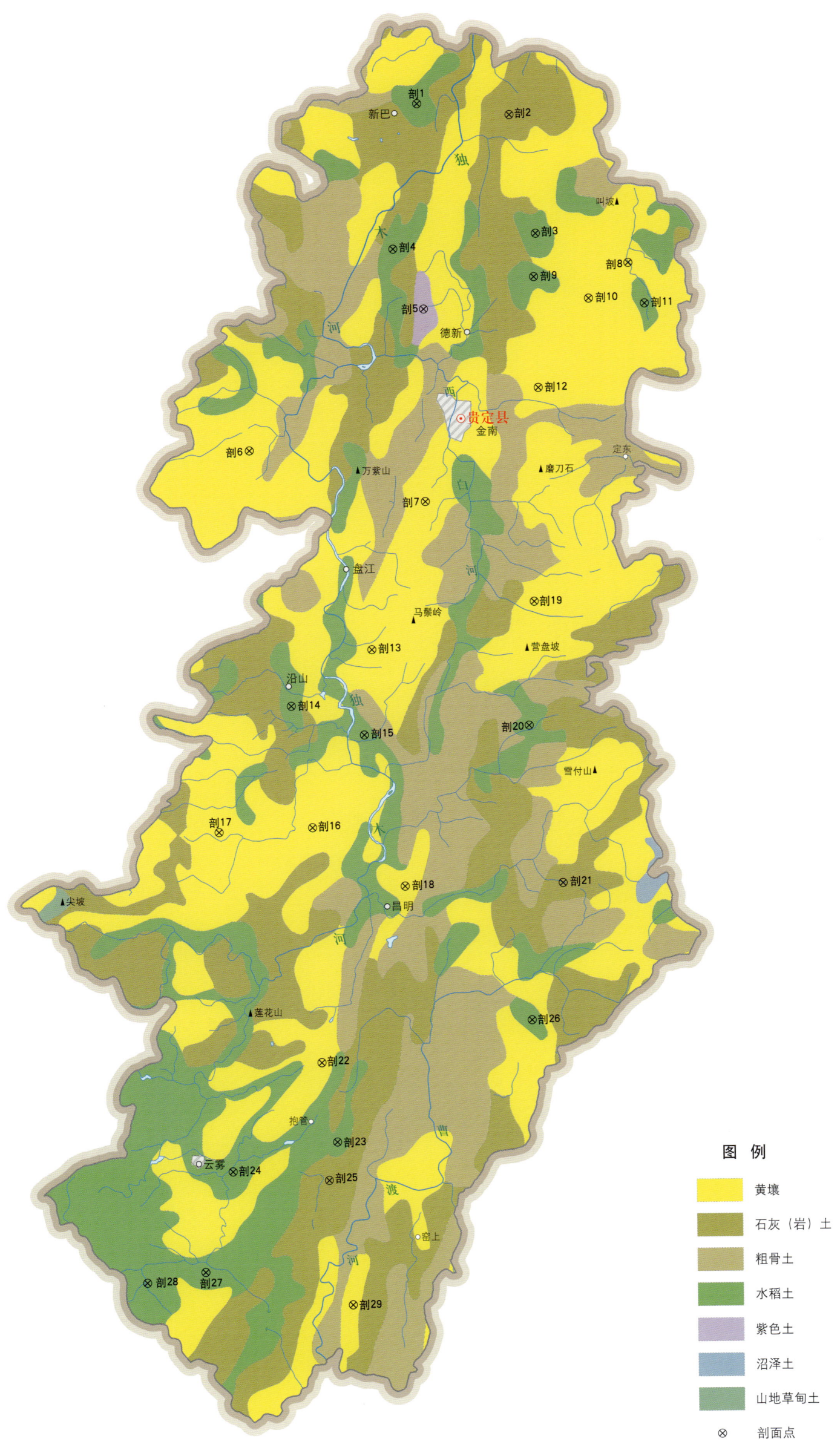

第二编　贵州省分县土壤图与土壤剖面数据 | 297

贵定县土壤剖面理化性状表

剖面号 Soil profile	土纲 Soil order	土类 Soil great group	亚类 Soil subgroup	土属 Soil genus	土种 Soil species	土层码 Layer code	土层厚度 Depth/cm	颜色 Soil color	质地 Soil texture	土壤结构 Soil structure	pH	有机质 OM/(g/kg)	全氮 TN/(g/kg)	全磷 TP/(g/kg)	全钾 TK/(g/kg)	有效磷 AP/(mg/kg)	速效钾 AK/(mg/kg)	阳离子交换量CEC/(cmol/kg)	土壤母质 Parent material	剖面点坐标 Profile coordinate	匹配指数 Matching index/%
剖1	人为土	水稻土	潴育水稻土	黄泥田	小黄泥田	1	0—16	灰黑色	中壤土	块状	6.5	68.5	3.34	3.31		8.0	78		页岩坡积物	E 107°12′50.7″ N 26°43′57.4″	77
						2	16—24	黑灰色	重壤土	大块状	6.5	46.8	2.15			4.0	42				
						3	24—44	浅灰色	轻壤土	大块状	7.0										
						4	44—70	褐灰色	重壤土	大块状	7.0										
剖2	初育土	石灰(岩)土	黄色石灰土	淋溶黄色石灰土	淋溶黄色石灰土	1	0—2	浅褐灰色	中壤土	块状	6.0								石灰岩残积物	E 107°15′52.6″ N 26°43′34.8″	77
						2	2—26	褐黄色	重壤土	小块状	6.5	28.0	1.24			5.0	77				
						3	26—80	棕黄色	重壤土	块状	7.5										
剖3	人为土	水稻土	潴育水稻土	中性紫泥田	紫泥田	1	0—13	褐灰色	中壤土	粒状	6.5								页岩坡积物	E 107°16′39.0″ N 26°40′04.1″	100
						2	13—19	暗黄灰色	中壤土	小块状	6.5										
						3	19—80	浅黄色	重壤土	块状	7.0										
剖4	人为土	水稻土	潴育水稻土	钙质紫泥田	钙质砂页岩性紫泥田	1	0—19	浅褐色	轻壤质中壤土	小块状	7.8	68.6	3.77	0.82		10.0	456		钙质砂页岩坡积物	E 107°11′56.5″ N 26°39′41.8″	81
						2	19—46	暗黄灰色	轻壤质中壤土	棱柱状	7.4										
						3	46—100	浅黄色	重壤土	块状	7.5										
剖5	初育土	紫色土	酸性紫色土	酸性紫泥土	薄腐厚层酸性紫色土	1	0—1	紫色	轻壤土	粒状	5.5								页岩残积物	E 107°12′53.6″ N 26°37′54.8″	93
						2	1—80	紫色	轻壤土	块状	5.0										
剖6	铁铝土	黄壤	黄壤	硅铁质黄壤	厚腐厚层硅铁质黄壤	1	0—4	灰褐色	重壤土	小块状	5.0	62.0	2.15	0.99		6.0	109		砂岩、泥岩残积物	E 107°07′02.6″ N 26°33′52.6″	89
						2	4—60	蜡黄色	轻壤土	小块状	5.0										
剖7	铁铝土	黄壤	黄壤	硅铝质黄壤	厚腐中层硅铝质黄壤	1	0—10	灰黄色	中壤土	小块状	6.8	60.3	2.75	0.63		2.0	220		石灰岩坡积物	E 107°12′47.6″ N 26°32′15.2″	99
						2	10—50	灰黄色	重壤土	块状	6.9										
剖8	铁铝土	黄壤	黄壤	黄泥土	先潴黄泥田	1	0—16	灰褐色	重黏土	块状	6.3	53.4	2.18	0.81		10.0	76		页岩坡积物	E 107°19′40.2″ N 26°39′08.4″	81
						2	16—26	褐灰色	重黏土	块状	6.4										
						3	26—40	褐灰色	中黏土	块状	6.9										
						4	40—100	浅黄色	中壤土	大块状	7.0										
剖9	人为土	水稻土	潴育水稻土	酸性紫泥田	浅紫泥田	1	0—15	棕褐色	中壤土	粒状	4.8	68.6	3.77	0.82		10.0	456		酸性页岩	E 107°16′33.2″ N 26°38′47.4″	91
						2	15—20	灰褐色	中壤土	小块状	5.3	66.3	3.04	0.89		8.0	387				
						3	20—50	浅紫色	重壤土	块状	5.7										
						4	50—100	红黄色	中壤土	大块状	7.0										
剖10	铁铝土	黄壤	黄壤	黄砂泥土	黄砂泥田	1	0—18	灰褐色	轻壤土		5.1								砂页岩坡积物	E 107°18′20.2″ N 26°38′07.1″	91
						2	18—66	黄色	中壤土	块状	5.1										
剖11	人为土	水稻土	潴育水稻土	潮泥田	潮油砂泥田	1	0—21	灰褐色	重石质轻壤土	块状	5.7	40.9	2.36	0.65		8.0	123		冲积物	E 107°20′10.7″ N 26°37′55.9″	86
						2	21—30	褐色	轻壤土	小块状	5.6										
						3	30—50	黄色	重壤土	块状	6.4										
						4	50—80	黄色	中壤土	大块状	7.0										
剖12	铁铝土	黄壤	黄壤	黄泥土	油黄泥土	1	0—21	褐色	轻壤土	块状	4.9	43.6	1.51	1.29	11.6	8.9	92		冲积物	E 107°16′36.5″ N 26°35′31.9″	88
						2	21—47	褐色	重壤土	块状	4.9										
						3	47—100	黄色	中壤土	大块状	4.9										
剖13	铁铝土	黄壤	黄壤	大黄泥土	火石大黄泥土	A	0—18	黄褐色	壤质黏土	核粒状	6.0	28.1	1.50	0.50	11.6	10.0	186	11.9	角砾状白云岩夹缝石坡积物	E 107°10′54.5″ N 26°27′56.5″	74
						AB	18—27	棕色	壤质黏土	块状	6.2	26.4	1.30	0.40	7.6	8.0	119	11.0			
						B	27—70	棕黄色	壤质黏土	块状	5.5	10.7	0.80	0.40		5.0	83				
剖14	人为土	水稻土	潴育水稻土	潮泥田	白鳝泥底潮砂泥田	1	0—13	浅灰色	轻壤土	小团块状	5.2	34.7	2.24			6.0	115		冲积物	E 107°08′12.8″ N 26°26′20.1″	78
						2	13—18	灰色	中壤黏土	块状	5.8										
						3	18—80	灰白色	中壤土	粒状	5.9										

续表 Continued

剖面号 Soil profile	土纲 Soil order	土类 Soil great group	亚类 Soil subgroup	土属 Soil genus	土种 Soil species	土层码 Layer code	土层厚度 Depth/cm	颜色 Soil color	质地 Soil texture	土壤结构 Soil structure	pH	有机质 OM/(g/kg)	全氮 TN/(g/kg)	全磷 TP/(g/kg)	全钾 TK/(g/kg)	有效磷 AP/(mg/kg)	速效钾 AK/(mg/kg)	阳离子交换量 CEC/(cmol/kg)	土壤母质 Parent material	剖面点坐标 Profile coordinate	匹配指数 Matching index/%
剖15	人为土	水稻土	潴育水稻土	钙质中性潴育水稻土	大眼黄泥田	1	0—11	浅黄色	重壤土	块状	7.0								泥页岩坡积物	E 107°10′35.0″ N 26°25′26.0″	71
						2	11—17	灰黄色	重壤土	块状	7.0										
						3	17—100	黄色	轻黏土	大块状	6.5										
剖16	铁铝土	黄壤	黄壤	黄砂泥土	油砂泥土	1	0—20	棕黄色	轻壤土	粒状	5.5								砂岩坡积物	E 107°08′48.1″ N 26°22′44.4″	78
						2	20—30	棕褐色	轻壤土	粒状	6.0										
						3	30—190	浅黄色	中壤土	小块状	6.0										
剖17	铁铝土	黄壤	黄壤	硅质黄壤	薄腐厚层硅质黄壤	1	0—7	黑灰色	轻壤土	粒状	5.5								砂岩残积物、坡积物	E 107°05′43.7″ N 26°22′39.8″	74
						2	7—60	黄棕色	中壤土	粒状	5.6										
剖18	铁铝土	黄壤	黄壤	胶泥土	白鳝泥土	1	0—20	浅黄色	重壤土	小块状	6.0								白云岩残积物	E 107°11′47.4″ N 26°20′57.5″	86
						2	20—60	灰白色	重黏土	块状	6.5										
剖19	铁铝土	黄壤	黄壤	黄泥土	黄泥土	1	0—11	灰黄色	轻石质重壤土	小块状	5.0	26.2	1.11	0.30		13.0	116		页岩坡积物	E 107°16′17.4″ N 26°29′14.7″	76
						2	11—33	浅棕黄色	轻石质重壤土	粒状	5.3										
						3	33—70	黄棕色	轻石质重壤土	粒状	5.7										
剖20	人为土	水稻土	潴育水稻土	黄泥田	黄胶泥田	1	0—20	灰黄色	中黏土	大块状	6.0	35.9	1.81	0.93		3.0	83		页岩夹石灰岩坡积物	E 107°16′58.4″ N 26°25′36.1″	91
						2	20—28	黄灰色	重黏土	棱柱状	5.5										
						3	28—57	黄棕色	重黏土	棱柱状	5.0										
剖21	初育土	石灰(岩)土	次生黄色石灰土	次生黄色石灰土	次生黄色石灰土	1	0—3	灰黄色	中壤土	粒状	6.0	14.6	0.62	0.50		5.0	91		砂页岩坡积物	E 107°16′53.7″ N 26°20′56.8″	91
						2	3—20	棕黄色	中壤土	小块状	5.5										
						3	20—50	黄色	轻壤土	块状	5.0										
剖22	铁铝土	黄壤	黄壤	石砂土	冷砂土	1	0—13	棕黄色	中壤土	块状	5.0								砂页岩坡积物	E 107°08′20.5″ N 26°15′48.4″	89
						2	13—21	浅黄灰色	砂质壤土	粒状	5.1										
						3	21—31	棕褐色	轻壤土	粒状	5.2										
剖23	人为土	水稻土	潴育水稻土	潮泥田	潮砂田	1	0—13	灰黄色	砂质壤土	粒状	5.8	36.2	2.49	0.43		6.0	86		冲积物	E 107°09′20.5″ N 26°13′28.9″	99
					Ap	13—21	棕褐色	黏壤土	粒状	6.6	40.0	2.40	0.85		6.0	64				
					W	21—31	黄褐色	中壤土	块状	7.3										
					C	31—100	灰黄色	轻壤土	块状	7.5										
剖24	人为土	水稻土	潴育水稻土	钙质中性潴育水稻土	大眼泥田	1	0—15	黄灰色	中壤土	块状	7.6	86.2	3.40	0.79		3.0	71		白云岩坡积物	E 107°05′53.0″ N 26°12′42.0″	78
						2	15—23	黄灰色	重壤土	块柱状	7.6										
						3	23—33	黄灰色	重黏土		7.6										
						4	33—65	灰黄色	重黏土		7.7										
						5	65—														
剖25	初育土	石灰(岩)土	黑色石灰土	黑色石灰土	厚腐薄层黑色石灰土	Aa	0—20	灰黑色	中壤土	小块状	5.2	29.9	1.18	0.39		6.0	94	16.7	纯质灰岩残积物	E 107°09′02.2″ N 26°12′22.7″	75
					Ap	20—100	灰黄色	壤质黏土	小块状	5.3	29.3	1.04	0.30		5.0	68	15.6			
剖26	人为土	水稻土	潴育水稻土	斑黄泥田	斑黄砂黄泥田	1	0—17	暗黄灰色	壤质黏土	片状	6.4	16.7	0.70	0.33		4.0	67	14.4		E 107°15′50.1″ N 26°16′54.1″	74
					W	17—24	灰黄棕色	黏质壤土	棱柱状	6.5	14.6	0.60	0.28		4.0	38	14.5			
					C	24—40	黄灰色	中壤土	粒状	7.3										
							40—100														
剖27	人为土	水稻土	潴育水稻土	潮泥田	黄泥底潮砂泥田	1	0—17	灰黄色	中壤土	小块状	5.8	36.2	1.76	0.52		5.0	98		河流冲积物	E 107°04′54.5″ N 26°09′47.2″	78
						2	17—21	黄灰色	重黏土	块状	5.4	31.8	1.58	0.45		4.0	57				
						3	21—31	灰黄色	轻黏土	块状	6.4										
						4	31—60	黄色	轻黏土	块状	6.5										
剖28	人为土	水稻土	潴育水稻土	潮泥田	潮砂泥田	1	0—18	浅灰黄色	轻石质轻壤土	小块状	6.0	21.1	1.19	0.62		6.0	60		河流冲积物	E 107°02′58.9″ N 26°09′31.0″	88
						2	18—28	褐色	轻石质轻壤土	小块状	6.0										
						3	28—110	浅灰黄色	中壤土	块状	6.0										
剖29	铁铝土	黄壤	黄壤	石砂土	白砂土	1	0—18	棕黄色	砂壤土	粒状	6.0								砂岩残积物	E 107°09′42.8″ N 26°08′43.8″	82
						2	18—70		轻壤土		6.5										

瓮 安 县

主要土类说明

黄壤是瓮安县主要土壤类型，占本县地域面积的51%。黄壤发育于温暖湿润的亚热带气候条件下，集中分布在低中山和低山丘陵，含有较多水合氧化铁，土体多呈黄色，具A-B-C剖面构型。自然植被主要为常绿阔叶林。成土母质多为砂页岩、碎屑岩等风化物及红色黏土。黄壤一般土层较厚，土体连贯性较好，黏土矿物以蛭石为主，具有较强的脱硅富铝化过程，黏粒硅铝率为1.5—2.7。

石灰（岩）土是瓮安县第二大土壤类型，占本县地域面积的25%。石灰（岩）土为岩成土，由石灰岩、白云岩、钙质岩类风化物，覆盖在石灰岩上的薄层古风化壳以及残留的砂页岩类风化残积物和坡积物发育而成。本县各地碳酸岩类出露区域均有石灰（岩）土分布。石灰（岩）土一般土层较薄，土壤呈中性至微碱性，腐殖质和有机质容易积累，矿物养分含量丰富，多具A-R剖面构型，剖面层次多为上壤下黏。

水稻土是瓮安县第三大土壤类型，占本县地域面积的14%，广泛分布在本县各地。水稻土是在长期的季节性淹灌、水下翻耕、季节性脱水、氧化还原交替影响下，原来的成土母质或母土的特性发生重大改变形成的新的土壤类型。由于干湿交替，水稻土形成糊状的淹育层、较坚实板结的犁底层、渗育层、潴育层与潜育层等多种发生层。这些不同发生层是在人为耕作、水浆管理下形成的。

粗骨土占本县地域面积的7%。粗骨土属初育土，主要发生于亚热带湿润气候区。成土母质多为砂岩、页岩等沉积岩，也有部分为玄武岩、辉绿岩等岩浆岩。该土壤具A-C剖面构型，盐基饱和度为15%—30%。土体厚度一般为20—50cm，A层厚度以10—15cm居多。成土过程无黏化作用，有不同程度的淋溶作用。粗骨土多分布在山丘陡坡地段，土壤侵蚀严重。

小于本县地域面积3%的土壤类型有紫色土。

本区域中心区气候特征

本区域中心区气候特征值
Regional climate characteristics in central area of the region

气候带：北亚热带湿润气候 Climate region: North subtropical humid climate	
年平均气温 /℃ Annual average temperature /℃	15.7
年平均最高气温 /℃ Annual average maximum temperature /℃	20.0
年平均最低气温 /℃ Annual average minimum temperature /℃	12.6
年降水量 /mm Annual precipitation /mm	1148
≥10℃的积温 /℃ Daily temperature accumulated in a year（≥10℃）/℃	5621
年日照时数 /h Annual sunshine /h	1126
年平均相对湿度 /% Annual average relative humidity /%	79
干燥度 Dryness	0.80

本区域中心区月平均气温与月平均降水量
Monthly temperature and precipitation in central area of the region

瓮安县主要土壤类型与土壤剖面点分布图
1∶260 000

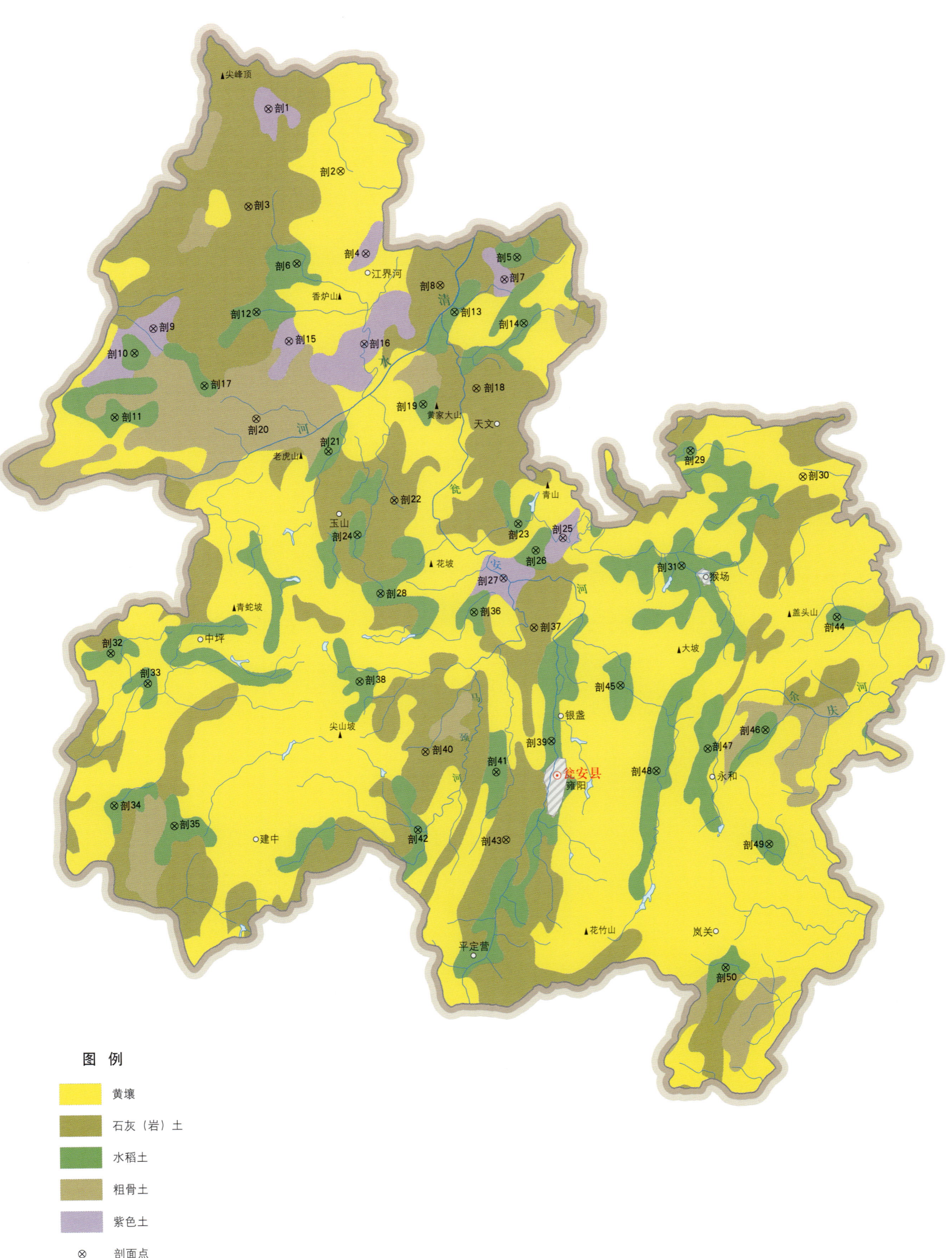

图 例
- 黄壤
- 石灰（岩）土
- 水稻土
- 粗骨土
- 紫色土
- ⊗ 剖面点

瓮安县土壤剖面理化性状表

剖面号 Soil profile	土纲 Soil order	土类 Soil great group	亚类 Soil subgroup	土属 Soil genus	土种 Soil species	土层码 Layer code	土层厚度 Depth/cm	颜色 Soil color	质地 Soil texture	土壤结构 Soil structure	pH	有机质 OM/(g/kg)	全氮 TN/(g/kg)	全磷 TP/(g/kg)	全钾 TK/(g/kg)	有效磷 AP/(mg/kg)	速效钾 AK/(mg/kg)	阳离子交换量CEC/(cmol/kg)	土壤母质 Parent material	剖面点坐标 Profile coordinate	匹配指数 Matching index/%
剖1	初育土	紫色土	石灰性紫色土	钙质紫色泥土	黄紫大石泥土	1	0–22	暗棕色	重壤土	块状	8.2	14.8				15.0	105			E 107°18′07.5″ N 27°26′44.1″	84
						2	22–75	暗黄棕色	轻黏土	块状	8.1										
剖2	铁铝土	黄壤	粗骨性黄壤	硅铝质粗骨性黄壤	砾身砂砾泥土	1	0–15	暗灰棕色	中壤土	块状	5.8									E 107°20′46.6″ N 27°24′36.8″	78
						2	15–40	棕黄色	中壤土	无明显结构	5.8										
剖3	初育土	石灰（岩）土	黄色石灰土	胶泥质次生黄色石灰土	心酸黄小胶泥土	1	0–13	棕色	轻壤土	团粒状夹结状	7.8									E 107°17′16.9″ N 27°23′30.4″	93
						2	13–50	浅黄棕色	中黏土	块状夹片状	6.0										
剖4	初育土	紫色土	中性紫色土	中性紫色泥土	砾黄黄紫泥中土	1	0–22	暗棕红色	中砾质中壤土	夹粒状	6.8									E 107°21′38.7″ N 27°21′50.7″	90
						2	22–65	棕红色	中砾质重壤土	粒状	7.0										
剖5	人为土	水稻土	渗育水稻土	淡黄泥田	黄轻火石砂田	1	0–20	暗棕色	中壤土	块状	6.4									E 107°27′19.1″ N 27°21′35.6″	83
						2	20–25	暗黄棕色	重壤土	块状	6.0										
						3	25–85	黄黄黄色	中壤土	块状	6.0										
剖6	人为土	水稻土	潴育水稻土	大眼泥田	黄大眼泥田	1	0–16	暗黄棕色	中壤土	小块状	6.5								石灰岩坡积物	E 107°19′02.6″ N 27°21′33.8″	75
						2	16–24	暗黄色	重壤土	块状	6.6										
						3	24–36	浅黄棕色	重壤土	棱柱状	8.0										
						4	36–75	黄黄黄色	重壤土	块状	8.1										
剖7	初育土	紫色土	石灰性紫色土	钙泥紫色砂泥土	黄紫大砂土	1	0–17	暗棕红色	砂壤土	小块状	7.0									E 107°26′49.0″ N 27°20′51.2″	76
						2	17–50	紫红色	中壤土	小块状夹粒状	6.5										
						3	50–80	灰红色	重壤土	块状	6.6										
剖8	初育土	石灰（岩）土	黄色石灰土	砂泥质黄色石灰土	黄石黄砂土	1	0–18	棕色	中壤土	块状	7.5								白云质砂岩	E 107°24′24.1″ N 27°24′43.1″	82
						2	18–57	浅黄棕色	轻壤土	粒状	7.0										
剖9	初育土	紫色土	石灰性紫色土	钙质紫色泥土	黄轻羊肝石	1	0–20	紫红色	中壤土	块状	8.0									E 107°13′35.3″ N 27°19′30.9″	82
						2	20–70	深紫色	重壤土	块状	7.5										
剖10	人为土	水稻土	渗育水稻土	淡黄泥田	死粉黄泥田	1	0–9	棕褐色	中壤土	小块状	6.0									E 107°12′51.5″ N 27°18′43.2″	79
						2	9–15	棕褐色	中壤土	块状	6.0										
						3	15–70	灰黄棕色	砂壤土	粒状	7.4										
剖11	人为土	水稻土	潴育水稻土	大土泥田	黄大眼砂泥田	1	0–7	暗棕色	中壤土	小块状	7.0								砂岩质砂岩坡积物	E 107°12′03.3″ N 27°16′36.2″	91
						2	7–23	棕色	中壤土	小块状	7.0										
						3	23–42	浅黄棕色	重壤土	大块状	7.4										
						4	42–52	暗黄棕色	中壤土	大块状	7.4										
						5	52–60	黄黄棕色	轻壤土	棱柱状	7.4										
剖12	人为土	水稻土	渗育水稻土	大土泥田	砾心黄大土田	1	0–18	暗棕色	中壤土	小块状	7.7								白云质砂岩	E 107°17′28.7″ N 27°19′59.1″	86
						2	18–29	棕色	中壤土	棱柱状	7.4										
						3	29–97	黄黄棕色	中壤土	小块状	7.3										
剖13	人为土	水稻土	渗育水稻土	大土泥田	砾黄大土泥田	1	0–13	灰黄棕色	中壤土	大块状	7.4								白云岩坡积物	E 107°24′54.7″ N 27°19′49.1″	73
						2	13–30	灰黄棕色	中壤土	块状	8.2										
						3	30–80	黄黄黄色	重壤土	块状	7.2										
剖14	人为土	水稻土	潴育水稻土	大眼泥田	大眼黄泥田	1	0–5	暗黄棕色	中壤土	块状	7.7								第四纪黏土坡积物	E 107°27′30.2″ N 27°19′23.2″	81
						2	5–27	暗黄棕色	中壤土	块状	7.8										
						3	27–59	暗灰棕色	重壤土	块状	7.0										
						4	59–100	灰灰色	轻黏质中壤土	小块状	7.0										
剖15	初育土	紫色土	中性紫色土	中性紫色泥土	砾身紫紫泥中土	1	0–11	浅紫色	少砾质中壤土	小块状	7.0									E 107°18′39.9″ N 27°18′59.3″	72
						2	11–26	浅紫色	少砾质黏土	小块状	7.0										
						3	26–40	紫色	少砾质黏土	小块状	7.0										

续表 Continued

剖面号 Soil profile	土纲 Soil order	土类 Soil great group	亚类 Soil subgroup	土属 Soil genus	土种 Soil species	土层码 Layer code	土层厚度 Depth/cm	颜色 Soil color	质地 Soil texture	土壤结构 Soil structure	pH	有机质 OM/(g/kg)	全氮 TN/(g/kg)	全磷 TP/(g/kg)	全钾 TK/(g/kg)	有效磷 AP/(mg/kg)	速效钾 AK/(mg/kg)	阳离子交换量 CEC/(cmol/kg)	土壤母质 Parent material	剖面点坐标 Profile coordinate	匹配指数 Matching index/%
剖16	初育土	紫色土	中性紫色土	中性紫色泥土	黄中紫泥土	1	0–18	暗棕色	中壤土	小块状	6.6									E 107°21′29.5″ N 27°18′50.0″	95
						2	18–75	棕色	重壤土	小块状	6.6										
剖17	人为土	水稻土	渗育水稻土	渗黄泥田	寨黄砂泥田	1	0–4	灰黄色	中壤土	粒状	5.6									E 107°15′27.0″ N 27°17′34.4″	96
						2	4–19	浅黄色	中壤土	块状	5.6										
						3	19–35	灰黄色	中壤土	块状	5.6										
剖18	初育土	石灰（岩）土	黄色石灰土	砂泥质次生黄色石灰土	黄小砂泥土	1	0–18	棕色	重壤土	团粒状夹块状	7.2								第四纪黏土	E 107°25′39.0″ N 27°17′15.4″	79
						2	18–57	灰黄棕色	重黏土	块状	6.9										
						3	57–100	暗黄橙色	轻黏土	块状	5.6										
剖19	人为土	水稻土	潜育水稻土	斑纹紫泥田	黄紫泥田	1	0–8	暗棕色	轻壤土	小块状夹粒状	7.9								砂岩坡积物	E 107°23′38.2″ N 27°16′46.9″	89
						2	8–27	暗棕色	中壤土	块状	8.0										
						3	27–85	棕色	中壤土	块状	8.1										
剖20	初育土	粗骨土	酸性粗骨土	砾石黄泥土	砾石黄泥土	A	0–22	红棕色	粉砂质黏壤土	无明显结构	5.6	26.0	1.60	1.30	6.3	10.0	167	20.9		E 107°17′21.6″ N 27°16′26.0″	72
						C	22–80	黄橙色	壤质黏土		5.5	8.2	0.50	0.90	4.5	6.0	97	23.5			
剖21	人为土	水稻土	潜育水稻土	大眼泥田	中青粉黄泥田	1	0–20	暗黄棕色	中壤土	小块状	8.0								白云质灰岩坡积物	E 107°20′02.4″ N 27°15′17.6″	100
						2	20–31	暗黄棕色	重黏土	块状	7.2										
						3	31–75	棕色	轻黏土	棱块状	7.0										
剖22	初育土	石灰（岩）土	黄色石灰土	砂泥质黄色石灰土	黄大砂泥土	1	0–15	棕色	重壤土	小块状	8.0								钙质页岩、石灰岩	E 107°22′27.2″ N 27°13′35.8″	100
						2	15–30	黄棕色	重壤土	块状	8.0										
						3	30–80	黄棕色	重壤土	块状	8.0										
剖23	人为土	水稻土	潜育水稻土	青黄泥田	中青绍黄泥田	1	0–15	棕黄色	重壤土	小块状夹粒状	6.5								泥页岩坡积物	E 107°27′04.7″ N 27°12′42.3″	93
						2	15–29	灰黄棕色	重黏土	块状	6.5										
						3	29–59	黄棕色	轻黏土	块状	6.5										
剖24	人为土	水稻土	潜育水稻土	青黄泥田	重青黄黄泥田	1	0–15	浅黄绿色	中壤土	小块状	6.0								页岩坡积物	E 107°21′02.5″ N 27°12′29.2″	96
						2	15–24	棕黄色	中壤土	块状	6.0										
						3	24–100	黄棕色			6.5										
剖25	初育土	紫色土	石灰性紫色土	钙质紫砂泥土	黄紫大砂泥土	1	0–16	紫棕色	砂壤土	小块状夹块状	6.0								玄武岩坡积物	E 107°28′44.0″ N 27°12′11.9″	89
						2	16–32	紫黄棕色	砂壤土	块状	6.5										
						3	32–85	灰黄棕色	重壤土	块状	6.0										
剖26	人为土	水稻土	潜育水稻土	青黄泥田	中青绍黄泥田	1	0–20	暗黄棕色	重壤土	块状	6.0									E 107°27′42.5″ N 27°11′48.1″	95
						2	20–31	暗黄棕色	重壤土	块状	6.5										
						3	31–83	棕色	轻黏土	粒状	7.0										
剖27	初育土	紫色土	石灰性紫色土	砂泥质黄色泥土	黄重羊肝石	1	0–17	浅黄棕色	中壤土	块状	7.0								砂岩页岩坡积物	E 107°26′28.0″ N 27°10′54.5″	77
						2	17–20	浅紫棕色	中壤土	块状	7.0										
剖28	人为土	水稻土	潜育水稻土	青黄泥田	浅脚黄烂泥田	1	0–17	灰黄棕色	中壤土		6.0									E 107°21′50.8″ N 27°10′30.7″	76
						2	17–100	暗褐色													
剖29	人为土	水稻土	渗育水稻土	淡紫泥田	黄羊肝泥田	1	0–18	浅棕色	轻壤土	小块状	7.0								钙质页岩坡积物	E 107°33′37.2″ N 27°14′59.4″	95
						2	18–23	紫棕色	轻壤土	块状	7.0										
						3	23–60	黄棕色	中壤土	块状	7.0										
剖30	铁铝土	黄壤	粗骨性黄壤	硅铝质粗骨性黄壤	砾石黄砂泥土	1	0–15	黄棕色	轻壤土	小块状	6.5								砂页岩坡积物	E 107°37′48.1″ N 27°14′01.3″	82
						2	15–80	暗黄棕色	中壤土	块状	6.0										
剖31	人为土	水稻土	潜育水稻土	大眼泥田	白鳝心黄灰砂泥田	1	0–18	浅灰色	中壤土	整体状	6.5									E 107°33′09.3″ N 27°11′09.4″	100
						2	18–30	灰白色	中壤土	块状	6.0										
						3	30–65	浅灰色	中壤土	棱块状	6.0										
						4	65–80	浅灰白色	中壤土	块状	6.0										

续表 Continued

剖面号 Soil profile	土纲 Soil order	土类 Soil great group	亚类 Soil subgroup	土属 Soil genus	土种 Soil species	土层码 Layer code	土层厚度 Depth/cm	颜色 Soil color	质地 Soil texture	土壤结构 Soil structure	pH	有机质 OM/(g/kg)	全氮 TN/(g/kg)	全磷 TP/(g/kg)	全钾 TK/(g/kg)	有效磷 AP/(mg/kg)	速效钾 AK/(mg/kg)	阳离子交换量CEC/(cmol/kg)	土壤母质 Parent material	剖面点坐标 Profile coordinate	匹配指数 Matching index/%
剖32	人为土	水稻土	潴育水稻土	斑潮泥田	白鳝心黄潮砂泥田	1	0~17	浅灰色	轻壤土	整体状	6.0								河流冲积物	E 107° 11′ 39.8″ N 27° 08′ 45.2″	81
						2	17~26	灰白色	中壤土	块状	6.0										
						3	26~40	灰白色	中壤土	块状	6.5										
						4	40~65	暗黄棕色	中壤土	小块状夹粒状	6.5										
剖33	人为土	水稻土	潴育水稻土	斑潮泥田	黄潮砂泥田	1	0~18	灰黄棕色	中壤土	小块状	7.6								河流冲积物	E 107° 13′ 01.9″ N 27° 07′ 42.9″	70
						2	18~29	黄棕色	中壤土	块状	7.6										
						3	29~85	暗黄棕色	重壤土	块状	7.6										
剖34	人为土	水稻土	潴育水稻土	大眼泥田	白鳝心大眼黄泥田	1	0~17	暗黄棕色	重壤土	块状	7.1								石灰岩坡积物	E 107° 11′ 38.2″ N 27° 03′ 40.3″	84
						2	17~39	暗灰黄色	重壤土	块状	6.8										
						3	39~60	浅棕黄色	轻壤土	块状	7.2										
剖35	人为土	水稻土	潴育水稻土	大眼泥田	黄大眼胶泥田	1	0~17	浅黄色	重壤土	块状	7.0								石灰岩坡积物	E 107° 13′ 52.5″ N 27° 02′ 56.1″	98
						2	17~25	黄色	重壤土	块状	7.0										
						3	25~80	黄色	轻壤土	大块状	7.0										
剖36	人为土	水稻土	潴育水稻土	斑潮泥田	黄潮泥田	1	0~7	暗灰色	重壤土	小块状夹粒状									河流冲积物	E 107° 25′ 19.2″ N 27° 09′ 48.2″	100
						2	7~28	灰黄色	重壤土	块状	6.0										
						3	28~57	暗灰黄色	重壤土	块状	6.0										
						4	57~100	浅灰黄色	重壤土	块状	6.4										
剖37	初育土	石灰（岩）土	黄色石灰土	砂泥质黄色石灰土	砾质黄大砂土	1	0~18	暗红棕色	中壤土	小块状夹粒状	7.5								白云质砂岩	E 107° 27′ 33.5″ N 27° 09′ 14.0″	74
						2	18~80	黄黄色	中壤土	块状	7.5										
剖38	人为土	水稻土	潴育水稻土	青黄泥田	深脚黄烂泥田	1	0~40	灰黄色	重黏土	整体状	6.5								砂页岩坡积物	E 107° 20′ 58.2″ N 27° 07′ 35.5″	81
						2	40~100	灰黄棕色	中黏土	块状	6.5										
剖39	人为土	水稻土	潴育水稻土	大土泥田	大眼黄大土田	1	0~13	灰黄色	重壤土	块状	7.2								页岩坡积物	E 107° 28′ 04.9″ N 27° 05′ 25.9″	84
						2	13~21	灰黄色	轻壤土	块状	7.2										
						3	21~39	灰黄色	中壤土	粒状	7.2										
						4	39~47	灰黄色	重壤土	粒状	7.2										
剖40	初育土	石灰（岩）土	黄色石灰土	胶泥质次生黄色石灰土	心馣黄小土泥土	1	0~27	棕黄色	中黏土	块状	6.5								页岩夹石灰岩坡积物	E 107° 23′ 21.2″ N 27° 05′ 11.2″	80
						2	27~50	黑黄色	重黏土	块状	6.7										
剖41	人为土	水稻土	潴育水稻土	大土泥田	砾身黄大土泥田	1	0~19	暗棕色	重壤土	小块状	8.0								白云岩坡积物	E 107° 25′ 58.8″ N 27° 04′ 26.8″	96
						2	19~28	红棕色	重壤土	块状	8.0										
						3	28~86	浅棕色	中壤土	块状	6.5										
剖42	人为土	水稻土	渗育水稻土	砂泥质黄色石灰土	砾质黄大砂泥土	1	0~17	棕色	中壤土	块状	6.5								白云质砂岩	E 107° 26′ 16.8″ N 27° 02′ 10.7″	77
						2	17~50	暗黄棕色	中壤土	小块状	7.2										
						3	50~80	暗红棕色	中壤土	小块状夹粒状	7.3										
剖43	初育土	石灰（岩）土		淡紫泥田	黄砾质中紫泥田	1	0~17	紫灰色	壤质黏土	小块状	7.2	37.7	1.80	1.50	28.6	8.0	225	28.3	砾岩坡积物	E 107° 38′ 55.2″ N 27° 09′ 18.1″	93
剖44	人为土	水稻土	潴育水稻土	紫泥田	紫泥田	Aa	0~18	灰尘色	壤质黏土	片状	7.3	36.8	1.70	1.40	20.4	5.0	204	28.5	由钙质页岩发育的紫色土	E 107° 30′ 43.9″ N 27° 07′ 13.8″	92
						Ap	18~27	灰黄棕色	壤质黏土	棱柱状	7.6	8.1	1.00	1.00	20.5	2.0	117	20.5			
						W	27~85	暗棕色	中壤土	小块状夹块状	6.8										
剖46	人为土	水稻土	渗育水稻土	淡黄泥田	淡黄砂泥田	1	0~20	灰黄棕色	中壤土	块状	6.2									E 107° 36′ 06.5″ N 27° 05′ 36.2″	82
						2	20~37	暗黄棕色	中壤土	块状	6.2										
						3	37~100	浅棕黄色	中壤土	块状											

续表 Continued

剖面号 Soil profile	土纲 Soil order	土类 Soil great group	亚类 Soil subgroup	土属 Soil genus	土种 Soil species	土层码 Layer code	土层厚度 Depth/cm	颜色 Soil color	质地 Soil texture	土壤结构 Soil structure	pH	有机质OM/(g/kg)	全氮TN/(g/kg)	全磷TP/(g/kg)	全钾TK/(g/kg)	有效磷AP/(mg/kg)	速效钾AK/(mg/kg)	阳离子交换量CEC/(cmol/kg)	土壤母质 Parent material	剖面点坐标 Profile coordinate	匹配指数 Matching index/%
剖47	人为土	水稻土	渗育水稻土	大土泥田	黄大土泥田	1	0—16	灰黄棕色	中壤土	小块状	7.2								白云岩坡积物	E 107°33′55.7″ N 27°05′01.8″	99
						2	16—23	暗红棕色	重壤土	大块状	7.0										
						3	23—100	红棕色	轻黏土	大块状	7.0										
剖48	人为土	水稻土	渗育水稻土	大土泥田	黄大胶泥田	1	0—17	灰黑色	重黏土	块状	8.0								钙质页岩坡积物	E 107°31′58.8″ N 27°04′20.3″	91
						2	17—50	灰黑色	中黏土	块状	8.0										
剖49	人为土	水稻土	渗育水稻土	淡黄泥田	淡正黄泥田	1	0—17	暗灰黄色	重壤土	块状	6.0									E 107°36′06.8″ N 27°01′46.9″	81
						2	17—43	暗黄棕色	轻黏土	小块状	6.0										
剖50	人为土	水稻土	潴育水稻土	斑紫泥田	黄油紫砂泥田	1	0—15	浅紫色	中壤土	块状	6.0								页岩坡积物	E 107°34′21.0″ N 26°57′42.5″	75
						2	15—18	浅紫色	中壤土	块状	6.0										
						3	18—50	褐紫色	重壤土	大块状	6.0										

独山县

主要土类说明

石灰（岩）土是独山县主要土壤类型，占本县地域面积的43%。石灰（岩）土为岩成土，由石灰岩、白云岩、钙质岩类风化物，覆盖在石灰岩上的薄层古风化壳以及残留的砂页岩类风化残积物和坡积物发育而成。本县各地碳酸岩类出露区域均有石灰（岩）土分布。石灰（岩）土一般土层较薄，土壤呈中性至微碱性，腐殖质和有机质容易积累，矿物养分含量丰富，多具A-R剖面构型，剖面层次多为上壤下黏。

黄壤是独山县第二大土壤类型，占本县地域面积的40%。黄壤发育于温暖湿润的亚热带气候条件下，集中分布在低中山和低山丘陵，含有较多水合氧化铁，土体多呈黄色，具A-B-C剖面构型。自然植被主要为常绿阔叶林。成土母质多为砂页岩、碎屑岩等风化物及红色黏土。黄壤一般土层较厚，土体连贯性较好，黏土矿物以蛭石为主，具有较强的脱硅富铝化过程，黏粒硅铝率为1.5—2.7。

水稻土是独山县第三大土壤类型，占本县地域面积的16%，广泛分布在本县各地。水稻土是在长期的季节性淹灌、水下翻耕、季节性脱水、氧化还原交替影响下，原来的成土母质或母土的特性发生重大改变形成的新的土壤类型。由于干湿交替，水稻土形成糊状的淹育层、较坚实板结的犁底层、渗育层、潴育层与潜育层等多种发生层。这些不同发生层是在人为耕作、水浆管理下形成的。

小于本县地域面积3%的土壤类型有红壤、粗骨土和山地草甸土。

本区域中心区气候特征

本区域中心区气候特征值
Regional climate characteristics in central area of the region

气候带：南亚热带湿润气候 Climate region: South subtropical humid climate	
年平均气温 /℃ Annual average temperature /℃	18.4
年平均最高气温 /℃ Annual average maximum temperature /℃	22.8
年平均最低气温 /℃ Annual average minimum temperature /℃	15.3
年降水量 /mm Annual precipitation /mm	1371
≥10℃的积温 /℃ Daily temperature accumulated in a year (≥10℃) /℃	6700
年日照时数 /h Annual sunshine /h	1271
年平均相对湿度 /% Annual average relative humidity /%	76
干燥度 Dryness	0.79

本区域中心区月平均气温与月平均降水量
Monthly temperature and precipitation in central area of the region

独山县主要土壤类型与土壤剖面点分布图
1∶300 000

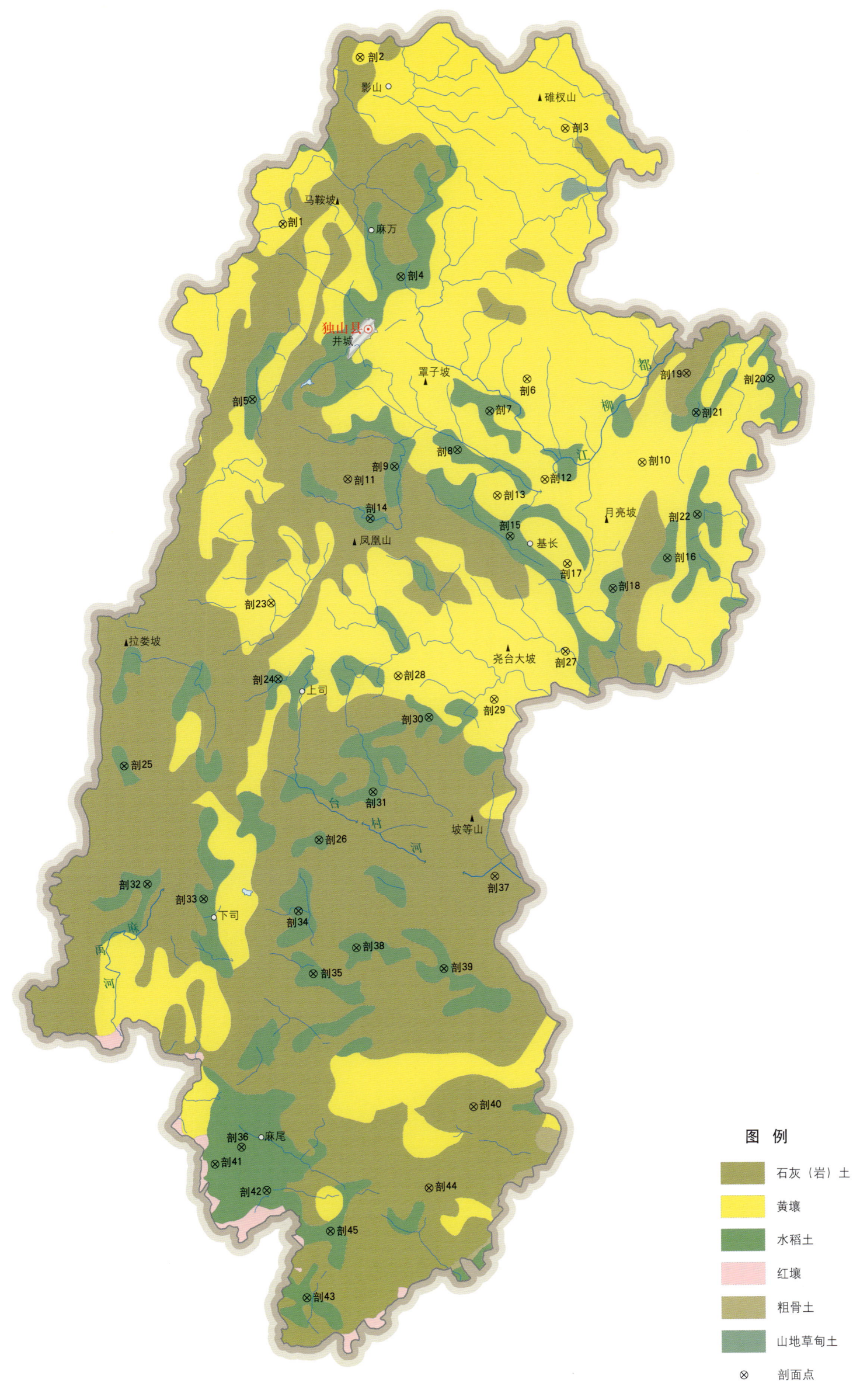

图 例
- 石灰（岩）土
- 黄壤
- 水稻土
- 红壤
- 粗骨土
- 山地草甸土
- ⊗ 剖面点

独山县土壤剖面理化性状表

剖面号	土纲	土类	亚类	土属	土种	土层码	土层厚度/cm	颜色	质地	土壤结构	pH	有机质/(g/kg)	全氮TN/(g/kg)	全磷TP/(g/kg)	全钾TK/(g/kg)	碱解氮AN/(mg/kg)	有效磷AP/(mg/kg)	速效钾AK/(mg/kg)	阳离子交换量CEC/(cmol/kg)	土壤母质	剖面点坐标	匹配指数/%
剖1	铁铝土	黄壤	黄壤	黄胶泥土	正黄胶泥土	1	0—13	浅黄色	中壤土	块状	5.6	22.4	1.80	1.09	8.0		18.0	93	25.5	第四纪红色黏土	E 107°29′08.2″ N 25°53′47.8″	71
						2	13—26	黄红黄色	轻壤土	块状	5.6	15.4	0.65	0.92	3.0		5.0	122	11.8			
						3	26—54	浅红黄色	中黏土	核块状	5.5	8.6	0.26	0.87	4.2		3.0	97	11.4			
						4	54—97	红黄色	重黏土	大棱块状	6.5	8.5	0.65	0.93	7.4		2.0	105	9.0			
剖2	铁铝土	黄壤	黄壤	硅质黄壤	薄腐中层硅质黄壤	1	0—18	黑黄色	砂土	小块状	4.8									砂岩残积物	E 107°32′25.9″ N 25°59′48.8″	92
						2	18—45	棕黄色	砂土	小块状	5.0											
						3	45—70	黄黄色	砂土	核状	4.5											
						4	70—	橙黄色	砂土	核状	4.5											
剖3	铁铝土	黄壤	粗骨性黄壤	硅质粗骨性黄壤	薄腐薄层硅质粗骨性黄壤	1	0—13		砂壤土	粒状	6.0									砂岩残积物	E 107°40′43.7″ N 25°57′03.7″	82
						2	13—28		砂壤土	碎块状	6.0											
						3	28—															
剖4	人为土	水稻土	潴育水稻土	斑黄泥田	斑粉黄泥田	1	0—18		重壤土		5.8	42.3	3.14	0.50	11.7		7.0	92	16.0	泥页岩坡积物	E 107°33′53.3″ N 25°51′46.4″	82
						2	18—33		重壤土		6.1	11.9	1.72	0.30	20.2		5.0	37	14.1			
						3	33—75		轻壤土		6.4	7.6	1.15	0.17	23.8		3.0	69	10.2			
剖5	人为土	水稻土	渗育水稻土	大土泥田	黄大土泥田	1	0—20	浅灰黄色	轻壤土	块状	6.0									石灰岩坡积物	E 107°27′43.4″ N 25°47′24.8″	70
						2	20—40	棕黄色	轻壤土	块状	7.0											
						3	40—	棕黄色	松砂土	大棱柱状												
剖6	铁铝土	黄壤	黄壤	黄砂土	蚕黄砂土	1	0—12	浅灰黄色	紧砂土	粒状	5.4									砂岩坡积物	E 107°38′55.3″ N 25°47′56.0″	80
						C	12—65	黄灰色	轻壤土	小块状	5.6											
						R	65—															
剖7	人为土	水稻土	潴育水稻土	斑泥炭田	黄低位泥炭田	1	0—13	浅灰黄色	轻壤土	块状	5.5									泥页岩坡积物	E 107°37′22.1″ N 25°46′47.6″	77
						2	13—30	浅灰黄色	轻壤土	整体状	6.0											
						3	30—50	深灰色	轻壤土	整体状	6.0											
						4	50—150	黑褐色			7.0											
剖8	人为土	水稻土	渗育水稻土	大土泥田	黄大砂田	1	0—16	浅灰黄色	砂壤土	粒状	7.0									钙质砂岩坡积物	E 107°36′01.1″ N 25°45′24.5″	79
						2	16—30	浅灰棕色	砂壤土	小块状夹粒状	7.5											
						3	30—50		重壤土	粒状	7.5											
剖9	人为土	水稻土	潴育水稻土	斑黄泥田	心碱斑黄泥田	1	0—20		重壤土		6.0	20.6	1.20	0.99	4.6		20.0	44		泥页岩坡积物	E 107°33′26.6″ N 25°44′51.0″	82
						2	20—33		重壤土		6.0	12.9	0.94	0.67	4.5		41.0	15				
						3	33—50		重壤土		6.0	3.2	0.28	0.44	4.3		23.0	47				
						4	50—		砂壤土		8.0	2.2	0.20	0.48	18.0		25.0	76				
剖10	铁铝土	黄壤	黄壤	黄砂泥土	黄砂泥土	1	0—16	黄灰色	砂壤土	粒状	5.5	17.5	1.60				5.0	64		砂页岩坡积物	E 107°43′30.8″ N 25°44′47.6″	71
						2	16—36	灰黄色	中壤土	团块状	6.3											
						3	36—48	黄黄色	中壤土	块状	6.4											
剖11	初育土	石灰(岩)土	黄色石灰土	黄大砂泥土	黄大砂泥土	1	0—13	浅灰黄色	轻壤土	小块状夹粒状	7.2	20.1	0.85	0.42			4.0	35		白云岩坡积物	E 107°31′31.6″ N 25°44′26.0″	80
						2	13—23	灰黄色	中壤土	核粒状	7.2											
						3	23—34	黄棕色	中壤土	小块状	7.6											
						4	34—															
剖12	铁铝土	黄壤	黄壤	黏土质黄壤		1	0—17	浅黄色	重壤土	小块状										第四纪红色黏土	E 107°39′32.4″ N 25°44′15.0″	88
						2	17—36	浅黄色	重壤土	块状	5.8											
						3	36—100	红橙色	轻黏土	块状	5.4											

续表 Continued

剖面号 Soil profile	土纲 Soil order	土类 Soil great group	亚类 Soil subgroup	土属 Soil genus	土种 Soil species	土层码 Layer code	土层厚度 Depth/cm	颜色 Soil color	质地 Soil texture	土壤结构 Soil structure	pH	有机质 OM/(g/kg)	全氮 TN/(g/kg)	全磷 TP/(g/kg)	全钾 TK/(g/kg)	碱解氮 AN/(mg/kg)	有效磷 AP/(mg/kg)	速效钾 AK/(mg/kg)	阳离子交换量CEC/(cmol/kg)	土壤母质 Parent material	剖面点坐标 Profile coordinate	匹配指数 Matching index/%
剖13	铁铝土	黄壤	黄壤	硅质黄壤	薄腐厚层硅质黄壤	1	0—5	浅灰色	砂壤土	小块状	5.0									砂岩质积物	E 107°37′35.8″ N 25°43′42.2″	81
						2	5—80		壤土	小块状												
						C	80—															
剖14	人为土	水稻土	潴育水稻土	大眼泥田	黄大眼胶泥田	1	0—16		中壤土		7.0	51.3	2.16	0.89			15.0	86		石灰岩坡积物	E 107°32′24.7″ N 25°42′58.3″	89
						2	16—22		中壤土		8.0	25.8	1.69	0.61			8.0	8				
						3	22—80		重壤土		8.0	12.8	1.10	0.65			4.0	11				
剖15	人为土	水稻土	潴育水稻土	斑黄泥田	斑黄砂泥田	1	0—18		中壤土		6.0	22.8	1.24	1.30	35.5		9.0	20		砂页岩坡积物	E 107°38′04.1″ N 25°42′12.0″	74
						2	18—24		重壤土		6.0	21.6	0.99	1.50	13.5		7.0	71				
						3	24—36		重壤土		6.5	12.1	0.85	1.40	12.6		2.0	93				
						4	36—		重壤土		6.0	10.9	1.04	1.30	12.5		1.0	20				
剖16	人为土	水稻土	渗育水稻土	大土泥田	黄小砂泥田	1	0—18	浅灰色	砂壤土	粒状	7.0									砂岩灰白云岩坡积物	E 107°44′26.3″ N 25°41′15.8″	72
						2	18—25	浅灰色	砂壤土	粒状	6.5											
						3	25—35	灰色	砂壤土	小块状	6.0											
						4	35—															
剖17	铁铝土	黄壤	黄壤	硅质黄壤	薄腐厚层硅质黄壤	1	0—8	灰白色	砂壤土	粒状	5.5									细砂岩风化残积物	E 107°40′21.8″ N 25°41′08.7″	85
						2	8—13	浅灰黄色	砂壤土	小核状	5.0											
						3	13—33	灰黄色	砂壤土	核状	5.0											
剖18	人为土	水稻土	潴育水稻土	大土泥田	黄小砂泥田	1	0—18	浅灰黄色	轻壤土	粒状	7.5									砂页岩夹白云岩坡积物	E 107°42′11.6″ N 25°40′11.8″	85
						2	18—32	棕黄色	轻壤土	小块状	7.0											
						3	32—61	棕黄色	轻壤土	小块状	6.5											
						4	61—100	红棕色	重壤土	小块状	5.5											
剖19	初育土	石灰（岩）土	黄色石灰土	砂泥田次生黄色石灰土		1	0—21	灰黄色	粉砂质黏壤土	块状	7.0									风化壳残积物	E 107°45′24.6″ N 25°48′00.2″	98
						2	21—75	浅黄色	中壤土	块状	6.5											
						3	75—	黄色	黏壤土	棱块状	7.0											
剖20	人为土	水稻土	渗育水稻土	大土泥田	黄小土泥田	1	0—20	浅黄色	轻黏土	块状	7.0									黄黏土夹石灰岩坡积物	E 107°48′48.9″ N 25°47′44.2″	71
						2	20—80	黄色	重黏土	块状	6.8											
						3	80—90	灰黄色	黏土	整体状	6.5											
剖21	人为土	水稻土	潴育水稻土	大眼泥田	白鳝心黄灰砂泥田	1	0—18	浅黄色	轻壤土	小块状	7.0									白云岩、石灰岩、砂岩坡积物	E 107°42′11.6″ N 25°40′11.8″	77
						2	18—35	浅黄色	轻壤土	小块状	7.5											
						3	35—55	浅黄色	重壤土	小块状	7.5											
剖22	人为土	水稻土	潴育水稻土	斑黄泥田	黄夏白砂泥田	1	0—15	浅黄色	壤土	块状	7.0									砂岩坡积物	E 107°45′42.2″ N 25°42′50.4″	76
						2	15—27	浅黄色	壤土	小块状	7.0											
						3	27—45	浅灰白色	壤土	整体状	8.0											
						4	45—															
剖23	铁铝土	黄壤	黄壤	硅质黄壤	薄腐厚层硅质黄壤	1	0—3	灰黑色	重壤土	粒状	4.8									砂页岩坡积物	E 107°28′17.0″ N 25°39′57.2″	76
						2	3—32	黄褐色	轻壤土	小块状	4.5											
						3	32—44	浅黄色	中壤土	小块状	4.5											
						4	44—84	黄色	壤土	无明显结构	4.6											
剖24	人为土	水稻土	潴育水稻土	大眼泥田	黄大眼泥田	1	0—20	灰黑色	重黏土		7.2	35.0	1.88	0.62	7.6		4.0	42	27.2	石灰岩坡积物	E 107°28′30.4″ N 25°37′10.6″	100
						2	20—36	黄褐色	轻黏土	粒状	7.8	21.0	1.29	0.58	16.8		微量	31	25.6			
						3	36—60	黄色	中壤土	小块状	8.5	14.3	1.03	0.53	40.8		微量	31	17.6			
						4	60—100	黄色	壤土	小块状	8.0	12.2	0.98	0.52	5.4		3.0	30	10.1			
剖25	人为土	水稻土	渗育水稻土	淡黄泥田	淡黄粉砂泥田	1	0—17	黄灰色	砂壤土	粒状	6.5									粉砂岩坡积物	E 107°22′10.2″ N 25°34′07.0″	100
						2	17—37	浅灰黄色	砂壤土	小块状												
						3	37—		砂壤土	小块状夹粒状	6.2											

续表 Continued

剖面号 Soil profile	土纲 Soil order	土类 Soil great group	亚类 Soil subgroup	土属 Soil genus	土种 Soil species	土层码 Layer code	土层厚度 Depth/cm	颜色 Soil color	质地 Soil texture	土壤结构 Soil structure	pH	有机质 OM/(g/kg)	全氮 TN/(g/kg)	全磷 TP/(g/kg)	全钾 TK/(g/kg)	碱解氮 AN/(mg/kg)	有效磷 AP/(mg/kg)	速效钾 AK/(mg/kg)	阳离子交换量 CEC/(cmol/kg)	土壤母质 Parent material	剖面点坐标 Profile coordinate	匹配指数 Matching index/%
剖26	人为土	水稻土	渗育水稻土	淡黄泥田	淡黄砂泥田	1	0—15	黄灰色	中壤土	小块状	6.5	12.7	0.88	0.20	1.4		30.0	37		砂页岩坡积物	E 107°30′00.0″ N 25°31′14.9″	88
						2	15—20	暗黄灰色	轻壤土	小块状	6.5	11.7	0.80	0.37	2.7		20.0	17				
						3	20—100	暗黄灰色	重壤土	块状	6.5	4.0	0.32	0.18			10.0	17				
剖27	铁铝土	黄壤	黄壤	硅铝质黄壤	薄腐中层硅铝质黄壤	1	0—8	灰黄色	壤土	核状	4.5	5.0								砂页岩坡积物	E 107°10′11.6″ N 25°37′56.8″	85
						2	8—23	浅橙色	黏壤土	团块状	5.0											
						3	23—70	浅橙色	黏壤土	团块状	5.5											
剖28	铁铝土	黄壤	黄壤	硅铝质黄壤		1	0—10	灰棕黄色	壤黏土	核状	6.5									砂页岩坡积物	E 107°33′23.0″ N 25°37′11.6″	91
						2	10—35	棕黄色	壤黏土	团块状	6.0											
剖29	铁铝土	黄壤	黄壤	黄胶泥土	正黄泥土	1	0—15	黄褐色	轻黏土	团块状	6.5									第四纪红色黏土	E 107°37′15.2″ N 25°36′15.0″	71
						2	15—42	暗褐色	轻黏土	块状	6.5											
						3	42—	暗褐色			6.5											
剖30	人为土	水稻土	潴育水稻土	大土泥田	黄灰砂泥田	1	0—19	黄褐色	中壤土		7.5	31.8	2.78	0.62	9.1		10.0	120		白云岩坡积物	E 107°34′35.3″ N 25°35′38.7″	85
						2	19—29		中壤土		7.5	19.3	1.80	0.53	3.1		8.0	101				
						3	29—40		重壤土		8.0	8.3	0.51	0.35	2.2		9.0	61				
						4	40—97		重壤土		8.0	8.8	0.69	0.55	2.7			54				
剖31	人为土	水稻土	潴育水稻土	斑黄泥田	斑偏黄泥田	1	0—18		中壤土			18.8	1.34	0.32			34.0	22		砂页岩坡积物	E 107°32′14.8″ N 25°32′57.3″	95
						2	18—33		重壤土			11.1	0.80	0.80		148	5.0	9				
						3	33—78		重壤土			5.6	0.60	0.60		94	4.0	6				
剖32	人为土	水稻土	渗育水稻土	大土泥田	黄大胶泥田	1	0—15	浅棕黄色	中壤土	块状	7.5									石灰岩坡积物	E 107°22′59.7″ N 25°29′45.7″	87
						2	15—30	灰黄色	中壤土	块状	7.5											
						3	30—40	黄色	重壤土	块状	7.5											
剖33	人为土	水稻土	潴育水稻土	斑黄泥田	斑正黄泥田	1	0—13		中壤土		5.5	23.0	1.71	0.44			3.0	14	27.0	第四纪红色黏土	E 107°25′15.7″ N 25°29′10.5″	89
						2	13—25		中壤土		6.4	21.1	1.65	0.31			4.0	6	26.4			
						3	25—60		重壤土		6.0	23.8	1.06	0.38			2.0	14	24.8			
						4	60—		重壤土		7.0	9.0	0.34	0.30			1.0	9	24.0			
剖34	人为土	水稻土	潴育水稻土	斑紫泥田	青紫泥田	1	0—17		轻壤土		6.5	28.0	1.70	0.42			5.0	80		钙质页岩坡积物	E 107°29′06.0″ N 25°28′39.4″	88
						2	17—30		轻壤土		7.6	17.4	1.01	0.40		61	2.0	38				
						3	30—60		中壤土		7.4	14.0	0.85	0.36	28.5	47	3.0	49				
						4	60—		重壤土		7.3	11.7	0.82	0.36	30.1		3.0	43				
剖35	人为土	水稻土	潴育水稻土	大土泥田	黄血筋大眼泥田	1	0—20		轻黏土			41.3	2.70	1.02		80	26.4	60	25.8	石灰岩	E 107°29′38.3″ N 25°26′20.6″	82
						2	20—50		中黏土			11.0	0.83	0.80			9.2	30	29.9			
						3	50—125		重黏土			5.8	0.38	0.96			7.7	35				
						4	125—		中黏土			3.2	0.74	1.04			5.0	34				
剖36	人为土	水稻土	潴育水稻土	斑黄泥田	黄重白胶泥田	1	0—15	浅黄白色	中壤土	块状	6.5									泥页岩坡积物	E 107°26′33.2″ N 25°20′07.3″	73
						2	15—25	浅灰白色	中黏土	整体状	7.0											
						3	25—45	灰白色	重黏土	整体状	7.0											
						4	45—80	浅黄色	砂质黏土	整体状	7.0											
剖37	初育土	石灰(岩)土	黄色石灰土	砂泥质黄色石灰土		1	0—12	黄灰色	壤土	屑粒状	6.1									燧石灰岩	E 107°37′05.8″ N 25°29′46.3″	96
						2	12—24	黄灰色	壤土	小块状	7.2											
剖38	人为土	水稻土	潴育水稻土	大眼泥田	胶泥心黄灰砂泥田	1	0—18		中壤土		6.7	22.6	1.48	4.50			6.0	37	16.1	白云岩、泥页岩坡积物	E 107°31′25.3″ N 25°27′15.5″	77
						2	18—47		中黏土		8.3	19.9	0.43	0.32			2.0	35	12.0			
						3	47—		轻黏土		8.7	17.5	0.40	0.40			3.0	38	5.1			
剖39	人为土	水稻土	渗育水稻土	大土泥田	黄大砂泥田	1	0—14		中壤土		7.5	16.0	1.20	0.84			4.0	3		白云岩坡积物	E 107°34′56.5″ N 25°26′25.3″	84
						2	14—23		轻壤土		8.3	10.6	0.44	0.41			微量	微量				
						3	23—80		轻壤土		8.8	4.3	0.38	0.36			微量	微量				

续表 Continued

剖面号 Soil profile	土纲 Soil order	土类 Soil great group	亚类 Soil subgroup	土属 Soil genus	土种 Soil species	土层码 Layer code	土层厚度 Depth/cm	颜色 Soil color	质地 Soil texture	土壤结构 Soil structure	pH	有机质 OM/(g/kg)	全氮 TN/(g/kg)	全磷 TP/(g/kg)	全钾 TK/(g/kg)	碱解氮 AN/(mg/kg)	有效磷 AP/(mg/kg)	速效钾 AK/(mg/kg)	阳离子交换量 CEC/(cmol/kg)	土壤母质 Parent material	剖面点坐标 Profile coordinate	匹配指数 Matching index/%
剖40	初育土	石灰（岩）土	黄色石灰土	黄小胶泥土	黄小土泥土	1	0—15	暗黄色	重壤土	小块状	7.0									第四纪红色黏土	E 107°36′00.4″ N 25°21′22.7″	84
						2	15—30	棕黄色	轻黏土	棱粒状	7.0											
						3	30—45	浅黄色	轻黏土	棱块状	6.5											
						4	45—	黄红色			6.0											
剖41	人为土	水稻土	渗育水稻土	淡黄泥田	淡黄砂田	1	0—16	灰黄色	砂壤土	单粒状	5.0	84.6	1.40	0.67	12.4	136	15.0	157	6.7	砂岩风化残积物	E 107°25′28.4″ N 25°19′31.8″	96
						2	16—28	黄色	中壤土	小粒状	5.0	18.9	1.03	0.12	6.8	101	5.0	36	6.8			
						3	28—	黄色	中壤土	单粒状	5.0	15.3	0.99	0.31	13.2	50	3.0	95	8.7			
剖42	人为土	水稻土	渗育水稻土	大土泥田	黄小胶泥田	1	0—18		重黏土		8.5	14.5	1.04	0.52			3.0	49		石灰岩风化残积物	E 107°27′32.6″ N 25°18′32.4″	82
						2	18—28		中黏土		6.4	25.4	1.78	0.62			4.0	64				
						3	28—45		中黏土		7.0	13.4	0.91	0.59			1.0	119				
剖43	人为土	水稻土	潴育水稻土	大眼泥田	大眼黄色泥胶田	1	0—24	棕黄色	中黏土	小块状	7.5									泥页岩夹石灰岩坡积物	E 107°29′03.9″ N 25°14′36.7″	88
						2	24—33	灰黄色	中黏土	块状	6.5											
						3	33—70	浅黄色	中壤土	棱柱状	6.5											
剖44	初育土	石灰（岩）土	黄色石灰土	泥质黄色石灰土	薄腐中层泥质黄色石灰土	1	0—5	浅黑色	黏壤土	小块状	8.0	49.7	2.72				10.0	41		石灰岩残积物	E 107°34′06.9″ N 25°18′28.8″	72
						2	5—30	浅黑黄色	黏土	小块状	8.0											
						3	30—50	黄色		大梭块状	8.0											
						4	50—															
剖45	人为土	水稻土	潴育水稻土	斑紫泥田	青紫砂田	1	0—20	浅紫色	中壤土	粒状	7.5									钙质砂页岩坡积物	E 107°30′04.7″ N 25°17′00.3″	88
						2	20—40	浅紫色	壤质黏土	小块状	7.8											
						3	40—50	紫色	轻黏土	块状	7.8											
						4	50—	紫色	轻黏土	块状	7.8											

罗甸县

主要土类说明

粗骨土是罗甸县主要土壤类型，占本县地域面积的32%。粗骨土属初育土，主要发生于亚热带湿润气候区。成土母质多为砂岩、页岩等沉积岩，也有部分为玄武岩、辉绿岩等岩浆岩。该土壤具A-C剖面构型，盐基饱和度为15%—30%。土体厚度一般为20—50cm，A层厚度以10—15cm居多。成土过程无黏化作用，有不同程度的淋溶作用。粗骨土多分布在山丘陡坡地段，土壤侵蚀严重。

红壤是罗甸县第二大土壤类型，占本县地域面积的27%。红壤发育于本县水热条件最优越的地段，集中分布在低山丘陵河谷地带，具A-Bs-Bv或A-Bs-C剖面构型。自然植被以偏湿性常绿阔叶林为主。成土母质较为广泛，黏土矿物一般以高岭石为主，具有强的脱硅富铝化过程，黏粒硅铝率一般为2.0—2.5，有深厚的红色土层。

石灰（岩）土是罗甸县第三大土壤类型，占本县地域面积的25%。石灰（岩）土为岩成土，由石灰岩、白云岩、钙质岩类风化物，覆盖在石灰岩上的薄层古风化壳以及残留的砂页岩类风化残积物和坡积物发育而成。本县各地碳酸岩类出露区域均有石灰（岩）土分布。石灰（岩）土一般土层较薄，土壤呈中性至微碱性，腐殖质和有机质容易积累，矿物养分含量丰富，多具A-R剖面构型，剖面层次多为上壤下黏。

黄壤占本县地域面积的9%。黄壤发育于温暖湿润的亚热带气候条件下，集中分布在低中山和低山丘陵，含有较多水合氧化铁，土体多呈黄色，具A-B-C剖面构型。自然植被主要为常绿阔叶林。成土母质多为砂页岩、碎屑岩等风化物及红色黏土。黄壤一般土层较厚，土体连贯性较好，黏土矿物以蛭石为主，具有较强的脱硅富铝化过程，黏粒硅铝率为1.5—2.7。

水稻土占本县地域面积的6%，广泛分布在本县各地。水稻土是在长期的季节性淹灌、水下翻耕、季节性脱水、氧化还原交替影响下，原来的成土母质或母土的特性发生重大改变形成的新的土壤类型。由于干湿交替，水稻土形成糊状的淹育层、较坚实板结的犁底层、渗育层、潴育层与潜育层等多种发生层。这些不同发生层是在人为耕作、水浆管理下形成的。

小于本县地域面积3%的土壤类型有山地草甸土、潮土、紫色土和石质土。

本区域中心区气候特征

本区域中心区气候特征值
Regional climate characteristics in central area of the region

气候带：南亚热带湿润气候 Climate region: South subtropical humid climate	
年平均气温 /℃ Annual average temperature /℃	17.7
年平均最高气温 /℃ Annual average maximum temperature /℃	22.4
年平均最低气温 /℃ Annual average minimum temperature /℃	14.5
年降水量 /mm Annual precipitation /mm	1267
≥10℃的积温 /℃ Daily temperature accumulated in a year（≥10℃）/℃	6459
年日照时数 /h Annual sunshine /h	1338
年平均相对湿度 /% Annual average relative humidity /%	77
干燥度 Dryness	0.83

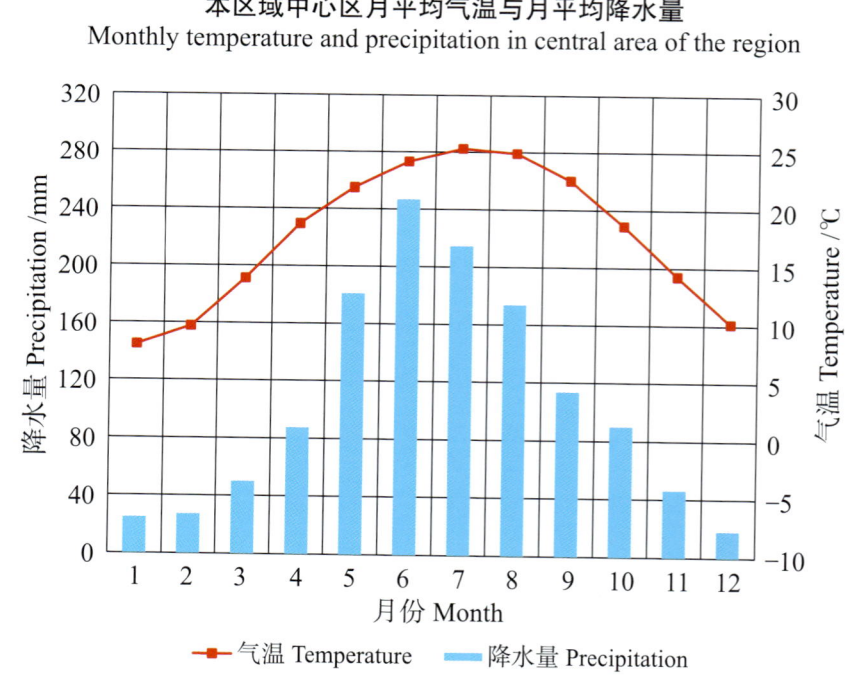

本区域中心区月平均气温与月平均降水量
Monthly temperature and precipitation in central area of the region

罗甸县主要土壤类型与土壤剖面点分布图
1∶310 000

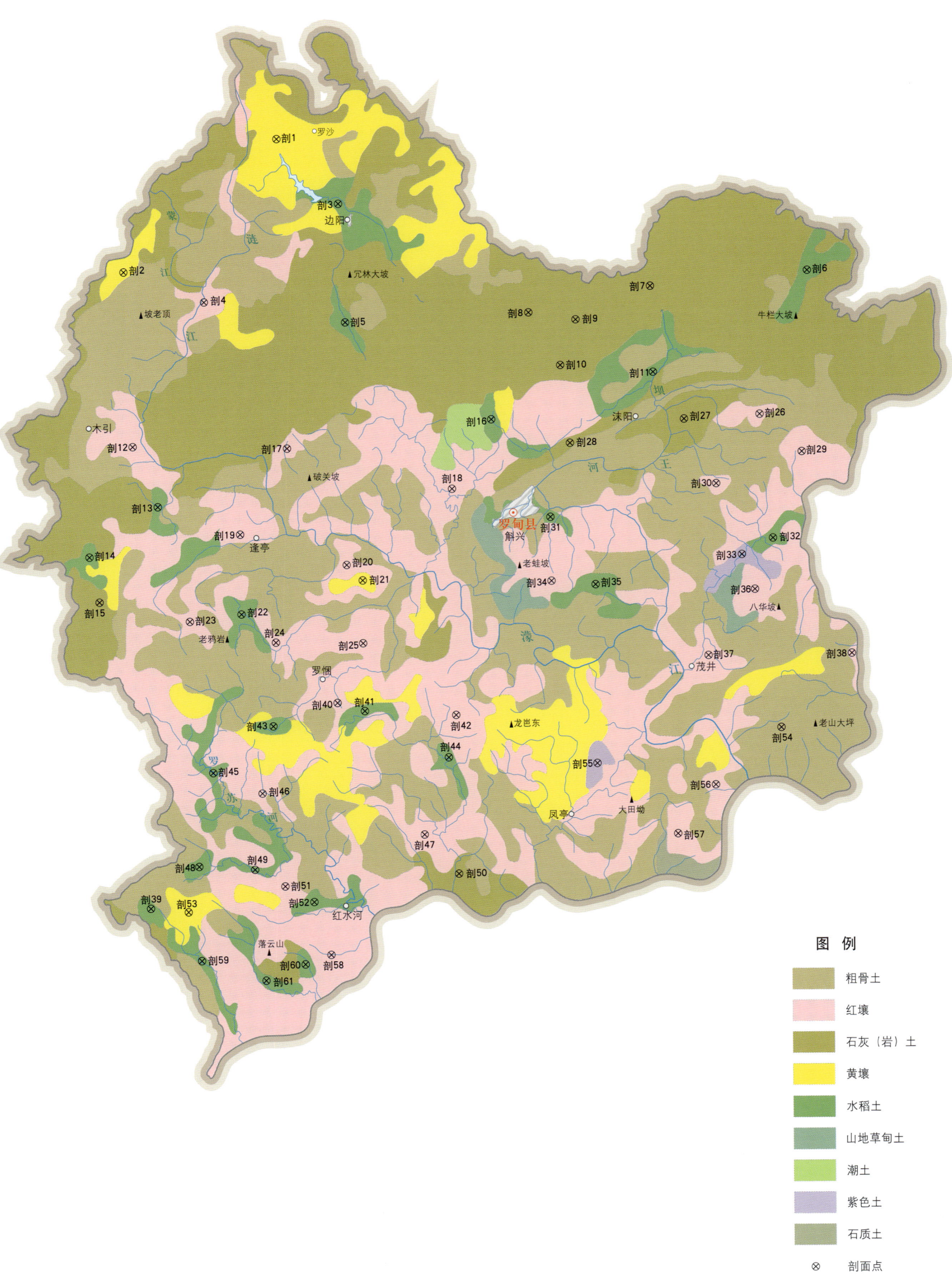

罗甸县土壤剖面理化性状表

剖面号 Soil profile	土纲 Soil order	土类 Soil great group	亚类 Soil subgroup	土属 Soil genus	土种 Soil species	土层码 Layer code	土层厚度 Depth/cm	颜色 Soil color	质地 Soil texture	土壤结构 Soil structure	pH	有机质 OM/(g/kg)	全氮 TN/(g/kg)	全磷 TP/(g/kg)	全钾 TK/(g/kg)	有效磷 AP/(mg/kg)	速效钾 AK/(mg/kg)	阳离子交换量CEC/(cmol/kg)	土壤母质 Parent material	剖面点坐标 Profile coordinate	匹配指数 Matching index/%
剖1	铁铝土	黄壤	黄壤	硅铁质黄壤		1	0-13		轻黏土		4.6	53.7	2.02	0.22		3.0	50			E 106°34′39.2″ N 25°40′50.4″	73
						2	13-95		轻黏土		4.9	7.0	0.37	0.11		2.0	60				
						3	95-112		轻黏土		5.1	3.9	0.28	0.11		1.0	77				
剖2	铁铝土	黄壤	黄壤	铁质黄壤		1	0-18	暗棕黄色	重壤土	粒状	6.1	38.6	1.64	1.56		8.0	56	35.1		E 106°27′48.9″ N 25°35′38.0″	100
						2	18-29	灰棕色	重壤土	核状	6.2	25.7	1.10	1.98		8.0	51	32.3			
						3	29-100	浅黄棕色	重壤土	核状	6.1	12.8	0.62	1.82		9.0	43	26.5			
剖3	人为土	潴育水稻土	斑赤泥田	心碱斑赤泥田		1	0-16	暗黄灰色	重壤土	小块状	5.8	32.5	1.74	0.32		4.0	123		粉砂岩夹钙质岩坡积物	E 106°37′19.0″ N 25°38′13.8″	79
						2	16-37	暗黄灰色	重壤土	小块状	8.0	21.1	1.21	0.28		4.0	61	23.9			
						3	37-70	浅黄灰色	重壤土	小块状	8.3	11.9	8.30	0.25		4.0	38	11.6			
						4	70-100	浅灰黄色	重壤土	小块状	8.4	5.4	3.80	0.33		4.0	31				
剖4	铁铝土	红壤	红砂土	红砂土		A	0-18	暗灰黄色	壤质黏土	粒状	4.1	82.5	2.95	0.67	11.0	5.0	49	13.2	砂岩坡积物	E 106°31′20.3″ N 25°34′24.2″	84
						B	18-77	浅黄橙色	壤质黏土	小块状	4.5	15.9	1.46	0.37	17.4	1.0	23	11.6			
剖5	人为土	渗育水稻土	淡红泥田	淡粉黄红泥田		1	0-15	暗黄棕色	重壤土	小块状	5.3	26.2	1.36	0.27		6.0	152		粉砂岩夹钙岩坡积物	E 106°37′32.2″ N 25°33′31.3″	83
						2	15-21	浅棕黄色	重壤土	小块状	5.5	23.7	1.17	0.26		4.0	49	12.6			
						3	21-75	灰黄色	重壤土	核粒状	5.6	13.7	0.80	0.19		5.0	40	9.6			
剖6	人为土	渗育水稻土	大土泥田	红小土泥田		1	0-19	黄灰黄色	重壤土	小块状	7.9	31.1	1.92				46			E 106°57′55.2″ N 25°35′17.6″	75
						2	19-70	黄灰黄色	壤质黏土	块状											
剖7	初育石灰(岩)土	黄色石灰土	泥质黄色石灰土	砾身黄黄大土泥土		1	0-20	黄灰黄色	砾质重壤土	小块状	7.6	34.3	1.85	0.46	24.9	3.0	53	13.9		E 106°50′59.7″ N 25°34′46.6″	86
						2	20-70	暗灰黄色	砾质重壤土	小块状	7.6	33.7	1.68	0.40	25.0	3.0	49	11.6			
剖8	初育石灰(岩)土	黄色石灰土	泥质黄色石灰土	黄大土泥土		1	0-18	浅黄灰色	重壤土	小块状	8.2	25.6	1.35	0.26		4.0	55		粉砂岩夹钙岩坡积物	E 106°45′37.3″ N 25°33′48.4″	98
						2	18-60	灰黄色	轻壤土	小块状	7.5										
剖9	初育石灰(岩)土	黄色石灰土	泥质黄色石灰土	薄腐中层泥质黄黄红壤		1	0-14	暗黄棕色	重壤土	粒状	7.3	52.6	1.65	0.28		3.0	37		泥岩夹石灰岩坡积物	E 106°47′41.3″ N 25°33′29.5″	80
						2	14-30	黄灰棕色	重壤土	块状	7.4	6.9	0.26	0.27		1.0	26				
						3	30-60	浅黄灰色	轻壤土	块状	7.6	9.3	0.65	0.25		1.0	23				
剖10	初育石灰(岩)土	黑色石灰土	岩泥土	黑岩泥		Ah	0-15	黑棕色	壤质黏土	团粒状	7.2	125.0	6.72	0.88	15.1	9.0	107	35.3	石灰岩夹云岩残积物、坡积物	E 106°46′58.4″ N 25°31′41.5″	76
						Ah₁	15-43	暗黄棕色	壤质重壤土	核粒状	7.7	36.1	2.17	0.70	15.4		37	24.1			
						3	43-														
剖11	人为土	潴育水稻土	斑赤泥田	斑赤泥田		1	0-17	暗黄黄色	重壤土	小块状	5.5								粉砂质页岩坡积物	E 106°51′03.2″ N 25°31′21.4″	86
						2	17-38	暗黄黄色	重壤土	小块状	6.0										
						3	38-60	棕黄色	重壤土	小块状	6.5										
						4	60-90	浅黄棕色	重壤土	小块状	6.5										
剖12	铁铝土	黄红壤	铁铝质黄红壤	薄腐中层铁质黄红壤		1	0-14	暗黄棕色	轻壤土	小块状	6.0	89.6	1.73	0.22	11.5	4.0	79		白云质灰岩夹泥质岩残积物、残积物	E 106°28′05.6″ N 25°28′41.5″	71
						2	14-29	暗黄棕色	轻壤土	块状	6.2	20.8	1.13	0.16	13.2	3.0	52				
						3	29-50	暗黄棕色	轻壤土	块状	6.4	16.2	1.09	0.17	13.1	1.0	45				
剖13	人为土	潴育水稻土	斑红泥田	心碱斑黄红泥田		1	0-17	棕黄色	中壤土	团块状	6.1	47.9	2.41			4.0			粉砂质泥岩夹钙质岩坡积物	E 106°29′09.3″ N 25°26′17.9″	83
						2	17-24	棕黄色	重壤土	团块状	6.5										
						3	24-75	黄灰黄色	中壤土	团块状	6.5						283				
剖14	人为土	渗育水稻土	淡红泥田	淡粉砂红泥田		1	0-15	浅灰黄色	中壤土	小块状	5.5								粉砂岩坡积物	E 106°26′06.5″ N 25°21′20.7″	97
						2	15-28	灰灰黄色	中壤土	小块状	6.0					10.0					
						3	28-81	灰黄色	砾质重壤土	小块状	6.0	37.8	2.06			3.0	50				
剖15	初育石灰(岩)土	黄色石灰土	泥质黄色石灰土	砾质黄大土泥土		1	0-12	灰黑色	轻黏土	小块状	8.5									E 106°26′30.8″ N 25°22′32.9″	83
						2	12-90	夹黄棕色	轻黏土	小块状	7.5										

续表 Continued

剖面号 Soil profile	土纲 Soil order	亚类 Soil subgroup	土属 Soil genus	土种 Soil species	土层码 Layer code	土层厚度 Depth/cm	颜色 Soil color	质地 Soil texture	土壤结构 Soil structure	pH	有机质 OM/(g/kg)	全氮 TN/(g/kg)	全磷 TP/(g/kg)	全钾 TK/(g/kg)	有效磷 AP/(mg/kg)	速效钾 AK/(mg/kg)	阳离子交换量 CEC/(cmol/kg)	土壤母质 Parent material	剖面点坐标 Profile coordinate	匹配指数 Matching index/%
剖16	人为土	潴育水稻土	斑红泥田	油绵红泥田	1	0—16	浅灰棕色	中壤土	小块状	6.0								辉绿岩风化物	E 106°43′53.4″ N 25°29′34.1″	94
					2	16—27	灰棕色	中壤土	块状	6.0										
剖17	铁铝土	红壤	铁质红壤	薄腐厚层铁质红壤	3	27—64	中棕色	中壤土	大粒状	6.5										
					1	0—13	浅棕灰色	中壤土	核粒状	6.3	52.8	2.34	1.52	18.1	8.0	42		泥质页岩残积物、坡积物	E 106°34′53.1″ N 25°28′32.3″	93
					2	13—49	中棕色	中壤土	小块状	5.7	15.6	0.71	2.43	21.0	10.0	39				
					3	49—113	黄棕色	轻壤土	大块状	5.7	11.6	0.55	4.88	22.4	15.0	37				
剖18	铁铝土	红壤	红泥土	厚红泥	A	0—12	浅棕黄色	壤质黏土	核粒状	5.6	18.8	1.75	0.49		2.0	46	12.1		E 106°42′06.8″ N 25°26′50.3″	91
					B	12—47	黄色	黏土	块状	5.5	9.3	1.42	0.49		2.0	35	12.3			
					C	47—85	浅橙红色	多砾质黏土	块状	5.4	6.6	1.51	0.55		2.0	36	13.6			
剖19	铁铝土	红壤	硅铁质黄红壤	死粉红泥土	1	0—10	浅黄色	轻黏土	大块状	5.8	18.6	1.25			1.0	37			E 106°32′45.3″ N 25°25′09.5″	93
					2	10—90	浅黄色	轻黏土	小块状	5.5										
剖20	铁铝土	黄红壤	大黄红泥	大黄红泥	A	0—14	暗黄棕色	壤质黏土	小块状	6.0	39.6	1.73	0.22	11.5	4.0	79		塘灰岩坡积物	E 106°37′24.9″ N 25°23′53.1″	71
					B	14—29	黄棕色	壤质黏土	块状	6.2	20.8	1.13	0.16	13.2	3.0	52				
					BC	29—50	中棕色	粉砂质黏土	块状	6.4	16.0	1.09	0.17	13.1	1.0	48				
剖21	铁铝土	黄壤	铁铝质黄壤		1	0—12	暗棕灰色	重壤土	核粒状	5.4	53.5	2.71	0.30	8.2	8.0	92			E 106°38′06.9″ N 25°23′15.4″	71
					2	12—19	灰棕色	重壤土	小块状	4.9	20.1	1.55	0.21	10.0	8.0	88				
					3	19—71	浅棕黄色	轻黏土	块状	5.2	6.8	1.49	0.31	14.9	2.0	94				
剖22	人为土	潴育水稻土	斑红泥田		1	0—17	灰棕色	中壤土	块状	5.7	29.5	1.80			1.0	37		塘灰岩夹泥岩坡积物	E 106°32′45.2″ N 25°21′58.7″	79
					2	17—26	黄灰色	中壤土	块状	5.7										
					3	26—50	灰黄色	重壤土	块状	6.5										
剖23	铁铝土	黄红壤	铁质黄红壤	绢黄红壤	1	0—14	暗黄棕色	轻壤土	粒状	5.4	23.3	1.65			2.0	79			E 106°30′28.6″ N 25°21′43.4″	89
					2	14—81	黄棕色	中壤土	块状	6.0										
剖24	铁铝土	黄红壤	硅铁质黄红壤	薄腐中层铁质黄红壤	1	0—18	深黄棕色	中壤土	中粒状	6.2	39.1	1.30			4.0	32		粉砂质岩	E 106°34′14.6″ N 25°20′50.3″	76
					2	18—73	黄棕色	轻壤土	核粒状	6.0										
剖25	铁铝土	红壤	硅铝质红壤	厚腐中层硅铝质黄红壤	1	0—15	暗黄棕色	中壤土	小块状	6.5										E 106°38′04.9″ N 25°20′45.2″	95
					2	15—38	黄棕色	中壤土	小块状	6.0										
					3	38—72	浅棕色	中壤土	小块状	4.5										
剖26	铁铝土	红壤	铁铝质黄红壤	红大泥	1	0—10	灰棕色	重壤土	块状	5.0									E 106°32′43.0″ N 25°29′35.9″	88
					2	10—45	黄黄色	中壤土	粒状	7.5	47.2	3.04	0.35	27.0	3.0	73		泥灰岩夹钙质泥岩	E 106°52′23.2″ N 25°29′28.0″	90
剖27	初育土 石灰(岩)土	红色石灰土	红大泥土	红大泥	A	0—12	暗黄棕色	壤质黏土	粒状	7.7	19.7	1.56	0.38	27.0	2.0	47				
					AC	12—45	浅红棕色	壤质黏土	块状	7.7	12.9	1.30	0.28	27.1	2.0	44				
					C	45—79	黄棕色	中壤土	拟块状	6.7	38.8	1.93	0.38	8.8	3.0	48	13.5	石灰岩风化、坡积物、残积物	E 106°47′20.0″ N 25°28′35.0″	80
剖28	初育土 石灰(岩)土	红色石灰土	红大泥土	红大泥	A	0—14	深黄棕色	粉砂质壤土	粒状	6.8	12.1	0.80	0.29	8.2	2.0	51	11.9			
					AC	14—21	红棕色	粉砂质壤土	块状	7.2	5.0	0.40	0.17	7.3	2.0	44	10.9			
					C	21—70	红棕色	中壤土	核粒状	5.1	38.1	2.04			2.0	57		砂页岩互层	E 106°38′04.9″ N 25°20′45.2″	91
剖29	铁铝土	红壤	硅铝质红壤	红橘泥土	1	0—9	暗棕色	中壤土	核粒状	5.5											
					2	9—76	棕色	中壤土	块状	6.3	52.8	2.34	1.52		8.0	42		辉绿岩风化、坡积物	E 106°53′44.2″ N 25°26′52.4″	94
剖30	铁铝土	红壤	橘红泥土	厚橘红泥	1	0—13	暗棕色	少砾质黏壤土	核粒状、小块状	5.7	15.6	0.71	2.43		10.0	39				
					B	13—49	红棕色	多砾质黏壤土	块状	5.9	11.6	0.55	4.83		15.0	37				
					C	49—113	浅红棕色	轻壤土	粒状	6.1								河流冲积物	E 106°46′25.1″ N 25°25′39.4″	99
剖31	人为土	渗育水稻土	淡潮砂田	淡潮砂田	1	0—13	浅黄灰色	轻壤土	小块状夹粒状	7.0										
					2	13—21	灰灰色	轻壤土	小块状	7.5										
					3	21—60														

续表 Continued

剖面号 Soil profile	土纲 Soil order	土类 Soil great group	亚类 Soil subgroup	土属 Soil genus	土种 Soil species	土层码 Layer code	土层厚度 Depth/cm	颜色 Soil color	质地 Soil texture	土壤结构 Soil structure	pH	有机质 OM/(g/kg)	全氮 TN/(g/kg)	全磷 TP/(g/kg)	全钾 TK/(g/kg)	有效磷 AP/(mg/kg)	速效钾 AK/(mg/kg)	阳离子交换量CEC/(cmol/kg)	土壤母质 Parent material	剖面点坐标 Profile coordinate	匹配指数 Matching index/%
剖32	人为土	水稻土	潴育水稻土	斑点泥红田	斑推黄红泥田	1	0—16	黄灰色	轻黏土	小块状	5.5	38.2	1.84	0.44		9.0	70		燧石灰岩夹页岩坡积物	E 106°56′11.6″ N 25°24′40.0″	88
						2	16—22	暗黄灰色	轻黏土	小块状	6.6	33.4	1.75	0.44		9.0	103				
						3	22—43	暗黄灰色	轻黏土	小块状	6.7	24.5	1.15	0.45		4.0	65				
						4	43—85	暗黄棕色	轻黏土	小块状	6.7	23.2	1.08	0.46		4.0	92				
剖33	初育土	紫色土	酸性紫色土	淋溶紫色土	薄腐中层淋溶紫色泥土	1	0—12	紫红色	重壤土	粒状	5.3	46.1	1.85	0.30	15.5	4.0	126		钙质页岩坡积物	E 106°54′49.0″ N 25°24′02.2″	91
						2	12—26	浅紫红色	轻黏土	小块状	5.0	26.4	1.12	0.25	20.3	2.0	43				
						3	26—75	紫红色	中黏土	小块状	4.4	6.0	0.78	0.17	27.4	1.0	53				
剖34	铁铝土	红壤	黄红壤	大黄红泥土	厚大黄红泥	A	0—14	暗黄黄色	壤质黏土	核粒状	6.0	39.6	1.73	0.22	11.5	4.0	79		燧石灰岩坡积物	E 106°46′24.6″ N 25°23′07.1″	79
						B	14—50	暗黄黄色	粉砂质黏土	块粒状	6.3	18.5	1.11	0.17	13.1	2.0	50				
						C	50—80				7.5										
剖35	人为土	水稻土	潴育水稻土	大土泥田	黄大土泥田	1	0—16		重壤土	小块状	6.5	32.3	2.17	0.46	19.1	17.0	105		石灰岩夹页岩坡积物	E 106°48′20.9″ N 25°22′56.6″	96
						2	16—28	暗黄黄色	轻黏土	块状	6.5	29.4	2.26	0.47	18.7	3.0	56	11.5			
						3	28—40	棕黄色	轻黏土	块状	7.0	13.9	1.96	0.37	24.1	2.0	58	11.4			
						4	40—70	浅灰黄色	中壤土	块状	7.5							11.5			
剖36	铁铝土	黄红壤	硅铁质黄红壤	粉黄红泥土	1	0—13	棕黄色	重壤土	小块状	5.3	41.9	2.04	0.93	16.3	3.0	48	28.3	页岩夹粉砂质页岩风化物	E 106°55′21.4″ N 25°22′38.6″	81
						2	13—27	浅黄棕色	轻黏土	小块状、块状	5.2	14.8	1.03	0.67	15.8	4.0	39	22.7			
						3	27—78		中壤土	粒状		4.9	0.78	0.60	12.7	4.0	44	18.6			
剖37	铁铝土	红壤	铁质红壤	油红泥土	油锦红泥土	A	0—19	浅黄棕色	壤质黏土	批块状	6.0	29.3	1.67	0.19		6.0	63		页岩风化物	E 106°53′14.9″ N 25°20′02.3″	95
						B	19—47	浅黄棕色	壤质黏土	块状	6.0	21.8	1.31	0.21		3.0	59				
						C	47—79	浅黄棕色	中黏土	块状	6.0	4.9		0.19		4.0	73				
剖38	铁铝土	红壤	硅铁质红壤	粉红泥土	1	0—17	浅黄黄色	中壤土	块状	6.1	32.9	1.73			3.0	46		泥岩、页岩坡积物	E 106°59′43.2″ N 25°20′02.2″	96
						2	17—38	浅黄黄色	中壤土	小块状	5.9	23.9	1.40			4.0	36				
						3	38—83	暗黄棕色	重壤土	核粒状	5.5	18.0	1.30			3.0	34				
剖39	人为土	水稻土	潴育水稻土	淡黄泥田	1	0—17	暗黄黄色	重壤土	小块状	5.9	36.0	2.23			6.0	125		泥岩夹少量石灰岩坡积物	E 106°28′31.8″ N 25°10′19.2″	84
						2	17—25	暗黄棕色	轻黏土	核粒状	5.5										
						3	25—80	暗棕色	轻黏土	块状	6.0										
剖40	铁铝土	红壤	铁质红壤	油锦绵红泥土	1	0—21	浅黄棕色	中壤土	核粒状	6.4	52.5	2.46	3.30	16.4	18.0	45	27.9	泥岩坡积物	E 106°36′53.9″ N 25°18′24.0″	90
						2	16—40	深灰棕色	中壤土	块状	6.0	28.1	1.28	3.02	18.2	15.0	30	26.6			
						3	40—70	棕黄色	中壤土	块状	6.3	11.8	0.71	3.43	22.1	25.0	30	24.8			
剖41	人为土	水稻土	潴育水稻土	斑红泥田	心碱硬红泥田	1	0—11	暗灰棕色	轻黏土	小块状	5.5	29.3	1.67	0.54		6.0	62	10.2	粉砂质泥岩夹燧石灰岩	E 106°38′06.0″ N 25°18′03.5″	94
						2	11—18	暗棕色	中壤土	中块状	6.9	21.8	1.31	0.49		3.0	59	10.4			
						3	18—49	暗棕色	中壤土	块状	7.1	14.2	1.01	0.44		4.0	73	11.0			
						4	49—90	浅黄棕色	轻黏土	中块状	7.4	7.9	0.74	0.56		4.0	46	13.1			
剖42	铁铝土	黄红壤	硅铁质黄红壤	斑红泥土	薄腐中层硅铁质黄红泥土	1	0—16	浅灰黄色	重壤土	粒状	5.6	70.2	2.72	0.32		4.0	169		泥岩坡积物	E 106°42′06.5″ N 25°17′50.3″	89
						2	16—40	棕黄色	轻黏土	小块状	5.2	17.9	1.09	0.20		2.0	39				
						3	40—70	棕黄色	中壤土	块状	5.3	9.6	0.77	0.19		1.0	45				
剖43	人为土	水稻土	潴育水稻土	淡红泥田	心碱淡黄泥田	1	0—14	浅灰黄色	轻黏土	小块状	5.6	35.3	2.16	0.54		7.0	63	13.5	页岩夹燧石灰岩坡积物	E 106°34′03.7″ N 25°17′30.5″	86
						2	14—25	灰黄棕色	轻黏土	中块状	6.9	23.5	1.52	0.49		5.0	42	12.9			
						3	25—43	暗黄棕色	轻黏土	中块状	7.4	15.7	1.10	0.44		2.0	43	12.7			
						4	43—80	浅黄棕色	重壤土	中块状	7.6	11.6	0.99			4.0	45	13.2			
剖44	人为土	水稻土	潴育水稻土	淡红泥田	心碱淡红泥田	1	0—12	暗黄黄色	轻黏土	小块状	5.3	36.5	2.00	0.56		42.0	192		页岩坡积物	E 106°41′44.9″ N 25°16′09.5″	88
						2	12—25			块状	7.0										
						3	25—46			中块状	7.5										
						4	46—98			中块状	7.5										
剖45	人为土	水稻土	潴育水稻土	大土泥田	红大土泥田	1	0—14	暗黄色	轻黏土	块状	7.8	43.6	2.47	0.68	16.0	9.0	99	17.9	石灰岩夹钙质页岩夹石岩坡积物	E 106°31′23.0″ N 25°15′41.8″	87
						2	14—70	黄灰色	轻黏土	大块状	8.2	13.8	0.82	0.36	15.1	3.0	45	14.6			

续表 Continued

剖面号 Soil profile	土纲 Soil order	土类 Soil great group	亚类 Soil subgroup	土属 Soil genus	土种 Soil species	土层码 Layer code	土层厚度 Depth/cm	颜色 Soil color	质地 Soil texture	土壤结构 Soil structure	pH	有机质 OM/(g/kg)	全氮 TN/(g/kg)	全磷 TP/(g/kg)	全钾 TK/(g/kg)	有效磷 AP/(mg/kg)	速效钾 AK/(mg/kg)	阳离子交换量CEC/(cmol/kg)	土壤母质 Parent material	剖面点坐标 Profile coordinate	匹配指数 Matching index/%
剖46	铁铝土	红壤	黄红壤	硅铁质黄红壤	死铁码黄红壤	1	0~9	灰黄色	重壤土	中块状	5.5								页岩坡积物	E 106°33′31.3″ N 25°14′50.3″	70
						2	9~43	红棕色	轻粘土	中粒状	5.5										
剖47	铁铝土	红壤	红壤	硅铁质红壤红壤	薄腐厚层层硅铁质红壤	1	0~17	灰棕黄色	中粘土	块状	5.1	35.0	1.61	0.89	11.5	1.0	41			E 106°40′36.9″ N 25°13′05.8″	94
						2	17~50	浅棕黄色	中粘土	块状	5.1	22.7	0.92	0.41	11.5	1.0	81				
						3	50~110	浅红黄色	重粘土	块状	5.1	10.0	0.78	0.42	14.8	微量	39				
剖48	人为土	水稻土	潴育水稻土	斑红泥田	油褐黄红泥田	1	0~10	浅灰棕色	中壤土	中块状	5.3	45.1	2.28			10.0	101		辉绿岩风化物	E 106°30′41.4″ N 25°11′57.1″	71
						2	10~18	黄棕色	重粘土	中块状	6.0										
						3	18~65	灰棕色	轻粘土	大块状	5.9										
剖49	人为土	水稻土	潴育水稻土	斑红泥田	斑粉黄红泥田	1	0~16	灰黄色	重粘土	块状	5.9	35.7	1.82	0.32	9.1	2.0	79	14.6	页岩坡积物	E 106°33′07.9″ N 25°11′47.8″	97
						2	16~24	暗黄黄色	重粘土	块状	7.8	22.6	1.22	0.33	9.5	3.0	57	14.4			
						3	24~42	暗黄黄色	轻粘土	棱柱状	8.2	15.0	0.83	0.35	9.7	4.0	59	12.1			
						4	42~65	黄棕色	轻粘土	棱柱状	8.4	5.9	0.63	0.25	9.1	2.0	76	9.0			
剖50	初育土	石灰（岩）土	红色石灰土	红大泥土	厚红大泥	A	0~30	棕黑色	黏土	粒状	7.4	88.4	5.52	1.73	4.7	4.0	105	53.0	辉绿岩风化物	E 106°42′05.1″ N 25°11′30.3″	73
						AC	30~50	暗红棕色	黏土	棱柱状	7.5	52.5	4.24	1.35	4.2	3.0	68	42.7			
						C	50~100	棕红色	粉砂质黏土壤	抱棱块状	7.7	30.9	2.92	0.99	4.2	2.0	62	38.2			
剖51	铁铝土	红壤	黄红壤	橘黄红壤	油糖黄红壤	A	0~18	棕灰色	壤质黏土	粒状	5.8	52.4	2.11	1.01	8.1	2.0	82	27.8		E 106°34′27.0″ N 25°11′06.9″	71
						B	18~49	暗棕色	壤质黏土	小块状	5.8	32.9	1.38	0.95	7.9	1.0	56	26.3			
						C	49~81	紫棕色	壤质黏土													
剖52	人为土	水稻土	潴育水稻土	淡粉红泥田	淡粉红泥田	1	0~14	灰黄色	轻壤土	小块状	5.8	23.7	1.36	0.41	13.1	5.0	132	19.1	粉砂质泥岩夹红砂岩坡积物	E 106°35′42.6″ N 25°10′28.5″	92
						2	14~21	红棕色	中粘土	大块状	6.5						55	16.3			
						3	21~48	暗棕色	中粘土	大块状	6.0			0.26	13.5		37	12.1			
剖53	初育土	黄壤	黄壤	硅质黄壤	粉泥红壤	1	0~18	灰黄色	轻壤土	小块状	6.4	30.3	2.11	0.43		2.0	66	10.5	砂页岩坡积物	E 106°30′10.8″ N 25°10′09.1″	100
						2	18~63	浅黄色	中壤土	小块状	6.1	15.6	1.59	0.32		微量	45				
剖54	初育土	粗骨土	酸性粗骨土	砾石红壤土	砾红红壤	A	0~11	浅灰色	砂质质粘壤土	小块明显结构	5.3	25.1	1.16			5.0				E 106°56′22.9″ N 25°17′07.1″	90
						C	11~48	浅紫红色	轻粘质黏砂土	无明显结构	5.0	10.1	0.65								
剖55	初育土	紫色土	酸性紫色土	淋溶紫色土	红次酸红壤	1	0~15	浅紫红色	重粘土	大块状	6.1	20.6	0.90			10.0	41		钙质泥页岩残积物	E 106°48′15.8″ N 25°15′49.7″	74
						2	15~45	棕红色	重粘土	核粒状	5.0										
剖56	铁铝土	红壤	黄红壤	铁质黄红壤	油褐黄红泥土	1	0~18	暗棕色	轻粘土	核粒状	5.8	52.4	2.40	1.01	8.1	2.0	82	27.8		E 106°53′27.1″ N 25°14′53.6″	76
						2	18~49	浅灰棕色	中粘土	小块状	5.8	32.9	1.88	0.95	1.0	1.0	56	26.3			
剖57	铁铝土	红壤	黄红壤	铁铝质红壤	准黄红泥田	1	0~11	浅灰棕色	轻粘土	中块状	6.0	31.4	1.95	0.77		1.0	86			E 106°51′44.7″ N 25°12′57.5″	78
						2	11~23	黄棕色	中粘土	中块状	5.2	19.4	1.46	0.65		2.0	37				
						3	23~80	灰棕色	中粘土	小块状	5.1	11.4	1.08	0.52		2.0	41				
剖58	铁铝土	红壤	红壤	硅铝质红壤	薄腐中层硅铝质红壤	1	0~12	暗黄灰色	轻壤土	小块状	5.5								粉砂岩夹页岩坡积物	E 106°36′24.5″ N 25°08′23.5″	73
						2	12~23	黄棕色	轻壤土	小块状	5.5										
						3	23~52	灰棕色	中壤土	中块状	6.5					4.0	42	14.1			
剖59	人为土	水稻土	潴育水稻土	大土泥田	黄红大土泥田	1	0~12	黄黄灰色	重壤土	块状	7.0	40.2	4.23	0.39	16.4	3.0	161	15.6	石灰岩夹页砂岩坡积物	E 106°30′43.6″ N 25°08′13.9″	85
						2	12~21	暗黄色	中壤土	块状	7.0	26.2	1.91	0.41	17.2	2.0	104				
						3	21~34	浅黄灰色	轻壤土	柱状	7.5										
						4	34~85	棕黄色	轻壤土	块状	7.5										
剖60	人为土	水稻土	潴育水稻土	斑黄泥田	斑粉黄红泥田	1	0~13	黄黄灰色	重壤土	块状	6.1	31.0	1.13						泥岩夹粉砂岩坡积物	E 106°35′16.4″ N 25°08′01.7″	71
						2	13~21	灰黄色	轻壤土	柱状	7.0							15.6			
						3	32~48	灰黄色	轻壤土	柱状	8.1	4.4	0.60	0.39	20.1	1.0	48	9.3			
剖61	人为土	水稻土	潴育水稻土	斑黄泥田	斑粉黄红泥田	4	48~70	灰黄色	重壤土	块状	8.1	4.2	0.72	0.44	19.7	1.0	92	9.4	泥岩、页岩坡积物	E 106°33′32.2″ N 25°07′25.4″	74

龙 里 县

主要土类说明

黄壤是龙里县主要土壤类型，占本县地域面积的36%。黄壤发育于温暖湿润的亚热带气候条件下，集中分布在低中山和低山丘陵，含有较多水合氧化铁，土体多呈黄色，具A-B-C剖面构型。自然植被主要为常绿阔叶林。成土母质多为砂页岩、碎屑岩等风化物及红色黏土。黄壤一般土层较厚，土体连贯性较好，黏土矿物以蛭石为主，具有较强的脱硅富铝化过程，黏粒硅铝率为1.5—2.7。

石灰（岩）土是龙里县第二大土壤类型，占本县地域面积的30%。石灰（岩）土为岩成土，由石灰岩、白云岩、钙质岩类风化物，覆盖在石灰岩上的薄层古风化壳以及残留的砂页岩类风化残积物和坡积物发育而成。本县各地碳酸岩类出露区域均有石灰（岩）土分布。石灰（岩）土一般土层较薄，土壤呈中性至微碱性，腐殖质和有机质容易积累，矿物养分含量丰富，多具A-R剖面构型，剖面层次多为上壤下黏。

水稻土是龙里县第三大土壤类型，占本县地域面积的17%，广泛分布在本县各地。水稻土是在长期的季节性淹灌、水下翻耕、季节性脱水、氧化还原交替影响下，原来的成土母质或母土的特性发生重大改变形成的新的土壤类型。由于干湿交替，水稻土形成糊状的淹育层、较坚实板结的犁底层、渗育层、潴育层与潜育层等多种发生层。这些不同发生层是在人为耕作、水浆管理下形成的。

粗骨土占本县地域面积的16%。粗骨土属初育土，主要发生于亚热带湿润气候区。成土母质多为砂岩、页岩等沉积岩，也有部分为玄武岩、辉绿岩等岩浆岩。该土壤具A-C剖面构型，盐基饱和度为15%—30%。土体厚度一般为20—50cm，A层厚度以10—15cm居多。成土过程无黏化作用，有不同程度的淋溶作用。粗骨土多分布在山丘陡坡地段，土壤侵蚀严重。

小于本县地域面积3%的土壤类型有山地草甸土。

本区域中心区气候特征

本区域中心区气候特征值
Regional climate characteristics in central area of the region

气候带：北亚热带湿润气候 Climate region: North subtropical humid climate	
年平均气温 /℃ Annual average temperature /℃	15.6
年平均最高气温 /℃ Annual average maximum temperature /℃	20.0
年平均最低气温 /℃ Annual average minimum temperature /℃	12.5
年降水量 /mm Annual precipitation /mm	1137
≥10℃的积温 /℃ Daily temperature accumulated in a year (≥10℃) /℃	5627
年日照时数 /h Annual sunshine /h	1151
年平均相对湿度 /% Annual average relative humidity /%	77
干燥度 Dryness	0.80

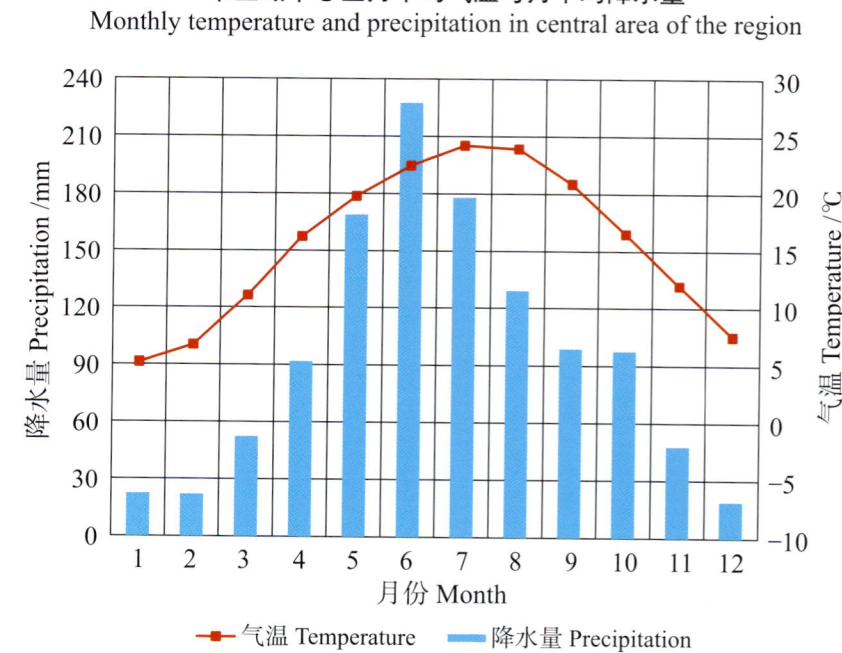

本区域中心区月平均气温与月平均降水量
Monthly temperature and precipitation in central area of the region

龙里县主要土壤类型与土壤剖面点分布图
1:240 000

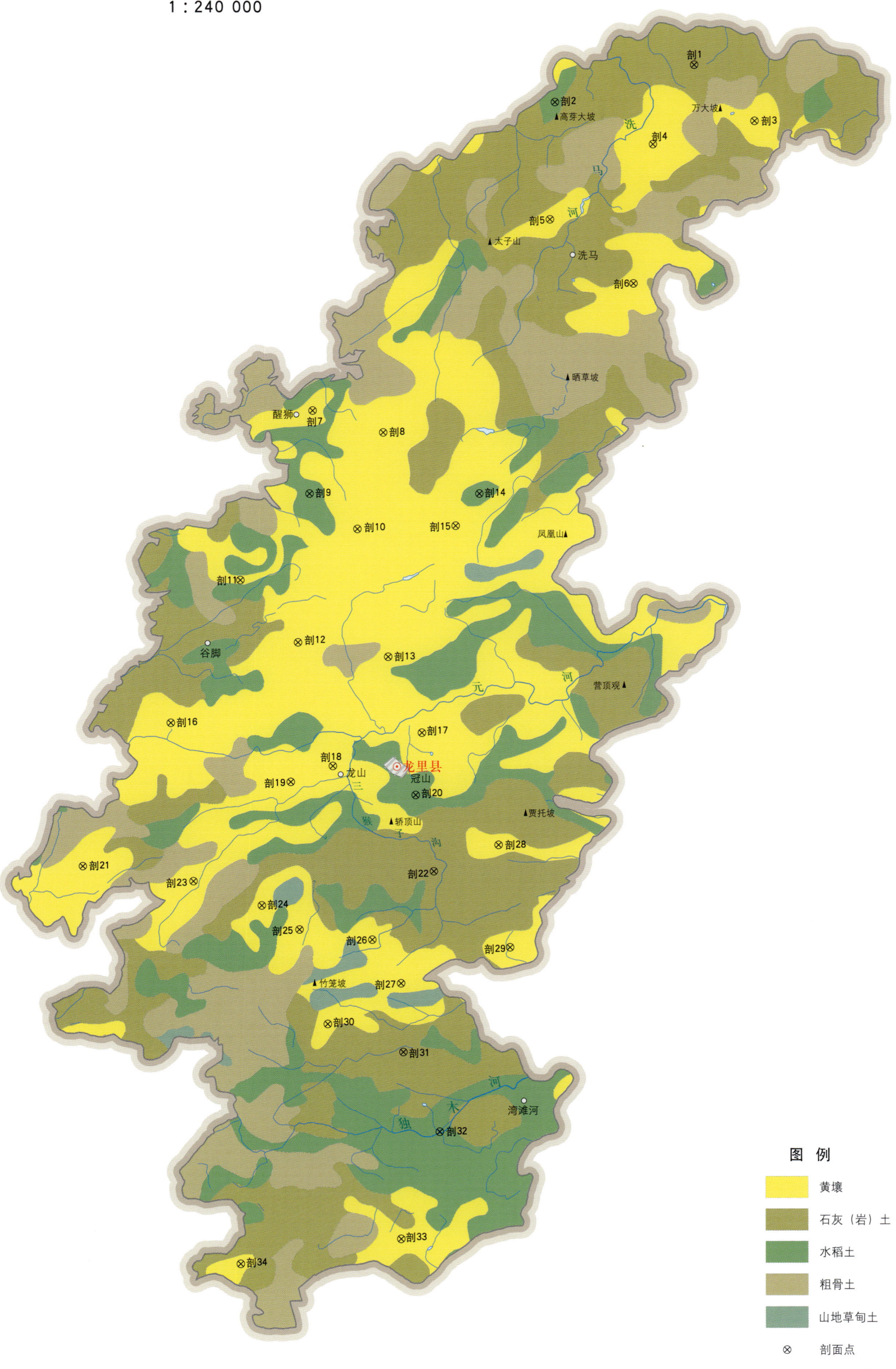

图 例
- 黄壤
- 石灰（岩）土
- 水稻土
- 粗骨土
- 山地草甸土
- ⊗ 剖面点

龙里县土壤剖面理化性状表

剖面号 Soil profile	土纲 Soil order	土类 Soil great group	亚类 Soil subgroup	土属 Soil genus	土种 Soil species	土层码 Layer code	土层厚度 Depth/cm	颜色 Soil color	质地 Soil texture	土壤结构 Soil structure	pH	有机质 OM/(g/kg)	全氮 TN/(g/kg)	全磷 TP/(g/kg)	全钾 TK/(g/kg)	有效磷 AP/(mg/kg)	速效钾 AK/(mg/kg)	阳离子交换量 CEC/(cmol/kg)	土壤母质 Parent material	剖面点坐标 Profile coordinate	匹配指数 Matching index/%
剖1	初育土	石灰(岩)土	黄色石灰土	大泥土	大砂泥土	A	0—14	灰黄色	砂质黏壤土	粒状、小块状	6.9	18.0	1.00	0.40	4.3	3.0	44	10.2	白云岩风化残积物、坡积物	E 107° 08′ 51.0″ N 26° 48′ 14.8″	88
						AC₁	14—31	灰黄色	黏壤土	核块状	7.6	17.6	0.95	0.40	5.3	3.0	49	9.7			
						AC₂	31—78	浅棕黄色	壤质黏土	块状	7.8	4.6	0.34	0.18	6.7	微量	31	9.9			
						C	78—														
剖2	人为土	水稻土	潴育水稻土	大眼泥田	黄大眼胶泥田	1	0—20		轻石质中黏土		8.4	37.6	1.57	0.74	35.5	7.0	179		石灰岩夹泥灰岩	E 107° 04′ 06.1″ N 26° 47′ 10.6″	97
						2	20—31		重石质轻黏土		8.4	26.1	1.18	0.72	35.1	8.0	155				
						3	31—45		重石质轻黏土		8.4	22.7	0.91	0.73	34.9	6.0	148				
						4	45—63		重石质轻黏土		8.3	16.3	0.76	0.93	34.8	4.0	178				
						5	63—97		重石质轻黏土		8.4	10.2	0.54	0.65	34.9	4.0	123				
剖3	铁铝土	黄壤	黄壤	硅铁质黄壤	薄腐薄层硅铁质黄壤	1	0—16	灰黄色	轻石质轻黏土		5.4	71.7	2.94	0.37	8.8	1.0	27	23.7	页岩	E 107° 10′ 52.3″ N 26° 46′ 31.1″	100
						2	16—28		中石质轻黏土		6.1	33.0	1.78	0.36	13.5	微量	27	18.7			
剖4	铁铝土	黄壤	黄壤	黄砂土	黄砂土	1	0—25	灰黄色	砂壤土	粒状									石英砂岩残积物	E 107° 07′ 24.6″ N 26° 45′ 51.5″	98
						2	25—40	浅棕黄色	砂壤土	粒状											
						3	40—60	栗色	轻壤土	小块状											
剖5	铁铝土	黄壤	黄壤	硅铁质黄壤	薄腐厚层硅铁质黄壤	1	0—17	灰黄色	重壤土	块状	6.5	85.7	3.68	0.37		2.0			泥质页岩夹硅质岩坡积物、残积物	E 107° 03′ 52.2″ N 26° 43′ 36.8″	97
						2	17—32	棕黄色	重壤土	块状	6.0	48.6	2.36			2.0					
						3	32—100	深黄色	重壤土	块状	5.6	42.1	2.15	0.33		微量					
剖6	铁铝土	黄壤	黄壤	硅铝质黄壤	薄腐薄层硅铝质黄壤	1	0—1	黄灰色	轻壤土	粒状									砂质岩风化物	E 107° 06′ 40.0″ N 26° 41′ 38.8″	92
						2	1—13	棕灰色	轻黏土	粒状											
						3	13—34	浅黄棕色	中壤土	小块状											
						4	34—														
剖7	铁铝土	黄壤	黄壤	硅铁质黄壤	薄腐中层硅铁质黄壤	1	0—8	棕灰色	重石质中壤土	团粒状										E 106° 55′ 42.6″ N 26° 37′ 55.6″	92
						2	8—50	红棕色	轻石质轻黏土	块状											
剖8	铁铝土	黄壤	黄壤	偏黄泥土	偏黄泥土	1	0—12	暗色黄	重壤土	小块状夹粒状									砂页岩坡积物、残积物	E 106° 58′ 06.0″ N 26° 37′ 14.1″	91
						2	12—46	浅黄色	重壤土	小块状											
						3	46—89	黄色	重壤土	小块状											
剖9	人为土	水稻土	潴育水稻土	斑黄泥田	黄中白鳝泥田	1	0—14	灰黄色	轻石质轻黏土	小块状	5.4	19.4	2.18	0.70	6.3	11.0	56		白云岩夹石灰岩	E 106° 55′ 33.9″ N 26° 35′ 25.1″	78
						2	14—25	浅棕黄色	轻石质轻黏土	块状	5.6	42.2	2.16	0.74	5.9	11.0	52				
						3	25—45	灰褐色	轻石质轻黏土	小块状	6.2	29.7	1.69	0.61	8.3	6.0	57				
						4	45—95	浅黄棕色	轻石质轻黏土	块状	6.1	7.7	0.65	0.21	8.6	微量	52				
剖10	铁铝土	黄壤	黄壤	准黄泥土	准黄泥土	1	0—17	灰褐色	重壤土	小块状									碳酸岩类风化物	E 106° 57′ 10.4″ N 26° 34′ 19.6″	94
						2	17—31	浅棕灰色	重壤土	块状											
						3	31—65	灰褐色	中壤土	小块状											
剖11	铁铝土	黄壤	黄壤	硅铝质黄壤	面白观音土	1	0—16	灰褐色	重壤土	块状										E 106° 53′ 10.3″ N 26° 32′ 49.9″	78
						2	16—27	浅棕黄色	重壤土	块状											
						3	27—70	浅黄色	重壤土	块状											
剖12	铁铝土	黄壤	黄壤	观音土	面白观音土	1	0—13	灰色	中壤土	小块状夹粒状									铝土岩坡积物	E 106° 55′ 05.8″ N 26° 30′ 55.1″	86
						2	13—32	棕黄色	轻石质重壤土	小块状											
剖13	铁铝土	黄壤	黄壤	粉黄泥土	粉黄泥土	1	0—14	褐黄色	中石质重壤土	粒状									页岩夹石灰岩坡积物	E 106° 58′ 08.8″ N 26° 30′ 26.6″	100
						2	14—26	棕黄色	中石质重壤土	小块状											
						3	26—50	浅黄色	中石质重壤土	小块状											

续表 Continued

剖面号 Soil profile	土纲 Soil order	土类 Soil great group	亚类 Soil subgroup	土属 Soil genus	土种 Soil species	土层码 Layer code	土层厚度 Depth/cm	颜色 Soil color	质地 Soil texture	土壤结构 Soil structure	pH	有机质 OM/(g/kg)	全氮 TN/(g/kg)	全磷 TP/(g/kg)	全钾 TK/(g/kg)	有效磷 AP/(mg/kg)	速效钾 AK/(mg/kg)	阳离子交换量 CEC/(cmol/kg)	土壤母质 Parent material	剖面点坐标 Profile coordinate	匹配指数 Matching index/%
剖14	人为土	水稻土	潴育水稻土	大眼泥田	黄大眼泥田	1	0—16		轻石质中黏土		6.3	27.3	1.30	0.20	8.3	13.0	61	8.3	白云岩夹石灰岩	E 107°01′19.6″ N 26°35′20.4″	93
						2	16—24		轻石质重壤土		7.8	9.2	0.34	0.23	13.2	4.0	32	8.4			
						3	24—39		轻石质轻黏土		7.4	9.1	0.33	0.24	14.1	4.0	40	14.1			
						4	39—78		轻石质轻黏土		7.9	7.4	0.32	0.27	30.6	2.0	48	17.0			
剖15	铁铝土	黄壤		硅铝质黄壤	薄腐中层硅铝质黄壤	1	0—7	浅黄灰色	中壤土	粒状	4.7	82.0	2.74	0.38		3.0			砂页岩风化物	E 107°00′30.1″ N 26°34′22.7″	84
						2	7—44	黄色	中石质中壤土	小块状	5.0	37.7	1.36	0.27		2.0					
						3	44—50	暗黄棕色	重石质轻黏土		5.1	13.6	0.52	0.23		微量					
剖16	铁铝土	黄壤		粉黄泥土	粉黄胶泥土	1	0—16	黄棕色	轻黏土	粒状夹粒状	5.1	38.9	2.05	0.59				19.7	页岩夹泥岩、石灰岩坡积物	E 106°50′44.9″ N 26°28′31.8″	92
						2	16—45	浅黄棕色	中黏土	大块状	5.1	28.0	1.58	0.56				14.7			
						3	45—70		中黏土	大块状	5.0	12.5	1.14	0.53				13.9			
剖17	铁铝土	黄壤		黄砂泥土	黄砂泥土	1	0—18	灰灰色	中偏重壤土	小块状									砂页岩坡积物、残积物	E 106°59′15.0″ N 26°28′07.3″	73
						2	18—46		中偏重壤土	块状											
剖18	铁铝土	黄壤		硅铝质黄壤		1	0—15	浅黄灰色	轻石质中壤土	小块状夹粒状	4.6	81.9	3.03	0.38		3.4	78	23.2	砂页岩坡积物、残积物	E 106°56′12.8″ N 26°27′09.4″	81
						2	15—27		中壤土	小块状	4.8	38.2	1.77	0.24		1.4	41				
						3	27—72	黄棕色	中偏重壤土	块状	4.9	15.7	0.54	0.26		微量	43				
剖19	铁铝土	黄壤		粉黄胶泥土	粉黄胶泥土	1	0—20		轻石质中黏土		5.6	25.5	1.57	0.64	25.6	4.0	177		页岩、粉砂岩	E 106°54′46.8″ N 26°26′41.6″	91
						2	20—40		中黏土		5.6	20.6	1.25	0.54	18.9	1.0	102				
						3	40—70		中黏土		5.2	11.4	1.11	0.89	18.0	2.0	87				
剖20	人为土	水稻土	潴育水稻土	斑潮泥田	黄潮砂泥田	1	0—16	重石质黄棕色	重石质中壤土	粒状	5.7	27.5	1.48	0.29	3.9	3.0	36	5.4	河流冲积物	E 106°59′00.2″ N 26°26′14.3″	97
						2	16—27	轻石质黄棕色	轻石质轻黏土	块状	6.0	13.6	0.75	0.24	1.0	1.0	24	5.0			
						3	27—46	重石质黄棕色	重石质中壤土	块状	6.6	6.6	0.45	0.16	3.7	微量	28	4.5			
剖21	铁铝土	黄壤		粉黄泥土	油粉黄胶泥土	1	0—15	灰黄色		块状									页岩、泥岩坡积物或残积物	E 106°47′41.8″ N 26°24′13.2″	100
						2	15—32	浅黄棕色	轻黏土	块状											
						3	32—87	黄棕色	重石质重壤土	粒状											
剖22	初育土	石灰（岩）土	黄色石灰土	大泥土	油大泥土	Ap	0—20	暗灰色	粉砂质黏壤土	块状	7.0	40.0	1.90	0.54		6.0	163	18.5	泥灰岩风化物	E 106°59′34.4″ N 26°23′54.6″	92
						A	20—33	棕灰色	粉砂质黏壤土	块状	7.0	35.9	1.64	0.49		7.0	94	18.0			
						AC	33—93	浅黄棕色	粉砂质轻黏土	粒状	7.7	10.6	0.56	0.25		2.0	57	10.5			
剖23	铁铝土	黄壤		黄砂泥土	熟偏黄砂泥土	1	0—11	褐黄色	中壤土	小块状夹粒状	6.4	43.8	2.20	0.55		3.0			砂页岩坡积物、残积物	E 106°51′25.8″ N 26°23′42.5″	84
						2	11—20	浅黄棕色	重壤土	块状	6.0	41.7	2.23	0.36		微量					
						3	20—85	深黄色	重壤土	粒状	5.7	15.1	1.16	0.51		1.0					
剖24	铁铝土	黄壤		铝质黄壤	薄腐厚层铝土矿质黄壤	1	0—3	黄黄色	重壤土	小块状									铝土岩夹灰岩矿土风化物	E 106°53′44.0″ N 26°22′57.0″	74
						2	3—47	灰黄色	轻壤土	块状											
						3	47—92	中黄色	轻石质重壤土	小块状								23.7			
剖25	铁铝土	黄壤		硅铁质黄壤	薄腐薄层硅铁质黄壤	1	0—16	棕灰色	重石质重黏土	小块状	5.4	71.7	2.94	0.37		6.0		18.7	页岩夹灰岩坡积物	E 106°54′59.4″ N 26°22′11.6″	94
						2	16—28		重石质重黏土	块状	6.1	33.0	1.78	0.36							
						3	28—														
剖26	初育土			硅质黄壤	黄重粉白鳝泥土	1	0—13	褐壤土	砂质壤土	单粒状、粒状									石英质砂岩风化物	E 106°57′27.0″ N 26°21′51.2″	85
						2	13—47	浅黄棕色	砂质黏壤土	小块状夹粒状											
						3	47—90	灰白色	轻壤土	块状											
剖27	铁铝土	黄壤		粉黄泥土		1	0—14	白色	重石质重壤土	块状									页岩夹砂岩	E 106°58′24.4″ N 26°20′31.1″	72
						2	14—27	白色	重石质重壤土	粒状											
						3	27—78	灰黑色	中壤土	小块状											
剖28	铁铝土	黄壤		铝质黄壤	薄腐薄层铝质黄壤	1	0—2	黄灰色	中壤土	粒状									铝土岩夹砂质岩类风化物	E 107°01′46.9″ N 26°24′41.0″	82
						2	2—18	灰灰色	中壤土	小块状											
						3	18—38		中壤土	小块状											
						4	38—														

续表 Continued

剖面号 Soil profile	土纲 Soil order	土类 Soil great group	亚类 Soil subgroup	土属 Soil genus	土种 Soil species	土层码 Layer code	土层厚度 Depth/cm	颜色 Soil color	质地 Soil texture	土壤结构 Soil structure	pH	有机质 OM/(g/kg)	全氮 TN/(g/kg)	全磷 TP/(g/kg)	全钾 TK/(g/kg)	有效磷 AP/(mg/kg)	速效钾 AK/(mg/kg)	阳离子交换量CEC/(cmol/kg)	土壤母质 Parent material	剖面点坐标 Profile coordinate	匹配指数 Matching index/%
剖29	铁铝土	黄壤	黄壤	硅铁质黄壤	薄腐厚层硅铁质厚黄壤	1	0—2		重黏土		6.5	85.7	3.68	0.37	12.3	2.0	98		泥页岩	E 107°02′06.8″ N 26°21′33.4″	94
						2	2—48		重黏土		6.0	48.6	2.36	0.27	12.4	2.0	32				
						3	48—89		重黏土		5.6	42.1	2.15	0.33	13.8	微量	34				
剖30	铁铝土	黄壤	黄壤	粉黄泥土	粉黄泥土	1	0—20		轻砾质中黏土		5.6	25.5	1.57	0.64	25.6	4.0	177		页岩夹粉砂岩	E 106°55′54.1″ N 26°19′19.9″	85
						2	20—40		轻砾质中黏土		5.6	28.6	1.25	0.54	18.9	1.0	102				
						3	40—70		轻砾质中黏土		5.2	11.4	1.11	0.89	18.0	2.0	87				
剖31	初育土	石灰（岩）土	黄色石灰土	黄小砂泥土	砾身黄小砂泥土	1	0—10		重砾质轻黏土		6.4	75.5	4.40	1.13	5.4	13.0	190		砂页岩，燧石灰岩	E 106°58′26.8″ N 26°18′27.0″	74
						2	10—27		中砾质轻黏土		6.4	58.5	3.28	0.83	5.2	10.0	146				
						3	27—81		中砾质轻黏土		6.5	22.9	1.70	0.82	4.0	5.0	44				
剖32	人为土	水稻土	潴育水稻土	斑潮泥田	斑黄潮砂田	1	0—14		轻砾质轻壤土		6.1	37.2	2.03	0.26		3.0	39	6.7	河流冲积物	E 106°59′37.8″ N 26°16′02.6″	79
						2	14—19		中壤土		7.9	4.6	0.27	0.25		1.0	32	4.9			
						3	19—76		轻黏土		8.2	3.5	0.21	0.25		1.0	37	4.7			
						4	76—95		轻砾质轻黏土		8.2	2.7	0.18	0.25		1.0	35	4.2			
剖33	铁铝土	黄壤	黄壤	硅铝质黄壤	薄腐厚层硅铝质黄壤	1	0—3	浅灰色	轻壤土	粒状	4.4	81.6	3.07	0.36		1.5			硅质岩夹硅质岩风化物	E 106°58′16.1″ N 26°12′51.5″	72
						2	3—46	灰黄色	中壤土	小块状	4.5	35.6	1.73	0.24		1.0					
						3	46—105	浅黄色	中偏重壤土	小块状	4.7	9.9	0.67	0.18		0.5					
剖34	铁铝土	黄壤	黄壤	硅铁质黄壤		1	0—14	中灰色	中偏重壤土	粒状、小块状	5.9	78.7	3.31	0.37				23.7		E 106°52′50.0″ N 26°12′11.4″	72
						2	14—26	棕黄色	轻黏土	小块状	6.1	40.8	2.07	0.32				18.7			
						3	26—71	深黄色	轻黏土	块状	5.6	42.1	2.15	0.33							

惠 水 县

主要土类说明

石灰（岩）土是惠水县主要土壤类型，占本县地域面积的 37%。石灰（岩）土为岩成土，由石灰岩、白云岩、钙质岩类风化物，覆盖在石灰岩上的薄层古风化壳以及残留的砂页岩类风化残积物和坡积物发育而成。本县各地碳酸岩类出露区域均有石灰（岩）土分布。石灰（岩）土一般土层较薄，土壤呈中性至微碱性，腐殖质和有机质容易积累，矿物养分含量丰富，多具 A-R 剖面构型，剖面层次多为上壤下黏。

黄壤是惠水县第二大土壤类型，占本县地域面积的 35%。黄壤发育于温暖湿润的亚热带气候条件下，集中分布在低中山和低山丘陵，含有较多水合氧化铁，土体多呈黄色，具 A-B-C 剖面构型。自然植被主要为常绿阔叶林。成土母质多为砂页岩、碎屑岩等风化物及红色黏土。黄壤一般土层较厚，土体连贯性较好，黏土矿物以蛭石为主，具有较强的脱硅富铝化过程，黏粒硅铝率为 1.5—2.7。

水稻土是惠水县第三大土壤类型，占本县地域面积的 15%，广泛分布在本县各地。水稻土是在长期的季节性淹灌、水下翻耕、季节性脱水、氧化还原交替影响下，原来的成土母质或母土的特性发生重大改变形成的新的土壤类型。由于干湿交替，水稻土形成糊状的淹育层、较坚实板结的犁底层、渗育层、潴育层与潜育层等多种发生层。这些不同发生层是在人为耕作、水浆管理下形成的。

粗骨土占本县地域面积的 10%。粗骨土属初育土，主要发生于亚热带湿润气候区。成土母质多为砂岩、页岩等沉积岩，也有部分为玄武岩、辉绿岩等岩浆岩。该土壤具 A-C 剖面构型，盐基饱和度为 15%—30%。土体厚度一般为 20—50cm，A 层厚度以 10—15cm 居多。成土过程无黏化作用，有不同程度的淋溶作用。粗骨土多分布在山丘陡坡地段，土壤侵蚀严重。

小于本县地域面积 3% 的土壤类型有紫色土、红壤和石质土。

本区域中心区气候特征

本区域中心区气候特征值
Regional climate characteristics in central area of the region

气候带：北亚热带湿润气候 Climate region: North subtropical humid climate	
年平均气温 /℃ Annual average temperature /℃	16.4
年平均最高气温 /℃ Annual average maximum temperature /℃	21.0
年平均最低气温 /℃ Annual average minimum temperature /℃	13.2
年降水量 /mm Annual precipitation /mm	1211
≥ 10℃的积温 /℃ Daily temperature accumulated in a year（≥ 10℃）/℃	5847
年日照时数 /h Annual sunshine /h	1299
年平均相对湿度 /% Annual average relative humidity /%	77
干燥度 Dryness	0.80

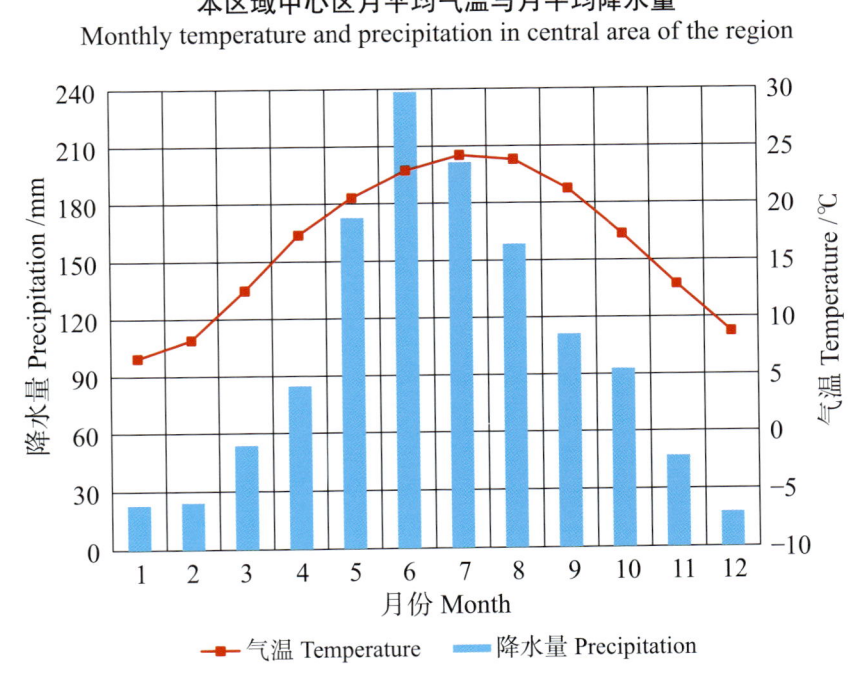

本区域中心区月平均气温与月平均降水量
Monthly temperature and precipitation in central area of the region

惠水县主要土壤类型与土壤剖面点分布图
1∶310 000

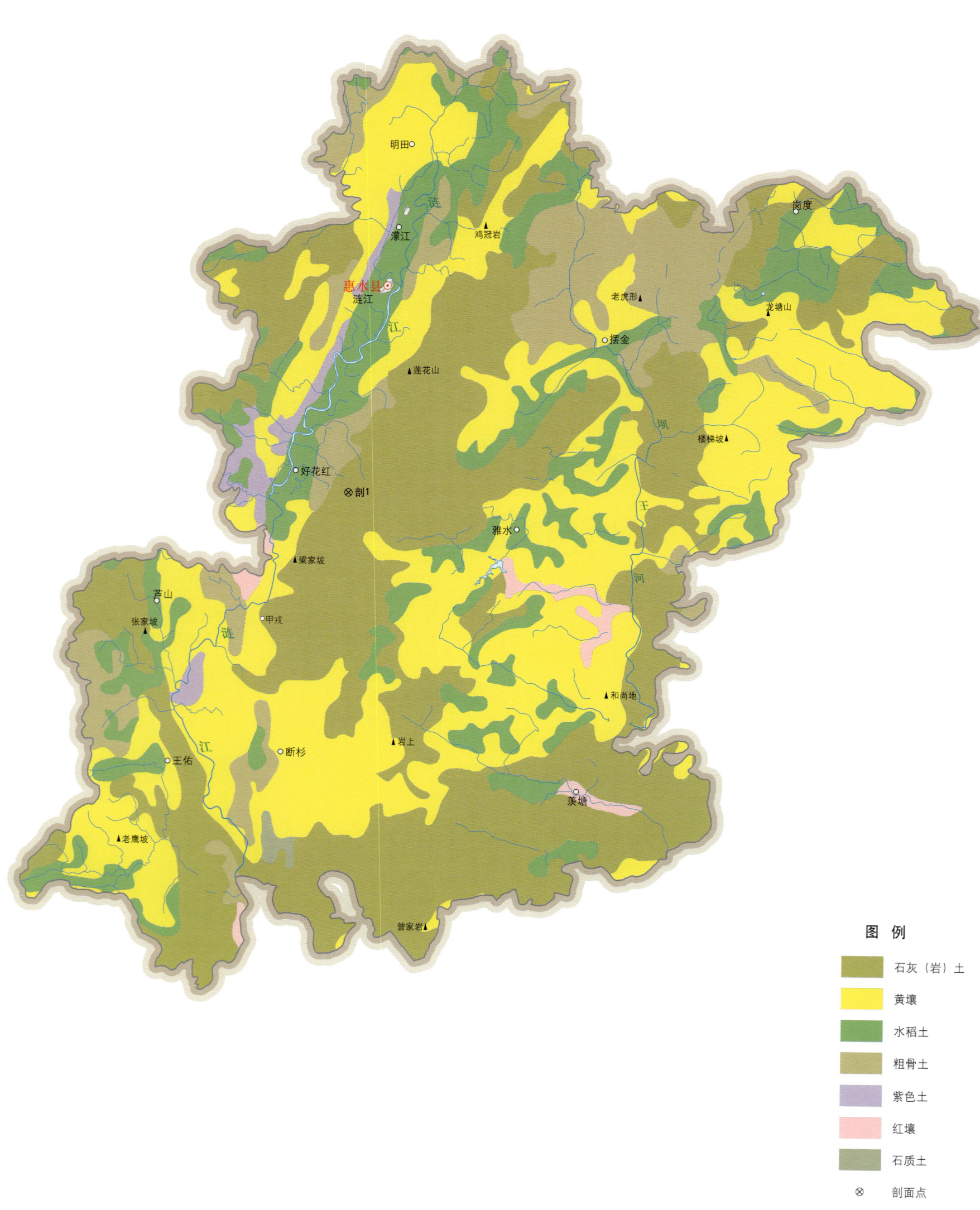

惠水县土壤剖面理化性状表

剖面号 Soil profile	土纲 Soil order	土类 Soil great group	亚类 Soil subgroup	土属 Soil genus	土种 Soil species	土层码 Layer code	土层厚度 Depth/cm	颜色 Soil color	质地 Soil texture	土壤结构 Soil structure	pH	有机质 OM/(g/kg)	全氮 TN/(g/kg)	全磷 TP/(g/kg)	全钾 TK/(g/kg)	有效磷 AP/(mg/kg)	速效钾 AK/(mg/kg)	阳离子交换量CEC/(cmol/kg)	土壤母质 Parent material	剖面点坐标 Profile coordinate	匹配指数 Matching index/%
剖1	初育土	石灰（岩）土	黄色石灰土	大泥土	薄大泥	A	0—10	黑棕色	砂质黏壤土	粒状	7.5	83.5	3.75	0.83	14.9	6.0	57	36.2	白云质灰岩残积物、坡积物	E 106°37′38.3″ N 26°00′04.3″	85
						AC	10—30	黄棕色	壤质黏土	块状	7.5	25.4	1.17	0.51	15.9	微量	30	30.1			
						R	30—														

三都水族自治县

主要土类说明

黄壤是三都水族自治县主要土壤类型，占本县地域面积的37%。黄壤发育于温暖湿润的亚热带气候条件下，集中分布在低中山和低山丘陵，含有较多水合氧化铁，土体多呈黄色，具A-B-C剖面构型。自然植被主要为常绿阔叶林。成土母质多为砂页岩、碎屑岩等风化物及红色黏土。黄壤一般土层较厚，土体连贯性较好，黏土矿物以蛭石为主，具有较强的脱硅富铝化过程，黏粒硅铝率为1.5—2.7。

红壤是三都水族自治县第二大土壤类型，占本县地域面积的24%。红壤发育于本县水热条件最优越的地段，集中分布在低山丘陵河谷地带，具A-Bs-Bv或A-Bs-C剖面构型。自然植被以偏湿性常绿阔叶林为主。成土母质较为广泛，黏土矿物一般以高岭石为主，具有强的脱硅富铝化过程，黏粒硅铝率一般为2.0—2.5，有深厚的红色土层。

水稻土是三都水族自治县第三大土壤类型，占本县地域面积的12%，广泛分布在本县各地。水稻土是在长期的季节性淹灌、水下翻耕、季节性脱水、氧化还原交替影响下，原来的成土母质或母土的特性发生重大改变形成的新的土壤类型。由于干湿交替，水稻土形成糊状的淹育层、较坚实板结的犁底层、渗育层、潴育层与潜育层等多种发生层。这些不同发生层是在人为耕作、水浆管理下形成的。

粗骨土占本县地域面积的11%。粗骨土属初育土，主要发生于亚热带湿润气候区。成土母质多为砂岩、页岩等沉积岩，也有部分为玄武岩、辉绿岩等岩浆岩。该土壤具A-C剖面构型，盐基饱和度为15%—30%。土体厚度一般为20—50cm，A层厚度以10—15cm居多。成土过程无黏化作用，有不同程度的淋溶作用。粗骨土多分布在山丘陡坡地段，土壤侵蚀严重。

石灰（岩）土占本县地域面积的10%。石灰（岩）土为岩成土，由石灰岩、白云岩、钙质岩类风化物，覆盖在石灰岩上的薄层古风化壳以及残留的砂页岩类风化残积物和坡积物发育而成。本县各地碳酸岩类出露区域均有石灰（岩）土分布。石灰（岩）土一般土层较薄，土壤呈中性至微碱性，腐殖质和有机质容易积累，矿物养分含量丰富，多具A-R剖面构型，剖面层次多为上壤下黏。

小于本县地域面积3%的土壤类型有潮土、黄棕壤、山地草甸土和石质土。

本区域中心区气候特征

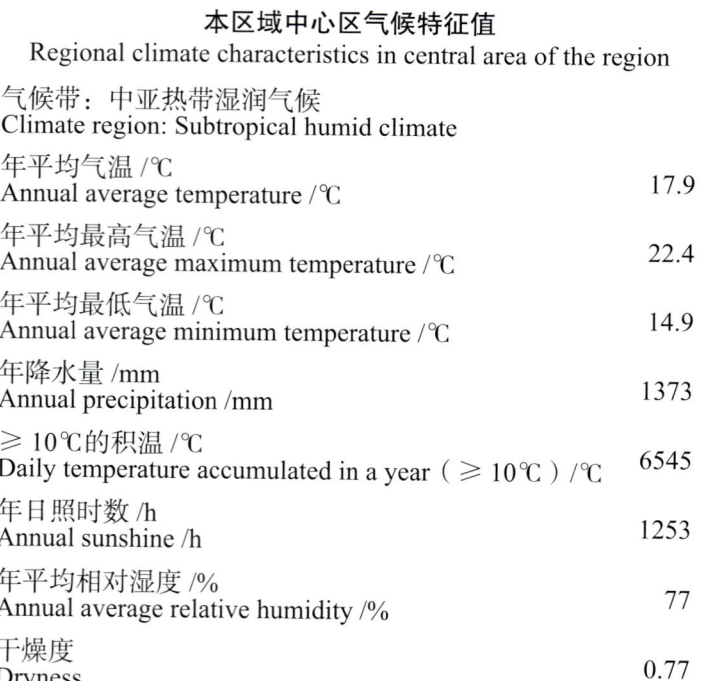

本区域中心区气候特征值
Regional climate characteristics in central area of the region

气候带：中亚热带湿润气候 Climate region: Subtropical humid climate	
年平均气温 /℃ Annual average temperature /℃	17.9
年平均最高气温 /℃ Annual average maximum temperature /℃	22.4
年平均最低气温 /℃ Annual average minimum temperature /℃	14.9
年降水量 /mm Annual precipitation /mm	1373
≥10℃的积温 /℃ Daily temperature accumulated in a year (≥10℃) /℃	6545
年日照时数 /h Annual sunshine /h	1253
年平均相对湿度 /% Annual average relative humidity /%	77
干燥度 Dryness	0.77

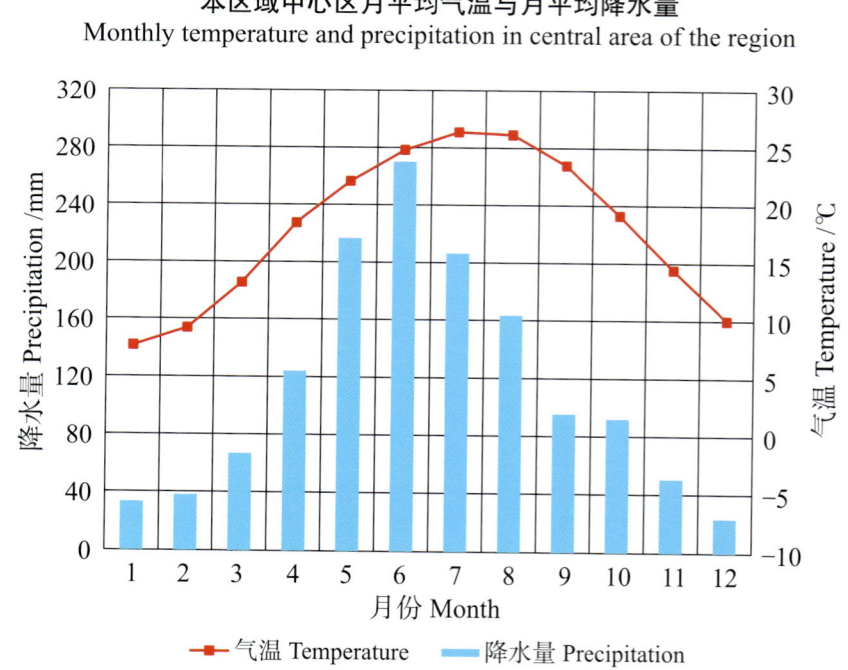

本区域中心区月平均气温与月平均降水量
Monthly temperature and precipitation in central area of the region

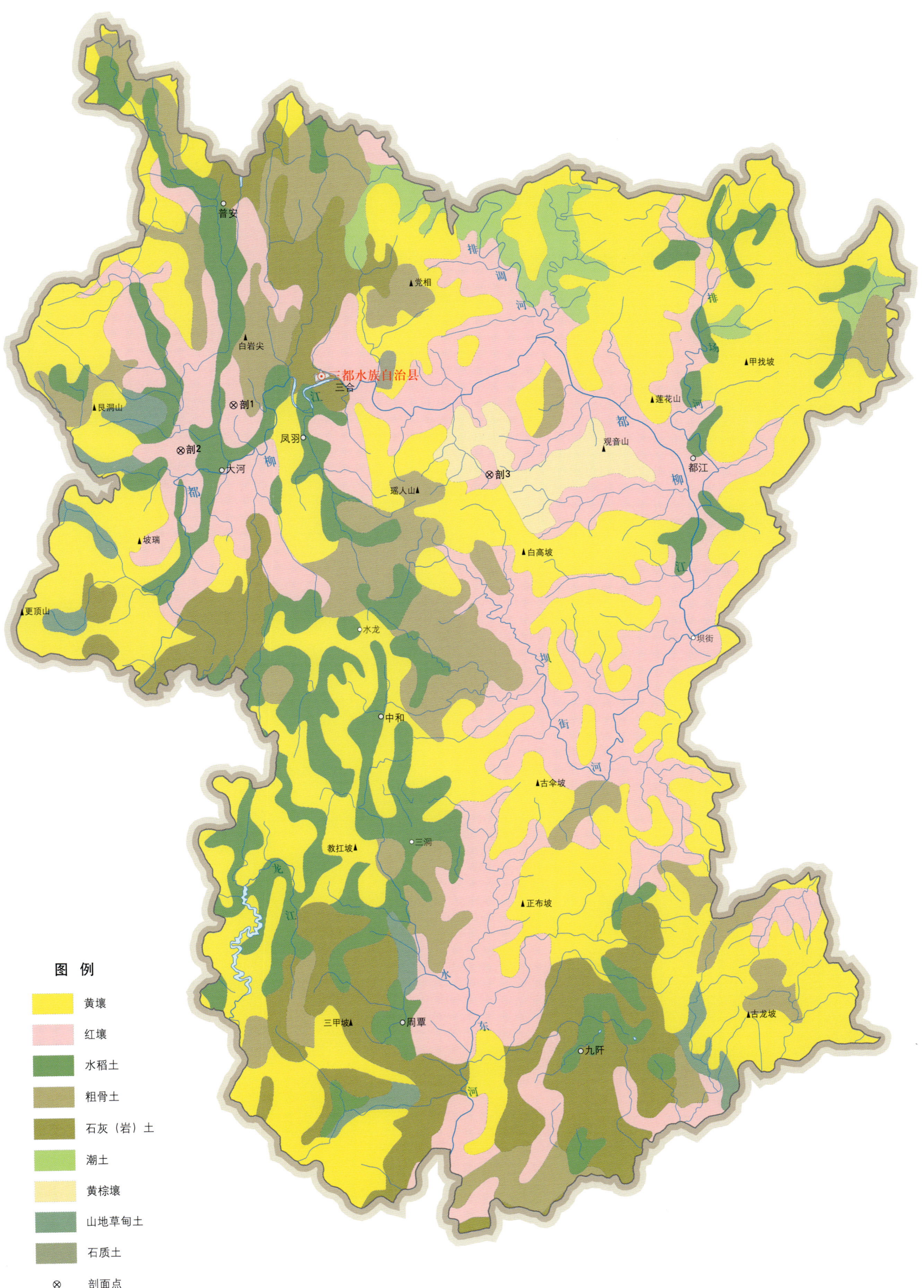

三都水族自治县土壤剖面理化性状表

剖面号 Soil profile	土纲 Soil order	土类 Soil great group	亚类 Soil subgroup	土属 Soil genus	土种 Soil species	土层码 Layer code	土层厚度 Depth/cm	颜色 Soil color	质地 Soil texture	土壤结构 Soil structure	pH	有机质 OM/(g/kg)	全氮 TN/(g/kg)	全磷 TP/(g/kg)	全钾 TK/(g/kg)	有效磷 AP/(mg/kg)	速效钾 AK/(mg/kg)	阳离子交换量 CEC/(cmol/kg)	土壤母质 Parent material	剖面点坐标 Profile coordinate	匹配指数 Matching index/%
剖1	铁铝土	红壤	黄红壤	黄红砂土	薄黄红砂土	A	0—25	灰黄棕色	砂壤土	粒状	4.1	61.0	4.71	2.89	16.0	12.0	143	26.7	石英砂岩风化物	E 107°48′51.9″ N 25°58′20.6″	72
						B	25—40	浅黄棕色	砂质黏壤土	块状	4.4	33.2	1.96	1.04	12.4			26.5			
						C	40—														
剖2	铁铝土	红壤	黄红壤	黄红泥土	厚黄红泥	A	0—18	灰黄棕色	粉砂质黏土	核粒状	4.4	51.7	2.40	0.33	18.1	3.0	99	13.0	板岩风化坡积物	E 107°46′52.0″ N 25°56′55.6″	97
						B	18—65	黄橙色	壤质黏土	小块状夹块状	4.8	7.8	0.69	0.27	23.4	1.0	26	16.4			
						BC	65—85	黄橙色	壤质黏土		4.8										
剖3	铁铝土	红壤	黄红壤	黄红砂土	厚黄红砂土	A	0—15	暗灰色	砂质黏壤土	核粒状	4.7	81.7	2.89	0.56	18.0	7.0	142	29.7	石英砂岩风化坡积物	E 107°58′06.5″ N 25°55′47.4″	73
						B$_1$	15—27	黄棕色	砂质黏壤土	小块状	4.8	23.6	1.08	0.23	10.0		15	15.6			
						B$_2$	27—87	浅棕黄色	砂质黏壤土	块状	4.9	11.9	0.49	0.80			9	15.5			

中国土壤剖面数据集·贵州、云南卷

第三编 | 云南省分县土壤图与土壤剖面数据

昆 明 市

市 辖 区

主要土类说明

红壤是昆明市主要土壤类型，占本市地域面积的 56%，分布在海拔 1900—2600m 的高原湖盆边缘及中低山地。成土母质主要为玄武岩和第四纪红色黏土。成土过程以脱硅富铝化和生物富集为主。本市红壤分为红壤、山原红壤等亚类。红壤亚类呈脱硅富铝化特征，具 A-Bs-Bv 或 A-Bs-C 剖面构型，土壤黏粒中游离铁占全铁的 50%—60%。黏土矿物以高岭石为主，伴有三水铝石，黏粒硅铝率为 1.8—2.4，风化淋溶系数小于 0.2，盐基饱和度小于 35%。山原红壤矿物风化度高，黏粒硅铝率为 2.2—2.3，盐基饱和度在 70% 左右，铁的活化度为 60%—65%，富铝化程度有别于其他亚类。B 层厚 30—50cm，多为块状或棱块状结构。B 层下段大多为具有红、白、黄色蠕虫状孔隙和枝形裂隙的网纹层，尤以第四纪红色黏土发育的红壤更为明显。C 层为母质层或红色风化壳。

水稻土是昆明市第二大土壤类型，占本市地域面积的 16%，分布在地势平缓的坝区、河流两岸的冲积阶地和山谷洪积扇。成土母质为滇池湖积物、洪积物和坡积物。本市水稻土分为潴育型、潜育型等亚类。潴育水稻土水肥条件好，排水良好，质地砂黏适中，有较深厚的耕作层，多属高肥力稻田，具 A-P-W-G-C 或 A-P-W-C 剖面构型。潜育水稻土地下水位较高，排水不畅，pH 为 7.0—8.0，呈中性至微碱性，属中低产稻田，具 A-P-G 或 A-G 剖面构型。

小于本市地域面积 5% 的土壤类型有紫色土、新积土、棕壤和黄棕壤。

本区域中心区气候特征

本区域中心区气候特征值
Regional climate characteristics in central area of the region

气候带：中亚热带湿润气候 Climate region: Subtropical humid climate	
年平均气温 /℃ Annual average temperature /℃	15.3
年平均最高气温 /℃ Annual average maximum temperature /℃	21.1
年平均最低气温 /℃ Annual average minimum temperature /℃	10.8
年降水量 /mm Annual precipitation /mm	1015
≥ 10℃的积温 /℃ Daily temperature accumulated in a year（≥ 10℃）/℃	5670
年日照时数 /h Annual sunshine /h	2157
年平均相对湿度 /% Annual average relative humidity /%	73
干燥度 Dryness	0.90

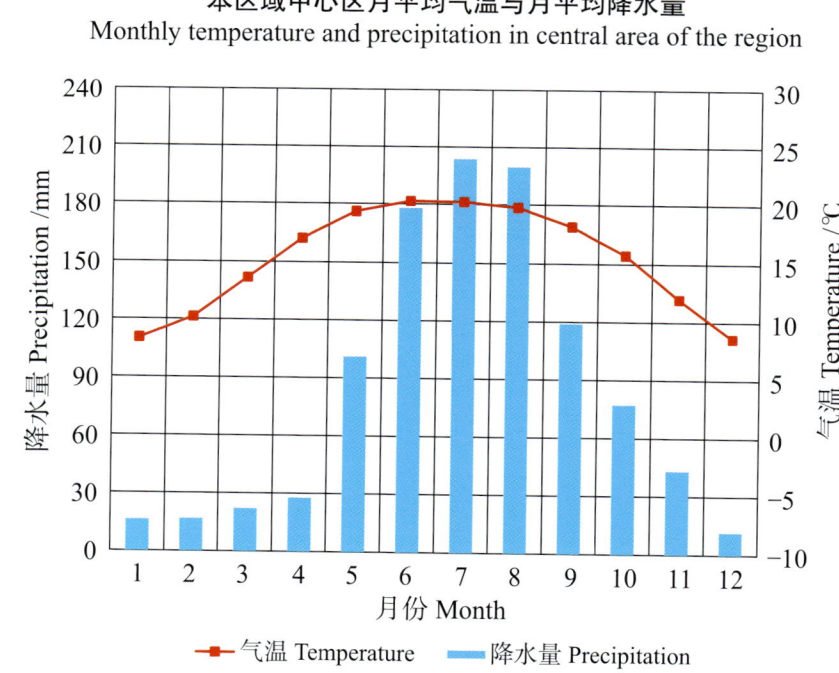

本区域中心区月平均气温与月平均降水量
Monthly temperature and precipitation in central area of the region

昆明市市辖区（部分）主要土壤类型与土壤剖面点分布图

1∶150 000

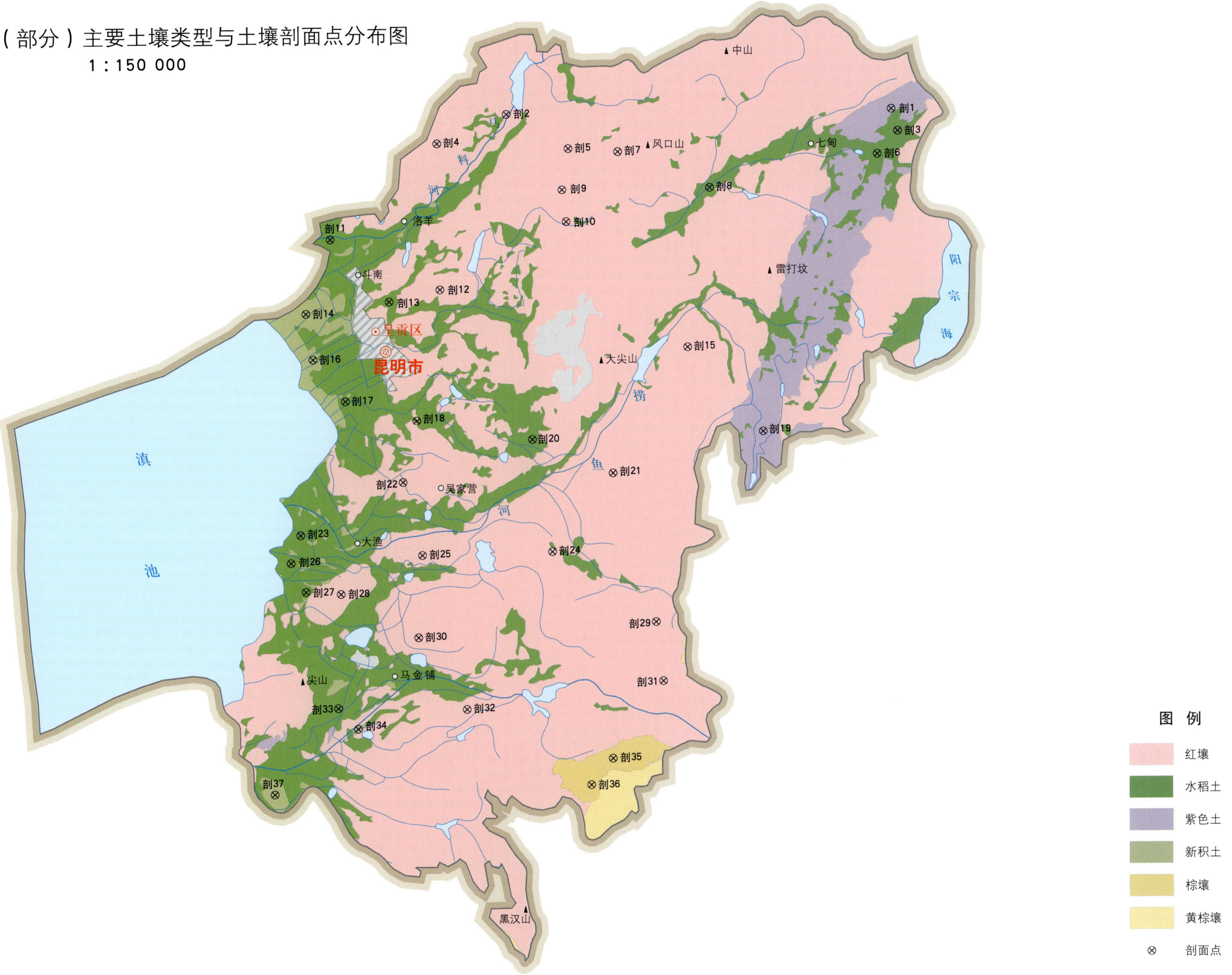

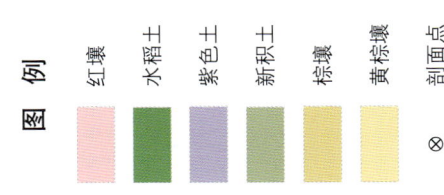

昆明市土壤剖面理化性状表

剖面号 Soil profile	土纲 Soil order	土类 Soil great group	亚类 Soil subgroup	土属 Soil genus	土种 Soil species	土层码 Layer code	土层厚度 Depth/cm	颜色 Soil color	质地 Soil texture	土壤结构 Soil structure	pH	有机质 OM/(g/kg)	全氮 TN/(g/kg)	全磷 TP/(g/kg)	全钾 TK/(g/kg)	碱解氮 AN/(mg/kg)	有效磷 AP/(mg/kg)	阴离子交换量CEC/(cmol/kg)	土壤母质 Parent material	剖面点坐标 Profile coordinate	匹配指数 Matching index/%
剖1	初育土	紫色土	中性紫色土	紫砂土	羊肝土	A	0—16	紫灰色	轻壤土	粒状	6.2	14.1	0.67	0.88	10.3	91		5.9		E 102°58′13.2″ N 24°57′56.4″	85
剖2	铁铝土	红壤	红壤	砂页岩红壤	红砂土	A	0—18	暗棕红色	重壤土	粒状	5.9	8.8	0.92	0.46	31.6	98		8.5		E 102°50′26.2″ N 24°57′45.4″	94
						B	18—52	红色	重壤土	粒状	6.0	3.2	0.56	0.46	34.5	53		9.2			
剖3	人为土	水稻土	淹育水稻土	紫色土性淹育水稻土	紫泥田	A	0—21	紫色	重壤土	块状	7.1	20.5	0.84	0.43	56.6	62				E 102°58′21.4″ N 24°57′31.7″	98
						P	21—28	紫灰色	重壤土	块状	7.1	20.4	0.73	0.40	44.2	76					
						C_1	28—46	紫色	重壤土	核块状	7.0	13.8	0.53	0.42	44.8	50					
剖4	铁铝土	红壤	红壤	砂页岩红壤		A	5—22	黄棕色	重壤土	粒状	5.8	13.0	0.53	0.39	27.0	74		8.5		E 102°49′01.9″ N 24°57′11.9″	71
						B	22—52	红黄色	重壤土	核状	5.6	10.9	0.42	0.33	31.4	189		5.7			
剖5	铁铝土	红壤	红壤	石灰岩红壤		A	0—19	浅红黄色	中黏土	核柱状	6.9	15.8	0.89	0.97	17.9	34			石灰岩	E 102°51′41.8″ N 24°57′07.9″	84
						B	19—45	红色	中黏土	块状	6.8	7.4	0.78	0.87	32.6	35					
						C_1	45—70	暗红色	轻黏土	块状	6.4	3.2	0.89	0.57	22.1	19					
剖6	人为土	水稻土	潴育水稻土	暗紫泥田	暗紫胶泥田	A	0—21	紫棕色	黏土	粒状	6.4	44.1	1.81	0.74	46.5	126	7.4	20.3		E 102°57′56.8″ N 24°57′05.7″	85
						P	21—29	紫棕色	黏土	核块状	7.2	44.9	2.22	0.38	54.9	266	6.3	21.1			
						W	29—64	紫红色	轻黏土	粒状	6.6	36.7	1.76	0.86	43.2	92	4.8				
剖7	铁铝土	红壤	红壤	石灰岩红壤	涩红土	A	0—15	暗棕红色	中黏土	块状	6.5	16.7	1.70	3.30	6.9	98			石灰岩	E 102°52′41.9″ N 24°57′05.0″	96
						B	15—39	暗棕红色	中黏土	块状	6.9	8.6	0.90	3.00	7.5	91					
						C	39—100	红色	轻黏土	粒状	7.0	4.5	0.30	2.60	8.2	77					
剖8	人为土	水稻土	淹育水稻土	红壤性淹育水稻土	红泥田	A	0—17	红棕色	中黏土	块状	6.5	20.8	1.51	0.81	26.4	123				E 102°54′33.5″ N 24°56′26.2″	97
						P	17—28	浅棕红色	轻黏土	块状	6.8	21.7	0.63	0.78	55.1	134					
						C	28—100	红色	中黏土	粒状	7.0	6.7	0.95	0.95	33.9	95					
剖9	铁铝土	红壤	红壤	老冲积红壤	油红土	A	0—16	棕色	重壤土	粒状	6.4	23.8	0.91	2.44	15.1	102		27.2		E 102°51′34.9″ N 24°56′21.8″	74
剖10	铁铝土	红壤	红壤	玄武岩红壤	大红土	A	0—16	暗棕红色	轻壤土	粒状	5.1	21.1	1.37	2.36	5.5	98		26.4	玄武岩	E 102°51′40.3″ N 24°55′46.6″	73
剖11	人为土	水稻土	潴育水稻土	冲积性潴育水稻土	鸡粪土田	A	0—24	灰黄棕色	轻黏土	粒状	6.5	48.5	2.59	1.87	15.3	215		15.8	冲积物	E 102°46′53.1″ N 24°55′24.1″	71
剖12	铁铝土	红壤	红壤	砂页岩红壤	黄砂土	A	0—15	浅黄色	重壤土	粒状	7.6	16.7	0.90	1.15	16.3	67		7.9		E 102°49′07.3″ N 24°54′29.2″	84
剖13	人为土	水稻土	淹育水稻土	红壤性淹育水稻土	黄砂泥田	A	0—19	浅棕红色	重壤土	块状	5.9	13.5	0.75	1.81	15.8	61		4.2		E 102°48′05.8″ N 24°54′15.1″	82
剖14	初育土	新积土	冲积土	湖滨暗色浅色冲积土	鸡粪土	A	0—29	暗棕红色	重黏土	粒状	6.8	34.3	2.37	1.04	33.2	154				E 102°46′24.2″ N 24°54′00.7″	98
						P	29—38	棕灰色	轻黏土	块状	6.8	26.4	1.75	0.70	32.9	134					
剖15	铁铝土	红壤	红壤	玄武岩红壤	海砂土	A	0—20	暗棕红色	重黏土	块状	6.4	34.0	1.05	0.81	6.2	84				E 102°54′09.0″ N 24°53′28.0″	92
						B	20—40	浅棕红色	中壤土	粒状	6.6	19.3	0.23	0.60	49.6	28					
剖16	初育土	新积土	冲积土	湖积堆积浅色冲积土		A	0—35	红棕色	砂壤土	粒状	6.2	21.4	1.67	0.87	16.9	92			湖积物	E 102°46′33.1″ N 24°53′09.6″	72
						W	35—72	红黄色	轻壤土	粒状	6.5	4.7	0.44	0.75	56.0	73					
剖17	水稻土	水稻土	沼泽型水稻土	湖积性潴育水稻土	烂泥田	A	0—40	暗灰黄色	轻黏土	糊状	7.6	34.3	1.53	1.68	9.2	150				E 102°47′13.6″ N 24°52′23.5″	99
剖18	人为土	水稻土	潴育水稻土	冲积性潴育水稻土	冷浸田	A	0—21	棕灰色	轻壤土	块状	7.4	29.2	2.63	2.29	30.0	112			冲积物	E 102°48′40.7″ N 24°52′02.6″	88
						P	21—29	暗棕灰色	轻壤土	块状	7.4	25.6	1.70	2.29	42.1	174					
						Cg	29—63	暗棕灰色	轻黏土	核块状	7.4	24.2	1.53	2.40	36.7	101					
剖19	初育土	紫色土	中性紫色土	紫砂土		A	0—17	紫棕色	中壤土	粒状	6.9	27.8	1.23	0.42	38.1	101				E 102°55′42.2″ N 24°51′54.7″	78
						B	17—35	紫棕色	重壤土	核状	6.3	11.7	0.85	0.41	37.5	62					

续表 Continued

剖面号 Soil profile	土纲 Soil order	土类 Soil great group	亚类 Soil subgroup	土属 Soil genus	土种 Soil species	土层码 Layer code	土层厚度 Depth/cm	颜色 Soil color	质地 Soil texture	土壤结构 Soil structure	pH	有机质 OM/(g/kg)	全氮 TN/(g/kg)	全磷 TP/(g/kg)	全钾 TK/(g/kg)	碱解氮 AN/(mg/kg)	有效磷 AP/(mg/kg)	阳离子交换量CEC/(cmol/kg)	土壤母质 Parent material	剖面点坐标 Profile coordinate	匹配指数 Matching index/%
剖20	人为土	水稻土	淹育水稻土	红壤性淹育水稻土	黄泥田	A	0—19	暗黄色	重壤土	粒状	6.5	21.5	1.05	0.34	43.2	95				E 102°51′01.8″ N 24°51′42.8″	78
剖21	铁铝土	红壤	红壤	玄武岩红壤	石渣子土	P	19—25	灰黄色	重壤土	粒状	6.7	21.8	1.60	0.82	47.3	104			玄武岩	E 102°52′40.1″ N 24°51′06.5″	95
						C₁	25—75	浅黄色	重壤土	棱块状	7.2	6.0	0.19	2.61	50.7	64					
剖22	铁铝土	红壤	红壤	老冲积物红壤	胶石子红土	A	0—15	褐色	重黏土	块状	6.5	15.1	2.90	1.10	16.2	116			老冲积物	E 102°48′24.8″ N 24°50′53.9″	85
						B₁	15—40	浅棕黄色	中壤土	块状	6.7	12.6	0.80	0.90	17.4	119					
						B₂	40—70	暗棕红色	重黏土	粒状	6.5	3.3	0.60	0.80	16.0	63					
剖23	人为土	水稻土	潴育水稻土	冲积性潴育水稻土	胶泥田	A	0—17	暗棕红色	重壤土	块状	6.5	21.0	1.14	0.86	4.0	104				E 102°46′20.6″ N 24°49′53.4″	76
						B	17—44	暗棕红色	中壤土	棱块状	6.5	13.2	1.37	0.57	43.0	48					
						C	44—100	红棕色	轻黏土	棱块状	6.7	5.3	0.72	0.53	48.7	59					
剖24	铁铝土	红壤	红壤	老冲积物红壤	红土	A	0—20	灰棕色	重壤土	块状	7.0	37.5	1.64	1.78	16.8	148		17.3	老冲积物	E 102°51′27.7″ N 24°49′37.9″	74
						B	0—17	暗棕红色	重壤土	块状	6.6	15.1	0.83	0.68	16.6	106					
						C	17—47	红色	中壤土	块状	6.7	11.6	0.85	0.63	3.4	92					
							47—100	浅红色	轻黏土	块状	6.7	6.7	0.32	0.54	5.3	62					
剖25	铁铝土	红壤	红壤	含磷砂页岩红壤		A	4—20	橙色	重黏土	块状	4.8	12.0	0.66	7.19	13.1	67		11.7		E 102°48′49.3″ N 24°49′32.5″	87
剖26	人为土	水稻土	潴育水稻土	冲积性潴育水稻土	石子泥土田	A	0—21	暗棕色	重壤土	核状	7.5	30.5	0.41	0.34	41.9	104			冲积物	E 102°46′09.1″ N 24°49′22.4″	81
						P	21—29	暗棕红色	重壤土	块状	7.5	27.7	1.05	2.32	48.6	104					
						W	29—54	暗棕红色	中壤土	块状	7.8	10.4	0.39	3.24	47.0	185					
剖27	人为土	水稻土	潴育水稻土	冲积性潴育水稻土	粉泥田	A	0—19	灰棕色	重壤土	粒状	7.4	21.7	1.88	5.93	35.4	73			冲积物	E 102°46′27.8″ N 24°48′50.3″	84
						P	19—31	黄棕色	重壤土	块状	7.5	12.7	0.94	6.60	30.1	92					
						W	31—80	黄棕色	重壤土	块状	7.4	6.1	0.41	7.40	24.0	39					
剖28	铁铝土	红壤	含磷砂页岩红壤		黄砂土	A	0—16	浅黄色	重壤土	粒状	5.9	9.8	0.47	7.30	41.9	81		93.8		E 102°47′10.7″ N 24°48′48.2″	91
						B	16—46		轻黏土	块状	6.4	5.8	0.23	0.64	37.5	42		71.9			
						C	46—100		轻黏土	块状	5.5	1.2	0.24	0.39	41.1	48		107.5			
剖29	铁铝土	红壤	玄武岩棕红壤		老红土	A	5—21	棕色	重黏土	核状	7.3	13.4	0.72	0.68	6.8	17		7.5		E 102°53′34.4″ N 24°48′20.9″	75
						B₁	21—51	棕红色	重黏土	块状	7.2	34.0	2.88	0.82	6.8	137					
剖30	铁铝土	红壤	古红土红壤		老红土	A	0—15	棕红色	中壤土	块状	6.3	14.4	0.54	0.71	4.8	73		10.8		E 102°48′45.7″ N 24°48′00.7″	82
						B	15—47	红色	中壤土	块状	6.1	10.2	0.55	0.52	3.4	61		8.7			
						C	47—100	浅红色	重壤土	块状	6.0	3.9	0.57	0.39	4.7	59					
剖31	铁铝土	棕红壤	石灰岩棕红壤			As	4—13	棕色	中壤土	核状	6.7	22.1	0.53	0.54	16.6	74				E 102°53′43.8″ N 24°47′15.0″	93
						B	13—34	棕红色	中黏土	块状	6.6	29.8	1.11	0.57	12.4	53		12.2			
剖32	铁铝土	红壤	古红土红壤			A	0—6	暗棕色	重黏土	块状	6.3	11.5	0.61	0.41	45.3	118				E 102°47′45.5″ N 24°46′41.2″	93
						B	6—35	棕红色	中黏土	块状	6.3	3.5	0.19	0.59	44.0	59		10.6			
剖33	人为土	水稻土	潴育水稻土	冲积性潴育水稻土	死胶泥田	A	0—22	红黄色	轻黏土	块状	7.7	29.8	1.78	1.11	52.8	151			冲积物	E 102°47′08.5″ N 24°46′40.8″	100
						P	22—30	灰黄色	中黏土	棱柱状	7.7	29.2	1.15	0.84	41.6	132					
						W	30—58	浅棕黄色	中黏土	棱块状	7.3	18.6	0.76	0.81	40.4	123					
剖34	初育土	新积土	冲积土	浮泥	鸡粪土	A	0—29	暗黄灰色	壤质黏土	粒状	7.5	41.0	2.18	1.19	8.9	140	15.0	13.5		E 102°47′33.0″ N 24°46′18.1″	92
						B	29—60	灰棕色	壤质黏土	棱块状	7.6	40.0	2.17	0.63	8.4	152	18.0	19.8			
						C	60—100	棕灰色	中壤土	棱块状	7.7	17.0	0.95	0.38	8.9	69	14.0	18.8			
剖35	淋溶土	棕壤	石灰岩棕壤			Ao	0—31	黑棕色	中壤土	粒状	6.6	125.7	6.52	1.89	34.2	305				E 102°53′43.7″ N 24°45′47.9″	84
							31—44	暗棕色	重黏土	核状	6.6	72.5	6.23	1.35	41.7	144					
							44—70	棕色	轻黏土	粒状	6.5	30.5	3.72	1.56	44.8	87					
剖36	淋溶土	棕壤	玄武岩棕壤			A	0—20	暗棕色	中壤土	核状	5.2	97.9	7.50	2.20	3.6	791		27.3		E 102°52′17.8″ N 24°45′18.4″	78
						B	20—35	灰棕色	中壤土	粒状	4.9	109.2	5.40	2.00	51.6	483		29.3			
剖37	初育土	新积土	冲积土	河滩暗色冲积土	石子泥土	A	0—23	浅棕色	中壤土	粒状	7.2	22.4	2.00	2.10	6.2	168				E 102°45′52.2″ N 24°45′04.3″	90
						B	23—48	棕色	重壤土	块状	7.7	13.8	0.30	1.90	6.7	91					

官渡区

主要土类说明

红壤是官渡区主要土壤类型，占本区地域面积的71%，分布在海拔1886—2731m的高原湖盆地及中低山地。植被为常绿阔叶林或混交林。成土母质为砂砾岩、石灰岩、玄武岩和第四纪红色风化壳。成土过程以脱硅富铝化和生物富集为主。本区红壤分为山原红壤、黄红壤等亚类，大多为山原红壤。山原红壤土体干燥，土体内常见铁磐，土体深厚，土层分化明显。A层呈暗红棕色，厚10—20cm，为碎块状或屑粒状结构，矿物风化度高，黏粒硅铝率为2.2—2.3，盐基饱和度在70%左右，铁的活化度为60%—65%，pH为5.0—6.3，有机质含量为30—40g/kg。B层厚30—50cm，多为块状或棱块状结构。B层下段大多为具有红、白、黄色蠕虫状孔隙和枝形裂隙的网纹层，尤以第四纪红色黏土发育的红壤更为明显。C层为母质层或红色风化壳。

水稻土是官渡区第二大土壤类型，占本区地域面积的16%。本区水稻土分为潴育型、潜育型等亚类。潴育水稻土分布在海拔1800—1950m的滇池流域河流两岸，种稻历史长，排灌条件好，土体下部有明显的潴育层，厚度大于20cm，棱块状或棱柱状结构发育良好，有橘红色铁锈及铁锰结核等，特别是亚铁离子与有机质形成络合态铁，并氧化为红色沉淀态络合铁分布在结构体表面。与其他层相比，潴育层铁的活化度低，晶胶率和盐基饱和度高。潜育水稻土分布在滇池流域低洼积水处，地下水位高，排水不畅，上层较浅处有明显的青灰色潜育层。

小于本区地域面积3%的土壤类型有紫色土。

本区域中心区气候特征

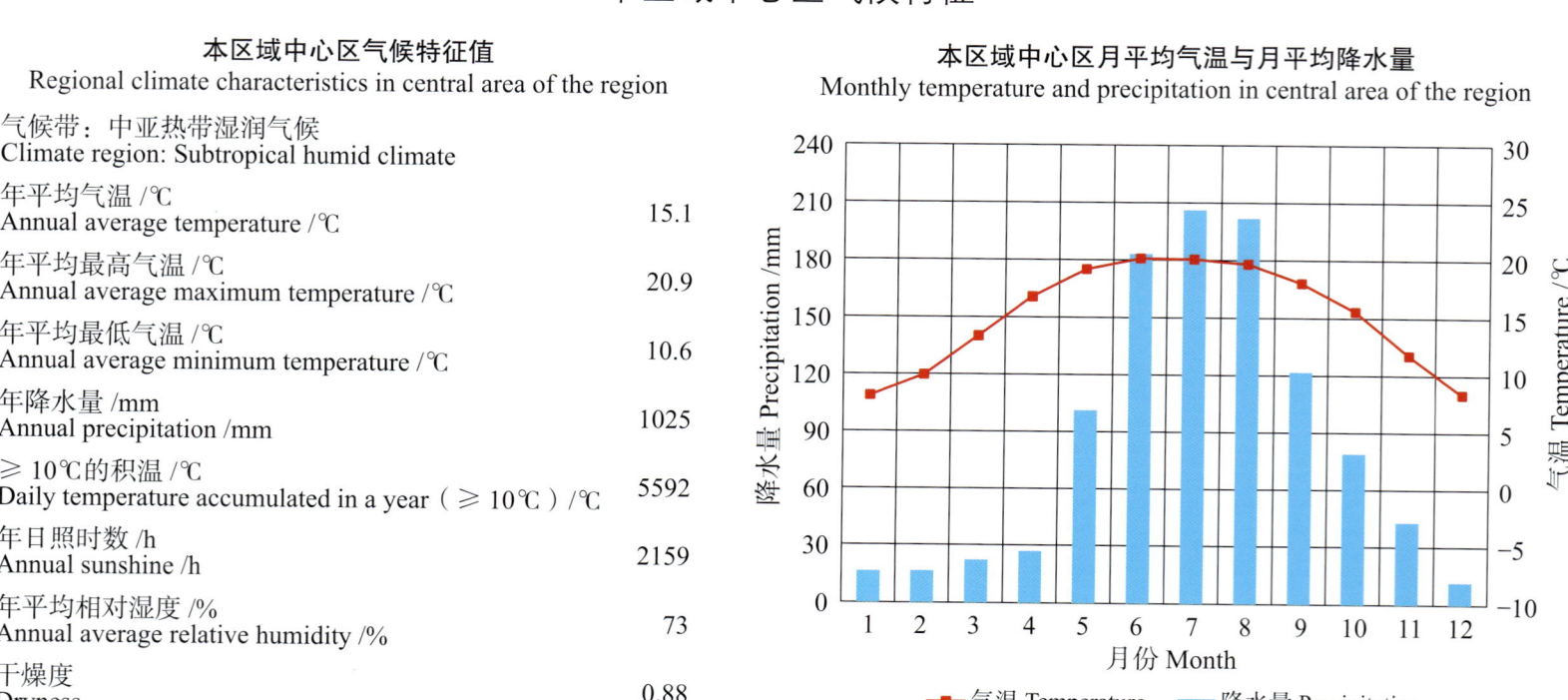

本区域中心区气候特征值
Regional climate characteristics in central area of the region

气候带：中亚热带湿润气候 Climate region: Subtropical humid climate	
年平均气温 /℃ Annual average temperature /℃	15.1
年平均最高气温 /℃ Annual average maximum temperature /℃	20.9
年平均最低气温 /℃ Annual average minimum temperature /℃	10.6
年降水量 /mm Annual precipitation /mm	1025
≥10℃的积温 /℃ Daily temperature accumulated in a year（≥10℃）/℃	5592
年日照时数 /h Annual sunshine /h	2159
年平均相对湿度 /% Annual average relative humidity /%	73
干燥度 Dryness	0.88

本区域中心区月平均气温与月平均降水量
Monthly temperature and precipitation in central area of the region

官渡区主要土壤类型与土壤剖面点分布图
1∶220 000

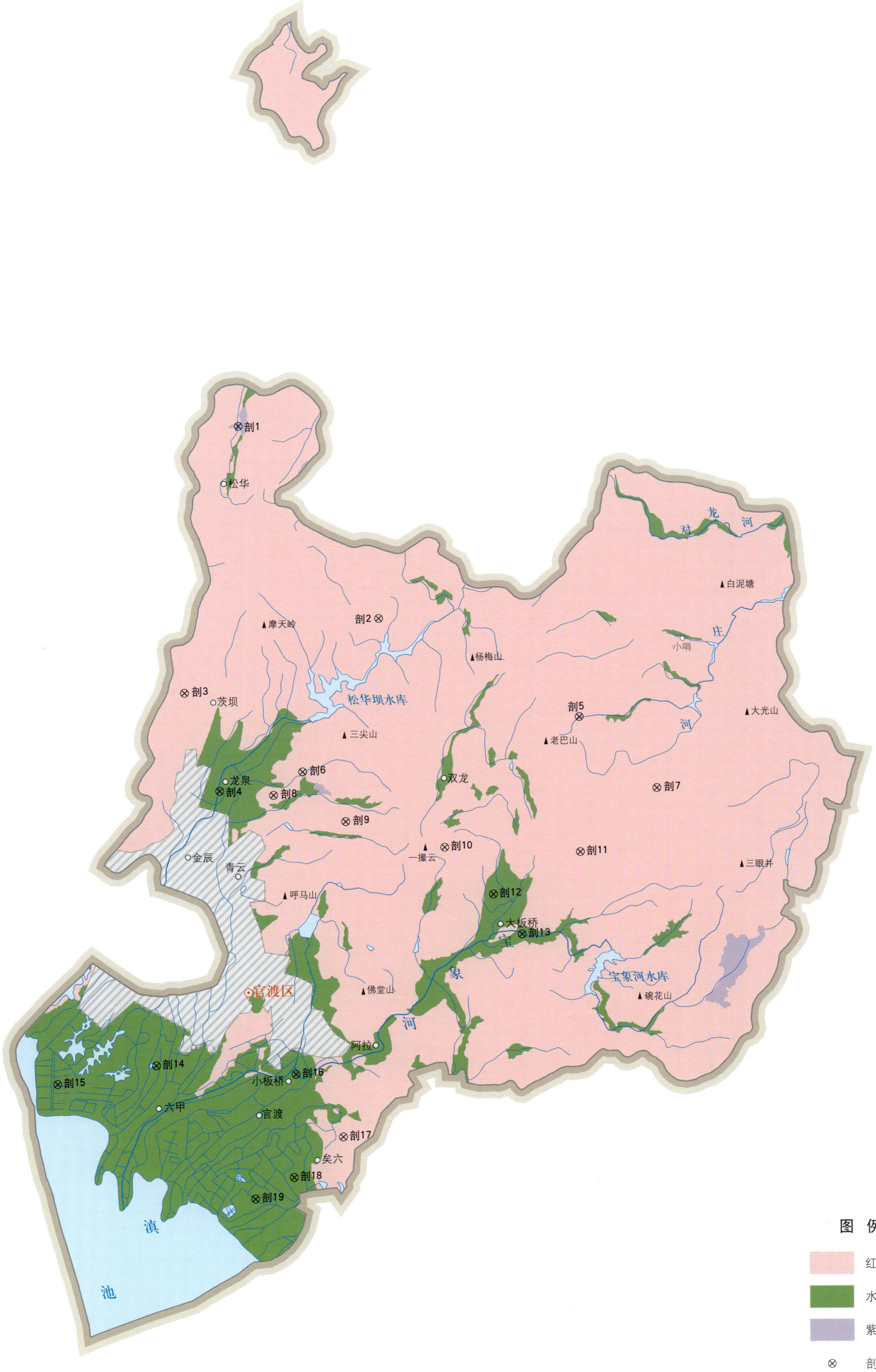

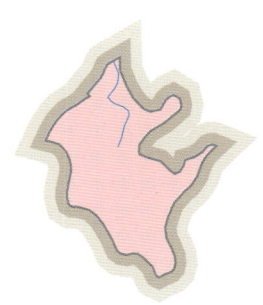

图 例

- 红壤
- 水稻土
- 紫色土
- ⊗ 剖面点

官渡区土壤剖面理化性状表

剖面号 Soil profile	土纲 Soil order	土类 Soil great group	亚类 Soil subgroup	土属 Soil genus	土种 Soil species	土层码 Layer code	土层厚度 Depth/cm	颜色 Soil color	质地 Soil texture	土壤结构 Soil structure	pH	有机质 OM/(g/kg)	全氮 TN/(g/kg)	全磷 TP/(g/kg)	全钾 TK/(g/kg)	碱解氮 AN/(mg/kg)	阳离子交换量CEC/(cmol/kg)	土壤母质 Parent material	剖面点坐标 Profile coordinate	匹配指数 Matching index/%
剖1	初育土	紫色土	酸性紫色土	红紫泥土	紫羊肝土	A	0—39	褐棕色	中壤土	粒状	5.3	14.9	0.63	1.80	40.0	56	25.2	玄武岩	E 102°44′34.4″ N 25°16′10.9″	76
剖2	铁铝土	红壤	红壤	玄武岩红壤	涩红土	A	0—15	褐棕色	重壤土	粒状	5.6	37.5	1.36	1.87	12.5	123	16.7	玄武岩	E 102°48′48.6″ N 25°11′06.7″	70
						C	15—30	红棕色	重黏土	粒状	6.5	9.5	0.58	1.64	9.5	30	12.9			
						D	30—	红棕色	重壤土	粒状	6.7	5.0	0.26	1.44	12.0	17	11.2			
剖3	铁铝土	红壤	红壤	老冲积红壤	鸡黄土	A	0—27	灰褐色	轻壤土	团粒状	7.6	36.2	1.37	2.57	35.1	123	33.4	老冲积物	E 102°43′05.8″ N 25°09′01.5″	89
剖4	人为土	水稻土	潴育水稻土	冲积性潴育水稻土	河砂田	A	0—25	灰黑色	砂壤土	砂粒状	6.1	11.8	0.29	1.56	14.1	42	47.0	冲积物	E 102°44′10.5″ N 25°06′25.1″	91
						P	25—50	浅黄色	紧砂土	砂粒状	8.6	2.4	0.29	0.87	14.7	7	47.1			
						W	50—80	黄红色	轻壤土	砂粒状	6.1	6.2	0.18	1.40	33.5	14	44.3			
						G	80—100	黄红色	砂壤土	砂粒状	8.5	1.8		1.03	19.1	7	45.2			
剖5	铁铝土	红壤	黄红壤	砂泥岩类黄红壤	红砂土	A	0—25	橙色	重黏土	粒状	6.9	15.2	0.73	1.34	25.5	48	9.9	砂泥岩类	E 102°54′46.8″ N 25°08′33.4″	99
						B	25—55	黄红色	重黏土	粒状	5.7	2.8	0.19	0.10	22.9	14	8.2			
剖6	铁铝土	红壤	黄红壤	砂泥岩类黄红壤	酸白泥土	A	0—25	灰色	重黏土	粒状	5.8	26.3	1.49	0.57	34.0	89	12.9			
剖7	铁铝土	红壤	红壤	石灰岩红壤	涩红土	A	0—20	黄红色	轻黏土	粒状	5.3	23.0	0.99	2.52	15.3	70	19.5	石灰岩	E 102°57′06.5″ N 25°06′41.0″	80
						B	20—40	黄红色	中黏土	粒状	5.3	15.6	0.82	2.37	20.5	53	16.7			
剖8	铁铝土	红壤	红壤	砂泥岩红壤	香面土	A	0—20	灰白色	重壤土	粒状	5.6	51.1	2.27	3.17	19.6	184	21.7	砂泥岩类	E 102°54′51.8″ N 25°04′56.6″	83
						B	20—50	棕色	重壤土	块状	5.3	23.8	0.70	4.45	26.7	91	15.2			
						C₁	50—100	灰白色	重壤土	粒状	5.5	1.7	0.22	2.78	38.0	16	10.0			
						C₂	100—	灰白色	重壤土	块状	5.7	52.7	2.44	3.05	36.0	199	2.7			
剖9	铁铝土	红壤	黄红壤	砂泥岩类黄红壤	黄泥土	A	0—20	灰色	重黏土	块状	5.4	25.9	1.16	1.42	7.1	98	11.2			
剖10	铁铝土	红壤	红壤	老冲积红壤	油红土	A	0—21	褐棕色	中黏土	块状	7.1	18.2	0.49	1.17	11.0	50	16.6		E 102°50′50.9″ N 25°05′00.9″	92
						B	21—100	褐红色	中黏土	块状	5.8	6.4	0.13	0.95	2.7	16	16.3			
剖11	铁铝土	红壤	红壤	石灰岩红壤	红土	A	0—25	红色	轻壤土	块状	6.0	29.4	1.22	2.03	17.9	103	16.9	石灰岩	E 102°54′51.8″ N 25°04′56.6″	83
剖12	人为土	水稻土	潴育水稻土	冲积性潴育水稻土	砂泥田	A	0—25	棕色	重黏土	粒状	7.2	40.5	1.56	2.89	28.0	96	26.5	冲积物	E 102°52′18.5″ N 25°03′45.4″	73
剖13	人为土	水稻土	潴育水稻土	冲积性潴育水稻土	黑泥田	A	0—30	黑色	轻黏土	块状	8.7	42.7	1.34	1.51	21.2	66	90.8		E 102°53′10.3″ N 25°02′42.0″	81
						P	30—60	黑色	中黏土	块状	7.7	46.7	1.70	0.71	20.7	25	91.8			
						G	60—90	灰黑色	重黏土	块状	7.3	45.9	1.64	0.77	22.6	23	89.8			
剖14	人为土	水稻土	淹育水稻土	红壤性淹育水稻土	胶泥田	A	0—35	灰黄色	重黏土	块状	8.2	38.0	2.12	2.01	33.9	139	37.2		E 102°42′24.5″ N 24°59′03.5″	97
						P	35—54	暗棕色	黏土	块状	8.7	21.6	1.34	1.66	37.1	87	37.2			
						W₁	54—69	棕黄色	黏土	块状	7.7	7.9	0.59	1.38	30.1	20	19.6			
						W₂	69—	棕红色	黏土	块状	7.4	6.6	0.38	1.47	36.2	12	29.4			
剖15	人为土	水稻土	沼泽型水稻土	湖积性沼泽土	海垦田	A	0—30	黑色	砂壤土	核状	6.7	321.9	11.11	1.74	22.2	541	54.0	湖积物	E 102°39′29.9″ N 24°58′31.4″	77
						G₁	30—50	黑色	紧砂土	核状	5.8	700.6	25.42	0.64	2.5		80.0			
						G₂	50—	暗黑色	紧砂土	粒状	4.9	685.8	23.67	0.72	4.6		100.0			
剖16	人为土	水稻土	淹育水稻土	红壤性淹育水稻土	红泥田	A	0—30	暗棕色	轻壤土	核状	8.0	21.1	1.08	1.83	20.0	58	27.1	红壤性母质	E 102°46′32.2″ N 24°58′53.0″	81
						P	30—45	黄红色	黏土	核状	7.6	9.2	0.53	1.61	18.0	26	24.8			
剖17	铁铝土	红壤	红壤	玄武岩红壤	红土	A	0—18	暗红色	轻壤土	粒状	7.4	34.5	1.30	1.44	14.1	90	13.4	玄武岩	E 102°47′57.5″ N 24°57′14.4″	74
						B	18—42	棕红色	轻壤土	块状	7.1	5.0	0.21	1.00	16.5	10	9.2			
						C	42—	红褐色	重黏土	块状	6.0	3.7	0.18	0.94	11.7	11	8.4			

续表 Continued

剖面号 Soil profile	土纲 Soil order	土类 Soil great group	亚类 Soil subgroup	土属 Soil genus	土种 Soil species	土层码 Layer code	土层厚度 Depth/cm	颜色 Soil color	质地 Soil texture	土壤结构 Soil structure	pH	有机质 OM/(g/kg)	全氮 TN/(g/kg)	全磷 TP/(g/kg)	全钾 TK/(g/kg)	碱解氮 AN/(mg/kg)	阳离子交换量CEC/(cmol/kg)	土壤母质 Parent material	剖面点坐标 Profile coordinate	匹配指数 Matching index/%
剖18	人为土	水稻土	淹育水稻土	红壤性淹育水稻土	黄泥田	A	0—26	黑灰色	重壤土	块状	8.0	71.1	2.89	1.79	28.4	190	44.2	红壤性母质	E 102°46′31.1″ N 24°56′08.9″	87
						P	26—39	灰褐色	重壤土	块状	8.7	52.3	1.59	1.81	28.9	138	33.1			
						W	39—65	红黄色	轻壤土	块状	8.3	16.9	0.78	1.66	20.1	57	36.8			
						G	65—85	黄灰色	重壤土	块状	8.4	16.3	0.66	1.79	31.6	47	39.8			
剖19	人为土	水稻土	潴育水稻土	冲积性潴育水稻土	鸡粪土田	A	0—30	暗棕色	中壤土	粒状	7.4	55.9	2.48	2.42	24.6	99	29.6		E 102°45′23.4″ N 24°55′34.0″	76
						P	30—50	灰棕色	轻壤土	核状	7.6	11.8	0.73	1.53	25.1	39	20.7			
						W	50—75	棕黄色	轻壤土	块状	7.6	10.7	0.59	1.60	32.6	29	30.3			
						C	75—	黄红色	轻壤土	块状	7.4	12.9	0.78	1.81	31.0	26	21.7			

西山区

主要土类说明

红壤是西山区主要土壤类型，占本区地域面积的63%，分布在海拔1830—2400m的高原面及中低山地。植被为落叶阔叶林和半湿润常绿阔叶林。成土母质为砂页岩、石灰岩、玄武岩和第四纪红色黏土。成土过程以脱硅富铝化和生物富集为主。本区红壤分为山原红壤、黄红壤等亚类。受古气候和下降气流焚风效应的深刻影响，山原红壤土体干燥，土层分化明显。A层呈暗红色，厚10—20cm，为碎块状或屑粒状结构，矿物风化度高，黏粒硅铝率为2.2—2.3，铁的活化度为60%—65%，盐基饱和度在70%左右，pH为5.0—6.3，有机质含量为30—40g/kg。B层是脱硅富铝化的典型发生层，厚30—50cm，多为块状或棱块状结构。B层下段大多为具有红、白、黄色蠕虫状孔隙和枝形裂隙的网纹层。C层为母质层或红色风化壳。黄红壤土体上部有黄化现象，以黄橙色或橙色为主，下部仍以高岭石为主，伴有蛭石和三水铝石。

紫色土是西山区第二大土壤类型，占本区地域面积的13%，分布在海拔1900—2100m的平缓岗地，与红壤交错分布。植被为常绿阔叶林或灌丛草地。成土母质为侏罗系紫色岩和震旦系紫色砂岩。成土过程以母岩的快速物理崩解、频繁侵蚀堆积以及碳酸钙的不断淋失作用为主，生物积累作用相对较弱。土壤具A-C剖面构型，剖面层次发育不明显，富含矿质养分。本区紫色土分为酸性紫色土、中性紫色土、石灰性紫色土等亚类。酸性紫色土黏土矿物一般以蛭石和水云母为主，有机质和全氮含量高于其他亚类，全磷和全钾含量较低，pH为4.5—6.5。中性紫色土黏土矿物以蛭石和水云母或蒙脱石和水云母为主，母岩中碳酸钙较少或在成土过程中已明显淋溶，pH为6.5—7.5。石灰性紫色土母岩以钙质紫色岩为主，黏土矿物以水云母或蒙脱石为主，有机质含量低，全磷和全钾含量高，pH为7.5—8.5。

黄棕壤是西山区第三大土壤类型，占本区地域面积的9%，分布在海拔2400—2641m的中山坡地。植被为暖湿性针叶林和温凉性针叶林，代表性树种有云南松、滇油杉和华山松等。成土母质多为砂页岩及花岗岩风化物。土层弱度富铝化，黏聚现象明显，呈黄棕色。该土壤具A-B-C或A-（B）-C剖面构型，黏粒硅铝率在2.5左右，铁的游离度较红壤低，B层交换性酸大于A层。

水稻土占本区地域面积的6%，分布在地势平缓的坝区和山间盆地。成土母质为红壤、紫色土和老冲积物。水稻土在长期的季节性淹灌、水下翻耕、季节性脱水、氧化还原交替影响下，原来的成土母质或母土的特性发生重大改变，形成了不同的土体构型。本区水稻土分为淹育型、潴育型、潜育型、沼泽型等亚类，大多水肥条件好，质地砂黏适中，有较深厚的耕作层。

本区域中心区气候特征

本区域中心区气候特征值
Regional climate characteristics in central area of the region

气候带：中亚热带湿润气候 Climate region: Subtropical humid climate	
年平均气温 /℃ Annual average temperature /℃	15.0
年平均最高气温 /℃ Annual average maximum temperature /℃	21.0
年平均最低气温 /℃ Annual average minimum temperature /℃	10.4
年降水量 /mm Annual precipitation /mm	998
≥10℃的积温 /℃ Daily temperature accumulated in a year（≥10℃）/℃	5582
年日照时数 /h Annual sunshine /h	2201
年平均相对湿度 /% Annual average relative humidity /%	73
干燥度 Dryness	0.89

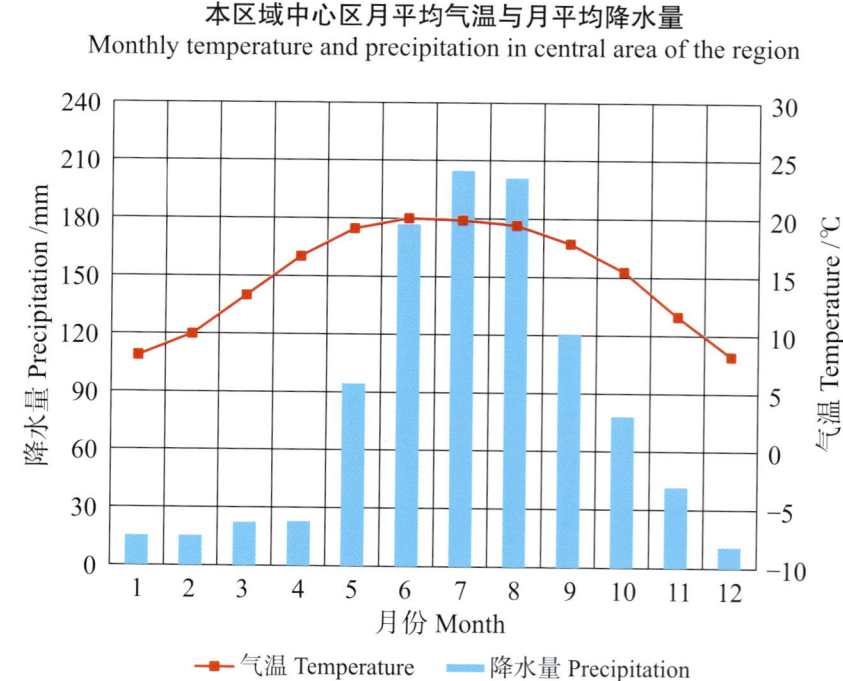

本区域中心区月平均气温与月平均降水量
Monthly temperature and precipitation in central area of the region

西山区主要土壤类型与土壤剖面点分布图
1 : 250 000

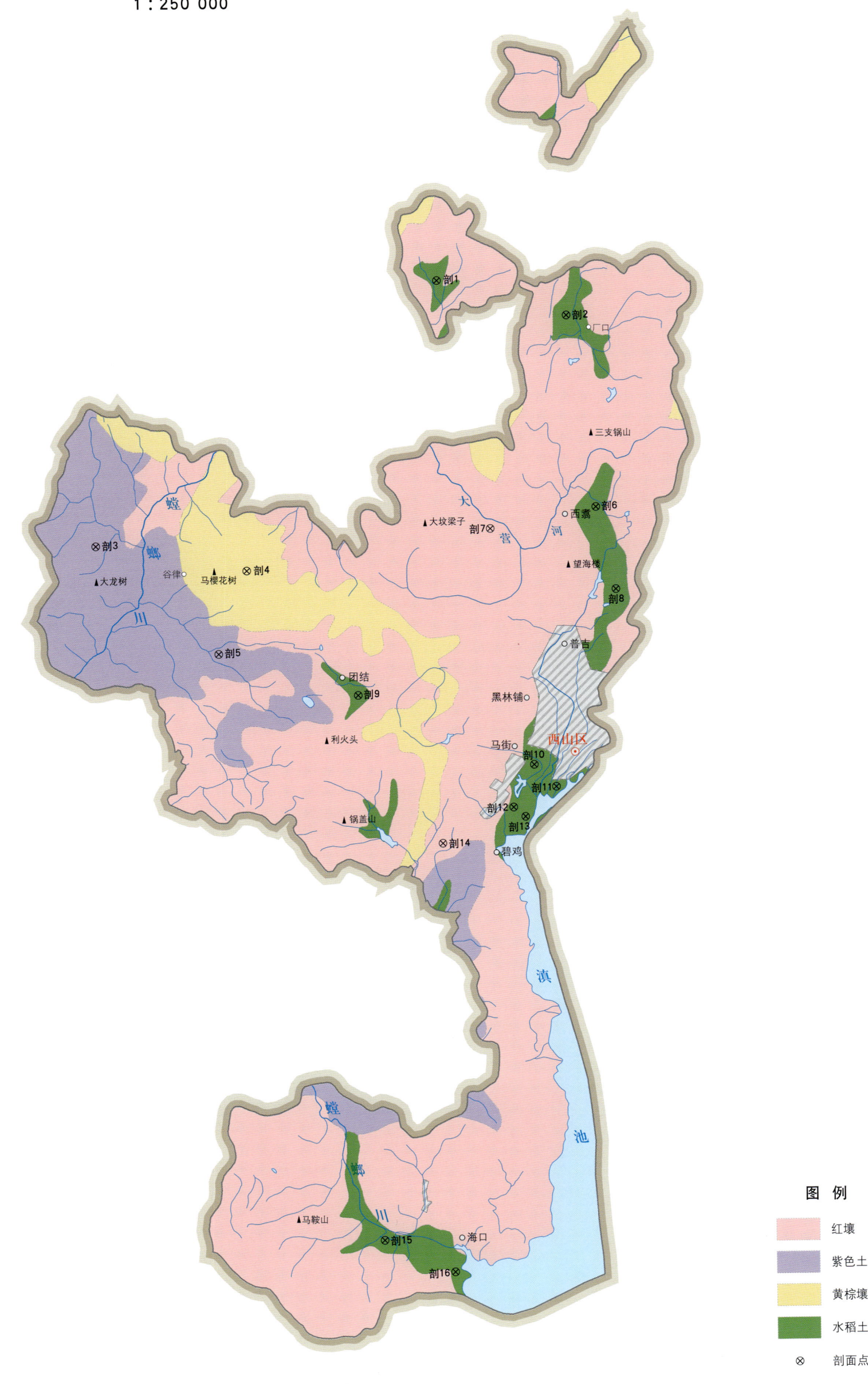

西山区土壤剖面理化性状表

剖面号 Soil profile	土纲 Soil order	土类 Soil great group	亚类 Soil subgroup	土属 Soil genus	土种 Soil species	土层码 Layer code	土层厚度 Depth/cm	颜色 Soil color	质地 Soil texture	土壤结构 Soil structure	pH	有机质 OM/(g/kg)	全氮 TN/(g/kg)	全磷 TP/(g/kg)	全钾 TK/(g/kg)	碱解氮 AN/(mg/kg)	有效磷 AP/(mg/kg)	阳离子交换量 CEC/(cmol/kg)	土壤母质 Parent material	剖面点坐标 Profile coordinate	匹配指数 Matching index/%
剖1	人为土	水稻土	潴育水稻土	冲积性潴育水稻土	黑泥田	1	0—22	灰褐色	中壤土	小块状	7.7	69.4	3.20	0.47	13.6				冲积物	E 102°35′07.1″ N 25°16′57.0″	80
						2	22—31	褐色	重壤土	块状	7.8	24.9	2.05	0.35	14.9						
						3	31—100	青灰色	重壤土	块状											
剖2	人为土	水稻土	淹育水稻土	红壤性淹育水稻土	红泥田	1	0—24	褐红色	轻壤土	块状	7.8	62.2	2.08	0.64	17.3					E 102°39′35.3″ N 25°15′55.4″	100
						2	24—40	棕褐色	轻壤土	块状	7.7	48.3	2.08	0.62	20.7						
						3	40—100	红褐色	轻壤土	块状											
剖3	初育土	紫色土	酸性紫色土	红紫泥土	紫羊肝土	1	0—6	紫色	轻壤土	粒状	6.2	56.0	2.64	0.34	39.5					E 102°23′29.2″ N 25°08′33.9″	98
						2	6—15	紫红色	轻壤土	粒状	5.3	13.7	0.98	0.36	39.5						
						3	15—100	褐红色	轻壤土	块状											
剖4	淋溶土	黄棕壤	暗黄棕壤	厚棕红土	厚棕红土	A	0—10	暗棕色	壤质黏土	核粒状	5.4	21.0	1.12	0.70	15.7	683	40.0	21.7		E 102°28′41.2″ N 25°07′52.0″	78
						B₁	10—30	棕红色	壤质黏土	粒状、块状	5.3	22.0	0.73	0.83	16.4	310	50.0	9.4			
						B₂	30—50	黄棕色	壤质黏土	小棱块状	5.4	15.0	0.78	0.79	16.0	226	53.3	8.8			
						C	50—100	暗红色	壤质黏土		5.3	19.0	0.72	0.41		260	36.6	7.6			
剖5	初育土	紫色土	酸性紫色土	紫砂土	石子羊肝土	1	0—17	紫棕色	轻壤土	粒状	8.0	23.6	1.25	0.44	22.4					E 102°27′44.8″ N 25°05′16.3″	97
						2	17—100	棕红色		块状	8.2	17.7	0.90	0.41	24.1						
剖6	人为土	水稻土	淹育水稻土	红壤性淹育水稻土	白泥田	1	0—14	灰褐色	砂壤土	粒状	5.2	44.0	3.66	0.44	27.5					E 102°40′39.5″ N 25°09′59.3″	87
						2	14—59	灰褐色	砂壤土	块状	5.3	15.7	1.76	0.41	29.2						
						3	59—78	黑灰色	砂壤土	块状											
						4	78—100	红色	轻壤土	块状											
剖7	铁铝土	红壤	红壤	石灰岩红壤	油红土	A	0—32	褐棕色	轻壤土	粒状	5.5	24.0								E 102°37′02.3″ N 25°09′15.8″	95
						2	32—39	红色	中壤土	块状											
						3	39—53	红棕色	中壤土	块状											
						4	53—100	棕红色	中壤土	块状											
剖8	人为土	水稻土	潴育水稻土	红壤性潴育水稻土	红胶泥田	1	0—20	棕红色	中壤土	团粒状	7.3	49.4	2.35	0.40	29.3					E 102°41′22.6″ N 25°07′26.1″	87
						2	20—29	棕色	中壤土	团粒状	7.6	19.7	1.26	0.24	37.8						
						3	29—100	棕红色	中壤土	块状											
剖9	人为土	水稻土	潴育水稻土	冲积性潴育水稻土	青胶泥田	1	0—20	棕红色	中壤土	团粒状	5.5	16.0								E 102°32′33.0″ N 25°04′03.0″	90
						2	20—25	青灰色	轻壤土	块状	6.0	24.0									
						3	25—100	青灰色	轻壤土	块状											
剖10	人为土	水稻土	潴育水稻土	冲积性潴育水稻土	鸡粪土田	1	0—30	棕褐色	中壤土	团粒状	7.8	62.6	3.12	1.10	5.7				冲积物	E 102°38′37.1″ N 25°01′56.9″	93
						2	30—40	灰褐色	中壤土	棱柱状	7.8	20.1	1.23	0.98	5.7						
						3	40—70	黄褐色	中壤土	棱柱状											
						4	70—100	青灰色	壤土	块状											
剖11	人为土	水稻土	潴育水稻土	冲积性潴育水稻土	河砂田	1	0—16	灰褐色	砂壤土	块状	5.7	33.3	2.00	0.33	20.7				冲积物	E 102°39′22.5″ N 25°01′15.8″	93
						2	16—27	褐红色	砂壤土	棱柱状	5.5	35.8	9.40	0.40	21.3						
						3	27—100	褐棕色	中壤土	团粒状											
剖12	人为土	水稻土	潴育水稻土	冲积性潴育水稻土	油砂土田	1	0—24	灰褐色	轻壤土	块状	7.8	30.7	3.14	0.54	9.1					E 102°37′54.6″ N 25°00′36.6″	95
						2	24—35	灰褐色	轻壤土	棱柱状	7.7	62.2	2.32	0.52	9.6						
						3	35—83	青灰色	壤土	块状											
						4	83—100														
剖13	人为土	水稻土	淹育水稻土	红壤性淹育水稻土	木香土田	1	0—16	灰褐色	砂壤土	粒状	5.8	46.1	2.58	0.48	17.2					E 102°38′19.7″ N 25°00′19.4″	82
						2	16—25	灰褐色	砂壤土	粒状	6.1	31.4	2.71	0.53	20.6						
						3	25—100	黄棕色	砂壤土	块状											

续表 Continued

剖面号 Soil profile	土纲 Soil order	土类 Soil great group	亚类 Soil subgroup	土属 Soil genus	土种 Soil species	土层码 Layer code	土层厚度 Depth/ cm	颜色 Soil color	质地 Soil texture	土壤结构 Soil structure	pH	有机质 OM/ (g/kg)	全氮 TN/ (g/kg)	全磷 TP/ (g/kg)	全钾 TK/ (g/kg)	碱解氮 AN/ (mg/kg)	有效磷 AP/ (mg/kg)	阳离子 交换量CEC/ (cmol/kg)	土壤母质 Parent material	剖面点坐标 Profile coordinate	匹配指数 Matching index/%
剖14	铁铝土	红壤	红壤	石灰岩红壤	红土	A	0—18	褐棕色	轻壤土	块状	5.8	34.0	1.71	0.66	20.7				石灰岩	E 102°35′29.8″ N 24°59′28.0″	74
						B₁	18—44	褐棕色	轻壤土	块状	5.7	25.7	1.33	0.63	20.6						
						3	44—100	棕红色	轻壤土	块状											
剖15	人为土	水稻土	淹育水稻土	红壤性淹育水稻土	黄泥田	1	0—20	灰黄色	轻壤土	块状	7.0	27.2	1.46	1.62	22.4					E 102°33′35.2″ N 24°47′09.9″	88
						2	20—30	黄褐色	轻壤土	块状	6.9	21.2	1.31	1.86	23.2						
						3	30—100	黄棕色	轻壤土												
剖16	人为土	水稻土	潴育水稻土	冲积性潴育水稻土	砂泥田	1	0—18	褐棕色	轻壤土	小块状	7.5	40.5	1.99	0.42	29.3					E 102°36′01.0″ N 24°46′12.4″	84
						2	18—27	棕褐色	轻壤土	棱柱状	7.2	49.3	2.74	0.43	31.0						
						3	27—70	黄棕色	轻壤土												
						4	70—100	青灰色	轻壤土	块状											

东 川 区

主要土类说明

红壤是东川区主要土壤类型，占本区地域面积的47%，分布在海拔1500—2550m的河谷及山区、半山区。成土母质主要为深厚的古红土和红色风化壳。成土过程以脱硅富铝化和生物富集为主。自然土壤包括红壤、黄红壤、褐红壤、粗骨性红壤等亚类，不同的亚类剖面特征有所不同：①红壤亚类具有深厚的红色土层，淀积层可见深厚的红、黄、白相间的网纹状红色黏土。②黄红壤上部有黄化现象，下部仍以高岭石为主，伴有蛭石和三水铝石。③褐红壤具干热特征，土壤酸性较弱，钙、镁有向表层积累的趋势，心土层结构面有铁锰胶膜，其下部有铁锰结核。④粗骨性红壤属于剖面发育差的幼年红壤，分布在红壤区的山地陡峭地段。

燥红土是东川区第二大土壤类型，占本区地域面积的13%，分布在海拔1500m以下的地区。该区域气候炎热，光热条件好，降水量小，蒸发量大。燥红土是由红土母质发育形成的盐基饱和的红色土壤，具A-B-C（D）剖面构型。成土过程以有机质积累、生物富集和脱硅富铝化为主。该土壤复盐基明显，交换性钙、镁占阳离子交换量的80%以上。本区燥红土分为燥红土、褐红土等亚类。

棕壤是东川区第三大土壤类型，占本区地域面积的12%，分布在海拔2900—3300m的高山中部。成土母质多为碳酸岩类和基性岩类。成土过程以淋溶、黏化和生物富集过程为主。棕壤结构较好，具O-A-Bt-C剖面构型，表土呈暗棕色。黏土矿物主要为伊利石和高岭石。该土壤处于硅铝风化阶段，土体见黏粒淀积，盐基充分淋失，pH为5.0—7.0，有机质含量高。本区棕壤分为棕壤、草甸棕壤、粗骨性棕壤等亚类。

黄棕壤占本区地域面积的11%，分布在海拔2550—2900m的中山坡地。土层弱度富铝化，黏聚现象明显，呈黄棕色。该土壤具A-B-C或A-（B）-C剖面构型，黏粒硅铝率在2.5左右，铁的游离度较红壤低，B层交换性酸大于A层。

暗棕壤占本区地域面积的7%，分布在海拔2900—3300m的高山地带。成土母质为基性岩类和泥质岩类。成土过程以腐殖质积累、淋溶黏化、白浆化和潜育化等为主。黏土矿物以蛭石和伊利石为主。该土壤具O-A-B-C剖面构型，土表一般有0.5—5.0cm厚的枯枝落叶层。A层有机质含量可达200g/kg，弱酸性淋溶使铁、铝轻微下移。B层呈棕色，结构面见铁锰胶膜。土壤呈弱酸性，pH为5.0—6.0，盐基饱和度为70%—80%。

黑毡土占本区地域面积的4%。黑毡土发生于青藏高原高寒略较温湿的原面上，蒿草与杂生草类的草毡层初步分解，形成初步腐殖化的暗色草根茎盘结层。该土壤色泽较深，有机质含量较高，为100—150g/kg，pH为6.5—8.0，底土见锈色斑纹。

小于本区地域面积3%的土壤类型有水稻土和紫色土。

本区域中心区气候特征

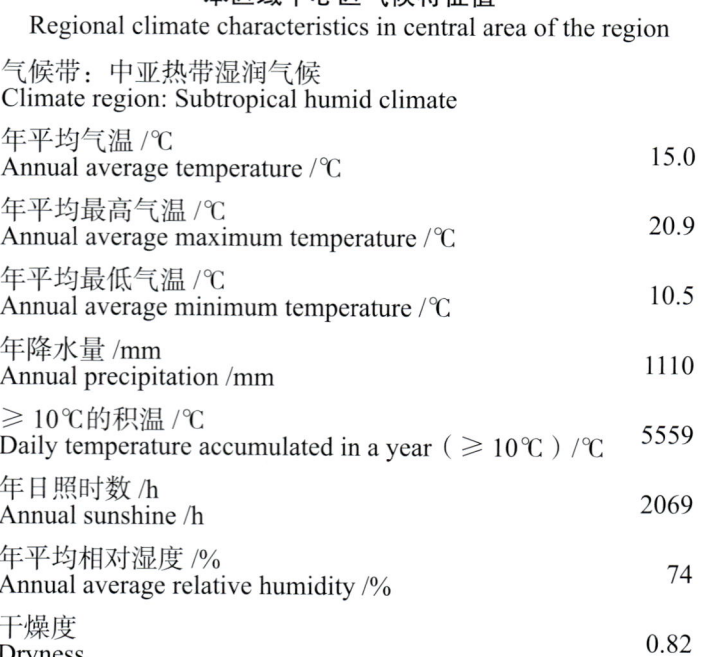

本区域中心区气候特征值
Regional climate characteristics in central area of the region

气候带：中亚热带湿润气候 Climate region: Subtropical humid climate	
年平均气温 /℃ Annual average temperature /℃	15.0
年平均最高气温 /℃ Annual average maximum temperature /℃	20.9
年平均最低气温 /℃ Annual average minimum temperature /℃	10.5
年降水量 /mm Annual precipitation /mm	1110
≥10℃的积温 /℃ Daily temperature accumulated in a year (≥10℃) /℃	5559
年日照时数 /h Annual sunshine /h	2069
年平均相对湿度 /% Annual average relative humidity /%	74
干燥度 Dryness	0.82

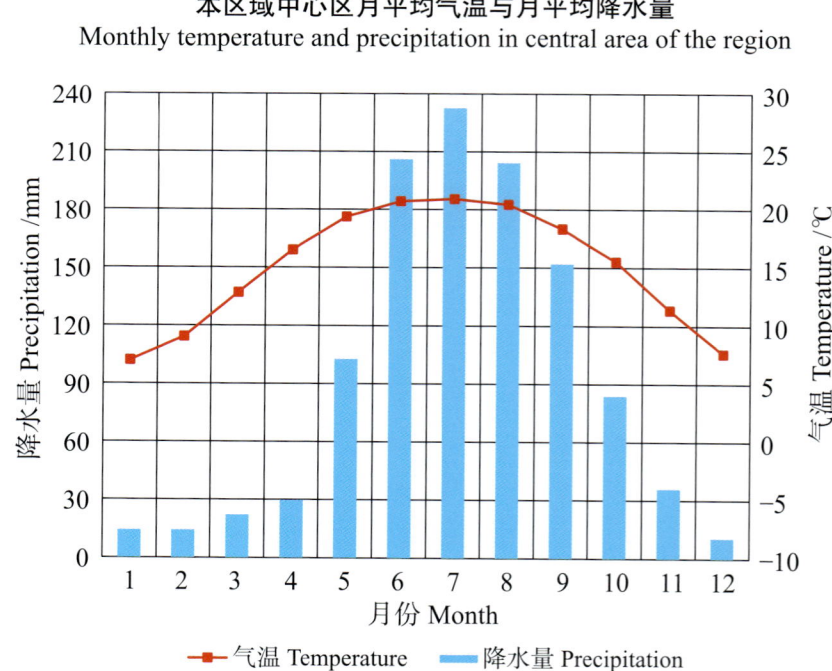

本区域中心区月平均气温与月平均降水量
Monthly temperature and precipitation in central area of the region

东川区主要土壤类型与土壤剖面点分布图
1 : 280 000

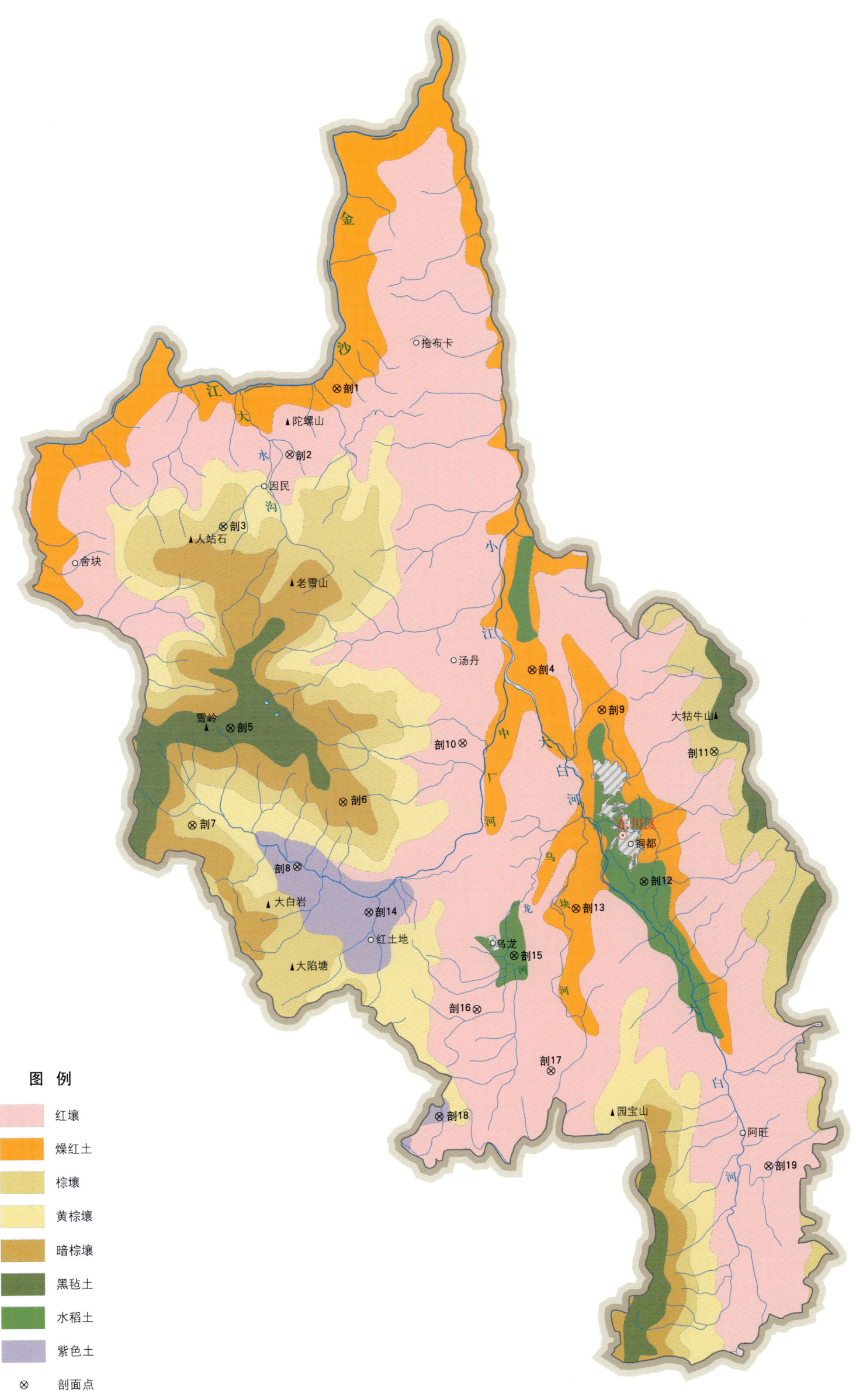

东川区土壤剖面理化性状表

剖面号 Soil profile	土纲 Soil order	土类 Soil great group	亚类 Soil subgroup	土属 Soil genus	土种 Soil species	土层码 Layer code	土层厚度 Depth/cm	颜色 Soil color	质地 Soil texture	土壤结构 Soil structure	pH	有机质 OM/(g/kg)	全氮 TN/(g/kg)	全磷 TP/(g/kg)	全钾 TK/(g/kg)	碱解氮 AN/(mg/kg)	有效磷 AP/(mg/kg)	阳离子交换量CEC/(cmol/kg)	土壤母质 Parent material	剖面点坐标 Profile coordinate	匹配指数 Matching index/%
剖1	半淋溶土	燥红土	燥红土	红褐色土		A	0—30	棕灰色	中黏土	核状	8.3	36.1	1.70	0.49	18.5	193				E 102°59′25.0″ N 26°20′27.9″	73
						B	30—68	浅黄色	中黏土	粒状、块状											
						C	68—90	红黄色	黏土												
剖2	铁铝土	红壤	红壤	泥质岩类红壤	瘦红土	A	0—16	红色	黏土	粒状	6.3	5.7	0.96	1.12	10.4	65			泥质岩类	E 102°57′38.2″ N 26°18′11.2″	82
						B₁	16—30	暗棕色	黏土	块状	5.5	0.3		1.20	12.4	44					
						B₂	30—59	暗棕红色	黏土	块状	5.2	0.9	0.41	1.12	12.8	34					
剖3	淋溶土	棕壤	棕壤	基性岩类棕壤	灰塘土	A	0—21	黄灰色	壤土	粒状	5.9	49.4	2.62	2.52	21.1	354			基性岩	E 102°55′08.9″ N 26°15′43.0″	95
剖4	半淋溶土	燥红土	燥红土	红褐色土	黄煤土	A	0—18	红棕色	黏重壤土	粒状	8.1	10.8	1.31	4.29	25.7	106				E 103°06′57.3″ N 26°10′56.1″	94
						B	18—45	暗红棕色	重黏土	块状	8.3	13.8	0.73	3.79	26.5	57					
						C	45—75	灰白色	中黏土	粒状	8.5			2.95	27.2	24					
剖5	高山土	黑色土	黑色土	山地灰黑色土		Ao	0—7	棕色	少砾质壤土	粒状	4.9	151.8	6.98	3.96	53.8	611		12.6		E 102°55′30.0″ N 26°08′50.3″	83
						AB	13—40	暗黄色	少砾质黏壤土	粒状、块状	4.9	56.3	2.66	2.10		293		12.3			
						B	40—74	褐黄色	砂壤土	粒状											
剖6	淋溶土	暗棕壤	暗棕壤	基性岩类暗棕壤		A	0—20	黑褐色	中壤土	粒状	4.2	92.2	3.38	1.01	60.8	301		15.9	基性岩	E 102°59′48.2″ N 26°06′21.5″	94
						AB	20—42	黄褐色	壤质黏壤土	块状	4.4	27.1	1.28	0.50	74.8	148		6.8			
						B	42—69	黄棕色	壤质黏壤土	块状	4.8	14.9	0.78	0.64	88.0	78		8.5			
剖7	淋溶土	棕壤	棕壤	碳酸岩类棕壤	灰塘土	A	0—18	黄褐色	轻壤土	粒状	5.8	46.5	2.42	4.93	47.4	271		14.7	碳酸岩	E 102°54′04.3″ N 26°05′30.8″	76
						AB	18—26	黑褐色	中壤土	粒状	5.4	67.3	3.49	6.02	51.5	341		12.4			
						B	26—75	紫棕色	中壤土	粒状	5.4	27.4	1.83	4.90	31.5	209		11.7			
剖8	初育土	紫色土	酸性紫色土	红紫泥土	红羊肝土	A	0—20	紫棕色	中壤土	粒状	6.0	0.8	0.78	0.99	30.0	89				E 102°58′04.9″ N 26°04′07.8″	82
						B	20—35	棕紫色	重黏土	块状	6.2	8.0	0.69	1.95	30.0	60					
						C	35—75	浅紫棕色	中黏土	粒状	6.1	2.3	0.54	1.88	29.6	54					
剖9	半淋溶土	燥红土	燥红土	红褐色土	大煤土	A	0—18	浅红棕色	中壤土	粒状	8.1	14.1	0.74	1.50	10.3	81				E 103°09′37.5″ N 26°09′35.3″	87
						B₁	18—36	鲜红色	壤土	粒状	8.1	11.3	0.98	3.00	10.2	74					
						B₂	36—63	褐棕色	砂壤土	块状	8.1	5.6	0.59	2.43	10.8	42					
剖10	铁铝土	红壤	黄红壤	泥质岩类黄红壤		A	0—15	黑棕黄色	中壤土	粒状	5.7	49.1	3.17	0.65	15.5	297			泥质岩类	E 103°04′20.3″ N 26°08′24.7″	86
						B	15—45	棕黑色	黏壤土	核粒状											
						C	45—85	灰黑色	壤土	粒状											
剖11	人为土	水稻土	潴育水稻土	第四纪冲积性水稻土	鸡粪土田	A	0—25	灰白色	中黏土	粒状	8.1	24.4	2.70	2.25	5.8	32		12.0	冲积物	E 103°13′54.5″ N 26°08′12.1″	100
						P	25—40	灰黄色	黏壤土	梭粒状	8.3										
						W	40—65	棕色	壤土	梭块状	8.3										
						C	65—95	褐棕色	砂壤土	块状	7.4										
剖12	铁铝土	燥红土	燥红土	厚煤红土		A	0—19	暗棕灰色	轻壤土	核粒状	8.1	32.7	1.49	4.34	11.2	135	6.8			E 103°11′16.4″ N 26°03′43.6″	71
						P	19—35	浅棕色	壤质黏土	粒状	8.3	15.4	0.93	2.71	10.0	82	5.9				
						W	35—80	暗棕色	壤质黏土	粒状	8.3	30.7	0.79	3.78	9.2	111	4.5				
剖13	半淋溶土	燥红土	燥红土			A	0—15	棕色	多砾质黏壤土	核粒状	7.4	14.3	0.78	0.68	26.1	50				E 103°08′41.5″ N 26°02′46.5″	88
						C₁	15—35	浅棕色	轻壤土	粒状	6.4	5.5	0.45	0.68	22.5	47		14.2			
						C₂	35—65	暗棕色	轻壤土	粒状	6.4	2.0	0.20	0.70	22.0	34		15.5			
剖14	初育土	紫色土	酸性紫色土	红紫泥土	砾质煤红土	A	0—13	灰紫色	壤土	粒状	4.8	73.0	3.40	1.09	20.6	431				E 103°00′49.0″ N 26°02′35.1″	71
						B	13—45	棕紫色	粉砂质壤土	块状											
						C	45—80	红紫色													

续表 Continued

剖面号 Soil profile	土纲 Soil order	土类 Soil great group	亚类 Soil subgroup	土属 Soil genus	土种 Soil species	土层码 Layer code	土层厚度/cm Depth/cm	颜色 Soil color	质地 Soil texture	土壤结构 Soil structure	pH	有机质 OM/(g/kg)	全氮 TN/(g/kg)	全磷 TP/(g/kg)	全钾 TK/(g/kg)	碱解氮 AN/(mg/kg)	有效磷 AP/(mg/kg)	阳离子交换量CEC/(cmol/kg)	土壤母质 Parent material	剖面点坐标 Profile coordinate	匹配指数 Matching index/%
剖15	人为土	水稻土	淹育水稻土	红壤性淹育水稻土	红泥田	A	0—15	浅棕色	壤质黏土	粒状	5.7	27.1	1.25	3.21	25.8	143		15.2	红壤性母质	E 103°06′21.1″ N 26°01′08.8″	80
						P	15—24	暗棕色	壤质黏土	粒状	6.1	22.6	1.18	3.33	25.4	119		17.3			
						C	24—70	暗红棕色	黏壤土	核块状	7.0	10.1	0.45	2.85	25.8	54		20.5			
剖16	铁铝土	红壤	红壤	基性岩类红壤	大红土	A	0—16	红色	粉砂质黏壤土	粒状	6.3	11.6	0.56	2.34	20.7	59		15.0	基性岩类	E 103°04′57.5″ N 25°59′18.0″	74
						B₁	16—33	棕红色	黏土	块状	5.0	3.9	0.37	2.08	18.0	49		7.2			
						B₂	33—71	棕红色	黏土	块状	5.0	5.2	0.41	1.83	18.8	43		5.7			
剖17	铁铝土	红壤	红壤	基性岩类红壤	红土	A	0—20	黄棕色	黏土	粒状	5.9	31.0	1.28	2.46	19.2	76		18.4	基性岩类	E 103°07′47.1″ N 25°57′14.8″	98
						B	20—65	红棕色	壤质黏土	棱块状	5.9	26.1	1.11	2.30	17.9	105		11.6			
剖18	初育土	紫色土	酸性紫色土	红紫泥土	黄紫砂泥土	A	0—20	褐色	砂壤土	粒状	5.1	19.8	1.13	1.54	36.4	142				E 103°03′32.6″ N 25°55′39.4″	75
						B	20—45	深棕色	轻壤土	块状											
						C	45—85	棕色	轻壤土	小块状											
剖19	铁铝土	红壤	红壤	碳酸岩类红壤		A	0—20	红棕色	粉砂质黏壤土	棱块状	6.8	30.1	1.23	1.55	12.7	135			碳酸岩类	E 103°16′04.4″ N 25°54′04.0″	85
						B	20—56	棕红色	粉砂质黏壤土	小块状											

晋 宁 区

主要土类说明

红壤是晋宁区主要土壤类型，占本区地域面积的59%，分布在海拔1340—2648m的高原面、湖盆边缘及低山。现存植被以次生云南松、华山松及灌丛草地为主，部分为常绿阔叶林。成土母质主要为玄武岩、板岩、石灰岩、砂岩和砾岩。成土过程以脱硅富铝化和生物富集为主。本区红壤分为红壤性土、山原红壤等亚类。红壤性土属于剖面发育差的幼年红壤，分布在红壤区的山地陡峭地段。其土壤侵蚀严重，心土和底土裸露地表，石砾多，质地偏砂，有机质和速效养分缺乏。山原红壤呈中度脱硅富铝化特征。A层呈暗红棕色，一般厚10—20cm，为碎块状或屑粒状结构，质地疏松，植物根系较多。B层为脱硅富铝化的典型发生层，一般厚30—50cm，有的甚至在1m以上，多为块状或棱块状结构，铁铝氧化物胶结的微团聚体普遍存在。B层的下段大多为具有红、白、黄色蠕虫状孔隙和枝形裂隙的网纹层。C层为母质层或红色风化壳。

水稻土是晋宁区第二大土壤类型，占本区地域面积的18%，分布在滇池流域的上蒜、昆阳、晋城等地的湖滨盆地。成土母质为地带性山原红壤、湖积物、洪积物和坡积物。成土过程为淋溶作用和水耕熟化过程。水稻土在长期的季节性淹灌、水下翻耕、季节性脱水、氧化还原交替影响下，原来的成土母质或母土的特性发生重大改变，形成了不同的土体构型。本区水稻土分为淹育型、渗育型、潴育型、潜育型等亚类。淹育水稻土具Aa-Ap-C剖面构型，渗育水稻土具Aa-Ap-P-C剖面构型，潴育水稻土具Aa-Ap-(P)-W-G剖面构型，潜育水稻土具Aa-(Ap)-G剖面构型。

紫色土是晋宁区第三大土壤类型，占本区地域面积的14%，分布在海拔1800—2100m的地区，与红壤交错分布。植被为云南杉、常绿阔叶林或灌丛草地。成土母质多为中生代的紫红色砂页岩。紫色土是由热带、亚热带紫红色岩层直接风化形成的具A-C剖面构型的土壤，是在频繁的风化作用和侵蚀作用下形成的。其形成特点是物理风化强烈，化学风化微弱，发育程度较同地区的红壤迟缓，尚不具脱硅富铝化特征。pH为7.5—8.5，呈中性至微碱性，盐基饱和度为80%—90%。全剖面呈均一的紫色或紫红色，层次不明显，土层浅薄，厚度通常不到50cm，超过1m者甚少。本区紫色土分为中性紫色土、石灰性紫色土等亚类。中性紫色土土层较酸性紫色土薄，厚30—60cm，碳酸钙含量小于30g/kg，pH约为7.5，肥力水平较高，但有机质、氮、磷稍显不足。石灰性紫色土土质疏松，碳酸钙含量大于60g/kg，有机质含量在10g/kg左右，氮和磷含量低，锌和硼严重缺乏，土层较中性紫色土薄，保水抗旱能力差。

小于本区地域面积3%的土壤类型有黄棕壤。

本区域中心区气候特征

本区域中心区气候特征值
Regional climate characteristics in central area of the region

气候带：南亚热带湿润气候 Climate region: South subtropical humid climate	
年平均气温 /℃ Annual average temperature /℃	15.9
年平均最高气温 /℃ Annual average maximum temperature /℃	21.8
年平均最低气温 /℃ Annual average minimum temperature /℃	11.3
年降水量 /mm Annual precipitation /mm	978
≥10℃的积温 /℃ Daily temperature accumulated in a year (≥10℃) /℃	5854
年日照时数 /h Annual sunshine /h	2173
年平均相对湿度 /% Annual average relative humidity /%	73
干燥度 Dryness	0.97

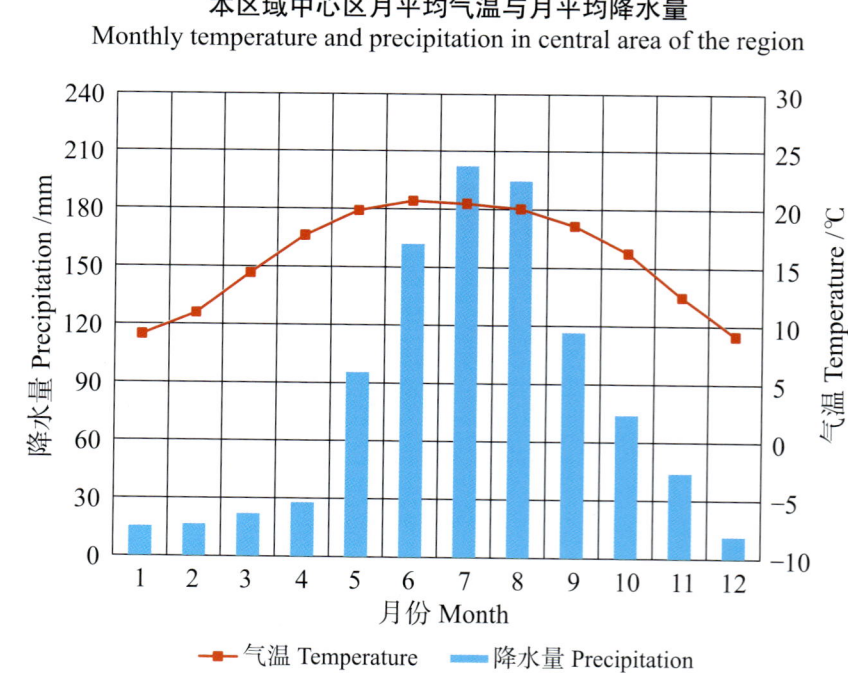

本区域中心区月平均气温与月平均降水量
Monthly temperature and precipitation in central area of the region

晋宁县主要土壤类型与土壤剖面点分布图

1∶220 000

图 例
- 红壤
- 水稻土
- 紫色土
- 黄棕壤
- ⊗ 剖面点

注：国务院 2016 年 11 月批准，撤销晋宁县，设立晋宁区。

晋宁区土壤剖面理化性状表

剖面号 Soil profile	土纲 Soil order	土类 Soil great group	亚类 Soil subgroup	土属 Soil genus	土种 Soil species	土层码 Layer code	土层厚度 Depth/cm	颜色 Soil color	质地 Soil texture	土壤结构 Soil structure	pH	有机质 OM/(g/kg)	全氮 TN/(g/kg)	全磷 TP/(g/kg)	全钾 TK/(g/kg)	碱解氮 AN/(mg/kg)	有效磷 AP/(mg/kg)	阳离子交换量 CEC/(cmol/kg)	土壤母质 Parent material	剖面点坐标 Profile coordinate	匹配指数 Matching index/%
剖1	铁铝土	红壤	棕红壤	酸性岩类棕红壤	黄砂土	A	0—14	浅黄棕色	砂壤土	块状	5.9	8.6	1.03	2.19	35.7					E 102°28′32.9″ N 24°44′37.3″	80
						B	14—37	红黄色	轻壤土	块状	5.9	6.4	0.67	1.44	35.2						
						C	37—69	灰黄色	轻砾质中壤土	核状	5.5	2.5	0.71	1.05	31.2						
剖2	人为土	水稻土	潴育水稻土	冲积湖积性潴育水稻土	粉泥田	A	0—20	灰黄色	粉砂质中壤土	块状	6.2	14.9	1.14	1.26	19.3	2			冲积物、湖积物	E 102°29′28.7″ N 24°40′59.5″	90
						P	20—30	灰黄色	粉砂质重壤土	块状	5.4	15.2	1.25	1.01	23.6						
						W	30—50	浅红色	中壤土	块状	5.5	10.1	1.20	1.26	23.6						
						G	50—77	褐色	轻壤土	粒状											
剖3	铁铝土	红壤	棕红壤	玄武岩棕红壤		A_1	0—35	黄棕色	多砾质砂壤土	核状	6.5	12.8				125			玄武岩	E 102°34′08.1″ N 24°44′16.6″	70
						A_2	35—64	棕色	多砾质砂壤土	粒状											
						AB	64—97	棕红色	多砾质砂壤土	粒状											
						B	97—140	红色	多砾质砂壤土	粒状											
剖4	人为土	水稻土	潴育水稻土	冲积湖积性潴育水稻土	紫胶泥田	A	0—20	紫红色	轻黏土	核状块状	7.7	21.2	1.56	2.23	24.6				冲积物、湖积物	E 102°35′43.1″ N 24°43′52.0″	74
						P	20—30	紫红色	轻黏土	块状	8.6	18.0	0.78	2.44	25.6						
						W	30—50	紫红色	轻壤土	块状	8.4		0.92	2.32	24.9						
						G	50—70	红色	轻壤土	粒状											
剖5	人为土	水稻土	潴育水稻土	冲积湖积性潴育水稻土	砂泥田	A	0—21	黄色	砂壤土	粒状	6.0	29.0	1.31	1.38	23.3				冲积物、湖积物	E 102°42′54.7″ N 24°43′44.8″	91
						P	21—37	黄色	砂壤土	块状	7.5	2.3	0.46	0.91	66.6	3					
						W	37—80	浅红棕色	轻壤土	块状	7.0	4.7	0.44	1.00		2					
						G	80—120	灰黄色	中壤土	核状											
剖6	人为土	水稻土	淹育水稻土	冲积育性淹育水稻土	白砂泥田	A	0—19	红黄色	中壤土	块状	5.6	1.4	1.47						冲积物	E 102°36′23.5″ N 24°43′23.9″	86
						P	19—32	红黄色	中壤土	块状	6.8	0.7	1.32								
						C_1	32—54	浅红黄色	砂壤土	块状	7.4	0.6	1.56								
						C_2	54—100	红黄色	中壤土	核状											
剖7	人为土	水稻土	潴育水稻土	冲积湖积性潴育水稻土	红泥田	A	0—22	浅黄棕色	少砾质黏壤土	块状	6.1		2.00	1.85	25.8					E 102°45′27.4″ N 24°43′25.0″	86
						P	22—38	红黄色	多砾质黏壤土	块状	7.6		1.47	1.85	25.8						
						W	38—90	浅黄棕色	多砾质砂壤土	核状块状	7.6		1.35	1.85	21.9						
剖8	铁铝土	红壤	红壤	石灰岩红壤	红土	A	0—32	红棕色	多砾质黏壤土	块状	6.9		1.44	1.84	17.9					E 102°48′25.3″ N 24°42′27.8″	84
						B	32—97	暗棕红色	多砾质黏壤土	核状块状	7.2		0.97	1.56	21.1						
						C	97—114	暗棕红色	重砾质黏壤土	粒状	7.5		0.97	1.41	18.1						
剖9	铁铝土	红壤	棕红壤	玄武岩棕红壤	大红土	A	0—26	棕色	多砾质黏壤土	粒状	6.8	22.0	0.93	4.70	9.0				玄武岩	E 102°48′46.4″ N 24°40′47.3″	80
						C	26—85	黄棕色	重砾质黏壤土	块状	7.2	1.8	0.16	4.36	5.5	125					
剖10	紫色土	中性紫色土		红紫泥土		A	0—25	紫红色	轻砾质黏壤土	粒状	7.0	12.8				75				E 102°12′29.7″ N 24°30′22.9″	72
						C_1	25—50	紫红色	重砾质黏壤土	粒状											
						C_2	50—100	紫红红色	少砾质黏壤土	块状											
剖11	铁铝土	红壤	红壤	酸性岩类红壤	红砂土	A	0—16	浅红红色	砂土	粒状	7.0	16.0				125			酸性母岩	E 102°25′43.7″ N 24°33′55.4″	76
						C_1	16—33	红色	砂土	块状											
						C_2	33—83	浅红色	中壤土	粒状											
						B	83—107	棕色	重壤土	核状											
剖12	铁铝土	红壤	棕红壤	石灰岩类棕红壤		A	0—12	浅棕色	中壤土	核状	6.0	19.2								E 102°25′25.3″ N 24°31′33.0″	78
						B	12—52			块状											
						C	52—98	红棕色	多砾质轻黏土	块状											

续表 Continued

剖面号 Soil profile	土纲 Soil order	土类 Soil great group	亚类 Soil subgroup	土属 Soil genus	土种 Soil species	土层码 Layer code	土层厚度 Depth/cm	颜色 Soil color	质地 Soil texture	土壤结构 Soil structure	pH	有机质 OM/(g/kg)	全氮 TN/(g/kg)	全磷 TP/(g/kg)	全钾 TK/(g/kg)	碱解氮 AN/(mg/kg)	有效磷 AP/(mg/kg)	阳离子交换量CEC/(cmol/kg)	土壤母质 Parent material	剖面点坐标 Profile coordinate	匹配指数 Matching index/%
剖13	人为土	水稻土	潴育水稻土	冲积湖积性潴育水稻土	鸡粪土田	A	0—29	灰棕色	轻壤土	粒状	6.2	41.5	2.04	1.22	31.5				冲积物、湖积物	E 102°36′37.8″ N 24°39′57.4″	87
						P	29—40	灰棕色	中壤土	小块状	6.3	22.3	0.96	1.05	31.8						
						W	40—100	灰棕色	中壤土	柱状	7.7										
剖14	人为土	水稻土	潴育水稻土	冲积湖积性潴育水稻土	胶泥田	A	0—22	棕色	轻黏土	块状	8.1		1.39	2.22	8.9					E 102°38′47.4″ N 24°39′41.8″	89
						P	22—40	浅棕色	轻黏土	块状	8.0	4.6	0.41	2.55	8.6						
						W	40—92	红棕色	轻黏土	柱状	8.0		0.20	2.22	8.6						
剖15	人为土	水稻土	潴育水稻土	冲积性潴育水稻土	河砂田	A	0—23	浅黄色	少砾质砂中壤土	核状	6.0	18.5	0.73	9.70		7			冲积物	E 102°33′25.2″ N 24°34′06.6″	81
						P	23—37	灰黄色	少砾质中壤土	块状	6.0	16.5	0.66	9.10		7					
						W	37—55	灰黄色	少砾质中壤土	块状	6.0	16.5	0.62	9.10		7					
						G	55—75	灰黄色	多砾质砂土	浆状	8.0	7.3	0.37	9.10		2					
剖16	铁铝土	红壤	红壤	砂页岩红壤		A	0—30	浅红色	中壤土	核状	6.8	35.6	2.68	0.88	30.4					E 102°37′05.2″ N 24°33′26.6″	87
						B	30—69	红黄色	少砾质砂中壤土	块状	6.0	7.9	1.69	0.98	25.8						
						C	69—100	红黄色	粉砂质中壤土	块状	5.8	3.9		1.42	35.4						
剖17	铁铝土	红壤	棕红壤	酸性岩类棕红壤		Ao	0—3	棕灰色	中壤土	粒状	6.5	9.6				125				E 102°39′07.9″ N 24°33′25.6″	90
						A	3—21	灰灰色	中壤土	块状								20.3			
						B	21—38	黄色	轻壤土	粒状								13.3			
						C	38—82	灰黑色	多砾质中壤土	块状								13.9			
剖18	铁铝土	红壤	山原红壤	棕红泥	磷砂土	A	0—17	暗黄色	壤质黏土	粒状	6.9	76.0	3.20	3.88	26.1	215	78.6	20.3		E 102°42′53.3″ N 24°32′56.8″	87
						BC	17—40	暗黄黄色	壤质黏土	核粒状	6.5	31.0	1.27	3.16	23.8	119	51.5	13.3			
						C	40—	黄黄棕色	壤质黏土	块状	5.5	16.0	0.64	3.88	12.8	72	84.2	13.9			
剖19	铁铝土	红壤	山原红壤	灰山红泥	磷砂土	A_{11}	0—17	灰色	黏壤土	屑粒状	6.9	42.9	1.84	3.88	26.1	148	79.0	20.3		E 102°30′39.2″ N 24°32′39.1″	70
						AB	17—40	暗黄黄色	壤质黏土	块状	6.5	18.4	0.75	3.16	23.8	81	52.1	13.3			
						B	40—72	浊黄棕色	壤质黏土	块状	6.5	8.6	0.44	3.88	12.8	60	84.0	13.9			
剖20	人为土	水稻土	潴育水稻土	紫色土性潴育水稻土	紫泥田	A	0—25	紫红色	中壤土	核状	6.8	5.9	1.48	1.24	16.8					E 102°45′17.0″ N 24°38′14.6″	86
						P	25—37	棕紫色	轻壤土	块状	8.3	5.9	0.63	0.61	19.1						
						W	37—90	棕黑色	重壤土	块状	7.0	4.5	1.13	1.03	16.3						
剖21	人为土	水稻土	淹育水稻土	冲积性淹育水稻土	白胶泥田	A	0—22	灰紫色	少砾质轻黏土	块状	7.0	12.8							冲积物	E 102°47′53.9″ N 24°32′02.7″	93
						P	22—40	灰紫色	中砾质轻黏土	块状											
						C_1	40—66	黄黄棕色	壤质重壤土	块状											
						C_2	66—98	灰紫色	少砾质轻黏土	块状											
剖22	人为土	水稻土	潴育水稻土	紫色土性潴育水稻土	粒子田	A	0—19	紫红色	少砾质轻黏土	小块状	8.0	19.2								E 102°16′10.6″ N 24°27′29.5″	87
						P	19—34	紫红色	少砾质轻黏土	块状											
						W	34—90	紫红色	中砾质重壤土	核状											
剖23	铁铝土	红壤	红壤	石灰岩红壤	湿红土	A	0—29	红红棕色	多砾质轻黏土	块状		9.6				25			石灰岩	E 102°18′45.0″ N 24°27′28.4″	100
						B	29—60	暗红棕色	中砾质轻黏土	块状											

富 民 县

主要土类说明

红壤是富民县主要土壤类型，占本县地域面积的67%，分布在海拔1455—2500m的山地丘陵。成土母质主要为深厚的古红土、红色风化壳及岩石风化残积物。成土过程以脱硅富铝化和生物富集为主。本县红壤分为红壤性土、山原红壤等亚类。红壤性土属于剖面发育差的幼年红壤，土壤侵蚀严重，心土和底土裸露地表，石砾多，质地偏砂，有机质和速效养分缺乏。山原红壤具A-Bs-Bv或A-Bs-C剖面构型，土壤黏粒中游离铁占全铁的50%—60%。黏土矿物以高岭石、赤铁矿为主，黏粒硅铝率为1.8—2.4，风化淋溶系数小于0.2，盐基饱和度小于35%。淀积层可见深厚的红、黄、白相间的网纹状红色黏土。质地黏重，耕性较差。

紫色土是富民县第二大土壤类型，占本县地域面积的15%，主要分布在海拔1455—2500m的罗免、散旦等地。成土母质为三叠系至白垩系的紫色砂岩、页岩、泥岩和少量震旦系澄江组砂岩。成土过程以母岩的快速物理崩解和频繁侵蚀堆积作用为主，生物积累作用较弱。紫色岩岩性较松脆，抗蚀力弱，冲刷剥蚀严重，在植被覆盖率低的地方形成大片裸土。土层浅薄，具A-C剖面构型，有机质含量在10g/kg左右，盐基饱和度为80%—90%，矿质养分丰富。pH和养分含量随母质而异。本县紫色土分为酸性紫色土、中性紫色土、石灰性紫色土等亚类。

黄棕壤是富民县第三大土壤类型，占本县地域面积的9%，分布在海拔2300m以上的中山坡地。该区域雾露多，湿度大，气温偏低。成土母质多为砂页岩及花岗岩风化物。成土过程受淋溶、黏化及弱富铝化作用影响。土层较厚，弱度富铝化，黏聚现象明显，呈黄棕色。该土壤具A-B-C或A-（B）-C剖面构型，黏粒硅铝率在2.5左右，铁的游离度较红壤低，B层交换性酸大于A层。

水稻土占本县地域面积的9%。本县水稻土分为淹育型、潴育型等亚类。淹育水稻土分布在岗地坡麓及沟谷上部，不受地下水影响，水源不足，周年淹水时间短，有耕作层，犁底层已初步形成。潴育水稻土分布在沟谷中下部，种稻历史长，排灌条件好，受地面灌溉水及地下水影响，土体下部有明显的潴育层，厚度大于20cm，棱块状或棱柱状结构发育良好，有橘红色铁锈及铁锰结核等，特别是亚铁离子与有机质形成络合态铁，并氧化为红色沉淀态络合铁分布在结构体表面。与其他层相比，潴育层铁的活化度低，盐基饱和度高。

本区域中心区气候特征

本区域中心区气候特征值
Regional climate characteristics in central area of the region

气候带：中亚热带湿润气候 Climate region: Subtropical humid climate	
年平均气温 /℃ Annual average temperature /℃	15.0
年平均最高气温 /℃ Annual average maximum temperature /℃	21.1
年平均最低气温 /℃ Annual average minimum temperature /℃	10.2
年降水量 /mm Annual precipitation /mm	995
≥10℃的积温 /℃ Daily temperature accumulated in a year (≥10℃) /℃	5554
年日照时数 /h Annual sunshine /h	2210
年平均相对湿度 /% Annual average relative humidity /%	72
干燥度 Dryness	0.91

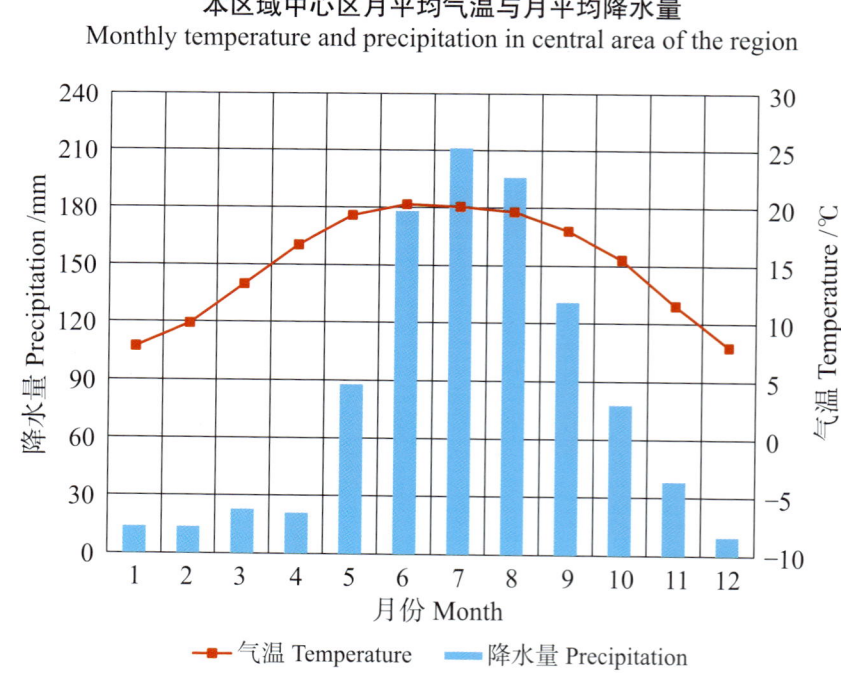

本区域中心区月平均气温与月平均降水量
Monthly temperature and precipitation in central area of the region

富民县主要土壤类型与土壤剖面点分布图
1:200 000

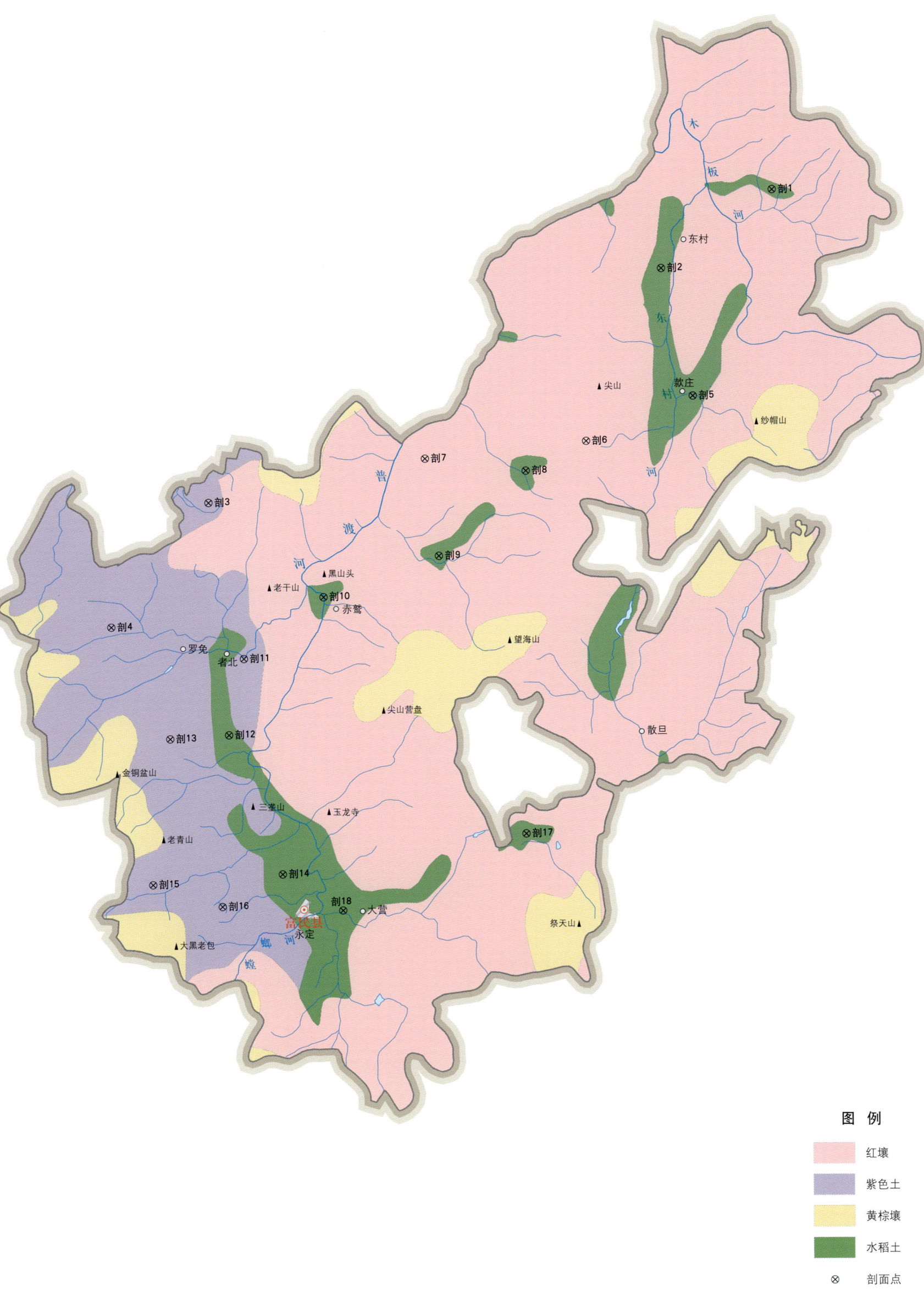

富民县土壤剖面理化性状表

剖面号 Soil profile	土纲 Soil order	土类 Soil great group	亚类 Soil subgroup	土属 Soil genus	土种 Soil species	土层吗 Layer code	土层厚度 Depth/cm	颜色 Soil color	质地 Soil texture	土壤结构 Soil structure	pH	有机质 OM/(g/kg)	全氮 TN/(g/kg)	全磷 TP/(g/kg)	全钾 TK/(g/kg)	碱解氮 AN/(mg/kg)	有效磷 AP/(mg/kg)	阳离子交换量 CEC/(cmol/kg)	土壤母质 Parent material	剖面点坐标 Profile coordinate	匹配指数 Matching index/%
剖1	人为土	水稻土	淹育水稻土	紫色土性淹育水稻土	羊肝土田	A	0—13	紫灰棕色	重壤土	粒状	5.6	33.8	1.79	0.21	16.7	84		20.7		E 102°42′43.9″ N 25°32′20.0″	75
						P	13—24	暗灰棕色	轻黏土	小块状	6.2	19.6	0.89	0.23	9.1	6		2.9			
						C	24—44	棕灰色	重黏土	梭柱状	6.7	14.9	0.58	0.29	23.1	33		6.8			
剖2	人为土	水稻土	潴育水稻土	红壤性潴育水稻土	鸡粪土田	A	0—22	棕色	轻黏土	微团粒状	7.1	53.1	2.69	0.14	7.6	171		48.4		E 102°39′35.2″ N 25°30′14.1″	85
						P	22—31	暗棕色	轻黏土	梭块状	6.8	38.2	2.08	0.27	9.0	147		44.6			
						W	31—	灰棕色	重黏土	梭块状	7.1	28.4	1.17	0.28	7.6	87		45.9			
剖3	初育土	紫色土	酸性紫色土	红紫泥土	红羊肝土	A	0—4	紫棕色	轻黏土	粒状	5.6	39.1	2.07	0.21	21.3	158		23.0		E 102°26′41.9″ N 25°23′56.8″	71
						B	4—15	紫棕色	轻黏土	块状	5.1	34.6	1.58	0.21	18.3	128		23.6			
						C	15—	紫色	轻黏土		5.1	1.5	0.71	0.09	25.4	39		24.1			
剖4	初育土	紫色土	酸性紫色土	红紫泥土	砂泥田	A	0—14	紫色	轻黏土	粒状	4.9	20.2	0.80	0.15	17.4	68		16.6		E 102°23′58.6″ N 25°20′41.6″	73
						B	14—29	紫色	中黏土	梭块状	5.1	14.1	0.61	0.21	17.4	44		15.6			
						BC	29—88	紫色	中壤土		5.0	7.9	0.19	0.30	11.9	32		15.4			
剖5	人为土	水稻土	潴育水稻土	冲积性潴育水稻土	红土	A	0—27	棕色	重壤土	粒状	6.6	25.1	0.84	0.03	14.5	68		29.8	冲积物	E 102°40′33.2″ N 25°26′57.1″	84
						P	27—40	棕色	重壤土	粒状	6.9	10.3	0.72	0.40	14.0	57		2.2			
						W	40—90	棕色	重壤土	块状	7.2	8.8	0.58	0.31	11.9	41		16.7			
剖6	铁铝土	红壤	红壤	石灰岩红壤	灰泡土	A	0—10	红棕色	轻黏土	粒状	6.4	39.9	1.65	0.47	7.6	158		21.4	石灰岩	E 102°37′30.7″ N 25°25′44.0″	73
						B₁	10—19	暗红棕色	重黏土	块状	6.1	24.9	1.09	0.15	7.0	89		12.7			
						B₂	19—100	红棕色	重黏土	梭块状	6.3	11.8	0.59	0.30	5.9	82		15.2			
剖7	铁铝土	红壤	棕红壤	石灰岩棕红壤	河砂田	A	0—14	灰棕色	重黏土	细粒状	7.8	52.5	3.94	0.66	9.5	194		26.7		E 102°32′53.9″ N 25°25′11.6″	74
						B₁	14—24	棕色	重黏土	粒状	7.4	50.9	2.62	0.60	8.4	153		24.6			
						B₂	24—46	棕色	重黏土	块状	7.6	21.2	1.41	0.67	9.5	94		16.9			
剖8	人为土	水稻土	潴育水稻土	冲积性潴育水稻土	未香土田	A	0—21	暗棕色	中壤土	粒状	6.6	25.1	0.84	0.03	14.5	68		29.8		E 102°35′47.8″ N 25°24′55.8″	81
						P	21—32	暗棕色	重壤土	粒状	6.9	10.3	0.72	0.40	14.0	52		2.2			
						W	32—52	暗棕色	重壤土	粒状	7.2	8.8	0.58	0.31	11.9	41		16.7			
剖9	人为土	水稻土	淹育水稻土	红壤性淹育水稻土	黄泥田	A	0—14	暗棕色	壤质黏土	粒状	8.0	50.4	3.05	0.36	13.2	131		28.3		E 102°33′20.5″ N 25°22′41.2″	84
						P	14—20	暗棕色	壤质黏土	小块状	8.2	40.0	2.45	0.24	11.0	120		26.3			
						C	20—	暗棕色	黏土	块状	8.3	21.3	1.19	0.14	13.9	45		19.7			
剖10	人为土	水稻土	潴育水稻土	红壤性潴育水稻土	黄羊肝田	A	0—21	棕红色	轻黏土	粒状	7.7	29.8	1.62	0.27	4.3	72		27.6		E 102°30′02.5″ N 25°21′34.2″	80
						P	21—37	棕红色	重黏土	小块状	7.8	24.5	1.59	0.20	4.3	65		25.6			
						W	37—71	棕红色	重黏土	小块状	7.9	21.6	0.94	0.48	5.1	76		24.9			
						C	71—	暗棕色	中壤土	块状	6.4	5.9	0.13	0.50	14.2	16		15.0			
剖11	初育土	紫色土	酸性紫色土	黄紫泥	灰紫胶泥田	A	0—18	浅黄棕色	壤质黏土	小块状	6.6	28.0	1.24	0.14	14.2	102	3.9	12.0		E 102°27′47.2″ N 25°19′55.9″	80
						C₁	18—42	黄棕色	壤质黏土	块状	5.8	17.0	0.97	0.15	14.2	83	3.1	12.2			
						C₂	42—69	浅棕黄色	黏土	块状	5.3	10.0	0.67	0.15	20.5	55	2.2	11.4			
剖12	人为土	水稻土	潴育水稻土	紫色土性潴育水稻土	黄羊肝田	A	0—19	紫棕色	轻黏土	小块状	7.5	49.9	3.06	0.12	24.3	143		29.3		E 102°27′23.8″ N 25°17′56.8″	92
						P	19—28	棕灰色	轻黏土	块柱状	7.7	32.5	2.29	0.09	22.2	42		28.2			
						W	28—110	暗棕灰色	重黏土	块状	7.9	9.9	0.85	0.09	25.6	40		22.4			
剖13	初育土	紫色土	石灰性紫色土	暗紫泥土		A	0—10	紫棕色	重壤土	小块状	8.5	29.0	1.51	0.32	19.6	99		33.4		E 102°25′42.5″ N 25°17′49.0″	74
						C	10—80	紫棕色	中壤土	块状	8.6	2.1	0.52	0.25	18.3	19		24.7			
剖14	人为土	水稻土	潴育水稻土	冲积性潴育水稻土	黑鸡粪土田	A	0—25	暗棕色	轻黏土	微团粒状	7.7	33.6	2.11	0.06	15.0	96		31.5	冲积物	E 102°28′59.9″ N 25°14′21.5″	70
						P	25—37	棕色	轻壤土	小块状	8.0	21.5	1.12	0.02	14.3	64		23.9			
						W	37—139	暗棕灰色	重壤土	梭块状	8.0	12.5	0.59	0.05	17.2	18		28.5			
						G	139—	青灰色	重壤土	梭块状	8.0	12.5	0.46	0.09	19.4	14		23.0			

续表 Continued

剖面号 Soil profile	土纲 Soil order	土类 Soil great group	亚类 Soil subgroup	土属 Soil genus	土种 Soil species	土层码 Layer code	土层厚度 Depth/cm	颜色 Soil color	质地 Soil texture	土壤结构 Soil structure	pH	有机质 OM/(g/kg)	全氮 TN/(g/kg)	全磷 TP/(g/kg)	全钾 TK/(g/kg)	碱解氮 AN/(mg/kg)	有效磷 AP/(mg/kg)	阳离子交换量CEC/(cmol/kg)	土壤母质 Parent material	剖面点坐标 Profile coordinate	匹配指数 Matching index/%
剖15	初育土	紫色土	酸性紫色土	红紫泥土	紫砂土	A	0—13	紫色	中壤土	粒状	5.5	20.4	0.38	0.12	4.1	58		7.6		E 102°25′17.0″ N 25°14′01.5″	88
						B₁	13—24	紫色	重壤土	小块状	5.4	13.1	0.31	0.03	16.3	59		5.2			
						B₂	24—63	紫色	重壤土	粒状	5.5	13.4	0.29	0.02	7.6	54		2.2			
						BC	63—	紫色	中壤土	核状	5.0	8.8	0.99	0.04	14.4	47		8.7			
剖16	初育土	紫色土	石灰性紫色土	暗紫泥土	石子羊肝土	A	0—11	暗紫灰色	重壤土	粒状	7.6	18.1	1.42	0.44	18.2	77		15.6		E 102°27′17.2″ N 25°13′29.1″	76
						B	11—16	紫紫灰色	重壤土	小块状	7.7	18.5	0.87	0.19	16.1	50		13.7			
						CD	16—49	紫灰色	轻黏土	小块状	7.9	9.5	0.81	0.20	20.5	50		13.2			
剖17	人为土	水稻土	淹育水稻土	紫色土性淹育水稻土	紫胶泥田	A	0—18	紫棕色	轻黏土	小块状	8.3	12.7	1.66	0.10	21.9	48		35.0		E 102°35′57.8″ N 25°15′31.3″	99
						P	18—35	紫棕色	中黏土	棱块状	8.4	13.4	1.10	0.07	22.0	28		31.7			
						C	35—48	紫棕色	中黏土	棱柱状	7.9	14.8	0.84	0.07	18.2	65		32.9			
剖18	人为土	水稻土	潴育水稻土	冲积性潴育水稻土	胶泥田	A	0—23	灰棕色	轻黏土	小块状	7.8	50.6	3.25	0.22	21.5	49		28.8	冲积物	E 102°30′44.6″ N 25°13′26.8″	85
						P	23—27	暗棕色	轻黏土	棱块状	8.0	44.3	2.24	0.14	19.3	94		27.4			
						W	27—75	棕灰色	轻黏土	棱块状	8.1	15.7	0.72	0.03	18.7	22		28.0			

宜 良 县

主要土类说明

红壤是宜良县主要土壤类型，占本县地域面积的80%，分布在中山、低山丘陵和台地。本县红壤分为红壤性土、棕红壤、山原红壤等亚类。土壤特性因成土母质不同而存在很大差异：①由砂页岩等风化残积物和原积物发育的红壤性土，其特点是土层薄，土体中砾石较多，50—80cm可见母岩层，缺乏有机质和速效养分。②由第四纪冲积物（坡积物和洪积物）发育的棕红壤，大面积分布在海拔1600—1900m的中山和部分低山山腰至山脚或缓丘坡脚，其土层由坡上土壤通过冲刷和剥蚀转移到坡麓或低洼地段沉积而成。pH为4.7—5.9，盐基饱和度表层平均为53%，心土层平均为25%，土层下覆有较厚的砾石层。③由震旦纪、志留纪、寒武纪砂页岩、泥质板岩发育的山原红壤，主要分布在海拔1900—2403m的中山和部分坡度较陡的低山山顶。受近代地质地貌、气候、水文和生物条件影响，土体呈中度脱硅富铝化特征，具A-Bs-Bv或A-Bs-C剖面构型，土壤黏粒中游离铁占全铁的50%—60%。原生植被被破坏后，水土流失严重，具有深厚红色层的红壤已不多见，红色土层仅以"残留特征"遗留在低丘缓坡处。淀积层可见深厚的红、黄、白相间的网纹状红色黏土。黏土矿物以高岭石为主，伴有三水铝石，黏粒硅铝率为1.8—2.4，风化淋溶系数小于0.2，盐基饱和度小于35%。

水稻土是宜良县第二大土壤类型，占本县地域面积的14%，分布在海拔2500m以下地势平缓的坝区、山间盆地、河流两岸的冲积阶地、山谷谷底及其出口处的洪积扇。成土过程为淋溶作用和水耕熟化过程。水稻土在长期的季节性淹灌、水下翻耕、季节性脱水、氧化还原交替影响下，原来的成土母质或母土的特性发生重大改变，形成了不同的土体构型。本县水稻土分为潴育型、淹育型、渗育型、潜育型等亚类。潴育水稻土为发育良好的水稻土，具Aa-Ap-(P)-W-G剖面构型；淹育水稻土具Aa-Ap-C剖面构型；渗育水稻土具Aa-Ap-P-C剖面构型；潜育水稻土具Aa-(Ap)-G剖面构型。

紫色土是宜良县第三大土壤类型，占本县地域面积的4%。成土母质多为紫色砂页岩。岩层出露的厚薄不一，多呈窄条带状分布。随着紫色砂页岩岩层出露，经强烈的物理风化作用后形成具A-C剖面构型的紫色土，土层浅薄疏松，植被破坏严重，土壤冲刷严重，30—50cm以下就是母岩层，肥力低。开垦农用后，旱地熟化为羊肝土和羊肝砂土。

小于本县地域面积3%的土壤类型有黄棕壤和新积土。

本区域中心区气候特征

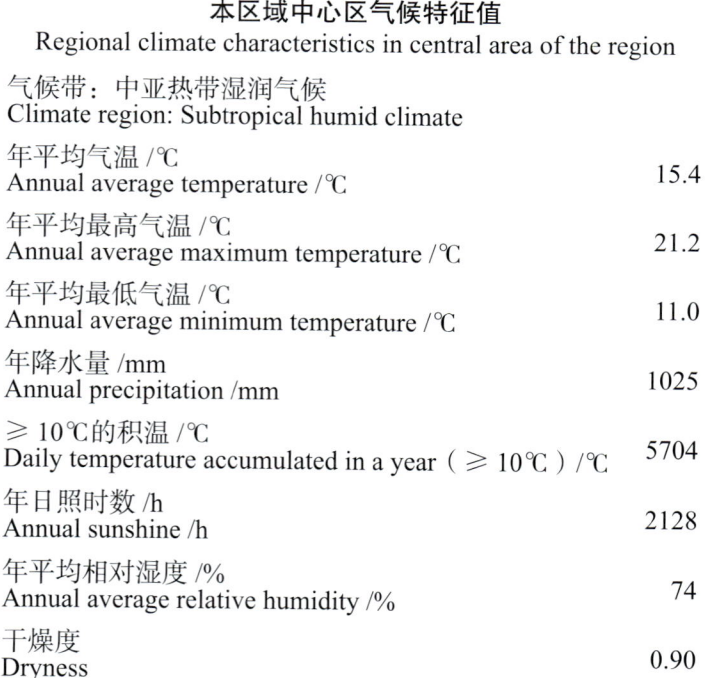

本区域中心区气候特征值
Regional climate characteristics in central area of the region

气候带：中亚热带湿润气候 Climate region: Subtropical humid climate	
年平均气温 /℃ Annual average temperature /℃	15.4
年平均最高气温 /℃ Annual average maximum temperature /℃	21.2
年平均最低气温 /℃ Annual average minimum temperature /℃	11.0
年降水量 /mm Annual precipitation /mm	1025
≥10℃的积温 /℃ Daily temperature accumulated in a year (≥10℃) /℃	5704
年日照时数 /h Annual sunshine /h	2128
年平均相对湿度 /% Annual average relative humidity /%	74
干燥度 Dryness	0.90

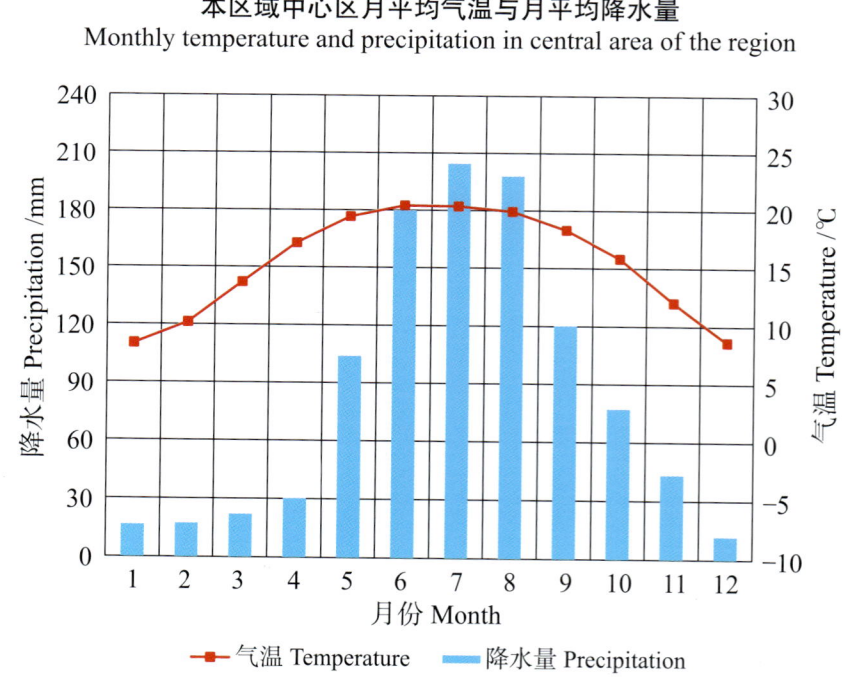

本区域中心区月平均气温与月平均降水量
Monthly temperature and precipitation in central area of the region

宜良县主要土壤类型与土壤剖面点分布图
1:290 000

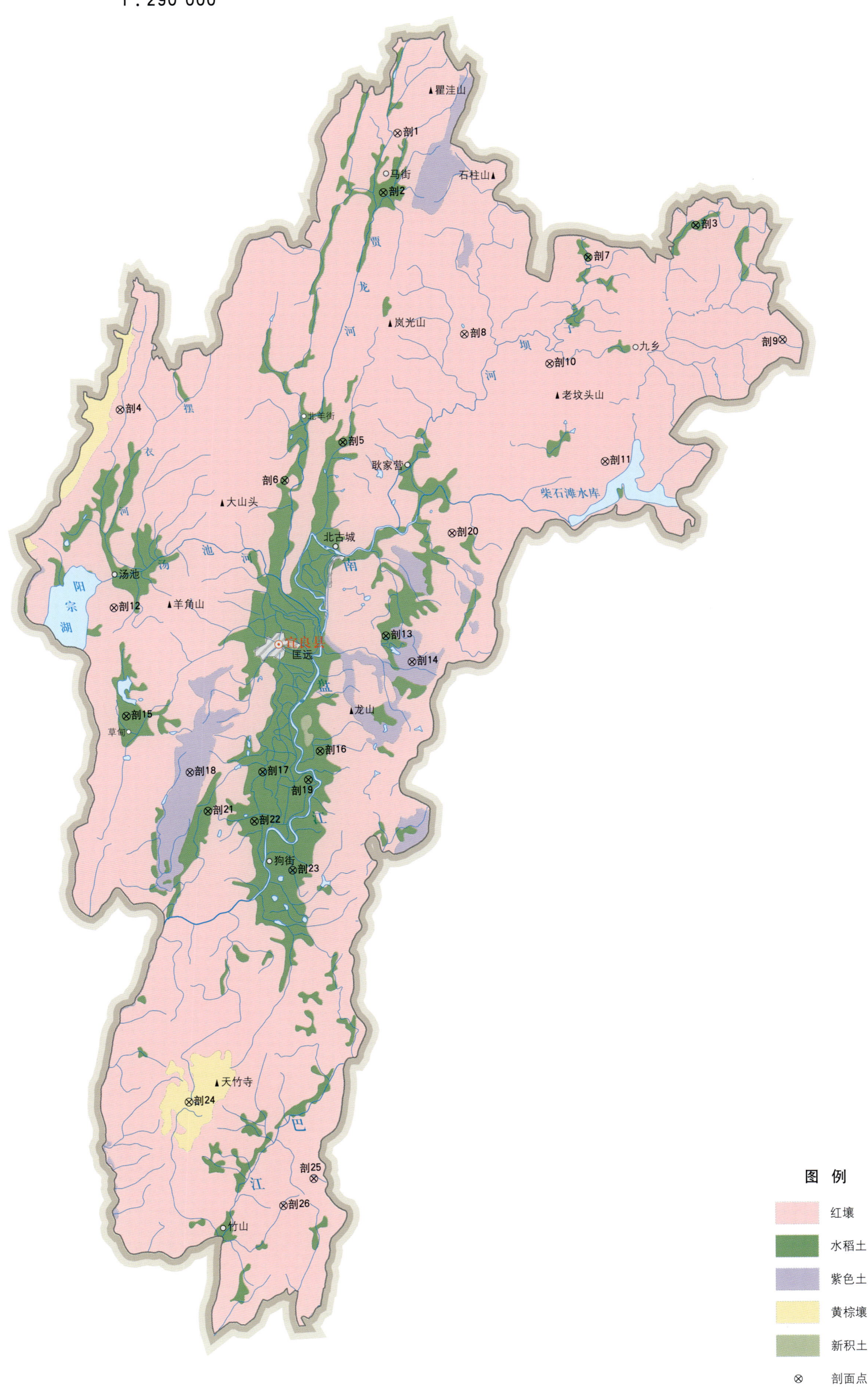

图例
- 红壤
- 水稻土
- 紫色土
- 黄棕壤
- 新积土
- ⊗ 剖面点

宜良县土壤剖面理化性状表

剖面号 Soil profile	土纲 Soil order	土类 Soil great group	亚类 Soil subgroup	土属 Soil genus	土种 Soil species	土层码 Layer code	土层厚度 Depth/cm	颜色 Soil color	质地 Soil texture	土壤结构 Soil structure	pH	有机质 OM/(g/kg)	全氮 TN/(g/kg)	全磷 TP/(g/kg)	全钾 TK/(g/kg)	碱解氮 AN/(mg/kg)	有效磷 AP/(mg/kg)	阳离子交换量CEC/(cmol/kg)	土壤母质 Parent material	剖面点坐标 Profile coordinate	匹配指数 Matching index/%
剖1	铁铝土	红壤	红壤	老冲积红壤	涩红土	A	0~17	黄红色	中黏土	团粒状	5.0	17.5	0.59	2.43		63				E 103°13′13.4″ N 25°13′38.3″	89
						B	17~50	黄红色	中黏土	团粒状	5.0	14.2	0.58	2.06		68					
剖2	人为土	水稻土	潴育水稻土	冲积性潴育水稻土	胶泥田	A	0~22	灰棕黄色	中黏土	棱块状	7.5	39.4	2.14	1.40		129			冲积物	E 103°12′41.0″ N 25°11′29.4″	90
						P	22~41	灰棕黄色	重黏土	棱块状	7.5	35.9	1.97	1.28		117					
						W	41~60	浅黄棕色	中黏土	棱块状	7.7	21.3	1.13	1.27		72					
						G	60~100	浅灰色	轻黏土	小粒状	7.8	9.4	0.50	0.63		36					
剖3	人为土	水稻土	潴育水稻土	冲积性潴育水稻土	砂胶泥田	A	0~25	黄棕色	中黏土	块状	7.0	20.5	1.09	1.80		84			冲积物	E 103°25′05.5″ N 25°10′26.8″	72
						P	25~35	黄棕色	中黏土	块状	7.0	20.1	1.13	1.85		77					
						W	35~70	红黄色	轻黏土	棱块状	7.0	20.1	1.13	1.85		77					
						C	70~110	红黄色	重黏土	块状	7.5	11.3	0.61	1.77		50					
剖4	铁铝土	红壤	红壤	玄武岩红壤	红土	A	0~22	棕红色	中壤土	团粒状	6.0	69.9	2.90	3.20		290			玄武岩	E 103°02′19.7″ N 25°03′36.7″	85
						B	22~40	棕红色	中壤土	粒状	6.0	29.3	1.44	3.04		167					
						C	40~100	棕红色	重黏土	粒状	6.0	26.3	1.27	3.07		141					
剖5	人为土	潴育水稻土	潴育水稻土	红壤性潴育水稻土	黄砂泥田	A	0~23	黄棕色	轻黏土	小块状	7.0	29.2	1.12	0.75		100			红壤性母质	E 103°11′10.3″ N 25°02′32.6″	71
						P	23~43	黄棕色	中壤土	小块状	6.0	11.4	0.56	0.70		47					
剖6	人为土	水稻土	潴育水稻土	红壤性潴育水稻土	红鸡粪土田	A	0~20	灰黄色		棱块状	6.9	36.5	1.68	2.34		156			红壤性母质	E 103°08′53.2″ N 25°01′09.1″	86
						P	20~42	黄棕色	轻黏土	棱块状	7.9	34.0	1.62	2.38		139					
						W	42~82	黄棕色	轻黏土	块状	7.6	37.4	1.80	2.31		143					
						C	82~98	红棕色	轻黏土	碎屑状	7.4	17.4	0.77	1.92		62					
剖7	人为土	水稻土	潴育水稻土	冲积性潴育水稻土	砂泥田	A	0~22	黄棕色	重壤土	块状	6.0	17.1	0.88	1.16		77			冲积物	E 103°20′49.9″ N 25°09′15.8″	81
						P	22~32	黄棕色	重壤土	块状	7.0	16.2	0.88	1.21		77					
						W	32~74	黄棕色	重壤土	块状	7.0	13.3	0.77	1.43		62					
						G	74~108	黄棕色	轻黏土	粉砂状	7.0	2.8	0.13	0.91		16					
剖8	铁铝土	红壤	红壤	石灰岩红壤	红土	A	0~20	浅红棕色	轻黏土	核粒状	5.1	26.3	1.08	1.01		100			石灰岩	E 103°15′57.6″ N 25°06′27.7″	74
						B	20~50	浅红棕色	中黏土	核粒状	5.2	15.4	0.68	0.81		80					
						C	50—	浅红棕色	砂质黏壤土	核粒状	5.6	12.0	0.54	0.76		57					
剖9	铁铝土	红壤	山原红壤	山红泥	瘦红泥	A_{11}	0~24	橙色	砂质黏壤土	肩粒状	7.0	22.8	1.08	0.75	11.7	107	13.0	6.7	石灰岩	E 103°28′34.0″ N 25°06′23.5″	92
						B_1	24~80	橙色	砂质黏壤土	小块状	6.5	13.1	0.53	0.51	10.6	66	4.0	7.0			
						B_2	80~100	橙色	砂质黏土	块状	6.1	10.8	0.53	0.49	8.1	63	3.0	5.5			
剖10	铁铝土	红壤	红壤	砂页岩红壤	黄红土	A	0~26	黄红色	轻黏土	小团粒状	5.5	26.3	1.00	0.43					砂页岩	E 103°19′20.6″ N 25°05′26.5″	77
						B	26~41	黄红色	中黏土	小团粒状	5.5	21.0	0.79	0.29							
						C	41~80	红色	轻黏土	小团粒状	5.5	8.2	0.41	0.28							
剖11	铁铝土	红壤	红壤	石灰岩红壤	油红土	A	0~20	暗棕红色	轻黏土	团粒状	7.5	17.7	0.83	1.56		68			石灰岩	E 103°21′34.9″ N 25°01′57.4″	90
						B	20~30	暗棕红色	中黏土	块状	6.0	6.2	0.37	1.08		39					
						C	30~130	暗棕红色	中黏土	块状	6.0	5.5	0.37	1.16		48					
剖12	铁铝土	红壤	红壤	老冲积红壤	红砂泥土	A	0~23	红棕色	重壤土	粒状	6.0	22.5	1.12	1.62		101			老冲积物	E 103°02′10.3″ N 24°56′32.2″	91
						B	23~38	暗红色	重壤土	小块状	6.0	17.1	0.95	1.60		83					
						C	38~110	暗红色	重壤土	块状	6.0	7.8	0.59	1.27		57					
剖13	人为土	水稻土	淹育水稻土	紫色土性淹育水稻土	紫泥田	A	0~26	灰紫色	重壤土	大块状	6.0	19.8	0.98	0.91		107				E 103°12′56.9″ N 24°55′38.3″	71
						P	26~45	灰紫色	重壤土	块状	6.5	12.7	0.69	0.91		66					
						C	45—		轻黏土	块状	5.5	12.3	0.64	1.03		77					

续表 Continued

剖面号 Soil profile	土纲 Soil order	土类 Soil great group	亚类 Soil subgroup	土属 Soil genus	土种 Soil species	土层码 Layer code	土层厚度 Depth/cm	颜色 Soil color	质地 Soil texture	土壤结构 Soil structure	pH	有机质 OM/(g/kg)	全氮 TN/(g/kg)	全磷 TP/(g/kg)	全钾 TK/(g/kg)	碱解氮 AN/(mg/kg)	有效磷 AP/(mg/kg)	阳离子交换量CEC/(cmol/kg)	土壤母质 Parent material	剖面点坐标 Profile coordinate	匹配指数 Matching index,%
剖14	初育土	紫色土	酸性紫色土	红紫泥土	羊肝土	A	0—18	灰紫色		团块状	7.0	15.5	0.93	1.25		61				E 103°13′59.5″ N 24°54′42.8″	76
						B	18—52	棕黑色		块状	7.0	8.5	0.58	1.68		27					
						D	52—	紫红色		碎石砾状											
剖15	人为土	水稻土	潴育水稻土	红壤性潴育水稻土	黄胶泥田	A	0—27	黄棕色	轻壤土	大块状	6.0	26.1	1.33	0.99		107				E 103°02′42.1″ N 24°52′38.9″	84
						P	27—60	黄黄棕色	轻黏土	大块状	6.0	20.0	1.17	0.99		81					
						C	60—100	暗黄棕色	轻黏土	大块状	6.0	11.5	0.78	1.03		56					
剖16	人为土	水稻土	潴育水稻土	冲积性潴育水稻土	鸡粪土田	A	0—26	棕色	轻黏土	块状	7.8	48.0	2.53	2.40		158			冲积物	E 103°10′23.0″ N 24°51′28.3″	89
						P	26—45	棕色	轻黏土	块状	8.1	33.7	1.90	1.98		127					
						W	45—74	棕黄棕色	轻黏土	块状	8.2	24.5	1.45	1.82		99					
						G	74—90	灰黄棕色	轻黏土	块状	8.3	17.0	0.95	1.50		68					
剖17	人为土	水稻土	淹育水稻土	冲积性淹育水稻土	河砂田	A	0—30	灰白色		团块状	7.5	40.6	1.87	2.08		154				E 103°08′06.8″ N 24°50′42.1″	90
						P	30—49	黄灰色		小块状	7.5	15.1	0.87	1.11		81					
						W	49—116	黄灰色		块状	8.3	20.0	1.05	1.41		90					
剖18	初育土	紫色土	酸性紫色土	红紫泥土		A	0—2	棕色		砂砾石状	5.5	41.6	1.31	0.71		116				E 103°05′13.9″ N 24°50′39.7″	79
						D	2—30	紫红色		片状	5.5		0.32	0.65		18					
剖19	人为土	水稻土	淹育水稻土	浅潮泥田	宜良黄砂田	A	0—20	红棕色	壤土	小块状	7.2	11.0	0.41	1.28	14.5	48	11.0	5.3		E 103°09′56.0″ N 24°50′26.6″	71
						Aa	20—30	黄棕色	黏壤土	小块状	7.0	11.0	0.66	1.27	14.9	68	9.0	6.3			
						Ap	30—50	浅棕色	黏壤土	棱块状	7.1	8.0	0.50	1.09	10.0	48	9.0	4.2			
剖20	铁铝土	红壤	红壤	老冲积红壤	大红土	A	0—25	黄红色	轻黏土	碎屑状	5.5	32.1	1.13	2.05		115				E 103°15′32.4″ N 24°59′19.7″	82
						B	25—80	红棕色		小块状	5.5	9.5	0.35	0.19		40					
剖21	人为土	水稻土	潴育水稻土	红壤性潴育水稻土	黄泥田	A	0—26	灰黄棕色		小块状	7.5	23.2	1.53	1.06		80			红壤性母质	E 103°05′58.2″ N 24°49′17.0″	78
						P	26—43	灰黄棕色		块状	7.5	25.1	1.64	0.84		92					
						W	43—90	黄棕色		块状	7.5	27.6	1.67	1.01		88					
剖22	人为土	水稻土	潴育水稻土	冲积性潴育水稻土	死胶泥田	A	0—27	灰棕色	重黏土	大棱柱状	7.9	33.3	1.86	2.04		125			冲积物	E 103°07′48.0″ N 24°48′56.3″	78
						P	27—42	棕色	重黏土	大棱柱状	8.2	20.0	1.39	1.85		101					
						W	42—70	黄棕色	重黏土	棱块状	8.2	19.7	1.17	1.97		76					
						C	70—120	灰黄棕色	轻黏土	棱块状	8.1	41.2	0.99	1.75		80					
剖23	人为土	水稻土	潴育水稻土	冲积性潴育水稻土	油砂土田	A	0—26	棕色	轻黏土	块状	8.0	36.4	1.43	1.51		107			冲积物	E 103°09′20.4″ N 24°47′11.7″	84
						B	26—35	黄棕色	轻黏土	小块状	8.1	35.4	1.39	1.54		102					
						P	35—90	灰黄棕色	重黏土	块状	8.3	23.7	0.95	1.53		75					
						G	90—110	黄棕灰棕色	重黏土	块状	8.3	21.0	0.87	1.60		67					
剖24	淋溶土	黄棕壤	黄棕壤	砂页岩黄棕壤	棕色土	A	0—19	黄棕色	重壤土	粒状	6.5	35.7	1.57	1.70		146	3.9		砂页岩	E 103°05′18.7″ N 24°38′51.7″	92
						B	19—30	浅黄棕色	重壤土	碎屑状	7.0	4.5		0.94		16	0.9				
						C	30—	黄黄色		粒状	7.5	11.6	1.00	1.02		41	0.4				
剖25	铁铝土	红壤	山原红壤	红泥土	红泥	A	0—26	红黄色	黏土	粒状	5.5	26.3	1.00	0.43	10.2	87				E 103°10′15.9″ N 24°36′11.0″	89
						B	26—41	红棕色	黏土	小块状	5.5	21.0	0.79	0.29	11.4	71					
						C	41—80	红棕色	黏土	碎屑状	5.5	8.2	0.41	0.27	13.6	50					
剖26	铁铝土	红壤	红壤	砂页岩红壤	黄砂土	A	0—24	红黄色	中壤土	小块状	7.8	22.8	1.08	1.72		107			砂页岩	E 103°09′04.7″ N 24°35′13.2″	100
						B	24—80	红黄色	中壤土	碎屑状	7.8	13.1	0.53	1.16		66					
						C	80—120	红黄色	中壤土	碎屑状	6.9	10.8	0.53	1.12		63					

石林彝族自治县

主要土类说明

红壤是石林彝族自治县主要土壤类型，占本县地域面积的 85%，发育于海拔 1500—2203m 的中低山地常绿阔叶林下。成土母质为石灰岩、白云岩和玄武岩。成土过程以脱硅富铝化和生物富集为主。本县红壤多为山原红壤亚类。受古气候和下降气流焚风效应的深刻影响，山原红壤土体干燥，土体内常见铁磐，土壤呈暗红色，剖面层次发育完整，具 A-Bs-Bv 或 A-Bs-C 剖面构型。矿物风化度高，黏土矿物以高岭石为主，伴有三水铝石，黏粒硅铝率为 2.2—2.3，盐基饱和度在 70% 左右，铁的活化度为 60%—65%，富铝化程度不如其他亚类。

紫色土是石林彝族自治县第二大土壤类型，占本县地域面积的 8%，多与红壤交错分布在海拔 1800—2150m 的山区，通常为坡度在 15° 以上的坡地。植被为云南杉、常绿阔叶林或灌丛草地。成土母质多为中生代的紫红色钙质砂页岩。成土过程以母岩的快速物理崩解、频繁侵蚀堆积及碳酸钙的不断淋失作用为主，生物积累作用较弱。在频繁的风化作用和侵蚀作用下，紫色土物理风化强烈，化学风化微弱，碳酸盐被淋溶。本县紫色土多为石灰性紫色土亚类，黏土矿物以水云母或蒙脱石为主，有机质含量低，全磷和全钾含量高，pH 大于 7.5。全剖面呈均一的紫色或紫红色，层次不明显，土层浅薄，具 A-C 剖面构型。开垦农用后肥力较差，暴雨后耕层土壤被冲走，次年耕种时将半风化的母岩翻挖出来，与残留的耕层土壤混合，可种植玉米和烤烟等作物，单产低，保水保肥性能低。

水稻土是石林彝族自治县第三大土壤类型，占本县地域面积的 7%，多发育于本县的山原红壤，经过人为水耕熟化、淹水种稻而形成。本县水稻土分为淹育型、渗育型等亚类。淹育水稻土分布在丘陵岗地坡麓及沟谷上部，不受地下水影响，灌溉条件较差，具 Aa-Ap-C 剖面构型，养分含量较低，速效磷缺乏。渗育水稻土分布在丘陵缓坡地，受地面季节性灌水影响，具 Aa-Ap-P-C 剖面构型，为棱块状结构，有铁锰物质淀积，渗育层厚度在 20cm 以上，渗育层中铁的晶胶率较剖面中其他层次明显提高。

本区域中心区气候特征

本区域中心区气候特征值
Regional climate characteristics in central area of the region

气候带：中亚热带湿润气候 Climate region: Subtropical humid climate	
年平均气温 /℃ Annual average temperature /℃	15.9
年平均最高气温 /℃ Annual average maximum temperature /℃	21.6
年平均最低气温 /℃ Annual average minimum temperature /℃	11.6
年降水量 /mm Annual precipitation /mm	1034
≥10℃的积温 /℃ Daily temperature accumulated in a year (≥10℃) /℃	5864
年日照时数 /h Annual sunshine /h	2074
年平均相对湿度 /% Annual average relative humidity /%	74
干燥度 Dryness	0.94

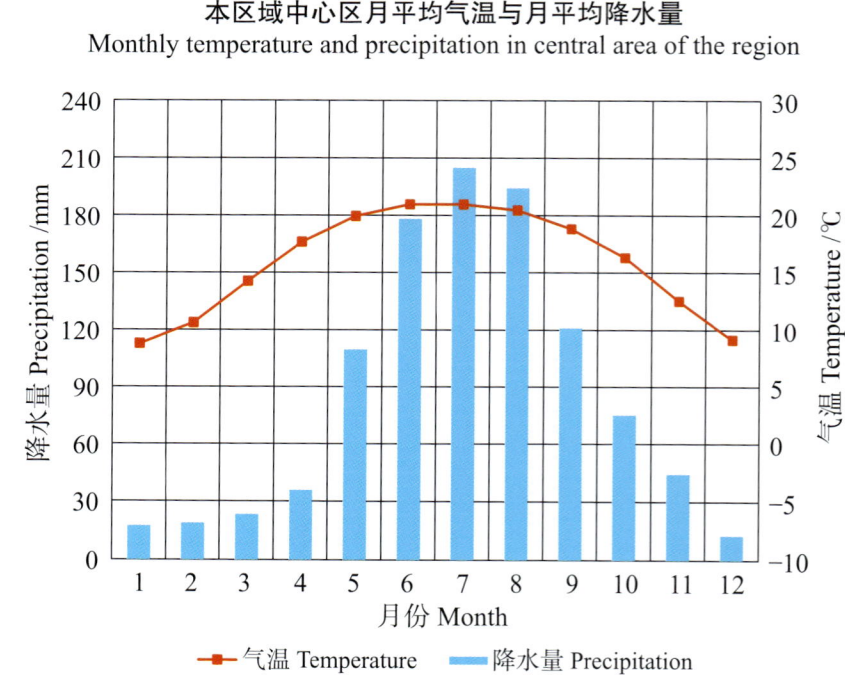

本区域中心区月平均气温与月平均降水量
Monthly temperature and precipitation in central area of the region

路南彝族自治县主要土壤类型与土壤剖面点分布图
1:230 000

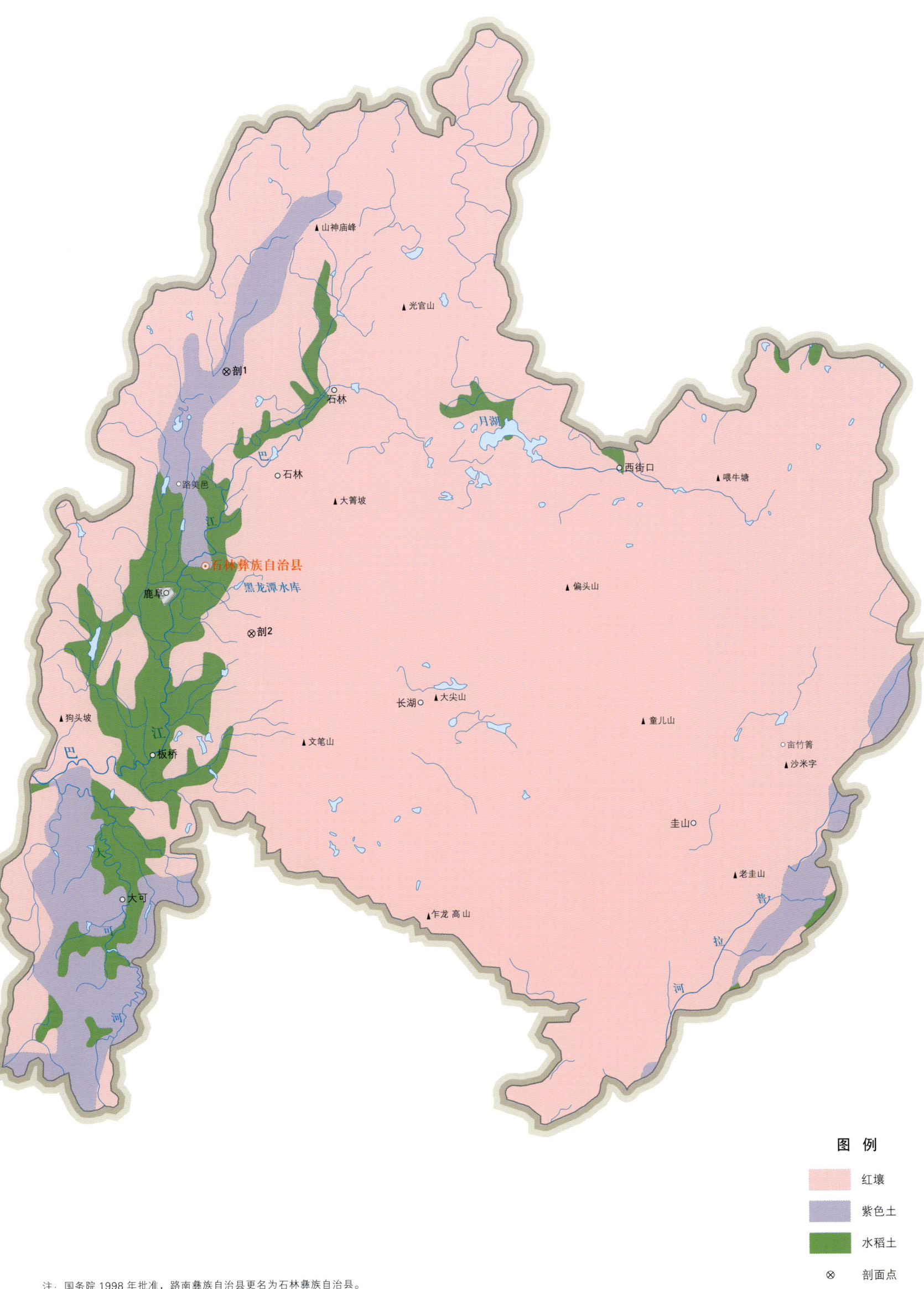

图 例
- 红壤
- 紫色土
- 水稻土
- ⊗ 剖面点

注：国务院1998年批准，路南彝族自治县更名为石林彝族自治县。

石林彝族自治县土壤剖面理化性状表

剖面号 Soil profile	土纲 Soil order	土类 Soil great group	亚类 Soil subgroup	土属 Soil genus	土种 Soil species	土层码 Layer code	土层厚度 Depth/cm	颜色 Soil color	质地 Soil texture	土壤结构 Soil structure	pH	有机质 OM/(g/kg)	全氮 TN/(g/kg)	全磷 TP/(g/kg)	全钾 TK/(g/kg)	碱解氮 AN/(mg/kg)	有效磷 AP/(mg/kg)	阳离子交换量CEC/(cmol/kg)	剖面点坐标 Profile coordinate	匹配指数 Matching index/%
剖1	初育土	紫色土	石灰性紫色土	钙紫泥	钙紫泥	A	0—20	紫灰色	壤质黏土	粒状	7.9	5.0	0.36	0.45	17.8	28	7.0	12.2	E 103°17′43.8″ N 24°52′17.8″	94
						BC	20—41	紫棕色	壤质黏土	块状	7.7	3.0	0.25	0.29	20.5	15	5.0	15.6		
						C	41—57	红黄色	壤质黏土	块状	7.9	2.0	0.14	0.55	18.4	13	2.0	14.7		
剖2	铁铝土	红壤	山原红壤	碳酸盐类山原红壤	油红土	A	0—16	暗棕红色	轻黏土	粒状	6.0	19.0	0.89	1.38	7.4			7.2	E 103°18′36.4″ N 24°44′33.0″	99
						P	16—24	暗棕红色	轻黏土	块状	5.8	10.0	0.60	0.32	7.7			17.8		
						B	24—	暗棕红色	轻黏土	块状	6.1	18.0	0.82	1.18	7.5			10.7		

嵩 明 县

主要土类说明

红壤是嵩明县主要土壤类型，占本县地域面积的54%，分布在海拔1896—2450m的低山丘陵区和云贵高原面。植被为常绿阔叶林、落叶阔叶林、针叶林和稀树灌草丛。成土母质以碳酸岩为主，砂页岩与玄武岩次之。成土过程以脱硅富铝化和生物富集为主。红壤呈中度脱硅富铝化特征，具A-Bs-Bv或A-Bs-C剖面构型，土壤黏粒中游离铁占全铁的50%—60%。矿物风化度高，黏土矿物以高岭石为主，伴有三水铝石，黏粒硅铝率为1.8—2.4，风化淋溶系数小于0.2，盐基饱和度小于35%。红壤具深厚的红色土层，淀积层可见深厚的红、黄、白相间的网纹状红色黏土。土层深厚，但耕层浅薄，不耐旱，土壤偏酸，有效磷缺乏。

水稻土是嵩明县第二大土壤类型，占本县地域面积的23%，分布在海拔2500m以下地势平缓的坝区、山间盆地、河流两岸的冲积阶地、山谷谷底及其出口处的洪积扇。成土过程为淋溶作用和水耕熟化过程。水稻土在长期的季节性淹灌、水下翻耕、季节性脱水、氧化还原交替影响下，原来的成土母质或母土的特性发生重大改变，形成了不同的土体构型。本县水稻土分为淹育型、潴育型、潜育型等亚类。淹育水稻土面积较大，约占本土类面积的30%，灌溉条件较差，养分含量较低，速效磷缺乏。潴育水稻土面积次之，水肥条件好，质地砂黏适中，有较深厚的耕作层。潜育水稻土地下水位较高，排水不畅。

紫色土是嵩明县第三大土壤类型，占本县地域面积的9%，分布在海拔1930—2250m的浅丘地带，从西向东北呈非地带性分布。植被为云南杉、常绿阔叶林或灌丛草地。成土母质为紫色粉砂岩、泥质页岩和细粒石英砂岩。本县紫色土多为中性紫色土亚类。母岩中碳酸钙较少或在成土过程中不断淋失，风化发育形成具A-C剖面构型的中性紫色土。黏土矿物以蛭石和水云母或蒙脱石和水云母为主，pH为6.5—7.5。

黄棕壤占本县地域面积的9%，分布在海拔2200—2400m的中山坡地上部。该区域雾露多，湿度大，气温偏低。成土母质多为砂页岩及花岗岩风化物。成土过程受淋溶、黏化及弱富铝化作用的影响。土层弱度富铝化，黏聚现象明显，呈黄棕色。该土壤具A-B-C或A-（B）-C剖面构型，黏粒硅铝率在2.5左右，铁的游离度较红壤低，B层交换性酸大于A层。

棕壤占本县地域面积的4%，分布在海拔2450—2840m的中山地区。该区域干湿明显，降雨集中。植被为落叶阔叶林。成土母质以紫色砂质岩、石灰岩、酸性及基性结晶岩为主。成土过程以淋溶过程、黏化过程和生物富集过程为主。黏土矿物主要为伊利石和高岭石。该土壤处于硅铝风化阶段，具有黏化特征，呈棕色，具O-A-Bt-C剖面构型。土体见黏粒淀积，盐基充分淋失，见少量游离铁。

本区域中心区气候特征

本区域中心区气候特征值
Regional climate characteristics in central area of the region

气候带：中亚热带湿润气候 Climate region: Subtropical humid climate	
年平均气温 /℃ Annual average temperature /℃	14.9
年平均最高气温 /℃ Annual average maximum temperature /℃	20.7
年平均最低气温 /℃ Annual average minimum temperature /℃	10.4
年降水量 /mm Annual precipitation /mm	1077
≥10℃的积温 /℃ Daily temperature accumulated in a year（≥10℃）/℃	5520
年日照时数 /h Annual sunshine /h	2079
年平均相对湿度 /% Annual average relative humidity /%	74
干燥度 Dryness	0.84

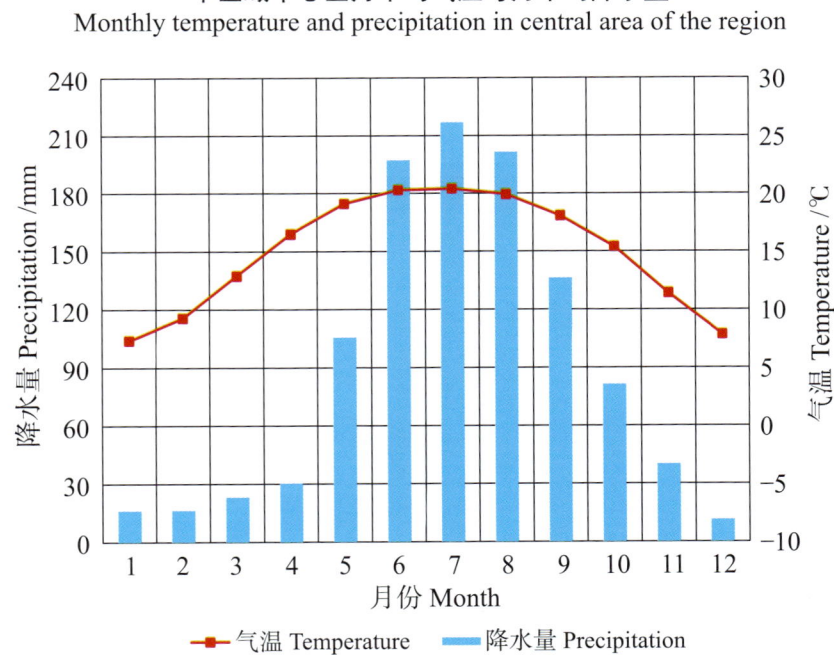

本区域中心区月平均气温与月平均降水量
Monthly temperature and precipitation in central area of the region

嵩明县主要土壤类型与土壤剖面点分布图

1:210 000

图 例

红壤　水稻土　紫色土　黄棕壤　棕壤　⊗ 剖面点

嵩明县土壤剖面理化性状表

剖面号 Soil profile	土纲 Soil order	土类 Soil great group	亚类 Soil subgroup	土属 Soil genus	土种 Soil species	土层码 Layer code	土层厚度 Depth/cm	颜色 Soil color	质地 Soil texture	土壤结构 Soil structure	pH	有机质 OM/(g/kg)	全氮 TN/(g/kg)	全磷 TP/(g/kg)	全钾 TK/(g/kg)	碱解氮 AN/(mg/kg)	有效磷 AP/(mg/kg)	阳离子交换量CEC/(cmol/kg)	土壤母质 Parent material	剖面点坐标 Profile coordinate	匹配指数 Matching index/%
剖1	淋溶土	棕壤	棕壤	酸性岩类棕壤	瘦砂土	A	0—12	紫棕色	轻黏土	粒状	4.5	28.1	1.50	1.50	34.3			9.6		E 102°55′58.1″ N 25°23′39.8″	79
						B	12—27	棕色	轻砾质壤土	小块状	4.1	15.5	0.80	1.10	32.0			9.6			
						C	27—80	浅红棕色	中砂质壤土	小块状	4.1	5.0	0.50	1.00	65.1			14.9			
剖2	铁铝土	红壤	棕红壤	酸性岩类棕红壤	板砂土	A	0—18	暗红棕色	砂壤土	小块状	6.8	41.2	1.70	1.20	32.7			10.8	酸性母岩	E 102°48′12.2″ N 25°20′49.6″	92
						B	18—33	暗棕红色	轻壤土	小块状	6.7	3.2	0.20	0.60	30.4			5.3			
						C	33—94	暗棕红色	粉砂质壤土	核块状	6.2	3.8	0.20	0.70	30.4			6.2			
剖3	人为土	水稻土	潴育水稻土	紫色土性潴育水稻土	紫砂泥田	A	0—20	棕色	中壤土	小块状	6.3	18.7	0.90	0.60	23.7			6.5		E 103°06′25.1″ N 25°23′52.9″	74
						W	20—42	棕黄色	轻壤土	小块状	7.5	13.0	0.80	0.60	24.8			9.4			
						G	42—60	紫色	砂壤土	大块状	7.6	27.2	0.90	0.60	29.3			22.3			
						Cg	60—100	棕灰色	砂壤土	无明显结构	7.7	14.4	0.70	0.60	29.2			10.1			
剖4	铁铝土	红壤	红壤	老冲积红壤	酸白泥土	A	0—23	暗棕色	砂壤土	大粒状	6.2	20.4	1.30	2.50	6.9			9.4		E 103°04′20.3″ N 25°23′39.1″	85
						B	23—32	黄棕色	砂壤土	核块状	6.3	4.7	0.60	1.60	5.6			5.5			
						C	32—72	黄色	砂壤土	小块状	5.5	3.0	0.40	2.20	6.7			7.4			
剖5	人为土	水稻土	淹育水稻土	红壤性淹育水稻田	板砂田	A	0—17	紫棕色	中壤土	小块状	7.8	35.7	1.60	2.40	15.8			17.1	红壤性母质	E 103°01′04.9″ N 25°21′52.1″	70
						B	28—44	紫棕色	轻壤土	小块状	7.9	24.7	1.20	2.00	23.7			19.5			
						C_1	28—44	紫色	中壤土	大块状	7.9	17.6	0.60	2.80	33.8			25.2			
						C_2	44—100	棕灰色	中壤土	大块状	6.5	25.3	1.60	1.10	4.0			22.8			
剖6	人为土	水稻土	淹育水稻土	紫色土性淹育水稻土	紫泥田	A	0—23	浅黄棕色	轻砂质壤土	核粒状	7.6	0.6	0.50	0.70	11.0			28.6		E 103°10′06.2″ N 25°21′21.6″	83
						C	23—100	栗色	中壤土	核粒状	6.2	44.6	1.60	1.80	25.0			33.8			
剖7	人为土	水稻土	潴育水稻土	湖积性潴育水稻田	黑鸡粪土田	A	0—28	黑色	轻黏土	核块状	7.3	17.5	1.10	1.70	26.0			31.7		E 103°13′12.9″ N 25°20′46.5″	99
						W	28—70	黑色	重壤土	核柱状	7.3	20.0	0.90	5.40	27.0			37.0			
						C	70—100	棕色	轻壤土	小块状	6.8	36.0	1.40	1.50	20.5			13.7			
剖8	人为土	水稻土	淹育水稻土	冲积性淹育水稻土	石子土田	A	0—30	灰棕色	轻壤土	无明显结构	7.5	16.0	0.90	2.00	19.5			19.0	冲积物	E 102°54′58.0″ N 25°18′34.9″	89
						C	30—90	棕黄色	中壤土	团粒状	6.4	22.7	0.80	3.60	7.6			9.6			
剖9	铁铝土	红壤	棕红壤	老冲积红壤	油红土	A	0—28	棕黄色	中壤土	粒状	6.5	25.1	0.60	3.40	4.3			10.3	老冲积物	E 102°49′54.5″ N 25°17′26.3″	90
						B	28—47	浅红棕色	轻壤土	小块状	7.6	7.7	0.30	3.60	3.2			13.2			
						Ce	40—														
剖10	铁铝土	红壤	棕红壤	酸性岩类棕红壤	泥质土	A	0—20	暗棕色	黏土	块状	7.1	38.1	2.30	3.30	30.9			12.0	酸性母岩	E 102°47′31.9″ N 25°17′20.8″	77
						B	15—30	黄棕色	黏土	小块状	6.8	28.2	1.90	1.70	54.8	80	5.7	10.3			
						C	30—40	灰色	黏土	大块状	6.6	6.2	0.50	1.90	73.5	42	4.4	10.8			
剖11	铁铝土	红壤	山原红壤	酸白泥土	酸白泥土	A	0—15	灰黄色	黏土	小块状	5.2	22.0	0.86	0.99	10.9	78	5.2	21.5		E 102°59′12.1″ N 25°16′43.3″	93
						B	15—40	灰白色	黏土	块状	5.8	14.0	0.54	0.90	12.7			16.2			
						C		灰白色	黏土	大块状	6.2	7.0	0.32	0.33	6.7			13.5			
剖12	人为土	水稻土	潴育水稻土	冲积性潴育水稻土	砂泥田	A	0—20	暗棕色	重壤土	块状	6.8	28.9	1.90	2.10	28.9			19.7	酸性母岩	E 102°54′21.2″ N 25°16′36.8″	87
						W	32—43	暗棕黄色	重壤土	核块状	7.3	28.2	1.90	1.70	28.9			17.3			
						C	43—75	棕黄色	中壤土	小块状	7.6	6.2	0.70	1.10	27.8			11.8			
剖13	人为土	水稻土	淹育水稻土	冲积性淹育水稻土	砂泥田	A	0—32	紫红棕色	砂壤土	棱块状	5.4	24.2	1.40	1.40	31.1	121	16.0	5.8	冲积物	E 102°48′08.6″ N 25°15′19.8″	74
						C	32—50	灰黄色	砂壤土	棱状	7.2	8.9	0.70	1.30	33.8	76	14.0	7.4			
剖14	铁铝土	红壤	山原红壤	厚红土	厚油红土	A	0—17	暗红棕色	壤质黏土	屑粒状	5.5	73.0	1.43	1.02	9.4			9.4		E 103°11′03.7″ N 25°19′24.1″	86
						B_1	17—26	红黄色	块状	块状	5.5	19.0	0.79	1.08	9.8			8.0			
						B_2	26—50	黄棕色	黏质黏土	棱块状	5.7	15.0	0.74	1.02	10.5	119	10.0	10.4			
						BC	50—100	暗棕灰色	壤质黏土	棱柱状	5.7	12.0	0.87	0.41	8.2	68	3.0	10.3			

续表 Continued

剖面号 Soil profile	土纲 Soil order	土类 Soil great group	亚类 Soil subgroup	土属 Soil genus	土种 Soil species	土层码 Layer code	土层厚度 Depth/cm	颜色 Soil color	质地 Soil texture	土壤结构 Soil structure	pH	有机质 OM/(g/kg)	全氮 TN/(g/kg)	全磷 TP/(g/kg)	全钾 TK/(g/kg)	碱解氮 AN/(mg/kg)	有效磷 AP/(mg/kg)	阳离子交换量CEC/(cmol/kg)	土壤母质 Parent material	剖面点坐标 Profile coordinate	匹配指数 Matching index/%
剖15	铁铝土	红壤	红壤	老冲积红壤	油砂土	A	0—25	灰棕色	轻壤土	粒状	7.4	20.3	1.20	2.00	5.6			10.3		E 103°14′52.8″ N 25°19′14.2″	72
						B	25—39	浅棕黄色	轻壤土	小块状	7.3	15.7	1.10	1.80	6.7			10.6			
						C	39—59	暗棕灰色	中壤土	大块状	6.5	6.2	0.80	1.50	5.6			6.5			
剖16	人为土	水稻土	淹育水稻土	红壤性淹育水稻土	红泥田	A	0—28	浅棕红色	重壤土	大块状	6.4	25.3	1.00	2.00	8.7			15.1	红壤性母质	E 103°01′35.8″ N 25°17′18.6″	72
						C	28—100	浅棕红色	黏土	大块状	7.0	21.8	0.90	2.10	14.1			20.4			
剖17	人为土	水稻土	潴育水稻土	冲积性潴育水稻土	鸡粪土田	A	0—23	暗棕红色	重壤土	小块状	6.9	30.3	2.00	2.30	31.8			23.3	冲积物	E 103°01′42.6″ N 25°15′49.3″	76
						W	23—54	棕色	中壤土	小块状	7.2	31.0	1.50	2.40	31.0			24.5			
						C	54—100	紫棕色	中壤土	核块状	7.1	11.8	1.00	1.50	30.0			31.0			
剖18	人为土	水稻土	潴育水稻土	冲积性潴育水稻土	河砂田	A	0—20	浅棕黄色	轻壤土	小块状	5.7	31.5	1.70	1.40	40.6			10.6	冲积物	E 103°00′45.5″ N 25°14′52.1″	73
						W	20—40	暗棕黄色	砂壤土	核块状	7.4	20.8	1.10	1.40	41.7			12.5			
						C	40—95	浅棕色	砂壤土	柱状	7.7	8.0	0.60	2.10	36.0			10.6			
剖19	铁铝土	红壤	红壤	老冲积红壤	酸白泥土	A	0—18	棕黄色	黏土	核块状	5.4	11.9	0.60	1.30	26.9			20.2		E 103°06′42.8″ N 25°10′17.8″	77
						C	40—92	黄白色	黏土	大块状	6.9	33.6	1.50	3.00	12.6			14.6			
剖20	铁铝土	红壤	棕红壤	酸性岩类棕红壤	酸性岩类棕红壤	Ao	0—4	灰黑色			5.1	91.9	2.50	0.80					酸性母岩	E 103°04′20.6″ N 25°06′25.6″	93
						A	4—25	紫黑色	轻壤土	粒状	6.2	20.8	6.60	0.70							
						B_1	25—65	浅红棕色	砂壤土	粒状	5.0	13.9	5.10	1.00							
						B_2	65—90	红棕色	砂壤土	小块状	5.2	2.9	2.90	1.50							
						CD	90—100		砾质土												

禄劝彝族苗族自治县

主要土类说明

红壤是禄劝彝族苗族自治县主要土壤类型，占本县地域面积的37%。红壤主要分布在崇德、屏山、翠华、茂山、转龙、九龙等地及普渡河和金沙江流域。该区域属亚热带季风气候，具有明显的立体气候特征。土层深厚，表土层较浅，具 A-Bs-Bv 或 A-Bs-C 剖面构型。在长期高温多雨作用下，矿物风化度高，土质黏重。由于脱硅富铝化作用，土壤中产生了较多的活性铝离子，水解后产生氢离子，pH 一般为 5.5—6.5。氮素含量低，全磷含量中等，但有效磷缺乏，速效钾含量中等偏高。植被破坏及垦耕后的红壤有机质含量较低。

紫色土是禄劝彝族苗族自治县第二大土壤类型，占本县地域面积的20%，主要分布在本县中北部的平缓岗地和低平槽谷。成土母质多为中生代的紫红色砂页岩。成土过程以母岩的快速物理崩解、频繁侵蚀堆积，以及碳酸钙的不断淋失作用为主，生物积累作用较弱。土壤结构多为块状，质地较重，半风化石含量多。土层深度因不同地形部位而异。一般地势平缓的紫色土土层浅薄，多在50cm以内。本县紫色土多为酸性紫色土亚类，黏土矿物一般以蛭石和水云母为主，有机质和全氮含量较高，全磷和全钾含量较低，pH 在 5.5 左右。

黄棕壤是禄劝彝族苗族自治县第三大土壤类型，占本县地域面积的17%，分布在海拔 2400—2700m 的落叶阔叶林下。成土母质为砂页岩及花岗岩风化物。土层弱度富铝化，黏聚现象明显，呈黄棕色。该土壤具 A-B-C 或 A-（B）-C 剖面构型，黏粒硅铝率在 2.5 左右，铁的游离度较红壤低，B 层交换性酸大于 A 层。土层深厚，表土呈黄棕色，心土至底土逐渐过渡为黄棕色，土体发育完善，自然肥力较高。

棕壤占本县地域面积的14%，分布在海拔 2700—3300m 的山区。成土母质为玄武岩和砂页岩。黏土矿物主要为伊利石和高岭石。该土壤处于硅铝风化阶段，具有黏化特征，呈棕色，具 O-A-Bt-C 剖面构型。土体见黏粒淀积，盐基充分淋失，见少量游离铁。

燥红土占本县地域面积的7%，分布在干热河谷及封闭、半封闭的干热坝子。燥红土是由红土母质发育形成的盐基饱和的红色土壤。成土过程以有机质积累、生物富集和脱硅富铝化为主。该土壤复盐基明显，交换性钙、镁占阳离子交换量的80%以上。本县燥红土分为燥红土、褐红土等亚类。

水稻土占本县地域面积的3%。本县水稻土分为淹育型、渗育型等亚类。淹育水稻土分布在丘陵岗地坡麓及沟谷上部，水源不足，具 Aa-Ap-C 剖面构型。渗育水稻土分布在丘陵缓坡地，受地面季节性灌水影响，具 Aa-Ap-P-C 剖面构型，为棱块状结构，有铁锰物质淀积。

小于本县地域面积3%的土壤类型有暗棕壤、石灰（岩）土和黑毡土。

本区域中心区气候特征

本区域中心区气候特征值
Regional climate characteristics in central area of the region

气候带：南亚热带亚湿润气候 Climate region: South subtropical subhumid climate	
年平均气温 /℃ Annual average temperature /℃	15.0
年平均最高气温 /℃ Annual average maximum temperature /℃	21.2
年平均最低气温 /℃ Annual average minimum temperature /℃	10.0
年降水量 /mm Annual precipitation /mm	1065
≥10℃的积温 /℃ Daily temperature accumulated in a year (≥10℃) /℃	5446
年日照时数 /h Annual sunshine /h	2219
年平均相对湿度 /% Annual average relative humidity /%	72
干燥度 Dryness	0.87

本区域中心区月平均气温与月平均降水量
Monthly temperature and precipitation in central area of the region

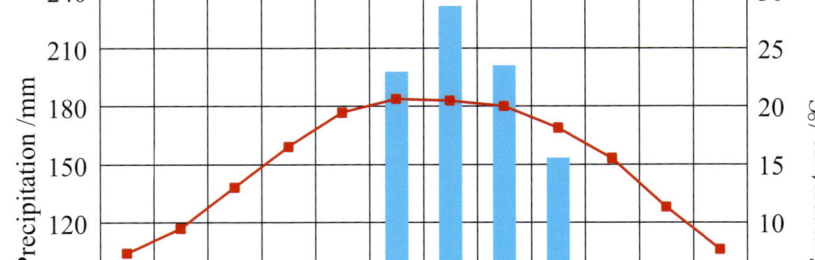

禄劝彝族苗族自治县主要土壤类型与土壤剖面点分布图
1:350 000

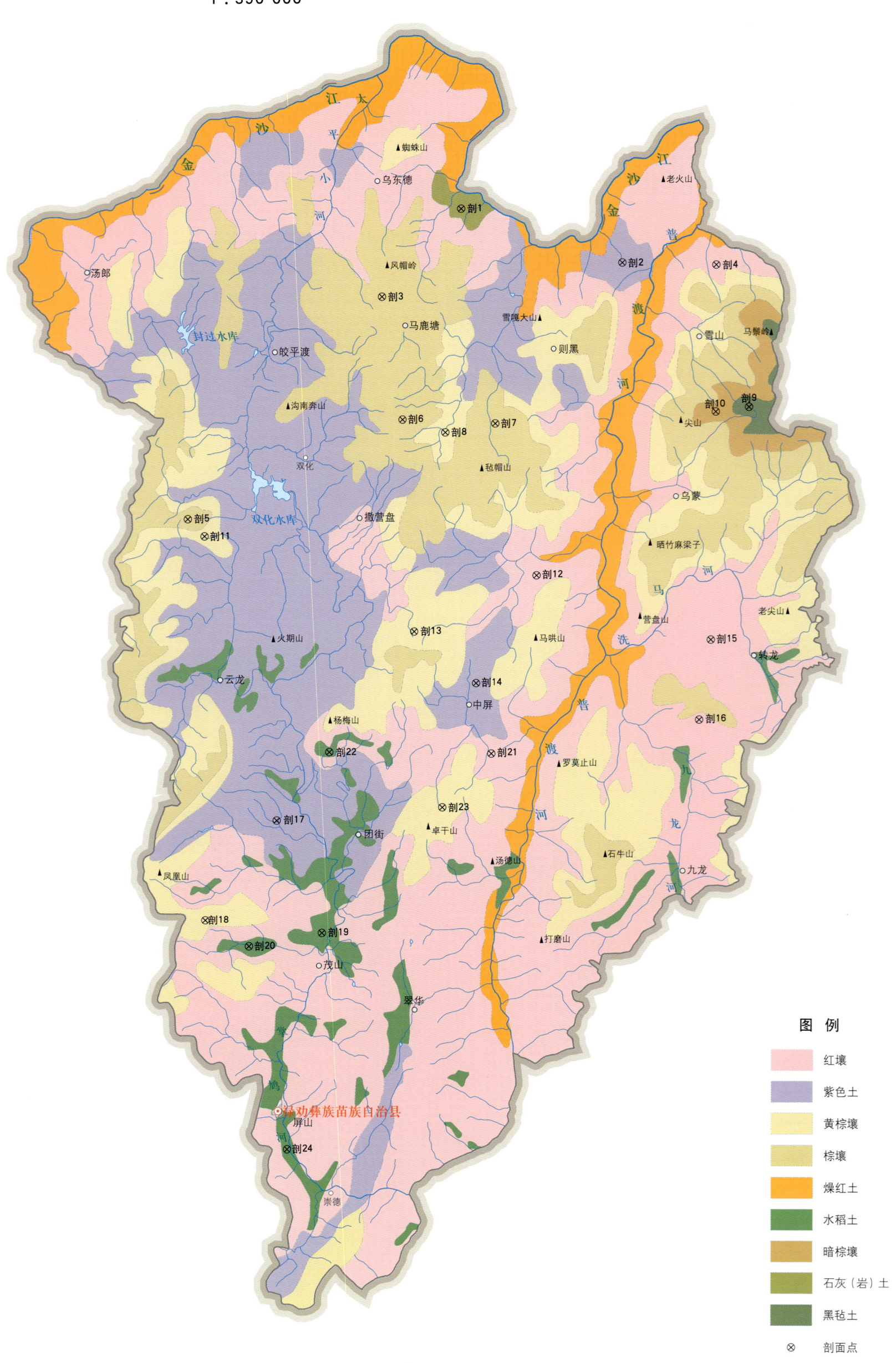

禄劝彝族苗族自治县土壤剖面理化性状表

剖面号 Soil profile	土纲 Soil order	土类 Soil great group	亚类 Soil subgroup	土属 Soil genus	土种 Soil species	土层码 Layer code	土层厚度 Depth/cm	颜色 Soil color	质地 Soil texture	土壤结构 Soil structure	pH	有机质 OM/(g/kg)	全氮 TN/(g/kg)	全磷 TP/(g/kg)	全钾 TK/(g/kg)	碱解氮 AN/(mg/kg)	有效磷 AP/(mg/kg)	阳离子交换量CEC/(cmol/kg)	土壤母质 Parent material	剖面点坐标 Profile coordinate	匹配指数 Matching index/%
剖1	初育土	石灰(岩)土	黑色石灰土	黑色土	黑泡土	A	0—20	黄灰色	中壤土	粒状	6.1	15.7	5.75	6.00	4.0	412				E 102°36′05.0″ N 26°14′11.6″	85
剖2	初育土	紫色土	酸性紫色土	黄紫泥土		B₁	20—39	黄灰色	中壤土	块状	5.5	195.8	6.79	5.85	4.1	373				E 102°44′13.0″ N 26°11′53.8″	98
						B₂	39—48	青灰色	中黏土	块状	5.5	73.4	3.64	4.13	5.6	189					
						C	48—100	黑灰色	中壤土	块状	5.2	34.3	3.42		6.6	229					
剖3	淋溶土	棕壤	棕壤	灰汤泥	灰汤泥	A	0—12	黄棕色	重壤土	粒状	5.5	25.3	1.24	1.56	24.0	92				E 102°32′12.0″ N 26°10′10.8″	79
						B	12—37	黄棕色	重壤土	核状	5.8	13.6	1.18	2.21	21.8	57					
						B	0—22	暗棕色	壤质黏土	粒状	5.7	79.0	2.89	1.97	28.8	263	4.5	19.1			
						B	22—64	黄棕色	壤质黏土	核粒状	6.0	28.0	0.93	1.57	29.8	106	7.6	12.1			
						C	64—90	浅黄棕色	壤质黏土	块状											
剖4	铁铝土	红壤	红壤	石灰岩红壤	红土	A	0—21	红黄色	重壤土	核状	6.5	59.2	2.37	2.78	7.3	129			石灰岩	E 102°48′56.2″ N 26°11′52.4″	94
						B	21—29	红黄色	重壤土	粉末状	6.5	49.2	2.19	2.71	6.6	211					
剖5	淋溶土	棕壤	棕壤	砂页岩棕壤		A	4—20	暗棕色	中壤土	粒状	6.1	96.2	3.05	4.09	26.1	264			砂页岩	E 102°22′43.0″ N 26°00′01.1″	86
						B	20—70	黄棕色	重壤土	粒状	6.3	39.6	1.78	2.81	31.0	37					
剖6	淋溶土	棕壤	棕壤	砂页岩棕壤		A	0—10	棕色	轻壤土	粒状	6.3	27.2	1.31	1.18	18.0	140			砂页岩	E 102°33′21.6″ N 26°04′40.1″	73
						B	10—34	黄棕色	砂壤土	粒状	5.7	10.5	0.95	0.80	18.2	35					
剖7	淋溶土	棕壤	棕壤	灰汤泥		A	0—22	暗棕色	壤质黏土	粒状	5.7	79.0	2.89	2.17	23.9	263	4.5	19.1		E 102°38′00.2″ N 26°04′34.0″	77
						B	22—64	黄棕色	壤质黏土	核状	6.0	28.0	0.93	2.87	24.7	106	7.6	12.1			
						C	64—90	浅黄棕色	壤质黏土	块状											
剖8	淋溶土	黄棕壤	黄棕壤	石灰岩黄棕壤		A	0—14	暗棕色	重壤土	小块状	6.3	57.9	2.68	2.77	11.6	259			石灰岩	E 102°35′30.6″ N 26°04′07.7″	78
						B	14—99	棕灰色	重壤土	棱块状	6.5	26.3	1.75	3.09	8.4	123					
剖9	高山土	黑色土	黑毡土	山地灰黑色土		A	0—15	暗棕色	轻壤土	粒状	5.3	132.0	4.64	3.32	31.7	485				E 102°50′41.9″ N 26°05′29.8″	98
剖10	淋溶土	暗棕壤	暗棕壤	玄武岩暗棕壤		A	7—31	暗棕色	砂壤土	粒状	5.6	215.6	7.79	4.90	12.9	466			玄武岩	E 102°49′02.8″ N 26°05′15.7″	90
						B	31—46	黄棕色	砂壤土	粒状	6.0	145.6	5.49	4.20	11.2	406					
						C	46—84	暗棕色	砂壤土	粒状	5.6	157.4	4.02	4.10	28.6	441					
剖11	淋溶土	黄棕壤	黄棕壤	紫色砂页岩黄棕壤	棕紫砂土	A	0—18	棕紫色	砂壤土	粒状	6.4	12.1	0.58	0.53	12.9	62			石灰岩	E 102°23′34.1″ N 25°59′15.7″	86
						B	18—28	暗紫色	中壤土	粒状	6.4	10.9	0.96	0.48	11.2	58					
剖12	铁铝土	红壤	红壤	石灰岩红壤	砂土	A	0—17	橘黄色	中壤土	粒状	6.9	21.4	1.03	1.42	28.6	83			石灰岩	E 102°40′12.7″ N 25°57′46.1″	82
						B	17—27	黄棕色	中壤土	粒状	6.8	5.5	0.26	1.50	30.9	38					
剖13	淋溶土	黄棕壤	黄棕壤	砂页岩黄棕壤		A	0—22	棕色	中壤土	粒状	5.0	67.7	2.21	6.36	21.6	166			砂页岩	E 102°34′09.1″ N 25°55′08.9″	96
						B	22—47	黄棕色	中壤土	小块状	5.1	26.6	1.06	3.67	19.4	98					
剖14	初育土	紫色土	酸性紫色土	红紫泥土	紫土	A	0—20	暗紫色	重黏土	粒状	6.5	39.5	1.97	3.00	13.5	70			砂页岩	E 102°37′17.4″ N 25°52′52.7″	86
						B	20—42	暗紫色	中黏土	块状	6.7	9.1	1.31	3.06	13.8	103					
剖15	铁铝土	红壤	黄红壤	砂页岩黄红壤	黄泥土	A	0—22	灰黄色	中壤土	粒状	5.5	19.5	1.33	1.08	17.7	96			砂页岩	E 102°48′59.1″ N 25°55′00.8″	98
						B	22—40	黄灰色	重壤土	块状	5.2	14.9	0.63	1.14	29.9	65					
						C₁	40—62	黄红色	轻黏土	块状	4.9	6.7	0.30	0.48	30.7	53					
						C₂	62—72	灰白色	重黏土	块状	5.1	4.9	2.60	0.56	35.4	45					
剖16	铁铝土	红壤	黄红壤	老冲积黄红壤	黄红土	A	0—30	灰黄色	中黏土	核状	6.4	71.0	2.70	4.93	6.6	186			老冲积物	E 102°48′28.4″ N 25°51′25.2″	90
						B	30—100	黄红色	中壤土	粒状	6.5	42.2	1.99	4.12	6.4	155					
剖17	初育土	紫色土	酸性紫色土	红紫泥土	红紫胶泥土	A	0—13	紫色	轻黏土	粒状	5.1	18.2	1.10	0.92	30.1	61				E 102°27′28.8″ N 25°46′31.8″	89
						B	13—22	紫色	轻黏土	小块状	4.9	3.9	0.79	0.79	30.0	34					
剖18	淋溶土	黄棕壤	黄棕壤	紫色砂页岩黄棕壤		A	0—5	灰棕色	砂壤土	粒状	6.1	109.3	3.63	1.30	10.3	319			紫色砂页岩	E 102°24′01.4″ N 25°41′58.2″	73
						B	5—40	黄棕色	轻壤土	块状	6.0	34.9	1.08	0.81	10.6	140					

续表 Continued

剖面号 Soil profile	土纲 Soil order	亚类 Soil subgroup	土属 Soil genus	土种 Soil species	土层码 Layer code	土层厚度 Depth/cm	颜色 Soil color	质地 Soil texture	土壤结构 Soil structure	pH	有机质 OM/(g/kg)	全氮 TN/(g/kg)	全磷 TP/(g/kg)	全钾 TK/(g/kg)	碱解氮 AN/(mg/kg)	有效磷 AP/(mg/kg)	阳离子交换量 CEC/(cmol/kg)	土壤母质 Parent material	剖面点坐标 Profile coordinate	匹配指数 Matching index/%
剖19	人为土	潴育水稻土	冲积性潴育水稻土	鸡粪土田	A	0—20	棕黄色	重壤土	粒状	6.3	43.2	1.89	3.74	28.2	142			冲积物	E 102°29′51.0″ N 25°41′29.4″	82
					P	20—30	黄棕色	重壤土	块状	6.9	27.7	1.03	1.56	27.8	108					
					W	30—60	棕黄色	重壤土	块状	6.8	14.6	1.00	1.08	32.9	83					
					C	60—100	青灰色	中壤土	碎屑状	7.0	10.2	0.42	1.57	76.4	76					
剖20	人为土	潴育水稻土	红壤性潴育水稻土	胶泥田	A	0—20	棕紫色	轻黏土	块状	7.0	37.5	1.63	2.34	24.9	135				E 102°26′13.6″ N 25°40′49.8″	74
					P	20—33	紫色	轻黏土	核状	7.0	16.4	0.92	1.41	25.1	78					
					W	33—57	灰紫色	重壤土	块状	7.7	16.6	0.43	0.94	20.3	50					
					C	57—80	棕灰色	重壤土	块状	7.1	10.7	0.47	1.00	15.4	44					
剖21	铁铝土	红壤	石灰岩红壤		A	0—18	黄棕色	重壤土	粒状	6.0	76.9	2.22	1.70	5.6	184			石灰岩	E 102°38′07.1″ N 25°49′44.0″	78
					B	18—41	红棕色	中壤土	小块状	6.1	46.0	0.85	1.66	6.6	143					
剖22	人为土	潴育水稻土	紫色土性潴育水稻土	紫胶泥田	A	0—13	黄棕色	轻黏土	碎屑状	6.5	44.3	2.40	1.00	24.9	178				E 102°30′01.8″ N 25°49′39.7″	89
					P	13—22	黄色	轻黏土	碎屑状	6.9	34.7	1.85	0.97	25.4	139					
剖23	淋溶土	黄棕壤	砂页岩黄棕壤	黄灰土	A	0—19	浅灰色	重壤土	粒状	6.6	41.9	1.91	2.32	20.1	148			砂页岩	E 102°35′43.3″ N 25°47′15.7″	95
					B	19—45	暗棕色	重壤土	粒状	6.5	26.2	1.46	2.58	18.4	120					
剖24	人为土	潴育水稻土	冲积性潴育水稻土	油砂土田	A	0—21	浅黄色	中壤土	核柱状	6.2	32.5	1.78	0.87	27.0	155			冲积物	E 102°28′20.7″ N 25°31′45.8″	92
					P	21—32	灰黄色	重壤土	核柱状	6.5	29.3	1.29	0.80	29.9	13					
					W	32—52	灰棕色	中壤土	核柱状	6.9	15.6	0.70	0.85	26.9	13					
					C	52—100	暗棕色	中壤土	核柱状	7.0	4.9	0.28	0.41	26.1	10					

寻甸回族彝族自治县

主要土类说明

红壤是寻甸回族彝族自治县主要土壤类型，占本县地域面积的61%，分布在海拔1500—2600m的山区、半山区和坝区旱地。植被为常绿阔叶林。成土母质主要为深厚的古红土、红色风化壳及岩石风化残积物。成土过程以脱硅富铝化和生物富集为主。红壤呈中度脱硅富铝化特征，具A–Bs–Bv或A–Bs–C剖面构型，土壤黏粒中游离铁占全铁的50%—60%。由于早期和近期地壳运动及近代植被的破坏，古红土遭到强烈的侵蚀剥蚀，表土层大多经再次运移堆积在盆缘浅丘及山脚低凹地带。本县红壤分为红壤、红壤性土、褐红壤等亚类。

黄棕壤是寻甸回族彝族自治县第二大土壤类型，占本县地域面积的18%，主要分布在本县东南部海拔2250—2400m、西北部海拔2300—2600m的低中山麓和丘原。成土母质为砂页岩及花岗岩风化物。成土过程受淋溶、黏化及弱富铝化作用的影响。土层弱度富铝化，黏聚现象明显，呈黄棕色。该土壤具A–B–C或A–（B）–C剖面构型，黏粒硅铝率在2.5左右，铁的游离度较红壤低，B层交换性酸大于A层。

棕壤是寻甸回族彝族自治县第三大土壤类型，占本县地域面积的8%，分布在海拔2600—2800m中山上部的湿润地区。植被为针阔叶混交林。成土母质以紫色砂质岩、石灰岩、酸性及基性结晶岩为主。黏土矿物主要为伊利石和高岭石。成土过程以淋溶过程、黏化过程和生物富集过程为主。该土壤处于硅铝风化阶段，具有黏化特征，呈棕色，具O–A–Bt–C剖面构型。土体见黏粒淀积，盐基充分淋失，见少量游离铁。

水稻土占本县地域面积的7%，分布在山丘梯田，大部分为雨养水田。本县水稻土分为淹育型、潴育型、潜育型等亚类。淹育水稻土分布在丘陵山区，灌溉条件较差，养分含量较低，速效磷缺乏，具A–P–C剖面构型。潴育水稻土分布在坝区，水肥条件好，质地砂黏适中，有较深厚的耕作层，具A–P–W–G–C或A–P–W–C剖面构型。潜育水稻土分布在地势低洼的坝区，地下水位较高，排水不畅，具A–P–G或A–G剖面构型。

紫色土占本县地域面积的4%，分布在海拔1600—2700m的地区。植被为云南杉、常绿阔叶林或灌丛草地。成土母质为紫色岩层。成土过程以母岩的快速物理崩解和频繁侵蚀堆积作用为主。母岩岩性松软，易风化，抗腐性弱，发育的紫色土土层浅薄，土体呈紫色或紫红色，具A–C剖面构型。本县紫色土多为酸性紫色土亚类，黏土矿物一般以蛭石和水云母为主，有机质和全氮含量较高，全磷和全钾含量较低，速效养分缺乏但易耕作熟化，pH为4.5—6.5。

小于本县地域面积3%的土壤类型有暗棕壤、黑毡土和新积土。

本区域中心区气候特征

本区域中心区气候特征值
Regional climate characteristics in central area of the region

气候带：中亚热带湿润气候 Climate region: Subtropical humid climate	
年平均气温 /℃ Annual average temperature /℃	14.9
年平均最高气温 /℃ Annual average maximum temperature /℃	20.7
年平均最低气温 /℃ Annual average minimum temperature /℃	10.4
年降水量 /mm Annual precipitation /mm	1083
≥10℃的积温 /℃ Daily temperature accumulated in a year（≥10℃）/℃	5488
年日照时数 /h Annual sunshine /h	2078
年平均相对湿度 /% Annual average relative humidity /%	74
干燥度 Dryness	0.83

本区域中心区月平均气温与月平均降水量
Monthly temperature and precipitation in central area of the region

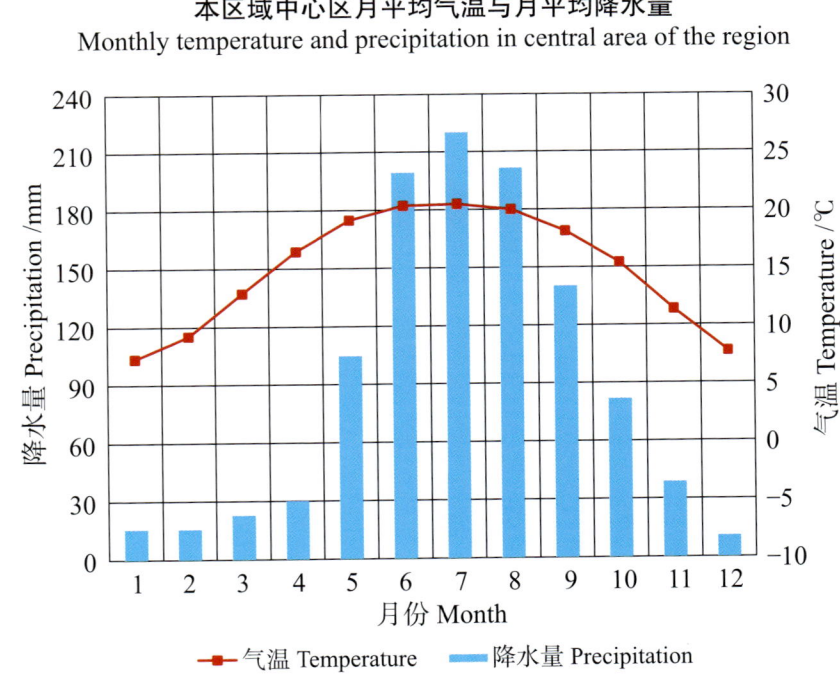

寻甸回族彝族自治县主要土壤类型与土壤剖面点分布图

1:340 000

图 例

- 红壤
- 黄棕壤
- 棕壤
- 水稻土
- 紫色土
- 暗棕壤
- 黑毡土
- 新积土
- ⊗ 剖面点

寻甸回族彝族自治县土壤剖面理化性状表

剖面号 Soil profile	土纲 Soil order	土类 Soil great group	亚类 Soil subgroup	土属 Soil genus	土种 Soil species	土层码 Layer code	土层厚度 Depth/cm	颜色 Soil color	质地 Soil texture	土壤结构 Soil structure	pH	有机质 OM/(g/kg)	全氮 TN/(g/kg)	全磷 TP/(g/kg)	全钾 TK/(g/kg)	碱解氮 AN/(mg/kg)	土壤母质 Parent material	剖面点坐标 Profile coordinate	匹配指数 Matching index/%
剖1	淋溶土	棕壤	棕壤	石灰岩棕壤	灰汤土	1	0—22	红褐色	中壤土	粒状	6.1	91.0		3.40	8.0	269	石灰岩	E 102°55′10.6″ N 25°59′28.7″	70
						2	22—100				6.0	107.0			11.6	263			
剖2	淋溶土	棕壤	棕壤	玄武岩棕壤	灰汤土	1	0—20	红褐色	中壤土	粒状	5.3	51.6	2.44	3.00	8.0	530	玄武岩	E 102°57′25.9″ N 25°57′25.6″	88
						2	20—40	红褐色	重壤土	粒状	5.4	66.3	2.33	3.30	6.6	127			
剖3	淋溶土	黄棕壤	黄棕壤	玄武岩山地黄棕壤		1	0—8	灰棕色	轻壤土	粒状	4.8	41.7	1.16	3.24	9.2	202	玄武岩	E 103°00′36.7″ N 25°53′51.7″	77
						2	8—21	黄棕色	轻壤土	粒状	4.4	44.0	3.12	0.96	11.8	350			
剖4	人为土	水稻土	潴育水稻土	冲积性潴育水稻土	富磷砂泥田	1	0—22	灰色	中壤土	粒状	7.5	69.9	3.14	3.00	33.0	171	冲积物	E 102°54′38.1″ N 25°48′08.8″	74
						2	22—35	青灰色	中壤土	粒状	7.7	17.3	1.06	1.30	21.8	40			
剖5	人为土	水稻土	潴育水稻土	冲积性潴育水稻土	砂田	1	0—22	灰棕色	砂壤土	块状	7.0	45.0	1.91	8.60	15.6	125		E 102°55′13.3″ N 25°45′55.7″	87
						2	22—41	灰黑色	轻壤土	棱块状	7.4	40.0	1.72	6.60	11.2	122			
剖6	初育土	紫色土	酸性紫色土	红紫泥	紫砂土	1	0—20	紫红色	重壤土	粒状	5.1	20.3	1.45	0.60	18.9	66	玄武岩	E 102°59′59.6″ N 25°45′44.6″	79
						2	20—45	紫红色	重壤土	块状	5.3	5.5	0.47	0.70	16.4	11			
剖7	铁铝土	红壤	红壤	玄武岩红壤	大红土	1	0—20	红棕色	重壤土	粒状	6.3	21.1	0.90	2.50	8.8	94	玄武岩	E 102°52′58.1″ N 25°45′36.0″	78
						2	20—60	暗红棕色	重壤土	块状	6.3	24.7	0.70	2.30	3.0	86			
剖8	淋溶土	暗棕壤	暗棕壤	玄武岩暗棕壤		1	0—25	暗栗色	轻壤土	粒状	5.7	328.0	10.70	4.60	7.4	899	玄武岩	E 103°10′07.7″ N 25°46′07.0″	83
						2	25—65	浅紫色	中壤土	块状	5.2	18.2	1.60	3.20	6.2	236			
						3	65—75	黄白色		石块状	4.8								
剖9	淋溶土	棕壤	棕壤	玄武岩棕壤		1	0—10	黑色	砂壤土	粒状	5.2	325.7	10.80	3.00	5.2	651	玄武岩	E 103°10′06.7″ N 25°43′52.3″	79
						2	10—25	深灰色	砂壤土	粒状	4.7	82.3	8.80	3.90	7.2	221			
剖10	初育土	紫色土	酸性紫色土	红紫泥		1	0—10	紫红色	砂壤土	块状	4.0	44.8	1.19	0.78	39.2	38		E 103°04′49.4″ N 25°43′40.8″	74
						2	10—30	紫红色	重壤土	块状	4.0	30.8	1.25	1.22	43.2	102			
剖11	淋溶土	黄棕壤	黄棕壤	石灰岩山地黄棕壤	黄泡土	1	0—15	灰棕色	轻黏土	粒状	5.8	58.0	1.80	1.40	8.0	170	石灰岩	E 103°17′44.0″ N 25°41′43.4″	78
						2	15—27	浅灰色	重壤土	块状	5.3	33.3	1.40	1.20	2.4	137			
剖12	铁铝土	红壤	红壤	石灰岩红壤	涩红土	1	0—21	红棕色	重壤土	粒状	5.5	53.3	2.02	2.40	10.6	207	石灰岩	E 103°22′48.3″ N 25°49′47.5″	80
						2	21—33	红棕色	中壤土	核状	6.5	8.4	0.69	1.36	11.6	81			
剖13	铁铝土	红壤	红壤	第四纪红壤	大红土	1	0—20	深红棕色	重壤土	粒状	6.0	34.3	1.22	1.12	27.8	101		E 103°29′29.0″ N 25°45′19.8″	74
						2	20—45	棕红色	重壤土	柱状	6.4	12.4	0.78	0.78	29.0	69			
						3	45—65	棕红色	重壤土	柱状	6.8	6.4	1.44	2.84	20.0	48			
剖14	人为土	水稻土	潴育水稻土	冲积性淹育水稻土	涩红土	1	0—23	浅红色	中壤土	粒状	7.4	31.4	0.94	1.10	15.0	189		E 103°15′10.4″ N 25°40′03.4″	84
						2	23—47	红棕色	中壤土	核状	7.0	7.6	0.94	1.00	12.0	33			
剖15	淋溶土	黄棕壤	黄棕壤	玄武岩山地黄棕壤	泥田	1	0—20	灰棕色	中壤土	粒状	6.2	35.6	1.44		11.6	131	冲积物	E 102°44′42.0″ N 25°36′46.8″	98
						2	15—41	浅灰色	重壤土	核状	7.5	17.5	0.75		11.6	99			
剖16	淋溶土	黄棕壤	黄棕壤	玄武岩山地黄棕壤	黄砂土	1	0—20	浅棕色	重壤土	块状	6.5	58.0	2.40	6.50	4.8	206	玄武岩	E 102°58′39.2″ N 25°39′08.7″	82
						2	20—43	黄棕色	中壤土	粒状	5.8	11.0	0.40	5.40	5.1	65			
剖17	淋溶土	黄棕壤	黄棕壤	石灰岩山地黄棕壤		1	0—17	红棕色	中壤土	块状	6.1	30.6	1.40	3.40	9.2	70		E 102°50′07.2″ N 25°37′37.3″	95
						2	17—33	棕色	轻壤土	块状	6.4	10.1	1.10	2.90	8.0	56			
剖18	人为土	水稻土	潴育水稻土	冲积性淹育水稻土	漏砂田	1	0—18	暗灰色	中壤土	块状	7.7	16.9	1.36		11.6	119	冲积物	E 102°47′19.0″ N 25°37′34.0″	82
						2	18—93	青灰色	轻壤土	粒状	5.0	29.9	0.79			68			
剖19	铁铝土	红壤	红壤	砂页岩红壤		1	0—22	棕红色	中壤土	粒状	5.9	23.4	1.57	1.66	15.2	92		E 103°13′31.1″ N 25°37′31.4″	90
						2	22—61	红褐色	重壤土	块状	5.5	6.6	0.33	1.12	23.6	36			
剖20	人为土	水稻土	潜育水稻土	煤烟土性潜育水稻土	红血土田	1	0—20	棕红色	轻黏土	块状	8.1	37.4	1.55	1.26	24.6	96		E 103°11′30.2″ N 25°36′21.3″	98
						2	20—77	浅棕色	轻黏土	块状	7.6	22.9	1.60	1.54	23.6	54			

续表 Continued

剖面号 Soil profile	土纲 Soil order	土类 Soil great group	亚类 Soil subgroup	土属 Soil genus	土种 Soil species	土层码 Layer code	土层厚度 Depth/cm	颜色 Soil color	质地 Soil texture	土壤结构 Soil structure	pH	有机质 OM/(g/kg)	全氮 TN/(g/kg)	全磷 TP/(g/kg)	全钾 TK/(g/kg)	碱解氮 AN/(mg/kg)	土壤母质 Parent material	剖面点坐标 Profile coordinate	匹配指数 Matching index/%
剖21	淋溶土	棕壤	棕壤	砂页岩棕壤	灰汤土	1	0—21				5.5	21.0	0.40	1.80		78	砂页岩	E 103°01′13.9″ N 25°35′28.7″	88
						2	21—29				5.7	4.0	0.10	0.80		20			
剖22	铁铝土	红壤	褐红壤	玄武岩褐红壤	褐红土	1	0—22	棕红色	中壤土	粒状	6.9	14.5	0.50	1.84	9.4	50	玄武岩	E 103°21′29.5″ N 25°37′41.9″	71
						2	22—36	棕红色	重壤土	块状	6.8	13.5	0.66	1.78	7.4	45			
						3	36—100	红棕色	重壤土	柱状	6.8	7.2	0.22	1.84	8.8	36			
剖23	铁铝土	红壤	红壤	砂页岩红壤		1	0—20	黄棕色	中壤土	粒状	4.4	36.4	0.90	1.10	14.2	35	砂页岩	E 103°23′42.2″ N 25°35′09.7″	77
						2	20—40	褐色	重壤土	粒状	4.9	5.4	0.30	2.50	30.8	16			
剖24	水稻土	潜育水稻土	湖积性潜育水稻土	灰泡土田	1	0—35	灰褐色	轻壤土	碎粒状	5.0	82.8	2.80	3.74	13.0	234	湖积物	E 103°19′26.4″ N 25°34′05.5″	83
						2	35—90	深灰色	中壤土	小块状	5.6	101.5	3.20	3.20	12.6	554			
剖25	水稻土	潜育水稻土	冲积性潜育水稻土	鸡粪土田	1	0—19	暗栗色	轻壤土	块状	7.0	45.0	1.91	2.70	9.6	125	冲积物	E 103°15′37.9″ N 25°32′23.9″	100
						2	19—29	栗色	轻黏土	梭块状	7.2	68.1	1.25	2.34	11.0	92			
剖26	水稻土	淹育水稻土	红壤性淹育水稻土	红砂泥田	1	0—24	暗红色	中壤土	粒状	6.1	35.2	2.24	4.60	38.8	146	红壤	E 102°52′48.7″ N 25°29′08.5″	74
						2	24—59	浅红色	中壤土	块状	6.1	16.7	1.00	2.80	6.2	46			
剖27	水稻土	淹育水稻土	冲积性淹育水稻土	砂田	1	0—20	棕色	中壤土	块状	7.6	24.4	1.33			42		E 103°02′33.4″ N 25°29′42.0″	78
						2	20—91	紫棕色	中壤土	块状	7.8	20.3	0.72			46			
剖28	水稻土	淹育水稻土	红壤性淹育水稻土	红泥田	1	0—23	棕色	重壤土	块状	5.8	25.4	1.24	0.73	11.6	68	红壤	E 103°08′05.3″ N 25°29′16.1″	95
						2	23—57	棕色	重壤土	块状	6.6	16.6	0.55	2.62	10.6	62			
剖29	人为土	水稻土	潜育水稻土	冲积性潜育水稻土	砂泥田	1	0—24	黄棕色	重壤土	块状	6.0	42.3	1.30	3.30	15.2	101	冲积物	E 103°14′31.5″ N 25°29′01.3″	83
						2	24—36	灰棕色	重壤土	梭块状	7.0	34.7	1.19	2.87	17.4	45			
剖30	人为土	水稻土	淹育水稻土	冲积性淹育水稻土	砂泥田	1	0—20	棕色	重壤土	块状	7.7	19.8	0.90			68	冲积物	E 103°06′45.0″ N 25°27′49.3″	85
						2	20—48	棕黄色	中壤土	块状	7.7	7.9	0.47			32			

安 宁 市

主要土类说明

红壤是安宁市主要土壤类型,占本市地域面积的 68%。红壤主要发生于亚热带常绿阔叶林下,呈中度脱硅富铝化特征,土壤黏粒中游离铁占全铁的 50%—60%。黏土矿物以高岭石、赤铁矿为主,黏粒硅铝率为 1.8—2.4,风化淋溶系数小于 0.2,盐基饱和度小于 35%。红壤具深厚的红色土层,淀积层可见深厚的红、黄、白相间的网纹状红色黏土。

紫色土是安宁市第二大土壤类型,占本市地域面积的 16%。紫色土是由热带、亚热带紫红色岩层直接风化形成的具 A–C 剖面构型的土壤。其理化性质与母岩组成直接相关,土层浅薄,剖面层次发育不明显,仍处于初育阶段。母岩富含矿质养分,且风化迅速。

水稻土是安宁市第三大土壤类型,占本市地域面积的 14%。水稻土是在长期的季节性淹灌、水下翻耕、季节性脱水、氧化还原交替影响下,原来的成土母质或母土的特性发生重大改变,形成的新的土壤类型。由于干湿交替,水稻土形成糊状的淹育层、较坚实板结的犁底层、渗育层、潴育层与潜育层等多种发生层。这些不同发生层是在人为耕作、水浆管理下形成的。

小于本市地域面积 3% 的土壤类型有黄棕壤。

本区域中心区气候特征

本区域中心区气候特征值
Regional climate characteristics in central area of the region

气候带:南亚热带湿润气候 Climate region: South subtropical humid climate	
年平均气温 /℃ Annual average temperature /℃	15.4
年平均最高气温 /℃ Annual average maximum temperature /℃	21.5
年平均最低气温 /℃ Annual average minimum temperature /℃	10.7
年降水量 /mm Annual precipitation /mm	973
≥10℃的积温 /℃ Daily temperature accumulated in a year (≥10℃) /℃	5700
年日照时数 /h Annual sunshine /h	2197
年平均相对湿度 /% Annual average relative humidity /%	72
干燥度 Dryness	0.94

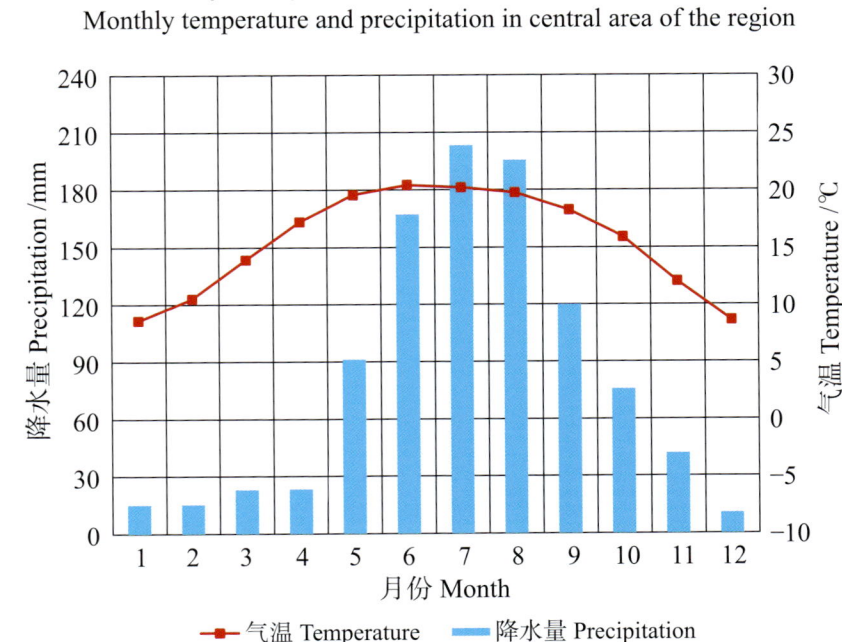

本区域中心区月平均气温与月平均降水量
Monthly temperature and precipitation in central area of the region

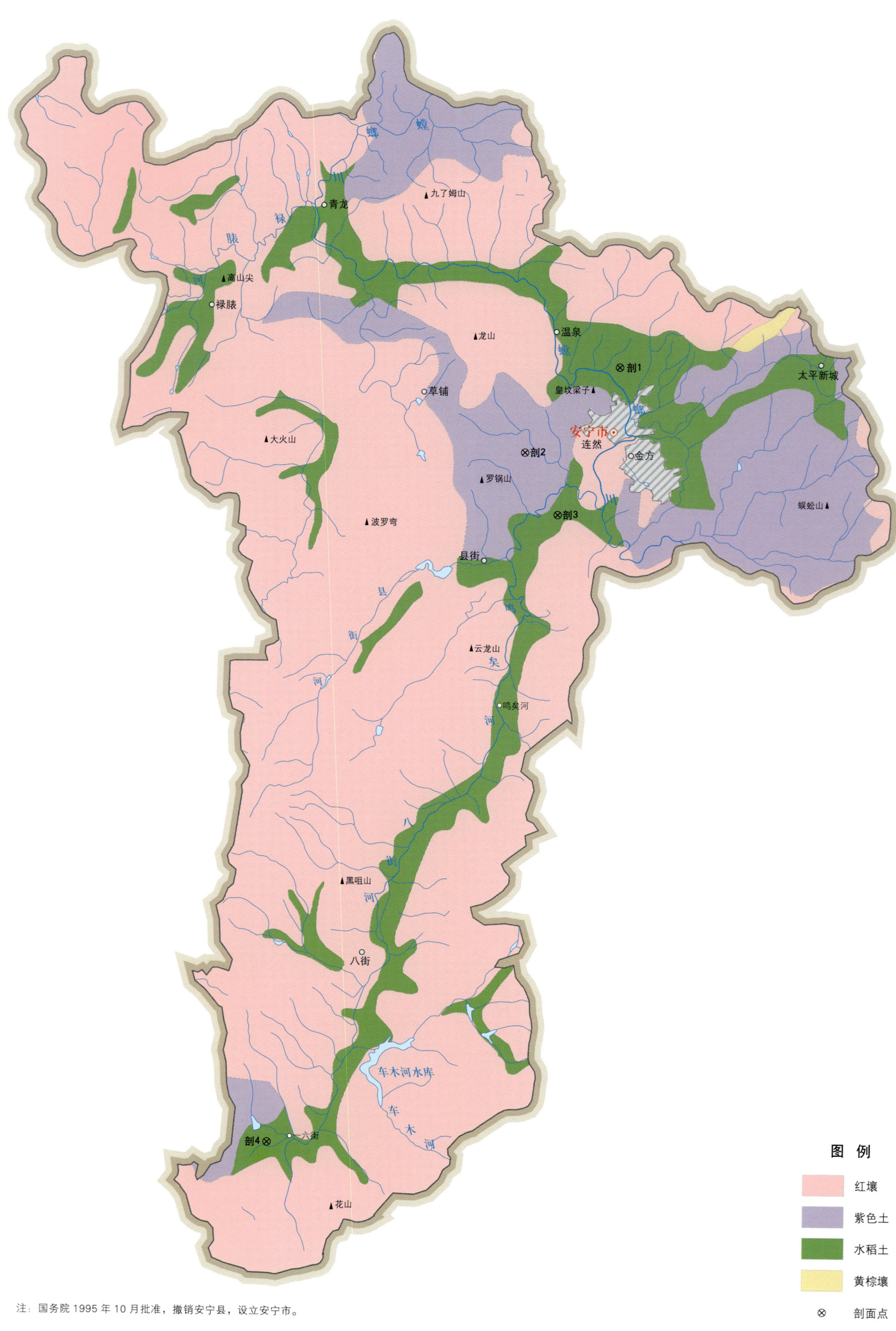

安宁市土壤剖面理化性状表

剖面号	土纲	土类	亚类	土属	土种	土层码	土层厚度/cm	颜色	质地	土壤结构	pH	有机质OM/(g/kg)	全氮TN/(g/kg)	全磷TP/(g/kg)	全钾TK/(g/kg)	阳离子交换量CEC/(cmol/kg)	剖面点坐标	匹配指数Matching index/%
剖1	人为土	水稻土	潴育水稻土	紫色土性潴育水稻土	紫泥田	A	0—21	暗紫棕色	轻黏土	块状	7.5	32.0	1.76	1.70	22.0	12.9	E 102°28′53.0″ N 24°56′53.4″	85
						P	21—35	紫棕色	轻黏土	棱块状	7.7	23.0	1.46	1.06	21.0	12.6		
						W	35—	紫棕色	中黏土	棱柱状	7.8	7.0	0.64	0.99	23.1	10.1		
剖2	初育土	紫色土	酸性紫色土	酸性红紫泥	紫砂土	A	0—18	紫红色	砂壤土	粒状	6.3	10.0	0.42	0.36	5.0	3.8	E 102°25′59.9″ N 24°54′24.8″	92
						B	18—	紫红色	轻壤土	块状	4.8	2.0	0.17	0.24	7.5	6.3		
剖3	人为土	水稻土	潴育水稻土	紫色土性潴育水稻土	紫胶泥田	A	0—23	紫棕色	轻黏土	块状	7.6	31.0	1.30	1.20	19.6	24.0	E 102°27′04.0″ N 24°52′40.4″	79
						P	23—34	紫棕色	中黏土	块状	7.6	28.0	1.58	0.35	19.3	30.2		
						W	34—61	灰棕色	轻黏土	柱状	7.8	12.0	0.97	0.74	19.8	18.8		
						G	61—	灰棕色	轻黏土	棱块状	7.8	7.0	0.72	0.96	20.3	17.3		
剖4	人为土	水稻土	潴育水稻土	紫色土性潴育水稻土	紫砂泥田	A	0—17	紫色	重壤土	粒状、核粒状	6.4	27.6	1.60	0.30	24.0		E 102°18′34.2″ N 24°34′42.6″	95
						P	17—27	紫棕色	重壤土	核状	6.2	21.7	0.66	0.35	25.1			
						W	27—50	紫色	重壤土	棱块状	6.3	6.2	0.62	0.55	23.0			
						G	50—	紫棕色	重壤土	棱块状	5.7	11.5	0.84	0.33	22.3			

曲 靖 市

市 辖 区

主要土类说明

红壤是曲靖市主要土壤类型，占本市地域面积的 68%，分布在海拔 1800—2500m 的高原盆地、高山、中山、低山、河槽和湖盆等多种地貌单元。成土母质大多为冲积物、洪积物及第四纪湖积物，山丘地带多为页岩、砂页岩、泥质页岩的风化残积物或坡积物。本市红壤多为山原红壤亚类。山原红壤是本市的基带土壤，保留了古红色风化壳残留特性，具 A-Bs-Bv 或 A-Bs-C 剖面构型，具有干、酸、黏、瘦、薄的特征。

水稻土是曲靖市第二大土壤类型，占本市地域面积的 21%，分布在海拔 1900m 左右的平坝区。成土母质主要为红壤湖积物和冲积物。成土过程为淋溶作用和水耕熟化过程。本市水稻土分为淹育型、潴育型等亚类。

紫色土是曲靖市第三大土壤类型，占本市地域面积的 5%，分布在海拔 1500—2500m 的地区，多与红壤交错分布。植被为云南杉、常绿阔叶林或灌丛草地。成土母质多为中生代的紫红色砂页岩。成土过程以母岩的快速物理崩解和频繁侵蚀堆积作用为主，碳酸钙不断淋失，生物积累作用较弱。黏土矿物以蛭石和水云母或蒙脱石和水云母为主。土层浅薄，具 A-C 剖面构型。

小于本市地域面积 3% 的土壤类型有黄棕壤、新积土和赤红壤。

本区域中心区气候特征

本区域中心区气候特征值
Regional climate characteristics in central area of the region

气候带：中亚热带湿润气候 Climate region: Subtropical humid climate	
年平均气温 /℃ Annual average temperature /℃	15.1
年平均最高气温 /℃ Annual average maximum temperature /℃	20.6
年平均最低气温 /℃ Annual average minimum temperature /℃	11.0
年降水量 /mm Annual precipitation /mm	1148
≥10℃的积温 /℃ Daily temperature accumulated in a year（≥10℃）/℃	5593
年日照时数 /h Annual sunshine /h	1905
年平均相对湿度 /% Annual average relative humidity /%	76
干燥度 Dryness	0.82

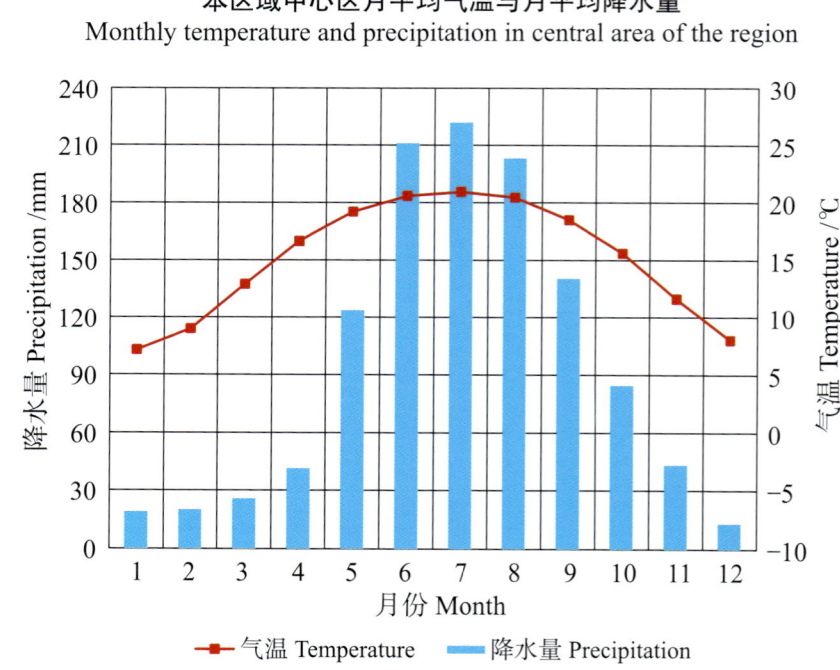

本区域中心区月平均气温与月平均降水量
Monthly temperature and precipitation in central area of the region

曲靖市市辖区（部分）主要土壤类型与土壤剖面点分布图

1:240 000

图 例

| 红壤 | 水稻土 | 紫色土 | 黄棕壤 | 新积土 | 赤红壤 | 剖面点 |

第三编　云南省分县土壤图与土壤剖面数据 | 377

曲靖市土壤剖面理化性状表

剖面号 Soil profile	土纲 Soil order	土类 Soil great group	亚类 Soil subgroup	土属 Soil genus	土种 Soil species	土层码 Layer code	土层厚度 Depth/cm	颜色 Soil color	质地 Soil texture	土壤结构 Soil structure	pH	有机质 OM/(g/kg)	全氮 TN/(g/kg)	全磷 TP/(g/kg)	全钾 TK/(g/kg)	碱解氮 AN/(mg/kg)	有效磷 AP/(mg/kg)	阳离子交换量CEC/(cmol/kg)	土壤母质 Parent material	剖面点坐标 Profile coordinate	匹配指数 Matching index/%
剖1	初育土	新积土	冲积土	扇像浅色冲积土	砂土	A	0—22	红棕色	砂壤土	粒状	5.5	24.5	0.83	0.52		106				E 103°44′46.3″ N 25°33′01.4″	96
						C	22—100	棕红色	中壤土	块状	5.7	9.5	0.41			66					
剖2	人为土	水稻土	淹育水稻土	冲积性淹育水稻土	红浮泥田	A	0—20	黄红色	轻黏土	块状	7.4	27.9	0.72	2.79		126			冲积物	E 103°43′13.4″ N 25°30′48.2″	99
						P	20—30	黄红色	轻黏土	块状	7.2	26.2	1.16	2.14		119					
						C	30—150	深棕红色	重壤土	块状	5.3	46.0	2.02			120					
剖3	铁铝土	红壤	粗骨性红壤	砾石土	石渣子土	A	0—13	棕色	砾质轻黏土	块状	5.1	21.2	0.99	0.17		116				E 103°55′36.1″ N 25°34′06.6″	95
						B	13—20	黄黄色	砾质土	粒状	3.7	7.2	0.32	2.16		61					
						C	20—70	浅黄色	砾质土	小块状											
剖4	初育土	紫色土	酸性紫色土	暗紫色土	羊肝土	A	0—16	紫褐色	重壤土	块状	6.6	27.8	1.41	1.61		114				E 103°43′02.3″ N 25°29′41.9″	84
						B	16—56	紫紫色	中壤土	块状	6.9	16.4	1.09	1.33		87					
						C	56—100	棕黄色	轻壤土	块状											
剖5	水稻土	水稻土	淹育水稻土	红壤性淹育水稻土	红土田	A	20—30	褐棕色	重黏土	大块状	8.4	25.0	1.53	1.47		131			红壤	E 103°52′38.5″ N 25°29′53.6″	79
						Ap	30—77	褐棕色	中黏土	大块状	8.5	13.7	1.58	1.36		125					
						C	0—20	黄褐色	轻壤土	小块状											
剖6	人为土	水稻土	潴育水稻土	湖积性潴育水稻土	胶泥田	A	0—20	红褐色	黏土	块状	8.2	11.9	0.48	1.92		62			湖积物	E 103°48′47.2″ N 25°27′10.8″	94
						P	20—28	红褐色	轻黏土	块状	8.2	10.9	0.73	1.77		51					
						W₁	28—50	棕褐色	黏土	块状											
						W₂	50—														
剖7	人为土	水稻土	淹育水稻土	冲积性淹育水稻土	浮泥田	A	0—25	红褐色	重黏土	团块结构	5.8	32.1	1.90	4.17		206			冲积物	E 103°46′27.8″ N 25°26′40.2″	74
						B	7—25	暗紫色	重黏土	团粒结构	4.4	12.6	4.80	2.53		56					
						C	25—100	紫褐色	轻壤土	无明显结构	4.1	3.1	0.10	1.30		17					
剖8	铁铝土	红壤	玄武岩红壤	大红土		A	0—24	红褐色	重壤土	碎块状	7.7	39.1	2.07	1.91		106				E 103°59′33.7″ N 25°25′00.1″	78
						Pw	24—37	棕褐色	重壤土	棱块状	8.1	35.6	1.44	1.82		93					
						W	37—80	红褐色	重壤土	棱块状											
剖9	人为土	水稻土	潴育水稻土	冲积性潴育水稻土	鸡粪土田	A	0—20	灰褐色	粉砂土	小块状	7.9	21.8	1.69	1.18		128			冲积物	E 103°56′04.6″ N 25°22′21.4″	99
						P	20—30	灰棕色	轻壤土	棱块状											
						W	30—60	灰红色	中壤土	块状	7.6	20.8	0.89	0.99		61					
						C	60—100	浅黄色	中壤土	块状											
剖10	初育土	新积土	冲积土	河滩浅色冲积土	河砂土	A	0—30	灰色	砂壤土	粒状	8.5	18.7	1.10	0.90		145			冲积物	E 103°50′43.1″ N 25°21′06.5″	74
						B	30—70	青灰色	中壤土	小块状	8.4	15.7	0.72	0.76		142					
剖11	人为土	水稻土	潴育水稻土	冲积性潴育水稻土	砂泥田	A	0—21	棕色	重壤土	块状	7.5	21.6	1.06	1.20		102			冲积物	E 103°50′33.7″ N 25°16′52.0″	75
						P	21—33	棕褐色	重壤土	块状	7.5	18.9	1.07	0.92		78					
						W	33—70	褐色	重壤土	块状											
剖12	铁铝土	红壤	山原红壤	厚红土	厚红泥	A	0—28	红棕色	壤质黏土	碎块状	5.0	24.0	1.05	0.83	4.7	116	3.6	13.8	冲积物	E 103°52′27.5″ N 25°14′39.1″	91
						B₁	28—63	暗红色	少砾质黏土	小块状	5.5	9.1	0.47	0.47	5.1	53	1.1	11.5			
						B₂	63—85	浅红色	黏土	块状	5.4	5.2	0.25	0.41	4.7	50	1.1	10.8			
						BC	85—110	红黄色	壤质黏土	大块状	5.3	3.6	0.23	0.47	4.7	47	0.9	11.7			
剖13	铁铝土	红壤	红壤	石灰岩红壤	油结土	A	0—16	红棕色	中壤土	粒状	5.4	23.3	1.04	2.53		152			石灰岩	E 103°49′18.1″ N 25°12′51.1″	97
						P	16—30	棕红色	重壤土	小块状	5.7	6.6	0.30	2.38		52					78
剖14						B	30—		轻黏土	无明显结构											

续表 Continued

剖面号 Soil profile	土纲 Soil order	土类 Soil great group	亚类 Soil subgroup	土属 Soil genus	土种 Soil species	土层码 Layer code	土层厚度 Depth/cm	颜色 Soil color	质地 Soil texture	土壤结构 Soil structure	pH	有机质 OM/(g/kg)	全氮 TN/(g/kg)	全磷 TP/(g/kg)	全钾 TK/(g/kg)	碱解氮 AN/(mg/kg)	有效磷 AP/(mg/kg)	阳离子交换量 CEC/(cmol/kg)	土壤母质 Parent material	剖面点坐标 Profile coordinate	匹配指数 Matching index/%
剖15	铁铝土	红壤	红壤	石灰岩红壤		A	0—20	黄红色	重壤土	粉状	5.6	39.0	1.39	2.97		12			石灰岩	E 103°56′06.7″ N 25°10′24.6″	76
						B	20—50	黄红色	轻黏土	块状	6.1	5.0	0.19	1.56							
						C	50—100	深红色	中黏土	块状	4.3	2.2	0.15	2.38		3					
剖16	铁铝土	红壤	红壤	玄武岩红壤		A	0—20	暗红色	重壤土	团粒状	4.4	27.8	0.99	3.89		130				E 104°12′13.7″ N 25°18′45.7″	86
						B	20—60	紫红色	中壤土	无明显结构	4.1	10.4	0.44	2.54		66					
						C	60—	紫红色	砂壤土	无明显结构	3.9	3.1	0.28	1.24		25					
剖17	初育土	紫色土	酸性紫色土	暗紫色土		A	0—30	紫色	轻壤土	粒状	5.7	1.5	0.15	0.49		9				E 104°09′11.2″ N 25°18′35.6″	85
						C	30—100	紫色	砂壤土	大块状	6.2	0.8	0.13	0.49		7					
剖18	铁铝土	红壤	红壤	石灰岩红壤	红土	A	0—17	红黄色	轻黏土	小块状	6.7	19.0	1.25	2.18		134			石灰岩	E 104°03′33.5″ N 25°17′49.2″	97
						B	17—30	黄红色	中黏土	块状	6.5	18.4	0.66	2.61		106					
						C	30—100	黄红色	重黏土	块状											
剖19	铁铝土	红壤	红壤	石灰岩红壤	涩红土	A	0—25	棕红色	中壤土	粒状	4.7	13.4	0.77	2.05		60			石灰岩	E 104°07′45.8″ N 25°16′04.4″	83
						B₁	25—40	棕红色	重黏土	小块状	4.2	2.8	0.48	2.33		32					
						B₂	40—	棕红色	砂壤土	无明显结构											
剖20	人为土	水稻土	淹育水稻土	冲积性淹育水稻土	砂田	A	0—20	灰白色	砂壤土	粒状	5.6	11.2	0.53	0.41		80			冲积物	E 104°06′58.3″ N 25°13′46.9″	76
						P	20—38	灰色	砂壤土	小块状	6.9	6.0	0.20	0.37		47					
						B	38—74	黑灰色	中黏土	块状											

沾益区

主要土类说明

红壤是沾益区主要土壤类型，占本区地域面积的81%，分布在海拔1660—2300m的低山、中山山区和坝区。该区域处于低纬高原，水热同季，干湿季节分明，水热条件相当于北亚热带地区。成土母质主要为深厚的古红土、红色风化壳及岩石风化残积物。成土过程以脱硅富铝化和生物富集为主。本区红壤分为红壤、山原红壤等亚类。红壤亚类呈中度脱硅富铝化特征，具 A-Bs-Bv 或 A-Bs-C 剖面构型，土壤黏粒中游离铁占全铁的50%—60%。黏土矿物以高岭石、赤铁矿为主，黏粒硅铝率为1.8—2.4，风化淋溶系数小于0.2，盐基饱和度小于35%。淀积层可见深厚的红、黄、白相间的网纹状红色黏土。土壤养分含量一般不高，速效磷缺乏，质地黏重，耕性较差。山原红壤受古风化壳影响，具残存富铝化特征，土壤呈暗红色。矿物风化度高，黏土矿物以高岭石为主，伴有三水铝石。

紫色土是沾益区第二大土壤类型，占本区地域面积的9%，多分布在低中山和低山丘原地带。紫色母岩零星出露，岩性松散，分属不同地质年代。成土过程以母岩的快速物理崩解、侵蚀堆积及碳酸钙的不断淋失为主，生物积累作用较弱。黏土矿物一般以蛭石和水云母为主。由于植被遭到破坏，水土冲刷严重，紫色土土层浅薄，剖面层次发育不明显，具 A-C 剖面构型，基本停留在幼年土阶段。成土过程以物理风化为主，化学风化十分微弱，土壤颜色和矿物成分与母岩基本相似。本区紫色土多为酸性紫色土亚类，抗蚀性弱，易风化，有机质和全氮含量较高，全磷和全钾含量较低，速效养分缺乏。由于雨季集中，水热同季，淋洗较强烈，土壤呈酸性，适宜种植烤烟。

水稻土是沾益区第三大土壤类型，占本区地域面积的8%，分布在海拔2500m以下地势平缓的坝区、山间盆地、河流两岸的冲积阶地、山谷出口处的洪积扇。成土过程为淋溶作用和水耕熟化过程。由于干湿交替，水稻土形成糊状的淹育层、较坚实板结的犁底层、渗育层、潴育层与潜育层等多种发生层。本区水稻土分为淹育型、潴育型、潜育型等亚类。淹育水稻土灌溉条件较差，养分含量较低，速效磷缺乏，具 A-P-C 或 A-C 剖面构型。潴育水稻土水肥条件好，土壤内外排水良好，质地砂黏适中，有较深厚的耕作层，具 A-P-W-G 或 A-P-W-C 剖面构型。潜育水稻土地下水位较高，排水不畅，具 A-P-G 或 P-Wg-G 剖面构型。

小于本区地域面积3%的土壤类型有黄棕壤和新积土。

本区域中心区气候特征

本区域中心区气候特征值
Regional climate characteristics in central area of the region

气候带：中亚热带湿润气候 Climate region: Subtropical humid climate	
年平均气温 /℃ Annual average temperature /℃	14.8
年平均最高气温 /℃ Annual average maximum temperature /℃	20.3
年平均最低气温 /℃ Annual average minimum temperature /℃	10.7
年降水量 /mm Annual precipitation /mm	1150
≥10℃的积温 /℃ Daily temperature accumulated in a year (≥10℃) /℃	5541
年日照时数 /h Annual sunshine /h	1881
年平均相对湿度 /% Annual average relative humidity /%	76
干燥度 Dryness	0.80

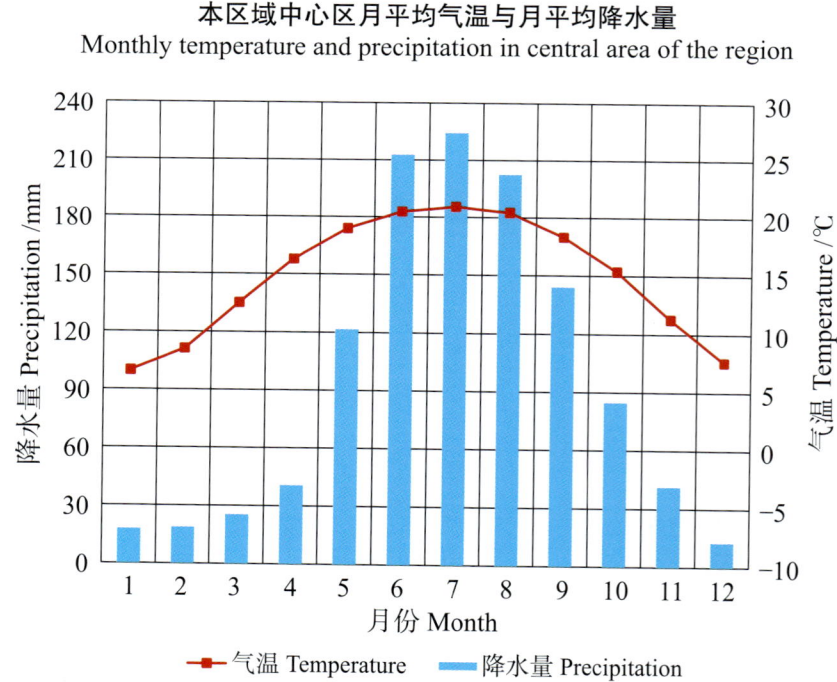

本区域中心区月平均气温与月平均降水量
Monthly temperature and precipitation in central area of the region

沾益县主要土壤类型与土壤剖面点分布图

1:300 000

图例：红壤　紫色土　水稻土　黄棕壤　新积土　⊗ 剖面点

注：国务院2016年批准，撤销沾益县，设立沾益区。

第三编　云南省分县土壤图与土壤剖面数据

沾益区土壤剖面理化性状表

剖面号 Soil profile	土纲 Soil order	土类 Soil great group	亚类 Soil subgroup	土属 Soil genus	土种 Soil species	土层码 Layer code	土层厚度 Depth/cm	颜色 Soil color	质地 Soil texture	土壤结构 Soil structure	pH	有机质 OM/(g/kg)	全氮 TN/(g/kg)	全磷 TP/(g/kg)	碱解氮 AN/(mg/kg)	土壤母质 Parent material	剖面点坐标 Profile coordinate	匹配指数 Matching index/%
剖1	铁铝土	红壤	山原红壤	石灰岩山原红壤	油红土	A	0—30	暗棕色	黏壤土	核粒状	7.0	52.2	2.66	0.87	156	石灰岩	E 103°35′23.2″ N 26°01′46.2″	80
						B	30—45	棕红色	黏土	小块状	7.0	17.1	0.75	0.63	61			
						C	45—100	深红色	重黏土	大块状								
剖2	铁铝土	红壤	山原红壤	玄武岩山原红壤	红土	A	0—19	深棕红色	轻黏土	粒状	6.4	31.7	1.81	1.92	109	玄武岩	E 103°37′04.4″ N 25°52′48.7″	94
						B	19—32	棕红色	轻黏土	块状	8.0	11.5	0.77	2.09	56			
						C	32—100	深红色	中黏土	块状	7.8	7.4	0.45	1.78	147			
剖3	铁铝土	红壤	山原红壤	玄武岩山原红壤	羊肝石土	A	0—23	紫棕色	黏土	粒状	6.0	52.8	1.96	1.69	145	老冲积物	E 103°58′07.0″ N 25°56′29.4″	79
						B	23—51	棕紫色	黏土	棱状	6.0	33.1	1.48	1.14	118			
						C	51—100	紫红色	黏土	柱状	6.0	19.4	0.68	1.21	76			
剖4	铁铝土	红壤	山原红壤	老冲积山原红壤	油红土	A	0—18	红棕色	黏壤土	粒状	7.1	24.0	1.53	1.66	114	石灰岩	E 103°52′57.3″ N 25°54′13.9″	95
						B_1	18—30	棕红色	黏壤土	小块状	7.2	19.1	1.37	1.27	114			
						B_2	30—100	深棕红色	泥质黏土	块状	6.8	7.8	0.06	0.96	59			
剖5	铁铝土	红壤	山原红壤	石灰岩山原红壤	红土	A	0—19	深棕红色	泥质黏土	小块状	7.8	36.9	1.42	0.70	109	老冲积物	E 104°03′12.8″ N 25°56′28.7″	73
						B	19—35	深棕红色	重黏土	小块状	7.0	13.0	0.58	0.70	84			
						C	35—100	暗棕红色	轻黏土	粒状	5.5	63.4	1.72	0.45	162			
剖6	铁铝土	红壤	山原红壤	石灰岩山原红壤		A	0—15	暗棕红色	轻黏土	粒状	5.5	63.4	1.72	0.45	162	石灰岩	E 104°04′44.2″ N 25°53′38.7″	92
						B	15—26	棕红色	轻黏土	小块状	5.5	12.9	0.79	0.54	61			
						C	26—39	深棕色	重黏土	块状	6.1	7.4	0.53	0.53	43			
剖7	铁铝土	红壤	山原红壤	老冲积山原红壤		A	0—23	棕红色	壤黏土	大块状	5.8	36.0	1.64	0.59	103	老冲积物	E 104°09′39.1″ N 25°52′06.2″	91
						B	23—101	红棕色	重黏土	大块状	6.5	9.7	0.31	0.59	39			
						C	101—115	深红色	重黏土	棱柱状	5.2	3.8	0.35	0.43	28			
剖8	铁铝土	红壤	山原红壤	石灰岩山原红壤	涩红土	A	0—15	黄棕色	壤黏土	小块状	6.1	22.4	1.20	1.01	113	石灰岩	E 103°36′03.8″ N 25°48′59.1″	77
						B	15—35	深棕色	黏土	大块状	5.9	28.9	1.37	0.78	150			
						C	35—80	棕红色	壤黏土	大块状	5.6	18.5	0.83	0.72	99			
剖9	铁铝土	红壤	山原红壤	泥质岩类山原红壤	红砂土	A	0—11	深棕色	砂壤土	粒状	4.9	51.1	2.43	0.21	237	泥质岩类	E 103°37′17.2″ N 25°46′15.3″	84
						B	11—36	黄棕色	壤黏土	小块状	4.8	21.7	1.18	0.22	134			
						C	36—60	棕黄色	砂壤土	大块状	4.9	9.7	0.62	0.17	78			
剖10	铁铝土	红壤	山原红壤	石灰岩山原红壤	红砂土	A	0—13	棕红色	黏土	大块状	6.2	28.0	0.89	1.07	92	石灰岩	E 103°44′15.7″ N 25°45′53.8″	76
						B	13—40	深棕红色		小块状	6.1	8.9	0.57	1.01	61			
						C	40—60	深棕红色	黏土	大块状								
剖11	铁铝土	红壤	山原红壤	泥质岩类山原红壤	黄白土	A	0—22	棕色	黏壤土	小块状	7.0	25.2	1.45	0.52	140	泥质岩类	E 103°42′21.1″ N 25°42′51.6″	76
						B	22—58	棕棕色	黏土	大块状	7.0	14.0	0.93	0.45	90			
						C	58—80	浅红棕色	中壤土	大块状								
剖12	铁铝土	红壤	山原红壤	泥质岩类山原红壤	红砂土	A	0—23	红色	黏土	粒状	6.9	27.6	1.18	0.90	90	泥质岩类	E 103°31′48.2″ N 25°41′05.6″	81
						B	23—100	灰色	砂壤土	块状	7.0	2.7	0.62	0.46	41			
剖13	铁铝土	红壤	红壤性土	泥质岩类红壤性土		A	0—5	灰色	砂壤土	粒状	5.2	82.4	3.16		327	泥质岩类	E 103°55′32.2″ N 25°49′12.4″	80
						B	5—40	灰色	砂壤土	粒状	4.9	46.6	1.73		181			
						C	40—54	灰色	砂壤土	石块状	5.3	7.7	0.54		28			
剖14	人为土	水稻土	潴育水稻土	红壤性潴育水稻土	红泥田	P	0—12	棕色	轻黏土	小块状	8.1	26.3	1.48	0.70	98	红壤	E 103°52′06.2″ N 25°46′59.5″	70
							12—16	棕色	黏土	块状	8.2	12.0	0.71	0.49	45			
						W	16—40	棕黄色	黏土	块状	8.7	20.2	1.24	0.59	81			
						C	40—100	黄红色	砂壤土	块状	8.2	7.6	0.47	0.37	39			

续表 Continued

剖面号 Soil profile	土纲 Soil order	土类 Soil great group	亚类 Soil subgroup	土属 Soil genus	土种 Soil species	土层码 Layer code	土层厚度 Depth/cm	颜色 Soil color	质地 Soil texture	土壤结构 Soil structure	pH	有机质 OM/(g/kg)	全氮 TN/(g/kg)	全磷 TP/(g/kg)	碱解氮 AN/(mg/kg)	土壤母质 Parent material	剖面点坐标 Profile coordinate	匹配指数 Matching index/%
剖15	铁铝土	红壤	山原红壤	玄武岩山原红壤		A	0—11	暗红色	中壤土	粒状	5.5	56.2	1.53	1.44	111		E 103°57′31.3″ N 25°46′43.3″	87
						B	11—25	暗紫红色	重壤土	小块状	5.5	2.5	0.25	1.16	175			
						C	25—100	紫红色	重壤土	大块状	5.0	3.2	0.11	1.26	64			
剖16	铁铝土	红壤	山原红壤	泥质岩类山原红壤	青砂土	A	0—17	深棕色	砂壤土	粒状	6.5	34.1	1.61	0.22	142		E 103°51′38.9″ N 25°43′17.0″	85
						B	17—28	棕色	黏壤土	小块状	5.8	26.6	1.23	0.87	118			
						C	28—100	棕黄色	黏土	大块状	5.4	12.0	0.74	0.55	66			
剖17	铁铝土	红壤	山原红壤	老冲积物山原红壤	红砂土	A	0—20	黄棕色	砂壤土	块状	6.8	14.3	0.75	0.52	83	老冲积物	E 103°53′30.8″ N 25°41′22.9″	100
						B	20—35	棕黄色	黏壤土	块状	6.6	8.1	0.54	0.50	61			
						C	35—110	黄色	重壤土	大块状	5.5	1.6	0.17	0.27	52			
剖18	铁铝土	红壤	红壤性土	泥质岩类红壤性土	富磷砂泥土	A	0—22	灰棕色	砂壤土	柱状	5.5	52.2	2.79	8.40	91	泥质岩类	E 103°48′18.4″ N 25°40′59.2″	82
						B	22—37	紫棕色	轻壤土	小块状	6.5	12.8	0.91		109			
						C	37—100	紫棕色	壤土	块状								
剖19	铁铝土	红壤	山原红壤	玄武岩山原红壤	羊肝土	A	0—22	棕红色	中壤土	核粒状	6.6	36.0	1.27	1.64	128	玄武岩	E 104°10′04.9″ N 25°48′04.7″	87
						B	22—40	紫棕红色	重壤土	大块状	6.9	19.7	0.92	1.62	97			
						C	40—80	紫红色	砂壤土	小块状	6.7	2.1	0.46	1.52	62			
剖20	铁铝土	红壤	山原红壤	老冲积物山原红壤	红土	A	0—22	红棕红色	壤质黏土	大块状	5.5	14.3	0.77	0.51	94	老冲积物	E 104°01′43.9″ N 25°43′21.8″	74
						B	22—34	红红色	黏土	大块状	5.1	4.1		0.43	44			
						C	34—90											
剖21	人为土	水稻土	潴育水稻土	紫色土性潴育水稻土	紫泥田	A	0—25	棕灰色	黏土	大块状	7.6	22.7	1.42	0.49	84	紫色母岩	E 103°38′50.3″ N 25°38′49.2″	91
						P	25—66	青黑色	黏土	大块状	7.9	14.4	1.02	0.49	60			
						W	66—75	棕黄色	黏土	大块状	8.0	12.5	0.77	0.42	40			
						G	75—100	棕黄色	黏土	大块状	7.9	0.6	0.38	0.35	27			
剖22	铁铝土	红壤	山原红壤	石灰岩山原红壤		A	0—25	棕红色	轻黏土	粒状	7.2	24.0	1.15	1.21	80		E 103°58′38.5″ N 25°36′50.5″	80
						B	25—76	深红色	中黏土	块状	6.5	4.7	0.34	0.98	35			
						C	76—100	棕黄色	重黏土	粒状								
剖23	铁铝土	红壤	山原红壤	泥质岩类山原红壤	黄砂土	A	0—20	黄红棕色	砂壤土	小块状	7.5	16.3	0.61	1.46	63		E 103°45′59.0″ N 25°36′26.6″	99
						B	20—40	黄红棕色	黏壤土	块状	7.0	7.4	0.44	0.42	36			
						C	40—65	红红色	黏壤土	大块状	5.2	3.5	0.17	0.05	19			
剖24	人为土	水稻土	潴育水稻土	红壤性潴育水稻土	红砂泥田	A	0—15	棕红色	黏壤土	小块状	6.7	36.0	1.41	1.44	154	冲积物	E 103°49′49.8″ N 25°35′45.9″	75
						P	15—19	棕红色	黏壤土	小块状	6.8	37.5	1.55	1.56	141			
						W	19—36	黄红色	黏壤土	柱状								
						G	36—80		砂壤土	粒状								
剖25	人为土	水稻土	潴育水稻土	冲积性潴育水稻土	泥田	A	0—20	棕红色	壤质黏土	小块状	7.9	32.2	1.71	0.90	106		E 103°50′43.8″ N 25°35′13.9″	71
						P	20—27	棕红色	黏土	块状	7.9	24.1	1.60	0.75	87			
						W	27—37	浅紫棕色	黏土	大块状	7.9	37.8	1.35	0.74	108			
						G	37—100	紫紫色	黏土	大块状	8.0	11.8	1.02	0.66	40			
剖26	人为土	水稻土	淹育水稻土	红壤性淹育水稻土	红泥田	A	0—20	棕红色	壤质黏土	块状	7.4	13.2	0.68	0.56	77	红壤	E 103°48′19.2″ N 25°34′58.9″	77
						P	20—80	棕红色	黏土	柱状	6.9	11.8	0.49	0.62	76			
剖27	人为土	水稻土	淹育水稻土	紫色母质淹育水稻土	紫胶泥田	A	0—20	灰紫棕色	壤质黏土	块状	8.0	19.3	1.18	0.62	66	紫色母岩	E 103°46′12.9″ N 25°34′51.8″	92
						P	20—80	紫紫色	黏土	柱状	8.0	6.6	0.66	0.62	25			
						C	80—100	灰紫色	黏土	柱状	8.0	2.9	0.17	0.43	12			
剖28	人为土	水稻土	淹育水稻土	红壤性淹育水稻土	红砂泥田	A	0—17	棕红色	轻壤土	块状	5.9	41.3	1.64	0.93	143	红壤	E 103°52′49.3″ N 25°34′44.3″	92
						P	17—29	棕红色	轻壤土	块状	7.3	39.9	1.60	0.94	145			
						C	29—97	棕红棕色	壤质黏土	小块状	6.8	10.9	0.93	0.71	56			

续表 Continued

剖面号 Soil profile	土纲 Soil order	土类 Soil great group	亚类 Soil subgroup	土属 Soil genus	土种 Soil species	土层码 Layer code	土层厚度 Depth/cm	颜色 Soil color	质地 Soil texture	土壤结构 Soil structure	pH	有机质 OM/(g/kg)	全氮 TN/(g/kg)	全磷 TP/(g/kg)	碱解氮 AN/(mg/kg)	土壤母质 Parent material	剖面点坐标 Profile coordinate	匹配指数 Matching index/%
剖29	人为土	水稻土	潴育水稻土	紫色土性潴育水稻土	紫砂泥田	A	0—20	紫灰色	壤质黏土	块状	6.0	49.6	2.58	0.47	204	紫色母岩	E 103°50′03.2″ N 25°33′17.2″	78
						P	20—29	紫灰色	壤质黏土	块状	6.9	45.5	2.68	0.64	166			
						W	29—80	紫灰色	壤质黏土	块状	7.6	16.3	1.68	0.54	77			
						G	80—100	紫黄色	砂壤土	小块状								

马 龙 区

主要土类说明

红壤是马龙区主要土壤类型，占本区地域面积的 86%，分布在云南古红土高原东部的海拔 1772—2320m 的高原面、河谷和低中山。原生植被已被破坏殆尽，现以次生植被云南松林、华山松林和松栎混交林为主。成土母质主要为深厚的古红土、红色风化壳及岩石风化残积物。成土过程以脱硅富铝化和生物富集为主。本区红壤分为红壤性土、山原红壤等亚类。红壤性土属于剖面发育差的幼年红壤，分布在红壤区的山地陡峭地段。其土壤侵蚀严重，心土和底土裸露地表，石砾多，质地偏砂，有机质和速效养分缺乏，肥力低下。山原红壤受古风化壳影响，具残存富铝化特征，土层深厚，土壤呈暗红色，具 A-Bs-Bv 或 A-Bs-C 剖面构型。矿物风化度高，黏土矿物以高岭石为主，伴有三水铝石。淀积层可见深厚的红、黄、白相间的网纹状红色黏土。对本区红壤的 96 个取样进行分析，结果为耕作层土壤 pH 平均为 6.6，有机质含量平均为 41.7g/kg，全氮含量平均为 1.97g/kg。

水稻土是马龙区第二大土壤类型，占本区地域面积的 11%。本区水稻土分为淹育型、潴育型、渗育型、潜育型、沼泽型等亚类。①淹育水稻土：由于地势高，地下水位低，形成稻田时间短，水耕熟化程度较低，犁底层浅薄或尚未形成，底土层仍保持母土性状，剖面构型为 A-P-C 或 A-C。②潴育水稻土：水耕时间长，土壤熟化程度高，不存在干旱、涝渍、咸、酸、毒等障碍因素，耕作层下有完整的犁底层，犁底层下有发育良好的潴育层，潴育层下是潜育层或母质层，剖面构型为 A-P-W-G 或 A-P-W-C。③渗育水稻土：土壤长期受侧渗水或下渗水强烈漂洗，铁、锰和黏粒等物质淋失，形成白色黏土层和渗育层，养分淋失，土壤贫瘠化，剖面构型为 A-P-E-C、A-Pe-E-C 或 A-P-W-E。④潜育水稻土：因地势低，地下水位高，或因水利设施不完善，雨季排水不畅，土壤剖面较高层次出现潜育层，潜育层在缺氧条件下，还原作用强烈，土壤中铁锰氧化物被还原成低价铁锰，土壤颜色呈黑灰色、青灰色或蓝灰色，剖面构型为 A-P-G 或 P-Wg-G。⑤沼泽型水稻土：由于地势低洼，地下水位高，或泉水涌出，土壤长期受水浸渍，脱沼过程无法进行，土壤呈糊状，土壤长期处于嫌气状态，还原性强，稻根受亚铁离子、硫化氢等毒害，易黑根腐烂，剖面构型为 A-G 或 A-Pg-G。对本区水稻土的 102 个取样进行分析，结果为耕作层土壤 pH 平均为 6.2，有机质含量平均为 52.9g/kg，全氮含量平均为 2.39g/kg。

小于本区地域面积 3% 的土壤类型有黄棕壤、紫色土、新积土、草甸土、沼泽土和石灰（岩）土。

本区域中心区气候特征

本区域中心区气候特征值
Regional climate characteristics in central area of the region

气候带：中亚热带湿润气候 Climate region: Subtropical humid climate	
年平均气温 /℃ Annual average temperature /℃	15.0
年平均最高气温 /℃ Annual average maximum temperature /℃	20.6
年平均最低气温 /℃ Annual average minimum temperature /℃	10.9
年降水量 /mm Annual precipitation /mm	1133
≥10℃的积温 /℃ Daily temperature accumulated in a year（≥10℃）/℃	5584
年日照时数 /h Annual sunshine /h	1950
年平均相对湿度 /% Annual average relative humidity /%	76
干燥度 Dryness	0.83

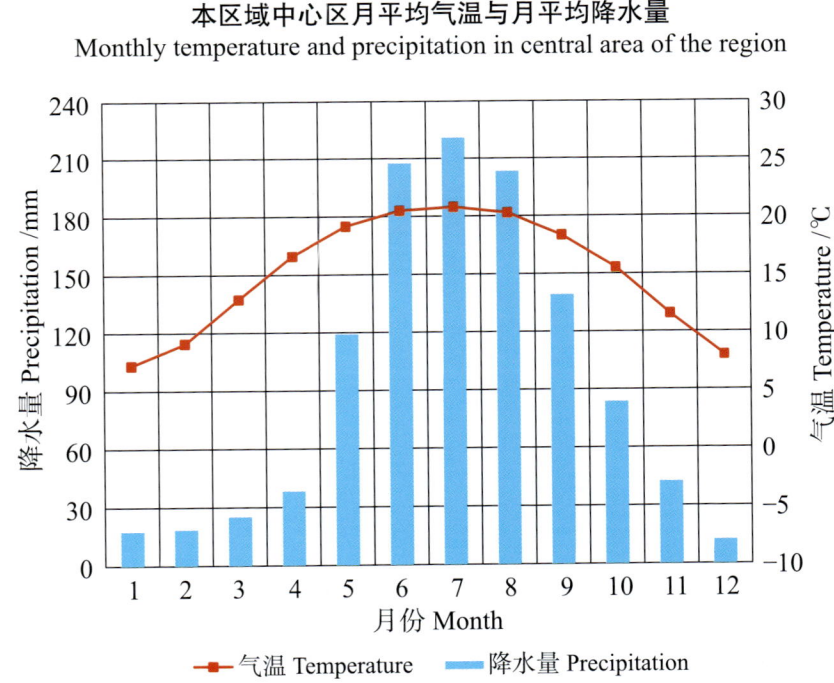

本区域中心区月平均气温与月平均降水量
Monthly temperature and precipitation in central area of the region

马龙县主要土壤类型与土壤剖面点分布图
1:220 000

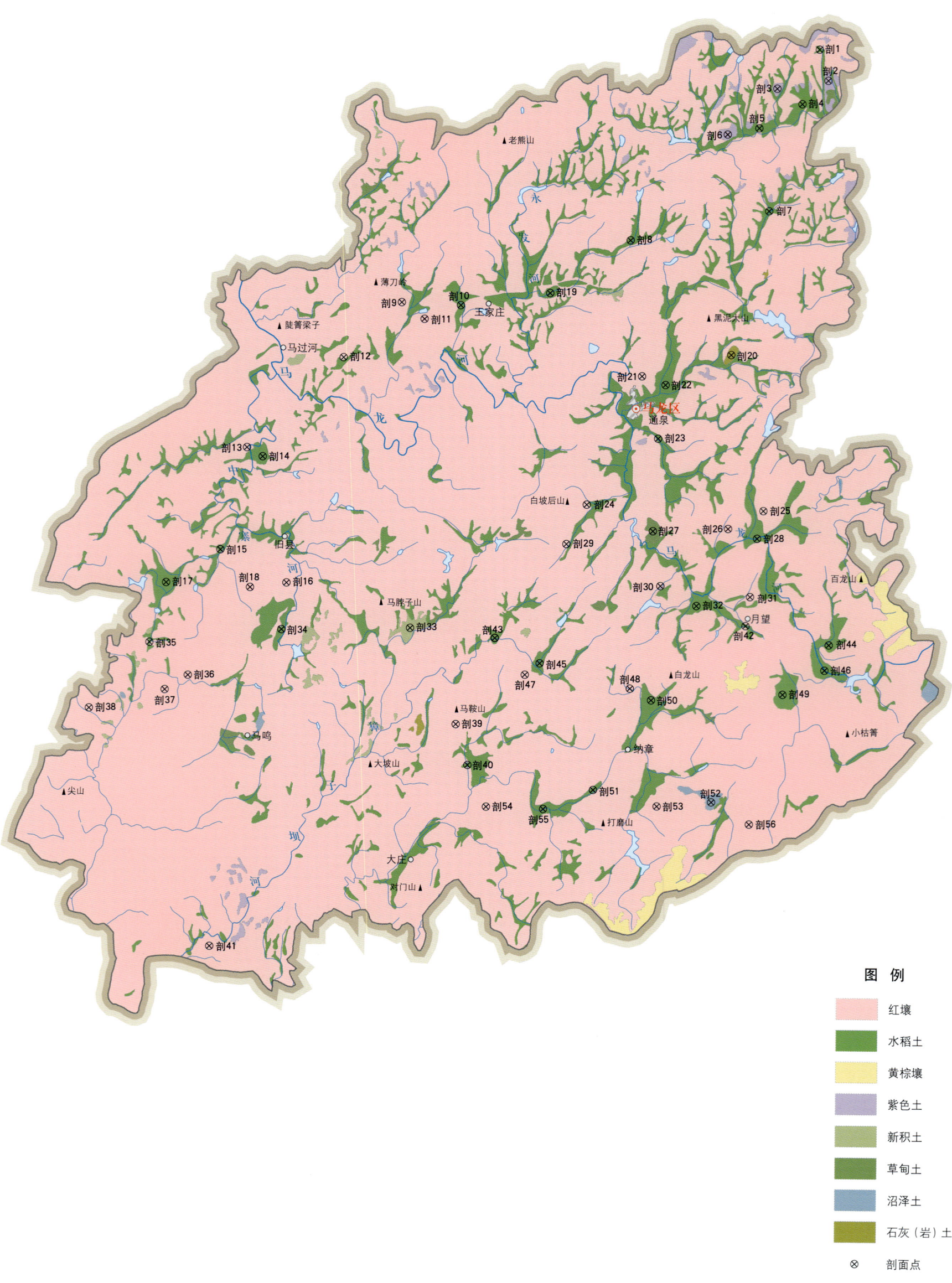

注：国务院2018年3月批准，撤销马龙县，设立马龙区。

马龙区土壤剖面理化性状表

剖面号 Soil profile	土纲 Soil order	土类 Soil great group	亚类 Soil subgroup	土属 Soil genus	土种 Soil species	土层码 Layer code	土层厚度 Depth/cm	颜色 Soil color	质地 Soil texture	土壤结构 Soil structure	pH	有机质 OM/(g/kg)	全氮 TN/(g/kg)	全磷 TP/(g/kg)	全钾 TK/(g/kg)	碱解氮 AN/(mg/kg)	有效磷 AP/(mg/kg)	阳离子交换量CEC/(cmol/kg)	土壤母质 Parent material	剖面点坐标 Profile coordinate	匹配指数 Matching index/%
剖1	人为土	水稻土	潴育水稻土	紫色母质潴育水稻土	紫胶泥田	A	0—27	紫灰色	重黏土	大块状	6.5	18.0	0.95	0.24	7.7	59				E 103°40′05.5″ N 25°36′02.9″	72
						P	27—54	紫灰色	重黏土	块状	7.5	7.9	1.29	0.34	6.6	40					
						G	54—79	栗色	重黏土	柱状	7.8	13.0	0.72	0.30	6.0	54					
						G_1	79—103	暗灰黄色	中黏土	柱状	7.8	22.7	0.95	0.22	8.7	96					
剖2	初育土	紫色土	酸性紫色土	红紫泥	紫泥土	A	0—23	棕色	重黏土	块状	7.9	5.8	0.90	0.41	12.3	99				E 103°40′23.3″ N 25°35′10.0″	87
						B	23—74	紫棕色	重黏土	块状	8.0	3.6	0.75	0.23	12.3	80					
						C	74—95	紫色	重黏土	块状	8.0	7.0	0.91	0.21	12.1	97					
剖3	初育土	紫色土	酸性紫色土	红紫泥		A	0—2	棕色	中壤土	粒状	6.6	30.2	1.08	0.19	12.9	114				E 103°38′47.0″ N 25°34′55.2″	77
						C	2—13	紫色	轻黏土	小块状	6.9	11.0	0.79	0.17	13.2	61			紫色母岩		
剖4	人为土	水稻土	潴育水稻土	紫色土性潴育水稻土	紫胶泥田	A	0—16	紫色	中黏土	块状	6.5	19.7	1.25	0.29	7.6	94				E 103°39′34.6″ N 25°34′29.6″	80
						W	25—66	紫棕色	中黏土	柱状	6.5	9.7	1.08	0.32	6.5	64					
						C	66—82	紫棕色	中黏土	块状	6.6	15.8	1.08	0.86	4.3	118					
剖5	人为土	水稻土	淹育水稻土	紫色土性淹育水稻土	紫胶泥田	A	0—23	紫色	中黏土	块状	6.4	19.1	1.65	0.28	12.3	94				E 103°38′14.3″ N 25°33′47.9″	97
						C	31—72	紫色	中黏土	块状	7.3	17.2	1.22	0.21	9.0	83					
剖6	初育土	紫色土	酸性紫色土	红紫泥	紫砂土	A	0—20	紫色	轻黏土	粒状	7.4	20.2	1.24	0.38	11.3	116				E 103°37′14.9″ N 25°33′36.4″	95
						B	20—80	褐棕色	轻黏土	块状	6.9	18.1	1.11	0.03	9.2	79					
剖7	人为土	水稻土	淹育水稻土	紫色土性淹育水稻土	紫砂田	A	0—13	紫灰色	轻壤土	块状	5.8	18.1	1.11	0.30	7.7	78				E 103°38′35.5″ N 25°31′26.8″	98
						C_1	13—32	紫灰色	轻壤土	块状	6.4	15.6	0.91	2.16	9.0	122			紫色土		
						C_2	32—75	紫棕色	轻壤土	粒状	6.4	17.7	1.49	2.13	12.6	72					
剖8	人为土	水稻土	淹育水稻土	冲积性潴育水稻土	砂田	A	0—14	灰黄色	砂壤土	粒状	5.8	22.1	1.26	0.25	10.3	102				E 103°34′15.2″ N 25°30′33.5″	94
						C_1	22—80	褐色	砂壤土	小块状	5.8	10.1	0.83	0.30	11.3	52			冲积物		
						C_2	80—100	灰白色	中壤土	块状	5.9	10.5	0.53	0.38	10.3	49					
剖9	铁铝土	红壤	山原红壤	石灰岩山原红壤	红土	A	0—17	暗红色	重壤土	粒状	7.2	29.5	1.77	0.22	9.0	88				E 103°27′06.5″ N 25°28′42.2″	75
						B	17—60	黄棕色	中壤土	棱柱状	6.8	3.7	0.53	0.16	13.4	65			石灰岩		
						C	60—77	橙色	轻壤土	块状	6.4	2.6	0.66	0.14	10.1	40					
剖10	人为土	水稻土	潴育水稻土	冲积性潴育水稻土	胶泥田	A	0—15	黄色	大块状	大块状	6.8	33.3	1.85	0.21	7.3	101				E 103°28′58.1″ N 25°28′38.6″	85
						W	15—37	黄色	轻壤土	块状	7.2	33.1	1.04	0.21	12.3	47			冲积物		
						C_1	37—46	褐色	重壤土	块状	7.8	11.1	0.87	0.21	11.0	49					
						C_2	46—77	棕色	重壤土	块状	7.9	18.6	1.10	0.38	9.7	103					
剖11	铁铝土	红壤	红壤性	粗红壤	粗红土	A	0—25	浅红黄色	壤质黏土	小块状	6.0	18.1	1.23	0.16	5.5	87	8.9			E 103°27′49.9″ N 25°28′14.4″	96
						(B)	25—41	黄棕色	壤质黏土	块状	6.3	4.1	0.78	0.17	7.1	47	0.7				
						C	41—65	灰黄白色	壤质黏土	块状	6.0	4.8	0.66	0.15	6.4	63	1.0				
剖12	铁铝土	红壤	山原红壤	老冲积山原红壤	瘦红土	A	0—24	浅棕红色	重壤土	粒状	6.9	21.2	1.29	0.19	8.3	89				E 103°25′19.2″ N 25°27′07.2″	90
						B_1	24—47	浅红棕色	轻壤土	粒状、块状	6.4	7.9	0.76	0.14	9.3	59					
						B_2	47—71	浅黄棕色	重壤土	棱柱状	6.2	8.3	0.69	0.19	6.5	53					
剖13	铁铝土	红壤	山原红壤	侵蚀性山原红壤	红砂土	A	0—18	红黄色	砂壤土	粒状	5.7	29.9	2.01	0.33	5.3	100				E 103°22′21.0″ N 25°24′30.6″	80
						B	18—80	棕黄色	轻壤土	小块状	5.6	18.7	1.09	0.25	5.6	81					
						C	80—	红黄色	中壤土	块状	5.7	12.4	0.98	0.21	14.2	53					
剖14	人为土	水稻土	淹育水稻土	冲积性淹育水稻土	砂泥田	A	0—20	灰黄色	壤土	块状	6.2	20.4	1.17	0.23	11.1	78				E 103°22′51.0″ N 25°22′15.6″	82
						C_1	20—60	灰黄色	重壤土	块状	6.4	7.1	0.60	0.22	10.1	53			冲积物		
						C_2	60—	棕灰色	中壤土	柱状	6.3	4.9	0.48	0.25	9.2	40					

续表 Continued

剖面号 Soil Profile	土纲 Soil order	土类 Soil great group	亚类 Soil subgroup	土属 Soil genus	土种 Soil species	土层码 Layer code	土层厚度 Depth/cm	颜色 Soil color	质地 Soil texture	土壤结构 Soil structure	pH	有机质 OM/(g/kg)	全氮 TN/(g/kg)	全磷 TP/(g/kg)	全钾 TK/(g/kg)	碱解氮 AN/(mg/kg)	有效磷 AP/(mg/kg)	阳离子交换量CEC/(cmol/kg)	土壤母质 Parent material	剖面点坐标 Profile coordinate	匹配指数 Matching index/%
剖15	人为土	水稻土	淹育水稻土	红壤性淹育水稻土	红砂田	A	0—22	红棕色	砂壤土	块状	6.5	14.8	0.76	0.17	6.2	55				E 103°21′34.6″ N 25°21′36.0″	79
						P	22—44	红棕色	砂壤土	块状	6.7	10.0	0.62	0.19	6.6	53					
						C	44—104	灰棕色	中壤土	块状	6.3	8.9	0.51	0.19	6.5	37					
剖16	铁铝土	红壤	山原红壤	第四纪山原红壤		A	0—15	紫棕色	重黏土	粒状	6.5	37.0	1.86	0.61	1.7	130			红壤	E 103°23′40.2″ N 25°20′42.0″	89
						P	15—23	紫棕色	重黏土	片状	7.1	23.0	1.22	0.45	1.3	77					
						B	23—48	浅红色	轻黏土	柱状	7.3	20.5	1.07	0.59	1.0	96					
						C	48—100	浅红色	轻黏土	块状	7.5	13.7	0.97	0.42	0.5	84					
剖17	人为土	水稻土	淹育水稻土	冲积性淹育水稻土	油红土	A	0—19	灰黄色	壤土	块状	5.8	19.3	1.29	0.26	11.8	173			冲积物	E 103°19′54.1″ N 25°20′38.8″	96
						C	19—80	褐色	黏壤土	块状	5.8	21.1	1.39	0.24	11.1	81					
剖18	铁铝土	红壤	山原红壤	第四纪山原红壤	泥田	A	0—23	红色	轻黏土	粒状	6.4	10.7	0.58	0.17	8.0	110				E 103°22′32.2″ N 25°20′33.0″	75
						B	23—43	红色	轻黏土	块状	6.1	8.1	0.52	0.14	8.2	60					
						C	43—90	红色	轻黏土	块状	6.2	4.6	0.50	0.13	8.5	59					
剖19	人为土	水稻土	淹育水稻土	红壤性淹育水稻土	湿红土	A	0—21	灰黄色	中黏土	块状	6.6	22.8	1.62	0.26	10.9	105			红壤	E 103°31′45.8″ N 25°29′02.0″	83
						C₁	34—74	灰黄色	重黏土	块状	6.3	10.2	1.09	0.17	9.5	56					
						C₂	74—	黄橙色	重黏土	粒状	6.9	3.7	0.70	0.24	5.7	70					
剖20	初育土	石灰（岩）土	黑色石灰土	黑泡土	黄土	A	0—23	紫色	重壤土	块状	6.7	27.8	1.12	0.23	14.7	80				E 103°37′28.9″ N 25°27′22.0″	70
						C	23—	紫色	轻壤土	粒状	7.4	18.6	0.97	0.14	13.7	17					
剖21	铁铝土	红壤	山原红壤	泥质岩类山原红壤	黄泥土	A	0—25	浅红黄色	重黏土	块状	6.0	18.1	4.23	0.16	5.5	87			泥质岩类	E 103°34′41.6″ N 25°26′43.3″	74
						B	25—41	黄橙色	重黏土	块状	6.3	4.1	0.78	0.17	7.1	48					
						C	41—	灰黄色	重黏土	块状	6.0	4.8	0.66	0.15	6.4	63					
剖22	人为土	水稻土	潴育水稻土	红壤性潴育水稻土	红泥田	A	0—17	灰黄色	轻黏土	粒状	6.4	23.3	1.50	0.25	6.6	133			红壤	E 103°35′26.2″ N 25°26′29.0″	75
						W	29—66	褐色	轻黏土	片状	6.3	10.8	0.75	0.39	7.1	68					
						C	66—100	褐色	中黏土	片状	6.3	17.7	1.14	0.63	5.6	101					
剖23	人为土	水稻土	淹育水稻土	红壤性淹育水稻土	红砂土	A	0—14	黄橙色	轻壤地	棱块状	6.4	27.1	1.22	0.16	6.5	149			红壤	E 103°35′14.3″ N 25°24′57.2″	74
						C	27—59	红橙色	轻壤土	屑粉状	6.5	6.5	0.72	0.15	7.8	66					
剖24	铁铝土	红壤	山原红壤	黏山红泥	厚湿红土	A₁₁	0—23	红橙色	黏土	块状	5.5	10.7	0.68	0.17	6.7	109		11.2		E 103°33′02.5″ N 25°23′03.5″	98
						B₁	23—43	红色	黏土	块状	6.0	8.1	0.52	0.15	6.8	59		9.5			
						B₂	43—90	红色	黏土	块状	6.3	4.6	0.50	0.13	7.1	58	微量	9.8			
剖25	铁铝土	红壤	山原红壤	老冲积山原红壤	油红土	A	0—23	红棕色	重黏土	团粒状	6.1	30.4	1.34	0.53	6.5	101	微量			E 103°38′35.2″ N 25°22′57.7″	73
						B₁	23—39	红棕色	重黏土	小块状	7.4	22.0	1.22	0.47	6.1	98	微量				
						B₂	39—67	红棕色	重黏土	小块状	7.4	24.3	3.19	0.42	5.0	104					
						C	67—93	暗红棕色	重黏土	小柱状	6.8	12.3	0.72	0.34	4.1	89					
剖26	铁铝土	红壤	山原红壤	第四纪山原红壤	红砂土	A	0—15	浅红色	砂土	粒状	6.0	29.0	1.49	0.33	5.1	118				E 103°37′29.3″ N 25°22′26.0″	71
						B	15—27	浅红色	砂土	粒状	6.2	4.6	1.11	0.28	4.6	108					
						C	27—	灰红色	粉砂质壤土	小块状	7.3	11.7	0.36	0.20	4.5	38					
剖27	半水成土	草甸土	浅色草甸土	河滩浅色草甸土	灰汤土	A	0—18	灰黄色	中壤土	小块状	7.5	34.9	2.21	0.47	4.1	104				E 103°35′07.8″ N 25°22′20.3″	90
						B	18—28	灰白色	重壤土	棱柱状	6.7	98.4	2.10	0.41	3.1	178					
						C	28—	棕灰色	重壤土	棱柱状	7.8	18.2	2.16	0.24	1.9	139					
剖28	水成土	水稻土	沼泽型水稻土	冲积性沼泽水稻土	烂泥田	A	0—20	灰黄色	中黏土	块状	7.8	27.4	1.16	0.27	14.7	70				E 103°38′24.0″ N 25°22′10.2″	87
						P	20—40	浅灰色	重黏土	小块状	5.6	20.5	1.47	0.39	5.7	75					
剖29	铁铝土	红壤	山原红壤	侵蚀性山原红壤	酸白泥	A	0—16	灰白色	轻壤土	块状	6.1	5.7	0.92	0.21	9.5	96				E 103°32′25.4″ N 25°21′55.8″	93
						B	16—30	灰白色	中黏土	棱柱状	6.4	29.0	1.33	0.05	12.6	33					
						BC	30—46	浅白色	中砂土	棱柱状	6.6	6.0	1.17		7.2	57					
						C	46—73		紫砂土				0.89		10.3	64					

续表 Continued

剖面号 Soil profile	土纲 Soil order	土类 Soil great group	亚类 Soil subgroup	土属 Soil genus	土种 Soil species	土层码 Layer code	土层厚度 Depth/cm	颜色 Soil color	质地 Soil texture	土壤结构 Soil structure	pH	有机质 OM/(g/kg)	全氮 TN/(g/kg)	全磷 TP/(g/kg)	全钾 TK/(g/kg)	碱解氮 AN/(mg/kg)	有效磷 AP/(mg/kg)	阳离子交换量 CEC/(cmol/kg)	土壤母质 Parent material	剖面点坐标 Profile coordinate	匹配指数 Matching index/%
剖30	铁铝土	红壤	红壤性土	泥质岩类红壤性土	石渣子土	A	0—19	紫色	砾质中黏土	粒状	6.0	24.5	1.45	0.47	5.1	116				E 103°35′24.9″ N 25°20′47.4″	80
						B	19—46	浅红色	砾质轻黏土	块状	5.4	7.7	0.80	0.47	7.9	74					
						C	46—89	红橙色		粒状	6.6	3.7	0.61	0.41	7.1	57					
剖31	铁铝土	红壤	山原红壤	第四纪山原红壤	红土	A	0—14	浅红色	重黏土	粒状	7.5	28.1	1.42	0.22	5.0	84				E 103°38′12.9″ N 25°20′31.3″	98
						B	14—25		轻黏土	片状	7.7	15.2	0.79	0.17	1.7	78					
						C	25—51		片黏土	片状	7.6	5.5	0.41	0.28	6.6	46					
剖32	人为土	水稻土	潴育水稻土	冲积性潴育水稻土	砂泥田	A	0—16	灰黄色	砂黏土	黏状	6.2	34.8	1.81	0.32	6.0	101			冲积物	E 103°36′32.4″ N 25°20′14.6″	95
						W	24—89	褐色	中壤土	块状	6.3	29.1	1.64	0.28	7.6	79					
剖33	新积土		冲积土	河阶冲积土	河砂土	A	0—19	灰色	砂壤土	粒状	7.5	12.7	0.74	0.16	5.5	62				E 103°27′34.6″ N 25°19′28.9″	72
						B	24—72	黄橙色	砂壤土	粒状	7.5	5.0	0.45	0.13	5.1	48					
剖34	人为土	水稻土	沼泽型水稻土	冲积沼泽水稻土	烂砂田	A	0—18	暗棕色	粉砂质壤土	棱柱状	6.3	194.6	3.27	0.24	8.0	252				E 103°23′32.6″ N 25°19′22.8″	77
						G_1	18—70	黑棕色	中黏土	块状	6.3	73.4	2.04	0.24	7.6	114					
						G_2	70—100	黑棕色	中黏土	柱状	6.0	130.8	2.70	0.24	11.1	124					
剖35	人为土	水稻土	潴育水稻土	冲积性潴育水稻土	青砂田	A	0—20	褐质壤土	粉砂质壤土	棱柱状	6.1	43.4	2.01	0.22	4.3	115			冲积物	E 103°19′25.0″ N 25°18′56.5″	72
						P	20—40	灰白色	重壤土	块状	5.9	37.5	1.83	0.24	4.1	9					
						G	40—50	灰白色	黏壤土	块状	5.0	28.6	1.31	0.31	10.5	95					
						G	50—			块状	5.7	39.6	1.60	0.28	14.7	89					
剖36	铁铝土	红壤	山原红壤	老冲积山原红壤		A	0—14	暗棕色	重壤土	小块状	5.5	46.2	2.06	0.24	14.8	107				E 103°20′38.8″ N 25°18′01.4″	99
						B	14—	暗棕红色	轻壤土	小块状	5.6	6.3	0.54	0.19	11.9	56					
剖37	铁铝土	红壤	山原红壤	老冲积山原红壤		A	0—18	浅棕红色	砂壤土	粒状	5.9	33.0	1.93	0.94	4.1	168				E 103°19′55.6″ N 25°17′36.2″	93
						B_1	18—56	红棕色	中壤土	棱柱状	6.1	18.1	1.09	0.86	4.5	89					
						B_2	56—	浅棕红色	重壤土	棱柱状	6.2	23.5	1.36	0.98	3.6	135					
剖38	铁铝土	红壤	红壤性土	红泥土	红砂泥	A	0—28	红棕色	砂壤土	粒状	6.9	27.9	1.45	0.30	4.8	95	7.0			E 103°17′34.1″ N 25°17′02.4″	82
						B	28—61	浅红色	黏土	粒状		3.5	0.39	0.13	2.7	24	微量				
						BC	61—81	灰白色	中黏土	片状		1.9		0.14	7.9		微量				
						C	81—100	灰白色	粉砂质壤土			2.4		0.10	5.1		微量				
剖39	铁铝土	红壤	红壤性土	泥质岩类红壤性土	砾质砂土	A	0—2	黄棕色	轻黏土	粒状	6.9	152.4	4.98	0.31	16.8	269			泥质岩类	E 103°29′03.8″ N 25°16′46.2″	96
						A_2	2—6	橙色	中黏土	粒状	5.4	94.3	2.81	0.26	17.4	260	6.5				
						B	6—70	橙色	轻黏土	块状	6.6	14.3	0.87	0.18	19.5	99					
剖40	人为土	水稻土	潴育水稻土	冲积性潴育水稻土	黑泥田	A	0—22	红棕色	中壤土	棱柱状	6.3	35.7	1.86	0.77	6.1	117			冲积物	E 103°29′27.6″ N 25°15′37.1″	94
						W	22—52	红棕色	重壤土	棱柱状	6.6	19.0	1.11	0.71	3.9	64					
						C_1	52—105	暗红色	重壤土	粒状	6.5	10.9	0.63	0.63	4.3	59					
						C_2	105—	黑色	中黏土	粒状	7.1	12.1	0.69	0.34	4.7	117					
剖41	铁铝土	红壤	红壤性土	粗红土		A	0—19	紫色	中石质黏土	粒状	6.0	24.5	1.45	0.47	5.1	116				E 103°21′29.9″ N 25°10′20.3″	72
						(B)	19—46	浅红色	重石质黏土	块状	5.4	7.7	0.80	0.47	7.8	74					
						C	46—89	红棕色	重石质黏土	块状	6.6	3.7	0.61	0.41	7.1	57					
剖42	人为土	水稻土	潴育水稻土	冲积性潴育水稻土	黑泥田	A	0—34	浅灰色	中壤土	棱柱状	6.9	32.8	1.73	0.30	6.0	114			冲积物	E 103°38′05.6″ N 25°19′41.9″	82
						P	34—63	暗灰色	中壤土	块状	6.6	44.7	1.34	0.17	6.1	57					
						G	63—83	黑色	大壤土	大块状	6.4	81.2	1.73	0.22	4.7	78					
剖43	人为土	水稻土	潴育水稻土	冲积性潴育水稻土	青泥田	A	0—24	灰黄色	黏壤土	块状	6.9	20.3	1.46	0.17	5.1	74			冲积物	E 103°30′14.4″ N 25°19′14.2″	85
						G	36—	浅灰色	黏壤土	棱柱状	6.9	17.4	1.15	0.25	7.1	72					
剖44	人为土	水稻土	淹育水稻土	冲积性淹育水稻土	漏砂田	A	0—25	褐色	砂壤土	粒状	6.2	25.3	1.44	0.34	9.5	95			冲积物	E 103°40′42.6″ N 25°19′11.3″	85
						C_1	25—50	灰白色	砂土	粒状	6.4	4.5	0.50	0.21	7.7	48					
						C_2	50—	黄橙色	砂土	块状	6.8	7.3	0.56	0.45	8.0	48					

续表 Continued

剖面号 Soil profile	土纲 Soil order	土类 Soil great group	亚类 Soil subgroup	土属 Soil genus	土种 Soil species	土层码 Layer code	土层厚度 Depth/cm	颜色 Soil color	质地 Soil texture	土壤结构 Soil structure	pH	有机质 OM/(g/kg)	全氮 TN/(g/kg)	全磷 TP/(g/kg)	全钾 TK/(g/kg)	碱解氮 AN/(mg/kg)	有效磷 AP/(mg/kg)	阳离子交换量 CEC/(cmol/kg)	土壤母质 Parent material	剖面点坐标 Profile coordinate	匹配指数 Matching index/%
剖45	人为土	水稻土	潴育水稻土	冲积性潴育水稻土	砂田	A	0—20	灰黄色	粉砂质壤土	块状	5.9	42.8	2.19	0.16	5.1	157			冲积物	E 103°31′39.7″ N 25°18′32.0″	96
						W	37—70	褐色	中壤土	棱柱状	5.9	13.3	1.08	0.10	5.5	60					
						C	70—	灰白色	中壤土	棱柱状	6.3	14.4	0.70	0.16	6.6	59					
剖46	人为土	水稻土	侧渗水稻土	冲积性侧渗水稻土	白砂田	A	0—22	灰黄色	砂壤土	块状	5.3	28.1	1.64	0.26	10.4	110				E 103°40′35.4″ N 25°18′27.7″	77
						E_1	22—40	灰黄色	粉砂质壤土	块状	5.9	21.0	1.28	0.20	12.1	77					
						E_2	40—54	灰白色	粉砂土	块状	6.1	11.3	0.97	0.21	14.9	56					
						C	54—111	浅灰色	粉砂质壤土	块状	5.9	17.4	1.14	0.17	11.8	32					
剖47	铁铝土	红壤	山原红壤	老冲积山原红壤	红土	A	0—12	紫棕色	重壤土	粒状	7.2	23.4	1.07	0.38	3.9	66				E 103°31′12.0″ N 25°18′12.2″	77
						B	12—24	紫棕色	轻壤土	小块状	7.2	21.7	1.14	0.38	3.7	106					
						C	24—80	橙色	轻壤土	块状	6.6	7.3	0.51	0.31	9.5	64					
剖48	铁铝土	红壤	山原红壤	石灰岩山原红壤		A_1	0—7	黄棕色	中壤土	粒状	6.5	80.5	1.98	0.18	13.8	119			石灰岩	E 103°34′30.4″ N 25°17′51.7″	71
						A_2	7—28	浅红棕色	轻黏土	块状	6.9	4.0	0.77	0.21	15.3	59					
						B	28—44	红橙色	中黏土	块状	5.8	2.6	0.49	0.24	13.9	37					
剖49	人为土	水稻土	潴育水稻土	冲积性潴育水稻土	泥田	A	0—16	灰黄色	黏壤土	小块状	7.4	24.2	1.59	0.22	7.1	96				E 103°39′17.6″ N 25°17′45.6″	93
						W	21—56	灰黄色	黏壤土	片状	6.5	7.4	0.52	0.34	8.3	53					
						G	56—100	灰白色	重壤土	片状	6.4	13.5	0.92	0.23	8.7	53					
剖50	人为土	水稻土	淹育水稻土	红壤性淹育水稻土	红土田	A	0—19	灰黄色	重壤土	块状	6.4	37.4	2.15	1.65	3.6	158				E 103°35′10.7″ N 25°17′32.3″	77
						P	19—28	灰黄色	重壤土	块状	7.0	10.6	0.51	0.59	5.3	69					
						G	28—96	灰黄色	重壤土	块状	6.9	12.5	0.81	0.63	6.8	84					
剖51	人为土	水稻土	潴育水稻土	红壤性潴育水稻土	红砂田	A	0—29	灰黄色	砂壤土	块状	6.7	20.4	0.55	0.38	5.0	101			红壤	E 103°33′24.5″ N 25°14′58.6″	77
						W	29—81	浅红黄色	重壤土	棱柱状	6.7	12.1	0.63	0.36	5.5	87					
						G	81—113	浅黄棕色	轻壤土	棱柱状	6.6	8.2	0.50	0.28	7.7	55					
剖52	水成土	沼泽土	泥炭沼泽土	耕种泥炭沼泽土	烟泡土	A	0—26	灰灰色	中壤土	粒状	5.7	153.7	3.95	0.53	1.0	369				E 103°37′07.3″ N 25°14′40.9″	82
						T	26—56	暗灰色	轻壤土	棱柱状	6.7	134.7	3.05	0.22	0.8	324					
						G	56—90	暗灰色	重壤土	棱柱状	6.3	80.1	1.79	0.21	1.6	115					
						C	90—	灰灰色													
剖53	铁铝土	红壤	山原红壤	泥质岩类山原红壤	红砂土	A	0—28	红棕色	砂土	核粒状	6.2	27.9	1.45	0.30	5.8	96			泥质岩类	E 103°35′25.1″ N 25°14′32.6″	71
						B_1	28—61	浅红棕色	砂壤土	核粒状	6.4	3.5	0.39	0.13	3.2	24					
						B_2	61—81	灰白色	砂壤土	片状	5.7	1.9	0.29	0.14	9.5	46					
						C	81—	灰白色	粉砂质壤土	片状	5.5	2.4	0.27	0.10	6.1	57					
剖54	铁铝土	红壤	山原红壤	泥质岩类山原红壤	红土	A	0—21	褐色	中壤土	粒状	5.4	21.6	1.36	0.27	5.8	81			泥质岩类	E 103°30′04.0″ N 25°14′26.9″	70
						B	21—42	褐色	重壤土	块状	5.6	19.6	0.82	0.33	4.8	67					
						C	42—63	黄橙色	重壤土	块柱状	5.8	5.6	0.42	0.25	8.9	55					
剖55	人为土	水稻土	潴育水稻土	冲积性潴育水稻土	鸡粪土田	A	0—24	黄黄色	重壤土	块状	6.3	31.5	1.75	0.71	4.7	133				E 103°31′51.2″ N 25°14′24.7″	75
						P	24—31	红黄色	轻黏土	块状	6.5	18.8	1.10	0.71	4.7	104					
						W	31—102	浅棕红色	轻黏土	块状	6.6	13.9	0.75	0.22	7.7	81					
剖56	铁铝土	红壤	山原红壤	泥质岩类山原红壤		A	0—11				6.0	102.5	2.03	0.15	3.2	153				E 103°38′19.0″ N 25°14′04.6″	95
						B	11—40				5.7	32.5	0.78	0.16	3.9	96					

陆 良 县

主要土类说明

红壤是陆良县主要土壤类型，占本县地域面积的76%，分布在坝子周围海拔1840—2300m的丘陵及低山地区。成土母质主要为第四纪红色黏土和石灰岩风化残积物。成土过程以脱硅富铝化和生物富集为主。本县红壤分为红壤、黄红壤、棕红壤、红壤性土等亚类。不同亚类的土壤剖面特征如下：①红壤亚类土体深厚，剖面层次发育完整，呈中度脱硅富铝化特征，具A-Bs-Bv或A-Bs-C剖面构型。黏土矿物以高岭石、赤铁矿为主，黏粒硅铝率为1.8—2.4，风化淋溶系数小于0.2，盐基饱和度小于35%。淀积层可见深厚的红、黄、白相间的网纹状红色黏土。②黄红壤是红壤向黄壤过渡的土壤类型，所处区域水分条件较优，土体上部有黄化现象，以黄橙色或橙色为主，下部仍以高岭石为主，伴有蛭石和三水铝石。③棕红壤是红壤向黄棕壤过渡的土壤类型，有效土体厚40—100cm，质地黏重。地表土壤颜色鲜红，剖面中可见大量的铁锰胶膜和网纹层，富铝化作用强烈。④红壤性土属于剖面发育差的幼年红壤，分布在红壤区的山地陡峭地段。其土壤侵蚀严重，心土和底土裸露地表，石砾多，质地偏砂，有机质和速效养分缺乏，肥力低下。

水稻土是陆良县第二大土壤类型，占本县地域面积的17%，主要分布在海拔1840m左右的平坝区，主要集中在中枢、马街、三岔河、板桥等地。成土母质为湖相沉积物。本县水稻土多为潴育水稻土亚类，土体下部有明显的潴育层，厚度大于20cm，棱块状或棱柱状结构发育良好，有橘红色铁锈及铁锰结核等，特别是亚铁离子与有机质形成络合态铁，并氧化为红色沉淀态络合铁分布在结构体表面。与其他层相比，潴育层铁的活化度低，晶胶率和盐基饱和度高。质地砂黏适中，有较深厚的耕作层。

黄棕壤是陆良县第三大土壤类型，占本县地域面积的5%，分布在海拔2200—2680m的中山坡地上部。该区域雾露多，湿度大，气温偏低。植被为常绿阔叶林。成土母质多为砂页岩及花岗岩风化物。成土过程受淋溶、黏化及弱富铝化作用的影响。黄棕壤在风化度和脱硅淋溶等方面都比黄壤弱，但仍具富铝化特征，黏聚现象明显，呈黄棕色。该土壤具A-B-C或A-(B)-C剖面构型，黏粒硅铝率在2.5左右，铁的游离度较红壤低，B层交换性酸大于A层。

小于本县地域面积3%的土壤类型有新积土、紫色土和赤红壤。

本区域中心区气候特征

本区域中心区气候特征值
Regional climate characteristics in central area of the region

气候带：中亚热带湿润气候 Climate region: Subtropical humid climate	
年平均气温 /℃ Annual average temperature /℃	15.6
年平均最高气温 /℃ Annual average maximum temperature /℃	21.2
年平均最低气温 /℃ Annual average minimum temperature /℃	11.5
年降水量 /mm Annual precipitation /mm	1089
≥10℃的积温 /℃ Daily temperature accumulated in a year (≥10℃) /℃	5758
年日照时数 /h Annual sunshine /h	1987
年平均相对湿度 /% Annual average relative humidity /%	75
干燥度 Dryness	0.88

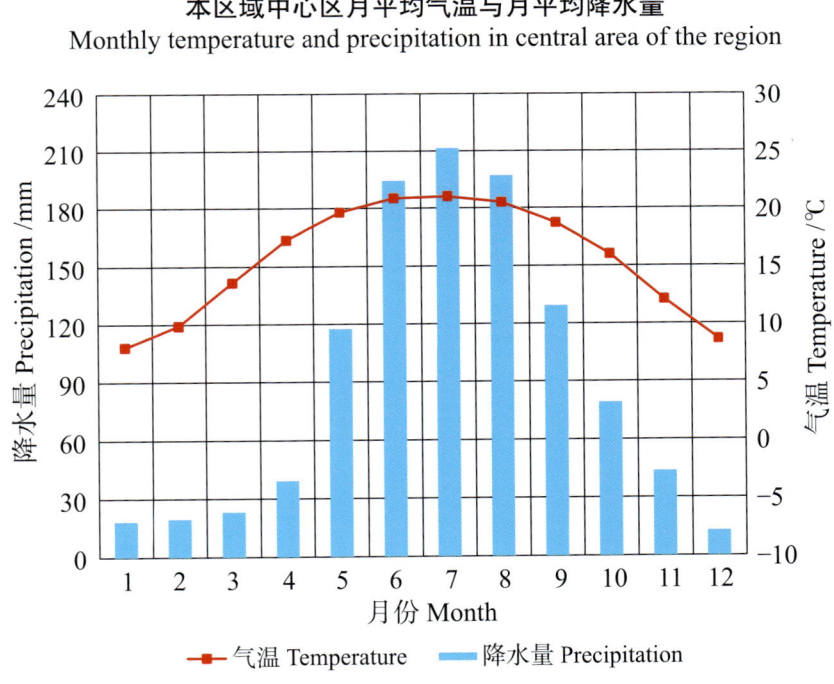

本区域中心区月平均气温与月平均降水量
Monthly temperature and precipitation in central area of the region

陆良县主要土壤类型与土壤剖面点分布图

1∶280 000

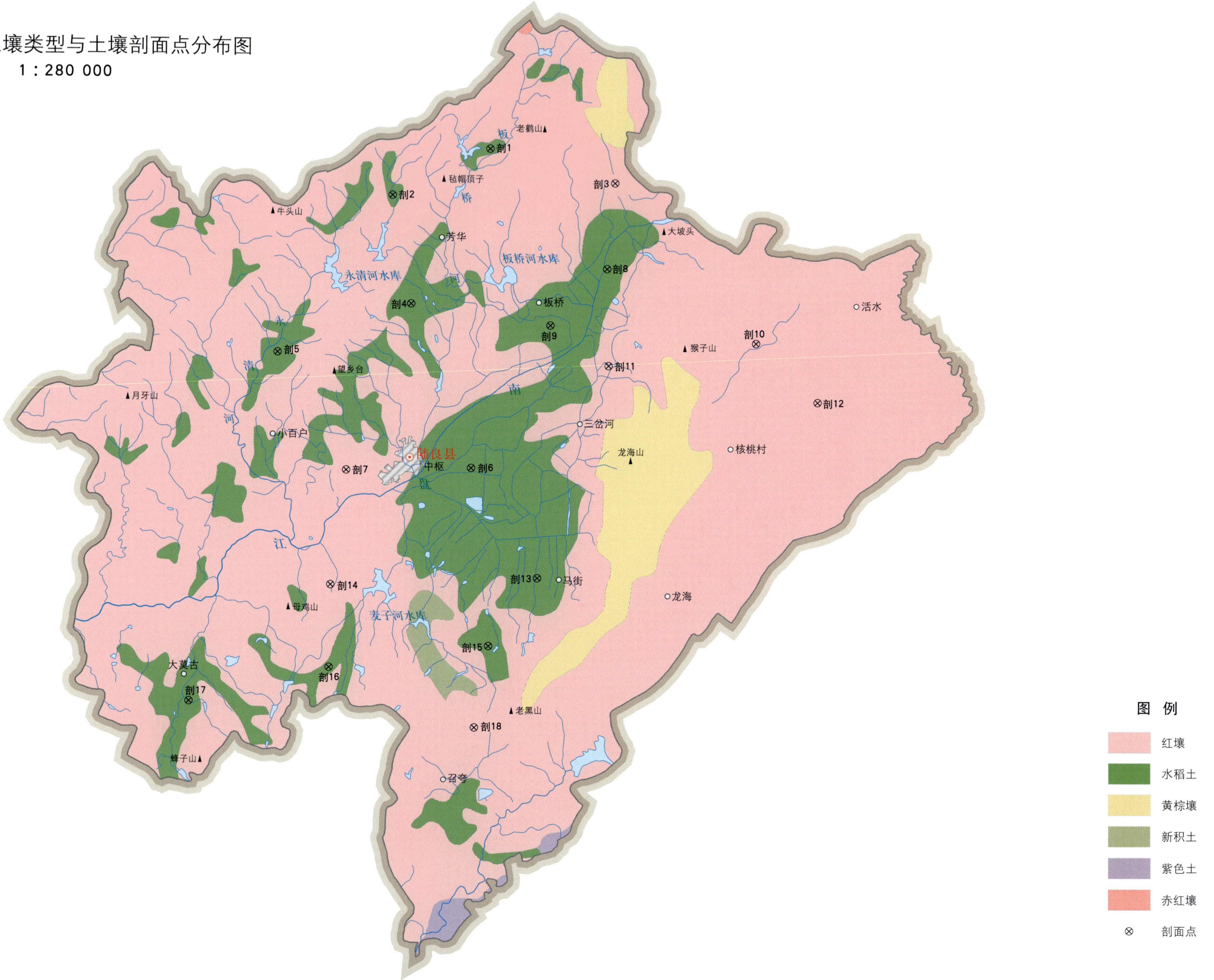

陆良县土壤剖面理化性状表

剖面号 Soil profile	土纲 Soil order	土类 Soil great group	亚类 Soil subgroup	土属 Soil genus	土种 Soil species	土层码 Layer code	土层厚度 Depth/cm	颜色 Soil color	质地 Soil texture	土壤结构 Soil structure	pH	有机质 OM/(g/kg)	全氮 TN/(g/kg)	全磷 TP/(g/kg)	碱解氮 AN/(mg/kg)	有效磷 AP/(mg/kg)	土壤母质 Parent material	剖面点坐标 Profile coordinate	匹配指数 Matching index/%
剖1	人为土	水稻土	淹育水稻土	紫色土性淹育水稻土	紫砂泥田	A	0–20	紫棕色	砂壤土	小团块状	5.6	14.7	1.12	0.10	71		紫色土	E 103°42′35.6″ N 25°13′04.3″	77
						P	20–35	紫色	粉砂质壤土	小团块状	7.1	11.4	0.90	0.11	49				
						B	35–57	黄红棕色	重壤土	块状	7.1	10.1	0.75	0.12	57				
						C	57–	浅红棕色	重壤土	块状	6.8	5.8	0.55	0.09	47				
剖2	人为土	水稻土	沼泽型水稻土	沼泽型水稻土	腊水积田	A	0–27	黄棕色	中壤土	小团块状	8.3	54.7	0.60	0.11	196		沼泽母质	E 103°38′45.2″ N 25°11′20.8″	87
						G	27–51	灰黑色	轻壤土	块状	7.8	244.6	8.55	0.15	342				
						T	51–	深黑色				526.0	1.10	0.16	451				
剖3	铁铝土	红壤	红壤性土			A	0–13				4.9	19.8	1.09	0.17	192			E 103°47′33.2″ N 25°11′52.7″	98
						AC	13–18				4.9	14.0	0.76	0.15	91				
						C	18–31				5.6								
						D	31–					1.0	0.27	0.07	68				
剖4	人为土	水稻土	淹育水稻土	冲积性淹育水稻土	泥田	A	0–20	暗棕色	壤土	小块状	7.6	22.4	1.17	0.22	79		冲积物	E 103°39′33.1″ N 25°07′26.0″	96
						P	20–30	棕色	黏壤土	块状	7.5	13.2	0.90	0.24	52				
						B	30–65	红棕色	黏土	块状	7.5	35.8	1.83	0.21	108				
						C	65–	红棕色	黏土	块状	7.7	8.8		0.34	43				
剖5	人为土	水稻土	淹育水稻土	红壤性淹育水稻土	红胶泥田	A	0–21	红棕色	轻黏土	块状	6.1	14.9	0.93	0.32	89		红壤	E 103°34′17.0″ N 25°05′36.6″	73
						P	21–41	棕色	砂黏土	核粒状	7.0	12.1	0.77	0.34	73				
						B	41–	黄棕色	粉砂质壤土	块状	7.3	7.1	0.60	0.31	53				
剖6	人为土	水稻土	淹育水稻土	冲积性淹育水稻土	河砂田	A	0–30	棕色	壤质黏土	块状	8.5	14.7	0.86	0.21	64		冲积物	E 103°42′00.4″ N 25°01′31.5″	73
						P	30–42	浅红棕色	黏土	块状	8.5	7.9	0.66	0.16	47				
						C₁	42–63	红棕色	轻黏土	块状	8.4	6.5	0.61	0.21	42				
						C₂	63–		黏土	块状	8.3	5.8	0.66	0.17	40				
剖7	铁铝土	红壤		老冲积红壤	红鸡粪土	1	0–27	黄棕色	轻壤土	核粒状	7.0				75			E 103°37′05.2″ N 25°01′23.5″	99
						2	27–47	黄红棕色	黏壤土	核粒状									
						3	47–	灰棕色	轻黏土	大块状									
剖8	人为土	水稻土	潴育水稻土	冲积性潴育水稻土	砂泥田	A	0–23	棕黄色	中壤土	粒状	7.0	26.7	1.27	0.43	100		冲积物	E 103°47′17.2″ N 25°08′46.7″	98
						P	23–63	棕黄色	砂壤土	块状	7.3	5.9	0.61	0.33	38				
						G	63–	黑色	黏壤土	棱块状	7.4	5.9	0.36	0.77	23				
剖9	人为土	水稻土	淹育水稻土	冲积性淹育水稻土	胶泥田	A	0–27	灰棕色	重壤土	块状	7.4	24.0	1.29	0.27	82		冲积物	E 103°45′03.8″ N 25°06′42.5″	94
						P	27–41	红棕色	重壤土	小核块状	7.5	9.6	0.71	0.18	32				
						B	41–	棕红色	砂壤土	棱块状	7.5	11.6	0.67	0.21	31				
剖10	铁铝土	红壤	红壤	老冲积红壤	红砂土	1	0–22	红棕色	砂壤土	粒状		15.5	0.95	0.23	69			E 103°53′11.4″ N 25°06′08.6″	97
						2	22–55	红棕色	砂壤土	粒状		15.2	1.09	0.29	61				
						3	55–	棕红色	砂壤土	粒状		11.6	0.76	0.28	71				
剖11	铁铝土	红壤	红壤	老冲积红壤	红砂泥土	1	0–17	黄红棕色	砂壤土	大粒状	5.6	12.6	0.65	0.21	56			E 103°47′23.3″ N 25°05′16.8″	95
						2	17–87	棕红色	黏壤土	块状	5.5	12.0	0.64	0.14	62				
						3	87–	红色	黏土	小块状									
剖12	铁铝土	红壤	棕红壤	古红土质棕红壤		A₀	0–5	深棕红色	重壤土	块状	6.2	99.4	3.41	0.28	360		古红土	E 103°55′39.0″ N 25°04′02.3″	75
						A	5–30	深棕红色	重壤土	块状	7.3	66.3	3.05	0.25	289				
						B	30–60	棕红色	黏土	块状	7.6	38.8	2.00	0.24	204				
						C	60–					16.7	0.85	0.24	90				

续表 Continued

剖面号 Soil profile	土纲 Soil order	土类 Soil great group	亚类 Soil subgroup	土属 Soil genus	土种 Soil species	土层码 Layer code	土层厚度 Depth/cm	颜色 Soil color	质地 Soil texture	土壤结构 Soil structure	pH	有机质 OM/(g/kg)	全氮 TN/(g/kg)	全磷 TP/(g/kg)	碱解氮 AN/(mg/kg)	有效磷 AP/(mg/kg)	土壤母质 Parent material	剖面点坐标 Profile coordinate	匹配指数 Matching index/%
剖13	人为土	水稻土	潴育水稻土	冲积性潴育水稻土	泥田	A	0—33	棕色	黏壤土	块状	7.1	11.2	0.81	0.08	31		冲积物	E 103°44′40.2″ N 24°57′34.6″	82
						P	33—60	褐色	黏壤土	块状	7.2	8.4	0.67	0.09	31				
						W	60—	深灰色	黏壤土	块状	7.5	17.7	1.18	0.10	39				
剖14	铁铝土	红壤	棕红壤	古红土质棕红壤	黑胶泥土	A	0—22	灰棕色	黏土	块状		27.9	1.91	0.71	152			E 103°36′31.3″ N 24°57′14.4″	74
						B	22—100	深棕色	重黏土	棱块状		24.3	1.73	0.67	117				
剖15	人为土	水稻土	淹育水稻土	红壤性淹育水稻土	红泥田	A	0—22	深棕色	黏土	块状	7.9	17.6	1.09	0.28	61		红壤	E 103°42′47.2″ N 24°55′06.2″	88
						P	22—37	褐色	黏土	块状	7.8	14.4	0.90	0.24	54				
						B	37—91	黄棕色	黏土	棱块状	7.9	9.3	0.77	0.22	29				
剖16	人为土	水稻土	淹育水稻土	红壤性淹育水稻土	白砂田	A	0—22	棕色	轻壤土	粒状	6.0	19.6	1.42	0.19	81			E 103°36′30.6″ N 24°54′15.1″	80
						P	22—35	黄褐色	轻壤土	小块状	7.1	7.4	0.82	0.13	45				
						B	35—63	灰棕色	砂壤土	粒状	6.9	5.5	0.63	0.14	22				
						C	63—	棕灰色	砂土	粒状	7.1	1.0	0.38	0.16	13				
剖17	人为土	水稻土	潴育水稻土	暗红泥田	暗红砂田	A	0—19	棕色	砂壤土	块状	5.8	34.1	1.98	0.19	102	6.0		E 103°31′00.1″ N 24°52′57.4″	77
						P	19—34	棕色	砂壤土	块状	5.8	29.3	1.42	0.12	52	9.0			
						W	34—49	灰色	砂壤土	棱柱状	6.0	15.4	0.67	0.26	37	1.0			
剖18	铁铝土	红壤	红壤性土	粗红土	粗骨砂土	A	0—17	棕色	壤土	粒状	5.8	59.6	2.60	0.53	196	3.5		E 103°42′16.6″ N 24°52′09.1″	99
						(B)	17—33	浅棕色	壤土		5.1	24.5	1.32	0.53	107	0.9			
						C	33—	棕红色	壤土		5.4	9.6	0.65	0.22	69	0.9			

师 宗 县

主要土类说明

红壤是师宗县主要土壤类型，占本县地域面积的 57%，分布在海拔 1800—1900m 的常绿阔叶林下。成土母质为泥盆系白云质灰岩以及二叠系石灰岩、白云质灰岩和燧石灰岩。成土过程以脱硅富铝化和生物富集为主。矿物风化度高，黏土矿物以高岭石为主，伴有三水铝石。红壤土体深厚，剖面层次发育完整，具 A-Bs-Bv 或 A-Bs-C 剖面构型。

石灰（岩）土是师宗县第二大土壤类型，占本县地域面积的 12%，零星分布在红壤区。成土母质为碳酸岩类。成土过程以风化过程、富铝化作用和灰化作用为主。本县石灰（岩）土多为红色石灰土亚类，有机质和养分含量较高，结构和耕性较好，土层浅薄，抗旱能力差，分布零星，耕作不便。

黄壤是师宗县第三大土壤类型，占本县地域面积的 11%，分布在气候冷凉、潮湿、云雾多的山区。植被为湿性常绿阔叶林和苔藓常绿阔叶林。成土过程以脱硅富铝化、生物富集和黄化过程为主。黏土矿物以蛭石为主，其次为高岭石和伊利石。黄壤中度富铝化，具 O-A-AB-B-C 剖面构型。淀积层（B 层）富含水合氧化物（针铁矿），呈黄色，有时含三水铝石。土壤有机质含量可达 100g/kg，pH 为 4.5—5.5。

赤红壤占本县地域面积的 9%。植被为亚热带常绿阔叶林。成土母质以各种母岩风化残积物和坡积物为主。成土过程以富铝化作用和生物积累作用为主。本县赤红壤多为黄色赤红壤亚类，土体中氧化铁等矿物的水合度较高，有较明显的黄化层，土壤有机质和游离铁的活化度均高于典型的赤红壤，pH 一般低于 5.5。

紫色土占本县地域面积的 8%，与山原红壤交错分布。植被为云南杉、常绿阔叶林或灌丛草地。成土母质多为中生代的紫红色砂页岩。成土过程以母岩的快速物理崩解和频繁侵蚀堆积作用为主，碳酸钙不断淋失，生物积累作用弱。土层浅薄，具 A-C 剖面构型。本县紫色土多为酸性紫色土亚类，黏土矿物一般以蛭石和水云母为主，有机质和全氮含量较高，全磷和全钾含量较低，pH 为 4.5—6.5。

水稻土占本县地域面积的 3%，本县各地均有分布。水稻土发育于红壤、黄壤和紫色土等多种土壤，在长期水耕熟化条件下形成。成土过程以淋溶作用和水耕熟化过程为主。本县水稻土分为淹育型、潴育型、潜育型等亚类。淹育水稻土分布在丘陵山区，灌溉条件较差，养分含量较低，具 A-P-C 或 A-C 剖面构型。潴育水稻土分布在坝区，水肥条件好，土壤内外排水良好，质地砂黏适中，有较深厚的耕作层，具 A-P-W-G 或 A-P-W-C 剖面构型。潜育水稻土分布在地势低洼的坝区，地下水位较高，排水不畅，具 A-P-G 或 P-Wg-G 剖面构型。

本区域中心区气候特征

本区域中心区气候特征值
Regional climate characteristics in central area of the region

气候带：中亚热带湿润气候 Climate region: Subtropical humid climate	
年平均气温 /℃ Annual average temperature /℃	16.6
年平均最高气温 /℃ Annual average maximum temperature /℃	22.1
年平均最低气温 /℃ Annual average minimum temperature /℃	12.7
年降水量 /mm Annual precipitation /mm	1082
≥10℃的积温 /℃ Daily temperature accumulated in a year（≥10℃）/℃	6102
年日照时数 /h Annual sunshine /h	1925
年平均相对湿度 /% Annual average relative humidity /%	76
干燥度 Dryness	0.95

本区域中心区月平均气温与月平均降水量
Monthly temperature and precipitation in central area of the region

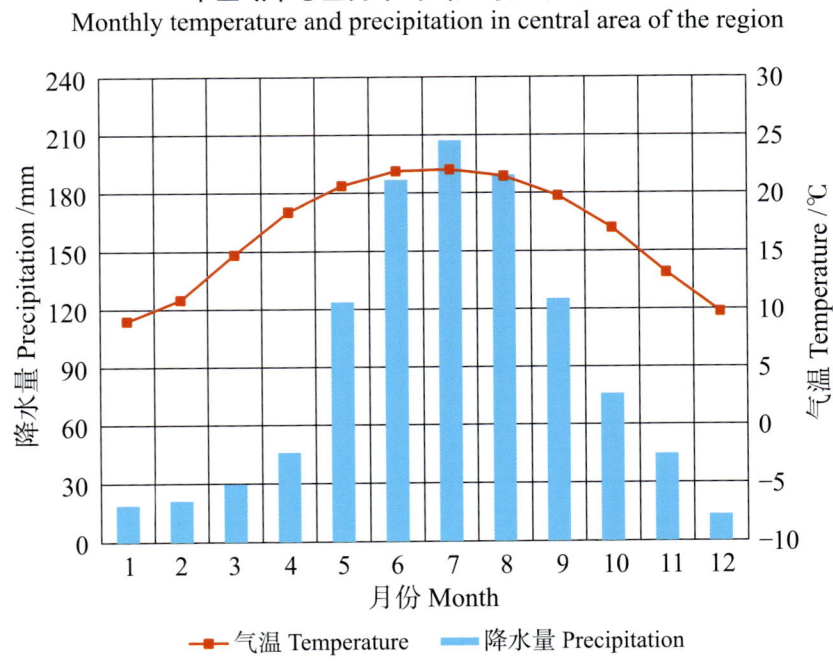

师宗县主要土壤类型与土壤剖面点分布图

1:330 000

图 例

	红壤
	石灰(岩)土
	黄壤
	赤红壤
	紫色土
	水稻土
⊗	剖面点

师宗县土壤剖面理化性状表

剖面号 Soil profile	土纲 Soil order	土类 Soil great group	亚类 Soil subgroup	土属 Soil genus	土种 Soil species	土层码 Layer code	土层厚度 Depth/cm	颜色 Soil color	质地 Soil texture	土壤结构 Soil structure	pH	有机质 OM/(g/kg)	全氮 TN/(g/kg)	全磷 TP/(g/kg)	全钾 TK/(g/kg)	碱解氮 AN/(mg/kg)	有效磷 AP/(mg/kg)	速效钾 AK/(mg/kg)	剖面点坐标 Profile coordinate	匹配指数 Matching index/%
剖1	初育土	紫色土	酸性紫色土	粗暗紫红土	紫泥土	A	0—17	紫棕色	砂壤土	粒状	5.8	40.8	1.94	3.38	35.5	291		440	E 103°55′18.0″ N 24°54′15.2″	94
						B	17—35	紫棕色	砂壤土	小块状	5.9	35.4	1.37	3.38	22.8	205	8.3	340		
						C	35—100	紫棕色	中壤土	小块状	5.1	22.6	微量	1.18	20.3	160		180		
剖2	人为土	水稻土	淹育水稻土	紫色母质淹育水稻土	紫泥田	A	0—18	棕色	轻壤土	块状	5.7	13.9	1.43	4.56	52.7	166	14.2	205	E 103°50′36.3″ N 24°42′54.6″	94
						P	18—28	黑色	轻壤土	块状	5.7	18.8	1.31	4.56	35.1	166		205		
						B	28—46	紫色	粉砂质壤土	块状	6.0	20.9	微量	微量	25.1	128		150		
						C	46—100	紫色	砂壤土	块状										
剖3	铁铝土	红壤	红壤	石灰岩红壤	红土	A	0—15	深红棕色	中壤土	块状	4.7	33.9	0.40	1.24	4.2	39	2.1	120	E 103°58′41.0″ N 24°41′55.0″	74
						B	15—45	红ս棕色	中壤土	块状	5.4	21.8	2.50	2.17	4.1		5.2	100		
						C	45—100	紫红棕色	中壤土	块状	5.3	3.4	微量	1.28	1.2					
剖4	人为土	水稻土	淹育水稻土	红壤母质淹育水稻土	红土田	A	0—25	棕色	黏壤土	块状	6.5	6.0	0.92	2.86	32.6	107	7.1	140	E 104°00′49.3″ N 24°46′10.4″	97
						B	25—35	紫棕色	黏壤土	块状	6.7	16.9	0.58	1.19	12.5	65	7.4	120		
						C	35—100	暗红棕色	轻黏土	小块状										
剖5	铁铝土	黄壤	黄壤	泥质岩类黄壤	自然土	A	0—15	暗黄棕色	中壤土	团粒状		47.1	3.47	2.79	57.7	180	1.3	190	E 104°16′54.1″ N 24°42′52.6″	90
						B	15—80	浅黄棕色	轻壤土	团粒状		37.9	1.37	1.05	67.8	160	0.5	100		
						BC	80—98	浅黄棕色	中壤土	块状										
						C	98—103	黄色	中壤土	核粒状										
剖6	初育土	石灰（岩）土	黑色石灰土	黑泡土	黑泡土	A	0—15	灰棕色	粉砂质壤土	粒状	5.0	35.4	2.91	5.25	2.9	368	5.1	200	E 104°15′08.0″ N 24°40′34.5″	90
						B	15—49	紫棕色	中壤土	块状	6.0	32.3	2.14	4.92	2.9	334	0.6	120		
						C	49—100	黑色	轻壤土	粒状	5.7	31.6	微量	4.92	微量	328		70		
剖7	初育土	石灰（岩）土	红色石灰土	红泡土	红泡土	A	0—14	浅棕色	中壤土	小块状	5.4	24.3	1.10	2.53	8.8	140	13.8	600	E 104°03′20.4″ N 24°36′12.4″	95
						B	14—30	棕色	砂壤土	核粒状	5.7	19.8	0.97	1.91	7.5	110	14.5	440		
						C	30—100	棕色	砂壤土	核粒状										
剖8	铁铝土	黄壤	黄壤	泥质岩类黄壤	黄砂土	A	0—12	黄色	粉砂质壤土	粒状	5.2	34.5	2.43	3.85	20.1	226	1.5	150	E 104°08′41.2″ N 24°35′14.7″	81
						B	12—39	浅红棕色	中壤土	块状	5.8	22.4	1.14	2.41	20.1	256		100		
						C	39—100	深棕红色	中壤土	小块状	5.9	12.3	微量	1.84	12.6	197				
剖9	铁铝土	赤红壤	黄色赤红壤	泥质岩类黄色赤红壤	黄泥土	A	0—14	灰棕色	粉砂质壤土	团粒状	5.8	24.0	1.37	0.81	23.8	80	5.4	200	E 104°18′20.2″ N 24°32′43.4″	71
						B	14—26	灰黄棕色	粉砂质壤土	块状	5.7	18.7	1.25	0.27	27.6	74	4.9	200		
						C	26—100	褐棕色	砂壤土	块状	6.2	10.9	微量	0.24	22.6	45	6.3	100		
剖10	铁铝土	红壤	黄红壤	石灰岩黄红壤	自然土	A	0—10	紫色	轻壤土	粒状	6.4	46.5	4.40	2.34	5.0	395	7.8	130	E 104°21′19.9″ N 24°27′03.6″	100
						B	10—50	紫棕色	轻壤土	粒状	6.8	42.1	3.26	0.32	1.3	329	1.3	70		
						C	50—100	紫棕色	轻壤土	粒状	6.8	37.4	微量	0.37	0.3	329		70		

罗平县

主要土类说明

红壤是罗平县主要土壤类型,占本县地域面积的37%,分布在海拔1100—2100m的半山区和坝区。成土母质为红色风化壳、石灰岩、泥质岩和玄武岩。成土过程以脱硅富铝化和生物富集为主。本县红壤分为山原红壤、黄红壤等亚类。山原红壤具残存富铝化特征,矿物风化度高,黏土矿物以高岭石为主。黄红壤土体上部有黄化现象,以黄橙色或橙色为主,下部仍以高岭石为主,伴有蛭石和三水铝石。

石灰(岩)土是罗平县第二大土壤类型,占本县地域面积的28%,分布在红壤区低海拔的半湿润和半干旱地区。成土母质多为石灰岩和红土状沉积物。成土过程以风化过程、富铝化作用和灰化作用为主。本县石灰(岩)土多为红色石灰土亚类。由于气温高,水合氧化铁脱水结晶形成赤铁矿,形成鲜红色的红色石灰土。土壤具有一定的脱硅富铝化特征,游离氧化铁的水化度低,pH为6.0—7.0。

黄壤是罗平县第三大土壤类型,占本县地域面积的17%,分布在九龙、老厂、马街、富乐等地的海拔1600—1900m的山区。成土母质为泥质岩和碳酸岩。成土过程以脱硅富铝化、生物富集和黄化过程为主。

紫色土占本县地域面积的8%,主要分布在九龙、马街、阿岗、富乐、老厂等地。植被为常绿阔叶林或灌丛草地。成土过程以母岩的快速物理崩解和频繁侵蚀堆积作用为主。本县紫色土分为酸性紫色土、石灰性紫色土等亚类。酸性紫色土黏土矿物一般以蛭石和水云母为主,有机质和全氮含量高于其他亚类,全磷和全钾含量较低,pH低于6.5。石灰性紫色土黏土矿物以水云母或蒙脱石为主,有机质含量低,全磷和全钾含量高,pH高于7.5。

水稻土占本县地域面积的4%。本县水稻土分为淹育型、潴育型、潜育型等亚类。淹育水稻土种稻年限在20年以内,以雷响田居多。潴育水稻土是种植年限在20年以上的保水田。潜育水稻土由腊水田(潜育型)通过水改旱而形成,以上位潜育为主,地表水不与地下水连通,水、肥、气、热协调能力较好。

赤红壤占本县地域面积的3%,分布在海拔1100m以下的低山河谷。植被为常绿阔叶林。成土母质以各种母岩风化残积物和坡积物为主。成土过程以富铝化作用和生物积累作用为主。本县赤红壤多为黄色赤红壤亚类,土体中氧化铁等矿物的水合度较高,有较明显的黄化层,土壤有机质和游离铁的活化度均高于典型的赤红壤,pH一般低于5.5。

小于本县地域面积3%的土壤类型有黄棕壤。

本区域中心区气候特征

本区域中心区气候特征值
Regional climate characteristics in central area of the region

气候带:中亚热带湿润气候 Climate region: Subtropical humid climate	
年平均气温 /℃ Annual average temperature /℃	16.1
年平均最高气温 /℃ Annual average maximum temperature /℃	21.5
年平均最低气温 /℃ Annual average minimum temperature /℃	12.3
年降水量 /mm Annual precipitation /mm	1157
≥10℃的积温 /℃ Daily temperature accumulated in a year (≥10℃) /℃	5928
年日照时数 /h Annual sunshine /h	1848
年平均相对湿度 /% Annual average relative humidity /%	77
干燥度 Dryness	0.87

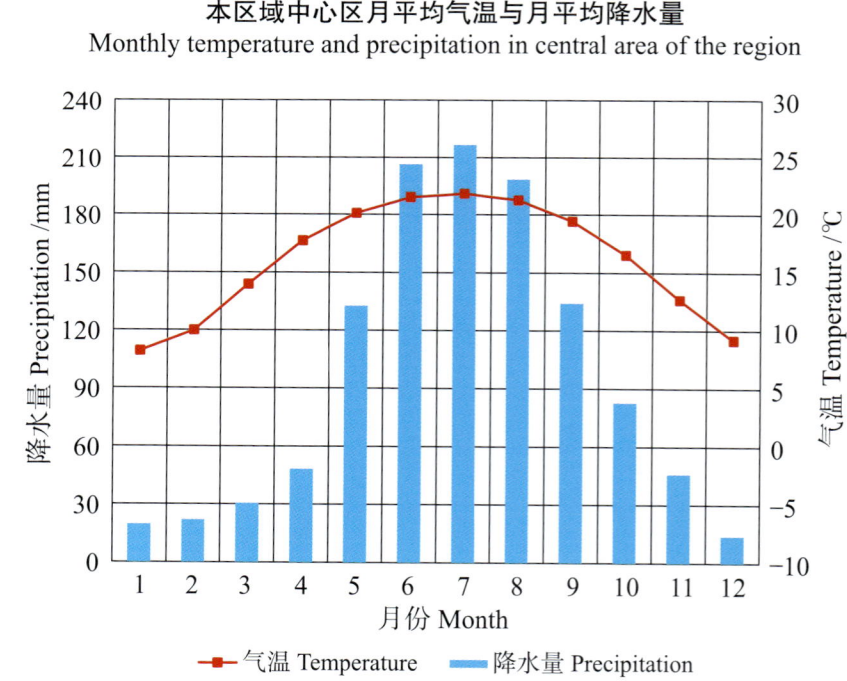

本区域中心区月平均气温与月平均降水量
Monthly temperature and precipitation in central area of the region

罗平县主要土壤类型与土壤剖面点分布图
1:330 000

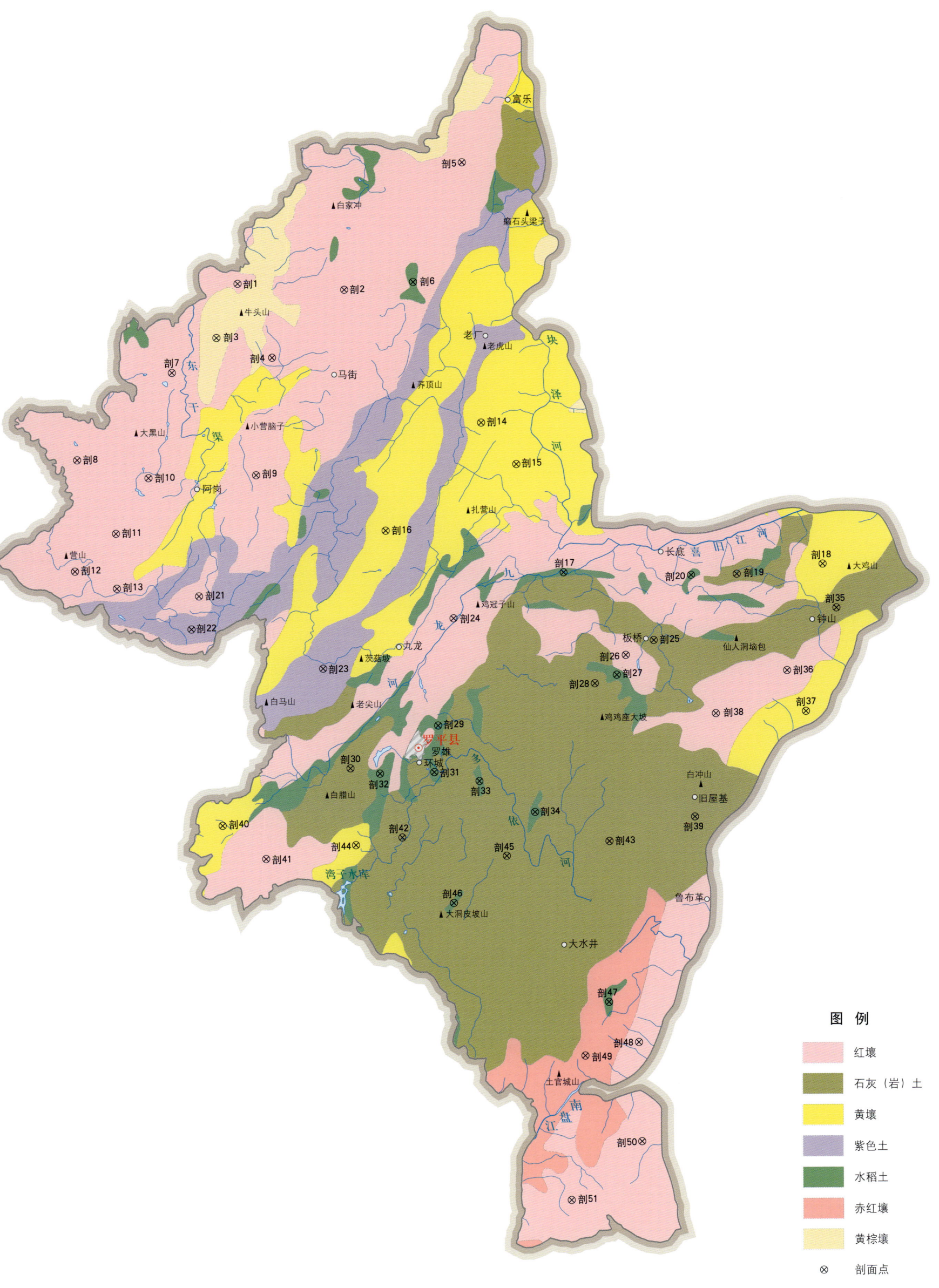

罗平县土壤剖面理化性状表

剖面号 Soil profile	土纲 Soil order	土类 Soil great group	亚类 Soil subgroup	土属 Soil genus	土种 Soil species	土层码 Layer code	土层厚度 Depth/cm	颜色 Soil color	质地 Soil texture	土壤结构 Soil structure	pH	有机质 OM/(g/kg)	全氮 TN/(g/kg)	全磷 TP/(g/kg)	全钾 TK/(g/kg)	碱解氮 AN/(mg/kg)	有效磷 AP/(mg/kg)	阳离子交换量CEC/(cmol/kg)	土壤母质 Parent material	剖面点坐标 Profile coordinate	匹配指数 Matching index/%
剖1	铁铝土	红壤	山原红壤	泥质岩类山原红壤		A	0~20	棕色	重壤土	小块状	5.3	18.5	1.44	0.81	11.8	144				E 104°09′37.2″ N 25°13′26.1″	94
						B	20~45	浅红棕色	中壤土	小块状	5.4	10.0	0.80	0.71	9.4	87					
						C	45~63	棕黄色	重壤土	粒状	5.3	5.5		0.63	19.6	76					
剖2	铁铝土	红壤	山原红壤	基性结晶岩类山原红壤	砂子土	A	0~17	浅棕红色	中壤土	核粒状	5.9	33.7	1.76	3.13	9.4	120			基性结晶岩类	E 104°14′44.9″ N 25°13′12.2″	73
						B	17~49	浅红色	中壤土	小块状	5.7	16.3	2.60	2.80	11.5	132					
						C	49~80	红色	中壤土	小块状	5.6	4.8		2.60	10.6	61					
剖3	淋溶土	黄棕壤	黄棕壤	碳酸岩类山地黄棕壤	灰泥土	A	0~18	浅棕黄色	轻壤土	核粒状	5.7	26.0	1.23	2.08	18.5	146				E 104°08′36.6″ N 25°11′03.5″	73
						B	18~28	灰棕色	中壤土	核粒状	5.1	57.2	3.83	2.93	70.8	329					
						BC	28~61	黑棕色	中壤土	核粒状	5.1	68.0	3.31	3.52	19.6	241					
						C	61~94	暗黄棕色	重壤土	块状	5.3	28.8		2.31	62.2	245					
剖4	铁铝土	红壤	山原红壤	石灰岩山原红壤	红泥土	A	0~20	红色	重壤土	小块状	6.9	41.8	1.92	1.26	10.6	97			石灰岩	E 104°11′17.7″ N 25°10′12.6″	85
						B	20~40	暗棕色	中壤土	小块状	6.3	23.7	1.13	1.34	8.1	126					
						C	40~100	红色	中壤土	核粒状	5.8	37.8		1.96	11.7	151					
剖5	铁铝土	红壤	山原红壤	石灰岩山原红壤	湿泥土	A	0~17	暗红棕色	中壤土	小块状	6.4	44.3	1.93	1.41	10.7	126				E 104°20′23.8″ N 25°18′45.5″	80
						B	17~77	暗红棕色	重壤土	小块状	5.9	26.3	1.33			150					
						C	77~100	红色	重壤土	大块状											
剖6	人为土	水稻土	潴育水稻土	红壤性潴育水稻土	红泥田	A	0~18	灰棕色	中壤土	小块状	7.1	54.4	3.33	3.53	19.1	245			红壤性母质	E 104°18′04.0″ N 25°13′33.6″	90
						P	18~33	栗色	中壤土	块状	7.3	48.6	2.45	3.40	18.3	224					
						G	33~91	暗红色	重壤土	块状	6.6	37.2	2.19	3.38	17.5	178					
剖7	铁铝土	红壤	山原红壤	老冲积山原红壤	红油砂土	A	0~17	暗棕色	中壤土	粒状	6.7	45.2	1.53	3.09	9.5	159				E 104°06′28.1″ N 25°09′31.8″	92
						B₁	17~48	红棕色	重壤土	小块状	6.2	21.7	4.18	2.79	13.2	147					
						B₂	48~100	红色	重黏土	小块状	5.9	4.2			7.9	83					
剖8	铁铝土	红壤	山原红壤	泥质岩类山原红壤	黄砂土	A	0~23	浅棕色	中壤土	粒状	5.6	39.0	1.31	3.55	8.4	181				E 104°01′55.9″ N 25°05′43.1″	70
						B	23~73	浅棕色	中壤土	核粒状	5.8	19.7	1.15	3.01	13.2	162					
						C	73~93	浅红棕色	轻黏土	小块状	6.5	34.3	2.53			193					
剖9	铁铝土	红壤	黄红壤	石灰岩黄红壤	黄泥土	A	0~10	棕黄色	重壤土	块状	6.8	23.1	0.94	0.65	9.1	87			石灰岩	E 104°10′33.1″ N 25°05′06.6″	71
						B	10~50	红黄色	轻壤土	块状	7.1	8.8	0.71	0.64	8.0	75					
						C	50~101	浅红棕色	中壤土	块状	6.0	3.5				65					
剖10	铁铝土	红壤	山原红壤	泥质岩类山原红壤	粉砂土	A	0~20	棕色	轻壤土	粒状	6.4	32.5	1.41	0.87	9.3	77			泥质岩类	E 104°05′22.3″ N 25°04′58.2″	85
						B	20~53	浅棕色	中壤土	核粒状	5.2	13.4	1.06	0.58	9.4	88					
						BC	53~85	红棕色	中壤土	核粒状	5.3	6.7		0.44	11.0	60					
剖11	铁铝土	红壤	山原红壤	泥质岩类山原红壤	石渣土	A	0~17	深棕色	轻壤土	粒状	6.4	64.1	2.05	5.67	11.5	154			泥质岩类	E 104°03′49.1″ N 25°02′32.5″	93
						B	17~48	紫棕色	中壤土	粒状	6.4	35.3	2.11	4.30	22.6	177					
						C	48~91	棕红色	重壤土	粒状	6.1	29.0		5.30	21.1	175					
剖12	铁铝土	红壤	山原红壤	基性结晶岩类山原红壤	油砂土	A	0~17	红色	中壤土	小块状	6.9	17.1	1.00	1.65	9.8	108			基性结晶岩类	E 104°01′51.6″ N 25°00′52.6″	74
						B	17~48	暗棕红色	重壤土	小块状	7.4	11.2	0.85	1.68	10.4	89					
剖13	铁铝土	红壤	山原红壤	石灰岩山原红壤	红土	A	0~17												石灰岩	E 104°03′52.6″ N 25°02′08.3″	98
						B	17~48														
						C	48~100	红色	重壤土												

续表 Continued

剖面号 Soil profile	土纲 Soil order	土类 Soil great group	亚类 Soil subgroup	土属 Soil genus	土种 Soil species	土层码 Layer code	土层厚度 Depth/cm	颜色 Soil color	质地 Soil texture	土壤结构 Soil structure	pH	有机质 OM/(g/kg)	全氮 TN/(g/kg)	全磷 TP/(g/kg)	全钾 TK/(g/kg)	碱解氮 AN/(mg/kg)	有效磷 AP/(mg/kg)	阳离子交换量CEC/(cmol/kg)	土壤母质 Parent material	剖面点坐标 Profile coordinate	匹配指数 Matching index/%
剖14	铁铝土	黄壤	黄壤	碳酸岩类黄壤	黄胶泥土	A	0—15	暗黄棕色	重壤土	小块状	6.4	19.5	1.33	1.38	18.2	165			碳酸岩类	E 104°21′22.3″ N 25°07′26.4″	82
						B	15—55	浅黄棕色	重壤土	大块状	6.3	7.2	1.61	1.37	16.7	126					
剖15	铁铝土	黄壤	黄壤	泥质岩类黄壤		C	55—95	浅黄棕色	轻黏土	大块状	5.3	25.9	1.71	1.19	29.0	152				E 104°23′04.5″ N 25°05′38.7″	83
						A	0—26	褐红色	轻黏土	大块状	5.3	26.0	1.74	0.98	27.4	182					
						B	26—49	橙红色	中黏土	大块状	4.9	4.7		0.78	29.2	139					
剖16	铁铝土	黄壤	黄壤	泥质岩类黄壤	黄砂泥土	C	49—81	灰黄色	轻壤土	小块状	5.4	33.2	1.44	0.28	24.7	144			泥质岩类	E 104°16′47.7″ N 25°02′43.4″	89
						A	0—17	浅黄棕色	中壤土	小块状	5.2	8.9	1.14	2.11	31.7	97					
						B	17—29	浅黄棕色	重壤土	小块状	5.3	4.6		2.09	31.8	108					
剖17	人为土	水稻土	潴育水稻土	石灰性潴育水稻土	红胶泥田	C	29—44	黄色	中壤土	块状	6.5	53.7	3.66	1.55	26.0	221			冲积物	E 104°25′21.4″ N 25°00′55.8″	74
						A	0—19	浅棕色	中壤土	块状	7.0	36.3	2.24	1.24	25.0	144					
						W	19—52	棕色	中壤土	颗粒状	7.0	43.9	3.35	1.89	16.5	157					
剖18	铁铝土	黄壤	黄壤	泥质岩类黄壤	黄砂土	Wg	52—90	暗棕色	轻壤土	粒状	5.0	48.0	2.95	2.72	21.8	206			泥质岩类	E 104°37′48.5″ N 25°01′20.0″	99
						A	0—16	褐色	中壤土	核粒状	5.1	29.2	2.09	2.65	20.7	174					
						B	16—36	灰棕色	中壤土	粒状	5.1	14.8		1.73	17.6	82					
剖19	初育土	石灰（岩）土	黑色石灰土	黑色石灰土	鸡粪土田	C	36—86	黄色	中壤土	粒状	7.7	117.3	5.98	5.41	8.9	40				E 104°33′41.5″ N 25°00′53.0″	93
						A	0—19	黑棕色	重壤土	核粒状	7.8	86.1	4.52	4.05	8.7	305					
						AB	19—44	暗棕色	重壤土	核粒状	7.8	66.0		3.65	10.2	284					
剖20	人为土	水稻土	潴育水稻土	石灰性潴育水稻土	油红土	B	44—80	暗黄棕色	中壤土	小块状	7.6	76.3	4.56	2.51	15.6	252				E 104°31′29.3″ N 25°00′49.7″	96
						A	0—22	暗棕灰色	中壤土	核粒状	7.8	71.4	4.64	2.37	15.5	241					
						Pg	22—35	棕灰色	中壤土	小块状	8.0	53.1	3.47	2.30	16.2	198					
剖21	铁铝土	红壤	山原红壤	石灰岩红壤	青砂土	Wg	35—90	棕灰色	重壤土	核粒状	6.5	29.1	1.65	1.33	12.0	141			石灰岩	E 104°07′49.6″ N 24°59′49.5″	82
						A	0—18	棕色	重壤土	小块状	6.3	6.5	0.74	1.46	12.6	84					
						B	18—52	浅棕色	重壤土	大块状	5.8	5.9		2.27	12.5	81					
剖22	初育土	紫色土	酸性紫色土	淋溶粗暗紫泥	羊血土	C	52—97	紫灰色	轻壤土	块状	6.3	22.4	1.47	3.34	33.0	185				E 104°07′28.2″ N 24°58′22.8″	70
						B	17—45	棕灰色	核粒状		5.6	9.4	0.90	3.17	32.2	149					
						C	45—60	棕灰色	轻壤土	块状											
剖23	初育土	紫色土	酸性紫色土	淋溶粗暗紫泥			0—20	紫棕色	中壤土	核粒状	5.6	24.5	1.88	2.64	27.9	170				E 104°13′48.0″ N 24°56′42.0″	74
						A	20—43	暗紫棕色	重壤土	核粒状	5.3	16.6	1.58	2.21	30.8	149					
						B	43—70	暗紫棕色	重壤土	核粒状	5.1	14.7		1.88	30.5	94					
剖24	铁铝土	红壤	黄红壤	石灰岩黄红壤	黄红土	C	0—16	红棕色	中壤土	小块状	6.7	33.6	2.40	1.88	12.1	88			石灰岩	E 104°20′04.3″ N 24°58′54.6″	97
						A	16—36	浅红棕色	重壤土	核粒状	6.4	29.0	1.39	1.50	11.4	136					
						B	36—86	浅红黄色	轻黏土	小块状	6.3	22.1		1.39	11.5	124					
剖25	初育土	石灰（岩）土	黑色石灰土	黑灰泥土	灰黑泡土	C	0—25	棕深黑色	黏土	粒状	7.2	58.6	2.52	1.41	11.9	260	4.0	27.6		E 104°29′41.6″ N 24°57′59.4″	91
						A	22—30	亮棕色	黏土	块状	6.7	34.1	1.75	0.98	11.9	127	2.0	16.5			
						P	30—64	油黄色	重黏土	块状	5.9	31.3	1.61	0.83	15.3	99	1.0	15.6			
剖26	铁铝土	红壤	黄红壤	泥质岩类黄红壤	粉砂胶泥	W	0—14	灰棕色	中壤土	大块状	5.3	18.4	1.10	0.90	22.8	104				E 104°28′21.0″ N 24°57′20.5″	88
						G	14—34	黄棕黄色	重壤土	大块状	5.3	5.8	0.81	0.49	22.1	51					
						B	34—90	浅红黄色	重黏土	大块状	5.4	4.8		0.53	23.4	32					
剖27	人为土	水稻土	潴育水稻土	冲积性潴育水稻土	浮泥田	C	0—22	棕灰色	重壤土	大块状	7.2	29.8	2.07	2.87	21.2	152			冲积物	E 104°27′55.1″ N 24°56′28.7″	72
						A	22—30	灰棕色	黏土	大块状	7.5	15.7	1.15	2.59	20.8	68					
						P	30—64	暗棕灰色	重黏土	大块状	7.5	15.5		2.55	21.7	69					
剖28	初育土	石灰（岩）土	黄色石灰土	黄色石灰土		W	64—100	灰灰棕色	中壤土	小块状	8.0	68.8	5.24	1.40	23.7	237				E 104°26′52.1″ N 24°56′06.0″	71
						A	0—19	棕灰色	重黏土	块状	7.8	14.7	1.46	0.78	31.8	63					
						B	19—41	红黄色	重黏土	块状											
						C	41—90	浅黄棕色	重黏土	大块状	7.8	8.5		0.87	30.9	53					

续表 Continued

剖面号 Profile	土纲 Soil order	土类 Soil great group	亚类 Soil subgroup	土属 Soil genus	土种 Soil species	土层码 Layer code	土层厚度 Depth/cm	颜色 Soil color	质地 Soil texture	土壤结构 Soil structure	pH	有机质 OM/(g/kg)	全氮 TN/(g/kg)	全磷 TP/(g/kg)	全钾 TK/(g/kg)	碱解氮 AN/(mg/kg)	有效磷 AP/(mg/kg)	阳离子交换量CEC/(cmol/kg)	土壤母质 Parent material	剖面点坐标 Profile coordinate	匹配指数 Matching index/%
剖29	人为土	水稻土	沼泽型水稻土	湖积性沼泽水稻土	烂泥田	A	0—20	棕色	中壤土		8.0	76.4	3.01	2.28	13.3	292			湖积物	E 104°19′20.3″ N 24°54′14.8″	72
剖30	初育土	石灰(岩)土	黑色石灰土	黑色石灰土	黑油灰土	G	20—50	暗棕灰色	中壤土		7.9	80.6	3.69	2.14	11.9	280				E 104°15′07.8″ N 24°52′21.9″	71
						A	0—16	褐色	中壤土	核状	8.0	63.9	1.93	2.72	19.2	237					
						B	16—38	暗灰棕色	重壤土	块状	7.6	57.3	1.76	2.91	23.7	229					
						BC	38—53	黑灰棕色	重壤土	小块状	7.6	16.6	1.80		23.8	139					
						C	53—80	灰黄色	中壤土	块状	7.7	59.8	0.85	2.85	40.5	231					
剖31	人为土	水稻土	潜育水稻土	冲积性潜育水稻土	浮泥田	A	0—20				7.5	45.3	2.74	2.75	20.1	175			冲积物	E 104°19′09.9″ N 24°52′12.4″	75
						G	20—50				7.2	26.3	1.76	2.66	21.4	175					
剖32	人为土	水稻土	潴育水稻土	暗紫红泥田	暗紫砂泥田	A	0—20	灰棕色	粉砂质壤土	核粒状	6.1	25.9	1.54	1.21	23.8	175	12.0			E 104°16′32.7″ N 24°52′08.3″	74
						P	20—30	紫色	黏壤土	小块状	6.1	27.3		1.22	24.1	187	13.0				
						W	30—60	紫色	壤质黏土	块状	6.2	20.4	1.89	1.24	24.6	186	11.0				
剖33	人为土	水稻土	淹育水稻土	红黏性淹育水稻土	红胶泥土田	A	0—20	浅棕色	中壤土	小块状	6.7	25.6	1.76	3.16	11.1	142			红黏性母质	E 104°21′19.8″ N 24°51′49.7″	87
						P	20—30	黄灰棕色	重黏土	整块状	6.1	23.7	1.71	3.21	9.7	127					
						C	30—100	红灰色	重黏土	块状	6.7	27.3		2.95	8.6	150					
剖34	人为土	水稻土	潴育水稻土	紫色土性潴育水稻土	紫泥土	A	0—20	灰棕色	重黏土	块状	6.0	25.1	1.68	2.40	23.5	156				E 104°24′00.0″ N 24°50′28.0″	87
						P	20—31	紫色	轻黏土	块状	6.5	20.8		2.47	20.9	162					
						W	31—66	紫棕色	重黏土	块状	6.9	12.1	0.95	2.58	31.0	98					
						C	66—90	深紫紫棕	重黏土	小块状											
剖35	初育土	石灰(岩)土	黄色石灰土	黄色石灰土	黑畲泥土	A	0—19	暗棕色	中壤土	大块状	7.7	77.4	3.16	3.55	21.8	158			碳酸岩类	E 104°38′28.6″ N 24°59′24.8″	84
						B	19—47	黄棕色	重黏土	大块状	7.4	58.8	2.20	3.10	25.3	107					
						C	47—70		轻黏土	小块状	7.4	5.7		2.60	35.6	37					
剖36	铁铝土	红壤	黄红壤	石灰岩黄红壤	红黄土	A	0—20	暗灰棕色	重黏土	大块状	5.9	47.5	2.79	1.84	4.2	218			泥质岩类	E 104°36′06.5″ N 24°56′40.7″	93
						B	20—54	红棕色	重黏土	大块状	5.7	24.2	1.74	1.72	5.0	166					
						BC	54—100	浅棕红色	重黏土	小块状	5.6	20.8	1.56	1.56	4.8	134					
剖37	铁铝土	黄壤	黄壤	碳酸岩类黄壤	黄畲泥	A	0—15	灰棕色	重壤土	小块状	5.0	27.6	2.01	1.65	9.3	101				E 104°37′00.5″ N 24°54′54.4″	71
						B	15—43	红棕色	重壤土	块状	4.6	53.9	2.14	1.49	8.8	211					
						C	43—80	暗棕黄色	重壤土	块状	5.4	58.5	1.60	0.74	17.6	179					
剖38	铁铝土	红壤	黄红壤	泥质岩类红壤	黄橙土	A	0—12	浅黄棕色	中壤土	核粒状	5.3	7.9	1.04	0.52	17.3	70			碳酸岩类	E 104°32′41.3″ N 24°54′48.2″	87
						B	12—36	浅黄棕色	重黏土	小块状	5.2	4.6		0.43	23.9	50					
						C	36—92	栗色	轻黏土	粒状	7.0	44.5	1.96	1.07	31.7	124					
剖39	初育土	石灰(岩)土	黄色石灰土	黄色石灰土	黄畲泥	A	0—18	暗灰棕色	重黏土	大块状	7.3	6.2	0.91	1.58	28.0	54			基性结晶岩类	E 104°31′40.8″ N 24°50′16.4″	75
						B	18—67	红棕色	重黏土	大块状	5.6	6.0		1.82	30.6	60					
						C	67—90	浅黄棕色	重壤土	小块状	7.4	32.0	2.50	1.38	52.4	135					
剖40	铁铝土	黄壤	山原红壤	碳酸岩类黄壤	黄紫土	A	0—20	暗黄棕色	重壤土	大块状	7.4	15.0	1.16	1.22	14.0	108			碳酸岩类	E 104°08′59.6″ N 24°49′49.4″	93
						B	20—39	浅黄棕色	重壤土	大块状	7.4	8.9		1.21	12.1	96					
						C	39—95	暗棕红色	中壤土	核粒状	5.0	83.6	3.84	2.44	6.8	252					
剖41	铁铝土	红壤	次红色土	基性结晶岩类山原红壤	红油砂土	A	0—11	浅黄棕色	中壤土	粒状	5.5	16.0	1.06	2.03	8.7	85			基性结晶岩类	E 104°11′05.3″ N 24°48′23.4″	71
						B	11—43	红棕色	重壤土	粒状	5.6	11.8		1.72	8.7	94					
						C	43—80	浅棕红色	中壤土	核粒状	7.9	44.2	2.21	4.78	9.5	150					
剖42	初育土	石灰(岩)土	红色石灰土	次红色山原石灰土		A	0—25	浅红棕色	轻壤土	小块状	7.7	15.0	1.13	1.94	12.3	43				E 104°17′37.7″ N 24°49′20.6″	99
						B	25—65	红棕色	中壤土	大块状	7.7	7.5		2.09	11.1	43					
						C	65—100	浅棕色	中壤土			6.7	3.26			19					
剖43	初育土	石灰(岩)土	黑色石灰土	薄层石灰土		A	0—21	暗棕色	轻壤土	块状、小块状	6.4	35.3	2.51	1.61	32.9	235				E 104°27′34.2″ N 24°49′12.0″	96
剖44	铁铝土	黄壤	黄壤	碳酸岩类黄壤		B	21—56	浅黄棕色	中壤土	小块状	5.9	12.2	11.02	1.49	20.8	165			碳酸岩类	E 104°15′24.1″ N 24°48′59.8″	82
						C	56—96	黄色	中壤土	大块状											

续表 Continued

剖面号 Soil profile	土纲 Soil order	土类 Soil great group	亚类 Soil subgroup	土属 Soil genus	土种 Soil species	土层码 Layer code	土层厚度 Depth/cm	颜色 Soil color	质地 Soil texture	土壤结构 Soil structure	pH	有机质 OM/(g/kg)	全氮 TN/(g/kg)	全磷 TP/(g/kg)	全钾 TK/(g/kg)	碱解氮 AN/(mg/kg)	有效磷 AP/(mg/kg)	阳离子交换量 CEC/(cmol/kg)	土壤母质 Parent material	剖面点坐标 Profile coordinate	匹配指数 Matching index/%
剖45	初育土	石灰（岩）土	黄色石灰土	黄灰泥土	灰黄泡土	A	0—19	浊黄棕色	壤质黏土	小块状	8.0	58.8	3.24	0.61	19.6	237	6.0	24.0		E 104°22′38.6″ N 24°48′33.5″	89
						C₁	19—41	橙色	黏土	块状	7.8	14.7	0.85	0.78	26.4	63	2.0	22.0			
						C₂	41—90	亮黄棕色	黏土	大块状	7.8	8.5	0.50	0.87	25.6	53	2.0	19.4			
剖46	人为土	水稻土	潜育水稻土	赤红壤性潜育水稻土	粉砂田	A	0—22	白色	中壤土	无明显结构	6.2	32.4	1.08	0.83	26.3	149				E 104°20′06.4″ N 24°46′29.6″	88
						G	22—72	褐色	重壤土	无明显结构	5.9	26.3	1.10	0.78	22.4	147					
						W	72—100	灰黄色	中壤土	小块状	6.2	13.2		0.86	23.5	82					
剖47	人为土	水稻土	潜育水稻土	红壤性潜育水稻土	白粉土田	A	0—16	浅棕红色	重壤土	块状	6.4	19.1	1.58	1.22	26.1	120				E 104°27′32.8″ N 24°42′12.6″	70
						P	16—26	暗棕灰色	重壤土	块状	7.0	17.8		1.04	25.1	110					
						W	26—44	红棕色	中壤土	小块状	6.7	16.4	1.59	0.80	27.6	114					
						G	44—80	红色	中壤土	小块状											
剖48	铁铝土	红壤	黄色赤红壤	泥质岩类黄红壤	黄砂泥土	A	0—15	浅棕色	中壤土	小块状	5.8	27.2	1.58	2.04	9.5	123			泥质岩类	E 104°28′59.2″ N 24°40′28.3″	89
						B	15—65	浅棕色	重壤土	小块状	5.8	11.6	1.00	1.15	8.8	80					
						C	65—75	浅黄色	重壤土	块状	5.8	2.9		8.36	8.4	39					
剖49	铁铝土	赤红壤	黄色赤红壤	泥质岩类黄色赤红壤	黄砂泥土	A	0—16	浅橙色	轻壤土	小块状	5.0	29.8	1.89	0.72	9.9	121				E 104°26′24.7″ N 24°39′54.0″	71
						B	16—28	黄橙色	轻壤土	小块状	5.1	13.8	0.74	0.58	9.2	68					
						C	28—90	浅红黄色	轻壤土	块状	5.4	6.4		0.58	12.2	51					
剖50	铁铝土	红壤	黄红壤	泥质岩类黄红壤	黑砂土	A	0—17	紫灰色	轻壤土	粒状	5.3	42.2	1.53	1.17	17.5	147			泥质岩类	E 104°29′08.6″ N 24°36′12.6″	97
						B	17—41	褐色	中壤土	核粒状	5.1	29.2	1.30	1.21	16.5	106					
						C	41—85	紫色	中壤土	核粒状	5.2	20.5		1.04	16.1	86					
剖51	铁铝土	红壤	黄红壤	泥质岩类黄红壤	黄砂土	A	0—16	褐色	中壤土	核粒状									泥质岩类	E 104°25′45.6″ N 24°33′40.7″	87
						B	16—36	棕色	中壤土	小块状											
						BC	36—63	棕色	中壤土	块状											
						C	63—93	红黄色	重壤土												

富源县

主要土类说明

红壤是富源县主要土壤类型，占本县地域面积的 30%。成土母质有石灰岩、玄武岩、泥质岩、砂页岩和古红土等。成土过程以脱硅富铝化和生物富集为主。红壤呈中度脱硅富铝化特征，具 A-Bs-Bv 或 A-Bs-C 剖面构型。土体深厚，可达 1m 以上，剖面层次发育完整，B 层通常有铁锰结核淀积。本县红壤分为红壤、黄红壤、红壤性土等亚类。红壤亚类养分含量一般不高，速效磷缺乏，质地黏重，保水保肥力强，但耕性较差。黄红壤土体上部有黄化现象，以黄橙色或橙色为主，下部仍以高岭石为主，伴有蛭石和三水铝石。红壤性土属于剖面发育差的幼年红壤，土壤侵蚀严重，心土和底土裸露地表，石砾多，质地偏砂，有机质和速效养分缺乏。

黄棕壤是富源县第二大土壤类型，占本县地域面积的 30%，分布在海拔 2000—2500m 的山区。成土母质主要为石灰岩、玄武岩、泥质岩，其次为少量紫色砂岩。成土过程受淋溶、黏化及弱富铝化作用的影响。土体发生层次较明显，一般具 A-B-C 剖面构型。表层有机质含量较高，呈黄棕色或灰棕色，质地为中壤土至轻壤土，粒状结构，呈酸性。心土层呈黄棕色或红棕色，质地多为中壤土，小块状或核状结构。心土层以下为半风化母质层。

黄壤是富源县第三大土壤类型，占本县地域面积的 21%，分布在本县南部海拔 1500—2100m 的中山山地。该区域云雾较多，日照较少，雨量丰富，湿度较大，土体常保持湿润状态。植被为常绿针阔叶混交林。成土母质主要有砂岩和页岩。成土过程以脱硅富铝化、生物富集和黄化过程为主。本县黄壤分为黄壤、黄壤性土等亚类。黄壤亚类中度富铝化，具 O-A-AB-B-C 剖面构型。淀积层（B 层）富含水合氧化物（针铁矿），呈黄色，有时含三水铝石。土壤有机质含量可达 100g/kg，pH 为 4.5—5.5。黄壤性土侵蚀严重，具 A-（B）-C 剖面构型，A 层浅薄，B 层发育不明显，常夹有半风化岩石碎块。

紫色土占本县地域面积的 11%，本县各地均有分布。植被为云南杉、常绿阔叶林或灌丛草地。成土母质为三叠系酸性紫色或紫红色砂泥质页岩。成土过程以母岩的快速物理崩解、频繁侵蚀堆积以及碳酸钙的不断淋失为主，生物积累作用较弱。土壤保持与母岩相同的颜色，呈红紫色或暗紫色，土层浅薄，具 A-C 剖面构型。本县紫色土多为酸性紫色土亚类，黏土矿物一般以蛭石和水云母为主，有机质和全氮含量较高，全磷和全钾含量较低，pH 为 4.5—5.5。

小于本县地域面积 3% 的土壤类型有石灰（岩）土、水稻土、棕壤和新积土。

本区域中心区气候特征

本区域中心区气候特征值
Regional climate characteristics in central area of the region

气候带：中亚热带湿润气候 Climate region: Subtropical humid climate	
年平均气温 /℃ Annual average temperature /℃	14.8
年平均最高气温 /℃ Annual average maximum temperature /℃	20.1
年平均最低气温 /℃ Annual average minimum temperature /℃	10.9
年降水量 /mm Annual precipitation /mm	1173
≥10℃的积温 /℃ Daily temperature accumulated in a year (≥10℃) /℃	5500
年日照时数 /h Annual sunshine /h	1805
年平均相对湿度 /% Annual average relative humidity /%	77
干燥度 Dryness	0.78

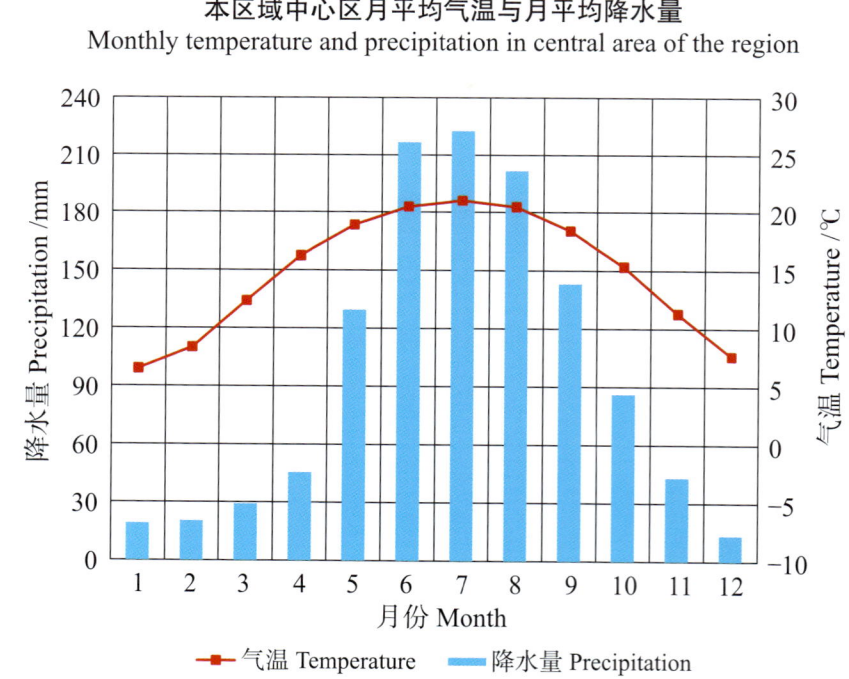

本区域中心区月平均气温与月平均降水量
Monthly temperature and precipitation in central area of the region

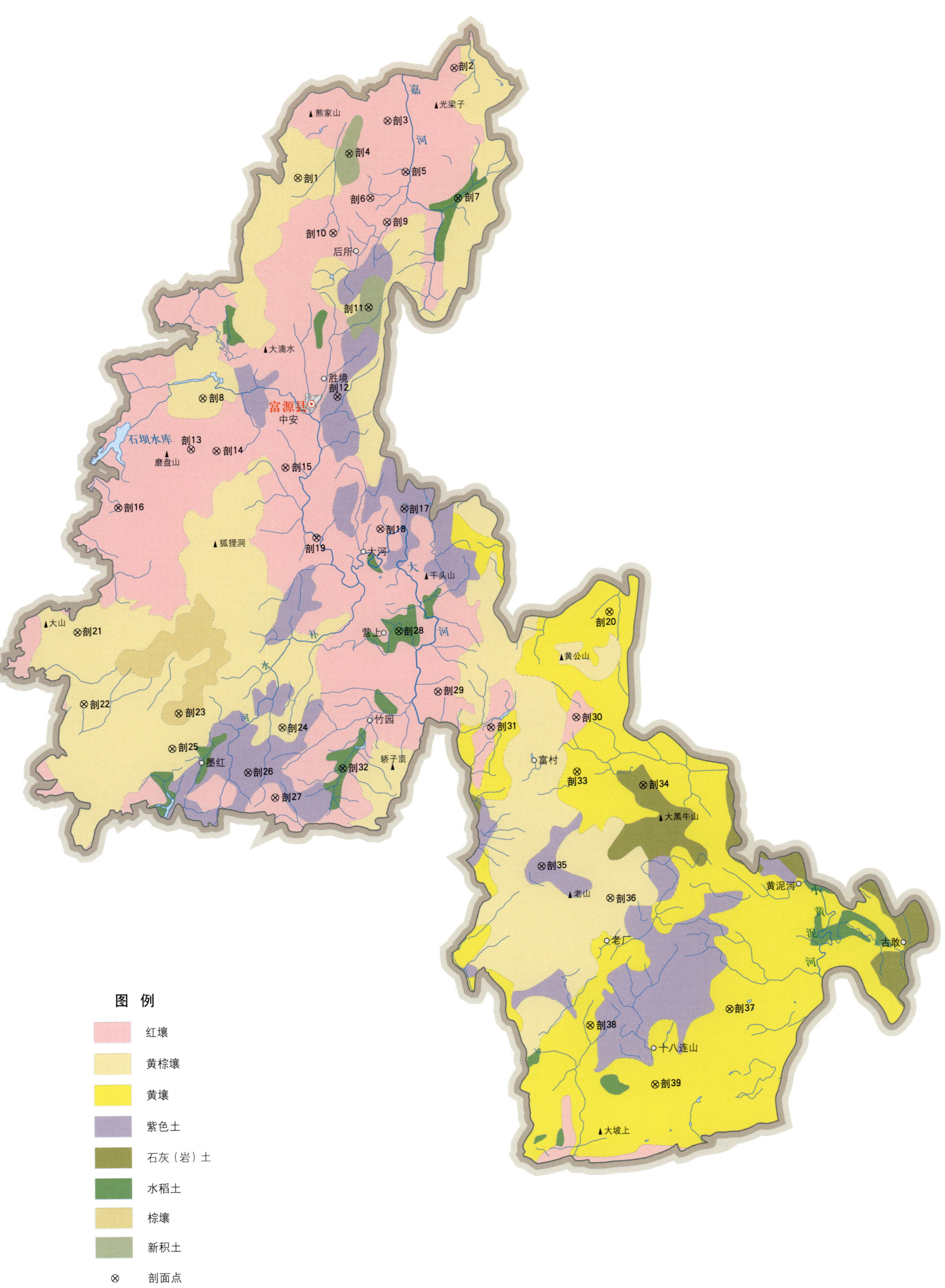

富源县土壤剖面理化性状表

剖面号 Soil profile	土纲 Soil order	土类 Soil great group	亚类 Soil subgroup	土属 Soil genus	土种 Soil species	土层码 Layer code	土层厚度 Depth/cm	颜色 Soil color	质地 Soil texture	土壤结构 Soil structure	pH	有机质 OM/(g/kg)	全氮 TN/(g/kg)	全磷 TP/(g/kg)	全钾 TK/(g/kg)	碱解氮 AN/(mg/kg)	有效磷 AP/(mg/kg)	土壤母质 Parent material	剖面点坐标 Profile coordinate	匹配指数 Matching index/%
剖1	淋溶土	黄棕壤	黄棕壤	石灰岩山地黄棕壤	黄泡地	A	0—19	棕灰色	轻壤土	团块状								石灰岩	E 104°14′20.4″ N 25°51′44.3″	79
						B	19—47	棕黄色	中壤土	块状										
						C	47—100	黄色	重壤土	块状										
剖2	铁铝土	红壤	黄红壤	玄武岩黄红壤		Ao	0—2				7.7	94.9	4.71	0.44	8.3	434		玄武岩	E 104°23′01.7″ N 25°57′13.9″	91
						A	2—7	棕色	砂壤土	粒状	8.0	54.0	2.02	0.22	7.4	263				
						3	7—35	黄红色	重壤土	块状										
						4	35—90	灰黄色	黏壤土	梭柱状										
剖3	铁铝土	红壤	山原红壤	泥质岩类山原红壤		A	0—18	棕黄色	砂质黏壤土	碎块状	7.9	20.2	0.48	0.36	8.6	112		泥质岩类	E 104°19′19.2″ N 25°54′34.9″	89
						B	18—34	红棕色	黏质黏壤土	块状	7.9	10.9	0.36	0.39	11.5	93				
						C	34—100	浅红棕色	壤质黏壤土	小块状	7.9	13.8	0.89	0.38	11.9	111				
剖4	初育土	新积土	冲积土	砂浮泥	砂浮泥	A	0—18	棕黄色	砂质黏壤土	核块状	7.9	20.2	0.96	0.38	8.6	112		泥质岩类	E 104°17′11.8″ N 25°52′57.4″	73
						C_1	18—34	红棕色	黏质黏壤土	小块状	7.9	10.9	0.36	0.39	11.5	93	13.4			
						C_2	34—100	浅红棕色	壤质黏壤土	块状	7.9	13.8	0.89	0.38	11.9	111	12.5			
剖5	铁铝土	红壤	山原红壤	玄武岩山原红壤	红土	A	0—20	灰灰黑色	中壤土	团粒状	6.5	142.2	4.28	0.60	9.1	282	9.8	玄武岩	E 104°20′19.0″ N 25°52′02.6″	73
						B	20—50	浅灰黑色	重壤土	小块状	7.2	142.8	3.94	0.58	8.3	240				
						C	50—100	棕黄色	重壤土	小块状	7.4	98.0	2.41	0.76	7.5	197				
剖6	铁铝土	红壤	山原红壤	石灰岩山原红壤		Ao	0—3	黑色			5.6	77.7	3.22	0.70	7.5	494		石灰岩	E 104°18′21.6″ N 25°50′44.9″	100
						2	3—6	棕黄色	轻壤土	粒状	5.4	59.8	2.24	0.63	7.4	351				
						3	6—20	黄红色	轻砂壤土	碎粒状										
						R	20—	黄红色												
剖7	人为土	水稻土	淹育水稻土	紫色土性淹育水稻土	紫泥田	A	0—20	黑棕色	粉砂质壤土	无明显结构	6.0	64.1	2.37	0.35	13.5	290		紫砂泥页岩坡积物	E 104°23′13.9″ N 25°50′44.2″	96
						P	20—30	灰灰色	砂质黏壤土	块状	6.6	57.0	2.36	0.38	12.8	278				
						G	30—80	青灰色	轻黏土	无明显结构	6.7	51.8	1.88	0.30	14.4	219				
						C	80—	灰褐色	砾质轻壤土											
剖8	淋溶土	黄棕壤	黄棕壤	玄武岩山地黄棕壤	黄泡土	1	0—3	暗棕色	轻壤土	团块状								玄武岩	E 104°19′17.4″ N 25°49′32.5″	76
						2	3—13	暗棕色	重壤土	块状										
						3	13—36	黄红色	砾质中壤土	屑状	7.0	21.7	1.21	1.26	7.5	145				
						C	36—100	棕红色	轻壤土	团块状	7.1	32.2	1.20	1.05	9.2	144				
剖9	铁铝土	红壤	红壤性土	泥质岩类红壤性土	煤炭土	A	0—19	黄红色	中壤土	块状	7.0	18.6	0.74	1.14	7.5	102		泥质岩类	E 104°16′17.8″ N 25°48′59.4″	72
						B	19—47	棕红色	轻砂壤土	粒状	5.3	10.2	0.93	0.75	9.7	220				
						C	47—100	暗棕色	中壤土	块状	5.2	21.9	1.17	0.89	8.2	231				
剖10	铁铝土	红壤	山原红壤	玄武岩山原红壤	油红土	A_1	0—3	棕色	粗砂壤土									玄武岩	E 104°09′03.2″ N 25°40′44.5″	88
						B	3—20	浅红棕色	重壤土	块状	5.2	110.0	3.70	0.78	11.6	270				
						C	20—100	青灰紫色	重壤土	柱状	6.2	96.9	2.83	0.68	11.4	213				
剖11	新积土	新积土	冲积土	冲积土	浮泥土	A	0—18	深黑色	砾质黏土	大块状	6.3	108.0	2.63	0.66	11.9	153		河流冲积物和沉积物	E 104°18′15.5″ N 25°45′16.6″	86
						P	18—30	棕黑色	中壤土	粒状	7.5	104.8	5.37	0.54	7.5	467				
						C	30—100	浅棕黑色	中壤土	块状	7.2	61.5	2.63	0.39	8.0	285				
剖12	初育土	紫色土	酸性紫色土	粗暗紫泥	紫砂土	A	0—18	棕褐色	砂壤土	粒状、片状	6.6	289.9	5.26	0.41	9.5	104		紫色粉砂质岩风化坡积物	E 104°16′31.8″ N 25°40′49.3″	94
						B	18—100	深褐色	轻壤土	粒状	7.2	694.9	8.85	0.15	3.8	37				
剖13	铁铝土	红壤	山原红壤	石灰岩山原红壤		A	0—15	深黑色	砂壤土	粒状	6.6	82.7	2.18	0.44	7.4	85			E 104°08′24.0″ N 25°38′12.5″	76
						B	15—35	深褐色	轻壤土	粒状										
						C	35—100	黄红色	中壤土	块状	5.1									

续表 Continued

剖面号 Soil profile	土纲 Soil order	土类 Soil great group	亚类 Soil subgroup	土属 Soil genus	土种 Soil species	土层码 Layer code	土层厚度 Depth/cm	颜色 Soil color	质地 Soil texture	土壤结构 Soil structure	pH	有机质 OM/(g/kg)	全氮 TN/(g/kg)	全磷 TP/(g/kg)	全钾 TK/(g/kg)	碱解氮 AN/(mg/kg)	有效磷 AP/(mg/kg)	土壤母质 Parent material	剖面点坐标 Profile coordinate	匹配指数 Matching index/%
剖14	铁铝土	红壤	山原红壤	泥质岩类山原红壤	窨泥土	A	0—20	棕红色	中壤土	小块状	7.2	23.4	1.39	0.70	8.1	222		泥质岩类	E 104°09′49.0″ N 25°38′07.4″	85
						B	20—80	黄红色	重壤土	块状	7.1	11.4	0.63	0.69	8.1	167				
						C	80—130	红色	重壤土	大块状										
剖15	铁铝土	红壤	山原红壤	石灰岩类山原红壤	红砂土	A	0—20	棕红色	砂壤土	粒状	7.2	38.4	1.87	0.36	6.3	197			E 104°13′37.9″ N 25°37′17.8″	71
						C	20—100	黄红色	重壤土	大块状	7.7	8.4	0.29	0.29	5.7	93				
剖16	铁铝土	红壤	山原红壤	第四纪山原红壤	红土	A	0—21	棕红色	中壤土	团块状	7.5	39.8	1.48	0.52	5.4	167			E 104°04′22.1″ N 25°35′16.8″	95
						C	21—100	黄棕色	重壤土	大块状	7.4	12.9	0.95	0.45	5.4	93				
剖17	初育土	紫色土	酸性紫色土	粗暗紫泥	紫泥土	A_1	0—5	暗棕色	轻壤土	粒状	6.1	84.2	2.85	0.10	7.2	434		紫色砂页岩风化坡积物		97
						A	5—15	浅棕色	轻壤土	粒状	6.8	26.6	1.07	0.11	7.9	202				
						B	15—40	黄红色	中壤土	小块状	5.7	52.3	1.64	0.10	9.9	322				
						C	40—	黄红色	重壤土	大块状										
剖18	铁铝土	红壤	黄红壤	泥质岩类黄红壤	红土	A	0—17				8.2	39.6	1.57	0.58	11.7	181		泥质岩类	E 104°18′53.5″ N 25°34′13.4″	82
						B	17—40		轻壤土		7.8	18.7	0.93	0.43	12.0	157				
						C	40—100		中壤土		6.0	14.5	0.75	0.43	11.9	170				
剖19	铁铝土	红壤	黄红壤	黄红大土	黄油红土	A	0—23	棕红色	黏壤土	屑粒状	6.6	61.0	2.20	0.42	4.6	358	0.7		E 104°15′21.2″ N 25°33′46.4″	88
						B	23—59	黄红色	壤质黏土	小块状	6.6	38.6	1.80	0.36	4.6	263	0.7			
						BC	59—100	暗红棕色	壤质黏土		7.0	31.5	1.10	0.28	4.6	225	0.5			
剖20	铁铝土	黄壤	黄壤	玄武岩山地黄壤		Ao	0—1				6.3	102.8	3.05	0.77	11.7	436			E 104°31′33.7″ N 25°30′04.1″	89
						A_1	1—2	黄色	砂壤土	粒状	5.6	54.3	1.67	1.04	7.2	270				
						A	2—13	红黄色	砂壤土	块状	5.9	11.9	0.83	0.83	7.6	140				
						C	13—	黄色	中壤土	块状	5.4	24.9	1.18	0.47	20.7	349				
剖21	淋溶土	黄棕壤	黄棕壤	石灰岩山地黄棕壤		A	0—12	黄色	重壤土	柱状	5.9	24.9	1.29	0.41	20.8	222		石灰岩	E 104°02′06.0″ N 25°29′04.2″	93
						B	12—36	黄色	砂壤土	粒状	6.0	21.3	0.88	0.23	17.0	179				
						C	36—100	浅棕色	砂壤土	粒状	6.0	5.0	0.53	1.15	2.0	13				
剖22	淋溶土	黄棕壤	黄棕壤	玄武岩山地黄棕壤		A	0—21	黄棕色	中壤土	块状	5.8	26.6	1.82	1.16	4.6	278			E 104°02′27.6″ N 25°25′30.0″	80
						B	21—100	暗棕色	中壤土	粒状	7.3	43.5	2.03	0.30	15.3	206				
剖23	淋溶土	棕壤	棕壤	石灰岩山地棕壤		A	0—20	暗棕色	轻壤土	块状	7.7	42.0	1.72	0.31	15.8	188			E 104°07′41.9″ N 25°25′02.3″	72
						B	20—45	灰棕色	中壤土	柱状	7.7	25.0	1.14	0.32	14.4	138				
						C	45—70	棕色	黏土	屑粒状	6.1	123.4	4.01	0.30	6.3	440				
剖24	淋溶土	黄棕壤	黄棕壤	紫色砂页岩山地黄棕壤	黄泥土	AB	0—12	暗棕色	中壤土	核块状	6.5	44.6	1.45	0.18	7.1	242			E 104°13′26.8″ N 25°24′19.4″	95
						B_1	12—24	浅棕色	中壤土	小块状	6.3	22.4	1.07	0.14	9.8	186				
						B_2	24—39	黄棕色	轻壤土	块状	6.6	16.6	0.64	0.12	9.7	126				
						C	39—54	棕黄色	中壤土	块状	6.6	15.0	0.90	0.14	13.4	176				
剖25	淋溶土	黄棕壤	黄棕壤	石灰岩山地黄棕壤	黄泥土	Ao	0—2	浅棕黄色			6.7	119.5	4.97	0.39	14.9	571		石灰岩	E 104°07′20.3″ N 25°23′15.4″	96
						A_1	2—8	黑褐色	轻壤土	粒状	7.1	119.5	4.97	0.39	14.9	571				
						3	8—28	黄色		粒状	6.8	68.5	3.44	0.28	15.0	409				
						B	28—90		黏土	柱状	7.3	37.5	1.53	0.18	15.8	214				
剖26	初育土	紫色土	酸性紫色土	粗暗紫泥	石骨子土	Ao	0—2	灰黑色	轻壤土	粒状	7.8	62.1	2.76	0.72	7.6	237			E 104°11′32.3″ N 25°22′03.7″	87
						A_1	2—3	棕黑色	中壤土	小块状	7.8	56.0	2.42	0.48	5.4	240				
						AB	3—12	浅灰色	黏土	块状	7.8	38.3	1.52	0.16	3.7	158				
						C	12—30	暗红色	中壤土	块状	7.4	60.6	2.63	0.59	7.6	259				
							30—50	深红色	重壤土	块状	7.8	29.6	0.44	0.42	9.8	119				
剖27	铁铝土	红壤	黄红壤	石灰岩黄红壤	窨泥土	A	0—19	浅棕红色	砾质中壤土	块状								石灰岩	E 104°13′01.9″ N 25°20′47.8″	86
						B	19—40													
						3	40—100													

续表 Continued

剖面号 Soil profile	土纲 Soil order	土类 Soil great group	亚类 Soil subgroup	土属 Soil genus	土种 Soil species	土层码 Layer code	土层厚度 Depth/cm	颜色 Soil color	质地 Soil texture	土壤结构 Soil structure	pH	有机质 OM/(g/kg)	全氮 TN/(g/kg)	全磷 TP/(g/kg)	全钾 TK/(g/kg)	碱解氮 AN/(mg/kg)	有效磷 AP/(mg/kg)	土壤母质 Parent material	剖面点坐标 Profile coordinate	匹配指数 Matching index/%
剖28	人为土	水稻土	潴育水稻土	冲积性潴育水稻土	鸡粪土田	A	0—16	灰黄色	轻壤土	团块状	7.5	40.3	1.97	0.36	20.8	191		河流冲积物	E 104°19′54.4″ N 25°29′07.4″	77
						P	16—25	棕色	中壤土	块状	7.6	25.3	1.42	0.21	9.9	127				
						C	25—90	黄色	重壤土	大块状	7.8	12.8	0.52	0.07	8.7	64				
剖29	铁铝土	红壤	黄红壤	黄瘦红土	黄瘦红土	A	0—15	浅棕红色	黏壤土	粒状	6.8	60.3	1.86	0.72	1.8	209	1.0		E 104°22′03.9″ N 25°26′06.4″	93
						B	15—40	红黄色	黏壤土	团块状	6.9	42.6	1.21	0.65	2.7	172	0.6			
						BC	40—100	红色		块状	7.0	18.0	0.76	0.69	2.2	143	0.7			
剖30	铁铝土	红壤	黄红壤	石灰岩黄红壤		Ao	0—2											石灰岩	E 104°24′59.8″ N 25°24′48.6″	95
						A₁	2—6	棕红色	轻壤土	粒状	5.7	88.4	2.88	0.45	11.9	622				
						B	6—31	棕红色	中壤土	块状		39.5	1.73	0.41	12.8	517				
						4	31—100	黄色		块状	6.7		0.60	0.57	4.4	390				
剖31	铁铝土	红壤	黄红壤	石灰岩黄红壤	红油砂土	A	0—20	暗红色	中壤土	块状	7.8	41.6	1.43	0.47	6.2	157			E 104°24′59.8″ N 25°24′18.7″	93
						B	20—54	棕红色	壤土	块状	7.8	18.3	0.78	0.30	5.9	92				
						C	54—100	棕红色	黏壤土	大块状	7.8	12.9	0.62	0.34	5.5	75				
剖32	人为土	水稻土	潴育水稻土	冲积性潴育水稻土	砂泥田	A	0—18	黑色	轻壤土	粒状	7.5	107.6	5.51	0.80	5.8	463		近代河流冲积物	E 104°16′46.6″ N 25°22′16.0″	79
						P	18—26	黑色	重壤土	团块状	8.0	98.8	4.75	0.66	6.6	419				
						C	26—90	棕黄色	重壤土	棱块状	7.5	106.1	1.56	0.16	6.6	163				
剖33	铁铝土	黄壤	黄壤	石灰岩黄壤		A	0—15	褐色	砂土	粒状	5.8	20.0	1.77	0.26	23.7	145			E 104°29′44.2″ N 25°22′04.4″	85
						C	15—100	黄色	砂质黏壤土	小块状	5.4	31.0	1.96	0.26	19.4	220				
剖34	初育土	石灰(岩)土	黑色石灰土	黑泡土	黑泥土	Ao	0—1											石灰岩新风化物	E 104°33′23.8″ N 25°21′23.5″	92
						A₁	1—17	棕色	中壤土	粒状	6.8	97.9	5.21	0.92	6.6	578				
						AB	17—34	红棕色	轻壤土	小块状	7.3	50.2	2.59	0.69	10.1	279				
剖35	初育土	紫色土	酸性紫色土	粗暗紫泥	紫油砂土	A	0—15	浅棕色	轻壤土	粒状	6.1	48.9	1.31	0.44	10.9	269		紫红色砂页泥岩风化残积物	E 104°27′44.6″ N 25°17′20.0″	87
						B	15—40	棕色	重壤土	轻壤土	6.3	34.0	2.37	0.45	10.4	245				
						C	40—90	黄色	重壤土	块状	6.4	74.5	2.72	0.37	8.2	259				
剖36	淋溶土	黄棕壤	黄棕壤	石灰岩山地黄棕壤	黑土	Ao	0—2				7.6	60.4	2.10	1.02	6.6	317		石灰岩	E 104°31′32.2″ N 25°15′44.3″	83
						A₁	2—4	棕色	砂壤土	粒状	7.6	60.4	2.10	1.02	6.6	317				
						AB	4—20	棕色	中壤土	核块状	7.6	60.4	2.10	1.02	6.4	317				
						4	20—60	棕色	轻壤土	块状	5.1	18.8	0.61	1.19	6.4	171				
剖37	铁铝土	黄壤	黄壤	石灰岩山地黄壤	黄泥土	A	0—13	灰黄色	砂壤土	粒状	5.7	68.6	2.29	0.53	5.5	331		石灰岩	E 104°38′06.2″ N 25°10′10.7″	71
						B	13—26	棕色	中壤土	块状	5.7	60.5	2.23	0.46	5.7	290				
						C	26—100	黄色	中壤	块状	5.8	44.0	2.88	0.35	6.5	169				
剖38	铁铝土	黄壤	黄壤	石灰岩山地黄壤	灰黄泥土	Ao	0—3											石灰岩	E 104°30′23.8″ N 25°09′24.8″	76
						A	3—8	灰褐色	轻壤土	团粒状	4.8	54.8	3.61	0.32	17.9	355				
						B	8—35	黄褐色	中壤土	碎块状	4.6	38.1	1.72	0.18	17.7	266				
						C	35—90	棕色	中壤土	团块状	5.0	7.8	0.80	0.17	16.8	89				
剖39	铁铝土	黄壤	黄壤性土	泥质岩黄壤性土		A	0—20	灰黄色	中壤土	团粒状	7.8	46.9	2.00	0.31	7.1	195			E 104°33′58.3″ N 25°06′29.5″	100
						B	20—100	灰黄色	砂壤土	核粒状	7.9	30.1	1.12	0.26	6.7	122				

会 泽 县

主要土类说明

红壤是会泽县主要土壤类型，占本县地域面积的37%，分布在海拔1100—2450m的地区。成土母质多为泥岩和砂砾岩。成土过程以脱硅富铝化和生物富集为主。红壤呈中度脱硅富铝化特征，具A-Bs-Bv或A-Bs-C剖面构型，土壤黏粒中游离铁占全铁的50%—60%。本县红壤分为红壤、山原红壤等亚类。红壤亚类土壤养分含量一般不高，速效磷缺乏，质地黏重，耕性差。山原红壤具残存富铝化特征，矿物风化度高，黏土矿物以高岭石为主，伴有三水铝石。

棕壤是会泽县第二大土壤类型，占本县地域面积的30%，分布在老厂、五星、待补等地。成土母质主要为泥岩和砂砾岩。成土过程以淋溶过程、黏化过程和生物富集过程为主。该土壤处于硅铝风化阶段，具有黏化特征，呈棕色，具O-A-Bt-C剖面构型。土体见黏粒淀积，盐基充分淋失，见少量游离铁。黏土矿物多为伊利石和高岭石。本县棕壤分为棕壤、红棕壤、棕壤性土等亚类。

紫色土是会泽县第三大土壤类型，占本县地域面积的16%。成土母质为紫色砂页岩。本县紫色土分为中性紫色土、酸性紫色土等亚类。中性紫色土母岩中碳酸钙较少或在成土过程中已明显淋溶，黏土矿物以蛭石和水云母或蒙脱石和水云母为主。酸性紫色土黏土矿物一般以蛭石和水云母为主，有机质和全氮含量高于其他亚类，全磷和全钾含量较低。

黑毡土占本县地域面积的3%。黑毡土发生于青藏高原高寒略较温湿的原面上，蒿草与杂生草类的草毡层初步分解，形成初步腐殖化的暗色草根茎盘结层。该土壤色泽较深，有机质含量较高，为100—150g/kg。

水稻土占本县地域面积的3%，分布在本县五大盆地。在地下水位低的河谷高阶地，受地表水影响，剖面构型主要为A-C或A-P-C；在洪积扇中下部，地下水位适中，受灌溉水和地下水的双重影响，土壤有明显的淋溶淀积现象，发育为潴育水稻土，剖面构型为A-P-W-C或A-P-W-G。

黄棕壤占本县地域面积的3%，分布在海拔2400—2600m的山区。成土母质多为砂页岩、玄武岩和花岗岩。A层浅薄，砾石含量高。B层黏聚现象明显，黏粒硅铝率在2.5左右，B层交换性酸大于A层。

黄壤占本县地域面积的3%，分布在海拔700—1200m的牛栏江、硝厂河沿岸。本县黄壤分为暗黄壤、黄壤性土等亚类。暗黄壤B层呈明显的暗黄色，pH为4.5—5.5。黄壤性土侵蚀严重，具A-（B）-C剖面构型，A层浅薄，B层发育不明显，常夹有半风化岩石碎块。

小于本县地域面积3%的土壤类型有燥红土、石灰（岩）土、新积土、沼泽土、暗棕壤。

本区域中心区气候特征

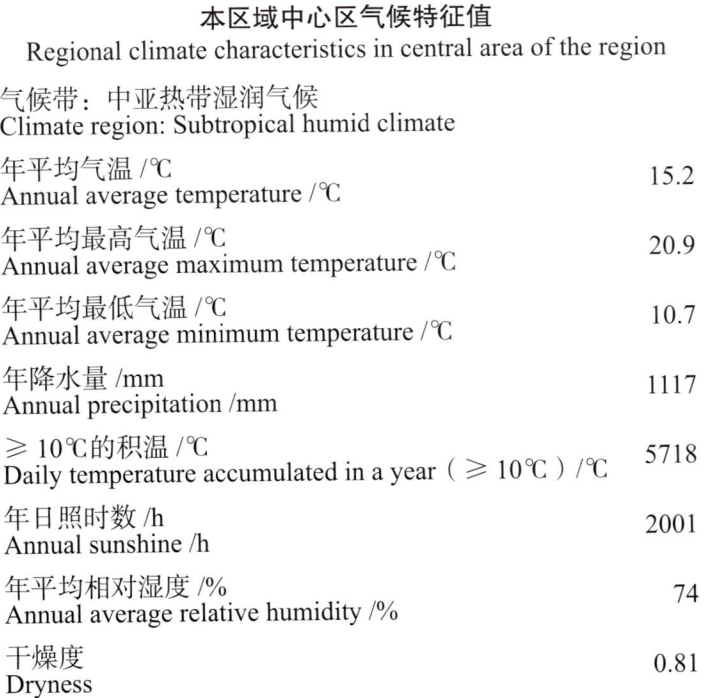

本区域中心区气候特征值
Regional climate characteristics in central area of the region

气候带：中亚热带湿润气候 Climate region: Subtropical humid climate	
年平均气温 /℃ Annual average temperature /℃	15.2
年平均最高气温 /℃ Annual average maximum temperature /℃	20.9
年平均最低气温 /℃ Annual average minimum temperature /℃	10.7
年降水量 /mm Annual precipitation /mm	1117
≥10℃的积温 /℃ Daily temperature accumulated in a year（≥10℃）/℃	5718
年日照时数 /h Annual sunshine /h	2001
年平均相对湿度 /% Annual average relative humidity /%	74
干燥度 Dryness	0.81

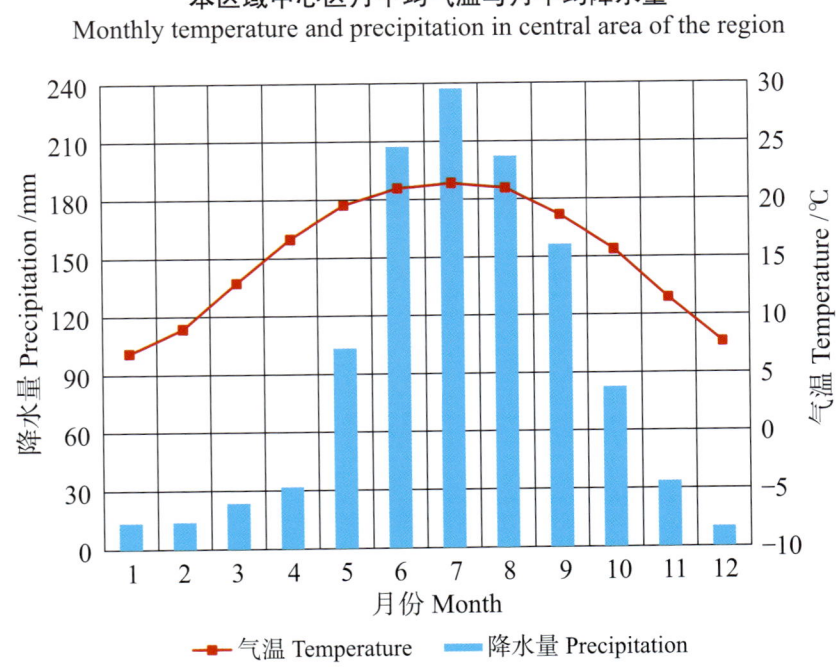

本区域中心区月平均气温与月平均降水量
Monthly temperature and precipitation in central area of the region

会泽县主要土壤类型与土壤剖面点分布图
1∶450 000

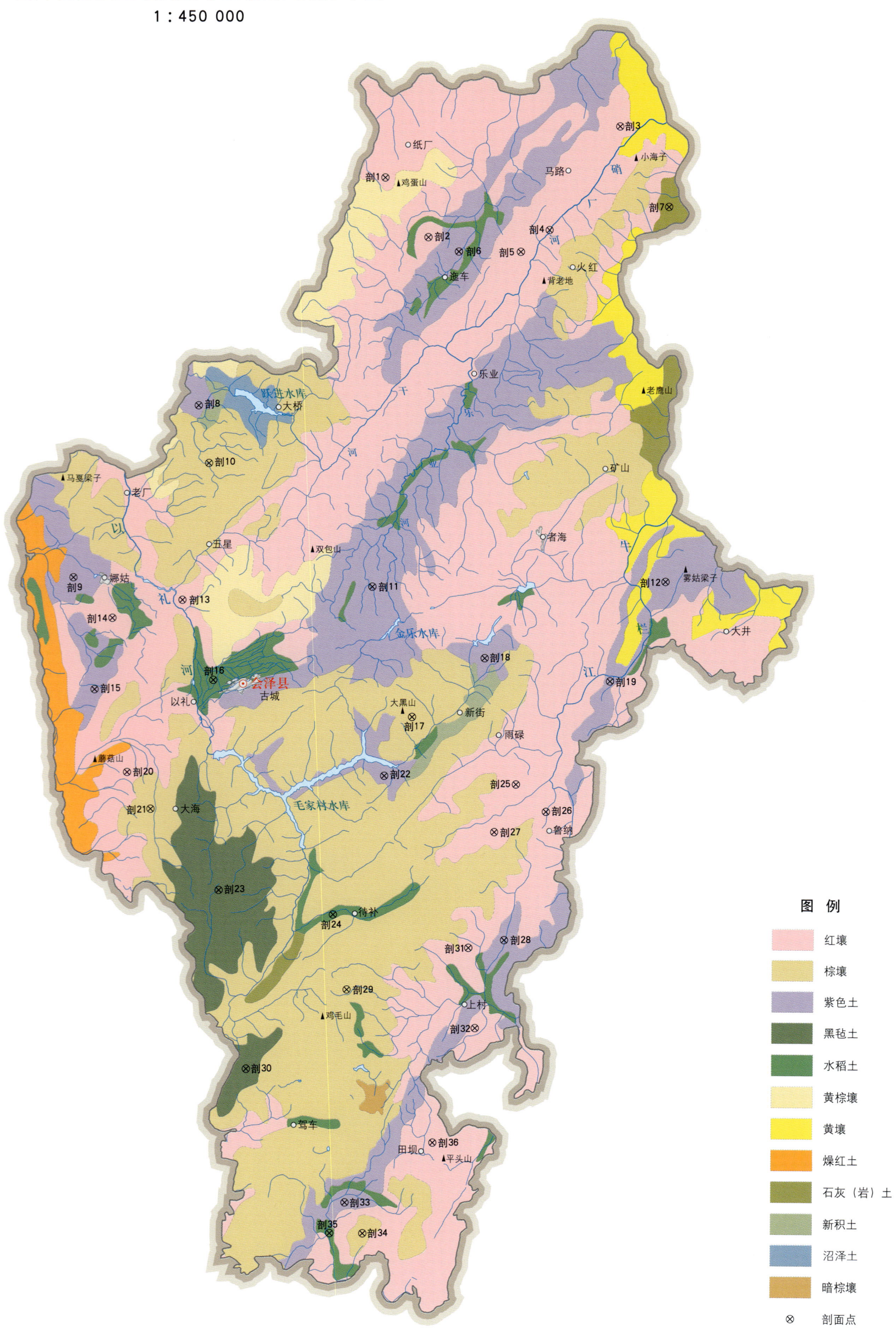

会泽县土壤剖面理化性状表

剖面号 Soil profile	土纲 Soil order	土类 Soil great group	亚类 Soil subgroup	土属 Soil genus	土种 Soil species	土层码 Layer code	土层厚度 Depth/cm	颜色 Soil color	质地 Soil texture	土壤结构 Soil structure	pH	有机质 OM/(g/kg)	全氮 TN/(g/kg)	全磷 TP/(g/kg)	全钾 TK/(g/kg)	碱解氮 AN/(mg/kg)	土壤母质 Parent material	剖面点坐标 Profile coordinate	匹配指数 Matching index/%
剖1	铁铝土	红壤	红壤	玄武岩红壤	涩红土	A	0—27	暗红棕色		粒状								E 103°26′39.5″ N 26°54′34.1″	87
						B	27—102	暗红棕色		块状									
						C	102—	红棕色		块状									
剖2	铁铝土	红壤	红壤	第四纪红壤	油油泥土	A	0—16				6.5	93.7	3.15	3.16	11.2	206		E 103°29′31.6″ N 26°51′07.6″	81
						B	16—65	浅棕红色	轻黏土	碎黏状	6.4	60.2	2.21	2.70	12.6	136			
剖3	铁铝土	红壤	红壤	第四纪红壤	红泥土	A	0—17	浅棕红色		碎块状								E 103°41′57.8″ N 26°57′41.8″	82
						P	17—25	暗棕红色	中黏土	碎块状									
						B₁	25—37	暗棕红色	中黏土	块状									
						B₂	37—	暗棕红色	中黏土	棱块状									
剖4	铁铝土	红壤	红壤性土	泥质岩类红壤性土	白砂土	A	0—12	暗棕红色	重黏土	粒状	6.6	11.3	0.97	2.00	31.4	43	泥质岩类	E 103°37′26.4″ N 26°51′37.4″	97
						C	12—	浅棕红色	轻黏土	块状	5.7	4.6	0.79	2.04	35.4	53			
剖5	铁铝土	红壤	红壤	第四纪红壤	油油泥土	A	0—20	暗棕红色	轻黏土	棱块状								E 103°35′34.4″ N 26°50′20.0″	85
						P	20—28	浅棕红色		棱块状									
						B	28—71												
						C	71—												
剖6	初育土	紫色土	酸性紫色土	紫色砂页岩堆	岩硝土	A	0—24	暗黄棕色	重壤土	粒状	6.8	18.5	0.68	0.38	31.3	68		E 103°31′31.8″ N 26°50′18.2″	70
						C	24—40	暗黄棕色	砂壤土	核粒状									
剖7	初育土	石灰(岩)土	黑色石灰土	钙质黑泡土	岩硝土	A	0—20	暗棕色	砂壤土	核粒状	7.6	27.1	1.49	1.60	19.0	70		E 103°45′13.8″ N 26°53′03.2″	99
						B	17—32	黑棕色	砂壤土	块状									
剖8	初育土	紫色土	酸性紫色土	黄棕紫泥	黄瓷泥土	A	0—19	浅黄棕色	中壤土	核粒状	6.0	14.8	0.76	1.12	5.0	60		E 103°14′42.3″ N 26°41′12.4″	95
						C	19—65	黄色	轻壤土	块状	5.4	0.7	0.26	0.96	4.4	4			
剖9	初育土	紫色土	中性紫色土	砾质紫泥	羊肝砂土	A	0—10	暗红棕色	砾质红壤土	核粒状	7.7	3.7	0.18	0.40	27.7	19		E 103°06′44.9″ N 26°30′57.1″	98
						C	10—	紫棕色											
剖10	淋溶土	棕壤	棕壤	紫色砂岩棕壤	紫灰汤土	A	0—19				5.5	46.0	2.32	0.17	20.4	86		E 103°15′27.4″ N 26°37′46.9″	75
剖11	初育土	紫色土	酸性紫色土	红棕紫泥	羊肝土	A	0—17				6.8	12.6	1.03	0.08	24.4	61		E 103°26′13.9″ N 26°30′41.8″	98
						B	17—32				6.8	12.0	0.57	0.60	21.2	46			
						C	32—					14.3	0.50	0.49	28.0	18			
剖12	初育土	紫色土	酸性紫色土	红棕紫泥		A	0—18	紫棕色		粒状	7.4	5.4	0.53	1.18	13.8	20		E 103°45′19.8″ N 26°31′12.7″	93
						C	18—	紫色		块状	7.3	2.5	0.23	0.99	14.3	45			
剖13	铁铝土	红壤	红壤性土	侵蚀红壤	酸白泥土	A	0—20											E 103°13′52.3″ N 26°29′45.2″	99
						C	20—												
剖14	铁铝土	红壤	红壤性土	玄武岩红壤性土	羊肝石土	A	0—12	暗红棕色		块状	6.4	27.2	1.10	3.28	16.0	79		E 103°09′20.5″ N 26°28′37.9″	76
剖15	初育土	紫色土	中性紫色土	砾质紫泥		A	0—10	暗红棕色	多砾质壤土	粒状	7.8	22.9	1.02	2.30	21.6	64		E 103°08′15.7″ N 26°24′27.4″	92
						AC	10—20	暗红棕色	块状	块状	7.7	19.5	0.93	2.72	23.4	62			
						C	20—	暗红棕色	块状	块状	7.0	17.5	1.00	3.14	23.0	44			
剖16	人为土	水稻土	潴育水稻土	冲积性潴育水稻土	鸡粪土田	A	0—21	栗色	重壤土	小核粒状	7.6	54.2	2.77	0.54	16.2	103		E 103°15′59.2″ N 26°25′07.0″	75
						P	21—30	暗棕色	重壤土	碎块状	7.7	17.2	0.73	1.50	19.4	48			
						W	30—60	暗棕色	重壤土	棱块状	7.8	3.3	0.23	2.40	10.6	11			
						C	60—	暗棕灰色	重壤土	棱块状									

续表 Continued

剖面号 Soil profile	土纲 Soil order	土类 Soil great group	亚类 Soil subgroup	土属 Soil genus	土种 Soil species	土层码 Layer code	土层厚度 Depth/cm	颜色 Soil color	质地 Soil texture	土壤结构 Soil structure	pH	有机质 OM/(g/kg)	全氮 TN/(g/kg)	全磷 TP/(g/kg)	全钾 TK/(g/kg)	碱解氮 AN/(mg/kg)	土壤母质 Parent material	剖面点坐标 Profile coordinate	匹配指数 Matching index/%
剖17	淋溶土	棕壤	棕壤	紫色砂页岩棕壤		A	0–24		重壤土									E 103°28′57.0″ N 26°23′08.9″	88
						2	24—		轻壤土										
剖18	初育土	紫色土	酸性紫色土	粗暗紫泥	青砂土	A	0–28	紫棕色	轻壤土	碎块状	6.7	19.8	0.64	2.40	32.0	69		E 103°33′37.6″ N 26°26′38.1″	92
						B	28–55	紫棕色	轻壤土	块状	6.4	4.0	0.20	2.60	21.2	27			
剖19	初育土	紫色土	酸性紫色土	粗暗紫泥	紫泥土	A	0–17				7.0	14.5	0.77	1.50	13.5	74		E 103°41′48.4″ N 26°25′23.8″	87
						C	17—				7.0	0.7	0.12	0.56	10.8	48			
剖20	铁铝土	红壤	红壤性	泥质岩类红壤性土	白泥土	A	0–18	灰黄色	重壤土	块状	7.5	12.9	0.94	1.60	26.0	82		E 103°10′29.6″ N 26°19′39.4″	96
						C	18—	灰黄色	中黏土	块状									
剖21	淋溶土	棕壤	棕壤性	玄武岩棕壤性土	砾质灰汤土	A	0–14				6.7	40.2	1.48	2.04	10.8	228	玄武岩	E 103°12′03.6″ N 26°17′31.9″	71
						C	14—				5.5	13.1	0.86	2.35	11.0	143			
剖22	初育土	紫色土	酸性紫色土	暗紫泥	紫羊肝土	A	0–30		轻壤土									E 103°27′13.2″ N 26°19′41.0″	72
						C	30—		轻壤土										
剖23	高山土	黑色土	黑毡土	山地灰黑色土	黑泡土	A	0–24	灰褐色	中黏土	粒状	5.2	99.6	3.20	3.56	10.6	221		E 103°16′36.1″ N 26°12′51.5″	99
						C	24—	暗褐灰色	轻壤土	粒状	5.0	33.6	1.37	1.88	13.8	121			
剖24	人为土	水稻土	淹育水稻土	冲积性淹育水稻土	浮泥田	A	0–15				8.5	4.1	0.90	1.90	39.0	16		E 103°24′03.1″ N 26°11′33.6″	71
剖25	铁铝土	红壤	红壤	第四纪红壤	鸡血土	A	0–18		重壤土		6.0	19.4	0.97	4.48	15.8	64		E 103°35′48.1″ N 26°19′18.1″	74
						B	18–51		重壤土		5.2	15.2	0.78	5.14	12.4	31			
						C	51—				5.5	7.8	0.54	2.03	13.4	44			
剖26	铁铝土	红壤	红壤性	碳酸岩类红壤性土	扁砂土	A	0–13	浅黄棕色		无明显结构	6.8	11.7	1.20	1.48	28.4	39	碳酸岩类	E 103°37′46.1″ N 26°17′43.7″	70
						2	13—	浅黄棕色		无明显结构									
剖27	铁铝土	红壤	红壤性	泥质岩类红壤性土		A	0–20											E 103°34′26.0″ N 26°16′30.0″	89
						C	20—												
剖28	初育土	紫色土	酸性紫色土	粗暗紫泥		A	0–8	灰棕色		细粒状	6.3	20.2	0.84	2.27	31.4	68		E 103°35′12.2″ N 26°10′11.6″	87
剖29	淋溶土	棕壤	棕壤	碳酸岩类棕壤		A	0–24	暗灰棕色		碎块状	5.5	125.0	4.40	3.34	13.0	478		E 103°25′02.6″ N 26°07′09.5″	81
						B₁	24–35	棕色		块状	5.8	106.3	4.24	4.64	15.4	288			
						B₂	35–77				5.5	78.8	3.84	4.12	15.6	122			
						C	77—												
剖30	高山土	黑色土	黑毡土	山地灰黑色土		A	0–15	黑色	重壤土	粒状	4.4	392.6	9.23	4.37	11.5	362		E 103°18′36.4″ N 26°02′25.4″	83
						Bt	15–31	黑色	重壤土	粒状	4.5	343.8	8.08	4.64	12.0	801			
						Cg	31–38	棕灰色	重壤土	核粒状	4.7	225.6	7.50	8.64	10.2	362			
剖31	铁铝土	红壤	红壤性	泥质岩类红壤性土		A	0–10	红棕色	重壤土	碎块状	7.0	32.5	1.05	1.96	23.4	49		E 103°32′53.5″ N 26°09′43.4″	77
						C	10–30	红棕色	轻壤土	块状	6.6	16.8	0.76	0.52	7.4	73			
剖32	铁铝土	红壤	红壤性	碳酸岩类红壤性土	砂泥土	A	0–19	浅棕红色	重壤土	梭柱状	5.3	4.9	0.26	0.84	6.6	49		E 103°33′24.4″ N 26°05′01.7″	85
						C	19—	暗棕红色	中壤土	核粒状	7.9	11.8	0.72	1.37	24.0	27			
剖33	初育土	紫色土	酸性紫色土	暗紫泥		A	0–13	紫色	中壤土	核粒状	7.8	8.8	0.78	0.51	28.7	24		E 103°25′10.6″ N 25°54′49.7″	87
						BC	13–44	紫色	中壤土	碎屑状									
						C	44—	浅紫色											
剖34	淋溶土	棕壤	棕壤	玄武岩棕壤		A	0–16	红色	中黏土	粒状	6.2	15.2	1.58	1.40	13.0	36		E 103°26′21.8″ N 25°53′04.2″	73
						B	16–54		轻黏土	小块状	5.9	6.9	0.21	1.61	14.6	17			
						C	54—	红色		块状	5.6	4.8	0.33	1.56	11.2	25			

续表 Continued

剖面号 Soil profile	土纲 Soil order	土类 Soil great group	亚类 Soil subgroup	土属 Soil genus	土种 Soil species	土层码 Layer code	土层厚度 Depth/cm	颜色 Soil color	质地 Soil texture	土壤结构 Soil structure	pH	有机质 OM/(g/kg)	全氮 TN/(g/kg)	全磷 TP/(g/kg)	全钾 TK/(g/kg)	碱解氮 AN/(mg/kg)	土壤母质 Parent material	剖面点坐标 Profile coordinate	匹配指数 Matching index/%
剖35	人为土	水稻土	潴育水稻土	红壤性潴育水稻土	红土田	A	0—18	浅棕黄色	中黏土	碎块状	5.2	55.9	2.27	3.43	12.9	130		E 103°24′13.8″ N 25°53′02.7″	89
						P	18—25	浅棕黄色	轻黏土	块状	6.0	9.8	0.72	2.10	10.6	81			
						W	25—51	黄棕色	轻黏土	块状	6.2	14.1	0.64	2.00	13.0	53			
						C	51—	红黄色											
剖36	铁铝土	红壤	红壤性土	碳酸盐岩类红壤性土	白石渣土	A	0—20		中壤土		6.7	21.2	0.96	1.32	7.0	51		E 103°30′47.9″ N 25°58′22.4″	100

宣 威 市

主要土类说明

红壤是宣威市主要土壤类型，占本市地域面积的67%，分布在海拔1000—2400m的山区、半山区。成土母质以砂页岩为主，部分为砂砾岩。成土过程以脱硅富铝化和生物富集为主。红壤呈中度脱硅富铝化特征，具A-Bs-Bv或A-Bs-C剖面构型，土壤黏粒中游离铁占全铁的50%—60%。黏土矿物以高岭石为主，伴有三水铝石，黏粒硅铝率为1.8—2.4，风化淋溶系数小于0.2，盐基饱和度小于35%。表土层呈暗红色或红棕色，质地为中壤土至重壤土，块状或粒状结构，常有铁锰结核。淀积层可见深厚的红、黄、白相间的网纹状红色黏土。

紫色土是宣威市第二大土壤类型，占本市地域面积的12%，多与红壤交错分布。植被为云南杉、常绿阔叶林或灌丛草地。成土母质多为中生代的紫红色砂页岩。成土过程以母岩的快速物理崩解、侵蚀堆积及碳酸钙的不断淋失为主，生物积累作用较弱。本市紫色土多为酸性紫色土亚类，黏土矿物一般以蛭石和水云母为主。土壤偏酸，土层浅薄，蓄水性差。剖面层次发育不明显，仍处于初育阶段，具A-C剖面构型。其理化性质与母岩组成直接相关。

黄壤是宣威市第三大土壤类型，占本市地域面积的11%，多见于海拔2150—2216m的山区。植被为中山湿性常绿阔叶林和苔藓常绿阔叶林。成土母质以花岗岩和砂页岩为主，部分为页岩。成土过程以脱硅富铝化、生物富集和黄化过程为主。受季风暖湿气流影响，水湿条件较好，黄壤含水化铁多，沉积层次明显，具O-A-AB-B-C剖面构型。表土层呈黄色或灰黄色，质地为中壤土至重壤土，粒状或块状结构，多数呈酸性，质地黏重，磷缺乏，但养分转化快。本市黄壤多为暗黄壤亚类，B层呈明显的暗黄色。

黄棕壤占本市地域面积的5%，分布在海拔2250—2450m的中山坡地。该区域雾露多，湿度大，气温偏低。植被为常绿阔叶林。成土母质多为砂页岩及花岗岩风化物。成土过程受淋溶、黏化及弱富铝化作用的影响。土层弱度富铝化，黏聚现象明显，呈黄棕色。该土壤具A-B-C或A-（B）-C剖面构型，黏粒硅铝率在2.5左右，铁的游离度较红壤低，B层交换性酸大于A层。

水稻土占本市地域面积的3%，分布在海拔2500m以下地势平缓的坝区、山间盆地、河流两岸的冲积阶地、山谷谷底及其出口处的洪积扇。成土过程为淋溶作用和水耕熟化过程。本市水稻土分为淹育型、潴育型、潜育型等亚类。淹育水稻土灌溉条件较差，养分含量较低，速效磷缺乏，具A-P-C或A-C剖面构型。潴育水稻土土壤内外排水良好，质地砂黏适中，有较深厚的耕作层，具A-P-W-G或A-P-W-C剖面构型。潜育水稻土地下水位较高，排水不畅，具A-P-G或P-Wg-G剖面构型。

小于本市地域面积3%的土壤类型有新积土。

本区域中心区气候特征

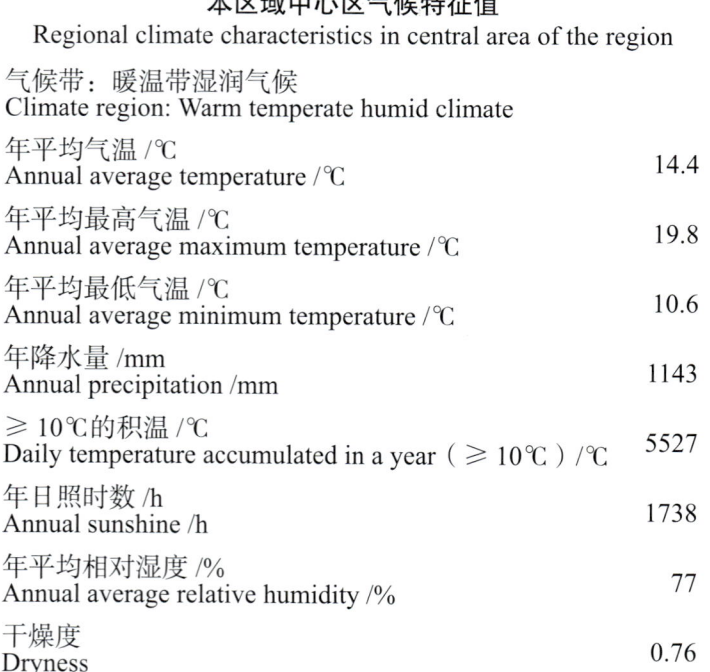

本区域中心区气候特征值
Regional climate characteristics in central area of the region

气候带：暖温带湿润气候 Climate region: Warm temperate humid climate	
年平均气温 /℃ Annual average temperature /℃	14.4
年平均最高气温 /℃ Annual average maximum temperature /℃	19.8
年平均最低气温 /℃ Annual average minimum temperature /℃	10.6
年降水量 /mm Annual precipitation /mm	1143
≥10℃的积温 /℃ Daily temperature accumulated in a year (≥10℃) /℃	5527
年日照时数 /h Annual sunshine /h	1738
年平均相对湿度 /% Annual average relative humidity /%	77
干燥度 Dryness	0.76

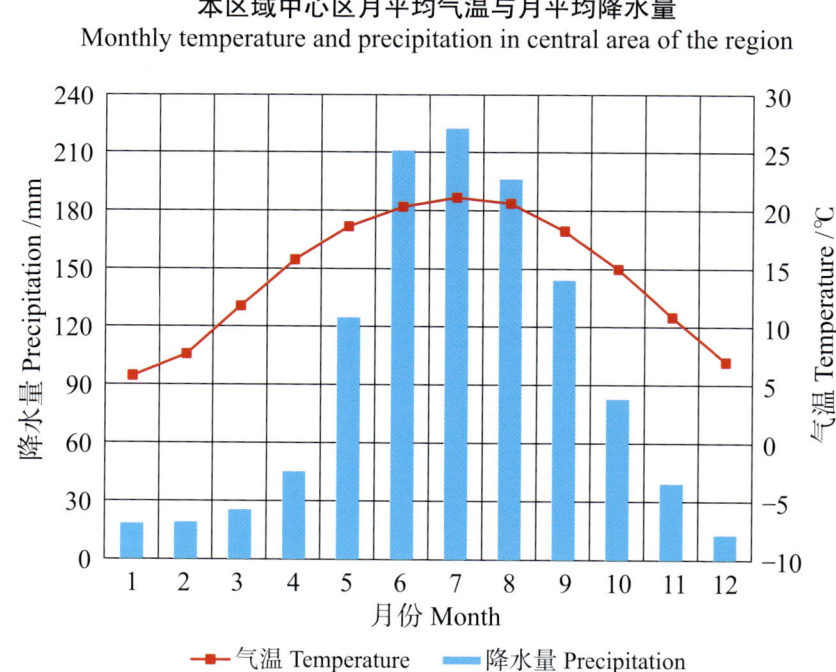

本区域中心区月平均气温与月平均降水量
Monthly temperature and precipitation in central area of the region

宣威市主要土壤类型与土壤剖面点分布图

1∶410 000

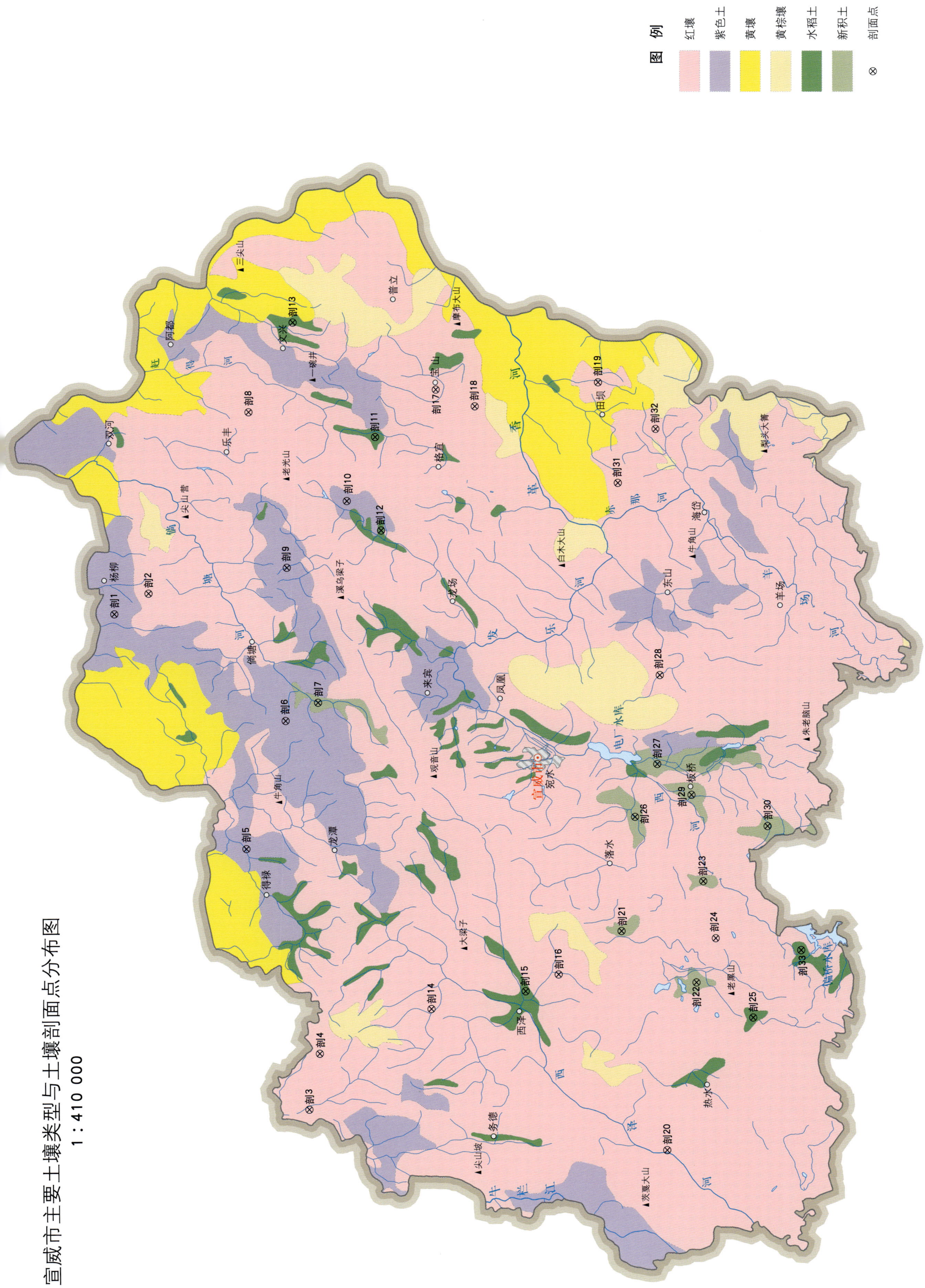

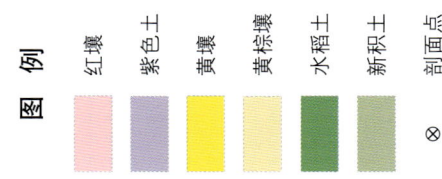

宣威市土壤剖面理化性状表

剖面号 Soil profile	土纲 Soil order	土类 Soil great group	亚类 Soil subgroup	土属 Soil genus	土种 Soil species	土层码 Layer code	土层厚度 Depth/cm	颜色 Soil color	质地 Soil texture	土壤结构 Soil structure	pH	有机质 OM/(g/kg)	全氮 TN/(g/kg)	全磷 TP/(g/kg)	全钾 TK/(g/kg)	碱解氮 AN/(mg/kg)	有效磷 AP/(mg/kg)	阳离子交换量CEC/(cmol/kg)	土壤母质 Parent material	剖面点坐标 Profile coordinate	匹配指数 Matching index/%
剖1	初育土	紫色土	酸性紫色土	暗紫泥	紫砂土	A	0—16	棕紫色	轻壤土	团粒状	6.9	14.9	0.93	1.31	13.7	105				E 104°14′22.1″ N 26°36′36.3″	97
						B	16—56	紫色	重壤土	块状	7.1	2.6	0.37	1.27	12.8	43					
						C	56—100	紫色	轻黏土	块状	6.9	9.3	0.33	1.46	14.6	44					
剖2	铁铝土	红壤	黄红壤	黄红大土	黄红大土	A	0—18	红黄色	壤质黏土	粒状	6.7	59.8	2.49	0.89	4.3	240	4.8	16.5		E 104°15′37.1″ N 26°34′44.0″	71
						B	18—43	暗红色	黏土	块状	7.0	32.6	1.42	0.53	4.8	141	1.7	13.6			
						C	43—100	红色	黏土	块状	5.9	10.0	0.66	0.71	4.3	63	0.9	14.5			
剖3	铁铝土	红壤	红壤性土	砾石红大土	砾石红大土	A	0—15	红黄色	壤质黏土	块状	6.3	19.5	0.88	1.19	7.9	94	10.0	34.9		E 103°44′45.0″ N 26°25′52.9″	75
						BC	15—37	红黄色	黏土	块状	6.3	19.5	0.75	1.17	7.9	102	9.0	35.6			
						C	37—	浅红色	壤质黏土	无明显结构	6.1	18.1	0.60	0.44	0.9	100	9.0	21.5			
剖4	铁铝土	红壤	黄红壤	泥质岩类黄红壤	酸白泥土	A	0—20	棕灰色	轻壤土	粒状	7.0	18.9	1.07	0.37	11.1	108			泥质岩类	E 103°48′04.3″ N 26°25′19.9″	79
						B	20—30	灰棕色	中壤土	小块状	6.9	19.0	1.00	0.38	11.1	100					
						C	30—100	橙色	重壤土	块状	6.8	4.0	0.34	0.28	11.0	47					
剖5	初育土	紫色土	酸性紫色土	粗暗紫泥	青砂土	A	0—13	灰棕色	中壤土	粒状	6.3	25.1	1.08	1.34	18.8	126				E 104°00′15.8″ N 26°29′22.3″	92
						B	13—38	紫棕色	重壤土	大块状	6.4	15.1	0.57	1.27	13.8	84					
						C	38—	紫棕色	重石质重壤土	块状											
剖6	初育土	紫色土	酸性紫色土	红紫泥	红紫砂土	A	0—14	紫棕色	砾质壤土	核粒状	6.0	27.5	0.91	0.78	7.9	92	1.8	8.0		E 104°07′59.5″ N 26°27′15.1″	90
						AC	14—37	紫棕色	粉砂质壤土	碎块状	5.8	6.7	0.36	0.69	7.1	33	3.1	7.0			
						C	37—120	紫棕色	多砾质黏壤土	块状	5.8	4.4	0.24	0.86	6.1	32	2.6	6.0			
剖7	新积土	冲积土	冲积土	石子浮泥	油砂土	A	0—19	紫棕色	壤质黏土	核块状	7.6	16.0	1.17	0.76	9.5	123	4.0			E 104°09′04.9″ N 26°25′29.4″	70
						B	19—59	浅紫红色	壤质黏土	块状	7.7	12.0	0.84	0.62	8.7	44	3.0				
						C	59—100	红色	黏土	块状	5.9	2.0	0.30	0.65		122	5.0				
剖8	铁铝土	红壤	黄红壤	碳酸岩类黄红壤	鉴泥土	A	0—15	棕黄色	中黏土	块状	7.1	20.4	1.85	0.13	10.8	146			碳酸岩类	E 104°26′30.1″ N 26°29′19.0″	91
						B	15—31	棕红色	轻黏土	大块状	6.5	25.1	1.27	0.97	10.2	129					
						C	31—100	红色	中黏土	大块状	7.0	1.2	0.30	1.00	19.3	45					
剖9	初育土	紫色土	酸性紫色土	粗暗紫泥	紫胶泥土	A	0—16	紫色	轻石质粉黏土	大块状	7.4	23.3	0.85	1.04	18.7	99				E 104°17′11.3″ N 26°27′12.6″	89
						B	16—40	紫色	轻石质黏壤土	大块状	7.4	15.1	0.62	0.76	15.5	62					
						C	40—120	紫色	重壤土	棱块状	6.8	2.3	0.22	0.74	11.3	37					
剖10	初育土	紫色土	酸性紫色土	暗紫泥	紫泥田	A	0—12	深紫色	中壤土	碎块状	5.9	17.3	0.46	0.75	19.9	78				E 104°21′11.3″ N 26°23′57.4″	71
						AC	12—35	紫色	中黏土	小块状	5.9	8.7	0.39	0.68	20.3	65					
						C	35—	紫色	中黏土	小块状	5.9	10.4	0.45	0.65	18.3	60					
剖11	人为土	水稻土	潴育水稻土	紫色土性潴育水稻土	紫泥田	A	0—15	紫色	中黏土	小块状	6.7	82.8	1.06	0.91	10.0	132				E 104°25′01.9″ N 26°22′24.6″	81
						P	15—26	暗棕色	轻黏土	块状	7.1	9.4	0.53	0.95	11.2	50					
						Wp	26—46	暗棕色	中黏土	块状	7.1	10.7	0.49	0.98	11.2	56					
剖12	人为土	水稻土	潴育水稻土	冲积性潴育水稻土	红土田	A	0—24	棕色	重壤土	小块状	6.0	22.0	0.86	2.65	6.0	163			冲积物	E 104°19′26.4″ N 26°22′04.4″	70
						P	24—36	暗棕色	轻壤土	小块状	6.9	10.5	0.37	1.10	6.0	47					
						Wp	36—67	暗棕色													
						C	67—80	黄棕色													
剖13	人为土	水稻土	淹育水稻土	紫色土性淹育水稻土	青砂泥田	A	0—15	紫色	重石质重壤土	块状	5.5	32.3	1.20	1.32	10.6	162				E 104°31′54.1″ N 26°26′55.0″	87
						P	15—21	紫色	重壤土	块状	7.1	9.0	0.30	1.27	9.9	62					
						C	21—	紫色		小块状											

续表 Continued

剖面号 Soil profile	土纲 Soil order	土类 Soil great group	亚类 Soil subgroup	土属 Soil genus	土种 Soil species	土层码 Layer code	土层厚度 Depth/cm	颜色 Soil color	质地 Soil texture	土壤结构 Soil structure	pH	有机质 OM/(g/kg)	全氮 TN/(g/kg)	全磷 TP/(g/kg)	全钾 TK/(g/kg)	碱解氮 AN/(mg/kg)	有效磷 AP/(mg/kg)	阳离子交换量 CEC/(cmol/kg)	土壤母质 Parent material	剖面点坐标 Profile coordinate	匹配指数 Matching index/%
剖14	铁铝土	红壤	山原红壤	大红土	大红土	A	0—20	暗棕色	壤质黏土	粒状	7.9	54.0	2.40	1.09	5.2	178	4.4			E 103°50′45.2″ N 26°19′15.2″	77
						B	20—50	红棕色	壤质黏土	块状	7.5	38.9	1.70	1.13	4.7	120	1.7				
						BC	50—100	暗红色	黏土	棱块状	7.5	8.0	0.34	1.09	4.7	42	3.1				
剖15	人为土	水稻土	淹育水稻土	红壤性淹育水稻土	红土田	A	0—10	褐色	中壤土	粒状	5.5	68.6	3.55	1.05	5.8	404			红壤性母质	E 103°51′49.7″ N 26°14′07.4″	91
						P	10—16	黄棕色	中壤土	块状	6.6	22.0	1.29	1.55	5.8	439					
						B	16—28	黄棕色	中壤土	块状	6.3	28.6	1.27	1.66	5.8	260					
						C	28—43	棕红色	轻壤土	块状	5.9	78.0	2.80	1.22	3.8	291	2.6				
剖16	铁铝土	红壤	山原红壤	大红土	红土	A	0—13	红棕色	黏土	小块状	5.9	17.8	0.80	1.09	4.2	173	2.2			E 103°52′49.8″ N 26°12′20.2″	79
						B	13—50	红色	黏土	棱块状	6.0	43.8	2.40	1.53	8.1	218	3.1				
						C	50—100	红色	黏土	大块状	6.0	25.0	1.00	1.40	5.9	117	3.5				
剖17	铁铝土	红壤	山原红壤	大红土	瘦红土	A	0—17	暗红色	黏土	小块状	6.0	6.8	0.40	0.52	5.8	74	0.4			E 104°27′54.7″ N 26°19′06.6″	94
						B	17—58	红色	黏土	块状	6.3	33.0	1.55	0.75	5.3	182					
						C	58—100	浅红色	轻壤土	粒状	6.1	2.4	1.11	0.69	5.3	134					
剖18	铁铝土	红壤	黄红壤	碳酸岩类黄红壤	涩红土	A	0—20	棕黄色	重黏土	小块状	6.5	5.0	0.39	0.40	6.0	53			碳酸岩类	E 104°26′54.6″ N 26°16′58.8″	99
						AC	20—38	红棕色	轻石质轻黏土	小块状	5.2	37.4	1.77	1.02	5.1	212					
						C	38—100	暗红色	轻石质轻黏土	块状	4.9	24.7	1.21	0.95	5.9	131					
剖19	铁铝土	红壤	黄红壤	基性结晶岩类黄红壤	涩红土	A	0—20	红色	轻石质轻黏土	小块状	5.0	37.0	1.62	1.12	5.2	208			基性结晶岩类	E 104°28′22.8″ N 26°10′16.3″	81
						C	41—	红色	轻石质轻黏土	粒状	7.4	39.9	1.82	0.76	5.8	225	2.0				
剖20	铁铝土	红壤	山原红壤	棕红土	棕油砂土	A	0—20	黄棕色	少砾质黏土	小块状	7.8	20.3	0.97	0.81	6.5	138	9.0			E 103°42′25.9″ N 26°06′22.7″	74
						B	20—40	浅红棕色	少砾质黏土	棱块状	7.9	6.7	0.42	0.84	6.5	52	7.0				
						Bz	40—100	栗色	黏土	棱粒状	6.8	49.5	2.70	1.59	7.8	246	34.0				
剖21	新积土	冲积土		砂浮泥	油砂鸡粪土	A	0—16	褐色	壤质黏土	小块状	6.9	11.5	0.90	1.27	9.0	114	12.0			E 103°55′25.3″ N 26°08′55.3″	71
						B	16—67	棕色	壤质黏土	块状	6.9	11.0	0.60	1.19	9.5	72	10.0				
						C	67—100	红棕色	重壤土	团粒状	7.8	37.7	1.13	1.25	5.1	130					
剖22	新积土	冲积土		河滩暗色冲积土	油棕土	A	0—19	红棕色	重壤土	块状	7.8	13.1	0.51	1.11	5.1	79	23.0		冲积物	E 103°52′22.8″ N 26°04′49.8″	100
						P	19—29	青灰色	重壤土	小块状	7.3	7.4	0.30	1.16	5.1	46					
						C	29—42	青灰色	重壤土	无明显结构											
							42—	浅灰色	轻石质重壤土	粒状	7.9	41.0	2.38	1.00	5.6	228	2.0				
剖23	新积土	冲积土		石子浮泥	石子浮泥	A	0—17	青灰色	重石质壤土	粒状	6.7	17.0	1.00	0.41	7.4	130	2.0			E 103°58′25.7″ N 26°04′28.6″	80
						C_1	17—42	浅灰色	轻石质中壤土	小块状	6.9	14.0	0.63	0.60	7.3	63	2.0				
						C_2	42—100	棕黄色	中石质中壤土	粒状	7.4	37.3	1.69	0.79	2.4	156	6.0				
剖24	铁铝土	红壤	山原红壤	棕红土	棕红砂土	A	0—18	红棕色	壤质黏土	粒状	7.2	32.2	1.19	0.88	2.8	130	7.0			E 103°55′00.1″ N 26°03′47.2″	73
						B	18—23	浅红棕色	壤质黏土	粒状		7.9	0.52	0.71	2.3	60	5.0				
						C	23—31	红棕色	壤质重黏土	粒状	5.9	23.5	0.81	1.10	14.1	94					
剖25	人为土	水稻土	淹育水稻土	冲积性淹育水稻土	砂土田	A	0—15	黄色	轻石质重黏土	块状	6.4	26.8	0.90	0.56	13.3	86			冲积物	E 103°50′19.0″ N 26°01′43.7″	82
						P	15—22	棕黄色	重石质重黏土	小块状											
						B	22—42	棕黄色	重石质重黏土	无明显结构											
							42—	棕黄色	重石质壤土	粒状	7.0	8.4	1.18	0.72	6.3	151					
剖26	初育土	新积土	冲积土	扇象暗色冲积土	砂土	A	0—20	棕黄色	轻石质中壤土	粒状	8.0	17.9	0.86	0.79	6.3	62				E 104°02′17.9″ N 26°08′12.5″	70
						B	20—30	棕黄色	中石质中壤土	小块状	8.0	6.6	0.21	0.84	5.7	24					
剖27	初育土	新积土	冲积土	河阶暗色冲积土	油砂土	A	0—16	深栗色	轻黏土	核粒状	6.6	80.4	2.66	1.59	9.4	246				E 104°05′29.2″ N 26°06′59.5″	99
						B	16—67	栗色	重壤土	小块状	6.9	31.8	0.88	1.27	10.8	114					
						C	67—	褐色	重壤土	小块状	6.9	18.6	0.63	1.20	11.4	72					

续表 Continued

剖面号 Soil profile	土纲 Soil order	土类 Soil great group	亚类 Soil subgroup	土属 Soil genus	土种 Soil species	土层码 Layer code	土层厚度 Depth/cm	颜色 Soil color	质地 Soil texture	土壤结构 Soil structure	pH	有机质 OM/(g/kg)	全氮 TN/(g/kg)	全磷 TP/(g/kg)	全钾 TK/(g/kg)	碱解氮 AN/(mg/kg)	有效磷 AP/(mg/kg)	阳离子交换量 CEC/(cmol/kg)	土壤母质 Parent material	剖面点坐标 Profile coordinate	匹配指数 Matching index/%
剖28	铁铝土	红壤	黄红壤	棕黄红土	棕黄油红土	A	0—20	棕色	壤质黏土	粒状	6.7	55.3	2.53	1.16	3.7	221	3.1			E 104°10′49.1″ N 26°06′51.8″	78
						B	20—41	暗红棕色	壤质黏土	小块状	6.9	33.9	1.61	1.06	3.7	143	2.2				
						BC	41—100	红棕色	壤质黏土	块状	6.9	22.6	1.24	1.08	3.7	111	2.2				
剖29	初育土	新积土	冲积土	河阶暗色冲积土	粉砂土	A	0—12	棕色	重壤土	粒状	6.9	31.7	1.45	1.23	5.8	119			冲积物	E 104°03′38.9″ N 26°05′07.8″	70
						B	12—52	棕色	重壤土	小块状	7.2	7.8	0.44	1.08	8.6	59					
						C	52—	棕色		无明显结构											
剖30	初育土	新积土	冲积土	扇象暗色冲积土	油砂土	A	0—19	棕色	轻石质重壤土	粒状	7.6	15.7	1.17	0.76	11.4	123				E 104°01′45.6″ N 26°00′59.1″	76
						AB	19—33	紫棕色		块状	7.6	11.8	1.34	0.60		59					
						B	33—59	棕红色	重壤土	块状	7.7	2.4	0.35	0.65	10.7	29					
						C	59—	棕色	重壤土	块状	5.9	1.9	0.30	0.65		22					
剖31	铁铝土	红壤	黄红壤	基性结晶岩类黄红壤	羊肝石土	A	0—20	棕灰色	重石质重壤土	粒状	6.4	14.4	0.73	2.50	4.6	112			基性结晶岩类	E 104°22′20.3″ N 26°09′10.8″	94
						C	20—80	灰棕色	中壤土	块状	6.3	0.2	0.09	2.23	4.6	27					
剖32	铁铝土	红壤	黄红壤	碳酸岩类黄红壤	黑面土	A	0—21	深栗色	轻石质重壤土	核粒状	6.2	49.3	2.17	0.62	5.7	196			碳酸岩类	E 104°25′34.7″ N 26°07′08.4″	76
						B	21—43	栗色	轻石质重壤土	小块状	6.0	34.8	1.57	0.54	6.3	113					
						C	43—	棕色		小块状	6.0	26.6	1.23	0.52		92					
剖33	人为土	水稻土	淹育水稻土	冲积性淹育水稻土	红土田	A	0—12	棕黄色	中壤土	大块状	5.9	15.4	0.64	0.94	5.0	123			冲积物	E 103°54′19.4″ N 25°59′07.8″	95
						P	12—22	浅棕色	轻壤土	块状	6.9	5.9	0.73	0.81	5.1	61					
						B	22—53	红棕色	轻壤土	块状	7.3	0.6	0.25	0.79	5.1	34					
						C	53—	红棕色													

玉 溪 市

市 辖 区

主要土类说明

红壤是玉溪市主要土壤类型，占本市地域面积的73%，广泛分布在海拔2300m以下的残存高原面、湖盆边缘和中低山地。原生植被为亚热带常绿阔叶林，现以次生植被云南松林、华山松林、松栎混交林和灌草丛为主。成土母质主要为深厚的古红色风化壳和古土壤。红壤呈中度脱硅富铝化特征，具A-Bs-Bv或A-Bs-C剖面构型，土壤黏粒中游离铁占全铁的50%—60%。矿物风化度高，黏土矿物以高岭石为主，伴有三水铝石，黏粒硅铝率为1.8—2.4，风化淋溶系数小于0.2，盐基饱和度小于35%，有机质含量低。淀积层可见深厚的红、黄、白相间的网纹状红色黏土。

水稻土是玉溪市第二大土壤类型，占本市地域面积的14%，广泛分布在坝区、河谷和低山丘陵。本市水稻土分为淹育型、潴育型、潜育型等亚类。淹育水稻土多分布在坝区边缘、河谷冲积台地、丘陵中上部和洪积扇上部，种稻年限不长，水耕熟化程度低，存在不同程度的缺水问题，多属中低产稻田。潴育水稻土多分布在坝区，水利条件好，种稻时间长，水耕熟化程度高，能灌能排，水旱轮作，属稳产高产稻田。潜育水稻土分布在坝区低洼处、冲积扇的潜流出水部位和山谷谷底，地下水位高，一般在60cm以上，排水不良，属低产稻田。

紫色土是玉溪市第三大土壤类型，占本市地域面积的8%。植被为云南松林和松栎混交林。成土母质为中生代的紫色砂页岩风化物。成土过程以母岩的快速物理崩解和频繁侵蚀堆积作用为主。本市紫色土分为酸性紫色土、中性紫色土、石灰性紫色土等亚类。

小于本市地域面积3%的土壤类型有黄棕壤。

本区域中心区气候特征

本区域中心区气候特征值
Regional climate characteristics in central area of the region

气候带：南亚热带湿润气候 Climate region: South subtropical humid climate	
年平均气温 /℃ Annual average temperature /℃	16.3
年平均最高气温 /℃ Annual average maximum temperature /℃	22.3
年平均最低气温 /℃ Annual average minimum temperature /℃	11.7
年降水量 /mm Annual precipitation /mm	966
≥10℃的积温 /℃ Daily temperature accumulated in a year (≥10℃) /℃	5976
年日照时数 /h Annual sunshine /h	2174
年平均相对湿度 /% Annual average relative humidity /%	73
干燥度 Dryness	1.00

本区域中心区月平均气温与月平均降水量
Monthly temperature and precipitation in central area of the region

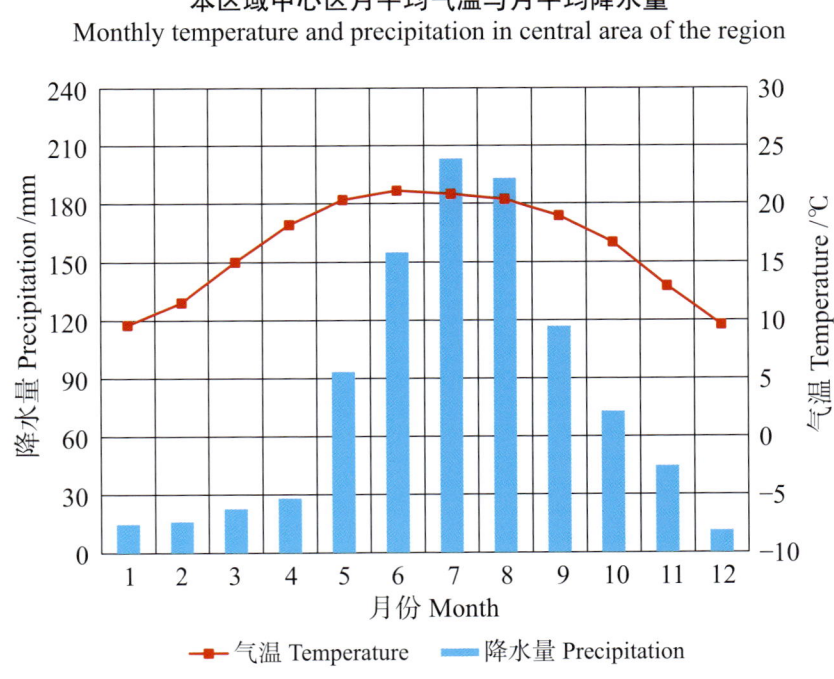

玉溪市市辖区（部分）主要土壤类型与土壤剖面点分布图
1∶190 000

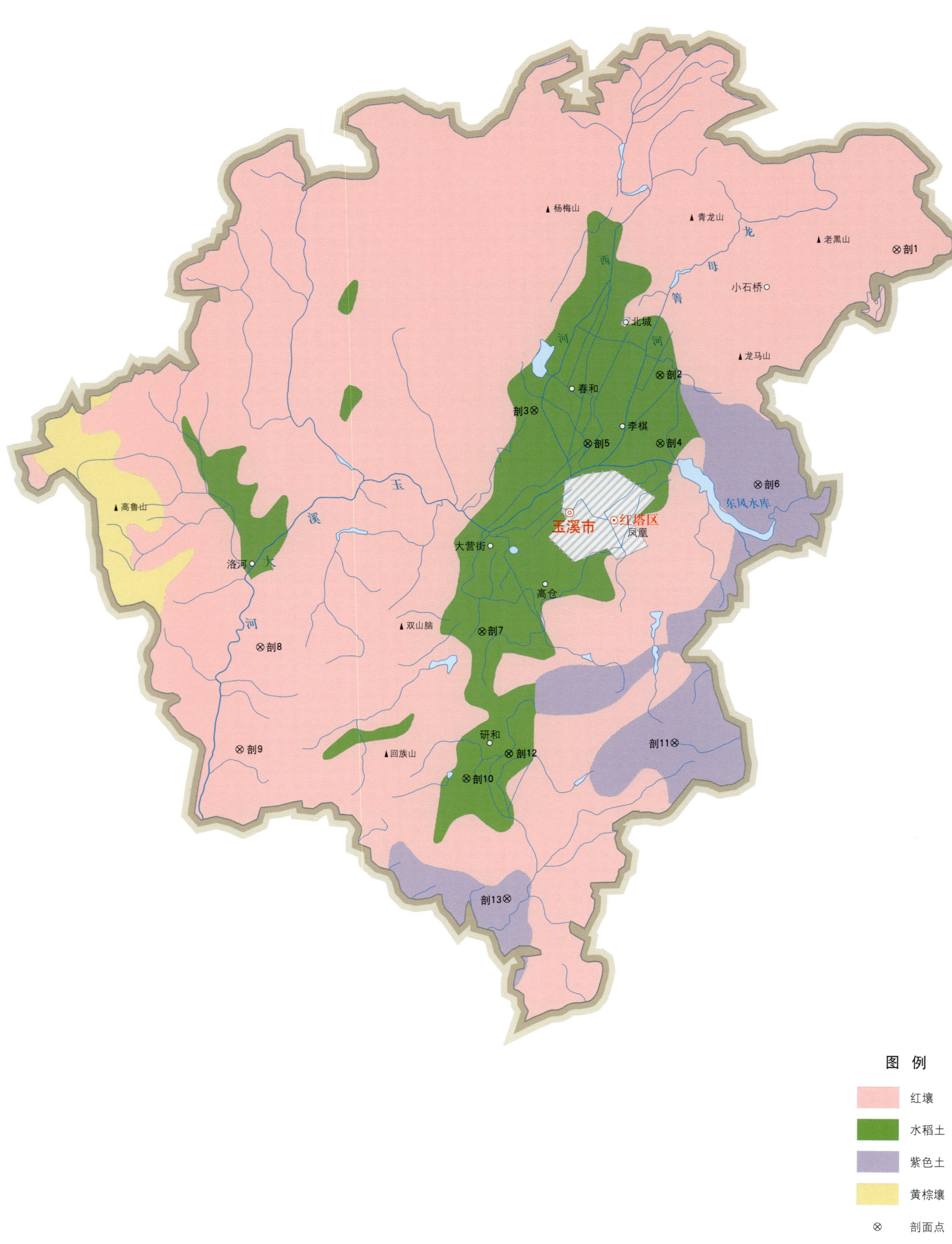

图例
- 红壤
- 水稻土
- 紫色土
- 黄棕壤
- ⊗ 剖面点

玉溪市土壤剖面理化性状表

剖面号 Soil profile	土纲 Soil order	土类 Soil great group	亚类 Soil subgroup	土属 Soil genus	土种 Soil species	土层码 Layer code	土层厚度 Depth/cm	颜色 Soil color	质地 Soil texture	土壤结构 Soil structure	pH	有机质 OM/(g/kg)	全氮 TN/(g/kg)	全磷 TP/(g/kg)	全钾 TK/(g/kg)	碱解氮 AN/(mg/kg)	有效磷 AP/(mg/kg)	阳离子交换量 CEC/(cmol/kg)	土壤母质 Parent material	剖面点坐标 Profile coordinate	匹配指数 Matching index/%
剖1	铁铝土	红壤	红壤	老冲积红壤	大红土	A	0—27	暗红棕色	中黏土	核状	4.5	13.8	0.97	1.06	12.3	131		8.6	老冲积物	E 102°40′11.3″ N 24°27′36.4″	79
						B	27—61	暗红棕色	中黏土	块状	5.0	8.1	0.63	0.54	11.5	115		7.3			
剖2	人为土	淹育水稻土	紫色土性淹育水稻土	紫泥田	A	0—27	紫色	轻黏土	核状	5.9	17.8	0.89	0.44	24.6	46				E 102°33′57.6″ N 24°24′28.4″	82
						P、B	27—50	紫色	轻黏土	块状	5.8	9.2	0.69	0.42	29.8	21					
						B_1	50—115	紫色	重壤土	核柱状	5.1	6.2	0.33	0.44	7.6						
剖3	人为土	淹育水稻土	红泥田	红鸡粪土田	A	0—29	灰黄色	壤质黏土	小块状	5.2	21.4	1.72	0.87	7.1	144	10.0	6.5		E 102°30′38.5″ N 24°23′34.1″	95
						P	29—46	灰黄棕色	壤质黏土	块状	6.1	11.1	0.63	0.46	6.3	77	3.0				
						B	46—103	灰黄棕色	壤质黏土	块状	5.3	21.4	1.72	0.87	7.1	144	10.0				
						C	103—178	橙色	壤质黏土	块状	5.0										
剖4	人为土	淹育水稻土	红壤性淹育水稻土	红鸡粪土田	A	0—30	浅棕红色	轻黏土	核状	6.3	17.4	1.82	0.84	14.6	101		5.6		E 102°34′00.1″ N 24°22′49.8″	93
						B	30—60	浅棕红色	轻黏土	块状	7.4	8.9	1.32	0.66	8.2	50		5.3			
剖5	人为土	潴育水稻土	冲积性潴育水稻土	砂泥田	A	0—24	褐色	轻黏壤土	粒状	8.0	41.9	1.33	0.30	10.7	112		7.4	冲积物	E 102°32′04.6″ N 24°22′47.6″	98
						W	24—54	褐色	轻黏壤土	大块状	7.0	11.7	0.69	0.35	11.9	29		6.4			
剖6	初育土	酸性紫色土	紫砂土	石子羊肝土	A	0—19	紫色	中砾质壤土	核状	5.5	4.2	0.64	0.44	27.4	92		5.6		E 102°36′37.1″ N 24°21′52.9″	76
						B	19—50	紫色	中砾质壤土	块状	7.0	3.6	0.57	0.21	25.9	36		8.6			
剖7	人为土	潴育水稻土	冲积性潴育水稻土	鸡粪土田	A	0—35	棕灰色	重壤土	核状	7.0	54.8	2.82	1.59	13.9	230		17.2	冲积物	E 102°29′22.6″ N 24°18′11.9″	99
						P	35—51	棕灰色	重壤土	块状	6.8	48.1	2.38	0.58	12.9	229		13.0			
						W	51—81	棕灰色	重壤土	块状	6.4	48.8	2.56	0.54	12.9	219		15.0			
						Wg	81—93	棕灰色	中壤土	小块状	6.5	32.6	1.13	0.27	24.7	85		12.3			
剖8	铁铝土	红壤	砂页岩红壤			A	0—30	暗棕红色	中壤土	粒状	4.6	20.1	1.31	0.62	4.5	141		6.8	砂页岩	E 102°23′30.3″ N 24°17′42.9″	86
						P	30—45	浅红棕色	重壤土	核状	4.6	11.0	1.07	0.30		123					
						B	45—97	浅红棕色	重壤土	块状	4.7	7.7	0.64	0.42		110					
剖9	铁铝土	红壤	砂页岩红壤			A	0—20	浅红棕色	轻黏土	块状	4.6	17.7	1.42	0.50		169			砂页岩	E 102°23′01.2″ N 24°15′14.1″	73
						B	20—50	浅红棕色	轻黏土	核状	4.2	6.5	0.89	0.50		78					
剖10	人为土	潴育水稻土	冲积性潴育水稻土	泥田	A	0—28	褐色	重壤土	块状	7.0	31.2	2.35	0.75	19.4	226		11.7	冲积物	E 102°29′02.8″ N 24°14′38.4″	97
						P	28—38	褐黄色	重壤土	小核柱状	6.7	23.9	2.10	0.74	20.2	121		13.5			
						W	38—66	暗灰黄色	重壤土	棱柱状	6.8	7.6	0.80	0.49	22.2	54		9.4			
剖11	初育土	酸性紫色土	紫砂土	紫砂土	A	0—24	紫色	砂壤土	粒状	4.2	8.8	0.52	0.80	28.6	95		5.9		E 102°34′32.5″ N 24°15′36.4″	89
						B	24—54	紫色	砂壤土	粒状	4.3	5.4	0.39	0.54	29.2	92					
剖12	人为土	潴育水稻土	冲积性潴育水稻土	胶泥田	A	0—34	浅棕色	轻黏土	小棱柱状	7.0	33.0	1.89	0.81	23.5	135		14.1	冲积物	E 102°30′09.4″ N 24°15′15.8″	71
						P	34—61	棕色	中黏土	棱柱状	6.8	14.1	0.93	0.68	25.4	76		14.2			
						W	61—110	红棕色	中黏土	核状	7.2	8.0	0.63	0.29	25.1	46		10.0			
剖13	初育土	紫色土	酸性紫色土	紫砂土		A	0—25	紫色	重壤土	核状	5.0	20.1	0.07			148				E 102°30′11.5″ N 24°11′44.7″	96
						B_1	25—40	紫色	中砾质壤土	核状	4.6	10.2	0.48	0.24		42					

江 川 区

主要土类说明

红壤是江川区主要土壤类型，占本区地域面积的41%，分布在海拔1690—2400m的坝区和山区。原生植被为亚热带常绿阔叶林，现以次生植被云南松林、华山松林、松栎混交林和灌草丛为主。成土母质主要为页岩、片岩、石英质岩、花岗岩和片麻岩等。成土过程以脱硅富铝化和生物富集为主。本区红壤分为红壤、黄红壤、棕红壤等亚类。红壤亚类呈中度脱硅富铝化特征，具A-Bs-Bv或A-Bs-C剖面构型。黏土矿物以高岭石、赤铁矿为主，黏粒硅铝率为1.8—2.4，风化淋溶系数小于0.2，盐基饱和度小于35%，pH为4.5—5.5。淀积层可见深厚的红、黄、白相间的网纹状红色黏土。有效磷易被重金属离子固定。黄红壤是红壤向黄壤过渡的土壤类型，所处区域水分条件较优，土体上部有黄化现象，以黄橙色或橙色为主，下部仍以高岭石为主，伴有蛭石和三水铝石。棕红壤是红壤向黄棕壤过渡的土壤类型，有效土体厚40—100cm，质地黏重。地表土壤颜色鲜红，剖面中可见大量的铁锰胶膜和网纹层，富铝化作用强烈。

紫色土是江川区第二大土壤类型，占本区地域面积的26%，多与红壤交错分布在海拔1500—2500m的山地。植被为常绿阔叶林或灌丛草地。成土母质为紫色砂岩或页岩的坡积物、残积物或冲积物。成土过程以母岩的快速物理崩解、频繁侵蚀堆积及碳酸钙的不断淋失为主，生物积累作用较弱。本区紫色土多为酸性紫色土亚类，土层浅薄，蓄水性差。黏土矿物一般以蛭石和水云母为主，有机质和全氮含量较高，全磷和全钾含量较低，pH为4.5—5.5。陡坡地带多为荒坡裸岩或疏草坡地，母岩岩性松脆，抗蚀力弱，易风化。成土时间短，母岩裸露较多，土层浅薄，岩屑较多。在平缓地带的紫色土土壤发育相对稳定，有一定发育层次，钾含量较高，氮和有机质含量较低，磷极缺乏。

水稻土是江川区第三大土壤类型，占本区地域面积的18%。水稻土是在长期水耕熟化下形成的土壤，一般呈中性至微碱性。本区由于长期大春栽种水稻或烤烟，小春种植蚕豆、小麦或油菜，受不同程度的水旱交替耕作的影响，有独特的氧化还原成土过程和不同的肥力水平。本区水稻土分为潴育型、潜育型、淹育型等亚类，不同亚类的养分含量和阳离子交换量有很大差异。①有机质含量：潴育型为41.3g/kg，潜育型为33.9g/kg，淹育型为24.6g/kg。②全氮含量：潴育型为3.6g/kg，潜育型为2.1g/kg，淹育型为1.6g/kg。③全磷含量：潴育型和淹育型为2.3g/kg，潜育型为1.3g/kg。④全钾含量：潴育型为18.4g/kg，潜育型为13.2g/kg，淹育型为9.6g/kg。⑤阳离子交换量：潴育型为216cmol/kg，潜育型为75cmol/kg，淹育型为145cmol/kg。

小于本区地域面积3%的土壤类型有棕壤。

本区域中心区气候特征

本区域中心区气候特征值
Regional climate characteristics in central area of the region

气候带：南亚热带湿润气候 Climate region: South subtropical humid climate	
年平均气温 /℃ Annual average temperature /℃	16.2
年平均最高气温 /℃ Annual average maximum temperature /℃	22.1
年平均最低气温 /℃ Annual average minimum temperature /℃	11.8
年降水量 /mm Annual precipitation /mm	982
≥10℃的积温 /℃ Daily temperature accumulated in a year（≥10℃）/℃	5972
年日照时数 /h Annual sunshine /h	2145
年平均相对湿度 /% Annual average relative humidity /%	73
干燥度 Dryness	1.00

本区域中心区月平均气温与月平均降水量
Monthly temperature and precipitation in central area of the region

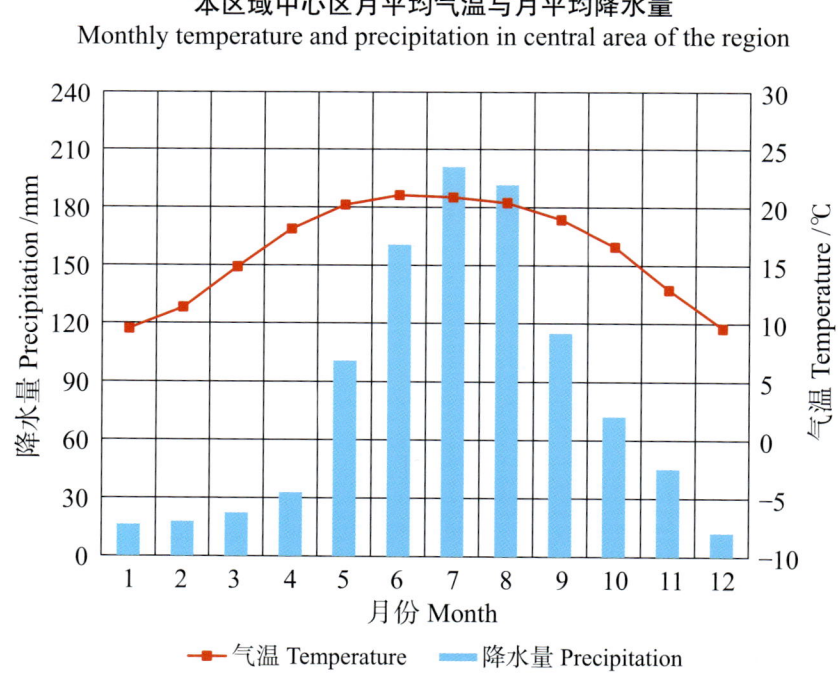

江川县主要土壤类型与土壤剖面点分布图

1:160 000

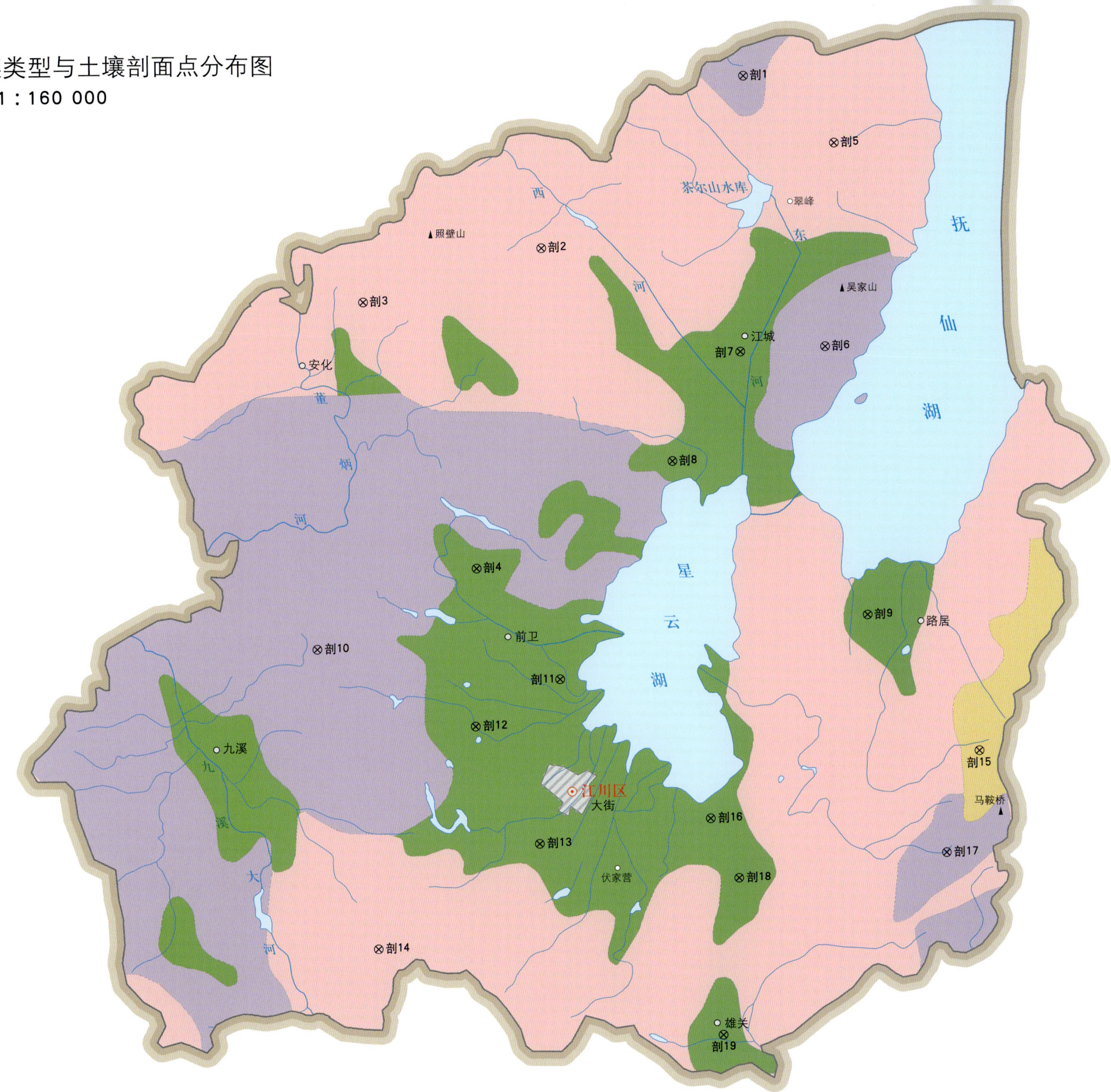

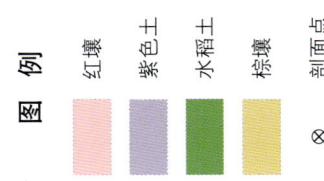

图例: 红壤 | 紫色土 | 水稻土 | 棕壤 | ⊗ 剖面点

注：国务院 2015 年 12 月批准，撤销江川县，设立江川区。

江川区土壤剖面理化性状表

剖面号 Soil profile	土纲 Soil order	土类 Soil great group	亚类 Soil subgroup	土属 Soil genus	土种 Soil species	土层码 Layer code	土层厚度 Depth/cm	颜色 Soil color	质地 Soil texture	土壤结构 Soil structure	pH	有机质 OM/(g/kg)	全氮 TN/(g/kg)	全磷 TP/(g/kg)	全钾 TK/(g/kg)	碱解氮 AN/(mg/kg)	阳离子交换量CEC/(cmol/kg)	土壤母质 Parent material	剖面点坐标 Profile coordinate	匹配指数 Matching index/%
剖1	初育土	紫色土	酸性紫色土	紫砂土	紫砂土	A	0—35	紫色	轻壤土	粒状	4.9	8.0	0.49	0.10	34.2	64	4.8		E 102°48′07.6″ N 24°30′09.0″	81
						B	35—50	紫色	轻壤土	团块状	5.1	2.2	0.18	0.01	25.9	60	6.7			
						C	50—70	紫色	中壤土	块状	5.0	1.4	0.29	0.01	26.6	82	6.7			
						D	70—	紫色	轻壤土	无明显结构	4.8	8.0	0.14	0.03	25.2	56	6.5			
剖2	铁铝土	红壤	黄红壤	基性结晶岩类黄红壤		AB	0—40	棕红色	重壤土	粒状	6.2	19.9	1.02	2.31	3.0	173	36.6		E 102°44′17.9″ N 24°27′04.3″	95
剖3	铁铝土	红壤	红壤	砂岩红壤	红土	D	40—100	棕黄色	轻壤土	粒状	5.0	18.4	0.75	1.10	5.8	135	25.8	砂岩类	E 102°40′52.7″ N 24°26′04.9″	78
						P	18—28	紫棕色	轻黏土	块状	5.1	5.1	0.33	0.50	2.8	76	24.6			
						B	28—100	紫棕色	轻黏土	块状	5.2	4.2	0.28	0.30	2.8	84	25.6			
剖4	人为土	水稻土	淹育水稻土	紫色土性淹育水稻土	红紫泥田	A	0—20	紫棕色	重壤土	核状	8.4	22.1	1.24	0.70	17.5	160	9.8		E 102°43′07.7″ N 24°21′24.1″	85
						P	20—29	红棕色	中壤土	团块状	8.4	13.2	1.04	0.50	12.0	91	8.8			
						B	29—49	红黄色	重壤土	粒状	8.4	5.5	0.55	6.00	13.0	54	5.9			
						S	49—100	浅红黄色	中壤土	团块状	8.2	1.7	0.28	0.30	7.9	27	3.4			
剖5	铁铝土	红壤	棕红壤	碳酸岩类红壤	紫红土	A	0—23	红黄色	中黏土	粒状	6.7	37.9	2.05	2.43	10.0	143	30.0		E 102°49′52.3″ N 24°28′59.5″	85
						B	23—100	红黄色	中黏土	块状	6.9	28.3	1.95	2.01	11.7	115	38.9			
剖6	初育土	紫色土	酸性紫色土	紫砂土	紫砾石土	A	0—30	浅棕红色	轻壤土	团粒状	7.1	1.8	0.18	0.30	20.4	68	3.4		E 102°49′44.8″ N 24°25′23.5″	72
						B	30—52	浅棕红色	轻壤土	团粒状	6.6	4.7	0.84	0.30	23.2	92	3.4			
						C	52—100			无明显结构		0.5	0.07	0.17	21.4	22	2.3			
剖7	人为土	水稻土	潴育水稻土	冲积性潴育水稻土	砂土田	A	0—21	棕灰色	轻壤土	粒状	6.4	18.3	1.37	0.46	19.2	100	7.9	冲积物	E 102°48′07.9″ N 24°25′16.7″	74
						P	21—28	棕灰色	中壤土	团块状	7.6	15.5	0.80	0.45	19.2	92	4.7			
						W	28—62	灰黄色	轻壤土	块状	8.1	13.5	0.52	0.45	17.3	68	4.1			
						S	62—100	灰黄色	轻壤土	无明显结构	8.8	0.5	0.07	0.17	21.4	22	2.3			
剖8	人为土	水稻土	淹育水稻土	冲积性潴育水稻土	砂泥田	A	0—27	灰黄色	中壤土	粒状	6.0	11.2	1.01	0.30	11.3	115	5.9	冲积物	E 102°46′51.2″ N 24°23′20.0″	89
						P	27—39	黄棕色	中壤土	块状	5.5	7.9	0.89	0.30	15.1	63	6.5			
						W	39—70	紫棕色	中壤土	小块状	6.1	6.0	0.66	0.30	12.0	74	5.4			
剖9	人为土	水稻土	潴育水稻土	冲积性潴育水稻土	灰泥田	A	0—30	褐色	重壤土	核状	8.3	50.6	3.15	1.67	4.8	201	16.5	冲积物	E 102°50′37.7″ N 24°20′39.8″	80
						P	30—46	灰棕色	重壤土	棱柱状	8.3	45.1	3.12	1.52	5.8	194	16.2			
						W	46—80	灰黄色	重壤土	棱柱状	8.3	35.5	2.93	1.35	6.9	158	15.8			
剖10	初育土	紫色土	酸性紫色土	紫砂土	黄紫泥土	A	0—32	浅红棕色	重壤土	粒状	5.2	5.2	0.55	0.30	17.5	64	8.5		E 102°40′04.8″ N 24°19′56.3″	82
						B	32—100	浅红棕色	重壤土	粒状	5.0	3.4	0.32	0.30	15.1	54	8.1			
剖11	人为土	水稻土	潴育水稻土	冲积性潴育水稻土	鸡粪土田	A	0—28	灰棕色	重壤土	粒状	8.0	99.7	5.80	8.12	18.2	354	25.2	冲积物	E 102°44′45.2″ N 24°19′27.8″	100
						P	28—43	灰棕色	重壤土	团块状	8.0	93.8	5.28	7.51	15.7	331	24.8			
						W_1	43—66	棕灰色	轻壤土	棱柱状	8.1	68.3	3.67	7.77	17.1	231	22.1			
						W_2	66—85	棕灰色	重壤土	棱柱状	8.0	105.8	3.08	8.06	15.0	347	28.3			
剖12	人为土	水稻土	潴育水稻土	紫色土性潴育水稻土	紫砂泥田	A	0—24	浅红棕色	中壤土	粒状	5.9	19.7	1.11	0.20	23.4	123	5.8		E 102°44′08.8″ N 24°18′36.7″	72
						P	24—36	紫棕色	中壤土	块状	6.7	9.3	1.07	0.20	22.1	68	5.3			
						W	36—45	紫色	中壤土	棱柱状	7.5	10.0	0.83	0.20	26.3	45	5.0			
剖13	人为土	水稻土	淹育水稻土	紫色土性淹育水稻土	红紫胶泥田	A	0—30	紫色	中壤土	核状	6.6	36.5	2.57	0.70	32.3	196	12.5		E 102°43′18.8″ N 24°16′33.2″	94
						B	30—45	紫棕色	轻壤土	块状	7.3	25.6	1.88	0.80	27.3	141	11.5			
						C	45—67	紫棕色	轻黏土	粒状	8.1	10.0	0.99	0.70	27.3	72	9.4			
剖14	铁铝土	红壤	红壤	砂岩红壤		A	0—20	浅红棕色	砂壤土	块状	5.2	11.2	0.69	0.18	4.9	81	11.7		E 102°41′19.3″ N 24°14′39.8″	73
						B	20—60	棕红色	中壤土	块状	5.0	4.5	0.49	0.21	11.3	41	11.3			
						C	60—130	深棕红色	中壤土	块状	5.0	2.1	0.80	0.24	21.6	177	11.3			

续表 Continued

剖面号 Soil profile	土纲 Soil order	土类 Soil great group	亚类 Soil subgroup	土属 Soil genus	土种 Soil species	土层码 Layer code	土层厚度 Depth/cm	颜色 Soil color	质地 Soil texture	土壤结构 Soil structure	pH	有机质 OM/(g/kg)	全氮 TN/(g/kg)	全磷 TP/(g/kg)	全钾 TK/(g/kg)	碱解氮 AN/(mg/kg)	阳离子交换量CEC/(cmol/kg)	土壤母质 Parent material	剖面点坐标 Profile coordinate	匹配指数 Matching index/%
剖15	淋溶土	棕壤	棕壤	砂岩棕壤	灰塘土	A	0—30	灰棕色	中壤土	粒状	7.2	17.0	0.98	2.59	17.3	167	27.6		E 102°52′48.7″ N 24°18′17.3″	89
						P	30—35	灰棕色	中壤土	核状	7.2	14.8	0.86	2.56	15.0	148	27.2			
						BC	35—100	灰棕色		块状										
剖16	人为土	水稻土	潴育水稻土	冲积性潴育水稻土	胶泥田	A	0—28	暗黄棕色	轻黏土	团块状	7.7	56.0	3.72	1.30	20.2	227	29.1	冲积物	E 102°47′40.6″ N 24°17′02.0″	86
						P	28—36	暗黄棕色	轻黏土	块状	8.0	44.1	2.68	0.80	19.1	237	28.6			
						W₁	36—63	黄棕色	中黏土	棱柱状	8.2	15.2	1.44	0.40	19.0	69	25.6			
						W₂	63—100	浅棕黄色	重黏土	棱柱状	8.4	10.0	1.33	0.40	25.4	50	25.6			
剖17	初育土	紫色土	酸性紫色土	紫砂土	紫泥土	A	0—24	紫棕色	轻黏土	粒状	5.9	12.5	0.97	0.71	5.9	237	13.0		E 102°52′12.4″ N 24°16′28.9″	88
						P	24—39	暗红棕色	重黏土	团块状	6.9	14.3	0.99	0.54	4.8	345	12.5			
						C	39—100	紫色		块状										
剖18	人为土	水稻土	淹育水稻土	红壤性淹育水稻土	红泥田	A	0—28	浅棕色	重壤土	核状	8.3	22.7	2.21	6.65	9.7	97	14.9	红壤性母质	E 102°48′14.0″ N 24°15′59.4″	94
						P	28—36	浅棕色	中壤土	团块状	8.4	15.9	1.61	6.75	7.9	75	14.9			
						B₁	36—61	红黄色	重壤土	块状	8.3	11.7	1.04	6.38	9.9	58	14.8			
						B₂	61—86	浅棕红色	重壤土	块状	8.3	6.7	0.91	6.69	8.9	50	14.2			
剖19	人为土	水稻土	潴育水稻土	紫色土性潴育水稻土	紫胶泥田	A	0—28	紫色	轻黏土	团块状	8.4	32.6	2.05	0.90	26.0	139	14.2		E 102°47′58.2″ N 24°13′13.1″	82
						P	28—37	紫色	重黏土	块状	8.5	16.1	1.28	0.50	23.2	107	9.9			
						W₁	37—51	紫色	轻黏土	棱柱状	8.5	12.5	0.91	0.50	26.0	150	9.8			
						W₂	51—64	紫棕色	重黏土	棱柱状	8.5	6.2	0.54	0.70	25.3	133	7.9			
						Cg	64—84	紫棕色	轻黏土	棱柱状	8.4	4.2	0.36	0.50	27.4	82	8.8			

通 海 县

主要土类说明

红壤是通海县主要土壤类型，占本县地域面积的67%，分布在海拔1796—1820m的高原湖盆边缘及中低山地。植被为亚热带常绿阔叶林和混交林。成土母质以泥质岩类和碳酸岩类居多。成土过程以脱硅富铝化和生物富集为主。红壤呈中度脱硅富铝化特征，具A-Bs-Bv或A-Bs-C剖面构型，土壤黏粒中游离铁占全铁的50%—60%。矿物风化度高，黏土矿物以高岭石为主，伴有三水铝石，黏粒硅铝率为1.8—2.4，风化淋溶系数小于0.2，盐基饱和度小于35%，有效养分含量低，缺磷尤为突出。淀积层可见深厚的红、黄、白相间的网纹状红色黏土。土层厚度一般为0.2—1.5m，表土层呈酸性或微酸性。

水稻土是通海县第二大土壤类型，占本县地域面积的19%，分布在山谷和湖盆地，在丘陵山地土层深厚的缓坡地呈梯田式零星分布。成土母质为老冲积物和湖相沉积物。成土过程为淋溶作用和水耕熟化过程。土壤养分比例不协调，主要缺磷和钾。水稻土在长期的季节性淹灌、水下翻耕、季节性脱水、氧化还原交替影响下，原来的成土母质或母土的特性发生重大改变，形成了不同的土体构型。本县水稻土分为淹育型、潴育型、潜育型等亚类。淹育水稻土灌溉条件较差，养分含量较低，速效磷缺乏，具A-P-C或A-C剖面构型。潴育水稻土水肥条件好，土壤内外排水良好，质地砂黏适中，有较深厚的耕作层，具A-P-W-G或A-P-W-C剖面构型。潜育水稻土地下水位较高，排水不畅，具A-P-E-C、A-Pe-E-C或A-P-W-E剖面构型。

紫色土是通海县第三大土壤类型，占本县地域面积的9%，零星分布在海拔1450—2200m的地区。植被主要为疏林、幼林、灌丛和禾本科茅草。成土母质为紫红色砂页岩。成土过程常被周期性侵蚀作用打断。母岩岩性松脆，抗蚀、抗风化力弱，物理风化作用强烈，沟蚀及崩塌现象阻止或延缓了土壤的正常发育，致使土壤常处于幼年发育阶段，具A-C剖面构型，土层浅薄，夹有半风化母质颗粒。其剖面特征：0—5cm为紫灰色粒状结构，砂壤土，夹有45%的半风化母质颗粒；5—62cm为紫灰色单粒状结构，紧砂土，松散；62—100cm为紫灰色块状结构，基岩层。山脊丘顶土层浅薄，有的地方基岩埋藏浅，甚至大块裸露。平缓地带或是页岩风化物，土层稍厚（在1m左右），肥力略高，发育层次不明显。本县紫色土分为酸性紫色土、中性紫色土等亚类。

本区域中心区气候特征

本区域中心区气候特征值
Regional climate characteristics in central area of the region

气候带：南亚热带湿润气候 Climate region: South subtropical humid climate	
年平均气温 /℃ Annual average temperature /℃	16.7
年平均最高气温 /℃ Annual average maximum temperature /℃	22.7
年平均最低气温 /℃ Annual average minimum temperature /℃	12.3
年降水量 /mm Annual precipitation /mm	965
≥10℃的积温 /℃ Daily temperature accumulated in a year（≥10℃）/℃	6143
年日照时数 /h Annual sunshine /h	2156
年平均相对湿度 /% Annual average relative humidity /%	73
干燥度 Dryness	1.05

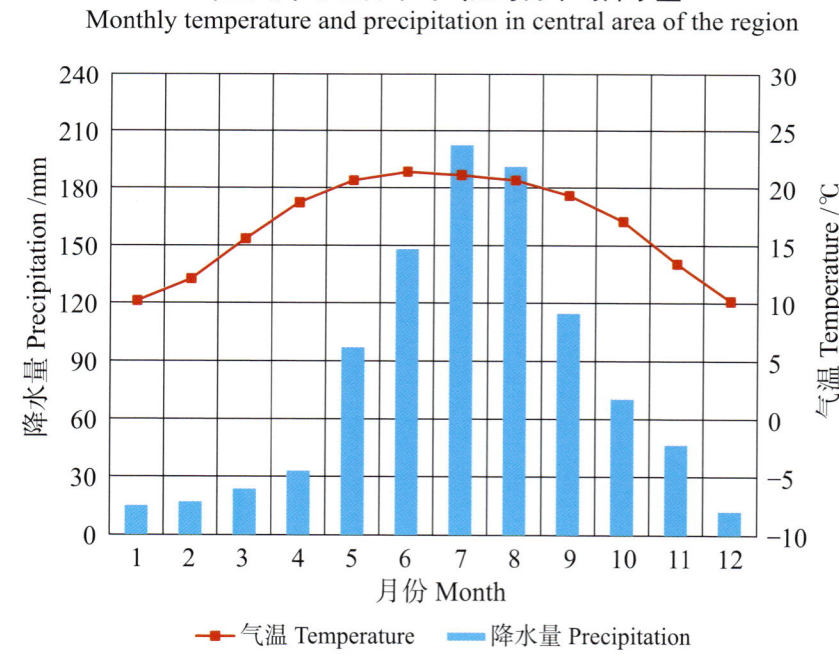

本区域中心区月平均气温与月平均降水量
Monthly temperature and precipitation in central area of the region

通海县主要土壤类型与土壤剖面点分布图

1:170 000

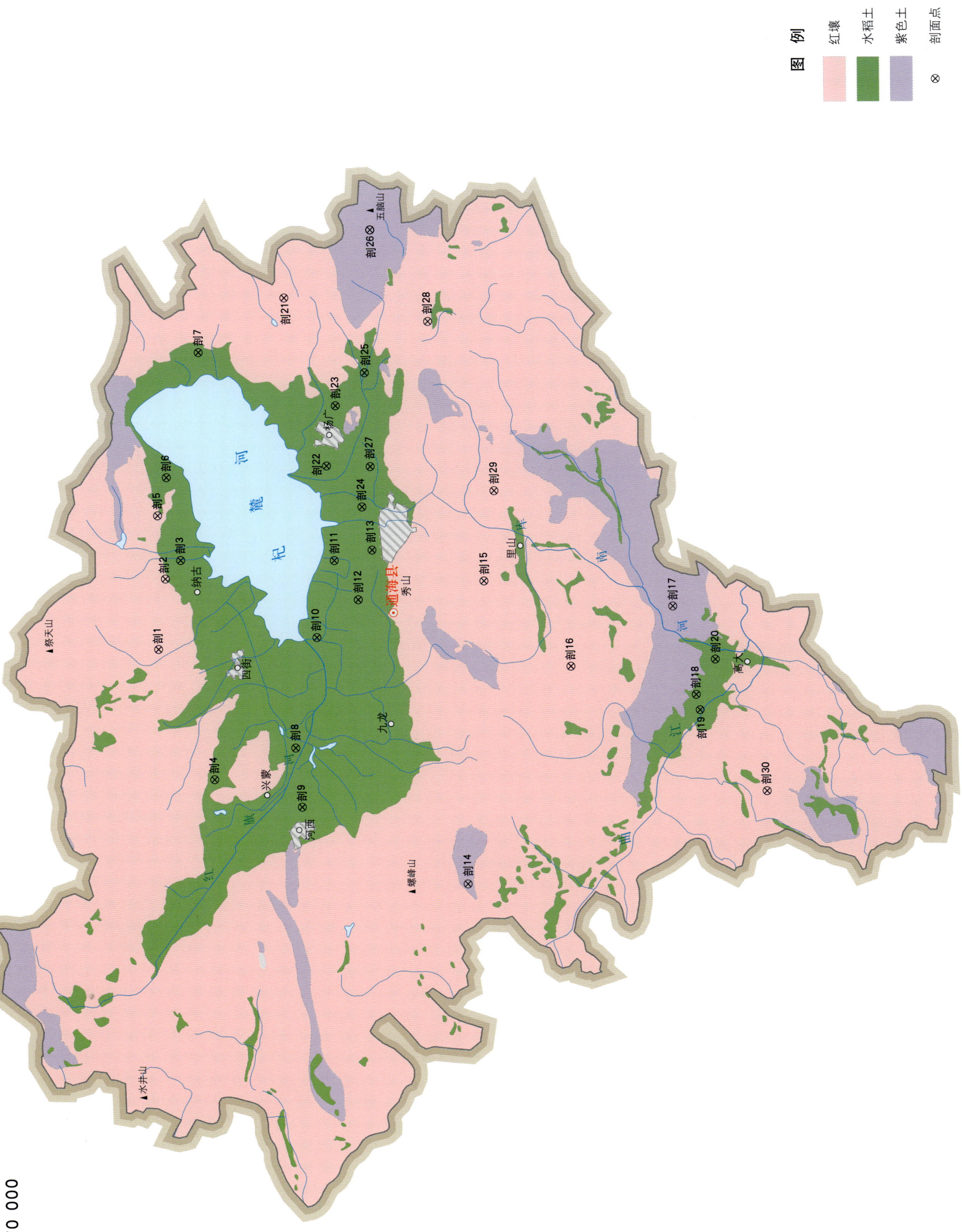

通海县土壤剖面理化性状表

剖面号 Soil profile	土纲 Soil order	土类 Soil great group	亚类 Soil subgroup	土属 Soil genus	土种 Soil species	土层码 Layer code	土层厚度 Depth/cm	颜色 Soil color	质地 Soil texture	土壤结构 Soil structure	pH	有机质 OM/(g/kg)	全氮 TN/(g/kg)	全磷 TP/(g/kg)	碱解氮 AN/(mg/kg)	阳离子交换量CEC/(cmol/kg)	土壤母质 Parent material	剖面点坐标 Profile coordinate	匹配指数 Matching index/%
剖1	铁铝土	红壤	红壤	砂岩红壤	红砂泥土	A	0—24	浅棕红色	砂壤土	粒状	4.5	13.4	0.53	0.46	81	4.3		E 102°42′42.5″ N 24°11′34.4″	93
						P	24—35	浅红色	中壤土	块状	4.5	8.6	0.47	0.27	63	3.9			
						3	35—95	浅红色	重壤土	块状									
剖2	铁铝土	红壤	红壤	砂岩红壤	石渣子土	A	0—26	棕色	轻壤土	单粒状	4.5	34.3	1.16	1.35	201	29.0	砂岩类	E 102°44′16.1″ N 24°11′26.9″	81
						P	26—48	暗棕色	砾质砂土	大单粒状	5.5	21.3	0.90	1.63	196	20.8			
						3	48—80	黑色	重砾质土										
剖3	人为土	水稻土	潜育水稻土	湖积性潜育水稻土	冷浸田	A	0—16	浅黄棕色	重壤土	块状	7.9	31.7	2.20	0.72	150	9.7	湖积物	E 102°44′40.9″ N 24°11′08.5″	88
						P	16—27	黄黄棕色	重壤土	块状	7.9	35.7	2.13	0.60	176	9.2			
						3	27—70	黄棕色	重壤土	棱柱状									
剖4	人为土	水稻土	淹育水稻土	红壤性淹育水稻土	红胶泥田	A	0—17	浅棕色	重黏土	块状	8.3	16.0	1.27	0.66	100	21.3	红壤性母质	E 102°39′49.0″ N 24°10′24.6″	95
						P	17—29	浅棕色	重黏土	块状	8.2	18.6	1.29	0.64	106	21.3			
						3	29—58	黄棕色	重壤土	棱柱状									
剖5	铁铝土	红壤	红壤	石灰岩红壤	红土	A	0—20	暗棕红色	中黏土	小块状	5.2	18.4	0.97	0.57	81	6.8	石灰岩	E 102°45′40.0″ N 24°11′37.0″	76
						P	20—25	暗棕红色	重壤土	块状	5.2	1.7	0.49	0.40	52	6.3			
						3	25—85	浅红色	中壤土	大棱柱状									
剖6	人为土	水稻土	淹育水稻土	冲积性淹育水稻土	胶泥田	A	0—20	暗棕色	轻壤土	块状	7.9	24.4	1.56	0.59	74	26.1		E 102°46′30.7″ N 24°11′26.5″	96
						P	20—32	暗棕色	中黏土	块状	7.9	10.4	0.86	0.58	77	23.7			
						3	32—100	浅红色	重黏土	块状									
剖7	人为土	水稻土	淹育水稻土	红壤性淹育水稻土	红泥田	A	0—23	浅黄棕色	重黏土	块状	7.9	27.5	1.29	0.63	157	13.0	红壤性母质	E 102°49′17.8″ N 24°10′48.4″	76
						P	23—33	浅黄棕色	轻黏土	块状	7.9	13.2	0.63	0.58	64	12.1			
						3	33—105	浅黄棕色	重黏土	块状									
剖8	人为土	水稻土	潜育水稻土	冲积性潜育水稻土	黄胶泥田	A	0—25	浅黄棕色	重黏土	块状	8.3	43.8	1.53	2.54	236	15.0	冲积物	E 102°40′32.0″ N 24°08′45.1″	81
						P	25—37	红黄棕色	中黏土	块状	8.2	40.2	1.12	2.54	192	16.4			
						3	37—84	红黄棕色	重黏土	棱柱状									
剖9	人为土	水稻土	潜育水稻土	冲积性潜育水稻土	砂泥田	A	0—23	褐色	中壤土	小块状	6.7	35.7	1.88	0.38	171	12.1	冲积物	E 102°39′13.3″ N 24°08′36.6″	73
						P	23—30	褐色	中壤土	小块状	7.4	19.1	1.33	0.26	103	11.6			
						3	30—87	褐色	中壤土	块状									
剖10	人为土	水稻土	潜育水稻土	湖积性潜育水稻土	老海泥田	A	0—15	棕灰色	轻壤土	小块状	7.8	63.9	2.19	0.63	217	11.6	湖积物	E 102°42′59.8″ N 24°07′20.0″	72
						P	15—25	棕灰色	中壤土	块状	8.1	44.8	2.15	0.57	185	9.7			
						3	25—42	灰白色	重黏土	小块状									
剖11	人为土	水稻土	沼泽型水稻土	湖积性沼泽水稻土	新海泥田	A	0—15	浅棕色	中壤土	块状	8.0	126.0	4.24	1.43	470	25.6	湖积物	E 102°44′42.4″ N 24°07′59.3″	90
						G	15—35	暗黄色	砂壤土	小块状	7.8	273.0	8.40	0.24	113				
剖12	人为土	水稻土	潜育水稻土	冲积性潜育水稻土	灰砂田	A	0—16	灰白色	紧砂土	单粒状	8.3	6.9	0.41	0.48	58	1.9	冲积物	E 102°43′50.5″ N 24°07′29.6″	99
						P	16—23	灰棕色	砂壤土	单粒状	8.1	11.0	0.60	0.40	51	1.9			
						3	23—46	灰棕色	紧砂土	单粒状									
						C	46—95	灰白色	紧砂土	单粒状									
剖13	人为土	水稻土	潜育水稻土	冲积性潜育水稻土	鸡粪土田	A	0—23	棕灰色	中壤土	核状	7.8	50.6	2.62	0.90	231	11.6	冲积物	E 102°44′56.7″ N 24°07′12.9″	84
						P	23—34	棕灰色	中壤土	块状	8.1	54.6	2.68	1.09	242	13.4			
						3	34—80	灰棕色	轻壤土	棱柱状									
剖14	初育土	紫色土	酸性紫色土	紫色砂页岩酸性紫色土	紫砂泥土	A	0—13	棕色	中壤土	粒状	5.2	33.6	1.73	0.10	193			E 102°37′32.5″ N 24°05′12.5″	88
						P	13—23	棕色	重壤土	小块状	5.1	1.6	0.09	0.10	18				
						3	23—62	红橙色	中壤土	块状									
						C	62—100	红橙色	中黏土	颗粒状									

续表 Continued

剖面号 Soil profile	土纲 Soil order	土类 Soil great group	亚类 Soil subgroup	土属 Soil genus	土种 Soil species	土层码 Layer code	土层厚度 Depth/cm	颜色 Soil color	质地 Soil texture	土壤结构 Soil structure	pH	有机质 OM/(g/kg)	全氮 TN/(g/kg)	全磷 TP/(g/kg)	碱解氮 AN/(mg/kg)	阳离子交换量 CEC/(cmol/kg)	土壤母质 Parent material	剖面点坐标 Profile coordinate	匹配指数 Matching index/%
剖15	铁铝土	红壤	红壤	石灰岩红壤		As	0—6	暗棕红色	重壤土	小块状	5.6	36.0	1.44	0.36	108		石灰岩	E 102° 44′ 16.8″ N 24° 04′ 55.2″	100
						B	6—22	暗红色	中壤土	小块状	5.6	23.0	1.00	0.23	84				
剖16	铁铝土	红壤	黄红壤	板岩黄红壤		3	22—90	红色	重黏土	大块状									81
						A	0—5	灰黄色	砂壤土	粒状	5.2	29.6	0.74	0.43	112	12.1			
						B	5—23	浅红棕色	重壤土	小块状	5.2	9.7	0.60	0.42	59	13.0			
						3	23—60	黄色	重壤土	块状									
						4	60—100	黄色	重壤土	块状									
剖17	初育土	紫色土	酸性紫色土	紫色砂页岩酸性紫色土		A	0—5	紫灰色	砂壤土	粒状	5.3	15.5	0.53	0.26	77	6.3		E 102° 43′ 45.2″ N 24° 01′ 03.0″	73
						B	5—62	紫灰色	紧砂土	单粒状	5.5	10.5	0.40	0.16	59	6.3			
						R	62—100	紫灰色		块状									
剖18	人为土	水稻土	潴育水稻土	紫色土性潴育水稻土	紫泥田	A	0—37	浅红色	轻黏土	团块状	6.0	20.7	1.29	0.62	180	14.0		E 102° 41′ 47.8″ N 24° 00′ 33.5″	97
						3	37—47	浅红色	重壤土	棱柱状	7.2	9.6	1.21	0.42	69	14.0			
						3	47—90	浅红色	重壤土	块状									
剖19	人为土	水稻土	潴育水稻土	冲积性潴育水稻土	河砂田	A	0—20	浅红棕色	砂壤土	粒状	6.1	17.8	0.85	0.48	86	5.7		E 102° 41′ 27.2″ N 24° 00′ 28.4″	91
						P	20—25	浅红棕色	砾质土	单粒状	7.8	8.8	0.61	0.43	64	5.0			
						3	25—53	浅红棕色	砂壤土	块状									
剖20	人为土	水稻土	潴育水稻土	紫色土性潴育水稻土	紫砂泥田	A	0—22	紫色	中壤土	粒状	7.6	38.1	2.26	0.64	196	9.2		E 102° 42′ 35.3″ N 24° 00′ 10.1″	70
						P	22—34	紫色	重壤土	小块状	7.7	35.6	1.86	0.55	181	7.7			
						3	34—100	浅棕色	重壤土	棱柱状									
剖21	铁铝土	红壤	黄红壤	板岩黄红壤	黄泥土	A	0—22	浅棕红色	轻壤土	块状	4.6	21.5	1.88	0.44	168	11.6	板岩	E 102° 50′ 31.6″ N 24° 09′ 03.6″	71
						P	22—40	浅棕红色	重壤土	核柱状	4.6	10.3	0.68	0.13	56	9.7			
						3	40—70	浅棕红色	重壤土	大块状									
剖22	人为土	水稻土	淹育水稻土	冲积性淹育水稻土	红砂泥田	A	0—20	棕色	轻壤土	小块状	7.9	28.0	1.52	0.77	142	12.6	冲积物	E 102° 46′ 48.0″ N 24° 08′ 09.6″	99
						P	20—30	暗棕色	中壤土	块状	7.9	28.6	1.89	0.64	194	12.6			
						3	30—80	暗棕色	重壤土	大块状									
						4	80—110	黑灰色	中壤土	大块状									
剖23	人为土	水稻土	潴育水稻土	冲积性潴育水稻土	灰砂泥田	A	0—22	棕灰色	轻壤土	块状	8.2	30.0	1.84	0.43	158	10.6	冲积物	E 102° 48′ 08.4″ N 24° 07′ 59.3″	87
						P	22—31	棕灰色	重壤土	核柱状	8.2	26.8	1.59	0.97	118	9.1			
						3	31—70	黑黄色	重壤土	棱柱状									
						4	70—100	黄棕色	重壤土	块状									
剖24	人为土	水稻土	潴育水稻土	冲积性潴育水稻土	黄泥田	A	0—30	浅黄棕色	重壤土	小块状	8.2	54.2	2.08	2.28	276	17.4	冲积物	E 102° 45′ 54.0″ N 24° 07′ 25.7″	83
						P	30—40	浅黄棕色	轻黏土	块状	8.1	47.0	1.95	1.45	165	17.8			
						3	40—76	浅红棕色	中壤土	棱柱状									
剖25	人为土	水稻土	淹育水稻土	冲积性淹育水稻土	泥田	A	0—23	浅黄棕色	重壤土	块状	7.9	25.8	1.43	0.76	121	15.5	冲积物	E 102° 48′ 52.9″ N 24° 07′ 23.9″	98
						P	23—36	红棕色	轻黏土	块状	7.9	20.7	1.27	0.59	91	15.5			
						3	36—60	浅棕红色	黏土	块状									
剖26	初育土	紫色土	酸性紫色土	紫色砂页岩酸性紫色土	紫泥土	A	0—10	紫色	轻壤土	小块状	4.9	23.7	1.30	0.75	283	7.9		E 102° 52′ 03.1″ N 24° 07′ 18.4″	85
						P	10—43	紫色	中壤土	块状	4.9	18.4	1.01	0.70	254	5.0			
						3	43—100	紫棕色	砾质土	块状									
剖27	人为土	水稻土	潴育水稻土	冲积性潴育水稻土	灰泥田	A	0—20	灰棕色	重壤土	核状	7.7	59.1	3.39	1.04	313	21.3	河流冲积物	E 102° 46′ 47.6″ N 24° 07′ 16.0″	71
						P	20—30	灰棕色	重壤土	小块状	7.8	27.1	3.32	0.88	258	21.3			
						3	30—80	紫棕色	重壤土	棱柱状									
剖28	铁铝土	红壤	红壤	石灰岩红壤	油红土	A	0—20	浅棕红色	轻壤土	小块状	6.8	24.4	1.25	1.30	120	17.9	石灰岩	E 102° 50′ 02.0″ N 24° 06′ 06.5″	84
						P	20—30	浅棕色	中壤土	小块状	6.5	16.3	1.22	0.23	60	15.9			
						3	30—100			块状									

续表 Continued

剖面号 Soil profile	土纲 Soil order	土类 Soil great group	亚类 Soil subgroup	土属 Soil genus	土种 Soil species	土层码 Layer code	土层厚度 Depth/cm	颜色 Soil color	质地 Soil texture	土壤结构 Soil structure	pH	有机质 OM/(g/kg)	全氮 TN/(g/kg)	全磷 TP/(g/kg)	碱解氮 AN/(mg/kg)	阳离子交换量CEC/(cmol/kg)	土壤母质 Parent material	剖面点坐标 Profile coordinate	匹配指数 Matching index/%
剖29	铁铝土	红壤	红壤	石灰岩红壤	红泥土	A	0—14	浅棕红色	中壤土	核状	5.8	22.8	1.37	0.77	168	9.7		E 102°46′17.0″ N 24°04′43.7″	80
						P	14—23	红色	重壤土	小块状	6.3	7.8	0.48	0.46	46	9.2			
						3	23—95	红色	中黏土	小块状									
剖30	铁铝土	红壤	红壤	砂岩红壤		A	0—5	棕色	砂壤土	粒状	6.2	60.8	2.45	1.00	239	15.9	砂岩类	E 102°39′39.6″ N 23°59′05.6″	88
						B	5—48	浅棕色	轻壤土	小块状	6.2	49.5	2.09	1.00	230	14.5			
						3	48—105	浅棕色	砂壤土										

华 宁 县

主要土类说明

红壤是华宁县主要土壤类型，占本县地域面积的 68%。成土母质主要为深厚的古红土、红色风化壳及岩石风化残积物。成土过程以脱硅富铝化和生物富集为主。本县红壤分为红壤、黄红壤、棕红壤等亚类。红壤和黄红壤两个亚类分布在海拔 1300—2200m 的温暖坝区，棕红壤分布在海拔 2200—2400m 的温凉山区。红壤亚类呈中度脱硅富铝化特征，具 A–Bs–Bv 或 A–Bs–C 剖面构型。黏土矿物以高岭石、赤铁矿为主，黏粒硅铝率为 1.8—2.4，风化淋溶系数小于 0.2，盐基饱和度小于 35%，质地黏重，保水保肥力强，但耕性较差。黄红壤是红壤向黄壤过渡的土壤类型，所处区域水分条件较优，土体上部有黄化现象，以黄橙色或橙色为主，下部仍以高岭石为主，伴有蛭石和三水铝石。棕红壤是红壤向黄棕壤过渡的土壤类型，有效土体厚 40—100cm，质地黏重。地表土壤颜色鲜红，剖面中可见大量的铁锰胶膜和网纹层，富铝化作用强烈。

紫色土是华宁县第二大土壤类型，占本县地域面积的 12%。植被为云南杉、常绿阔叶林或灌丛草地。成土母质多为中生代的紫红色砂页岩。成土过程以母岩的快速物理崩解、频繁侵蚀堆积及碳酸钙的不断淋失为主，生物积累作用较弱。土层浅薄，具 A–C 剖面构型。本县紫色土多为酸性紫色土亚类，黏土矿物一般以蛭石和水云母为主，有机质和全氮含量较高，全磷和全钾含量较低，pH 为 4.5—5.5。

水稻土是华宁县第三大土壤类型，占本县地域面积的 10%，从海拔 1120m 的低热河谷到海拔 2100m 的高寒山区均有分布。水稻土在长期的季节性淹灌、水下翻耕、季节性脱水、氧化还原交替影响下，原来的成土母质或母土的特性发生重大改变，形成了不同的土体构型。不同亚类间的土壤耕层理化性质存在很大的差异：土壤有机质含量由高到低依次为侧渗型、潜育型、潴育型和淹育型，分别为 47.5g/kg、38.6g/kg、35.4g/kg 和 21.7g/kg；全氮含量由高到低顺序与有机质含量一致，分别为 2.80g/kg、2.34g/kg、1.93g/kg 和 1.47g/kg；全磷含量则是潴育型最高，淹育型、潜育型次之，侧渗型最低，分别为 1.12g/kg、0.79g/kg、0.74g/kg 和 0.47g/kg；全钾含量则是侧渗型最高，淹育型、潴育型次之，潜育型最低，分别为 22.3g/kg、15.2g/kg、15.1g/kg 和 6.6g/kg。

赤红壤占本县地域面积的 6%，分布在海拔 1300m 以下的低热河谷和坝区。成土母质为碳酸岩类。成土过程以富铝化作用和生物积累作用为主。本县赤红壤分为赤红壤、黄色赤红壤等亚类。赤红壤亚类具 A–Bs–C 剖面构型，土体脱硅富铝化程度仅次于砖红壤，比红壤强，铁的游离度介于二者之间。由于淋溶作用和脱硅富铝化作用，典型土壤全剖面呈酸性，pH 为 4.5—5.5，土体呈红色或黄红色。黄色赤红壤土体中氧化铁等矿物的水合度较高，有较明显的黄化层，土壤有机质和游离铁的活化度均高于典型的赤红壤。

小于本县地域面积 3% 的土壤类型有棕壤。

本区域中心区气候特征

本区域中心区气候特征值
Regional climate characteristics in central area of the region

气候带：南亚热带湿润气候 Climate region: South subtropical humid climate	
年平均气温 /℃ Annual average temperature /℃	16.5
年平均最高气温 /℃ Annual average maximum temperature /℃	22.4
年平均最低气温 /℃ Annual average minimum temperature /℃	12.2
年降水量 /mm Annual precipitation /mm	973
≥ 10℃的积温 /℃ Daily temperature accumulated in a year（≥ 10℃）/℃	6075
年日照时数 /h Annual sunshine /h	2144
年平均相对湿度 /% Annual average relative humidity /%	73
干燥度 Dryness	1.03

本区域中心区月平均气温与月平均降水量
Monthly temperature and precipitation in central area of the region

华宁县主要土壤类型与土壤剖面点分布图
1 : 210 000

图 例
- 红壤
- 紫色土
- 水稻土
- 赤红壤
- 棕壤
- ⊗ 剖面点

华宁县土壤剖面理化性状表

剖面号 Soil profile	土纲 Soil order	土类 Soil great group	亚类 Soil subgroup	土属 Soil genus	土种 Soil species	土层码 Layer code	土层厚度 Depth/cm	颜色 Soil color	质地 Soil texture	土壤结构 Soil structure	pH	有机质 OM/(g/kg)	全氮 TN/(g/kg)	全磷 TP/(g/kg)	全钾 TK/(g/kg)	碱解氮 AN/(mg/kg)	有效磷 AP/(mg/kg)	速效钾 AK/(mg/kg)	阳离子交换量CEC/(cmol/kg)	土壤母质 Parent material	剖面点坐标 Profile coordinate	匹配指数 Matching index/%
剖1	人为土	水稻土	淹育水稻土	紫色土性淹育水稻土	紫胶泥土田	A	0—22	暗红棕色	重壤土	块状	7.2	19.6	1.13	0.72	14.7	108			22.0		E 103° 02′ 29.2″ N 24° 31′ 54.9″	99
						B	22—40	暗红棕色	重壤土	块状	7.1	17.5	1.00	0.80	13.4	95			22.7			
						C	40—61	暗红棕色	重壤土	块状	7.4	15.6	0.88	0.92	13.4	68			23.0			
剖2	铁铝土	红壤	红壤	碳酸岩类红壤	涩红土	A	0—17	暗红棕色	轻壤土	粒状	6.2	18.8	1.18	0.28	8.0	45	7.0	126	12.7	碳酸岩类	E 102° 58′ 54.7″ N 24° 29′ 39.3″	96
						B	17—25	暗红棕色	轻黏土	块状	6.0	7.1	1.01	0.20	8.4	45	5.0	42	11.2			
						C	25—55	红棕色		块状	5.7	6.0	1.17	0.19	8.0	45	5.0	84	10.8			
剖3	人为土	水稻土	淹育水稻土	紫色土性淹育水稻土	紫泥土田	A	0—20	暗红棕色	中壤土	核状	7.8	26.1	1.64	0.87	20.0	177			23.6		E 102° 54′ 04.5″ N 24° 27′ 53.4″	86
						P	20—26	暗红棕色	中壤土	块状	7.6	19.7	1.01	0.82	19.9	149			23.6			
						B	26—45	暗红棕色		块状												
						C	45—60	暗红棕色		块状												
						R	60—															
剖4	人为土	水稻土	潜育水稻土	紫色土性潴育水稻土	紫砂泥田	A	0—18	暗红棕色	中壤土	块状	7.6	36.6	1.72	1.71	18.7	169			20.6		E 102° 58′ 41.9″ N 24° 25′ 52.6″	74
						W	18—30	暗红棕色	中壤土	柱状	7.9	24.3	1.01	1.77	19.9	119			19.0			
						B	30—60	暗红棕色		块状												
						C	60—															
剖5	铁铝土	红壤	棕红壤	砂岩棕红壤	香面土	A	0—17	暗黄棕色	轻黏土	粒状	5.1	67.5	3.64	1.37	21.1	66			19.3	砂岩类	E 102° 55′ 57.5″ N 24° 24′ 59.5″	73
						B	17—37	暗棕色	轻黏土	块状	4.8	43.3	2.72	1.24	17.0	66			15.7			
						C	37—100	浅红棕色	重壤土	块状	4.7	14.7	0.72	0.50	18.1	66			2.5			
						Ao	0—1															
剖6	初育土	紫色土	酸性紫色土	紫砂土	紫砂土	A	1—16	紫棕色	砂壤土	粒状	5.5	36.5	1.41	0.23	16.8	22			7.0		E 102° 58′ 04.2″ N 24° 24′ 34.0″	93
						B	16—29	紫棕色	轻壤土	核状	5.2	6.0	0.54	0.15	19.9	65			6.9			
						C	29—50	浅灰色	中壤土	核状	5.0	2.6	0.35	0.13	19.5	44			6.4			
剖7	铁铝土	红壤	黄红壤	泥质岩类红壤	石渣子土	A	0—17	灰白色	中壤土	块状	5.6	56.1	2.24	0.48	24.9	139			25.9	泥质岩类	E 102° 59′ 40.0″ N 24° 24′ 56.6″	100
						B	17—24	灰黄色	中黏土	块状	5.9	35.9	2.33	0.49	25.4	143			21.0			
						C	24—44		中黏土	块状	6.0	22.7	1.71	0.47	25.3	84			17.9			
剖8	铁铝土	红壤	红壤	碳酸岩类红壤	红泥土	A	0—18	暗红棕色	中壤土	核状	7.2	14.1	1.01	0.82	13.1	43			10.2	碳酸岩类	E 102° 57′ 37.6″ N 24° 23′ 48.1″	90
						B	18—26	暗红棕色	中壤土	块状	7.3	25.8	2.02	0.62	13.1	22			11.8			
						C	26—100															
剖9	铁铝土	红壤	红壤	基性结晶岩类红壤	黑石渣子土	A	0—20	紫棕色	砾质轻壤土	小团粒状	7.2	12.5	1.84	1.09	10.5	49			36.0	基性结晶岩类	E 102° 55′ 10.8″ N 24° 23′ 57.7″	76
						B	20—43	紫棕色	砾质中壤土	小团粒状	6.7	6.1	0.40	1.26	9.2	52			36.3			
						R	43—															
						Ao	0—8															
剖10	铁铝土	红壤	红壤	基性结晶岩类红壤	基性结晶岩类中壤	A	8—22	暗红棕色	中壤土	团块状	5.3	21.9	1.06	1.19	4.1	88			21.8	基性结晶岩类	E 102° 56′ 16.3″ N 24° 23′ 52.1″	74
						B	22—62	暗红棕色	轻黏土	团块状	5.3	18.6	0.89	0.93	6.2	47			27.2			
						C	62—107	灰黄棕色	中壤土	块状	5.5	12.5	0.77	0.69	3.6	24			39.4			
						R	107—															
剖11	初育土	紫色土	酸性紫色土	紫砂土	紫砂土	A	0—18	紫色	轻壤土	粒状	5.2	9.7	0.59	0.16	14.1	64			5.9		E 102° 55′ 48.2″ N 24° 22′ 04.1″	84
						B	18—38	紫色	中壤土	粒状	5.0	3.6	0.40	0.12	14.9	43			7.8			
						C	38—53	紫色	中壤土	粒状	5.1	3.5	0.40	0.11	12.9	22			8.3			
						R	53—															
剖12	铁铝土	红壤	黄红壤	泥质岩类黄红壤	灰泥土	A	0—18	暗棕灰色	中壤土	粒状	6.8	36.6	2.11	0.59	26.7	113			13.1	泥质岩类	E 102° 58′ 53.0″ N 24° 21′ 32.8″	90
						B	18—43	棕灰色	中壤土	块状	6.8	29.6	1.73	0.62	27.4	139			12.8			
						C	43—70															

续表 Continued

剖面号 Soil profile	土纲 Soil order	土类 Soil great group	亚类 Soil subgroup	土属 Soil genus	土种 Soil species	土层码 Layer code	土层厚度 Depth/cm	颜色 Soil color	质地 Soil texture	土壤结构 Soil structure	pH	有机质 OM/(g/kg)	全氮 TN/(g/kg)	全磷 TP/(g/kg)	全钾 TK/(g/kg)	碱解氮 AN/(mg/kg)	有效磷 AP/(mg/kg)	速效钾 AK/(mg/kg)	阳离子交换量 CEC/(cmol/kg)	土壤母质 Parent material	剖面点坐标 Profile coordinate	匹配指数 Matching index/%
剖13	淋溶土	棕壤	棕壤	砂岩棕壤	砂岩棕壤	A	0—11	黑棕色	砂壤土	粒状	4.7	45.7	1.81	0.54	2.6	44			9.8	砂岩类	E 102°59′57.8″ N 24°20′38.4″	75
						B	11—28	黄棕色	砂壤土	粒状	5.6	22.8	0.72	0.41	5.2	22			5.0			
						R	28—															
剖14	铁铝土	红壤	棕红壤	基性结晶岩类棕红壤	基性结晶岩类棕红壤	Ao	0—2														基性结晶岩类	E 102°55′04.9″ N 24°20′12.6″	79
						A₁	2—8	暗棕色	重壤土	块状	6.4	31.2	1.51	0.96	9.5	23			49.1			
						A₂	8—12	暗棕色	重壤土	块状	5.3	7.7	0.43	1.33	5.7	21			21.7			
						B	12—22	暗棕色	重壤土	块状	7.4	48.6	2.99	2.02	15.0	133			20.0			
						C	22—50	灰棕色	重壤土	块状	7.7	37.5	1.98	1.87	15.9	111			19.1			
剖15	水稻土	水稻土	淹育水稻土	冲积性淹育水稻土	胶泥田	A	0—21	灰棕色	轻壤土	粒状	8.0	11.9	0.84	3.03	8.6	43			10.2	冲积物	E 103°01′23.1″ N 24°29′36.6″	72
						B	21—45	紫棕色	重壤土	粒状	5.9	13.4	1.13	0.52	18.5	66			7.3			
						C	45—	黄棕色	重壤土	块状	5.5	4.6	0.85	0.38	21.0	66			6.9			
剖16	铁铝土	红壤	红壤	碳酸岩类红壤	黄泥土	A	0—19	黄棕色	重壤土	粒状	5.5	3.2	0.85	0.38	26.0	44			6.5	碳酸岩类	E 103°04′20.3″ N 24°23′22.9″	75
						B	19—42	浅灰棕色	重黏土	块状	5.8	31.6	2.02	1.57	7.4	52			30.4			
						C	42—67	暗灰棕色	轻黏土	粒状	5.7	18.3	1.08	1.54	3.9	38			24.9			
剖17	铁铝土	棕壤	棕红壤	基性结晶岩类棕红壤	棕红土	A	0—21	暗灰棕色	重壤土	块状	5.5	13.3	0.71	1.77	4.1	37			21.7	基性结晶岩类	E 102°55′03.7″ N 24°19′04.4″	91
						B	21—40	黑棕色	中壤土	核状	5.1	91.9	9.70	1.54	5.6	161			44.3			
						C	40—55	暗棕色	重壤土	核状	5.3	115.1	4.96	1.69	3.7	172			35.5			
剖18	棕壤	棕壤	棕壤	基性结晶岩类棕红壤	基性结晶岩类棕红壤	Ao	0—5														基性结晶岩类	E 102°54′15.5″ N 24°19′02.3″	91
						A₁	5—42	暗红棕色	重壤土	粒状	6.3	13.1	1.11	0.99	10.3	44			10.4			
						B	42—60	暗红棕色	重壤土	粒状	6.4	14.0	0.90	1.01	9.2	88			10.6			
剖19	初育土	紫色土	酸性紫色土	红紫泥土	石子紫泥土	A	0—16	暗红棕色	中壤土	粒状	6.2	2.5	0.71	1.00	9.3	22			11.2	冲积物	E 102°56′51.2″ N 24°15′45.6″	85
						B	16—22	红棕色	中壤土	块状	7.9	20.9	1.00	0.92	4.3	133			20.9			
						C	22—80	红棕色	中壤土	块状	8.2	10.2	0.76	0.64	5.5	89			20.5			
剖20	人为土	水稻土	淹育水稻土	红壤性淹育水稻土	红泥土田	A	0—23	红棕色	中壤土	块状	8.1	11.0	0.63	0.65	5.3	67			22.4	红壤性母质	E 102°57′45.5″ N 24°15′07.1″	92
						P	23—49	红棕色	轻壤土	粒状	6.5	8.9	0.44	0.19	2.7	87			4.3			
						C	49—	浅黄棕色	轻壤土	粒状	5.8	5.2	0.43	0.12	2.5	53			4.0			
剖21	铁铝土	红壤	黄红壤	砂岩黄红壤	黄砂土	A	0—22	灰黄棕色	轻壤土	块状	4.7	22.7	1.31	0.48	3.2	212			6.5	砂岩类	E 102°55′41.1″ N 24°12′52.1″	95
						B	22—50	灰黄棕色	轻壤土	小块状	4.5	21.2	1.16	0.50	3.2	165			6.4			
						C	50—80			小块状												
剖22	人为土	水稻土	潴育水稻土	紫色土性潴育水稻土	紫泥田	A	0—19	紫棕色	轻壤土	粒状	8.1	15.7	1.22	0.48	19.5	65			8.2	红壤性母质	E 102°56′01.8″ N 24°12′00.7″	72
						P	19—23	紫棕色	中壤土	粒状	8.2	16.9	0.86	1.12	17.1	65			13.4			
						W	23—50	灰棕色	轻壤土	粒状	8.3	8.3	0.74	0.71	15.5	43			6.3			
剖23	人为土	水稻土	潴育水稻土	冲积性潴育水稻土	泥田	A	0—20	暗黄棕色	中壤土	核状	6.9	51.9	2.24	1.46	7.9	202			11.9	冲积物	E 102°57′47.1″ N 24°11′50.3″	78
						P	20—29	暗黄棕色	中壤土	块状	7.6	47.1	2.14	1.54	5.3	212			12.4			
剖24						W	29—47	灰黄色		梭柱状													
						C	47—	浅黄棕色		块状													
剖25	铁铝土	红壤	黄红壤	砂岩黄红壤	砂岩黄红壤	A	0—15	灰黄色	重壤土	块状	5.5	7.8	0.32	0.26	4.0	27			8.2	砂岩类	E 102°53′04.9″ N 24°11′32.2″	89
						B	15—70	红黄色	重壤土	块状	4.9	2.9	0.26	0.21	4.1	28			7.8			
						R	70—															

续表 Continued

剖面号 Soil profile	土纲 Soil order	土类 Soil great group	亚类 Soil subgroup	土属 Soil genus	土种 Soil species	土层码 Layer code	土层厚度 Depth/cm	颜色 Soil color	质地 Soil texture	土壤结构 Soil structure	pH	有机质 OM (g/kg)	全氮 TN (g/kg)	全磷 TP (g/kg)	全钾 TK (g/kg)	碱解氮 AN (mg/kg)	有效磷 AP (mg/kg)	速效钾 AK (mg/kg)	阳离子交换量 CEC (cmol/kg)	土壤母质 Parent material	剖面点坐标 Profile coordinate	匹配指数 Matching index/%
剖26	人为土	水稻土	潜育水稻土	冲积性潜育水稻土	冷胶泥田	A	0—22	棕色	重壤土	块状	8.0	33.2	2.03	0.70	8.0	89			17.9	冲积物	E 102°55′50.4″ N 24°10′52.6″	76
						G	22—37	棕色	重壤土	棱柱状	8.1	31.8	1.84	0.75	7.2	67			18.2			
						B	37—47	浅棕色	重壤土	块状	8.2	20.9	1.66	0.74	8.0	45			16.2			
						C	47—100	浅棕色	重壤土	块状	7.9	24.6	1.12	0.73	8.1	45			17.0			
剖27	初育土	紫色土	酸性紫色土	红紫泥土	紫泥土	A	0—15	暗红棕色	中壤土	粒状	6.1	27.3	1.61	0.99	38.4	32			15.6		E 102°56′41.2″ N 24°10′29.2″	72
						P	15—23	暗红棕色	中壤土	小块状	6.2	27.1	1.48	0.80	40.8	39			12.6			
						B	23—45	暗红棕色	中壤土	块状	6.4	18.8	1.23	0.79	32.7	21			17.5			
						C	45—80	红棕色	重壤土	块状	5.9	8.5	0.63	0.63	31.3	21						
						R	80—															
剖28	铁铝土	红壤	棕红壤	砂岩类棕红壤	砂岩棕红壤	A	0—90	暗黄棕色	重壤土	粒状	5.1	40.0	2.16	8.12	9.6	23			19.2	砂岩类	E 103°00′04.4″ N 24°19′21.1″	72
						B	90—110	暗黄棕色	重壤土	小块状	5.0	23.2	1.53		12.2	22			16.2			
						C	110—160	灰黄棕色	轻黏土	块状	5.3	3.5	0.70		19.3	22			10.4			
						R	160—															
剖29	人为土	水稻土	淹育水稻土	红壤性淹育水稻土	死胶泥土田	A	0—22	黄棕色	中壤土	块状	7.5	19.4	1.21	0.51	3.9	104			15.9	红壤性母质	E 103°03′24.5″ N 24°18′50.4″	81
						P	22—34	浅黄棕色	重壤土	块状	7.4	24.2	1.10	0.40	20.1	130			17.5			
						B	34—	浅黄棕色	中壤土	块状	7.6	9.1	0.98	0.35	19.5	66			13.2			
剖30	人为土	水稻土	侧渗水稻土	红壤性侧渗水稻土	白胶泥田	A	0—20	浅黄棕色	轻黏土	大块状	6.5	47.8	2.80	0.47	22.3	109			17.3		E 103°02′55.1″ N 24°18′09.0″	94
						E	20—36	浅黄棕色	轻黏土	大块状	6.6	44.7	2.63	0.46	22.9	111			17.0			
						C	36—100	浅黄棕色	轻黏土	大块状	6.6	34.3	1.93	0.46	27.2	100			16.1			
剖31	铁铝土	红壤	棕红壤	碳酸岩类棕红壤	棕灰泥土	A	0—17	暗棕色	中壤土	粒状	6.7	46.6	1.68	0.58	11.8	52			40.9	碳酸岩类	E 103°00′23.4″ N 24°17′43.8″	74
						B₁	17—47	暗棕色	重壤土	块状	6.2	25.3	1.31	0.47	9.6	33			37.4			
						B₂	47—60	灰棕色	重壤土	块状	6.1	28.9	1.60	0.47	9.9	31			38.5			
						C	60—															
剖32	铁铝土	红壤	黄红壤	黄红泥	夹石黄红土	A	0—18	暗黄灰色	黏壤土	粒状	6.8	36.6	2.11	0.58	22.2	113	5.7		13.1	碳酸岩类	E 103°04′05.1″ N 24°17′02.4″	90
						B	18—43	暗黄棕色	黏壤土	块状	6.8	29.6	1.73	0.62	22.7	139	2.6		12.8			
						C	43—70	棕灰色	黏壤土	块状												
剖33	淋溶土	棕壤	棕壤	碳酸岩类棕壤	碳酸岩类棕壤	Ao	0—2	灰棕色	砂壤土	粒状	6.2	220.3	7.32	1.73	2.9	145			67.8	碳酸岩类	E 103°00′37.1″ N 24°15′54.4″	75
						A₁	2—14	暗棕色	重壤土	块状	5.3	144.7	8.04	1.39	3.5	93			41.4			
						B₁	14—23	暗棕色	重壤土	块状	5.1	120.0	6.26	1.32	4.2	93			39.1			
						B₂	23—39	暗棕色	轻壤土	块状	5.4	101.7	6.40	1.31	4.2	93			35.5			
						C	39—49	暗棕色	轻壤土	块状												
剖34	铁铝土	赤红壤	黄色赤红壤	泥质岩类黄色赤红壤	赤黄土	A	0—12	暗棕色	中壤土	小块状	5.8	12.8	0.86	0.10	32.0	103				碳酸岩类	E 103°05′11.4″ N 24°15′27.0″	73
						B	12—40	褐色	中壤土	大块状	5.3	4.2	0.65	0.10	33.9	52						
						C	40—52	暗黄棕色	中壤土	大块状	5.2	3.8	0.65	0.11	33.3	48						
剖35	铁铝土	红壤	棕红壤	碳酸岩类棕红壤	碳酸岩类棕红壤	Ao	0—1															
						A₁	1—7	暗红棕色	重壤土	粒状	6.6	110.5	2.40	0.92	9.5	69			32.9	碳酸岩类	E 103°00′27.5″ N 24°15′03.2″	97
						B	7—21	红棕色		块状	6.1	33.9	1.35	0.81	9.5	23			20.9			
						C	21—	红棕色	中壤土	块状	5.9	13.9	1.04	0.96	10.9	23			19.9			
剖36	铁铝土	赤红壤	黄色赤红壤	泥质岩类黄色赤红壤	赤黄土	A	0—23	浅黄棕色	中壤土	团块状	8.2	16.5	1.37	0.52	28.5	44			15.8		E 103°04′58.5″ N 24°14′56.8″	83
						B	23—48	暗棕色	中壤土	团块状	8.3	18.5	1.67	0.54	29.9	71			16.8			
						C	48—80	暗棕色	重壤土	块状	8.4	11.0	1.18	0.58	30.4	44			15.3			
剖37	人为土	水稻土	淹育水稻土	冲积性淹育水稻土	河砂土田	A	0—21	灰黄棕色	砂壤土	粒状	8.2	11.8	1.27	1.25	17.0	65			7.8	冲积物	E 103°05′50.4″ N 24°14′55.6″	71
						B₁	21—90	灰棕色	砂壤土	块状	8.4	7.6	0.91	1.30	8.3	65			7.6			
						B₂	90—95	浅棕色														
						C	95—		砾质粗砂土													

续表 Continued

剖面号 Soil profile	土纲 Soil order	土类 Soil great group	亚类 Soil subgroup	土属 Soil genus	土种 Soil species	土层码 Layer code	土层厚度 Depth/cm	颜色 Soil color	质地 Soil texture	土壤结构 Soil structure	pH	有机质 OM/(g/kg)	全氮 TN/(g/kg)	全磷 TP/(g/kg)	全钾 TK/(g/kg)	碱解氮 AN/(mg/kg)	有效磷 AP/(mg/kg)	速效钾 AK/(mg/kg)	阳离子交换量CEC/(cmol/kg)	土壤母质 Parent material	剖面点坐标 Profile coordinate	匹配指数 Matching index/%
剖38	人为土	水稻土	潜育水稻土	冲积性潜育水稻土	冷泥田	A	0—30	暗棕色	中壤土	块状	7.9	44.1	2.64	0.78	5.3	164			14.5	冲积物	E 103° 05′ 17.4″ N 24° 14′ 26.6″	100
						G	30—60	暗棕色	中壤土	块状	7.8	51.6	2.64	0.70	5.3	110			12.6			
						B	60—90	栗色	中壤土	块状	8.0	42.9	2.28	0.70	5.3	110			13.8			
剖39	铁铝土	赤红壤	赤红壤	碳酸岩类赤红壤	碳酸岩类红壤	A	0—20	暗红棕色	中黏土	粒状	6.3	62.8	2.65	0.37	6.5	161				碳酸岩类	E 103° 07′ 33.2″ N 24° 14′ 21.5″	81
						B	20—48	暗红棕色	中黏土	粒状	6.6	30.3	1.30	0.36	4.8	91						
						C	48—100	红棕色	中黏土	块状	6.6	15.9	0.71	0.28	4.8	53						
剖40	淋溶土	棕壤	棕壤	碳酸岩类棕壤	山基土	A	0—14	暗黄棕色	轻黏土	块状	6.0	52.1	3.78	1.24	9.1	74			22.3	碳酸岩类	E 103° 01′ 20.3″ N 24° 14′ 02.8″	71
						B	14—25	暗黄棕色	轻黏土	块状	6.0	31.9	2.28	1.23	10.5	59			19.6			
						C	25—	红棕色	重黏土	块状	5.8	14.8	1.31	0.89	14.5	51			21.7			
剖41	人为土	水稻土	潴育水稻土	冲积性潴育水稻土	胶泥土田	A	0—21	栗色	重黏土	梭柱状	8.0	40.3	2.11	0.81	10.7	126			16.8	冲积物	E 103° 06′ 54.1″ N 24° 13′ 58.1″	86
						W	21—49	浅黄棕色	重黏土	梭柱状	8.1	29.9	1.58	0.77	10.6	99			16.7			
						C	49—	浅黄棕色		块状												
剖42	人为土	水稻土	潴育水稻土	冲积性潴育水稻土	砂泥田	A	0—21	暗灰棕色	轻壤土	核状	7.9	51.0	2.72	1.20	9.1	163			21.5	冲积物	E 103° 06′ 18.3″ N 24° 13′ 55.8″	96
						P	21—32	灰棕色	轻壤土	核状	8.2	39.0	2.10	1.15	9.2	155			18.1			
						S	32—50	浅黄棕色	粒状	块状												
						W	50—75	棕色	块状	块状												
						C	75—100	暗棕色		块状												
剖43	人为土	水稻土	潴育水稻土	红壤性潴育水稻土	灰胶泥田	A	0—25	暗黄棕色	轻黏土	块状	8.3	40.4	2.59	1.23	22.5	155			19.0	红壤性母质	E 103° 05′ 35.9″ N 24° 13′ 14.9″	90
						W	25—61	灰黄棕色	轻黏土	核柱状	8.5	21.3	1.36	1.09	26.4	110			17.3			
						C	61—79	暗黄棕色	中黏土	核柱状	8.5	16.4	1.24	1.15	21.2	89			18.1			
剖44	人为土	水稻土	潴育水稻土	红壤性潴育水稻土	死胶泥土田	A	0—33	浅黄棕色	中黏土	核柱状	8.2	21.5	1.23	0.94	22.9	112			15.5	红壤性母质	E 103° 06′ 20.2″ N 24° 12′ 55.1″	92
						W	33—49	浅黄棕色	中黏土	核柱状	8.4	11.9	1.06	0.61	13.4	69			14.9			
						C	49—61	浅黄棕色	中黏土	核柱状	8.2	5.8	0.70	0.64	21.4	90			14.9			
剖45	人为土	水稻土	潴育水稻土	红壤性潴育水稻土	红泥土田	A	0—30	红黄色	重黏土	块状	7.0	20.5	1.77	0.34	23.4	110			14.5	红壤性母质	E 102° 58′ 43.4″ N 24° 09′ 29.6″	95
						P	30—40	红黄色	轻黏土	柱状	7.1	23.7	1.55	0.36	8.7	110			15.1			
						B	40—72	红黄色	轻黏土	块状	7.6	12.1	0.85	0.32	12.2	75			14.5			
						C	72—	浅红黄色	重黏土	块状	7.6	5.9	0.35	0.34	6.9	65			12.5			
剖46	人为土	水稻土	淹育水稻土	紫色土性淹育水稻土	紫胶泥田	A	0—20	紫棕色	重壤土	块状	8.1	38.2	2.21	1.73	21.8	100			16.6		E 102° 55′ 05.5″ N 24° 09′ 26.1″	74
						W	20—41	紫棕色	重壤土	柱状	8.3	24.9	1.92	1.86	21.8	140			14.8			
						B	41—62	紫棕色	中壤土	块状	8.4	11.4	1.03	1.60	19.2	49			14.2			
						C	62—78	紫棕色	中壤土	块状	8.5	8.5	0.89	1.18	16.7	60			12.5			
剖47	铁铝土	红壤	黄红壤	小黄红土	小黄砂土	A	0—22	红黄色	砂质黏壤土	粒状	6.5	8.9	0.44	0.19	2.7	87	4.8		4.3		E 102° 59′ 38.6″ N 24° 09′ 25.5″	90
						B	22—50	红黄色	砂质黏壤土	粒状、块状	5.8	5.2	0.43	0.12	2.5	53	2.2		4.0			
						BC	50—80	浅红黄色														
剖48	初育土	紫色土	酸性紫色土	红紫泥土	红紫泥土	A	0—18	紫棕色	重壤土	块状	6.4	24.1	1.01	0.84	13.7	36			33.3		E 102° 52′ 29.0″ N 24° 08′ 30.0″	85
						B	18—58	紫棕色	重壤土	团块状	6.4	9.3	0.37	0.65	11.0	49			32.8			
						C	58—81	红紫色		团块状												
						R	81—															
剖49	人为土	水稻土	淹育水稻土	紫砂泥土田	紫砂泥土田	A	0—20	灰棕色	轻壤土	团块状	6.9	5.7	1.18	0.22	32.9	154		126	11.5		E 102° 53′ 19.2″ N 24° 02′ 53.1″	92
						P	20—28	紫灰色	轻壤土	块状	8.3	32.3	1.68	0.30	15.6	65	7.0	42	11.0			
						C	28—56	紫色		核柱状	6.2	18.8	1.18	0.28	6.6	45	5.0	84				
剖50	铁铝土	红壤	山原红壤	棕红土	棕漠红土	A	0—17	暗红棕色	黏土	粒状	6.0	7.1	0.61	0.20	7.0	45	5.0		12.7		E 102° 50′ 31.8″ N 24° 02′ 23.6″	94
						B	17—25	暗红棕色	黏土	块状	5.7	6.0	0.57	0.19	6.6	45			11.2			
						C	25—55	红棕色	黏土	核柱状									10.8			

续表 Continued

剖面号 Soil profile	土纲 Soil order	土类 Soil great group	亚类 Soil subgroup	土属 Soil genus	土种 Soil species	土层码 Layer code	土层厚度 Depth/cm	颜色 Soil color	质地 Soil texture	土壤结构 Soil structure	pH	有机质 OM/(g/kg)	全氮 TN/(g/kg)	全磷 TP/(g/kg)	全钾 TK/(g/kg)	碱解氮 AN/(mg/kg)	有效磷 AP/(mg/kg)	速效钾 AK/(mg/kg)	阳离子交换量 CEC/(cmol/kg)	土壤母质 Parent material	剖面点坐标 Profile coordinate	匹配指数 Matching index/%
剖51	人为土	水稻土	淹育水稻土	红壤性淹育水稻土	黄泥土田	A	0—22	浅棕黄色	中壤土	团块状	6.0	22.7	1.04	0.30	5.2	133			13.3	红壤性母质	E 103°00′02.9″ N 24°09′36.0″	90
						P	22—36	浅棕黄色	中壤土	块状	6.9	9.6	0.53	0.33	6.2	88			4.6			
						B	36—63	浅棕黄色		块状												
						C	63—	橙色		块状												
剖52	铁铝土	红壤	红壤	碳酸岩类红壤	碳酸岩类红壤	Ao	0—1														碳酸岩类	E 103°03′55.1″ N 24°10′36.8″	88
						A	1—13	暗棕红色	轻黏土	块状	6.2	48.1	2.05	0.40	14.7	91			21.0			
						B	13—35	暗棕红色	中黏土	块状	6.3	37.3	1.45	0.46	16.2	45			19.0			
						C	35—100	浅棕红色	轻黏土	块状	5.8	9.2	0.93	0.48	14.9	45			17.4			
剖53	铁铝土	红壤	黄红壤	黄红大土	石子黄红土	A	0—20	紫棕色	多砂质壤土	核粒状	7.2	12.5	1.84	1.09	8.7	49	12.2				E 103°02′39.2″ N 24°09′11.6″	82
						B	20—43	紫棕色	黏壤土	小块状	6.7	6.1	0.40	1.26	7.6	52	7.4					
剖54	铁铝土	赤红壤	黄色赤红壤	泥质岩类黄色赤红壤	砾石土	A	0—14	灰棕色	中壤土	粒状	8.0	34.8	1.77	1.79	17.3	61			15.5	泥质岩类	E 103°00′48.7″ N 24°03′24.6″	89
						B	14—46	暗棕棕色	中壤土	粒状	8.1	34.1	1.70	1.87	12.9	71			15.0			
						C	46—60	灰棕色	中壤土	粒状	7.8	30.9	1.40	1.40	14.3	57			15.6			

易 门 县

主要土类说明

红壤是易门县主要土壤类型，占本县地域面积的80%，广泛分布在海拔1300—2400m的地区。成土母质为石灰岩、白云岩、板岩、页岩、花岗岩、煌斑岩和砂岩等。本县红壤分为红壤、山原红壤、红壤性土等亚类。在成土过程中，由于土壤脱硅富铝化、腐殖化和淋溶化作用的影响，加上改良利用的程度不同，各亚类具有不同的理化性状：①红壤亚类土层深厚，一般厚1m以上，有的厚4—5m。由于在脱硅富铝化过程中，盐基离子大量流失，磷酸铁铝在土壤中积累，所以表土多为红色，大多呈酸性至微酸性，有效养分含量低，缺磷尤为突出，质地黏重，保水保肥力强，但耕性较差。②山原红壤是具残存富铝化特征的暗红色土壤，矿物风化度高，黏土矿物以高岭石为主，伴有三水铝石。③红壤性土属于剖面发育差的幼年红壤，分布在红壤区的山地陡峭地段。土壤侵蚀严重，心土和底土裸露地表，石砾多，质地偏砂，有机质和速效养分缺乏，肥力低下。

紫色土是易门县第二大土壤类型，占本县地域面积的11%，主要分布在浦贝、十街、绿汁等地的海拔1300—1800m的地区，少数分布在海拔2000m以上的地区。成土母质为紫色砂岩和页岩。紫色土岩性脆，抗风化和抗蚀力弱。物理风化成土作用常为周期性的侵蚀作用所影响，阻止和延缓了土壤的正常发育，致使土壤常处在幼年发育阶段，具A–C剖面构型。全剖面颜色无明显变化，色泽较均匀，无明显发生层次。由于分布海拔较低，气温较高，土壤矿质化强烈，加上植被稀少，水土流失严重，所以土层一般较浅薄。本县紫色土多为石灰性紫色土亚类。由于母岩中均含钙质，故土壤大多有石灰反应，呈微碱性，pH一般在8.0左右。紫色砂岩发育的土壤一般砂性较重，紫色页岩发育的土壤一般黏性较重。

水稻土是易门县第三大土壤类型，占本县地域面积的6%，主要分布在海拔1100—1800m的坝区低洼处、洪冲积扇和山谷谷底，少数分布在海拔2130m的河谷冲积台地、丘陵中上部和洪积扇上部。本县水稻土分为淹育型、潴育型、潜育型等亚类。淹育水稻土水耕熟化程度低，多属中低产稻田，具A-P-C剖面构型。潴育水稻土水耕熟化程度高，层次分异明显，属稳产高产稻田，具A-P-W-G-C或A-P-W-C剖面构型。潜育水稻土地下水位高，一般在60cm以上，排水不良，水多土冷，属低产稻田，具A-P-G或A-G剖面构型。

小于本县地域面积3%的土壤类型有赤红壤和黄棕壤。

本区域中心区气候特征

本区域中心区气候特征值
Regional climate characteristics in central area of the region

气候带：南亚热带湿润气候 Climate region: South subtropical humid climate	
年平均气温 /℃ Annual average temperature /℃	15.9
年平均最高气温 /℃ Annual average maximum temperature /℃	22.1
年平均最低气温 /℃ Annual average minimum temperature /℃	11.1
年降水量 /mm Annual precipitation /mm	943
≥10℃的积温 /℃ Daily temperature accumulated in a year (≥10℃) /℃	5850
年日照时数 /h Annual sunshine /h	2186
年平均相对湿度 /% Annual average relative humidity /%	72
干燥度 Dryness	1.01

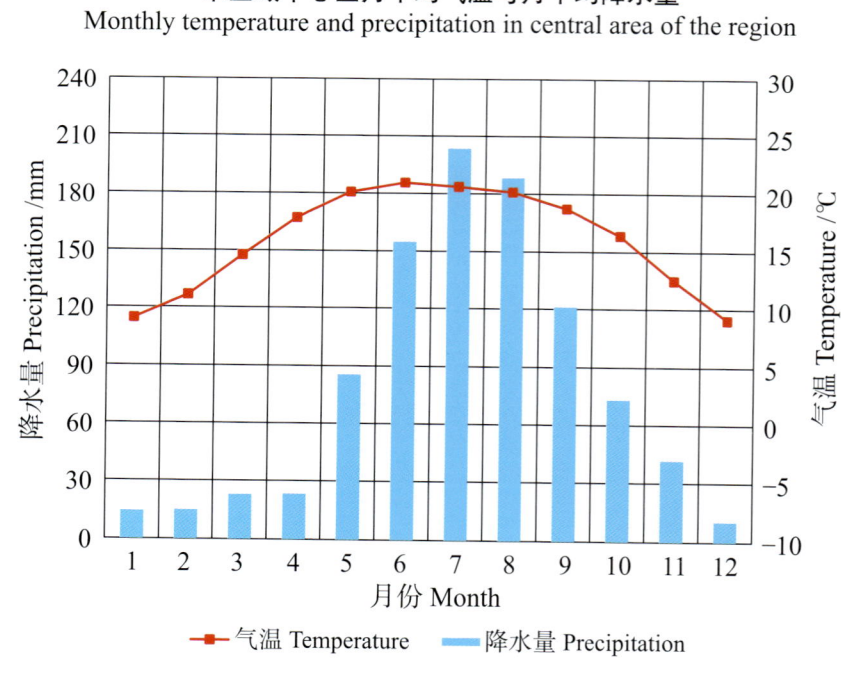

本区域中心区月平均气温与月平均降水量
Monthly temperature and precipitation in central area of the region

易门县主要土壤类型与土壤剖面点分布图
1∶190 000

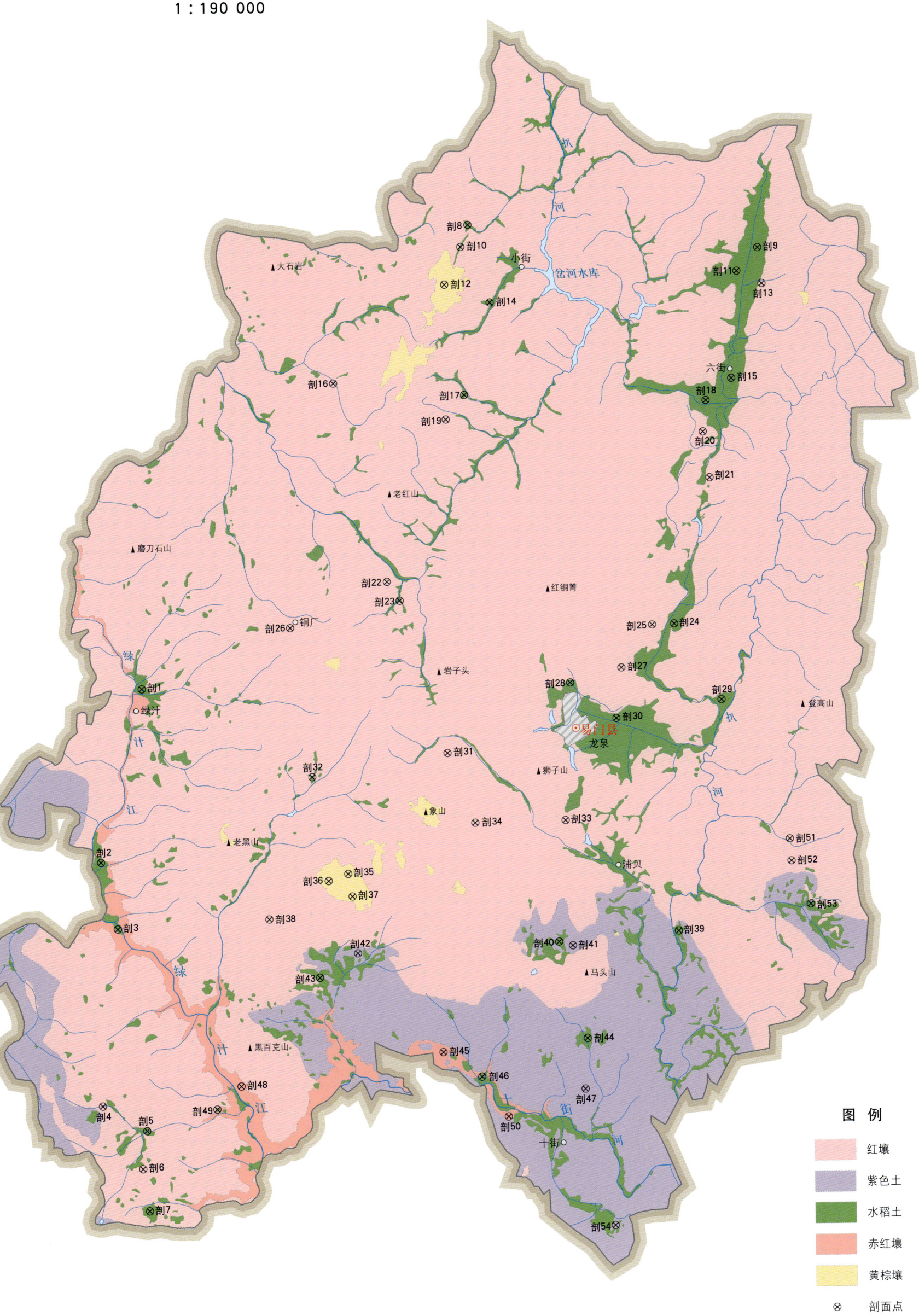

易门县土壤剖面理化性状表

剖面号 Soil profile	土纲 Soil order	土类 Soil great group	亚类 Soil subgroup	土属 Soil genus	土种 Soil species	土层码 Layer code	土层厚度 Depth/cm	颜色 Soil color	质地 Soil texture	土壤结构 Soil structure	pH	有机质 OM/(g/kg)	全氮 TN/(g/kg)	全磷 TP/(g/kg)	全钾 TK/(g/kg)	碱解氮 AN/(mg/kg)	有效磷 AP/(mg/kg)	阳离子交换量CEC/(cmol/kg)	土壤母质 Parent material	剖面点坐标 Profile coordinate	匹配指数 Matching index/%
剖1	人为土	水稻土	淹育水稻土	冲积性淹育水稻土	赤砂泥田	A	0—18		中壤土		8.2	60.0	2.93	1.38	16.9	190		16.1	洪冲积物	E 101°57′44.1″ N 24°41′07.7″	94
						P	18—31		中壤土		8.4	32.8	1.94	1.15	19.4	111		15.1			
						B	31—41		中壤土		8.4	29.3	1.02	1.27	19.4	89		14.6			
剖2	人为土	水稻土	淹育水稻土	冲积性淹育水稻土	赤胶泥田	A	0—18		轻壤土		7.5	33.4	1.99	0.68	15.2	162		23.6	冲积物	E 101°56′40.6″ N 24°36′49.2″	92
						P	18—29		轻壤土		8.2	18.2	1.33	0.59	16.8	93		21.3			
						B	29—43		中壤土		8.3	10.7	0.99	0.48	16.8	66		20.9			
剖3	人为土	水稻土	淹育水稻土	紫色土性淹育水稻土	赤紫砂泥田	A	0—18		中壤土		7.9	21.5	1.30	0.52	14.7	95		9.7		E 101°57′08.8″ N 24°35′10.6″	82
						P	18—42		中壤土		8.2	5.0	0.86	0.46	15.1	31		7.1			
						B	42—64		中壤土		8.3	4.0	0.60	0.49	15.9	27		7.9			
剖4	铁铝土	红壤	黄红壤	砂岩黄红壤	砂岩黄红壤	Ao	0—2				5.5	54.6	1.93	0.16	5.7	118		7.5		E 101°56′47.6″ N 24°30′50.0″	70
						A	2—14		轻壤土		5.0	30.7	0.84	0.12	6.0	84		6.3			
						B	14—30		中壤土		5.0	5.2	0.51	0.11	11.4	84		6.0			
剖5	人为土	水稻土	淹育水稻土	冲积性淹育水稻土	泥田	A	0—16		重壤土		6.1	30.5	1.92	0.88	12.5	155		13.7	冲积物	E 101°58′00.2″ N 24°30′14.6″	77
						P	16—26		重壤土		6.1	20.7	1.39	0.82	11.0	113		11.1			
						B	26—41		重壤土		6.8	11.9	0.75	0.80	10.3	52		10.1			
剖6	铁铝土	红壤	黄红壤	泥质岩类黄红壤	石渣子土	A	0—25		重壤土		5.3	12.1	1.73	0.49	23.1	36		9.4	泥质岩类	E 101°57′53.9″ N 24°29′18.8″	97
						B	25—45		中壤土		5.2	4.8	1.53	0.26	19.5	58		8.4			
剖7	人为土	水稻土	淹育水稻土	红壤性淹育水稻土	木香土田	A	0—17		重壤土		5.5	24.7	1.62	0.57	6.3	160		11.8	红壤性母质	E 101°58′05.9″ N 24°28′17.4″	82
						P	17—43		中壤土		5.7	15.5	1.11	0.52	6.3	105		8.8			
						B	43—71		中壤土		6.9	8.7	0.68	0.59	6.4	52		8.8			
剖8	人为土	水稻土	潴育水稻土	冲积性潴育水稻土	灰砂泥田	A	0—17		轻壤土		8.0	12.7	0.79	1.01		47		7.1	冲积物	E 102°06′28.0″ N 24°52′42.7″	74
						P	17—30		中壤土		8.0	7.9	0.49	0.76		27		16.3			
						W	30—42		中壤土		7.8	10.6	0.60	0.64		36		16.2			
剖9	人为土	水稻土	淹育水稻土	冲积性淹育水稻土	山砂田	A	0—21		中壤土		6.1	22.1	1.15	0.25	8.8	114		6.0	冲积物	E 102°14′22.5″ N 24°52′15.5″	90
						P	21—33		中壤土		6.0	12.5	0.75	0.14	8.3	61		4.8			
						B	33—51		中壤土		6.0	8.4	0.48	0.11	8.3	58		3.8			
剖10	人为土	水稻土	淹育水稻土	红壤性淹育水稻土	赤红泥田	A	0—18		重壤土		8.2	24.1	1.50	0.35	18.0	102		17.1	红壤性母质	E 102°06′16.6″ N 24°52′09.9″	77
						P	18—29		重壤土		8.3	12.5	1.09	0.28	17.1	62		16.9			
						B	29—74		中壤土		7.8	4.6	0.46	0.14	20.5	22		13.2			
剖11	人为土	水稻土	潴育水稻土	冲积性潴育水稻土	黄胶泥田	A	0—23		中黏土		6.6	27.0	2.31	0.56	19.1	93		13.8	冲积物	E 102°13′48.8″ N 24°51′39.9″	79
						P	23—31		中黏土		6.5	24.6	2.07	0.20	19.5	113		10.5			
剖12	淋溶土	黄棕壤	黄棕壤	泥质岩类黄棕壤		A_1	0—3		轻黏土		5.1	97.6	3.54	0.46	17.7	304		22.8	泥质岩类	E 102°05′50.7″ N 24°51′13.7″	98
						B	3—19		轻黏土		5.0	32.0	1.56	0.37	16.6	131		17.9			
						C	19—67		重黏土												
剖13	铁铝土	红壤	黄红壤	砂岩黄红壤	黄砂泥田	A	0—10		重壤土		5.8	20.0	0.77	0.55	17.9	74		8.9	砂岩类	E 102°14′30.0″ N 24°51′22.3″	97
						B	10—22		中壤土		5.5	11.4	0.72	0.54	18.2	70		9.1			
						C	22—44		中壤土		7.9	31.9	2.04		18.8			15.4			
剖14	人为土	水稻土	淹育水稻土	冲积性淹育水稻土	砂泥田	A	0—28		重壤土		7.8	52.0	2.68	1.16	17.9	203		18.1	冲积物	E 102°07′05.9″ N 24°50′48.3″	94
						P	28—42		中壤土		7.9	34.5	2.02	1.16	18.2	144		16.2			
						W	42—54		轻壤土		7.9	31.9	2.04		18.8	144		15.4			
剖15	人为土	水稻土	潴育水稻土	冲积性潴育水稻土	黄泥田	A	0—20		轻黏土		6.1	37.5	2.57	0.52	21.0	166		12.9	冲积物	E 102°13′42.0″ N 24°49′01.1″	85
						P	20—31		轻黏土		6.7	33.2	2.42	0.51	21.1	163		11.8			
						W	31—66		轻黏土		7.6	9.1	1.32	0.21	21.9	65		11.3			

续表 Continued

剖面号 Soil profile	土纲 Soil order	土类 Soil great group	亚类 Soil subgroup	土属 Soil genus	土种 Soil species	土层码 Layer code	土层厚度 Depth/cm	颜色 Soil color	质地 Soil texture	土壤结构 Soil structure	pH	有机质 OM/(g/kg)	全氮 TN/(g/kg)	全磷 TP/(g/kg)	全钾 TK/(g/kg)	碱解氮 AN/(mg/kg)	有效磷 AP/(mg/kg)	阳离子交换量CEC/(cmol/kg)	土壤母质 Parent material	剖面点坐标 Profile coordinate	匹配指数 Matching index/%
剖16	铁铝土	红壤	黄红壤	泥质岩类黄红壤	白泥土	A	0—30		重壤土		8.3	12.2	0.90	0.39		62		14.8	洪积物，坡积物	E 102°02′51.3″ N 24°48′44.9″	83
						B	30—75		轻黏土		8.2	2.6	0.41	0.24		14		15.1			
						BC	75—103		中黏土		7.9	3.6	0.67	0.25		25		21.6			
剖17	人为土	水稻土	淹育水稻土	红壤性淹育水稻土	红泥田	A	0—18		轻黏土		6.3	38.8	2.72	1.07	16.8	198		21.2		E 102°06′25.5″ N 24°48′30.4″	89
						P	18—29		轻黏土		6.6	34.8	2.49	1.03	15.9	159		20.1			
						B	29—44		重壤土		6.9	27.5	1.86	1.05	15.4	152		19.3			
剖18	人为土	水稻土	潴育水稻土	冲积物潴育水稻土	鸡粪土田	A	0—26		轻黏土		8.2	60.5	3.63	0.76	14.5	226		16.3	冲积物	E 102°13′00.8″ N 24°48′27.5″	82
						P	26—47		轻黏土		8.1	5.0	0.66	0.14	16.2	21		10.4			
剖19	铁铝土	红壤	红壤	碳酸岩类红壤	渣红土	A	0—15		轻黏土		5.9	17.7	1.05	0.64		58		8.7	碳酸岩类	E 102°05′55.7″ N 24°47′53.5″	79
						P	15—24		轻黏土		5.6	20.1	1.17	0.60		123		9.5			
						C	24—90		重黏土		5.2	6.8	0.84	0.45		51		7.5			
剖20	铁铝土	红壤	黄红壤	泥质岩类黄红壤	黄末香土	A	0—22		轻黏土		5.1	18.1	1.54	0.31	25.6	127		9.7	残积物，坡积物	E 102°12′56.7″ N 24°47′40.5″	88
						P	22—34		轻黏土		5.5	23.4	1.71	0.44	26.7	144		8.7			
						B	34—48		轻黏土		5.9	18.9	1.66	0.38	25.3	134		7.7			
剖21	铁铝土	红壤	黄红壤	泥质岩类黄红壤	砂泥土	A	0—17		中壤土		6.1	36.6	2.04	1.42	15.6	99		18.3	坡积物	E 102°13′08.5″ N 24°16′32.5″	83
						P	17—47		重壤土		5.8	18.2	1.13	0.97	16.0	92		18.3			
						C	47—100		轻黏土		5.6	21.2	1.16	1.27	14.8	41		13.0			
剖22	铁铝土	红壤	黄红壤	泥质岩类黄红壤	黄红土	A	0—20		中壤土		5.6	17.0	1.53	0.28	21.8	120		11.9	泥质岩类	E 102°04′22.7″ N 24°43′52.1″	75
						B	20—30		中壤土		5.3	15.7	1.40	0.23	22.0	101		10.3			
						C	30—46		中壤土		5.2	4.1	1.14	0.13	25.1	46		9.1			
剖23	人为土	水稻土	矿毒型水稻土	矿毒田	铜矿田	A	0—18		重壤土		5.6	45.4	2.32	0.53	21.7	207		17.6	坡积物	E 102°04′44.0″ N 24°43′24.4″	83
						P	18—28		重壤土		8.0	26.4	1.30	0.54	22.6	119		16.8			
							28—40		重壤土		8.0	12.9	0.76	0.58	25.5	50		15.0			
剖24	人为土	水稻土	潜育水稻土	冲积性潜育水稻土	青胶泥田	A	0—38		中壤土		8.3	32.3	2.33	0.56	14.3	117		5.1	冲积物	E 102°12′12.9″ N 24°42′55.2″	88
						P	38—54		重壤土		8.5	6.6	0.86	0.20	16.8	24		18.3			
剖25	铁铝土	红壤	红壤	碳酸岩类红壤	油红土	A	0—17		重壤土		6.8	47.8	2.60	1.01	13.6	195		25.1	碳酸岩类	E 102°11′36.9″ N 24°42′53.4″	89
						P	17—26		重壤土		6.7	34.9	1.95	0.88	13.4	110		23.2			
						B	26—33		重壤土		6.7	17.8	1.25	0.71	13.5	76		20.9			
剖26	人为土	水稻土	潴育水稻土	冲积物潴育水稻土	矿荒土	A	0—17		轻黏土		6.1	36.8	1.69	1.11	3.2	150		15.6	泥质岩类	E 102°01′45.5″ N 24°42′41.4″	85
						B	17—46		轻黏土		6.5	31.1	1.48	0.98	3.2	114		14.3			
						C	46—92		轻黏土		6.8	10.0	0.52	0.60	3.2	61		9.4			
剖27	铁铝土	红壤	红壤	碳酸岩类红壤	红土	A	0—24		轻黏土		6.2	17.7	1.36	0.72	18.4	66		17.5	坡积物	E 102°10′47.2″ N 24°41′48.6″	96
						P	24—45		轻黏土		6.3	7.5	0.88	0.42	19.7	44		15.8			
剖28	人为土	水稻土	潜育水稻土	冲积性潜育水稻土	冷浸田	A	0—39		轻黏土		8.1	48.7	3.91	0.54	17.7	212		18.0	冲积物	E 102°09′23.8″ N 24°41′25.3″	76
						P	39—49		轻黏土		8.2	47.4	2.85	0.34	16.4	177		17.9			
剖29	人为土	水稻土	潴育水稻土	冲积物潴育水稻土	红胶泥田	A	0—34		轻黏土		8.1	38.2	2.54	1.26	17.6	156		22.8	碳酸岩类	E 102°13′31.4″ N 24°41′02.8″	86
						P	34—55		轻黏土		8.2	22.7	1.90	0.56	17.2	83		18.7			
						W	55—75		轻黏土		8.1	7.9	1.19	0.53	14.1	37		15.8			
剖30	人为土	水稻土	潴育水稻土	冲积性潴育水稻土	黄红泥田	A	0—21		轻黏土		7.9	43.2	3.97	1.01	19.3	174		14.6	冲积物	E 102°10′39.7″ N 24°40′33.6″	72
						P	21—33		轻黏土		7.7	42.1	2.76	1.00	19.4	163		16.3			
						W	33—48		轻黏土		7.6	38.4	2.59	0.50	18.1	156		11.4			
剖31	铁铝土	红壤	粗骨性红壤	泥质岩类粗骨性红壤	石渣子土田	A	0—20		重壤土		6.1	8.6	0.59	0.17	20.4	32		12.6	泥质岩类	E 102°06′04.1″ N 24°39′38.6″	87
						B	20—60		重壤土		5.5	2.8	0.32	0.15	21.0	29		11.3			
						C	60—70		重壤土		5.2	2.0	0.42	0.14	20.9	48		6.5			
剖32	人为土	水稻土	淹育水稻土	冲积性淹育水稻土		A	0—20		轻黏土		6.6	30.5	2.85	0.50	20.4	165		14.2	冲积物	E 102°02′24.0″ N 24°39′00.5″	88
						S	20—66		轻黏土		6.8	3.5	0.71	0.25	20.9	39					

续表 Continued

剖面号 Soil profile	土纲 Soil order	土类 Soil great group	亚类 Soil subgroup	土属 Soil genus	土种 Soil species	土层码 Layer code	土层厚度 Depth/cm	颜色 Soil color	质地 Soil texture	土壤结构 Soil structure	pH	有机质 OM/(g/kg)	全氮 TN/(g/kg)	全磷 TP/(g/kg)	全钾 TK/(g/kg)	碱解氮 AN/(mg/kg)	有效磷 AP/(mg/kg)	阳离子交换量CEC/(cmol/kg)	土壤母质 Parent material	剖面点坐标 Profile coordinate	匹配指数 Matching index/%
剖33	铁铝土	红壤	黄红壤	泥质岩类黄红壤	湿黄土	A	0–33		轻黏土		5.6	12.2	0.92	0.49		81		11.6	泥质岩类	E 102°09′18.3″ N 24°38′01.1″	72
						B	33–53		轻黏土		5.1	6.8	0.78	0.22		73		12.4			
剖34	铁铝土	红壤	红壤	碳酸岩类红棕壤	红鸡粪土	A	0–25		重黏土		7.8	39.8	2.69	1.18	20.3	152		16.5	碳酸岩类	E 102°06′51.2″ N 24°37′55.9″	93
						P	25–39		轻黏土		7.5	17.3	1.51	0.65	21.1	77		15.4			
						B	39–59		轻黏土		7.7	13.0	1.50	0.71	22.2	95		15.1			
剖35	淋溶土	黄棕壤	黄棕壤	泥质岩类黄棕壤	棕泥土	A	0–15		重黏土		7.2	29.0	2.80	0.75	18.6	134		16.4	残积物	E 102°03′24.2″ N 24°36′36.8″	95
						B	15–30		中壤土		7.5	15.4	2.37	0.61	14.2	154		12.9			
剖36	淋溶土	黄棕壤	黄棕壤	碳酸岩类黄棕壤	碳酸岩类黄棕壤	A	0–12		重壤土		6.5	92.7	4.01	0.96	25.8	327		27.4	碳酸岩类	E 102°02′52.5″ N 24°36′26.2″	76
						B	12–40		重壤土		6.4	57.2	2.67	0.83	26.7	299		19.9			
剖37	淋溶土	黄棕壤	粗骨性黄棕壤	泥质岩类粗骨性黄棕壤		A	0–10				4.8	37.0	1.23	0.24	17.7	70		8.6		E 102°03′31.7″ N 24°36′03.3″	87
						B	10–20				5.3	32.0	1.42	0.21	18.6	123		11.8			
剖38	铁铝土	红壤	红壤	碳酸岩类红壤	碳酸岩类红壤	A	0–25		轻黏土		6.3	35.1	3.02	0.36	24.2	136		18.0		E 102°01′16.1″ N 24°35′27.6″	88
						B	25–45		轻黏土		6.2	23.1	1.54	0.57	24.7	40		15.9			
剖39	人为土	水稻土	侧渗水稻土	红壤性侧渗水稻土	白泥田	A	0–17		轻黏土		6.3	15.2	1.10	0.41	18.8	102		10.0	红壤性母质	E 102°12′24.6″ N 24°35′17.6″	95
						P	17–32		轻黏土		6.7	3.1	0.61	0.20	19.4	87		8.1			
剖40	人为土	水稻土	潴育水稻土	紫色土性潴育水稻土	紫胶泥田	A	0–25		轻黏土		8.4	25.8	1.66	0.55	20.6	100		25.8		E 102°09′09.7″ N 24°34′59.5″	95
						P	25–56		轻黏土		8.5	19.6	1.43	0.55	21.0	74		15.7			
						W	56–77		轻黏土		8.6	8.8	0.91	0.51	17.6	37		14.9			
剖41	初育土	紫色土	石灰性紫色土	暗紫泥土	紫羊肝土	A	0–31		重壤土		8.4	9.5	0.97	0.67	23.8	56		19.6		E 102°09′31.9″ N 24°34′54.3″	79
						C	31–52		中壤土		8.3	9.5	0.97	0.69	23.9	49		20.5			
剖42	初育土	紫色土	石灰性紫色土	紫砂土	紫砂土	A	0–25		中壤土		8.3	6.5	0.54	0.40	9.8	42		10.6		E 102°03′41.4″ N 24°34′38.9″	81
						B	25–39		中壤土		8.1	1.9	0.34	0.12	9.9	22		8.5			
						C	39–57		中壤土		8.1	1.9	0.32	0.11	8.8	14		8.3			
剖43	人为土	水稻土	淹育水稻土	紫色土性淹育水稻土	浅紫胶泥田	A	0–24		轻黏土		8.3	21.7	1.40	0.69	19.1	100		15.5		E 102°02′39.8″ N 24°34′02.5″	84
						P	24–45		中壤土		8.5	19.4	1.26	0.67	15.8	86		17.1			
剖44	人为土	水稻土	淹育水稻土	紫色土性淹育水稻土	浅紫胶泥田	A	0–23		中壤土		8.2	27.6	1.62	0.46	11.6	101		13.9		E 102°09′57.2″ N 24°32′37.7″	100
						P	23–35		中壤土		8.4	18.4	1.30	0.43	10.5	83		14.4			
						B	35–51		中壤土		8.5	11.7	0.99	0.26	10.4	69		11.8			
剖45	铁铝土	赤红壤	赤红壤	泥质岩类赤红壤		A	0–34		轻黏土		5.5	15.2	0.82	0.33	18.8	74		13.5	泥质岩类	E 102°06′01.9″ N 24°32′14.6″	89
						C	34–100		轻黏土		5.4	9.6	0.52	0.25	18.9	43		9.0			
剖46	人为土	水稻土	淹育水稻土	紫色土性淹育水稻土	赤紫胶泥田	A	0–25		轻黏土		8.2	23.9	1.59	0.67	17.4	121		21.3	紫色砂岩、页岩	E 102°07′05.8″ N 24°31′39.5″	78
						P	25–35		轻壤土		8.4	18.2	1.35	0.61	17.0	121		20.9			
剖47	初育土	紫色土	石灰性紫色土	暗紫泥土	暗紫砂泥田	A	0–37		重壤土		8.3	16.8	0.84	0.48	16.3	25		22.2		E 102°09′54.6″ N 24°31′23.3″	79
						B	37–100		重壤土		8.5	2.3	0.30	0.45	11.8	16		16.3			
剖48	铁铝土	赤红壤	赤红壤	碳酸岩类赤红壤	碳酸岩类赤红壤	A	0–36	浅黄棕色	轻黏土		5.4	7.8	0.66	0.26	18.6	61		15.8		E 102°00′33.1″ N 24°31′21.6″	78
						C	36–64	黄棕色		块状	5.6	5.4	0.51	0.20	15.8	47		18.6			
剖49	人为土	水稻土	矿毒型水稻土	矿毒田	矿毒田	A	0–18	黄棕色	壤质黏土	块状	5.6	45.4	2.32	0.53	18.0	98	9.0	17.6		E 101°59′54.2″ N 24°30′47.1″	84
						P	18–28		黏壤土	块状	8.2	26.4	1.30	0.54	18.8	69	8.0	16.8			
						B	28–40		壤质黏土		8.0	12.9	0.76	0.58	21.2	74	8.0	15.0			
剖50	铁铝土	赤红壤	赤红壤	碳酸岩类赤红壤	赤红土	A	0–23		中壤土		8.5	22.8	1.23	0.71	13.0	74		12.8	碳酸岩	E 102°07′49.6″ N 24°30′41.2″	96
						B	23–56		重壤土		8.5	13.2	0.81	0.40	13.4	61		12.1			
						C	56–100		重壤土		8.5	12.7	0.60	0.69	13.3	41		11.2			
剖51	铁铝土	红壤	黄红壤	泥质岩类黄红壤		A	0–50		轻黏土		4.7	36.8	2.32	0.15	23.6	155		13.3	泥质岩类	E 102°15′24.8″ N 24°37′37.2″	71
						B	50–80		轻黏土		4.8	25.0	1.67	0.26	17.5	157		11.4			

续表 Continued

剖面号 Soil profile	土纲 Soil order	土类 Soil great group	亚类 Soil subgroup	土属 Soil genus	土种 Soil species	土层码 Layer code	土层厚度 Depth/cm	颜色 Soil color	质地 Soil texture	土壤结构 Soil structure	pH	有机质 OM/(g/kg)	全氮 TN/(g/kg)	全磷 TP/(g/kg)	全钾 TK/(g/kg)	碱解氮 AN/(mg/kg)	有效磷 AP/(mg/kg)	阳离子交换量 CEC/(cmol/kg)	土壤母质 Parent material	剖面点坐标 Profile coordinate	匹配指数 Matching index/%
剖52	铁铝土	红壤	红壤	粗粒结晶岩类红壤	粗粒结晶岩类红壤	A	0—36		重壤土		6.2	28.0	1.33	1.55	12.6	116		17.4	粗粒结晶岩类	E 102°15′27.7″ N 24°37′03.7″	91
						B	36—76		轻黏土		5.7	13.9	0.72	1.76	12.9	59		13.3			
						C	76—112		轻黏土		5.1	17.1	0.93	1.45	14.1	77		14.1			
剖53	人为土	水稻土	潴育水稻土	紫色土性潴育水稻土	紫泥田	A	0—21		重壤土		8.1	24.5	1.67	0.56		85		11.8		E 102°15′59.8″ N 24°35′59.6″	93
						P	21—35		轻黏土		8.2	22.6	1.66	0.61		64		12.7			
						W	35—64		轻黏土		8.2	17.3	1.40	0.46		64		13.3			
剖54	初育土	紫色土	石灰性紫色土	紫砂土	紫砂土	A	0—18		中壤土		8.0	22.5	1.34	0.44		59		19.2		E 102°10′45.4″ N 24°28′03.5″	82
						B	18—39		重壤土		7.7	9.6	0.70	0.28		23		17.4			
						C	39—50		重壤土		7.7	5.1	0.53	0.17		14		16.6			

峨山彝族自治县

主要土类说明

红壤是峨山彝族自治县主要土壤类型，占本县地域面积的 63%，分布在海拔 1000—2300m 的残存高原面、湖盆边缘和中低山地。原生植被为亚热带常绿阔叶林，现以次生植被云南松林、华山松林、松栎混交林和灌草丛为主。成土母质主要为页岩、片岩、石英质岩、花岗岩和片麻岩等。成土过程以脱硅富铝化和生物富集为主。本县红壤分为红壤、黄红壤、棕红壤等亚类。红壤亚类呈中度脱硅富铝化特征，具 A-Bs-Bv 或 A-Bs-C 剖面构型，土壤黏粒中游离铁占全铁的 50%—60%。黏土矿物以高岭石、赤铁矿为主，黏粒硅铝率为 1.8—2.4，风化淋溶系数小于 0.2，盐基饱和度小于 35%。土壤养分含量一般不高，速效磷缺乏，质地黏重，保水保肥力强，但耕性较差。淀积层可见深厚的红、黄、白相间的网纹状红色黏土。黄红壤是红壤向黄壤过渡的土壤类型，所处区域水分条件较优，土体上部有黄化现象，以黄橙色或橙色为主，下部仍以高岭石为主，伴有蛭石和三水铝石。棕红壤是红壤向黄棕壤过渡的土壤类型，有效土体厚 40—100cm，质地黏重。地表土壤颜色鲜红，剖面中可见大量的铁锰胶膜和网纹层，富铝化作用强烈。

紫色土是峨山彝族自治县第二大土壤类型，占本县地域面积的 28%，集中分布在甸中、岔河、小街等地。植被主要为云南松、常绿阔叶林以及灌木和茅草。成土母质为中生代的紫色砂页岩风化物。成土过程以母岩的快速物理崩解和频繁侵蚀堆积为主，生物积累作用较弱。土层浅薄，剖面层次发育不明显，具 A-C 剖面构型。本县紫色土分为中性紫色土、石灰性紫色土等亚类。中性紫色土母岩中碳酸钙较少或在成土过程中已明显淋溶，黏土矿物以蛭石和水云母或蒙脱石和水云母为主，pH 为 6.5—7.5。石灰性紫色土由钙质紫色砂页岩风化发育而成，母岩以钙质紫色混合岩为主，黏土矿物以水云母或蒙脱石为主，有机质含量低，全磷和全钾含量高，pH 高于 7.5。

水稻土是峨山彝族自治县第三大土壤类型，占本县地域面积的 6%，分布在海拔 1100—1900m 的坝区低洼处、洪冲积扇和山谷谷底。成土过程为淋溶作用和水耕熟化过程。水稻土在长期的季节性淹灌、水下翻耕、季节性脱水、氧化还原交替影响下，原来的成土母质或母土的特性发生重大改变，形成了不同的土体构型。本县水稻土分为淹育型、潴育型、潜育型等亚类。淹育水稻土灌溉条件较差，养分含量较低，速效磷缺乏，具 A-P-C 或 A-C 剖面构型。潴育水稻土水肥条件好，土壤内外排水良好，质地砂黏适中，有较深厚的耕作层，具 A-P-W-G 或 A-P-W-C 剖面构型。潜育水稻土地下水位较高，排水不畅，具 A-P-G 或 P-Wg-G 剖面构型。

小于本县地域面积 3% 的土壤类型有赤红壤和黄棕壤。

本区域中心区气候特征

本区域中心区气候特征值
Regional climate characteristics in central area of the region

气候带：南亚热带湿润气候 Climate region: South subtropical humid climate	
年平均气温 /℃ Annual average temperature /℃	16.5
年平均最高气温 /℃ Annual average maximum temperature /℃	22.7
年平均最低气温 /℃ Annual average minimum temperature /℃	11.9
年降水量 /mm Annual precipitation /mm	971
≥10℃的积温 /℃ Daily temperature accumulated in a year (≥10℃) /℃	6062
年日照时数 /h Annual sunshine /h	2162
年平均相对湿度 /% Annual average relative humidity /%	72
干燥度 Dryness	1.02

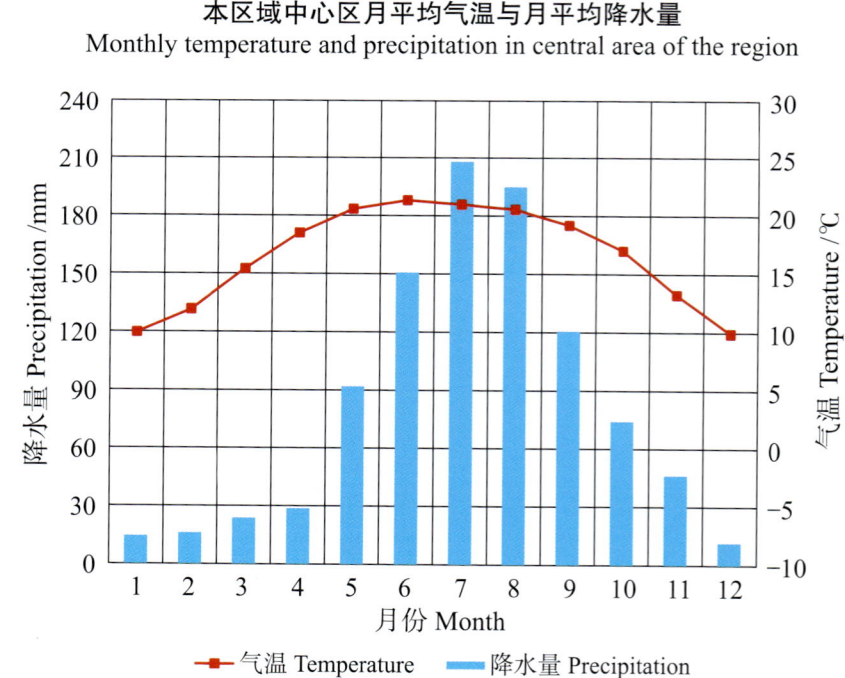

本区域中心区月平均气温与月平均降水量
Monthly temperature and precipitation in central area of the region

峨山彝族自治县主要土壤类型与土壤剖面点分布图

1∶260 000

图 例
- 红壤
- 紫色土
- 水稻土
- 赤红壤
- 黄棕壤
- ⊗ 剖面点

第三编　云南省分县土壤图与土壤剖面数据 | 445

峨山彝族自治县土壤剖面理化性状表

剖面号 Soil profile	土纲 Soil order	土类 Soil great group	亚类 Soil subgroup	土属 Soil genus	土种 Soil species	土层码 Layer code	土层厚度 Depth/cm	颜色 Soil color	质地 Soil texture	土壤结构 Soil structure	pH	有机质 OM/(g/kg)	全氮 TN/(g/kg)	全磷 TP/(g/kg)	碱解氮 AN/(mg/kg)	阳离子交换量CEC/(cmol/kg)	土壤母质 Parent material	剖面点坐标 Profile coordinate	匹配指数 Matching index/%
剖1	初育土	紫色土	中性紫色土	黄紫泥	黄紫砂土	A	0—18	浅紫色	轻壤土	粒状	6.3	11.9	0.36	0.09	72	5.6		E 101°58′24.2″ N 24°15′25.5″	92
剖2	铁铝土	红壤	黄红壤	砂页岩黄红壤	黄红砂土	B	18—72	黄红色	重壤土	块状	6.0	9.0	0.29	0.02	41	7.7	砂页岩	E 101°58′08.2″ N 24°13′15.0″	86
剖3	铁铝土	红壤	棕红壤	砂页岩棕红壤	红棕砂土	A	0—15	黄红色	中壤土	粒块状	6.6	18.8	1.29	0.08	27	11.4	砂页岩	E 101°58′13.4″ N 24°11′11.0″	91
						B	15—80	红色	轻壤土	小块状	5.6	0.5	0.51	0.21	14	14.7			
剖4	铁铝土	红壤	棕红壤	砂页岩棕红壤		A	0—15	棕红色	轻壤土	粒状	6.1	45.0	2.20	0.33	86	14.3		E 101°57′58.9″ N 24°09′53.8″	80
						B	15—55	棕色	砂质土	粒状	6.2	16.5	0.83	0.21	47	9.6			
						C	55—												
剖5	人为土	水稻土	淹育水稻土	红壤性淹育水稻土	胶泥田	A	0—6	浅棕色	中壤土	粒状	5.9	40.5	1.63	0.49	183	14.0		E 102°07′15.6″ N 24°27′23.0″	76
						B	6—60	棕红色	重壤土	粒状	5.4	9.3	0.83	0.36	78	9.1			
						C	60—												
剖6	初育土	紫色土	石灰性紫色土	棕紫泥	棕紫砂土	A	0—24	黄红色	重壤土	块状	7.5	26.8	1.60	0.20	130	18.1		E 102°11′49.6″ N 24°26′32.6″	79
						P	24—34	黄红色	轻壤土	块状	7.3	20.0	0.80	0.10	75	13.2			
						B	34—94	黄红色	重壤土	块状	7.2	11.1	0.95	2.21	59	5.9			
剖7	人为土	水稻土	淹育水稻土	红壤性淹育水稻土	红泥田	A	0—18	紫色	轻壤土	粒状	7.3	9.3	0.70	5.22	48	5.0	坡积物	E 102°06′56.5″ N 24°25′36.5″	96
						B	18—41	黄红色	中壤土	核状	6.0	35.7	1.97	0.80	120	16.3			
						C	41—												
剖8	铁铝土	红壤	红壤	板岩红壤	红泥土	A	0—20	红色	砾质中壤土	小块状	6.3	10.3	1.04	0.62	65	15.7	板岩	E 102°03′57.6″ N 24°25′12.0″	71
						P	20—30	黄红色	中壤土	块柱状	6.7	23.5	1.24	0.79	101	20.4			
						B	30—100	棕黄色	砾质中壤土	粒状	6.0	14.3	0.96	0.43	85	17.5			
剖9	人为土	水稻土	潜育水稻土	冲积性潜育水稻土	冷浸田	A	0—12	黄红色	中壤土	小块状	6.8	51.5	2.83	1.30	198	13.6		E 102°05′55.0″ N 24°25′04.9″	95
						B	12—92	暗黄色	重壤土	块状	6.0	27.0	2.34	1.30	165	10.3			
						Bg	20—40	青灰色			6.2								
剖10	铁铝土	红壤	红壤	砂页岩红壤	油砂土	A	0—3	棕黑色	中壤土	团块状	6.3	15.7	1.24	1.70	76	19.4	砂页岩	E 102°06′39.6″ N 24°24′38.9″	89
						Ao	3—13	棕红色	中壤土	团粒状	6.0	2.6	0.49	0.70	37	15.3			
						B	13—35	棕红色	黏土	小块状									
剖11	铁铝土	红壤	红壤		红土		35—	黄红色		块状								E 102°06′43.2″ N 24°23′41.6″	75
						A	0—17	红色	中黏土	小块状	6.0	12.5	0.72	0.83	66	14.5			
						B	17—75	红色	中黏土	块状	4.8	3.6	0.36	0.58	52	14.5			
剖12	铁铝土	红壤	红壤				A	0—20	棕黄色	中壤土	粒状	5.5	16.4	0.70	0.30	50	7.1		E 102°08′10.0″ N 24°23′25.1″	87
						B	20—50	黄红色	中壤土	小块状	5.8	9.3	0.61	0.27	34	7.0	砂页岩		
						3	50—100	黄黄色	中壤土	块柱状									
剖13	铁铝土	红壤	棕红壤	板岩棕红壤		A	0—5	棕黑色	粉砂质壤土	核状	5.0	51.5	3.10	0.74	290	19.7		E 102°18′29.7″ N 24°20′53.5″	78
						B	5—27	浅棕色	轻黏土	核状	5.0	27.0	0.40	0.65	77	8.4			
						C	27—85	棕红色	重黏土	粒状									
剖14	初育土	紫色土	石灰性紫色土	棕紫泥	棕紫泥土	A	0—24	紫色	重壤土	块状	7.3	9.9	0.47	0.39	25	7.7		E 102°13′38.6″ N 24°19′34.0″	89
						B	24—85	紫色	轻壤土	梭柱状	7.1	6.2	0.41	0.52	14	7.2			
						C	85—												
剖15	初育土	紫色土	中性紫色土	黄紫泥		A	0—5	棕黑色	重壤土	团粒状	6.2	31.7	0.97	0.10	77	12.7		E 102°00′46.9″ N 24°19′12.2″	99
						A_2	5—27	紫色	重壤土	团粒状	5.9	5.0	0.26	0.06	11	7.5			
						B	27—85	紫色	重壤土	粒状		0.2	0.10	0.05	65				
剖16	铁铝土	红壤	红壤	石灰岩红壤	暗红土	A	0—21	深红色	轻黏土	小块状	5.9	15.1	1.80	0.90	140	14.5	石灰岩	E 102°04′09.5″ N 24°19′02.6″	92
						B	21—85	暗红色	轻黏土	大块状	5.3	14.4	1.70	0.90	98	17.3			

续表 Continued

剖面号 Soil profile	土纲 Soil order	土类 Soil great group	亚类 Soil subgroup	土属 Soil genus	土种 Soil species	土层码 Layer code	土层厚度 Depth/cm	颜色 Soil color	质地 Soil texture	土壤结构 Soil structure	pH	有机质 OM/(g/kg)	全氮 TN/(g/kg)	全磷 TP/(g/kg)	碱解氮 AN/(mg/kg)	阳离子交换量 CEC/(cmol/kg)	土壤母质 Parent material	剖面点坐标 Profile coordinate	匹配指数 Matching index/%
剖17	铁铝土	红壤	红壤	板岩红壤		A	0—30	棕红色	中壤土	粒状	5.3	24.2	0.26	0.21	50	9.8	板岩	E 102°06′43.2″ N 24°18′52.2″	83
						B	30—100	黄红色	重壤土	棱柱状	5.6	3.7	0.72	0.12	16	5.5			
剖18	初育土	紫色土	石灰性紫色土	棕紫泥		A	0—7	紫红色	轻砾质重壤土	核状	7.3	3.9	1.00	0.49	74	5.1		E 102°14′50.6″ N 24°17′41.3″	78
						C	7—	紫色	砂壤土		7.6	2.0	0.30	0.74	30	4.7			
剖19	铁铝土	红壤	红壤	石灰岩红壤	油红土	A	0—23	褐红色	重黏土	团粒状	6.8	26.2	1.22	0.34	165	14.4	石灰岩	E 102°06′18.4″ N 24°17′40.9″	71
						B	23—80	暗红色	轻黏土	小块状	6.8	24.0	1.05	0.21	155	13.0			
剖20	铁铝土	红壤	红壤	石灰岩红壤	红鸡粪土	A	0—27	浅褐色	重黏土	团粒状	6.3	34.5	1.96	0.27	176	13.0	石灰岩	E 102°08′01.3″ N 24°16′42.2″	79
						B	27—87	褐色	重黏土	小块状	6.0	18.0	0.96	0.45	105	12.4			
剖21	人为土	水稻土	潜育水稻土	红壤性潜育水稻土	冬水田	A	0—22	黄色	重壤土	块状	6.7	33.9	2.00	2.00	150	13.7	红壤性母质	E 102°09′16.6″ N 24°15′55.8″	98
						G₁	22—68	青灰色		碎屑状	7.1	1.9	0.40	0.40	137				
						G₂	68—												
剖22	人为土	水稻土	淹育水稻土	红壤性淹育水稻土	山砂田	A	0—17	灰黄色	砂壤土	粒状	6.3	21.3	2.00	0.11	125	7.3		E 102°04′22.1″ N 24°14′44.2″	81
						P	17—32			无明显结构									
						B	32—99			无明显结构									
剖23	铁铝土	红壤	黄红壤	砂页岩黄红壤		A	0—7	黄棕色	砂壤土	粒状	6.5	5.8	0.40	0.11	53	5.3	砂页岩	E 102°06′37.8″ N 24°11′02.0″	80
						B	7—69	黄红色	中壤土	粒状	5.8	10.4	0.46	0.23	63	6.8			
剖24	人为土	水稻土	淹育水稻土	红壤性淹育水稻土	红砂田	A	0—20	褐色	轻壤土	小块状	5.7	1.9	0.16	0.29	27	4.5	红壤性母质	E 102°02′08.5″ N 24°10′47.6″	89
						B	20—60	黄红色	中壤土	粒状	7.2	20.2	1.19	0.27	120	9.1			
剖25	铁铝土	红壤	黄红壤	砂页岩黄红壤	黄红土	A	0—18	褐红色	中壤土	粒状	6.7	19.9	1.13	0.24	95	7.7	砂页岩	E 102°09′33.5″ N 24°10′32.5″	86
						B	18—80	黄红色	重壤土	块状	5.7	30.9	1.24	0.68	147	9.8			
剖26	初育土	紫色土	石灰性紫色土	棕紫泥	石子羊肝土	A	0—15	紫色	中壤中轻黏土	粒状	5.3	23.1	0.83	0.59	78	9.1		E 102°16′03.7″ N 24°19′22.1″	94
						B	15—30	紫色	砾质轻黏土	小块状	7.3	5.2	0.54	0.91	32	5.1			
						C₁	30—65	紫色	砾质轻壤土	块状	7.6	1.5	0.42	0.82	20	7.1			
						C₂	65—												
剖27	铁铝土	红壤	红壤	石灰岩红壤	黑泥田	A	0—10	深红色	轻黏土	核状	6.1	18.6	1.44	0.49	11	8.2	石灰岩	E 102°16′49.1″ N 24°11′55.0″	77
						B	10—90	暗红色	轻黏土	小块状	6.7	18.7	1.17	0.52	66	4.1			
剖28	人为土	水稻土	黄红壤	板岩黄红壤	黄红土田	A	0—20	暗棕色	中壤土	粒状	6.9	43.6	1.70	0.35	164	14.7		E 102°23′13.2″ N 24°11′07.1″	78
						Bg	20—40	暗灰色	中壤土	大块状	6.4	189.2	2.90	0.09	167	50.7			
						H₂	40—												
剖29	铁铝土	红壤	红壤	冲积性红壤	石子土	A	0—17	浅黄色	砾质砂壤土	粒状	5.5	11.0	1.11	0.48	109	6.9	冲积物	E 102°25′31.4″ N 24°10′57.4″	97
						B	17—82	灰黄色	砾质轻黏土	团粒状	5.3	10.1	1.09	0.44	151	16.0			
剖30	人为土	水稻土	潜育水稻土	冲积性潜育水稻土	鸡粪土田	A	0—33	浅棕色	重壤土	粒状	7.6	35.8	1.56	0.64	103			E 102°24′13.0″ N 24°10′55.8″	74
						P	33—43			核状									
						W	43—73			棱柱状									
						S	73—103												
剖31	铁铝土	红壤	黄红壤	板岩黄红壤	黄红泥土	A	0—20	黄红色	重壤土	核状	6.0	20.6	0.96	0.41	87	10.7	板岩	E 102°23′46.4″ N 24°10′05.4″	79
						B	20—78	黄红色	重壤土	块状	4.9	4.0	0.39	0.18	61	9.4			
剖32	人为土	水稻土	淹育水稻土	冲积性淹育水稻土	砾石土田	A	0—13	棕色	少砾质重壤土	粒状	6.6	18.8	1.04	1.38	80	9.4	砂页岩洪积物	E 102°11′58.8″ N 24°05′57.5″	95
						B	13—99	棕色	少砾质重壤土	棱状	6.3	17.4	0.83	1.13	62	7.6			
剖33	人为土	水稻土	潜育水稻土	冲积性潜育水稻土	烂泥田	A	0—27	浅棕色	轻壤土	粒状	7.0	26.9	1.73	0.43	128	8.1	冲积物	E 102°11′49.9″ N 24°05′24.4″	95
						G	27—		轻壤土	粒状	7.5	20.3	1.41	0.37	104	11.6			
剖34	铁铝土	赤红壤	黄色赤红壤	砂页岩黄红壤	石渣子土	A	0—23	暗黄色	砾质中壤土	粒状	6.7	14.1	0.85	0.34	76	11.8		E 102°12′29.7″ N 24°05′00.9″	92
						B	23—80	浅黄色	重壤土	粒状	6.5	5.6	0.11	0.27	48	13.6			
剖35	人为土	水稻土	潜育水稻土	冲积性潜育水稻土	砂泥田	A	0—21	浅褐色	砂壤土	粒状	7.5	20.9	0.90	0.93	214	10.1	冲积物	E 102°11′37.6″ N 24°04′30.8″	76
						P	21—36	褐色	轻壤土	小块状	7.3	20.7	0.80	0.62	216	4.6			
						B	36—												

续表 Continued

剖面号 Soil profile	土纲 Soil order	土类 Soil great group	亚类 Soil subgroup	土属 Soil genus	土种 Soil species	土层码 Layer code	土层厚度 Depth/cm	颜色 Soil color	质地 Soil texture	土壤结构 Soil structure	pH	有机质 OM/(g/kg)	全氮 TN/(g/kg)	全磷 TP/(g/kg)	碱解氮 AN/(mg/kg)	阳离子交换量CEC/(cmol/kg)	土壤母质 Parent material	剖面点坐标 Profile coordinate	匹配指数 Matching index/%
剖36	铁铝土	赤红壤	黄色赤红壤	砂页岩黄色赤红土	黄赤红土	A	0—21	浅黄色	轻砾质中壤土	粒状	6.9	10.1	1.19	0.24	36	14.6	砂页岩	E 102°12′16.2″ N 24°04′14.3″	80
						B	21—35	红黄色	轻砾质中壤土	粒状	6.4	3.5	0.98	0.09	25	14.3			
						C	35—70 70—	红黄色	砾质中黏土	块状									
剖37	人为土	水稻土	淹育水稻土	红壤性淹育水稻土	红鸡粪土田	A	0—23	浅黄色	中壤土	核状	6.1	25.7	1.68	0.74	109	12.2	砂页岩坡积物	E 102°11′47.4″ N 24°03′47.6″	93
						P	23—35	褐色	重壤土	块状	6.4	19.1	1.63	0.71	89	12.6			
						W	35—91	红黄色	中壤土	梭柱状									
剖38	铁铝土	赤红壤	黄色赤红壤	砂页岩黄色赤红土	瘦赤红土	A	0—19	黄红色	轻黏土	梭柱状	6.0	11.3	0.33	0.13	48	10.4	砂页岩	E 102°10′27.1″ N 24°03′37.8″	91
						B	19—85	黄红色	轻黏土	梭柱状	5.2	4.5	0.17	0.07	35	9.7			
剖39	人为土	水稻土	淹育水稻土	红壤性淹育水稻土	黄泥田	A	0—30	黄色	重黏土	块状	6.7	20.7	1.46	0.39	129	5.5		E 102°11′02.2″ N 24°03′08.3″	92
						P	30—42	黄色	重黏土	整块状	6.8	13.9	1.18	0.29	65	8.1			
						B	42—95	黄色	砂壤土	粒状									
剖40	铁铝土	赤红壤	黄色赤红壤	砂页岩黄色赤红土		A	0—13	灰白色	轻壤土	粒状	5.4	14.7	1.00	0.12	74	14.1	砂页岩	E 102°14′20.9″ N 24°02′45.4″	98
						B	13—54	黄红色	轻壤土	粒状	5.8	8.4	0.40	0.05	68	11.0			
剖41	人为土	水稻土	潴育水稻土	冲积性潴育水稻土	浮泥田	A	0—25	浅褐色	中壤土	核状	7.2	24.3	1.30	0.35	90	12.8	冲积物	E 102°28′07.3″ N 24°09′48.2″	72
						P	25—35	褐色	中壤土	梭柱状									
						W	35—95	黄红色	砂壤土	块状	7.2	14.6	0.90	0.42	84	6.4			
剖42	铁铝土	红壤	黄红壤	花岗岩黄红壤	红砂土	A	0—18	黄红色	砂壤土	块状	6.0	17.9	0.93	0.14	97	5.9	花岗岩	E 102°27′20.5″ N 24°09′29.5″	90
						B	18—50	黄红色	砂壤土	粒状	5.7	8.3	0.30	0.10	58	5.1			
						C	50—100	浅黄色	砂壤土	大块状									
剖43	铁铝土	红壤	棕红壤	板岩棕红壤	红棕土	A	0—12	浅褐色	轻砾质重壤土	核状	5.4	43.5	1.60	0.43	160	16.7	花岗岩	E 102°23′23.1″ N 24°09′24.5″	91
						B	12—60	褐红色	重壤土	核状	5.2	6.8	0.50	0.18	51	10.7			
剖44	铁铝土	红壤	黄红壤	板岩黄红壤	黄鸡粪土	A	0—26	褐红色	中壤土	团粒状	6.3	53.4	2.56	5.00	253	19.0	板岩	E 102°27′04.3″ N 24°08′13.6″	100
						B	26—85	褐红色	中壤土	小块状	5.9	44.5	2.35	2.90	245	19.0			
剖45	铁铝土	红壤	黄红壤	板岩黄红壤		A	0—14	黄红色	重壤土	小块状	5.6	22.9	0.83	0.17	85	9.0	板岩	E 102°24′13.0″ N 24°07′15.6″	81
						B	14—64	红色	重壤土	核状	5.3	6.9	0.41	0.30	42	5.7			
剖46	铁铝土	红壤	黄红壤	花岗岩黄红壤		A	0—17	黄红色	轻壤土	核状	6.0	27.4	0.80	0.42	64	7.3	花岗岩	E 102°16′16.6″ N 24°03′46.1″	89
						B	17—30	黄红色	砂壤土	粒状	6.2	14.0	0.09	0.46	27	6.0			
						3	30—	黄红色	砂壤土	小块状									
剖47	人为土	水稻土	潜育水稻土	红壤性潜育水稻土	发红田	A	0—24	褐色	少砾质砂壤土	核状	7.4	42.6	1.71	0.37	183	9.8	红壤性母质	E 102°34′50.2″ N 24°04′36.5″	88
						Bg	24—53	灰褐色	砂壤土	块状	7.3	43.0	2.04	0.30	186	9.9			
						3	53—												

新平彝族傣族自治县

主要土类说明

红壤是新平彝族傣族自治县主要土壤类型，占本县地域面积的 31%，分布在海拔 1300—2080m 的大部分地区以及海拔 1200—2400m 的中山地带。植被为亚热带中山湿性常绿阔叶林。成土母质为深厚的古红色风化壳和碳酸岩类。成土过程以脱硅富铝化和生物富集为主。本县红壤分为红壤、黄红壤、红壤性土等亚类。其中，黄红壤面积较大，土体上部有黄化现象，下部仍以高岭石为主，伴有蛭石和三水铝石。

紫色土是新平彝族傣族自治县第二大土壤类型，占本县地域面积的 27%，主要分布在海拔 1100—2000m 的地区。植被为云南杉、常绿阔叶林或灌丛草地。成土母质为紫色页岩坡积物和残积物。母岩岩性松脆，抗蚀力弱，物理风化作用强烈。土层浅薄，具 A-C 剖面构型。本县紫色土多为酸性紫色土亚类，黏土矿物一般以蛭石和水云母为主，有机质和全氮含量较高，全磷和全钾含量较低，pH 为 4.5—5.5。

赤红壤是新平彝族傣族自治县第三大土壤类型，占本县地域面积的 15%，主要分布在海拔 800—1300m 的坝子边缘的山坡以及海拔 700—1200m 的河谷地区。成土母质以各种母岩风化残积物和坡积物为主。本县赤红壤多为黄色赤红壤亚类，土体中氧化铁等矿物的水合度较高，有较明显的黄化层，土壤有机质和游离铁的活化度均高于典型的赤红壤。

黄棕壤占本县地域面积的 14%，主要分布在海拔 1900—2700m 的哀牢山自然保护区。成土母质多为砂页岩及花岗岩风化物。土层弱度富铝化，黏聚现象明显，呈黄棕色。该土壤具 A-B-C 或 A-（B）-C 剖面构型，黏粒硅铝率在 2.5 左右，铁的游离度较红壤低，B 层交换性酸大于 A 层。土层深厚，淋溶作用明显，表土呈黄棕色，心土呈灰黄色或浅黄棕色，自然肥力较高。

水稻土占本县地域面积的 7%，从海拔 422m 的低热河谷到海拔 2100m 的高寒山区均有分布。水稻土是在长期的季节性淹灌、水下翻耕、季节性脱水、氧化还原交替影响下，原来的成土母质或母土的特性发生重大改变形成的新的土壤类型。由于干湿交替，水稻土形成糊状的淹育层、较坚实板结的犁底层、渗育层、潴育层与潜育层等多种发生层。这些不同发生层是在人为耕作、水浆管理下形成的。

燥红土占本县地域面积的 5%，主要分布在漠沙、戛洒等地的海拔 1300m 以下的地区。该区域焚风效应明显，植被为稀灌草丛。成土母质主要为石灰岩、花岗岩、老冲积物和玄武岩风化物。成土过程以有机质积累、生物富集和脱硅富铝化为主。燥红土具 A-B-C（D）剖面构型。矿物风化度低，土壤淋溶作用弱，盐基有表层聚集趋势，盐基饱和度为 70%—90%，黏粒硅铝率为 2.2—2.8，表层有机质含量一般为 20—40g/kg。

小于本县地域面积 3% 的土壤类型有棕壤和黑毡土。

本区域中心区气候特征

本区域中心区气候特征值
Regional climate characteristics in central area of the region

气候带：南亚热带湿润气候 Climate region: South subtropical humid climate	
年平均气温 /℃ Annual average temperature /℃	16.9
年平均最高气温 /℃ Annual average maximum temperature /℃	23.2
年平均最低气温 /℃ Annual average minimum temperature /℃	12.2
年降水量 /mm Annual precipitation /mm	1015
≥ 10℃的积温 /℃ Daily temperature accumulated in a year（≥ 10℃）/℃	6171
年日照时数 /h Annual sunshine /h	2144
年平均相对湿度 /% Annual average relative humidity /%	73
干燥度 Dryness	1.01

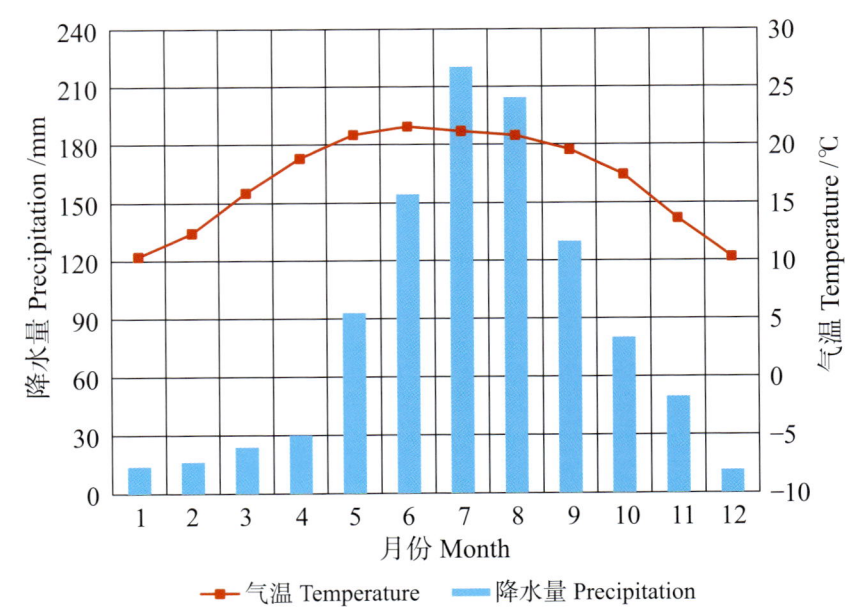

本区域中心区月平均气温与月平均降水量
Monthly temperature and precipitation in central area of the region

新平彝族傣族自治县主要土壤类型与土壤剖面点分布图
1∶390 000

图例: 红壤 紫色土 赤红壤 黄棕壤 水稻土 燥红土 棕壤 黑毡土 ⊗ 剖面点

新平彝族傣族自治县土壤剖面理化性状表

剖面号 Soil profile	土纲 Soil order	土类 Soil great group	亚类 Soil subgroup	土属 Soil genus	土种 Soil species	土层码 Layer code	土层厚度 Depth/cm	颜色 Soil color	质地 Soil texture	土壤结构 Soil structure	pH	有机质 OM/(g/kg)	全氮 TN/(g/kg)	全磷 TP/(g/kg)	全钾 TK/(g/kg)	碱解氮 AN/(mg/kg)	有效磷 AP/(mg/kg)	阳离子交换量 CEC/(cmol/kg)	土壤母质 Parent material	剖面点坐标 Profile coordinate	匹配指数 Matching index/%
剖1	铁铝土	红壤	黄红壤	砂岩黄红壤	香面土	A	0—21	灰黄色	重壤土	核状	5.0	58.3	2.63	0.92	18.1	247		15.6		E 101°20′26.5″ N 24°19′19.5″	100
						B₁	21—66	黄棕色	重壤土	核状	5.0	60.5	2.52	0.83	18.3	238		14.0			
						B₂	66—99	灰黄色	轻黏土	团块状	5.2	44.9	1.88	0.65	13.0	174		14.3			
剖2	人为土	水稻土	淹育水稻土	紫色土性淹育水稻土	紫胶泥田	A	0—23	暗红棕色	轻黏土	团块状	5.7	15.4	1.01	0.36	24.9	81		12.3		E 101°25′51.6″ N 24°18′33.5″	79
						P	23—31	暗红棕色	轻黏土	柱状	6.3	11.4	0.86	0.34	24.4	53		12.6			
						B	31—67	暗棕红色	中黏土	棱块状	7.4	8.6	0.70	0.32	22.6	41		13.8			
						C	67—105	暗红棕色	轻黏土	团块状	7.4	5.7	0.51	0.32	22.6	32		12.1			
剖3	人为土	水稻土	潴育水稻土	冲积物潴育水稻土	泥田	A	0—25	紫灰色	重壤土	粒状	5.5	29.2	1.47	0.37	10.3	133		8.2	冲积物	E 101°22′15.2″ N 24°17′51.4″	73
						P	25—39	紫灰色	重壤土	团块状	5.7	26.1	1.39	0.33	10.2	121		7.7			
						W₁	39—85	紫灰色	中壤土	柱状	6.4	17.4	0.93	0.35	9.0	81		8.1			
						W₂	85—106	浅红黄色	重壤土	棱柱状	6.7	5.0	0.37	0.27	7.7	33		6.6			
剖4	铁铝土	赤红壤	黄色赤红壤	砂岩黄色赤红壤	赤黄泥土	A	0—20	灰黄黄色	轻黏土	团块状	5.1	22.0	1.19	0.50	20.5	106		6.1	砂岩类	E 101°24′49.3″ N 24°15′01.4″	84
						B₁	20—36	灰黄色	轻黏土	棱块状	5.1	18.6	0.99	0.45	19.3	98		6.2			
						B₂	36—72	灰黄色	重黏土	棱块状	4.7	12.9	0.87	0.51	17.8	65		6.2			
剖5	人为土	水稻土	淹育水稻土	红壤性淹育水稻土	赤砂泥土	A	0—18	褐色	中壤土	粒状	5.7	19.3	0.92	0.24	8.6	108		4.8	红壤性母质	E 101°26′51.7″ N 24°14′22.2″	78
						P	18—31	褐色	中壤土	小块状	5.7	15.2	0.69	0.20	8.6	111		3.6			
						B	31—71	紫色	中壤土	小块状	6.2	9.9	0.46	0.20	10.8	67		4.6			
剖6	高山土	黑色土	棕黑色土	泥质岩类棕黑色土	泥质岩类棕黑土	A₁	0—21	黑棕色	轻壤土	核状	4.0	343.3	8.02	0.58	19.5	480		40.7	泥质岩类	E 101°19′55.6″ N 24°13′33.6″	73
						A₂	21—32	黑棕色	壤黏土	核状	5.3	93.6	2.33	0.38	28.9	222		15.9			
						B	32—63	棕黄色	轻壤土	块状	5.5	22.0	0.49	1.17	32.9	48		8.8			
						C	63—86	灰白色	砂壤土	无明显结构	6.9	19.7	0.37	0.79	31.5	44		5.6			
剖7	半淋溶土	煤红土	煤红土	砂煤土	新平砂煤土	A₁₁	0—23	亮红棕色	梨黏土	碎块状	7.0	10.7	0.73	0.23	13.8	50	3.0	3.2		E 101°27′58.0″ N 24°12′34.8″	93
						BC	23—56	红棕色	壤黏土	块状	6.7	5.4	0.39	0.19	15.3	23	1.0	8.2			
						C	56—84	灰黄色	重壤土	块状		2.4	0.16	0.18	16.4	8	3.0	7.7			
剖8	人为土	水稻土	潴育水稻土	红壤性潴育水稻土	赤泥田	A	0—21	灰黄色	重壤土	核状	6.1	24.5	1.11	0.43	23.2	124		10.3	红壤性母质	E 101°28′49.6″ N 24°11′21.8″	84
						P	21—35	褐黄色	中壤土	块状	6.4	22.0	1.01	0.49	27.2	113		10.5			
						W₁	35—60	褐色	中壤土	柱状	6.0	26.1	1.22	0.40	24.6	128		10.5			
						W₂	60—80	浅黄棕色	中壤土	核状	6.0	21.2	0.95	0.40	25.7	104		10.2			
剖9	淋溶土	棕壤	棕壤	粗粒结晶岩类棕壤	粗粒结晶岩类棕壤	A₁	0—23	暗黄棕色	重壤土	团块状	6.4	247.5	10.90	1.10	27.3	724		33.2		E 101°21′52.9″ N 24°10′13.4″	77
						A₂	23—37	灰黄色	中壤土	核状	4.3	111.4	4.63	0.88	31.2	412		26.3			
						B₁	37—75	黄棕黄色	中壤土	团块状	5.1	59.0	2.08	0.77	33.8	190		17.6			
						B₂	75—133	浅黄棕色	中壤土	团块状	5.2	44.0	1.44	0.77	33.3	129		15.4			
剖10	铁铝土	红壤	黄红壤	泥质岩类黄红壤	砾石土	A	0—13	褐色	轻壤土	核状	6.4	25.3	1.71	0.71	24.9	100		8.2	泥质岩类	E 101°38′01.0″ N 24°16′39.4″	83
						B	13—18	褐色	重壤土	团块状	6.0	20.8	1.40	0.63	24.2	97		10.7			
						C	18—53	灰棕色	重壤土	团块状	5.8	14.4	1.05	0.67	23.0	78		8.9			
							53—93	灰黄色	轻壤土	核状	5.7	10.2	0.88	0.80	26.5	57		11.1			
剖11	初育土	紫色土	酸性紫色土	红紫泥土	石羊肝土	A	0—15	紫灰色	中壤土	核状	5.8	49.2	1.30	0.61	22.6	109		8.7		E 101°42′56.9″ N 24°13′37.6″	78
						B	15—35	紫灰色	重壤土	团块状	4.9	13.0	0.97	0.46	31.2	113		5.4			
						C	35—85	紫灰色	中壤土	团块状	4.4	5.8	0.66	0.37	35.7	62		5.6			
剖12	人为土	水稻土	淹育水稻土	冲积性淹育水稻土	油砂土田	A	0—23	紫灰色	中壤土	核状	7.0	32.1	1.71	0.37	11.9	135		14.9	冲积物	E 101°36′48.2″ N 24°12′49.7″	99
						P	23—30	紫灰色	中壤土	团块结构	7.7	28.3	1.54	0.33	13.2	116		13.6			
						S	30—39	紫灰色	砂壤土	无明显结构	8.4	4.3	0.28	0.22	10.7	20		4.6			
						B	39—64	褐色	重壤土	块状	8.2	6.9	0.40	0.30	16.3	23		10.7			

续表 Continued

剖面号 Soil profile	土纲 Soil order	土类 Soil great group	亚类 Soil subgroup	土属 Soil genus	土种 Soil species	土层码 Layer code	土层厚度 Depth/cm	颜色 Soil color	质地 Soil texture	土壤结构 Soil structure	pH	有机质 OM/(g/kg)	全氮 TN/(g/kg)	全磷 TP/(g/kg)	全钾 TK/(g/kg)	碱解氮 AN/(mg/kg)	有效磷 AP/(mg/kg)	阳离子交换量CEC/(cmol/kg)	土壤母质 Parent material	剖面点坐标 Profile coordinate	匹配指数 Matching index/%
剖13	铁铝土	红壤	黄红壤	砂岩黄红壤	油红土	A	0—20	灰黄色	重壤土	粒状	5.1	34.8	1.75	0.46	11.4	138		14.2	砂岩类	E 101°51′00.7″ N 24°10′47.3″	93
						B_1	20—40	灰黄色	重壤土	团块状	5.1	31.3	1.50	0.35	11.5	132		12.1			
						B_2	40—	灰黄色	重壤土	团块状	5.0	28.5	1.40	0.33	15.8	112		11.2			
剖14	铁铝土	红壤	黄红壤	砂岩黄红壤	砂泥土	A	0—20	灰黄色	中壤土	核状	5.7	28.3	1.35	0.48	12.4	120		5.6	砂岩类	E 101°51′35.8″ N 24°10′36.7″	77
						P	20—36	灰黄色	中壤土	棱状	5.5	16.1	0.86	0.36	12.4	79		4.8			
						B	36—61	红橙色	中壤土	棱状	5.4	8.1	0.62	0.28	14.5	67		3.8			
						C	61—81	浅红色	中壤土	棱状	5.4	3.5	0.39	0.23	15.7	40		4.9			
剖15	人为土	水稻土	淹育水稻土	紫泥田	紫胶泥田	A	0—18	紫灰色	黏土	块状	8.3	25.9	1.65	0.57	31.3	111		10.9		E 101°53′48.1″ N 24°10′25.3″	73
						P	18—27	紫灰色	黏土	块状	8.4	22.8	1.53	0.54	27.6	91	5.0	13.0			
						B	27—51	紫灰色	黏土	块状	8.3	13.3	0.98	0.53	25.1	56	7.0				
						C	51—60	紫灰色	黏土	块状	8.3	12.8	0.97	0.52	28.2	51	5.0	9.4			
剖16	铁铝土	红壤	黄红壤	粗粒结晶岩类黄红壤	灰黄土	A	0—21	黄色	重壤土	粒状	5.4	26.9	1.41	0.47	24.9	117	5.0	11.0	粗粒结晶岩类	E 101°27′20.5″ N 24°07′34.3″	88
						P	21—33	灰黄色	中壤土	核状	5.4	24.8	1.32	0.43	24.8	125		11.0			
						B	33—81	灰黄色	中壤土	核状	5.5	21.9	1.20	0.39	22.1	102		11.0			
						C	81—97	红黄色	轻壤土	团块状	5.6	11.6	0.72	0.29	19.2	59		9.5			
剖17	铁铝土	黄棕壤	黄棕壤	粗粒结晶岩类黄棕壤	粗粒结晶岩类黄棕性红壤	A	0—36	黑棕色	黏土	粒状	5.0	140.8	5.18	0.73	8.9	399		26.7	粗粒结晶岩类	E 101°29′12.1″ N 24°01′23.2″	99
						B	36—88	黄色	砂壤土	核状	5.1	9.9	0.38	0.39	23.4	42		5.4			
						C	88—129	白色	轻壤土	核状	5.0	3.2	0.08	0.21	23.7	18		3.3			
剖18	淋溶土	红壤	红壤性土	砂岩红壤性土	砂岩类粗骨性红壤	A	0—17	棕色色	砂壤土	核状	5.3	27.8	1.46	1.39	20.6	79		6.4	砂岩类	E 101°37′52.3″ N 24°09′49.0″	89
						B	17—40	浅黄棕色	轻壤土	核状	5.0	12.6	0.56	1.85	20.7	57		5.0			
						C	40—70	浅黄棕色	轻壤土	无明显结构	5.0	7.5	0.60	1.80	20.9	52		6.3			
剖19	半淋溶土	燥红壤	燥红壤	砂岩燥红土	燥红田	A	0—25	灰棕色	轻壤土	块状	5.9	6.6	0.57	0.37	10.0	26		5.1	砂岩类	E 101°31′13.1″ N 24°09′40.0″	94
						B_1	25—45	褐棕色	重壤土	块状	5.7	11.4	0.74	0.38	8.9	56		4.5			
						B_2	45—100	棕灰色	中壤土	块状	6.0	7.5	0.51	0.35	11.4	22		4.8			
剖20	铁铝土	红壤	黄红壤	泥质岩类黄红壤	暗红泥田	A	0—17	黄色	重壤土	粒状	4.9	20.0	0.95	0.32	20.5	64		9.0	泥质岩类	E 101°44′53.5″ N 24°08′22.9″	83
						B	17—45	橙色	轻黏土	小块状	4.8	10.3	0.97	0.29	27.3	51		11.1			
						C	45—78	黄黄色	轻黏土	大块状	4.8	5.3	0.94	0.23	30.9	34		11.1			
剖21	人为土	水稻土	潴育水稻土	红壤性潴育水稻土	燥红田	A	0—17	灰灰色	重壤土	粒状	5.8	25.5	1.57	0.41	25.8	121		10.8	红壤性母质	E 101°32′02.0″ N 24°06′55.8″	87
						P	17—24	褐色	黏壤土	块状	5.6	23.2	1.36	0.37	25.1	112		10.3			
						W	24—64	褐色	黏壤土	柱状	6.4	15.2	1.04	0.25	25.0	90		10.3			
						C	64—89	灰灰色	黏壤土	柱状	7.1	6.9	0.56	0.25	23.4	39		7.5			
剖22	人为土	水稻土	潴育水稻土	暗红泥田	暗红泥田	A	0—21	灰灰色	黏壤土	块状	6.1	24.5	1.11	0.43	23.2	124		10.3		E 101°30′41.4″ N 24°06′45.4″	86
						P	21—35	褐色	黏壤土	枝柱状	6.4	22.0	1.01	0.49	27.2	113	7.0	10.5			
						W	35—60	褐黄色	黏壤土	柱状	6.0	26.1	1.22	0.42	24.6	128	7.0	10.5			
						C	60—100	褐棕色	中壤土	柱状	6.0	21.2	0.95	0.40	25.7	104	13.0	10.2			
剖23	赤红壤	赤红壤	黄色赤红壤	粗粒结晶岩类赤红壤	赤红泥土	A	0—16	灰灰色	中壤土	粒状	6.1	22.1	1.12	0.44	30.1	110	11.0	10.5	粗粒结晶岩类	E 101°31′04.8″ N 24°05′33.7″	96
						B_1	16—22	褐棕色	中黏土	团块状	6.1	22.1	1.15	0.33	32.8	113		10.5			
						B_2	22—37	暗黄棕色	中黏土	团块状	6.2	13.9	0.81	0.29	34.1	92		8.7			
						C	55—90	暗黄棕色	中黏土	柱状	6.1	13.0	0.74	0.31	37.1	85		7.9			
剖24	铁铝土	赤红壤	黄色赤红壤	泥质岩类黄色赤红壤	赤红胶泥土	A	0—13	黄橙色	重壤土	团块状	4.8	21.8	2.81	0.64	35.0	137		8.2	泥质岩类	E 101°32′20.8″ N 24°05′25.8″	74
						P	13—22	浅红灰色	中黏土	柱状	4.6	10.0	2.43	0.56	37.8	81		8.2			
						B	22—37	浅红灰色	中黏土	柱状	4.6	9.9	2.34	0.45	32.0	82		9.0			
						C	37—77	浅红灰色	重黏土	粒状	4.6	7.9	2.31	0.49	23.3	85		7.7			
剖25	铁铝土	赤红壤	黄色赤红壤	砂岩黄色赤红壤	砂岩类黄色赤红壤	A	0—13	褐色	中壤土	粒状	5.3	18.5	0.95	0.35	13.4	89		4.9	砂岩类	E 101°39′41.4″ N 24°04′43.7″	97
						B	13—48	橙色	重壤土	核状	4.9	8.9	0.70	0.28	17.8	69		6.9			
						C	48—70	橙色	重壤土	粒状		7.8	0.64	0.28	17.8	58		8.0			

续表 Continued

剖面号 Soil profile	土纲 Soil order	土类 Soil great group	亚类 Soil subgroup	土属 Soil genus	土种 Soil species	土层码 Layer code	土层厚度 Depth/cm	颜色 Soil color	质地 Soil texture	土壤结构 Soil structure	pH	有机质 OM/(g/kg)	全氮 TN/(g/kg)	全磷 TP/(g/kg)	全钾 TK/(g/kg)	碱解氮 AN/(mg/kg)	有效磷 AP/(mg/kg)	阳离子交换量CEC/(cmol/kg)	土壤母质 Parent material	剖面点坐标 Profile coordinate	匹配指数 Matching index/%
剖26	人为土	水稻土	潜育水稻土	冲积性潜育水稻土	燥青泥田	A	0—30	灰白色	中壤土	核状	5.5	59.0	2.72	0.37	21.5	233		12.6	冲积物	E 101°33′44.0″ N 24°04′26.3″	72
						P	30—42	浅灰色	中壤土	团块状	5.6	51.4	2.42	0.30	25.2	204		13.3			
						G	42—90	浅灰色	轻壤土	棱柱状	5.7	9.4	0.37	0.31	25.1	34		6.6			
剖27	人为土	水稻土	淹育水稻土	冲积性淹育水稻土	燥灰砂泥田	A	0—20	暗灰黄色	中壤土	核状	4.6	50.2	2.48	0.63	26.7	241		14.3	冲积物	E 101°33′33.1″ N 24°03′00.4″	96
						P	20—27	暗灰黄色	中壤土	团块状	4.6	42.6	2.14	0.62	25.6	197		13.0			
						B₁	27—61	暗灰黄色	砂壤土	粒状	5.0	8.6	0.37	0.46	30.6	49		6.6			
						B₂	61—81	浅灰色	轻壤土	粒状	4.6	12.6	0.57	0.45	30.7	73		5.9			
						C	81—		砂壤土		4.8	7.1	0.24	0.67	29.5	32		5.8			
剖28	半淋溶土	燥红土		泥质岩类燥红土	燥红土	A	0—17	褐色	中壤土	核状	5.3	13.2	0.77	0.23	20.2	87		5.6	泥质岩类	E 101°36′11.5″ N 24°00′55.4″	82
						B	17—23	褐红色	中壤土	团块状	5.6	14.7	0.88	0.25	20.1	83		6.1			
							23—51	灰黄色	中壤土	块状	5.7	10.0	0.68	0.22	22.3	71		6.1			
						C	51—85	灰黄色	重壤土	块状	6.2	7.0	0.55	0.20	22.4	53		7.1			
剖29	半淋溶土	燥红土		砂岩燥红土	砂岩燥红土	A	0—15	褐色	轻壤土	核状	6.7	19.3	0.89	0.83	13.9	82		4.3	砂岩类	E 101°37′40.8″ N 24°00′31.0″	76
						B	15—55	暗红棕色	中壤土	块状	6.1	12.5	0.71	0.36	14.1	66		5.6			
						C	55—75	暗棕红色	重壤土	块状	6.1	8.7	0.63	0.35	30.6	55		7.2			
剖30	初育土	紫色土	酸性紫色土	红紫泥土	紫羊肝土	A	0—15	紫色	重壤土	粒状	5.9	30.8	1.57	0.48	13.5	150		9.9	红壤性母质	E 101°52′25.7″ N 24°08′10.0″	95
						B₁	15—21	紫棕色	重壤土	块状	5.7	15.9	0.91	0.44	13.4	91		7.9			
						B₂	21—41	紫棕色	重壤土	团块状	6.3	10.1	0.65	0.44	14.5	55		8.0			
						C	41—57	紫棕色	重壤土	团块状	6.7	9.1	0.60	0.44	14.7	55		9.7			
剖31	人为土	水稻土	淹育水稻土	红壤性淹育水稻土	鸡粪土田	A	0—19	浅棕色	重壤土	核状	6.0	34.4	2.08	1.05	11.0	201		12.4		E 101°50′58.2″ N 24°07′48.0″	100
						P	19—25	浅棕灰色	重壤土	团块状	6.0	29.3	1.68	1.07	11.0	142		13.4			
						W	25—61	浅棕灰色	重黏土	团块状	7.0	22.5	1.20	1.42	11.0	102		17.5			
						C	61—72	浅黄棕色	轻黏土	块状	6.8	11.5	0.75	0.85	15.5	70		13.1			
剖32	人为土	水稻土	潴育水稻土	紫色土性潴育水稻土	浅紫泥田	A	0—18	褐色	重壤土	核状	5.4	34.4	1.80	0.56	15.8	150		6.4		E 101°58′58.8″ N 24°03′30.1″	73
						P	18—32	褐色	中壤土	块状	5.2	35.5	1.81	0.59	20.3	156		8.0			
						W	32—87	紫棕色	重壤土	核柱状	5.6	25.8	1.36	0.53	20.0	109		7.9			
						C	87—107	紫棕色	中壤土	无明显结构	6.0	24.6	1.19	0.41	18.0	93		8.7			
剖33	人为土	水稻土	潴育水稻土	冲积性潴育水稻土	灰鸡粪土田	A	0—21	褐色	中壤土	粒状	5.7	28.1	1.34	0.40	5.2	154		10.2	冲积物	E 101°58′28.9″ N 24°02′48.8″	78
						P	21—30	紫棕色	中壤土	团块状	6.8	21.2	1.21	0.41	6.4	112		9.1			
						W	30—44	紫棕色	中壤土	团块状	6.6	22.8	0.55	0.38	6.4	124		3.0			
						C	44—75	白色	重壤土	块状	7.5	1.2	0.18	0.11	3.1	84		7.9			
剖34	人为土	水稻土	潴育水稻土	红壤性潴育水稻土	黄泥田	A	0—20	灰黄色	重壤土	核状	5.4	36.6	1.85	0.73	14.0	198		7.7	红壤性母质	E 101°59′19.7″ N 24°01′02.6″	93
						P	20—34	灰黄色	中壤土	核柱状	5.7	21.3	1.15	0.72	13.1	130		9.5			
						B	34—63	黄棕色	中壤土	棱柱状	5.9	17.5	0.78	0.37	13.1	78		8.0			
						C	63—96	浅黄棕色	重壤土	块状	6.1	8.3	0.62	0.30	14.2	68		5.1			
剖35	人为土	水稻土	潴育水稻土	冲积性潴育水稻土	粉砂泥田	A	0—21	褐色	中壤土	核状	5.3	22.0	1.02	0.27	5.1	102		6.1	冲积物	E 101°58′35.4″ N 24°00′23.4″	97
						P	21—27	紫黄色	中壤土	核柱状	5.9	9.5	0.52	0.26	5.1	48		6.1			
						W	27—47	紫色	中壤土	棱柱状	6.5	8.3	0.45	0.28	6.4	44		6.1			
						C	47—65	紫色	中壤土	块状	6.7	3.9	0.31	0.21	7.6	27		9.1			
剖36	人为土	水稻土	淹育水稻土	冲积性淹育水稻土	赤碱土田	A	0—21	褐色	轻壤土	核状	8.3	20.3	1.30	0.78	26.0	79		8.0	冲积物	E 102°11′44.5″ N 24°00′59.8″	82
						P	21—33	暗灰黄色	轻壤土	团块状	8.2	17.7	1.02	0.76	26.0	61		8.0			
						B	33—61	暗灰黄色	松砂土	块状	8.5	18.0	1.08	0.69	25.9	78		8.1			
						S	61—92	褐色		无明显结构											

续表 Continued

剖面号 Soil profile	土纲 Soil order	土类 Soil great group	亚类 Soil subgroup	土属 Soil genus	土种 Soil species	土层码 Layer code	土层厚度 Depth/cm	颜色 Soil color	质地 Soil texture	土壤结构 Soil structure	pH	有机质 OM/(g/kg)	全氮 TN/(g/kg)	全磷 TP/(g/kg)	全钾 TK/(g/kg)	碱解氮 AN/(mg/kg)	有效磷 AP/(mg/kg)	阳离子交换量CEC/(cmol/kg)	土壤母质 Parent material	剖面点坐标 Profile coordinate	匹配指数 Matching index/%
剖37	人为土	水稻土	淹育水稻土	冲积性淹育水稻土	赤灰砂泥田	A	0—15	暗灰黄色	砂壤土	粒状	6.0	13.2	0.53	0.66	30.1	68		9.1	冲积物	E 102°10′12.0″ N 24°00′30.6″	84
						P	15—21	灰白砂色	砂壤土	核状	6.1	15.1	0.51	0.80	30.2	65		6.1			
						B	21—56	浅灰色	砂壤土	核状	6.5	24.4	0.74	1.29	25.9	83		10.1			
						C	56—86	灰褐色	轻壤土	团块状	6.6	3.0	0.14	0.33	26.3	16		8.2			
剖38	铁铝土	红壤	红壤性土	砂石渣土	砂石渣土	A	0—17	褐色	砂壤土	块状	7.0	23.9	1.25	0.30	14.9	121	14.8	8.1		E 101°28′50.3″ N 23°50′51.5″	87
						(B)	17—25	灰黄色	砂壤土	块状	7.3	7.1	0.45	0.25	22.8	62	16.6	6.3			
						BC	25—53	浅棕黄色	砂壤土	块状	7.1	5.1	0.23	0.23	19.7	31	14.0	5.1			
剖39	人为土	水稻土	潴育水稻土	紫色土性潴育水稻土	燥灰紫泥田	A	0—21	褐灰色	轻壤土	柱状	7.2	14.1	1.01	0.56	18.2	76		10.2		E 101°42′02.6″ N 23°57′40.3″	82
						W₁	21—44	灰褐色	轻黏土	无明显结构	8.0	5.9	0.61	0.55	20.7	34		10.5			
						W₂	44—		轻黏土	无明显结构	8.3	6.1	0.55	0.49	20.1	33		10.8			
剖40	人为土	水稻土	潴育水稻土	冲积性潴育水稻土	赤泥田	A	0—20	褐黄色	重壤土	块状	5.4	23.7	1.29	0.21	17.8	115		8.2		E 101°39′06.5″ N 23°54′43.2″	95
						P	20—27	褐色	重壤土	团块状	5.9	22.9	1.21	0.21	18.1	97		8.7			
						W	27—57	褐色	重壤土	块状	5.9	20.4	1.12	0.19	18.2	97		8.2			
						C	57—98	褐色	轻壤土	块状	6.0	15.1	0.84	0.14	18.3	81		6.9			
剖41	铁铝土	红壤	黄红壤	粗粒结晶岩类黄红壤	粗粒结晶岩类黄红壤	A	0—15	褐色	轻黏土	粒状	5.5	31.8	1.28	1.42	27.3	148		7.7	粗粒结晶岩类	E 101°36′51.8″ N 23°54′38.2″	75
						B	15—54	暗黄褐色	重壤土	核状	5.1	13.9	0.57	1.18	26.7	70		7.2			
						C	54—75	暗黄褐色	重壤土	小块状	5.0	6.7	0.40	0.32	30.1	62		7.2			
剖42	人为土	水稻土	潴育水稻土	砂岩性潴育水稻土	赤泥田	A	0—22	灰黄色	轻壤土	块状	5.4	19.8	0.79	0.25	24.0	114		10.6		E 101°41′08.4″ N 23°52′33.5″	79
						B	22—82	黄褐色	重壤土	块状	6.5	15.9	0.61	0.25	26.3	78		11.6			
						C	82—	红黄色	重壤土	块状	6.9	9.0	0.44	0.20	24.3	57		10.9			
剖43	铁铝土	赤红壤	黄色赤红壤	粗粒结晶岩类赤红壤	粗粒结晶岩类赤红壤	A	0—49	灰白色	轻壤土	核状	5.0	18.8	0.56	0.25	45.6	78		6.9	粗粒结晶岩类	E 101°41′31.9″ N 23°51′50.6″	94
						B	49—131	白色	重黏土	无明显结构	5.5	5.3	0.17	0.18	44.5	32		3.8			
						C	131—148	白色	重黏土	无明显结构	5.9	3.2	0.14	0.15	48.5	24		3.5			
剖44	铁铝土	红壤	黄红壤	砂岩黄红壤	砂岩性黄红壤	A	0—23	灰黄色	中壤土	粒状	5.8	13.2	0.59	0.11	19.8	56		4.1	砂岩类	E 101°51′34.6″ N 23°59′04.2″	98
						B	23—62	浅灰黄色	中壤土	团块状	5.4	4.2	0.39	0.10	23.9	26		6.4			
						C	62—86	浅灰黄色	中壤土	团块状	5.6	3.3	0.33	0.08	24.9	23		6.4			
剖45	铁铝土	红壤	黄红壤	砂岩黄红壤	黄红土	A	0—15	浅灰黄色	重壤土	块状	5.8	34.0	1.58	0.82	7.6	163		12.5	砂岩类	E 101°56′43.1″ N 23°57′56.2″	97
						P	15—21	紫灰色	轻壤土	核状	5.9	22.2	1.06	0.66	7.7	98		11.8			
						B	21—41	紫灰色	轻壤土	块状	6.7	17.7	0.99	0.67	9.0	100		12.9			
						C	41—61	紫灰色	轻壤土	块状	6.9	15.0	0.89	0.60	7.8	80		12.1			
剖46	人为土	水稻土	潴育水稻土	紫色土性潴育水稻土	赤紫泥田	A	0—23	浅黄棕色	中壤土	核状	5.3	27.7	1.49	0.31	17.7	130		12.3		E 101°48′57.2″ N 23°56′40.2″	76
						P	23—29	浅黄棕色	中壤土	团块状	5.2	23.2	1.32	0.32	12.7	116		11.3			
						C	29—87	浅黄棕色	中壤土	块状	5.0	10.7	0.79	0.31	17.7	47		11.8			
剖47	人为土	水稻土	潴育水稻土	紫色土性潴育水稻土	燥砂紫泥田	A	0—23	紫棕色	重壤土	粒状	8.0	16.7	0.92	0.70	17.6	78		9.4		E 101°46′10.6″ N 23°55′46.9″	90
						W	23—58	紫棕色	重壤土	柱状	8.0	10.9	0.60	0.54	16.3	59		8.7			
						D	58—														
剖48	初育土	紫色土	酸性紫色土		红裂土	A	0—30	浅红棕色	轻壤土	核状	5.3	11.6	0.71	0.32	17.1	45		8.7		E 101°45′10.8″ N 23°52′34.7″	90
						B	30—84	中灰棕色	中壤土	团块状	5.2	5.4	0.64	0.30	24.0	28		14.5			
						C	84—119	浅灰色	中壤土	团块状	5.0	5.0	0.64	0.31	27.3	27		15.8			
剖49	人为土	水稻土	潴育水稻土	砂岩黄色潴育水稻土	赤油紫泥田	A	0—19	紫灰色	重壤土	粒状	6.4	21.5	1.61	0.35	18.2	146		8.9	砂岩类	E 101°26′42.0″ N 23°47′25.1″	76
						P	19—26	紫灰色	重壤土	块状	6.5	26.4	1.57	0.40	19.3	90		9.0			
						W	26—78	紫灰色	重壤土	柱状	7.2	17.0	1.03	0.41	20.7	90		7.4			
						G	78—110	紫灰色	重壤土	棱柱状	7.2	10.6	0.63	0.60	18.0	51		7.7			
剖50	铁铝土	赤红壤	黄色赤红壤	砂岩黄色赤红壤	赤油红土	A	0—15	暗红棕色	中壤土	核状	7.0	83.0	3.97	0.46	10.4	291		21.5	砂岩类	E 101°27′14.8″ N 23°46′57.7″	96
						B	15—73	棕红色	重壤土	柱状	7.4	7.4	0.48	0.23	15.2	27		6.4			
						C	73—100	灰黄棕色	重壤土	棱柱状	6.8	13.2	0.59	0.29	17.8	37		9.2			

续表 Continued

剖面号 Soil profile	土纲 Soil order	土类 Soil great group	亚类 Soil subgroup	土属 Soil genus	土种 Soil species	土层码 Layer code	土层厚度 Depth/cm	颜色 Soil color	质地 Soil texture	土壤结构 Soil structure	pH	有机质 OM/(g/kg)	全氮 TN/(g/kg)	全磷 TP/(g/kg)	全钾 TK/(g/kg)	碱解氮 AN/(mg/kg)	有效磷 AP/(mg/kg)	阳离子交换量CEC/(cmol/kg)	土壤母质 Parent material	剖面点坐标 Profile coordinate	匹配指数 Matching index/%
剖51	人为土	水稻土	淹育水稻土	冲积性淹育水稻土	燥褐泥田	A	0—17	灰白色	重壤土	粒状	5.0	45.8	2.14	0.29	28.8	229		13.8	冲积物	E 101°43′39.7″ N 23°49′45.8″	71
						P	17—28	浅灰色	中壤土	块状	5.2	39.1	1.71	0.29	27.4	186		10.7			
						B	28—49	浅灰色	中壤土	块状	5.7	31.2	1.43	0.25	27.4	132		11.0			
						C	49—79	浅黄棕色	重壤土	团块状	5.5	5.8	0.19	0.20	25.3	29		7.9			
剖52	淋溶土	黄棕壤	黄棕壤	粗粒结晶岩类黄棕壤	泡木香土	A	0—18	灰棕色	中壤土	核状	5.1	61.3	3.21	1.42	23.2	319		16.2	粗粒结晶岩类	E 101°39′49.0″ N 23°49′10.6″	89
						B₁	18—39	灰棕色	中壤土	团块状	4.9	54.0	2.83	1.32	21.8	299		14.1			
						B₂	39—100	棕色	重壤土	块状	5.1	28.3	1.58	1.17	24.3	178		9.4			
剖53	淋溶土	黄棕壤	黄棕壤	砂岩黄棕壤	砂岩黄棕壤	A₁	0—8	黑棕色	中壤土	粒状	4.6	188.2	5.08	0.52	2.6	359		24.5		E 101°36′42.1″ N 23°48′39.2″	79
						A₃	8—38	棕灰色	中壤土	粒状	5.0	72.0	2.68	0.42	2.7	183		17.2			
						B	38—61	暗黄棕色	中壤土	块状	5.1	44.4	1.56	0.49	5.3	97		12.7			
						C	61—	浅棕色	中壤土	无明显结构	5.1	23.9	1.68	0.31	5.2	68		8.4			
剖54	铁铝土	赤红壤	黄色赤红壤	砂岩黄色赤红壤	赤黄砂泥土	A	0—16	灰黄色	中壤土	粒状	5.1	11.9	0.86	0.25	17.7	55		5.3	砂岩类	E 101°44′07.8″ N 23°48′21.6″	93
						B₁	16—26	灰黄色	中壤土	块状	6.1	8.6	0.63	0.33	17.9	40		5.3			
						B₂	26—58	褐黄色	中壤土	粒状	6.4	7.3	0.55	0.30	17.7	32		6.3			
						C	58—73	灰黄色	中壤土	块状	6.4	5.7	0.49	0.28	12.7	27		5.3			
剖55	淋溶土	黄棕壤	黄棕壤	砂岩黄棕壤	黄土	A	0—17	浅棕黄色	轻黏土	核状	5.3	42.7	2.73	1.06	24.2	212		10.8	砂岩类	E 101°33′38.3″ N 23°48′09.5″	94
						B₁	17—23	黄色	轻黏土	块状	5.1	29.6	1.89	0.87	24.4	151		10.9			
						B₂	23—55	浅黄棕色	中壤土	块状	5.1	21.1	1.56	0.61	24.4	108		16.8			
						C	55—78	浅黄棕色	轻黏土	块状	5.1	19.6	1.72	0.75	24.6	103		9.4			
剖56	淋溶土	黄棕壤	黄棕壤	泥质岩类黄棕壤	黄泥土	A	0—18	棕灰色	重壤土	核状	4.4	129.3	5.01	0.83	10.6	377		34.4	泥质岩类	E 101°35′52.8″ N 23°44′48.1″	74
						B₁	18—58	灰黄色	重壤土	团块状	4.3	112.4	4.09	0.65	12.1	371		30.3			
						B₂	58—	浅黄棕色	中壤土	块状	4.6	68.0	2.35	0.52	13.3	216		22.6			
剖57	铁铝土	红壤	黄红壤	泥质岩类黄红壤	涩红土	A	0—13	灰黄色	中壤土	核状	5.5	20.2	0.81	0.28	13.5	61		6.4	泥质岩类	E 101°37′34.3″ N 23°43′25.7″	83
						B₁	13—21	褐黄色	重壤土	柱状	5.3	14.0	0.86	0.27	13.5	55		6.4			
						B₂	21—61	浅黄棕色	重壤土	柱状	5.0	7.9	0.60	0.48	15.8	44		6.4			
						C	61—91	黄色	中壤土	柱状	5.1	4.3	0.38	0.35	13.6	32		5.4			
剖58	铁铝土	红壤	黄红壤	粗粒结晶岩类黄红壤	黄胶泥土	A	0—20	红黄色	轻黏土	块状	5.6	29.8	1.51	0.70	16.1	125		12.0	粗粒结晶岩类	E 101°42′57.5″ N 23°43′24.9″	70
						P	20—26	浅黄黄色	中黏土	块状	5.3	25.3	1.35	0.64	13.9	122		10.8			
						B	26—68	浅棕红色	中黏土	团块状	5.4	9.0	1.26	0.48	14.0	58		10.3			
						C	68—93	灰棕红色	中黏土	块状	5.5	5.6	0.55	0.35	11.5	45		6.9			
剖59	铁铝土	红壤	红壤	碳酸盐类红壤	红土	A	0—17	暗红棕色	重壤土	核状	5.6	17.0	0.86	1.07	16.9	72		11.0		E 101°33′40.6″ N 23°42′27.7″	95
						B₁	17—23	暗红色	重壤土	柱状	7.0	18.3	0.95	0.83	13.0	66		12.6			
						B₂	23—65	暗棕红色	重壤土	棱柱状	6.5	21.4	1.10	1.00	15.5	71		12.3			
						C	65—100	暗棕红色	中壤土	棱柱状	6.6	13.5	0.81	0.81	16.7	53		10.3			
剖60	人为土	水稻土	淹育水稻土	红壤性淹育水稻土		A	0—25	灰黄色	轻黏土	块状	5.4	23.8	3.41	0.33	16.6	167		10.3	粗粒结晶岩类	E 101°33′08.4″ N 23°41′44.9″	93
						P	25—34	灰黄棕色	中壤土	块状	5.8	20.8	3.29	0.34	16.4	138		9.5			
						B	34—55	灰棕色	中黏土	团块状	5.5	16.6	3.07	0.33	17.6	112		10.3			
						C	55—95	灰棕色	中黏土	块状	5.3	14.7	3.17	0.33	17.5	114		9.0			
剖61	淋溶土	黄棕壤	黄棕壤	泥质岩类黄棕壤		A	0—18	棕灰棕色	轻黏土	粒状	4.6	70.7	3.35	1.12	25.5	260		15.5	泥质岩类	E 101°39′04.7″ N 23°41′34.1″	97
						B	18—69	黄色	中壤土	粒状	4.8	8.2	0.55	0.27	31.7	45		9.2			
剖62	人为土	水稻土	潴育水稻土	冲积性潴育水稻土	燥灰泥田	A	0—23	褐棕色	重壤土	块状	5.3	43.6	2.19	0.32	32.7	185		13.5	冲积物	E 101°45′25.9″ N 23°49′57.0″	82
						P	23—31	灰白色	中壤土	块状	5.2	42.2	2.08	0.29	33.0	175		12.5			
						W	31—65	褐黄色	中壤土	团块状	5.9	35.3	1.64	0.40	33.1	151		14.1			
						C	65—98	灰白色	中壤土	核状	6.3	29.3	1.29	0.24	34.0	129		13.5			

续表 Continued

剖面号 Soil profile	土纲 Soil order	亚类 Soil subgroup	土属 Soil genus	土种 Soil species	土层码 Layer code	土层厚度 Depth/cm	颜色 Soil color	质地 Soil texture	土壤结构 Soil structure	pH	有机质 OM/(g/kg)	全氮 TN/(g/kg)	全磷 TP/(g/kg)	全钾 TK/(g/kg)	碱解氮 AN/(mg/kg)	有效磷 AP/(mg/kg)	阳离子交换量CEC/(cmol/kg)	土壤母质 Parent material	剖面点坐标 Profile coordinate	匹配指数 Matching index/%
剖63	半淋溶土	燥红土	砂岩燥红土	燥红土	A	0—23	红棕色	重壤土	核状	6.9	10.7	0.83	0.23	13.8	50		8.2	砂岩类	E 101°47′12.5″ N 23°49′18.5″	96
					B₁	23—56	暗棕红色	重壤土	团块状	7.0	5.4	0.66	0.19	15.3	23		8.2			
					B₂	56—84	暗棕红色	中壤土	团块状	6.7	2.4	0.33	0.18	16.4	8		7.7			
剖64	人为土	潴育水稻土	冲积性潴育水稻土	煤浸水田	A	0—18	棕灰色	轻黏土	核状	5.9	56.6	2.91	0.49	20.2	207		22.3	冲积物	E 101°45′06.5″ N 23°46′32.5″	90
					P	18—26	暗棕灰色	重壤土	团块状	6.7	57.0	2.82	0.46	23.0	209		19.5			
					G	26—67	暗灰黄色	重黏土	棱柱状	6.3	17.4	1.07	0.21	20.0	86		15.9			
					C	67—86	暗灰黄色	重黏土	棱柱状	6.7	11.5	1.16	0.38	20.4	179		20.7			
剖65	半淋溶土	燥红土	泥质岩类燥红土		A	0—16	褐色	重壤土	粒状	5.1	18.9	1.12	0.37	14.2	81		8.2	泥质岩类	E 101°49′05.9″ N 23°46′20.6″	81
					B	16—46	黄橙色	轻黏土	块状	5.3	9.7	0.86	0.39	15.2	55		6.9			
					C	46—	橙色	轻黏土	团块状	5.3	6.6	0.89	0.35	19.1	52		8.5			
剖66	人为土	潴育水稻土	冲积性潴育水稻土	煤灰胶泥田	A	0—22	紫灰色	轻黏土	块状	5.0	39.6	2.56	0.29	22.8	215		15.6			80
					P	22—30	紫灰色	轻壤土	团块状	6.6	26.9	1.93	0.25	20.2	148		10.5			
					W₁	30—40	暗棕灰色	轻壤土	团块状	7.8	13.3	1.46	0.24	19.2	86		8.6			
					W₂	40—50	褐灰色	重壤土	团块状	8.0	7.1	0.69	0.21	15.0	39		6.8			
					C	50—71	紫色	中壤土	块状	7.9	2.4	0.43	0.42	17.7	31		5.6			
剖67	铁铝土	棕红壤	碳酸岩类棕红壤		Ao	0—3	黑褐色	中壤土	核状	7.6	222.9	9.34	1.00	19.7	537		55.9	碳酸岩类	E 102°13′32.9″ N 23°57′23.8″	70
					A₁	3—25	紫棕色	中黏土	核块状	5.5	81.1	4.79	0.69	22.2	340		19.3			
					B	25—50	暗棕红色	中重黏土	核块状	5.3	38.3	3.18	0.47	28.3	174		13.7			
					C	50—105	暗棕红色	重黏土	核块状	5.5	10.3	3.10	0.36	34.7	58		10.6			
					D	105—														
剖68	铁铝土	棕红壤	碳酸岩类棕红壤	灰红土	A	0—20	浅棕红色	轻黏土	粒状	7.1	25.3	1.87	1.33	16.7	117		20.2	碳酸岩类	E 102°14′35.9″ N 23°57′03.2″	76
					B	20—68	暗棕红色	轻壤土	块状	6.7	12.5	1.29	1.07	14.4	69		17.2			
					C	68—92	暗棕红色	轻壤土	块状	6.5	8.5	1.12	1.02	14.1	47		15.8			
剖69	人为土	淹育水稻土	冲积性淹育水稻土	红泥田	A	0—16	暗棕红色	重壤土	核状	8.1	17.1	0.93	0.73	23.7	73		10.8	冲积物	E 102°08′35.2″ N 23°54′14.0″	86
					P	16—26	暗棕红色	重壤土	团块状	8.1	13.4	0.80	0.60	19.6	58		9.0			
					B	26—56	暗棕红色	重壤土	团块状	8.0	7.5	0.51	0.46	17.5	36		8.0			
					C	56—91	暗棕红色	重壤土	无明显结构	8.0	5.4	0.34	0.38	13.1	24		6.9			
剖70	铁铝土	黄色赤红壤	泥质岩类黄色赤红壤		A	0—17	红黄色	重壤土	粒状	4.9	19.1	0.94	0.35	11.3	94		5.1	泥质岩类	E 102°08′48.9″ N 23°53′03.7″	92
					B	17—55	浅红黄色	轻壤土	块状	4.9	9.4	0.60	0.34	15.9	64		6.7			
					C	55—79	浅红黄色	轻黏土	核状	4.9	6.0	0.52	0.28	16.9	43		7.8			

元江哈尼族彝族傣族自治县

主要土类说明

红壤是元江哈尼族彝族傣族自治县主要土壤类型,占本县地域面积的34%,分布在海拔2300m以下的残存高原面、湖盆边缘和中低山地。原生植被为亚热带常绿阔叶林,现以次生植被云南松林、华山松林、松栎混交林和灌草丛为主。成土母质主要为页岩、片岩、石英质岩、花岗岩和片麻岩等。成土过程以脱硅富铝化和生物富集为主。本县红壤分为红壤、黄红壤等亚类。其中,黄红壤面积较大,所处区域水分条件较优,土体上部有黄化现象,以黄橙色或橙色为主,下部仍以高岭石为主,伴有蛭石和三水铝石。

燥红土是元江哈尼族彝族傣族自治县第二大土壤类型,占本县地域面积的22%,分布在元江两岸海拔1100m以下的低热河谷区。植被为干热河谷稀树灌木草丛。成土过程以有机质积累、生物富集和脱硅富铝化为主。燥红土发育于多种岩类和洪冲积物,具A-B-C(D)剖面构型。该土壤盐基饱和,复盐基明显,交换性钙、镁占阳离子交换量的80%以上。

赤红壤是元江哈尼族彝族傣族自治县第三大土壤类型,占本县地域面积的13%,分布在海拔400—1500m的地区。植被为南亚热带季雨林和常绿阔叶林。成土母质以泥质岩风化物为主。成土过程以富铝化作用和生物积累作用为主。赤红壤具A-Bs-C剖面构型,土体脱硅富铝化程度仅次于砖红壤,比红壤强,铁的游离度介于二者之间。黏粒硅铝率为1.7—2.0,风化淋溶系数0.05—0.15,盐基饱和度为15%—25%。

黄棕壤占本县地域面积的12%,分布在海拔2300m以上、雾露多、湿度大的山地。植被为常绿阔叶林和针阔叶混交林。成土母质主要为泥质岩类、酸性结晶岩类、紫色岩类和碳酸岩类风化物。成土过程受淋溶、黏化及弱富铝化作用的影响。土层弱度富铝化,黏聚现象明显,呈黄棕色。该土壤具A-B-C或A-(B)-C剖面构型,黏粒硅铝率在2.5左右,铁的游离度较红壤低,B层交换性酸大于A层。

石灰(岩)土占本县地域面积的9%,分布在石灰岩地区。原生植被以常绿落叶阔叶林为主,多数遭到破坏。成土母质为石灰岩。本县石灰(岩)土多为红色石灰土亚类,具有一定的脱硅富铝化特征,游离氧化铁的水化度低,土壤呈红色或红棕色,土层浅薄,抗旱能力差。

水稻土占本县地域面积的6%。本县水稻土分为淹育型、潴育型、潜育型、沼泽型等亚类。其中,潴育水稻土面积较大,分布在丘陵沟谷中下部,具Aa-Ap-(P)-W-G剖面构型。

紫色土占本县地域面积的4%,分布在甘庄、因远、那诺、羊街等地。植被为云南杉、常绿阔叶林或灌丛草地。成土母质多为中生代的紫红色砂页岩。土层浅薄,具A-C剖面构型。黏土矿物一般以蛭石和水云母为主。

小于本县地域面积3%的土壤类型有新积土。

本区域中心区气候特征

本区域中心区气候特征值
Regional climate characteristics in central area of the region

气候带:南亚热带湿润气候 Climate region: South subtropical humid climate	
年平均气温 /℃ Annual average temperature /℃	17.7
年平均最高气温 /℃ Annual average maximum temperature /℃	23.8
年平均最低气温 /℃ Annual average minimum temperature /℃	13.3
年降水量 /mm Annual precipitation /mm	1057
≥10℃的积温 /℃ Daily temperature accumulated in a year (≥10℃) /℃	6458
年日照时数 /h Annual sunshine /h	2135
年平均相对湿度 /% Annual average relative humidity /%	74
干燥度 Dryness	1.03

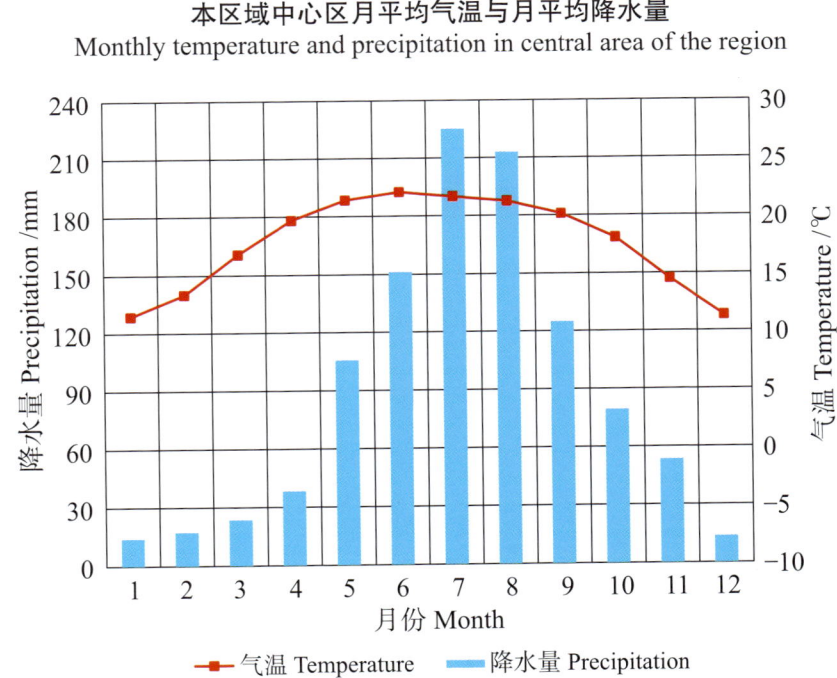

本区域中心区月平均气温与月平均降水量
Monthly temperature and precipitation in central area of the region

元江哈尼族彝族傣族自治县主要土壤类型与土壤剖面点分布图

1:290 000

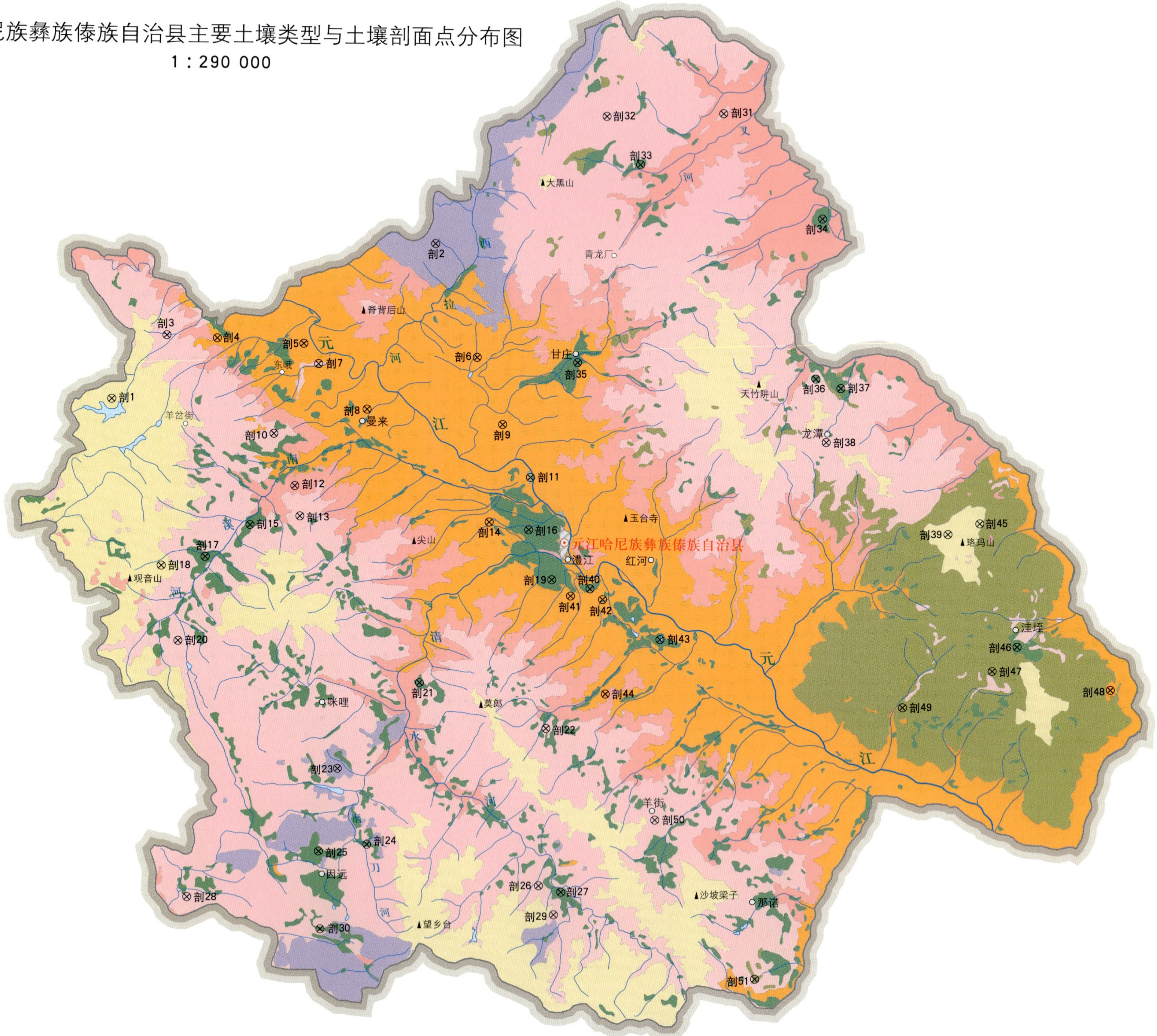

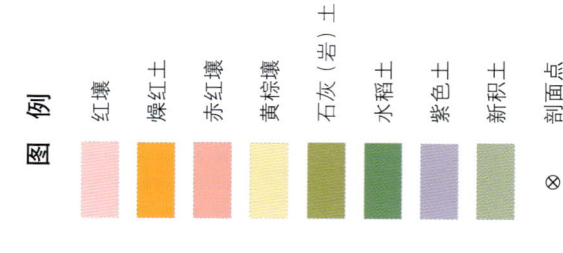

图例：红壤、燥红土、赤红壤、黄棕壤、石灰（岩）土、水稻土、紫色土、新积土、剖面点

元江哈尼族彝族傣族自治县土壤剖面理化性状表

剖面号 Soil profile	土纲 Soil order	土类 Soil great group	亚类 Soil subgroup	土属 Soil genus	土种 Soil species	土层码 Layer code	土层厚度 Depth/cm	颜色 Soil color	质地 Soil texture	土壤结构 Soil structure	pH	有机质 OM/(g/kg)	全氮 TN/(g/kg)	全磷 TP/(g/kg)	全钾 TK/(g/kg)	碱解氮 AN/(mg/kg)	有效磷 AP/(mg/kg)	阴离子交换量CEC/(cmol/kg)	土壤母质 Parent material	剖面点坐标 Profile coordinate	匹配指数 Matching index/%
剖1	淋溶土	黄棕壤	黄棕壤	粗粒结晶岩类黄棕壤	暗灰黄土	A	0—17	暗黄棕色	中壤土	块状	5.1	113.2	5.16	0.36		358		8.0		E 101°43′14.9″ N 23°40′53.3″	95
						B	17—65	浅黄棕色	重壤土	块状	5.0	41.7	2.04	0.21		143		7.7			
						BC	65—100	黄黄棕色	轻黏土	块状	5.2	49.3	1.53	0.16		95		7.2			
剖2	初育土	紫色土	酸性紫色土	红紫泥	红紫泥	A	0—10		轻黏土		5.3	27.5	1.62	0.22		103		8.7		E 101°55′25.7″ N 23°16′08.8″	94
						B	10—40		轻黏土		5.1	15.2	1.04	0.23		79		7.5			
						C	40—110				5.0	11.7	0.94	0.20		84		7.0			
剖3	铁铝土	红壤	红壤	泥质岩类红壤	褐色土	A	0—13	灰黄色	重壤土	粒状	5.6	41.7	2.12	0.42		167		12.4		E 101°45′19.1″ N 23°43′04.1″	85
						AB	13—21	褐色	重壤土	粒状	5.4	32.7	1.88	0.36		154		11.7			
						B₁	21—46	褐色	重壤土	块状	5.1	36.8	1.60	0.35		110		11.0			
						B₂	46—61		重壤土		5.2	32.8	1.02	0.23		78		10.2			
						BC	61—105	红橙色	中壤土	块状	5.4	12.3		0.16		38		9.7			
剖4	半淋溶土	燥红土	燥红土	洪冲积物燥红土	厚燥土	A₁₁	0—15	浅黄棕色	中壤土	块状	7.8	14.2	0.74	0.33	17.2	87		8.8		E 101°47′11.0″ N 23°42′57.2″	99
						B₁	15—25	浅红棕色	中壤土	块状	7.7	6.1	0.71	0.18	17.4	39		6.8			
						B₂	25—50	红黄色	重壤土	块状	7.8	4.5	0.63	0.13	19.5	28		6.3			
						BC	50—80	红黄色	重壤土		7.4	2.3	0.47	0.11	19.9	21		5.6			
剖5	半淋溶土	燥红土	燥红土	泥砂燥土	燥红泥土	A	0—15	亮黄棕色	砂壤土	块状	7.8	14.2	0.74	0.33	17.2	87	9.0	16.8		E 101°50′25.9″ N 23°42′44.5″	92
						B₁	15—50	亮黄棕色	壤质黏土	块状	7.8	4.5	0.30	0.13	19.5	28	1.0	14.8			
						C	50—80	橙色	壤质黏土	粒状	7.4	2.3	0.20	0.11	19.9	21	1.0	12.5			
剖6	半淋溶土	燥红土	燥红土	粗粒结晶岩类燥红土	燥灰黄土	A	0—20	淡黄棕色	轻壤土	块状	5.5	25.3	1.57	0.17	19.2	86		9.5	粗粒结晶岩类	E 101°56′56.0″ N 23°42′11.5″	82
						B	20—52	暗黄棕色	中壤土	块状	5.2	15.3	1.16	0.15	22.1	75		8.2			
						C	60—100	暗黄棕色	中壤土	块状	5.0	9.5	0.84	0.12	21.7	57		7.0			
剖7	铁铝土	红壤	红壤	泥质岩类红壤	灰褐土	A	0—26		中壤土	团粒状	5.4	38.3	1.49	0.22		137		8.2	泥质岩类	E 101°50′58.6″ N 23°42′01.4″	86
						B₁	26—52	灰黄棕色	中壤土	粒状	5.9	30.0	1.64	0.18		115		7.5			
						B₂	52—70	灰黄棕色	中壤土	粒状	5.5	30.4	1.54	0.17		127		7.0			
						BC	70—90	褐色	中壤土	粒状	5.5	21.7		0.15		85		6.5			
						C	90—100	浅黄棕色	中壤土	块状	5.4	14.4	0.30	0.20		64		6.0			
剖8	半淋溶土	燥红土	燥红土	泥质岩类燥红土	燥灰黄土	A	0—20	灰黄色	中壤土	粒状	5.4	11.9	0.71	0.20	29.8	66		6.7	泥质岩类	E 101°52′47.6″ N 23°40′26.4″	75
						B	20—60	灰黄色	中壤土	块状	5.0	10.7	0.70	0.23	29.8	70		5.8			
						C	60—100	浅灰棕色	轻壤土	块状	5.3	6.1	0.45	0.20	29.7	49		5.0			
剖9	半淋溶土	燥红土	洪冲积物燥红土	洪冲积物燥红土	洪冲积物燥红土	A	0—9		轻壤土		5.5	19.7	0.73	0.09	36.8	102		7.2	洪冲积物	E 101°57′50.8″ N 23°39′52.2″	86
						AB	9—25		中壤土		5.3	17.0	0.67	0.10	34.8	84		6.0			
						B₁	25—48		重壤土		5.3	12.4	0.44	0.09	28.3	58		5.2			
						B₂	48—88		重壤土		5.4	10.3	0.44	0.09	26.8	48		4.5			
						C	88—115		轻壤土		5.4	10.3	0.30	0.07	24.4	37		10.2			
剖10	铁铝土	红壤	黄红壤	粗粒结晶岩类黄红壤	山砂土	A	0—16	灰黄色	轻壤土	粒状	5.8	25.1	1.38	0.25		224		9.2	粗粒结晶岩类	E 101°49′16.0″ N 23°39′38.2″	91
						B₁	16—22	灰黄色	轻壤土	粒状	6.2	55.5	1.42	0.52		228		8.2			
						B₂	22—33	深灰色	轻壤土	粒状	6.0	28.3	1.75	0.23		130		6.7			
						B₃	33—57	灰色	轻壤土	粒状	5.7	46.6	1.86	0.27		169		6.8			
剖11	初育土	新积土	冲积土	近代河流冲积物冲积土	紫砂土	A	0—18	紫色	重壤土	块状	8.2	24.5	1.54	0.36		54		6.2	近代河流冲积物	E 101°58′51.6″ N 23°38′01.7″	79
						B₁	18—28	紫色	中壤土	块状	8.5	12.7	1.14	0.23		30		5.5			
						B₂	28—43	紫色	砂壤土	块状	8.4	3.5	0.26	0.23		16		3.2			
						BC	43—100	紫色	紫砂土	松散状	8.5	0.8	0.09	0.16		5					

续表 Continued

剖面号 Soil profile	土纲 Soil order	土类 Soil great group	亚类 Soil subgroup	土属 Soil genus	土种 Soil species	土层码 Layer code	土层厚度 Depth/cm	颜色 Soil color	质地 Soil texture	土壤结构 Soil structure	pH	有机质 OM/(g/kg)	全氮 TN/(g/kg)	全磷 TP/(g/kg)	全钾 TK/(g/kg)	碱解氮 AN/(mg/kg)	有效磷 AP/(mg/kg)	阳离子交换量CEC/(cmol/kg)	土壤母质 Parent material	剖面点坐标 Profile coordinate	匹配指数 Matching index/%
剖12	铁铝土	赤红壤	赤红壤	粗粒结晶岩类赤红壤	粗粒结晶岩类赤红壤	A	0—20		重壤土		6.0	13.6	0.47	0.14	37.5	56		6.7		E 101°50′02.0″ N 23°37′49.4″	82
						B₁	20—50		重壤土		6.2	10.3	0.35	0.12	34.9	58		6.0			
						B₂	50—80		重壤土		5.8	6.3	0.31	0.11	35.1	42		5.2			
						BC	80—100		轻黏土		6.7	5.4	0.24	0.10	32.4	43		4.5			
剖13	铁铝土	红壤	红壤	粗粒结晶岩类红壤	粗粒结晶岩类红壤	A	0—15		重黏土		6.3	30.1	1.26	0.37	31.3	115		8.0		E 101°50′12.5″ N 23°36′46.4″	95
						B₁	15—35		重黏土		5.9	11.6	0.77	0.24	19.0	72		7.2			
						B₂	35—75		轻黏土		5.2	10.6	0.53	0.21	16.9	89		5.7			
						BC	75—105		轻黏土		5.6	6.7	0.28	0.14	22.4	47		5.0			
剖14	半淋溶土	燥红土	燥红土	洪冲积物燥红土	燥石渣土	A	0—20	暗红棕色	重壤土	粒状	7.1	30.2	1.17	0.35	19.3	101		9.7	洪冲积物	E 101°57′18.0″ N 23°36′29.9″	74
						B₁	20—40	暗红棕色	重壤土	块状	7.1	30.7	1.16	0.30	19.0	89		9.2			
						B₂	40—60	暗红棕色	重壤土	块状	7.2	29.1	1.30	0.30	18.8	88		8.2			
						C	60—100		中壤土	粒状	7.1	17.7	0.71	0.32	20.0	63		5.8			
剖15	人为土	淹育水稻土	红壤性淹育水稻土	山砂田	A	0—15	灰黑色	重壤土	棱块状	5.4	24.4	1.43	0.24	42.0	161		9.8		E 101°48′20.2″ N 23°36′29.2″	72
						B₁	15—33	灰黑色	重壤土	块状	5.6	27.8	1.57	0.25	40.2	141		8.9			
						B₂	33—57	灰黄棕色	砂壤土	块状	6.1	19.2	1.08	0.25	39.2	101		6.2			
						C	57—100	浅绿色	轻壤土	粒状	5.9	3.5	0.22	0.11	36.8	36		4.7			
剖16	人为土	潴育水稻土	冲积物潴育水稻土	泥田	A	0—16		重壤土		6.1	16.4	1.16	0.24	29.2	88		8.7	冲积物	E 101°58′46.2″ N 23°36′13.0″	75
						P	16—29		重壤土	团块状	7.2	12.1	0.87	0.27	25.5	66		7.9			
						W	29—45		中壤土	块状	7.9	6.1	0.47	0.30	28.5	37		7.4			
						Wg	45—85		中壤土	块状	7.9	6.1	0.32	0.30	27.0	30		6.9			
						C	85—100		中壤土	块状	7.6	5.5	0.34	0.18	24.3	5		9.9			
剖17	人为土	潴育水稻土	石灰性潴育水稻土	褐潮田	A	0—25	褐色	轻壤土	团块状	8.3	48.5	2.18	0.27	10.4	166		9.0		E 101°46′39.4″ N 23°35′23.6″	85
						P	25—38	褐色	轻壤土	块状	8.5	40.7	2.13	0.30	10.9	138		8.7			
						W₁	38—53	栗色	中壤土	块状	8.5	38.7	1.79	0.30	11.8	125		6.9			
						W₂	53—73	栗色	中壤土	块状	8.5	19.2	1.09	0.18	11.4	66		6.1			
						C	73—100		中壤土		8.6	17.9		0.17	11.6	69		19.9			
剖18	淋溶土	黄棕壤	粗粒结晶岩类黄棕壤	褐泥田	A₁	0—6	灰黑色	轻壤土	粒状	5.6	268.0	11.42	0.88	7.7	619		18.1	粗粒结晶岩类	E 101°45′01.4″ N 23°35′06.4″	82
						A₂	6—18	灰黄色	中壤土	块状	5.1	172.7	8.36	0.75	10.4	563		16.9			
						AB	18—50	灰黄色	中壤土	块状	5.2	94.0	4.61	0.55	11.4	347		11.4			
						B₁	50—64	深灰黄色	中壤土	块状	5.3	28.7	1.50	0.34	15.0	147		8.9			
						B₂	64—85	深灰黄色	重壤土	块状	5.4	13.6	0.94	0.25	14.1	94		8.8			
						BC	85—135	深灰色	重壤土		5.5	8.3	0.75	0.17	14.5	81		8.4			
剖19	人为土	潴育水稻土	红壤性潴育水稻土	灰泥田	P	0—20	灰黄色	轻壤土	粒状	5.7	18.2	0.95	0.12	41.7	107		8.1		E 101°59′36.6″ N 23°34′29.3″	88
						W	20—45	灰黄色	中壤土	块状	5.8	16.7	0.70	0.09	39.5	77		6.6			
						WC	45—67	深灰黄色	中壤土	块状	5.7	15.6	0.62	0.12	39.8	100		5.5			
						C	67—88	深灰黄色	中壤土	块状	6.4	7.4	0.57	0.08	38.9	82		7.5			
							88—110	深灰色	重壤土		6.4	11.2	0.51	0.08	38.8	52		7.0			
剖20	铁铝土	红壤	黄红壤	粗粒结晶岩类黄红壤	粗粒结晶岩类黄红壤	A₁	0—5	灰黑色	轻壤土	粒状	5.7	70.7	2.90	0.18	53.1	184		6.2	粗粒结晶岩类	E 101°45′37.4″ N 23°32′30.1″	93
						A₂	5—20		中壤土	块状	5.1	35.0	1.05	0.13	53.8	105		5.2			
						B₁	20—43		中壤土	块状	5.0	27.0	0.91	0.12	49.1	87		9.4			
						B₂	43—95		重壤土	块状	4.9	17.4	0.60	0.11	43.2	78		8.4			
剖21	人为土	沼泽型水稻土	湖积沼泽水稻土	浸水田	Ag	0—42	褐色	中壤土	糊烂状	8.1	40.2	1.91	0.21	11.2	147		4.5	湖积物	E 101°54′37.8″ N 23°30′58.7″	98
						G₁	42—60	褐色	中壤土	糊烂状	8.5	32.1	1.58	0.25	12.2	117					
						G₂	60—77	栗色	中壤土	无明显结构	8.5	42.4	1.29	0.18	12.7	153					
						C	77—125	栗色	中壤土	无明显结构											

续表 Continued

剖面号 Soil profile	土纲 Soil order	土类 Soil great group	亚类 Soil subgroup	土属 Soil genus	土种 Soil species	土层码 Layer code	土层厚度 Depth/cm	颜色 Soil color	质地 Soil texture	土壤结构 Soil structure	pH	有机质 OM/(g/kg)	全氮 TN/(g/kg)	全磷 TP/(g/kg)	全钾 TK/(g/kg)	碱解氮 AN/(mg/kg)	有效磷 AP/(mg/kg)	阳离子交换量CEC/(cmol/kg)	土壤母质 Parent material	剖面点坐标 Profile coordinate	匹配指数 Matching index/%
剖22	铁铝土	红壤	黄红壤	粗粒结晶岩类黄红壤	灰黄土	A₁	0—10	黑灰色	重壤土	粒状	5.4	52.7	4.16	0.60		332		9.1	粗粒结晶岩类	E 101°59′19.0″ N 23°29′20.8″	94
						A₂	10—27	深褐色	重壤土	小块状	5.2	43.5	0.60	0.39		250		7.8			
						B₁	27—50	灰黄色	中壤土	小块状	5.3	28.3	0.67	0.26		111		6.6			
						B₂	50—100	黄白色	中壤土		5.3	11.0	1.33	0.15		67		3.7			
剖23	初育土	紫色土	酸性紫色土	红紫泥	紫泥土	A	0—19	紫色	中壤土	粒状	5.9	28.3	1.18	0.20		105		7.7		E 101°51′30.6″ N 23°28′01.9″	92
						B	19—26	紫色	重壤土	粒状	5.6	20.9	1.28	0.21		93		6.9			
						BC	26—77	紫色	重壤土	粒状	5.3	18.2	0.83	0.20		61		6.5			
						C	77—120	紫色	重壤土	粒状	5.5	12.1		0.16		46		5.7			
剖24	人为土	水稻土	淹育水稻土	紫色土性淹育水稻土	紫泥田	A	0—17	紫色	重壤土	块状	6.1	18.0	1.25	0.11	15.0	103		6.0		E 101°52′35.4″ N 23°25′24.2″	71
						P	17—27	紫色	重壤土	块状	6.2	14.8	0.94	0.12	15.7	100		5.8			
						B₁	27—42	紫灰色	轻黏土	块状	7.3	6.1	0.71	0.15	19.0	56		5.4			
						B₂	42—71	紫灰色													
剖25	人为土	水稻土	潴育水稻土	湖积性潴育水稻土	灰白泥田	C	71—123	褐色	重壤土	块状	5.3	25.9	1.83	0.12	20.0	175		8.1		E 101°50′46.0″ N 23°25′10.9″	72
						A	0—18	灰白色	重壤土	棱块状	5.0	22.5	1.56	0.11	19.9	142		7.1			
						P	18—29	灰白色	重壤土	块状	4.6	11.1	0.93	0.10	21.3	84		5.1			
						W₁	29—62	灰白色	轻黏土	块状	6.3	6.0	0.70	0.06	26.8	43		4.1			
						W₂	62—94	暗灰黄色	中壤土	粒状	5.9	65.3	3.11	0.52	36.4	236		10.4			
剖26	铁铝土	红壤		泥质岩类黄红壤	石渣土	A	0—15	暗灰黄色	中壤土	核状	5.9	39.2	2.08	0.41	36.7	136		8.2	泥质岩类	E 101°58′58.1″ N 23°23′54.6″	95
						AB	15—25	褐色	中壤土	核状	6.0	27.1	1.17	0.36	36.6	78		7.4			
						B₁	25—60	褐色	中壤土	核状	6.6	27.9		0.36	36.4	85		5.7			
						B₂	60—80	褐色	中壤土	核状	6.6	23.1		0.35	28.2	83		5.0			
剖27	人为土	水稻土	淹育水稻土	红壤性淹育水稻土	黄泥田	C	80—110	灰黄褐色	重壤土	粒状	6.0	39.3	2.35	0.29	23.8	223		11.0		E 101°59′47.8″ N 23°23′40.9″	73
						A	0—16	浅黄棕色	重壤土	小块状	5.8	13.8	1.06	0.33	23.8	162		9.9			
						P	16—32	浅黄灰色	重壤土	块状	5.8	17.1	1.38	0.42	26.2	95		9.0			
						B	32—45	黄色	重壤土	块状	5.4	13.3	0.95	0.43		130		4.7			
						C	45—80		轻壤土	块状	5.5	42.9	1.47	0.32		139		6.0			
剖28	铁铝土	红壤	黄红壤	泥质岩类黄红壤	红黄土	A	0—14	黄棕色	轻壤土	小块状	5.2	37.3	1.40	0.35		112		5.0	泥质岩类	E 101°45′51.8″ N 23°23′38.4″	76
						AB	14—25	浅红棕色	中壤土	核状	5.3	13.0	0.96	0.21		50		4.0			
						B₁	25—62	红黄色	中壤土	核状	5.5	5.6		0.16		51		3.0			
						BC	62—90	暗黄棕色	中壤土	核状	4.8	62.5	2.27	0.17		167		11.7			
剖29	铁铝土	红壤	黄红壤	泥质岩类黄红壤	灰黑土	C	0—21	暗黄棕色	中壤土	核状	4.5	96.9	4.02	0.23		332		10.1	泥质岩类	E 101°58′30.5″ N 23°22′54.1″	92
						A	21—41	暗棕灰色	轻壤土	小块状	4.7	89.9	2.86	0.20		321		9.7			
						B₁	41—62	暗棕灰色	轻壤土	小块状	5.0	26.7		0.11		37		8.7			
						BC	62—107	红黄色	轻壤土	小块状	5.0	12.0		0.08		68		7.9			
剖30	人为土	水稻土	潴育水稻土	紫色土性潴育水稻土	紫灰泥田	C	107—138	紫灰色	轻壤土	块状	5.6	26.5	1.89	0.41	22.1	166		9.4		E 101°59′47.8″ N 23°22′29.6″	71
						A	0—14	紫灰色	重壤土	块状	6.1	25.6	1.83	0.38	19.0	161		9.1			
						P	14—24	紫灰色	重壤土	块状	6.9	16.5	1.48	0.31	21.5	110		2.7			
						W₁	24—55	褐灰色	重壤土	块状	6.6	22.8	1.63	0.21	20.7	113		1.9			
剖31	铁铝土	红壤	红壤	碳酸岩类红壤	矿毒土	W₂	55—82	褐黄色	中壤土	粒状	6.0	24.5	1.04	0.24		106		7.0	碳酸岩类	E 102°06′16.9″ N 23°50′31.2″	71
						A	0—25	栗色	重壤土	块状	5.7	10.7	0.82	0.22		66		5.2			
						B	25—55	栗色	重壤土	块状	5.8	6.6	0.47	0.14		71		4.2			
						BC	55—110														

续表 Continued

剖面号 Soil profile	土纲 Soil order	土类 Soil great group	亚类 Soil subgroup	土属 Soil genus	土种 Soil species	土层码 Layer code	土层厚度 Depth/cm	颜色 Soil color	质地 Soil texture	土壤结构 Soil structure	pH	有机质 OM/(g/kg)	全氮 TN/(g/kg)	全磷 TP/(g/kg)	全钾 TK/(g/kg)	碱解氮 AN/(mg/kg)	有效磷 AP/(mg/kg)	阳离子交换量CEC/(cmol/kg)	土壤母质 Parent material	剖面点坐标 Profile coordinate	匹配指数 Matching index/%
剖32	铁铝土	红壤	黄红壤	碳酸岩类黄红壤	碳酸岩类黄红壤	A₁	0—13		轻壤土		5.2	6.8	1.08	0.07	0.2	47		8.5	碳酸岩类	E 102°01′54.8″ N 23°50′28.3″	78
						A₂	13—22		中壤土		4.9	8.7	0.43	0.07	1.2	50		7.0			
						B₁	22—49		中壤土		5.0	6.9	0.37	0.04	1.2	48		6.5			
						B₂	49—95		中壤土		5.3	2.1	0.18	0.04	3.9	34		5.7			
						BC	95—119		中壤土		5.3	2.2	0.17	0.03	5.8	28		5.0			
剖33	人为土	水稻土	潴育水稻土	冲积性潴育水稻土	青胶泥田	A	0—18	灰黄色	重壤土	块状	5.0	31.5	1.66	0.09	30.2	138		12.0		E 102°03′08.3″ N 23°48′47.9″	74
						Pg	18—35	青灰色	中壤土	棱柱状	6.4	30.4	1.50	0.06	27.0	137		10.0			
						G	35—80	浅灰色	重壤土	块状	7.3	16.9	0.52	0.05	29.9	45		8.8			
						C	80—105	浅灰色	中壤土	核状	6.2	11.6	0.40	0.08	30.2	50		7.9			
剖34	人为土	水稻土	潴育水稻土	冲积性潴育水稻土	河砂田	A	0—15	灰黄色	中壤土	块状	5.5	26.3	1.45	0.19	31.6	61		8.8		E 102°09′55.1″ N 23°46′50.5″	92
						P	15—25	灰黄色	轻壤土	块状	5.5	19.3	1.05	0.22	32.1	120		7.8			
						W₁	25—50	灰黄色	中壤土	块状	5.5	8.1	0.64	0.16	31.7	63		4.8			
						W₂	50—85	灰色	中壤土	块状	6.8	6.1	0.28	0.17	35.2	58		4.6			
剖35	人为土	水稻土	淹育水稻土	冲积性潴育水稻土	胶泥田	A	0—20		重壤土		7.5	31.1	2.12	0.20	35.4	115		15.4	冲积物	E 102°00′41.4″ N 23°41′58.2″	100
						Pw	20—50		轻黏土		7.7	22.8	1.58	0.19	36.0	92		14.2			
						Wg₁	50—70		轻黏土		6.4	20.0	1.19	0.13	36.7	76		14.0			
						Wg₂	70—90		中壤土		6.6	24.7		0.13	35.5	80		13.7			
剖36	人为土	水稻土	潴育水稻土	红壤性潴育水稻土	红胶泥田	A	0—18	浅黄棕色	轻壤土	小块状	5.2	46.2	2.26	0.26	16.5	221		13.7	红壤性母质	E 102°09′34.9″ N 23°41′18.6″	97
						P	18—30	黄棕色	轻壤土	块状	5.6	40.1	1.19	0.20	15.3	187		12.3			
						B	30—49	红色	轻壤土	块状	5.5	27.5	1.14	0.16	14.6	105		11.8			
						C	49—100	黄黄色	轻壤土	块状	5.2	8.2	0.50	0.16	15.6	34		10.5			
剖37	人为土	水稻土	潴育水稻土	红壤性潴育水稻土	黄胶泥田	A	0—20	灰黄色	重壤土	块状	5.1	44.6	2.17	0.15	23.1	196		11.0	红壤性母质	E 102°10′30.6″ N 23°40′58.4″	92
						P	20—35	灰黄色	轻壤土	块状	5.5	42.8	1.93	0.15	23.4	194		10.0			
						W	35—60	灰黄色	中壤土	块状	5.5	39.3	1.55	0.14	24.5	173		9.8			
						C	60—85	灰黄色	重壤土	块状	5.5	34.9	1.74	0.12		158		6.3			
剖38	铁铝土	红壤	黄红壤	泥质岩类黄红壤	碳酸岩类黄棕壤	A	0—25	浅黄棕色	重壤土	粒状	4.9	49.9	2.02	0.50		282		7.0		E 102°09′55.7″ N 23°39′06.8″	83
						B₁	25—35	暗棕红色	轻壤土	小块状	5.0	49.2	1.41	0.39	9.6	174		6.0			
						B₂	35—56	暗棕红色	中壤土	块状	4.9	31.0	1.24	0.42	9.0	135		5.7			
						BC	56—100	暗棕红色	轻壤土	块状	4.8	30.4	1.74	0.42	14.4	128		4.7			
剖39	淋溶土	黄棕壤	黄棕壤	碳酸岩类黄棕壤	棕泥土	A	0—20	褐色	重壤土	粒状	6.1	53.3	2.34	0.34	14.0	246		10.7		E 102°14′25.5″ N 23°35′52.7″	89
						B₁	20—50	褐色	中壤土	粒状	6.3	15.5	0.70	0.17	29.2	89		9.0			
						B₂	50—80	黄棕色	重壤土	块状	6.4	13.1	0.38	0.22	28.3	66		8.2			
						BC	80—110	黄棕色	中壤土	小块状	5.7	13.7	0.90	0.24	26.7	128		7.5			
剖40	人为土	水稻土	潴育水稻土	湖积物潴育水稻土	狗屎泥田	A	0—20	黑色	重壤土	粒状	8.0	33.0	1.68	0.21	29.2	130		21.2	湖积物	E 102°01′02.6″ N 23°34′09.5″	87
						P	20—28	黑灰色	重壤土	块状	8.3	15.8	0.92	0.16	28.3	73		20.4			
						W₁	28—39	暗黄色	重壤土	块状	8.3	3.8	0.35	0.06	26.7	36		18.7			
						W₂	39—48	灰黑色	重壤土	块状	8.5	8.6	0.27	0.07	25.9	33		15.5			
						W₃	48—67	灰黑色	重壤土	块状	6.8	6.5		0.07	27.1	36		14.5			
剖41	半淋溶土	燥红土	燥红土	泥质岩类燥红土	煤灰褐土	A	0—20	褐色	中壤土	粒状	6.8	23.7	1.23	0.16	21.5	74		9.4	泥质岩类	E 102°00′18.4″ N 23°33′54.7″	72
						B₁	20—60	褐色	中壤土	粒状	5.9	19.0	0.99	0.15	22.2	70		9.3			
						B₂	60—90	黄棕色	重壤土	块状	5.3	18.4	0.80	0.08	25.9	56		8.8			
						C	90—130	黄棕色	中壤土	小块状	6.2	7.2		0.10	27.6	34		8.1			
剖42	半淋溶土	燥红土	燥红土	湖积物燥红土	狗屎土	A	0—20	黑色	中壤土	粒状	7.8	41.7	1.82	0.51	28.3	99		10.2		E 102°01′30.4″ N 23°33′46.4″	75
						B	20—40	黑色	中壤土	块状	8.0	30.0	1.51	0.91	29.8	93		8.2			
						BC	40—100	黑色	中壤土	块状	7.3	28.1	1.41	0.84	30.0	104		7.0			

续表 Continued

剖面号 Soil profile	土纲 Soil order	土类 Soil great group	亚类 Soil subgroup	土属 Soil genus	土种 Soil species	土层码 Layer code	土层厚度 Depth/ cm	颜色 Soil color	质地 Soil texture	土壤结构 Soil structure	pH	有机质 OM/ (g/kg)	全氮 TN/ (g/kg)	全磷 TP/ (g/kg)	全钾 TK/ (g/kg)	碱解氮 AN/ (mg/kg)	有效磷 AP/ (mg/kg)	阳离子 交换量CEC/ (cmol/kg)	土壤母质 Parent material	剖面点坐标 Profile coordinate	匹配指数 Matching index/%
剖43	人为土	水稻土	淹育水稻土	红壤性淹育水稻土	红泥田	A	0—12	红棕色	重壤土	粒状	6.1	48.7	2.31	0.64	8.6	201		14.3	红壤性母质	E 102°03′37.4″ N 23°32′22.6″	76
						P	12—22	红棕色	重壤土	块状	6.3	50.1	2.55	0.63	9.0	225		13.8			
						BC	22—100	浅棕红色	重壤土	块状	6.4	40.6	2.08	0.62	7.9	195		12.3			
剖44	半淋溶土	燥红土	燥红土	粗粒结晶岩类燥红土	粗粒结晶岩类燥红土	A	0—8		轻壤土		6.0	15.8	0.78	0.15	29.1	64		4.5		E 102°01′34.0″ N 23°30′30.6″	82
						AB	8—23		中壤土		6.1	10.4	0.45	0.11	26.9	57		3.2			
						B	23—110		重壤土		6.0	10.1	0.40	0.11	25.8	36		2.7			
						C	110—126		中壤土		6.4	4.5		0.09	33.2	28		2.2			
剖45	淋溶土	黄棕壤	黄棕壤	碳酸岩类黄棕壤	暗黄红土	A	0—17	浅棕色	重壤土	棱块状	6.8	61.2	3.01	0.86		241		9.2		E 102°15′37.1″ N 23°36′13.7″	73
						B₁	17—25	棕色	轻黏土	棱块状	6.4	43.7	3.22	0.75		203		7.7			
						B₂	25—63	棕色	轻黏土	小块状	6.3	13.1	2.51	0.73		164		3.4			
						BC	63—100	红黄色	中黏土	块状	6.4	21.7		0.70		113		3.0			
剖46	人为土	水稻土	潜育水稻土	湖积性潜育水稻土	碱性土田	A	0—16	褐色	轻壤土	团块状	7.9	74.2	3.59	0.22	3.9	263		12.9		E 102°16′55.9″ N 23°31′57.4″	80
						G	16—36		轻壤土	棱块状	7.9	67.3	3.28	0.18	3.5	76		12.1			
						Gt	36—54	黑灰色	轻黏土	无明显结构	8.0	46.6	2.18	0.13	2.5	186		10.7			
						Bcat	54—60	灰白色	中黏土	粒状	7.9	62.5	2.81	0.06		176		8.2			
						Bca	60—102	灰白色		团块状	7.1			0.06		521		6.1			
						Ct	102—	黑色		无明显结构											
剖47	初育土	石灰（岩）土	棕色石灰土	碳酸岩类燥红土	红土	A	0—7	浅棕红色	重壤土	粒状	6.8	30.2	1.84	0.45		136		9.2		E 102°15′59.4″ N 23°31′07.3″	70
						B₁	18—27	暗棕红色	轻黏土	粒状	6.6	29.1	1.56	0.42		106		9.0			
						B₂	27—83	暗棕红色	轻壤土	块状	6.8	28.2	1.86	0.41		114		8.0			
						BC	83—105	红色	轻壤土	块状	6.5	18.0		0.32		79		7.2			
						C	105—145		中壤土		6.1	8.1		0.28		49		2.5			
剖48	半淋溶土	燥红土	燥红土	碳酸岩类燥红土		A	0—17		中壤土	小块状	8.2	29.6	1.43	0.66	16.7	84		10.7	碳酸岩类	E 102°20′23.3″ N 23°30′24.8″	91
						B₁	17—30		重壤土	块状	8.5	12.1	0.72	0.41	14.4	43		9.0			
						B₂	30—73		重壤土	块状	8.6	8.7	0.50	0.23	12.8	33		8.2			
						C	73—100		中壤土	块状	8.5	8.5	0.60	0.40	12.7	47		7.0			
剖49	初育土	石灰（岩）土	棕色石灰土	红泡土	红泡土	A	0—7	红黄色	轻壤土	粒状	6.2	36.7	1.18	0.15	9.0	76		6.5		E 102°12′37.8″ N 23°29′54.6″	76
						AB	7—23	红黄色	轻黏土	块状	6.5	16.2	0.90	0.13	5.8	60		5.7			
						B	23—90	红棕色	重黏土	块状	5.8	7.6	0.54	0.11	5.8	37		5.2			
						C	90—		中壤土		6.0	5.9		0.09	4.4	34		4.5			
剖50	铁铝土	红壤		粗粒结晶岩类红壤	黄红土	A	0—15	黄红色	重壤土	小块状	5.2	28.2	1.38	0.15		131		4.7		E 102°03′20.2″ N 23°26′08.5″	90
						B₁	15—26	黄黄色	重黏土	块状	4.9	11.0	0.82	0.13		110		4.2			
						B₂	26—65	褐棕色	轻黏土	块状	5.0	10.1	0.67	0.13		57		4.0			
						BC	65—90		轻壤土	块状	4.9	4.7		0.14		45		3.2			
剖51	初育土	石灰（岩）土	棕色石灰土		黄棕土	A	0—15	黄棕色	重壤土	粒状	6.6	23.2	1.54	0.20		100		8.0		E 102°06′58.3″ N 23°20′35.9″	90
						B₁	15—45	黄棕色	重壤土	小块状	6.8	24.0	1.62	0.17		96		5.7			
						B₂	45—70	褐色	重壤土	小块状	7.0	21.9	1.33	0.15		90		5.2			
						BC	70—100	褐色	中壤土	小块状	6.9	21.3	1.31	0.15		88		4.7			

澄江市

主要土类说明

红壤是澄江市主要土壤类型，占本市地域面积的57%，分布在海拔1355—2820m的地区。植被有华山松、云南松、杉树、柏树、桉树、银槐树、栎树等常绿阔叶林。成土母质主要为深厚的古红色风化壳和古土壤。古风化壳由不同的母岩发育而成，但以泥质岩类和碳酸岩类居多。成土过程以脱硅富铝化和生物富集为主。红壤呈中度脱硅富铝化特征，具A-Bs-Bv或A-Bs-C剖面构型，土壤黏粒中游离铁占全铁的50%—60%。矿物风化度高，黏土矿物以高岭石为主，伴有三水铝石，黏粒硅铝率为1.8—2.4，风化淋溶系数小于0.2，盐基饱和度小于35%。淀积层可见深厚的红、黄、白相间的网纹状红色黏土。土壤养分含量一般不高，速效磷缺乏，质地黏重，保水保肥力强，但耕性较差。

紫色土是澄江市第二大土壤类型，占本市地域面积的11%，零星分布在本市各地。植被为云南松林、松栎混交林。成土母质为中生代的紫色砂页岩风化物。成土过程以母岩的快速物理崩解和频繁侵蚀堆积为主，生物积累作用较弱。紫色土是由热带、亚热带紫红色岩层直接风化形成的具A-C剖面构型的土壤。本市紫色土分为酸性紫色土、中性紫色土、石灰性紫色土等亚类。各亚类的理化性质与母岩组成直接相关：①酸性紫色土分布在紫色岩层平缓岗地和低平槽谷，母岩多为紫色砂页岩。黏土矿物一般以蛭石和水云母为主，有机质和全氮含量高于其他亚类，全磷和全钾含量较低，pH为4.5—5.5。②中性紫色土母岩中碳酸钙较少或在成土过程中已明显淋溶。黏土矿物以蛭石和水云母或蒙脱石和水云母为主，pH为6.5—7.5，土层浅薄。③石灰性紫色土由钙质紫色砂页岩风化发育而成，母岩以钙质紫色混合岩为主。黏土矿物以水云母或蒙脱石为主，有机质含量低，全磷和全钾含量高，pH高于7.5。

水稻土是澄江市第三大土壤类型，占本市地域面积的9%。本市水稻土分为淹育型、潴育型、潜育型等亚类。其中，潴育水稻土面积较大，多分布在坝区，水利条件好，水耕熟化程度高，层次分异明显，能灌能排，水旱轮作，属稳产高产稻田，具A-P-W-G-C或A-P-W-C剖面构型。

棕壤占本市地域面积的4%，分布在海拔2300—3000m的山地垂直带谱中。植被以湿性常绿阔叶林和针阔叶混交林为主。成土母质以紫色岩类、酸性结晶岩类、基性结晶岩类和碳酸岩类风化物为主。成土过程以淋溶过程、黏化过程和生物富集过程为主。黏土矿物主要为伊利石和高岭石。一般土体较厚，具O-A-Bt-C剖面构型，有明显的黏化层，结构较好，土体见黏粒淀积，盐基充分淋失，见少量游离铁，自然肥力高。

小于本市地域面积3%的土壤类型有新积土和石灰（岩）土。

本区域中心区气候特征

本区域中心区气候特征值
Regional climate characteristics in central area of the region

气候带：南亚热带湿润气候 Climate region: South subtropical humid climate	
年平均气温 /℃ Annual average temperature /℃	15.6
年平均最高气温 /℃ Annual average maximum temperature /℃	21.4
年平均最低气温 /℃ Annual average minimum temperature /℃	11.1
年降水量 /mm Annual precipitation /mm	1003
≥10℃的积温 /℃ Daily temperature accumulated in a year（≥10℃）/℃	5766
年日照时数 /h Annual sunshine /h	2152
年平均相对湿度 /% Annual average relative humidity /%	73
干燥度 Dryness	0.93

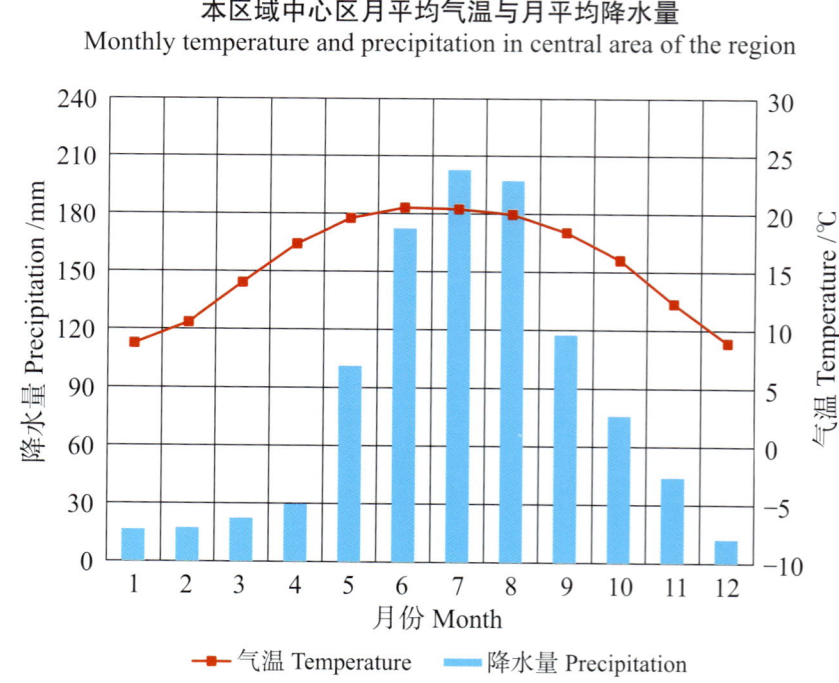

本区域中心区月平均气温与月平均降水量
Monthly temperature and precipitation in central area of the region

澄江县主要土壤类型与土壤剖面点分布图
1∶160 000

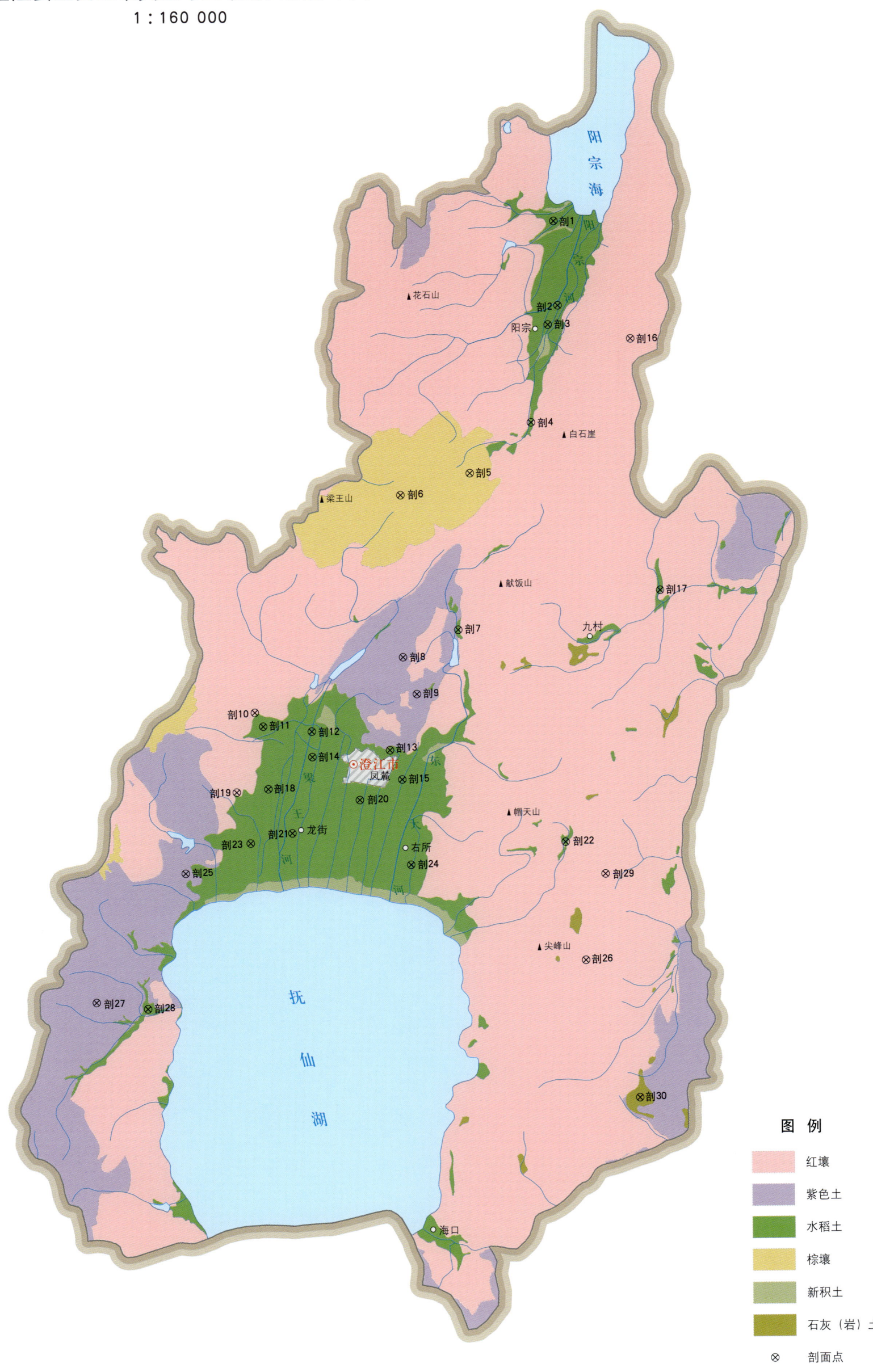

注：国务院 2019 年 12 月批准，撤销澄江县，设立澄江市。

澄江市土壤剖面理化性状表

剖面号 Soil profile	土纲 Soil order	土类 Soil great group	亚类 Soil subgroup	土属 Soil genus	土种 Soil species	土层码 Layer code	土层厚度 Depth/cm	颜色 Soil color	质地 Soil texture	土壤结构 Soil structure	pH	有机质 OM/(g/kg)	全氮 TN/(g/kg)	全磷 TP/(g/kg)	全钾 TK/(g/kg)	碱解氮 AN/(mg/kg)	有效磷 AP/(mg/kg)	土壤母质 Parent material	剖面点坐标 Profile coordinate	匹配指数 Matching index/%
剖1	人为土	水稻土	淹育水稻土	红壤性淹育水稻土	红胶泥田	A	0—25	黄棕色	重壤土	块状	7.2	28.7	1.62	1.52	17.6			冲积物、红色黏土	E 102°58′53.8″ N 24°51′23.4″	89
						Pb	25—51	暗黄棕色	重壤土	柱状	7.3	24.0	1.46	1.43	20.3					
						B	51—65	红黄褐色	重壤土	棱柱状	7.4	15.6	1.05	1.67	20.3					
						C	65—100	暗棕红色	轻黏土	小块状	7.3	8.4	0.59	1.31	13.1					
剖2	人为土	水稻土	潜育水稻土	冲积性潜育水稻土	冷浸田	A	0—40	灰黄棕色	重壤土	块状	7.6	56.1	3.41	1.11	22.5			沉积物	E 102°58′59.9″ N 24°49′41.9″	91
						Pg	40—64	灰黄棕色	重壤土	块状	7.9	30.2	1.85	1.11	23.6					
						G	64—100	暗黄色	轻黏土	块状	7.6	36.2	1.67	1.11	29.1					
剖3	人为土	水稻土	潜育水稻土	冲积性潜育水稻土	砂泥田	A	0—31	灰黄色	中壤土	块状	7.3	14.1	0.67	1.24	29.3			沉积体、冲积物、浸染混合物	E 102°58′46.9″ N 24°49′18.5″	88
						P	31—45	灰黄色	中壤土	块状	7.7	20.5	1.02	1.82	26.6					
						W	45—81	浅棕黄色	轻壤土	棱柱状	8.0	17.4	1.17	1.75	36.7					
剖4	人为土	水稻土	淹育水稻土	红壤性淹育水稻土	山砂土	A	0—20	棕色	重黏质中壤土	小块状	5.9	24.0	1.21	1.29	10.7			玄武岩、硅质岩、白云岩、钙质页岩洪积物	E 102°58′25.6″ N 24°47′20.3″	87
						S	20—60	暗棕色	重石质中壤土		5.9	9.7	0.60	1.44	5.3					
						Cs	60—100	浅棕色	中壤土	小块状	5.9	5.7	0.20	1.03	4.2					
剖5	淋溶土	棕壤	棕壤	棕壤	山基土	A	0—28	棕色	中壤土	粒状	6.4	188.7	8.15	2.54	5.5				E 102°57′04.7″ N 24°46′18.5″	81
						B、C	28—100	暗棕色		粒状	5.5	117.4	5.23	2.23	5.8					
剖6	淋溶土	棕壤	棕壤	棕壤	棕壤	Ao	0—9			无明显结构									E 102°55′32.9″ N 24°45′51.1″	91
						A	9—40	灰黄棕色	中壤土	粒状	7.1	135.8	6.66	1.26	10.4	105				
						B	40—100	棕色	轻黏土	核状	6.6	45.0	2.33	2.06	16.9					
剖7	人为土	水稻土	淹育水稻土	紫泥田	紫砂田	A	0—18	褐色	壤土	核粒状	6.3	13.6	0.65	0.54	18.5		8.3		E 102°56′50.6″ N 24°43′09.5″	85
						P	18—24	紫棕色	黏壤土	块状	7.2	4.7	0.30	0.32	21.1					
						C	24—100	紫棕色	壤土	块状	7.3	4.0	0.25	0.27	21.3					
剖8	初育土	紫色土	酸性紫色土	紫砂土	紫砂土	A	0—13	紫灰色	中壤土	单粒状	4.9	15.4	0.67	0.16	28.1				E 102°55′37.6″ N 24°42′35.6″	73
						C	13—25	紫灰色	砂壤土	小块状	5.5	7.0	0.32	0.25	41.9					
						D	25—76	紫灰色	中壤土	块状	5.5	0.7	0.11	0.12	44.4					
剖9	初育土	紫色土	酸性紫色土	紫砂土	白砂土	A	0—23	灰黄棕色	轻石质轻壤土	单粒状	5.8	11.4	0.39	0.11	35.5				E 102°55′55.9″ N 24°41′51.4″	78
						BC	20—33	棕色	砂壤土	块状	5.7	8.8	0.27	0.13	33.0					
						D	33—91	灰黄棕色	轻石质砂壤土	块状	6.0	3.0	0.12	0.11	32.2					
剖10	铁铝土	红壤	红壤	玄武岩红壤	红石渣子土	A	0—21	栗色	重石质重壤土	团粒状	7.4	55.6	3.01	1.93	11.0				E 102°52′21.0″ N 24°41′27.2″	87
						B1	21—63	栗色	重石质重壤土	团粒状	6.9	39.3	2.20	1.68	11.3					
						B2	63—100	红黄色	重石质重壤土	块状	7.4	47.4	2.69	1.62	12.7					
剖11	人为土	水稻土	淹育水稻土	红壤性淹育水稻土	红泥田	A	0—23	红黄色	轻黏土	团粒状	5.2	9.4	0.61	1.81	8.6			红色黏土	E 102°52′32.5″ N 24°41′10.7″	87
						Pb	23—54	棕色	中黏土	块状	6.2	37.2	2.12	1.48	7.5					
						C1	54—78	黄棕色	中黏土	块状	7.3	5.7	0.61	1.62	10.5					
						C2	78—130	红黄色	重壤土	块状	7.2	3.3	0.43	1.31	11.2					
剖12	人为土	水稻土	潜育水稻土	冲积性潜育水稻土	灰砂田	A	0—30	浅灰色		小块状	7.5	40.7	2.31	0.83	29.6			沉积体、冲积物、浸染混合物	E 102°53′37.0″ N 24°41′05.3″	75
						Pw	30—57	灰灰色	中壤土	小块状	7.6	20.4	1.14	0.69	28.6					
						W	57—97	灰棕色		块状	7.9	22.4	1.19	0.69	29.6					
						Cs	97—117	紫灰色	轻壤土	块状	8.1	8.4	0.43	0.72	28.9					
剖13	人为土	水稻土	淹育水稻土	紫色土性淹育水稻土	紫砂田	A	0—44	褐色	中壤土	块状	6.3	13.6	0.65	0.54	18.5			紫砂岩风化物、洪积物	E 102°55′21.1″ N 24°40′43.6″	83
						Pc	44—62	紫灰色	轻壤土	块状	7.4	4.7	0.30	0.32	21.1					
						C	62—	紫灰色	轻壤土	块状	7.7	4.0	0.25	0.27	21.3					

续表 Continued

剖面号 Soil profile	土纲 Soil order	土类 Soil great group	亚类 Soil subgroup	土属 Soil genus	土种 Soil species	土层码 Layer code	土层厚度 Depth/cm	颜色 Soil color	质地 Soil texture	土壤结构 Soil structure	pH	有机质 OM/(g/kg)	全氮 TN/(g/kg)	全磷 TP/(g/kg)	全钾 TK/(g/kg)	碱解氮 AN/(mg/kg)	有效磷 AP/(mg/kg)	土壤母质 Parent material	剖面点坐标 Profile coordinate	匹配指数 Matching index/%
剖14	人为土	水稻土	潴育水稻土	冲积性潴育水稻土	黄鸡粪土田	A	0–29	浅棕黄色	重壤土	小块状	7.9	54.6	4.04	2.56	19.8				E 102°53′38.0″ N 24°40′34.7″	74
						P	29–48	浅棕黄色	重壤土	块状	8.0	24.2	3.70	2.35	18.9					
						W	48–93	灰黄色	轻黏土	棱柱状	8.3	6.6	1.69	2.89	19.9					
						Ce	93–110	浅黄棕色	中壤土	小块状	8.3	5.4	0.30	3.66	21.2					
剖15	人为土	水稻土	潴育水稻土	冲积性潴育水稻土	砂田	A	0–23	褐色	砂壤土	块状	8.2	20.8	1.16	0.10	22.7			河流冲积物	E 102°55′37.6″ N 24°40′08.4″	98
						P	23–37	褐黄色	轻壤土	单粒状	8.2	7.1	0.53	0.11	26.3					
						S	37–54	紫棕黄色	轻壤土	单粒状	8.1	4.3	0.36	0.14	26.2					
						W	54–88	褐黄色	重壤土	块状	8.0	6.8	0.56	0.16	30.0					
剖16	铁铝土	红壤	石灰岩红壤		大红土	A	0–17	红棕色	轻黏土	单粒状	6.4	26.8	1.28	0.64	8.3			石灰岩	E 103°00′36.7″ N 24°49′02.6″	80
						P	17–38	浅棕红色	轻黏土	块状	6.2	21.8	1.22	0.55	8.2					
						B	38–100	暗棕红色	轻黏土	块状	6.4	19.9	1.06	0.46	7.7					
剖17	人为土	水稻土	潴育水稻土	冲积性潴育水稻土	黄胶泥田	A	0–23	暗棕黄色	重壤土	块状	7.6	37.2	1.60	0.33	32.8			黏土混合冲积物	E 103°01′18.1″ N 24°43′59.5″	76
						P	23–35	暗黄色	轻壤土	棱柱状	7.9	23.0	1.42	0.26	33.6					
						Wg	35–44	灰黄色	重壤土	核柱状	8.1	20.9	1.10	0.23	33.6					
剖18	人为土	水稻土	淹育水稻土	红积性淹育水稻土	红鸡粪土田	A	0–30	暗棕黄色	重壤土	块状	6.7	40.0	2.07	1.82	18.3			玄武岩	E 102°52′40.1″ N 24°39′55.4″	90
						P	30–70	棕褐色	轻壤土	块状	7.1	27.4	1.53	1.49	19.3					
						C	70–105	棕灰色	重壤土	核状	7.4	19.3	1.00	1.99	14.7					
剖19	铁铝土	红壤	石灰岩红壤		红土	A	0–15	红棕色	轻黏土	单粒状	5.3	23.1	0.99		1.3				E 102°51′58.0″ N 24°39′51.1″	100
						B	15–55	红棕色		单粒状	5.3	21.6	0.96	2.10	1.4					
剖20	人为土	水稻土	潴育水稻土	冲积性潴育水稻土	砂鸡粪土田	A	0–36	暗黄棕色	重壤土	小块状	8.2	27.9	1.88	0.79	24.7			冲积物	E 102°54′41.6″ N 24°39′43.2″	75
						P	36–53	浅灰色	重壤土	块状	8.5	12.0	0.94	0.55	25.0					
						Wg	53–68	灰白色	重壤土	棱柱状	8.6	4.1	0.33	0.34	24.3					
						Ce	68–101	灰黄色	中壤土	块状	8.7	8.1	0.73	0.32	21.6					
剖21	人为土	水稻土	潴育水稻土	冲积性潴育水稻土	黑鸡粪土田	A	0–30	黑色	重壤土	块状	6.2	44.4	2.28	0.74	18.3			冲积物、湖积物	E 102°53′12.1″ N 24°39′02.2″	76
						P	30–40	黑色		块状	6.8	33.1	1.77	0.84	22.0					
						W	40–75	暗灰色		块状	7.5	22.1	1.48	0.82	17.2					
剖22	人为土	水稻土	淹育泥田		澄江白泥田	Aa	0–26	油黄色	黏土	块状	7.2	20.0	1.40	0.16	40.3	67	27.0	冲积物、湖积物	E 102°59′14.6″ N 24°38′54.6″	75
						Ap	26–38	油黄色	黏土	棱柱状	7.8	9.2	0.95	0.09	39.8					
						C	38–95	浅黄色	黏土	棱柱状	8.0	6.2	0.73	0.28	36.8					
剖23	人为土	水稻土	潴育水稻土	冲积性潴育水稻土	紫胶泥田	A	0–46	紫棕色	轻壤土	块状	6.6	30.9	1.90	0.57	21.7			沉积物、冲积物	E 102°52′16.7″ N 24°38′49.6″	72
						P	46–58	紫棕色	重壤土	柱状	7.0	14.2	1.03	0.44	23.7					
						W	58–93	紫棕色	重壤土	棱柱状	7.0	12.4	0.69	0.33	19.3					
						G	93–118	暗紫色	重壤土	棱柱状	7.7	11.5	0.88	0.61	21.9					
剖24	人为土	水稻土	潴育水稻土	冲积性潴育水稻土	胶泥田	A	0–35	紫棕色	重壤土	块状	8.0	23.1	1.32	2.01	27.4			沉积物、冲积物	E 102°50′49.8″ N 24°38′25.3″	73
						P	35–55	褐棕色	轻壤土	柱状	8.2	12.9	0.93	1.74	29.8					
						W	55–76	褐棕色	重壤土	棱柱状	8.2	9.1	0.77	1.97	28.3					
						C	76–102	暗黄色	重壤土	棱柱状	8.1	9.2	0.74	2.21	31.5					
剖25	初育土	紫色土	酸性紫色土	红紫泥土	羊肝土	A	0–25	紫棕红色	轻壤土	小块状	7.5	5.0	0.67	0.68	23.3				E 102°55′49.8″ N 24°38′12.1″	88
						BC	25–100	暗棕色	轻壤土		7.3	5.0	0.69	0.52	22.7					
剖26	铁铝土	红壤	石灰岩红壤		石灰岩红壤	A₁	0–16	浅红红色	轻黏土	单粒状	5.9	103.1	4.06	1.63	2.2			石灰岩	E 102°59′42.7″ N 24°36′31.7″	83
						A₂	16–46	红红色	轻黏土	粒状	5.3	98.3	3.93	1.54	2.2					
						B	46–100	红棕色	轻壤土	粒状	5.4	51.1	2.19	1.46	2.6					
剖27	初育土	紫色土	酸性紫色土	红紫泥土	红紫泥土	A	0–26	紫棕色	砂壤土	核状	6.1	8.5	0.52	0.14	6.6			紫色页岩、泥岩	E 102°48′53.7″ N 24°35′35.3″	87
						CD	26–100	紫色	砂壤土	块状	6.8	0.8	0.10	0.14	7.2					

续表 Continued

剖面号 Soil profile	土纲 Soil order	土类 Soil great group	亚类 Soil subgroup	土属 Soil genus	土种 Soil species	土层码 Layer code	土层厚度 Depth/cm	颜色 Soil color	质地 Soil texture	土壤结构 Soil structure	pH	有机质 OM/(g/kg)	全氮 TN/(g/kg)	全磷 TP/(g/kg)	全钾 TK/(g/kg)	碱解氮 AN/(mg/kg)	有效磷 AP/(mg/kg)	土壤母质 Parent material	剖面点坐标 Profile coordinate	匹配指数 Matching index/%
剖28	人为土	水稻土	淹育水稻土	紫色土性淹育水稻土	紫泥田	A	0—28	紫色	重壤土	块状	6.7	33.8	1.97	0.43	12.2			紫色黏土、冲积物、坡积物	E 102°50′02.1″ N 24°35′28.1″	99
						P	28—46	紫色	重壤土	块状	7.7	18.5	1.33	0.35	12.1					
						C	46—100	紫棕色	中壤土	单粒状	8.4	2.5	0.28	0.19	10.3					
剖29	铁铝土	红壤	红壤	玄武岩红壤	玄武岩红壤	A	0—25	红棕色	中壤土	粒状	5.6	38.8	2.05	2.26	0.9			玄武岩	E 103°00′07.9″ N 24°38′16.4″	73
						CD	25—100	红黄色	重黏土	块状	5.7	4.2	0.22	0.70	1.2					
剖30	初育土	石灰（岩）土	红色石灰土	红泥土	红泥土	A	0—42	浅棕红色	重黏土	块状	7.8	14.2	1.01	0.71	34.0			红色黏土、紫色黏土、页岩	E 103°00′55.4″ N 24°33′46.8″	100
						B	42—63	浅棕红色	中黏土	块状	8.0	8.6	0.53	0.59	30.8					
						C	63—120	红棕色	中黏土	片状	8.0	7.4	0.55	0.69	28.1					

保 山 市

市 辖 区

主要土类说明

红壤是保山市主要土壤类型，占本市地域面积的 59%，分布在海拔 1000—2600m 的高温多雨山区。原生植被为常绿阔叶林。成土母质多为石灰岩、页岩、花岗岩和砂页岩。成土过程以脱硅富铝化和生物富集为主。本市红壤分为红壤、黄红壤、棕红壤、褐红壤等亚类。红壤亚类剖面通体呈红色，层次不明显，呈中度脱硅富铝化特征，土壤黏粒中游离铁占全铁的 50%—60%。黏土矿物以高岭石、赤铁矿为主，黏粒硅铝率为 1.8—2.4，风化淋溶系数小于 0.2，盐基饱和度小于 35%，pH 为 4.5—5.5。黄红壤所处区域水分条件较优，土体上部有黄化现象，以黄橙色或橙色为主，下部仍以高岭石为主，伴有蛭石和三水铝石。棕红壤有效土体厚 40—100cm，质地黏重。地表土壤颜色鲜红，剖面中可见大量的铁锰胶膜和网纹层，富铝化作用强烈。褐红壤酸性较弱，盐基饱和度较高，在 30% 以上，钙、镁有向表层累积的趋势。黏土矿物以高岭石为主，其次为云母和少量三水铝石。心土层结构体表面有铁锰胶膜，其下部有铁锰结核，反映出土壤具干热特征。

水稻土是保山市第二大土壤类型，占本市地域面积的 11%，主要分布在板桥、河图、汉庄、辛街、蒲缥、西邑、丙麻、潞江等地的山间小坝。成土母质为老冲积物和湖积物。成土过程为淋溶作用和水耕熟化过程。部分水稻土地势平坦，土层深厚肥沃，灌溉条件较好，具 A-P-W-G 或 A-P-W-C 剖面构型。部分水稻土分布在丘陵阶梯台地，土层较浅，土壤肥力较低，水源条件较差，属雷响田，具 A-P-C 或 A-C 剖面构型。

小于本市地域面积 10% 的土壤类型有黄棕壤、燥红土、黄壤、棕壤、紫色土、黑毡土、石灰（岩）土、暗棕壤和赤红壤。

本区域中心区气候特征

本区域中心区气候特征值
Regional climate characteristics in central area of the region

气候带：中亚热带湿润气候 Climate region: Subtropical humid climate	
年平均气温 /℃ Annual average temperature /℃	15.0
年平均最高气温 /℃ Annual average maximum temperature /℃	21.4
年平均最低气温 /℃ Annual average minimum temperature /℃	10.3
年降水量 /mm Annual precipitation /mm	1350
≥10℃的积温 /℃ Daily temperature accumulated in a year (≥10℃) /℃	5474
年日照时数 /h Annual sunshine /h	2120
年平均相对湿度 /% Annual average relative humidity /%	75
干燥度 Dryness	0.68

本区域中心区月平均气温与月平均降水量
Monthly temperature and precipitation in central area of the region

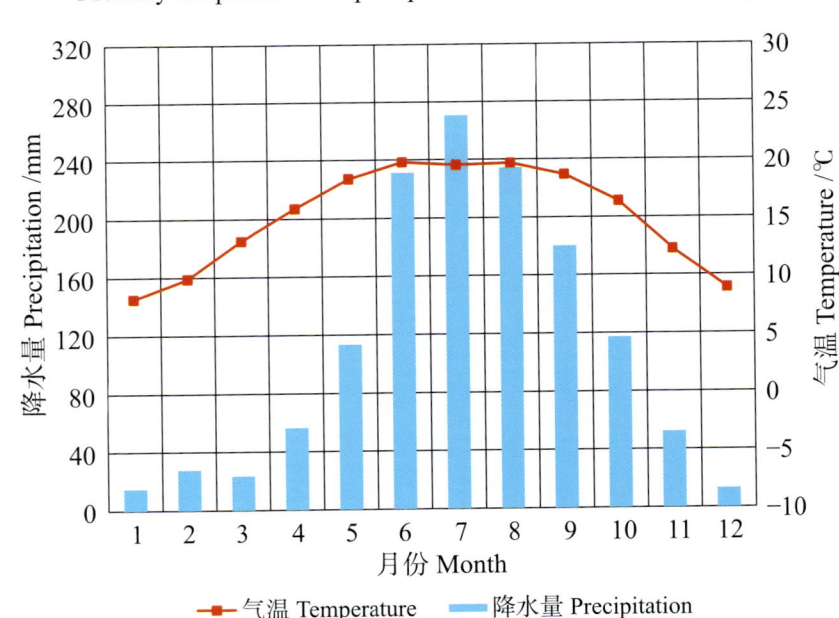

保山市市辖区（部分）主要土壤类型与土壤剖面点分布图
1:350 000

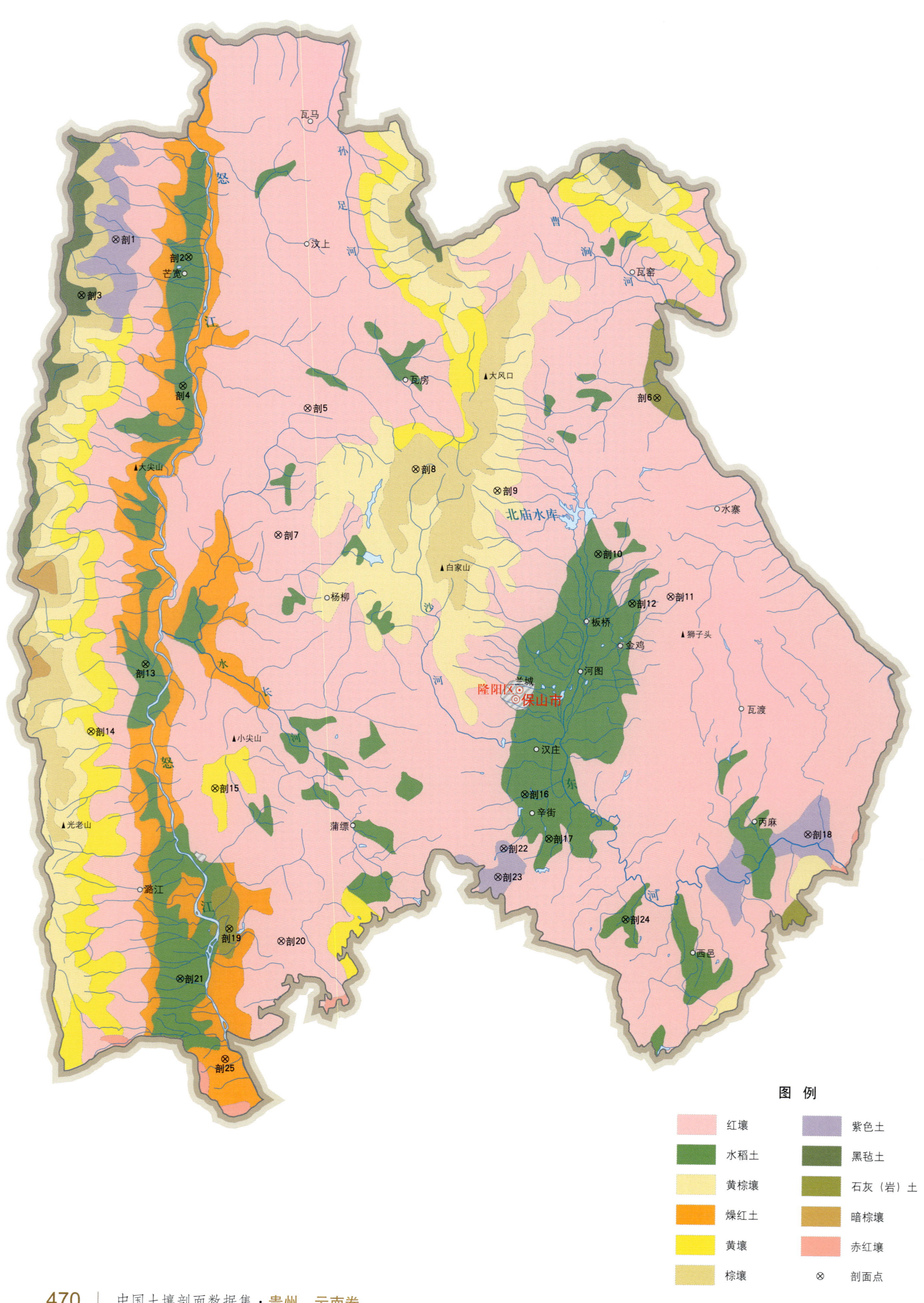

保山市土壤剖面理化性状表

剖面号 Soil profile	土纲 Soil order	土类 Soil great group	亚类 Soil subgroup	土属 Soil genus	土种 Soil species	土层码 Layer code	土层厚度 Depth/cm	颜色 Soil color	质地 Soil texture	土壤结构 Soil structure	pH	有机质 OM/(g/kg)	全氮 TN/(g/kg)	全磷 TP/(g/kg)	全钾 TK/(g/kg)	碱解氮 AN/(mg/kg)	有效磷 AP/(mg/kg)	阳离子交换量CEC/(cmol/kg)	土壤母质 Parent material	剖面点坐标 Profile coordinate	匹配指数 Matching index/%
剖1	初育土	紫色土	中性紫色土	黄紫泥土		A	0—15	紫褐色	重壤土	粒状	7.2	12.8	0.85	0.14						E 98°48′15.1″ N 25°28′29.3″	72
						B	15—58	紫黑色	重壤土	块状	6.3	21.9	1.95	0.38				15.7			
剖2	人为土	水稻土	潴育水稻土	冲积湖积性潴育水稻土	白泥田	A	0—22	灰白色	重壤土	棱柱状	5.6	104.5	1.18	0.77				25.3		E 98°52′07.7″ N 25°27′40.7″	81
						2	51—	灰白色	中壤土	棱柱状											
剖3	高山土	黑色土	黑色土	山地灰黑色土		A	0—9	棕褐色	轻壤土	团粒状	4.8	75.7	1.89	0.72				14.6		E 98°46′29.0″ N 25°25′48.5″	84
						AB	9—15	灰褐色	轻壤土	团粒状	4.8	42.3	1.60	0.79				11.5			
						B	15—32	褐灰色	中壤土	粒状	4.5	20.3	0.74	0.50				8.1			
						C	32—65	灰黄色	砂壤土	粒状	6.2	5.9	0.33	0.31							
剖4	人为土	水稻土	淹育水稻土	红壤性淹育水稻土	红胶泥田	A	0—24	棕红色	轻黏土	粒状									红壤性母质	E 98°51′54.7″ N 25°21′32.0″	98
						2	24—33	红棕色	中壤土	块状											
						3	33—70	棕红色	重黏土	块状											
剖5	铁铝土	红壤	红壤	石灰岩红壤	红土	A	0—17	黄红色	轻黏土	粒状	4.8	19.4	0.72	0.48				17.7	石灰岩	E 98°58′30.4″ N 25°20′31.6″	95
						2	17—42	紫红色	重黏土	棱块状											
						3	42—	黄红色	中壤土	块状											
剖6	初育土	石灰(岩)土	黑色石灰土	黑泡土		A	0—20	黑褐色	轻壤土	团粒状	7.6	43.2	1.74	0.69					石灰岩	E 99°16′58.8″ N 25°21′07.9″	74
						2	20—45	灰棕色	轻壤土	棱粒状											
剖7	铁铝土	红壤	黄红壤	石灰岩黄红壤	犁黄泥土	A	0—17	浅黄色	轻黏土	块状	4.8	28.4	2.85	0.53					石灰岩	E 98°57′02.2″ N 25°14′26.3″	85
						2	17—47	灰黄色	中黏土	块状											
						3	47—100	灰黄色	重壤土	粒状											
剖8	淋溶土	棕壤	棕壤	砂岩棕壤		A	0—21	灰黑色	重壤土	团粒状	5.0	16.7	1.01	0.86					砂岩类	E 99°04′15.2″ N 25°17′38.0″	95
						B	21—57	黄灰色	重壤土	块块状	5.0	12.2	0.33	0.53							
						C	57—100	灰色	重黏土	块状	5.0	25.5	0.63	0.63				26.5			
剖9	淋溶土	黄棕壤	黄棕壤	泥灰岩类黄棕壤	黄香面土	A	0—14	棕灰色	重壤土	粒状	5.0	22.8	2.70	0.33				26.0	泥灰岩	E 98°58′34.8″ N 25°16′38.3″	81
						B	14—38	棕黄色	重壤土	块状	5.0	20.6	1.94	0.45				21.7			
						C	38—100	橘红色	重黏土	柱状	5.0	13.4	1.35	0.44				18.9			
剖10	人为土	水稻土	潴育水稻土	红壤性潴育水稻土	红泥田	A	0—15	棕灰色	轻壤土	粒状	6.5	33.8	1.33	0.14					红壤性母质	E 99°13′56.6″ N 25°13′39.0″	78
						2	15—25	棕红色	重壤土	棱块状											
						3	25—58	棕红色	中壤土	块状											
						4	58—	棕紫色	重壤土	棱柱状											
剖11	铁铝土	红壤	红壤	石灰岩红壤		A	0—18	浅黄色	中壤土	块状	6.0	22.2	0.76	0.48					石灰岩	E 99°17′47.0″ N 25°11′38.8″	85
						B	18—65	棕红色	重黏土	块状											
						3	65—100	棕红色	重壤土	棱柱状											
剖12	人为土	水稻土	淹育水稻土	紫色页岩淹育水稻土	紫泥田	A	0—18	紫黑色	重壤土	粒状	6.0	38.8	1.18	0.91				22.5	紫色页岩	E 99°15′45.7″ N 25°11′18.2″	87
						2	18—24	紫黑色	重黏土	粒状											
						3	24—100	紫黑色	重壤土	团粒状	5.6	24.9	2.32	0.85							
剖13	人为土	水稻土	潴育水稻土	冲积湖积性潴育水稻土	鸡粪土田	A	0—26	灰黄色	轻黏土	小块状									冲积物、湖积物	E 98°50′06.4″ N 25°08′11.8″	71
						2	26—32	棕黄色	中黏土	块状											
						3	32—52	棕黄色	重壤土	棱柱状											
						4	52—	棕黄色	轻壤土	粒状	6.0	38.4	2.17	0.69				17.4			
剖14	铁铝土	黄壤	黄壤	石灰岩黄壤	红黄土	A	0—17	灰黄色	轻黏土	棱块状									石灰岩	E 98°47′16.4″ N 25°04′57.4″	98
						2	17—65	浅黄色	中黏土	棱块状											
						3	65—100	灰黄色		棱柱状											

续表 Continued

剖面号 Soil profile	土纲 Soil order	土类 Soil great group	亚类 Soil subgroup	土属 Soil genus	土种 Soil species	土层码 Layer code	土层厚度 Depth/cm	颜色 Soil color	质地 Soil texture	土壤结构 Soil structure	pH	有机质 OM/(g/kg)	全氮 TN/(g/kg)	全磷 TP/(g/kg)	全钾 TK/(g/kg)	碱解氮 AN/(mg/kg)	有效磷 AP/(mg/kg)	阳离子交换量 CEC/(cmol/kg)	土壤母质 Parent material	剖面点坐标 Profile coordinate	匹配指数 Matching index/%
剖15	铁铝土	黄壤	黄壤	石灰岩黄壤	黄泥土	A	0—17	棕黄色	重壤土	粒状	5.5	22.0	0.96	0.42				18.7		E 98°53′51.9″ N 25°02′17.9″	100
						2	17—34	黄灰色	重壤土	粒状											
						3	34—54	黄灰色	重壤土	粒状											
						4	54—100	棕黄色	重壤土	粒状											
剖16	人为土	水稻土	潴育水稻土	红壤性潴育水稻土	黄胶泥田	A	0—16	棕黄色	中壤土	棱块状	6.5	29.1	1.49	0.80				17.1	红壤性母质	E 99°10′11.3″ N 25°02′08.9″	96
						B	16—31	灰黄色	中黏土	棱柱状											
						3	31—50	浅黄色	重黏土	块状											
剖17	人为土	水稻土	潴育水稻土	红壤性潴育水稻土	黄泥田	A	0—20	灰黄色	重黏土	粒状	5.5	41.6	2.40	0.67				18.1	红壤性母质	E 99°11′29.0″ N 25°00′01.4″	74
						2	20—42	黄色	重黏土	块状											
剖18	初育土	紫色土	中性紫色土	黄紫泥土	紫泥土	A	0—20	棕紫色	重黏土	粒状	7.2	29.2	0.19	0.25				6.5		E 99°25′08.0″ N 25°00′19.1″	85
						2	20—46	棕褐色	中壤土	粒状											
剖19	初育土	石灰(岩)土	红色石灰土	红泡土		A	0—21	棕红色	轻壤土	核粒状	7.5	21.3	1.46	0.56						E 98°54′41.5″ N 24°55′33.0″	70
						2	21—56	棕红色	中壤土	粒状											
						3	56—81	浅红色		粒状											
剖20	铁铝土	红壤	红壤	石灰岩红壤	红泥土	A	0—20	紫红色	中壤土	粒状	5.2	5.4	1.58	0.10				39.0	石灰岩	E 98°57′26.6″ N 24°54′59.4″	76
剖21	人为土	水稻土	潴育水稻土	冲积湖积性潴育水稻土	肥胶泥田	A	0—25	灰黑色	中壤土	块状	5.7	36.5	0.97	0.49				22.2	冲积物、湖积物	E 98°52′08.0″ N 24°53′08.2″	91
						2	25—44	灰黑色	重黏土	棱柱状											
						3	44—75	黑色	重黏土	棱柱状											
						4	75—	灰黄色	重黏土												
剖22	初育土	紫色土	酸性紫色土	红紫泥土	单砂泥田	A	0—14	紫黄色	粗砂	单粒状	5.7	12.3	0.69	0.13						E 99°09′06.6″ N 24°59′32.5″	88
剖23	初育土	紫色土	酸性紫色土	红紫泥土	粒紫色土	A	0—13	黄紫色	中壤土	粒状	5.0	2.0	0.99	0.02						E 99°08′49.4″ N 24°58′08.5″	87
						2	13—73	红褐色	中壤土	块状											
剖24	人为土	水稻土	淹育水稻土	红壤性淹育水稻土	砂胶泥田	A	0—22	黑灰色	轻黏土	棱块状	6.7	7.7	2.17	0.51				6.5	红壤性母质	E 99°15′34.6″ N 24°56′10.0″	77
						2	22—68	灰白色	轻黏土												
						3	68—	重黏色	重黏土	块状											
剖25	半淋溶土	燥红土	燥红土	棕燥红土	棕燥红土	A	0—26	暗红棕色	粉砂质黏土	块状	6.5	18.9	1.19	0.39	5.2	250	2.9	11.9		E 98°54′33.5″ N 24°49′21.4″	97
						B	26—50	红棕色	黏土	块状	6.0	20.2	0.94	0.44	3.7	300	2.6	14.4			
						C	50—100	浅棕红色	黏土	块状	5.5	12.6	0.78	0.38	3.0	130	0.5	14.1			

龙 陵 县

主要土类说明

黄壤是龙陵县主要土壤类型,占本县地域面积的32%,主要分布在海拔1700—2200m的中山坡地。植被多为针叶林、湿性常绿阔叶林或常绿落叶林。成土过程以脱硅富铝化、生物富集和黄化过程为主。黄壤中度富铝化,具O-A-AB-B-C剖面构型。淀积层(B层)富含水合氧化物(针铁矿),呈黄色,有时含三水铝石。土壤有机质含量较高,可达100g/kg,pH为4.5—5.5。在形成过程中,黄壤风化程度比红壤稍弱,土体常保持湿润,氧化铁水化成针铁矿而呈黄色。坡地地形的黄壤,森林植被遭到破坏,水土流失严重,土壤中的营养元素及易溶性盐基物质大部分被淋洗,难溶性铁铝等物质集聚,使土壤呈强酸性。土层一般较厚,自然植被下有机质含量较高,结构好,开垦后质地黏重紧实。

红壤是龙陵县第二大土壤类型,占本县地域面积的25%,分布在海拔1300—1700m的地区。植被多为针叶林和阔叶林。成土母质以千枚岩和砂页岩为主。成土过程以脱硅富铝化和生物富集为主。本县红壤分为红壤、棕红壤、黄红壤等亚类。其中,黄红壤面积较大,土体上部有黄化现象,以黄橙色或橙色为主,下部仍以高岭石为主,伴有蛭石和三水铝石。

赤红壤是龙陵县第三大土壤类型,占本县地域面积的20%。植被为热带季雨林。成土母质以各种母岩风化残积物和坡积物为主。成土过程以富铝化作用和生物积累作用为主。本县赤红壤分为赤红壤、黄色赤红壤等亚类。其中,赤红壤亚类面积较大,具A-Bs-C剖面构型,土体脱硅富铝化程度仅次于砖红壤,比红壤强,铁的游离度介于二者之间,土壤呈赤红色。黏粒硅铝率为1.7—2.0,风化淋溶系数为0.05—0.15,盐基饱和度为15%—25%。

黄棕壤占本县地域面积的11%,分布在海拔2200—2400m的中山坡地上部。植被为常绿阔叶林。成土母质多为砂页岩及花岗岩风化物。土层弱度富铝化,黏聚现象明显,呈黄棕色。盐基淋洗,黏粒下移比较明显,常在淀积层下部形成黏化层。该土壤具有黄壤、红壤和棕壤的某些特性,有机质丰富,结构较好。由于山高坡陡,雨水冲刷,土层不厚。

水稻土占本县地域面积的4%,分布在海拔588—2215m的河谷和丘陵盆地。成土母质多为新生代第四系全新统冲积物、湖积物和坡积物。成土过程为淋溶作用和水耕熟化过程。本县水稻土分为淹育型、潴育型、潜育型等亚类。其中,潴育水稻土面积较大,分布在坝区,土层较深,灌溉条件较好,质地砂黏适中,有较深厚的耕作层,具A-P-W-G或A-P-W-C剖面构型。

小于本县地域面积3%的土壤类型有燥红土、紫色土、新积土、棕壤和石灰(岩)土。

本区域中心区气候特征

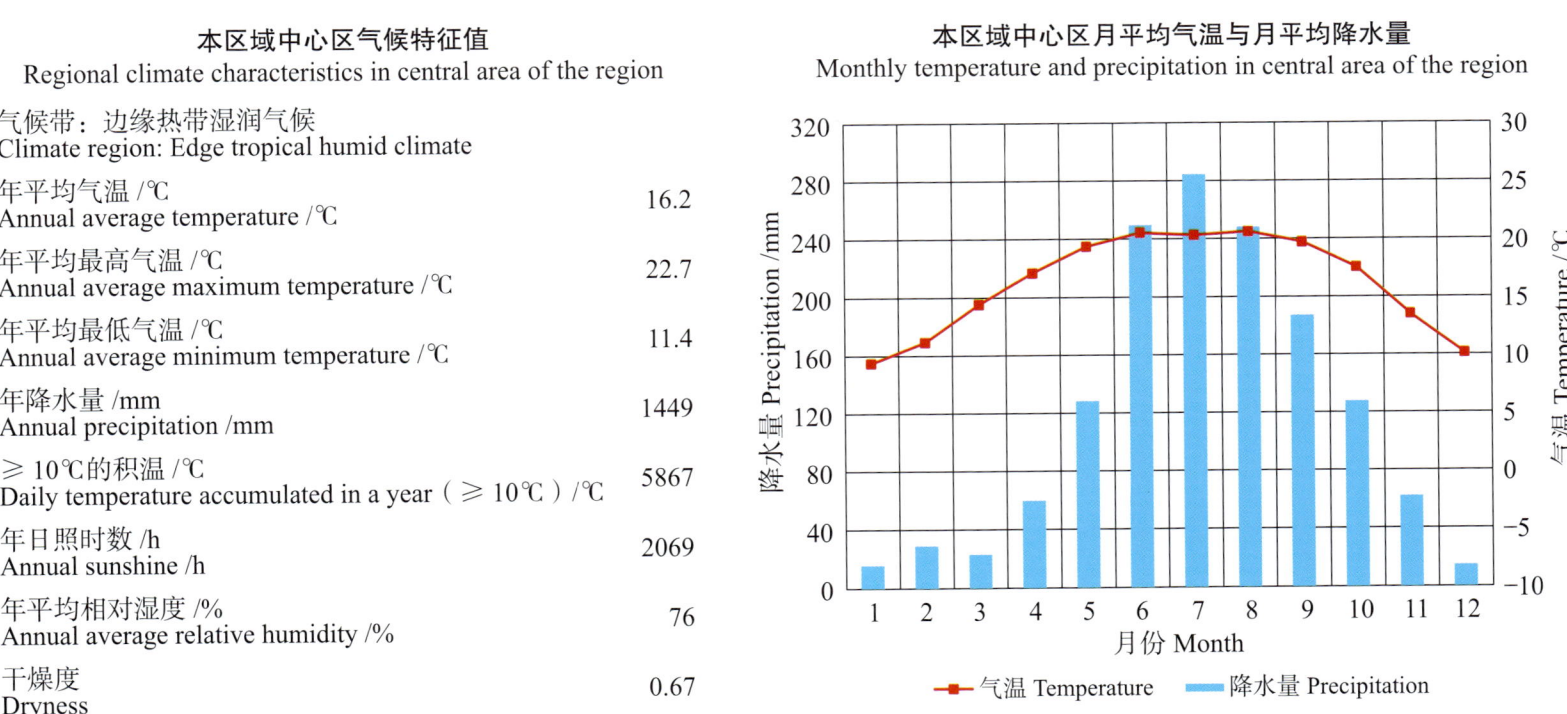

本区域中心区气候特征值 Regional climate characteristics in central area of the region	
气候带:边缘热带湿润气候 Climate region: Edge tropical humid climate	
年平均气温/℃ Annual average temperature /℃	16.2
年平均最高气温/℃ Annual average maximum temperature /℃	22.7
年平均最低气温/℃ Annual average minimum temperature /℃	11.4
年降水量/mm Annual precipitation /mm	1449
≥10℃的积温/℃ Daily temperature accumulated in a year(≥10℃)/℃	5867
年日照时数/h Annual sunshine /h	2069
年平均相对湿度/% Annual average relative humidity /%	76
干燥度 Dryness	0.67

龙陵县主要土壤类型与土壤剖面点分布图
1:350 000

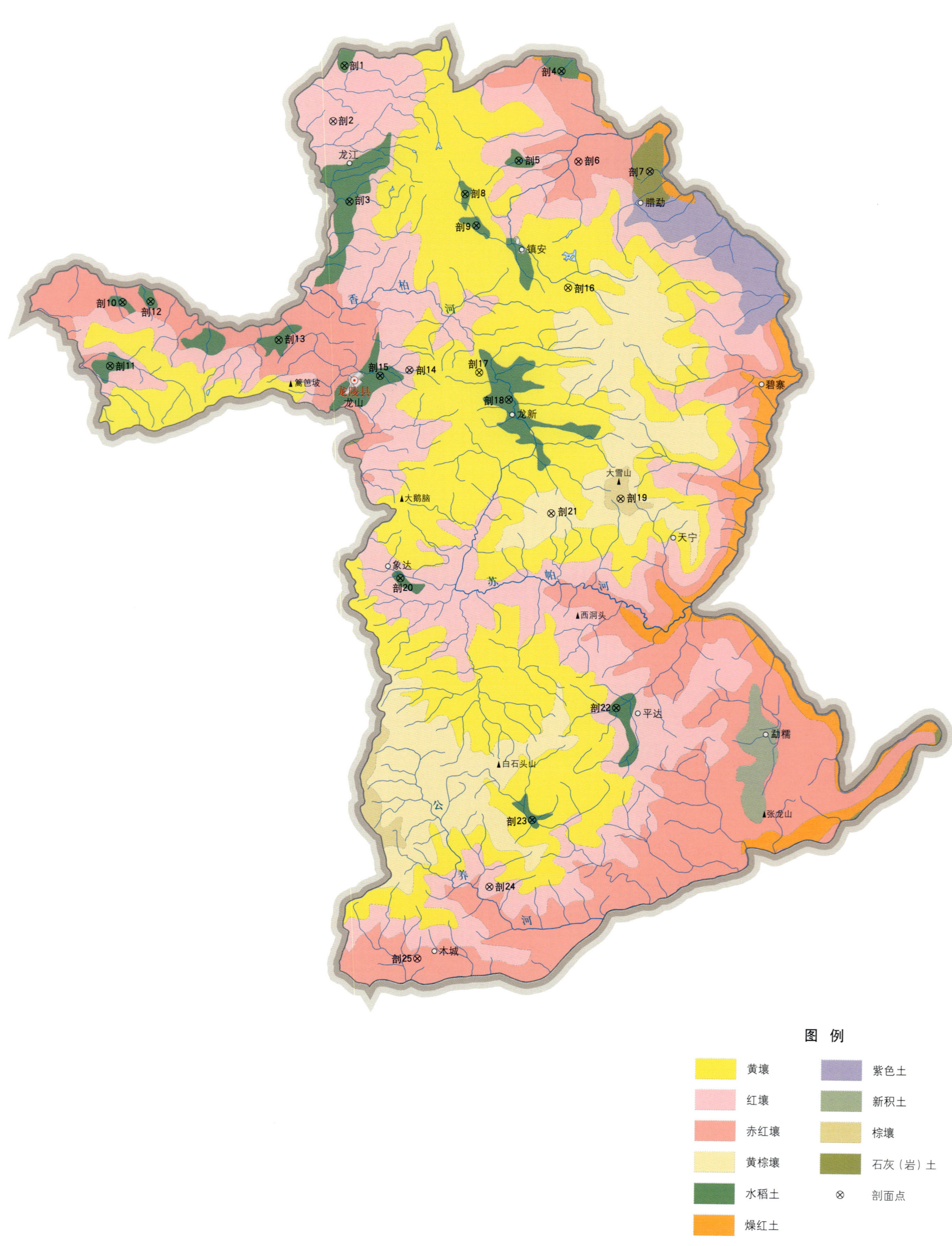

龙陵县土壤剖面理化性状表

剖面号 Soil profile	土纲 Soil order	土类 Soil great group	亚类 Soil subgroup	土属 Soil genus	土种 Soil species	土层码 Layer code	土层厚度 Depth/cm	颜色 Soil color	质地 Soil texture	土壤结构 Soil structure	pH	有机质 OM/(g/kg)	全氮 TN/(g/kg)	全磷 TP/(g/kg)	碱解氮 AN/(mg/kg)	有效磷 AP/(mg/kg)	土壤母质 Parent material	剖面点坐标 Profile coordinate	匹配指数 Matching index/%
剖1	人为土	水稻土	潜育水稻土	暗砂泥田	泥炭泥土田	A	0—16	黑色	壤土	粒状		307.1	9.00	2.11	705	36.3		E 98°40′34.9″ N 24°49′52.8″	71
						W	16—26	黑色	黏壤土	粒状		305.3	9.02	1.93	686	29.0			
						H₁	26—63	黑色	黏壤土	粒状		286.3	8.61	1.87	730	17.6			
						H₂	63—100	黑色	壤土	块状		870.3	17.42	2.40		61.5			
剖2	铁铝土	红壤	红壤	花岗岩红壤	红砂泥土	A	0—18	浅棕色	轻壤土	块状	4.5	26.0	1.33	0.71	160		花岗岩	E 98°40′02.6″ N 24°47′19.3″	100
						B₁	18—60	红色	轻壤土	块状	4.0	11.0	0.54	0.62	81				
						B₂	60—100	浅红色	轻壤土	块状	4.0	6.4	0.34	0.61	69				
剖3	人为土	水稻土	淹育水稻土	红壤性淹育水稻土	红泥田	A	0—17	灰黄色	中壤土	粒状	5.0	36.0	1.81	1.13	170			E 98°40′54.8″ N 24°43′38.3″	75
						H	17—43	灰黄色	中壤土	块状	5.0	36.2	1.74	1.23	164				
						C	43—100	浅棕色	重壤土	块状	5.0	21.0	1.14	0.89	91				
剖4	人为土	水稻土	潜育水稻土	红壤性淹育水稻土	黑泥田	A	0—16	黑色	中壤土	粒状	5.5	97.9	3.79	2.38	413			E 98°51′35.0″ N 24°49′42.8″	71
						P	16—27	浅ageS红色	中壤土	粒状	5.5	87.8	3.98	1.97	387				
						W	27—100	灰白色	重壤土	粒状	5.5	69.3	2.77	0.30	265				
剖5	人为土	水稻土	淹育水稻土	红壤性淹育水稻土	黄砂泥田	A	0—17	灰黄色	粉砂质壤土	粒状	7.7	37.6	1.86	0.27	187			E 98°49′27.5″ N 24°45′34.9″	100
						H	17—82	灰黄色	中壤土	团块状	7.6	26.7	1.44	1.17	138				
						C	82—100	浅黄棕色	中壤土	块状	7.4	14.2	1.08	1.01	93				
剖6	铁铝土	赤红壤	赤红壤	石灰岩赤红壤	砖红土	A	0—10	红棕色	中壤土	粒状	4.0	31.0	1.35	0.30	162			E 98°52′29.0″ N 24°45′34.4″	87
						B	10—100	红色	轻壤土	块状	4.0	11.3	0.70	0.42	50				
剖7	初育土	石灰（岩）土	红色石灰土	红泡土	红泡土	A	0—21	浅棕红色	中壤土	团粒状	7.0	20.5	1.06	1.21	87			E 98°56′06.4″ N 24°45′08.3″	87
						B	21—50	红色	中壤土	团粒状	7.0	6.8	0.52	0.67	25				
						C	50—100	浅红色	重壤土	块状	7.0	4.6	0.47	0.50	22				
剖8	人为土	水稻土	潜育水稻土	红壤性潜育水稻土	温坝田	A	0—21	栗色	轻壤土	粒状	5.5	87.7	3.74	0.38	369			E 98°46′45.5″ N 24°44′01.3″	82
						G₁	21—50	浅黑色	中壤土	块状	5.5	102.9	2.81	0.37	212				
						G₂	50—100	黑色	中壤土		5.5	73.7	2.23	0.27	150				
剖9	人为土	水稻土	淹育水稻土	冲积性淹育水稻土	砂石田	As	0—15	灰黄色	中壤土	粒状	5.5	28.6	1.17	1.05	191		冲积物	E 98°47′20.8″ N 24°42′34.6″	93
						Hs	15—45	灰黄色	中壤土	粒状	6.0	16.0	0.70	0.90	98				
						Cs	45—100	黄色	中壤土	粒状	6.0	12.3	0.55	1.02	72				
剖10	人为土	水稻土	淹育水稻土	紫色土性淹育水稻土	紫胶泥田	A	0—21	紫棕色	重壤土	粒状	8.5	31.8	2.21	1.33	184			E 98°29′29.4″ N 24°38′53.2″	98
						P	21—30	紫棕色	重壤土	块状	8.4	26.8	2.14	1.70	175				
						H₁	30—54	紫色	重黏土	块状	8.6	13.7	1.34	0.71	112				
						H₂	54—100	紫色	中壤土	棱柱状	8.6	11.7	1.04	0.72	84				
剖11	人为土	水稻土	淹育水稻土	冲积性淹育水稻土	红胶泥田	A	0—30	灰黄色	壤土	粒状	8.1	20.1	1.75	0.72	124			E 98°28′54.1″ N 24°35′57.5″	76
						P	30—40	灰黄色	中壤土	块状	8.2	19.1	1.53	0.67	105				
						H	40—70	浅棕色	轻黏土	块状	8.3	6.8	0.98	0.67	67				
						C	70—100	浅棕色	重黏土	块状	8.0	5.6	0.82	0.67	29				
剖12	人为土	水稻土	淹育水稻土	红壤性淹育水稻土	灰砂泥田	A	0—20	灰白色	轻壤土	粒状	4.5	53.1	2.43	0.75	259			E 98°30′54.1″ N 24°38′55.8″	70
						P	20—28	灰白色	轻壤土	块状	4.5	29.4	1.52	1.02	176				
						H	28—43	褐色	重壤土	块状	4.5	26.8	1.15	1.77	164				
						C	43—100	褐色	中壤土	粒状	5.0	20.1	1.04	0.82	124				
剖13	人为土	水稻土	潜育水稻土	红壤性潜育水稻土	棕胶泥田	A	0—15	灰棕色	重壤土	块状	5.5	40.0	1.98	1.10	218		红壤性母质	E 98°37′25.0″ N 24°37′13.8″	92
						P	15—25	灰棕色	重壤土	块状	5.5	50.7	2.39	1.75	318				
						W	25—100	暗灰棕色	重壤土	棱状	5.5	7.5	0.22	3.10	74				

续表 Continued

剖面号 Soil profile	土纲 Soil order	土类 Soil great group	亚类 Soil subgroup	土属 Soil genus	土种 Soil species	土层码 Layer code	土层厚度 Depth/cm	颜色 Soil color	质地 Soil texture	土壤结构 Soil structure	pH	有机质 OM/(g/kg)	全氮 TN/(g/kg)	全磷 TP/(g/kg)	碱解氮 AN/(mg/kg)	有效磷 AP/(mg/kg)	土壤母质 Parent material	剖面点坐标 Profile coordinate	匹配指数 Matching index/%
剖14	铁铝土	红壤	红壤	石灰岩红壤	红胶泥土	A	0—18	浅棕色	重壤土	核状	6.0	17.6	1.46	0.75	89		石灰岩	E 98°44′03.1″ N 24°35′54.6″	78
						B₁	18—32	红棕色	重壤土	块状	6.0	16.8	0.72	0.74	85				
						B₂	32—100	红黄色	轻壤土	块状	5.5	3.7	0.55	0.56	40				
剖15	人为土	水稻土	潴育水稻土	冲积性潴育水稻土	潮砂土田	A	0—22	棕色	轻壤土	粒状	4.5	63.5	3.06	3.12	291			E 98°42′33.9″ N 24°35′38.1″	86
						P	22—37	棕色	轻壤土	块状	5.0	61.7	3.11	2.06	258				
						W	37—70	暗棕灰色	轻壤土	块状	5.0	43.7	1.33	3.28	131				
						Gs	70—100	浅灰色	砾质砂壤土		6.0	21.1	0.83	1.70	88				
剖16	铁铝土	黄壤	黄壤	砂页岩黄壤	黄泥土	A	0—22	灰黄色	轻壤土	粒状	4.5	53.2	2.79	1.83	312			E 98°52′01.3″ N 24°39′45.2″	86
						B₁	22—39	浅棕灰黄色	轻壤土	粒状	4.5	52.7	2.41	1.72	343				
						B₂	39—100	浅黄棕色	轻壤土	粒状	4.5	36.7	1.95	1.85	259				
剖17	铁铝土	黄壤	黄壤	花岗岩黄壤	灰黄土	A	0—22	棕黄色	粉砂质壤土	粒状	4.6	61.1	2.48	0.92	257		花岗岩	E 98°47′34.8″ N 24°35′49.9″	83
						B	22—74	黄黄色	砾质砂土		4.8	12.9	0.48	0.92	79				
						C	74—100	紫黄色	砾质砂土		4.9	53.7	2.40	1.51	242				
剖18	人为土	水稻土	潴育水稻土	冲积性潴育水稻土	油砂土田	A	0—19	灰黄色	粉砂质壤土	粒状	5.5	40.7	2.06	0.14	49		冲积物	E 98°49′05.5″ N 24°34′35.8″	88
						P	19—29	灰白色	砂壤土	块状	5.5	35.2	2.21	0.11	72				
						Ws	29—48	黄棕色	壤土	粒状	6.0	11.7	0.57	0.09	201				
						W	48—100	白色	重壤土	块状	6.5	4.5	0.24	0.90	216				
剖19	淋溶土	棕壤	棕壤	砂页岩棕壤	灰塘土	A	0—11	黑色	轻壤土	粒状	5.0	112.5	5.42	0.58	346			E 98°54′47.5″ N 24°30′01.5″	89
						B	11—21	灰黄色	砾质砂壤土	块状	4.5	35.7	1.13	0.36	108				
						C	21—100	黄色	砾质砂壤土	块状	6.0	4.6	0.31	0.58	45				
剖20	人为土	水稻土	黄棕壤	冲积性淹育水稻土	黄砂田	A	0—17	浅黄棕色	粉砂质壤土	粒状	5.0	41.6	1.83	1.06	242		冲积物	E 98°43′42.6″ N 24°26′19.7″	92
						C₁	17—26	浅黄棕色	粉砂质壤土	细粒状	4.5	37.1	1.75	0.98	235				
						C₂	26—100	棕黄色	粉砂质壤土	细粒状	5.0	60.0	3.12	1.90	331				
剖21	淋溶土	黄棕壤	黄棕壤	花岗岩黄棕壤	灰泡土	B₁	0—20	灰棕色	中壤土	块状	4.5	153.6	5.56	1.38	496		花岗岩	E 98°51′17.3″ N 24°29′22.2″	88
						B₂	20—49	灰棕色	中壤土	粒状	5.0	75.1	2.66	1.42	315				
						C	49—100	灰黄棕色	中壤土	粒状	5.0	86.2	3.12	1.19	282				
剖22	人为土	水稻土	潴育水稻土	红壤性潴育水稻土	草炭土田	A	0—16	黑色	轻壤土	粒状	4.5	307.1	9.00	2.11	705			E 98°54′41.8″ N 24°20′26.9″	72
						P	16—26	黑色	中壤土	粒状	4.5	305.3	9.02	1.93	686				
						W₁	26—63	黑色	中壤土	粒状	4.5	286.3	8.61	1.87	730				
						W₂	63—100	黑色	轻壤土	粒状	4.5	870.3	17.42	2.40					
剖23	人为土	水稻土	淹育水稻土	冲积性淹育水稻土	红砂泥田	A	0—21	灰白色	砂壤土	粒状	4.5	33.1	1.18	0.67	179			E 98°50′31.9″ N 24°15′15.1″	72
						H₁	21—38	灰白色	砂壤土	块状	5.5	26.0	1.06	0.72	128				
						H₂	38—78	灰白色	砂壤土	块状	5.5	19.3	0.85	0.75	129				
						C	78—100	紫棕色	砂壤土	团块状	6.0	14.4	0.85	0.82	105				
剖24	铁铝土	红壤	黄红壤	砂页岩黄红壤	黄红土	A	0—17	浅黄棕色	中壤土	核状	4.5	33.4	1.70	1.00	195		砂页岩	E 98°48′24.4″ N 24°12′08.4″	81
						B₁	17—38	橙色	重壤土	块状	4.5	16.3	1.11	1.51	101				
						B₂	38—100	黄橙色	重壤土	粒状	4.5	6.9	0.80	0.80	77				
剖25	铁铝土	赤红壤	赤红壤	砂页岩赤红壤	砖红土	A	0—14	浅棕红色	重壤土	块状	5.0	19.8	1.01	0.93	133		砂页岩	E 98°44′49.4″ N 24°08′46.7″	88
						B₁	14—40	浅红棕色	重壤土	块状	4.5	17.3	0.82	0.85	93				
						B₂	40—100	浅红棕色	重壤土	块状	4.5	9.1	0.60	1.97	82				

昌 宁 县

主要土类说明

黄壤是昌宁县主要土壤类型，占本县地域面积的32%，多见于海拔1200—2000m的山区。植被为湿性常绿阔叶林和苔藓常绿阔叶林。成土过程以脱硅富铝化、生物富集和黄化过程为主。黏土矿物以蛭石为主，其次为高岭石和伊利石。黄壤中度富铝化，具O-A-AB-B-C剖面构型。淀积层（B层）富含水合氧化物（针铁矿），呈黄色，有时含三水铝石。土壤有机质含量较高，可达100g/kg，pH为4.5—5.5。

赤红壤是昌宁县第二大土壤类型，占本县地域面积的17%，分布在海拔608—1200m的低山和中山。植被为南亚热带季风常绿阔叶林。成土母质以各种母岩风化残积物和坡积物为主。成土过程为富铝化作用和生物积累作用。本县赤红壤分为赤红壤、黄色赤红壤等亚类。赤红壤亚类具A-Bs-C剖面构型，土体脱硅富铝化程度仅次于砖红壤，比红壤强，铁的游离度介于二者之间，土壤呈赤红色。黏粒硅铝率为1.7—2.0，风化淋溶系数为0.05—0.15，盐基饱和度为15%—25%，pH一般低于5.5。黄色赤红壤土体中氧化铁等矿物的水合度较高，有较明显的黄化层，土壤有机质和游离铁的活化度均高于典型的赤红壤。

红壤是昌宁县第三大土壤类型，占本县地域面积的15%。植被为常绿阔叶林。成土母质以各种母岩风化残积物和坡积物为主。成土过程以脱硅富铝化和生物富集为主。红壤呈中度脱硅富铝化特征，具A-Bs-Bv或A-Bs-C剖面构型，土壤黏粒中游离铁占全铁的50%—60%。黏土矿物以高岭石、赤铁矿为主，黏粒硅铝率为1.8—2.4，风化淋溶系数小于0.2，盐基饱和度小于35%，pH为4.5—5.5。

紫色土占本县地域面积的12%，多与红壤交错分布。植被为云南杉、常绿阔叶林或灌丛草地。成土母质多为中生代的紫红色砂页岩。成土过程以母岩的快速物理崩解、频繁侵蚀堆积及碳酸钙的不断淋失为主，生物积累作用较弱。本县紫色土分为酸性紫色土、中性紫色土、石灰性紫色土等亚类。其中，酸性紫色土面积较大，黏土矿物一般以蛭石和水云母为主，有机质和全氮含量高于其他亚类，全磷和全钾含量较低，pH为4.5—5.5。

黄棕壤占本县地域面积的11%，分布在海拔2200—2400m的中山坡地上部。成土母质多为砂页岩及花岗岩风化物。成土过程受淋溶、黏化及弱富铝化作用的影响。土层弱度富铝化，黏聚现象明显，呈黄棕色。该土壤具A-B-C或A-（B）-C剖面构型，黏粒硅铝率在2.5左右，铁的游离度较红壤低，B层交换性酸大于A层。

小于本县地域面积5%的土壤类型有燥红土、水稻土、石灰（岩）土、新积土和棕壤。

本区域中心区气候特征

本区域中心区气候特征值
Regional climate characteristics in central area of the region

气候带：南亚热带湿润气候 Climate region: South subtropical humid climate	
年平均气温 /℃ Annual average temperature /℃	16.0
年平均最高气温 /℃ Annual average maximum temperature /℃	22.4
年平均最低气温 /℃ Annual average minimum temperature /℃	11.2
年降水量 /mm Annual precipitation /mm	1254
≥10℃的积温 /℃ Daily temperature accumulated in a year（≥10℃）/℃	5808
年日照时数 /h Annual sunshine /h	2132
年平均相对湿度 /% Annual average relative humidity /%	73
干燥度 Dryness	0.78

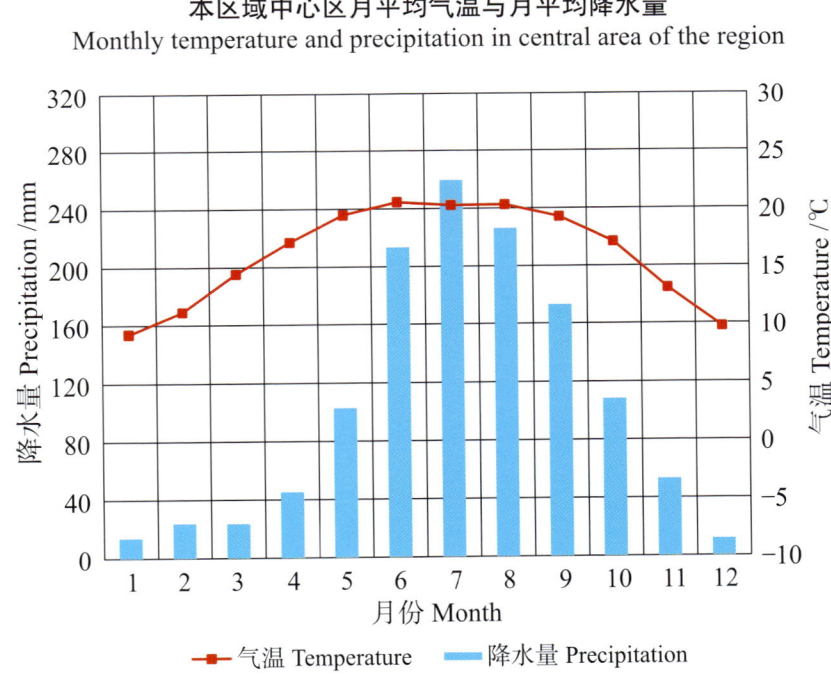

本区域中心区月平均气温与月平均降水量
Monthly temperature and precipitation in central area of the region

昌宁县主要土壤类型与土壤剖面点分布图
1:360 000

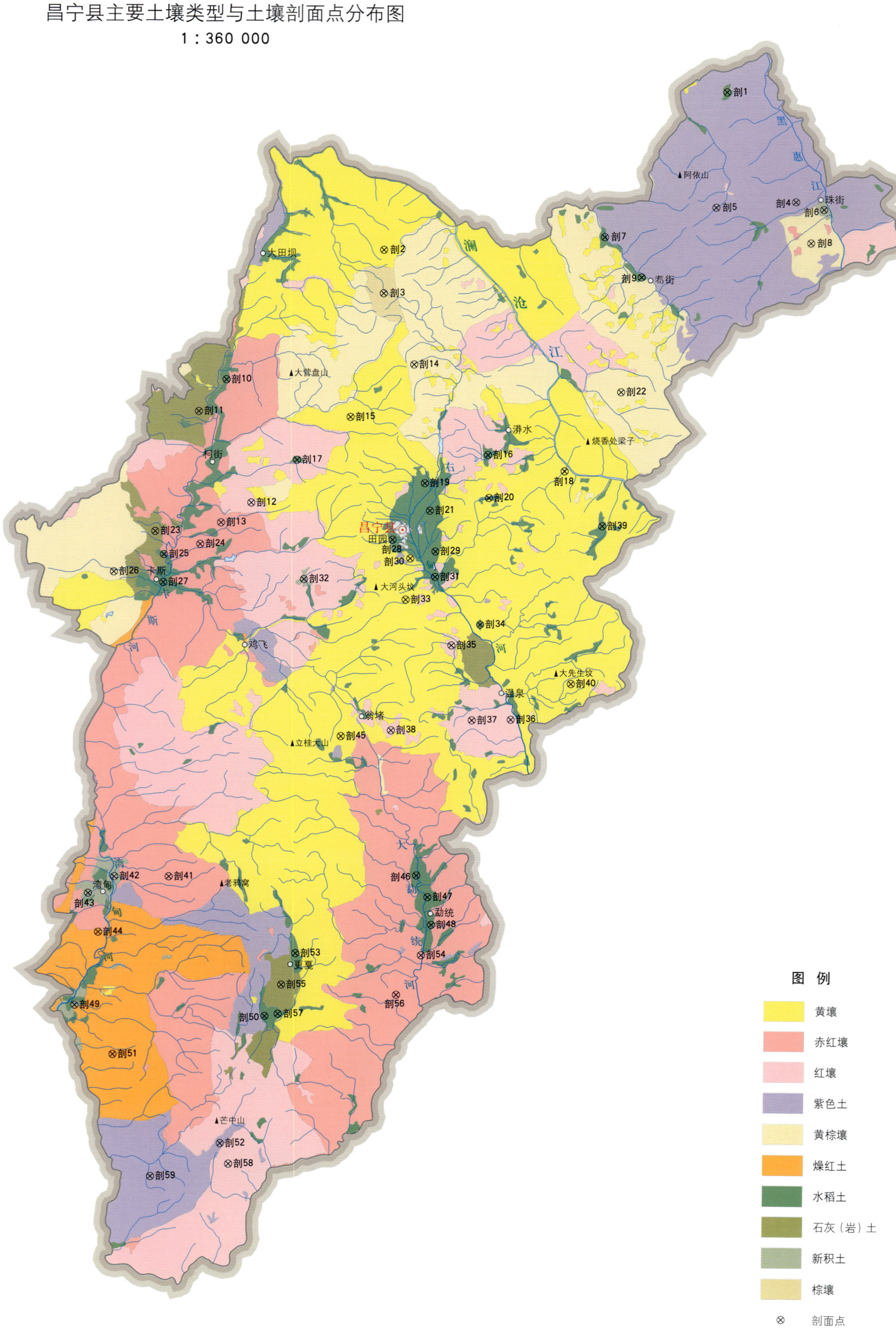

图 例

- 黄壤
- 赤红壤
- 红壤
- 紫色土
- 黄棕壤
- 燥红土
- 水稻土
- 石灰（岩）土
- 新积土
- 棕壤
- ⊗ 剖面点

昌宁县土壤剖面理化性状表

剖面号 Soil profile	土纲 Soil order	土类 Soil great group	亚类 Soil subgroup	土属 Soil genus	土种 Soil species	土层码 Layer code	土层厚度 Depth/cm	颜色 Soil color	质地 Soil texture	土壤结构 Soil structure	pH	有机质 OM/(g/kg)	全氮 TN/(g/kg)	全磷 TP/(g/kg)	碱解氮 AN/(mg/kg)	土壤母质 Parent material	剖面点坐标 Profile coordinate	匹配指数 Matching index/%
剖1	人为土	水稻土	淹育水稻土	紫色土性淹育水稻土	红紫泥田	1	0—15	紫色	中壤土	粒状	5.0	25.7	1.74	1.09	128		E 99°53′30.8″ N 25°10′35.0″	90
						2	15—45	紫色	重壤土	柱状	5.1	13.7	1.06	0.79	69			
						3	45—100	紫红色	轻壤土	块状	5.1	5.1	0.93	0.79	29			
剖2	铁铝土	黄壤	黄壤	砂页岩黄壤	黄泥土	1	0—15	灰黄色	中壤土	粒状	5.1	57.0	3.05	1.45	325		E 99°35′24.7″ N 25°03′04.3″	87
						2	15—48	浅黄色	重壤土	块状	5.2	10.0	0.74	0.65	88			
						3	48—72	黄色	中壤土	块状								
						4	72—100											
剖3	淋溶土	棕壤	棕壤	砂页岩棕壤	山基土	1	0—6									砂页岩	E 99°35′24.4″ N 25°01′00.1″	85
						2	6—26	暗棕色	砾质轻壤土	块状	4.4	93.2	5.42	0.09	358			
						3	26—50	灰白色	中壤土	块状	4.6	54.0	5.09	0.34	212			
						4	50—100	灰白色										
剖4	初育土	紫色土	中性紫色土	紫砂土	灰紫泥土	1	0—17	紫灰色	砂壤土	粒状	4.5	46.0	2.09	1.44	150		E 99°57′08.6″ N 25°05′20.0″	77
						2	17—100	灰灰色	砂壤土	块状	4.6	30.0	1.56	0.78	114			
剖5	初育土	紫色土	酸性紫色土	紫砂土	紫砂石土	1	0—20	红棕色	轻壤土	粒状、块状	4.6	49.7	2.17	0.76	207		E 99°52′55.9″ N 25°05′04.6″	74
						2	20—85	黄红色	轻壤土	块状	4.6	27.1	1.18	0.95	129			
						R	85—100											
剖6	初育土	新积土	冲积土	河滩紫色冲积土	粉砂土	1	0—20	紫色	粉砂质壤土	粒状	5.7	4.4	0.31	0.97	23		E 99°58′36.8″ N 25°04′57.7″	91
						2	20—100	紫色	砂壤土	粒状	5.2	4.4	0.29	1.17	20			
剖7	人为土	水稻土	淹育水稻土	紫色土性淹育水稻土	紫泥田	1	0—16	黄灰色	中壤土	粒状	7.4	30.0	1.73	0.89	128		E 99°47′03.8″ N 25°03′41.0″	78
						2	16—100	灰棕色	重壤土	块状	7.5	29.5	1.65	0.95	130			
剖8	淋溶土	黄棕壤	黄棕壤	砂页岩黄棕壤	黄棕土	1	0—18	浅黄色	中壤土	粒状	4.6	55.0	1.74	0.23	189	砂页岩	E 99°57′56.9″ N 25°03′21.6″	75
						2	18—41	灰灰棕色	中壤土	块状	4.7	108.0	1.74	0.10	165			
						3	41—100	浅黄棕色	中壤土	粒状								
剖9	人为土	水稻土	淹育水稻土	冲积紫色淹育水稻土	紫砂田	1	0—16	紫红色	砂土	粒状	6.7	12.0	0.76	0.78	58	冲积物	E 99°49′00.1″ N 25°01′45.5″	86
						2	16—100	紫色	砂石土	粒状	6.9	8.6	0.60	0.83	40			
剖10	人为土	水稻土	潜育水稻土	冲积性潜育水稻土	青砂泥田	1	0—17	黄灰色	中壤土	粒状	5.2	36.4	1.84	0.85	177	冲积物	E 99°27′07.9″ N 24°56′53.2″	86
						2	17—25	褐棕色	砂壤土	块状	5.2	30.0	1.42	0.46	150			
						3	25—100	青灰色	中壤土	粒状	6.1	23.3	1.43	0.11	132			
剖11	初育土	石灰(岩)土	红色石灰土	红泡土	红泡土	1	0—19	褐红色	轻壤土	粒状	6.3	20.0	1.09	0.10	113		E 99°25′40.9″ N 24°55′22.0″	91
						2	19—100	浅红色	中壤土	块状	4.6	33.0	2.32	1.64	206			
剖12	铁铝土	红壤	棕红壤	砂页岩棕红壤	棕红土	1	0—16	黄棕色	中壤土	微团粒状	4.5	16.0	1.66	2.34	149	砂页岩	E 99°28′28.2″ N 24°50′59.3″	97
						2	16—36	红棕色	中壤土	块状								
						3	36—100											
剖13	铁铝土	赤红壤	黄色赤红壤	砂页岩黄色赤红壤	黑泥土	1	0—20	紫色	中壤土	核块状	4.5	33.6	1.69	1.93	117	砂页岩	E 99°26′52.8″ N 24°50′02.4″	88
						2	20—50	灰灰色	中壤土	核块状	4.7	22.0	1.24	1.52	114			
						3	50—100	灰灰色	重壤土	块状								
剖14	淋溶土	黄棕壤	粗骨性黄棕壤	砂页岩粗骨性黄棕壤	石渣子土	1	0—6	暗棕色	轻壤土	粒状	4.2	106.0	3.76	0.15	289	砂页岩	E 99°37′00.8″ N 24°57′36.0″	85
						2	6—26	暗黄棕色	中壤土	块状	4.3	93.0	3.08	0.13	299			
						3	26—51	浅黄棕色	中壤土	块状								
						4	51—79											
						5	79—100											

续表 Continued

剖面号 Soil profile	土纲 Soil order	土类 Soil great group	亚类 Soil subgroup	土属 Soil genus	土种 Soil species	土层码 Layer code	土层厚度 Depth/cm	颜色 Soil color	质地 Soil texture	土壤结构 Soil structure	pH	有机质 OM/(g/kg)	全氮 TN/(g/kg)	全磷 TP/(g/kg)	碱解氮 AN/(mg/kg)	土壤母质 Parent material	剖面点坐标 Profile coordinate	匹配指数 Matching index/%
剖15	铁铝土	黄壤	黄壤	花岗岩黄壤	黄砂土	1	0–20	浅灰色	轻壤土	粒状	5.9	58.0	3.47	0.66	294		E 99°33′40.3″ N 24°55′05.9″	91
剖16	人为土	水稻土	潴育水稻土	红壤性潴育水稻土	灰胶泥田	1	0–17	灰色	重壤土	块状	7.2	30.0	1.57	0.73	132		E 99°40′55.6″ N 24°53′16.4″	97
						2	17–30	浅灰色	重壤土	块状	7.3	10.0	0.74	0.98				
						3	30–100	灰黄色	轻壤土	棱柱状	6.8	29.2	1.33	1.49	48			
剖17	人为土	水稻土	淹育水稻土	红壤性淹育水稻土	石片底田	1	0–15	灰色	轻壤土	粒状	6.8	26.0	0.89	1.43	181	红壤性母质	E 99°30′52.2″ N 24°53′02.4″	87
						2	15–35	浅灰色	轻壤土	块状	6.9	15.0	0.76	2.59	140			
						3	35–100								117			
剖18	铁铝土	黄壤	黄壤	花岗岩黄壤	白砂土	1	0–3										E 99°44′57.8″ N 24°52′30.0″	93
						2	3–23	棕黄色	轻壤土	粒状	4.4	43.0	1.29	0.54	147			
						3	23–53	灰白色	粉砂质壤土	粒状	4.5	13.0	0.45	0.33	91			
						4	53–100											
剖19	人为土	水稻土	淹育水稻土	冲积性淹育水稻土	砂石田	1	0–16	棕灰色	砂壤土	粒状	7.0	28.6	1.14	2.02	146	冲积物	E 99°37′36.1″ N 24°51′55.4″	96
						2	16–100	浅灰色	砂石土	粒状	7.0	8.6	0.89	0.99	50			
剖20	人为土	水稻土	潴育水稻土	黄泡田	草炭土田	1	0–16	黑灰色	轻壤土	粒状	6.3	123.0	5.13	2.90	404	红壤性母质	E 99°40′59.2″ N 24°51′13.3″	86
						2	16–41	黑褐色	轻壤土	块状	6.3	125.0	7.46	4.66	409			
						3	41–100											
剖21	人为土	水稻土	潴育水稻土	砂页岩黄色水稻土	香面土田	1	0–14	灰黄色	中壤土	粒状	5.9	30.0	1.07	1.69	148	红壤性母质	E 99°37′52.7″ N 24°50′37.3″	93
						2	14–60	红黄色	轻壤土	粒状	6.0	36.3	1.10	0.69	113			
						3	60–100	黄灰色	粉砂质壤土	粒状	6.0	36.9	0.97	0.59	115			
剖22	淋溶土	黄棕壤	黄棕壤	砂页岩黄棕壤	灰泡土	1	0–10										E 99°47′55.8″ N 24°56′17.4″	89
						2	10–17	棕黑色	轻壤土	粒状	4.8	140.9	5.65	0.09	959	砂页岩		
						3	17–85	灰褐色	中壤土	粒状	4.8	93.9	5.07	0.28	485			
						4	85–100											
剖23	初育土	石灰(岩)土	黄色石灰土	黄泡土		1	0–18	灰褐色	中壤土	粒状	7.5	30.0	1.42	0.76	118		E 99°23′25.1″ N 24°49′37.2″	96
						2	18–58	黄褐色	重壤土	块状	7.8	16.6	0.98	0.11	65			
						3	58–100	黄色	中壤土	块状	7.5	6.7	0.67	0.10	44			
剖24	铁铝土	赤红壤	黄色赤红壤	砂页岩黄色赤红壤	灰白泥土	1	0–20	棕灰色	轻壤土	粒状	4.5	20.0	0.96	0.94	82	红壤性母质	E 99°25′47.3″ N 24°49′00.5″	81
						2	20–49	浅灰色	轻壤土	柱状	4.5	12.4	0.62	0.69	61			
						3	49–100											
剖25	人为土	水稻土	潴育水稻土	红壤性潴育水稻土	棕棕泥田	1	0–18	灰白色	重壤土	柱状	4.8	25.9	6.60	1.59	118	红壤性母质	E 99°23′53.2″ N 24°48′30.6″	80
						2	18–47	灰棕色	重壤土	块状	4.7	16.7	1.20	1.20	76			
						3	47–100	棕色	轻壤土	块状	4.7	13.9	1.18	1.25	67			
剖26	淋溶土	黄棕壤	黄棕壤	砂页岩黄棕壤	灰棕土	1	0–15	棕色	轻壤土	粒状	5.5	45.0	2.35	2.38	180	砂页岩	E 99°21′15.1″ N 24°47′40.6″	74
						2	15–45	棕黄色	中壤土	块状	5.7	21.0	1.30	1.86	63			
						3	45–100											
剖27	人为土	水稻土	潴育水稻土	冲积性潴育水稻土	鸡粪土田	1	0–19	暗灰色	中壤土	团粒状、块状	4.8	76.3	4.10	0.75	15	冲积物	E 99°23′51.0″ N 24°47′10.3″	76
						2	19–31	灰色	中壤土	柱状、块状	4.8	55.4	3.00	0.69	2			
						3	31–73	棕黄色	中壤土	块状	4.8	50.0	2.64	0.59	2			
						4	73–100	黄色	中壤土	块状	4.9	17.1	1.01	0.54	2			
剖28	人为土	水稻土	淹育水稻土	红壤性淹育水稻土	红泥田	1	0–16	棕黄色	黏土	块状	6.8	52.3	2.50	2.95	222		E 99°35′54.8″ N 24°49′13.9″	92
						2	16–66	棕黄色	黏土	块状	7.3	47.6	2.29	2.82	253			
						3	66–100	棕红色	黏土	块状	7.3	20.0	1.11	1.72	86			

续表 Continued

剖面号 Soil profile	土纲 Soil order	土类 Soil great group	亚类 Soil subgroup	土属 Soil genus	土种 Soil species	土层码 Layer code	土层厚度 Depth/cm	颜色 Soil color	质地 Soil texture	土壤结构 Soil structure	pH	有机质 OM/(g/kg)	全氮 TN/(g/kg)	全磷 TP/(g/kg)	碱解氮 AN/(mg/kg)	土壤母质 Parent material	剖面点坐标 Profile coordinate	匹配指数 Matching index/%
剖29	人为土	水稻土	潜育水稻土	冲积性潜育水稻土	烂巴田	1	0–19	青灰色	中黏土	块状	5.6	36.5	1.39	0.76	119	冲积物	E 99°38′10.3″ N 24°48′40.0″	76
剖30	铁铝土	黄壤	黄壤	砂页岩黄壤	白泥土	1	0–19	青灰色	中壤土	块状	4.8	87.6	2.20	0.57	167	砂页岩	E 99°36′51.1″ N 24°48′19.8″	71
						1	0–19	浅灰色	中黏土	粒状	4.7	22.0	1.23	0.20	131			
						2	19–58	灰灰色	轻黏土	块状	4.9	5.2	0.72	0.13	50			
						3	58–100	白色		块状								
剖31	人为土	水稻土	潜育水稻土	冲积性淹育水稻土	粉砂泥田	1	0–20	灰黄色	粉砂质壤土	粒状	6.7	27.3	1.28	0.29	151	冲积物	E 99°38′09.6″ N 24°47′26.9″	80
						2	20–25	灰色	粉砂质壤土	块状	6.7	22.8	1.25	0.27	136			
						3	25–44	青灰色	粉砂质壤土	柱状	6.7	19.5	1.03	0.26	101			
						4	44–75	灰黄色	粉砂质壤土	柱状	6.7	14.5	0.66	0.28	62			
						5	75–100	黄色	砂壤土									
剖32	初育土	新积土	冲积土	河阶冲积土	砂胶土	1	0–23	浅灰黄色	粉砂质壤土	块状	4.7	17.9	0.91	1.03	115		E 99°31′15.6″ N 24°47′20.4″	83
						2	23–45	黄灰色	轻壤土	块状	4.7	14.8	1.01	1.20	80			
						3	45–100	黄灰色	砂壤土	粒状	4.7	6.1	0.59	1.28	40			
剖33	铁铝土	黄壤	黄壤	花岗岩黄壤	灰泥土	1	0–17	灰黄色	中壤土	粒状	4.8	32.0	1.54	0.19	173	花岗岩	E 99°36′37.0″ N 24°46′21.9″	79
						2	17–100	黄黄色	中壤土	块状	4.8	39.0	1.98	0.17	197			
剖34	人为土	水稻土	淹育水稻土	红壤性淹育水稻土	冷水田	1	0–13	棕黄色	中壤土	块状	6.0	42.4	2.05	1.45	181	红壤性母质	E 99°40′32.9″ N 24°45′10.8″	81
						2	13–60	棕黄色	中壤土	块状	6.2	30.0	1.28	1.25	124			
						3	60–100	黄色	轻壤土	块状	6.3	26.9	1.14	0.91	108			
剖35	铁铝土	黄红壤	黄红壤	砂页岩黄红壤	香面土	1	0–18	黄棕色	轻壤土	小粒状	4.8	136.0	4.44	0.41	345	砂页岩	E 99°39′02.2″ N 24°44′11.0″	96
						2	18–50	红黄色	轻壤土	小粒状	4.9	50.0	2.15	0.31	199			
						3	50–100			小粒状								
剖36	铁铝土	红壤	红壤	砂页岩红壤	红香面土	1	0–16	灰黄色	中壤土	粒状	5.2	32.0	1.64	1.14	165	砂页岩	E 99°42′10.4″ N 24°40′37.6″	89
						2	16–38	黄灰色	中壤土	块状	5.0	15.7	1.05	0.58	98			
						3	38–100		中壤土	块状								
剖37	铁铝土	红壤	红壤	砂页岩红壤	红泥土	1	0–17	红棕色	中壤土	粒状	4.4	37.5	1.62	2.05	210	砂页岩	E 99°40′08.2″ N 24°40′35.3″	76
						2	17–100	黄棕色	中壤土	块状	4.5	5.9	0.32	0.74	44			
剖38	铁铝土	红壤	粗骨性红壤	片岩粗骨性红壤	石片土	1	0–17	黄红色	粉砂质壤土	片状	4.7	30.0	1.90	1.73	176	片岩	E 99°35′52.8″ N 24°40′06.6″	81
						R	17–100	棕黄色	中壤土	片状	4.6	20.0	1.22	1.23	118			
剖39	人为土	水稻土	淹育水稻土	冲积性淹育水稻土	浮砂泥田	1	0–15	黄色	粉砂质壤土	粒状	6.9	20.0	0.98	0.73	160		E 99°46′57.4″ N 24°49′52.7″	99
						2	15–100	黄灰色	砂壤土	块状	6.9	19.0	0.93	0.66	134			
剖40	黄壤	黄壤	粗骨性黄壤	砂页岩粗骨性黄棕壤	石片土	1	0–17	棕黄色	中壤土	粒状	4.8	44.0	2.23	0.19	203	砂页岩	E 99°45′19.5″ N 24°42′20.7″	83
						2	17–80	浅黄色	中壤土	片状	4.8	38.0	1.85	0.17	180	砂页岩		
						3	80–100											
剖41	铁铝土	黄色赤红壤	黄色赤红壤	砂页岩黄色赤红壤	砖黄土	1	0–17	灰黄色	重壤土	块状	4.5	27.0	1.32	0.99	98	砂页岩	E 99°24′15.1″ N 24°33′05.0″	87
						2	17–50	黄黄色	重壤土	块状	4.5	23.0	1.21	0.99	93			
						3	50–100		轻壤土	粒状								
剖42	淋溶土	黄棕壤	粗骨性黄棕壤	砂页岩粗骨性黄棕壤	石子黄棕土	1	0–15	灰黄色	中壤土	粒状	5.2	48.3	2.97	4.05	263	砂页岩	E 99°21′23.4″ N 24°33′04.7″	99
						2	15–50	灰黄色	中壤土	块状	5.7	42.0	2.28	4.09	201			
						3	50–100											
剖43	初育土	新积土	冲积土	河滩冲积土	河砂土	1	0–23	浅黄色	粉砂质壤土	粒状	4.7	9.2	0.59	0.94	45	砂页岩	E 99°20′00.7″ N 24°32′16.9″	81
						2	23–43	浅黄色	粉砂质壤土	块状	4.7	4.2	0.64	0.93	19			
						3	43–100	黄色	砂壤土	粒状	4.7	6.8	0.16	1.03	50			
剖44	半淋溶土	燥红土	燥红土	红褐色土	黄褐色红土	1	0–20	灰黄色	中壤土	粒状	6.0	34.6	1.65	2.11	63	砂页岩	E 99°20′33.0″ N 24°30′23.0″	88
						2	20–68	浅黄色	轻壤土	块状	4.8	4.1	1.71	1.67	20			
						3	68–100											

续表 Continued

剖面号 Soil profile	土纲 Soil order	土类 Soil great group	亚类 Soil subgroup	土属 Soil genus	土种 Soil species	土层码 Layer code	土层厚度 Depth/cm	颜色 Soil color	质地 Soil texture	土壤结构 Soil structure	pH	有机质 OM/(g/kg)	全氮 TN/(g/kg)	全磷 TP/(g/kg)	碱解氮 AN/(mg/kg)	土壤母质 Parent material	剖面点坐标 Profile coordinate	匹配指数 Matching index/%
剖45	铁铝土	黄壤	粗骨性黄壤	老冲积粗骨性黄壤	砂石土	1	0~2	浅黄色	轻壤土	块状	4.5	8.3	0.54	0.89	56	老冲积物	E 99°33′14.8″ N 24°39′49.5″	76
						2	2~7				4.5	5.7	0.36	0.79	48			
						R	7~100											
剖46	人为土	水稻土	潴育水稻土	红壤性潴育水稻土	白底灰泥田	1	0~20	黄灰色	中壤土	块状	6.5	20.0	0.99	0.56	139	红壤性母质	E 99°37′15.2″ N 24°33′10.4″	97
						2	20~38	灰白色	重壤土	块状	6.7	14.6	0.75	0.53	81			
						3	38~100	浅灰色	重壤土	块状	6.8	6.5	0.59	0.39	59			
剖47	人为土	水稻土	潴育水稻土	冲积性潴育水稻土	河砂底田	1	0~13	棕灰色	中壤土	块状	7.0	28.0	1.42	0.75	128	冲积物	E 99°37′51.1″ N 24°32′08.2″	84
						2	13~30	黄灰色	中壤土	块状	7.4	17.9	0.71	1.16	93			
						3	30~100	棕灰色	砂壤土	粒状								
剖48	人为土	水稻土	潴育水稻土	红壤性潴育水稻土	灰泥田	1	0~18	黄灰色	黏壤土	块状	6.4	29.7	1.40	1.69	151	红壤性母质	E 99°38′03.0″ N 24°30′47.8″	85
						2	18~58	棕灰色	重壤土	柱状	6.5	33.9	1.54	1.53	149			
						3	58~100	灰黄色	中壤土	块状	6.6	28.5	1.47	1.07	139			
剖49	初育土	新积土	冲积土	螨象灰色冲积土	灰砂泥土	1	0~22	暗黄色	粉砂质壤土	团粒状	4.7	26.8	1.50	0.98	113		E 99°19′21.8″ N 24°26′52.7″	81
						2	22~32	灰黄色	中壤土	粒状	4.7	12.9	0.56	0.73	52			
						3	32~76	黄灰色	轻壤土	粒状	4.7	7.0	1.44	0.93	119			
						4	76~100											
剖50	人为土	水稻土	淹育水稻土	紫色土性淹育水稻土	黄紫泥田	1	0~13	黄紫色	中黏土	粒状	6.9	29.5	1.41	1.84	154		E 99°29′20.0″ N 24°26′23.4″	73
						2	13~100	红黄色	重黏土	粒状	7.4	10.9	0.07	1.44	72			
剖51	半淋溶土	燥红土	燥红土	红褐色土	燥红土	1	0~15	红棕色	中壤土	柱状	5.0	20.7	1.87	0.75	113		E 99°21′22.7″ N 24°24′31.3″	85
						2	15~65	黄红色	中壤土	柱状	4.4	7.8	1.28	0.58	61			
						3	65~100		重壤土	块状	4.4	5.5	0.11	0.96	55			
剖52	初育土	紫色土	中性紫色土	紫泥土	紫泥土	1	0~13	紫色	中壤土	核粒状	4.8	12.4	0.62	0.94	58		E 99°27′02.9″ N 24°20′19.3″	87
						2	17~100	紫色	中壤土	粒状	4.7	12.4	0.70	0.94	61			
剖53	人为土	水稻土	潴育水稻土	红壤性潴育水稻土	黑胶泥田	1	0~17	黑色	重壤土	块状	7.4	36.2	1.48	1.46	153	红壤性母质	E 99°30′56.2″ N 24°29′24.4″	86
						2	17~100	灰黑色	重壤土	块状	7.5	27.4	1.09	1.47	97			
剖54	铁铝土	赤红壤	黄色赤红壤	砂页岩黄色赤红壤	鸡黄土	1	0~18	暗黄色	中壤土	团粒状	4.5	17.6	0.81	1.48	87	砂页岩	E 99°37′31.4″ N 24°29′20.0″	75
						2	18~70	红棕色	中壤土	团粒状	4.5	14.8	0.69	0.26	74			
						3	70~100	浅黄色	中壤土	粒状								
剖55	初育土	石灰(岩)土	黑色石灰土	棕泡土	棕泡土	1	0~17	红黄色	轻壤土	小团粒状	5.6	55.9	2.97	2.31	73		E 99°27′02.9″ N 24°27′54.4″	85
						2	17~51	红黄色	中壤土	粒状	6.1	29.4	1.75	2.93	143			
						3	51~100	黄棕色	中壤土	块状	5.7	20.0	1.46	2.98	117			
剖56	铁铝土	赤红壤	粗骨性赤红壤	砂页岩粗骨赤红壤	石子砖红土	1	0~17	红棕色	重壤土	块状	5.6	29.7	1.72	1.10	158	红壤性母质	E 99°30′11.9″ N 24°26′30.4″	78
						2	17~43	红黄色	中壤土	核粒状	5.1	12.8	1.28	0.85	94			
						R	43~100											
剖57	人为土	水稻土	淹育水稻土	红壤性淹育水稻土	黄泥田	1	0~15	灰黄色	中壤土	粒状	6.7	41.7	2.02	0.40	248	红壤性母质	E 99°36′14.3″ N 24°27′26.4″	88
						2	15~45	灰黄色	中壤土	块状	6.7	23.0	1.23	0.36	270			
						3	45~87	红黄色	中壤土	块状	6.8	10.5	0.64	0.31	103			
						4	87~100											
剖58	铁铝土	红壤	黄红壤	砂页岩黄红壤	黄红土	1	0~15	红黄色	轻壤土	粒状	4.5	14.7	0.83	0.65	73	砂页岩	E 99°27′29.9″ N 24°19′21.7″	85
						2	15~100	浅红黄色	中壤土	块状	4.4	6.5	0.67	0.68	37			
剖59	初育土	紫色土	酸性紫色土	红紫泥土	红紫泥土	1	0~17	紫色	中壤土	粒状	5.2	0.8	1.11	1.11	164		E 99°23′24.4″ N 24°18′45.4″	94
						2	17~100	紫色	重壤土	粒状	5.4	0.8	1.01	1.01	57			

腾 冲 市

主要土类说明

黄壤是腾冲市主要土壤类型，占本市地域面积的 34%，多见于海拔 1800—2200m 的中山。该区域属西南季风湿润气候。植被为中山湿性常绿阔叶林和苔藓常绿阔叶林。成土过程以脱硅富铝化、生物富集和黄化过程为主。黏土矿物以蛭石为主，其次为高岭石和伊利石。淀积层（B 层）富含水合氧化物（针铁矿），有时含三水铝石。土壤有机质含量为 21—35g/kg，pH 为 4.5—5.5，呈酸性。本市黄壤分为黄壤性土、暗黄壤等亚类。

红壤是腾冲市第二大土壤类型，占本市地域面积的 20%，分布在海拔 1400m 以下的常绿阔叶林下。成土母质为第四纪洪积物。成土过程以脱硅富铝化和生物富集为主。红壤呈中度脱硅富铝化特征，具 A-Bs-Bv 或 A-Bs-C 剖面构型，土壤黏粒中游离铁占全铁的 50%—60%。黏土矿物以高岭石、赤铁矿为主，黏粒硅铝率为 1.8—2.4，风化淋溶系数小于 0.2，盐基饱和度小于 35%，pH 为 4.5—5.5。

黄棕壤是腾冲市第三大土壤类型，占本市地域面积的 16%，分布在海拔 2200—2400m 的中山坡地上部。成土母质多为砂页岩及花岗岩风化物。成土过程受淋溶、黏化及弱富铝化作用的影响。土层弱度富铝化，生物积累过程和盐基淋溶酸化过程明显增强，呈黄棕色。该土壤具 A-B-C 或 A-（B）-C 剖面构型，质地较轻，黏化作用不明显，土壤多呈酸性。

水稻土占本市地域面积的 10%，分布在海拔 2500m 以下地势平缓的坝区、山间盆地、河流两岸的冲积阶地、山谷谷底及其出口处的洪积扇。成土过程为淋溶作用和水耕熟化过程。水稻土在长期的季节性淹灌、水下翻耕、季节性脱水、氧化还原交替影响下，原来的成土母质或母土的特性发生重大改变，形成了不同的土体构型。本市水稻土分为淹育型、潴育型、潜育型等亚类。其中，潴育水稻土面积较大，水肥条件好，质地砂黏适中，有较深厚的耕作层。

棕壤占本市地域面积的 6%，分布在海拔 2600—3400m 的山地。植被为针阔叶混交林。成土母质以紫色砂质岩、酸性及基性结晶岩和石灰岩为主。成土过程以淋溶过程、黏化过程和生物富集过程为主。棕壤结构较好，具 O-A-Bt-C 剖面构型，表土呈暗棕色。黏土矿物主要为伊利石和高岭石。该土壤处于硅铝风化阶段，土体见黏粒淀积，盐基充分淋失，见少量游离铁。

石灰（岩）土占本市地域面积的 6%，是由碳酸岩类发育形成的岩性土壤。成土过程以风化过程、富铝化作用和灰化作用为主。土壤有机质和养分含量较高，结构和耕性较好，土层浅薄，抗旱能力差，耕作不便。pH 为 6.5—8.5，呈中性至微碱性。

小于本市地域面积 3% 的土壤类型有火山灰土、赤红壤、黑毡土和暗棕壤。

本区域中心区气候特征

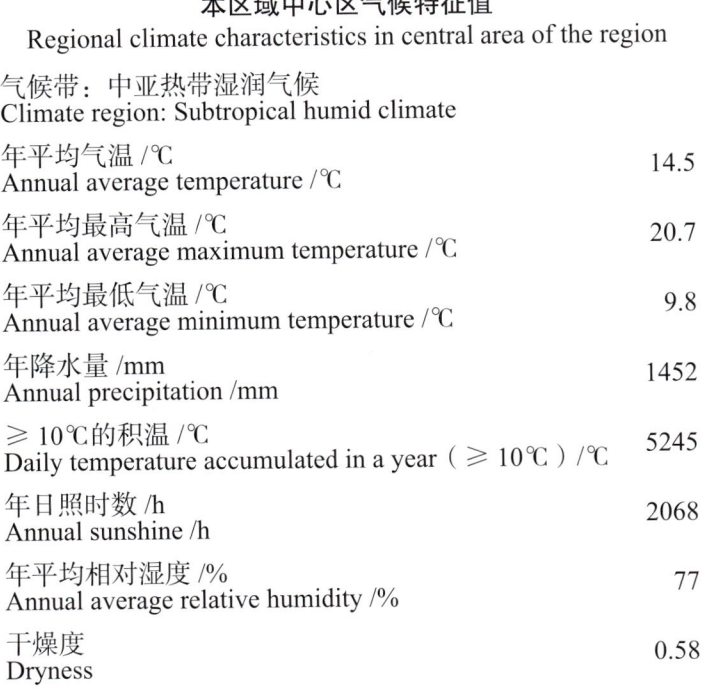

本区域中心区气候特征值
Regional climate characteristics in central area of the region

气候带：中亚热带湿润气候 Climate region: Subtropical humid climate	
年平均气温 /℃ Annual average temperature /℃	14.5
年平均最高气温 /℃ Annual average maximum temperature /℃	20.7
年平均最低气温 /℃ Annual average minimum temperature /℃	9.8
年降水量 /mm Annual precipitation /mm	1452
≥ 10℃的积温 /℃ Daily temperature accumulated in a year（≥ 10℃）/℃	5245
年日照时数 /h Annual sunshine /h	2068
年平均相对湿度 /% Annual average relative humidity /%	77
干燥度 Dryness	0.58

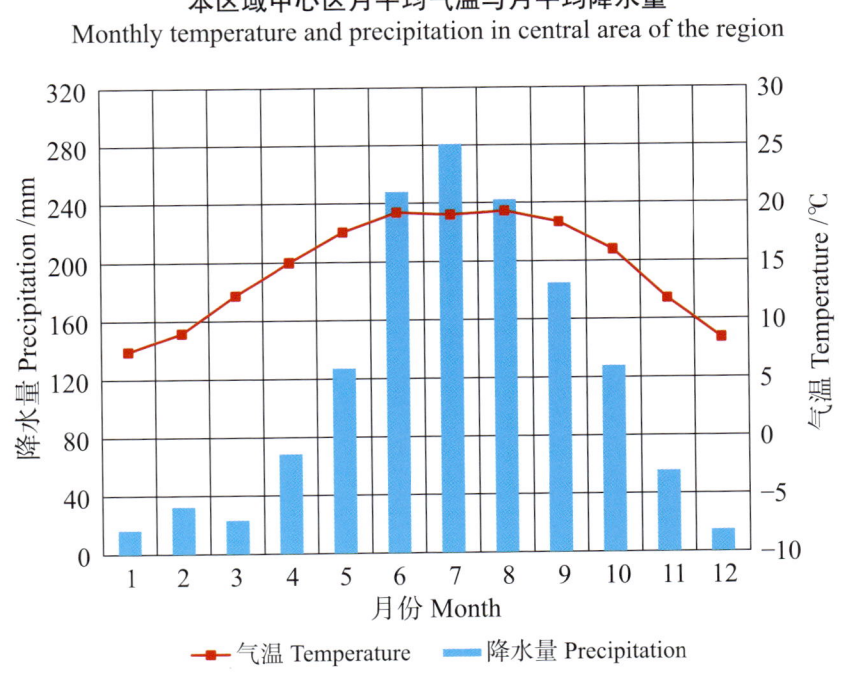

本区域中心区月平均气温与月平均降水量
Monthly temperature and precipitation in central area of the region

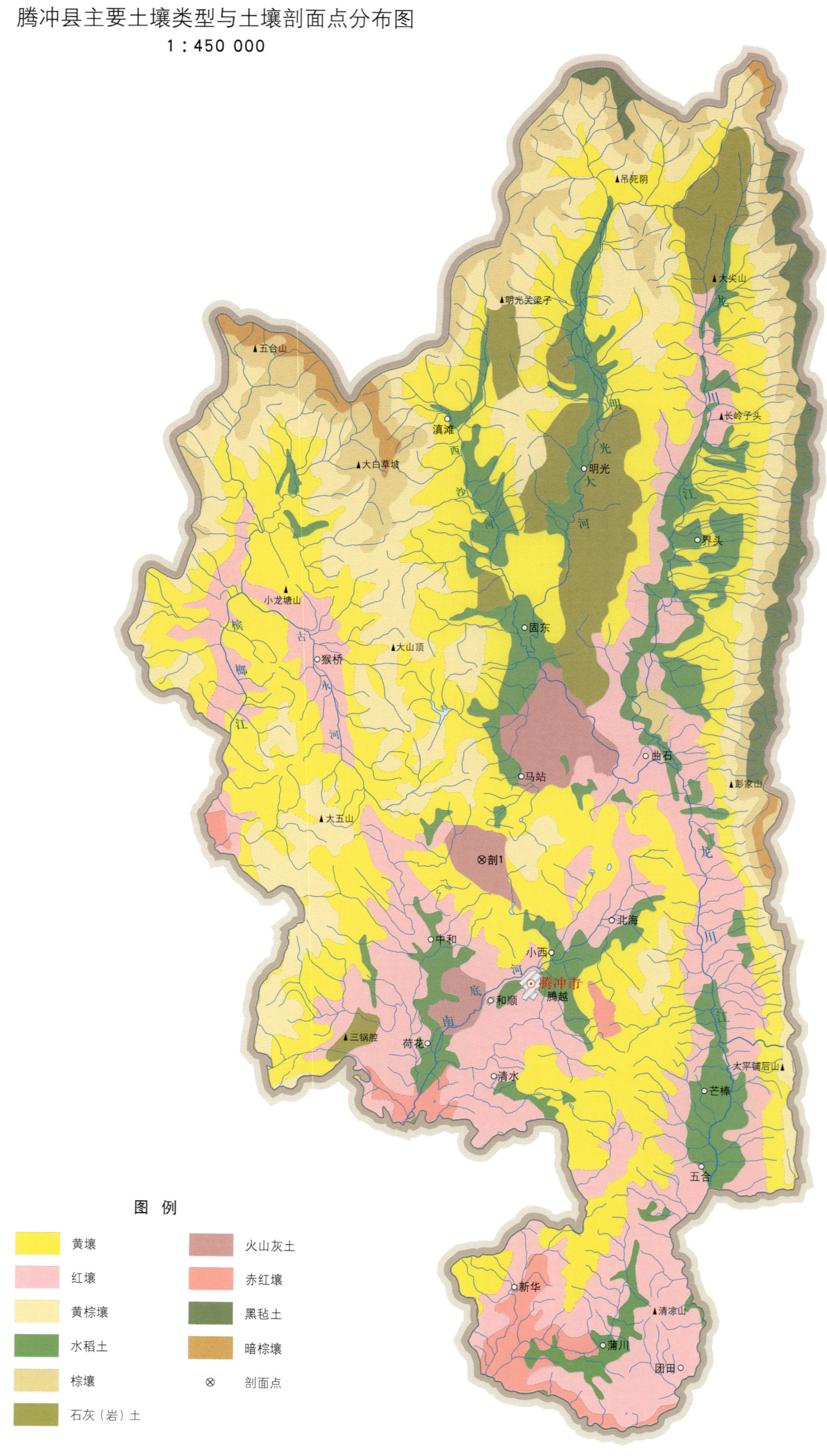

腾冲县主要土壤类型与土壤剖面点分布图
1:450 000

腾冲市土壤剖面理化性状表

剖面号 Soil profile	土纲 Soil order	土类 Soil great group	亚类 Soil subgroup	土属 Soil genus	土种 Soil species	土层码 Layer code	土层厚度 Depth/cm	颜色 Soil color	质地 Soil texture	土壤结构 Soil structure	pH	有机质 OM/(g/kg)	全氮 TN/(g/kg)	全磷 TP/(g/kg)	全钾 TK/(g/kg)	碱解氮 AN/(mg/kg)	有效磷 AP/(mg/kg)	阳离子交换量CEC/(cmol/kg)	剖面点坐标 Profile coordinate	匹配指数 Matching index/%
剖1	初育土	火山灰土	火山灰土	焦泥土	焦泥土	A	0—17	暗红棕色	黏壤土	屑粒状	5.5	169.7	7.27	2.91	10.6	270	7.0	32.0	E 98°26′33.7″ N 25°08′13.6″	81
						C₁	17—84	黑色	砂壤土	屑粒状	5.5	166.7	6.21	2.71	13.5	119	3.0	13.4		
						C₂	84—110	亮红棕色	壤土	核状	6.4	53.8	2.09	3.08	11.9	54	3.0	93.0		

昭 通 市

市 辖 区

主要土类说明

黄壤是昭通市主要土壤类型，占本市地域面积的49%，多见于海拔700—1200m的山区。自然植被以针叶林及灌木林为主。成土过程以脱硅富铝化、生物富集和黄化过程为主。黏土矿物以蛭石为主，其次为高岭石和伊利石。本市黄壤分为暗黄壤、黄壤性土等亚类。

黄棕壤是昭通市第二大土壤类型，占本市地域面积的19%，分布在海拔2200—2400m的中山坡地上部。成土过程受淋溶、黏化及弱富铝化作用的影响。土层弱度富铝化，生物积累过程和盐基淋溶酸化过程明显增强，呈黄棕色。该土壤具A-B-C或A-（B）-C剖面构型，黏粒硅铝率在2.5左右，铁的游离度较红壤低，B层交换性酸大于A层。

棕壤是昭通市第三大土壤类型，占本市地域面积的18%，分布在海拔2600—3400m的山地。成土母质以紫色砂质岩、石灰岩、酸性及基性结晶岩为主。黏土矿物主要为伊利石和高岭石。成土过程以淋溶过程、黏化过程和生物富集过程为主。该土壤处于硅铝风化阶段，土体见黏粒淀积，盐基充分淋失，见少量游离铁。

紫色土占本市地域面积的7%，分布在海拔1685—2500m的山区、半山区。成土母质多为中生代的紫红色砂页岩。成土过程以母岩的快速物理崩解、频繁侵蚀堆积及碳酸钙的不断淋失为主，生物积累作用较弱。

水稻土占本市地域面积的5%，分布在海拔2400m以下地势平缓的坝区、山间盆地和河流两岸的冲积阶地。成土过程为淋溶作用和水耕熟化过程。本市水稻土分为淹育型、潴育型、潜育型等亚类。

小于本市地域面积3%的土壤类型有燥红土。

本区域中心区气候特征

本区域中心区气候特征值
Regional climate characteristics in central area of the region

气候带：暖温带湿润气候 Climate region: Warm temperate humid climate	
年平均气温 /℃ Annual average temperature /℃	15.7
年平均最高气温 /℃ Annual average maximum temperature /℃	21.1
年平均最低气温 /℃ Annual average minimum temperature /℃	11.8
年降水量 /mm Annual precipitation /mm	1047
≥10℃的积温 /℃ Daily temperature accumulated in a year (≥10℃) /℃	7155
年日照时数 /h Annual sunshine /h	1774
年平均相对湿度 /% Annual average relative humidity /%	74
干燥度 Dryness	0.79

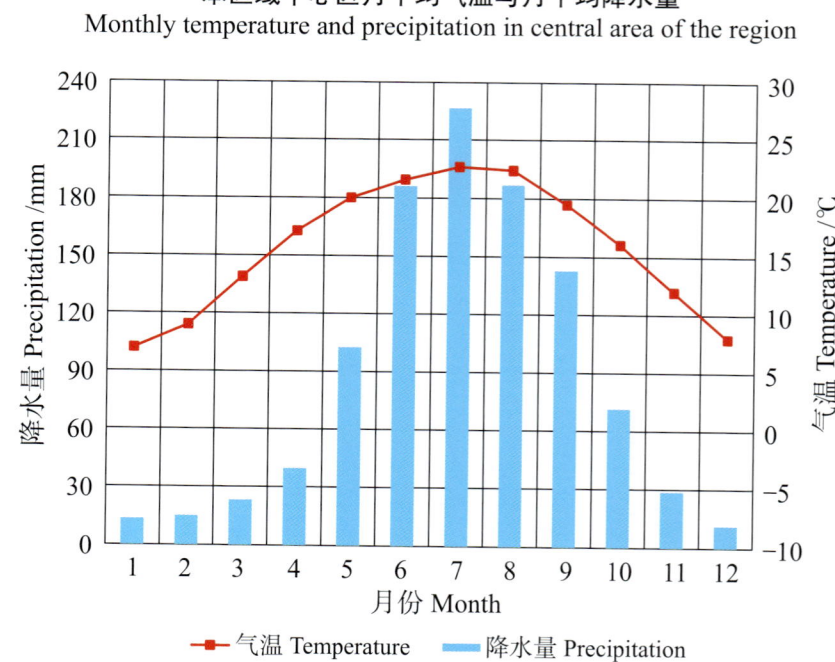

本区域中心区月平均气温与月平均降水量
Monthly temperature and precipitation in central area of the region

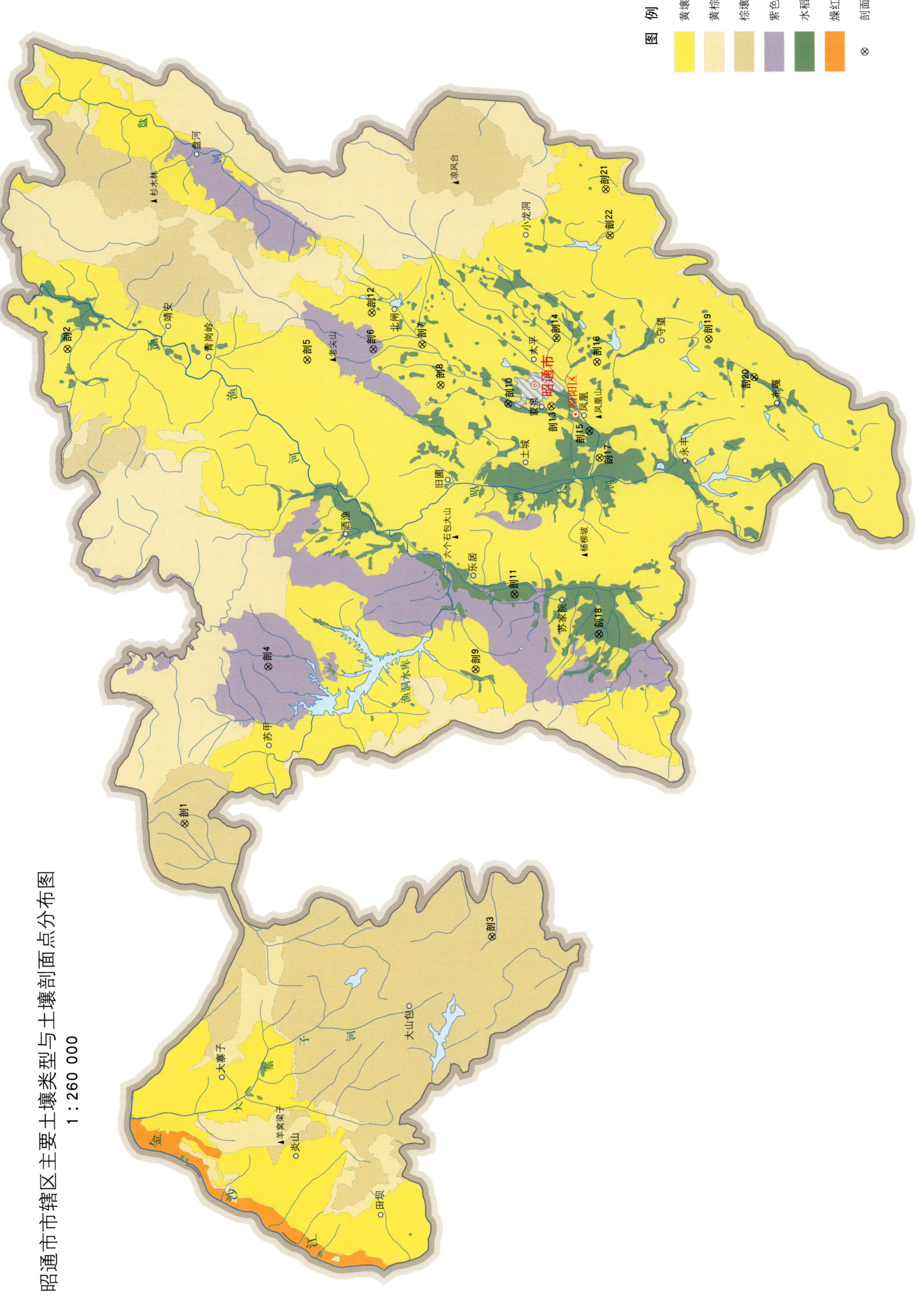

昭通市土壤剖面理化性状表

剖面号 Soil profile	土纲 Soil order	土类 Soil great group	亚类 Soil subgroup	土属 Soil genus	土种 Soil species	土层码 Layer code	土层厚度 Depth/cm	颜色 Soil color	质地 Soil texture	土壤结构 Soil structure	pH	有机质 OM/(g/kg)	全氮 TN/(g/kg)	全磷 TP/(g/kg)	全钾 TK/(g/kg)	碱解氮 AN/(mg/kg)	有效磷 AP/(mg/kg)	阳离子交换量CEC/(cmol/kg)	土壤母质 Parent material	剖面点坐标 Profile coordinate	匹配指数 Matching index/%
剖1	淋溶土	棕壤	棕壤	玄武岩棕壤	灰色土	A	0—17	棕色	中壤土	粒状	5.8	83.3	4.97	1.64	50.0	210		30.9	玄武岩	E 103°25′38.6″ N 27°32′33.4″	97
						P	17—30	棕色	重壤土	粒状	6.1	51.1	2.21	0.66	9.8	216		20.6			
						B₁	30—78	棕黄色	重壤土	块状	5.9	46.2	2.34	0.70	14.4	208		15.6			
						B₂	78—100	棕黄色	重壤土	块状	6.0	27.9	1.75	0.29	14.8	117		14.7			
剖2	铁铝土	黄壤	黄壤	黏山黄土	黄大土	A₁₁	0—20	油黄棕色	壤质黏土	屑粒状	5.7	22.3	1.24	0.51	26.1	106	13.0	14.6		E 103°44′11.4″ N 27°36′45.3″	96
						B	20—34	黄黄色	壤质黏土	小块状	5.8	8.4	0.56	0.39	10.0	93	10.0	12.3			
						BC	34—80	浅黄色	壤质黏土	块状	6.2	5.2	0.41	0.28	12.0	44	7.0	11.2			
						C	80—100	浅黄色	黏壤土	块状	6.3	2.0	0.15	0.18	8.7	43	5.0	10.5			
剖3	淋溶土	棕壤	棕壤	玄武岩棕壤	山地玄武岩棕壤	Ao	0—14	棕色	中壤土	粒状	5.8	78.8	3.61	0.88	43.4	266		21.5	玄武岩	E 103°21′17.6″ N 27°21′45.0″	83
						A₁	14—44	黄棕色	重壤土	粒状	6.0	31.3	1.49	0.21	18.8	145		13.1			
						A₂	44—63	黄棕色	轻黏土	块状	5.9	13.3	1.27	0.29	14.6	115		12.0			
						4	63—100	黄棕色	重壤土	块状	6.8	3.7	0.50	0.11	13.8	77		8.9			
剖4	初育土	紫色土	酸性紫色土	黄页岩黄壤	山地酸性紫色土	1	0—35	紫色	中壤土	粒状	7.4	12.8	2.09	0.20	41.3	19		13.7	玄武岩	E 103°31′49.3″ N 27°29′39.1″	81
						C	35—100	紫色	中壤土	板状	8.2	2.6	0.41	0.32	29.0	36		12.7			
剖5	铁铝土	黄壤	黄壤	砂页岩黄壤	白砂土	A	0—15	浅黄色	重壤土	粒状	6.7	16.4	0.81	0.14	45.0	57		10.5	砂页岩	E 103°43′49.4″ N 27°28′20.3″	83
						P	15—50	浅黄色	重壤土	块状	7.0	12.0	0.72	0.18	8.7	67		11.7			
						B	50—100	浅黄色	重壤土	粒状	6.8	5.0	0.41	0.12	6.5	37		4.6			
剖6	初育土	紫色土	中性紫色土	暗紫泥	油砂土	A	0—25	黄紫色	中壤土	粒状	8.1	5.1	0.59	0.31	56.8	23		14.9		E 103°44′15.4″ N 27°26′01.0″	96
						C	25—100	黄紫色	轻壤土	粒状	8.0	1.2	0.62	0.43	26.8	44		13.2			
剖7	铁铝土	黄壤	黄壤	第四纪黄壤	油砂土	A	0—25	褐色	轻黏土	粒状	7.4	14.4	0.83	0.41	40.9	94		22.5	红色黏土	E 103°44′27.2″ N 27°21′18.4″	75
						P	25—70	褐黄色	轻黏土	粒状	8.0	13.9	0.52	0.30	17.9	57		22.0			
						B	70—100	黄黄色	轻黏土	块状	8.0	20.8	0.91	0.28	18.6	84		30.0			
剖8	铁铝土	黄壤	黄壤	第四纪黄壤	黄泥土	A	0—20	棕黄色	重壤土	粒状	5.8	24.2	1.36	0.48	29.7	103		18.3	红色黏土	E 103°42′52.2″ N 27°23′39.1″	92
						B	20—39	棕黄色	重壤土	块状	6.0	22.5	1.25	0.46	9.8	113		16.6			
						P	39—90	黄黄色	重壤土	板状	5.0	17.0	1.00	0.38	16.8	85		13.4			
						4	90—100	浅黄色	重壤土	板状	5.2	36.8	2.04	0.29	11.3	161		25.3			
剖9	铁铝土	黄壤	黄壤	玄武岩黄壤	白砂土	A	0—20	棕黄色	轻黏土	棱柱状	5.6	22.3	1.24	0.51	26.1	106		14.6	玄武岩	E 103°44′15.4″ N 27°26′01.0″	70
						P	20—44	黄黄色	轻黏土	粒状	8.8	8.4	0.56	0.39	10.0	93		12.3			
						3	44—80	浅黄色	轻黏土	块状	6.2	5.2	0.41	0.28	12.0	44		11.0			
						C	80—100	棕黄色	轻黏土	板状	6.3		0.21	0.68	8.7	43		13.4			
剖10	人为土	水稻土	潴育水稻土	湖泊冲积物潴育水稻土	鸡粪土田	A	0—25	棕灰色	轻黏土	块状	7.5	57.9	1.81	0.46	37.6	150		25.4	湖泊冲积物	E 103°31′46.2″ N 27°22′22.1″	70
						P	25—35	棕灰色	轻黏土	柱状	7.7	30.6	1.84	0.37	13.1	139		17.9			
						W	35—50	灰色	重黏土	柱状	7.7	69.9	3.27	0.20	12.0	200		36.6			
						G	50—100	黑黑色	重黏土	棱柱状	7.0	34.9	1.40	0.14	13.3	98		40.4			
剖11	人为土	水稻土	潴育水稻土	冲积性潴育水稻土	油砂土田	A	0—18	暗褐色	重黏土	粒状	6.4	42.9	0.95	0.17	41.6	180		31.4		E 103°34′43.3″ N 27°21′01.4″	99
						P	18—60	暗褐色	轻黏土	块状	6.8	25.6	1.24	0.33	15.7	106		27.3			
						W	60—100	黑黑色	轻黏土	柱状	7.6	18.9	0.79	0.18	11.6	54		42.1			
剖12	铁铝土	黄壤	黄壤	侵蚀性黄壤	窑泥	A	0—20	黄黄色	重黏土	块状	8.0	35.3	1.11	0.24	16.5	92		41.8		E 103°45′40.7″ N 27°26′04.6″	71
						P	20—25	灰黄色	重黏土	柱状	8.2	33.9	1.02	0.16	8.3	70		20.3			
						B₁	25—55	灰黄色	轻黏土	柱状	8.3	16.7	0.80	0.20	23.4	62		18.9			
						B₂	55—100	灰黑色	轻黏土	柱状	8.4	15.7	0.86	0.20	25.3	69		19.4			

续表 Continued

剖面号 Soil profile	土纲 Soil order	土类 Soil great group	亚类 Soil subgroup	土属 Soil genus	土种 Soil species	土层码 Layer code	土层厚度 Depth/cm	颜色 Soil color	质地 Soil texture	土壤结构 Soil structure	pH	有机质 OM/(g/kg)	全氮 TN/(g/kg)	全磷 TP/(g/kg)	全钾 TK/(g/kg)	碱解氮 AN/(mg/kg)	有效磷 AP/(mg/kg)	阳离子交换量CEC/(cmol/kg)	土壤母质 Parent material	剖面点坐标 Profile coordinate	匹配指数 Matching index/%
剖13	铁铝土	黄壤	黄壤	第四纪黄壤	鸡粪土	A	0—20	棕灰色	轻黏土	团粒状	7.3	39.6	1.53	0.64	37.4	125		34.5	红色黏土	E 103°42′04.8″ N 27°19′45.0″	87
						P	20—50	棕灰色	中黏土	粒状	7.4	29.2	1.42	0.32	13.1	75		23.6			
						B	50—100	黄褐色	中黏土	块状	7.7	22.2	1.10	0.39	13.1	87		32.5			
剖14	铁铝土	黄壤	黄壤	第三纪黄壤	白砂土	A	0—20	浅黄色	重壤土	粒状	5.3	21.3	1.16	0.35	16.4	122		12.1		E 103°44′44.2″ N 27°19′35.0″	76
						P	20—70	浅黄色	中黏土	粒状	5.2	14.9	0.81	0.17	30.3	118		14.5			
						B₁	70—82	浅黄色	中黏土	块状	5.7	4.2	0.51	0.15	36.7	64		9.9			
						B₂	82—100	浅黄色	中黏土	大块状	5.5	5.5	0.52	0.21	18.3	59		9.7			
剖15	人为土	水稻土	潜育水稻土	湖积潜育水稻土	黑泥土田	A	0—16	黑灰色	轻黏土	块状	6.7	80.9	2.87	0.43	27.0	156		40.3	湖积物、冲积物	E 103°41′07.1″ N 27°18′25.2″	90
						P	16—32	黑色	中黏土	柱状	7.1	71.5	2.86	0.33	12.2	153		36.4			
						G	32—100	黑色	中黏土	柱状	6.8	53.8	1.62	0.14	9.4	75		30.1			
剖16	铁铝土	黄壤	黄壤	第三纪黄壤	黄泥土	A	0—20	棕黄色	轻黏土	块状	5.9	15.4	0.38	0.31	11.9	88		14.1		E 103°43′48.7″ N 27°18′10.1″	82
						P	20—50	棕黄色	中黏土	块状	6.4	4.2	0.37	0.31	25.8	49		16.3			
						B	50—100	棕黄色	轻黏土	块状	6.1	2.3	0.31	0.26	28.8	92		12.3			
剖17	铁铝土	黄壤	黄壤	第四纪黄壤	黑泥土	A	0—20	灰黑色	中壤土	块状	8.1	53.3	2.21	0.33	23.3	190		43.0	红色黏土	E 103°40′04.4″ N 27°18′03.6″	87
						P	20—53	灰黑色	轻黏土	块状	7.7	57.4	2.61	0.39	16.6	220		36.3			
						B	53—100	黑色	中黏土	柱状	7.1	46.5	1.71	0.21	16.2	46		36.8			
剖18	人为土	水稻土	潜育水稻土	黄壤性潜育水稻土	黄泥田	A	0—16	黄棕色	轻黏土	块状	6.7	21.3	1.07	0.49	19.4	99		9.0		E 103°33′10.8″ N 27°18′02.9″	71
						P	16—33	黄棕色	轻黏土	块状	6.5	14.5	1.12	0.38	12.2	84		14.4			
						W₁	33—70	棕色	轻黏土	棱状	6.3	15.0	1.23	0.44	11.3	86		17.7			
						G	70—100	黄黑色	轻黏土	柱状	5.3	32.9	2.13	0.48	9.2	150		21.2			
剖19	铁铝土	黄壤	黄壤	玄武岩黄壤	砂土	A	0—15	深棕色	重壤土	粒状	7.0	33.0	1.58	0.37	40.6	150		29.6	玄武岩	E 103°44′43.4″ N 27°14′14.6″	91
						P	15—40	肉黄色	重壤土	块状	7.7	4.2	0.41	0.12	5.9	97		24.4			
						B	40—100	黄黄色	重壤土	块状	5.2	2.6	0.31	0.09	25.5	72		10.5			
剖20	人为土	水稻土	潜育水稻土	老冲积性潜育水稻土	白砂土田	A	0—16	浅黄色	重壤土	块状	6.0	17.0	0.79	0.17	10.6	85		6.6	老冲积物	E 103°43′15.6″ N 27°12′38.9″	70
						P	16—32	灰黄色	重壤土	块状	6.3	13.1	0.66	0.22	9.4	74		6.6			
						W₁	32—70	浅黄色	中壤土	柱状	6.4	9.4	0.55	0.22	2.6	72		11.2			
						W₂	70—100	黄黄色	重壤土	柱状	6.4	3.7	0.36	0.08	10.5	78		11.8			
剖21	铁铝土	黄壤	黄壤	玄武岩黄壤	山地玄武岩黄壤	1	0—20	棕黄色	重壤土	粒状	5.9	38.6	1.61	0.65	40.5	206		19.8	玄武岩	E 103°50′33.7″ N 27°17′53.2″	81
						2	20—40	黄色	重壤土	块状	5.5	10.2	0.77	0.44	5.0	84		14.5			
						R	40—100	黄色	重壤土	块状	5.8	3.7	0.14	0.48	2.6	63		26.8			
剖22	铁铝土	黄壤	黄壤	砂页岩黄壤	砂土	A	0—15	黄色	轻壤土	粒状	4.9	11.7	0.69	0.12	9.3	56		8.6		E 103°48′45.4″ N 27°17′43.8″	78
						P	15—30	黄色	中壤土	粒状	5.1	10.4	0.55	0.15	16.2	76		6.6			
						B₁	30—78	深黄色	重壤土	块状	5.2	9.4	0.34	0.15	31.6	36		9.2			
						B₂	78—100	深黄色	轻壤土	块状	5.6	4.2	0.41	0.17	29.5	29		8.2			

鲁甸县

主要土类说明

黄棕壤是鲁甸县主要土壤类型，占本县地域面积的 24%，分布在海拔 2200—2600m 的地区。成土母质多为玄武岩、石灰岩和砂页岩。成土过程受淋溶、黏化及弱富铝化作用的影响。土层厚 68—110cm。耕层厚 12—21cm，呈棕黄色和灰黄色，质地为轻壤土和轻黏土。自然土壤表层有机质含量达 106g/kg，土壤多呈酸性至微酸性。

黄壤是鲁甸县第二大土壤类型，占本县地域面积的 21%，分布在海拔 1900—2200m 的地区。成土母质有玄武岩、石灰岩和白云岩。成土过程以脱硅富铝化、生物富集和黄化过程为主。土壤中胶体呈盐基不饱和状态。自然土壤有机质含量可达 41.9g/kg。土壤呈黄色，心土层呈蜡黄色。土层厚 50—110cm，为粒状和核块状结构，质地为轻黏土至重黏土。

红壤是鲁甸县第三大土壤类型，占本县地域面积的 19%，分布在海拔 1100—1900m 的江边河谷地区以及梭山、乐红、江底等地。成土母质为碳酸岩、泥岩、页岩、白云岩和砂页岩。成土过程以脱硅富铝化和生物富集为主。红壤呈中度脱硅富铝化特征，具 A-Bs-Bv 或 A-Bs-C 剖面构型，土壤黏粒中游离铁占全铁的 50%—60%。

棕壤占本县地域面积的 11%，分布在海拔 2600m 以上的高寒山区以及水磨、梭山等地。成土母质为玄武岩残积物和坡积物。黏土矿物主要为伊利石和高岭石。成土过程以淋溶过程、黏化过程和生物富集过程为主。棕壤具 O-A-Bt-C 剖面构型，土层厚 68—100cm。耕层厚 14—20cm，呈黄棕色和棕色，质地为轻壤土或轻黏土，粒块状结构，有机质含量高，呈酸性至微碱性。

石灰（岩）土占本县地域面积的 10%，分布在海拔 1750—2295m 的山区、半山区以及江底、火德红、乐红等地的石灰岩地区。成土母质为碳酸岩类。成土过程以风化过程、富铝化和灰化作用为主。黑色石灰土富含碳酸钙和腐殖质，土壤有机质和养分含量较高，呈中性至微碱性，结构和耕性较好。

紫色土占本县地域面积的 10%，分布在海拔 1550—2242m 的山区以及水磨、龙树等地。成土母质为粉砂岩、泥岩等。成土过程以母岩的快速物理崩解、频繁侵蚀堆积及碳酸钙的不断淋失为主。土壤层次发育不明显。酸性紫色土黏土矿物一般以蛭石和水云母为主，全磷和全钾含量较低，pH 为 4.5—5.5。

燥红土占本县地域面积的 3%，分布在海拔 568—1100m 的地区。成土母质为砂页岩。成土过程以有机质积累、生物富集和脱硅富铝化为主。土层厚度多在 60cm 左右。耕层厚 10—18cm，呈红黄色，为核状结构；犁底层呈褐黄色，为块状结构；心土层呈棕黄色。

小于本县地域面积 3% 的土壤类型有水稻土和暗棕壤。

本区域中心区气候特征

本区域中心区气候特征值
Regional climate characteristics in central area of the region

气候带：暖温带湿润气候 Climate region: Warm temperate humid climate	
年平均气温 /℃ Annual average temperature /℃	15.7
年平均最高气温 /℃ Annual average maximum temperature /℃	21.4
年平均最低气温 /℃ Annual average minimum temperature /℃	11.5
年降水量 /mm Annual precipitation /mm	1076
≥10℃的积温 /℃ Daily temperature accumulated in a year（≥10℃）/℃	6568
年日照时数 /h Annual sunshine /h	1959
年平均相对湿度 /% Annual average relative humidity /%	72
干燥度 Dryness	0.79

本区域中心区月平均气温与月平均降水量
Monthly temperature and precipitation in central area of the region

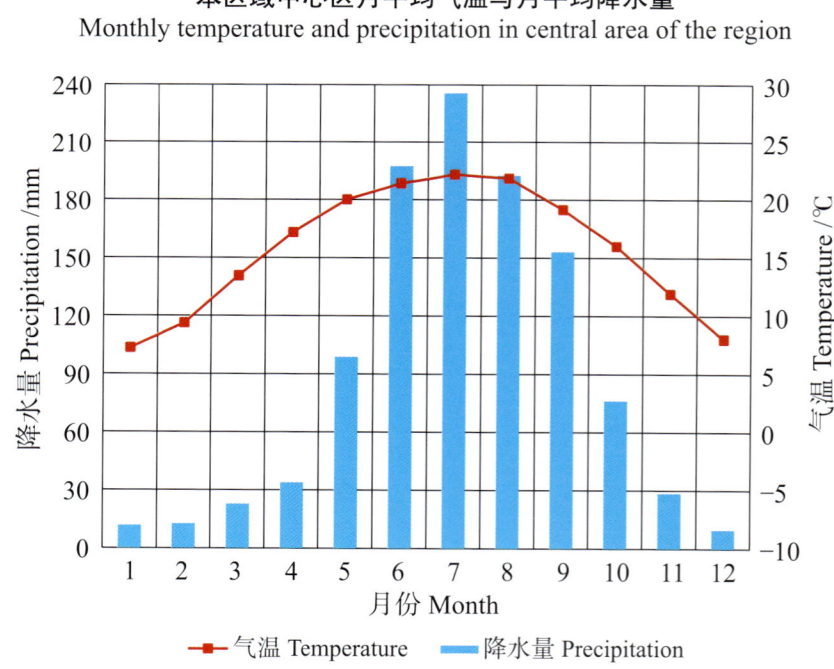

鲁甸县主要土壤类型与土壤剖面点分布图
1:230 000

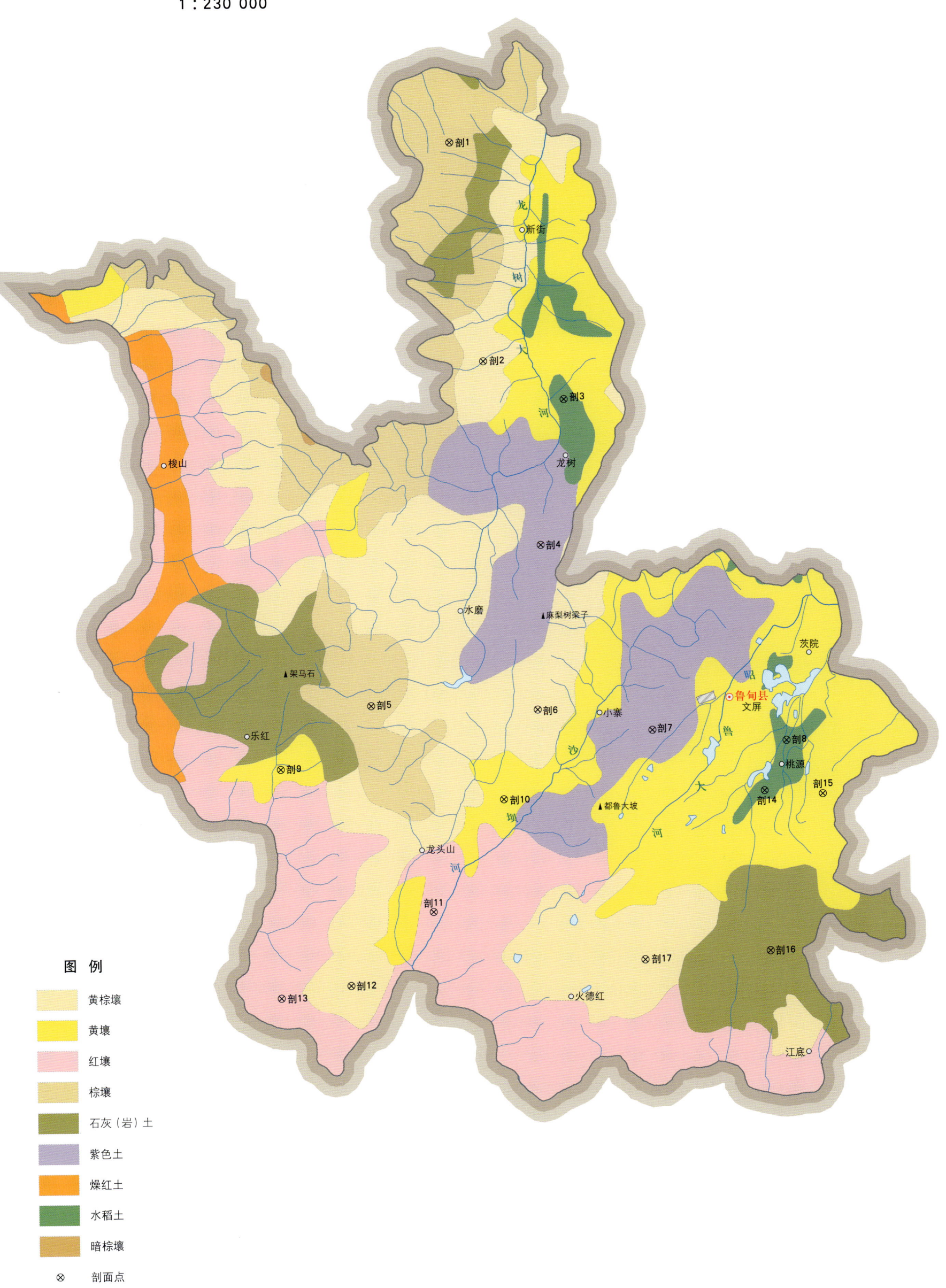

鲁甸县土壤剖面理化性状表

剖面号 Soil profile	土纲 Soil order	土类 Soil great group	亚类 Soil subgroup	土属 Soil genus	土种 Soil species	土层码 Layer code	土层厚度 Depth/cm	颜色 Soil color	质地 Soil texture	土壤结构 Soil structure	pH	有机质 OM/(g/kg)	全氮 TN/(g/kg)	全磷 TP/(g/kg)	全钾 TK/(g/kg)	碱解氮 AN/(mg/kg)	有效磷 AP/(mg/kg)	阳离子交换量CEC/(cmol/kg)	土壤母质 Parent material	剖面点坐标 Profile coordinate	匹配指数 Matching index/%
剖1	淋溶土	棕壤	棕壤	玄武岩棕壤	灰泡土	A	0—15	黄棕色	轻黏土	粒状	5.4	63.6	3.32	1.75	10.4	229		24.9		E 103°23′41.3″ N 27°28′36.1″	88
						P	15—45	棕黄色	重壤土	核状	5.0	65.6	3.51	1.81	10.2	226		26.6			
						B₁	45—70	棕黄色	中黏土	块状	5.6	48.2	2.27	1.10	12.5	158		29.0			
						B₂	70—100	棕黄色	中壤土	块状	6.0	34.7	1.61	1.09	10.3	94		23.7			
剖2	淋溶土	黄棕壤	黄棕壤	玄武岩黄棕壤	山地玄武岩黄灰泡土	A₁	0—15	黄棕色	重壤土	粒状	5.3	91.7	2.54	1.89	14.7	166		23.7		E 103°24′52.9″ N 27°21′54.4″	76
						A₂	15—35	棕黄色	中壤土	小块状	5.5	47.4	2.10	1.24	14.4	141		37.5			
						B	35—60	黄色	重壤土	块状	5.6	47.0	1.88	1.10	13.3	142		22.6			
剖3	人为土	水稻土	潴育水稻土	湖泊冲积物潴育水稻土	黑泥田	A	0—20	浅黄色	重壤土	粒状	6.7	15.6	0.93	0.47	19.3	74		11.4	湖泊冲积物	E 103°27′40.1″ N 27°20′45.9″	89
						P	20—42	褐黄色	轻黏土	块状	6.8	50.6	1.73	0.48	17.4	92		19.9			
						W	42—81	黄色	轻黏土	块状	6.5	48.1	1.95	0.68	12.1	127		22.5			
						C	81—111	灰黑色	重壤土	块状	5.8	193.0	4.00	0.48	10.3	228		33.4			
剖4	初育土	紫色土	酸性紫色土	红紫泥	红紫油砂土	AB	0—12	紫黑色	黏壤土	粒状	5.7	47.9	2.16	0.59	13.2	186	11.1	26.6		E 103°26′53.2″ N 27°16′17.8″	84
						BC	12—25	紫紫色	黏壤土	块状	6.1	31.7	1.42	0.58	12.6	138	7.4	24.3			
							25—85	紫色	黏壤土	块状	6.1	24.9	0.92	0.58	12.0	85	9.3	21.7			
剖5	淋溶土	棕壤	棕壤	玄武岩棕壤	黑灰泡土	A₁	0—17	灰黑色	砂壤土	粒状	5.5	135.0	6.77	1.79	9.1	225		39.7	玄武岩	E 103°26′47.8″ N 27°11′14.6″	78
						A₂	17—37	灰黑色	砂壤土	粒状	5.3	133.0	5.11	1.26	9.0	171		37.9			
						B	37—60	黄黄色	中壤土	粒状	5.6	132.0	5.40	1.01	9.1	159		37.3			
剖6	淋溶土	黄棕壤	黄棕壤	玄武岩黄棕壤	黄灰泡土	A	0—20	棕黄色	中壤土	粒状	5.8	85.0	3.67	1.36	11.3	204		35.0		E 103°21′03.6″ N 27°11′19.7″	88
						P	20—65	黄黄色	重壤土	块状	5.3	54.3	2.21	1.36	9.8	116		28.1			
						B	65—110	黄色	重壤土	块状	5.7	22.0	1.05	1.03	8.7	48		18.5			
剖7	初育土	紫色土	酸性紫色土	黄紫泥	油砂土	A	0—10	紫灰色	中壤土	粒状	5.2	22.0	1.59	0.47	14.4	128		23.5		E 103°30′45.0″ N 27°10′37.9″	82
						2	10—30	紫紫色	重壤土	核状	5.5	10.9	7.00	0.31	13.8	37		27.3			
						C	30—50	黄色	中壤土	小块状	5.8	9.6	0.53	0.39	13.6	24		26.4			
剖8	人为土	水稻土	潴育水稻土	黄壤性潴育水稻土	油泥田	A	0—14	黄色	轻黏土	粒状	7.5	78.7	1.79	0.63	20.8	133		17.8		E 103°35′22.1″ N 27°10′20.0″	86
						P	14—22	灰黄色	重黏土	块状	6.0	18.1	1.25	0.72	24.9	97		17.3			
						W	22—52	灰黄色	重壤土	块状	5.9	25.8	2.69	0.81	23.7	180		21.1			
剖9	铁铝土	黄壤	黄壤	页岩黄壤	小黄泥	A	0—21	红黄色	重壤土	粒状	7.0	16.9	0.94	0.97	10.7	74		12.6	页岩	E 103°17′57.1″ N 27°09′22.0″	93
						P	21—31	红红色	重壤土	小块状	5.5	3.8	0.55	0.58	13.9	37		12.3			
						B	31—60	红红色	重壤土	小块状	5.9	3.9	0.48	0.41	12.8	32		10.4			
						C	60—100	红红色	重壤土	小块状	5.7	3.6	0.44	0.54	12.2	34		12.9			
剖10	铁铝土	黄壤	黄壤	页岩黄壤	黄泥	A	0—23	深红色	重壤土	块状	8.1	24.8	1.47	0.59	19.1	83		16.2		E 103°25′38.3″ N 27°08′29.4″	86
						P	23—38	深红色	重壤土	块状	8.3	29.2	1.44	0.60	16.1	93		17.6			
						B	38—80	黄红色	重壤土	块状	8.0	16.4	0.86	0.56	15.9	75		16.9			
						C	80—110	红红色	中壤土	小块状	7.9	11.8	0.79	0.47	18.1	56		15.6			
剖11	铁铝土	红壤	黄红壤	石灰岩红壤	黄泥	A	0—20	黄红色	重壤土	块状	7.5	31.5	1.56	0.43	8.3	85		20.4	石灰岩	E 103°23′13.6″ N 27°05′00.6″	90
						P	20—35	红色	重壤土	小块状	7.3	23.7	1.37	0.47	7.7	68		19.4			
						B	35—90	红色	重壤土	小块状	7.6	4.2	0.42	0.31	7.7	22		8.4			
剖12	黄棕壤	黄棕壤	黄棕壤	石灰岩黄棕壤	山地石灰岩黄灰泡土	A₁	0—6	黄棕色	重壤土	粒状	5.8	106.0	3.67	1.31	6.1	202		29.8		E 103°20′23.6″ N 27°02′44.9″	81
						A₂	6—18	棕黄色	重壤土	粒状	5.2	44.5	1.74	1.82	5.1	193		24.7			
						B	18—40	黄色	轻壤土	块状	5.3	46.7	0.80	0.53	4.5	92		25.1			
剖13	红壤	红壤	粗骨性红壤	玄武岩粗骨性红壤	砂土	A	0—15	棕红色	中壤土	核状	7.3	53.2	2.79	1.46	19.8	158		27.1	玄武岩	E 103°18′00.1″ N 27°02′21.3″	100
						P	15—50	棕红色	中壤土	核状	7.2	18.2	1.01	1.09	20.6	93		22.6			
						B	50—80	红色	中壤土	块状	7.1	17.5	0.76	0.93	20.1	57		19.1			

续表 Continued

剖面号 Soil profile	土纲 Soil order	土类 Soil great group	亚类 Soil subgroup	土属 Soil genus	土种 Soil species	土层码 Layer code	土层厚度 Depth/cm	颜色 Soil color	质地 Soil texture	土壤结构 Soil structure	pH	有机质 OM/(g/kg)	全氮 TN/(g/kg)	全磷 TP/(g/kg)	全钾 TK/(g/kg)	碱解氮 AN/(mg/kg)	有效磷 AP/(mg/kg)	阳离子交换量 CEC/(cmol/kg)	土壤母质 Parent material	剖面点坐标 Profile coordinate	匹配指数 Matching index/%
剖14	人为土	水稻土	潴育水稻土	湖泊冲积物潴育水稻土	鸡粪土田	A	0—19	褐黄色	中黏土	块状	6.1	58.0	2.37	0.87	10.5	166		29.9	湖泊冲积物	E 103°34′37.0″ N 27°08′47.0″	77
						P	19—41	黄色	中壤土	小块状	6.1	220.0	2.38	1.07	4.4	125		59.9			
						W	41—58	褐黄色	中壤土	小块状	6.0	179.0	2.38	1.02	3.6	174		36.3			
						C	58—118	暗黑色	中壤土	小块状	5.6	229.0	2.80	1.08	3.3	200		37.4			
剖15	铁铝土	黄壤	黄壤	页岩黄壤	大眼泥	A	0—20	红黄色	轻黏土	粒状	7.9	33.7	1.75	1.11	30.4	115		19.1	页岩	E 103°36′36.9″ N 27°08′42.2″	77
						P	20—35	黄红色	轻黏土	块状	8.0	8.1	0.50	1.05	25.1	25		12.3			
						B	35—100	红色	轻黏土	小块状	7.7	20.9	0.47	1.66	26.9	46		23.5			
剖16	初育土	石灰（岩）土	黑色石灰土	黑泡土	黄泥	A	0—14	灰黄色	重壤土	核状	7.8	26.3	0.96	0.90	11.9	69		16.5		E 103°34′49.4″ N 27°03′51.1″	83
						C	14—30	黄色	轻壤土	块状	7.0	8.0	0.72	0.34	13.7	48		17.1			
剖17	淋溶土	黄棕壤	黄棕壤	页岩黄棕壤	灰泡土	A	0—16	棕黄色	轻黏土	粒状	6.7	34.5	0.75	0.54	38.8	90		17.9		E 103°30′30.6″ N 27°03′34.6″	70
						P	16—46	棕黄色	中黏土	块状	7.2	11.6	0.30	0.47	39.6	23		18.9			
						B	46—100	黄色	中黏土	块状	7.3	12.8	0.27	0.46	39.4	21		20.1			

巧 家 县

主要土类说明

红壤是巧家县主要土壤类型，占本县地域面积的 32%，分布在海拔 1500—2500m 的中低山地。植被为常绿阔叶林。成土母质主要为深厚的古红土、红色风化壳及岩石风化残积物。成土过程以脱硅富铝化和生物富集为主。土体深厚，剖面层次发育完整。本县红壤分为红壤、黄红壤、红壤性土等亚类。红壤亚类土壤养分含量一般不高，速效磷缺乏，质地黏重，耕性较差。黄红壤是红壤向黄壤过渡的土壤类型，所处区域水分条件较优，土体上部有黄化现象，以黄橙色或橙色为主，下部仍以高岭石为主，伴有蛭石和三水铝石。红壤性土属于剖面发育差的幼年红壤，土壤侵蚀严重，心土和底土裸露地表，石砾多，质地偏砂，有机质和速效养分缺乏，肥力低下。

黄棕壤是巧家县第二大土壤类型，占本县地域面积的 31%，分布在海拔 2200—2400m 的中山坡地上部。成土母质多为砂页岩及花岗岩风化物。成土过程受淋溶、黏化及弱富铝化作用的影响。土层弱度富铝化，生物积累过程和盐基淋溶酸化过程明显增强，呈黄棕色。该土壤具 A–B–C 或 A–（B）–C 剖面构型，黏粒硅铝率在 2.5 左右，铁的游离度较红壤低，B 层交换性酸大于 A 层。

棕壤是巧家县第三大土壤类型，占本县地域面积的 15%，分布在海拔 2600—3400m 的山地。植被为针阔叶混交林。成土母质以紫色砂质岩、酸性及基性结晶岩、石灰岩为主。黏土矿物主要为伊利石和高岭石。成土过程以淋溶过程、黏化过程和生物富集过程为主。棕壤结构较好，具 O–A–Bt–C 剖面构型，表土呈暗棕色。该土壤处于硅铝风化阶段，土体见黏粒淀积，盐基充分淋失，见少量游离铁。

燥红土占本县地域面积的 13%，分布在干热河谷及封闭、半封闭的干热坝子。燥红土是由红土母质发育形成的盐基饱和的红色土壤，具 A–B–C（D）剖面构型。成土过程以有机质积累、生物富集和脱硅富铝化为主。该土壤复盐基明显，交换性钙、镁占阳离子交换量的 80% 以上。本县燥红土分为燥红土、褐红土等亚类。

紫色土占本县地域面积的 4%，多与红壤交错分布。植被为常绿阔叶林或灌丛草地。成土母质多为中生代的紫红色砂页岩。成土过程以母岩的快速物理崩解、频繁侵蚀堆积及碳酸钙的不断淋失为主，生物积累作用较弱。本县紫色土分为酸性紫色土、中性紫色土、石灰性紫色土等亚类。其中，酸性紫色土面积较大，黏土矿物一般以蛭石和水云母为主，有机质和全氮含量高于其他亚类，全磷和全钾含量较低，pH 为 4.5—5.5。

小于本县地域面积 3% 的土壤类型有石灰（岩）土、暗棕壤、水稻土和黑毡土。

本区域中心区气候特征

本区域中心区气候特征值
Regional climate characteristics in central area of the region

气候带：暖温带湿润气候 Climate region: Warm temperate humid climate	
年平均气温 /℃ Annual average temperature /℃	15.7
年平均最高气温 /℃ Annual average maximum temperature /℃	21.5
年平均最低气温 /℃ Annual average minimum temperature /℃	11.2
年降水量 /mm Annual precipitation /mm	1093
≥10℃的积温 /℃ Daily temperature accumulated in a year (≥10℃) /℃	6282
年日照时数 /h Annual sunshine /h	2032
年平均相对湿度 /% Annual average relative humidity /%	72
干燥度 Dryness	0.79

本区域中心区月平均气温与月平均降水量
Monthly temperature and precipitation in central area of the region

巧家县主要土壤类型与土壤剖面点分布图
1 : 330 000

图 例

- 红壤
- 黄棕壤
- 棕壤
- 燥红土
- 紫色土
- 石灰（岩）土
- 暗棕壤
- 水稻土
- 黑毡土
- ⊗ 剖面点

巧家县土壤剖面理化性状表

剖面号 Soil profile	土纲 Soil order	土类 Soil great group	亚类 Soil subgroup	土属 Soil genus	土种 Soil species	土层码 Layer code	土层厚度 Depth/cm	颜色 Soil color	质地 Soil texture	土壤结构 Soil structure	pH	有机质 OM/(g/kg)	全氮 TN/(g/kg)	全磷 TP/(g/kg)	全钾 TK/(g/kg)	碱解氮 AN/(mg/kg)	有效磷 AP/(mg/kg)	阳离子交换量 CEC/(cmol/kg)	剖面点坐标 Profile coordinate	匹配指数 Matching index/%
剖1	人为土	水稻土	淹育水稻土	新冲积性淹育水稻土	漏底砂田	A	0—16		轻石质中壤土		7.1	12.4	1.24	0.59	16.4				E 102°55′23.2″ N 27°12′17.7″	91
						P	16—25				7.5	12.3	1.27	0.68	15.0					
剖2	淋溶土	黄棕壤	暗黄棕壤	暗灰黄棕泥土	棕灰泡泥	A	0—14	棕灰色	壤质黏土	粒状	5.9	63.6	2.86	2.50	17.0	226	3.0	20.3	E 103°00′10.1″ N 27°18′23.0″	85
						AB	14—30	棕灰色	壤质黏土	块状	6.0	57.0	3.50	2.50	16.0	200	2.0	20.0		
						B	30—56	亮黄棕色	黏土	块状	6.1	42.0	1.77	2.07	14.8	122	1.0	19.7		
						C	56—100	黄棕色	黏土	块状	6.1	13.7	0.82	1.62	11.4	67	2.0	16.9		
剖3	淋溶土	暗棕壤	草甸暗棕壤	基性结晶岩类草甸暗棕壤		A	17—44	黑暗棕色	砂壤土	团粒状	5.5	346.0	12.20	6.38	10.7			54.1	E 103°02′47.0″ N 27°12′10.8″	82
						B	44—88	暗灰棕色	砂质黏土	核状	5.7	277.6	2.63	6.27	11.6			36.7		
						C	88—	紫棕色	壤质砂土	核状	5.9	168.3	5.33	6.02	15.6			31.9		
剖4	半淋溶土	燥红土	褐红土	碳酸岩类山地褐红土		A	0—20		壤质黏土		6.1	20.9	1.08	1.50	13.1			24.6	E 102°53′17.8″ N 27°01′47.5″	95
						B	20—31		黏土		6.2	12.8	0.67	1.30	12.3			23.5		
						C	31—		粉砂质黏土		6.3	7.3	0.40	1.09	9.9			24.7		
剖5	淋溶土	棕壤	棕壤	灰汤大土	灰汤大砂土	Ao	0—7	暗棕色											E 103°07′56.6″ N 27°04′12.2″	89
						A	7—37	暗黄棕色	砂壤土	小团块状	5.6	118.5	4.60	3.58	13.9	343	5.3	29.6		
						B	37—83	浅黄棕色	壤土	块状	5.7	48.1	2.29	3.63	19.0	172	3.1	22.9		
						C	83—100	灰黄色	壤土	块状	5.8	39.9	2.06	4.95	18.3	193	3.2	22.3		
剖6	铁铝土	红壤	山原红壤	砂岩山原红壤		A	0—20		中壤土		6.5	13.9	2.28	1.10	28.1			6.2	E 103°21′05.3″ N 27°00′17.2″	89
						P	20—30		重壤土		7.3	15.3	1.96	0.11	9.0			2.5		
剖7	半淋溶土	燥红土	褐红土	新冲积性褐红土	砂壤土	A	0—20		中壤土		7.3	2.1	2.04	0.39	28.0				E 102°54′31.3″ N 26°55′41.7″	98
						P	20—30		中壤土		7.7	9.5	1.27	0.57	8.2					
剖8	人为土	水稻土	潴育水稻土	红壤性潴育水稻土	红泥田	A	0—18		重壤土		6.2	17.7	1.34	0.96	18.9				E 102°55′44.9″ N 26°53′05.3″	96
						Ap	18—30		轻壤土		6.9	14.3	2.34	0.61	12.2					
剖9	铁铝土	红壤	山原红壤	泥质岩类山原红壤		A	0—19		黏壤土		5.4	31.1	1.32	1.12	58.4			15.0	E 103°00′21.7″ N 26°52′30.6″	70
						B	19—50		壤质黏土		6.0	36.3	1.24	1.00	54.3			14.0		
						C	50—		壤质黏土		6.1	14.5	0.81	0.96	49.0			15.6		
剖10	铁铝土	红壤	山原红壤	基性结晶岩类山原红壤	黄壤土	A	0—18		重壤土		6.0	12.1	1.44	0.78	10.0				E 103°02′28.7″ N 26°51′46.8″	79
						P	18—28		重壤土		6.6	6.8	2.24	0.10	7.9					
剖11	半淋溶土	燥红土	褐红土	新冲积性褐红土		A	0—15	红黄色	轻石质重壤土	块状	7.5	1.2		2.46	16.3				E 103°01′52.0″ N 26°47′06.0″	72
						B	15—25	红黄色			7.5	1.6		0.24	10.8					
剖12	铁铝土	红壤	山原红壤	基性结晶岩类山原红壤		A	0—23		壤质黏土		6.0	34.6	1.61	3.40	16.3			28.6	E 103°06′19.1″ N 26°46′34.3″	82
						B	23—33		壤质黏土		5.9	21.4	1.11	3.01	13.5			28.0		
						C	33—		黏土		5.9	10.0	0.60	2.72	13.7			33.0		
剖13	淋溶土	黄棕壤	暗黄棕壤	暗紫黄棕土	灰泡大土	A_{11}	0—18	棕黑色	壤质黏土	屑粒状	5.6	85.1	3.80	1.57	14.4	314	6.0	27.8	E 103°15′43.2″ N 26°46′34.3″	74
						B	18—33	浊黄棕色	黏土	小块状	5.7	88.2	4.10	1.35	11.1	302	4.0	21.9		
						BC	33—74	浊黄色	壤质黏土	块状	5.4	52.3	1.90	1.79	15.1	181	8.0	20.4		

盐 津 县

主要土类说明

黄壤是盐津县主要土壤类型，占本县地域面积的62%，分布在海拔700—1200m的山区。植被为湿性常绿阔叶林和苔藓常绿阔叶林。成土过程以脱硅富铝化、生物富集和黄化过程为主。黏土矿物以蛭石为主，其次为高岭石和伊利石。本县黄壤分为暗黄壤、黄壤性土等亚类。暗黄壤具有黄壤土类的特征，B层呈明显的暗黄色。黄壤性土侵蚀严重，具A-（B）-C剖面构型，A层浅薄，B层发育不明显，常夹有多量的半风化岩石碎块。农作物一年两熟，一般种植玉米、小麦和马铃薯等。

紫色土是盐津县第二大土壤类型，占本县地域面积的31%。本县紫色土分为酸性紫色土、石灰性紫色土等亚类。酸性紫色土分布在海拔1400—1600m的山地。植被多为云南松、次生栎树及草本植物，近年破坏严重，林间开荒种植农作物。成土母质为紫色页岩。成土过程以母岩的快速物理崩解、频繁侵蚀堆积及碳酸钙的不断淋失为主，生物积累作用较弱。土层浅薄，具A-C剖面构型。黏土矿物一般以蛭石和水云母为主。有机质和全氮含量高于其他亚类，全磷和全钾含量较低，pH为4.5—5.5。酸性紫色土主产玉米。石灰性紫色土分布在海拔1560m左右的丘陵山地。成土母质以钙质紫色混合岩为主。成土过程以母岩的快速物理崩解、频繁侵蚀堆积为主。黏土矿物以水云母或蒙脱石为主。有机质含量低，全磷和全钾含量高，pH高于7.5。石灰性紫色土开发较早，植被破坏严重，自然植被只有零星的云南松和苦刺，水土流失严重，旱地主产玉米和烤烟，小春复种小麦。

黄棕壤是盐津县第三大土壤类型，占本县地域面积的4%，分布在海拔2200—2400m的中山坡地上部。成土母质多为砂页岩及花岗岩风化物。成土过程受淋溶、黏化及弱富铝化作用的影响。土层弱度富铝化，生物积累过程和盐基淋溶酸化过程明显增强，呈黄棕色。该土壤具A-B-C或A-（B）-C剖面构型，黏粒硅铝率在2.5左右，铁的游离度较红壤低，B层交换性酸大于A层。

小于本县地域面积3%的土壤类型有石灰（岩）土和水稻土。

本区域中心区气候特征

本区域中心区气候特征值
Regional climate characteristics in central area of the region

气候带：暖温带湿润气候 Climate region: Warm temperate humid climate	
年平均气温 /℃ Annual average temperature /℃	16.1
年平均最高气温 /℃ Annual average maximum temperature /℃	20.8
年平均最低气温 /℃ Annual average minimum temperature /℃	12.8
年降水量 /mm Annual precipitation /mm	1015
≥10℃的积温 /℃ Daily temperature accumulated in a year (≥10℃) /℃	8814
年日照时数 /h Annual sunshine /h	1419
年平均相对湿度 /% Annual average relative humidity /%	78
干燥度 Dryness	0.82

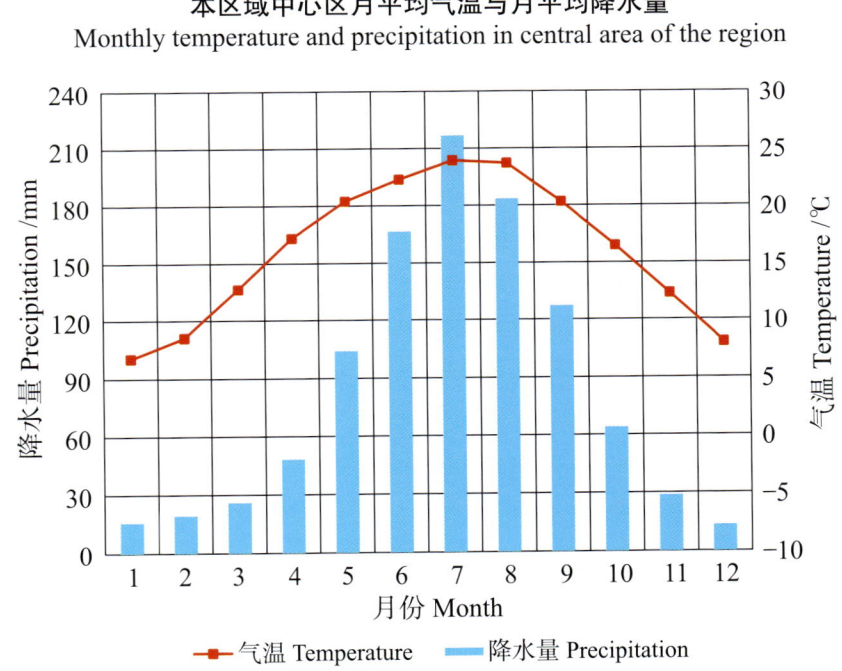

本区域中心区月平均气温与月平均降水量
Monthly temperature and precipitation in central area of the region

盐津县主要土壤类型与土壤剖面点分布图
1:220 000

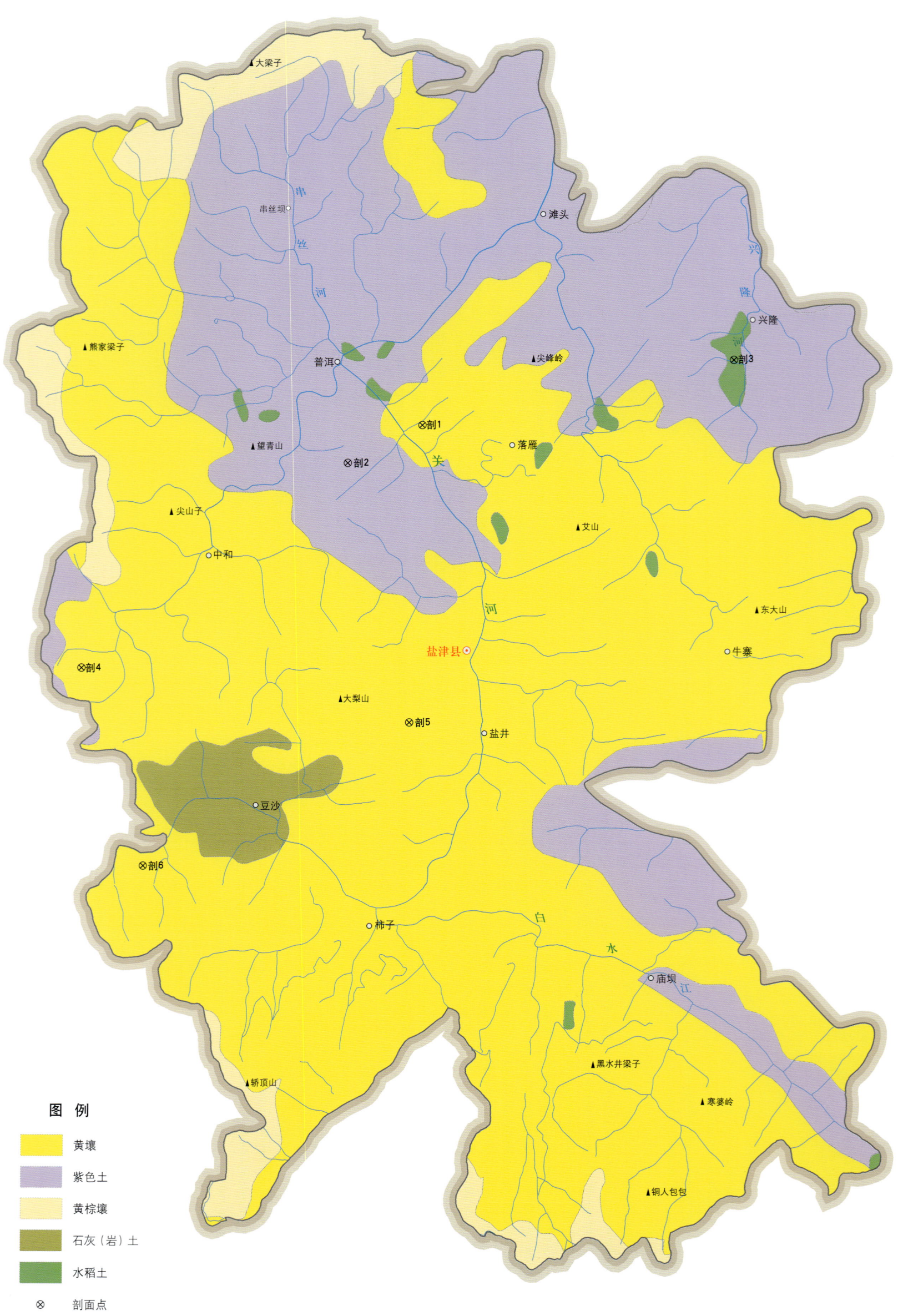

盐津县土壤剖面理化性状表

剖面号 Soil profile	土纲 Soil order	土类 Soil great group	亚类 Soil subgroup	土属 Soil genus	土种 Soil species	土层码 Layer code	土层厚度 Depth/cm	颜色 Soil color	质地 Soil texture	土壤结构 Soil structure	pH	有机质 OM/(g/kg)	全氮 TN/(g/kg)	全磷 TP/(g/kg)	全钾 TK/(g/kg)	碱解氮 AN/(mg/kg)	有效磷 AP/(mg/kg)	剖面点坐标 Profile coordinate	匹配指数 Matching index/%
剖1	铁铝土	黄壤	黄壤性土	粗黄土	粗黄泥	A	0—15	暗灰黄色	重石质中壤土		6.0	26.5	1.24	0.77	16.8	106	3.0	E 104°12′18.7″ N 28°13′02.6″	94
						B₁	15—26	灰黄色	重石质重壤土		5.7	15.7	0.82	0.70	11.8	104	3.0		
						B₂	26—60	灰黄色	重石质重壤土		5.7	11.5	0.71	0.69	10.2	91	3.0		
剖2	初育土	紫色土	酸性紫色土	山地黄紫泥		A	0—16		重壤土		4.2	12.8	2.26	0.31	15.7			E 104°09′55.8″ N 28°11′57.5″	84
						B	16—30		轻壤土		5.2	12.7	2.78	0.02	15.3				
剖3	人为土	水稻土	潴育水稻土	紫色土性潴育水稻土	紫砂泥田	A	0—18		中壤土		5.9	19.1	0.99	0.07	20.0			E 104°22′16.7″ N 28°14′57.5″	88
						Ap	18—29		重壤土		5.8	15.3	0.83	0.07	21.4				
						W	29—100		中壤土		7.3	4.3	0.31	0.06	20.3				
剖4	铁铝土	黄壤	黄壤性土	粗砂黄土	粗砂黄泥	A	0—17	浅棕黄色	重石质中壤土		6.4	13.1	0.72	0.57	24.9	77	2.0	E 104°01′29.3″ N 28°06′05.5″	81
						B	17—27	黄色	重石质重壤土		6.6	5.3	0.31	0.32	23.1	33	1.0		
						C	27—51	黄色	重石质中壤土		6.8	3.8	0.19	0.40	19.9	35	1.0		
剖5	铁铝土	黄壤	暗黄壤	黄泥	灰黄砂泥	A	0—13	浅黄棕色	壤质黏土	小块状	4.5	22.9	1.38	0.63	39.2	134	3.0	E 104°12′00.1″ N 28°04′38.7″	73
						B	13—26	黄色	黏土	块状	4.4	22.5	1.11	0.64	39.8	138	2.0		
						C	26—51	黄色	黏土	块状	5.6	38.3	1.68	1.02	13.1	160	4.0		
剖6	铁铝土	黄壤	暗黄壤	砂黄土	砂黄土	A	0—18	浅棕黄色	砂壤土	粒状	5.4	25.6	1.35	0.70	9.0	133	2.0	E 104°03′32.2″ N 28°00′30.3″	83
						B	18—29	黄色	砂壤土	小块状									
						C	29—60		砂壤土	状	5.3								

大 关 县

主要土类说明

黄壤是大关县主要土壤类型,占本县地域面积的 62%。黄壤发生于湿润条件下,中度富铝化,多见于海拔 700—1200m 的山区。土壤有机质累积较多,具 O-A-AB-B-C 剖面构型,pH 为 4.5—5.5。淀积层(B 层)富含水合氧化物(针铁矿),呈黄色,有时含三水铝石。

黄棕壤是大关县第二大土壤类型,占本县地域面积的 30%。黄棕壤发生于暖湿落叶阔叶林下,弱度富铝化,黏聚现象明显,呈黄棕色。该土壤具 A-B-C 或 A-(B)-C 剖面构型,黏粒硅铝率在 2.5 左右,铁的游离度较红壤低,B 层交换性酸大于 A 层。

紫色土是大关县第三大土壤类型,占本县地域面积的 4%。紫色土是由紫红色岩层直接风化形成的具 A-C 剖面构型的土壤。其理化性质与母岩组成直接相关,土层浅薄,剖面层次发育不明显,仍处于初育阶段。母岩富含矿质养分,且风化迅速。

小于本县地域面积 3% 的土壤类型有棕壤、水稻土和石灰(岩)土。

本区域中心区气候特征

本区域中心区气候特征值
Regional climate characteristics in central area of the region

气候带:暖温带湿润气候 Climate region: Warm temperate humid climate	
年平均气温 /℃ Annual average temperature /℃	16.0
年平均最高气温 /℃ Annual average maximum temperature /℃	21.1
年平均最低气温 /℃ Annual average minimum temperature /℃	12.4
年降水量 /mm Annual precipitation /mm	1021
≥10℃的积温 /℃ Daily temperature accumulated in a year (≥10℃) /℃	8184
年日照时数 /h Annual sunshine /h	1599
年平均相对湿度 /% Annual average relative humidity /%	75
干燥度 Dryness	0.80

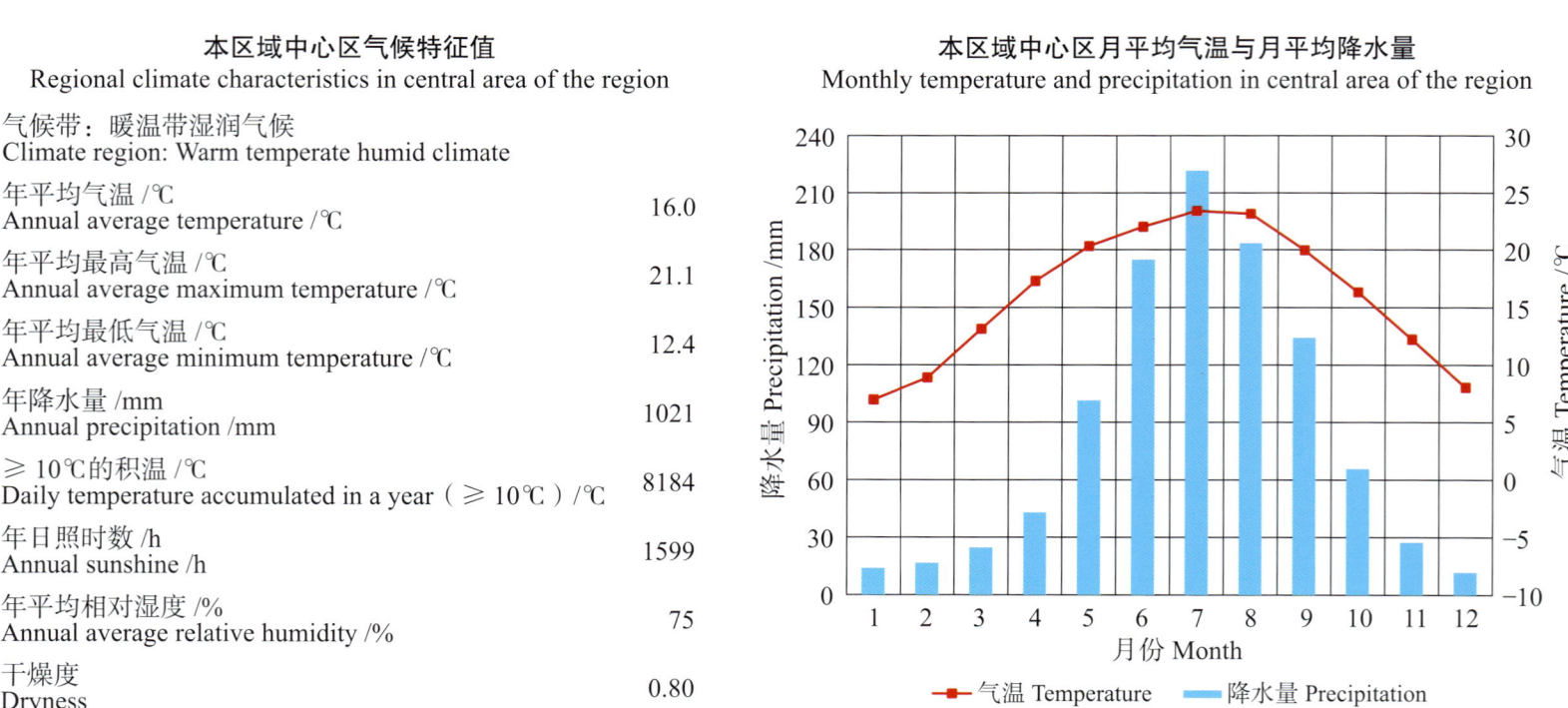

本区域中心区月平均气温与月平均降水量
Monthly temperature and precipitation in central area of the region

大关县主要土壤类型与土壤剖面点分布图
1∶240 000

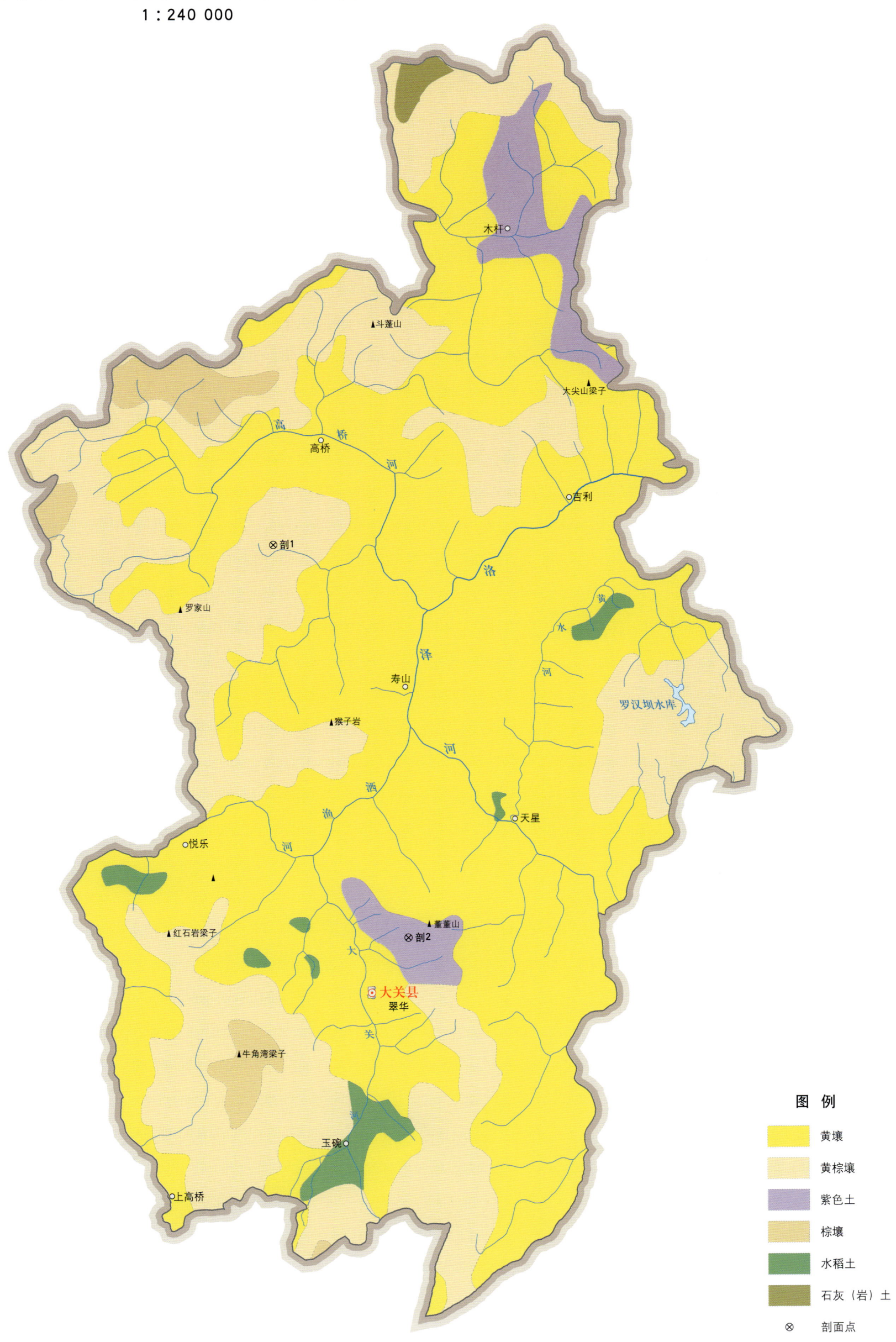

大关县土壤剖面理化性状表

剖面号 Soil profile	土纲 Soil order	土类 Soil great group	亚类 Soil subgroup	土属 Soil genus	土种 Soil species	土层码 Layer code	土层厚度 Depth/cm	颜色 Soil color	质地 Soil texture	土壤结构 Soil structure	pH	有机质 OM/(g/kg)	全氮 TN/(g/kg)	全磷 TP/(g/kg)	全钾 TK/(g/kg)	碱解氮 AN/(mg/kg)	有效磷 AP/(mg/kg)	剖面点坐标 Profile coordinate	匹配指数 Matching index/%
剖1	淋溶土	黄棕壤	暗黄棕壤	棕灰泡土	棕灰塘土	A	0—20	暗黄棕色	轻黏土		5.9	36.3	3.17	0.31	9.5	333	2.6	E 103°49′46.6″ N 27°58′54.1″	74
						B	20—35	浅棕色	轻黏土	块状	5.8	35.1	3.20	0.33	10.1	328	1.3		
						Bo	35—100	黄棕色	中黏土	块状	5.5	25.1	1.38	0.39	8.1	157	0.4		
剖2	初育土	紫色土	酸性紫色土	黄紫泥土	黄油砂土	A	0—17		重壤土		6.6	38.0	1.49	0.56	13.4			E 103°54′34.2″ N 27°46′45.5″	83
						P	17—25		重壤土		7.0	36.7	1.44	0.51	13.4				
						B	25—80		中壤土		7.2	17.3	0.61	0.47	13.8				

永善县

主要土类说明

黄壤是永善县主要土壤类型，占本县地域面积的35%，分布在海拔700—1200m的山区。成土过程以脱硅富铝化、生物富集和黄化过程为主。黏土矿物以蛭石为主，其次为高岭石和伊利石。本县黄壤分为黄壤、黄壤性土亚类。黄壤亚类中度富铝化，具O-A-AB-B-C剖面构型。淀积层（B层）富含水合氧化物（针铁矿），呈黄色，有时含三水铝石。土壤有机质含量较高，可达100g/kg，pH为4.5—5.5。黄壤性土侵蚀严重，具A-（B）-C剖面构型，A层浅薄，B层发育不明显，常夹有多量的半风化岩石碎块。

黄棕壤是永善县第二大土壤类型，占本县地域面积的27%，分布在海拔2200—2400m的中山坡地上部。成土母质多为砂页岩及花岗岩风化物。成土过程受淋溶、黏化及弱富铝化作用的影响。土层弱度富铝化，生物积累过程和盐基淋溶酸化过程明显增强，呈黄棕色。该土壤具A-B-C或A-（B）-C剖面构型，黏粒硅铝率在2.5左右，铁的游离度较红壤低，B层交换性酸大于A层。

棕壤是永善县第三大土壤类型，占本县地域面积的19%，分布在海拔2600—3400m的山地。植被为针阔叶混交林。成土母质以紫色砂质岩、石灰岩、酸性及基性结晶岩为主。黏土矿物主要为伊利石和高岭石。成土过程以淋溶过程、黏化过程和生物富集过程为主。棕壤结构较好，具O-A-Bt-C剖面构型，表土呈暗棕色。该土壤处于硅铝风化阶段，土体见黏粒淀积，盐基充分淋失，pH为5.0—6.0，呈酸性至微酸性，见少量游离铁。

燥红土占本县地域面积的8%，分布在干热河谷及封闭、半封闭的干热坝子。燥红土是由红土母质发育形成的盐基饱和的红色土壤，具A-B-C（D）剖面构型。成土过程以有机质积累、生物富集和脱硅富铝化为主。该土壤复盐基明显，交换性钙、镁占阳离子交换量的80%以上。本县燥红土分为燥红土、褐红土等亚类。

紫色土占本县地域面积的7%，分布在海拔1400—1600m的山地。植被多为云南松、次生栎树及草本植物。成土母质为紫色页岩和钙质紫色混合岩。成土过程以母岩的快速物理崩解、频繁侵蚀堆积为主，生物积累作用较弱。土层浅薄，具A-C剖面构型。本县紫色土分为酸性紫色土、石灰性紫色土等亚类。其中，酸性紫色土面积较大，黏土矿物一般以蛭石和水云母为主，有机质和全氮含量高于其他亚类，全磷和全钾含量较低，pH为4.5—5.5。

石灰（岩）土占本县地域面积的4%，分布在海拔1750—2295m的山区、半山区。植被为针阔叶混交林。成土母质为碳酸岩类。成土过程以风化过程、富铝化和灰化作用为主。

小于本县地域面积3%的土壤类型有水稻土。

本区域中心区气候特征

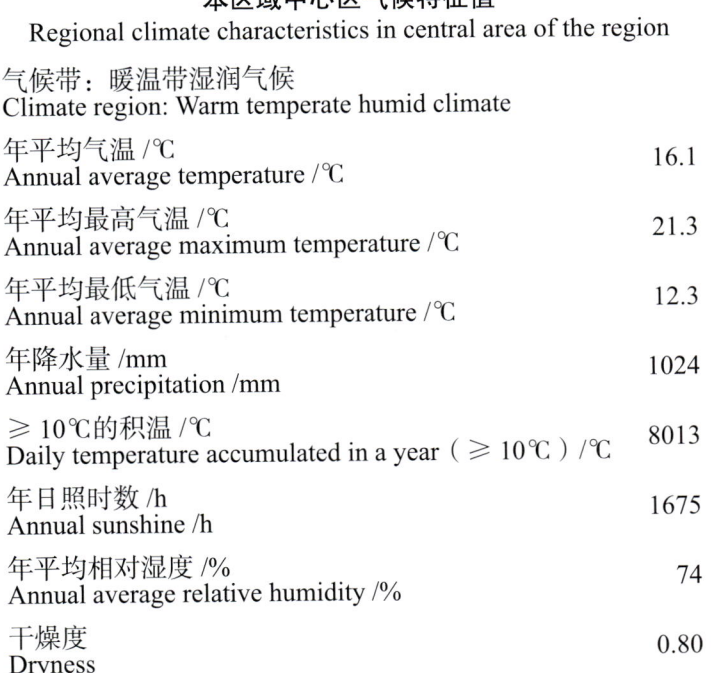

本区域中心区气候特征值
Regional climate characteristics in central area of the region

气候带：暖温带湿润气候 Climate region: Warm temperate humid climate	
年平均气温 /℃ Annual average temperature /℃	16.1
年平均最高气温 /℃ Annual average maximum temperature /℃	21.3
年平均最低气温 /℃ Annual average minimum temperature /℃	12.3
年降水量 /mm Annual precipitation /mm	1024
≥10℃的积温 /℃ Daily temperature accumulated in a year（≥10℃）/℃	8013
年日照时数 /h Annual sunshine /h	1675
年平均相对湿度 /% Annual average relative humidity /%	74
干燥度 Dryness	0.80

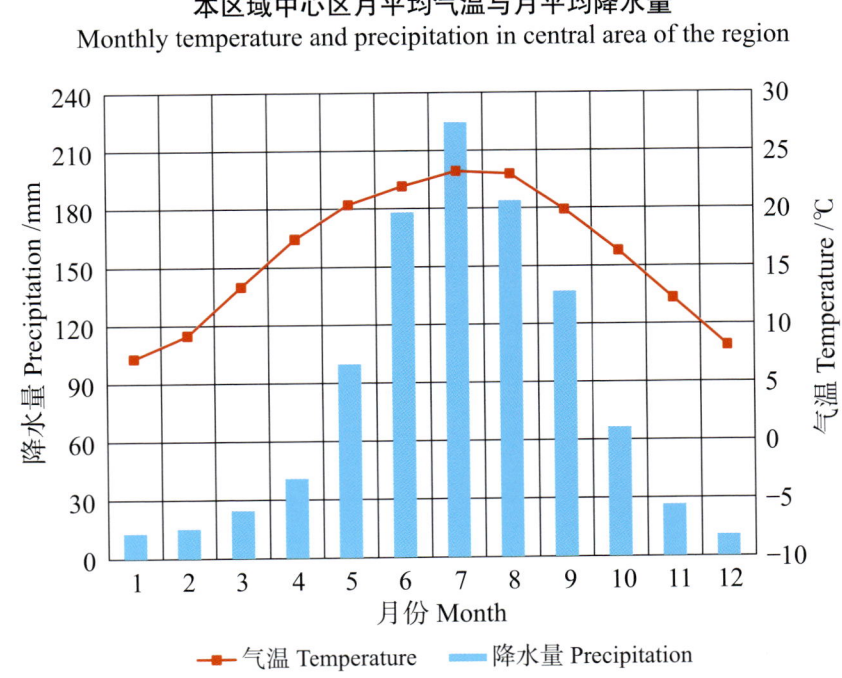

本区域中心区月平均气温与月平均降水量
Monthly temperature and precipitation in central area of the region

永善县主要土壤类型与土壤剖面点分布图
1∶370 000

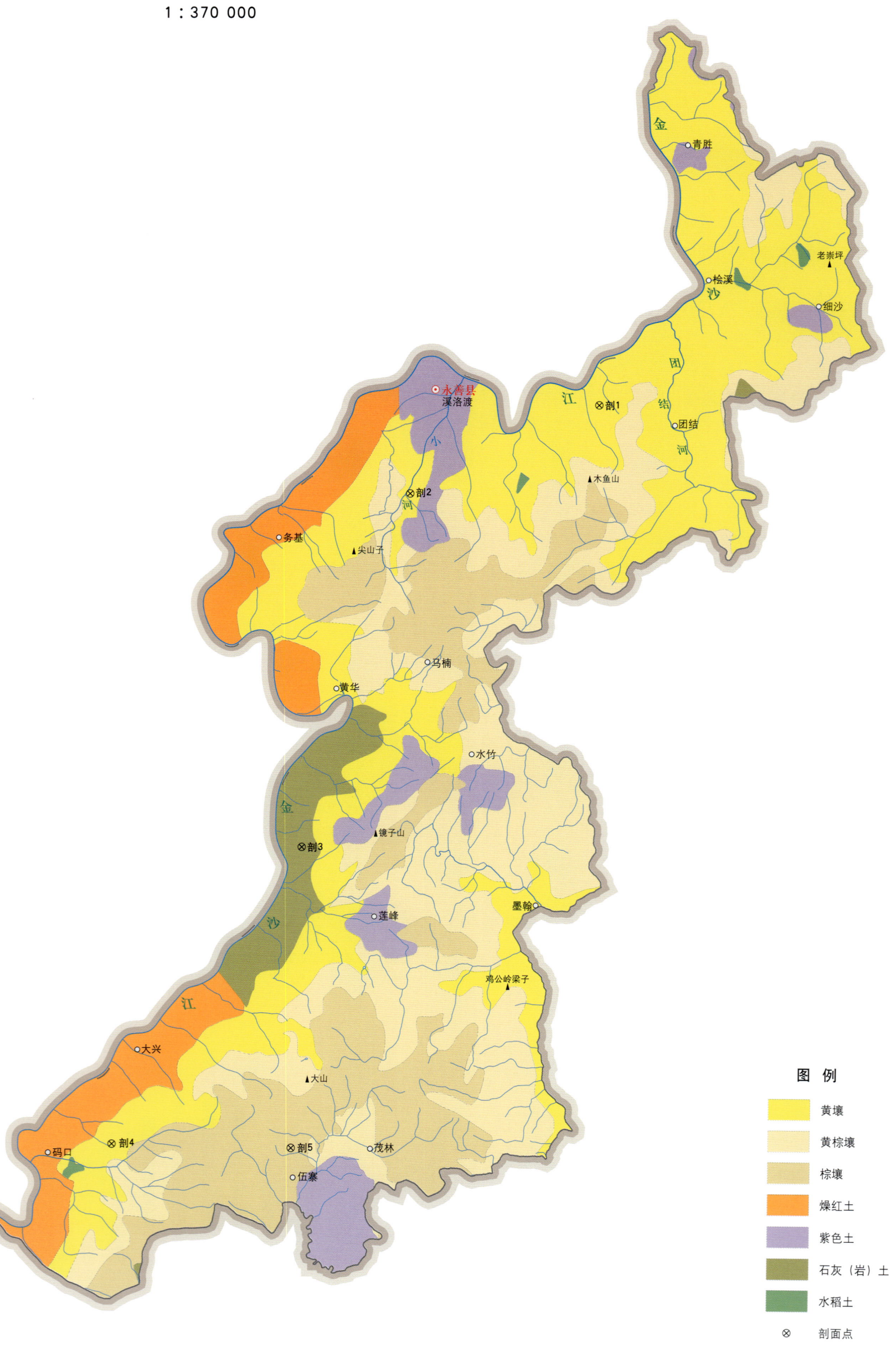

永善县土壤剖面理化性状表

剖面号 Soil profile	土纲 Soil order	土类 Soil great group	亚类 Soil subgroup	土属 Soil genus	土种 Soil species	土层码 Layer code	土层厚度 Depth/cm	颜色 Soil color	质地 Soil texture	土壤结构 Soil structure	pH	有机质 OM/(g/kg)	全氮 TN/(g/kg)	全磷 TP/(g/kg)	全钾 TK/(g/kg)	碱解氮 AN/(mg/kg)	有效磷 AP/(mg/kg)	剖面点坐标 Profile coordinate	匹配指数 Matching index/%
剖1	铁铝土	黄壤	黄壤	泥质岩类山地黄壤		A	0—2		重壤土		5.8	152.7	3.42	0.35	10.5			E 103°46′53.5″ N 28°13′19.6″	95
						A₁	2—13		轻黏土		5.6	18.3	0.58	0.19	12.3				
						B	13—15		轻黏土		5.4	9.0	0.49	0.18	13.1				
剖2	铁铝土	黄壤	黄壤性土	石渣子黄泥	石渣子黄泥	1	0—20		重砾质轻黏土		5.4	31.2	1.39	0.33	12.7	144	2.2	E 103°36′46.1″ N 28°08′58.9″	100
						2	20—33		重砾质轻黏土		5.4	25.6	1.07	0.31	11.0	131	0.4		
						3	33—52		重砾质轻黏土		5.4	23.9	1.12	0.31	11.2	118	0.4		
剖3	初育土	石灰(岩)土	红色石灰土	红泡土	油红土	A	0—20		重壤土		7.9	21.4	1.16	0.25	22.2			E 103°31′19.9″ N 27°52′03.7″	97
						P	20—30		重壤土		8.1	16.0	1.02	0.21	25.5				
						B	30—65		轻黏土		8.4	10.6	0.77	0.14	24.7				
剖4	铁铝土	黄壤	黄壤性土	泥质岩类黄壤性土	小黄泥夹石	A	0—20		重石质轻黏土		5.4	31.2	1.39	0.33	12.7			E 103°21′28.8″ N 27°37′44.8″	80
						P	20—33		重石质轻黏土		5.4	25.6	1.07	0.31	11.0				
						B	33—52		重石质轻黏土		5.4	36.9	1.12	0.31	11.2				
剖5	淋溶土	棕壤	棕壤	灰汤大土	灰汤大土	A	0—20	暗棕色	壤质黏土	核粒状	5.6	56.2	3.12	0.94	11.5	330	6.1	E 103°31′06.6″ N 27°37′44.0″	92
						B	20—34	棕色	壤质黏土	块状	5.3	50.2	2.95	0.84	10.6	266	3.1		
						C	34—100	暗黄棕色	壤质黏土	块状	5.3	24.2	1.75	0.73	13.6	186	3.5		

绥 江 县

主要土类说明

紫色土是绥江县主要土壤类型，占本县地域面积的53%。紫色土是由紫红色岩层直接风化形成的具A-C剖面构型的土壤。其理化性质与母岩组成直接相关，土层浅薄，剖面层次发育不明显，仍处于初育阶段。母岩富含矿质养分，且风化迅速。

黄壤是绥江县第二大土壤类型，占本县地域面积的30%。黄壤发生于湿润条件下，中度富铝化，多见于海拔700—1200m的山区。土壤有机质累积较多，具O-A-AB-B-C剖面构型，pH为4.5—5.5。淀积层（B层）富含水合氧化物（针铁矿），呈黄色，有时含三水铝石。

黄棕壤是绥江县第三大土壤类型，占本县地域面积的12%。黄棕壤发生于暖湿落叶阔叶林下，弱度富铝化，黏聚现象明显，呈黄棕色。该土壤具A-B-C或A-（B）-C剖面构型，黏粒硅铝率在2.5左右，铁的游离度较红壤低，B层交换性酸大于A层。

石灰（岩）土占本县地域面积的3%。石灰（岩）土发生于石灰岩山区，是石灰岩经溶蚀风化形成的厚薄不同的钙质饱和或含游离钙质的土壤，多见于石隙、溶洞或峰丛底部。该土壤碳酸钙淋溶程度不一，多黏土，多为铁钙质胶结物，风化程度不一，盐基饱和度高，有机质含量及胶结状态有较大差异。

小于本县地域面积3%的土壤类型有水稻土。

本区域中心区气候特征

本区域中心区气候特征值
Regional climate characteristics in central area of the region

气候带：暖温带湿润气候 Climate region: Warm temperate humid climate	
年平均气温 /℃ Annual average temperature /℃	17.0
年平均最高气温 /℃ Annual average maximum temperature /℃	21.4
年平均最低气温 /℃ Annual average minimum temperature /℃	13.9
年降水量 /mm Annual precipitation /mm	1028
≥10℃的积温 /℃ Daily temperature accumulated in a year (≥10℃) /℃	10305
年日照时数 /h Annual sunshine /h	1249
年平均相对湿度 /% Annual average relative humidity /%	79
干燥度 Dryness	0.95

本区域中心区月平均气温与月平均降水量
Monthly temperature and precipitation in central area of the region

绥江县主要土壤类型与土壤剖面点分布图

1:170 000

图 例

▨	紫色土
▨	黄壤
▨	黄棕壤
▨	石灰（岩）土
▨	水稻土
⊗	剖面点

第三编 云南省分县土壤图与土壤剖面数据

绥江县土壤剖面理化性状表

剖面号 Soil profile	土纲 Soil order	土类 Soil great group	亚类 Soil subgroup	土属 Soil genus	土种 Soil species	土层码 Layer code	土层厚度 Depth/cm	质地 Soil texture	pH	有机质 OM/(g/kg)	全氮 TN/(g/kg)	全磷 TP/(g/kg)	全钾 TK/(g/kg)	剖面点坐标 Profile coordinate	匹配指数 Matching index/%
剖1	人为土	水稻土	潜育水稻土	红壤性潜育水稻土	鸭屎泥田	A	0—20	轻黏土	6.2	39.8	1.88	0.16	16.0	E 103°54′36.0″ N 28°35′30.5″	96
						Ap	20—30	轻黏土	5.8	58.0	2.54	0.22	15.7		
剖2	初育土	紫色土	石灰性紫色土	山地棕紫泥		A	0—5	重壤土	7.3	3.4	0.23	0.26	26.2	E 103°57′22.4″ N 28°34′50.8″	89
						B	5—15	重壤土	8.5	15.9	0.77	0.24	25.8		
						C	15—25	中壤土	7.8	5.1	0.26	0.24	27.9		
剖3	初育土	石灰(岩)土	黄色石灰土	山地黄色石灰土		A₁	0—17	轻黏土	8.5	47.2	2.58	0.27	17.9	E 103°58′31.1″ N 28°30′23.0″	86
						B₁	17—30	轻黏土	8.7	47.8	1.96	0.28	22.5		
						B₂	30—45	轻黏土	8.3	18.8	1.47	0.23	26.4		
剖4	人为土	水稻土	潴育水稻土	紫色土性潴育水稻土	紫大土泥田	A	0—20	轻黏土	6.8	20.3	1.16	0.08	15.0	E 104°14′23.6″ N 28°37′09.8″	74
						Ap	20—30	轻黏土	7.3	12.0	0.77	0.08	15.5		
						W	30—100	砂壤土	6.9	2.7	0.18	0.04	8.5		
剖5	人为土	水稻土	潜育水稻土	冲积性潜育水稻土	深脚泥田	A	0—20	中壤土	8.5	39.0	1.92	0.21	19.8	E 104°02′45.6″ N 28°26′08.2″	94
						Ap	20—28	轻黏土	8.5	35.0	1.58	0.18	19.1		
						G₁	28—50	轻黏土	7.2	29.0	1.10	0.19	19.0		
						G₂	50—100	轻黏土	8.2	15.6	0.77	0.18	20.8		

镇 雄 县

主要土类说明

黄壤是镇雄县主要土壤类型，占本县地域面积的48%，分布在海拔700—1200m的山区。该区域气候潮湿，云雾多，日照少。植被为湿性常绿阔叶林和苔藓常绿阔叶林。成土过程以脱硅富铝化、生物富集和黄化过程为主。黏土矿物以蛭石为主，其次为高岭石和伊利石。本县黄壤分为暗黄壤、黄壤性土等亚类。暗黄壤具有黄壤土类的特征，B层呈明显的暗黄色。黄壤性土侵蚀严重，具A-（B）-C剖面构型，A层浅薄，B层发育不明显，常夹有多量的半风化岩石碎块。

石灰（岩）土是镇雄县第二大土壤类型，占本县地域面积的24%，主要分布在石灰岩山区，多见于石隙、溶洞或峰丛底部。成土母质为碳酸岩类。成土过程以风化、富铝化和灰化作用为主。土壤有机质和养分含量较高，结构和耕性较好，土层浅薄，抗旱能力差，分布零星，耕作不便。本县石灰（岩）土分为红色石灰土、黄色石灰土和黑色石灰土等亚类。红色石灰土具有一定的脱硅富铝化特征，游离氧化铁的水化度低，呈红色或红棕色，pH为6.0—7.0，呈中性至微酸性。黄色石灰土土壤中游离氧化铁的水化度较高，呈黄色或黄棕色。黑色石灰土富含碳酸钙和腐殖质，有机质积累作用明显，呈中性至微碱性。

黄棕壤是镇雄县第三大土壤类型，占本县地域面积的18%，分布在海拔2200—2400m的中山坡地上部。成土母质多为砂页岩及花岗岩风化物。成土过程受淋溶、黏化及弱富铝化作用的影响。土层弱度富铝化，生物积累过程和盐基淋溶酸化过程明显增强，呈黄棕色。该土壤具A-B-C或A-（B）-C剖面构型，黏粒硅铝率在2.5左右，铁的游离度较红壤低，B层交换性酸大于A层。

紫色土占本县地域面积的9%，多与红壤交错分布。植被为常绿阔叶林或灌丛草地。成土母质多为中生代的紫红色砂页岩。成土过程以母岩的快速物理崩解、频繁侵蚀堆积及碳酸钙的不断淋失为主，生物积累作用较弱。紫色岩风化很快，以物理风化为主，形成的土壤在颜色、矿物成分及颗粒等方面都保留了母质特征。本县紫色土分为酸性紫色土、中性紫色土、石灰性紫色土等亚类。其中，酸性紫色土面积较大，黏土矿物一般以蛭石和水云母为主，有机质和全氮含量高于其他亚类，全磷和全钾含量较低，pH为4.5—5.5。

小于本县地域面积3%的土壤类型有水稻土。

本区域中心区气候特征

本区域中心区气候特征值
Regional climate characteristics in central area of the region

气候带：暖温带湿润气候 Climate region: Warm temperate humid climate	
年平均气温 /℃ Annual average temperature /℃	14.3
年平均最高气温 /℃ Annual average maximum temperature /℃	18.9
年平均最低气温 /℃ Annual average minimum temperature /℃	11.2
年降水量 /mm Annual precipitation /mm	954
≥10℃的积温 /℃ Daily temperature accumulated in a year（≥10℃）/℃	6849
年日照时数 /h Annual sunshine /h	1249
年平均相对湿度 /% Annual average relative humidity /%	81
干燥度 Dryness	0.85

本区域中心区月平均气温与月平均降水量
Monthly temperature and precipitation in central area of the region

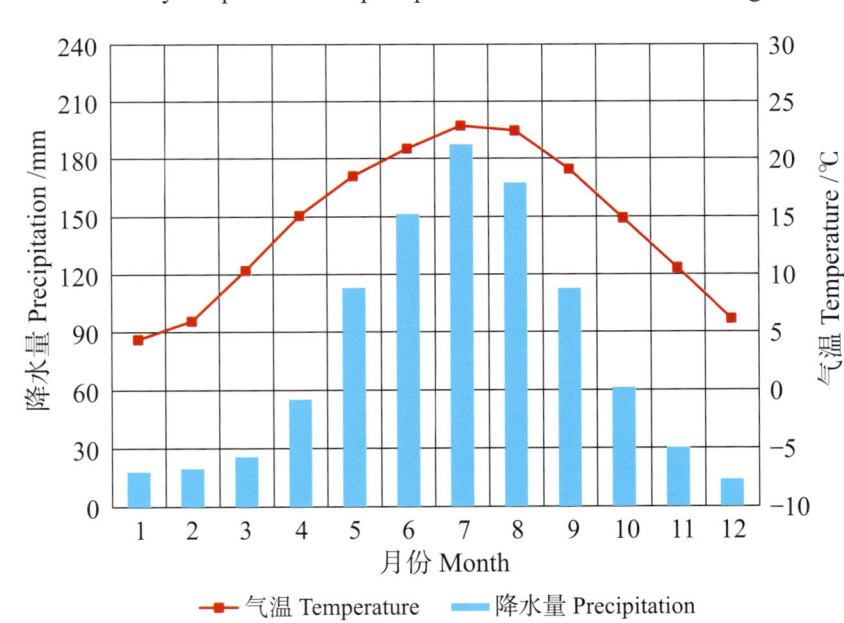

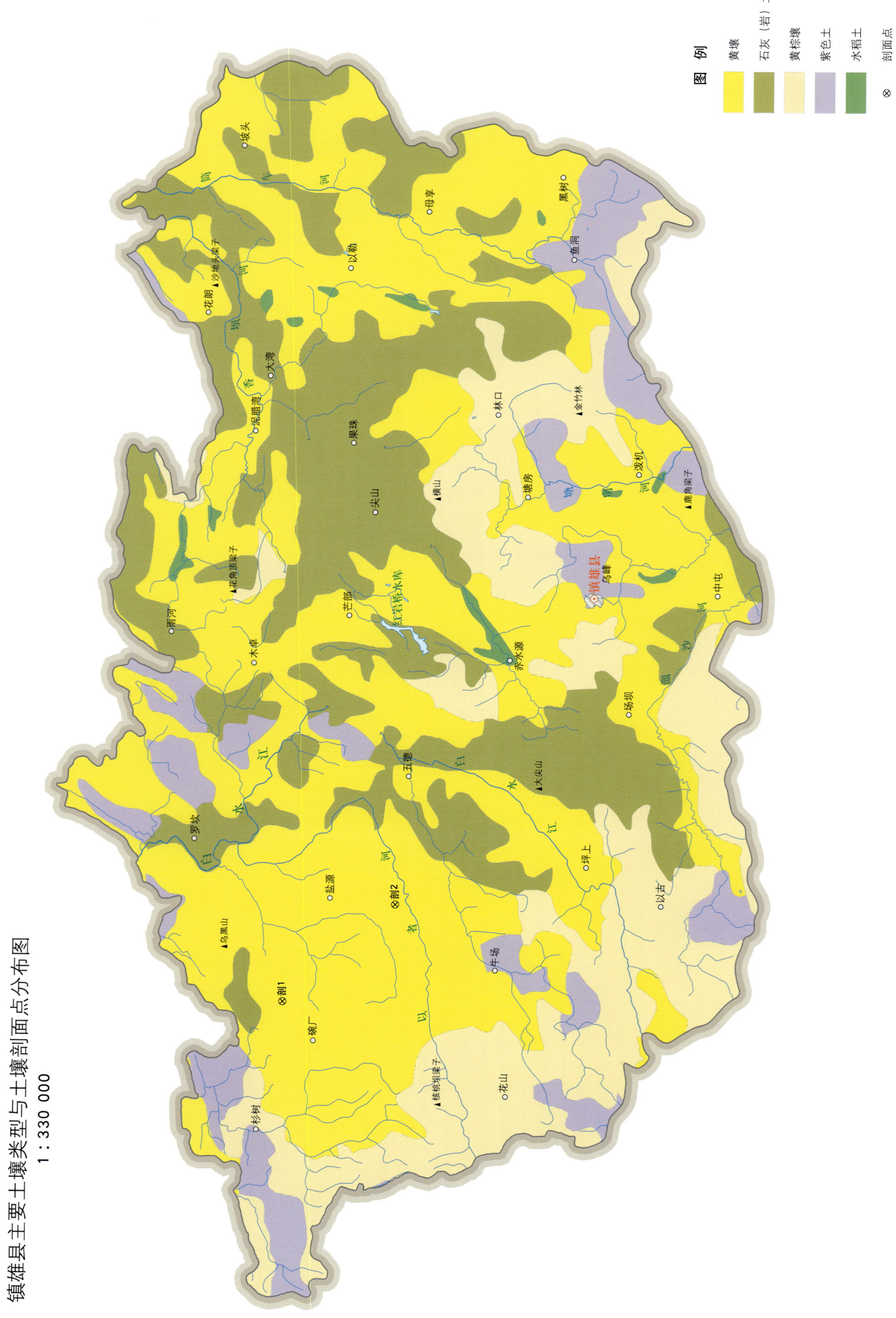

镇雄县土壤剖面理化性状表

剖面号 Soil profile	土纲 Soil order	土类 Soil great group	亚类 Soil subgroup	土属 Soil genus	土种 Soil species	土层码 Layer code	土层厚度 Depth/cm	颜色 Soil color	质地 Soil texture	土壤结构 Soil structure	pH	有机质 OM/(g/kg)	全氮 TN/(g/kg)	全磷 TP/(g/kg)	全钾 TK/(g/kg)	碱解氮 AN/(mg/kg)	有效磷 AP/(mg/kg)	阳离子交换量CEC/(cmol/kg)	剖面点坐标 Profile coordinate	匹配指数 Matching index/%
剖1	铁铝土	黄壤	黄壤	砂岩黄壤	山地砂岩类黄壤	A	0—12		轻壤土		5.3	97.1	2.02	0.73	46.6	263			E 104°32′25.5″ N 27°39′50.5″	86
						B	12—34		轻壤土		5.2	37.0	1.35	0.54	26.2	172				
						C	34—50		中壤土		5.4	21.5	0.99	0.43	30.0	129				
剖2	铁铝土	黄壤	暗黄壤	棕黄泥	棕黄泥	A	0—20	暗灰棕色	砂质黏壤土	核粒状	6.2	21.5	1.14	0.61	15.9	147	6.5	18.8	E 104°37′13.9″ N 27°34′57.9″	95
						B	20—40	灰黄色	壤质黏土	块状	5.8	12.7	1.00	0.46	16.2	140	5.3	18.2		
						BC	40—100	黄色	壤质黏土	块状	5.5	5.1	0.57	0.42	16.2	60	4.2	13.5		

彝良县

主要土类说明

黄壤是彝良县主要土壤类型，占本县地域面积的44%，分布在海拔700—1200m的山区。该区域气候潮湿，云雾多，日照少。植被为湿性常绿阔叶林和苔藓常绿阔叶林。成土过程以脱硅富铝化、生物富集和黄化过程为主。黏土矿物以蛭石为主，其次为高岭石和伊利石。本县黄壤分为暗黄壤、黄壤性土等亚类。暗黄壤具有黄壤土类的特征，B层呈明显的暗黄色。黄壤性土侵蚀严重，具A-（B）-C剖面构型，A层浅薄，B层发育不明显，常夹有多量的半风化岩石碎块。农作物一年两熟，一般种植玉米、小麦和马铃薯等。

黄棕壤是彝良县第二大土壤类型，占本县地域面积的35%，分布在海拔2200—2400m的中山坡地上部。成土母质多为砂页岩及花岗岩风化物。成土过程受淋溶、黏化及弱富铝化作用的影响。土层弱度富铝化，生物积累过程和盐基淋溶酸化过程明显增强，呈黄棕色。该土壤具A-B-C或A-（B）-C剖面构型，黏粒硅铝率在2.5左右，铁的游离度较红壤低，B层交换性酸大于A层。

紫色土是彝良县第三大土壤类型，占本县地域面积的19%，多与红壤交错分布。植被为常绿阔叶林或灌丛草地。成土母质多为中生代的紫红色砂页岩。成土过程以母岩的快速物理崩解、频繁侵蚀堆积及碳酸钙的不断淋失为主，生物积累作用较弱。紫色岩矿物成分相当复杂，具有丰富的黏粒，吸水力强。在干湿冷热季节分明的环境条件下，热湿膨胀与干冷收缩的作用也随之加强，发生由表及里层层剥离的物理风化作用很快，当水还来不及渗入内部进行化学作用时，就已风化成土壤，但土层浅薄，通常具A-C剖面构型。坡耕地上的紫色土肥力水平与分布的位置有密切关系：①分布在丘陵顶部或陵坡地位的紫色土（代表性土种为夹砂大土泥），由残积物发育而成，有较强的物理风化作用，易遭到冲刷，土层浅薄，熟化度低，质地粗，保水性能差。②分布在丘陵中下部的紫色土（代表性土种为小土泥），由坡积物发育而成，土层深厚，质地中等，耕性好，具有一定的熟化程度与肥力水平。③分布在丘陵坡脚的紫色土（代表性土种为大土泥），由洪积物和坡积物发育而成，土层深厚，质地为中壤土和重壤土，肥力水平高。本县紫色土分为酸性紫色土、中性紫色土、石灰性紫色土等亚类。

小于本县地域面积3%的土壤类型有棕壤和水稻土。

本区域中心区气候特征

本区域中心区气候特征值
Regional climate characteristics in central area of the region

气候带：暖温带湿润气候 Climate region: Warm temperate humid climate	
年平均气温 /℃ Annual average temperature /℃	15.3
年平均最高气温 /℃ Annual average maximum temperature /℃	20.3
年平均最低气温 /℃ Annual average minimum temperature /℃	11.9
年降水量 /mm Annual precipitation /mm	1017
≥10℃的积温 /℃ Daily temperature accumulated in a year（≥10℃）/℃	7561
年日照时数 /h Annual sunshine /h	1533
年平均相对湿度 /% Annual average relative humidity /%	77
干燥度 Dryness	0.82

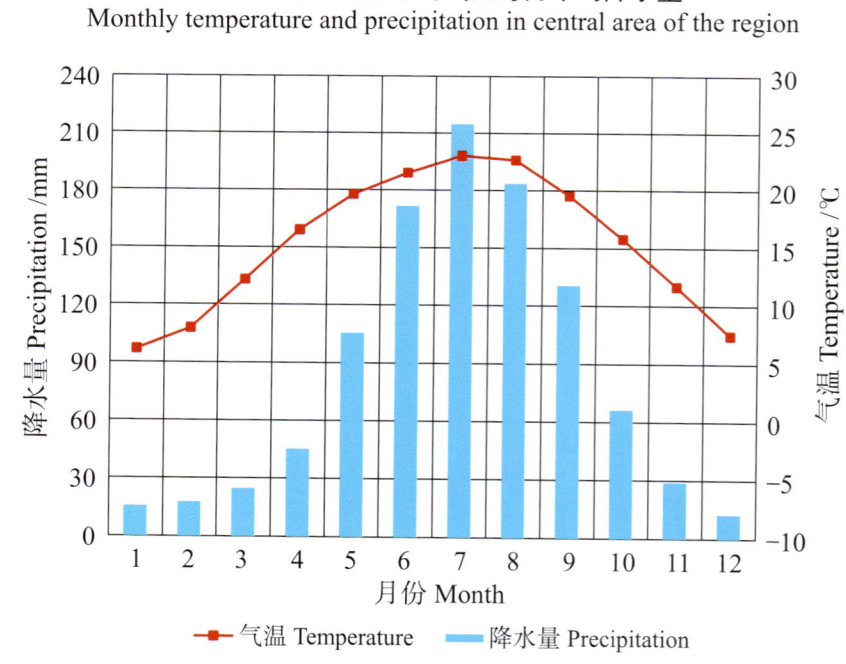

本区域中心区月平均气温与月平均降水量
Monthly temperature and precipitation in central area of the region

彝良县主要土壤类型与土壤剖面点分布图
1:330 000

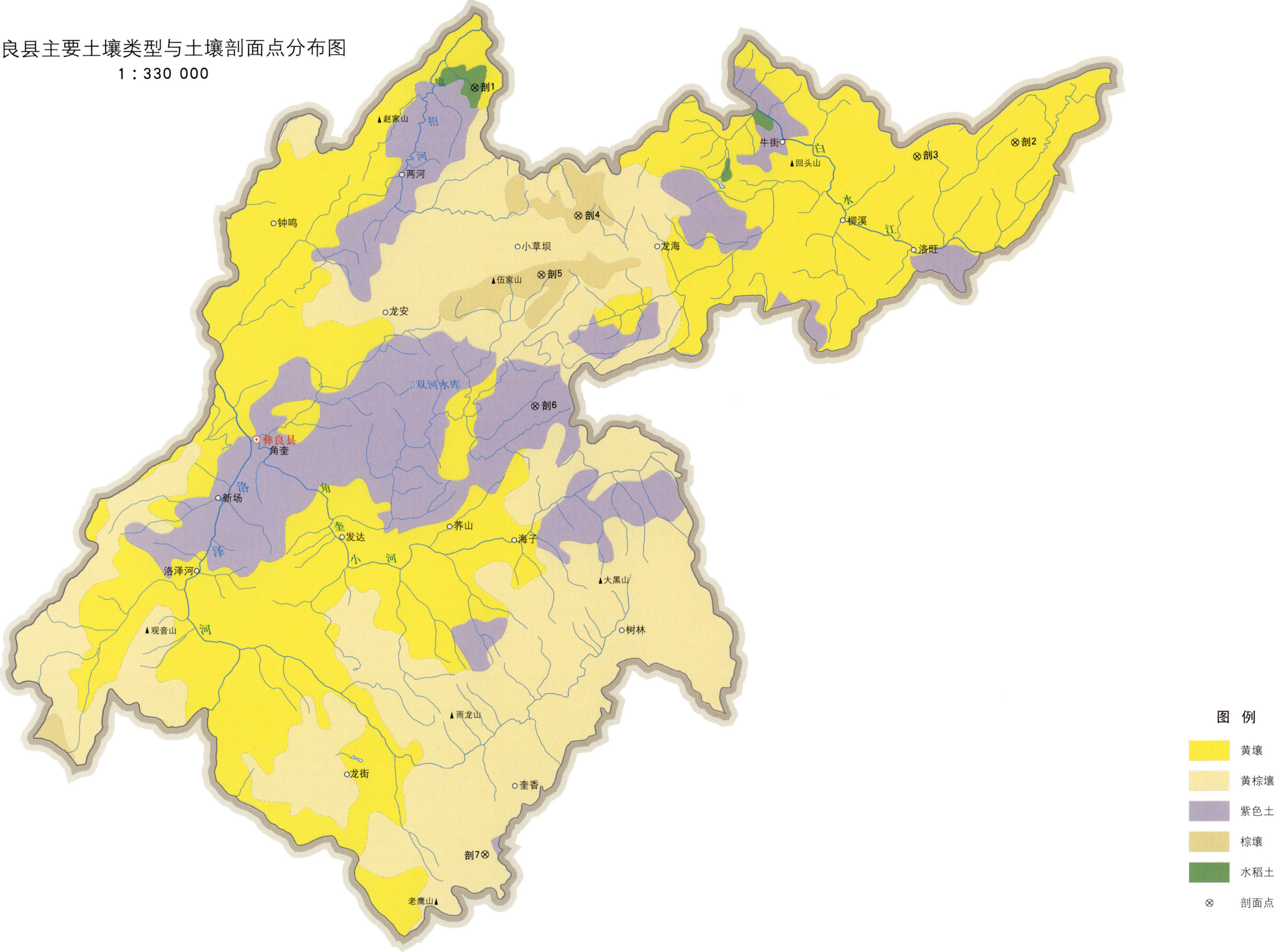

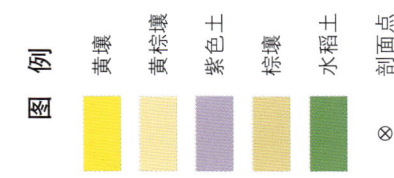

彝良县土壤剖面理化性状表

剖面号 Soil profile	土纲 Soil order	土类 Soil great group	亚类 Soil subgroup	土属 Soil genus	土种 Soil species	土层码 Layer code	土层厚度 Depth/cm	颜色 Soil color	质地 Soil texture	土壤结构 Soil structure	pH	有机质 OM/(g/kg)	全氮 TN/(g/kg)	全磷 TP/(g/kg)	全钾 TK/(g/kg)	碱解氮 AN/(mg/kg)	有效磷 AP/(mg/kg)	阳离子交换量CEC/(cmol/kg)	剖面点坐标 Profile coordinate	匹配指数 Matching index/%
剖1	人为土	水稻土	淹育水稻土	紫色土性淹育水稻土	紫砂田	A	0–17		轻石质重壤土		7.5	10.1	0.55	0.19	24.7	50			E 104°13′23.9″ N 27°53′17.9″	94
						P	17–28		轻石质重壤土		7.0	3.6	0.23	0.17	25.7	27				
剖2	铁铝土	黄壤	暗黄壤	棕黄泥	小黄泥	A	0–17	暗黄棕色	壤质黏土	小块状	6.0	15.6	0.85	0.35	17.0	97	5.0	22.5	E 104°39′56.7″ N 27°50′55.6″	78
						B	17–40	黄色	壤质黏土	块状	5.6	11.6	0.85	0.33	15.0	87	0.5	16.3		
						C	40–80	黄色	壤质黏土	块状	5.3	7.1	0.68	0.25	5.8	57	0.5	12.6		
剖3	铁铝土	黄壤	暗黄壤	黄大土	黄砂泥土	A	0–16	灰黄色	黏壤土	核粒状	6.4	14.5	0.81	0.14	15.0	57	4.0		E 104°35′07.2″ N 27°50′18.4″	77
						B	16–26	黄色	黏壤土	小块状	6.3	13.2	0.72	0.10	8.7	50	1.0			
						BC	26–50	黄色	黏壤土	块状	6.3	11.0	0.41	0.10	6.5	37	1.0			
剖4	淋溶土	棕壤	棕壤	砂岩棕壤	黑砂土	A	0–10	浅棕色		散状	4.6	56.7	5.92	0.36	6.1	585			E 104°18′31.1″ N 27°47′41.1″	98
						P	10–27	棕色	轻黏土	块状	5.6	45.0	2.75	0.19	7.4	185				
						B	27–100	浅棕色	轻黏土	核状	5.4	22.0	1.10	0.18	7.0	119				
剖5	淋溶土	棕壤	棕壤	砂岩山地棕壤		A	0–13	灰棕色	中壤土	散状	4.9	110.1	4.06	0.47	11.1	410			E 104°16′43.2″ N 27°45′04.5″	73
						AB	13–36	灰棕色	重壤土	粒状	5.0	62.2	2.48	0.41	12.5	272				
						B	36–75	棕色	重壤土	核状	5.2	16.9	0.86	0.31	14.4	88				
						C	75–100	浅黄棕色	重壤土	核状	5.4	16.8	0.79	0.29	12.4	74				
剖6	初育土	紫色土	中性紫色土	暗紫泥土	暗油砂土	A	0–20		轻壤土		6.5	9.4	0.66	0.26	21.5	57			E 104°16′26.0″ N 27°39′18.4″	73
						P	20–32		中壤土		6.6	7.3	0.33	0.22	20.7	45				
						B	32–77		轻壤土		6.6	6.5	0.33	0.30	21.8	45				
						C	77–100		中壤土		6.7	1.9	0.05	0.30	18.6	5				
剖7	淋溶土	黄棕壤	暗黄棕壤	泥质岩类山地暗黄棕壤		A	0–10	暗黄棕色	中壤土	块状	5.2	42.3	2.11	0.22	24.4	218			E 104°14′03.2″ N 27°19′36.0″	97
						B	10–18	黄棕色	重壤土	块状	5.1	22.0	1.42	0.19	24.7	143				
						C	18–35	浅黄棕色	重壤土	核状	5.3	11.3	0.88	0.15	26.7	79				

威 信 县

主要土类说明

黄壤是威信县主要土壤类型，占本县地域面积的55%。黄壤发生于湿润条件下，中度富铝化，多见于海拔700—1200m的山区。土壤有机质累积较多，具O-A-AB-B-C剖面构型，pH为4.5—5.5。淀积层（B层）富含水合氧化物（针铁矿），呈黄色，有时含三水铝石。

石灰（岩）土是威信县第二大土壤类型，占本县地域面积的26%。石灰（岩）土发生于石灰岩山区，是石灰岩经溶蚀风化形成的厚薄不同的钙质饱和或含游离钙质的土壤，多见于石隙、溶洞或峰丛底部。该土壤碳酸钙淋溶程度不一，多黏土，多为铁钙质胶结物，风化程度不一，盐基饱和度高，有机质含量及胶结状态有较大差异。

紫色土是威信县第三大土壤类型，占本县地域面积的13%。紫色土是由紫红色岩层直接风化形成的具A-C剖面构型的土壤。其理化性质与母岩组成直接相关，土层浅薄，剖面层次发育不明显，仍处于初育阶段。母岩富含矿质养分，且风化迅速。

黄棕壤占本县地域面积的4%。黄棕壤发生于暖湿落叶阔叶林下，弱度富铝化，黏聚现象明显，呈黄棕色。该土壤具A-B-C或A-（B）-C剖面构型，黏粒硅铝率在2.5左右，铁的游离度较红壤低，B层交换性酸大于A层。

小于本县地域面积3%的土壤类型有水稻土。

本区域中心区气候特征

本区域中心区气候特征值
Regional climate characteristics in central area of the region

气候带：暖温带湿润气候 Climate region: Warm temperate humid climate	
年平均气温 /℃ Annual average temperature /℃	15.0
年平均最高气温 /℃ Annual average maximum temperature /℃	19.4
年平均最低气温 /℃ Annual average minimum temperature /℃	12.1
年降水量 /mm Annual precipitation /mm	972
≥10℃的积温 /℃ Daily temperature accumulated in a year (≥10℃) /℃	7659
年日照时数 /h Annual sunshine /h	1160
年平均相对湿度 /% Annual average relative humidity /%	81
干燥度 Dryness	0.88

本区域中心区月平均气温与月平均降水量
Monthly temperature and precipitation in central area of the region

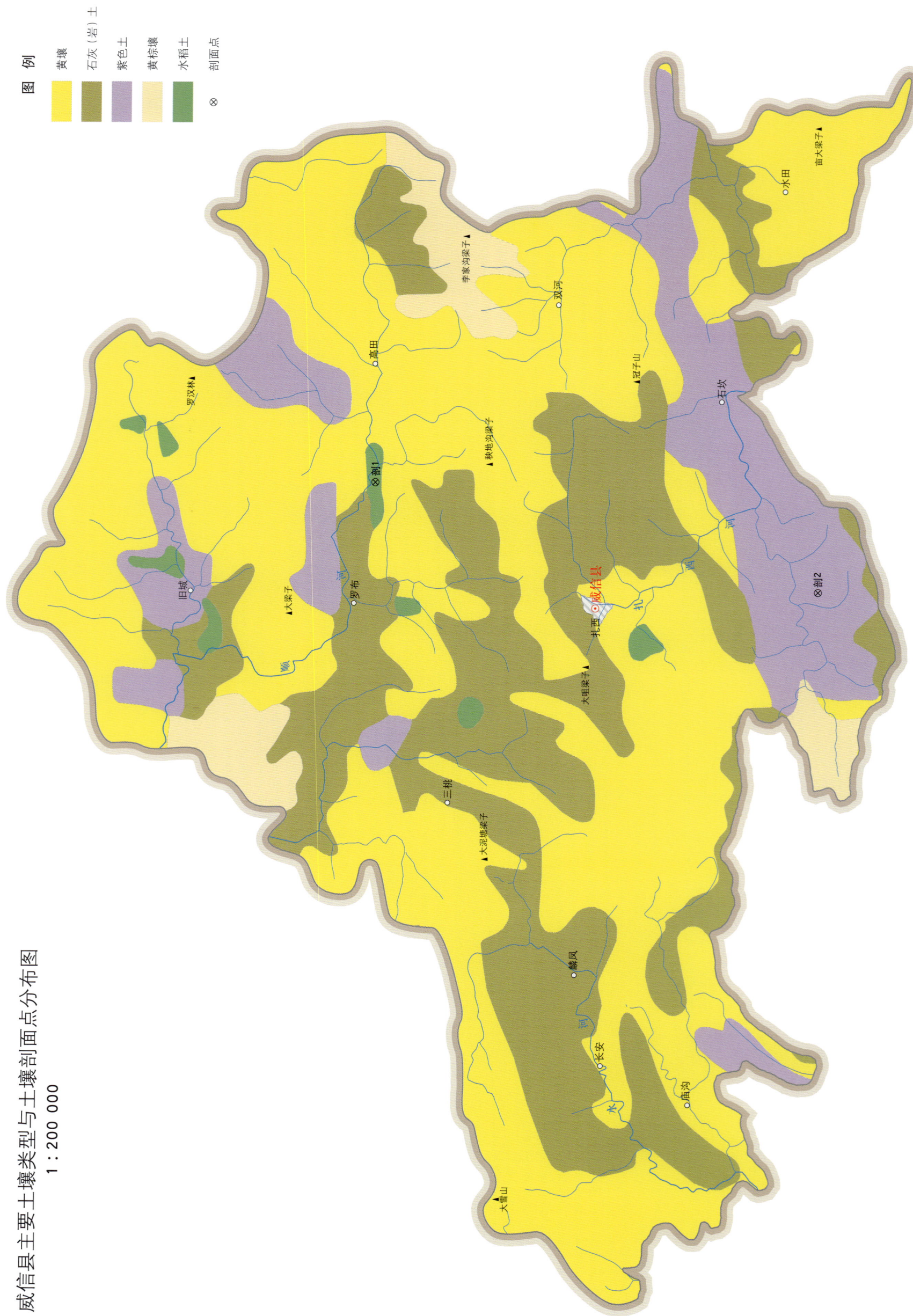

威信县土壤剖面理化性状表

剖面号 Soil profile	土纲 Soil order	土类 Soil great group	亚类 Soil subgroup	土属 Soil genus	土种 Soil species	土层码 Layer code	土层厚度 Depth/cm	质地 Soil texture	pH	有机质 OM/(g/kg)	全氮 TN/(g/kg)	全磷 TP/(g/kg)	全钾 TK/(g/kg)	剖面点坐标 Profile coordinate	匹配指数 Matching index/%
剖1	人为土	水稻土	潴育水稻土	新冲积性潴育水稻土	淤泥田	A	0—20	轻壤土	6.4	13.9	0.76	0.19	14.8	E 105°06′21.6″ N 27°56′40.6″	82
						Ap	20—31	轻壤土	6.7	7.6	0.47	0.16	14.3		
						W	31—100	轻壤土	7.0	3.9	0.29	0.10	13.7		
剖2	初育土	紫色土	酸性紫色土	黄紫泥土	黄紫砂土	A	0—10	轻壤土	6.0	12.1	0.73	0.48	17.0	E 105°03′07.7″ N 27°44′50.1″	75
						P	10—20	轻壤土	6.3	9.2	0.34	0.07	18.0		
						B	20—100	轻壤土	7.0	4.1	0.30	0.06	28.9		

水 富 市

主要土类说明

紫色土是水富市主要土壤类型，占本市地域面积的 66%，多与红壤交错分布。植被为常绿阔叶林或灌丛草地。成土母质多为砂岩、泥岩和页岩。成土过程以母岩的快速物理崩解、频繁侵蚀堆积及碳酸钙的不断淋失为主，生物积累作用较弱。页岩疏松，吸热性强，易机械破碎，尤其在高温季节更为强烈。岩层直接风化形成的具 A-C 剖面构型的土壤，多呈紫红棕色和紫暗棕色，剖面层次颜色无明显变化，无明显腐殖质层，表土层下即为母岩。砂岩、页岩、泥岩等母岩交互排列形成的土壤，有利于通气和养分元素的释放以及作物根系的穿插。粉砂含量高的土壤，尤其有机质含量低时，遇水时易受到严重冲刷。本市紫色土分为酸性紫色土、中性紫色土、石灰性紫色土等亚类。其中，酸性紫色土面积较大，黏土矿物一般以蛭石和水云母为主，有机质和全氮含量高于其他亚类，全磷和全钾含量较低，pH 为 4.5—5.5。

黄棕壤是水富市第二大土壤类型，占本市地域面积的 15%，分布在海拔 2200—2400m 的中山坡地上部。成土母质多为砂页岩及花岗岩风化物。铁、铝在土壤中的移动较为明显，土壤具弱富铝化特征。心土层呈棕色或红棕色，为棱状或块状结构，土体中有铁锰结核。由于黏粒的淋溶与聚集都很强烈，所以在地势平缓的地区，土壤较为黏重，心土层以下的母质带有基岩的色泽。

黄壤是水富市第三大土壤类型，占本市地域面积的 9%，分布在海拔 700—1200m 的山区。植被多为落叶阔叶林、常绿阔叶林及针阔叶混交林。成土母质为砂页岩和石灰岩。成土过程以黄化过程为主，富铝化表现较弱。黏土矿物以蛭石为主，其次为高岭石和伊利石。由于黄壤处于相对湿度较大的地区，且水热条件又较为稳定，土体经常保持潮湿，土中的氧化铁水化而变黄，土壤中次生矿物化学风化度高，淋溶作用较强，交换盐基低，极不稳定，具有淋溶性铁铝斑纹结核，盐基普遍遭到淋失，矿质养分含量较低，有机质较缺乏。由砂页岩风化形成的黄壤质地为中壤土至重壤土，由石灰岩风化形成的黄壤质地较黏重。

水稻土占本市地域面积的 9%，本市各地均有分布。成土过程为淋溶作用和水耕熟化过程。本市水稻土分为淹育型、潴育型等亚类。淹育水稻土在水稻生长期为还原态，其余时间为氧化态，具 A-P-C 或 A-C 剖面构型。潴育水稻土的氧化还原作用随季节变化，具 A-P-W-G 或 A-P-W-C 剖面构型。

小于本市地域面积 3% 的土壤类型有石灰（岩）土。

本区域中心区气候特征

本区域中心区气候特征值
Regional climate characteristics in central area of the region

气候带：暖温带湿润气候 Climate region: Warm temperate humid climate	
年平均气温 /℃ Annual average temperature /℃	16.5
年平均最高气温 /℃ Annual average maximum temperature /℃	21.1
年平均最低气温 /℃ Annual average minimum temperature /℃	13.4
年降水量 /mm Annual precipitation /mm	1022
≥10℃的积温 /℃ Daily temperature accumulated in a year (≥10℃) /℃	9656
年日照时数 /h Annual sunshine /h	1337
年平均相对湿度 /% Annual average relative humidity /%	78
干燥度 Dryness	0.83

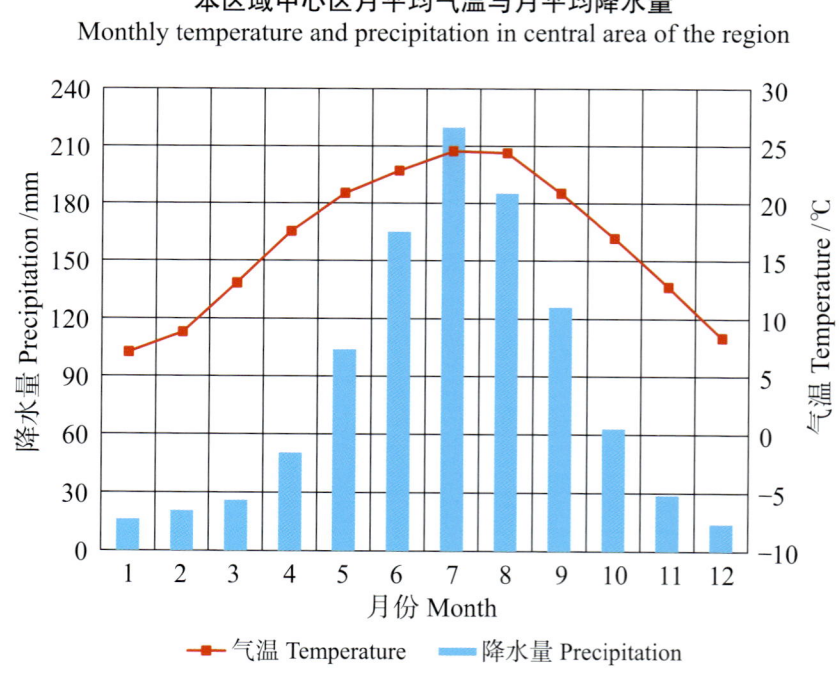

本区域中心区月平均气温与月平均降水量
Monthly temperature and precipitation in central area of the region

水富县主要土壤类型与土壤剖面点分布图
1∶140 000

图例
- 紫色土
- 黄棕壤
- 黄壤
- 水稻土
- 石灰（岩）土
- ⊗ 剖面点

注：国务院2018年9月批准，撤销水富县，设立水富市。

第三编 云南省分县土壤图与土壤剖面数据 | 519

水富市土壤剖面理化性状表

剖面号 Soil profile	土纲 Soil order	土类 Soil great group	亚类 Soil subgroup	土属 Soil genus	土种 Soil species	土层码 Layer code	土层厚度 Depth/cm	质地 Soil texture	pH	有机质 OM/(g/kg)	全氮 TN/(g/kg)	全磷 TP/(g/kg)	全钾 TK/(g/kg)	碱解氮 AN/(mg/kg)	剖面点坐标 Profile coordinate	匹配指数 Matching index/%
剖1	初育土	紫色土	中性紫色土	暗紫泥	砂砂土	1	0—11	轻黏土	6.5	9.4	0.63	0.47	25.1	53	E 104°09′25.3″ N 28°32′19.6″	80
						2	11—59	轻黏土	7.1	7.7	0.38	0.40	29.2	37		
						3	59—95	轻黏土	7.2	4.1	0.47	0.39	30.4	37		
剖2	初育土	紫色土	酸性紫色土	黄紫泥	小土泥	1	0—21	重壤土	5.7	15.6	1.47			84	E 104°12′57.2″ N 28°30′29.0″	70
剖3	初育土	紫色土	酸性紫色土	黄紫泥	砂砂土	1	0—17	中壤土	4.5	10.5	0.85			82	E 104°21′21.2″ N 28°38′11.2″	99
剖4	人为土	水稻土	淹育水稻土	黄壤性淹育水稻土	白眼砂田	1	0—18	重壤土	5.6	16.8	0.94			86	E 104°17′11.0″ N 28°37′12.7″	90
剖5	人为土	水稻土	淹育水稻土	冲积性淹育水稻土	砂砂田	1	0—19	重壤土	6.5	18.8	0.82			86	E 104°22′00.1″ N 28°36′53.3″	74
剖6	初育土	紫色土	中性紫色土	暗紫泥	大土泥	1	0—19	重壤土	7.3	18.8	1.40	0.33	23.5	103	E 104°16′22.1″ N 28°36′41.8″	71
						2	19—57	轻黏土	7.7	10.2	0.68	0.18	23.0	71		
						3	57—79	轻黏土	7.7	7.7	0.43	0.13	24.3	64		
剖7	人为土	水稻土	淹育水稻土	紫色土性淹育水稻土	小砂田	1	0—17	轻黏土	5.4	19.0	1.51	0.29	29.8	131	E 104°19′07.7″ N 28°34′44.8″	89
						2	17—25	轻黏土	5.4	18.1	1.35	0.26	29.0	117		
						3	25—52	轻黏土	5.0	9.2	0.48	0.13	32.2	50		
剖8	初育土	紫色土	酸性紫色土	黄紫泥	红砂土	1	0—20	重壤土	6.4	10.4	0.70	0.40	26.7	78	E 104°15′39.0″ N 28°34′13.8″	76
						2	20—42	重壤土	6.4	6.5	0.48	0.27	26.5	54		
						3	42—82	重壤土	6.4	6.5	0.48	0.29	27.1	47		
剖9	初育土	紫色土	酸性紫色土	黄紫泥	黄泥土	1	0—14	黏土	5.8	29.8	2.07	0.79	25.3	189	E 104°07′04.8″ N 28°26′56.6″	77
						2	14—33	黏土	6.0	13.1	0.85	0.50	26.5	81		
						3	33—65	轻黏土	6.1	7.6	0.61	0.41	28.4	53		
						4	65—83	中壤土	6.4	3.9	0.30	0.38	28.3	26		
剖10	初育土	紫色土	酸性紫色土	黄紫泥	大土泥	1	0—20	轻黏土	5.6	17.8	0.80			78	E 104°10′55.4″ N 28°26′24.6″	87
剖11	人为土	水稻土	淹育水稻土	紫色土性淹育水稻土	红砂田	1	0—17	重壤土	6.1	15.6	0.94	0.34	24.3	83	E 104°14′03.5″ N 28°23′30.1″	81
						2	17—26	轻黏土	6.3	12.5	0.51	0.22	22.0	58		
						3	26—49	轻黏土	6.0	10.1	0.27	0.41	24.0	23		

丽 江 市

古城区、玉龙纳西族自治县

主要土类说明

棕壤是古城区、玉龙纳西族自治县主要土壤类型，占本区域地域面积的27%。成土母质为石灰岩、玄武岩、紫色角砾岩、砂页岩、混合变质岩。成土过程以淋溶过程、黏化过程和生物富集过程为主。棕壤结构较好，具 O-A-Bt-C 剖面构型，表土呈暗棕色。该土壤处于硅铝风化阶段，土体见黏粒淀积，盐基充分淋失。

黄棕壤是古城区、玉龙纳西族自治县第二大土壤类型，占本区域地域面积的27%，分布在海拔1900—2700m的山区。成土母质多为砂页岩及花岗岩风化物。土层弱度富铝化，黏聚现象明显，呈黄棕色。该土壤具 A-B-C 或 A-（B）-C 剖面构型，黏粒硅铝率在2.5左右，铁的游离度较红壤低，B层交换性酸大于A层。

红壤是古城区、玉龙纳西族自治县第三大土壤类型，占本区域地域面积的19%，分布在海拔1300—2600m的地区。成土母质为石灰岩、玄武岩、泥质岩、砂页岩、古红土风化残积物。成土过程以脱硅富铝化和生物富集为主。红壤呈中度脱硅富铝化特征，土体深厚，可达1m以上，剖面层次发育完整。

暗棕壤占本区域地域面积的10%，主要分布在龙蟠、白沙、鲁甸等地的海拔3200—3600m的高山地带。成土母质为石灰岩冰碛物以及紫色角砾岩、砂页岩坡积物和残积物。

紫色土占本区域地域面积的6%，分布在海拔1500—2500m的山地，多与红壤交错分布。黏土矿物一般以蛭石和水云母为主。土层浅薄，具 A-C 剖面构型。有机质和全氮含量较高，全磷和全钾含量较低。

小于本区域地域面积3%的土壤类型有黑毡土、水稻土、新积土、燥红土、草毡土、石灰（岩）土、寒冻土、棕色针叶林土和沼泽土。

本区域中心区气候特征

本区域中心区气候特征值
Regional climate characteristics in central area of the region

气候带：暖温带湿润气候 Climate region: Warm temperate humid climate	
年平均气温 /℃ Annual average temperature /℃	11.9
年平均最高气温 /℃ Annual average maximum temperature /℃	18.5
年平均最低气温 /℃ Annual average minimum temperature /℃	7.0
年降水量 /mm Annual precipitation /mm	939
≥10℃的积温 /℃ Daily temperature accumulated in a year (≥10℃) /℃	4269
年日照时数 /h Annual sunshine /h	2405
年平均相对湿度 /% Annual average relative humidity /%	64
干燥度 Dryness	0.74

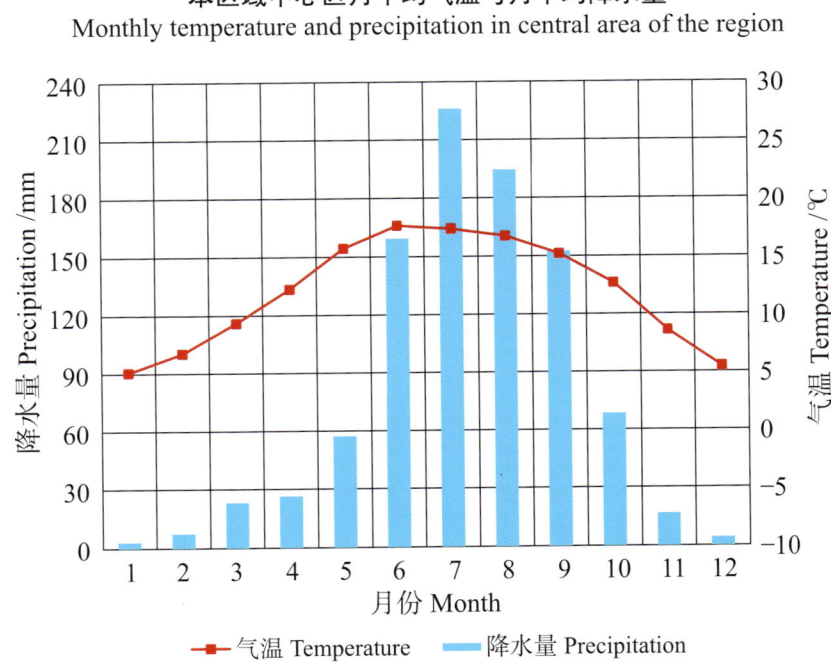

本区域中心区月平均气温与月平均降水量
Monthly temperature and precipitation in central area of the region

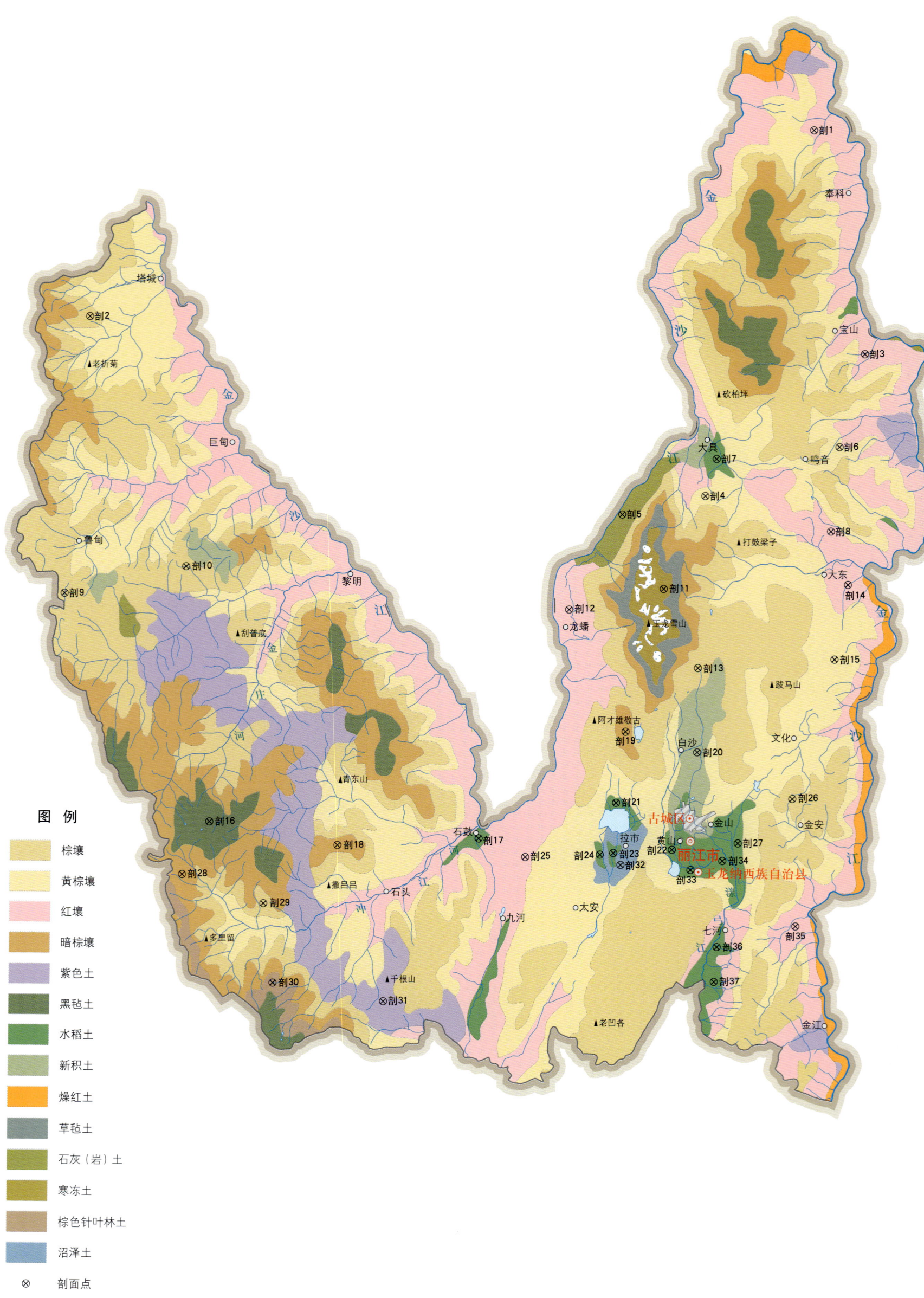

古城区、玉龙纳西族自治县土壤剖面理化性状表

剖面号 Soil profile	土纲 Soil order	土类 Soil great group	亚类 Soil subgroup	土属 Soil genus	土种 Soil species	土层码 Layer code	土层厚度 Depth/cm	颜色 Soil color	质地 Soil texture	土壤结构 Soil structure	pH	有机质 OM/(g/kg)	全氮 TN/(g/kg)	全磷 TP/(g/kg)	全钾 TK/(g/kg)	碱解氮 AN/(mg/kg)	有效磷 AP/(mg/kg)	阳离子交换量CEC/(cmol/kg)	土壤母质 Parent material	剖面点坐标 Profile coordinate	匹配指数 Matching index/%
剖1	铁铝土	红壤	黄红壤	石灰岩角砾岩黄红壤	黄红土	A	0—14	灰黄色	轻壤土	粒状	7.9	21.8	1.56	0.53		150			石灰岩、灰质角砾岩	E 100°22′58.4″ N 27°38′52.8″	79
						2	14—38	浅棕黄色	中壤土	碎块状											
						3	38—100	灰黄色	中黏土	核状											
剖2	淋溶土	棕壤	棕壤	麻灰汤土	麻灰汤泥	Ao	0—14	暗棕色										18.5		E 99°28′13.1″ N 27°26′34.1″	85
						A	14—33	棕色	黏壤土	细粒状	5.8	146.7	5.43	1.27	22.8	512	5.2	24.2			
						B	33—76	浅棕色	壤质黏土	核粒状	5.9	32.0	1.41	1.05	22.2	572	3.8	15.6			
						C	76—130	棕色	壤质黏土	粒状	5.8	19.3	0.53	1.32	18.1	382	4.2				
剖3	铁铝土	红壤	黄红壤	石灰岩角砾岩黄红壤	小红土	A	0—10	暗红色	中壤土	粒状	6.0	40.1	1.76	0.92		120				E 100°26′44.5″ N 27°23′52.4″	100
						2	10—42	暗红棕色	重黏土	核状											
						3	42—68	棕色	中黏土	块状											
						4	68—100	红棕色	中黏土	碎块状											
剖4	淋溶土	黄棕壤	黄棕壤	混合变质岩黄棕壤		A	0—5	暗棕灰色	重壤土	粒状	5.7	42.6	2.21	2.25		200			混合变质岩	E 100°14′41.3″ N 27°14′26.9″	79
						2	5—37	浅黄棕色	重壤土	核状											
						3	37—100	黄色	轻壤土	块状											
剖5	初育土	石灰（岩）土				A	0—7	灰黄色	砂壤土	粒状	7.0	12.0				200				E 100°08′24.4″ N 27°13′13.8″	94
						2	7—100	浅黄棕色	紫泥土	粒状	7.0	20.0				250					
剖6	淋溶土	黄棕壤	黄棕壤	石灰岩角砾岩黄棕壤	灰泡土	A	0—11	灰黄棕色	重壤土	粒状	6.3	46.0	4.45	1.85		460			石灰岩、角砾岩	E 100°24′46.8″ N 27°17′40.6″	95
						2	11—21	浅棕色	重壤土	块状											
						3	21—100	棕色	中壤土	块状											
剖7	人为土	水稻土	淹育性水稻土	冲积性淹育水稻土	白泥田	A	0—17	灰黄色	重壤土	粒状	8.3	25.2	1.64	1.94		270				E 100°15′32.4″ N 27°16′55.6″	85
						2	17—23	灰黄棕色	重壤土	块状											
						3	40—50	灰白色	中壤土	块状											
剖8	铁铝土	红壤	黄红壤	玄武岩夹片岩砂页岩黄红壤	瘦红土	A	0—16	棕色	重黏土	粒状	6.1	34.4	2.38	1.21		290				E 100°24′07.9″ N 27°12′01.8″	73
						2	16—56	暗棕色	轻黏土	核状											
						3	56—100	红棕色	中黏土	块状											
剖9	淋溶土	棕壤	棕壤	紫色角砾岩砂页岩棕壤	紫红土	A	0—13	灰棕色	砂壤土	粒状	7.5	44.1	2.24	0.44		270			紫色角砾岩	E 99°26′23.6″ N 27°07′58.1″	84
						2	13—38	棕灰色	砂土	粒状											
						3	38—	紫棕色	中壤土	小块状											
剖10	淋溶土	棕壤	棕壤	厚灰汤土	厚灰汤土	A	0—14	暗黄棕色	壤质黏土	粒状	6.2	36.7	1.65	0.81	11.0	140	13.6	13.8		E 99°35′33.0″ N 27°09′45.7″	99
						B	14—37	红棕色	壤质黏土	粒状	6.4	25.2	1.12	1.15	13.5	185	8.0	15.4			
						C	37—100	暗棕色	壤质黏土	粒状	6.5	9.0	0.83	1.37	12.0	133	6.2	18.7			
剖11	高山土	寒冻土	寒冻土	寒冻灰土	棕石质冻土	A	0—9	黑色	重砾质壤土	屑粒状	7.5	144.6	5.00	4.40	12.4	260	26.0			E 100°11′31.6″ N 27°08′13.3″	94
						C	9—21	灰棕色	重砾质壤土	粒状	7.6	31.1	1.10	6.30	18.3	150	4.0				
剖12	铁铝土	红壤	红壤	石灰岩残积冲积红壤	红土	A	0—17	浅棕色	中壤土	粒状	6.9	44.3	2.16	0.44		290			石灰岩残积物、冲积物	E 100°04′24.6″ N 27°06′51.1″	97
						2	17—42	浅红棕色	重黏土	块状											
						3	42—100	红色	重黏土	块状											
剖13	淋溶土	棕壤	棕壤	棕灰汤土	棕灰汤泥	A	0—14	灰棕色	壤质黏土	粒状	7.0	76.7	3.60	2.02	14.7	324	11.6			E 100°14′06.4″ N 27°02′54.6″	81
						B	14—38	浅棕色	壤质黏土	核粒状	6.8	42.9	1.85	1.05	18.6	206	0.8				
						C	38—60	棕色	黏土	块状	6.9	25.1	1.04	1.21	23.2	162	0.8				
剖14	铁铝土	红壤	黄红壤	石灰岩角砾岩黄红壤	红砂土	A	0—10	暗红棕色	轻黏土	粒状	7.3	20.9	1.28	0.36		150			石灰岩、灰质角砾岩	E 100°25′24.2″ N 27°08′26.5″	84
						2	10—30	红棕色	黏土	核状											
						3	30—100	红棕色	中黏土	碎块状											

续表 Continued

剖面号 Soil profile	土纲 Soil order	土类 Soil great group	亚类 Soil subgroup	土属 Soil genus	土种 Soil species	土层码 Layer code	土层厚度 Depth/cm	颜色 Soil color	质地 Soil texture	土壤结构 Soil structure	pH	有机质 OM/(g/kg)	全氮 TN/(g/kg)	全磷 TP/(g/kg)	全钾 TK/(g/kg)	碱解氮 AN/(mg/kg)	有效磷 AP/(mg/kg)	阳离子交换量CEC/(cmol/kg)	土壤母质 Parent material	剖面点坐标 Profile coordinate	匹配指数 Matching index/%
剖15	淋溶土	黄棕壤	黄棕壤	混合变质岩黄棕壤	棕黄土	A	0—12	浅棕黄色	中壤土	粒状	4.4	31.7	1.18	1.25		310				E 100°24′22.7″ N 27°03′26.6″	96
						2	12—68	浅棕色	中黏土	块状											
						3	68—100	浅黄棕色	砂壤土	粒状											
剖16	高山土	黑毡土	黑色土			A	0—7	黑褐色	轻褐土	粒状	7.3	87.4	3.95	3.53		710				E 99°37′22.8″ N 26°52′36.8″	78
						2	7—20	褐色	轻粒土	碎粒状	7.3	87.4	3.95	3.53		710					
						3	20—28	黄棕色	轻壤土	散粒状	7.3	87.4	3.95	3.53		710					
						4	28—42	浅黄棕色	砂壤土	粒状	7.3	87.4	3.95	3.53		710					
剖17	人为土	水稻土	潜育水稻土	冲积性潜育水稻土	灰砂泥田	A	0—21	棕灰色	中壤土	棱块状	5.8	46.4	2.57	0.65		70				E 99°57′36.0″ N 26°51′29.2″	87
						2	21—36	浅灰色	轻黏土	块状											
						3	36—100	灰黄色	砂壤土												
剖18	淋溶土	暗棕壤	暗棕壤			Ai	0—11													E 99°47′00.6″ N 26°51′03.2″	91
						A	11—28	暗棕色	黏壤土	粒状	6.5	155.0	6.80	3.60	16.7	456	12.0				
						B	28—49	棕色	壤质黏土	块状	6.6	83.9	3.60	2.50	21.0	231	4.0	38.8			
						C	49—78	浅棕色	壤质黏土	块状	7.0	42.0	2.60	2.80	22.0	152	5.0	36.9			
剖19	淋溶土	暗棕壤	暗棕壤	暗灰棕泥土	棕黑汤泥	A	0—13	浅棕褐色	中壤土	粒状	5.4	52.7	3.47	1.25		420				E 100°08′39.1″ N 26°58′40.1″	93
						2	13—38	棕色	重黏土	碎块状											
						3	38—53	浅棕色	轻黏土	核柱状											
剖20	初育土	新积土	冲积土	石子浮泥	洪积砂泥	A	0—40	暗黄棕色	砾质黏土	粒状	7.9	30.0	1.96	1.80	8.2	47	3.0			E 100°14′02.0″ N 26°57′16.2″	90
						C_1	40—56	暗黄棕色	壤质黏壤土	块状	8.1	23.0	0.80	1.20	4.6	34	2.0				
						C_2	56—100	灰白色	砾质黏土	块状	8.5	14.0	0.56	0.44	4.2	28	4.0				
剖21	人为土	水稻土	淹育水稻土	冲积性淹育水稻土	砂泥田	A	0—14	棕灰色	砂壤土	粒状	6.0	28.2	1.26	0.44		80				E 100°07′56.1″ N 26°53′52.6″	92
						2	14—45	紫色	砂壤土	碎块状											
						3	45—100	紫棕褐色	重黏土	粒状									冲积物		
剖22	人为土	水稻土	潜育水稻土	冲积性潜育水稻土	黑鸡屎土田	A	0—15	暗棕褐色	重黏土	粒状	7.7	28.6	1.81	0.85		190				E 100°12′08.5″ N 26°50′43.0″	93
						2	15—27	暗黄棕色	轻黏土	棱块状											
						3	27—66	黄棕色	中黏土	棱块状									冲积物		
						4	66—100	黄色	紧砂壤土	粒状											
剖23	人为土	水稻土	潜育水稻土	冲积性潜育水稻土	冷浸田	A	0—14	灰棕色	中砂壤土	粒状	7.4	20.9	1.05	0.62						E 100°07′44.0″ N 26°50′30.5″	78
						2	14—29	灰黄色	紧砂壤土	粒状											
						3	29—59	青灰色	紧砂壤土	粒状											
剖24	人为土	水稻土	淹育水稻土	冲积性淹育水稻土	砂瓢泥田	A	0—13	灰棕色	中砂壤土	粒状	8.1	23.2	1.49							E 100°12′43.6″ N 26°50′24.0″	91
						2	13—34	灰黄色	砂壤土	核状											
						3	34—100	暗黄棕色	壤质黏土	核状											
剖25	铁铝土	红壤	黄红壤	棕黄红土	棕玄红泥	A	0—14	褐色	壤质黏土	粒状	6.7	41.8	1.22	0.21	19.2	124	1.1			E 100°07′07.7″ N 26°50′15.0″	78
						B	14—43	暗棕色	黏土	粒状	6.8	25.3	1.06	0.33	19.8	107	1.6				
						Bz	43—70	浅黄棕色	中黏土	块状	7.1	25.1	1.37	0.26	18.9	99	1.6				
						BC	70—100	浅红色	黏土	块状	6.1	25.5	1.61	0.17	16.0	73	1.6				
剖26	淋溶土	棕壤	棕壤	玄武岩棕壤		A	0—10	暗棕色	轻壤土	粒状	5.4	91.0	6.02	2.65		420				E 100°06′43.6″ N 26°51′07.7″	82
						2	10—40	浅黄棕色	中黏土	块状	6.2	55.7	2.73	0.87	8.5	203	14.6				
						3	40—60	黄棕色	壤土	团块状	6.3	48.7	2.05	0.95	8.5	157	8.6				
剖27	人为土	水稻土	淹育水稻土	浮泥田	黄鸡屎土田	A	0—18	棕色	黏壤土	小块状										E 100°17′06.4″ N 26°51′08.3″	80
						P	18—27	棕灰色	黏壤土	块状	6.4	34.2	1.41	1.42	9.7	111	1.0				
						C_1	27—41	黄黄色	黏土		6.5	41.5	2.01	0.64	15.1	103	0.4				
						C_2	41—63	浅棕色	黏壤土												

续表 Continued

剖面号 Soil profile	土纲 Soil order	土类 Soil great group	亚类 Soil subgroup	土属 Soil genus	土种 Soil species	土层码 Layer code	土层厚度 Depth/cm	颜色 Soil color	质地 Soil texture	土壤结构 Soil structure	pH	有机质 OM/(g/kg)	全氮 TN/(g/kg)	全磷 TP/(g/kg)	全钾 TK/(g/kg)	碱解氮 AN/(mg/kg)	有效磷 AP/(mg/kg)	阳离子交换量CEC/(cmol/kg)	土壤母质 Parent material	剖面点坐标 Profile coordinate	匹配指数 Matching index/%
剖28	淋溶土	暗棕壤	暗棕壤	厚黑汤土	厚黑汤土	A	0—10	暗棕色	壤质黏土	粒状	6.4	125.9	5.12	1.72	20.1	173	7.2			E 99°35′20.0″ N 26°49′05.2″	100
						B	10—25	暗红色	黏土	块状	6.6	40.5	1.42	1.18	20.1	59	5.8				
						C	25—80	浅棕红色	黏土	块状	6.4	1.4	0.39	0.39	14.5	60	5.7				
剖29	淋溶土	棕壤	棕壤	紫色角砾岩砂页岩棕壤		A	0—17	紫棕色	中壤土	小团粒状	6.0	32.0				300			紫色角砾岩	E 99°41′28.0″ N 26°47′07.8″	80
						AB	17—50	紫棕色	轻黏土	核状	6.0	16.0				500					
						C	50—100	浅棕红色	轻黏土	块状											
剖30	淋溶土	棕色针叶林土	棕色针叶林土	麻寒棕土	麻黑灰土	Ao	0—4														E 99°42′11.4″ N 26°41′46.8″	75
						A	4—19	黑棕色	砂壤土	粒状	4.1	166.0	4.30	1.56	16.2	182	10.0	17.5			
						AB	19—33	灰色	砂质黏壤土	小块状	4.2	129.4	3.65	1.42	18.0	323	2.0	10.0			
						B	33—62	灰棕色	黏壤土	块状	4.9	164.3	4.78	2.36	14.1	312	6.0	19.1			
						C	62—100		砾质黏壤土		5.1	109.5	2.98	2.46	14.4	286	26.0	17.0			
剖31	初育土	紫色土	中性紫色土	紫色砂页岩角砾岩紫土		A	0—10	棕棕色	砂壤土	粒状	6.2	8.8	0.39	0.15		140			紫色砂页岩	E 99°50′28.7″ N 26°40′31.8″	70
						2	10—92	紫灰色	砂土	棱柱状											
						3	92—	紫色													
剖32	水成土	沼泽土	泥炭沼泽土	泥炭沼泽土	草煤土	A	0—10	浅灰色	轻黏土	粒状	5.4	39.7	2.32	0.85		240				E 100°08′16.8″ N 26°49′42.6″	76
						2	10—60	灰灰黄色	轻黏土	块状											
						3	60—100	黑色													
剖33	人为土	水稻土	淹育水稻土	冲积淹育水稻土	黑泥田	A	0—14	暗棕色	重黏土	碎块状	7.3	38.1	1.32	0.56		210			冲积物	E 100°13′32.2″ N 26°49′21.7″	100
						2	14—45	灰棕色	中黏土	块状											
						3	45—100		重黏土	粒状											
剖34	人为土	水稻土	潴育水稻土	冲积性潴育水稻土	灰泥田	A	0—17	白色	重黏土	块状	5.5	40.1	2.35	0.84		220				E 100°15′56.3″ N 26°49′57.5″	89
						2	17—56	灰灰黄色	轻黏土	核状											
						3	56—100	浅灰黄色	砂壤土	碎块状											
剖35	铁铝土	红壤	黄红壤	玄武岩夹片岩砂页岩黄红壤	黄砂土	A	0—12	暗棕色	中壤土	粒状	8.0	36.7	1.22	1.19		160			玄武岩夹片岩, 砂页岩	E 100°21′25.6″ N 26°45′33.5″	87
						2	12—34	暗棕色	砂壤土	核状											
						3	34—100	绿灰色	中黏土	粒状											
剖36	人为土	水稻土	淹育水稻土	红壤性淹育水稻土	红泥田	A	0—14	浅棕黄色	轻黏土	粒状	5.4	9.6	0.45	0.43		130			红壤性母质	E 100°15′31.3″ N 26°44′10.3″	89
						2	14—27	黄棕黄色	轻黏土	块状											
						3	27—73	暗棕红色	中黏土	碎块状											
						4	73—100														
剖37	人为土	水稻土	潴育水稻土	冲积性潴育水稻土	黄泥田	A	0—14	灰白色	中壤土	粒状	5.9	41.5	2.24	2.55		720			冲积物	E 100°15′18.0″ N 26°41′49.9″	91
						2	14—52	浅灰色	重黏土	棱柱状											
						3	52—100	黄棕色	砂壤土	块状											

永 胜 县

主要土类说明

红壤是永胜县主要土壤类型，占本县地域面积的32%，分布在海拔1360—2600m的山区和河谷。植被为常绿阔叶林。成土母质有石灰岩、玄武岩、泥质岩、砂页岩和古红土等的风化残积物。成土过程以脱硅富铝化和生物富集为主。红壤呈中度脱硅富铝化特征，具A–Bs–Bv或A–Bs–C剖面构型。土体深厚，剖面层次发育完整，B层通常有铁锰结核淀积。本县红壤分为红壤、棕红壤、黄红壤、粗骨性红壤等亚类。其中，黄红壤面积较大，土体上部有黄化现象，以黄橙色或橙色为主，下部仍以高岭石为主，伴有蛭石和三水铝石。

黄棕壤是永胜县第二大土壤类型，占本县地域面积的22%，分布在海拔2300—2700m的中山疏林地区。成土母质分为石灰岩、玄武岩、紫色岩类、砂岩坡积物或残积物。成土过程受淋溶、黏化及弱富铝化作用的影响。土层弱度富铝化，生物积累过程和盐基淋溶酸化过程明显增强，呈黄棕色。该土壤具A–B–C或A–（B）–C剖面构型，质地较轻，黏化作用不明显，多呈酸性。

紫色土是永胜县第三大土壤类型，占本县地域面积的18%，分布在海拔2300m以下的平缓岗地和低平槽谷。植被为常绿阔叶林或灌丛草地。成土母质为紫色泥岩和砂页岩。成土过程以母岩的快速物理崩解、频繁侵蚀堆积以及碳酸钙的不断淋失作用为主，生物积累作用相对较弱。土壤具A–C剖面构型，剖面层次发育不明显，土层浅薄，pH为4.5—8.5，富含矿质养分。本县紫色土分为酸性紫色土、中性紫色土、石灰性紫色土等亚类。其中，酸性紫色土面积较大，黏土矿物一般以蛭石和水云母为主，土壤偏酸，有机质和全氮含量高于其他亚类，全磷和全钾含量较低。

燥红土占本县地域面积的11%，主要分布在本县南部海拔1100—1500m的金沙江燥热河谷。成土母质主要为石灰岩、花岗岩、玄武岩风化物。燥红土是由红土母质发育形成的盐基饱和的红色土壤，具A–B–C（D）剖面构型。成土过程以有机质积累、生物富集和脱硅富铝化为主。矿物风化度低，土壤淋溶作用弱，盐基有表层聚集趋势，多呈微酸性至微碱性，盐基饱和度为70%—90%，黏粒硅铝率为2.2—2.8，表层有机质含量一般为20—40g/kg。该土壤复盐基明显，交换性钙、镁占阳离子交换量的80%以上。

棕壤占本县地域面积的10%，分布在海拔2600—3200m的中山和山原地区。成土母质为紫色岩类、砂岩、石灰岩、玄武岩坡积物或残积物。成土过程以淋溶过程、黏化过程和生物富集过程为主。该土壤处于硅铝风化阶段，具有黏化特征，呈棕色。土体见黏粒淀积，盐基充分淋失，见少量游离铁。

小于本县地域面积3%的土壤类型有石灰（岩）土、水稻土、黑毡土和新积土。

本区域中心区气候特征

本区域中心区气候特征值
Regional climate characteristics in central area of the region

气候带：中亚热带湿润气候 Climate region: Subtropical humid climate	
年平均气温 /℃ Annual average temperature /℃	14.0
年平均最高气温 /℃ Annual average maximum temperature /℃	20.6
年平均最低气温 /℃ Annual average minimum temperature /℃	8.9
年降水量 /mm Annual precipitation /mm	1005
≥10℃的积温 /℃ Daily temperature accumulated in a year（≥10℃）/℃	5089
年日照时数 /h Annual sunshine /h	2385
年平均相对湿度 /% Annual average relative humidity /%	66
干燥度 Dryness	0.83

本区域中心区月平均气温与月平均降水量
Monthly temperature and precipitation in central area of the region

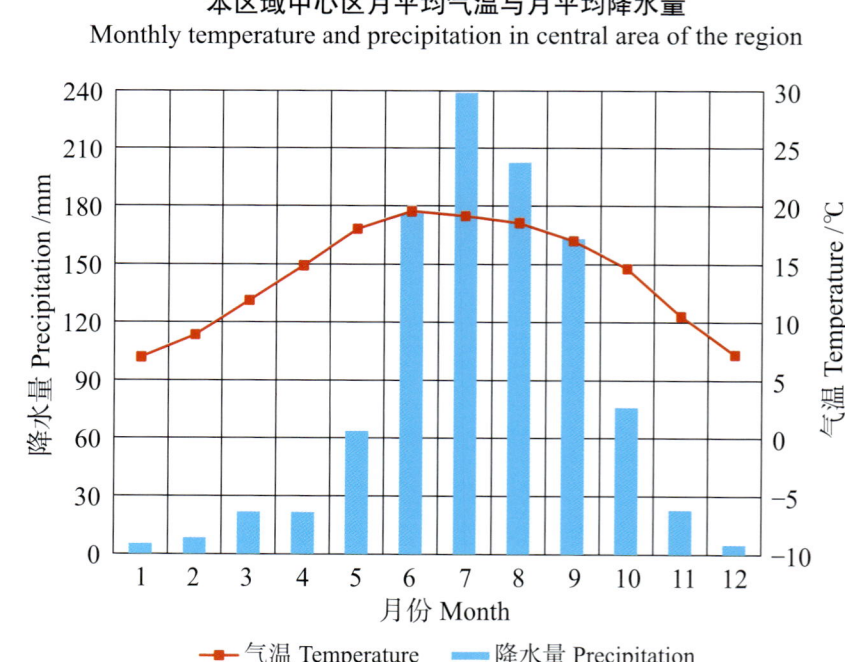

永胜县主要土壤类型与土壤剖面点分布图
1：400 000

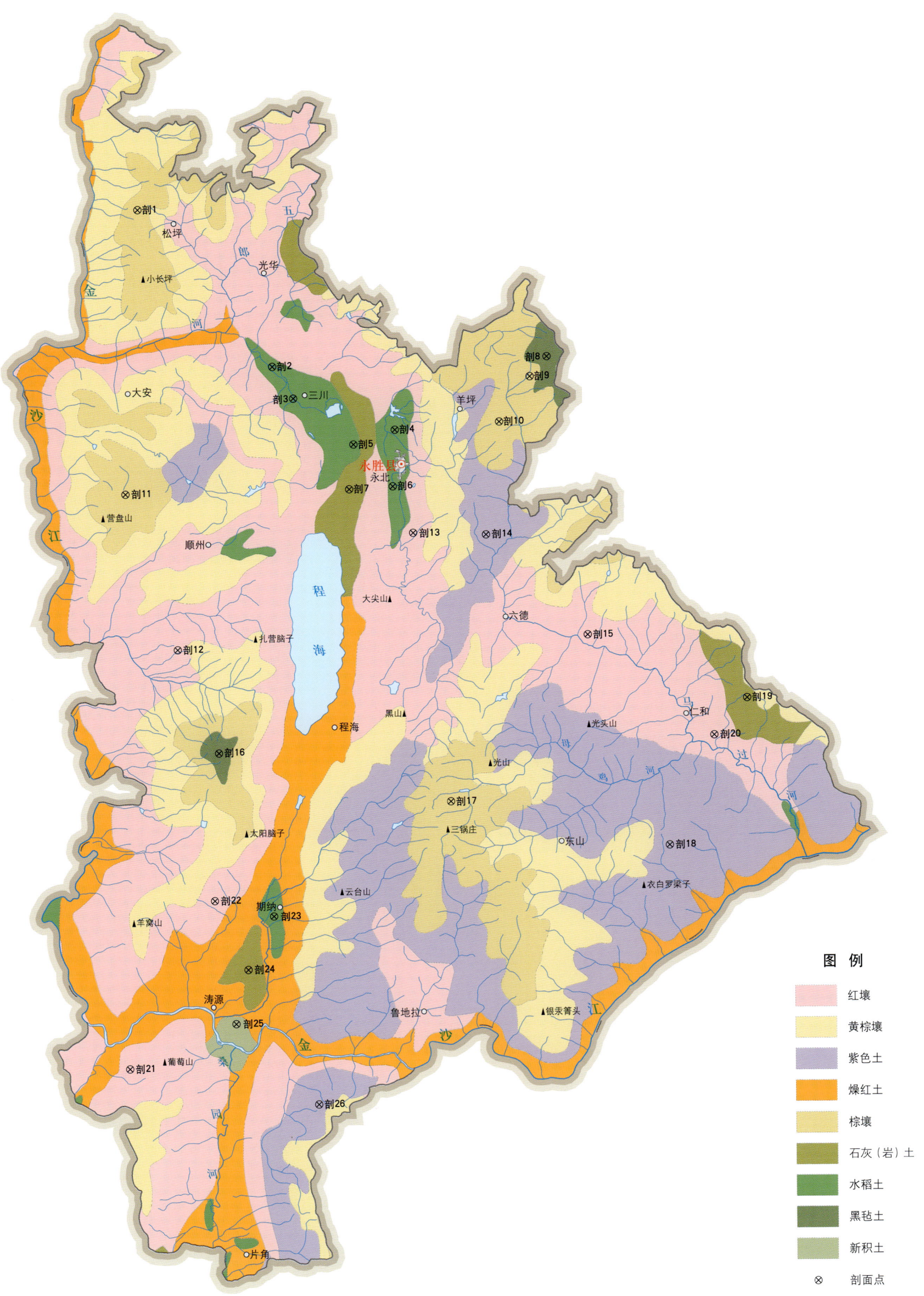

永胜县土壤剖面理化性状表

剖面号 Soil profile	土纲 Soil order	土类 Soil great group	亚类 Soil subgroup	土属 Soil genus	土种 Soil species	土层码 Layer code	土层厚度 Depth/cm	颜色 Soil color	质地 Soil texture	土壤结构 Soil structure	pH	有机质 OM/(g/kg)	全氮 TN/(g/kg)	全磷 TP/(g/kg)	全钾 TK/(g/kg)	碱解氮 AN/(mg/kg)	有效磷 AP/(mg/kg)	阳离子交换量 CEC/(cmol/kg)	土壤母质 Parent material	剖面点坐标 Profile coordinate	匹配指数 Matching index/%
剖1	淋溶土	棕壤	棕壤	石灰岩棕壤		A	0—14	棕色	轻壤土	粒状	6.8	47.9	1.12	1.14	48.1	22				E 100°29′46.6″ N 26°54′41.8″	97
						B	14—30	浅棕色	中壤土	粒状	6.2	45.5	0.64	0.74		11					
						C	30—45	棕色	轻壤土	块状											
剖2	人为土	水稻土	潴育水稻土	冲积湖积性潴育水稻土	黄灰散土	A	0—11	栗色	中壤土	核粒状	7.6	19.0	0.90	1.53	27.9	87			冲积物、湖积物	E 100°37′27.1″ N 26°46′27.8″	78
						P	11—22	栗色	中壤土	核粒状	7.8	21.6	1.20	1.02	25.4	131					
						W₁	22—36	灰黄色	砂壤土	柱状											
						W₂	36—89	暗黄黄棕色	砂壤土												
						C	89—	灰黄棕色	砂壤土												
剖3	人为土	水稻土	淹育水稻土	冲积湖积性淹育水稻土	粉砂田	A	0—18	褐色	轻壤土	粒状	6.5	33.1	1.02	4.85	16.0	93			冲积物、湖积物	E 100°38′38.2″ N 26°44′17.6″	85
						P	18—45	褐色	砂壤土	粒状	6.5	12.5	0.59	5.90	15.0	72					
						B	45—68	棕灰色	砂壤土	粒状											
						C	68—	棕灰色	砂壤土	粒状											
剖4	人为土	水稻土	淹育水稻土	红壤性淹育水稻土	黄砂田	A	0—12	黄色	重壤土	块状	5.2	20.5	0.74	0.18	28.9	64			红壤性母质	E 100°44′31.2″ N 26°43′05.2″	72
						P	12—21	黄色	重壤土	粒状	5.8	24.5	0.82	0.45	27.6	64					
						C	21—32	暗黄色	轻壤土												
							32—														
剖5	人为土	水稻土	潴育水稻土	冲积湖积性潴育水稻土	黑饭散土	A	0—20	黑色	重壤土	粒状	6.4	45.4	3.00	0.24	25.5	281			冲积物、湖积物	E 100°42′05.6″ N 26°42′21.1″	79
						P	20—35	暗棕色	中壤土	棱柱状	7.1	45.5	2.21	1.54	25.8	113					
						W	35—	棕灰色	中壤土	棱柱状											
剖6	人为土	水稻土	淹育水稻土	冲积湖积性淹育水稻土	黄胶泥田	A	0—15	黄色	砂壤土	块状	8.8	3.6	0.20	0.36	6.8	26			冲积物、湖积物	E 100°44′20.2″ N 26°40′08.9″	93
						P	15—28	黄黄色	砂壤土	棱块状	8.6	4.9	0.17	0.54	8.6	4					
						C	28—55	浅黄棕色	重壤土	块状											
剖7	初育土	石灰(岩)土	红色石灰土	石灰岩红色石灰土		A	0—9	红色	轻黏土	粒状	7.8	27.9	1.29	1.47	15.7	86				E 100°41′47.4″ N 26°40′02.3″	100
						B	9—70	红色	重黏土	粒状	7.6	15.3	0.70	0.92	14.1	46					
剖8	高山土	黑毡土	黑毡土	细粒结晶岩类黑毡土		A	0—10	黑棕色	重黏土	粒状	4.5	47.0	2.80	0.22	9.5	143			细粒结晶岩类	E 100°53′26.2″ N 26°46′45.1″	71
						BC	10—20	暗棕色	轻黏土	粒状	4.5	36.0	2.42	0.30	7.8	135					
						Ao	0—2	暗棕色													
剖9	淋溶土	棕壤	棕壤	玄武岩棕壤		A	2—20	暗棕色	轻壤土	粉状	5.6	95.8	5.75	1.22	18.2	350				E 100°52′25.0″ N 26°45′44.3″	79
						B	20—60	棕色	中壤土	核粒状	5.4	96.8	3.93	0.85	36.3	239					
						C	60—	暗棕色	轻壤土	粒状											
剖10	淋溶土	棕壤	棕壤	紫色岩类棕壤	红灰泡土	A	0—15	暗棕红色	重壤土	小块状	6.3	33.6	1.20	2.44	36.3	111		21.3	紫色岩类	E 100°50′35.5″ N 26°43′25.0″	91
						B	15—40	暗棕红色	中壤土	块状	5.9	8.8	0.31	2.60	38.6	36		17.7			
						C	40—	浅棕红色	轻壤土	粒状								15.1			
剖11	淋溶土	棕壤	棕壤	棕壤土	紫灰汤土	A₁₁	0—15	暗棕色	壤质黏土	粒状	6.2	47.2	2.10	2.20	22.3	157	14.0			E 100°28′46.9″ N 26°39′57.6″	82
						B	15—40	红棕色	壤质黏土	小块状	6.0	37.2	1.61	2.32	26.2	116	16.0				
						C	40—70	浊红棕色	壤质黏土	块状	5.9	8.7	0.40	2.60	28.6	36	9.0				
剖12	铁铝土	红壤	黄红壤	砂岩黄红壤	瘦黄土	A	0—18	灰黄色	中壤土	粒状	6.6	31.3	1.79	0.22	11.0	142			砂岩类	E 100°31′39.0″ N 26°31′51.6″	79
						AB	18—30	灰黄色	砂壤土	粒状											
						B	30—50	黄色	粗砂土	小块状											
						C	50—	黄色		小块状											
剖13	铁铝土	红壤	黄红壤	紫色岩黄红壤		A	0—10	红黄色	中壤土	核粒状	6.5	14.2	0.98	0.20	1.0	42			紫色岩类	E 100°45′27.7″ N 26°37′42.6″	71
						B	10—20	黄棕色	重壤土	粒状	6.0	4.6	0.26	0.24	7.8	28					
						C	20—	紫色													

续表 Continued

剖面号 Soil profile	土纲 Soil order	土类 Soil great group	亚类 Soil subgroup	土属 Soil genus	土种 Soil species	土层码 Layer code	土层厚度 Depth/cm	颜色 Soil color	质地 Soil texture	土壤结构 Soil structure	pH	有机质 OM/(g/kg)	全氮 TN/(g/kg)	全磷 TP/(g/kg)	全钾 TK/(g/kg)	碱解氮 AN/(mg/kg)	有效磷 AP/(mg/kg)	阳离子交换量CEC/(cmol/kg)	土壤母质 Parent material	剖面点坐标 Profile coordinate	匹配指数 Matching index/%
剖14	初育土	紫色土	酸性紫色土	紫色岩类酸性紫色土	羊肝土	A	0–15	紫色	重壤土	粒状	5.8	20.0	1.12	1.02	20.5	54			紫色岩类	E 100°49′41.5″ N 26°37′33.6″	93
						B	15–40	紫color	重壤土	粒状	5.8	14.0	0.75	0.74	18.7	39					
剖15	铁铝土	红壤	黄红壤	小黄红壤	小黄红土	A	0–12	灰黄色	黏壤土	粒状	6.1	34.3	1.20	0.20	10.5	195	0.8			E 100°55′28.2″ N 26°32′16.8″	76
						AB	12–59	浅红黄色	壤质黏土	小块状	5.8	28.0	1.50	0.12	12.3	160	1.3				
						B	59–100	红黄色	壤质黏土	块状	5.7	24.2	0.70	0.14	14.3	99	1.6				
剖16	高山土	黑色土		玄武岩黑色土		A	0–10	暗棕色	轻壤土	粒状	5.5	43.0	2.69	0.82	4.5	379			玄武岩	E 100°33′55.4″ N 26°26′26.9″	99
						B	10–20	灰棕色	砂壤土	粒状	5.0	37.0	2.24	0.60	5.0	250					
						BC	20–25	浅棕色		小块状											
剖17	淋溶土	棕壤		石灰岩棕壤		A	0–19	暗黄棕色	重壤土	粒状	6.5	46.2	2.97	2.44	13.7	18			石灰岩	E 100°47′19.5″ N 26°23′44.7″	97
						B	19–33	暗红棕色	轻黏土	棱块状	6.7	34.5	1.74	1.50	19.6	11					
						C	33—	暗红棕色	中壤土												
剖18	初育土	紫色土	酸性紫色土	紫色岩类酸性紫色土		A	0–12	紫色	重壤土	粒状	5.5	25.5	1.31	1.42	13.7	142			紫色岩类	E 100°59′56.8″ N 26°21′14.0″	91
						C	12–30	紫色	轻壤土	粒状	7.5	7.8	0.50	1.39	17.7	73					
剖19	初育土	石灰（岩）土	红色石灰土	石灰岩红色石灰土	租砂土	A	0–8	红棕色	中壤土	粒状	8.4	6.0	0.51	1.27	16.2	18			石灰岩	E 101°04′37.6″ N 26°28′49.1″	85
						B	8–34	红棕色	中壤土	粒状	8.3	5.8	0.46	0.59	18.1	21					
剖20	铁铝土	红壤		紫色岩红壤		A	0–15	紫棕色	中壤土	粒状	6.5	9.8	0.42	0.56	13.9	28			紫色岩类	E 101°02′40.6″ N 26°26′55.0″	81
						B	15–45	红棕色	中壤土	核状	7.0	21.9	0.97	1.04	14.7	78					
						C	45—	浅棕红色		小块状											
剖21	铁铝土	红壤	黄红壤	砂岩黄红壤		A	0–10	黄色	重壤土	粒状	5.4	38.7	2.15	1.18	25.7	154			砂岩类	E 100°28′24.2″ N 26°10′12.4″	76
						B	10–52	橙色	重壤土	块状	7.1	27.9	1.50	0.72	23.5	110					
						C	52—	黄橙色	砂壤土	块状											
剖22	铁铝土	红壤	红壤	山红大土	石子大土	A	0–13	浅红棕色	黏土	核粒状	6.6	22.5	1.10	0.26	21.6	26	2.2		冲积物、湖积物	E 100°33′31.0″ N 26°18′46.4″	89
						B	13–37	暗棕红色	壤质黏土	粒状	6.4	27.4	1.50	0.26	17.8	14	0.9				
						BC	37–60	暗棕红色	砾质黏土	块状											
剖23	人为土	水稻土	淹育水稻土	冲积湖积性淹育水稻土	黄泥田	A	0–12	浅黄棕色	轻黏土	小块状	5.6	19.3	0.91	1.80	20.0	86				E 100°36′55.1″ N 26°17′54.2″	80
						P	12–24	黄棕色	轻黏土	块状	6.4	17.6	0.80	1.54	29.6	72					
						C	24—	红棕色	黏土												
剖24	初育土	石灰（岩）土	红色石灰土	石灰岩红色石灰土	黄砂土	A	0–12	浅棕灰色	重壤土	粒状	8.0	45.6	2.57	1.92	6.5	125			石灰岩	E 100°35′22.6″ N 26°15′11.2″	70
						B	12–27	浅棕色	壤土	块状	8.2	41.7	2.63	1.94	6.2	136					
						C	27–47	白色	重壤土	块状											
剖25	新积土	新积土	冲积土	近代河流冲积新积土		A	0–20	灰棕色	中壤土	粒状	7.7	20.0	0.89	0.61	15.8	196				E 100°34′36.9″ N 26°12′24.9″	76
						B_1	20–49	灰棕色	中壤土	粒状	7.8	3.7	0.48	0.27	17.4	21					
						B_2	49—	灰棕色	砂壤土	粒状											
剖26	初育土	紫色土	酸性紫色土	紫色岩类酸性紫色土	紫砂土	A	0–17	紫棕色	中壤土	核粒状	6.1	45.5	3.00	1.13	17.4	266			紫色岩类	E 100°39′18.7″ N 26°08′12.1″	84
						B	17–45	紫色	中壤土	小块状	6.2	11.9	0.60	0.66	15.8	88					
						C	45—	紫色	中壤土												

华 坪 县

主要土类说明

红壤是华坪县主要土壤类型，占本县地域面积的 54%，分布在海拔 1015—2250m 的山地。植被为常绿阔叶林。成土母质主要为第四纪红色黏土和石灰岩风化残积物。成土过程以脱硅富铝化和生物富集为主。土体深厚，剖面层次发育完整。本县红壤分为红壤、黄红壤、褐红壤等亚类。其中，黄红壤面积较大，是红壤向黄壤过渡的土壤类型，所处区域水分条件较优，土体上部有黄化现象，以黄橙色或橙色为主，下部仍以高岭石为主，伴有蛭石和三水铝石。

紫色土是华坪县第二大土壤类型，占本县地域面积的 23%，零星分布在中心、荣将、新庄等地。植被为云南松、灌丛和荒草。成土母质为紫红色砂页岩残积物和坡积物。成土过程以母岩的快速物理崩解、频繁侵蚀堆积以及碳酸钙的不断淋失作用为主，生物积累作用相对较弱。土壤具 A-C 剖面构型，剖面层次发育不明显，土层浅薄，pH 为 4.5—7.5，富含矿质养分，蓄水性差。本县紫色土分为酸性紫色土、中性紫色土等亚类。其中，酸性紫色土面积较大，黏土矿物一般以蛭石和水云母为主，土壤偏酸，有机质和全氮含量高于其他亚类，全磷和全钾含量较低。

黄棕壤是华坪县第三大土壤类型，占本县地域面积的 13%，分布在海拔 2250—2600m 的山地。成土母质多为砂页岩及花岗岩风化物。成土过程受淋溶、黏化及弱富铝化作用的影响。受海拔和生物气候影响，土壤腐殖化作用、淋溶作用和水化作用同时存在，土壤呈微酸性或酸性，表土有机质较为丰富。由于土壤中有大量的水合氧化铁，土壤颜色偏黄。该土壤具 A-B-C 或 A-（B）-C 剖面构型，黏粒硅铝率在 2.5 左右，铁的游离度较红壤低，B 层交换性酸大于 A 层。土层深厚，淋溶作用明显，表土呈棕灰色，心土呈灰黄色或浅黄棕色。

石灰（岩）土占本县地域面积的 5%，分布在石灰岩地区。成土过程以风化、富铝化和灰化作用为主。石灰（岩）土是石灰岩经溶蚀风化形成的厚薄不同的钙质饱和或含游离钙质的土壤。本县石灰（岩）土多为红色石灰土亚类，具有一定的脱硅富铝化特征，游离氧化铁的水化度低，土壤呈红色或红棕色，pH 为 6.0—7.0，土层浅薄，抗旱能力差。

水稻土占本县地域面积的 4%，主要分布在大小河流沿岸有水灌溉的地区。成土过程为淋溶作用和水耕熟化过程。本县水稻土分为淹育型、潴育型、潜育型等亚类。其中，潴育水稻土面积较大，分布在坝区，水利条件好，水耕熟化程度高，层次分异明显，是稳产高产稻田，具 A-P-W-G-C 或 A-P-W-C 剖面构型。潴育水稻土多属砂壤土，有机质含量为 10—30g/kg，砂黏适中，耕性良好，土层较深厚。

小于本县地域面积 3% 的土壤类型有棕壤、新积土和草甸土。

本区域中心区气候特征

本区域中心区气候特征值
Regional climate characteristics in central area of the region

气候带：南亚热带亚湿润气候 Climate region: South subtropical subhumid climate	
年平均气温 /℃ Annual average temperature /℃	14.3
年平均最高气温 /℃ Annual average maximum temperature /℃	20.9
年平均最低气温 /℃ Annual average minimum temperature /℃	9.1
年降水量 /mm Annual precipitation /mm	1021
≥10℃的积温 /℃ Daily temperature accumulated in a year（≥10℃）/℃	5232
年日照时数 /h Annual sunshine /h	2380
年平均相对湿度 /% Annual average relative humidity /%	66
干燥度 Dryness	0.85

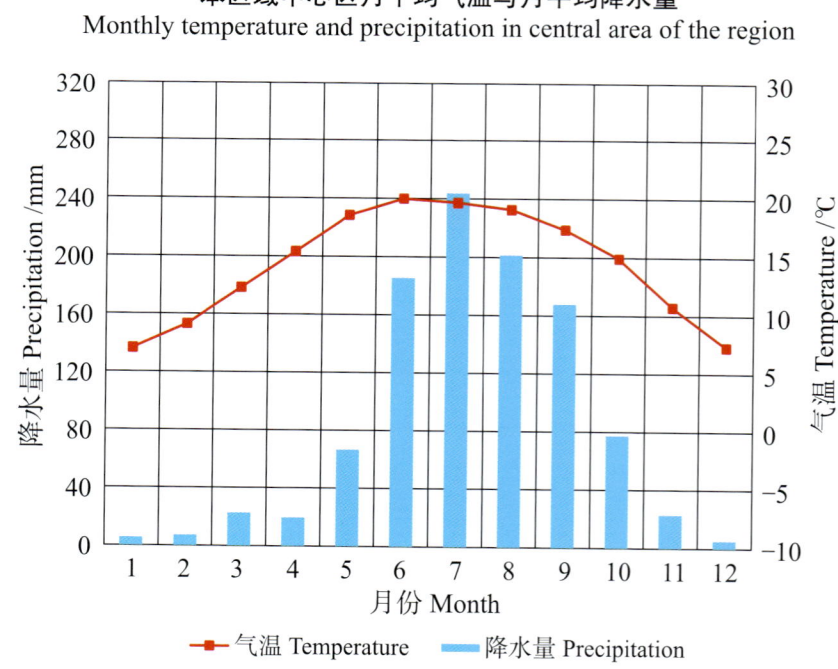

本区域中心区月平均气温与月平均降水量
Monthly temperature and precipitation in central area of the region

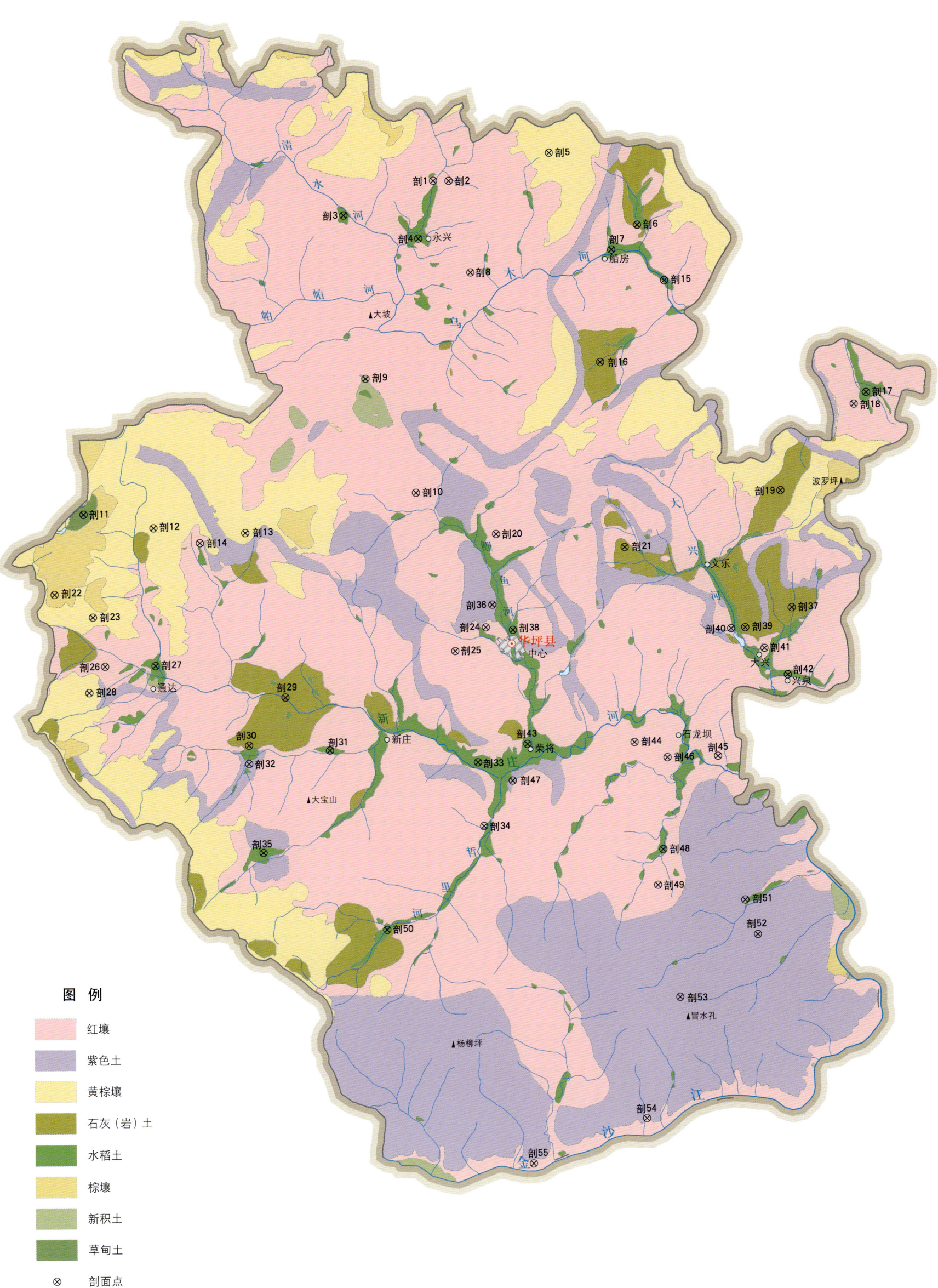

华坪县主要土壤类型与土壤剖面点分布图
1:240 000

华坪县土壤剖面理化性状表

剖面号 Soil profile	土纲 Soil order	土类 Soil great group	亚类 Soil subgroup	土属 Soil genus	土种 Soil species	土层码 Layer code	土层厚度 Depth/cm	颜色 Soil color	质地 Soil texture	土壤结构 Soil structure	pH	有机质 OM/(g/kg)	全氮 TN/(g/kg)	全磷 TP/(g/kg)	全钾 TK/(g/kg)	碱解氮 AN/(mg/kg)	土壤母质 Parent material	剖面点坐标 Profile coordinate	匹配指数 Matching index/%
剖1	铁铝土	红壤	黄红壤	砂岩黄红壤	小黄泥土	A	0—12	黄橙色	轻黏土	核状	5.2	26.2	1.13	1.21	12.7	113	砂岩类	E 101°13′27.5″ N 26°52′25.0″	92
						AB	12—21	黄橙色	重壤土	核状									
						B	21—50	红橙色	重黏土	核状									
剖2	铁铝土	红壤	黄红壤	砂岩黄红壤	砂岩黄红壤	A	0—19	灰黄色	轻黏土	核状	5.8	22.0	0.84	0.42	4.6	68		E 101°13′59.9″ N 26°52′24.2″	90
						B	19—35	浅黄棕色	重壤土	核状									
						C	35—	灰黄色	重壤土	核状									
剖3	人为土	水稻土	淹育水稻土	红壤性淹育水稻土	砂土田	A	0—7	灰黄色	砂壤土	核状	5.2	21.4	1.05	1.03	10.1	73		E 101°10′17.4″ N 26°51′23.4″	76
						P	7—19	浅黄棕色	砂壤土	核状									
						B	19—51	浅黄棕色	砂壤土	核状									
						C	51—	橙色	中黏土	块状									
剖4	人为土	水稻土	潜育水稻土	红壤性潜育水稻土	鸭屎泥田	A	0—22	暗黄棕色	轻黏土	块状	6.7	38.7	1.87	1.58	4.0	116	玄武岩	E 101°12′53.6″ N 26°50′37.7″	79
						P	22—43	灰黄色	砂壤土	块状									
						G	43—	栗色	砂土	粒状	6.0	40.0				50			
剖5	淋溶土	黄棕壤	黄棕壤	玄武岩黄棕壤	玄武岩黄棕壤	A	0—25	灰棕色	砂壤土	核状	6.0	20.0				250		E 101°17′31.6″ N 26°53′13.6″	83
						B	25—60	浅黄红色	砂壤土	核状									
						C	60—	棕色	砂壤土	核状									
剖6	初育土	石灰(岩)土	红色石灰土	石灰岩红色石灰土	红泡土	A	0—18	灰黄色	砂壤土	核状	6.8	30.6	1.65	1.83	8.2	133	石灰岩	E 101°20′33.4″ N 26°50′55.3″	73
						B	18—28	灰黄色	砂壤土	核状									
						C	28—47	灰黄棕色	砂壤土	核状									
剖7	人为土	水稻土	潜育水稻土	冲积性潜育水稻土	白眼砂田	A	0—13	灰黄色	砂土	核状	5.7	19.8	1.11	0.76	40.0	85	冲积物	E 101°19′38.3″ N 26°50′10.0″	86
						P	13—26	浅黄棕色	砂壤土	核状									
						G	26—47	灰黄色	中壤土	核状									
剖8	铁铝土	红壤	黄红壤	酸性岩类红壤	酸性岩类黄红壤	A	0—22	灰黄色	中壤土	核状	5.8	13.5	0.77	0.59	33.3	39	酸性母岩	E 101°14′40.9″ N 26°49′32.5″	87
						AB	22—40	红橙色	重壤土	核状									
						C	40—56	红橙色	轻壤土	碎块状									
剖9	初育土	新积土	冲积土	酸性新冲积土	冲积土	A	0—16	浅黄棕色	中壤土	核状	5.7	49.4	1.93	2.24	32.5	162	冲积物	E 101°10′56.6″ N 26°46′17.8″	92
						AB	16—30	灰黄色	轻壤土	粒状									
						B	30—80	灰黄色	砂壤土	核状									
剖10	铁铝土	红壤	黄红壤	石灰岩黄红壤	石灰岩黄红壤	A	0—19	灰黄色	轻壤土	碎块状	5.7	23.8	1.02	1.66	32.7	103	石灰岩	E 101°12′37.4″ N 26°42′42.8″	86
						B	19—63	红棕色	中黏土	棱块状									
						C	63—	浅黄色	中壤土	核状									
剖11	半水成土	草甸土	草甸土	山地灰黑土	山地灰黑色土	A	0—40	黑棕色	砂壤土	粒状	5.0	28.0				160		E 101°00′58.7″ N 26°42′14.0″	83
						B	40—72	棕灰色	砂壤土	粒状	5.0	36.0	4.66	3.48	52.5	50			
						C	72—	灰白色	轻壤土	粒状	5.6	88.8				32			
剖12	淋溶土	黄棕壤	黄棕壤	石灰岩黄棕壤	黄泡土	A	0—13	褐色	砂壤土	屑粒状	6.1	56.6	2.22	2.09	14.7	221	石灰岩	E 101°03′24.8″ N 26°41′46.3″	98
						AB	13—32	浅黄棕色	轻壤土	核状									
						C	32—	褐黄色	砂壤土	粒状									
剖13	淋溶土	黄棕壤	黄棕壤	石灰岩黄棕壤	石灰岩黄棕壤	A_1	0—3	棕灰色	砂壤土	核状	6.1	21.7	0.87	1.16	15.2	49		E 101°06′37.4″ N 26°41′34.1″	78
						AB	3—18	浅黄棕色	砂壤土	核状									
						B	18—36	褐黄色	砂壤土	核状									
						C	36—59	灰黄色	砂壤土	核状									
							59—												

续表 Continued

剖面号 Soil profile	土纲 Soil order	土类 Soil great group	亚类 Soil subgroup	土属 Soil genus	土种 Soil species	土层码 Layer code	土层厚度 Depth/cm	颜色 Soil color	质地 Soil texture	土壤结构 Soil structure	pH	有机质 OM/(g/kg)	全氮 TN/(g/kg)	全磷 TP/(g/kg)	全钾 TK/(g/kg)	碱解氮 AN/(mg/kg)	土壤母质 Parent material	剖面点坐标 Profile coordinate	匹配指数 Matching index/%
剖14	铁铝土	红壤	黄红壤	石灰岩黄红壤	黄红土	A	0—15	红黄色	轻黏土	碎块状	5.5	54.0	2.65	1.70	22.5	186	石灰岩	E 101°05′01.7″ N 26°41′16.8″	90
剖15	人为土	水稻土	淹育水稻土	冲积性淹育水稻土	石子田	AB	15—27	红红色	轻黏土	核块状	7.4	22.1	1.31	2.02	26.4	59	冲积物	E 101°21′27.7″ N 26°49′10.9″	73
						B	27—	紫棕色	中黏土	块状									
剖16	初育土	石灰（岩）土	黑色石灰土	石灰岩黑色石灰土	石灰岩黑色石灰土	A	0—10	褐棕色	砂黏土	粒状	7.6	213.6	9.27	7.70	7.7	38	石灰岩	E 101°19′09.5″ N 26°46′40.4″	100
						P	17—26	褐棕色	砂土	粒状									
						C	26—												
剖17	人为土	水稻土	潴育水稻土	红壤性潴育水稻土	暗红泥田	A	0—20	黑棕色	中壤土	粒状	6.4	48.5	2.02	2.04	9.0	102		E 101°28′25.7″ N 26°45′33.5″	96
						B	20—45	黑棕色	中壤土	核状									
						C	20—50	白色		块状									
剖18	铁铝土	红壤	黄红壤	酸性岩类黄红壤	瓦泥土	A	0—20	浅红黄色	轻壤土	块状	6.0	32.0				60			100
						P	20—45	暗棕红色	重壤土	核状									
						W	45—		重壤土	核状	6.0	32.0				60			
剖19	初育土	石灰（岩）土	黄色石灰土	石灰岩黄色石灰土	石渣子土	A	0—16	黑黄色	轻壤土	粒状	7.5	42.3	1.64	1.90	9.6	135	石灰岩	E 101°27′59.8″ N 26°45′11.9″	89
						AB	16—27	灰黄棕色	中壤土	核块状									
						B	27—	灰黄色	砂壤土	块状									
剖20	铁铝土	红壤	红壤	石灰岩红壤	石灰岩红壤	A	0—17	灰黄色	中壤土	核状	5.7	39.8	1.91	1.43	41.8	155	石灰岩	E 101°25′21.4″ N 26°42′32.8″	83
						AB	17—34	黄黄色	重壤土	核状									
						B	34—41		重壤土	核状									
						C	41—												
剖21	初育土	石灰（岩）土	黄色石灰土	石灰岩黄色石灰土	黄火石子土	A	0—22	棕灰色	中壤土	核状	7.5	36.0				50	石灰岩	E 101°19′52.3″ N 26°40′53.0″	82
						AB	22—46	褐色	中壤土	核状	7.5	16.0				350			
						B	46—100	红橙色	中黏土	核状									
剖22	淋溶土	棕壤	棕壤	石灰岩棕壤	石灰岩棕壤	A	0—21	灰黄色	中壤土	粒状	7.5	177.0	7.35	2.01	6.3	43	石灰岩	E 100°59′55.0″ N 26°39′46.1″	88
						B	21—62	灰黄色	中壤土	粒状	5.5	36.0				100			
						C	62—				5.5	36.0				75			
剖23	淋溶土	黄棕壤	黄棕壤	砂岩黄棕壤	砂岩黄棕壤	A	0—4	暗棕色	中壤土	核块状	7.5	7.2	0.37	1.08	23.8	46	砂岩类	E 101°01′14.5″ N 26°39′01.8″	86
						B	4—17	棕色	砂壤土	团块状									
						A₁	4—22	暗黄棕色	砂黏土	块状									
						AB	22—45	浅红棕色	轻壤土	块状									
						B	45—												
剖24	铁铝土	红壤	红壤	页岩红壤	黄砂土	A	0—24	黄色	砂壤土	粒状	5.0	21.9	0.93	0.90	32.5	70	页岩	E 101°14′57.5″ N 26°38′28.3″	71
						AB	24—42	灰黄色	砂黏土	粒状									
						C	42—70	灰黄色	砂黏土	粒状									
剖25	铁铝土	红壤	红壤	砂岩红壤	砂泥土	A	0—19	褐黄色	砂土	块状	5.8	13.4	1.04	3.33	41.1	117	砂岩类	E 101°13′52.0″ N 26°37′44.8″	74
						B	19—32	黄橙色	砂黏土	块状									
						C	32—100	黄黄色	轻壤土	粒状									
剖26	铁铝土	红壤	黄红壤	砂岩黄红壤	黄泥田	A	0—11	灰黄色	砂土	粒状	5.7	11.8	0.61	0.59	15.6	51		E 101°03′23.0″ N 26°37′28.6″	83
						AB	11—57	灰黄色	砂黏土	块状									
						C	57—	黄色	中黏土	块状									
剖27	人为土	水稻土	淹育水稻土	红壤性淹育水稻土	灰泡土	A	0—15	黄色	砂黏土	核块状	5.4	47.1	2.38	2.28	35.0	207	砂岩类	E 101°01′37.6″ N 26°37′29.3″	71
						P	15—25	暗黄棕色	砂黏土	核状									
剖28	淋溶土	黄棕壤	黄棕壤	砂岩黄棕壤		A	0—20	褐色	砂壤土	粒状								E 101°01′03.7″ N 26°36′40.7″	81
						AB	20—50	棕灰色	砂壤土	核状									
						B	50—		砂壤土	核状									

续表 Continued

剖面号 Soil profile	土纲 Soil order	土类 Soil great group	亚类 Soil subgroup	土属 Soil genus	土种 Soil species	土层码 Layer code	土层厚度 Depth/cm	颜色 Soil color	质地 Soil texture	土壤结构 Soil structure	pH	有机质 OM/(g/kg)	全氮 TN/(g/kg)	全磷 TP/(g/kg)	全钾 TK/(g/kg)	碱解氮 AN/(mg/kg)	土壤母质 Parent material	剖面点坐标 Profile coordinate	匹配指数 Matching index/%
剖29	初育土	石灰（岩）土	红色石灰土	石灰岩红色石灰土	石灰岩红色石灰土	A	0—34	褐色	砂壤土	核状	7.6	17.3	0.92	1.41	14.9	58	石灰岩	E 101°07′54.1″ N 26°36′24.8″	82
						B	34—100	红色	中壤土	核状									
						C	100—	红色	重壤土	块块状									
剖30	初育土	石灰（岩）土	黑色石灰土	石灰岩黑色石灰土	黑泡土	A	0—19	棕灰色	中壤土	核状	7.5	40.0				90		E 101°06′35.6″ N 26°34′56.3″	100
						AB	19—36	灰棕色	中壤土	核状	7.5	36.0				85			
						B	36—55	褐color	重壤土	块状									
剖31	人为土	水稻土	淹育水稻土	冲积性淹育水稻土	河砂田	A	0—19	黄色	轻壤土	核状	5.1	22.7	1.04	1.00	17.7	64		E 101°09′25.2″ N 26°34′44.0″	81
						P	19—30	黄色	砂壤土	核状									
						B	30—60	灰黄色	砂壤土	核状									
						C	60—	暗黄棕色	砂土	粒状									
剖32	初育土	紫色土	酸性紫色土	紫色砂页岩酸性紫色土	羊肝土	A	0—14	紫	轻壤土	核状	5.6	10.7	0.87	0.56	14.8	51	紫色砂页岩	E 101°06′35.3″ N 26°34′22.1″	98
						B	14—40	紫色	中黏土	块状									
						C	40—85	紫色	中壤土	块状									
剖33	人为土	水稻土	潴育水稻土	冲积性潴育水稻土	油砂田	A	0—15	灰黄色	中壤土	核状	7.7	36.5	1.34	1.42	34.4	139	冲积物	E 101°14′34.4″ N 26°34′16.0″	99
						P	15—29	浅黄棕色	轻壤土	块状									
						W	29—70	黄棕色	中壤土	核状									
剖34	铁铝土	红壤	红壤	砂岩红壤	小红泥土	A	0—11	浅红黄色	重壤土	块状	6.9	15.8	0.83	1.27	18.5	78	砂岩类	E 101°14′44.2″ N 26°32′15.7″	75
						AB	11—32	暗红棕色	中壤土	棱柱状									
						B	32—50	暗红色	重壤土	棱柱状									
剖35	人为土	水稻土	淹育水稻土	冲积性淹育水稻土	耳巴泥	P	20—33	暗黄棕色	轻壤土	核状	8.0	52.6	1.99	1.41	25.1	139	冲积物	E 101°07′00.8″ N 26°31′34.3″	80
						B	33—	黄色	重壤土	核状									
剖36	初育土	紫色土	中性紫色土	紫色砂页岩中性紫色土	黄紫紫土	A	0—15	灰黄色	重壤土	核状	6.5	28.0	0.92	1.51	23.1	75	紫色砂页岩	E 101°15′11.9″ N 26°39′10.8″	84
						AB	15—30	灰黄色	中壤土	核状	6.5	36.0				65			
						B	30—61	黄色	中壤土	块状									
剖37	初育土	石灰（岩）土	黄色石灰土	石灰岩黄色石灰土	石灰岩石灰土	A	0—6	灰黄色	轻壤土	块状	8.1	18.3	0.78	0.60	12.0	60		E 101°25′39.4″ N 26°38′53.5″	94
						B	6—52	紫色	中壤土	块状									
						C	52—56	紫色	砂土	粒状									
剖38	人为土	水稻土	淹育水稻土	紫色土性淹育水稻土	紫泥田	A	0—16	浅红棕色	重壤土	块状	6.7	9.4	1.30	1.95	42.5	44		E 101°15′54.0″ N 26°38′22.6″	80
						P	16—24	暗红棕色	中壤土	块状									
						C	24—	暗红色	砂土	块状									
剖39	初育土	石灰（岩）土	黄色石灰土	石灰岩黄色石灰土	黄瓦泥田	A	0—25	灰黄色	重壤土	核状	6.9	31.3	0.73	1.12	13.6	119	石灰岩	E 101°24′00.7″ N 26°38′17.9″	85
						AB	25—40	浅红色	轻壤土	块状									
						B	40—100	红色	中壤土	块状									
						C	100—												
剖40	铁铝土	红壤	红壤	石灰岩红壤	红泥土	A	0—14	红色	轻壤土	核块状	5.5	10.5				51	石灰岩	E 101°23′31.5″ N 26°38′16.7″	76
						AB	14—23	红色	中黏土	核块状									
						B	23—72	黄色	中壤土	碎块状									
剖41	铁铝土	红壤	褐红壤	页岩褐红壤	黄褐土	A	0—20	黄色	轻壤土	核状	6.0	20.0				50	页岩	E 101°24′40.0″ N 26°37′37.9″	93
						B	20—41	黄色	轻壤土	核状	6.0	12.0				50			
						C	41—	紫灰色											
剖42	人为土	水稻土	潴育水稻土	冲积性潴育水稻土	潮砂泥田	A	0—13	灰白色	砂壤土	核状	6.0	15.9	1.33	0.66	8.4	68	冲积物	E 101°25′27.8″ N 26°36′47.2″	83
						P	13—35	灰白色	轻壤土	核状									
						W	35—	白色	轻壤土	核状									

续表 Continued

剖面号 Soil profile	土纲 Soil order	土类 Soil great group	亚类 Soil subgroup	土属 Soil genus	土种 Soil species	土层码 Layer code	土层厚度 Depth/cm	颜色 Soil color	质地 Soil texture	土壤结构 Soil structure	pH	有机质 OM/(g/kg)	全氮 TN/(g/kg)	全磷 TP/(g/kg)	全钾 TK/(g/kg)	碱解氮 AN/(mg/kg)	土壤母质 Parent material	剖面点坐标 Profile coordinate	匹配指数 Matching index/%
剖43	人为土	水稻土	潴育水稻土	红壤性潴育水稻土	黄砂泥田	A	0—13	灰黄色	中壤土	核状	7.8	50.6	2.11	1.11	19.1	134		E 101°16′18.8″ N 26°34′48.4″	93
						P	13—30	黄色	中壤土	块状									
						W	30—66	浅黄棕色	重壤土	核块状									
						C	66—												
剖44	铁铝土	红壤			页岩红壤	A	0—7	灰黄色	砂壤土	核状	7.1	18.0	0.75	0.46	24.3	58	页岩	E 101°20′03.5″ N 26°34′47.3″	96
						AB	7—24	黄黄色	轻壤土	核状									
						B	24—55	浅黄色	中壤土	核状									
						C	55—	黄红色	重壤土	块状									
剖45	铁铝土	红壤	褐红壤	砂岩褐红壤	砂岩褐红壤	A	0—14	灰黄色	中壤土	核状	6.5	21.0	1.23	0.97	23.0	58	砂岩类	E 101°22′57.4″ N 26°34′18.1″	95
						AB	14—45	浅黄棕色	重壤土	核块状									
						B	45—	黄棕色	重壤土	块状									
剖46	铁铝土	红壤	褐红壤	页岩褐红壤	页岩褐红壤	A	0—10	褐色	轻壤土	核状	5.7	17.6	0.78	0.77	23.8	85	页岩	E 101°21′11.5″ N 26°34′17.4″	96
						AB	10—30	黄棕黄色	中黏土	碎块状									
						C	30—70	黄黄色	中壤土	核块状									
剖47	初育土	紫色土	酸性紫色土	紫色砂页酸性紫色土	紫泥泥土	A	0—15	紫色	砂壤土	块状	5.3	29.9	1.09	2.33	37.5	101		E 101°15′46.4″ N 26°33′40.7″	94
						B	15—30	紫色	轻壤土	核状									
						C	30—100	紫棕色	中壤土	核状									
剖48	人为土	水稻土	潜育水稻土	冲积性潜育水稻土	冷砂泥田	A	0—13	灰白色	中壤土	核块状	8.0	58.7	1.99	1.03	24.0	176	冲积物	E 101°20′57.8″ N 26°31′25.0″	87
						P	13—24	灰白色	中壤土	核块状						250			
						G	24—42	褐色	重壤土	核块状						300			
剖49	铁铝土	红壤		砂岩红壤	砂岩红壤	A	0—5	黄橙色	砂壤土	核状	5.5	28.0	0.70	1.38	25.1	34	砂岩类	E 101°20′45.2″ N 26°30′17.6″	94
						B	5—36	黄橙色	砂壤土	核状	5.5	20.0							
						C	36—100	红橙色	中壤土	小团块状									
剖50	人为土	水稻土	淹育水稻土	冲积淹育水稻土	泡砂田	A	0—14	浅黄色	砂壤土	块状	8.2	12.6	0.89	1.14	40.4	94	冲积物	E 101°11′16.4″ N 26°29′04.9″	95
						P	14—35	黄色	轻黏土	团块状									
						C	35—56	紫色	中黏土	块状									
							56—												
剖51	初育土	紫色土	中性紫色土	紫色砂页岩中性紫色土	紫色砂页岩中性紫色土	A	0—13	紫棕色	重壤土	核状	7.0	22.5	0.53	0.76	35.1	48	紫色砂页岩	E 101°23′47.0″ N 26°29′46.0″	85
						AB	13—25	紫棕色	重壤土	块状									
						B	25—45	紫棕色	重壤土	核状									
剖52	初育土	紫色土	中性紫色土	紫色砂页岩中性紫色土	紫色砂页岩中性紫色土	A	0—5	暗棕色	砂壤土	粒状	6.9	9.0	2.82	2.04	34.3	167	紫色砂页岩	E 101°24′11.5″ N 26°28′40.8″	89
						B	5—60	暗红棕色	重壤土	核状		65.5							
							60—												
剖53	初育土	紫色土	酸性紫色土	紫色砂页岩酸性紫色土	紫色砂页岩酸性紫色土	A	0—3	暗棕色	砂壤土	核状	6.1	2.3	0.78	0.54	20.3	37	紫色砂页岩	E 101°21′25.9″ N 26°26′48.1″	96
						AB	3—16	灰黄棕色	轻壤土	核状									
						B	16—47	暗黄棕色	重壤土	核状									
						C	47—	黄黄棕色	重壤土	核状									
剖54	铁铝土	红壤	褐红壤	紫色砂页岩褐红壤	紫色砂页岩褐红壤	A	0—3	紫棕色	轻黏土	核状	5.3	8.4	0.66	0.62	10.4	47	紫色砂页岩	E 101°20′10.6″ N 26°23′04.9″	72
						B	3—23	紫色	重壤土	核状									
							23—												
剖55	铁铝土	红壤	褐红壤	紫色砂页岩褐红壤	褐红壤	A	0—10	红色	轻壤土	核状	5.6							E 101°16′12.0″ N 26°21′46.8″	91
						AB	10—30	浅红红色	重壤土	核状									
						B	30—49	暗棕红色	重壤土										

宁蒗彝族自治县

主要土类说明

棕壤是宁蒗彝族自治县主要土壤类型，占本县地域面积的50%，广泛分布在海拔2800—3400m的山区。成土母质以紫色岩类、酸性结晶岩类、基性结晶岩类和碳酸岩类风化物为主。成土过程以淋溶过程、黏化过程和生物富集过程为主。其指示性黏土矿物以水云母和蛭石为主，在弱酸性环境介质以及淋溶和排水条件下，水云母和绿泥石转化为蛭石。一般土体较厚，具O-A-Bt-C剖面构型，有明显的黏化层，表土呈暗棕色。土体见黏粒淀积，盐基充分淋失，见少量游离铁，自然肥力高。

石灰（岩）土是宁蒗彝族自治县第二大土壤类型，占本县地域面积的10%，分布在溶岩山区的石灰岩丘陵地带。植被以常绿落叶阔叶林为主。成土母质为石灰岩。成土过程以风化、富铝化和灰化作用为主。土壤有机质和养分含量较高，黏粒细，土层浅薄，表层粒状结构发达。

紫色土是宁蒗彝族自治县第三大土壤类型，占本县地域面积的10%。成土母质为紫色岩类残积物。成土过程以母岩的快速物理崩解和频繁侵蚀堆积作用为主。土层浅薄，具A-C剖面构型。本县紫色土分为酸性紫色土、石灰性紫色土等亚类。其中，酸性紫色土面积较大，黏土矿物一般以蛭石和水云母为主，有机质和全氮含量高于其他亚类，全磷和全钾含量较低，pH低于6.5。

黄棕壤占本县地域面积的9%，分布在海拔2200—2400m的中山坡地上部。植被为常绿阔叶林。成土母质多为砂页岩及花岗岩风化物。成土过程受淋溶、黏化及弱富铝化作用的影响。土层轻度富铝化，黏聚现象明显，呈黄棕色。该土壤具A-B-C或A-（B）-C剖面构型，黏粒硅铝率在2.5左右，铁的游离度较红壤低，B层交换性酸大于A层。

红壤占本县地域面积的9%，分布在海拔1370—2600m的常绿阔叶林下。成土母质主要为第四纪红色黏土和石灰岩风化残积物。成土过程以脱硅富铝化和生物富集为主。本县红壤分为棕红壤、褐红壤等亚类。其中，棕红壤面积较大，土体厚40—100cm，地表土壤颜色鲜红，剖面中可见大量的铁锰胶膜和网纹层。

暗棕壤占本县地域面积的5%，分布在拉伯、翠玉、宁利、跑马坪等地的海拔3400—3900m的地区。成土母质为基性结晶岩类和碳酸岩类。该土壤具O-A-B-C剖面构型。A层有机质含量可达200g/kg，弱酸性淋溶使铁、铝轻微下移。B层呈棕色，结构面见铁锰胶膜。土壤呈弱酸性，pH为5.0—6.0，盐基饱和度为70%—80%。

黑毡土占本县地域面积的5%。黑毡土发生于青藏高原高寒略较温湿的原面上，蒿草与杂生草类的草毡层初步分解，形成初步腐殖化的暗色草根茎盘结层。

小于本县地域面积3%的土壤类型有水稻土、新积土和沼泽土。

本区域中心区气候特征

本区域中心区气候特征值
Regional climate characteristics in central area of the region

气候带：北亚热带湿润气候 Climate region: North subtropical humid climate	
年平均气温 /℃ Annual average temperature /℃	13.0
年平均最高气温 /℃ Annual average maximum temperature /℃	19.8
年平均最低气温 /℃ Annual average minimum temperature /℃	7.9
年降水量 /mm Annual precipitation /mm	967
≥10℃的积温 /℃ Daily temperature accumulated in a year（≥10℃）/℃	4738
年日照时数 /h Annual sunshine /h	2421
年平均相对湿度 /% Annual average relative humidity /%	63
干燥度 Dryness	0.77

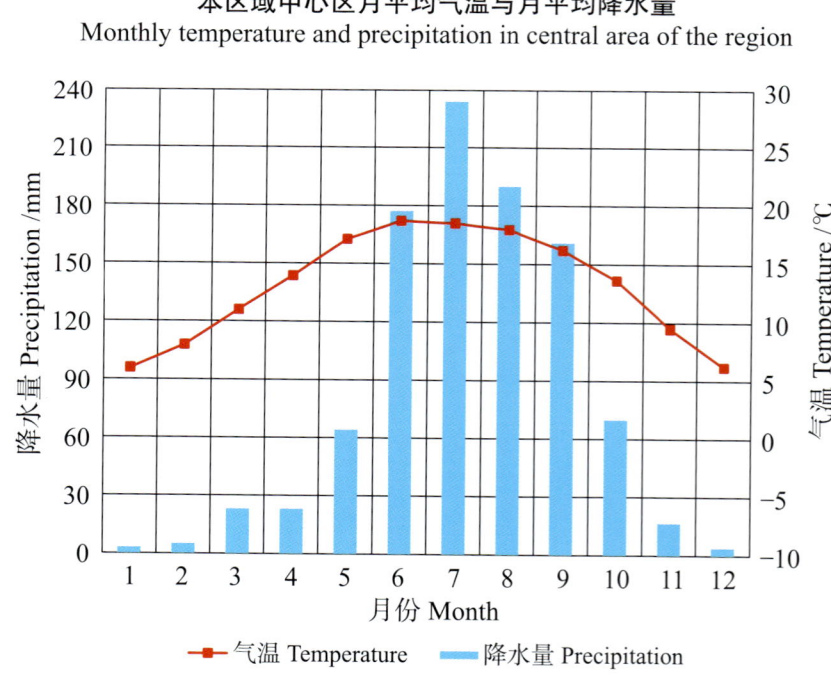

本区域中心区月平均气温与月平均降水量
Monthly temperature and precipitation in central area of the region

宁蒗彝族自治县主要土壤类型与土壤剖面点分布图
1：490 000

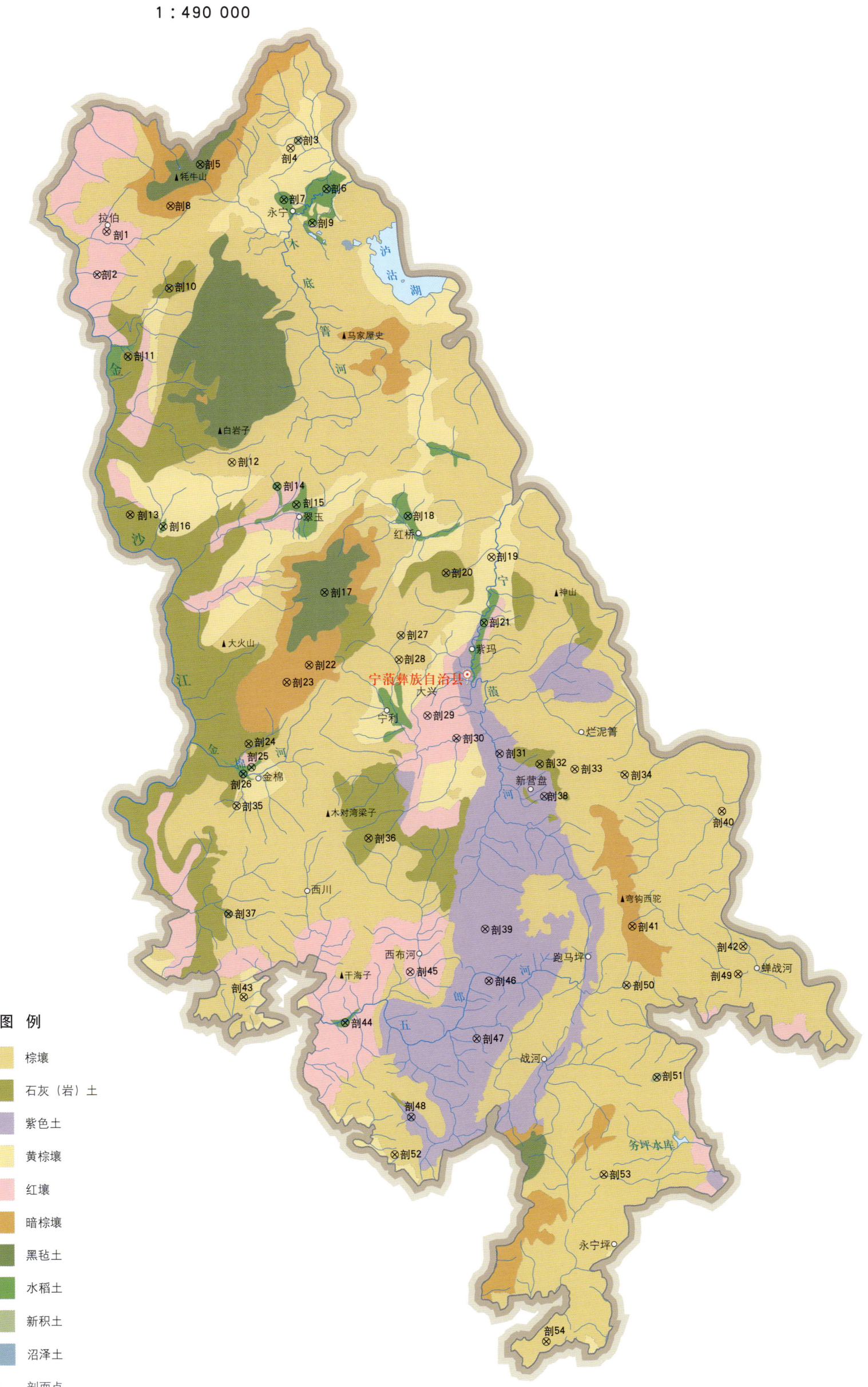

图 例
- 棕壤
- 石灰（岩）土
- 紫色土
- 黄棕壤
- 红壤
- 暗棕壤
- 黑毡土
- 水稻土
- 新积土
- 沼泽土
- ⊗ 剖面点

宁蒗彝族自治县土壤剖面理化性状表

剖面号 Soil profile	土纲 Soil order	土类 Soil great group	亚类 Soil subgroup	土属 Soil genus	土种 Soil species	土层码 Layer code	土层厚度 Depth/cm	颜色 Soil color	质地 Soil texture	土壤结构 Soil structure	pH	有机质 OM/(g/kg)	全氮 TN/(g/kg)	全磷 TP/(g/kg)	全钾 TK/(g/kg)	碱解氮 AN/(mg/kg)	有效磷 AP/(mg/kg)	阳离子交换量CEC/(cmol/kg)	土壤母质 Parent material	剖面点坐标 Profile coordinate	匹配指数 Matching index/%
剖1	铁铝土	红壤	棕红壤	砂岩棕红壤	灰砂土	A	0—18	浅灰色	重壤土	核状	5.6	34.8	1.80	0.40	14.5	82			砂岩类	E 100°26′37.0″ N 27°44′26.9″	74
						B	18—40	浅灰色	轻黏土	核状	5.5	15.9	1.30	0.10	13.5	44					
						3	40—100	浅棕黄橙色	轻黏土	块状											
剖2	铁铝土	红壤	棕红壤	砂岩棕红壤	灰泥土	A	0—16	暗黄棕色	重壤土	粒状	6.3	34.0	1.50	1.40	10.0	78			砂岩类	E 100°25′54.5″ N 27°41′48.8″	87
						B	16—24	浅黄棕色	轻黏土	块状	6.2	23.0	1.50	1.40	11.0	151					
						3	24—40	黄棕色	轻黏土	块状											
						4	40—100	浅黄棕色	轻黏土	块状											
剖3	初育土	新积土	冲积土	酸性老冲积土		A	0—14	暗灰色	中壤土	粒状	5.9	110.1	8.50	1.80	8.5	196			冲积物	E 100°39′55.8″ N 27°49′50.5″	87
						B	14—54	砾土老冲积土	砾质中壤	核状	5.7	47.9	4.30	1.70	11.0	348					
						3	54—87	浅黄棕色	砾质土												
						4	87—100	黄色	砾质土												
剖4	淋溶土	黄棕壤	黄棕壤	砂岩黄棕壤	黄砂土	A	0—18	红黄色	重壤土	粒状	5.4	54.0	4.90	0.90	10.0	96			砂岩类	E 100°39′23.4″ N 27°49′22.1″	90
						B	18—30	红黄色	重壤土	核状	5.7	41.9	2.60	0.60	6.5	174					
						3	30—100	红黄色	重壤土	块状											
剖5	高山土	黑毡土	黑毡土	碳酸岩类黑色黑毡土		A	0—20	黑色	轻壤土	粒状	5.4	136.5	13.70	1.70	9.5	475				E 100°33′08.2″ N 27°48′27.3″	96
						B	20—35	暗棕色	轻壤土	粒状	4.9	148.5	8.30	1.30	11.5	621					
						3	35—65	浅黄棕色	中壤土	核状											
						4	65—		多砾质土												
剖6	人为土	水稻土	潜育水稻土	草甸土性潜育水稻土	黑胶泥田	A	0—18	浅灰色	重黏土	粒状	6.4	66.7	4.30	1.10	10.0	283			红壤性母质	E 100°41′49.6″ N 27°46′52.3″	79
						B	18—29	浅灰色	轻黏土	核状	7.5	57.7	4.70	1.00	10.0	278					
						3	29—43	暗灰色	中壤土	块状											
						4	43—100	暗灰色	重黏土	块状											
剖7	人为土	水稻土	淹育水稻土	红壤性淹育水稻土	红泥田	A	0—16	浅红棕色	中黏土	粒状	7.0	32.0				85					96
						B	16—32	暗红棕色	中黏土	核状	7.0	28.0				90					
						3	32—100	暗红棕色	重黏土	块状											
剖8	淋溶土	暗棕壤	暗棕壤	暗棕黏土	黑汤大土	A	0—18	暗棕色	砾质壤土	粒状	5.9	146.9	4.94	4.86	7.5	372	38.0	31.7		E 100°31′02.6″ N 27°45′57.6″	79
						AB	18—46	暗棕色	砾质黏壤土	核状	5.8	113.5	3.10	4.68	5.9	358	38.0	30.2			
						B	46—96	棕棕色	黏质壤土	块状	6.3	55.2	1.58	3.01	6.3	296	34.0	28.5			
剖9	人为土	水稻土	潜育水稻土	红壤性潜育水稻土	鸭尿泥田	A	0—19	棕灰色	轻黏土	粒状	7.5	34.2	2.70	0.50	14.5	117			红壤性母质	E 100°40′48.0″ N 27°44′47.8″	92
						B	19—49	青灰色	中黏土	核状	8.0	31.9	2.00	0.50	14.5	173					
						3	49—100	青灰色	重黏土	块状											
剖10	初育土	石灰(岩)土	黑色石灰土	碳酸岩类黑色石灰土	黑泡土	A	0—10	黑棕色	重黏土	粒状	8.4	73.6	4.60	1.60	13.0	465				E 100°30′51.5″ N 27°40′55.2″	73
						B	10—20	黑棕色	轻黏土	核状	8.5	57.1	3.80	1.10	12.0	438					
						3	20—100	暗棕色	重黏土	块状											
剖11	初育土	石灰(岩)土	黑色石灰土	碳酸岩类黑色石灰土		A	0—13	浅灰色	中壤土	粒状	7.9	18.8	1.50	1.90	7.0	78			碳酸岩类	E 100°27′57.2″ N 27°36′48.2″	87
						B	13—52	暗灰色	重壤土	核状	8.1	31.6	1.30	1.90	4.5	39					
						3	52—100	浅灰色	砾质轻黏土	核状											
剖12	淋溶土	棕壤	粗骨性棕壤	基性结晶岩类粗骨性棕壤		A	0—29	浅红棕色	重黏土	粒状	5.8	49.2	3.10	1.70	6.0	456			基性结晶岩类	E 100°34′58.8″ N 27°30′16.6″	88
						B	29—51	棕色	砾质轻黏土	核状	5.1	46.4	3.20	1.40	12.0	431					
						3	51—100	黄棕色	砾质轻黏土	核状											
剖13	初育土	石灰(岩)土	棕色石灰土	碳酸岩类棕色石灰土	瘦红土	A	0—22	黄棕色	中黏土	核状	7.5	28.7	2.00	0.90	19.0	72			碳酸岩类	E 100°27′55.4″ N 27°27′09.7″	72
						B	22—33	浅红棕色	重黏土	核状	7.6	17.6	2.10	1.30	17.5	60					
						3	33—100	暗棕红色	重黏土	块状											

续表 Continued

剖面号 Soil profile	土纲 Soil order	土类 Soil great group	亚类 Soil subgroup	土属 Soil genus	土种 Soil species	土层码 Layer code	土层厚度 Depth/cm	颜色 Soil color	质地 Soil texture	土壤结构 Soil structure	pH	有机质 OM/(g/kg)	全氮 TN/(g/kg)	全磷 TP/(g/kg)	全钾 TK/(g/kg)	碱解氮 AN/(mg/kg)	有效磷 AP/(mg/kg)	阳离子交换量CEC/(cmol/kg)	土壤母质 Parent material	剖面点坐标 Profile coordinate	匹配指数 Matching index/%
剖14	人为土	水稻土	潴育水稻土	红壤性潴育水稻土	黄灰泥田	A	0—20	浅灰黄色	轻黏土	核状	7.4	68.9	4.00	1.50	8.5	475				E 100° 38′ 04.9″ N 27° 28′ 45.8″	72
						B	20—31	黄色	重壤土	块状	7.6	72.4	3.50	1.40	7.5	479					
						3	31—100	灰黄色	轻黏土	块状											
剖15	人为土	水稻土	潴育水稻土	冲积性潴育水稻土	黄砂泥田	A	0—18	灰白色	重壤土	核状	6.4	44.1	2.70	0.80	14.0	242			冲积物	E 100° 39′ 22.3″ N 27° 27′ 38.2″	82
						B	18—33	褐色	重壤土	块状	6.9	22.8	2.90	0.40	15.0	160					
						3	33—48	黄棕色	重壤土	块状											
						4	48—100	暗红棕色	重壤土	块状											
剖16	人为土	水稻土	潴育水稻土	冲积性潴育水稻土	红砂泥田	A	0—26	浅灰棕色	轻壤土	核状	8.5	38.4	3.70	0.60	20.0	177			冲积物	E 100° 30′ 10.8″ N 27° 26′ 24.4″	77
						B	26—36	灰棕色	轻黏土	核状	8.0	39.6	2.50	0.80	19.5	175					
						3	36—69	紫棕色	轻黏土	块状											
						4	69—100	紫棕色	轻壤土	块状											
剖17	高山土	黑毡土	黑毡土	基性结晶岩类紫黑毡土		A	0—11	暗红棕色	中壤土	粒状	5.2	200.0	10.70	3.00	7.5	602				E 100° 41′ 11.8″ N 27° 22′ 15.2″	96
						B	11—27	暗棕色	中壤土	粒状	4.9	200.0	10.40	2.70	8.0	567					
						3	27—40	浅棕色	砾质轻壤土												
						C	40—														
剖18	人为土	水稻土	潴育水稻土	红壤性潴育水稻土	白胶泥田	A	0—17	灰白色	重壤土	核状	7.1	27.9	2.00	0.30	15.0	263			红壤性母质	E 100° 47′ 01.3″ N 27° 26′ 49.9″	70
						B	17—30	浅灰黄色	轻壤土	块状	8.2	23.1	2.00	0.40	16.0	180					
						3	30—40	灰黄色	重壤土	块状											
						4	40—100	灰黄棕色	重壤土	块状											
剖19	淋溶土	黄棕壤	黄棕壤	砂岩黄棕壤		A	0—18	浅黄棕色	砂壤土	粒状	5.8	17.9	0.90	0.30	26.0	89			砂岩类	E 100° 52′ 43.7″ N 27° 24′ 13.7″	95
						B	18—34	浅红黄色	砂壤土	粒状	6.0	10.8	0.60	0.30	6.0	45					
						3	34—100	紫棕色	重壤土	棱块状											
剖20	初育土	石灰(岩)土	棕色石灰土	碳酸岩类棕色石灰土		A	0—17	紫棕色	重壤土	棱块状	8.4	18.1	1.70	0.80	21.5	84			碳酸岩类	E 100° 49′ 34.0″ N 27° 23′ 18.6″	75
						B	17—35	紫棕色	轻壤土	块状	8.5	32.8	1.50	0.60	21.5	83					
						3	35—100	棕色	轻黏土	块状											
剖21	人为土	水稻土	淹育水稻土	冲积性淹育水稻土	灰砂泥田	A	0—19	暗黄棕色	轻壤土	粒状	8.0	39.7	2.30	0.50	16.0	231			冲积物	E 100° 52′ 06.6″ N 27° 20′ 13.9″	87
						B	19—32	暗黄棕色	轻黏土	核状	8.3	33.0	2.30	0.60	16.0	199					
						3	32—100	暗棕色	中壤土	块状											
剖22	淋溶土	暗棕壤	暗棕壤	基性结晶岩类暗棕壤		A	0—15	暗棕色	重壤土	粒状	5.9	81.1	8.50	3.60	8.5	616			基性结晶岩	E 100° 40′ 02.6″ N 27° 17′ 50.6″	91
						B	15—32	红棕色	轻黏土	核状	5.7	59.6	9.70	3.00	9.5	801					
						3	32—81	黄棕色	中壤土	块状											
						R	81—														
剖23	淋溶土	暗棕壤	暗棕壤	基性结晶岩类暗棕壤		A	0—18	暗棕色	中壤土	粒状	6.3	143.6	7.30	2.40	6.0	463				E 100° 38′ 29.8″ N 27° 16′ 48.7″	92
						B	18—100	浅灰棕色	重壤土	核状	6.6	31.9	1.00	1.50	11.5	254					
剖24	初育土	石灰(岩)土	棕色石灰土	碳酸岩类棕色石灰土		A	0—12	暗红色	轻黏土	粒状	7.0	60.7	2.30	0.70	10.0	232			碳酸岩类	E 100° 35′ 48.1″ N 27° 13′ 05.9″	93
						B	12—35	红色	轻黏土	块状	7.0	13.6	1.00	1.10	11.5	145					
						3	35—100	暗黄棕色	轻黏土	块状											
剖25	人为土	水稻土	潴育水稻土	红壤性潴育水稻土	青泥田	A	0—16	紫棕色	轻黏土	核状	7.5	83.6	4.90	1.50	16.0	69			红壤性母质	E 100° 35′ 58.2″ N 27° 11′ 38.4″	77
						B	16—23	暗棕色	中壤土	块状	7.9	29.7	2.40	1.10	16.0	34					
						3	23—42	黑色	中壤土	块状											
						4	42—100	灰灰色	轻黏土	块状											
剖26	人为土	水稻土	潴育水稻土	冲积性潴育水稻土	黑棕泥田	A	0—20	浅灰黄色	轻黏土	粒状	7.5	83.5	4.90	1.50	16.0	186			冲积物	E 100° 35′ 22.9″ N 27° 11′ 14.6″	85
						B	20—44	黄棕色	轻黏土	块状	7.9	29.6	2.40	1.10	15.0	338					
						3	44—100		中壤土	块状											

续表 Continued

剖面号 Soil profile	土纲 Soil order	土类 Soil great group	亚类 Soil subgroup	土属 Soil genus	土种 Soil species	土层码 Layer code	土层厚度 Depth/cm	颜色 Soil color	质地 Soil texture	土壤结构 Soil structure	pH	有机质 OM/(g/kg)	全氮 TN/(g/kg)	全磷 TP/(g/kg)	全钾 TK/(g/kg)	碱解氮 AN/(mg/kg)	有效磷 AP/(mg/kg)	阳离子交换量CEC/(cmol/kg)	土壤母质 Parent material	剖面点坐标 Profile coordinate	匹配指数 Matching index/%
剖27	淋溶土	棕壤	红棕壤	基性结晶岩类红棕壤		A	0—27	浅棕红色	重壤土	核状	5.9	20.4	2.10	0.10	5.0	45			基性结晶岩类	E 100°46′23.2″ N 27°19′33.6″	95
						B	27—60	红色	重壤土	棱柱状	5.7	5.6	0.40	0.20	4.0	23					
						3	60—100	红色	砾质轻黏土	棱柱状											
剖28	淋溶土	棕壤	红棕壤	碳酸岩类红棕壤	红灰土	A	0—19		重壤土		7.4	19.6	4.30	0.30	1.8	203				E 100°46′13.4″ N 27°18′04.7″	99
						B	19—40		重壤土		7.9	20.0	4.10	0.30	1.5	99					
剖29	铁铝土	红壤	棕红壤	碳酸岩类棕红壤	红泥土	A	0—12	浅棕红色	轻壤土	核状	6.2	25.1	2.30	0.70	22.0	619			碳酸岩类	E 100°48′06.8″ N 27°14′38.4″	72
						B	12—20	棕红色	中黏土	块状	6.5	15.5	1.60	1.10	24.0	447					
						3	20—60	红色	中黏土	块状											
						4	60—100	浅红色	中黏土	棱柱状											
剖30	铁铝土	红壤	棕红壤	碳酸岩类棕红壤		A	0—21	暗棕红色	重壤土	粒状	6.1	64.8	2.80	1.20	27.0	431			碳酸岩类	E 100°50′03.5″ N 27°13′13.4″	70
						B	21—61	红色	重壤土	块状	6.3	14.0	1.10	0.70	24.5	128					
						3	61—100	紫棕色	轻壤土	块状											
剖31	紫色土	石灰(岩)土	石灰性紫色土	紫色岩石灰性紫色土		A	0—13	紫灰色	重壤土	核状	8.0	19.0	1.00	0.10	16.0	324			紫色岩类	E 100°53′00.6″ N 27°12′14.0″	95
						B	13—56	浅棕红色	重壤土	块状	8.3	6.9	0.80	0.40	18.0	221					
						3	56—100	浅棕红色	重壤土	棱块状											
剖32	初育土	石灰(岩)土	黄色石灰土	碳酸岩类黄色石灰土	黄泥土	A	0—15	黄棕色	重壤土	粒状	7.6	88.5	5.40	1.70	8.0	257			碳酸岩类	E 100°55′44.0″ N 27°11′33.4″	93
						B	15—31	浅黄棕色	重壤土	核状	7.5	74.7	5.20	2.20	8.0	241					
						3	31—63	红黄色	中壤土	块状											
						4	63—100	红黄色	中壤土	块状											
剖33	淋溶土	棕壤	棕壤	砂岩山地棕壤	黄泡土	A	0—14	灰黄色	重壤土	粒状	6.4	29.9	1.60	2.30	14.5	92			砂岩类	E 100°58′08.8″ N 27°11′11.4″	77
						B	14—17	灰棕色	重壤土	核状	6.5	31.1	2.70	2.10	25.0	67					
						3	17—29	浅灰棕色	粉砂质壤土	块状											
						4	29—100	浅黄棕色	粉砂质壤土	块状											
剖34	淋溶土	棕壤	棕壤	砂岩山地棕壤	黄灰土	A	0—6	暗黄色	中壤土	粒状	6.2	87.6	2.40	0.90	10.0	196			砂岩类	E 101°01′33.2″ N 27°10′47.6″	98
						B	6—16	灰黄色	轻壤土	粒状	5.8	27.3	0.80	0.90	9.0	94					
						3	16—26	浅黄棕色	轻壤土	块状											
						4	26—100		重壤土												
剖35	淋溶土	棕壤	红棕壤	碳酸岩类黄棕壤	灰泡土	A	0—14		重壤土	粒状	7.0	17.8	8.70	0.40	1.8	151			碳酸岩类	E 100°34′53.8″ N 27°09′17.6″	88
						B	14—31		重壤土	棱状	6.9	15.6	8.70	0.30	1.5	74					
						3	31—														
剖36	初育土	石灰(岩)土	黄色石灰土	碳酸岩类黄色石灰土		A	0—17	红棕色	重壤土		7.0	16.0	3.30	2.60	11.0	50			碳酸岩类	E 100°43′54.5″ N 27°07′12.4″	90
						B	17—27	浅棕色	重壤土		7.0	20.0	3.30	0.70	11.0	80					
剖37	初育土	石灰(岩)土	棕色石灰土	碳酸岩类棕色石灰土		A	0—20	红棕色	中壤土	粒状	7.5	74.7	3.30			236			碳酸岩类	E 100°34′12.0″ N 27°02′42.4″	71
						B	20—36	浅棕色	中壤土	棱状	7.5	37.9				174					
						3	36—60	浅红棕色	中壤土	块状											
						4	60—100		重壤土												
剖38	初育土	紫色土	石灰性紫色土	紫色岩石灰性紫色土		A	0—15	紫灰色	重黏土	核状	7.6	40.8	2.50	0.60	23.5	113			紫色岩类	E 100°56′00.2″ N 27°09′33.8″	99
						B	15—24	紫灰色	重黏土	棱柱状	8.2	17.3	1.40	0.70	26.5	111					
						3	24—100	暗紫棕色	重壤土	棱柱状											
剖39	初育土	紫色土	酸性紫色土	紫色岩酸性紫色土	红紫泥土	A	0—19	棕红色	重壤土	粒状	6.2	71.8	4.00	1.20	16.0	142			紫色岩类	E 100°51′46.4″ N 27°01′30.4″	76
						B	19—28	棕红色	轻黏土	块状	5.9	11.4	1.20	0.90	12.5	87					
						3	28—100	暗棕红色	中壤土	块状											
剖40	淋溶土	棕壤	红棕壤	碳酸岩类红棕壤		A	0—20		中黏土		6.5	40.2	2.40	0.40	3.6	202			碳酸岩类	E 101°08′10.3″ N 27°08′26.2″	100
						B	20—50				6.6	10.8	2.60	0.40	3.9	102					

续表 Continued

剖面号 Soil profile	土纲 Soil order	土类 Soil great group	亚类 Soil subgroup	土属 Soil genus	土种 Soil species	土层码 Layer code	土层厚度 Depth/cm	颜色 Soil color	质地 Soil texture	土壤结构 Soil structure	pH	有机质 OM/(g/kg)	全氮 TN/(g/kg)	全磷 TP/(g/kg)	全钾 TK/(g/kg)	碱解氮 AN/(mg/kg)	有效磷 AP/(mg/kg)	阳离子交换量CEC/(cmol/kg)	土壤母质 Parent material	剖面点坐标 Profile coordinate	匹配指数 Matching index/%
剖41	淋溶土	暗棕壤	暗棕壤	碳酸岩类暗棕壤		A	0—10	黑棕色	轻壤土	粒状	6.8	200.0	13.70	3.60	10.0	313				E 101°01′50.5″ N 27°01′30.0″	72
						B	10—27	暗棕色	重壤土	粒状	6.2	153.9	12.10	3.80	8.0	637					
						3	27—36	暗棕色	轻黏土	块状											
剖42	淋溶土	棕壤	红棕壤	古红土红棕壤		R	36—													E 101°09′25.0″ N 27°00′09.2″	83
						A	0—12		重壤土		5.8	22.2	8.20	0.70	1.3	329					
						B	12—28				5.2	19.7	10.80	0.40	1.6	182					
剖43	淋溶土	棕壤	棕壤	棕砂土	砂灰汤土	A₁₁	0—15	灰黄棕色	粉砂质壤土	粒状	6.2	37.8	2.96	2.34	14.5	192	7.0			E 100°35′08.5″ N 26°57′35.4″	91
						B	15—32	亮黄棕色	黏壤土	小块状	6.3	28.9	1.87	2.11	15.1	117	6.0				
						C	32—84	黄棕色	壤土		6.0	13.1	0.98	1.80	17.0	92	3.0				
剖44	人为土	水稻土	潴育水稻土	冲积性潴育水稻土	灰砂田	A	0—18	浅黄黄色	重壤土	核状	8.0	35.0	2.80	1.20	16.0	224			冲积物	E 101°42′03.6″ N 26°55′54.1″	75
						B	18—30	灰黄色	重壤土	块状	8.3	43.0	3.30	1.10	12.0	307					
						3	30—60	灰黄棕色	中壤土	块状											
						4	60—100	黄棕色	中壤土	核状											
剖45	铁铝土	红壤	棕红壤	砂岩棕红壤		A	0—4	浅黄黄色	中壤土	核状	5.9	56.6	2.80	0.10	15.0	177			砂岩类	E 100°46′35.4″ N 26°58′58.1″	84
						B	4—14	黄色	轻壤土	粒状	6.1	20.3	1.70	0.20	14.0	475					
						3	14—	浅黄棕色	中壤土	块状											
剖46	初育土	紫色土	酸性紫色土	紫色岩类酸性紫色土	紫砂土	A	0—9	紫棕色	重壤土	核状	5.6	87.6	3.50	0.30	11.0	143			紫色岩类	E 100°51′58.0″ N 26°58′19.9″	97
						B	9—30	紫棕色	重壤土	核状	5.5	81.5	4.30	0.70	11.0	262					
						3	30—80	紫棕色	轻壤土												
剖47	初育土	紫色土	酸性紫色土	紫色岩类酸性紫色土		A	0—9	灰棕色	中壤土	粒状	6.1	21.3	2.50	0.40	17.0	178			紫色岩类	E 100°51′02.5″ N 26°54′49.0″	87
						B	9—49	紫色	轻壤土	核状	7.0	13.8	1.30	0.20	14.5	347					
						3	49—100	紫棕色	中壤土	块状											
剖48	初育土	紫色土	酸性紫色土	紫色岩类酸性紫色土	紫红土	A	0—13	紫棕色	中壤土	核状	6.7	23.8	1.80	1.00	13.5	104			紫色岩类	E 100°46′27.8″ N 26°50′09.2″	78
						B	13—44	紫棕色	重壤土	核状	6.9	19.0	1.70	0.50	14.0	113					
						3	44—100	红棕色	重壤土	块状											
剖49	淋溶土	棕壤	棕壤	碳酸岩类冲积棕壤土	红棕土	A	0—20	浅红棕色	砂壤土	粒状	6.5	35.1	1.70	7.00	1.4	184			碳酸岩类	E 101°01′02.2″ N 26°58′26.8″	96
						B	20—30	棕红色	轻壤土	块状	6.4	35.1	1.50	7.00	0.8	108					
						3	30—58	棕红色	轻壤土	粒状											
剖50	淋溶土	棕壤	粗骨性棕壤	基性结晶岩类粗骨性棕壤	棕壤土	A	0—24	黄黄棕色	砾质轻黏土	核状	5.7	78.4	3.80	3.00	10.0	633			冲积物	E 101°03′18.7″ N 26°57′54.0″	98
						B	24—58	暗黄棕色	砾质重黏土	核状	6.0	62.9	3.00	2.80	10.0	690					
						3	58—80	浅黄棕色	砾质轻壤土	粒状											
剖51	初育土	新积土	冲积土	酸性老冲积土	河砂土	A	0—17	灰黄棕色	多砾质壤土	粒状	6.2	55.9	3.30	1.10	15.5	194				E 100°45′16.2″ N 26°47′55.0″	71
						B	17—25	灰白色	黏壤土	粒状	6.1	110.1	5.60	1.10	15.5	82					
剖52	淋溶土	棕壤	棕壤	棕灰泥土	棕灰汤土	A₁₁	0—20	灰棕色	黏壤土	粒状	5.6	39.2	1.70	1.92	15.6	135	11.0	17.8		E 100°59′32.3″ N 26°46′27.1″	93
						B₁	20—37	浊黄色	壤质黏壤土	块状	5.5	15.8	0.76	1.59	24.4	69	9.0	17.5			
						B₂	37—63	亮黄棕色	壤质黏壤土	大块状	5.7	11.3	0.70	1.21	25.4	56	3.0	17.0			
						C	63—80	黄棕色	壤质重壤土	块状	5.8	11.0	0.54	1.22	25.4	63	3.0	14.6			
剖53	淋溶土	棕壤	棕壤	碳酸岩类山地棕壤		A	0—5	棕红色	重壤土	粒状	5.9	135.0	4.20	0.90	10.0	625			碳酸岩类		
						B	5—12	红棕色	轻黏土	核状	6.1	33.0	2.20	0.90	9.0	233					
						3	12—61	浅棕红色	轻壤土	块状											
						4	61—100	浅棕红色	重壤土	块状											

续表 Continued

剖面号 Soil profile	土纲 Soil order	土类 Soil great group	亚类 Soil subgroup	土属 Soil genus	土种 Soil species	土层码 Layer code	土层厚度 Depth/cm	颜色 Soil color	质地 Soil texture	土壤结构 Soil structure	pH	有机质 OM/(g/kg)	全氮 TN/(g/kg)	全磷 TP/(g/kg)	全钾 TK/(g/kg)	碱解氮 AN/(mg/kg)	有效磷 AP/(mg/kg)	阳离子交换量CEC/(cmol/kg)	土壤母质 Parent material	剖面点坐标 Profile coordinate	匹配指数 Matching index/%
剖54	淋溶土	棕壤	棕壤	棕砂土	砂灰汤泥	A	0—17	暗棕色	黏壤土	粒状	6.1	67.2	2.62	1.54	26.4	154	4.0			E 100°55′22.4″ N 26°36′28.1″	96
						AB	17—44	灰棕色	壤质黏土	粒状	6.2	37.3	1.54	1.48	25.8	123	3.0				
						B	44—78	黄棕色	壤质黏土	块状	6.7	16.2	1.01	1.16	23.0	70	3.0				
						C	78—100	亮黄棕色	壤质黏土		6.8	3.6	0.98	1.04	27.6	40	3.0				

普 洱 市

市 辖 区

主要土类说明

赤红壤是普洱市主要土壤类型，占本市地域面积的 56%，分布在海拔 600—1200m 的低山河谷。植被为热带季雨林。成土母质以各种母岩风化残积物和坡积物为主。成土过程以富铝化作用和生物积累作用为主。本市赤红壤分为赤红壤、黄色赤红壤等亚类。其中，赤红壤亚类面积较大，具 A-Bs-C 剖面构型，土体脱硅富铝化程度仅次于砖红壤，比红壤强，铁的游离度介于二者之间，土壤呈赤红色。黏粒硅铝率为 1.7—2.0，风化淋溶系数为 0.05—0.15，盐基饱和度为 15%—25%。

紫色土是普洱市第二大土壤类型，占本市地域面积的 22%。植被为常绿阔叶林或灌丛草地。成土母质为紫色砂页岩、杂色页岩坡积物和残积物。成土过程以母岩的快速物理崩解、频繁侵蚀堆积以及碳酸钙的不断淋失作用为主，生物积累作用相对较弱。由于紫色砂页岩易风化，成土时间短，故矿质养分较丰富，但土层浅薄，抗侵蚀力弱，特别是在植被遭到破坏后，表土极易受冲刷侵蚀而使母岩裸露，土层中常夹有半风化母岩的碎屑。土壤具 A-C 剖面构型，剖面层次发育不明显，土层浅薄，pH 为 4.5—8.5，富含矿质养分，蓄水性差。本市紫色土分为酸性紫色土、中性紫色土、石灰性紫色土等亚类。其中，酸性紫色土面积较大，黏土矿物一般以蛭石和水云母为主，土壤偏酸，有机质和全氮含量高于其他亚类，全磷和全钾含量较低。

红壤是普洱市第三大土壤类型，占本市地域面积的 13%，分布在海拔 800—2100m 的丘陵地带。植被为常绿阔叶林。成土母质为石灰岩、砂页岩和玄武岩。成土过程以脱硅富铝化和生物富集为主。

小于本市地域面积 3% 的土壤类型有水稻土、石灰（岩）土、砖红壤和新积土。

本区域中心区气候特征

本区域中心区气候特征值
Regional climate characteristics in central area of the region

气候带：边缘热带湿润气候 Climate region: Edge tropical humid climate	
年平均气温 /℃ Annual average temperature /℃	18.3
年平均最高气温 /℃ Annual average maximum temperature /℃	25.0
年平均最低气温 /℃ Annual average minimum temperature /℃	14.0
年降水量 /mm Annual precipitation /mm	1494
≥ 10℃的积温 /℃ Daily temperature accumulated in a year（≥ 10℃）/℃	6741
年日照时数 /h Annual sunshine /h	2042
年平均相对湿度 /% Annual average relative humidity /%	79
干燥度 Dryness	0.72

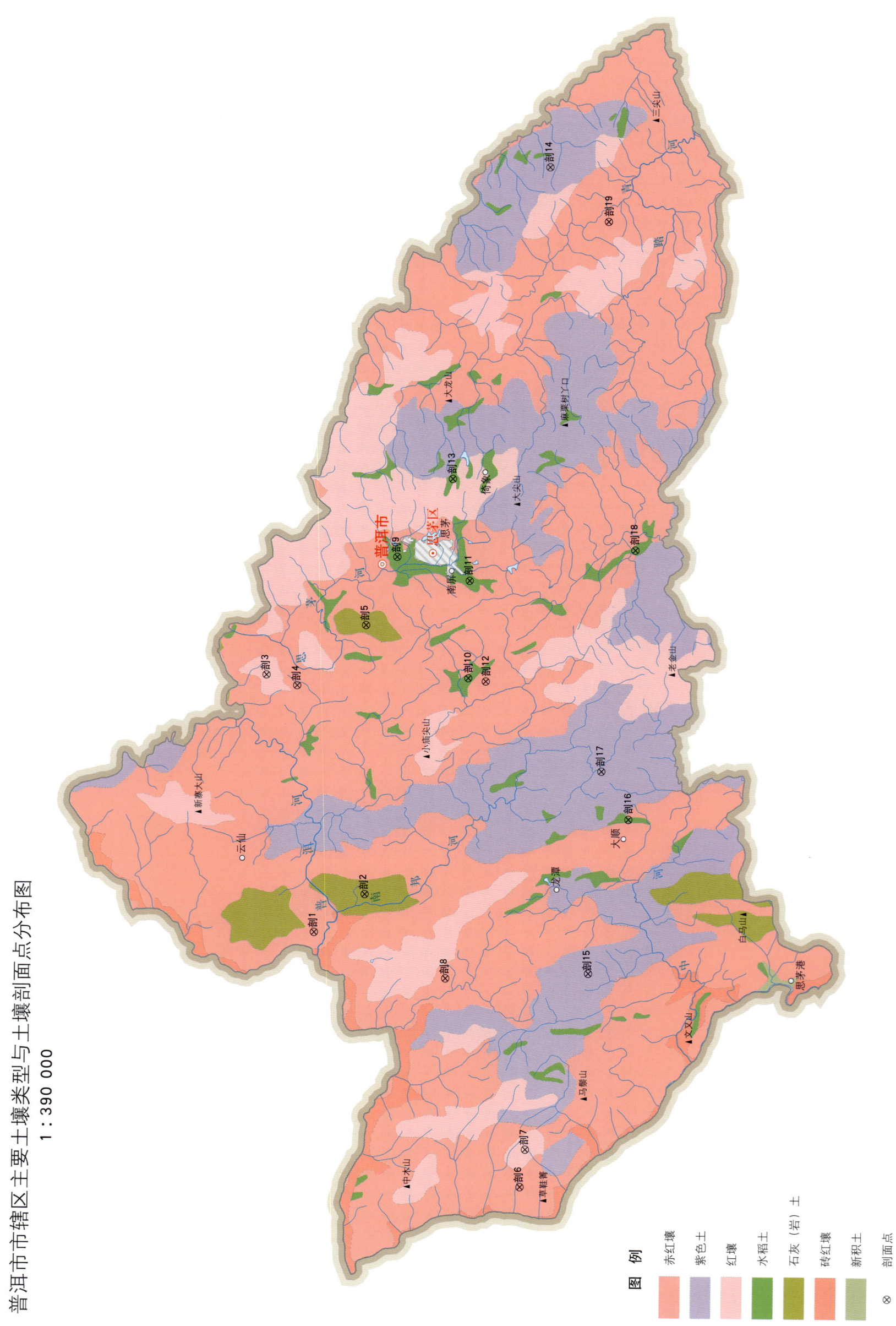

普洱市土壤剖面理化性状表

剖面号 Soil profile	土纲 Soil order	土类 Soil great group	亚类 Soil subgroup	土属 Soil genus	土种 Soil species	土层码 Layer code	土层厚度 Depth/cm	pH	有机质 OM/(g/kg)	全氮 TN/(g/kg)	全磷 TP/(g/kg)	全钾 TK/(g/kg)	碱解氮 AN/(mg/kg)	土壤母质 Parent material	剖面点坐标 Profile coordinate	匹配指数 Matching index/%
剖1	铁铝土	赤红壤	黄色赤红壤	泥质岩类黄色赤红壤	黄红土	A	0—13	5.8	36.1	1.30	0.34	8.7	157	泥质岩类	E 100°37′39.7″ N 22°53′06.0″	91
						AB	13—29	5.4	19.1	8.60	0.31	10.0	101			
						B	29—80	5.4	16.7	0.52	0.17	10.2	67			
剖2	初育土	石灰(岩)土	黑色石灰土	石灰岩白云岩黑泡土	黑牛角石土	A	0—15	7.0	54.6	2.57	0.56	8.2	226	石灰岩	E 100°39′44.6″ N 22°50′31.2″	97
						B	15—35	7.0	28.1	1.74	0.75	17.9	131			
						C	35—60	7.1	20.5	1.59	0.69	22.4	126			
剖3	铁铝土	红壤	黄色红壤	碳酸岩类黄红壤	岩子红土	A	0—15	5.2	22.2	1.30	0.81	6.4	143	碳酸岩类	E 100°51′44.6″ N 22°55′28.6″	79
剖4	铁铝土	赤红壤	黄色赤红壤	石灰岩黄色赤红壤	黄胶土	A	0—16	5.8	41.4	2.08	0.45	11.8	196	石灰岩	E 100°51′08.6″ N 22°53′55.3″	96
						B_1	16—44	5.5	28.4	1.49	0.42	12.9	140			
						B_2	44—100	5.6	18.1	1.31	3.80	10.0	118			
剖5	初育土	石灰(岩)土	黑色石灰土	石灰岩白云岩黑泡土		A	0—18	6.5	138.5	5.81	1.95	12.3	550	石灰岩	E 100°54′25.2″ N 22°50′25.1″	74
						B	18—32	7.1	65.4	4.05	1.59	14.8	350			
						C	32—60	7.3	34.2	1.78	1.26	15.8	160			
剖6	铁铝土	赤红壤	赤红壤	石灰岩白云岩赤红壤	红胶土	A	0—12	6.2	132.4	4.41	1.14	4.6	359	石灰岩	E 100°23′49.6″ N 22°42′38.2″	98
						B	12—32	6.2	61.0	3.05	0.89	3.9	300			
						C	32—55	6.0	36.5	1.89	0.69	3.7	139			
剖7	铁铝土	红壤	红壤	红色砂岩黄色红壤	红香面土	B_1	0—21	6.5	36.5	1.48	0.30	1.3	212	红色砂岩	E 100°25′50.2″ N 22°42′22.3″	88
						B_2	21—53	7.1	20.2	0.75	0.14	1.2	86			
							53—100	4.7	9.9	0.45	0.12	2.3	47			
剖8	铁铝土	赤红壤	黄色赤红壤	泥质岩类黄色赤红壤		A	0—12	5.0	25.9	0.90	0.19	6.5	110	泥质岩类	E 100°35′06.4″ N 22°46′25.3″	70
						AB	12—29	5.0	8.5	0.55	0.18	13.0	70			
						B	29—75	5.1	5.8	0.38	0.16	10.8	50			
剖9	人为土	水稻土	潴育水稻土	冲积性潴育水稻土	鸡粪土田	A	0—28	5.7	90.6	2.83	3.06	9.5	210	冲积物	E 100°58′06.5″ N 22°48′49.0″	74
						P	28—42	6.0	78.5	3.75	2.29	9.8	290			
						W	42—56	5.7	61.0	3.55	0.25	10.5	300			
剖10	人为土	水稻土	潴育水稻土	冲积性潴育水稻土	灰油砂田	A	0—26	5.2	35.0	1.37	0.37	5.5	201	冲积物	E 100°51′28.8″ N 22°45′14.0″	90
						P	26—35	5.8	19.6	1.17	0.24	11.4	91			
						W	35—74	6.6	10.3	0.59	0.30	11.4	24			
						G	74—100	7.2	3.2	0.36	0.34	13.4	16			
剖11	人为土	水稻土	潴育水稻土	冲积性潴育水稻土	黄泥田	A	0—17	6.1	13.8	1.08	0.64		113	冲积物	E 100°56′46.7″ N 22°45′08.5″	75
						P	17—22	6.4	6.1	0.66	0.71		75			
						W	22—50	6.4	6.8	0.82	0.58	8.3	47			
剖12	铁铝土	赤红壤	赤红壤	紫红岩赤红壤	红木香土	A	0—10	4.5	104.1	3.86	0.60	8.3	340	紫红岩	E 100°51′17.6″ N 22°44′20.4″	96
						AB	10—26	4.9	48.3	1.92	0.45	7.9	180			
						B	26—100	4.8	22.1	1.01	0.34	9.2	80			
剖13	人为土	水稻土	淹育水稻土	漂白土性淹育水稻土	白砂胶田	A	0—15	5.7	20.4	1.19	0.17	11.4	170		E 101°02′19.0″ N 22°45′59.0″	86
剖14	初育土	紫色土	酸性紫色土	羊肝土		A	0—20	5.0	31.2	1.21	0.28	22.8	118		E 101°19′13.2″ N 22°40′55.9″	85
						AB	20—40	5.2	3.6	0.36	0.24	24.9	40			
						C	40—65	6.1	11.2	0.57	0.29	23.7	66			
剖15	初育土	紫色土	酸性紫色土	羊肝土	紫羊肝土	A	0—20	6.8	11.5	1.61	0.47	15.3	150		E 100°35′20.4″ N 22°39′10.1″	78
						BC	20—56	6.3	11.2	0.60	2.21	19.8	70			

续表 Continued

剖面号 Soil profile	土纲 Soil order	土类 Soil great group	亚类 Soil subgroup	土属 Soil genus	土种 Soil species	土层码 Layer code	土层厚度 Depth/cm	pH	有机质 OM/(g/kg)	全氮 TN/(g/kg)	全磷 TP/(g/kg)	全钾 TK/(g/kg)	碱解氮 AN/(mg/kg)	土壤母质 Parent material	剖面点坐标 Profile coordinate	匹配指数 Matching index/%
剖16	人为土	水稻土	淹育水稻土	紫色土性淹育水稻土	紫胶泥田	A	0—15	6.1	27.3	1.49	0.35	22.6	140		E 100°43′44.4″ N 22°37′06.6″	75
						P	15—25	6.7	25.3	22.19	0.31	22.8	132			
						C	25—100	7.8	9.1	0.67	0.30	23.9	66			
剖17	初育土	紫色土	酸性紫色土	羊肝土	红羊肝土	A	0—20	6.7	28.8	1.39	0.51	17.9	145		E 100°46′21.4″ N 22°38′29.4″	83
						BC	20—90	5.6	9.6	0.77	0.30	21.8	95			
剖18	人为土	水稻土	潴育水稻土	冲积性潴育水稻土	黄砂泥田	A	0—16	5.8	13.6	1.39	0.61	16.6	168	冲积物	E 100°58′22.1″ N 22°36′43.2″	87
						P	16—26	7.2	9.6	1.12	0.35	23.5	92			
						G	26—90	7.2	2.0	0.75	0.47	20.4	70			
剖19	铁铝土	赤红壤	赤红壤	紫红岩赤红壤	紫木香土	A	0—15	4.9	36.3	1.01	0.36	11.4	92	紫红岩	E 101°16′13.1″ N 22°37′59.2″	75
						B	15—51	4.8	23.3	0.98	0.32	18.2	84			
						C	51—80	4.9	11.1	0.67	0.36	23.5	40			

宁洱哈尼族彝族自治县

主要土类说明

红壤是宁洱哈尼族彝族自治县主要土壤类型，占本县地域面积的 35%，分布在海拔 800—2200m 的中山丘陵地带。植被为常绿阔叶林。成土母质为石灰岩、砂页岩和玄武岩。成土过程以脱硅富铝化和生物富集为主。本县红壤分为红壤、黄红壤等亚类。其中，红壤亚类面积较大，呈中度脱硅富铝化特征，具 A-Bs-Bv 或 A-Bs-C 剖面构型。黏土矿物以高岭石、赤铁矿为主，黏粒硅铝率为 1.8—2.4，风化淋溶系数小于 0.2，盐基饱和度小于 35%，有效养分含量低，特别是速效磷含量低。表土呈浅棕红色至暗红棕色，为粒状至块状结构。

赤红壤是宁洱哈尼族彝族自治县第二大土壤类型，占本县地域面积的 27%，分布在海拔 800—1200m 的低山河谷。植被为常绿阔叶林。成土母质以各种母岩风化残积物和坡积物为主。成土过程以富铝化作用和生物积累作用为主。本县赤红壤分为赤红壤、黄色赤红壤等亚类。其中，赤红壤亚类面积较大，具 A-Bs-C 剖面构型，土体脱硅富铝化程度仅次于砖红壤，比红壤强，铁的游离度介于二者之间，土壤呈赤红色。

紫色土是宁洱哈尼族彝族自治县第三大土壤类型，占本县地域面积的 15%，分布在海拔 1000—1300m 的地区，与赤红壤交错分布。成土母质为紫色砂页岩和砂岩。成土过程以母岩的快速物理崩解、频繁侵蚀堆积以及碳酸钙的不断淋失作用为主，生物积累作用相对较弱。土壤具 A-C 剖面构型，剖面层次发育不明显，土层浅薄，pH 为 4.5—7.5，富含矿质养分，蓄水性差，表土有机质含量为 10—40g/kg。

石灰（岩）土占本县地域面积的 6%，分布在溶岩山区的石灰岩丘陵地带。植被以常绿落叶阔叶林为主。成土母质为石灰岩。成土过程以风化、富铝化和灰化作用为主。土壤有机质和养分含量较高，具有一定的脱硅富铝化特征，pH 为 6.5—8.5，土层浅薄，表层粒状结构发达。

黄棕壤占本县地域面积的 6%，分布在海拔 1800—2200m 的山区。植被为针阔叶混交林。成土母质多为砂页岩及花岗岩。土层弱度富铝化，黏聚现象明显，呈黄棕色。该土壤具 A-B-C 或 A-（B）-C 剖面构型，黏粒硅铝率在 2.5 左右，铁的游离度较红壤低，B 层交换性酸大于 A 层。

水稻土占本县地域面积的 5%。成土母质为红壤、赤红壤、紫色土和石灰（岩）土。本县水稻土分为淹育型、渗育型、潴育型、潜育型等亚类。淹育水稻土具 Aa-Ap-C 剖面构型；渗育水稻土具 Aa-Ap-P-C 构型；潴育水稻土为发育良好的水稻土，具 Aa-Ap-（P）-W-G 剖面构型；潜育水稻土具 Aa-（Ap）-G 剖面构型。

黄壤占本县地域面积的 3%，分布在海拔 700—1200m 的山区。植被为湿性常绿阔叶林。成土过程以脱硅富铝化、生物富集和黄化过程为主。黄壤具 O-A-AB-B-C 剖面构型，有机质含量可达 100g/kg，pH 为 4.5—5.5。

小于本县地域面积 3% 的土壤类型有砖红壤和棕壤。

本区域中心区气候特征

本区域中心区气候特征值 Regional climate characteristics in central area of the region	
气候带：边缘热带湿润气候 Climate region: Edge tropical humid climate	
年平均气温 /℃ Annual average temperature /℃	18.1
年平均最高气温 /℃ Annual average maximum temperature /℃	24.6
年平均最低气温 /℃ Annual average minimum temperature /℃	13.7
年降水量 /mm Annual precipitation /mm	1368
≥10℃的积温 /℃ Daily temperature accumulated in a year (≥10℃) /℃	6639
年日照时数 /h Annual sunshine /h	2066
年平均相对湿度 /% Annual average relative humidity /%	77
干燥度 Dryness	0.80

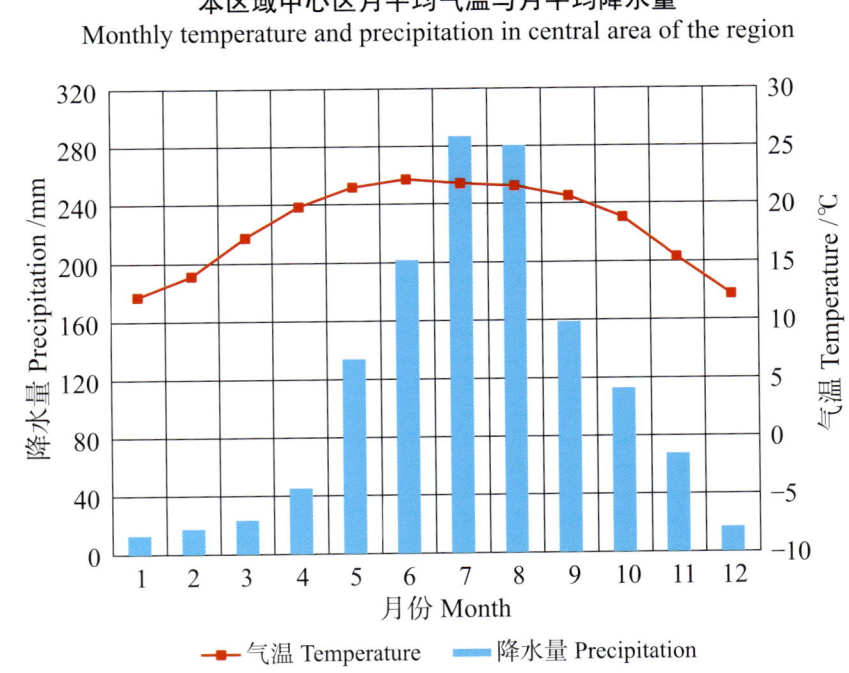

本区域中心区月平均气温与月平均降水量
Monthly temperature and precipitation in central area of the region

宁洱哈尼族彝族自治县主要土壤类型与土壤剖面点分布图
1:420 000

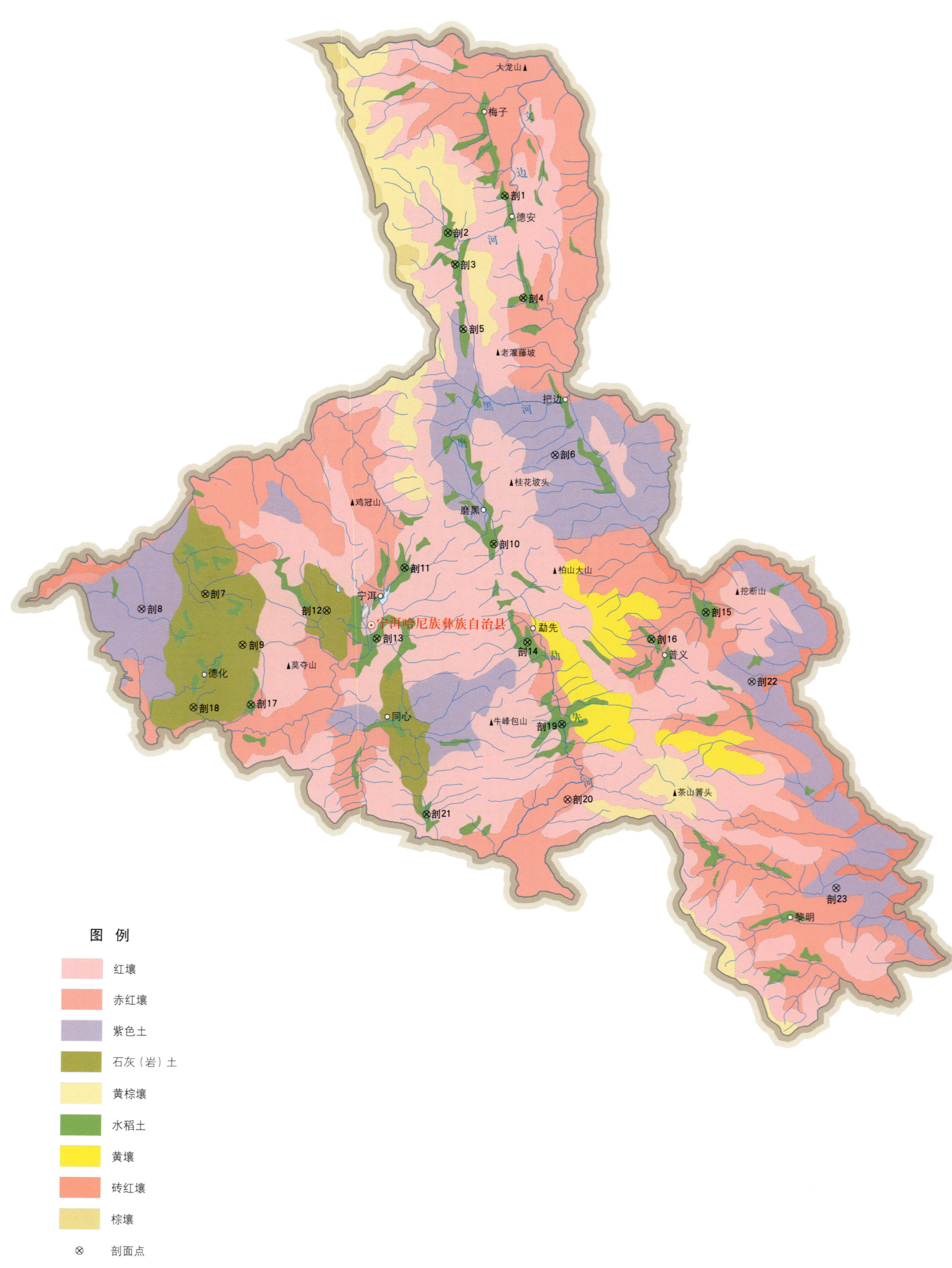

宁洱哈尼族彝族自治县土壤剖面理化性状表

剖面号 Soil profile	土纲 Soil order	土类 Soil great group	亚类 Soil subgroup	土属 Soil genus	土种 Soil species	土层码 Layer code	土层厚度 Depth/cm	颜色 Soil color	质地 Soil texture	土壤结构 Soil structure	pH	有机质 OM/(g/kg)	全氮 TN/(g/kg)	全磷 TP/(g/kg)	全钾 TK/(g/kg)	碱解氮 AN/(mg/kg)	阳离子交换量CEC/(cmol/kg)	土壤母质 Parent material	剖面点坐标 Profile coordinate	匹配指数 Matching index/%
剖1	人为土	水稻土	潴育水稻土	冷浸田	冷底田	A	0—14	黄灰色	中壤土	核状	7.2	48.3	2.00	1.01	11.3	140			E 101°11′00.5″ N 23°26′36.1″	78
						P	14—52	黑色	重壤土	块状										
						G	52—100	灰色	重壤土	块状										
剖2	人为土	水稻土	潴育水稻土	洪冲积性潴育水稻土	黄砂胶田	1	0—24	灰黄色	中壤土	块状	4.6	31.5	1.50	1.44	15.0	160		洪冲积物	E 101°07′35.8″ N 23°24′36.0″	85
						2	24—47	灰黄色	中壤土	块状										
						3	47—92	黄棕色	重壤土	块状										
剖3	人为土	水稻土	潴育水稻土	洪冲积性潴育水稻土	潮砂田	A	0—25	灰黄色	轻壤土	粒状	5.9	24.7	1.28	0.87	57.9	110	10.6		E 101°08′00.6″ N 23°22′52.3″	75
						P	25—40	灰棕色	中壤土	核粒状	7.7	8.1	0.53	0.65	0.5	40	9.7			
						W	40—80	红黄色	中壤土	棱块状										
剖4	人为土	水稻土	侧渗水稻土	侧渗性潴渗水稻土	白砂胶田	A	0—29	灰白色	轻壤土	团粒状	4.7	47.6	2.30	0.74	20.9	180		洪冲积物	E 101°12′04.3″ N 23°21′00.4″	95
						E	29—55	灰白色	中壤土	核状										
						B	55—105	浅黄色	重壤土	块状										
剖5	人为土	水稻土	侧渗水稻土	红壤性侧渗水稻土	黄砂胶田	A	0—24	黄灰色	中壤土	小块状	7.3	23.5	0.58	0.55	12.2	40		红壤性母质	E 101°08′28.0″ N 23°19′19.2″	77
						E	24—51	灰白色	重壤土	块状										
						B	51—74	黄棕色	重壤土	块状										
						C	74—													
剖6	初育土	紫色(岩)土	酸性紫色土	红羊肝土	红羊肝土	A	0—15	红棕色	中壤土	核状	5.5	9.4	0.50	0.78	21.8	50			E 101°13′54.5″ N 23°12′21.2″	95
剖7	初育土	石灰(岩)土	黑色石灰土	黑岩子土		A	0—25	暗棕色	轻壤土	粒状	7.7	47.6	1.88	0.22	29.8	140		黑岩	E 100°52′59.2″ N 23°04′51.2″	90
剖8	初育土	紫色(岩)土	酸性紫色土	红羊肝土		A	0—20	浅红色	中壤土	核粒状	4.5	30.0	1.40	1.56	30.0	140		黄色母岩	E 100°49′10.9″ N 23°04′02.6″	82
剖9	初育土	石灰(岩)土	黄色石灰土	黄岩子土	黄岩子土	A	0—24	黄色	中壤土	粒状	6.5	28.6	1.58	1.01	24.9	150			E 100°55′12.0″ N 23°02′01.7″	89
剖10	人为土	水稻土	潴育水稻土	洪冲积性潴育水稻土	胶泥田	A	0—20	灰棕色	中壤土	块状	6.5	38.7	1.89	1.36	42.0	150	11.9	洪积物	E 101°10′12.4″ N 23°07′30.0″	96
						P	20—40	灰红棕色	重壤土	块状	6.9	36.2	1.72	0.90	29.6	120	11.3			
						W	40—110	黄棕色	中壤土	棱块状	6.7	39.6	1.94	1.59	35.6	130	13.7			
剖11	人为土	水稻土	潴育水稻土	洪冲积性潴育水稻土	紫红砂胶田	A	0—25	浅紫红色	中壤土	块状	6.9	32.1	1.74	1.36	46.7	60	13.4	洪冲积物	E 101°04′53.0″ N 23°06′14.0″	93
						P	25—45	浅紫红色	重壤土	大棱块状	7.4	31.7	1.62	0.96	39.7	100	12.2			
						W	45—80	紫红色	重壤土	块状										
						C	80—	紫灰色												
剖12	初育土	石灰(岩)土	黑色石灰土	黑岩子土	紫红胶泥田	A	0—19	褐色	粒状	粒状	7.0	57.9	1.60	0.86	1.5	150		黑岩	E 101°00′14.0″ N 23°03′53.6″	97
剖13	人为土	水稻土	潴育水稻土	洪冲积性潴育水稻土	紫红胶泥田	A	0—28	紫红色	重壤土	块状	4.7	38.1	1.70	0.69	22.1	150		洪冲积物	E 101°03′13.0″ N 23°02′20.4″	84
						P	28—42	紫灰紫色	黏土	棱柱状										
						W	42—75	黄灰紫杂色	黏土	大棱块状										
						C	75—100	紫红色	重壤土	块状										
剖14	人为土	水稻土	潴育水稻土	冲积性潴育水稻土	鸡粪土田	A	0—30	灰褐色	中壤土	核状	7.2	45.1	2.00	1.01	7.3	170		洪冲积物	E 101°12′11.9″ N 23°02′04.2″	89
						P	30—50	灰黄色	中壤土	块状										
						W	50—80	灰黄色	重壤土	块状										
						C	80—													

续表 Continued

剖面号 Soil profile	土纲 Soil order	土类 Soil great group	亚类 Soil subgroup	土属 Soil genus	土种 Soil species	土层码 Layer code	土层厚度 Depth/cm	颜色 Soil color	质地 Soil texture	土壤结构 Soil structure	pH	有机质 OM/(g/kg)	全氮 TN/(g/kg)	全磷 TP/(g/kg)	全钾 TK/(g/kg)	碱解氮 AN/(mg/kg)	阳离子交换量CEC/(cmol/kg)	土壤母质 Parent material	剖面点坐标 Profile coordinate	匹配指数 Matching index/%
剖15	人为土	水稻土	潴育水稻土	洪冲积潴育水稻土	黄胶泥田	A	0—30	黄棕色	重壤土	块状	4.8	42.8	1.90	0.71	18.5	130		洪冲积物	E 101°22′51.6″ N 23°03′38.5″	94
						P	30—54	灰黄色	黏土	块状										
						W	54—90	浅灰色	重壤土	棱块状										
						C	90—													
剖16	人为土	水稻土	淹育水稻土	紫色土性淹育水稻土	紫胶泥田	1	0—18	紫色	重壤土	块状	6.2	48.8	2.10	1.12	30.2	80			E 101°19′36.1″ N 23°02′11.4″	73
						2	18—50	紫色	重壤土	块状										
						3	50—60	紫色												
						C	60—80	紫色												
剖17	人为土	水稻土	淹育水稻土	新冲积潴育水稻土	砾石砂田	A	0—15	灰棕色	轻壤土	粒状	6.4	19.6	0.43	1.73	22.0	66			E 100°55′41.2″ N 22°58′44.8″	71
剖18	初育土	石灰(岩)土	黑色石灰土	黑岩子土			A	0—24	灰黄色	中壤土	粒状	6.5	23.7	0.76	1.40	3.6	100		黑岩	E 100°52′15.2″ N 22°58′36.8″	89
剖19	人为土	水稻土	潴育水稻土	冲积性潴育水稻土	灰砂胶田	A	0—20	灰黄色	轻壤土	粒状	7.3	39.0	0.95	1.78	5.5	70			E 101°14′13.9″ N 22°57′33.8″	81
						P	20—45	灰黄色	中壤土	小块状										
						W	45—60	黄棕色	重壤土	块状										
						C	60—													
剖20	铁铝土	赤红壤	黄色赤红壤	黄色砂页岩黄色赤红壤	黄红土	A	0—15	浅红黄色	轻壤土	粒状	6.1	17.6	1.00	0.62	13.2	80		黄色砂页岩	E 101°14′32.7″ N 22°53′26.5″	90
剖21	人为土	水稻土	淹育水稻土	红壤性淹育水稻土	红鸡粪土田	A	0—23	灰棕色	中壤土	团粒状	7.1	37.7	0.49	1.90	20.0	93		红壤性母质	E 101°06′08.3″ N 22°52′40.1″	74
						2	23—33													
						3	33—80													
剖22	初育土	紫色土	酸性紫色土	红羊肝土		A	0—10	浅黄棕色	轻壤土	粒状	5.5	40.7	1.80	1.35	17.8	150			E 101°25′34.7″ N 22°59′49.2″	75
剖23	初育土	紫色土	酸性紫色土	红羊肝土		A	0—25	浅红色	轻壤土	粒状	5.7	13.0	0.69	0.94	21.5	70			E 101°30′32.4″ N 22°48′25.9″	87

墨江哈尼族自治县

主要土类说明

赤红壤是墨江哈尼族自治县主要土壤类型，占本县地域面积的44%，分布在海拔800—1500m的中低山。植被主要为思茅松、紫胶虫寄主树等针阔叶混交林和灌丛杂草。成土母质以各种母岩风化残积物和坡积物为主。成土过程以富铝化作用和生物积累作用为主。赤红壤具A-Bs-C剖面构型，土体脱硅富铝化程度仅次于砖红壤，比红壤强，铁的游离度介于二者之间。黏粒硅铝率为1.7—2.0，风化淋溶系数为0.05—0.15，盐基饱和度为15%—25%。本县赤红壤分为赤红壤、紫色赤红壤、黄色赤红壤等亚类。

红壤是墨江哈尼族自治县第二大土壤类型，占本县地域面积的30%，分布在海拔1500—1800m的中山山地。植被以思茅松为主，其次为灌丛草地和稀疏阔叶林。成土母质为泥质岩、红砂岩、基性结晶岩、普通石英质岩和紫色岩等。成土过程以脱硅富铝化和生物富集为主。红壤呈中度脱硅富铝化特征，具A-Bs-Bv或A-Bs-C剖面构型，有机质含量中等。

紫色土是墨江哈尼族自治县第三大土壤类型，占本县地域面积的10%，分布在海拔700—1800m的中山峡谷区，与赤红壤和红壤交错分布。植被以思茅松为主，还有紫胶虫寄主树等阔叶林。成土母质为紫色砂页岩。成土过程以母岩的快速物理崩解、频繁侵蚀堆积以及碳酸钙的不断淋失作用为主。土层厚薄不一，侵蚀严重。土壤呈酸性至中性，肥力较低。本县紫色土分为酸性紫色土、中性紫色土等亚类。

黄壤占本县地域面积的5%。黄壤发生于亚热带湿润条件下，中度富铝化，多见于海拔700—1200m的山区。土壤有机质累积较多，具O-A-AB-B-C剖面构型，pH为4.5—5.5。淀积层（B层）富含水合氧化物（针铁矿），呈黄色，有时含三水铝石。

砖红壤占本县地域面积的4%，分布在海拔800m左右的阿墨江和泗南江两岸。植被为原生热带季雨林、常绿阔叶林。成土母质为紫色砂页岩、泥质岩和石英质岩。土壤风化度高，土层较薄，具A-Bs-Bv-C剖面构型，富铝化作用强，有机质分解和积累较快。土壤呈微酸性，质地为重壤土。本县砖红壤分为红色砖红壤、紫色砖红壤、黄色砖红壤等亚类。

黄棕壤占本县地域面积的4%，分布在海拔1800—2278m的中山。植被为针阔叶混交林，亦有灌丛草地。成土母质多为砂页岩及花岗岩风化物。成土过程以脱硅富铝化、生物富集和黄化过程为主。土层弱度富铝化，黏聚现象明显，呈黄棕色。该土壤具A-B-C或A-(B)-C剖面构型，黏粒硅铝率在2.5左右，铁的游离度较红壤低，B层交换性酸大于A层。本县黄棕壤分为山地黄棕壤、紫棕壤等亚类。

小于本县地域面积3%的土壤类型有水稻土。

本区域中心区气候特征

本区域中心区气候特征值
Regional climate characteristics in central area of the region

气候带：南亚热带湿润气候 Climate region: South subtropical humid climate	
年平均气温 /℃ Annual average temperature /℃	17.8
年平均最高气温 /℃ Annual average maximum temperature /℃	24.1
年平均最低气温 /℃ Annual average minimum temperature /℃	13.4
年降水量 /mm Annual precipitation /mm	1165
≥10℃的积温 /℃ Daily temperature accumulated in a year (≥10℃) /℃	6514
年日照时数 /h Annual sunshine /h	2109
年平均相对湿度 /% Annual average relative humidity /%	75
干燥度 Dryness	0.95

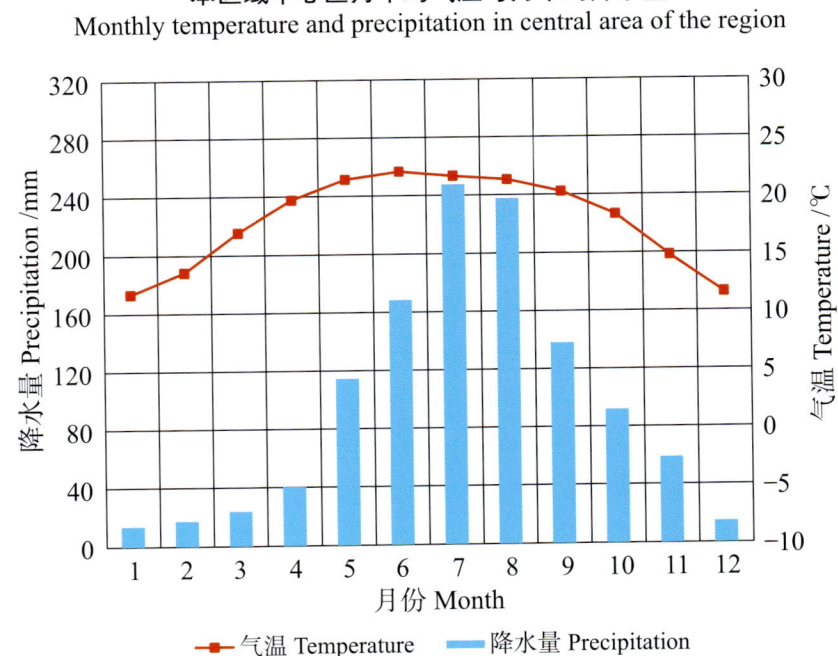

本区域中心区月平均气温与月平均降水量
Monthly temperature and precipitation in central area of the region

墨江哈尼族自治县主要土壤类型与土壤剖面点分布图
1:430 000

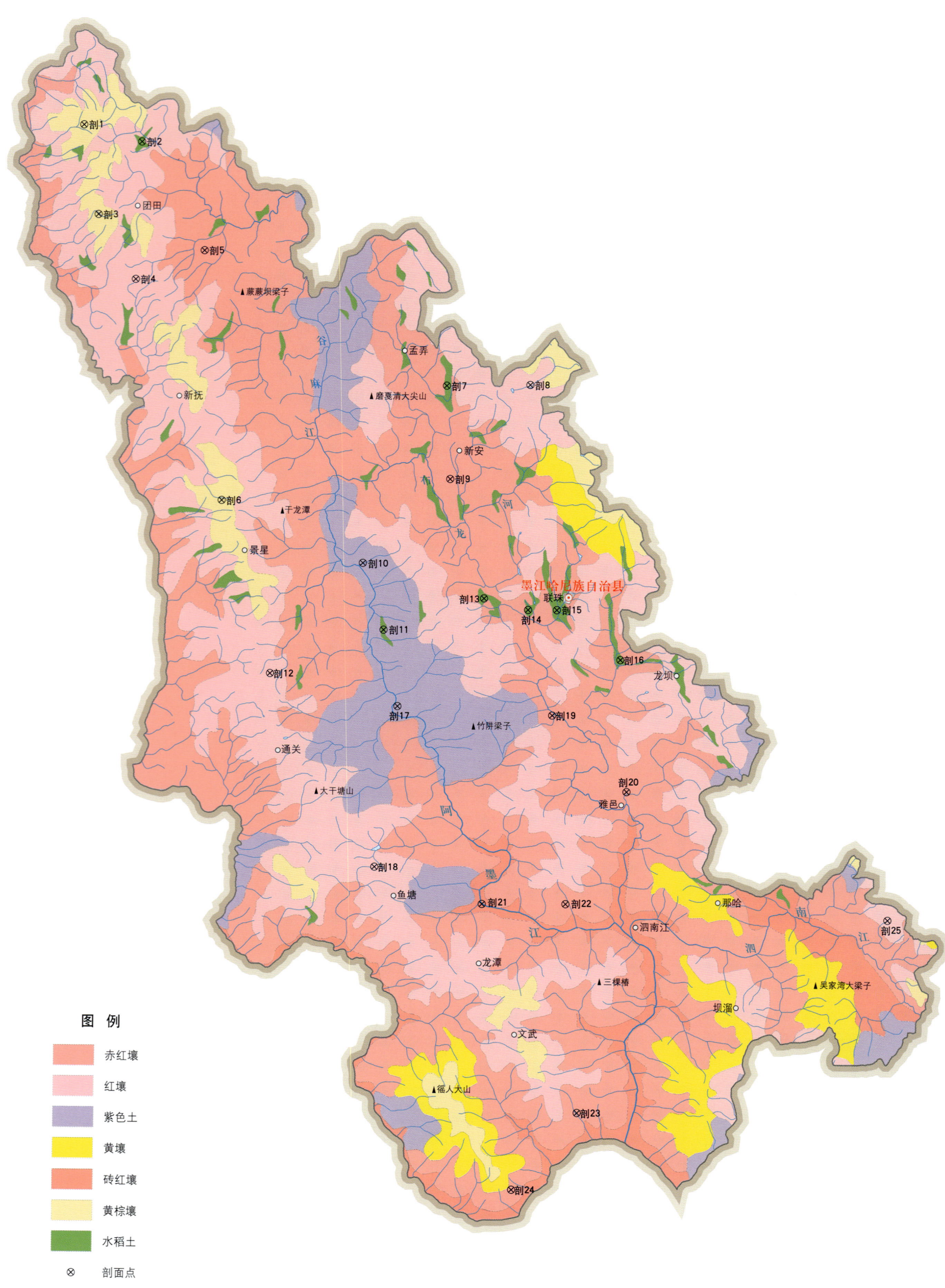

墨江哈尼族自治县土壤剖面理化性状表

剖面号 Soil profile	土纲 Soil order	土类 Soil great group	亚类 Soil subgroup	土属 Soil genus	土种 Soil species	土层码 Layer code	土层厚度 Depth/cm	颜色 Soil color	质地 Soil texture	土壤结构 Soil structure	pH	有机质 OM/(g/kg)	全氮 TN/(g/kg)	全磷 TP/(g/kg)	全钾 TK/(g/kg)	碱解氮 AN/(mg/kg)	有效磷 AP/(mg/kg)	阳离子交换量CEC/(cmol/kg)	土壤母质 Parent material	剖面点坐标 Profile coordinate	匹配指数 Matching index/%
剖1	淋溶土	黄棕壤	黄棕壤	泥质岩类黄棕壤		A	0—19	暗棕色	中壤土	核粒状	5.2	59.4	0.56	1.96	11.2	689		18.1	泥质岩类	E 101°11′34.0″ N 23°53′14.8″	74
						AB	19—48	灰黄棕色	重壤土	核柱状	4.8	34.6	3.17	1.74	16.0	419		24.7			
						B	48—70	暗黄棕色	轻黏土	核柱状	4.8	47.2	1.45	1.06	18.3	175		39.6			
						C	70—100		轻黏土		4.8	18.2	1.48	1.20	14.5	163		19.8			
剖2	人为土	潴育水稻土	冲积性潴育水稻土		油黄胶泥田	A	0—23	灰黄色	轻黏土	核柱状	5.9	31.7	1.20	0.35	25.3	170		6.2		E 101°15′09.0″ N 23°52′14.2″	76
						P	23—38	褐色	轻黏土	块状	6.6	9.8	0.42	0.30	27.5	70		5.3			
						W	38—89	褐色	轻黏土	块状	7.2	9.9	0.53	0.27	26.0	54		10.4			
						G	89—100	灰黄色	中壤土	块状	6.6	11.9	0.61	1.10	28.3	60		12.8			
剖3	淋溶土	黄棕壤	黄棕壤	泥质岩类黄棕壤	黄泡土	A	0—20	灰黄棕色	重壤土	粒状	4.8	68.7	2.63	0.70	24.9	305		17.3	泥质岩类	E 101°12′25.6″ N 23°48′08.5″	74
						AB	20—37	暗黄棕色	重壤土	粒状	4.8	45.4	1.93	0.39	16.5	152		24.0			
						B	37—77	浅黄棕色	重壤土	粒状	4.7	19.8	0.92	0.16	17.2	55		20.1			
						C	77—100	暗棕色	轻壤土	粒状	4.8	66.0	1.68	0.41	18.8	145		28.9			
剖4	铁铝土	红壤	黄红壤	泥质岩类黄红壤		A	0—17	暗棕色	重壤土	粒状	4.7	93.9	2.51	0.85	16.1	300		23.4	泥质岩类	E 101°14′42.7″ N 23°44′26.2″	94
						B	17—52	棕色	轻黏土	块状	4.9	17.9	0.67	0.24	20.1	100		10.3			
						C	52—100	棕色	轻黏土	块状	4.7	11.5	0.42	0.19	27.6	64		9.2			
剖5	铁铝土	赤红壤	赤红壤	赤砂泥土	赤砂泥土	A	0—25	灰棕色	壤质黏土	核粒状	6.4	18.5	0.65	1.84	14.3	106	11.8	10.0		E 101°18′59.4″ N 23°46′02.3″	98
						B	25—50	紫棕色	壤质黏土	块状	6.0	11.0	0.36	1.08	14.8	85	0.6	10.3			
						C	50—100	紫棕色	壤质黏土	块状	5.8	7.2	0.23	0.63	11.8	70	1.3	10.1			
剖6	淋溶土	黄棕壤	黄棕壤	细粒结晶岩类黄棕壤		A	0—16	红棕色	中壤土	粒状	5.7	81.0	2.56	1.51	3.4	511		26.3	细粒结晶岩类	E 101°19′56.4″ N 23°31′50.6″	75
						AB	16—29	暗棕色	重壤土	核状	6.1	59.9	2.34	1.50	3.0	354		17.6			
						B	29—57	棕色	重壤土	核状	6.5	27.7	1.12	0.88	2.4	185		13.5			
						C	57—94	暗棕色	中壤土	核状	7.0	7.7	0.31	0.18	4.8	70		11.8			
剖7	人为土	水稻土	潴育水稻土	红壤性潴育水稻土	冷黄胶泥田	A	0—23	暗灰黄色	重壤土	核柱状	6.6	28.7	2.01	0.38	21.4	174		11.3		E 101°33′55.4″ N 23°38′12.5″	74
						G	23—100	暗灰黄色	中壤土	核柱状	5.8	19.3	1.82	0.40	21.5	151		11.1			
剖8	铁铝土	红壤	黄红壤	红砂岩类黄红壤	红黄土	A	0—18	灰黄色	轻壤土	核柱状	4.7	19.3	6.58	0.24	10.7	96		7.5	红砂岩类	E 101°39′05.2″ N 23°38′12.2″	82
						B	18—57	浅黄棕色	轻壤土	核状	4.5	18.6	0.84	2.61	9.8	105		9.7			
						C	57—100	红黄棕色	重壤土	核状	4.4	12.2	0.51	2.19	17.9	62		27.6			
剖9	铁铝土	赤红壤	赤红壤	紫木红土	紫棕香土	A	0—15	灰棕色	砂质黏壤土	块状	4.5	34.7	1.40	0.90	17.5	141	2.1	10.9		E 101°34′05.2″ N 23°32′55.7″	78
						B	15—43	紫棕色	砂质黏壤土	核柱状	4.4	20.2	0.70	0.50	12.4	89	微量	11.3			
						BC	43—100	紫棕色	重壤土	块状	4.5	12.5	0.60	0.30	18.9	84	微量	8.5			
剖10	紫色土	酸性紫色土	酸性紫色土	紫岩类酸性紫色土	酸羊肝土	A	0—18	暗棕色	重壤土	核柱状	5.4	13.8	0.77	0.56	20.4	74		9.8		E 101°28′39.4″ N 23°28′12.0″	72
						B	18—45	暗红棕色	重壤土	核柱状	5.0	13.3	0.99	0.48	21.8	75		12.6			
						C	45—86	暗棕色	重壤土	块状	5.0	10.0	0.83	0.41	23.8	79		11.5			
剖11	人为土	水稻土	潴育水稻土	红壤性潴育水稻土	油黄胶泥田	A	0—25	灰黄棕色	轻壤土	核柱状	5.7	44.6	1.98	0.14	18.7	171		13.6		E 101°29′54.6″ N 23°24′24.8″	70
						P	25—40	浅黄棕色	重壤土	块状	5.9	43.1	2.01	0.18	20.4	180		12.7			
						W	40—90	褐色	重壤土	块状	5.9	39.9	1.65	0.12	19.3	153		12.7			
剖12	铁铝土	红壤	黄红壤	碳酸岩类黄红壤	石黄土	A	0—18	浅黄棕色	重壤土	核状	5.5	18.0	0.90	0.25	14.0	102		9.5		E 101°22′52.9″ N 23°22′00.0″	72
						B	18—65	浅黄棕色	重壤土	块状	5.5	18.8	1.09	0.31	11.1	107		10.3			
						C	65—100	黄黄棕色	重壤土	片状	5.8	9.0	0.71	0.26	13.9	50		8.8			
剖13	人为土	水稻土	淹育水稻土	红壤性淹育水稻土	红胶泥田	A	0—16	暗红棕色	轻壤土	核柱状	4.5	14.4	0.46	1.02	20.0	140		8.8		E 101°36′06.8″ N 23°26′08.2″	82
						P	16—30	暗红棕色	轻壤土	核柱状	6.2	13.5	0.84	0.59	19.2	75		7.5			
						C	30—80	暗红棕色	轻壤土	棱柱状	6.5	5.0	0.64	0.85	22.1	32		8.0			

续表 Continued

剖面号 Soil profile	土纲 Soil order	土类 Soil great group	亚类 Soil subgroup	土属 Soil genus	土种 Soil species	土层码 Layer code	土层厚度 Depth/cm	颜色 Soil color	质地 Soil texture	土壤结构 Soil structure	pH	有机质 OM/(g/kg)	全氮 TN/(g/kg)	全磷 TP/(g/kg)	全钾 TK/(g/kg)	碱解氮 AN/(mg/kg)	有效磷 AP/(mg/kg)	阳离子交换量CEC/(cmol/kg)	土壤母质 Parent material	剖面点坐标 Profile coordinate	匹配指数 Matching index/%
剖14	人为土	水稻土	淹育水稻土	紫色土性淹育水稻土	紫色砂胶泥	A	0—15	暗红棕色	重壤土	棱柱状	6.1	3.4	0.85	0.67	18.5	87		8.2		E 101°38′50.6″ N 23°25′27.1″	82
						P	15—35	暗红棕色	重壤土	核状	7.1	2.1	0.57	0.63	15.5	62		9.5			
						C	35—100	暗红棕色	重壤土		7.2	4.1	0.54	0.59	21.4	41		11.9			
剖15	人为土	水稻土	潜育水稻土	冲积性潜育水稻土	冷黄胶田	A	0—20	灰黄色	轻黏土	柱状	6.2	6.4	1.81	0.28	20.4	171		10.8	冲积物	E 101°40′36.8″ N 23°25′25.7″	85
						P	20—40	灰黄色	重黏土	柱状	6.5	38.7	2.00	0.02	20.7	160		14.1			
						G	40—70	灰黄色	重黏土	柱状	6.8	10.6	1.61		20.5	135		12.4			
						E	70—100	浅棕黄色	重壤土	粒状	6.1	38.2	0.45	0.19	15.2	28		3.6			
剖16	人为土	水稻土	淹育水稻土	冲积性淹育水稻土	黄砂胶田	A	0—18	浅棕黄色	中壤土	粒状	5.8	13.3	1.20	0.46	17.5	58		7.4	冲积物	E 101°44′31.6″ N 23°22′34.3″	72
						P	18—37	暗黄棕色	中壤土	粒状	5.9	37.1	0.97	0.45	16.7	42		5.8			
						BC	37—68	暗黄棕色	中壤土		6.4	12.5	0.67	0.38	18.4	43		5.8			
						C	68—88	褐色	重壤土		6.3	22.3	1.14	3.84	21.0	122		9.7			
剖17	初育土	紫色土	中性紫色土	紫色岩类中性紫色土	羊肝土	A	0—15	暗红棕色	重壤土	核粒状	6.6	9.2	1.04	0.42	17.0	73		10.5	紫色岩类	E 101°30′44.3″ N 23°20′04.6″	86
						B	15—29	暗红色	中壤土	核粒状	7.2	3.6	0.85	0.37	18.1	40		10.5			
						C	29—90	暗红色	重黏土	核状	7.1	49.7	0.68	0.35	21.3	25		11.3			
剖18	铁铝土	红壤	红壤	紫色岩类红壤	紫红砂胶土	A	0—13	暗红棕色	轻壤土	核状	6.3	14.1	0.85	0.11	22.5	70	2.0	9.3	紫色岩类坡积物	E 101°29′15.7″ N 23°10′57.7″	76
						B	13—60	亮红棕色	轻壤土	碎屑状	4.9	6.9	0.61	1.08	22.0	54	1.0	10.3			
剖19	铁铝土	赤红壤	赤红壤	泥赤黏土	墨江赤黏土	A_{11}	0—20	亮红棕色	黏土	块状	6.0	37.5	1.10	0.60	5.8	210	1.0	13.4	泥质岩类	E 101°40′17.0″ N 23°19′28.2″	74
						AB	20—34	亮红棕色	黏土	大块状	5.8	28.8	1.00	0.40	5.8	172		11.5			
						B	34—80	亮红棕色	重黏土	块状	6.1	11.7	0.50	0.50	0.6	91		8.1			
剖20	铁铝土	赤红壤	黄色赤红壤	泥质岩类黄色赤红壤	赤灰胶泥	A	0—28	棕灰色	重壤土	核状	5.4	8.0	1.43	0.24	14.0	125		13.9	泥质岩类	E 101°44′50.4″ N 23°15′05.1″	83
						B	28—63	棕灰色	重壤土	核状	5.4	14.5	1.24	0.11	18.7	35		24.6			
						C	63—100	暗棕色	重壤土	核状	5.5	16.3	1.20	0.18	19.7	37		24.4			
剖21	铁铝土	砖红壤	黄色砖红壤	砖黄砂土	砖黄砂土	A	0—13	黄棕色	壤质黏土	块状	6.4	21.3	1.01	0.81	9.5	115	0.6	20.4		E 101°35′51.6″ N 23°08′47.3″	98
						B	13—48	红黄色	壤质黏土	块状	6.2	12.5	0.99	0.64	10.1	108		17.7			
						C	48—100	红黄色	黏壤土	块状	6.1	8.9	0.65	0.59	8.2	70		10.1			
剖22	铁铝土	赤红壤	黄色赤红壤	赤黄泥	赤黄泥	A	0—25	暗红棕色	壤质黏土	核粒状	5.5	31.0	1.27	0.32	15.9	154	4.8	54.0		E 101°41′02.0″ N 23°08′44.5″	92
						B	25—43	黄黄棕色	壤质黏土	块状	4.9	20.0	0.91	0.99	16.9	78	0.7	59.6			
						C	43—100	红棕色	壤质黏土	块状	4.7	15.4	0.94	0.27	19.6	93	0.7	76.1			
剖23	铁铝土	赤红壤	黄色赤红壤	泥质岩类黄色赤红壤	赤黄砂胶土	A	0—20	浅黄棕色	重壤土	核状	4.9	8.0	0.91	0.27	11.5	90		10.9		E 101°41′40.2″ N 22°56′57.5″	81
						B	20—45	浅红棕色	轻黏土	核状	5.1	8.2	0.68	0.24	12.3	77		12.6			
						C	45—85	浅红棕色	轻黏土	核状	5.2	8.3	0.61	0.28	14.5	53		12.9			
剖24	铁铝土	赤红壤	黄色赤红壤	泥质岩类黄色赤红壤	赤胶土	A	0—25	暗红棕色	重壤土	棱柱状	5.5	31.0	1.27	0.32	15.9	154		12.8	泥质岩类	E 101°37′36.1″ N 22°52′40.8″	97
						B	25—43	黄黄棕色	中黏土	粒状	4.9	20.0	0.91	1.00	16.9	78	微量	14.4			
						C	43—100	红棕色	重壤土	小块状	4.7	15.4	0.94	0.27	19.6	93	微量	15.2			
剖25	铁铝土	红壤	黄红壤	麻黄红土	黄红砂泥土	A	0—20	浅黄棕色	中石质黏土	粒状	6.3	38.9	1.80	0.33	12.2	270	微量	15.1	泥质岩类	E 102°00′52.6″ N 23°07′38.6″	72
						B_1	20—39	暗黄棕色	壤质黏土	片状	5.4	31.7	1.57	0.28	9.1	180		15.8			
						B_2	39—80	暗黄棕色	中石质黏土		5.5	26.8	1.21	0.24	7.4	154		16.5			

景东彝族自治县

主要土类说明

红壤是景东彝族自治县主要土壤类型，占本县地域面积的33%，主要分布在海拔1500—2000m的中山地带，在无量山西侧可达海拔2100m。植被为亚热带季风常绿阔叶林。成土母质为基性结晶岩类、泥质岩类、石英质岩类和紫红色砂页岩类。成土过程以脱硅富铝化和生物富集为主。红壤呈中度脱硅富铝化特征，具A-Bs-Bv或A-Bs-C剖面构型，土壤黏粒中游离铁占全铁的50%—60%。

赤红壤是景东彝族自治县第二大土壤类型，占本县地域面积的31%，主要分布在海拔795—1500m的丘陵河谷地区。成土母质为基性结晶岩类、泥质岩类、石英质岩类和紫色岩类风化物。成土过程以富铝化作用和生物积累作用为主。赤红壤具A-Bs-C剖面构型，土体脱硅富铝化程度仅次于砖红壤，比红壤强，铁的游离度介于二者之间，土壤呈赤红色。本县赤红壤分为红色赤红壤、黄色赤红壤、紫色赤红壤等亚类。

黄棕壤是景东彝族自治县第三大土壤类型，占本县地域面积的16%，分布在海拔2000—2500m的哀牢山西侧和无量山两侧的深切割中山地带。植被为亚热带常绿阔叶林。成土母质为泥质岩、石英质岩、紫红色砂页岩风化残积物或坡积物。成土过程以脱硅富铝化、生物富集和黄化过程为主。土层弱度富铝化，黏聚现象明显，呈黄棕色。该土壤具A-B-C或A-（B）-C剖面构型，黏粒硅铝率在2.5左右，铁的游离度较红壤低，B层交换性酸大于A层。土壤有机质含量高，表层有机质含量最低为58.8g/kg，磷含量低或极缺乏，在泥质岩类和紫红色砂页岩类上发育的土壤钾含量较高。

紫色土占本县地域面积的8%。成土母质为紫红色砂页岩。成土过程以母岩的快速物理崩解、侵蚀堆积及碳酸钙的不断淋失为主。黏土矿物一般以蛭石和水云母为主。紫色土剖面层次发育不明显，具A-C剖面构型，基本停留在幼年土阶段。成土过程以物理风化为主，化学风化和生物积累作用较弱，土壤颜色和矿物成分与母岩基本相似。有机质和全氮含量较高，全磷和全钾含量较低，速效养分缺乏。

棕壤占本县地域面积的6%，分布在海拔2500—3000m的无量山上部或低矮山脊上，以及哀牢山山顶的丘陵地带。成土母质以紫色岩类、酸性结晶岩类、基性结晶岩类和碳酸岩类风化物为主。成土过程以淋溶过程、黏化过程和生物富集过程为主。该土壤处于硅铝风化阶段，具有黏化特征，呈棕色。土体见黏粒淀积，盐基充分淋失，具O-A-Bt-C剖面构型。

水稻土占本县地域面积的5%，分布在海拔795—2200m的地区。成土母质为赤红壤、红壤、紫色土等。由于干湿交替，水稻土形成糊状的淹育层、较坚实板结的犁底层、渗育层、潴育层与潜育层等多种发生层。

小于本县地域面积3%的土壤类型有草甸土、黑毡土和石灰（岩）土。

本区域中心区气候特征

本区域中心区气候特征值
Regional climate characteristics in central area of the region

气候带：南亚热带湿润气候 Climate region: South subtropical humid climate	
年平均气温/℃ Annual average temperature /℃	16.9
年平均最高气温/℃ Annual average maximum temperature /℃	23.3
年平均最低气温/℃ Annual average minimum temperature /℃	12.1
年降水量/mm Annual precipitation /mm	1029
≥10℃的积温/℃ Daily temperature accumulated in a year（≥10℃）/℃	6181
年日照时数/h Annual sunshine /h	2143
年平均相对湿度/% Annual average relative humidity /%	72
干燥度 Dryness	0.99

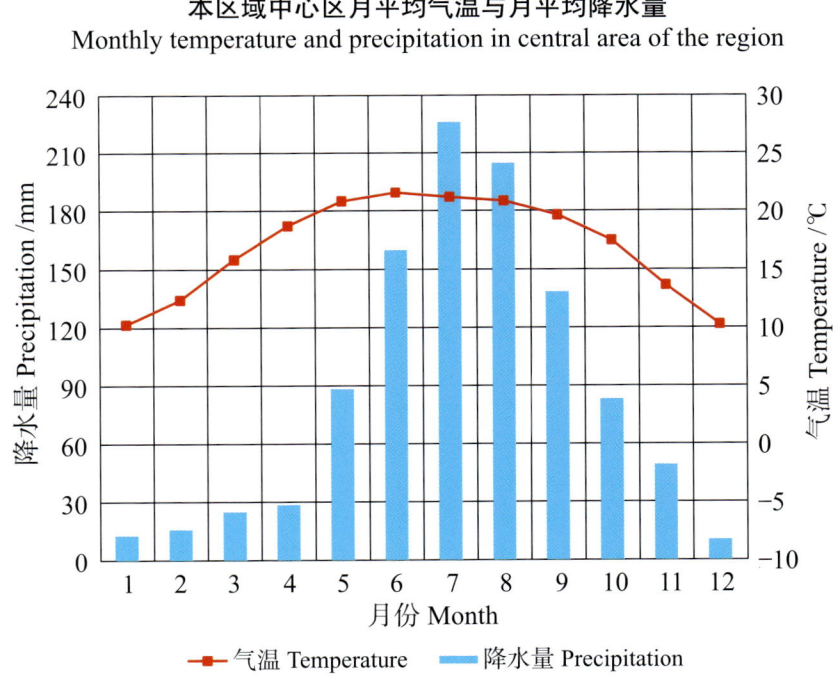

本区域中心区月平均气温与月平均降水量
Monthly temperature and precipitation in central area of the region

景东彝族自治县主要土壤类型与土壤剖面点分布图
1:400 000

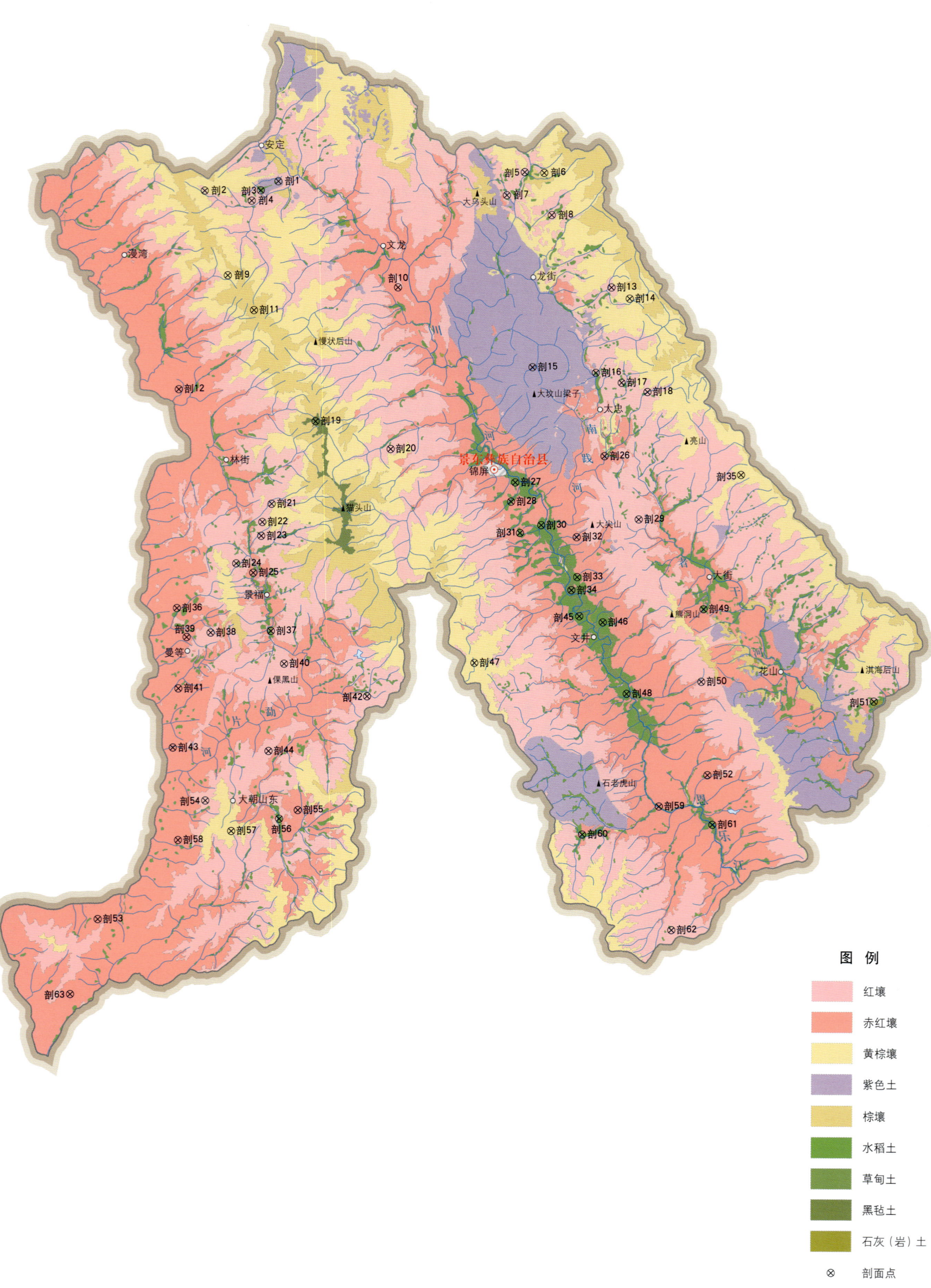

景东彝族自治县土壤剖面理化性状表

剖面号 Soil profile	土纲 Soil order	土类 Soil great group	亚类 Soil subgroup	土属 Soil genus	土种 Soil species	土层码 Layer code	土层厚度 Depth/cm	颜色 Soil color	质地 Soil texture	土壤结构 Soil structure	pH	有机质 OM/(g/kg)	全氮 TN/(g/kg)	全磷 TP/(g/kg)	全钾 TK/(g/kg)	有效磷 AP/(mg/kg)	阳离子交换量 CEC/(cmol/kg)	土壤母质 Parent material	剖面点坐标 Profile coordinate	匹配指数 Matching index/%
剖1	初育土	紫色土	酸性紫色土	紫色砂页岩酸性紫色土	红羊肝土	A	0—7	紫色	重壤土	块状	5.3	18.5	0.56	0.49	20.5		4.4		E 100°37′49.3″ N 24°42′12.6″	95
						C₁	7—27	紫色	重壤土	块状										
						C₂	27—100	紫色	中壤土	块状										
剖2	铁铝土	红壤	红壤	石英岩类红壤	红香面土	A	0—14	红黄色	轻壤土	核粒状	5.8	29.8	1.08						E 100°33′33.5″ N 24°41′45.2″	79
						B	14—30	红棕色	中壤土	团块状	5.4	17.6	0.82							
						C	30—100	红色	中壤土	团块状	5.1	6.7	0.38							
剖3	人为土	水稻土	淹育水稻土	红壤性淹育水稻土	山砂泥田	A	0—16	灰白色	轻黏土	核块状	6.5	27.4	1.57	0.31	14.6				E 100°36′48.2″ N 24°41′44.5″	86
						Ap	16—28	灰黄色	中壤土	核块状	6.2	21.3	1.11	0.38	4.9					
						C	28—80	灰白色	轻黏土	核块状										
剖4	铁铝土	红壤	粗骨性红壤	泥质岩类粗骨性红壤	石子泥土	A	0—16	浅灰色	轻黏土	团块状	6.1	37.9	2.29	1.13	17.8				E 100°36′16.6″ N 24°41′12.4″	94
						B	16—45	灰黄色	轻黏土	核块状	6.4	5.4	0.78	0.85	15.4					
						C	45—80	灰白色	轻黏土	核块状	6.4	5.5	0.81	0.47	14.1					
剖5	铁铝土	红壤	红壤	泥质岩类红壤	红黄泥土	A	0—14	红棕色	中壤土	核状	6.5	8.7	1.88	0.83	11.7		18.5		E 100°52′03.4″ N 24°42′31.7″	91
						B	14—26	暗棕红色	中壤土	核状	6.3	3.3	0.84	0.61	9.3		19.4			
						C	26—90	红棕色	重壤土	团块状	6.0	3.7	0.65	0.51	13.2		19.5			
剖6	淋溶土	黄棕壤	黄棕壤	泥质岩类黄棕壤	黄灰泡土	A	0—18	褐色	重壤土	核粒状	5.2	57.0	2.36	0.68	14.4		25.7	泥质岩类	E 100°53′11.8″ N 24°42′28.8″	90
						B₁	18—31	暗黄灰色	轻壤土	核粒状	5.2	55.4	1.73	0.34	11.4		20.6			
						B₂	31—48	暗黄棕色	中壤土	核粒状	5.1	37.1	1.13	0.20	11.0		9.8			
						C	48—100	黄色	轻壤土	块状	5.2	10.3	0.62	0.07	6.9		8.6			
剖7	铁铝土	红壤	黄红壤	泥质岩类黄红壤	砾石泥土	A	0—20	红灰黄色	中壤土	核粒状	4.8	11.7	1.50	0.56	12.9		13.9	泥质岩类	E 100°51′01.2″ N 24°41′19.9″	84
						B	20—40	浅红黄色	轻壤土	核粒状	4.6	11.1	1.32	0.59	15.6		6.2			
						C	40—100	浅红黄色	重壤土	团块状										
剖8	铁铝土	红壤	黄红壤	泥质岩类红壤	红黄泥土	A	0—15	褐红色	轻壤土	核粒状	6.0	49.4	1.61	0.85	11.5		9.8		E 100°53′36.2″ N 24°40′15.6″	81
						B	15—30	褐红色	中壤土	团块状										
						C	30—100	浅黄棕色	中壤土	团块状										
剖9	淋溶土	黄棕壤	黄棕壤	石英岩类黄棕壤		A	0—29	暗灰棕色	重壤土	核粒状	4.5	58.8	2.18	2.23	12.8		18.5	石英岩类	E 100°34′51.1″ N 24°37′18.4″	73
						B	29—66	暗灰黄色	重壤土	核粒状	4.5	29.8	1.64	1.00	11.6		17.7			
						C	66—88	灰棕黄色	轻壤土	粒状	4.5	8.3	7.80	0.56	16.3		10.5			
剖10	铁铝土	红壤	紫色赤红壤	紫色砂页岩赤红壤	赤紫泥土	A	0—15	紫灰色	轻黏土	核粒状	5.6	22.8	1.35	0.52	13.7				E 100°44′40.9″ N 24°36′34.2″	72
						B	15—45	浅紫灰色	轻黏土	核粒状	5.8	15.9	1.06	0.49	15.9					
						C	45—100	紫棕色	中黏土	团块状	6.9	11.2	0.61	0.52	18.2					
剖11	淋溶土	棕壤	棕壤	泥质岩类棕壤		Ao	0—2	黑棕色		团块状	4.4	173.9	3.20	0.99	5.7		39.3		E 100°36′21.2″ N 24°35′28.0″	83
						A₁	2—10	暗灰棕色	中壤土	粒状	4.4	173.9	3.20	0.99	5.7		39.3			
						A₂	10—34	灰棕色	中壤土	核粒状	4.4	173.9	3.20	0.99	5.7		39.3			
						B	34—60	浅棕黄色	重壤土	核粒状	4.7	46.4	1.01	0.54	11.4		17.0			
						C	60—100	浅棕黄色	重壤土	核粒状	4.7	30.3	1.29	0.39	13.8		16.2			
剖12	铁铝土	赤红壤	红色赤红壤	泥质岩类赤红壤		A	0—20	暗红棕色	重壤土	核粒状	4.7	31.4	0.89	0.27	12.0			泥质岩类	E 100°31′58.8″ N 24°31′20.6″	74
						B	20—24	红棕色	重壤土	团块状	4.8	22.5	0.55	0.12	5.8					
						C	24—100	浅红色	中壤土	团块状	5.3	6.5	0.28	0.03	10.4					
剖13	铁铝土	红壤	黄红壤	石英岩类红壤	灰香面土	A	0—40	红黄色	中壤土	核粒状	4.9	13.1	2.32	0.69	7.7		14.9	石英岩类	E 100°56′59.6″ N 24°36′25.9″	82
						B	40—43	红黄色	中壤土	粒状	4.4	7.9	1.61	0.46	6.7		15.3			
						C	43—63	红棕色	重壤土	团块状	4.6	4.9	0.87	0.55	6.9		15.6			

续表 Continued

剖面号 Soil profile	土纲 Soil order	土类 Soil great group	亚类 Soil subgroup	土属 Soil genus	土种 Soil species	土层码 Layer code	土层厚度 Depth/cm	颜色 Soil color	质地 Soil texture	土壤结构 Soil structure	pH	有机质 OM/(g/kg)	全氮 TN/(g/kg)	全磷 TP/(g/kg)	全钾 TK/(g/kg)	有效磷 AP/(mg/kg)	阴离子交换量 CEC/(cmol/kg)	土壤母质 Parent material	剖面点坐标 Profile coordinate	匹配指数 Matching index/%
剖14	淋溶土	黄棕壤	黄棕壤	石英岩类黄棕壤	灰泡土	A	0—14	暗黄棕色	中壤土	粒状	4.7	90.1	2.47	1.17	18.5		17.7		E 100°58′03.0″ N 24°35′49.9″	79
						B	14—59	灰黄棕色	中壤土	粒状	4.7	71.6	2.44	1.14	17.8		16.1			
						C	59—100	灰黄色	中壤土	粒状	5.0	25.0	0.86	0.83	20.5		9.5			
剖15	初育土	紫色土	酸性紫色土	紫色砂页岩酸性紫色土		A	0—14	紫色	重壤土	小块状	4.8	16.9	0.68	0.14	11.5		11.5	紫色砂页岩类	E 100°52′23.2″ N 24°32′17.9″	83
						BC	14—85	紫色	轻壤土	块状	4.9	6.3	0.13		19.0		13.0			
剖16	人为土	水稻土	淹育水稻土	冲积性淹育水稻土	胶泥田	A	0—17	浅棕黄色	中壤土	核状	5.5	15.2	0.97					冲积物	E 100°56′02.8″ N 24°31′57.7″	86
						Ap	17—27	浅棕黄色	重壤土	块状	5.5	15.7	0.65							
						P	27—60	红黄色	轻壤土	块状	7.2	5.4	0.55							
						C	60—100	灰黄色	黏土	块状										
剖17	铁铝土	红壤	黄红壤	泥质岩类黄红壤	黄胶泥土	A	0—12	褐色	轻壤土	核状	5.8	36.3	0.68	2.95	10.9			泥质岩类	E 100°57′31.7″ N 24°31′25.0″	76
						B	12—52	褐色	中壤土	核状	5.3	20.7	1.10	2.71	3.9					
						C	52—102	浅黄棕色	中壤土	棱柱状	5.6	8.5	0.56	0.78	7.3					
剖18	铁铝土	红壤	粗骨性红壤	泥质岩类粗骨性红壤	石子香面土	A	0—16	浅黄棕色	重黏土	核粒状	5.4	43.9	2.30	1.06	24.5			泥质岩类	E 100°59′00.6″ N 24°30′55.4″	95
						B	16—37	浅黄棕色	中黏土	核粒状	5.4	33.6	1.82	0.87	19.2					
						C	37—90	浅棕黄色	轻黏土	核粒状	5.1	22.7	1.87	0.80	16.9					
剖19	高山土	黑毡土	棕黑毡土	石英岩类棕黑毡土	黑香面土	Ao	0—20	黑色			3.4	240.9	6.79	0.81	25.2					76
						A1	20—56				3.4	240.9	6.79	0.81	25.2				E 100°39′50.4″ N 24°29′35.2″	
						A2	56—69	灰白色	轻壤土	核粒状	4.5	26.5	1.08	0.09	20.5					
						B	69—90	浅灰色	轻壤土	核粒状	4.9	28.3	1.11	0.35	10.1					
						C	90—125	白色	轻黏土	核粒状	5.2	9.6	0.75	1.10	24.5					
剖20	铁铝土	红壤	紫红壤	紫色砂页岩类紫红壤		A	0—13	棕灰色	中壤土	粒状	6.2	12.1	2.31				10.8	紫色砂岩类	E 100°44′09.6″ N 24°28′05.2″	86
						B	13—33	浅灰色	中壤土	核粒状	4.4	69.4	2.23				11.8			
						C	33—75	浅灰色	重壤土	核粒状	4.3	32.2	1.48				9.5			
剖21	铁铝土	红壤	黄红壤	泥质岩类黄红壤	黑黄香面土	A	0—18	浅灰色	中壤土	核粒状	6.2	35.1	1.68	0.66	6.4			泥质岩类	E 100°37′16.7″ N 24°25′16.7″	97
						B	18—45	暗黄棕色	中壤土	核粒状	5.4	24.0	0.71	0.58	6.0					
						C	45—95	浅黄棕色	中壤土	粒状	5.5	16.5	0.70	0.44	4.3					
剖22	铁铝土	红壤	黄红壤	基性结晶岩类黄红壤		A	0—15	浅灰黄色	轻壤土	核粒状	5.2	9.7	1.19	0.38	4.9			基性结晶岩类	E 100°36′44.1″ N 24°24′19.6″	86
						B	15—40	浅红黄色	中壤土	核粒状	5.5	3.0	0.65	0.31	8.6					
						C	40—90	浅棕红色	重壤土	核粒状	5.3	1.0	0.47	0.24	9.1					
剖23	铁铝土	红壤	红壤	基性结晶岩类红壤	大红土	A	0—17	暗红棕色	中壤土	核粒状	5.8	38.9	1.71	3.69	4.5			基性结晶岩类	E 100°36′40.2″ N 24°23′35.9″	99
						B	17—50	暗红棕色	重壤土	团块状	6.0	10.2	0.59	0.87	2.6					
						C	50—100	棕红色	重壤土	团块状	6.5	8.9	2.60	0.59	3.3					
剖24	铁铝土	红壤	紫红壤	紫色砂页岩类紫红壤	紫泥土	A	0—16	暗紫红色	轻壤土	块状	6.5	21.4	0.92	0.41	12.8			紫色砂页岩类	E 100°35′12.5″ N 24°22′09.8″	75
						B	16—50	暗紫红色	重壤土	团块状	6.8	6.6	0.65	0.51	12.5					
						C	50—80	紫红色	重壤土	团块状	7.0	9.3	0.58	0.45	14.4					
剖25	赤红壤	赤红壤	紫色赤红壤	紫色砂页岩类赤红壤	赤紫胶泥土	A	0—21	紫棕色	轻壤土	团块状	5.1	9.9	1.70	0.58	0.5		10.5	紫色砂页岩类	E 100°36′11.9″ N 24°21′40.3″	92
						B	21—41	紫棕色	中壤土	粒状	5.3	5.2	1.12	0.47	10.6		8.7			
						C	41—100	浅棕黄色	中壤土	核状	4.8	5.0	1.12	0.55	9.1		8.4			
剖26	赤红壤	赤红壤	黄色赤红壤	泥质岩类黄色赤红壤	黄末香土	A	0—14	浅黄棕色	重壤土	粒状	4.9	39.9	1.66					泥质岩类	E 100°56′29.8″ N 24°27′34.6″	97
						B	14—51	暗黄色	中壤土	核状	5.3	8.9	0.63							
						C	51—90	浅黄色	重壤土	核状	5.4	3.6	0.57							
剖27	人为土	水稻土	淹育水稻土	红壤性淹育水稻土	黄胶泥田	A	0—15	灰黄色	重壤土	棱柱状	5.7	23.8	1.37					红壤性母质	E 100°51′20.5″ N 24°26′15.4″	75
						Ap	15—25	灰白色	重壤土	核状	6.8	19.2	1.36							
						P	25—95	灰黄色	重壤土	棱柱状	6.9	5.7	0.79							

续表 Continued

剖面号 Soil profile	土纲 Soil order	土类 Soil great group	亚类 Soil subgroup	土属 Soil genus	土种 Soil species	土层码 Layer code	土层厚度 Depth/cm	颜色 Soil color	质地 Soil texture	土壤结构 Soil structure	pH	有机质 OM/(g/kg)	全氮 TN/(g/kg)	全磷 TP/(g/kg)	全钾 TK/(g/kg)	有效磷 AP/(mg/kg)	阳离子交换量 CEC/(cmol/kg)	土壤母质 Parent material	剖面点坐标 Profile coordinate	匹配指数 Matching index/%
剖28	人为土	水稻土	潴育水稻土	黄红壤性潴育水稻土	黄砂泥田	A	0—15	灰白色	中壤土	核块状	5.3	30.1	1.70						E 100° 51′ 05.0″ N 24° 25′ 15.2″	92
						Ap	15—25	灰黄色			6.5	12.5	0.74							
						W	25—45	灰黄色			6.9	8.2	0.70							
						G	45—93	灰白色												
剖29	铁铝土	红壤	黄红壤	泥质岩类黄红壤		A	0—23	浅红棕色	重壤土	核块状	5.0	53.7	1.77	0.35	18.5		10.5	泥质岩类	E 100° 58′ 26.4″ N 24° 24′ 14.8″	91
						B	23—48	黄橙色	重壤土	核粒状	5.2	6.8	0.33	0.32	25.5		0.1			
						C	48—90	红橙色	重壤土	团块状	5.3	4.2	0.23	0.41	35.7		0.2			
剖30	人为土	水稻土	潴育水稻土	漂白土性潴育水稻土	漂白黄泥田	A	0—20	灰白色	轻黏土	块状	5.3	36.5	1.26	0.43	22.2				E 100° 52′ 48.4″ N 24° 24′ 00.0″	83
						Ap	20—32	灰白色	轻黏土	块状	5.4	37.6	0.89	0.41	20.7					
						Eg	32—50	灰白色	轻黏土	块状	5.3	35.2	0.85	0.48	21.1					
						G	50—90	灰白色												
剖31	人为土	水稻土	潴育水稻土	冲积性潴育水稻土	鸡粪土田	A	0—17	灰黄色	中壤土	团块状	5.2	28.5	1.03					冲积物	E 100° 51′ 34.9″ N 24° 23′ 36.2″	98
						Ap	17—27	褐色	中壤土	团块状	6.6	22.1	0.89							
						W	27—50	浅红棕色	砂壤土	核粒状	6.5	20.6	0.86							
						G	50—100	灰白色	中壤土	团块状										
剖32	铁铝土	赤红壤	黄色赤红壤	泥质岩类黄色赤红壤	赤黄胶泥土	A	0—16	灰黄色	轻壤土	核状	5.1	24.8	0.91					泥质岩类	E 100° 54′ 51.1″ N 24° 23′ 21.1″	99
						B	16—52	浅黄棕色	中壤土	核状	5.4	9.9	0.57							
						C	52—100	浅黄棕色	中壤土	核块状	5.4	7.7	0.56							
剖33	人为土	水稻土	潴育水稻土	冲积性潴育水稻土	死胶泥田	A	0—20	紫棕色	重壤土	核块状	8.0	32.1	1.18					冲积物	E 100° 54′ 51.8″ N 24° 21′ 15.8″	80
						Ap	20—30	紫棕色	重壤土	核块状	8.2	21.1	1.03							
						W	30—100	紫棕色	重壤土	核粒状	8.3	17.9	0.82							
剖34	半水成土	草甸土	浅色草甸土	河阶浅色草甸土	砂砂土	A	0—20	暗棕红色	中壤土	核块状	6.8	10.5	0.65	1.27	16.0				E 100° 54′ 31.2″ N 24° 20′ 34.6″	71
						B	20—85	暗棕红色	中壤土	核块状	7.7	3.9	0.57	1.18	13.0					
						C	85—100	紫灰色	松砂土											
剖35	淋溶土	黄棕壤	黄棕壤	泥质岩黄棕壤		A	0—8	暗棕色	中壤土	核状	4.8	108.9	2.50	0.69	12.0		16.5	泥质岩类	E 101° 04′ 21.7″ N 24° 26′ 29.9″	80
						B	8—44	暗棕色	轻黏土	核粒状	5.0	13.6	0.50	0.28	18.0		2.8			
						C	44—106	暗棕色	重壤土	核粒状	5.2	7.0	0.36	0.27	23.3		2.8			
剖36	铁铝土	赤红壤	红色赤红壤	基性结晶岩类红色赤红壤		A	0—12	黄色	中壤土	团块状	4.2	45.6	2.04	0.52	15.2			基性结晶岩类	E 100° 31′ 46.6″ N 24° 19′ 50.5″	76
						B	12—41	红棕色	重壤土	核状	4.3	17.2	1.21	0.46	19.2		21.3			
						C	41—83	浅红棕色	重壤土	块状	4.4	10.8	0.83	4.36	19.7		20.8			
						4	83—				4.6	8.0	0.94	0.61	20.1		18.2			
剖37	人为土	水稻土	潴育水稻土	黄红壤性潴育水稻土	黄灰泥田	A	0—20	灰黄色	轻壤土	团块状	5.1	38.5	1.93	0.32	14.4		10.8		E 100° 37′ 11.3″ N 24° 18′ 35.3″	83
						Ap	12—20	灰黄色	重黏土	团块状	6.2	36.7	1.99	0.38	14.5					
						W	20—50	浅灰棕色	重壤土	棱柱状	7.4	26.5	1.31	0.35	17.9					
						G	50—100	浅灰色	中壤土	团块状	7.7	15.1	1.10	0.72	15.7					
剖38	铁铝土	红壤	黄红壤	基性结晶岩类黄红壤	黄泥土	A	0—17	红棕色	中壤土	核状	5.4	27.4	1.10					基性结晶岩类	E 100° 33′ 42.5″ N 24° 18′ 32.0″	88
						B	17—37	暗红棕色	重壤土	块状	5.5	23.8	0.73							
						C	37—95	浅红棕色	重黏土	块状	5.5	15.6	0.76							
剖39	铁铝土	赤红壤	红色赤红壤	基性结晶岩类红色赤红壤	红末香土	A	0—15	暗棕红色	中黏土	粒状	6.0	38.1	1.35	0.73	10.5		13.4	基性结晶岩类	E 100° 32′ 20.0″ N 24° 18′ 18.6″	100
						B	15—44	紫棕色	中壤土	粒状	5.2	3.8	1.21	0.50	9.2		14.5			
						C	44—100	红橙色	中壤土	粒状	5.4	15.5	0.39	0.79	10.8		9.1			
剖40	铁铝土	红壤	红壤	泥质岩类红壤		A	0—5	黑棕色	重壤土	小粒状								泥质岩类	E 100° 37′ 55.9″ N 24° 16′ 51.9″	81
						B	5—40	暗棕红色	重壤土	小团块状	5.0	28.5	0.96	0.40	17.3		10.2			
						C	40—85	暗棕红色	重壤土	小团块状										

续表 Continued

剖面号 Soil profile	土纲 Soil order	土类 Soil great group	亚类 Soil subgroup	土属 Soil genus	土种 Soil species	土层码 Layer code	土层厚度 Depth/cm	颜色 Soil color	质地 Soil texture	土壤结构 Soil structure	pH	有机质 OM/(g/kg)	全氮 TN/(g/kg)	全磷 TP/(g/kg)	全钾 TK/(g/kg)	有效磷 AP/(mg/kg)	阳离子交换量CEC/(cmol/kg)	土壤母质 Parent material	剖面点坐标 Profile coordinate	匹配指数 Matching index/%
剖41	铁铝土	赤红壤	黄色赤红壤	基性结晶岩类黄色赤红壤	赤泥土	A	0–15	浅棕色	重壤	粒状	6.5	27.7	1.08	0.98	4.1				E 100°31′50.4″ N 24°15′37.1″	73
						B	15–50	红黄色	重壤	粒状	5.0	17.3	0.99	0.96	3.9					
						C	50–100	红黄色	中壤	粒状	4.9	9.5	0.35	0.86	4.1					
剖42	铁铝土	红壤	红壤	泥质岩类红壤	香面土	A	0–27	浅红棕色	中壤	粒状	6.0	22.2	0.97					泥质岩类	E 100°42′41.4″ N 24°15′07.2″	91
						B	27–40	棕红色	中壤	粒状	5.8	25.0	1.19	0.69	17.3					
						C	40–100	棕红色	中壤	粒状	6.0	12.6	7.82							
剖43	铁铝土	赤红壤	红色赤红壤	石英岩红色赤红壤	赤黄红泥土	A	0–15	棕灰色	轻壤	核块状	4.7	11.5	1.41	0.49	18.3			石英岩类	E 100°31′29.5″ N 24°12′30.5″	82
						B	15–32	棕灰色	中壤	核块状	3.9	4.3	1.08							
						C	32–85	灰黄色	中壤	核块状										
剖44	铁铝土	红壤	红壤	紫红土	紫红香面土	A	0–16	浅棕红色	壤质黏土	小块状	6.5	21.4	0.90	0.17	10.6	3.4			E 100°37′00.1″ N 24°12′17.7″	97
						B	16–50	暗棕红色	壤质黏土	块状	6.8	6.6	0.70	0.22	10.4	1.1				
						Bz	50–80	棕红色	黏土	大块状	6.9	9.3	0.60	0.22	12.0	1.5				
剖45	人为土	水稻土	潜育水稻土	冲积性潜育水稻土	砂泥田	A	0–17	暗灰色	中壤	核粒状	5.7	34.5	1.11	0.45	12.8			冲积物	E 100°54′57.2″ N 24°19′11.6″	89
						Ap	17–27	浅灰色	重壤	核粒状	6.1	21.6	1.07	0.65	13.4					
						W	27–80	浅灰色	轻壤	核粒状	5.9	17.7	0.54		14.1					
						G	80–98	浅灰棕色		小块状										
剖46	人为土	水稻土	潜育水稻土	冲积性潜育水稻土	黄紫泥田	A	0–20	褐色	重壤	团块状	5.5	24.2	1.15	0.40	23.8		9.1	冲积物	E 100°56′18.2″ N 24°18′51.5″	93
						Ap	20–35	褐色	中壤	团块状	5.8	22.8	1.06	0.48	24.0		9.2			
						W	35–89	棕灰色	重壤	团块状	7.4	15.1	0.74	0.39	22.3		8.8			
						G	89–109	浅棕黄色	松砂土	大块状										
剖47	淋溶土	黄棕壤	紫棕壤	紫红色砂页岩紫棕壤	紫泥田	A	0–7	暗紫色	中壤	核粒状	4.6	92.8	2.98	0.79	13.3		23.6	紫红色砂页岩类	E 100°48′53.3″ N 24°16′48.4″	70
						B	7–25	灰棕色	中壤	团块状	4.7	45.9	1.57	0.63	15.3		15.5			
						C	25–100	紫棕色	中壤	团块状	4.7	24.1	0.86	0.41	17.0		12.0			
剖48	人为土	水稻土	淹育水稻土	紫色土性淹育水稻土	紫泥田	A	0–15	紫色	中壤	块状	5.4	7.8	1.44	0.50	17.2		8.2		E 100°57′38.9″ N 24°15′06.1″	99
						Ap	15–25	紫色		块状	6.3	7.3	1.31	0.45	15.1		9.4			
						C	25–95	紫色		块状	6.4	5.6	0.90	0.47	15.3		7.0			
剖49	人为土	水稻土	潜育水稻土	冬水田	冬水田	Ag	0–25	灰黄色	重壤	块状	5.7	46.0	1.83	0.56	22.6		8.7		E 101°02′07.4″ N 24°19′29.6″	91
						Ap	25–36	灰黄色	中壤	块状	5.9	42.5	2.10	0.53	23.1		11.7			
						G_1	36–85	褐色	重壤	块状	5.9	37.5	1.85	0.48	22.7		12.0			
						G_2	85–100	褐色	重壤	团块状	6.1	33.6	1.75	0.48	23.8		9.6			
剖50	铁铝土	红壤	紫红壤	紫色砂页岩紫红壤		A	0–16	暗紫色	中壤	核粒状	5.1	12.6	0.40	0.24	18.3		2.2	紫色砂页岩类	E 101°01′57.4″ N 24°15′41.0″	94
						B	16–34	暗紫红色	重壤	核粒状	5.0	3.7	0.20	0.24	25.3		2.8			
						C	34–100	暗紫红色	轻壤土	块状	4.9	2.5	0.30	0.21	24.3		2.3			
剖51	初育土	石灰(岩)土	黄色石灰土	碳酸岩类黄色石灰土	黄色石灰土	A	0–17	灰灰黄色	中壤	块状	7.7	33.5	1.26	0.14	25.3	14.6	14.8	碳酸岩类	E 101°11′52.9″ N 24°14′32.3″	77
						B	17–37	黄色	中壤	块状	6.1	14.5	0.87	0.29	23.3	7.2	10.7			
						C	37–100	黄色	重壤	块状	7.3	5.5	0.33	0.20	19.7	3.5	6.7			
剖52	铁铝土	赤红壤	紫红赤红壤	紫色砂岩赤红壤		A	0–23	紫棕红色	重壤	核粒状	5.4	20.5	0.68	0.28	11.3			紫色砂页岩类	E 101°02′15.7″ N 24°10′47.6″	92
						B	23–53	暗棕红色	中壤	核粒状	5.1	6.4	0.30	0.19	17.5					
						C	53–100	暗棕红色	中壤	核粒状	4.5	4.4	0.30	0.19	16.0					
剖53	铁铝土	赤红壤	黄色赤红壤	赤黄大土	赤黄大土	A	0–15	浅棕色	壤质黏土	块状	6.4	27.7	1.08	0.98	4.1				E 100°27′06.7″ N 24°03′29.9″	72
						B	15–50	浅红黄色	壤质黏土	块状	6.5	17.3	0.99	0.96	3.9					
						C	50–100	红黄色	黏土	核状	5.0	9.5	0.35	0.86	4.1					
剖54	铁铝土	红壤	红壤	基性结晶岩类红壤		A	0–12	浅棕红色	轻黏土	核状	5.0	39.4	1.30	0.73	10.5			基性结晶岩类	E 100°33′20.9″ N 24°09′43.2″	82
						B	12–33	暗棕红色	轻黏土	核状	5.3	36.9	1.00	0.67	9.5					
						C	33—				5.9	24.5	1.25	5.60	7.7					

续表 Continued

剖面号 Soil profile	土纲 Soil order	土类 Soil great group	亚类 Soil subgroup	土属 Soil genus	土种 Soil species	土层码 Layer code	土层厚度 Depth/cm	颜色 Soil color	质地 Soil texture	土壤结构 Soil structure	pH	有机质 OM/(g/kg)	全氮 TN/(g/kg)	全磷 TP/(g/kg)	全钾 TK/(g/kg)	有效磷 AP/(mg/kg)	阳离子交换量 CEC/(cmol/kg)	土壤母质 Parent material	剖面点坐标 Profile coordinate	匹配指数 Matching index/%
剖55	铁铝土	赤红壤	黄色赤红壤	基性结晶岩类黄色赤红壤		A	0—20	暗灰棕色	中壤土	核块状	5.5	99.5	4.69	0.75	5.8		31.0	基性结晶岩类	E 100°38′40.2″ N 24°09′10.8″	76
						B	20—70	暗黄棕色	中壤土	核块状	5.3	32.4	1.87	1.25	4.1		17.3			
						C	70—100	黄棕色	中壤土	团块状	4.9	12.9	0.94	0.80	4.5		31.0			
剖56	人为土	水稻土	潴育水稻土	紫色土性潴育水稻土	红紫泥田	A	0—15	红棕色	中壤土	团块状	5.5	34.0	1.27	3.90	12.5		5.5		E 100°37′35.6″ N 24°08′44.3″	91
						Ap	15—20	红棕色	轻壤土	团块状										
						W	20—60	红棕色	轻壤土	团块状										
						C	60—100	红棕色	粉砂质壤土	团块状										
剖57	淋溶土	黄棕壤	紫棕壤	紫红色砂页岩紫棕壤	紫灰泥土	A	0—15	紫棕色	中壤土	核粒状	5.1	11.6	1.79	1.89	14.1		15.0	紫红色砂页岩类	E 100°34′49.4″ N 24°08′06.4″	70
						B	15—70	紫棕色	重壤土	团块状	4.8	10.0	1.73	1.96	10.8		15.0			
						C	70—100	紫棕色	重壤土	团块状	4.4	6.3	1.46	2.14	10.7		17.2			
剖58	铁铝土	赤红壤	红色赤红壤	泥质岩类红色赤红壤	赤红泥土	A	0—16	灰棕色	中壤土	团块状	5.9	19.7	0.98						E 100°31′45.5″ N 24°07′39.0″	74
						B	16—55	灰棕色	重壤土	团块状	5.7	12.8	0.77							
						C	55—100	黄棕色	重壤土	团块状	6.4	7.6	0.40							
剖59	人为土	水稻土	淹育水稻土	紫红色砂页岩淹育水稻土	紫红砂泥田	A	0—16	浅灰棕色	中壤土	团块状	5.8	26.6	1.04	0.35	5.8				E 100°59′26.9″ N 24°09′10.8″	95
						P₁	16—44	浅灰棕色	中壤土	团块状	5.6	26.7	1.11	0.26	5.6					
						P₂	44—54	紫灰色	砂壤土	团块状	5.9	25.3	1.46	0.19	6.2					
						C	54—60	浅灰色	砂壤土	小团块状	3.7	9.2	4.00	0.35	5.9					
剖60	人为土	水稻土	淹育水稻土	紫色土性淹育水稻土	紫胶泥田	A	0—17	紫色	轻黏土	块状	8.0	22.7	1.07	0.31	15.5				E 100°55′01.2″ N 24°07′44.8″	73
						Ap	17—28	紫棕色	轻黏土	块状	7.8	20.4	0.94	0.17	15.0					
						C	28—100	紫棕色	轻黏土	团块状	7.0	18.9	1.05	0.27	20.6					
剖61	人为土	水稻土	潴育水稻土	冲积性潴育水稻土	砂坝田	A	0—17	紫棕色	轻壤土	块状	6.8	13.7	0.75	0.27	5.9			冲积物	E 101°02′31.1″ N 24°08′10.7″	97
						Ap	17—43	紫棕色	砂壤土	块状	6.0	12.6	0.75	0.29	5.7					
						W	43—62	紫棕色	砂壤土	小粒状	5.7	8.7	0.52	0.58	6.9					
						G	62—72	紫棕色	中壤土	小团状										
						C	72—100	紫棕色	中壤土	块状										
剖62	铁铝土	红壤	紫红壤	紫色砂页岩紫红壤	紫胶泥土	A	0—17	紫棕色	中黏土	块状	5.4	7.0	1.23	0.51	15.6		7.9		E 101°00′06.1″ N 24°02′39.1″	78
						B	17—38	紫棕色	中黏土	团块状	6.4	6.7	0.85	0.45	15.9		9.2			
						C	38—80	紫棕色	中壤土	团块状	6.3	5.6	1.11	0.45	17.2		6.1			
剖63	铁铝土	赤红壤	黄色赤红壤	泥质岩类黄色赤红壤		A	0—11	浅棕黄色	中壤土	粒状	5.0	54.2	1.82	0.79	16.5		10.0	泥质岩类	E 100°25′30.8″ N 23°59′33.0″	90
						B	11—42	浅棕黄色	重壤土	粒状	5.0	26.2	0.87	0.60	20.8		9.7			
						C	42—100	浅棕黄色	重壤土	核状	5.0	26.0	0.85	0.55	20.0		8.8			

景谷傣族彝族自治县

主要土类说明

赤红壤是景谷傣族彝族自治县主要土壤类型，占本县地域面积的59%，分布在海拔800—1500m的低山、中山山地、坝子以及坝子周围的丘陵、丘陵阶地和河谷两侧等。植被为季雨林和南亚热带常绿阔叶林，原生季雨林和南亚热带常绿阔叶林被破坏后，形成思茅松林、次生阔叶林、针阔叶混交林、灌丛和稀树草被。成土母质为粗粒结晶岩类、泥质岩类、紫红色岩类、碳酸岩类、石英质岩类风化物。成土过程以富铝化作用和生物积累作用为主。赤红壤具A-Bs-C剖面构型，土体脱硅富铝化程度仅次于砖红壤，比红壤强，铁的游离度介于二者之间。黏粒硅铝率为1.7—2.0，风化淋溶系数为0.05—0.15，盐基饱和度为15%—25%。本县赤红壤分为红色赤红壤、黄色赤红壤、粗骨性赤红壤等亚类。

红壤是景谷傣族彝族自治县第二大土壤类型，占本县地域面积的19%，分布在海拔1500—2000m的中山山地。植被为针叶林和针阔叶混交林，主要为思茅松、云南松等。成土母质有紫红砂页岩、泥质岩、粗粒结晶岩、石英质岩和碳酸岩类。成土过程以脱硅富铝化和生物富集为主。本县红壤分为红壤、黄红壤、粗骨性红壤等亚类。

紫色土是景谷傣族彝族自治县第三大土壤类型，占本县地域面积的14%。紫色土是由热带、亚热带紫红色岩层直接风化形成的具A-C剖面构型的土壤。其理化性质与母岩组成直接相关，土层浅薄，剖面层次发育不明显，仍处于初育阶段。母岩富含矿质养分，且风化迅速。

水稻土占本县地域面积的5%，从海拔700m的碧安乡光明村到海拔2100m的凤山镇顺南村均有分布，海拔高差达1400m，产生了耕作制度、品种、管理等一系列的差异，从而形成了不同的土体构型。①淹育水稻土分布在山区、半山区，所处地势高，地下水位低，形成稻田时间短，水耕熟化程度较低，具A-P-C或A-C剖面构型。犁底层浅薄，有的尚未形成，底土层仍保持母土性状。②潴育水稻土分布在海拔800—1500m的赤红壤及紫色土带内，水耕时间长，土壤熟化程度高，不存在干旱、涝渍、咸、酸、毒等障碍因素，具A-P-W-G或A-P-W-C剖面构型，产量高而稳，是本县的稻谷主产区。耕作层下有完整的犁底层，犁底层下有发育良好的潴育层，潴育层下是潜育层或母质层。③潜育水稻土因地势低，地下水位高，雨季排水不畅，土壤剖面较高层次出现潜育层，具A-P-G或P-Wg-G剖面构型，产量低而不稳。潜育层在缺氧条件下，还原作用强烈，土壤中铁锰氧化物被还原成低价铁锰，使土壤呈黑灰色、青灰色或蓝灰色。

小于本县地域面积3%的土壤类型有黄棕壤、棕壤、砖红壤和新积土。

本区域中心区气候特征

本区域中心区气候特征值
Regional climate characteristics in central area of the region

气候带：南亚热带湿润气候 Climate region: South subtropical humid climate	
年平均气温 /℃ Annual average temperature /℃	18.1
年平均最高气温 /℃ Annual average maximum temperature /℃	24.8
年平均最低气温 /℃ Annual average minimum temperature /℃	13.5
年降水量 /mm Annual precipitation /mm	1316
≥10℃的积温 /℃ Daily temperature accumulated in a year (≥10℃) /℃	6606
年日照时数 /h Annual sunshine /h	2088
年平均相对湿度 /% Annual average relative humidity /%	75
干燥度 Dryness	0.82

本区域中心区月平均气温与月平均降水量
Monthly temperature and precipitation in central area of the region

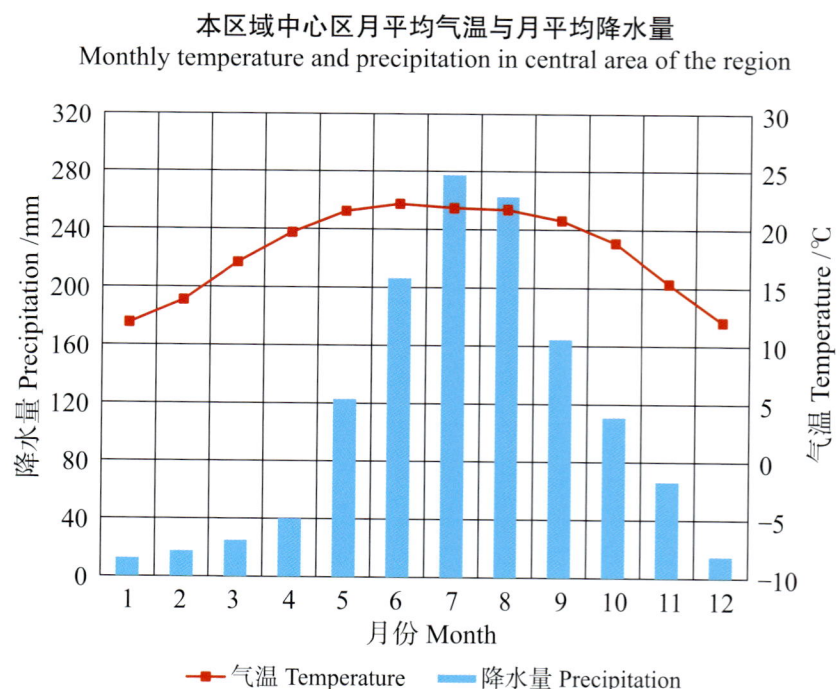

景谷傣族彝族自治县主要土壤类型与土壤剖面点分布图
1:490 000

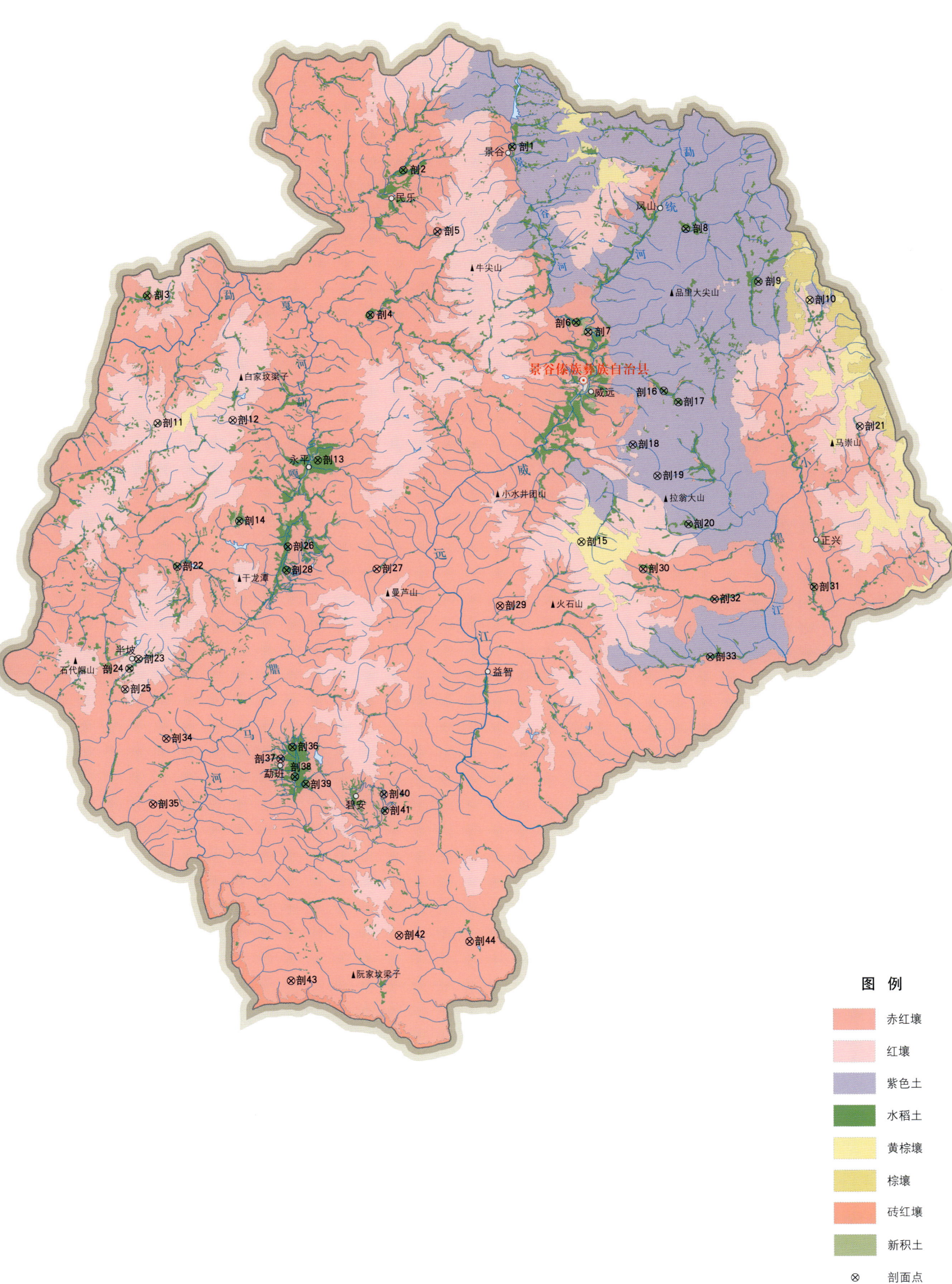

景谷傣族彝族自治县土壤剖面理化性状表

剖面号 Soil profile	土纲 Soil order	土类 Soil great group	亚类 Soil subgroup	土属 Soil genus	土种 Soil species	土层码 Layer code	土层厚度 Depth/cm	颜色 Soil color	质地 Soil texture	土壤结构 Soil structure	pH	有机质 OM/(g/kg)	全氮 TN/(g/kg)	全磷 TP/(g/kg)	全钾 TK/(g/kg)	碱解氮 AN/(mg/kg)	阳离子交换量 CEC/(cmol/kg)	土壤母质 Parent material	剖面点坐标 Profile coordinate	匹配指数 Matching index/%
剖1	人为土	水稻土	潴育水稻土	紫色土性潴育水稻土	紫砂泥田	A	0–15	暗棕红色	轻壤土	粒状	8.2	22.4	0.91	0.36	12.5	110	6.6		E 100°37′32.2″ N 23°44′38.4″	78
						Ap	15–35	浅棕红色	轻壤土	粒状	7.5	22.4	1.02	0.30	12.8	100	5.8			
						P	35–50	红棕色	砂壤土	粒状	8.4	5.9	0.31	0.22	11.4	31	1.6			
						C	50–70	红棕色	砂壤土	粒状	8.5	6.5	0.40	0.20	11.0	30	1.6			
剖2	人为土	水稻土	淹育水稻土	冲积性淹育水稻土	紫红河胶泥田	A	0–20	浅棕色	中壤土	粒状	6.1	17.4	0.92	0.90	15.8	100	4.7		E 100°30′07.2″ N 23°43′15.6″	100
						Ap	20–37	浅棕色	中壤土	粒状	6.8	15.2	0.87	1.07	15.3	80	6.2			
						W	37–100	紫棕色	中壤土	粒状	7.4	9.5	0.57	0.90	17.3	50	5.8			
剖3	人为土	水稻土	淹育水稻土	红壤性淹育水稻土	红砂胶泥田	A	0–15	紫棕色	轻黏土	核状	5.8	44.0	1.79	0.72	11.8	190	13.1		E 100°12′36.0″ N 23°35′38.4″	89
						Ap	15–36	紫棕色	轻黏土	棱柱状	6.3	40.7	1.70	0.67	12.1	180	13.6			
						W	36–86	棕色	轻黏土	棱状	7.3	13.4	0.58	0.64	11.6	60	12.8			
						G	86–100	棕色	轻黏土	棱状	7.4	16.5	0.52	0.76	11.0	70	15.6			
剖4	人为土	水稻土	潜育水稻土	漂白土性潜育水稻土	青胶泥田	A	0–10	紫色	轻壤土	核状	5.1	24.1	1.14	0.54	20.1	110	5.4		E 100°27′43.9″ N 23°34′18.1″	70
						BC	10–50	浅白灰黄色	中壤土	核状	4.8	6.1	0.49	0.35	22.3	50	5.7			
剖5	人为土	水稻土	潜育水稻土	红壤性潜育水稻土	青胶田	A	0–12	紫棕色	重壤土	核状	6.1	18.4	1.03	0.56	32.3	90	6.4		E 100°32′22.5″ N 23°39′25.7″	75
						B	12–20	紫棕色	重壤土	核状	5.8	13.5	0.84	0.56	25.2	70	6.3			
						C	20–44	紫棕色	重壤土	核状	5.6	14.9	0.91	5.09	25.2	80	7.3			
剖6	人为土	水稻土	淹育水稻土	红壤性淹育水稻土	红砂土田	A	0–16	紫色	轻壤土	核状	5.2	24.0	1.13	0.20	8.5	130	2.4		E 100°41′43.1″ N 23°33′40.7″	99
						Ap	16–27	浅棕色	中壤土	核状	5.6	11.7	0.62	0.18	10.8	70	2.2			
						W	27–72	紫棕色	中壤土	粒状	7.3	4.7	0.33	0.22	17.3	30	5.1			
						G	72–87	棕色	砂壤土	粒状	7.4	3.2	1.60	9.3	20	0.5				
						C	87–120	浅红黄色	轻黏土	粒状	7.5	3.8	0.18	1.40	7.5	10				
剖7	初育土	新积土	冲积土	河滩浅色冲积土	紫潮砂土	A	0–16	浅棕色	中壤土	块状	5.5	27.7	1.22	0.34	11.9	170	6.4		E 100°42′31.3″ N 23°33′04.7″	99
						Ap	16–26	暗棕色	重黏土	块状	5.6	26.3	1.08	0.31	10.8	110	6.4			
						W	26–70	紫棕色	重黏土	块状	5.9	20.6	0.81	0.26	11.0	80	5.9			
						C	70–100	紫棕色	重黏土	块状	5.6	18.3	0.69	0.28	11.5	80	7.8			
剖8	初育土	紫色土	酸性紫色土	紫色岩类酸性紫色土	紫胶泥土	A	0–20	灰棕色	重黏土	块状	5.6	48.2	1.84	0.57	17.7	180	11.8	紫色岩类	E 100°49′15.2″ N 23°39′24.1″	89
						Pw	20–49	棕色	重黏土	块状	5.6	43.0	1.65	0.60	17.7	185	13.2			
						WC	49–100	棕色	重黏土	块状	5.7	49.0	1.92	0.69	16.8	210	15.4			
剖9	人为土	水稻土	淹育水稻土	紫色土性淹育水稻土	紫胶泥田	A	0–18	棕色	轻黏土	块状	6.1	31.2	1.16	0.35	19.2	160	19.1		E 100°54′07.9″ N 23°36′03.6″	98
						Ap	18–32	暗棕色	轻黏土	核状	6.5	26.9	1.05	0.34	19.1	140	18.6			
						G_1	32–52	黑棕色	轻黏土	核状	6.2	86.8	2.77	0.33	17.6	300	31.7			
						G_2	52–80	黑棕色	轻黏土	块状	6.8	31.4	1.51	0.27	18.8	90	21.8			
剖10	淋溶土	黄棕壤	黄棕壤	紫红色岩黄棕壤	黄灰色土	A	0–12	灰棕色	重黏土	粒状	5.6	83.3	3.64	1.19	13.6	300	19.6		E 100°57′35.6″ N 23°34′52.3″	73
						B_1	12–31	暗灰棕色	重黏土	粒状	5.6	81.0	3.17	1.03	13.9	280	21.4			
						B_2	31–49	棕色	轻黏土	核状	5.3	33.1	1.75	0.50	14.8	140	13.8			
						C	49–100	红黄色	轻黏土	核状	5.3	16.0	1.08	0.54	14.8	90	9.4			
剖11	铁铝土	红壤	红壤	泥质岩类红壤	红香面土	A	0–12	浅红黄色	重黏土	粒状	5.8	26.3	1.26	0.62	16.5	160		泥质岩类	E 100°13′12.7″ N 23°27′42.1″	100
						B	12–32	红黄色	重黏土	核状	4.7	44.7	0.97	0.56	16.5	110				
						C	32–50	红黄色	中壤土	核状	4.6	11.1	0.37	0.47	15.6	60				
剖12	铁铝土	红壤	红壤	泥质岩类红壤		A	0–10	浅红棕色	轻壤土	粒状	6.0	7.8	0.49	0.34	5.3	110		泥质岩类	E 100°18′18.7″ N 23°27′50.4″	96
						B	10–35	浅红棕色	中壤土	粒状	4.7	44.7	0.97	0.44	11.0	60				
						C	35–100	浅红色	重壤土	粒状	4.7	14.5	0.24	0.37	11.0	30				

续表 Continued

剖面号 Soil profile	土纲 Soil order	土类 Soil great group	亚类 Soil subgroup	土属 Soil genus	土种 Soil species	土层码 Layer code	土层厚度 Depth/cm	颜色 Soil color	质地 Soil texture	土壤结构 Soil structure	pH	有机质 OM/(g/kg)	全氮 TN/(g/kg)	全磷 TP/(g/kg)	全钾 TK/(g/kg)	碱解氮 AN/(mg/kg)	阳离子交换量CEC/(cmol/kg)	土壤母质 Parent material	剖面点坐标 Profile coordinate	匹配指数 Matching index/%
剖13	人为土	水稻土	潴育水稻土	漂白土性潴育水稻土	灰砂泥田	A	0—14	浅棕色	轻黏土	粒状	5.2	44.1	1.94	0.63	15.1	220	15.5		E 100°24′03.2″ N 23°25′17.4″	81
						Ap	14—38	棕色	重壤土	粒状	5.1	42.9	1.82	0.64	14.8	210	16.2			
						C	38—100	浅红色	轻黏土	核状	5.1	28.2	1.10	0.45	15.3	140	8.7			
剖14	人为土	水稻土	潴育水稻土	漂白土性潴育水稻土	青砂胶田	A	0—18	暗红棕色	重壤土	核状	6.8	34.4	1.64	0.52	28.0	40	11.8		E 100°18′40.3″ N 23°21′34.2″	79
						BC	18—38	红棕色	重壤土	核状	7.5	31.4	1.47	0.64	30.5	150	11.2			
剖15	淋溶土	黄棕壤	黄棕壤	紫红色岩类黄棕壤		Ao	0—19	暗棕色	中壤土	粒状	4.9	91.3	3.71	0.58	6.2	260	20.6	紫红色岩类	E 100°41′51.0″ N 23°20′01.3″	75
						A	19—44	棕色	重壤土	粒状	4.7	44.2	1.63	0.40	6.7	150	18.3			
						B	44—74	浅棕色	重壤土	核状	4.9	29.6	1.17	0.30	9.1	110	10.4			
						C	74—89	暗红色	中壤土	核状	4.8	13.2	0.69	0.24	14.6	70	8.6			
剖16	人为土	水稻土	淹育水稻土	冲积性淹育水稻土	紫红河砂胶田	A	0—20	浅红色	重壤土	核状	5.5	30.5	1.40	0.42	18.3	140	11.3		E 100°47′35.5″ N 23°29′21.5″	70
						Ap	20—30	浅黄棕色	中壤土	块状	7.5	22.6	1.08	0.32	22.5	100	9.5			
						P	30—60	黄色	中壤土	粒状	7.5	25.7	1.02	0.31	20.9	100	10.2			
						W	60—80	浅棕色	中壤土	粒状	7.7	9.7	0.47	0.25	18.0	40	3.3			
						C	80—100	暗红色	中壤土	粒状	7.4	8.3	0.39	0.27	21.0	30	6.7			
剖17	人为土	水稻土	潴育水稻土	紫色土性潴育水稻土	紫泥田	A	0—12	红黄色	中壤土	粒状	6.0	15.1	0.85	0.27	8.9	80	4.6		E 100°48′34.6″ N 23°28′37.9″	93
						P	12—65	黄色	中壤土	核状	6.4	10.5	0.57	0.21	7.9	60	4.0			
						C	65—100	黄棕色	轻壤土	核状	7.3	5.2	0.47	0.28	7.1	50	6.3			
剖18	初育土	紫色土	中性紫色土	紫色岩类中性紫色土	紫砂泥土	A	0—14	暗黄棕色	轻壤土	核状	5.6	21.2	1.07	0.24	8.1	110	3.6	紫色岩类	E 100°45′27.0″ N 23°26′01.3″	80
						Ap	14—29	黄棕色	轻壤土	粒状	6.5	13.2	0.61	0.41	7.3	70	3.6			
						W	29—55	灰棕色	轻壤土	粒状	7.4	5.8	0.36	0.19	8.8	30	2.4			
						G	55—100	黄色	中壤土	粒状	7.4	4.9	0.32	0.25	9.8	30	41.5			
剖19	初育土	紫色土	中性紫色土	紫色岩类中性紫色土	紫羊肝土	A	0—17	灰棕色	中壤土	粒状	6.1	31.7	1.83	0.24	9.3	150	5.8	紫色岩类	E 100°47′04.9″ N 23°24′03.6″	90
						Ap	17—30	浅棕色	重壤土	块状	7.2	10.6	0.62	0.24	8.8	70	5.0			
						W	30—47	浅黄棕色	重壤土	核状	7.3	5.2	0.33	0.28	8.0	30	5.5			
						C	47—90	浅黄棕色	重壤土	块状	7.5	4.6	0.33	0.40	9.1	30	5.8			
剖20	人为土	水稻土	淹育水稻土	紫色土性淹育水稻土	紫泥田	A	0—20	黄棕色	中壤土	粒状	5.5	20.2	0.80	0.33	4.5	90	2.6		E 101°00′50.0″ N 23°21′02.2″	74
						Ap	20—28	浅黄棕色	轻壤土	粒状	5.5	16.2	0.85	0.35	6.5	80	2.9			
						W	28—34	黄棕色	轻壤土	粒状	6.4	6.1	0.33	0.28	4.0	30	1.1			
						G	34—100	灰黄色	中壤土	粒状	6.3	2.4	0.23	0.20	4.2	20	1.8			
剖21	铁铝土	红壤	黄棕壤	泥质岩类红壤	黄香面土	A	0—15	浅红色	中壤土	核状	5.7	23.3	1.14	0.30	16.1	110	3.7	泥质岩类	E 100°49′07.7″ N 23°26′57.1″	99
						B	15—35	浅黄棕色	重壤土	柱状	5.5	32.9	1.23	0.35	15.4	140	7.2			
						C	35—60	黄色	中壤土	柱状	5.6	7.0	0.70	0.12	18.5	50	0.9			
剖22	初育土	水稻土	淹育水稻土	红壤性淹育水稻土	红胶泥田	A	0—16	浅棕色	中壤土	柱状	6.1	18.6	0.81	0.36	12.3	80	3.2		E 100°14′25.8″ N 23°18′47.5″	70
						Ap	16—35	浅棕色	中壤土	块状	6.6	15.5	0.67	0.35	12.5	70	3.9			
						C	35—100	黄橙色	轻壤土	块状	7.0	4.6	0.40	0.25	25.4	30	5.9			
剖23	铁铝土	红壤	红壤	粗粒结晶岩类红壤	红香面土	A	0—18	浅黄棕色	轻壤土	柱状	6.8	19.6	11.01	0.51	17.9	110		粗粒结晶岩类	E 100°11′43.8″ N 23°13′03.0″	71
						B	18—52	红黄色	轻壤土	柱状	6.2	11.5	0.43	0.31	17.5	70	7.2			
						C	52—100	黄色	中壤土	柱状	5.7	6.0	0.44	0.40	16.2	40	0.9			
剖24	人为土	水稻土	潴育水稻土	红壤性潴育水稻土	红泥田	A	0—20	红棕色	轻壤土	块状	6.4	19.7	1.16	0.37	16.5	120	12.2		E 100°11′06.5″ N 23°12′28.8″	82
						Ap	20—45	暗黄棕色	中壤土	块状	6.6	6.5	0.57	0.30	16.8	40	13.1			
						B	45—52	暗黄棕色	重壤土	核状	6.7	4.9	0.51	0.32	16.5	40	13.9			
						C	52—95	红棕色	重壤土	柱状	6.8	2.4	0.55	0.28	17.1	20	14.5			
剖25	铁铝土	红壤	红壤	粗粒结晶岩类红壤	红胶泥土	A	0—16	浅红黄色	轻壤土	核状	6.5	19.6	0.80	0.70	15.1	110		粗粒结晶岩类	E 100°10′48.4″ N 23°11′11.4″	100
						B	16—49	红黄色	重壤土	柱状	6.7	18.9	0.79	0.32	14.4	90				
						C	49—100	红色	轻壤土	核状	6.7	4.7	0.20	0.34	13.9	30				

续表 Continued

剖面号 Soil profile	土纲 Soil order	土类 Soil great group	亚类 Soil subgroup	土属 Soil genus	土种 Soil species	土层码 Layer code	土层厚度 Depth/cm	颜色 Soil color	质地 Soil texture	土壤结构 Soil structure	pH	有机质 OM/(g/kg)	全氮 TN/(g/kg)	全磷 TP/(g/kg)	全钾 TK/(g/kg)	碱解氮 AN/(mg/kg)	阳离子交换量CEC/(cmol/kg)	土壤母质 Parent material	剖面点坐标 Profile coordinate	匹配指数 Matching index/%
剖26	人为土	水稻土	潴育水稻土	漂白土性潴育水稻土	灰砂田	A	0—20	浅棕色	重壤土	棱状	5.6	23.4	1.22	0.30	14.0	120	6.0		E 100°21′57.2″ N 23°19′57.0″	75
						B	20—45	棕色	重壤土	柱状	5.8	13.6	0.91	0.24	13.7	90	5.3			
							45—65	浅棕色	重壤土	柱状	5.8	10.9	0.74	0.23	13.7	70	5.2			
						C	65—80	浅棕黄色	中壤土	粒状	5.8	5.9	0.42	0.22	12.1	40	3.4			
剖27	铁铝土	赤红壤	黄色赤红壤	紫红色岩类黄色赤红壤	赤黄砂胶土	A	0—18	灰黄色	中壤土	粒状	5.4	7.0	0.43	0.15	7.9	40	0.4	紫红色岩类	E 100°27′57.2″ N 23°18′30.2″	89
						B	18—38	浅黄棕色	轻壤土	粒状	5.1	10.2	0.57	0.18	7.3	60	2.6			
						C	38—100	黄色	轻壤土	粒状	5.3	4.1	0.33	0.14	8.5	40				
剖28	人为土	水稻土	淹育水稻土	漂白土性潴育水稻土	白砂田	A	0—17	暗黄棕色	重壤土	棱柱状	5.6	38.8	1.61	0.81	10.0	180	10.2		E 100°21′50.4″ N 23°18′29.2″	100
						G	17—37	黑黄棕色	中壤土	块状	5.5	35.0	1.55	0.68	10.3	150	8.7			
						B	37—57	灰黄棕色	中壤土	柱状	5.8	52.9	2.19	0.45	13.1	90	19.6			
							57—77	紫灰色	中壤土	核状	6.0	24.7	0.98	0.23	12.1	40	10.9			
							77—100				6.1	7.6	0.28	0.14	9.6	20	3.1			
剖29	铁铝土	赤红壤	黄色赤红壤	碳酸岩类黄色赤红壤	赤黄砂胶土	A	0—15	黄黄棕色	轻壤土	核状	6.3	41.9	2.12	0.89	17.9	160	14.3	碳酸岩类	E 100°36′16.9″ N 23°16′08.0″	91
						B	15—35				6.5	14.0	1.19	0.63	19.1	70	15.4			
						C	35—55				6.6	11.5	11.13	0.60	18.8	60	14.5			
剖30	铁铝土	赤红壤	红色赤红壤	紫红色岩类红色赤红壤	赤紫木香土	1	0—15				7.0	16.7	0.80	0.45	24.4	80		紫红色岩类	E 100°46′00.5″ N 23°18′17.3″	93
						2	15—56		轻黏土		7.3	7.4	0.42	0.56	27.0	30				
						3	56—72				7.5	10.8	0.61	0.39	26.7	40				
						4	72—105				7.3	24.9	0.98	0.42	24.7	70				
剖31	人为土	水稻土	潴育水稻土	红壤性潴育水稻土	红砂胶田	A	0—16	红棕色	中壤土	粒状	6.4	20.8	1.11	0.44	22.8	90	8.6		E 100°57′33.9″ N 23°17′00.3″	95
						Ap	16—35	红棕色	中壤土	核状	6.7	18.9	0.06	0.42	23.3	90	7.5			
						C	35—100	红棕色	重壤土	核状	6.8	15.9	0.91	0.43	24.6	80	7.8			
剖32	水稻土	水稻土	潴育水稻土	冲积性潴育水稻土	红砂土田	A	0—18	灰黄棕色	轻黏土	块状	8.0	37.3	1.60	0.86	12.4	150	20.4		E 100°50′48.8″ N 23°16′21.4″	91
						Ap	18—36	灰黄棕色	重壤土	核状	8.3	32.1	1.50	0.78	10.3	120	18.4			
						G_1	36—52	灰黄棕色	重壤土	核状	8.3	35.1	1.55	0.56	4.6	120	10.7			
						G_2	52—100		中壤土	核状	8.6	6.8	0.34	0.19	1.7	20	0.4			
剖33	人为土	水稻土	潴育水稻土	冲积性潴育水稻土	红砂胶田	A	0—18	灰黄棕色	中壤土	核状	5.6	32.3	1.53	0.43	15.9	170	12.9		E 100°50′27.6″ N 23°12′43.9″	100
						B	18—37	灰黄棕色	中壤土	核状	5.5	32.0	1.47	0.37	16.3	160	15.7			
							37—61	灰黄棕色	中壤土	粒状	5.5	24.1	1.21	0.44	16.2	130	11.2			
						C	61—74	浅黄棕色	中壤土	粒状	5.9	5.8	0.40	0.34	17.0	45	15.1			
剖34	铁铝土	赤红壤	粗骨性赤红壤	泥质岩类粗骨性赤红壤	赤黄粗骨土	A	0—30	浅红色	砂壤土	核状	7.9	4.3	0.27	0.26	14.5	20	1.6	泥质岩类	E 100°13′33.3″ N 23°08′06.0″	74
						B	30—74	红色	砂壤土	核状	7.9	3.8	0.27	0.30	18.5	40				
						C	74—100	暗棕红色	砂壤土	粒状	8.5	1.7	0.14	0.21	13.0	20				
剖35	铁铝土	赤红壤	红色赤红壤	碳酸岩类红壤	暗黄棕色	A	0—11	暗黄棕色	轻黏土	核状	6.7	58.8	2.74	1.30	15.1	200		碳酸岩类	E 100°12′35.6″ N 23°04′00.2″	79
						B	11—34	浅棕色	轻黏土	核状	6.7	32.7	1.24	1.21	16.1	130				
						C	34—80	棕色	中壤土	核状	6.5	22.8	1.08	1.13	16.4	100				
剖36	人为土	水稻土	潴育水稻土	漂白土性潴育水稻土	灰泥田	A	0—18	红黄色	中壤土	核状	5.8	23.1	0.77	0.34	8.7	140	5.0		E 100°22′05.1″ N 23°07′28.8″	91
						Ap	18—28	红黄色	中壤土	核状	6.0	23.0	0.88	0.28	7.6	130	5.3			
						P	28—58	红黄色	中壤土	粒状	6.2	24.4	1.06	0.34	9.1	200	6.4			
						C	58—100	黄棕色	中壤土	粒状	6.0	14.1	0.68	0.28	8.6	130	4.4			
剖37	人为土	水稻土	潴育水稻土	冲积性潴育水稻土	红泥田	A	0—16	黄棕色	轻壤土	粒状	5.5	17.3	0.68	0.25	3.6	80	0.1		E 100°21′16.6″ N 23°06′45.0″	96
							16—28	黄棕色	轻壤土	粒状	6.0	13.3	0.57	0.24	4.5	50				
						E	28—40	黄色	轻壤土	粒状	6.0	3.9	0.20	0.21	4.8	20				
						C	40—100	浅黄棕色	砂壤土	粒状	6.0	2.3	0.17	0.19	5.9	10				

续表 Continued

剖面号 Soil profile	土纲 Soil order	土类 Soil great group	亚类 Soil subgroup	土属 Soil genus	土种 Soil species	土层码 Layer code	土层厚度 Depth/cm	颜色 Soil color	质地 Soil texture	土壤结构 Soil structure	pH	有机质 OM/(g/kg)	全氮 TN/(g/kg)	全磷 TP/(g/kg)	全钾 TK/(g/kg)	碱解氮 AN/(mg/kg)	阳离子交换量CEC/(cmol/kg)	土壤母质 Parent material	剖面点坐标 Profile coordinate	匹配指数 Matching index/%
剖38	人为土	水稻土	淹育水稻土	漂白土性淹育水稻土	白砂土田	A	0—18	灰棕色	中壤土	棱状	5.2	24.4	1.13	0.43	9.0	130	3.7		E 100°22′13.0″ N 23°05′38.2″	89
						Ap	18—29	灰棕色	中壤土	棱柱状	5.8	8.8	0.48	0.45	9.1	60	2.7			
						E	29—54	灰棕色	轻黏土	柱状	7.2	12.4	0.57	0.28	16.0	50	12.2			
						G	54—100	暗棕色	中黏土	柱状	5.9	43.2	1.51	0.23	16.5	90	22.8			
剖39	人为土	水稻土	淹育水稻土	冲积性淹育水稻土	紫红河砂田	A	0—17	红棕色	中壤土	粒状	5.7	19.9	0.74	0.31	9.9	100	1.7		E 100°22′57.1″ N 23°05′09.6″	97
						Ap	17—32	红棕色	中壤土	粒状	5.6	14.8	0.60	0.26	11.3	60	1.5			
						P	32—52	红棕色	中壤土	粒状	5.9	15.5	0.60	0.33	12.5	70	5.5			
						W	52—62	浅红色	中壤土	粒状	5.9	4.5	0.20	0.22	14.3	20	1.9			
						C	62—100	浅红色	轻壤土	粒状	5.9	4.6	0.23	0.21	13.3	30	2.7			
剖40	人为土	水稻土	潜育水稻土	冲积性潜育水稻土	青砂胶田	A	0—10	紫棕色	轻壤土	核状	5.7	25.2	1.31	0.86	13.7	140			E 100°28′13.8″ N 23°04′28.2″	86
						B	10—50	紫棕色	轻壤土	柱状	5.8	22.8	1.23	0.87	13.6	120				
						C	50—100	红棕色	中壤土	柱状	6.3	13.3	0.91	0.68	14.8	70				
剖41	人为土	水稻土	潜育水稻土	红壤性潜育水稻土	红砂田	A	0—16	紫色	重壤土	核状	7.6	26.5	1.17	0.72	26.8	100	10.9		E 100°28′17.0″ N 23°03′25.6″	93
						Ap	16—26	紫色	重壤土	柱状	7.7	22.5	1.06	0.73	27.5	90	7.4			
						P	26—56	紫棕色	重壤土	粒状	8.4	12.5	0.51	0.71	29.5	40	9.6			
						B	56—71	紫棕色	中壤土	核状	8.3	9.8	0.46	0.68	27.8	30	7.5			
						C	71—100	紫棕色	中壤土	粒状	8.4	9.7	0.46	0.63	28.8	30	7.5			
剖42	铁铝土	赤红壤	红色赤红壤	碳酸岩类红色赤红壤	赤红砂胶土	A	0—19	紫色	轻壤土	粒状	4.9	38.7	0.96	0.48	3.3	120		碳酸岩类	E 100°29′07.2″ N 22°55′37.9″	73
						B	19—29	浅棕红色	中壤土	粒状	4.6	17.5	0.48	0.32	3.2	70				
						C	29—100	浅棕黄色	中壤土	粒状	5.0	9.6	0.33	0.29	2.8	40				
剖43	铁铝土	赤红壤	红色赤红壤	泥质岩类红色赤红壤	赤红木香土	A	0—20	红黄色	中壤土	粒状	4.7	36.4	1.00	0.36	3.4	120		泥质岩类	E 100°21′46.1″ N 22°52′57.0″	80
						B	20—100	红色	重壤土	核状	4.7	13.1	0.40	0.30	3.4	60				
剖44	铁铝土	赤红壤	红色赤红壤	泥质岩类红色赤红壤	赤红木香土	1	0—16				5.1	33.3	0.92	0.34	4.3	120		泥质岩类	E 100°33′52.9″ N 22°55′12.4″	82
						2	16—51				4.9	9.7	0.37	0.20	4.0	40				
						3	51—100				4.9	4.3	0.26	1.89	4.3	40				

镇沅彝族哈尼族拉祜族自治县

主要土类说明

红壤是镇沅彝族哈尼族拉祜族自治县主要土壤类型，占本县地域面积的34%，分布在无量山和哀牢山中部海拔1500—2000m的谷坡及梁子地。植被以思茅松为主，混有常绿阔叶林。成土母质为粗粒结晶岩类、泥质岩类、紫红色岩类、碳酸岩类和石英质岩类。成土过程以脱硅富铝化和生物富集为主。红壤呈中度脱硅富铝化特征，具 A–Bs–Bv 或 A–Bs–C 剖面构型，土壤黏粒中游离铁占全铁的50%—60%。

赤红壤是镇沅彝族哈尼族拉祜族自治县第二大土壤类型，占本县地域面积的22%，分布在海拔1000—1500m的山区（以无量山为主，占70.6%；其次为哀牢山，占29.4%）。植被主要为思茅松，灌木林较少。成土母质以各种母岩风化残积物和坡积物为主。成土过程以富铝化作用和生物积累作用为主。赤红壤土体脱硅富铝化程度仅次于砖红壤，比红壤强。

黄棕壤是镇沅彝族哈尼族拉祜族自治县第三大土壤类型，占本县地域面积的17%，分布在海拔2000—2500m的无量山和哀牢山中顶部。成土母质多为砂页岩及花岗岩风化物。成土过程受淋溶、黏化及弱富铝化作用的影响。土层弱度富铝化，黏聚现象明显，呈黄棕色。该土壤具 A–B–C 或 A–（B）–C 剖面构型，黏粒硅铝率在2.5左右，铁的游离度较红壤低，B层交换性酸大于A层。

紫色土占本县地域面积的16%，分布在按板、勐大、振太等地的海拔1000—1900m的地区。植被以思茅松为主。成土母质为紫色岩、石英砂岩和基性结晶岩类。成土过程以母岩的快速物理崩解、频繁侵蚀堆积以及碳酸钙的不断淋失作用为主，生物积累作用相对较弱。土壤风化度低，表土被侵蚀，土体浅薄，一般厚度小于60cm，多数为40—50cm，土层厚度大于60cm为基岩母质层。表土厚15—22cm，呈紫色至紫棕色。本县紫色土多为酸性紫色土亚类。

水稻土占本县地域面积的4%。水稻土在剖面属性、生产性能和产量等方面均优于其他土类，氮素含量较高，但矿质养分不足。本县水稻土分为淹育型、潴育型、潜育型等亚类。

棕壤占本县地域面积的3%，分布在海拔2300—3000m的山地垂直带谱中。植被以湿性常绿阔叶林和针阔叶混交林为主。成土母质以紫色岩类、酸性结晶岩类、基性结晶岩类和碳酸岩类风化物为主。成土过程以淋溶过程、黏化过程和生物富集过程为主。

小于本县地域面积3%的土壤类型有黄壤和石灰（岩）土。

本区域中心区气候特征

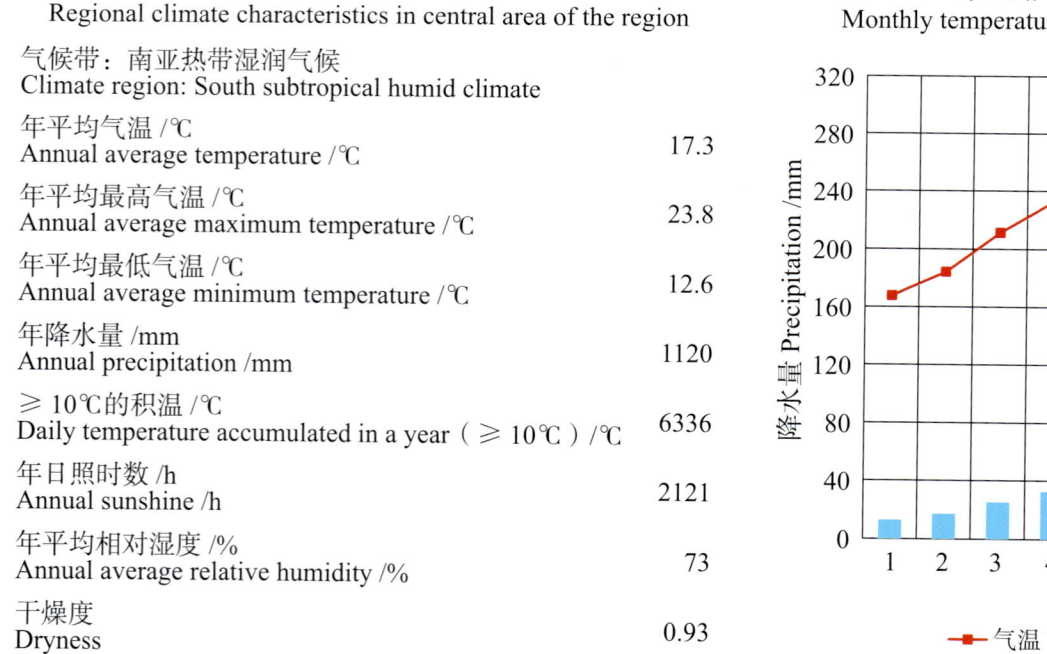

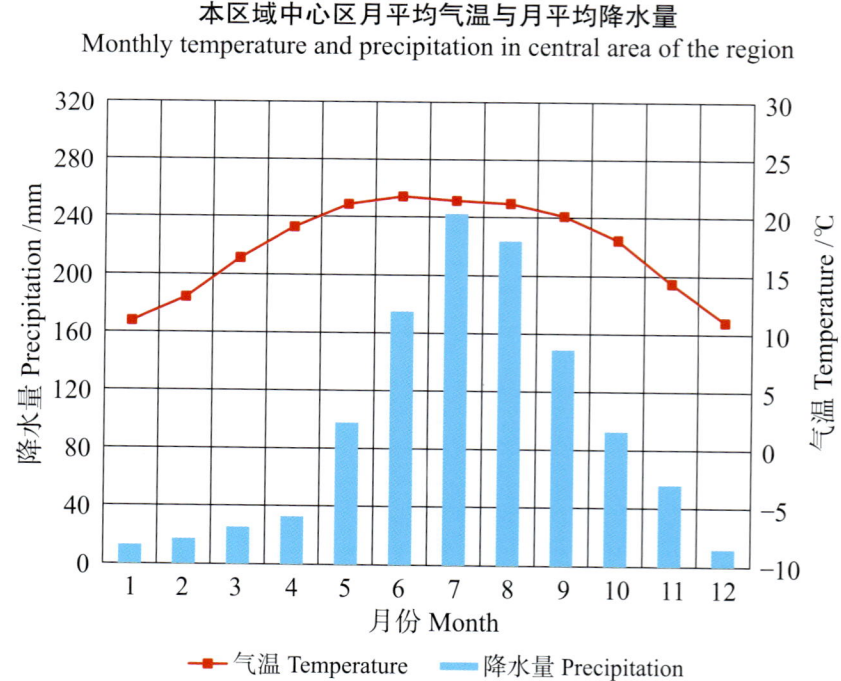

镇沅彝族哈尼族拉祜族自治县主要土壤类型与土壤剖面点分布图

1:400 000

图例

- 红壤
- 赤红壤
- 黄棕壤
- 紫色土
- 水稻土
- 棕壤
- 黄壤
- 石灰（岩）土
- ⊗ 剖面点

第三编　云南省分县土壤图与土壤剖面数据

镇沅彝族哈尼族拉祜族自治县土壤剖面理化性状表

剖面号 Soil profile	土纲 Soil order	土类 Soil great group	亚类 Soil subgroup	土属 Soil genus	土种 Soil species	土层码 Layer code	土层厚度 Depth/cm	颜色 Soil color	质地 Soil texture	土壤结构 Soil structure	pH	有机质 OM/(g/kg)	全氮 TN/(g/kg)	全磷 TP/(g/kg)	全钾 TK/(g/kg)	碱解氮 AN/(mg/kg)	有效磷 AP/(mg/kg)	阳离子交换量CEC/(cmol/kg)	土壤母质 Parent material	剖面点坐标 Profile coordinate	匹配指数 Matching index/%
剖1	人为土	水稻土	淹育水稻土	漂白土性淹育水稻土	灰砂泥田	A	0—20	灰褐色	重壤土	块状	5.6	31.9	1.60	0.40	24.0	170		8.3		E 100°47′60.0″ N 24°10′05.2″	71
						Pe	20—30	灰色	中壤土	大块状	6.4	25.3	1.30	0.40	21.0	130		8.7			
						Ce	30—75	棕灰色	重壤土	大块状	7.4	21.4	0.90	0.40	21.5	90		8.3			
剖2	铁铝土	黄壤		泥质岩类黄壤	黄鸡粪土	A	0—16	浅棕色	重壤土	核粒状	5.8	126.3	1.78	1.30	21.5	220		8.7		E 101°12′42.5″ N 24°12′42.1″	98
						BC	16—37	黄棕色	中壤土	核粒状	5.8	135.9	1.66	1.30	22.8	240		9.6			
						C	37—80	灰黄色	中壤土	核粒状	3.6	85.1	1.70	1.20	24.3	187		8.4			
剖3	人为土	水稻土	潴育水稻土	老冲积物潜育水稻土	发红田	A	0—20	浅棕黄色	轻黏土	粒状	5.6	45.5	2.36	0.78	13.0	240		8.6	老冲积性泥质岩风化物	E 100°50′43.1″ N 24°06′28.1″	99
						Pg	20—39	黄棕色	轻黏土	粒状	6.3	36.7	1.76	0.74	11.2	200		7.4			
						G	39—80	黄棕色	中壤土	粒状	5.8	27.1	1.26	0.79	10.0	180		7.3			
剖4	人为土	水稻土	潴育水稻土	红壤性潴育水稻土	黑鸡粪土田	A	0—18	暗黄色	中壤土	核状	5.7	37.6	2.10	0.58	10.3	210		9.2	红壤性紫色岩风化坡积物	E 100°48′34.6″ N 24°00′34.9″	74
						P	18—27	黄色	中壤土	块状	6.2	11.3	0.47	0.43	10.3	80		5.4			
						E	27—40	红黄色	中壤土	核状	6.8	4.6	0.27	0.86	10.0	50		6.6			
						C	40—80														
剖5	初育土	紫色土	酸性紫色土	紫色岩类酸性紫色土	酸紫胶土	A	0—13	红棕色	中壤土	粒状	5.3	16.1	0.93	0.50	28.3	100		8.7	紫色泥岩风化坡积物	E 101°09′10.4″ N 24°06′11.9″	80
						B	13—54	棕色	中壤土	柱状											
剖6	初育土	紫色土	酸性紫色土	石英变质岩酸性紫色土	酸羊肝土	A	0—10	灰黄棕色	砂壤土	粒状	5.3	10.8	0.40	0.40	11.5	60		4.2	石英砂岩风化坡积物	E 101°06′28.1″ N 24°01′18.5″	100
						B	10—30	棕黄色	中壤土	粒状	5.1	3.1	0.20	0.30	16.0	30		6.2			
						C	30—100	灰黄色	中壤土	核状											
剖7	铁铝土	赤红壤	黄色赤红壤	泥质岩类黄色赤红壤	黄胶土	A	0—16	褐色	轻黏土	核粒状	5.0	29.8	2.10	0.60	21.8	140		16.1	泥质岩风化坡积物	E 101°13′32.2″ N 24°00′28.8″	95
						B	16—41	红黄色	轻黏土	小块状	5.0	12.3	1.20	0.40	26.4	70		14.4			
						BC	41—80	红黄色	轻黏土	小块状	5.2	7.0	0.80	0.40	27.2	160		9.6			
						D	80—100	灰黄色													
剖8	铁铝土	黄壤	黄壤	泥质岩类黄壤		A	0—9	灰黄色	中壤土	粒状	4.6	188.7	2.09	0.50	24.9	190		14.8	泥质岩类	E 101°15′24.8″ N 24°06′59.4″	91
						B_1	9—42	红黄色	重壤土	核粒状	4.8	39.8	0.70	0.20	28.2			7.3			
						B_2	42—70	红黄色	重壤土	粒状	5.0										
						C	70—100	浅黄棕色	重壤土	粒状	5.1										
剖9	铁铝土	黄壤	潴育水稻土	泥质岩类黄壤	黄香面土	A	0—21	暗棕黄色	中壤土	核状	5.3	96.0	4.00	1.60	22.0	320		13.1	泥质岩类	E 101°21′59.8″ N 24°00′52.9″	73
						B_1	21—50	浅棕黄色	重壤土	粒状	5.0	115.0	2.40	1.60	20.0	230		11.5			
						B_2	50—100	棕色	中壤土	粒状	5.1	113.0	1.70	1.00	19.6	153		12.8			
剖10	人为土	水稻土		紫泥田	暗紫鸡粪土	Aa	0—19	暗黄棕色	壤质黏土	块状	5.9	29.2	1.63	0.66	12.9	170	5.0	18.5		E 101°27′31.7″ N 23°54′15.1″	98
						Ap	19—28	温棕黄色	重壤黏土	核柱状	6.2	25.5	1.48	0.66	13.3	150	11.0	16.7			
						W	28—54	温棕黄色	重壤黏土	核柱状	6.6	14.9	0.90	0.40	12.0	90	19.0	11.5			
						C	54—100	亮棕色	重壤黏土	核柱状	7.4	4.4	0.39	0.25	13.1	40	1.0	10.0			
剖11	初育土	紫色土	酸性紫色土	紫色岩类酸性紫色土		A	0—24	紫红色	重壤土	核状	5.6	25.5	1.40	0.40	22.8	100		13.5	紫色泥岩风化	E 100°26′22.9″ N 23°52′27.1″	73
						BC	24—110	紫红色	重壤土	块状	5.5	7.6	0.70	0.30	26.4	50		14.6			
剖12	人为土	水稻土	淹育水稻土	红壤性淹育水稻土	紫木香土田	A	0—18	紫色	重壤土	大块状	5.7	101.1	1.10	0.30	19.0	120		4.6	红壤性紫色砂岩风化坡积物	E 100°40′22.4″ N 23°58′11.6″	93
						P	18—30	紫色	中壤土	粒状	6.2	97.7	0.80	0.40	19.0	80		4.4			
						C	30—100	暗棕色	轻壤土	块状	6.7	42.2	0.70	0.30	19.5	50		6.7			
剖13	铁铝土	红壤	红壤	石英砂岩类红壤		A	0—6	暗棕灰色	中壤土	核状	5.4	57.5	1.60	0.30	12.0	130		9.9	石英砂岩类	E 100°32′07.1″ N 23°54′59.0″	97
						B	6—64	浅棕色	中壤土	核状	5.1	8.8	0.70	0.20	16.8	70		8.7			
						BC	64—100	浅棕色	中壤土	粒状	5.1	5.8	0.50	0.50	19.9	50		1.7			

续表 Continued

剖面号 Soil profile	土纲 Soil order	土类 Soil great group	亚类 Soil subgroup	土属 Soil genus	土种 Soil species	土层码 Layer code	土层厚度 Depth/cm	颜色 Soil color	质地 Soil texture	土壤结构 Soil structure	pH	有机质 OM/(g/kg)	全氮 TN/(g/kg)	全磷 TP/(g/kg)	全钾 TK/(g/kg)	碱解氮 AN/(mg/kg)	有效磷 AP/(mg/kg)	阳离子交换量CEC/(cmol/kg)	土壤母质 Parent material	剖面点坐标 Profile coordinate	匹配指数 Matching index/%
剖14	人为土	水稻土	淹育水稻土	红壤性淹育水稻土	黄泥田	A	0~20	灰黄色	中壤土	糊烂状	5.5	52.4	2.30	0.80	24.5	260		10.7		E 100°38′55.0″ N 23°52′25.0″	83
						P	20~32	褐色	中壤土	棱柱状	5.5	51.3	2.50	0.80	24.7	260		10.9			
						C	32~87	褐色	中壤土	柱状	5.6	49.5	2.40	5.20	24.5	248		10.8			
剖15	铁铝土	红壤	红壤	石英砂岩类红壤	紫鸡粪土	A	0~21	灰黄色	中壤土	团粒状	6.0	31.3	1.70	0.20	9.5	160			紫色砂岩类	E 100°30′03.0″ N 23°52′01.4″	98
						B	21~100	紫黄色	中壤土	团粒状	5.9	33.4	1.70			224					
剖16	铁铝土	红壤	红壤	紫色岩类紫红壤	紫泥洒土	A	0~15	紫灰色	重壤土	核块状	4.4	32.4	1.60			72		61.4		E 100°58′12.7″ N 23°55′28.6″	74
						B	15~40	紫灰色	重壤土	核粒状											
						C	40~70	紫色	重壤土	核粒状											
剖17	初育土	紫色土	酸性紫色土	基性结晶岩类酸性紫色土		A	0~22	红紫色	中壤土	粒状	5.3	9.9	0.70	1.20	10.4	100		15.3	基性岩风化坡积物	E 100°48′10.1″ N 23°51′50.8″	87
						BC	22~58	红紫色	重壤土	块状	4.9	8.7	0.30	0.80	11.8	50		21.0			
						C	58~90	红紫色	重壤土	核状	5.3	5.5	0.30	0.40	10.6	40		18.4			
剖18	铁铝土	红壤	红壤	紫色岩红壤		A	0~4	紫色	中壤土	粒状	5.6	138.9	4.60	0.70	12.0	430		20.2	紫色粉砂岩风化坡积物	E 101°12′06.5″ N 23°59′34.4″	81
						AB	4~38	棕色	中壤土	粒状	4.9	102.3	1.40	0.40	13.3	110		10.0			
						B	38~60	暗紫色	重壤土	核状	4.9	59.8	0.70	0.20	20.5	50		11.4			
						C	60~100														
剖19	铁铝土	赤红壤	黄色赤红壤	泥质岩类黄色赤红壤	黄牛角石土	A	0~9	灰黄色	重壤土	核粒状	5.2	50.1	2.10	0.40	22.8	130		14.8	泥质泥岩残积物	E 101°06′19.4″ N 23°52′15.6″	76
						B_1	9~44	棕色	轻黏土	粒状	5.0	14.0	1.10	0.40	26.6	70		15.0			
						B_2	44~100	红棕色	轻黏土	粒状	5.0	10.4	0.90	0.30	26.9	50		14.6			
剖20	初育土	石灰(岩)土	黄色石灰土	酸性岩类黄色石灰土	黄牛角石土	A	0~18	暗黄棕色	重壤土	核粒状	6.4	36.8	2.20	0.50	17.4	170		20.9	碳酸岩风化坡积物	E 101°19′46.9″ N 23°57′34.2″	70
						B	18~60	褐色	中壤土	核块状	6.6	17.2	1.10	0.30	14.3	80		20.5			
						BC	60~100	暗黄棕色	中壤土	块状	6.7	12.5	1.20	0.30	17.0	60		28.2			
剖21	初育土	紫色土	酸性紫色土	紫色岩类酸性紫色土	紫园圃土	A	0~18	紫灰色	中壤土	核粒状	7.2	32.3	1.80	0.60	26.0	170		6.2	紫色泥岩风化坡积物	E 101°19′27.5″ N 23°54′24.8″	81
						BC	18~40	紫灰色	中壤土	核粒状											
						D	40—														
剖22	铁铝土	红壤	红壤	紫色岩红壤	紫鸡粪土	A	0~20	紫红色	重壤土	粒状	7.2	109.0	1.40	1.00	20.0	149		7.9		E 100°43′35.8″ N 23°47′55.7″	72
						B	20~60	紫红色	重壤土	粒状	7.5	95.0	1.40	0.90	19.2	130		8.2			
						C	60~90	紫红色	重壤土	块状	7.6	83.6	1.10	0.80	20.0	90		7.4			
剖23	人为土	水稻土	潴育水稻土	漂白土性潴育水稻土	灰砂田	A	0~21	灰白黄色	轻壤土	块状	5.7	20.4	1.00	0.40	10.5	140	5.1	1.4	漂白土性紫色砂岩冲积物	E 100°56′44.9″ N 23°47′53.9″	80
						P	21~25	灰黄色	中壤土	核块状	5.7	15.4	0.90	0.30	10.5	110	11.0	1.1			
						B	25~100	红黄色	轻壤土	核块状	6.6	5.1	0.50	0.30	12.6	50	19.4	3.2			
剖24	人为土	水稻土	潴育水稻土	紫色土性潴育水稻土	紫胶大肥田	A	0~19	紫色	重壤土	块状	5.9	29.2	1.60	0.66	12.9	170	0.9	10.5	紫色土性紫色泥岩风化坡积物	E 100°55′28.6″ N 23°45′32.8″	72
						P	19~28	紫红色	重壤土	核柱状	6.2	25.5	1.50	0.66	13.3	150		9.7			
						W	28~54	紫红色	重壤土	棱柱状	6.6	14.9	0.90	0.40	12.0	90		7.5			
						C	54~100	浅紫色	重壤土	棱柱状	7.4	4.4	0.39	0.25	13.1	40		8.0			
剖25	人为土	水稻土	淹育水稻土	暗紫土性淹育水稻土	暗紫粪土田	A	0~19	紫红色	壤质黏土	块状	5.9	29.2	1.63	0.66	12.9	170		10.5	紫色土性紫色泥岩风化物	E 101°05′48.5″ N 23°46′01.2″	81
						P	19~28	紫红色	壤质黏土	块状	6.2	25.5	1.48	0.66	13.3	150		9.7			
						W	28~54	紫红色	壤质黏土	核块状	6.6	14.9	0.90	0.40	12.0	90		7.5			
						C	54~100	浅紫棕色	壤质黏土	棱柱状	7.4	4.4	0.39	0.25	13.1	40		8.0			
剖26	人为土	水稻土	淹育水稻土	新冲积性淹育水稻土	筛底河砂田	A	0~23	紫红色	砂壤土	小粒状	6.9	11.6	0.70	0.30	12.5	70		2.6	紫色冲积物	E 101°03′51.1″ N 23°44′45.6″	70
						C	23~100	灰黄色	砂黏土	小粒状	6.9	2.7	0.30	0.20	15.9	30		0.8			
剖27	铁铝土	赤红壤	黄色赤红壤	泥质岩类黄色赤红壤	黄园圃土	A	0~13	灰黄色	轻黏土	核粒状	6.7	26.1	1.50	0.70	14.5	150		20.9		E 101°05′28.3″ N 23°44′34.4″	80
						B	13~38	灰黄棕色	轻黏土	核粒状	6.5	17.9	1.20	0.60	12.5	130		21.6			
						C	38~100	黄色	重壤土	核粒状	6.5	6.1	0.50	0.40	10.5	50		25.7			

续表 Continued

剖面号 Soil profile	土纲 Soil order	亚类 Soil subgroup	土属 Soil genus	土种 Soil species	土层码 Layer code	土层厚度 Depth/cm	颜色 Soil color	质地 Soil texture	土壤结构 Soil structure	pH	有机质 OM/(g/kg)	全氮 TN/(g/kg)	全磷 TP/(g/kg)	全钾 TK/(g/kg)	碱解氮 AN/(mg/kg)	有效磷 AP/(mg/kg)	阳离子交换量CEC/(cmol/kg)	土壤母质 Parent material	剖面点坐标 Profile coordinate	匹配指数 Matching index/%
剖28	人为土	淹育水稻土	红壤性淹育水稻土	黄木香土田	A	0—17	暗灰黄色	重壤土	核块状	5.1	62.9	3.30	0.90	24.5	330		11.6	红壤性风化坡积物	E 101°03′04.7″ N 23°43′37.6″	93
					P	17—27	棕灰色	中壤土	块状	5.0	60.4	3.00	0.90	24.0	310		11.2			
					B	27—70	暗棕灰色	中壤土	块状	5.3	64.4	3.00	0.90	23.5	301		11.6			
					C	70—100	浅棕黄色	中壤土	粒状	5.6	48.3	2.30	1.00	23.5	220		11.2			
剖29	初育土	酸性紫色土	紫色岩类酸性紫色土	酸羊肝土	A	0—30	紫棕色	轻壤土	粒状	5.7	22.7	0.90	0.30	15.9	110		7.5	紫色砂岩风化坡积物	E 101°09′15.8″ N 23°38′42.0″	88
					BC	30—70	紫棕色	中壤土	粒状	5.8	116.9	1.23	0.31	10.6	152		4.3			
剖30	人为土	潴育水稻土	老冲积潴性育水稻土	黄鸡粪土田	A	0—22	褐黄色	中壤土	核粒状	6.3	99.6	0.78	0.24	10.0	90		2.3	老冲积性泥质岩风化物	E 101°03′54.4″ N 23°38′16.8″	77
					P	22—28	灰黄色	中壤土	粒状	6.7	65.3	0.24	0.24	10.5	30		1.1			
					W₁	28—56	灰棕色	中壤土	柱状	7.2	102.1	0.50	0.26	9.7	60		1.9			
					W₂	56—100	黄色	中壤土	柱状											
剖31	人为土	淹育水稻土	新冲积性淹育水稻土	筛底黄砂田	A	0—18	灰黄色	重壤土	粒状	5.4	14.7	0.90	0.50	25.0	110		2.0	黄色冲积物	E 101°01′26.0″ N 23°37′36.1″	92
					C₁	18—36	褐色	轻壤土	粒状	6.5	10.1	0.80	0.40	27.0	71		2.0			
					C₂	36—90	褐色	砂壤土	粒状	7.1	5.2	0.50	0.50	29.5	30		0.4			
剖32	铁铝土	红壤	紫色岩红壤	紫木香土	A	0—10	红棕色	中壤土	核块状	5.1	10.8	1.00	0.10	12.7	90		9.4	紫色岩坡积物	E 101°05′55.0″ N 23°36′15.1″	99
					B	10—33	红棕色	中壤土	小块状	5.0	5.2	8.20	0.20	14.3	60		9.7			
					C	33—60	红棕色	重壤土	块状	5.1	8.5	8.50	2.20	13.5	60		9.4			

江城哈尼族彝族自治县

主要土类说明

赤红壤是江城哈尼族彝族自治县主要土壤类型，占本县地域面积的64%，分布在海拔800—1200m的低山河谷。植被为季雨林。成土母质以各种母岩风化残积物和坡积物为主。成土过程以富铝化作用和生物积累作用为主。本县赤红壤分为赤红壤、黄色赤红壤等亚类。赤红壤亚类具A-Bs-C剖面构型，土体脱硅富铝化程度仅次于砖红壤，比红壤强，铁的游离度介于二者之间，土壤呈赤红色。黏粒硅铝率为1.7—2.0，风化淋溶系数为0.05—0.15，盐基饱和度为15%—25%，pH为4.5—5.5。黄色赤红壤土体中氧化铁等矿物的水合度较高，有较明显的黄化层，土壤有机质和游离铁的活化度均高于典型的赤红壤，pH一般低于5.5，有明显的脱硅富铝化作用。次生黏土矿物中伊利石比基岩少13%—19%，高岭石和绿泥石比基岩多15%—20%。

红壤是江城哈尼族彝族自治县第二大土壤类型，占本县地域面积的18%，分布在海拔800—2200m的中山丘陵缓坡和平地。植被为常绿阔叶林。成土母质为石灰岩、砂页岩和玄武岩。成土过程以脱硅富铝化和生物富集为主。土体深厚，剖面层次发育完整。本县红壤分为红壤、黄红壤等亚类。红壤亚类呈中度脱硅富铝化特征，具A-Bs-Bv或A-Bs-C剖面构型。黏土矿物以高岭石、赤铁矿为主，黏粒硅铝率为1.8—2.4，风化淋溶系数小于0.2，盐基饱和度小于35%，pH为4.5—5.5，有效养分含量低，特别是速效磷含量低。表土呈浅棕红色至暗红棕色，为粒状至块状结构。淀积层可见深厚的红、黄、白相间的网纹状红色黏土。黄红壤所处区域水分条件较优，土体上部有黄化现象，以黄橙色或橙色为主，下部仍以高岭石为主，伴有蛭石和三水铝石。

砖红壤是江城哈尼族彝族自治县第三大土壤类型，占本县地域面积的11%。成土母质多为花岗岩、千枚岩、片麻岩、砂页岩及老冲积红土层。成土过程为脱硅富铝化过程和以生物为主导的养分吸收富集过程。本县砖红壤多为黄色砖红壤亚类，具A-Bs-Bv-C剖面构型，土壤黄化特征明显，B层呈黄棕色或黄色。土壤黏粒中游离铁占全铁的80%。黏土矿物以高岭石和针铁矿为主，黏粒硅铝率小于1.6，风化淋溶系数小于0.05，盐基饱和度小于15%，pH为4.5—5.5。

紫色土占本县地域面积的4%。紫色土是由热带、亚热带紫红色岩层直接风化形成的具A-C剖面构型的土壤。其理化性质与母岩组成直接相关，土层浅薄，剖面层次发育不明显，仍处于初育阶段。母岩富含矿质养分，且风化迅速。

小于本县地域面积3%的土壤类型有水稻土和黄棕壤。

本区域中心区气候特征

本区域中心区气候特征值
Regional climate characteristics in central area of the region

气候带：南亚热带湿润气候 Climate region: South subtropical humid climate	
年平均气温/℃ Annual average temperature /℃	18.8
年平均最高气温/℃ Annual average maximum temperature /℃	25.3
年平均最低气温/℃ Annual average minimum temperature /℃	14.6
年降水量/mm Annual precipitation /mm	1295
≥10℃的积温/℃ Daily temperature accumulated in a year (≥10℃) /℃	6896
年日照时数/h Annual sunshine /h	2070
年平均相对湿度/% Annual average relative humidity /%	77
干燥度 Dryness	0.91

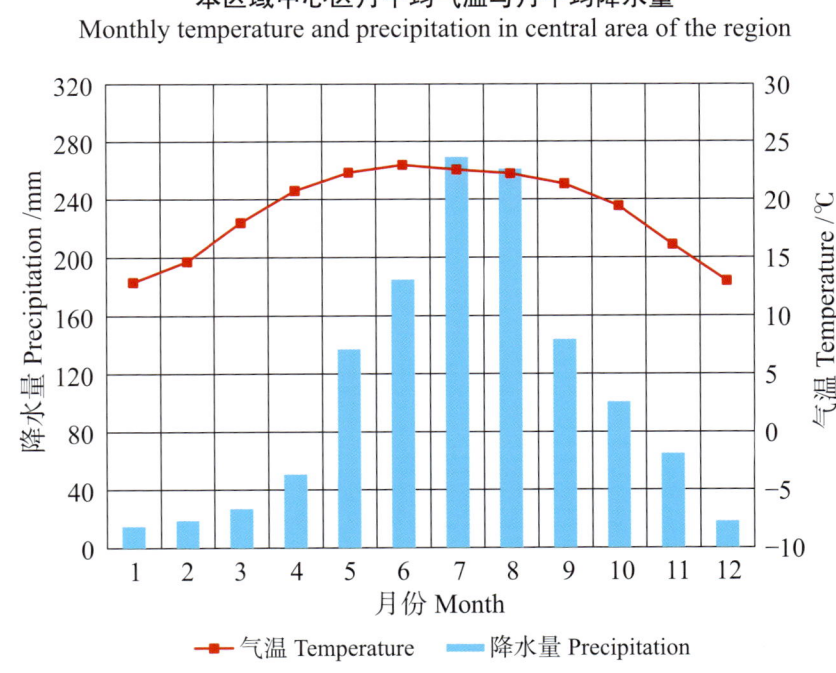

本区域中心区月平均气温与月平均降水量
Monthly temperature and precipitation in central area of the region

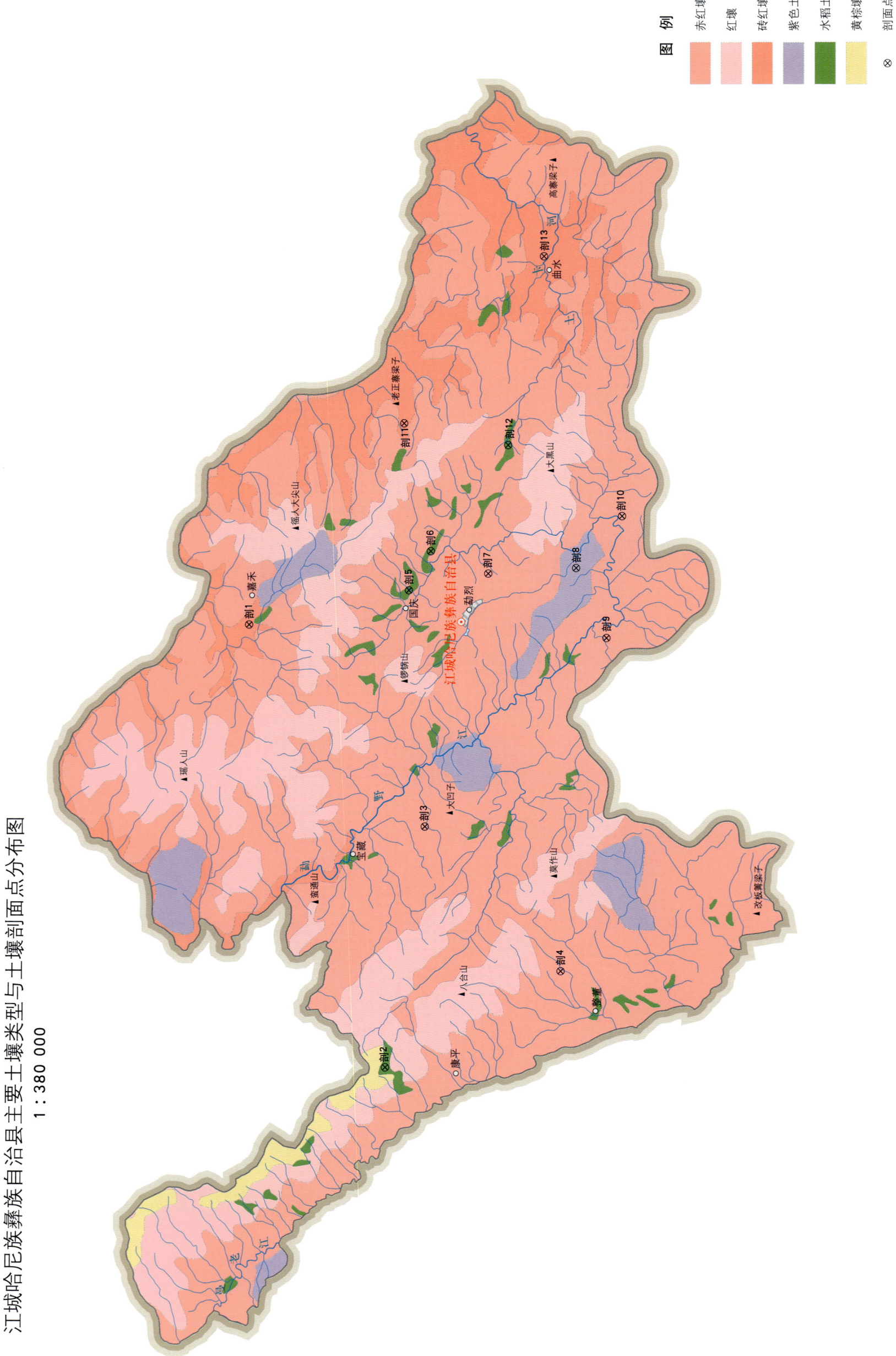

江城哈尼族彝族自治县主要土壤类型与土壤剖面点分布图

1∶380 000

江城哈尼族彝族自治县土壤剖面理化性状表

剖面号 Soil profile	土纲 Soil order	土类 Soil great group	亚类 Soil subgroup	土属 Soil genus	土种 Soil species	土层码 Layer code	土层厚度 Depth/cm	颜色 Soil color	质地 Soil texture	土壤结构 Soil structure	pH	有机质 OM/(g/kg)	全氮 TN/(g/kg)	全磷 TP/(g/kg)	全钾 TK/(g/kg)	碱解氮 AN/(mg/kg)	有效磷 AP/(mg/kg)	阳离子交换量CEC/(cmol/kg)	剖面点坐标 Profile coordinate	匹配指数 Matching index/%
剖1	铁铝土	砖红壤	红色砖红壤	紫红砖红壤	砖红紫泥田	A	0—14	紫棕色	中壤土	粒状	4.8	35.2	1.55	0.52	9.9	162		8.5	E 101°51′11.5″ N 22°46′01.2″	75
						B₁	14—77	紫红棕色	中壤土	粒状	4.6	15.0	1.00	0.48	10.1	113		7.1		
						B₂	77—100	紫红棕色	中壤土	核状	4.8	6.2	1.92	0.58	11.7	76		17.0		
剖2	人为土	水稻土	淹育水稻土	砂泥田	紫红砂泥田	Ap	0—15	紫棕色	重壤土	核块状	5.0	28.4	1.13	0.46	15.8	193		7.0	E 101°27′34.2″ N 22°39′36.4″	73
						B	15—22	紫棕色	中壤土	核块状	6.0	13.5	0.60	0.89	11.8	80		5.4		
						C	22—90	浅棕色	中壤土	核块状	7.1	4.8	0.26	0.33	8.3	30		2.6		
剖3	铁铝土	赤红壤	黄色赤红壤	砂质黄色赤红壤	砂质黄色赤红壤	A	0—11	暗灰棕色	中壤土	粒状	4.0	61.2	1.24	1.49	10.7	195		16.7	E 101°40′19.9″ N 22°37′28.9″	89
						AB	11—30	红棕色	重壤土	核粒状	4.0	22.2	0.66	1.14	10.0	129		14.3		
						B	30—90	浅棕色	重壤土	核块状	4.2	8.6	0.90	1.20	14.5	40		7.9		
剖4	铁铝土	赤红壤	黄色赤红壤	赤黄紫泥土	赤黄紫泥土	A	0—20	暗黄棕色	壤质黏土	粒状	4.7	38.9	1.62	0.52	9.9	157		11.3	E 101°32′32.6″ N 22°30′52.6″	88
						B	20—47	红黄棕色	壤质黏土	块状	4.7	11.9	0.72	0.52	16.2	83		8.6		
						C	47—100	紫棕色	黏土	块状	4.8	7.1	0.55	0.35	21.0	57		6.9		
剖5	人为土	水稻土	渗育水稻土	暗砂胶泥田	暗紫紫砂胶田	A	0—14	紫棕色	中壤土	核块状	6.5	17.4	0.81	0.66	20.5	100		7.3	E 101°52′51.6″ N 22°38′06.4″	100
						Ap	14—30	紫色	重壤土	核块状	7.7	14.6	0.58	0.41	13.6	60		8.3		
						P	30—58	紫色	重壤土	核块状	7.7	10.6	0.38	0.37	15.2	43		9.8		
						C	58—100	红棕色	重壤土	块状	7.4	6.4	0.36	0.37	15.6	39		7.8		
剖6	人为土	水稻土	渗育水稻土	暗红胶田	暗红胶田	A	0—15	红棕色	重壤土	核块状	5.8	33.6	1.25	0.70	22.4	170		10.7	E 101°54′54.7″ N 22°36′59.0″	86
						Ap	15—40	暗红棕色	重壤土	碎块状	5.9	24.2	0.98	0.64	23.0	122		15.5		
						B	40—70	暗红棕色	轻壤土	核块状	5.0	16.9	0.82	0.48	23.1	77		9.2		
剖7	铁铝土	赤红壤	赤红壤	紫赤红土	紫赤红土	A	0—18	红棕色	砂质黏壤土	核块状	5.1	26.9	0.84	0.22	10.0	160	微量	6.0	E 101°53′39.8″ N 22°34′10.2″	84
						B	18—70	红黄色	砂质黏土	块状	5.0	7.6	0.36	0.19	11.5	59	微量	3.8		
						C	70—100	红色	重壤土	块状	5.0	4.5	0.36	0.14	11.8	50	微量	2.1		
剖8	初育土	紫色土	酸性紫色土	红紫泥土	石子羊肝土	A	0—27	紫棕色	轻壤土	核块状	5.1	46.4	1.89	0.78	28.0	225		13.4	E 101°53′52.4″ N 22°29′49.6″	81
剖9	铁铝土	赤红壤	赤红壤	紫赤红土	紫赤红土	A	0—18	暗棕色	中壤土	核状	5.1	26.9	0.84	0.22	10.0	160		6.0	E 101°50′08.4″ N 22°28′23.3″	93
						B	18—70	红棕色	中壤土	核状	5.0	7.6	0.36	0.14	11.5	58		3.8		
						C	70—100	红棕色	中壤土	核状	5.0	4.9	0.36	0.14	11.8	50		2.1		
剖10	铁铝土	赤红壤	黄色赤红壤	紫黄黄色赤红壤	紫底黄末香土	A	0—20	暗黄棕色	中壤土	粒状	4.7	38.9	1.62	0.52	9.9	157		11.3	E 101°56′34.5″ N 22°27′31.4″	91
						B₁	20—47	红黄棕色	重壤土	核块状	4.7	11.9	0.72	0.52	16.2	83		8.6		
						B₂	47—100	红橙	轻壤土	块状	4.8	7.1	0.55	0.35	21.1	57		69.0		
剖11	铁铝土	砖红壤	黄色砖红壤	泥质岩类黄色砖红壤	泥质黄色砖红壤	1	0—10	橙	重壤土		4.4	43.7	2.41	0.59	18.1	213		13.9	E 102°01′41.5″ N 22°38′11.8″	95
						AB	10—40	黄橙色	轻壤土	核块状	4.6	20.8	1.88	0.22	20.4	135		13.3		
						B	40—100	黄橙色	轻壤土	棱块状	4.8	8.3	1.84	0.44	23.6	125		10.4		
剖12	人为土	水稻土	潴育水稻土	冷锈田	锈水田	Apg	0—24	紫	重壤土	块状	5.6	33.3	1.07	0.41	19.2	144		7.9	E 102°00′25.9″ N 22°33′04.7″	95
						B	24—51	紫灰色	中壤土	核状	5.2	17.6	0.78	0.30	11.1	66		2.3		
						C	51—95	紫红棕色	中壤土	烂块状	5.6	26.1	0.93	0.14	13.4	88		4.0		
剖13	铁铝土	砖红壤	黄色砖红壤	泥质岩类黄色砖红壤	砖黄胶土	A	0—15	暗黄橙色	重壤土	粒状	4.9	46.6	1.69	0.80		179		17.0	E 102°10′22.5″ N 22°31′08.5″	79
						AB	15—60	暗黄橙色	重壤土	粒状	4.7	33.6	1.01	0.80		88		15.9		
						B₁	60—130	橙色	轻壤土	块状	5.1	31.8	0.86	0.78		64		15.5		
						B₂	130—210		重壤土		4.8	28.5	0.68	0.74		58		12.1		

孟连傣族拉祜族佤族自治县

主要土类说明

赤红壤是孟连傣族拉祜族佤族自治县主要土壤类型，占本县地域面积的 66%，分布在海拔 800—1200m 的低山河谷。植被为常绿阔叶林。成土母质以各种母岩风化残积物和坡积物为主。成土过程以富铝化作用和生物积累作用为主。本县赤红壤分为赤红壤、黄色赤红壤等亚类。赤红壤亚类具 A-Bs-C 剖面构型，土体脱硅富铝化程度仅次于砖红壤，比红壤强，铁的游离度介于二者之间，土壤呈赤红色。黏粒硅铝率为 1.7—2.0，风化淋溶系数为 0.05—0.15，盐基饱和度为 15%—25%，pH 为 4.5—5.5。黄色赤红壤土体中氧化铁等矿物的水合度较高，有较明显的黄化层，土壤有机质和游离铁的活化度均高于典型的赤红壤，pH 一般低于 5.5，有明显的脱硅富铝化作用。次生黏土矿物中伊利石比基岩少 13%—19%，高岭石和绿泥石比基岩多 15%—20%。

红壤是孟连傣族拉祜族佤族自治县第二大土壤类型，占本县地域面积的 12%，分布在山区。植被主要为常绿阔叶林。成土母质主要为第四纪红色黏土和石灰岩风化残积物。成土过程以脱硅富铝化和生物富集为主。土体深厚，剖面层次发育完整。本县红壤分为红壤、黄红壤、红壤性土等亚类。其中，红壤亚类面积较大，呈中度脱硅富铝化特征，具 A-Bs-Bv 或 A-Bs-C 剖面构型。黏土矿物以高岭石、赤铁矿为主，黏粒硅铝率为 1.8—2.4，风化淋溶系数小于 0.2，盐基饱和度小于 35%，pH 为 4.5—5.5，表土有机质含量在 34g/kg 左右。

黄壤是孟连傣族拉祜族佤族自治县第三大土壤类型，占本县地域面积的 11%，分布在海拔 700—1200m 的山地。成土母质多为砂页岩。成土过程为脱硅富铝化、生物富集和黄化过程。黄壤具 O-A-AB-B-C 剖面构型，有机质含量可达 100g/kg，pH 为 4.5—5.5。本县黄壤分为暗黄壤、黄壤性土等亚类。

黄棕壤占本县地域面积的 5%，主要分布在海拔 2300—2700m 的山区。成土母质多为砂页岩及花岗岩风化物。成土过程受淋溶、黏化及弱富铝化作用的影响。受海拔和生物气候影响，土壤腐殖化作用、淋溶作用和水化作用同时存在，土壤呈微酸性或酸性，表土有机质较为丰富。由于土壤中有大量的水合氧化铁，土壤颜色偏黄。土层弱度富铝化，黏聚现象明显。土层深厚，淋溶作用明显，表土呈棕灰色，心土呈灰黄色或浅黄棕色。

水稻土占本县地域面积的 4%。水稻土是在长期的季节性淹灌、水下翻耕、季节性脱水、氧化还原交替影响下，原来的成土母质或母土的特性发生重大改变形成的新的土壤类型。由于干湿交替，水稻土形成糊状的淹育层、较坚实板结的犁底层、渗育层、潴育层与潜育层等多种发生层。这些不同发生层是在人为耕作、水浆管理下形成的。

小于本县地域面积 3% 的土壤类型有砖红壤。

本区域中心区气候特征

本区域中心区气候特征值
Regional climate characteristics in central area of the region

气候带：边缘热带湿润气候 Climate region: Edge tropical humid climate	
年平均气温 /℃ Annual average temperature /℃	19.1
年平均最高气温 /℃ Annual average maximum temperature /℃	26.8
年平均最低气温 /℃ Annual average minimum temperature /℃	14.2
年降水量 /mm Annual precipitation /mm	1590
≥10℃的积温 /℃ Daily temperature accumulated in a year（≥10℃）/℃	6888
年日照时数 /h Annual sunshine /h	2093
年平均相对湿度 /% Annual average relative humidity /%	78
干燥度 Dryness	0.70

本区域中心区月平均气温与月平均降水量
Monthly temperature and precipitation in central area of the region

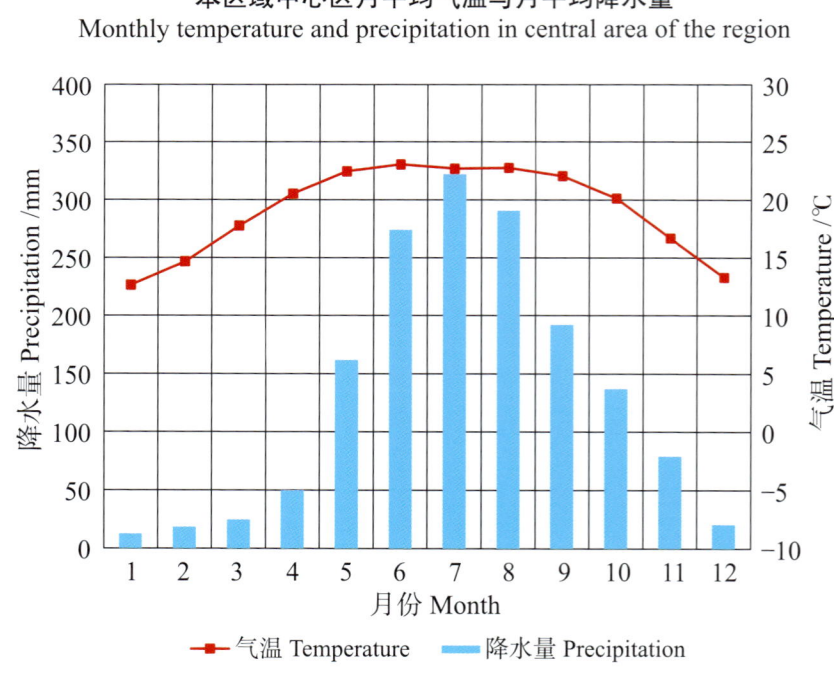

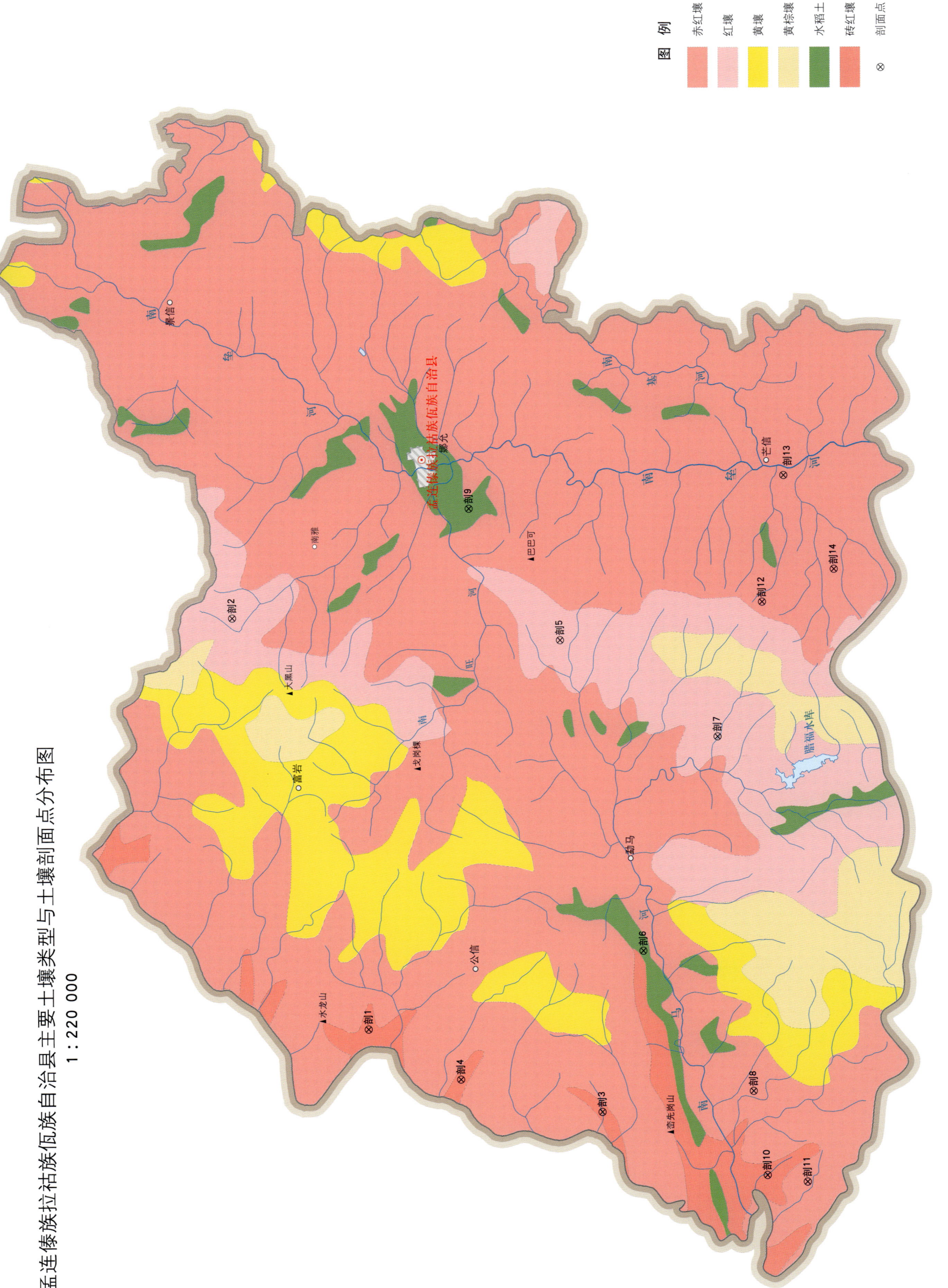

孟连傣族拉祜族佤族自治县土壤剖面理化性状表

剖面号 Soil profile	土纲 Soil order	土类 Soil great group	亚类 Soil subgroup	土属 Soil genus	土种 Soil species	土层码 Layer code	土层厚度 Depth/cm	颜色 Soil color	质地 Soil texture	土壤结构 Soil structure	pH	有机质 OM/(g/kg)	全氮 TN/(g/kg)	全磷 TP/(g/kg)	全钾 TK/(g/kg)	碱解氮 AN/(mg/kg)	有效磷 AP/(mg/kg)	阳离子交换量 CEC/(cmol/kg)	土壤母质 Parent material	剖面点坐标 Profile coordinate	匹配指数 Matching index/%
剖1	铁铝土	砖红壤	黄色砖红壤	泥质岩类黄色砖红壤	砖黑土	A	0—17	暗灰棕色	轻壤土	粒状	6.7	101.2	3.62	3.46	15.3	263		27.4		E 99°17′10.9″ N 22°21′35.6″	75
						B	17—64	紫棕色	轻壤土	核状	5.8	27.8	1.03	3.18	20.6	82		14.2			
						C	64—120	紫色	中壤土	核状	5.6	29.6	0.90	3.64	20.2	89		14.0			
剖2	铁铝土	红壤	黄红壤	紫色岩黄红壤		A	0—10	紫色	中壤土	粒状	5.1	84.1	3.88	0.71	12.2	276		19.6		E 99°30′05.4″ N 22°25′30.0″	79
						B	10—35	浅黄棕色	重壤土	粒状	4.9	18.9	1.50	0.44	13.9	96		8.7			
						C	35—90	黄色	重壤土	粒状	5.0	10.6	0.87	3.93	14.0	55		5.9			
剖3	铁铝土	砖红壤	黄色砖红壤	泥质岩类黄色砖红壤	砖灰黄土	A	0—13	褐色	中壤土	核粒状	5.7	44.4	2.41	1.19	25.8	204		6.0		E 99°14′34.2″ N 22°14′45.4″	75
						B	13—60	浅黄棕色	重壤土	核状	4.9	15.5	1.36	0.76	28.5	80		6.3			
						C	60—90	浅黄黄色	重壤土	核状	4.8	9.7	0.84	0.76	25.7	70		8.1			
剖4	铁铝土	砖红壤	黄色砖红壤	泥质岩类黄色砖红壤	砖紫灰土	A	0—14	褐色	重壤土	核状	5.0	36.7	2.36	0.84	22.8	186		10.8	泥质岩类	E 99°15′36.6″ N 22°18′53.7″	76
						B	14—75	浅黄棕色	重壤土	核状	5.8	15.7	1.00	0.92	23.8	71		7.0			
						C	75—120	黄橙色	重壤土	核状	4.8	6.6	1.08	0.82	24.5	77		16.9			
剖5	铁铝土	红壤	红壤	紫色岩红壤	紫红香面土	A	0—13	紫棕色	中壤土	粒状	5.1	44.0	2.35	1.03	13.4	275		11.2	紫色岩类	E 99°29′20.0″ N 22°15′53.2″	85
						B	13—40	浅红色	重壤土	核状	5.0	18.8	1.28	0.64	11.6	120		12.3			
						C	40—100	灰红色	重壤土	粒状	5.0	9.6	0.95	0.54	17.0	47		10.6			
剖6	人为土	水稻土	潴育水稻土	冲积性潴育水稻土	黄泥田	A	0—10	灰黄色	重壤土	块状	6.8	34.0	0.51	2.72	13.6	157		14.5		E 99°19′33.2″ N 22°13′31.1″	97
						P	10—18	灰棕色	重壤土	棱柱状	5.6	26.6	1.18	1.13	14.2	124		15.5			
						W	18—65	灰棕色	重壤土	棱柱状	5.6	13.4	0.64	3.15	16.0	70		15.5			
						G	65—90	灰黄色	重壤土	核粒状	5.6	12.0	0.39	3.30	18.4	65		16.0			
剖7	铁铝土	红壤	红壤	粗粒结晶岩类红壤	红香面土	A	0—13	暗棕色	中壤土	粒状	4.6	59.4	3.42	1.30	14.6	160		21.2	粗粒结晶岩类	E 99°26′16.4″ N 22°11′17.5″	99
						B	13—50	暗红棕色	重壤土	粒状	5.0	37.3	1.84	0.97	16.9	172		13.0			
						C	50—100	红红色	重壤土	粒状	5.4	14.7	1.02	0.86	15.6	76		9.9			
剖8	铁铝土	赤红壤	黄色赤红壤	泥质岩类黄色赤红壤	灰黄末香土	A	0—13	灰棕色	轻壤土	块状	6.0	31.8	1.47	0.56	10.9	129		13.9	泥质岩类	E 99°15′11.0″ N 22°10′19.2″	93
						B	13—45	浅红棕色	重壤土	粒状	6.1	18.3	1.13	0.40	13.9	66		14.8			
						C	45—95	浅红黄色	重壤土	核粒状	4.7	13.1	0.96	0.75	17.1	58		13.7			
剖9	人为土	水稻土	潴育水稻土	冲积性潴育水稻土	白泥田	A	0—17	灰白色	重壤土	粒状	5.0	44.1	2.14	0.58	17.5	212		8.4		E 99°33′28.6″ N 22°18′31.8″	93
						P	17—32	褐色	中壤土	块状	5.0	14.8	1.04	0.41	17.5	91		3.8			
						W	32—50	紫色	轻壤土	粒状	6.8	6.8	0.57	0.37	15.9	36		3.3			
						C	50—85	灰黄色	中壤土	核状	6.8	6.6	0.41	0.65	20.3	35		4.9			
剖10	铁铝土	砖红壤	黄色砖红壤	泥质岩类黄色砖红壤	砖黄土	A	0—15	灰黄色	重壤土	粒状	4.8	37.7	1.68	0.77	27.8	98		10.9		E 99°12′35.2″ N 22°09′55.7″	98
						B	15—55	紫棕色	中壤土	块状	4.7	22.3	1.23	0.37	27.8	98		13.0			
						C	55—100	灰黄色	重壤土	粒状	5.2	18.2	1.21	0.15	27.1	73		9.7			
剖11	铁铝土	赤红壤	黄色赤红壤	泥质岩类黄色赤红壤	暗黄末香土	A	0—12	紫棕色	中壤土	粒状	4.7	56.8	2.23	0.28	19.6	161		11.9	泥质岩类	E 99°12′22.4″ N 22°08′45.1″	76
						B	12—47	红棕色	中壤土	粒状	4.6	20.8	1.25	0.28	22.5	82		6.3			
						C	47—61	红棕色	中壤土	粒状	6.2	14.5	1.17	0.42	24.4	69		6.5			
剖12	铁铝土	赤红壤	赤红壤	黏赤土	赤末土	A_{11}	0—20	暗红棕色	壤质黏土	屑粒状	5.7	67.5	2.54	4.78	6.8	242	30.0	10.9		E 99°30′29.7″ N 22°09′57.3″	72
						B_1	20—90	红棕色	黏土	大块状	5.7	46.3	0.83	2.57	5.5	99	3.0	13.8			
						B_2	90—160	暗红棕色	黏土	核粒状	5.7	29.5	0.55	1.78	6.5	50	4.0	11.7			
剖13	铁铝土	赤红壤	赤红壤	赤红大土	赤末香土	A	0—21	暗红棕色	轻黏土	大块状	5.7	52.0								E 99°34′27.1″ N 22°09′17.6″	100
						B	21—95	红棕色	黏土	核状	5.7	28.7									
						C	95—150	红棕色	黏土	块状	5.7	18.7									

续表 Continued

剖面号 Soil profile	土纲 Soil order	土类 Soil great group	亚类 Soil subgroup	土属 Soil genus	土种 Soil species	土层码 Layer code	土层厚度 Depth/cm	颜色 Soil color	质地 Soil texture	土壤结构 Soil structure	pH	有机质 OM/(g/kg)	全氮 TN/(g/kg)	全磷 TP/(g/kg)	全钾 TK/(g/kg)	碱解氮 AN/(mg/kg)	有效磷 AP/(mg/kg)	阳离子交换量CEC/(cmol/kg)	土壤母质 Parent material	剖面点坐标 Profile coordinate	匹配指数 Matching index/%
剖14	铁铝土	赤红壤	黄色赤红壤	泥质岩类黄色赤红壤	石子土	A	0—8	暗黄棕色	重壤土	粒状	5.5	46.2	2.40	0.87	10.8	171		17.9	泥质岩类	E 99°31′30.5″ N 22°07′50.6″	97
						BC	8—25	棕黄色	重壤土		5.6	38.6	1.86	0.94	12.6	190		11.2			
						3	25—														

澜沧拉祜族自治县

主要土类说明

赤红壤是澜沧拉祜族自治县主要土壤类型，占本县地域面积的50%，广泛分布在海拔800—1500m的中低山岭、丘陵缓坡及河谷盆地。植被为常绿阔叶林和次生针叶林。成土母质为花岗岩、泥质岩、石灰岩和紫色岩等多种岩类风化物。成土过程以富铝化作用和生物积累作用为主。由于赤红壤所处区域气候温和，雨量丰沛，因此土壤发育比较完整，土层深厚、肥实，适种性广。

红壤是澜沧拉祜族自治县第二大土壤类型，占本县地域面积的30%，主要分布在海拔1500—1900m的中山峡谷及山岭丘陵地貌。植被为常绿阔叶林。成土母质为结晶岩、泥质岩、紫红岩、碳酸岩风化坡积物。成土过程以脱硅富铝化和生物富集为主。土体厚薄不一，表土pH为4.3—5.9，个别土壤pH低至3.9，也有少数耕地土壤pH在7.0以上。土壤有机质含量一般为30.0—81.0g/kg，全氮含量为0.47—5.17g/kg，全磷含量为0.36—1.72g/kg，全钾含量为12.9—22.0g/kg。

黄棕壤是澜沧拉祜族自治县第三大土壤类型，占本县地域面积的12%，主要分布在海拔1900—2516m的高山地貌。该区域多雨多雾，气候冷凉，湿度较高。植被以常绿阔叶林为主。成土母质为花岗岩、泥质岩、紫色岩、碳酸岩风化物，风化度高。成土过程以脱硅富铝化、生物富集和黄化过程为主。土体发育深浅不一，具A-B-C或A-(B)-C剖面构型。表土腐殖质层较厚，有机质含量较高，为30.7—86.8g/kg。一般表土pH为4.4—6.8，呈酸性，全磷含量为0.80—4.78g/kg，全钾含量为7.6—17.5g/kg，自然肥力较高。

水稻土占本县地域面积的3%，在海拔600—2000m的范围内有面积不等的分布，但70%以上集中分布在海拔1000—1400m的地区。水稻土是在人为长期淹水耕作活动的综合影响下发育形成的独特土类，其剖面属性、生产性能和产量等方面均优于其他土类。由于干湿交替，水稻土形成糊状的淹育层、较坚实板结的犁底层、渗育层、潴育层与潜育层等多种发生层。

紫色土占本县地域面积的3%。成土母质为紫色岩类风化物。紫色岩岩性较为脆弱，当地表植被遭到破坏后，经过地表水的不断冲刷淋溶，在高温多湿的作用影响下，物理风化强烈，土壤中半风化母质增多，土层浅薄，剖面层次不明显，具A-C剖面构型，土体颜色与母质基本一致，土壤理化性状变化较大。一般表土pH为3.6—5.9，有机质含量为14.2—76.6g/kg，全氮含量为0.40—2.99g/kg，全磷含量为0.28—1.02g/kg，全钾含量为18.2—22.1g/kg。

小于本县地域面积3%的土壤类型有砖红壤和黄壤。

本区域中心区气候特征

本区域中心区气候特征值
Regional climate characteristics in central area of the region

气候带：边缘热带湿润气候 Climate region: Edge tropical humid climate	
年平均气温/℃ Annual average temperature /℃	19.0
年平均最高气温/℃ Annual average maximum temperature /℃	26.5
年平均最低气温/℃ Annual average minimum temperature /℃	14.3
年降水量/mm Annual precipitation /mm	1520
≥10℃的积温/℃ Daily temperature accumulated in a year (≥10℃) /℃	6898
年日照时数/h Annual sunshine /h	2097
年平均相对湿度/% Annual average relative humidity /%	78
干燥度 Dryness	0.73

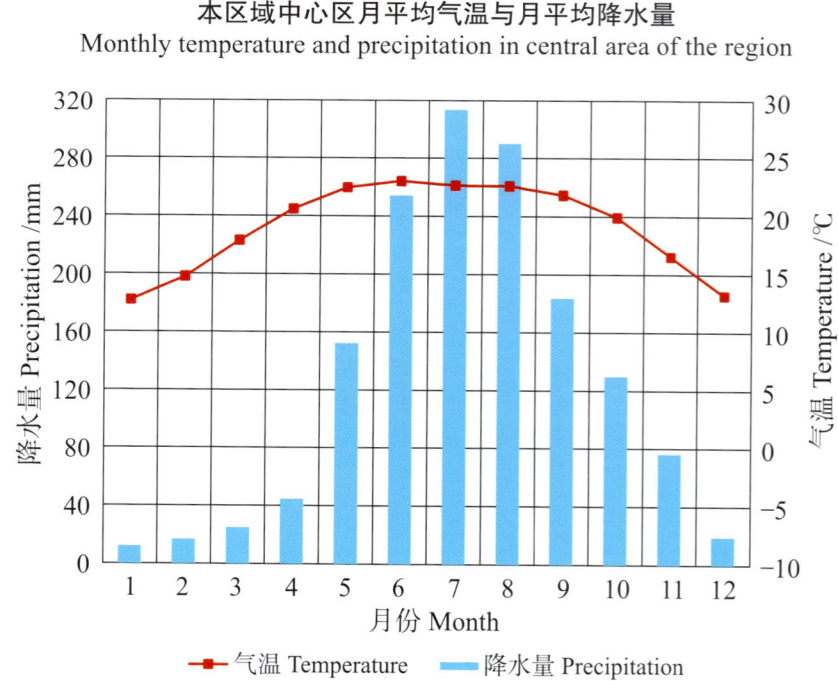

本区域中心区月平均气温与月平均降水量
Monthly temperature and precipitation in central area of the region

澜沧拉祜族自治县主要土壤类型与土壤剖面点分布图
1∶500 000

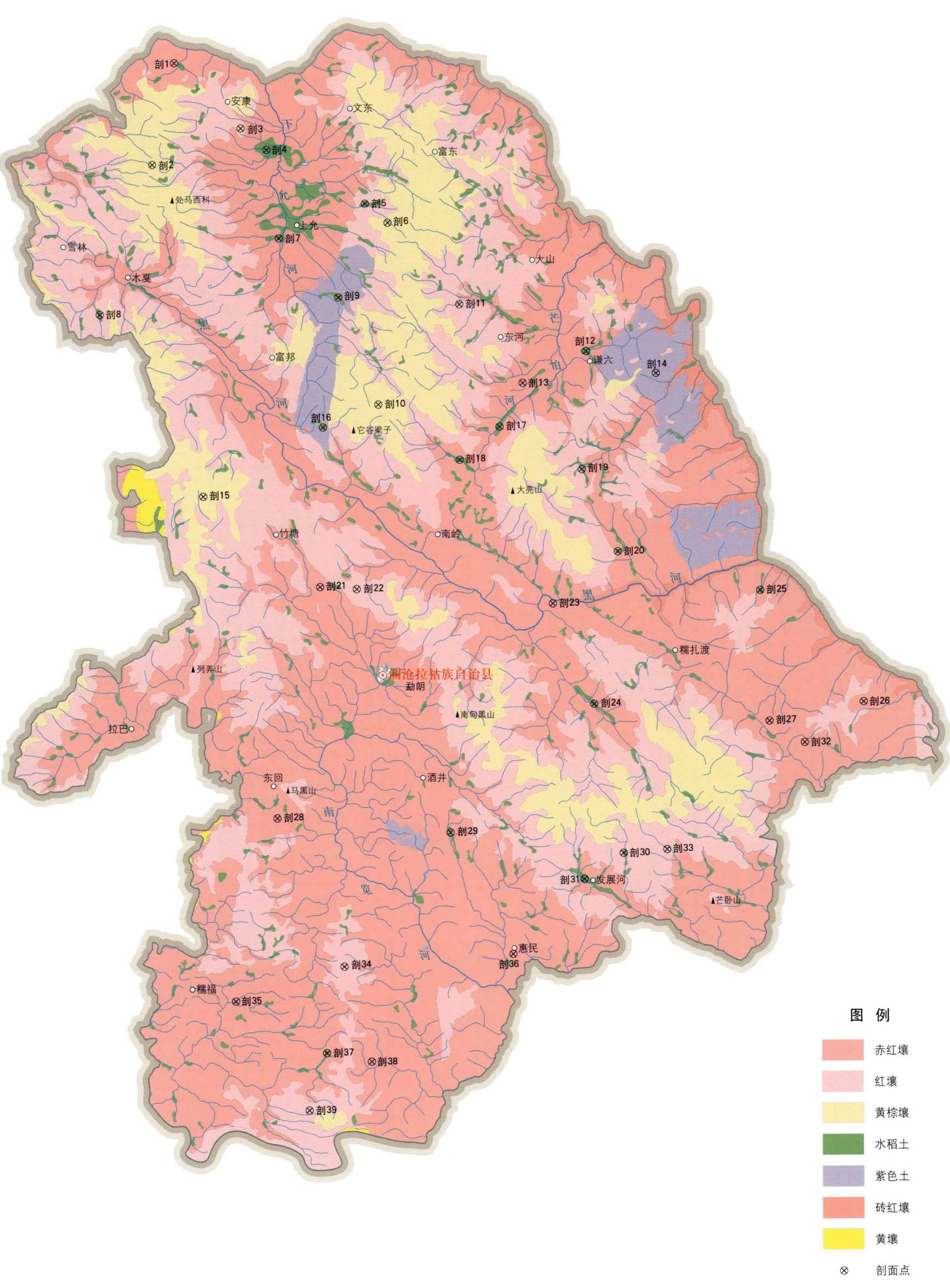

澜沧拉祜族自治县土壤剖面理化性状表

剖面号 Soil profile	土纲 Soil order	土类 Soil great group	亚类 Soil subgroup	土属 Soil genus	土种 Soil species	土层码 Layer code	土层厚度 Depth/cm	颜色 Soil color	质地 Soil texture	土壤结构 Soil structure	pH	有机质 OM/(g/kg)	全氮 TN/(g/kg)	全磷 TP/(g/kg)	全钾 TK/(g/kg)	碱解氮 AN/(mg/kg)	有效磷 AP/(mg/kg)	阳离子交换量CEC/(cmol/kg)	土壤母质 Parent material	剖面点坐标 Profile coordinate	匹配指数 Matching index/%
剖1	铁铝土	赤红壤	粗骨性赤红壤	泥质岩类粗骨性赤红壤		1	0~2	黄棕色	砂壤土	粒状	5.3	27.4	1.53	0.52	16.8	130		5.7	泥质岩类	E 99°41′20.8″ N 23°13′23.9″	83
						2	2~13	浅棕色	重壤土	粒状	5.1	9.3	1.04	0.32	18.3	64		10.9			
						3	13~50	浅棕色	中壤土	粒状	5.3	5.1	0.81	0.20	14.8	44		7.9			
剖2	淋溶土	黄棕壤	黄棕壤	泥质岩类黄棕壤		1	0~30	浅黄棕色	中壤土	粒状	4.7	30.8	1.20	0.56	16.6	124		4.4	泥质岩类	E 99°39′45.4″ N 23°06′49.3″	77
						2	30~60	红棕色	中壤土	核状	4.7	35.0	1.45	0.31	23.0	118		15.8			
						3	60~110	棕红色	重壤土	粒状	4.5	28.2	0.54	0.29	24.0	124		14.3			
剖3	铁铝土	红壤	黄红壤	黄红泥	黄红木香土	A	0~16	浅棕色	壤质黏土	屑粒状	4.7	46.9	2.77	0.24	10.1	226	0.4	15.9		E 99°46′01.9″ N 23°09′08.6″	72
						B	16~83	浅棕色	壤质黏土	小块状	4.6	18.3	0.92	0.14	11.0	86	0.4	7.5			
						C	83~100	黄橙色	壤质黏土	小块状	4.8	6.6	0.67	0.13	7.7	58	0.4	9.9			
剖4	人为土	水稻土	淹育水稻土	冲积性淹育水稻土	灰砂胶田	1	0~20	黄棕色	重壤土	核状	6.0	36.4	1.37	1.06	19.4	168		22.8	冲积物	E 99°47′50.3″ N 23°07′45.1″	85
						2	20~45	浅棕色	重砾质壤土	核粒状	6.4	23.6	0.89	0.98	22.8	96		16.0			
						3	45~90	浅黄棕色	重砾质壤土	粒状	5.4	26.9	0.77	1.65	24.5	98		15.2			
剖5	人为土	水稻土	潜育水稻土	冲积性潜育水稻土	冷浸田	1	0~16	浅灰黄色	轻壤土	粒状									冲积物	E 99°54′45.7″ N 23°04′12.7″	97
						2	16~26	浅灰黄色	轻壤土	粒状											
						3	26~100		轻壤土	粒状											
剖6	淋溶土	黄棕壤	黄棕壤	花岗岩黄棕壤		1	0~15	浅灰色	轻壤土	粒状	5.7	246.6	9.69	4.78	7.6	71		13.1	花岗岩	E 99°56′21.5″ N 23°02′57.1″	71
						2	15~104		砂壤土	粒状	4.8	90.2	3.34	3.28	10.3	349		12.0			
						3	104~117		砂壤土	粒状	4.5	10.4	0.61	2.59	10.5	70		13.3			
						4	117~124		砂壤土	核粒状	4.6	12.8	0.72	0.85	12.0	90		17.0			
剖7	人为土	水稻土	淹育水稻土	冲积性淹育水稻土	黄砂胶田	1	0~15	灰黄色	中壤土	核粒状	5.6	24.3	0.94	0.87	24.9	109		13.1	冲积物	E 99°48′38.9″ N 23°01′59.5″	89
						2	15~30	灰黄色	中壤土	核状	5.0	19.2	0.87	0.48	21.7	75		12.0			
						3	30~75	浅灰色	轻黏土	核状	5.3	19.3	0.98	0.45	23.7	97		13.3			
剖8	人为土	水稻土	淹育水稻土	紫色土性淹育水稻土	紫胶泥田	1	0~17	紫灰色	重黏土	核块状	5.8	31.6	1.50	0.14	23.8	140		17.0		E 99°35′57.5″ N 22°57′06.1″	100
						2	17~36	紫灰色	重黏土	核状	6.7	30.4	1.24	2.66	20.0	123		19.3			
						3	36~80	紫灰色	重黏土	核状	4.4	28.9	0.88	0.51	20.5	74		18.7			
剖9	人为土	水稻土	淹育水稻土	冲积性淹育水稻土	红胶泥田	1	0~20	橙色	重壤土	核块状	5.8	20.0				70			冲积物	E 99°52′49.4″ N 22°58′07.3″	70
						2	20~35	橙色	重壤土	核块状	5.7										
						3	35~85	浅灰色	轻壤土	核块状	5.7							3.9			
剖10	淋溶土	黄棕壤	黄棕壤	花岗岩黄棕壤		1	0~10		轻壤土	粒状	4.6	229.6	7.84	3.21	6.5	585		8.5	花岗岩	E 99°55′34.3″ N 22°51′09.4″	96
						2	10~18		中壤土	核状	4.6	211.5	7.07	0.15	7.5	465		11.7			
						3	18~35		砂壤土	核状	4.8	171.5	3.49	2.59	7.7	285		20.2			
						4	35~63		中壤土	核状	5.0	86.7	4.93	0.68	3.0	52		4.0			
						5	63~105		轻壤土	核状	5.0	5.4	3.20	0.93	6.4	283		21.3			
剖11	铁铝土	红壤	黄红壤	花岗岩黄红壤		1	0~22	棕灰色	重黏土	核状	4.6	79.0	2.00	0.83	5.7	184		11.1	花岗岩	E 100°01′22.1″ N 22°57′36.7″	79
						2	22~50	灰棕色	重黏土	核状	6.6	47.6	0.63	1.04	6.2	52		9.3			
						3	50~105	浅黄棕色	砂黏土	核状	5.1	13.2	1.80	0.63	13.1	215		12.0			
剖12	人为土	水稻土	淹育水稻土	红壤性淹育水稻土	灰白田	1	0~15	暗绿色	重黏土	核块状	4.9	31.7	2.10	0.94	12.0	232		15.9	红壤性母质	E 100°10′15.6″ N 22°54′30.2″	78
						2	15~25	暗白色	中壤土	核粒状		68.0									
剖13	铁铝土	赤红壤	红色赤红壤	花岗岩红色赤红壤		1	0~20	暗红色	轻壤土	粒状	5.0	45.4	1.68	0.72	8.7	205		10.4	花岗岩	E 100°05′45.6″ N 22°52′28.9″	75
						2	20~40	暗棕色	中壤土	粒状	5.4	25.7	0.96	0.40	6.6	110		7.8			
						3	40~90	浅棕色	中壤土	核粒状	5.8	18.1	0.99	0.28	6.2	90		6.7			
						4	90~110	浅棕红色	轻黏土	核粒状	6.0	13.8	0.70	0.30	5.6	65		6.5			

续表 Continued

剖面号 Soil profile	土纲 Soil order	亚类 Soil subgroup	土属 Soil genus	土种 Soil species	土层码 Layer code	土层厚度 Depth/cm	颜色 Soil color	质地 Soil texture	土壤结构 Soil structure	pH	有机质 OM/(g/kg)	全氮 TN/(g/kg)	全磷 TP/(g/kg)	全钾 TK/(g/kg)	碱解氮 AN/(mg/kg)	有效磷 AP/(mg/kg)	阳离子交换量CEC/(cmol/kg)	土壤母质 Parent material	剖面点坐标 Profile coordinate	匹配指数 Matching index/%
剖14	初育土	酸性紫色土	紫色岩类酸性紫色土		1	0—15	紫色	轻壤土	粒状	5.1	71.6	2.77	0.81	7.0	280		15.1	紫色岩类	E 100°15′10.1″ N 22°53′01.7″	80
剖15	淋溶土	黄棕壤	碳酸岩类黄棕壤		1	0—12	紫棕色	中壤土	粒状	5.6	9.0	0.68	0.54	6.5	52		10.7	碳酸岩类	E 99°43′08.4″ N 22°45′14.8″	82
					2	12—50	紫红棕色	中壤土	核粒状	5.5	6.4	0.50	0.53	5.8	32		10.9			
					3	50—90	紫红棕色	轻壤土	核粒状	5.6	44.0	2.14	1.29	17.7	202		14.7			
剖16	人为土	潴育水稻土	潴育水稻土	灰泥田	1	0—16	褐色	轻壤土	粒状	5.4	39.8	2.12	1.40	16.6	215		13.2		E 99°51′38.9″ N 22°49′42.2″	77
					2	16—25	褐色	中壤土	核状	6.1	37.6	1.45	1.21	17.2	201		13.2			
					3	25—49	褐色	轻壤土	核状	6.0	41.4	1.29	0.89	17.6	109		8.4			
					4	49—100	灰色	轻壤土	核状	6.0										
剖17	人为土	淹育水稻土	红壤性淹育水稻土	黄胶泥田	1	0—18	褐色	中壤土	核状	5.0	45.9	1.75	0.69	21.2	184		11.1		E 100°04′06.2″ N 22°49′39.4″	90
					2	18—42	灰黄色	中壤土	核粒状	5.0	39.3	1.80	0.39	18.5	119		11.3			
					3	42—60	浅黄色	中壤土	核粒状	4.7	36.9	1.71	0.83	20.4	102		12.1			
剖18	人为土	淹育水稻土	冲积性淹育水稻土	黄砂泥田	1	0—14	浅黄色	砂壤土	核粒状	5.6	20.0				41				E 100°01′16.7″ N 22°47′31.6″	91
					2	14—28	暗黄橙色	砂壤土	核粒状	6.1										
					3	28—94	黄橙色	中壤土	核粒状	6.0										
剖19	人为土	潴育水稻土	潴育水稻土	黄泥田	1	0—13	灰黄色	中壤土	核粒状	4.9	36.6	1.69	0.63	24.7	161		10.0		E 100°09′51.5″ N 22°46′49.8″	95
					2	13—28	灰黄色	中壤土	核粒状	4.8	24.8	0.58	0.73	22.2	127		8.2			
					3	28—70	灰黄色	中壤土	核粒状	5.7	7.0	2.03	0.73	21.2	46		15.9			
					4	70—90	浅灰黄色	轻壤土	粒状	5.7	59.2	5.97	1.83	8.0	145		18.2			
剖20	人为土	淹育水稻土	红壤性淹育水稻土	灰砂胶泥田	1	0—12	褐色	重壤土	粒状	5.4	37.4	1.74	1.47	7.1	157		9.7	红壤性母质	E 100°12′20.2″ N 22°41′27.6″	90
					2	12—22	棕色	中壤土	粒状	5.7	10.0	1.05	1.00	13.9	65		7.0			
					3	22—80	棕色	中壤土	核粒状	5.0	14.8	2.86	0.39	7.1	269		13.1			
剖21	铁铝土	红色赤红壤	石灰岩红色赤红壤		1	0—22	暗棕色	轻壤土	核粒状	4.6	13.4	0.94	0.14	9.4	43		9.0	石灰岩	E 99°51′19.4″ N 22°39′19.1″	75
					2	22—60	黄红色	重壤土	核粒状	4.7	6.2	0.71	0.06	14.3	81		8.7			
					3	60—120	红红色	重壤土	核粒状	4.9	5.1	0.59	0.04	10.9	33		9.5			
剖22	铁铝土	黄色赤红壤	泥质岩类黄色赤红壤	黄砂泥田	1	0—19	红棕色	重壤土	核粒状	5.7	30.4				70			泥质岩类	E 99°53′54.2″ N 22°39′10.1″	80
					2	19—64	浅黄色	重壤土	核粒状	5.7										
					3	64—84	棕色	重壤土	核粒状	5.7										
					4	84—138	浅黄色	重壤土	核粒状	5.7										
剖23	铁铝土	黄色赤红壤	花岗岩黄色赤红壤		1	0—15	暗灰黄色	重壤土	核粒状	5.2	29.9	1.01	0.91	23.8	144		12.3	花岗岩	E 100°07′42.2″ N 22°38′07.1″	90
					2	15—50	浅灰黄色	重壤土	核粒状	5.3	28.8	0.56	0.20	26.8	143		11.8			
					3	50—70	棕红色	重壤土	核粒状	6.5	11.4	2.96	0.53	13.5	53		10.0			
					4	70—110	浅灰黄色	重壤土	核粒状	5.7										
剖24	人为土	淹育水稻土	红壤性淹育水稻土	黄砂胶泥田	1	0—20	暗灰黄色	重壤土	核粒状	6.4	23.3	0.62	0.26	10.6	62		11.9	红壤性母质	E 100°10′31.8″ N 22°31′32.9″	75
					2	20—60	浅灰黄色	重壤土	核粒状	7.6	10.3	0.98	0.37	19.3	88		11.0			
					3	60—80	棕红色	重壤土	核粒状	7.2	4.7	0.71	0.57	19.3	37		10.4			
剖25	人为土	淹育水稻土	紫色土性淹育水稻土	紫砂胶泥田	1	0—10	紫红色	重壤土	核粒状									紫色岩类	E 100°22′18.8″ N 22°38′49.9″	77
					2	10—50	紫红色	重壤土	核粒状											
					3	50—90	紫红色	重壤土	核粒状											
剖26	铁铝土	红色赤红壤	中性岩红色赤红壤	红胶土	1	0—12	紫棕色	轻壤土	核状	4.7	34.3	1.55	0.85	18.7	136		13.6	中性岩	E 100°29′29.8″ N 22°31′30.7″	77
剖27	铁铝土	红色赤红壤	紫色岩类红色赤红壤	紫米香土	1	0—12	紫棕色	轻壤土	核状	4.1	40.1	1.55	0.85	18.7	174		13.6	紫色岩类	E 100°22′50.9″ N 22°30′19.4″	75
					2	12—38	紫棕色	轻壤土	核状	4.3	34.1	1.26	0.87	16.0	159		14.4			
					3	38—111	紫色	中壤土	核状	5.3	11.7	0.76	0.61	20.3	113		13.6			

续表 Continued

剖面号 Soil profile	土纲 Soil order	土类 Soil great group	亚类 Soil subgroup	土属 Soil genus	土种 Soil species	土层码 Layer code	土层厚度 Depth/cm	颜色 Soil color	质地 Soil texture	土壤结构 Soil structure	pH	有机质 OM/(g/kg)	全氮 TN/(g/kg)	全磷 TP/(g/kg)	全钾 TK/(g/kg)	碱解氮 AN/(mg/kg)	有效磷 AP/(mg/kg)	阳离子交换量 CEC/(cmol/kg)	土壤母质 Parent material	剖面点坐标 Profile coordinate	匹配指数 Matching index/%
剖28	铁铝土	赤红壤	红色赤红壤	石灰岩红色赤红壤	棕禾香土	1	0—15	棕色	轻黏土	核粒状	5.5	52.0	0.80	2.54	15.0	182		22.8		E 99°48′08.6″ N 22°24′17.6″	73
						2	15—47	浅棕色	轻黏土	核粒状	5.5	28.7	0.79	1.38	12.2	148		25.4			
						3	47—90	棕色	轻黏土	核粒状	5.4	18.7	0.65	0.74	23.3	112		26.4			
剖29	人为土	水稻土	淹育水稻土	冲积性淹育水稻土	红砂泥田	1	0—15	浅红灰色	轻壤土	粒状	5.3	16.6	1.08	0.45	19.8	89		7.5	冲积物	E 100°00′19.1″ N 22°23′16.4″	92
						2	15—25	红灰色	中壤土	粒状	6.7	18.6	0.86	0.63	18.7	69		8.8			
						3	25—60	灰红色	中壤土	粒状	6.7	20.7	0.85	0.26	19.6	75		9.6			
						4	60—90	灰红色	中壤土	粒状	6.9	16.1	0.59	0.56	17.7	60		11.3			
剖30	人为土	水稻土	潜育水稻土	冲积性潜育水稻土	烂巴田	1	0—14	浅灰色	轻壤土	粒状	4.7	62.8				273				E 100°12′28.4″ N 22°21′48.6″	81
						2	14—27	灰黄色	中壤土	粒状											
						3	27—78	浅灰色	轻壤土	粒状											
剖31	人为土	水稻土	淹育水稻土	冲积性淹育水稻土	灰砂泥田	1	0—14	浅灰黄色	砂壤土	粒状	5.1	14.0	1.25	0.49	16.7	93		3.6	冲积物	E 100°09′41.8″ N 22°20′08.5″	93
						2	14—34	灰黄色	砂壤土	粒状	5.4	0.5	0.49	0.66	15.9	30		3.6			
						3	34—85	浅红灰色	多砾质土	粒状	6.5	3.1	0.39	0.64	16.4	27		3.9			
剖32	铁铝土	赤红壤	红色赤红壤	紫色岩红色赤红壤		1	0—20	暗红棕色	轻壤土	核块状	5.6	32.0								E 100°25′18.1″ N 22°28′53.0″	73
						2	20—40	紫棕色	中壤土	核块状	5.6										
						3	40—100	紫色	轻壤土	粒状	6.0										
剖33	铁铝土	红壤		花岗岩红壤		1	0—16	黑棕色	中壤土	粒状									花岗岩	E 100°15′32.0″ N 22°22′00.8″	74
						2	16—44	棕色	轻壤土	粒状											
						3	44—100	浅棕色	轻壤土	粒状											
剖34	铁铝土	红壤		紫色岩红壤	瓦片石土	1	0—13		中壤土	核粒状	4.8	25.6	1.21			178			紫色岩类	E 99°52′44.6″ N 22°14′37.0″	72
剖35	铁铝土	赤红壤	红色赤红壤	泥质岩类红色赤红壤		1	0—10	橙色	中壤土	屑粒状	4.7	48.9	2.60	0.81	11.9	215	1.5	14.6		E 99°45′06.8″ N 22°12′27.0″	92
						2	10—73	浅红色	重壤土	碎粒状	5.4	15.2	1.33	0.48	12.8	102	1.5	11.1			
						3	73—156	红橙色	重壤土	块状	5.5	8.4	1.05	0.44	10.2	65	1.0	11.8			
						4	156—226	红橙色	中壤土		4.9										
剖36	铁铝土	赤红壤	黄色赤红壤	泥黄赤土	黄禾香土	A_{11}	0—15	亮棕色	黏土	粒状	4.9	27.0	1.02	0.64	20.1	112		6.7		E 100°04′37.9″ N 22°15′19.4″	91
						B_1	15—80	亮黄棕色	黏土	粒状	5.6	8.6	0.79	0.60	16.8	58		8.1			
						B_2	80—100	黄橙色	黏土	块状	5.2	26.0	1.27	0.30	17.2	119		6.4			
剖37	人为土	水稻土	淹育水稻土	冲积性淹育水稻土	黑砂泥田	1	0—16	浅灰棕色	砂壤土	粒状	4.8	15.1	1.93	2.57	18.4	182		13.0	冲积物	E 99°51′27.4″ N 22°09′04.7″	73
						2	16—37	棕灰色	轻壤土	核粒状	4.6	22.1	1.16	2.06	18.8	32		13.0			
						3	37—90	浅灰棕色	中壤土	核粒状	4.8	8.2	0.95	1.37	15.3	41		1.3			
剖38	铁铝土	赤红壤	黄色赤红壤	紫色岩黄色赤红壤		1	0—10	棕红色	砂壤土	粒状	4.2	63.4	0.78			333			紫色岩类	E 99°54′36.4″ N 22°08′30.2″	77
						2	10—40	浅黄棕色	轻壤土	粒状	5.1										
						3	40—80	浅黄棕色	中壤土	粒状											
剖39	铁铝土	红壤		泥质岩类红壤		1	0—20	暗棕色	砂壤土	粒状									泥质岩类	E 99°50′11.4″ N 22°05′24.4″	96
						2	20—50	浅红棕色	轻壤土	粒状											
						3	50—112	浅红棕色	轻壤土	粒状											

西盟佤族自治县

主要土类说明

赤红壤是西盟佤族自治县主要土壤类型，占本县地域面积的53%，分布在海拔800—1400m的低中山地、丘陵阶地和河谷两岸。成土母质以泥质岩类为主，部分为千枚岩、板岩、紫红色砂页岩、碳酸岩及少量基性岩和石英质岩类。成土过程以富铝化作用和生物积累作用为主。赤红壤具A-Bs-C剖面构型，土体脱硅富铝化程度仅次于砖红壤，比红壤强，铁的游离度介于二者之间，土壤呈赤红色。土体深厚，风化度高，原生矿物强烈分解，黏粒含量高，黏粒硅铝率为1.7—2.0，风化淋溶系数为0.05—0.15，盐基饱和度为15%—25%，pH为4.5—5.5。植被覆盖下的表土层生物积累量大，有机质和氮素含量高，有效磷缺乏。

黄壤是西盟佤族自治县第二大土壤类型，占本县地域面积的17%。黄壤发生于亚热带湿润条件下，中度富铝化。土壤有机质累积较高，具O-A-AB-B-C剖面构型。淀积层（B层）富含水合氧化物（针铁矿），呈黄色，有时含三水铝石。

黄棕壤是西盟佤族自治县第三大土壤类型，占本县地域面积的12%，分布在海拔1800m以上的中山山岭。原生湿性常绿阔叶林绝大多数保留完好。成土母质以泥质岩类为主。成土过程以脱硅富铝化、生物富集和黄化过程为主。土层淋溶强烈，盐基淋失，土壤酸性强，原生矿物分解，形成黏粒并随水下移，在心土层形成黏化层，具A-B-C或A-（B）-C剖面构型。因温度低于红壤，矿化分解和物质循环强度比红壤低，表土层积累的有机质和氮素含量比红壤高，但有效肥力较低。受多雨多湿的水分条件影响，B层黄化，局部有"漂白"现象。由片麻岩发育的黄棕壤土层深厚，酸度大，砂粒多，易崩塌；由碳酸岩发育的黄棕壤土体厚薄不一，酸度较小，质地黏重；由紫红砂页岩发育的黄棕壤土体较薄，易受侵蚀，黄化程度较差或近似母岩色泽。

红壤占本县地域面积的11%，分布在海拔1400—1900m的中山山地。原生半湿性常绿阔叶林大多被破坏，现以次生阔叶林、针阔叶混交林和灌丛草地为主。成土母质为泥质岩、千枚岩、板岩、紫红色砂页岩、碳酸岩和变质片麻岩等。成土过程以脱硅富铝化和生物富集为主。红壤具A-Bs-Bv或A-Bs-C剖面构型，有较厚的风化层。心土层结构体表面胶膜淀积明显。因温度低于赤红壤和砖红壤，表土层积累的有机质和氮素含量比赤红壤和砖红壤高，但分解较慢，有效肥力不如赤红壤和砖红壤。

砖红壤占本县地域面积的6%，分布在海拔800m以下的低山丘陵和河谷阶地。成土母质以泥质岩类为主，勐梭河谷有部分紫红岩和少量碳酸岩。砖红壤具A-Bs-Bv-C剖面构型，风化层深厚，风化度高。原生矿物风化为次生矿物，黏粒增加。盐基淋失，铁铝富集，黏粒硅铝率低，盐基不饱和，土壤呈酸性。

小于本县地域面积3%的土壤类型有水稻土。

本区域中心区气候特征

本区域中心区气候特征值
Regional climate characteristics in central area of the region

气候带：南亚热带湿润气候 Climate region: South subtropical humid climate	
年平均气温 /℃ Annual average temperature /℃	19.0
年平均最高气温 /℃ Annual average maximum temperature /℃	26.7
年平均最低气温 /℃ Annual average minimum temperature /℃	14.2
年降水量 /mm Annual precipitation /mm	1541
≥10℃的积温 /℃ Daily temperature accumulated in a year（≥10℃）/℃	6876
年日照时数 /h Annual sunshine /h	2106
年平均相对湿度 /% Annual average relative humidity /%	77
干燥度 Dryness	0.72

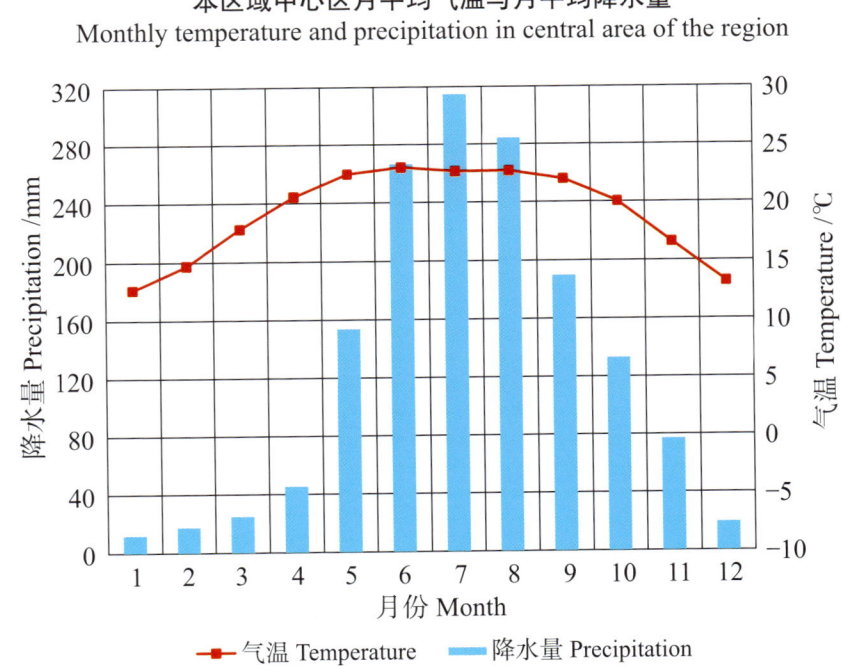

本区域中心区月平均气温与月平均降水量
Monthly temperature and precipitation in central area of the region

西盟佤族自治县主要土壤类型与土壤剖面点分布图
1：190 000

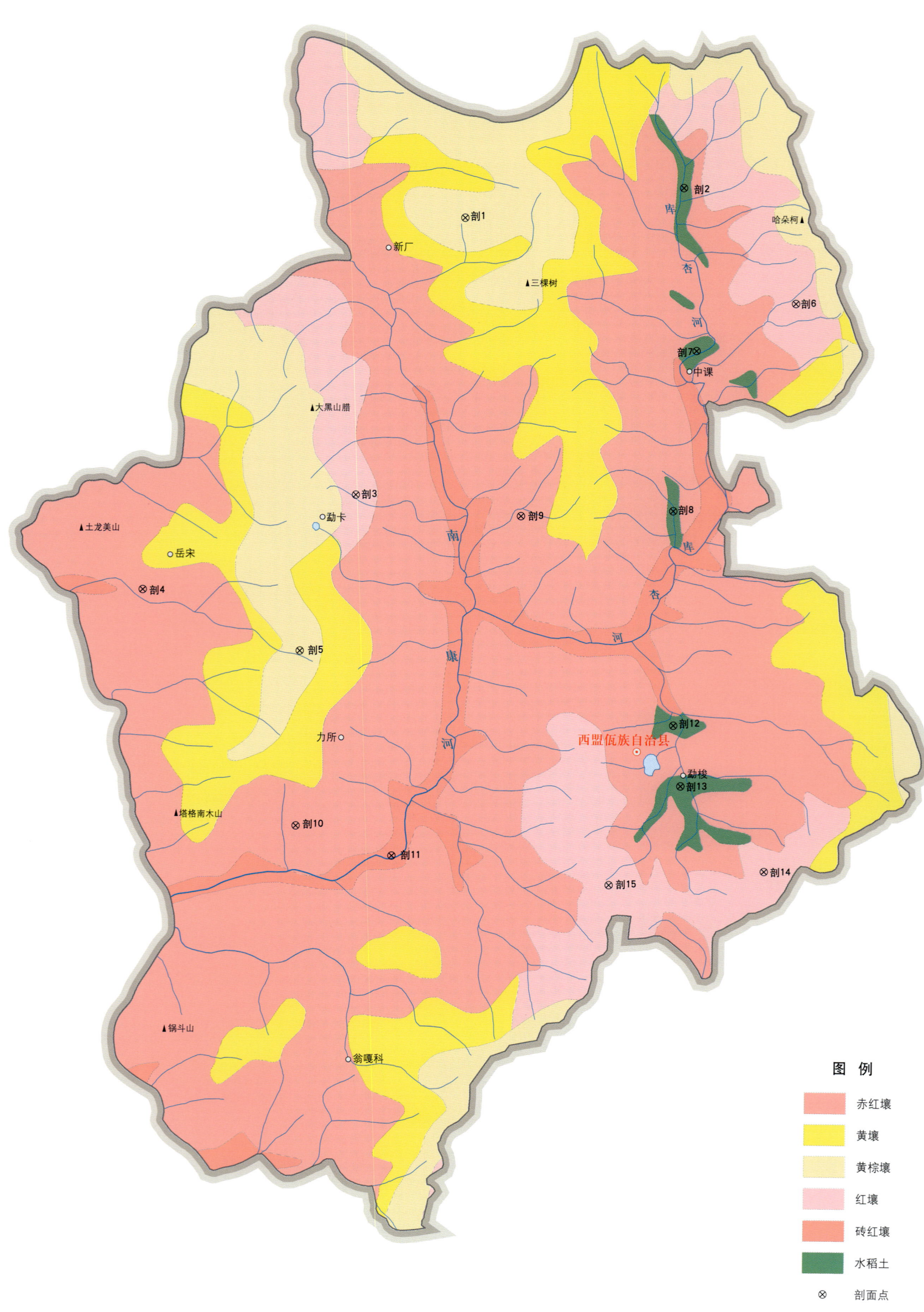

西盟佤族自治县土壤剖面理化性状表

剖面号 Soil profile	土纲 Soil order	土类 Soil great group	亚类 Soil subgroup	土属 Soil genus	土种 Soil species	土层码 Layer code	土层厚度 Depth/cm	颜色 Soil color	质地 Soil texture	土壤结构 Soil structure	pH	有机质 OM/(g/kg)	全氮 TN/(g/kg)	全磷 TP/(g/kg)	全钾 TK/(g/kg)	碱解氮 AN/(mg/kg)	阳离子交换量CEC/(cmol/kg)	土壤母质 Parent material	剖面点坐标 Profile coordinate	匹配指数 Matching index/%
剖1	淋溶土	黄棕壤	黄棕壤	紫红色岩黄棕壤	黑泡土	1	0～10	浅黄棕色	重壤土	粒状	7.1	29.0	2.12	1.88	19.2	123	9.9	紫红岩	E 99°30′37.4″ N 22°51′48.5″	94
						2	10～25	浅黄棕色	重壤土	块状	6.9	24.0	1.84	1.15	19.6	125	9.2			
						3	25～50	浅黄棕色	重壤土	核块状	7.3	19.8	1.44	1.21	19.2	100	7.2			
						4	50～100	黄红黄色	重壤土	块状	7.4	0.7	2.56	0.68	23.1	30	4.6			
剖2	人为土	水稻土	潜育水稻土	红壤性潜育水稻土	青泥田	1	0～30	棕色	重壤土	核状	4.8	46.0	1.94	0.66	16.9	238	15.5		E 99°36′25.6″ N 22°52′32.9″	76
						2	30～70	浅黄棕色	轻黏土	块状	5.0	20.4	1.04	0.41	15.9	124	9.8			
						3	70～110	浅黄棕色	轻黏土	块状	5.0	13.2	0.77	0.33	17.8	90	11.8			
剖3	铁铝土	红壤	黄红壤	粗粒结晶岩类黄红壤	黄砂胶土	1	0～34	浅黄棕色	重壤土	粒状	5.2	19.8	0.71	0.35	19.9	130	9.7		E 99°27′45.4″ N 22°45′00.8″	73
						2	34～58	浅黄棕色	轻黏土	核块状	5.3	13.1	0.57	0.36	17.0	74	8.0			
						3	58～100	红黄色	轻壤土	块状	5.3	9.4	0.65	0.39	17.6	67	8.4			
剖4	铁铝土	赤红壤	黄色赤红壤	泥质岩类黄色赤红壤	片黄末香土	1	0～30	红黄色	中壤土	核粒状	5.2	49.4	2.81	0.52	16.0	151	18.8	泥质岩类	E 99°22′07.1″ N 22°42′40.6″	79
						2	30～80	棕红色	重壤土	核块状	4.9	19.4	1.70	0.38	16.5	99	6.2			
						3	80～130	红棕色	重壤土	块状	5.2	12.3	1.44	0.29	23.4	105	4.2			
剖5	淋溶土	黄棕壤	黄棕壤	碳酸岩类黄棕壤	栗泡土	1	0～17	黑棕色	重壤土	粒状	5.2	40.3	2.09	0.22	11.3	190	13.8		E 99°26′17.8″ N 22°41′11.1″	73
						2	17～34	暗棕色	中黏土	核粒状	7.3	12.8	0.88	0.45	10.5	49	13.6			
						3	34～55	棕红色	重壤土	核块状	7.4	12.9	0.85	0.23	15.0	48	21.0			
						4	55～100	红棕色	中黏土	块状	6.7	10.1	0.84	0.29	9.1	39	19.1			
剖6	铁铝土	红壤	红壤	紫红岩红壤	紫红香面土	1	0～10	暗黄棕色	中壤土	粒状	5.0	96.7	3.31	0.81	19.2	76	22.0	紫红岩	E 99°39′24.9″ N 22°49′43.6″	78
						2	10～46	暗黄棕色	中壤土	核状	5.2	31.2	1.62	0.46	21.4	122	9.1			
						3	46～100	浅黄棕色	中壤土	核粒状	5.3	11.1	0.80	0.44	22.9	58	5.9			
剖7	人为土	水稻土	淹育水稻土	红积性淹育水稻土	红泥田	1	0～20	灰棕色	中壤土	核粒状	7.3	322.3	1.45	3.27	26.2	168	4.5		E 99°36′46.9″ N 22°48′33.7″	80
						2	20～40	暗黄棕色	中壤土	核状	7.4	21.0	1.21	2.92	26.6	110	17.7			
						3	40～70	暗黄棕色	中壤土	核粒状	7.4	23.8	0.89	1.20	26.0	135	13.4			
剖8	人为土	水稻土	潴育水稻土	冲积性潴育水稻土	黄砂泥田	1	0～10	棕灰色	中壤土	粒状	5.9	46.3	2.46	0.57	18.9	180	22.2		E 99°36′11.2″ N 22°44′30.5″	73
						2	10～23	褐色	中壤土	核状	6.3	47.1	1.30	0.65	17.5	136	19.9			
						3	23～34	棕色	中壤土	核状	6.8	45.9	1.21	1.01	18.7	194	19.0			
						4	34～50	浅紫色	中壤土	核状	5.8	27.6	1.46	0.65	17.8	132	15.9			
						5	50～65	紫红色	中壤土	核状	6.7	21.8	1.41	0.67	17.4	97	13.8			
剖9	铁铝土	赤红壤	黄色赤红壤	碳酸岩类黄色赤红壤	黄末香土	1	0～12	红灰色	重壤土	粒状	5.0	33.1	0.65	0.89	13.6	235	12.9	碳酸岩类	E 99°32′08.6″ N 22°44′38.6″	97
						2	12～50	红黄色	轻黏土	核状	5.0	44.7	0.68	0.79	12.9	177	15.5			
						3	50～80	浅黄棕色	轻黏土	核状	5.2	23.8	1.99	0.92	14.9	105	11.8			
						4	80～110	黄橙色	重壤土	块状	4.8	10.9	1.14	0.89	13.8	105	10.6			
剖10	铁铝土	赤红壤	黄色赤红壤	紫红岩黄色赤红壤	黄紫胶土	1	0～10	紫红色	中壤土	粒状	4.9	22.9	1.73	0.37	15.1	215	6.7		E 99°36′13.6″ N 22°36′53.7″	78
						2	10～22	红棕色	重壤土	核状	4.9	16.8	1.23	0.27	16.0	244	7.4			
						3	22～80	黄棕色	重壤土	核块状	4.8	11.5	0.93	0.21	15.9	375	8.2			
						4	80～100	紫棕色	重壤土	块状	4.9	5.6	0.59	0.14	19.1	296	8.7			
剖11	铁铝土	砖红壤	黄色砖红壤	泥质岩类黄色砖红壤	黄红土	1	0～10	红灰色	砂壤土	粒状	5.1	37.4	1.33	0.82	17.4	172	9.7	泥质岩类	E 99°28′46.4″ N 22°36′10.2″	80
						2	9～30	红橙色	中壤土	块状	5.4	23.8	0.85	0.68	18.9	131	9.2			
						3	30～100	浅红黄色	中壤土	柱状	5.8	11.9	0.36	0.55	20.6	96	1.4			
剖12	人为土	水稻土	淹育水稻土	冲积性淹育水稻土	红砂泥田	1	0～13	灰黄色	中壤土	粒状	6.5	12.7	0.84	0.89	21.8	50	10.7		E 99°36′13.6″ N 22°39′23.1″	84
						2	13～24	浅黄棕色	中壤土	块状	6.2	19.7	0.97	0.92	26.9	95	9.8			
						3	24～41	黄黄色	中壤土	柱状	5.9	21.5	1.16	0.72	22.1	91	6.6			
						4	41～80	褐色	中壤土	粒状	6.7	9.0	0.49	0.49	21.4	28	4.0			

续表 Continued

剖面号 Soil profile	土纲 Soil order	土类 Soil great group	亚类 Soil subgroup	土属 Soil genus	土种 Soil species	土层码 Layer code	土层厚度 Depth/cm	颜色 Soil color	质地 Soil texture	土壤结构 Soil structure	pH	有机质 OM/(g/kg)	全氮 TN/(g/kg)	全磷 TP/(g/kg)	全钾 TK/(g/kg)	碱解氮 AN/(mg/kg)	阳离子交换量 CEC/(cmol/kg)	土壤母质 Parent material	剖面点坐标 Profile coordinate	匹配指数 Matching index/%
剖13	人为土	水稻土	潜育水稻土	冲积性潜育水稻土	青砂泥田	1	0—21	褐色	中壤土	粒状	6.0	25.4	1.76	0.43	9.2	136	14.2		E 99°36′25.4″ N 22°37′54.2″	84
						2	21—40	灰棕色	重壤土	核状	6.4	18.6	1.14	0.49	11.0	375	7.7			
						3	40—64	棕红色	轻黏土	核状	6.4	17.2	0.72	0.47	12.2	400	11.5			
						4	64—100	红棕色	重壤土	粒状	5.8	16.2	1.07	0.42	13.7	466	7.0			
剖14	铁铝土	红壤	黄红壤	泥质岩类黄红壤	灰黄土	1	0—10	灰棕色	轻黏土	粒状	5.1	74.1	2.80	2.96	15.2	244	16.5		E 99°38′39.2″ N 22°35′48.6″	89
						2	10—50	黄棕色	中壤土	核粒状	5.1	32.6	1.69	0.96	21.3	189	13.6			
						3	50—90	灰黄色	中壤土	核粒状	5.2	13.7	0.32	0.84	23.5	97	5.0			
剖15	铁铝土	红壤	黄红壤	紫红岩黄红壤	紫黄土	1	0—19	黑色	重壤土	粒状	5.6	150.2	5.77	1.18	5.3	504	23.6	紫红岩	E 99°34′32.4″ N 22°35′27.7″	74
						2	19—43	暗棕色	重壤土	核粒状	5.5	52.1	2.35	0.88	5.9	218	12.0			
						3	43—76	黄棕色	重壤土	块状	5.5	15.3	0.99	0.79	4.7	98	9.7			

临 沧 市

市 辖 区

主要土类说明

红壤是临沧市主要土壤类型，占本市地域面积的30%，分布在海拔1300—2100m的中山下部及山麓地带。成土母质为花岗岩、老冲积红壤、千枚岩及砂岩。红壤呈中度脱硅富铝化特征，具A-Bs-Bv或A-Bs-C剖面构型。

黄棕壤是临沧市第二大土壤类型，占本市地域面积的23%，分布在海拔2400—3000m的中山上部。成土母质为花岗岩和千枚岩。腐殖质层厚，有机质含量高，表层呈深棕色，中层呈浅棕色。B层黏聚现象明显。

赤红壤是临沧市第三大土壤类型，占本市地域面积的19%，分布在海拔1000—1300m的河谷和坝子。成土母质以各种母岩风化残积物和坡积物为主。成土过程以富铝化作用和生物积累作用为主。

黄壤占本市地域面积的15%，分布在海拔2100—2400m的中山中部及部分山麓。成土母质为花岗岩及千枚岩。质地为轻壤土，腐殖质层较厚，表层呈黑褐色，中层呈黑褐色，下层呈黄色。

水稻土占本市地域面积的7%，分布在海拔2500m以下地势平缓的丘陵山地、坝区、山间盆地、河流两岸的冲积阶地。潴育水稻土面积较大，水耕熟化程度高，有机质含量为10—30g/kg。

棕壤占本市地域面积的5%，分布在海拔2400—2700m的半山温凉、中山冷凉地带。成土母质为玄武岩、紫色砂页岩、砂岩、板岩和片岩等。成土过程以淋溶过程、黏化过程和生物富集过程为主。其指示性黏土矿物以水云母和蛭石为主。自然供肥能力较高，pH为5.0—9.0，有机质含量在100g/kg左右。

小于本市地域面积3%的土壤类型有黑毡土和砖红壤。

本区域中心区气候特征

本区域中心区气候特征值
Regional climate characteristics in central area of the region

气候带：南亚热带湿润气候 Climate region: South subtropical humid climate	
年平均气温 /℃ Annual average temperature /℃	17.4
年平均最高气温 /℃ Annual average maximum temperature /℃	24.0
年平均最低气温 /℃ Annual average minimum temperature /℃	12.8
年降水量 /mm Annual precipitation /mm	1160
≥10℃的积温 /℃ Daily temperature accumulated in a year (≥10℃) /℃	6369
年日照时数 /h Annual sunshine /h	2107
年平均相对湿度 /% Annual average relative humidity /%	72
干燥度 Dryness	0.88

本区域中心区月平均气温与月平均降水量
Monthly temperature and precipitation in central area of the region

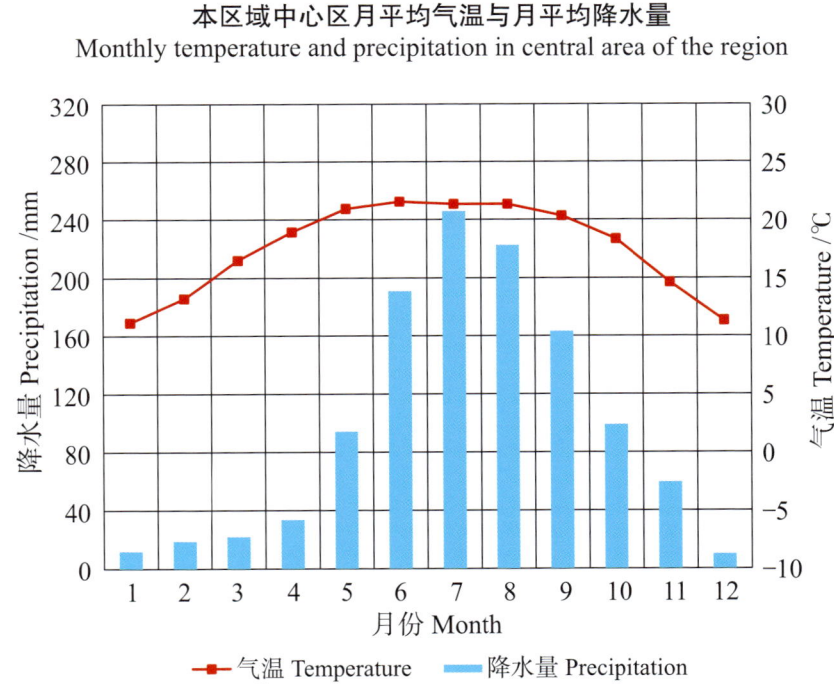

临沧市市辖区主要土壤类型与土壤剖面点分布图
1:280 000

图 例

- 红壤
- 黄棕壤
- 赤红壤
- 黄壤
- 水稻土
- 棕壤
- 黑毡土
- 砖红壤
- ⊗ 剖面点

临沧市土壤剖面理化性状表

剖面号 Soil profile	土纲 Soil order	土类 Soil great group	亚类 Soil subgroup	土属 Soil genus	土种 Soil species	土层码 Layer code	土层厚度/cm Depth/cm	颜色 Soil color	质地 Soil texture	土壤结构 Soil structure	pH	有机质 OM/(g/kg)	全氮 TN/(g/kg)	全磷 TP/(g/kg)	全钾 TK/(g/kg)	碱解氮 AN/(mg/kg)	有效磷 AP/(mg/kg)	阳离子交换量 CEC/(cmol/kg)	土壤母质 Parent material	剖面点坐标 Profile coordinate	匹配指数 Matching index/%
剖1	铁铝土	赤红壤	赤红壤	砂岩赤红壤	黄红土	1	0–17	黄棕色	壤土	块状	4.6	22.5	1.20	1.40		56			砂岩类	E 100°06′02.1″ N 24°09′18.0″	94
剖2	人为土	水稻土	潴育水稻土	红壤性潴育水稻土	白泥田	1	0–15	灰白色	壤土	块状	5.6	35.2	1.60	0.30		14			红壤性母质	E 100°08′15.0″ N 24°01′38.6″	95
剖3	铁铝土	红壤	红壤	麻山红土	红香面土	A	0–21	棕褐色	壤土	粒状	5.0	62.2	2.10	0.48		52	3.4			E 100°06′27.0″ N 24°00′34.9″	80
						B₁	21–57	棕褐色	壤土	粒状	4.9	46.0	1.90	0.39		48	3.1				
						B₂	57–90	红色	壤土	粒状	4.9	11.4	0.50	0.31		25	2.6				
剖4	铁铝土	赤红壤	赤红壤	砂岩赤红壤	红土	1	0–13	红棕色	壤土	粒状、块状	5.2	24.4	0.70	1.20	26.3	46			砂岩	E 99°55′57.4″ N 23°59′53.3″	81
剖5	人为土	水稻土	潴育水稻土	红泥田	红砂田	A	0–15	棕灰色	壤质黏土	小块状	4.7	40.7	1.86	1.39	10.5	55	7.3	12.1		E 99°59′24.7″ N 23°46′39.0″	73
						P	15–23	暗棕灰色	壤质黏土	小块状	5.0	25.2	1.12	0.83	10.7	46	4.3	10.5			
						C₁	23–45	棕色	壤质黏土	小块状	5.2	29.6	1.37	1.00	10.6	42	2.8	10.0			
						C₂	45–100	浅棕红色	壤质黏土	块状	4.7	11.5	0.71	0.62	11.4	42	微量	8.8			
剖6	人为土	水稻土	潴育水稻土	冲积性潴育水稻土	青砂泥田	1	0–21	青灰色	轻壤土	粒状	5.5	45.4	2.00	0.60		24			冲积物	E 100°04′06.7″ N 23°46′32.2″	77
剖7	人为土	水稻土	淹育水稻土	红泥性淹育水稻土	禾香土田	1	0–17		壤土		5.0	61.3	2.62	2.26	18.6	54			红壤性母质	E 100°12′42.1″ N 23°43′58.8″	94
剖8	铁铝土	红壤	红壤	麻山红土	夹砂山红土	A	0–16	棕褐色	壤土	核粒状	5.1	33.9	1.30	0.26	11.0	55	2.3			E 100°01′37.6″ N 23°41′26.5″	95
						B	16–33	红黄色	黏土	小块状	5.0	14.2	0.50	0.13	12.0	36	微量				
						C	33–90	红棕色	黏壤土		4.6	3.7	0.30	0.13	10.7	22	微量				
剖9	铁铝土	赤红壤	赤红壤	老冲积赤红壤	油土	1	0–15	浅褐色	轻壤土	粒状	4.5	22.7	1.10	2.80	35.1	46				E 100°14′23.1″ N 23°41′07.5″	87
剖10	铁铝土	赤红壤	赤红壤	砂岩赤红壤		1	0–13	棕色	壤土	粒状	4.8	43.1	1.61	1.09	33.4	27			砂岩	E 100°19′00.9″ N 23°48′00.6″	80
						2	13–40	红褐色	壤土	粒状	4.6	12.8	0.62	0.83		17					
						3	40–100	红棕色	壤土	块状	4.8	6.9	0.39	0.97		11					
剖11	铁铝土	赤红壤	赤红壤	老冲积赤红壤		1	0–18		壤土		4.4	29.0	1.80	2.05	56.3	61			老冲积物	E 100°20′19.3″ N 23°40′12.4″	81
						2	18–40				5.0	13.8	1.25	1.69	71.6	28					
						3	40–90			粒状、块状	4.6	7.4	0.99	1.60	86.9	28					
剖12	人为土	水稻土	潴育水稻土	冲积性潴育水稻土	浮泥田	1	0–14	棕灰色	壤土	粒状	7.0	33.9	1.50	1.20		13			冲积物	E 100°05′17.5″ N 23°36′37.1″	76
剖13	人为土	水稻土	潴育水稻土	红壤性潴育水稻土	红泥田	1	0–27	棕红色	壤土	块状	5.5	20.4	1.00	0.50		22			红壤性母质	E 100°02′57.1″ N 23°33′01.1″	79
剖14	铁铝土	赤红壤	赤红壤	砂岩赤红壤	湿红土	1	0–15	棕色	壤土	块状	4.3	11.1	0.90	1.10	19.7	41			砂岩类	E 100°23′15.0″ N 23°39′05.0″	90

凤 庆 县

主要土类说明

红壤是凤庆县主要土壤类型，占本县地域面积的32%，分布在海拔900—2200m的中山丘陵。植被为常绿阔叶林等。成土母质为石灰岩、砂页岩和玄武岩。成土过程以脱硅富铝化和生物富集为主。土体深厚，剖面层次发育完整。本县红壤分为红壤、黄红壤等亚类。红壤亚类呈中度脱硅富铝化特征，具A-Bs-Bv或A-Bs-C剖面构型。黏土矿物以高岭石、赤铁矿为主，黏粒硅铝率为1.8—2.4，风化淋溶系数小于0.2，盐基饱和度小于35%，pH为4.5—5.5，有效养分含量低，特别是速效磷含量低。表土呈浅棕红色至暗红棕色，为粒状至块状结构。淀积层（B层）底层可见深厚的红、黄、白相间的网纹状红色黏土。黄红壤所处区域水分条件较优，土体上部有黄化现象，以黄橙色或橙色为主，下部仍以高岭石为主，伴有蛭石和三水铝石。

黄壤是凤庆县第二大土壤类型，占本县地域面积的27%。植被为湿性常绿阔叶林和苔藓常绿阔叶林。成土过程以脱硅富铝化、生物富集和黄化过程为主。黏土矿物以蛭石为主，其次为高岭石和伊利石。黄壤中度富铝化，具O-A-AB-B-C剖面构型。淀积层（B层）富含水合氧化物（针铁矿），呈黄色，有时含三水铝石。土壤有机质含量较高，可达100g/kg，pH为4.5—5.5。

黄棕壤是凤庆县第三大土壤类型，占本县地域面积的15%，分布在海拔1900—2700m的山区。成土母质多为砂页岩及花岗岩风化物。成土过程受淋溶、黏化及弱富铝化作用的影响。土层弱度富铝化，黏聚现象明显，呈黄棕色。该土壤具A-B-C或A-（B）-C剖面构型，黏粒硅铝率在2.5左右，铁的游离度较红壤低，B层交换性酸大于A层。土层深厚，淋溶作用明显，表土呈棕灰色，心土呈灰黄色或浅黄棕色，自然肥力较高。

赤红壤占本县地域面积的11%，分布在海拔800—1200m的低山河谷。植被为常绿阔叶林。成土母质以各种母岩风化残积物和坡积物为主。成土过程以富铝化作用和生物积累作用为主。

紫色土占本县地域面积的9%，分布在海拔2300m以下的地区。植被为常绿阔叶林或灌丛草地。成土母质为中生代的紫色砂页岩。成土过程以母岩的快速物理崩解、频繁侵蚀堆积以及碳酸钙的不断淋失作用为主，生物积累作用相对较弱。由于紫色砂页岩易风化，成土时间短，矿质养分较丰富，一般属中等肥力，但土层浅薄，抗侵蚀力弱，特别是植被遭到破坏后，表土极易受冲刷侵蚀而使母岩裸露，土层中常夹有半风化母岩的碎屑。土壤具A-C剖面构型，剖面层次发育不明显，pH为4.5—8.5，富含矿质养分，蓄水性差。

小于本县地域面积3%的土壤类型有水稻土、棕壤、石灰（岩）土和燥红土。

本区域中心区气候特征

本区域中心区气候特征值
Regional climate characteristics in central area of the region

气候带：南亚热带湿润气候 Climate region: South subtropical humid climate	
年平均气温 /℃ Annual average temperature /℃	16.3
年平均最高气温 /℃ Annual average maximum temperature /℃	22.8
年平均最低气温 /℃ Annual average minimum temperature /℃	11.5
年降水量 /mm Annual precipitation /mm	1182
≥10℃的积温 /℃ Daily temperature accumulated in a year (≥10℃) /℃	5932
年日照时数 /h Annual sunshine /h	2140
年平均相对湿度 /% Annual average relative humidity /%	72
干燥度 Dryness	0.84

本区域中心区月平均气温与月平均降水量
Monthly temperature and precipitation in central area of the region

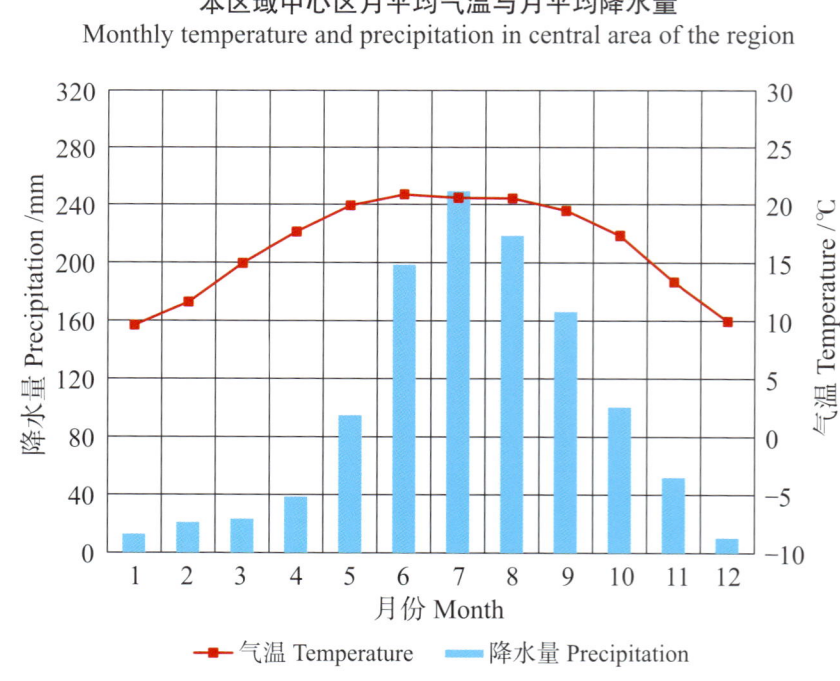

凤庆县主要土壤类型与土壤剖面点分布图
1∶320 000

图 例

- 红壤
- 黄壤
- 黄棕壤
- 赤红壤
- 紫色土
- 水稻土
- 棕壤
- 石灰（岩）土
- 燥红土
- ⊗ 剖面点

凤庆县土壤剖面理化性状表

剖面号 Soil profile	土纲 Soil order	土类 Soil great group	亚类 Soil subgroup	土属 Soil genus	土种 Soil species	土层码 Layer code	土层厚度 Depth/cm	颜色 Soil color	质地 Soil texture	土壤结构 Soil structure	pH	有机质 OM/(g/kg)	全氮 TN/(g/kg)	全磷 TP/(g/kg)	全钾 TK/(g/kg)	碱解氮 AN/(mg/kg)	有效磷 AP/(mg/kg)	阳离子交换量CEC/(cmol/kg)	剖面点坐标 Profile coordinate	匹配指数 Matching index/%
剖1	初育土	紫色土	中性紫色土	暗紫泥		1	0—20	灰棕色	轻砾质中壤土	块状	6.7	60.0	3.53	3.09	12.8	84			E 99°59′12.8″ N 24°55′43.7″	87
						2	20—40	暗黄棕色	中壤土	块状										
剖2	初育土	紫色土	中性紫色土	暗紫泥		1	0—13	紫色	轻黏土	粒状	6.6	19.8	1.41	0.97	28.0	79		8.7	E 100°08′03.5″ N 24°57′32.8″	75
						2	13—100	紫棕色	轻黏土	块状	5.3	8.7	0.90	0.73	30.7	67		8.4		
剖3	初育土	紫色土	酸性紫色土	红紫泥		1	0—14	暗紫灰色	重壤土	粒状	6.1	25.2	1.85	1.95	10.1	75		10.3	E 100°09′40.3″ N 24°53′21.8″	97
						2	14—100	紫灰色	重壤土	块状	5.0	4.7	0.70	2.42	51.0	39		9.1		
剖4	铁铝土	赤红壤	赤红壤	片麻岩赤红壤		1	0—16	暗褐色	轻壤土	核状	6.1	10.2	0.58	2.15	19.1	23		6.3	E 100°07′41.9″ N 24°38′43.8″	73
						2	16—18	棕色	重壤土	块状	6.0	11.4	0.38	0.61	11.2	23		9.8		
						3	18—100	红棕色	重壤土	块状	5.9	9.2	0.32	0.71	10.7	24		8.5		
剖5	淋溶土	黄棕壤	黄棕壤	花岗岩黄棕壤		1	0—10	黑色	轻壤土	粒状	4.2	278.5	12.60	3.85	6.8	187		42.1	E 100°01′43.0″ N 24°34′43.7″	81
						2	10—25	暗棕色	中壤土	粒状	4.9	148.9	7.36	3.36	8.1	204		29.1		
						3	25—46	黄棕色	重壤土	粒状	5.2	127.1	5.56	2.91	10.7	213		25.0		
						4	46—100	棕色	壤质黏土	粒状	5.3	44.8	2.42	2.09	13.1	180		14.6		
剖6	铁铝土	赤红壤	赤红壤	赤红大土	赤红大土	A	0—17	棕红色	壤质黏土	块状	5.2	22.1	1.34	0.49	7.9	31	18.1	12.0	E 99°57′08.3″ N 24°19′42.9″	89
						B₁	17—54	棕红色	黏土	块状	5.3	13.3	0.80	0.89	14.1	27	2.6	13.9		
						B₂	54—100	棕红色	黏土	块状	4.7	3.7	0.33	0.69	15.6	27	微量	11.7		

云 县

主要土类说明

红壤是云县主要土壤类型，占本县地域面积的30%。植被为湿润常绿针阔叶林。成土母质为砂岩、千枚岩、石灰岩、凝灰岩、紫色砂岩、花岗岩、基性岩、片麻岩、中性岩和老冲积红壤等。成土过程以脱硅富铝化和生物富集为主。红壤呈中度脱硅富铝化特征，具A-Bs-Bv或A-Bs-C剖面构型，土壤黏粒中游离铁占全铁的50%—60%。黏土矿物以高岭石、赤铁矿为主，黏粒硅铝率为1.8—2.4，风化淋溶系数小于0.2，盐基饱和度小于35%，pH为4.5—5.5。淀积层可见深厚的红、黄、白相间的网纹状红色黏土。红壤垦殖熟化后所形成的耕作土，有机质含量较低。

黄壤是云县第二大土壤类型，占本县地域面积的27%，分布在海拔2100—2500m的地区，以涌宝、大寨、茂兰等地面积较大。植被为湿润常绿阔叶林和针叶林，自然植被保存较好。成土母质为花岗岩、砂岩、千枚岩、中性岩和基性岩等。成土过程以脱硅富铝化、生物富集和黄化过程为主。黏土矿物以蛭石为主，其次为高岭石和伊利石。黄壤土层深厚，中度富铝化，具O-A-AB-B-C剖面构型。淀积层（B层）富含水合氧化物（针铁矿），呈黄色，有时含三水铝石，pH为4.5—5.5。

赤红壤是云县第三大土壤类型，占本县地域面积的24%，分布在海拔1300m以下的地区。赤红壤是在南亚热带常绿阔叶林和针叶林下形成的土壤，属砖红壤向红壤过渡的土壤类型。沿澜沧江一线的忙怀、后箐、栗树的部分地段由于受微地形影响，雨水偏多，赤红壤表土层黄化，故分出黄色赤红壤亚类。由于气温高，土壤有机质分解快，含量偏低。表土呈红色或红棕色，土层较厚。赤红壤具A-Bs-C剖面构型，土体脱硅富铝化程度仅次于砖红壤，比红壤强，铁的游离度介于二者之间。黏粒硅铝率为1.7—2.0，风化淋溶系数为0.05—0.15，盐基饱和度为15%—25%。

黄棕壤占本县地域面积的13%，分布在海拔2500—2800m的山地。植被为湿润常绿阔叶林，森林植被保存较好。成土母质为砂页岩及花岗岩。成土过程以脱硅富铝化、生物富集和黄化过程为主。土层弱度富铝化，黏聚现象明显，呈黄棕色。该土壤具A-B-C或A-（B）-C剖面构型，黏粒硅铝率在2.5左右，铁的游离度较红壤低，B层交换性酸大于A层。土层深厚，腐殖质层厚20—50cm，有机质含量高，甚至在土层100cm深处有机质含量仍高达23g/kg。

小于本县地域面积3%的土壤类型有水稻土、棕壤、紫色土、燥红土和黑毡土。

本区域中心区气候特征

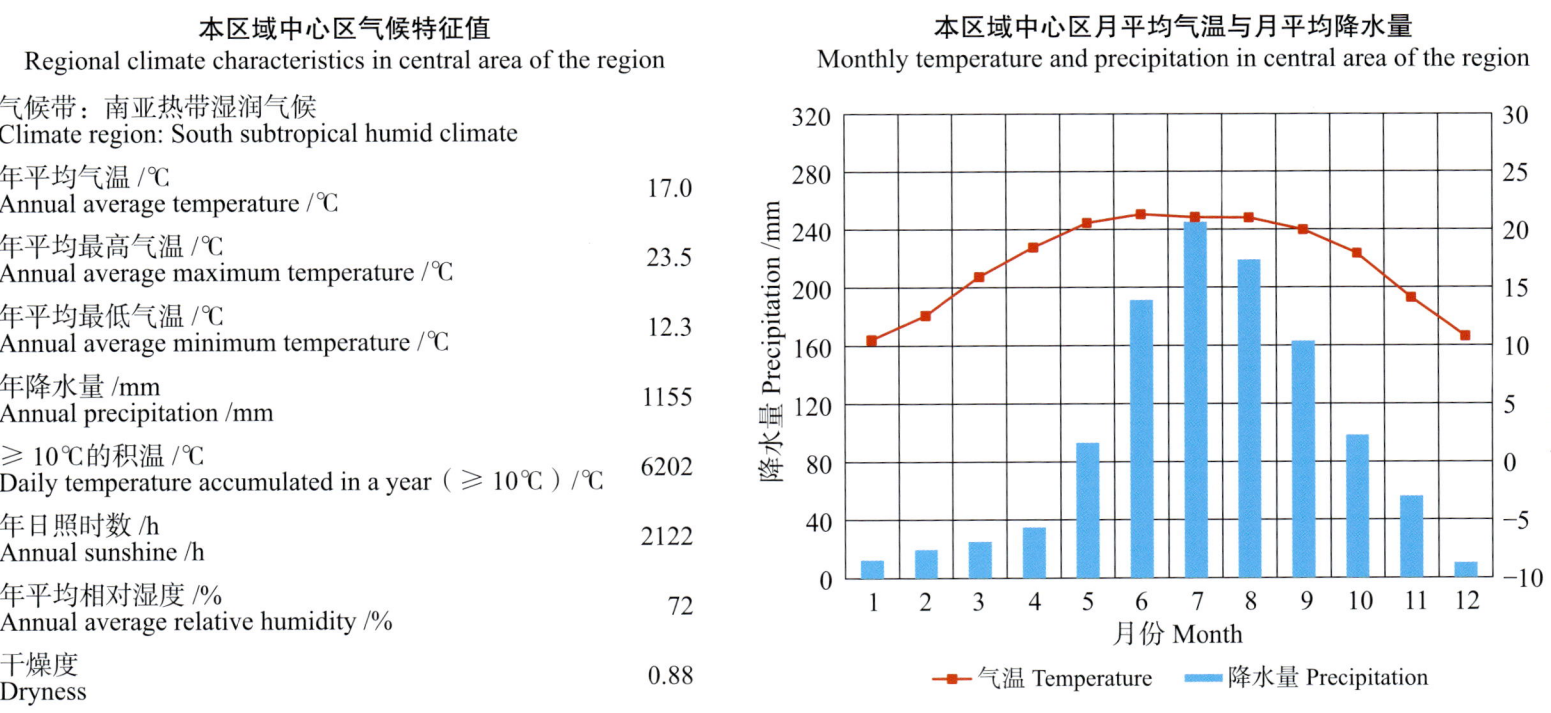

本区域中心区气候特征值
Regional climate characteristics in central area of the region

气候带：南亚热带湿润气候 Climate region: South subtropical humid climate	
年平均气温 /℃ Annual average temperature /℃	17.0
年平均最高气温 /℃ Annual average maximum temperature /℃	23.5
年平均最低气温 /℃ Annual average minimum temperature /℃	12.3
年降水量 /mm Annual precipitation /mm	1155
≥10℃的积温 /℃ Daily temperature accumulated in a year (≥10℃) /℃	6202
年日照时数 /h Annual sunshine /h	2122
年平均相对湿度 /% Annual average relative humidity /%	72
干燥度 Dryness	0.88

本区域中心区月平均气温与月平均降水量
Monthly temperature and precipitation in central area of the region

云县主要土壤类型与土壤剖面点分布图
1:370 000

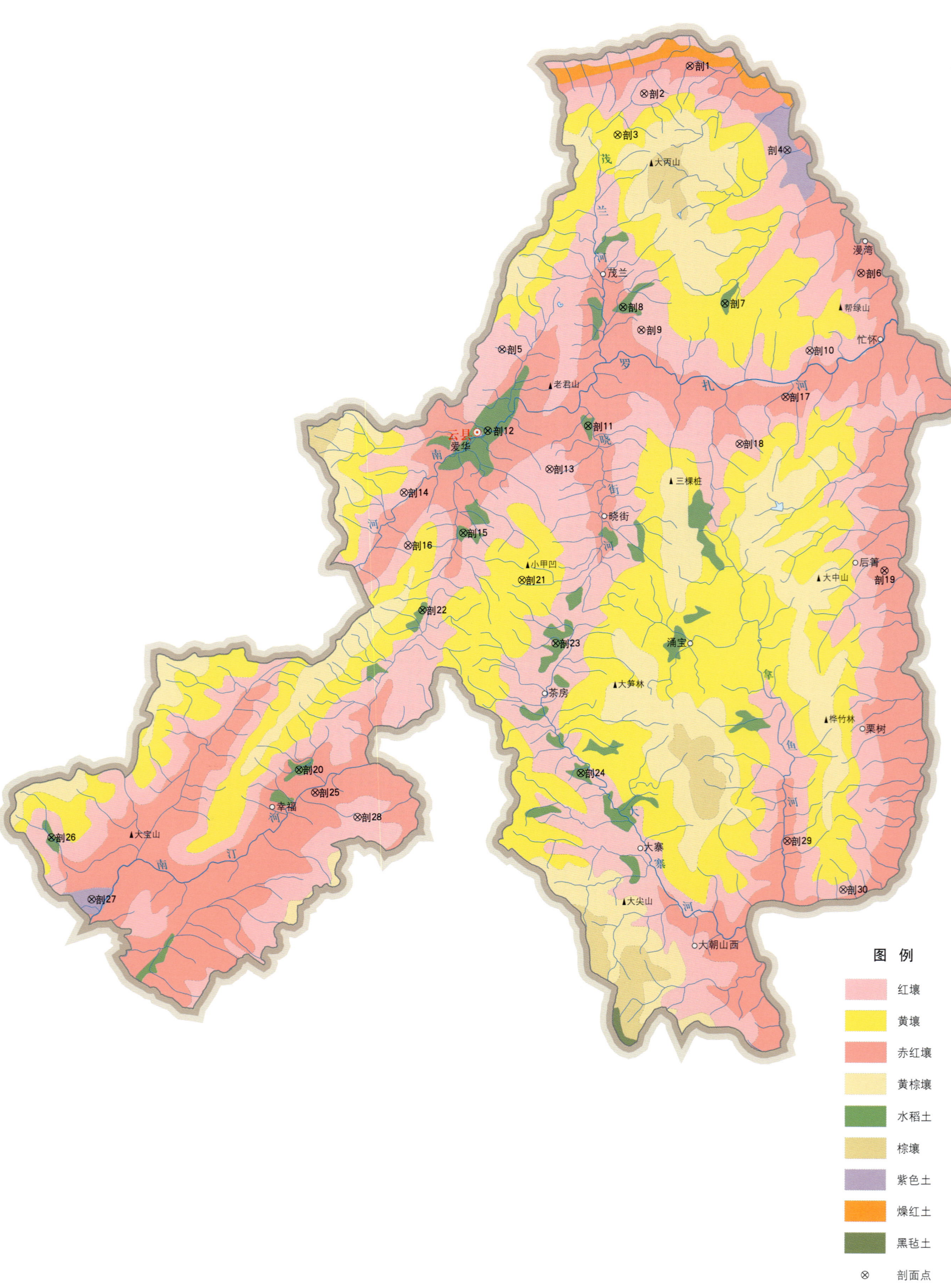

云县土壤剖面理化性状表

剖面号 Soil profile	土纲 Soil order	土类 Soil great group	亚类 Soil subgroup	土属 Soil genus	土种 Soil species	土层码 Layer code	土层厚度 Depth/cm	颜色 Soil color	质地 Soil texture	土壤结构 Soil structure	pH	有机质 OM/(g/kg)	全氮 TN/(g/kg)	全磷 TP/(g/kg)	全钾 TK/(g/kg)	碱解氮 AN/(mg/kg)	有效磷 AP/(mg/kg)	阳离子交换量 CEC/(cmol/kg)	土壤母质 Parent material	剖面点坐标 Profile coordinate	匹配指数 Matching index/%
剖1	铁铝土	赤红壤	赤红壤	千枚岩红壤	油红土	1	0–20	灰红色	轻壤土	粒状	5.8	23.9	1.59	1.88	4.7	175			千枚岩	E 100°18′54.0″ N 24°44′16.2″	91
						2	20–50	暗红色	轻壤土	粒状	5.6	18.7	1.29	1.90	4.7	103					
						3	50–100	棕红色	中壤土	粒状	5.0	9.3	0.85	1.75	3.2	138					
剖2	铁铝土	红壤	红壤	花岗岩红壤	山砂土	1	0–12	红黄色	轻壤土	粒状	5.0	22.2	0.80	0.74	3.8	48			花岗岩	E 100°16′28.2″ N 24°42′58.0″	99
						2	12–28	红黄色	轻壤土	粒状	5.1	30.6	0.78	0.60	3.4	34					
						3	28–48	浅红黄色	轻壤土	粒状	5.3	17.1	0.70	0.76	3.0	30					
						4	48–100	浅红黄色	轻壤土	粒状	5.4	15.6	0.46	0.67	5.9	30					
剖3	铁铝土	黄壤	黄壤	砂岩黄壤	黄泥土	1	0–28	浅红灰色	砂壤土	粒状	5.3	17.9	1.08	2.32	13.0	43			砂岩类	E 100°15′03.6″ N 24°40′59.9″	76
						2	28–56	红灰色	中壤土	粒状	5.2	14.9	0.77	2.19	10.7	17					
剖4	初育土	紫色土	酸性紫色土	红紫泥		1	0–9	暗棕色	轻壤土	粒状	4.8	54.2	2.35	0.74	18.1	53				E 100°23′59.2″ N 24°40′11.4″	85
						2	9–19	暗棕红色	中壤土	核状	5.1	7.1	0.71	0.51	18.4	20					
						3	19–100	暗棕红色	中壤土	核状	5.0	26.9	1.30	0.52	20.8	46					
剖5	铁铝土	红壤	红壤	花岗岩红壤	红土	1	0–20	暗灰色	砂壤土	核状	5.1	28.9	1.51	0.96	22.3	43				E 100°08′54.2″ N 24°30′46.8″	83
						2	20–100	红灰色	中壤土	块状	4.9	12.4	1.04	0.83	23.3	17					
剖6	铁铝土	赤红壤	赤红壤	老冲积赤红壤	山砂泥	1	0–17	浅棕色	砂壤土	核状	6.0	41.8	1.98	2.38	12.1	44				E 100°27′49.3″ N 24°34′16.7″	91
						2	17–26	浅棕色	中壤土	核状	6.4	40.6	1.91	2.92	15.1	39					
						3	26–100	浅红黄色	轻壤土	块状	6.7	7.5	0.42	1.86	21.2	36					
剖7	人为土	水稻土	潜育水稻土	红壤性潜育水稻土	黑胶泥田	1	0–18	紫灰白相间	轻壤土	块状	5.4	25.4	1.29	1.46	29.8	41				E 100°20′38.8″ N 24°32′53.9″	70
						2	18–37	浅灰色	中壤土	块状	6.3	17.9	1.04	1.28	26.7	31					
						3	37–100	棕灰色	砂壤土	块状	6.2	15.2	0.69	0.57	28.2	28					
剖8	人为土	水稻土	潜育水稻土	红壤性潜育水稻土	红泥田	1	0–20	暗紫棕色	轻壤土	核状	5.3	64.8	2.83	2.61	21.4	51				E 100°15′16.6″ N 24°32′46.0″	71
						2	20–52	紫棕色	砂壤土	核状	5.2	35.4	2.29	1.70	14.4	76					
						3	52–100	浅灰棕色	砂壤土	核状	5.2	21.7	1.38	1.77	18.3	74					
剖9	铁铝土	红壤	红壤	紫色砂岩红壤	红土	1	0–22	暗灰棕色	轻壤土	块状	6.5	40.1	2.01	2.59	30.9	44			紫色砂岩类	E 100°16′14.2″ N 24°31′39.7″	97
						2	22–45	暗紫棕色	砂壤土	块状	6.1	25.6	1.17	2.36	27.9	35					
						3	45–100	紫棕色	砂壤土	块状	6.0	15.1	0.89	2.08	26.4	23					
剖10	铁铝土	红壤	红壤	花岗岩红壤	鸡粪土	1	0–20	黑棕色	砂壤土	粒状	6.4	20.1	1.13	6.62	33.9				花岗岩	E 100°25′05.2″ N 24°30′35.3″	84
						2	20–72	暗棕色	砂壤土	粒状	5.4					31					
						3	72–100	暗棕色	砂壤土	粒状	6.1	21.2	0.86	1.62	18.6	28					
剖11	人为土	水稻土	淹育水稻土	冲积性淹育水稻土	河砂田	1	0–22	灰红色	砂壤土	粒状	6.1	9.9	0.51	1.33	16.9	12			花岗岩	E 100°13′24.6″ N 24°27′05.4″	83
						2	22–47	灰红色	砂壤土	粒状	5.5	4.6	0.22	1.42	14.6	29					
						3	47–60	红灰色	砂壤土	粒状	6.3	19.3	0.87	1.93	19.8	17					
						4	60–100	灰红色	轻壤土	块状	6.7	21.9	1.28	0.65	17.3	18	7.7	12.6			
剖12	人为土	水稻土	潜育水稻土	暗红泥田	暗红胶泥田	A	0–23	灰灰色	黏土	柱状	6.7	22.0	1.21	0.62	26.5	11	微量	17.5		E 100°08′07.4″ N 24°26′53.5″	72
						P	23–30	灰灰色	黏土	棱柱状	6.8	4.8	0.24	0.56	33.1	63	微量	13.9			
						W	30–100	黄色	黏土	块状	5.6	34.9	1.74	2.43	34.3	24					
剖13	铁铝土	红壤	红壤	花岗岩红壤	瘦土	1	0–18	灰棕色	轻壤土	粒状	5.8	13.9	0.88	2.10	25.1	34			花岗岩	E 100°11′22.1″ N 24°25′01.9″	81
						2	18–100	暗棕色	砂壤土	块状	5.4	23.5	1.49	1.36	27.7	14					
剖14	铁铝土	红壤	红壤	花岗岩红壤	未香土	1	0–20	紫棕色	中壤土	块状	5.0	4.7	0.46	0.33	21.2	32			花岗岩	E 100°03′42.8″ N 24°23′57.5″	91
						2	20–100	紫棕色	重壤土	块状	5.5	31.5	1.69	1.57	49.3	15					
剖15	人为土	水稻土	潜育水稻土	冲积中和潜育水稻土	黑泥田	1	0–22	紫棕色	重壤土	块状	5.8	30.2	1.11	1.67	47.3					E 100°06′49.3″ N 24°22′00.8″	93
						2	22–50														

续表 Continued

剖面号 Soil profile	土纲 Soil order	土类 Soil great group	亚类 Soil subgroup	土属 Soil genus	土种 Soil species	土层码 Layer code	土层厚度 Depth/cm	颜色 Soil color	质地 Soil texture	土壤结构 Soil structure	pH	有机质 OM/(g/kg)	全氮 TN/(g/kg)	全磷 TP/(g/kg)	全钾 TK/(g/kg)	碱解氮 AN/(mg/kg)	有效磷 AP/(mg/kg)	阳离子交换量CEC/(cmol/kg)	土壤母质 Parent material	剖面点坐标 Profile coordinate	匹配指数 Matching index/%
剖16	铁铝土	红壤	红壤	老冲积红壤	瘦红土	1	0-11	暗灰黄色	重壤土	粒状	6.2	27.1	1.17	3.98	31.4	33				E 100°03′54.7″ N 24°21′25.9″	98
						2	11-25	浅灰棕色	重壤土	块状	5.3	8.7	0.35	3.22	49.7	13					
						3	25-100	浅灰橙色	重壤土	块状	5.0	4.7	0.28	2.86	48.0	9					
剖17	铁铝土	赤红壤	赤红壤	老冲积赤红壤	山砂土	1	0-21	暗红棕色	轻壤土	粒状	6.3	37.5	1.51	4.97	22.2	56				E 100°23′48.1″ N 24°28′23.2″	74
						2	21-41	暗红色	轻壤土	粒状	6.2	30.0	1.21	5.44	15.9	42					
						3	41-60	紫色	轻壤土	粒状	5.5	4.0	0.87	4.51	21.3	14					
						4	60-100	紫色	轻壤土	粒状	5.4	7.9	0.34	4.54	31.4	23					
剖18	铁铝土	红壤	红壤	老冲积红壤		1	0-13	红黄色	砂壤土	粒状	5.4	31.9	1.56	1.91	42.6	20				E 100°21′22.0″ N 24°26′10.3″	76
						2	13-68	紫灰棕色	砂壤土	粒状	5.1	16.0	0.74	1.58	48.5	23					
						3	68-100	紫灰色	粉壤土	粒状	5.0	9.9	0.40	1.33	55.3	12					
剖19	铁铝土	赤红壤	赤红壤	老冲积赤红壤	瘦红土	1	0-21	灰黄棕色	轻壤土	粒状	5.5	42.3	2.31	1.16	11.3	51				E 100°28′56.4″ N 24°20′02.6″	91
						2	21-51	灰黄棕色	砂壤土	粒状	5.2	21.7	1.47	0.92	12.6	80					
						3	51-81	灰黄棕色	砂壤土	粒状	5.1	18.3	0.98	0.90	17.3	57					
						4	81-100	白色	砂壤土	核状	5.1	11.6	0.47	1.30	11.5	44					
剖20	人为土	水稻土	潴育水稻土	紫色土性潴育水稻土	紫胶泥田	1	0-21	浅橙红色	轻壤土	核状	5.3	22.4	1.36	1.83	16.4	19				E 99°58′08.4″ N 24°10′43.0″	88
						2	21-57	暗红棕色	轻壤土	柱状	5.9	5.7	0.47	3.39	21.6	13					
						3	57-100	暗红棕色	中壤土	柱状	6.5	4.6	0.25	1.49	20.9	5					
剖21	铁铝土	黄壤	黄壤	花岗岩黄壤		1	0-12	暗棕色	轻壤土	块状	5.2	77.9	3.26	2.15	2.4	138			花岗岩	E 100°09′53.3″ N 24°19′44.0″	71
						2	12-40	暗黄棕色	砂壤土	块状	5.2	39.5	2.67	2.26	9.5	116					
						3	40-93	浅灰棕色	砂壤土	块状	5.3	13.0	1.07	1.48	11.1	93					
						4	93-100	浅黄棕色	砂壤土	块状	5.4	9.1	0.47	1.03	12.3	54					
剖22	人为土	水稻土	淹育水稻土	紫色土性淹育水稻土		1	0-20	暗黄棕色	轻壤土	核状	5.6	27.2	1.47	3.54	6.5	54				E 100°04′39.7″ N 24°18′19.1″	70
						2	20-50	灰黄棕色	粉壤土	块状	6.2	10.2	0.57	3.33	5.1	18					
						3	50-100	暗红棕色	中壤土	块状	6.2	8.0	0.29	3.02	3.3	18					
剖23	人为土	水稻土	潴育水稻土	冲积性潴育水稻土	河砂田	1	0-16	暗灰棕色	轻壤土	块状	6.0	27.3	1.04	6.64	24.4	38				E 100°11′38.4″ N 24°16′41.5″	71
						2	16-31	棕色	中壤土	块状	6.2	27.8	0.99	5.96	18.9	23					
						3	31-73	红棕色	中壤土	块状	5.8	21.3	0.66	5.45	18.2	44					
						4	73-100	浅红棕色	中壤土	粒状	5.6	9.9	0.30	4.55	19.6	29					
剖24	人为土	水稻土	淹育水稻土	红壤性淹育水稻土	山砂田	1	0-19	暗黄棕色	中壤土	核状	5.4	16.8	0.50	1.76	23.0	30				E 100°12′55.4″ N 24°10′29.3″	92
						2	19-38	暗黄棕色	砂壤土	核状	6.7	9.1	0.25	1.41	9.9	16					
						3	38-52	暗黄棕色	砂壤土	核状	6.9	3.4	0.09	1.77	30.5	11					
						4	52-100	灰白色	砂壤土	块状	6.9			0.81	37.8	7					
剖25	铁铝土	赤红壤	赤红壤	千枚岩赤红壤		1	0-10	浅灰棕色	重壤土	块状	5.2	31.8	0.72	1.53	26.1	33			千枚岩	E 99°58′59.5″ N 24°09′37.8″	76
						2	10-50	红黄色	砂壤土	块状	5.6	6.5	0.31	1.73	17.1	17					
						3	50-100	浅棕色	中壤土	粒状	5.2	7.7	0.32	1.09	21.1	27					
剖26	人为土	水稻土	淹育水稻土	石灰性淹育水稻土	钙质紫胶泥	1	0-20	暗黄棕色	粉砂壤土	核状	5.8	34.3	1.96	2.55	34.1	28				E 99°45′09.0″ N 24°07′31.4″	78
						2	20-50	灰黄棕色	中壤土	块状	6.7	25.8	1.55	2.65	32.5	27					
						3	50-100	暗红棕色	中壤土	核状	6.6	17.7	1.24	3.15	24.9	25					
剖27	初育土	紫色土	酸性紫色土	红紫泥	红羊肝土	1	0-19	暗黄棕色	重壤土	块状	5.6	28.3	1.50	2.78	24.9	69				E 99°47′15.7″ N 24°04′31.8″	99
						2	19-50	黄棕色	砂壤土	块状	5.3	11.7	0.62	1.91	14.9	29					
						3	50-82	浅棕色	砂壤土	块状	5.6	5.2	0.30	1.52	20.2	24					
						4	82-100	黄色	中壤土	粒状	5.0	3.9	0.25	1.44	19.9	33					
剖28	铁铝土	红壤	红壤	凝灰岩红壤	油沙土	1	0-18	浅棕色	粉砂壤土	粒状	5.3	40.2	1.89	2.04	17.8	47				E 100°01′12.0″ N 24°08′25.8″	89
						2	18-40	浅黄棕色	粉砂壤土	粒状	5.0	25.1	1.55	1.91	16.7	43					
						3	40-100	红黄棕色	粉砂壤土	粒状	5.3	5.6	0.87	1.89	15.4	38					

续表 Continued

剖面号 Soil profile	土纲 Soil order	土类 Soil great group	亚类 Soil subgroup	土属 Soil genus	土种 Soil species	土层码 Layer code	土层厚度 Depth/cm	颜色 Soil color	质地 Soil texture	土壤结构 Soil structure	pH	有机质 OM/(g/kg)	全氮 TN/(g/kg)	全磷 TP/(g/kg)	全钾 TK/(g/kg)	碱解氮 AN/(mg/kg)	有效磷 AP/(mg/kg)	阳离子交换量CEC/(cmol/kg)	土壤母质 Parent material	剖面点坐标 Profile coordinate	匹配指数 Matching index/%
剖29	铁铝土	赤红壤	黄色赤红壤	基性岩类黄色赤红壤		1	0—13	棕褐色	轻壤土	粒状	5.7	24.9	1.69	1.45	22.5	56			基性岩类	E 100° 23′ 44.9″ N 24° 07′ 09.1″	73
						2	13—38	黄红色	中壤土	块状	5.7	6.2	0.92	1.15	21.5	36					
						3	38—57	红色	中壤土	块状	5.5	4.9	0.82	1.01	32.5	31					
						4	57—84	红黄色	中壤土	块状	5.6	3.9	0.80	0.88	24.3	27					
剖30	铁铝土	红壤	红壤	紫色砂岩红壤		1	0—20	棕红色	轻壤土	粒状	5.1	49.3	1.91	0.96	22.0	71			紫色砂岩类	E 100° 26′ 40.2″ N 24° 04′ 47.6″	98
						2	20—50	浅棕红色	轻壤土	粒状	5.2	8.7	0.55	1.39	20.8	63					

永德县

主要土类说明

赤红壤是永德县主要土壤类型，占本县地域面积的30%，分布在海拔800—1300m的低热河谷和山丘地带。成土母质为石灰岩、砂岩、千枚岩和砾岩。成土过程以富铝化作用和生物积累作用为主。本县赤红壤分为赤红壤、黄色赤红壤等亚类。赤红壤亚类具A-Bs-C剖面构型，土体脱硅富铝化程度仅次于砖红壤，比红壤强，铁的游离度介于二者之间，土壤呈赤红色。黏粒硅铝率为1.7—2.0，风化淋溶系数为0.05—0.15，盐基饱和度为15%—25%，pH为4.5—5.5。黄色赤红壤土体中氧化铁等矿物的水合度较高，有较明显的黄化层，土壤有机质和游离铁的活化度均高于典型的赤红壤，pH一般低于5.5。

红壤是永德县第二大土壤类型，占本县地域面积的30%，主要分布在海拔1300—2360m的山地。植被主要为针叶林和针阔叶混交林。成土母质为石灰岩、砂页岩和玄武岩。成土过程以脱硅富铝化和生物富集为主。本县红壤分为红壤、黄红壤、棕红壤等亚类。红壤亚类呈中度脱硅富铝化特征，具A-Bs-Bv或A-Bs-C剖面构型。黏土矿物以高岭石、赤铁矿为主，pH为4.5—5.5。表土呈浅棕红色至暗红棕色，为粒状至块状结构。黄红壤土体上部有黄化现象，以黄橙色或橙色为主，下部仍以高岭石为主，伴有蛭石和三水铝石。棕红壤有效土体厚40—100cm，质地黏重。表土颜色鲜红，剖面中可见大量的铁锰胶膜和网纹层，富铝化作用强烈。

黄棕壤是永德县第三大土壤类型，占本县地域面积的13%，分布在海拔2500—2800m的山地。成土母质为砂页岩及花岗岩风化物。土层弱度富铝化，生物积累过程和盐基淋溶酸化过程明显增强，黏聚现象明显，呈黄棕色。该土壤具A-B-C或A-（B）-C剖面构型，黏粒硅铝率在2.5左右，铁的游离度较红壤低，B层交换性酸大于A层。

石灰（岩）土占本县地域面积的8%，分布在半湿润和半干旱地区。成土母质多为石灰岩风化物和红土状沉积物。成土过程以风化、富铝化和灰化作用为主。土壤具有一定的脱硅富铝化特征，游离氧化铁的水化度低，土层浅薄，抗旱能力差。

黄壤占本县地域面积的8%，主要分布在海拔2080—2500m的山地。成土母质有砂岩、石灰岩、玄武岩、大理岩和千枚岩。成土过程以脱硅富铝化、生物富集和黄化过程为主。黏土矿物以蛭石为主，其次为高岭石和伊利石。黄壤中度富铝化，具O-A-AB-B-C剖面构型。淀积层（B层）富含水合氧化物（针铁矿）。

紫色土占本县地域面积的4%，分布在海拔1300—2100m的红壤带和海拔2100m以上的黄壤带。成土母质为紫色砂页岩和石灰性紫色砂页岩。成土过程以母岩的快速物理崩解和频繁侵蚀堆积作用为主。

小于本县地域面积3%的土壤类型有水稻土、棕壤、砖红壤、黑毡土和燥红土。

本区域中心区气候特征

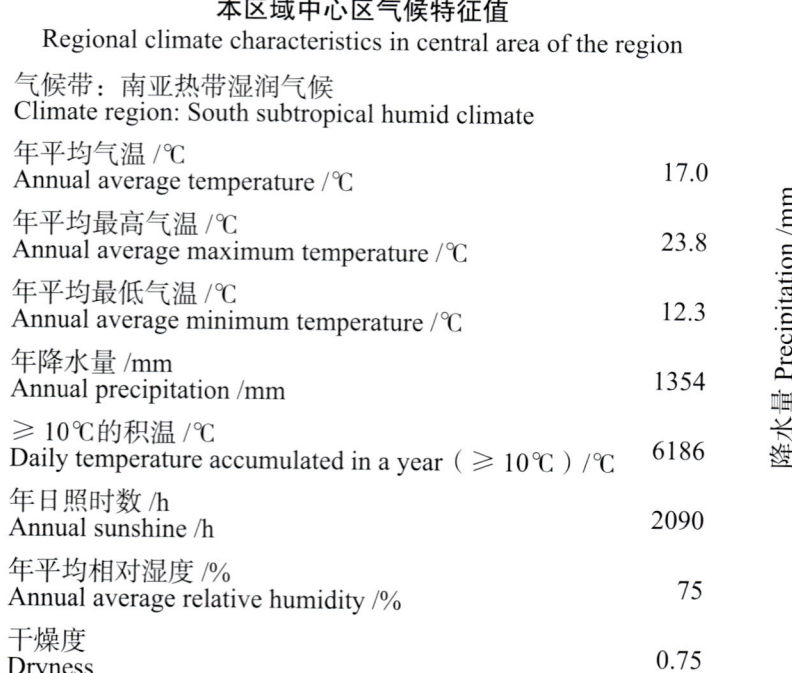

本区域中心区气候特征值
Regional climate characteristics in central area of the region

气候带：南亚热带湿润气候 Climate region: South subtropical humid climate	
年平均气温 /℃ Annual average temperature /℃	17.0
年平均最高气温 /℃ Annual average maximum temperature /℃	23.8
年平均最低气温 /℃ Annual average minimum temperature /℃	12.3
年降水量 /mm Annual precipitation /mm	1354
≥10℃的积温 /℃ Daily temperature accumulated in a year (≥10℃) /℃	6186
年日照时数 /h Annual sunshine /h	2090
年平均相对湿度 /% Annual average relative humidity /%	75
干燥度 Dryness	0.75

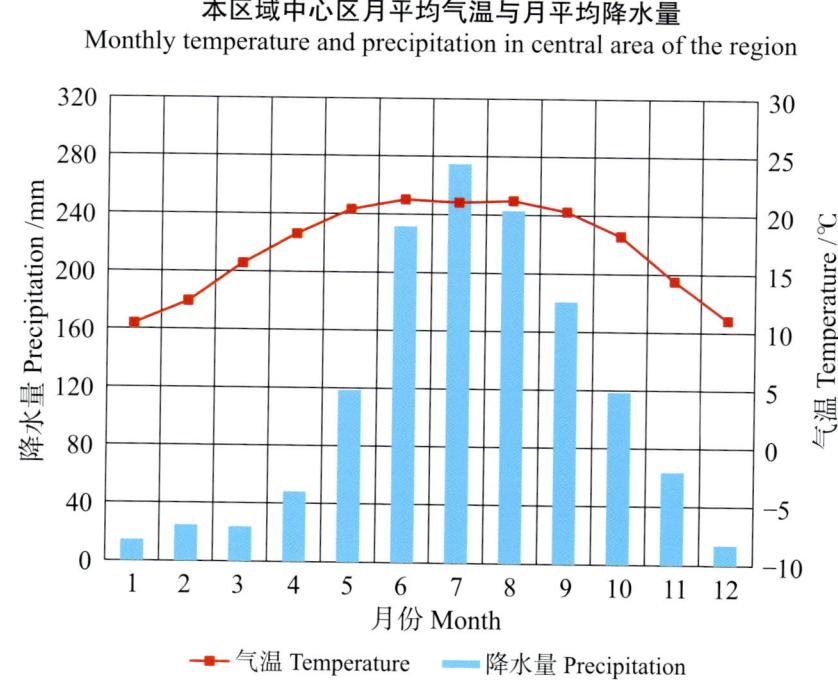

本区域中心区月平均气温与月平均降水量
Monthly temperature and precipitation in central area of the region

永德县主要土壤类型与土壤剖面点分布图
1∶340 000

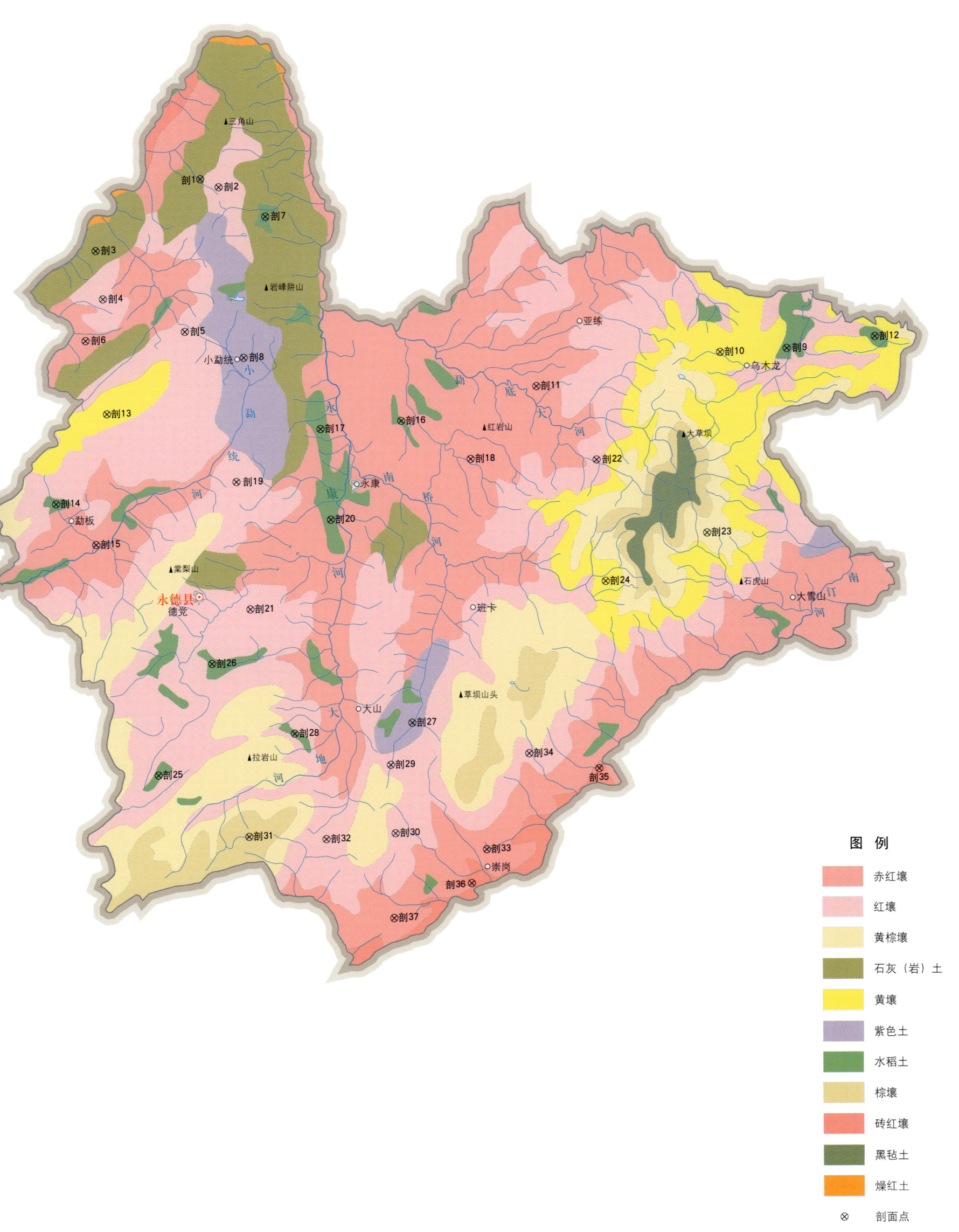

永德县土壤剖面理化性状表

剖面号 Soil profile	土纲 Soil order	亚类 Soil subgroup	土属 Soil genus	土种 Soil species	土层码 Layer code	土层厚度 Depth/cm	颜色 Soil color	质地 Soil texture	土壤结构 Soil structure	pH	有机质 OM/(g/kg)	全氮 TN/(g/kg)	全磷 TP/(g/kg)	全钾 TK/(g/kg)	碱解氮 AN/(mg/kg)	土壤母质 Parent material	剖面点坐标 Profile coordinate	匹配指数 Matching index/%
剖1	初育土	红色石灰土	红泡土		1	0—13	暗红棕色	轻壤土	块状	6.9	67.8	2.30	0.14	3.2	185		E 99°15′14.8″ N 24°20′29.8″	84
剖2	铁铝土	黄红壤	酸性岩类黄红壤	黄砂土	1	0—15	灰黄色	砂壤土	块状	5.9	30.4	1.56	0.54	17.4	128		E 99°16′08.8″ N 24°20′08.2″	86
					2	15—35	棕灰色	砂壤土	块状	5.6	27.8	1.45	0.46	14.9	124			
剖3	初育土	红色石灰土	红泡土	红泡土	1	0—14	暗红棕色	轻壤土	粒状	8.1	25.6	1.15	0.59	5.9	56		E 99°10′03.7″ N 24°17′17.2″	88
					2	14—48	棕红色	中壤土	块状	7.7	16.2	0.89	0.49	7.7	18			
					3	48—100	浅棕红色		块状	7.4	8.7	0.70	0.36	6.3				
剖4	铁铝土	红壤	老冲积红壤	黄红土	1	0—15	红色	轻壤土	块状	6.1	26.8	1.52	0.31	10.3	414		E 99°10′24.6″ N 24°15′06.8″	97
					2	15—49	红棕色	重壤土	粒状	6.1	12.2	0.84	0.21	10.6	52			
					3	49—100	浅棕色		粒状	5.9	10.3	0.70	0.17	11.5	240			
剖5	铁铝土	红壤	石灰岩红壤		1	0—17	红棕色	轻壤土	块状	6.1	73.2	3.50	0.48	6.3	290		E 99°14′27.2″ N 24°13′38.6″	86
剖6	铁铝土	赤红壤	石灰岩赤红壤	红土	1	0—15	黄红色	轻壤土	粒状	5.3	38.2	1.60	0.32	3.4	162	石灰岩	E 99°09′33.1″ N 24°13′15.2″	74
					2	15—26	浅棕红色	粉砂质壤土	块状	5.5	36.4	1.20	0.28	3.1	137			
					3	26—100	浅棕红色	粉砂质壤土	块状	5.0	17.2	0.60	0.25	3.3	56			
剖7	人为土	潴育水稻土	冲积性潴育水稻土	青胶泥田	1	0—16	灰棕色	中壤土	块状	6.1	61.1	2.15	0.18	15.2	180		E 99°18′27.0″ N 24°18′48.2″	75
					2	16—70	暗灰黄色	重壤土	块状	6.6	62.8	2.28	0.17	15.2	128			
					3	70—88	灰黄色		块状	4.6	13.5	0.63	0.13	13.1	45			
					4	88—98	浅黄棕色		块状	6.9	8.2	0.56	0.17	11.8	53			
剖8	初育土	酸性紫色土	红紫泥土		1	0—12	浅棕色	中壤土	粒状	5.8	38.3	1.90	0.65	3.1	119		E 99°17′20.8″ N 24°12′28.1″	92
剖9	人为土	淹育水稻土	红壤性淹育水稻土	黄泥田	1	0—15	灰黄棕色	轻壤土	块状	5.9	42.1	1.75	0.30	7.5	144		E 99°44′08.0″ N 24°12′46.7″	79
					2	15—24	暗黄棕色	轻壤土	棱柱状	5.8	35.1	1.28	0.27	7.9	140			
					3	24—36	栗色	轻壤土	棱柱状	6.2	25.0	0.92	0.23	6.3	97			
					4	36—70	暗红棕色	中壤土	块状	6.3	20.1	0.80	0.22	4.6	72			
剖10	铁铝土	黄壤	大理岩黄壤		1	0—16	暗棕色	轻壤土	块状	6.1	161.0	7.00	0.72	5.0	553		E 99°40′50.4″ N 24°12′37.4″	74
剖11	铁铝土	赤红壤	老冲积赤红壤		1	0—8	灰黄色	砂壤土	块状	6.1	35.0	1.20	0.34	8.9	91		E 99°31′46.6″ N 24°11′08.2″	84
剖12	人为土	潴育水稻土	红壤性潴育水稻土	黄泥田	1	0—18	灰黄色	轻壤土	块状	6.0	26.6	1.54	0.28	27.4	133	红壤性母质	E 99°48′28.8″ N 24°13′17.0″	72
					2	18—51	褐色	轻壤土	块状	6.3	23.5	1.35	0.32	26.1	113			
					3	51—76	棕灰色	轻壤土	块状	7.0	31.1	1.03	0.42	22.6	89			
					4	76—100	黄色	中壤土	块状	7.2	4.8	0.76	0.22	28.1	37			
剖13	铁铝土	黄壤	砂岩黄壤	小黄泥	1	0—17	浅棕色	中壤土	粒状	5.5	37.0	2.02	0.34	10.7	176	砂岩类	E 99°10′35.0″ N 24°09′56.5″	80
					2	17—48	棕色	中壤土	块状	5.1	41.9	2.18	0.38	9.5	172			
					3	48—100	红黄色	中壤土	块状	5.4	25.4	1.54	0.27	10.6	128			
剖14	人为土	淹育水稻土	冲积性淹育水稻土	河砂田	1	0—22	褐色	轻壤土	块状	4.8	7.5	0.46	0.18	9.6	30	冲积物	E 99°08′03.8″ N 24°05′55.0″	73
					2	22—39	黄色	粉砂质壤土	块状	4.9	12.7	0.65	0.21	10.5	5			
					3	39—46	黄色	粉砂质壤土	棱柱状	4.3	9.6	0.57	0.22	12.4	39			
					4	46—89	黄棕色	粉砂质壤土	块状	5.3	12.7	0.66	0.20	13.7	51			
					5	89—100	浅棕色	粉砂质壤土	块状	5.3	8.3	0.34	0.20	10.4	43			
剖15	铁铝土	赤红壤	千枚岩赤红壤		1	0—7	灰黄棕色	中壤土	粒状	5.8	41.3	1.30	0.23	11.4	134	千枚岩	E 99°10′01.7″ N 24°04′04.8″	89

续表 Continued

剖面号 Soil profile	土纲 Soil order	土类 Soil great group	亚类 Soil subgroup	土属 Soil genus	土种 Soil species	土层码 Layer code	土层厚度 Depth/cm	颜色 Soil color	质地 Soil texture	土壤结构 Soil structure	pH	有机质 OM/(g/kg)	全氮 TN/(g/kg)	全磷 TP/(g/kg)	全钾 TK/(g/kg)	碱解氮 AN/(mg/kg)	土壤母质 Parent material	剖面点坐标 Profile coordinate	匹配指数 Matching index/%
剖16	人为土	水稻土	潜育水稻土	钙质潜育水稻土	钙质潜育泥田	1	0—50	紫色	轻壤土	糊糊状	7.0	65.2	2.73	0.45	4.2	218		E 99°25′06.2″ N 24°09′35.6″	72
剖17	人为土	水稻土	潜育水稻土	冲积性潜育水稻土	胶泥田	1	0—15	棕灰色	重壤土	棱柱状	6.1	52.4	2.65	0.35	5.1	199	冲积物	E 99°21′07.2″ N 24°09′14.6″	94
						2	15—39	紫灰色	重壤土	棱柱状	5.9	31.8	1.55	0.34	4.9	137			
						3	39—81	暗灰色	重壤土	棱柱状	7.2	38.6	1.30	0.14	5.1	57			
						4	81—92	黑色	重壤土	块状	6.9	12.1	3.55	0.14	7.2	190			
						5	92—100	黄棕色	重壤土	棱柱状	6.9	17.9	0.55	0.41	2.2	42			
剖18	铁铝土	赤红壤	赤红壤	石灰岩赤红壤		1	0—12	黑棕色	轻壤土	粒状	5.4	100.8	4.30	0.95	12.2	249	石灰岩	E 99°28′30.7″ N 24°07′52.0″	77
剖19	铁铝土	红壤	红壤	千枚岩红壤	香面土	1	0—18	灰棕色	轻壤土	粒状	6.0	91.4	2.86	0.54	11.5	239	千枚岩	E 99°16′57.7″ N 24°06′52.9″	95
						2	18—88	灰棕色	轻壤土	粒状	5.5	71.8	2.34	0.48	11.5	276			
						3	88—100	暗灰棕色	轻壤土	粒状	5.3	32.9	1.05	0.50	13.1	166			
剖20	人为土	水稻土	潜育水稻土	冲积性潜育水稻土	红胶泥田	1	0—15	紫棕色	中壤土	粒状	5.2	21.0	1.08	0.21	22.8	94	冲积物	E 99°21′36.1″ N 24°05′10.3″	88
						2	15—38	紫色	中壤土	块状	6.7	17.2	0.94	0.23	23.4	76			
						3	38—100	紫色	轻壤土	核状	7.8	5.3	0.43	0.21	22.2	24			
剖21	铁铝土	红壤	黄红壤	石灰岩黄红壤	灰黄土	1	0—18	灰棕色	中壤土	粒状	6.4	49.5	1.96	0.76	2.7	185	石灰岩	E 99°17′36.6″ N 24°07′48.4″	75
						2	18—34	红棕色	粉砂质壤土	核状	6.1	36.7	1.75	0.60	2.5	139			
						3	34—54	黄棕色	粉砂质壤土	核状	5.7	33.0	1.53	0.76	2.5	137			
						4	54—100	红黄色	中壤土	粒状	5.9	31.8	1.43	0.85	2.7	140			
剖22	铁铝土	红壤	黄红壤	石灰岩黄灰壤	黄砂土	1	0—13	灰黄色	轻壤土	块状	6.4	39.2	1.92	0.46	17.1	146	石灰岩	E 99°34′43.3″ N 24°07′48.4″	98
						2	13—31	褐色	轻壤土	块状	6.3	31.8	1.42	0.38	17.2	13			
						3	31—100	浅黄棕色	中壤土	块状	6.4	5.7	0.31	0.08	34.5				
剖23	淋溶土	黄棕壤	黄棕壤	砂岩黄棕壤		1	0—12	暗灰棕色	粉砂质壤土	粒状	5.4	145.0	5.00	0.28	9.5	398	砂岩类	E 99°40′08.0″ N 24°04′29.6″	91
剖24	铁铝土	黄壤	黄壤	千枚岩黄壤		1	0—11	灰棕色	粉砂质壤土	粒状	5.3	117.0	4.80	0.50	14.8	513		E 99°35′07.3″ N 24°02′20.5″	77
剖25	人为土	水稻土	潜育水稻土	红积性潜育水稻土	黑泥田	1	0—15	暗棕色	轻壤土	核状	6.3	163.0	5.02	0.38	8.2	431	红壤性母质	E 99°13′01.9″ N 23°53′40.9″	90
						2	15—45	黑色	中壤土	核状	5.0	160.0	4.46	0.31	7.6	278			
						3	—	紫棕色	中壤土	核状	7.9	35.7	1.58	0.37	9.0	127			
剖26	人为土	水稻土	潜育水稻土	钙质潜育水稻土	钙质红胶泥	1	0—16	暗棕色	轻壤土	核状	8.2	23.9	1.22	0.31	9.1	88		E 99°15′42.5″ N 23°58′41.9″	82
						2	16—31	灰棕色	轻壤土	核状	8.8	18.7	0.97	0.31	9.9	47			
						3	31—62	暗红棕色	轻壤土	块状	8.3	7.7	0.94	0.30	8.2	133			
						4	62—100	紫色	轻壤土	块状	5.3	22.8	1.28	0.42	6.3	75			
剖27	初育土	紫色土	酸性紫色土	红紫泥土	紫素香土	1	0—19	棕色	轻壤土	块状	5.8	13.7	0.91	0.37	6.3	15		E 99°25′32.2″ N 23°56′00.6″	85
						2	19—43	紫棕色	轻壤土	块状	5.7	10.9	0.72	0.31	6.6	29			
剖28	人为土	水稻土	淹育水稻土	钙质淹育水稻土	钙质河砂田	1	0—13	棕色	砂壤土	粒状	7.1	25.8	1.08	0.52	1.4	141		E 99°19′45.1″ N 23°55′32.9″	75
						2	13—33	灰黄色	砂壤土	块状	6.4	5.1	0.19	0.34	8.7	21			
						3	33—100	褐色	粉砂质壤土	粒状	6.5	15.1	0.57	0.36	13.6	58			
剖29	铁铝土	红壤	红壤	老冲积红壤		1	0—12	浅棕色	中壤土	粒状	5.5	41.4	1.40	0.25	4.5	150		E 99°24′27.7″ N 23°54′07.2″	78
剖30	铁铝土	红壤	红壤	老冲积红壤	红土	1	0—20	棕红色	轻壤土	粒状	6.4	29.7	1.38	0.39	10.0	120	老冲积物	E 99°24′40.2″ N 23°51′02.0″	94
						2	20—60	浅棕红色	中壤土	块状	6.1	22.8	1.10	0.26	10.1	93			
						3	60—100	黄红色	中壤土	块状	6.2	21.5	1.04	0.23	9.5	82			

续表 Continued

剖面号 Soil profile	土纲 Soil order	土类 Soil great group	亚类 Soil subgroup	土属 Soil genus	土种 Soil species	土层码 Layer code	土层厚度 Depth/cm	颜色 Soil color	质地 Soil texture	土壤结构 Soil structure	pH	有机质 OM/(g/kg)	全氮 TN/(g/kg)	全磷 TP/(g/kg)	全钾 TK/(g/kg)	碱解氮 AN/(mg/kg)	土壤母质 Parent material	剖面点坐标 Profile coordinate	匹配指数 Matching index/%
剖31	淋溶土	棕壤	棕壤	砂岩棕壤		1	0—6	黑棕色	轻壤土	粒状	4.7	208.0	7.10	0.63	8.5	436	砂岩类	E 99°17′28.0″ N 23°50′54.6″	89
剖32	铁铝土	红壤	红壤	酸性岩类红壤		1	0—14	褐色	砂壤土	块状	5.1	38.0	1.90	0.61	11.2	189		E 99°21′16.2″ N 23°50′46.9″	83
剖33	铁铝土	赤红壤	赤红壤	砾岩赤红壤		1	0—14	浅红棕色	轻壤土	块状	5.3	23.3	0.90	0.14	3.8	72	砾岩	E 99°29′08.9″ N 23°50′17.2″	83
剖34	铁铝土	红壤	红壤	千枚岩红壤		1	0—20	暗红棕色	轻壤土	粒状	5.2	47.4	2.20	0.28	22.5	173		E 99°31′16.7″ N 23°54′36.4″	75
剖35	铁铝土	砖红壤	砖红壤	砂岩砖红壤		1	0—10	棕灰色	粉砂质壤土	块状	6.3	27.0	1.09	0.33	14.4	114	砂岩类	E 99°34′42.9″ N 23°53′54.4″	91
剖36	铁铝土	砖红壤	砖红壤	老冲积砖红壤		1	0—16	棕色	轻壤土	粒状	5.5	20.6	0.85	0.24	6.2	68	老冲积物	E 99°28′23.9″ N 23°48′45.7″	87
剖37	铁铝土	赤红壤	赤红壤	石灰岩赤红壤	黄红土	1	0—22	黄棕色	轻壤土	粒状	5.6	41.0	1.53	0.31	7.8	170	石灰岩	E 99°24′34.2″ N 23°47′13.2″	72
						2	22—40	暗红棕色	粉砂质壤土	块状	5.4	28.1	1.28	0.33	7.7	150			
						3	40—100	浅红棕色	粉砂质壤土	块状	5.5	19.9	0.97	0.32	7.6	77			

镇 康 县

主要土类说明

赤红壤是镇康县主要土壤类型，占本县地域面积的43%，分布在海拔800—1200m的低山河谷。植被为常绿阔叶林。成土母质以各种母岩风化残积物和坡积物为主。成土过程以富铝化作用和生物积累作用为主。本县赤红壤分为赤红壤、黄色赤红壤等亚类。赤红壤亚类具A-Bs-C剖面构型，土体脱硅富铝化程度仅次于砖红壤，比红壤强，铁的游离度介于二者之间，土壤呈赤红色。黏粒硅铝率为1.7—2.0，风化淋溶系数为0.05—0.15，盐基饱和度为15%—25%，pH为4.5—5.5。黄色赤红壤土体中氧化铁等矿物的水合度较高，有较明显的黄化层，土壤有机质和游离铁的活化度均高于典型的赤红壤，pH一般低于5.5，有明显的脱硅富铝化作用。次生黏土矿物中伊利石比基岩少13%—19%，高岭石和绿泥石比基岩多15%—20%。

红壤是镇康县第二大土壤类型，占本县地域面积的35%，分布在海拔800—2200m的中山丘陵陡坡、缓坡和平地。自然植被为针叶林、阔叶林、灌木和草本植物等。成土母质为石灰岩、砂页岩和玄武岩。成土过程以脱硅富铝化和生物富集为主。土体深厚，剖面层次发育完整。本县红壤分为红壤、黄红壤等亚类。红壤亚类呈中度脱硅富铝化特征，具A-Bs-Bv或A-Bs-C剖面构型。黏土矿物以高岭石、赤铁矿为主，黏粒硅铝率为1.8—2.4，风化淋溶系数小于0.2，盐基饱和度小于35%，pH为4.5—5.5，有效养分含量低，特别是速效磷含量低。表土呈浅棕红色至暗红棕色，为粒状至块状结构。淀积层可见深厚的红、黄、白相间的网纹状红色黏土。黄红壤所处区域水分条件较优，土体上部有黄化现象，以黄橙色或橙色为主，下部仍以高岭石为主，伴有蛭石和三水铝石。

黄棕壤是镇康县第三大土壤类型，占本县地域面积的12%，分布在海拔2400—2600m的山区。植被为暖湿常绿阔叶林、次生云南松林以及灌丛和禾本科杂草。成土母质为紫色砂页岩、黄色砂页岩坡积物和残积物。成土过程以脱硅富铝化、生物富集和黄化过程为主。土层弱度富铝化，黏聚现象明显，呈黄棕色。该土壤具A-B-C或A-(B)-C剖面构型，黏粒硅铝率在2.5左右，铁的游离度较红壤低，B层交换性酸大于A层。

砖红壤占本县地域面积的4%，分布在海拔800m以下的低山丘陵和河谷阶地。植被为热带雨林和季雨林。成土母质以各种母岩风化残积物和坡积物为主。成土过程为脱硅富铝化过程和以生物为主导的养分吸收富集过程。

小于本县地域面积3%的土壤类型有紫色土、水稻土、棕壤、石灰（岩）土和黄壤。

本区域中心区气候特征

本区域中心区气候特征值
Regional climate characteristics in central area of the region

气候带：边缘热带湿润气候 Climate region: Edge tropical humid climate	
年平均气温 /℃ Annual average temperature /℃	17.0
年平均最高气温 /℃ Annual average maximum temperature /℃	23.8
年平均最低气温 /℃ Annual average minimum temperature /℃	12.3
年降水量 /mm Annual precipitation /mm	1455
≥10℃的积温 /℃ Daily temperature accumulated in a year (≥10℃) /℃	6163
年日照时数 /h Annual sunshine /h	2071
年平均相对湿度 /% Annual average relative humidity /%	76
干燥度 Dryness	0.69

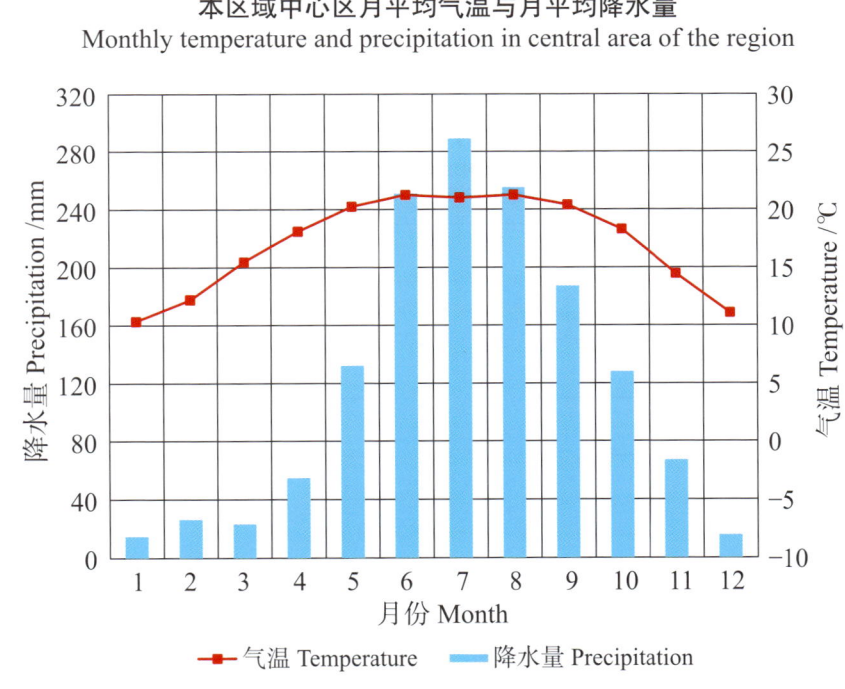

本区域中心区月平均气温与月平均降水量
Monthly temperature and precipitation in central area of the region

镇康县主要土壤类型与土壤剖面点分布图

1∶320 000

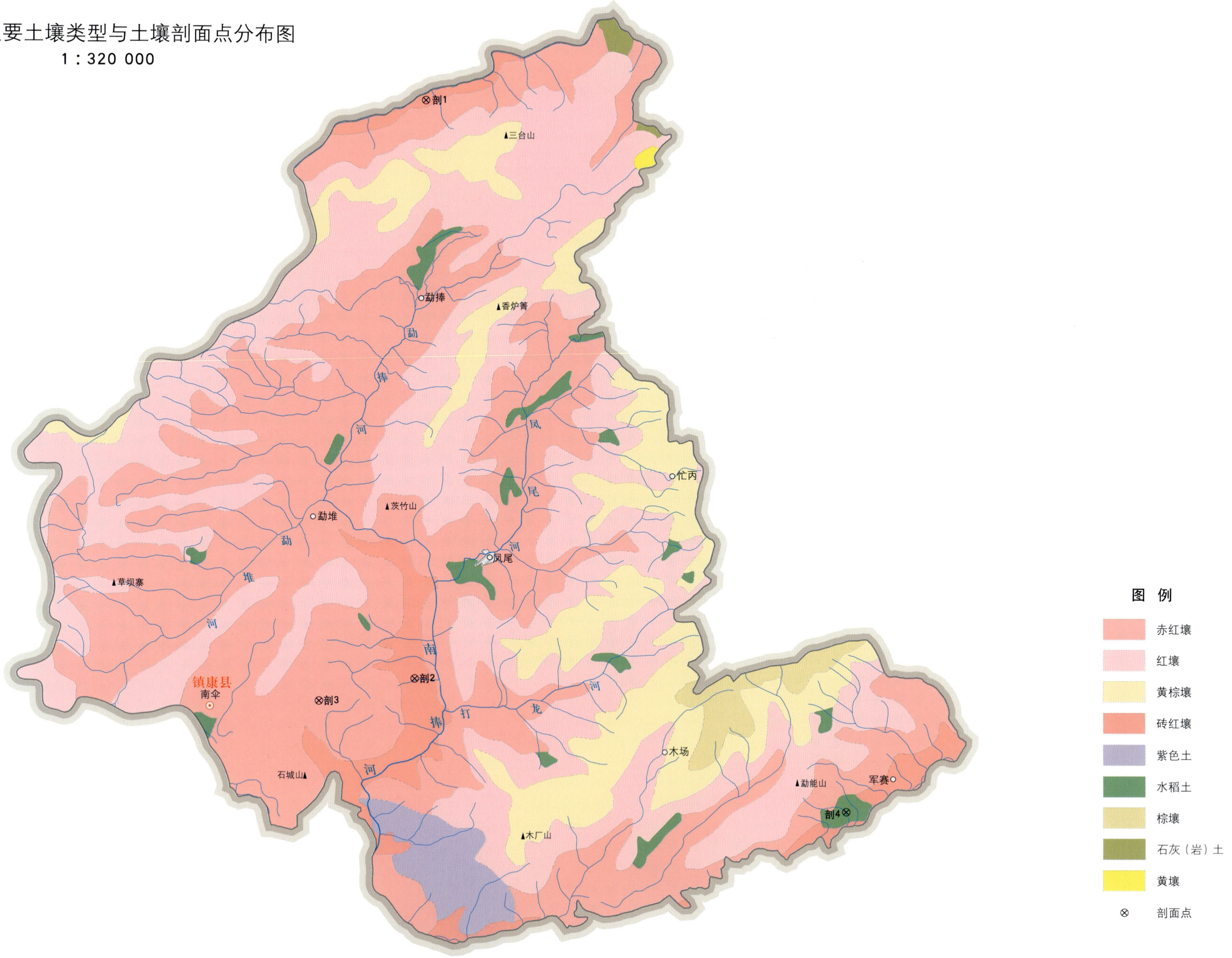

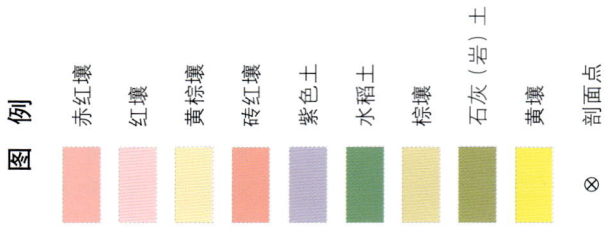

图 例

赤红壤　红壤　黄棕壤　砖红壤　紫色土　水稻土　棕壤　石灰(岩)土　黄壤　⊗ 剖面点

镇康县土壤剖面理化性状表

剖面号 Soil profile	土纲 Soil order	土类 Soil great group	亚类 Soil subgroup	土属 Soil genus	土种 Soil species	土层码 Layer code	土层厚度 Depth/cm	颜色 Soil color	质地 Soil texture	土壤结构 Soil structure	pH	有机质 OM/(g/kg)	全氮 TN/(g/kg)	全磷 TP/(g/kg)	全钾 TK/(g/kg)	碱解氮 AN/(mg/kg)	阳离子交换量 CEC/(cmol/kg)	剖面点坐标 Profile coordinate	匹配指数 Matching index/%
剖1	铁铝土	砖红壤	砖红壤	石灰岩砖红壤		1	0—12	浅红色	轻黏土	块状	6.9	48.3	2.06	4.53	9.3	26	27.8	E 98°58′26.4″ N 24°12′01.1″	86
						2	12—48	褐红色	轻黏土	粒状	6.6	33.9	1.42	4.41	10.6	26	26.9		
						3	48—100	红色	轻黏土	块状	6.6	19.6	1.11	2.92	8.6	21	22.7		
剖2	铁铝土	砖红壤	砖红壤	砂岩砖红壤		1	0—15	暗棕色	轻黏土	核粒状	4.5	17.5	1.06	2.50	8.1	58	14.9	E 98°57′58.7″ N 23°48′08.3″	70
						2	15—50	棕色	重壤土	核粒状	4.7	13.4	0.86	1.50	10.9	40	13.9		
						3	50—80	红棕色	中黏土	核粒状	4.7	8.3	0.31	1.60	12.6	37	11.4		
						4	80—100	浅棕色	中黏土	核粒状	4.9	6.1	0.40	1.50	12.8	44	11.5		
剖3	铁铝土	赤红壤	赤红壤	辉长岩赤红壤		1	0—21	暗棕色	轻黏土	粒状	4.9	63.3	2.61	1.73	8.7	57	19.4	E 98°53′40.9″ N 23°47′12.8″	95
						2	21—80	黄棕色	重黏土	粒状	5.4	22.8	1.08	1.11	8.0	21	13.8		
剖4	人为土	水稻土	潜育水稻土	石灰性潜育水稻土	钙质青砂田	1	0—19	黄灰色	粉砂土	粒状	7.8	126.3	3.89	3.20	3.2	77		E 99°17′13.6″ N 23°42′40.0″	76
						2	19—33	黑色	粉砂土	粒状	6.3	164.8	5.05	2.10	4.4	43			
						3	33—100	黑色	粉砂土	粒状	6.9	101.4	3.67	4.50	2.6	36			

双江拉祜族佤族布朗族傣族自治县

主要土类说明

红壤是双江拉祜族佤族布朗族傣族自治县主要土壤类型，占本县地域面积的35%，分布在海拔800—2200m的中山丘陵。成土母质为石灰岩、砂页岩和玄武岩。成土过程以脱硅富铝化和生物富集为主。本县红壤分为红壤、黄红壤等亚类。红壤亚类呈中度脱硅富铝化特征，具A-Bs-Bv或A-Bs-C剖面构型。黏土矿物以高岭石、赤铁矿为主，黏粒硅铝率为1.8—2.4，风化淋溶系数小于0.2，盐基饱和度小于35%，pH为4.5—5.5，有效养分含量低。表土呈浅棕红色至暗红棕色，为粒状至块状结构。黄红壤土体上部有黄化现象，以黄橙色或橙色为主，下部仍以高岭石为主，伴有蛭石和三水铝石。

赤红壤是双江拉祜族佤族布朗族傣族自治县第二大土壤类型，占本县地域面积的28%，分布在海拔1000—1300m的河谷和坝子。成土母质以各种母岩风化残积物和坡积物为主。成土过程以富铝化作用和生物积累作用为主。本县赤红壤分为赤红壤、黄色赤红壤等亚类。赤红壤亚类具A-Bs-C剖面构型，土体脱硅富铝化程度仅次于砖红壤，比红壤强，铁的游离度介于二者之间，土壤呈赤红色。黄色赤红壤土体中氧化铁等矿物的水合度较高，有较明显的黄化层，土壤有机质和游离铁的活化度均高于典型的赤红壤，pH一般低于5.5。

黄棕壤是双江拉祜族佤族布朗族傣族自治县第三大土壤类型，占本县地域面积的19%，主要分布在海拔2300—2700m的山区。成土母质多为砂页岩及花岗岩。成土过程受淋溶、黏化及弱富铝化作用的影响。受海拔和生物气候影响，土壤腐殖化作用、淋溶作用和水化作用同时存在，土壤呈微酸性或酸性，表土有机质较为丰富。由于土壤中有大量的水合氧化铁，土壤颜色偏黄。土层深厚，淋溶作用明显，表土呈棕灰色，心土呈棕灰黄色或浅黄棕色。

棕壤占本县地域面积的7%，分布在海拔2300—3000m的山地垂直带谱中。成土母质以紫色岩类、酸性结晶岩类、基性结晶岩类和碳酸岩类风化物为主。成土过程以淋溶过程、黏化过程和生物富集过程为主。

紫色土占本县地域面积的5%，分布在海拔2300m以下的平缓岗地和低平槽谷。植被为常绿阔叶林或灌丛草地。成土母质为紫色泥岩和砂页岩。成土过程以母岩的快速物理崩解、频繁侵蚀堆积以及碳酸钙的不断淋失作用为主，生物积累作用相对较弱。土壤具A-C剖面构型，pH为4.5—8.5，富含矿质养分。

水稻土占本县地域面积的3%，在海拔2500m以下地势平缓的丘陵山地呈梯田式零星分布。本县水稻土分为淹育型、潴育型、潜育型等亚类。其中，潴育水稻土面积较大，水利条件好，水耕熟化程度高，具A-P-W-G-C或A-P-W-C剖面构型，多为砂壤土，有机质含量为10—30g/kg。

小于本县地域面积3%的土壤类型有黄壤、砖红壤和黑毡土。

本区域中心区气候特征

本区域中心区气候特征值
Regional climate characteristics in central area of the region

气候带：南亚热带湿润气候 Climate region: South subtropical humid climate	
年平均气温 /℃ Annual average temperature /℃	18.0
年平均最高气温 /℃ Annual average maximum temperature /℃	25.0
年平均最低气温 /℃ Annual average minimum temperature /℃	13.3
年降水量 /mm Annual precipitation /mm	1345
≥10℃的积温 /℃ Daily temperature accumulated in a year (≥10℃) /℃	6554
年日照时数 /h Annual sunshine /h	2097
年平均相对湿度 /% Annual average relative humidity /%	75
干燥度 Dryness	0.79

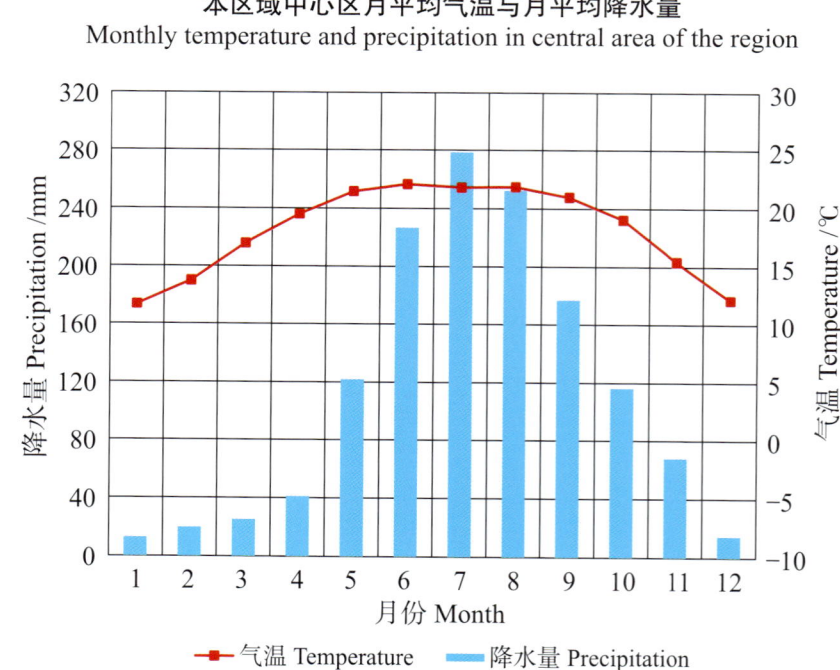

本区域中心区月平均气温与月平均降水量
Monthly temperature and precipitation in central area of the region

双江拉祜族佤族布朗族傣族自治县主要土壤类型与土壤剖面点分布图
1∶260 000

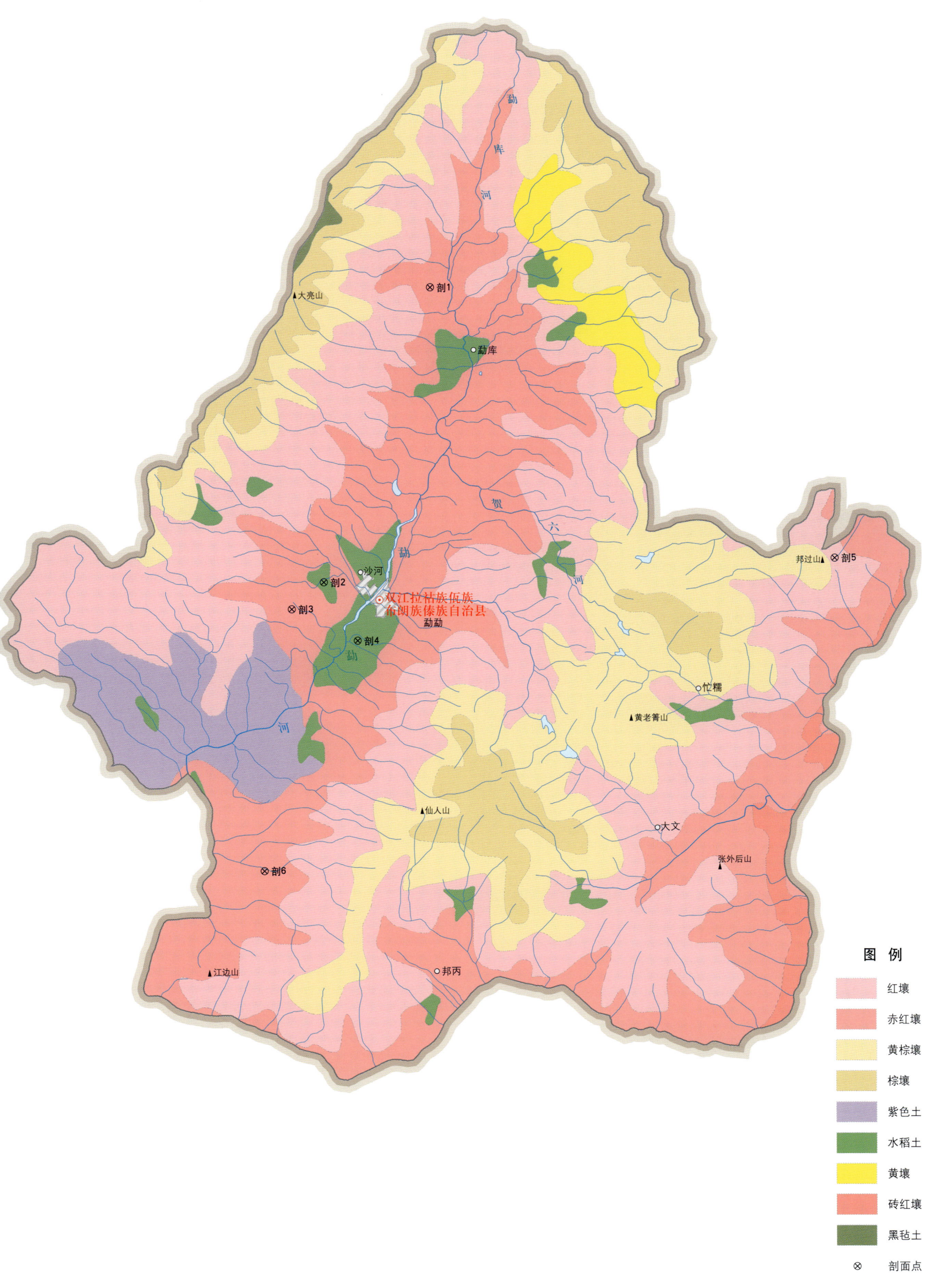

双江拉祜族佤族布朗族傣族自治县土壤剖面理化性状表

剖面号 Soil profile	土纲 Soil order	土类 Soil great group	亚类 Soil subgroup	土属 Soil genus	土种 Soil species	土层码 Layer code	土层厚度 Depth/cm	颜色 Soil color	质地 Soil texture	土壤结构 Soil structure	pH	有机质 OM/(g/kg)	全氮 TN/(g/kg)	全磷 TP/(g/kg)	全钾 TK/(g/kg)	碱解氮 AN/(mg/kg)	有效磷 AP/(mg/kg)	阳离子交换量 CEC/(cmol/kg)	剖面点坐标 Profile coordinate	匹配指数 Matching index/%
剖1	铁铝土	赤红壤	赤红壤	老冲积赤红壤		1	0—13	灰白色	中壤土	块状	5.0	21.2	0.80	0.55	12.7			7.3	E 99°51′14.8″ N 23°39′22.7″	95
						2	13—43	棕红色	重壤土	块状	5.1	10.1	0.45	0.47	16.7			7.3		
						3	43—100	浅红色	重壤土	块状	5.2	4.1	0.35	0.43	15.4			6.2		
剖2	人为土	水稻土	潴育水稻土	冲积性潴育水稻土	河砂泥田	1	0—20	浅红棕色	重壤土	块状	5.3	27.0	1.52	1.53	7.8			14.9	E 99°47′08.9″ N 23°29′12.1″	84
						2	20—50	黄棕色	紧砂土	块状	6.2	3.7	0.30	0.92	12.4			10.7		
						3	50—57	暗棕色	紧砂土	块状	6.4	9.2	0.46	1.39	9.4			9.8		
						4	57—100	棕灰色	轻壤土	粒状	5.1	9.1	0.44	1.35	7.9			8.3		
剖3	铁铝土	赤红壤	赤红壤	千枚岩赤红壤		1	0—12	暗灰色	中壤土	核状	5.8	47.5	2.27	1.41	33.2			12.3	E 99°45′55.8″ N 23°28′16.7″	100
						2	12—100	黄灰色	中壤土	核状	5.0	10.5	0.75	0.74	36.9			8.5		
剖4	人为土	水稻土	潴育水稻土	暗砂泥田	砂泥田	A	0—20	浅棕色	黏壤土	团块状	5.3	27.0	1.50	1.50	7.8	61	15.2		E 99°48′24.5″ N 23°27′10.4″	94
						P	20—50	黄棕色	壤质砂土	块状	6.2	6.7	0.30	0.90	12.4	31	9.3			
						W	50—57	暗棕色	壤质砂土	块状	6.4	9.2	0.50	1.40	9.4	13	17.2			
						Bg	57—100	棕灰色	壤土	粒状	5.1	9.1	0.40	1.40	7.9	36	3.7			
剖5	铁铝土	红壤	黄红壤	麻黄红土	麻黄红土	A	0—23	暗灰黄色	黏壤土	小块状	5.4	48.1	1.88	0.11		291	5.2	8.4	E 100°06′24.8″ N 23°29′55.0″	94
						B	23—50	灰黄色	黏壤土	块状	5.3	28.2	1.37	0.11		111	2.6	6.6		
						C	50—100	灰黄色	壤土	块状	5.3	11.0	1.03	0.07		67	2.2	3.7		
剖6	铁铝土	赤红壤	赤红壤	花岗岩赤红壤		1	0—12	黄褐色	轻壤土	块状	6.6	12.9	1.05	2.00	6.4			5.5	E 99°44′49.2″ N 23°19′12.7″	75
						2	12—48	红棕色	中壤土	块状	6.7	3.7	0.57	1.34	9.1			7.8		
						3	48—100	黄棕色	中壤土	粒状	7.1	7.1	0.76	1.50	9.1			7.3		

耿马傣族佤族自治县

主要土类说明

赤红壤是耿马傣族佤族自治县主要土壤类型，占本县地域面积的38%，分布在海拔800—1200m的低山河谷。植被为南亚热带常绿阔叶林。成土母质以各种母岩风化残积物和坡积物为主。成土过程以富铝化作用和生物积累作用为主。本县赤红壤分为赤红壤、黄色赤红壤等亚类。赤红壤亚类具A-Bs-C剖面构型，土体脱硅富铝化程度仅次于砖红壤，比红壤强，铁的游离度介于二者之间，土壤呈赤红色。黏粒硅铝率为1.7—2.0，风化淋溶系数为0.05—0.15，盐基饱和度为15%—25%，pH为4.5—5.5。黄色赤红壤土体中氧化铁等矿物的水合度较高，有较明显的黄化层，土壤有机质和游离铁的活化度均高于典型的赤红壤，pH一般低于5.5，有明显的脱硅富铝化作用。

红壤是耿马傣族佤族自治县第二大土壤类型，占本县地域面积的25%，分布在海拔800—2200m的中山丘陵陡坡。成土母质为石灰岩、砂页岩和玄武岩。成土过程以脱硅富铝化和生物富集为主。

砖红壤是耿马傣族佤族自治县第三大土壤类型，占本县地域面积的11%，分布在海拔800m以下的低山丘陵和河谷阶地。成土母质以各种母岩风化残积物和坡积物为主。成土过程为脱硅富铝化过程和以生物为主导的养分吸收富集过程。砖红壤具A-Bs-Bv-C剖面构型，风化层深厚，风化度高。原生矿物风化为次生矿物，黏粒增加。

黄棕壤占本县地域面积的10%，主要分布在海拔1900—2700m的山区。成土母质多为砂页岩及花岗岩风化物。土层弱度富铝化，黏聚现象明显，呈黄棕色。该土壤具A-B-C或A-（B）-C剖面构型，黏粒硅铝率在2.5左右，铁的游离度较红壤低，B层交换性酸大于A层。

石灰（岩）土占本县地域面积的5%，分布在红壤带的半湿润和半干旱地区。成土母质多为石灰岩风化物和红土状沉积物。成土过程以风化、富铝化和灰化作用为主。土壤具有一定的脱硅富铝化特征，游离氧化铁的水化度低，土层浅薄，抗旱能力差。

水稻土占本县地域面积的4%，在海拔2500m以下地势平缓的丘陵山地呈梯田式零星分布。成土过程为淋溶作用和水耕熟化过程。本县水稻土分为淹育型、潴育型、潜育型等亚类。其中，潴育水稻土面积较大，水耕熟化程度高，层次分异明显，具A-P-W-G-C或A-P-W-C剖面构型，多为砂壤土，有机质含量为10—30g/kg。

棕壤占本县地域面积的4%。棕壤发生于落叶阔叶林下，但大部分已被垦殖，以旱作为主。该土壤处于硅铝风化阶段，具有黏化特征，呈棕色。土体见黏粒淀积，盐基充分淋失，见少量游离铁。

小于本县地域面积3%的土壤类型有黄壤、紫色土和黑毡土。

本区域中心区气候特征

本区域中心区气候特征值
Regional climate characteristics in central area of the region

气候带：南亚热带湿润气候 Climate region: South subtropical humid climate	
年平均气温 /℃ Annual average temperature /℃	17.6
年平均最高气温 /℃ Annual average maximum temperature /℃	24.6
年平均最低气温 /℃ Annual average minimum temperature /℃	12.9
年降水量 /mm Annual precipitation /mm	1399
≥10℃的积温 /℃ Daily temperature accumulated in a year（≥10℃）/℃	6409
年日照时数 /h Annual sunshine /h	2089
年平均相对湿度 /% Annual average relative humidity /%	75
干燥度 Dryness	0.75

本区域中心区月平均气温与月平均降水量
Monthly temperature and precipitation in central area of the region

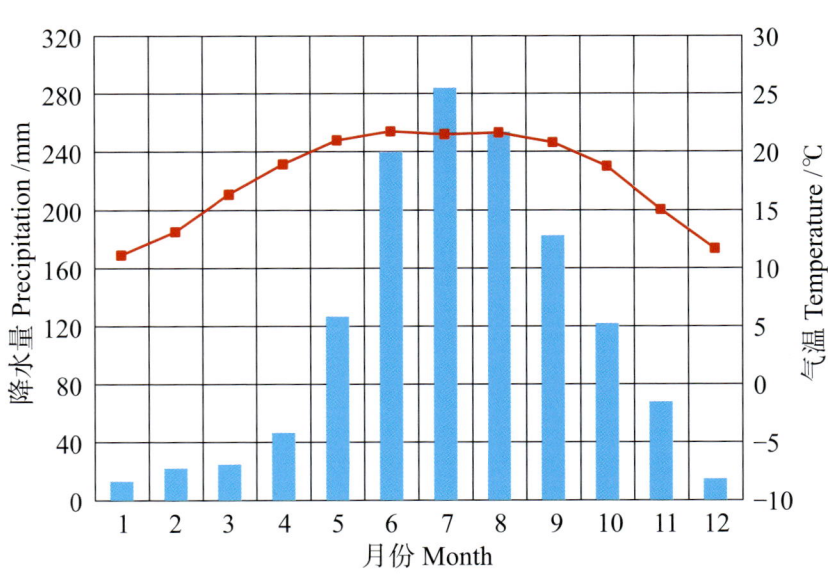

耿马傣族佤族自治县主要土壤类型与土壤剖面点分布图
1:370 000

图例：赤红壤、红壤、砖红壤、黄棕壤、石灰(岩)土、水稻土、棕壤、黄壤、紫色土、黑毡土、⊗ 剖面点

耿马傣族佤族自治县土壤剖面理化性状表

剖面号 Soil profile	土纲 Soil order	土类 Soil great group	亚类 Soil subgroup	土属 Soil genus	土种 Soil species	土层码 Layer code	土层厚度 Depth/cm	颜色 Soil color	质地 Soil texture	土壤结构 Soil structure	pH	有机质 OM/(g/kg)	全氮 TN/(g/kg)	全磷 TP/(g/kg)	全钾 TK/(g/kg)	碱解氮 AN/(mg/kg)	有效磷 AP/(mg/kg)	土壤母质 Parent material	剖面点坐标 Profile coordinate	匹配指数 Matching index/%
剖1	铁铝土	赤红壤	赤红壤	砂岩赤红壤		1	0–12	棕褐色	中壤土	块状	4.8	31.4	1.40	1.80	12.4	86		砂岩类	E 99°36′21.6″ N 23°51′13.2″	81
						2	12–43	红棕色	轻壤土	粒状	4.9	20.3	1.00	1.70	15.5	59				
						3	43–100	棕红色	轻壤土	粒状	4.5	9.9	0.70	0.90	12.4	58				
剖2	铁铝土	赤红壤	赤红壤	千枚岩赤红壤		1	0–5	灰褐色	粉砂质壤土	核状	5.1	76.5	3.20	1.70	26.0	98		千枚岩	E 98°53′53.1″ N 23°42′04.1″	92
						2	5–19	红褐色	轻壤土	核状	5.2	35.4	1.80	1.20	21.0	75				
						3	19–50	暗红色	轻壤土	核状	5.3	14.3	1.10	1.00	24.0	51				
						4	50–100	黄褐质壤土	粉砂质壤土	核状	5.3	9.9	0.90	0.90	27.0	48				
剖3	铁铝土	红壤	红壤	山砂红土	小红土	A	0–15	褐红色	黏壤土	粒状	5.7	42.4	3.00	0.96	16.2	53	9.0		E 99°41′05.3″ N 23°47′09.6″	78
						B₁	15–55	深褐红色	黏壤土	粒状	5.0	31.8	2.50	0.87	20.9	37	1.0			
						B₂	55–100	黄红色	轻壤土	粒状	4.8	17.9	2.10	0.79	24.7	44	0.1			
剖4	铁铝土	红壤	红壤	白云岩红壤		1	0–28	红褐色	轻壤土	粒状	6.4	75.8	3.50	2.90	3.4	75		白云岩	E 99°36′49.7″ N 23°46′12.7″	79
						2	28–40	褐红色	中壤土	粒状	6.5	32.2	1.60	1.80	4.9	62				
						3	40–100	红棕色	中壤土	粒状	6.8	21.4	1.50	1.60	1.7	42				
剖5	铁铝土	红壤	红壤	千枚岩红壤		1	0–20	黄棕色	中壤土	核状	5.2	35.1	2.00	1.50	28.8	72		千枚岩	E 99°35′26.9″ N 23°42′10.1″	73
						2	20–38	黄红色	中壤土	核状	5.4	18.2	1.40	1.20	31.9	49				
						3	38–100	黄红色	中壤土	核状	5.5	13.3	1.20	1.10	34.9	55				
剖6	铁铝土	赤红壤	赤红壤	石灰岩赤红壤		1	0–18	褐红色	中壤土	块状	5.6	40.5	1.50	3.70	5.8	88		石灰岩	E 98°54′47.2″ N 23°37′55.7″	79
						2	18–39	褐红色	轻壤土	块状	5.3	15.2	0.60	2.00	0.3	58				
						3	39–100	红色	砂壤土	块状	6.0	8.7	0.40	1.40	0.6	50				
剖7	铁铝土	红壤	红壤	石灰岩红壤		1	0–11	褐色	中壤土	核状	5.2	70.2	3.00	3.90	6.4	112		石灰岩	E 98°50′27.4″ N 23°33′09.9″	83
						2	11–28	褐红色	中壤土	核状	5.2	26.6	1.40	3.40	4.8	79				
						3	28–100	赤红色	中壤土	块状	5.6	16.2	1.20	2.60	8.1	65				
剖8	铁铝土	砖红壤	砖红壤	老冲积砖红壤		1	0–16	灰棕色	轻壤土	棱状	5.9	27.4	2.20	1.50	4.7	46		老冲积物	E 99°04′24.6″ N 23°32′34.8″	77
						2	16–26	红棕色	中壤土	块状	5.8	19.5	1.20	1.30	4.1	40				
						3	26–100	棕红色	中壤土	块状	5.8	12.4	1.20	1.20	3.0	22				
剖9	铁铝土	赤红壤	赤红壤	老冲积赤红壤		1	0–18	灰黄色	粉砂质壤土	块状	5.0	39.9	2.30	1.00	22.3	51		老冲积物	E 99°17′08.2″ N 23°37′42.6″	82
						2	18–36	红棕色	粉砂质壤土	块状	5.2	21.5	1.30	0.90	25.2	46				
						3	36–57	红黄色	粉砂质壤土	块状	5.3	14.2	1.30	0.70	20.5	27				
						4	57–100	浅红色	轻壤土	块状	5.4	9.8	2.50	0.70	25.2	51				
剖10	铁铝土	黄壤	黄壤	砂岩黄壤		1	0–8	黑褐色	轻壤土	粒状	4.5	130.7	5.90	1.90	16.2	133		砂岩	E 99°20′21.7″ N 23°34′41.1″	75
						2	10–27	棕褐色	砂壤土	核状	4.8	79.5	4.30	1.60	17.8	110				
						3	27–33	棕黄色	砂壤土	核块状	5.2	58.7	2.70	1.50	12.7	98				
						4	33–100	红黄色	中壤土	块状	5.2	19.0	1.20	1.30	23.5	83				
剖11	铁铝土	黄壤	黄壤	花岗岩黄壤		1	0–8	黄黄色	砂壤土	粒状	4.6	183.0	8.20	2.50	39.0	166		花岗岩	E 99°13′53.2″ N 23°24′04.3″	77
						2	8–26	黄黄色	中壤土	粒状	4.6	86.9	3.90	2.00	11.2	152				
						3	26–57	浅黄色	中壤土	块状	5.2	62.5	2.80	1.80	19.0	180				
						4	57–100	灰黄色	中壤土	粒状	4.6	44.3	2.10	1.80	20.6	105				
剖12	铁铝土	黄壤	黄壤	千枚岩黄壤		1	0–8	黄褐色	轻壤土	粒状	4.9	132.5	5.30	1.60	12.1	99		千枚岩	E 99°17′54.7″ N 23°26′50.8″	72
						2	8–38	褐黄色	轻壤土	粒状	5.0	34.9	1.80	0.90	8.9	77				
						3	38–50	褐黄色	轻壤土	核状	5.0	25.7	1.20	0.70	8.2	74				
						4	50–63	黄色	轻壤土	核状	5.1	26.2	1.00	0.60	8.8	77				
						5	63–100	浅黄色	轻壤土	块状	5.2	8.1	0.60	0.40	14.9	70				

续表 Continued

剖面号 Soil profile	土纲 Soil order	土类 Soil great group	亚类 Soil subgroup	土属 Soil genus	土种 Soil species	土层码 Layer code	土层厚度 Depth/cm	颜色 Soil color	质地 Soil texture	土壤结构 Soil structure	pH	有机质 OM/(g/kg)	全氮 TN/(g/kg)	全磷 TP/(g/kg)	全钾 TK/(g/kg)	碱解氮 AN/(mg/kg)	有效磷 AP/(mg/kg)	土壤母质 Parent material	剖面点坐标 Profile coordinate	匹配指数 Matching index/%
剖13	初育土	石灰（岩）土	黑色石灰土	白云岩黑泡土		1	0—12	黑褐色	粉砂质壤土	粒状	8.2	137.7	7.40	8.20	13.9	31		白云岩	E 99°30′09.0″ N 23°25′44.8″	87
						2	12—29	褐黑色	粉砂质壤土	粒状	8.3	48.6	3.00	3.30	22.6	24				
						3	29—62	褐色	砂壤土	粒状	8.9		0.10	0.10	5.4					
						4	62—100	浅褐色	砂壤土	粒状	9.1		0.10	0.10	10.5					

沧源佤族自治县

主要土类说明

赤红壤是沧源佤族自治县主要土壤类型，占本县地域面积的38%，分布在海拔800—1400m的低山河谷。植被为南亚热带常绿阔叶林，以沟谷季雨林为主，多种树种生长板根。成土母质以各种母岩风化残积物和坡积物为主。成土过程以富铝化作用和生物积累作用为主。本县赤红壤分为赤红壤、黄色赤红壤等亚类。赤红壤亚类具 A-Bs-C 剖面构型，土体脱硅富铝化程度仅次于砖红壤，比红壤强，铁的游离度介于二者之间，土壤呈赤红色。黏粒硅铝率为1.7—2.0，风化淋溶系数为0.05—0.15，盐基饱和度为15%—25%，pH 为4.5—5.5。黄色赤红壤土体中氧化铁等矿物的水合度较高，有较明显的黄化层，土壤有机质和游离铁的活化度均高于典型的赤红壤，pH 一般低于5.5，有明显的脱硅富铝化作用。次生黏土矿物中伊利石比基岩少13%—19%，高岭石和绿泥石比基岩多15%—20%。

红壤是沧源佤族自治县第二大土壤类型，占本县地域面积的27%，主要分布在海拔1100—2000m的山地。植被以栎类常绿阔叶林和灌木林为主，部分为针叶林。成土母质为石灰岩、砂页岩和玄武岩。成土过程以脱硅富铝化和生物富集为主。土体深厚，剖面层次发育完整。本县红壤分为红壤、黄红壤等亚类。红壤亚类呈中度脱硅富铝化特征，具 A-Bs-Bv 或 A-Bs-C 剖面构型。表土呈浅棕红色至暗红棕色，为粒状至块状结构。黄红壤土体上部有黄化现象，以黄橙色或橙色为主，下部仍以高岭石为主，伴有蛭石和三水铝石。

黄壤是沧源佤族自治县第三大土壤类型，占本县地域面积的18%，主要分布在海拔1750—2200m的山脊、山坡及背阴潮湿地带。植被为栎类常绿阔叶林。成土母质为砂岩、砂页岩、千枚岩、花岗岩和紫色砂岩等。成土过程以脱硅富铝化、生物富集和黄化过程为主。黏土矿物以蛭石为主，其次为高岭石和伊利石。

黄棕壤占本县地域面积的8%，主要分布在海拔2100—2605m的山脊上部。植被为栎类常绿阔叶林和竹木混交林，还有大树杜鹃群落。成土母质多为花岗岩、千枚岩和砂页岩。成土过程以脱硅富铝化、生物富集和黄化过程为主。由于低温、多雨、多雾、高湿，树干附生苔藓地衣植物，林地自然土壤植被保存完好，林下有5—30cm 厚的枯枝落叶层。

砖红壤占本县地域面积的5%，主要分布在本县西部海拔800m以下的河谷低山地带。成土母质以各种母岩风化残积物和坡积物为主。成土过程为脱硅富铝化过程和以生物为主导的养分吸收富集过程。

小于本县地域面积3%的土壤类型有水稻土、石灰（岩）土、棕壤和紫色土。

本区域中心区气候特征

本区域中心区气候特征值
Regional climate characteristics in central area of the region

气候带：南亚热带湿润气候 Climate region: South subtropical humid climate	
年平均气温 /℃ Annual average temperature /℃	18.1
年平均最高气温 /℃ Annual average maximum temperature /℃	25.3
年平均最低气温 /℃ Annual average minimum temperature /℃	13.3
年降水量 /mm Annual precipitation /mm	1447
≥10℃的积温 /℃ Daily temperature accumulated in a year（≥10℃）/℃	6547
年日照时数 /h Annual sunshine /h	2090
年平均相对湿度 /% Annual average relative humidity /%	76
干燥度 Dryness	0.73

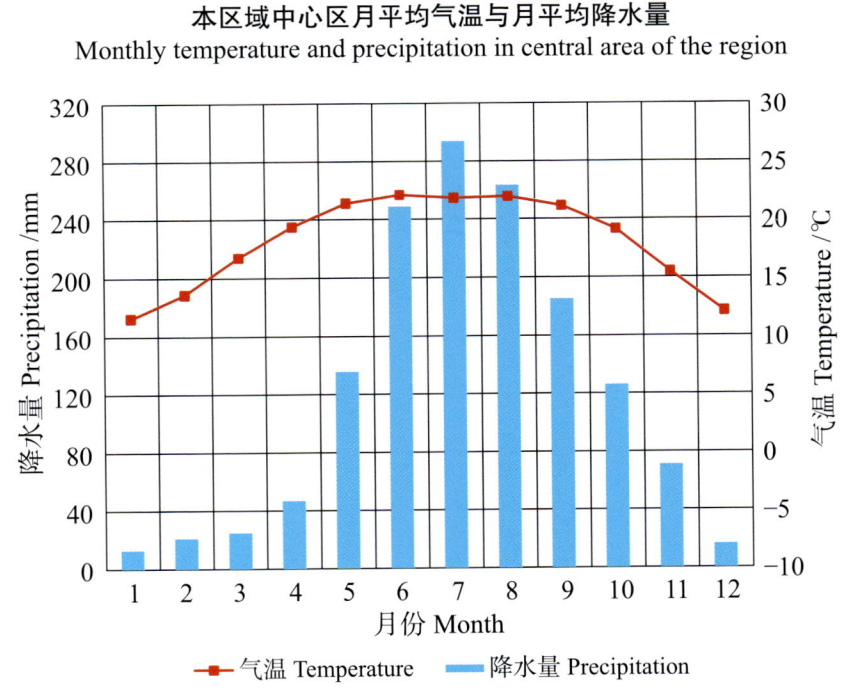

本区域中心区月平均气温与月平均降水量
Monthly temperature and precipitation in central area of the region

沧源佤族自治县主要土壤类型与土壤剖面点分布图

1:290 000

图例

赤红壤　红壤　黄壤　黄棕壤　砖红壤　水稻土　石灰（岩）土　棕壤　紫色土　⊗ 剖面点

沧源佤族自治县土壤剖面理化性状表

剖面号 Soil profile	土纲 Soil order	土类 Soil great group	亚类 Soil subgroup	土属 Soil genus	土种 Soil species	土层码 Layer code	土层厚度 Depth/cm	颜色 Soil color	质地 Soil texture	土壤结构 Soil structure	pH	有机质 OM/(g/kg)	全氮 TN/(g/kg)	全磷 TP/(g/kg)	全钾 TK/(g/kg)	碱解氮 AN/(mg/kg)	有效磷 AP/(mg/kg)	阳离子交换量CEC/(cmol/kg)	土壤母质 Parent material	剖面点坐标 Profile coordinate	匹配指数 Matching index/%
剖1	铁铝土	赤红壤	黄色赤红壤	千枚岩黄色赤红壤	油红土	A	0—12	棕黄色	中壤土	粒状	6.1	50.6	2.70	3.77	18.3	174				E 98°55′32.9″ N 23°26′53.9″	78
						B	12—53	黄棕色	重壤土	棱块状	5.5	31.3	1.59	2.10	18.4	114					
						3	53—100	黄红色	重壤土	棱块状	5.3	16.2	1.11	1.21	20.3	69					
剖2	铁铝土	赤红壤	黄色赤红壤	千枚岩黄色赤红壤	石渣子土	A	0—10	棕黄色	中壤土	粒状	6.6	90.6	5.50	2.54	35.7	353			千枚岩	E 98°58′19.7″ N 23°26′43.9″	87
						B	10—22	黄红色	重壤土	棱块状											
						3	22—95	黄色		棱块状											
剖3	铁铝土	红壤	黄红壤	紫色砂岩红壤	紫砂土	A	0—13	紫色	砂壤土	粒状	5.3	45.4	1.67	1.15	12.6	210			紫色砂岩类	E 98°55′36.9″ N 23°23′38.1″	90
						B	13—43	紫红色	中壤土	块状	5.0	18.2	1.93	0.71	17.9	88					
						3	43—90	紫红色	重壤土	块状	4.9	9.9	1.18	1.10	10.6	36					
剖4	人为土	水稻土	潜育水稻土	冲积性潜育水稻土	灰胶泥田	A	0—16	深灰色	重壤土	块状	6.4	93.0	4.80	1.22	29.2	350			冲积物	E 98°59′16.1″ N 23°20′51.0″	84
						P	16—20														
						G	20—														
剖5	铁铝土	红壤	黄红壤	砂岩黄红壤	黄红土	A	0—13	黄红色	中壤土	粒状	6.0	117.6	3.37	4.00	2.1	261			砂岩类	E 98°57′02.4″ N 23°20′30.3″	70
						B	13—35	黄红色	重壤土	块状	6.0	38.9	1.77	3.00	3.7	145					
						3	35—100	黄色	重壤土	块状	5.9	10.3	0.89	2.50	5.0	68					
剖6	铁铝土	砖红壤	黄色砖红壤	千枚岩黄色砖红壤	棕红土	A	0—10	棕红色	中壤土	粒状	4.8	72.3	2.49	0.70	12.9	218			千枚岩	E 99°01′24.2″ N 23°28′21.8″	72
						B	10—23	黄红色	重壤土	核粒状	5.0	78.2	2.56	1.99	22.6	237					
						3	23—100	黄色	重壤土	棱柱状	4.8	25.0	1.38	1.13	1.0	109					
剖7	铁铝土	砖红壤	黄色砖红壤	紫色砂岩砖红壤		A	0—12	棕黄色	砂壤土	粒状	4.7	24.8	1.24	0.64	3.2	110				E 99°03′29.2″ N 23°24′24.1″	81
						B	12—49	黄红色	砂壤土	块状	5.5	14.2	0.75	0.61	7.3	52					
						3	49—100	浅黄色	砂壤土	块状	5.2	9.3	0.52	0.70	12.9	49					
剖8	铁铝土	红壤	黄红壤	砂页岩黄红壤	黄红土	A	0—12	黄红色	中壤土	粒状	5.7	45.6	2.33	1.49	19.1	127				E 99°07′24.7″ N 23°21′49.5″	99
						B	12—20	黄红色	中壤土	块状	5.4	47.1	1.89	1.70	17.7	152					
						3	20—56	黄色	中壤土	块状	5.5	41.1	2.49	1.50	15.7	157					
剖9	铁铝土	红壤	黄红壤	紫色砂岩黄红壤	紫红土	A	0—13	棕黄色	重壤土	粒状	5.3	24.6	1.46	1.00	12.4	123			紫色砂岩类	E 99°27′52.8″ N 23°20′48.8″	75
						B	13—45	紫红色	重壤土	块状	5.4	37.7	0.93	0.70	8.9	48					
						3	45—100	棕黄色	重壤土	块状	5.4	14.6	0.66	0.80	12.5	36					
剖10	铁铝土	砖红壤	黄色砖红壤	千枚岩黄色砖红壤		A	0—4	棕黄色	中壤土	粒状	5.7	49.8	3.15	1.96	42.9	254				E 98°58′11.6″ N 23°15′33.1″	74
						B	4—30	深棕黄色	重壤土	核粒状	5.0	15.6	1.73	1.36	37.7	138					
						3	30—100	黄色	中壤土	核粒状	6.5	7.9	1.26	1.05	40.2	73					
剖11	铁铝土	赤红壤	黄色赤红壤	千枚岩黄色赤红壤		A	0—10	棕黄色	重壤土	粒状	6.6	90.6	5.57	2.54	35.7	353			千枚岩	E 98°56′14.5″ N 23°14′50.5″	86
						B	10—22	黄红色	中壤土	核粒状	5.8	49.8	3.09	2.27	37.3	235					
						3	22—95	黄红色	重壤土	核粒状	5.5	23.3	2.46	1.96	47.0	129					
剖12	铁铝土	砖红壤	黄色砖红壤	千枚岩黄色砖红壤	棕黄土	A	0—13	棕黄色	中壤土	粒状	5.6	67.6	3.47	1.71	23.2	236			千枚岩	E 98°59′00.8″ N 23°12′51.8″	75
						B	13—34	黄红色	重壤土	核粒状	5.3	40.5	2.05	1.57	27.0	183					
						3	34—100	黄色	黏壤土	棱柱状	4.7	18.0	1.24	1.26	26.7	116					
剖13	铁铝土	红壤	黄红壤	砂岩黄红壤		A	0—5	黄棕色	轻壤土	粒状	4.1	87.3	5.19	1.08	8.3	396	10.8	14.4		E 99°07′29.3″ N 23°18′07.2″	77
						B	5—35	黄红色	重壤土	棱块状	3.9	73.9	3.85		24.6	290	7.6	9.0			
						3	35—75	浅黄棕色	重壤土	块状	4.1	26.1	1.58		28.9	119					
剖14	铁铝土	砖红壤	黄色砖红壤	砖黄泥	砖黄泥	A	0—22	黄黄色	黏壤土	粒状	4.7	41.3	2.08	1.26	24.6	79				E 99°01′32.1″ N 23°16′57.8″	75
						B	22—50	浅黄棕色	壤土	棱块状	5.0	15.2	1.44	1.28	28.9	39					
						C	50—100	红黄色	壤土	块状	5.3	8.4	1.11	1.01	30.7	42	8.1	10.9			

续表 Continued

剖面号 Soil profile	土纲 Soil order	土类 Soil great group	亚类 Soil subgroup	土属 Soil genus	土种 Soil species	土层码 Layer code	土层厚度 Depth/cm	颜色 Soil color	质地 Soil texture	土壤结构 Soil structure	pH	有机质 OM/(g/kg)	全氮 TN/(g/kg)	全磷 TP/(g/kg)	全钾 TK/(g/kg)	碱解氮 AN/(mg/kg)	有效磷 AP/(mg/kg)	阳离子交换量CEC/(cmol/kg)	土壤母质 Parent material	剖面点坐标 Profile coordinate	匹配指数 Matching index/%
剖15	铁铝土	赤红壤	黄色赤红壤	紫色砂岩赤红壤	紫砂土	A	0–11	浅棕色	砂壤土	粒状	4.8	28.1	0.98	0.79	9.2	115			紫色砂岩类	E 99°12′09.0″ N 23°13′46.0″	94
						B	11–25	紫红色	中壤土	梭块状	4.9	17.0	0.75	0.66	13.0	65					
						3	25–100	紫红色	重壤土	梭柱状	4.7	5.3	0.46	0.53	16.7	28					
剖16	铁铝土	赤红壤	黄色赤红壤	紫色砂岩赤红壤		A	0–10	棕紫色	轻壤土	粒状	4.3	77.2	1.30	0.79	2.2	132				E 99°00′54.3″ N 23°12′46.7″	81
						B	10–34	紫红色	砂壤土	块状	4.2	42.7	0.92	0.74	9.6	65					
						3	34–100	紫色	中壤土	块状	5.0	17.1	0.52	0.84	8.7	43					
剖17	铁铝土	红壤	黄红壤	花岗岩红壤		A	0–23	棕红色	轻壤土	粒状	5.5	51.3	3.59	1.71	1.3	72				E 99°03′23.1″ N 23°12′06.0″	95
						3	23–100	棕黄色	中壤土	粒状	6.7	29.2	1.42	2.72	4.0	118					
剖18	铁铝土	赤红壤	黄色赤红壤	砂岩黄色赤红壤	棕红土	A	0–10	棕红色	中壤土	粒状	6.6	12.5	0.93	2.10	2.0	64			砂岩类	E 99°04′40.8″ N 23°11′22.9″	72
						B	10–48	棕红色	中壤土	梭粒状	6.3	6.8	0.54	1.70	3.9	37					
						3	48–100	黄红色	重壤土	梭柱状	4.3	88.8	3.39	1.42	8.1	143					
剖19	铁铝土	红壤	黄红壤	老冲积黄红壤		A	0–5	黄红色	中壤土	粒状										E 99°01′60.0″ N 23°10′33.6″	95
						B	5–30	黄红色	重壤土	块状											
						3	30–100	暗灰色	黏壤土	梭块状	5.7	51.8	1.76	1.79	16.7	146					
剖20	人为土	水稻土	潴育水稻土	冲积性潴育水稻土	油砂田	A	0–20	青灰色	中壤土	粒状	6.6								冲积物	E 99°23′04.9″ N 23°13′45.5″	86
						B	20–65	青灰色	中壤土	梭块状											
						3	65–100	深棕色	重壤土	梭柱状	7.3	31.5	1.60	2.02	8.7	95					
剖21	人为土	水稻土	潴育水稻土	石灰性潴育水稻土	钙质砂泥田	A	0–20	青灰色	砂壤土	粒状										E 99°26′19.3″ N 23°12′14.8″	74
						P	20–30	灰色	重壤土	梭块状											
						W	30–	暗棕色	重壤土	粒状	5.5	64.4	3.76	0.47	16.9	127					
剖22	铁铝土	红壤	黄红壤	砂页岩红壤		A	0–20	棕黄色	轻壤土	粒状	6.2	32.9	1.92	2.54	31.3	183				E 99°18′37.2″ N 23°10′54.5″	75
						B	20–49	黄红色	中壤土	梭块状	7.0	26.6	1.57	2.25	31.3	134					
						3	49–100	深灰色	中壤土	梭柱状	7.7	17.1	1.16	1.97	31.6	85					
剖23	人为土	水稻土	潴育水稻土	冲积性潴育水稻土	润砂田	A	0–12	棕褐色	中壤土	粒状	7.0	15.5	1.05	3.06	25.7	77			冲积物	E 99°14′08.5″ N 23°09′25.9″	100
						P₁	12–20	棕灰色	重壤土	粒状											
						P₂	20–71	棕灰色	砂质黏壤土	块状											
						W	71–100														
剖24	铁铝土	赤红壤	黄色赤红壤	中性岩赤红壤		A	0–17	暗灰色	轻壤土	粒状	4.7	68.2	2.40	0.49	11.8	242			中性岩	E 99°04′21.7″ N 23°08′26.2″	91
						B	17–70	灰白色	砂壤土	粒状	6.6	19.5	0.90	0.23	12.0	90					
						3	70–100	浅黄色	中壤土	块状	5.0	4.8	0.29	2.59	11.4	33					
剖25	铁铝土	赤红壤	黄色赤红壤	砂岩黄色赤红壤	石渣子土	A	0–13	棕红色	中壤土	粒状	6.5	23.7	0.94	1.19	13.3	86				E 99°11′58.9″ N 23°07′55.6″	88
						B	13–33	黄红色	重壤土	块状	6.0	20.7	0.63	1.20	26.6	82					
						3	33–100	黄色	重壤土	块状	6.2	8.7	0.79	1.00	29.4	20					
剖26	铁铝土	红壤	黄红壤	千枚黄红壤		A	0–10	棕红色	轻壤土	粒状	4.5	136.0	4.96	1.78	18.7	40			千枚岩	E 99°13′38.8″ N 23°06′29.6″	85
						B	10–40	棕红色	中壤土	粒状	5.0	57.6	2.88	1.28	26.6	221					
						3	40–100	黄红色	轻壤土	块状	5.3	15.3	1.48	1.11	20.3	74					
剖27	铁铝土	红壤	黄红壤	紫色砂岩黄红壤		A	0–32	红棕色	轻壤土	粒状	5.2	51.7	2.98	1.10	22.0	227			紫色砂岩类	E 99°16′47.3″ N 23°09′02.6″	81
						B	32–100	棕紫色	中壤土	块状	5.4	19.8	1.25	0.66	10.6	54					

楚雄彝族自治州

楚雄市

主要土类说明

紫色土是楚雄市主要土壤类型，占本市地域面积的54%，分布在海拔1900—2100m的平缓岗地和低平槽谷。植被为常绿阔叶林或灌丛草地。成土母质为中生代的紫色砂岩。成土过程以母岩的快速物理崩解、频繁侵蚀堆积以及碳酸钙的不断淋失作用为主，生物积累作用相对较弱。土壤具A-C剖面构型，剖面层次发育不明显，土层浅薄，pH为4.5—7.5，富含矿质养分，蓄水性差。

红壤是楚雄市第二大土壤类型，占本市地域面积的30%。原生植被有云南松、华山松、杉木、栎类等，部分为次生灌木林、蕨类和禾本科杂草等。成土母质为玄武岩、泥质岩、砂页岩、古红土风化残积物。成土过程以脱硅富铝化和生物富集为主。

黄棕壤是楚雄市第三大土壤类型，占本市地域面积的8%，主要分布在海拔2300m以上的高山。成土母质多为砂页岩及花岗岩风化物。成土过程受淋溶、黏化及弱富铝化作用的影响。土层弱度富铝化，生物积累过程和盐基淋溶酸化过程明显增强，呈黄棕色，pH为4.6—5.9。该土壤具A-B-C或A-（B）-C剖面构型，质地较轻，黏化作用不明显。

水稻土占本市地域面积的7%，在海拔2500m以下地势平缓的丘陵山地、坝区、山间盆地、河流两岸的冲积阶地呈梯田式零星分布。成土过程为淋溶作用和水耕熟化过程。本市水稻土分为淹育型、潴育型、潜育型等亚类。

小于本市地域面积3%的土壤类型有新积土和石灰（岩）土。

本区域中心区气候特征

本区域中心区气候特征值
Regional climate characteristics in central area of the region

气候带：南亚热带湿润气候 Climate region: South subtropical humid climate	
年平均气温 /℃ Annual average temperature /℃	16.3
年平均最高气温 /℃ Annual average maximum temperature /℃	22.7
年平均最低气温 /℃ Annual average minimum temperature /℃	11.3
年降水量 /mm Annual precipitation /mm	935
≥10℃的积温 /℃ Daily temperature accumulated in a year (≥10℃) /℃	5971
年日照时数 /h Annual sunshine /h	2166
年平均相对湿度 /% Annual average relative humidity /%	71
干燥度 Dryness	1.04

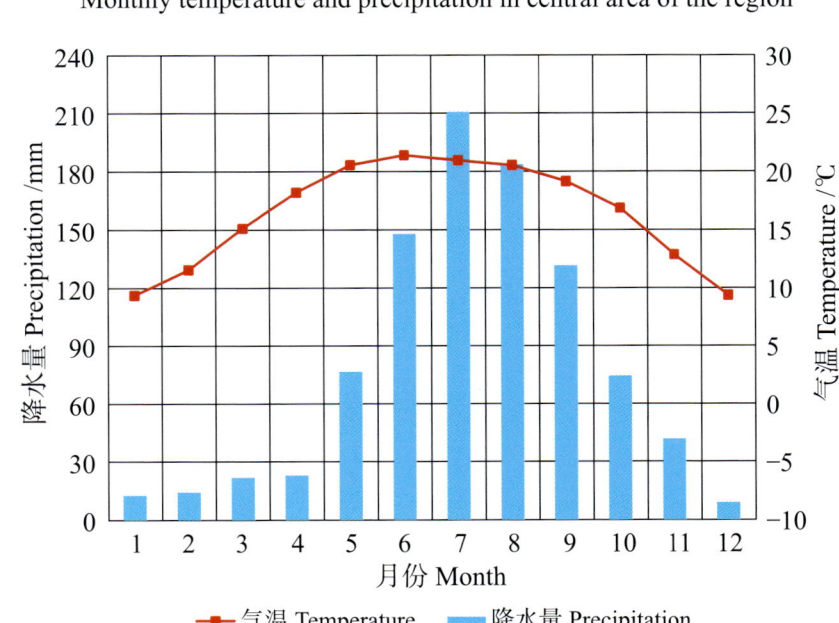

本区域中心区月平均气温与月平均降水量
Monthly temperature and precipitation in central area of the region

楚雄市主要土壤类型与土壤剖面点分布图

1:410 000

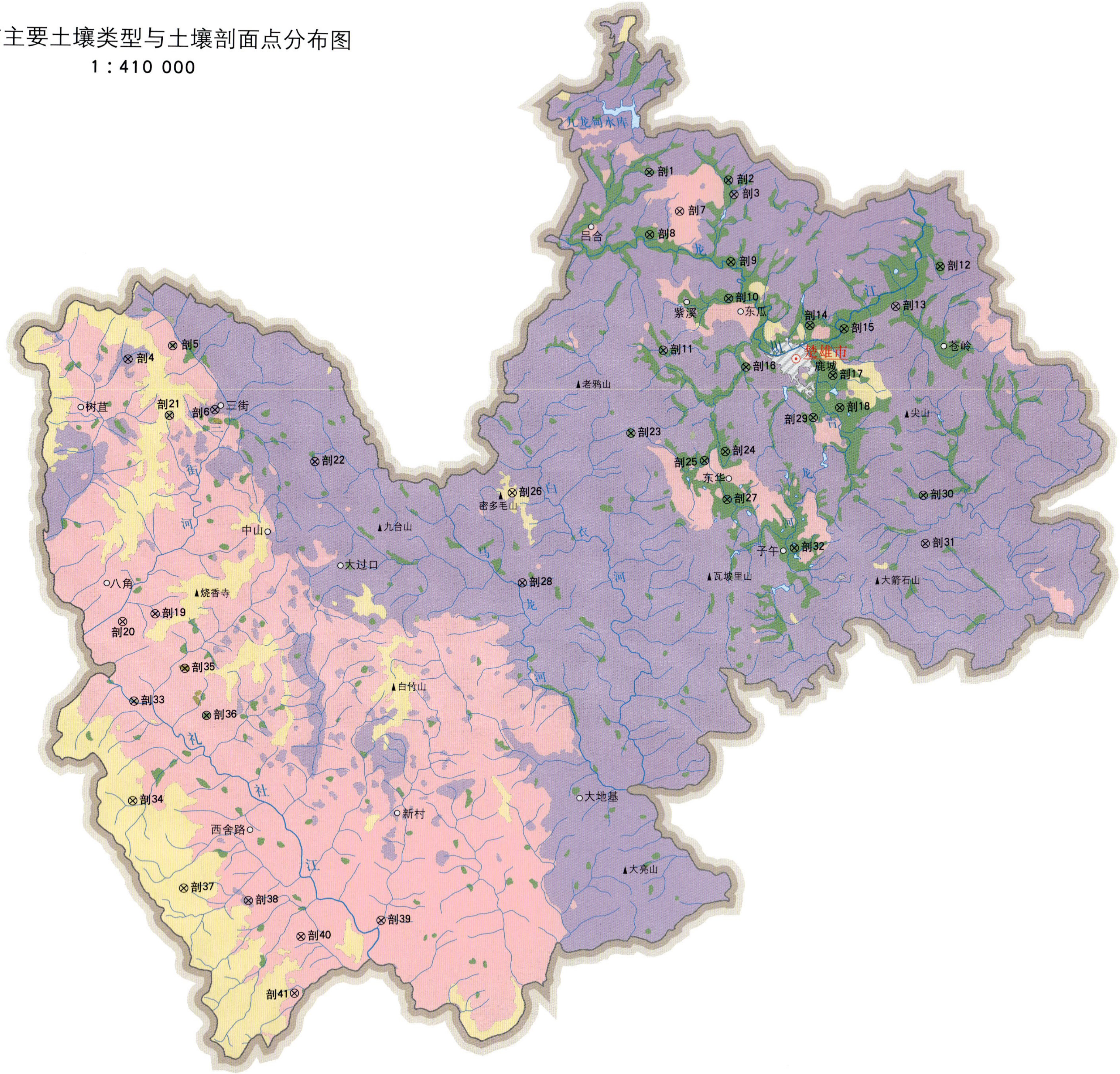

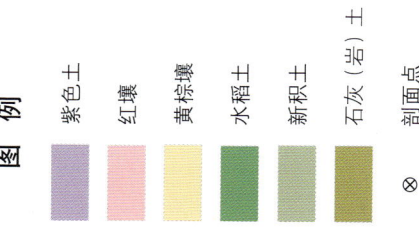

楚雄市土壤剖面理化性状表

剖面号 Soil profile	土纲 Soil order	土类 Soil great group	亚类 Soil subgroup	土属 Soil genus	土种 Soil species	土层码 Layer code	土层厚度 Depth/cm	颜色 Soil color	质地 Soil texture	土壤结构 Soil structure	pH	有机质 OM/(g/kg)	全氮 TN/(g/kg)	全磷 TP/(g/kg)	全钾 TK/(g/kg)	碱解氮 AN/(mg/kg)	有效磷 AP/(mg/kg)	阳离子交换量CEC/(cmol/kg)	土壤母质 Parent material	剖面点坐标 Profile coordinate	匹配指数 Matching index/%
剖1	人为土	水稻土	淹育水稻土	紫色土性淹育水稻土	浅紫砂泥田	1	0–16	紫色	重壤土	块状	6.7	26.8	1.56	0.48		98				E 101°25′21.4″ N 25°11′21.1″	89
						2	16–46	暗紫色	轻壤土	块状											
						3	46–96	黄紫色	砂壤土	块状											
剖2	人为土	水稻土	淹育水稻土	紫泥土性淹育水稻土	浅黄紫砂泥田	1	0–15	灰黄色	轻壤土	小块状	6.9	21.9	1.02	0.13		117				E 101°29′28.2″ N 25°10′57.3″	77
						2	15–21	浅黄色	砂壤土	块状											
						3	21–38	棕黄色	粉砂质壤土	小棱柱状											
						4	38–	青黑色	粉砂质壤土												
剖3	初育土	紫色土	酸性紫色土	黄紫泥土	黄紫鸡粪土	1	0–13	灰紫色	中黏土	团粒状	6.3	36.4		0.46		178				E 101°29′44.5″ N 25°10′16.3″	87
剖4	初育土	紫色土	酸性紫色土	黄紫泥土	石渣子土	1	0–18	褐色	重壤土	小块状	7.5	64.6	3.03	2.42		188				E 100°58′16.7″ N 25°02′37.3″	70
						2	18–71	黄紫色	中壤土	小块状											
剖5	人为土	水稻土	潴育水稻土	紫色冲积性潴育水稻土	紫鸡粪土田	1	0–26	暗紫色	重壤土	圆块状	7.1	24.2	1.62	0.35		131				E 101°00′33.5″ N 25°03′15.1″	71
						2	26–41	紫色	中壤土	块状											
						3	41–	紫色	壤土	棱柱状											
剖6	初育土	紫色土	酸性紫色土	黄紫泥土	黄紫米香土	1	0–21	黄紫色	中壤土	小块状	5.5	24.2	1.31	0.62		109				E 101°02′42.0″ N 25°00′11.9″	72
						2	21–81	黄紫色	重壤土	小块状											
剖7	铁铝土	红壤	黄红壤	变质岩泥岩黄红壤	变质岩黄红壤	1	0–23	灰黄色	重壤土	块状	5.2	34.7		0.09		77			变质岩	E 101°26′55.7″ N 25°09′29.9″	78
						2	23–90	黄色	黏土	块状											
剖8	人为土	水稻土	潴育水稻土	坡残积潴育水稻土	黑硝土田	1	0–18	暗紫色	轻壤土	块状	7.8	25.4		0.37		77			坡积物、残积物	E 101°25′21.4″ N 25°08′23.6″	87
						2	18–58	黑色	重壤土	块状											
						3	58–	黑色	中壤土	块状											
剖9	人为土	水稻土	潴育水稻土	紫色冲积性潴育水稻土	紫泥田	1	0–20	紫色	重黏土	块状	7.7	37.8	2.23	0.53	22.7	166			冲积物	E 101°29′33.0″ N 25°07′04.4″	85
						2	20–37	紫色	黏土	块状											
						3	37–	紫色	黏土	块状											
剖10	人为土	水稻土	潴育水稻土	紫色冲积性潴育水稻土	紫砂泥田	1	0–20	暗紫色	重壤土	块状	8.4	24.6	1.52	1.01		105			冲积物	E 101°29′24.4″ N 25°05′20.4″	98
						2	20–37	灰紫色	砂壤土	块状											
						3	37–		轻壤土	块状											
剖11	人为土	水稻土	淹育水稻土	紫色土性淹育水稻土	浅紫胶泥田	1	0–22	红紫色	重壤土	团粒状	7.7	25.2	1.93	0.59		108				E 101°25′59.9″ N 25°02′54.2″	70
						2	22–62	红紫色	黏土	小块状											
						C	62–		黏土	小块状											
剖12	人为土	水稻土	淹育水稻土	紫色土性淹育水稻土	浅黄紫胶泥田	1	0–13	暗紫色	重黏土	块状	5.5	43.1	2.42	0.39		172				E 101°40′24.6″ N 25°06′45.7″	100
						2	13–26	暗紫色	黏土	块状											
						3	26–43	灰白色	黏土	块状											
剖13	初育土	紫色土	酸性紫色土	红紫泥土	红羊肝土	1	0–18	暗紫色	重黏土	团粒状	5.9	33.8	1.58	0.56		148				E 101°38′04.9″ N 25°04′53.4″	83
						2	18–27	红紫色	中壤土	小块状											
						3	27–54	红紫色	黏土	小块状											
剖14	人为土	水稻土	潴育水稻土	冲积性潴育水稻土	黑胶泥田	1	0–18	紫色	轻壤土	块状	7.8	30.3	2.06	0.48		109			冲积物	E 101°33′36.5″ N 25°04′01.5″	88
						2	18–53	黑色	重黏土	棱柱状											
						3	53–	黑色	中壤土	棱柱状											
剖15	人为土	水稻土	潴育水稻土	坡残积潴育水稻土	青胶泥田	1	0–17	青灰色	重黏土	块状	5.2	52.4		0.15		216			坡积物、残积物	E 101°35′23.9″ N 25°03′50.9″	71
						2	17–29	青灰色	黏土	块状											
						3	29–	青灰色	壤土	块状											

续表 Continued

剖面号 Soil profile	土纲 Soil order	亚类 Soil subgroup	土属 Soil genus	土种 Soil species	土层码 Layer code	土层厚度 Depth/cm	颜色 Soil color	质地 Soil texture	土壤结构 Soil structure	pH	有机质 OM/(g/kg)	全氮 TN/(g/kg)	全磷 TP/(g/kg)	全钾 TK/(g/kg)	碱解氮 AN/(mg/kg)	有效磷 AP/(mg/kg)	阳离子交换量CEC/(cmol/kg)	土壤母质 Parent material	剖面点坐标 Profile coordinate	匹配指数 Matching index/%
剖16	人为土	淹育水稻土	紫色土性淹育水稻土	浅紫紫粉泥田	1	0—13	紫色	重壤土	块状	6.6	46.2		0.31		221				E 101°30′16.6″ N 25°02′04.9″	93
					2	13—25	灰紫色	轻质黏土	棱柱状											
					3	25—	青紫色	中黏土	棱柱状											
剖17	人为土	淹育水稻土	红壤性淹育水稻土	红泥田	1	0—20	浅黄色	轻壤土	块状	5.5	25.6	1.36	0.40		111			红壤性母质	E 101°34′46.6″ N 25°01′39.0″	91
					2	20—28	暗红色	黏壤土	红壤色											
					3	28—	黄色	黏土	块状											
剖18	人为土	潜育水稻土	紫色冲积性潜育水稻土	紫油砂土田	1	0—21	紫色	轻壤土	小块状	7.8	10.7	0.89	0.40		55			冲积物	E 101°35′07.1″ N 25°00′06.5″	89
					2	21—39	紫灰色	砂壤土	块状											
					3	39—	紫紫色	砂土	粒状											
剖19	铁铝土	红壤	老冲积红壤	红木香土	1	0—20	黄红色	轻黏土	小块状	5.2	13.1	0.88	0.68		61			老冲积物	E 100°59′34.4″ N 24°50′31.6″	99
					2	20—55	黄红色	黏土	小块状											
剖20	铁铝土	红壤	老冲积红壤	白砂土	1	0—20	青灰色	轻壤土	青黄状	6.3	27.7	1.77	0.73		108			老冲积物	E 100°57′55.1″ N 24°50′10.0″	95
					2	20—60	青灰色	轻壤土	块状											
剖21	新积土	冲积土	河阶冲积土	菜园土	1	0—25	暗紫色	轻黏土	团粒状	7.7	56.5	2.73	3.14		152			冲积物	E 101°00′22.0″ N 24°59′56.4″	73
					2	25—47	紫色	细砂土	团粒状											
					3	47—100	暗紫色	细砂土	块状											
剖22	初育土	中性紫色土	紫泥土	羊肝土	1	0—22	暗紫色	中壤土	小块状	8.0	40.6	1.60	0.96		109				E 101°07′51.2″ N 24°57′43.6″	91
					2	22—71	紫色	中壤土	小块状											
剖23	人为土	淹育水稻土	红壤性淹育水稻土	白胶泥田	1	0—15	青色	黏土	块状	5.5	33.2		0.16		148			红壤性母质	E 101°24′16.2″ N 24°58′59.2″	76
					2	15—69	浅黄色	重壤土	块状											
					3	69—	黑色		棱柱状											
剖24	人为土	淹育水稻土	红壤性淹育水稻土	白砂泥田	1	0—18	灰白色	砂壤土	小块状	6.1	17.9	1.18	0.18		133			红壤性母质	E 101°29′09.2″ N 24°58′04.8″	82
					2	18—48	黄白色	砂白色	块状											
					3	48—98	黄色	重壤土	块状											
剖25	人为土	淹育水稻土	紫色土性淹育水稻土	浅紫紫泥田	1	0—15	红紫色	重壤土	小块状	5.2	27.1		0.18		108				E 101°28′05.4″ N 24°57′39.2″	71
					2	15—27	紫褐色	重黏土	小块状											
					3	27—	红紫色	轻壤土	小块状											
剖26	淋溶土	黄棕壤	紫色砂页岩山地黄棕壤	紫色砂页岩山地黄棕壤	1	0—18	棕黑色	重壤土	块状	5.7	59.2	1.21		9.2	168				E 101°18′05.4″ N 24°56′11.1″	96
					2	18—55	棕色	重黏土	块状、棱柱状											
					R	55—														
剖27	人为土	淹育水稻土	红壤性淹育水稻土	未香土田	1	0—18	青黄色	砂壤土	块状	5.3	22.4	1.27	0.24		138			红壤性母质	E 101°29′13.2″ N 24°55′48.4″	71
					2	18—33	棕黄色	重黏土	块状											
					3	33—83	棕黄色	轻壤土	粒状											
剖28	初育土	酸性紫色土	红紫泥土	红紫泥田	1	0—6	紫色	重壤土		5.3	16.3	1.74	2.22		46				E 101°18′34.9″ N 24°51′54.7″	70
					2	6—11	紫色	轻壤土	块状											
					3	11—25	紫色	重壤土	块状											
					R	25—														
剖29	人为土	潜育水稻土	坡残积潜育水稻土	青砂泥田	1	0—20	灰白色	重壤土	小块状	7.2	28.1	1.65	0.19		206				E 101°33′43.6″ N 24°55′39.5″	78
					2	20—34	青黄色	轻壤土	块状											
					3	34—	青黄色	砂壤土	块状											
剖30	人为土	淹育水稻土	紫色土性淹育水稻土	浅黄紫泥田	1	0—15	青黄色	重壤土	块状	5.1	46.5	3.04	0.50		190			红壤性母质	E 101°39′22.7″ N 24°55′54.5″	94
					2	15—25	黄色	轻壤土	块状											
					C	25—50		壤质黏土	柱状											
					R	50—														

续表 Continued

剖面号 Soil profile	土纲 Soil order	土类 Soil great group	亚类 Soil subgroup	土属 Soil genus	土种 Soil species	土层码 Layer code	土层厚度 Depth/cm	颜色 Soil color	质地 Soil texture	土壤结构 Soil structure	pH	有机质 OM/(g/kg)	全氮 TN/(g/kg)	全磷 TP/(g/kg)	全钾 TK/(g/kg)	碱解氮 AN/(mg/kg)	有效磷 AP/(mg/kg)	阳离子交换量CEC/(cmol/kg)	土壤母质 Parent material	剖面点坐标 Profile coordinate	匹配指数 Matching index/%
剖31	初育土	紫色土	酸性紫色土	黄紫泥土	黄紫泥土	1	0—5	暗灰色	轻壤土	小块状	5.3	25.7		0.10		77				E 101°39′27.4″ N 24°53′37.3″	90
						2	5—60	浅红棕色	砂质壤土	小块状											
						R	60—														
剖32	人为土	水稻土	潴育水稻土	紫色冲积性潴育水稻土	紫胶泥田	1	0—17	紫色	轻黏土	块状	8.3	12.4	1.03	0.34		62			冲积物	E 101°32′40.9″ N 24°53′29.0″	76
						2	17—27	紫色	黏土	块状											
						3	27—	红棕色	黏土	柱状											
剖33	初育土	新积土	冲积土	河滩冲积土	河砂土	1	0—15	灰黄色	重壤土	小块状	6.9	38.1	2.13	1.05		140			冲积物	E 100°58′28.6″ N 24°46′23.2″	94
						2	15—50	浅黄色	砂质壤土	小块状											
剖34	淋溶土	黄棕壤	黄棕壤	酸性岩类黄棕壤	灰泡土	1	0—16	灰黑色	重黏土	小块状	5.8	66.1	3.20	1.04	16.2	239			酸性母岩	E 100°58′23.2″ N 24°41′39.8″	83
						2	16—84	黄棕色	轻黏土	小块状											
						R	84—														
剖35	初育土	石灰（岩）土	黄色石灰土	黄泡土	黄泡土	1	0—20	黄白色	重壤土	小块状	8.0	27.6	1.67	0.53		112				E 101°01′04.8″ N 24°47′56.0″	94
						2	20—56	黄褐色	中壤土	小块状											
						R	56—														
剖36	人为土	水稻土	淹育水稻土	浅红泥田	楚雄红砂泥田	Aa	0—17	浅黄色	壤质黏土	块状	6.3	22.0	1.39	0.89	10.4	117	4.0	11.2		E 101°02′10.7″ N 24°45′41.8″	95
						Ap	17—28	泡棕色	壤质黏土	块状	6.5	20.0	1.25	0.86	10.4	115	5.0	10.2			
						C₁	28—55	灰棕色	壤质黏土	棱柱状	6.0	14.6	0.96	0.66	9.7	50	2.0	11.8			
						C₂	55—90	棕灰色	壤质黏土	小棱柱状	6.0										
剖37	淋溶土	黄棕壤	黄棕壤	酸性岩类黄棕壤	酸性岩类黄棕壤	1	0—15	棕黑色	重壤土	小块状	5.3	175.7	6.07	0.66	18.6	416				E 101°00′57.2″ N 24°37′30.0″	98
						2	15—65	棕黄色	壤土	块状											
						R	65—														
剖38	初育土	紫色土	酸性紫色土	黄紫泥土	黄紫胶泥土	1	0—19	黄紫色	黏土	块状	6.0	35.5	1.68	0.87		144				E 101°04′15.2″ N 24°36′54.0″	85
						2	19—48	黄紫色	轻壤土	块状											
剖39	铁铝土	红壤	褐红壤	变质岩泥岩褐红壤	变质岩泥岩褐红壤	1	0—16	褐红色	重黏土	块状	6.7	27.2	1.83	0.19	36.7	99				E 101°11′06.5″ N 24°35′55.6″	94
						2	16—26	褐红色	中黏土	块状											
						3	26—60	褐红色	轻黏土	块状											
剖40	铁铝土	红壤	红壤	老冲积红壤	老冲积红壤	1	0—15	红色	重壤土	小块状	5.5	10.1	0.63	0.17	11.2	42			老冲积物	E 101°06′58.7″ N 24°35′10.9″	96
						2	15—	红色	中壤土	棱状											
剖41	铁铝土	红壤	黄红壤	变质岩黄红壤	黄木香土	1		黄褐色	壤土	块状	5.7	28.4		0.21		124			变质岩	E 101°06′37.1″ N 24°32′29.2″	86
						2	15—23	黄褐色	黏土	块状											
						3	23—40	黄褐色	黏土	块状											

禄丰市

主要土类说明

紫色土是禄丰市主要土壤类型,占本市地域面积的59%,本市各地均有分布。植被为阔叶疏林。成土母质为紫色砂页岩及杂色泥岩。成土过程以母岩的快速物理崩解、频繁侵蚀堆积以及碳酸钙的不断淋失作用为主,生物积累作用相对较弱。由于紫色砂页岩易风化,成土时间短,矿质养分含量中等,但土层浅薄,抗侵蚀力弱,特别是植被遭到破坏后,表土极易受冲刷侵蚀而使母岩裸露,土层中常夹有半风化母岩的碎屑。土壤具A-C剖面构型,剖面层次发育不明显,土层浅薄,pH为4.5—8.5,阳离子交换量比红壤高2—3倍。本市紫色土分为酸性紫色土、中性紫色土、石灰性紫色土等亚类。

红壤是禄丰市第二大土壤类型,占本市地域面积的23%,分布在恐龙山、金山、中村等地。植被为常绿阔叶林。成土母质为石灰岩、玄武岩、砂页岩和古红土等。成土过程以脱硅富铝化和生物富集为主。红壤呈中度脱硅富铝化特征,具A-Bs-Bv或A-Bs-C剖面构型。土体深厚,剖面层次发育完整,pH为4.5—6.5,B层通常有铁锰结核淀积。

水稻土是禄丰市第三大土壤类型,占本市地域面积的11%,分布在海拔2100m以下的地区。成土母质为地带性红壤和紫色土。本市水稻土分为淹育型、潴育型、潜育型等亚类。淹育水稻土多分布在坝区边缘、河谷冲积台地、丘陵中上部和洪积扇上部,多依赖自然降水,水耕熟化程度低,属中低产稻田,具A-P-C剖面构型。潴育水稻土多分布在坝区,水利条件好,水耕熟化程度高,层次分异明显,能灌能排,水旱轮作,属稳产高产稻田,具A-P-W-G-C或A-P-W-C剖面构型。潜育水稻土分布在坝区低洼处、冲积扇的潜流出水部位和山谷谷底,地下水位高,一般在60cm以上,排水不良,属低产稻田,具A-P-G或A-G剖面构型。

黄棕壤占本市地域面积的7%,分布在气候冷凉、潮湿、云雾多的山区。植被为湿性常绿阔叶林和苔藓常绿阔叶林。成土过程以脱硅富铝化、生物富集和黄化过程为主。土层弱度富铝化,黏聚现象明显,呈黄棕色。该土壤具A-B-C或A-(B)-C剖面构型,黏粒硅铝率在2.5左右,铁的游离度较红壤低,B层交换性酸大于A层。

小于本市地域面积3%的土壤类型有棕壤。

本区域中心区气候特征

本区域中心区气候特征值
Regional climate characteristics in central area of the region

气候带:中亚热带湿润气候 Climate region: Subtropical humid climate	
年平均气温 /℃ Annual average temperature /℃	15.3
年平均最高气温 /℃ Annual average maximum temperature /℃	21.5
年平均最低气温 /℃ Annual average minimum temperature /℃	10.2
年降水量 /mm Annual precipitation /mm	957
≥10℃的积温 /℃ Daily temperature accumulated in a year (≥10℃) /℃	5613
年日照时数 /h Annual sunshine /h	2221
年平均相对湿度 /% Annual average relative humidity /%	71
干燥度 Dryness	0.96

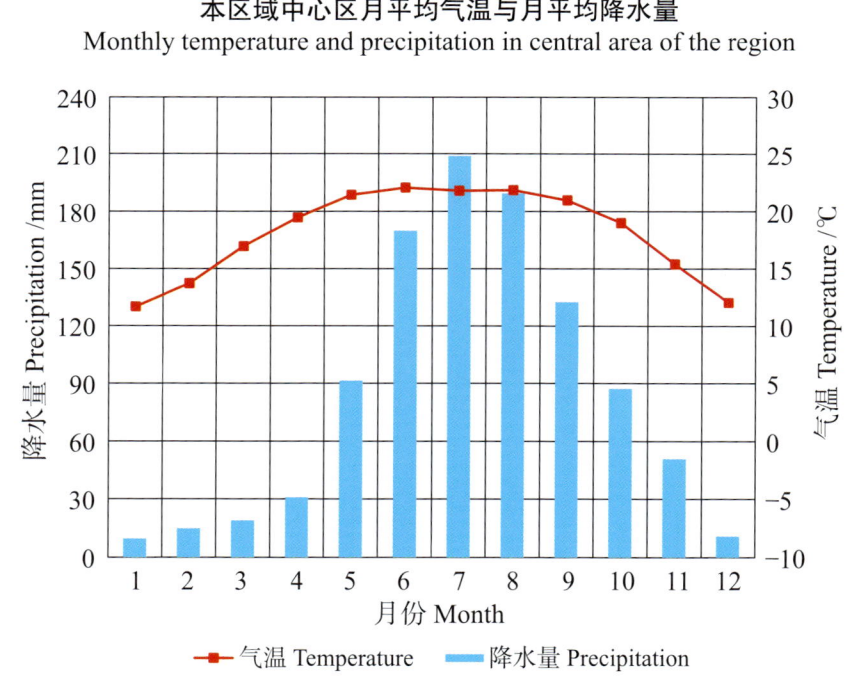

本区域中心区月平均气温与月平均降水量
Monthly temperature and precipitation in central area of the region

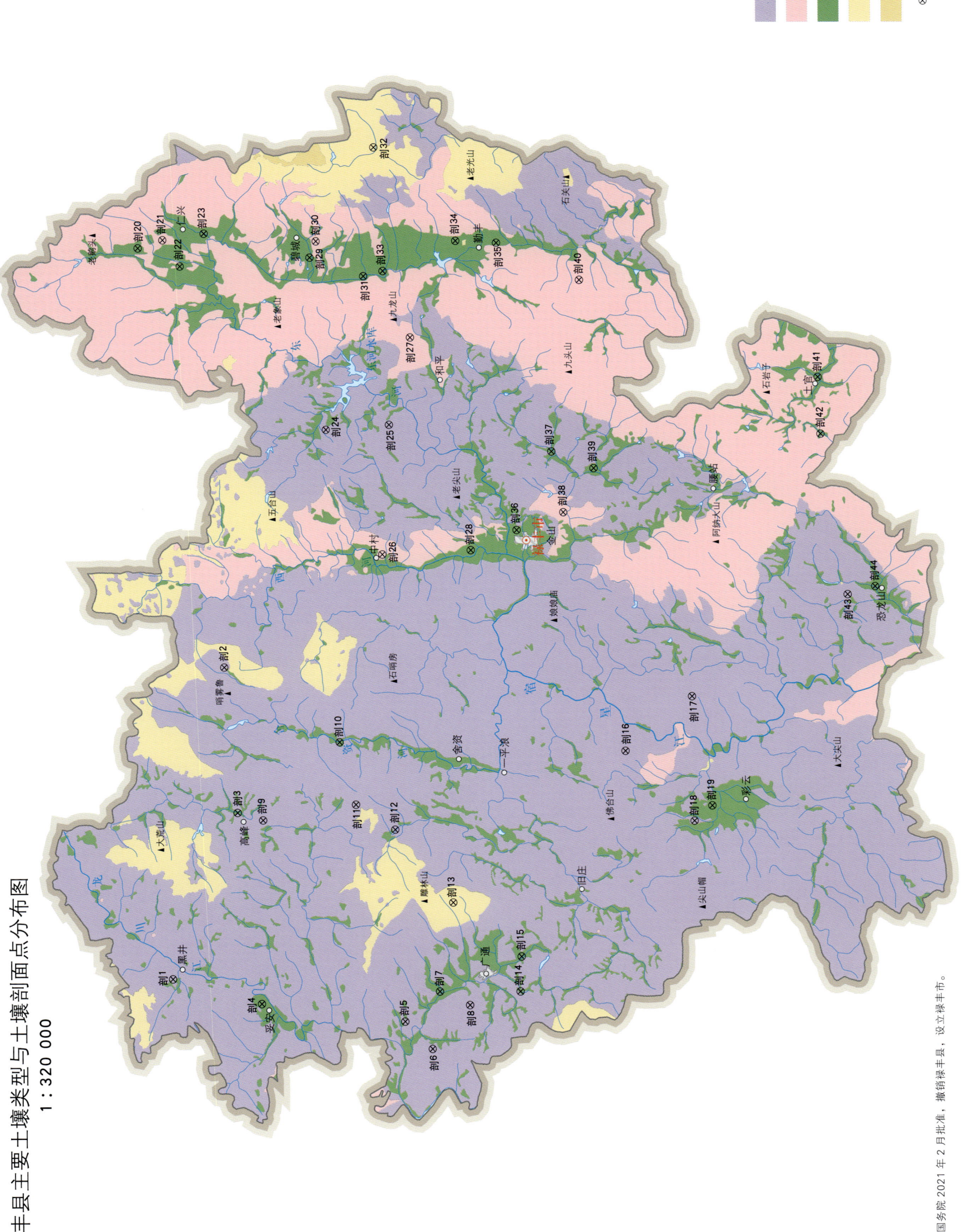

禄丰县主要土壤类型与土壤剖面点分布图

禄丰市土壤剖面理化性状表

剖面号 Soil profile	土纲 Soil order	土类 Soil great group	亚类 Soil subgroup	土属 Soil genus	土种 Soil species	土层码 Layer code	土层厚度 Depth/cm	颜色 Soil color	质地 Soil texture	土壤结构 Soil structure	pH	有机质 OM/(g/kg)	全氮 TN/(g/kg)	全磷 TP/(g/kg)	全钾 TK/(g/kg)	碱解氮 AN/(mg/kg)	阳离子交换量CEC/(cmol/kg)	土壤母质 Parent material	剖面点坐标 Profile coordinate	匹配指数 Matching index/%
剖1	初育土	紫色土	酸性紫色土	红紫泥	红紫砂土	A	0—13	浅棕红色	轻壤土	颗粒状	6.1	28.7	0.75	0.64	24.8	123	7.8		E 101°44′17.6″ N 25°23′02.4″	75
						B	13—22	红棕色	轻壤土	碎块状	6.0	14.8	0.80	0.45	30.5	86	8.2			
						C	22—100	红棕色	砂质黏壤土	碎块状										
剖2	初育土	紫色土	中性紫色土	紫泥土	紫砂土	A₁₁	0—17	油橙色	轻壤土	小块状	7.1	9.9	0.58	0.60	24.7	45	5.7		E 101°58′25.5″ N 25°21′10.6″	71
						C₁	17—34	油红棕色	砂壤土	块状	7.1	8.2	0.69	0.79	25.5	23	4.3			
						C₂	34—85	油红棕色	砂壤土	核状	7.2	2.5	0.29	0.39	23.1	17	4.8			
剖3	人为土	水稻土	潴育水稻土	冲积性潴育水稻土	黑紫砂泥田	A	0—17	浅灰色	中壤土	块状	5.7	32.0	1.81	2.38	24.1	145	13.3		E 101°51′51.9″ N 25°20′30.1″	72
						P	17—29	紫灰色	中壤土	棱柱状	6.8	30.2	1.76	0.95	26.2	146	15.6	红壤		
						G	29—81	紫灰色	壤土	碎块状										
						C	81—100	紫灰色	砂土	粒状										
剖4	人为土	水稻土	潴育水稻土	紫色土性潴育水稻土	暗紫泥田	A	0—17	棕紫色	重壤土	大块状	7.8	25.1	1.17	1.52	26.9	138	16.1		E 101°43′17.7″ N 25°19′20.9″	90
						P	17—25	棕紫色	重壤土	棱柱状	8.2	17.0	0.79	1.23	25.1	108	12.2			
						W	25—54	棕紫色	壤土	棱柱状										
						C	54—100	棕紫色	轻壤土	小块状										
剖5	初育土	紫色土	中性紫色土	紫泥	紫泥土	A	0—17	棕紫色	重壤土	棱柱状	6.0	18.3	0.86	1.16	28.4	87	10.7		E 101°42′39.2″ N 25°13′24.9″	100
						B	17—29	棕紫色	重壤土	棱柱状	6.1	18.2	0.67	0.96	28.3	181	10.7			
						C	29—50	紫灰色	重壤土	粒状										
						R	50—100													
剖6	初育土	紫色土	酸性紫色土	黄紫泥	黄紫泥	A	0—3	棕色	轻壤土	粒状	5.6	44.0	1.75	3.64	30.1	167	13.9		E 101°41′28.0″ N 25°12′15.3″	85
						B₁	3—16	浅黄棕色	壤土	核状	5.3	9.7	0.35	0.56	15.0	59	15.6			
						B₂	16—59	浅黄棕色	壤土	小块状	5.5	7.5	1.37	0.33	28.1	58	11.1			
						C	59—100	浅黄棕色	壤土	块状	5.4	6.5	0.40	1.10	39.2	29	17.0			
剖7	人为土	水稻土	淹育水稻土	紫色土性淹育水稻土	浅紫砂泥田	A	0—20	红棕色	轻壤土	核状	5.6	18.7	1.07	0.43	15.0	86	5.8		E 101°44′02.0″ N 25°12′00.0″	98
						P	20—29	红棕色	壤土	小块状	5.4	13.3	8.19	0.49	14.0	65	6.2			
						C	29—77			大块状										
						R	77—100													
剖8	初育土	紫色土	酸性紫色土	紫泥	紫泥	A	0—2	紫灰色	壤土	粒状	7.2	28.6	2.55	0.59	32.7	385	19.8		E 101°43′27.4″ N 25°10′44.7″	91
						B	2—30	浅灰色	壤土	粒状	6.7	8.7	1.35	0.36	26.8	346	15.5			
						C₁	30—65	灰红棕色	砂壤土	粒状、块状										
						C₂	65—100	紫棕色	砂壤土	粒状、块状										
剖9	初育土	紫色土	酸性紫色土	棕紫泥	棕紫砂土	A	0—13	紫色	轻壤土	核状	6.2	21.0	0.89	0.84	11.0	107	9.8		E 101°51′33.2″ N 25°19′27.1″	72
						B	13—22	紫色	轻壤土	小块状	6.3	28.2	1.21	0.96	10.0	137	7.2			
						C₁	22—69	紫棕色	壤土	块状										
						C₂	69—100	紫棕色	中壤土	大块状										
剖10	人为土	水稻土	潴育水稻土	坡残积潴育水稻土	青紫砂泥田	A	0—15	紫棕色	中壤土	块状	6.8	22.3	1.83	1.12	9.5	130	4.8	坡积物、残积物	E 101°55′10.0″ N 25°16′21.1″	74
						P	15—26	棕紫色	轻壤土	棱柱状	5.7	29.2	1.86	1.23	9.5	166	6.2			
						W	26—36	青灰色	轻壤土	棱柱状										
						G	36—100													
剖11	初育土	紫色土	酸性紫色土	棕紫泥	棕紫泥	A	0—26	暗紫棕色	壤土	碎块状	5.9	24.6	1.29	1.13	17.4	145	16.3		E 101°52′21.0″ N 25°15′37.2″	91
						B	26—73	棕紫色	砂壤土	碎块状	6.0	16.3	0.97	0.56	14.2	94	13.5			
						C	73—100													

续表 Continued

剖面号 Soil profile	土纲 Soil order	土类 Soil great group	亚类 Soil subgroup	土属 Soil genus	土种 Soil species	土层码 Layer code	土层厚度 Depth/cm	颜色 Soil color	质地 Soil texture	土壤结构 Soil structure	pH	有机质 OM/(g/kg)	全氮 TN/(g/kg)	全磷 TP/(g/kg)	全钾 TK/(g/kg)	碱解氮 AN/(mg/kg)	阳离子交换量 CEC/(cmol/kg)	土壤母质 Parent material	剖面点坐标 Profile coordinate	匹配指数 Matching index/%
剖12	初育土	紫色土	酸性紫色土	黄紫泥	黄紫砂土	A	0—20	暗棕色	重壤土	核状	6.0	37.8	1.98	1.83	37.0	11	15.9		E 101° 51′ 15.9″ N 25° 13′ 58.7″	77
						B	20—33	暗黄棕色	重壤土	块状	5.9	32.7	1.67	1.98	27.5	166	16.1			
						C_1	33—47	黄棕色	轻壤土	块状										
						C_2	47—100	灰黄棕色	轻壤土	小块状										
剖13	淋溶土	黄棕壤	黄棕壤	紫棕壤	紫棕壤	Ao	0—5	灰棕色	中壤土	粒状	4.5	65.0	1.23	0.64	4.8	154	11.5		E 101° 48′ 00.4″ N 25° 11′ 31.2″	79
						A_1	5—22	灰棕色	中壤土	粒状	4.2	97.2	1.35	0.78	6.0	183	23.4			
						B	22—35	黄棕色	中壤土	粒状	5.0	34.0	0.69	0.53	10.3	102	8.1			
						C	35—50	浅黄棕色	轻壤土	粒状	4.8	23.0	0.65	0.43	15.4	80	10.7			
						R	50—100													
剖14	人为土	水稻土	淹育水稻土	紫色土性淹育水稻土	浅黄紫泥田	A	0—17	灰黄棕色	轻黏土	核状	7.2	65.9	3.15	1.06	25.5	336	28.8		E 101° 44′ 07.0″ N 25° 08′ 40.2″	73
						P	17—21	灰黄棕色	中黏土	核状	7.0	49.6	2.63	0.97	26.2	180	28.0			
						C_1	21—62	灰黄棕色	中黏土	块状	7.4	20.3	0.99	0.60	25.5	60	27.6			
						C_2	62—100	红棕色	轻黏土	碎屑状	7.9	12.6	0.75	0.67	26.9	52	28.0			
剖15	人为土	水稻土	潴育水稻土	紫色土性潴育水稻土	黄紫泥田	A	0—18	浅黄棕色	重壤土	小块状	5.5	33.1	1.77	0.96	32.3	161	18.3		E 101° 45′ 40.7″ N 25° 08′ 39.3″	83
						P	18—24	浅棕色	重壤土	块状	5.6	13.9	1.71	0.42	38.4	102	17.7			
						W_1	24—34	浅黄棕色	壤土	块状										
						W_2	34—100	浅黄棕色	轻壤土	块状										
剖16	初育土	紫色土	酸性紫色土	紫红泥	紫红砂土	A	0—2	灰黄棕色	重壤土	粒状	4.4	35.8	0.95	0.65	24.0	116	10.3		E 101° 55′ 03.7″ N 25° 04′ 32.2″	80
						B	2—13	浅黄棕色	中壤土	碎屑状	4.6	13.5	0.28	0.83	23.0	54	10.3			
						C	13—33	红棕色	砂壤土	碎屑状	4.7	8.5	0.18	0.51	29.0	23	10.7			
						R	33—100	浅红棕色												
剖17	初育土	紫色土	酸性紫色土	红紫泥	红紫泥	A	0—5	紫红色	砂壤土	粒状	6.1	46.6	1.22	0.32	9.2	321	6.6		E 101° 57′ 35.3″ N 25° 01′ 49.8″	100
						P	5—20	紫红色	壤土	粒状	5.7	16.3	1.01	0.32	8.9	311	5.8			
						C	20—58	紫棕色	壤土	核状										
						R	58—100	紫棕色	壤土	块状										
剖18	初育土	紫色土	酸性紫色土	紫红泥	紫红砂土	A	0—20	浅红黄色	砂壤土	碎屑状	6.2	22.7	0.59	0.81	13.2	58	7.0		E 101° 51′ 57.9″ N 25° 01′ 37.5″	75
						B	20—37	浅黄棕色	壤土	块状	6.3	8.0	0.34	1.29	26.3	58	7.0			
						C_1	37—49	红棕色	壤土	碎屑状										
						C_2	49—100	红黄色	中黏土	核块状										
剖19	人为土	水稻土	淹育水稻土	紫色土性淹育水稻土	浅黄紫泥田	A	0—20	紫棕色	重壤土	核状	7.9	38.5	1.47	1.61	24.4	88	9.6		E 101° 52′ 40.6″ N 25° 00′ 54.4″	98
						P	20—28	紫棕色	重壤土	块状	7.5	29.4	1.75	1.59	15.9	160	12.9			
						C	28—100	浅黄棕色	重壤土	块状										
剖20	人为土	水稻土	淹育水稻土	红壤性淹育水稻土	浅黄泥田	A	0—16	灰黄色	轻黏土	核状	5.2	45.8	2.74	1.31	16.2	211	10.3	红壤性母质	E 102° 17′ 16.0″ N 25° 25′ 02.8″	99
						P	16—24	黄色	壤土	柱状	5.2	41.4	2.77	0.91	17.1	203	9.3			
						C_1	24—50	灰黄色	壤土	核状										
						C_2	50—61	红棕色	壤土	碎屑状										
						C_3	61—100	红黄色	重壤土	块状										
剖21	铁铝土	红壤	红壤	老冲积红壤	涩红土	A	0—22	黄棕色	重壤土	核屑状	7.6	17.1	0.15	1.92	5.3	87	9.0	老冲积物	E 102° 17′ 39.0″ N 25° 24′ 02.4″	74
						B	22—40	黄褐色	轻壤土	核屑状	7.9	29.3	0.88	1.88	8.7	80	9.9			
						C	40—100	浅灰黄色	轻壤土	团块状										
剖22	人为土	水稻土	淹育水稻土	红壤性淹育水稻土	浅黄砂泥田	A	0—22	黄褐色	砂土	块状	6.5	23.5	1.33	1.08	23.9	123	11.4	红壤性母质	E 102° 16′ 29.2″ N 25° 23′ 17.9″	99
						P	22—33	褐黄色	砂土	碎屑状	5.6	41.0	2.08	0.69	19.5	209	11.0			
						C_1	33—47													
						C_2	47—100													

续表 Continued

剖面号 Soil profile	土纲 Soil order	土类 Soil great group	亚类 Soil subgroup	土属 Soil genus	土种 Soil species	土层码 Layer code	土层厚度 Depth/cm	颜色 Soil color	质地 Soil texture	土壤结构 Soil structure	pH	有机质 OM/(g/kg)	全氮 TN/(g/kg)	全磷 TP/(g/kg)	全钾 TK/(g/kg)	碱解氮 AN/(mg/kg)	阳离子交换量CEC/(cmol/kg)	土壤母质 Parent material	剖面点坐标 Profile coordinate	匹配指数 Matching index/%
剖23	人为土	水稻土	潴育水稻土	红壤性潴育水稻土	黄胶泥田	A	0—22	暗黄棕色	轻黏土	团块状	7.8	77.9	1.77	1.79	24.8	221	16.0	红壤性母质	E 102°17′58.7″ N 25°22′20.2″	99
剖24	初育土	紫色土	石灰性紫色土	暗紫泥	暗紫泥土	P	22—29	暗灰黄色	轻黏土	棱柱状	8.0	28.6	1.31	1.70	26.0	110	26.4		E 102°09′15.2″ N 25°17′09.0″	70
						W	29—51	浅黄棕色	轻壤土	棱块状										
						C	51—100	灰黄色	轻黏土	块状										
剖25	初育土	紫色土	石灰性紫色土	暗紫泥	暗紫砂土	A	0—17	黑紫色	重壤土	粒状	7.0	14.5	1.66	1.45	29.0	73	8.9		E 102°09′32.2″ N 25°14′32.2″	93
						B	17—22	棕紫色	轻壤土	粒状	8.2	14.0	0.55	1.42	24.1	61	14.5			
						C	22—34	棕紫色	轻壤土	核状										
						R	34—100													
剖26	铁铝土	红壤	红壤	碳酸盐岩类红壤	红砂土	A	0—18	紫棕色	轻黏土	粒状	7.8	13.4	0.80	1.45	36.3	52	22.2	碳酸盐岩类	E 102°03′38.6″ N 25°14′46.2″	87
						B	18—29	紫棕色	重壤土	粒状	7.8	11.7	0.66	1.63	35.1	45	18.9			
						C₁	29—72	紫棕色	轻壤土	粒状										
						C₂	72—100	紫棕色	轻壤土	粒状										
剖27	铁铝土	红壤	红壤	碳酸盐岩类红壤	碳酸盐岩类红	A	0—20	红棕色	轻黏土	粒状	6.1	21.4	0.92	1.56	18.8	122	6.2	碳酸盐岩类	E 102°09′30.7″ N 25°13′44.0″	72
						B	20—30	红棕色	轻壤土	粒状	6.1	21.2	1.05	1.44	22.4	116	8.2			
						C	30—70	红棕色	轻壤土	核状										
						R	70—100													
剖28	人为土	水稻土	潴育水稻土	冲积性潴育水稻土	胶泥田	A	0—3	暗红棕色	重壤土	粒状	6.3	17.8	0.65	1.39	7.5	87	11.5	冲积物	E 102°03′57.8″ N 25°11′04.7″	96
						B	3—26	浅棕红色	轻壤土	粒状	5.6	3.8	0.29	0.29	7.4	29	12.5			
						C	26—100	浅棕红色	砂壤土	核状	5.6	3.2	0.35	1.39	9.6	22	8.9			
剖29	人为土	水稻土	潴育水稻土	冲积性潴育水稻土	浮泥田	A	0—15	紫红色	轻壤土	核状	8.2	31.7	2.09	1.47	27.3	124	13.9	冲积物	E 102°17′00.3″ N 25°17′56.6″	85
						P	15—22	紫红色	轻壤土	棱柱状	7.8	32.3	1.76	1.84	29.0	126	17.2			
						W	22—36	紫红色	重壤土	棱柱状										
						C	36—100	紫红色	轻壤土	块状										
剖30	铁铝土	红壤	红壤	碳酸盐岩类红壤	红土	A	0—15	黄橙色	壤土	团块状	7.5	15.6	0.87	1.06	25.1	58	12.1	碳酸盐岩类	E 102°17′44.5″ N 25°17′42.0″	99
						B	20—41	暗黄棕色	中壤土	小块状	7.9	11.8	0.80	1.45	27.1	51	12.5			
						C₁	26—41	暗黄棕色	中壤土	小块状	7.8	36.3	1.51	1.19	35.7	174	15.5			
						C₂	41—100	暗黄棕色	轻壤土	碎屑状	7.7	36.1	1.84	1.34	33.0	127	15.4			
剖31	人为土	水稻土	淹育水稻土	冲积性淹育水稻土	紫河砂泥田	A	0—16	棕紫色	中壤土	粒状	6.3	47.5	2.84	0.88	21.2	207	20.9	冲积物	E 102°16′13.0″ N 25°15′42.5″	89
						B	16—25	紫棕色	中壤土	小块状	6.8	45.5	2.88	1.17	32.1	236	23.5			
						C	25—31	暗黄色	轻壤土	块状										
						R	31—100													
剖32	淋溶土	黄棕壤	黄棕壤	紫棕壤	紫灰砂土	A	0—11	暗紫色	中壤土	核状	5.8	53.1	2.49	1.48	20.1	403	6.6		E 102°22′02.5″ N 25°15′23.1″	74
						B	11—18	紫灰色	中壤土	鳞片状	5.5	55.3	2.86	1.43	14.5	263	5.1			
						C	18—42	棕黄色	轻壤土	棱片状										
						R	42—100													
剖33	人为土	水稻土	潴育水稻土	红壤性潴育水稻土	黄泥田	A	0—22	棕色	轻黏土	核状	5.7	35.1	1.94	1.45	24.2	198	14.2	红壤性母质	E 102°16′27.8″ N 25°14′55.0″	90
						P	22—32	棕黄色	轻黏土	鳞片状	6.6	30.5	1.58	0.94	28.9	190	9.5			
						W	32—50	棕黄色	壤土	棱块状										
						G	50—100	暗棕色	重壤土	核块状										

续表 Continued

剖面号 Soil profile	土纲 Soil order	土类 Soil great group	亚类 Soil subgroup	土属 Soil genus	土种 Soil species	土层码 Layer code	土层厚度 Depth/cm	颜色 Soil color	质地 Soil texture	土壤结构 Soil structure	pH	有机质 OM/(g/kg)	全氮 TN/(g/kg)	全磷 TP/(g/kg)	全钾 TK/(g/kg)	碱解氮 AN/(mg/kg)	阳离子交换量CEC/(cmol/kg)	土壤母质 Parent material	剖面点坐标 Profile coordinate	匹配指数 Matching index/%
剖34	人为土	水稻土	淹育水稻土	冲积淹育水稻土	黄河砂田	A	0—21	浅黄棕色	砂壤土	粒状	6.0	33.1	1.74	0.60	23.7	159	10.2	冲积物	E 102°17′53.8″ N 25°11′56.1″	71
						P	21—29	浅黄棕色	砂土	粒状	6.4	23.6	1.28	1.11	25.0	116	10.2			
						C_1	29—49	浅红黄色	轻壤土	碎块状										
						C_2	49—75	暗红黄色	砂土	碎块状										
						C_3	75—100	红黄色	轻壤土	碎块状										
剖35	人为土	水稻土	潜育水稻土	冲积性潜育水稻土	锈水田	A	0—22	浅棕色	重壤土	粒状	6.4	18.7	1.57	1.03	21.8	170	12.7	冲积物	E 102°17′50.6″ N 25°10′14.7″	75
						P	22—33	浅棕色	重壤土	块状	5.8	28.9	1.89			222				
						G	33—63	暗棕色	重壤土	大棱柱状										
						C	63—100	红黄色	砂壤土	块状										
剖36	人为土	水稻土	潴育水稻土	紫色土性潴育水稻土	紫胶泥田	A	0—24	暗棕紫色	中壤土	块状	8.0	64.3	3.61	4.16	17.7	222	20.7		E 102°04′55.1″ N 25°09′11.8″	93
						P	24—33	暗棕紫色	中黏土	棱块状	8.0	54.4	3.32	1.95	14.9	230	19.3			
						W_1	33—60	棕紫色	黏土	小块状										
						W_2	60—100	红黄色	壤土	小棱块状										
剖37	人为土	水稻土	淹育水稻土	紫色土性淹育水稻土	浅紫胶泥田	A	0—20	紫灰色	中黏土	小棱块状	8.0	22.6	1.26	1.34	30.7	94	22.0		E 102°08′29.0″ N 25°07′49.3″	93
						P	20—31	紫色	轻黏土	棱块状	7.9	16.6	1.16	1.07	32.7	66	19.8			
						C	31—100	紫棕色	轻壤土	棱块状										
剖38	铁铝土	红壤	红壤	老冲积红壤	老冲积红壤	A	0—10	红棕色	中黏土	小块状	5.0	30.3	1.34	1.09	10.7	124	8.7	老冲积物	E 102°05′45.6″ N 25°07′17.2″	82
						B	10—30	红棕色	轻黏土	棱块状	4.8	17.3	0.76	1.01	10.7	80	12.0			
						C	30—100	红黄色	中壤土	棱块状										
剖39	人为土	水稻土	潴育水稻土	紫色土性潴育水稻土	紫泥田	A	0—18	紫色	重壤土	粒状	7.9	25.5	1.08	0.62	28.9	108	16.8		E 102°07′46.5″ N 25°06′03.6″	77
						P	18—32	紫色	轻壤土	核状	8.0	10.5	1.11	0.33	27.8	46	11.6			
						W	32—50	黄紫橙色	中壤土	块状	8.0	6.6	0.31	0.20	24.8	23	8.9			
						C	50—100	黄紫橙色	小壤土	小块状	8.3	4.9	0.22	0.10	28.9	15	10.3			
剖40	铁铝土	红壤	黄红壤	泥质岩类黄红壤	泥质岩类黄红壤	A	0—2	灰黄橙色	重壤土	粒状	4.9	87.6	3.70	1.28	27.7	383	19.0	泥质岩类	E 102°16′15.2″ N 25°06′47.5″	72
						B	2—15	黄黄橙色	重壤土	核状	5.0	52.0	2.34	1.60	24.3	343	9.5			
						C	15—58	浅黄橙色	中壤土	核状	5.2	39.7	2.08	1.01	24.9	202	9.4			
						R	58—100	浅黄橙色												
剖41	人为土	水稻土	潴育水稻土	红壤性潴育水稻土	黄砂泥田	A	0—23	灰黄色	重壤土	粒状	5.7	31.8	1.68	0.99	9.7	296	6.0	红壤性母质	E 102°12′03.2″ N 24°56′53.2″	98
						P	23—33	灰黄色	重壤土	块状	6.2	22.7	0.59	0.56	14.2	58	7.0			
						W	33—45	浅黄棕色	重壤土	颗粒状	6.0	16.3	0.79	0.81	13.2	94	13.5			
						C	45—100	浅黄棕色	轻壤土	颗粒状	7.0	10.7	0.74	1.53	12.9	52	18.5			
剖42	人为土	水稻土	潜育水稻土	冲积性潜育水稻土	冷浸田	A	0—19	青灰色	中黏土	小块状	6.5	38.2	2.10	1.60	24.1	174	17.4	冲积物	E 102°09′31.7″ N 24°56′42.9″	71
						P	19—25	青灰色	轻黏土	块状	5.6	20.2	0.75	0.60	18.2	152	8.0			
						G	25—100	灰褐色	轻壤土	棱块状	6.3	8.0	0.34	1.29	26.3	58	7.0			
剖43	初育土	紫色土	石灰性紫色土	暗紫泥	暗紫泥	A	0—4	暗紫色	中壤土	粒状	7.7	36.1	1.36	1.71	20.1	144	12.4	泥质岩类	E 102°02′20.3″ N 24°55′29.0″	97
						B	4—43	紫紫色	重壤土	核状	7.5	20.7	1.01	1.93	24.0	94	11.8			
						C	43—100	紫灰色	重壤土	核状	8.3	15.8	0.65	2.61	28.6	44	26.6			
剖44	人为土	水稻土	潴育水稻土	冲积性潴育水稻土	砂泥田	A	0—18	棕紫色	轻壤土	块状	6.4	11.4	0.99	0.62	29.0	69	13.3	冲积物	E 102°02′42.2″ N 24°54′17.7″	98
						P	18—25	褐紫色	重壤土	块状	6.5	27.2	0.99	0.81	29.5	131	14.3			
						W	25—85	紫色	重壤土	粒状	6.9	6.2	0.22	0.67	27.8	23	6.7			
						C	85—100		轻壤土	粒状	7.0	4.9	0.09	0.67	26.3	8	5.8			

双 柏 县

主要土类说明

紫色土是双柏县主要土壤类型，占本县地域面积的77%，分布在海拔2300m以下的平缓岗地和低平槽谷。植被为常绿阔叶林或灌丛草地。成土母质为紫色泥岩和砂页岩。成土过程以母岩的快速物理崩解、频繁侵蚀堆积以及碳酸钙的不断淋失作用为主，生物积累作用相对较弱。土壤具A-C剖面构型，剖面层次发育不明显，土层浅薄，土层中多夹有半风化母岩，局部地区岩石裸露，pH为4.5—8.5，富含矿质养分，蓄水性差。本县紫色土分为酸性紫色土、中性紫色土、石灰性紫色土等亚类。酸性紫色土黏土矿物一般以蛭石和水云母为主，土壤偏酸，有机质和全氮含量高于其他亚类，全磷和全钾含量较低。中性紫色土黏土矿物以蛭石和水云母或蒙脱石和水云母为主，母岩中碳酸钙较少或在成土过程中已明显淋溶，土壤酸碱度适中，宜种性广。石灰性紫色土母岩以钙质紫色混合岩为主，黏土矿物以水云母或蒙脱石为主，有机质含量低，全磷和全钾含量高，pH高于7.5。本县紫色土所处区域大多植被覆盖较差，水土流失严重。

红壤是双柏县第二大土壤类型，占本县地域面积的11%，主要分布在海拔2200m以下的碍嘉和大庄等地。除沿江低热河谷地带外，大部分地区都有较好的自然植被。成土母质为片岩、板岩、片麻岩、石英砂岩、石灰岩、白云岩以及第四纪冲积地层。成土过程以脱硅富铝化和生物富集为主。土层深浅不一，具A-Bs-Bv或A-Bs-C剖面构型，质地随母岩性质而异，普遍缺磷。本县红壤多为黄红壤亚类。黄红壤是红壤向黄壤过渡的土壤类型，所处区域水分条件较优，土体上部有黄化现象，以黄橙色或橙色为主，下部仍以高岭石为主，伴有蛭石和三水铝石。

黄棕壤是双柏县第三大土壤类型，占本县地域面积的7%，主要分布在海拔2300—2700m的山区。植被主要为阔叶林或针阔叶混交林，林间草地上主要生长蕨类及禾本科杂草。成土母质多为砂页岩及花岗岩风化物。成土过程受淋溶、黏化及弱富铝化作用的影响。受海拔和生物气候影响，土壤腐殖化作用、淋溶作用和水化作用同时存在，土壤呈微酸性或酸性，表土有机质较为丰富。由于土壤中有大量的水合氧化铁，土壤颜色偏黄。

水稻土占本县地域面积的5%，分布在海拔2100m以下的地区。成土母质为地带性红壤、老洪冲积物和坡积物。成土过程为淋溶作用和水耕熟化过程。土壤处于氧化还原状态。本县水稻土分为淹育型、潴育型、潜育型等亚类。

小于本县地域面积3%的土壤类型有棕壤和新积土。

本区域中心区气候特征

本区域中心区气候特征值
Regional climate characteristics in central area of the region

气候带：南亚热带湿润气候 Climate region: South subtropical humid climate	
年平均气温 /℃ Annual average temperature /℃	16.4
年平均最高气温 /℃ Annual average maximum temperature /℃	22.7
年平均最低气温 /℃ Annual average minimum temperature /℃	11.5
年降水量 /mm Annual precipitation /mm	940
≥10℃的积温 /℃ Daily temperature accumulated in a year (≥10℃) /℃	5994
年日照时数 /h Annual sunshine /h	2166
年平均相对湿度 /% Annual average relative humidity /%	71
干燥度 Dryness	1.04

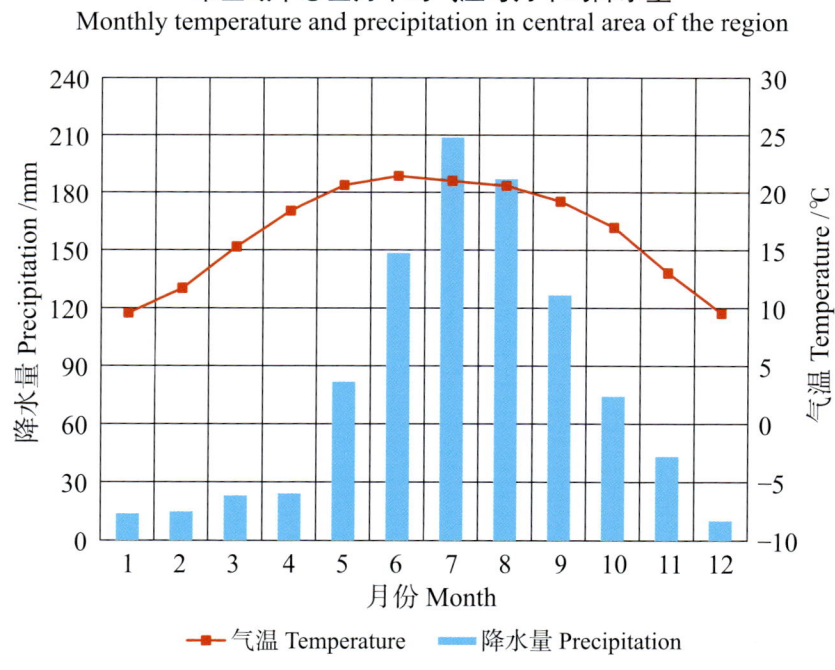

本区域中心区月平均气温与月平均降水量
Monthly temperature and precipitation in central area of the region

双柏县主要土壤类型与土壤剖面点分布图
1∶340 000

图例：紫色土　红壤　黄棕壤　水稻土　棕壤　新积土　⊗ 剖面点

第三编　云南省分县土壤图与土壤剖面数据　|　631

双柏县土壤剖面理化性状表

剖面号 Soil prodfile	土纲 Soil order	土类 Soil great group	亚类 Soil subgroup	土属 Soil genus	土种 Soil species	土层码 Layer code	土层厚度 Depth/cm	颜色 Soil color	质地 Soil texture	土壤结构 Soil structure	pH	有机质 OM/(g/kg)	全氮 TN/(g/kg)	全磷 TP/(g/kg)	全钾 TK/(g/kg)	碱解氮 AN/(mg/kg)	有效磷 AP/(mg/kg)	阳离子交换量CEC/(cmol/kg)	土壤母质 Parent material	剖面点坐标 Profile coordinate	匹配指数 Matching index/%
剖1	初育土	紫色土	石灰性紫色土	暗紫泥	暗紫泥土	A	0—6	紫色	砂壤土	粒状	7.4	10.9	0.91			45				E 101°27′24.8″ N 24°40′59.9″	94
剖2	人为土	水稻土	潴育水稻土	紫色冲积性水稻土	紫胶泥田	A	0—20	紫色	中黏土	棱块状	6.5	49.8	2.70	1.25	21.3	168		21.7	冲积物	E 101°42′29.5″ N 24°45′45.0″	71
						P	20—31	紫色	中黏土	棱块状	7.3	19.6	1.25	1.08	21.2	87		34.2			
						W	31—67	紫色	轻黏土	棱块状	6.8	43.6	2.77	0.98	21.2	158		28.3			
						G	67—100	紫灰色	轻黏土	块状	7.4	8.3	0.72	0.82	19.5	57		24.4			
剖3	人为土	水稻土	淹育水稻土	紫色土性淹育水稻土	浅紫泥田	A	0—18	浅紫色	中壤土	块状	7.0	31.8	2.22			156				E 101°41′48.5″ N 24°45′15.1″	89
剖4	人为土	水稻土	淹育水稻土	紫色土性淹育水稻土	浅黄紫砂泥田	A	0—17	紫灰色	砂壤土	小棱块状	6.4	43.1	2.23			85			砂页岩坡积物、残积物	E 101°43′42.6″ N 24°44′41.6″	93
剖5	初育土	紫色土	中性紫色土	黄紫泥	黄紫泥	A	0—9	灰棕色	轻壤土	粒状	6.5	22.6	1.21			102				E 101°42′52.8″ N 24°44′23.7″	94
剖6	人为土	水稻土	潴育水稻土	紫色冲积性水稻土	黄紫泥田	A	0—20	暗紫色	轻黏土	小块状	7.3	37.6	2.18	1.15	25.4	29				E 101°35′30.2″ N 24°42′36.4″	95
						P	20—30	黄紫色	轻黏土	小块状	7.4	18.6	1.52	0.95	29.1	69					
						3	30—49	黄紫色	重壤土	小块状											
						4	49—100	灰黄色	重壤土	小块状											
剖7	人为土	水稻土	潴育水稻土	紫色冲积性水稻土	紫鸡粪土田	A	0—17	棕色	轻黏土	块状	7.4	31.7	1.72	1.60	23.9	127			冲积物	E 101°34′47.7″ N 24°42′16.3″	97
						P	17—29	棕色	重壤土	块状	7.4	27.7	1.96	1.25	23.6	120					
						3	29—75	浅紫色	中壤土	棱柱状											
						4	75—100	浅紫色	轻壤土	小块状											
剖8	初育土	紫色土	酸性紫色土	浅黄紫泥	浅黄紫土	A	0—15	黄棕色	重壤土	核状	6.6	47.3	2.30			196				E 101°37′55.9″ N 24°42′10.7″	94
剖9	人为土	水稻土	潴育水稻土	坡残积潴育水稻土	青砂泥田	A	0—15	黄灰色	砂壤土	块状	6.1	28.3	1.26			187			坡积物、残积物	E 101°44′01.3″ N 24°40′07.7″	80
						2	15—26	青灰色	砂壤土	棱块状											
						3	26—45	青灰色	砂壤土	块状											
						4	45—100	黑色	砂壤土	块状											
剖10	人为土	水稻土	淹育水稻土	紫色土性淹育水稻土	浅红胶泥田	A	0—17	浅红色	重黏土	块状	6.4	25.4	1.39			102				E 101°52′42.2″ N 24°46′08.4″	88
剖11	人为土	水稻土	潴育水稻土	冲积性潴育水稻土	黑紫胶泥田	A	0—15	浅红紫色	重壤土	小块状	7.4	33.3	2.00			111			紫色冲积物	E 101°49′32.0″ N 24°43′53.8″	92
						2	15—26	紫灰色	中壤土	块柱状											
						3	26—100	紫灰色	中壤土	块状											
剖12	人为土	水稻土	淹育水稻土	紫色土性淹育水稻土	浅黄紫胶泥田	A	0—15	暗紫色	重壤土	块状	7.3	29.7	1.84			110				E 101°49′47.1″ N 24°43′00.0″	80
剖13	初育土	紫色土	石灰性紫色土	紫黄泥	紫黄泥	A	0—6	灰黄色	重壤土	粒状	7.4	36.9	1.65	1.31	26.1	107		20.1		E 101°49′29.6″ N 24°42′30.8″	71
						B	6—15	浅黄色	重壤土	粒状	7.4	26.5	1.59	1.20	25.5	74		18.9			
						C_1	15—44	暗黄色	重壤土	粒状	7.4	30.1	1.59	1.21	27.1	88		19.7			
						C_2	44—100	暗黄色	重壤土	块状	7.4	34.2	1.62	1.33	28.5	91		19.9			
剖14	初育土	紫色土	石灰性紫色土	紫黄泥	紫泥土	A	0—18	灰黄色	砂壤土	核状	7.4	27.4	1.63			106			紫黄泥	E 101°49′41.5″ N 24°42′02.2″	88
剖15	初育土	紫色土	酸性紫色土	浅黄紫泥	浅黄紫土	A	0—12	灰棕紫色	轻壤土	粒状	5.6	12.8	0.85			48				E 101°54′37.1″ N 24°40′24.2″	76

续表 Continued

剖面号 Soil profile	土纲 Soil order	土类 Soil great group	亚类 Soil subgroup	土属 Soil genus	土种 Soil species	土层码 Layer code	土层厚度 Depth/cm	颜色 Soil color	质地 Soil texture	土壤结构 Soil structure	pH	有机质 OM/(g/kg)	全氮 TN/(g/kg)	全磷 TP/(g/kg)	全钾 TK/(g/kg)	碱解氮 AN/(mg/kg)	有效磷 AP/(mg/kg)	阳离子交换量CEC/(cmol/kg)	土壤母质 Parent material	剖面点坐标 Profile coordinate	匹配指数 Matching index/%
剖16	人为土	水稻土	潴育水稻土	红壤性潴育水稻土	黄泥田	A	0—18	灰黄色	重壤土	块状	6.3	22.4	1.51	1.32	20.4	192			红壤性母质	E 101°10′00.7″ N 24°32′51.9″	72
						P	18—30	灰黄色	重壤土	梭块状	6.6	24.2	1.37	1.48	19.4	112					
						3	30—60	暗红色		梭柱状											
						4	60—100	黄红色	轻黏土	梭柱状											
剖17	人为土	水稻土	淹育水稻土	红壤性淹育水稻土	浅黄紫泥田	A	0—18	黄黄色	轻黏土	块状	5.9	28.4	1.35			140			红壤性母质	E 101°12′03.2″ N 24°30′09.0″	70
剖18	初育土	紫色土	酸性紫色土	浅黄紫泥	浅黄紫泥土	A	0—21	紫紫色	中黏土	核状	6.4	22.4	1.52			95			浅黄紫泥	E 101°26′43.4″ N 24°33′26.3″	77
剖19	人为土	水稻土	潴育水稻土	紫色冲积性潴育水稻土	紫泥田	A	0—21	棕紫色	轻黏土	梭块状	7.0	37.8	2.15	1.39	25.0	121			冲积物	E 101°37′56.3″ N 24°38′15.0″	83
						P	21—39	棕紫色	重黏土	梭柱状	7.5	20.1	1.51	1.41	28.6	97					
						3	39—100	棕紫色	重黏土	小梭柱状											
剖20	初育土	紫色土	酸性紫色土	红紫泥	红紫砂土	A	0—20	红紫色	轻黏土	粒状	6.4	12.6	0.80			55			紫色砂页岩	E 101°53′07.4″ N 24°39′26.3″	70
剖21	人为土	水稻土	淹育水稻土	紫色土性淹育水稻土	浅黄紫泥田	A	0—15	紫灰色	砂壤土	块状	6.3	34.8	1.82			135				E 101°48′43.2″ N 24°38′42.7″	99
剖22	初育土	紫色土	中性紫色土	黄紫泥	黄紫泥土	A	0—19	灰黄色	轻黏土	核状	7.2	17.8	1.06	0.79	25.2	52				E 101°45′45.7″ N 24°38′34.4″	95
						B	19—40	浅黄色	中黏土	小块状	7.3	13.9	0.97	0.87	23.4	43					
剖23	人为土	水稻土	淹育水稻土	冲积性淹育水稻土	棕紫砂土	A	0—12	紫棕色	中壤土	块状	7.4	19.4	0.88			55			冲积物	E 101°51′08.6″ N 24°36′45.8″	73
						P	12—21		砂壤土	块状											
剖24	人为土	水稻土	潴育水稻土	青红泥田	黄羊肝土	Aa	0—15	浅黄色	壤质黏土	块状	6.3	34.1	1.47	1.12	29.5	95	6.0	11.5		E 101°46′09.5″ N 24°36′02.9″	87
						Ap	15—25	浊黄色	黏土	大块状	6.9	26.5	1.18	0.65	30.9	82	4.0	19.5			
						G	25—80	暗灰黄色	壤质黏土	大梭柱状	7.3	18.6	1.05	1.04	30.0	46	3.0	11.5			
剖25	人为土	水稻土	潴育水稻土	紫色冲积性潴育水稻土	黄紫胶泥田	A	0—18	浅棕色	粉砂质壤土	块状	6.7	22.2	1.03			109			冲积物	E 101°52′11.6″ N 24°36′02.9″	80
						2	18—26	棕色	轻黏土	梭块状	7.1	34.5	2.14	1.58	24.4	171					
						3	26—75	紫棕色	中黏土	梭柱状	7.2	26.0	1.68	1.38	23.8	95					
						4	75—100	暗黄色	中黏土	小块状											
剖26	人为土	水稻土	酸性紫色土	棕紫泥	棕紫砂土	A	0—15	紫棕色	轻黏土	核状	6.4	30.4	1.73			147				E 101°51′01.1″ N 24°32′20.0″	98
剖27	初育土	紫色土	中性紫色土	黄紫泥	黄羊肝土	A	0—17	灰黄色	中壤土	核状	7.0	23.8	1.72			98				E 101°50′17.5″ N 24°31′03.0″	76
剖28	初育土	紫色土	中性紫色土	黄紫泥	黄紫胶泥田	A	0—15	灰黄色	重黏土	块状	7.2	30.6	1.98	1.62	30.0	132					
剖29	人为土	水稻土	潴育水稻土	紫色冲积性潴育水稻土	黄紫胶泥田	Ap	21—32	青灰黄色	重黏土	核状	7.4	21.4	1.51	1.19	33.6	89				E 101°51′47.2″ N 24°30′23.8″	72
						3	32—60	青灰黄色	重黏土	梭柱状											
						4	60—100	灰黄色	重黏土	梭柱状											
剖30	人为土	水稻土	淹育水稻土	红壤性淹育水稻土	浅黄泥田	A	0—16	灰白色	粉砂质壤土	小块状	6.3	24.1	1.13	1.40	27.6	151			红壤性母质	E 101°13′49.8″ N 24°27′48.6″	94
剖31	人为土	水稻土	潴育水稻土	红壤性潴育水稻土	黄鸡粪土田	A	0—14	灰黄色	重黏土	团块状	5.9	60.9	3.20			222			黄泥田，黄胶泥田	E 101°14′29.0″ N 24°27′37.8″	91
						P	14—24	浅灰黄色	重黏土	大块状	6.2	51.2	2.99	1.54	28.0	234					
						3	24—46	青灰黄色	重黏土	梭柱状											
						4	46—100	青灰黄色	黏土	块状											
剖32	淋溶土	黄棕壤	黄棕壤	砂页岩黄棕壤	砂页岩黄棕壤	A	0—19	暗棕色	轻壤土	粒状	5.9	77.9	2.53	0.75	3.3	189			砂页岩	E 101°07′54.5″ N 24°27′29.5″	100
						B	19—60	棕色	砂壤土	块状	6.2	48.0	2.83	0.79	3.2	157					

续表 Continued

剖面号 Soil profile	土纲 Soil order	土类 Soil great group	亚类 Soil subgroup	土属 Soil genus	土种 Soil species	土层码 Layer code	土层厚度 Depth/cm	颜色 Soil color	质地 Soil texture	土壤结构 Soil structure	pH	有机质 OM/(g/kg)	全氮 TN/(g/kg)	全磷 TP/(g/kg)	全钾 TK/(g/kg)	碱解氮 AN/(mg/kg)	有效磷 AP/(mg/kg)	阳离子交换量CEC/(cmol/kg)	土壤母质 Parent material	剖面点坐标 Profile coordinate	匹配指数 Matching index/%
剖33	人为土	水稻土	潴育水稻土	红壤性潴育水稻土	黄胶泥田	A	0—17	灰黄色	轻黏土	团块状	5.9	44.2	1.71	1.16	25.4	168		14.6	红壤性母质	E 101°14′59.3″ N 24°26′55.0″	85
						P	17—29	青黄色	轻黏土	块状	6.8	28.4	1.46	0.81	26.4	146		21.7			
						W	29—53	青灰色	轻黏土	棱柱状	7.1	19.0	0.98	0.46	23.8	88		21.9			
						G	53—100	青灰色	中黏土	块状	7.1	23.0	1.03	0.32	15.5	56		25.7			
剖34	人为土	水稻土	淹育水稻土	红壤性淹育水稻土	浅黄胶泥田	A	0—16	浅黄色	重黏土	块状	6.4	23.7	1.15			127				E 101°16′31.8″ N 24°24′56.9″	91
剖35	初育土	紫色土	酸性紫色土	棕紫泥	棕紫泥	A	3—21	暗紫色	轻黏土	碎块状	6.4	50.9	2.26			209				E 101°28′11.6″ N 24°24′38.5″	82
剖36	人为土	水稻土	潴育水稻土	坡残积潴育水稻土	青泥田	A	0—16	灰黄色	重黏土	块状	6.1	33.0	1.44	1.16	24.8	183		12.0	坡积物、残积物	E 101°16′57.7″ N 24°24′02.2″	96
						P	16—27	青灰色	中黏土	棱块状	6.3	27.8	1.33	1.07	26.6	155		18.2			
						G	27—100	青灰色	中黏土	棱块状	6.1	19.9	1.25	1.10	30.7	129		14.4			
剖37	人为土	水稻土	潴育水稻土	紫色冲积性潴育水稻土	黄紫砂泥田	A	0—16	灰紫色	轻壤土	块状	7.1	48.4	2.80			160			冲积物	E 101°43′11.9″ N 24°29′45.0″	83
						2	16—27	棕紫色	中壤土	块状											
						3	27—52	棕紫色	中壤土	棱柱状											
						4	52—100	灰棕色	轻壤土	块状											
剖38	初育土	紫色土	酸性紫色土	红紫泥	红紫羊肝土	A	0—15	浅棕紫色	中壤土	核状	5.8	12.3	0.77			48				E 101°34′18.1″ N 24°29′13.9″	88
剖39	初育土	紫色土	中性紫色土	紫泥	紫泥	A	0—4	暗紫色	粉砂土	块状	7.3	26.7	1.22			71				E 101°43′03.8″ N 24°29′11.4″	74
剖40	初育土	紫色土	中性紫色土	紫泥	羊肝土	A	0—18	紫色	中壤土	块状	7.0	19.5	0.90			63				E 101°33′54.4″ N 24°28′25.0″	81
剖41	初育土	紫色土	酸性紫色土	紫泥	紫红土	A	0—22	紫红色	轻黏土	核状	7.4	25.8	1.57	1.86	30.9	127		6.7		E 101°43′03.7″ N 24°27′29.2″	82
						B	22—40	紫棕色	轻黏土	核状	7.5	10.9	1.06	1.37	25.0	52		7.8			
剖42	初育土	紫色土	酸性紫色土	紫红泥	紫红泥土	A	0—15	浅紫棕色	中壤土	块状	6.3	20.9	1.50	1.73	22.6	65		6.5		E 101°58′37.2″ N 24°27′20.9″	89
						B	15—19	暗黄棕色	中壤土	核状	6.4	16.8	1.82	1.78	22.8	88		0.2			
剖43	初育土	紫色土	酸性紫色土	紫红泥	红羊肝土	A	0—11	黄红色	轻壤土	核状	6.1	36.4	0.97	0.50	4.9	99				E 101°57′36.7″ N 24°26′58.3″	96
						B	11—44	紫红色	重壤土	碎块状	5.4	7.1	0.63	0.57	6.8	44					
						C	44—97	紫红色	重壤土	块状	5.4	3.2	0.33	0.44	8.8	31					
剖44	初育土	紫色土	酸性紫色土	红紫泥	红紫鸡粪土	A₁₁	0—15	油橙色	黏土	块状	6.0	24.5	1.50	0.39	18.4	74	10.0	15.0		E 101°58′27.1″ N 24°24′35.8″	100
						C	15—64	油红棕色	黏土	块状	5.7	9.2	0.60	0.18	18.5	34		0.2			
剖45	初育土	紫色土	酸性紫色土	酸紫泥土	紫鸡粪土	A	0—16	灰黄色	轻壤土	块状	6.4	19.9	1.34			111				E 101°52′38.0″ N 24°23′59.9″	76
剖46	初育土	紫色土	中性紫色土	紫泥	紫灰土	A	0—20	暗紫色	粉砂土	块状	7.1	24.1	1.67			123			紫泥土、紫砂土	E 101°50′44.9″ N 24°23′31.2″	80
剖47	初育土	紫色土	酸性紫色土	红紫泥	红紫土	A	0—11	红紫色	砂壤土	块状	6.8	8.5	0.70			63				E 101°52′22.1″ N 24°22′29.3″	98
剖48	黄棕壤	黄棕壤	黄棕壤	砂页岩黄棕壤	紫灰土	A	0—20	浅紫色	轻壤土	粒状	6.1	48.7	2.57	1.84	30.0	201		8.5	砂页岩	E 101°52′00.8″ N 24°21′38.5″	78
剖49	淋溶土	棕壤	棕壤	变质岩类棕壤	变质岩黑棕壤	A	17—31	黑色	中壤土	粒状	5.0	163.2	1.63	1.33	34.4	512		5.9		E 101°15′30.1″ N 24°19′34.5″	86
						B₁	31—52	黑色	砂壤土	粒状	5.6	86.7	3.19		38.4	309		7.1			
						B₂	52—80	暗紫棕色	砾质紫砂土		6.1	49.8	1.32	1.03		166		8.7			
						C	80—100	棕紫色	砾质砂黏土		6.2	19.3	0.92	0.71	39.7	83					
剖50	初育土	紫色土	酸性紫色土	紫红泥	紫红砂土	A	0—18	黄棕色	轻壤土	团块状	6.4	21.5	1.15	2.72	23.6	106		21.7		E 101°29′33.7″ N 24°18′53.3″	72
						B	18—38	棕色	中壤土	块状	7.3	26.0	1.28	3.25	20.3	93		23.1			
剖51	初育土	紫色土	中性紫色土	紫泥	紫砂土	A	0—18	棕紫色	重壤土	块状	7.1	18.4	0.91			86				E 101°54′28.8″ N 24°19′00.8″	70
						B	38—100	棕紫色	重壤土	块状	7.3	9.3	0.49	2.47	21.0	34		13.0			

牟定县

主要土类说明

紫色土是牟定县主要土壤类型，占本县地域面积的55%，分布在海拔2300m以下的地区。植被为常绿阔叶林或灌丛草地。成土母质为中生代的紫色砂页岩和杂色页岩。成土过程以母岩的快速物理崩解、频繁侵蚀堆积以及碳酸钙的不断淋失作用为主，生物积累作用相对较弱。由于紫色砂页岩易风化，成土时间短，故矿质养分较丰富，一般属中等肥力，但土层浅薄，抗侵蚀力弱，特别是植被遭到破坏后，表土极易受冲刷侵蚀而使母岩裸露，土层中常夹有半风化母岩的碎屑。土壤具A-C剖面构型，剖面层次发育不明显，pH为4.5—8.5，富含矿质养分，蓄水性差。本县紫色土分为酸性紫色土、中性紫色土、石灰性紫色土等亚类，以酸性紫色土为多。酸性紫色土黏土矿物一般以蛭石和水云母为主，土壤偏酸，有机质和全氮含量高于其他亚类，全磷和全钾含量较低。中性紫色土黏土矿物以蛭石和水云母或蒙脱石和水云母为主，母岩中碳酸钙较少或在成土过程中已明显淋溶，土壤酸碱度适中，宜种性广。石灰性紫色土母岩以钙质紫色混合岩为主，黏土矿物以水云母或蒙脱石为主，有机质含量低，全磷和全钾含量高，pH高于7.5。

红壤是牟定县第二大土壤类型，占本县地域面积的25%，分布在海拔1140—2300m的山地。植被为常绿阔叶林。成土母质为花岗片麻岩、云母石英片岩和老冲积物。成土过程以脱硅富铝化和生物富集为主。红壤呈中度脱硅富铝化特征，具A-Bs-Bv或A-Bs-C剖面构型。土体深厚，剖面层次发育完整，B层通常有铁锰结核淀积。本县红壤分为红壤、黄红壤等亚类。红壤亚类土壤养分含量一般不高，速效磷缺乏，质地黏重，保水保肥力强，但耕性较差。黄红壤土体上部有黄化现象，以黄橙色或橙色为主，下部仍以高岭石为主，伴有蛭石和三水铝石。

水稻土是牟定县第三大土壤类型，占本县地域面积的12%，分布在海拔1700—1900m的平坝及低山丘陵区，河谷有少量分布。成土母质为地带性红壤和紫色土。成土过程为淋溶作用和水耕熟化过程。水稻土在长期的季节性淹灌、水下翻耕、季节性脱水、氧化还原交替影响下，原来的成土母质或母土的特性发生重大改变，形成了不同的土体构型。本县水稻土分为淹育型、潴育型、潜育型、侧渗型等亚类。

黄棕壤占本县地域面积的6%，分布在海拔2200—2400m的中山坡地上部。成土母质多为砂页岩及花岗岩风化物。成土过程受淋溶、黏化及弱富铝化作用的影响。土层弱度富铝化，生物积累过程和盐基淋溶酸化过程明显增强，黏聚现象明显，呈黄棕色。

小于本县地域面积3%的土壤类型有棕壤和新积土。

本区域中心区气候特征

本区域中心区气候特征值
Regional climate characteristics in central area of the region

气候带：中亚热带湿润气候 Climate region: Subtropical humid climate	
年平均气温 /℃ Annual average temperature /℃	15.4
年平均最高气温 /℃ Annual average maximum temperature /℃	21.8
年平均最低气温 /℃ Annual average minimum temperature /℃	10.2
年降水量 /mm Annual precipitation /mm	929
≥10℃的积温 /℃ Daily temperature accumulated in a year (≥10℃) /℃	5619
年日照时数 /h Annual sunshine /h	2239
年平均相对湿度 /% Annual average relative humidity /%	70
干燥度 Dryness	1.01

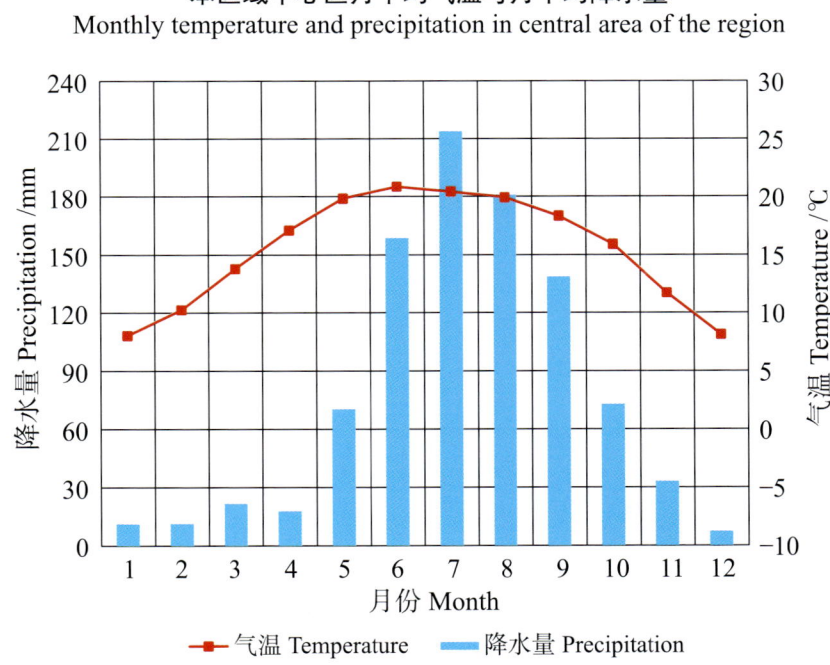

本区域中心区月平均气温与月平均降水量
Monthly temperature and precipitation in central area of the region

牟定县主要土壤类型与土壤剖面点分布图
1∶250 000

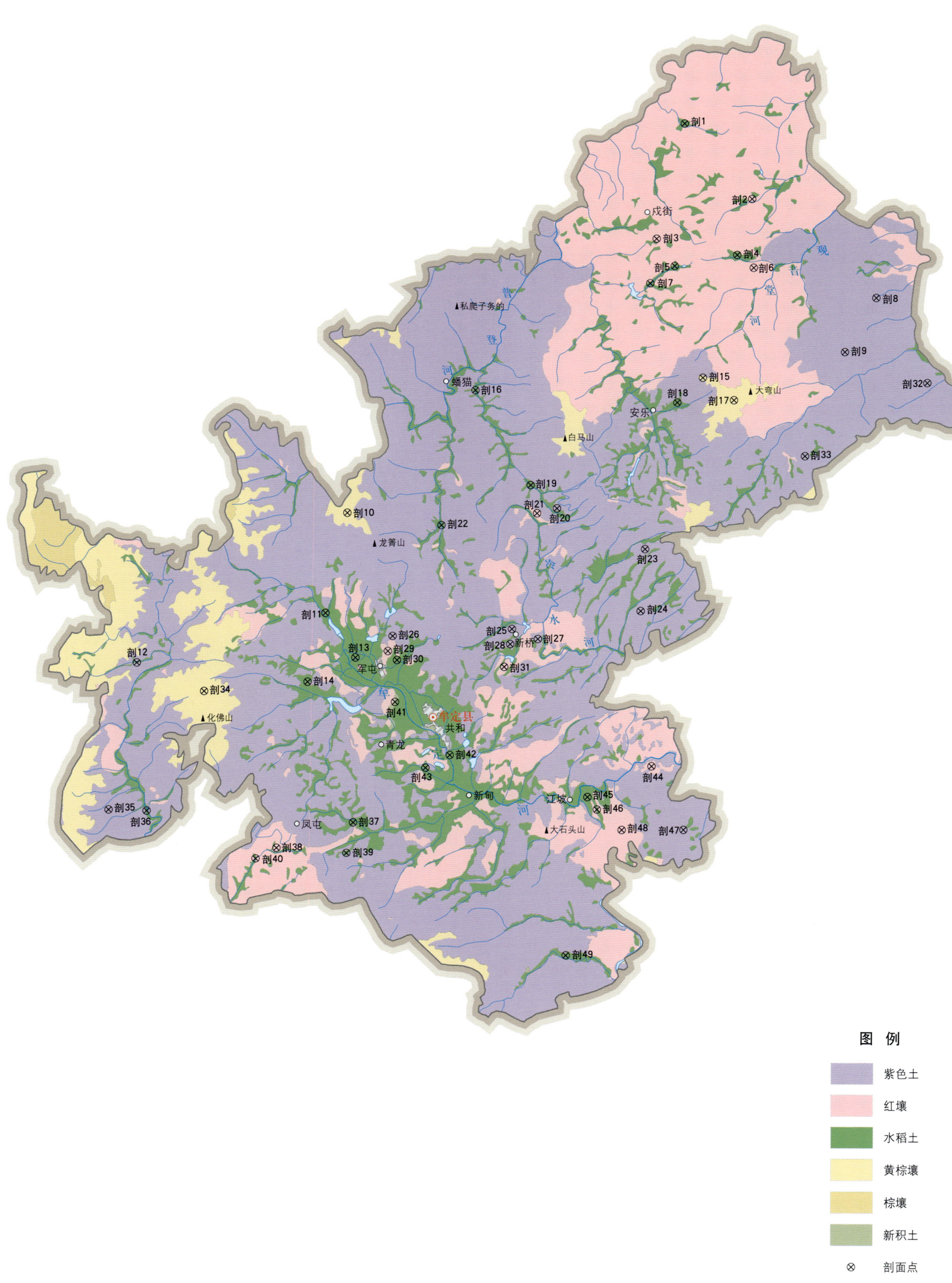

牟定县土壤剖面理化性状表

剖面号 Soil profile	土纲 Soil order	土类 Soil great group	亚类 Soil subgroup	土属 Soil genus	土种 Soil species	土层码 Layer code	土层厚度 Depth/cm	颜色 Soil color	质地 Soil texture	土壤结构 Soil structure	pH	有机质 OM/(g/kg)	全氮 TN/(g/kg)	全磷 TP/(g/kg)	全钾 TK/(g/kg)	碱解氮 AN/(mg/kg)	有效磷 AP/(mg/kg)	阳离子交换量CEC/(cmol/kg)	土壤母质 Parent material	剖面点坐标 Profile coordinate	匹配指数 Matching index/%
剖1	人为土	水稻土	侧渗水稻土	坡残积物侧渗水稻土	白砂泥田	A	0—18	浅灰色	轻壤土	粒状	6.7	33.2	1.71			160			坡积物、残积物	E 101°41′39.1″ N 25°37′34.8″	74
剖2	铁铝土	红壤	黄红壤	变质岩类黄红壤	白砂土	A	0—18	浅灰色	砂土	粒状	6.2	12.5	0.33			58			变质岩	E 101°43′59.0″ N 25°35′07.3″	71
剖3	铁铝土	红壤	红壤	变质岩类红壤	红砂土	A	0—20	黄红色	砂壤土	核状	5.9	21.0	1.06			99			变质岩	E 101°40′35.5″ N 25°33′55.6″	71
剖4	人为土	水稻土	潴育水稻土	坡残积物潴育水稻土	青砂泥田	A	0—20	青灰色	砂壤土	小块状	5.6	40.0	1.94			137			坡积物、残积物	E 101°43′25.6″ N 25°33′21.5″	76
剖5	人为土	水稻土	潴育水稻土	红壤性潴育水稻土	黄泥田	A	0—19	灰黄色	中壤土	团块状	6.4	24.7	1.28			168				E 101°41′12.5″ N 25°33′02.9″	76
剖6	铁铝土	红壤	黄红壤	变质岩类黄红壤		A	0—10	黄棕色	轻壤土	核状	6.4	18.7	0.57	0.04	32.9	61		18.7	变质岩	E 101°43′59.9″ N 25°32′56.4″	81
						B	10—25	黄棕色	轻黏土	粒状	5.2	7.8	0.35	0.04	13.2	37		5.2			
						C	25—100	黄棕色	轻壤土	团块状	5.7	2.6	0.24	0.05	35.7	26		5.9			
剖7	人为土	水稻土	潴育水稻土	红壤性潴育水稻土	黄鸡紫土田	A	0—18	黄灰色	中壤土	块状	6.4	48.7	1.69			147				E 101°40′20.3″ N 25°32′30.8″	81
剖8	紫色土	石灰性紫色土	暗紫泥		暗紫泥土	A	0—20	灰紫色	中壤土	团块状	7.2	20.7	1.52			85				E 101°48′18.4″ N 25°31′54.1″	73
剖9	紫色土	酸性紫色土	红紫泥			A	0—10	浅灰色	中壤土	小块状	5.4	23.2	0.86			131				E 101°47′10.0″ N 25°30′12.2″	90
剖10	淋溶土	黄棕壤	紫棕壤	紫棕壤	紫灰砂土	A	0—20	暗棕色	砂壤土	粒状	6.0	43.5	2.07			172				E 101°29′31.6″ N 25°25′24.2″	99
剖11	人为土	水稻土	潴育水稻土	红壤性潴育水稻土	黄砂泥田	A	0—21	灰黄色	轻壤土	团粒状	6.3	46.9	2.38			159				E 101°28′42.3″ N 25°22′14.2″	90
剖12	人为土	水稻土	潴育水稻土	冲积性潴育水稻土	冷浸田	A	0—20	棕紫色	中壤土	块状	7.2	51.9	3.41	0.24	15.9	173		22.8	冲积物	E 101°22′01.6″ N 25°20′45.0″	84
						P	20—31	暗紫色	重壤土	大块状	6.8	36.6	2.16	0.19	15.8	128		40.9			
						G	31—100	黑灰色	重壤土	大块状	6.3	22.0	0.99	0.17	16.6	93		12.7			
剖13	人为土	水稻土	潴育水稻土	紫色冲湖积物潴育水稻土	紫泥田	A	0—24	灰紫色	重壤土	团块状	6.6	23.0	1.58	0.26	14.3	90				E 101°29′43.8″ N 25°20′47.4″	74
						P	24—32	灰紫色	重壤土	块状	7.2	4.3	0.52	0.14	17.2	45					
						W_1	32—64	灰紫色	重壤土	棱柱状	7.1	6.3	0.75	0.15	16.6	47					
						W_2	64—100	灰紫色	中壤土	棱柱状	7.2	8.1	0.44	0.14	17.1	29					
剖14	人为土	水稻土	潴育水稻土	紫色冲湖积物潴育水稻土	紫泥田	A	0—26	棕紫色	中壤土	团块状	6.8	31.4	1.98	0.22	16.9	122		21.2		E 101°28′02.5″ N 25°20′02.8″	80
						P	26—35	紫色	中黏土	块状	7.0	14.2	0.74	0.20	17.5	66		29.2			
剖15	淋溶土	黄棕壤	黄棕壤	酸性岩类黄棕壤	黄灰土	A	0—20	灰黄色	轻壤土	粒状	6.5	48.0	1.85			148			酸性母岩	E 101°42′08.5″ N 25°29′29.1″	75
剖16	人为土	水稻土	潴育水稻土	紫色冲湖积物潴育水稻土	紫油砂土田	A	0—19	暗灰紫色	砂壤土	团块状	6.6	26.0	1.61			140				E 101°34′06.6″ N 25°29′13.3″	72
剖17	淋溶土	黄棕壤	黄棕壤	酸性岩类黄棕壤		A	0—10	灰棕色	砂壤土	碎块状	6.0	36.9	1.32	0.08	4.6	102		11.2		E 101°43′13.1″ N 25°28′44.8″	83
剖18	人为土	水稻土	淹育水稻土	紫色土性淹育水稻土	浅紫泥田	A	0—18	棕紫色	中壤土	小团块状	6.3	23.6	1.42			184				E 101°41′13.2″ N 25°28′42.2″	71
剖19	人为土	水稻土	淹育水稻土	紫色土性淹育水稻土	浅紫砂泥田	A	0—22	黄紫色	重壤土	块状	6.4	20.5	0.74	0.14	8.4	102				E 101°36′00.1″ N 25°26′10.1″	71
						P	22—31	黄紫色	轻黏土	块状	6.5	19.1	1.27	0.17	10.5	146					
剖20	初育土	紫色土	酸性紫色土	黄紫泥	黄紫砂泥	A	0—17	棕黄色	砂壤土	粒状	5.8	18.6	0.86			73				E 101°36′55.1″ N 25°25′25.1″	95

续表 Continued

剖面号 Soil profile	土纲 Soil order	土类 Soil great group	亚类 Soil subgroup	土属 Soil genus	土种 Soil species	土层码 Layer code	土层厚度 Depth/cm	颜色 Soil color	质地 Soil texture	土壤结构 Soil structure	pH	有机质 OM/(g/kg)	全氮 TN/(g/kg)	全磷 TP/(g/kg)	全钾 TK/(g/kg)	碱解氮 AN/(mg/kg)	有效磷 AP/(mg/kg)	阳离子交换量 CEC/(cmol/kg)	土壤母质 Parent material	剖面点坐标 Profile coordinate	匹配指数 Matching index/%
剖21	铁铝土	红壤	黄红壤	老冲积红壤	黄木香土	A	0—15	灰黄色	重壤土	核状	6.1	25.6	1.47	0.27	4.5	114			老冲积物	E 101°36′13.0″ N 25°25′16.3″	76
剖22	人为土	水稻土	潜育水稻土	坡残积潜育水稻土	青紫泥田	B	15—22	棕黄色	重壤土	块状	6.1	24.1	0.88	0.31	5.6	99		14.1		E 101°32′50.2″ N 25°24′57.4″	84
剖23	初育土	紫色土	中性紫色土	紫泥	紫鸡粪土	A	0—21	灰紫色	中壤土	块状	6.6	26.1	1.32	0.11	7.2	126		12.3		E 101°39′59.9″ N 25°24′04.3″	92
						P	21—38	暗紫色	重壤土	块状	6.8	20.3	0.92	0.13	8.9	82					
剖24	初育土	紫色土	酸性紫色土	黄紫泥	黄紫泥土	A	0—20	红紫色	轻壤土	粒状	7.2	21.2	1.67			83				E 101°39′48.6″ N 25°22′06.6″	98
剖25	初育土	紫色土	酸性紫色土	红紫泥	红紫泥土	A	0—23	黄紫色	中壤土	碎块状	7.1	18.9	0.95	0.18	22.3	75		46.5		E 101°35′17.4″ N 25°21′34.5″	76
						B	23—30	黄紫色	中壤土	小团块状	7.0	18.4	0.50	0.13	19.9	77		36.5			
剖26	初育土	紫色土	中性紫色土	紫泥	羊肝土	A	0—20	灰紫色	中壤土	核粒状	6.4	19.4	1.11			94				E 101°31′03.6″ N 25°21′27.3″	84
						C_1	17—24	紫色	壤质黏土	块状	6.6	30.8	1.49	0.17	17.3	115	2.2	16.0			
						C_2	24—100	紫棕色	粉砂质黏土	块状	6.6	23.6	1.38	0.18	17.9	111	1.7	15.7			
剖27	初育土	紫色土	石灰性紫色土	暗紫泥		A	0—7	暗棕红色	黏土	粒状	7.0	1.3	0.53	0.10	19.3	23	1.0	18.8		E 101°36′10.5″ N 25°21′16.5″	75
						B	7—21	灰紫色	中壤土	核状	7.4	45.2	2.08	0.32	13.9	127		14.9			
						C	21—58	浅紫色	砂壤土	碎块状	7.3	19.5	0.97	0.19	15.7	64		11.8			
剖28	初育土	紫色土	酸性紫色土	棕紫泥	棕紫泥土	A	0—24	灰紫色	重壤土	核状	7.3	5.9	0.50	0.18	14.4	41		8.7		E 101°35′11.6″ N 25°21′07.7″	87
剖29	铁铝土	红壤	红壤	老冲积红壤	红土	A	0—20	棕红色	中壤土	团块状	6.2	50.9	1.93	0.21	11.4	145		14.9	老冲积物	E 101°30′53.6″ N 25°20′58.7″	71
剖30	人为土	水稻土	潴育水稻土	紫色冲湖积物潴育水稻土	紫砂泥田	A	0—18	灰棕色	中壤土	小团块状	6.5	18.8	0.87			87				E 101°31′12.0″ N 25°20′41.3″	76
剖31	铁铝土	红壤	黄红壤	老冲积红壤	黄鸡粪土	A	0—20	灰黄色	砂壤土	粒状	6.2	43.3	2.14			248			老冲积物	E 101°34′58.3″ N 25°20′24.4″	78
剖32	初育土	紫色土	中性紫色土	紫泥	紫泥土	A	0—24	灰黄色	砂壤土	粒状	6.7	32.5	1.27			135				E 101°50′03.1″ N 25°29′10.1″	100
剖33	初育土	紫色土	中性紫色土	紫泥	紫鸡粪土	A	0—9	暗棕色	中壤土	粒状	7.1	5.0	0.23			41		6.5		E 101°45′41.3″ N 25°26′54.9″	86
						B	9—33	暗紫色	轻壤土	粒状	7.2	13.7	0.83	0.08	16.8	59		6.0			
						C	33—57	棕紫色	砂壤土	粒状	5.2	27.4	0.87	0.12	13.4	102		5.8			
剖34	淋溶土	黄棕壤	黄棕壤	紫棕壤	黄鸡粪土	A	0—6	暗棕色	砂壤土	粒状	5.7	31.2	1.84	0.05	13.9	122			老冲积物	E 101°24′23.0″ N 25°19′48.4″	79
剖35	初育土	紫色土	酸性紫色土	棕紫泥		A	0—13	暗棕色	砂壤土	团块状	5.1	5.7	0.37	0.09	1.25	38				E 101°20′58.1″ N 25°16′05.5″	87
剖36	人为土	水稻土	潜育水稻土	红壤性淹育水稻土	浅黄砂泥田	A	0—25	黄橙色	重壤土	块状	6.4	28.3	1.16	0.23	19.4	108		18.4		E 101°22′18.5″ N 25°16′02.1″	85
						P	25—37	棕紫色	重壤土	小块状	7.1	23.0	2.04	0.19	18.4	134		20.5			
剖37	人为土	水稻土	潴育水稻土	紫色冲湖积物潴育水稻土	紫鸡粪土田	A	0—25	棕紫色	中壤土	核状	7.0	23.7	1.02	0.07	2.2	110		2.5		E 101°29′34.1″ N 25°15′33.2″	88
剖38	铁铝土	红壤	红壤	老冲积红壤	红木香土	A	0—25	深红色	重壤土	小棱块状	5.6	15.3	0.71	0.09	2.2	87		2.9	老冲积物	E 101°26′51.4″ N 25°14′47.1″	75
						B	25—37	深红色	重壤土	小团块状	5.7	9.8	0.49			43					
剖39	人为土	水稻土	潜育水稻土	冲积性淹育水稻土	黑紫胶泥田	A	0—25	紫色	轻壤土	块状	7.2	43.8	2.49	0.17	21.7	124		29.2	冲积物	E 101°29′19.1″ N 25°14′34.7″	99
剖40	人为土	水稻土	淹育水稻土	冲积性淹育水稻土	砂泥田	A	0—25	黄紫色	轻壤土	团块状	7.0	13.4	0.54	0.18	11.7	67		10.6	冲积物	E 101°26′07.1″ N 25°14′26.9″	86
						P	25—35	黄紫色	轻壤土	团块状	7.0	11.7	0.50	0.16	10.7	58		9.6			

续表 Continued

剖面号 Soil profile	土纲 Soil order	土类 Soil great group	亚类 Soil subgroup	土属 Soil genus	土种 Soil species	土层码 Layer code	土层厚度 Depth/cm	颜色 Soil color	质地 Soil texture	土壤结构 Soil structure	pH	有机质 OM/(g/kg)	全氮 TN/(g/kg)	全磷 TP/(g/kg)	全钾 TK/(g/kg)	碱解氮 AN/(mg/kg)	有效磷 AP/(mg/kg)	阳离子交换量CEC/(cmol/kg)	土壤母质 Parent material	剖面点坐标 Profile coordinate	匹配指数 Matching index/%
剖41	初育土	新积土	冲积土	河滩冲积土	油砂土	A	0—27	暗紫色	轻壤土	粒状	6.9	16.3	1.40	0.43	12.9	89		16.8	冲积物	E 101°31′06.6″ N 25°19′21.0″	87
						B	27—60	紫色	轻壤土	小团块状	6.8	9.2	1.00	0.42	13.4	58		16.4			
剖42	人为土	水稻土	淹育水稻土	红壤性淹育水稻土	浅黄胶泥田	A	0—16	红色	重壤土	块状	5.8	21.6	1.25			92				E 101°33′00.6″ N 25°17′38.0″	84
剖43	人为土	水稻土	潜育水稻土	冲积性潜育水稻土	黑泥田	A	0—20	黄紫色	中壤土	块状	6.5	20.3	1.09			124			冲积物	E 101°32′08.7″ N 25°17′15.1″	98
剖44	铁铝土	红壤	黄红壤	老冲积黄红壤	黄红土	A	0—18	灰黄色	轻壤土	核状	6.7	22.2	0.67			99			老冲积物	E 101°40′06.4″ N 25°17′09.9″	88
剖45	人为土	水稻土	淹育水稻土	红壤性淹育水稻土	浅黄泥田	A	0—28	灰黄色	中壤土	块状	6.4	22.5	1.47			125				E 101°37′50.0″ N 25°16′13.4″	90
剖46	人为土	水稻土	潜育水稻土	坡残积潜育水稻土	青泥田	A	0—18	青紫色	中壤土	团块状	5.6	32.1	1.50			120			坡积物、残积物	E 101°38′09.4″ N 25°15′49.3″	100
剖47	初育土	紫色土	酸性紫色土	红紫泥	红紫砂土	A	0—18	灰紫色	砂土	粒状	6.7	17.8	0.64			93				E 101°41′11.8″ N 25°15′07.4″	79
剖48	铁铝土	红壤	黄红壤	老冲积黄红壤		A	0—32	黄红色	轻黏土	核状	5.5	2.5	0.29	0.11	11.8	29		26.9		E 101°39′01.4″ N 25°15′09.4″	72
						B	32—60	黄红色	重黏土	块状	5.2	3.1	0.61	0.10	11.9	26		29.3			
剖49	人为土	水稻土	淹育水稻土	紫色土性淹育水稻土	浅紫胶泥田	A	0—22	灰紫色	重壤土	大块状	6.7	46.9	1.92			173				E 101°36′59.1″ N 25°11′10.5″	93

南 华 县

主要土类说明

紫色土是南华县主要土壤类型，占本县地域面积的54%。植被为常绿阔叶林或灌丛草地。成土母质为中生代的紫色砂页岩和杂色页岩。成土过程以母岩的快速物理崩解、频繁侵蚀堆积以及碳酸钙的不断淋失作用为主，生物积累作用相对较弱。土壤具A-C剖面构型，剖面层次发育不明显，土层浅薄，pH为4.5—7.5，富含矿质养分，蓄水性差。本县紫色土分为酸性紫色土、中性紫色土等亚类。酸性紫色土黏土矿物一般以蛭石和水云母为主，土壤偏酸，有机质和全氮含量高于其他亚类，全磷和全钾含量较低。中性紫色土黏土矿物以蛭石和水云母或蒙脱石和水云母为主，母岩中碳酸钙较少或在成土过程中已明显淋溶，土壤酸碱度适中，宜种性广。

黄棕壤是南华县第二大土壤类型，占本县地域面积的20%，除雨露和龙川外，其余各地均有分布。成土母质多为砂页岩及花岗岩风化物。成土过程受淋溶、黏化及弱富铝化作用的影响。土层弱度富铝化，生物积累过程和盐基淋溶酸化过程明显增强，黏聚现象明显，呈黄棕色。该土壤具A-B-C或A-（B）-C剖面构型，黏粒硅铝率在2.5左右，铁的游离度较红壤低，B层交换性酸大于A层。

红壤是南华县第三大土壤类型，占本县地域面积的18%，主要分布在礼社河以南的五顶山、马街和兔街。成土母质主要为第四纪红色黏土和石灰岩风化残积物。成土过程以脱硅富铝化和生物富集为主。红壤土体深厚，剖面层次发育完整。本县红壤分为红壤、黄红壤、红壤性土等亚类。红壤亚类呈中度脱硅富铝化特征，具A-Bs-Bv或A-Bs-C剖面构型。淀积层可见深厚的红、黄、白相间的网纹状红色黏土。黄红壤是红壤向黄壤过渡的土壤类型，所处区域水分条件较优，土体上部有黄化现象，以黄橙色或橙色为主，下部仍以高岭石为主，伴有蛭石和三水铝石。红壤性土属于剖面发育差的幼年红壤，分布在红壤区的山地陡峭地段，土壤侵蚀严重，心土和底土裸露地表，石砾多，质地偏砂，有机质和速效养分缺乏，肥力低下。

水稻土占本县地域面积的7%，主要分布在坝区。成土母质为地带性红壤和紫色土。成土过程为淋溶作用和水耕熟化过程。水稻土在长期的季节性淹灌、水下翻耕、季节性脱水、氧化还原交替影响下，原来的成土母质或母土的特性发生重大改变，形成了不同的土体构型。本县水稻土分为淹育型、潴育型、潜育型、侧渗型等亚类。

小于本县地域面积3%的土壤类型有棕壤和新积土。

本区域中心区气候特征

本区域中心区气候特征值
Regional climate characteristics in central area of the region

气候带：南亚热带湿润气候 Climate region: South subtropical humid climate	
年平均气温 /℃ Annual average temperature /℃	15.8
年平均最高气温 /℃ Annual average maximum temperature /℃	22.2
年平均最低气温 /℃ Annual average minimum temperature /℃	10.7
年降水量 /mm Annual precipitation /mm	928
≥10℃的积温 /℃ Daily temperature accumulated in a year（≥10℃）/℃	5774
年日照时数 /h Annual sunshine /h	2206
年平均相对湿度 /% Annual average relative humidity /%	70
干燥度 Dryness	1.03

本区域中心区月平均气温与月平均降水量
Monthly temperature and precipitation in central area of the region

南华县主要土壤类型与土壤剖面点分布图
1∶290 000

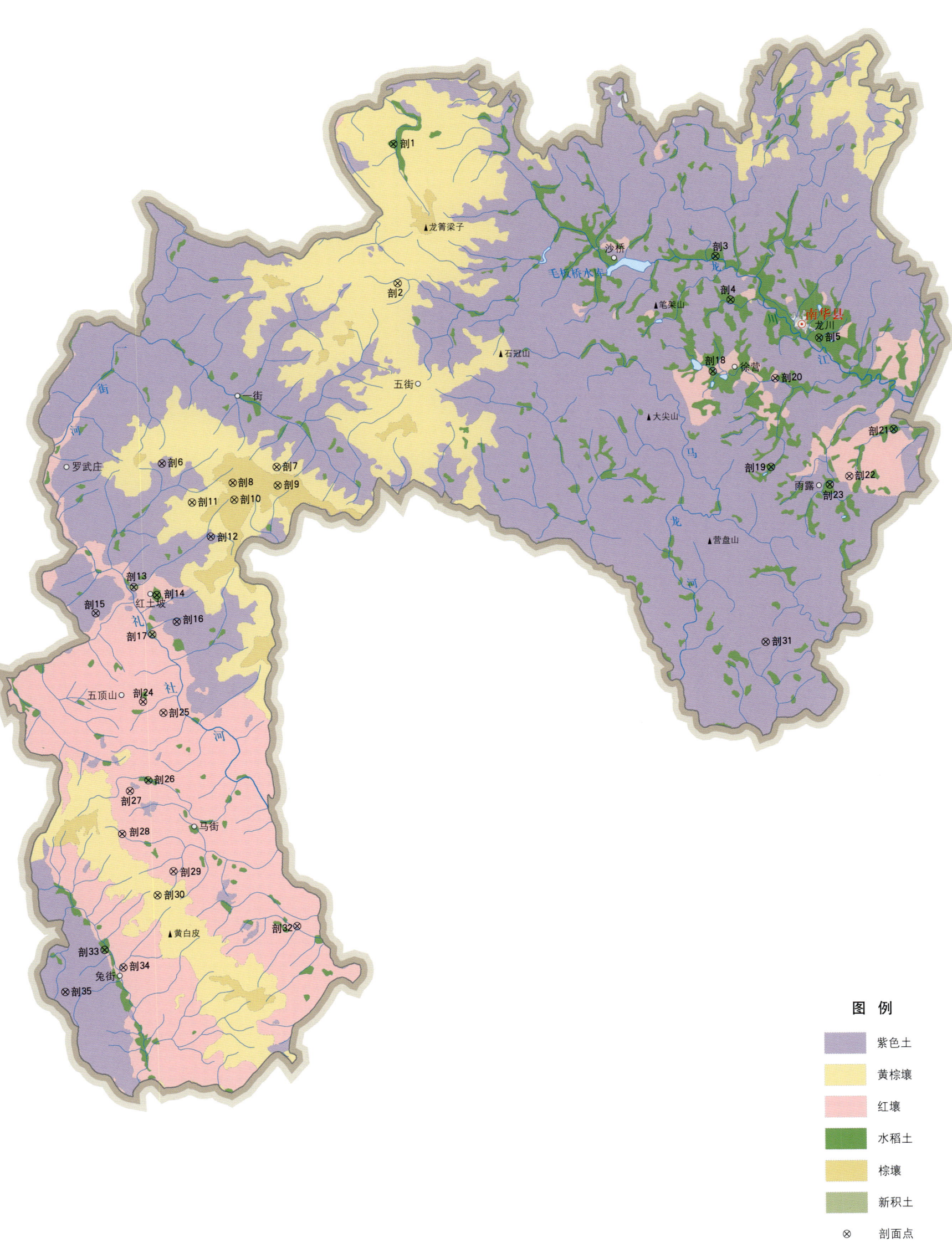

南华县土壤剖面理化性状表

剖面号 Soil profile	土纲 Soil order	土类 Soil great group	亚类 Soil subgroup	土属 Soil genus	土种 Soil species	土层码 Layer code	土层厚度 Depth/cm	颜色 Soil color	质地 Soil texture	土壤结构 Soil structure	pH	有机质 OM/(g/kg)	全氮 TN/(g/kg)	全磷 TP/(g/kg)	全钾 TK/(g/kg)	碱解氮 AN/(mg/kg)	有效磷 AP/(mg/kg)	阳离子交换量CEC/(cmol/kg)	土壤母质 Parent material	剖面点坐标 Profile coordinate	匹配指数 Matching index/%
剖1	人为土	水稻土	淹育水稻土	冲积性淹育水稻土	河砂田	A	0~20	灰紫色	中黏土	块状	6.0	27.9	0.95	0.18	7.8	99		6.2	冲积物	E 100°59′39.5″ N 25°18′41.8″	74
						P	20~28	紫色	中壤土	块状	6.9	19.3	0.72	0.14	8.2	76		9.0			
						3	28—														
剖2	淋溶土	黄棕壤		紫色砂页岩黄棕壤	紫色砂页岩黄棕壤	1	0~18	紫棕色	重黏土	块状	5.1	50.3	1.70	0.16	12.9	103		6.4	紫色砂页岩	E 100°59′42.4″ N 25°13′31.4″	86
						2	18~58	浅棕色	轻黏土	块状	5.1	17.1	0.99	0.15	12.8	54		5.3			
						3	58~100	紫棕色	重黏土	块状	5.1	9.1	0.58	0.12	13.8	32		5.1			
剖3	人为土	水稻土	潴育水稻土	坡残积潴育水稻土	青紫泥田	A	0~18	紫色	重黏土	块状	8.3	61.4	0.34	0.23	16.3	214		24.8		E 101°12′49.7″ N 25°14′17.2″	76
						P	18~31	灰紫色	中黏土	块状	6.9	20.5	1.42	0.17	16.3	90		12.7			
						G₁	31~52	棕灰色	中黏土	棱块状											
						G₂	52~100	暗棕灰色	中黏土	棱块状											
剖4	人为土	水稻土	淹育水稻土	浅紫泥田	南华紫泥田	Aa	0~16	油橙色	粉砂质黏土	棱块状	6.6	25.2	1.48	0.57	15.7	87	10.0	12.9		E 101°13′24.6″ N 25°12′38.9″	99
						Ap	16~25	油橙色	壤质黏土	棱块状	7.1	17.0	1.05	0.50	18.3	57	3.0	15.2			
						C	25~80	油江棕色	壤质黏土	棱块状	6.7	14.1	0.99	0.26	17.2	67	2.0	13.2			
剖5	人为土	水稻土	潴育水稻土	冲积性潴育水稻土	黄紫泥田	A	0~18	浅黄棕色	中黏土	块状	6.1	51.5	3.05	0.40	16.1	168		13.9	冲积物	E 101°17′00.9″ N 25°11′09.2″	87
						P	18~39	黄黄棕色	重黏土	棱块状	7.6	31.8	1.99	0.34	16.0	112		16.2			
						W	39~61	紫紫色	重黏土	棱柱状											
						G	61~100														
剖6	初育土	紫色土	酸性紫色土		黄紫砂土	1	0~22	棕灰色	砂壤土	块状	6.2	47.5	1.63			172				E 100°49′49.4″ N 25°06′59.0″	72
						2	22~34	棕灰色	砂黏土	小块状											
						C	34~100	暗黄色													
剖7	淋溶土	黄棕壤		变质岩类黄棕壤	黄灰砂土	1	0~21	灰黄色	重壤土	块状	5.4	22.2	1.61	0.17	11.7	9		5.8	变质岩	E 100°54′32.8″ N 25°06′46.1″	92
						2	21~33	黄黄色	中壤土	粒状	5.4	20.0	1.15	0.14	14.4	5		5.7			
						C	33~100														
剖8	淋溶土	棕壤		紫色砂页岩棕壤	紫色砂页岩棕壤	1	0~9	暗棕色	轻壤土	块状	5.0	177.9	8.41	0.66	11.5	468		8.7		E 100°52′43.3″ N 25°06′13.0″	93
						2	9~27	暗棕色	重壤土	块状	4.9	149.0	7.22	0.59	10.3			5.2			
						3	27~43	暗棕色	中壤土	粒状	5.1	78.7	3.94	0.52	13.4						
						4	43~90	棕紫色	砂壤土	块状	5.2	33.7	2.19	0.49	15.3						
						C	90—														
剖9	淋溶土	棕壤		变质岩类棕壤	变质岩类棕壤	1	0~15	暗棕色	中壤土	粒状	5.8	135.4	5.42	0.44	12.6	384		5.9	变质岩	E 100°54′34.2″ N 25°06′05.0″	75
						2	15~33	黑黑棕色	中壤土	块状	5.6	129.4	5.55	0.42	13.6	438		6.9			
						3	33~70	浅棕黄色	轻壤土	块状	5.9	101.8	5.73	0.37	11.6	207		6.0			
						4	70~85	浅黄棕色	砂壤土	粒状	5.9	59.6	1.71	0.38	15.8	153		5.3			
						5	85~100	暗黄色	重壤土	块状	6.1	26.7	1.63	0.40	18.6	116		6.5			
剖10	淋溶土	棕壤		紫色砂页岩棕壤	紫灰塘土	1	0~19	浅黄棕色	重黏土	块状	5.2	75.0	5.49	0.55	14.6	330		7.6	紫色砂页岩	E 100°52′46.2″ N 25°05′34.8″	87
						2	19~45	灰灰棕色	轻黏土	块状	5.0	66.4	4.92	0.47	14.2	248		7.1			
						C	45~100	灰黄色													
剖11	淋溶土	黄棕壤		紫色砂页岩黄棕壤	紫灰砂土	1	0~16	紫棕色	中壤土	粒状	5.7	19.7	1.00	0.12	4.6	83		6.5		E 100°51′01.8″ N 25°05′30.5″	84
						2	16~25	紫灰色	中壤土	核状	5.5	19.3	1.28	0.12	4.2			6.6			
						3	25~56	浅棕色	重壤土	核状	5.3	7.4	0.90	0.09	7.0			4.9			
						4	56~88	浅黄棕色	轻壤土	粒状	5.1	3.2	0.49	0.09	4.7			3.4			
						C	88—														

续表 Continued

剖面号 Soil profile	土纲 Soil order	土类 Soil great group	亚类 Soil subgroup	土属 Soil genus	土种 Soil species	土层码 Layer code	土层厚度 Depth/cm	颜色 Soil color	质地 Soil texture	土壤结构 Soil structure	pH	有机质 OM/(g/kg)	全氮 TN/(g/kg)	全磷 TP/(g/kg)	全钾 TK/(g/kg)	碱解氮 AN/(mg/kg)	有效磷 AP/(mg/kg)	阳离子交换量CEC/(cmol/kg)	土壤母质 Parent material	剖面点坐标 Profile coordinate	匹配指数 Matching index/%
剖12	初育土	紫色土	酸性紫色土	黄紫泥	黄紫泥	1	0—22	紫灰色	中壤土	粒状	6.6	19.1	1.44	0.19	13.4	163		7.2		E 100°51′46.4″ N 25°04′13.8″	81
						2	22—40	紫灰黄色	中壤土	块状	6.9	6.9	0.34	0.11	8.9	57		7.8			
						3	40—50	黄色	重壤土	块状	6.8	5.3	0.53	0.09	7.8	38		5.2			
						C	50—	灰黄色														
剖13	初育土	新积土	冲积土	河滩冲积土	菜园土	A	0—32	红棕色	轻壤土	粒状	6.9	11.9	0.70	0.18	11.5	75		10.3		E 100°48′33.5″ N 25°02′23.6″	77
						B	32—51	红棕色	轻壤土	块状	7.0	9.0	0.60	0.15	10.7			15.2			
						3	51—100	紫棕色	重壤土	块状	6.8	5.2	0.42	0.10	9.3			22.0			
剖14	人为土	水稻土	潴育水稻土	红壤性潴育水稻土	黄泥田	A	0—22	灰黄棕色	重壤土	块状	5.6	36.8	2.30	0.29	14.8	177		8.2	红壤性母质	E 100°49′30.0″ N 25°02′05.3″	93
						P	22—34	浅黄棕色	轻黏土	块状	7.3	17.7	1.14	0.23	14.0	102		8.9			
						W	34—70	浅黄棕色		棱柱状											
						G	70—100														
剖15	初育土	紫色土	中性紫色土	紫泥土	紫泥土	A	0—6	紫棕色	中壤土	块状	7.2	35.9	1.80	0.26	29.5	124		37.4		E 100°46′58.1″ N 25°01′27.1″	75
						2	6—28	暗红棕色		块状	7.4	28.5	1.42	0.27	24.8	280		49.1			
						3	28—	紫棕													
剖16	初育土	紫色土	酸性紫色土	黄紫泥	黄紫鸡粪土	A	0—20	灰黄棕色	壤质黏土	块状	6.3	40.8	1.70	0.23	6.6	187	2.8	13.3		E 100°50′17.9″ N 25°01′04.8″	99
						B	20—45	浅紫棕色	壤质黏土	块状	6.2	28.3	1.47	0.21	0.7	119	1.0	11.0			
						C	45—85	灰黄棕色	黏土	块状	6.2										
剖17	初育土	新积土	冲积土	河滩冲积土	河砂土	A	0—17	黄黄棕色	轻黏土	块状	7.9	23.5	1.21	0.31	20.8	80		20.2		E 100°49′16.7″ N 25°00′37.4″	92
						2	17—24	紫红棕色	砂壤土	核状	8.5	7.5	0.45	0.19	12.2	22		19.0			
						3	24—90	灰色													
剖18	人为土	水稻土	淹育水稻土	紫色土性淹育水稻土	浅紫砂泥田	A	0—18	紫棕色	轻壤土	粒状	5.7	11.4	0.73	0.14	9.2	60		6.9		E 101°12′36.3″ N 25°09′59.3″	92
						P	18—35	紫红棕色	中壤土	块状	6.8	10.3	0.60	0.13	10.2	49		7.9			
						C	35—100	暗棕红色													
剖19	人为土	水稻土	淹育水稻土	紫色土性淹育水稻土	浅紫泥田	A	0—15	紫棕色	轻黏土	块状	6.8	51.7	2.86	0.21	13.9	96		13.3		E 101°14′54.5″ N 25°06′22.8″	86
						P	15—38	紫棕色	重壤土	块状	7.6	15.1	1.14	0.17	13.5	68		14.5			
						C	38—100	暗棕灰色		整块状											
剖20	铁铝土	红壤	黄红壤	老冲积红壤	老冲积红壤	1	0—19	红棕色	重壤土	粒状	5.9	13.5	0.82	0.24	6.7	74		8.4		E 101°15′10.1″ N 25°09′40.7″	93
						2	19—40	红棕色	重壤土	块状	5.3	8.3	0.58	0.14	7.9	57		8.4			
						3	40—73	浅红棕色	重壤土	块状											
						C	73—100	浅红黄色													
剖21	人为土	水稻土	潴育水稻土	灰紫泥田	紫胶泥田	A	0—18	紫色	壤质黏土	块状	7.3	61.4	3.31	0.23	19.7	214	5.1	24.8		E 101°19′59.5″ N 25°07′41.2″	97
						P	18—31	灰紫色	黏土	块状	6.9	20.5	1.44	0.40	19.7	90	1.7	12.7			
						G_1	31—52	棕灰色	黏土	块状											
						G_2	52—100	暗棕灰色	中壤土	整块状											
剖22	铁铝土	红壤	黄红壤	老冲积红壤	老冲积红壤	1	0—8	棕色	重壤土	粒状	5.4	42.3	2.25	0.35	12.2	194		10.2	老冲积物	E 101°18′06.8″ N 25°05′58.6″	85
						2	8—45	红色	重壤土	块状	4.9	18.7	1.22	0.28	11.9			7.0			
						3	45—75	浅黄红色	重壤土	块状	4.9	24.6	1.30	0.30	12.9			6.3			
						4	75—100	浅黄红色	中壤土	块状	4.8	20.7	1.28	0.34	13.5	125		6.7			
剖23	人为土	水稻土	潴育水稻土	冲积性潴育水稻土	紫泥田	A	0—16	紫色	中壤土	粒状	5.8	24.6	1.48	0.19	13.9			9.0		E 101°17′18.6″ N 25°05′40.9″	95
						P	16—31	紫色	中壤土	块状	7.0	13.9	1.08	0.14	14.9	76		10.7			
						W_1	31—46	棕色	轻黏土	块状											
						W_2	46—100	灰棕色	砂壤土	粒状											
剖24	铁铝土	红壤			红砂泥土	1	0—17	灰黄棕色	重黏土	块状	6.9	41.0	2.37	0.43	14.4	134		15.7	老冲积物	E 100°48′50.4″ N 24°58′07.7″	94
						2	17—51	浅红黄色	轻黏土	块状	6.9	6.0	1.03	0.21	14.7			12.7			
						3	51—71	浅红黄色	重壤土	块状	6.1	3.2	0.81	0.21	16.9			10.6			
						4	71—100	红色	轻黏土	块状	6.6	2.4	0.96	0.21	16.8			9.0			

续表 Continued

剖面号 Soil profile	土纲 Soil order	土类 Soil great group	亚类 Soil subgroup	土属 Soil genus	土种 Soil species	土层码 Layer code	土层厚度 Depth/cm	颜色 Soil color	质地 Soil texture	土壤结构 Soil structure	pH	有机质 OM/(g/kg)	全氮 TN/(g/kg)	全磷 TP/(g/kg)	全钾 TK/(g/kg)	碱解氮 AN/(mg/kg)	有效磷 AP/(mg/kg)	阳离子交换量 CEC/(cmol/kg)	土壤母质 Parent material	剖面点坐标 Profile coordinate	匹配指数 Matching index/%
剖25	铁铝土	红壤	黄红壤	泥质岩类黄红壤	泥质岩类黄红壤	1	0—5	浅红黄色	轻壤土	粒状	5.1	46.0	2.10	0.29	18.1	125		6.9		E 100°49′39.7″ N 24°57′42.1″	81
						2	5—25	浅红黄色	中壤土	块状	5.2	23.7	1.61	0.29	19.6	81		7.0			
						3	25—90	红黄色	中壤土	块状	5.2	5.8	0.74	0.29	21.2	29		5.3			
剖26	人为土	水稻土	淹育水稻土	红壤性淹育水稻土	红壤性淹育水稻田	A	0—18	黄灰色	中壤土	块状	6.5	35.3	2.35	0.29	15.6	188		11.7	红壤性母质	E 100°48′59.0″ N 24°55′10.9″	78
						P	18—30	灰黄色	重壤土	块状											
						C	30—78	灰黄色	砂壤土												
							90—														
剖27	铁铝土	红壤	黄红壤	变质岩类黄红壤	青砂泥土	A	0—19	浅黄色	轻壤土	粒状	6.5	22.5	1.50	0.28	18.7	118		12.0	变质岩	E 100°48′13.0″ N 24°54′47.5″	83
						B	19—31	暗灰色	砂壤土	块状	6.1	14.0	1.00	0.21	17.2	106		11.0			
						C	31—	暗灰色		小块状											
剖28	铁铝土	红壤	黄红壤	泥质岩类黄红壤	黄砂泥土	A	0—15	暗灰棕色	砂壤土	粒状	6.7	27.8	1.51	0.33	23.6	180		12.4	泥质岩类	E 100°47′51.4″ N 24°53′11.8″	100
						B	15—32	浅灰棕色	松砂土	粒状	6.8	14.9	0.98	0.33	24.1	114		5.5			
						C	32—	暗白色	轻壤土	粒状	7.0	12.4	0.44	0.12	29.2	46		10.4			
剖29	铁铝土	红壤	黄红壤	变质岩类黄红壤	变质岩类黄红壤	1	0—13	暗棕色	轻壤土	块状	5.7	270.4	8.25	0.55	4.0	146		19.4	变质岩	E 100°49′55.9″ N 24°51′46.1″	83
						2	13—29	棕色	中壤土	粒状	5.7	119.1	4.87	0.54	2.9	145		8.5			
						3	29—69	浅灰棕色	中壤土	粒状	5.9	69.2	2.73	0.45	2.6	219		12.1			
						4	69—100	黄灰色	中壤土	块状	5.9	24.8	1.27	0.47	2.2	144		12.9			
剖30	淋溶土	黄棕壤	黄棕壤	变质岩类黄棕壤	变质岩类黄棕壤	1	0—10	灰棕色	轻壤土	粒状	6.4	39.9	1.82	0.13	13.9	131		9.1	变质岩	E 100°49′15.2″ N 24°50′53.1″	92
						2	10—25	红棕色	轻壤土	粒状	6.2	11.6	0.67	0.12	16.8	49		4.3			
						3	25—44	红紫色	中壤土	块状	5.7	7.1	0.41	0.12	8.9	61		2.8			
						4	44—100	红紫色	中壤土	块状	5.5	5.3	0.50	0.10	10.3	32		2.3			
剖31	初育土	紫色土	酸性紫色土	红紫泥	红紫泥	A	0—12	灰棕色	中壤土	核状	7.8	24.3	1.54	0.59	17.0	112		24.4		E 100°54′58.0″ N 24°49′38.6″	85
						B	12—20	浅红黄色	中壤土	粒状	7.5	4.0	0.68	0.46	17.5			16.5			
						3	20—100	浅红黄色	重壤土	块状	7.0	3.2	0.81	0.28	16.2			14.4			
剖32	铁铝土	红壤	褐红壤	石灰岩褐红壤	褐红土	A	0—15	紫色	中壤土	粒状	7.3	20.9	1.56	0.26	14.5	101		47.3	石灰岩	E 100°47′01.7″ N 24°48′54.7″	82
						P	15—26	紫色	重壤土	块状	7.2	10.0	1.35	0.22	15.6	52		2.3			
						C	26—	紫色													
剖33	人为土	水稻土	潴育水稻土	冲积性潴育水稻土	油砂土田	A	0—17	灰黄色	重壤土	块状	7.0	42.2	2.90	0.65	15.0	199		21.5		E 100°47′46.8″ N 24°48′15.0″	88
						B	17—31	灰灰色	重壤土	块状	7.1	16.6	1.20	0.49	16.8	87		17.5			
						3	31—49	黄色	中壤土	块状											
						C	49—	红棕色													
剖34	铁铝土	红壤	黄红壤	泥质岩类黄红壤	黄泥土	A	0—15	灰棕色	中壤土	块状	6.5	18.5	1.05	0.41	19.7	88		19.9	泥质岩类	E 100°45′22.3″ N 24°47′23.4″	76
						B	15—23	红棕色	中壤土	块状	6.5	17.3	1.00	0.38	18.6	92		19.1			
剖35	初育土	紫色土	酸性紫色土	红紫泥	红紫泥土	C	23—	红紫色														81

姚 安 县

主要土类说明

紫色土是姚安县主要土壤类型，占本县地域面积的71%，本县各地均有分布。植被为常绿阔叶林或灌丛草地。成土母质为紫色砂页岩、黄色砂页岩坡积物和残积物。成土过程以母岩的快速物理崩解、频繁侵蚀堆积以及碳酸钙的不断淋失作用为主，生物积累作用相对较弱。由于紫色砂页岩易风化，成土时间短，故矿质养分较丰富，一般属中等肥力，但土层浅薄，抗侵蚀力弱，特别是植被遭到破坏后，表土极易受冲刷侵蚀而使母岩裸露，土层中常夹有半风化母岩的碎屑。土壤具A-C剖面构型，剖面层次发育不明显，pH为4.5—8.5，富含矿质养分，蓄水性差。本县紫色土分为酸性紫色土、中性紫色土、石灰性紫色土等亚类。酸性紫色土黏土矿物一般以蛭石和水云母为主，土壤偏酸，有机质和全氮含量高于其他亚类，全磷和全钾含量较低。中性紫色土黏土矿物以蛭石和水云母或蒙脱石和水云母为主，母岩中碳酸钙较少或在成土过程中已明显淋溶，土壤酸碱度适中，宜种性广。石灰性紫色土母岩以钙质紫色混合岩为主，黏土矿物以水云母或蒙脱石为主，有机质含量低，全磷和全钾含量高，pH高于7.5。

黄棕壤是姚安县第二大土壤类型，占本县地域面积的14%，分布在海拔2400—2600m的山区。植被为湿性常绿阔叶林、次生云南松林以及灌丛和禾本科杂草。成土母质为紫色砂页岩、黄色砂页岩坡积物和残积物。成土过程以脱硅富铝化、生物富集和黄化过程为主。土层弱度富铝化，黏聚现象明显，呈黄棕色。该土壤具A-B-C或A-（B）-C剖面构型，黏粒硅铝率在2.5左右，铁的游离度较红壤低，B层交换性酸大于A层。

水稻土是姚安县第三大土壤类型，占本县地域面积的11%，主要分布在平坝区和半山区。成土母质为紫色土。成土过程为淋溶作用和水耕熟化过程。水稻土在长期的季节性淹灌、水下翻耕、季节性脱水、氧化还原交替影响下，原来的成土母质或母土的特性发生重大改变，形成了不同的土体构型。本县水稻土分为淹育型、潴育型、潜育型等亚类。其中，潴育水稻土面积较大，多分布在坝区，水利条件好，水耕熟化程度高，层次分异明显，具A-P-W-G-C或A-P-W-C剖面构型，能灌能排，水旱轮作，属稳产高产稻田。

小于本县地域面积3%的土壤类型有棕壤、红壤和新积土。

本区域中心区气候特征

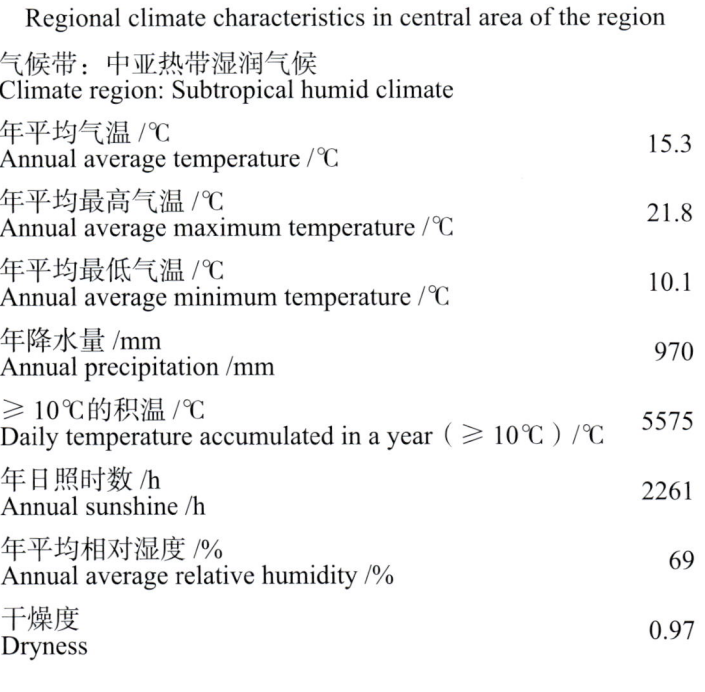

本区域中心区气候特征值
Regional climate characteristics in central area of the region

气候带：中亚热带湿润气候 Climate region: Subtropical humid climate	
年平均气温 /℃ Annual average temperature /℃	15.3
年平均最高气温 /℃ Annual average maximum temperature /℃	21.8
年平均最低气温 /℃ Annual average minimum temperature /℃	10.1
年降水量 /mm Annual precipitation /mm	970
≥10℃的积温 /℃ Daily temperature accumulated in a year (≥10℃) /℃	5575
年日照时数 /h Annual sunshine /h	2261
年平均相对湿度 /% Annual average relative humidity /%	69
干燥度 Dryness	0.97

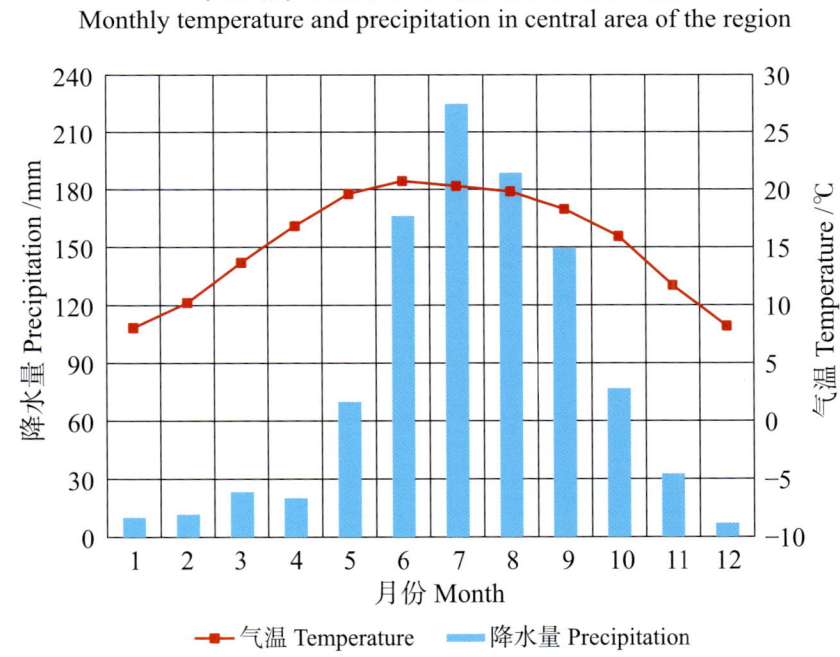

本区域中心区月平均气温与月平均降水量
Monthly temperature and precipitation in central area of the region

姚安县主要土壤类型与土壤剖面点分布图
1:210 000

姚安县土壤剖面理化性状表

剖面号 Soil profile	土纲 Soil order	土类 Soil great group	亚类 Soil subgroup	土属 Soil genus	土种 Soil species	土层码 Layer code	土层厚度 Depth/cm	颜色 Soil color	质地 Soil texture	土壤结构 Soil structure	pH	有机质 OM/(g/kg)	全氮 TN/(g/kg)	全磷 TP/(g/kg)	全钾 TK/(g/kg)	碱解氮 AN/(mg/kg)	阳离子交换量 CEC/(cmol/kg)	土壤母质 Parent material	剖面点坐标 Profile coordinate	匹配指数 Matching index/%
剖1	人为土	水稻土	淹育水稻土	黄色砂页岩淹育水稻土	黄紫泥田	A	0—22	灰黄色	轻黏土	块状	7.6	25.0	1.50	1.24	28.1	198	30.9	黄色砂页岩	E 101°13′16.3″ N 25°37′44.4″	86
						2	22—29	暗黄色	轻黏土	块状										
						3	29—76	紫黄色	轻黏土	柱状										
						4	76—100	灰黄色	轻黏土	粒状										
剖2	人为土	水稻土	潴育水稻土	紫色冲积物潴育水稻土	紫胶泥田	A	0—26	灰黄色	中黏土	核块状	8.1	28.3	2.08	1.06	29.3	115	40.5	紫色冲积物	E 101°13′31.4″ N 25°36′10.7″	85
						2	26—40	暗紫色	中黏土	核块状										
						3	40—54	灰紫色	中黏土	小棱块状										
						4	54—105	黄棕色	中黏土	碎棱块状										
剖3	人为土	水稻土	淹育水稻土	黄色砂页岩淹育水稻土	黄紫胶泥田	A	0—12	褐黄色	中黏土	块状	6.8	23.4	7.96	1.52	27.4	130	22.1	黄色砂页岩	E 101°12′12.9″ N 25°35′59.3″	89
						2	12—27	青黄色	中黏土	块状										
						3	27—100	黑黄色	重黏土	块状										
剖4	初育土	紫色土	酸性紫色土	黄色砂泥岩	黄紫泥土酸性黄羊肝土	A	0—25	黄灰色	重黏土	棱柱状	5.5	9.3	0.97	0.61	18.5	36	9.6	黄色页岩残积物	E 101°10′58.7″ N 25°33′31.2″	73
						2	25—50	灰灰色	中黏土	小棱块状										
						3	50—70	棕灰色	中黏土	核状										
剖5	初育土	紫色土	酸性紫色土	紫砂土	酸性紫毛砂土	A	0—18	灰棕色	中壤土	核状	5.6	32.5	1.15	0.69	12.6	116	10.4	紫色砂页岩残积物	E 101°06′05.4″ N 25°32′47.2″	71
						2	18—90	黄棕色	中壤土	块状										
剖6	人为土	水稻土	潴育水稻土	紫色冲积物潴育水稻土	紫泥田	A	0—20	棕色	重黏土	块状	7.9	26.4	1.91	1.66	32.8	132	17.9	紫色冲积物	E 101°12′52.9″ N 25°33′25.8″	87
						2	20—50	红棕紫色	重黏土	碎块状										
						3	50—105	红棕紫色	重黏土	碎块状										
剖7	人为土	水稻土	潴育水稻土	紫色湖积物潴育水稻土	黑胶泥田	A	0—30	黑黄色	重黏土	核块状	7.7	24.6	1.49	0.96	29.1	100	23.9	紫色湖积物	E 101°14′38.9″ N 25°32′10.0″	74
						2	30—58	暗紫色	重黏土	小棱块状										
						3	58—93	暗棕色	重黏土	小棱块状										
剖8	人为土	水稻土	潴育水稻土	紫色冲积物潴育水稻土	冷浸田	A	0—20	暗紫色	轻黏土	小棱块状	5.6	47.4	2.84	1.08	20.6	233	19.1	紫色冲积物	E 101°13′26.4″ N 25°32′16.2″	74
						2	20—48	灰紫色	轻黏土	块状										
剖9	人为土	水稻土	潴育水稻土	紫色湖积物潴育水稻土	暗紫泥田	A	0—30	暗黄色	轻黏土	块状	7.5	17.5	1.05	0.81	19.2	96	14.4	紫色冲湖积物	E 101°13′59.2″ N 25°31′53.5″	86
						2	30—41	灰黄色	轻黏土	块状										
						3	41—72	暗紫色	轻黏土	块状										
						4	72—92	灰紫色	轻黏土	粒状										
剖10	人为土	水稻土	潴育水稻土	紫色冲积物潴育水稻土	紫鸡粪土田	A	0—23	棕紫色	重黏土	粒状	6.7	36.0	2.11	1.06	25.9	218	19.1	紫色冲积物	E 101°30′06.5″ N 25°34′15.8″	88
						2	23—32	暗紫色	轻黏土	小棱块状										
						3	32—58	紫色	轻黏土	核块状										
						4	58—97	浅紫色	轻黏土	块状										
剖11	初育土	紫色土	酸性紫色土	红紫泥土	红紫泥土酸性红羊肝土	A	0—14	红紫色	轻壤土	粒状	5.0	33.3	1.92	0.71	22.4	154	11.3	紫色冲积物	E 101°13′59.9″ N 25°34′20.2″	87
						2	14—25	红紫色	轻壤土	粒状										
						3	25—100	红紫色	轻壤土	核状										
剖12	人为土	水稻土	潴育水稻土	紫色冲积物潴育水稻土	紫油砂土田	A	0—20	棕紫色	轻壤土	核状	5.5	27.0	1.19	0.97	22.4	105	11.0	紫色冲积物	E 101°19′50.9″ N 25°34′20.2″	75
						2	20—31	灰棕色	轻壤土	核块状										
						3	31—96	暗棕色	中黏土	大棱块状										
剖13	人为土	水稻土	潴育水稻土	紫色湖积物潴育水稻土	黑泥田	A	0—27	黑灰色	中黏土	核块状	7.9	18.4	1.03	0.95	30.4	80	22.0	紫色湖积物	E 101°16′46.5″ N 25°32′12.5″	79
						2	27—39	暗棕色	中黏土	核块状										
						3	39—100	灰棕色	中黏土	小棱块状										

续表 Continued

剖面号 Soil profile	土纲 Soil order	土类 Soil great group	亚类 Soil subgroup	土属 Soil genus	土种 Soil species	土层码 Layer code	土层厚度 Depth/cm	颜色 Soil color	质地 Soil texture	土壤结构 Soil structure	pH	有机质 OM/(g/kg)	全氮 TN/(g/kg)	全磷 TP/(g/kg)	全钾 TK/(g/kg)	碱解氮 AN/(mg/kg)	阳离子交换量CEC/(cmol/kg)	土壤母质 Parent material	剖面点坐标 Profile coordinate	匹配指数 Matching index/%
剖14	人为土	水稻土	潴育水稻土	紫色冲湖积性潴育水稻土	暗紫胶泥田	A	0–35	暗紫色	中黏土	棱柱状	7.9	23.7	1.42	0.85	24.5	183	33.6	紫色冲湖积物	E 101°16′03.9″ N 25°31′14.6″	76
						2	35–43	暗灰色	中黏土	小棱块状										
						3	43–69	灰紫色	中黏土	棱块状										
						4	69–100	灰紫色	中黏土	小棱块状										
剖15	人为土	水稻土	淹育水稻土	紫色砂页岩淹育水稻土	羊肝土田	A	0–21	黑褐色	轻黏土	棱柱状	6.2	39.3	2.36	1.92	28.6	437	32.3	紫色砂页岩	E 101°16′35.2″ N 25°30′04.7″	70
						2	21–32	灰褐色	轻黏土	块状										
						3	32–58	紫褐色	轻黏土	棱柱状										
						4	58–101	灰紫色	轻黏土	小棱块状										
剖16	初育土	新积土	冲积土	河阶紫色冲积土	鸡粪土	A	0–23	浅灰色	轻黏土	小棱块状	6.9	95.6	4.07	4.11	31.0	394	40.8	冲积物	E 101°06′09.4″ N 25°24′44.6″	74
						2	23–58	棕色	轻黏土	块状										
						3	58–103	棕灰色	轻黏土	棱块状										
剖17	初育土	紫色土	中性紫色土	暗紫泥土	暗紫泥土中性紫羊肝土	A	0–19	灰紫色	轻黏土	棱块状	7.1	41.3	3.02	1.98	28.1	224	23.0	紫色页岩残积物	E 101°08′59.1″ N 25°24′16.2″	92
						2	19–27	棕紫色	轻黏土	棱块状										
						3	27–61	棕紫色	轻黏土	块状										
						4	61–77	褐紫色	轻黏土	棱块状										
剖18	人为土	水稻土	淹育水稻土	碱性岩第三纪残积物淹育水稻土	灰砂泥田	A	0–18	暗紫色	轻黏土	棱块状	5.0	24.3	1.50	5.87	46.2	151	23.0	碱性岩冲积物	E 101°14′25.4″ N 25°23′01.7″	77
						2	18–30	棕紫色	轻黏土	棱块状										
						3	30–63	灰灰色	轻黏土	粒状										
剖19	人为土	水稻土	淹育水稻土	碱性岩第三纪残积物淹育水稻土	灰黄泥田	A	0–20	灰黄色	轻黏土	棱柱状	4.9	42.3	3.24	2.13	34.9	301	20.3	碱性岩冲积物	E 101°10′42.7″ N 25°21′15.6″	93
						2	20–30	暗黄色	轻黏土	棱块状										
						3	30–79	黑色	轻黏土	棱柱状										
						4	79–85	浅紫色	重黏土	碎屑状										
剖20	铁铝土	红壤	黄红壤	第三纪残积物黄红壤	第三纪残积物黄红壤黄泥土	A	0–18	暗棕色	轻黏土	团块状	7.6	20.8	0.97	1.05	21.2	145	14.4	残积物	E 101°10′53.9″ N 25°20′56.8″	88
						2	18–63	黄棕色	重黏土	块状										
						3	63–101	灰白色	重黏土	块状										
剖21	人为土	水稻土	潴育水稻土	紫色砂页岩性潴育水稻土	紫砂泥田	A	0–31	灰灰色	轻黏土	粒状	8.0	13.0	1.09	1.05	21.2	62	15.2	紫色冲积物	E 101°15′41.6″ N 25°29′18.5″	82
						2	31–46	红紫色	重黏土	棱柱状										
						3	46–71	浅紫色	重黏土	粒状										
						4	71–127	暗紫色	重壤土	碎屑状										
剖22	淋溶土	黄棕壤	棕壤	紫色砂页岩山地黄棕壤	紫色砂页岩山地黄棕壤泡土	A	0–19	黑棕色	轻黏土	棱柱状	6.0	47.6	2.64	1.54	20.6	185	27.7	紫色砂页岩	E 101°20′16.7″ N 25°28′42.2″	87
						2	19–30	深紫色	轻黏土	棱柱状										
						3	30–55	浅紫色	轻黏土	棱柱状										
						4	55—	紫色	轻黏土	碎屑状										
剖23	淋溶土	棕壤	棕壤	紫色砂页岩山地黄棕壤	紫色砂页岩山地黄棕壤	Ao	0–5	棕紫色			4.9	75.8	4.05	1.86	19.4	330	20.1	紫色砂页岩	E 101°19′12.9″ N 25°28′06.4″	81
						2	5–27	黑色	重黏土	粒状										
						3	27–40	黑棕色	重黏土	块状										
						4	40–70	黄棕色	重黏土	棱块状										
						5	70–100	棕色	壤土	棱状										
剖24	人为土	水稻土	淹育水稻土	紫色砂页岩淹育水稻土	羊毛砂红土田	A	0–14	浅灰色	轻黏土	粒状	5.4	50.7	3.04	1.39	19.6	361	20.1	紫色砂页岩	E 101°15′57.6″ N 25°25′17.5″	97
						2	14–20	灰棕色	轻黏土	棱状										
						3	20–31	灰色	轻黏土	块状										
						4	31–79	浅棕色	砂壤土	碎块状										
剖25	铁铝土	红壤	黄红壤	碱性岩黄红壤	碱性岩黄红壤黄红土	A	0–23	暗红色	重黏土	粒状	6.9	35.6	2.05	5.03	20.4	182	17.4	碱性岩	E 101°16′26.7″ N 25°23′21.8″	89
						2	23–32	灰棕色	重黏土	粒状										
						3	32–58	浅棕色	重黏土	小块状										

大 姚 县

主要土类说明

紫色土是大姚县主要土壤类型，占本县地域面积的 60%，分布在海拔 2300m 以下的地区。成土母质为紫色砂页岩。成土过程以母岩的快速物理崩解、频繁侵蚀堆积以及碳酸钙的不断淋失作用为主，生物积累作用相对较弱。由于紫色砂页岩易风化，成土时间短，故矿质养分较丰富，一般属中等肥力，但土层浅薄，抗侵蚀力弱，特别是植被遭到破坏后，表土极易受冲刷侵蚀而使母岩裸露，土层中常夹有半风化母岩的碎屑。土壤具 A-C 剖面构型，剖面层次发育不明显，pH 为 4.5—8.5，富含矿质养分，蓄水性差。本县紫色土分为酸性紫色土、中性紫色土、石灰性紫色土等亚类，以酸性紫色土为多。酸性紫色土黏土矿物一般以蛭石和水云母为主，土壤偏酸，有机质和全氮含量高于其他亚类，全磷和全钾含量较低。

黄棕壤是大姚县第二大土壤类型，占本县地域面积的 19%，分布在海拔 2400—2600m 的山区。植被为湿性常绿阔叶林、次生云南松林以及灌丛和禾本科杂草。成土母质为砂页岩及花岗岩风化物。成土过程以脱硅富铝化、生物富集和黄化过程为主。土层弱度富铝化，黏聚现象明显，呈黄棕色。该土壤具 A-B-C 或 A-（B）-C 剖面构型，黏粒硅铝率在 2.5 左右，铁的游离度较红壤低，B 层交换性酸大于 A 层。

棕壤是大姚县第三大土壤类型，占本县地域面积的 11%，分布在海拔 2300—3000m 的山地垂直带谱中。成土母质以紫色岩类、酸性结晶岩类、基性结晶岩类和碳酸岩类风化物为主。成土过程以淋溶过程、黏化过程和生物富集过程为主。黏土矿物主要为伊利石和高岭石。棕壤一般土体较厚，具 O-A-Bt-C 剖面构型，有明显的黏化层，结构较好，表土呈暗棕色。土体见黏粒淀积，盐基充分淋失，见少量游离铁，自然肥力高。

水稻土占本县地域面积的 6%，分布在平坝及低山丘陵区。成土母质为地带性红壤和紫色土。成土过程为淋溶作用和水耕熟化过程。水稻土在长期的季节性淹灌、水下翻耕、季节性脱水、氧化还原交替影响下，原来的成土母质或母土的特性发生重大改变，形成了不同的土体构型。本县水稻土分为淹育型、潴育型、潜育型、矿毒型等亚类。其中，潴育水稻土面积较大，多分布在坝区，水利条件好，水耕熟化程度高，层次分异明显，具 A-P-W-G-C 或 A-P-W-C 剖面构型，能灌能排，水旱轮作，属稳产高产稻田。

红壤占本县地域面积的 3%，分布在龙街、赵家店、铁锁等地。成土母质为玄武岩、砂页岩和古红土等风化残积物。成土过程以脱硅富铝化和生物富集为主。红壤呈中度脱硅富铝化特征，具 A-Bs-Bv 或 A-Bs-C 剖面构型。土体深厚，剖面层次发育完整，pH 为 4.5—6.5，B 层通常有铁锰结核淀积。

小于本县地域面积 3% 的土壤类型有暗棕壤和草甸盐土。

本区域中心区气候特征

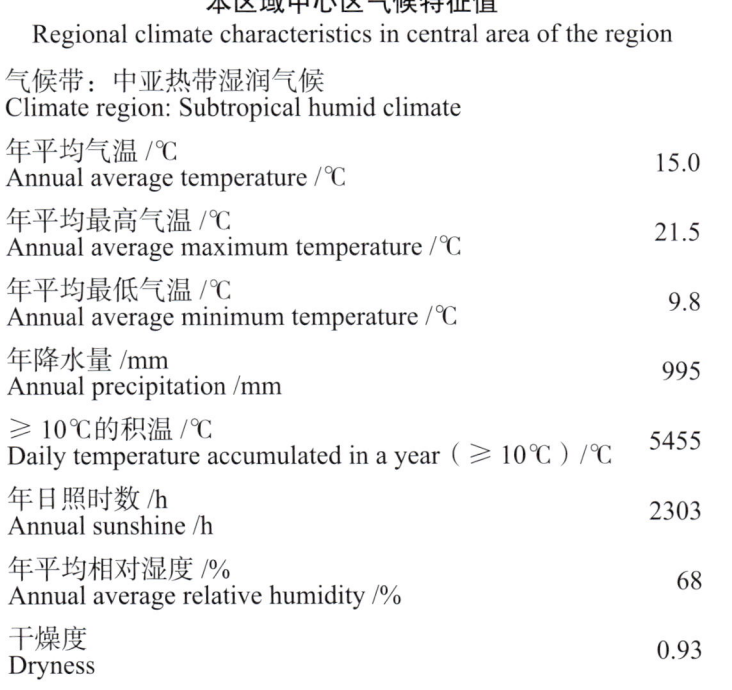

本区域中心区气候特征值
Regional climate characteristics in central area of the region

气候带：中亚热带湿润气候 Climate region: Subtropical humid climate	
年平均气温 /℃ Annual average temperature /℃	15.0
年平均最高气温 /℃ Annual average maximum temperature /℃	21.5
年平均最低气温 /℃ Annual average minimum temperature /℃	9.8
年降水量 /mm Annual precipitation /mm	995
≥ 10℃的积温 /℃ Daily temperature accumulated in a year (≥ 10℃) /℃	5455
年日照时数 /h Annual sunshine /h	2303
年平均相对湿度 /% Annual average relative humidity /%	68
干燥度 Dryness	0.93

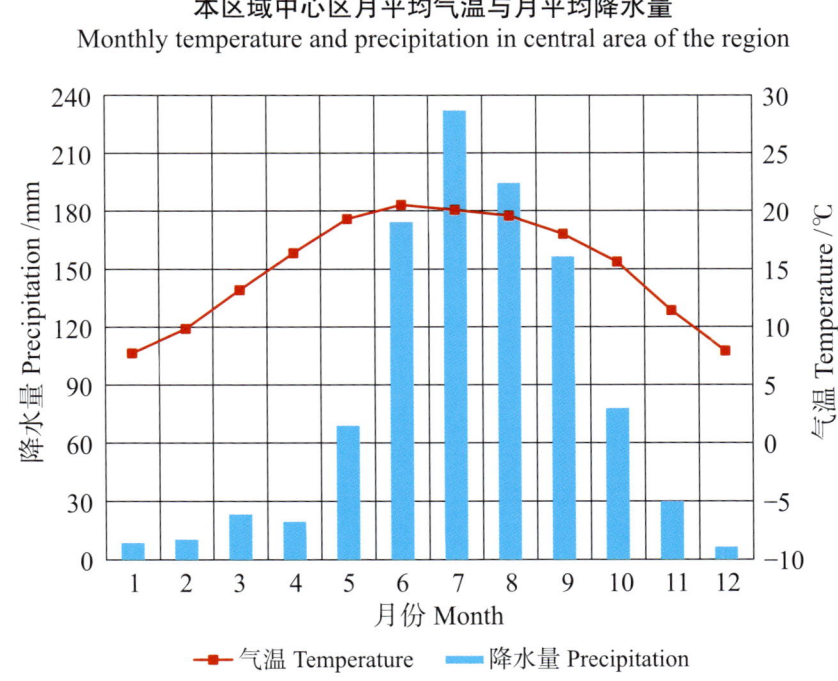

本区域中心区月平均气温与月平均降水量
Monthly temperature and precipitation in central area of the region

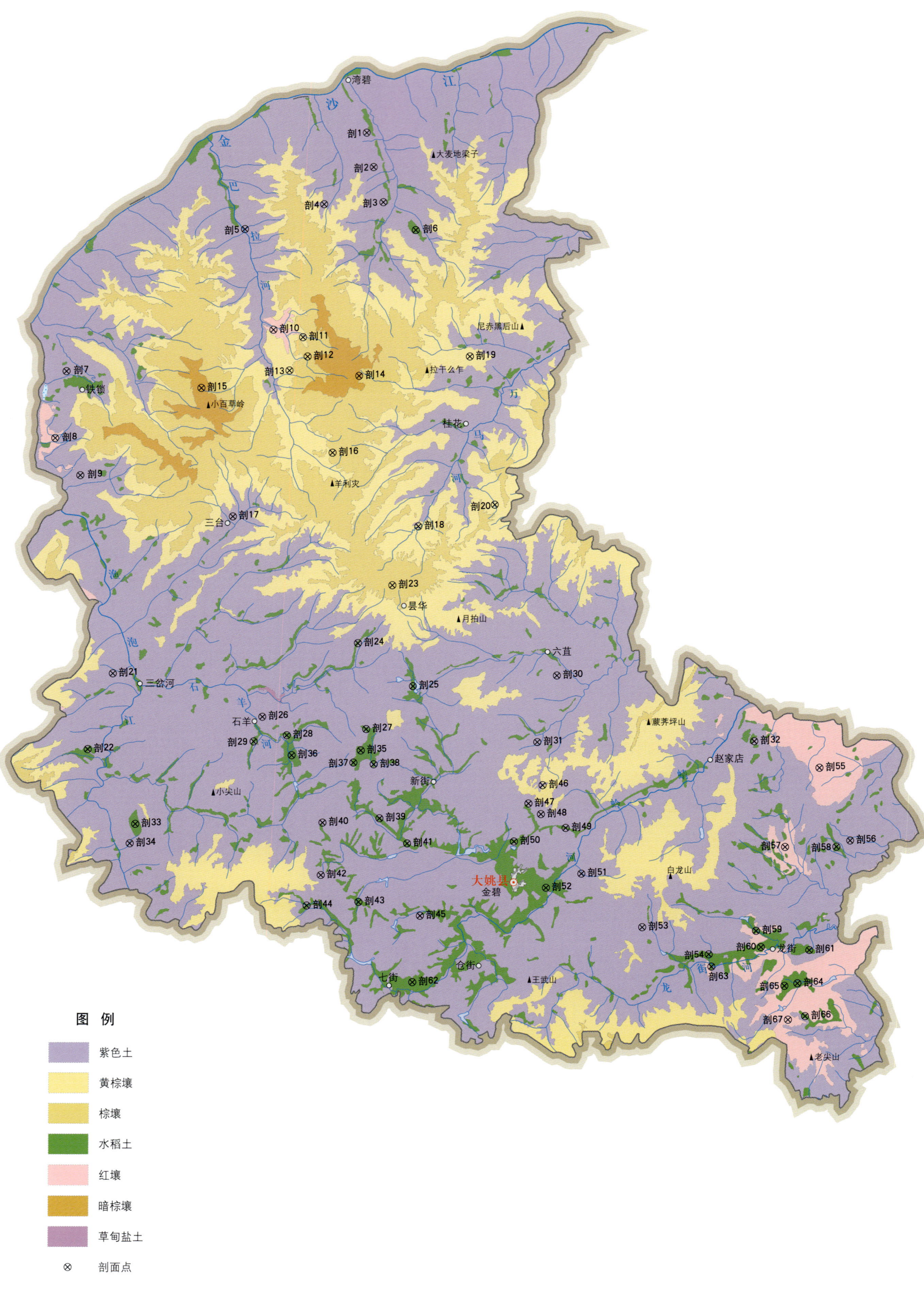

大姚县土壤剖面理化性状表

剖面号 Soil profile	土纲 Soil order	土类 Soil great group	亚类 Soil subgroup	土属 Soil genus	土种 Soil species	土层码 Layer code	土层厚度 Depth/cm	颜色 Soil color	质地 Soil texture	土壤结构 Soil structure	pH	有机质 OM/(g/kg)	全氮 TN/(g/kg)	全磷 TP/(g/kg)	全钾 TK/(g/kg)	碱解氮 AN/(mg/kg)	有效磷 AP/(mg/kg)	阳离子交换量 CEC/(cmol/kg)	土壤母质 Parent material	剖面点坐标 Profile coordinate	匹配指数 Matching index/%
剖1	初育土	紫色土	中性紫色土	紫泥	紫砂土	A	0—16	紫灰色	重壤土	粒状	7.0	24.0	1.70	0.26	17.6	102		34.4		E 101°12′04.7″ N 26°18′47.5″	80
						C₁	16—26	紫色	重壤土	棱状	7.2	22.5	1.39	0.26	16.8	115		32.6			
剖2	初育土	紫色土	酸性紫色土	红紫泥	红紫砂泥土	A	0—12	浅红色	轻壤土	粒状	6.4	10.0	0.64	0.13	6.1	55		5.2		E 101°12′25.6″ N 26°17′11.0″	89
						C₁	12—19	红橙色	轻壤土	棱块状	6.4	6.8	0.57	0.11	5.5	46		4.9			
剖3	初育土	紫色土	酸性紫色土	酸紫泥土	大姚红紫泥	A	0—15	油橙色	砂质黏壤土	块状	6.6	15.7	0.79	0.04	13.0	36	1.0	12.7		E 101°12′54.0″ N 26°15′32.4″	98
						C₁	15—56	亮棕色	黏土	块状	5.8	4.8	0.24	0.03	14.5	17	1.0	13.0			
						C₂	56—120	亮棕色	壤质黏土	块状	5.7	2.1	0.15	0.03	14.1	14	1.0	13.7			
剖4	初育土	紫色土	酸性紫色土	棕紫泥	棕羊肝土	A	0—14	紫色	中壤土	棱粒状	6.6	19.1	1.55	0.17	13.9	93		10.3		E 101°09′49.0″ N 26°15′29.5″	100
						C	14—36	紫色	中壤土	棱状	6.6	8.2	0.83	0.14	17.5	57		8.3			
剖5	初育土	紫色土	中性紫色土	紫泥	紫砂泥土	A	0—14	浅红色	中壤土	核状	7.2	23.2	1.45	0.30	11.1	75		9.8		E 101°05′39.8″ N 26°14′23.6″	93
						P	14—21	紫色	中壤土	小块状	7.2	13.4	0.69	0.22	12.0	43		12.1			
剖6	人为土	水稻土	淹育水稻土	紫色土性淹育水稻土	浅紫砂泥田	A	0—15	紫红色	重壤土	块状	6.6	68.3	3.47	0.28	18.9	195		26.0		E 101°14′34.1″ N 26°14′12.1″	79
						P	15—24	紫灰色	重壤土	块状	6.8	66.7	3.75	0.29	17.3	151		27.5			
剖7	初育土	紫色土	酸性紫色土	红紫泥	红紫胶泥土	A	0—13	灰紫色	轻壤土	核状	6.0	20.4	1.35			95				E 100°56′16.1″ N 26°07′53.4″	82
剖8	铁铝土	红壤		粗粒结晶岩类红壤	红土	A	0—24	浅棕色	轻黏土	粒状	5.3	14.1	0.76			59				E 100°55′38.1″ N 26°04′46.6″	79
剖9	初育土	紫色土	酸性紫色土	红紫泥	红羊肝土	A	0—14	浅棕紫色	中壤土	粒状	7.2	33.0	2.34	0.23	15.7	101		48.4		E 100°56′55.3″ N 26°03′00.4″	93
						C	14—50	浅棕紫色	中壤土	粒状	7.2	17.7	1.45	0.18	18.4	64		9.3			
剖10	铁铝土	红壤		粗粒结晶岩类红壤	香面土	A	0—16	灰白色	砂壤土	粒状	7.0	42.6	2.30			126			粗粒结晶岩类	E 101°07′04.4″ N 26°09′40.0″	99
剖11	淋溶土	黄棕壤		粗粒结晶岩类黄棕壤		A	0—22	棕灰色	砂壤土	粒状	5.9	57.6	2.05			103			粗粒结晶岩类	E 101°08′36.9″ N 26°09′17.4″	79
剖12	淋溶土	棕壤		粗粒结晶岩类黄棕壤		A	0—17	暗灰色	砂壤土	小块状	6.4	13.4	0.66			50			粗粒结晶岩类	E 101°08′50.0″ N 26°08′23.2″	85
剖13	淋溶土	黄棕壤	暗黄棕壤	粗粒结晶岩类黄棕壤	黄灰土	A	0—18	灰黄色	轻黏土	核状	6.0	37.7	2.16			130			粗粒结晶岩类	E 101°07′53.0″ N 26°07′45.1″	96
剖14	暗棕壤	暗棕壤	暗棕壤	粗粒结晶岩类暗棕壤		A	0—60	黑棕色	砂壤土	粒状	4.9	146.3	7.84			130			粗粒结晶岩类	E 101°11′30.3″ N 26°07′26.4″	96
剖15	淋溶土	暗棕壤		紫色砂页岩暗棕壤		A	0—15	黑棕色	中壤土	碎团粒状	5.6	186.8	7.91	0.45	8.6	487		8.9	紫色砂页岩	E 101°08′16.5″ N 26°07′00.3″	92
						B	15—26	灰棕色	中壤土	核状	5.1	58.3	2.12	0.17	15.6	160		4.7			
						C	26—58	紫色	中壤土	块状	5.7	16.1	0.92	0.08	22.8	59		3.0			
剖16	淋溶土	棕壤		紫色砂页岩棕壤	灰棕色	A	0—17	灰棕色	轻壤土	粒状	6.3	66.9	3.42	0.63	8.5	74		12.2	紫色砂页岩	E 101°10′03.7″ N 26°03′52.6″	81
						C₁	17—50	灰棕色	中壤土	粒状	6.1	58.5	3.08	0.65	5.6	214		12.4			
剖17	初育土	紫色土	酸性紫色土	红紫泥	棕紫鸡粪土	A	0—15	棕灰色	重壤土	小核块状	6.0	50.3	2.71	0.62	16.8	178		25.0		E 101°04′49.7″ N 26°00′57.8″	76
						P	15—32	棕灰色	中壤土	核状	6.0	49.9	2.44	0.59	15.0	158		23.2			
剖18	淋溶土	黄棕壤		紫色砂页岩黄棕壤	紫灰砂土	A	0—19	棕灰色	中壤土	小块状	6.1	49.4	2.07	0.50	9.4	190		15.8	紫色砂页岩	E 101°14′28.3″ N 26°00′21.2″	89
						B	19—25	棕棕色	中壤土	核状	6.1	31.6	1.47	0.39	9.2	96		11.9			
剖19	淋溶土	黄棕壤		紫色砂页岩黄棕壤		A	0—26	棕棕色	重壤土	碎块状	5.9	76.2	3.01	0.28	13.4	190		18.5	紫色砂页岩	E 101°17′16.4″ N 26°08′15.0″	88
						B	26—72	灰棕色	重壤土	块状	5.5	40.1	1.48	0.27	12.4	145		10.2			
						C	72—115	紫棕色	轻黏土	块状	5.4	1.0	0.74	0.07	13.0	86		8.7			

续表 Continued

剖面号 Soil profile	土纲 Soil order	土类 Soil great group	亚类 Soil subgroup	土属 Soil genus	土种 Soil species	土层码 Layer code	土层厚度 Depth/cm	颜色 Soil color	质地 Soil texture	土壤结构 Soil structure	pH	有机质 OM/(g/kg)	全氮 TN/(g/kg)	全磷 TP/(g/kg)	全钾 TK/(g/kg)	碱解氮 AN/(mg/kg)	有效磷 AP/(mg/kg)	阳离子交换量 CEC/(cmol/kg)	土壤母质 Parent material	剖面点坐标 Profile coordinate	匹配指数 Matching index/%
剖20	淋溶土	黄棕壤	黄棕壤	紫色砂页岩黄棕壤	紫灰土	A	0—16	褐色	重壤土	粒状	6.5	60.3	2.84	0.65	14.4	165		25.2	紫色砂页岩	E 101°18′28.1″ N 26°01′17.8″	92
						B	16—25	褐色	重壤土	梭块状	6.4	53.2	2.45	0.65	13.9	159		22.8			
剖21	初育土	紫色土	酸性紫色土	红紫泥	红紫泥土	A	0—18	紫色	中壤土	核状	7.2	42.2	2.30	0.36	12.0	131		23.0		E 100°58′28.9″ N 25°53′43.4″	100
						P	18—27	紫色	中壤土	小梭块状	6.9	35.6	1.98	0.35	14.8	118		20.5			
剖22	人为土	水稻土	淹育水稻土	紫色土性淹育水稻土	浅紫泥田	A	0—20	紫灰黄色	轻壤土	小梭块状	7.2	37.4	2.16	0.26	17.4	108		25.4		E 100°57′08.7″ N 25°50′11.4″	83
						P	20—29	紫色	轻黏土	梭柱状	7.3	20.3	1.09	0.24	18.5	64		33.5			
剖23	淋溶土	棕壤	棕壤	紫色砂页岩棕壤		A	0—21	灰棕色	中壤土	团粒状	5.1	99.6	4.07	0.46	15.4	306		8.1	紫色砂页岩	E 101°13′04.8″ N 25°57′37.8″	84
						B	21—102	紫色	中壤土	碎状	5.4	44.5	2.27	0.31	15.8	158		5.5			
						C	102—117	紫棕色	重壤土	块状	5.2	11.9	1.66	0.15	18.1	76		6.8			
剖24	人为土	水稻土	淹育水稻土	冲积性潴育水稻土	砂底泥田	A	0—24	紫棕色	重壤土	块状	7.9	27.2	1.63	0.26	19.4	164		41.9	冲积物	E 101°11′15.4″ N 25°54′57.2″	90
						P	24—36	暗紫色	轻黏土	梭状	8.1	18.8	1.35	0.26	20.0	90		40.9			
						W	36—55	暗紫棕色	轻黏土	梭柱状	8.1	14.6	1.28	0.28	20.2	80		39.2			
						C	55—87	暗黄棕色	轻黏土	鳞片状	7.8	9.5	0.94	0.10	13.2	46		43.7			
剖25	人为土	水稻土	淹育水稻土	紫色土性淹育水稻土	棕紫泥田	A	0—16	灰棕色		核状	6.6	37.1	2.40	0.34	17.0	167		9.1		E 101°14′04.9″ N 25°52′54.5″	100
						P	16—26	紫色		大梭柱状	6.5	38.0	2.52	0.35	12.7	162		11.9			
剖26	初育土	紫色土	石灰性紫色土	暗紫泥	暗紫鸡粪土	A	0—18	浅灰黄色	轻壤土	粒状	7.3	54.3	2.00			112				E 101°06′14.4″ N 25°51′34.9″	95
剖27	人为土	水稻土	淹育水稻土	紫色土性淹育水稻土	棕紫砂泥田	A	0—11	暗紫色	重壤土	梭块状	6.6	49.9	2.72	0.34	11.1	157		11.3		E 101°11′37.4″ N 25°50′55.1″	81
						P	11—21	紫色	重黏土	梭柱状	6.0	29.8	1.53	0.33	8.2	86		20.6			
剖28	人为土	水稻土	潜育水稻土	冲积性潜育水稻土	黑紫鸡粪田	A	0—15	暗灰黄色	重黏土	粒状	7.0	66.6	2.86	0.21	18.2	137		32.5	冲积物	E 101°07′30.0″ N 25°50′41.6″	82
						P	15—23	暗灰黄色	重壤土	大梭柱状	7.1	72.4	5.13	0.23	18.5	151		37.0			
						G_1	23—60	灰黄色	中壤土	粒状	7.1	40.1	2.47	0.20	20.0	135		46.8			
						G_2	60—100	暗灰黄色	中黏土	片状	7.2	45.8	1.38	0.19	21.7	93		48.8			
剖29	人为土	水稻土	潜育水稻土	冲积性潜育水稻土	冷浸田	A	0—16	浅灰黄色	轻壤土	梭柱状	6.9	31.0	1.84	0.24	19.0	143		26.5	冲积物	E 101°05′46.0″ N 25°50′25.8″	72
						P	16—30	浅灰黄色	中壤土	柱状	7.2	26.6	1.72	0.26	18.8	134		25.6			
剖30	初育土	紫色土	酸性紫色土	黄紫泥	黄紫鸡粪土	A	0—21	灰棕色	中壤土	块状	7.2	20.7	1.54	0.20	16.3	76		26.2		E 101°21′33.8″ N 25°53′17.2″	91
						C_1	21—40	棕紫色	中壤土	块状	7.2	8.0	0.72	0.14	16.0	41		22.0			
剖31	初育土	紫色土	酸性紫色土	棕紫泥	棕紫泥田	A	0—15	暗灰黄色	重壤土	粒状	6.1	60.0	3.00	0.36	15.8	154		18.8		E 101°20′30.1″ N 25°50′11.0″	96
						C_1	15—35	棕色	轻壤土	粒状	6.0	59.3	3.27	0.36	12.5	180		19.7			
剖32	初育土	紫色土	酸性紫色土	黄紫泥	黄紫泥土	A	0—16	灰黄色	中壤土	粒状	6.8	32.2	1.57	0.42	18.0	130		25.1		E 101°31′46.6″ N 25°50′02.4″	86
						C_1	16—24	灰灰色	中壤土	粒状	6.0	17.2	1.10	0.41	16.3	223		25.0			
剖33	人为土	水稻土	淹育水稻土	紫色土性淹育水稻土	浅紫胶泥田	A	0—15	棕灰色	轻黏土	小块状	6.4	39.5	2.21	0.15	14.5	95		20.2		E 100°59′34.4″ N 25°46′40.1″	91
						C_1	15—23	灰棕色	轻壤土	块状	6.8	21.6	1.08	0.12	13.3	61		19.3			
剖34	初育土	紫色土	中性紫色土	浅紫泥	浅紫鸡粪土	A	0—26	紫棕色	壤质黏土	块状										E 100°59′16.6″ N 25°45′45.7″	98
						BC	26—64	紫棕色	壤质黏土	核状											
						C	64—100	灰黄色	黏土	梭块状											
剖35	初育土	水稻土	淹育水稻土	冲积性潴育水稻土	河砂泥	A	0—19	紫色	砂壤土	散状	6.7	8.3	0.58	0.06	2.2	49		4.0	冲积物	E 101°11′20.0″ N 25°49′55.9″	96
						P	19—28	紫色	砂壤土	散状	7.0	3.7	0.58	0.06	2.7	26		15.8			
剖36	人为土	水稻土	潴育水稻土	紫色冲积性潴育水稻土	紫油砂土田	A	0—20	紫色	中壤土	核状	6.9	13.5	0.94			106			冲积物	E 101°07′44.4″ N 25°49′45.5″	76

续表 Continued

剖面号 Soil profile	土纲 Soil order	土类 Soil great group	亚类 Soil subgroup	土属 Soil genus	土种 Soil species	土层码 Layer code	土层厚度 Depth/cm	颜色 Soil color	质地 Soil texture	土壤结构 Soil structure	pH	有机质 OM/(g/kg)	全氮 TN/(g/kg)	全磷 TP/(g/kg)	全钾 TK/(g/kg)	碱解氮 AN/(mg/kg)	有效磷 AP/(mg/kg)	阳离子交换量CEC/(cmol/kg)	土壤母质 Parent material	剖面点坐标 Profile coordinate	匹配指数 Matching index/%
剖37	人为土	水稻土	淹育水稻土	紫色土性淹育水稻土	羊毛砂田	A	0—15	紫色	砂壤土	散状	6.6	17.0	1.02	0.09	2.2	80		7.1		E 101°10′56.3″ N 25°49′22.1″	88
剖38	人为土	水稻土	潴育水稻土	冲积性潴育水稻土	黑紫泥田	P	15—23	紫灰色	砂壤土	核状	6.6	16.1	0.89	0.09	2.4	82		6.5	冲积物	E 101°11′59.8″ N 25°49′16.1″	76
剖39	人为土	水稻土	潴育水稻土	紫色冲积性潴育水稻土	砂底紫泥田	A	0—19	暗灰棕色	重壤土	鳞片状	7.1	42.4	2.64	0.28	18.0	119		43.5	冲积物	E 101°12′15.5″ N 25°46′45.1″	92
						P	19—31	暗灰棕色	重壤土	鳞片状	7.2	44.9	2.44	0.28	14.9	138		43.0			
剖40	初育土	紫色土	中性紫色土	灰黄泥	灰黄泥土	A	0—20	紫色	轻壤土	块状	6.8	24.0	1.28	0.24	18.5	96		23.9		E 101°09′17.6″ N 25°46′35.4″	78
						P	20—34	紫色	重壤土	核块状	7.0	25.6	1.38	0.21	18.4	75		30.9			
剖41	人为土	水稻土	潴育水稻土	紫色冲积性潴育水稻土	黄紫鸡粪田	A	0—20	浅棕黄色	重壤土	粒状	6.6	17.8	1.04	0.14	18.8	96		17.3		E 101°13′40.8″ N 25°45′33.5″	89
						C_1	20—32	浅棕黄色	重壤土	块状	6.9	15.8	0.94	0.15	17.2	73		20.3			
剖42	初育土	紫色土	酸性紫色土	黄紫泥	黄紫肝土	A	0—20	褐色	中壤土	核状	6.7	29.4	1.57	0.23	17.5	116		33.2	冲积物	E 101°09′10.1″ N 25°44′07.8″	89
						P	20—30	褐色	中壤土	棱片状	7.1	27.7	1.45			88					
剖43	人为土	水稻土	潴育水稻土	紫色冲积性潴育水稻土	黄紫泥田	A	0—20	浅棕黄色	中壤土	粒状	7.0	25.5	1.88	0.24	18.6	93		30.3		E 101°11′06.7″ N 25°42′50.0″	93
						C	20—53	浅棕黄色	中壤土	粒状	7.0	25.7	1.50	0.24	17.2	87		30.0	冲积物		
剖44	人为土	水稻土	淹育水稻土	紫色土性淹育水稻土	浅黄紫泥田	A	0—19	浅棕黄色	中黏土	棱块状	6.6	36.1	1.97	0.24	20.5	161		22.0		E 101°08′25.1″ N 25°42′42.5″	84
						P	19—29	浅棕黄色	中黏土	棱块状	7.2	23.9	1.53	0.24	18.2	100		32.9			
剖45	初育土	紫色土	中性紫色土	灰黄泥		A	0—18	灰黄色	重壤土	块状	6.6	17.9	1.12	0.11	16.6	130		12.9		E 101°14′17.5″ N 25°42′08.6″	93
						P	18—30	灰黄色	重壤土	块状	6.7	16.0	0.69	0.07	17.2	72		11.1			
剖46	初育土	紫色土	酸性紫色土	棕紫泥	棕紫泥土	A	0—13	褐色	轻壤土	粒状	8.2	23.9	1.34			168				E 101°20′44.9″ N 25°48′10.4″	86
						P	13—20	紫棕色	重壤土	核状	6.7	15.8	1.18	0.27	18.7	70		12.4			
剖47	初育土	石灰性紫色土	暗紫泥	暗紫米土		A	0—15	暗紫红色	重壤土	块状	6.7	5.8	0.55	0.19	16.4	32		12.2		E 101°19′59.9″ N 25°47′19.7″	78
								棕色	中壤土	粒状	8.2	45.9	2.43			167					
剖48	初育土	紫色土	酸性紫色土	棕紫泥		A	0—10	紫色	壤土	碎块状	5.9	35.0	1.68	0.16	22.1	174		9.7		E 101°20′38.4″ N 25°46′49.1″	94
						B	10—37	紫色	壤土	碎块状	5.5	15.7	1.22	0.10	20.7	117		6.7			
						C	37—94	红紫色	重壤土	块状	5.5	6.2	0.75	0.08	21.8	51		7.7			
剖49	人为土	水稻土	潴育水稻土	紫色冲积性潴育水稻土	紫砂泥田	A	0—20	紫色	中壤土	块状	7.3	51.9	2.08	0.28	18.7	194		19.3		E 101°21′55.1″ N 25°46′09.5″	96
						P	20—36	暗紫色	重壤土	小棱块状	7.3	45.6	2.42	0.27	18.2	145		19.9			
剖50	人为土	水稻土	淹育水稻土	冲积性淹育水稻土	浅黄紫胶泥田	A	0—20	灰黄紫	轻黏土	小棱块状	7.6	14.1	0.82			72				E 101°19′13.4″ N 25°45′34.0″	94
剖51	人为土	水稻土	酸性紫色土	红紫泥	红紫鸡粪田	A	0—17	紫棕色	轻黏土	碎块状	6.6	22.7	1.70	0.21	14.9	97		18.6		E 101°22′42.2″ N 25°44′00.6″	72
						P	17—26	紫色	轻黏土	小棱块状	6.3	23.2	1.72	0.17	14.6	102		19.8			
剖52	人为土	水稻土	潴育水稻土	紫色冲积性潴育水稻土	紫胶泥田	A	0—14	紫色	轻黏土	大棱柱状	7.0	43.8	2.31	0.21	18.2	157		35.7	冲积物	E 101°20′50.6″ N 25°43′21.7″	98
						P	14—23	紫棕色	轻黏土	大棱柱状	7.2	42.7	2.71	0.22	9.6	140		39.1			
剖53	初育土	紫色土	中性紫色土	紫泥	紫鸡粪土	A	0—20	紫棕色	壤质黏土	块状	6.6	22.7	1.70	0.21	14.9	97	7.4	18.6		E 101°25′49.1″ N 25°41′26.2″	70
						BC	20—45	紫灰色	壤质黏土	大棱柱状	6.6	23.2	1.72	0.17	14.6	102	3.9	19.3			
						C	45—88	紫色	壤质黏土	大棱柱状	6.8	18.6	1.15	0.15	13.6	87	2.6	19.0			
剖54	初育土	水稻土	潴育水稻土	冲积潜育水稻土	黑紫胶泥田	A	0—19	紫色	中黏土	块状	7.2	40.7	2.72	0.23	17.4	121		41.5	冲积物	E 101°29′15.4″ N 25°40′06.5″	74
						P	19—31	紫色	中黏土	大棱柱状	7.2	151.0	1.03	0.17	17.6	43					
剖55	铁铝土	红壤	黄红壤	老冲积黄红壤		A	0—13	红色	砂壤土	块状	5.6	12.4	1.04			51				E 101°35′08.5″ N 25°48′44.6″	73
剖56	初育土	紫色土	酸性紫色土	红紫泥		A	0—7	紫灰色	轻壤土	碎块状	6.5	53.6	1.94			111				E 101°36′40.7″ N 25°45′20.2″	82

续表 Continued

剖面号 Soil profile	土纲 Soil order	土类 Soil great group	亚类 Soil subgroup	土属 Soil genus	土种 Soil species	土层码 Layer code	土层厚度 Depth/cm	颜色 Soil color	质地 Soil texture	土壤结构 Soil structure	pH	有机质 OM/(g/kg)	全氮 TN/(g/kg)	全磷 TP/(g/kg)	全钾 TK/(g/kg)	碱解氮 AN/(mg/kg)	有效磷 AP/(mg/kg)	阳离子交换量CEC/(cmol/kg)	土壤母质 Parent material	剖面点坐标 Profile coordinate	匹配指数 Matching index/%
剖57	铁铝土	红壤	黄红壤	老冲积黄红壤	黄砂泥土	A	0—16	浅黄棕色	中壤土	核状	6.7	17.3	1.03	0.18	5.6	81		7.8		E 101°33′17.6″ N 25°45′05.5″	95
						P	16—22	浅黄棕色	中壤土	碎块状	6.7	16.2	1.35	0.21	6.0	67		10.3			
剖58	人为土	淹育水稻土	红壤性淹育水稻土	浅黄砂泥田		A	0—20	灰黄棕色	中壤土	梭块状	5.8	23.7	0.89			82				E 101°35′57.1″ N 25°45′03.6″	86
剖59	人为土	潴育水稻土	紫色冲积性潴育水稻土	紫鸡粪土田		A	0—17	紫色	轻黏土	梭块状	7.0	29.0	2.02	0.19	17.1	93		26.4	冲积物	E 101°31′43.0″ N 25°41′10.5″	75
						P	17—25	紫色	中壤土	梭柱状	7.1	16.2	1.37	0.18	17.2	59		28.6			
剖60	人为土	潴育水稻土	红壤性潴育水稻土	红紫砂泥田		A	0—17	灰黄色	重壤土	核状	6.7	15.8	0.89	0.12	6.4	90		6.0		E 101°31′57.4″ N 25°40′25.0″	76
						P	17—25	灰黄色	重壤土	块状	6.6	2.2	0.86	0.10	10.0	36		17.1			
剖61	人为土	淹育水稻土	红壤性淹育水稻土	浅红紫泥田		A	0—18	褐色	重壤土	核状	6.8	27.4	1.75	0.18	12.4	121		13.0		E 101°34′27.8″ N 25°40′14.2″	80
						P	18—31	褐色	重壤土	柱状	6.8	22.5	1.73	0.17	11.8	95		12.8			
剖62	人为土	潴育水稻土	紫色冲积性潴育水稻土	紫泥田		A	0—22	紫灰色	轻黏土	梭柱状	7.3	35.6	2.50	0.23	20.6	114		19.6	冲积物	E 101°13′51.6″ N 25°39′01.8″	76
						P	22—44	紫灰色	重壤土	梭柱状	7.2	31.8	1.53	0.24	20.5	88		20.1			
剖63	人为土	淹育水稻土	红壤性淹育水稻土	白砂田		A	0—18	白色	轻壤土	粒状	6.8	11.9	0.80	0.10	0.4	88		5.3		E 101°29′22.8″ N 25°39′31.4″	82
						P	18—29	白色	轻壤土	小梭块状	6.8	10.2	0.74	0.08	0.4	91		5.9			
剖64	人为土	潴育水稻土	红壤性潴育水稻土	黄鸡粪土田		A	0—21	黄棕色	重壤土	核状	5.2	22.2	1.62	0.51	11.5	112		22.4		E 101°33′49.4″ N 25°38′40.8″	79
						P	21—31	黄棕色	重壤土	大梭柱状	6.9	10.9	0.93	0.35	1.7	71		30.9			
剖65	人为土	淹育水稻土	紫色土性淹育水稻土	羊肝土田		A	0—16	暗红色	重壤土	梭块状	7.4	41.8	2.71			159				E 101°33′09.0″ N 25°38′34.4″	84
剖66	人为土	淹育水稻土	红壤性淹育水稻土	浅黄泥田		A	0—18	浅棕黄色	重壤土	梭柱状	6.4	39.2	1.71			117				E 101°34′11.6″ N 25°37′08.4″	79
剖67	铁铝土	红壤		粗粒结晶岩类红壤		A	0—26	浅黄红色	轻壤土	块状	6.7	10.9	0.59	0.09	31.3	85		5.2		E 101°33′18.5″ N 25°36′59.3″	91
						B	26—56	浅红色	中壤土	碎块状	6.5	0.4	0.15	0.23	28.6	34		5.8			

永仁县

主要土类说明

紫色土是永仁县主要土壤类型,占本县地域面积的 78%,分布在海拔 1100—2583m 的低山河谷、中山丘陵和广大山区,多与红壤交错分布。成土母质为中生代的紫色砂页岩和杂色泥岩。成土过程以母岩的快速物理崩解、频繁侵蚀堆积以及碳酸钙的不断淋失作用为主,生物积累作用相对较弱。由于紫色砂页岩易风化,成土时间短,故矿质养分较丰富,但土层浅薄,抗侵蚀力弱,特别是植被遭到破坏后,表土极易受冲刷侵蚀而使母岩裸露,土层中常夹有半风化母岩的碎屑。土壤具 A–C 剖面构型,剖面层次发育不明显,pH 为 4.5—8.5,富含矿质养分,蓄水性差。本县紫色土分为酸性紫色土、中性紫色土、石灰性紫色土等亚类。酸性紫色土黏土矿物一般以蛭石和水云母为主,土壤偏酸,有机质和全氮含量高于其他亚类,全磷和全钾含量较低。中性紫色土黏土矿物以蛭石和水云母或蒙脱石和水云母为主,母岩中碳酸钙较少或在成土过程中已明显淋溶,土壤酸碱度适中,宜种性广。石灰性紫色土母岩以钙质紫色混合岩为主,黏土矿物以水云母或蒙脱石为主,有机质含量低,全磷和全钾含量高,pH 高于 7.5。

红壤是永仁县第二大土壤类型,占本县地域面积的 17%,分布在海拔 1085—2380m 的地区,与紫色土交错分布。成土母质主要为第四纪红色黏土和石灰岩风化残积物。成土过程以脱硅富铝化和生物富集为主。土体深厚,剖面层次发育完整。本县红壤分为红壤、黄红壤、褐红壤等亚类。其中,黄红壤面积较大,是红壤向黄壤过渡的类型,所处区域水分条件较优,土体上部有黄化现象,以黄橙色或橙色为主,下部仍以高岭石为主,伴有蛭石和三水铝石。

水稻土是永仁县第三大土壤类型,占本县地域面积的 4%,主要分布在低山丘陵和河谷地带,从海拔 1090m 的金沙江河谷到海拔 2160m 的山区均有分布。成土母质为地带性红壤和紫色土。成土过程为淋溶作用和水耕熟化过程。水稻土在长期的季节性淹灌、水下翻耕、季节性脱水、氧化还原交替影响下,原来的成土母质或母土的特性发生重大改变,形成了不同的土体构型。本县水稻土分为淹育型、潴育型、潜育型、矿毒性等亚类。其中,潴育水稻土面积较大,多分布在坝区,水利条件好,水耕熟化程度高,层次分异明显,具 A–P–W–G–C 或 A–P–W–C 剖面构型,能灌能排,水旱轮作,属稳产高产稻田。

小于本县地域面积 3% 的土壤类型有棕壤、黄棕壤、石灰(岩)土和新积土。

本区域中心区气候特征

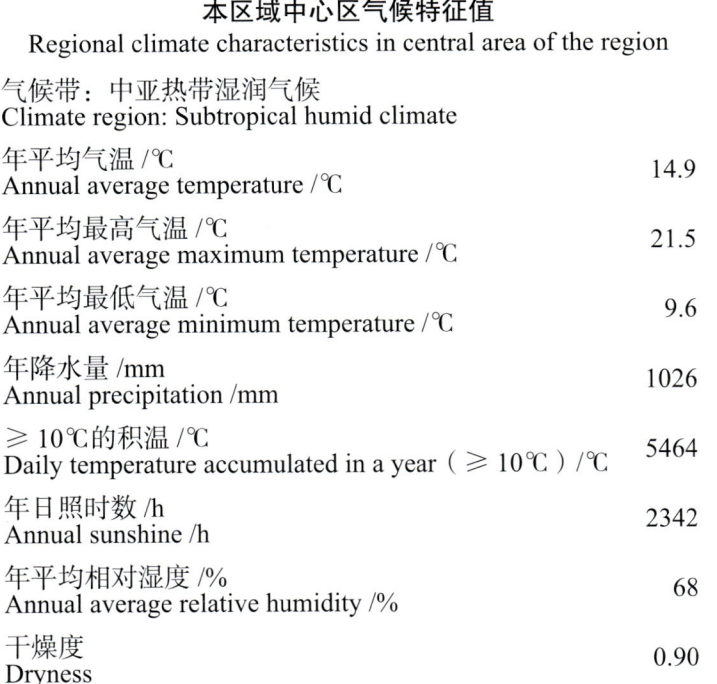

本区域中心区气候特征值
Regional climate characteristics in central area of the region

气候带:中亚热带湿润气候 Climate region: Subtropical humid climate	
年平均气温 /℃ Annual average temperature /℃	14.9
年平均最高气温 /℃ Annual average maximum temperature /℃	21.5
年平均最低气温 /℃ Annual average minimum temperature /℃	9.6
年降水量 /mm Annual precipitation /mm	1026
≥10℃的积温 /℃ Daily temperature accumulated in a year (≥10℃) /℃	5464
年日照时数 /h Annual sunshine /h	2342
年平均相对湿度 /% Annual average relative humidity /%	68
干燥度 Dryness	0.90

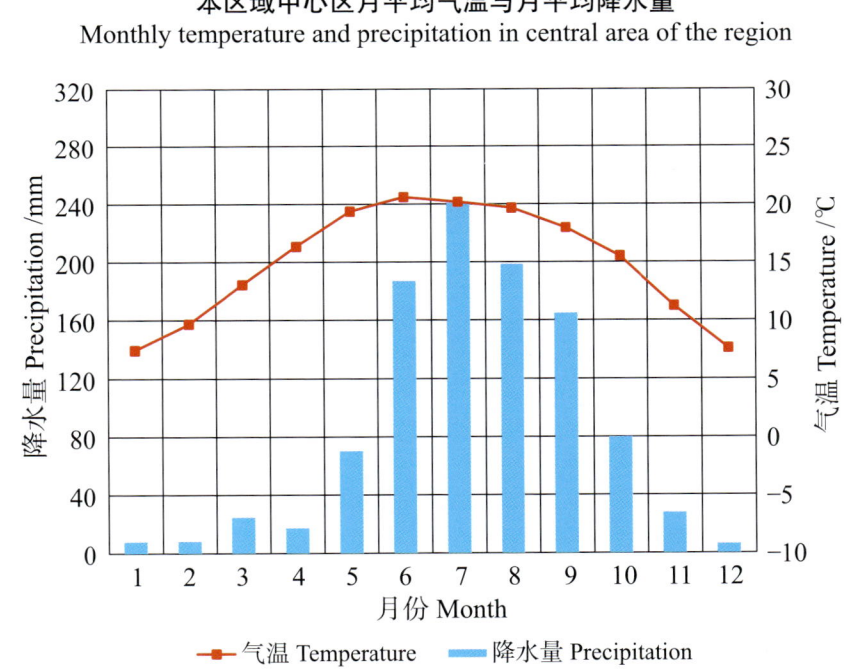

本区域中心区月平均气温与月平均降水量
Monthly temperature and precipitation in central area of the region

永仁县主要土壤类型与土壤剖面点分布图
1:240 000

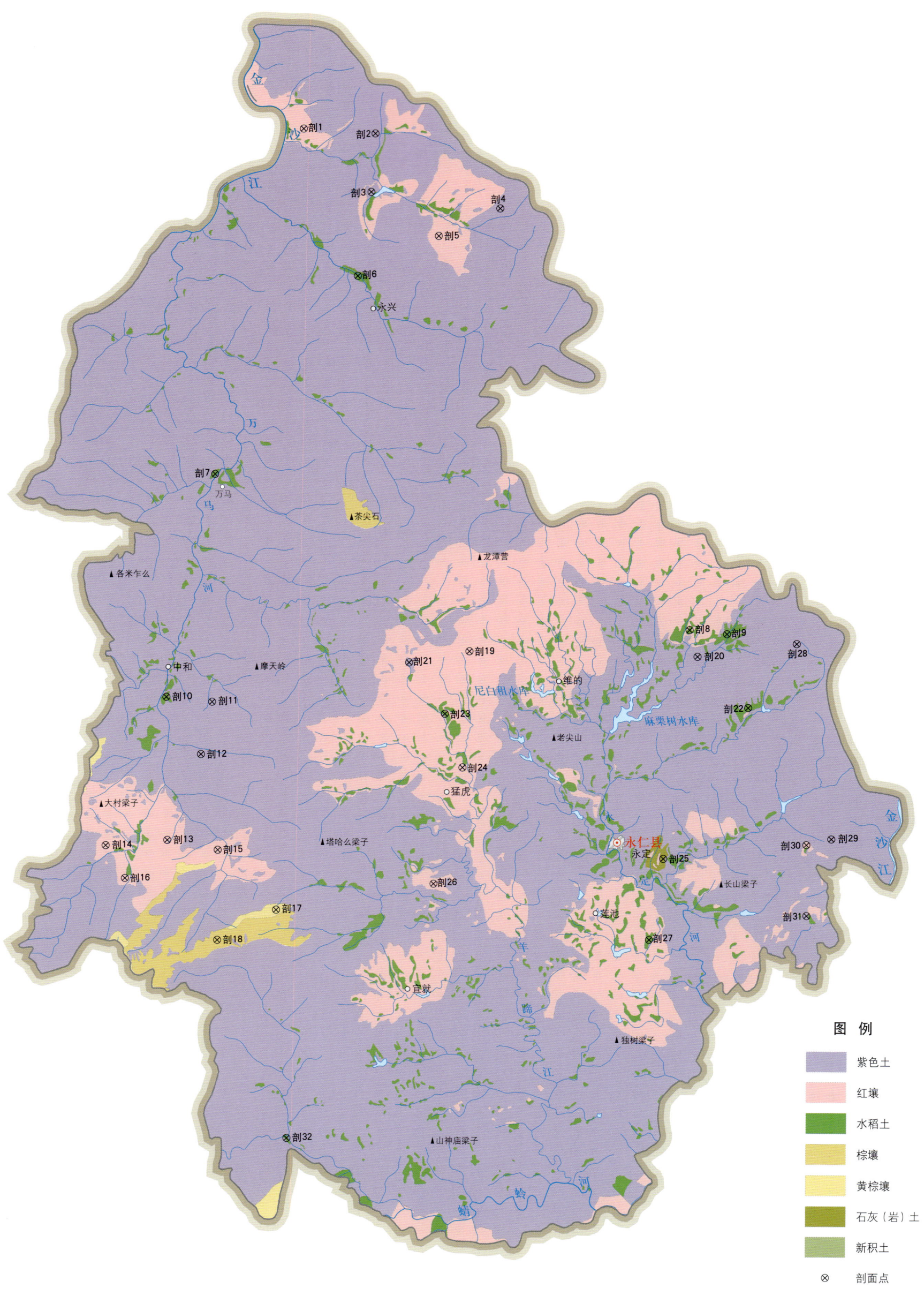

永仁县土壤剖面理化性状表

剖面号 Soil profile	土纲 Soil order	土类 Soil great group	亚类 Soil subgroup	土属 Soil genus	土种 Soil species	土层码 Layer code	土层厚度 Depth/cm	颜色 Soil color	质地 Soil texture	土壤结构 Soil structure	pH	有机质 OM/(g/kg)	全氮 TN/(g/kg)	全磷 TP/(g/kg)	全钾 TK/(g/kg)	碱解氮 AN/(mg/kg)	阳离子交换量CEC/(cmol/kg)	土壤母质 Parent material	剖面点坐标 Profile coordinate	匹配指数 Matching index/%
剖1	铁铝土	红壤	褐红壤	老冲积褐红壤	老冲积褐红壤		0—9	棕红色	中壤土	核状									E 101°29′17.1″ N 26°26′29.1″	97
剖2	初育土	紫色土	酸性紫色土	黄紫泥	黄紫泥	B	9—100	褐红色	轻黏土	核块状									E 101°31′50.2″ N 26°26′17.2″	74
						1	0—14	灰黄色	砂壤土	核状										
						2	14—41	棕黄色	砂壤土	块状										
						3	41—100			核状										
剖3	初育土	紫色土	石灰性紫色土	暗紫泥	紫黄砂土	A	0—26	浅黄色	砂壤土	粒状	8.0	7.3	0.50	1.27	20.4	85	10.0		E 101°31′39.7″ N 26°24′25.6″	82
						B	26—52	黄泥	轻壤土	粒状	8.0	7.7	0.57	1.25	18.1	42				
						3	52—													
剖4	初育土	紫色土	酸性紫色土	黄紫泥	黄紫泥土	A	0—20	暗棕色	中壤土	团块状	6.0	28.9	1.67	2.61	13.2	174	21.9		E 101°36′14.8″ N 26°23′49.6″	70
						B	20—34	灰紫色	中壤土	小块状	6.0	17.6	1.10	1.59	15.6	86	22.6			
						3	34—100	浅黄色		小块状										
剖5	铁铝土	红壤	黄红壤	酸性岩类黄红壤	酸性岩类黄红壤	A	0—10	暗黄色	中壤土	粒状								酸性母岩	E 101°34′02.6″ N 26°22′59.2″	85
						B	10—31	灰黄色	壤土	粒状										
						C	31—100	黄红色	砂壤土	粒状										
剖6	人为土	水稻土	潴育水稻土	紫色土性潴育水稻土	紫泥田	A	0—20	棕紫色	重壤土	块状	5.6	27.4	1.57	0.89	17.6	129	11.8	紫色砂页岩残积物	E 101°31′08.0″ N 26°21′45.7″	86
						P	20—30	紫色	重壤土	核柱状	6.9	15.3	1.09	0.76	18.0	76	14.6			
						3	30—49	紫色	壤土	核柱状										
						4	49—100	暗紫色	砂壤土	块状										
剖7	人为土	水稻土	淹育水稻土	冲积物淹育水稻土	河砂田	1	0—20	暗紫色	壤土	碎屑状								冲积物	E 101°25′57.7″ N 26°15′31.7″	95
						2	20—24	棕紫色	砂土	片状										
						3	24—49	紫色	砂土	粒状										
						4	49—100	棕紫色	壤土	块状										
剖8	人为土	水稻土	潴育水稻土	坡残积潴育水稻土	青砂泥田	A	0—20	灰黑色	中壤土	核状	8.0	34.8	1.98	0.99	6.9	165	19.6	坡积物、残积物	E 101°42′46.8″ N 26°10′17.4″	72
						P	20—28	灰黑色	中壤土	小块状	8.2	27.2	1.54	0.93	6.5	117	18.5			
						G₁	28—70	黑色	重壤土	块状	8.4	23.8	1.30	0.53	7.1	72	22.1			
						G₂	70—100	青灰色	重壤土	碎块状	8.4	20.5	1.20	0.26	8.0	49	24.2			
剖9	人为土	水稻土	潴育水稻土	冲积物潴育水稻土	砂泥田	1	0—20	紫灰色	重壤土	核状	5.4	26.9	1.40	0.67	18.7	110	12.6	冲积物	E 101°44′06.4″ N 26°10′08.4″	96
						P	20—30	棕色	中壤土	块状	6.8	15.9	0.90	0.68	16.5	69	13.7			
						3	30—54	棕色	轻壤土	大块状										
						C	54—100	棕色	轻壤土	块状										
剖10	人为土	水稻土	淹育水稻土	紫色土性淹育水稻土	浅紫泥田	A	0—15	棕紫色	轻壤土	核状	5.6	30.2	1.63	0.82	19.4	140	12.9		E 101°24′07.6″ N 26°08′26.9″	83
						P	15—23	暗紫色	轻壤土	棱柱状	6.2	33.3	1.78	0.87	20.3	133	14.8			
						C₁	23—62	浅紫色	轻壤土	块状	7.4	18.2	1.10	0.98	22.2	83	17.1			
						C₂	62—100	黄紫色	砂壤土	块状	7.7	4.1	0.40	0.80	29.5	43	20.7			
剖11	初育土	紫色土	酸性紫色土	棕紫泥	棕紫泥	A	0—15	浅紫色	轻壤土	核状									E 101°25′45.1″ N 26°08′16.1″	76
						B	15—35	棕紫色	轻壤土	块状										
						D	35—			大块状										
剖12	初育土	紫色土	中性紫色土	紫胶泥土	紫胶泥土	A	0—14	暗紫色	重壤土	粒状	6.9	35.8	2.20	2.05	28.0	146	17.4		E 101°25′19.6″ N 26°06′36.4″	93
						B	14—36	棕紫色	轻黏土	小块状	7.2	25.6	1.55	4.19	27.5	84	23.6			
						3	36—100	紫色		块状										
剖13	铁铝土	红壤	黄红壤	花岗片麻岩黄红壤	花岗片麻岩黄红壤	A	0—3	灰黄色	砂壤土	粒状								花岗片麻岩	E 101°24′05.8″ N 26°03′52.6″	98
						B	3—30	红黄色	砂壤土	粒状										
						C	30—100	红黄色	砂壤土	核状										

续表 Continued

剖面号 Soil profile	土纲 Soil order	土类 Soil great group	亚类 Soil subgroup	土属 Soil genus	土种 Soil species	土层码 Layer code	土层厚度 Depth/cm	颜色 Soil color	质地 Soil texture	土壤结构 Soil structure	pH	有机质 OM/(g/kg)	全氮 TN/(g/kg)	全磷 TP/(g/kg)	全钾 TK/(g/kg)	碱解氮 AN/(mg/kg)	阳离子交换量CEC/(cmol/kg)	土壤母质 Parent material	剖面点坐标 Profile coordinate	匹配指数 Matching index/%
剖面14	铁铝土	红壤	红壤	花岗片麻岩红壤	花岗片麻岩红壤	1	0—18	黄棕色	轻壤土	小块状								花岗片麻岩	E 101°21′53.6″ N 26°03′44.3″	85
						2	18—50	红棕色	壤土	块状										
						3	50—100	深红棕色	重壤土	块状										
剖面15	铁铝土	红壤	黄红壤	花岗片麻岩黄红壤	黄鸡黄壤	A	0—18	灰棕色	轻壤土	核状								花岗片麻岩	E 101°25′53.0″ N 26°03′32.4″	70
						B	18—35	灰棕色	中壤土	小块状										
						C	35—52	红棕色	中壤土	小块状										
						D	52—100													
剖面16	铁铝土	红壤	红壤	花岗片麻岩红壤	红胶泥土	A	0—20	红紫色	中黏土	核状	6.7	34.4	1.76	1.59	12.6	132	9.1	花岗片麻岩	E 101°22′34.0″ N 26°02′40.6″	88
						B₁	20—37	红紫色	中黏土	核块状	6.0	26.3	1.36	1.66	12.1	123	3.5			
						B₂	37—100	紫红色	中壤土	碎块状	5.6	15.0	0.82	1.07	11.8	84	4.1			
剖面17	淋溶土	黄棕壤	黄棕壤	酸性岩类黄棕壤	酸性岩类黄棕壤	A	0—30	棕色	中壤土	粒状	4.8	67.2	1.44	0.84	7.4	190	5.0	花岗片麻岩	E 101°27′55.4″ N 26°01′35.4″	70
						B	30—100	浅棕色	重壤土	粒状	4.4	39.0	1.04	0.62	6.2	84	6.6			
剖面18	淋溶土	棕壤	棕壤	酸性岩类棕壤	酸性岩类棕壤	Ao	0—9	暗黑色	中壤土	粒状	4.9	95.5	2.81	0.99	31.1	191	4.0	酸性母岩	E 101°25′49.4″ N 26°00′39.2″	88
						A	9—27	黄棕色	中壤土	粒状	4.7	51.9	1.71	1.07	8.6	179	6.2			
						B	27—77	紫棕色	中壤土	粒状	4.4	12.9	0.60	0.85	13.7	81	6.6			
						C	77—100	棕黄色	中壤土	粒状	4.4	4.0	0.40	1.12	19.9	35	6.5			
剖面19	铁铝土	红壤	黄红壤	老冲积黄红壤	老冲积黄红壤	1	0—10	灰黄色	壤土	团粒状									E 101°34′55.2″ N 26°09′44.3″	90
						2	10—35	黄灰色	重壤土	核块状										
						3	35—100	灰白色	中壤土	粒状										
剖面20	初育土	紫色土	中性紫色土	紫泥土	紫泥土	C	0—30	紫棕色	壤土	小块状										76
						R	30—70													
							70—100													
剖面21	初育土	紫色土	酸性紫色土	棕紫泥	棕紫泥土	A	0—18	棕紫色	重壤土	核状	5.8	36.0	1.78	1.97	20.0	118	13.6		E 101°32′46.7″ N 26°09′24.8″	82
						B	18—26	浅棕紫色	重壤土	核状	5.8	27.1	1.60	2.10	18.8	95	13.8			
						C	26—58	灰棕紫色		核状										
						4	58—100			小块状										
剖面22	人为土	水稻土	潴育水稻土	紫色土性潴育水稻土	紫泥泥田	A	0—20	暗棕色	轻黏土	大块状	8.2	26.6	1.51	1.32	23.8	124	23.3		E 101°44′49.2″ N 26°07′46.9″	98
						P	20—30	紫棕色	轻黏土	核块状	8.4	11.9	1.17	1.22	25.8	87	20.3			
						W₁	30—50	紫紫色	中黏土	大块状	8.2	0.6	0.62	1.26	22.4	44	25.0			
						W₂	50—100	棕紫色	轻黏土	块状	8.2	5.0	0.60	1.21	21.2	37	26.3			
剖面23	人为土	水稻土	淹育水稻土	红壤性淹育水稻土	白砂泥田	A	0—20	黄褐色	重壤土	核状	5.3	25.1	1.28	0.60	13.4	113	5.6		E 101°34′01.6″ N 26°07′45.8″	89
						P	20—35	棕灰色	重壤土	柱状	5.8	19.7	1.03	0.61	13.8	89	7.9			
						3	35—50	灰色		柱状										
						C	50—100	紫灰色												
剖面24	铁铝土	红壤	红壤	老冲积红壤	老冲积红壤	1	0—20	紫灰色	壤土	粒状								老冲积物	E 101°34′36.8″ N 26°06′02.9″	70
						2	20—40		壤土	核块状										
						3	40—60		砂壤土	粒状										
						C	60—100													
剖面25	初育土	石灰(岩)土	黄色石灰土	黄泡土	黄泡土	A	0—32	黄白色	轻黏土	核状	8.3	8.9	0.26	0.41	4.4	50	5.5		E 101°41′43.4″ N 26°03′01.4″	78
						B	32—46	灰白色	轻黏土	团块状	8.3	8.9	0.53	0.43	3.8	41	11.6			
						C	46—100	白色	砂壤土	大块状	8.5	4.4	0.37	0.32	0.4	18	4.1			
剖面26	铁铝土	红壤	红壤	老冲积红壤	红土	A	0—15	浅黄色	重壤土	核状	4.7	15.5	0.86	0.81	4.1	67	6.5	老冲积物	E 101°33′32.0″ N 26°02′20.4″	97
						B₁	15—26	黄红色	重壤土	块状	4.6	4.1	0.25	0.59	4.6	35	7.7			
						3	26—41	紫红色	中壤土	块状										
						4	41—100	紫红色		块状										

续表 Continued

剖面号 Soil profile	土纲 Soil order	土类 Soil great group	亚类 Soil subgroup	土属 Soil genus	土种 Soil species	土层码 Layer code	土层厚度 Depth/cm	颜色 Soil color	质地 Soil texture	土壤结构 Soil structure	pH	有机质 OM/(g/kg)	全氮 TN/(g/kg)	全磷 TP/(g/kg)	全钾 TK/(g/kg)	碱解氮 AN/(mg/kg)	阳离子交换量 CEC/(cmol/kg)	土壤母质 Parent material	剖面点坐标 Profile coordinate	匹配指数 Matching index/%
剖27	人为土	水稻土	潴育水稻土	红壤性潴育水稻土	黄砂泥田	A	0—25	浅灰色	中壤土	核状	5.0	27.4	1.44	1.07	14.1	146	10.4	红壤性母质	E 101°41′10.3″ N 26°00′26.3″	94
						P	25—39	暗灰色	中壤土	柱状	6.4	15.9	0.90	1.47	12.1	79	11.8			
						3	39—62	紫色		柱状										
						4	62—100	紫黄色		块状										
剖28	初育土	紫色土	酸性紫色土	紫砂土	紫砂土	A	0—6	暗紫色	砂壤土	粒状	5.5	19.6	0.81	0.31	18.6	99	5.6			92
						B	6—20	暗紫色	轻壤土	粒状	5.4	9.2	0.46	0.34	18.5	46	6.4		E 101°46′34.7″ N 26°09′46.8″	
						C_1	20—46	紫色	中壤土	碎屑状	5.1	6.3	0.44	0.29	18.5	39	6.7			
						C	46—100	浅红紫色												
剖29	初育土	紫色土	酸性紫色土	红紫泥	红紫泥土	A	0—23	浅红紫色	重壤土	核状	5.5	14.6	1.02	1.02	22.9	93	14.8		E 101°47′42.4″ N 26°03′32.8″	83
						B	23—33	棕黄色	重壤土	块状	5.5	15.2	1.27	0.98	21.3	67	14.7			
						3	33—78	紫黄色		块状										
						4	78—100	棕黄色		块状										
剖30	铁铝土	红壤	黄红壤	老冲积黄红壤	黄砂泥田	A	0—23	紫灰色	中壤土	粒状	6.2	21.8	1.10	1.00	5.6	97	8.2	老冲积物	E 101°46′49.1″ N 26°03′22.6″	87
						B	23—37	黄紫色	轻壤土	小块状	6.4	10.7	0.69	0.87	5.1	65	9.4			
						3	37—57	紫黄色	轻壤土	小块状										
						C	57—100	黄色												
剖31	初育土	紫色土	酸性紫色土	红紫泥	红紫泥	1	0—12	棕紫色	壤土	核块状									E 101°46′46.9″ N 26°01′06.6″	70
						2	12—40	浅紫色	壤土	碎块状										
						3	40—67	红紫色	轻壤土	碎块状										
						4	67—100	紫色												
剖32	人为土	水稻土	矿毒型水稻土	矿毒田	矿毒田	A	0—19	棕黄色	砂壤土	核状	8.0	27.0	1.69	1.34	26.5	90	21.0		E 101°28′11.9″ N 25°54′20.4″	74
						P	19—24	红棕色	轻黏土	核柱状	8.0	26.5	1.61	1.35	29.5	94	20.4			
						W	24—54	紫棕色	中黏土	核柱状	8.0	20.2	1.45	1.28	28.7	130	25.3			
						C	54—100	暗棕色	轻黏土	块状	8.1	11.1	1.01	1.28	27.2	62	25.1			

元 谋 县

主要土类说明

紫色土是元谋县主要土壤类型，占本县地域面积的39%。植被为阔叶疏林。成土母质为中生代的紫色砂页岩。成土过程以母岩的快速物理崩解、频繁侵蚀堆积以及碳酸钙的不断淋失作用为主，生物积累作用相对较弱。由于紫色砂页岩易风化，成土时间短，故矿质养分较丰富，一般属中等肥力，但土层浅薄，抗侵蚀力弱，特别是植被遭到破坏后，表土极易受冲刷侵蚀而使母岩裸露，土层中常夹有半风化母岩的碎屑。土壤具 A–C 剖面构型，剖面层次发育不明显，pH 为 4.5—8.5，富含矿质养分。本县紫色土分为酸性紫色土、中性紫色土、石灰性紫色土等亚类。

红壤是元谋县第二大土壤类型，占本县地域面积的24%，分布在中低山地。植被主要为常绿阔叶林。成土母质为第四纪红色黏土和石灰岩风化残积物。成土过程以脱硅富铝化和生物富集为主。土体深厚，剖面层次发育完整。本县红壤分为红壤、褐红壤等亚类。其中，褐红壤面积较大，土壤具干热特征，酸性较弱，盐基饱和度为30%—40%，钙、镁有向表层累积的趋势。黏土矿物以高岭石为主，其次为云母和少量三水铝石，心土层结构面有铁锰胶膜，其下部有铁锰结核。

燥红土是元谋县第三大土壤类型，占本县地域面积的22%，分布在干热河谷及封闭、半封闭的干热坝子。燥红土是由红土母质发育形成的盐基饱和的红色土壤，具 A–B–C（D）剖面构型。成土过程以有机质积累、生物富集和脱硅富铝化为主。该土壤复盐基明显，交换性钙、镁占阳离子交换量的80%以上。本县燥红土分为燥红土、褐红土等亚类。

水稻土占本县地域面积的7%，分布在海拔2100m以下的坝区。成土母质为老冲积土、紫色土和红壤。水稻土在长期的季节性淹灌、水下翻耕、季节性脱水、氧化还原交替影响下，原来的成土母质或母土的特性发生重大改变，形成了不同的土体构型。

黄棕壤占本县地域面积的5%，分布在海拔2200—2400m中山地带的阴坡。成土母质多为砂页岩及花岗岩风化物。成土过程受淋溶、黏化及弱富铝化作用的影响。土层弱度富铝化，生物积累过程和盐基淋溶酸化过程明显增强，呈黄棕色。该土壤具 A–B–C 或 A–(B)–C 剖面构型，质地较轻，黏化作用不明显。

小于本县地域面积3%的土壤类型有棕壤、草甸盐土、新积土和石灰（岩）土。

本区域中心区气候特征

本区域中心区气候特征值
Regional climate characteristics in central area of the region

气候带：中亚热带湿润气候 Climate region: Subtropical humid climate	
年平均气温 /℃ Annual average temperature /℃	15.1
年平均最高气温 /℃ Annual average maximum temperature /℃	21.5
年平均最低气温 /℃ Annual average minimum temperature /℃	10.0
年降水量 /mm Annual precipitation /mm	994
≥10℃的积温 /℃ Daily temperature accumulated in a year (≥10℃) /℃	5520
年日照时数 /h Annual sunshine /h	2273
年平均相对湿度 /% Annual average relative humidity /%	70
干燥度 Dryness	0.94

本区域中心区月平均气温与月平均降水量
Monthly temperature and precipitation in central area of the region

元谋县主要土壤类型与土壤剖面点分布图
1:270 000

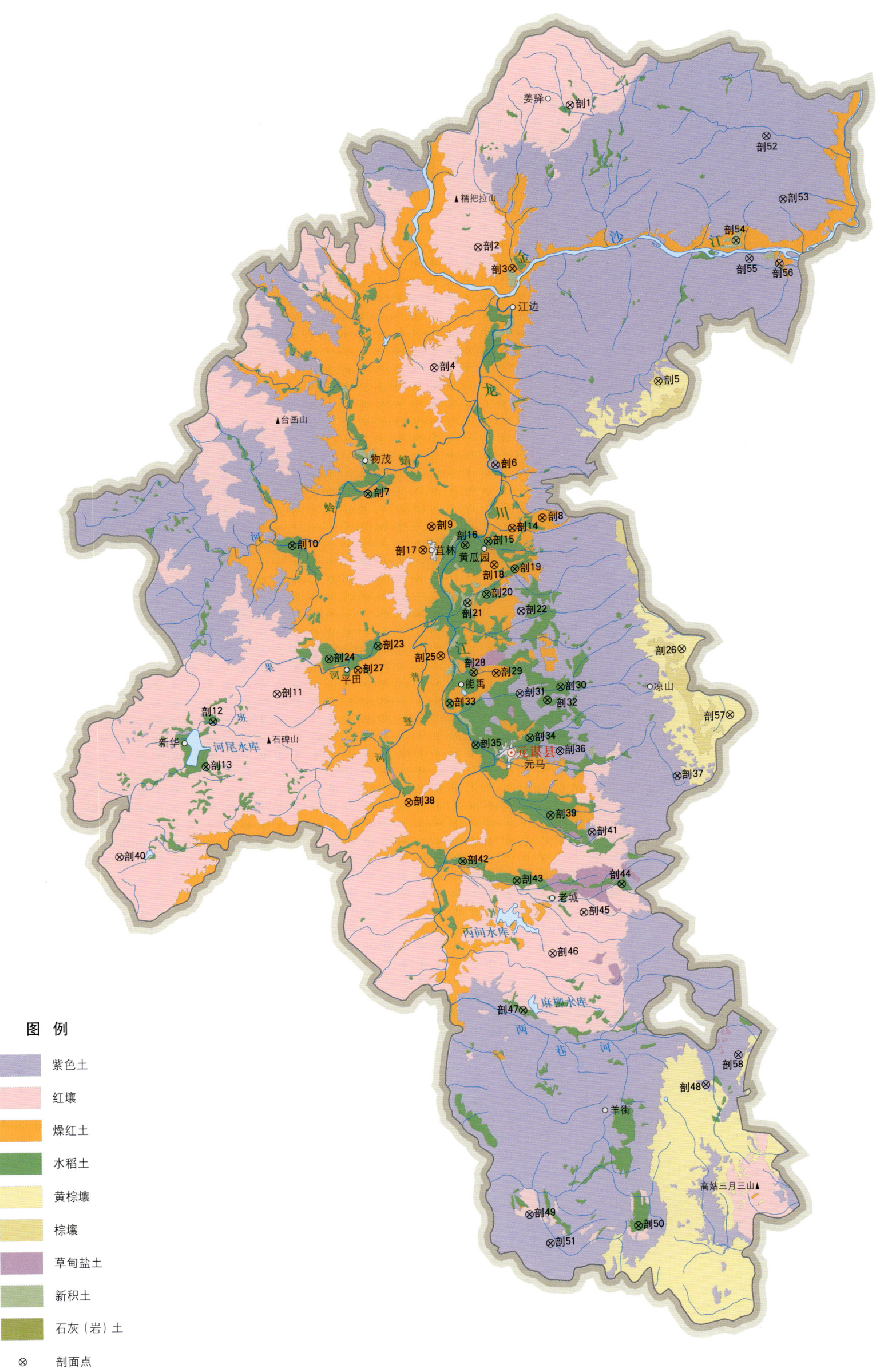

元谋县土壤剖面理化性状表

剖面号 Profile	土纲 Soil order	土类 Soil great group	亚类 Soil subgroup	土属 Soil genus	土种 Soil species	土层码 Layer code	土层厚度 Depth/cm	颜色 Soil color	质地 Soil texture	土壤结构 Soil structure	pH	有机质 OM/(g/kg)	全氮 TN/(g/kg)	全磷 TP/(g/kg)	全钾 TK/(g/kg)	碱解氮 AN/(mg/kg)	有效磷 AP/(mg/kg)	阳离子交换量CEC/(cmol/kg)	土壤母质 Parent material	剖面点坐标 Profile coordinate	匹配指数 Matching index/%
剖1	铁铝土	红壤	红壤	老冲积红壤	黄红土	1	0–15	灰白色	砂壤土	小块状	6.4	10.8	0.54	0.04	3.6	64		4.8		E 101°55′20.8″ N 26°04′01.3″	100
						2	15–57	红紫色	中壤土	块状	6.5	7.1	0.41	0.04	4.2			4.4			
						3	57–100	灰黄色	重壤土	块状											
剖2	铁铝土	红壤	红壤	花岗片麻岩红壤	花岗片麻岩红壤	A	0–15	黄色	砂土	粒状	5.3	10.5	0.51			73				E 101°51′44.1″ N 25°59′19.6″	92
						B	15–25	灰黄色	砂土	碎块状											
						C	25–56	浅黄褐色	砂土	碎块状											
剖3	半淋溶土	燥红土	燥红土	湖洪冲积燥红土	砂燥红土	1	0–12	灰紫色	轻壤土	碎屑状	7.4	6.6	0.40	0.32	12.6	27		5.0		E 101°52′59.2″ N 25°58′35.0″	90
						2	12–17	灰黄色	中壤土	碎屑状	8.0	5.9	0.40	0.34	11.9			14.7			
						3	17–41	灰黄色	重壤土	块状											
剖4	铁铝土	红壤	褐红壤	老积褐红壤	褐黄土	A	0–15	棕红色	中壤土	粒状	7.2	12.5	0.80	0.08	8.0	130		47.0		E 101°49′57.0″ N 25°55′20.3″	84
						P	15–21	紫红色	中壤土	碎屑状	7.2	13.2	0.80	0.13	9.0			47.5			
						C	21–100	灰紫色	重壤土	块状											
剖5	淋溶土	棕壤	棕壤	紫色岩类棕壤	灰塘土	A	0–15	暗棕色	重壤土	粒状	6.0	68.4	3.28	0.34	19.3	422		26.2		E 101°58′18.5″ N 25°54′40.0″	74
						P	15–50	棕色	中壤土	棱块状	5.9	43.9	2.02	0.30	21.6			22.4			
						C	50–100	黄褐色	中壤土	碎块状	5.8	24.7	1.19	0.23	19.6			30.3			
剖6	初育土	紫色土	酸性紫色土	红紫泥土	红紫砂土	1	0–17	棕红色	砂壤土	粒状	5.4	3.5	0.20	0.04	5.0	45		4.3	紫色砂页岩	E 101°52′07.7″ N 25°52′00.8″	88
						2	17–32	棕红色	砂壤土	碎块状	5.4	3.5	0.21	0.04	4.3			4.4			
						3	32–60	棕褐色	砂土	块状											
剖7	人为土	水稻土	淹育水稻土	燥红土性淹育水稻土	砂底泥田	A	0–15	灰紫色	中壤土	粒状	7.2	21.4	1.09	0.18	12.4	99		12.0		E 101°47′19.7″ N 25°51′10.4″	71
						P	15–21	褐紫紫色	砂壤土	小块状	7.2	17.7	1.06	0.16	11.9			10.8			
						C	21–90	暗紫色	砂土	碎块状											
剖8	半淋溶土	燥红土	燥红土	湖洪冲积燥红土	湖洪冲积燥红土	1	0–12	棕色	砂壤土	小块状	8.2	8.0	0.16	0.07	10.8	34				E 101°53′48.3″ N 25°50′11.7″	98
						2	12–100	棕红色	砂土	块状	7.2	4.2	0.26	0.04	11.5			22.7			
剖9	燥红土	燥红土	花岗片麻岩燥红土	灰燥红土	1	0–13	红棕色	砂壤土	块状	7.5	3.7	0.25					23.9				83
						2	13–20	浅紫色	砂壤土	碎块状											
						3	20–	浅紫色	重壤土	粒状										E 101°49′39.4″ N 25°50′01.3″	
剖10	人为土	水稻土	潴育水稻土	紫红土性潴育水稻土	紫胶泥田	A	0–18	紫紫色	轻黏土	小块状	7.6	27.9	1.76	0.29	10.1	131		17.7		E 101°44′25.8″ N 25°49′30.4″	95
						P	18–26	紫色	轻黏土	块状	7.7	36.1	2.09	0.28	14.6			18.2			
						W	26–	浅紫色	砂土	碎屑状											
剖11	铁铝土	红壤	褐红壤	花岗片麻岩褐红壤	花岗片麻岩褐红壤	A	0–20	浅棕色	砂土	粒状	6.8	14.0	0.74			66			花岗片麻岩	E 101°43′41.7″ N 25°44′32.7″	90
						C₁	20–28	黄色	砂壤土	块状											
						C₂	28–100	黄色	重壤土	块状											
剖12	人为土	水稻土	潴育水稻土	红壤性潴育水稻土	黄泥田	A	0–14	灰紫色	轻黏土	柱状	6.1	30.0	1.63	0.14	18.6	117		10.2		E 101°41′16.2″ N 25°43′41.0″	71
						P	14–20	紫黄色	轻黏土	柱状	7.4	16.1	1.27	0.06	15.7			28.4			
						W	20–75	褐黄色	轻黏土	棱柱状											
						Wg	75–96	黄黄色	轻黏土	棱柱状											
剖13	水稻土	淹育水稻土	红壤性淹育水稻土	浅黄泥田	1	0–14	棕红色	中壤土	棱柱状	6.7	7.9	0.24	0.04	11.1	14		9.2		E 101°40′57.0″ N 25°42′11.1″	83
						2	14–20	红色	中壤土	鳞片状	6.3	8.0	0.58	0.03	11.0			8.9			
						3	20–40	黄色	中壤土	块状											
剖14	半淋溶土	燥红土	燥红土	红褐土	大燥红土	1	0–18	棕红色	中壤土	粒状	6.1	4.6	3.20	0.04	12.8	42		13.4	红壤性母质	E 101°52′40.1″ N 25°49′53.0″	86
						2	18–26	红色	中壤土	鳞片状				0.03	12.1			10.9			
						3	26–100	紫红色	重壤土	块状					9.9			10.3			

续表 Continued

剖面号 Soil profile	土纲 Soil order	土类 Soil great group	亚类 Soil subgroup	土属 Soil genus	土种 Soil species	土层码 Layer code	土层厚度 Depth/cm	颜色 Soil color	质地 Soil texture	土壤结构 Soil structure	pH	有机质 OM/(g/kg)	全氮 TN/(g/kg)	全磷 TP/(g/kg)	全钾 TK/(g/kg)	碱解氮 AN/(mg/kg)	有效磷 AP/(mg/kg)	阴离子交换量CEC/(cmol/kg)	土壤母质 Parent material	剖面点坐标 Profile coordinate	匹配指数 Matching index/%
剖15	人为土	水稻土	潴育水稻土	紫色土性潴育水稻土	紫胶泥田	A	0—16	紫色	轻黏土	棱柱状	7.6	32.3	1.80	0.19	16.0	135		42.6		E 101°51′45.7″ N 25°49′27.8″	93
						P	16—27	紫棕色	中黏土	棱块状	7.4	15.6	0.93	0.18	16.7			43.9			
						W	27—100	紫棕色	轻黏土	碎块状											
剖16	人为土	水稻土	淹育水稻土	紫色土性淹育水稻土	浅黄紫泥田	A	0—16	暗紫色	重黏土	核状	6.8	26.3	0.95	0.08	9.5	77		27.7		E 101°50′53.5″ N 25°49′21.4″	100
						P	16—23	黄紫色	重黏土	棱块状	7.3	20.7	0.77	0.07	12.8			29.4			
						C	23—42	亮红棕色	中壤土	核粒状											
剖17	半淋溶土	燥红土			麻煤土	A_{11}	0—12	黄棕色	砂质黏土	屑粒状	7.0	17.8	1.10	0.14	19.6	56	0.4	10.4		E 101°49′18.8″ N 25°49′14.5″	81
						B	12—44	完棕色	块状	块状	6.7	8.1	0.40	0.10	21.2	35	0.4	13.2			
						BC	44—80		砂质黏壤土		6.6	4.5	0.20	0.10	21.1	28	0.4	16.9			
剖18	半淋溶土	燥红土			红褐色燥红土	A	0—30	黄褐色	中壤土	柱状、块状	8.1	6.9	0.44			30			老冲积物	E 101°51′57.6″ N 25°48′40.3″	92
						B	30—90	灰棕色	中壤土	柱状								19.7			
						C	90—100	浅紫色	砂壤土	粒状								25.3			
剖19	人为土	水稻土	淹育水稻土	紫色土性淹育水稻土	浅紫胶泥田	A	0—16	紫棕色	轻黏土	棱柱状	7.2	33.3	1.54	0.19	14.9	105		30.3		E 101°52′43.3″ N 25°48′31.0″	100
						P	16—26	暗紫色	中黏土	棱块状	7.0	19.1	1.30	0.18	17.6			26.2			
						C_1	26—50	紫棕色	砂壤土	棱块状											
						C_2	50—100	暗紫色	轻壤土	碎块状											
剖20	人为土	水稻土	淹育水稻土	紫色土性淹育水稻土	紫羊毛砂田	A	0—9	暗紫色	重壤土	块状	7.2	46.2	2.29	0.23	16.4	217		5.0		E 101°51′38.5″ N 25°47′42.0″	83
						B	9—14	褐紫色	中壤土	粒状	7.7	24.0	1.46	0.21	17.2			9.8			
						C	14—55	紫色	砂壤土	核状	7.5	10.6	0.76	0.87	13.9			9.9			
剖21	新积土		冲积土	河阶冲积土	河胶泥田	A	0—23	灰棕色	重壤土	块状	6.4	14.7	0.95	0.08	13.9	174		8.1		E 101°50′54.2″ N 25°47′25.8″	82
						B	23—49	灰棕色	中壤土	块状	6.4	14.0	0.78	0.30	14.5			9.3			
						C	49—100		砾质砂土	粒状				0.03	2.9						
剖22		紫色土	酸性紫色土	紫红色紫泥土	菜园土	A	0—13	灰棕色	轻黏土	碎块状	6.1	16.3	1.01	0.15	3.0	80		13.4		E 101°52′54.2″ N 25°47′05.9″	83
						P	13—19	黄棕色	轻壤土	小块状	7.0	4.7	0.54	0.16	15.0			17.2			
						C	19—100	浅红色	砂黏土	散状				0.14	14.5						
剖23	人为土	水稻土	淹育水稻土	燥红土性淹育水稻土	浅灰黄泥田	A	0—14	紫红色	轻壤土	柱状	6.8	38.9	2.35	0.10	17.8	77		33.3		E 101°47′31.6″ N 25°46′04.1″	90
						B	14—21	紫红色	中黏土	块状	7.1	34.3	1.34	0.13	21.6			26.0			
						C_1	21—100	灰黄色	轻黏土	粒状	6.7	9.3	1.30	0.05	18.1			23.4			
						C_2	48—100	浅黄色	中壤土	粒状		8.2	0.35	0.06	19.7			14.6			
剖24	人为土	水稻土		花岗片麻岩燥红土	花岗片麻岩燥红土	A	0—13	浅黄棕色	砂壤土	碎屑状	6.8	17.2	0.68			7			花岗片麻岩	E 101°45′41.0″ N 25°45′41.0″	88
						C_1	13—34	红黄色	重黏土	碎屑状											
						C_2	34—57	黄红色	中壤土												
						R	57—100	黄红色	砂壤土												
剖25	半淋溶土	燥红土		紫色岩类黄棕壤	黄刚土	1	0—16	灰黄色	重黏土	粒状	6.5	25.3	1.30	0.13	17.6	156		15.5		E 101°49′50.9″ N 25°45′40.7″	98
						2	16—47	灰黄色	重黏土	核状	6.5	23.3	1.15	0.15	16.3			16.1			
						3	47—100	灰白色	砂壤土	碎块状	5.6	24.0	1.20	0.16	16.9			15.5			
剖26	淋溶土	黄棕壤	黄棕壤		粟砂红土	1	0—17	浅黄色	砂壤土	散粒状	6.8	4.3	0.23	0.03	4.4	23		5.3		E 101°58′51.2″ N 25°45′40.2″	90
						2	17—44	浅黄色	砂壤土	散粒状	7.0	4.2	0.40	0.03	0.4			3.4			
						3	44—														
剖27	半淋溶土	燥红土		花岗片麻岩燥红土	黑泡土	A	0—10	灰紫色	重黏土	块状	7.8	17.4	1.14	0.17	13.4	63		22.5		E 101°46′44.8″ N 25°45′16.6″	89
						P	10—45	暗紫色	重黏土	碎块状	7.9	14.0	0.86	0.08	13.1			21.4			
						B	45—74	浅红黄色	重黏土	散粒状	7.8	10.8	0.70	0.07	16.8			19.5			
剖28	初育土	石灰(岩)土	黑色石灰土		黑泡土	C	74—100	浅红黄色	重黏土	碎块状	7.9	9.2	0.59	0.06	11.3			2.7		E 101°51′02.9″ N 25°45′05.0″	96

续表 Continued

剖面号 Soil profile	土纲 Soil order	土类 Soil great group	亚类 Soil subgroup	土属 Soil genus	土种 Soil species	土层码 Layer code	土层厚度 Depth/cm	颜色 Soil color	质地 Soil texture	土壤结构 Soil structure	pH	有机质 OM/(g/kg)	全氮 TN/(g/kg)	全磷 TP/(g/kg)	全钾 TK/(g/kg)	碱解氮 AN/(mg/kg)	有效磷 AP/(mg/kg)	阳离子交换量CEC/(cmol/kg)	土壤母质 Parent material	剖面点坐标 Profile coordinate	匹配指数 Matching index/%
剖29	半淋溶土	燥红土	燥红土	红褐色土	黄燥红土	1	0—13	红黄色	砂壤土	核状	6.5	8.5	0.37	0.06	2.9	39		5.2		E 101°51′54.4″ N 25°45′02.2″	99
						2	13—21	红黄色	砂壤土	小块状	6.5	6.7	0.35	0.05	5.5			7.7			
						3	21—72	浅红黄色	轻壤土	碎块状											
剖30	人为土	水稻土	淹育水稻土	紫色土性淹育水稻土	浅紫泥田	A	0—15	灰棕色	轻黏土	棱块状	7.9	47.9	2.40	0.28	18.4	260		8.9		E 101°54′16.9″ N 25°44′30.1″	91
						P	15—24	灰棕色	轻黏土	柱状	7.7	26.0	1.65	0.33	18.6			6.4			
						C	24—														
剖31	初育土	紫色土	石灰性紫色土	暗紫泥土	暗紫泥土	A	0—3	暗紫色	中壤土	粒状	7.9	26.9	1.68			161				E 101°52′45.1″ N 25°44′19.3″	76
						B	3—17	暗棕색	轻壤土	粒状											
						C	17—100	棕紫色	轻壤土	碎块状											
剖32	人为土	水稻土	潴育水稻土	冲积性潜育水稻土	冷浸田	A	0—19	暗红棕色	重黏土	柱状	7.4	18.3	1.18	0.22	25.4	92		20.7	冲积物	E 101°53′46.3″ N 25°44′04.6″	83
						P	19—28	暗红棕色	重黏土	柱状	7.3	18.1	1.29	0.21	23.9			21.9			
						G	28—60	棕灰棕色	重黏土	块状	7.2	16.3	1.06	0.15	22.1			48.7			
						C	60—100	暗棕色	轻壤土	块状	7.0	16.2	0.66	0.19	22.9			31.6			
剖33	人为土	水稻土	潴育水稻土	煤红土性潴育水稻土	油砂土田	A	0—19	浅黄棕色	轻壤土	核状	7.1	32.9	1.27	0.19	12.8	144		46.2		E 101°50′07.4″ N 25°44′03.5″	74
						P	19—29	暗黄棕色	轻壤土	柱状	7.3	26.6	1.19	0.18	12.7			41.3			
						W	29—56	棕红棕色	轻壤土	碎块状											
剖34	人为土	水稻土	潴育水稻土	紫色土性潴育水稻土	紫泥田	A	0—15	浅紫色	轻壤土	核状	8.0	25.5	1.25	0.15	17.3	125		16.5		E 101°53′46.2″ N 25°44′49.6″	80
						P	15—22	灰黄色	轻壤土	碎块状	8.1	24.3	1.34	0.02	19.4			17.1			
						W	22—84	棕黄色	轻壤土	小棱块状	8.1	20.8	1.11	0.15	17.6			16.8			
						C	84—100	暗棕色	轻壤土	大棱块状	8.0	12.3	0.92	0.14	20.0			16.0			
剖35	人为土	水稻土	潴育水稻土	煤红土性潴育水稻土	紫黄泥田	A	0—18	紫色	轻壤土	核状	6.9	26.2	1.29	0.17	17.0	127		27.4		E 101°51′02.5″ N 25°42′38.9″	86
						P	18—25	紫红棕色	轻壤土	柱状	7.1	26.2	1.15	0.16	17.5			26.6			
						W	25—38	紫红棕色	重壤土	大块状											
剖36	初育土	紫色土	酸性紫色土	棕紫泥土	红羊肝土	1	0—11	灰紫色	中壤土	粒状	6.6	15.4	0.59	0.10	18.8	81		9.0		E 101°54′10.8″ N 25°42′21.6″	96
						2	11—16	灰紫色	中壤土	碎屑状	6.1	8.0	0.35	0.07	17.0			7.7			
						3	16—42	棕紫色	中壤土	碎屑状											
剖37	初育土	紫色土	酸性紫色土	棕紫泥土	石砂子燥红土	A	0—11	暗紫色	紧砂土	核状	7.5	29.9	1.50	0.14	21.7	100		4.0		E 101°53′31.7″ N 25°41′24.4″	100
						P	11—37	暗红棕色	细石屑土	棱块状	7.5	18.6	1.47	0.14	21.9			5.0			
						C	37—	暗红棕色	砂土	棱柱状											
剖38	半淋溶土	燥红土	燥红土	花岗片麻岩燥红土	老冲积红壤	1	0—4	浅黄色	砂壤土	核状	5.9	22.0	0.99			36			花岗片麻岩	E 101°48′28.8″ N 25°40′46.9″	80
						2	4—17	暗红色	轻壤土	粒状	6.6	6.2	0.34	0.06	18.6			46.8			
						3	17—100	褐红色	重壤土	块状	6.5	5.8	2.10	0.06	17.3			47.4			
剖39	铁铝土	红壤	红壤	老冲积红壤	羊肝土	1	0—14	暗紫色	中壤土	块状	6.8	11.4	0.67	0.28	22.5	65			老冲积物	E 101°37′37.2″ N 25°39′14.8″	82
						P	14—21	灰紫色	中壤土	粉状	6.9	9.9	0.72	0.31	20.7						
						C₁	21—64	紫棕色	中壤土	粉状								9.0			
剖41	初育土	紫色土	中性紫色土	紫泥土	浅红泥田	A	0—15	灰棕色	轻壤土	粒状	7.1	5.0	0.36	0.04	7.0	54		7.7	紫色砂页岩, 泥灰岩风化洪积物	E 101°55′17.0″ N 25°39′36.0″	90
						P	15—23	黄红色	小块状		7.0	3.6	0.22	0.04	8.3	48		12.2		E 101°50′25.4″ N 25°38′45.6″	84
剖42	人为土	水稻土	淹育水稻土	煤红土性淹育水稻土	浅红泥田	A	0—15	黄红色	轻黏土	核状	6.5	31.4	2.25	0.34	18.0	196		11.3			
剖43	人为土	水稻土	潴育水稻土	煤红土性潴育水稻土	鸡粪土田	A	0—16	棕灰色	中黏土	柱状	7.4	14.2	0.72	0.16	15.9			21.6		E 101°52′25.3″ N 25°38′02.4″	87
						P	16—25	暗棕色	轻黏土	粒状	7.3	28.3	1.13	0.21	15.3			20.3			
						W	25—100	暗黄棕色	轻黏土									20.5			

续表 Continued

剖面号 Soil profile	土纲 Soil order	土类 Soil great group	亚类 Soil subgroup	土属 Soil genus	土种 Soil species	土层码 Layer code	土层厚度 Depth/cm	颜色 Soil color	质地 Soil texture	土壤结构 Soil structure	pH	有机质 OM/(g/kg)	全氮 TN/(g/kg)	全磷 TP/(g/kg)	全钾 TK/(g/kg)	碱解氮 AN/(mg/kg)	有效磷 AP/(mg/kg)	阳离子交换量 CEC/(cmol/kg)	土壤母质 Parent material	剖面点坐标 Profile coordinate	匹配指数 Matching index/%
剖44	人为土	水稻土	潴育水稻土	燥红土性潴育水稻土	砂泥田	A	0—17	灰棕色	中壤土	粒状	7.0	19.7	0.91	0.15	16.6	81		29.2		E 101°56′19.0″ N 25°37′49.1″	92
						P	17—23	棕褐色	中壤土	块状	7.4	15.0	0.75	0.06	13.9			10.0			
						W	23—53	红褐色	中壤土	核状	7.4	10.5	0.62	0.07	15.4			9.8			
						C	53—100	紫棕色	中壤土	块状	7.7	4.8	0.30	0.07	12.9			9.5			
剖45	铁铝土	红壤	褐红壤	老冲积红壤	黄砂土	A	0—15	灰棕色	轻壤土	粒状	6.9	11.1	0.63	0.03	5.5	53		10.9	老冲积物	E 101°54′52.7″ N 25°36′54.5″	91
						P	15—22	紫棕色	轻壤土	碎块状	7.2	11.0	0.62	0.03	3.2			7.0			
						C_1	22—38	黄褐色	轻壤土	碎块状	7.3	3.0	0.44	0.02	2.7			4.6			
						C_2	38—54	棕褐色	轻黏土	碎块状	6.7	8.6	0.54	0.06	10.6			13.2			
剖46	铁铝土	红壤	褐红壤	老冲积红壤	老冲积褐红壤	1	0—13	浅黄色	中壤土	核状	6.4	16.9	0.78			75				E 101°53′39.5″ N 25°35′33.0″	88
						2	13—30	红黄色	轻壤土	块状											
						3	30—100	黄红色	轻壤土	块状											
剖47	人为土	水稻土	潴育水稻土	紫色土性潴育水稻土	紫鸡粪土田	A	0—15	灰棕色	中壤土	核状	7.4	28.9	0.99	0.11	13.9	76		29.6		E 101°52′29.6″ N 25°33′41.0″	88
						P	15—22	棕色	中壤土	小梭块状	7.4	10.6	0.76	0.06	13.8			25.9			
						W	22—100	灰棕色	轻壤土	碎屑状											
剖48	初育土	紫色土	酸性紫色土	棕紫泥土	棕紫鸡粪土	1	0—21	灰紫色	轻黏土	核状	7.3	50.3	2.03	0.33	16.6	189		22.8		E 101°59′12.5″ N 25°31′00.8″	70
						2	21—30	浅黄色	轻黏土	核状	7.2	20.3	1.52	0.27	16.6			20.5			
						3	30—	暗紫色	重壤土	块状											
剖49	初育土	紫色土	酸性紫色土	红紫泥土	红紫泥土	A	0—15	灰黄色	中壤土	粒状	5.8	7.2	0.30			50				E 101°52′28.9″ N 25°26′53.9″	80
						B	15—45	浅黄色	轻壤土	小块状											
剖50	人为土	水稻土	淹育水稻土	红壤性淹育水稻土	山砂田	A	0—14	灰棕色	轻壤土	梭块状	5.2	6.0	0.27	0.04	7.9	68		3.2	红壤性母质	E 101°56′30.8″ N 25°26′24.4″	76
						P	14—19	灰棕色	轻壤土	梭块状	5.3	11.7	0.21	0.04	7.0			3.8			
						C	19—50	黄棕色	中壤土	碎块状	5.2										
剖51	初育土	紫色土	酸性紫色土	黄紫泥土	黄紫泥土	1	0—18	灰棕色	重壤土	粒状	6.5	46.1	2.86	0.69	22.8	228		32.8		E 101°53′13.2″ N 25°25′55.2″	80
						2	18—28	灰棕色	重壤土	小块块状	6.6	47.4	2.92	0.69	21.8			32.1			
						3	28—47	棕褐色	中壤土	梭块状	6.7	32.3	2.20	0.69	23.4			32.2			
						4	47—100	暗棕色	轻黏土	梭柱状	6.5	8.5	0.55	0.37	25.7			17.7			
剖52	初育土	紫色土	石灰性紫色土	暗紫泥土	暗紫羊肝土	A	0—16	紫色	轻壤土	核状	7.1	20.3	0.99	0.15	19.5	72		7.1		E 102°02′38.8″ N 26°02′47.0″	95
						B	16—26	灰棕色	中壤土	核状	7.0	25.1	1.83	0.18	17.9			9.5			
						C	26—100	棕褐色	重壤土	碎块状	7.6	6.4	0.40	0.15	17.0			25.8			
剖53	初育土	紫色土	石灰性紫色土	暗紫泥土	暗紫砂土	B	16—58	暗棕褐色	轻壤土	碎块状	7.3	5.4	0.39	0.12	17.5	25		15.7		E 102°03′11.2″ N 26°00′37.8″	90
						C	58—100	暗棕褐色	重壤土	散砂状											
剖54	初育土	新积土	冲积土	河滩冲积土	河砂土	A	0—15	浅黄色	砂壤土	散砂状	7.1	10.3	0.90	0.23	12.5	25		4.8		E 102°01′22.9″ N 25°59′17.8″	74
						B	15—47	浅黄色	砂壤土	散砂状	7.1	9.2	0.36	0.27	13.2			6.0			
						C	47—100	紫色	壤质黏土	散砂状	8.0	5.3	2.40	0.21	11.5			5.0			
剖55	初育土	紫色土	中性紫色土	紫泥土	紫泥土	1	0—17	灰棕色	砂壤土	块状	7.2	24.7	1.95	0.33	13.4	53	0.4	8.0		E 102°01′51.2″ N 25°58′40.8″	87
						AC	17—45	油紫红色	黏壤土	核状	7.0	11.1	0.71	0.26	16.4	36	0.4	7.4			
						C	45—75	油红棕红色	壤质黏土	块状	7.5	11.4	0.95	0.24	22.7	30	0.4	15.3			
剖56	半淋溶土	燥红土	燥红土	湖洪冲积燥红土	紫黄燥红土	1	0—13	紫棕色	中壤土	粒状	7.2	6.8	0.40	0.12	11.9	23		19.9		E 102°02′57.8″ N 25°58′28.6″	94
						2	13—26	暗棕红色	轻壤土	核状	5.8	35.1	1.93	0.36	12.3	192		13.8			
						3	26—60	暗棕红色	黏质黏土	块状		7.0									
剖57	淋溶土	黄棕壤	黄棕壤	紫色岩类黄棕壤	黄灰土	A	0—19	灰棕色	中壤土	碎屑状	5.8	35.1	1.93	0.36	19.3			21.6		E 102°00′33.8″ N 25°43′23.5″	91
						P	19—26	暗棕色	轻壤土	碎屑状	5.9	55.9	2.70	0.37	19.7			27.3			
						C	26—80	暗棕色	轻壤土	碎块状											

续表 Continued

剖面号 Soil profile	土纲 Soil order	土类 Soil great group	亚类 Soil subgroup	土属 Soil genus	土种 Soil species	土层码 Layer code	土层厚度 Depth/cm	颜色 Soil color	质地 Soil texture	土壤结构 Soil structure	pH	有机质 OM/(g/kg)	全氮 TN/(g/kg)	全磷 TP/(g/kg)	全钾 TK/(g/kg)	碱解氮 AN/(mg/kg)	有效磷 AP/(mg/kg)	阳离子交换量CEC/(cmol/kg)	土壤母质 Parent material	剖面点坐标 Profile coordinate	匹配指数 Matching index/%
剖58	初育土	紫色土	酸性紫色土	黄紫泥土	黄羊肝土	A	0—15	紫灰色	轻壤土	碎块状	7.2	19.4	1.33	0.19	16.5	108		12.5		E 102°00′27.0″ N 25°31′58.1″	78
						P	15—24	黄棕色	轻壤土	小块状	7.0	21.6	1.39	0.20	16.3			12.0			
						C	24—100	浅棕色	中壤土	块状											

武 定 县

主要土类说明

紫色土是武定县主要土壤类型，占本县地域面积的47%。植被为常绿阔叶林或灌丛草地。成土母质为中生代的紫色砂页岩。成土过程以母岩的快速物理崩解、频繁侵蚀堆积以及碳酸钙的不断淋失作用为主，生物积累作用相对较弱。由于紫色砂页岩易风化，成土时间短，故矿质养分较丰富，一般属中等肥力，但土层浅薄，抗侵蚀力弱，特别是植被遭到破坏后，表土极易受冲刷侵蚀而使母岩裸露，土层中常夹有半风化母岩的碎屑。土壤具A-C剖面构型，剖面层次发育不明显，pH为4.5—8.5，富含矿质养分，蓄水性差。本县紫色土分为酸性紫色土、中性紫色土、石灰性紫色土等亚类，以酸性紫色土为多。

红壤是武定县第二大土壤类型，占本县地域面积的21%，分布在山坡丘陵。植被为常绿阔叶林。成土母质主要为深厚的古红土、红色风化壳及岩石风化残积物。成土过程以中度脱硅富铝化和生物富集为主。在红壤深厚的红色风化壳上，除生物积累过程外，还进行着脱硅富铝化过程，因此红壤既有古风化壳的残留特征，又受到近代富铝化过程的影响。

黄棕壤是武定县第三大土壤类型，占本县地域面积的19%，分布在海拔2400—2600m的山区。植被为湿性常绿阔叶林。成土母质为紫色砂页岩、黄色砂页岩坡积物和残积物。成土过程以脱硅富铝化、生物富集和黄化过程为主。土层弱度富铝化，黏聚现象明显，呈黄棕色。该土壤具A-B-C或A-（B）-C剖面构型，黏粒硅铝率在2.5左右，铁的游离度较红壤低，B层交换性酸大于A层。

棕壤占本县地域面积的7%，分布在海拔2300—3000m的山地垂直带谱中。植被以湿性常绿阔叶林和针阔叶混交林为主。成土母质以紫色岩类、酸性结晶岩类、基性结晶岩类和碳酸岩类风化物为主。成土过程以淋溶过程、黏化过程和生物富集过程为主。

水稻土占本县地域面积的5%，分布在地势平缓的坝区、河流两岸的冲积阶地。成土母质为地带性红壤和紫色土。水稻土在长期的季节性淹灌、水下翻耕、季节性脱水、氧化还原交替影响下，原来的成土母质或母土的特性发生重大改变，形成了不同的土体构型。本县水稻土分为潴育型、潜育型等亚类。其中，潴育水稻土（包括鸡粪水田、油砂土田、沙泥土田等）面积较大，水肥条件好，排水良好，质地砂黏适中，有较深厚的耕作层，多属高肥力稻田，具A-P-W-G或A-P-W-C剖面构型。

小于本县地域面积3%的土壤类型有燥红土、石灰（岩）土和新积土。

本区域中心区气候特征

本区域中心区气候特征值
Regional climate characteristics in central area of the region

气候带：中亚热带湿润气候 Climate region: Subtropical humid climate	
年平均气温 /℃ Annual average temperature /℃	15.1
年平均最高气温 /℃ Annual average maximum temperature /℃	21.4
年平均最低气温 /℃ Annual average minimum temperature /℃	10.0
年降水量 /mm Annual precipitation /mm	1008
≥10℃的积温 /℃ Daily temperature accumulated in a year（≥10℃）/℃	5516
年日照时数 /h Annual sunshine /h	2263
年平均相对湿度 /% Annual average relative humidity /%	71
干燥度 Dryness	0.93

本区域中心区月平均气温与月平均降水量
Monthly temperature and precipitation in central area of the region

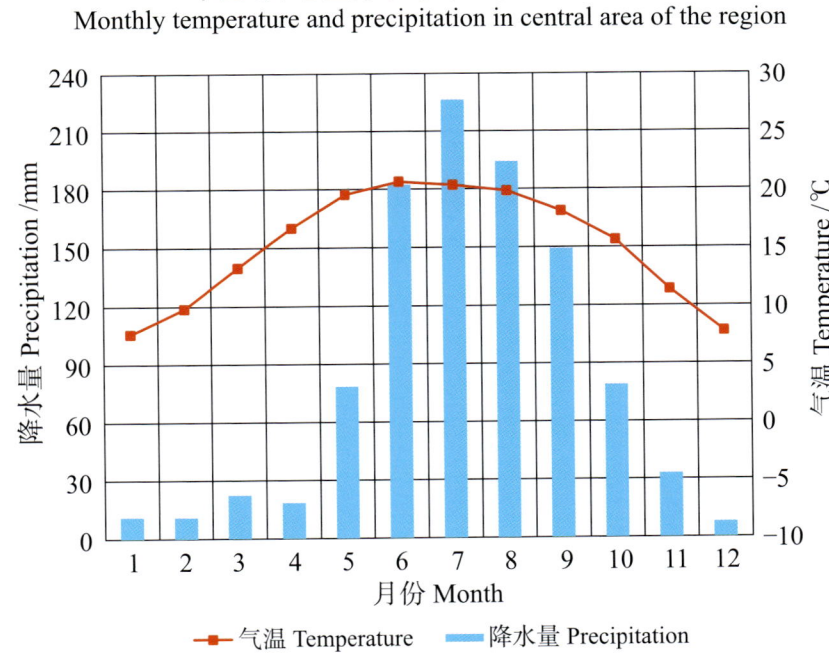

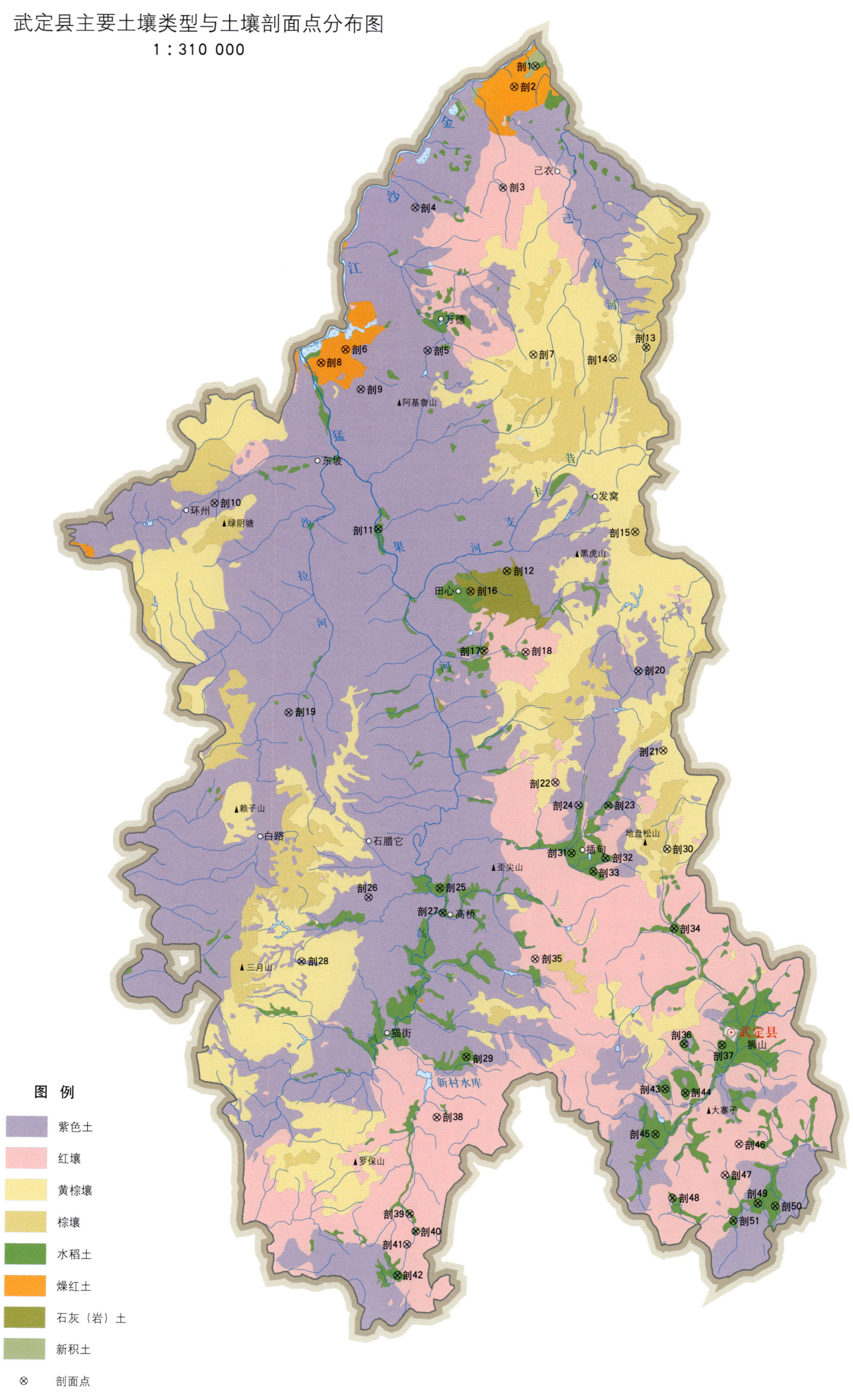

武定县土壤剖面理化性状表

剖面号 Soil profile	土纲 Soil order	土类 Soil great group	亚类 Soil subgroup	土属 Soil genus	土种 Soil species	土层码 Layer code	土层厚度 Depth/cm	颜色 Soil color	质地 Soil texture	土壤结构 Soil structure	pH	有机质 OM/(g/kg)	全氮 TN/(g/kg)	全磷 TP/(g/kg)	全钾 TK/(g/kg)	阳离子交换量CEC/(cmol/kg)	土壤母质 Parent material	剖面点坐标 Profile coordinate	匹配指数 Matching index/%
剖1	初育土	新积土	冲积土	河滩冲积土	河砂土	1	0~20	褐色	轻壤土	粒状	8.4	15.2	0.72	1.40	20.3	27.0		E 102°14′01.3″ N 26°10′17.0″	96
						2	20~26	浅灰色	砂壤土	粒状									
剖2	半淋溶土	燥红土	燥红土	黄褐色燥红土	黄燥红土	1	0~16	暗灰黄色	中黏土	核状	8.3	31.6	2.31	0.86	31.0	11.1		E 102°13′07.0″ N 26°09′26.3″	93
						2	16~22	浅灰黄色	中黏土	核状									
						3	22~75	浅灰色	重黏土	核块状									
剖3	铁铝土	红壤	黄红壤	酸性岩类黄红壤		A	0~8	浅紫色	轻黏土	粒状	5.4	15.8	0.79	1.00	18.7	13.5	酸性母岩	E 102°12′44.3″ N 26°05′24.0″	70
剖4	初育土	紫色土	石灰性紫色土	暗紫泥土		1	0~12	紫灰色	砂壤土	块状	8.4	13.9	0.71	1.23	19.6	27.4		E 102°08′51.7″ N 26°04′30.7″	81
剖5	初育土	紫色土	酸性紫色土	黄紫泥土		A	0~10	灰黄色	轻壤土	碎块状	5.6	21.8	0.92	0.62	22.0	9.3		E 102°09′36.0″ N 25°58′50.2″	70
剖6	半淋溶土	燥红土	燥红土	红褐色燥红土		1	0~8	暗棕色	重壤土	块状	7.1	4.3	0.34	0.25	19.1	12.3		E 102°05′57.8″ N 25°58′47.3″	79
						2	8~24	暗棕色	轻壤土	块状	6.5	3.4	0.20	0.33	24.9	11.6			
						3	24~40	暗棕色	轻壤土	块状	7.0	2.9	2.90	0.15	18.0	10.4			
剖7	淋溶土	黄棕壤	黄棕壤	黄色砂页岩山地黄棕壤	黄灰土	1	0~10	黄色	中壤土	粒状	6.2	24.4	0.94	0.43	8.3		黄色砂页岩	E 102°14′17.9″ N 25°58′47.3″	89
						2	10~19	灰黄色	中壤土	核状									
						3	19~32	暗灰色	中壤土	块状									
						4	32~100	黄色	重壤土	核状									
剖8	半淋溶土	燥红土	石灰性紫色土	红紫泥土	大燥红土	1	0~13	浅红色	中壤土	块状	8.2	17.1	0.98	0.34	14.9	9.6		E 102°04′53.0″ N 25°58′14.2″	77
						2	24~57	暗棕色	砂壤土	粒状	8.3	12.4	0.76	0.51	20.4	27.4			
剖9	初育土	紫色土	酸性紫色土	暗紫泥土	暗紫砂土	1	0~10	红棕色	砂壤土	碎屑状								E 102°06′41.0″ N 25°57′12.6″	86
						2	10~18	棕色	砂壤土	块状	6.4	39.8	1.56	0.76	11.5	17.1			
						3	18~53	红色	轻壤土	粒状									
						4	53~80	红色	轻壤土	碎屑状									
剖10	初育土	燥红土	燥红土	棕紫泥土	棕紫砂土	1	0~20	灰紫色	轻壤土	块状	6.0	41.2	1.98	0.82	25.2	16.5		E 102°00′21.6″ N 25°52′30.4″	93
						2	20~100	棕紫色	重壤土	核块状									
剖11	人为土	水稻土	淹育水稻土	紫色土性淹育水稻土	砂底紫泥田	1	0~27	棕紫色	中壤土	核块状								E 102°07′39.0″ N 25°51′39.6″	83
						2	27~39	紫红色	重壤土	核块状									
						3	39~78	紫色	中壤土	块状									
剖12	初育土	石灰（岩）土	白色石灰土	白泡土		A	0~20	灰白色	中壤土	核状	8.5	21.5	0.99	0.31	8.5			E 102°13′24.2″ N 25°50′07.8″	100
						B	20~60	白色	轻壤土	块状	8.2	10.0	0.23	0.29	2.4				
						C	60~75	白色	砂壤土	块状	8.6	9.1	0.09	0.32	2.5				
剖13	淋溶土	棕壤	棕壤	紫色砂页岩山地黄棕壤	紫灰塘土	1	0~21	紫灰色	中壤土	粒状	6.3	50.1	2.52	1.56	13.0	16.2	紫色页岩	E 102°19′17.8″ N 25°59′11.0″	88
						2	21~29	棕色	重壤土	块状									
						3	29~52	灰灰色	中壤土	块状									
						4	52—	紫色		核块状									
剖14	淋溶土	黄棕壤	黄棕壤	紫色砂页岩山地黄棕壤	紫灰砂土	1	0~17	棕灰色	重壤土	粒状	6.6	58.6	2.69	1.48	34.9	20.3	紫色砂页岩	E 102°17′49.6″ N 25°58′43.7″	88
						2	17~26	棕色	重壤土	粒状									
						3	26~50	灰棕色	重壤土	块状									
						4	50~100	暗棕色	中壤土	核块状									
剖15	淋溶土		棕壤			A	3~21	暗棕色	重壤土	粒状	5.4	133.3	4.50	1.14	20.0	28.8		E 102°19′02.2″ N 25°51′49.9″	77
						B	21~50	灰棕色	重壤土	块状	5.0	52.3	1.90	0.27	20.9	16.1			
						C	50~70	褐紫色	轻黏土	块状	5.0	12.2	0.69	0.52	29.5	10.9			

续表 Continued

剖面号 Soil profile	土纲 Soil order	土类 Soil great group	亚类 Soil subgroup	土属 Soil genus	土种 Soil species	土层码 Layer code	土层厚度 Depth/cm	颜色 Soil color	质地 Soil texture	土壤结构 Soil structure	pH	有机质 OM/(g/kg)	全氮 TN/(g/kg)	全磷 TP/(g/kg)	全钾 TK/(g/kg)	阳离子交换量CEC/(cmol/kg)	土壤母质 Parent material	剖面点坐标 Profile coordinate	匹配指数 Matching index/%
剖16	初育土	石灰(岩)土	白色石灰土	白泡土	钙质白泥土	1	0—16	灰黑色	轻壤土	粒状	7.8	28.5	1.66	0.79	6.7			E 102°11′49.2″ N 25°49′17.0″	83
						2	16—25	白色	轻壤土	块状									
						3	25—100	白色											
剖17	初育土	石灰(岩)土	白色石灰土	白泡土	鸡粪土	1	0—13	暗棕色	轻壤土	粒状	7.7	25.8	1.37	1.64	14.6	25.5		E 102°12′29.9″ N 25°46′55.6″	100
						2	24—66	黑棕色	重壤土	块状									
						3	66—76	黑棕色	重壤土	块状									
剖18	铁铝土	红壤		玄武岩红壤		A	0—6	灰棕色	中黏土	核状	6.3	36.2	1.48	1.49	3.8	20.0	玄武岩	E 102°14′20.0″ N 25°46′55.2″	73
剖19	初育土	紫色土	中性紫色土	紫泥土		A	0—18	褐色	重壤土	粒状	6.6	20.3	0.67	0.19	2.7	16.9		E 102°03′55.8″ N 25°44′14.6″	85
剖20	初育土	紫色土	酸性紫色土	棕紫泥土	棕紫油砂土	1	0—17	红棕色	轻壤土	粒状	7.0	22.5	0.92	0.96	14.2	25.5		E 102°19′21.0″ N 25°46′16.7″	88
						2	17—29	红棕色	轻壤土	粒状									
						3	29—100	红棕色	重壤土	核柱状									
剖21	淋溶土	黄棕壤		紫色砂页岩山地黄棕壤	紫灰土	1	0—18	暗紫紫	重壤土	粒状	7.1	31.5	1.64	1.39	26.3		紫色砂页岩	E 102°20′33.6″ N 25°43′09.0″	81
						2	18—32	棕紫色	重壤土	粒状									
						3	32—100	紫红色		块状									
剖22	铁铝土	红壤		辉绿岩黄红壤		1	0—6	灰黄色	轻壤土	粒状	6.6	24.1	1.10	2.98	8.4	12.4	辉绿岩	E 102°15′49.3″ N 25°41′46.0″	78
剖23	人为土	水稻土	淹育水稻土	紫色土性淹育水稻土	羊肝土田	1	0—16	黄色	轻壤土	核状	6.6	40.4	2.03	0.84	29.3	19.0		E 102°18′11.9″ N 25°40′53.8″	99
						2	16—26	暗红色	轻黏土	核状									
						3	26—100	红棕色		柱状									
剖24	初育土	紫色土	酸性紫色土	红紫泥土	红紫泥土	1	0—14	浅红色	重壤土	核状	6.1	14.2	0.81	0.47	14.1	15.2		E 102°16′52.7″ N 25°40′53.0″	87
						2	14—21	浅红色	重壤土	粒状									
						3	21—50	暗棕微红		粒状									
						4	50—	红棕色											
剖25	人为土	水稻土	潴育水稻土	冲积性潴育水稻土	紫油砂土田	1	0—20	灰黄色	中壤土	核块状	7.2	40.3	1.83	0.83	18.3	27.4	冲积物	E 102°10′51.2″ N 25°37′25.3″	82
						2	20—32	紫	中壤土	小核块状									
						3	32—45	暗棕色	砂壤土	粒状									
						4	45—70	黄棕色	轻壤土	核块状									
						5	70—100	紫色	重壤土	粒状									
剖26	初育土	紫色土	酸性紫色土	红紫泥土	红羊肝土	A	0—9	暗棕色	重壤土	粒状	5.5	38.3	1.76	0.37	18.5	12.2		E 102°07′43.0″ N 25°36′58.0″	80
剖27	人为土	水稻土	潴育水稻土	冲积性潴育水稻土	紫泥田	1	0—21	黄棕色	黏土	核块状	6.8	44.2	2.37	1.05	17.9	23.1	冲积物	E 102°11′01.3″ N 25°36′26.3″	86
						2	21—29	紫棕色	中壤土	粒状									
						3	29—62	棕色	重壤土	粒状									
						4	62—100	紫色	重壤土	块状									
剖28	初育土	紫色土	酸性紫色土	红紫泥土	红羊肝土	1	0—11	紫色	重壤土	粒状	7.0	15.0	1.22	1.61	29.0	26.7		E 102°04′50.9″ N 25°34′19.9″	77
						2	11—26	紫色	黏土	块状									
						3	26—32	黄色		核块状									
剖29	人为土	水稻土	淹育水稻土	红壤性淹育水稻土	黄泥田	1	0—20	黄棕色	轻黏土	块状	5.5	41.5	1.96	1.94	22.1	8.9		E 102°12′15.5″ N 25°30′42.5″	76
						2	20—35	浅红色	轻黏土	核块状									
						3	35—93	灰红色	轻壤土	小块状									
剖30	淋溶土	黄棕壤		黄色砂页岩山地黄棕壤	黄灰砂土	1	0—13	灰棕色	中壤土	核块状	6.3	20.2	0.79	0.35	15.0	8.3	黄色砂页岩	E 102°20′51.7″ N 25°39′14.4″	96
						2	13—17	褐色	中壤土	核块状									
						3	17—49	黄色	中壤土	块状									
							49—73	红棕色	中壤土	核块状									

续表 Continued

剖面号 Soil profile	土纲 Soil order	土类 Soil great group	亚类 Soil subgroup	土属 Soil genus	土种 Soil species	土层码 Layer code	土层厚度 Depth/cm	颜色 Soil color	质地 Soil texture	土壤结构 Soil structure	pH	有机质 OM/(g/kg)	全氮 TN/(g/kg)	全磷 TP/(g/kg)	全钾 TK/(g/kg)	阳离子交换量CEC/(cmol/kg)	土壤母质 Parent material	剖面点坐标 Profile coordinate	匹配指数 Matching index/%
剖31	人为土	水稻土	潴育水稻土	冲积性潴育水稻土	紫砂泥田	1	0—12	黄色	中壤土	粒状	5.9	39.2	1.97	1.69	32.6	20.2	冲积物	E 102°16′37.9″ N 25°38′58.4″	94
						2	12—23	黄棕色	重壤土	碎块状									
						3	23—50	浅黄棕色	砂壤土	粒状									
						4	50—100												
剖32	人为土	水稻土	淹育水稻土	紫色土性淹育水稻土	浅紫泥田	1	0—12	浅红色	轻黏土	核状	5.6	37.8	1.85	1.07	18.1	29.9		E 102°18′08.6″ N 25°38′48.5″	90
						2	12—20	紫色	重壤土	大块状									
						3	20—43	紫棕色	重壤土	小块状									
						4	43—100	紫棕色	重壤土	棱块状									
剖33	人为土	水稻土	淹育水稻土	紫色土性淹育水稻土	紫羊毛砂田	1	0—12	紫色	轻壤土	核状	5.6	17.3	1.23	0.57	14.6	10.1		E 102°17′38.0″ N 25°38′15.7″	87
						2	14—19	灰黄色	轻壤土	核状									
						3	19—42	紫棕色	轻壤土	核状									
						4	42—100		中壤土	棱块状									
剖34	人为土	水稻土	淹育水稻土	紫色土性淹育水稻土	浅紫胶泥田	1	0—15	暗棕色	重黏土	核状	7.0	34.7	2.14	1.29	25.8	27.4		E 102°21′16.6″ N 25°36′04.0″	71
						2	15—23	红棕色	重黏土	块状									
						3	23—64		重黏土	棱柱状									
剖35	铁铝土	红壤	红壤	山地红壤		A	0—20	棕红色	轻壤土	核状	5.4	59.1	2.80	1.17	25.4	18.8		E 102°15′10.1″ N 25°34′42.2″	72
剖36	人为土	水稻土	淹育水稻土	红壤性淹育水稻土	白砂泥田	1	0—17	白色	重壤土	碎屑状	5.6	31.9	1.65	0.64	13.6	8.2		E 102°21′52.6″ N 25°31′28.9″	78
						2	17—22	黄色	轻黏土	块状									
						3	22—100	棕灰色	重壤土	棱块状									
剖37	人为土	水稻土	潜育水稻土	坡残积潜育水稻土	青胶泥田	1	0—14	青灰色	轻黏土	棱块状	8.1	25.7	1.44	1.15	21.4	27.0		E 102°23′33.0″ N 25°31′28.2″	88
						2	14—18		轻壤土	棱柱状									
						3	18—78												
剖38	铁铝土	红壤	红壤	老冲积红壤	油红土	1	0—20	暗棕红色	重壤土	粒状	5.5	23.9	1.06	1.96			老冲积物	E 102°11′02.4″ N 25°28′15.6″	83
						2	20—28	红色	重壤土	碎块状									
						3	28—100	红色	重壤土	小块状									
剖39	人为土	水稻土	潜育水稻土	冲积性潜育水稻土	黑紫泥田	1	0—13	褐色	中壤土	核状	6.7	30.0	1.76	0.57	19.0	12.0	冲积物	E 102°09′58.7″ N 25°24′26.3″	100
						2	13—30	黑棕色	轻壤土	小棱块状									
						3	30—64	暗棕色	砂壤土	碎屑状									
						4	64—100												
剖40	人为土	水稻土	潜育水稻土	冲积性潜育水稻土	锈水田	1	0—14	红橙色	重壤土	块状	7.9	13.3	0.71	0.75	12.7	26.9		E 102°10′16.0″ N 25°23′44.9″	98
						2	14—20	红色	重壤土	块状									
						3	20—39	红色	黏土	块状									
						4	39—73		重壤土	块状									
剖41	铁铝土	红壤	黄红壤	酸性岩类黄红壤	黄末香土	1	0—16	灰黄色	中壤土	粒状	6.4	13.4	1.08	0.50	9.6	20.4	酸性母岩	E 102°09′53.6″ N 25°23′13.6″	70
						2	16—32	浅棕黄色	中壤土	块状									
						3	32—56	浅黄棕色	中壤土	块状									
剖42	人为土	水稻土	侧渗水稻土	坡残积侧渗水稻土	白底胶泥田	1	0—16	紫色	重壤土	核状	6.1	29.6	1.43	0.72	17.0	10.7		E 102°09′31.3″ N 25°21′59.0″	75
						2	16—24	紫灰色	重壤土	块状									
						3	24—84	白色	重壤土	碎屑状									
						4	84—100	暗红棕色	重壤土	核状									

续表 Continued

剖面号 Soil profile	土纲 Soil order	土类 Soil great group	亚类 Soil subgroup	土属 Soil genus	土种 Soil species	土层码 Layer code	土层厚度 Depth/cm	颜色 Soil color	质地 Soil texture	土壤结构 Soil structure	pH	有机质 OM/(g/kg)	全氮 TN/(g/kg)	全磷 TP/(g/kg)	全钾 TK/(g/kg)	阳离子交换量CEC/(cmol/kg)	土壤母质 Parent material	剖面点坐标 Profile coordinate	匹配指数 Matching index/%
剖43	人为土	水稻土	淹育水稻土	红壤性淹育水稻土	黄砂泥田	1	0—12	灰黄色	重壤土	核状	6.2	33.1	1.65	0.74	11.6	9.9		E 102°21′05.4″ N 25°29′38.8″	84
						2	12—18		重壤土	核柱状									
						3	18—100	浅红黄色	重壤土	块状									
剖44	人为土	水稻土	潜育水稻土	冲积性潜育水稻土	黑紫胶泥田	1	0—14	棕红色	轻壤土	棱柱状	5.9	65.0	3.44	0.88	19.2	20.7	冲积物	E 102°21′59.0″ N 25°29′30.8″	81
						2	14—18		轻壤土	棱柱状									
						3	18—78	青灰色	重壤土	棱柱状									
剖45	人为土	水稻土	潜育水稻土	冲积性潜育水稻土	紫胶泥田	1	0—19	紫褐色	重黏土	核柱状	7.2	23.9	1.65	0.96	20.8	27.4	冲积物	E 102°20′43.1″ N 25°27′50.8″	71
						2	19—30	暗棕色	重黏土	柱状									
						3	30—90			块状									
剖46	铁铝土	红壤		老冲积红壤		A	0—17	暗棕色	轻黏土	碎块状	5.3	25.9	1.13	1.38	2.3	13.8	老冲积物	E 102°24′25.9″ N 25°27′33.1″	76
剖47	铁铝土	红壤		老冲积红壤	红土	1	0—13	灰棕色	轻黏土	核状	6.2	37.8	1.61	1.92	21.8	18.2	老冲积物	E 102°23′51.0″ N 25°26′18.4″	100
						2	13—22	黄棕色	轻黏土	核状									
						3	22—80	暗棕色	轻黏土	小块状									
剖48	人为土	水稻土	潜育水稻土	冲积性潜育水稻土	冷浸田	1	0—19	紫色	重黏土	块状	6.9	27.8	2.00	0.78	24.8	33.2		E 102°21′33.5″ N 25°25′21.4″	83
						2	19—28	紫黑色	轻黏土	核状									
						3	28—60		轻黏土	核状									
剖49	人为土	水稻土	潜育水稻土	冲积性潜育水稻土	紫鸡黄土田	1	0—20	棕色	轻黏土	块状	6.8	40.0	2.34	1.79	16.9	19.6		E 102°25′20.2″ N 25°27′14.9″	85
						2	20—50	紫灰色	重黏土	块状									
						3	50—65	褐灰色	重黏土	块状									
						4	65—100		轻黏土	块状									
剖50	人为土	水稻土	淹育水稻土	红壤土性淹育水稻土	鸡屎土田	1	0—17	暗棕色	轻黏土	块状	7.5	30.2	1.44	1.15	1.9	28.4		E 102°26′06.4″ N 25°25′09.8″	81
						2	17—27	黑棕色	重黏土	块状									
						3	27—70	棕红色	重黏土	块状									
剖51	人为土	水稻土	淹育水稻土	紫色土性淹育水稻土	浅紫砂泥田	1	0—14	黑红色	重壤土	核块状	7.3	6.9	5.80	0.29	15.6	22.9		E 102°24′16.9″ N 25°24′32.5″	89
						2	14—23	棕红色	重壤土	块状									
						3	23—100	棕红色	轻壤土	核块状									

红河哈尼族彝族自治州

个 旧 市

主要土类说明

红壤是个旧市主要土壤类型，占本市地域面积的39%，多分布在海拔1100—1800m的中半山区。成土母质为石灰岩、玄武岩、泥质岩、砂页岩、古红土风化残积物。成土过程以脱硅富铝化和生物富集为主。红壤呈中度脱硅富铝化特征，具A-Bs-Bv或A-Bs-C剖面构型。

黄棕壤是个旧市第二大土壤类型，占本市地域面积的27%，分布在海拔2400—2600m的山区。植被为湿性常绿阔叶林、次生云南松林以及灌丛和禾本科杂草。成土母质为紫色砂页岩、黄色砂页岩坡积物和残积物。成土过程以脱硅富铝化、生物富集和黄化过程为主。土层弱度富铝化，黏聚现象明显，呈黄棕色。

黄壤是个旧市第三大土壤类型，占本市地域面积的12%，分布在海拔1600—1900m的山区。植被以喜湿性常绿阔叶林为主。成土母质为花岗岩、砂页岩和石灰岩等。成土过程以脱硅富铝化、生物富集和黄化过程为主。黏土矿物以蛭石为主，其次为高岭石和伊利石。

燥红土占本市地域面积的10%，分布在干热河谷及封闭、半封闭的干热坝子。燥红土是由红土母质发育形成的盐基饱和的红色土壤，具A-B-C（D）剖面构型。成土过程以有机质积累、生物富集和脱硅富铝化为主。

水稻土占本市地域面积的5%，分布在平坝及低山丘陵区。水稻土在长期的季节性淹灌、水下翻耕、季节性脱水、氧化还原交替影响下，原来的成土母质或母土的特性发生重大改变，形成了不同的土体构型。

小于本市地域面积3%的土壤类型有新积土、石灰（岩）土和紫色土。

本区域中心区气候特征

本区域中心区气候特征值
Regional climate characteristics in central area of the region

气候带：南亚热带湿润气候 Climate region: South subtropical humid climate	
年平均气温/℃ Annual average temperature /℃	18.6
年平均最高气温/℃ Annual average maximum temperature /℃	24.6
年平均最低气温/℃ Annual average minimum temperature /℃	14.4
年降水量/mm Annual precipitation /mm	928
≥10℃的积温/℃ Daily temperature accumulated in a year（≥10℃）/℃	6764
年日照时数/h Annual sunshine /h	2152
年平均相对湿度/% Annual average relative humidity /%	73
干燥度 Dryness	1.20

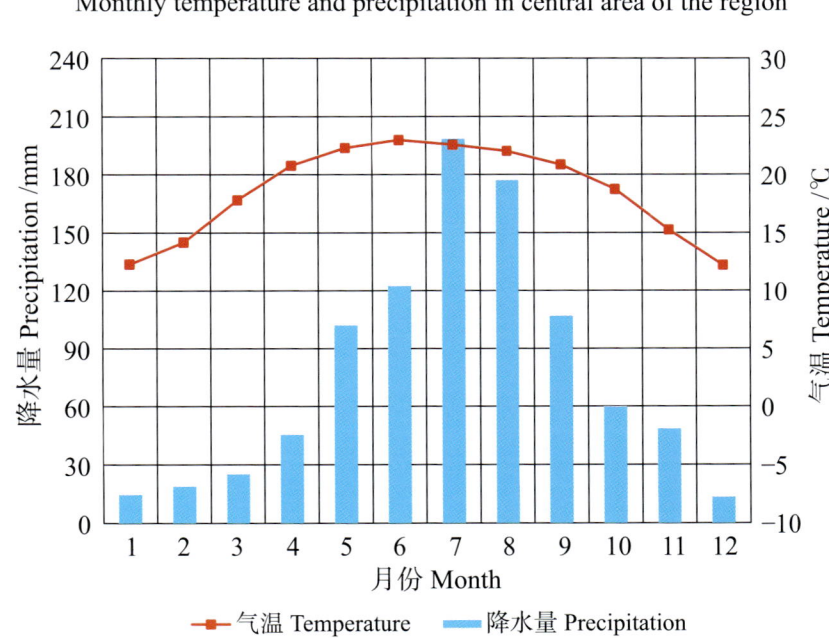

本区域中心区月平均气温与月平均降水量
Monthly temperature and precipitation in central area of the region

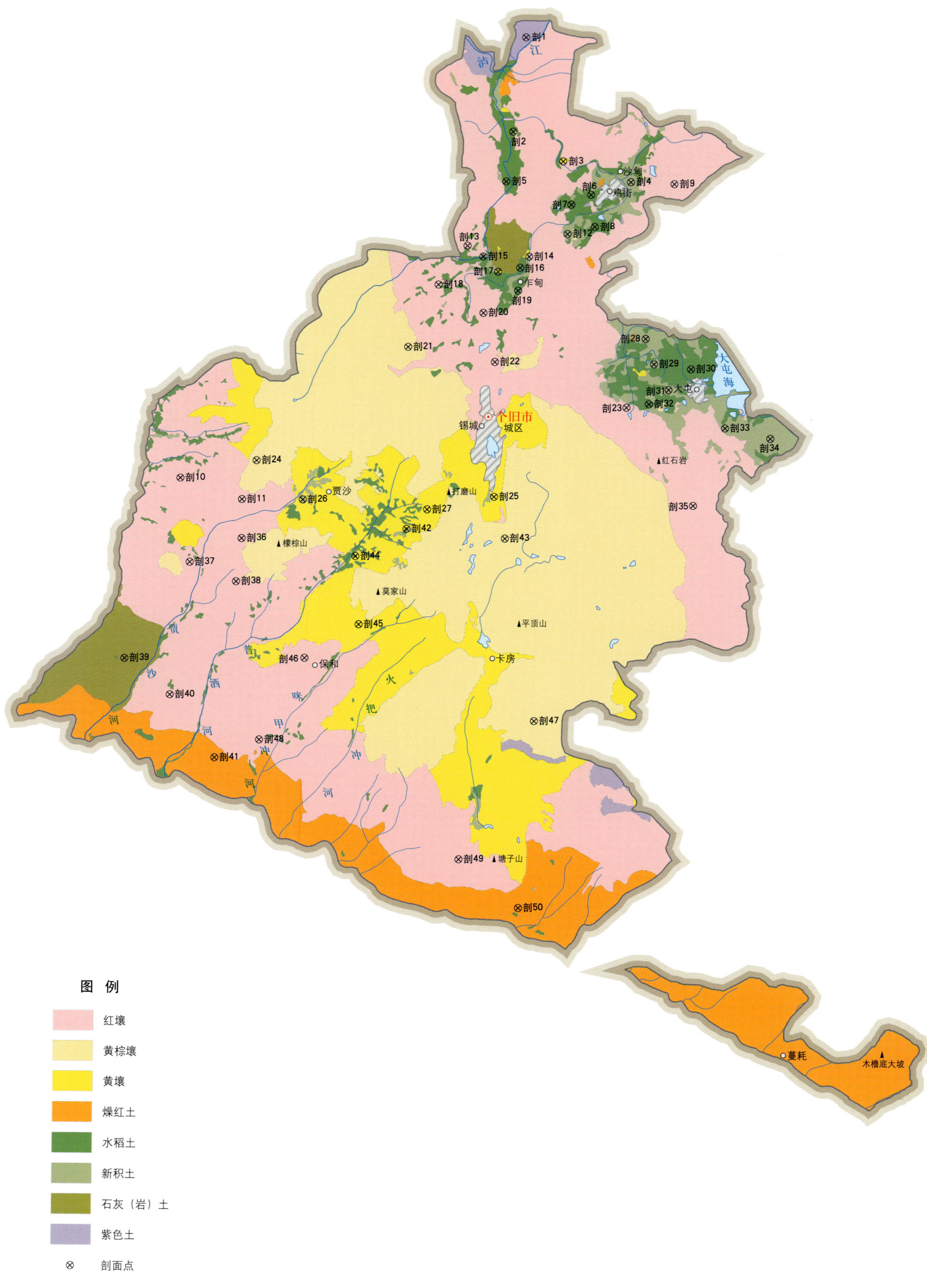

个旧市土壤剖面理化性状表

剖面号 Soil profile	土纲 Soil order	土类 Soil great group	亚类 Soil subgroup	土属 Soil genus	土种 Soil species	土层码 Layer code	土层厚度 Depth/cm	颜色 Soil color	质地 Soil texture	土壤结构 Soil structure	pH	有机质 OM/(g/kg)	全氮 TN/(g/kg)	全磷 TP/(g/kg)	全钾 TK/(g/kg)	碱解氮 AN/(mg/kg)	土壤母质 Parent material	剖面点坐标 Profile coordinate	匹配指数 Matching index/%
剖1	初育土	紫色土	酸性紫色土	红羊肝石土		A	0—13	深棕色	轻壤土	粒状	4.4	110.5	4.75	1.52	19.6	201		E 103°10′15.2″ N 23°36′32.6″	92
剖2	人为土	水稻土	潴育水稻土	紫色土性潴育水稻土	羊肝土田	A	0—15	紫棕色	轻壤土	粒状	8.1	26.6	1.39	1.17	7.9	126		E 103°09′50.3″ N 23°33′15.4″	74
						2	15—23	棕色	轻壤土	块状									
						3	23—100	棕色	中壤土	大块状									
剖3	铁铝土	黄壤	黄壤	石灰岩黄壤	黄鸡粪土	A	0—23	棕黄色	中壤土	团粒状	7.3	38.3	2.31	4.50	8.5	141	石灰岩	E 103°11′45.6″ N 23°32′15.0″	70
						2	23—90	黄色	重壤土	棱块状									
剖4	初育土	新积土	冲积土	冲积土	黄浮泥土	A	0—20	棕黄色	中壤土	粒状	8.1	23.1	1.87	1.29	10.5	120	冲积物	E 103°14′20.9″ N 23°31′34.8″	73
						2	20—36	棕黄色	重壤土	块状									
						3	36—70	灰黑色	中壤土	块状									
						4	70—100	黑色	重壤土	粒状									
剖5	人为土	水稻土	淹育水稻土	冲积性淹育水稻土	砂田	A	0—20	灰棕色	砂壤土	棱块状	7.9	26.8	1.82	2.01	1.7	136		E 103°09′36.7″ N 23°31′31.4″	97
						2	20—45	棕灰色	中壤土	粒状									
						3	45—100	灰色	中壤土	粒状									
剖6	人为土	水稻土	潴育水稻土	冲积性潴育水稻土	油砂土田	A	0—25	灰黑色	中壤土	粒状	7.8	49.8	3.52	1.03	7.4	145	冲积物	E 103°12′50.7″ N 23°31′06.8″	79
						2	25—47	蓝灰色	重壤土	棱柱状									
						3	47—80												
剖7	人为土	水稻土	淹育水稻土	红壤性淹育水稻土	黄泥田	A	0—20	黄棕色	黏土	块状	7.4	15.8	1.74	1.60	7.3	114		E 103°12′06.5″ N 23°30′45.7″	74
						2	20—42	棕色	重壤土	块状									
						3	42—100	棕色	中壤土	块状									
剖8	人为土	水稻土	潴育水稻土	冲积性潴育水稻土	黑泥田	A	0—24	暗黑色	重壤土	棱块状	8.2	35.2	2.23	7.78	10.1	207	冲积物	E 103°13′00.5″ N 23°30′00.0″	75
						2	24—39	灰黑色	黏土	块状									
						3	39—100												
剖9	铁铝土	红壤	红壤	石灰岩红壤	酸白泥	A	0—18	灰黄色	中壤土	块状	6.1	10.5	1.35	1.30	11.7	126	石灰岩	E 103°15′59.8″ N 23°31′32.2″	75
剖10	铁铝土	红壤	红壤	花岗岩红壤	砂土	A	0—20	棕灰色	砂壤土	单粒状	5.8	24.8	2.12		7.2	144		E 102°57′31.3″ N 23°21′00.7″	91
剖11	铁铝土	红壤	红壤	石灰岩红壤	石渣子土	A	0—15	红色	轻壤土	单粒状	7.0	38.0	3.11		5.3	36		E 102°59′52.1″ N 23°20′18.2″	93
剖12	初育土	新积土	冲积土	冲积土	硝土	A	0—18	浅棕色	粉砂土	小粒状	8.2	31.0	1.85	2.04	3.7	65	冲积物	E 103°11′58.9″ N 23°29′44.5″	77
						2	18—25	暗灰色	粉砂质重壤土										
						3	25—100	灰白色											
剖13	铁铝土	红壤	红壤	砂页岩红壤	黄土	A	0—15	黄褐色	重壤土	棱块状	7.8	33.6	1.75	1.08	14.1	115		E 103°08′12.1″ N 23°29′16.4″	76
剖14	铁铝土	红壤	黄红壤	石灰岩黄红壤	红鸡粪土	A	0—24	棕色	中壤土	团粒状	8.0	46.3	3.11	2.68	12.3	240	石灰岩	E 103°10′32.7″ N 23°28′55.8″	87
剖15	人为土	水稻土	淹育水稻土	红壤性淹育水稻土	白泥田	A	0—20	棕灰色	中壤土	棱柱状	8.3	17.7	1.70	1.00	20.4	94		E 103°08′48.1″ N 23°28′54.1″	82
						2	20—40	棕色	中壤土	块状									
						3	40—90	灰白色											

续表 Continued

剖面号 Soil profile	土纲 Soil order	土类 Soil great group	亚类 Soil subgroup	土属 Soil genus	土种 Soil species	土层码 Layer code	土层厚度 Depth/cm	颜色 Soil color	质地 Soil texture	土壤结构 Soil structure	pH	有机质 OM/(g/kg)	全氮 TN/(g/kg)	全磷 TP/(g/kg)	全钾 TK/(g/kg)	碱解氮 AN/(mg/kg)	土壤母质 Parent material	剖面点坐标 Profile coordinate	匹配指数 Matching index/%
剖16	人为土	水稻土	矿毒型水稻土	矿毒田	矿毒田	A	0—20	暗红色	中壤土	块状	8.4	23.0	1.93	4.50	14.5	105		E 103°10′12.8″ N 23°28′32.0″	70
						2	20—40	黄棕色	重壤土	棱状									
						3	40—100	黄色	重壤土	柱状									
剖17	铁铝土	黄壤	黄壤	砂页岩黄壤	黄泥土	A	0—24	棕色	中壤土	棱块状	4.2	24.0	0.68	1.42	18.3	73	砂页岩	E 103°09′22.5″ N 23°28′22.8″	71
剖18	铁铝土	红壤	红壤	石灰岩红壤	黄红土	A	0—17	黄色	中壤土	粒状	4.9	59.8	1.35	1.91	10.1	185	石灰岩	E 103°07′07.7″ N 23°27′53.6″	100
剖19	人为土	水稻土	淹育水稻土	红壤性淹育水稻土	红泥田	A	0—30	棕色	黏土	整块状	6.5	24.3	1.72	2.70	11.6	114		E 103°10′09.1″ N 23°27′44.0″	84
						2	30—48	棕色											
剖20	铁铝土	红壤	红壤	石灰岩红壤	大红土	A	0—16	黄红色	中壤土	粒状	5.7	31.0	2.22	1.34	11.4	146	石灰岩	E 103°08′51.4″ N 23°26′56.4″	78
						2	16—25	红红色	中壤土	小棱块状									
						3	25—100	黄色	黏土	柱状									
剖21	淋溶土	黄棕壤	黄棕壤	正长岩黄棕壤	泡灰土	A	0—18	棕色	中壤土	粒状	5.4	56.6	2.80	1.99	12.3	272	正长岩	E 103°06′02.2″ N 23°25′42.6″	84
剖22	铁铝土	红壤	黄红壤	泥质页岩黄红壤	红鸡粪土	A	0—25	棕色	中壤土	团粒状	8.1	71.3	2.20	3.72	6.5	171	泥质页岩	E 103°09′20.1″ N 23°25′14.6″	78
剖23	铁铝土	红壤	红壤	石灰岩红壤	红鸡粪土	A	0—20	灰色	中壤土	团粒状	7.7	47.6	2.46	2.79	4.6	134	石灰岩	E 103°14′21.5″ N 23°23′45.2″	94
剖24	淋溶土	黄棕壤	黄棕壤	花岗岩黄棕壤	泡灰土	A	0—26	棕色	砂壤土	粒状	6.0	89.3	5.15	5.28	18.7	151	花岗岩	E 103°00′23.4″ N 23°21′40.7″	91
剖25	铁铝土	黄壤	黄壤	砂页岩黄壤	黄泥夹砂土	A	0—16	黄色	中壤土	棱块状	5.7	22.6	1.68	1.53		104	砂页岩	E 103°09′24.6″ N 23°20′33.5″	90
						2	16—30	橙色	中壤土	棱块状									
						3	30—50	黄色	中壤土	棱柱状									
						4	50—90	黄色	重壤土										
剖26	初育土	新积土	冲积土		黑鸡粪土	A	0—21	栗色	中壤土	团粒状	7.9	103.7	4.98	5.32	11.6	266	冲积物	E 103°02′10.3″ N 23°20′20.0″	91
剖27	铁铝土	黄壤	黄壤	花岗岩黄壤	白砂土	A	0—23	黄黄色	砂壤土	粒状	5.1	25.6	1.24	1.45	3.3	96	花岗岩	E 103°06′52.9″ N 23°20′04.6″	92
						2	23—40	棕黄色	砂壤土	棱块状									
						3	40—110	棕黄色	砂壤土	棱块状									
剖28	初育土	新积土	湖积性冲积土		红湖泥	A	0—27	红红棕色	黏土	粒状	8.3	10.1	0.68	1.25	4.4	89	湖积物	E 103°15′02.0″ N 23°26′08.1″	98
						2	27—47	浅红棕色	黏土	棱块状									
剖29	初育土	新积土	湖积性冲积土		黑鸡粪土	A	0—40	黑黑色	中壤土	团粒状	6.0	53.2	2.77	3.43	6.4	204	湖积物	E 103°15′22.1″ N 23°25′16.0″	83
剖30	人为土	水稻土	潴育水稻土	冲积性潴育水稻土	浮泥田	A	0—16	黄黄色	黏土	块状	7.7	57.1	3.28	1.41	9.3	230	冲积物	E 103°16′46.4″ N 23°25′06.9″	83
						2	16—40	黄黄色	黏土	块状									
						3	40—100	灰黄色	砂壤土	粒状									
剖31	初育土	新积土	冲积土		砂土	A	0—20	红红色	砂土	粒状	6.2	8.5	0.73	0.84	5.2	33	冲积物	E 103°15′56.2″ N 23°24′23.0″	87
						2	20—50	白色	细砂土										
						3	50—70	红红色	轻壤土	粒状									
						4	70—100	黑黑棕色	重壤土	棱柱状									
剖32	人为土	水稻土	潴育水稻土	冲积性潴育水稻土	鸡粪土田	A	0—25	灰灰色	重壤土	棱柱状	6.4	37.9	2.56	2.02	6.1	165	冲积物	E 103°15′12.1″ N 23°23′52.7″	77
						2	25—32	黄黄色	重壤土	块状									
						3	32—100	黄黄色	重壤土	棱块状									
剖33	初育土	新积土	冲积土		厂土	A	0—25	暗红色	轻壤土	棱块状	8.0	12.3	0.99	3.91	5.8	66	冲积物	E 103°18′06.3″ N 23°23′05.3″	97
						2	25—100	红红色											

续表 Continued

剖面号 Soil profile	土纲 Soil order	土类 Soil great group	亚类 Soil subgroup	土属 Soil genus	土种 Soil species	土层码 Layer code	土层厚度 Depth/cm	颜色 Soil color	质地 Soil texture	土壤结构 Soil structure	pH	有机质 OM/(g/kg)	全氮 TN/(g/kg)	全磷 TP/(g/kg)	全钾 TK/(g/kg)	碱解氮 AN/(mg/kg)	土壤母质 Parent material	剖面点坐标 Profile coordinate	匹配指数 Matching index/%
剖34	初育土	新积土	冲积土	冲积土	红浮泥土	A	0—20	棕红色	中壤土	粒状	7.8	18.9	1.29	1.11	8.1	63	冲积物	E 103°19′50.0″ N 23°22′45.5″	95
						2	20—35	红色	黏土	棱柱状									
						3	35—56	橙色	重壤土	棱柱状									
剖35	铁铝土	红壤	红壤	玄武岩红壤	红土	A	0—21	棕红色	重壤土	块状	7.1	19.0	0.88	1.03	5.4	92		E 103°16′57.5″ N 23°20′22.4″	93
剖36	铁铝土	红壤	黄红壤	泥质页岩黄红壤	黄红土	A	0—16	棕红色	中壤土	粒状	5.3	34.2	2.36	2.56	11.2	80	泥质页岩	E 102°59′53.5″ N 23°18′56.9″	86
剖37	铁铝土	红壤	红壤	石灰岩红壤	红砂土	A	0—14	暗红色	砂壤土	粒状	6.3	12.7	0.75	1.04	5.7	17	石灰岩	E 102°57′56.9″ N 23°18′05.0″	78
剖38	铁铝土	红壤	黄红壤	泥质页岩黄红壤	红土	A	0—15	棕红色	重壤土	块状	5.4	36.0	1.42	1.50	5.9	34	泥质页岩	E 102°59′43.1″ N 23°17′26.9″	97
剖39	初育土	石灰(岩)土	红色石灰土	石灰岩红色石灰土	红泡土	A	0—20	深棕色	黏土	粒状	7.6	18.4	1.20	1.09	13.1	9	石灰岩	E 102°55′33.6″ N 23°14′42.4″	88
						2	20—44	棕红色	黏土	棱柱状									
						3	44—100												
剖40	铁铝土	红壤	红壤	石灰岩红壤	黄土	A	0—22	橙色	黏土	棱块状	5.3	17.0	2.19	2.43	4.5	20	石灰岩	E 102°57′19.1″ N 23°13′28.6″	96
剖41	半淋溶土	燥红土	石灰性燥红土	老冲积石灰性燥红土	砂燥红土	A	0—15	棕红色	黏土	粒状	8.0	32.0	1.78	1.82	13.0	49		E 102°59′03.5″ N 23°11′18.2″	95
						2	15—32	棕红色	黏土	核粒状									
						3	32—50	棕红色	中壤土	棱块状									
剖42	人为土	水稻土	潴育水稻土	冲积性潴育水稻土	砂泥田	A	0—22	暗棕色	中壤土	棱块状	8.5	11.8	1.38	1.45	11.9	103	冲积物	E 103°06′07.6″ N 23°19′22.8″	75
						2	22—36	暗棕色	砂壤土	小棱块状									
						3	36—54	黄色	中壤土	棱柱状									
						4	54—100	浅黄色	中壤土										
剖43	黄棕壤	黄棕壤	黄棕壤	砂页岩黄棕壤	泡灰土	A	0—24	棕色	中壤土	粒状	7.1	12.0	0.88	2.07	20.4	32	砂页岩	E 103°09′51.1″ N 23°19′06.6″	90
剖44	人为土	水稻土	潴育水稻土	冲积性潴育水稻土	河砂田	A	0—21	灰色	砂壤土	棱块状	5.7	15.2	5.36	1.01	6.7	80	冲积物	E 103°04′12.7″ N 23°18′24.1″	71
						2	21—31	棕灰色	中壤土	小块状									
						3	31—50	棕灰色	重壤土	块状									
						4	50—100	青灰色											
剖45	铁铝土	黄壤	黄壤	石灰岩黄壤	黄泥土	A	0—16	黄色	黏土	棱状	6.5	29.4	2.24	1.43	6.2	170	石灰岩	E 103°04′23.5″ N 23°16′02.3″	73
剖46	铁铝土	红壤	黄红壤	石灰岩黄红壤	石渣子土	A	0—18	棕黄色	中壤土	粒状	5.5	36.0	2.01	6.20	1.5	160	石灰岩	E 103°02′22.6″ N 23°14′50.3″	73
剖47	淋溶土	黄棕壤	黄棕壤	石灰岩黄棕壤	泡灰土	A	0—16	暗棕色	粉砂土	粒状	5.0	54.6	6.72	3.41	5.4	492	石灰岩	E 103°11′07.1″ N 23°12′47.9″	84
剖48	铁铝土	红壤	红壤	石灰岩红壤	红土	A	0—17	红色	中壤土	粒状	5.8	11.0	1.40	1.77	23.3	95	石灰岩	E 103°00′43.9″ N 23°11′57.5″	100
剖49	铁铝土	红壤	黄红壤	石灰岩黄红壤	黄红壤	A	0—18	黄棕色	中壤土	粒状	5.6	42.2	2.08	0.60	6.5	12	石灰岩	E 103°08′57.2″ N 23°07′56.3″	97
剖50	半淋溶土	燥红土	石灰性燥红土	石灰岩石灰性燥红土	大煤红土	A	0—19	红棕色	黏土	粒状	6.9	13.9	1.45	1.04	7.5	125		E 103°10′40.4″ N 23°06′16.8″	73
						2	19—100	棕红色	黏土	块状									

开远市

主要土类说明

红壤是开远市主要土壤类型，占本市地域面积的 77%，分布在海拔 1300—2000m 的山区、半山区。植被主要为常绿阔叶林等。成土母质主要为第四纪红色黏土、石灰岩和砂页岩。成土过程以脱硅富铝化和生物富集为主。红壤土体深厚，具 A-Bs-Bv 或 A-Bs-C 剖面构型，土体颜色根据母岩种类而呈红色、黄红色、棕红色等，质地为中壤土至重壤土，为粒状至块状结构。土壤中生物循环和生物积累旺盛，矿化作用强烈，有机质易分解。本市红壤分为红壤、黄红壤、棕红壤等亚类。

赤红壤是开远市第二大土壤类型，占本市地域面积的 7%，分布在海拔 1000—1300m 的河谷和坝子，呈狭长的带状分布。植被为南亚热带常绿阔叶林。成土母质为第四纪红色黏土。成土过程以富铝化作用和生物积累作用为主。土层深厚，土壤剖面呈红色，具 A-Bs-C 剖面构型。在亚热带气候的影响下，成土过程中富铝化作用和矿化作用比较强烈，但由于周围石灰岩山区的影响，土壤酸性不强。

水稻土是开远市第三大土壤类型，占本市地域面积的 7%。成土母质为地带性红壤、赤红壤、紫色土和石灰（岩）土。水稻土在长期的季节性淹灌、水下翻耕、季节性脱水、氧化还原交替影响下，原来的成土母质或母土的特性发生重大改变，形成了不同的土体构型。本市水稻土分为淹育型、潴育型、潜育型、矿毒型等亚类。

紫色土占本市地域面积的 4%，主要分布在溶岩山区及石灰岩间杂的紫色岩石地带。植被为常绿阔叶林或灌丛草地。成土母质为紫色砂页岩和石灰性紫色砂页岩。成土过程以母岩的快速物理崩解和频繁侵蚀堆积作用为主。本市紫色土分为酸性紫色土、石灰性紫色土等亚类。酸性紫色土黏土矿物一般以蛭石和水云母为主，有机质和全氮含量高于其他亚类，全磷和全钾含量较低，pH 低于 6.5。石灰性紫色土黏土矿物以水云母或蒙脱石为主，有机质含量低，全磷和全钾含量高，pH 高于 7.5。

石灰（岩）土占本市地域面积的 3%，分布在溶岩山区的石灰岩丘陵地带。植被以常绿落叶阔叶林为主。成土母质为石灰岩。成土过程以风化过程、富铝化和灰化作用为主。本市石灰（岩）土分为红色石灰土、黑色石灰土等亚类。红色石灰土分布在低海拔的石灰岩地区，由于气温高，水合氧化铁脱水结晶形成赤铁矿，形成鲜红色的红色石灰土。土壤具有一定的脱硅富铝化特征，pH 为 6.0—7.0。黑色石灰土分布在高海拔的石灰岩地区，富含碳酸钙和腐殖质，有机质积累作用明显，肥力高，呈中性至微碱性。

小于本市地域面积 3% 的土壤类型有棕壤和新积土。

本区域中心区气候特征

本区域中心区气候特征值
Regional climate characteristics in central area of the region

气候带：南亚热带湿润气候 Climate region: South subtropical humid climate	
年平均气温 /℃ Annual average temperature /℃	18.0
年平均最高气温 /℃ Annual average maximum temperature /℃	23.8
年平均最低气温 /℃ Annual average minimum temperature /℃	13.9
年降水量 /mm Annual precipitation /mm	908
≥10℃的积温 /℃ Daily temperature accumulated in a year（≥10℃）/℃	6555
年日照时数 /h Annual sunshine /h	2134
年平均相对湿度 /% Annual average relative humidity /%	73
干燥度 Dryness	1.18

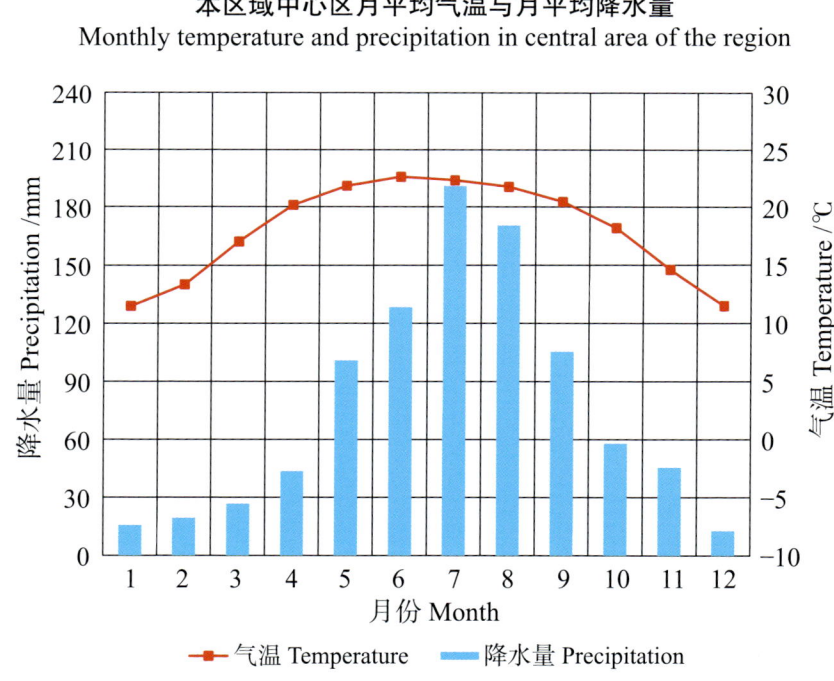

本区域中心区月平均气温与月平均降水量
Monthly temperature and precipitation in central area of the region

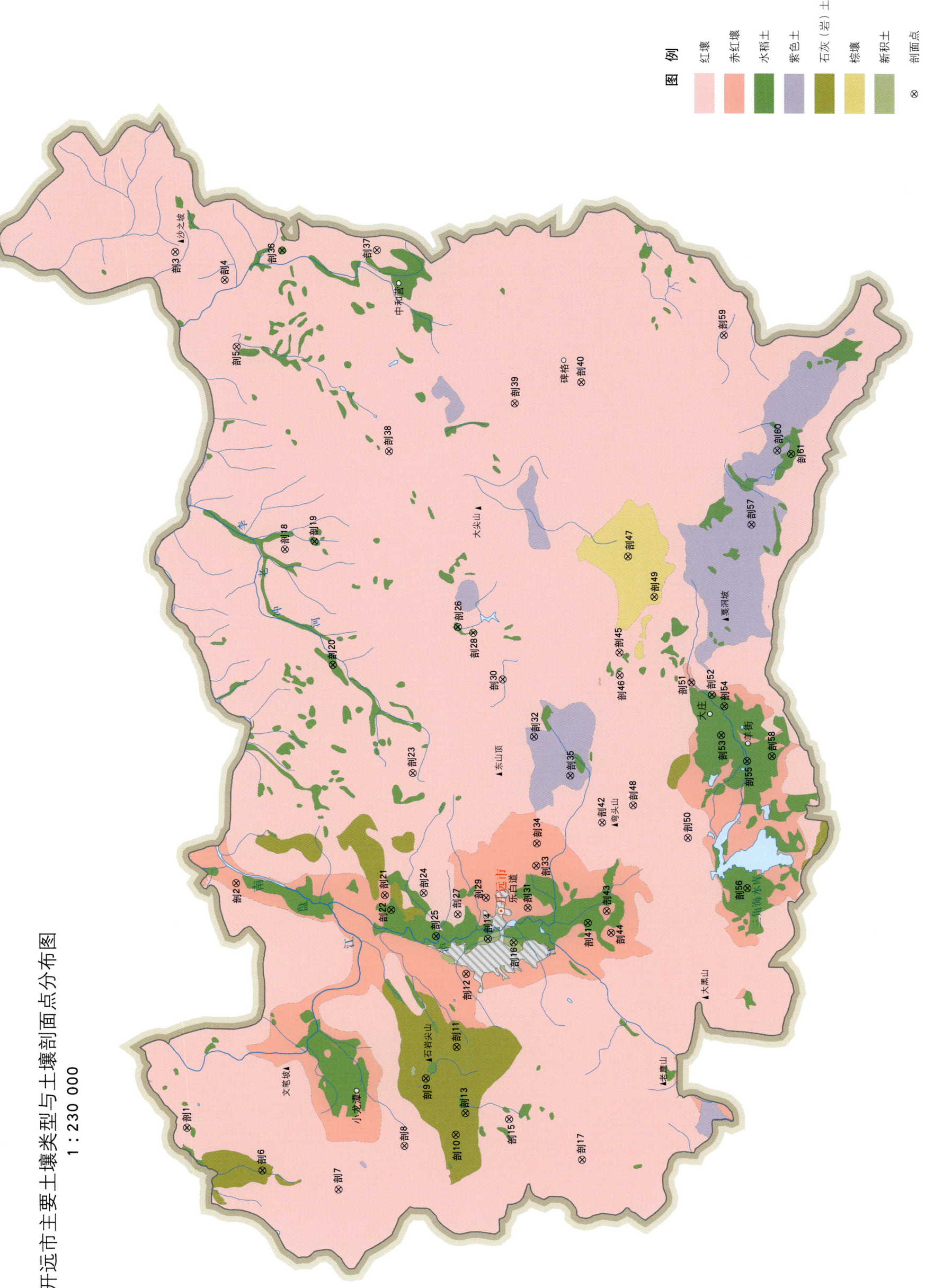

开远市土壤剖面理化性状表

剖面号 Soil profile	土纲 Soil order	土类 Soil great group	亚类 Soil subgroup	土属 Soil genus	土种 Soil species	土层码 Layer code	土层厚度 Depth/cm	颜色 Soil color	质地 Soil texture	土壤结构 Soil structure	pH	有机质 OM/(g/kg)	全氮 TN/(g/kg)	全磷 TP/(g/kg)	全钾 TK/(g/kg)	碱解氮 AN/(mg/kg)	土壤母质 Parent material	剖面点坐标 Profile coordinate	匹配指数 Matching index/%
剖1	初育土	新积土	冲积土	河流冲积土	河砂土	1	0–12	棕色	砂壤土	粒状	7.5	26.5	0.93	0.69	9.9	5		E 103° 08′ 33.1″ N 23° 52′ 21.3″	76
						2	12–30		砂壤土	粒状									
剖2	铁铝土	赤红壤	赤红壤	第四纪赤红壤	大红土	1	0–18	红色	中壤土	粒状	8.0	25.6	1.17	2.37	1.8	12		E 103° 16′ 44.1″ N 23° 50′ 54.0″	78
						2	18–	深红色	重壤土	粒状									
剖3	铁铝土	红壤	黄红壤	砂岩黄红壤		1	0–8	浅红棕色	中壤土	块状	5.3	58.7	2.07	0.66	6.8	80	砂岩类	E 103° 37′ 54.8″ N 23° 52′ 59.2″	96
						2	8–27	红棕色	砂壤土	块状									
剖4	铁铝土	红壤	黄红壤	砂岩黄红壤	灰土	1	0–30	棕灰色	砂壤土	棱块状	5.3	33.5	2.02	2.17	11.7	168	砂岩类	E 103° 37′ 00.1″ N 23° 51′ 26.3″	86
						2	30–65	棕灰色	壤土	块状									
剖5	铁铝土	红壤	黄红壤	砂岩黄红壤	黄红土	1	0–12	棕灰色	砂壤土	棱块状	5.2	35.0	1.68	0.84	12.6	73	砂岩类	E 103° 34′ 45.6″ N 23° 51′ 02.7″	95
						2	12–50	棕灰色	砂壤土	棱块状									
剖6	初育土	石灰(岩)土	黑色石灰土	黑泡土	黑泡土	1	0–13	黑色	轻壤土	粒状	4.8	81.8	5.06	1.50	12.6	240		E 103° 07′ 09.8″ N 23° 49′ 59.9″	77
						2	13–40	黑褐色	轻壤土	粒状									
剖7	铁铝土	红壤	黄红壤	石灰岩黄红壤		1	0–30	黄红色	中壤土	核状	5.2	40.2	2.72	1.36	10.6	150		E 103° 06′ 33.8″ N 23° 47′ 37.3″	73
						2	30–70	黄红色	轻壤土	核状									
剖8	铁铝土	红壤	黄红壤	石灰岩黄红壤	黄红土	1	0–8	红黄色	壤土	块状	6.5	3.5	0.25	1.45	4.2	21		E 103° 23′ 02.8″ N 23° 45′ 35.3″	81
						2	20–65	红黄色	重壤土	块状									
剖9	初育土	石灰(岩)土	黑色石灰土	黑泡土	淡黑泡土	1	0–13	棕灰色	壤土	粒状	5.8	51.0	2.75	1.54	14.3	153		E 103° 10′ 17.8″ N 23° 44′ 56.4″	85
						2	13–40	棕灰色	中壤土	粒状									
剖10	初育土	石灰(岩)土	红色石灰土	红泡土	红泡土	1	0–18	黄红色	轻壤土	块状	5.6	17.2	0.85	1.07	8.8	84		E 103° 08′ 26.5″ N 23° 43′ 59.7″	96
						2	18–30	黄红色	轻壤土	块状									
剖11	初育土	石灰(岩)土	黑色石灰土	黑泡土		1	0–8	黑灰色	轻壤土	粒状	5.7	50.5	2.21	1.15	10.1	201		E 103° 11′ 20.8″ N 23° 43′ 59.5″	100
						2	8–25	黄灰色	中壤土	块状									
剖12	铁铝土	赤红壤	赤红壤	第四纪赤红壤	油红土	1	0–17	棕红色	中壤土	粒状	7.5	43.2	2.21	1.85	12.9	91	红色黏土	E 103° 13′ 47.4″ N 23° 43′ 43.0″	81
						2	17–	深红色	中壤土	块状									
剖13	初育土	石灰(岩)土	红色石灰土	红泡土	红泡土	1	0–20	红棕色	轻壤土	块状	8.5	11.7	1.01	1.15	11.5	46		E 103° 09′ 10.1″ N 23° 43′ 42.2″	76
						2	20–45	棕红色	中壤土	粒状									
剖14	初育土	新积土	冲积土	洪积性冲积土	菜园土	1	0–20	棕色	中壤土	粒状	7.7	77.5	4.80	7.32	13.3	290	洪积物	E 103° 14′ 58.5″ N 23° 43′ 02.9″	81
						2	20–	深棕色	轻壤土	粒状									
剖15	铁铝土	红壤	红壤	石灰岩红壤	鸡粪土	1	0–14	深栗色	轻壤土	粒状	8.4	18.7	1.30	0.96	7.8	54	石灰岩	E 103° 08′ 58.9″ N 23° 42′ 20.5″	90
						2	14–50	栗色	中壤土	粒状									
剖16	初育土	新积土	冲积土	河流冲积土	菜园土	1	0–26	棕色	中壤土	粒状	7.7	85.6	4.37	3.11	9.5	138	冲积物	E 103° 14′ 51.5″ N 23° 42′ 14.9″	99
						2	26–	棕黄色	重壤土	粒状									
剖17	铁铝土	红壤	红壤	石灰岩红壤	黑土	1	0–12	棕黑色	中壤土	粒状	7.9	45.2	1.87	0.54	13.9	52		E 103° 07′ 40.4″ N 23° 40′ 03.4″	79
						2	12–38	黑灰色	重壤土	粒状									
剖18	铁铝土	红壤	棕红壤	砂岩红壤		1	0–20	黄红色	中壤土	块状	4.7	27.3	1.34	0.38	9.1	41	砂岩类	E 103° 27′ 59.9″ N 23° 49′ 28.8″	91
						2	20–65	黄红色	中壤土	块状									
剖19	水稻土	淹育水稻土	冲积性淹育水稻土	河砂田	河砂田	1	0–11	灰棕色	砂土	粒状	7.9	12.8	1.14	1.64	11.1	49	冲积物	E 103° 28′ 16.0″ N 23° 48′ 33.8″	88
						2	11–45	灰棕色	砂土	块状									
剖20	人为土	水稻土	潜育水稻土	冲积性潜育水稻土	黑泥田	1	0–16	青灰色	中壤土	粒状	5.5	40.1	3.05	1.54	13.5	206	冲积物	E 103° 24′ 07.2″ N 23° 47′ 57.5″	70
						2	16–26	青灰色	中壤土	块状									
剖21	铁铝土	赤红壤	赤红壤	第四纪赤红壤		1	0–15	红色	砂壤土	粒状	8.1	54.2	1.95	1.50	5.1	232	红色黏土	E 103° 16′ 23.9″ N 23° 46′ 16.3″	92
						2	15–		砂壤土	块状									

续表 Continued

剖面号 Soil profile	土纲 Soil order	土类 Soil great group	亚类 Soil subgroup	土属 Soil genus	土种 Soil species	土层码 Layer code	土层厚度 Depth/cm	颜色 Soil color	质地 Soil texture	土壤结构 Soil structure	pH	有机质 OM/(g/kg)	全氮 TN/(g/kg)	全磷 TP/(g/kg)	全钾 TK/(g/kg)	碱解氮 AN/(mg/kg)	土壤母质 Parent material	剖面点坐标 Profile coordinate	匹配指数 Matching index/%
剖22	人为土	水稻土	淹育水稻土	冲积性淹育水稻土	白泥田	1	0—20	灰白色	壤土	块状	5.2	41.6	2.20	1.65	2.7	120		E 103°15′54.4″ N 23°46′03.7″	99
						2	20—60	灰白色	重壤土	块状	6.8	32.0	1.74	1.94	11.2	175			100
剖23	铁铝土	红壤		侵蚀性红壤	石渣子土	1	0—15	黄灰色	砂壤土	粒状	5.2	2.8	1.30	1.41	15.7	40	石灰岩	E 103°20′31.9″ N 23°45′26.3″	98
						2	15—50	黄灰色	砂壤土	块状	5.5	22.3	1.77	1.13	8.0	90		E 103°16′29.1″ N 23°45′03.9″	99
剖24	铁铝土	红壤		石灰岩红壤	红砂土	1	0—45	红红色	砂壤土	块状							冲积物		
剖25	人为土	水稻土	淹育水稻土	冲积性淹育水稻土	山砂田	1	0—14	棕褐色	砂壤土	粒状									
						2	14—19	棕褐色	轻壤土	块状	6.6	35.7	2.19	0.63	11.6	115		E 103°15′02.2″ N 23°44′39.8″	92
						3	19—	棕色	轻壤土	块状									
剖26	人为土	水稻土	淹育水稻土	冲积性淹育水稻土	青砂泥田	1	0—12	灰青色	砂壤土	粒状	5.3	19.1	2.05	3.41	14.4	96	砂岩类	E 103°25′26.8″ N 23°44′04.6″	84
						2	12—20	青灰色	砂壤土	块状									
						3	20—44	青灰色	砂壤土	块状									
剖27	铁铝土	黄红壤		砂岩黄红壤	黄泥土	1	0—15	黄棕色	壤土	核状	5.1	39.1	2.47	1.47	13.4	156	砂岩类	E 103°15′47.2″ N 23°43′59.9″	78
						2	15—34	黄棕色	壤土	块状									
剖28	人为土	水稻土	淹育水稻土	冲积性淹育水稻土	黑泥田	1	0—20	黑色	轻壤土	粒状	8.6	39.6	1.50	1.76	4.4	68	冲积物	E 103°25′15.6″ N 23°43′36.1″	73
						2	20—50	黑色	中壤土	粒状									
剖29	铁铝土	赤红壤		第四纪赤红壤	黄泥土	1	0—17	红黄色	重壤土	粒状	4.8	81.8	5.06	1.50	12.6	240		E 103°16′21.4″ N 23°43′07.3″	82
						2	17—	棕紫色	壤土	粒状									
剖30	铁铝土	红壤		石灰岩红壤	灰土	1	0—15	紫紫色	壤土	棱柱状	8.3	15.8	0.93	1.39	6.7	76	石灰岩	E 103°23′42.7″ N 23°42′40.3″	77
						2	15—70	红色	中壤土	粒状									
剖31	铁铝土	赤红壤		第四纪赤红壤	红土	1	0—30	红色	中壤土	块状	6.9	30.3	2.00	2.95	16.9	118	红色黏土	E 103°16′02.3″ N 23°41′49.2″	94
						2	30—	紫棕色	砂壤土	核块状									
剖32	初育土	紫色土	石灰性紫色土	紫色土性淹育水稻土	紫砂泥田	1	0—15	紫黄色	轻壤土	细末状	6.3	7.8	0.69	0.74	8.5	88	砂岩类	E 103°21′48.6″ N 23°41′40.6″	81
						2	15—60	紫黄色	轻壤土	细末状									
剖33	铁铝土	赤红壤		砂岩赤红壤	香面土	1	0—20	棕赤色	轻壤土	粒状	5.3	0.9	0.53	0.80	13.2	38	砂岩类	E 103°17′27.6″ N 23°41′34.1″	89
						2	20—60	棕红色	中壤土	粒状									
剖34	铁铝土	赤红壤		砂岩赤红壤	大红土	1	0—20	灰黄色	重壤土	粒状	6.7	17.4	1.54	2.29	10.1	144		E 103°18′12.2″ N 23°41′03.4″	96
						2	20—	红红色	重盐壤土	粒状									
剖35	初育土	紫色土		紫砂岩红壤	石子羊肝土	1	0—17	紫色	轻壤土	粒状	6.5	28.4	1.92	1.54	5.5	126		E 103°20′30.8″ N 23°40′22.5″	93
						2	17—	紫棕色	粘壤土	棱柱状									
剖36	人为土	水稻土	淹育水稻土	紫色土性淹育水稻土	紫砂泥田	1	0—14	深棕红色	重壤土	棱块状	5.9	31.7	1.08	1.45	4.9	80	石灰岩	E 103°38′03.8″ N 23°46′42.6″	88
						2	14—26	棕红色	轻壤土	块状									
						3	26—52	棕红色	中壤土	棱块状									
剖37	铁铝土	红壤		石灰岩红壤	红土	1	0—16	棕红色	重壤土	粒状	7.9	33.8	2.04	1.30	10.0	98	砂岩类	E 103°31′19.2″ N 23°46′16.3″	86
						2	16—56	浅棕红色	轻壤土	棱块状									
剖38	铁铝土	棕红壤		砂岩棕红壤	石渣子土	1	0—30	棕红色	轻壤土	核块状	5.5	36.5	1.87	1.99	5.3	106	石灰岩	E 103°32′58.8″ N 23°42′22.5″	84
						2	10—30												
剖39	铁铝土	红壤		石灰岩红壤	油红土	1	0—20	棕红色	重壤土	碎块状	5.0	34.1	1.11	1.84	8.2	68	石灰岩	E 103°33′42.8″ N 23°40′18.5″	73
						2	20—65	棕红色	轻壤土	粒状									
剖40	铁铝土	红壤		石灰岩红壤	酸红泥土	1	0—14	灰黄色	壤土	棱柱状	5.2	17.6	2.15	2.11	8.1	91		E 103°15′33.1″ N 23°39′56.9″	87
						2	14—67	棕棕色	中壤土	碎块状									
剖41	人为土	水稻土	淹育水稻土	冲积性淹育水稻土	红泥田	1	0—20	棕棕色	中壤土	块状	5.4	18.0	1.51	1.14	14.1	58			
						2	20—30	棕棕色	壤土	块状									
						3	30—55												
剖42	铁铝土	红壤		侵蚀性红壤		1	0—10	红黄色	砂壤土	核状								E 103°18′56.5″ N 23°39′32.0″	93
						2	10—50	红黄色	砂壤土	块状									

续表 Continued

剖面号 Soil profile	土纲 Soil order	土类 Soil great group	亚类 Soil subgroup	土属 Soil genus	土种 Soil species	土层码 Layer code	土层厚度 Depth/cm	颜色 Soil color	质地 Soil texture	土壤结构 Soil structure	pH	有机质 OM/(g/kg)	全氮 TN/(g/kg)	全磷 TP/(g/kg)	全钾 TK/(g/kg)	碱解氮 AN/(mg/kg)	土壤母质 Parent material	剖面点坐标 Profile coordinate	匹配指数 Matching index/%
剖43	铁铝土	赤红壤	赤红壤	砂岩赤红壤	石渣子土	1	0—10	棕黄色	砂壤土	粒状	6.4	43.4	2.42	1.90	1.8	161	砂岩类	E 103°15′58.0″ N 23°39′21.6″	82
剖44	铁铝土	赤红壤	赤红壤	砂岩赤红壤	白砂土	1	0—17	浅红棕色	砂壤土	粒状	5.1	20.2	0.80	1.34	1.3	100	砂岩类	E 103°15′13.7″ N 23°39′13.0″	99
						2	10—	灰棕色	轻壤土	粒状									
剖45	铁铝土	红壤	黄红壤	砂岩黄红壤	黄红土	1	0—17	灰白色	轻壤土	块状	6.3	32.3	1.25		22.2	143	砂岩类	E 103°24′40.0″ N 23°39′02.5″	72
						2	17—	棕黄色	中壤土	粒状									
剖46	铁铝土	红壤	黄红壤	砂岩黄红壤	红土	1	0—20	棕黄色	轻壤土	块状	7.4	31.2	1.61	0.87	18.3	83	砂岩类	E 103°23′54.2″ N 23°39′01.8″	95
						2	20—55	浅红棕色	中壤土	粒状									
剖47	淋溶土	棕壤	棕壤	石灰岩棕壤	红土	1	0—30	棕色	砂壤土	粒状	5.4	140.4	4.84		7.1	528	石灰岩	E 103°27′53.6″ N 23°38′48.5″	97
剖48	淋溶土	棕壤	棕壤	石灰岩棕壤	红土	1	0—14	深棕色	中壤土	块状	6.3	44.8	2.91	6.25	8.6	192	石灰岩	E 103°19′32.2″ N 23°38′34.4″	70
						2	14—50	棕红色	中壤土	粒状									
剖49	淋溶土	棕壤	棕壤	石灰岩棕壤		1	0—20	棕红色	轻壤土	粒状	6.4	59.4	3.04		7.8	272	石灰岩	E 103°26′32.9″ N 23°37′58.6″	95
						2	20—65	棕色	中壤土	粒状									
剖50	铁铝土	红壤	红壤	石灰岩红壤	灰塘土	1	0—12	棕色	重壤土	核柱状	6.6	25.7	1.45	0.59	14.2	80	石灰岩	E 103°18′27.7″ N 23°36′51.5″	70
						2	12—50	浅红棕色	中壤土	粒状									
剖51	铁铝土	赤红壤	赤红壤	第四纪赤红壤	黄红土	1	0—10	棕黄色	重壤土	核状	6.5	3.5	0.25	1.45	4.2	21	红色黏土	E 103°23′42.0″ N 23°36′47.9″	73
						2	10—65	红棕色	重壤土	块状									
剖52	人为土	水稻土	沼泽型水稻土	冲积性沼泽水稻土	发红田	1	0—20	红黄色	中壤土	块状	7.6	41.3	2.12	2.35	1.6	190	冲积物	E 103°23′17.8″ N 23°36′09.2″	84
						2	20—65	青灰色	中壤土	粒状									
						3	30—55											
剖53	人为土	水稻土	潴育水稻土	冲积性潴育水稻土	鸡粪土田	1	0—16	浅红棕色	轻壤土	粒状	7.5	62.9	2.70	2.55	5.4	229	冲积物	E 103°21′57.0″ N 23°35′51.3″	70
						2	16—23	浅红棕色	中壤土	块状									
						3	23—55	棕棕色	中壤土	碎块状									
剖54	人为土	水稻土	潴育水稻土	冲积性潴育水稻土	砂泥田	1	0—14	灰棕色	轻壤土	块状	6.5	28.1	1.54	4.94	4.7	156	冲积物	E 103°22′55.0″ N 23°35′46.2″	75
						2	30—39											
						3	39—70											
剖55	人为土	水稻土	潴育水稻土	冲积性潴育水稻土	油砂土田	1	0—21	棕黄色	轻壤土	粒状	8.6	35.1	1.71	2.94	5.3	170	冲积物	E 103°21′05.0″ N 23°36′02.4″	79
						2	21—33	棕黄色	中壤土	块状									
						3	33—											
剖56	人为土	水稻土	淹育水稻土	冲积性淹育水稻土	黄泥田	1	0—20	黄棕色	壤土	块状	6.8	25.9	1.20	5.12	10.1	138	冲积物	E 103°21′57.7″ N 23°35′59.5″	71
						2	20—30	红棕色	中壤土	块状									
						3	30—											
剖57	紫色土	酸性紫色土	棕紫泥土	紫色	1	0—16	紫红色	轻壤土	块状	6.4	38.3	1.49	2.11	9.1	173		E 103°16′47.3″ N 23°34′58.4″	89
						2	16—50	紫红色	中壤土	核状									
剖58	人为土	水稻土	沼泽型水稻土	冲积性沼泽水稻土	冷浸田	1	0—14	棕红色	轻壤土	块状	8.5	69.8	3.01	2.22	1.4	271	冲积物	E 103°21′15.5″ N 23°34′16.3″	97
						2	14—60	青灰色	重壤土	块状									
剖59	铁铝土	红壤	黄红壤	石灰岩黄红壤	黄泥土	1	0—15	棕棕色	中壤土	粒状	5.6	47.3	3.51	1.54	12.7	241		E 103°35′21.5″ N 23°35′53.2″	92
						2	15—60	棕棕色	重壤土	块状									
剖60	紫色土	酸性紫色土	棕紫泥土	紫羊肝土	1	0—26	黑紫色	砂壤土	粒状	7.9	22.8	1.38	2.93	21.1	156		E 103°31′30.7″ N 23°34′11.6″	72
						2	26—55	紫色	砂壤土	粒状									
剖61	人为土	水稻土	淹育水稻土	紫色土性淹育水稻土	羊肝土田	1	0—20	紫灰色	中壤土	块状	5.9	35.3	1.34	3.15	10.2	183		E 103°31′24.6″ N 23°33′45.7″	70
						2	20—30	紫灰色	中壤土	块状									
						3	30—60	紫棕色	中壤土	块状									

蒙 自 市

主要土类说明

红壤是蒙自市主要土壤类型，占本市地域面积的38%，主要分布在海拔1400—2100m的地区。植被为常绿阔叶林。成土母质为第四纪红色黏土和石灰岩。成土过程以脱硅富铝化和生物富集为主。

黄壤是蒙自市第二大土壤类型，占本市地域面积的35%，分布在分水岭以南海拔1000—1900m的山区。植被为湿性常绿阔叶林。成土母质为石灰岩、白云岩和泥灰岩。成土过程以脱硅富铝化、生物富集和黄化过程为主。黄壤中度富铝化，具O-A-AB-B-C剖面构型。淀积层（B层）富含水合氧化物（针铁矿），呈黄色，有时含三水铝石。土壤有机质含量较高，多数为30—50g/kg，有的高达70g/kg，pH为4.2—6.0。

石灰（岩）土是蒙自市第三大土壤类型，占本市地域面积的7%，分布在本市北部的丘陵地区。植被以常绿落叶阔叶林为主。成土母质为石灰岩。成土过程以风化、富铝化和灰化作用为主。本市石灰（岩）土多为红色石灰土亚类。由于气温高，水合氧化铁脱水结晶形成赤铁矿，形成鲜红色的红色石灰土。土壤具有一定的脱硅富铝化特征，pH为6.5—8.5，有机质和养分含量较高，结构和耕性较好，黏粒细，土层浅薄。

黄棕壤占本市地域面积的6%，分布在本市西部海拔1900m以上、东北部海拔2000m以上的地区。成土母质为石灰岩、砂页岩和花岗岩。成土过程受淋溶、黏化及弱富铝化作用的影响。土层弱度富铝化，生物积累过程和盐基淋溶酸化过程明显增强，黏聚现象明显，呈黄棕色。该土壤具A-B-C或A-(B)-C剖面构型，土壤湿度大，淋溶作用强烈，钙缺乏。

水稻土占本市地域面积的6%，分布在平坝及低山丘陵区。成土母质为地带性红壤和黄壤。水稻土在长期的季节性淹灌、水下翻耕、季节性脱水、氧化还原交替影响下，原来的成土母质或母土的特性发生重大改变，形成了不同的土体构型。本市水稻土分为淹育型、潴育型、潜育型、沼泽型、矿毒型等亚类。

小于本市地域面积3%的土壤类型有新积土、燥红土、赤红壤和紫色土。

本区域中心区气候特征

本区域中心区气候特征值
Regional climate characteristics in central area of the region

气候带：边缘热带湿润气候 Climate region: Edge tropical humid climate	
年平均气温 /℃ Annual average temperature /℃	18.6
年平均最高气温 /℃ Annual average maximum temperature /℃	24.5
年平均最低气温 /℃ Annual average minimum temperature /℃	14.5
年降水量 /mm Annual precipitation /mm	868
≥10℃的积温 /℃ Daily temperature accumulated in a year（≥10℃）/℃	6752
年日照时数 /h Annual sunshine /h	2155
年平均相对湿度 /% Annual average relative humidity /%	72
干燥度 Dryness	1.25

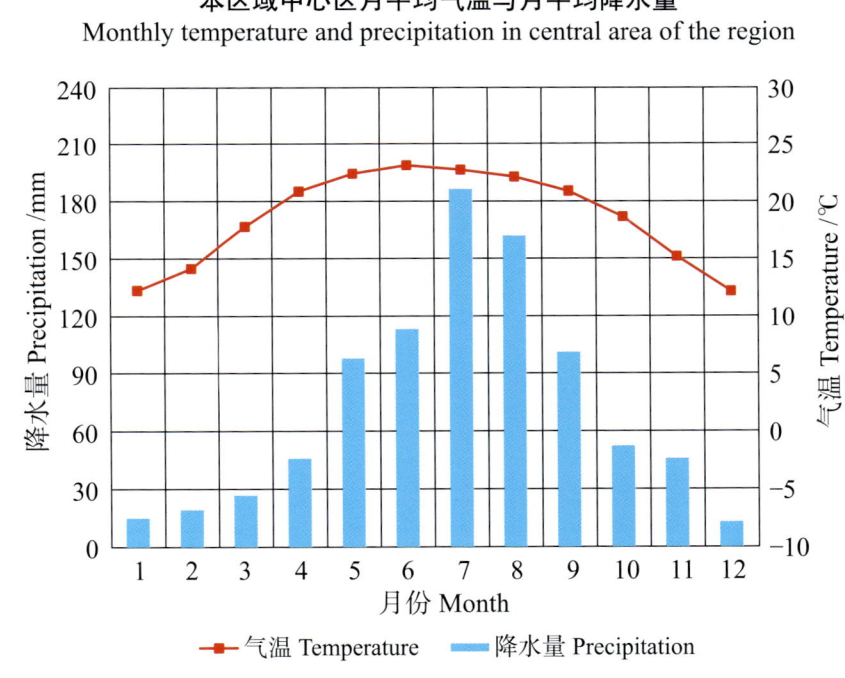

本区域中心区月平均气温与月平均降水量
Monthly temperature and precipitation in central area of the region

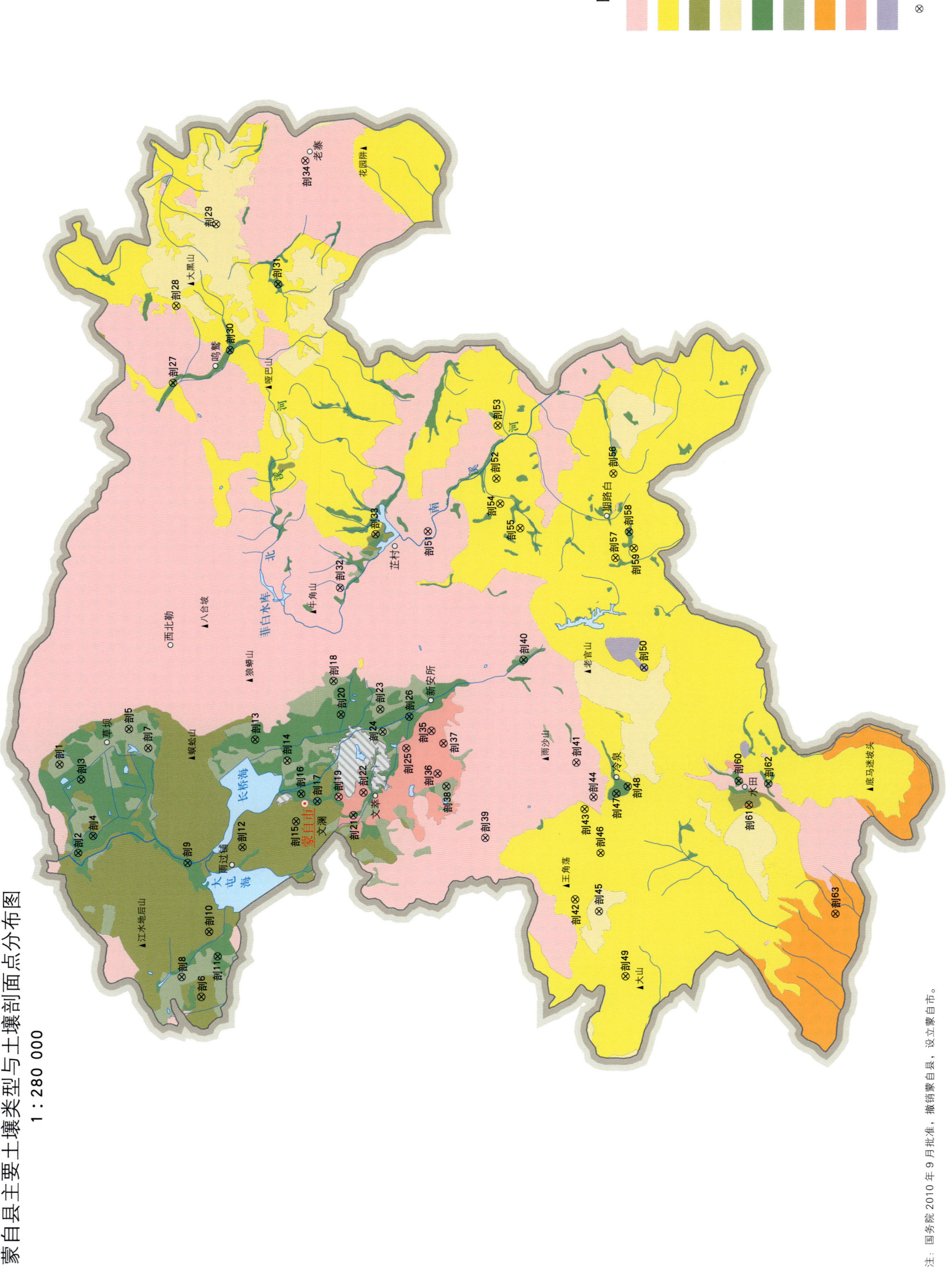

蒙自市土壤剖面理化性状表

剖面号 Soil profile	土纲 Soil order	土类 Soil great group	亚类 Soil subgroup	土属 Soil genus	土种 Soil species	土层码 Layer code	土层厚度 Depth/cm	颜色 Soil color	质地 Soil texture	土壤结构 Soil structure	pH	有机质 OM/(g/kg)	全氮 TN/(g/kg)	全磷 TP/(g/kg)	全钾 TK/(g/kg)	碱解氮 AN/(mg/kg)	土壤母质 Parent material	剖面点坐标 Profile coordinate	匹配指数 Matching index/%
剖1	初育土	新积土	冲积土	湖泊沉积土	灰土	1	0—22	灰褐色	壤土	粒状	8.4	32.6	2.07	1.29		82	湖积物、冲积物	E 103°23′24.7″ N 23°32′48.1″	74
						2	22—37	棕灰色	黏壤土	核状									
						3	37—	深灰色	粉砂质壤土	粒状									
剖2	人为土	水稻土	淹育水稻土	红壤性淹育水稻土	红泥田	1	0—20	紫红棕色	团块状		7.6	30.3	2.04	1.87	5.7	139	冲积物	E 103°19′55.9″ N 23°32′04.6″	99
						2	20—50	浅红棕色	黏土	块状									
						3	50—	红棕色	黏土	块状									
剖3	人为土	水稻土	潜育水稻土	冲积性潜育水稻土	黑泥田	1	0—24	栗色	黏壤土	棱柱状	8.2	44.6	2.60	1.59	20.1	198		E 103°22′50.2″ N 23°32′00.2″	100
						2	24—34	深栗色	壤质黏土	棱柱状									
						3	34—	灰黑色	壤质黏土	棱柱状									
剖4	人为土	水稻土	淹育水稻土	红壤性淹育水稻土	胶泥田	1	0—15	黄棕色	黏土	块状	5.5	31.3	3.29	1.10	26.0	188		E 103°20′38.0″ N 23°31′32.9″	82
						2	15—24	黄棕色	壤质黏土	块状									
						3	24—	棕黄色	重黏土	块状									
剖5	初育土	新积土	冲积土	湖泊沉积土	黑浮泥土	1	0—17	栗色	壤土	粒状	8.8	35.9	1.99	1.33	7.8	159	湖积物、冲积物	E 103°24′49.3″ N 23°30′14.7″	79
						2	17—	深栗色	壤质黏土	块状									
剖6	石灰（岩）土	红色石灰土	红泡土	金黄土	1	0—13	棕红色	壤质黏土	小块状	7.9	24.9	0.99	1.21	3.1	109	冲积物	E 103°14′21.5″ N 23°27′32.4″	77
						2	13—44	棕红色	黏土	棱柱状									
						3	42—	深棕红色	壤质黏土	团块状									
剖7	初育土	新积土	扇状冲积土	红浮泥田	1	0—15	紫棕色	壤质黏土	小块状	8.4	20.7	1.22	0.99	4.2	83	冲积物	E 103°24′05.0″ N 23°29′35.5″	93
						2	15—55	深栗色	壤质黏土	块状									
						3	55—72	棕黄色	壤质黏土	块状									
						4	72—	棕色	壤质黏土	团块状									
剖8	初育土	新积土	河滩冲积土	浮泥田	1	0—12	棕色	壤质黏土	小块状	7.9	24.5	1.62	1.21	12.4	54	冲积物	E 103°15′06.8″ N 23°28′16.0″	87
						2	12—32	灰棕色	壤质黏土	棱柱状									
						3	32—	棕色	壤土	块状									
剖9	水稻土	淹育水稻土	冲积性淹育水稻土	浮泥田	1	0—14	灰棕色	壤质黏土	棱柱状	7.2	22.8	1.92	1.04	12.7	126	冲积物	E 103°19′34.7″ N 23°28′06.2″	78
						2	14—28	褐色	重黏土	棱柱状									
						C	42—	灰棕色	黏土	棱柱状									
剖10	石灰（岩）土	红色石灰土	红泡土	涩红土	1	0—19	红棕色	壤质黏土	小团块状	7.2	21.5	1.65	1.13	10.5	118	冲积物	E 103°16′54.1″ N 23°27′18.0″	89
						2	19—26	棕红色	黏土	小块状									
						3	26—	棕红色	黏土	块状									
剖11	水稻土	淹育水稻土	冲积性淹育水稻土	红浮泥田	1	0—16	棕黄色	壤质黏土	棱柱状	7.9	26.5	1.34	1.22	6.4	137	冲积物	E 103°15′56.9″ N 23°26′58.6″	70
						2	16—24	浅棕灰色	黏土	棱柱状									
						3	24—44	棕红色	轻黏土	棱柱状									
						4	44—	深棕色	黏土	块状									
剖12	初育土	石灰（岩）土	红色石灰土	红泡土	红土	1	0—25	棕红棕色	壤质黏土	小团块状	8.1	30.4	1.66	1.24	10.7	160	冲积物	E 103°20′14.5″ N 23°26′07.4″	82
						2	25—34	棕红色	壤质黏土	小块状									
						3	34—50	浅红棕色	轻黏土	块状									
						4	50—	褐色	黏土	块状									
剖13	人为土	水稻土	潜育水稻土	冲积性潜育水稻土	砂姜黑泥田	1	0—15	栗色	黏壤土	棱柱状	8.0	26.0	1.64	1.23	15.8	76	冲积物	E 103°15′27.4″ N 23°25′43.0″	90
						2	15—45	深灰棕色	壤质黏土	核状									
剖14	初育土	新积土	冲积土	河滩冲积土	鸡粪土	1	0—26	褐色	砂质壤土	粒状	8.2	28.7	2.19	3.03	16.7	178		E 103°23′38.6″ N 23°24′32.9″	100
						2	26—	灰棕色	黏壤土	小块状									

续表 Continued

剖面号 Soil profile	土纲 Soil order	土类 Soil great group	亚类 Soil subgroup	土属 Soil genus	土种 Soil species	土层码 Layer code	土层厚度 Depth/cm	颜色 Soil color	质地 Soil texture	土壤结构 Soil structure	pH	有机质 OM/(g/kg)	全氮 TN/(g/kg)	全磷 TP/(g/kg)	全钾 TK/(g/kg)	碱解氮 AN/(mg/kg)	土壤母质 Parent material	剖面点坐标 Profile coordinate	匹配指数 Matching index/%
剖15	初育土	石灰(岩)土	黑色石灰土	黑泡土	黑泥土	1	0—15	栗色	壤土	大粒状	8.4	29.1	1.91	1.16	5.4	79		E 103°21′17.4″ N 23°24′11.9″	99
						2	15—27	深栗色	黏壤土	核状									
						3	27—43	栗色	壤质黏土	小块状									
						4	43—	青灰色	黏质土	块状									
剖16	人为土	水稻土	潜育水稻土	冲积性潜育水稻土	青砂泥田	1	0—18	棕黄色	粉砂质壤土	核状	8.4	25.4	1.27	0.79	6.1	80	冲积物	E 103°22′21.9″ N 23°24′01.2″	84
						2	18—25	棕黄色	粉砂质黏土	小团块状									
						3	25—65	棕灰色	砂壤土	核状									
						4	65—	青灰色	砾质土										
剖17	人为土	水稻土	潜育水稻土	红壤性潜育水稻土	黑泥土田	A	0—14	黑褐色	壤土	核状	8.2	50.2	3.23	2.51	2.5	240		E 103°22′05.0″ N 23°23′26.0″	94
						2	14—27	黑色	壤质黏土	小块状									
						3	27—54	深灰色	黏土	棱柱状									
						4	54—84	灰白色	重黏土										
						G	84—												
剖18	初育土	新积土	冲积土	扇象冲积土	砂石土	1	0—14	灰棕色	砾质夹砂土		8.9	7.8	0.43	1.65	12.9	35	冲积物	E 103°26′46.3″ N 23°22′54.1″	71
						2	14—84	棕黄色	粗砂土										
						3	84—	紫棕色	细砂土										
剖19	铁铝土	赤红壤	赤红壤	第四纪赤红壤	油红土	A	0—18	红棕色	壤质黏土	核状	7.6	24.2	1.20	1.29	4.6	92		E 103°22′15.7″ N 23°22′39.9″	92
						B_1	18—27	浅红棕色	黏质土	柱状									
						B_2	27—102	黄色	重黏土	柱状									
						4	102—												
剖20	人为土	水稻土	潜育水稻土	冲积性潜育水稻土	青浮泥田	1	0—15	褐色	壤质黏土	核柱状	8.3	32.3	1.70	1.19	14.9	144	冲积物	E 103°22′28.3″ N 23°22′37.3″	82
						2	15—22	灰褐色	壤质黏土	核柱状									
						3	22—55	褐灰色	砂质黏土	棱柱状									
						4	55—	褐灰色	黏土	核状									
剖21	人为土	水稻土	淹育水稻土	红壤性淹育水稻土	黄泥土田	1	0—15	黄棕色	黏壤土	小块状	7.7	27.1	1.38	0.97	13.0	166		E 103°21′33.2″ N 23°22′07.7″	92
						2	15—31	黄棕色	壤土	棱柱状									
						3	31—	棕色	黏土	粒状									
剖22	铁铝土	赤红壤	赤红壤	第四纪赤红壤	红土	1	0—17	深红棕色	壤质黏土	核状	6.4	33.2	1.18	1.18	3.3	72		E 103°22′26.5″ N 23°21′46.0″	96
						2	17—25	浅红棕色	壤质黏土	核柱状									
						3	25—60	黄棕色	黏土	柱状									
						4	60—												
剖23	初育土	新积土	冲积土	河滩冲积土	砂浮泥土	1	0—15	棕色	粉砂质黏土	核状	8.5	8.2	1.19	0.86	13.5	68	冲积物	E 103°25′41.2″ N 23°21′11.9″	99
						2	15—49	黄棕色	砂壤土	核状									
						3	49—84	浅红棕色	粉砂质黏土	小团块状									
						4	84—	棕色	黏土	小块状									
剖24	初育土	新积土	冲积土	扇象冲积土	砂泥土	1	0—16	棕黄色	壤质黏土	核状	8.1	13.6	0.93	2.13	15.7	37	冲积物	E 103°22′48.9″ N 23°21′46.0″	92
						2	16—23	黄色	壤质黏土	柱状									
						3	23—80	褐色	壤质黏土	柱状									
						4	80—												
剖25	铁铝土	赤红壤	黄色赤红壤	第四纪黄赤红壤	黄泥土	1	0—17	黄黄棕色	壤黏土	柱状	4.8	13.9	0.93	1.49	1.0	79	红色黏土	E 103°24′10.8″ N 23°20′13.9″	76
						2	17—48	深黄棕色	黏土	柱状									
						3	48—	灰黄色	黏土	小块状									
剖26	人为土	水稻土	淹育水稻土	冲积性淹育水稻土	砂浮泥田	1	0—13	棕黄色	粉砂质黏壤土	块状	7.5	12.5	0.94	0.67	6.3	21	冲积物	E 103°25′24.7″ N 23°20′08.5″	92
						2	13—27	黄棕色	粉砂质黏壤土	块状									
						3	27—42	黄色	粉砂质黏壤土	块状									
						4	42—	黄色	黏土	块状									

续表 Continued

剖面号 Soil profile	土纲 Soil order	土类 Soil great group	亚类 Soil subgroup	土属 Soil genus	土种 Soil species	土层码 Layer code	土层厚度 Depth/cm	颜色 Soil color	质地 Soil texture	土壤结构 Soil structure	pH	有机质 OM/(g/kg)	全氮 TN/(g/kg)	全磷 TP/(g/kg)	全钾 TK/(g/kg)	碱解氮 AN/(mg/kg)	土壤母质 Parent material	剖面点坐标 Profile coordinate	匹配指数 Matching index/%
剖27	人为土	水稻土	潴育水稻土	冲积性潴育水稻土	砂泥田	1	0—18	棕黄色	砂质黏壤土	小团块状	8.7	24.1	1.69	1.47	10.3	111	冲积物	E 103°38′22.2″ N 23°28′50.9″	97
						2	18—22	黄棕色	砂质黏壤土	小块状									
剖28	铁铝土	黄壤	黄壤	砂岩黄壤	山砂土	1	0—14	黄棕色	砂质壤土	块状	4.8	29.1	1.81	1.36	4.0	73	砂岩类	E 103°41′23.3″ N 23°28′45.5″	70
						2	14—	黄色	砂质黏土	块状									
剖29	淋溶土	黄棕壤	黄棕壤	砂页岩山地黄棕壤	泡灰土	1	0—19	浅棕黄色	粉砂质黏壤土	小粒状	5.1	14.7	1.61	1.07	5.4	38		E 103°44′34.8″ N 23°27′21.2″	72
						2	19—30	棕色	粉砂质黏壤土	粒状									
						3	30—60	棕黄色	粉砂质黏土	小粒状									
						4	60—	黄色	粉砂质黏土	块状									
剖30	人为土	水稻土	潴育水稻土	冲积性潴育水稻土	河砂田	1	0—25	棕灰色	砂壤土	粒状	6.0	21.7	1.85	1.22	7.4	114	冲积物	E 103°39′40.3″ N 23°26′47.8″	89
						2	25—45	褐色	砂壤土	核状									
						3	45—72	黄棕色	砂壤土	核状									
						4	72—	棕灰色	砂壤土	粒状									
剖31	人为土	水稻土	潴育水稻土	红壤性潴育水稻土	青胶泥田	1	0—25	灰棕色	黏土	棱柱状	6.0	39.0	2.09	0.66	16.6	77		E 103°42′15.7″ N 23°25′04.3″	79
						2	25—73	棕黄色	黏土	棱柱状									
						3	73—	黄棕色	黏土	棱柱状									
剖32	铁铝土	红壤	黄红壤	砂页岩黄红壤	砂黄泥土	1	0—15	灰棕色	砂质黏壤土	粒状	6.4	25.2	2.07	1.21	22.4	146	砂页岩	E 103°30′25.9″ N 23°22′42.6″	89
						2	15—80	棕黄色	砂质黏壤土	小块状									
						3	80—	褐黄色	砂质黏壤土	核状									
剖33	初育土	石灰（岩）土	黑色石灰土	黑泡土	黑泡土	1	0—19	栗色	壤土	小块状	6.3	40.7	2.88	2.81	16.9	254		E 103°32′31.7″ N 23°21′26.8″	100
						2	19—31	紫棕色	黏土	核状									
						3	31—	棕黄色	黏土	核状									
剖34	铁铝土	红壤	黄棕壤	石灰岩黄红壤	黄红土	1	0—18	棕黄色	黏土	核状	6.5	45.5	2.42	3.10	2.6	162	石灰岩	E 103°47′04.9″ N 23°24′08.3″	87
						2	18—38	棕黄色	黏土	小块状									
						3	38—	浅红棕色	黏质黏土	柱状									
剖35	铁铝土	赤红壤	黄色赤红壤	第四纪黄色赤红壤	金黄土	1	0—21	红棕色	壤质黏土	柱状	5.6	18.7	1.19	1.32	2.3	116	红色黏土	E 103°24′52.2″ N 23°19′19.9″	95
						2	21—34	棕黄色	壤质黏土	柱状									
						3	34—47	棕黄色	黏土	柱状									
						4	47—	黄色	黏土	小块状									
剖36	铁铝土	赤红壤	赤红壤	第四纪黄赤红壤	酸白泥土	1	0—20	灰白色	重黏土	大块状	5.6	7.9	0.79	1.05	4.6	53	红色黏土	E 103°23′12.5″ N 23°19′05.5″	98
						2	20—	浅红棕色	壤质黏土	核状									
剖37	铁铝土	赤红壤	赤红壤	第四纪赤红壤	涩红土	1	0—13	深棕红色	壤质黏土	柱状	4.9	20.2	0.95	1.38	2.2	58	红色黏土	E 103°24′23.4″ N 23°18′53.6″	89
						2	13—27	棕黄色	黏土	柱状									
						3	27—57	黄棕色	黏土	柱状									
						4	57—	黄色	黏土	小团块状									
剖38	初育土	新积土	冲积土	扇象冲积土	砂	1	0—17	黄棕色	粉砂壤土	小块状	7.4	2.9	0.44	0.47	1.3	75	冲积物	E 103°22′42.6″ N 23°18′46.1″	90
						2	17—37	浅红棕色	黏质黏土	小棱柱状									
剖39	铁铝土	红壤	红壤	石灰岩山地红壤	瘦红土	1	0—13	浅红棕色	黏土	粒状	5.3	22.6	1.38	1.42	3.8	95	石灰岩	E 103°20′43.4″ N 23°17′19.7″	89
						2	13—90	棕红色	黏土	大粒状									
剖40	人为土	水稻土	潴育水稻土	冲积性潴育水稻土	鸡粪土田	A	0—16	灰棕色	壤质黏土	块状	8.8	45.9	2.44	2.87	9.5	172	冲积物	E 103°27′40.3″ N 23°16′01.6″	85
						2	16—23	黄棕色	壤质黏土	小块状									
						3	23—59	灰白色	粉砂质黏土	小棱柱状									
						W	59—	灰灰色	轻黏土	棱柱状									
剖41	铁铝土	红壤	黄棕壤	石灰岩黄红壤	黄泥土	1	0—18	棕黄色	壤土	小块状	6.4	39.2	2.27	4.09	2.7	198	石灰岩	E 103°23′41.3″ N 23°14′03.8″	85
						2	18—31	棕色	黏土	块状									
						3	31—	黄棕色	黏土	块状									

续表 Continued

剖面号 Soil profile	土纲 Soil order	土类 Soil great group	亚类 Soil subgroup	土属 Soil genus	土种 Soil species	土层码 Layer code	土层厚度 Depth/cm	颜色 Soil color	质地 Soil texture	土壤结构 Soil structure	pH	有机质 OM/(g/kg)	全氮 TN/(g/kg)	全磷 TP/(g/kg)	全钾 TK/(g/kg)	碱解氮 AN/(mg/kg)	土壤母质 Parent material	剖面点坐标 Profile coordinate	匹配指数 Matching index/%
剖42	铁铝土	黄壤	黄壤	石灰岩黄壤	瘦黄土	1	0—12	棕黄色	壤质黏壤土	块状	5.7	54.3	3.08	0.99	2.8	201	石灰岩	E 103°18′20.5″ N 23°14′02.5″	93
						2	12—36	浅棕黄色	黏土	块状									
						3	36—	黄色		大块状									
剖43	铁铝土	黄壤	黄壤	泥灰岩类黄壤	白泥土	1	0—12	灰白色	粉砂质黏壤土	小块状	4.8	21.7	1.27	0.58	11.4	153	泥灰岩	E 103°21′52.9″ N 23°13′44.4″	93
						2	12—21	浅黄色	粉砂质黏壤土	小块状									
						3	21—	黄色	粉砂质黏壤土	小块状									
剖44	铁铝土	红壤	黄红壤	石灰岩黄红壤	香面土	1	0—10	棕黄色	壤土	小粒状	5.4	21.5	1.75	0.98	9.9	89	石灰岩	E 103°22′21.4″ N 23°13′25.7″	100
						2	10—13	棕红色	轻黏土	小粒状									
						3	13—	浅红棕色	黏土	块状									
剖45	淋溶土	黄棕壤	黄棕壤	石灰岩山地黄棕壤	泡灰土	1	0—20	黄棕色	壤土	小块状	5.6	82.5	5.35	2.38	6.3	297	石灰岩	E 103°17′52.8″ N 23°13′10.2″	100
						2	20—	黄色	黏土	核状									
剖46	铁铝土	黄壤	黄棕壤	石灰岩黄壤	大黄泥土	1	0—12	棕黄色	壤土	团块状	5.8	47.6	2.79	1.87	3.1	268	石灰岩	E 103°20′10.7″ N 23°13′08.4″	73
						2	12—35	棕黄色	黏质黏土	核状									
						3	35—	黄色	黏土	块状									
剖47	人为土	水稻土	淹育水稻土	冲积性淹育水稻土	砂田	1	0—12	灰棕色	粉砂质壤土	核状	5.6	19.4	1.42	0.52	5.1	110	冲积物	E 103°22′30.3″ N 23°12′35.5″	74
						2	12—20	灰棕色	黏土	核状									
						3	20—	黄色	黏土	小块状									
剖48	人为土	水稻土	潴育水稻土	冲积性潴育水稻土	油砂土田	1	0—14	棕灰色	粉砂质壤土	核状	5.3	32.0	1.62	0.75	10.7	124	冲积物	E 103°22′47.2″ N 23°12′11.1″	73
						2	14—31	灰棕色	砂壤土	小团块状									
						3	31—	灰棕色	砂壤土	小团块状									
剖49	铁铝土	黄壤	黄壤	石灰岩黄壤	黄泥土	1	0—12	棕黄色	壤质黏壤土	块状	5.5	45.6	2.91	2.80	10.4	253	石灰岩	E 103°15′21.2″ N 23°12′10.1″	91
						2	12—36	黄色	黏土	块状									
						3	36—	黄色	黏土	大块状									
剖50	初育土	紫色土	酸性紫色土	红泥紫土	砂羊肝土	1	0—13	浅紫红色	粉砂质黏壤土	核状	6.6	34.7	2.36	2.36	7.6	204	石灰岩	E 103°27′25.2″ N 23°11′39.1″	76
						2	13—25	紫红色	黏土	小块状									
						3	25—	紫红色	黏土	大块状									
剖51	红壤	红壤	红壤	石灰岩山地红壤	红土	1	0—14	红棕色	壤质黏壤土	团块状	5.4	68.0	3.92	2.32	5.3	323	石灰岩	E 103°32′39.5″ N 23°19′32.9″	91
						2	14—20	红棕色	黏质黏土	团块状									
						3	20—53	红棕色	黏土	小块状									
						4	53—	棕红色	黏土	核状									
剖52	铁铝土	黄壤	黄壤	砂页岩黄壤	砂黄泥土	1	0—12	棕色	壤土	小块状	4.9	36.9	1.87	1.40	18.0	133	砂页岩	E 103°34′44.4″ N 23°17′04.9″	82
						2	12—18	棕色	黏质黏壤土	团块状									
						3	18—	橙色	砂质黏壤土	块状									
剖53	铁铝土	黄壤	黄壤	砂页岩黄壤	黄胶泥土	1	0—15	棕黄色	壤土	核状	7.8	5.0	0.54	0.75	20.1	56	砂页岩	E 103°36′48.2″ N 23°17′03.5″	93
						2	15—70	棕黄色	黏土	大块状									
						3	70—	黄色	黏土	小块状									
剖54	铁铝土	黄壤	黄壤	砂页岩黄壤	黄泥土	1	0—15	棕色	壤质黏壤土	小块状	5.4	57.5	2.82	2.50	7.9	276	砂页岩	E 103°33′45.4″ N 23°16′56.3″	82
						2	15—27	浅棕色	砂质黏壤土	块状									
						3	27—70	棕色	黏土	大块状									
						4	70—	棕黄色	砂质黏壤土	块状									
剖55	铁铝土	黄壤	黄壤	砂页岩黄壤	小黄泥土	1	0—11	棕黄色	壤土	小块状	4.2	61.4	4.08	1.69	14.5	243	砂页岩	E 103°32′48.9″ N 23°16′12.4″	100
						2	11—	紫色	壤土	粒状									
剖56	铁铝土	黄壤	黄壤	砂页岩黄壤	森林腐殖土	1	0—15	棕色	壤土	块状	4.5	76.0	3.09	3.88	5.3	375	砂页岩	E 103°34′58.1″ N 23°12′50.8″	79
						2	15—56	黄色	黏土	小团块状									
						3	56—												

续表 Continued

剖面号 Soil profile	土纲 Soil order	土类 Soil great group	亚类 Soil subgroup	土属 Soil genus	土种 Soil species	土层码 Layer code	土层厚度 Depth/cm	颜色 Soil color	质地 Soil texture	土壤结构 Soil structure	pH	有机质 OM/(g/kg)	全氮 TN/(g/kg)	全磷 TP/(g/kg)	全钾 TK/(g/kg)	碱解氮 AN/(mg/kg)	土壤母质 Parent material	剖面点坐标 Profile coordinate	匹配指数 Matching index/%
剖57	铁铝土	黄壤	黄壤	白云岩黄壤	黄泥土	1	0~14	棕黄色	黏壤土	核状	7.5	17.7	1.86	0.48	26.2	107		E 103°31′41.5″ N 23°12′43.9″	88
						2	14—	黄色	黏土	块状									
剖58	人为土	水稻土	沼泽型水稻土	红壤性沼泽水稻土	烂泥田	1	0~26	深灰色	黏壤土	小块状	8.2	58.0	3.58	1.30	16.8	160		E 103°32′42.6″ N 23°12′15.4″	90
						2	26—	黑灰色	壤质黏土	块状									
剖59	铁铝土	黄壤	黄壤	白云岩黄壤	砂黄泥土	1	0~13	棕灰色	砂壤土	粒状	5.4	23.0	1.23	1.28	5.3	145	白云岩	E 103°32′04.3″ N 23°12′04.2″	89
						2	13~28	棕灰色	砂质黏壤土	小团块状									
						3	28—	灰灰色	砂质黏壤土	小块状									
剖60	人为土	水稻土	淹育水稻土	紫色土性淹育水稻土	羊肝土田	1	0~17	紫棕色	砂质黏壤土	块状	6.2	38.4	2.70	1.18	12.8	193		E 103°23′02.4″ N 23°08′10.0″	77
						2	17~61	紫棕色	粉砂质黏土	块状									
						3	61—	黄棕色	粉砂质黏壤土	大核块状									
剖61	半淋溶土	燥红土	燥红土	红褐色土	大燥红土	1	0~11	深红棕色	粉砂质黏壤土	团块状	5.8	34.2	1.61	0.97	6.2	174		E 103°22′06.9″ N 23°07′47.2″	87
						2	11~27	红棕色	粉砂质黏壤土	块状									
						3	27—	红棕色	壤质黏土	小块状									
剖62	人为土	水稻土	淹育水稻土	红壤性淹育水稻土	黄泥田	1	0~15	棕黄色	壤质黏土	棱柱状	8.8	25.7	1.64	0.89	24.8	141		E 103°22′57.0″ N 23°07′05.9″	72
						2	15~39	褐色	黏土	棱柱状									
						3	39—	棕棕色	粉砂质黏壤土	小块状									
剖63	半淋溶土	燥红土	燥红土	红褐色土	砂燥红土	1	0~13	灰棕色	砂质黏壤土	块状	6.5	29.8	1.25	0.87	13.3	147		E 103°17′53.8″ N 23°04′35.4″	75
						2	13~50	棕色	粉砂质黏壤土	块状									
						3	50—	棕红色	砂质黏土										

弥 勒 市

主要土类说明

红壤是弥勒市主要土壤类型，占本市地域面积的 55%。红壤主要发生于亚热带常绿阔叶林下，呈中度脱硅富铝化特征，土壤黏粒中游离铁占全铁的 50%—60%。黏土矿物以高岭石、赤铁矿为主，黏粒硅铝率为 1.8—2.4，风化淋溶系数小于 0.2，盐基饱和度小于 35%。红壤具深厚的红色土层，淀积层可见深厚的红、黄、白相间的网纹状红色黏土。

紫色土是弥勒市第二大土壤类型，占本市地域面积的 31%。紫色土是由热带、亚热带紫红色岩层直接风化形成的具 A-C 剖面构型的土壤。其理化性质与母岩组成直接相关，土层浅薄，剖面层次发育不明显，仍处于初育阶段。母岩富含矿质养分，且风化迅速。

水稻土是弥勒市第三大土壤类型，占本市地域面积的 8%。水稻土是在长期的季节性淹灌、水下翻耕、季节性脱水、氧化还原交替影响下，原来的成土母质或母土的特性发生重大改变形成的新的土壤类型。由于干湿交替，水稻土形成糊状的淹育层、较坚实板结的犁底层、渗育层、潴育层与潜育层等多种发生层。这些不同发生层是在人为耕作、水浆管理下形成的。

黄棕壤占本市地域面积的 3%。黄棕壤发生于亚热带暖湿落叶阔叶林下，弱度富铝化，黏聚现象明显，呈黄棕色。该土壤具 A-B-C 或 A-(B)-C 剖面构型，黏粒硅铝率在 2.5 左右，铁的游离度较红壤低，B 层交换性酸大于 A 层。

小于本市地域面积 3% 的土壤类型有赤红壤。

本区域中心区气候特征

本区域中心区气候特征值
Regional climate characteristics in central area of the region

气候带：南亚热带湿润气候 Climate region: South subtropical humid climate	
年平均气温 /℃ Annual average temperature /℃	16.7
年平均最高气温 /℃ Annual average maximum temperature /℃	22.4
年平均最低气温 /℃ Annual average minimum temperature /℃	12.5
年降水量 /mm Annual precipitation /mm	982
≥10℃的积温 /℃ Daily temperature accumulated in a year (≥10℃) /℃	6128
年日照时数 /h Annual sunshine /h	2094
年平均相对湿度 /% Annual average relative humidity /%	74
干燥度 Dryness	1.03

本区域中心区月平均气温与月平均降水量
Monthly temperature and precipitation in central area of the region

弥勒县主要土壤类型与土壤剖面点分布图
1∶340 000

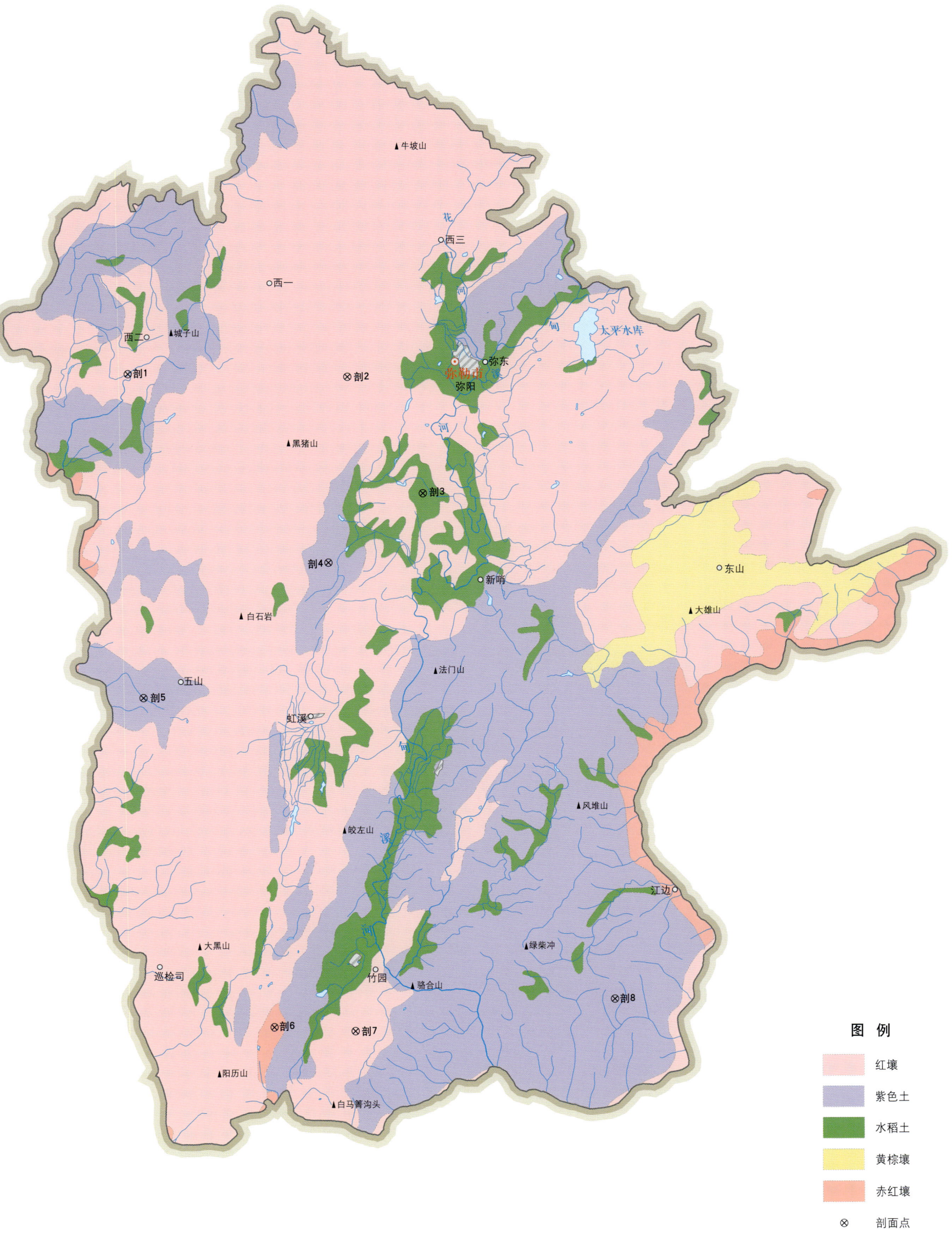

注：国务院 2013 年 1 月批准，撤销弥勒县，设立弥勒市。

弥勒市土壤剖面理化性状表

剖面号 Soil profile	土纲 Soil order	土类 Soil great group	亚类 Soil subgroup	土属 Soil genus	土种 Soil species	土层码 Layer code	土层厚度 Depth/cm	颜色 Soil color	质地 Soil texture	土壤结构 Soil structure	pH	有机质 OM/(g/kg)	全氮 TN/(g/kg)	全磷 TP/(g/kg)	全钾 TK/(g/kg)	碱解氮 AN/(mg/kg)	剖面点坐标 Profile coordinate	匹配指数 Matching index/%
剖1	铁铝土	红壤	红壤	碳酸盐岩类山地红壤	棕红色砂土	A	0—30	黄色	砂壤土	粒状	4.9	20.5	0.87	1.79	0.7	99	E 103°09′38.9″ N 24°23′48.5″	77
						B	30—60	红色	砂壤土	块状	5.0							
剖2	铁铝土	红壤	红壤	碳酸盐岩类山地红壤	棕红胶泥土	A	0—25	灰黑色	黏土	块状	6.4	2.8	1.24	0.63	1.7	85	E 103°20′17.5″ N 24°23′48.5″	79
						B	25—80	白色	黏土	块状	6.0							
剖3	水稻土	水稻土	淹育水稻土	红壤性淹育水稻土	红泥田	A	0—26	红棕色	中壤土	块状	6.3	20.3	1.58	1.95	1.3	98	E 103°24′00.0″ N 24°18′42.8″	96
						P	26—49	红棕色	重壤土	块状	6.0	13.9				44		
剖4	初育土	紫色土	石灰性紫色土	棕紫泥	石子羊肝土	A	0—15	黑色	砂壤土	粒状	7.9	24.3	2.05	0.97	6.5	80	E 103°19′26.8″ N 24°15′36.7″	98
						B	15—45	灰黄色	砂壤土	粒状	8.0	22.0				53		
剖5	初育土	紫色土	石灰性紫色土	棕紫泥		A	0—5	黄棕色	轻壤土	粒状	8.0	39.1	2.36	0.70	11.0	82	E 103°10′33.6″ N 24°09′34.2″	82
						B	5—50	棕黄色	轻壤土	粒状	8.2							
剖6	铁铝土	赤红壤	赤红壤	碳酸盐岩类赤红壤	赤红泥土	A	0—40	棕红色	中壤土	块状	6.9	16.9	0.33	1.55	3.4	126	E 103°17′02.2″ N 23°55′08.2″	83
剖7	铁铝土	红壤	棕红壤	碳酸盐岩类棕红壤	红泡土	A	0—26	棕红色	轻壤土	粒状	5.7	36.6	2.43	3.57	3.9	122	E 103°20′57.1″ N 23°55′00.5″	75
						B	26—78	棕红色	中壤土	核状	4.8							
剖8	初育土	紫色土	酸性紫色土	红紫泥土		A	0—15	黄红色	轻壤土	块状	5.1	15.7	0.94	1.16	7.4	38	E 103°33′27.7″ N 23°56′31.6″	77
						B	15—35	棕红色	中壤土	块状								

屏边苗族自治县

主要土类说明

黄壤是屏边苗族自治县主要土壤类型，占本县地域面积的47%，分布在海拔1000—1800m的山区、半山区。植被为湿润常绿阔叶林。成土过程以脱硅富铝化、生物富集和黄化过程为主。黏土矿物以蛭石为主，其次为高岭石和伊利石。土壤有机质含量为21—55g/kg。黄壤中度富铝化，土壤有机质累积较红壤多，具O-A-AB-B-C剖面构型。淀积层（B层）富含水合氧化物（针铁矿），呈黄色，有时含三水铝石。

赤红壤是屏边苗族自治县第二大土壤类型，占本县地域面积的16%，分布在海拔600—1000m的地区。成土母质以各种母岩风化残积物和坡积物为主。成土过程以富铝化作用和生物积累作用为主。本县赤红壤多为黄色赤红壤亚类，土体中氧化铁等矿物的水合度较高，有较明显的黄化层，具A-Bs-C剖面构型，土壤有机质和游离铁的活化度均高于典型的赤红壤，pH一般低于5.5，有明显的脱硅富铝化作用。次生黏土矿物中伊利石比基岩少13%—19%，高岭石和绿泥石比基岩多15%—20%。黏粒硅铝率为1.7—2.0，风化淋溶系数为0.05—0.15，盐基饱和度为15%—25%。

红壤是屏边苗族自治县第三大土壤类型，占本县地域面积的15%，分布在海拔1300—1800m的较干旱地区。成土母质主要为第四纪红色黏土和石灰岩风化残积物。成土过程以脱硅富铝化和生物富集为主。本县红壤多为黄红壤亚类，土体上部有黄化现象，以黄橙色或橙色为主，下部仍以高岭石为主，伴有蛭石和三水铝石。

黄棕壤占本县地域面积的7%，分布在海拔1800m以上的高寒山区。成土母质为砂页岩及花岗岩风化物。成土过程以脱硅富铝化、生物富集和黄化过程为主。土层弱度富铝化，黏聚现象明显，呈黄棕色。该土壤具A-B-C或A-（B）-C剖面构型，黏粒硅铝率在2.5左右，铁的游离度较红壤低，B层交换性酸大于A层。

砖红壤占本县地域面积的7%，分布在海拔600m以下的南溪河河谷两岸。成土母质多为花岗岩、千枚岩、片麻岩、砂页岩及老冲积红土层。成土过程为脱硅富铝化过程和以生物为主导的养分吸收富集过程。

水稻土占本县地域面积的7%。水稻土是在长期的季节性淹灌、水下翻耕、季节性脱水、氧化还原交替影响下，原来的成土母质或母土的特性发生重大改变形成的新的土壤类型。由于干湿交替，水稻土形成糊状的淹育层、较坚实板结的犁底层、渗育层、潴育层与潜育层等多种发生层。

小于本县地域面积3%的土壤类型有石灰（岩）土。

本区域中心区气候特征

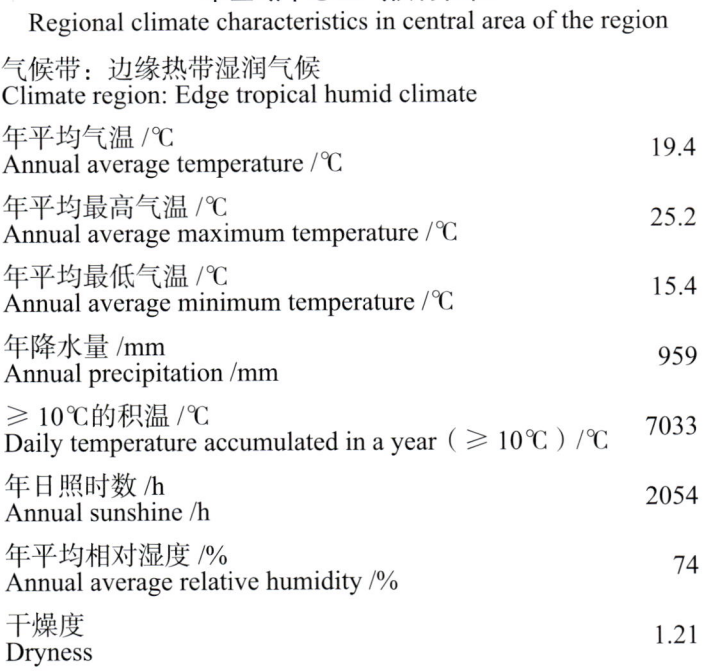

本区域中心区气候特征值
Regional climate characteristics in central area of the region

气候带：边缘热带湿润气候 Climate region: Edge tropical humid climate	
年平均气温 /℃ Annual average temperature /℃	19.4
年平均最高气温 /℃ Annual average maximum temperature /℃	25.2
年平均最低气温 /℃ Annual average minimum temperature /℃	15.4
年降水量 /mm Annual precipitation /mm	959
≥10℃的积温 /℃ Daily temperature accumulated in a year（≥10℃）/℃	7033
年日照时数 /h Annual sunshine /h	2054
年平均相对湿度 /% Annual average relative humidity /%	74
干燥度 Dryness	1.21

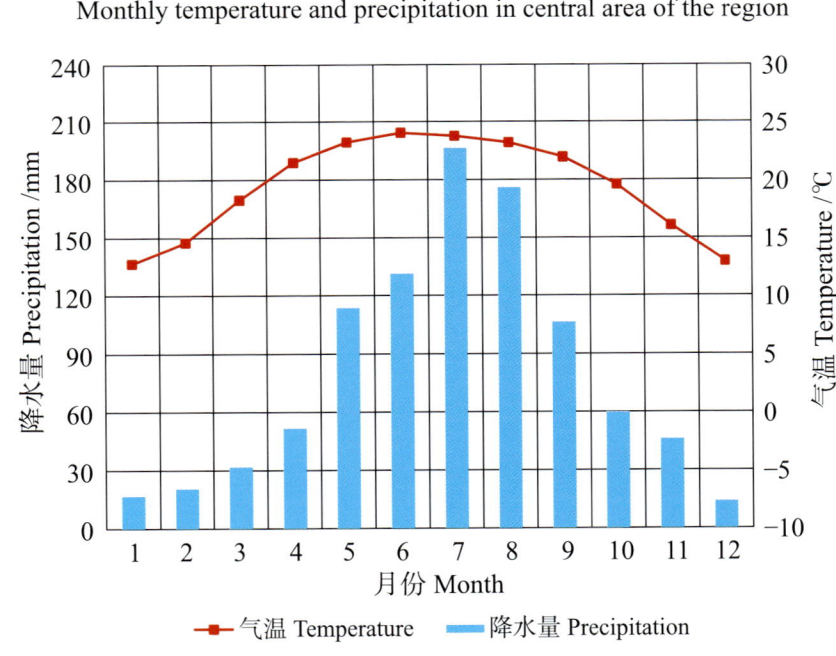

本区域中心区月平均气温与月平均降水量
Monthly temperature and precipitation in central area of the region

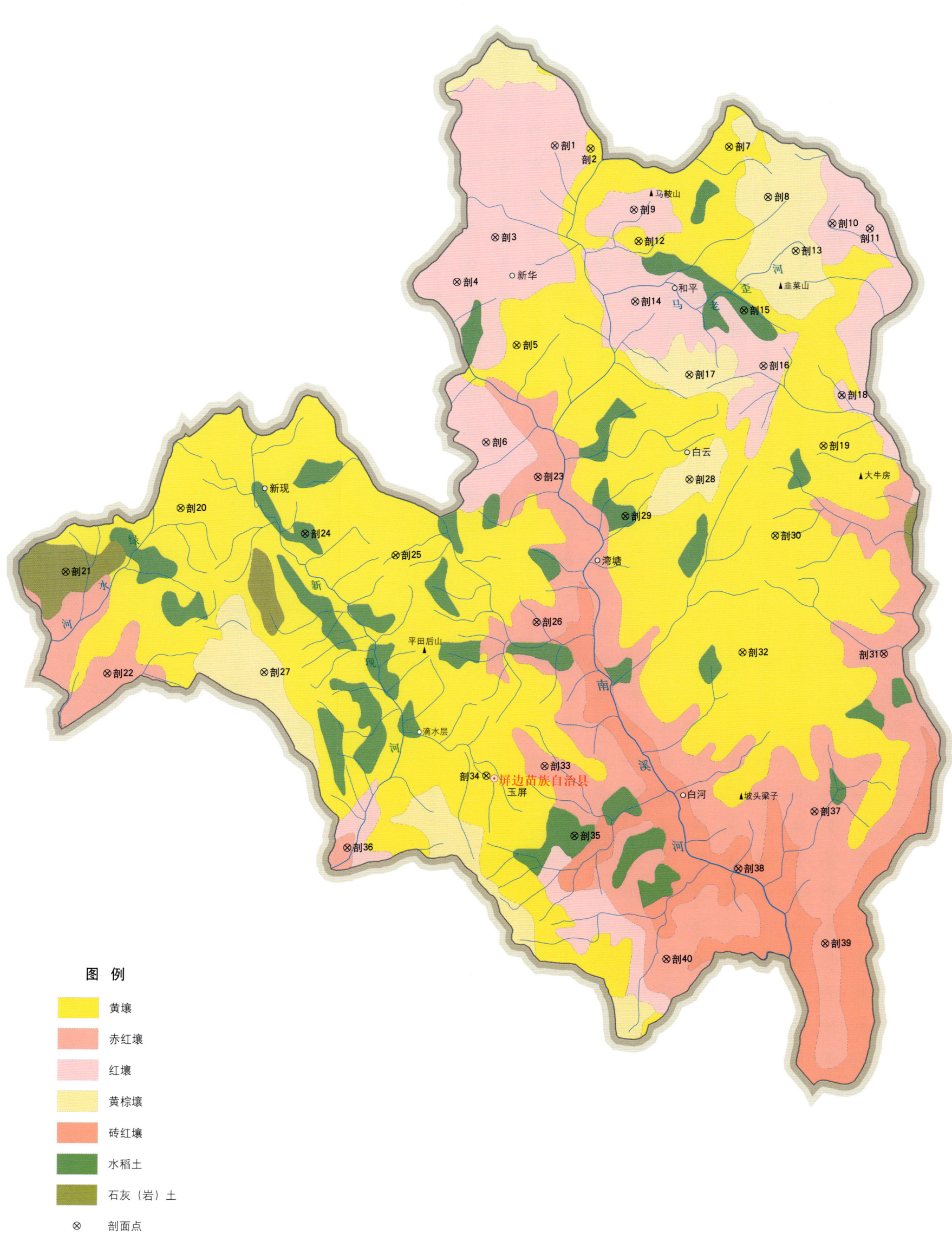

屏边苗族自治县土壤剖面理化性状表

剖面号 Soil profile	土纲 Soil order	土类 Soil great group	亚类 Soil subgroup	土属 Soil genus	土种 Soil species	土层码 Layer code	土层厚度 Depth/cm	颜色 Soil color	质地 Soil texture	土壤结构 Soil structure	pH	有机质 OM/(g/kg)	全氮 TN/(g/kg)	全磷 TP/(g/kg)	全钾 TK/(g/kg)	碱解氮 AN/(mg/kg)	土壤母质 Parent material	剖面点坐标 Profile coordinate	匹配指数 Matching index/%
剖1	铁铝土	红壤	黄红壤	泥质岩类黄红壤	灰泥土	A	0—23	褐色	轻壤土	块状	6.1	31.4	1.58	1.08	6.3	154	泥质岩类	E 103°43′01.6″ N 23°19′54.5″	92
剖2	铁铝土	黄壤	黄壤	碳酸岩类黄壤	黄泥土	A	23—32	浅黄色	中壤土	块状	6.6	20.7	1.29	0.43	5.7	116		E 103°44′18.7″ N 23°19′49.6″	73
						B	0—28	灰黄色	中壤土	粒状	5.9	24.3	1.52	1.54	32.3	150			
剖3	铁铝土	红壤	黄红壤	泥质岩类黄红壤	黄泥土	A	28—38	灰黄色	中壤土	核状	5.5	23.4	1.51	3.13	30.9	127	泥质岩类	E 103°40′56.3″ N 23°16′52.3″	72
						B	0—20	棕黄棕色	轻壤土	粒状	5.5	69.1	2.89	1.25	6.3	180			
剖4	铁铝土	红壤	黄红壤	碳酸岩类黄红壤	红泥土	A	20—42	灰黄棕色	轻壤土	片状	5.2	65.9	2.80	0.83	5.7	178	碳酸岩类	E 103°39′35.6″ N 23°15′23.8″	95
						B	0—23	暗红色	中壤土	粒状	6.7	44.6	2.86	6.25	10.3	211			
剖5	铁铝土	黄壤	黄壤	泥质岩类黄壤	马血泥土	A	23—63	暗红色	中壤土	粒状	6.3	33.1	2.23	1.08	9.2	146	泥质岩类	E 103°41′46.3″ N 23°13′20.3″	87
						B	0—26	暗红棕色	中壤土	粒状	6.5	18.8	1.18	1.14	2.4	185			
剖6	铁铝土	红壤	黄红壤	碳酸岩类黄红壤	黄泥土	A	26—60	灰棕色	砂壤土	块状	6.3	18.1	1.79	6.64	11.4	107	碳酸岩类	E 103°40′43.7″ N 23°10′08.0″	77
						B	0—24	灰棕色	轻壤土	粒状	5.0	56.5	2.48	0.73	5.3	227			
剖7	铁铝土	黄壤	黄壤	碳酸岩类黄壤	瘦黄泥土	A	24—43	灰黄色	中壤土	粒状	5.0	23.8	0.86	0.51	4.4	86	碳酸岩类	E 103°49′17.0″ N 23°19′56.5″	91
						B	0—23	褐色	中壤土	块状	6.5	22.1	1.37	0.85	42.0	133			
剖8	淋溶土	黄棕壤	黄棕壤	泥质岩类山地黄棕壤		A	23—34	暗黄棕色	中壤土	块状	6.6	20.4	1.53	2.51	11.9	127	泥质岩类	E 103°50′42.4″ N 23°18′18.4″	87
						B	0—10	暗黄棕色	轻壤土	粒状	5.0	85.4	3.43	2.11	5.2	313			
剖9	铁铝土	红壤	黄红壤	碳酸岩类黄红壤	黄末香土	A	10—24	浅棕黄色	中壤土	核状	5.3	94.6	3.54	1.17	3.8	110	碳酸岩类	E 103°45′54.0″ N 23°17′50.3″	99
						B	0—20	浅黄棕色	轻壤土	粒状	6.3	16.9	1.15	0.87	5.0	104			
剖10	铁铝土	红壤	黄红壤	碳酸岩类黄红壤	石渣子土	A	20—61	浅棕黄色	中壤土	块状	6.3	16.2	1.22	0.92	3.7	88	碳酸岩类	E 103°53′01.3″ N 23°17′28.0″	100
						B	0—23	灰棕色	中砾质壤土	粒状	5.5	106.3	4.51	0.92	36.4	361			
剖11	铁铝土	红壤	黄红壤	泥质岩类黄红壤	黄泥土	A	23—59	紫灰色	中砾质壤土	核状	5.4	106.8	4.46	2.74	37.0	361	泥质岩类	E 103°54′22.0″ N 23°17′19.0″	74
						B	0—9	紫灰色	中壤土	粒状	6.4	55.1	2.98	2.12	8.9	262			
剖12	铁铝土	黄壤	黄壤	红黏性淹育水稻土	黄泥土	A	9—23	灰黄棕色	中壤土	块状	5.8	23.8	1.47		6.2	115	泥质岩类	E 103°46′05.2″ N 23°16′48.4″	80
						B	0—20	灰黄色	中壤土	块状	5.0	30.4	1.69		23.6	184			
剖13	淋溶土	黄棕壤	黄棕壤	泥质岩类山地黄棕壤	灰泡土	A	20—40	灰黄色	中壤土	块状	5.0	32.6	1.90	1.61	10.1	197	泥质岩类	E 103°51′43.6″ N 23°16′33.2″	72
						B	0—19	灰棕色	轻壤土	粒状	5.4	96.2	4.13	1.59	21.3	313			
剖14	铁铝土	红壤	黄红壤	泥质岩类黄红壤	黄泥土	A	19—44	棕灰色	砂壤土	粒状	5.5	46.0	3.79	1.67	4.4	313	泥质岩类	E 103°46′00.1″ N 23°14′49.6″	94
						B	0—24	灰棕色	砂壤土	粒状	5.9	51.5	3.04	1.69	3.0	255			
剖15	人为土	水稻土	淹育水稻土	红黏性淹育水稻土	白泥田	A	21—54	暗黄棕色	中壤土	粒状	5.4	33.0	2.02	7.23	3.0	198	泥质岩类	E 103°49′53.8″ N 23°14′34.8″	75
						B	0—16	灰灰色	轻壤土	块状	5.4	32.0	2.60	0.70	16.3	135			
剖16	铁铝土	红壤	黄红壤	泥质岩类黄红壤	暗红土	A	16—61	灰黄棕色	中壤土	粒状	6.9	12.6	1.69	2.76	18.7	75	泥质岩类	E 103°50′37.4″ N 23°12′45.7″	86
						B	0—18	黑棕色	粉砂质壤土	粒状	6.0	84.5	4.28	2.27	1.9	98			
剖17	淋溶土	黄棕壤	黄棕壤	碳酸岩类山地黄棕壤	碳酸岩类山地黄棕壤	A	18—40	红黄棕色	粉砂质壤土	柱状	5.6	3.6	0.42	2.78	1.3	56	碳酸岩类	E 103°47′58.2″ N 23°12′26.3″	79
						B	0—21	黑棕色	中壤土	粒状	6.8	163.8	8.81	1.65	0.4	477			
剖18	铁铝土	红壤	黄红壤	碳酸岩类黄红壤	黄红土	A	0—16	紫色	砂壤土	粒状	6.7	89.3	3.37	1.95	1.3	237	碳酸岩类	E 103°53′26.4″ N 23°11′49.8″	82
						B	16—61	紫色	轻壤土	粒状	6.4	35.1	1.74	3.57	2.6	175			
剖19	铁铝土	黄壤	黄壤	碳酸岩类黄壤	灰黄泥土	A	0—18	褐色	轻壤土	块状	4.8	31.5	1.88	1.18	42.9	175	泥质岩类	E 103°52′48.9″ N 23°10′09.5″	70
						B	18—40	浅棕褐色	中壤土	柱状	7.6	27.0	1.60	0.99	16.6	120			
剖20	铁铝土	黄壤	黄壤	碳酸岩类黄壤	砂土	A	0—15	褐色	粉砂质壤土	粒状	6.9	22.4	1.41	1.35	22.2	120	碳酸岩类	E 103°29′50.3″ N 23°07′50.5″	94
						B	15—30	褐红色	轻壤土	核状	6.4	15.2	0.98	1.26	22.2	85			
剖21	初育土	石灰(岩)土	红色石灰土	红泡土	红泡土	A	0—27	浅红色	轻壤土	粒状	7.4	14.4	0.95	1.26		71	碳酸岩类	E 103°25′45.8″ N 23°05′41.6″	93
							27—36	红色	轻壤土	块状	7.9	23.9	1.61			120			
											8.1	31.5	1.77	1.13	23.1	139			

续表 Continued

剖面号 Soil profile	土纲 Soil order	土类 Soil great group	亚类 Soil subgroup	土属 Soil genus	土种 Soil species	土层码 Layer code	土层厚度 Depth/cm	颜色 Soil color	质地 Soil texture	土壤结构 Soil structure	pH	有机质 OM/(g/kg)	全氮 TN/(g/kg)	全磷 TP/(g/kg)	全钾 TK/(g/kg)	碱解氮 AN/(mg/kg)	土壤母质 Parent material	剖面点坐标 Profile coordinate	匹配指数 Matching index/%
剖22	铁铝土	赤红壤	黄色赤红壤	碳酸岩类黄色赤红壤	黄砂泥土	A	0—32	灰黄色	轻壤土	粒状	5.9	11.8	0.96	0.92	20.1	108	碳酸岩类	E 103°27′19.3″ N 23°02′21.9″	94
剖23	铁铝土	赤红壤	黄色赤红壤	泥质岩类黄色赤红壤		A	0—19	浅黄棕色	中壤土	棱状	5.5	25.5	1.51	1.09	24.6	129		E 103°42′36.1″ N 23°09′01.8″	79
						B	32—85	棕灰色	中壤土	块状	5.0	46.5	1.98	0.75	22.3	253			
剖24	人为土	水稻土	淹育水稻土	黄壤性淹育水稻土	红泥田	A	0—19	浅黄棕色	重壤土	片状	4.2	12.7	1.53	0.23	20.3	52		E 103°34′18.1″ N 23°07′03.4″	85
						P	0—25	暗黄棕色	中壤土	粒状	5.8	51.5	28.40	1.27	24.9	196			
						B	25—70	暗灰黄色	中壤土	核状	6.0	35.9	26.20	1.77	50.5	183			
剖25	铁铝土	赤红壤	黄色赤红壤	碳酸岩类黄色赤红壤	鸡黄土	A	0—25	棕色	轻壤土	核状	7.9	35.8	2.25	1.45	29.1	176	碳酸岩类	E 103°37′33.2″ N 23°06′23.4″	90
						B	25—45	棕色	中壤土	块状	8.0	23.5	1.42	1.32	8.4	131			
剖26	铁铝土	赤红壤	黄色赤红壤	泥质岩类黄色赤红壤	黄红土	A	0—25	暗棕色	中壤土	块状	4.8	39.4	1.72	1.03	19.8	147	泥质岩类	E 103°42′38.2″ N 23°04′14.9″	92
						B	25—50	棕棕色	中壤土	块状	5.1	23.1	1.01	0.88	13.2	93			
剖27	淋溶土	黄棕壤	黄色黄棕壤	泥质岩类山地黄棕壤	黄泥土	A	0—6	棕棕色	中壤土	块状	5.0	77.3	3.33	2.94	12.2	293	泥质岩类	E 103°32′55.8″ N 23°02′28.4″	75
						B	6—17	黄棕色	中壤土	块状	5.6	54.5	2.61	2.97	4.4	266			
剖28	淋溶土	黄棕壤	黄色黄棕壤	碳酸岩类山地黄棕壤	羊血土	A	0—21	浅棕色	轻壤土	粒状	5.5	46.0	2.76	1.99	73.4	289	碳酸岩类	E 103°48′01.8″ N 23°09′00.4″	72
						B	21—54	棕色	中壤土	粒状	5.7	44.5	3.37	1.98	15.6	210			
剖29	人为土	水稻土	潴育水稻土	坡积性潴育水稻土	黄灰泥田	A	0—20	灰棕色	中壤土	块状	5.2	28.4	1.82	2.02	19.9	128		E 103°45′45.7″ N 23°07′46.6″	88
						P	20—38	灰黄色	黏壤土	柱状	6.1	9.5	1.13	0.68	8.6	53			
剖30	黄壤	黄壤	黄色黄壤	泥质岩类黄壤	酸白泥土	A	0—19	灰白色	重壤土	粒状	5.9	14.0	0.92	0.51	32.4	3	泥质岩类	E 103°51′07.9″ N 23°07′11.6″	84
						B	19—35	白色	中壤土	核状	6.2	1.4	0.89	0.27	4.9	39			
剖31	铁铝土	赤红壤	黄色赤红壤	泥质岩类黄色赤红壤	黄砂土	A	0—12	暗黄色	砂壤土	块状	5.3	48.3	2.32	1.76	23.4	255	泥质岩类	E 103°55′05.0″ N 23°03′21.3″	74
						B	12—27	浅黄棕色	轻壤土	块状	5.2	15.0	1.42	1.27	18.8	101			
剖32	铁铝土	赤红壤	黄色赤红壤	碳酸岩类黄色赤红壤		A	0—19	灰黄色	砂壤土	粒状	5.2	90.6	3.17	0.53	55.2	22	碳酸岩类	E 103°50′01.5″ N 23°03′20.3″	99
						B	19—65	棕色	中壤土	粒状	5.8	21.4	1.05	0.39	27.4	43			
剖33	铁铝土	赤红壤	黄色赤红壤	泥质岩类黄色赤红壤	瘦红土	A	0—23	橙色	中壤土	块状	5.0	10.7	0.92	1.07	16.0	61	泥质岩类	E 103°43′00.5″ N 22°59′31.2″	80
						B	23—60	红橙色	中壤土	棱状	5.5	10.6	1.11	0.96	14.7	54			
剖34	铁铝土	赤红壤	黄色赤红壤	泥质岩类黄色赤红壤	红胶泥土	A	0—14	红黄色	中壤土	粒状	5.2	92.5	4.53	2.79	6.5	302	泥质岩类	E 103°40′55.6″ N 22°59′10.3″	77
						B	14—33	浅黄棕色	中壤土	粒状	5.5	54.8	2.30	3.09	2.6	239			
剖35	人为土	水稻土	潴育水稻土	冲积性潴育水稻土		A	0—12	浅灰黄色	砂壤土	粒状	5.9	49.1	1.78	2.19	49.7	159	冲积物	E 103°44′07.1″ N 22°57′12.6″	74
						B	19—29	浅灰黄色	轻壤土	块状	5.7	20.4	1.76	2.64	33.1	157			
剖36	铁铝土	赤红壤	黄色赤红壤	粗粒结晶岩类黄色赤红壤	红胶泥土	A	0—22	黑色	砂壤土	核状	6.4	45.7	2.20	9.61	6.8	16		E 103°36′00.1″ N 22°56′43.6″	77
						B	22—80	褐棕色	中壤土	棱状	5.7	17.2	0.72	0.63	6.3	8			
剖37	铁铝土	赤红壤	黄色赤红壤	碳酸岩类黄色赤红壤	红泥田土	A	0—21	灰棕色	中壤土	粒状	8.4	23.7	1.38	1.76	27.1	10	碳酸岩类	E 103°52′41.2″ N 22°58′08.0″	79
						B	21—51	棕色	中壤土	棱状	8.1	15.9	1.48	0.57	11.1	9			
剖38	砖红壤	砖红壤	黄色砖红壤	泥质岩类黄色砖红壤	红泥土	A	0—29	暗黄棕色	中轻壤土	粒状	5.9	56.5	2.92	1.27	23.5	160	泥质岩类	E 103°49′59.5″ N 22°56′12.8″	79
						B	29—48	灰黄棕色	轻壤土	块状	5.1	46.9	1.82	9.02	20.4	124			
剖39	铁铝土	赤红壤	黄色赤红壤	泥质岩类黄色赤红壤	白灰土	A	0—15	褐棕色	轻壤土	粒状	5.0	43.4	2.72	0.84	17.3	171	泥质岩类	E 103°53′08.2″ N 22°53′46.7″	99
						B	15—25	灰黄色	轻壤土	粒状	5.2	14.1	1.96	0.43	23.0	92			
剖40	铁铝土	赤红壤	黄色赤红壤	泥质岩类黄色赤红壤	黄泥土	A	0—18	褐棕色	中壤土	粒状	5.5	31.5	1.66	1.18	22.6	137	泥质岩类	E 103°47′28.1″ N 22°53′11.7″	84
						B	18—40	浅黄棕色	重壤土	块状	5.2	14.3	0.96	0.77	15.2	76			

建 水 县

主要土类说明

红壤是建水县主要土壤类型，占本县地域面积的 39%，主要分布在分水岭以北海拔 1500m 以上的地区，分水岭以南海拔 1000—1500m 的地区亦有少量分布。植被为常绿针阔叶混交林及草地。成土母质主要为石灰岩、玄武岩和砂岩。成土过程以脱硅富铝化和生物富集为主。红壤土体较厚，一般在 1m 以上，发育程度较高，具 A-Bs-Bv 或 A-Bs-C 剖面构型，脱硅富铝化程度高，土壤中有微量铁锰淀积，偏酸性，pH 一般为 5.0—6.0。土壤颜色较灰暗，心土及底土呈黄棕色，质地黏重，有机质含量较低，一般为 10—20g/kg。

赤红壤是建水县第二大土壤类型，占本县地域面积的 23%，分布在海拔 1000—1300m 的河谷和坝子。植被为常绿阔叶林。成土母质为第四纪红色黏土。成土过程以富铝化作用和生物积累作用为主。赤红壤具 A-Bs-C 剖面构型，土体脱硅富铝化程度仅次于砖红壤，比红壤强，铁的游离度介于二者之间，土壤呈赤红色。黏粒硅铝率为 1.7—2.0，风化淋溶系数为 0.05—0.15，盐基饱和度为 15%—25%，pH 为 4.5—5.5。

水稻土是建水县第三大土壤类型，占本县地域面积的 15%，分布在坝区、丘陵、河谷和山区。成土过程为淋溶作用和水耕熟化过程。本县水稻土中，淹育水稻土亚类面积较大，多分布在坝区边缘、河谷冲积台地、丘陵的中上部和洪积扇上部，多依赖自然降水，水耕熟化程度低，属中低产稻田，具 A-P-C 剖面构型，有机质含量为 9—30g/kg，钾、磷缺乏，氮不足。

紫色土占本县地域面积的 9%，零星分布在海拔 1500—1600m 的地区。成土母质为紫色砂岩。成土过程以母岩的快速物理崩解、频繁侵蚀堆积及碳酸钙的不断淋失为主，生物积累作用较弱。本县紫色土多为酸性紫色土亚类，黏土矿物一般以蛭石和水云母为主，有机质和全氮含量较高，全磷和全钾含量较低，速效养分缺乏。

黄棕壤占本县地域面积的 5%，主要分布在海拔 1900m 以上的地区。成土母质多为石灰岩。成土过程受淋溶、黏化及弱富铝化作用的影响。土壤湿度大，淋溶作用强烈，偏酸性，无石灰反应，有机质含量较高，土层厚 1m 以上。由于土壤中有大量的水合氧化铁，土壤颜色偏黄。土层深厚，表土呈棕灰色，心土呈灰黄色或浅黄棕色。

黄壤占本县地域面积的 5%，分布在海拔 1500—1900m 的地区。该区域日照少，云雾多，湿度大。植被为常绿针阔叶混交林及竹子和小灌木等。成土过程以脱硅富铝化、生物富集和黄化过程为主。土层较深厚，具 O-A-AB-B-C 剖面构型。表层有厚 0—7cm 的凋落物及腐殖质层，表土呈棕黄色，心土呈浅黄色。

小于本县地域面积 3% 的土壤类型有燥红土和新积土。

本区域中心区气候特征

本区域中心区气候特征值
Regional climate characteristics in central area of the region

气候带：边缘热带湿润气候 Climate region: Edge tropical humid climate	
年平均气温 /℃ Annual average temperature /℃	17.7
年平均最高气温 /℃ Annual average maximum temperature /℃	23.7
年平均最低气温 /℃ Annual average minimum temperature /℃	13.5
年降水量 /mm Annual precipitation /mm	940
≥10℃的积温 /℃ Daily temperature accumulated in a year (≥10℃) /℃	6476
年日照时数 /h Annual sunshine /h	2155
年平均相对湿度 /% Annual average relative humidity /%	73
干燥度 Dryness	1.14

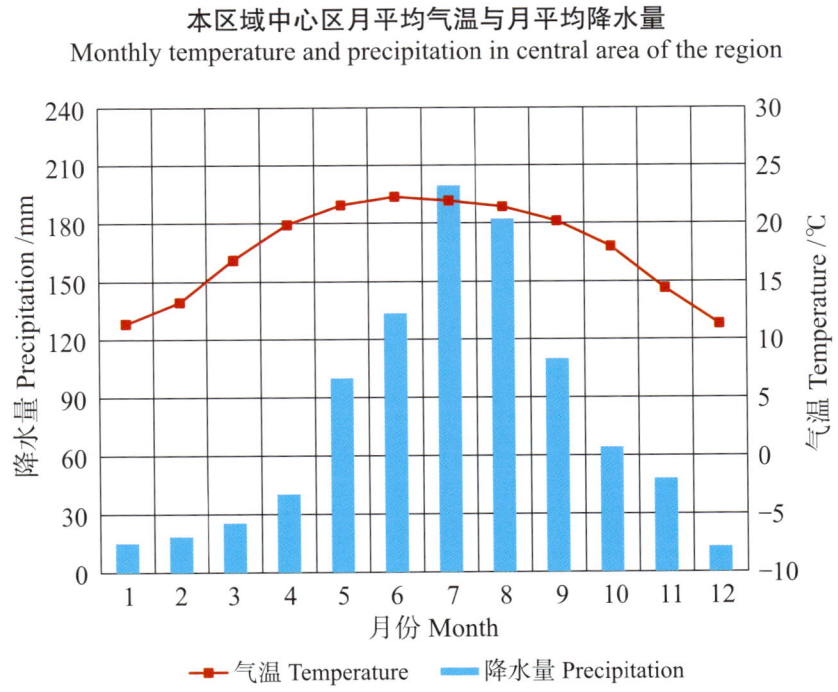

本区域中心区月平均气温与月平均降水量
Monthly temperature and precipitation in central area of the region

建水县主要土壤类型与土壤剖面点分布图
1 : 350 000

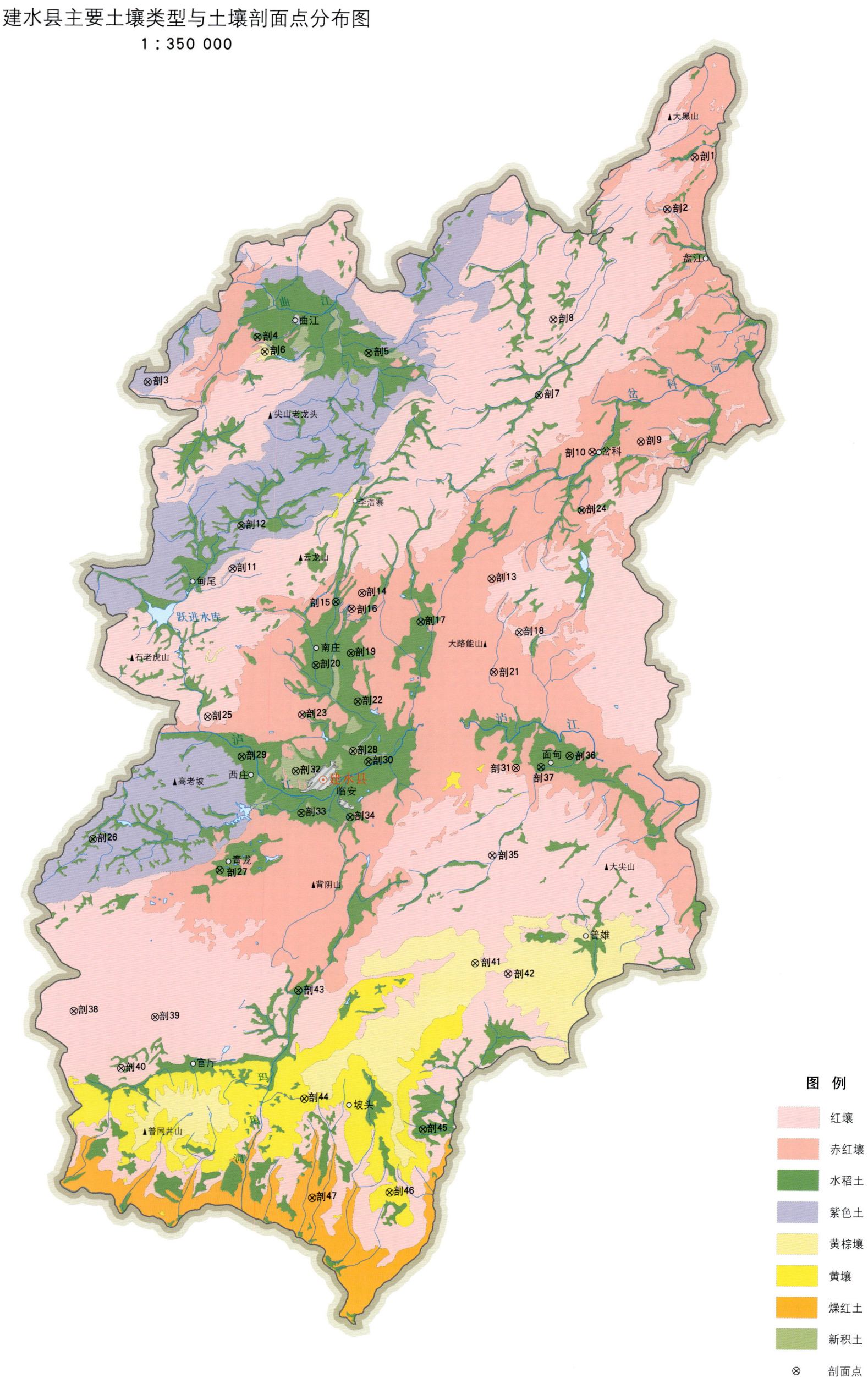

建水县土壤剖面理化性状表

剖面号 Soil profile	土纲 Soil order	土类 Soil great group	亚类 Soil subgroup	土属 Soil genus	土种 Soil species	土层码 Layer code	土层厚度 Depth/cm	颜色 Soil color	质地 Soil texture	土壤结构 Soil structure	pH	有机质 OM/(g/kg)	全氮 TN/(g/kg)	全磷 TP/(g/kg)	全钾 TK/(g/kg)	碱解氮 AN/(mg/kg)	土壤母质 Parent material	剖面点坐标 Profile coordinate	匹配指数 Matching index/%
剖1	铁铝土	赤红壤	赤红壤	石灰岩赤红壤		1	0—8	棕红色	黏壤土	粒状	5.5	64.0	2.82	1.84	6.4	176	石灰岩	E 103° 07′ 07.0″ N 24° 05′ 38.8″	82
						2	8—28	红色	黏土	块状	5.6	18.0	0.80	1.41	6.1	74			
						3	28—	红色	黏土	块状	5.9	6.6				39			
剖2	铁铝土	红壤	红壤	石灰岩红壤	黄红土	A	0—18	暗黄色	粉砂质壤土	小块状	6.3	39.4	1.95	2.70	21.1	168	石灰岩	E 103° 05′ 48.1″ N 24° 03′ 16.2″	76
						B	18—33	棕黄色	黏质壤土	块状	6.5	25.1	1.58	2.50	20.1	122			
						C	33—	棕黄色	黏质壤土	块状	5.9	33.3				174			
剖3	初育土	紫色土	酸性紫色土	紫砂土	紫砂土	1	0—17	紫棕色	砂土	粒状	5.7	16.4	0.62	0.34	18.1	38		E 102° 40′ 13.1″ N 23° 55′ 00.5″	93
剖4	人为土	水稻土	淹育水稻土	冲积性淹育水稻土	砂泥田	A	0—24	黄棕色	壤土	小块状	6.2	19.3	1.22	0.67	5.7	116		E 102° 45′ 36.4″ N 23° 57′ 07.9″	94
						P	24—39	黄棕色	粉砂质壤土	块状	6.8	17.5	0.78	0.38	17.3	81			
						C	39—	黄棕色	粉砂质壤土	块状	5.8	4.6				55			
剖5	人为土	水稻土	淹育水稻土	冲积性淹育水稻土	砂土田	A	0—18	黄灰色	砂壤土	单粒状	7.0	13.0	0.77	0.68	19.9	71		E 102° 51′ 07.9″ N 23° 56′ 30.8″	84
						P	18—27	黄红色	砂土	单粒状	8.4	2.5	0.25	0.43	22.1	20			
						C	27—	黄红色	壤土	小块状	8.3	3.8				19			
剖6	淋溶土	黄棕壤	黄棕壤	石灰岩黄棕壤	灰泡土	A	0—20	黄棕色	粉砂质壤土	粒状	5.6	51.2	2.99	2.25	14.6	194	石灰岩	E 102° 45′ 59.4″ N 23° 56′ 29.4″	78
						B	20—40	黄棕色	砂壤土	小块状	5.5	55.4	3.05	2.23	14.6	199			
						C	40—	棕黄色	砂壤土	小块状	5.6	53.1				208			
剖7	人为土	水稻土	潜育水稻土	冲积性潜育水稻土	冷浸田	A	0—19	灰白色	黏壤土		5.2	28.4	1.35	1.42	18.8	125	冲积物	E 102° 59′ 37.0″ N 23° 54′ 45.4″	90
						P	19—29	灰黄色	黏壤土	块状	5.3	19.4	1.15	0.77	18.7	97			
						G	29—100	浅灰色	黏壤土	块状	4.6	66.1	1.86	0.70	11.3	299			
剖8	铁铝土	红壤	红壤	石灰岩红壤		1	0—10	棕灰色	砂壤土	块状	4.6	15.0	0.68	0.53	16.5	99	石灰岩	E 103° 00′ 14.8″ N 23° 58′ 11.3″	71
						2	10—33	黄棕色	黏壤土	块状	6.6	22.5	0.95	1.51	5.3	105			
						3	33—	黄棕色	黏壤土	块状	5.8	24.1	0.79	1.28	5.3	127			
剖9	铁铝土	赤红壤	粗骨性赤红壤	玄武岩粗骨性赤红壤	红土	A	0—18	棕红色	砂壤土	粒状	5.7	25.3				141	玄武岩	E 103° 04′ 43.7″ N 23° 52′ 44.4″	88
						B	18—29	深棕红色	粉砂质壤土	粒状	6.8	15.3	0.94	2.26	9.0	47			
						C	29—	栗色	粉砂质壤土	小块状	7.5	12.0	0.81	2.07	9.0	37			
剖10	铁铝土	赤红壤	粗骨性赤红壤	玄武岩粗骨性赤红壤	鸡粪土	A	0—18	栗色	砂壤土	粒状	6.8	15.3					玄武岩	E 103° 02′ 19.7″ N 23° 52′ 14.2″	87
						B	18—44	褐色	粉砂质壤土	小块状	7.9	6.5				29			
						C	44—												
剖11	初育土	紫色土	酸性紫色土	紫砂土		1	0—5	紫色	砂土	粒状	5.3	1.5	0.42	1.11	27.9	32		E 102° 44′ 38.0″ N 23° 46′ 37.6″	94
						2	5—25	紫色	砂土	小块状	5.8	0.7	0.19	0.20	34.1	12			
剖12	人为土	水稻土	淹育水稻土	紫色土性淹育水稻土	紫砂土田	A	0—22	紫棕色	砂壤土	粒状	5.1	17.4	1.17	0.79	18.9	98		E 102° 45′ 01.1″ N 23° 48′ 35.6″	99
						P	22—34	紫棕色	砂壤土	粒状	5.5	10.9	0.59	0.46	17.6	51			
						C	34—	紫棕色	砂壤土	小块状	7.3	1.5				17			
剖13	铁铝土	赤红壤	赤红壤	石灰岩赤红壤	红土	A	0—23	棕红色	黏壤土	团块状	6.6	28.6	1.14	2.25	7.0	124	石灰岩	E 102° 57′ 28.8″ N 23° 46′ 24.2″	91
						B	23—37	红棕色	黏壤土	块状	5.7	20.0	0.87	1.26	6.8	90			
						3	37—	棕色	黏壤土	小块状	5.6	18.5				78			
剖14	铁铝土	赤红壤	粗骨性赤红壤			1	0—18	棕黄色	砂壤土	块状	4.7	22.9	1.12	0.38	11.6	83		E 102° 51′ 04.7″ N 23° 45′ 38.5″	80
						2	18—65	浅红棕色	砂壤土	块状	5.0	7.8	0.79	0.38	17.3	41			
						3	65—	棕红色	砂壤土	块状	5.3	1.1				18			
剖15	人为土	水稻土	淹育水稻土	红壤性淹育水稻土	红泥土田	A	0—19	红棕色	黏土	块状	5.6	68.9	3.41	7.64	8.3	220		E 102° 49′ 46.9″ N 23° 45′ 13.0″	88
						P	19—28	棕红色	黏土	块状	7.3	26.6	1.35	1.53	7.9	117			
						C	28—	棕红色	黏土	块状	7.8	12.6				61			

续表 Continued

剖面号 Soil profile	土纲 Soil order	土类 Soil great group	亚类 Soil subgroup	土属 Soil genus	土种 Soil species	土层码 Layer code	土层厚度 Depth/cm	颜色 Soil color	质地 Soil texture	土壤结构 Soil structure	pH	有机质 OM/(g/kg)	全氮 TN/(g/kg)	全磷 TP/(g/kg)	全钾 TK/(g/kg)	碱解氮 AN/(mg/kg)	土壤母质 Parent material	剖面点坐标 Profile coordinate	匹配指数 Matching index/%
剖16	铁铝土	赤红壤	粗骨性赤红壤	砂岩粗骨性赤红壤	红砂土	A	0—15	浅红棕色	砂土	粒状	7.0	20.3	0.55	1.23	5.1	93		E 102°50′35.2″ N 23°44′55.3″	72
						B	15—	浅红棕色	砂土	小块状	6.6	17.4	0.54	1.01	5.0	91			
剖17	人为土	水稻土	淹育水稻土	冲积性淹育水稻土	胶泥田	A	0—19	红黄色	黏土	块状	8.0	35.8	1.68	1.26	22.5	119	冲积物	E 102°54′01.1″ N 23°44′23.6″	84
						P	19—37	黄红色	黏土	棱柱状	8.3	27.2	1.24	1.05	22.0	83			
						C	37—	红黄色	黏土	棱柱状	8.4	26.4				59			
剖18	铁铝土	红壤		石灰岩红壤	黑泥土	A	0—22	栗色	黏壤土	粒状	6.5	26.9	0.86	2.59	12.2	105	石灰岩	E 102°58′54.1″ N 23°43′59.9″	86
						B	22—34	栗色	黏壤土	小块状	6.5	19.1	0.51	1.83	11.6	69			
						C	34—	暗灰色	黏壤土	块状	6.7	21.4				68			
剖19	人为土	水稻土	潜育水稻土	冲积性潜育水稻土	硝土田	A	0—12	灰色	棕砂质壤土	块状	8.4	55.7	2.44	1.68	6.0	204	冲积物	E 102°50′35.9″ N 23°42′54.4″	92
						P	12—49	灰色	棕砂质壤土	块状	8.5	48.2	2.53	1.17	5.0	152			
						W	49—64	灰色	棕砂质壤土	块状	8.5	44.2				140			
剖20	人为土	水稻土	潜育水稻土	冲积性潜育水稻土	红泥田	A	0—23	棕红色	黏壤土	块状	8.0	55.2	2.37	1.88	8.4	113		E 102°48′52.2″ N 23°42′20.2″	71
						B	23—43	黄红色	黏壤土	块状	7.9	49.0	2.02	1.74	8.4	92			
						W	43—61	黄黄色	黏壤土	块状	7.2	9.7				36			
剖21	铁铝土	赤红壤		石灰岩赤红壤	鸡粪土	A	0—22	灰黄棕色	粉砂质壤土	粒状	6.5	26.0	1.44	1.83	13.9	97	石灰岩	E 102°57′41.0″ N 23°42′11.2″	91
						B	22—34	褐色	粉砂质壤土	小块状	6.3	20.5	1.39	1.31	13.4	90			
						C	34—	褐色	粉砂质壤土	小块状	6.1	17.9				86			
剖22	人为土	水稻土	淹育水稻土	红壤性淹育水稻土	胶泥田	A	0—20	棕灰色	黏土	棱柱状	7.9	18.8	1.21	1.26	25.0	97		E 102°50′59.6″ N 23°40′43.7″	95
						P	20—30	棕灰色	黏土	棱柱状	8.1	11.6	0.75	0.99	23.1	58			
						C	30—	棕灰色	黏土	块状	7.5	6.8				62			
剖23	铁铝土	赤红壤	粗骨性赤红壤	砂岩粗骨性赤红壤	黄木香土	A	0—22	黄棕色	黏壤土	粒状	5.3	16.8	0.99	1.22	13.0	89	砂岩类	E 102°48′14.8″ N 23°40′05.9″	81
						B	22—34	黄棕色	黏壤土	小块状	5.4	11.0	0.68	0.98	12.5	63			
						C	34—	棕红色	黏壤土	小块状									
剖24	人为土	水稻土	潜育水稻土	冲积性潜育水稻土	黑泥土	A	0—23	灰黑色	黏土	块状	8.2	25.4	1.53	1.03	12.3	70	砂岩类	E 103°01′52.0″ N 23°49′35.0″	79
						P	23—32	灰黑色	黏土	块状	8.2	20.7	1.19	0.66	13.0	52			
						G	32—	蓝黑色	黏土	块状	8.2	18.6				56			
剖25	红壤	红壤		紫色土性淹育水稻土	紫砂泥田	1	0—9	灰棕色	砂质壤土	团粒状	4.9	29.3	0.67	0.46	7.3	77		E 102°43′35.0″ N 23°39′55.1″	97
						2	9—23	红棕色	砂质壤土	小块状	4.7	9.5	0.35	0.40	29.8	49			
						3	23—50	棕红色	砂质壤土	块状									
剖26	人为土	水稻土	淹育水稻土	红壤性淹育水稻土	山砂田	A	0—22	紫棕色	黏壤土	小块状	7.1	20.1	1.05	1.57	25.8	68		E 102°38′02.6″ N 23°34′14.8″	70
						P	22—34	紫棕色	黏壤土	块状	7.9	15.4	0.92	1.52	26.7	54			
						C	34—	紫棕色	黏壤土	块状	8.3	6.4				23			
剖27	人为土	水稻土	淹育水稻土	河流冲积性淹育水稻土	油砂田	A	0—22	黄灰色	黏壤土	块状	6.7	26.6	1.97	4.11	19.4	130		E 102°44′21.1″ N 23°32′57.6″	88
						P	22—34	黄灰色	黏壤土	块状	6.6	22.8	1.91	3.96	18.9	115			
						C	34—	黄灰色	砂土	块状	6.6	18.4				100			
剖28	初育土	新积土	冲积土	河流冲积土		A	0—28	棕灰色	砂土	粒状	5.6	19.2	0.69	0.89	4.3	63	冲积物	E 102°50′48.5″ N 23°38′28.7″	96
						B	28—34	灰黄色	砂土	小块状	6.9	11.7	3.80	0.73	4.0	40			
						C	34—	红黄色	砂土	小块状	7.3	3.0				23			
剖29	人为土	水稻土	潜育水稻土	冲积性潜育水稻土	砂泥田	A	0—23	灰棕色	粉砂质壤土	小块状	8.0	40.4	2.04	0.98	21.5	113	冲积物	E 102°45′19.0″ N 23°38′08.3″	71
						P	23—47	棕色	壤土	块状	8.2	38.1	1.90	0.97	20.5	105			
						W	47—	褐色	黏土	块状	8.1	19.1				57			
剖30	人为土	水稻土	潜育水稻土	冲积性潜育水稻土	砂土田	A	0—22	棕灰色	砂土	单粒状	8.1	11.3	0.53	0.83	27.8	62	冲积物	E 102°51′34.9″ N 23°38′01.3″	87
						P	22—33	棕黄色	砂土	单粒状	8.3	11.3	0.50	0.93	27.6	52			
						W	33—	棕黄色											

续表 Continued

剖面号 Soil profile	土纲 Soil order	土类 Soil great group	亚类 Soil subgroup	土属 Soil genus	土种 Soil species	土层码 Layer code	土层厚度 Depth/cm	颜色 Soil color	质地 Soil texture	土壤结构 Soil structure	pH	有机质 OM/(g/kg)	全氮 TN/(g/kg)	全磷 TP/(g/kg)	全钾 TK/(g/kg)	碱解氮 AN/(mg/kg)	土壤母质 Parent material	剖面点坐标 Profile coordinate	匹配指数 Matching index/%
剖31	铁铝土	赤红壤	赤红壤	石灰岩赤红壤	白泥土	A	0—17	黄灰色	粉砂质壤土	小块状	6.3	15.8	1.07	0.98	16.2	79	石灰岩	E 102°58′53.0″ N 23°37′52.0″	72
						B	17—30	黄灰色	粉砂质壤土	块状	5.9	16.9	1.16	1.23	15.9	81			
						C	30—	黄灰色	粉砂质壤土	块状	5.6	18.1				81			
剖32	初育土	冲积土	冲积土	河流冲积土	砂土	A	0—37	灰白色	砂土	单粒状	7.6	13.5	0.52	0.53	13.9	49	冲积物	E 102°48′00.4″ N 23°37′31.8″	100
						B	37—75	黄棕色	砂土	单粒状	7.9	7.7	0.40	0.50	13.0	26			
						C	75—	棕黄色	砂壤土	小块状	7.7	1.7				9			
剖33	人为土	水稻土	淹育水稻土	冲积性淹育水稻土	黄木香土田	A	0—20	黄灰色	黏土	小块状	6.3	21.6	1.15	1.00	12.8	87	冲积物	E 102°48′19.4″ N 23°35′37.0″	71
						P	20—37	浅红棕色	黏土	块状	5.1	4.3	0.58	0.51	17.7	37			
						C	37—	棕黄色	黏土	块状	5.0	1.6				25			
剖34	人为土	水稻土	淹育水稻土	冲积性淹育水稻土	红泥田	A	0—22	棕红色	黏壤土	块状	8.1	17.6	1.51	1.46	18.3	91	冲积物	E 102°50′44.9″ N 23°35′28.3″	74
						P	22—33	红色	黏壤土	块状	7.7	13.7	0.86	1.20	18.0	84			
						C	33—	黄红色	黏壤土	块状	7.5	14.6				80			
剖35	铁铝土	红壤	红壤	玄武岩红壤		1	0—8	棕色	黏壤土	粒状	6.3	35.4	1.16	2.00	18.7	85	玄武岩	E 102°57′49.0″ N 23°33′52.6″	80
						2	8—23	黄棕色	黏壤土	块状	5.9	20.9	0.71	1.76	17.7	59			
						3	23—50	暗棕色	黏壤土	块状	6.0	6.0				35			
剖36	人为土	水稻土	淹育水稻土	红壤性淹育水稻土	白泥田	A	0—23	灰白色	黏壤土	块状	7.4	30.8	2.59	0.85	23.4	136		E 103°01′31.8″ N 23°38′27.6″	77
						P	23—32	灰黄色	黏壤土	块状	7.6	18.4	1.86	0.78	24.7	85			
						C	32—	灰黄色	黏壤土	块状	7.9	8.9				46			
剖37	人为土	水稻土	淹育水稻土	冲积性淹育水稻土	鸡粪土田	A	0—17	黄棕色	壤土	小块状	7.2	34.7	1.53	1.13	8.2	108	冲积物	E 103°00′07.2″ N 23°37′55.6″	93
						P	17—35	棕色	黏壤土	块状	7.5	28.1	1.39	1.10	8.2	105			
						C	35—	黄色	黏壤土	块状	7.1	4.2				47			
剖38	铁铝土	红壤	红壤	石灰岩红壤	红土	1	0—20	深棕红色	黏壤土	小块状	6.7	14.4	0.78	1.38	14.3	52	石灰岩	E 102°37′18.5″ N 23°26′24.3″	93
						2	20—100	深棕红色	黏壤土	块状	6.5	8.7	0.52	0.76	11.8	31			
剖39	铁铝土	红壤	红壤	砂岩红壤	黄木香土	A	0—11	棕黄色	黏壤土	粒状	5.7	31.5	1.49	1.12	16.3	102	砂岩类	E 102°41′19.7″ N 23°26′12.1″	97
						B	11—47	棕黄色	黏壤土	小块状	4.8	8.5	1.00	0.97	20.8	69			
剖40	铁铝土	红壤	红壤	砂岩红壤	红砂土	A	0—20	棕红色	砂土	单粒状	6.0	8.0				50	砂岩类	E 102°39′43.2″ N 23°23′50.6″	81
剖41	淋溶土	黄棕壤	黄棕壤	石灰岩黄棕壤		1	0—13	灰棕色	砂壤土	粒状	5.4	122.0	6.60	3.69	11.4	412	石灰岩	E 102°57′04.7″ N 23°28′57.7″	76
						2	13—50	黄棕色	壤土	小块状	5.1	65.5	1.78	3.68	10.6	254			
						3	50—	浅黄棕色	粉砂质壤土	小块状	5.2	36.5				207			
剖42	铁铝土	红壤	红壤	砂岩红壤	白砂土	1	0—15	灰白色	砂土	单粒状	5.8	6.5	0.37	0.60	6.0	62	砂岩类	E 102°58′43.3″ N 23°28′30.4″	78
						2	15—25	灰白色	砂土	小块状	6.1	3.4	0.18	0.43	6.0	33			
						C	25—	红棕色	砂壤土	块状	5.3	4.2				31			
剖43	人为土	水稻土	淹育水稻土	红壤性淹育水稻土	鸡粪土	A	0—24	红棕色	黏壤土	小块状	7.2	12.9	0.81	1.04	7.6	79	石灰岩	E 102°48′22.5″ N 23°27′33.4″	76
						P	24—34	黄棕色	黏壤土	小块状	6.8	9.7	0.54	0.79	7.6	55			
						C	34—	浅黄棕色	黏壤土	块状	7.1	3.8				33			
剖44	铁铝土	黄壤	黄壤	石灰岩黄壤	石砾质土田	1	0—7	棕黄色	粉砂质壤土	粒状	5.0	74.9	4.27	2.16	21.1	282	石灰岩	E 102°48′47.9″ N 23°22′39.4″	87
						2	7—37	浅黄棕色	粉砂质壤土	小块状	4.7	43.0	2.69	1.77	21.3	154			
						3	37—	浅黄棕色	粉砂质壤土	小块状	7.8	40.8				202			
剖45	人为土	水稻土	淹育水稻土	冲积性淹育水稻土	黄泥土	A	0—19	红棕色	黏壤土	块状	7.3	27.6	1.06	1.46	5.2	89	冲积物	E 102°54′41.8″ N 23°21′23.0″	91
						P	19—25	红棕色	黏壤土	块状	6.9	17.0	0.65	1.37	4.3	82			
						C	25—	黄黄色	黏壤土	块状	5.3	3.3				46			
剖46	铁铝土	黄壤	黄壤	石灰岩黄壤		A	0—20	浅黄色	黏壤土	小块状	5.7	22.9	1.83	2.90	17.4	115	石灰岩	E 102°53′07.1″ N 23°18′31.7″	77
						B	20—32	浅黄色	黏壤土	块状	6.0	22.3	1.26	2.59	17.4	82			
						C	32—	黄色	黏壤土	块状	6.7	9.8				54			
剖47	半淋溶土	燥红土	石灰性燥红土	褐色红土	大燥红土	1	0—20	红棕色	黏壤土	小块状	8.0	16.0				81		E 102°49′18.2″ N 23°18′13.0″	86

石 屏 县

主要土类说明

红壤是石屏县主要土壤类型，占本县地域面积的 81%，分布在海拔 1000m 以上的山区、半山区。植被主要为云南松、华山松、栎类灌丛、蕨类、禾本科杂草等。成土母质主要为第四纪红色黏土和石灰岩风化残积物。成土过程以脱硅富铝化和生物富集为主。土体深厚，剖面层次发育完整。本县红壤分为红壤、黄红壤、棕红壤等亚类。红壤亚类呈中度脱硅富铝化特征，具 A-Bs-Bv 或 A-Bs-C 剖面构型。黏土矿物以高岭石和赤铁矿为主，黏粒硅铝率为 1.8—2.4，风化淋溶系数小于 0.2，盐基饱和度小于 35%。淀积层可见深厚的红、黄、白相间的网纹状红色黏土。黄红壤是红壤向黄壤过渡的土壤类型，所处区域水分条件较优，土体上部有黄化现象，以黄橙色或橙色为主，下部仍以高岭石为主，伴有蛭石和三水铝石。棕红壤是红壤向黄棕壤过渡的土壤类型，有效土体厚 40—100cm，质地黏重。表土颜色鲜红，剖面中可见大量的铁锰胶膜和网纹层，富铝化作用强烈。

紫色土是石屏县第二大土壤类型，占本县地域面积的 8%。植被以云南松为主。成土母质为紫红色砾石、砂砾岩、砂岩、页岩、细砂岩和粉砂岩。成土过程以母岩的快速物理崩解、频繁侵蚀堆积以及碳酸钙的不断淋失作用为主，生物积累作用相对较弱。由于紫色砂页岩易风化，成土时间短，故矿质养分较丰富，但土层浅薄，抗侵蚀力弱，特别是植被遭到破坏后，表土极易受冲刷侵蚀而使母岩裸露，土层中常夹有半风化母岩的碎屑。土壤具 A-C 剖面构型，剖面层次发育不明显，母质性质保留较多。本县紫色土多为酸性紫色土亚类，黏土矿物一般以蛭石和水云母为主，土壤偏酸，有机质和全氮含量较高，而全磷和全钾含量较低。

水稻土是石屏县第三大土壤类型，占本县地域面积的 6%，主要分布在海拔 1000—2000m 的山区、半山区、坝区和河谷区。成土母质为地带性山原红壤、湖积物、洪积物和坡积物。成土过程为淋溶作用和水耕熟化过程。水稻土在长期的季节性淹灌、水下翻耕、季节性脱水、氧化还原交替影响下，原来的成土母质或母土的特性发生重大改变，形成了不同的土体构型。本县水稻土分为潴育型、淹育型、渗育型、潜育型等亚类。潴育水稻土为发育良好的水稻土，具 Aa-Ap-（P）-W-G 剖面构型；淹育水稻土具 Aa-Ap-C 剖面构型；渗育水稻土具 Aa-Ap-P-C 剖面构型；潜育水稻土具 Aa-（Ap）-G 剖面构型。

燥红土占本县地域面积的 4%，分布在海拔 259—1250m 的河流沿岸。植被多为落叶乔木、灌木林和荒草地。成土母质为石灰岩、白云岩、玄武岩等。成土过程以有机质积累、生物富集和脱硅富铝化为主。

小于本县地域面积 3% 的土壤类型有新积土。

本区域中心区气候特征

本区域中心区气候特征值
Regional climate characteristics in central area of the region

气候带：边缘热带湿润气候 Climate region: Edge tropical humid climate	
年平均气温 /℃ Annual average temperature /℃	17.5
年平均最高气温 /℃ Annual average maximum temperature /℃	23.6
年平均最低气温 /℃ Annual average minimum temperature /℃	13.1
年降水量 /mm Annual precipitation /mm	995
≥10℃的积温 /℃ Daily temperature accumulated in a year (≥10℃) /℃	6400
年日照时数 /h Annual sunshine /h	2149
年平均相对湿度 /% Annual average relative humidity /%	73
干燥度 Dryness	1.07

本区域中心区月平均气温与月平均降水量
Monthly temperature and precipitation in central area of the region

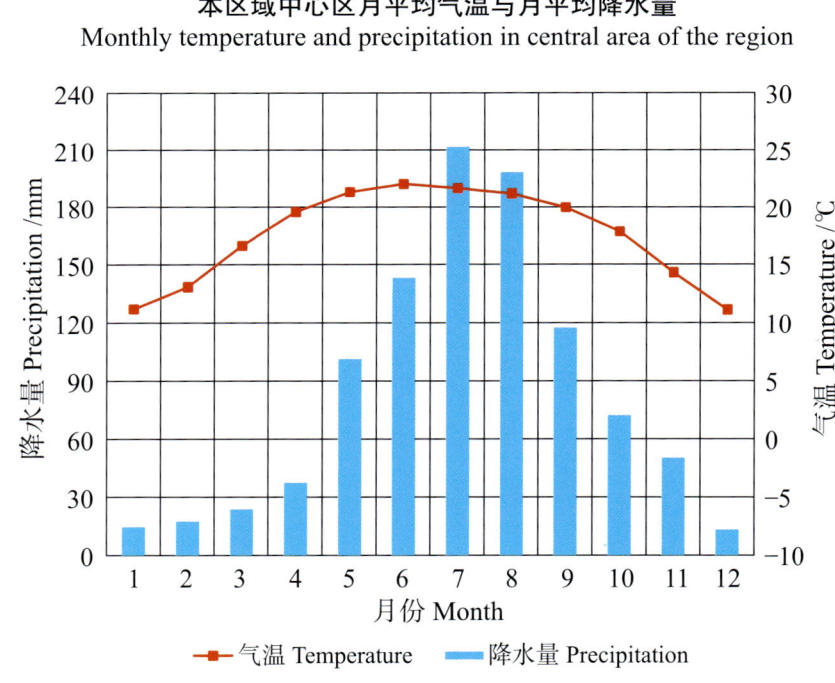

石屏县主要土壤类型与土壤剖面点分布图
1:290 000

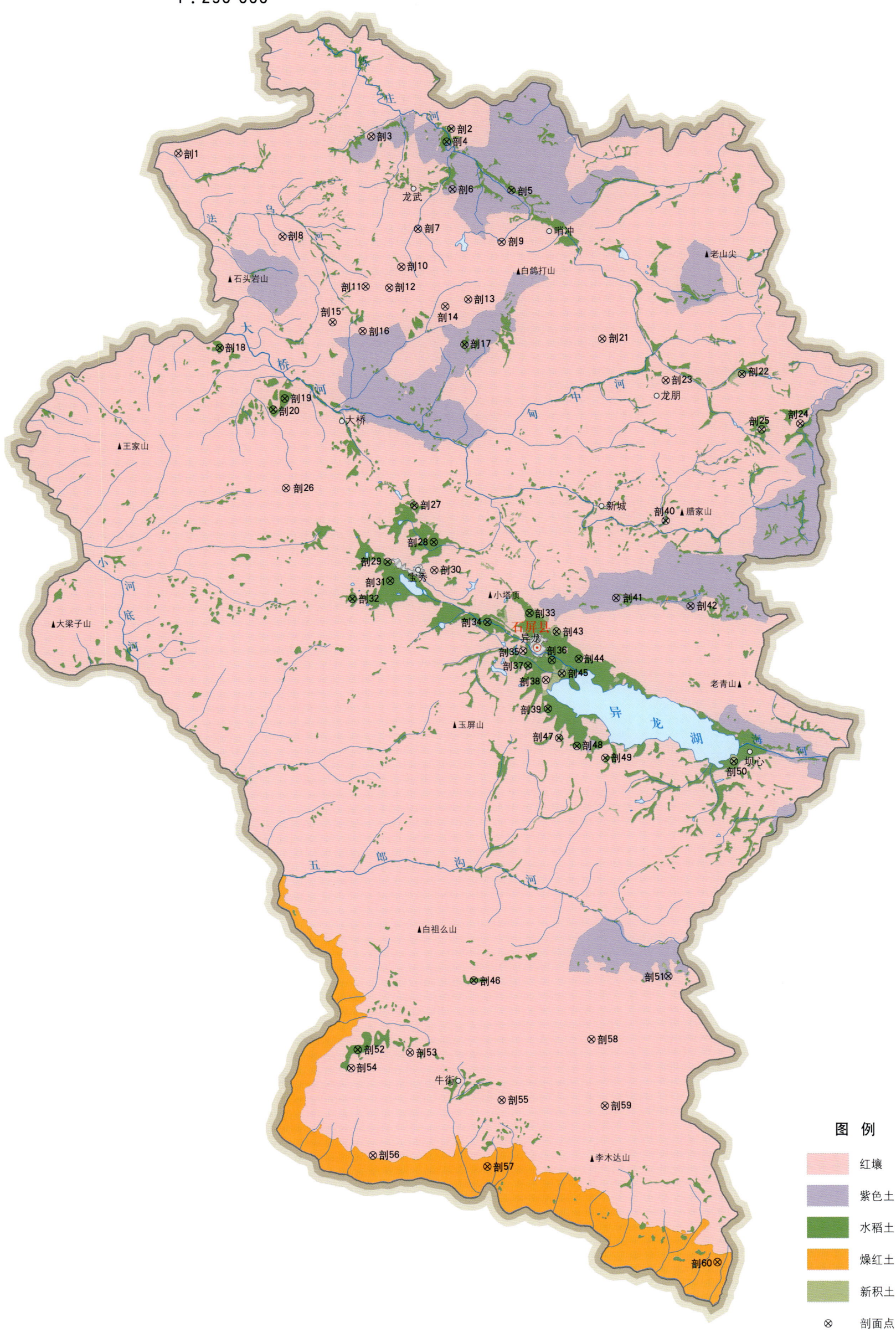

石屏县土壤剖面理化性状表

剖面号 Soil profile	土纲 Soil order	土类 Soil great group	亚类 Soil subgroup	土属 Soil genus	土种 Soil species	土层码 Layer code	土层厚度 Depth/cm	颜色 Soil color	质地 Soil texture	土壤结构 Soil structure	pH	有机质 OM/(g/kg)	全氮 TN/(g/kg)	全磷 TP/(g/kg)	全钾 TK/(g/kg)	碱解氮 AN/(mg/kg)	有效磷 AP/(mg/kg)	土壤母质 Parent material	剖面点坐标 Profile coordinate	匹配指数 Matching index/%
剖1	铁铝土	红壤	红壤	板岩红壤	板岩红鸡粪土	A	0—20	棕色	重壤土	棱状	6.8	23.3	1.53	1.01	23.3	115		板岩	E 102° 14' 17.2" N 24° 01' 11.3"	99
剖2	人为土	水稻土	潜育水稻土	冲积性潜育水稻土	黑泥田	P	20—46	黄棕色	黏土	棱状	6.5	13.9	1.22	0.81	22.6	44			E 102° 25' 24.6" N 24° 02' 19.3"	74
						A	0—26	黑白相间	轻壤土	粒状	8.2	120.0	10.00	0.86	20.6	401				
						G	26—34	黑灰色	轻壤土	块状	8.4	158.4	6.65	0.37	8.2	49				
剖3	铁铝土	红壤	黄红壤	砂页岩黄红壤	砂页岩红鸡粪土	A	0—30	棕色	轻壤土	小粒状	5.5	68.7	4.78	2.54	11.4	357			E 102° 22' 09.1" N 24° 01' 58.1"	80
						B	30—65	深栗色	轻壤土	粒状	5.3	36.8	2.15	1.59	10.6	42				
剖4	人为土	水稻土	淹育水稻土	紫色土性淹育水稻土	灰羊肝土田	A	0—15	暗褐色	轻壤土	块状	6.6	17.2	1.25	1.90	5.3	80			E 102° 25' 13.8" N 24° 01' 49.8"	86
						C	15—25	暗褐色	轻壤土	块状	6.9	12.6	0.63	1.18	3.2	26				
剖5	人为土	水稻土	淹育水稻土	紫色土性淹育水稻土	羊肝土田	A	0—30	紫灰色	砂壤土	块状	4.8	10.6	0.68	0.21	13.1	54			E 102° 27' 55.4" N 24° 00' 04.7"	99
						C	30—100	紫灰色	砂壤土	粒状	5.6	4.2	0.22	0.54	31.9	24				
剖6	初育土	酸性紫色土		棕紫泥土	棕紫泥土	A	0—10	灰黄色	轻壤土	粒状	6.1	14.2	0.82	0.43	2.7	39			E 102° 25' 30.4" N 24° 00' 03.6"	99
						B	10—32	黄棕色	轻壤土	粒状	5.8	4.6		0.29	4.5	21				
						C	32—100	红棕色	轻壤土	粒状										
剖7	铁铝土	红壤	棕红壤	砂页岩棕红壤		A	0—20	棕色	轻壤土	粒状	6.2	23.5	1.03	0.35	12.9	170			E 102° 24' 07.9" N 23° 58' 33.2"	78
						BC	20—100	红棕色	轻壤土	粒状	5.6	7.5	0.10	0.52	15.4	84				
剖8	铁铝土	红壤	黄红壤	花岗岩黄红壤		A	0—25	黑褐色	轻壤土	块状	6.8	33.5	2.42	2.65	20.4	143		花岗岩	E 102° 18' 36.0" N 23° 58' 09.1"	82
						B	25—50	黄褐色	轻壤土	块状	6.6	20.8	1.69	1.97	18.3	107				
剖9	铁铝土	红壤	棕红壤	砂岩棕红壤		A	0—12	黄红色	重壤土	块状	5.8	45.1	2.71	2.58	12.0	152		砂岩类	E 102° 27' 33.1" N 23° 58' 07.7"	82
						B	12—30	黄红色	重壤土	块状	5.7	6.5	0.70	0.16	20.2	37				
剖10	铁铝土	红壤	棕红壤	砂岩棕红壤	灰砂土	A	0—10	棕红色	砂壤土	棱柱状	8.5	12.6	0.66	0.93	9.9	44		砂岩类	E 102° 23' 28.7" N 23° 57' 07.6"	74
						B	10—100	黄红色	轻壤土	粒状	7.9	1.9	0.29	0.29	5.9	13				
剖11	铁铝土	红壤	黄红壤	花岗岩黄红壤	黄砂土	A	0—14	棕红色	轻黏土	粒状	6.4	64.2	4.04	1.86	8.1	260		花岗岩	E 102° 22' 01.6" N 23° 56' 22.6"	96
						B	14—100	红色	中壤土	粒状	6.2	11.6	0.39	0.73	11.8	35				
剖12	铁铝土	红壤	棕红壤	砂页岩棕红壤	砂页岩棕色土	A	0—8	灰白色	砂壤土	粒状	5.8	16.9	1.43	0.92	12.8	71		砂页岩	E 102° 22' 59.9" N 23° 56' 20.4"	76
						B	8—28	灰白色	砂壤土	粒状	6.2	23.0	1.17	0.86	35.7	29				
剖13	铁铝土	红壤	棕红壤	板岩棕红壤		A	0—15	褐色	砂壤土	粒状	5.2	31.9	2.14	0.79	13.0	84			E 102° 26' 13.9" N 23° 55' 58.4"	84
						BC	15—100	棕红色	砂壤土	小粒状	5.1	9.3	0.35	0.28	18.8	42				
剖14	铁铝土	红壤	棕红壤	板岩棕红壤	板岩红鸡粪土	A	0—10	暗棕色	砂壤土	粒状	7.7	35.0	2.46	1.04	3.3	58		板岩	E 102° 25' 17.0" N 23° 55' 41.5"	73
						B	10—100	棕黄色	砂壤土	棱柱状	5.5	8.5	0.87	0.49	5.1	20				
剖15	铁铝土	红壤	棕红壤	花岗岩棕红壤	冷砂土	A	0—21	棕红色	中壤土	粒状	6.7	18.3	1.48	0.98	7.1	40			E 102° 20' 42.7" N 23° 55' 01.2"	71
						B	21—28	棕红色	砂壤土	块状	5.8	6.2	0.45	0.29	12.3	12				
剖16	铁铝土	红壤	棕红壤	花岗岩棕红壤		A	0—15	灰白色	轻壤土	粒状	5.8	16.9	1.43	0.92	12.8	71		花岗岩	E 102° 21' 56.2" N 23° 54' 42.5"	75
						B	15—27	灰紫色	砂壤土	棱状	6.2	23.0	1.17	0.86	35.7	29				
剖17	人为土	水稻土	淹育水稻土	紫色土性淹育水稻土	紫砂土	A	0—15	紫色	砂壤土	粒状	5.6	36.1	2.18	1.25	13.5	154			E 102° 26' 06.0" N 23° 54' 16.9"	77
						C	15—100	灰白色	砾质轻壤土	块状	6.0	4.8	0.32	0.25	8.3	20				
剖18	人为土	水稻土	淹育水稻土	红壤性淹育水稻土	红鸡粪紫土田	P	18—30	灰白色	轻壤土	棱状	5.6	19.4	1.15	1.11	7.0	165			E 102° 16' 06.9" N 23° 53' 58.4"	94
						E	30—100	灰白色	轻壤土	棱状	5.5	16.3	0.71	0.63	20.1	62				
剖19	人为土	水稻土	侧渗水稻土	红壤性侧渗水稻土	白胶泥田	A	0—16	紫褐色	轻壤土	块状	7.2	24.6	1.93	1.46	23.4	94			E 102° 18' 48.6" N 23° 52' 08.4"	97
						C	16—100	紫褐色	轻壤土	团粒状	7.7	22.8	1.65	1.57	29.2	27				
剖20	人为土	水稻土	潜育水稻土	红壤性潜育水稻土	冬水田	A	0—18	黄灰色	壤土	棱状	4.9	39.4	2.40	0.43	6.2	275			E 102° 18' 20.9" N 23° 51' 43.6"	98
						P	18—38	黄灰色	壤土	棱柱状	5.8	6.3	0.33	0.12	8.4	34				

续表 Continued

剖面号 Soil profile	土纲 Soil order	土类 Soil great group	亚类 Soil subgroup	土属 Soil genus	土种 Soil species	土层码 Layer code	土层厚度 Depth/cm	颜色 Soil color	质地 Soil texture	土壤结构 Soil structure	pH	有机质 OM/(g/kg)	全氮 TN/(g/kg)	全磷 TP/(g/kg)	全钾 TK/(g/kg)	碱解氮 AN/(mg/kg)	有效磷 AP/(mg/kg)	土壤母质 Parent material	剖面点坐标 Profile coordinate	匹配指数 Matching index/%
剖21	铁铝土	红壤	红壤	石灰岩红壤	石灰岩红土	A	0—20	灰黑色	轻壤土	粒状	7.3	28.3	1.39	1.77	23.5	175		石灰岩	E 102°31′43.3″ N 23°54′36.4″	73
剖22	初育土	新积土	冲积土	洪积岩冲积土	红砂土	P	20—30	红棕色	轻壤土	大棱状	7.2	18.9	1.45	1.22	14.9	141			E 102°37′27.1″ N 23°53′23.6″	71
剖23	铁铝土	红壤	红壤	石灰岩红壤	石灰岩红鸡粪土	A	0—18	紫棕色	砂壤土	块状	5.6	18.6	1.24	0.99	15.4	119		石灰岩	E 102°34′20.6″ N 23°53′06.4″	95
剖24	铁铝土	红壤	黄红壤	砂岩黄红壤	红砂土	P	20—33	紫棕色	砂壤土	粒状	6.2	16.5	0.53	1.56	19.3	72			E 102°39′51.5″ N 23°51′35.3″	74
剖25	铁铝土	红壤	黄红壤	砂岩黄红壤	黄砂土	A	0—20	紫黄色	砂壤土	粒柱状	5.7	12.5	0.71	0.48	7.1	85		砂岩类	E 102°38′17.2″ N 23°51′20.2″	80
剖26	铁铝土	红壤	黄红壤			B	32—94	棕黄色	壤土	小粒柱状	5.4	8.9	0.37	0.40	41.5	25		砂岩类	E 102°18′55.8″ N 23°48′48.2″	99
剖27	人为土	水稻土	侧渗水稻土	红壤性侧渗水稻土	白泥田	A	0—18	红棕色	壤土	块状、粒状	5.5	12.0	0.65	0.47	4.5	9			E 102°24′10.8″ N 23°48′15.5″	98
剖28	人为土	水稻土	淹育水稻土	红壤性淹育水稻土	黄泥田	B	18—20	棕黄色	中壤土	小粒状	6.5	32.8	1.70	0.44	9.5	14			E 102°24′59.4″ N 23°46′54.1″	83
剖29	人为土	水稻土	淹育水稻土	红壤性淹育水稻土	红泥田	B	16—30	红棕色	壤土	团粒状	6.7	22.3	1.40	2.19	17.1	135			E 102°23′07.4″ N 23°46′08.0″	92
剖30	铁铝土	红壤		板岩红壤		A	0—5	红棕色	中壤土	粒状	6.5	50.6	3.19	1.78	14.4	78		板岩	E 102°25′02.1″ N 23°45′51.7″	74
剖31	人为土	水稻土	淹育水稻土	红壤性淹育水稻土	胶泥田	C	5—10	棕褐色	砂壤土	粒状	6.3	49.5	1.72	2.69	5.6	191			E 102°23′14.3″ N 23°45′26.3″	91
剖32	人为土	水稻土	潜育水稻土	冲积性潜育水稻土	胶泥田	A	0—20	灰白色	黏土	粒状	6.6	51.8	3.40	0.20	7.4	43			E 102°21′42.8″ N 23°44′44.2″	95
剖33	人为土	水稻土	潜育水稻土	冲积性潜育水稻土	砂泥田	B	20—55	灰黄色	黏土	团粒状	6.8	15.3	0.19	0.69	4.3	272			E 102°28′56.5″ N 23°44′20.5″	85
剖34	人为土	水稻土	潜育水稻土	冲积性潜育水稻土	冬水田	A	0—27	灰褐色	轻壤土	粒状	4.9	34.9	2.02	0.36	3.0	94			E 102°27′14.4″ N 23°43′58.8″	89
剖35	铁铝土	红壤	黄红壤	砂页岩黄红壤		B	27—70	浅棕色	轻壤土	粒状	5.4	15.6	1.32	0.63	18.1	195		砂页岩	E 102°28′42.6″ N 23°42′56.2″	96
剖36	人为土	水稻土	潜育水稻土	冲积性潜育水稻土	浮泥田	Ag	0—18	褐黄色	中壤土	小棱柱状	8.2	52.2	3.05	0.64	22.4	50			E 102°29′53.2″ N 23°42′36.4″	93
剖37	人为土	水稻土	侧渗水稻土	冲积性侧渗水稻土	白胶泥田	Pg	18—35	浅黄色	轻壤土	粒状	8.2	15.3	0.53	1.88	12.3	253			E 102°28′54.9″ N 23°42′23.0″	78
剖38	铁铝土	红壤	红壤	板岩红壤	板岩红壤土	A	0—17	紫棕色	壤土	棱状	6.4	18.5	1.38	0.35	24.7	46			E 102°29′39.1″ N 23°41′51.4″	75
剖39	人为土	水稻土	潜育水稻土	青砂泥田	发红田	B₁	17—30	紫棕色	壤土	棱状	7.5	7.9	0.83	0.79	34.0	86			E 102°29′45.4″ N 23°40′46.7″	91
剖40	人为土	水稻土	潜育水稻土	冲积性潜育水稻土	河砂田	B₂	24—34	灰白色	黄壤土	棱状	5.9	25.6	1.91	0.33	41.0	14	2.0		E 102°34′26.4″ N 23°47′52.4″	95
						A	0—20	暗棕色	轻壤土	核状	4.9	19.4	1.19	1.04	24.1	143				
						B	20—100	黄灰色	多砾质砂壤土	核状	8.2	92.5	5.94	0.89	21.4	17				
						C	30—50	棕灰色	多砾质砂壤土	块状、棱柱状	7.8	300.0	10.04	3.26	20.1	484				
剖41	初育土	紫色土	酸性紫色土	紫砂土	紫砂土	A	0—20	黄棕色	中壤土	粒状	5.4	36.8	2.49	0.92	26.0	363			E 102°32′27.6″ N 23°44′57.8″	98
剖42	初育土	紫色土	酸性紫色土	紫砂土		B	20—78	暗棕色	粉砂质轻壤土	粒状	6.7	19.6	1.15	0.88	23.5	99			E 102°35′30.1″ N 23°44′43.4″	92

续表 Continued

剖面号 Soil profile	土纲 Soil order	土类 Soil great group	亚类 Soil subgroup	土属 Soil genus	土种 Soil species	土层码 Layer code	土层厚度 Depth/cm	颜色 Soil color	质地 Soil texture	土壤结构 Soil structure	pH	有机质 OM/(g/kg)	全氮 TN/(g/kg)	全磷 TP/(g/kg)	全钾 TK/(g/kg)	碱解氮 AN/(mg/kg)	有效磷 AP/(mg/kg)	土壤母质 Parent material	剖面点坐标 Profile coordinate	匹配指数 Matching index/%
剖43	初育土	新积土	冲积土	洪积性冲积土	石渣子土	A	0—25	褐色	中壤土	块状	8.1	43.4	2.52	1.49	27.6	184			E 102°30′03.6″ N 23°43′40.8″	87
剖44	人为土	水稻土	潴育水稻土	冲积性潴育水稻土	鸡粪土田	P	25—35	红棕色	重壤土	块状	7.9	39.3	2.26	0.74	22.1	23			E 102°30′58.7″ N 23°42′40.7″	92
剖45	初育土	新积土	冲积土	冲积性湖积性冲积土	浮泥土	A	0—20	棕色	砂壤土	粒状	8.8	14.1	0.83	0.70	7.5	31			E 102°30′18.4″ N 23°42′06.9″	77
						B	20—38	棕色	轻壤土	粒状	8.2	6.3	0.37	0.23	14.1	20				
剖46	人为土	水稻土	淹育水稻土	红壤性淹育水稻土	砂泥田	A	0—15	褐红色	重壤土	粒状	6.7	16.9	1.12	1.07	18.1	87			E 102°26′55.3″ N 23°30′33.8″	78
						Pc	15—100	暗红色		小棱柱状	7.5	10.5	0.82	0.89	21.5	34				
剖47	初育土	新积土	冲积土	冲积性湖积冲积土	鸡粪土	A	0—20	黑褐色	壤土	核状	8.6	47.8	2.88	1.40	20.0	188			E 102°30′13.7″ N 23°39′41.8″	87
						P	20—42	灰褐色	壤土	块状	7.9	13.9	2.45	0.96	19.4	32				
剖48	初育土	新积土	冲积土	冲积性潴育冲积土	发红田	A	0—25	棕色	砂壤土	粒状	5.4	22.5	1.06	0.69	7.0	101			E 102°30′57.8″ N 23°39′24.9″	75
						B	25—42	暗棕色	砂壤土	小块状	5.1	11.9	0.31	0.43	13.6	55				
剖49	初育土	新积土	冲积土	湖积性冲积土	草煤土	A	0—20	褐色	壤土	块状	7.0	54.3	2.69	1.17	14.0	262			E 102°32′07.3″ N 23°38′59.7″	97
						Pg	20—100	灰黑色	重壤土	棱柱状	6.9	33.3	1.71	1.84	24.3	137				
剖50	初育土	新积土	冲积土	冲积性湖积性冲积土	河砂土	A	0—19	灰棕色	轻壤土	粒状	5.6	14.7	0.88	0.60	10.8	94			E 102°37′21.8″ N 23°38′57.2″	71
						P	19—26	灰褐色	轻壤土	小核状	7.0	6.3	0.53	0.52	18.9	10				
剖51	初育土	紫色土	酸性紫色土	棕紫泥土		A	0—15	黄灰色	轻壤土	小棱状	6.4	92.1	3.01	0.05	7.9	274			E 102°34′50.2″ N 23°30′51.8″	83
						P	15—61	灰黑色	壤土	粒状	6.4	159.9	3.59	0.16	14.7	252				
剖52	人为土	水稻土	淹育水稻土	红壤性淹育水稻土	山砂田	A	0—12	灰黄色	砂土	核状	6.3	5.5	0.56	0.19	5.6	51			E 102°22′14.5″ N 23°27′56.2″	98
						B	12—38	黄白色	重壤土	块状	5.5	2.3	0.07	0.07	4.0	88				
						Pe	20—60	黄白色	轻壤土	大棱状	5.8	21.3	1.41	0.95	17.3	99		砂页岩		
剖53	铁铝土	红壤	黄红壤	砂页岩黄红壤		A	0—24	棕灰色	砂壤土	块状	6.8	21.1	1.22	0.59	18.0	18		砂页岩	E 102°24′22.3″ N 23°27′52.2″	90
						B	24—65	灰棕色	轻壤土	棱状	6.3	32.5	1.77	1.69	9.6	105				
剖54	铁铝土	红壤	黄红壤	砂页岩黄红壤	砂土	As	0—15	黑色	轻壤土	粒状	5.8	19.5	0.90	0.84	9.2	24			E 102°21′59.4″ N 23°27′14.8″	87
						A_1	15—34	黑棕色	砂壤土	粒状	5.5	193.0	13.00	3.96	2.9	829				
						B	34—45	棕灰色	轻壤土	块状	6.6	94.7	5.01	2.46	5.0	80				
						C	45—100	棕灰色												
剖55	铁铝土	红壤	红壤	石灰岩红壤		A	0—15	灰岩色	壤土	粒状	5.4	30.5	1.51	0.75	9.2	132		石灰岩	E 102°28′08.1″ N 23°26′11.3″	93
						P	15—30	棕灰色	壤土	棱状	5.8	44.8	1.73	0.94	25.1	127				
剖56	铁铝土	红壤	红壤	石灰岩红壤	石卡拉土	A	0—23	灰灰色	重壤土	粒状	6.2	29.7	1.78	0.81	30.6	123		石灰岩	E 102°22′55.9″ N 23°24′02.9″	93
						P	23—35	栗色	重壤土	片状	6.8	9.7	0.74	1.09	19.8	103				
剖57	半淋溶土	褐红土	褐红土	红褐色土		A	0—16	黑灰色	轻壤土	粒状	5.0	56.9	3.25	0.97	9.4	152			E 102°27′35.5″ N 23°23′43.1″	75
						B	16—100	浅黄色	轻壤土	粒状	4.8	11.6	0.84	0.42	18.2	16				
剖58	铁铝土	红壤	棕红壤	石灰岩棕红壤	潮红土	A	0—18	红棕色	重壤土	粒状	6.5	25.2	2.21	2.28	20.4	93		石灰岩	E 102°31′44.8″ N 23°28′28.9″	84
						B	18—100	红棕色	重壤土	棱柱状	5.9	21.8	1.63	1.84	17.5	29				
剖59	铁铝土	红壤	棕红壤	石灰岩棕红壤		A	0—40	灰灰色	砂壤土	粒状	5.2	18.4	1.14	0.67	10.4	148			E 102°32′19.7″ N 23°26′02.8″	82
						B	40—100	青灰色	中壤土	小块状	5.7	38.7	2.48	0.63	33.8	45				
剖60	半淋溶土	燥红土	燥红土	红褐色土	砂燥红土	A	0—20	褐红色	壤土	块状	7.9	12.5	0.92	0.66	7.7	29			E 102°37′00.1″ N 23°20′21.3″	91
						B	20—100	红黄色	重壤土	棱状	7.8	7.5	0.81	0.71	1.7	21				

泸西县

主要土类说明

红壤是泸西县主要土壤类型，占本县地域面积的 66%，分布在海拔 1400—2500m 的山坡丘陵。植被有云南松、华山松、油杉、灌木林和疏林草地。成土母质主要为深厚的古红土和红色风化壳。成土过程以中度脱硅富铝化和生物富集为主。本县红壤分为山原红壤、红壤性土等亚类。山原红壤具 A–Bs–Bv 或 A–Bs–C 剖面构型，土壤黏粒中游离铁占全铁的 50%—60%。黏土矿物以高岭石、赤铁矿为主，黏粒硅铝率为 1.8—2.4，风化淋溶系数小于 0.2，盐基饱和度小于 35%，pH 为 5.5—6.0，质地黏重，耕性较差。红壤性土属于剖面发育差的幼年红壤，土壤侵蚀严重，心土和底土裸露地表，石砾多，质地偏砂，有机质和速效养分缺乏。

水稻土是泸西县第二大土壤类型，占本县地域面积的 11%，分布在地势平缓的坝区、河流两岸的冲积阶地。成土母质为地带性红壤和紫色土。水稻土在长期的季节性淹灌、水下翻耕、季节性脱水、氧化还原交替影响下，原来的成土母质或母土的特性发生重大改变，形成了不同的土体构型。本县水稻土分为潴育型、潜育型等亚类。潴育水稻土水肥条件好，排水良好，质地砂黏适中，有较深厚的耕作层，多属高肥力稻田，具 A–P–W–G 或 A–P–W–C 剖面构型。潜育水稻土地下水位较高，排水不畅，属中低产田，具 A–P–E–C、A–Pe–E–C 或 A–P–W–E 剖面构型。

紫色土是泸西县第三大土壤类型，占本县地域面积的 9%，分布在海拔 1500—2500m 的山地，多与红壤交错分布。植被为常绿阔叶林或灌丛草地。成土母质多为中生代的紫红色砂页岩。成土过程以母岩的快速物理崩解、频繁侵蚀堆积及碳酸钙的不断淋失为主，生物积累作用较弱。本县紫色土分为酸性紫色土、中性紫色土等亚类。

黄壤占本县地域面积的 5%，多见于海拔 1800—2200m 的中山。植被为中山湿性常绿阔叶林和苔藓常绿阔叶林。成土过程以脱硅富铝化、生物富集和黄化过程为主。

石灰（岩）土占本县地域面积的 5%，分布在溶岩山区的石灰岩丘陵地带。植被以常绿落叶阔叶林为主。成土母质为石灰岩。成土过程以风化、富铝化和灰化作用为主。土壤具有一定的脱硅富铝化特征，有机质和养分含量较高，结构和耕性较好，黏粒细，土层浅薄。

黄棕壤占本县地域面积的 3%，主要分布在海拔 2400m 以上的山地。成土母质多为砂页岩及花岗岩风化物。土层弱度富铝化，黏聚现象明显，呈黄棕色。该土壤具 A–B–C 或 A–（B）–C 剖面构型，黏粒硅铝率在 2.5 左右，铁的游离度较红壤低，B 层交换性酸大于 A 层。土层深厚，淋溶作用明显，表土呈棕灰色，心土呈灰黄色或浅黄棕色，自然肥力较高。

本区域中心区气候特征

本区域中心区气候特征值
Regional climate characteristics in central area of the region

气候带：中亚热带湿润气候 Climate region: Subtropical humid climate	
年平均气温 /℃ Annual average temperature /℃	16.4
年平均最高气温 /℃ Annual average maximum temperature /℃	22.0
年平均最低气温 /℃ Annual average minimum temperature /℃	12.4
年降水量 /mm Annual precipitation /mm	1057
≥10℃的积温 /℃ Daily temperature accumulated in a year (≥10℃) /℃	6034
年日照时数 /h Annual sunshine /h	1991
年平均相对湿度 /% Annual average relative humidity /%	75
干燥度 Dryness	0.96

本区域中心区月平均气温与月平均降水量
Monthly temperature and precipitation in central area of the region

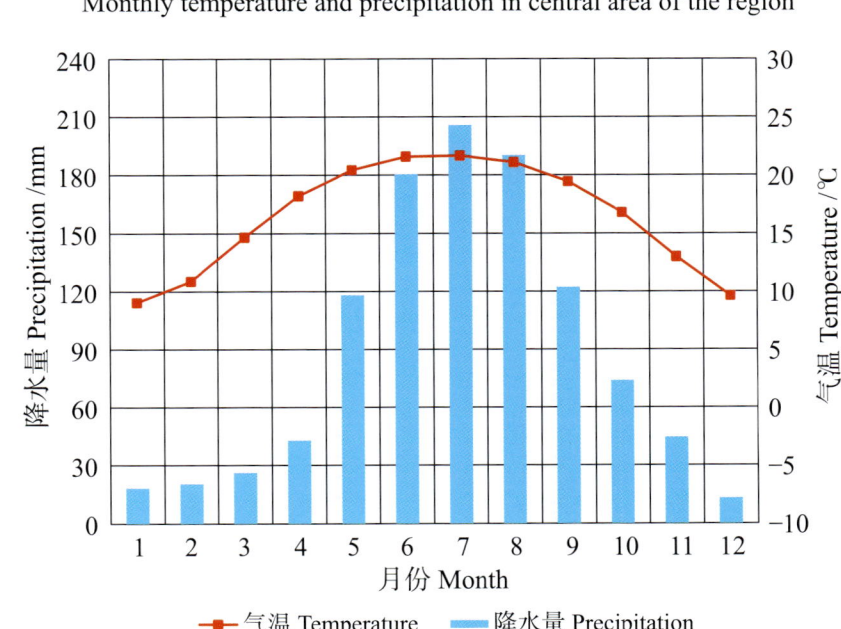

泸西县主要土壤类型与土壤剖面点分布图
1∶240 000

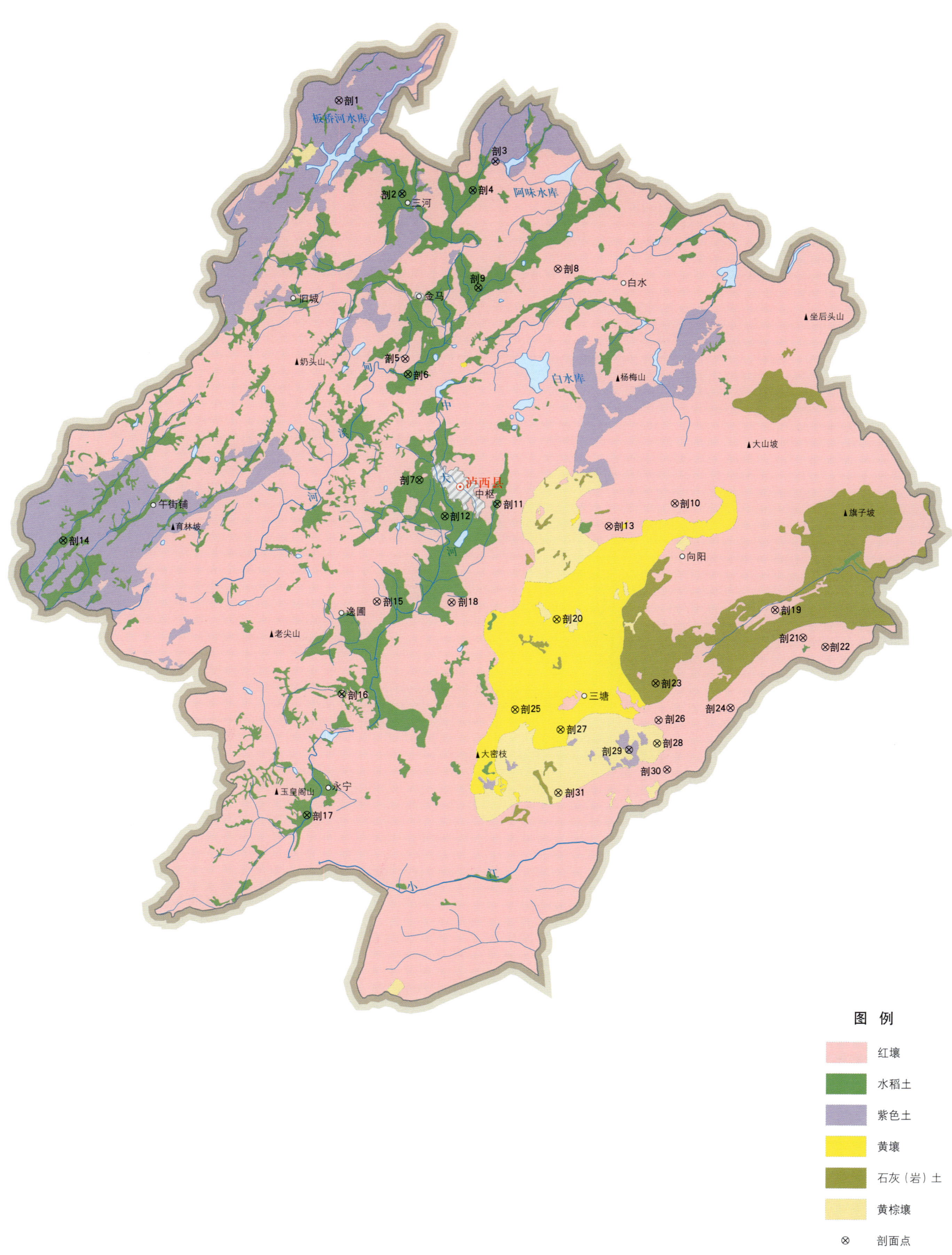

泸西县土壤剖面理化性状表

剖面号 Soil profile	土纲 Soil order	土类 Soil great group	亚类 Soil subgroup	土属 Soil genus	土种 Soil species	土层码 Layer code	土层厚度 Depth/cm	颜色 Soil color	质地 Soil texture	土壤结构 Soil structure	pH	有机质 OM/(g/kg)	全氮 TN/(g/kg)	全磷 TP/(g/kg)	全钾 TK/(g/kg)	碱解氮 AN/(mg/kg)	土壤母质 Parent material	剖面点坐标 Profile coordinate	匹配指数 Matching index/%
剖1	初育土	紫色土	中性紫色土	紫砂土	紫砂土	A	0—8	暗栗色	轻壤土	粒状	6.6	19.4	1.18	1.28	4.0	83		E 103° 41′ 31.2″ N 24° 43′ 54.5″	94
						2	8—100	暗棕色	砂石土	块状									
剖2	人为土	水稻土	淹育水稻土	紫色土性淹育水稻土	紫胶泥田	A	0—22	棕色	重壤土	暗棕柱状	7.2	50.2	2.19	2.00	10.5	171		E 103° 43′ 45.5″ N 24° 41′ 00.2″	85
						2	22—30	暗棕色	重壤土	块状									
						3	30—100	暗棕色	中壤土	块状									
剖3	初育土	紫色土	中性紫色土	黄紫泥土	黄紫泥土	A	0—5	黄棕色	中壤土	块状	6.9	13.1	0.82	3.84	22.8	48		E 103° 46′ 58.1″ N 24° 42′ 02.9″	97
						2	5—34	黄棕色	中壤土	块状									
						3	34—100	黄棕色	砂石土	块状									
剖4	人为土	水稻土	潴育水稻土	冲积性潴育水稻土	红胶泥田	A	0—21	黄棕色	重壤土	棱柱状	8.2	46.6	2.15	3.05	12.9	171		E 103° 46′ 11.6″ N 24° 41′ 07.8″	94
						2	21—31	棕色	重壤土	棱柱状									
						3	31—100	浅红棕色	重壤土	块状									
剖5	铁铝土	红壤	红壤	石灰岩红壤	溢红土	A	0—18	红褐色	中壤土	块状	4.9	7.1	0.46	1.54	15.9	39	石灰岩	E 103° 43′ 56.3″ N 24° 35′ 49.2″	74
						2	18—35	红褐色	中壤土	块状									
						3	35—100	红褐色	中壤土	棱柱状									
剖6	人为土	水稻土	潴育水稻土	冲积性潴育水稻土	鸡粪土田	A	0—27	黄棕色	中壤土	团粒状	7.9	47.7	2.45	1.24		213	冲积物	E 103° 44′ 02.4″ N 24° 35′ 19.7″	100
						2	27—100	浅黄棕色	重壤土	小棱柱状									
剖7	人为土	水稻土	潴育水稻土	冲积性潴育水稻土	黄胶泥田	A	0—26	浅黄色	重壤土	棱柱状	7.7	12.8	0.92	0.45	11.6	101	砂页岩冲积物	E 103° 44′ 29.0″ N 24° 32′ 01.3″	70
						2	26—40	浅黄色	重壤土	棱柱状									
						3	40—100	浅黄色	重壤土	棱柱状									
剖8	铁铝土	红壤	黄红壤	砂页岩黄红壤	砂页岩黄红壤	A	0—15	黄色	轻壤土	粒状	6.4	12.5	0.70	0.67	11.6	58	砂页岩	E 103° 49′ 10.9″ N 24° 38′ 41.6″	77
						2	15—50	黄色	中壤土	块状									
						3	50—100	黄色	砂石土	块状									
剖9	人为土	水稻土	潴育水稻土	冲积性潴育水稻土	黄泥田	A	0—23	浅黄色	中壤土	小棱柱状	5.8	21.8	1.27	0.94	19.5	107	砂页岩冲积物	E 103° 46′ 25.7″ N 24° 38′ 04.6″	98
						2	23—36	浅黄色	重壤土	棱柱状									
						3	36—100	浅黄色	中壤土	块状									
剖10	铁铝土	红壤	红壤	石灰岩红壤	黄红土	A	0—24	橙色	中壤土	块状	7.4	20.3	0.31	0.89		69	石灰岩	E 103° 53′ 19.3″ N 24° 31′ 22.1″	74
						2	24—32	橙色	重壤土	小棱柱状									
						3	32—80	黄棕色	重壤土	块状									
						4	80—100	黄棕色	中壤土	块状									
剖11	人为土	水稻土	沼泽型水稻土	冲积性沼泽水稻土	冷浸田	A	0—30	黄棕色	中壤土	小棱柱状	8.2	46.1	2.57	3.22	11.0	207	冲积物	E 103° 47′ 11.0″ N 24° 31′ 17.4″	91
						2	30—100	浅黄色	重壤土	小棱柱状									
剖12	人为土	水稻土	淹育水稻土	红壤性淹育水稻土	红泥田	A	0—26	红棕色	重壤土	小棱柱状	7.8	20.5	0.92	1.82	8.0	92		E 103° 45′ 22.7″ N 24° 30′ 52.9″	80
						2	26—38	红棕色	中壤土	棱柱状									
						3	38—100	红褐色	重壤土	块状									
剖13	铁铝土	红壤	红壤	石灰岩红壤	石灰岩红壤	A	0—35	红褐色	中壤土	块状	6.4	26.0	1.52	1.64	10.3	92		E 103° 51′ 02.9″ N 24° 30′ 37.4″	87
						2	35—50	橙色	中壤土	块状									
						3	50—100	红色	重壤土	块状									
剖14	人为土	水稻土	淹育水稻土	紫色土性淹育水稻土	紫泥泥田	A	0—25	棕色	中壤土	小块状	6.9	17.4	1.16	2.82	13.2	102		E 103° 32′ 12.8″ N 24° 29′ 58.6″	89
						2	25—35	棕色	中壤土	块状									
						3	35—100	黄褐色	中壤土	块状									
剖15	铁铝土	红壤	红壤	石灰岩红壤	瘦红土	A	0—15	红褐色	中壤土	块状	6.9	16.4	0.75	1.15	3.3	72		E 103° 43′ 04.4″ N 24° 28′ 10.9″	93
						2	15—28	红褐色	中壤土	块状									
						3	28—100	红褐色	中壤土	块状									

续表 Continued

剖面号 Soil profile	土纲 Soil order	土类 Soil great group	亚类 Soil subgroup	土属 Soil genus	土种 Soil species	土层码 Layer code	土层厚度 Depth/cm	颜色 Soil color	质地 Soil texture	土壤结构 Soil structure	pH	有机质 OM/(g/kg)	全氮 TN/(g/kg)	全磷 TP/(g/kg)	全钾 TK/(g/kg)	碱解氮 AN/(mg/kg)	土壤母质 Parent material	剖面点坐标 Profile coordinate	匹配指数 Matching index/%
剖16	人为土	水稻土	淹育水稻土	红壤性淹育水稻土	黄砂泥田	A	0—24	浅黄色	中壤土	小块状	8.2	18.2	0.77	1.15		104	黄色砂页岩	E 103°41′54.2″ N 24°25′16.3″	83
						2	24—39	浅棕色	中壤土	小块状									
						3	39—100	黄棕色	轻壤土	棱柱状									
剖17	人为土	水稻土	淹育水稻土	红壤性淹育水稻土	黄砂田	A	0—25	黄色	轻壤土	粒状	5.6	9.9	0.56	0.63	2.8	28		E 103°40′45.8″ N 24°21′26.6″	77
						2	25—35	黄棕色	中壤土	小块状									
						3	35—100	黄棕色	砂壤土	块状									
剖18	铁铝土	红壤	红壤	石灰岩红壤	红土	A	0—24	红褐色	中壤土	块状	7.1	32.7	1.48	2.21	10.8	96	石灰岩	E 103°45′39.2″ N 24°28′10.9″	81
						2	24—30	红褐色	中壤土	块状									
						3	30—100	黄棕色	中壤土	棱柱状									
剖19	铁铝土	红壤	黄红壤	砂页岩黄红壤	黄土	A	0—18	浅黄色	重壤土	棱柱状	6.8	13.4	0.60	0.65		64	砂页岩	E 103°56′50.3″ N 24°28′03.4″	81
						2	18—23	黄色	重壤土	粒状									
						3	23—40	黄棕色	重壤土	棱柱状									
						4	40—100	黄棕色	小棱柱状										
剖20	铁铝土	红壤	黄褐黄壤	石灰岩黄红壤	红黄土	A	0—16	黄棕色	轻壤土	粒状	4.5	42.5	2.23	1.99	6.0	132	石灰岩	E 103°49′17.8″ N 24°27′41.4″	89
						2	16—28	棕色	重壤土	块状									
						3	28—100	红棕色	重壤土	棱柱状									
剖21	铁铝土	红壤	褐红壤	砂页岩褐红壤	褐黄土	A	0—11	浅黄棕色	轻壤土	粒状	4.1	13.4	0.56	0.78	17.3	53	砂页岩	E 103°57′48.6″ N 24°27′11.5″	84
						2	11—30	黄棕色	砂石土	粒状									
剖22	铁铝土	红壤	褐红壤	砂页岩褐红壤	砂页岩褐红壤	A	0—5	黄色	中壤土	小块状	6.9	11.2	0.51	2.40	6.1	54	砂页岩	E 103°58′35.0″ N 24°26′54.5″	90
						2	5—50	棕色	砂石土	小块状									
						3	50—100	黄棕色	轻壤土	粒状									
剖23	初育土	石灰(岩)土	黑色石灰土	黑泡土	淡黑泡土	A	0—21	暗棕色	轻壤土	小块状	4.8	72.3	3.02	4.49	4.2	244		E 103°52′44.4″ N 24°25′43.0″	76
						2	21—31	暗棕色	轻壤土	块状									
						3	31—100	棕色	中壤土	块状									
剖24	铁铝土	红壤	褐红壤	石灰岩褐红壤	褐红土	A	0—21	红色	中壤土	块状	7.0	24.0				25		E 103°55′20.3″ N 24°24′58.3″	85
						2	21—31	红色	中壤土	块状									
						3	31—100	红色	中壤土	大块状									
剖25	铁铝土	黄壤	黄壤	石灰岩黄壤	石灰岩黄壤	A	0—13	浅黄色	重壤土	棱柱状	6.3	36.9	2.05	0.98	24.2	135	石灰岩	E 103°47′53.9″ N 24°24′50.8″	73
						2	13—27	浅棕色	重壤土	棱柱状									
						3	27—100	黄棕色	重壤土	棱柱状									
剖26	铁铝土	红壤	黄红壤	砂页岩黄红壤	黄砂土	A	0—21	黄棕色	中壤土	小块状	5.3	23.6	1.05	0.67	4.7	39	砂页岩	E 103°52′51.6″ N 24°24′33.8″	100
						2	21—30	浅黄棕色	中壤土	块状									
						3	30—100	黄色	中壤土	块状									
剖27	黄壤	黄壤	黄壤	石灰岩黄泥土	黄泥土	A	0—13	浅黄色	中壤土	块状	6.2	51.1	2.29	1.75	10.4	153	石灰岩	E 103°49′28.6″ N 24°24′13.7″	77
						2	13—20	黄棕色	中壤土	大块状									
						3	20—100	黄棕色	中壤土	块状									
剖28	黄棕壤	黄棕壤	黄棕壤	石灰岩黄棕壤	灰包土	A	0—9	黄棕色	轻壤土	粒状	4.1	104.2	5.57	4.02	7.2	409	石灰岩坡积物	E 103°52′49.1″ N 24°23′49.9″	88
						2	9—50	红栗色	轻壤土	粒状									
						3	50—100	栗色	轻壤土	粒状									
剖29	初育土	紫色土	中性紫色土	黄紫泥土	紫羊肝土	A	0—21	暗栗色	轻壤土	粒状	4.8	9.5	0.57	1.15	6.0	54		E 103°51′51.1″ N 24°23′37.3″	93
						2	21—42	暗棕色	中壤土	块状									
						3	42—51	栗色	砂泥土	块状									
						4	51—100	栗色	中壤土	大块状									
剖30	铁铝土	红壤	褐红壤	石灰岩褐红壤	石灰岩褐红壤	A	0—45	红色	中壤土	块状	6.0	28.0				10	石灰岩	E 103°53′10.3″ N 24°23′00.2″	71
						2	45—100	红色	中壤土	块状									

续表 Continued

剖面号 Soil profile	土纲 Soil order	土类 Soil great group	亚类 Soil subgroup	土属 Soil genus	土种 Soil species	土层码 Layer code	土层厚度 Depth/cm	颜色 Soil color	质地 Soil texture	土壤结构 Soil structure	pH	有机质 OM/(g/kg)	全氮 TN/(g/kg)	全磷 TP/(g/kg)	全钾 TK/(g/kg)	碱解氮 AN/(mg/kg)	土壤母质 Parent material	剖面点坐标 Profile coordinate	匹配指数 Matching index/%
剖31	淋溶土	黄棕壤	黄棕壤	石灰岩黄棕壤	石灰岩黄棕壤	A	0—25	暗栗色	轻壤土	小块状	5.2	86.0	4.46	7.79	9.3	408	石灰岩	E 103°49′25.7″ N 24°22′14.2″	100
						2	25—38	栗色	轻壤土	块状									
						3	38—100	栗色	中壤土	块状									

元 阳 县

主要土类说明

赤红壤是元阳县主要土壤类型，占本县地域面积的23%，分布在海拔800—1300m的山区。成土母质以各种母岩风化残积物和坡积物为主。成土过程以富铝化作用和生物积累作用为主。本县赤红壤多为黄色赤红壤亚类，土体中氧化铁等矿物的水合度较高，有较明显的黄化层，具A–Bs–C剖面构型，土壤有机质和游离铁的活化度均高于典型的赤红壤，pH一般低于5.5，有明显的脱硅富铝化作用。次生黏土矿物中伊利石比基岩少13%—19%，高岭石和绿泥石比基岩多15%—20%。

红壤是元阳县第二大土壤类型，占本县地域面积的20%，分布在海拔1200m以上的地区。植被为云南松、思茅松、杉木和针阔叶混交林。成土母质主要为第四纪红色黏土和石灰岩风化残积物。成土过程以脱硅富铝化和生物富集为主。本县红壤多为黄红壤亚类，土体上部有黄化现象，以黄橙色或橙色为主，下部仍以高岭石为主，伴有蛭石和三水铝石。

黄壤是元阳县第三大土壤类型，占本县地域面积的16%，分布在海拔1600—1900m的地区，本县除南沙镇外均有分布。植被为湿性常绿阔叶林和苔藓常绿阔叶林。成土过程以脱硅富铝化、生物富集和黄化过程为主。黏土矿物以蛭石为主，其次为高岭石和伊利石。土壤有机质累积较高，土壤呈暗黄色，具O–A–AB–B–C剖面构型。

燥红土占本县地域面积的13%，分布在海拔144—800m的干热河谷。成土母质为花岗岩、砂页岩及古老河流沉积物。燥红土是由红土母质发育形成的盐基饱和的红色土壤，具A–B–C（D）剖面构型。成土过程以有机质积累、生物富集和脱硅富铝化为主。土层深厚肥沃，自然肥力高，有机质分解快，容易活动的各种元素易被淋洗。该土壤复盐基明显，交换性钙、镁占阳离子交换量的80%以上。本县燥红土分为燥红土、褐红土等亚类。

水稻土占本县地域面积的13%，本县各地均有分布。成土母质为地带性红壤、老洪冲积物和坡积物。水稻土在长期的季节性淹灌、水下翻耕、季节性脱水、氧化还原交替影响下，原来的成土母质或母土的特性发生重大改变，形成了不同的土体构型。本县水稻土分为淹育型、潴育型、潜育型等亚类。

黄棕壤占本县地域面积的12%，分布在海拔1900—2500m的地区，本县除南沙镇外均有分布。植被有滑竹、蕨类、苔藓等。成土母质多为砂页岩及花岗岩风化物。成土过程受淋溶、黏化及弱富铝化作用的影响。

小于本县地域面积3%的土壤类型有砖红壤、紫色土和棕壤。

本区域中心区气候特征

本区域中心区气候特征值
Regional climate characteristics in central area of the region

气候带：南亚热带湿润气候 Climate region: South subtropical humid climate	
年平均气温 /℃ Annual average temperature /℃	18.7
年平均最高气温 /℃ Annual average maximum temperature /℃	24.7
年平均最低气温 /℃ Annual average minimum temperature /℃	14.5
年降水量 /mm Annual precipitation /mm	974
≥10℃的积温 /℃ Daily temperature accumulated in a year (≥10℃) /℃	6795
年日照时数 /h Annual sunshine /h	2138
年平均相对湿度 /% Annual average relative humidity /%	73
干燥度 Dryness	1.17

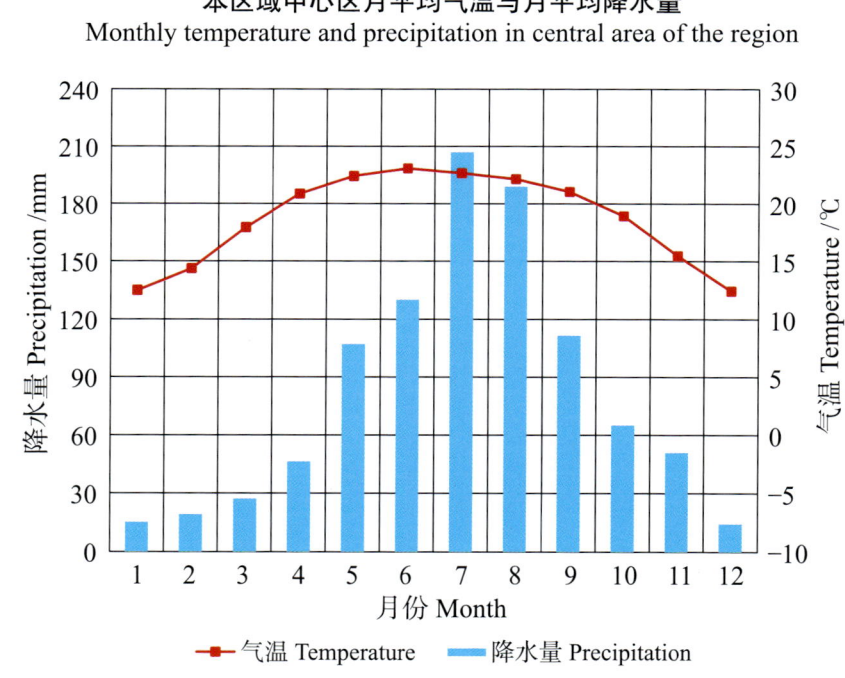

本区域中心区月平均气温与月平均降水量
Monthly temperature and precipitation in central area of the region

元阳县主要土壤类型与土壤剖面点分布图

1:260 000

图例

赤红壤	
红壤	
黄壤	
燥红土	
水稻土	
黄棕壤	
砖红壤	
紫色土	
棕壤	
⊗ 剖面点	

第三编 云南省分县土壤图与土壤剖面数据 | 713

元阳县土壤剖面理化性状表

剖面号 Soil profile	土纲 Soil order	土类 Soil great group	亚类 Soil subgroup	土属 Soil genus	土种 Soil species	土层码 Layer code	土层厚度 Depth/cm	颜色 Soil color	质地 Soil texture	土壤结构 Soil structure	pH	有机质 OM/(g/kg)	全氮 TN/(g/kg)	全磷 TP/(g/kg)	全钾 TK/(g/kg)	碱解氮 AN/(mg/kg)	有效磷 AP/(mg/kg)	土壤母质 Parent material	剖面点坐标 Profile coordinate	匹配指数 Matching index/%
剖1	人为土	水稻土	潜育水稻土	暗色泥田	暗红砂泥田	A	0—18	暗灰棕色	壤土	小团块状	5.7	29.0	1.52	0.82	15.1	215	9.6		E 102°34′33.3″ N 23°14′31.1″	73
						P	18—36	棕色	砂壤土	块状	6.0	25.4	1.29	0.77	14.5	188	7.4			
						W	36—100	棕色	砂壤土	棱块状	6.2	22.2	1.15	0.69	16.3	154	5.9			
剖2	铁铝土	黄壤	黄壤	碳酸岩类黄壤		A	0—14	浅黄棕色	中壤土	粒状	5.6	65.0	2.92	5.42	4.4	298		碳酸岩类	E 102°32′12.8″ N 23°13′53.0″	93
						B	14—40	浅黄棕色	黏土	块状	5.8	27.0	1.69	3.62	4.3	171				
						C	40—100	黄棕色	黏土	核状	5.6	12.0	6.82	3.62	4.3	69				
剖3	淋溶土	黄棕壤	黄棕壤	粗粒结晶岩类山地黄棕壤	灰泡土	A	0—24	灰黄棕色	粉砂土	粒状	5.6	72.8	3.81	3.07	9.6	350		粗粒结晶岩类	E 102°37′25.3″ N 23°10′24.2″	71
						B	24—40	暗棕色	粉砂土	粒状	5.7	57.1	2.86	2.91	8.4	307				
						C	40—50	浅棕色	砂壤土	核状	5.7	10.5	0.55	1.39	4.5	60				
						D	50—100	灰白色	砂壤土	粒状	5.7	4.1	0.19	1.17	5.7	34				
剖4	半淋溶土	燥红土	燥红土	碳酸岩类燥红土		B	0—23	暗红棕色	重壤土	粒状	7.5	41.9	2.36	0.99	15.7	154		碳酸岩类	E 102°46′43.3″ N 23°16′17.4″	91
						C	23—49	暗棕色	轻壤土	粒状	7.9	31.0	1.54	0.76	14.5	137				
						C	49—71	暗棕色	轻壤土	核状	8.1	7.7	0.51	0.64	13.3	60				
						D	71—100	暗棕色	轻壤土	核状	8.1	10.3	0.63	0.62	12.7	51				
剖5	半淋溶土	燥红土	燥红土	粗粒结晶岩类燥红土	砂红红土	A	0—20	暗红棕色	轻壤土	粒状	6.0	25.9	1.47	0.89	4.5	114		粗粒结晶岩类	E 102°46′02.3″ N 23°13′50.9″	98
						B	20—60	棕红色	轻壤土	粒状	6.2	17.6	0.85	0.86	4.2	78				
						C	60—100	暗棕红色	砂壤土	粒状	6.5	1.0	0.49	0.84	4.8	51				
剖6	人为土	水稻土	潜育水稻土	冲积性潜育水稻土	河砂田	A	0—24	暗红棕色	粉砂土	粒状	7.8	24.5	1.15	1.92	4.8	86		冲积物	E 102°50′15.2″ N 23°12′59.0″	89
						P	24—46	暗棕色	粉砂土	块状	7.8	17.2	0.75	2.71	6.6	69				
						W	46—77	暗棕色	砂壤土	核状	7.5	11.4	0.38	5.26	3.9	46				
						G	77—100	暗棕色	砂壤土	核状	7.5	5.9	0.27	3.61	3.6	8				
剖7	半淋溶土	燥红土	燥红土	粗粒结晶岩类燥红土	砂煤红土	A	0—35	暗红棕色	砂壤土	块状	6.6	17.6	0.87	0.48	0.2	76		粗粒结晶岩类	E 102°55′39.0″ N 23°11′15.0″	96
						C	35—100	暗红棕色	砂壤土	粒状	6.6	9.3	0.52	0.76	0.2	49				
剖8	人为土	水稻土	淹育水稻土	红壤性淹育水稻土	胶泥田	A	0—20	浅黄棕色	中壤土	块状	5.3	47.5	2.40	1.39	3.6	365		粗粒结晶岩类	E 102°48′09.9″ N 23°10′36.9″	91
						P	20—45	暗黄棕色	中壤土	块状	5.3	50.7	2.29	1.39	3.6	263				
						G	45—100	暗黄棕色	重壤土	粒状	5.4	47.5	2.10	1.28	3.0	258				
剖9	铁铝土	黄色赤红壤	黄色赤红壤	粗粒结晶岩类黄色赤红壤	自然土	A	0—15	黑红棕色	轻壤土	粒状	5.7	28.2	1.32	2.15	6.6	151		粗粒结晶岩类	E 102°47′02.2″ N 23°10′14.0″	85
						C	15—90	红色	中壤土	粒状	5.7	30.8	1.35	1.28	1.2	149				
剖10	人为土	水稻土	淹育水稻土	红壤性淹育水稻土	鸡粪土田	A	0—25	暗棕色	轻壤土	粒状	6.3	55.9	3.20	4.26	3.0	294		粗粒结晶岩类	E 102°44′06.5″ N 23°09′42.6″	71
						P	25—50	灰棕黄色	轻壤土	核状	6.4	58.4	2.73	4.13	3.3	171				
						G	50—100	棕色	轻壤土	核状	6.6	28.5	1.41	3.01	2.7	165				
剖11	人为土	水稻土	黄红壤	粗粒结晶岩类黄红壤	瘦红土	A	0—18	暗棕红色	轻壤土	块状	5.1	18.8	0.90	1.15	3.0	120			E 102°43′60.0″ N 23°09′08.2″	77
						B	18—63	浅棕黄色	中壤土	粒状	5.1	8.9	0.44	1.19	6.0	68				
						C	63—100	棕红色	轻壤土	粒状	5.0	4.4	0.15	0.73	4.8	51				
剖12	铁铝土	水稻土	潜育水稻土	冲积性潜育水稻土	青胶泥田	A	0—30	黑色	轻壤土	块状	6.1	17.0	0.76	1.36	2.4	71		冲积物	E 102°37′39.0″ N 23°08′20.8″	95
						P	30—50	黑色	重壤土	块状	5.9	37.2	1.61	1.49	2.4	194				
						G	50—100	黑棕色	重壤土	核状	5.9	35.4	1.59	1.32	3.0	212				
剖13	人为土	水稻土	淹育水稻土	红壤性淹育水稻土	红泥田	A	0—18	红灰棕色	轻壤土	粒状	6.6	32.0	1.35	1.03	0.6	175		粗粒结晶岩类	E 102°38′47.0″ N 23°08′06.0″	72
						P	18—30	浅灰棕色	轻壤土	粒状	6.6	32.5	1.37	1.05	0.6	165				
						G	30—100	棕色	轻壤土	粒状	6.9	8.1	0.56	0.76	0.6	100				
剖14	铁铝土	赤红壤	黄色赤红壤	粗粒结晶岩类黄色赤红壤	石渣子土	A	0—10	浅棕色	中壤土	粒状	5.0	34.9	1.72	1.29	1.2	188		粗粒结晶岩类	E 102°40′41.5″ N 23°07′23.9″	76
						B	10—30	棕色	中壤土	粒状	5.2	29.0	1.32	1.15	1.2	178				
						C	30—100	黄棕色	中壤土	粒状	5.2	11.9	0.52	0.78	1.2	86				

续表 Continued

剖面号 Soil profile	土纲 Soil order	土类 Soil great group	亚类 Soil subgroup	土属 Soil genus	土种 Soil species	土层码 Layer code	土层厚度 Depth/cm	颜色 Soil color	质地 Soil texture	土壤结构 Soil structure	pH	有机质 OM/(g/kg)	全氮 TN/(g/kg)	全磷 TP/(g/kg)	全钾 TK/(g/kg)	碱解氮 AN/(mg/kg)	有效磷 AP/(mg/kg)	土壤母质 Parent material	剖面点坐标 Profile coordinate	匹配指数 Matching index/%
剖15	铁铝土	红壤	黄红壤	碳酸岩类黄红壤	红棕土	A	0—18	暗棕色	中壤土	粒状	6.8	48.5	2.29	1.67	7.2	239		碳酸岩类	E 102°34′55.2″ N 23°07′16.3″	76
						B	18—34	暗红棕色	中壤土	核状	6.7	39.2	1.90	1.52	7.2	222				
						C	34—100	浅棕红色	黏土	核状	5.8	15.2	0.95	1.26	7.2	102				
剖16	铁铝土	黄壤	黄壤	泥质岩类黄黄壤	黄泥土	A	0—20	暗棕色	中壤土	粒状	4.3	83.8	3.29	1.34	5.4	353			E 102°34′52.7″ N 23°06′35.3″	83
						B	20—46	浅黄棕色	黏土	核状	4.7	23.6	1.34	0.66	7.8	149				
						C	46—100	黄色	黏土	核状	5.1	10.6	0.54	0.40	11.2	71				
剖17	人为土	水稻土	淹育水稻土	黄壤性淹育水稻土	黄泥田	A	0—19	暗棕色	轻壤土	粒状	5.3	39.7	1.72	0.87	1.8	188			E 102°42′21.2″ N 23°06′19.1″	98
						P	19—62	暗棕色	黏土	粒状	5.5	34.3	1.46	1.11	1.8	188				
						G	62—100	黄棕色	砂壤土	粒状	5.8	8.4	0.36	1.08	1.2	60				
剖18	铁铝土	黄壤	黄壤	砂岩黄壤	黄泥土	A	0—13	暗棕色	轻壤土	粒状	4.9	49.0	2.02	1.11	16.3	214		砂岩类	E 102°42′55.8″ N 23°05′20.8″	84
						C	13—100	黄灰棕色	砂壤土	粒状	5.1	12.0	0.56	0.69	12.7	94				
剖19	铁铝土	黄壤	黄壤	细粒结晶岩类黄黄壤	石渣子土	A	0—20	暗棕色	中壤土	粒状	4.2	73.2	2.82	1.31	10.9	299		细粒结晶岩类	E 102°36′28.4″ N 23°05′03.5″	97
						B	20—52	棕色	重壤土	块状	4.6	54.9	2.36	0.88	7.2	359				
						C	52—100	浅红黄色	中壤土	粒状	4.6	21.7	1.10	0.65	10.2	150				
剖20	铁铝土	红壤	黄红壤	砂岩黄红壤	大黄泥土	A	0—20	灰黄棕色	砾质中壤土	粒状	5.5	24.2	1.36	1.58	13.0	184		砂岩类	E 102°37′47.6″ N 23°04′50.5″	79
						B	20—40	棕色	砾质中壤土	粒状	5.5	12.1	0.97	1.44	13.6	94				
						C	40—100	黄棕色	砾质中壤土	块状	5.5	10.4	0.82	1.42	13.0	86				
剖21	铁铝土	黄壤	黄壤	砂岩黄壤	大黄泥土	A	0—23	暗棕色	轻壤土	粒状	4.4	67.4	2.54	1.19	12.1	351		砂岩类	E 102°38′26.2″ N 23°04′43.7″	76
						B	23—39	暗棕色	中壤土	粒状	4.6	38.7	1.74	1.94	4.8	222				
						C	39—100	浅棕色	中壤土	粒状	5.1	9.9	0.51	0.69	7.2	85				
剖22	人为土	水稻土	潴育水稻土	红壤性潴育水稻土	砂泥田	A	0—16	棕灰色	砂壤土	粒状	6.0	11.5	0.71	1.55	2.4	110			E 102°32′40.6″ N 23°04′28.2″	99
						P	16—36	暗黄棕色	中壤土	粒状	6.2	10.7	0.63	1.56	3.0	108				
						W	36—100	暗黄灰色	砂壤土	粒状	6.4	15.6	0.39	1.53	2.7	82				
剖23	铁铝土	红壤	黄色赤红壤	粗粒结晶岩类黄红壤	大煤棕土	A	0—10	暗棕色	轻砂壤土	粒状	5.8	52.2	2.18	1.52	1.2	243		碳酸岩类	E 102°39′34.6″ N 23°04′24.2″	72
						B	10—46	暗红棕色	轻砂壤土	粒状	5.3	36.1	1.71	1.42	1.2	206				
						C	46—100	暗红棕色	轻砂壤土	块状	5.4	22.4	1.27	1.29	1.2	169				
剖24	半淋溶土	燥红土	燥红土	碳酸岩类黄色赤红土		A	0—25	暗棕色	砂土	粒状	6.0	11.5	0.61	0.55	4.8	67		碳酸岩类	E 102°41′49.2″ N 23°02′29.4″	80
						B	25—37	棕红色	黏土	核状	5.7	16.1	0.76	0.63	3.6	90				
						C	37—100	棕红色	黏土	块状	6.1	5.8	0.32	0.49	4.8	39				
剖25	铁铝土	赤红壤	黄色赤红壤	粗粒结晶岩类黄色赤红土	大煤棕土	A	0—16	暗棕色	轻砂壤土	块状	6.0	26.1	1.27	0.89	3.6	137		砂岩类	E 102°43′14.5″ N 23°02′13.9″	89
						C	16—96	棕色	砂土	块状	5.8	8.0	0.36	0.48	1.2	43				
剖26	铁铝土	砖红壤	黄色砖红壤	砂岩黄色砖红壤	红棕土	A	0—20	棕色	中壤土	粒状	4.7	33.5	1.33	1.03	15.1	154		砂岩类	E 102°37′59.2″ N 23°02′07.4″	76
						B	20—35	棕色	中壤土	粒状	4.7	25.1	1.05	0.92	20.5	94				
						C	35—100	红棕色	重壤土	粒状	4.7	14.1	0.87	0.88	22.3	94				
剖27	铁铝土	砖红壤	黄色砖红壤	砖棕黄土	砖棕黄土	A	0—16	暗红棕色	黏质黏土	核状	5.5	23.9	1.15	1.19	8.1	151	6.0		E 102°44′19.9″ N 23°01′46.9″	71
						B	16—43	红棕色	壤质黏土	块状	5.6	11.8	0.63	1.05	7.8	90	4.0			
						C	43—100	浅棕色	黏土	块状	5.7	8.2	0.34	0.93	8.1	51	3.0			
剖28	铁铝土	砖红壤	黄色砖红壤	砂岩黄色砖红壤		A	0—20	暗红棕色	轻壤土	粒状	5.0	34.5	1.81	1.03	12.1	273		砂岩类	E 102°43′17.0″ N 23°01′12.0″	95
						B	20—45	暗红棕色	中壤土	粒状	5.1	18.3	1.00	0.80	12.7	146				
						C	45—100	红棕色	黏土	粒状	5.1	12.0	0.80	0.80	13.9	137				
剖29	铁铝土	黄壤	黄壤	碳酸岩类黄黄壤	石卡拉土	A	0—19	黑棕色	粉砂土	粒状	6.9	8.2	2.33	3.07	1.2	298		碳酸岩类	E 102°40′33.6″ N 23°00′58.7″	81
						B	19—34	暗棕色	粉砂土	块状	7.3	34.4	1.56	2.64	1.2	176				
						C	34—100	棕色	粉砂土	块状	7.5	22.4	0.85	1.67	0.6	92				
剖30	铁铝土	红壤	黄红壤	粗粒结晶岩类黄红壤	红砂土	A	0—15	暗灰棕色	粉砂土	粒状	5.8	40.9	2.06	1.95	1.8	261		粗粒结晶岩类	E 102°54′17.3″ N 23°07′27.1″	100
						B	15—36	浅红棕色	粉砂土	粒状	5.1	23.9	1.34	1.47	1.2	180				
						C	36—100	红灰棕色	砂壤土	粒状	5.4	16.1	0.89	1.40	1.2	147				

续表 Continued

剖面号 Soil profile	土纲 Soil order	土类 Soil great group	亚类 Soil subgroup	土属 Soil genus	土种 Soil species	土层码 Layer code	土层厚度 Depth/cm	颜色 Soil color	质地 Soil texture	土壤结构 Soil structure	pH	有机质 OM/(g/kg)	全氮 TN/(g/kg)	全磷 TP/(g/kg)	全钾 TK/(g/kg)	碱解氮 AN/(mg/kg)	有效磷 AP/(mg/kg)	土壤母质 Parent material	剖面点坐标 Profile coordinate	匹配指数 Matching index/%
剖31	人为土	水稻土	潜育水稻土	冲积性潜育水稻土	烂泥田	A	0—15	黑色	轻壤土	粒状	5.9	60.7	2.63	2.94	8.1	322		冲积物	E 102°48′32.8″ N 23°07′21.0″	91
						B	15—30	黑色	轻壤土	粒状	6.3	18.6	0.90	1.58	5.4	129				
						C	30—100	黑灰色	轻壤土	粒状	6.0	41.2	1.80	2.05	4.8	204				
剖32	人为土	水稻土	潜育水稻土	冲积性潜育水稻土	青砂泥田	A	0—15	暗绿灰色	轻壤土	粒状	5.6	21.0	1.32	1.62	2.7	165				78
						P	15—35	暗灰色	轻壤土	粒状	6.0	18.7	0.76	1.35	2.7	110				
						G	35—100	暗灰色	砂壤土	粒状	5.6	17.7	0.99	1.53	2.4	152				
剖33	人为土	水稻土	潜育水稻土	冲积性潜育水稻土	硝土田	A	0—17	浅灰色	中壤土	粒状	7.7	59.6	2.73	2.13	2.4	290		冲积物	E 102°53′55.3″ N 23°05′46.7″	75
						P	17—40	暗灰色	中壤土	块状	7.7	55.6	2.44	2.13	2.1	247				
						G	40—100	暗灰黄色	轻壤土	块状	7.6	18.6	1.02	1.95	1.8	114				
剖34	铁铝土	赤红壤	黄色赤红壤	粗粒结晶岩类黄色赤红壤	赤红土	A	0—25	黑红色	中壤土	粒状	6.2	30.2	1.11	1.10	1.2	145		粗粒结晶岩类	E 102°54′01.8″ N 23°05′02.0″	87
						B	25—35	红色	轻壤土	块状	5.4	15.9	0.77	0.92	1.2	102				
						C	35—100	暗红棕色	中壤土	块状	5.7	9.1	0.36	0.69	1.2	63				
剖35	铁铝土	黄壤	黄壤	碳酸盐岩类黄壤	小黄泥	A	0—15	暗黄棕色	中壤土	核状	6.0	35.1	1.92	4.63	3.0	210				72
						B	15—27	浅黄棕色	黏土	核状	6.0	34.0	1.90	4.62	3.0	212				
						C	27—100	黄棕色	黏土	核状	6.1	20.4	1.41	4.05	3.0	133				
剖36	淋溶土	黄棕壤	黄棕壤	细粒结晶岩类山地黄棕壤		A	0—17	黑棕色	中壤土	粒状	4.2	103.3	4.53	1.37	9.3	404		细粒结晶岩类	E 102°55′19.9″ N 23°05′00.4″	95
						B	17—42	黄棕色	中壤土	核状	4.2	34.3	1.54	0.57	9.6	192				
						C	42—100	暗红棕色	中壤土	核状	4.2	11.8	0.60	0.57	9.6	78				
剖37	淋溶土	棕壤	棕壤	粗粒结晶岩类棕壤	轻度片蚀粗粒结晶岩类棕壤	A	0—14	黑棕色	中壤土	核状	4.7	122.9	8.22	1.83	1.8	582		粗粒结晶岩类	E 102°50′31.8″ N 23°02′33.2″	77
						B	14—60	暗棕色	重壤土	块状	4.6	23.2	2.53	1.32	1.8	310				
						C	60—100	暗棕色	重壤土	块状	4.9	122.9	4.58	1.53	1.8	394				
剖38	铁铝土	红壤	黄红壤	碳酸盐岩类黄红壤		A	0—20	暗棕红色	轻壤土	核状	4.5	104.3	4.92	9.23	3.6	379		碳酸盐岩类	E 102°46′48.7″ N 23°00′48.2″	92
						B	20—40	暗红色	砂壤土	核状	6.6	62.2	3.02	7.72	3.6	290				
						C	40—100	暗红色	砂壤土	核状	6.7	16.2	0.95	9.87	3.6	102				
剖39	初育土	紫色土	酸性紫色土	紫色砂页岩酸性紫色土	紫羊肝土	A	0—23	暗紫红色	中壤土	粒状	4.6	16.1	0.49	0.50	10.2	69		紫色砂页岩	E 102°45′43.2″ N 23°00′13.7″	86
						B	23—46	暗紫色	砾质砂壤土	块状	5.0	12.3	0.41	0.47	11.2	35				
						C	46—100	棕紫色	重壤土	块状	6.7	9.2	0.59	0.37	6.9	86				
剖40	半淋溶土	燥红土	红褐土	粗粒结晶岩类红褐土	紫羊肝田土	A	0—25	暗棕色	中壤土	块状	5.5	23.8	1.49	0.87	6.0	131				78
						B	25—60	暗棕色	黏土	块状	5.8	11.2	0.85	0.87	8.7	67				
						C	60—100	红色	黏土	块状	5.8	8.6	8.70	0.80	8.7	51				
剖41	人为土	水稻土	淹育水稻土	冲积性淹育水稻土	河砂田	A	0—17	暗灰色	轻壤土	粒状	7.9	23.3	1.02	1.42	5.4	90		冲积物	E 102°45′45.6″ N 23°06′58.3″	97
						B	17—32	浅灰色	砂壤土	核状	7.9	1.0	0.10	2.00	2.4	8				
						C	32—100	暗灰色	砂壤土	核状	8.0	3.9	0.20	1.88	2.4	14				
剖42	人为土	水稻土	淹育水稻土	紫羊肝土性淹育水稻土	大燥红土	A	0—20	暗红棕色	轻壤土	粒状	5.2	20.4	1.12	0.86	5.7	151				91
						B	20—45	红棕色	轻壤土	粒状	5.3	23.0	1.15	0.83	5.4	145				
						C	45—100	浅灰色	轻壤土	块状	5.5	19.0	1.15	0.72	4.8	129				
剖43	半淋溶土	燥红土	红褐土	碳酸盐岩类红褐土	香面土	A	0—15	黑棕色	中壤土	粒状	6.4	36.4	1.75	0.99	5.7	176			E 103°02′45.6″ N 23°02′47.8″	86
						B	15—35	暗棕红色	黏土	核状	6.5	18.4	0.93	0.84	5.7	90				
						C	35—100	暗棕红色	黏土	核状	6.6	13.2	0.91	0.73	7.2	69				
剖44	铁铝土	黄红壤	黄红壤	粗粒结晶岩类黄红壤		A	0—18	红棕色	中壤土	粒状	5.5	47.5	1.79	2.13	1.8	235		粗粒结晶岩类	E 103°02′56.8″ N 23°02′12.7″	99
						B	18—43	浅灰色	中壤土	粒状	4.7	34.7	1.05	1.29	1.2	149				
						C	43—100	暗棕色	重壤土	块状	5.0	20.7	1.72	1.29	1.2	188				
剖45	铁铝土	黄壤	黄壤	粗粒结晶岩类黄壤	黄砂土	A	0—17	暗棕色	粉砂土	粒状	4.9	43.0	1.74	1.21	1.8	192				87
						B	17—33	浅黄色	粉砂土	核状	5.4	22.2	0.93	1.01	1.8	110				
						C	33—100	浅黄棕色	粉砂土	块状	5.4	17.3	0.71	1.01	1.8	78				

续表 Continued

剖面号 Soil profile	土纲 Soil order	土类 Soil great group	亚类 Soil subgroup	土属 Soil genus	土种 Soil species	土层码 Layer code	土层厚度 Depth/cm	颜色 Soil color	质地 Soil texture	土壤结构 Soil structure	pH	有机质 OM/(g/kg)	全氮 TN/(g/kg)	全磷 TP/(g/kg)	全钾 TK/(g/kg)	碱解氮 AN/(mg/kg)	有效磷 AP/(mg/kg)	土壤母质 Parent material	剖面点坐标 Profile coordinate	匹配指数 Matching index/%
剖46	人为土	水稻土	淹育水稻土	冲积性淹育水稻土	砂泥田	A	0–17	灰棕色	粉砂土	粒状	6.3	22.1	0.97	0.65	1.8	131		冲积物	E 103°02′38.8″ N 23°01′16.0″	76
						P	17–38	浅灰棕色	粉砂土	块状	6.4	22.4	1.07	0.62	1.5	131				
						C	38–100	深红黄色	粉砂土	块状	6.5	5.8	0.27	0.53	1.2	59				
剖47	人为土	水稻土	淹育水稻土	黄壤性淹育水稻土	黄胶泥田	A	0–16	暗灰色	中壤土	粒状	6.1	26.1	1.26	1.95	8.4	171			E 103°02′47.0″ N 23°00′49.3″	77
						P	16–24	暗棕色	中壤土	块状	5.9	28.0	1.42	2.10	8.4	245				
						G	24–100	暗棕色	重壤土	粒状	5.7	28.8	1.54	2.29	7.2	222				
剖48	铁铝土	红壤	黄红壤	细粒结晶岩类黄红壤		A	0–20	浅棕色	中壤土	核状	4.8	65.4	3.34	2.17	9.4	394		细粒结晶岩类	E 102°37′42.2″ N 22°59′57.1″	93
						B	20–44	浅红色	中壤土	核状	5.0	24.7	0.94	1.52	8.1	176				
						C	44–100	红色	中壤土	核状	5.0	13.6	0.71	1.63	5.7	137				
剖49	铁铝土	黄壤	黄壤	细粒结晶岩类黄壤		A	0–15	暗黄棕色	轻壤土	粒状	4.7	108.0	5.03	3.62	2.0	429			E 102°37′00.1″ N 22°59′33.7″	75
						B	15–50	灰黄色	轻壤土	粒状	5.0	59.0	2.75	3.62	2.0	327				
						C	50–100	黄色	中壤土	粒状	5.4	29.0	1.22	3.01	1.5	208				
剖50	初育土	紫色土	酸性紫色土	紫色砂页岩酸性紫色土		A	0–20	紫棕红色	重壤土	粒状	4.5	17.9	0.59	0.37	6.9	86		紫色砂页岩	E 102°34′17.0″ N 22°58′44.8″	98
						B	20–40	暗紫棕红色	中壤土	核状	5.0	3.5	0.16	0.23	5.7	31				
						C	40–100	暗紫棕红色	砂壤土	块状	5.0	3.5	0.20	0.30	10.9	22				
剖51	铁铝土	黄壤	黄壤	泥质岩类黄壤		A	0–15	灰黄棕色	中壤土	粒状	4.3	111.0	4.65	6.03	1.2	435		泥质岩类	E 102°34′02.6″ N 22°58′37.2″	85
						B	15–40	黄色	黏土	粒状	4.9	24.0	1.07	9.64	1.1	163				
						C	40–100	暗红棕色	黏土	核状	4.8	14.0	0.78	2.08	0.9	120				
剖52	铁铝土	红壤	黄红壤	砂岩黄红壤	红土	A	0–22	浅红棕色	轻壤土	块状	5.6	31.5	1.10	1.40	3.6	188		砂岩类	E 102°33′22.7″ N 22°58′21.4″	82
						B	22–44	浅红棕色	中壤土	核状	5.8	15.8	0.56	1.49	3.0	120				
						C	44–100	浅红色	中壤土	块状	6.0	9.8	0.33	2.94	1.8	120				
剖53	初育土	紫色土	酸性紫色土	紫色砂页岩酸性紫色土	石子羊肝土	A	0–22	紫灰紫色	砾质中壤土	粒状	6.1	47.9	2.28	2.94	15.1	248		紫色砂页岩	E 102°32′52.8″ N 22°57′51.8″	79
						B	22–60	棕红紫色	砾质中壤土	粒状	6.1	41.8	2.00	2.68	15.1	290				
						C	60–100	暗紫棕色	砾质中壤土	粒状	6.0	27.7	1.33	2.55	14.5	188				
剖54	淋溶土	黄棕壤	潜育黄棕壤	泥质岩类山地黄棕壤	黑泥田	A	0–20	黑色	中壤土	粒状	4.7	120.4	7.92	1.11	1.2	435		泥质岩类	E 102°31′33.4″ N 22°57′03.9″	81
						B	20–56	暗棕色	黏土	粒状	4.9	83.5	2.73	0.96	1.2	272				
						G	56–100	黄灰色	中壤土	粒状	5.1	31.7	1.32	0.73	6.0	159				
剖55	人为土	水稻土	潜育水稻土	冲积性黄色赤红壤		A	0–20	黑色	中壤土	粒状	5.6	74.3	3.23	1.41	1.2	296			E 102°36′35.6″ N 22°56′51.4″	91
						B	20–34	黄灰色	中壤土	核状	5.3	64.8	2.67	1.37	1.2	272				
						C	34–66	暗灰色	中壤土	核状	5.3	60.2	2.87	1.35	6.0	267				
剖56	铁铝土	赤红壤	黄色赤红壤	砂岩类黄色砖红壤	红褐土	A	0–20	棕色	重壤土	块状	5.2	41.0	1.69	2.36	19.3	273		砂岩类	E 102°39′01.4″ N 22°56′09.6″	78
						B	20–80	暗红棕色	中壤土	核状	5.1	24.3	1.23	1.72	18.1	197				
						C	80–100	红棕色	中壤土	核状	5.3	14.1	1.03	1.21	20.5	129				
剖57	铁铝土	砖红壤	黄色砖红壤	碳酸岩类黄色砖红壤	砖黄泥黑土	A	0–14	暗黄棕色	砂壤土	核状	5.9	23.0	0.93	1.51	8.1	155	6.0	碳酸岩类	E 102°44′06.4″ N 22°55′25.3″	79
						B	14–40	浅灰棕色	砂壤土	核状	6.0	22.2	0.99	1.64	7.8	153	3.0			
						C	40–60	红棕色	砂壤土	核状	5.6	23.9	1.39	1.63	7.2	163	4.0			
剖58	铁铝土	砖红壤	黄色砖红壤	砖黄泥		A	0–18	暗棕色	黏土	小块状	5.8	32.5	1.34	1.16	6.3	141			E 102°40′38.9″ N 22°55′07.7″	99
						B	20–62	红棕色	壤砂黏土	块状	5.9	20.5	0.89	0.92	5.4	90				
						C	62–100	红棕色	粉砂黏土	粒状	5.7	13.8	0.61	0.89	5.7	61				
剖59	铁铝土	砖红壤	黄色砖红壤	泥质岩类砖红壤	石渣子土	A	0–28	暗灰棕色	砾质中壤土	粒状	4.7	35.1	1.49	1.19	8.7	153		泥质岩类	E 102°39′27.5″ N 22°54′09.4″	72
						B	28–50	红棕色	砾质中壤土	核状	5.0	25.9	1.27	1.32	9.3	153				
						C	50–100	浅红棕色	砾质中壤土	核状	5.1	21.0	0.88	1.42	9.0	124				
剖60	铁铝土	红壤	黄红壤	泥质岩类黄红壤		A	0–30	暗黑棕色	轻壤土	粒状	4.7	62.5	2.05	1.01	4.2	235		泥质岩类	E 102°42′08.8″ N 22°52′46.8″	93
						B	30–80	暗红棕色	轻壤土	粒状	4.6	27.7	1.10	0.70	4.2	125				
						C	80–100	浅红棕色	轻壤土	粒状	4.5	11.8	0.68	0.64	5.1	78				

续表 Continued

剖面号 Soil profile	土纲 Soil order	土类 Soil great group	亚类 Soil subgroup	土属 Soil genus	土种 Soil species	土层码 Layer code	土层厚度 Depth/cm	颜色 Soil color	质地 Soil texture	土壤结构 Soil structure	pH	有机质 OM/(g/kg)	全氮 TN/(g/kg)	全磷 TP/(g/kg)	全钾 TK/(g/kg)	碱解氮 AN/(mg/kg)	有效磷 AP/(mg/kg)	土壤母质 Parent material	剖面点坐标 Profile coordinate	匹配指数 Matching index/%
剖61	铁铝土	赤红壤	黄色赤红壤	碳酸岩类黄色赤红壤	黄红土	A	0—20	暗棕色	中壤土	核状	5.6	23.9	1.05	0.86	1.8	127		碳酸岩类	E 102°45′40.0″ N 22°58′48.0″	94
						C	20—100	暗红棕色	黏土	块状	5.3	19.2	0.78	0.68	1.8	77				
剖62	铁铝土	红壤	黄红壤	泥质岩类黄红壤	油红土	A	0—20	暗红棕色	轻壤土	粒状	4.8	62.8	2.02	1.33	3.6	267		泥质岩类	E 102°46′37.2″ N 22°51′50.5″	86
						B	20—60	紫棕色	轻壤土	粒状	4.8	14.7	0.66	0.78	6.0	76				
						C	60—100	红棕色	轻壤土	粒状	4.9	29.4	1.27	0.85	4.8	135				
剖63	淋溶土	黄棕壤	黄棕壤	粗粒结晶岩类山地黄棕壤		A	0—16	暗灰色	轻壤土	粒状	5.4	111.5	6.89	2.41	3.6	294		粗粒结晶岩类	E 103°00′13.0″ N 22°59′47.6″	99
						B	16—36	棕色	轻壤土	粒状	5.1	91.7	4.39	1.83	4.2	337				
						C	36—100	黄灰棕色	中壤土	块状	4.8	12.4	0.80	1.20	5.1	77				
剖64	铁铝土	黄壤	黄壤	粗粒结晶岩类黄壤		A	0—14	黄灰棕色	砂壤土	粒状	5.1	46.0	1.99	1.81	1.3	204		粗粒结晶岩类	E 103°00′58.0″ N 22°57′27.0″	90
						B	14—30	黄橙色	砂壤土	粒状	4.9	20.0	0.83	1.21	1.0	94				
						C	30—100	暗黄棕色	轻壤土	粒状	5.1	15.0	0.76	1.21	1.1	73				
剖65	人为土	水稻土	潴育水稻土	红壤性潴育水稻土	山砂田	A	0—18	灰白色	轻壤土	粒状	6.0	18.1	0.93	0.96	4.5	157			E 103°07′21.7″ N 22°54′47.9″	75
						P	18—25	浅灰色	轻壤土	粒状	6.1	25.0	1.12	0.87	3.3	176				
						G	25—100	灰黄棕色	轻壤土	粒状	6.7	21.8	1.08	0.99	3.0	149				
剖66	铁铝土	红壤	黄红壤	细粒结晶岩类黄红壤	灰红土	A	0—8	暗棕色	轻壤土	核状	5.2	82.3	3.41	2.27	3.6	376		细粒结晶岩类	E 103°06′35.3″ N 22°54′41.8″	87
						B	8—28	浅黄棕色	中壤土	粒状	5.3	37.4	1.80	1.90	3.0	284				
						C	28—100	黄黄色	中壤土	块状	4.8	16.3	0.83	0.83	2.4	131				
剖67	铁铝土	红壤	黄红壤	砂岩黄红壤		A	0—10	灰黄棕色	中壤土	核状	5.3	26.5	1.58	1.62	9.9	176		砂岩类	E 103°03′47.9″ N 22°54′02.5″	74
						B	10—100	黄色	中壤土	块状	5.3	13.5	0.96	1.67	10.9	102				
剖68	铁铝土	赤红壤	黄色赤红壤	砂岩黄色赤红壤	红棕土	A	0—18	棕色	中壤土	核状	5.0	40.8	1.87	1.83	17.5	290		细粒结晶岩类	E 103°07′32.2″ N 22°53′06.0″	71
						B	18—63	暗红棕色	重壤土	粒状	5.0	29.8	1.40	1.64	18.1	188				
						C	63—100	红棕色	重壤土	粒状	5.0	20.1	1.05	1.40	17.5	137				
剖69	铁铝土	砖红壤	黄色砖红壤	细粒结晶岩类黄色砖红壤		A	0—15	棕色	重壤土	粒状	4.5	28.8	1.20	1.49	21.5	146		细粒结晶岩类	E 103°05′58.2″ N 22°52′49.8″	82
						B	15—32	暗红棕色	重壤土	粒状	4.5	23.8	1.10	1.26	19.9	154				
						C	32—100	红棕色	重壤土	粒状	4.7	16.7	0.90		21.1	137				
剖70	铁铝土	砖红壤	黄色砖红壤	细粒结晶岩类黄色砖红壤	红棕土	A	0—20	暗红棕色	中壤土	粒状	4.9	31.4	1.07	0.80	8.4	131		细粒结晶岩类	E 103°08′28.4″ N 22°51′39.7″	75
						B	20—49	红棕色	中壤土	块状	5.1	28.2	0.93	0.78	8.4	125				
						C	49—100	浅红棕色	黏土	核状	5.1	17.0	0.60	0.70	8.7	63				

红 河 县

主要土类说明

黄棕壤是红河县主要土壤类型，占本县地域面积的24%，分布在海拔1900—2745m的高寒山区。成土母质为碳酸岩类、泥质岩类和粗粒结晶岩类。成土过程受淋溶、黏化及弱富铝化作用的影响。土层弱度富铝化，黏聚现象明显，呈黄棕色。该土壤具A-B-C或A-（B）-C剖面构型，黏粒硅铝率在2.5左右，铁的游离度较红壤低，B层交换性酸大于A层。土层深厚，淋溶作用明显，表土呈棕灰色，心土呈灰黄色或浅黄棕色。

红壤是红河县第二大土壤类型，占本县地域面积的22%，分布在海拔1200—1900m的山区。成土母质为碳酸岩类、泥质岩类和粗粒结晶岩类。成土过程以脱硅富铝化和生物富集为主。土体深厚，剖面层次发育完整。本县红壤分为红壤、黄红壤等亚类。

紫色土是红河县第三大土壤类型，占本县地域面积的12%，零星分布在垤玛、三村、架车等地的海拔1000—2500m的地区。成土母质为紫色页岩和紫色砂页岩。成土过程以母岩的快速物理崩解和频繁侵蚀堆积作用为主。本县紫色土多为酸性紫色土亚类。

水稻土占本县地域面积的11%，分布在海拔270—1950m且具有一定水源的山区、半山区和河谷区。成土母质为地带性红壤、紫色土、老洪冲积物和坡积物。本县水稻土分为淹育型、潴育型、潜育型等亚类。淹育水稻土多依赖自然降水，水耕熟化程度低，具A-P-C剖面构型。潴育水稻土水利条件好，水耕熟化程度高，能灌能排，水旱轮作，具A-P-W-G-C或A-P-W-C剖面构型。潜育水稻土地下水位高，排水不良，土层深厚，具A-P-G或A-G剖面构型。

赤红壤占本县地域面积的11%，分布在海拔800—1200m的沿河两岸。成土母质以各种母岩风化残积物和坡积物为主。成土过程以富铝化作用和生物积累作用为主。

燥红土占本县地域面积的10%，分布在本县北部海拔800m以下的红河河谷。成土母质为碳酸岩类、泥质岩类、粗粒结晶岩类和冲积物。成土过程以有机质积累、生物富集和脱硅富铝化为主。

黄壤占本县地域面积的9%，分布在分水岭以南海拔1600—1900m的山区。成土母质为碳酸岩类、泥质岩类和粗粒结晶岩类。成土过程以脱硅富铝化、生物富集和黄化过程为主。

小于本县地域面积3%的土壤类型有砖红壤。

本区域中心区气候特征

本区域中心区气候特征值
Regional climate characteristics in central area of the region

气候带：南亚热带湿润气候 Climate region: South subtropical humid climate	
年平均气温 /℃ Annual average temperature /℃	18.1
年平均最高气温 /℃ Annual average maximum temperature /℃	24.3
年平均最低气温 /℃ Annual average minimum temperature /℃	13.8
年降水量 /mm Annual precipitation /mm	1102
≥10℃的积温 /℃ Daily temperature accumulated in a year（≥10℃）/℃	6614
年日照时数 /h Annual sunshine /h	2122
年平均相对湿度 /% Annual average relative humidity /%	74
干燥度 Dryness	1.02

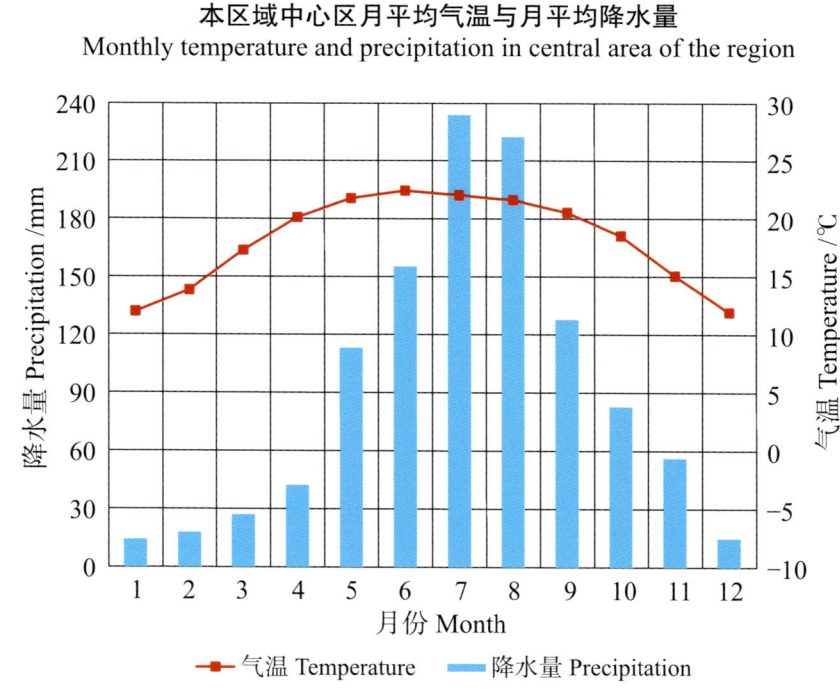

本区域中心区月平均气温与月平均降水量
Monthly temperature and precipitation in central area of the region

红河县主要土壤类型与土壤剖面点分布图

1∶270 000

图 例

黄棕壤 红壤 紫色土 水稻土 赤红壤 燥红土 黄壤 砖红壤

⊗ 剖面点

红河县土壤剖面理化性状表

剖面号 Soil profile	土纲 Soil order	土类 Soil great group	亚类 Soil subgroup	土属 Soil genus	土种 Soil species	土层码 Layer code	土层厚度 Depth/cm	颜色 Soil color	质地 Soil texture	土壤结构 Soil structure	pH	有机质 OM/(g/kg)	全氮 TN/(g/kg)	全磷 TP/(g/kg)	全钾 TK/(g/kg)	碱解氮 AN/(mg/kg)	有效磷 AP/(mg/kg)	土壤母质 Parent material	剖面点坐标 Profile coordinate	匹配指数 Matching index/%
剖1	铁铝土	黄壤	黄壤	泥质岩类黄壤	紫砂泥土	A	0—14	灰黄棕色	中壤土	粒状	5.7	97.5	3.31	0.97	6.3	133		泥质岩类	E 101°56′32.3″ N 23°20′09.2″	96
						B	14—45	黄黄棕色	中壤土	粒状	5.7	55.1	2.92	0.92	5.5	107				
						C	45—100	浅黄棕色	中壤土	粒状	5.5	7.3	0.45	0.88	3.2	23				
剖2	初育土	紫色土	酸性紫色土	紫色岩类酸性紫色土		A	0—18	棕色	轻壤土	粒状	4.1	21.6	1.13	1.51	5.5	177		紫色岩类	E 101°58′26.0″ N 23°15′20.5″	93
						B	18—44	浅棕色	轻壤土	粒状	4.0	16.7	1.02	1.37	4.5	93				
						C	44—96	浅棕红色	轻壤土	粒状	3.8	16.1	0.97	1.05	3.8	68				
剖3	铁铝土	红壤	黄红壤	泥质岩类黄红壤	赤黄泥土	A	0—17	黄棕色	重壤土	块状	5.8	37.7	1.54	1.37	8.1	73			E 101°55′01.9″ N 23°12′37.4″	88
						B	17—35	橙黄色	重壤土	块状	4.7	20.2	1.09	1.35	6.5	66				
						C	35—	红糙色	重壤土	块状	4.1	16.8	0.82	1.15	4.7	40				
剖4	铁铝土	赤红壤	赤红壤	泥质岩类赤红壤		A	0—12	浅灰黄色	中壤土	核粒状	5.0	39.5	2.33	1.19	12.8	136			E 101°53′22.6″ N 23°11′00.2″	87
						B	12—44	浅棕色	中壤土	核粒状	5.1	24.1	1.78	1.08	12.3	88				
						C	44—98	暗黄橙色	中壤土	核粒状	4.9	20.0	0.91	0.80	11.8	80				
剖5	半淋溶土	燥红土	燥红土	碳酸岩类燥红土		A	0—23	灰黄棕色	轻壤土	核状	6.7	31.1	1.40	1.76	6.3	101			E 102°13′13.9″ N 23°25′34.5″	79
						B	23—61	暗黄棕色	中壤土	核状	6.3	20.2	0.79	1.51	4.5	89				
						C	61—100	浅棕红色	中壤土	块状	6.3	12.6	0.78	1.05	3.6	8				
剖6	铁铝土	红壤	红壤	粗粒结晶岩类红壤	粗粒结晶岩类红壤	A	0—25	黑棕色	轻壤土	粒状	4.2	74.5	1.95	1.37	3.3	282		粗粒结晶岩类	E 102°14′39.1″ N 23°21′54.7″	89
						B	25—53	灰黄棕色	轻壤土	粒状	4.1	46.6	1.47	0.92	3.3	44				
						C	53—100	黄黄棕色	轻壤土	块状	3.9	30.2	1.04	0.69	2.5	44				
剖7	铁铝土	红壤	黄红壤	碳酸岩类黄红壤	红土	A	0—11	浅红棕色	轻壤土	核状	5.1	65.8	4.01	1.53	19.0	103		碳酸岩类	E 102°09′56.2″ N 23°21′24.8″	85
						B	11—48	红红色	中壤土	块状	5.0	29.4	2.00	1.37	8.0	69				
						C	48—57	红色	中壤土	块状	4.9	26.9	1.19	0.80	6.3	20				
剖8	人为土	水稻土	淹育水稻土	红壤性淹育水稻土	黄泥田	A	0—24	灰色	中壤土	块状	6.3	29.7	1.30	3.60	21.5	128		冲积淤泥	E 102°11′42.7″ N 23°21′07.6″	94
						P	24—36	灰黄色	中壤土	块状	6.2	25.8	1.34	2.40	15.0	133				
						C	36—76	棕灰色	中壤土	块状	6.2	19.6	0.83	2.60	14.8	73				
剖9	人为土	水稻土	潴育水稻土	冲积性潴育水稻土	砂泥田	A	0—23	浅灰色	轻壤土	块状	6.3	32.3	1.80	1.88	11.3	78		冲积淤泥	E 102°14′45.0″ N 23°20′02.1″	97
						P	23—31	暗灰色	轻壤土	核状	6.2	30.0	1.46	1.63	9.8	60				
						W	31—71	暗灰色	轻壤土	核状	6.5	24.3	1.19	0.80	9.8	53				
剖10	铁铝土	赤红壤	赤红壤	粗粒结晶岩类赤红壤	粗粒结晶岩类赤红壤	A	0—21	浅红棕色	轻壤土	核状	4.4	37.9	1.61	1.51	2.8	85		粗粒结晶岩类	E 102°19′23.9″ N 23°21′22.0″	82
						B	21—54	暗灰棕色	轻壤土	核状	4.2	27.2	1.29	1.28	2.5	60				
						C	54—100	暗赤红色	中壤土	核状	4.0	19.1	1.05	1.05	2.0	32				
剖11	人为土	水稻土	淹育水稻土	红壤性淹育水稻土	山砂田	A	0—20	灰黄色	轻壤土	核状	4.5	15.5	0.91	1.63	6.5	50			E 102°25′49.8″ N 23°20′50.6″	99
						P	20—32	棕灰色	轻壤土	核状	4.7	14.8	0.91	1.15	5.5	31				
						C	32—102	黄黄色	轻壤土	核状	5.9	53.7	2.58	2.17	7.3	119				
剖12	铁铝土	红壤	黄红壤	泥质岩类黄红壤	石渣子土	A	0—10	暗黄棕色	轻壤土	核状	5.7	51.0	2.38	1.88	14.3	87		泥质岩类	E 102°06′30.6″ N 23°18′17.6″	75
						B	10—41	暗棕红色	轻壤土	核状	5.0	38.2	2.19	1.80	12.8	73				
						C	41—100	暗紫红色	轻壤土	核状	4.4	28.9	1.93	1.80	1.8	66				
剖13	人为土	水稻土	潴育水稻土	红壤性潴育水稻土	鸡粪田	A	0—28	灰黄棕色	轻壤土	块状	4.4	41.6	2.25	2.52	5.5	185			E 102°13′53.1″ N 23°16′35.3″	80
						P	28—39	棕灰色	轻壤土	块状	4.2	41.1	2.17	1.76	4.5	168				
						W	39—72	暗灰色	轻壤土	块状	4.1	35.9	2.01	1.28	3.8	17				
剖14	初育土	紫色土	酸性紫色土	紫色岩类酸性紫色土	紫羊肝土	A	0—20	紫灰色	中壤土	块状	5.7	51.9	2.46	1.63	16.5	122		紫色岩类	E 102°03′07.8″ N 23°15′01.3″	79
						B	20—50	紫色	中壤土	块状	5.7	49.6	2.25	1.37	9.7	113				
						C	50—95	紫棕色	中壤土	块状	4.9	12.5	1.27	1.32	8.9	46				

续表 Continued

剖面号 Soil profile	土纲 Soil order	土类 Soil great group	亚类 Soil subgroup	土属 Soil genus	土种 Soil species	土层码 Layer code	土层厚度 Depth/cm	颜色 Soil color	质地 Soil texture	土壤结构 Soil structure	pH	有机质 OM/(g/kg)	全氮 TN/(g/kg)	全磷 TP/(g/kg)	全钾 TK/(g/kg)	碱解氮 AN/(mg/kg)	有效磷 AP/(mg/kg)	土壤母质 Parent material	剖面点坐标 Profile coordinate	匹配指数 Matching index/%
剖15	铁铝土	黄壤	黄壤	碳酸岩类黄壤	碳酸岩类黄壤	A	0—12	浅黄棕色	中壤土	块状	5.8	35.4	1.31	1.65	7.0	106		碳酸岩类	E 102°08′17.3″ N 23°14′03.1″	97
						B	12—29	浅灰棕色	黏土	块状	4.6	26.4	1.07	1.15	6.8	69				
						C	29—89	浅黄棕色	重壤土	粒状	4.5	14.5	0.95	0.45	5.5	60				
剖16	铁铝土	红壤	红壤	粗粒结晶岩类红壤	红红土	A	0—17	浅棕色	轻壤土	核状	5.7	31.1	1.46	0.69	4.5	172		粗粒结晶岩类	E 102°03′40.0″ N 23°11′14.6″	73
						B	17—47	浅棕红色	轻壤土	核状	5.5	6.6	0.41	0.57	3.3	53				
						C	47—98	棕红色	轻壤土	核状	5.0	5.2	0.32	0.49	3.0	40				
剖17	铁铝土	黄壤	黄壤	泥质岩类黄壤	黄泥土	A	0—21	浅黄棕色	中壤土	块状	5.8	22.5	1.45	1.60	18.3	160		泥质岩类	E 102°03′26.6″ N 23°10′07.3″	71
						B	21—44	黄棕色	中壤土	核状	5.8	53.9	2.83	1.45	16.4	91				
						C	44—92	黄橙色	中壤土	核状	5.8	23.2	1.64	1.50	12.5	159				
剖18	铁铝土	黄壤	黄壤	碳酸岩类黄壤	黄泥土	A	0—24	浅灰黄色	中壤土	块状	5.2	29.4	1.19	2.15	10.8	122			E 102°11′27.1″ N 23°10′02.3″	100
						B	24—56	浅黄色	中壤土	核状	4.9	20.0	1.09	1.73	10.5	119				
						C	56—97	浅灰黄色	中壤土	核状	4.8	15.8	1.01	1.60	8.0	101				
剖19	铁铝土	红壤	黄红壤	粗粒结晶岩类黄红壤	粗粒结晶岩类红壤	A	0—23	暗红色	轻壤土	块状	6.0	51.3	3.80	1.12	8.3	109		粗粒结晶岩类	E 102°18′12.3″ N 23°19′58.3″	82
						B	23—49	浅红棕色	轻壤土	核状	5.9	22.8	0.60	0.74	7.1	47				
						C	49—100	棕红色	中壤土	块状	5.7	11.7	0.37	0.43	6.5	33				
剖20	半淋溶土	燥红土	燥红土	碳酸岩类燥红土	碳酸岩类燥红土	A	0—15	暗红棕色	中壤土	块状	5.7	22.9	0.82	0.92	6.5	37		碳酸岩类	E 102°24′21.5″ N 23°19′45.7″	86
						B	15—23	暗红棕色	重壤土	块状	5.5	22.5	0.64	0.92	12.0	33				
						C	23—95	暗黄棕色	中壤土	块状	4.5	15.8	1.01	1.00	8.0	63				
剖21	铁铝土	赤红壤	赤红壤	粗粒结晶岩类赤红壤	赤油砂土	A	0—18	暗黄棕色	轻壤土	核粒状	6.2	23.3	1.39	1.37	13.8	137		粗粒结晶岩类	E 102°24′37.8″ N 23°17′48.8″	77
						B	18—72	浅灰棕色	轻壤土	核粒状	6.1	15.4	1.01	0.91	13.3	70				
						C	72—103	浅灰色	轻壤土	核粒状	6.1	12.9	0.90	0.90	13.0	50				
剖22	铁铝土	赤红壤	赤红壤	碳酸岩类赤红壤	黑土	A	0—19	黑灰色	轻壤土	块状	6.2	45.6	2.05	4.10	7.6	60		碳酸岩类	E 102°29′51.7″ N 23°17′05.3″	90
						B	19—44	暗灰色	中壤土	核状	6.2	40.9	1.81	3.10	5.5	37				
						C	44—92	浅灰黄色	中壤土	块状	6.1	35.9	1.79	2.90	2.3	37				
剖23	人为土	水稻土	淹育水稻土	红壤性淹育水稻土	灰泥田	A	0—22	暗黄灰色	中壤土	块状	5.9	22.5	1.31	0.91	6.8	101			E 102°24′37.8″ N 23°15′52.6″	81
						P	22—33	暗灰色	轻壤土	块状	5.7	18.1	0.91	0.68	6.5	92				
						C	33—93	暗灰色	中壤土	块状	5.5	9.7	0.83	0.60	5.8	69				
剖24	淋溶土	黄棕壤	黄棕壤	粗粒结晶岩类山地黄棕壤	黄灰土	A	0—27	暗黄色	轻壤土	块状	5.4	25.7	1.59	2.38	18.5	150		粗粒结晶岩类	E 102°17′37.1″ N 23°15′42.8″	96
						B	27—56	灰黄色	轻壤土	块状	5.3	24.2	1.26	1.85	10.8	96				
						C	56—100	浅灰黄色	轻壤土	块状	4.6	14.9	1.06	1.60	5.8	80				
剖25	铁铝土	红壤	红壤	粗粒结晶岩类赤红壤	黄红土	A	0—20	灰棕色	中壤土	块状	5.9	21.6	1.15	0.82	6.8	106		碳酸岩类	E 102°28′00.5″ N 23°15′25.6″	77
						B	20—40	黄灰色	中壤土	核状	5.7	13.7	0.86	0.45	5.8	50				
						C	40—99	橙色	中壤土	核状	5.6	6.4	0.45	0.45	4.5	48				
剖26	水稻土	水稻土	淹育水稻土	红壤性淹育水稻土	红泥田	A	0—21	浅棕色	轻壤土	块状	5.7	32.2	1.99	1.60	2.8	160		粗粒结晶岩类	E 102°20′13.2″ N 23°14′10.3″	85
						P	21—34	红棕色	轻壤土	核状	5.5	32.0	1.39	1.47	2.5	136				
						C	34—110	暗黄黄色	中壤土	核状	4.9	31.0	1.09	1.30	1.8	128				
剖27	人为土	水稻土	潜育水稻土	冲积性潜育水稻土	油砂土田	A	0—21	暗棕色	轻壤土	块状	6.1	32.0	1.43	1.19	11.3	74		冲积物	E 102°29′49.9″ N 23°13′30.7″	82
						P	21—30	红棕色	中壤土	块状	5.7	25.0	1.11	1.15	10.0	64				
						W	30—69	暗灰色	中壤土	块状	6.0	18.1	1.01	1.42	8.2	77				
剖28	铁铝土	红壤	红壤	粗粒结晶岩类红壤	红砂土	A	0—18	暗灰色	轻壤土	核状	5.8	32.0	1.67	3.81	15.7	118		粗粒结晶岩类	E 102°27′43.6″ N 23°11′21.8″	87
						B	18—39	暗红色	轻壤土	核状	5.8	32.0	1.48	2.38	11.4	116				
						C	39—100	浅黄棕色	轻壤土	核状	5.7	9.4	0.52	0.67	5.1	36				
剖29	淋溶土	黄棕壤	黄棕壤	粗粒结晶岩类山地黄棕壤	粗粒结晶岩类黄棕壤	A	0—15	暗黄棕色	轻壤土	粒状	6.2	51.7	2.87	1.60	15.6	167		粗粒结晶岩类	E 102°28′48.4″ N 23°10′05.5″	87
						B	15—45	红棕色	中壤土	粒状	6.2	14.6	0.66	1.20	4.3	50				
						C	45—100	红棕色	中壤土	块状	6.0	14.2	0.64	0.90	3.5	46				

续表 Continued

剖面号 Soil profile	土纲 Soil order	土类 Soil great group	亚类 Soil subgroup	土属 Soil genus	土种 Soil species	土层码 Layer code	土层厚度 Depth/cm	颜色 Soil color	质地 Soil texture	土壤结构 Soil structure	pH	有机质 OM/(g/kg)	全氮 TN/(g/kg)	全磷 TP/(g/kg)	全钾 TK/(g/kg)	碱解氮 AN/(mg/kg)	有效磷 AP/(mg/kg)	土壤母质 Parent material	剖面点坐标 Profile coordinate	匹配指数 Matching index/%
剖30	铁铝土	赤红壤	赤红壤	麻赤红土	赤粗砂泥土	A	0—21	红棕色	壤土	小块状	5.3	18.0	0.90	2.08	17.5	78	3.0		E 102°33′34.6″ N 23°17′12.1″	85
						B	21—63	浅红棕色	壤土	块状	5.2	13.2	0.86	1.15	10.0	37	1.0			
						BC	63—90	浅棕红色	黏土	块状	5.2	6.4	0.45	0.92	8.7	25	1.0			
剖31	铁铝土	红壤	黄红壤	粗粒结晶岩类黄红壤	油红土	A	0—27	黑红色	轻壤土	核状	6.3	67.0	2.15	4.30	16.4	87		粗粒结晶岩类	E 102°34′20.2″ N 23°10′43.4″	98
						B	27—48	黑红色	轻壤土	块状	6.1	47.6	1.79	2.40	17.5	60				
						C	48—100	暗红棕色	轻壤土	块状	6.0	7.6	0.88	1.40	5.1	55				
剖32	铁铝土	黄壤	黄壤	粗粒结晶岩类黄壤	粗粒结晶岩类黄壤	A	0—28	暗灰棕色	轻壤土	核状	5.6	62.7	2.82	1.37	17.1	135		粗粒结晶岩类	E 102°31′58.2″ N 23°10′14.7″	80
						B	28—56	暗黄棕色	中壤土	核状	5.5	30.1	0.91	0.60	12.8	46				
						C	56—113	黄色	中壤土	块状	5.0	28.6	0.65	0.58	10.1	35				
剖33	铁铝土	红壤	黄红壤	粗粒结晶岩类黄红壤	黄红土	A	0—25	暗棕色	粉砂质壤土	核状	5.6	44.3	1.85	0.54	7.8	161		粗粒结晶岩类	E 102°00′25.9″ N 23°09′16.2″	93
						B	25—53	棕色	轻壤土	核状	5.5	24.6	1.72	0.45	6.5	112				
						C	53—100	浅棕色	轻壤土	核状	5.3	15.6	0.78	0.38	5.5	63				
剖34	铁铝土	红壤	黄红壤	泥质岩类黄红壤	红土	A	0—27	棕色	轻壤土	核状	6.2	14.8	0.78	1.40	12.5	151		泥质岩类	E 102°21′24.8″ N 23°09′07.2″	95
						B	27—55	暗棕色	轻壤土	核状	6.1	6.1	0.75	1.20	12.3	150				
						C	55—100	红色	中壤土	块状	5.8	5.3	0.73	0.90	6.7	41				

金平苗族瑶族傣族自治县

主要土类说明

赤红壤是金平苗族瑶族傣族自治县主要土壤类型，占本县地域面积的 30%，分布在海拔 800—1200m 的山区。成土母质以各种母岩风化残积物和坡积物为主。成土过程以富铝化作用和生物积累作用为主。赤红壤具 A-Bs-C 剖面构型，土体脱硅富铝化程度仅次于砖红壤，比红壤强，铁的游离度介于二者之间，土壤呈赤红色。黏粒硅铝率为 1.7—2.0，风化淋溶系数为 0.05—0.15，盐基饱和度为 15%—25%。

红壤是金平苗族瑶族傣族自治县第二大土壤类型，占本县地域面积的 20%，主要分布在海拔 1000—2250m 的地区。植被主要为常绿阔叶林。成土母质主要为第四纪红色黏土和石灰岩风化残积物。成土过程以脱硅富铝化和生物富集为主。土体深厚，剖面层次发育完整。本县红壤分为红壤、黄红壤、褐红壤等亚类。

砖红壤是金平苗族瑶族傣族自治县第三大土壤类型，占本县地域面积的 17%。砖红壤脱硅富铝化作用强烈，土体中氧化硅大量迁出，游离铁占全铁的 80%。黏土矿物以高岭石、赤铁矿和三水铝矿为主，黏粒硅铝率小于 1.6，风化淋溶系数小于 0.05，盐基饱和度小于 15%。砖红壤具有深厚的红色风化壳，具 A-Bs-Bv-C 剖面构型。

黄壤占本县地域面积的 15%，分布在气候冷凉、潮湿、云雾多的山区。植被为湿性常绿阔叶林。成土过程以脱硅富铝化、生物富集和黄化过程为主。黏土矿物以蛭石为主，其次为高岭石和伊利石。

黄棕壤占本县地域面积的 14%，主要分布在海拔 2300—2700m 的山区。植被主要为针阔叶混交林。成土母质多为砂页岩及花岗岩风化物。成土过程受淋溶、黏化及弱富铝化作用的影响。受海拔和生物气候影响，土壤腐殖化作用、淋溶作用和水化作用同时存在，土壤呈微酸性或酸性，表土有机质较为丰富。由于土壤中有大量的水合氧化铁，土壤颜色偏黄。土层弱度富铝化，黏聚现象明显，呈黄棕色。

水稻土占本县地域面积的 4%。成土母质为地带性红壤、赤红壤、砖红壤和黄壤。本县水稻土分为淹育型、渗育型等亚类。淹育水稻土分布在丘陵岗地坡麓及沟谷上部，不受地下水影响，灌溉条件较差，具 Aa-Ap-C 剖面构型，养分含量较低，速效磷缺乏。渗育水稻土分布在丘陵缓坡地，受地面季节性灌水影响，具 Aa-Ap-P-C 剖面构型，为棱块状结构，有铁锰物质淀积，渗育层厚度在 20cm 以上，渗育层中铁的晶胶率较剖面中其他层次明显提高。

小于本县地域面积 3% 的土壤类型有棕壤。

本区域中心区气候特征

本区域中心区气候特征值
Regional climate characteristics in central area of the region

气候带：南亚热带湿润气候 Climate region: South subtropical humid climate	
年平均气温 /℃ Annual average temperature /℃	19.3
年平均最高气温 /℃ Annual average maximum temperature /℃	25.3
年平均最低气温 /℃ Annual average minimum temperature /℃	15.2
年降水量 /mm Annual precipitation /mm	1034
≥10℃的积温 /℃ Daily temperature accumulated in a year (≥10℃) /℃	7001
年日照时数 /h Annual sunshine /h	2095
年平均相对湿度 /% Annual average relative humidity /%	74
干燥度 Dryness	1.15

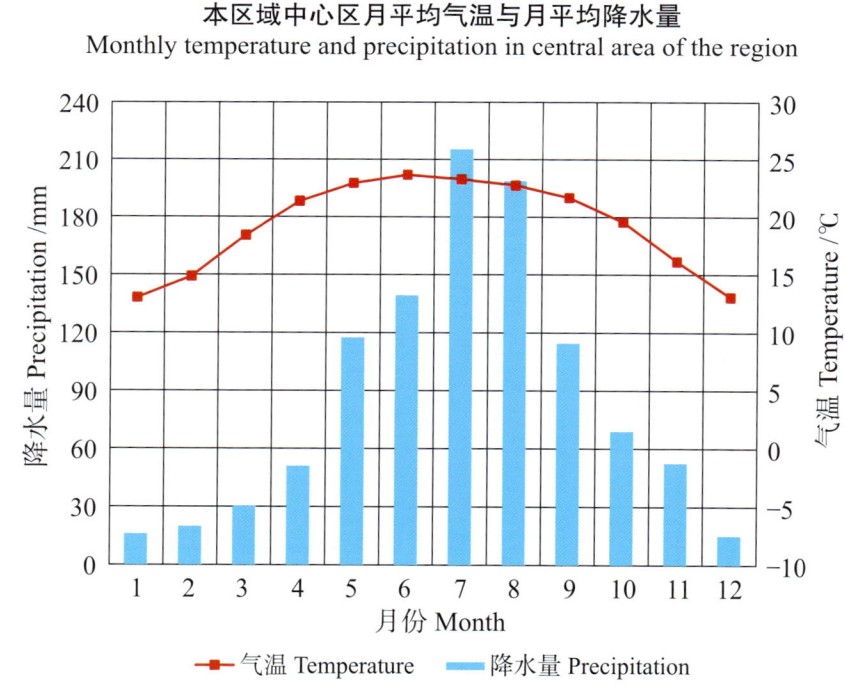

本区域中心区月平均气温与月平均降水量
Monthly temperature and precipitation in central area of the region

金平苗族瑶族傣族自治县主要土壤类型与土壤剖面点分布图

1∶380 000

图 例

赤红壤　红壤　砖红壤　黄壤　黄棕壤　水稻土　棕壤　⊗ 剖面点

第三编　云南省分县土壤图与土壤剖面数据

金平苗族瑶族傣族自治县土壤剖面理化性状表

剖面号 Soil profile	土纲 Soil order	土类 Soil great group	亚类 Soil subgroup	土属 Soil genus	土种 Soil species	土层码 Layer code	土层厚度 Depth/cm	颜色 Soil color	质地 Soil texture	土壤结构 Soil structure	pH	有机质 OM/(g/kg)	全氮 TN/(g/kg)	全磷 TP/(g/kg)	全钾 TK/(g/kg)	碱解氮 AN/(mg/kg)	有效磷 AP/(mg/kg)	阳离子交换量 CEC/(cmol/kg)	土壤母质 Parent material	剖面点坐标 Profile coordinate	匹配指数 Matching index/%
剖1	铁铝土	砖红壤	黄色砖红壤	砖黄泥	砖黄泥胶园土	A	0—34	浅棕黄色	黏土	小块状	4.4	35.9	2.05	0.55	22.9	222	0.5	14.4		E 103°16′06.2″ N 23°02′56.8″	93
						B	34—62	浅棕黄色	黏土	块状	4.5	12.6	0.85	0.51	25.6	133	0.6	9.0			
						BC	62—97	灰黄色	少砾质黏土	块状	4.9	8.6			26.9						
						C	97—125	浅黄色	壤质黏土	糊状	4.5	4.5			29.2	173		10.9			
剖2	人为土	水稻土	淹育水稻土	冲积性淹育水稻土	胶泥田	A	0—21	暗黄棕色	重壤土	糊状	6.7	30.1	1.61	1.34	5.2	139			冲积物	E 102°41′01.0″ N 22°50′02.4″	83
						P	21—43	暗黄棕色	轻黏土	糊状	6.4	20.4	1.19	1.31	5.4						
						C_1	43—59	黄棕色	中黏土	核状											
						C_2	59—73	黑黄色	中黏土	块状											
						C_3	73—110	浅黄棕色	中黏土	块状											
剖3	铁铝土	黄壤	黄壤	细粒结晶岩类黄壤	细粒结晶岩类黄壤	A	0—20	灰棕黄色	中壤土	梭块状	5.9	55.3	2.79	1.60	1.1	333			细粒结晶岩类	E 102°51′32.4″ N 22°59′38.0″	84
						B	20—75	浅黄色	中壤土	梭块状	5.8	27.1	1.69	0.92	1.0	186					
						C	75—100	黄黄棕色	中壤土	核状											
剖4	淋溶土	黄棕壤	黄棕壤	碳酸岩类黄棕壤	黄灰土	A	0—15	灰黄棕色	轻壤土	柱状	6.7	84.7	4.08	2.25	2.0	343			碳酸岩类	E 102°51′16.6″ N 22°54′49.8″	74
						B_1	15—25	黄棕色	中壤土	柱状	6.8	39.4	2.70	1.80	1.6	272					
						B_2	25—100	黄黄棕色	中壤土	梭状											
剖5	铁铝土	赤红壤	黄色赤红壤	碳酸岩类黄色赤红壤	大泥土	A	0—16	浅棕色	中壤土	粒状	6.0	51.1	1.97	2.52	1.1	242					77
						B_1	16—27	暗黄棕色	中壤土	柱状	5.9	45.5	1.63	2.26	0.8	200					
						3	27—100	红棕色	重壤土	柱状											
剖6	人为土	水稻土	淹育水稻土	红壤性淹育水稻土	黄红泥田	A	0—18	灰黄色	中壤土	梭状	6.0	24.9	1.42	0.74	2.1	161			碳酸岩类	E 102°56′48.1″ N 22°50′14.6″	72
						P	18—30	灰黄色	中壤土	梭柱状	6.1	23.6	1.36	0.74	2.9	155					
						C_1	30—85	暗黄棕色	中壤土	块状											
						C_2	85—100	黄黄棕色	中壤土	块状											
剖7	人为土	水稻土	潴育水稻土	红壤性潴育水稻土	黄红泥田	A	0—15	暗黄棕色	中壤土	粒状	7.2	44.4	2.32	1.81	1.1	203				E 103°14′17.2″ N 22°58′54.8″	100
						P	15—26	暗黄棕色	中壤土	梭柱状	7.0	43.0	2.18	1.91	1.1	178					
						W	26—55	暗黄棕色	重壤土	块状											
						C	55—100	暗黄橙色	重壤土	块状											
剖8	铁铝土	砖红壤	黄色砖红壤	碳酸岩类黄色砖红壤	碳酸岩类黄色砖红壤	A	0—21	灰黄棕色	轻壤土	梭块状	6.8	42.0	3.19	2.46	40.0	210			碳酸岩类	E 103°17′22.2″ N 22°59′28.9″	84
						B	21—72	浅黄棕色	中壤土	块状	6.8	15.5	1.86	1.88	40.8	135					
						C	72—105	暗黄棕色	中壤土	块状	6.9	5.6	1.16	1.57	46.1	52					
剖9	赤红壤	赤红壤	黄色赤红壤	粗粒结晶岩类黄色赤红壤	粗粒结晶岩类黄色赤红壤	A	0—19	暗黄棕色	轻壤土	粒状	5.8	43.4	2.20	0.84	7.2	235			粗粒结晶岩类	E 103°16′59.9″ N 22°57′31.7″	77
						B	19—51	黄棕色	轻壤土	核状	5.7	36.2	1.55	0.69	6.2	194					
						C	51—100	暗黄棕色	轻壤土	梭块状											
剖10	人为土	砖红壤	黄色砖红壤	粗粒结晶岩类黄色砖红壤	粗粒结晶岩类黄色砖红壤	Ao	0—9	暗黄棕色	砂壤土	粒状	6.2	46.8	2.19	1.89	13.0	221				E 103°28′14.2″ N 22°55′09.1″	81
						B_1	9—20	灰黄棕色	中壤土	粒状	5.9	25.6	1.32	1.82	12.7	131					
						B_2	20—92	黄黄棕色	中壤土	块状	5.9	16.1	0.95	1.88	12.5	121					
剖11	铁铝土	红壤	黄壤	粗粒结晶岩类黄壤	粗粒结晶岩类黄壤	Ao	0—5	灰黄棕色	砂壤土	片状									粗粒结晶岩类	E 103°20′27.6″ N 22°51′54.0″	75
						A_1	5—50	黄棕色	中壤土	核粒状	5.5	126.6	5.31	1.73	5.3	565					
						BC	50—89	浅棕色	砂壤土	块状	5.1	42.0	2.28	1.23	5.6	258					
						C	89—120	浅棕色	砂壤土	片状											
剖12	铁铝土	赤红壤	黄色赤红壤	细粒结晶岩类黄色赤红壤	细粒结晶岩类黄色赤红壤	A	0—20	黄棕色	中壤土	核粒状	6.5	41.6	2.03	2.01	12.8	227				E 103°28′55.6″ N 22°50′29.8″	94
						B	20—72	浅棕色	中壤土	块状	6.3	17.7	1.00	1.95	14.0	136					
						BC	72—120	黄棕色	轻壤土	核粒状	6.1	10.4	0.54	1.96	14.7	101					

续表 Continued

剖面号 Soil profile	土纲 Soil order	土类 Soil great group	亚类 Soil subgroup	土属 Soil genus	土种 Soil species	土层码 Layer code	土层厚度 Depth/cm	颜色 Soil color	质地 Soil texture	土壤结构 Soil structure	pH	有机质 OM/(g/kg)	全氮 TN/(g/kg)	全磷 TP/(g/kg)	全钾 TK/(g/kg)	碱解氮 AN/(mg/kg)	有效磷 AP/(mg/kg)	阳离子交换量CEC/(cmol/kg)	土壤母质 Parent material	剖面点坐标 Profile coordinate	匹配指数 Matching index/%
剖13	淋溶土	黄棕壤	黄棕壤	粗粒结晶岩类黄棕壤	粗粒结晶岩类黄棕壤	Ao	0—3	暗灰棕色	轻壤土	棱状	4.8	166.8	7.11	1.64	1.5	503			粗粒结晶岩类	E 103°19′21.0″ N 22°50′06.4″	94
						A	3—26	灰黄棕色	轻壤土	棱状	5.5	44.5	2.33	1.08	1.0	271					
						B_1	26—74	浅黄棕色	砂壤土	块块状											
						C	74—104	浅灰黄色	砂壤土	块块状											
剖14	铁铝土	砖红壤	褐色砖红壤	棕褐色砖红壤	棕下砖红土	A	0—10	暗黄棕色	壤质黏土	块块状	6.5	16.8	1.28	1.38	20.5	105	7.0			E 103°32′43.1″ N 22°51′59.1″	91
						B	10—33	浅黄棕色	黏土	块块状	6.8	11.4	1.11	1.17	25.7	62	3.0				
						C	33—80	浅黄棕色		小棱柱状	7.0										
剖15	铁铝土	赤红壤	黄色赤红壤	泥质岩类黄色赤红壤	大土	A	0—16	暗黄棕色	轻壤土	粒状	4.9	47.5	2.94	1.50	22.4	248			泥质岩类	E 102°39′05.8″ N 22°46′48.0″	90
						B	16—57	浅黄棕色	中壤土	粒状	4.9	24.7	1.38	1.13	19.6	175					
						B_2	57—100	浅黄橙色	轻壤土	粒状											
剖16	铁铝土	黄壤	黄壤	细粒结晶岩类黄壤	大土	A	0—15	黄黄色	轻壤土	小棱块状	5.0	30.8	2.05	1.73	21.0	239				E 102°34′18.1″ N 22°43′56.7″	84
						B_1	15—60	浅灰黄色	中壤土	棱块状	5.3	11.9	1.06	0.83	20.5	146					
						C	71—100	浅黄黄色	轻壤土	粒状											
剖17	铁铝土	红壤	黄红壤	粗粒结晶岩类黄红壤	砂黄泥	A	0—18	灰黄色	轻壤土	粒状	5.5	47.3	2.53	1.29	5.3	298				E 102°41′15.7″ N 22°43′52.0″	76
						B	18—48	黄黄棕色	中壤土	棱块状	5.6	32.7	1.80	1.13	5.5	238					
						C	48—100	黄黄橙色	砂壤土	块状											
剖18	铁铝土	砖红壤	黄色砖红壤	粗粒结晶岩类黄红大土	黄砖红大土	A	0—15	暗棕色	壤土	核状	5.2	57.2	1.83	3.97	24.9	174	5.4			E 102°49′49.8″ N 22°45′00.7″	94
						B	15—61	红棕色	黏壤土	块状	4.9	15.2	0.54	2.53	16.0	61	0.2				
						C	61—100	黄黄棕色	壤黏土	块状	4.5	7.3	0.24	2.31	16.0	26	0.2				
剖19	铁铝土	黄壤	黄壤	粗粒结晶岩类黄壤	黄砂土	A	0—17	灰黄色	砂壤土	团粒状	5.5	47.0	2.62	1.81	8.4	346			粗粒结晶岩类	E 102°48′24.8″ N 22°41′00.6″	99
						B	17—38	浅灰黄棕色	砂壤土	粒状	5.8	10.0	0.58	1.16	7.8	105					
						C	38—100	浅灰黄色	砂壤土	块状											
剖20	淋溶土	黄棕壤	黄棕壤	粗粒结晶岩类黄棕壤	灰泡土	A	0—19	黑棕色	轻壤土	粒状	5.6	186.5	6.84	2.07	4.8	399				E 102°46′25.0″ N 22°40′13.4″	83
						B	19—50	黄黄棕色	中壤土	块状	6.3	38.3	2.00	1.31	4.2	275					
						C	50—100	浅黄棕色	砂壤土	粒状											
剖21	铁铝土	砖红壤	黄壤	碳酸岩类黄棕壤	石卡拉土	A	0—18	暗黄棕色	中壤土	棱块状	6.8	39.9	2.45	2.19	3.1	215			碳酸岩类	E 103°02′48.8″ N 22°47′10.3″	100
						B_1	18—70	黄黄棕色	中壤土	块状	7.2	33.5	2.32	2.18	2.8	208					
						B_2	70—120	黄黄棕色	中壤土	块状											
剖22	铁铝土	红壤	黄红壤	碳酸岩类黄红壤	油红土	A	0—15	暗红棕色	中壤土	棱块状	6.1	37.2	2.21	4.06	7.5	253				E 103°04′47.6″ N 22°47′10.3″	75
						B	15—46	红棕色	中壤土	棱块状	6.2	27.2	1.83	3.69	3.2	224					
						C	46—100	暗棕红色	中壤土	棱片状											
剖23	淋溶土	黄棕壤	黄棕壤	碳酸岩类黄棕壤	大黄泥田	A	0—22	灰灰黄色	轻壤土	团块状	6.1	46.5	3.06	1.41	8.5	245			碳酸岩类	E 103°01′14.4″ N 22°47′07.4″	70
						B_1	22—40	黄灰黄棕色	中壤土	团块状	6.3	35.1	2.57	1.15	7.2	223					
						B_2	40—82	浅灰黄色	中壤土	棱块状	6.3	19.4	1.59	1.57	7.3	76					
						P	0—22	灰灰黄色	轻壤土	棱块状	6.3	26.3	1.56	2.84	11.6	180					
剖24	人为土	水稻土	潴育水稻土	冲积性潴育水稻土		W	22—40	灰白色	中壤土	团块状	6.5	23.0	1.36	3.11	10.3	163				E 103°08′15.7″ N 22°46′50.5″	91
						C_1	40—67	浅黄黄色	粉砂质壤土	核状											
剖25	铁铝土	赤红壤	黄色赤红壤	泥质岩类黄色赤红壤	马血土	A	0—23	红棕色	中壤土	团块状	6.3	34.2	1.43	0.86	11.4	170				E 103°06′25.6″ N 22°46′04.1″	92
						B	23—108	红棕色	重壤土	片状	5.8	14.6	0.81	0.69	13.4	107					
剖26	铁铝土	黄壤	黄壤	碳酸岩类黄壤	碳酸岩类黄壤	A_1	0—18	浅橙色	中壤土	棱块状	5.7	41.7	2.28	1.83	1.1	261			碳酸岩类	E 103°14′29.8″ N 22°44′32.3″	94
						B_1	18—63	黄黄橙色	中壤土	棱块状	6.0	15.7	1.16	1.47	0.1	159					
						B_2	63—100	暗黄橙色	中壤土	核块状											

续表 Continued

剖面号 Soil profile	土纲 Soil order	土类 Soil great group	亚类 Soil subgroup	土属 Soil genus	土种 Soil species	土层码 Layer code	土层厚度 Depth/cm	颜色 Soil color	质地 Soil texture	土壤结构 Soil structure	pH	有机质 OM/(g/kg)	全氮 TN/(g/kg)	全磷 TP/(g/kg)	全钾 TK/(g/kg)	碱解氮 AN/(mg/kg)	有效磷 AP/(mg/kg)	阳离子交换量 CEC/(cmol/kg)	土壤母质 Parent material	剖面点坐标 Profile coordinate	匹配指数 Matching index/%
剖27	铁铝土	赤红壤	黄色赤红壤	碳酸岩类黄色赤红壤	碳酸岩类黄色赤红壤	Ao	0~2	黄棕色	中壤土	梭柱状	6.4	42.2	3.18	7.55	12.7	297			碳酸岩类	E 103°06′05.0″ N 22°42′01.1″	90
						A	2~42	暗黄棕色	重壤土	柱状	6.8	11.7	1.60	7.15	17.1	88					
						B	42~100														
剖28	铁铝土	赤红壤	黄色赤红壤	粗粒结晶岩类黄色赤红壤	泥砂土	A	0~20	暗黄色	轻壤土	核粒状	5.6	47.2	2.20	1.19	4.2	240				E 103°12′20.9″ N 22°41′16.4″	74
						B	20~46	浅黄黄色	轻壤土	块状	5.5	22.5	1.07	0.75	3.2	144					
						C	46~100	灰黄棕色	轻壤土	块状											
剖29	铁铝土	黄壤	黄壤	粗粒结晶岩类黄壤	粗粒结晶岩类黄壤	Ao	0~7												粗粒结晶岩类	E 103°21′45.4″ N 22°49′44.8″	86
						A	7~24	暗黄棕色	砂壤土	核粒状	5.6	157.1	6.38	1.24	3.6	636					
						B₁	24~60	浅黄棕色	轻壤土	块状	5.7	34.2	1.95	0.59	1.0	286					
						B₂	60~100			片状											
剖30	铁铝土	红壤	黄红壤	粗粒结晶岩类黄红壤	鸡粪土	A	0~30	暗黄棕色	中壤土	核粒状	6.3	32.9	1.87	3.93	5.3	164				E 103°15′10.1″ N 22°46′53.4″	76
						B	30~60	浅黄棕色	重壤土	梭状	6.5	26.9	1.53	3.21	4.0	127					
						BC	60~100	暗黄棕色	重壤土												
剖31	淋溶土	棕壤	棕壤	粗粒结晶岩类黄棕壤	轻度片蚀粗粒结晶岩类棕壤	Ao	0~11	黑色	轻壤土	梭块状	4.3	285.8	13.44	1.52	1.0	361				E 103°27′27.5″ N 22°44′55.8″	86
						A₁	11~37	黑色	砂土	粒状	4.2	174.1	5.40	0.74	1.6	190					
						B₁	37~46	暗黄棕色	砂壤土	粒状	4.7	64.0	1.54	0.46	1.0	93					
						B₂	46~67	暗棕色	砂壤土	梭状											
						BC	67~110	浅黄棕色	轻壤土	块状											
剖32	铁铝土	红壤	黄红壤	泥质岩类黄红壤	小黄泥	A	0~20	暗黄棕色	中壤土	团块状	5.6	60.2	2.76	2.55	10.4	293			泥质岩类	E 103°16′11.0″ N 22°44′07.6″	94
						B	20~84	黄黄棕色	重质壤土	团块状	5.4	28.5	1.73	2.51	10.6	189					
						C	84~105	浅黄棕色		块状											
剖33	铁铝土	赤红壤	黄色赤红壤	泥质岩类黄色赤红壤	石砂泥	A	0~20	灰黄棕色	轻壤土	粒状	5.6	38.6	1.73	1.75	14.9	203			泥质岩类	E 102°58′01.6″ N 22°39′50.4″	70
						B₁	20~30	黄黄棕色	中壤土	粒状	5.2	37.7	1.69	1.73	15.1	180					
						B₂	30~70			块状											
						BC	70~120														
剖34	淋溶土	黄棕壤	黄棕壤	细粒结晶岩类黄棕壤	细粒结晶岩类黄棕壤	A₁	0~15	黑棕色	轻壤土	粒状	5.3	153.5	7.66	3.82	6.5	633			泥质岩类	E 102°56′51.9″ N 22°36′29.2″	77
						B	15~56	暗黄棕色	轻壤土	核块状	5.7	55.4	3.25	2.98	6.4	367					
						C	56~100	暗黄棕色	砂壤土	块状											
剖35	铁铝土	黄壤	黄壤	泥质岩类黄壤		A₁	0~10	暗黄棕色	轻壤土	团粒状	5.1	56.3	2.83	1.12	5.1	348			泥质岩类	E 102°54′03.4″ N 22°35′15.1″	99
						B	10~33	浅黄黄色	中砾质土	单粒状	5.4	23.3	1.14	1.09	4.9	178					
						C	33~100	浅黄黄色	中砾质土	单粒状											
剖36	人为土	水稻土	潜育水稻土	冲积性潜育水稻田	青砂田	A	0~18	灰黄色	砂壤土	梭块状	5.4	43.9	2.02	0.99	12.7	230			冲积物	E 102°58′17.9″ N 22°33′37.9″	72
						C₁	18~26	暗黄黄色	砂壤土	粒状	5.7	39.3	1.87	0.94	11.8	201					
						C₂	26~100	白色	砂土	块状											
剖37	铁铝土	黄壤	黄壤	泥质岩类黄壤	砂泥土	A	0~10	暗黄棕色	中壤土	粒状	5.6	108.6	5.80	4.31	13.8	511			泥质岩类	E 102°55′53.2″ N 22°30′39.2″	96
						AB	10~24	暗黄棕色	轻砾质土	粒状	5.5	84.0	4.72	4.07	14.7	475					
						C	24~45	轻砾质土	粒状												
							45~100														
剖38	铁铝土	砖红壤	黄色砖红壤	泥质岩类黄色赤红壤	黑黄泥	A	0~19	暗灰棕色	中壤土	粒状	4.6	60.1	2.46	1.14	16.3	207			泥质岩类	E 103°07′49.8″ N 22°39′39.6″	79
						B	19~100	浅黄橙色	中壤土	粒状	4.8	14.6	0.95	0.75	19.9	94					
剖39	人为土	水稻土	淹育水稻土	黄壤性淹育水稻土	黄泥田	B	0~18	浅黄色	粉砂质壤土	核块状	5.8	16.7	0.89	0.67	7.2	158				E 103°04′21.7″ N 22°39′31.3″	87
						C₁	18~30	浅黄色	轻壤土	核块状	6.0	14.5	0.72	0.78	5.2	129					
						C₁	30~75	浅黄橙色	轻壤土	粒状											
						C₂	75~100	浅黄橙色		粒状											

续表 Continued

剖面号 Soil profile	土纲 Soil order	土类 Soil great group	亚类 Soil subgroup	土属 Soil genus	土种 Soil species	土层码 Layer code	土层厚度 Depth/cm	颜色 Soil color	质地 Soil texture	土壤结构 Soil structure	pH	有机质 OM/(g/kg)	全氮 TN/(g/kg)	全磷 TP/(g/kg)	全钾 TK/(g/kg)	碱解氮 AN/(mg/kg)	有效磷 AP/(mg/kg)	阳离子交换量CEC/(cmol/kg)	土壤母质 Parent material	剖面点坐标 Profile coordinate	匹配指数 Matching index/%
剖40	铁铝土	砖红壤	黄色砖红壤	黄砖红大土	砖黄土	A	0—17	暗棕色	黏壤土	核粒状	5.0	23.2	1.12	3.89	17.5	140	7.0			E 103°08′29.0″ N 22°38′13.0″	100
						B	17—67	暗红棕色	壤质黏土	小块状	5.5	7.3	1.03	2.13	9.5	66	2.0				
						C	67—100	浅黄棕色	黏土	块状	5.6	5.0									
剖41	铁铝土	砖红壤	黄色砖红壤	泥质岩类黄色砖红壤		A	0—13	浅黄棕色	中壤土	团块状	5.2	29.4	1.92	0.97	17.5	213			泥质岩类	E 103°08′20.8″ N 22°36′57.6″	93
						B	13—40	浅黄色	中壤土	棱块状	5.1	25.9	1.86	0.95	15.4	205					
						C	40—98	浅黄棕色	重壤土	团块状											
剖42	铁铝土	红壤	黄红壤	碳酸岩类黄红壤	碳酸岩类黄红壤	A₀	0—2	黑色											碳酸岩类	E 103°05′57.8″ N 22°31′59.5″	92
						A₁	2—40	暗灰色	中壤土	单粒状	5.6	54.0	2.80	1.76	4.8	244					
						B₁	40—86	暗灰色	重壤土	核状	5.7	16.5	0.99	0.92	4.4	144					
						B₂	86—104	浅棕黄色	重壤土	块状											
剖43	铁铝土	红壤	黄红壤	泥质岩类黄红壤		A₁	0—17	暗黄棕色	轻壤土	粒状	5.1	115.6	3.40	1.41	13.8	353			泥质岩类	E 103°01′20.3″ N 22°29′52.9″	88
						B	17—35	灰黄棕色	轻壤土	块状	5.3	54.2	2.27	1.16	15.4	264					
						C	35—100	浅黄棕色	中砾质土	核粒状											

绿 春 县

主要土类说明

红壤是绿春县主要土壤类型，占本县地域面积的 35%，分布在海拔 1100—1600m 的中山河谷地带。成土母质主要为第四纪红色黏土和石灰岩风化残积物。成土过程以脱硅富铝化和生物富集为主。黏土矿物以高岭石、赤铁矿为主，土壤黏粒中游离铁占全铁的 50%—60%，黏粒硅铝率为 1.8—2.4，风化淋溶系数小于 0.2，盐基饱和度小于 35%，pH 为 4.5—5.5。淀积层可见深厚的红、黄、白相间的网纹状红色黏土。本县红壤多为黄红壤亚类，土体上部有黄化现象，以黄橙色或橙色为主，下部仍以高岭石为主，伴有蛭石和三水铝石。

赤红壤是绿春县第二大土壤类型，占本县地域面积的 21%，分布在海拔 800—1100m 的河谷低山区。成土母质以各种母岩风化残积物和坡积物为主。成土过程以富铝化作用和生物积累作用为主。本县赤红壤多为黄色赤红壤亚类，土体中氧化铁等矿物的水合度较高，有较明显的黄化层，具 A–Bs–C 剖面构型，土壤有机质和游离铁的活化度均高于典型的赤红壤，pH 一般低于 5.5，有明显的脱硅富铝化作用。次生黏土矿物中伊利石比基岩少 13%—19%，高岭石和绿泥石比基岩多 15%—20%。黏粒硅铝率为 1.7—2.0，风化淋溶系数为 0.05—0.15，盐基饱和度为 15%—25%。

黄壤是绿春县第三大土壤类型，占本县地域面积的 18%，分布在海拔 1500—1900m 的中高山区。成土过程以脱硅富铝化、生物富集和黄化过程为主。黏土矿物以蛭石为主，其次为高岭石和伊利石。

砖红壤占本县地域面积的 11%，主要分布在河流两岸。成土母质多为花岗岩、千枚岩、片麻岩、砂页岩及老冲积红土层。成土过程为脱硅富铝化过程和以生物为主导的养分吸收富集过程。本县砖红壤多为黄色砖红壤亚类。

黄棕壤占本县地域面积的 9%。植被以常绿阔叶林、苔藓和滑竹为主。成土母质多为砂页岩及花岗岩风化物。成土过程受淋溶、黏化及弱富铝化作用的影响。

紫色土占本县地域面积的 4%。成土母质为紫色砂页岩。成土过程以母岩的快速物理崩解、频繁侵蚀堆积及碳酸钙的不断淋失为主，生物积累作用较弱。黏土矿物一般以蛭石和水云母为主。本县紫色土多为酸性紫色土亚类。

小于本县地域面积 3% 的土壤类型有水稻土。

本区域中心区气候特征

本区域中心区气候特征值
Regional climate characteristics in central area of the region

气候带：南亚热带湿润气候 Climate region: South subtropical humid climate	
年平均气温 /℃ Annual average temperature /℃	18.4
年平均最高气温 /℃ Annual average maximum temperature /℃	24.7
年平均最低气温 /℃ Annual average minimum temperature /℃	14.2
年降水量 /mm Annual precipitation /mm	1153
≥10℃的积温 /℃ Daily temperature accumulated in a year（≥10℃）/℃	6747
年日照时数 /h Annual sunshine /h	2105
年平均相对湿度 /% Annual average relative humidity /%	75
干燥度 Dryness	1.00

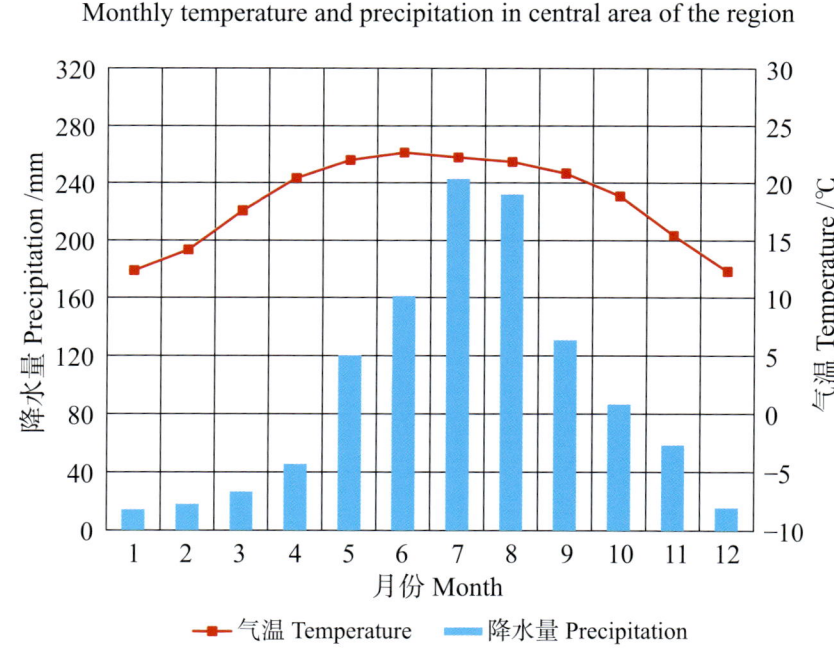

本区域中心区月平均气温与月平均降水量
Monthly temperature and precipitation in central area of the region

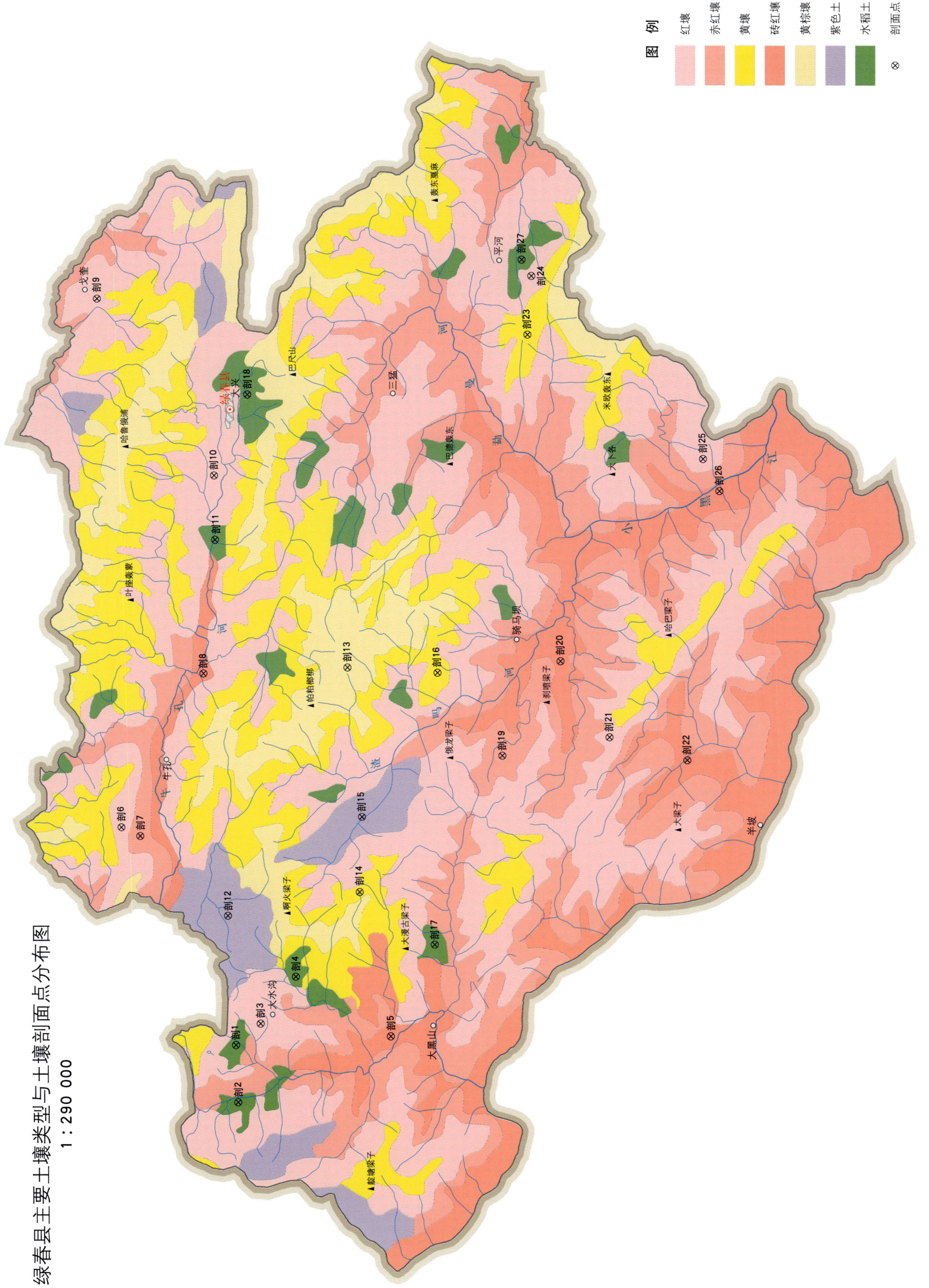

绿春县土壤剖面理化性状表

剖面号 Soil profile	土纲 Soil order	土类 Soil great group	亚类 Soil subgroup	土属 Soil genus	土种 Soil species	土层码 Layer code	土层厚度 Depth/cm	颜色 Soil color	质地 Soil texture	土壤结构 Soil structure	pH	有机质 OM/(g/kg)	全氮 TN/(g/kg)	全磷 TP/(g/kg)	全钾 TK/(g/kg)	碱解氮 AN/(mg/kg)	有效磷 AP/(mg/kg)	土壤母质 Parent material	剖面点坐标 Profile coordinate	匹配指数 Matching index/%
剖1	人为土	水稻土	潴育水稻土	红壤性潴育水稻土	黄胶泥田	A	0—22	暗黄棕色	重壤土	粒状	5.2	29.2	1.99	1.36	22.0	152			E 101°57′03.6″ N 22°59′08.9″	81
						P	22—66	浅棕黄色	重壤土	块状	5.6	27.5	1.55	1.14	21.2	135				
						W	66—90	浅黄棕色	中壤土	块状	5.9	10.8	0.83	0.97	20.3	53				
剖2	人为土	水稻土	淹育水稻土	紫色土性淹育水稻土	紫泥田	A	0—25	紫色	中壤土	粒状	5.3	24.4	1.55	1.40	21.1	116			E 101°54′41.8″ N 22°59′01.3″	83
						P	25—45	紫棕色	粉砂壤土	块状	5.3	22.1	1.23	1.32	20.6	99				
						C	45—100	紫棕色	粉砂壤土	粒状	5.4	15.7	0.78	1.20	19.9	73				
剖3	铁铝土	红壤	黄红壤	粗粒结晶岩类黄红壤		A	0—15	灰白色	粉砂壤土	碎屑状	5.4	17.1	0.85	1.04	11.3	64		粗粒结晶岩类	E 101°57′58.3″ N 22°58′12.0″	91
						B	15—27	暗灰棕色	粉砂壤土	核状	5.8	26.5	1.39	1.19	9.5	95				
						C	27—100	浅灰黄色	粉砂壤土	核状	5.1	14.2	0.82	1.19	10.3	77				
剖4	人为土	水稻土	潴育水稻土	红壤性潴育水稻土	鸡粪黄土	A	0—30	灰黄棕色	中壤土	粒状	7.3	31.6	1.77	1.54	7.1	172			E 101°59′57.8″ N 22°56′51.0″	87
						P	30—43	灰黄棕色	中壤土	核状	6.4	37.6	2.16	1.37	7.4	176				
						W	43—100	粉砂质壤土		粒状	5.6	27.7	1.69	1.08	7.8	188				
剖5	铁铝土	砖红壤	黄色砖红壤	泥质岩类砖红壤	黄红土	A	0—11	棕红色	粉砂壤土	粒状	4.6	29.3	1.81	1.34	18.9	225			E 101°57′33.9″ N 22°53′05.5″	83
						B	11—23	棕红色		粒状	4.8	23.6	1.25	1.16	14.7	129				
						C	23—100	棕色		粒状	5.0	27.0	1.16	0.98	14.4	101				
剖6	铁铝土	红壤	黄红壤	砾黄红壤	黄红粗砂土	A	0—15	灰黄色	壤土	粒状	5.3	37.1	2.67	0.51	6.0	91	1.1		E 102°06′05.8″ N 23°03′46.4″	85
						B₁	15—27	浅黄棕色	壤土	小块状	4.9	19.1	1.69	0.19	6.4	80	微量			
						B₂	27—100	灰黄棕色	壤土	小块状	5.1	8.4	0.89	0.12	5.0	76	微量			
剖7	铁铝土	赤红壤	黄色赤红壤	泥质岩类赤红壤	灰泥土	A	0—15	暗黄棕色	粉砂壤土	核状	4.3	63.6	3.01	0.66	7.9	161			E 102°05′44.5″ N 23°03′01.8″	77
						B	15—35	浅红棕色	中壤土	核状	4.6	36.1	1.93	0.62	8.5	135				
						C	35—100	浅红棕色	中壤土	粒状	4.7	23.9	1.40	0.57	8.3	102				
剖8	铁铝土	砖红壤	黄色砖红壤	泥质岩类砖红壤	红泥夹砂土	A	0—15	灰灰棕色	粉砂壤土	核状	5.1	40.9	2.62	0.48	2.5	212		泥质岩类	E 102°12′38.8″ N 23°00′40.3″	85
						B	15—60	暗红棕色	中壤土	核状	5.0	37.2	2.03	0.61	5.9	158				
						C	60—100	灰棕红色	轻壤土	核状	5.1	20.9	1.21	0.49	6.4	139				
剖9	铁铝土	红壤	黄红壤	粗粒结晶岩类黄红壤	黄砂土	A	0—20	浅棕色	砂壤土	碎屑状	4.1	49.4	2.67	0.88	6.9	113		粗粒结晶岩类	E 102°28′18.2″ N 23°05′04.7″	89
						B	20—40	暗黄棕色	砂壤土	碎屑状	4.6	33.3	1.75	0.91	7.8	118				
						C	40—100	浅红棕色	砂壤土	碎屑状	4.9	15.9	0.96	0.76	6.4	103				
剖10	铁铝土	红壤	黄红壤	泥质岩类黄红壤		A	0—25	暗黄棕色	粉砂壤土	核状	4.3	42.0	2.41	1.41	17.9	202		泥质岩类	E 102°20′58.6″ N 23°00′23.4″	89
						B	25—57	红棕色	中壤土	粒状	4.4	50.8	2.60	1.70	19.6	214				
						C	57—100	浅棕色	中壤土	粒状	4.7	27.1	1.75	1.34	20.1	132				
剖11	人为土	水稻土	潴育水稻土	红壤性潴育水稻土	灰胶泥田	A	0—25	暗灰色	中壤土	粒状	5.7	35.9	2.24	0.53	9.5	155			E 102°18′16.2″ N 23°00′18.4″	82
						P	25—38	暗灰色	重壤土	块状	6.1	30.7	1.71	0.53	8.5	119				
						W	38—100	黑色	重壤土	粒状	6.8	25.7	1.66	0.50	8.8	109				
剖12	初育土	紫色土	酸性紫色土	紫色岩类酸性紫色土	紫丰肝土	A	0—20	紫色	轻壤土	粒状	5.0	21.5	1.11	0.51	5.3	103			E 102°02′27.6″ N 22°59′32.6″	99
						B	20—70	紫色	轻壤土	粒状	4.9	29.4	1.85	0.37	1.5	123				
						C	70—100	暗红色	轻壤土	块状	5.3	13.3	1.00	0.42	1.0	94				
剖13	淋溶土	黄棕壤	黄棕壤	泥质岩类黄棕壤		A	0—25	暗棕色	轻壤土	粒状	5.0	150.6	8.32	1.06	17.7	620		泥质岩类	E 102°13′00.8″ N 22°55′01.9″	82
						B	25—65	浅棕色	粉砂壤土	粒状	5.0	110.7	4.03	0.83	18.4	327				
						C	65—108	红黄色	粉砂壤土	粒状	5.2	65.5	2.80	0.71	20.6	226				
剖14	铁铝土	黄壤	黄壤	泥质岩类黄壤		A	0—13	棕黄色	轻壤土	粒状	4.8	78.8	2.47	2.00	16.8	274			E 102°03′34.2″ N 22°54′24.1″	80
						B	13—51	黄棕色	轻壤土	粒状	5.0	29.0	1.48	1.93	17.0	141				
						C	51—100	浅黄棕色	轻壤土	片状	5.0	18.5	0.86	1.12	19.0	100				

续表 Continued

剖面号 Soil profile	土纲 Soil order	土类 Soil great group	亚类 Soil subgroup	土属 Soil genus	土种 Soil species	土层码 Layer code	土层厚度 Depth/cm	颜色 Soil color	质地 Soil texture	土壤结构 Soil structure	pH	有机质 OM/(g/kg)	全氮 TN/(g/kg)	全磷 TP/(g/kg)	全钾 TK/(g/kg)	碱解氮 AN/(mg/kg)	有效磷 AP/(mg/kg)	土壤母质 Parent material	剖面点坐标 Profile coordinate	匹配指数 Matching index/%
剖15	初育土	紫色土	酸性紫色土	紫色岩类酸性紫色土		A	0—20	暗红棕色	轻壤土	核状	4.8	69.3	2.10	1.34	10.4	203		紫色岩类	E 102°06′44.6″ N 22°54′22.3″	85
剖16	铁铝土	黄壤	黄壤	泥质岩类黄壤	小黄泥	B	20—80	暗棕红色	轻砂土	粒状	4.9	8.7	0.85	0.93	11.4	56		泥质岩类	E 102°12′52.2″ N 22°51′30.6″	81
						C	80—130	暗红色	粉砂土	粒状	5.0	7.9	0.73	0.87	16.3	51				
剖17	人为土	水稻土	潴育水稻土	冲积性潴育水稻土	油砂土田	A	0—18	暗灰黄色	粉砂土	粒状	3.5	151.0	6.65	2.62	20.0	504		冲积物	E 102°01′25.0″ N 22°51′25.9″	93
						B	18—66	暗黄棕色	砂壤土	粒状	4.0	72.1	3.55	1.97	20.4	350				
						C	66—102	黄棕色	轻壤土	粒状	4.4	45.8	2.64	2.08	20.5	260				
剖18	人为土	水稻土	淹育水稻土	冲积性淹育水稻土	黑砂泥田	A	0—25	绿灰色	砂壤土	粒状	5.2	29.1	1.51	1.87	12.2	129		冲积物	E 102°24′23.0″ N 22°59′08.2″	96
						P	25—50	暗棕色	砂壤土	粒状	5.5	31.3	1.36	1.62	12.9	121				
						W	50—100	灰黄棕色	砂壤土	粒状	5.5	21.0	1.06	1.37	12.9	97				
剖19	铁铝土	赤红壤	黄色赤红壤	泥质岩类黄色赤红壤		A	0—25	黑棕色	轻壤土	粒状	5.4	84.2	4.00	1.21	15.2	158		泥质岩类	E 102°09′26.1″ N 22°48′54.7″	100
						P	25—37	黑棕色	稻壤土	粒状	5.5	79.1	3.70	1.08	15.5	97				
						C	37—100	黑色	轻壤土	粒状	5.5	63.7	2.97	1.01	16.6	98				
剖20	铁铝土	砖红壤	黄色砖红壤	砖黄泥		A	0—13	棕灰色	砂壤土	核状	4.7	37.8	2.54	1.94	15.0	191			E 102°13′27.1″ N 22°46′41.9″	84
						B	13—48	紫红色	粉砂土	核状	5.1	20.8	1.83	1.76	17.3	152	4.0			
						C	48—100	红红色	粉砂土	核状	5.0	11.1				105				
剖21	铁铝土	红壤	黄色红壤	泥质岩类黄红壤	砖黄泥砂土	A	0—15	浅棕黄色	砂壤土	小块状	5.1	40.9	2.62	0.48	2.5	212		泥质岩类	E 102°10′18.1″ N 22°44′44.2″	76
						B	15—60	暗黄棕色	壤质黏土	块状	5.0	37.2	2.03	0.61	5.9	158				
						C	60—100	浅黄棕色	壤质黏土	块状	5.1	20.9	1.21	0.49	6.4	139				
剖22	铁铝土	砖红壤	黄色砖红壤	泥质岩类黄色砖红壤	石渣子土	A	0—15	暗灰棕色	砂壤土	粒状	5.1	90.6	3.59	2.12	19.1	289		泥质岩类	E 102°09′23.7″ N 22°41′40.4″	86
						B	15—35	灰黄棕色	砂壤土	核状	5.0	62.6	2.65	2.05	19.6	239				
						C	35—100	棕色	轻壤土	核状	5.3	42.6	1.92	1.84	20.8	230				
剖23	黄壤	黄壤	黄壤	泥质岩类黄壤	灰黄土	A	0—18	黑红色	粉砂土	粒状	5.4	66.5	5.47	1.36	6.3	197		泥质岩类	E 102°27′07.0″ N 22°48′12.4″	92
						B	18—75	暗红色	中壤土	粒状	5.2	14.7	1.54	1.35	9.2	79				
						C	75—100	暗红棕色	砂壤土	粒状	5.1	23.6	1.31	1.31	5.3	129				
剖24	铁铝土	红壤	黄红壤	泥质岩类黄红壤	黄红土	A	0—12	灰白色	砂壤土	粒状	4.6	51.5	2.67	0.75	14.5	206		泥质岩类	E 102°29′35.9″ N 22°48′05.4″	74
						B	12—30	浅棕黄色	中壤土	棱柱状	4.8	14.7	1.62	0.39	8.5	136				
						C	30—100	浅棕黄色	轻壤土	块状	5.0	7.9	1.23	0.44	10.4	74				
剖25	红壤	红壤	黄色红壤	泥质岩类黄红壤	鸡粪土	A	0—30	灰棕黄色	轻壤土	碎屑状	4.8	91.2	3.86	1.42	19.6	283		泥质岩类	E 102°22′03.0″ N 22°41′15.0″	97
						B	30—50	棕色	中壤土	核状	4.9	48.7	2.81	1.18	20.7	185				
						C	50—80	暗黄棕色	轻壤土	核状	5.2	13.6	1.50	0.91	23.4	73				
剖26	铁铝土	砖红壤	黄色砖红壤	泥质岩类黄色砖红壤	石渣子土	A	0—17	暗棕色	轻壤土	核状	5.3	47.8	2.67	1.16	7.3	94		泥质岩类	E 102°20′43.2″ N 22°40′35.0″	79
						B	17—30	暗黄棕色	轻壤土	粒状	4.9	9.3	1.39	0.44	7.4	80				
						C	30—100	棕色	砂壤土	粒状	5.1	8.4	1.69	0.28	6.0	76				
剖27	人为土	水稻土	淹育水稻土	红壤性淹育水稻土	白泥田	A	0—16	黑黄色	砂壤土	核状	4.5	54.1	2.92	1.92	11.0	268		泥质岩类	E 102°30′16.6″ N 22°48′28.8″	91
						P	16—26	灰黄色	砂壤土	粒状	5.6	21.6	1.80	1.40	11.0	199				
							17—30	灰黄色	砂壤土	粒状	5.3	10.4	1.15	0.73	9.5	41				
							16—26	灰黄色	砂壤土	粒状	5.2	30.2	9.30	1.98	14.3	124				
						C	26—100	白色	轻壤土	块状	5.6	21.7	1.72	1.43	15.9	96				
											5.9	4.7	1.21	1.22	18.0	27				

河口瑶族自治县

主要土类说明

砖红壤是河口瑶族自治县主要土壤类型，占本县地域面积的45%，分布在海拔600m以下的红河和南溪河沿岸的河谷坡地。成土母质多为花岗岩、千枚岩、片麻岩、砂页岩及老冲积红土层。成土过程为脱硅富铝化过程和以生物为主导的养分吸收富集过程。本县砖红壤多为黄色砖红壤亚类，具A-Bs-Bv-C剖面构型，土壤黄化特征明显，B层呈黄棕色或黄色。黏土矿物以高岭石和针铁矿为主，pH为4.8—5.6。根据本县15个样点的调查统计，表层有机质含量平均为39.8g/kg，全氮含量平均为2.07g/kg，全磷含量平均为1.40g/kg，全钾含量平均为7.5g/kg。

赤红壤是河口瑶族自治县第二大土壤类型，占本县地域面积的31%，分布在海拔600—1000m的季雨林区。成土母质以各种母岩风化残积物和坡积物为主。成土过程以富铝化作用和生物积累作用为主。本县赤红壤多为黄色赤红壤亚类，土体中氧化铁等矿物的水合度较高，有较明显的黄化层，具A-Bs-C剖面构型，土壤有机质和游离铁的活化度均高于典型的赤红壤，pH一般低于5.5，有明显的脱硅富铝化作用。次生黏土矿物中伊利石比基岩少13%—19%，高岭石和绿泥石比基岩多15%—20%。黏粒硅铝率为1.7—2.0，风化淋溶系数为0.05—0.15，盐基饱和度为15%—25%。

红壤是河口瑶族自治县第三大土壤类型，占本县地域面积的13%，分布在海拔1000—1300m的地区。植被为半湿性常绿阔叶林。成土母质主要为第四纪红色黏土和石灰岩风化残积物。成土过程以脱硅富铝化和生物富集为主。红壤呈中度脱硅富铝化特征，具A-Bs-Bv或A-Bs-C剖面构型。土体深厚，剖面层次发育完整。淀积层可见深厚的红、黄、白相间的网纹状红色黏土。本县红壤多为黄红壤亚类。

黄壤占本县地域面积的9%，分布在海拔1300—1800m的地区。成土过程以脱硅富铝化、生物富集和黄化过程为主。黏土矿物以蛭石为主，其次为高岭石和伊利石。

小于本县地域面积3%的土壤类型有黄棕壤和水稻土。

本区域中心区气候特征

本区域中心区气候特征值
Regional climate characteristics in central area of the region

气候带：南亚热带湿润气候 Climate region: South subtropical humid climate	
年平均气温 /℃ Annual average temperature /℃	19.7
年平均最高气温 /℃ Annual average maximum temperature /℃	25.6
年平均最低气温 /℃ Annual average minimum temperature /℃	15.8
年降水量 /mm Annual precipitation /mm	1002
≥10℃的积温 /℃ Daily temperature accumulated in a year（≥10℃）/℃	7148
年日照时数 /h Annual sunshine /h	2035
年平均相对湿度 /% Annual average relative humidity /%	75
干燥度 Dryness	1.18

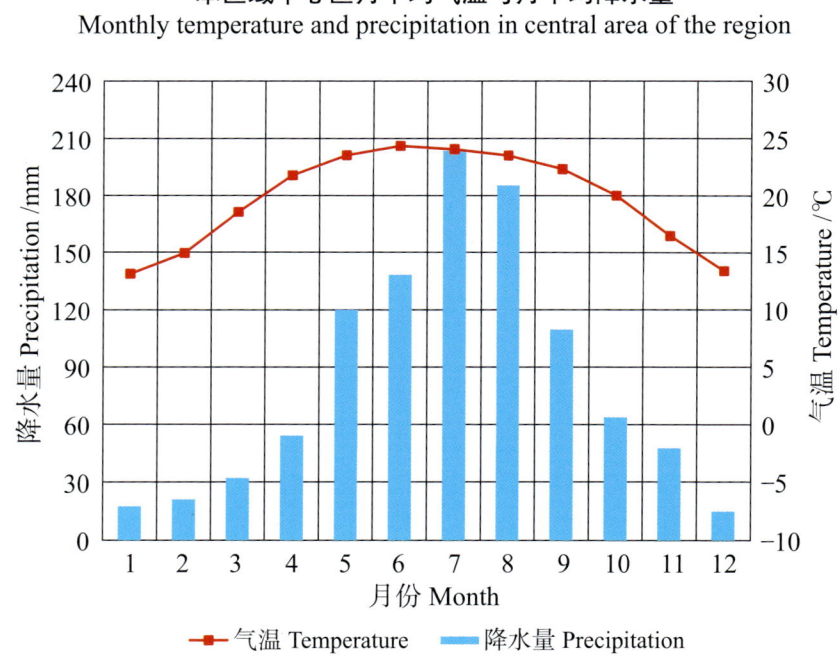

本区域中心区月平均气温与月平均降水量
Monthly temperature and precipitation in central area of the region

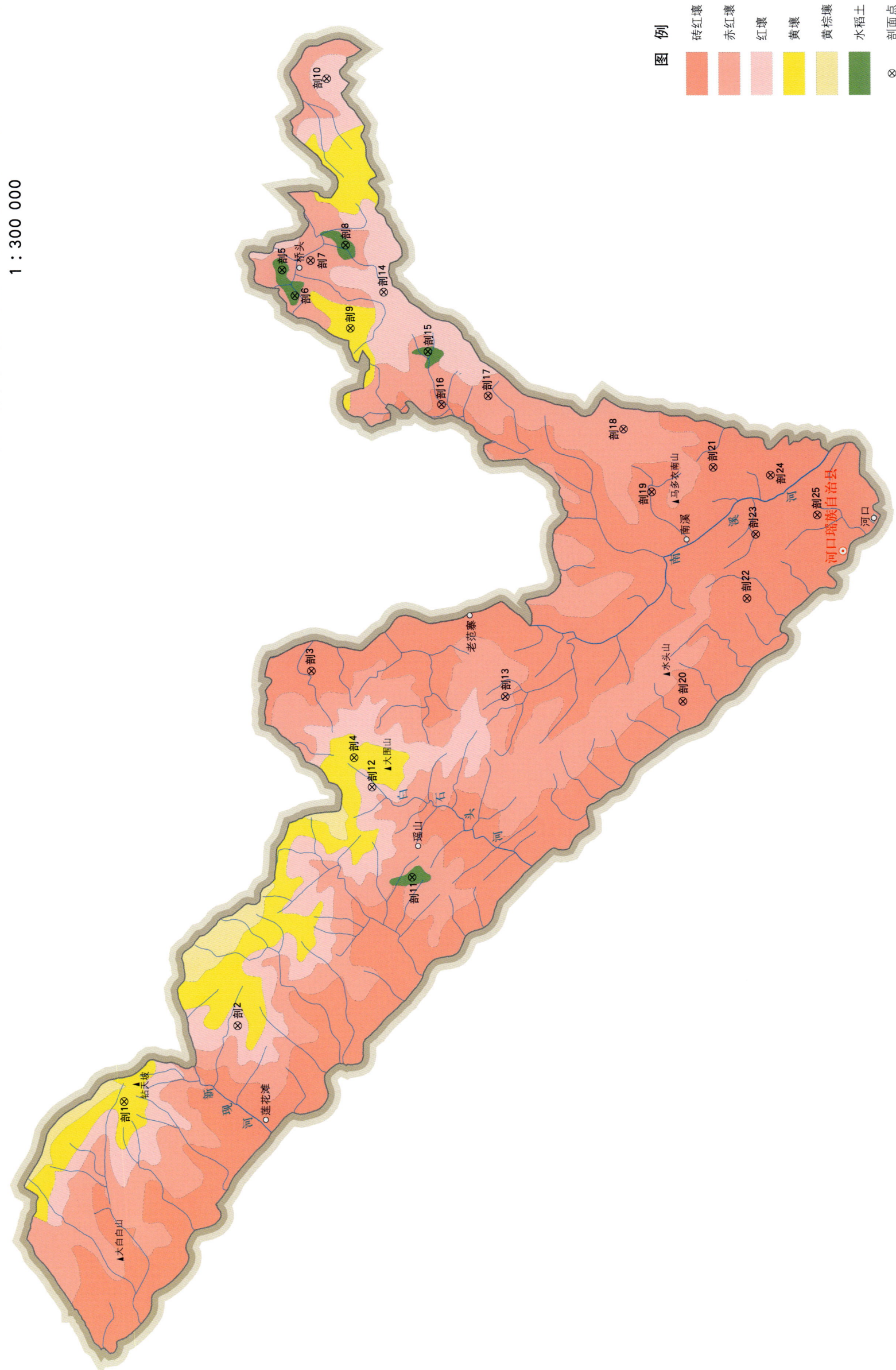

河口瑶族自治县土壤剖面理化性状表

剖面号 Soil profile	土纲 Soil order	土类 Soil great group	亚类 Soil subgroup	土属 Soil genus	土种 Soil species	土层码 Layer code	土层厚度 Depth/cm	颜色 Soil color	质地 Soil texture	土壤结构 Soil structure	pH	有机质 OM/(g/kg)	全氮 TN/(g/kg)	全磷 TP/(g/kg)	全钾 TK/(g/kg)	碱解氮 AN/(mg/kg)	有效磷 AP/(mg/kg)	土壤母质 Parent material	剖面点坐标 Profile coordinate	匹配指数 Matching index/%
剖1	铁铝土	黄壤	黄壤	粗粒结晶岩类黄壤		Ao	0—15	暗棕色	轻壤土	粒状	3.8	131.0	8.62	2.27	0.7	894			E 103°33′59.8″ N 22°58′40.8″	88
						A	15—54	褐色	砂壤土	粒状	5.0	89.2	3.62	1.25	0.2	319				
						B	54—100	黄色	轻壤土	块状	5.5	41.4	1.69	1.22	0.6	129				
剖2	铁铝土	红壤	黄红壤	泥质岩类黄红壤	黄红泥土	A	0—24	浅黄棕色	中壤土	粒状	5.6	36.9	2.51	2.47	3.1	138		泥质岩类	E 103°37′02.9″ N 22°54′26.2″	80
						B	24—100	红黄色	重壤土	核状	5.4	17.3	1.28	1.28	3.1	133				
剖3	铁铝土	砖红壤	黄色砖红壤	粗粒结晶岩类黄色砖红壤		A	0—20	暗棕色	中壤土	块状	4.8	37.7	1.66	3.45	5.0	133			E 103°51′20.0″ N 22°51′42.7″	94
						B	20—40	浅黄色	中壤土	块状	4.8	28.6	1.49	3.27	5.0	116				
剖4	铁铝土	黄壤	黄壤	碳酸岩类黄壤		A	0—18	浅棕黄色	中壤土	粒状	4.4	49.6	2.54	1.38	24.4	230			E 103°47′52.0″ N 22°50′05.9″	89
						B	18—50	黄色	重壤土	粒状	4.5	38.6	2.03	1.28	23.9	210				
						C	50—100	黄色	重壤土	粒状	4.6	26.2	1.59	1.34	23.4	160				
剖5	人为土	水稻土	淹育水稻土	红壤性淹育水稻土	黄泥田	A	0—17	灰黄色	中壤土	粒状	6.3	29.1	1.91	1.60	1.5	153			E 104°07′25.3″ N 22°52′49.1″	82
						B	17—27	灰黄棕色	中壤土	核状	6.5	23.0	1.79	1.52	1.8	102				
						C	27—100	黄色	重壤土	块状	6.2	23.6	1.74	1.41	3.7	91				
剖6	人为土	水稻土	潴育水稻土	冲积物潴育水稻土	砂泥田	A	0—20	暗黄棕色	中壤土	粒状	6.2	45.3	2.16	0.80	0.6	137			E 104°06′23.6″ N 22°52′20.3″	88
						P	20—70	黄棕色	轻壤土	核状	5.9	37.2	1.47	0.80	0.6	91				
						B	70—100	浅棕色	中壤土	核状	5.4	25.6	0.63	0.42	0.6	74				
剖7	铁铝土	赤红壤	黄色赤红壤	泥质岩类黄色赤红壤		A	0—8	黄棕色	轻壤土	粒状	5.2	145.0	4.56	2.09	1.3	328			E 104°07′48.8″ N 22°51′44.9″	97
						P	8—21	浅棕色	粉砂土	核状	5.2	98.9	2.50	1.47	1.3	262				
						C	21—100	红棕色	重壤土	块状	5.5	75.5	1.89	1.13	1.3	143				
剖8	人为土	水稻土	淹育水稻土	红壤性淹育水稻土		A	0—17	灰黄色	中壤土	核状	5.2	53.4	1.94	1.02	0.6	188		红壤性母质	E 104°08′25.8″ N 22°50′26.5″	99
						P	17—28	灰黄棕色	中壤土	核状	5.8	45.3	1.64	0.95	0.4	150				
						S	28—100	浅红棕色	少砾质土	核状	5.4	34.1	1.01	0.89	0.3	103				
剖9	铁铝土	黄壤	黄壤	泥质岩类黄壤	黄褐土	A	0—7	褐色	中壤土	粒状	5.1	96.8	5.45	1.92	3.1	286		泥质岩类	E 104°05′06.4″ N 22°50′15.4″	88
						B	7—37	灰黄棕色	中壤土	粒状	5.1	28.4	2.38	1.32	3.1	240				
						C	37—100	黄色	中壤土	粒状	5.1	1.3	1.13	0.80	2.4	136				
剖10	铁铝土	红壤	黄红壤	碳酸岩类黄红壤	红末香土	A	0—8	暗棕色	中壤土	粒状	4.7	88.8	4.68	1.55	1.8	407		碳酸岩类	E 104°15′06.8″ N 22°51′09.0″	75
						B	8—30	褐色	中壤土	粒状	5.1	52.5	2.30	1.37	1.6	248				
						C	30—100	浅黄棕色	中壤土	粒状	5.4	28.7	2.23	1.12	2.2	240				
剖11	人为土	水稻土	淹育水稻土	红壤性淹育水稻土	黄砂泥田	A	0—23	灰棕色	中壤土	块状	5.8	28.9	1.53	1.27	1.2	125		红壤性母质	E 103°43′02.6″ N 22°47′54.6″	98
						P	23—43	黄色	中壤土	块状	5.9	27.7	1.32	1.27	0.6	120				
						B	43—100	黄橙色	中壤土	粒状	5.9	7.5	0.68	1.21	0.6	57				
剖12	铁铝土	红壤	黄壤	粗粒结晶岩类黄壤		A	0—9	栗色	粉砂质土	粒状	5.3	56.6	2.70	0.94	0.4	340		泥质岩类	E 103°46′41.4″ N 22°49′25.5″	73
						B	9—44	浅红棕色	中壤土	块状	5.5	49.3	1.40	0.78	0.4	128				
						C	44—70	浅黄色	砂壤土	块状	5.8	34.8	0.99	0.71	0.3	80				
剖13	铁铝土	赤红壤	黄色赤红壤	粗粒结晶岩类赤红壤		A	0—11	褐色	砂壤土	粒状	5.2	68.0	4.14	5.80	1.2	394		粗粒结晶岩类	E 103°50′21.1″ N 22°44′26.2″	98
						B	11—45	灰黄棕色	粉砂土	核状	4.9	42.2	3.02	1.87	1.2	319				
						C	45—100	浅黄棕色	粉砂土	粒状	4.9	14.7	1.90	1.54	0.6	173				
剖14	铁铝土	红壤	黄红壤	粗粒结晶岩类黄红壤		A	0—14	暗黄棕色	砂壤土	粒状	5.1	21.4	1.31	1.19	1.2	285		粗粒结晶岩类	E 104°06′33.1″ N 22°49′00.1″	84
						B	14—58	灰黄色	砂土	粒状	5.2	13.9	0.94	0.55	1.0	85				
						C	58—100	灰色	砂土	片状	6.1	4.3	0.31	0.34	0.6	56				
剖15	人为土	水稻土	潴育水稻土	冲积性潴育水稻土	河砂田	A	0—13	灰黄色	轻壤土	粒状	7.9	15.5	0.89	1.10	2.4	68		冲积物	E 104°04′09.8″ N 22°47′20.8″	96
						P	13—19	棕灰色	砂壤土	粒状	8.4	12.5	0.63	1.05	2.4	56				
						W	19—54	灰黄色	砂壤土	粒状	8.4	12.0	1.21	0.87	2.7	91				

续表 Continued

剖面号 Soil profile	土纲 Soil order	土类 Soil great group	亚类 Soil subgroup	土属 Soil genus	土种 Soil species	土层码 Layer code	土层厚度 Depth/cm	颜色 Soil color	质地 Soil texture	土壤结构 Soil structure	pH	有机质 OM/(g/kg)	全氮 TN/(g/kg)	全磷 TP/(g/kg)	全钾 TK/(g/kg)	碱解氮 AN/(mg/kg)	有效磷 AP/(mg/kg)	土壤母质 Parent material	剖面点坐标 Profile coordinate	匹配指数 Matching index/%
剖16	铁铝土	砖红壤	黄色砖红壤	冲积性黄色砖红壤	冲积土	A	0—20	浅棕色	中壤土	核状	6.1	26.6	1.51	2.94	12.0	159		冲积物	E 104°02′02.9″ N 22°46′50.2″	71
						B	20—28	黄棕色	中壤土	块状	6.5	13.4	0.82	2.06	12.0	86				
						C	28—68	浅棕色	中壤土	块状	6.7	4.3	0.45	1.00	10.0	25				
剖17	铁铝土	赤红壤	黄色赤红壤	泥质岩类黄色赤红壤	石渣子土	A	0—55	棕黄色	中壤土	粒状	6.1	51.5	2.52	2.71	1.8	189		泥质岩类	E 104°02′24.2″ N 22°45′05.3″	70
						B	55—100	棕黄色	中壤土	块状	6.5	31.7	1.88	2.94	1.8	184				
剖18	铁铝土	赤红壤	黄色赤红壤	粗粒结晶岩类黄色赤红壤	赤黑棕砾土	A	0—27	暗棕灰色	中壤土	粒状	5.5	63.7	2.67	0.76	0.6	323		粗粒结晶岩类	E 104°01′05.9″ N 22°40′00.8″	81
						B	27—100	浅棕色	轻壤土	粒状	5.3	24.1	1.87	0.73	0.6	173				
剖19	铁铝土	砖红壤	黄色砖红壤	麻黄砖红土	黄黄胶园土	A	0—22	灰黄棕色	黏壤土	粒状	4.8	48.7	2.34	0.83	2.1	120	11.7		E 103°58′35.2″ N 22°38′57.5″	85
						B	22—54	黄黄棕色	壤质黏土	核块状	4.9	19.2	1.71	0.71	3.1	103	7.3			
						C	54—100	浅黄棕色	壤质黏土	块状	5.9	13.3	0.72	0.42	3.3	98	3.5			
剖20	铁铝土	砖红壤	黄色砖红壤	冲积性黄色砖红壤	砖红壤土	A	0—20	棕色	中壤土	块状	4.7	24.4	1.35	1.48	7.4	131		冲积物	E 103°50′11.8″ N 22°37′46.9″	80
						B	20—50	浅黄色	中壤土	块状	4.4	16.3	1.68	0.60	7.8	102				
						C	50—135	黄色	中壤土	粒状	5.3	17.3	1.01	0.54	7.4	94				
剖21	铁铝土	砖红壤	黄色砖红壤	粗粒结晶岩类黄色砖红壤	砖红棕土	A	0—20	暗灰棕色	重壤土	粒状	6.7	63.7	2.81	2.07	1.3	268		粗粒结晶岩类	E 103°59′34.4″ N 22°36′39.2″	91
						B	20—50	暗黄棕色	中壤土	核状	6.1	59.7	1.51	1.68	0.6	124				
						C	50—100	黄黄棕色	粉砂土	粒状	6.4	41.0	0.70	3.00	1.5	58				
剖22	铁铝土	砖红壤	黄色砖红壤	麻黄砖红土	麻黄砖红土	A	0—18	灰黄色	黏壤土	核状	4.6	34.5	1.54	1.21	4.8	157	2.1		E 103°54′19.8″ N 22°35′23.3″	94
						B	18—45	黄色	黏壤土	小块状	4.9	21.0	1.12	1.00	5.6	117	1.9			
						C	45—120	黄色	黏壤土	块状	5.2	13.7	0.78	1.02	5.6	69	0.2			
剖23	铁铝土	砖红壤	黄色砖红壤	泥质岩类黄色砖红壤	砖红褐土	A	0—15	暗棕灰色	中壤土	粒状	5.0	50.5	2.86	1.38	3.1	296		泥质岩类	E 103°56′54.8″ N 22°35′04.2″	87
						B	15—53	黄黄棕色	重壤土	块状	5.1	50.4	1.81	1.03	2.5	168				
						C	53—100	暗红棕色	重壤土	块状	4.9	47.8	1.65	1.01	3.1	115				
剖24	铁铝土	砖红壤	黄色砖红壤	砖黄泥	砖黄泥土	A	0—13	褐色	黏壤土	核粒状	4.9	44.6	3.09	0.90	3.7	176	3.2		E 103°59′16.8″ N 22°34′30.7″	87
						B	13—60	灰黄色	壤质黏土	块状	5.5	12.1	2.05	0.76	4.3	91	2.3			
						C	60—100	黄色	壤质黏土	块状	5.4	9.2	2.28	0.72	3.7	57	1.5			
剖25	铁铝土	砖红壤	黄色砖红壤	泥质岩类黄色砖红壤	泥质岩类黄色砖红壤胶林土	A	0—18	棕色	中壤土	粒状	4.3	31.2	1.42	0.88	4.6	200		泥质岩类	E 103°57′42.2″ N 22°32′45.1″	77
						B	18—37	黄黄棕色	中壤土	块状	4.4	13.0	0.68	0.84	5.0	110				
						C	37—100	棕黄色	中壤土	块状	4.6	12.0	0.60	0.74	5.2	100				

文山壮族苗族自治州

文 山 市

主要土类说明

红壤是文山市主要土壤类型，占本市地域面积的53%，分布在海拔800—2200m的中山丘陵陡坡和平坝。植被为针叶林、阔叶林、灌木和草本植物等。成土母质为石灰岩、砂页岩和玄武岩。成土过程以脱硅富铝化和生物富集为主。土体深厚，剖面层次发育完整。本市红壤分为红壤、黄红壤等亚类。

石灰（岩）土是文山市第二大土壤类型，占本市地域面积的33%，分布在溶岩山区的石灰岩丘陵地带。植被以常绿落叶阔叶林为主。成土母质为石灰岩。成土过程以风化、富铝化和灰化作用为主。土壤有机质和养分含量较高，结构和耕性较好，黏粒细，pH为6.5—8.5，土层浅薄，表层粒状结构发达。本市石灰（岩）土分为红色石灰土、黄色石灰土、黑色石灰土等亚类。

黄棕壤是文山市第三大土壤类型，占本市地域面积的7%，分布在海拔1700—2400m的中山峡谷陡坡。该区域水土流失严重，气候温凉，多雨多雾。植被为常绿阔叶林，有云南松、野生油茶、蕨类等。成土母质为砂页岩和花岗岩。成土过程受淋溶、黏化及弱富铝化作用的影响。受海拔和生物气候影响，土壤腐殖化作用、淋溶作用和水化作用同时存在，土壤呈微酸性或酸性，表土有机质较为丰富。

小于本市地域面积3%的土壤类型有水稻土、黄壤、棕壤和紫色土。

本区域中心区气候特征

本区域中心区气候特征值
Regional climate characteristics in central area of the region

气候带：南亚热带湿润气候 Climate region: South subtropical humid climate	
年平均气温 /℃ Annual average temperature /℃	19.0
年平均最高气温 /℃ Annual average maximum temperature /℃	24.7
年平均最低气温 /℃ Annual average minimum temperature /℃	15.1
年降水量 /mm Annual precipitation /mm	969
≥10℃的积温 /℃ Daily temperature accumulated in a year（≥10℃）/℃	6899
年日照时数 /h Annual sunshine /h	2013
年平均相对湿度 /% Annual average relative humidity /%	74
干燥度 Dryness	1.17

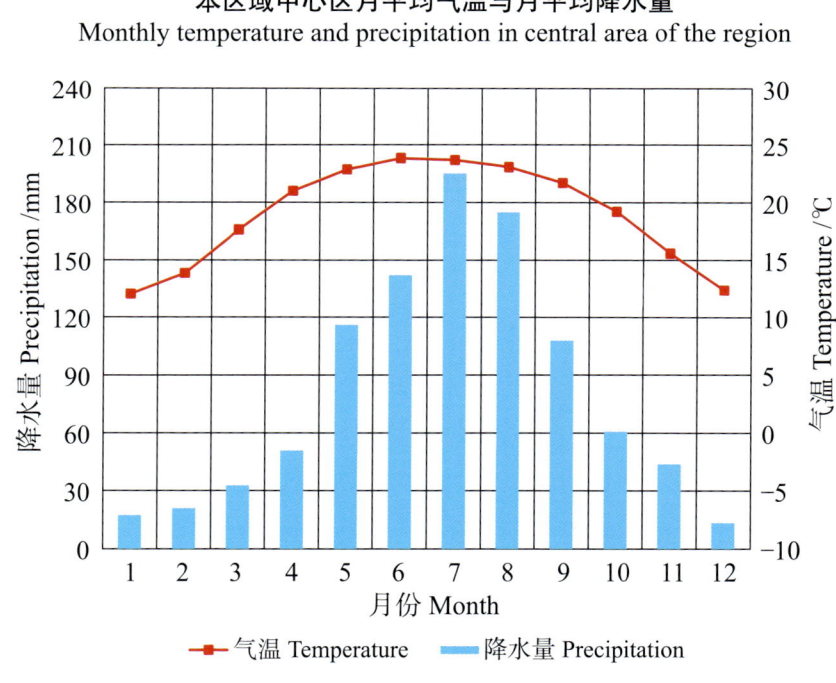

本区域中心区月平均气温与月平均降水量
Monthly temperature and precipitation in central area of the region

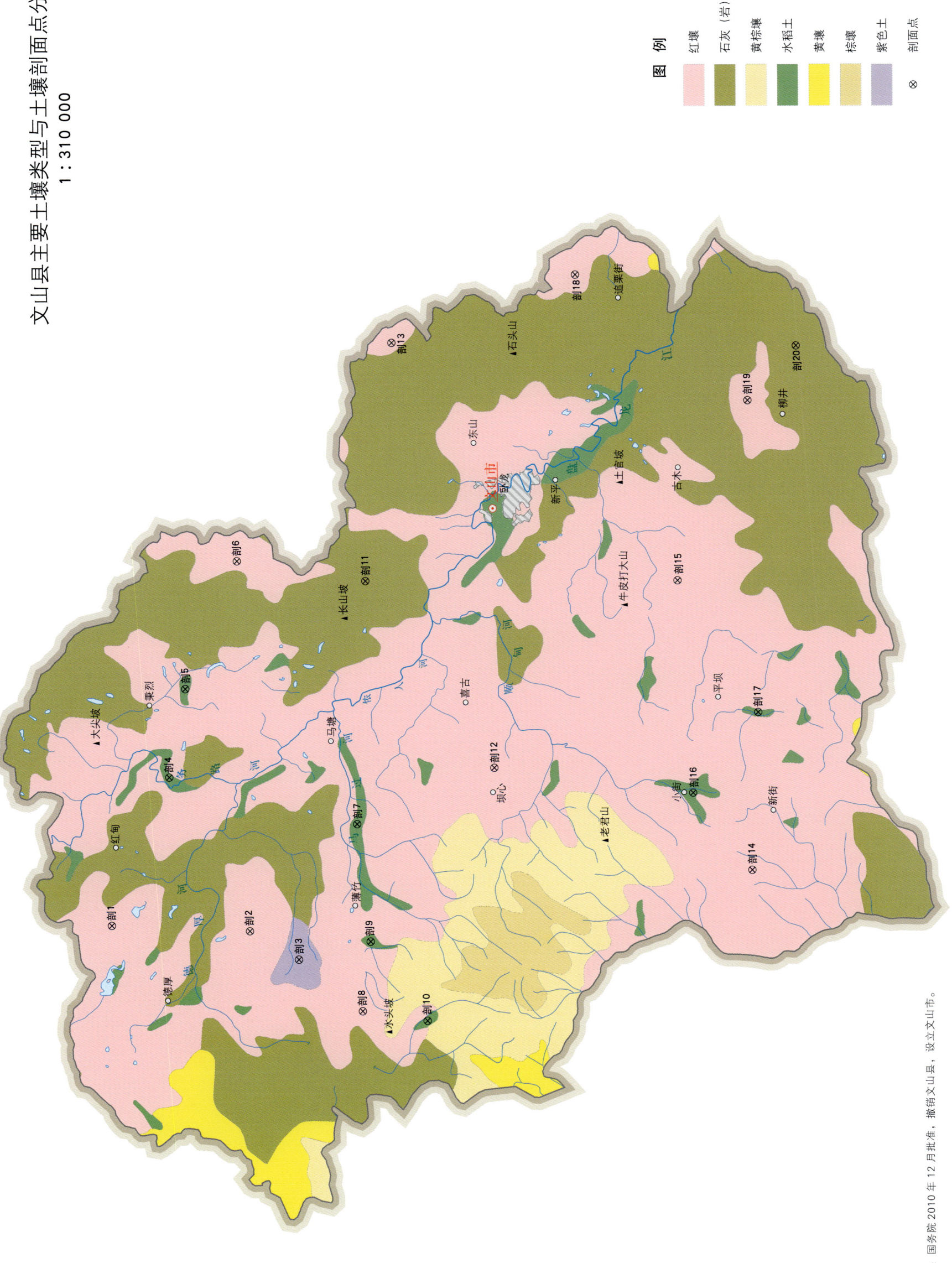

文山市土壤剖面理化性状表

剖面号 Soil profile	土纲 Soil order	土类 Soil great group	亚类 Soil subgroup	土属 Soil genus	土种 Soil species	土层码 Layer code	土层厚度 Depth/cm	颜色 Soil color	质地 Soil texture	土壤结构 Soil structure	pH	有机质 OM/(g/kg)	全氮 TN/(g/kg)	全磷 TP/(g/kg)	全钾 TK/(g/kg)	碱解氮 AN/(mg/kg)	有效磷 AP/(mg/kg)	土壤母质 Parent material	剖面点坐标 Profile coordinate	匹配指数 Matching index/%
剖1	铁铝土	红壤	红壤	山棕红土	山棕红泥	A	0—14	暗红色	黏壤土	粒状	5.9	24.4	1.20	0.26	3.5	106	0.9		E 103°55′32.5″ N 23°38′36.6″	83
						B₁	14—26	暗棕红色	黏壤土	小块状	5.9	21.0	1.10	0.22	3.5	115	0.8			
						B₂	26—90	红色	黏壤土	块状	6.2	10.1	0.70	0.17	3.5	72	0.6			
剖2	铁铝土	红壤	黄红壤	砂页岩黄棕色	黄泥土	A	0—14	暗黄棕色	砂壤土	粒状	5.5	34.4	2.29	0.78	30.2	188			E 103°55′20.0″ N 23°33′03.8″	91
						B	14—27	暗黄棕色	轻壤土	粒状	5.3	37.9	2.01	0.71	21.3	215				
						C	27—90	浅黄棕色	中壤土	核状	5.5	3.2	0.40	0.32	23.6	34				
剖3	初育土	紫色土	石灰性紫色土	砂页岩暗紫泥土		A	0—13	暗红色	中壤土	核状	7.8	8.1	0.38	1.03	10.4	31		砂页岩	E 103°54′07.2″ N 23°31′06.2″	86
						B	13—33	暗棕红色	砂壤土	核状	7.7	15.6	0.31	0.37	19.7	16				
						C	33—90	暗棕红色	中壤土	块状	7.7	1.5	0.41	0.68	18.2	14				
剖4	人为土	水稻土	潜育水稻土	红壤性潜育水稻土	冷浸田	Ap	0—25	浅棕黄色	砂壤土	粒状	6.4	47.8	3.01	2.13	4.6	210			E 104°02′00.6″ N 23°36′18.7″	88
						G	25—90	浅黄黄色	砂壤土	块状	5.3	44.8	2.64	1.78	4.6	177				
剖5	人为土	水稻土	淹育水稻土	紫色土性淹育水稻土		P	0—11	暗灰棕色	轻壤土	粒状	8.0	34.0	2.15	1.94	10.1	136			E 104°05′50.3″ N 23°35′40.6″	83
						P	11—90	棕色	轻壤土	大核状	8.0	28.0	1.77	1.90	9.0	124				
剖6	铁铝土	红壤	黄红壤	砂页岩黄红壤	红泥土	A	0—20	红棕色	轻壤土	粒状	5.8	39.3	1.84	2.31	2.8	164			E 104°11′23.6″ N 23°33′36.0″	86
						B	20—85	浅红棕色	轻壤土	小核状	6.5	13.7	0.82	2.10	2.1	88				
剖7	人为土	水稻土	淹育水稻土	红壤性淹育水稻土	红泥田	A	0—17	紫紫色	黏土	块状	7.2	26.8	1.45	1.06	16.7	129			E 104°00′00.0″ N 23°28′46.2″	71
						P	17—27	紫棕色	黏土	小块状	6.8	24.7	1.38	1.01	14.7	127				
						C	27—90	红棕色	中壤土	小块状	7.0	18.1	1.16	0.80	14.0	112				
剖8	铁铝土	红壤	黄红壤	砂页岩黄红壤		A	0—7	灰白色	砂壤土	粒状	5.1	42.9	1.75	0.60	15.1	157			E 103°51′55.9″ N 23°28′32.1″	73
						A	7—27	灰黄色	砂壤土	粒状	5.0	18.5	1.03	0.56	19.2	100				
						B	27—57	灰黄色	砂壤土	核状	5.0	9.8	0.87	0.67	26.2	69				
						C	57—90	黄色	砂壤土	小块状	5.1	4.2	0.52	0.71	27.3	29				
剖9	人为土	水稻土	潴育水稻土	冲积性潴育水稻土	大黄泥田	A	0—15	灰黄棕色	砂壤土	粒状	7.4	17.8	1.07	0.58	23.5	112			E 103°54′54.7″ N 23°28′13.1″	80
						Pw	15—90	灰黄黄色	砂壤土	块状	7.6	12.2	0.70	0.52	37.9	81				
剖10	人为土	水稻土	潴育水稻土	红壤性潴育水稻土	白鳝泥田	A	0—17	暗黄棕色	砂壤土	粒状	5.8	26.5	1.79	0.42	23.6	118			E 103°51′32.4″ N 23°25′55.9″	70
						P	17—25	褐棕色	砂壤土	小块状	6.5	22.5	1.73	0.67	27.2	135				
						W	25—90	褐色	砂壤土	块状	6.4	21.9	1.71	0.63	24.5	123				
剖11	初育土	石灰(岩)土	黄色石灰土	黄泡土		A₁	0—8	棕色	中壤土	粒状	7.6	38.0	1.95	0.64	11.9	146			E 104°10′33.2″ N 23°28′26.4″	78
						A	8—20	黄棕色	中壤土	块状	5.5	18.2	1.11	0.68	13.9	153				
						B	20—90	棕黄色	重壤土	块状	6.0	10.7	1.11	0.51	18.3	149				
剖12	铁铝土	红壤	红壤	黄砂泥	紫砂泥	A	0—12	紫灰色	壤土	屑粒状	5.2	23.9	1.45	0.47	13.5	178	5.7		E 104°02′29.4″ N 23°23′15.4″	83
						B₂	12—21	浅棕灰色	黏壤土	小块状	5.0	12.9	0.91	0.42	12.4	104	1.3			
						C	21—90	灰黄棕色	砂壤土	块状	5.0	9.9	0.97	0.31	13.6	162	0.9			
剖13	铁铝土	红壤	红壤	石灰岩红壤	灰砂土	A	0—7	暗棕红色	轻壤土	粒状	5.2	30.1	1.23	0.75	7.0	145			E 104°20′51.4″ N 23°27′22.6″	76
						B	7—34	棕红色	轻壤土	核状	5.5	12.6	0.80	0.81	6.3	95				
						C	34—90	红棕色	轻壤土	块状	5.1	9.4	0.47	1.15	0.4	58				
剖14	铁铝土	红壤	黄红壤	砂页岩黄红壤	黄砂土	A	0—12	紫棕色	中壤土	粒状	5.2	23.9	1.45	1.07	16.2	178		砂页岩	E 104°58′05.9″ N 23°12′53.6″	75
						B	12—21	灰棕色	中壤土	核状	5.0	12.9	0.91	0.96	14.9	104				
						C	21—90	浅黄棕色	重壤土	粒状	5.0	9.9	0.97	0.72	16.4	162				
剖15	铁铝土	红壤	黄红壤	砂页岩黄红壤	油砂土	A	0—8	褐色	砂壤土	粒状	6.7	30.0	1.55	1.15	4.8	109		砂页岩	E 104°10′37.4″ N 23°15′53.9″	76
						B	8—22	暗棕色	砂壤土	粒状	6.8	21.8	1.32	1.13	5.8	93				
						C	22—90	浅棕色	砂壤土	粒状	7.0	7.6	0.63	1.00	8.3	42				

续表 Continued

剖面号 Soil profile	土纲 Soil order	亚类 Soil subgroup	土属 Soil genus	土种 Soil species	土层码 Layer code	土层厚度 Depth/cm	颜色 Soil color	质地 Soil texture	土壤结构 Soil structure	pH	有机质 OM/(g/kg)	全氮 TN/(g/kg)	全磷 TP/(g/kg)	全钾 TK/(g/kg)	碱解氮 AN/(mg/kg)	有效磷 AP/(mg/kg)	土壤母质 Parent material	剖面点坐标 Profile coordinate	匹配指数 Matching index/%
剖16	人为土	潜育水稻土	冲积性潜育水稻土	烂泥田	Ap	0—27	灰黄棕色	中壤土	粒状	7.4	91.9	4.37	1.39	5.5	337			E 104°01′26.0″ N 23°15′15.8″	82
					G	27—90	暗棕灰色	中壤土	块状	7.4	83.2	4.36	1.44	5.6	326				
剖17	人为土	潴育水稻土	红壤性潴育水稻土	灰泥田	A	0—23	灰黄色	中壤土	粒状	6.2	58.7	3.06	1.98	4.2	230			E 104°04′56.6″ N 23°12′40.0″	84
					P	23—29	褐色	中壤土	粒状	6.5	59.8	2.81	1.93	4.2	236				
					W	29—90	褐色	中壤土	粒状	6.6	58.2	2.61	1.64	4.2	204				
剖18	铁铝土	黄红壤	砂页岩黄红壤	红砂泥土	A	0—16	暗红棕色	砂壤土	粒状	5.9	31.4	1.91	2.64	5.7	128			E 104°23′49.1″ N 23°19′59.5″	79
					B	16—30	浅棕色	砂壤土	粒状	5.5	18.9	1.15	2.61	5.6	104				
剖19	铁铝土	黄红壤	砂页岩黄红壤	黄红土	A	0—13	黄红色	砂壤土	小块状	6.0	30.7	2.01	0.75	11.1	176		砂页岩	E 104°18′24.1″ N 23°13′04.8″	73
					B	13—23	黄红色	轻壤土	块状	6.0	31.0	2.32	0.70	13.1	184				
					C	23—90	浅黄棕色	重壤土	块状	6.1	5.9	1.03	0.21	10.9	54				
剖20	初育土	黄色石灰土	黄泡土	黄泡土	A	0—13	红黄色	中壤土	粒状	6.8	31.2	2.58	1.02	18.4	128			E 104°20′46.3″ N 23°11′08.2″	99
					B	13—90	棕色	重壤土	小块状	7.0	9.3	1.31	1.04	23.2	71				

砚山县

主要土类说明

红壤是砚山县主要土壤类型，占本县地域面积的56%，从本县东南部中山深谷到中部丘陵坝区，再到西南部高山区均有分布，海拔为1080—1800m。受云南高原南部山地地形影响，以中部县城为界，中部年平均气温为16℃，年降水量在1000mm左右；东南部年平均气温、年降水量比中部略高；西部年平均气温虽比中部高0.5℃，但年降水量少200—300mm；西南部由于中山切割，海拔高，年平均气温低于中部2℃左右，湿度大，年降水量略多于中部。植被有云南松、油杉、栎树等高大乔木和灌木。成土母质主要为石灰岩、砂页岩和玄武岩。成土过程以脱硅富铝化和生物富集为主。土体深厚，剖面层次发育完整。本县红壤分为红壤、黄红壤等亚类。红壤亚类呈中度脱硅富铝化特征，具A-Bs-Bv或A-Bs-C剖面构型。黏土矿物以高岭石、赤铁矿为主，黏粒硅铝率为1.8—2.4，风化淋溶系数小于0.2，盐基饱和度小于35%，有效养分含量低，特别是速效磷含量低。表土呈浅棕红色至暗红棕色，为粒状至块状结构。淀积层可见深厚的红、黄、白相间的网纹状红色黏土。黄红壤所处区域水分条件较优，土体上部有黄化现象，以黄橙色或橙色为主，下部仍以高岭石为主，伴有蛭石和三水铝石。

石灰（岩）土是砚山县第二大土壤类型，占本县地域面积的32%，分布在溶岩山区的石灰岩丘陵地带。植被以常绿落叶阔叶林为主。成土母质为石灰岩。成土过程以风化、富铝化和灰化作用为主。土壤有机质和养分含量较高，结构和耕性较好，黏粒细，pH为6.5—8.5，呈中性至微碱性，土层浅薄，表层粒状结构发达。该土壤碳酸钙淋溶程度不一，有不均质的石灰反应。本县石灰（岩）土分为红色石灰土、黄色石灰土、黑色石灰土等亚类。红色石灰土分布在低海拔的石灰岩地区，由于气温高，水合氧化铁脱水结晶形成赤铁矿，形成鲜红色的红色石灰土。土壤具有一定的脱硅富铝化特征，游离氧化铁的水化度低，土壤呈红色或红棕色，pH为6.0—7.0。黄色石灰土分布在环境潮湿的地区，游离氧化铁的水化度较高，土壤呈黄色或黄棕色。黑色石灰土分布在高海拔的石灰岩地区，富含碳酸钙和腐殖质，有机质积累作用明显，肥力高，呈中性至微碱性。

水稻土是砚山县第三大土壤类型，占本县地域面积的6%，主要分布在交通沿线、平坝、丘陵及山区河谷地区。成土母质为地带性红壤和石灰（岩）土。水稻土在长期的季节性淹灌、水下翻耕、季节性脱水、氧化还原交替影响下，原来的成土母质或母土的特性发生重大改变，形成了不同的土体构型。本县水稻土分为淹育型、潴育型、潜育型、沼泽型等亚类。

小于本县地域面积3%的土壤类型有紫色土和黄壤。

本区域中心区气候特征

本区域中心区气候特征值
Regional climate characteristics in central area of the region

气候带：南亚热带湿润气候 Climate region: South subtropical humid climate	
年平均气温/℃ Annual average temperature /℃	18.9
年平均最高气温/℃ Annual average maximum temperature /℃	24.5
年平均最低气温/℃ Annual average minimum temperature /℃	15.0
年降水量/mm Annual precipitation /mm	995
≥10℃的积温/℃ Daily temperature accumulated in a year (≥10℃) /℃	6871
年日照时数/h Annual sunshine /h	1983
年平均相对湿度/% Annual average relative humidity /%	75
干燥度 Dryness	1.14

本区域中心区月平均气温与月平均降水量
Monthly temperature and precipitation in central area of the region

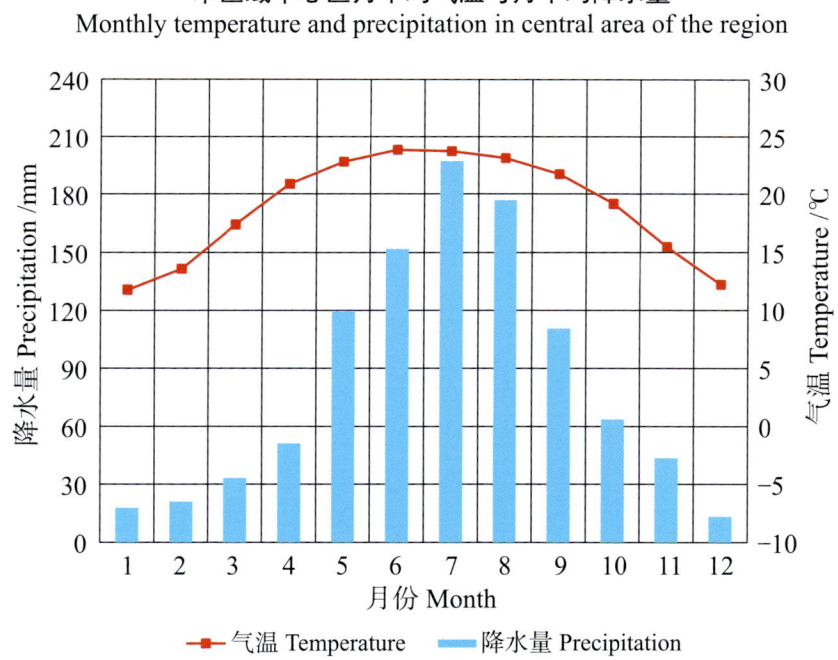

砚山县主要土壤类型与土壤剖面点分布图

1:390 000

图 例

颜色	类型
粉红	红壤
橄榄绿	石灰（岩）土
深绿	水稻土
紫	紫色土
黄	黄壤
⊗	剖面点

第三编　云南省分县土壤图与土壤剖面数据 | 743

砚山县土壤剖面理化性状表

剖面号 Soil profile	土纲 Soil order	土类 Soil great group	亚类 Soil subgroup	土属 Soil genus	土种 Soil species	土层码 Layer code	土层厚度 Depth/cm	颜色 Soil color	质地 Soil texture	土壤结构 Soil structure	pH	有机质 OM/(g/kg)	全氮 TN/(g/kg)	全磷 TP/(g/kg)	全钾 TK/(g/kg)	碱解氮 AN/(mg/kg)	土壤母质 Parent material	剖面点坐标 Profile coordinate	匹配指数 Matching index/%
剖1	铁铝土	红壤	红壤	第四纪红壤	铁砂子红土	A	0—18	暗黄棕色	壤土	粒状	6.3	21.0	0.82	3.16	24.7	119	红色黏土	E 104°29′05.0″ N 23°53′34.7″	84
						B	18—43	浅棕黄色	中壤土	小块状	7.3	10.5	0.98	1.34	13.8	105			
						3	43—53	灰棕色	壤土	核状									
						4	53—100	黄棕色	轻黏土	块状									
剖2	铁铝土	红壤	红壤	石灰岩红壤	红砂土	A	0—15	棕色	轻壤土	粒状	6.2	29.0	1.46	1.95	31.6	140	石灰岩	E 103°39′08.8″ N 23°44′59.8″	89
						B	15—25	浅棕色	轻壤土	小块状	5.8	24.2	1.36	1.93	31.0	147			
						3	25—100	红棕色	重壤土	块状									
剖3	初育土	紫色土	石灰性紫色土	红紫泥土	红羊肝土	A	0—19	紫棕色	重壤土	块状	6.8	8.3	0.88	3.40	13.3	57		E 103°50′17.9″ N 23°48′10.4″	82
						B	19—56	棕色	轻壤土	块状	6.7	16.8	0.80	1.89	5.6	66			
						3	56—100	红棕色	黏壤土	片状									
剖4	初育土	石灰(岩)土	黑色石灰土	黑泡土	棕泡土	A	0—16	棕色	中壤土	粒状	7.5	30.2	1.45	0.74	37.5	165		E 104°07′12.4″ N 23°43′03.4″	73
						B	16—40	暗棕色	中壤土	块状	7.4	27.2	1.83	2.41	12.7	118			
						3	40—100	红棕色	中壤土	块状									
剖5	初育土	石灰(岩)土	黑色石灰土	黑泡土	黑泡土	A	0—14	黑棕色	轻壤土	粒状	7.0	52.1	2.13	4.29	14.2	248		E 104°23′14.8″ N 23°48′15.9″	94
						B	14—38	棕棕色	中壤土	块状	6.9	52.1	2.39	1.39	14.9	178			
						3	38—100	棕色	黏壤土	块状									
剖6	铁铝土	红壤	红壤	第四纪红壤	涩红砂土	A	0—22	浅棕色	壤土	粒状	5.6	34.5	1.42	2.36	13.7	139	红色黏土	E 104°20′39.1″ N 23°42′15.8″	96
						B	22—37	红黄色	壤土	块状	6.0	22.3	9.42	2.20	9.7	74			
						3	37—100	浅黄黑色	中壤土	小块状									
剖7	初育土	紫色土	酸性紫色土	棕紫泥土		A	0—23	紫棕色	黏土	粒状	5.0	18.9	1.12	1.00	76.9	92		E 104°27′15.8″ N 23°40′14.5″	86
						B	23—37	紫棕色	轻壤土	小核状	6.6	19.0	0.76	2.31	10.3	52			
						3	37—												
剖8	初育土	石灰(岩)土	黑色石灰土	黑泡土		A	0—13	棕灰色	轻壤土	粒状	7.9	92.1	4.36	5.25	43.3	405		E 104°35′28.7″ N 23°48′01.8″	81
						B	13—42	暗棕灰色	重黏土	块状	7.6	77.0	3.47	7.69	44.0	367			
						3	42—100	暗灰棕色	黏土	小块状									
剖9	初育土	紫色土	石灰性紫色土	红紫泥土		A	0—8	红棕色	轻壤土	粒状	7.9	14.6	0.84	0.75	51.2	55		E 103°40′44.0″ N 23°39′14.8″	89
						BC	8—15	紫棕色	壤土	块状	7.0	25.3	0.79	1.12	2.7	130			
剖10	铁铝土	红壤	红壤	石灰岩红壤		A	0—4	暗红棕色	砂壤土	粒状	5.6	36.7	0.88	1.26	15.8	245	石灰岩	E 103°36′10.1″ N 23°33′24.8″	99
						B	4—54	红棕色	中壤土	核状	5.4	44.5	0.86	1.71	7.6	152			
						3	54—100												
剖11	铁铝土	红壤	红壤	石灰岩红壤	黄红土	A	0—14	浅灰色	砂壤土	粒状	6.0	10.8	1.48	0.77	11.3	109	石灰岩	E 103°38′59.6″ N 23°32′40.8″	86
						B	14—23	浅灰色	砂壤土	粒状	5.6	12.6	0.77	0.52	9.8	116			
剖12	水稻土	淹育水稻土	红壤性淹育水稻土	灰泡土田		A	0—18	灰白色	砂土	粒状	7.5	18.5	0.82	1.19	2.0	139		E 104°21′07.2″ N 23°39′17.2″	84
						P	18—28	灰白色	砂土	柱状	7.6	12.0	0.96	0.81	8.5	85			
						3	28—100	棕色	中壤土	粒状									
剖13	铁铝土	红壤	红壤	第四纪红壤	鸡粪土	A	0—25	浅红色	重壤土	粒状	7.7	21.3	1.50	1.44	32.5	124	红色黏土	E 104°23′26.9″ N 23°33′24.8″	83
						B	25—70	暗红色	砂壤土	柱状	7.1	18.3	0.73	3.57	23.4	46			
						3	70—100	灰白色	砂土	小块状									
剖14	铁铝土	红壤	黄红壤	砂页岩黄红壤	白砂土	A	0—10	灰灰色	轻壤土	粒状	5.6	32.3	1.07	0.62	8.2	153	砂页岩	E 104°15′38.2″ N 23°32′51.4″	71
						B	10—23	浅灰黄色	轻壤土	粒状	5.4	21.2	0.95	1.37	1.5	111			
						3	23—100	灰黄色	轻壤土	粒状									

续表 Continued

剖面号 Soil profile	土纲 Soil order	土类 Soil great group	亚类 Soil subgroup	土属 Soil genus	土种 Soil species	土层码 Layer code	土层厚度 Depth/cm	颜色 Soil color	质地 Soil texture	土壤结构 Soil structure	pH	有机质 OM/(g/kg)	全氮 TN/(g/kg)	全磷 TP/(g/kg)	全钾 TK/(g/kg)	碱解氮 AN/(mg/kg)	土壤母质 Parent material	剖面点坐标 Profile coordinate	匹配指数 Matching index/%
剖15	人为土	水稻土	淹育水稻土	紫色土性淹育水稻土	红羊肝土田	A	0—18	紫色	轻壤土	粒状	7.5	8.9	0.98	0.99	7.9	56		E 104°18′49.4″ N 23°31′43.8″	70
						P	18—30	紫色	中壤土	柱状	8.0	13.5	0.89	0.73	14.8	64			
						3	30—100	紫色	黏土	块状									
剖16	铁铝土	红壤	黄红壤	砂页岩黄红壤		A	0—10	灰黄色	轻壤土	粒状	4.6	16.1	1.48	1.01	80.2	78	砂页岩	E 104°32′34.4″ N 23°35′47.0″	82
						B	10—28	橙色	中壤土	核状	4.6	35.6	1.35	1.08	76.5	128			
						3	28—100	浅红黄色	重壤土	小块状									
剖17	人为土	水稻土	淹育水稻土	红壤性淹育水稻土	黄砂泥田	A	0—16	灰黄色	砂壤土	核状	5.2	49.4	0.88	0.99	35.6	98		E 104°30′46.4″ N 23°26′50.6″	90
						P	16—24	褐色	砂壤土	小块状	5.4	49.7	0.85	1.18	74.5	103			
						3	24—30	浅棕黄色	砂壤土	小块状									
						4	30—70	黄色	砂壤土										
						5	70—100	浅黄棕色	砂壤土	粒状									

西畴县

主要土类说明

石灰（岩）土是西畴县主要土壤类型，占本县地域面积的 47%，分布在溶岩山区的石灰岩丘陵地带。原生植被大多被破坏。成土母质为石灰岩。成土过程以风化、富铝化和灰化作用为主。土壤有机质和养分含量较高，结构和耕性较好，黏粒细，pH 为 6.5—8.5，呈中性至微碱性，土层浅薄，表层粒状结构发达。该土壤碳酸钙淋溶程度不一，有不均质的石灰反应。本县石灰（岩）土分为红色石灰土、黄色石灰土、黑色石灰土等亚类。红色石灰土分布在低海拔的石灰岩地区，由于气温高，水合氧化铁脱水结晶形成赤铁矿，形成鲜红色的红色石灰土。土壤具有一定的脱硅富铝化特征，游离氧化铁的水化度低，土壤呈红色或红棕色，pH 为 6.0—7.0。黄色石灰土分布在环境潮湿的地区，游离氧化铁的水化度较高，土壤呈黄色或黄棕色。黑色石灰土分布在高海拔的石灰岩地区，富含碳酸钙和腐殖质，有机质积累作用明显，肥力高，呈中性至微碱性。

红壤是西畴县第二大土壤类型，占本县地域面积的 29%，分布在海拔 668—1963m 的山区。植被为常绿阔叶林。成土母质为石灰岩、砂页岩和玄武岩。成土过程以矿物风化淋溶和生物富集为主。土体深厚，剖面层次发育完整。本县红壤分为红壤、黄红壤等亚类。红壤亚类呈中度脱硅富铝化特征，具 A–Bs–Bv 或 A–Bs–C 剖面构型。黏土矿物以高岭石、赤铁矿为主，黏粒硅铝率为 1.8—2.4，风化淋溶系数小于 0.2，盐基饱和度小于 35%，pH 为 4.5—5.5，有效养分含量低，特别是速效磷含量低。表土呈浅棕红色至暗红棕色，为粒状至块状结构。淀积层可见深厚的红、黄、白相间的网纹状红色黏土。黄红壤土体上部有黄化现象，以黄橙色或橙色为主，下部仍以高岭石为主，伴有蛭石和三水铝石。

黄壤占本县地域面积的 18%，分布在海拔 1240—1800m 的冷凉多雨地带，所处部位海拔比红壤高。植被为湿性常绿阔叶林和苔藓常绿阔叶林。成土过程以脱硅富铝化、生物富集和黄化过程为主。黏土矿物以蛭石为主，其次为高岭石和伊利石。

赤红壤占本县地域面积的 5%，主要分布在海拔 800—1200m 的低热河谷。植被为常绿阔叶林、云南松、混交林、草本植物、蕨类等。成土母质为砂页岩。成土过程以富铝化作用和生物积累作用为主。

小于本县地域面积 3% 的土壤类型有水稻土。

本区域中心区气候特征

本区域中心区气候特征值
Regional climate characteristics in central area of the region

气候带：南亚热带湿润气候 Climate region: South subtropical humid climate	
年平均气温 /℃ Annual average temperature /℃	19.4
年平均最高气温 /℃ Annual average maximum temperature /℃	25.0
年平均最低气温 /℃ Annual average minimum temperature /℃	15.6
年降水量 /mm Annual precipitation /mm	1026
≥10℃的积温 /℃ Daily temperature accumulated in a year (≥10℃) /℃	7058
年日照时数 /h Annual sunshine /h	1934
年平均相对湿度 /% Annual average relative humidity /%	75
干燥度 Dryness	1.14

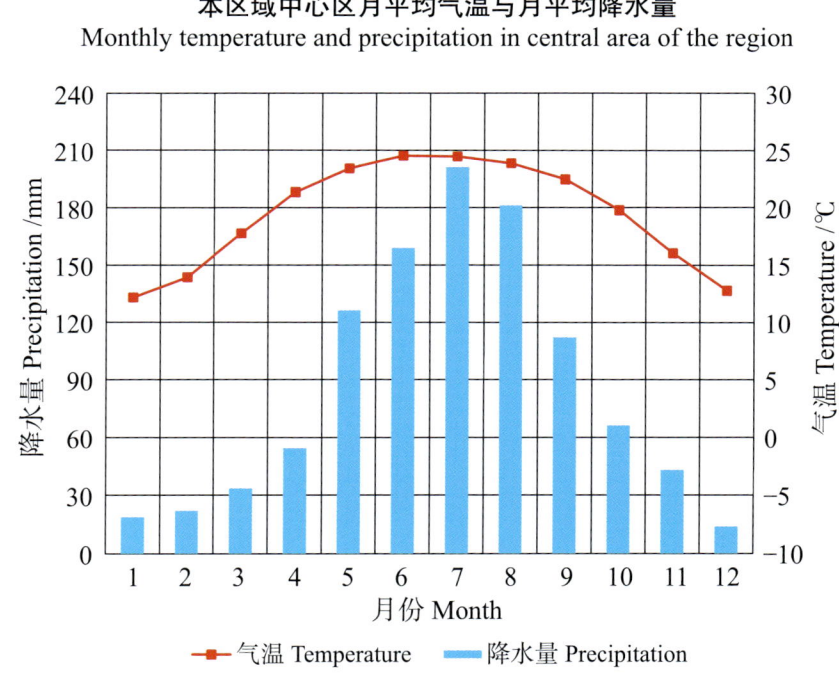

本区域中心区月平均气温与月平均降水量
Monthly temperature and precipitation in central area of the region

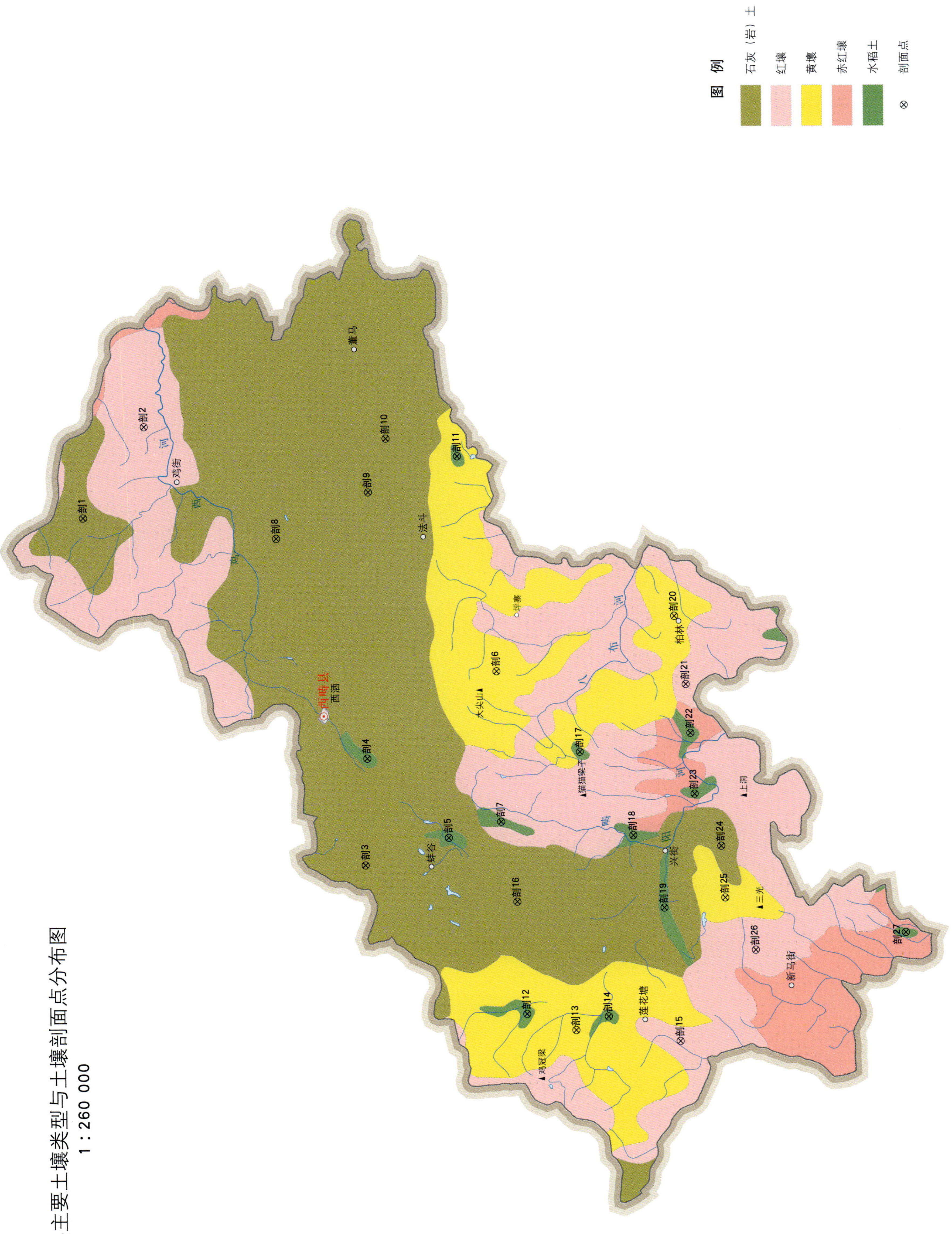

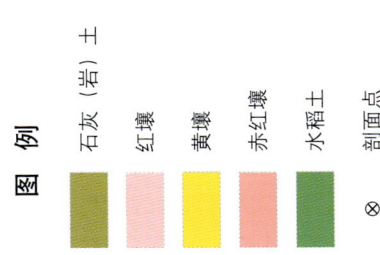

西畴县土壤剖面理化性状表

剖面号 Soil profile	土纲 Soil order	土类 Soil great group	亚类 Soil subgroup	土属 Soil genus	土种 Soil species	土层码 Layer code	土层厚度 Depth/cm	颜色 Soil color	质地 Soil texture	土壤结构 Soil structure	pH	有机质 OM/(g/kg)	全氮 TN/(g/kg)	全磷 TP/(g/kg)	全钾 TK/(g/kg)	碱解氮 AN/(mg/kg)	有效磷 AP/(mg/kg)	阳离子交换量 CEC/(cmol/kg)	土壤母质 Parent material	剖面点坐标 Profile coordinate	匹配指数 Matching index/%
剖1	初育土	石灰（岩）土	黄色石灰土	黄泡土	黄泡土	A	0—12		轻壤土	核状	7.1	32.5	2.10	0.30	14.9					E 104°47′35.5″ N 23°34′44.4″	98
						B	12—45		中壤土	小块状											
						C	45—67		重壤土	柱状											
剖2	铁铝土	红壤	黄红壤	酸性岩类黄红壤	白砂土	A	0—13		粉砂土	小核状	7.2	15.0	1.20	0.50	28.4				酸性母岩	E 104°50′58.6″ N 23°32′37.3″	97
						B	13—38		粉砂土	核状											
						C	38—85		砂土	碎屑状											
剖3	初育土	石灰（岩）土	黑色石灰土	黑泡土	黑泡土	A	0—22	棕色	壤土	团粒状	7.5	48.5	3.11	3.27	8.8					E 104°34′38.6″ N 23°25′02.3″	79
						AC	22—34	暗棕色	壤土	核粒状	7.4	40.5	2.20	2.31	9.8						
						C	34—73	浅棕色	黏壤土	核粒状	7.3	36.6	1.80	2.11	11.8						
剖4	人为土	水稻土	潴育水稻土	冲积性潴育水稻土	淡黄泥田	A	0—7		壤土	核状	5.3	32.3	1.50	0.90	22.4					E 104°38′38.0″ N 23°24′58.0″	92
						P	7—13		壤土	核状											
						W	13—33		壤土	块状											
						B	33—50		壤土	核状											
剖5	人为土	水稻土	潴育水稻土	冲积性潴育水稻土	灰砂泥田	A	0—16		中壤土	微团粒状	6.4	28.0	1.70	0.50	26.4				冲积物	E 104°35′39.5″ N 23°22′09.5″	89
						P	16—20		砂壤土	小块状											
						B	20—60		砂壤土	核状											
剖6	铁铝土	黄壤	黄壤	砂页岩黄壤	大黄泡土	A	0—15		轻砂壤土	小块状	6.4	29.2	1.30	0.30	32.1				砂页岩	E 104°41′52.4″ N 23°20′29.4″	81
						B	15—30		轻砂壤土	小块状											
						C	30—70		轻壤土	核状											
剖7	人为土	水稻土	淹育水稻土	冲积性淹育水稻土	黄泥田	A	0—14		中壤土	小块状	6.2	2.1	1.30	9.40					冲积物	E 104°36′15.5″ N 23°20′21.1″	94
						P	14—18		重壤土	核状											
						B	18—67			块状		0.3	1.30	4.90							
剖8	初育土	石灰（岩）土	黑色石灰土	钙质石灰土	钙质石灰土	A	0—10	棕色	轻壤土	块状	7.6	20.5	1.30	0.40	20.7					E 104°46′49.1″ N 23°28′04.4″	87
						B	10—25	棕色	中壤土	鳞片状											
						B_1	25—55	棕色	重壤土	鳞片状											
						B_2	55—61	棕黄色	重壤土	鳞片状											
						C	61—80	黄色	重壤土	团粒状											
剖9	初育土	石灰（岩）土	黄色石灰土	黄泡土	黄泡泥	A	0—16		中壤土	核状	6.9	36.1	1.40	2.10	5.2					E 104°48′31.3″ N 23°24′53.6″	91
						B	16—27		中壤土	团粒状											
						C	27—80		壤土	块状											
剖10	初育土	石灰（岩）土	黑色石灰土	黑泡土	黑鸡粪土	A	0—24		中壤土	核状	6.9	50.0	1.20	2.60	5.9					E 104°50′31.2″ N 23°24′16.6″	80
						B	24—26		黏土	小块状											
						C	26—100		轻壤土	核状						669	56.6	29.1			
剖11	人为土	水稻土	潴育水稻土	湖积性潴育水稻土	黑泥田	A	0—13		中壤土	块状	7.3	24.8	1.80	1.00	20.3	606	56.3	24.0	湖积物	E 104°49′51.6″ N 23°21′48.6″	91
						P	13—17		砂壤土	小块状						53	37.3	23.6			
						Pc	17—50		轻砂壤土	柱状											
剖12	人为土	水稻土	淹育水稻土	红壤性淹育水稻土	黄泥田	A	0—10		壤土	核状	5.1	34.0	1.20	0.50	14.8					E 104°29′07.8″ N 23°19′28.9″	75
						B	10—14		中壤土	核状											
						C	44—70														
剖13	铁铝土	黄壤	黄壤	砂页岩黄壤	黄泥土	A	0—17												砂页岩	E 104°28′31.8″ N 23°17′47.4″	73
						B	17—50														
						C	50—														

续表 Continued

剖面号 Soil profile	土纲 Soil order	土类 Soil great group	亚类 Soil subgroup	土属 Soil genus	土种 Soil species	土层码 Layer code	土层厚度 Depth/cm	颜色 Soil color	质地 Soil texture	土壤结构 Soil structure	pH	有机质 OM/(g/kg)	全氮 TN/(g/kg)	全磷 TP/(g/kg)	全钾 TK/(g/kg)	碱解氮 AN/(mg/kg)	有效磷 AP/(mg/kg)	阳离子交换量CEC/(cmol/kg)	土壤母质 Parent material	剖面点坐标 Profile coordinate	匹配指数 Matching index/%
剖14	人为土	水稻土	潴育水稻土	冲积性潴育水稻土	砂姜翠黑泥田	A	0—8		轻壤土	核状	7.5	56.8	2.30	0.20	7.0					E 104°29′02.0″ N 23°16′40.1″	73
						P	8—13		轻壤土	碎屑状											
						W	13—29		砂壤土	小鳞片状											
						B	29—49		砂壤土	小块状											
						C	49—80		砂壤土	碎屑状											
剖15	铁铝土	黄红壤	酸性岩类黄红壤	红砂泥土	A	0—15		轻壤土	核状	7.0	22.0	1.10	0.40	14.6					E 104°28′08.2″ N 23°14′11.3″	100
						B	15—40		轻砂土	核状											
						C	40—100		中壤土	小块状											
剖16	初育土	石灰(岩)土	黄色石灰土	黄泡土	黄灰土	A	0—12		砂壤土	核状	5.5	43.1	1.90	0.40	12.9					E 104°33′17.3″ N 23°19′48.4″	87
						B	12—52		中壤土	小柱状											
						C	52—74		中壤土	大块状											
剖17	人为土	水稻土	潴育水稻土	湖积性潴育水稻土	黄泥田	A	0—12		轻壤土	块状	7.0	32.3	1.20	0.50	32.7				湖积物	E 104°38′52.4″ N 23°17′37.3″	97
						P	12—30		轻壤土	小块状											
						W	30—60		中壤土	碎屑状											
						C	60—90		中壤土	块状											
剖18	人为土	水稻土	潴育水稻土	冲积性潴育水稻土	河砂田	A	0—15	暗黄棕色	粉砂壤土	微团粒状	6.5	27.7	1.40	0.20	32.4				冲积物	E 104°35′45.2″ N 23°15′47.5″	95
						P	15—20	褐色	粉砂壤土	粒状											
						W	20—33	栗色	砂壤土	粒状											
						B	33—54	栗色	轻壤土	小粒状											
						C	54—100	暗灰黄色	中壤土	粒状											
剖19	人为土	水稻土	潴育水稻土	冲积性潴育水稻土	锈水田	A	0—15		轻壤土	微团粒状	7.5	38.3	2.20	0.80	24.1				冲积物	E 104°33′03.2″ N 23°14′43.4″	93
						P	15—20		轻砂质壤土	块状											
						G	20—45		粉砂质壤土	块状											
						B	45—90														
剖20	黄壤	黄壤	砂页岩黄壤	黄夹壤土	A	0—16		壤土	团粒状	6.8	74.8	2.10	0.90	12.9				砂页岩	E 104°43′55.2″ N 23°14′20.4″	98
						B	16—47		中壤土	小块状											
						C	47—100		砂壤土	团粒状											
剖21	铁铝土	红壤	酸性岩类红壤	黄红壤	A	0—15		砂壤土	核状	6.1	23.1	1.00	0.30	18.9				酸性母岩	E 104°41′22.9″ N 23°13′57.4″	93
						B	15—60		中壤土	团粒状											
剖22	人为土	水稻土	潴育水稻土	冲积性潴育水稻土	白泥田	A	0—14		中壤土	小块状	6.5	23.3	1.50	0.50	18.0				冲积物	E 104°39′34.2″ N 23°13′48.0″	94
						B	14—20		中壤土	块状											
						C	20—40		粉砂土	小块状											
							40—100														
剖23	人为土	水稻土	潴育水稻土	黑泡土	青胶泥田	A	0—15		中壤土	块状	7.7	30.0	1.50	0.80	32.7				冲积物	E 104°37′18.5″ N 23°13′40.1″	70
						B	15—20		中壤土	大块状											
						C	20—32		轻壤土	大块状											
							32—80														
剖24	初育土	石灰(岩)土	黑色石灰土	淡黑泡土	A	0—24		壤土	团粒状	7.0	27.2	0.70	1.98	7.1					E 104°35′21.5″ N 23°12′45.4″	76
						B	24—26		轻壤土	小核状											
						C	26—100		轻壤土	核状											
剖25	黄壤	黄壤	砂页岩黄壤	灰泥土	A	0—15		轻砂土	块状	7.0	22.9	3.00	0.50	32.3				砂页岩	E 104°33′25.7″ N 23°12′37.4″	87
						B	15—35		轻砂土	块状											
						C	35—100		粉砂土	块状											
剖26	铁铝土	红壤	黄红壤	酸性岩类黄红壤	黄砂泥土	A	0—13		粉砂土	小核状	6.2	39.0	1.50	0.50	25.0					E 104°31′29.6″ N 23°11′34.4″	87
						B	13—38		粉砂土	核状											
						C	38—85		砂壤土	碎屑状											

续表 Continued

剖面号 Soil profile	土纲 Soil order	土类 Soil great group	亚类 Soil subgroup	土属 Soil genus	土种 Soil species	土层码 Layer code	土层厚度 Depth/cm	颜色 Soil color	质地 Soil texture	土壤结构 Soil structure	pH	有机质 OM/(g/kg)	全氮 TN/(g/kg)	全磷 TP/(g/kg)	全钾 TK/(g/kg)	碱解氮 AN/(mg/kg)	有效磷 AP/(mg/kg)	阳离子交换量CEC/(cmol/kg)	土壤母质 Parent material	剖面点坐标 Profile coordinate	匹配指数 Matching index/%
剖27	人为土	水稻土	潴育水稻土	紫色土性潴育水稻土	紫砂泥田	A	0—12		粉砂土	微团粒状	6.8	27.6	0.60	0.40	19.6					E 104°32′08.2″ N 23°06′23.4″	93
						P	12—27		粉砂土	小核状											
						W	27—58		粉砂土	小核状											
						B	58—128		粉砂土	小核状											

麻栗坡县

主要土类说明

红壤是麻栗坡县主要土壤类型，占本县地域面积的36%，分布在海拔800—2200m的中山丘陵陡坡、缓坡和平地。植被为常绿阔叶林等。成土母质为石灰岩、砂页岩和玄武岩。成土过程以脱硅富铝化和生物富集为主。土体深厚，剖面层次发育完整。本县红壤分为红壤、黄红壤等亚类。红壤亚类呈中度脱硅富铝化特征，具A–Bs–Bv或A–Bs–C剖面构型。黏土矿物以高岭石、赤铁矿为主，黏粒硅铝率为1.8—2.4，风化淋溶系数小于0.2，盐基饱和度小于35%，pH为4.5—5.5，有效养分含量低，特别是速效磷含量低。表土呈浅棕红色至暗红棕色，为粒状至块状结构。淀积层可见深厚的红、黄、白相间的网纹状红色黏土。黄红壤所处区域水分条件较优，土体上部有黄化现象，以黄橙色或橙色为主，下部仍以高岭石为主，伴有蛭石和三水铝石。

赤红壤是麻栗坡县第二大土壤类型，占本县地域面积的24%，分布在海拔800—1200m的低山河谷。成土母质以各种母岩风化残积物和坡积物为主。成土过程以富铝化作用和生物积累作用为主。本县赤红壤分为赤红壤、黄色赤红壤等亚类。其中，黄色赤红壤面积较大，具A–Bs–C剖面构型，土体中氧化铁等矿物的水合度较高，有较明显的黄化层，土壤有机质和游离铁的活化度均高于典型的赤红壤，pH一般低于5.5，有明显的脱硅富铝化作用。次生黏土矿物中伊利石比基岩少13%—19%，高岭石和绿泥石比基岩多15%—20%。

黄壤是麻栗坡县第三大土壤类型，占本县地域面积的16%，分布在气候冷凉、潮湿、云雾多的山区。植被为湿性常绿阔叶林和苔藓常绿阔叶林。成土过程以脱硅富铝化、生物富集和黄化过程为主。黏土矿物以蛭石为主，其次为高岭石和伊利石。

石灰（岩）土占本县地域面积的16%，分布在溶岩山区的石灰岩丘陵地带。植被以常绿落叶阔叶林为主。成土母质为石灰岩。成土过程以风化过程、富铝化和灰化作用为主。土壤有机质和养分含量较高，结构和耕性较好，黏粒细，pH为6.5—8.5，呈中性至微碱性，土层浅薄，表层粒状结构发达。该土壤碳酸钙淋溶程度不一，有不均质的石灰反应。本县石灰（岩）土分为黄色石灰土、黑色石灰土等亚类。黄色石灰土分布在环境潮湿的地区，游离氧化铁的水化度较高，土壤呈黄色或黄棕色。黑色石灰土分布在高海拔的石灰岩地区，富含碳酸钙和腐殖质，有机质积累作用明显，肥力高，呈中性至微碱性。

黄棕壤占本县地域面积的5%，分布在海拔2200—2400m的中山坡地上部。成土母质多为砂页岩及花岗岩风化物。成土过程受淋溶、黏化及弱富铝化作用的影响。土层弱度富铝化，黏聚现象明显，呈黄棕色，具A–B–C或A–（B）–C剖面构型。

小于本县地域面积3%的土壤类型有水稻土和砖红壤。

本区域中心区气候特征

本区域中心区气候特征值
Regional climate characteristics in central area of the region

气候带：南亚热带湿润气候 Climate region: South subtropical humid climate	
年平均气温 /℃ Annual average temperature /℃	20.0
年平均最高气温 /℃ Annual average maximum temperature /℃	25.5
年平均最低气温 /℃ Annual average minimum temperature /℃	16.2
年降水量 /mm Annual precipitation /mm	1062
≥10℃的积温 /℃ Daily temperature accumulated in a year (≥10℃) /℃	7252
年日照时数 /h Annual sunshine /h	1865
年平均相对湿度 /% Annual average relative humidity /%	76
干燥度 Dryness	1.13

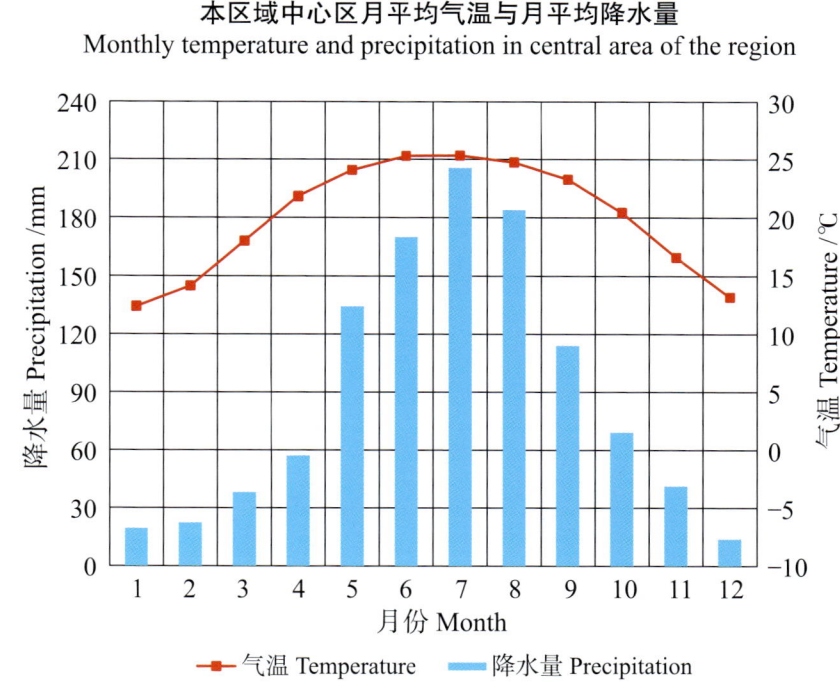

本区域中心区月平均气温与月平均降水量
Monthly temperature and precipitation in central area of the region

麻栗坡县主要土壤类型与土壤剖面点分布图
1：350 000

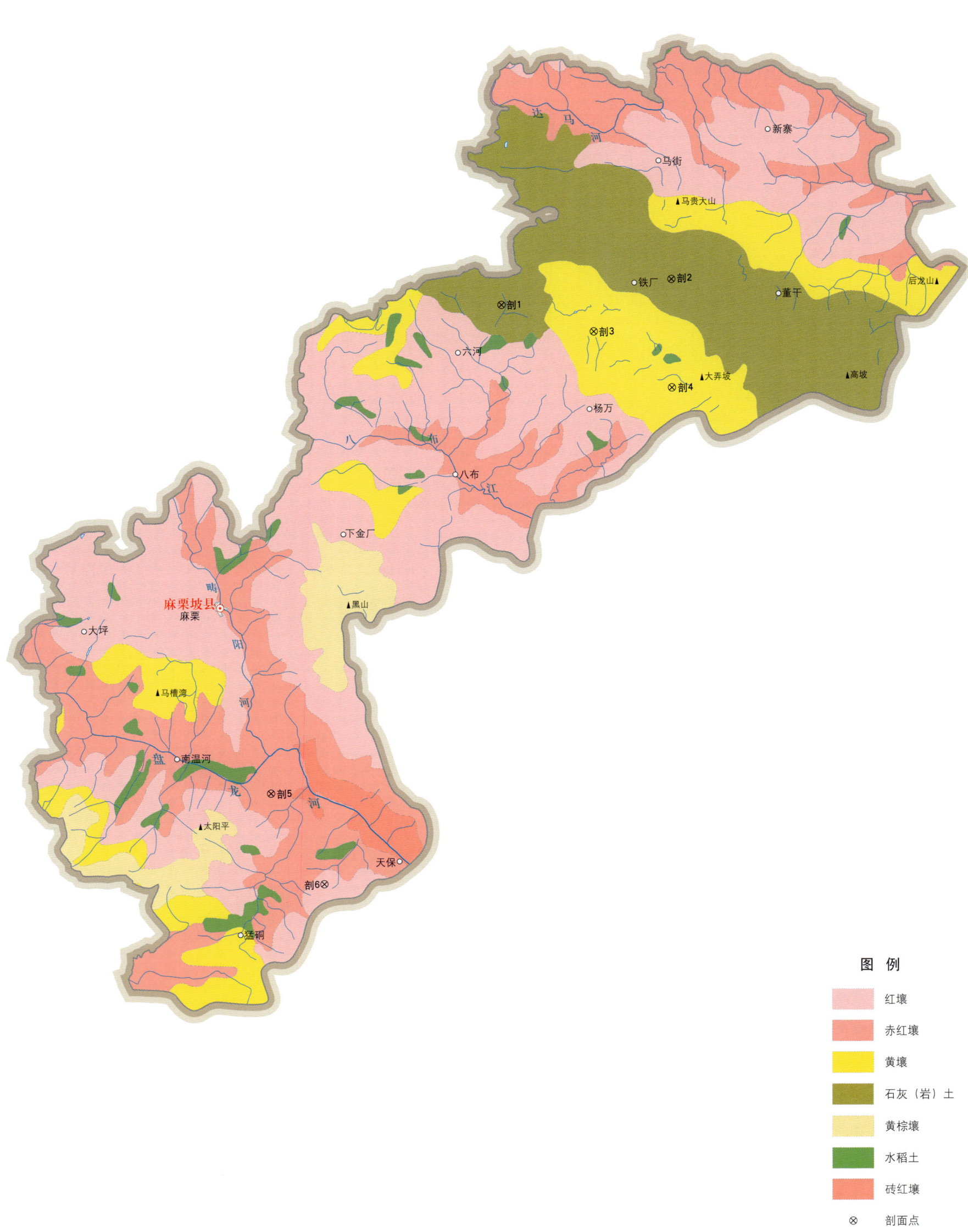

麻栗坡县土壤剖面理化性状表

剖面号 Soil profile	土纲 Soil order	土类 Soil great group	亚类 Soil subgroup	土属 Soil genus	土种 Soil species	土层码 Layer code	土层厚度 Depth/cm	颜色 Soil color	质地 Soil texture	土壤结构 Soil structure	pH	有机质 OM/(g/kg)	全氮 TN/(g/kg)	全磷 TP/(g/kg)	全钾 TK/(g/kg)	碱解氮 AN/(mg/kg)	有效磷 AP/(mg/kg)	阳离子交换量CEC/(cmol/kg)	剖面点坐标 Profile coordinate	匹配指数 Matching index/%
剖1	初育土	石灰（岩）土	黄色石灰土	黄泡土	黄泡泥	A	0—17	暗灰黄色	多砾质砂壤土	粒状	6.0	42.6	2.19	0.50	1.4	424	2.1	10.4	E 104°55′49.6″ N 23°21′16.3″	91
						B	17—47	浅黄棕色	多砾质黏壤土	小块状	5.9	10.4	0.66	0.41	2.7	130	0.6	7.5		
						C	47—100	黄棕色	多砾质黏壤土	块状	6.6	9.5	0.96	0.41	2.8	138	0.6	5.5		
剖2	初育土	石灰（岩）土	黄色石灰土	黄泡土	黄泡土	A	0—17	暗灰黄色	多砾质砂壤土	粒状	6.0	42.6	2.19	0.50	1.4			10.4	E 105°04′14.5″ N 23°22′25.3″	84
						B	17—47	浅黄棕色	多砾质黏壤土	小块状	5.9	10.5	0.66	0.41	2.8			7.5		
						C	47—100	黄棕色	多砾质砂壤土	块状	6.6	9.5	0.96	0.41	2.8			5.5		
剖3	铁铝土	黄壤		粗粒结晶岩类黄壤	淡黄砂土	A	0—15	暗黄棕色	砂壤土	粒状	5.5	33.0	1.77	1.25	16.8				E 105°00′23.8″ N 23°20′02.8″	80
						B	15—40	暗灰棕色	砂壤土	核状										
剖4	铁铝土	黄壤		碳酸岩类黄壤	黄泥土	A	0—20	灰黄棕色	轻壤土	核粒状	5.6	18.0	1.40	0.47	18.1			7.7	E 105°04′15.5″ N 23°17′30.3″	91
						B	20—41	灰黄棕色	轻壤土	小块状										
剖5	铁铝土	赤红壤	黄色赤红壤	粗粒结晶岩类黄色赤红壤		A	0—17	暗黄棕色	多砾质砂壤土	小粒状	4.6	39.0	1.60	0.30	17.6			7.6	E 104°44′26.2″ N 22°59′08.1″	73
						B	17—48	浅黄棕色	多砾质黏土	碎屑状	5.5	7.5	0.34	0.24	13.6			6.2		
						C	48—100		多砾质砂壤土		5.7	1.1	0.12	0.19	20.4			10.4		
剖6	铁铝土	红壤		粗粒结晶岩类红壤	灰黄砂土	A	0—18	褐色	多砾质细砂土		5.4	54.0	1.63	0.60	24.5			9.2	E 104°47′04.4″ N 22°54′59.9″	80
						B	18—50	暗棕色	多砾质细砂土		5.0	46.2	1.24	0.45	24.7			6.2		
						C	50—100	红色	多砾质面砂土	屑粒状	5.1	28.9	0.63	0.34	23.9					

马 关 县

主要土类说明

红壤是马关县主要土壤类型，占本县地域面积的54%，分布在海拔800—2200m的中山丘陵陡坡、缓坡和平坝。植被为常绿阔叶林等。成土母质为石灰岩、砂页岩和玄武岩。成土过程以脱硅富铝化和生物富集为主。土体深厚，剖面层次发育完整。本县红壤分为红壤、黄红壤等亚类。红壤亚类呈中度脱硅富铝化特征，具A-Bs-Bv 或 A-Bs-C 剖面构型。黏土矿物以高岭石、赤铁矿为主，黏粒硅铝率为1.8—2.4，风化淋溶系数小于0.2，盐基饱和度小于35%，pH为4.5—5.5，有效养分含量低，特别是速效磷含量低。表土呈浅棕红色至暗红棕色，为粒状至块状结构。淀积层可见深厚的红、黄、白相间的网纹状红色黏土。黄红壤所处区域水分条件较优，土体上部有黄化现象，以黄橙色或橙色为主，下部仍以高岭石为主，伴有蛭石和三水铝石。

赤红壤是马关县第二大土壤类型，占本县地域面积的21%，分布在海拔800—1200m的低山河谷。植被为季雨林。成土母质以各种母岩风化残积物和坡积物为主。成土过程以富铝化作用和生物积累作用为主。本县赤红壤分为赤红壤、黄色赤红壤等亚类。赤红壤亚类具A-Bs-C剖面构型，土体脱硅富铝化程度仅次于砖红壤，比红壤强，铁的游离度介于二者之间，土壤呈赤红色。黏粒硅铝率为1.7—2.0，风化淋溶系数为0.05—0.15，盐基饱和度为15%—25%，pH为4.5—5.5。黄色赤红壤土体中氧化铁等矿物的水合度较高，有较明显的黄化层，土壤有机质和游离铁的活化度均高于典型的赤红壤，pH一般低于5.5，有明显的脱硅富铝化作用。次生黏土矿物中伊利石比基岩少13%—19%，高岭石和绿泥石比基岩多15%—20%。

黄壤占本县地域面积的11%，分布在气候冷凉、潮湿、云雾多的山区。植被为湿性常绿阔叶林和苔藓常绿阔叶林。成土过程以脱硅富铝化、生物富集和黄化过程为主。黏土矿物以蛭石为主，其次为高岭石和伊利石。黄壤中度富铝化，具O-A-AB-B-C剖面构型。淀积层（B层）富含水合氧化物（针铁矿），呈黄色，有时含三水铝石。土壤有机质含量较高，可达100g/kg，pH为4.5—5.5。

石灰（岩）土占本县地域面积的9%，分布在溶岩山区的石灰岩丘陵地带。植被以常绿落叶阔叶林为主。成土母质为石灰岩。成土过程以风化、富铝化和灰化作用为主。土壤有机质和养分含量较高，结构和耕性较好，黏粒细，pH为6.5—8.5，呈中性至微碱性，土层浅薄，表层粒状结构发达。该土壤碳酸钙淋溶程度不一，有不均质的石灰反应。

小于本县地域面积3%的土壤类型有砖红壤、水稻土和黄棕壤。

本区域中心区气候特征

本区域中心区气候特征值
Regional climate characteristics in central area of the region

气候带：南亚热带湿润气候 Climate region: South subtropical humid climate	
年平均气温 /℃ Annual average temperature /℃	19.9
年平均最高气温 /℃ Annual average maximum temperature /℃	25.6
年平均最低气温 /℃ Annual average minimum temperature /℃	16.0
年降水量 /mm Annual precipitation /mm	1027
≥10℃的积温 /℃ Daily temperature accumulated in a year（≥10℃）/℃	7208
年日照时数 /h Annual sunshine /h	1983
年平均相对湿度 /% Annual average relative humidity /%	75
干燥度 Dryness	1.17

本区域中心区月平均气温与月平均降水量
Monthly temperature and precipitation in central area of the region

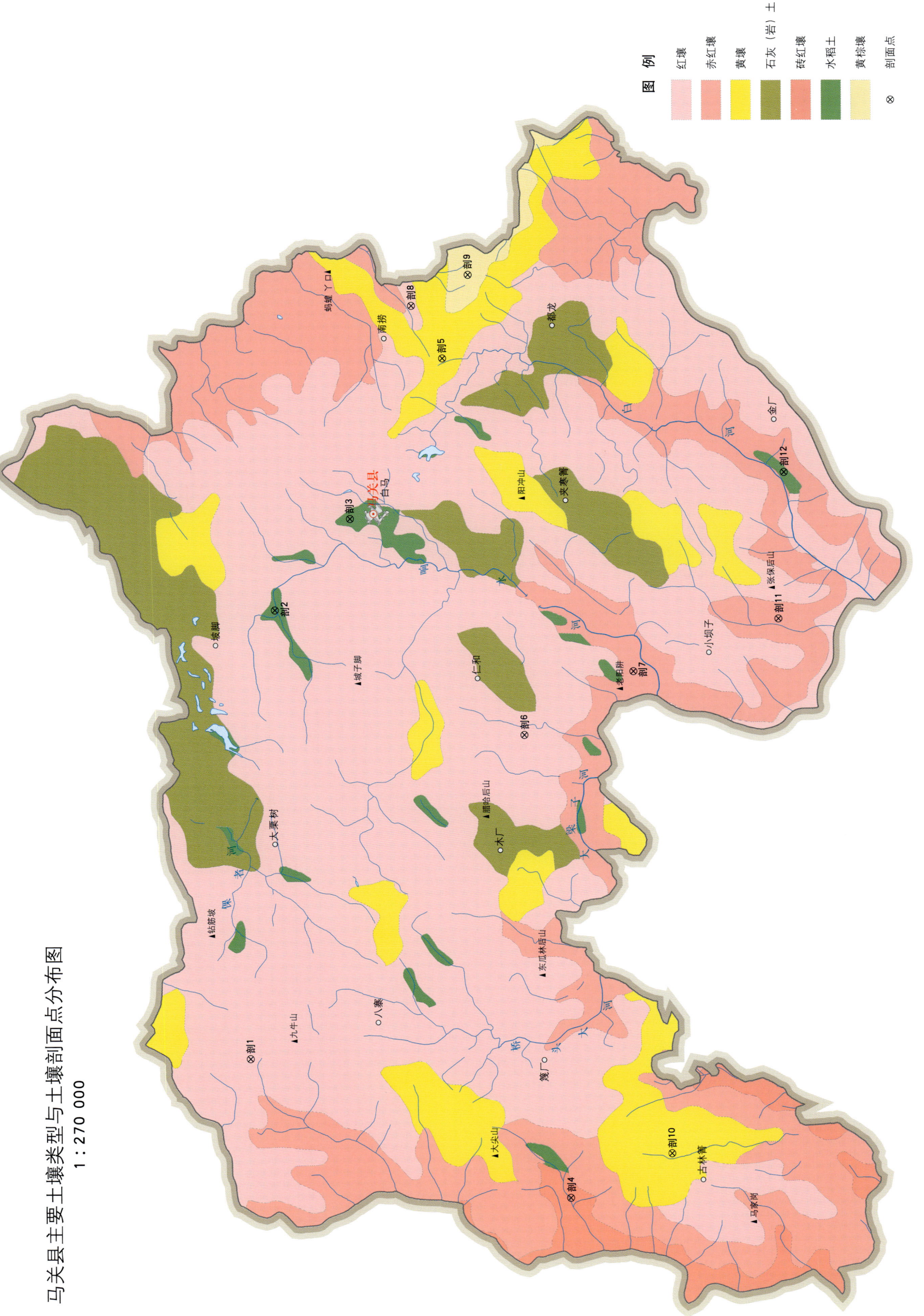

马关县土壤剖面理化性状表

剖面号 Soil profile	土纲 Soil order	土类 Soil great group	亚类 Soil subgroup	土属 Soil genus	土种 Soil species	土层码 Layer code	土层厚度 Depth/cm	颜色 Soil color	质地 Soil texture	土壤结构 Soil structure	pH	有机质 OM/(g/kg)	全氮 TN/(g/kg)	全磷 TP/(g/kg)	全钾 TK/(g/kg)	碱解氮 AN/(mg/kg)	有效磷 AP/(mg/kg)	阳离子交换量 CEC/(cmol/kg)	剖面点坐标 Profile coordinate	匹配指数 Matching index/%
剖1	铁铝土	红壤	黄红壤	棕红土	棕黄红砂泥土	A	0–24	红色	壤土	屑粒状	5.4	23.5	1.67	0.09	20.5	165	1.7		E 104°02′16.4″ N 23°05′14.6″	83
						AB	24–83	浅棕色	壤土	小块状	4.9	20.3	1.34	0.07	24.0	163	0.4			
						B	83–100	浅棕红色	黏壤土	小块状	5.1	13.9	1.01	0.06	23.0	118	0.3			
剖2	人为土	水稻土	潴育水稻土	冲积性潴育水稻土	烂泥田	A	0–10	褐色	轻壤土	小块状	5.8	54.6	2.44	0.80	14.3				E 104°19′57.4″ N 23°04′22.4″	84
						P	10–30	栗色	轻壤土	块状	5.9	62.0	2.51	0.76	15.2					
						G	30–60	黑色	中壤土	块状	5.3	127.1	4.89	0.76	12.1					
剖3	人为土	水稻土	潴育水稻土	红壤性潴育水稻土	黄泥田	A	0–17	浅棕黄色	中壤土	块状	6.6	25.3	1.29	1.34	16.7				E 104°23′34.5″ N 23°01′36.6″	84
						P	17–57	棕色	中壤土	块状	6.8	9.9	0.44	1.03	16.7					
						W	57–80	棕色	中壤土	块状	6.0	16.2	0.92	0.95	19.8					
剖4	铁铝土	砖红壤	黄色砖红壤	砖黄泥	砖黄红泥	B	21–41	红棕色	壤土	核粒状	4.8	40.3	2.38	0.62	15.0	212	5.7		E 103°56′56.0″ N 22°53′29.0″	83
								浅棕红色	壤土	块状	5.0	11.6	1.59	0.63	18.2	119	1.0			
						C	41–62	浅棕红色	黏壤土	块状	5.2	17.9	1.18	0.54	19.9	98	1.6			
剖5	铁铝土	黄壤	黄壤	粗粒结晶岩类黄壤		A₁	0–13	暗棕棕灰色	砂质黏壤土	粒状	5.2	138.7	5.38	2.11	34.0			18.3	E 104°29′54.6″ N 22°58′12.7″	71
						AB	13–23	黄棕色	黏壤土	小块状	5.3	47.7	2.40	1.78	36.2			16.2		
							23–68	黄棕色	黏壤土	小块状	5.5	39.6	2.19	1.82	37.4			13.8		
						B	68–118	浅棕色	壤土	块状	5.6	23.5	1.47	1.51	38.7			12.1		
剖6	铁铝土	红壤	红壤	碳酸盐类黄红壤		A	0–27	浅棕色	轻壤土	小块状	5.5	38.5	2.24	0.40	28.3				E 104°15′05.0″ N 22°55′12.0″	76
						AB	27–54	棕色	轻壤土	小块状	5.3	18.7	1.20	0.30	30.5					
						B	54–100	浅棕红色	轻壤土	小块状	5.5	5.9	0.50	0.20	29.8					
剖7	铁铝土	赤红壤	黄色赤红壤	砂页岩赤红壤		A	0–20	暗棕红色	轻壤土	粒状	4.3	33.5	1.58	0.85	10.7				E 104°17′36.3″ N 22°51′12.3″	89
						AB	20–64	暗棕红色	轻壤土	块状	4.8	15.1	0.88	0.89	11.4					
						B	64–110	暗棕棕红色	中壤土	块状	4.6	17.9	0.76	1.22	13.0					
剖8	铁铝土	红壤	红壤	碳酸盐类黄红壤	黄砂泥土	A	0–29	红棕色	轻壤土	粒状	5.4	23.5	1.67	0.50	29.8				E 104°31′58.8″ N 22°59′21.5″	71
						AB	29–83	浅棕色	轻壤土	小块状	4.9	28.5	1.30	0.30	34.8					
						B	83–100	浅棕红色	中壤土	小块状	5.1	54.9	0.30	0.30	33.4					
剖9	淋溶土	黄棕壤	黄棕壤	粗粒结晶岩类黄棕壤	黄砂泥土	A	0–24	栗色	砂质黏壤土	粒状	3.7	222.6	8.80	2.22	25.0			18.5	E 104°33′11.9″ N 22°57′16.6″	87
						B	24–110	黄色	黏壤土	小块状	4.7	22.0	1.16	1.35	38.3			11.3		
剖10	铁铝土	黄壤	黄壤	泥质岩类黄壤	大黄泥	A	0–21	暗黄棕色	轻壤土	粒状	5.6	29.3	2.05	0.70	40.2				E 103°58′41.2″ N 22°49′45.8″	86
						AB	21–74	浅红黄色	砂壤土	小块状	5.3	11.3	1.10	0.50	30.8					
						B	74–110	红黄色	砂壤土	小粒状	6.1	3.1	0.40	0.40	62.9					
剖11	铁铝土	赤红壤	黄色赤红壤	砂页岩类赤红壤	灰棕土	A	0–15	浅黄棕色	中壤土	粒状	5.4	29.8	2.20	0.70	29.8				E 104°19′41.3″ N 22°45′53.1″	88
						AB	15–65	红棕色	中壤土	块状	4.8	25.5	2.00	0.40	27.8					
						B	65–120	红棕色	中壤土		5.0	15.5	1.60	0.30	30.6					
剖12	人为土	水稻土	潴育水稻土	冲积性潴育水稻土	冷水田	A	0–20	灰棕色	轻壤土	小块状	6.1	35.8	1.50	1.11	55.9				E 104°25′27.5″ N 22°45′41.0″	79
						P	20–40	灰棕色	轻壤土	块状	6.2	33.8	1.38	1.18	57.4					
						G	40–60	棕色	中壤土	块状	6.0	29.2	1.23	1.18	50.4					

丘 北 县

主要土类说明

红壤是丘北县主要土壤类型，占本县地域面积的61%，主要分布在海拔782—2502m的山区、半山区。植被为常绿阔叶林。成土母质主要为第四纪红色黏土和砂页岩。成土过程以脱硅富铝化和生物富集为主。土体深厚，剖面层次发育完整。本县红壤分为红壤、黄红壤、红壤性土等亚类。红壤亚类呈中度脱硅富铝化特征，具A–Bs–Bv或A–Bs–C剖面构型。黏土矿物以高岭石、赤铁矿为主，黏粒中游离铁占全铁的50%—60%，黏粒硅铝率为1.8—2.4，风化淋溶系数小于0.2，盐基饱和度小于35%，pH为4.5—5.5。该亚类具深厚红色土层，底层可见深厚的红、黄、白相间的网纹状红色黏土。黄红壤是红壤向黄壤过渡的土壤类型，所处区域水分条件较优，土体上部有黄化现象，以黄橙色或橙色为主，下部仍以高岭石为主，伴有蛭石和三水铝石。红壤性土属于剖面发育差的幼年红壤，分布在红壤区的山地陡峭地段。其土壤侵蚀严重，心土和底土裸露地表，石砾多，质地偏砂，有机质和速效养分缺乏，肥力低下。

石灰（岩）土是丘北县第二大土壤类型，占本县地域面积的30%，分布在溶岩山区的石灰岩丘陵地带。植被以常绿落叶阔叶林为主。成土母质为石灰岩。成土过程以风化、富铝化和灰化作用为主。土壤有机质和养分含量较高，结构和耕性较好，黏粒细，pH为6.5—8.5，呈中性至微碱性，土层浅薄，表层粒状结构发达。该土壤碳酸钙淋溶程度不一，有不均质的石灰反应。本县石灰（岩）土分为红色石灰土、黄色石灰土、黑色石灰土等亚类。红色石灰土分布在低海拔的石灰岩地区，由于气温高，水合氧化铁脱水结晶形成赤铁矿，形成鲜红色的红色石灰土。土壤具有一定的脱硅富铝化特征，游离氧化铁的水化度低，土壤呈红色或红棕色，pH为6.0—7.0。黄色石灰土分布在环境潮湿的地区，游离氧化铁的水化度较高，土壤呈黄色或黄棕色。黑色石灰土分布在高海拔的石灰岩地区，富含碳酸钙和腐殖质，有机质积累作用明显，肥力高，呈中性至微碱性。

小于本县地域面积3%的土壤类型有赤红壤、水稻土、黄棕壤和黄壤。

本区域中心区气候特征

本区域中心区气候特征值
Regional climate characteristics in central area of the region

气候带：南亚热带湿润气候 Climate region: South subtropical humid climate	
年平均气温 /℃ Annual average temperature /℃	17.9
年平均最高气温 /℃ Annual average maximum temperature /℃	23.5
年平均最低气温 /℃ Annual average minimum temperature /℃	14.0
年降水量 /mm Annual precipitation /mm	1009
≥10℃的积温 /℃ Daily temperature accumulated in a year（≥10℃）/℃	6536
年日照时数 /h Annual sunshine /h	1988
年平均相对湿度 /% Annual average relative humidity /%	75
干燥度 Dryness	1.08

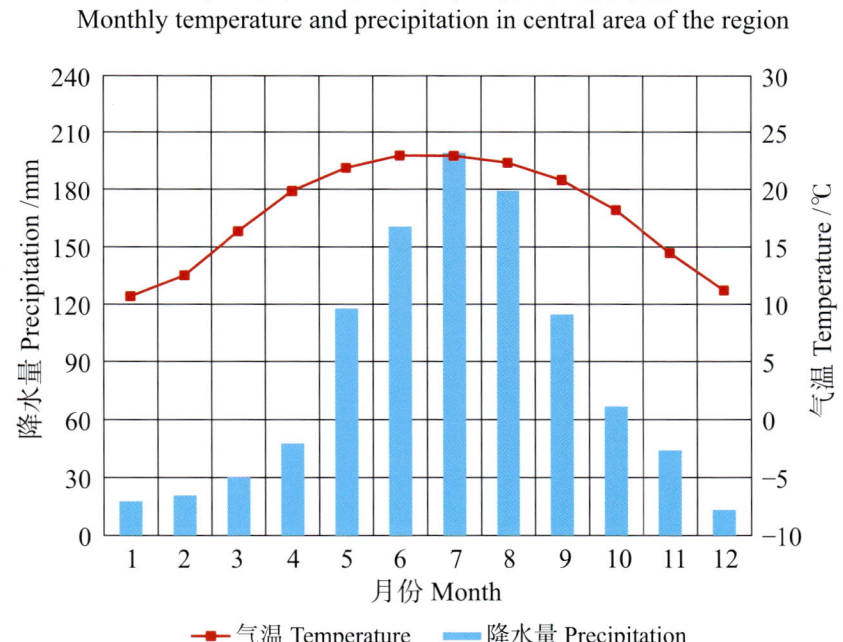

本区域中心区月平均气温与月平均降水量
Monthly temperature and precipitation in central area of the region

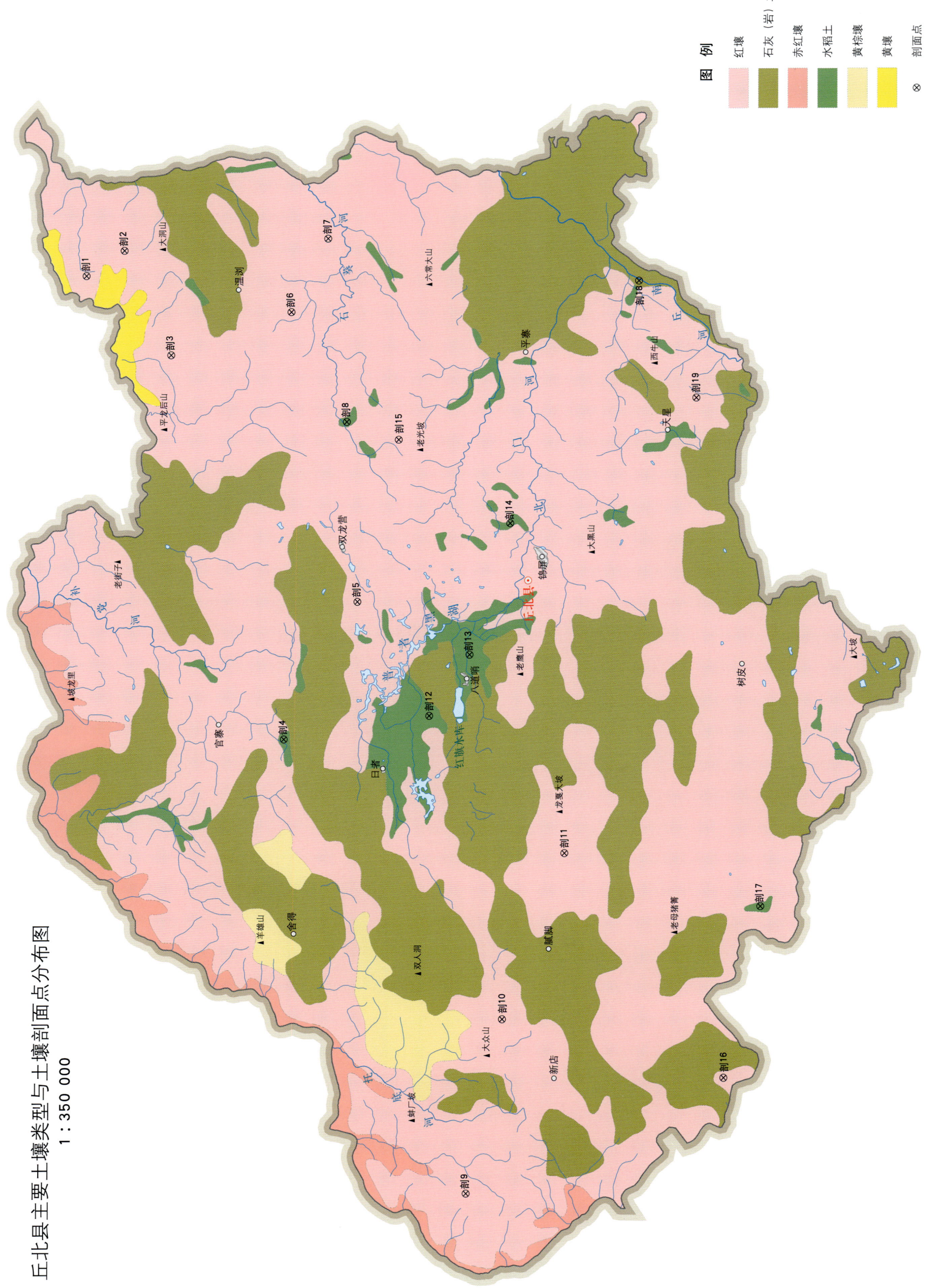

丘北县土壤剖面理化性状表

剖面号 Soil profile	土纲 Soil order	土类 Soil great group	亚类 Soil subgroup	土属 Soil genus	土种 Soil species	土层码 Layer code	土层厚度 Depth/cm	颜色 Soil color	质地 Soil texture	土壤结构 Soil structure	pH	有机质 OM/(g/kg)	全氮 TN/(g/kg)	全磷 TP/(g/kg)	全钾 TK/(g/kg)	碱解氮 AN/(mg/kg)	有效磷 AP/(mg/kg)	阳离子交换量CEC/(cmol/kg)	土壤母质 Parent material	剖面点坐标 Profile coordinate	匹配指数 Matching index/%
剖1	铁铝土	红壤	黄红壤	酸性岩类黄红壤	白砂土	A	0—20	灰棕色	砂壤土	核粒状	6.1	33.1	1.11	0.96					酸性母岩	E 104°25′51.9″ N 24°24′26.0″	90
剖2	铁铝土	红壤	黄红壤	酸性岩类黄红壤	涩红土	B	20—35	黄红棕色	粉砂质壤土	细粒状	5.0	30.8	1.96	0.52					酸性母岩	E 104°27′11.7″ N 24°22′37.6″	76
剖3	铁铝土	红壤	黄红壤	酸性岩类黄红壤	红土	A	0—15	棕红色	轻壤土	粒状									酸性母岩	E 104°21′46.0″ N 24°20′22.2″	77
						B	15—30	红棕色	块壤土	块状	4.5	13.3	0.44	0.32							
剖4	人为土	水稻土	潜育水稻土	冲积性潜育水稻土	黑胶泥田	A	0—15	浅棕红色	轻壤土	细粒状									冲积物	E 104°01′49.4″ N 24°14′51.0″	87
						BC	15—	浅棕红色	中壤土	小块状	8.1	42.1	3.04	0.31							
剖5	铁铝土	红壤	红壤	石灰岩类红壤	浮泥土	A	0—20	灰色	轻壤土	核粒状									石灰岩	E 104°09′00.3″ N 24°11′22.8″	81
						G	20—40	浅棕色	重壤土	块状	7.8	15.5	1.17	1.00							
剖6	铁铝土	红壤	红壤	石灰岩类红壤	红砂土	A	0—22	红黄色	中壤土	小粒状									石灰岩	E 104°24′01.4″ N 24°14′37.3″	95
						B	20—57	黄红色	轻壤土	粒状	6.1	20.8	0.59	0.77							
剖7	铁铝土	红壤	黄红壤	酸性岩类黄红壤	黄红土	A	0—20	暗红色	轻壤土	小块状									酸性母岩	E 104°27′50.5″ N 24°12′52.9″	88
						B	22—35	棕色	中壤土	粒状	5.3	21.3	1.01	0.54							
剖8	人为土	水稻土	淹育水稻土	红壤性淹育水稻土	白泥田	A	0—20	浅黄棕色	重壤土	块状										E 104°18′20.5″ N 24°11′56.8″	80
						P	18—34	灰白色	中壤土	粒状	7.4	35.0	1.53	0.60							
剖9	铁铝土	红壤	黄红壤	酸性岩类黄红壤	青砂土	A	0—20	灰白色	砂壤土	块状									酸性母岩	E 103°38′24.7″ N 24°05′55.4″	85
						B	20—	灰白色	砂壤土	粒核状	6.5	32.8	1.50	1.72							
剖10	铁铝土	红壤	黄红壤	酸性岩类黄红壤	黄泥土	A	0—19	黄灰色	中壤土	粒状									酸性母岩	E 103°47′22.1″ N 24°04′16.2″	79
						BC	19—100	黄黄色	中壤土	枝块状	5.8	19.9	1.29	0.54							
剖11	铁铝土	红壤	红壤	石灰岩类红壤	黄红土	A	0—26	黄红色	轻壤土	细粒状									石灰岩	E 103°56′02.0″ N 24°01′52.5″	79
						B	26—	红棕色	轻壤土	细粒状	7.2	20.0	1.06	0.94							
剖12	人为土	水稻土	潜育水稻土	冲积性潜育水稻土	黑鸡粪土泥	A	0—30	灰黑色	轻壤土	团粒状									冲积物	E 104°03′05.8″ N 24°07′53.8″	91
						Pg	30—60	暗黑色	重壤土	棱柱状	7.4	59.2	2.52	0.79							
剖13	人为土	水稻土	潜育水稻土	冲积性潜育水稻土	红胶泥田	A	0—20	黄棕色	重壤土	块状									冲积物	E 104°06′18.4″ N 24°05′59.6″	97
						Pw	20—40	棕色	重壤土	棱柱状	7.9	30.8	2.78	0.92							
剖14	人为土	水稻土	淹育水稻土	湖积性淹育水稻土	黑深泥田	A	0—18	褐色	轻壤土										湖积物	E 104°13′06.2″ N 24°04′05.2″	99
						P	18—62	褐色	轻壤土		6.4	23.0	1.06	0.47							
						W	62—80	灰灰色	轻壤土	小块状											
剖15	铁铝土	红壤	黄红壤	黄红泥	丘北黄红泥	A11	0—19	棕色	壤质黏土	块状	4.8	34.2	1.91	0.22	14.5		6.7	8.6		E 104°17′25.8″ N 24°09′27.4″	99
						B1	19—35	暗黑色	壤质黏土	块状	4.9	17.1	1.29	0.18	15.1	606	3.3	7.0			
						B2	35—100	亮红棕色	黏土	细粒状	4.9	7.6	0.76	0.17	17.4	167		5.4			
剖16	铁铝土	红壤	红壤	石灰岩红壤	红土	A	0—26	深红棕色	轻壤土	细粒状	4.5	19.4	1.36	9.19					石灰岩	E 103°44′28.7″ N 23°53′38.3″	72
剖17	人为土	水稻土	淹育水稻土	冲积性淹育水稻土	黄浮泥田	A	0—20	紫色	轻壤土	粒状	7.5	32.2	1.90	0.85					冲积物	E 103°53′20.0″ N 23°51′58.0″	71
						P	20—	紫棕色	中壤土	块状											
剖18	初育土	石灰（岩）土	黑色石灰土			A	0—12	黑棕色	轻壤土	细粒状	6.3	70.5	4.82	1.69						E 104°25′42.0″ N 23°57′59.7″	82
剖19	铁铝土	红壤	黄红壤	酸性岩类黄红壤	酸白泥土	A	0—20	棕黄色	轻壤土	粒状	5.7	21.5	1.60	0.48					酸性母岩	E 104°19′40.1″ N 23°55′13.1″	100
						B	20—30	棕黄色	重壤土	块状											

广 南 县

主要土类说明

红壤是广南县主要土壤类型，占本县地域面积的76%，广泛分布在海拔700—1700m的地区。成土母质为石灰岩、砂页岩和玄武岩。成土过程以脱硅富铝化和生物富集为主。土体深厚，剖面层次发育完整。本县红壤分为红壤、黄红壤等亚类。红壤亚类呈中度脱硅富铝化特征，具A-Bs-Bv或A-Bs-C剖面构型。黏土矿物以高岭石、赤铁矿为主，黏粒硅铝率为1.8—2.4，风化淋溶系数小于0.2，盐基饱和度小于35%，pH为4.5—5.5，有效养分含量低。表土呈浅棕红色至暗红棕色，为粒状至块状结构。淀积层可见深厚的红、黄、白相间的网纹状红色黏土。黄红壤土体上部有黄化现象，以黄橙色或橙色为主，下部仍以高岭石为主，伴有蛭石和三水铝石。

石灰（岩）土是广南县第二大土壤类型，占本县地域面积的13%，分布在溶岩山区的石灰岩丘陵地带。植被以常绿落叶阔叶林为主。成土母质为石灰岩。成土过程以风化、富铝化和灰化作用为主。土壤有机质和养分含量较高，结构和耕性较好，黏粒细，pH为6.5—8.5，呈中性至微碱性，土层浅薄，表层粒状结构发达。该土壤碳酸钙淋溶程度不一，有不均质的石灰反应。本县石灰（岩）土分为红色石灰土、黄色石灰土、黑色石灰土等亚类。红色石灰土分布在低海拔的石灰岩地区，由于气温高，水合氧化铁脱水结晶形成赤铁矿，形成鲜红色的红色石灰土。土壤具有一定的脱硅富铝化特征，游离氧化铁的水化度低，土壤呈红色或红棕色，pH为6.0—7.0。黄色石灰土分布在环境潮湿的地区，游离氧化铁的水化度较高，土壤呈黄色或黄棕色。黑色石灰土分布在高海拔的石灰岩地区，富含碳酸钙和腐殖质，有机质积累作用明显，肥力高，呈中性至微碱性。

水稻土是广南县第三大土壤类型，占本县地域面积的5%，分布在海拔500—1700m的坝区、丘陵、缓坡、河谷及冲积扇。成土母质为地带性山原红壤、洪积物和坡积物。成土过程为淋溶作用和水耕熟化过程。水稻土在长期的季节性淹灌、水下翻耕、季节性脱水、氧化还原交替影响下，原来的成土母质或母土的特性发生重大改变，形成了不同的土体构型。本县水稻土分为淹育型、渗育型、潴育型、潜育型等亚类。淹育水稻土属缺水田和无水灌溉的雷响田，水利条件差，经常不能按节令栽插，产量较低，具Aa-Ap-C剖面构型。渗育水稻土属山砂田、河沙田，常受洪水威胁，产量低，具Aa-Ap-P-C剖面构型。潴育水稻土属肥力较高的稻田，水利条件好，为发育良好的水稻土，具Aa-Ap-(P)-W-G剖面构型。潜育水稻土熟化时间长，因土质黏重而通透性差，土壤中氮、磷、钾养分含量不协调，产量较低，具Aa-(Ap)-G剖面构型。

小于本县地域面积3%的土壤类型有赤红壤、黄壤和紫色土。

本区域中心区气候特征

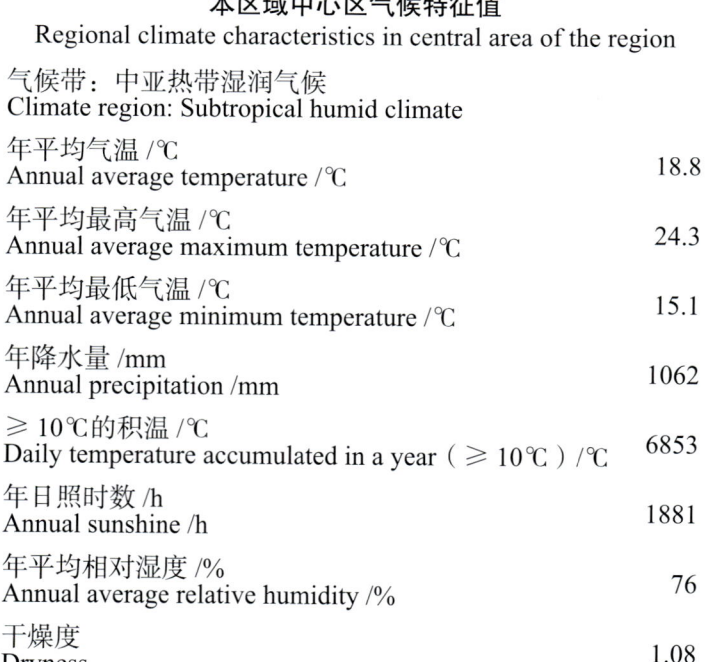

本区域中心区气候特征值
Regional climate characteristics in central area of the region

气候带：中亚热带湿润气候 Climate region: Subtropical humid climate	
年平均气温 /℃ Annual average temperature /℃	18.8
年平均最高气温 /℃ Annual average maximum temperature /℃	24.3
年平均最低气温 /℃ Annual average minimum temperature /℃	15.1
年降水量 /mm Annual precipitation /mm	1062
≥10℃的积温 /℃ Daily temperature accumulated in a year (≥10℃) /℃	6853
年日照时数 /h Annual sunshine /h	1881
年平均相对湿度 /% Annual average relative humidity /%	76
干燥度 Dryness	1.08

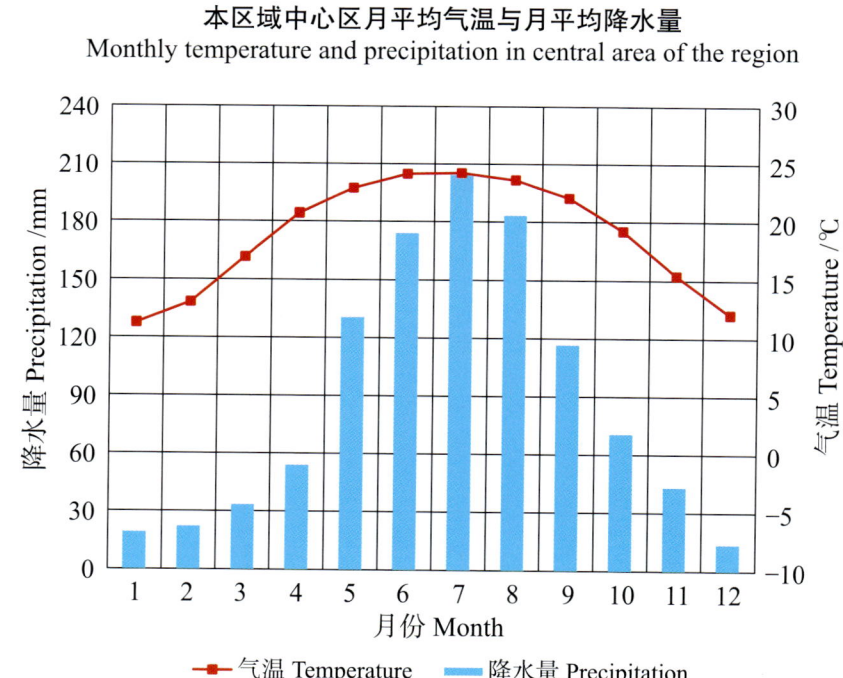

本区域中心区月平均气温与月平均降水量
Monthly temperature and precipitation in central area of the region

广南县主要土壤类型与土壤剖面点分布图

1:470 000

图 例

- 红壤
- 石灰（岩）土
- 水稻土
- 赤红壤
- 黄壤
- 紫色土
- ⊗ 剖面点

第三编　云南省分县土壤图与土壤剖面数据 | 761

广南县土壤剖面理化性状表

剖面号 Soil profile	土纲 Soil order	土类 Soil great group	亚类 Soil subgroup	土属 Soil genus	土种 Soil species	土层码 Layer code	土层厚度 Depth/cm	颜色 Soil color	质地 Soil texture	土壤结构 Soil structure	pH	有机质 OM/(g/kg)	全氮 TN/(g/kg)	全磷 TP/(g/kg)	全钾 TK/(g/kg)	碱解氮 AN/(mg/kg)	土壤母质 Parent material	剖面点坐标 Profile coordinate	匹配指数 Matching index/%
剖1	人为土	水稻土	淹育水稻土	红壤性淹育水稻土	黄泥田	A	0—20	灰黄色	轻壤土	小块状	7.7	19.7	1.43	0.54	12.1	208		E 104° 50′ 39.8″ N 24° 24′ 14.4″	82
						P	20—35	暗灰黄色	中壤土	块状		17.1	1.21	1.28	21.0	183			
						C	35—50	黄色	中壤土	块状		5.8	0.73	0.81	21.4	110			
						D	50—75	灰黄色	重壤土	块状		4.0	0.53	0.51	27.9	89			
剖2	铁铝土	红壤	黄红壤	酸性岩类黄红壤	黑灰土	A	0—10	黑色	黏壤土	粒状	5.3	79.5	3.57	1.15	18.7	411	酸性母岩	E 104° 46′ 11.6″ N 24° 23′ 53.0″	78
						B	10—18	浅黄色	中壤土	棱状		32.6	2.13	1.65	17.7	258			
剖3	人为土	水稻土	潴育水稻土	红壤性潴育水稻土	灰黄泥田	A	0—19	灰黄色	砂壤土	粉状		21.2	1.86	1.04	29.5	174		E 105° 04′ 47.0″ N 24° 22′ 05.5″	78
						W	19—35	黄灰色	轻壤土	块状		15.6	1.14	1.17	33.8	104			
						G	35—64	黄色	中壤土	块状		25.1	1.14	1.18	36.3	104			
剖4	人为土	水稻土	潴育水稻土	酸性岩类潴育水稻土	冬水田	A	0—15	棕灰色	中壤土	粒状	7.8	17.8	1.59	1.41	16.8	133		E 104° 37′ 32.3″ N 24° 18′ 07.1″	95
						G	15—45	暗黄色	中壤土	块状		22.3	1.29	0.51	14.5	96			
剖5	铁铝土	红壤	红壤	酸性岩类红壤		A	0—8	暗棕色	黏壤土	小块状		33.4	2.39	0.48	9.4	216	酸性母岩	E 104° 42′ 14.7″ N 24° 12′ 05.1″	79
						B	8—70	红棕色	中壤土	小块状		24.1	1.30	2.76	15.8	106			
剖6	铁铝土	红壤	红壤	酸性岩类红壤	红土	A	0—10	红黄色	中壤土	块状		37.8	1.41	1.51	12.6	140	酸性母岩	E 104° 38′ 09.4″ N 24° 10′ 08.4″	89
						B	10—25	棕色	中壤土	粒状	5.8	36.1	1.38	1.17	10.8	181			
剖7	人为土	水稻土	淹育水稻土	冲积物类淹育水稻土	青砂泥田	A	0—15	浅黄棕色	中壤土	块状		26.4	1.64	1.53	12.9	208		E 104° 59′ 02.4″ N 24° 16′ 59.2″	83
						P	15—20	暗黄棕色	中壤土	块状	6.6	18.7	1.33	1.96	15.3	118			
剖8	人为土	水稻土	潴育水稻土	酸性岩类红壤	黄泥田	A	0—15	浅黄色	中壤土	粒状		35.8	2.17	0.82	19.4	248	冲积物	E 104° 47′ 48.4″ N 24° 15′ 37.1″	70
						W	20—36	灰黄色	中壤土	块状		37.4	2.22	0.69	19.4	228			
						G	36—82	灰白色	中壤土	块状		14.2	0.48	0.73	19.3	98			
剖9	铁铝土	红壤	红壤	酸性岩类红壤	黄泥土	A	0—12	暗黄棕色	粉砂质壤土	小块状		47.6	2.58	0.84	16.1	314	酸性母岩	E 104° 51′ 57.0″ N 24° 14′ 35.0″	88
						B	12—20	棕色	中壤土	小块状		21.7	1.77	1.33	14.5	379			
剖10	人为土	水稻土	潴育水稻土	冲积物类潴育水稻土	冬水田	A	0—10	暗黄色	轻壤土	块状	5.7	33.0	1.81	0.31	15.3	145	冲积物	E 104° 51′ 25.0″ N 24° 10′ 10.3″	100
						W	10—33	暗黄色	中壤土	块状		29.1	1.62	0.62	17.0	178			
剖11	初育土	紫色土	酸性紫色土	黄紫泥土	红泥田	A	0—12	暗棕色	轻壤土	小块状	6.2	54.2	2.32	1.24	12.4	245		E 105° 10′ 32.5″ N 24° 12′ 29.2″	82
						B	12—36	暗棕色	砂壤土	块状		25.6	1.36	1.20	15.3	137			
剖12	铁铝土	红壤	黄红壤	酸性岩类黄红壤	黄红土	A	0—16	浅黄棕色	中壤土	块状		18.5	0.90	1.26	5.3	101	酸性母岩	E 104° 40′ 23.1″ N 24° 07′ 18.7″	98
						B	16—25	红棕色	中壤土	块状		17.6	0.72	1.30	5.9	112			
						C	25—82	红棕色	中壤土	棱柱状		10.6	0.30	1.45	5.6	86			
剖13	人为土	水稻土	潴育水稻土	冲积物类潴育水稻土	河砂田	A	0—15	暗黄色	粉砂质壤土	粒状		9.5	0.75	0.28	12.6	60	冲积物	E 104° 41′ 52.1″ N 24° 06′ 38.9″	84
						P	15—24	暗黄色	粉砂质壤土	粒状		2.4	0.26	0.67	11.7	62			
剖14	人为土	水稻土	淹育水稻土	冲积物类淹育水稻土	红泥田	A	0—17	灰棕色	轻壤土	块状		38.1	2.47	3.32	13.5	255		E 104° 39′ 01.2″ N 24° 03′ 27.0″	80
						B	17—26	浅棕色	中壤土	块状		39.0	2.36	3.07	13.3	183			
						C	26—74	暗棕色	砂壤土	小块状		21.4	1.62	3.06	13.1	162			
剖15	铁铝土	红壤	黄红壤	酸性岩类黄红壤	黄泥田	A	0—14	浅黄棕色	中壤土	块状		17.3	1.66	0.40	10.1	161	酸性母岩	E 104° 46′ 35.3″ N 24° 04′ 19.5″	84
						W	14—39	红棕色	中壤土	棱柱状		2.2	0.41	0.93	11.6	32			
剖16	人为土	水稻土	淹育水稻土	冲积性淹育水稻土	砂泥田	A	0—18	灰黄色	砂壤土	粒状		10.9	0.92	0.80	9.8	186		E 104° 49′ 42.9″ N 24° 03′ 40.8″	70
						W	18—36	浅黄色	中壤土	粒状		7.4	0.90	0.41	10.8	182			
剖17	人为土	水稻土	潴育水稻土	冲积物性潴育水稻土	灰泥田	A	0—20	浅黄色	轻壤土	块状		63.5	3.64	2.98	15.5	289	冲积物	E 104° 53′ 55.1″ N 23° 59′ 47.4″	87
						P	20—29	灰白色	轻壤土	块状		51.4	4.24	3.19	16.6	354			
						W	29—69	暗黄色	中壤土	块状		38.6	2.42	2.53	21.8	137			
剖18	人为土	水稻土	淹育水稻土	冲和性淹育水稻土	灰砂泥田	A	0—13	绿灰色	轻壤土	小块状		36.6	2.15	0.48	19.0	208	冲积物	E 105° 07′ 54.1″ N 24° 07′ 28.3″	80
						P	13—22		中壤土			27.7	1.89	1.03	16.2	297			

续表 Continued

剖面号 Soil profile	土纲 Soil order	土类 Soil great group	亚类 Soil subgroup	土属 Soil genus	土种 Soil species	土层码 Layer code	土层厚度 Depth/cm	颜色 Soil color	质地 Soil texture	土壤结构 Soil structure	pH	有机质 OM/(g/kg)	全氮 TN/(g/kg)	全磷 TP/(g/kg)	全钾 TK/(g/kg)	碱解氮 AN/(mg/kg)	土壤母质 Parent material	剖面点坐标 Profile coordinate	匹配指数 Matching index/%
剖19	铁铝土	红壤	红壤	酸性岩类红壤	石渣子土	A	0—18	暗棕色	砂壤土	小块状	6.3	36.3	1.35	2.11	19.9	211	酸性母岩	E 105° 03′ 01.9″ N 24° 07′ 02.2″	78
剖20	人为土	水稻土	潴育水稻土	红壤性潴育水稻土	胶泥田	B	18—42	黑棕色	轻壤土	核状		31.0	1.32	3.35	8.1	310		E 105° 02′ 14.1″ N 24° 04′ 40.5″	81
						A	0—10	暗棕色	黏壤土	粒状		45.8	1.60	0.41	18.3	194			
						P	10—15	暗棕色	中壤土	块状		34.1	1.67	1.08	12.7	158			
						W	15—45	浅灰黄色	重壤土	块状		42.7	2.17	1.05	11.9	255			
						G	45—60	暗灰黄色	重壤土	块状		29.0	1.82	0.91	14.0	125			
剖21	人为土	水稻土	淹育水稻土	红壤性淹育水稻土	灰泥田	A	0—21	灰黄棕色	中壤土	粒状	7.5	12.1	0.41	0.31	14.7	59		E 105° 04′ 10.9″ N 24° 03′ 45.5″	92
						P	21—38	暗灰黄色	中壤土	块状	7.4	12.6	1.14	1.18	17.1	151			
						C	38—60	浅灰黄色	中壤土	块状		9.0	0.72	0.93	19.2	57			
剖22	人为土	水稻土	淹育水稻土	石灰岩红壤	青胶泥田	A	0—22	暗灰黄色	重壤土	小块状		32.2	1.46	2.06	34.9	143		E 105° 03′ 01.3″ N 24° 03′ 33.6″	72
						C	22—74	黄色	重壤土	粉状		25.2	1.39	1.03	15.6	184			
剖23	铁铝土	红壤	红壤	石灰岩红壤	黄红土	A	0—21	浅红黄色	重壤土	块状		1.9	1.03	1.31	14.8	52	石灰岩	E 105° 07′ 59.8″ N 24° 03′ 10.6″	81
						B	21—35	黄棕色	中壤土	块状		6.4	0.76	0.71	13.1	30			
						C	35—55	暗棕色	中壤土	块状		9.4	0.87	0.79	12.0	30			
剖24	人为土	水稻土	淹育水稻土	红壤性淹育水稻土	红胶泥田	A	0—15	暗红棕色	中壤土	小块状		39.0	1.81	1.92	13.4	290		E 105° 02′ 36.0″ N 24° 01′ 59.0″	99
						B	15—72	暗红棕色	重壤土	块状		15.3	1.33	2.65	9.6	102			
剖25	铁铝土	红壤	红壤	石灰岩红壤	灰土	A	0—16	灰黄色	中壤土	粒状	6.6	11.6	2.96	1.18	26.4	279	石灰岩	E 105° 12′ 47.0″ N 24° 01′ 57.1″	74
						B	16—48	灰黄色	黏壤土	粒状		56.4	2.79	1.57	32.2	404			
						C	48—80	灰黄色	轻壤土	小块状	7.9	22.1	1.48	0.88	35.3	142			
剖26	人为土	水稻土	潴育水稻土	红壤性潴育水稻土	山砂田	A	0—12	灰黄色	中壤土	块状		28.2	2.20	0.93	13.7	186		E 105° 13′ 50.4″ N 24° 01′ 11.8″	74
						P	12—18	暗黄色	砂壤土	块状	8.4	18.3	1.24	1.14	13.3	173			
						C	18—65	黄灰色	砂壤土	粒状		7.7	0.68	1.27	11.0	104			
剖27	初育土	石灰(岩)土	棕色石灰土	棕泡土	红土	A	0—21	红黄色	黏壤土	粒状	7.5	23.2	1.57	1.91	6.9	124		E 104° 54′ 32.8″ N 23° 58′ 45.3″	71
						B	21—35	暗棕红色	中壤土	块状		8.2	0.75	1.99	7.7	49			
						C	35—89	棕色	重壤土	块状		7.2	0.95	2.26	9.8	103			
剖28	人为土	水稻土	淹育水稻土	冲积性淹育水稻土	黄砂泥田	A	0—10	栗色	中壤土	小块状		33.7	1.98	0.82	27.7	248	石灰岩	E 104° 59′ 26.5″ N 23° 58′ 04.4″	93
						P	10—20	暗棕色	轻壤土	块状		15.6	1.20	1.04	20.4	138			
剖29	铁铝土	红壤	红壤	石灰岩红壤	红土	A	0—12	浅棕黄色	中壤土	块状		0.9	1.69	1.66	12.8	142	石灰岩	E 104° 55′ 53.3″ N 23° 57′ 06.8″	70
						B	12—32	暗棕色	重壤土	块状		38.6	2.64	2.68	10.8	380			
						C	32—64	暗棕色	重壤土	粒状		34.7	2.61	2.72	11.3	437			
剖30	人为土	水稻土	潴育水稻土	红壤性潴育水稻土	红泥田	A	0—20	暗红棕色	中壤土	粒状		21.5	1.63	2.11	30.9	119		E 104° 52′ 39.0″ N 23° 54′ 45.7″	99
						W	20—65	暗红棕色	中壤土	粒状		12.5	1.18	1.93	30.2	93			
剖31	铁铝土	红壤	红壤	石灰岩红壤		A_1	0—10	暗红棕色	中壤土	粒状		88.9	4.11	1.81	8.8	551	石灰岩	E 104° 54′ 47.7″ N 23° 50′ 02.9″	74
						B	10—36	褐色	重壤土	块状		10.9	0.80	0.74	7.6	227			
						C	36—78	浅红棕色	重壤土	块状		6.1	0.24	0.90	11.3	30			
剖32	铁铝土	红壤	红壤	石灰岩红壤	石渣土	A	0—18	浅棕红色	轻壤土	粒状		22.1	1.31	1.88	6.4	179	石灰岩	E 104° 08′ 24.8″ N 23° 59′ 07.1″	86
						B	18—80	暗红棕色	中壤土	粒状		2.9	0.94	1.88	10.7	216			
剖33	铁铝土	红壤	红壤	石灰岩红壤	黄砂土	A	0—20	灰黄色	砂壤土	粒状		11.4	0.63	0.38	11.6	68	石灰岩	E 104° 06′ 13.0″ N 23° 58′ 49.2″	98
						B	20—38	暗黄棕色	中壤土	块状		9.3	0.57	1.95	10.8	162			
						C	38—85	暗红棕色	中壤土	粒状		6.2	0.51	2.27	10.9	143			
剖34	铁铝土	红壤	黄红壤	酸性岩类黄红壤	黄泥土	A	0—13	褐色	粉砂质壤土	粒状		12.7	1.22	2.13	19.2	63		E 105° 14′ 12.2″ N 23° 54′ 41.5″	77
						B	13—25	浅棕黄色	轻壤土	块状		10.1	0.55	0.51	7.6	44			
						C	25—72	灰黄色	轻壤土	粒状		6.2	0.43	0.40	9.5	32			
剖35	铁铝土	赤红壤	黄色赤红壤	砂页岩黄色赤红壤	黄红土	A	0—12	黄色	砂壤土	粒状		15.8	1.24	1.16	14.5	141	砂页岩	E 105° 23′ 19.2″ N 23° 57′ 48.0″	90
						AB	12—22	黄棕色	中壤土	粒状		18.5	1.26	1.37	14.3	205			
						B	22—60	红棕色	中壤土	粒状		12.0	1.25	1.61	20.9	222			

续表 Continued

剖面号 Soil profile	土纲 Soil order	土类 Soil great group	亚类 Soil subgroup	土属 Soil genus	土种 Soil species	土层码 Layer code	土层厚度 Depth/cm	颜色 Soil color	质地 Soil texture	土壤结构 Soil structure	pH	有机质 OM/(g/kg)	全氮 TN/(g/kg)	全磷 TP/(g/kg)	全钾 TK/(g/kg)	碱解氮 AN/(mg/kg)	土壤母质 Parent material	剖面点坐标 Profile coordinate	匹配指数 Matching index/%
剖36	铁铝土	赤红壤	黄色赤红壤	砂页岩黄色赤红壤	石渣子土	A	0—20	灰色	砂壤土	粒状		11.0	1.20	3.56	14.7	199	砂页岩	E 105°20′47.3″ N 23°57′40.1″	78
剖37	铁铝土	赤红壤	黄色赤红壤	砂页岩黄色赤红壤		B	20—50	浅红棕色	砂壤土	粒状		51.5	2.85	3.55	14.9	392		E 105°28′49.3″ N 23°53′37.5″	89
剖38	铁铝土	红壤	黄红壤	酸性岩类黄红壤	灰土	A	0—15	浅黄棕色	轻壤土	粒状		29.0	1.38	0.77	12.9	121	酸性母岩	E 104°43′17.5″ N 23°48′59.0″	91
						B	15—70	黄色	中壤土	小块状		5.3	0.61	0.61	18.4	64			
剖39	水稻土	潴育水稻土	红壤性潴育水稻土	冬水田		A	0—14	暗棕灰色	中壤土	粒状	4.7	48.0	3.13	1.43	7.6	563		E 104°42′35.5″ N 23°40′47.4″	73
						AB	14—22	棕灰色	中壤土	粒状		15.6	1.13	1.58	5.8	149			
						B	22—50	褐色	中壤土	块状		12.6	0.75	1.20	6.0	113			
						C	50—75	褐色	中壤土	块状		1.3	0.54	1.04	9.7	73			
剖40	水稻土	潴育水稻土	黄壤性潴育水稻土	灰泥田		A	0—16	浅灰色	轻壤土	小块状	8.1	53.5	2.90	1.50	22.3	278		E 104°54′14.4″ N 23°46′34.1″	93
						W	16—27	浅灰色				47.3	2.78	1.68	22.8	195			
						G	27—31		中壤土	块状		33.9	1.87	1.47	22.2	259			
剖41	水稻土	淹育水稻土	红壤性淹育水稻土	白泥田		A	0—15	栗色	中壤土	块状		32.4	2.44	1.45	25.9	250		E 104°48′21.7″ N 23°44′52.4″	83
						W	15—43	黄棕色	中壤土	块状	6.0	33.6	2.11	0.79	11.6	194			
						C	43—75		重壤土	块状		7.2	0.84	1.05	30.7	65			
剖42	水稻土	淹育水稻土	黄壤性淹育水稻土	黄砂泥田		A	0—22	暗灰黄色	黏壤土	粒状		44.8	3.39	1.03	20.0	416		E 104°56′09.5″ N 23°43′58.7″	78
						P	22—41	灰白色		块状		3.5	0.69	0.63	19.2	38			
						C	41—65	灰白色	粉砂质壤土	块状		2.3	0.50	2.36	23.1	20			
剖43	黄壤	表潜黄壤	砂岩表潜黄红壤	黄泥土		A	0—15	浅灰棕色	轻壤土	核状	6.2	27.1	1.74	1.42	18.7	241	砂岩类	E 104°52′41.8″ N 23°43′30.5″	78
						B	15—45	暗棕黄色	中壤土	块状	6.5	20.8	1.45	1.63	20.1	183			
						D	45—80	暗黄棕色	重壤土	块状	7.0	18.4	1.19	1.81	14.7	158			
剖44	黄壤	表潜黄壤	砂岩表潜黄红壤	黑泥土		A	0—20	浅灰棕色	中壤土	粒状		19.3	1.19	0.40	36.1	91	砂岩类	E 104°52′48.6″ N 23°41′53.6″	93
						B	20—50	暗黄棕色	重壤土	块状	5.7	5.9	0.79	1.40	17.4	121			
						C	50—100	暗黄棕色	中壤土	块状		10.4	0.95	1.84	17.9	123			
剖45	红壤	黄红壤	酸性岩类黄红壤	石渣子土		A	0—20	灰棕色	砂壤土	粒状		20.8	1.04	0.77	12.7	90	酸性母岩	E 105°27′41.7″ N 23°46′58.2″	94
						B	20—40	褐棕色	轻壤土	块状		14.8	1.16	1.36	17.2	147			
						C	40—75	暗黄棕色	轻壤土	块状		14.8	1.04	2.60	15.6	137			
剖46	水稻土	淹育水稻土	红壤性沼泽型水稻土	胶泥田		A	0—16	黑棕色	中壤土	小块状		16.9	1.30	3.60	6.2	188	湖积物	E 105°29′57.0″ N 23°40′07.2″	70
						G	10—85	黑色	中壤土	粉状		154.8	7.93	2.27	4.0	761			
剖47	人为土	沼泽型水稻土	湖积性沼泽型水稻土	烂泥田		A	0—13	棕色	轻壤土	粒状		190.4	9.28	1.91	3.4	540		E 105°33′27.2″ N 23°44′08.3″	77
						B	13—65	暗红棕色	轻壤土	粒状		31.2	1.81	1.93	6.8	222			
剖48	铁铝土	红壤	玄武岩类黄红壤	黄红土		A	0—36	黄色	中壤土	块状		21.9	1.61	1.97	5.0	128	玄武岩	E 105°33′18.0″ N 23°42′56.5″	77
						B	36—50	黄色	重壤土	块状		27.5	1.88	0.78	37.4	234			
剖49	红壤	黄红壤	玄武岩类黄红壤			C	50—70	浅黄棕色	中壤土	块状		26.4	1.64	0.83	21.4	146	玄武岩		85
						A	0—21	浅灰棕色	砂壤土	粒状		10.2	1.24	0.79	42.6	79			
剖50	红壤	黄红壤	酸性岩类黄红壤			B	21—31	红灰色	砂壤土	粒状		23.2	1.00	0.84	12.3	111	酸性母岩	E 104°48′01.9″ N 23°39′39.5″	88
						C	31—65	暗棕红色	砂壤土	粒状		5.5	0.61	0.69	14.5	63			
						A	33—73	栗色	轻壤土	小块状	5.5	12.2	0.68	0.84	11.8	63			
剖51	黄壤	表潜黄壤	砂岩表潜黄壤			B	73—113	褐色	中壤土	粒状	4.7	48.5	3.22	1.81	27.6	279	砂岩类	E 104°53′27.6″ N 23°38′22.4″	95
						C	0—15	浅棕色	中壤土	粒状		26.4	1.77	1.26	25.7	167			
							15—50					18.4	1.43	1.06	22.5	138			
							50—76	浅黄棕色											

续表 Continued

剖面号 Soil profile	土纲 Soil order	土类 Soil great group	亚类 Soil subgroup	土属 Soil genus	土种 Soil species	土层码 Layer code	土层厚度 Depth/cm	颜色 Soil color	质地 Soil texture	土壤结构 Soil structure	pH	有机质 OM/(g/kg)	全氮 TN/(g/kg)	全磷 TP/(g/kg)	全钾 TK/(g/kg)	碱解氮 AN/(mg/kg)	土壤母质 Parent material	剖面点坐标 Profile coordinate	匹配指数 Matching index/%
剖52	初育土	石灰（岩）土	棕色石灰土	棕泡土		A	0—12	暗棕色	中壤土	粒状	7.6	85.5	4.16	2.57	18.6	340		E 105°18′23.8″ N 23°39′32.2″	71
						B	12—51	暗棕灰色	重壤土	大粒状		51.7	2.95	2.40	23.9	287			
剖53	初育土	石灰（岩）土	棕色石灰土	棕泡土	黄红土	A	0—14	灰黄色	黏壤土	粒状	6.5	26.6	1.65	1.69	6.7	194		E 105°23′37.4″ N 23°36′54.7″	93
						B	14—50	暗黄棕色	黏壤土	粒状		12.3	1.42	1.82	5.2	130			
剖54	初育土	石灰（岩）土	棕色石灰土	棕泡土	棕砂土	A	0—25	栗色	中壤土	粒状		33.0	2.09	1.85	13.2	172		E 105°24′06.7″ N 23°35′38.2″	74
						B	25—45	紫棕色	中壤土	块状		11.0	1.90	2.22	12.8	220			
						C	45—90	黑灰色	重壤土	块状	7.7	28.9	2.08		13.2	145			

富 宁 县

主要土类说明

红壤是富宁县主要土壤类型，占本县地域面积的39%，分布在海拔800—1851m的丘陵。植被为常绿落叶林和针阔叶混交林。成土母质为第四纪红色黏土。成土过程以脱硅富铝化和生物富集为主。土体深厚，剖面层次发育完整。红壤呈中度脱硅富铝化特征，具A-Bs-Bv或A-Bs-C剖面构型。黏土矿物以高岭石、赤铁矿为主，黏粒硅铝率为1.8—2.4，风化淋溶系数小于0.2，盐基饱和度小于35%，抗侵蚀性较弱，pH为4.5—5.5。表土呈浅棕红色至暗红棕色，为粒状至块状结构。淀积层可见深厚的红、黄、白相间的网纹状红色黏土。

赤红壤是富宁县第二大土壤类型，占本县地域面积的37%，分布在海拔800—1200m的低山河谷。植被为季雨林。成土母质以各种母岩风化残积物和坡积物为主。成土过程以富铝化作用和生物积累作用为主。本县赤红壤分为赤红壤、黄色赤红壤等亚类。赤红壤亚类具A-Bs-C剖面构型，土体脱硅富铝化程度仅次于砖红壤，比红壤强，铁的游离度介于二者之间，土壤呈赤红色。黄色赤红壤土体中氧化铁等矿物的水合度较高，有明显的黄化层，土壤有机质和游离铁的活化度均高于典型的赤红壤，pH一般低于5.5，有明显的脱硅富铝化作用。次生黏土矿物中伊利石比基岩少13%—19%，高岭石和绿泥石比基岩多15%—20%。

石灰（岩）土是富宁县第三大土壤类型，占本县地域面积的19%，分布在溶岩山区的石灰岩丘陵地带。植被以常绿落叶阔叶林为主。成土母质为石灰岩。成土过程以风化、富铝化和灰化作用为主。本县石灰（岩）土分为红色石灰土、黄色石灰土、黑色石灰土等亚类。红色石灰土分布在低海拔的石灰岩地区，由于气温高，水合氧化铁脱水结晶形成赤铁矿，形成鲜红色的红色石灰土。土壤具有一定的脱硅富铝化特征，游离氧化铁的水化度低，土壤呈红色或红棕色，pH为6.0—7.0。黄色石灰土分布在环境潮湿的地区，游离氧化铁的水化度较高，土壤呈黄色或黄棕色。黑色石灰土分布在高海拔的石灰岩地区，富含碳酸钙和腐殖质，有机质积累作用明显，呈中性至微碱性。

黄壤占本县地域面积的3%，分布在气候冷凉、潮湿、云雾多的山区。植被为湿性常绿阔叶林。成土过程以脱硅富铝化、生物富集和黄化过程为主。黏土矿物以蛭石为主，其次为高岭石和伊利石。本县黄壤分为暗黄壤、黄壤性土等亚类。暗黄壤具有黄壤土类的特征，B层呈明显的暗黄色。黄壤性土侵蚀严重，具A-（B）-C剖面构型，A层浅薄，B层发育不明显，常夹有多量的半风化岩石碎块。

小于本县地域面积3%的土壤类型有水稻土和紫色土。

本区域中心区气候特征

本区域中心区气候特征值
Regional climate characteristics in central area of the region

气候带：南亚热带湿润气候 Climate region: South subtropical humid climate	
年平均气温 /℃ Annual average temperature /℃	20.2
年平均最高气温 /℃ Annual average maximum temperature /℃	25.7
年平均最低气温 /℃ Annual average minimum temperature /℃	16.6
年降水量 /mm Annual precipitation /mm	1090
≥10℃的积温 /℃ Daily temperature accumulated in a year（≥10℃）/℃	7326
年日照时数 /h Annual sunshine /h	1784
年平均相对湿度 /% Annual average relative humidity /%	77
干燥度 Dryness	1.11

本区域中心区月平均气温与月平均降水量
Monthly temperature and precipitation in central area of the region

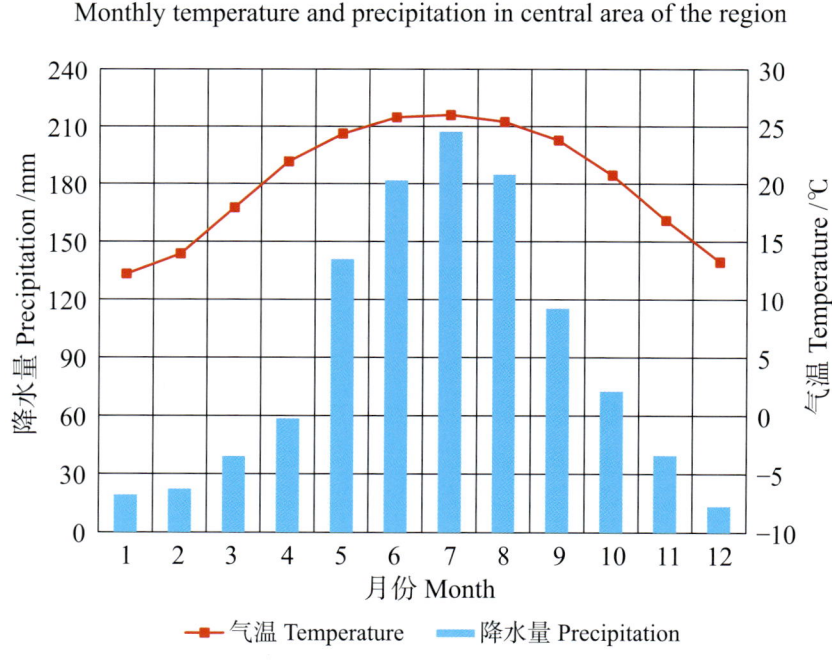

富宁县主要土壤类型与土壤剖面点分布图
1∶440 000

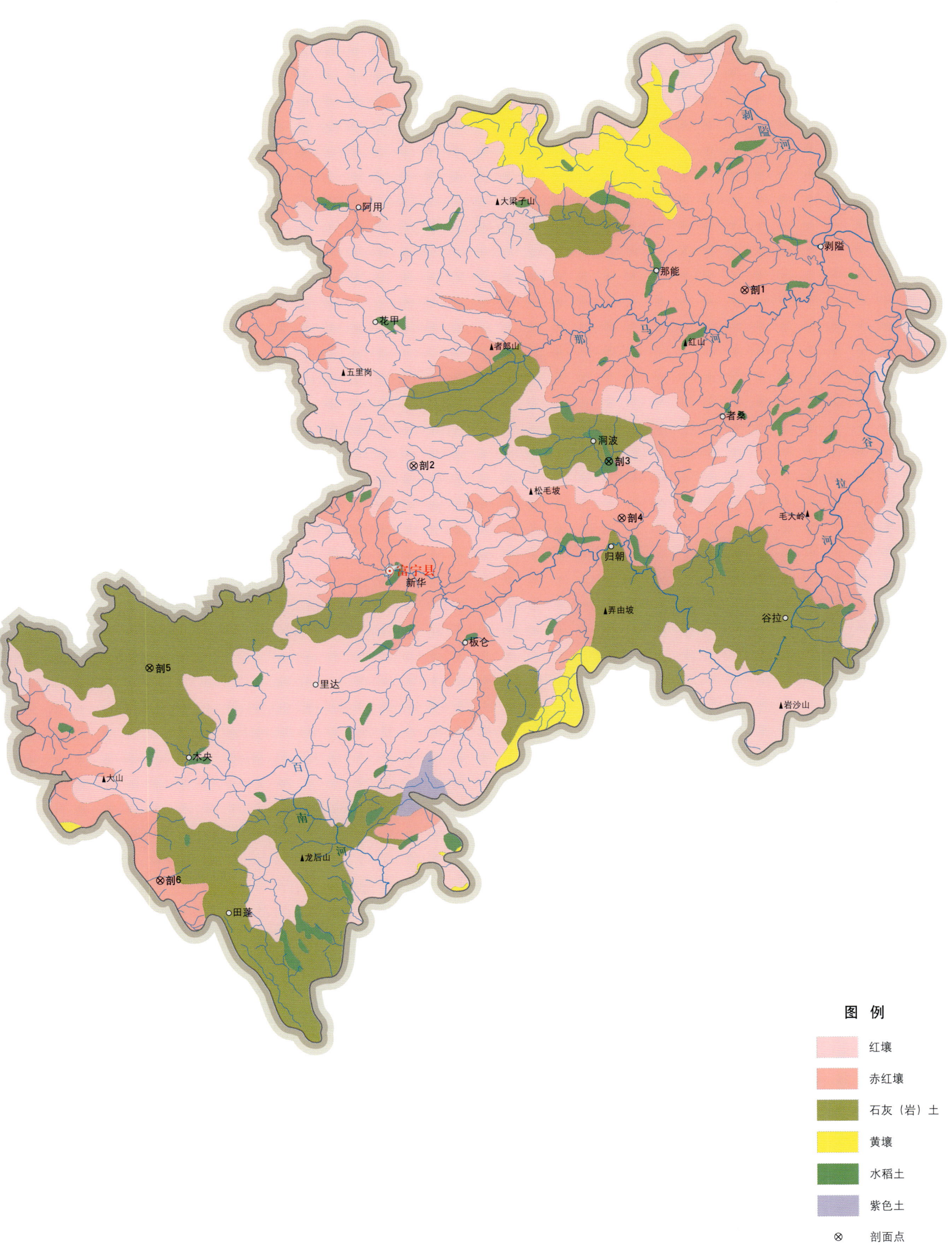

富宁县土壤剖面理化性状表

剖面号 Soil profile	土纲 Soil order	土类 Soil great group	亚类 Soil subgroup	土属 Soil genus	土种 Soil species	土层码 Layer code	土层厚度 Depth/cm	颜色 Soil color	质地 Soil texture	土壤结构 Soil structure	pH	有机质 OM/(g/kg)	全氮 TN/(g/kg)	全磷 TP/(g/kg)	全钾 TK/(g/kg)	碱解氮 AN/(mg/kg)	有效磷 AP/(mg/kg)	阳离子交换量 CEC/(cmol/kg)	剖面点坐标 Profile coordinate	匹配指数 Matching index/%
剖1	铁铝土	赤红壤	黄色赤红壤	千枚岩黄色赤红壤		A	0—20	暗棕色	轻壤土	粒状	5.0	54.1	2.20	0.80	12.4	247			E 105°59′28.0″ N 23°53′31.6″	91
						AB	20—32	棕色	轻壤土	大粒状	4.6	40.2	1.55	0.72	13.7	169				
						B	32—60	红黄色	中壤土	块状	4.8	11.5	0.81	0.69	18.2	114				
						B_1	60—100	红黄色	中壤土	块状	4.9	6.4	0.61	0.54	19.7	77				
剖2	铁铝土	红壤	红壤	基性结晶岩类红壤		A	0—8	暗棕红色	轻壤土	粒状	5.1	88.5	2.47	1.13	3.2	245			E 105°38′43.4″ N 23°43′40.1″	94
						B	8—17	浅棕黄色	壤质黏土	块状	5.1	61.3	1.74	3.24	3.3	162				
剖3	人为土	水稻土	潴育水稻土	冲积性潴育水稻土	河砂田	A	0—18	暗黄棕色	壤质黏土	小块状	5.3	36.9	1.82	3.12	11.3	161		12.7	E 105°50′52.8″ N 23°43′49.8″	78
						P	18—31	暗灰黄色	壤质黏土	块状	6.0	20.6	1.16	3.22	11.8	115		12.5		
						B	31—51	浅棕黄色	重质黏土	块状	5.5	10.0	0.63	2.13	11.3	107		11.8		
						W	51—64	浅红色	重壤土	粒状	6.7	6.7	0.48	1.80	10.3	38		12.9		
剖4	铁铝土	赤红壤	赤红壤	粗粒结晶岩类赤红壤		A	0—25	黄棕色		粒状	6.7	35.8	1.45	0.09	8.1	123			E 105°51′39.2″ N 23°40′36.8″	93
						B	25—60	灰棕色	砂壤土	粒状	7.2	20.8	0.77	0.08	9.1	82				
						C	60—82	黄色	砂壤土	小块状	6.7	8.5	0.19	0.08	9.6	41				
剖5	初育土	石灰（岩）土	黄色石灰土	黄泡土	黄泡土	1	0—16				6.8	29.6	1.49	0.21	11.7	194	0.8		E 105°22′10.6″ N 23°32′15.0″	96
						2	16—42				6.4	11.6	0.54	0.12	12.1	57	微量			
						3	42—86				6.6	10.7	0.52	0.11	13.7	76	微量			
剖6	铁铝土	赤红壤	赤红壤	粗粒结晶岩类赤红壤	淡黄红土	A	0—13	灰棕色	轻壤土	粒状	6.5	65.5	1.60	0.51	9.1	170			E 105°22′43.7″ N 23°20′06.4″	75
						B	13—79	暗棕灰色	中壤土	粒状	6.6	81.4	1.40	0.55	8.8	152				

西双版纳傣族自治州

景 洪 市

主要土类说明

赤红壤是景洪市主要土壤类型，占本市地域面积的65%，分布在海拔1000—1300m的河谷和坝子。植被为常绿阔叶林。成土母质以各种母岩风化残积物和坡积物为主。成土过程以富铝化作用和生物积累作用为主。本市赤红壤分为赤红壤、黄色赤红壤等亚类。赤红壤亚类具A-Bs-C剖面构型，土体脱硅富铝化程度仅次于砖红壤，比红壤强，铁的游离度介于二者之间，土壤呈赤红色。黄色赤红壤土体中氧化铁等矿物的水合度较高，有较明显的黄化层，土壤有机质和游离铁的活化度均高于典型的赤红壤，pH一般低于5.5，呈酸性。

砖红壤是景洪市第二大土壤类型，占本市地域面积的19%，分布在海拔800m以下的低山丘陵和河谷阶地。成土母质以各种母岩风化残积物和坡积物为主。成土过程为脱硅富铝化过程和以生物为主导的养分吸收富集过程。

紫色土是景洪市第三大土壤类型，占本市地域面积的9%，多分布在低中山和低山丘原地带。成土过程以母岩的快速物理崩解、频繁侵蚀堆积以及碳酸钙的不断淋失为主，生物积累作用则较弱。黏土矿物一般以蛭石和水云母为主。紫色土剖面层次发育不明显，具A-C剖面构型，基本停留在幼年土阶段。

水稻土占本市地域面积的4%，分布在地势平缓的坝区、河流两岸的冲积阶地和山谷洪积扇。成土母质为洪积物和坡积物。成土过程为淋溶作用和水耕熟化过程。本市水稻土分为潴育型、潜育型等亚类。潴育水稻土具A-P-W-G或A-P-W-C剖面构型，潜育水稻土具A-P-G或P-Wg-G剖面构型。

小于本市地域面积3%的土壤类型有红壤、新积土和黄壤。

本区域中心区气候特征

本区域中心区气候特征值
Regional climate characteristics in central area of the region

气候带：边缘热带湿润气候 Climate region: Edge tropical humid climate	
年平均气温 /℃ Annual average temperature /℃	19.3
年平均最高气温 /℃ Annual average maximum temperature /℃	26.4
年平均最低气温 /℃ Annual average minimum temperature /℃	14.8
年降水量 /mm Annual precipitation /mm	1533
≥10℃的积温 /℃ Daily temperature accumulated in a year（≥10℃）/℃	7039
年日照时数 /h Annual sunshine /h	2054
年平均相对湿度 /% Annual average relative humidity /%	79
干燥度 Dryness	0.75

本区域中心区月平均气温与月平均降水量
Monthly temperature and precipitation in central area of the region

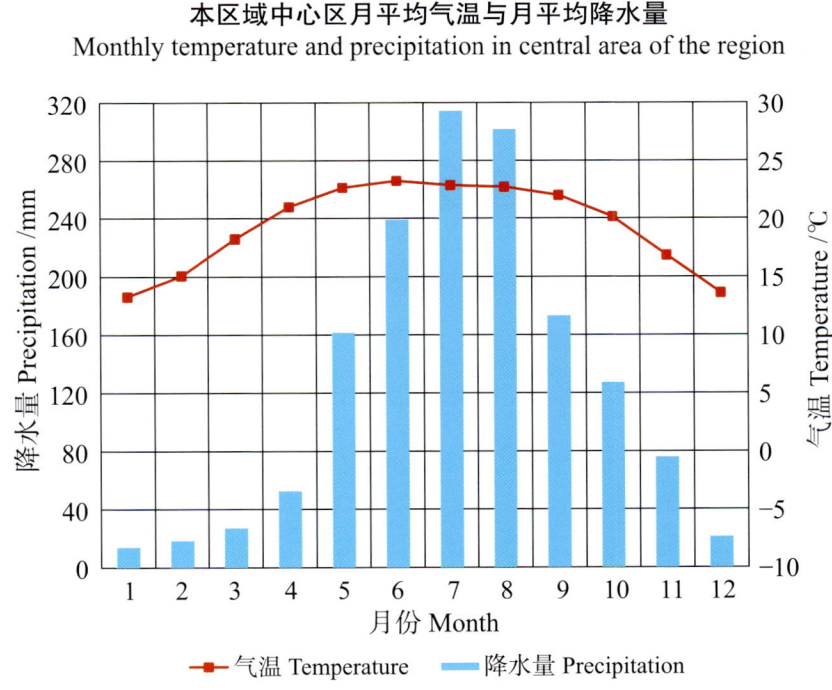

景洪市主要土壤类型与土壤剖面点分布图
1:490 000

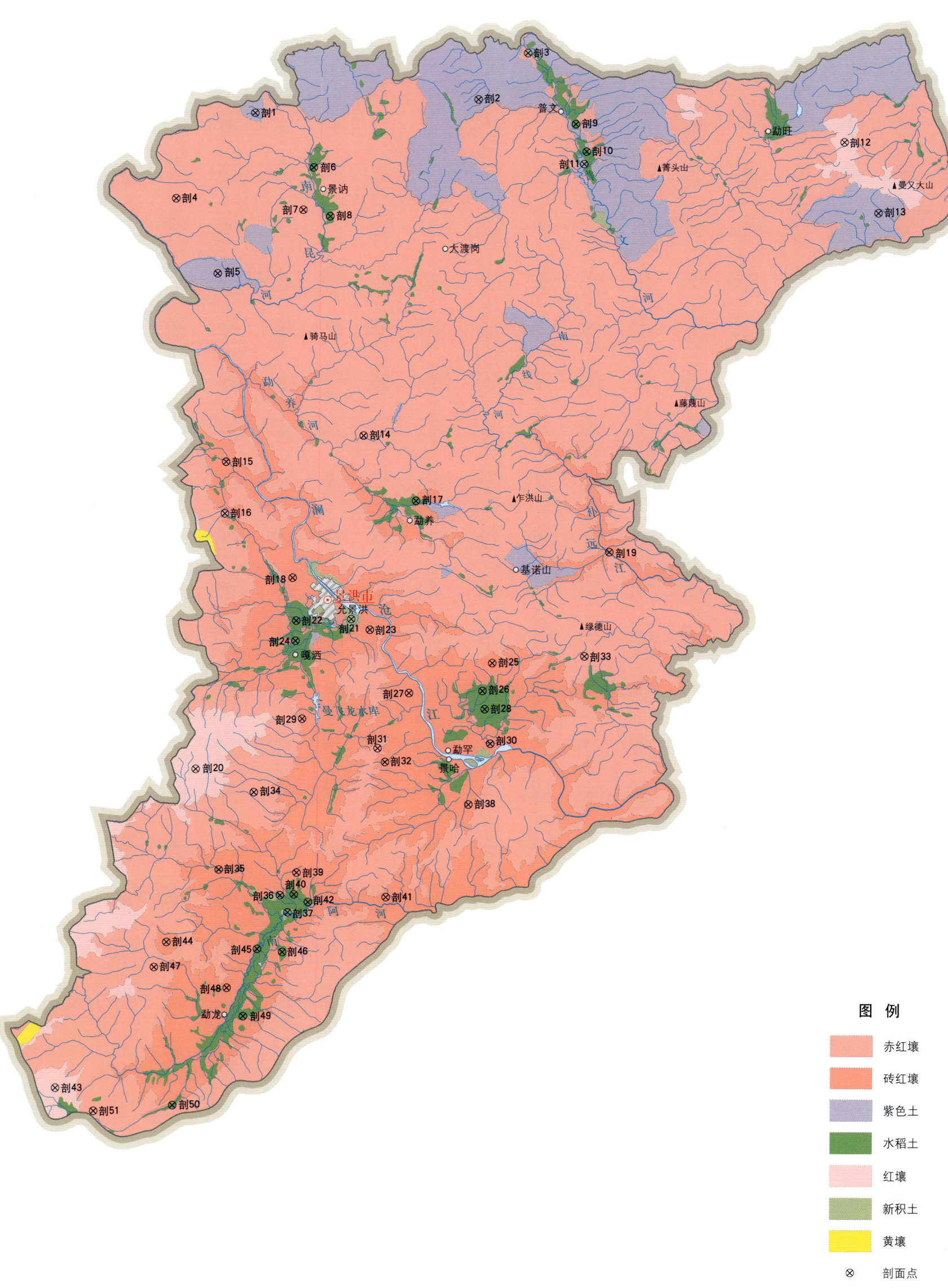

图 例

- 赤红壤
- 砖红壤
- 紫色土
- 水稻土
- 红壤
- 新积土
- 黄壤
- ⊗ 剖面点

景洪市土壤剖面理化性状表

剖面号 Soil profile	土纲 Soil order	亚类 Soil subgroup	土类 Soil great group	土属 Soil genus	土种 Soil species	土层码 Layer code	土层厚度 Depth/cm	颜色 Soil color	质地 Soil texture	土壤结构 Soil structure	pH	有机质 OM/(g/kg)	全氮 TN/(g/kg)	全磷 TP/(g/kg)	全钾 TK/(g/kg)	碱解氮 AN/(mg/kg)	有效磷 AP/(mg/kg)	阳离子交换量 CEC/(cmol/kg)	土壤母质 Parent material	剖面点坐标 Profile coordinate	匹配指数 Matching index/%
剖1	初育土	酸性紫色土	紫色土	红紫泥		A	0—18	紫红色	砂土	粒状	5.5	28.9	2.13			117				E 100°43′08.3″ N 22°30′48.0″	84
剖2	初育土	中性紫色土	紫色土	粗红紫泥		2	18—70	紫红色	砂壤土	粒状	7.0	15.1	0.80			79				E 100°58′06.2″ N 22°31′28.6″	70
						3	70—105	紫红色	砂壤土	粒状	5.5	7.9	0.49			67					
剖3	初育土	冲积土	新积土	煽象浅色冲积土		A	0—10	紫红色	轻壤土	块状	5.9	8.4	0.41			104				E 101°01′26.8″ N 22°34′17.8″	77
						B	10—25	棕灰色	砂土												
剖4	铁铝土	赤红壤	赤红壤	石灰岩赤红壤	自然土	A	0—25	棕色	壤土	核粒状	4.5	42.5	2.55	0.88	5.5	346		8.6	石灰岩	E 100°37′48.1″ N 22°25′32.9″	95
						B	25—55	红棕色	壤土	小块状	4.3	26.5	2.06			332					
						3	55—100	红色	壤土	块状											
剖5	初育土	中性紫色土	紫色土	粗暗紫泥		1	0—10	暗紫色	轻壤土	粒状	7.0									E 100°40′32.2″ N 22°20′52.8″	94
						2	10—35	暗紫色	壤土	块状	6.5										
						C	35—100	暗紫色	轻壤土												
剖6	人为土	潴育水稻土	水稻土	紫色土性潴育水稻土	紫砂泥田	A	0—13	紫黄色	壤土	粒状	6.4	13.0	1.06	0.63		250		6.1		E 100°47′02.0″ N 22°27′22.0″	96
						P	13—19	紫黄色	壤土	小块状	6.6	2.9	0.91	0.75		67		5.2			
						W_1	19—54	紫红色	砂壤土	块状	6.6	11.4	0.89	0.54	7.9	200		17.2			
						W_2	54—100	紫色	壤土	块状											
剖7	铁铝土	赤红壤	赤红壤	老冲积赤红壤	自然土	A	0—11	灰色	轻壤土	粒状	5.2	20.4	1.38			174		7.0		E 100°46′18.1″ N 22°24′45.4″	72
						B	11—38	灰黄色	砂壤土	核状	5.2	12.7	0.85			127					
						3	38—103	棕红色	砂壤土	块状											
剖8	人为土	潴育水稻土	水稻土	紫色土性潴育水稻土	紫泥田	A	0—15	棕紫色	壤土	粒状	6.0	22.7	1.56	0.57	3.9	142		10.3		E 100°48′06.1″ N 22°24′19.8″	71
						P	15—25	紫棕色	壤土	小块状	6.5	6.8	0.58			59					
						W	25—100	灰紫色	黏壤土	块状											
剖9	人为土	潴育水稻土	水稻土	紫色土性潴育水稻土	紫胶泥田	A	0—22	灰紫色	重壤土	小块状	4.6	36.9	1.83			184		7.3		E 101°04′36.8″ N 22°29′51.7″	77
						P	22—32	灰紫色	重壤土	块状	5.4	25.3	0.81			56					
						W_1	32—60	灰紫色	重壤土	块状	4.8	22.3	0.78			79					
						W_2	60—100	灰紫色	砂土	块状											
剖10	人为土	潴育水稻土	水稻土	紫色土性潴育水稻土	紫砂田	A	0—20	暗紫色	壤土	粒状	5.5	10.1	0.71	0.33	1.4	125		5.3		E 101°05′18.6″ N 22°28′08.8″	96
						P	20—30	黄紫色	砂壤土	小块状	5.9	5.1	0.37			38					
						W	30—100	紫红色	轻壤土	块状											
剖11	初育土	酸性紫色土	紫色土	暗紫泥		A	0—18	紫色	壤土	块状	4.8	19.3	1.25	0.64	7.3	497		7.4		E 101°05′08.5″ N 22°27′22.7″	97
						B	18—43	紫色	轻壤土		5.0	11.6	1.07			303					
						C	43—100	紫色	壤土		5.2	3.4	0.66			163					
剖12	铁铝土	黄红壤	红壤	砂页岩黄红壤		A	0—25	棕红色	轻壤土	粒状	4.9	63.6	2.61	1.02	11.1	347		13.5	砂页岩	E 101°22′35.2″ N 22°28′30.4″	78
						B	25—50	棕红色	核状		4.7	27.6	0.91			134		8.4			
						C	50—100	红色	砂壤土	块状	5.3	13.8	0.41			47		6.7			
剖13	初育土	酸性紫色土	紫色土	暗紫泥	紫砂泥土	A	0—30	紫色	砂壤土	粒状	5.6	15.2	0.38	0.81	1.1	124		3.2		E 101°24′48.2″ N 22°24′04.7″	88
						B	30—50	紫色	壤土	块状	5.5	12.1	0.26			129					
						3	50—100	紫色	壤土	块状											
剖14	铁铝土	赤红壤	赤红壤	紫色砂页岩赤红壤	自然土	A	0—17	红棕色	壤土	核状	5.0	28.9	1.83			247		9.1	紫色砂页岩	E 100°50′12.5″ N 22°10′43.7″	78
						B	17—45	紫红色	壤土	块状	5.0	11.1	0.95			146					
						C	45—100	浅紫红色	壤土	块状	5.2	8.4	0.82			112					

续表 Continued

剖面号 Soil profile	土纲 Soil order	土类 Soil great group	亚类 Soil subgroup	土属 Soil genus	土种 Soil species	土层码 Layer code	土层厚度 Depth/cm	颜色 Soil color	质地 Soil texture	土壤结构 Soil structure	pH	有机质 OM/(g/kg)	全氮 TN/(g/kg)	全磷 TP/(g/kg)	全钾 TK/(g/kg)	碱解氮 AN/(mg/kg)	有效磷 AP/(mg/kg)	阳离子交换量 CEC/(cmol/kg)	土壤母质 Parent material	剖面点坐标 Profile coordinate	匹配指数 Matching index/%
剖15	铁铝土	砖红壤	黄色砖红壤	花岗岩黄色砖红壤		A	0—10	棕灰色	砂壤土	粒状	3.9	31.5	1.11	1.03	9.0	166		16.6	花岗岩	E 100°41′00.2″ N 22°09′11.5″	94
						B	10—28	黄棕色	轻壤土	块状	4.0	22.2	0.62			78		7.8			
						BC	28—100	红黄色	轻壤土	块状	3.9	21.3	0.53			61		6.1			
剖16	铁铝土	赤红壤	黄色赤红壤	砂页岩黄色赤红壤		A	0—30	深灰色	砂壤土	粒状	4.8	22.4	0.65			58		9.7	砂页岩	E 100°40′54.1″ N 22°06′00.0″	72
						B₁	30—46	深黄色	轻壤土	块状	5.3	19.2	0.61			63		9.7			
						B₂	46—100	黄灰色	重壤土	块状	5.2	18.1	0.44			44		7.3			
剖17	人为土	水稻土	淹育水稻土	冲积性淹育水稻土	灰砂泥田	A	0—10	灰黄色	砂壤土	粒状	5.4	35.4	2.11	1.01	28.5	297		7.0	冲积物	E 100°53′40.9″ N 22°06′39.2″	93
						P	10—14	黄色	砂壤土	块状											
						C	14—100	黄色	砂泥土	无明显结构											
剖18	铁铝土	砖红壤		泥砖红壤	聚洪砖红泥	Bs₁	0—28	暗红色	黏土	屑粒状	4.8	36.4	2.21	0.43	13.3	140	4.0	13.5	砂页岩	E 100°45′24.1″ N 22°01′59.2″	70
						Bs₁	28—55	红橙色	黏土	块状	5.0	16.2	1.22	0.35	13.6	85	1.0	12.0			
						Bs₂	55—88	红橙色	黏土	块状	4.7	11.3	0.84	0.33	14.8	74	1.0	11.7			
						BC	88—200	黄橙色	黏土	块状	4.7	9.7	1.01	0.33	15.4	64	1.0	9.5			
剖19	铁铝土	砖红壤		砂页岩砖红壤		A	0—20	褐红色	轻壤土	粒状	4.8	35.8	1.98	0.78		180		8.1	砂页岩	E 101°06′33.1″ N 22°03′20.9″	80
						B	20—32	褐红色	壤土	核状	4.7	24.8	1.52			232					
						BC	32—100	紫红色	壤土	小块状	5.0	12.4	0.95			130					
剖20	红壤		黄红壤	花岗岩黄红壤		Ao	0—20	黄色	砂壤土	粒状	5.2	93.3	6.01	1.72	5.3	604		23.6	花岗岩	E 100°38′51.0″ N 21°50′10.7″	75
						A₁	20—40	黄色	壤土	粒状	5.5	54.7	3.34			296					
						B	40—60	黄色	壤土	块状	5.3	22.4	1.28			83					
剖21	初育土	新积土	冲积土	河滩浅色冲积土	潮砂土	A	0—10	浅灰色	细砂土	无明显结构	5.7	10.1	1.04	1.07	19.4	276		6.4	花岗岩	E 100°49′17.6″ N 21°59′22.7″	81
						C	10—80	浅棕色	细砂土	无明显结构	6.2	6.0	0.66			149					
剖22	人为土	水稻土	淹育水稻土	冲积性淹育水稻土	白泥田	A	0—12	灰黄色	壤土	块状	5.3	13.0	1.39			224			冲积物	E 100°45′36.7″ N 21°59′18.6″	82
						P	12—20	灰黄色	壤土	块状	5.4	1.5	0.30			131					
						C	20—100	粉黄色	砂壤土	无明显结构											
剖23	铁铝土	砖红壤		麻胶红壤	麻胶园土	A	0—35	红棕色	黏壤土	粒状	4.2	79.1	3.08	0.69	15.2	157	14.5	9.6	砂页岩	E 100°50′31.3″ N 21°58′41.7″	79
						AB	35—55	浅棕红色	黏壤土	块状	4.6	17.9	0.78	0.43	14.8	44	5.0	5.9			
						B	55—100	浅棕红色	粉砂质黏土	块状	4.8	15.0	0.70	0.43	24.1	19	2.0	5.1			
						BC	100—200	浅棕红色	粉砂质黏土	块状	5.3	13.5	0.51	0.50	35.2	15	3.0	3.3			
剖24	人为土	水稻土	淹育水稻土	冲积性淹育水稻土	灰砂泥田	A	0—10	黄黄色	砂壤土	粒状	5.4	28.3	0.55	0.62	10.3	125		6.9	冲积物	E 100°45′33.1″ N 21°58′03.1″	73
						P	10—20	黄色	稻壤土	无明显结构											
						G₁	20—40	灰色	轻壤土	块状											
						W	40—70	灰色	稻壤土	小块状											
						G₂	70—100	黄色	砂壤土	粒状											
剖25	铁铝土	砖红壤	黄色砖红壤	砂页岩黄色砖红壤		A	0—15	棕黑色	砂壤土	粒状	5.8	35.9	1.52		15.2	272		11.2	砂页岩	E 100°58′40.4″ N 21°56′32.6″	92
						B₁	15—45	棕黄色	轻壤土	块状	5.6	28.2	0.96			363		11.8			
						B₂	45—100	灰黄色	轻壤土	块状	5.3	20.8	0.62			236		13.7			
剖26	人为土	水稻土	潜育水稻土	冲积性潜育水稻土	黑灰泥田	A	0—20	黑色	砂壤土	粒状	4.8	231.2	1.28	1.32	4.5	437		20.3	冲积物	E 100°58′00.1″ N 21°54′49.3″	92
						P	20—28	灰棕色	壤土	棱柱状											
						G	28—100	灰青色	轻壤土	块状											
剖27	铁铝土	砖红壤	黄色砖红壤	千枚岩黄色砖红壤		A	0—30	棕黄色	轻壤土	粒状	5.4	25.3	2.37	1.24	17.4	178		4.5	千枚岩	E 100°53′06.7″ N 21°54′44.6″	83
						B	30—65	黄黄色	壤土	核状	5.2	16.5	1.82			232					
						C	65—100	红棕色	壤土	核状	5.0	7.0	1.51			209					
剖28	人为土	水稻土	潜育水稻土	冲积性潜育水稻土	灰黄泥田	A	0—20	灰黄色	壤土	粒状	5.0	18.2	1.41	0.60	8.7	426		5.2	冲积物	E 100°58′08.8″ N 21°53′41.6″	77
						P	20—30	黄黄色	壤土	块状											
						W	30—100	黄黄色	重壤土	块状	5.2	4.4	0.82			374					

续表 Continued

剖面号 Soil profile	土纲 Soil order	土类 Soil great group	亚类 Soil subgroup	土属 Soil genus	土种 Soil species	土层码 Layer code	土层厚度 Depth/cm	颜色 Soil color	质地 Soil texture	土壤结构 Soil structure	pH	有机质 OM/(g/kg)	全氮 TN/(g/kg)	全磷 TP/(g/kg)	全钾 TK/(g/kg)	碱解氮 AN/(mg/kg)	有效磷 AP/(mg/kg)	阳离子交换量CEC/(cmol/kg)	土壤母质 Parent material	剖面点坐标 Profile coordinate	匹配指数 Matching index/%
剖29	铁铝土	砖红壤	黄色砖红壤	老冲积黄色砖红壤	灰砂泥土	A	0~20	灰色	砂壤土	粒状	6.9	23.4	1.59	2.01	25.5	271		8.3	老冲积物	E 100°45′57.9″ N 21°53′13.7″	74
						B₁	20~45	灰黄色	砂壤土	粒状	6.9	5.8	0.53			83					
						B₂	45~100	灰黄色	砂壤土	粒状	5.2	4.3	0.35			75					
剖30	铁铝土	砖红壤	黄色砖红壤	老冲积黄色砖红壤	灰黄泥土	A	0~10	黄灰色	轻壤土	粒状	4.8	32.4	1.90			339			老冲积物	E 100°58′30.0″ N 21°51′33.5″	88
						B₁	10~30	黄色	轻壤土	粒状	4.7	15.0	1.07			308					
						B₂	30~100	黄色	轻壤土	块状	4.7	8.9	0.95			264					
剖31	铁铝土	赤红壤	粗骨性赤红壤	千枚岩粗骨性赤红壤	自然土	AD	0~10				5.4	22.6	3.02	1.29	18.9	228		11.3	千枚岩	E 100°50′58.7″ N 21°51′21.4″	85
剖32	铁铝土	砖红壤		千枚岩砖红壤		A	0~20	红棕色	壤土	粒状	5.1	31.0	1.75	1.92		197		10.9	千枚岩	E 100°51′28.4″ N 21°50′29.4″	81
						B	20~45	红棕色	重壤土	核状	5.0	19.8	1.71			262					
						B₂	45~100	红色	重壤土	核状	5.2	15.5	1.40			199					
剖33	赤红壤	赤红壤		砂页岩赤红壤	自然土	A	0~10				5.3	9.6	0.69			236		6.4	砂页岩	E 101°04′50.2″ N 21°56′53.5″	81
						B	10~30				6.0	25.0	1.56			288					
						BC	30~100				5.5	4.4	0.36			86					
剖34	赤红壤	赤红壤		花岗岩赤红壤	自然土	A	0~30	灰棕色	砂壤土	粒状	5.1	34.4	1.91			295		9.8	花岗岩	E 100°42′43.2″ N 21°48′42.5″	83
						2	30~60	红黄色	砂壤土	块状											
						3	60~100	黄红色	砂壤土	块状											
剖35	铁铝土	砖红壤		花岗岩砖红壤		A	0~15	棕红色	轻壤土	粒状	5.2	44.1	2.55	1.57	31.9	235		17.8	花岗岩	E 100°40′20.6″ N 21°43′53.4″	84
						B	15~47	棕黄色	轻壤土	块状	5.2	8.8	1.11			124					
						B₂	47~100	黄红色	轻壤土	块状	5.1	19.5	1.55			210					
剖36	人为土	水稻土	沼泽型水稻土	湖积性沼泽水稻土	烂泥田	A	0~12	灰青色	黏土	块状	4.8	25.0	1.67	0.42	10.5	128		10.8	湖积物	E 100°44′24.7″ N 21°42′15.8″	90
						G	12~100	灰青色	黏土	块状	4.8	82.0	0.71	0.49	11.7	138					
剖37	初积土	新积土	冲积土	河滩浅色冲积土	黄砂土	A	0~17	黄色	轻壤土	粒状	5.4	18.6	1.33	0.69	20.8	260		13.4	花岗岩	E 100°44′53.9″ N 21°41′12.1″	71
剖38	铁铝土	砖红壤	黄色砖红壤	石灰岩黄色砖红壤		A	0~13	褐色	轻壤土	粒状	5.5	35.0	2.18	0.94	8.8	200		8.8	石灰岩	E 100°57′00.5″ N 21°47′48.6″	85
						B₁	13~38	黄灰色	壤土	核状	5.5	16.7	1.77			169					
						B₂	38~100	黄红色	壤土	块状	5.5	10.8	1.26			136					
剖39	铁铝土	砖红壤		老冲积砖红壤	黄红土	A	0~15	黑黄色	轻壤土	粒状	4.7	36.2	1.72	0.86		278		8.9	老冲积物	E 100°45′31.1″ N 21°43′39.4″	83
						B	15~45	褐红色	轻壤土	核状	4.7	22.0	1.77			338					
						BC	45~100	紫红色	黏土	核状	4.8	12.1	1.26			397					
剖40	人为土	水稻土	潜育水稻土	冲积性潜育水稻土	冷浸田	A	0~17	灰白色	轻壤土	粒状	5.1	16.9	1.30	0.40	1.2	151		8.2		E 100°44′19.8″ N 21°41′19.1″	92
						P	17~25	灰白色	轻壤土	块状											
						G₁	25~70	青灰色	壤土	块状											
						C	70~110	灰色	砂砾土	无明显结构											
剖41	铁铝土	砖红壤	黄色砖红壤	老冲积黄色砖红壤		A	0~15	棕红色	壤土	小块状	5.0	19.7	1.35	0.90	20.3	154			老冲积物	E 100°51′28.1″ N 21°42′05.5″	81
						B₁	15~35	棕黄色	壤土	小块状	4.8	20.4	1.19			118					
						B₂	35~100	棕黄色	重壤土	块状	4.7	9.4	1.12			92					
剖42	人为土	水稻土	潜育水稻土	冲积性潜育水稻土	夹砂田	A	0~17	棕黄色	轻壤土	粒状	5.3	18.3	1.42	0.96	5.3	174		5.0	冲积物	E 100°46′16.6″ N 21°41′50.1″	74
						P	17~32	灰黄色	壤土	块状											
						G₁	32~52	灰白色	壤土	块状	5.3	3.9	0.70			69					
						G₂	52~100	白色	黏壤土												
剖43	铁铝土	红壤	黄红壤	千枚岩黄红壤			0~15				5.1	166.7	5.34	1.72		511		23.4	千枚岩	E 100°29′22.4″ N 21°30′29.0″	71
						B	15~35				5.0	53.9	2.50			537					
						BC	35~100				5.1	19.1	1.14			25					

续表 Continued

剖面号 Soil profile	土纲 Soil order	土类 Soil great group	亚类 Soil subgroup	土属 Soil genus	土种 Soil species	土层码 Layer code	土层厚度 Depth/cm	颜色 Soil color	质地 Soil texture	土壤结构 Soil structure	pH	有机质 OM/(g/kg)	全氮 TN/(g/kg)	全磷 TP/(g/kg)	全钾 TK/(g/kg)	碱解氮 AN/(mg/kg)	有效磷 AP/(mg/kg)	阳离子交换量CEC/(cmol/kg)	土壤母质 Parent material	剖面点坐标 Profile coordinate	匹配指数 Matching index/%
剖44	铁铝土	砖红壤	砖红壤	泥砂砖红土	聚洪砖红土	Ao	0–3	亮红棕色	黏土	屑粒状	5.0	27.2	1.77	1.06	7.4	70	微量			E 100°36′50.0″ N 21°39′25.9″	74
						A	3–27	亮红棕色	黏土	屑粒状	5.1	21.1	1.20	1.00	7.8	50	微量				
						AB	27–46	暗红棕色	黏土	碎块状	5.2	16.7	0.85	0.88	7.9	30	6.0				
						Bs₁	46–80	红色	黏土	小块状	5.3	13.2	0.66	0.89	8.2	25	5.0				
剖45	人为土	潴育水稻土	潴育水稻土	冲积性潴育水稻土	砂泥田	Bs₂	80–150															
						P	0–15	黄灰色	壤土	粒状	5.1	26.6	1.48	0.64	7.2	262				冲积物	E 100°42′52.2″ N 21°38′57.5″	79
						W₁	15–25	黄灰色	壤土	小块状	5.3	14.7	1.06			174					
						W₂	25–33	黄灰色	砂壤土	小块状	5.4	13.7	0.86			99					
剖46	人为土	潴育水稻土	潴育水稻土	冲积性潴育水稻土	胶泥田		33–100	黄灰色	砂壤土	块状											
						A	0–25	黄棕色	重壤土	块状	5.6	26.6	1.91	0.64	1.0	269		15.3	冲积物	E 100°44′31.9″ N 21°38′45.2″	92
						W	25–100	深棕色	重壤土	粒状	5.6	6.5	0.53			76					
剖47	铁铝土	赤红壤	千枚岩赤红壤	千枚岩赤红土	自然土	2	0–20	深棕色	轻壤土	粒状	5.6	79.4	2.78	0.97	1.3	243		15.9	千枚岩	E 100°36′00.4″ N 21°37′53.0″	92
							20–45	黑棕色	黏壤土	小块状											
剖48	铁铝土	砖红壤	老冲积砖红壤			3	45–100	棕黄色	黏壤土	块状											
						A	0–10	红色	轻壤土	粒状	4.7	27.5	1.53	1.10	5.5	241		15.9	老冲积物	E 100°40′50.2″ N 21°36′33.0″	78
						B	10–60	棕红色	壤土	粒状	5.1	20.3	1.56			201					
						C	60–100	棕色	砂土	无明显结构	5.5	15.3	1.17			165					
剖49	人为土	潴育水稻土	红壤性潴育水稻土	山砂田		A	0–18	黄灰色	轻壤土	块状	5.2	52.2	2.18	0.48	29.3	435		7.7	红壤性母质	E 100°41′54.6″ N 21°34′48.7″	81
						P	18–27	灰黄色	轻壤土	小块状	5.3	51.6	1.20			407					
						W₁	27–47	灰色	轻壤土	小块状	5.6	39.3	1.34			342					
剖50	人为土	淹育水稻土	冲积性淹育水稻土	泥炭田		W₂	47–97	深黄色													
						A	0–15	灰黑色	壤土	粒状	4.8	66.6	2.37	0.99	4.9	209		10.3	冲积物	E 100°37′10.2″ N 21°29′22.2″	75
						P	15–27	灰色	壤土	块状	5.2	49.8	2.39			399					
						C	27–100	灰黑色	重壤土	块状	5.6	18.8	1.22			239					
剖51	铁铝土	赤红壤	粗骨性赤红壤	砂页岩粗骨性赤红土		AD	0–20				5.0	27.5	2.29	0.71	6.7	265		14.6	砂页岩	E 100°31′54.1″ N 21°29′03.5″	97
						CD	20–50				5.1	4.8	1.26			185					

勐海县

主要土类说明

赤红壤是勐海县主要土壤类型，占本县地域面积的55%，分布在海拔1000—1300m的河谷和坝子。植被为常绿阔叶林。成土母质以各种母岩风化残积物和坡积物为主。成土过程以富铝化作用和生物积累作用为主。本县赤红壤分为赤红壤、黄色赤红壤等亚类。赤红壤亚类具A-Bs-C剖面构型，土体脱硅富铝化程度仅次于砖红壤，比红壤强，铁的游离度介于二者之间，土壤呈赤红色。黏粒硅铝率为1.7—2.0，风化淋溶系数为0.05—0.15，盐基饱和度为15%—25%，pH为4.5—5.5。黄色赤红壤土体中氧化铁等矿物的水合度较高，有较明显的黄化层，土壤有机质和游离铁的活化度均高于典型的赤红壤，pH一般低于5.5，呈酸性。

红壤是勐海县第二大土壤类型，占本县地域面积的24%，分布在海拔1500—2400m的丘陵及低山地区。植被为常绿阔叶林，主要有云南松、栎类灌丛和禾本科杂草等。成土母质主要为第四纪红色黏土和石灰岩风化残积物。成土过程以脱硅富铝化和生物富集为主。本县红壤分为红壤、黄红壤、棕红壤、红壤性土等亚类。其中，红壤亚类面积较大，呈中度脱硅富铝化特征，具A-Bs-Bv或A-Bs-C剖面构型。黏土矿物以高岭石、赤铁矿为主，黏粒硅铝率为1.8—2.4，风化淋溶系数小于0.2，盐基饱和度小于35%，pH为4.5—5.5。淀积层可见深厚的红、黄、白相间的网纹状红色黏土。

水稻土是勐海县第三大土壤类型，占本县地域面积的9%，分布在海拔558—1500m的大、小坝子。成土母质主要为赤红壤和红壤。水稻土在长期的季节性淹灌、水下翻耕、季节性脱水、氧化还原交替影响下，原来的成土母质或母土的特性发生重大改变，形成了不同的土体构型。本县水稻土分为淹育型、潴育型、潜育型、沼泽型等亚类。其中，潴育水稻土面积较大，多分布在坝区，水利条件好，水耕熟化程度高，层次分异明显，能灌能排，水旱轮作，具A-P-W-G-C或A-P-W-C剖面构型。

黄壤占本县地域面积的6%，分布在海拔1700—2400m的中山丘陵。成土过程以脱硅富铝化、生物富集和黄化过程为主。黏土矿物以蛭石为主，其次为高岭石和伊利石。黄壤中度富铝化，有机质含量随自然植被的不同而有很大差异，土壤呈黄色，具O-A-AB-B-C剖面构型。淀积层（B层）富含水合氧化物（针铁矿），有时含三水铝石。

砖红壤占本县地域面积的4%，分布在海拔800m以下的低山丘陵和河谷阶地。植被为热带雨林和季雨林。成土母质以各种母岩风化残积物和坡积物为主。成土过程为脱硅富铝化过程和以生物为主导的养分吸收富集过程。本县砖红壤分为红色砖红壤、黄色砖红壤、粗骨性砖红壤等亚类。

小于本县地域面积3%的土壤类型有紫色土、新积土和黄棕壤。

本区域中心区气候特征

本区域中心区气候特征值
Regional climate characteristics in central area of the region

气候带：边缘热带湿润气候 Climate region: Edge tropical humid climate	
年平均气温 /℃ Annual average temperature /℃	19.5
年平均最高气温 /℃ Annual average maximum temperature /℃	26.9
年平均最低气温 /℃ Annual average minimum temperature /℃	14.9
年降水量 /mm Annual precipitation /mm	1578
≥10℃的积温 /℃ Daily temperature accumulated in a year（≥10℃）/℃	7098
年日照时数 /h Annual sunshine /h	2067
年平均相对湿度 /% Annual average relative humidity /%	79
干燥度 Dryness	0.73

本区域中心区月平均气温与月平均降水量
Monthly temperature and precipitation in central area of the region

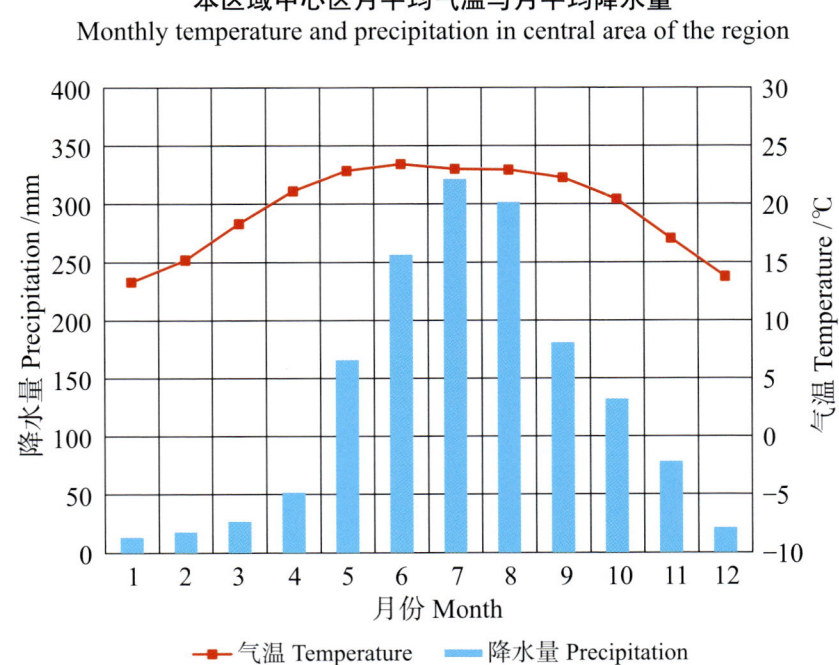

勐海县主要土壤类型与土壤剖面点分布图
1:370 000

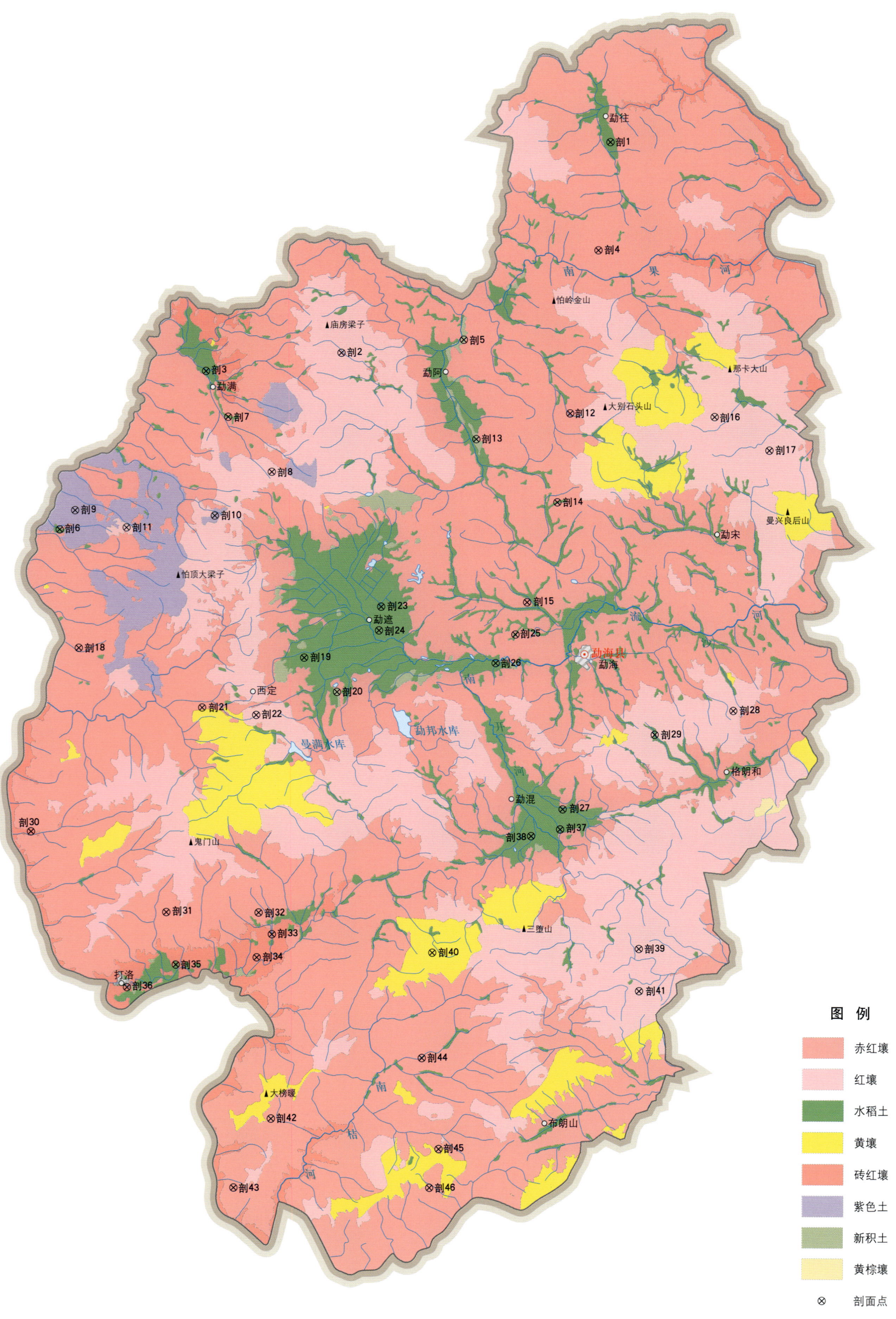

勐海县土壤剖面理化性状表

剖面号 Soil profile	土纲 Soil order	土类 Soil great group	亚类 Soil subgroup	土属 Soil genus	土种 Soil species	土层码 Layer code	土层厚度 Depth/cm	颜色 Soil color	质地 Soil texture	土壤结构 Soil structure	pH	有机质 OM (g/kg)	全氮 TN (g/kg)	全磷 TP (g/kg)	全钾 TK (g/kg)	碱解氮 AN (mg/kg)	阳离子交换量CEC/(cmol/kg)	土壤母质 Parent material	剖面点坐标 Profile coordinate	匹配指数 Matching index/%
剖1	人为土	水稻土	潴育水稻土	胶泥田	灰胶泥田	A	0—15	黑灰色	重壤土	块状	5.4	11.0	2.60	0.90	1.7	158	12.7		E 100°28′21.4″ N 22°22′11.6″	78
						P	15—25	灰黑色	黏土	柱状	5.4	11.0	1.10			66				
						W₁	25—55	灰黄色	黏土	柱状										
						W₂	55—120	红黄色	黏土	整块状										
剖2	铁铝土	红壤	黄红壤	花岗岩黄红色壤		1	0—10	灰黑色	砂壤土	核粒状	5.7	95.1	3.60	1.80	25.0	655	20.1	花岗岩	E 100°14′16.4″ N 22°12′11.5″	94
						2	10—30	黄黄色	轻壤土	核粒状	5.3	19.3	1.00	1.30	25.2	241	10.8			
						3	30—100	黄红色	轻壤土	核粒状	5.3	9.5	0.70	0.10	24.3	69	10.7			
剖3	人为土	水稻土	潴育水稻土	紫泥田	紫泥田	A	0—14	紫色	轻壤土	核块状	5.6	17.8	1.20	0.70	15.3	168	11.1		E 100°07′14.5″ N 22°11′22.6″	84
						P	14—20	紫紫色	壤土	块状	6.2	12.9	1.00			112				
						W₁	20—37	紫紫色	轻壤土	整块状										
						W₂	37—100	红紫色	轻壤土											
剖4	铁铝土	赤红壤	红色赤红壤	花岗岩红色赤红壤	黑砂泥土	1	0—15	灰黑色	砂壤土	核粒状	5.4	57.7	2.60	1.30	19.1	517	18.3	花岗岩	E 100°27′40.7″ N 22°17′00.2″	71
						2	15—52	棕色	轻壤土	块状	5.8	16.0	1.50			166				
剖5	初育土	新积土	冲积土	花岗岩冲积物暗色紫性土	河砂土	1	0—15	灰黑色	砂壤土	粒状	6.1	20.0	1.30			261		花岗岩冲积物	E 100°20′38.8″ N 22°12′45.7″	90
						2	15—60	黄色	砂土	无明显结构	6.1	16.1	0.90			116				
剖6	人为土	水稻土	潴育水稻土	红泥田	红泥田	A	0—15	灰黑色	轻壤土	核块状	5.9	37.7	2.00	1.20	4.7	307	12.9		E 99°59′36.2″ N 22°03′48.2″	73
						P	15—21	灰色	壤土	块状	6.2	23.4	1.20			220				
						C₁	21—60	红褐色	壤土	核块状										
						C₂	60—100	红红色	轻壤土	核块状										
剖7	人为土	水稻土	潴育水稻土	紫泥田	紫泥田	P	0—10	灰紫色	壤土	核块状	5.2	20.6				187			E 100°08′22.9″ N 22°09′10.1″	96
						C₁	10—21	灰紫色	砂壤土	整块状	6.3	6.0				71				
						C₂	49—100	青灰色	壤土	块状										
剖8	铁铝土	红壤	黄红壤	砂页岩黄红壤	薄层有机质紫壤土	1	0—11	棕黄色	轻壤土	核状	5.7	50.4	1.90			274		砂页岩	E 100°10′37.2″ N 22°06′29.9″	98
						2	11—50		壤土	块状	5.1	8.4	1.00			100				
剖9	初育土	紫色土	酸性紫色土	紫色砂页岩紫色土	薄层有机质紫壤土	1	0—10	灰黑色	轻壤土	核状	5.4	22.7	1.10			300		紫色砂页岩	E 100°00′24.1″ N 22°04′43.7″	96
						2	10—35	紫红色	重壤土	粒状	6.3	9.9	0.50			305				
剖10	初育土	紫色土	酸性紫色土	紫色砂页岩酸性紫色土	紫砂泥土	1	0—19	紫红色	轻壤土	核块状	5.5	33.3	1.80					紫色砂页岩	E 100°07′39.0″ N 22°04′25.0″	93
						2	19—34	紫紫色	壤土	核粒状	5.3	9.6	0.90			436				
						3	34—54	紫紫色	壤土	块状	5.4	7.6	1.00			155				
剖11	铁铝土	红壤	粗骨性红壤	砂岩粗骨性红壤		1	0—15	灰黑色	轻壤土	粒状	5.7	55.5	3.00			443	14.4	砂岩类	E 100°03′04.3″ N 22°03′52.9″	94
						2	20—60	褐黄色	轻壤土	核块状	5.6	12.2	1.10			295	6.7			
剖12	铁铝土	赤红壤	红色赤红壤	花岗岩红色赤红壤		1	0—15	褐棕色	轻壤土	柱状	5.9	70.8	2.90	1.00	6.9	181		花岗岩	E 100°26′07.8″ N 22°09′10.1″	96
						2	15—35	红棕色	轻壤土	核粒状	5.6	19.1	1.00	0.80	6.4	87				
剖13	初育土	新积土	冲积土	新冲积土	灰砂泥土	1	0—23	黄灰色	轻壤土	核块状	5.3	24.3	1.20			36		冲积物	E 100°21′15.1″ N 22°07′58.4″	84
						2	23—53	白灰色	轻壤土	块状	5.0	14.2	0.90			397				
						C	53—100	灰白色	砂土	无明显结构	5.4	8.6	0.40							
剖14	人为土	水稻土	潴育水稻土	砂田	山砂田	A	0—15	黑色	砂壤土	核块状	5.4	31.9	1.70	1.00	13.5	78	14.9		E 100°25′25.7″ N 22°04′54.1″	100
						P	15—23	黑红色	壤土	块状	5.6	7.6	0.60							
						W₁	23—60	黄红色	砂壤土	块状	6.3									
						W₂	60—100	浅红色	壤土	整块状										
剖15	铁铝土	赤红壤	黄色赤红壤	花岗岩黄色赤红壤		1	0—14	褐黑色	壤土	粒状	5.8	86.6	3.90	0.50	8.4	335	20.0	花岗岩	E 100°23′49.6″ N 22°00′05.8″	78
						2	14—34		轻壤土	块状	5.5	35.1	1.80	0.90	10.6	268	11.9			

续表 Continued

剖面号 Soil profile	土纲 Soil order	土类 Soil great group	亚类 Soil subgroup	土属 Soil genus	土种 Soil species	土层码 Layer code	土层厚度 Depth/cm	颜色 Soil color	质地 Soil texture	土壤结构 Soil structure	pH	有机质 OM/(g/kg)	全氮 TN/(g/kg)	全磷 TP/(g/kg)	全钾 TK/(g/kg)	碱解氮 AN/(mg/kg)	阳离子交换量CEC/(cmol/kg)	土壤母质 Parent material	剖面点坐标 Profile coordinate	匹配指数 Matching index/%
剖16	铁铝土	红壤	红壤	花岗岩红壤	黑砂土	1	0—10	黑灰色	壤土	粒状	5.3	47.0	1.60	2.10	12.4	411	15.8	花岗岩	E 100°33′37.8″ N 22°08′55.0″	70
剖17	铁铝土	红壤	红壤	花岗岩红壤		2	10—35	红色	壤土	核粒状	5.5	13.7	0.80	1.20	9.5	266	8.8		E 100°36′28.1″ N 22°07′16.3″	94
						1	0—20	灰黑色	轻壤土	粒状	5.5	78.3	4.70			508				
						2	20—65	棕红色	砂壤土	核状	5.4	45.1	3.10			393				
剖18	铁铝土	粗骨性赤红壤	砂页岩粗骨性赤红壤			1	0—30	灰黑色	轻壤土	核状	5.2	41.2	1.80			285		砂页岩	E 100°00′33.8″ N 21°58′05.5″	90
						2	30—40	黄红色	砂土	无明显结构	5.1	12.6	0.70			101				
剖19	人为土	水稻土	潴育水稻土	鸡粪土田	黑鸡粪土	A	0—14	灰黑色	轻壤土	核状	6.6	38.9	2.30	1.20	20.2	349	16.3		E 100°12′14.8″ N 21°57′32.0″	93
						P	14—24	浅灰色	壤土	块状	5.5	17.9	1.30	1.50	25.5	158	10.5			
						W	24—53		壤土	块状	7.8									
						C	53—100	灰色	砂土	整块状	7.5				19.6		1.7			
剖20	初育土	冲积土	新冲积土			A	0—20	灰褐色	轻壤土	核状	5.5	57.3	2.90	4.00		351		冲积物	E 100°13′56.3″ N 21°55′52.7″	91
						2	20—60	褐色	壤土	核状	5.3	19.9	1.20			234				
						B	60—95	灰黄色	重壤土	块状	5.3									
						C	95—100	灰白色	粉砂土	整块状	5.4									
剖21	铁铝土	红色赤红壤	砂页岩红色赤红壤	黑砂泥土		1	0—12	黑色	轻壤土	核状	5.5	24.7	1.60	1.30	25.9	212	11.9	砂页岩	E 100°06′56.5″ N 21°55′10.9″	94
						2	12—32	褐色	轻壤土	核粒状	6.0	9.3	0.70			122				
剖22	铁铝土	粗骨性红壤	片岩粗骨性红壤			1	0—12	灰白色	轻壤土	粒状	5.3	163.9	7.30			532			E 100°09′44.6″ N 21°54′48.2″	97
						2	12—46	棕黄色	砂壤土	核块状	5.3	26.6	1.00			135				
						C		灰白色	砂壤土	无明显结构	5.4	24.3	1.00			137				
剖23	人为土	水稻土	淹育水稻土	砂泥田	山砂泥田	A	0—15	黑色	轻壤土	核状									E 100°16′15.2″ N 21°59′56.8″	83
						P	15—28	灰色	壤土	块状	5.5	5.3	0.60			50	13.1			
						R_1	28—36													
						R_2	36—100													
剖24	人为土	水稻土	潴育水稻土	潮砂泥田	黑砂泥田	A	0—12	灰黑色	轻壤土	核块状	5.8	35.0	1.50			166			E 100°16′08.0″ N 21°58′48.7″	73
						P	10—18	灰黑色	轻壤土	核粒状	6.0	23.7	1.10			58	12.8			
						W	18—51	灰黄色	轻壤土	核粒状	5.5									
						C	51—100	灰黄色	砂壤土	整块状	5.7									
剖25	人为土	水稻土	沼泽型水稻土	泥炭土田	泥炭土田	A	0—50	黑色	壤土	块状	5.5	166.0	7.00			506			E 100°23′12.8″ N 21°58′33.6″	87
						G_1	50—62	灰白色	砂壤土	整块状	5.7	160.0	5.20			377				
						G_2	62—100	灰白色	壤土	块状	5.2									
剖26	人为土	水稻土	潴育水稻土	黄泥田	黄泥田	A	0—14	灰黄色	轻壤土	块状	6.0	14.1	1.10	1.20	8.2	384			E 100°22′10.2″ N 21°57′11.9″	74
						P	14—20	黄黄色	壤土	整块状	5.9	41.5	2.20			155				
剖27	人为土	水稻土	淹育水稻土	潮砂泥田	灰砂泥田	A	0—12	灰白色	轻壤土	核状	5.8	9.0	0.80	1.00	23.1	322			E 100°25′35.8″ N 21°50′07.4″	87
						P	12—21	灰色	壤土	块状	5.3	21.6	1.00	1.70	28.3	197	6.4			
						C	21—61	棕黄色	壤土	块状	5.5	9.1	0.70							
						4	61—100	灰色	壤土	块状	4.9	33.4	1.80	0.90	12.3	168	7.8	花岗岩	E 100°34′28.9″ N 21°54′47.5″	99
剖28	铁铝土	棕红壤	花岗岩棕红壤			1	0—31	灰色	轻壤土	粒状	5.3					61				
						2	31—63	棕黄色	细砂土	块状	5.5	4.7	0.50		18.2	294	13.6			
剖29	人为土	水稻土	潴育水稻土	冷浸田	冷浸田	A	0—10	灰色	重壤土	整块状	5.8			1.10		87			E 100°30′23.8″ N 21°53′40.9″	85
						P	10—20	灰白色	轻壤土	整块状										
						G_1	20—65	黄红色	轻壤土	核状	5.3	23.0	1.60			145				
						G_2	65—85													
							85—100			无明显结构										
剖30	铁铝土	砖红壤	粗骨性砖红壤	砂页岩粗骨性砖红壤		1		黄红色	砂砾土		5.5	18.4	1.40			133			E 99°58′02.4″ N 21°49′15.2″	74
						2	27—44													

续表 Continued

剖面号 Soil profile	土纲 Soil order	土类 Soil great group	亚类 Soil subgroup	土属 Soil genus	土种 Soil species	土层码 Layer code	土层厚度 Depth/cm	颜色 Soil color	质地 Soil texture	土壤结构 Soil structure	pH	有机质 OM/(g/kg)	全氮 TN/(g/kg)	全磷 TP/(g/kg)	全钾 TK/(g/kg)	碱解氮 AN/(mg/kg)	阳离子交换量CEC/(cmol/kg)	土壤母质 Parent material	剖面点坐标 Profile coordinate	匹配指数 Matching index/%
剖31	铁铝土	赤红壤	红色赤红壤	砂页岩红色赤红壤		1	0—19	棕黑色	壤土	核粒状	5.3	72.7	1.90			423		砂页岩	E 100°05′02.4″ N 21°45′18.7″	77
						2	19—54	红色	砂土	无明显结构	5.3	16.6	0.70			142				
剖32	铁铝土	赤红壤	粗骨性赤红壤	砂页岩粗骨性赤红壤	砂土	1	0—20	褐黑色	轻壤土	核状	6.2	68.2	2.90			394			E 100°09′49.0″ N 21°45′15.8″	97
						2	20—50	棕红色	砂砾土	无明显结构	5.6	17.3	1.20			103				
剖33	铁铝土	砖红壤	黄色砖红壤	砂页岩黄色砖红壤		1	0—15	黄灰色	轻壤土	核粒状	4.8	15.7	1.70	0.80		257	10.7	砂页岩	E 100°10′30.0″ N 21°44′12.8″	79
						2	15—35	灰黄色	壤土	核粒状	5.0	23.4	1.20			143				
剖34	铁铝土	砖红壤	红色砖红壤	砂页岩红色砖红壤		1	0—27	褐黑色	壤土	核状	6.1	19.7	1.40			136			E 100°09′42.8″ N 21°43′05.9″	73
						2	27—67	褐红色	壤土	块状	5.9	11.0	0.50			125				
剖35	人为土	水稻土	潜育水稻土	潮砂泥田	灰砂泥田	A	0—14	浅灰色	轻壤土	核块状	5.2	14.8	1.20			182			E 100°05′31.3″ N 21°42′46.4″	96
						P	14—24	灰黄色	壤土	块状	5.3	5.1	0.40			50				
						G	24—100	红黄色	壤土	核粒状										
剖36	铁铝土	砖红壤	红色砖红壤	砂页岩红色砖红壤	红土	1	0—28	红褐色	壤土	核粒状	4.6	14.6	0.80			138			E 100°02′35.6″ N 21°41′30.7″	84
						2	28—63	红色	壤土	块状	4.6	9.9	0.50			67				
剖37	人为土	水稻土	潜育水稻土	冷浸田	冷浸田	A	0—15	黑褐色	壤土	核粒状	5.5	57.0	3.00			444			E 100°25′27.5″ N 21°49′09.5″	100
						P	15—23	褐黑色	壤土		5.3					297				
						G	23—100													
剖38	人为土	水稻土	潜育水稻土	黑泥田	灰泥田	A	0—14	灰色	轻壤土	核粒状	5.4	40.1	2.50		13.0	313	17.4		E 100°23′57.1″ N 21°48′50.8″	84
						P	14—24	深灰色	壤土	核状										
						W_1	24—59	黑灰色	轻壤土	块状	5.9	19.6	1.10			183				
						W_2	59—100	灰白色	重壤土	整块状										
剖39	铁铝土	红壤	红壤	片岩红壤	禾香土	1	0—13	黑色	粉砂土	细粒状	5.1	24.5	3.20	0.80	4.9	419	19.9	片岩	E 100°29′29.8″ N 21°43′21.7″	74
						2	13—64	红色	轻壤土	块状	4.3	16.3	0.90			159	19.9			
剖40	铁铝土	黄壤	黄壤	花岗岩黄壤		1	0—25	黑色	轻壤土	粒状	4.8	169.0	9.10	1.70	10.6	700	27.6	花岗岩	E 100°18′47.9″ N 21°43′15.6″	75
						2	25—68	棕黄色	轻壤土	核粒状	5.1	53.3	4.30	1.70	14.0	375	14.8			
剖41	铁铝土	红壤	红壤	片岩红壤		1	0—32	黑色	轻壤土	粒状	4.6	41.2	1.80			376			E 100°29′29.8″ N 21°41′19.7″	81
						2	32—67	红色	壤土	块状	4.7	8.7	0.90			109				
剖42	铁铝土	赤红壤	红色赤红壤	片岩红色赤红壤		1	0—10	灰褐色	轻壤土	核粒状	4.8	113.4	3.50			526			E 100°10′24.6″ N 21°35′22.9″	96
						2	10—35	黑色	壤土	核粒状	4.7	24.1	1.20			209				
剖43	铁铝土	赤红壤	红色赤红壤	片岩红色赤红壤		1	0—14	黑色	砂壤土	核粒状	4.9	42.9	2.20			331		片岩	E 100°08′28.3″ N 21°32′06.4″	73
						2	14—51	黄红色	壤土	块状	4.9	18.2	1.40			153				
剖44	铁铝土	黄壤	黄色赤红壤	片岩黄色赤红壤	黑砂土	1	0—41	灰黑色	轻壤土	粒状	4.4	16.7	1.30			186			E 100°18′14.0″ N 21°38′12.5″	85
						2	41—76	灰黄色	壤土	核状	4.5	5.5	0.50			74				
剖45	铁铝土	赤红壤	红色赤红壤	片岩红色赤红壤		1	0—11	褐黑色	轻壤土	核粒状	6.1	141.3	9.90			806		片岩	E 100°19′05.2″ N 21°33′52.9″	85
						2	11—71	暗红色	轻壤土	核状	5.2	39.2	2.10			279				
剖46	铁铝土	赤红壤	粗骨性赤红壤	角岩粗骨性赤红壤	禾香土	1	0—25	灰色	轻壤土	块状	5.2	51.2	2.40			420		角岩	E 100°18′34.9″ N 21°32′02.4″	100
						2	25—60	红黄色	砂壤土	块状	5.0	9.9	1.10			71				

勐 腊 县

主要土类说明

赤红壤是勐腊县主要土壤类型，占本县地域面积的61%，分布在海拔800—1500m的低中山区。成土母质为砂页岩、石灰岩、志留纪页岩和第四纪红色砂砾岩。成土过程以富铝化作用和生物积累作用为主。赤红壤具A-Bs-C剖面构型，土体脱硅富铝化程度仅次于砖红壤，比红壤强，质地一般较轻。

砖红壤是勐腊县第二大土壤类型，占本县地域面积的15%，主要分布在海拔600—800m的低丘台阶地和沟谷。成土母质以砂页岩为主，还有石灰岩及少量千枚岩，坝区边缘分布着老冲积物和河流新冲积物。在长期高温高湿条件下，土壤风化度高，形成数米至十多米厚的富铝风化壳，表土层厚为20—40cm，具A-Bs-Bv-C剖面构型，为核粒状或核块状结构。自然肥力高，有机质含量为30—50g/kg，开垦后有机质强烈分解，2—3年后有机质含量下降到20g/kg以下。除表土呈暗红色、棕色或灰棕色外，心土至底土均为暗棕红色黏土。心土层中常有大量暗色胶膜和铁锰结核，土壤较紧实，物理性状差。

新积土是勐腊县第三大土壤类型，占本县地域面积的9%，分布在河流沿岸。成土母质为近代河流冲积物、山区坡积物和洪积物。成土过程为沉积作用、有机质积累、盐渍化和潜育化过程。新积土是由新近冲积、洪积、坡积、塌积或人工堆垫形成的土壤，具A-C或（A）-C剖面构型，pH在7.0左右。

紫色土占本县地域面积的7%，主要分布在易武、象明等地，多与赤红壤和砖红壤交错分布。成土母质为紫红色砂页岩。在成土过程中，矿物风化作用微弱，土壤不具有脱硅富铝化特征，上下层次无明显分异。但紫色土有剧烈的物理风化过程，其母岩易受热胀冷缩影响，崩解剥落而形成碎屑状物质。紫色土无明显的腐殖质层，具A-C剖面构型，呈紫红色。有机质含量在10g/kg左右，但在森林覆盖下的紫色土有机质含量为20—30g/kg。紫色土矿质养分比较丰富，磷、钾含量比砖红壤、赤红壤高，pH常低于5.5。

红壤占本县地域面积的4%，分布在海拔1500—2000m的中山山地，主要分布在易武以东的中老边境一带，易武、象明交界地带以及勐腊、瑶区和关累交界地带。成土母质为砂页岩。成土过程以脱硅富铝化和生物富集为主。

小于本县地域面积3%的土壤类型有水稻土和石灰（岩）土。

本区域中心区气候特征

本区域中心区气候特征值
Regional climate characteristics in central area of the region

气候带：边缘热带湿润气候 Climate region: Edge tropical humid climate	
年平均气温 /℃ Annual average temperature /℃	19.5
年平均最高气温 /℃ Annual average maximum temperature /℃	26.3
年平均最低气温 /℃ Annual average minimum temperature /℃	15.2
年降水量 /mm Annual precipitation /mm	1448
≥10℃的积温 /℃ Daily temperature accumulated in a year（≥10℃）/℃	7120
年日照时数 /h Annual sunshine /h	2041
年平均相对湿度 /% Annual average relative humidity /%	79
干燥度 Dryness	0.83

本区域中心区月平均气温与月平均降水量
Monthly temperature and precipitation in central area of the region

勐腊县主要土壤类型与土壤剖面点分布图

1：460 000

图例

- 赤红壤
- 砖红壤
- 新积土
- 紫色土
- 红壤
- 水稻土
- 石灰（岩）土
- ⊗ 剖面点

勐腊县土壤剖面理化性状表

剖面号 Soil profile	土纲 Soil order	土类 Soil great group	亚类 Soil subgroup	土属 Soil genus	土种 Soil species	土层码 Layer code	土层厚度 Depth/cm	颜色 Soil color	质地 Soil texture	土壤结构 Soil structure	pH	有机质 OM/(g/kg)	全氮 TN/(g/kg)	全磷 TP/(g/kg)	全钾 TK/(g/kg)	碱解氮 AN/(mg/kg)	有效磷 AP/(mg/kg)	土壤母质 Parent material	剖面点坐标 Profile coordinate	匹配指数 Matching index/%
剖1	初育土	紫色土	酸性紫色土	紫色砂页岩酸性紫色土	红紫泥田	A	0—13	紫色	轻壤土	核状	5.1	19.6	1.60	8.00	12.0	153		紫色砂页岩	E 101°19′05.9″ N 22°14′11.0″	98
						C	13—47	紫棕色	壤土	块状	5.3	14.2	1.00	3.00	7.0	144				
剖2	人为土	水稻土	淹育水稻土	红壤性淹育水稻土	黄鸡粪土田	A	0—13	棕黄色	壤土	核状	5.2	17.7	1.30	0.50	9.2	172		红壤性母质	E 101°26′57.5″ N 22°10′52.7″	89
						P	13—24	灰白色	壤土	核状	6.5	20.7	0.70	0.40	5.5	84				
						B	24—100	棕褐色	壤土	核状	6.1	5.3	0.30	0.30	7.2	69				
剖3	铁铝土	赤红壤	红色赤红壤	砂页岩红色赤红壤	紫红土	A	0—10	棕黑色	砂壤土	粒状	6.0	49.2	2.10	3.60	16.6	196		砂页岩	E 101°30′49.0″ N 22°11′38.4″	92
						B	10—30	红棕色	壤土	核状	5.4	27.5	1.10	1.20	6.7	159				
						C	30—100	栗色	壤土	核状	5.2	8.1	0.60	0.40	3.8	18				
剖4	人为土	水稻土	淹育水稻土	冲积性淹育水稻土	浮砂田	A	0—14	红棕色	砂壤土	核粒状	5.3	9.2	0.60	0.50	7.0	63			E 101°14′59.3″ N 22°04′41.2″	91
						P	14—21	紫棕色	砂壤土	粒状	7.0	8.0	0.60	0.60	5.0	93				
						C	21—100	棕红色	砂壤土	核状	7.4	3.2	0.40	0.50	4.6	54				
剖5	初育土	石灰（岩）土	红色石灰土		棕红土	A	0—15	棕红色	黏土	核状	6.8	35.6	1.80	3.60	26.2	155			E 101°14′13.9″ N 22°01′49.8″	73
						B	15—75	棕红色	重壤土	块状	6.9	21.1	1.20	2.10	16.4	84				
						C	75—100	紫红色	重壤土	核状	6.4	16.4	0.80	1.10	7.3	36				
剖6	初育土	紫色土	酸性紫色土	紫色砂页岩酸性紫色土		A	0—16	紫紫色	轻壤土	块状	5.6	33.1	1.80	3.60	17.5	134		紫色砂页岩	E 101°20′29.4″ N 22°08′05.6″	94
						B	16—64	紫棕色	重壤土	核状	5.1	28.2	1.40	1.80	9.3	30				
						C	64—100	紫棕色	重壤土	核状	4.9	19.0	1.10	0.60	1.6	17				
剖7	人为土	水稻土	潴育水稻土	红壤性潴育水稻土		A	0—20	深灰色	重壤土	小块状	5.4	33.1	1.10	0.60	2.8	141		红壤性母质	E 101°21′34.2″ N 22°03′48.2″	76
						P	20—30	灰色	重壤土	块状	4.8	16.8	0.40	0.60	3.4	43				
						W	30—60	深灰色	重壤土	块状	4.9	15.5	0.30	0.60	3.8	26				
						C	60—100	灰白色	砂壤土	粒状	5.2	1.8	0.10	0.20	1.2	18				
剖8	铁铝土	红壤		砂页岩红壤	黑胶泥田	Ao	0—5	黑色			4.7	36.4	2.50	1.00	3.6	222		砂页岩	E 101°33′45.0″ N 22°07′13.4″	99
						A	5—30	棕褐色	轻壤土	核状	5.6	2.7	0.40	0.70	8.3	54				
						B	30—50	紫紫色	壤土	核状	5.2	1.1	0.30	4.50	6.4	24				
						C	50—100	紫红色	砂壤土	块状	7.6	42.6	2.00	0.60	14.8	172				
剖9	人为土	水稻土	潴育水稻土	红壤性潴育水稻土	冷浸田	A	0—22	灰黄色	重壤土	核状	8.2	7.4	0.60	0.10	7.3	45		红壤性母质	E 101°14′16.1″ N 21°56′34.4″	91
						G	22—55	青灰色	重壤土	粒状	7.4	3.6	0.20		8.4	19				
						E	55—100	灰白色	重壤土	块状	5.7	29.0	1.60	1.50	15.6	161				
剖10	铁铝土	砖红壤	红色砖红壤	石灰岩红色红壤	黑灰土	A	0—17	黑棕色	壤土	核状	6.0	21.0	1.10	0.80	8.6	87		石灰岩	E 101°24′11.5″ N 21°53′03.1″	92
						P	17—100	棕黄色	黏土	核状										
剖11	初育土	石灰（岩）土	黑色石灰土		黑色土	Ao	0—3	黑色			6.7	99.6	5.10	3.90	14.2	132			E 101°26′01.7″ N 21°52′35.0″	74
						A	3—35	棕黄色	壤土	块状	7.0	30.2	2.60	1.40	6.1	64				
						C	35—80	灰黄色	黏土	块状										
剖12	初育土	石灰（岩）土	黑色石灰土		黑泡土	A	0—17	黑棕色	壤土	核状	7.0	39.0	1.60	1.50	15.2	161			E 101°24′49.0″ N 21°52′12.4″	72
						P	17—100	黄棕色	壤土	块状	6.1	24.6	1.20	1.00	13.2	77				
剖13	人为土	水稻土	潴育水稻土	红壤性潴育水稻土	黑鸡粪土田	A	0—15	黑棕色	砂壤土	核状	5.2	36.1	1.70	1.40	9.1	143		红壤性母质	E 101°23′27.2″ N 21°50′50.6″	91
						P	15—24	棕色	轻壤土	块状	6.6	15.2	0.70	0.90	5.3	164				
						W_1	24—38	棕灰色	轻壤土	块状	6.8	20.1	0.90	0.80	16.8	74				
						W_2	38—100	黄棕色	壤土	块状	6.6	5.4	0.60	1.20	6.3	84				
剖14	铁铝土	赤红壤	红色赤红壤	石灰岩红色赤红壤		A	0—18	棕色	轻壤土	块状	4.8	39.5	2.40	8.00	10.1	169		石灰岩	E 101°23′42.0″ N 21°49′21.0″	83
						B	18—45	黄棕色	壤土	块状	4.8	25.2	1.60	0.80	3.8	279				
						C	45—100	黄红色	重壤土	块状	4.5	11.4	1.00	0.60	6.0	156				

续表 Continued

剖面号 Soil profile	土纲 Soil order	土类 Soil great group	亚类 Soil subgroup	土属 Soil genus	土种 Soil species	土层码 Layer code	土层厚度 Depth/cm	颜色 Soil color	质地 Soil texture	土壤结构 Soil structure	pH	有机质 OM/(g/kg)	全氮 TN/(g/kg)	全磷 TP/(g/kg)	全钾 TK/(g/kg)	碱解氮 AN/(mg/kg)	有效磷 AP/(mg/kg)	土壤母质 Parent material	剖面点坐标 Profile coordinate	匹配指数 Matching index/%
剖15	人为土	水稻土	潴育水稻土	暗紫红泥田		A	0—16	紫红色	壤土	核粒状	5.6	24.5	1.10	1.30	4.2	139	2.9		E 101°38′34.4″ N 21°44′05.3″	86
						P	16—25	紫红色	壤土	小块状	5.4	17.8	1.60	0.70	2.8	74	1.1			
						W₁	25—65	紫棕色	黏壤土	块状	5.9	13.2	0.80	1.00	3.6	26	8.8			
						W₂	65—100	紫色	黏壤土	块状	5.7	7.6	0.70	0.40	1.6	18	1.6			
剖16	铁铝土	赤红壤	红色赤红壤	石灰岩红色赤红壤	红土	A	0—20	棕红色	黏土	块状	4.8	13.1	1.10	0.70	9.4	58		石灰岩	E 101°32′39.8″ N 21°43′25.0″	75
						B₁	20—50	棕红色	黏土	块状	5.3	8.4	1.00	0.30	9.1	26				
						B₂	50—100	棕红色	黏土	块状	5.6	7.8	0.80	0.30	7.6	18				
剖17	铁铝土	砖红壤	红色砖红壤	砂页岩红色砖红壤		A	0—17	褐灰色	砂壤土	粒状	5.5	29.8	1.70	1.30	9.0	169		砂页岩	E 101°13′09.1″ N 21°35′50.6″	83
						B	17—43	棕灰色	砂壤土	粒状	4.9	17.9	1.10	2.00	7.0	139				
						C	43—100	黄灰色	砂壤土	粒状	5.5	12.7	0.90	1.50	8.0	149				
剖18	铁铝土	砖红壤	红色砖红壤	石灰岩红色砖红壤	灰红土	A	0—16	棕红色	黏土	核状	5.5	10.3	0.70	0.20	0.7	28		石灰岩	E 101°21′22.3″ N 21°38′53.9″	78
						B	16—107	浅红色	黏土	粒状	5.8	7.2	0.50	0.10	0.6	27				
剖19	铁铝土	砖红壤	红色砖红壤	石灰岩红色砖红壤		Ao	0—3	黑色										石灰岩	E 101°22′46.6″ N 21°37′52.0″	96
						A	3—35	棕灰色	壤土	核状	5.2	99.7	5.10	3.20	6.8	22				
						C	35—80	灰黄色	黏土	粒状	5.2	31.2	1.90	2.60	3.1	169				
剖20	铁铝土	砖红壤	红色砖红壤	砂页岩红色砖红壤	大红土	A	0—18	棕黑色	壤土	粒状	5.3	18.3	0.70	1.00	5.6	196		砂页岩	E 101°21′47.9″ N 21°31′00.1″	83
						B	18—43	棕紫色	壤土	粒状	6.2	8.4	0.60	0.50	3.2	84				
						C	43—100	紫红色	黏土	核状	6.1	7.3	0.50	0.40	4.7	55				
剖21	人为土	水稻土	潜育水稻土	红壤性潜育水稻土	黑胶泥田	A	0—17	深灰色	重壤土	粒状	5.3	23.1	1.20	0.50	3.1	121		红壤性母质	E 101°36′00.7″ N 21°32′59.6″	82
						G	17—39	灰白色	黏土	柱状	5.0	12.5	0.60	0.30	3.0	43				
						B	39—65	灰白色	轻壤土	棱柱状	5.1	8.8	0.50	0.50	6.7	36				
						C	65—100	灰白色	砂壤土	粒状	5.5	3.1	0.10	0.20	1.8	33				
剖22	人为土	水稻土	潴育水稻土	冲积性潴育水稻土	红砂泥田	A	0—20	棕红色	砂壤土	粒状	5.1	18.0	0.90	0.60	8.2	63		冲积物	E 101°35′45.6″ N 21°31′24.6″	93
						P	20—32	浅红棕色	轻壤土	核状	5.5	17.9	1.20	0.70	2.6	41				
						W	32—60	紫色	壤土	核状	6.2	10.2	0.80	0.60	14.0	58				
						G	60—100	棕色	轻壤土	核状	6.7	8.9	0.60	0.20	0.7	26				
剖23	人为土	水稻土	潴育水稻土	红壤性潴育水稻土	灰泥田	A	0—15	灰色	壤土	粒粒状	5.1	25.4	1.50	0.50	7.5	136		红壤性母质	E 101°11′48.8″ N 21°22′49.8″	89
						P	15—24	黄灰色	重壤土	块状	5.6	16.7	0.80	0.50	8.2	79				
						W	24—65	灰棕色	重壤土	小块状	5.3	11.1	0.50	0.30	9.9	37				
						Gb	65—100	灰白色	重壤土	小块状	5.8	11.6	0.60	0.30	11.2	29				
剖24	初育土	新积土	冲积土	灰色新冲积土	灰砂土	A	0—15	红棕色	砂土	粒状	5.3	17.3	0.80	0.60	6.7	112		冲积物	E 101°35′45.6″ N 21°22′40.8″	92
						B	15—44	棕黄色	重壤土	块状	4.9	12.7	0.60	1.00	3.1	94				
						C	44—100	灰棕色	重壤土	块状	4.9	11.6	0.60	0.40	6.8	49				
剖25	人为土	水稻土	淹育水稻土	红壤性淹育水稻土	红胶泥田	A	0—13	红棕色	重壤土	核状	5.3	14.1	0.90	0.80	10.9	110		红壤性母质	E 101°13′10.6″ N 21°22′40.8″	71
						P	13—18	紫棕色	重壤土	块状	6.4	14.3	1.00	0.80	1.1	159				
						B	18—100	红色	砂壤土	块状	6.2	7.4	0.60	0.60	9.6	80				
剖26	人为土	水稻土	淹育水稻土	冲积性淹育水稻土	红砂泥田	A	0—16	红棕色	砂壤土	核状	5.4	16.8	0.80	0.70	10.5	152		冲积物	E 101°17′44.2″ N 21°28′17.0″	80
						P	16—25	紫色	壤土	块状	6.8	9.5	0.50	0.50	3.0	54				
						C	25—100	红棕色	砂壤土	粒状	6.9	5.7	0.40	0.40	8.0	35				
剖27	人为土	水稻土	潴育水稻土	紫色土性潴育水稻土	紫砂泥田	A	0—16	紫红色	轻壤土	粒状	5.6	24.5	1.10	1.30	4.2	139			E 101°19′17.8″ N 21°25′44.8″	72
						P	16—25	紫红色	壤土	粒状	5.4	17.8	1.60	0.70	2.8	74				
						W₁	25—65	紫棕色	壤土	块状	5.9	13.2	0.80	1.00	3.6	26				
						W₂	65—100	紫色	壤土	块状	5.7	7.6	0.70	0.40	1.6	18				

续表 Continued

剖面号 Soil profile	土纲 Soil order	土类 Soil great group	亚类 Soil subgroup	土属 Soil genus	土种 Soil species	土层码 Layer code	土层厚度 Depth/cm	颜色 Soil color	质地 Soil texture	土壤结构 Soil structure	pH	有机质 OM/(g/kg)	全氮 TN/(g/kg)	全磷 TP/(g/kg)	全钾 TK/(g/kg)	碱解氮 AN/(mg/kg)	有效磷 AP/(mg/kg)	土壤母质 Parent material	剖面点坐标 Profile coordinate	匹配指数 Matching index/%
剖28	人为土	水稻土	淹育水稻土	红壤性淹育水稻土	黄胶泥田	A	0—19	棕黄色	黏土	块状	5.3	12.9	0.80	0.60	11.5	113		红壤性母质	E 101°18′09.7″ N 21°24′33.1″	72
						P	19—26	灰棕色	重壤土	块状	6.5	14.9	1.30	0.80	6.4	104				
						B	26—50	棕黄色	黏土	块状	5.4	10.2	0.70	0.60	8.2	84				
						C	50—100	棕黄色	壤土	核状	5.7	12.1	0.60	0.50	4.7	84				
剖29	人为土	水稻土	潴育水稻土	紫色土性潴育水稻土	紫泥田	A	0—14	紫色	壤土	核状	5.9	26.3	1.90	2.20	8.0	171		红壤性母质	E 101°19′23.2″ N 21°24′22.0″	76
						P	14—25	紫红色	壤土	块状	5.9	18.9	0.80	1.00	1.6	116				
						W	25—50	紫红色	壤土	块状	6.5	8.6	0.50	0.90	0.6	143				
						G_1	50—77	青黄色	黏土	块状	6.2	7.3	0.40	0.90	0.6	73				
						G_2	77—105	黄灰色	重壤土	块状	5.4	2.4	0.20	0.70	0.1	18				
剖30	人为土	水稻土	潴育水稻土	紫色土性潴育水稻土	紫胶泥田	A	0—17	紫色	黏土	块状	5.4	26.0	1.80	1.30	17.7	210		红壤性母质	E 101°34′48.4″ N 21°29′07.1″	94
						P	17—28	紫红色	重壤土	块状	6.5	23.8	1.20	1.10	9.5	166				
						W	28—62	红棕色	重壤土	核状	5.3	12.3	0.80	0.90	9.7	166				
						G	62—95	灰色	重壤土	块状	5.6	11.4	0.90	1.20	6.6	126				
剖31	人为土	水稻土	淹育水稻土	红壤性淹育水稻土	红泥土田	A	0—14	红棕色	壤土	块状	5.0	20.2	1.10	0.40	7.7	138		冲积物	E 101°34′19.2″ N 21°27′17.6″	94
						P	14—24	棕黄色	壤土	块状	6.9	18.0	0.90	0.60	7.3	134				
						C	24—50	灰红色	重壤土	块状	6.3	14.1	0.70	0.70	5.6	114				
剖32	人为土	水稻土	潴育水稻土	冲积性潴育水稻土	河砂田	A	0—14	灰死色	壤土	粒状	5.8	15.6	1.00	0.70	5.8	139		砂页岩	E 101°42′40.0″ N 21°21′31.3″	72
						P	14—23	灰黄色	砂壤土	粒状	5.7	11.6	0.70	0.90	3.6	76				
						Wb	23—70	灰棕色	砂土	粒状	5.2	17.3	0.70	0.30	4.2	32				
						G	70—100	红色	砂土	核状	5.7	6.8	0.20	0.10	3.1	16				
剖33	铁铝土	砖红壤	红色砖红壤	砂页岩红色砖红壤	红泥土	A	0—15	灰棕色	壤土	块状	6.3	17.3	1.10	1.00	5.6	96		砂页岩	E 101°17′04.4″ N 21°16′36.6″	73
						B	15—38	灰黄色	黏土	块状	5.5	19.6	0.60	1.00	8.7	88				
						C	38—90	黄棕色	黏土	小块状	5.3	19.0	0.60	1.10	8.1	84				
剖34	人为土	水稻土	潴育水稻土	冲积性潴育水稻土	黑死田	A	0—16	灰黑色	壤土	核状	8.2	36.3	2.00	1.60	9.7	186		红壤性母质	E 101°18′43.6″ N 21°16′27.8″	80
						P	16—26	棕黑色	壤土	块状	6.4	16.6	1.00	0.50	5.4	163				
						W_1	26—51	暗黑色	壤土	块状	8.2	20.5	1.60	0.90	5.1	135				
						W_2	51—100	黑色	壤土	核状	6.8	4.9	0.60	0.60	8.4	84				
剖35	人为土	水稻土	淹育水稻土	冲积性潴育水稻土	黄砂泥田	A	0—18	灰黄色	砂壤土	块状	5.4	13.7	0.60	0.60	3.6	82		冲积物	E 101°16′47.4″ N 21°15′40.3″	95
						P	18—24	红棕色	黏土	小块状	7.1	5.6	0.50	0.60	3.3	108				
						C	24—100	棕色	黏土	粒状	6.5	9.2	0.50	0.30	2.8	100				
剖36	新积土	冲积土	冲积土	灰色新冲积土	砂田	A	0—16	红棕色	砂壤土	粒状	6.8	2.5	0.20	0.40	4.6	53		冲积物	E 101°28′47.3″ N 21°15′25.9″	93
						P	16—25	红棕色	砂壤土	粒状	6.7	7.3	0.40	0.30	4.9	79				
						C	25—100	棕色	砂土	粒状	7.1	1.1	0.10	0.20	3.0	49				
剖37	初育土				红砂土	A	0—20	紫棕色	砂土	核状	6.5	15.5	0.90	0.50	5.6	64		冲积物	E 101°17′35.2″ N 21°13′52.3″	86
						B	20—65	灰棕色	壤土	块状	6.6	5.3	0.60	0.30	8.8	13				
						C	65—100	红紫色	砂壤土	块状	6.4	1.9	0.40	0.10	12.6	12				
剖38	铁铝土	赤红壤	红色赤红壤	砂页岩红壤	红砂土	A	0—20	黑灰色	轻壤土	粒状	5.3	20.6	1.20	0.50	12.0	146		砂页岩	E 101°17′47.3″ N 21°12′28.9″	71
						AB	20—40	灰褐色	壤土	粒状	5.8	10.9	0.90	0.40	9.0	165				
						B	40—60	红褐色	壤土	粒状	5.4	7.2	0.50	0.30	7.0	123				
						C	60—100	红色	轻壤土	粒状	6.3	8.6	0.20	0.30	2.0	72				
剖39	人为土	水稻土	潴育水稻土	红壤性潴育水稻土	盐水田	A	0—17	浅红棕色	轻壤土	核状	6.4	12.6	0.90	0.50	7.1	118		红壤性母质	E 101°40′10.9″ N 21°19′38.3″	75
						P	17—25	紫红色	砂壤土	核粒状	5.4	32.2	1.10	0.50	7.2	134				
						W	25—60	深棕色	砂壤土	块状	7.2	15.5	0.60	0.30	6.3	72				
						C	60—100	栗色	轻壤土	粒状	7.3	15.1	0.50	0.30	8.4	35				

续表 Continued

剖面号 Soil profile	土纲 Soil order	土类 Soil great group	亚类 Soil subgroup	土属 Soil genus	土种 Soil species	土层码 Layer code	土层厚度 Depth/cm	颜色 Soil color	质地 Soil texture	土壤结构 Soil structure	pH	有机质 OM/(g/kg)	全氮 TN/(g/kg)	全磷 TP/(g/kg)	全钾 TK/(g/kg)	碱解氮 AN/(mg/kg)	有效磷 AP/(mg/kg)	土壤母质 Parent material	剖面点坐标 Profile coordinate	匹配指数 Matching index/%
剖40	铁铝土	砖红壤	红色砖红壤	砂页岩红色砖红壤	灰泥土	A	0—13	灰棕色	轻壤土	粒状	4.6	29.5	0.90	0.60	4.2	123		砂页岩	E 101°34′29.3″ N 21°16′39.4″	72
						B	13—70	浅红棕色	轻壤土	粒状	4.7	19.2	0.60	0.60	6.7	20				
						C	70—100	红黄色	壤土	核状	4.8	8.6	0.30	0.30	4.2	41				
剖41	人为土	水稻土	潜育水稻土	红壤性潜育水稻土	灰红泥田	A	0—16	红黄色	轻壤土	粒状	5.1	18.0	1.00	0.60	8.2	63		红壤性母质	E 101°42′39.5″ N 21°16′30.6″	73
						P	16—25	紫灰色	轻壤土	核状	5.8	13.9	0.60	1.10	1.9	88				
						G	25—60	灰棕色	壤土	粒状	5.4	7.6	0.60	0.50	3.6	63				
						B	60—100	浅灰色	壤土	粒状	6.4	6.1	0.10	0.40	12.9	39				
剖42	人为土	水稻土	潜育水稻土	冲积性潜育水稻土	黑砂泥田	A	0—15	深栗色	轻壤土	核状	5.3	18.0	0.90	0.40	4.8	100		冲积物	E 101°42′50.5″ N 21°15′16.8″	100
						P	15—25	栗色	轻壤土	核状	7.2	6.5	0.50	0.70	4.9	79				
						W	25—40	灰棕色	砂壤土	粒状	7.2	5.3	0.50	0.60	4.6	93				
剖43	人为土	水稻土	潜育水稻土	冲积性潜育水稻土	灰砂泥田	A	0—15	灰色	轻壤土	粒状	6.4	28.2	1.60	0.80	10.9	176		冲积物	E 101°43′47.6″ N 21°13′03.4″	70
						P	15—25	红灰色	壤土	核状	6.2	11.6	0.90	0.90	9.6	116				
						G	25—40	灰青色	壤土	核状	6.0	7.9	0.70	0.70	7.7	76				
						C	40—100	红黄色	砂壤土	粒状	5.4	6.6	0.40	0.70	2.3	14				

大理白族自治州

大 理 市

主要土类说明

红壤是大理市主要土壤类型，占本市地域面积的18%，分布在海拔800—2200m的中山丘陵陡坡和缓坡地带。植被为常绿阔叶林。成土母质为石灰岩、砂页岩和玄武岩。成土过程以脱硅富铝化和生物富集为主。

水稻土是大理市第二大土壤类型，占本市地域面积的15%，本市各地均有分布。成土母质为地带性红壤、老洪冲积物和坡积物。成土过程为淋溶作用和水耕熟化过程。

黄棕壤是大理市第三大土壤类型，占本市地域面积的14%，分布在海拔2200—2400m的中山坡地上部。植被为常绿阔叶林。成土母质多为砂页岩及花岗岩风化物。成土过程受淋溶、黏化及弱富铝化作用的影响。

紫色土占本市地域面积的12%，分布在海拔1900—2100m的平缓岗地和低平槽谷。植被为常绿阔叶林或灌丛草地。成土母质为紫色砂岩。成土过程以母岩的快速物理崩解、频繁侵蚀堆积以及碳酸钙的不断淋失作用为主，生物积累作用相对较弱。

石灰（岩）土占本市地域面积的11%，分布在溶岩山区的石灰岩丘陵地带。植被以常绿落叶阔叶林为主。成土母质为石灰岩。成土过程以风化过程、富铝化和灰化作用为主。

棕壤占本市地域面积的8%，分布在海拔2300—3000m的山地。植被以湿性常绿阔叶林和针阔叶混交林为主。成土母质以紫色岩类、酸性结晶岩类、基性结晶岩类和碳酸岩类风化物为主。成土过程以淋溶过程、黏化过程和生物富集过程为主。

小于本市地域面积5%的土壤类型有暗棕壤、新积土、棕色针叶林土和草毡土。

本区域中心区气候特征

本区域中心区气候特征值
Regional climate characteristics in central area of the region

气候带：中亚热带湿润气候 Climate region: Subtropical humid climate	
年平均气温 /℃ Annual average temperature /℃	14.5
年平均最高气温 /℃ Annual average maximum temperature /℃	20.9
年平均最低气温 /℃ Annual average minimum temperature /℃	9.5
年降水量 /mm Annual precipitation /mm	1073
≥10℃的积温 /℃ Daily temperature accumulated in a year (≥10℃) /℃	5283
年日照时数 /h Annual sunshine /h	2286
年平均相对湿度 /% Annual average relative humidity /%	69
干燥度 Dryness	0.83

本区域中心区月平均气温与月平均降水量
Monthly temperature and precipitation in central area of the region

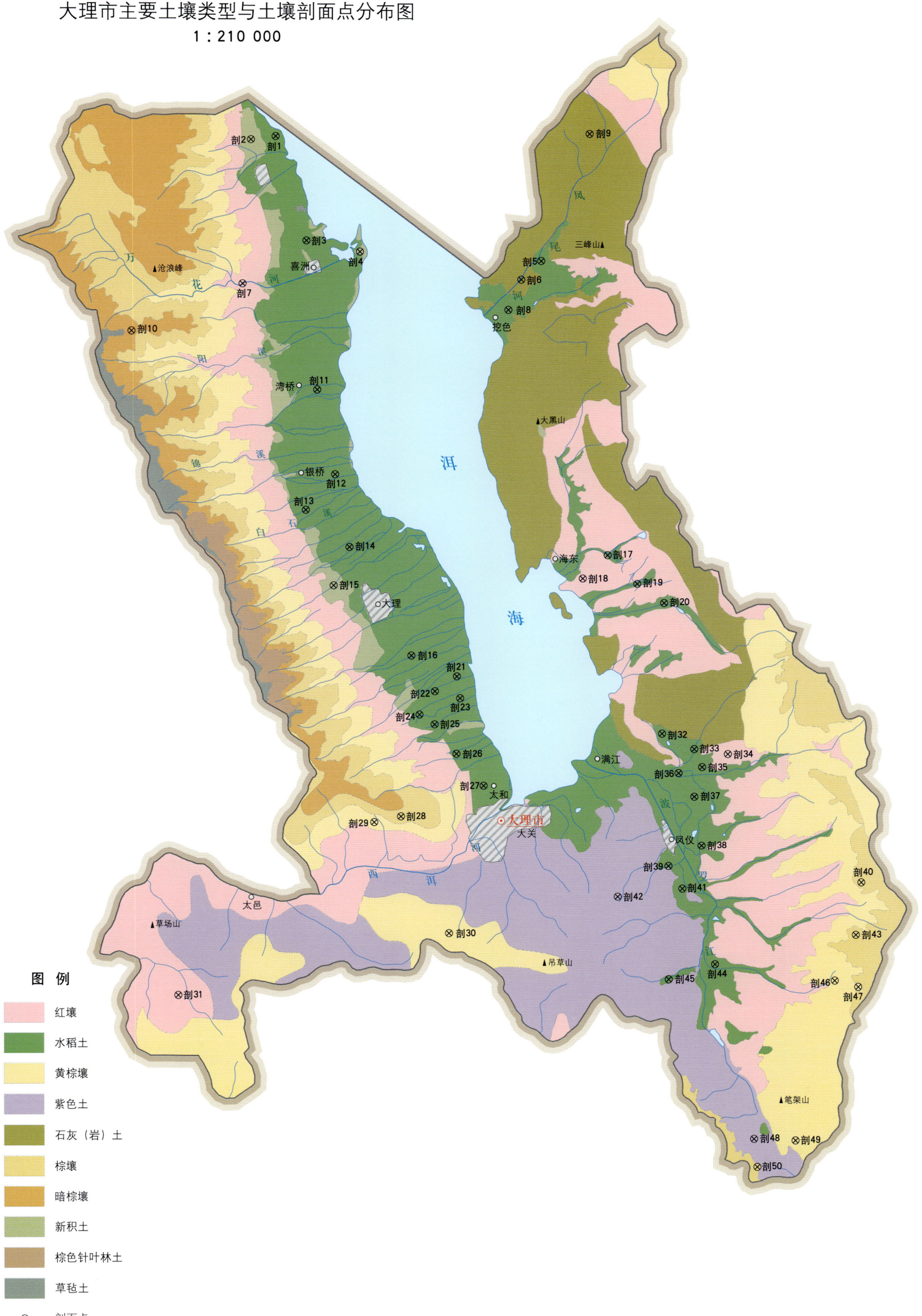

大理市土壤剖面理化性状表

剖面号 Soil profile	土纲 Soil order	土类 Soil great group	亚类 Soil subgroup	土属 Soil genus	土种 Soil species	土层码 Layer code	土层厚度 Depth/cm	颜色 Soil color	质地 Soil texture	土壤结构 Soil structure	pH	有机质 OM/(g/kg)	全氮 TN/(g/kg)	全磷 TP/(g/kg)	全钾 TK/(g/kg)	碱解氮 AN/(mg/kg)	有效磷 AP/(mg/kg)	阳离子交换量CEC/(cmol/kg)	土壤母质 Parent material	剖面点坐标 Profile coordinate	匹配指数 Matching index/%
剖1	人为土	水稻土	潜育水稻土	湖积性潜育水稻土	灰泥田	A	0—18	灰色	中壤土	团粒状	6.8	73.5	5.10	1.40	21.7	391		22.0		E 100°06′33.7″ N 25°54′58.5″	94
						P	18—32	灰灰色	中壤土	块状	7.0	61.6	3.80	1.30	20.7	277		20.2			
						W₁	32—64	黄灰色	重壤土	块状	7.0	27.9	1.70	0.60	18.6			16.2			
剖2	初育土	新积土	冲积土	扇象暗色草甸土	砾石土	A	0—5	灰黄色	砂壤土	块状	5.4	75.2	3.40	1.20	23.3	4		11.0		E 100°05′47.0″ N 25°54′53.3″	90
						B	5—25	黄黄色	砂壤土	块状	5.6	50.5	2.10	1.20	22.9	201		10.1			
						C	25—														
剖3	人为土	水稻土	潜育水稻土	湖积性潜育水稻土	油砂土田	A	0—17	黄灰色	砂壤土	团粒状	6.1	25.5	1.30	1.50	22.1	138		8.0		E 100°07′30.0″ N 25°52′01.9″	87
						P	17—29	黄黄色	轻壤土	核状	6.0	23.5	1.00	1.60	23.9	118		8.2			
						W	29—59	黑灰色	轻壤土	块状	6.8	15.8	0.90	1.40	25.2	49		6.5			
						4	59—100	黄黄色	砂壤土	粒状											
剖4	初育土	新积土	冲积土	湖相沉积冲积土	砂土	A	0—16	黄黄色	轻壤土	粒状	6.9	40.9	3.20	1.00	23.0	178		19.6		E 100°09′10.4″ N 25°51′42.4″	73
						B	16—51	灰黄色	砂壤土	粒状	7.0	31.6	2.60	0.90	21.9	158					
						3	51—100	灰色	砂壤土	粒状								21.3			
剖5	人为土	水稻土	潜育水稻土	湖积性潜育水稻土	冷浸田	A	0—17	黄灰色	轻壤土	粒状	7.5	32.4	1.30	0.80	23.9	298		14.9		E 100°14′50.6″ N 25°51′24.5″	86
						P	17—31	灰灰色	轻壤土	块状	6.6	22.2	0.80	0.80	23.3	81		14.2			
						W	31—60	灰灰色	轻壤土	粒状	6.0	20.9	1.00	1.50	24.6	98		8.8			
						4	60—100	黑灰色	砂壤土	粒状											
剖6	初育土	石灰(岩)土	红色石灰土	冲积母质红色石灰土	油红土	A	0—15	暗红色	轻黏土	团粒状	7.6	48.8	2.60	1.60	21.3	188		45.7		E 100°14′12.8″ N 25°50′53.2″	77
						B	15—48	暗红色	重壤土	块状	7.3	31.7	1.60	1.40	21.3	139		38.3			
						C	48—100	黄黄色	轻黏土	块状	7.3	10.3	0.80	1.20	15.6	73		46.4			
剖7	铁铝土	红壤	红壤	碳酸岩类红壤		A	0—12	红黄色	中壤土	粒状	5.0	38.4	1.50	0.40	20.5	136		13.0		E 100°05′29.1″ N 25°50′50.3″	81
						B	12—56	黄黄色	重壤土	核状	4.5	15.8	0.70	0.50	16.8	62		18.1			
						C	56—80	红色	重壤土	块状	4.5	10.1	0.50	0.40	18.4	31		17.9			
						R	80—														
剖8	人为土	水稻土	潜育水稻土	红黄性潜育水稻土	红鸡粪土田	A	0—20	黄红色	重壤土	团粒状	8.0	74.4	4.70	1.00	29.1	263		25.7		E 100°13′48.0″ N 25°50′02.7″	91
						P	20—38	黄红色	重壤土	块状	7.9	71.8	4.30	0.50	29.4	222		26.7			
						G	38—100	灰白色	轻壤土	块状	8.2	21.8	1.80	0.80	31.3	99		21.6			
剖9	初育土	石灰(岩)土	红色石灰土	石灰岩红色石灰土	红泡土	A	0—12	棕红色	重壤土	粒状	7.8	51.8	3.50	2.30	16.1	208		26.9		E 100°16′23.9″ N 25°54′58.7″	78
						B	12—45	棕红色	重壤土	核状	7.6	33.4	2.30	2.40	17.8	206		19.5			
						C	45—75	棕红色	轻黏土	块状	8.0	53.5	3.30	3.60	17.7	178		32.1			
						R	75—	红黄色													
剖10	淋溶土	暗棕壤	暗棕壤	片麻岩暗棕壤		1	0—5													E 100°01′60.0″ N 25°49′32.2″	90
						A₁	5—20	暗棕色	砂壤土	粒状	4.8	95.3	3.70	0.90	20.3	298		21.8			
						AB	20—60	黄棕色	砂壤土	粒状	5.3	39.1	1.40	0.50	23.4	128		11.8			
						B	60—75	黑黄色	轻壤土	块状	4.9	37.4	1.20	0.40	21.7	109		21.2			
						5	75—97	红黄色	轻壤土	块状											
						R	97—														
剖11	人为土	水稻土	潜育水稻土	湖积性潜育水稻土	砂泥田	A	0—16	灰色	中壤土	团粒状	6.7	78.4	4.50	0.90	26.8	354		14.4		E 100°07′47.5″ N 25°47′50.4″	76
						P	16—23	灰灰色	中壤土	核状	7.2	77.2	3.30	0.70	26.8	289		20.9			
						W	23—43	黄黄色	中壤土	块状	7.7	20.8	1.40	0.80	27.7	106		13.3			
						4	43—	灰黄色	砂壤土	粒状											

续表 Continued

剖面号 Soil profile	土纲 Soil order	土类 Soil great group	亚类 Soil subgroup	土属 Soil genus	土种 Soil species	土层码 Layer code	土层厚度 Depth/cm	颜色 Soil color	质地 Soil texture	土壤结构 Soil structure	pH	有机质 OM/(g/kg)	全氮 TN/(g/kg)	全磷 TP/(g/kg)	全钾 TK/(g/kg)	碱解氮 AN/(mg/kg)	有效磷 AP/(mg/kg)	阳离子交换量CEC/(cmol/kg)	土壤母质 Parent material	剖面点坐标 Profile coordinate	匹配指数 Matching index/%
剖12	人为土	水稻土	潴育水稻土	片麻岩洪积湖积物潴育水稻土	砂泥田	1	0—24	暗紫色	重壤土	团粒状	6.5	32.0	2.00	1.00	26.4	185			片麻岩风化洪积物、湖积物	E 100° 08′ 19.7″ N 25° 45′ 27.0″	72
						2	24—37	浅紫色	轻壤土	团粒状	7.5	4.0	0.60	0.90	23.6	88		14.9			
						3	37—79	紫色		块状								14.2			
剖13	人为土	水稻土	淹育水稻土	冲积性淹育水稻土	白砂土田	A	0—14	黄灰色	轻壤土	粒状	5.8	29.6	0.60	0.90	25.1	82		30.5		E 100° 07′ 24.2″ N 25° 44′ 27.6″	72
						P	14—33	灰灰色	轻壤土	粒状	6.4	14.2	0.90	1.00	23.2	255		23.7			
						C	33—100	黄灰色	砂壤土	粒状	6.3	15.9	2.80	0.90	23.1	213		18.6			
剖14	人为土	水稻土	淹育水稻土	冲积性淹育水稻土	砂泥田	A	0—18	灰色	轻壤土	团粒状	6.1	50.0	1.60	0.90	24.6	72		17.1		E 100° 08′ 45.6″ N 25° 43′ 24.6″	78
						P	18—28	灰红色	轻壤土	粒状	5.3	39.6	0.60	0.70	24.2	186		10.6			
						W	28—64	灰黄色	砂壤土	块状	6.3	16.8									
						4	64—100			粒状											
剖15	初育土	新积土	冲积土	石子浮泥	砾石砂土	A	0—13	灰黄色	砂壤土	小块状	6.2	48.2	2.97	0.61	24.2	186	19.3	11.1		E 100° 08′ 15.0″ N 25° 42′ 20.2″	82
						C_1	13—30	灰黄色	砂壤土		6.0	28.3	2.09	0.48	26.5	166	10.0	6.3			
						C_2	30—100	灰黄色			5.7	16.1	1.36	0.57	20.6	107	5.0	23.3			
剖16	人为土	水稻土	淹育水稻土	冲积性淹育水稻土	灰油砂田	A	0—18	灰色	轻壤土	团粒状	5.9	51.4	3.00	1.50	23.9	248		17.5		E 100° 10′ 39.6″ N 25° 40′ 20.3″	100
						P	18—28	灰色	轻壤土	粒状	5.8	26.9	1.40	1.20	26.5	142					
						W	28—58	灰色	砂壤土	粒状	6.1	22.2	0.90	1.10	26.2	112					
						4	58—100	黄灰色	砂壤土	粒状								34.1			
剖17	人为土	水稻土	潴育水稻土	红壤性潴育水稻土	红胶泥田	A	0—14	红色	重壤土	核状	8.0	49.6	2.90	0.90	25.8	225		21.3		E 100° 16′ 49.8″ N 25° 43′ 07.3″	95
						P	14—24	黄红色	轻壤土	核状	7.9	30.8	1.70	0.70	26.4	146		23.3			
						W	24—49	黄红色	中壤土	块状	7.7	11.9	0.90	0.80	27.1	84		17.5			
						4	49—100	黄红色	黏土	块状											
剖18	铁铝土	红壤	黄红壤	砂页岩黄红壤			A	0—5	红黄色	重壤土	核状	6.7	44.1	3.50	0.90	36.7	188		12.9		E 100° 16′ 02.6″ N 25° 42′ 28.4″	82
						B	5—28	红黄色	轻黏土	块状	5.6	18.2	1.60	0.70	40.6	83		11.8			
						C	28—64	黄红色	轻黏土	块状	5.4	9.4	1.40	0.80	40.5	61		13.4			
						R	64—														
剖19	人为土	水稻土	潴育水稻土	红壤性潴育水稻土	红泥田	A	0—18	红色	重壤土	核状	8.0	17.3	0.90	0.50	30.8	172		11.9		E 100° 17′ 44.5″ N 25° 42′ 18.7″	79
						W	18—58	红色	轻壤土	块状	8.1	9.6	0.40	0.50	29.2	67		11.7			
						C	58—100	红色	重壤土	粒状	8.3	3.5	0.10	0.50	27.4	23		5.2			
剖20	人为土	水稻土	潴育水稻土	红壤性潴育水稻土	黄泥田	A	0—18	黄色	重壤土	核状	7.6	54.5	3.30	1.00	29.1	221		20.3		E 100° 18′ 34.6″ N 25° 41′ 46.0″	91
						P	18—30	红黄色	重壤土	块状	8.0	44.8	2.10	0.90	30.9	183		18.4			
						C	30—66	红黄色	重壤土	块状	7.7	55.1	3.10	0.90	30.1	160		19.6			
						4	66—100	黄色	黏土	粒状											
剖21	人为土	水稻土	淹育水稻土	冲积性淹育水稻土	河砂田	A	0—16	灰色	轻壤土	粒状	6.3	29.3	1.60	1.40	28.2	132		16.1		E 100° 12′ 04.7″ N 25° 39′ 44.6″	99
						P	16—26	黄灰色	轻壤土	块状	6.3	20.5	0.90	1.20	27.6	96		9.4			
						W	26—51	灰黄色	砂壤土	块状	6.4	9.1	0.80	1.20	27.0	58		8.4			
						4	51—74	灰灰色	砂土									6.7			
						5	74—														
剖22	人为土	水稻土	淹育水稻土	片麻岩冲积湖积物淹育水稻土	白砂土田	A	0—27	黑棕色	中壤土	粒状	7.4	35.3	1.89	0.96	19.2			15.2		E 100° 11′ 23.3″ N 25° 39′ 19.8″	78
						2	27—34	灰黄棕色	中壤土	小棱柱状								8.9			
						3	34—55	灰色	中壤土	棱柱状											
						4	55—85		砾质中壤土												
剖23	人为土	水稻土	潴育水稻土	湖积性潴育水稻土	胶泥田	A	0—16	灰色	壤土	核状	5.8	30.2	1.90	0.60	25.1	161		9.4		E 100° 12′ 10.5″ N 25° 39′ 07.7″	78
						P	16—24	灰色	壤土	块状	5.8	27.6	1.50	0.70	24.9	147		9.4			
						W	24—69	黄灰色	轻壤土	块状	6.4	14.0	0.90	0.10	25.9	73		9.1			
						4	69—100														

续表 Continued

剖面号 Soil profile	土纲 Soil order	土类 Soil great group	亚类 Soil subgroup	土属 Soil genus	土种 Soil species	土层码 Layer code	土层厚度 Depth/cm	颜色 Soil color	质地 Soil texture	土壤结构 Soil structure	pH	有机质 OM/(g/kg)	全氮 TN/(g/kg)	全磷 TP/(g/kg)	全钾 TK/(g/kg)	碱解氮 AN/(mg/kg)	有效磷 AP/(mg/kg)	阳离子交换量CEC/(cmol/kg)	土壤母质 Parent material	剖面点坐标 Profile coordinate	匹配指数 Matching index/%
剖24	人为土	水稻土	淹育水稻土	新冲积性淹育水稻土	黄砂泥田	A	0—17	浅紫色	轻黏土	块状	7.2	28.6	1.77	1.29	17.7			10.4	新冲积物	E 100°10′54.1″ N 25°38′40.8″	92
						2	17—29	黄紫色	重壤土												
						3	29—72	紫色	轻黏土												
剖25	人为土	水稻土	淹育水稻土	冲积性淹育水稻土	灰胶泥田	A	0—14	灰色	重壤土	块状	5.3	55.0	2.60	0.70	31.9	247		8.8		E 100°11′22.2″ N 25°38′24.0″	89
						P	14—24	灰色	重壤土	块状	5.8	39.2	2.20	0.90	29.2	120		14.2			
						W_1	24—49	黄灰色	重壤土	块状	5.8	27.4	1.20	1.70	28.3	121		10.1			
						4	49—100	灰黄色	黏土	块状											
剖26	人为土	水稻土	冲积性淹育水稻土		黄砂泥田	A	0—15	灰黄色	轻壤土	粒状	6.1	50.0	3.10	0.70	20.3	215		26.9		E 100°12′02.3″ N 25°37′34.0″	72
						P	15—26	黄灰色	中壤土	粒状	6.0	23.9	0.90	0.40	28.7	74		19.5			
						W	26—56	黑灰色	中壤土	核状	6.8	15.2	0.80	0.10	29.7	19		32.1			
							56—	黑灰色													
剖27	人为土	水稻土	潴育水稻土	湖泥田	鸡粪土田	Aa	0—19	暗灰黄色	轻壤土	核粒状	6.3	46.1	2.40	1.20	25.1	181	12.0	12.1		E 100°12′52.5″ N 25°36′39.8″	94
						Ap	19—26	浅黄灰色	砂壤土	块状	7.0	40.9	2.30	1.10	24.1	199	7.0	12.4			
						W	26—51	浅黄灰色	中壤土	粒状	7.5	18.8	1.20	0.70	25.7	85	4.0				
剖28	淋溶土	棕壤	片麻岩棕壤			A	0—13	棕色	轻壤土	粒状	5.1	81.3	2.80	1.00	16.6	296		19.1		E 100°10′17.4″ N 25°35′49.6″	80
						B	13—33	棕黑色	砂壤土	粒状	4.9	114.0	4.20	0.60	15.8	305		25.0			
						C	33—50	黄色	砂壤土		5.3	50.8	1.70		18.2	180		14.9			
						R	50—														
剖29	淋溶土	黄棕壤	片岩片麻岩黄棕壤		灰泡土	A	0—24	棕黑色	中壤土	团粒状	7.6	30.0	1.74	5.46	20.9			23.1		E 100°09′27.0″ N 25°35′40.2″	96
						2	24—62	紫色	轻壤土	块状											
						3	62—80														
剖30	淋溶土	黄棕壤	片麻岩黄棕壤			A	0—9	黄棕色	砂壤土	粒状	5.0	60.5	2.10	0.90	11.8	218		16.9		E 100°11′45.2″ N 25°32′30.5″	98
						B_1	9—47	黄棕色	轻壤土	块状	5.2	65.7	2.00	0.70	11.7	205		15.6			
						B_2	47—67	黑色	砂壤土	粒状	6.2	6.1	3.50	0.90	11.0	298		26.7			
						4	67—87	黄色													
						R	87—														
剖31	铁铝土	红壤	黄红壤	片麻岩黄红壤	冷浸田	A	0—10	黄色	轻壤土	粒状	5.5	63.2	1.80	0.50	14.7	182		13.5		E 100°03′16.9″ N 25°30′50.4″	98
						B	10—50	黄红色	中壤土	块状	5.7	15.1	0.50	0.30	4.7	61		14.1			
						C	50—	黄红色	砂壤土	块状	6.2	5.3	0.30	0.50	5.7	54		11.5			
剖32	人为土	水稻土	潴育水稻土	冲积性潴育水稻土		A	0—16	灰色	砂壤土	核状	6.0	45.0	2.50	1.20	24.0			9.4		E 100°18′28.2″ N 25°38′05.2″	90
						P	16—24	灰黄色	砂壤土	块状	5.5	38.8	1.70	1.20	25.1			8.4			
						W	24—69	黄灰色	砂壤土	粒状	6.2	24.8	1.00	1.10	23.3			6.7			
						4	69—	黑灰色													
剖33	人为土	水稻土	淹育水稻土	红壤性淹育水稻土	暗红泥田	A	0—15	暗红色	重壤土	粒状	7.5	46.4	2.50	1.80	14.4	165		11.1		E 100°19′28.2″ N 25°37′38.6″	99
						B	15—45	暗红色	轻黏土	块状	6.5	32.9	2.10	1.80	14.5	119		10.9			
						C	45—100	红黄色	轻黏土	块状	6.3	15.7	1.00	2.40	15.5	57		10.7			
剖34	铁铝土	红壤	黄红壤	砂页岩黄红壤	黄红土	A	0—10	红黄色	轻黏土	块状	6.7	15.9	2.40	0.90	37.2	186		11.1		E 100°20′31.2″ N 25°37′29.6″	73
						B	10—25	红黄色	重黏土	块状	5.7	17.9	2.00	0.90	36.0	101		10.9			
						C	25—50	红黄色	轻黏土	块状	5.7	13.9	1.80	0.70	36.1	66		10.7			
						R	50—														
剖35	人为土	水稻土	潴育水稻土		黑鸡粪土田	A	0—11	紫色	轻壤土	团粒状	5.4	6.2	0.56	0.45	12.5			6.6		E 100°19′42.2″ N 25°37′08.0″	72
						2	11—61	紫色	中壤土	块状	7.2	71.4	3.80	1.10	16.2	221		34.1			
剖36	人为土	水稻土	潴育水稻土	红壤性潴育水稻土	黄胶泥田	A	0—16	棕黄色	重黏土	核状	7.0	54.9	1.30	1.30	15.4	209		30.5		E 100°18′58.3″ N 25°36′58.3″	99
						P	16—22	棕黄色	重黏土	核状											
						W	22—60	红黄色	轻黏土	块状	7.4	16.2	1.30	1.50	15.5	74		23.7			

续表 Continued

剖面号 Soil profile	土纲 Soil order	土类 Soil great group	亚类 Soil subgroup	土属 Soil genus	土种 Soil species	土层码 Layer code	土层厚度 Depth/cm	颜色 Soil color	质地 Soil texture	土壤结构 Soil structure	pH	有机质 OM/(g/kg)	全氮 TN/(g/kg)	全磷 TP/(g/kg)	全钾 TK/(g/kg)	碱解氮 AN/(mg/kg)	有效磷 AP/(mg/kg)	阳离子交换量CEC/(cmol/kg)	土壤母质 Parent material	剖面点坐标 Profile coordinate	匹配指数 Matching index/%
剖37	人为土	水稻土	潴育水稻土	冲积物潴育水稻土	黑鸡粪土田	A	0—19	灰黑色	重壤土	团粒状	7.3	49.6	3.10	0.70	22.3	206				E 100°19′27.1″ N 25°36′18.4″	86
						P	19—29	灰黑色	轻黏土	核状	7.6	46.3	2.60	0.50	23.1	174		48.8			
						W	29—60	灰黄色	轻黏土	块状	7.9	24.9	1.30	0.20	21.9	103					
						4	60—100	灰黄色	轻黏土	块状											
剖38	人为土	水稻土	潴育水稻土	冲积物潴育水稻土	黄泥田	A	0—16	黄色	中壤土	团粒状	6.2	33.2	2.20	0.90	33.1	180		14.8		E 100°19′39.7″ N 25°34′54.8″	89
						P	16—26	黄黄色	重黏土	核状	6.5	35.4	1.90	0.90	33.2	76		13.9			
						W	26—56	黄灰色	重黏土	核状	7.0	11.7	1.30	0.50	35.1	31		14.1			
						4	56—100	黄色	重黏土	块状											
剖39	人为土	水稻土	淹育水稻土	紫色冲积物性淹育水稻土	紫砂泥田	A	0—17	紫色	重黏土	团粒状、块状	5.9	43.6	2.40	2.48	20.4			14.0	紫色冲积物	E 100°18′37.4″ N 25°34′20.6″	73
						2	17—27	浅黄灰色	粉砂质壤土	粒状											
						3	27—39	红色	砾质土	块状											
						4	39—	红色													
剖40	淋溶土	棕壤	棕壤	石英岩类棕壤	山基土	A	0—13	棕色	重壤土	粒状	5.3	42.8	3.00	0.60	22.4	188		11.9		E 100°24′38.2″ N 25°33′50.0″	95
						B	13—50	棕黄色	重壤土	粒状	5.5	10.9	1.00	0.30	23.8	51		11.7			
						R	50—														
剖41	人为土	水稻土	潴育水稻土	紫色土性潴育水稻土	紫泥田	A	0—19	红紫色	重壤土	团粒状	7.0	44.5	2.60	0.80	27.4	181		18.6		E 100°19′03.0″ N 25°33′42.5″	98
						P	19—29	红紫色	重黏土	核状	7.5	37.6	2.60	0.50	27.4	150		17.1			
						W	29—69	红紫色	重黏土	块状	8.1	11.2	0.90	0.40	32.7	76		16.1			
						4	69—100	紫色	轻壤土	粒状											
剖42	初育土	紫色土	酸性紫色土	红紫泥土	紫泥田	A	0—13	紫色	中壤土	粒状	5.5	15.2	1.20	0.60	27.9	53		12.3		E 100°17′01.7″ N 25°33′29.9″	96
						B	13—50	紫色	重壤土	粒状	6.4	12.1	1.10	0.50	32.9	51		11.4			
						R	50—														
剖43	淋溶土	棕壤	棕壤	石英岩类棕壤		1	0—4													E 100°24′26.5″ N 25°32′21.2″	92
						A	4—14	棕色	轻壤土	粒状	5.5	69.8	3.60	0.20	41.4	232		10.5			
						B	14—24	黄棕色	轻壤土	粒状	5.6	24.1	1.60	0.10	42.9	77		7.0			
						C	24—47	红黄色	轻壤土	粒状	5.7	12.4	0.70	0.30	45.4	45		5.6			
						R	47—														
剖44	人为土	水稻土	潴育水稻土	冲积物潴育水稻土	灰砂泥田	A	0—18	黄灰色	中壤土	团粒状	5.4	40.7	2.10	0.80	35.2	165		15.0		E 100°20′02.6″ N 25°31′33.7″	79
						P	18—26	黄灰色	中壤土	核状	5.5	37.9	2.00	0.20	34.7	152		16.8			
						W	26—66	灰黄色	壤土	块状	5.8	42.8	2.20	0.30	32.4	175		14.6			
						4	66—100	灰灰色	中壤土	块状											
剖45	人为土	水稻土	淹育水稻土	紫色土性淹育水稻土	紫砂泥田	A	0—17	紫色	中壤土	粒状	6.0	33.6	1.90	0.30	20.2	39		11.0		E 100°18′35.6″ N 25°31′09.1″	80
						B	17—51	紫色	重壤土	块状	6.9	12.1	1.20	0.40	22.5	52		10.1			
						C	51—100	紫色	重壤土	块状	8.0	9.9	0.80	0.80	21.4	39					
剖46	淋溶土	黄棕壤	黄棕壤	石英岩类黄棕壤	灰泡土	A	0—15	黄棕色	轻黏土	块状	5.4	43.7	3.30	0.40	28.3	192		14.2		E 100°23′46.1″ N 25°31′04.1″	88
						B	15—100	黄黄色	重黏土	块状	5.5	21.9	1.80	0.40	28.8	99		10.1			
剖47	淋溶土	黄棕壤	黄棕壤	石英岩类黄棕壤		A	0—12	红黄色	重黏土	核状	5.7	69.9	4.70	0.90	27.9	282		19.3		E 100°24′29.9″ N 25°30′53.3″	99
						B	12—100	红黄色	重黏土	块状	5.4	38.9	3.10	0.50	28.3	189		14.0			
						3	100—														
剖48	初育土	紫色土	酸性紫色土	红紫泥土		A	0—8	紫色	中壤土	核状	6.5	34.9	2.20	0.30	19.1	105		13.0		E 100°24′26.5″ N 25°26′41.1″	99
						B	8—50	紫色	重壤土	核状	5.8	12.4	1.30	0.30	23.7	65		15.6			
						C	50—95	紫色	中壤土	块状	5.7	7.9	0.90	0.20	27.4	32		16.8			
						R	95—														
剖49	淋溶土	黄棕壤	黄棕壤	碳酸岩类黄棕壤	黄灰土	1	0—10	黄灰色	中壤土	粒状										E 100°22′29.6″ N 25°26′38.0″	83
						2	10—31	黄灰色	重壤土	核状											
						3	31—70	灰黄棕色	重黏土	块状											

续表 Continued

剖面号 Soil profile	土纲 Soil order	土类 Soil great group	亚类 Soil subgroup	土属 Soil genus	土种 Soil species	土层码 Layer code	土层厚度 Depth/cm	颜色 Soil color	质地 Soil texture	土壤结构 Soil structure	pH	有机质 OM/(g/kg)	全氮 TN/(g/kg)	全磷 TP/(g/kg)	全钾 TK/(g/kg)	碱解氮 AN/(mg/kg)	有效磷 AP/(mg/kg)	阴离子交换量 CEC/(cmol/kg)	土壤母质 Parent material	剖面点坐标 Profile coordinate	匹配指数 Matching index/%
剖50	淋溶土	棕壤	棕壤	紫色岩类棕壤		1	0—3													E 100°21′17.4″ N 25°25′54.3″	90
						A	3—13	棕色	中壤土	粒状	6.6	85.9	4.60	0.70	20.2	234		25.8			
						B	13—53	棕红色	中壤土	粒状	5.4	28.9	1.70	0.60	20.3	110		15.1			
						C	53—97	紫色	轻壤土	粒状	5.2	13.2	1.00	0.60	19.4	42		12.1			
						R	97—														

漾濞彝族自治县

主要土类说明

紫色土是漾濞彝族自治县主要土壤类型，占本县地域面积的56%，分布在海拔1900—2100m的平缓岗地和低平槽谷。植被为常绿阔叶林或灌丛草地。成土母质为侏罗系紫色岩类和震旦系紫色砂岩。成土过程以母岩的快速物理崩解、频繁侵蚀堆积以及碳酸钙的不断淋失作用为主，生物积累作用相对较弱。土壤具A-C剖面构型，剖面层次发育不明显，土层浅薄，pH为4.5—7.5，富含矿质养分，蓄水性差。本县紫色土分为酸性紫色土、中性紫色土等亚类。酸性紫色土黏土矿物一般以蛭石和水云母为主，土壤偏酸，有机质和全氮含量高于其他亚类，全磷和全钾含量较低。中性紫色土黏土矿物以蛭石和水云母或蒙脱石和水云母为主，母岩中碳酸钙较少或在成土过程中已明显淋溶，土壤酸碱度适中。

黄棕壤是漾濞彝族自治县第二大土壤类型，占本县地域面积的17%，分布在海拔2400—2600m的山区。该区域雨量大，云雾多，湿度大，气温低，有短暂积雪。植被为针阔叶混交林。成土母质多为片岩、片麻岩、砂岩和紫色岩坡积物。成土过程受淋溶、黏化及弱富铝化作用的影响。受海拔和生物气候影响，土壤腐殖化作用、淋溶作用和水化作用同时存在，土壤呈微酸性或酸性，表土有机质较为丰富。由于土壤中有大量的水合氧化铁，土壤颜色偏黄。该土壤具A-B-C或A-（B）-C剖面构型，黏粒硅铝率在2.5左右，铁的游离度较红壤低，B层交换性酸大于A层。土层深厚，淋溶作用明显，表土呈棕灰色，心土呈灰黄色或浅黄棕色，自然肥力较高。

红壤是漾濞彝族自治县第三大土壤类型，占本县地域面积的17%，分布在海拔1085—2380m的地区，与紫色土交错分布。植被为常绿阔叶林。成土母质主要为第四纪红色黏土和石灰岩风化残积物。成土过程以脱硅富铝化和生物富集为主。土体深厚，剖面层次发育完整。本县红壤分为红壤、黄红壤、褐红壤等亚类。

棕壤占本县地域面积的8%，分布在海拔2600—3200m的地区。该区域夏秋雨量充沛，冬春有短暂积雪。植被以湿性常绿阔叶林和针阔叶混交林为主。成土母质为片岩、片麻岩等变质岩以及灰黑色砂岩和紫色岩。成土过程以淋溶过程、黏化过程和生物富集过程为主。

小于本县地域面积3%的土壤类型有暗棕壤、水稻土、棕色针叶林土和黑毡土。

本区域中心区气候特征

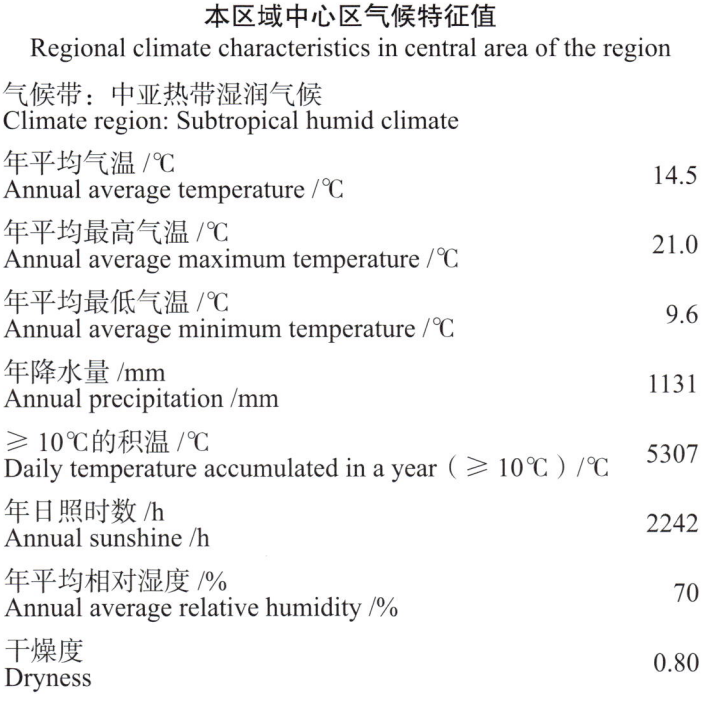

本区域中心区气候特征值
Regional climate characteristics in central area of the region

气候带：中亚热带湿润气候 Climate region: Subtropical humid climate	
年平均气温 /℃ Annual average temperature /℃	14.5
年平均最高气温 /℃ Annual average maximum temperature /℃	21.0
年平均最低气温 /℃ Annual average minimum temperature /℃	9.6
年降水量 /mm Annual precipitation /mm	1131
≥10℃的积温 /℃ Daily temperature accumulated in a year (≥10℃) /℃	5307
年日照时数 /h Annual sunshine /h	2242
年平均相对湿度 /% Annual average relative humidity /%	70
干燥度 Dryness	0.80

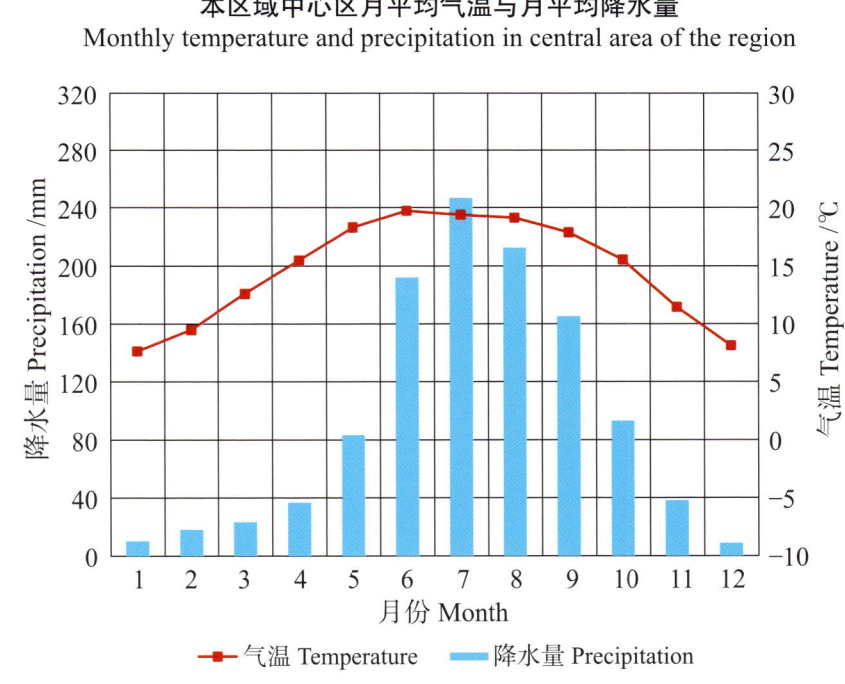

本区域中心区月平均气温与月平均降水量
Monthly temperature and precipitation in central area of the region

漾濞彝族自治县主要土壤类型与土壤剖面点分布图
1 : 260 000

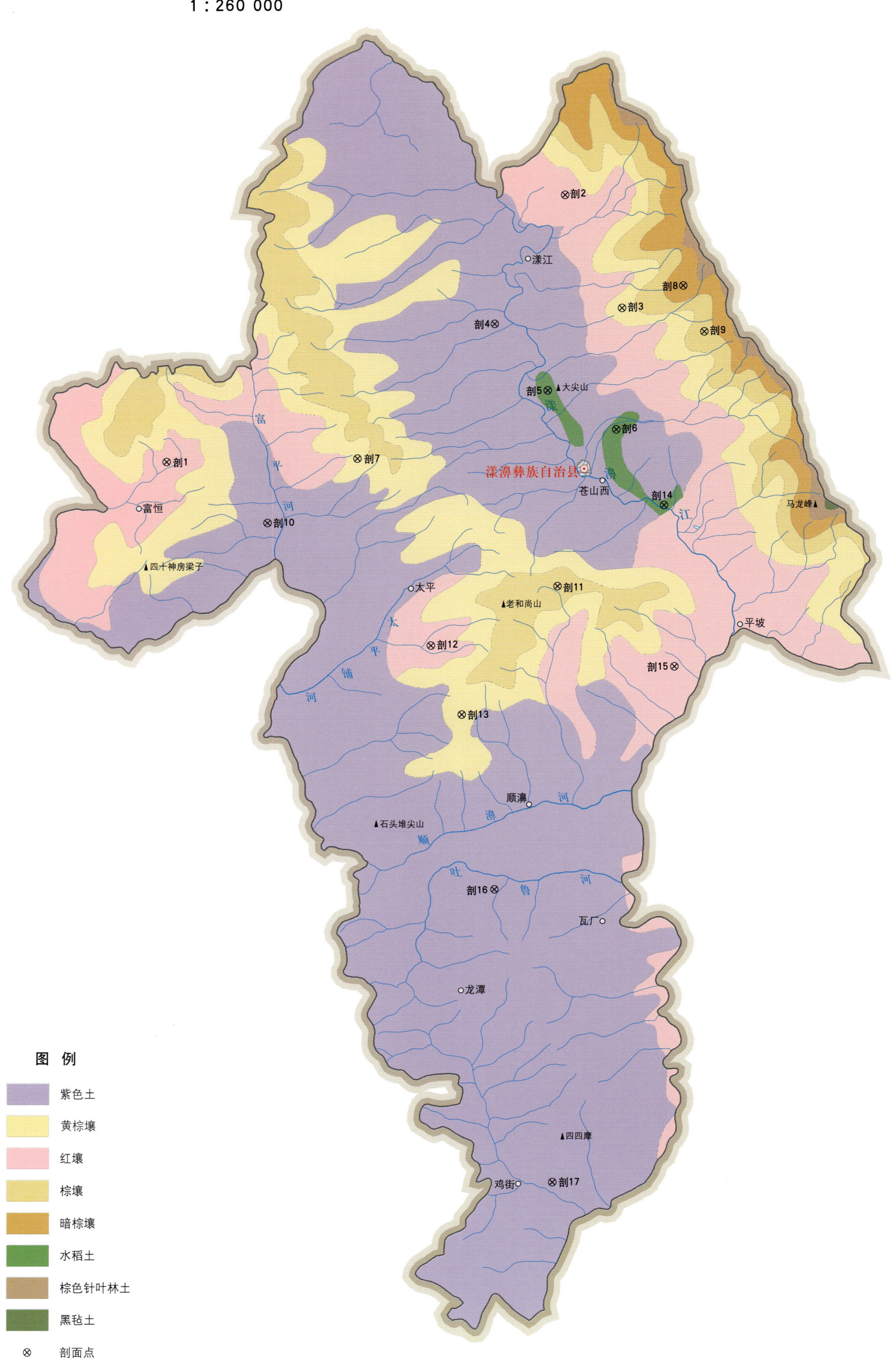

漾濞彝族自治县土壤剖面理化性状表

剖面号 Soil profile	土纲 Soil order	土类 Soil great group	亚类 Soil subgroup	土属 Soil genus	土种 Soil species	土层码 Layer code	土层厚度 Depth/cm	颜色 Soil color	质地 Soil texture	土壤结构 Soil structure	pH	有机质 OM/(g/kg)	全氮 TN/(g/kg)	全磷 TP/(g/kg)	全钾 TK/(g/kg)	碱解氮 AN/(mg/kg)	土壤母质 Parent material	剖面点坐标 Profile coordinate	匹配指数 Matching index/%
剖1	铁铝土	红壤	黄红壤	老冲积黄红壤	红土	A	0—20	浅棕色	多砾质重壤土	团块状	5.6	30.0	1.89	0.50	10.5	88		E 99°41′56.0″ N 25°40′28.3″	82
						B	20—39	浅棕色	多砾质重壤土	块状	6.2	27.7	1.30	0.30	11.6	63			
						BC	39—100	红棕色	轻棕壤土	块状	5.2	4.9	0.50	0.30	10.7	21			
剖2	铁铝土	红壤	黄红壤	石灰岩黄红壤	红鸡粪土	A	0—18	红棕色	多砾质重壤土	核状	7.7	35.7	2.15	0.75	16.4	113		E 99°56′34.8″ N 25°49′10.6″	76
						B	18—51	红棕色	多砾质重壤土	块状	6.8	17.3	1.20	0.67	18.0	48			
						C	51—100	浅棕色	多砾质重壤土	块状	7.1		1.04	0.30	10.1	74			
剖3	淋溶土	黄棕壤	黄棕壤	片岩片麻岩黄棕壤		Ao	0—2	黑棕色			6.0	83.0	2.70	0.78	8.6	198	片岩、片麻岩	E 99°58′38.3″ N 25°45′25.6″	84
						A₁	2—19	浅棕黄色	多砾质中壤土	粒状	5.9	31.0	1.20	0.49	7.0	99			
						BC	19—89	黄棕色	多砾质重壤土	核状	6.9	25.8	1.50	0.60	17.0	54			
剖4	初育土	紫色土	酸性紫色土	黄红紫泥土	松子壳土	A	0—16	棕灰色	中砾质重壤土	块状	6.6	11.9	1.40	0.68	15.8	32		E 99°53′58.6″ N 25°44′56.4″	97
						B	16—53	灰棕色	重壤土	块状	7.4	23.7	0.68	0.44	19.0	71			
						C	53—100	灰棕色	少砾质中壤土	块状	6.7	54.6	2.80	0.60	23.6	151			
剖5	人为土	水稻土	潜育水稻土	紫色土性潜育水稻土	烂泡田	A	0—12	紫棕色	多砾质重壤土	块状	7.3	26.9	1.50	0.20	28.2	64		E 99°55′53.8″ N 25°42′43.9″	84
						P	12—23	紫灰色	多砾质重壤土	块状	6.3	30.0	2.60	0.20	21.3	76			
						G	23—84	青灰色	轻砾质轻黏土	块状	8.3	21.4	0.80	0.40	18.8	40			
剖6	人为土	水稻土	淹育水稻土	冲积性淹育水稻土	河砂土田	A	0—14	紫色	中砾质重壤土	团块状	8.2	16.7	1.10	0.40	16.1	42	冲积物	E 99°58′23.9″ N 25°41′25.8″	74
						P	14—26	紫色	多砾质紧砂土	块状	8.7	4.1	0.20	0.20	10.0	4			
						3	26—100	紫色		碎屑状									
剖7	淋溶土	黄棕壤	黄棕壤	紫色岩类黄棕壤		Ao	0—3	灰棕色			5.0	69.7	6.00	1.72	10.4	117		E 99°48′55.1″ N 25°40′32.2″	77
						A	3—13	灰棕色	多砾质重壤土	粒状	6.1	59.0	3.40	1.26	16.2	340			
						B	13—90	灰棕色	轻砾质土	核状	5.4	27.3	1.50	0.90	17.0	577			
						C	90—100	褐色	轻砾质土	块状									
剖8	淋溶土	暗棕壤	暗棕壤	片岩片麻岩暗棕壤		Ao	0—2	黑棕色	多砾质重壤土	小块状	4.2	125.0	3.40	0.43	19.5	132		E 100°00′53.2″ N 25°46′09.1″	93
						A₁	2—18	暗棕色	多砾质重壤土	块状	4.4	80.0	3.46	0.51	26.5	91			
						B	18—112												
剖9	淋溶土	棕壤	棕壤	片岩片麻岩棕壤		Ao	0—6	黑棕色	少砾质重壤土	粒状	5.5	61.5	8.40	1.41	6.0	801		E 100°01′38.6″ N 25°44′37.3″	89
						A₁	6—33	棕色	少砾质重壤土	碎屑状	5.7	49.5	2.40	0.51	10.6	210			
						BC	33—100	灰黄色	轻黄质土	团块状	6.4	29.6	2.23	0.57	22.1	95			
剖10	初育土	紫色土	酸性紫色土	黄红紫泥土	黄紫泥土	A	0—14	灰黄色	中黄质土	粒状	6.2	26.0	1.74	0.25	24.0	76		E 99°45′37.0″ N 25°38′26.5″	80
						B	14—29	暗黄棕色	多砾质中壤土	粒状	6.0	80.0	1.50	1.00	15.0	100			
剖11	淋溶土	棕壤	棕壤	紫色岩类棕壤	山基土	A	0—13	暗黄棕色	多砾质轻壤土	团块状	5.2	45.0	3.50	0.87	14.7	45		E 99°56′12.6″ N 25°36′16.0″	93
						B	13—66	浅黄棕色	多砾质砂壤土	块状	5.1	24.0	1.60	1.50	28.4	24			
						C	66—100	浅黄棕色	少黄质重壤土	块状	6.2	18.0	1.37	0.50	12.7	59			
剖12	铁铝土	红壤	黄红壤	石灰岩黄红壤	黄泥土	A	0—19	红黄色	中砾质中壤土	核状	6.5	6.0	0.80	0.38	16.7	39		E 99°51′34.6″ N 25°34′20.6″	100
						B	19—100	黄棕色	少砾质中壤土	块状	6.1	57.6	3.30	1.00	17.5	199			
剖13	黄棕壤	黄棕壤	黄棕壤	紫色岩类黄棕壤	紫灰泡土	A	0—13	紫棕色	轻砾质砂壤土	核状	5.6	23.3	1.70	0.62	19.9	51	紫色岩类	E 99°52′41.1″ N 25°32′04.2″	92
						B	13—45	紫棕色	中砾质土	块状	5.2	8.0	1.10	0.45	22.3	50			
						C	45—100	青灰色	多砾质砂壤土	块状	7.8	66.0	1.80	0.50	20.7	200			
剖14	人为土	水稻土	潜育水稻土	冲积性潜育水稻土	冷浸田	A	0—14	灰黄棕色	轻砾质中壤土	小块状	5.8	32.0	1.50	0.40	15.6	93		E 100°00′07.8″ N 25°38′55.3″	93
						G	14—64	青灰棕色	轻砾质土	块状	6.0	21.4	0.80	1.10	15.9				
剖15	铁铝土	红壤	黄红壤	老冲积黄红壤	黄油砂土	A	0—17	灰黄棕色	多砾质中壤土	块状	6.8	17.3	0.80	0.70	10.2	74		E 100°00′28.4″ N 25°33′36.0″	97
						B	17—55	浅红棕色	多砾质中壤土	块状	6.3	10.3	0.70	0.70	21.0	35			
						C	55—100												

续表 Continued

剖面号 Soil profile	土纲 Soil order	土类 Soil great group	亚类 Soil subgroup	土属 Soil genus	土种 Soil species	土层码 Layer code	土层厚度 Depth/cm	颜色 Soil color	质地 Soil texture	土壤结构 Soil structure	pH	有机质 OM/(g/kg)	全氮 TN/(g/kg)	全磷 TP/(g/kg)	全钾 TK/(g/kg)	碱解氮 AN/(mg/kg)	土壤母质 Parent material	剖面点坐标 Profile coordinate	匹配指数 Matching index/%
剖16	初育土	紫色土	酸性紫色土	黄红紫泥土	紫泥夹石土	A	0—16	紫色	多砾质中壤土	核粒状	5.5	20.0	2.60	0.60	19.0	98		E 99°53′51.3″ N 25°26′17.0″	89
						B	16—39	紫色	轻壤土	块状	5.5	17.9	3.50	0.90	20.0	40			
						C	39—100	紫色	轻砾质土	块状	7.9	16.1	1.20	0.10	15.0	33			
剖17	初育土	紫色土	中性紫色土	棕褐紫泥土		A	0—8	灰紫色	轻砾质土	粒状	7.0	28.0	1.60	0.50	18.8	69		E 99°55′55.2″ N 25°16′38.3″	78
						BC	8—47	灰紫色	轻砾质土	块状	6.8	15.5	1.20	0.46	23.6	60			
						C	47—100	紫棕色	中砾质土	大块状	6.9	8.0	0.90	0.52	29.1	32			

祥 云 县

主要土类说明

紫色土是祥云县主要土壤类型，占本县地域面积的46%，分布在海拔2500m以下的山区。成土母质为中生代的紫红色砂页岩，以侏罗系、白垩系为主，还有三叠系的夹有薄层的紫色岩风化物。成土过程以母岩的快速物理崩解、频繁侵蚀堆积以及碳酸钙的不断淋失作用为主，生物积累作用相对较弱。土壤具A-C剖面构型，剖面层次发育不明显，土层浅薄，pH为4.5—8.5，富含矿质养分，蓄水性差。本县紫色土分为酸性紫色土、中性紫色土、石灰性紫色土等亚类。酸性紫色土黏土矿物一般以蛭石和水云母为主，土壤偏酸，有机质和全氮含量高于其他亚类，全磷和全钾含量较低。中性紫色土黏土矿物以蛭石和水云母或蒙脱石和水云母为主，母岩中碳酸钙较少或在成土过程中已明显淋溶，土壤酸碱度适中，宜种性广。石灰性紫色土母岩以钙质紫色混合岩为主，黏土矿物以水云母或蒙脱石为主，有机质含量低，全磷和全钾含量高，pH高于7.5。

红壤是祥云县第二大土壤类型，占本县地域面积的41%，多分布在海拔1900—2400m的地区。成土母质为石灰岩、玄武岩、杂色砂页岩、酸性母岩和现代冲积物。成土过程以脱硅富铝化和生物富集为主。土体深厚，剖面层次发育完整。红壤呈中度脱硅富铝化，具A-Bs-Bv或A-Bs-C剖面构型。黏土矿物以高岭石、赤铁矿为主，黏粒硅铝率为1.8—2.4，风化淋溶系数小于0.2，盐基饱和度小于35%。红壤具深厚的红色土层，淀积层可见深厚的红、黄、白相间的网纹状红色黏土。

水稻土是祥云县第三大土壤类型，占本县地域面积的8%，分布在海拔1600—2300m的山区、坝区和河谷地区。成土母质为紫色土和红壤。水稻土在长期的季节性淹灌、水下翻耕、季节性脱水、氧化还原交替影响下，原来的成土母质或母土的特性发生重大改变，形成了不同的土体构型。本县水稻土分为淹育型、渗育型、潴育型、潜育型等亚类。淹育水稻土属缺水田和无水灌溉的雷响田，水利条件差，经常不能按节令栽插，产量较低，具Aa-Ap-C剖面构型。渗育水稻土属山砂田、河沙田，常受洪水威胁，产量低，具Aa-Ap-P-C剖面构型。潴育水稻土属肥力较高的稻田，水利条件好，为发育良好的水稻土，具Aa-Ap-（P）-W-G剖面构型。潜育水稻土熟化时间长，因土质黏重而通透性差，土壤中氮、磷、钾养分含量不协调，产量较低，具Aa-（Ap）-G剖面构型。

小于本县地域面积3%的土壤类型有黄棕壤和棕壤。

本区域中心区气候特征

本区域中心区气候特征值
Regional climate characteristics in central area of the region

气候带：中亚热带湿润气候 Climate region: Subtropical humid climate	
年平均气温 /℃ Annual average temperature /℃	15.2
年平均最高气温 /℃ Annual average maximum temperature /℃	21.7
年平均最低气温 /℃ Annual average minimum temperature /℃	10.1
年降水量 /mm Annual precipitation /mm	1000
≥10℃的积温 /℃ Daily temperature accumulated in a year（≥10℃）/℃	5538
年日照时数 /h Annual sunshine /h	2262
年平均相对湿度 /% Annual average relative humidity /%	69
干燥度 Dryness	0.94

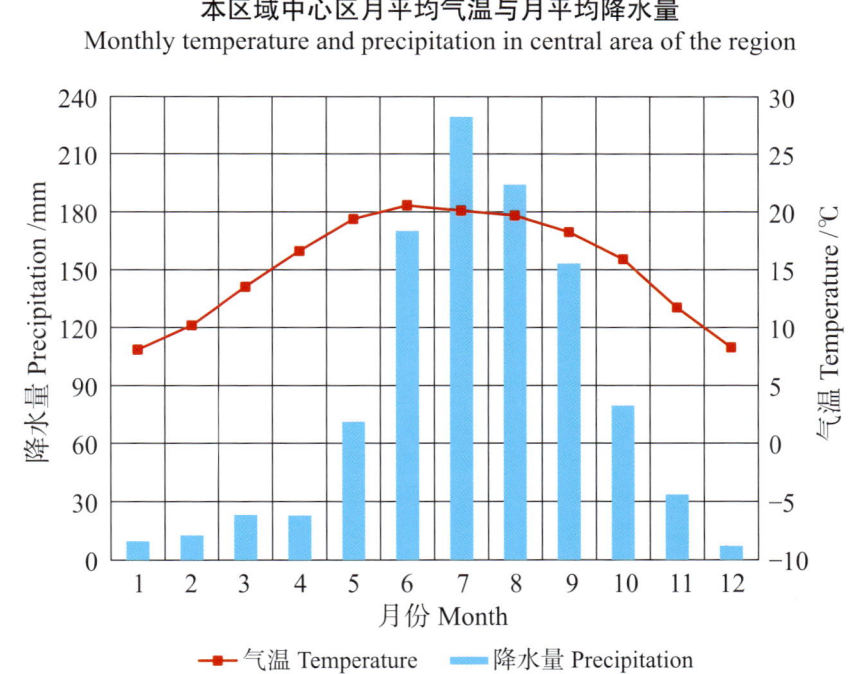

本区域中心区月平均气温与月平均降水量
Monthly temperature and precipitation in central area of the region

祥云县主要土壤类型与土壤剖面点分布图
1 : 280 000

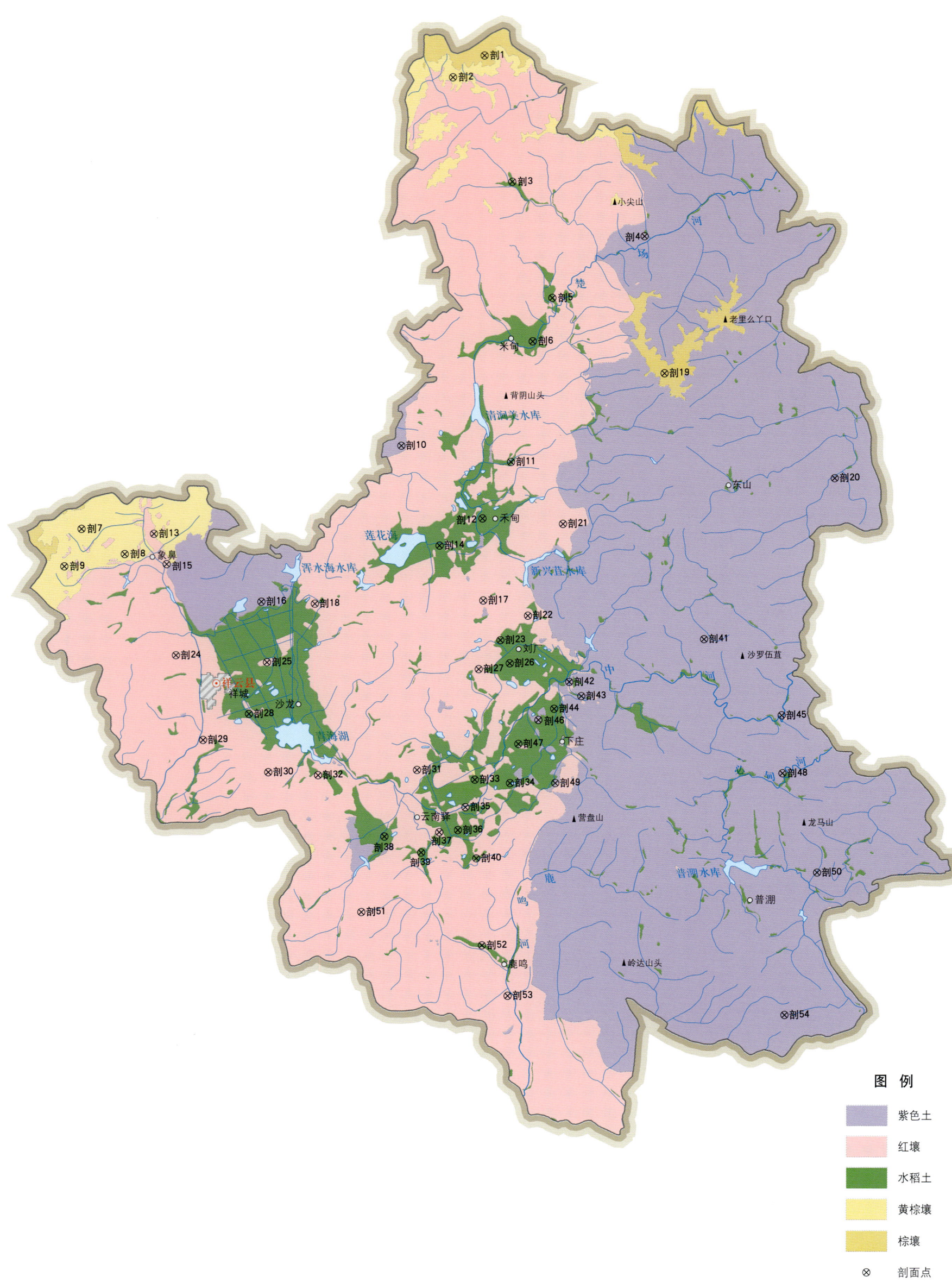

祥云县土壤剖面理化性状表

剖面号 Soil profile	土纲 Soil order	土类 Soil great group	亚类 Soil subgroup	土属 Soil genus	土种 Soil species	土层码 Layer code	土层厚度 Depth/cm	颜色 Soil color	质地 Soil texture	土壤结构 Soil structure	pH	有机质 OM/(g/kg)	全氮 TN/(g/kg)	全磷 TP/(g/kg)	全钾 TK/(g/kg)	碱解氮 AN/(mg/kg)	有效磷 AP/(mg/kg)	阳离子交换量 CEC/(cmol/kg)	土壤母质 Parent material	剖面点坐标 Profile coordinate	匹配指数 Matching index/%
剖1	淋溶土	棕壤	棕壤	砂页岩棕壤	杂色砂页岩棕壤	Ao	0~3	暗棕色	轻壤土	粒状	5.4	151.1	5.30	2.23	7.7	360		33.4	杂色砂页岩	E 100°44′08.6″ N 25°51′23.9″	91
						A₁	3~15	暗灰棕色	轻壤土	粒状	5.3	52.2	1.90	1.64	8.2	210		16.8			
剖2	淋溶土	黄棕壤	黄棕壤	杂色砂页岩黄棕壤		BC	15~60	灰棕色	轻壤土	粒状	5.3	91.6	3.70	1.64	13.2	290		31.4	杂色砂页岩	E 100°42′50.4″ N 25°50′37.0″	83
						A	0~14	浅棕黄色	中壤土	核状	4.9	13.4	0.80	0.89	22.7	80		15.7			
						B	14~44	浅棕黄色	轻壤土	核状	4.9	7.1	0.60	0.86	24.8	100		15.3			
剖3	人为土	水稻土	潴育水稻土	冲积性潴育水稻土	油沙泥田	C	44~100	棕灰色	轻壤土	粒状	6.5	53.6	2.40	1.72	19.3	178		96.1		E 100°45′11.5″ N 25°46′45.1″	97
						A	0~16	暗灰色	轻壤土	棱柱状	6.5	19.4	0.90	1.28	19.2	130		94.0			
剖4	初育土	紫色土	酸性紫色土	黄红紫泥土	石子羊肝土	W	29~80	紫色	重壤土	核状	7.7	44.5	1.00	1.21	28.3	135		69.5		E 100°50′33.4″ N 25°44′39.5″	73
						A	0~16	紫色	轻壤土	块状	7.6	1.4	0.80	1.04	33.2	119		78.9			
剖5	人为土	水稻土	淹育水稻土	红壤性淹育水稻土	黄沙泥田	BC	16~100	灰白色	中壤土	核状	6.0	30.4	1.20	0.81	13.4	112		62.5	红壤性母质	E 100°46′45.8″ N 25°42′27.4″	73
						A	0~22	灰白色	中壤土	核状	6.7	5.9	1.00	0.51	9.8	136		59.2			
						P	22~38	灰棕色	重壤土	块状	6.5	6.6	0.30	0.72	20.4	119		71.9			
剖6	人为土	水稻土	淹育水稻土	黄红紫泥淹育水稻土	灰紫泥田	C	38~70	紫灰色	重壤土	核状	5.5	49.7	2.80	0.91	15.3	175		80.6		E 100°45′56.2″ N 25°40′53.0″	88
						A	0~13	紫色	重壤土	核状	6.5	7.5	1.10	0.77	16.7	106		78.8			
						P	13~40	紫色	重壤土	块状	6.5	16.1	0.50	0.89	13.2	131		71.6			
剖7	淋溶土	黄棕壤	黄棕壤	石灰岩黄棕壤		C	40~100	暗黄棕色	重壤土	小块状	6.5	28.4	1.20	2.46	10.6	100		28.3		E 100°27′27.3″ N 25°34′14.6″	96
						A	0~3	浅棕色	重壤土	粒状	6.0	23.7	1.10	2.64	11.5	90		35.8			
						B	3~21	浅棕色	中壤土	核状	6.0	10.9	0.90	1.82	12.4	50		25.9			
剖8	淋溶土	黄棕壤	黄棕壤	石灰岩黄棕壤	黄木香土	BC	21~100	浅棕色	轻壤土	核状	6.0	63.9	3.30	3.72	19.2	825		87.5		E 100°29′11.9″ N 25°33′17.8″	94
						A	0~16	暗黄棕色	重壤土	核状	6.0	42.8	2.50	3.50	19.0	500		84.1			
						B	16~45	浅黄棕色	中壤土	小块状	6.0	30.9	1.50	3.97	14.4	260		86.8			
剖9	淋溶土	黄棕壤	黄棕壤	花岗岩黄棕壤		C	45~90	棕灰色	重壤土	粒状	5.5	112.4	3.70	1.44	30.6	310		30.5		E 100°26′43.7″ N 25°32′52.7″	76
						A	0~31	棕灰色	中壤土	核状	5.5	10.7	0.30	1.04	35.7	40		15.6			
						B	31~41	暗红棕色	重壤土	核状	5.5	5.1	0.10	1.25	46.2	20		14.9			
剖10	初育土	紫色土	酸性紫色土	红紫泥土	红泥田	BC	41~58	浅黄棕色	中壤土	粒状	6.4	16.8	0.70	0.57	22.3	60		9.1		E 100°40′31.2″ N 25°37′07.4″	71
						A	0~18	灰棕色	轻壤土	核状	6.2	8.2	0.70	1.04	26.1	30		10.9			
						B	6~57	暗红棕色	轻壤土	块状	5.6	8.3	0.70	1.25	30.0	30		14.7			
剖11	人为土	水稻土	淹育水稻土	红壤性淹育水稻土	棕紫泥田	BC	57~100	棕灰色	中壤土	核状	6.7	21.5	2.50	3.12	26.8	90		95.1	红壤性母质	E 100°44′58.9″ N 25°36′27.7″	96
						A	0~30	浅棕色	中壤土	块状	7.5	9.3	2.00	3.07	24.8	90		94.9			
						P	30~47	红棕色	轻壤土	块状	7.6	3.5	1.50	2.93	23.8	68		93.5			
剖12	人为土	水稻土	淹育水稻土	紫色冲积性淹育水稻土	鸡粪土	C	47~100	紫棕色	轻壤土	核状	6.6	16.0	0.80	0.90	23.1	81		93.0	冲积物	E 100°43′47.5″ N 25°34′24.4″	82
						A	0~26	紫棕色	轻壤土	块状	7.0	9.8	0.60	0.97	24.3	91		95.7			
						P	26~38	紫棕色	轻壤土	块状	7.3	12.0	8.80	1.02	21.6	15		89.2			
剖13	铁铝土	红壤	红壤	玄武岩红壤		BC	38~100	红棕色	轻壤土	粒状	6.0	54.5	2.30	2.12	13.5	188		90.3		E 100°30′24.1″ N 25°34′01.6″	100
						A	0~18	棕色	轻壤土	粒状	6.0	43.1	2.00	2.08	11.1	70		91.1			
						B	18~37	浅棕黄色	重壤土	块状	6.0	12.8	0.30	1.60	8.8	34		71.8			
剖14	人为土	水稻土	淹育水稻土	红壤性淹育水稻土	黄胶泥田	C	37~100	浅黄色	中壤土	块状	6.8	19.7	1.00	1.51	19.1	80		94.7	红壤性母质	E 100°42′01.4″ N 25°33′26.3″	87
						A	0~16	浅黄色	轻壤土	块状	7.6	8.6	0.60	1.51	17.4	56		87.3			
						P	28~40	浅黄色	轻壤土	块状	7.3	5.6	0.50	1.20	22.5	46		87.9			
剖15	铁铝土	红壤	红壤	玄武岩红壤	黄沙泥土	C	40~100	褐色	轻壤土	粒状	6.5	8.7	0.10	1.65	5.5	33		52.3	玄武岩	E 100°30′54.4″ N 25°32′54.3″	100
						BC	28~58	灰黄色	砂壤土	小块状	7.3			1.70	3.7	17		36.3			

续表 Continued

剖面号 Soil profile	土纲 Soil order	土类 Soil great group	亚类 Soil subgroup	土属 Soil genus	土种 Soil species	土层码 Layer code	土层厚度 Depth/cm	颜色 Soil color	质地 Soil texture	土壤结构 Soil structure	pH	有机质 OM/(g/kg)	全氮 TN/(g/kg)	全磷 TP/(g/kg)	全钾 TK/(g/kg)	碱解氮 AN/(mg/kg)	有效磷 AP/(mg/kg)	阳离子交换量 CEC/(cmol/kg)	土壤母质 Parent material	剖面点坐标 Profile coordinate	匹配指数 Matching index/%
剖16	初育土	紫色土	酸性紫色土	黄红紫泥土	紫泥砂土	A	0—22	紫色	重壤土	粒状	6.7	31.5	1.60	1.32	13.1	722		87.2		E 100°34′44.7″ N 25°31′28.9″	92
						B	22—100	紫色	轻壤土	小块状	6.5	7.7	0.50	0.68	22.0	529		87.6			
剖17	铁铝土	红壤	红壤	石灰岩红壤	黄泥土	A	0—26	浅棕红色	轻黏土	块状	6.0	12.7	1.00	3.00	16.5	149		90.3	石灰岩	E 100°43′46.6″ N 25°31′24.2″	90
						B	26—100	红棕色	重壤土	块状	6.0	5.6	0.90	3.08	17.0	91		93.3			
剖18	铁铝土	红壤	红壤	杂色砂页岩红壤	掌砂土	A	0—20	灰黄色	轻壤土	粒状	6.5	22.9	0.70	2.35	21.4	82		48.9		E 100°36′55.1″ N 25°31′22.8″	73
						B	20—66	灰黄色	轻壤土	核状	6.5	10.7	0.20	2.10	18.1	46		49.3			
剖19	淋溶土	棕壤	棕壤	紫色砂页岩棕壤		A	0—33	灰棕色	中壤土	粒状	4.4	51.4	1.20	0.87	7.0	110		16.7		E 100°51′17.3″ N 25°39′37.8″	77
						BC₁	33—70	棕色	中壤土	核状	4.9	26.8	0.70	0.66	8.7	60		14.0			
						BC₂	70—100	紫色	中壤土	核状	4.9	8.8	0.30	4.70	13.1	30		9.1			
剖20	初育土	紫色土	酸性紫色土	红紫紫泥土	暗紫泥土	A	0—17	紫灰色	重壤土	粒状	7.0	27.9	1.50	2.31	35.9	323		79.5		E 100°58′09.8″ N 25°35′39.8″	90
						B	17—47	紫灰色	轻壤土	块状	7.3	5.1	0.50	0.90	31.9	188		89.2			
						C	47—100	浅红棕色	轻壤土	核状	7.5	4.0	0.60	0.75	39.9	119		90.6			
剖21	铁铝土	红壤	红壤	杂色砂页岩红壤		A	0—10	褐色	重壤土	粒状	5.7	35.6	1.60	0.84	17.0	390		10.3	杂色砂页岩	E 100°47′03.8″ N 25°34′09.8″	81
						B	10—45	灰棕色	轻壤土	核状	5.1	8.3	1.00	0.89	24.9	50		10.1			
剖22	铁铝土	红壤	红壤	石灰岩红壤	黄泥土	A	0—21	灰黄色	重壤土	核状	7.3	31.2	1.50	0.73	20.9	113		84.2	石灰岩	E 100°45′34.9″ N 25°30′49.3″	87
						B	21—53	灰黄色	轻壤土	块状	6.7	22.6	1.30	0.44	24.5	113		90.4			
						C	53—100	褐色	轻壤土	核状	7.8	11.9	0.60	0.38	23.3	182		92.3			
剖23	人为土	水稻土	潴育水稻土	冲积性潴育水稻土	青胶泥田	A	0—21	青灰色	中壤土	块状	7.8	23.9	1.50	0.86	28.8			83.5		E 100°44′27.0″ N 25°29′56.3″	79
						Ap	21—30	青灰色	重壤土	棱柱状	7.8	22.5	1.70	0.75	30.1			96.5			
						G	30—88	灰白色	重壤土	棱柱状	7.8	12.6	1.10	0.75	32.2			97.5			
剖24	铁铝土	红壤	红壤	玄武岩红壤		A	0—25	红棕红色	轻壤土	核状	6.5	43.2	1.30	1.35	7.6	210		28.5	玄武岩	E 100°31′14.2″ N 25°29′33.0″	83
						B	25—53	浅棕红色	轻壤土	核状	6.5	6.1		1.05	7.5	20		24.6			
						BC	53—93	暗棕红色	重壤土	块状	6.0	6.2		1.10	5.9	20		21.3			
剖25	铁铝土	红壤	红壤	现代冲积红壤	黑鸡粪土	A	0—30	棕灰色	重壤土	团粒状	6.5	118.2	4.50	9.80	14.9	599		74.6	冲积物	E 100°34′56.3″ N 25°29′14.6″	71
						B	30—49	棕灰色	轻壤土	团粒状	7.2	67.3	1.70	9.41	14.1	398		75.6			
						BC	49—78	褐色	轻壤土	块状	7.5	29.6	1.00	9.47	11.9	227		83.4			
剖26	人为土	水稻土	潴育水稻土	湖积性潴育水稻土	黄泥田	A	0—21	灰黄色	重壤土	粒状	5.5	40.3	1.70	1.48	12.6	147		76.0	湖积物	E 100°44′48.8″ N 25°29′04.5″	99
						B	21—42	灰黄色	轻壤土	块状	6.5	12.8	0.70	1.16	11.4	136		73.1			
						C₁	42—89	浅黄棕色	重壤土	块状	6.5	6.0	0.40	1.17	14.2	130		72.2			
剖27	铁铝土	红壤	红壤	杂色砂页岩红壤		A	0—20	褐色	重壤土	粒状	5.8	36.9	1.90	1.10	14.3	170		83.9	石灰岩	E 100°43′33.2″ N 25°28′52.6″	86
						B	20—81	灰黄色	中壤土	块状	6.1	5.1	0.50	0.57	13.7	80		76.7			
						C	81—100	灰黄色	重壤土	核状	6.5	1.3	0.30	0.39	13.4	45		81.2			
剖28	人为土	水稻土	潴育水稻土	湖积性潴育水稻土	鸡粪土田	A	0—21	暗棕色	轻壤土	块状	7.6	31.6	1.50	1.42	23.0	141		89.7	湖积物	E 100°34′11.3″ N 25°27′20.9″	89
						W	21—68	暗棕色	轻壤土	核状	7.7	16.4	0.60	1.06	23.1	119		87.7			
						G	68—100	暗棕灰色	重壤土	块状	7.6	15.6	0.30	0.79	6.1	88		84.9			
剖29	铁铝土	红壤	红壤	石灰岩红壤	红末香土	A	0—18	暗棕红色	中壤土	粒状	5.6	47.0	1.60	2.49	6.1	141		94.5	石灰岩	E 100°32′17.9″ N 25°26′25.4″	77
						B	18—45	浅棕红色	中壤土	核状	6.2	13.3	0.50	1.46	3.1	160		97.7			
						C	45—78	浅黄棕色	中壤土	核状	6.0	10.7	0.20	1.57	3.0	117		98.1			
剖30	铁铝土	红壤	红壤	石灰岩红壤	大红土	A	0—17	暗棕红色	轻壤土	核状	7.6	19.5	1.20	2.80	19.9	255		88.3	石灰岩	E 100°34′56.6″ N 25°25′12.4″	97
						B	17—34	暗红色	中壤土	块状	7.4	17.2	1.00	2.72	20.5	92		88.5			
						C	34—100	暗红色	中壤土	核状	7.5	10.2	0.80	2.38	20.3	65		92.7			
剖31	铁铝土	红壤	红壤	杂色砂页岩红壤	黄红末香土	A	0—23	浅棕红色	轻壤土	粒状	6.8	17.0	0.60	2.08	15.1	233		87.1	杂色砂页岩	E 100°40′59.5″ N 25°25′12.4″	74
						B	23—82	红棕色	重壤土	核状	7.8	9.4	0.40	1.84	14.8	116		90.5			
						C	82—100	红黄色	中壤土	块状	7.7	5.9	0.20	1.89	13.0	93		92.1			

续表 Continued

剖面号 Soil profile	土纲 Soil order	土类 Soil great group	亚类 Soil subgroup	土属 Soil genus	土种 Soil species	土层码 Layer code	土层厚度 Depth/cm	颜色 Soil color	质地 Soil texture	土壤结构 Soil structure	pH	有机质 OM/(g/kg)	全氮 TN/(g/kg)	全磷 TP/(g/kg)	全钾 TK/(g/kg)	碱解氮 AN/(mg/kg)	有效磷 AP/(mg/kg)	阳离子交换量CEC/(cmol/kg)	土壤母质 Parent material	剖面点坐标 Profile coordinate	匹配指数 Matching index/%
剖32	铁铝土	红壤	红壤	杂色砂页岩红壤	黑砂土	A	0—25	浅灰色	重壤土	核状	5.9	106.4	1.70	1.35	24.0	69		78.5	杂色砂页岩	E 100°36′58.0″ N 25°25′04.1″	70
						B	25—48	暗灰色	重壤土	核状	5.7	123.5	2.00	1.56	27.0	75		84.0			
						C	48—100	暗灰色	重壤土	块状	5.9	55.8	1.40	2.34	28.2	56		75.4			
剖33	人为土	水稻土	潴育水稻土	湖积性潴育水稻土	黄鸡粪土田	A	0—24	棕灰色	轻黏土	块状	6.8	13.8	1.20	1.23	19.3	202		82.4	湖积物	E 100°43′20.3″ N 25°24′49.3″	76
						W	24—45	棕灰色	中黏土	块状	7.5	8.3	0.20	1.33	15.2	218		93.4			
						G₁	45—65	浅灰色	轻黏土	棱柱状	7.5	4.2	0.90	1.07	18.5	183		95.0			
剖34	人为土	水稻土	淹育水稻土	黄红紫泥淹育水稻土	紫泥田	A	0—30	紫灰色	重壤土	核状	5.5	44.4	2.30	0.89	16.6	90		82.7		E 100°44′46.0″ N 25°24′40.7″	100
						P	30—42	灰黄色	重壤土	块状	6.5	20.7	1.30	0.67	16.4	86		84.7			
						C	42—100	浅黄棕色	重壤土	块状	7.4	4.1	0.20	0.55	13.1	90		82.6			
剖35	铁铝土	红壤	红壤	现代冲积红壤	黄泥砂土	A	0—35	灰黄色	重壤土	粒状	6.5	42.1	1.90	2.99	15.1	227		84.0	冲积物	E 100°42′56.9″ N 25°23′49.2″	96
						B	35—52	浅灰黄色	轻黏土	块状	6.5	18.0	1.00	1.66	15.7	80		92.1			
						C	52—111	浅黄棕色	轻黏土	块状	7.0	13.3	0.90	1.22	16.8	45		94.7			
剖36	人为土	水稻土	潴育水稻土	湖积性潴育水稻土	黄泥砂土田	A	0—19	浅黄棕色	轻黏土	核状	7.3	12.7	1.20	1.79	25.9	55		90.2	湖积物	E 100°42′37.8″ N 25°22′58.8″	70
						W	30—65	黄黄色	重壤土	棱柱状	6.6	38.3	2.30	1.81	25.9	91		95.7			
剖37	铁铝土	红壤	红壤	石灰岩红壤	红鸡粪土	A	0—20	棕色	重壤土	核状	6.5	56.2	2.50	2.92	28.6	534		85.9	石灰岩	E 100°41′52.1″ N 25°22′54.8″	77
						B	20—45	灰棕色	重壤土	核状	6.5	21.7	1.00	2.51	27.4	196		87.5			
						C	45—75	褐色	重壤土	核状	7.0	15.1	0.60	2.18	28.0	150		88.8			
剖38	人为土	水稻土	淹育水稻土	紫色冲积性淹育水稻土	红紫泥田	A	0—19	浅棕黄色	轻壤土	核状	6.5	36.4	1.80	1.56	21.9	103		93.2	冲积物	E 100°39′38.2″ N 25°22′46.9″	86
						P	19—36	褐黄色	中黏土	柱状	7.5	15.5	1.00	1.01	22.4	138		95.3			
						C	36—100	褐色	重黏土	柱状	7.5	10.2	0.80	0.73	20.8	138		98.1			
剖39	人为土	水稻土	潴育水稻土	冲积性潴育水稻土	砂泥田	A	0—22	灰黄色	轻壤土	核状	6.5	37.3	1.80	1.56	18.3	90		91.6	冲积物	E 100°41′07.2″ N 25°22′10.5″	92
						P	22—62	灰黄色	轻黏土	块状	7.3	13.9	0.80	0.92	16.3	90		88.7			
						W	62—100	褐黄色	重壤土	块状	7.3	8.1	0.50	0.59	14.2	67		77.1			
剖40	人为土	水稻土	矿毒型水稻土	矿毒田	矿毒田	A	0—23	灰黄色	重壤土	棱柱状	5.5	72.3	2.80	1.25	15.2	131		86.0		E 100°43′21.7″ N 25°21′56.2″	96
						P	23—42	浅黄棕色	轻黏土	棱柱状	7.0	13.4	0.90	1.43	16.7	136		88.1			
						C	42—100	暗黄黄色	轻黏土	块状	7.0	22.4	1.00	4.34	18.9	60		28.7			
剖41	紫色土	酸性紫色土	黄红紫泥土	黄红紫泥土		A	0—3	紫色	中壤土	粒状	5.2	28.5	1.10	0.60	25.6	160		9.4		E 100°52′44.4″ N 25°27′51.4″	84
						BC	3—100	紫色	重壤土	块状	6.0	5.4	0.30	0.56	29.8	20		15.9			
剖42	初育土	紫色土	酸性紫色土	黄红紫泥土	黄紫泥土	A	0—20	浅红黄色	中壤土	核状	7.1	22.7	0.10	0.88	11.4	112		72.6		E 100°47′13.9″ N 25°28′21.4″	76
						B	20—30	浅红黄色	中壤土	核状	7.1	16.5	0.50	0.73	11.0	67		68.1			
						C	30—100	红色	中壤土	小块状	6.9	5.1	0.10	0.65	12.0	102		64.0			
剖43	初育土	紫色土	石灰性紫色土	暗色紫砂石土	紫紫土	A	0—14	紫棕色	轻壤土	核状	8.0	2.5	0.10	0.88	13.0			11.2		E 100°47′42.5″ N 25°27′49.6″	86
						B	14—64	紫色	中壤土	柱状	8.0	5.1		0.51	16.1			12.7			
						C	64—100	棕灰色	重壤土	柱状	7.8	2.6	1.20	0.81	16.0	85		15.4			
剖44	人为土	水稻土	淹育水稻土	紫色冲积性淹育水稻土	黄紫泥田	A	0—19	灰黄色	中壤土	柱状	6.0	24.2	0.90	0.72	12.6	120		76.1	冲积物	E 100°46′36.1″ N 25°27′22.7″	95
						P	19—56	棕灰色	重壤土	柱状	7.3	14.7	0.40	0.77	13.4	181		80.3			
						C	56—87	浅灰色	重壤土	核状	7.3	2.5			13.8			79.1			
剖45	铁铝土	红壤	红壤	酸性岩类红壤	黄泥砂土	A	0—14	浅棕色	中壤土	粒状	5.5	96.4	4.30	2.73	37.5	430		22.8		E 100°52′44.4″ N 25°27′00.0″	82
						B	14—39	浅棕色	轻壤土	块状	5.5	82.5	3.40	2.76	36.7	340		21.9			
						C	39—79	暗棕色	中壤土	核状	6.0	47.2	1.60	2.31	40.1	180		18.1			
剖46	初育土	紫色土	酸性紫色土	紫砂土	紫紫土	A	0—26	紫棕色	中壤土	核状	7.0	40.3	1.70	1.37	18.2	20		18.6		E 100°45′57.4″ N 25°26′58.4″	74
						B	26—47	紫色	重壤土	块状	7.7	10.5	0.50	0.81	17.9	40		12.4			
						C	47—100	紫色	重壤土	核状	7.7	5.6	0.20	0.78	17.2	20		8.7			
剖47	人为土	水稻土	淹育水稻土	紫色冲积性淹育水稻土	紫砂泥田	A	0—23	紫色	重壤土	核状	7.3	29.1	1.20	1.20	0.9	68		66.4	冲积物	E 100°45′07.6″ N 25°26′06.7″	72
						P	23—51	紫色	重壤土	小块状	7.9	23.1	1.20	1.20	0.8	90		73.6			
						C	51—100	紫色	中壤土	核状	8.5	9.5	9.50	0.50	0.5	56		65.7			

续表 Continued

剖面号 Soil profile	土纲 Soil order	土类 Soil great group	亚类 Soil subgroup	土属 Soil genus	土种 Soil species	土层码 Layer code	土层厚度 Depth/cm	颜色 Soil color	质地 Soil texture	土壤结构 Soil structure	pH	有机质 OM/(g/kg)	全氮 TN/(g/kg)	全磷 TP/(g/kg)	全钾 TK/(g/kg)	碱解氮 AN/(mg/kg)	有效磷 AP/(mg/kg)	阳离子交换量CEC/(cmol/kg)	土壤母质 Parent material	剖面点坐标 Profile coordinate	匹配指数 Matching index/%
剖48	初育土	紫色土	石灰性紫色土	暗紫泥土		A	0—19	紫色	重壤土	核状	7.9	13.9	0.80	0.16	26.6	50		20.2		E 100°55′51.6″ N 25°24′52.9″	90
						BC	19—41	紫色	重壤土	块状	7.6	4.8	0.50	0.82	24.1	20		15.9			
剖49	初育土	紫色土	中性紫色土	棕褐紫泥土	黄紫砂土	A	0—19	浅黄色	轻壤土	粒状	7.6	7.9	1.00	0.82	4.9	44		50.7		E 100°46′36.5″ N 25°24′39.2″	98
						B	19—59	浅黄色	中壤土	粒状	7.5	1.0		0.29	5.8	33		58.8			
						C	59—100	浅黄棕色	中壤土	块状	4.7	0.8		0.21	8.0	33		64.9			
剖50	初育土	紫色土	中性紫色土	棕褐紫泥土		A	0—15	灰棕色	轻黏土	块状	8.5	27.2	1.00	0.92	23.6	172		92.5		E 100°57′12.2″ N 25°21′12.2″	70
						B	15—70	紫色	轻黏土	块状	7.8	24.7	0.90	0.94	24.0	140		94.6			
						C	70—100	紫灰色	轻黏土	块状	7.9	16.7	0.60	0.76	23.7	92		95.6			
剖51	铁铝土	红壤	红壤	石灰岩红壤		A	0—10	红棕色	中黏土	核状	5.6	31.1	2.60	2.78	23.5	120		14.5	石灰岩	E 100°38′39.7″ N 25°19′59.8″	90
						B	10—100	暗棕红色	重黏土	块状	6.0	8.1	1.60	3.86	22.5	60		16.4			
剖52	人为土	水稻土	潜育水稻土	冲积性潜育水稻土	青砂泥田	A	0—22	浅灰黄色	重黏土	块状	7.3	17.4	1.20	1.53	27.6	45		94.3	冲积物	E 100°43′33.2″ N 25°18′42.5″	83
						G	38—100	暗灰黄色	轻黏土	块状	7.6	34.5	2.20	1.49	30.0	63		96.3			
剖53	铁铝土	红壤	红壤	山棕红土	山棕瘦红土	A	0—21	灰黄色	壤质黏土	核状	7.3	31.2	1.50	0.74	17.3	110	9.5	12.2		E 100°44′34.2″ N 25°16′50.6″	91
						B	21—53	灰黄色	壤质黏土	块状	6.7	22.6	1.30	0.44	20.3	80	2.5	13.8			
						BC	53—100	褐色	壤质黏土	块状	7.8	11.9	0.60	0.40	19.3	30	2.2	12.1			
剖54	初育土	紫色土	中性紫色土	棕褐紫泥土		A	0—25	棕灰色	轻壤土	核状	7.5	14.3	0.20	0.54	6.9	40		4.2		E 100°55′48.6″ N 25°16′00.4″	83
						B	25—73	紫色	轻壤土	核状	7.5	5.1	0.10	0.45	7.3	20		2.8			
						C	73—100	红黄色	中壤土	块状	7.8	3.2		0.46	8.3	5		4.1			

宾 川 县

主要土类说明

红壤是宾川县主要土壤类型，占本县地域面积的 31%，分布在海拔 1695—2365m 的中低山地。植被为针阔叶混交林、栎类灌木林等。成土母质为砂岩、玄武岩和泥质灰岩。成土过程以脱硅富铝化和生物富集为主。

紫色土是宾川县第二大土壤类型，占本县地域面积的 18%，分布在海拔 1700—2400m 的山区，集中在拉乌、钟英、平川、力角、金牛、乔甸等地。植被为常绿阔叶林或灌丛草地。成土母质为紫红色混合岩夹黄绿色砂岩、杂色泥岩夹石灰岩和细砂岩。成土过程以母岩的快速物理崩解、频繁侵蚀堆积以及碳酸钙的不断淋失作用为主，生物积累作用相对较弱。土壤具 A-C 剖面构型，剖面层次发育不明显，土层浅薄，pH 为 4.5—7.5，富含矿质养分。本县紫色土分为酸性紫色土、中性紫色土等亚类。其中，酸性紫色土面积较大，黏土矿物一般以蛭石和水云母为主，土壤偏酸，有机质和全氮含量高于其他亚类，全磷和全钾含量较低。

黄棕壤是宾川县第三大土壤类型，占本县地域面积的 18%，分布在海拔 2400—2600m 的中山。植被为针叶林、针阔叶混交林、栎类灌木林、栎类阔叶林等，草被稀少。成土母质多为紫色砂页岩和玄武岩。成土过程受淋溶、黏化及弱富铝化作用的影响。受海拔和生物气候影响，土壤腐殖化作用、淋溶作用和水化作用同时存在，土壤呈微酸性或酸性，表土有机质较为丰富。由于土壤中有大量的水合氧化铁，土壤颜色偏黄。该土壤具 A-B-C 或 A-（B）-C 剖面构型，黏粒硅铝率在 2.5 左右，铁的游离度较红壤低，B 层交换性酸大于 A 层。土层深厚，淋溶作用明显，表土呈棕灰色，心土呈灰黄色或浅黄棕色。

燥红土占本县地域面积的 13%，分布在干热河谷地带。成土母质为砂岩、玄武岩和泥质灰岩风化物。成土过程以有机质积累、生物富集和脱硅富铝化为主。本县燥红土分为燥红土、褐红土等亚类。

棕壤占本县地域面积的 9%，分布在海拔 2300—3000m 的山地。植被以湿性常绿阔叶林和针阔叶混交林为主。成土母质以紫色岩类、酸性结晶岩类、基性结晶岩类和碳酸岩类风化物为主。成土过程以淋溶过程、黏化过程和生物富集过程为主。

水稻土占本县地域面积的 8%，分布在坝区、丘陵、缓坡、河谷及冲积扇。成土母质为地带性红壤和紫色土。本县水稻土分为淹育型、渗育型、潴育型、潜育型等亚类。

小于本县地域面积 3% 的土壤类型有石灰（岩）土。

本区域中心区气候特征

本区域中心区气候特征值
Regional climate characteristics in central area of the region

气候带：中亚热带湿润气候 Climate region: Subtropical humid climate	
年平均气温 /℃ Annual average temperature /℃	14.6
年平均最高气温 /℃ Annual average maximum temperature /℃	21.0
年平均最低气温 /℃ Annual average minimum temperature /℃	9.5
年降水量 /mm Annual precipitation /mm	1054
≥10℃的积温 /℃ Daily temperature accumulated in a year（≥10℃）/℃	5320
年日照时数 /h Annual sunshine /h	2295
年平均相对湿度 /% Annual average relative humidity /%	68
干燥度 Dryness	0.85

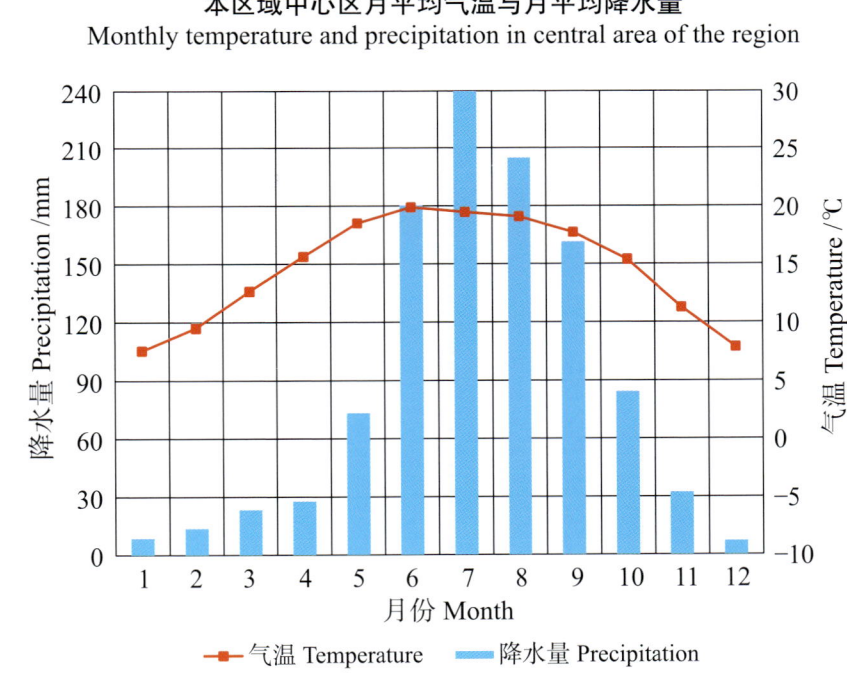

本区域中心区月平均气温与月平均降水量
Monthly temperature and precipitation in central area of the region

宾川县主要土壤类型与土壤剖面点分布图
1:300 000

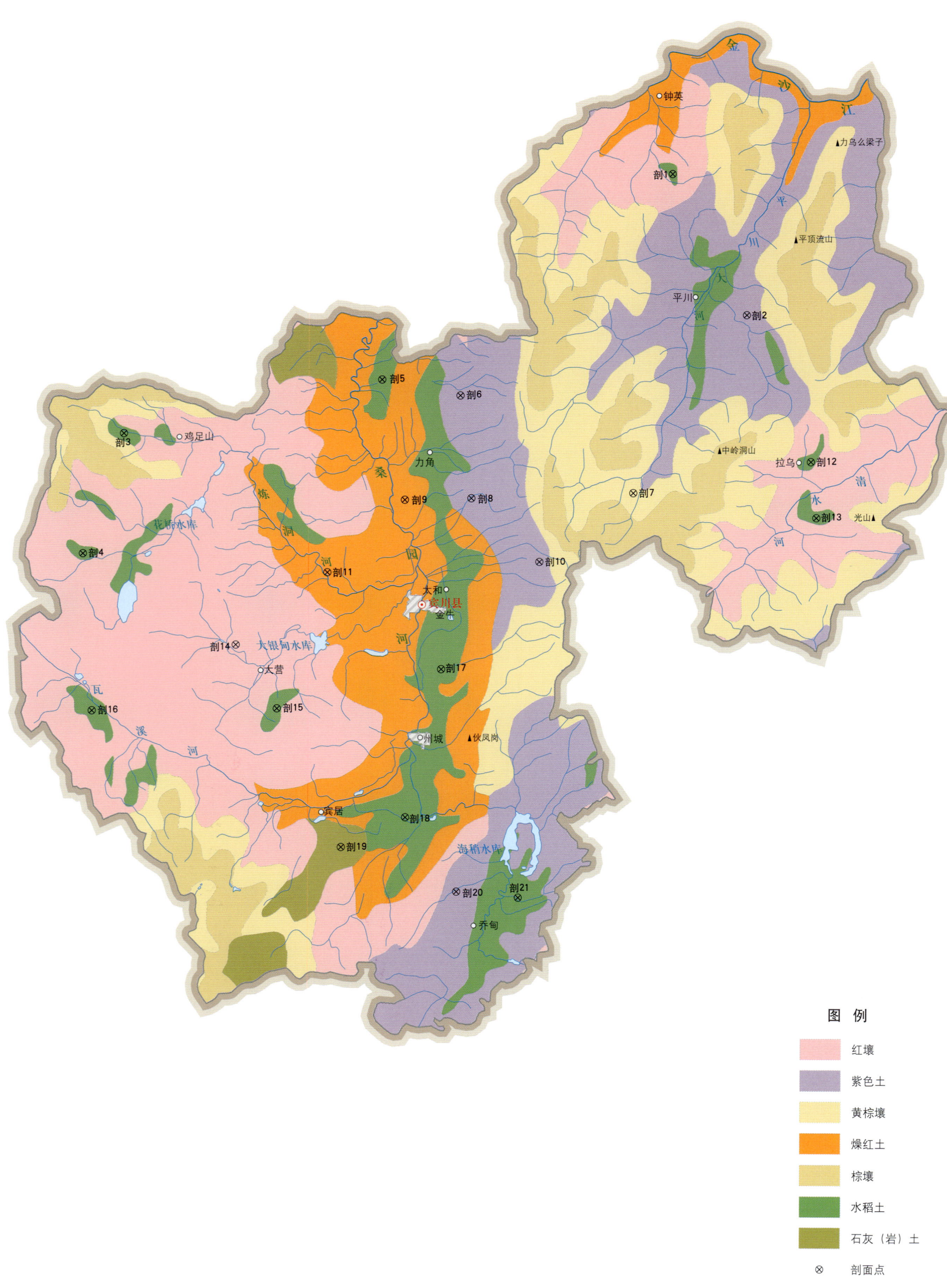

宾川县土壤剖面理化性状表

剖面号 Soil profile	土纲 Soil order	土类 Soil great group	亚类 Soil subgroup	土属 Soil genus	土种 Soil species	土层码 Layer code	土层厚度 Depth/cm	颜色 Soil color	质地 Soil texture	土壤结构 Soil structure	pH	有机质 OM/(g/kg)	全氮 TN/(g/kg)	全磷 TP/(g/kg)	全钾 TK/(g/kg)	碱解氮 AN/(mg/kg)	有效磷 AP/(mg/kg)	阳离子交换量CEC/(cmol/kg)	土壤母质 Parent material	剖面点坐标 Profile coordinate	匹配指数 Matching index/%
剖1	人为土	水稻土	淹育水稻土	红壤性淹育水稻土	红砂泥田	A	0—23	红棕色	中壤土	团粒状	7.8	29.8	0.99	2.90	12.5	107		33.1		E 100°45′52.2″ N 26°06′31.7″	74
						P	23—30	暗棕色	中壤土	团粒状	7.5	28.5	0.72	4.10	12.5	76		34.7			
						3	30—84	暗红棕色	砂壤土	细粒状	7.0	20.2	0.53	4.10	12.9	66		28.9			
剖2	初育土	紫色土	酸性紫色土	红紫泥土	红紫泥土	A	0—20	紫色	砂壤土	团粒状	6.5	52.9	2.96	2.10	16.0	255		20.8		E 100°49′01.9″ N 26°00′58.0″	81
						B	20—50	暗紫红色	砂壤土	团粒状	6.5	3.3	0.52	1.40	18.1	59		11.6			
						3	50—90	暗紫红色	砂壤土	团粒状	7.0	3.5	0.55	1.50	21.7	60		13.5			
剖3	人为土	水稻土	淹育水稻土	红壤性淹育水稻土	白胶泥田	A	0—18	褐色	中黏土	块状	8.8	19.2	1.15	1.99		90		10.4	红壤性母质	E 100°21′49.3″ N 25°56′37.3″	86
						P	18—24	暗灰黄色	中壤土	棱柱状	8.9	16.1	1.06	1.85		70		9.1			
						3	24—50	灰白色	砂壤土	棱柱状											
						4	50—80	暗灰色	砂壤土	粒状	8.1	7.4	7.38	0.89		27		8.6			
剖4	人为土	水稻土	淹育水稻土	冲积性潜育水稻土	黑胶泥田	1	0—30												红壤性母质	E 100°20′00.2″ N 25°51′55.1″	99
剖5	人为土	水稻土	潜育水稻土		青胶泥田	1	0—21													E 100°33′06.1″ N 25°58′37.2″	85
剖6	初育土	紫色土	中性紫色土	紫砂土	紫砂土	A	0—14	紫色	细砂土	粒状	7.2	5.2	0.28	1.06		19		70.6		E 100°36′30.5″ N 25°57′57.4″	97
						B	14—44	紫色	细砂土	粒状	7.1	6.1	0.32	0.89		21		69.0			
						3	44—90	紫棕色	细砂土	粒状	7.1	4.8	0.35	1.08		22		137.4			
剖7	淋溶土	黄棕壤				A	0—7	灰黄色	中壤土	粒状	5.0	34.7	1.20	1.70	14.0	113		28.1		E 100°44′00.2″ N 25°54′03.6″	90
						B	7—20	黄色	中壤土	小块状	5.0	5.0	0.40	1.40	13.1	44		21.5			
						C	20—90	黄色	中壤土	小块状	5.0	6.9	0.90	1.90	16.9	62		17.7			
剖8	初育土	紫色土	中性紫色土	紫砂土	石子羊肝土	A	0—14	暗棕色	轻砂土	粒状	7.3	139.5	5.43	8.17		285		37.1		E 100°36′56.6″ N 25°53′55.9″	71
						B	14—50	紫棕色	细砂土	粒状	7.4	23.4	1.39	1.65		108		17.2			
						3	50—90	棕色	砾质土	片状	7.4	13.9	0.86	1.50		92		13.1			
剖9	半淋溶土	燥红土	褐红土	紫褐红土	紫褐红土	A	0—16	棕灰色	黏土	粒状	7.2	12.3	0.43	0.35	10.5	48	1.7	15.5		E 100°34′03.0″ N 25°53′54.2″	76
						B	16—56	棕色	壤质黏土	块状	7.2	22.2	0.65	0.43		51	1.0	25.7			
						C	56—87	紫棕色	黏土	块状	7.3	6.5	0.45	0.46		44	0.6	19.5			
剖10	初育土	紫色土	酸性紫色土	红紫泥土	紫泥土	A	0—10	暗灰色	中壤土	块状	7.0	24.6	1.40	1.80	15.6	126		18.9		E 100°39′52.7″ N 25°51′24.0″	99
						B	10—41	紫棕色	中壤土	块状	6.5	16.0	1.10	1.70	16.9	94		21.1			
						3	41—79	灰棕色	中壤土	块状	6.5	2.7	0.90	1.60	26.3	49		11.0			
剖11	半淋溶土	燥红土	褐红土	褐红大土	褐红大土	A	0—14	浅黄棕色	壤质黏土	块状	7.1	10.9	0.90	1.60	21.5	83	5.4	30.2		E 100°30′38.5″ N 25°51′04.7″	75
						B	14—85	浅黄棕色	壤质黏土	粒状	7.2	11.6	0.90	2.20	20.6	97	9.0	33.3			
						3	85—110	棕色	壤质黏土	块状	7.2	9.6	0.70	2.40	21.8	55	19.9	34.5			
剖12	人为土	水稻土	淹育水稻土	红壤性淹育水稻土	红鸡粪土田	A	0—15	暗红色	中壤土	粒状	8.3	21.1	1.27	1.20		81		25.6	红壤性母质	E 100°51′45.4″ N 25°55′10.9″	79
						P	15—26	暗红色	轻黏土	块状	8.3	8.9	0.72	0.84		46		17.9			
						3	26—100	红色	重黏土	块状	8.2	6.1	0.58	0.65		37		19.7			
剖13	人为土	水稻土	潜育水稻土	青砂泥田	碱田	A	0—17	灰灰色	黏土	核粒状	8.5	28.9		0.96		104	11.2	5.3		E 100°51′58.3″ N 25°52′59.5″	76
						P	17—23	浅灰色	黏土	块状	8.7	10.5	6.20	0.93		42	10.2	0.7			
						G	23—90	灰白色	黏土	块状	8.3		0.25	0.58		20	9.4	0.5			
剖14	铁铝土	红壤				A	0—2	暗棕色	中壤土	粒状	5.5	26.5	1.23	1.35		114		26.2		E 100°26′38.0″ N 25°48′16.6″	79
						B	2—18	棕色	中壤土	粒状	6.7	22.5	0.82	1.49		12		25.6			
						C	18—52	棕灰色	砂壤土	块状	7.0	16.1	0.47	1.08		40		28.3			

续表 Continued

剖面号 Soil profile	土纲 Soil order	土类 Soil great group	亚类 Soil subgroup	土属 Soil genus	土种 Soil species	土层码 Layer code	土层厚度 Depth/cm	颜色 Soil color	质地 Soil texture	土壤结构 Soil structure	pH	有机质 OM/(g/kg)	全氮 TN/(g/kg)	全磷 TP/(g/kg)	全钾 TK/(g/kg)	碱解氮 AN/(mg/kg)	有效磷 AP/(mg/kg)	阳离子交换量CEC/(cmol/kg)	土壤母质 Parent material	剖面点坐标 Profile coordinate	匹配指数 Matching index/%
剖15	人为土	水稻土	潴育水稻土	冲积性潴育水稻土	青紫泥田	A	0—22	浅灰色	轻黏土	核状	7.9	27.7	1.80	1.82		95		22.3	冲积物	E 100°28′23.5″ N 25°45′46.1″	92
						P	22—30	黑色	重壤土	粒状	7.8	23.8	1.56	2.12		80		22.5			
						3	30—105	褐色	砂壤土	块状	7.7	21.7	0.99	1.80		75		27.3			
剖16	人为土	水稻土	潴育水稻土	冲积性潴育水稻土	青泥田	1	0—23													E 100°20′20.8″ N 25°45′45.4″	93
剖17	人为土	水稻土	淹育水稻土	红壤性淹育水稻土	红泥田	A	0—20	红棕色	中壤土	块状	7.5	35.4	2.69	3.60	11.5	120		30.4	红壤性母质	E 100°35′33.7″ N 25°47′14.3″	98
						P	20—28	紫棕色	中壤土	块状	7.5	34.8	2.53	3.50	11.9	121		31.1			
						3	28—90	暗棕红色	中壤土	片状	7.5	22.9	2.06	2.10	11.9	92		28.2			
剖18	人为土	水稻土	潴育水稻土	冲积性潴育水稻土	砂泥田	A	0—18	灰黄色	砂壤土	粒状	7.2	13.0	0.35	2.25		56		16.6	冲积物	E 100°33′56.5″ N 25°41′26.2″	81
						P	18—24	灰黄色	砂壤土	粒状	7.1	12.7	0.47	2.42		58		17.4			
						3	24—96	褐色	砂壤土	粒状	7.1	6.9	0.31	2.42		27		14.1			
剖19	初育土	石灰(岩)土				A	0—20	暗红色	重黏土	小块状	6.8	36.8	1.33	2.40	7.5	110		36.1		E 100°31′08.0″ N 25°40′17.8″	82
						B	20—45	红色	轻黏土	粒状	8.0	51.0	1.08	3.50	8.8	175		34.0			
						C	45—60	白色	重壤土	粒状	8.0	37.0	1.81	3.50	6.9	147		18.9			
剖20	初育土	紫色土	酸性紫色土	红紫泥土	黄紫泥土	A	0—18	黄色	砂壤土	核状	6.4	29.7	1.51	0.95		117				E 100°36′08.8″ N 25°38′29.9″	71
						B	18—85	浅红色	中壤土	块状	5.3	6.3	0.61	0.77		87		13.7			
						3	85—90	暗红棕色	轻砂土	片状											
剖21	人为土	水稻土	淹育水稻土	紫色土性淹育水稻土	紫砂泥田	1	0—15													E 100°38′48.9″ N 25°38′14.3″	85

弥渡县

主要土类说明

红壤是弥渡县主要土壤类型，占本县地域面积的 46%，主要分布在海拔 1223—2500m 的东山及其延伸余脉。成土母质为玄武岩、石灰岩、泥岩、页岩、砂岩风化残积物或坡积物。成土过程以脱硅富铝化和生物富集为主。土体深厚，剖面层次发育完整。红壤呈中度脱硅富铝化特征，具 A-Bs-Bv 或 A-Bs-C 剖面构型。黏土矿物以高岭石、赤铁矿为主，黏粒硅铝率为 1.8—2.4，风化淋溶系数小于 0.2，盐基饱和度小于 35%，有效养分含量低，特别是速效磷含量低。表土呈浅棕红色至暗红棕色，为粒状至块状结构。淀积层可见深厚的红、黄、白相间的网纹状红色黏土。

紫色土是弥渡县第二大土壤类型，占本县地域面积的 38%，与红壤交错分布。植被为常绿阔叶林或灌丛草地。成土母质为紫色泥岩和砂页岩。成土过程以母岩的快速物理崩解和频繁侵蚀堆积作用为主，生物积累作用相对较弱。土壤具 A-C 剖面构型，剖面层次发育不明显，土层浅薄，pH 为 4.5—8.5，富含矿质养分，蓄水性差。本县紫色土分为酸性紫色土、中性紫色土、石灰性紫色土等亚类。酸性紫色土黏土矿物一般以蛭石和水云母为主，土壤偏酸，有机质和全氮含量高于其他亚类，全磷和全钾含量较低。中性紫色土黏土矿物以蛭石和水云母或蒙脱石和水云母为主，母岩中碳酸钙较少或在成土过程中已明显淋溶，土壤酸碱度适中，宜种性广。石灰性紫色土母岩以钙质紫色混合岩为主，黏土矿物以水云母或蒙脱石为主，有机质含量低，全磷和全钾含量高，pH 高于 7.5。

水稻土是弥渡县第三大土壤类型，占本县地域面积的 11%，分布在坝区、丘陵、缓坡、河谷及冲积扇。成土母质为地带性红壤和紫色土。水稻土在长期的季节性淹灌、水下翻耕、季节性脱水、氧化还原交替影响下，原来的成土母质或母土的特性发生重大改变，形成了不同的土体构型。本县水稻土分为淹育型、渗育型、潴育型、潜育型等亚类。其中，淹育水稻土面积较大，属缺水田和无水灌溉的雷响田，水利条件差，经常不能按节令栽插，产量较低，具 Aa-Ap-C 剖面构型。

棕壤占本县地域面积的 4%，分布在本县西北部海拔 2600—3118m 的地区。植被主要为禾本科杂草，散生小叶高山栎（树干及枝条附生苔藓）并混生箭竹（亦附生苔藓）。成土母质主要为花岗岩、钙质砂岩和复矿质砂岩，东南部主要为石灰岩，西南部为紫色砂页岩。由于气候高寒，夏秋雨量充沛，冬春积雪冰冻，枯枝落叶分解缓慢，有机质富集，因此土层浅薄，并含大量半风化母岩。棕壤具 O-A-Bt-C 剖面构型，处于硅铝风化阶段，土体见黏粒淀积，盐基充分淋失，见少量游离铁。

小于本县地域面积 3% 的土壤类型有黄棕壤、草甸盐土和新积土。

本区域中心区气候特征

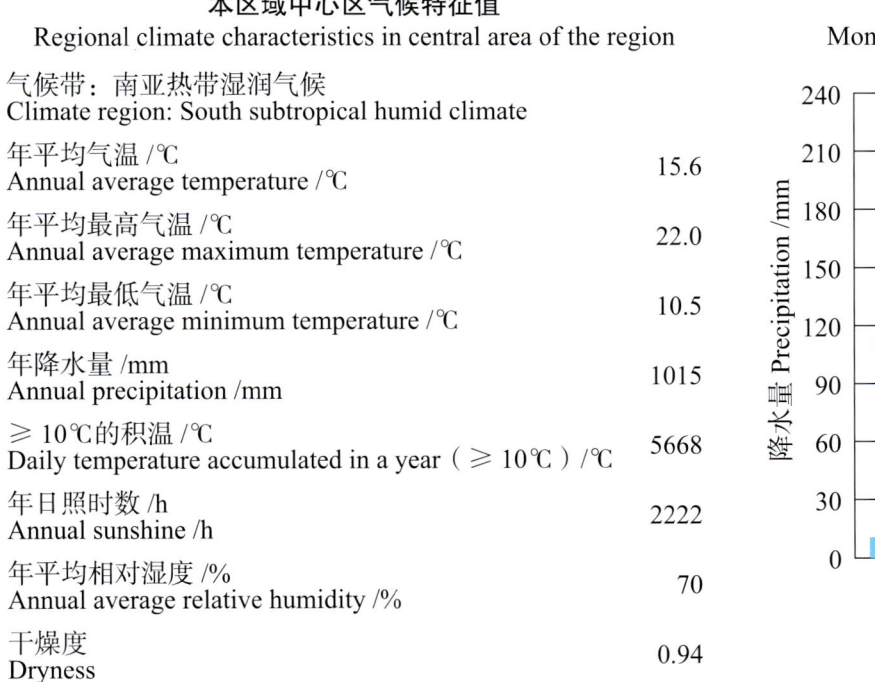

本区域中心区气候特征值
Regional climate characteristics in central area of the region

气候带：南亚热带湿润气候 Climate region: South subtropical humid climate	
年平均气温 /℃ Annual average temperature /℃	15.6
年平均最高气温 /℃ Annual average maximum temperature /℃	22.0
年平均最低气温 /℃ Annual average minimum temperature /℃	10.5
年降水量 /mm Annual precipitation /mm	1015
≥10℃的积温 /℃ Daily temperature accumulated in a year（≥10℃）/℃	5668
年日照时数 /h Annual sunshine /h	2222
年平均相对湿度 /% Annual average relative humidity /%	70
干燥度 Dryness	0.94

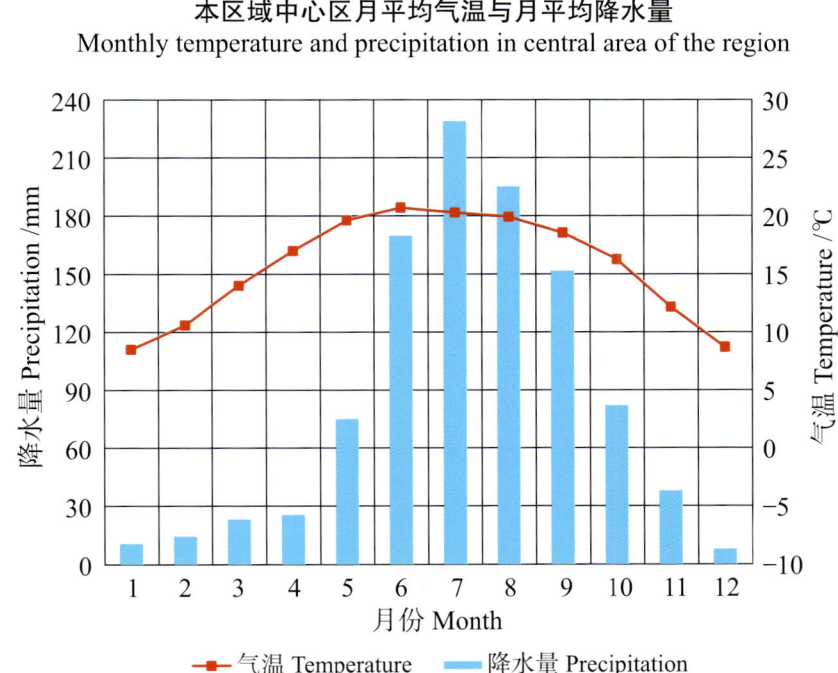

本区域中心区月平均气温与月平均降水量
Monthly temperature and precipitation in central area of the region

弥渡县主要土壤类型与土壤剖面点分布图
1 : 280 000

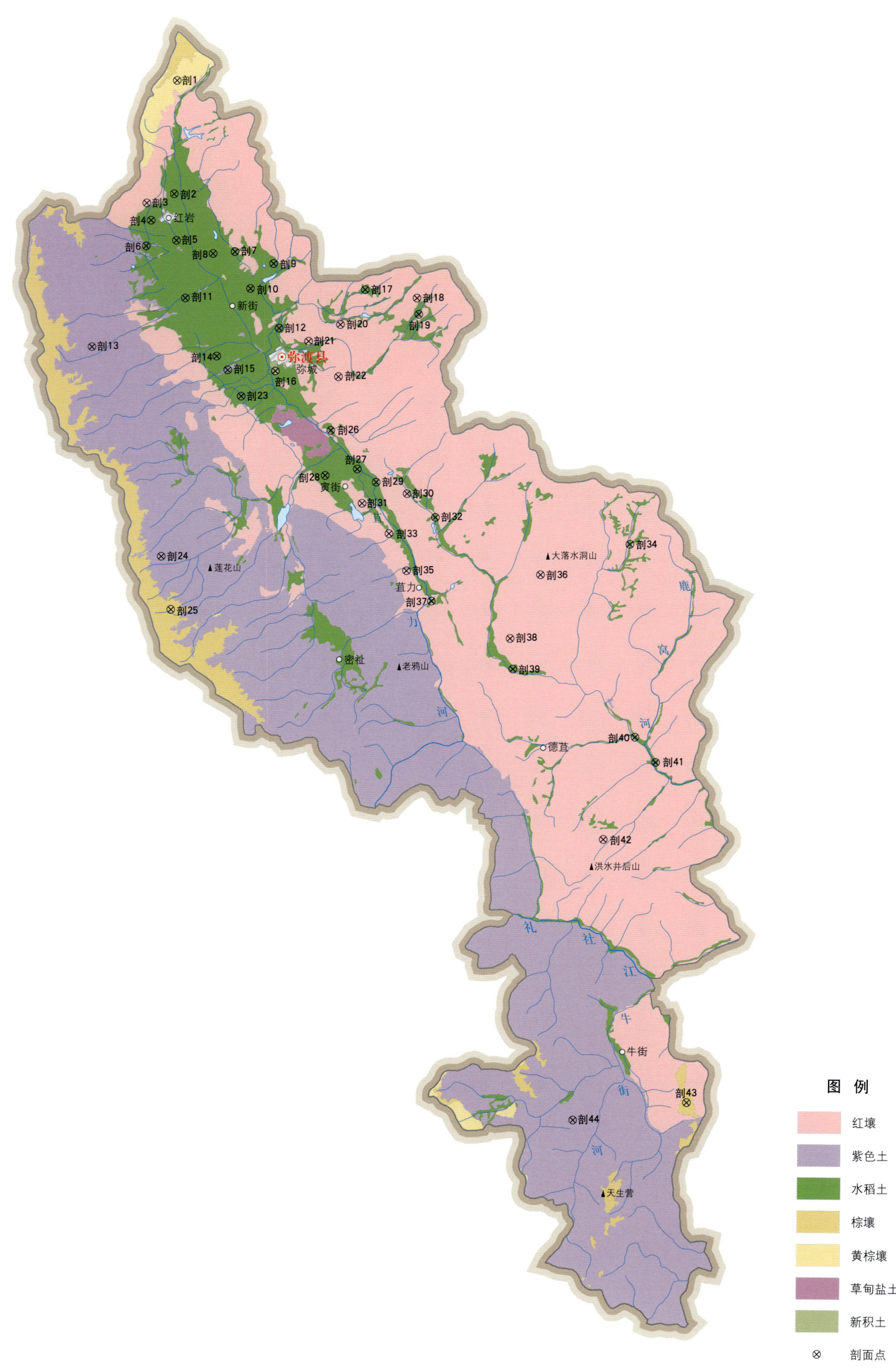

弥渡县土壤剖面理化性状表

剖面号 Soil profile	土纲 Soil order	土类 Soil great group	亚类 Soil subgroup	土属 Soil genus	土种 Soil species	土层码 Layer code	土层厚度 Depth/cm	颜色 Soil color	质地 Soil texture	土壤结构 Soil structure	pH	有机质 OM/(g/kg)	全氮 TN/(g/kg)	全磷 TP/(g/kg)	全钾 TK/(g/kg)	碱解氮 AN/(mg/kg)	有效磷 AP/(mg/kg)	阳离子交换量CEC/(cmol/kg)	土壤母质 Parent material	剖面点坐标 Profile coordinate	匹配指数 Matching index/%
剖1	淋溶土	黄棕壤	黄棕壤	花岗岩黄棕壤		A₀	0~9	灰棕色	中壤土		5.2	78.8	3.67	1.10	24.0	260		19.0		E 100°25′16.7″ N 25°30′24.5″	88
						A₁	9~30	灰黄棕色	重壤土		5.6	71.2	2.24	1.10	26.0	141		16.0			
						B	30~79	黄棕色	轻壤土		5.6	25.7	1.58	1.10	24.0	94		13.5			
剖2	人为土	水稻土	淹育水稻土	红壤性淹育水稻土	黄砂田	A	0~23	暗黄棕色	中壤土	小块状	8.0	28.9	1.69	1.50	12.8	105		35.9		E 100°25′08.8″ N 25°26′28.0″	86
						P	23~33	暗黄灰黄色	重壤土	核状	8.0	21.2	1.25	1.30	14.1	78		33.4			
						3	33~83	浅黄棕色	重壤土	棱柱状	8.0	14.7	0.70	1.50	13.1	52		32.3			
剖3	铁铝土	红壤	红壤	石灰岩红壤	红鸡粪土	A	0~22	暗黄棕色	重壤土	粒状	6.8	40.3	1.03	3.60	28.9	89		24.3		E 100°24′05.4″ N 25°26′09.2″	71
						B	22~35	灰黄色	重壤土	粒状	7.2			3.10	28.9			22.0			
						C	35~94	灰黄色	重壤土		7.0			3.40	26.0			21.6			
剖4	人为土	水稻土	潴育水稻土	红壤性潴育水稻土	黄砂泥田	A	0~21	暗黄棕色	重壤土	棱柱状	7.6	36.9	2.19	1.70	26.3	173		19.7		E 100°24′15.2″ N 25°25′33.4″	93
						P	21~32	暗黄棕色	轻壤土	棱柱状	7.6	14.9	1.58	1.50	35.0	133		18.3			
						3	32~100	浅黄棕色	重壤土	棱柱状	7.6	13.0	0.68	1.40	31.4	40		14.1			
剖5	人为土	水稻土	潴育水稻土	红壤性潴育水稻土	红泥田	A	0~22	紫色	轻壤土	核状	7.2	21.9	1.46	1.30	10.0	62		16.2		E 100°25′13.5″ N 25°24′51.2″	71
						P	22~36	紫棕色	轻壤土	棱柱状	7.2	17.8	1.53	1.30	20.0	72		16.9			
						3	36~83	棕灰色	重壤土	棱柱状	7.2	7.1	0.62	0.70	16.0	37		15.2			
剖6	人为土	水稻土	潴育水稻土	紫色土性潴育水稻土	冷砂泥田	A	0~18	灰灰色	中壤土	核柱状	5.6	33.3	1.11	0.60	12.2	68		15.0		E 100°24′03.6″ N 25°24′40.0″	90
						P	18~25	暗黄灰色	中壤土	棱柱状	5.6	5.8	0.63	0.60	15.0	40		16.3			
						3	25~95	灰黄色	中壤土	棱柱状	6.0	1.5	0.21	0.30	19.4	10		10.8			
剖7	人为土	水稻土	淹育水稻土	红壤性淹育水稻土	胶泥田	A	0~25	暗灰色	轻黏土	核状	5.6	67.4	2.99	0.60	8.8	183		40.4		E 100°27′28.1″ N 25°24′26.6″	77
						P	25~43	浅灰棕色	轻黏土	棱柱状	6.0	27.7	1.04	1.10	10.3	75		36.0			
						3	43~80	浅灰黄色	轻黏土	棱柱状	6.0	21.7	1.00	0.70	7.5	72		37.1			
剖8	人为土	水稻土	潴育水稻土	红壤性潴育水稻土	黑鸡粪土田	A	0~26	暗红棕色	重壤土	核状	8.0	32.8	1.78	1.10	11.0	96		42.5		E 100°26′37.6″ N 25°24′23.2″	84
						P	26~40	浅黄黄色	重壤土	棱柱状	8.0	24.9	1.43	0.90	9.7	85		38.0			
						3	40~70	浅黄黄色	重壤土	棱柱状	7.6	21.3	1.19	0.80	8.5	70		42.5			
剖9	人为土	水稻土	潴育水稻土	红壤性潴育水稻土	黑田	A	0~20	栗色	轻黏土	核柱状	7.6	34.7	1.96	1.40	21.7	114		40.4		E 100°28′57.0″ N 25°24′01.1″	95
						P	20~31	黄棕色	轻黏土	棱柱状	8.0	21.6	1.37	1.30	16.9	89		40.0			
						3	31~87	浅黄棕色	轻黏土	棱柱状	7.6	12.5	0.89	1.20	16.9	50		28.3			
剖10	人为土	水稻土	潴育水稻土	暗紫紫红泥田	暗紫泥田	A	0~12	暗红棕色	壤质黏土	小团块状	5.6	25.5	1.67	1.04	27.3	134	0.7	9.0		E 100°26′03.3″ N 25°23′09.8″	87
						P	12~32	紫色	壤质黏土	小块状	6.0	9.5	1.04	0.85	29.3	78	2.4	7.8			
						W	32~92	紫色	黏土	小棱柱状	6.4	5.5	0.74	1.17	29.7	40	2.1	8.3			
剖11	人为土	水稻土	淹育水稻土	紫色土性淹育水稻土	紫砂土田	A	0~20	暗红棕色	重壤土	核状	7.6	7.7	1.84	1.00	16.9	90		8.3		E 100°26′33.2″ N 25°22′50.9″	91
						P	20~29	暗红棕色	重壤土	块状	7.6	4.7	0.59	0.70	17.5	29		3.5			
						3	29~37	暗红棕色	中壤土	块状	8.0	3.4	0.41	0.80	14.7	16		1.5			
						4	37~52		轻砂土	无明显结构											
剖12	人为土	水稻土	潴育水稻土	红壤性潴育水稻土	黄砂泥田	A	0~25	栗色	轻壤土	团粒状	8.0	29.2	1.59	1.40	10.7	106		18.3		E 100°29′08.8″ N 25°21′46.3″	73
						P	25~40	灰黄棕色	轻壤土	棱柱状	7.6	25.3	1.49	1.30	12.5	99		44.3			
						3	40~95	浅黄棕色	轻壤土	棱柱状	7.6	13.7	0.80	1.10	12.5	64		42.9			
剖13	初育土	紫色土	酸性紫色土	紫砂土	石子羊肝土	A	0~18	紫灰色	中壤土	粒状	5.2	54.5	0.85	1.50	21.0	209		12.3		E 100°21′57.6″ N 25°21′10.1″	74
						B	18~80	灰棕色	中壤土	棱状	5.6	11.5	3.02	0.80	19.7	50		3.7			
剖14	人为土	水稻土	潴育水稻土	紫色土性潴育水稻土	紫砂泥田	A	0~20	紫棕色	中壤土	核状	5.6	23.6	1.43	0.90	18.1	113		6.9		E 100°26′44.9″ N 25°20′48.9″	75
						P	20~30	紫棕色	中壤土	棱柱状	6.0	17.8	1.14	0.70	17.8	86		6.7			
						3	30~70	暗红棕色	中壤土	棱柱状	6.4	6.6	0.65	0.80	21.4	41		6.2			
						4	70~80	棕色	轻黏土	块状											

续表 Continued

剖面号 Soil profile	土纲 Soil order	土类 Soil great group	亚类 Soil subgroup	土属 Soil genus	土种 Soil species	土层码 Layer code	土层厚度 Depth/cm	颜色 Soil color	质地 Soil texture	土壤结构 Soil structure	pH	有机质 OM/(g/kg)	全氮 TN/(g/kg)	全磷 TP/(g/kg)	全钾 TK/(g/kg)	碱解氮 AN/(mg/kg)	有效磷 AP/(mg/kg)	阴离子交换量 CEC/(cmol/kg)	土壤母质 Parent material	剖面点坐标 Profile coordinate	匹配指数 Matching index/%
剖15	初育土	紫色土	酸性紫色土	红紫泥土	紫红砂土	A	0—18	紫色	重壤土	核状	5.6	19.0	0.94	0.50	21.1	68		5.6		E 100° 27′ 09.7″ N 25° 20′ 20.0″	98
						B	18—75	紫色	重壤土	块状	6.4	13.6	0.83	0.40	21.0	59		6.1			
剖16	初育土	新积土	冲积土	河滩暗色冲积土	菜园土	A	0—30	暗棕色	重壤土	团粒状	8.0	52.1	2.85		16.9	147		30.8	冲积物	E 100° 28′ 59.5″ N 25° 20′ 17.2″	91
						B	30—53	暗棕色	重壤土	小团块状	8.0	40.8	1.95		17.2	92		28.9			
						C	53—84	棕色	重壤土	小团块状	8.0	23.5	0.95		14.4	51		29.1			
剖17	人为土	水稻土	淹育水稻土	红壤性淹育水稻土	黄泥田	A	0—20	暗棕色	重壤土	核状	8.0	34.6	1.81	1.40	19.4	122		22.7		E 100° 32′ 27.2″ N 25° 23′ 05.6″	81
						P	20—50	暗棕色	重壤土	梭柱状	8.0	27.9	1.66	1.20	22.7	100		39.6			
						3	50—	暗棕灰色	重壤土	块状	8.0										
剖18	铁铝土	红壤	红壤	玄武岩红壤	暗黄红土	A	0—19	浅黄棕色	重壤土	梭块状	7.6	20.9	1.14	1.60	17.9	179		32.8	玄武岩	E 100° 34′ 26.6″ N 25° 22′ 46.9″	100
						B	19—53	浅黄棕色	重壤土	梭柱状	8.0	8.5	0.46	1.40	21.4	34		28.7			
						C	53—80	黄棕色	砂壤土	块状	8.0	2.9	0.18	1.60	21.8	19		23.7			
剖19	人为土	水稻土	淹育水稻土	红壤性淹育水稻土	白泥田	A	0—22	灰白色	重壤土	小团块状	4.0	21.3	1.10	0.50	34.3	89		15.3		E 100° 34′ 30.4″ N 25° 22′ 13.0″	78
						P	22—32	灰白色	重壤土	块状	5.2	16.9	0.88	0.60	33.5	83		13.2			
						3	32—95	浅棕红色	重壤土	块状	4.4	16.6	0.92	0.60	30.7	76		13.3			
剖20	铁铝土	红壤	红壤	玄武岩红壤	香面土	A	0—30	浅棕红色	中壤土	粒状	4.8	14.7	0.77	0.80	6.6	1		18.7	玄武岩	E 100° 31′ 30.0″ N 25° 21′ 52.9″	96
						B_1	30—60	暗棕红色	中壤土	块状	5.2	10.1	0.51	0.60	6.9	35		22.3			
						B_2	60—102	棕色	中壤土	块状	6.0	7.4	0.36	0.70	7.4	29		21.7			
剖21	铁铝土	红壤	红壤	玄武岩红壤	黑鸡粪土	A	0—25	黑色	轻壤土	核状	7.6	19.4	0.79	2.80	7.8	93		15.1	玄武岩	E 100° 30′ 16.2″ N 25° 21′ 18.7″	79
						B	25—37	暗棕色	轻壤土	梭块状	7.6	16.3	0.92	3.10	31.8	85		12.1			
						C	37—60	白色	重壤土	块状	8.0	1.5	0.21		46.2	61		11.3			
剖22	铁铝土	红壤	红壤	石灰岩红壤	石渣子土	A	0—17	浅黄棕色	中壤土	粒状	8.0	47.3	0.65	1.70	18.1	202		34.3		E 100° 31′ 25.0″ N 25° 20′ 04.6″	71
						B	17—25	浅黄棕色	中壤土	粒状	8.0	12.3	0.46	0.80	26.7	60		29.3			
						C	25—57	浅灰棕色	中壤土	块状	7.5	8.8		0.80	20.0	37		28.2			
剖23	人为土	水稻土	淹育水稻土	紫色土性淹育水稻土	紫胶泥田	A	0—5	紫色	重壤土	团块状	6.4	24.7	1.25	0.90	15.0	68		9.1		E 100° 27′ 40.7″ N 25° 19′ 25.3″	100
						A_1	5—16	暗棕色	轻壤土	小梭柱状	7.2	22.6	1.22	0.70	19.1	67		9.3			
						A_2	16—30	黑灰色	轻黏土	小梭柱状	7.2	16.9	1.13	0.80	20.7	70		10.9			
						B	30—39	暗黄棕色	砂壤土	核状	3.5	14.7	0.75	0.40	13.8	62		2.2			
						BC	39—79	暗红棕色	中壤土	核状	3.5	9.3	0.66	0.40	14.4	51		1.2			
						C	79—														
剖24	初育土	紫色土	酸性紫色土	红紫泥土	红羊肝土	A	0—18	紫色	轻壤土	团块状	4.0	71.8	3.31	0.70	16.9	221		17.3		E 100° 24′ 34.9″ N 25° 13′ 52.7″	100
						B	18—48	紫色	轻壤土	粒状	4.4	49.6	1.35	0.80	10.3	119		20.4			
剖25	淋溶土	棕壤	棕壤	紫砂岩棕壤		A	0—22	暗红棕色	轻壤土	粒状	5.6	14.0	0.56	0.02	27.3	37		8.3		E 100° 24′ 56.4″ N 25° 12′ 01.4″	86
剖26	人为土	水稻土	潴育水稻土	红壤性潴育水稻土	黄泥浆田	A	0—22	暗红棕色	轻壤土	梭柱状	8.0	31.2	1.92	1.30	6.3	102		26.9		E 100° 31′ 06.6″ N 25° 18′ 13.0″	93
						P	22—31	暗黄棕色	轻壤土	小梭柱状	8.0	32.4	1.59	1.40	5.0	104		32.2			
						3	31—72	黄棕色	轻黏土	梭块状	8.0	25.4	1.38	1.30	5.0	96		30.4			
剖27	人为土	水稻土	潴育水稻土	冲积性潴育水稻土	河泥田	A	0—23	紫色	重壤土	梭柱状	7.0	18.7	1.19	1.50	28.6	93		14.6		E 100° 32′ 07.1″ N 25° 16′ 51.9″	85
						P	23—43	紫棕色	中壤土	梭柱状	7.5	14.7	0.88	1.20	26.0	63		14.0			
						3	43—98	紫棕色	中壤土	梭柱状	7.5	6.7	0.59	1.00	25.0	43		10.9			
						4	98—112														
剖28	人为土	水稻土	潴育水稻土	紫色土性潴育水稻土	紫鸡粪土田	A	0—20	栗色	中壤土	核状	6.4	43.0	2.60	1.60	28.0	223		8.7		E 100° 30′ 52.5″ N 25° 16′ 39.1″	84
						P	20—30	黄棕色	中壤土	梭柱状	6.8	14.6	1.19	1.30	16.0	107		5.9			
						3	30—100	黄棕色	中壤土	梭柱状	7.2	5.8	0.56	1.30	19.7	50		4.0			

续表 Continued

剖面号 Soil profile	土纲 Soil order	土类 Soil great group	亚类 Soil subgroup	土属 Soil genus	土种 Soil species	土层码 Layer code	土层厚度 Depth/cm	颜色 Soil color	质地 Soil texture	土壤结构 Soil structure	pH	有机质 OM/(g/kg)	全氮 TN/(g/kg)	全磷 TP/(g/kg)	全钾 TK/(g/kg)	碱解氮 AN/(mg/kg)	有效磷 AP/(mg/kg)	阳离子交换量 CEC/(cmol/kg)	土壤母质 Parent material	剖面点坐标 Profile coordinate	匹配指数 Matching index/%
剖29	人为土	水稻土	潜育水稻土	红壤性潜育水稻土	青砂泥田	A	0—22	浅棕黄色	重壤土	棱柱状	7.5	36.8	1.96	1.60	20.0	107		2.7		E 100°32′50.3″ N 25°16′24.3″	100
						P	22—35	暗棕色	轻壤土	棱柱状	7.0	14.0	1.17	1.80	16.9	78		2.7			
						3	35—96	浅黄棕色	重壤土	棱柱状	7.5							1.8			
剖30	铁铝土	红壤		玄武岩红壤	酸白泥	A	0—19	灰黄色	重壤土	核状	8.0	28.6	1.55	1.20	17.5	71		16.9	玄武岩	E 100°34′01.0″ N 25°16′00.0″	83
						B₁	19—36	灰黄色	轻壤土	块状	7.6	26.8	1.43	1.30	17.5	64		15.8			
						B₂	36—104	浅黄棕色	轻壤土	块状	7.2	20.9	1.28	1.20	20.0	50		15.7			
剖31	铁铝土	红壤	黄红壤	老冲积黄红壤	黄木香土	1	0—20	浅棕色	中壤土	小团块状	6.4	17.7	0.99	0.70	10.3	79		2.9	老冲积物	E 100°32′17.5″ N 25°15′40.8″	79
						2	20—26	浅棕色	重壤土	块状	6.0	9.9	0.69	0.90	15.3	56		3.7			
						3	26—82	浅棕色	重壤土	块状	5.6	6.7	0.62	0.70	11.3	49		5.9			
剖32	人为土	水稻土	淹育水稻土	红壤性淹育水稻土	红胶田	1	0—19	红灰色	重壤土	小团块状	6.8	40.7	1.81	2.00	13.1	121		30.5		E 100°35′06.1″ N 25°15′10.1″	72
						P	19—26	棕灰色	重壤土	块状	6.8	20.0	1.06	1.90	10.7	75		30.0			
						3	26—61	红灰色	重壤土	块状	6.8	12.7	0.71	1.90	6.9	59		26.8			
剖33	铁铝土	红壤		玄武岩红壤	黄砂土	A	0—19	棕灰色	中壤土	核状	8.0	17.9	1.00	1.40	21.4	102		29.1	玄武岩	E 100°33′18.3″ N 25°14′36.8″	77
						B	19—67	红灰色	中壤土	棱块状	8.0	11.4	0.74	1.40	23.4	65		29.9			
						C	67—110	红灰色	轻壤土	小棱块状	8.0	4.5	0.25	1.00	10.3	33		23.7			
剖34	人为土	水稻土	淹育水稻土	冲积性淹育水稻土	黄泡砂田	A	0—18	灰黄色	轻壤土	棱块状	5.6	40.1	2.41	1.10	19.5	99		8.9	冲积物	E 100°42′32.4″ N 25°14′11.2″	84
						P	18—30	灰黄色	中壤土	小棱块状	6.0	18.1	2.10	1.10	18.8	66		8.6			
						3	30—77	灰黄色	中壤土	小棱块状	6.0	19.8	1.49	0.60	18.1	82		6.2			
剖35	铁铝土	红壤	黄红壤	老冲积黄红壤	黄红土	1	0—18	灰黄色	中壤土	小核状	5.6	16.9	1.02	0.70	8.2	57		3.2	老冲积物	E 100°33′58.5″ N 25°13′19.3″	98
						2	18—30	浅黄棕色	中壤土	块状	6.0	11.1	0.72	0.70	7.5	27		2.8			
						3	30—110	浅黄棕色	轻壤土	核块状	6.4	48.8	0.40	1.00	8.8	91		3.3			
剖36	铁铝土	红壤		石灰岩红壤	黄泥土	A	0—18	红棕色	轻壤土	粒状	3.5	15.2	1.01	0.90	7.9	95		9.2		E 100°39′06.8″ N 25°13′08.8″	90
						B	18—33	暗棕色	轻壤土	核状	4.0	17.5	0.91	1.00	7.5	97		8.7			
						C	33—100	暗棕色	轻壤土	核状	4.0	16.9	0.98	1.10	6.9	71		7.8			
剖37	人为土	水稻土	潴育水稻土	冲积性潴育水稻土	黄鸡粪土田	A	0—23	暗棕色	中壤土	核柱状	8.0	16.5	1.15	0.90	38.6	90		10.7	冲积物	E 100°34′55.6″ N 25°12′15.5″	76
						P	23—40	暗棕色	中壤土	棱柱状	8.0	16.6	1.11	1.10	25.7	100		12.6			
						3	40—80	暗黄棕色	中壤土	棱柱状	7.6	15.8			24.7			13.6			
						4	80—100	青灰色	中壤土	块状	7.8	47.3	1.00	0.74	15.0	202	0.3	34.3			
剖38	铁铝土	红壤		山棕红壤	山棕红砂土	A	0—17	浅灰色	黏壤土	棱柱状	7.0	12.3	0.70	0.35	22.2	60		29.3		E 100°37′56.3″ N 25°10′56.6″	81
						B	17—25	浅黄棕色	黏壤土	棱柱状	7.5	8.8	0.50	0.35	16.6	37		28.2			
						BC	25—57	棕色	中壤土	块状	8.0	24.7	1.45	2.30	10.7	98		36.9			
剖39	人为土	水稻土	淹育水稻土	红壤性淹育水稻土	红鸡粪土田	A	0—19	暗棕色	重壤土	小棱柱状	8.0	18.2	1.19	2.00	13.4	86		38.3		E 100°38′02.0″ N 25°09′53.3″	88
						P	19—28	棕色	重壤土	小棱柱状	8.0	11.7	0.80	1.30	12.2	55		43.3			
						3	28—74	暗棕色	重壤土	棱柱状	7.6	31.8	1.75	1.20	13.8	91		15.3			
剖40	人为土	水稻土	淹育水稻土	冲积性淹育水稻土	河砂田	1	0—23	紫灰色	重壤土	核柱状	8.0	24.5	1.43	1.20	15.0	84		10.4	冲积物	E 100°42′42.0″ N 25°07′29.9″	77
						2	23—34	紫灰色	重壤土	棱柱状	8.0	9.3	0.83	1.30	19.7	47		14.7			
						3	34—84	灰黄棕色	重壤土	小团块状	6.0	33.8	1.98	1.20	7.5	102		18.3			
剖41	人为土	水稻土		老冲积黄红壤	山砂田	P	0—22	暗黄棕色	中壤土	块状	5.2	16.0	1.01	1.50	6.0	53		17.6	老冲积物	E 100°43′29.4″ N 25°06′36.7″	98
						3	22—32	灰黄色	中壤土	块状	4.8	36.2	2.02	1.30	14.1	73		21.0			
剖42	铁铝土	红壤	黄红壤		瘦黄土	A	0—6	棕黄色	轻壤土		5.6	30.6	1.62	1.30	15.0	105		12.2		E 100°41′28.7″ N 25°03′56.9″	86
						AB	6—20	浅棕红色	轻壤土	粒状	6.0	6.9	0.88	1.10	14.4	52		8.8			
剖43	淋溶土	棕壤	棕壤	石灰岩棕壤		A	0—6	暗棕红色	重壤土	粒状	6.1	78.2	2.30	1.40	13.5	168		16.4	石灰岩	E 100°44′37.0″ N 24°54′48.2″	99
						AB	6—20	浅棕红色	轻壤土	粒状	6.1	36.2	1.55	1.40	15.0	102		13.2			
						B	20—60	暗棕红色	中黏土	粒状	5.9	13.7	0.85	1.20	16.3	62		10.8			

续表 Continued

剖面号 Soil profile	土纲 Soil order	土类 Soil great group	亚类 Soil subgroup	土属 Soil genus	土种 Soil species	土层码 Layer code	土层厚度 Depth/cm	颜色 Soil color	质地 Soil texture	土壤结构 Soil structure	pH	有机质 OM/(g/kg)	全氮 TN/(g/kg)	全磷 TP/(g/kg)	全钾 TK/(g/kg)	碱解氮 AN/(mg/kg)	有效磷 AP/(mg/kg)	阳离子交换量CEC/(cmol/kg)	土壤母质 Parent material	剖面点坐标 Profile coordinate	匹配指数 Matching index/%
剖44	初育土	紫色土				A	0—12	紫色	轻壤土	核状	5.2	14.0	0.43	0.20	10.0	44		1.3	紫红色砂岩、泥岩风化坡积物	E 100°40′15.8″ N 24°54′13.4″	72
						B	12—57	紫色	中壤土	小块状	5.2	7.0	0.35	2.70	13.8	40		3.8			
						C	57—80	紫色	中壤土	小块状	6.0		0.30	0.30	16.9	34		2.0			

南涧彝族自治县

主要土类说明

紫色土是南涧彝族自治县主要土壤类型，占本县地域面积的41%，主要分布在无量山以东的大部分区域。植被为常绿阔叶林或灌丛草地。成土母质为紫红色泥岩、页岩、砂页岩、砾岩以及少量的紫色片岩。成土过程以母岩的快速物理崩解、频繁侵蚀堆积以及碳酸钙的不断淋失作用为主，生物积累作用相对较弱。土壤具 A-C 剖面构型，剖面层次发育不明显，土层浅薄，pH 为 4.5—8.5，富含矿质养分，蓄水性差。本县紫色土分为酸性紫色土、中性紫色土、石灰性紫色土等亚类。酸性紫色土黏土矿物一般以蛭石和水云母为主，土壤偏酸，有机质和全氮含量高于其他亚类，全磷和全钾含量较低。中性紫色土黏土矿物以蛭石和水云母或蒙脱石和水云母为主，母岩中碳酸钙较少或在成土过程中已明显淋溶，土壤酸碱度适中，宜种性广。石灰性紫色土母岩以钙质紫色混合岩为主，黏土矿物以水云母或蒙脱石为主，有机质含量低，全磷和全钾含量高，pH 高于 7.5。

红壤是南涧彝族自治县第二大土壤类型，占本县地域面积的37%，本县各地均有分布。植被多为云南松林、疏林草地和以黄茅为主的灌丛草地。成土母质主要为第四纪红色黏土和石灰岩风化残积物。成土过程以脱硅富铝化和生物富集为主。本县红壤分为红壤、黄红壤、褐红壤等亚类。红壤亚类呈中度脱硅富铝化特征，具 A-Bs-Bv 或 A-Bs-C 剖面构型，土壤黏粒中游离铁占全铁的 50%—60%。黏粒硅铝率为 1.8—2.4，风化淋溶系数小于 0.2，盐基饱和度小于 35%，pH 为 4.5—5.5。淀积层可见深厚的红、黄、白相间的网纹状红色黏土。黄红壤分布在黄棕壤向红壤过渡的地带，有红壤的一定特性，也保持黄棕壤的部分特征。褐红壤分布在红壤向燥红土过渡的地带，大部分为南亚热带亚干旱气候条件下的黄茅草地或裸露地。

黄棕壤是南涧彝族自治县第三大土壤类型，占本县地域面积的16%，主要分布在海拔 2200m 以上的山区。植被是栎类阔叶林、华山松林、杜鹃灌丛和次生灌草丛。成土母质为板岩、黄紫色砂页岩和紫色砂页岩。成土过程受淋溶、黏化及弱富铝化作用的影响。受海拔和生物气候影响，土壤腐殖化作用、淋溶作用和水化作用同时存在，土壤呈微酸性或酸性，表土有机质较为丰富。由于土壤中有大量的水合氧化铁，土壤颜色偏黄。该土壤具 A-B-C 或 A-（B）-C 剖面构型，黏粒硅铝率在 2.5 左右，铁的游离度较红壤低，B 层交换性酸大于 A 层。土层深厚，淋溶作用明显，表土呈棕灰色，心土呈灰黄色或浅黄棕色，自然肥力较高。

小于本县地域面积 3% 的土壤类型有石灰（岩）土、燥红土、赤红壤、棕壤、水稻土和黄壤。

本区域中心区气候特征

本区域中心区气候特征值
Regional climate characteristics in central area of the region

气候带：南亚热带湿润气候 Climate region: South subtropical humid climate	
年平均气温 /℃ Annual average temperature /℃	15.9
年平均最高气温 /℃ Annual average maximum temperature /℃	22.4
年平均最低气温 /℃ Annual average minimum temperature /℃	11.0
年降水量 /mm Annual precipitation /mm	1076
≥10℃的积温 /℃ Daily temperature accumulated in a year（≥10℃）/℃	5801
年日照时数 /h Annual sunshine /h	2182
年平均相对湿度 /% Annual average relative humidity /%	71
干燥度 Dryness	0.91

本区域中心区月平均气温与月平均降水量
Monthly temperature and precipitation in central area of the region

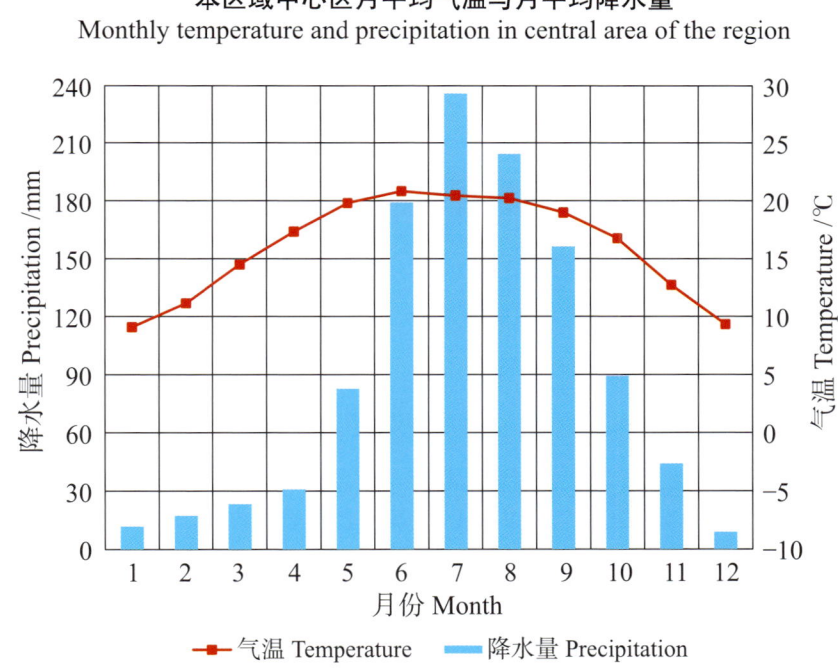

南涧彝族自治县主要土壤类型与土壤剖面点分布图

1:250 000

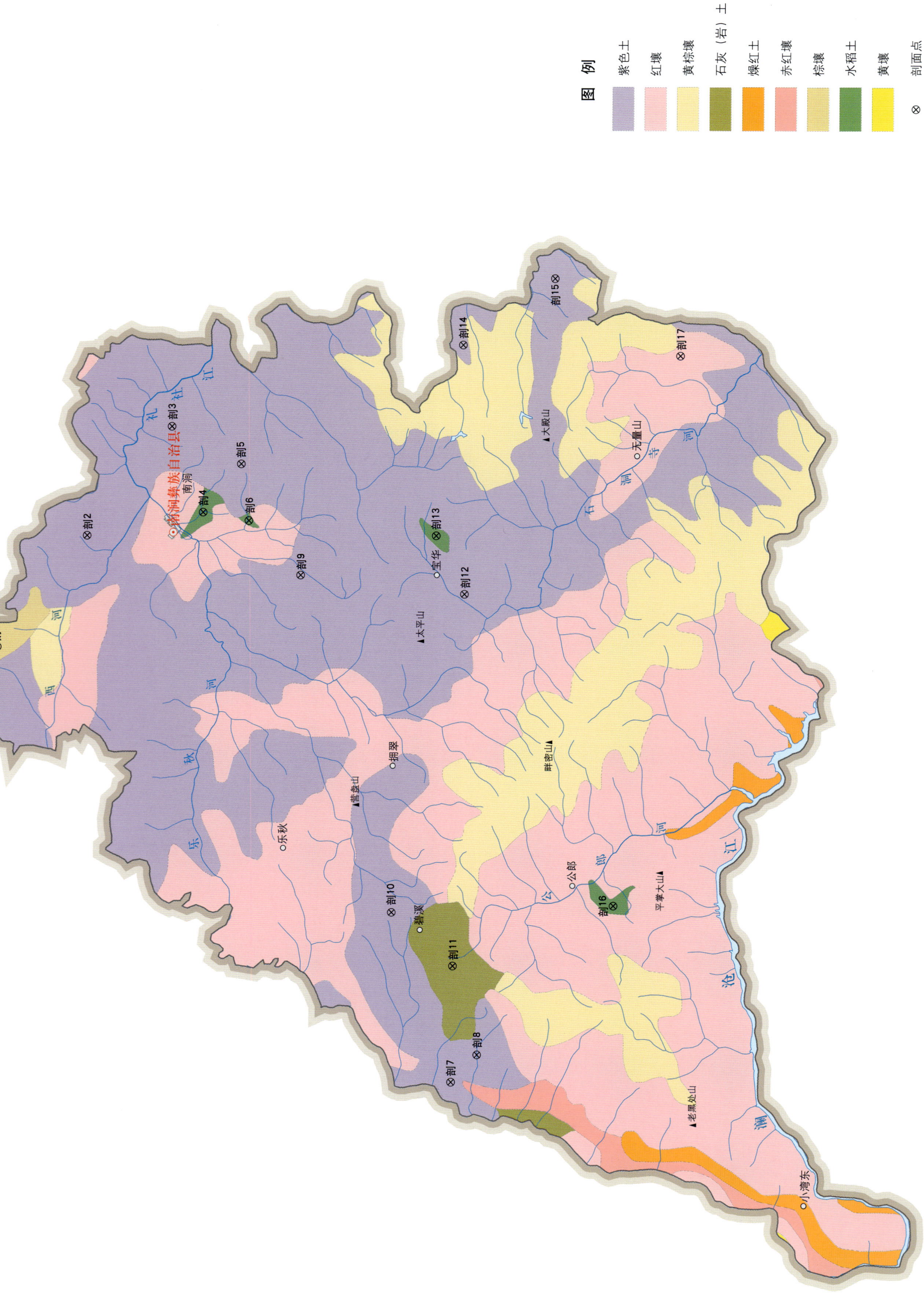

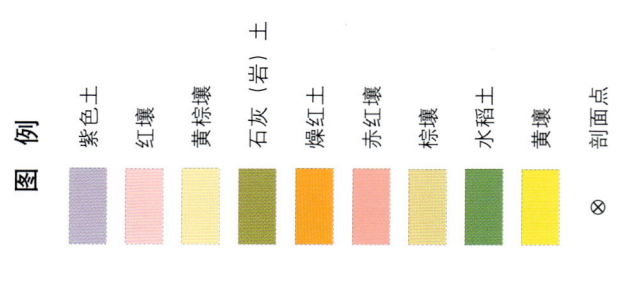

图例: 紫色土、红壤、黄棕壤、石灰(岩)土、燥红土、赤红壤、棕壤、水稻土、黄壤、剖面点

南涧彝族自治县土壤剖面理化性状表

剖面号 Soil profile	土纲 Soil order	土类 Soil great group	亚类 Soil subgroup	土属 Soil genus	土种 Soil species	土层码 Layer code	土层厚度 Depth/cm	颜色 Soil color	质地 Soil texture	土壤结构 Soil structure	pH	有机质 OM/(g/kg)	全氮 TN/(g/kg)	全磷 TP/(g/kg)	全钾 TK/(g/kg)	碱解氮 AN/(mg/kg)	阳离子交换量CEC/(cmol/kg)	土壤母质 Parent material	剖面点坐标 Profile coordinate	匹配指数 Matching index/%
剖1	淋溶土	棕壤	棕壤	紫色砂页岩棕壤		A	0—40	黑棕色	轻壤土	微团粒状	4.6	141.2	3.80	3.30	6.6	566	44.4		E 100°26′53.5″ N 25°08′16.4″	88
						AB	40—60	暗红棕色	粉砂质中壤	块状	4.8	48.8	1.40	1.70	9.6	189	21.9			
						B	60—120	红棕色	粉砂质中壤	块状	5.3	30.6	0.90	1.50	12.4	125	13.9			
						C	120—	紫棕色	粉砂质轻壤	砾石状	5.2	8.1	0.30	0.70	10.5	55	6.5			
剖2	初育土	紫色土	酸性紫色土	红紫泥土	红黄紫泥土	A	0—16	紫灰色	粉黏质轻黏土	团块状	6.9	40.0	1.30	1.40	13.8	179	14.6		E 100°30′40.3″ N 25°05′27.2″	94
						(B)	16—76	紫灰色	粉黏质重黏土	大块状	5.7	1.9	0.30	0.60	23.7	27	9.3			
						C	76—106	紫棕色	粉黏质中壤	大块状	6.2	2.9	0.20	0.40	14.3	21	9.1			
剖3	初育土	紫色土	石灰性紫色土	暗紫泥土		A	0—20	暗紫棕色	粉黏质轻黏土	块状	7.7	32.9	1.00	0.70	27.5	92	1.5		E 100°34′22.1″ N 25°02′47.0″	86
						(B)	20—90	暗紫色	粉黏质轻黏土	棱状	6.3	14.2	0.50	0.90	33.2	57	1.8			
						C	90—130	暗紫红色	中黏土	柱状	8.7	10.1	0.60		30.2	25	2.0			
剖4	人为土	水稻土	潜育水稻土	冲积性潜育水稻土	落河田	A	0—15	紫色	粉黏质轻黏土	团块状	8.6	25.4	1.20	1.80	28.8	95	14.9	冲积物	E 100°31′25.7″ N 25°01′49.8″	88
						Pg	15—100	紫色	粉黏质重壤	整块状	8.6	4.8	0.30	1.00	19.1	33	6.3			
剖5	初育土	紫色土	酸性紫色土	黄红紫泥土	黄羊肝土	A	0—20	紫灰色	粉黏质重壤	团粒状	6.5	45.4	1.50	2.20	21.4	223	12.2		E 100°33′04.0″ N 25°00′37.4″	80
						(B)	20—40	紫棕色	粉砂质中壤	棱块状	6.9	7.3	0.40	1.10	19.3	26	9.9			
剖6	人为土	水稻土	淹育水稻土	冲积性淹育水稻土	白砂泥田	A	0—15	浅灰色	粉砂质中壤	小块状	7.8	25.2	0.90	1.60	24.8	122	11.4		E 100°31′07.7″ N 25°00′23.8″	85
						B	15—75	灰灰色	轻壤土	块状	7.6	5.6	0.20	1.10	17.7	26	7.9			
						C	75—	浅灰色	砂质细砂土		7.8	3.5	0.10	1.50	8.4	15	2.8			
剖7	初育土	紫色土	酸性紫色土	红紫泥土	红羊肝土	A	0—20	紫色	壤质砂土	团粒状	6.8	19.4	0.90	0.70	6.0	97	5.9		E 100°11′57.2″ N 24°54′08.6″	70
						(B)	20—70	紫色	轻壤土	棱柱状	5.5	3.4	0.30	0.50	13.7	24	4.7			
						C	70—	紫色	轻壤土	棱柱状	5.1	1.2	0.20	0.40	9.9	25	4.7			
剖8	初育土	紫色土	石灰性紫色土	暗紫泥土		A	0—20	棕灰色	壤质砂土	粒状	7.3	24.1	0.90	0.90	23.1	95	7.5		E 100°12′52.2″ N 24°53′19.7″	96
						C_1	20—38	浅灰色	石状	板状	7.4	28.2	0.40	0.90	23.5	11	5.3			
						C_2	38—	浅灰色	壤质砂土	片状、粒状										
剖9	初育土	紫色土	酸性紫色土	红紫泥土	红羊肝土	A	0—15	紫色	粉砂质轻黏土	团块状	9.0	33.9	1.10	2.40	17.8	162	16.8		E 100°29′16.1″ N 24°58′47.6″	83
						(B)	15—55	暗紫色	粉黏质轻黏土	块状	7.6	17.5	0.70	1.20	16.7	94	13.0			
						C	55—85	白色	粗砂土	粒状	7.5	2.4	0.40	0.50	9.1	21	8.1			
剖10	初育土	紫色土	酸性紫色土	黄红紫泥土	棕紫泥土	A	0—20	紫色	壤质砂土	团粒状	6.0	47.0	1.10	1.60	36.3	53	11.6		E 100°17′44.9″ N 24°55′59.5″	92
						(B)	20—85	紫色	粉黏质重壤	粒状	5.1	7.1	1.10	1.30	45.5	24	20.2			
						C	85—105	紫色	粉黏质重壤	块状	5.2	4.7	0.60	1.00	41.6	17	16.2			
剖11	初育土	石灰(岩)土	黑色石灰土	黑泡土		Ao	0—10	紫色											E 100°15′54.4″ N 24°54′04.7″	99
						A	10—20	黑棕色	粉黏质重黏土	团粒状	7.5	75.2	2.30	2.40		269	33.0			
						AB	20—40	暗棕色	粉黏质黏土	块状	7.6	217.8	1.60	2.30	14.7	193	32.0			
						C	40—180	白色	粗砂土	粒状	8.9	20.1	0.10	0.40	1.3	9	2.8			
剖12	初育土	紫色土	酸性紫色土	黄红紫泥土	紫砂土	A	0—20	紫色	壤质砂土	团粒状	6.9	20.1	0.50	0.80	7.7	55	4.7		E 100°28′34.7″ N 24°53′40.9″	98
						(B)	20—60	紫色	壤质砂土	粒状	7.0	5.5	0.30	0.70	10.8	27	5.9			
						C	60—	紫色	壤质砂土	块状	6.8	5.2	2.30	1.70	11.1	24	5.8			
剖13	人为土	水稻土	淹育水稻土	冲积性淹育水稻土	白河砂田	A	0—14	灰白色	粉砂质轻壤土	粒状	8.2	12.4	0.50	1.20	17.3	68	6.8		E 100°30′33.8″ N 24°54′33.1″	71
						AE	14—40	浅灰色	细砂土		8.1	11.5	0.40	1.30	9.0	61				
						E	40—60	浅灰色		粒状			0.10							
						EC	60—90	灰白色	粉砂质轻壤土	粒状	8.1	1.3		1.30	11.9	18	1.7			
						C	90—	灰白色		粒状	8.2			0.40			3.2			

续表 Continued

剖面号 Soil profile	土纲 Soil order	土类 Soil great group	亚类 Soil subgroup	土属 Soil genus	土种 Soil species	土层码 Layer code	土层厚度 Depth/cm	颜色 Soil color	质地 Soil texture	土壤结构 Soil structure	pH	有机质 OM/(g/kg)	全氮 TN/(g/kg)	全磷 TP/(g/kg)	全钾 TK/(g/kg)	碱解氮 AN/(mg/kg)	阳离子交换量CEC/(cmol/kg)	土壤母质 Parent material	剖面点坐标 Profile coordinate	匹配指数 Matching index/%
剖14	初育土	紫色土	酸性紫色土	红紫泥土		A	0—10	紫色	粉砂质轻壤土	微团粒状	6.3	13.7	0.50	0.40	14.2	58	7.3		E 100°37′03.7″ N 24°53′40.5″	84
						AB	10—30	红紫色	粉砂质重壤土	核状	6.2	5.7	0.20	0.30	28.4	25	20.4			
						(B)	30—100	紫红色	粉砂质中壤土	核状	5.9	2.4	0.20	0.40	19.3	12	15.8			
						C	100—140	暗红紫色	粉砂质轻壤土		6.0	2.0	1.80	0.60	30.2	13	22.8			
剖15	初育土	紫色土	酸性紫色土	红紫泥土	红紫泥土	A	0—14	紫色	轻壤土	粒状	7.1	22.1	0.60	0.70	11.2	110	7.2		E 100°39′16.9″ N 24°50′47.4″	81
						C	14—84	紫棕色	粉砂质中壤土	块状	7.5	2.3	0.60	0.10	21.4	15	9.2			
剖16	人为土	水稻土	潜育水稻土	冲积性潜育水稻土	烂龙田	A	0—15	灰白色	壤质砂土	整块状	8.3	14.9	0.40	1.60	21.6	62	8.7	冲积物	E 100°17′56.0″ N 24°49′03.7″	100
						G	15—61	浅灰色	轻壤土	整块状	8.2	18.6	0.50	1.10	20.7	60	7.7			
						C	61—	浅灰色	细砂土		8.2	3.6	0.10	1.10	14.3	21	2.9			
剖17	铁铝土	红壤	黄红壤	砂岩黄红壤	香面土	A	0—20	浅黄棕色	粉砂质重壤土	团粒状	6.8	28.1	1.00	1.30	12.4	135	12.8	砂岩类	E 100°36′37.4″ N 24°46′53.8″	91
						B	20—50	紫棕色	重壤土	微团粒状	6.6	14.4	0.50	1.30	14.8	77	16.4			
						C	50—115	暗红棕色	粉砂质轻黏土	粒状	6.2	6.3	0.30	0.80	8.8	32	12.1			

巍山彝族回族自治县

主要土类说明

紫色土是巍山彝族回族自治县主要土壤类型，占本县地域面积的57%，分布在海拔1800—2600m的地区。植被多为由云南松、华山松和栎类组成的针阔叶混交林。成土母质在东山多为白垩系的紫红色砂岩、泥岩夹砾岩风化坡积物和残积物；在西山多为侏罗系的紫红色泥岩、紫色砂岩、白色砂岩、灰绿色泥岩、粉砂岩风化残积物和坡积物。成土过程以母岩的快速物理崩解、频繁侵蚀堆积以及碳酸钙的不断淋失作用为主，生物积累作用相对较弱。由于岩性土风化不彻底，土中常夹有碎石，有的为幼年土，多具A-C剖面构型，淋溶层厚10—25cm，B层厚30—60cm，C层厚15—46cm，pH为4.5—8.5，富含矿质养分，蓄水性差。本县紫色土分为酸性紫色土、中性紫色土、石灰性紫色土等亚类，自然土壤以酸性紫色土为主。

红壤是巍山彝族回族自治县第二大土壤类型，占本县地域面积的30%，主要分布在石灰岩地区。成土母质为三叠系的深灰色页岩、砂岩夹石灰岩风化坡积物和残积物。成土过程以脱硅富铝化和生物富集为主。红壤呈中度脱硅富铝化特征，具A-Bs-Bv或A-Bs-C剖面构型，土壤黏粒中游离铁占全铁的50%—60%。黏粒硅铝率为1.8—2.4，风化淋溶系数小于0.2，盐基饱和度小于35%。红壤具深厚的红色土层，淀积层可见深厚的红、黄、白相间的网纹状红色黏土。

水稻土是巍山彝族回族自治县第三大土壤类型，占本县地域面积的8%，分布在平坝或河谷平缓地区。水稻土在长期的季节性淹灌、水下翻耕、季节性脱水、氧化还原交替影响下，原来的成土母质或母土的特性发生重大改变，形成了不同的土体构型。本县水稻土分为淹育型、潴育型、潜育型等亚类。淹育水稻土多分布在坝区边缘、河谷冲积台地、丘陵中上部和洪积扇上部，多依赖自然降水，水耕熟化程度低，具A-P-C剖面构型。潴育水稻土多分布在坝区，水利条件好，水耕熟化程度高，层次分异明显，能灌能排，水旱轮作，具A-P-W-G-C或A-P-W-C剖面构型。潜育水稻土分布在坝区低洼处、冲积扇的潜流出水部位和山谷谷底，地下水位高，排水不良，具A-P-G或A-G剖面构型。

黄棕壤占本县地域面积的5%，主要分布在海拔2300—2700m的山区。植被主要为阔叶林或针阔叶混交林。成土母质多为砂页岩及花岗岩风化物。成土过程受淋溶、黏化及弱富铝化作用的影响。受海拔和生物气候影响，土壤腐殖化作用、淋溶作用和水化作用同时存在，土壤呈微酸性或酸性，表土有机质较为丰富。由于土壤中有大量的水合氧化铁，土壤颜色偏黄。

本区域中心区气候特征

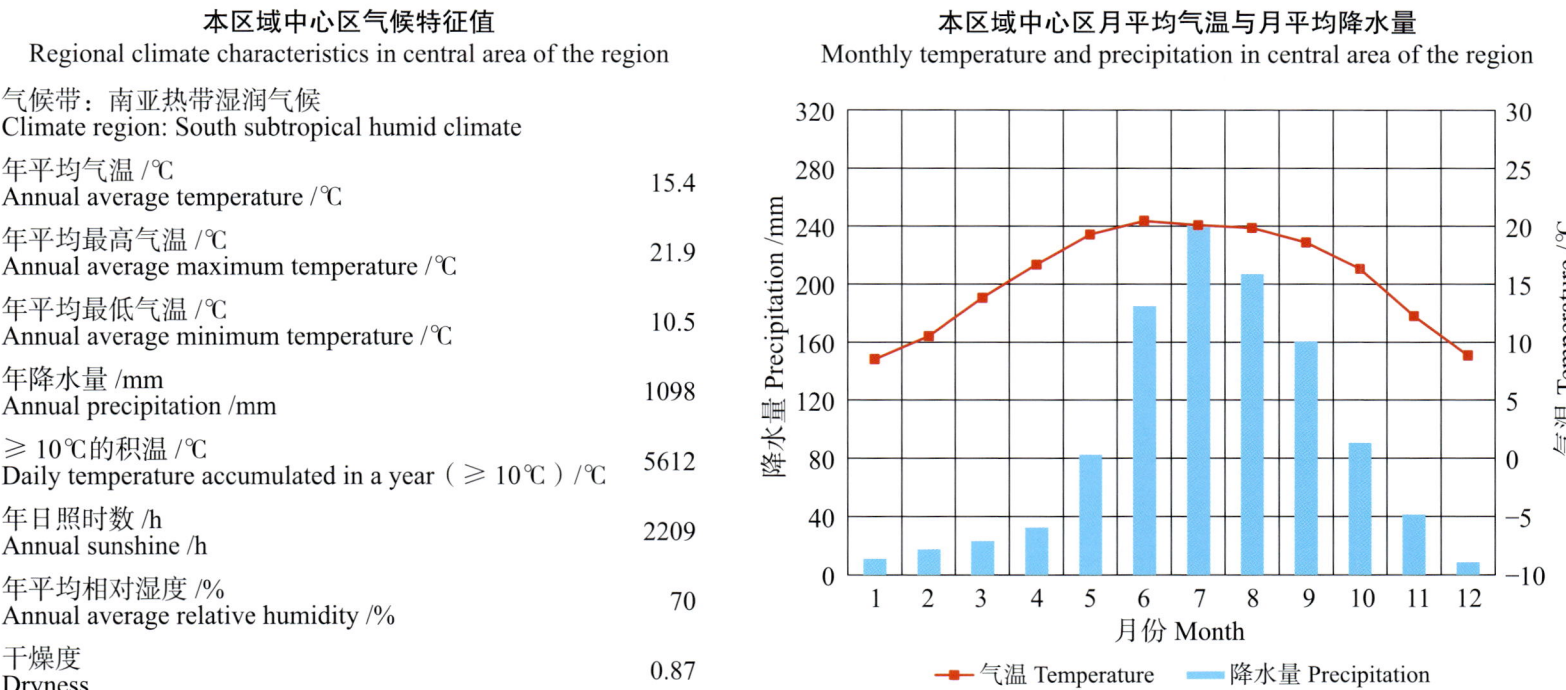

本区域中心区气候特征值
Regional climate characteristics in central area of the region

气候带：南亚热带湿润气候 Climate region: South subtropical humid climate	
年平均气温/℃ Annual average temperature /℃	15.4
年平均最高气温/℃ Annual average maximum temperature /℃	21.9
年平均最低气温/℃ Annual average minimum temperature /℃	10.5
年降水量/mm Annual precipitation /mm	1098
≥10℃的积温/℃ Daily temperature accumulated in a year (≥10℃) /℃	5612
年日照时数/h Annual sunshine /h	2209
年平均相对湿度/% Annual average relative humidity /%	70
干燥度 Dryness	0.87

本区域中心区月平均气温与月平均降水量
Monthly temperature and precipitation in central area of the region

巍山彝族回族自治县主要土壤类型与土壤剖面点分布图
1 : 230 000

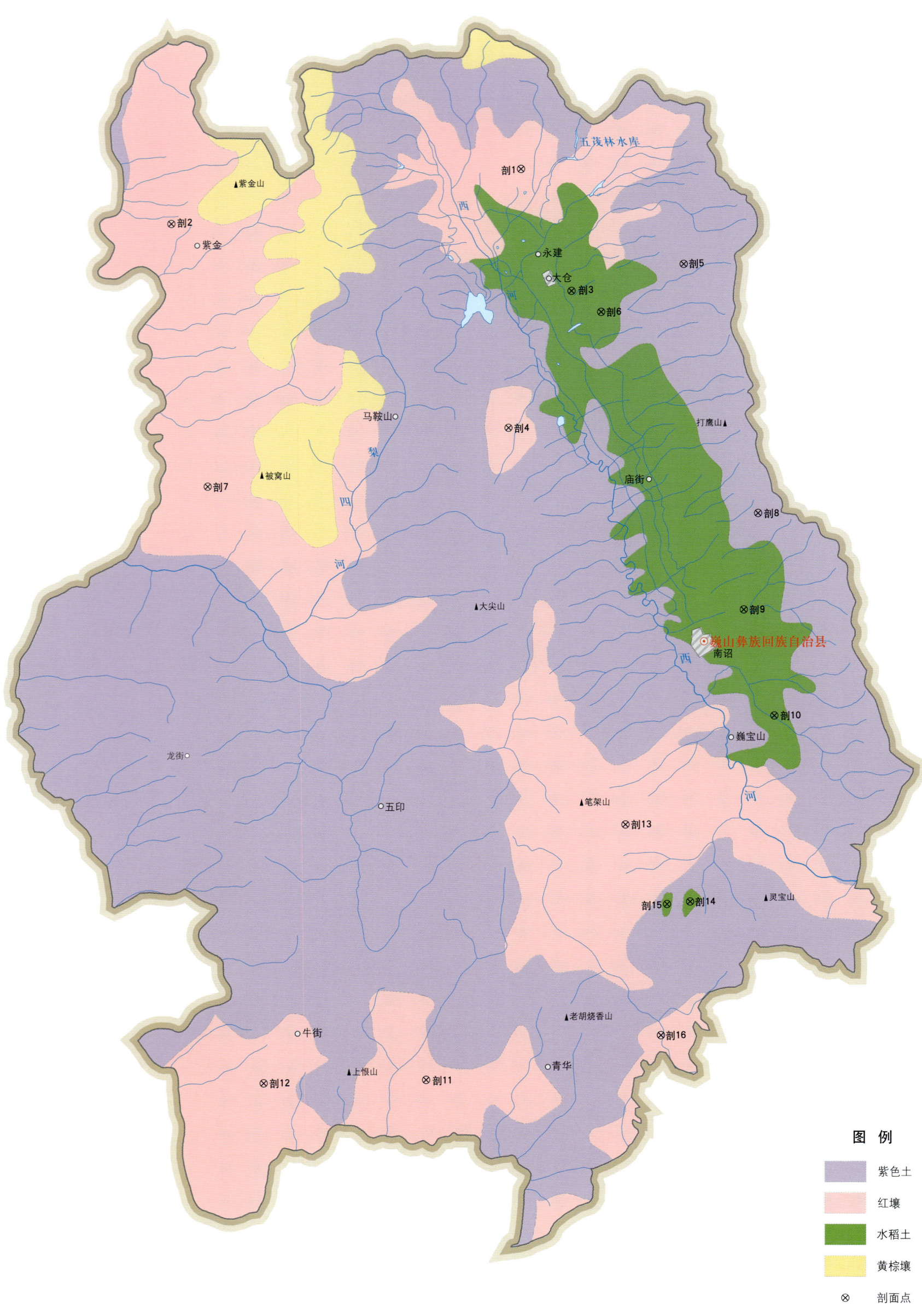

巍山彝族回族自治县土壤剖面理化性状表

剖面号 Soil profile	土纲 Soil order	土类 Soil great group	亚类 Soil subgroup	土属 Soil genus	土种 Soil species	土层码 Layer code	土层厚度 Depth/cm	颜色 Soil color	质地 Soil texture	土壤结构 Soil structure	pH	有机质 OM/(g/kg)	全氮 TN/(g/kg)	全磷 TP/(g/kg)	全钾 TK/(g/kg)	碱解氮 AN/(mg/kg)	有效磷 AP/(mg/kg)	阳离子交换量CEC/(cmol/kg)	土壤母质 Parent material	剖面点坐标 Profile coordinate	匹配指数 Matching index/%
剖1	铁铝土	红壤	黄红壤	石灰岩类黄红壤	鸡粪土	A	0—16	灰黑色	重壤土	团粒状	6.0	74.6	3.67	3.07	26.4	312		20.4	石灰岩	E 100° 12′ 28.8″ N 25° 28′ 08.8″	72
						B	16—45	红棕色	轻壤土	粒状	5.7	57.2	2.86	3.71	22.2	253		19.1			
						C	45—100			块状	5.8	58.0	1.24	2.50	23.8	98		13.6			
剖2	铁铝土	红壤	黄红壤	酸性岩类黄红壤	黄胶泥	A	0—16	黄色	中壤土	块状	7.8	39.9	2.28	1.07	33.8	168		14.7	酸性母岩	E 100° 00′ 51.3″ N 25° 26′ 36.8″	100
						B	16—45		重黏土	柱状	7.5	6.9	0.95	0.55	36.2	28		11.1			
						C	45—100	灰色	中壤土	柱状	7.4	3.9	0.80	0.56	40.8	14		10.1			
剖3	人为土	水稻土	潴育水稻土	紫色冲积物性潴育水稻土	砂泥田	A	0—20	暗棕色	轻壤土	团粒状	7.1	32.7	1.62	2.34	25.6	158		14.8	冲积物	E 100° 14′ 06.8″ N 25° 24′ 28.1″	71
						Pb	20—47	栗色			7.4	18.0	0.78	2.56	25.8	92		12.2			
						P	47—90	深棕色		粒状	7.7	10.9	0.54	2.63	24.4	69		13.0			
剖4	铁铝土	红壤	黄红壤	酸性岩类黄红壤	红砂泥	A	0—18	褐色	重壤土	团粒状	6.4	77.5	3.67	2.62	30.7	296		16.0		E 100° 11′ 58.6″ N 25° 20′ 23.6″	74
						B	18—48	棕黄色		块状	6.2	39.4	2.37	1.88	31.2	195		12.0			
						C	48—85		轻壤土	粒状	5.6	38.0	2.11	1.93	30.0	150		11.1			
剖5	初育土	紫色土	酸性紫色土	红紫泥	黄紫砂土	A	0—17	浅灰色	砂壤土	团粒状	5.9	12.4	1.35		21.5	33		8.2		E 100° 17′ 51.0″ N 25° 25′ 13.4″	96
						B	17—60		中壤土	块状	6.3	20.0	1.43		19.5	19		7.9			
						C	60—100	灰白色			5.8	9.5	1.23		21.0	18		8.5			
剖6	人为土	水稻土	淹育水稻土	残积坡积物性淹育水稻土	浅紫砂田	A	0—13	紫色	轻壤土	块状	6.1	46.3	1.33	1.20	23.5	140		65.8	残积物、坡积物	E 100° 15′ 05.4″ N 25° 23′ 49.6″	80
						Pb	13—21				7.6	27.1	1.12	1.20	24.2	130		9.6			
						P	21—64		黏土	棱状	8.2	22.8	0.57	1.01	23.2	56		6.6			
剖7	铁铝土	红壤	黄红壤			A	0—10	浅棕色	中壤土		5.7	5.3	1.25	2.03	25.9	202		15.6		E 100° 01′ 59.2″ N 25° 18′ 43.2″	98
						B	10—49			块状	5.9	12.8	1.14	1.73	25.3	188		14.5			
						C	49—141				5.8	6.9	0.96	1.43	26.5	205		14.1			
剖8	初育土	紫色土	酸性紫色土	黄紫泥	黄紫泥	A	0—25	灰黄色	砂质壤土	粒状	5.9	20.2	0.98	0.83	13.2	95	2.9	6.7		E 100° 20′ 13.8″ N 25° 17′ 44.4″	89
						C1	25—55	褐色	砂质黏土	块状	5.2	10.0	0.58	0.77	19.8	49	2.3	6.8			
						C2	55—100	红棕色	砂质黏壤土	块状	5.0	7.6	0.44	0.73	20.6	40	4.5	8.4			
剖9	人为土	水稻土	潴育水稻土	紫色冲积物性潴育水稻土	灰紫砂泥田	A	0—18	棕黄色	轻壤土	块状	8.0	27.6	1.07	0.78	10.2	156		9.9		E 100° 19′ 43.3″ N 25° 14′ 52.1″	85
						Pb	18—44		重壤土		8.1	19.8	0.85	0.62	12.3	98		9.5			
						P	44—122				8.2	8.3	0.84	4.20	16.7	27		8.7			
剖10	人为土	水稻土	淹育水稻土	紫色冲积物性淹育水稻土	紫黄泥田	A	0—20	棕黄色	重壤土	块状	6.6	28.4	1.59	1.36	14.2	135		7.2	残积物、坡积物	E 100° 20′ 41.6″ N 25° 11′ 40.6″	95
						Pb	20—30	棕色	中壤土	柱状	7.7	9.0	0.47	1.08	15.3	64		5.3			
						P	30—87	棕色	重壤土		7.9	5.1	0.29	1.08	15.3	39		5.5			
剖11	铁铝土	红壤	黄红壤	酸性岩类黄红壤	大红土	A	0—18	棕红色	中壤土	粒状	5.2	20.7	0.97	2.28	12.2	125		12.8		E 100° 09′ 03.7″ N 25° 00′ 52.2″	98
						B	18—56	黄灰色		粒状	4.7	11.9	0.63	2.07	12.3	60		11.9			
						C	56—85	灰棕色		块状	5.1	5.5	0.26	2.49	15.4	35		7.1			
剖12	铁铝土	红壤	黄红壤	酸性岩类黄红壤	黄泥土	A	0—15	白色	中壤土	粒状	5.9	20.2	1.04	1.31	27.2	106		14.4		E 100° 03′ 41.4″ N 25° 08′ 48.6″	72
						B	15—80	浅红色	重黏土	柱状	6.6	13.1	0.69	1.16	28.6	97		15.6			
						C	80—105	紫红色	重壤土	块状	5.0	5.9	0.56	0.85	34.7	64		19.7			
剖13	铁铝土	红壤	黄红壤			A	0—14	紫红色	中壤土	粒状	4.6	9.8	0.48	0.47	13.5	38		68.1		E 100° 15′ 43.6″ N 25° 08′ 28.0″	79
						B	14—100	紫色	重壤土	块状	4.3	8.0	0.49	0.50	14.5	45		6.3			
剖14	人为土	水稻土	淹育水稻土	紫色冲积物性淹育水稻土	红泥土田	A	0—20	紫棕色	重壤土	柱状	8.2	21.1	0.85	1.10	20.6	100		8.7		E 100° 17′ 51.0″ N 25° 06′ 06.8″	75
						Pb	20—50	暗棕色			8.3	18.9	0.78	1.00	19.6	89		8.6			
						P	50—100				8.4	11.5	0.42	0.99	21.1	60		8.7			

续表 Continued

剖面号 Soil profile	土纲 Soil order	土类 Soil great group	亚类 Soil subgroup	土属 Soil genus	土种 Soil species	土层码 Layer code	土层厚度 Depth/cm	颜色 Soil color	质地 Soil texture	土壤结构 Soil structure	pH	有机质 OM/(g/kg)	全氮 TN/(g/kg)	全磷 TP/(g/kg)	全钾 TK/(g/kg)	碱解氮 AN/(mg/kg)	有效磷 AP/(mg/kg)	阳离子交换量CEC/(cmol/kg)	土壤母质 Parent material	剖面点坐标 Profile coordinate	匹配指数 Matching index/%
剖15	人为土	水稻土	淹育水稻土	紫色冲积性淹育水稻土	红砂田	A	0—15	紫棕色	中壤土	团粒状	7.8	12.7	0.71	1.03	22.5	77		5.4		E 100°17′04.9″ N 25°06′02.9″	95
						Pb	15—24			块状	8.2	10.2	0.58	9.70	20.5	46		5.2			
						P	24—69		轻壤土		8.4	4.3	0.23	0.70	16.1	12		4.1			
剖16	铁铝土	红壤	黄红壤	酸性岩类黄红壤	黄红土	A	0—16	黄褐色		团粒状	6.8	39.8	2.07	2.26	30.7	147		15.2	酸性母岩	E 100°16′50.2″ N 25°02′07.8″	92
						B	16—55	黑灰色		块状	7.0	19.5	1.16	1.82	29.2	77		13.5			
						C	55—100	黄褐色			7.0	17.7	1.11	1.78	29.6	72		13.2			

永 平 县

主要土类说明

紫色土是永平县主要土壤类型，占本县地域面积的58%，分布在海拔2300m以下的平缓岗地和低平槽谷。植被为常绿阔叶林或灌丛草地。成土母质为紫色泥岩和砂页岩。成土过程以母岩的快速物理崩解、频繁侵蚀堆积以及碳酸钙的不断淋失作用为主，生物积累作用相对较弱。土壤具A-C剖面构型，剖面层次发育不明显，土层浅薄，pH为4.5—8.5，富含矿质养分，蓄水性差。本县紫色土分为酸性紫色土、中性紫色土、石灰性紫色土等亚类。酸性紫色土黏土矿物一般以蛭石和水云母为主，土壤偏酸，有机质和全氮含量高于其他亚类，全磷和全钾含量较低。中性紫色土黏土矿物以蛭石和水云母或蒙脱石和水云母为主，母岩中碳酸钙较少或在成土过程中已明显淋溶，土壤酸碱度适中，宜种性广。石灰性紫色土母岩以钙质紫色混合岩为主，黏土矿物以水云母或蒙脱石为主，有机质含量低，全磷和全钾含量高，pH高于7.5。

红壤是永平县第二大土壤类型，占本县地域面积的25%，本县各地均有分布。植被主要为常绿阔叶林等。成土母质主要为第四纪红色黏土和石灰岩风化残积物。成土过程以脱硅富铝化和生物富集为主。土体深厚，剖面层次发育完整。本县红壤分为红壤、黄红壤、红壤性土等亚类。红壤亚类呈中度脱硅富铝化特征，具A-Bs-Bv或A-Bs-C剖面构型。黏土矿物以高岭石、赤铁矿为主，黏粒硅铝率为1.8—2.4，风化淋溶系数小于0.2，盐基饱和度小于35%，pH为4.5—5.5。淀积层可见深厚的红、黄、白相间的网纹状红色黏土。黄红壤是红壤向黄壤过渡的土壤类型，所处区域水分条件较优，土体上部有黄化现象，以黄橙色或橙色为主，下部仍以高岭石为主，伴有蛭石和三水铝石。红壤性土属于剖面发育差的幼年红壤，分布在红壤区的山地陡峭地段。其土壤侵蚀严重，心土和底土裸露地表，石砾多，质地偏砂，有机质和速效养分缺乏。

黄棕壤是永平县第三大土壤类型，占本县地域面积的13%，分布在海拔2300—2700m的山区。植被主要为阔叶林或针阔叶混交林。成土母质多为砂页岩及花岗岩风化物。成土过程受淋溶、黏化及弱富铝化作用的影响。受海拔和生物气候影响，土壤腐殖化作用、淋溶作用和水化作用同时存在，土壤呈微酸性或酸性，表土有机质较为丰富。由于土壤中有大量的水合氧化铁，土壤颜色偏黄。该土壤具A-B-C或A-（B）-C剖面构型，黏粒硅铝率在2.5左右，铁的游离度较红壤低，B层交换性酸大于A层。土层深厚，淋溶作用明显，表土呈棕灰色，心土呈灰黄色或浅黄棕色，自然肥力较高。

小于本县地域面积3%的土壤类型有水稻土、石灰（岩）土和棕壤。

本区域中心区气候特征

本区域中心区气候特征值 Regional climate characteristics in central area of the region	
气候带：中亚热带湿润气候 Climate region: Subtropical humid climate	
年平均气温 /℃ Annual average temperature /℃	15.0
年平均最高气温 /℃ Annual average maximum temperature /℃	21.4
年平均最低气温 /℃ Annual average minimum temperature /℃	10.1
年降水量 /mm Annual precipitation /mm	1185
≥10℃的积温 /℃ Daily temperature accumulated in a year (≥10℃) /℃	5474
年日照时数 /h Annual sunshine /h	2194
年平均相对湿度 /% Annual average relative humidity /%	71
干燥度 Dryness	0.78

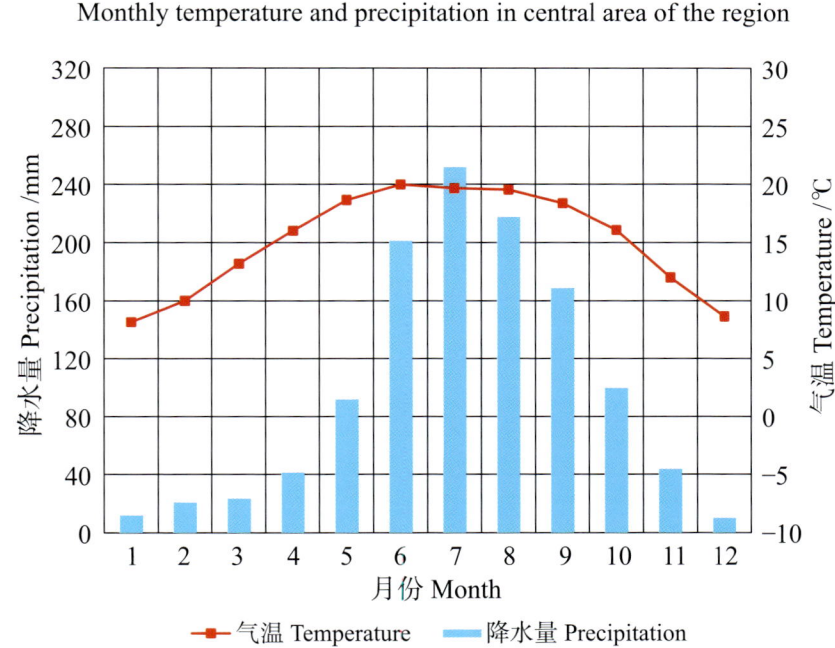

本区域中心区月平均气温与月平均降水量
Monthly temperature and precipitation in central area of the region

永平县主要土壤类型与土壤剖面点分布图
1：290 000

永平县土壤剖面理化性状表

剖面号 Soil profile	土纲 Soil order	土类 Soil great group	亚类 Soil subgroup	土属 Soil genus	土种 Soil species	土层码 Layer code	土层厚度 Depth/cm	颜色 Soil color	质地 Soil texture	土壤结构 Soil structure	pH	有机质 OM/(g/kg)	全氮 TN/(g/kg)	全磷 TP/(g/kg)	全钾 TK/(g/kg)	碱解氮 AN/(mg/kg)	有效磷 AP/(mg/kg)	土壤母质 Parent material	剖面点坐标 Profile coordinate	匹配指数 Matching index/%
剖1	淋溶土	棕壤	棕壤	砂岩类棕壤	黑香面土	A₁	0~7	暗棕色	粉砂质中壤土	粒状	4.6	122.4	3.27	1.37	6.1	225		紫色砂岩残积物	E 99°31′20.7″ N 25°42′34.5″	96
						A	7~15	浅黄棕色	粉砂质中壤土	粒状	5.3	55.4	1.51	1.17	9.4	153				
						C₁	15~23	紫灰色	砂土	粒状										
						C₂	23~51	紫灰色	砂土	粒状										
剖2	铁铝土	红壤	黄红壤	酸褐岩类黄红壤		A	0~23	灰棕色	粉砂质中壤土	团粒状	5.7	89.7	4.29	4.25	13.7	318		黄色砂岩坡积物	E 99°23′23.4″ N 25°31′19.4″	95
						B	23~70	棕灰色	块状	块状	5.6	81.9	2.91	3.18	13.2	149				
						C	70~100	棕灰色	中壤土	块状										
剖3	淋溶土	黄棕壤	黄棕壤	泥质岩类黄棕壤	紫红胶泥田	A	0~11	黑褐色	粉砂质重壤土	核块状	5.1	138.2	5.47	3.55	17.6	262		石灰岩坡积物	E 99°32′39.1″ N 25°35′49.9″	87
						B₁	11~34	暗棕色	粉砂质重壤土	核状	4.9	91.6	4.09	3.87	18.9	257				
						B₂	34~57	灰棕色	粉砂质重壤土	核状	5.1	57.8	2.49	3.29	22.6	169				
						C	57~85	灰黄色	重黏土	核状										
剖4	人为土	水稻土	淹育水稻土	棕褐紫泥田		A	0~18	紫灰色	轻黏土	团块状	6.5	39.9	2.31	1.36	23.7	170			E 99°22′27.1″ N 25°29′00.6″	85
						B	18~29	紫棕色	轻黏土	核柱状	7.3	22.1	1.56	1.09	25.2	108				
							29~53	紫灰色	粉黏质轻壤土	核柱状	7.1	11.0	0.87	1.03	24.3	51				
							53~100	浅红黄色	黏土	核柱状										
剖5	铁铝土	红壤	黄红壤	酸性岩类黄红壤	黑砂土	A	0~16	暗棕灰色	粉砂质中壤土	小核状	8.0	19.3	1.02	0.79	15.5	75		黄色砂岩坡积物	E 99°28′48.6″ N 25°25′14.7″	72
						P	16~32	暗棕色	粉砂质中壤土	核状	8.2	29.2	1.03	0.68	11.6	63				
						C₁	32~61	黑棕色	粉砂质中壤土	核状	8.4	29.9	0.88	0.63	10.6	49				
						C₂	61~110	黑色	粉砂质中壤土	核状	8.2	19.0	0.88	0.65	16.2	58				
剖6	人为土	水稻土	淹育水稻土	棕褐紫泥田	黄砂泥田	A	0~16	紫色	粉砂质中壤土	团块状	5.0	14.9	0.95	0.53	14.4	86			E 99°27′46.4″ N 25°23′33.0″	93
						P	16~23	暗棕色	粉砂质中壤土	核状	5.4	13.6	0.86	0.86	16.5	75				
						B	23~54	紫色	粉砂质中壤土	核柱状	7.1	6.7	0.75	0.75	17.8	33				
						C	54~100	红橙色	粉黏质重壤土	团块状										
剖7	铁铝土	红壤	红壤	酸性岩类红壤		A	0~22	栗色	粉黏质重壤土	团块状	5.3	16.3	0.96	0.38	15.0	74		黄色砂岩坡积物	E 99°22′08.3″ N 25°23′28.8″	100
						B	22~69	浅棕红色	轻壤土	核柱状	5.1	10.7	0.74	0.40	17.8	52				
						C	69~100	暗棕红色	轻壤土	粒状										
剖8	铁铝土	红壤	黄红壤	酸性岩类黄红壤	黄灰土	A	0~16	暗棕灰色	轻壤土	粒状	5.4	62.2	2.99	2.84	22.9	181		泥岩、板岩、黄色细砂岩坡积物	E 99°27′43.6″ N 25°22′30.4″	97
						P	16~46	褐色	轻壤土	核柱状	5.2	43.5	8.10	2.87	23.6	138				
						C	46~84	灰黄色	轻壤土	柱状										
剖9	初育土	石灰（岩）土	红色石灰土	红泡土		A₁	0~2	黑棕色	粉砂质轻壤土	粒状	6.2	52.8	2.43	2.15	18.4	149		石灰岩坡积物	E 99°19′08.8″ N 25°20′32.3″	79
						A	2~10	暗棕色	粉砂质轻壤土	核状	6.8	27.3	1.54	1.85	17.0	88				
						C	10~90	暗红色	斜土	块状										
剖10	人为土	水稻土	潴育水稻土	冲积性潴育水稻土	紫胶泥田	A	0~13	紫色	轻黏土	团块状	5.2	28.8	1.44	1.19	23.8	111			E 99°32′03.1″ N 25°27′03.6″	70
						P	13~24	紫色	粉砂质轻壤土	核柱状	7.1	26.4	1.24	1.25	23.9	76				
						W	24~52	紫色	粉砂质轻壤土	柱状	7.2	15.4	0.84	1.16	22.7	55				
						C	52~100	紫灰棕色	砂土	粒状										
剖11	淋溶土	黄棕壤	黄棕壤	泥质岩类黄棕壤	栗色灰泡土	A	0~20	暗黄棕色	粉砂质中壤土	团块状	5.4	100.6	3.85	1.38	15.5	273			E 99°42′24.3″ N 25°20′37.9″	98
						B	20~29	暗黄棕色	粉砂质重壤土	核柱状	5.7	80.0	3.09	1.27	14.0	201				
						C₁	29~54	栗色	轻壤土	核状										
						C₂	54~69	褐色	中壤土	小核状										

续表 Continued

剖面号 Soil profile	土纲 Soil order	土类 Soil great group	亚类 Soil subgroup	土属 Soil genus	土种 Soil species	土层代码 Layer code	土层厚度 Depth/cm	颜色 Soil color	质地 Soil texture	土壤结构 Soil structure	pH	有机质 OM/(g/kg)	全氮 TN/(g/kg)	全磷 TP/(g/kg)	全钾 TK/(g/kg)	碱解氮 AN/(mg/kg)	有效磷 AP/(mg/kg)	土壤母质 Parent material	剖面点坐标 Profile coordinate	匹配指数 Matching index/%
剖12	人为土	水稻土	淹育水稻土	黄红紫泥淹育水稻土	黄紫泥田	A	0—16	紫色	粉砂质轻壤土	核状	5.4	27.6	1.59	0.52	6.1	129		紫红色砂岩夹黄色砂岩坡积物	E 99°24′44.3″ N 25°17′45.2″	94
						P	16—21	褐色	粉砂质轻壤土	块状	6.5	17.9	0.63	0.57	6.2	88				
						W	21—35	棕灰色	粉砂质中壤土	棱柱状	7.2	10.3	1.10	0.75	7.0	47				
						C	35—45	褐色	粉砂质中壤土	棱柱状	7.1	12.2	0.87	0.54	6.8	71				
						5	45—	浅黄色	黏土	粒状										
剖13	铁铝土	红壤	黄红壤	酸性岩类黄红壤	白砂土	A	0—14	灰白色	粉砂质轻黏土	团粒状	5.4	10.4	0.80	1.03	46.9	73			E 99°25′39.4″ N 25°14′45.2″	93
						B	14—47	灰зав色	粉砂质轻壤土	粒状	5.7	11.3	0.77	0.68	49.9	22				
						C	47—100	白色	砂壤土	粒状										
剖14	初育土	紫色土	酸性紫色土	黄紫泥	羊毛砂土	A	0—14	棕灰色	壤土	核状	5.3	16.4	0.95	0.19	8.8	76	5.6		E 99°32′15.0″ N 25°18′56.2″	72
						C_1	14—48	紫色	壤土	块状	5.1	4.1	0.32	0.16	7.5	16	3.9			
						C_2	48—82	紫棕色	黏壤土	粒状	4.6	2.9	0.32	0.17	9.4	16	6.2			
剖15	铁铝土	红壤	黄红壤	酸性岩类黄红壤	黄泡土	A	0—17	褐色	重壤土	核状	5.3	40.4	1.72	3.99	20.3	156		黄色砂岩坡积物	E 99°40′29.1″ N 25°11′02.9″	82
						B	17—39	棕色	粉黏质轻黏土	核状	5.2	20.2	0.94	3.70	18.6	85				
						C_1	39—68	浅棕色	重壤土	核状										
						C_2	68—100	浅棕色	重壤土	核状										
剖16	铁铝土	红壤	黄红壤	酸性岩类黄红壤			B	0—11	棕灰色	重壤土	核状	5.0	93.8	2.69	0.77	23.5	201		灰色、紫色页岩坡积物	E 99°35′03.2″ N 25°11′02.3″	94
						BC	11—36	浅棕黄色	粉砂质重壤土	块状	5.3	10.9	0.71	0.73	30.0	44				
						C	36—61	灰白色	粉砂质中壤土	粒状	5.6	1.5	0.15	0.46	14.2	17				
							61—87	灰白色	砂壤土	粒状										
剖17	铁铝土	红壤	黄红壤	酸性岩类黄红壤	黑土	A	0—18	黑褐色	粉砂质中壤土	粒状	5.1	222.1	7.43	1.48	15.9	426		酸性母岩	E 99°39′15.8″ N 25°06′11.7″	77
						B	18—24	黑色	粉黏质轻黏土	粒状	5.5	155.2	2.89	0.98	23.6	157				
						Bg	24—34	暗灰色	黏壤土	核状										

云 龙 县

主要土类说明

紫色土是云龙县主要土壤类型，占本县地域面积的31%，分布在海拔1300—2700m的澜沧江以东地区。植被以云南松疏幼林为主，并间有松栎混交灌木等。成土母质为紫色砂岩和泥岩风化物。成土过程以母岩的快速物理崩解、频繁侵蚀堆积以及碳酸钙的不断淋失作用为主，生物积累作用相对较弱。土壤具A-C剖面构型，剖面层次发育不明显，土层浅薄，土体风化度较低。

黄棕壤是云龙县第二大土壤类型，占本县地域面积的27%，广泛分布在本县各地，分布海拔澜沧江以东为2700—3000m，澜沧江以西为2300—2700m。该区域气候凉爽，雨量充沛，湿度较大。植被生长茂密，多为针阔叶混交林。成土母质为紫红色砂岩、泥岩、变质岩、千枚岩、石灰岩和花岗岩。成土过程以脱硅富铝化、生物富集和黄化过程为主。黄棕壤具A-B-C剖面构型。A层一般厚10cm以上，呈暗黄色，质地多为轻壤土，有机质丰富。B层多呈黄棕色，质地为轻壤土至中壤土，有机质丰富，pH一般在5.5左右。

棕壤是云龙县第三大土壤类型，占本县地域面积的16%，分布在海拔2300—3000m的山地。植被以湿性常绿阔叶林和针阔叶混交林为主。成土母质以紫色岩类、酸性结晶岩类、基性结晶岩类和碳酸岩类风化物为主。成土过程以淋溶过程、黏化过程和生物富集过程为主。其指示性黏土矿物以水云母和蛭石为主。一般土体较厚，具O-A-Bt-C剖面构型，表土呈暗棕色。

红壤占本县地域面积的13%，主要分布在功果桥、苗尾、团结、民建等地的海拔2100m以下的地区。植被多为云南松、灌木、蕨类等。成土母质为砂泥岩、石灰岩、千枚岩、花岗岩等。红壤具A-Bs-Bv或A-Bs-C剖面构型，有厚1m以上的红色黏土层。全剖面呈酸性，pH为4.0—5.8，为团块状或棱柱状结构，质地为轻壤土至中壤土。一般表土呈暗棕色，心土和底土呈暗棕红色和棕红色。

暗棕壤占本县地域面积的6%，分布在海拔3000—3700m的高山地区。成土过程主要为腐殖质积累、淋溶黏化、白浆化、潜育化等过程。

黄壤占本县地域面积的4%，分布在海拔1640—2300m的地区。植被为云南松疏幼林、次生栎类、杜鹃等。成土母质为石灰岩、白云岩、花岗岩、片麻岩等。土层较深厚，具O-A-AB-B-C剖面构型。发育在粗粒结晶岩上的黄壤，多为均一的细粒状结构，质地多为轻壤土和砂壤土，物理性状良好。

小于本县地域面积3%的土壤类型有棕色针叶林土、水稻土、黑毡土和燥红土。

本区域中心区气候特征

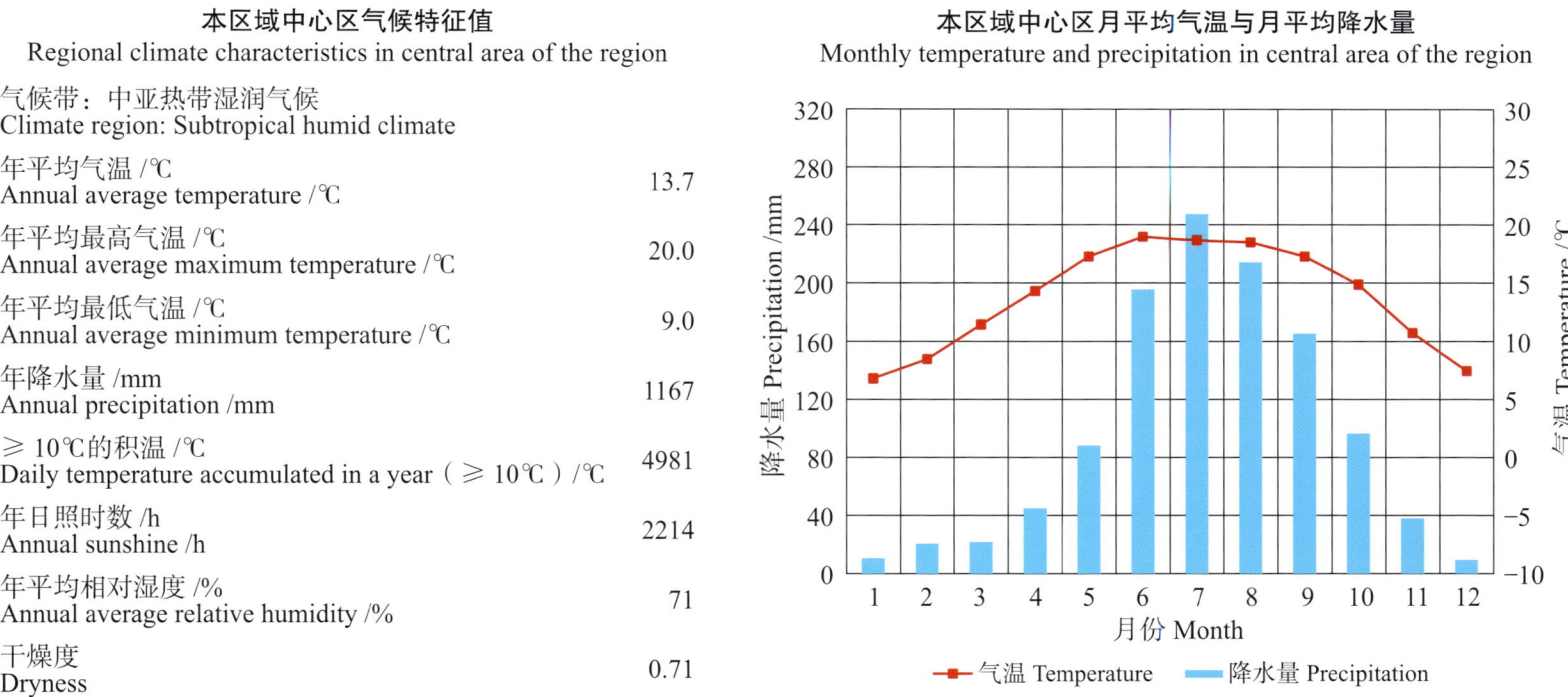

云龙县主要土壤类型与土壤剖面点分布图
1∶400 000

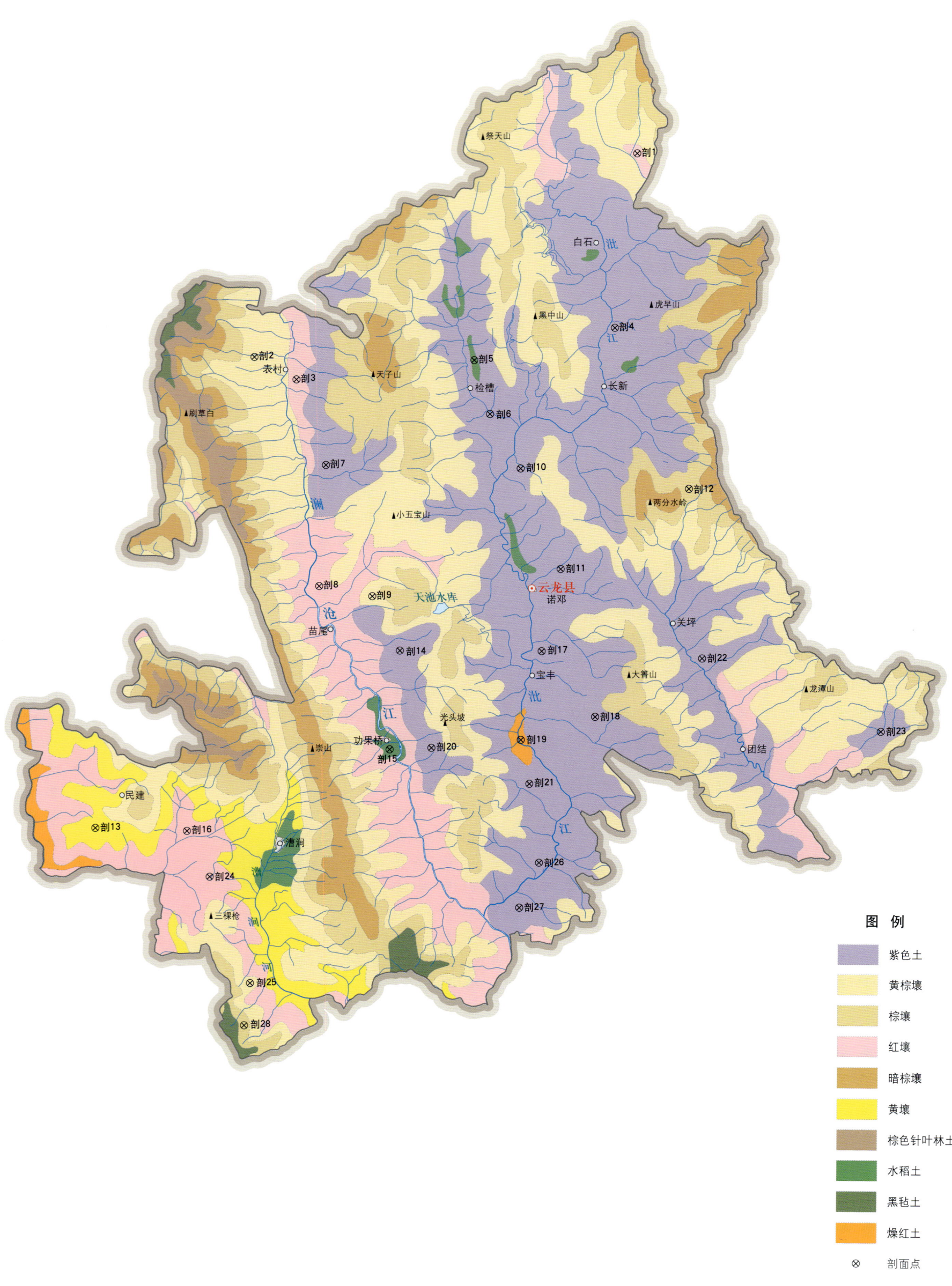

云龙县土壤剖面理化性状表

剖面号 Soil profile	土纲 Soil order	土类 Soil great group	亚类 Soil subgroup	土属 Soil genus	土种 Soil species	土层码 Layer code	土层厚度 Depth/cm	颜色 Soil color	质地 Soil texture	土壤结构 Soil structure	pH	有机质 OM/(g/kg)	全氮 TN/(g/kg)	全磷 TP/(g/kg)	全钾 TK/(g/kg)	碱解氮 AN/(mg/kg)	有效磷 AP/(mg/kg)	阳离子交换量 CEC/(cmol/kg)	土壤母质 Parent material	剖面点坐标 Profile coordinate	匹配指数 Matching index/%
剖1	铁铝土	红壤	黄红壤	砂泥岩类黄红壤	石渣土	A	0—10	暗黄棕色	轻壤土	粒状	6.0	29.6	1.10	0.40	15.7	90				E 99°28′17.4″ N 26°16′21.7″	88
						B	10—60	浅黄棕色	轻壤土	块状	5.8	19.2	0.70	0.50	15.7	71					
						C	60—100	浅黄棕色	中壤土	块状	5.5	12.9	0.30	0.20	19.7	59					
剖2	淋溶土	黄棕壤	黄棕壤	泥质岩类黄棕壤		A	0—10	黑色	重壤土	粒状	6.5	90.0	3.00	0.60	18.5	110		24.0		E 99°05′39.5″ N 26°05′32.5″	96
						B	10—46	棕色	重壤土	块状	6.0	43.8	1.80	0.60	24.9	78		12.9			
						C	46—90	浅棕色	轻壤土	块状	5.0	18.9	1.20	0.60	23.0	43		10.9			
剖3	铁铝土	红壤	黄红壤	砂泥岩类黄红壤	灰砂泥土	A	0—12	暗灰黄色	重壤土	粒状	6.0	76.4	2.80	0.90	22.7	237		22.2		E 99°08′08.6″ N 26°04′20.3″	92
						B	12—30	褐色	重壤土	块状	6.1	9.1	0.60	0.40	24.5	172		7.9			
						C	30—80	灰黄色	重壤土	块状	6.4	49.5	2.00	0.60	22.3	54					
剖4	初育土	紫色土	酸性紫色土	黄红紫泥土		A	0—4	紫灰色	重壤土	粒状	5.7	67.7	2.00	0.80	31.3	155		21.5		E 99°26′58.9″ N 26°07′06.6″	82
						B	4—10	紫色	轻壤土	块状	5.0	28.0	1.10	0.80	32.4	75		12.4			
						C	10—70	紫色	轻壤土	块状		18.5	0.80	0.90	34.9	53		12.4			
剖5	人为土	水稻土	淹育水稻土	红壤性淹育水稻土	黑砂土田	A	0—22	暗棕灰色	重壤土	粒状	3.0	104.0	4.60	1.10	22.4	273			红壤性母质	E 99°18′39.6″ N 26°05′22.9″	84
						Ap	22—49	暗棕灰色	重壤土	块状	6.4	99.3	4.40	1.00	14.6	241					
						C₁	49—88	暗棕灰色	重壤土	块状	5.2	58.1	1.70	0.50	19.5	94					
剖6	初育土	紫色土	酸性紫色土	黄红紫泥土	紫砂泥土	A	0—15	紫色	重壤土	团块状	5.9	81.8	0.90	0.40	18.5	79		11.6		E 99°19′35.8″ N 26°02′30.5″	83
						B	15—61	紫色	重壤土	块状	5.5	45.5	0.50	0.30	14.2	56		10.6			
						C	61—100	紫色	重壤土	块状	6.0	12.1	0.10	0.30	12.4	36		11.1			
剖7	初育土	紫色土	酸性紫色土	红紫泥土	黑砂泥土	A	0—15	灰棕色	中壤土	块状	6.4	52.1	1.70	0.50	13.8	128				E 99°09′54.7″ N 25°59′47.8″	93
						B	15—45	紫色	中壤土	块状	6.6	25.3	0.60	0.40	14.6	75					
						C	45—100	暗灰色	轻壤土	块状	5.9	42.7	1.00	0.30	24.9	74					
剖8	铁铝土	红壤	红壤	山棕红壤	棕黄红土	A	0—13	黄棕色	黏壤土	粒状	5.6	31.6	1.50	0.31	12.0	112	4.9	12.3		E 99°09′32.5″ N 25°53′21.6″	89
						B	13—81	红棕色	壤质黏土	块状	5.5	16.2	0.90	0.35	12.5	84	3.0	13.4			
						C	81—	暗红色			5.5										
剖9	淋溶土	黄棕壤	中性紫色土	紫色岩类黄棕壤	紫灰土	A	0—15	灰棕色	重壤土	粒状	6.2	40.0	1.70	0.60	15.1	121				E 99°12′40.9″ N 25°52′49.0″	100
						B	15—100	紫棕色	重壤土	块状	5.0	7.8	0.50	0.30	18.3	428					
剖10	初育土	紫色土	中性紫色土	红褐紫泥土	棕紫砂泥土	A	0—10	紫灰色	中壤土	团粒状	6.0	12.9	0.50	0.40	21.1	31				E 99°21′24.9″ N 25°59′37.5″	70
						B	10—36	紫灰色	中壤土	块状	6.0	9.9	0.40	0.50	23.3	21					
						C	36—100	暗红棕色	中壤土	块状	6.5	6.0	0.30	0.50	22.9	18					
剖11	初育土	紫色土		棕色紫泥土		A	0—15	褐色	重壤土	块状	6.3	50.3	2.20	0.40	32.8	145		21.1		E 99°23′48.5″ N 25°54′17.3″	87
						B	15—90	褐色	轻黏土	块状	7.1	19.5	0.70	3.90	36.3	118		14.9			
						C	90—100	褐色	轻壤土	块状	7.4	17.9	0.50	0.60	27.0	61		11.1			
剖12	淋溶土	棕壤	棕壤	紫色岩类棕壤		A	0—15	黑棕色	轻壤土	块状	5.5	152.2	4.40	1.00	2.8	299			紫色岩类	E 99°31′22.9″ N 25°58′32.8″	98
						AB	15—41	浅棕色	中壤土	粒状	5.4	33.2	1.00	0.40	6.7	151					
						C	41—74	浅棕色	中壤土	块状	5.9	10.9	0.30	0.40	8.6	127					
剖13	铁铝土	黄壤	黄壤	碳酸岩类黄壤	石砾黄土	A	0—17	褐色	重壤土	粒状	5.6	63.8	2.10	0.80	33.4	170			碳酸岩类	E 98°56′25.6″ N 25°40′26.4″	93
						B	17—39	褐色	重壤土	块状	5.1	56.3	2.30	0.50	29.8	163					
						C	39—100	灰黄棕色	中壤土	块状	6.2	10.3	0.50	0.50	32.4	32					
剖14	初育土	紫色土	酸性紫色土	黄红紫泥土	紫泥土	A	0—14	紫色	中壤土	块状	6.4	42.5	1.50	0.50	22.9	123				E 99°14′20.0″ N 25°49′55.9″	82
						B	14—48	紫棕色	中壤土	块状	7.0	23.9	0.90	0.40	22.5	77					
						C	48—100	暗棕红色	中壤土	块状	4.5	11.8	0.50	0.30	26.7	43					

续表 Continued

剖面号 Soil profile	土纲 Soil order	土类 Soil great group	亚类 Soil subgroup	土属 Soil genus	土种 Soil species	土层码 Layer code	土层厚度 Depth/cm	颜色 Soil color	质地 Soil texture	土壤结构 Soil structure	pH	有机质 OM/(g/kg)	全氮 TN/(g/kg)	全磷 TP/(g/kg)	全钾 TK/(g/kg)	碱解氮 AN/(mg/kg)	有效磷 AP/(mg/kg)	阳离子交换量CEC/(cmol/kg)	土壤母质 Parent material	剖面点坐标 Profile coordinate	匹配指数 Matching index/%
剖15	人为土	水稻土	淹育水稻土	冲积性淹育水稻土	河砂田	A	0—12	紫棕色	轻壤土	块状	5.1	20.3	0.60	0.30	12.4	39				E 99°13′45.3″ N 25°44′40.7″	95
						Ap	12—30	紫色	轻壤土	块状	6.0	17.1	0.50	0.30	12.4	43					
						C	30—45	暗红棕色	轻壤土	块状	7.2	7.9	0.20	0.30	14.0	20					
剖16	铁铝土	红壤	黄红壤	泥质岩类黄红壤	黄红泥土	A	0—9	灰黄色	重壤土	粒状	5.8	24.0	0.50	0.40	21.3	100			泥质岩类	E 99°01′49.5″ N 25°40′18.0″	89
						B	9—47	褐色	重壤土	块状	4.9	11.2	0.10	0.30	23.3	64					
						C	47—100	浅红黄色	重壤土	块状	4.0	6.1	0.10	0.20	35.4	55					
剖17	初育土	紫色土	中性紫色土	红褐紫泥土	棕紫泥土	A	0—12	紫棕色	重壤土	块状	6.3	27.8	0.80	0.40	29.2	61				E 99°22′42.2″ N 25°49′54.9″	85
						B	12—64	紫棕色	重壤土	棱块状	5.5	5.7	0.30	0.40	32.6	20					
						C	64—90	暗红棕色	砂壤土	棱块状	6.5	6.5	0.30	0.40	34.3	20					
剖18	初育土	紫色土	中性紫色土	红褐紫泥土		A	0—15	紫棕色	轻壤土	块状	6.5	32.4	0.90	0.40	30.4	63				E 99°25′51.8″ N 25°46′25.9″	98
						B	15—59	暗红棕色	重壤土	块状	6.1	30.0	1.00	0.50	27.4	76			13.5		
						C	59—100	暗红棕色	重壤土	块状	6.7	25.0	0.70	0.40	24.7	47			6.4		
剖19	半淋溶土	燥红土	褐红土			A	0—10	栗色	重壤土	粒状	7.1	60.4	0.70	0.40	15.3	99				E 99°21′29.5″ N 25°45′12.2″	83
						B_1	10—26	棕色	重壤土	粒状	7.4	35.7	0.60	0.30	21.3	64					
						B_2	26—35	暗红棕色	中壤土	块状	7.5	27.8	0.50	0.30	27.2	61					
剖20	初育土	紫色土	酸性紫色土	红紫泥土	红紫泥土	B	0—10	暗红棕色	轻壤土	块状	6.5	30.0	1.00	0.30	39.6	71				E 99°16′13.1″ N 25°44′46.0″	73
						C	10—70	暗红棕色	重壤土	块状	6.2	20.5	0.40	0.20	39.3	31					
剖21	初育土	紫色土	酸性紫色土	砂泥岩类棕壤		A	0—8	黑棕色	轻壤土	粒状	6.0	14.3	2.40	0.50	14.4	146				E 99°22′00.5″ N 25°42′52.2″	84
						B	8—16	暗棕色	重壤土	粒状	6.2	63.4	1.50	0.50	15.8	111					
						C	16—100	红橙色	砂壤土	块状	5.7	9.7	0.40	0.60	30.0	26					
剖22	初育土	紫色土	酸性紫色土	黄红紫泥土	灰紫泥土	A	0—19	紫灰色	重壤土	粒状	5.1	51.5	2.00	0.90	16.6	117				E 99°32′11.0″ N 25°49′32.0″	73
						B	19—56	灰棕色	中壤土	块状	5.8	32.5	1.10	0.90	15.3	36					
						C	56—100	紫色	轻壤土	粒状	6.0	7.3	0.20	0.50	32.6	24					
剖23	初育土	紫色土	酸性紫色土	黄红紫泥土	紫砂土	A	0—13	棕灰色	重壤土	块状	6.0	42.3	1.40	0.80	16.8	93				E 99°42′44.3″ N 25°45′38.9″	75
						B	13—67	紫灰色	轻壤土	块状	6.5	7.3	0.10	0.80	19.6	36					
						C	67—93	紫灰色	重壤土	块状	6.5	4.7	0.10	0.30	24.3	56					
剖24	铁铝土	红壤	黄红壤	砂泥岩类黄红壤	灰黄泥土	A	0—14	紫色	轻壤土	块状	6.0	15.8	0.20	0.40	22.2	65				E 99°03′10.8″ N 25°37′50.9″	100
						B	14—100	紫色	中壤土	粒状	5.1	31.4	0.10	0.30	25.4	30			20.1		
剖25	淋溶土	黄棕壤	黄棕壤	泥质岩类黄棕壤	灰棕泥土	A	0—12	灰黄色	重壤土	粒状	6.5	54.6	0.40	1.50	23.8	183				E 99°05′36.2″ N 25°32′11.5″	74
						B	12—68	褐色	重壤土	块状	6.5	27.4	2.00	1.40	24.5	95					
						C	68—100	红黄色	轻黏土	块状	6.7	7.5	1.80	0.70	22.5	34			7.8		
剖26	初育土	紫色土	酸性紫色土	黄红紫泥土	紫胶泥土	A	0—18	紫棕色	轻黏土	块状	7.0	32.6	1.10	0.63	27.7	89				E 99°22′35.8″ N 25°38′39.5″	84
						B	18—38	暗红棕色	中壤土	粒状	7.0	33.7	1.10	0.60	29.2	83			12.2		
						C	38—100	暗红棕色	轻壤土	块状	7.8	4.4	0.30	0.70	33.8	14					
剖27	初育土	紫色土	酸性紫色土	红紫泥土	红紫砂泥土	A	0—12	暗红棕色	重壤土	粒状	6.8	24.1	0.90	0.40	16.5	73				E 99°21′26.3″ N 25°36′15.8″	87
						B	12—22	暗红棕色	重壤土	块状	6.9	16.9	0.80	0.30	16.2	64					
						C	22—100	暗红棕色	重壤土	块状	6.9	5.7	0.40	0.30	19.3	37					
剖28	淋溶土	棕壤	棕壤	粗粒结晶岩类棕壤		A	0—5	黑色	中壤土	粒状	6.5	160.5	5.30	2.50	19.7	123				粗粒结晶岩类	E 99°05′16.2″ N 25°29′57.9″	85
						B_1	5—36	黑色	砂壤土	粒状	5.3	153.0	10.50	3.20	17.0	186			39.0		
						B_2	36—61	棕色	中壤土	块状	5.0	78.0	2.00	2.20	16.5	57			22.2		

洱 源 县

主要土类说明

紫色土是洱源县主要土壤类型，占本县地域面积的 24%，分布在海拔 1900—2100m 的平缓岗地和低平槽谷。植被为云南松、华山松、杜鹃、桤木、禾本科杂草等。成土母质为紫色砂岩风化坡积物和残积物。成土过程以母岩的快速物理崩解、频繁侵蚀堆积以及碳酸钙的不断淋失作用为主，生物积累作用相对较弱。土壤具 A-C 剖面构型，剖面层次发育不明显，土层浅薄，pH 为 4.5—7.5，富含矿质养分，蓄水性差。本县紫色土分为酸性紫色土、中性紫色土等亚类。

红壤是洱源县第二大土壤类型，占本县地域面积的 19%。红壤主要发生于亚热带常绿阔叶林下，呈中度脱硅富铝化特征，土壤黏粒中游离铁占全铁的 50%—60%。黏土矿物以高岭石、赤铁矿为主，黏粒硅铝率为 1.8—2.4，风化淋溶系数小于 0.2，盐基饱和度小于 35%。红壤具深厚的红色土层，淀积层可见深厚的红、黄、白相间的网纹状红色黏土。

棕壤是洱源县第三大土壤类型，占本县地域面积的 17%，分布在海拔 2700—3100m 的地区。植被主要为华山松和云南松。成土母质主要为片麻岩、砂岩、石灰岩坡积物和残积物。成土过程以淋溶过程、黏化过程和生物富集过程为主。其指示性黏土矿物以水云母和蛭石为主，在弱酸性环境介质以及淋溶和排水条件下，原生矿物的蚀变促进水云母和绿泥石转化为蛭石。

燥红土占本县地域面积的 11%，主要分布在干旱河谷和雨影区稀树草原。成土母质主要为石灰岩、花岗岩和玄武岩风化物。燥红土是由红土母质发育形成的盐基饱和的红色土壤，具 A-B-C（D）剖面构型。成土过程以有机质积累、生物富集和脱硅富铝化为主。矿物风化度低，土壤淋溶作用弱，盐基有表层聚集趋势，多呈微酸至微碱性，盐基饱和度为 70%—90%，黏粒硅铝率为 2.2—2.8，表层有机质含量一般为 20—40g/kg。该土壤复盐基明显，交换性钙、镁占阳离子交换量的 80% 以上。

黑毡土占本县地域面积的 10%。黑毡土发生于青藏高原高寒略较温湿的原面上，蒿草与杂生草类的草毡层初步分解，形成初步腐殖化的暗色草根茎盘结层。该土壤色泽较深，有机质含量较高，为 100—150g/kg，底土见锈色斑纹。

小于本县地域面积 10% 的土壤类型有水稻土、暗棕壤、新积土、黄棕壤、石灰（岩）土和沼泽土。

本区域中心区气候特征

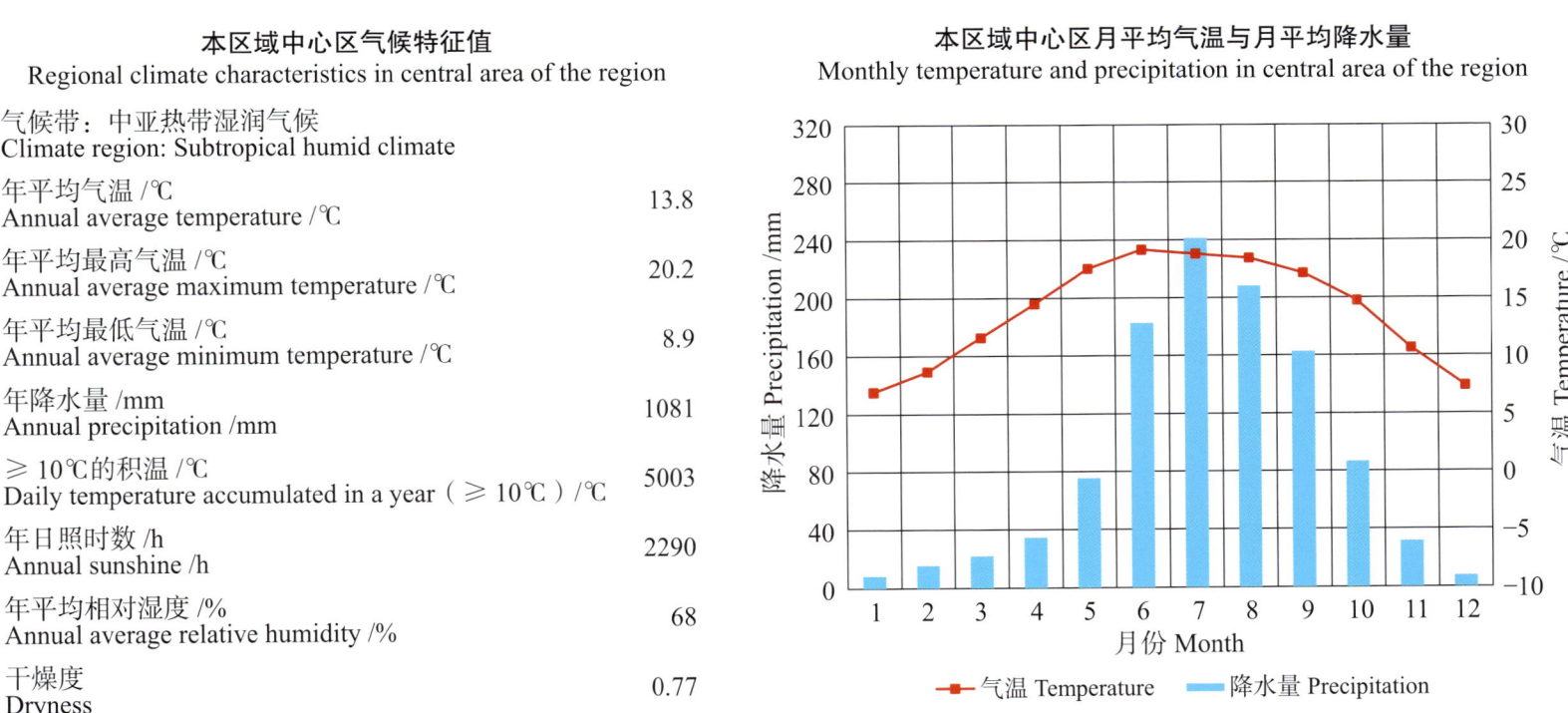

洱源县主要土壤类型与土壤剖面点分布图

1:350 000

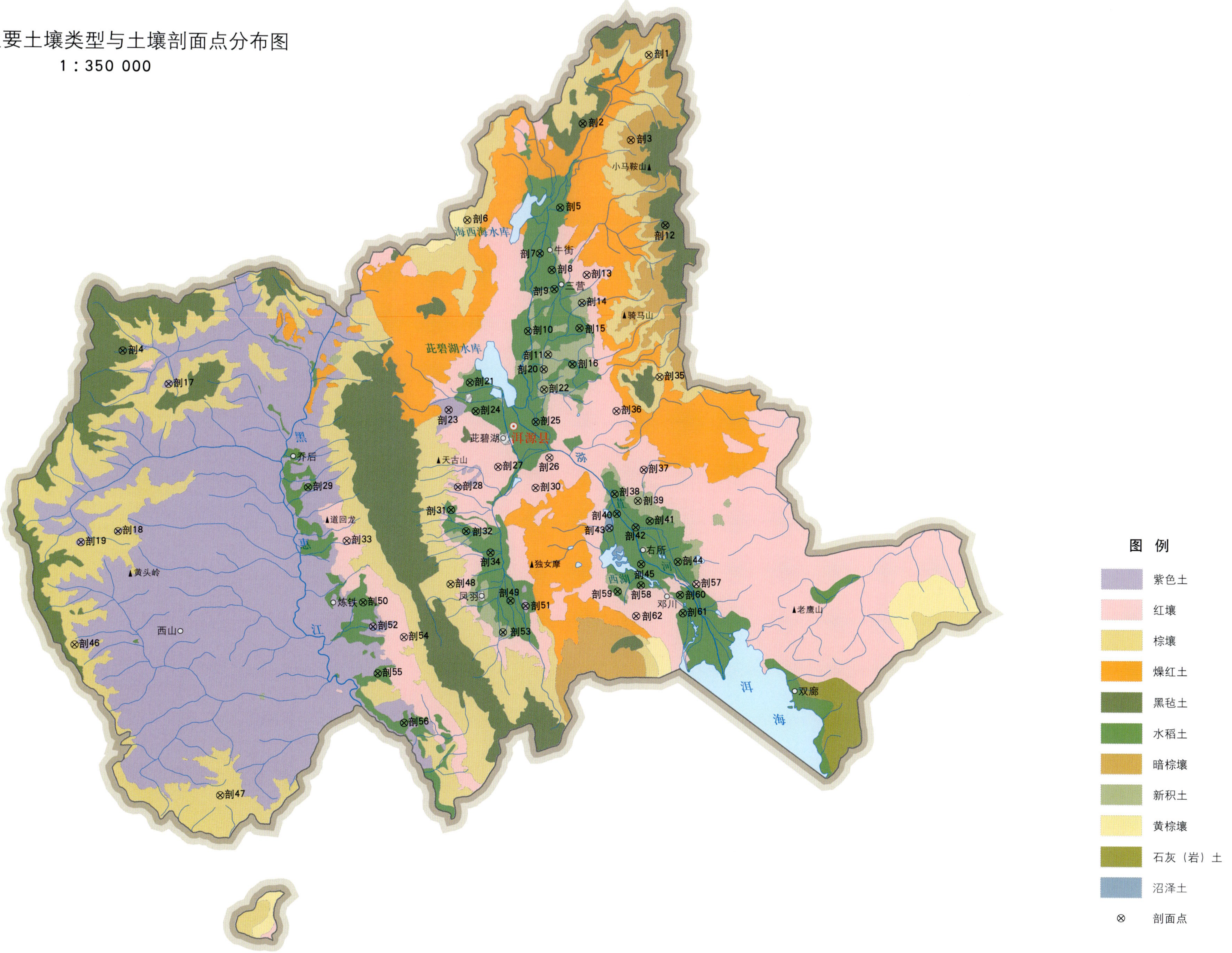

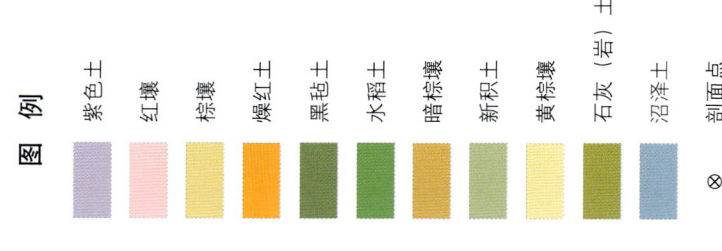

图例：紫色土、红壤、棕壤、燥红土、黑毡土、水稻土壤、暗棕壤、新积土、黄棕壤、石灰（岩）土、沼泽土、剖面点

洱源县土壤剖面理化性状表

剖面号 Soil profile	土纲 Soil order	土类 Soil great group	亚类 Soil subgroup	土属 Soil genus	土种 Soil species	土层码 Layer code	土层厚度 Depth/cm	颜色 Soil color	质地 Soil texture	土壤结构 Soil structure	pH	有机质 OM/(g/kg)	全氮 TN/(g/kg)	全磷 TP/(g/kg)	全钾 TK/(g/kg)	碱解氮 AN/(mg/kg)	有效磷 AP/(mg/kg)	阳离子交换量 CEC/(cmol/kg)	土壤母质 Parent material	剖面点坐标 Profile coordinate	匹配指数 Matching index/%
剖1	淋溶土	棕壤	棕壤	砂岩棕壤	灰泥土	A	0–20	灰黄色	重壤土	粒状	5.5	106.5	3.86	2.37	19.0	313			砂岩类	E 100°04′14.9″ N 26°24′15.5″	71
						B	20–44	褐色	重壤土	粒状	4.7	44.5	2.30	3.77	30.3	206					
						C	44–90	浅黄棕色	重壤土	粒状	5.2	10.9	0.84	2.35	30.4	76					
剖2	高山土	黑毡土	黑毡土	片麻岩黑色土		A	0–30	黑棕色	重壤土	小块状	5.0	127.3	4.22	2.99	20.4	464				E 100°00′52.6″ N 26°21′06.1″	100
						AC	30–50	棕色	中壤土	团粒状	5.5	42.6	2.06	1.56	25.0	242					
剖3	淋溶土	暗棕壤	暗棕壤			A	0–22	暗棕色	重壤土	柱状	6.5	172.8	7.02	4.88	26.4	581				E 100°03′19.1″ N 26°20′20.5″	80
						B	22–70	灰棕色	中壤土	柱状	6.4	125.3	3.42	3.34	23.4	343					
						BC	70–80	灰黄色	重壤土	粒状	6.0	19.0	1.12	2.17	31.6	100					
剖4	高山土	黑毡土		砂岩黑色土		A₁	0–15	黑黄色	中壤土	粒状	6.5	160.0	2.69	0.99	2.2	175				E 99°37′28.9″ N 26°10′37.6″	80
						B	15–42	黄色	重壤土	粒状	4.2	25.3	1.50	0.99	5.4	92					
剖5	人为土	水稻土	潴育水稻土	冲积性潴育水稻土	半胶泥田	A	0–17	暗黄棕色	轻壤土	团粒状	6.9	42.4	2.55	1.61	15.8	178			冲积物	E 99°59′43.1″ N 26°17′14.3″	80
						P	17–30	灰黄棕色	轻黏土	块状	6.9	40.9	2.35	1.67	14.5	165					
						W	30–90	灰黄色	中壤土	块状	6.9	12.9	0.58	1.23	18.5	42					
剖6	淋溶土	棕壤	棕壤	麻灰汤土	麻灰汤土	A	0–20	灰黄棕色	重壤土	粒状	4.0	99.1	3.20	3.07	9.9	391	8.0	25.7		E 99°54′58.5″ N 26°16′40.4″	77
						B	20–60	棕黄色	重壤土	小块状	4.5	41.9	1.82	1.99	10.5	150	4.0	17.8			
						C	60–100	暗棕色	轻黏土	块状	5.5	47.4	1.58	2.45	12.3	133	4.0	19.3			
剖7	人为土	水稻土	潴育水稻土	冲积性潴育水稻土	河砂土田	A	0–18	灰黄棕色	轻黏土	团粒状	6.9	52.5	2.35	3.26	16.6	224			冲积物	E 99°58′40.8″ N 26°15′07.6″	70
						P	18–40	棕色	重壤土	团块状	7.4	12.0	0.94	2.72	18.0	59					
						W	40–90	暗棕色	重壤土	块状	7.3	11.3	0.65	3.14	16.0	42					
剖8	人为土	水稻土	矿毒型水稻土	矿毒田	硝土田	A	0–24	浅灰色	重壤土	团粒状	7.5	50.9	2.70	4.57	6.1	217				E 99°59′17.2″ N 26°14′21.8″	94
						G	24–40	灰白色	重壤土	团块状	7.8	34.5	1.89	2.07	4.1	106					
						C	40–64	棕色	中壤土	块状	7.6	26.6	1.42	1.16	3.9	81					
剖9	人为土	水稻土	潴育水稻土	冲积性潴育水稻土	蚂蚁土田	A	0–19	灰黄棕色	中壤土	粒状	7.2	37.9	1.92	2.32	11.5	147			冲积物	E 99°59′24.7″ N 26°13′28.9″	83
						P	19–46	灰黄棕色	重壤土	块状	7.4	25.9	1.31	2.31	11.9	105					
						W	46–74	暗灰色	重壤土	块状	7.4	26.2	0.80	2.30	12.2	64					
剖10	人为土	水稻土	潴育水稻土	青胶泥田		A	0–19	黄棕色	重壤土	粒状	5.9	59.4	2.79	1.98	9.4	257				E 99°58′04.1″ N 26°11′33.0″	94
						P	19–32	灰黄色	重壤土	块状	6.2	25.7	1.12	1.43	7.9	115					
						G	32–90	灰黄色	重壤土	棱柱状	6.0	23.3	1.04	2.50	7.7	101					
剖11	初育土	新积土	冲积土	扇象暗色冲积土	夹砂土	A	0–18	灰棕色	重壤土	块状	6.9	53.3	1.40	3.07	17.6	228			冲积物	E 99°59′04.8″ N 26°10′28.5″	75
						B	18–34	暗棕色	轻壤土	核状	6.9	46.0	2.62	2.89	17.7	221					
						C	34–59	棕灰色	轻壤土	粒状	7.0	15.7	1.13	2.28	15.6	61					
剖12	高山土	黑毡土	黑毡土	石灰岩黑色土		A₁	0–5	灰黑色	中壤土	粒状	5.5	249.9	12.02	8.02	16.6	882				E 100°05′02.8″ N 26°16′25.8″	73
						AC	5–27	暗棕色	中壤土	粒状	4.1	120.4	6.08	6.97	20.2	480					
						C	27–52	黄白色	中壤土	粒状	7.4	4.4	0.06	0.28	3.2	11					
剖13	铁铝土	红壤	红壤	石灰岩红壤	白泥土	A	0–19	灰黄色	轻壤土	团粒状	4.5	31.6	1.33	3.38	5.5	175				E 100°01′03.0″ N 26°14′08.2″	74
						B	19–34	褐色	中壤土	小块状	4.7	32.6	1.06	3.75	5.4	161					
						C	34–92	浅红棕色	重壤土	棱柱状	4.5	27.4	0.45	3.34	3.9	121					
剖14	初育土	新积土	冲积土	扇象浅色冲积土	鸡粪土	A	0–21	棕色	中壤土	核状	6.8	17.6	0.86	1.88	18.8	86			冲积物	E 100°00′47.9″ N 26°12′51.1″	70
						B	21–33	浅灰色	中壤土	棱柱状	6.9	13.7	0.88	2.10	18.6	72					
						C	33–75	棕色	重壤土	核状	6.9	14.4	0.66	2.42	17.9	65					
剖15	人为土	水稻土	潴育水稻土	冲积性潴育水稻土	鸡粪土田	A	0–12	棕色	轻黏土	团粒状	6.7	127.1	4.55	2.60	15.6	250			冲积物	E 100°00′40.3″ N 26°11′41.3″	77
						P	12–27	浅棕色	轻壤土	块状	6.8	44.8	3.19	1.92	18.1	179					
						W	27–65	灰黄色	砂壤土	块状	7.0	8.0	0.28	1.55	10.3	58					

续表 Continued

剖面号 Soil profile	土纲 Soil order	土类 Soil great group	亚类 Soil subgroup	土属 Soil genus	土种 Soil species	土层码 Layer code	土层厚度 Depth/cm	颜色 Soil color	质地 Soil texture	土壤结构 Soil structure	pH	有机质 OM/(g/kg)	全氮 TN/(g/kg)	全磷 TP/(g/kg)	全钾 TK/(g/kg)	碱解氮 AN/(mg/kg)	有效磷 AP/(mg/kg)	阳离子交换量CEC/(cmol/kg)	土壤母质 Parent material	剖面点坐标 Profile coordinate	匹配指数 Matching index/%
剖16	人为土	水稻土	潴育水稻土	冲积性潴育水稻土	砂土田	A	0—20	褐色	重壤土	团粒状	6.9	65.1	2.86	1.84	10.2	249			冲积物	E 100°00′18.1″ N 26°10′02.1″	95
						W	20—34	浅灰色	重壤土	小块状	7.0	47.7	2.74	1.97	10.1	207					
剖17	初育土	紫色土	酸性紫色土	黄红紫泥土		A	0—15	紫色	重壤土	粒状	5.5	9.5	0.36	1.18	24.6	43			黄红紫泥土	E 99°39′47.8″ N 26°09′06.3″	75
						B	15—37	紫色	重壤土	块状	4.8	31.7	1.33	1.72	24.2	146					
						C	37—100	紫色	重壤土	块状	5.5	13.7	2.70	0.74	24.6	54					
剖18	初育土	紫色土	酸性紫色土	黄红紫泥土	紫羊肝土	A	0—11	栗色	重壤土	团粒状	5.5	47.8	1.10	0.92	9.3	96			黄红紫泥土	E 99°37′15.5″ N 26°02′19.2″	95
						AB	11—90	红橙色	砂壤土	团粒状	5.4	7.8	0.43	0.88	10.9	38					
剖19	初育土	紫色土	酸性紫色土	黄红紫泥土		A	0—20	褐色	中壤土	团粒状	4.8	52.2	2.25	2.78	10.5	171			黄红紫泥土	E 99°35′24.3″ N 26°01′48.1″	75
						B	20—36	浅红黄色	重壤土	粒状	4.2	32.3	1.54	1.78	11.9	150					
						C	36—90	红黄色	轻壤土	粒状	5.5	6.9	0.41	0.79	11.1	44					
剖20	初育土	新积土	冲积土	扇形暗色冲积土	河砂土	A	0—20	栗色	重壤土	团粒状	6.9	38.1	1.44	2.03	16.7	86			冲积物	E 99°58′52.0″ N 26°09′47.9″	94
						B	20—40	栗色	重壤土	小块状	6.9	17.5	1.07	2.30	12.6	57					
						C	40—55	栗色	重壤土	小块状	7.0	13.3	0.80	1.96	17.6	43					
剖21	人为土	水稻土	潴育水稻土	冲积性潴育水稻土	黄鸡土田	A	0—20	褐色	轻黏土	块状	6.0	38.8	2.24	2.33	11.6	197			冲积物	E 99°55′05.1″ N 26°09′10.9″	81
						P	20—45	灰黄色	重壤土	块状	6.5	17.0	0.99	1.91	11.0	110					
						W	45—100	黄棕色	重壤土	粒状	6.5	14.1	0.76	1.93	10.9	75					
剖22	初育土	新积土	冲积土	扇形浅色冲积土	蚂蚁土	A	0—19	褐色	中壤土	柱状	6.8	42.2	2.64	1.45	23.6	155			冲积物	E 99°58′52.3″ N 26°08′52.1″	84
						B	19—32	褐色	重壤土	柱状	6.8	40.4	2.24	1.42	23.1	154					
						C	32—65	暗灰色	轻壤土	粒状	6.9	19.8	0.65	1.17	23.5	42					
剖23	初育土	紫色土	酸性紫色土	红紫泥土	泥砂土	A	0—20	褐色	重壤土	团粒状	6.4	42.5	2.03	3.37	25.0	171			红紫泥土发育物	E 99°54′00.5″ N 26°07′55.4″	75
						B	18—25	灰黄色	重壤土	核状	6.5	34.3	1.47	3.03	25.3	123					
						C	25—100	黄色	重壤土	核状	6.5	7.7	0.27	1.18	22.6	50					
剖24	人为土	水稻土	潴育水稻土	冲积性潴育水稻土	紫胶泥土	A	0—16	紫棕色	轻黏土	粒状	5.7	37.5	2.11	2.22	15.5	178			冲积物	E 99°55′23.0″ N 26°07′52.1″	91
						P	16—33	棕色	轻黏土	柱状	6.2	12.5	1.05	3.26	14.6	75					
						W	33—90	棕色	轻黏土	柱状	6.0	11.8	0.80	3.27	14.7	69					
剖25	人为土	水稻土	潴育水稻土	冲积性潴育水稻土	油砂土田	A	0—20	棕色	中壤土	团粒状	6.1	64.1	3.34	3.52	20.6	260			冲积物	E 99°58′26.8″ N 26°07′22.4″	84
						P	20—40	灰棕色	重黏土	块状	6.5	43.8	2.81	3.13	20.2	218					
						W	40—80	暗黄棕色	重壤土	梭柱状	7.1	15.0	1.11	3.07	19.8	171					
剖26	红壤	红壤	黄红壤	玄武岩黄红壤		A	0—25	浅红棕色	中壤土	团粒状	5.2	34.2	1.09	6.24	6.6	156			玄武岩	E 99°59′07.8″ N 26°05′43.4″	98
						B	25—40	棕色	重黏土	团粒状	4.9	29.2	1.02	5.87	7.2	116					
						C	40—70	棕色	重黏土	梭柱状	5.9	18.2	0.88	3.31	7.4	110					
剖27	红壤	红壤	红壤	石灰岩红壤	黄红土	A	0—18	红色	中壤土	块状	6.9	27.9	1.30	1.37	14.4	124			石灰岩	E 99°56′31.2″ N 26°05′18.2″	74
						B	18—90	暗棕红色	轻黏土	梭柱状	6.0	27.1	1.18	2.01	22.2	145					
						C	90—100	暗棕红色	重黏土	梭柱状	5.7	17.3	0.89	1.56	21.7	84					
剖28	初育土	紫色土	酸性紫色土	红紫泥土	浮砂泥田	A	0—30	紫棕色	中壤土	粒状	5.5	17.7	0.81	0.64	19.8	66			红紫泥土发育物	E 99°54′28.3″ N 26°04′22.5″	88
						B	30—100	紫色	重黏土	块状	5.0	2.8	0.70	0.66	34.0	23					
剖29	人为土	水稻土	潴育水稻土	冲积性潴育水稻土		A	0—22	浅灰黄色	重黏土	团粒状	5.0	63.4	2.69	1.51	17.5	218			冲积物	E 99°46′51.6″ N 26°04′21.4″	70
						P	22—39	暗灰色	重黏土	粒状	5.6	25.8	1.25	1.57	15.8	102					
						W	39—90	棕灰色	重壤土	粒状	5.7	15.0	0.49	1.64	16.6	56					
剖30	铁铝土	红壤	黄红壤	玄武岩黄红壤		A_1	0—9	棕色	轻壤土	团粒状	5.9	34.4	0.83	1.84	6.4	80			玄武岩	E 99°58′25.7″ N 26°04′19.9″	78
						B	9—22	红黄色	中壤土	团块状	5.8	11.4	0.33	1.49	4.6	62					
						A	22—54	暗棕色	轻壤土	团粒状	5.5	16.6	0.09	1.46	3.3	47					
剖31	人为土	水稻土	淹育水稻土	冲积性淹育水稻土	末香土田	A	0—19	浅灰色	轻壤土	块状	4.3	36.4	1.72	0.93	20.8	184			冲积物	E 99°54′06.8″ N 26°03′19.8″	81
						P	19—42	暗灰色	轻壤土	核状	4.5	28.1	1.24	0.90	17.9	127					
						C	42—100	黄棕色	中壤土	块状	6.0	8.0	0.33	1.32	16.8	60					

续表 Continued

剖面号 Soil profile	土纲 Soil order	土类 Soil great group	亚类 Soil subgroup	土属 Soil genus	土种 Soil species	土层码 Layer code	土层厚度 Depth/cm	颜色 Soil color	质地 Soil texture	土壤结构 Soil structure	pH	有机质 OM/(g/kg)	全氮 TN/(g/kg)	全磷 TP/(g/kg)	全钾 TK/(g/kg)	碱解氮 AN/(mg/kg)	有效磷 AP/(mg/kg)	阳离子交换量CEC/(cmol/kg)	土壤母质 Parent material	剖面点坐标 Profile coordinate	匹配指数 Matching index/%
剖32	人为土	水稻土	淹育水稻土	红壤性淹育水稻土	红泥田	A	0—22	棕色	重壤土	团粒状	6.6	27.5	1.24	3.79	11.9	131				E 99°54′52.9″ N 26°02′20.8″	90
						P	22—47	红棕色	重壤土	小块状	7.0	27.0	1.53	3.73	10.8	145					
						C	47—65	灰棕色	轻壤土	小块状	7.1	16.4	0.68	3.85	11.2	90					
剖33	铁铝土	红壤	黄红壤	片麻岩黄红壤		A	0—6	红黄色	重壤土	粒状	5.8	39.3	1.11	1.06	6.2	182				E 99°48′50.5″ N 26°01′53.7″	85
						B_1	6—38	浅黄棕色	中壤土	小块状	5.5	13.0	0.37	1.08	7.5	82					
						B	38—72	黄黄棕色	轻黏土	小块状	6.0	8.7	0.29	1.15	8.3	102					
剖34	人为土	水稻土	潜育水稻土	红壤性潜育水稻土	瓦泥田	A	0—14	暗黄棕色	轻黏土	团块状	4.4	51.2	2.30	0.87	11.3	203				E 99°56′07.1″ N 26°01′21.4″	99
						P	14—68	黄黄棕色	轻黏土	棱柱状	6.4	45.3	2.29	0.67	14.3	182					
						G	68—100	红黄色	重壤土	核状	4.8	7.4	0.38	1.23	17.6	40					
剖35	淋溶土	棕壤	粗骨性棕壤			A	0—25	暗黄色	中壤土	团粒状	6.9	92.2	2.57	1.46	19.6	233				E 100°04′43.8″ N 26°09′25.9″	84
剖36	铁铝土	红壤	红壤	玄武岩红壤	大红土	A	0—18	暗棕红色	轻壤土	团粒状	5.9	34.8	1.49	2.09	17.2	136			玄武岩	E 100°02′32.3″ N 26°07′52.3″	87
						B	18—100	暗红色	中黏土	块状	5.4	23.0	1.07	2.02	15.0	125					
剖37	铁铝土	红壤	红壤	玄武岩红壤		A	0—24	浅红棕色	轻壤土	小块状	5.0	32.7	1.62	3.26	7.4	125				E 100°03′54.4″ N 26°05′09.6″	99
						B_1	24—42	红色	中黏土	小块状	5.4	7.0	0.48	2.50	9.2	49					
						C	42—90	暗红棕色	重黏土	小块状	5.3	4.4	0.42	2.44	8.5	37					
剖38	人为土	水稻土	潜育水稻土	冲积性潜育水稻土	青砂泥田	A	0—20	深棕色	中壤土	团粒状	6.5	72.6	3.35	3.30	12.4	273			冲积物	E 100°03′25.4″ N 26°04′03.0″	98
						G	20—40	暗棕色	中壤土	小块状	6.9	39.8	2.40	3.60	12.7	189					
						C	40—	暗棕色	中壤土	小块状	6.9	26.3	1.43	3.36	13.8	103					
剖39	初育土	新积土	冲积土	碉象暗棕色冲积土	红色土	A	0—20	黄棕色	轻壤土	团粒状	5.9	34.0	2.07	3.14	9.4	170			冲积物	E 100°03′35.8″ N 26°03′44.1″	100
						B	20—32	黄棕色	中壤土	块状	5.8	17.6	1.35	3.02	11.6	126					
						C	32—90	红棕色	中壤土	柱状	6.1	13.0	0.77	3.08	10.4						
剖40	人为土	水稻土	沼泽型水稻土	湖积性沼泽水稻土	青泥田	A	0—20	暗黄黄色	轻黏土	柱状	6.8	47.7	2.71	2.37	17.2	195			湖积物	E 100°02′31.9″ N 26°03′08.4″	89
						G	20—40	暗黄黄色	轻黏土	棱柱状	6.8	42.3	2.27	2.25	17.7	189					
						C	40—60	褐色	轻黏土	棱柱状	6.9	18.5	1.28	2.02	17.7	84					
剖41	人为土	水稻土	潜育水稻土	冲积性潜育水稻土	冷浸田	A	0—20	灰棕色	中壤土	粒状	7.0	39.9	2.23	3.31	12.4	185			冲积物	E 100°04′12.0″ N 26°02′48.5″	98
						G	20—40	棕灰色	中黏土	粒状	7.2	22.1	1.45	3.67	17.8	103					
						C	40—75	黄棕色	轻黏土	粒状	7.2	9.1	0.68	4.42	17.4	43					
剖42	人为土	水稻土	冲积水稻土	冲积性潜育水稻土	黑油砂土	A	0—20	灰棕色	重壤土	团粒状	5.0	72.4	3.65	2.70	12.0	315			冲积物	E 100°03′28.8″ N 26°02′31.2″	85
						P	20—41	浅灰色	中黏土	小块状	5.7	51.4	1.93	3.67	17.8	225					
						W	41—90	灰黄黄色	轻黏土	小块状	6.4	16.9	1.23	1.96	17.4	92					
剖43	沼泽	沼泽土	泥炭沼泽土	湖积物沼泽土	菜园土	A	0—28	棕灰色	中壤土	团粒状	6.9	77.8	3.52	2.63	10.3	255			湖积物	E 100°02′09.2″ N 26°02′29.0″	100
						B	28—48	棕灰黄色	轻壤土	小块状	7.0	52.7	2.85	2.05	10.0	229					
						C	48—100	棕灰色	中壤土	小块状	7.1	37.0	1.91	1.64	11.1	138					
剖44	人为土	水稻土	潜育水稻土	冲积物沼泽土	红胶泥田	A	0—18	红黄色	轻壤土	团粒状	4.6	56.3	2.43	2.51	18.0	227			冲积物	E 100°03′36.6″ N 26°00′55.8″	94
						P	18—58	浅棕色	轻黏土	块状	6.4	16.3	0.99	3.25	20.2	170					
						W	58—68	红棕色	轻黏土	粒状	6.4	14.1	0.72	3.28	21.0	80					
剖45	人为土	水稻土	潜育水稻土	冲积性潜育水稻土	砂泥田	A	0—20	棕棕色	重壤土	团粒状	6.7	71.5	4.00	2.76	11.1	305			冲积物	E 100°05′45.3″ N 26°00′49.5″	88
						P	20—45	灰棕色	重壤土	小块状	7.0	25.3	2.32	1.76	9.5	128					
						W	45—100	灰黄色	轻壤土	块状	7.0	15.2	1.04	1.84	10.4	85					
剖46	淋溶土	棕壤	棕壤	砂岩棕壤		A	0—18	暗棕色	中壤土	团粒状	5.5	92.2	4.26	4.67	12.7	339			砂岩类	E 99°35′06.0″ N 25°57′05.4″	89
						B	18—38	红棕色	轻壤土	小块状	4.1	33.2	1.83	4.57	15.5	175					
						AC	38—100	红棕色	重壤土	小块状	4.6	18.7	1.30	3.31	17.2	113					
剖47	淋溶土	棕壤	棕壤			A	0—20	黑棕色	轻壤土	团粒状	4.3	84.0	3.58	2.79	32.0	349				E 99°42′23.8″ N 25°50′10.3″	97
						AB	20—53	黄棕色	重壤土	块状	4.1	82.8	3.46	2.90	17.3	332					
						B	53—100	黄黄色	重壤土	块状	4.5	10.7	2.03	2.42	16.3	234					

续表 Continued

剖面号 Soil profile	土纲 Soil order	土类 Soil great group	亚类 Soil subgroup	土属 Soil genus	土种 Soil species	土层码 Layer code	土层厚度 Depth/cm	颜色 Soil color	质地 Soil texture	土壤结构 Soil structure	pH	有机质 OM/(g/kg)	全氮 TN/(g/kg)	全磷 TP/(g/kg)	全钾 TK/(g/kg)	碱解氮 AN/(mg/kg)	有效磷 AP/(mg/kg)	阳离子交换量CEC/(cmol/kg)	土壤母质 Parent material	剖面点坐标 Profile coordinate	匹配指数 Matching index/%
剖48	淋溶土	棕壤	棕壤	片麻岩棕壤		A	0—20	黑褐色	中壤土	粒状	5.0	88.5	2.68	1.13	18.6	342				E 99°54′05.4″ N 25°59′54.6″	87
剖49	人为土	水稻土	潴育水稻土	冲积性潴育水稻土	灰浮泥田	B	20—30	黄褐色	重壤土	小块状	5.8	28.5	1.04	0.92	22.5	163			冲积物	E 99°57′08.3″ N 25°59′08.9″	100
						BC	30—100	黄棕褐色	重壤土	小块状	5.8	41.0	1.26	0.97	18.7	170					
剖50	人为土	水稻土	淹育水稻土	红壤性淹育水稻土	白尔巴泥田	A	0—21	褐色	中壤土	粒状	7.1	29.4	1.45	2.59	26.0	145				E 99°49′39.7″ N 25°59′04.2″	78
						P	21—46	褐色	重壤土	块状、柱状	7.3	16.2	0.72	2.75	26.0	97					
						W	46—90	灰黄色	重壤土	块状	7.3	7.9	0.32	2.65	29.6	30					
剖51	初育土	紫色土	中性紫色土	红褐紫泥土		A	0—20	灰白色	轻粒土	小块状	5.8	52.2	2.92	0.95	20.4	268			红褐紫泥土发育物	E 99°57′54.4″ N 25°58′54.5″	73
						AB	0—18	紫灰色	重壤土	团粒状	6.2	46.2	2.10	1.79	16.7	182					
						B	18—34	紫色	重壤土	小块状	6.2	37.6	1.85	1.85	25.7	162					
							34—88	紫色	重壤土	块状	6.3	36.3	1.96	2.13	20.4	159					
剖52	初育土	紫色土	酸性紫色土	红紫泥土	石子羊肝土	A	0—20	紫灰色	重壤土	团粒状	5.9	71.5	1.71	4.05	15.6	280			红紫泥土发育物	E 99°50′10.0″ N 25°57′57.2″	70
						B	20—30	紫灰色	重壤土	核状	5.8	35.5	1.70	4.74	13.6	167					
						C	30—85	紫灰色	中壤土	柱状	5.8	33.2	1.59	4.32	14.0	143					
剖53	初育土	新积土	冲积土	扇象浅色冲积土	酸白泥土	A	0—23	灰色	重壤土	团粒状	6.3	47.6	2.57	3.28	17.3	227			冲积物	E 99°56′44.9″ N 25°57′41.8″	84
						B	23—50	灰色	重壤土	块状	5.8	28.0	1.62	2.16	17.3	157					
						C	50—70	灰棕色	重壤土	块状	5.8	18.0	0.73	1.85	19.3	109					
剖54	铁铝土	红壤	黄红壤	片麻岩黄红壤	黄泥土	A	0—25	灰棕色	中壤土	块状	6.3	23.0	2.24	2.91	15.7	140			片麻岩	E 99°51′43.6″ N 25°57′28.1″	84
						B	25—90	棕黄色	重壤土	块状	5.7	17.1	1.11	2.91	16.4	137					
						C	90—	红棕色	重壤土	块状	5.6	10.5	0.98	2.73	15.4	111					
剖55	人为土	水稻土	潴育水稻土	冲积性潴育水稻土	泥田	A	0—20	暗棕黄色	重壤土	粒状	4.7	56.1	3.18	1.22	27.6	232			冲积物	E 99°50′23.6″ N 25°55′48.0″	91
						P	20—35	褐色	重壤土	柱状	6.6	14.2	1.01	0.65	20.2	69					
						W	35—60	暗棕色	重壤土	柱状	6.8	12.1	0.53	0.77	19.9	28					
剖56	人为土	水稻土	淹育水稻土	冲积性淹育水稻土	红紫泥田	A	0—17	紫色	中壤土	小块状	4.5	32.7	1.80	1.59	20.3	135			冲积物	E 99°51′43.4″ N 25°53′31.2″	81
						P	17—90	紫色	重壤土	块状	6.4	7.9	0.61	1.29	22.1	43					
剖57	铁铝土	红壤	黄红壤	石灰岩黄红壤	黄棕砂土	A	0—18	灰黄棕色	重壤土	团粒状	7.0	34.0	2.06	4.03	15.2	134			石灰岩	E 99°51′43.4″ N 25°53′31.2″	82
						B	18—39	灰黄棕色	重壤土	小块状	6.3	32.8	1.79	2.43	7.6	151					
						C	39—80	暗棕色	轻壤土	柱状	6.5	3.5	0.43	1.34	25.7	97					
剖58	人为土	水稻土	淹育水稻土	冲积性淹育水稻土	紫泥田	A	0—22	暗棕色	轻壤土	团粒状	6.0	68.4	3.01	3.24	17.7	291			冲积物	E 100°06′32.4″ N 25°59′54.2″	98
						P	22—35	暗棕色	轻壤土	柱状	6.3	52.0	2.03	2.54	9.4	220					
						C	35—60	暗红棕色	轻壤土	柱状	6.5	3.5	0.43	1.34	8.2	77					
剖59	人为土	水稻土	潴育水稻土	冲积性潴育水稻土	黑黄田	A	0—22	暗灰棕色	重壤土	团块状	6.6	56.8	3.10	2.83	8.2	227			冲积物	E 100°02′33.7″ N 25°59′34.1″	78
						P	22—31	暗棕色	重壤土	块状	6.7	53.8	2.71	2.58	9.0	221					
						C	31—51	暗棕色	重壤土	块状	7.1	23.6	0.67	2.45	8.7	120					
剖60	人为土	水稻土	潴育水稻土	冲积性潴育水稻土	黄油砂土田	A	0—17	红黄色	重黏土	团粒状	4.7	64.6	2.69	3.18	8.0	273			冲积物	E 100°05′42.7″ N 25°59′24.5″	96
						P	17—44	浅棕色	中黏土	块状	6.0	20.4	1.46	2.56	9.2	117					
						W	44—75	棕色	轻黏土	块状	6.5	11.5	0.71	2.39	9.6	60					
剖61	人为土	水稻土	淹育水稻土	红壤性淹育水稻土	黄泥田	A	0—24	浅红黄色	轻黏土	团粒状	4.2	72.1	3.46	3.54	7.6	290			冲积物	E 100°05′50.6″ N 25°58′33.6″	88
						P	24—42	浅黄色	轻黏土	块状	5.3	60.7	1.04	3.78	7.5	280					
						C	42—75	浅红黄色	轻壤土	粒状	4.4	17.2	0.89	3.10	6.7	122					
剖62	铁铝土	红壤	红壤	石灰岩红壤	红土	A	0—14	红棕色	中壤土	柱状	5.2	38.9	1.82	2.33	8.7	195			石灰岩	E 100°03′29.4″ N 25°58′25.9″	93
						B	14—26	暗棕红色	轻壤土	柱状	5.1	25.8	1.45	2.18	7.1	152					
						C	26—90	暗棕红色	中黏土	柱状	4.9	10.7	0.73	1.71	6.3	60					

剑 川 县

主要土类说明

棕壤是剑川县主要土壤类型，占本县地域面积的 27%，分布在海拔 2300—3000m 的山地垂直带谱中。植被以湿性常绿阔叶林和针阔叶混交林为主。成土母质以紫色岩类、酸性结晶岩类、基性结晶岩类和碳酸岩类风化物为主。成土过程以淋溶过程、黏化过程和生物富集过程为主。一般土体较厚，具 O-A-Bt-C 剖面构型，有明显的黏化层，土体见黏粒淀积，盐基充分淋失，见少量游离铁。

黄棕壤是剑川县第二大土壤类型，占本县地域面积的 20%，主要分布在海拔 1900—2700m 的哀牢山自然保护区。成土母质多为砂页岩及花岗岩风化物。土层弱度富铝化，黏聚现象明显，呈黄棕色。该土壤具 A-B-C 或 A-（B）-C 剖面构型，黏粒硅铝率在 2.5 左右，铁的游离度较红壤低，B 层交换性酸大于 A 层。土层深厚，淋溶作用明显，表土呈棕灰色，心土呈灰黄色或浅黄棕色，自然肥力较高。

紫色土是剑川县第三大土壤类型，占本县地域面积的 16%，分布在海拔 2300m 以下的山地。植被为常绿阔叶林或灌丛草地。成土母质为紫色泥岩和砂页岩。成土过程以母岩的快速物理崩解、频繁侵蚀堆积以及碳酸钙的不断淋失作用为主，生物积累作用相对较弱。土壤具 A-C 剖面构型，土层浅薄，富含矿质养分。

红壤占本县地域面积的 15%，分布在海拔 800—2200m 的中山丘陵。植被为针叶林、阔叶林、灌木、草本植物等。成土母质为石灰岩、砂页岩和玄武岩。成土过程以脱硅富铝化和生物富集为主。本县红壤分为红壤、黄红壤等亚类。其中，红壤亚类面积较大，呈中度脱硅富铝化特征，具 A-Bs-Bv 或 A-Bs-C 剖面构型。

暗棕壤占本县地域面积的 11%，分布在海拔 3000—3700m 的高山地区。原生植被为针阔叶混交林。成土过程以腐殖质积累、淋溶黏化、白浆化、潜育化等为主。

水稻土占本县地域面积的 6%，在海拔 2500m 的丘陵山地和坝区呈梯田式零星分布。成土过程为淋溶作用和水耕熟化过程。本县水稻土分为淹育型、潴育型、潜育型等亚类。其中，淹育水稻土面积较大，水耕熟化程度低，具 A-P-C 剖面构型，有机质含量为 9—30g/kg，钾、磷缺乏，氮不足。

棕色针叶林土占本县地域面积的 4%，分布在海拔 3400—4000m 的高山地区。成土过程为表层酸性泥炭化物质积累和土壤中可溶性铁铝锰化合物回流表土的过程。土层较浅薄，一般在 40cm 左右，土层内多砾质岩屑，以壤质为主。A 层呈暗棕色，B 层呈棕色。土层上部酸性较强，下部呈微酸性至中性。表层腐殖质处于半分解状态，有较厚的凋落物和腐殖质层，有机质含量为 80—200g/kg。

小于本县地域面积 3% 的土壤类型有黑毡土。

本区域中心区气候特征

本区域中心区气候特征值
Regional climate characteristics in central area of the region

气候带：北亚热带湿润气候 Climate region: North subtropical humid climate	
年平均气温 /℃ Annual average temperature /℃	13.0
年平均最高气温 /℃ Annual average maximum temperature /℃	19.4
年平均最低气温 /℃ Annual average minimum temperature /℃	8.2
年降水量 /mm Annual precipitation /mm	1059
≥10℃的积温 /℃ Daily temperature accumulated in a year (≥10℃) /℃	4728
年日照时数 /h Annual sunshine /h	2301
年平均相对湿度 /% Annual average relative humidity /%	68
干燥度 Dryness	0.74

本区域中心区月平均气温与月平均降水量
Monthly temperature and precipitation in central area of the region

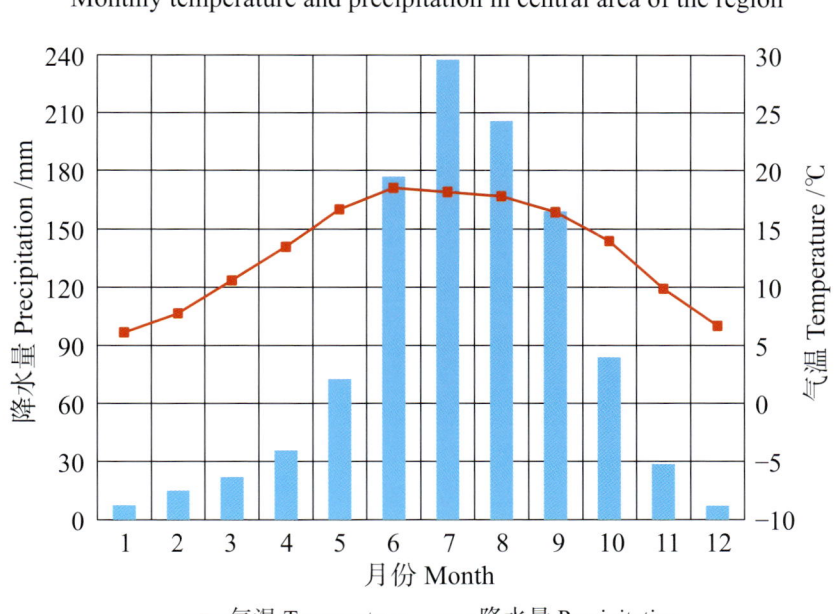

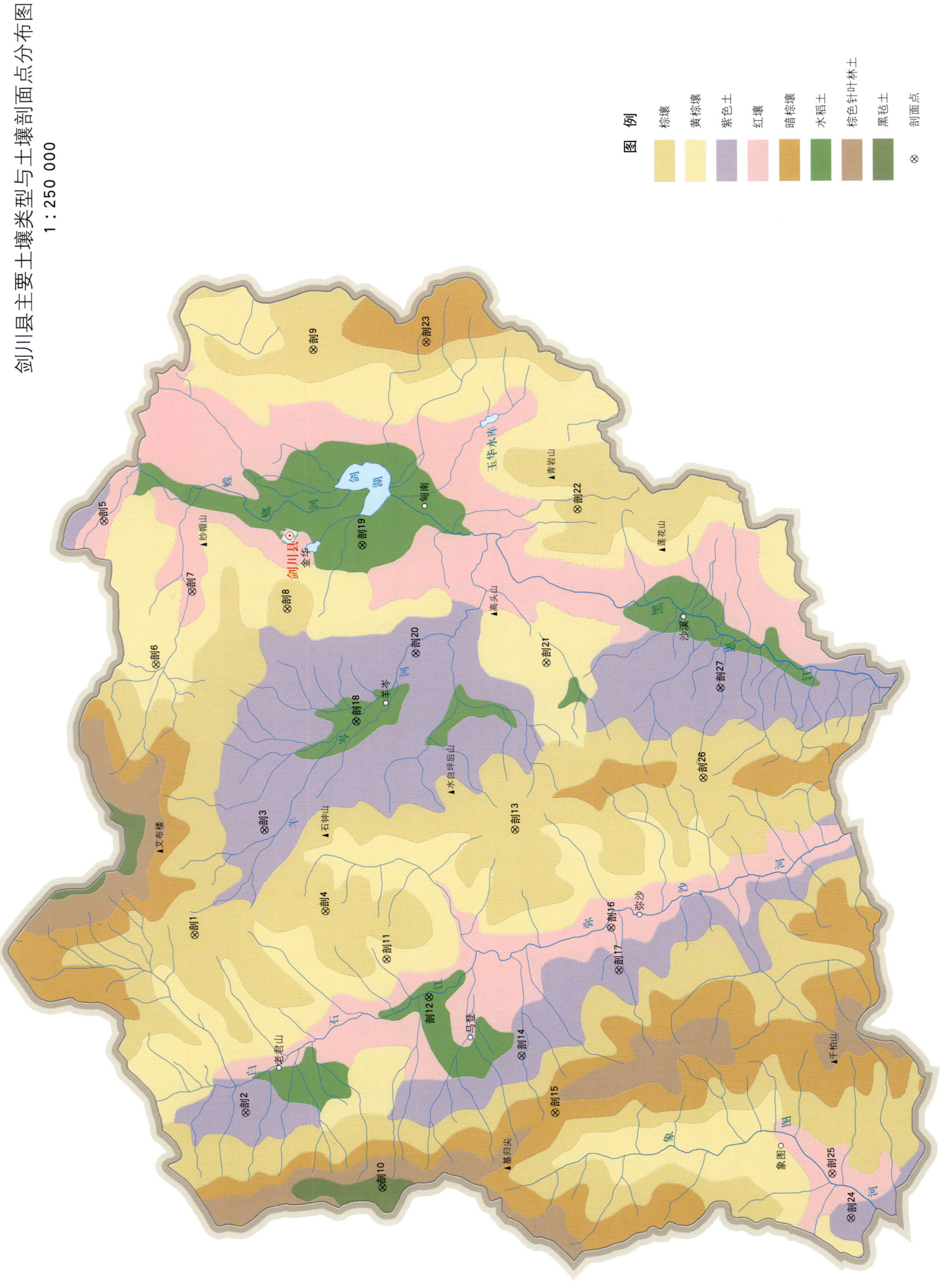

剑川县土壤剖面理化性状表

剖面号 Soil profile	土纲 Soil order	土类 Soil great group	亚类 Soil subgroup	土属 Soil genus	土种 Soil species	土层码 Layer code	土层厚度 Depth/cm	颜色 Soil color	质地 Soil texture	土壤结构 Soil structure	pH	有机质 OM/(g/kg)	全氮 TN/(g/kg)	全磷 TP/(g/kg)	全钾 TK/(g/kg)	碱解氮 AN/(mg/kg)	阳离子交换量CEC/(cmol/kg)	土壤母质 Parent material	剖面点坐标 Profile coordinate	匹配指数 Matching index/%
剖1	淋溶土	棕壤	棕壤	砾岩棕壤		A	0–23	褐色	中壤土	核状	5.7	41.9	2.21	0.48	27.4	263	13.6	砾岩残积物	E 99°39′41.4″ N 26°35′04.6″	88
						B	23–40	灰黄色	砂壤土	核状	5.5	10.4	0.82	0.20	23.8	112	10.3			
						C	40–100	黄色	砂壤土	核状	5.3	2.6	0.48	0.05	19.3	75	9.3			
剖2	初育土	紫色土	酸性紫色土	紫紫泥土	紫砂泥土	A	0–15	紫色	砂壤土	核状	5.8	38.9	2.75	0.99	13.1	271	11.9			71
						B	15–32	暗红棕色	砂壤土	块状	5.6	22.1	2.42	1.00	13.9	211	10.2			
						C	32–100	红棕色	砂壤土	块状	6.0	4.1	0.89	1.20	13.6	81	9.3			
剖3	初育土	紫色土	酸性紫色土	红紫泥土	红羊肝土	A	0–10	暗紫色	轻黏土	块状	7.3	16.5	1.66	1.30	21.4	103	21.5		E 99°33′18.0″ N 26°33′27.4″	70
						B	10–34	暗紫色	轻黏土	块状	7.6	19.5	1.15	1.58	16.8	118	22.8			
						C	34–100	暗紫棕色	重黏土	块状	7.3	7.8	0.72	1.17	29.1	19	25.5			
剖4	淋溶土	棕壤	棕壤	紫色砂岩棕壤	棕红砂土	A	0–16	棕色	中壤土	核状	5.9	32.1	2.16	0.48	15.1	151	11.2	紫色砂岩类	E 99°43′26.8″ N 26°32′47.8″	90
						B	16–43	紫黑色	砂壤土	块状	5.6	12.1	1.00	0.31	16.6	73	8.8			
						C	43–100	紫灰色	中壤土	粒状	5.5	7.4	0.70	0.27	14.3	44	8.2			
剖5	铁铝土	红壤	黄红壤	粗面岩黄棕壤	黄泥土	A	0–18	棕色	中壤土	块状	7.4	31.8	1.52	3.74	62.1	218	19.6		E 99°40′31.0″ N 26°30′50.0″	79
						B	18–76	浅灰棕色	中壤土	块状	6.4	26.8	1.76	3.85	68.1	138	18.3			
						C	76–100	棕色	轻壤土	块状	6.0	12.0	1.03	8.77	56.6	80	22.2			
剖6	淋溶土	黄棕壤	黄棕壤	砂岩黄棕壤	黄灰土	A	0–15	褐色	轻壤土	核状	6.5	70.9	4.96	1.67	29.5	421	23.3	砂岩类	E 99°54′35.4″ N 26°37′54.7″	98
						B	15–29	黄色	中壤土	核状	6.3	50.7	3.18	1.30	29.9	235	19.8			
						C	29–100	浅黄棕色	重壤土	块状	6.5	18.3	1.26	0.55	23.2	89	16.2			
剖7	铁铝土	红壤	黄红壤	粗面岩黄红壤		A	0–21	黄色	中壤土	核状	5.4	26.2	0.92	0.35	44.7	154	13.9		E 99°49′25.3″ N 26°36′16.2″	85
						B	21–58	浅黄棕色	轻壤土	块状	5.5	7.5		0.38	35.9	48	24.7			
						C	58–100	黄色	中壤土	块状	5.4	2.9		0.47	36.3	35	30.0			
剖8	淋溶土	棕壤	棕壤	砂岩棕壤		A	0–8	灰黄色	砂壤土	粒状	5.5	56.0	1.15	0.62	34.7	178	14.7	砂岩残积物	E 99°52′01.6″ N 26°35′04.9″	84
						B	8–29	黄色	砂壤土	粒状	5.4	30.5	0.44	0.85	42.8	94	13.9			
						BC	29–71	黄色	砂壤土	粒状	5.3	13.8	0.41	1.23	63.7	59	13.1			
剖9	淋溶土	棕壤	棕壤	石灰岩棕壤		A	0–25	红灰色	轻壤土	块状	5.9	53.9	1.98	1.22	14.5	231	25.4		E 99°51′22.5″ N 26°32′00.3″	80
						B	25–100	浅灰棕色	轻壤土	粒状	5.6	49.1	2.04	0.97	12.6	227	24.9			
剖10	高山土	黑毡土	黑毡土	山地灰黑色土		A_1	0–13	黑棕色	轻壤土	粒状	4.0								E 100°00′39.6″ N 26°31′04.8″	75
						A_2	13–27	暗棕色	重壤土	粒状	4.0									
						AC	27–56	棕色	重壤土	梭柱状	4.0									
						C	56–	浅棕色	轻壤土											
剖11	黄棕壤	黄棕壤	黄棕壤	页岩黄棕壤	黄刚土	A	0–13	红棕色	中壤土	核状	6.0	16.7	1.41	0.63	18.4	143	13.2	页岩	E 99°30′36.5″ N 26°28′01.7″	84
						B	13–100	红棕色	重壤土	块状	5.7	16.0	1.30	0.50	17.5	148	13.5			
剖12	人为土	水稻土	淹育水稻土	红壤性淹育水稻土	红泥水稻田	A	0–14	暗灰棕色	重壤土	块状	6.0	44.5	3.03	2.69	23.4	279	22.7		E 99°37′23.5″ N 26°27′29.5″	71
						P	14–45	棕灰色	重壤土	梭柱状	7.9	16.9	1.23	2.12	25.5	135	22.0			
						C	45–100	棕灰色	重壤土	块状	7.7	8.3	0.78	1.78	25.7	79	19.3			
剖13	淋溶土	棕壤	棕壤	砂岩棕壤	灰黄土	A	0–12	灰黄棕色	轻壤土	核状	5.7	46.6	2.04	0.68	14.9	232	17.1		E 99°43′23.1″ N 26°24′40.5″	100
						B	12–26	灰黄色	中壤土	块状	5.9	37.2	1.49	0.56	12.9	186	16.2			
						C	26–100	黄色	重壤土	块状	5.4	9.7	0.72	0.46	20.2	82	12.5			
剖14	初育土	紫色土	酸性紫色土	红紫泥土		A	0–15	紫色	砂壤土	粒状	6.0	38.2	1.02	0.46	13.5	86	8.8	紫色砂岩坡积物	E 99°35′15.7″ N 26°24′29.9″	91
						B	15–46	紫棕色	砂壤土	粒状	5.4	14.2	1.44	0.35	14.5	54	5.1			
						C	46–90	紫棕色	砂壤土	核状	5.1	10.9	0.33	0.23	17.2	32	10.2			

续表 Continued

剖面号 Soil profile	土纲 Soil order	土类 Soil great group	亚类 Soil subgroup	土属 Soil genus	土种 Soil species	土层码 Layer code	土层厚度 Depth/cm	颜色 Soil color	质地 Soil texture	土壤结构 Soil structure	pH	有机质 OM/(g/kg)	全氮 TN/(g/kg)	全磷 TP/(g/kg)	全钾 TK/(g/kg)	碱解氮 AN/(mg/kg)	阳离子交换量CEC/(cmol/kg)	土壤母质 Parent material	剖面点坐标 Profile coordinate	匹配指数 Matching index/%
剖15	淋溶土	暗棕壤	暗棕壤	砂岩暗棕壤		A	0—11	黑色	砂壤土	粒状	5.1	186.3	12.63	2.04	14.8	817	47.8	砂岩残积物	E 99°33′13.7″ N 26°23′25.2″	82
						AC	11—27	暗棕色	轻壤土	块状	4.8	129.4	7.24	1.76	15.7	551	41.8			
						C	27—40	黄棕色	砂壤土	核状	5.9	31.0	1.98	0.54	27.6	125	13.6			
剖16	铁铝土	红壤	黄红壤	砂岩黄红壤		A_1	0—7	灰黄色	砂壤土	块状	5.6	19.1	0.62	0.84	13.1	88	8.2	砂岩坡积物	E 99°39′50.4″ N 26°21′34.2″	88
						A_2	7—40	黄橙色	中壤土	块状	5.1	9.9	0.31	0.91	15.6	32	6.8			
						BC	40—100	灰白色	重壤土	块状	5.1	6.4	0.29	0.24	26.0	21	10.0			
剖17	初育土	紫色土	酸性紫色土	黄红紫泥土	羊肝土	A	0—14	暗红色	轻壤土	核状	6.9	55.5	3.26	1.31	22.3	204	19.8		E 99°38′18.4″ N 26°21′19.2″	92
						B	14—40	暗红棕色	中壤土	块状	6.8	23.2	1.54	1.11	22.6	115	14.5			
						C	40—100	红棕色	重壤土	块状	6.9	9.9	0.92	0.97	16.3	76	19.8			
剖18	人为土	水稻土	潴育水稻土	紫色土性潴育水稻土	紫泥田	A	0—14	暗灰棕色	轻壤土	核状	6.0	56.7	3.69	1.50	17.5	229	22.2		E 99°47′18.6″ N 26°29′47.8″	79
						P	14—22	暗灰棕色	轻壤土	块状	6.8	42.2	3.63	1.50	16.7	188	22.7			
						W	22—35	灰黄棕色	轻壤土	棱柱状	7.9	24.0	1.96	1.39	15.7	121	19.6			
剖19	人为土	水稻土	淹育水稻土	冲积湖积性淹育水稻土	灰砂泥田	A	0—17	棕灰色	轻壤土	团块状	8.1	25.8	2.32	1.24	17.8	238	26.5	冲积物、湖积物	E 99°53′37.0″ N 26°29′33.4″	84
						P	17—32	暗黄棕色	轻壤土	粒状	8.2	17.0	0.82	0.86	19.0	135	23.5			
						C_1	32—62	黄灰棕色	轻壤土	核状	8.3	5.3	0.21	0.96	18.9	87	20.9			
						C_2	62—78	黄灰棕色	中壤土	核状	8.2	7.6	0.94	0.94	20.8	52	25.9			
剖20	初育土	紫色土	酸性紫色土	紫红泥土		A	0—23	紫棕色	砂壤土	核状	5.3	54.7	2.00	0.30	5.1	220	12.7	紫色砂岩坡积物	E 99°49′44.1″ N 26°27′51.0″	100
						B	23—100	暗红棕色	砂壤土	粒状	5.0	5.3	0.70	0.26	28.1	39	11.5			
剖21	淋溶土	黄棕壤	黄棕壤	砂岩黄棕壤		A	0—16	紫棕色	砂壤土	粒状	5.2	14.0	0.40	0.81	4.0	74	6.5	砂岩残积物	E 99°49′21.0″ N 26°23′37.0″	92
						B	16—100	灰灰棕色	砂壤土	粒状	5.6	9.3	0.40	0.88	3.5	40	3.9			
剖22	淋溶土	棕壤	棕壤	玄武岩棕壤		A	0—13	棕色	砂壤土	粒状	5.1	116.8	3.36	1.30	4.9	376	37.1		E 99°54′49.9″ N 26°22′34.1″	78
						B	13—100	浅紫色	砂壤土	粒状	5.1	88.2	4.34	1.21	4.9	399	43.9			
剖23	淋溶土	暗棕壤	暗棕壤	石灰岩暗棕壤		A_1	0—21	暗黄棕色	轻壤土	粒状	4.9	7.3	0.74	0.88	25.4	66	11.0	石灰岩残积物	E 100°00′52.8″ N 26°27′25.2″	99
						A_2	21—59	浅黄黄棕色	中壤土	核状	5.0	1.3	0.41	0.68	24.9	28	6.9			
剖24	初育土	紫色土	酸性紫色土	黄红紫泥土	黄紫泥土	A	0—14	暗灰棕色	轻壤土	核状	5.7	47.3	3.63	1.23	22.0	226	20.6		E 99°29′27.6″ N 26°13′49.8″	91
						B	14—31	灰灰棕色	轻壤土	块状	6.7	42.1	3.93	1.15	20.6	269	25.2			
						C	31—100	灰灰棕色	中壤土	块状	7.4	37.6	3.27	1.15	19.4	234	25.9			
剖25	铁铝土	红壤	黄红壤	石灰岩黄红壤		A	0—17	浅红黄色	砂壤土	块状	4.8	19.5	0.89	0.56	10.7	100	15.4	石灰岩坡积物	E 99°31′01.6″ N 26°14′26.5″	89
						B	17—43	浅棕红色	重壤土	块状	6.4	17.5	1.49	1.04	12.3	166	25.5			
						C	43—80	浅红红色	重壤土	块状	7.2	13.3	1.17	0.73	20.0	88	22.8			
剖26	淋溶土	棕壤	棕壤	紫色砂岩棕壤		A	0—16	暗红棕色	砂壤土	核状	4.8	42.6	1.74	0.24	6.1	184	15.2	紫色砂岩	E 99°45′11.2″ N 26°18′33.1″	79
						B	16—60	红灰棕色	砂壤土	粒状	5.1	21.9	0.62	0.23	11.8	92	21.3			
						C	60—100	红灰棕色	砂壤土	核状	5.2	8.1	0.41	0.21	19.9	38	8.2			
剖27	初育土	紫色土	酸性紫色土	红紫泥土	紫羊肝土	A	0—14	紫色	中黏土	块状	6.7	52.3	3.48	1.16	30.4	294	28.4		E 99°48′23.4″ N 26°17′58.6″	84
						B	14—31	紫棕色	中黏土	块状	6.8	52.1	3.41	0.77	28.8	298	33.6			
						C	31—100	紫紫色	重黏土	块状	7.9	18.8	1.26	1.38	28.3	106	24.9			

鹤 庆 县

主要土类说明

红壤是鹤庆县主要土壤类型，占本县地域面积的60%，分布在海拔800—2200m的中山丘陵。植被为针叶林、阔叶林、灌木、草本植物等。成土母质为石灰岩、砂页岩和玄武岩。成土过程以脱硅富铝化和生物富集为主。土体深厚，剖面层次发育完整。本县红壤分为红壤、黄红壤等亚类。红壤亚类呈中度脱硅富铝化特征，具A-Bs-Bv或A-Bs-C剖面构型。黏土矿物以高岭石、赤铁矿为主，黏粒硅铝率为1.8—2.4，风化淋溶系数小于0.2，盐基饱和度小于35%，有效养分含量低，特别是速效磷含量低。表土呈浅棕红色至暗红棕色，为粒状至块状结构。淀积层可见深厚的红、黄、白相间的网纹状红色黏土。黄红壤所处区域水分条件较优，土体上部有黄化现象，以黄橙色或橙色为主，下部仍以高岭石为主，伴有蛭石和三水铝石。

棕色针叶林土是鹤庆县第二大土壤类型，占本县地域面积的19%，分布在海拔3400—4000m的高山地区，多与暗棕壤交错分布。植被为针叶林，主要有冷杉、云杉、红杉等。成土过程为表层酸性泥炭化物质积累和土壤中可溶性铁铝锰化合物回流表土的过程。土层较浅薄，一般在40cm左右，土层内多砾质岩屑，质地较轻，以壤质为主。A层呈暗棕色，B层呈棕色。pH为4.0—6.5，土层上部较酸，下部呈微酸性至中性。凋落物腐解，富里酸下渗，络合部分铁铝下移，使表层盐基饱和度降低。表层腐殖质处于半分解状态，有较厚的凋落物和腐殖质层，有机质含量为80—200g/kg。由于常年气温较低，分解与转化有机物的微生物活动受到限制，加上冻融期与伏雨期土壤过湿，养分的转化与氧化过程减弱。

水稻土是鹤庆县第三大土壤类型，占本县地域面积的13%，分布在海拔1700—1900m的平坝及低山丘陵区，河谷有少量分布。成土母质为地带性红壤和紫色土。成土过程为淋溶作用和水耕熟化过程。本县水稻土分为淹育型、潴育型、潜育型等亚类。

棕壤占本县地域面积的4%，分布在海拔2300—3000m的山地垂直带谱中。植被以湿性常绿阔叶林和针阔叶混交林为主。成土母质以紫色岩类、酸性结晶岩类、基性结晶岩类和碳酸岩类风化物为主。成土过程以淋溶过程、黏化过程和生物富集过程为主。

小于本县地域面积3%的土壤类型有燥红土、暗棕壤、黄棕壤和新积土。

本区域中心区气候特征

本区域中心区气候特征值
Regional climate characteristics in central area of the region

气候带：中亚热带湿润气候 Climate region: Subtropical humid climate	
年平均气温 /℃ Annual average temperature /℃	14.1
年平均最高气温 /℃ Annual average maximum temperature /℃	20.6
年平均最低气温 /℃ Annual average minimum temperature /℃	9.0
年降水量 /mm Annual precipitation /mm	1016
≥10℃的积温 /℃ Daily temperature accumulated in a year（≥10℃）/℃	5113
年日照时数 /h Annual sunshine /h	2362
年平均相对湿度 /% Annual average relative humidity /%	66
干燥度 Dryness	0.83

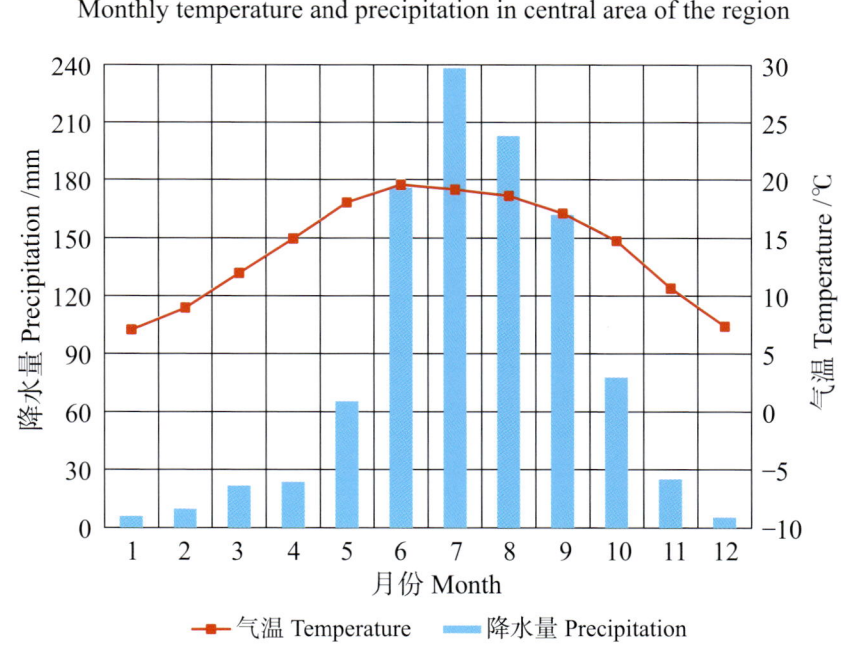

本区域中心区月平均气温与月平均降水量
Monthly temperature and precipitation in central area of the region

鹤庆县主要土壤类型与土壤剖面点分布图
1:280 000

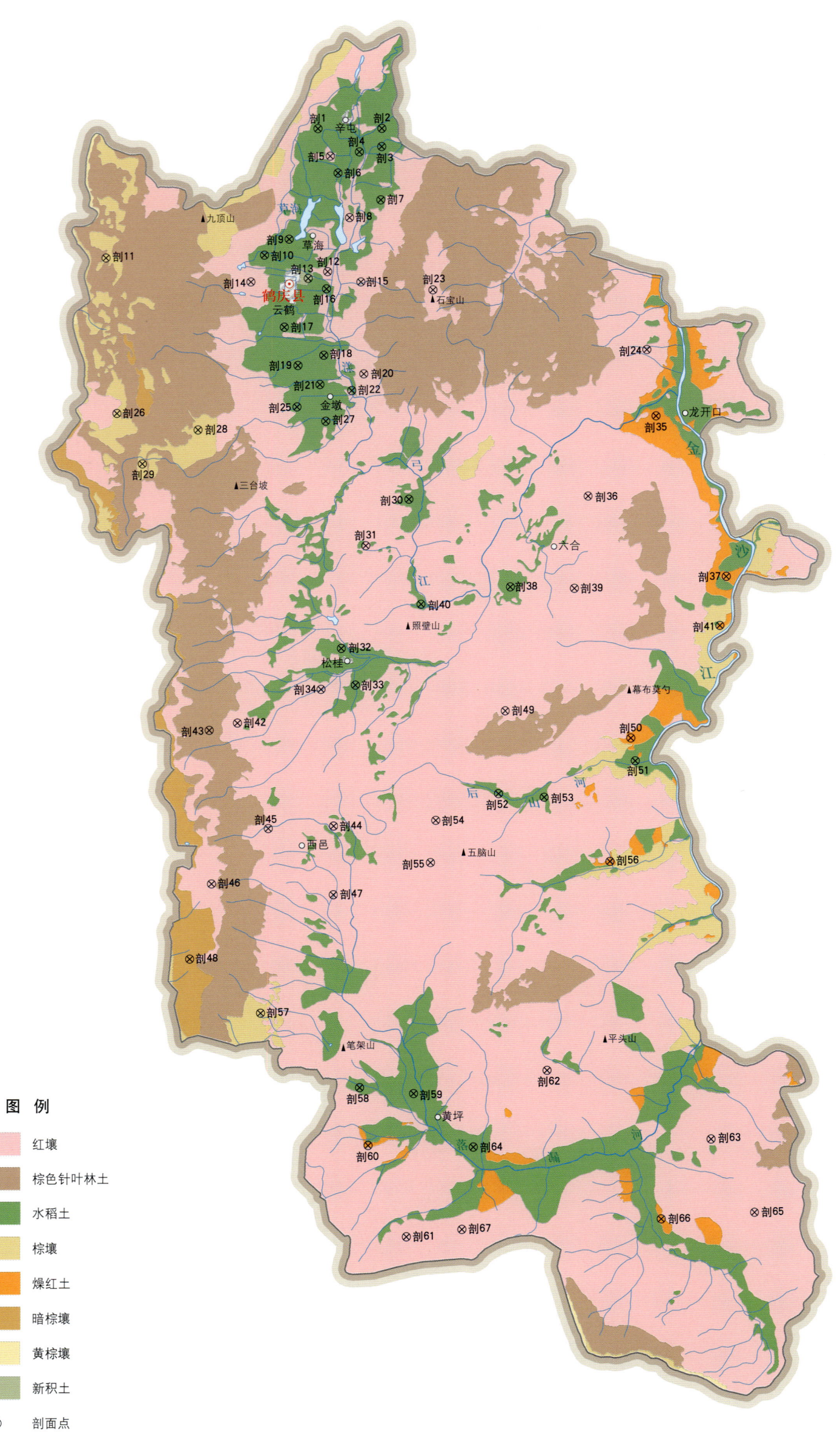

鹤庆县土壤剖面理化性状表

剖面号 Soil profile	土纲 Soil order	土类 Soil great group	亚类 Soil subgroup	土属 Soil genus	土种 Soil species	土层码 Layer code	土层厚度 Depth/cm	颜色 Soil color	质地 Soil texture	土壤结构 Soil structure	pH	有机质 OM/(g/kg)	全氮 TN/(g/kg)	全磷 TP/(g/kg)	全钾 TK/(g/kg)	碱解氮 AN/(mg/kg)	有效磷 AP/(mg/kg)	阳离子交换量CEC/(cmol/kg)	土壤母质 Parent material	剖面点坐标 Profile coordinate	匹配指数 Matching index/%
剖1	人为土	水稻土	潜育水稻土	湖积性潜育水稻土	青胶泥田	A	0—18	浅棕色	重黏土	小块状	7.6	20.2	1.80	0.50	10.6	157			湖积物	E 100°11′26.2″ N 26°38′52.8″	87
						AC	18—40	黄棕色	中黏土	大块状	7.7	22.6	1.50	0.46	10.7	97					
						G	40—100	暗棕色	中黏土	棱柱状	7.7	8.8	0.80	0.44	11.9	46					
剖2	人为土	水稻土	潜育水稻土	湖积性潜育水稻土	白胶泥田	A	0—19	暗棕色	轻黏土	块状	7.6	40.5	2.10	0.21	14.9	164			湖积物	E 100°13′47.7″ N 26°38′51.6″	87
						G	19—60	暗棕灰色	轻黏土	棱块状	7.9	6.3	0.80	0.17	16.6	26					
						C	60—100	红黄色	轻黏土	大块状	7.8	14.2	0.50	0.42	17.3	15					
剖3	人为土	水稻土	潜育水稻土	湖积性潜育水稻土	黑泥田	A	0—27	棕色	中黏土	团粒状	8.2	41.5	2.50	0.32	18.8	179				E 100°13′46.8″ N 26°38′15.7″	95
						AB	27—63	红棕色	重黏土	团粒状	8.4	15.7	1.10	0.32	19.9	64					
						W	63—83	暗棕红色	重黏土	团粒状	8.2	13.8	0.90	0.34	18.1	50					
						G	83—100	青灰色	中黏土	大块状	8.4	16.8	1.00	0.36	16.7	57					
剖4	人为土	水稻土	淹育水稻土	湖积性淹育水稻土	红泥田	A	0—24	浅黄棕色	中黏土	团粒状	8.0	59.8	3.50	0.38	14.0	251			湖积物	E 100°12′57.4″ N 26°38′05.9″	71
						BC	24—56	暗棕红色	轻黏土	棱柱状	8.5	33.8	2.10	0.36	14.4	155					
						C	56—100	黄棕色	中黏土	大块状	8.7	17.6	1.20	0.34	15.0	83					
剖5	铁铝土	红壤	红壤	湖积物红壤	红黏土	A	0—23	红棕色	中黏土	团块状	7.3	29.5	1.40	0.27	9.3	146			湖积物	E 100°11′52.8″ N 26°37′58.4″	96
						AB	23—33	暗红棕色	中黏土	核状	7.1	22.8	1.20	0.28	8.7	91					
						BC	33—100	暗灰棕色	重黏土	大块棕色	8.1	17.4	1.30	0.19	9.1	41					
剖6	人为土	水稻土	淹育水稻土	湖积性淹育水稻土	蚂蚁土	A	0—19	黄棕色	重黏土	团粒状	7.2	72.8	3.90	0.57	12.7	283			湖积物	E 100°12′09.3″ N 26°37′24.8″	78
						B(g)	19—69	暗棕灰色	中黏土	大块状	8.1	19.9	1.20	0.34	11.8	71					
						G	69—100	青灰色	重壤土	柱状	8.1	5.2	0.40	0.15	13.9	132					
剖7	人为土	水稻土	潜育水稻土	湖积性潜育水稻土	黄泥田	A	0—24	灰棕色	轻黏土	块状	8.5	32.1	1.90	0.36	19.1	132			湖积物	E 100°13′43.7″ N 26°36′30.6″	78
						P	24—41	暗棕灰色	中黏土	大块状	8.5	20.4	1.30	0.36	19.7	87					
						C	41—100	暗棕色	中黏土	棱柱状	7.9	5.7	0.60	0.38	23.7	17					
剖8	铁铝土	红壤	红壤	湖积物红壤	红黏土	A	0—17	浅棕色	中黏土	块状	8.7	29.6	1.80	0.38	13.9	120			湖积物	E 100°12′34.2″ N 26°35′56.8″	99
						AB	17—43	暗棕灰色	重黏土	柱状	8.7	30.5	1.30	0.38	13.9	149					
						B	43—100	暗棕色	轻黏土	团粒状	8.6	12.4	0.90	0.38	16.2	22					
剖9	人为土	水稻土	潜育水稻土	湖积性潜育水稻土	蚂蚁土田	A	0—18	浅棕色	重黏土	块状	6.2	51.2	2.80	0.19	14.7	163			湖积物	E 100°10′20.3″ N 26°35′15.4″	100
						W	18—35	暗棕灰色	重黏土	柱状	6.4	33.5	2.60	0.17	14.5	176					
						C	35—100	暗灰黄色	中黏土	团粒状	7.4	12.7	2.60	0.21	14.7	44					
剖10	人为土	水稻土	淹育水稻土	湖积性淹育水稻土	黄砂泥田	A	0—20	灰棕色	轻黏土	块状	7.6	71.7	4.10	0.31	13.7	308			湖积物	E 100°09′25.6″ N 26°34′44.4″	89
						P	20—40	浅灰棕色	中黏土	柱状	7.2	15.3	1.10	0.21	12.8	71					
						C	40—100	浅黄棕色	重壤土	粒状	7.5	4.8	0.60	0.17	11.0	8					
剖11	淋溶土	棕壤	棕壤	洪冲积物棕壤	黑油土	A	0—17	暗黄棕色	重壤土	块状	4.9	42.0	1.80	0.34	9.1	247				E 100°03′35.3″ N 26°34′42.2″	87
						B	17—68	暗红棕色	中壤土	小块状	5.1	32.6	1.50	0.36	10.1	135					
						BC	68—100	暗棕色	中壤土	柱状	4.9	15.9	1.00	0.21	11.5	30					
剖12	铁铝土	红壤	红壤	湖积物红壤	黑黏土	A	0—18	浅棕色	轻黏土	团粒状	8.1	19.6	1.00	0.38	11.0	93			湖积物	E 100°11′44.5″ N 26°34′09.8″	73
						AB	18—50	暗棕灰色	中黏土	块状	8.6	12.5	0.70	0.57	13.4	54					
						G	50—60	灰棕色	重黏土	核状	8.5	15.2	1.00	0.32	13.0	22					
						C	60—100	暗黄色	中壤土	大块状	8.9	3.3	0.20	0.88	0.5	17					
剖13	初育土	新积土	冲积土	湖积物草甸土冲积土	菜园土	A	0—25	暗黄棕色	中壤土	团粒状	8.0	33.5	2.30	3.28	13.0	150			湖积物	E 100°11′01.2″ N 26°33′56.9″	77
						B(g)		暗棕灰色	重壤土	块状	8.1	33.6	2.20	2.88	12.9	127					
剖14	铁铝土	红壤	红壤	洪冲积物红壤	红土	A	0—24	红棕色	重壤土	团粒状	6.7	23.5	1.50	0.28	17.0	112			湖积物	E 100°08′54.6″ N 26°33′51.5″	86
						AB	24—55	浅红棕色	重黏土	核状	6.9	16.4	1.00	0.28	18.8	73					
						BC	55—100	浅黄棕色	重黏土	块状	6.8	18.1	1.10	0.27	15.3	98					

续表 Continued

剖面号 Soil profile	土纲 Soil order	土类 Soil great group	亚类 Soil subgroup	土属 Soil genus	土种 Soil species	土层码 Layer code	土层厚度 Depth/cm	颜色 Soil color	质地 Soil texture	土壤结构 Soil structure	pH	有机质 OM/(g/kg)	全氮 TN/(g/kg)	全磷 TP/(g/kg)	全钾 TK/(g/kg)	碱解氮 AN/(mg/kg)	有效磷 AP/(mg/kg)	阳离子交换量CEC/(cmol/kg)	土壤母质 Parent material	剖面点坐标 Profile coordinate	匹配指数 Matching index/%
剖15	铁铝土	红壤	红壤	洪冲积物红壤	瘦红土	A	0—22	暗红棕色	重黏土	团块状	8.7	33.8	1.80	0.44	9.2	123				E 100°12′57.6″ N 26°33′48.6″	89
						AB	22—50	暗红色	重黏土	块状	8.5	19.8	1.10	0.61	10.4	46					
						BC	50—100	暗棕红色	重黏土	柱状	8.4	15.6	0.80	0.57	11.8	34					
剖16	人为土	水稻土	淹育水稻土	湖积性淹育水稻土	砂浆黄泥田	A	0—20	暗红棕色	轻黏土	团粒状	8.3	41.2	2.00	0.52	15.7	146			湖积物	E 100°11′41.3″ N 26°33′35.6″	77
						AC	20—60	暗棕色	中黏土	块状	8.4	32.2	1.90	0.61	16.3	131					
						C	60—100	暗棕色	重黏土	柱状	8.1	23.2	1.40	0.67	16.8	88					
剖17	人为土	水稻土	淹育水稻土	湖积性淹育水稻土	红胶泥田	A	0—17	红棕色	中黏土	块状	8.4	47.6	0.90	0.44	18.6	165			湖积物	E 100°10′07.7″ N 26°32′21.1″	94
						P	17—25	红棕色	重黏土	柱状	8.5	40.9	2.60	0.40	18.5	149					
						C	25—100	红棕色	重黏土	块状	8.5	18.0	1.30	0.38	18.4	72					
剖18	人为土	水稻土	潜育水稻土	湖积性潜育水稻土	黑蚂蚁土田	A	0—16	暗红色	中黏土	团块状	7.8	61.2	3.20	0.34	23.4	193			湖积物	E 100°11′34.1″ N 26°31′25.0″	80
						P	16—30	暗红棕色	中黏土	柱状	8.2	30.3	2.80	0.28	23.7	170					
						C	30—100	浅黄棕色	重黏土	块状	8.5	19.2	2.30	0.34	24.1	52					
剖19	铁铝土	红壤	红壤	洪冲积物红壤	灰砂泥田	A	0—23	黄红色	轻黏土	团粒状	7.2	82.5	6.10	0.53	11.3	223				E 100°10′36.8″ N 26°31′05.2″	88
						W	23—46	红棕色	轻黏土		7.4	23.8	2.20	0.48	11.1	68					
						BC	46—60	浅红棕色	重黏土		7.3	4.6	0.20	2.04	5.3						
						C	60—100	青灰色	重黏土	柱状	7.1	5.3	0.30	0.53	9.8	180					
剖20	人为土	水稻土	潜育水稻土	湖积性潜育水稻土	灰黄泥田	A	0—16	暗红棕色	轻黏土	粒状	7.4	27.6	1.50	0.67	14.3	77			湖积物	E 100°13′02.4″ N 26°30′47.1″	76
						B	16—30	暗红色	轻黏土	梭柱状	7.4	11.0	1.00	0.63	13.3	62					
						BC	30—100	暗红色	重黏土	块状	7.4	10.0	1.40	0.69	13.9	39					
剖21	人为土	水稻土	潜育水稻土	湖积性潜育水稻土	红蚂蚁土田	A	0—16	灰棕色	重壤土	大块状	6.1	64.8	3.60	0.31	13.9	277				E 100°11′24.8″ N 26°30′27.2″	83
						P	16—30	浅棕红色	轻黏土	团块状	7.7	26.8	1.60	0.27	14.0	94					
						C	30—100	浅棕红色	重黏土	大块状	7.6	43.3	1.20	0.53	15.6	53					
剖22	铁铝土	红壤	红壤	润山红壤	润红土	A	0—16	浅棕黄色	黏土	团块状	7.4	62.7	3.30	0.61	13.4	253				E 100°12′35.6″ N 26°30′14.8″	77
						W	16—40	暗黄色	壤质黏土	大块状	7.4	32.5	1.70	0.53	12.6	123					
						C	40—100	暗灰色	黏土	块状	7.7	13.8	0.70	0.46	13.8	41					
剖23	红壤	红壤	红壤	玄武岩红壤	大红泥土	A	0—20	红深色	轻黏土	小块状	7.2	27.0	1.20	0.31	18.8	128	1.5			E 100°15′36.8″ N 26°33′30.9″	71
						B	20—70	暗棕红色	中黏土	块状	7.3	7.0	0.40	0.32	19.1	40	1.5				
						C	70—100	暗黄色	中黏土	团块状	6.7	6.0	0.40	0.34	22.1	40	1.7				
剖24	铁铝土	红壤	红壤	洪冲积物红壤	红砂泥田	A	0—16	红深色	轻黏土	块状	7.3	20.3	1.20	0.34	16.4	82				E 100°23′28.0″ N 26°31′27.8″	94
						AB	16—50	暗棕红色	中黏土	块状	7.7	17.8	1.20	0.23	26.1	80					
						BC	50—100	紫棕色	中黏土	柱状	7.1	8.0	0.70	0.10	37.3	45					
剖25	人为土	水稻土	淹育水稻土	湖积性淹育水稻土	黑鸡粪土	A	0—18	红黄色	轻黏土	团块状	6.1	59.7	2.80	0.31	12.6	160			湖积物	E 100°10′34.0″ N 26°29′43.8″	95
						P	18—33	浅红黄色	轻黏土	小块状	6.3	58.8	3.30	0.28	12.9	197					
						BC	33—54	浅黄色	轻黏土	柱状	7.6	19.0	1.10	0.28	12.7	60					
						C	54—100	浅黄棕色	中黏土	柱状	7.5	22.5	1.70	0.31	12.2	55					
剖26	淋溶土	棕壤	棕壤	洪冲积物棕壤	黑鸡粪土	A	0—20	暗棕红色	轻黏土	团粒状	5.4	125.0	5.70	0.95	17.0	453				E 100°03′56.2″ N 26°29′34.8″	93
						AB	20—50	暗棕红色	轻黏土	团粒状	5.4	45.6	2.40	0.42	13.4	355					
						BC	50—100	暗棕色	中黏土	小块状	5.6	24.7	1.50	0.40	20.4	114					
剖27	人为土	水稻土	潜育水稻土	湖积物棕壤	黑油砂土	A	0—16	暗红棕色	中黏土	团块状	5.7	40.4	3.10	0.32	18.8	230			湖积物	E 100°11′36.9″ N 26°29′14.8″	80
						W	16—30	灰棕色	重黏土	梭柱状	7.2	19.0	1.80	0.28	19.3	94					
						C	30—100	棕灰色	重黏土	柱状	8.0	20.0	1.80	0.31	19.7	53					
剖28	淋溶土	棕壤	棕壤	碳酸岩类山地棕壤		A	0—10	黑色	重黏土	小粒状	5.1	184.4	7.30	0.28	12.8	538				E 100°06′55.4″ N 26°29′00.2″	74
						BC	10—50	棕色	轻黏土	粒状	5.4	68.9	3.40	0.90	14.0	270					
						C	50—100	暗红棕色	轻黏土	团粒状	5.3	50.3	2.60	0.72	15.8	181					

续表 Continued

剖面号 Soil profile	土纲 Soil order	土类 Soil great group	亚类 Soil subgroup	土属 Soil genus	土种 Soil species	土层码 Layer code	土层厚度 Depth/cm	颜色 Soil color	质地 Soil texture	土壤结构 Soil structure	pH	有机质 OM/(g/kg)	全氮 TN/(g/kg)	全磷 TP/(g/kg)	全钾 TK/(g/kg)	碱解氮 AN/(mg/kg)	有效磷 AP/(mg/kg)	阳离子交换量 CEC/(cmol/kg)	土壤母质 Parent material	剖面点坐标 Profile coordinate	匹配指数 Matching index/%
剖29	淋溶土	棕壤	棕壤	洪冲积物棕壤	黑土	A	0~23	棕色	轻壤土	粒状	5.6	73.5	3.70	0.67	11.9	189				E 100°04′51.6″ N 26°27′55.1″	84
						B	23~65	红棕色	轻壤土	小块状	6.6	79.2	4.00	0.82	18.8	314					
						BC	65~100	浅棕色	重壤土	柱状	6.4	76.5	3.70	0.76	11.3	342					
剖30	人为土	水稻土	潴育水稻土	冲积性潴育水稻土	黄灰泥田	A	0~24	浅黄棕色	轻壤土	团块状	6.0	73.3	3.90	0.32	13.8	310			冲积物	E 100°14′38.8″ N 26°26′38.8″	96
						W	24~80	黑色	中黏土	柱状	6.6	60.3	2.60	0.50	17.2	184					
						C	80~100	灰黄色	轻壤土	块状	6.8	13.7	0.90	0.44	24.4	54					
剖31	铁铝土	红壤	红壤	碳酸岩类红壤	酸白泥	A	0~18	暗灰色	轻壤土	柱状	7.3	64.2	3.20	0.34	18.9	241			碳酸岩类	E 100°13′03.0″ N 26°25′07.3″	87
						AB	18~100	暗灰色	轻壤土	柱状	7.8	46.1	2.60	0.31	20.0	196					
剖32	人为土	水稻土	潴育水稻土	冲积性潴育水稻土	油砂泥田	A	0~16	灰黄色	轻壤土	团粒状	6.0	69.5	3.10	0.42	18.1	272				E 100°12′07.2″ N 26°21′45.4″	80
						W	16~24	灰黄色	中壤土	小柱状	6.3	25.5	1.40	0.34	16.3	122					
						C	24~100	黄色	重壤土	块状	7.1	10.1	0.80	0.31	17.8	58					
剖33	人为土	水稻土	淹育水稻土	冲积性淹育水稻土	粉砂泥田	A	0~16	暗黄黄色	重黏土	粒状	5.6	76.0	3.80	0.46	23.5	365				E 100°12′37.4″ N 26°20′32.6″	70
						P	16~28	暗黄黄色	重黏土	核状	6.3	49.8	2.70	0.25	13.4	192					
						C	28~100	暗红棕色	重黏土	块状	7.8	7.9	1.30	0.48	25.9	40					
剖34	铁铝土	红壤	红壤	洪冲积物红壤	河砂泥土	A	0~16	灰棕色	重黏土	小块状	8.0	36.6	2.00	0.57	20.0	139				E 100°11′21.2″ N 26°20′25.1″	82
						AB	16~37	暗灰棕色	中壤土	块状	8.5	14.1	0.50	0.36	16.0	61					
						BC	37~100	灰棕色	中壤土	块状	8.5	17.8	1.80	0.27	15.3	35					
剖35	半淋溶土	燥红土	褐红土	黏褐红土	砾质褐红大土	A₁₁	0~20	亮红棕色	壤质黏土	块状	6.9	22.1	1.50	0.23	15.8	57	0.9	9.6		E 100°23′46.4″ N 26°29′16.9″	99
						B	20~60	红棕色	壤质黏土	块状	6.9	11.2	0.80	0.23	16.1	44	0.9	11.5			
						C	60~100	暗红棕色	壤质黏土	大块状	6.9	4.6	0.30	0.19	22.2	28	1.3	10.8			
剖36	铁铝土	红壤	红壤	碳酸岩类红壤	红泥土	A	0~17	红棕色	轻壤土	小粒状	7.1	42.9	2.80	0.50	15.7	284			碳酸岩类	E 100°21′14.8″ N 26°26′40.6″	77
						AB	17~40	浅棕红色	重壤土	柱状	7.1	23.6	3.00	0.59	14.3	198					
						BC	40~100	暗黄棕色	中壤土	团粒状	7.4	8.8	0.60	0.34	17.2	47					
剖37	半淋溶土	燥红土	红褐土	洪冲积物红褐土	夹石土	A	0~14	栗色	重壤土	小块状	6.0	36.6	2.00	0.31	11.7	139				E 100°26′17.9″ N 26°23′57.8″	70
						B	14~35	暗黄棕色	中壤土	小块状	6.2	14.0	0.50	0.15	8.3	61					
						C	35~100	暗黄棕色	中壤土	块状	6.6	17.8	1.80	0.07	2.7	35					
剖38	人为土	水稻土	淹育水稻土	冲积性淹育水稻土	灰泥田	A	0~17	紫灰色	中壤土	粒状	6.3	72.0	3.10	0.57	21.0	243			冲积物	E 100°18′21.2″ N 26°23′42.7″	88
						Pb	17~100	灰棕色	中壤土	柱状	7.2	10.6	1.00	0.36	24.5	52					
剖39	铁铝土	红壤	红壤	碳酸岩类红壤		A	0~18	红黄色	中壤土	小块状	5.9	50.7	2.30	0.46	20.1	184			碳酸岩类	E 100°20′42.4″ N 26°23′38.4″	78
						B	18~100	浅黄黄色	重壤土	柱状	6.4	11.4	1.30	0.42	25.3	57					
剖40	人为土	水稻土	淹育水稻土	红壤性淹育水稻土	黄红泥田	A	0~14	浅红黄色	重壤土	团块状	7.7	29.3	2.20	0.40	22.5	165				E 100°15′03.7″ N 26°23′10.3″	71
						P	14~23	灰棕色	重壤土	团块状	7.5	6.3	1.80	0.42	23.1	114					
						BC	23~75	灰棕色	重壤土	棱柱状	6.1	5.3	1.00	0.25	23.5	38					
						C	75~100	灰白色	重壤土	柱状	8.3	9.4	1.00	0.15	27.3	29					
剖41	半淋溶土	燥红土	红褐土	泥质岩类红褐土	河砂土	A	0~16	红棕色	砂壤土	散状	8.3	1.6	0.40	0.32	15.4	50			泥质岩类	E 100°26′02.3″ N 26°22′21.0″	91
						AB	16~35	暗红棕色	轻壤土	散状	8.3	6.7	0.50	0.34	14.7	29					
						BC	35~44	暗黄棕色	轻壤土	散状	8.3	2.6	0.20	0.31	14.8	19					
						C	44~100	浅黄棕色	轻壤土	散状	7.2	2.9	1.00	0.32	13.4	16					
剖42	铁铝土	红壤	黄红壤	泥质岩类黄红壤	黄红泥田	A	0~14	浅黄棕色	重壤土	团粒状	7.3	80.2	2.30	0.44	19.3	222				E 100°15′03.7″ N 26°23′21.0″	88
						B	14~33	黄橙色	轻壤土	块状	6.8	4.7	1.40	0.42	21.2	125					
						C	33~100	黄橙色	重壤土	块状	6.8	4.7	1.40	0.40	22.6	125					
剖43	淋溶土	棕色针叶林土				A	0~15	黑棕色	轻壤土	粒状	5.0	178.1	6.10	0.34	12.4	556			泥质岩类	E 100°07′14.5″ N 26°19′07.0″	73
						BC	15~30	棕橙色	轻壤土	团粒状	5.1	143.4	5.00	0.28	12.5	546					
剖44	铁铝土	红壤	黄红壤	泥质岩类黄红壤	红黄土	A	0~18	灰棕色	轻黏土	块状	6.9	65.7	3.00	0.82	15.4	236			泥质岩类	E 100°11′46.3″ N 26°15′54.4″	94
						B	18~55	棕色	轻黏土	块状	7.1	23.2	1.20	0.86	15.2	98					
						C	55~100	红棕色	轻壤土	大块状	7.0	30.4	1.30	0.82	14.9	98					

续表 Continued

剖面号 Soil profile	土纲 Soil order	土类 Soil great group	亚类 Soil subgroup	土属 Soil genus	土种 Soil species	土层码 Layer code	土层厚度 Depth/cm	颜色 Soil color	质地 Soil texture	土壤结构 Soil structure	pH	有机质 OM/(g/kg)	全氮 TN/(g/kg)	全磷 TP/(g/kg)	全钾 TK/(g/kg)	碱解氮 AN/(mg/kg)	有效磷 AP/(mg/kg)	阳离子交换量CEC/(cmol/kg)	土壤母质 Parent material	剖面点坐标 Profile coordinate	匹配指数 Matching index/%
剖45	铁铝土	红壤	红壤	洪冲积物红壤	石渣子土	A	0–14	暗棕色	重壤土	粒状	6.0	117.2	5.70	0.28	11.7	524				E 100°09′22.7″ N 26°15′50.8″	76
						B	14–38	灰棕色	重壤土	小块状	6.2	17.8	1.00	0.14	5.9	80					
						C	38–100	亮灰棕色	黏土	块状	6.6	8.7	0.80	0.10	0.2	47					
剖46	铁铝土	红壤	红壤	黏红泥	润红土	A_{11}	0–20	亮红棕色	壤质黏土	小粒状	6.7	27.0	1.20	0.31	18.8	128	1.7	7.0		E 100°07′16.7″ N 26°14′02.8″	77
						B_1	20–70	棕红色	黏土	块状	5.6	7.0	0.40	0.32	19.1	40	1.7	7.0			
						B_2	70–100	黄橙色	黏土	块状	5.5	6.0	0.40	0.34	22.1	40	1.7	7.1			
剖47	铁铝土	红壤	黄红壤	泥质岩类黄红壤	泥质岩类黄红土	A	0–20	暗黄棕色	中壤土	小粒状	5.4	39.7	1.60	0.19	4.9	163			泥质岩类	E 100°11′44.5″ N 26°13′38.6″	87
						B	20–80	浅红棕色	重黏土	大粒状	5.1	5.3	0.30	0.23	9.1	31					
						C	80–100	红黄色	重黏土	大块状	5.1	0.3	0.10	0.27	12.8	3					
剖48	淋溶土	暗棕壤		碳酸岩类红壤	黄红土	A	0–12	暗棕色	重黏土	粒状	5.1	154.1	5.10	0.50	12.5	456				E 100°06′27.4″ N 26°11′34.8″	84
						BC	12–40	棕色	重黏土	小块状	5.3	108.1	2.30	0.44	12.7	446					
						C	40–100	暗棕色	重黏土	块状	5.4	73.4	2.80	0.53	11.8	275					
剖49	铁铝土	红壤		褐红大土	砾质褐红土	A	0–16	浅黄棕色	重黏土	小块状	6.3	56.3	2.60	0.61	18.7	217				E 100°18′07.2″ N 26°19′38.6″	72
						C	16–100	红棕色	重黏土	梭块状	7.3	4.7	1.00	0.38	26.1	32					
剖50	半淋溶土	燥红土				A	0–20	暗棕红色	壤质黏土	块状	6.9	22.1	1.90	0.23	15.8	57		9.6		E 100°22′43.4″ N 26°18′42.0″	95
						B	20–60	暗红棕色	壤质黏土	大块状	6.9	11.2	1.80	0.23	16.1	45		11.5			
						C	60–100	红棕色	壤质黏土	块状	6.9	4.6	0.70	0.19	22.2	28		19.8			
剖51	人为土	水稻土	潴育水稻土	冲积性潴育水稻土	胶泥田	A	0–23	红棕色	重壤土	粒状	8.9	20.1	1.20	0.42	20.5	91				E 100°22′53.1″ N 26°17′56.7″	73
						B	23–63	灰棕色	重壤土	大块状	8.5	9.1	0.90	0.31	20.4	47					
						C	63–100	棕色	重壤土	块状	8.1	3.9	0.60	0.21	18.3	19					
剖52	人为土	水稻土	淹育水稻土	冲积性淹育水稻土	砂泥田	A	0–14	棕灰色	轻黏土	团粒状	6.5	51.5	2.60	0.46	20.1	266				E 100°17′50.6″ N 26°16′54.5″	81
						P	14–65	灰黄棕色	轻黏土	块状	7.8	23.0	1.40	0.42	20.0	149					
						C	65–100	红黄棕色	中壤土	大块状	7.7	7.0	0.50	0.57	14.2	60					
剖53	人为土	水稻土	潴育水稻土	冲积性潴育水稻土	黄砂土	A	0–15	红棕色	中黏土	团粒状	8.1	36.0	2.00	0.65	14.9	151			冲积物	E 100°19′31.4″ N 26°16′46.3″	89
						AC	15–40	浅棕色	重黏土	块状	7.2	29.3	1.80	0.65	15.1	144					
						C	40–100	黄棕色	中黏土	大块状	7.5	17.3	1.00	0.61	12.7	91					
剖54	铁铝土	红壤		碳酸岩类红棕壤	大红土	A	0–16	棕棕色	轻壤土	团块状	7.5	31.5	1.60	0.31	11.7	144			泥质岩类	E 100°15′31.3″ N 26°16′03.0″	94
						AC	16–40	浅棕红色	中黏土	团块状	7.2	11.1	0.70	0.46	9.6	41					
						C	40–100	暗棕红色	中黏土	大块状	7.0	6.6	0.70	0.27	8.3	37					
剖55	铁铝土	红壤	褐红壤	冲积性潴育水稻土	浅红泥田	A	0–20	红棕色	重黏土	粒状	6.2	19.8	0.80	0.46	14.4	68				E 100°15′19.4″ N 26°14′40.2″	80
						BC	20–40	浅棕红色	重黏土	小块状	5.9	9.4	0.50	0.38	15.1	43					
						C	40–100	黄棕色	中壤土	团粒状	6.2	3.8	0.30	0.34	13.8	25					
剖56	半淋溶土	燥红土		洪冲积物红土		A	0–19	浅棕色	轻壤土	团块状	7.1	11.0	0.70	0.31	17.3	52				E 100°21′55.1″ N 26°14′38.0″	95
						B	19–100	棕色	中壤土	块状	7.0	7.1	0.50	0.27	16.3	33					
剖57	淋溶土	棕壤	红棕壤	碳酸岩类红棕壤		A	0–20	暗棕红色	重黏土	粒状	6.4	144.8	5.80	0.78	29.0	386				E 100°09′02.4″ N 26°09′45.5″	85
						BC	20–100	暗红棕色	重黏土	小块状	6.0	60.8	2.70	0.72	30.0	200					
剖58	人为土	水稻土	淹育水稻土	冲积性淹育水稻土	浅红泥田	A	0–17	灰棕色	重黏土	团粒状	7.2	32.2	1.70	0.84	15.6	148				E 100°12′39.2″ N 26°07′15.6″	92
						Pb	17–55	浅棕色	重黏土	小块状	7.4	14.1	0.50	0.80	17.1	55					
						C	55–100	浅棕红色	中壤土	团粒状	7.5	4.6	0.40	0.48	18.5	26					
剖59	人为土	水稻土	潴育水稻土	冲积性潴育水稻土	黑鸡粪土田	A	0–13	灰棕色	轻壤土	团粒状	7.9	39.5	2.60	0.36	19.3	196			冲积物	E 100°14′37.1″ N 26°07′02.4″	100
						C	13–100	暗棕色	轻壤土	块状	8.2	13.2	1.10	0.25	19.2	94					
剖60	半淋溶土	燥红土	红褐土	洪冲积物红褐土	红鸡粪土	A	0–25	暗棕红色	中壤土	团粒状	7.2	55.0	0.90	0.59	12.4	87				E 100°12′56.5″ N 26°05′21.8″	94
						B	25–100	红棕色	中黏土	团粒状	7.4	6.5	0.60	0.57	12.5	50					
剖61	铁铝土	红壤	褐红壤	老冲积物红壤	小红泥土	A	0–18	红棕色	轻黏土	块状	7.2	19.0	0.90	0.63	19.2	85			老冲积物	E 100°14′19.3″ N 26°02′22.2″	75
						C	18–100	暗棕红色	轻黏土	块状	7.2	12.8	0.80	0.65	18.8	65					

续表 Continued

剖面号 Soil profile	土纲 Soil order	土类 Soil great group	亚类 Soil subgroup	土属 Soil genus	土种 Soil species	土层码 Layer code	土层厚度 Depth/cm	颜色 Soil color	质地 Soil texture	土壤结构 Soil structure	pH	有机质 OM/(g/kg)	全氮 TN/(g/kg)	全磷 TP/(g/kg)	全钾 TK/(g/kg)	碱解氮 AN/(mg/kg)	有效磷 AP/(mg/kg)	阳离子交换量CEC/(cmol/kg)	土壤母质 Parent material	剖面点坐标 Profile coordinate	匹配指数 Matching index/%
剖62	铁铝土	红壤	红壤	玄武岩红壤		A	0—20	红黄色	中黏土	小粒状	6.6	38.2	1.50	0.46	17.2	46				E 100°19′31.8″ N 26°07′45.5″	81
						BC	20—100	红棕色	中黏土	小块状	6.3	10.7	0.40	0.40	16.8	45					
剖63	铁铝土	红壤	红壤	玄武岩红壤	浅红泥土	A	0—15	红棕色	轻黏土	团粒状	6.4	41.5	2.70	0.86	8.7	264			玄武岩	E 100°25′31.8″ N 26°05′26.2″	89
						B	15—100	棕色	中黏土	团粒状	6.1	39.7	1.90	0.80	6.6	203					
剖64	人为土	水稻土	潴育水稻土	冲积性潴育水稻土	鸡粪土田	A	0—20	暗棕灰色	中壤土	团粒状	7.2	33.4	1.80	0.48	24.4	126			冲积物	E 100°16′48.4″ N 26°05′16.1″	78
						W	20—64	棕灰色	重壤土	团块状	7.3	13.2	0.90	0.50	23.3	84					
						C	64—100	灰黄色	中壤土	块状	7.5	8.3	0.50	0.38	27.3	43					
剖65	铁铝土	红壤	红壤	玄武岩红壤	黄褐土	A	0—15	浅红黄色	中壤土	粒状	6.3	12.1	1.40	0.25	9.1	144			玄武岩	E 100°27′06.0″ N 26°03′02.3″	93
						B	15—44	浅棕色	中壤土	小块状	6.1	12.3	0.70	0.19	8.8	61					
						BC	44—100	黄橙色	中壤土	块状	6.0	64.3	0.40	0.11	8.0	31					
剖66	半淋溶土	燥红土	红褐土	洪冲积物红褐土	红褐土	A	0—14	红棕色	重壤土	团粒状	7.5	23.9	1.30	0.76	16.8	130				E 100°23′40.2″ N 26°02′51.4″	78
						AB	14—36	暗棕红色	重壤土	块状	7.8	8.2	0.50	0.69	15.6	47					
						BC	36—55	暗棕红色	重壤土	大块状	7.6	4.5	0.20	0.61	14.0	21					
						C	55—100	暗棕红色	中壤土	大块状	7.2	4.1	0.10	0.71	8.0	26					
剖67	铁铝土	红壤	褐红壤	老冲积褐红壤	浅红土	A	0—13	红棕色	重壤土	团块状	8.1	42.7	2.10	0.48	23.6	164			老冲积物	E 100°16′21.6″ N 26°02′35.5″	95
						B	13—100	浅棕红色	重壤土	块状	8.3	33.5	1.90	0.46	24.5	144					

德宏傣族景颇族自治州

瑞丽市

主要土类说明

红壤是瑞丽市主要土壤类型，占本市地域面积的62%，分布在海拔1400—1760 m的中山和半山，集中在勐秀和户育。植被为阔叶林，大部分为次生植被。成土母质为粗粒结晶岩。成土过程以脱硅富铝化和生物富集为主。土体深厚，剖面层次发育完整。本市红壤分为红壤、黄红壤等亚类。其中，黄红壤面积较大，所处区域水分条件较优，土体上部有黄化现象，以黄橙色或橙色为主，下部仍以高岭石为主，伴有蛭石和三水铝石。

赤红壤是瑞丽市第二大土壤类型，占本市地域面积的16%，分布在海拔750—1400 m的山区、半山区。植被为阔叶林。成土母质为泥质岩、变质岩、混合岩及黏土夹褐煤层母质，盆地边缘丘陵阶地为湖积物。成土过程以富铝化作用和生物积累作用为主。本市赤红壤分为赤红壤、黄色赤红壤等亚类。

水稻土是瑞丽市第三大土壤类型，占本市地域面积的15%，分布在海拔745—1640 m的地区，以海拔900 m以下的坝区为多。成土母质为地带性红壤、老洪冲积物和坡积物。成土过程为淋溶作用和水耕熟化过程。

石灰（岩）土占本市地域面积的4%，分布在本市东部。植被以常绿落叶阔叶林为主。成土母质为石灰岩。成土过程以风化过程、富铝化和灰化作用为主。土壤有机质和养分含量较高，结构和耕性较好，黏粒细，土层浅薄，表层粒状结构发达。该土壤碳酸钙淋溶程度不一，有不均质的石灰反应。

小于本市地域面积3%的土壤类型有草甸土。

本区域中心区气候特征

本区域中心区气候特征值
Regional climate characteristics in central area of the region

气候带：边缘热带湿润气候 Climate region: Edge tropical humid climate	
年平均气温/℃ Annual average temperature /℃	15.9
年平均最高气温/℃ Annual average maximum temperature /℃	22.6
年平均最低气温/℃ Annual average minimum temperature /℃	11.3
年降水量/mm Annual precipitation /mm	1531
≥10℃的积温/℃ Daily temperature accumulated in a year (≥10℃) /℃	5755
年日照时数/h Annual sunshine /h	2038
年平均相对湿度/% Annual average relative humidity /%	78
干燥度 Dryness	0.60

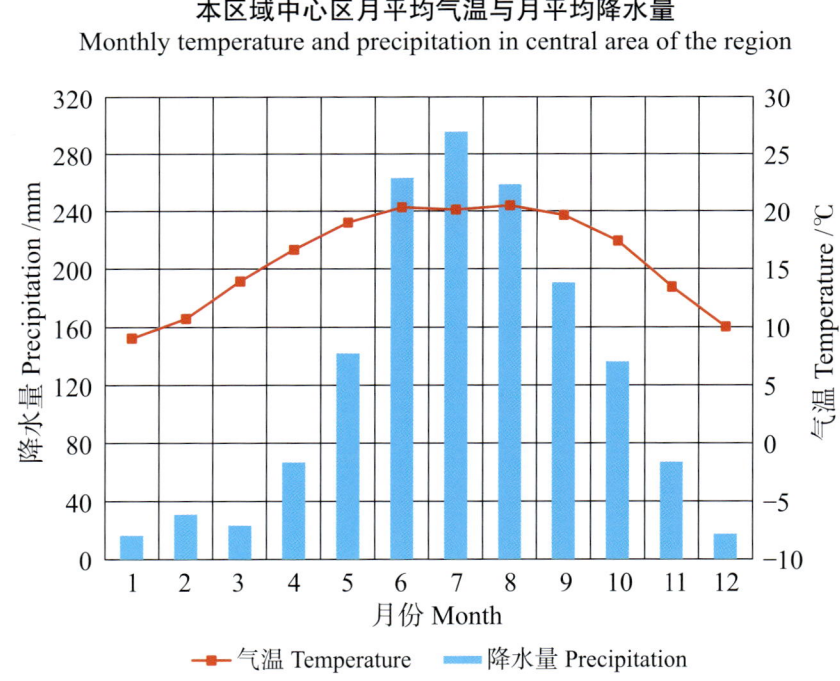

本区域中心区月平均气温与月平均降水量
Monthly temperature and precipitation in central area of the region

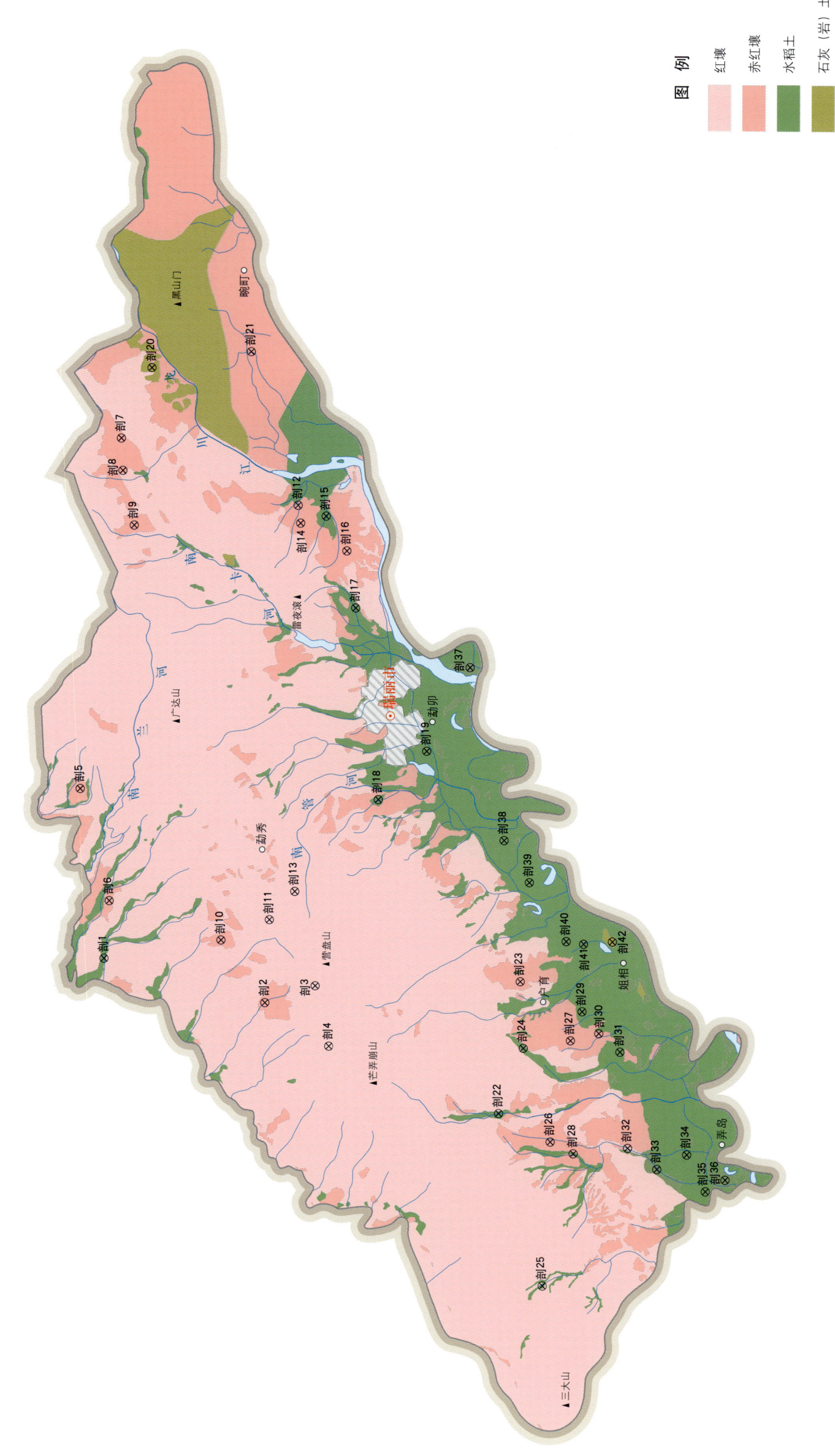

瑞丽市主要土壤类型与土壤剖面点分布图
1:220 000

瑞丽市土壤剖面理化性状表

剖面号 Soil profile	土纲 Soil order	土类 Soil great group	亚类 Soil subgroup	土属 Soil genus	土种 Soil species	土层码 Layer code	土层厚度 Depth/cm	颜色 Soil color	质地 Soil texture	土壤结构 Soil structure	pH	有机质 OM/(g/kg)	全氮 TN/(g/kg)	全磷 TP/(g/kg)	全钾 TK/(g/kg)	碱解氮 AN/(mg/kg)	有效磷 AP/(mg/kg)	阳离子交换量CEC/(cmol/kg)	土壤母质 Parent material	剖面点坐标 Profile coordinate	匹配指数 Matching index/%
剖1	人为土	水稻土	潴育水稻土	冲积性潴育水稻土	油砂泥田	A	0—18	暗灰色	砂壤土	小块状	6.1	37.1	1.75	6.57	29.3	245				E 97°44′45.0″ N 24°08′25.0″	70
						C	18—100	褐色	砂土		6.6	6.6	0.62		33.4	89					
剖2	铁铝土	赤红壤	黄色赤红壤	泥质岩类黄色赤红壤	赤黄土	A	0—14	灰白色	中壤土		5.0	31.3	1.65			108			泥质岩类	E 97°43′34.7″ N 24°04′16.0″	74
						P	14—22		中壤土	无明显结构	5.9	22.9	1.66			91					
						B	22—100	紫灰色			5.9	6.0	1.22			28					
剖3	铁铝土	红壤	红壤	粗粒结晶岩类红壤		A	0—19	棕灰色	轻壤土	小块状	5.5	87.3	3.70	1.29	30.4	325				E 97°44′04.2″ N 24°02′58.6″	84
						B₁	19—50	暗棕灰色	轻壤土	小块状	5.7	78.8	3.51	1.16	31.4	310					
						B₂	50—78	棕灰色	轻壤土	小块状	5.6	49.7	2.05	0.75	33.5	217					
						B₃	78—100	浅黄棕色	中壤土	小块状	5.7	16.9	1.01	0.46	35.1	203					
剖4	铁铝土	红壤	黄色赤红壤	粗粒结晶岩类黄红壤		A	0—29	灰黄色	中黏土	块状	5.5	25.9	1.32	1.01	29.6	205			粗粒结晶岩类	E 97°42′23.4″ N 24°02′36.6″	76
						B₁	29—44	浅灰色	中壤土	块状	5.6	13.3	0.81	0.64	33.5	102					
						B₂	44—70	黑棕色	轻壤土	团粒状	5.7	14.4	0.58	0.58	27.6	67					
剖5	铁铝土	赤红壤	赤红壤	粗粒结晶岩类赤红壤	赤红土	A	0—17	浅灰色	中壤土	块状	5.2	110.4	4.32	0.52	28.5	401			粗粒结晶岩类	E 97°49′29.3″ N 24°09′04.3″	76
						B	17—67	浅灰色	重黏土	块状	5.1	13.2	0.78	0.22	31.6	78					
						C	67—100	灰黄色	重黏土	小粒状	5.1	4.0	0.13	0.13	35.6	35					
剖6	铁铝土	赤红壤	赤红壤	砂岩赤红壤	红黄土	A	0—17	浅棕黄色	中黏土	块状	6.1	25.2	1.28	1.19	19.8	163			砂岩类	E 97°46′22.2″ N 24°08′17.9″	78
						P	17—29	浅黄棕色	重黏土	块状	5.7	13.1	0.88	0.93	20.6	102					
						B₁	29—70	灰黄色	重黏土	块状	5.9	16.7	0.93	0.93	25.8	108					
						B₂	70—80	褐灰色	重黏土	块状	5.7	21.4	1.05	0.26	29.4	144					
剖7	铁铝土	赤红壤	黄色赤红壤	泥质岩类黄色赤红壤		A	0—13	浅灰黄色	砂壤土	粒状	5.5	16.0				150			泥质岩类	E 97°59′15.7″ N 24°08′06.8″	72
						P	13—25	紫灰色	中壤土	散状	5.5	24.0				75					
						C	25—100	灰白色	砂土	散状	6.0	24.0				50					
剖8	铁铝土	赤红壤	赤红壤	粗粒结晶岩类赤红壤	瘦红土	A	0—60	褐色	中壤土	块状	8.1	44.6	1.93	0.26	6.7	254			粗粒结晶岩类	E 97°58′21.9″ N 24°08′04.0″	93
						B	60—95	棕色	中壤土	块状	8.1	11.4	0.55	0.07	2.4	106					
						C	95—100	灰白色	中壤土	块状	8.7	1.5	0.10	0.07	0.5	11					
剖9	铁铝土	红壤	黄色赤红壤	粗粒结晶岩类黄色赤红壤	肥红土	A	0—19	褐色	轻壤土	小块状	6.1	31.5	1.50	0.53	28.4	245			粗粒结晶岩类	E 97°56′50.5″ N 24°07′45.9″	71
						Pw	19—36	暗黄棕色	中黏土	梭块状	6.4	32.9	1.60	0.85	26.7	240					
						Bw	36—72	紫棕色	轻黏土	小块状	6.6	23.8	1.10	1.14	19.6	138					
						B₃w	72—96	红棕色	轻黏土	块状	6.7	15.8	0.95	0.71	14.8	130					
剖10	铁铝土	赤红壤	黄色赤红壤	粗粒结晶岩类黄色赤红壤		A	0—17	暗棕色	轻壤土	块状	5.3	26.4	1.32	0.31	33.0	155			粗粒结晶岩类	E 97°45′18.4″ N 24°05′24.7″	77
						P	17—31	棕色	轻黏土	小块状	6.1	13.4	0.72	0.28	29.0	98					
						B₁	31—70	灰黄色	重黏土	块状	6.8	8.3	0.63	0.26	34.6	76					
剖11	铁铝土	赤红壤	黄色赤红壤	粗粒结晶岩类黄色赤红壤		A	0—25	暗黄棕色	重黏土	小块状	5.3	134.2	2.29	0.50	17.3	11			粗粒结晶岩类	E 97°45′54.0″ N 24°04′10.2″	93
						B	25—60	棕色	轻黏土	核状	5.2	34.2	1.60	0.26	19.1	11					
						B₂	60—120	浅棕色	轻黏土	散状	5.5	13.8	0.82	0.45	15.9	7					
剖12	铁铝土	赤红壤	红壤	粗粒结晶岩类黄红壤	肥红土	1	0—19	暗黄棕色	重黏土	块状	5.6	151.2	6.04	1.34	31.9	283			粗粒结晶岩类	E 97°57′27.4″ N 24°03′32.8″	90
						2	19—40	棕色	轻黏土	小块状	5.4	57.6	2.73	0.21	23.4	119					
						3	40—73	浅黄色	轻黏土	块状	5.3	16.5	0.97	0.45	23.4	114					
						4	73—100	黄灰色	轻黏土	小块状	5.1	12.9	0.75	0.43	23.5	93					
剖13	铁铝土	红壤	黄红壤	粗粒结晶岩类黄红壤	黄红土	A	0—19	灰黄色	中壤土	梭块状	5.9	18.5	0.83	0.59	33.4	133			粗粒结晶岩类	E 97°46′42.2″ N 24°03′31.7″	83
						B	19—60	灰灰色	轻壤土	无明显结构	6.5	7.5	0.09	0.47	33.9	43					
						3	60—83	白色	细砂土		6.8	2.1	0.10	1.04	31.3	7					
						C	83—100	褐色	粗砂土	粒状	6.7	5.7	0.29	0.56	34.6	23					

续表 Continued

剖面号 Soil profile	土纲 Soil order	土类 Soil great group	亚类 Soil subgroup	土属 Soil genus	土种 Soil species	土层码 Layer code	土层厚度 Depth/cm	颜色 Soil color	质地 Soil texture	土壤结构 Soil structure	pH	有机质 OM/(g/kg)	全氮 TN/(g/kg)	全磷 TP/(g/kg)	全钾 TK/(g/kg)	碱解氮 AN/(mg/kg)	有效磷 AP/(mg/kg)	阳离子交换量CEC/(cmol/kg)	土壤母质 Parent material	剖面点坐标 Profile coordinate	匹配指数 Matching index/%
剖14	铁铝土	赤红壤	赤红壤	粗粒结晶岩类赤红壤	粗粒类胶园土	A	0—40	黑棕色	中壤土	粒状	8.3	54.4	2.64	5.31	16.8	260			粗粒结晶岩类	E 97°56′57.7″ N 24°03′28.6″	84
						B	40—56	暗黄棕色	轻壤土	粒状	8.7	20.8	0.98	2.74	6.7	122					
						C	56—110	灰黄色	轻壤土	大块状	8.8	13.7	0.57	2.23	8.2	72					
剖15	人为土	潴育水稻土	冲积性潴育水稻土	黄胶泥田	A	0—22	黄棕色	轻壤土	小块状	4.3	33.0	1.55			111				E 97°57′09.7″ N 24°02′49.2″	85
						AB	22—66	棕色	轻壤土	块状	4.4	23.3	1.01		16.0	102					
						B	66—100		轻壤土	块状	4.6	15.2	0.67			39					
剖16	铁铝土	赤红壤	赤红壤	砂岩土	瑞丽赤砂泥	A	0—18	棕色	壤质黏土	小块状	5.2	36.1	1.44	0.67	16.0	105	2.0	9.3		E 97°56′12.5″ N 24°02′16.6″	97
						B₁	18—44	亮红棕色	壤质黏土	块状	5.4	11.3	0.58	0.64	16.8	41	1.0	16.7			
						B₂	44—100	红棕色	黏土	块状	5.6	5.8	0.45	0.55	16.1	33	1.0	13.4			
剖17	人为土	潴育水稻土	红壤性潴育水稻土	冷黄胶泥田	A	0—21	棕褐色	轻壤土	团粒状			1.48			116		7.9		E 97°54′37.5″ N 24°02′01.9″	76
						AB	21—41	棕褐色	轻壤土	块状			1.40			74		7.3			
						B	41—81	褐色	轻壤土	块状											
剖18	铁铝土	赤红壤	洪积性潴育水稻土	洪积粗砂泥	A	0—16	灰棕色	重壤土	小块状	5.8	52.1	2.04	0.40	12.3	270				E 97°49′17.8″ N 24°01′24.2″	86
						B₁	16—42	棕色	轻壤土	小块状	5.8	34.5	1.44	0.33	11.5	234					
						B₂	42—100	浅棕色	轻黏土	小块状	5.9	16.9	0.76	0.28	12.5	126					
剖19	人为土	潴育水稻土	冲积性潴育水稻土	青胶泥田	A	0—17	褐色	中壤土	粒状	5.0	23.0	1.22	0.62	35.0	156		1.3		E 97°50′39.4″ N 24°00′10.0″	75
						B	17—90	棕黄色	重壤土	块状	5.0	21.2	1.07	0.65	30.9	89		1.3			
						C	90—100	灰黄色	轻壤土	小块状	5.1	11.7	0.63	0.42	32.8	99		1.3			
剖20	初育土	石灰（岩）土	棕色石灰土			A	0—19	灰黄色	重壤土	块状	5.9	39.0	1.05	0.28	30.0	169				E 98°01′14.5″ N 24°07′20.3″	82
						Pg	19—33	灰黄色	中壤土	小块状	5.7	15.2	0.63	0.33	31.0	124					
						G	33—63	暗灰色	轻黏土	块柱状	5.7	32.6	1.24	0.21	25.9	193					
						Cg	63—85	浅灰色	砂壤土	块柱状	6.0	13.3	0.49	0.09	34.0	67					
剖21	铁铝土	赤红壤	赤红壤	赤胶园土	A	0—10	棕色	壤土	粒状	5.4	63.3	2.52	1.71	22.7	202	微量	18.9		E 98°01′43.7″ N 24°04′47.3″	86
						AB	10—24	红棕色	黏壤土	块状	5.2	41.2	1.37	1.47	23.3	157	微量	16.1			
						B	24—105	红棕色	黏壤土	核块状	5.4	21.3	1.22	1.13	25.9		微量	11.3			
剖22	人为土	潴育水稻土	红壤性潴育水稻土	洪积砂泥田	1	0—13	灰褐棕色	轻砂壤土	核块状	5.1	23.8	1.40	0.49	28.2	108		6.5		E 97°40′35.8″ N 23°58′13.1″	94
						2	13—46	黄棕色	中壤土	块状	5.2	13.7	0.63		28.3	64		6.9			
						3	46—110	棕黄色	重壤土	块状	5.4	6.8	0.44	0.39	23.2	41		1.0			
剖23	铁铝土	赤红壤	赤红壤			1	0—15	黄棕色	重壤土	块状	5.4	17.6			12.8	64			砂岩类	E 97°44′15.8″ N 23°57′41.8″	96
						3	15—57	褐色	中壤土	小块状	5.4	57.9	2.45	0.21	35.5	241					
						3	57—100	棕灰色	重壤土	块状	5.3	25.8	1.17	0.29	31.7	96					
剖24	人为土	潴育水稻土	洪积性潴育水稻土	洪积砂泥田	A	0—40	栗色	轻黏土	块状	5.1	15.3	0.80	0.24	35.6	67				E 97°42′24.5″ N 23°57′36.0″	82
						B	40—77	暗黄棕色	中壤土	块状	4.8	41.4	1.40	2.18		401					
						B₁	77—120	浅黄棕色	轻砂壤土	块状											
剖25	铁铝土	赤红壤	红壤性红壤	红壤性红砂泥田	B₁	0—15	黄棕色	轻壤土	块状	4.7	51.7	22.75	0.99	28.1	146				E 97°35′52.3″ N 23°57′02.7″	94
						B₂	15—60	棕黄色	中壤土	块状	4.8	47.4	21.33	0.95	23.0	136					
						3	60—110	黄棕色	重壤土	梭块状	5.9	25.6	6.20	0.36	28.1	164					
剖26	铁铝土	赤红壤	赤红壤	砂岩赤红壤	胶园土	A	0—20	棕灰色	重壤土	块状	6.9	19.4	0.77	0.32	27.0	92			砂岩类	E 97°39′49.7″ N 23°56′52.8″	91
						P	20—28	浅棕黄色	轻黏土	块状	6.5	9.9	0.43	0.44	26.4	60					
						W₁	28—52	浅棕黄色	中壤土	块状	6.6	4.2	0.26	0.20	35.1	33					
						W₂	52—88	灰白色	砂壤土	块状											
						C	88—110														
剖27	铁铝土	赤红壤	赤红壤	粗粒结晶岩类赤红壤	A	0—25	棕灰色	轻壤土	小块状	5.8	35.1	17.32	1.04	14.5	148			粗粒结晶岩类	E 97°42′38.2″ N 23°56′23.5″	72
						B₁	25—55	暗黄灰色	轻壤土	小块状	5.6	6.8	0.55	0.72	13.5	50					
						B₂	55—90	浅棕色	轻壤土	块状	5.5	1.1	0.21	0.64	10.0	26					

续表 Continued

剖面号 Soil profile	土纲 Soil order	土类 Soil great group	亚类 Soil subgroup	土属 Soil genus	土种 Soil species	土层码 Layer code	土层厚度 Depth/cm	颜色 Soil color	质地 Soil texture	土壤结构 Soil structure	pH	有机质 OM/(g/kg)	全氮 TN/(g/kg)	全磷 TP/(g/kg)	全钾 TK/(g/kg)	碱解氮 AN/(mg/kg)	有效磷 AP/(mg/kg)	阳离子交换量CEC/(cmol/kg)	土壤母质 Parent material	剖面点坐标 Profile coordinate	匹配指数 Matching index/%
剖28	人为土	水稻土	淹育水稻土	冲积性淹育水稻土	山砂田	Ag	0—14	浅灰色	中壤土	小块状	6.5	22.6	0.33	0.33		161				E 97°39′30.6″ N 23°56′17.2″	95
						Pg	14—22	棕灰色	重壤土	块状	6.5	17.4	0.26	0.26		118					
						G	22—44	暗棕灰色	重黏土	大块状	7.1	0.6	0.63	0.26		98					
						C	44—95	黄棕色	轻黏土	块状	7.2	0.5	0.53	0.39		6					
剖29	人为土	水稻土	侧渗水稻土	冲积性侧渗水稻土	灰胶泥田	1	0—10				5.4	63.3	2.52	1.71	22.7	202		18.9		E 97°43′27.1″ N 23°56′06.0″	97
						2	10—24				5.2	41.2	1.37	1.46	23.3	157		16.1			
						3	24—105				5.4	21.3	1.21	1.13	25.9			11.7			
剖30	铁铝土	赤红壤	赤红壤	砂岩赤红壤	黄土	A	0—13	暗棕色	轻壤土	小块状	6.4	24.0	9.86	0.62	38.4	169				E 97°42′50.8″ N 23°55′39.7″	95
						P	13—26	灰棕色	中壤土	小块状	6.2	20.5	1.04	1.17	37.9	129					
						B₁	26—43	暗棕棕色	中壤土	小块状	6.2	17.0	1.04	1.36	38.9	128					
						B₂	43—70	暗棕色		小块状	6.2	15.7	0.77	1.29	39.7	108					
						C	70—102	灰白色	砂质轻壤土	小块状	6.8	22.3	0.12	0.13	39.0	58					
剖31	人为土	水稻土	淹育水稻土	冲积性淹育水稻土	黄砂泥田	1	0—15	浅灰黄色	砾质轻壤土	核粒状	5.1	15.0	0.20	0.59	43.5			7.8		E 97°42′20.2″ N 23°55′06.6″	83
						2	15—20	浅棕色	中壤土	碎块状	5.4	12.8		0.68	43.0			8.6			
						3	20—65	黄棕褐色	中质中壤土	柱状	5.5	6.8		0.37	41.8			9.5			
						4	65—96	黄棕色	砂质轻壤土	碎块状	5.5	4.4		3.50	41.3			9.0			
						5	96—	灰白色	砂壤土	碎块状	5.5	0.4		0.35	43.7			8.2			
剖32	铁铝土	黄红壤		粗粒结晶岩类黄红壤	红土	2	17—43				6.3	58.3	3.08	1.19	23.2	336			粗粒结晶岩类	E 97°39′41.0″ N 23°54′53.3″	82
						3	43—73				5.9	55.1	2.74	1.09	22.6	342					
						4	73—93				5.8	28.4	1.81	0.71	18.3	225					
											5.7	17.4	1.24	7.20	19.8	181					
剖33	半水成土	草甸土	灰色草甸土	河阶暗色草甸土	黄泥田	A	0—20	灰黄色		块状	5.7	28.1	10.85	1.46	30.4	173				E 97°39′06.8″ N 23°54′07.9″	70
						Pg	20—36	暗棕色	中黏土	大块状	6.8	18.9	0.99	1.88	30.6	147					
						G	36—90	暗黄色	中黏土	大块状	6.5	23.4	1.07	1.45	29.6	122					
						Bg	90—	褐色	重黏土	大块状	6.6	21.3	0.99	1.70	26.8	100					
剖34	人为土	水稻土	潴育水稻土	冲积性潴育水稻土	河砂田	A	0—23		轻壤土	块状	5.2	66.3	2.32	1.60	23.2	302				E 97°39′31.3″ N 23°53′21.8″	96
						B₁	23—47		轻壤土	块状	5.8	38.0	0.89	1.14	22.0	215					
						B₂	47—100		中壤土	块状	4.1	15.3	0.17	1.18	23.6	117					
剖35	人为土	水稻土	潴育水稻土	冲积性潴育水稻土	砂泥土	1	0—13	栗色	中黏土	小块状	5.6	78.3	3.43	0.85	24.8	385				E 97°38′29.8″ N 23°52′49.1″	86
						2	13—40	浅灰棕色	重黏土	块状	5.7	61.0	2.51	1.25	28.1	287					
						3	40—78	栗色	重黏土	块状	5.6	35.1	1.69	2.67	30.3	174					
						4	78—100		中壤土		5.6	24.8	1.30	2.06	28.2	146					
剖36	半水成土	草甸土	灰色草甸土	河阶暗色草甸土	砂泥土	Ag	0—20	褐色	中壤土	块状	6.0	33.5	1.66	1.25	31.5	216				E 97°38′51.0″ N 23°52′22.4″	86
						Bg	20—55	暗棕色	轻壤土	块状	5.5	22.7	1.10	2.67	30.3	164					
						G	55—90	暗棕色	中壤土	粒状	5.1	30.6	1.53	2.06	28.2	189					
剖37	半水成土	草甸土	灰色草甸土	河滩暗色草甸土	河砂土	Ag	0—14	褐色	轻壤土	块状	6.9	20.5	1.11	0.24	31.5	120				E 97°52′59.9″ N 23°59′04.6″	74
						Pg	14—25	黄棕色	轻壤土	粒状	7.1	12.6	0.74	0.19	30.5	71					
						G	25—60	暗棕色	中壤土	团粒状	7.1	8.9	0.66	0.19	15.6	77					
剖38	人为土	水稻土	潜育水稻土	红壤性潜育水稻土	冷黄泥田	A	0—17	暗黄棕色	重壤土	块状	4.8	33.2	1.33	9.23	19.6	173				E 97°48′12.6″ N 23°58′09.1″	71
						AB	17—30	暗黄棕色	重壤土	块状	4.5	39.1	1.57	0.22	17.2	200					
						B₁	30—52	浅红黄色	重壤土	块状	4.4	21.4	0.97	0.54	17.8	158					
						B₂	52—86	暗棕色	中壤土	粒状	4.7	11.0	0.59	3.23	48.8	73					
						Ao	0—11	暗棕灰色	中壤土	粒状	5.7	103.3	4.24	0.93	48.0	333					
剖39	人为土	水稻土	潜育水稻土	冲积性潜育水稻土	青砂泥田	1	11—38	棕灰色	中壤土	小块状	5.3	58.1	2.36	0.69	51.4	255				E 97°47′02.4″ N 23°57′29.5″	96
						B₁	38—70	灰黄色	中壤土	粒状	5.4	29.9	2.19	0.56	61.2	101					
						B₂	70—110	黄色	中壤土	散状		10.7	0.59	0.57		83					

续表 Continued

剖面号 Soil profile	土纲 Soil order	土类 Soil great group	亚类 Soil subgroup	土属 Soil genus	土种 Soil species	土层码 Layer code	土层厚度 Depth/cm	颜色 Soil color	质地 Soil texture	土壤结构 Soil structure	pH	有机质 OM/(g/kg)	全氮 TN/(g/kg)	全磷 TP/(g/kg)	全钾 TK/(g/kg)	碱解氮 AN/(mg/kg)	有效磷 AP/(mg/kg)	阳离子交换量 CEC/(cmol/kg)	土壤母质 Parent material	剖面点坐标 Profile coordinate	匹配指数 Matching index/%
剖40	人为土	水稻土	潜育水稻土	冲积性潜育水稻土	菁河砂田	A	0—30	棕色	轻黏土	块状	5.6	30.1	1.48	0.19	23.2	116				E 97°45′24.1″ N 23°56′31.9″	88
						B₁	30—76	浅棕红色	轻黏土	块状	5.5	19.4	1.08	0.17	26.3	196					
						B₂	76—110	暗棕红色	轻黏土	块状	5.6	20.6	0.73	0.09	18.0	150					
剖41	人为土	水稻土	潜育水稻土	冲积性潜育水稻土	菁泥田	A	0—18		轻壤土	块状	6.2	28.4	1.29	1.27	32.7	182				E 97°45′20.2″ N 23°56′04.9″	74
						P	18—26		轻壤土	块状	6.4	23.8	1.10	1.19	32.9	161					
						B₁	26—33		砂壤土	粒状	7.4	26.0	1.22	2.31	29.4	99					
						B₂	33—58		轻壤土	块状											
						B₃	58—100		轻壤土	小块状											
剖42	初育土	石灰（岩）土	棕色石灰土	棕色石灰土	黑泡土	A	0—12	灰黄色	重壤土	块状	5.9	2.7	1.20	0.48	28.1	133				E 97°45′24.4″ N 23°55′20.4″	82
						Pg	12—25	灰黄色	重壤土	块状	5.2	17.6	0.93	0.54	29.9	138					
						C₁	25—44	褐色	中壤土	小块状	6.0	7.3	1.01	0.60	28.7	69					
						C	44—76	暗灰黄色	粗砂土	散状	5.5	1.8	0.06	0.60	35.6	11					

芒 市

主要土类说明

赤红壤是芒市主要土壤类型，占本市地域面积的 55%，分布在海拔 821—1300m 的河谷和半山区。植被为阔叶林。成土母质为泥质岩和变质岩。成土过程以富铝化作用和生物积累作用为主。本市赤红壤分为赤红壤、黄色赤红壤等亚类。其中，赤红壤亚类面积较大，具 A-Bs-C 剖面构型，土体脱硅富铝化程度仅次于砖红壤，比红壤强，铁的游离度介于二者之间，土壤呈赤红色。黏粒硅铝率为 1.7—2.0，风化淋溶系数为 0.05—0.15，盐基饱和度为 15%—25%，pH 为 4.5—5.5。

红壤是芒市第二大土壤类型，占本市地域面积的 19%，分布在海拔 1100—1500m 的中山和半山。植被为阔叶林，大部分为次生植被。成土母质为粗粒结晶岩。成土过程以脱硅富铝化和生物富集为主。土体深厚，剖面层次发育完整。本市红壤分为红壤、黄红壤等亚类。其中，黄红壤面积较大，土体上部有黄化现象，以黄橙色或橙色为主，下部仍以高岭石为主，伴有蛭石和三水铝石。

水稻土是芒市第三大土壤类型，占本市地域面积的 11%，分布在海拔 2100m 以下的地区。成土母质以河流冲积物和洪积物为主，还有岩石风化残积物或坡积物。成土过程为淋溶作用和水耕熟化过程。水稻土在长期的季节性淹灌、水下翻耕、季节性脱水、氧化还原交替影响下，原来的成土母质或母土的特性发生重大改变，形成了不同的土体构型。本市水稻土分为淹育型、潴育型、潜育型等亚类。其中，潴育水稻土面积较大，多分布在坝区，水利条件好，水耕熟化程度高，层次分异明显，能灌能排，水旱轮作，具 A-P-W-G-C 或 A-P-W-C 剖面构型。

黄壤占本市地域面积的 6%，分布在海拔 1500—1800m 的地区。植被为中山湿性常绿阔叶林和苔藓常绿阔叶林。成土过程以脱硅富铝化、生物富集和黄化过程为主。黏土矿物以蛭石为主，其次为高岭石和伊利石。黄壤中度富铝化，具 O-A-AB-B-C 剖面构型。淀积层（B 层）富含水合氧化物（针铁矿），呈黄色，有时含三水铝石。土壤有机质含量为 21—35g/kg，pH 为 4.5—5.5，呈酸性。

石灰（岩）土占本市地域面积的 6%。植被以常绿落叶阔叶林为主。成土母质为石灰岩。成土过程以风化、富铝化和灰化作用为主。土壤有机质和养分含量较丰富，结构和耕性较好，黏粒细，pH 为 7.0—8.5，呈中性至微碱性，土层浅薄，表层粒状结构发达。该土壤碳酸钙淋溶程度不一，有不均质的石灰反应。

小于本市地域面积 3% 的土壤类型有紫色土、新积土、棕壤、黄棕壤和沼泽土。

本区域中心区气候特征

本区域中心区气候特征值
Regional climate characteristics in central area of the region

气候带：边缘热带湿润气候 Climate region: Edge tropical humid climate	
年平均气温 /℃ Annual average temperature /℃	16.1
年平均最高气温 /℃ Annual average maximum temperature /℃	22.7
年平均最低气温 /℃ Annual average minimum temperature /℃	11.4
年降水量 /mm Annual precipitation /mm	1509
≥10℃的积温 /℃ Daily temperature accumulated in a year (≥10℃) /℃	5824
年日照时数 /h Annual sunshine /h	2049
年平均相对湿度 /% Annual average relative humidity /%	78
干燥度 Dryness	0.62

本区域中心区月平均气温与月平均降水量
Monthly temperature and precipitation in central area of the region

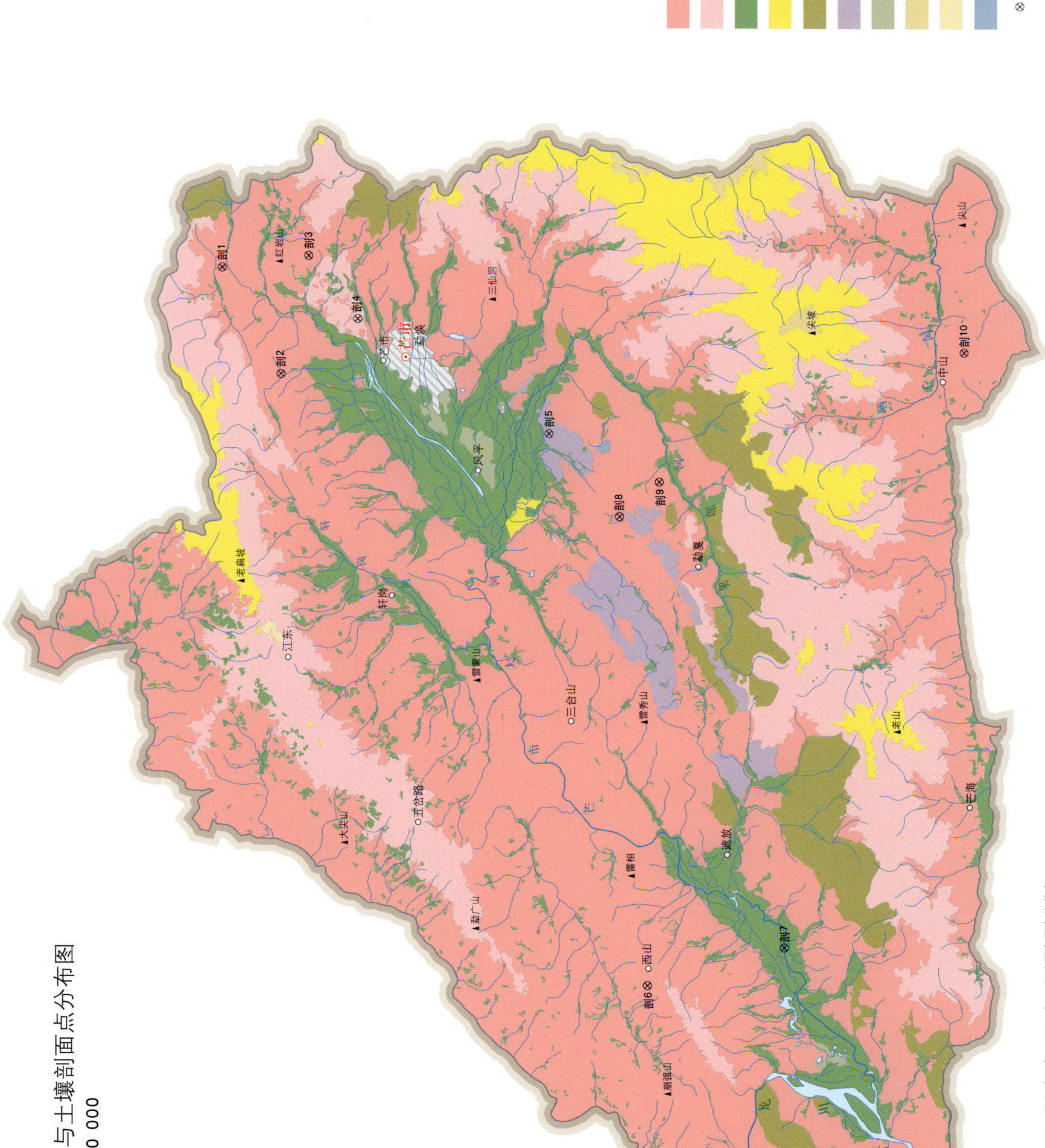

芒市土壤剖面理化性状表

剖面号 Soil profile	土纲 Soil order	土类 Soil great group	亚类 Soil subgroup	土属 Soil genus	土种 Soil species	土层码 Layer code	土层厚度 Depth/cm	颜色 Soil color	质地 Soil texture	土壤结构 Soil structure	pH	有机质 OM/(g/kg)	全氮 TN/(g/kg)	全磷 TP/(g/kg)	全钾 TK/(g/kg)	碱解氮 AN/(mg/kg)	有效磷 AP/(mg/kg)	阳离子交换量CEC/(cmol/kg)	剖面点坐标 Profile coordinate	匹配指数 Matching index/%
剖1	铁铝土	赤红壤	黄色赤红壤	赤黄胶土	赤黄胶土	A	0—22	暗黄棕色	黏壤土	小块状	5.4	30.6	2.23	0.11	20.3	200	2.0		E 98°38′24.5″ N 24°32′47.6″	72
						B	22—56	黄棕色	壤质黏土	块状	5.7	25.0	1.51	0.10	20.1	150	1.1			
						C	56—102	红棕色	壤质黏土	块状	6.0	12.3	0.90	0.12	16.2	80	1.0			
剖2	铁铝土	赤红壤	黄色赤红壤	石英质类黄色赤红壤		A_1	0—14	浅棕色	轻壤土	小块状	4.7	40.1	1.70	0.30	16.0	150			E 98°34′26.0″ N 24°30′45.4″	93
						B_1	14—40	红黄色	轻壤土	块状	4.4	24.8	1.10	0.20	15.0	120				
						B_2	40—100	黄橙色	轻壤土	块状	4.2	22.0	0.60	0.10	15.0	100				
剖3	铁铝土	赤红壤	黄色赤红壤	碳酸岩类黄色赤红壤		A_1	0—22	棕色	中壤土	小块状	5.4	30.6	2.20	0.10	20.3	200			E 98°38′51.7″ N 24°29′48.8″	73
						B_1	22—56	棕色	中壤土	块状	5.7	25.0	1.50	0.10	20.1	150				
						B_2	56—100	红棕色	中壤土	块状	6.0	12.3	0.90	0.10	16.2	80				
剖4	铁铝土	红壤	黄红壤	石英质类黄色黄红壤		A_1	0—13	灰棕色	轻壤土	小块状									E 98°36′30.6″ N 24°28′07.0″	91
						B_1	13—62	红黄色	轻壤土	块状										
						BC	62—100	黄橙色	砂壤土	块状										
剖5	初育土	紫色土	酸性紫色土	淋溶紫紫色土	紫泥土	A_1	0—16	黄棕色	中壤土	块状	5.6	29.1	1.20	0.40	24.1	142			E 98°32′15.1″ N 24°21′31.0″	94
						B_1	16—48	紫棕色	重壤土	块状	5.2	14.6	0.90	0.30	24.7	165				
						B_2	48—100	暗红色	重壤土	块状	5.1	9.0	0.70	0.30	25.8	145				
剖6	铁铝土	赤红壤	赤红壤	厚赤红土	厚赤红土	A	0—10	棕色	黏壤土	棱块状	5.0	33.2	1.62	0.91	12.4	136	1.9		E 98°11′37.7″ N 24°18′02.5″	96
						AB	10—44	暗棕红色	黏壤土	棱块状	5.0	25.7	1.21	0.73	12.0	96	0.7			
						B	44—100	红棕色	轻壤土	块状	5.0	16.3	0.74	0.72	13.6	62	1.0			
剖7	人为土	水稻土	潴育水稻土	红壤性潴育水稻土	黄泥田	A_1	0—23	浅棕黄色	中壤土	小块状	5.6	17.4	1.10	1.30	30.6	100		6.5	E 98°13′03.7″ N 24°13′19.7″	87
						P	23—33	灰黄色	中壤土	块状	5.8	10.5	0.60	1.30	30.0	60		7.1		
						B_1	33—60	褐色	轻壤土	块状	6.0	10.0	0.60	0.90	17.3	60		7.1		
						B_2	60—100		黏土	块状	6.2	9.5	0.50	1.30	14.7	54		9.6		
剖8	铁铝土	赤红壤	黄色赤红壤	泥质岩类黄色赤红壤		A_1	0—15	黑棕色	中壤土	小块状	4.8	40.6	2.20	0.40	17.5	154			E 98°29′10.3″ N 24°19′04.8″	98
						B_1	15—35	浅棕色	重壤土	块状	5.0	31.3	1.50	0.30	16.2	150				
						B_2	35—70	红黄色	重壤土	块状	5.5	25.0	1.10	0.30	19.6	111				
						BC	70—100	浅红黄色	砾质中壤土	块状										
剖9	铁铝土	赤红壤	碳酸岩类赤红壤	碳酸岩类赤红壤		A_1	0—18	红棕色	中壤土	粒状	5.5	35.0	1.90	1.40	24.0	124	6.0		E 98°30′28.1″ N 24°17′42.7″	86
						B	18—68	红棕色	重壤土	块状	5.7	26.0	1.30	1.10	18.0	136				
						BC	68—100	浅红黄色	中壤土	块状	6.0	10.9	1.00	0.70	25.0	71				
剖10	铁铝土	赤红壤	黄色赤红壤	赤黄砂泥土	赤黄砂泥土	A	0—18	浅棕黄色	黏壤土	块状	5.5	19.3	1.03	0.72	20.4	141	6.0		E 98°35′21.1″ N 24°07′13.3″	98
						B	18—65	红黄色	黏壤土		5.6	15.6	0.70	0.51	14.9	128	3.0			
						BC	65—100	浅红黄色	黏壤土	块状	5.6	9.7	0.51	0.50	18.1	117	3.0			

梁 河 县

主要土类说明

红壤是梁河县主要土壤类型，占本县地域面积的 39%，分布在海拔 1300—1800m 的中山地带。植被为亚热带半湿性常绿阔叶混交林。成土母质以花岗岩、片麻岩、玄武岩和砂页岩为主。成土过程以脱硅富铝化和生物富集为主。质地为中壤土至重壤土，黏粒含量为 20%—40%，土壤容重为 1.17—1.29g/cm³，为粒状或小块状结构。土层深厚，表土呈红色，心土和底土呈红色或棕红色，底土常见红、黄、白相间的网纹，褐色胶膜淀积明显。土壤普遍存在酸、干、瘦、蚀等障碍因素。本县红壤分为红壤、黄红壤、棕红壤、红壤性土等亚类。

赤红壤是梁河县第二大土壤类型，占本县地域面积的 30%，分布在海拔 800—1200m 的低山河谷。植被为亚热带常绿阔叶林。成土母质以各种母岩风化残积物和坡积物为主。成土过程以富铝化作用和生物积累作用为主。本县赤红壤分为赤红壤、黄色赤红壤等亚类。其中，赤红壤亚类面积较大，具 A-Bs-C 剖面构型，土体脱硅富铝化程度仅次于砖红壤，比红壤强，铁的游离度介于二者之间，土壤呈赤红色。黏粒硅铝率为 1.7—2.0，风化淋溶系数为 0.05—0.15，盐基饱和度为 15%—25%，pH 为 4.5—5.5。

水稻土是梁河县第三大土壤类型，占本县地域面积的 14%，多数分布在海拔 865—2000m 的地区。成土母质多为花岗岩、片麻岩、砂岩和石英质岩。成土过程为淋溶作用和水耕熟化过程。土壤淋溶淀积作用强烈，且淋溶作用大于淀积作用，养分下移明显，土壤呈酸性至微酸性。本县水稻土分为淹育型、潴育型、潜育型等亚类。

黄壤占本县地域面积的 12%，分布在海拔 1800—2100m 的中山地带。植被为常绿阔叶林或落叶混交林。黄壤风化程度不及红壤深，成土过程以富铝化为主，附加黄化过程。黄壤具 O-A-AB-B-C 剖面构型。由于湿度大，土壤中氧化铁受到强烈的水化作用，土壤呈黄色。土壤黏粒下移比红壤明显，底土质地较为黏重。黄壤自然肥力高，但磷素含量低，特别是自然土壤缺乏磷素养分。

黄棕壤占本县地域面积的 5%，分布在海拔 2100—2500m 的山地。植被为湿性常绿阔叶林或落叶林。成土母质以片麻岩、页岩、砂岩为主。土壤呈酸性，阳离子交换量高，盐基饱和度低，一般为 25%—35%。表层呈黄棕色。

小于本县地域面积 3% 的土壤类型有草甸土、沼泽土和石灰（岩）土。

本区域中心区气候特征

本区域中心区气候特征值
Regional climate characteristics in central area of the region

气候带：南亚热带湿润气候 Climate region: South subtropical humid climate	
年平均气温 /℃ Annual average temperature /℃	15.4
年平均最高气温 /℃ Annual average maximum temperature /℃	21.9
年平均最低气温 /℃ Annual average minimum temperature /℃	10.8
年降水量 /mm Annual precipitation /mm	1520
≥10℃的积温 /℃ Daily temperature accumulated in a year (≥10℃) /℃	5594
年日照时数 /h Annual sunshine /h	2043
年平均相对湿度 /% Annual average relative humidity /%	78
干燥度 Dryness	0.59

本区域中心区月平均气温与月平均降水量
Monthly temperature and precipitation in central area of the region

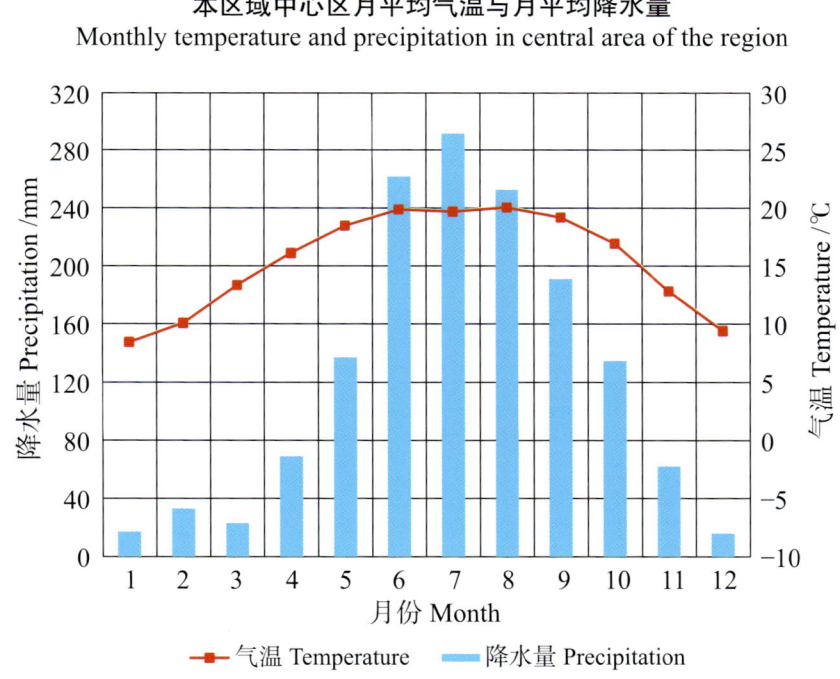

梁河县主要土壤类型与土壤剖面点分布图
1∶200 000

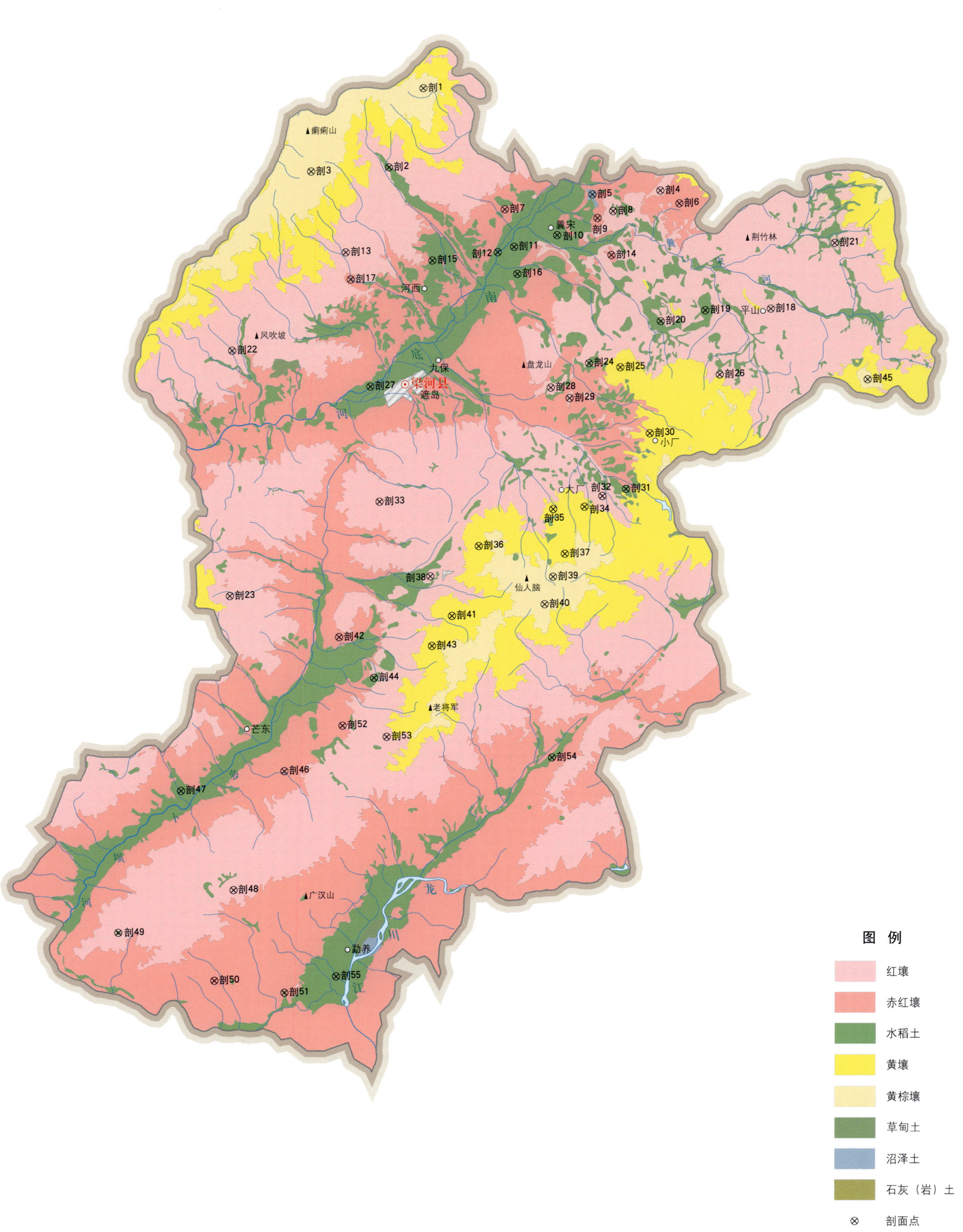

梁河县土壤剖面理化性状表

剖面号 Soil profile	土纲 Soil order	土类 Soil great group	亚类 Soil subgroup	土属 Soil genus	土种 Soil species	土层码 Layer code	土层厚度 Depth/cm	颜色 Soil color	质地 Soil texture	土壤结构 Soil structure	pH	有机质 OM/(g/kg)	全氮 TN/(g/kg)	全磷 TP/(g/kg)	全钾 TK/(g/kg)	碱解氮 AN/(mg/kg)	有效磷 AP/(mg/kg)	阳离子交换量CEC/(cmol/kg)	土壤母质 Parent material	剖面点坐标 Profile coordinate	匹配指数 Matching index/%
剖1	淋溶土	黄棕壤	粗骨性黄棕壤	砂岩粗骨性黄棕壤		A	0—23	青灰色	粉砂质壤土	块状	6.4	17.6	0.80	1.00	37.2	94		16.8	砂岩风化残积物	E 98°18′15.8″ N 24°56′24.7″	93
						B_1	23—53	青灰色	粉砂质壤土	块状	6.1	20.6	0.90	0.70	30.5	105		15.5			
						B_2	53—78	灰白色	砂壤土	粒状	5.8	8.9	0.30	0.70	36.7	74		12.1			
						B_3	78—100	青灰色	砂壤土	块状	5.4	14.1	0.30	0.90	32.6	112		7.4			
剖2	人为土	水稻土	淹育水稻土	红壤性淹育水稻土	红壤性砂泥田	A_1	0—23	浅棕黄色	重壤土	块状	5.5	23.4	1.30	0.80	31.8	137		19.3		E 98°17′16.8″ N 24°54′19.8″	93
						P	23—38	浅棕黄色	重壤土	块状	5.8	22.2	1.30	0.60	18.6	142		19.1			
						B_{1w}	38—63	灰黄色	重壤土	块状	6.1	15.6	1.00	0.50	20.2	132		11.1			
						B_{2a}	63—100	浅红黄色	重壤土	块状	5.6	27.2	1.40	0.60	39.0	168		20.5			
剖3	淋溶土	黄棕壤	黄棕壤	砂岩山地黄棕壤		A	0—16	棕灰色	中壤土	块状	5.4	43.2	1.50	1.10	32.4	158		12.2		E 98°15′01.4″ N 24°54′13.0″	72
						B_1	16—26	褐色	中壤土	块状	5.5	18.6	1.00	0.60	31.7	128		11.4			
						B_2	26—100	灰黄色	中壤土	块状	5.5	10.8	0.70	0.40	30.0	105		11.4			
剖4	铁铝土	红壤	粗骨性红壤	砂岩粗骨性红壤	砂岩石渣子土	A	0—17	灰黄色	轻壤土	核状	5.6	125.0	0.80	0.80	26.4	126		14.2	硅质砂岩风化残积物	E 98°25′09.0″ N 24°53′43.5″	77
						B	17—100	黄色	轻壤土	核状	5.5	44.0	0.60	0.40	26.1	87		12.7			
剖5	水成土	沼泽土	腐殖沼泽土	湖积物沼泽土		A	0—11	浅棕色	轻黏土	粒状	7.0	7.9	0.60	0.60	36.1	107		6.7		E 98°23′10.7″ N 24°53′37.3″	88
						BC	11—100	浅棕黄色	轻黏土	粒状	7.0	7.7	0.50	0.20	36.9	93		4.8			
剖6	铁铝土	赤红壤	黄色赤红壤	厚赤黄泥土		A	0—18	黄棕色	黏土	小块状	5.5	20.1	1.01	0.32	16.6	145	3.0			E 98°25′42.2″ N 24°53′23.4″	74
						B	18—65	黄色	黏土	块状	5.6	15.6	0.72	0.22	12.3	128	1.5				
						B_2	65—100	红黄色	黏土	块状	5.6	9.7	0.54	0.22	15.0	117	1.5				
剖7	铁铝土	赤红壤	黄色赤红壤	洪冲积性黄色赤红壤	冲积黄泥土	A	0—20	棕红色	重壤土	核状	5.8	43.3	2.50	1.40	30.8	286		11.8	古老洪积物	E 98°20′38.4″ N 24°53′13.9″	93
						B_1	20—38	棕红色	重壤土	核状	5.5	40.9	2.50	1.30	28.7	271		13.6			
						B_2	38—100	灰黄色	重壤土	小块状	5.4	23.6	1.50	1.10	29.3	162		11.8			
剖8	铁铝土	赤红壤	棕红壤	泥质页岩棕红壤	棕红土	A	0—15	棕色	重壤土	小块状	5.4	59.7	3.30	1.40	34.3	330		16.7	泥质页岩风化坡积物	E 98°23′47.0″ N 24°53′11.0″	80
						B_1	15—30	棕色	重壤土	小块状	5.3	59.3	3.30	1.10	31.8	330		15.6			
						C	30—47	浅棕色	重壤土	小块状	5.2	23.0	1.60	0.90	39.3	204		12.3			
							47—100	棕黄色	中壤土	块状											
剖9	铁铝土	赤红壤	黄色赤红壤	洪冲积性黄色赤红壤	冲积黄泥土	A	0—5	黑棕色	重壤土	粒状	5.0	170.3	7.70	1.30	29.9	494		29.0		E 98°23′19.4″ N 24°53′00.1″	95
						AB	5—14	暗棕色	重壤土	粒状	5.2	86.8	6.50	1.30	31.7	514		26.0			
						B	14—30	棕色	重壤土	粒状	5.5	128.2	5.30	1.20	33.9	276		25.0			
						C	30—100	棕色	砾质重壤土	粒状	5.4	85.0	5.70	1.30	39.3	8		19.0			
剖10	人为土	水稻土	潜育水稻土	洪冲积性潜育水稻土	青砂泥田	Ag	0—37	黑棕色	重壤土	块状	5.6	89.7	3.70	1.30	25.0	291		15.3	河流冲积物	E 98°22′09.8″ N 24°52′33.2″	83
						B_1g	37—56	黑棕色	重壤土	块状	5.8	54.2	1.80	1.00	28.0	144		12.4			
						B_2g	56—100	黑棕色	重壤土	块状	5.5	192.6	6.80	1.10	22.0	428		28.2			
剖11	人为土	水稻土	淹育水稻土	洪冲积性淹育水稻土	冲积黄砂田	A	0—19	灰棕色	重壤土	块状	5.4	30.2	1.50	0.50	34.4	186		10.9	河流冲积物	E 98°20′54.6″ N 24°52′14.9″	79
						P	19—28	褐色	重壤土	块状	5.2	17.5	1.00	0.50	33.8	145		11.2			
						B_{1w}	28—74	灰白色	重壤土	粒状	5.4	21.6	1.20	0.60	18.2	143		9.5			
						B_{2w}	74—100	灰黄色	重壤土	粒状	6.4	10.0	0.60	0.40	30.6	68		9.2			
剖12	人为土	水稻土	潜育水稻土	洪冲积性潜育水稻土	河砂田	A	0—15	灰棕色	砂壤土	粒状	5.7	11.1	0.50	0.50	33.8	96		11.5		E 98°20′26.5″ N 24°52′06.2″	92
						B_1g	15—37	灰白色	砂壤土	粒状	5.4	10.1	0.50	0.40	37.3	90		11.1			
						B_2g	37—60	青灰色	砂壤土	粒状	5.4	3.6	0.20	0.50	32.5	63		10.3			
剖13	铁铝土	红壤	粗骨性红壤	砂岩粗骨性红壤		A	0—19	黑棕色	中壤土	核状	5.8	81.9	4.50	1.00	17.3	628		21.8	砂岩风化残积物	E 98°16′02.3″ N 24°52′05.9″	80
						B_1	19—40	暗棕色	轻黏土	核状	5.9	96.1	2.60	0.60	17.8	489		22.3			
						B_2	40—100	黄棕色	轻黏土	核状	6.0	57.0	1.50	0.60	17.1	339		21.5			

续表 Continued

剖面号 Soil profile	土纲 Soil order	土类 Soil great group	亚类 Soil subgroup	土属 Soil genus	土种 Soil species	土层码 Layer code	土层厚度 Depth/cm	颜色 Soil color	质地 Soil texture	土壤结构 Soil structure	pH	有机质 OM/(g/kg)	全氮 TN/(g/kg)	全磷 TP/(g/kg)	全钾 TK/(g/kg)	碱解氮 AN/(mg/kg)	有效磷 AP/(mg/kg)	阳离子交换量CEC/(cmol/kg)	土壤母质 Parent material	剖面点坐标 Profile coordinate	匹配指数 Matching index/%
剖14	铁铝土	赤红壤	赤红壤	基性结晶岩类赤红壤	红泥土	Ao	0—3	黑棕色	中壤土		4.8	171.0	7.90	0.70	23.1	586		21.2	紫色砂页岩风化残积物	E 98°23′44.2″ N 24°52′01.9″	71
						A	3—13	黑棕色	中壤土	粒状	5.0	109.0	3.70	0.60	30.0	288		22.2			
						B₁	13—31	浅棕黄色	轻壤土	粒状	5.5	16.3	0.30	0.20	64.8	46		16.4			
						C	31—100	灰黄色	砾质中壤土	粒状											
剖15	人为土	水稻土	潴育水稻土	洪冲积潴育水稻土	胶泥田	A	0—23	青灰色	轻壤土	块状	5.2	15.9	0.50	0.70	34.4	60		8.9		E 98°18′32.8″ N 24°51′53.3″	95
						P	23—34	青灰色	轻壤土	块状	5.4	14.8	0.40	0.70	35.9	52		6.4			
						B₁g	34—49	浅灰色	轻壤土	块状	5.9	12.5	0.60	0.60	30.6	78		6.0			
						B₂g	49—74	灰黄色	粉砂质中壤土	块状	5.6	13.6	0.50	0.80	33.6	75		8.5			
剖16	人为土	水稻土	潴育水稻土	洪冲积潴育水稻土	青胶泥田	A	0—17	灰黄色	中壤土	块状	5.4	22.4	1.10	0.50	22.4	148		14.4			
						P	17—30	灰灰色	中壤土	块状	5.7	18.8	1.00	0.50	23.7	129		14.3			
						B₁	30—61	灰黄色	中壤土	块状	5.8	17.4	0.90	0.60	23.3	132		14.1			
						B₂	61—100	红黄色	中壤土												
剖17	铁铝土	赤红壤	赤红壤	粗粒结晶岩类赤红壤	砂泥土	A	0—21	浅棕黄色	重壤土	核状	5.9	35.7	2.20	1.10	23.4	117		14.0		E 98°21′00.7″ N 24°51′32.4″	77
						B₁	21—68	浅黄棕色	重壤土	核状	5.7	28.2	1.90	1.30	22.6	142		13.4			
						B₂	68—	黄棕色	重壤土	块状	5.5	7.5	1.30	0.10	24.2	160		13.8			
剖18	铁铝土	红壤	棕红壤	粗粒结晶岩类红壤	黑末香土	A	0—17	暗黄棕色	轻黏土	块状	5.5	38.2	1.90	1.10	30.7	267		16.8	混合花岗岩风化残积物	E 98°16′10.9″ N 24°51′23.4″	90
						B₁	17—39	黄黄色	轻黏土	块状	5.2	27.5	1.80	0.80	30.4	225		16.9			
						B₂	39—100	棕色	轻黏土	块状	5.1	21.9	1.30	0.70	25.7	210		16.2			
剖19	人为土	水稻土	潴育水稻土	红壤性潴育水稻土	黄胶泥田	A	0—15	浅棕红色	重壤土	块状	5.3	44.8	2.00	1.50	8.0	327		16.2	片麻岩风化坡积物	E 98°28′21.7″ N 24°50′37.7″	89
						P	15—27	暗棕红色	重壤土	块状	5.3	36.6	1.80	1.60	7.6	213		17.7			
						B	27—100	暗红棕色	重壤土	块状	5.7	32.3	1.20	1.70	4.0	160		12.3			
剖20	人为土	水稻土	潴育水稻土	粗粒结晶岩类潴育水稻土	黄泥田	A	0—15	暗棕色	中壤土	小块状	5.4	25.9	1.10	0.50	50.1	154		9.2	花岗岩风化坡积物	E 98°26′28.0″ N 24°50′35.2″	94
						P	15—35	暗灰色	中壤土	小块状	5.6	19.3	0.90	0.40	52.0	132		8.4			
						B	35—100	灰灰色	中壤土	小块状	5.6	11.2	0.40	0.40	49.7	67		6.6			
剖21	铁铝土	红壤	棕红壤	粗粒结晶岩类红壤	粗粒黄泥红土	A	0—39	浅棕黄色	重壤土	块状	5.2	60.5	2.90	0.70	20.9	244		18.3	片麻岩风化坡积物	E 98°25′10.2″ N 24°50′17.9″	89
						B₁	39—59	黄棕色	重壤土	块状	5.3	20.7	1.20	0.60	24.7	85		12.9			
						B₂	59—100	红棕色	重壤土	块状	5.4	13.1	0.60	0.60	25.7	56		10.6			
剖22	人为土	水稻土	潴育水稻土	红壤性潴育水稻土	红壤性黄泥田	A	0—22	暗棕红色	中黏土	块状	5.1	65.3	2.40	1.20	6.3	243		20.3	片麻岩风化坡积物	E 98°30′12.6″ N 24°52′21.0″	89
						B₁	22—68	暗红棕色	中壤土	块状	5.5	21.7	1.10	1.10	6.9	116		17.8			
						B₂	68—100	红红色	中壤土	块状	5.5	18.7	0.90	1.00	7.2	14		16.2			
剖23	铁铝土	红壤	棕红壤	粗粒结晶岩类红壤	粗粒黄泥砂土	A	0—28	暗棕褐色	轻壤土	粒状	5.5	91.5	3.20	0.80	30.0	316		27.0	片麻岩风化坡积物	E 98°12′45.4″ N 24°49′30.0″	88
						B₁	28—68	浅棕红色	砂壤	粒状	5.5	15.0	0.80	0.60	39.4	82		22.0			
						B₂	68—100	灰黄色	砂壤	粒状	5.4	6.7	0.30	0.70	36.6	45		19.8			
剖24	人为土	水稻土	淹育水稻土	红壤性淹育水稻土	红壤性黄泥田	A	0—23	灰黄色	中壤土	小块状	5.4	24.7	1.30	0.80	31.2	143		12.3		E 98°12′43.6″ N 24°43′02.3″	98
						Pw	23—36	灰棕色	中壤土	块状	5.3	18.3	0.70	0.70	31.1	128		10.4			
						Bw	36—100	褐色	中壤土	块状	5.6	14.8	0.90	0.70	31.2	148		9.5			
剖25	铁铝土	黄壤	黄红壤	粗粒结晶岩类黄红壤	粗粒黄泥砂土	A	0—20	红黄色		块状	6.4	38.0	2.10	1.20	26.1	179		18.2	片麻岩风化坡积物	E 98°23′05.6″ N 24°49′11.3″	70
						B₁	20—40	浅红色	轻壤土	块状	6.4	9.9	0.70	0.60	24.8	72		15.0			
						B₂	40—100	红红色	轻壤土	块状	6.4	9.3	0.50	0.60	30.2	79		16.4			
剖26	铁铝土	红壤	黄红壤	砂岩黄红壤		A	0—30	灰棕色	中壤土	小块状	5.2	48.1	1.90	0.30	28.7	251		20.5	砂页岩风化残积物	E 98°24′00.4″ N 24°49′04.8″	72
						B	30—100	红棕色	中壤土	粒状	5.2	9.9	0.50	0.10	30.4	134		11.4			
剖27	人为土	水稻土	潴育水稻土	洪冲积潴育水稻土	冷河砂田	A₁	0—7	黑棕色	重壤土	粒状	4.6	180.0	6.40	1.00	12.6	430		31.4	紫色砂岩风化物	E 98°26′53.2″ N 24°48′53.3″	91
						A₂	7—12	暗棕色	轻壤土	粒状	4.7	117.0	3.80	0.90	13.2	327		25.5			
						B	12—21	棕色	砾质轻黏土	粒状	5.0	106.0	2.20	0.90	19.2	197		25.2			
						C	21—48	灰棕色	砾质轻壤土	小块状									河流冲积物	E 98°16′45.5″ N 24°48′33.8″	86
						D	48—														

续表 Continued

剖面号 Soil profile	土纲 Soil order	土类 Soil great group	亚类 Soil subgroup	土属 Soil genus	土种 Soil species	土层码 Layer code	土层厚度 Depth/cm	颜色 Soil color	质地 Soil texture	土壤结构 Soil structure	pH	有机质 OM/(g/kg)	全氮 TN/(g/kg)	全磷 TP/(g/kg)	全钾 TK/(g/kg)	碱解氮 AN/(mg/kg)	有效磷 AP/(mg/kg)	阳离子交换量 CEC/(cmol/kg)	土壤母质 Parent material	剖面点坐标 Profile coordinate	匹配指数 Matching index/%
剖28	铁铝土	红壤	红壤	洪冲积物红壤	红砂土	A	0—16	浅红黄色	中壤土	块状	5.6	26.8	1.10	0.90	44.9	134		15.8	古老冲积物	E 98°21′59.4″ N 24°48′32.8″	95
						B₁	16—40	浅红黄色	中壤土	块状	5.4	15.0	0.80	0.60	48.4	107		15.4			
						B₂	40—100	橙黄色	中壤土	块状	5.7	6.3	0.30	0.60	50.1	56		15.1			
剖29	铁铝土	红壤	红壤	泥质岩类红壤		A	0—23	暗红棕色	重壤土	粒状	5.1	50.0	2.60	0.70	21.2	275		16.5	砂岩风化残积物	E 98°22′32.2″ N 24°48′16.2″	96
						B₁	23—58	红棕色	重壤土	粒状	5.1	22.5	4.00	1.30	20.4			14.6			
						B	58—100	红色	重壤土	小块状	5.1	10.1	0.50	0.50	10.8	57		13.7			
剖30	铁铝土	黄壤	粗骨性黄壤	粗粒结晶岩类粗骨性黄壤		A	0—18	红棕色	轻壤土	核状	5.6	19.1	1.10	0.60	33.2	151		10.7	花岗岩风化残积物	E 98°24′51.6″ N 24°47′20.9″	73
						B₁	18—50	暗棕红色	轻壤土	块状	5.4	17.4	0.80	0.20	29.9	129		10.5			
						B₂	50—100	浅棕红色	轻壤土	小块状	5.4	4.0	0.40	0.40	35.6	67		9.1			
剖31	人为土	水稻土	淹育水稻土	洪冲积物性淹育水稻土	山砂田	Pw	0—19	灰白色	重壤土	小块状	5.3	24.4	1.00	0.20	25.2	132		13.3		E 98°24′10.9″ N 24°45′53.3″	90
						B,w	19—33	浅灰色	砾质中壤土	块状	5.6	16.2	0.90	0.20	31.3	98		10.2			
						B,w	33—53	灰黄色	砾质中壤土	块状	6.4	12.6	0.60	0.30	26.7	88		9.7			
剖32	铁铝土	红壤	黄红壤	泥质岩类黄红壤		A	0—32	暗棕色	轻黏土	粒状	5.0	107.3	5.00	1.00	24.7	387		15.8	页岩风化残积物	E 98°23′29.8″ N 24°45′42.1″	85
						B	32—100	红黄色	中壤土	块状	5.2	22.7	1.40	0.60	21.2	178		12.2			
剖33	铁铝土	红壤	红壤	粗粒结晶岩类红壤		A	0—21	红黄色	轻黏土	块状	5.4	47.9	1.90	0.40	21.2	188		15.2	片麻岩风化残积物	E 98°17′02.8″ N 24°45′32.4″	71
						B₁	21—55	红黄色	中壤土	块状	5.5	8.0	0.30	0.30	21.1	58		13.8			
						B₂	55—100	红黄色	中壤土	块状	5.5	9.6	0.50	0.50	18.9	61		12.5			
剖34	铁铝土	黄壤	黄壤	泥质岩类黄壤	鸡粪土	A	0—14	灰黄色	重壤土	小块状	5.7	14.7	0.90	0.90	26.3	161		12.9	页岩风化残积物	E 98°22′58.4″ N 24°45′25.2″	88
						B	14—60	黄色	中壤土	小块状	5.6	6.3	0.40	0.90	29.8	48		10.7			
						C	60—100	灰黄色	中壤土	块状	5.6	5.6	0.30	0.80	31.3	53		10.3			
剖35	铁铝土	黄壤	黄壤	泥质岩类黄壤		A	0—25	暗黄棕色	轻黏土	粒状	5.3	50.1	1.70	1.40	7.6	236		23.7		E 98°22′04.3″ N 24°45′21.6″	85
						B₁	25—53	暗黄棕色	轻黏土	块状	5.4	32.4	1.20	1.20	7.8	102		20.5			
						B₂	53—100	红棕色	轻黏土	块状	5.2	23.8	1.50	1.40	5.5	117		22.1			
剖36	铁铝土	黄壤	黄壤	泥质岩类黄壤	黄泥土	A	0—17	灰黄色	中壤土	粒状	5.1	17.3	1.00	0.40	30.1	219		18.3	砂页岩风化坡积物	E 98°19′55.2″ N 24°44′22.6″	79
						B₁	17—35	浅红黄色	中壤土	块状	5.3	9.1	0.60	0.30	30.0	188		17.8			
						B₂	35—100	红黄色	中壤土	块状	5.5	8.1	0.50	0.30	30.4	142		16.7			
剖37	铁铝土	黄壤	黄壤	泥质岩类黄壤	泥质黄泥砂土	A	0—18	黄棕色	轻壤土	小块状	5.5	19.3	1.00	0.70	20.4	128		15.6	砂页岩风化坡积物	E 98°22′25.0″ N 24°44′10.7″	90
						B₁	18—35	黄色	中壤土	小块状	5.6	15.6	0.70	0.50	14.9	141		14.4			
						B₂	35—100	棕色	重壤土	块状	5.6	9.7	0.40	0.50	18.1	117		13.9			
剖38	铁铝土	红壤	黄红壤	泥质岩类黄红壤	红黄泥土	A	0—27	暗棕色	重壤土	粒状	5.3	81.3	1.60	0.70	19.9	212		26.6	紫色页岩风化残积物	E 98°18′31.3″ N 24°43′34.7″	97
						B	27—70	暗棕色	重壤土	粒状	5.2	80.0	1.80	0.50	18.5	204		24.6			
						B₂	70—100	红棕色	重壤土	块状	5.0	33.3	0.80	0.40	18.6	106		22.8			
剖39	淋溶土	黄棕壤	黄棕壤	泥质岩类山地黄棕壤		A	0—22	暗棕色	轻黏土	小块状	5.1	37.9	1.30	0.40	15.6	187		12.1		E 98°22′04.7″ N 24°43′34.4″	89
						B	22—65	黄棕色	轻黏土	核状	5.1	20.9	0.70	0.80	10.2	124		11.9			
						C	65—100	红棕色	重黏土	核状	5.5	8.7	0.30	0.80	11.9	60		12.8			
剖40	淋溶土	黄棕壤	黄棕壤	粗粒结晶岩类山地黄棕壤		A	0—45	暗棕色	轻黏土	粒状	5.6	39.6	1.80	1.40	3.0	199		22.1	片麻岩风化残积物	E 98°21′50.2″ N 24°42′50.7″	76
						B	45—73	暗黄棕色	轻壤土	小块状	5.6	21.4	1.20	1.20	3.0	146		24.5			
						C	73—100	暗黄棕色	轻壤土	核状	5.7	17.4	0.90	1.30	4.6	129		13.0			
剖41	铁铝土	黄壤	黄壤	粗粒结晶岩类黄壤	黄砂土	AB	0—7	棕灰色	轻壤土	块状	5.5	24.6	2.20	0.80	33.2	153		18.5		E 98°22′04.7″ N 24°42′34.4″	95
						BC	7—22	黄棕色	轻壤土	块状	5.3	18.4	0.70	0.70	28.6	96		17.0			
						BD	22—50	浅黄棕色	粉砂质壤土	块状	5.3	9.5	0.40	0.80	26.4	78		14.5			
剖42	铁铝土	赤红壤	赤红壤	基性岩类赤红壤		A	0—28	棕灰色	中壤土	小块核状	5.3	33.3	1.60	0.80	27.8	209		17.4	玄武岩风化	E 98°19′09.5″ N 24°41′32.0″	70
						B₁	28—70	棕色	中壤土	棱块状	5.4	21.7	0.80	1.00	28.1	146		10.7			
						B₂	70—100	灰棕色	中壤土	棱块状	5.4	18.0	1.00	1.00	28.0	132		13.1			

续表 Continued

剖面号 Soil profile	土纲 Soil order	土类 Soil great group	亚类 Soil subgroup	土属 Soil genus	土种 Soil species	土层码 Layer code	土层厚度 Depth/cm	颜色 Soil color	质地 Soil texture	土壤结构 Soil structure	pH	有机质 OM/(g/kg)	全氮 TN/(g/kg)	全磷 TP/(g/kg)	全钾 TK/(g/kg)	碱解氮 AN/(mg/kg)	有效磷 AP/(mg/kg)	阳离子交换量CEC/(cmol/kg)	土壤母质 Parent material	剖面点坐标 Profile coordinate	匹配指数 Matching index/%
剖43	铁铝土	黄壤	黄壤	粗粒结晶岩类黄壤		A	0—29	棕灰色	中壤土	粒状	5.1	36.9	2.10	0.70	28.1	246		11.4	片麻岩风化残积物	E 98°18′34.8″ N 24°41′44.7″	79
						B_1	29—48	棕灰色	砾质中壤土	粒状	5.2	40.0	2.20	0.50	22.1	214		9.4			
						B_2	48—78	浅棕色	砾质中壤土	核状	5.0	16.2	1.10	0.50	22.8	153		10.7			
						C	78—100	红黄色	砾质中壤土	粒状											
剖44	人为土	水稻土	淹育水稻土	红壤性淹育水稻土	红壤性红泥田	A	0—17	灰黄色	重壤土	块状	5.7	14.9	6.30	0.70	33.4	66		3.4		E 98°16′54.8″ N 24°40′54.1″	83
						P	17—27	灰黄色	重壤土	块状	6.5	16.4	1.00	0.30	34.3	93		0.3			
						B_w	27—50	浅棕色	重壤土	块状	5.9	13.5	0.90	0.30	34.4	112		1.5			
						B_w	50—100														
剖45	淋溶土	黄棕壤	黄棕壤	泥质岩类山地黄棕壤	黄灰土	A	0—23	红棕色	轻黏土	核状	5.2	47.4	2.20	0.90	22.5	204		12.3		E 98°31′10.2″ N 24°48′46.1″	84
						B_1	23—50	浅红色	轻黏土	核状	5.2	28.6	1.40	0.70	21.9	164		12.2			
						B_2	50—100	红色	轻黏土	核状	5.3	15.5	1.60	0.60	21.3	90		11.7			
剖46	铁铝土	赤红壤	黄色赤红壤	洪冲积性黄色赤红壤		A	0—14	暗棕色	砂壤土	粒状	5.1	164.3	5.10	0.40	47.0	483		35.0	古老洪积物	E 98°14′20.0″ N 24°38′26.5″	81
						B	14—34	灰棕色	砂壤土	粒状	5.4	74.5	2.70	0.20	58.5	216		34.0			
						C	34—100	砂色	轻壤土	粒状	5.5	8.1	0.40	0.20	68.8	52		20.9			
剖47	人为土	水稻土	潴育水稻土	洪冲积性潴育水稻土	冲积黄泥田	A	0—17	浅灰色	轻壤土	块状	5.6	33.1	1.30	0.30	27.6	158		26.4	古老冲积物	E 98°11′20.8″ N 24°37′54.8″	72
						Pg	17—26	灰灰色	中壤土	块状	6.1	21.2	1.10	0.30	28.3	101		23.0			
						G	26—40	黄色	轻壤土		6.1	8.9	0.50	0.40	28.9	47		22.9			
剖48	铁铝土	红壤	黄红壤	粗粒结晶岩类黄红壤	烂泥田	B	0—52	浅棕黄色	轻壤土	块状	5.5	28.2	1.20	0.70	20.6	249		23.8	片麻岩风化残积物	E 98°12′53.3″ N 24°35′17.2″	92
						B	52—100	浅黄棕色	轻壤土	块状	5.5	34.5	1.50	0.90	17.8	233		26.5			
剖49	人为土	水稻土	潴育水稻土	洪冲积性潴育水稻土		A	0—15	暗黄棕色	重壤土	块状	6.8	24.4	1.70	0.90	26.0	198		13.0	湖积物	E 98°09′33.5″ N 24°34′08.8″	71
						P	15—28	浅灰色	重壤土	块状	6.0	21.6	1.40	0.90	26.7	174		12.4			
						B_1	28—51	灰黄棕色	重壤土	块状	6.1	19.8	1.30	0.80	25.5	148		12.4			
						B_2	51—100	浅黄棕色	重壤土	块状											
剖50	铁铝土	赤红壤	赤红壤	粗粒结晶岩类赤红壤	栗红土	A	0—22	灰棕色	中壤土	小块状	5.2	35.9	1.70	0.80	47.8	225		21.1	石灰岩风化残积物	E 98°12′21.2″ N 24°32′54.2″	84
						B	22—38	黄棕色	中壤土	小块状	5.0	21.4	1.20	0.50	46.4	232		20.1			
						C	38—100	黄色	轻壤土	粒状	5.0	10.2	0.50	0.60	52.2	88		18.2			
剖51	初育土	石灰(岩)土	黄色石灰土	碳酸盐岩类淋溶黄色石灰土		A_1	0—24	黑棕色	中壤土	粒状	5.1	144.7	7.50	1.20	15.9	624		24.3	石灰岩风化残积物	E 98°14′22.9″ N 24°32′35.9″	84
						A_2	24—55	暗棕色	中壤土	核状	5.5	82.9	4.20	1.20	17.0	394		19.2			
						B	55—100	暗黄棕色	中壤土	核状	5.2	62.3	2.70	1.00	18.6	255		16.5			
剖52	铁铝土	赤红壤	赤红壤	基性结晶岩类赤红壤		A	0—16	灰黄色	中壤土	小块状	5.4	14.5	0.80	0.80	34.2	142		10.2		E 98°16′00.5″ N 24°39′38.9″	93
						B	16—38	灰黄棕色	中壤土	棱块状	5.5	7.4	0.70	0.10	30.8	140		9.1			
						C	38—100	灰黄色	中壤土	核状	5.6	4.4	0.30	0.40	33.5	59		8.6			
剖53	铁铝土	红壤	黄红壤	洪冲积性潴育水稻土	黄红土	A	0—28	灰棕色	中壤土	粒状	5.5	38.6	2.10	0.80	31.0	222		15.8	片麻岩风化残积物	E 98°17′17.5″ N 24°39′21.2″	94
						B_1	28—71	浅棕色	中壤土	粒状	5.3	32.7	1.90	1.00	24.6	204		15.5			
						B_2	71—100	浅棕红色	中壤土	小粒状	5.3	16.5	1.20	0.80	22.8	158		14.9			
剖54	人为土	水稻土	潴育水稻土	红壤性潴育水稻土	山砂泥田	Ag	0—22	砂灰色	砂壤土	小块状	6.0	17.1	0.80	0.90	37.2	85		12.1	花岗岩坡积物	E 98°22′04.4″ N 24°38′49.6″	72
						P	22—37	浅黄色	砂土	小粒状	6.4	3.6	1.10	0.80	31.7	37		11.9			
						B	37—100	灰白色	砂土	小粒状	6.5	1.4	1.40	0.70	32.8	17		10.4			
剖55	人为土	水稻土	潴育水稻土	洪冲积性潴育水稻土	砂泥田	Ag	0—19	灰灰色	轻壤土	小块状	5.8	86.6	5.30	0.20	31.9	72		31.9	古老冲积物	E 98°15′52.1″ N 24°33′02.1″	70
						B_1g	19—36	黑棕色	轻壤土	小粒状	5.3	17.6	2.90	0.30	32.0	179		26.4			
						B_2g	36—60	青灰色	轻壤土	小块状	5.6	68.3	2.30	0.60	29.8	10		29.3			

盈 江 县

主要土类说明

赤红壤是盈江县主要土壤类型,占本县地域面积的24%,分布在海拔300—854m的宽谷平坝。植被为亚热带常绿阔叶林。成土母质以各种母岩风化残积物和坡积物为主。成土过程以富铝化作用和生物积累作用为主。本县赤红壤分为赤红壤、黄色赤红壤等亚类。其中,黄色赤红壤面积较大,土体中氧化铁等矿物的水合度较高,有较明显的黄化层,土壤有机质和游离铁的活化度均高于典型的赤红壤,pH低于5.5,有明显的脱硅富铝化作用。次生黏土矿物中伊利石比基岩少13%—19%,高岭石和绿泥石比基岩多15%—20%。

黄壤是盈江县第二大土壤类型,占本县地域面积的24%,分布在海拔800—2200m的山区。植被为湿性常绿阔叶林。成土过程以脱硅富铝化、生物富集和黄化过程为主。黏土矿物以蛭石为主,其次为高岭石和伊利石。黄壤中度富铝化,具O-A-AB-B-C剖面构型。淀积层(B层)富含水合氧化物(针铁矿),呈黄色,有时含三水铝石。土壤有机质含量较高,可达100g/kg,pH为4.5—5.5。

红壤是盈江县第三大土壤类型,占本县地域面积的20%,分布在坝子周围海拔800—2300m的丘陵及低山地区。成土母质为第四纪红色黏土、红砂岩、花岗岩、千枚岩、石灰岩和玄武岩。成土过程以脱硅富铝化和生物富集为主。土体深厚,剖面层次发育完整。本县红壤分为红壤、黄红壤、棕红壤、红壤性土等亚类。其中,黄红壤面积较大,土体上部有黄化现象,以黄橙色或橙色为主,下部仍以高岭石为主,伴有蛭石和三水铝石。

黄棕壤占本县地域面积的20%,主要分布在海拔1900—3200m的山区。该区域气候温凉,雨多雾大,植被繁茂。成土母质多为砂页岩及花岗岩风化物。土层弱度富铝化,黏聚现象明显,呈黄棕色。该土壤具A-B-C或A-(B)-C剖面构型,黏粒硅铝率在2.5左右,铁的游离度较红壤低,B层交换性酸大于A层。土层深厚,淋溶作用明显,表土呈棕灰色,心土呈灰黄色或浅黄棕色,自然肥力较高。

水稻土占本县地域面积的10%,分布在海拔2100m以下的地区。成土母质以河流冲积物和洪积物为主,还有岩石风化残积物或坡积物。成土过程为淋溶作用和水耕熟化过程。水稻土在长期的季节性淹灌、水下翻耕、季节性脱水、氧化还原交替影响下,原来的成土母质或母土的特性发生重大改变,形成了不同的土体构型。本县水稻土分为淹育型、潴育型、潜育型等亚类。

小于本县地域面积3%的土壤类型有砖红壤和棕壤。

本区域中心区气候特征

本区域中心区气候特征值
Regional climate characteristics in central area of the region

气候带:南亚热带湿润气候 Climate region: South subtropical humid climate	
年平均气温 /℃ Annual average temperature /℃	14.5
年平均最高气温 /℃ Annual average maximum temperature /℃	20.9
年平均最低气温 /℃ Annual average minimum temperature /℃	10.0
年降水量 /mm Annual precipitation /mm	1491
≥10℃的积温 /℃ Daily temperature accumulated in a year(≥10℃)/℃	5259
年日照时数 /h Annual sunshine /h	2035
年平均相对湿度 /% Annual average relative humidity /%	78
干燥度 Dryness	0.59

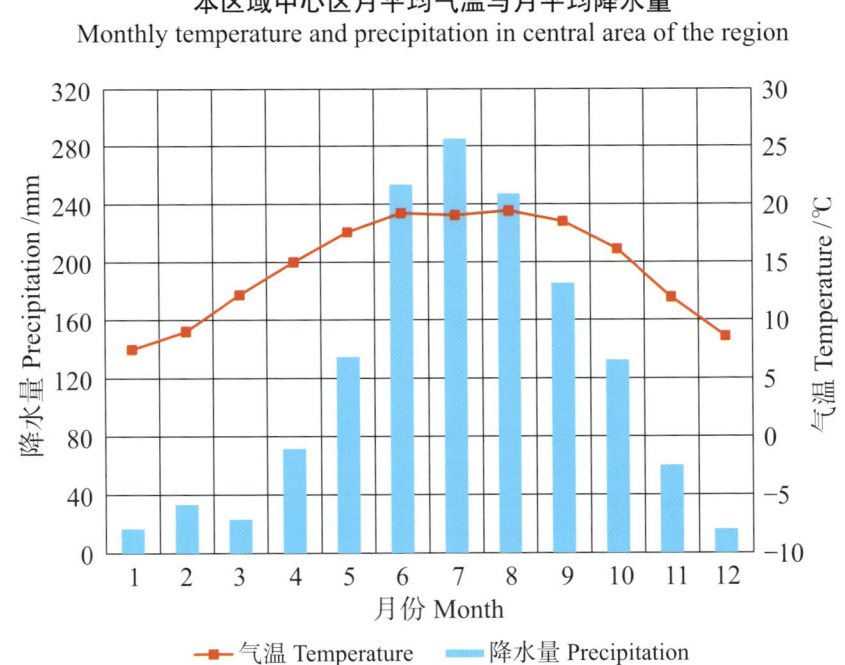

本区域中心区月平均气温与月平均降水量
Monthly temperature and precipitation in central area of the region

盈江县主要土壤类型与土壤剖面点分布图
1 : 350 000

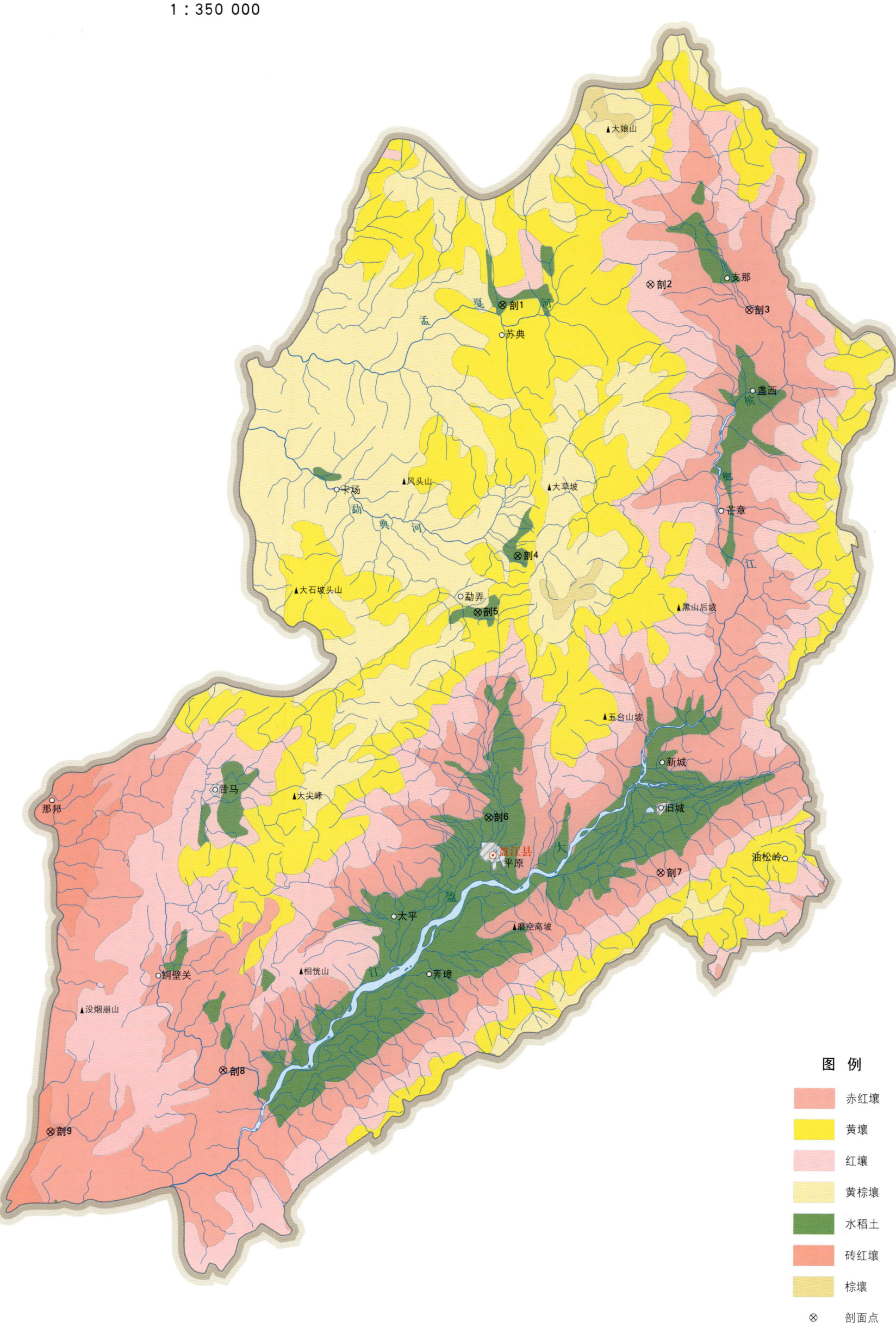

盈江县土壤剖面理化性状表

剖面号 Soil profile	土纲 Soil order	土类 Soil great group	亚类 Soil subgroup	土属 Soil genus	土种 Soil species	土层码 Layer code	土层厚度 Depth/cm	颜色 Soil color	质地 Soil texture	土壤结构 Soil structure	pH	有机质 OM/(g/kg)	全氮 TN/(g/kg)	全磷 TP/(g/kg)	全钾 TK/(g/kg)	碱解氮 AN/(mg/kg)	有效磷 AP/(mg/kg)	阳离子交换量 CEC/(cmol/kg)	剖面点坐标 Profile coordinate	匹配指数 Matching index/%
剖1	人为土	水稻土	潜育水稻土	洪冲积性潜育水稻土	青黑泥田	A₁g	0—18	暗棕色	轻壤土	块状	5.9	131.6	5.50	0.74	14.4			19.9	E 97°56′08.2″ N 25°07′47.6″	73
						Pg	18—30	黑棕色	轻壤土	块状	5.7	109.9	4.50	0.65	14.9			19.3		
						B₁g	30—60	灰黄色	中壤土	块状	5.8	50.6	2.20	0.44	24.1			5.6		
						B₂w	60—100	浅黄棕色	轻壤土	小块状	5.9	26.3	1.30	0.31	18.8			9.6		
剖2	铁铝土	红壤	黄红壤	酸性结晶岩类黄红壤		A₁	0—20	棕色	轻壤土	小块状	5.5	41.7	1.60	0.26	24.1			20.5	E 98°03′37.1″ N 25°08′47.2″	95
						B₁	20—64	黄棕色	轻壤土	块状	5.2	33.0	1.50	0.17	24.5			18.4		
						B₂	64—100	黄棕色	轻壤土	块状	5.4	14.3	1.00	0.13	22.8			13.5		
剖3	铁铝土	赤红壤	黄色赤红壤	酸性结晶岩类黄色赤红壤		A₁	0—11	黑棕色	轻壤土	粒状	6.0	49.5	2.70	0.57	22.1			22.0	E 98°08′39.1″ N 25°07′39.1″	82
						B₁	11—40	棕色	轻壤土	粒状	6.0	35.5	2.20	0.39	19.0			23.5		
						B₂	40—80	棕黄色	轻壤土	小块状	5.0	30.8	2.00	0.31	17.5			15.9		
剖4	人为土	水稻土	潜育水稻土	洪冲积性潜育水稻土	青砂泥田	A	0—17	暗灰色	中壤土	块状	5.3	32.9	1.40	0.17	22.5	83		9.2	E 97°57′03.6″ N 24°56′17.9″	91
						Pg	17—23	浅灰色	轻壤土	块状	5.5	20.3	0.90	0.31	22.2	99		10.8		
						B₁g	23—56	暗黄灰色	砂质黏壤土	块状	5.7	15.9	0.70	0.31	24.8			7.7		
						B₂g	56—100	灰黄色	中壤土	块状	5.6	26.2	1.10	0.35	22.1	95		9.9		
剖5	水稻土	水稻土	潜育水稻土	青砂泥田		A	0—17	暗黄色	壤质黏土	块状	5.3	32.9	1.40	0.17	22.5	83	5.0	9.2	E 97°55′04.4″ N 24°53′41.6″	85
						P	17—23	浅灰色	砂质黏壤土	块状	5.7	20.3	0.90	0.31	22.2	99	4.0	10.8		
						G	23—100	灰黄色	砂质黏壤土	块状	5.7	21.0	0.90	0.31	23.4	75	6.0	8.8		
剖6	人为土	水稻土	潜育水稻土	洪冲积性潜育水稻土	河沙田	A₁	0—13	灰黄色	轻壤土	块状	6.5	14.4	0.70	0.22	22.8			6.2	E 97°55′45.9″ N 24°44′17.7″	95
						Pw	13—20	浅棕黄色	轻壤土	块状	7.3	13.7	0.70	0.48	22.7			5.4		
						B₁w	20—68	浅黄黄色	砂壤土	块状	7.4	5.9	0.40	0.39	24.9			4.0		
						B₂w	68—100	褐色	砂壤土	块状	7.6	3.9	0.30	0.39	25.2			3.1		
剖7	铁铝土	赤红壤	赤红壤	泥质岩类赤红壤		A	0—17	红棕色	轻壤土	小块状	5.9	49.1	2.50	0.44	11.7				E 98°04′29.2″ N 24°41′51.0″	71
						B₁	17—60	浅棕黄色	轻壤土	小块状	5.0	39.3	1.82	0.32	10.0					
						B₂	60—100	浅红棕色	轻壤土	块状	5.4	17.8	1.67	0.33	11.5					
剖8	铁铝土	赤红壤	黄色赤红壤	麻黄赤红土	麻黄赤红土	Ao	0—11	灰黄色		核粒状	6.1	49.5	2.72	0.55	22.1	239	5.6		E 97°42′33.2″ N 24°32′33.2″	100
						A	11—40	棕色	轻壤土	小块状	6.0	35.5	2.17	0.40	19.0	201	1.0			
						B	40—80	浅黄棕色	轻壤土	屑粒状	5.0	30.8	2.03	0.34	17.5	198	1.0			
剖9	铁铝土	砖红壤	黄色砖红壤	麻砖黄土	盈江麻砖土	A₁₁	0—23	黄黄棕色	壤质黏土	小块状	5.0	34.9	2.30	0.11	9.9	192		14.8	E 97°33′53.9″ N 24°29′39.1″	77
						Bs₁	23—84	亮黄棕色	壤质黏土	块状	5.4	14.0	0.80	0.21	9.4	119		6.4		
						Bs₂	84—120	橙色	壤质黏土	块状	5.3	10.9	1.80	0.19	10.3	78		10.7		

陇 川 县

主要土类说明

赤红壤是陇川县主要土壤类型，占本县地域面积的43%，分布在海拔780m左右的河谷和平坝地区。植被为常绿阔叶林。成土母质以各种母岩风化残积物和坡积物为主。成土过程以富铝化作用和生物积累作用为主。本县赤红壤分为赤红壤、黄色赤红壤等亚类。其中，黄色赤红壤面积较大，具A-Bs-C剖面构型，土体中氧化铁等矿物的水合度较高，有较明显的黄化层，土壤有机质和游离铁的活化度均高于典型的赤红壤，pH一般低于5.5，有明显的脱硅富铝化作用。次生黏土矿物中伊利石比基岩少13%—19%，高岭石和绿泥石比基岩多15%—20%。

红壤是陇川县第二大土壤类型，占本县地域面积的34%，分布在坝子周围海拔800—2000m的丘陵及低山地区。该区域雨量充沛，日照充足，四季不明显，干湿季分明。成土母质为第四纪红色黏土、红砂岩、花岗岩、千枚岩、石灰岩和玄武岩。成土过程以脱硅富铝化和生物富集为主。土体深厚，剖面层次发育完整。本县红壤分为红壤、黄红壤、棕红壤、红壤性土等亚类。其中，黄红壤面积较大，是红壤向黄壤过渡的土壤类型，所处区域水分条件较优，土体上部有黄化现象，以黄橙色或橙色为主，下部仍以高岭石为主，伴有蛭石和三水铝石。

水稻土是陇川县第三大土壤类型，占本县地域面积的13%，分布在海拔2100m以下的地区。成土母质以冲积物和洪积物为主，还有岩石风化残积物或坡积物。成土过程为淋溶作用和水耕熟化过程。水稻土在长期的季节性淹灌、水下翻耕、季节性脱水、氧化还原交替影响下，原来的成土母质或母土的特性发生重大改变，形成了不同的土体构型。本县水稻土分为淹育型、潴育型、潜育型等亚类。淹育水稻土多分布在坝区边缘、河谷冲积台地、丘陵的中上部和洪积扇上部，多依赖自然降水，水耕熟化程度低，属中低产稻田，具A-P-C剖面构型。潴育水稻土多分布在坝区，水利条件好，水耕熟化程度高，层次分异明显，能灌能排，水旱轮作，属稳产高产稻田，具A-P-W-G-C或A-P-W-C剖面构型。潜育水稻土分布在坝区低洼处、冲积扇的潜流出水部位和山谷谷底，地下水位高，一般在60cm以上，排水不良，属低产稻田，具A-P-G或A-G剖面构型。

黄壤占本县地域面积的10%，分布在海拔900—2618m的山区。植被为湿性常绿阔叶林。成土过程以脱硅富铝化、生物富集和黄化过程为主。黏土矿物以蛭石为主，其次为高岭石和伊利石。

小于本县地域面积3%的土壤类型有草甸土。

本区域中心区气候特征

本区域中心区气候特征值
Regional climate characteristics in central area of the region

气候带：南亚热带湿润气候 Climate region: South subtropical humid climate	
年平均气温 /℃ Annual average temperature /℃	15.5
年平均最高气温 /℃ Annual average maximum temperature /℃	22.1
年平均最低气温 /℃ Annual average minimum temperature /℃	10.9
年降水量 /mm Annual precipitation /mm	1525
≥10℃的积温 /℃ Daily temperature accumulated in a year (≥10℃) /℃	5606
年日照时数 /h Annual sunshine /h	2034
年平均相对湿度 /% Annual average relative humidity /%	78
干燥度 Dryness	0.62

本区域中心区月平均气温与月平均降水量
Monthly temperature and precipitation in central area of the region

陇川县主要土壤类型与土壤剖面点分布图

1∶260 000

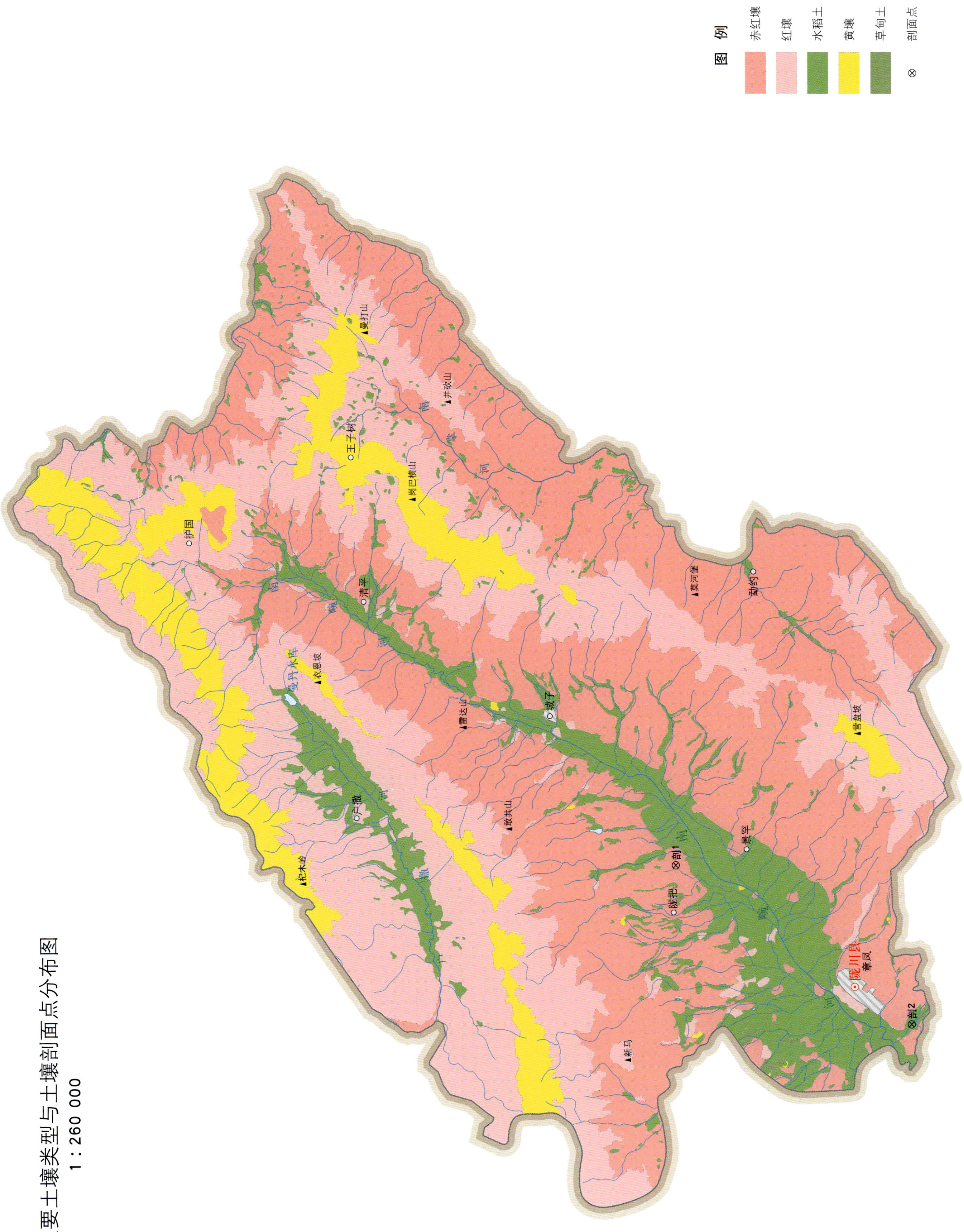

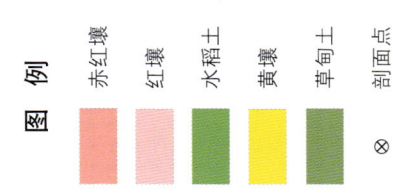
图　例
赤红壤　红壤　水稻土　黄壤　草甸土　剖面点

陇川县土壤剖面理化性状表

剖面号 Soil profile	土纲 Soil order	土类 Soil great group	亚类 Soil subgroup	土属 Soil genus	土种 Soil species	土层码 Layer code	土层厚度 Depth/cm	颜色 Soil color	质地 Soil texture	土壤结构 Soil structure	pH	有机质 OM/(g/kg)	全氮 TN/(g/kg)	全磷 TP/(g/kg)	全钾 TK/(g/kg)	碱解氮 AN/(mg/kg)	有效磷 AP/(mg/kg)	阳离子交换量CEC/(cmol/kg)	剖面点坐标 Profile coordinate	匹配指数 Matching index/%
剖1	铁铝土	赤红壤	赤红壤	石英质岩赤红壤		A₁	0—15	浅棕色	重壤土	小块状	5.3	42.8	1.30	1.50	13.9	146		9.3	E 97°51′52.9″ N 24°17′20.4″	96
						B₁	15—60	红棕色	黏土	块状	5.5	19.6	0.90	1.00	12.6	124		16.6		
						B₂	60—100	红色	黏土	块状	5.7	9.1	0.70	0.60	13.6	53		13.4		
剖2	人为土	水稻土	潴育水稻土	暗砂泥田	砂田	A	0—17	褐色	砂质黏壤土	小块状	6.5	14.4	0.70	0.50	37.5	76	3.0	6.2	E 97°46′08.8″ N 24°09′22.4″	95
						P	17—24	浅棕黄色	砂质黏土	块状	7.3	13.7	0.66	1.07	27.2	62	3.0	5.4		
						W	24—64	灰黄色	砂质黏壤土	块状	7.4	5.9	0.33	0.91	29.9	41	3.0	4.0		
						C	64—120	浅黄棕色	砂壤土	块状	7.6	3.9	0.25	0.85	30.4	18	3.0	3.1		

怒江傈僳族自治州

泸水市

主要土类说明

红壤是泸水市主要土壤类型，占本市地域面积的 28%，分布在海拔 730—2200m 的山地丘陵。植被为常绿阔叶林等。成土母质为石灰岩、砂页岩和玄武岩。成土过程以脱硅富铝化和生物富集为主。本市红壤分为红壤、黄红壤等亚类。其中，黄红壤面积较大，土体上部有黄化现象，以黄橙色或橙色为主，下部仍以高岭石为主，伴有蛭石和三水铝石。

棕壤是泸水市第二大土壤类型，占本市地域面积的 17%，分布在海拔 2300—3000m 的山地垂直带谱中。植被以湿性常绿阔叶林和针阔叶混交林为主。成土母质以紫色岩类、酸性结晶岩类、基性结晶岩类和碳酸岩类风化物为主。成土过程以淋溶过程、黏化过程和生物富集过程为主。

黄棕壤是泸水市第三大土壤类型，占本市地域面积的 16%，分布在海拔 2200—2400m 的中山坡地上部。成土母质多为砂页岩及花岗岩风化物。成土过程受淋溶、黏化及弱富铝化作用的影响。土层弱度富铝化，黏聚现象明显，呈黄棕色。

暗棕壤占本市地域面积的 10%，分布在海拔 3000—3700m 的高山地区。植被为针阔叶混交林。成土过程以腐殖质积累、淋溶黏化、白浆化、潜育化等为主。黏土矿物以蛭石和伊利石为主。

黑毡土占本市地域面积的 10%。黑毡土发生于青藏高原高寒略较温湿的原面上，蒿草与杂生草类的草毡层初步分解，形成初步腐殖化的暗色草根茎盘结层。该土壤色泽较深，有机质含量为 100—150g/kg。

小于本市地域面积 10% 的土壤类型有棕色针叶林土、燥红土、石灰（岩）土、黄壤和水稻土。

本区域中心区气候特征

本区域中心区气候特征值
Regional climate characteristics in central area of the region

气候带：中亚热带湿润气候 Climate region: Subtropical humid climate	
年平均气温 /℃ Annual average temperature /℃	13.1
年平均最高气温 /℃ Annual average maximum temperature /℃	19.3
年平均最低气温 /℃ Annual average minimum temperature /℃	8.4
年降水量 /mm Annual precipitation /mm	1205
≥10℃的积温 /℃ Daily temperature accumulated in a year (≥10℃) /℃	4735
年日照时数 /h Annual sunshine /h	2164
年平均相对湿度 /% Annual average relative humidity /%	72
干燥度 Dryness	0.65

本区域中心区月平均气温与月平均降水量
Monthly temperature and precipitation in central area of the region

泸水县主要土壤类型与土壤剖面点分布图
1:360 000

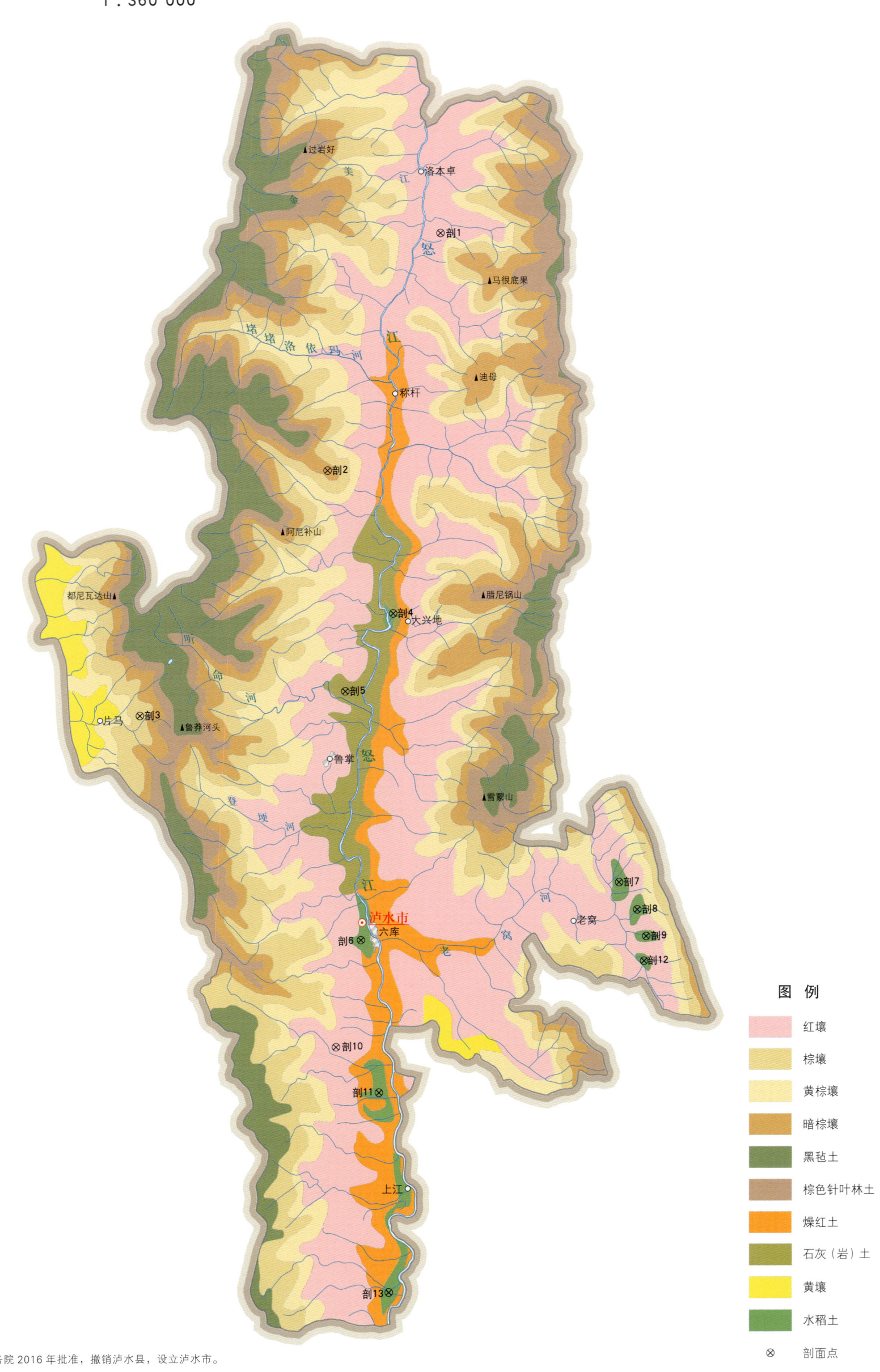

注：国务院2016年批准，撤销泸水县，设立泸水市。

泸水市土壤剖面理化性状表

剖面号 Soil profile	土纲 Soil order	土类 Soil great group	亚类 Soil subgroup	土属 Soil genus	土种 Soil species	土层号码 Layer code	土层厚度 Depth/cm	颜色 Soil color	质地 Soil texture	土壤结构 Soil structure	pH	有机质 OM/(g/kg)	全氮 TN/(g/kg)	全磷 TP/(g/kg)	碱解氮 AN/(mg/kg)	有效磷 AP/(mg/kg)	土壤母质 Parent material	剖面点坐标 Profile coordinate	匹配指数 Matching index/%
剖1	铁铝土	红壤	黄红壤	泥质岩类黄红壤	黄砂土	1	0—21	红棕色	重壤土	块状	7.7	14.1	0.40	0.29	58		泥质岩类	E 98°54′34.7″ N 26°22′43.6″	82
						2	21—38	红棕色	重壤土	核状									
						3	38—83	浅红棕色	轻黏土	棱块状									
						4	83—	红棕色	重壤土										
剖2	淋溶土	暗棕壤	暗棕壤	石子黑汤土	石子黑汤土	Ao	0—4		黏壤土		4.0	270.5	8.50	2.70	640	27.0		E 98°48′52.2″ N 26°11′59.3″	88
						A	4—22	暗棕色	黏壤土	粒状	4.0	270.5	8.50	2.70	640	27.0			
						B	22—32	灰黄棕色	砂质黏壤土	块状	4.5	110.4	3.60	0.60	294	3.2			
						C	32—67	黄棕色	砾质砂壤土	块状	4.7	103.1	2.80	0.70	237	0.9			
剖3	淋溶土	棕壤	棕壤	粗粒结晶岩类棕壤		1	0—17	棕灰色	轻壤土	团块状	7.3	20.1	1.10	1.00	111			E 98°39′25.0″ N 26°00′53.6″	96
						2	17—47	灰棕色	中壤土	大块状									
						3	47—70	紫棕色	重黏土	大块状									
剖4	人为土	水稻土	淹育水稻土	红壤性淹育水稻土	灰泥田	1	0—15	灰棕色	中黏土	大块状	5.8	57.3	2.50	0.50	221			E 98°52′10.1″ N 26°05′30.3″	99
						2	15—36	灰棕色	中黏土	大块状									
						3	36—106	暗棕色		棱柱状									
						4	106—126	棕色											
剖5	初育土	石灰（岩）土	红色石灰土	碳酸岩类红色石灰土		1	0—15	灰黄色	壤土	核状	6.0	34.6	1.52	1.10	217		白云岩发育物	E 98°49′45.1″ N 26°01′59.8″	87
						2	15—50	灰黄色	轻壤土	块状									
						3	50—105	灰棕色	重壤土	核状									
剖6	人为土	水稻土	潜育水稻土	冲积性潴育水稻土	青砂泥田	1	0—18	紫色	中壤土	团块状	7.2	16.4	0.95	0.50	100			E 98°50′32.6″ N 25°50′42.5″	99
						2	18—102	紫棕色	中壤土	块状	8.1	27.9	2.30	0.50	148				
剖7	人为土	水稻土	淹育水稻土	冲积性淹育水稻土	灰砂田	1	0—12	浅棕黄色	轻壤土	团块状								E 99°03′32.4″ N 25°53′19.0″	94
						2	12—22	灰黄色	中壤土	块状									
						3	22—37	褐色	中壤土	块状									
						4	37—90	浅黄棕色	重壤土	块状									
剖8	人为土	水稻土	淹育水稻土	红壤性淹育水稻土	红胶泥田	1	0—15	黄色	轻黏土	团粒状	5.1	35.0	1.60	0.40	153			E 98°49′27.1″ N 25°52′04.8″	76
						2	15—23	黄色	中壤土	块状									
						3	23—55	黄棕色	重壤土	块状									
						4	55—95	暗黄棕色	重壤土	块状									
						5	95—115	暗黄棕色	重壤土	块状									
剖9	人为土	水稻土	淹育水稻土	红壤性淹育水稻土	黄棕泥田	1	0—16	灰色	中壤土	团块状	5.6	16.2	0.80	0.70	59			E 99°04′53.8″ N 25°50′52.4″	83
						2	16—26	灰黄色	中壤土	团块状									
						3	26—108	暗黄棕色	中壤土	块状									
剖10	铁铝土	红壤	黄红壤	泥质岩类黄红壤	涩红土	1	0—16	栗色	中壤土	团块状	7.9	26.8	1.26	0.80	107		泥质岩类	E 99°04′17.9″ N 25°45′50.7″	83
						2	16—49	栗色	重壤土	团块状									
						3	49—72	黄棕色	重壤土	块状									
剖11	人为土	水稻土	潜育水稻土	冲积性潴育水稻土	青泥田	1	0—7	棕色	中壤土	团粒状	5.0	675.2	10.30	1.23	969			E 98°51′27.0″ N 25°43′48.0″	87
						2	7—25	暗棕色	轻壤土	团粒状									
						3	25—56	浅棕色	中壤土	块状									
						4	56—87	浅棕色	重壤土	块状									
						5	87—110	浅棕色	轻壤土	小块状									

续表 Continued

剖面号 Soil profile	土纲 Soil order	土类 Soil great group	亚类 Soil subgroup	土属 Soil genus	土种 Soil species	土层码 Layer code	土层厚度 Depth/cm	颜色 Soil color	质地 Soil texture	土壤结构 Soil structure	pH	有机质 OM/(g/kg)	全氮 TN/(g/kg)	全磷 TP/(g/kg)	碱解氮 AN/(mg/kg)	有效磷 AP/(mg/kg)	土壤母质 Parent material	剖面点坐标 Profile coordinate	匹配指数 Matching index/%
剖12	人为土	水稻土	淹育水稻土	红壤性淹育水稻土	灰棕泥田	1	0—15	浅灰色	重壤土	块状	5.1	29.8	1.90	0.40	194			E 99°04′47.3″ N 25°49′44.0″	78
						2	15—55	浅灰色	重壤土	块状									
						3	55—90	暗灰黄色	重壤土	块状									
剖13	人为土	水稻土	潜育水稻土	冲积性潜育水稻土	黄泥田	1	0—8	紫灰色	轻黏土	团块状	6.8	65.1	0.45	0.93	71			E 98°51′57.2″ N 25°34′50.2″	89
						2	8—28	浅红色	中黏土	团块状									
						3	28—110	浅红色	轻黏土	团块状									

福 贡 县

主要土类说明

暗棕壤是福贡县主要土壤类型，占本县地域面积的20%。植被为针阔叶混交林。成土母质为变质花岗岩残积物或坡积物。成土过程以腐殖质积累、淋溶黏化、白浆化、潜育化等为主。本县暗棕壤分为暗棕壤、粗骨性暗棕壤、潜育暗棕壤、白浆化暗棕壤等亚类。暗棕壤亚类分布在坡度稍缓、植被较好的地带；粗骨性暗棕壤分布在坡度较陡、植被被破坏的地带；潜育暗棕壤分布在地形低洼、地下水位高的地带；白浆化暗棕壤分布在潜育暗棕壤的上方，土壤潮湿，被水淋失后有灰白色层次。

棕色针叶林土是福贡县第二大土壤类型，占本县地域面积的20%，分布在海拔3400—4000m的高山地区，多与暗棕壤交错分布。植被为针叶林，主要有冷杉、云杉、红杉等。成土过程为表层酸性泥炭化物质积累和土壤中可溶性铁铝锰化合物回流表土的过程。土层厚度在40cm左右，土层内多砾质岩屑，质地较轻，以壤质为主，具 O-A-AB-B-C 剖面构型。由于常年气温较低，分解与转化有机物的微生物活动受到限制，加上冻融期与伏雨期土壤过湿，养分的转化与氧化过程减弱。

棕壤是福贡县第三大土壤类型，占本县地域面积的19%。植被主要为针阔叶混交林。成土母质为变质花岗岩残积物和坡积物。成土过程以淋溶过程、黏化过程和生物富集过程为主。坡度稍缓处土层较厚，厚度为100cm，质地为轻壤土，粒状结构，呈强酸性，有机质含量平均为361.8g/kg，自然肥力高，但磷含量较低。

黄棕壤占本县地域面积的18%，分布在海拔2200—2400m的中山坡地上部。该区域雾露多，湿度大，气温偏低。植被为常绿阔叶林。成土母质多为砂页岩及花岗岩风化物。成土过程受淋溶、黏化及弱富铝化作用的影响。

红壤占本县地域面积的17%，分布在怒江沿岸地区。植被为常绿阔叶林。成土母质为变质花岗岩坡积物。成土过程以脱硅富铝化和生物富集为主。土体深厚，剖面层次发育完整。红壤呈中度脱硅富铝化特征，具 A-Bs-Bv 或 A-Bs-C 剖面构型。

黑毡土占本县地域面积的6%。黑毡土发生于青藏高原高寒略较温湿的原面上，蒿草与杂生草类的草毡层初步分解，形成初步腐殖化的暗色草根茎盘结层。该土壤色泽较深，有机质含量较高，为 100—150g/kg，pH 为 6.5—8.0，底土见锈色斑纹。

小于本县地域面积3%的土壤类型有草毡土。

本区域中心区气候特征

本区域中心区气候特征值
Regional climate characteristics in central area of the region

气候带：暖温带湿润气候 Climate region: Warm temperate humid climate	
年平均气温 /℃ Annual average temperature /℃	10.8
年平均最高气温 /℃ Annual average maximum temperature /℃	16.9
年平均最低气温 /℃ Annual average minimum temperature /℃	6.4
年降水量 /mm Annual precipitation /mm	1007
≥10℃的积温 /℃ Daily temperature accumulated in a year（≥10℃）/℃	3923
年日照时数 /h Annual sunshine /h	2173
年平均相对湿度 /% Annual average relative humidity /%	70
干燥度 Dryness	0.63

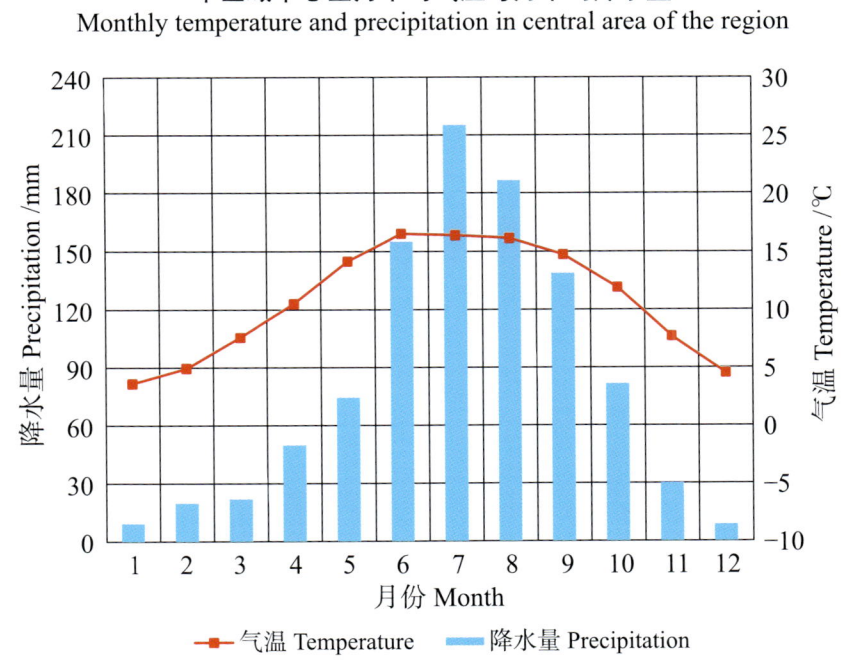

本区域中心区月平均气温与月平均降水量
Monthly temperature and precipitation in central area of the region

福贡县主要土壤类型与土壤剖面点分布图
1:390 000

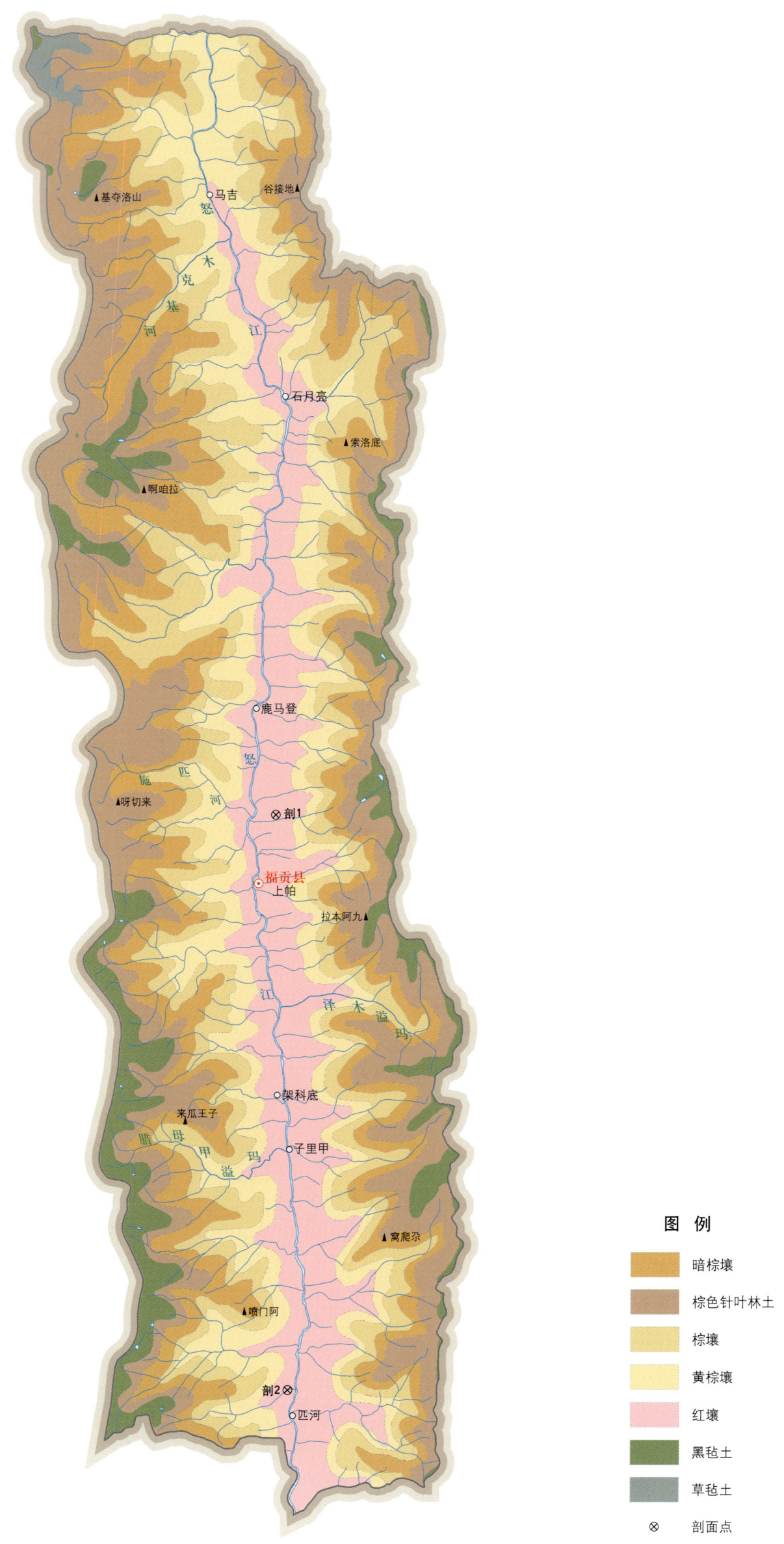

福贡县土壤剖面理化性状表

剖面号 Soil profile	土纲 Soil order	土类 Soil great group	亚类 Soil subgroup	土属 Soil genus	土种 Soil species	土层码 Layer code	土层厚度 Depth/cm	颜色 Soil color	质地 Soil texture	土壤结构 Soil structure	pH	有机质 OM/(g/kg)	全氮 TN/(g/kg)	全磷 TP/(g/kg)	碱解氮 AN/(mg/kg)	阳离子交换量 CEC/(cmol/kg)	土壤母质 Parent material	剖面点坐标 Profile coordinate	匹配指数 Matching index/%
剖1	铁铝土	红壤	黄红壤	粗粒结晶岩类黄红壤	红褐土	A	0—18	褐色	中壤土	块状	5.1	67.8	3.20	0.82	250	16.2	粗粒结晶岩类	E 98°52′52.8″ N 26°57′20.0″	99
剖2	铁铝土	红壤	黄红壤	粗粒结晶岩类黄红壤	红黄棕土	A	0—14	黄色	中壤土	团粒状	5.9	30.6	1.40	0.63	125	15.0	粗粒结晶岩类	E 98°53′31.2″ N 26°32′47.4″	94

贡山独龙族怒族自治县

主要土类说明

棕壤是贡山独龙族怒族自治县主要土壤类型，占本县地域面积的27%，分布在海拔2300—3000m的山地垂直带谱中。植被以湿性常绿阔叶林和针阔叶混交林为主。成土母质以紫色岩类、酸性结晶岩类、基性结晶岩类和碳酸岩类风化物为主。成土过程以淋溶过程、黏化过程和生物富集过程为主。其指示性黏土矿物以水云母和蛭石为主，在弱酸性环境介质以及淋溶和排水条件下，原生矿物的蚀变促进水云母和绿泥石转化为蛭石。一般土体较厚，具O-A-Bt-C剖面构型，有明显的黏化层，结构较好，表土呈暗棕色。土体见黏粒淀积，盐基充分淋失，pH为6.0—7.0，呈微酸性至中性。盐基饱和度与pH呈正相关。

暗棕壤是贡山独龙族怒族自治县第二大土壤类型，占本县地域面积的23%，分布在海拔3000—3700m的高山地区。原生植被以高山松、云杉、桦木等乔木为主。成土过程以腐殖质积累、淋溶黏化、白浆化、潜育化等为主。黏土矿物以蛭石和伊利石为主。

棕色针叶林土是贡山独龙族怒族自治县第三大土壤类型，占本县地域面积的15%，分布在海拔3400—4000m的高山地区，多与暗棕壤交错分布。植被为针叶林，主要有冷杉、云杉、红杉等。成土过程为表层酸性泥炭化物质积累和土壤中可溶性铁铝锰化合物回流表土的过程。土层较浅薄，一般在40cm左右，土层内多砾质岩屑，质地较轻，以壤质为主。表层腐殖质处于半分解状态，有较厚的凋落物和腐殖质层，有机质含量为80—120g/kg。由于常年气温较低，分解与转化有机物的微生物活动受到限制，加上冻融期与伏雨期土壤过湿，养分的转化与氧化过程减弱。

黄棕壤占本县地域面积的13%，分布在海拔2200—2400m的中山坡地上部。该区域雾露多，湿度大，气温偏低。植被为常绿阔叶林。成土母质多为砂页岩及花岗岩风化物。成土过程受淋溶、黏化及弱富铝化作用的影响。土层弱度富铝化，黏聚现象明显，呈黄棕色。该土壤具A-B-C或A-（B）-C剖面构型，黏粒硅铝率在2.5左右，铁的游离度较红壤低，B层交换性酸大于A层。

草毡土占本县地域面积的11%。草毡土是发生于高寒区（青藏高原）平缓高原面上，具强度生草腐殖质积累与弱度氧化还原特征的高山土壤。由于寒冻，蒿草根累积并弱度分解，该土壤呈草毡状。土体滞水，冻融交替，弱度氧化还原交替进行，土壤氧化铁微弱游离。

黑毡土占本县地域面积的8%。黑毡土发生于青藏高原高寒略较温湿的原面上，蒿草与杂生草类的草毡层初步分解，形成初步腐殖化的暗色草根茎盘结层。该土壤色泽较深，有机质含量较高，为100—150g/kg。

小于本县地域面积3%的土壤类型有黄壤和水稻土。

本区域中心区气候特征

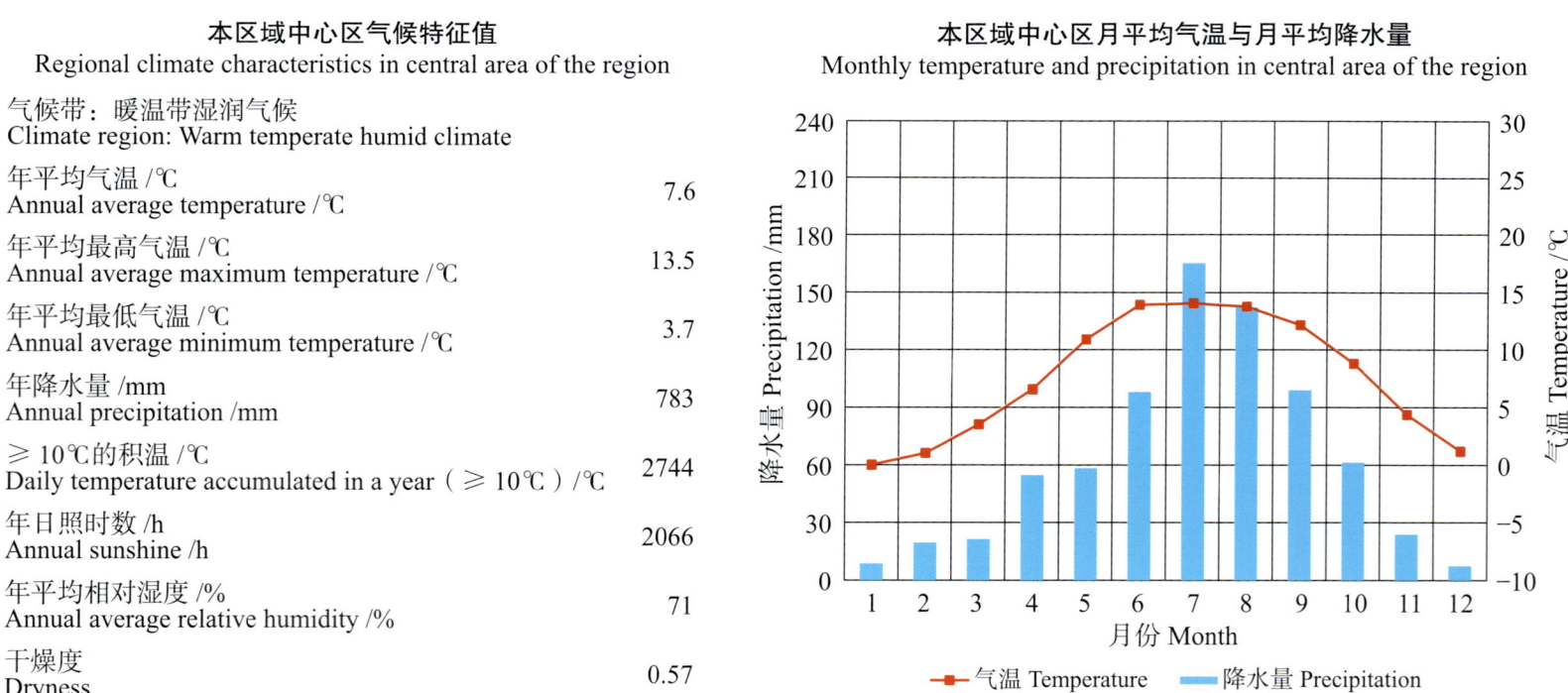

本区域中心区气候特征值
Regional climate characteristics in central area of the region

气候带：暖温带湿润气候 Climate region: Warm temperate humid climate	
年平均气温 /℃ Annual average temperature /℃	7.6
年平均最高气温 /℃ Annual average maximum temperature /℃	13.5
年平均最低气温 /℃ Annual average minimum temperature /℃	3.7
年降水量 /mm Annual precipitation /mm	783
≥10℃的积温 /℃ Daily temperature accumulated in a year (≥10℃) /℃	2744
年日照时数 /h Annual sunshine /h	2066
年平均相对湿度 /% Annual average relative humidity /%	71
干燥度 Dryness	0.57

本区域中心区月平均气温与月平均降水量
Monthly temperature and precipitation in central area of the region

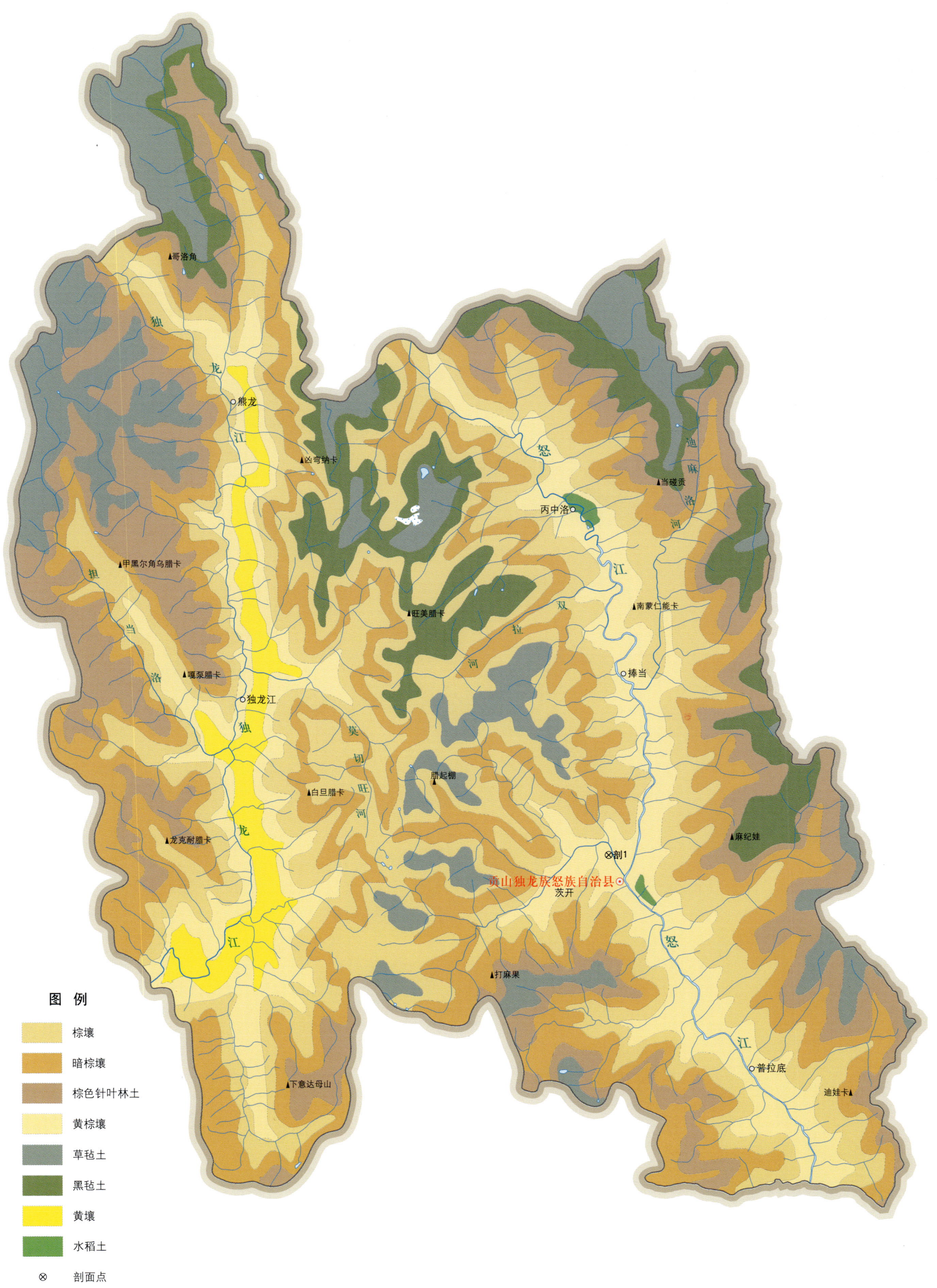

贡山独龙族怒族自治县土壤剖面理化性状表

剖面号 Soil profile	土纲 Soil order	土类 Soil great group	亚类 Soil subgroup	土属 Soil genus	土种 Soil species	土层码 Layer code	土层厚度 Depth/cm	颜色 Soil color	质地 Soil texture	土壤结构 Soil structure	pH	有机质 OM/(g/kg)	全氮 TN/(g/kg)	全磷 TP/(g/kg)	碱解氮 AN/(mg/kg)	速效钾 AK/(mg/kg)	剖面点坐标 Profile coordinate	匹配指数 Matching index/%
剖1	淋溶土	黄棕壤	山地暗黄棕壤	灰泡泥	灰塘泥	A	0—20	黑棕色	中壤土	粒状	6.4	39.9	1.71	1.10	144	154	E 98°39′10.8″ N 27°45′38.9″	88
						B	20—47	棕色	重壤土	核粒状	5.8	29.9	1.50	1.12	122	118		
						C	47—80	黄棕色	重壤土	块状	6.0	18.2	1.03	0.83	100	115		

兰坪白族普米族自治县

主要土类说明

棕壤是兰坪白族普米族自治县主要土壤类型，占本县地域面积的29%。棕壤发生于湿润落叶阔叶林下，但大部分已被垦殖，以旱作为主。该土壤处于硅铝风化阶段，具有黏化特征，呈棕色。土体见黏粒淀积，盐基充分淋失，pH为6.0—7.0，见少量游离铁。

黄棕壤是兰坪白族普米族自治县第二大土壤类型，占本县地域面积的21%。黄棕壤发生于亚热带暖湿落叶阔叶林下，弱度富铝化，黏聚现象明显，呈黄棕色，pH为5.5—6.0。该土壤具A-B-C或A-（B）-C剖面构型，黏粒硅铝率在2.5左右，铁的游离度较红壤低，B层交换性酸大于A层。

暗棕壤占本县地域面积的19%。暗棕壤是在针阔叶混交林下发育形成的具有明显有机质富集和弱酸性淋溶特征的土壤，具O-A-B-C剖面构型。弱酸性淋溶使铁、铝轻微下移。B层呈棕色，结构面见铁锰胶膜。土壤呈弱酸性，盐基饱和度为70%—80%。土壤冻结期长。

紫色土是兰坪白族普米族自治县第三大土壤类型，占本县地域面积的8%。紫色土是由热带、亚热带紫红色岩层直接风化形成的具A-C剖面构型的土壤。其理化性质与母岩组成直接相关，土层浅薄，剖面层次发育不明显，仍处于初育阶段。母岩富含矿质养分，且风化迅速。

棕色针叶林土占本县地域面积的7%。棕色针叶林土是在针叶纯林下发育形成的具有酸性淋溶和弱度发育特征的土壤，具O-A-AB-B-C剖面构型。凋落物腐解，富里酸下渗，络合部分铁、铝下移，表层盐基饱和度降低。由于冻结期长，冻层阻隔，溶性物质还可随水上移。B层呈棕色，全剖面呈酸性，盐基饱和度为50%—70%。

黑毡土占本县地域面积的7%。黑毡土发生于青藏高原高寒略较温湿的原面上，蒿草与杂生草类的草毡层初步分解，形成初步腐殖化的暗色草根茎盘结层。该土壤色泽较深，有机质含量较高，为100—150g/kg，pH为6.5—8.0，底土见锈色斑纹。

红壤占本县地域面积的6%。红壤主要发生于亚热带常绿阔叶林下，呈中度脱硅富铝化特征，土壤黏粒中游离铁占全铁的50%—60%。黏土矿物以高岭石、赤铁矿为主，黏粒硅铝率为1.8—2.4，风化淋溶系数小于0.2，盐基饱和度小于35%，pH为4.5—5.5。红壤具深厚的红色土层，淀积层可见深厚的红、黄、白相间的网纹状红色黏土。

小于本县地域面积3%的土壤类型有石灰（岩）土和水稻土。

本区域中心区气候特征

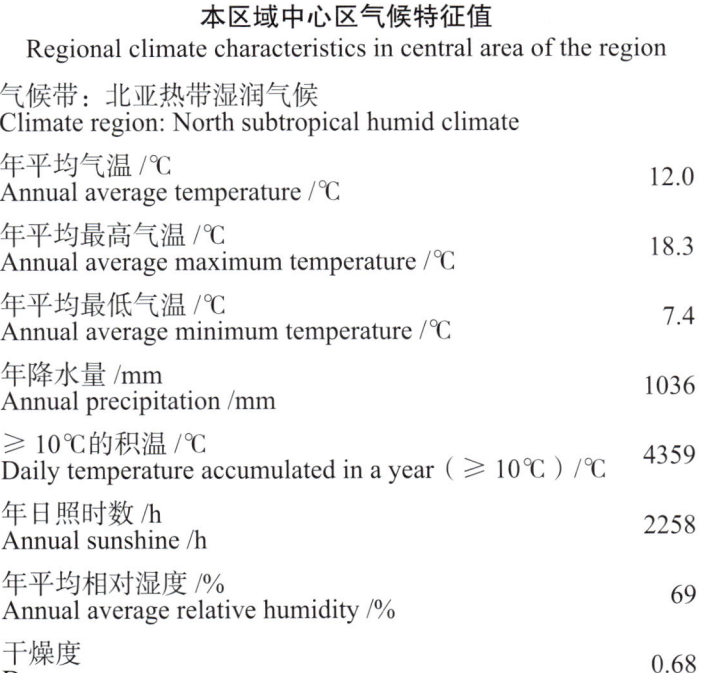

本区域中心区气候特征值
Regional climate characteristics in central area of the region

气候带：北亚热带湿润气候 Climate region: North subtropical humid climate	
年平均气温 /℃ Annual average temperature /℃	12.0
年平均最高气温 /℃ Annual average maximum temperature /℃	18.3
年平均最低气温 /℃ Annual average minimum temperature /℃	7.4
年降水量 /mm Annual precipitation /mm	1036
≥10℃的积温 /℃ Daily temperature accumulated in a year（≥10℃）/℃	4359
年日照时数 /h Annual sunshine /h	2258
年平均相对湿度 /% Annual average relative humidity /%	69
干燥度 Dryness	0.68

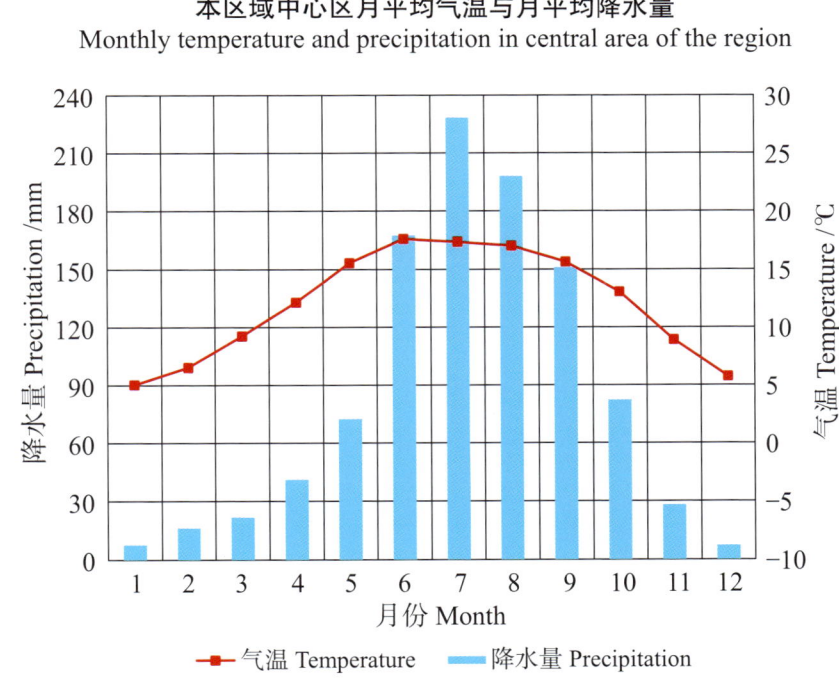

本区域中心区月平均气温与月平均降水量
Monthly temperature and precipitation in central area of the region

兰坪白族普米族自治县主要土壤类型与土壤剖面点分布图
1﹕360 000

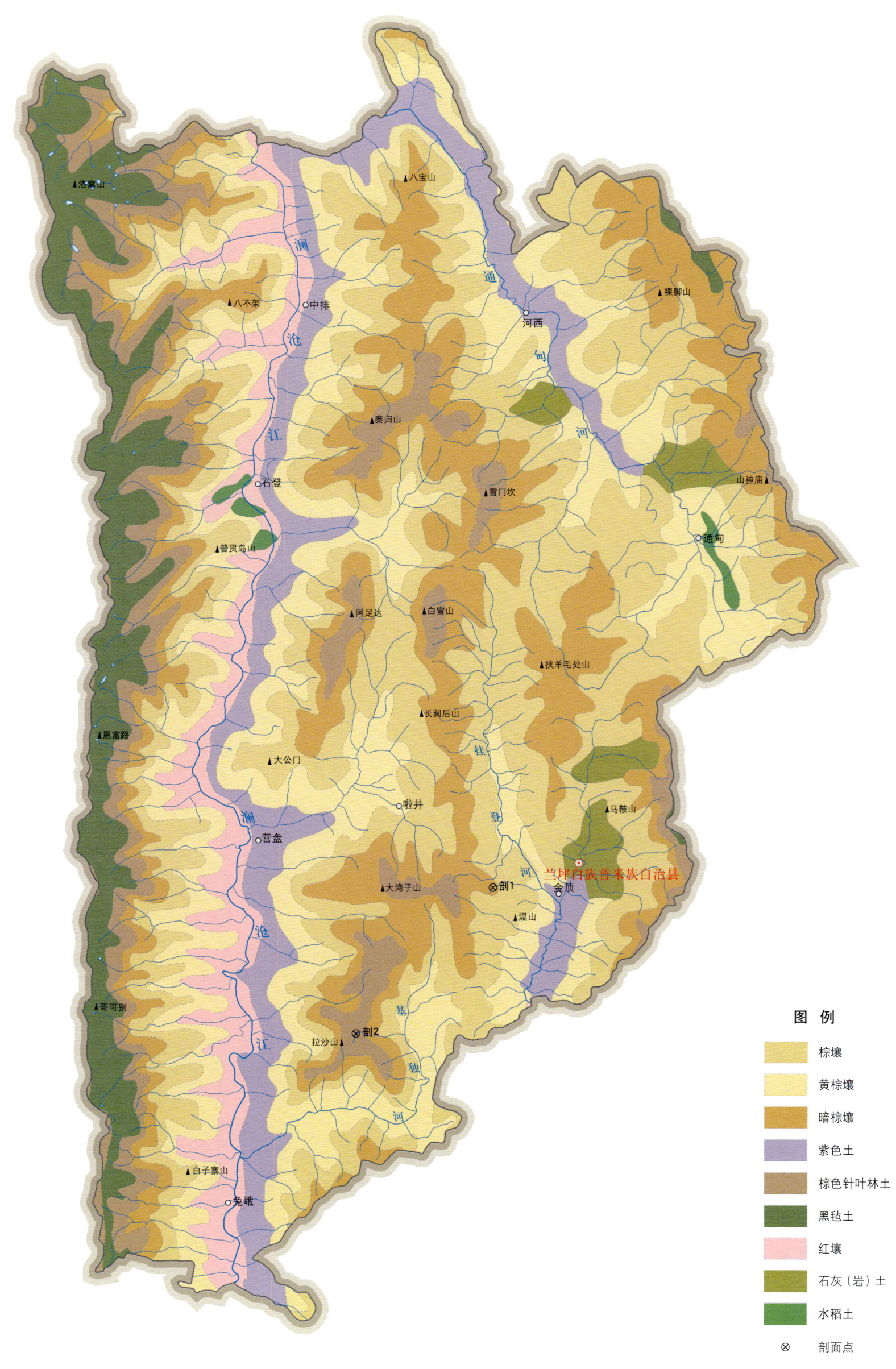

兰坪白族普米族自治县土壤剖面理化性状表

剖面号 Soil profile	土纲 Soil order	土类 Soil great group	亚类 Soil subgroup	土属 Soil genus	土种 Soil species	土层码 Layer code	土层厚度 Depth/cm	颜色 Soil color	质地 Soil texture	土壤结构 Soil structure	pH	有机质 OM/(g/kg)	全氮 TN/(g/kg)	全磷 TP/(g/kg)	全钾 TK/(g/kg)	碱解氮 AN/(mg/kg)	有效磷 AP/(mg/kg)	剖面点坐标 Profile coordinate	匹配指数 Matching index/%
剖1	淋溶土	暗棕壤	暗棕壤	暗紫棕泥土	石子紫汤土	A	0—12	棕黑色	砂质黏壤土	粒状	5.4	145.1	5.20	2.20	9.8	230	22.0	E 99°21′00.4″ N 26°26′00.6″	70
						B	12—46	灰棕色	砂质黏壤土	块状	5.6	53.3	1.70	1.30	15.3	118	21.0		
						C	46—82	浊红棕色	砂质黏壤土		5.7	39.1	1.50	1.30	14.8	82	11.0		
剖2	淋溶土	棕色针叶林土	棕色针叶林土	紫黑灰泥	紫黑灰泥	Ao	0—5		壤土		4.0	246.9	3.30	2.80		336	34.5	E 99°14′06.0″ N 26°19′24.2″	99
						A₁	5—15	黑棕色		团粒状	4.0	246.9	3.30	2.80		336	34.5		
							15—21	灰棕色	粉砂质壤土	小块状	4.3	116.6	2.00	0.60		137	11.5		
						B	21—34	暗棕色	黏壤土	块状	4.3	109.3	2.00	0.80		275	33.0		
						C	34—59	紫灰色	砂壤土	块状	4.8	28.6	0.50	0.30		63	7.5		

迪庆藏族自治州

香格里拉市

主要土类说明

棕色针叶林土是香格里拉市主要土壤类型，占本市地域面积的25%，分布在海拔3400—4000m的高山地区，多与暗棕壤交错分布。植被为针叶林，主要有冷杉、云杉、红杉等。成土过程为表层酸性泥炭化物质积累和土壤中可溶性铁铝锰化合物回流表土的过程。土层较浅薄，一般在40cm左右，土层内多砾质岩屑，质地较轻，以壤质为主，具O-A-AB-B-C剖面构型。pH为4.0—6.5，土层上部较酸，下部呈微酸性至中性。表层腐殖质处于半分解状态，有较厚的凋落物和腐殖质层，有机质含量为80—200g/kg。

棕壤是香格里拉市第二大土壤类型，占本市地域面积的23%，分布在海拔2300—3000m的山地垂直带谱中。植被以湿性常绿阔叶林和针阔叶混交林为主。成土母质以紫色岩类、酸性结晶岩类、基性结晶岩类和碳酸岩类风化物为主。成土过程以淋溶过程、黏化过程和生物富集过程为主。

暗棕壤是香格里拉市第三大土壤类型，占本市地域面积的20%。暗棕壤分布在海拔3000—3700m的高山地区。原生植被以高山松、云杉、桦木等乔木为主。成土过程以腐殖质积累、淋溶黏化、白浆化、潜育化等为主。黏土矿物以蛭石和伊利石为主。

黄棕壤占本市地域面积的13%，分布在海拔2200—2400m的中山坡地上部。植被为常绿阔叶林。成土母质多为砂页岩及花岗岩风化物。成土过程受淋溶、黏化及弱富铝化作用的影响。

小于本市地域面积10%的土壤类型有草毡土、寒冻土、黑毡土、红壤、褐土、沼泽土、石灰（岩）土和水稻土。

本区域中心区气候特征

本区域中心区气候特征值
Regional climate characteristics in central area of the region

气候带：暖温带湿润气候 Climate region: Warm temperate humid climate	
年平均气温 /℃ Annual average temperature /℃	8.9
年平均最高气温 /℃ Annual average maximum temperature /℃	15.4
年平均最低气温 /℃ Annual average minimum temperature /℃	4.3
年降水量 /mm Annual precipitation /mm	808
≥10℃的积温 /℃ Daily temperature accumulated in a year（≥10℃）/℃	3280
年日照时数 /h Annual sunshine /h	2230
年平均相对湿度 /% Annual average relative humidity /%	65
干燥度 Dryness	0.66

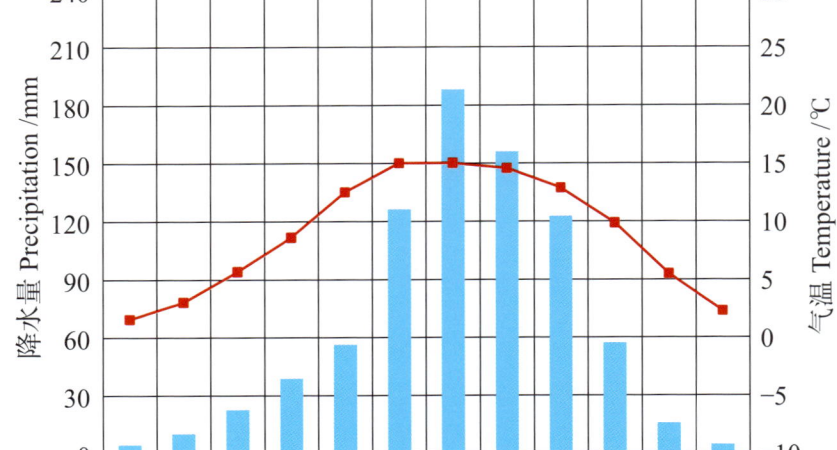

本区域中心区月平均气温与月平均降水量
Monthly temperature and precipitation in central area of the region

中甸县主要土壤类型与土壤剖面点分布图
1∶720 000

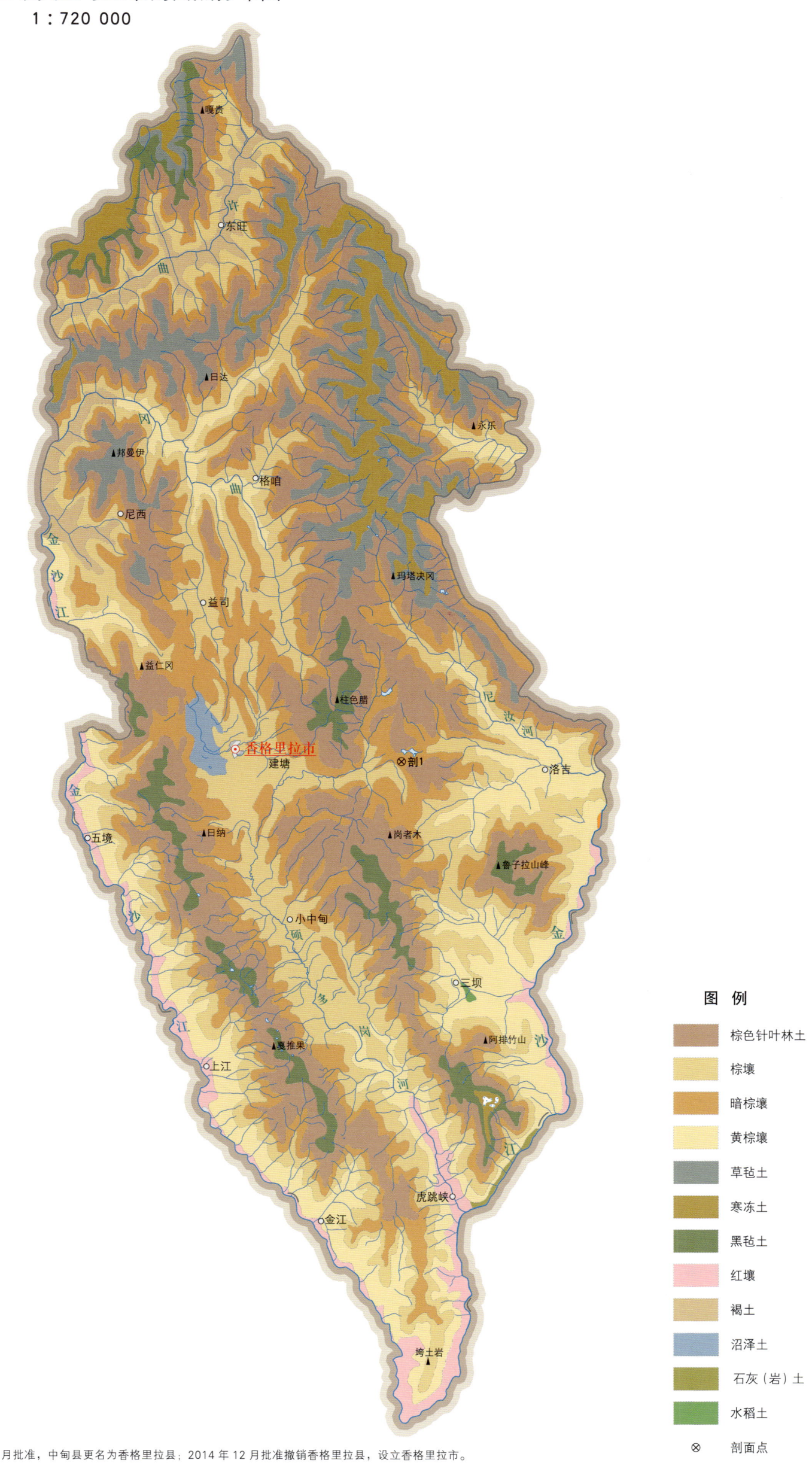

图例:棕色针叶林土、棕壤、暗棕壤、黄棕壤、草毡土、寒冻土、黑毡土、红壤、褐土、沼泽土、石灰(岩)土、水稻土、⊗ 剖面点

注:国务院 2001 年 12 月批准,中甸县更名为香格里拉县;2014 年 12 月批准撤销香格里拉县,设立香格里拉市。

香格里拉市土壤剖面理化性状表

剖面号 Soil profile	土纲 Soil order	土类 Soil great group	亚类 Soil subgroup	土属 Soil genus	土种 Soil species	土层码 Layer code	土层厚度 Depth/cm	颜色 Soil color	质地 Soil texture	土壤结构 Soil structure	pH	有机质 OM/(g/kg)	全氮 TN/(g/kg)	全磷 TP/(g/kg)	全钾 TK/(g/kg)	碱解氮 AN/(mg/kg)	有效磷 AP/(mg/kg)	阳离子交换量CEC/(cmol/kg)	剖面点坐标 Profile coordinate	匹配指数 Matching index/%
剖1	淋溶土	暗棕壤	暗棕壤	暗棕泥土	黑汤泥	A	0—14	棕黑色	黏壤土	粒状	5.4	100.6	3.30	2.60	28.3	328	2.0	14.9	E 99°58′11.6″ N 27°48′37.1″	91
						AB	14—25	暗棕色	粉砂质黏壤土	块状	5.7	80.7	3.10	1.90	28.3	150	2.0	13.3		
						B	25—60	棕色	黏壤土	块状	6.7	29.2	1.80	1.70	32.8	95	1.0	9.6		

德 钦 县

主要土类说明

棕色针叶林土是德钦县主要土壤类型，占本县地域面积的21%，分布在海拔3400—4000m的高山地区，多与暗棕壤交错分布。植被为针叶林，主要有冷杉、云杉、红杉等。成土过程为表层酸性泥炭化物质积累和土壤中可溶性铁铝锰化合物回流表土的过程。土层较浅薄，一般在40cm左右，土层内多砾质岩屑，质地较轻，以壤质为主。

棕壤是德钦县第二大土壤类型，占本县地域面积的18%，分布在海拔2900—3400m的湿润暖温带。植物以硬质阔叶林为主，其次为云南松等针叶林。成土母质为泥质岩和砂页岩。成土过程以淋溶过程、黏化过程和生物富集过程为主。

暗棕壤是德钦县第三大土壤类型，占本县地域面积的15%，主要分布在海拔3400—3800m的山地。植被为针阔叶混交林。成土母质为片岩、板岩、千枚岩、玄武岩、石灰岩等。成土过程以腐殖质积累、淋溶黏化、白浆化、潜育化等为主。

黑毡土占本县地域面积的10%。黑毡土发生于青藏高原高寒略较温湿的原面上，蒿草与杂生草类的草毡层初步分解，形成初步腐殖化的暗色草根茎盘结层。该土壤色泽较深，有机质含量较高，为100—150g/kg。

草毡土占本县地域面积的10%。草毡土是发生于高寒区（青藏高原）平缓高原面上，具强度生草腐殖质积累与弱度氧化还原特征的高山土壤。由于寒冻，蒿草根累积并弱度分解，该土壤呈草毡状。土体滞水，冻融交替，弱度氧化还原交替进行，土壤氧化铁微弱游离。

褐土占本县地域面积的10%，分布在金沙江、澜沧江两岸海拔2900m以下的山地、丘陵和河谷地带。成土过程为碳酸钙的淋溶淀积和明显的黏化作用，处于脱钙阶段，淋溶作用比棕壤弱。该土壤盐基饱和，处于硅铝风化阶段，有明显黏淀层。pH为7.0—7.5，盐基饱和度在80%以上。B层呈棕褐色，B层下部有假菌丝状钙积层。碳酸盐在土体中的累积十分明显，剖面中可见大量游离碳酸盐，有机质含量为5.1—59.8g/kg。

寒冻土占本县地域面积的8%。寒冻土发生于高山冰雪带下缘。该土壤的形成以寒冻物理风化为主，弱生物累积，土层薄，含砾石多，仅在岩屑中见少量细土物质堆积，pH为7.0—8.5。

黄棕壤占本县地域面积的7%，主要分布在海拔2500—2900m的地区。植被为云南松林和阔叶林。成土母质为千枚岩、片岩、页岩类、玄武岩等。土层弱度富铝化，黏聚现象明显，呈黄棕色。土壤有机质含量为7.1—97.0g/kg，全氮含量为1.10—4.70g/kg，全磷含量为0.27—4.25g/kg，全钾含量为15.0—29.6g/kg。

小于本县地域面积3%的土壤类型有红壤和水稻土。

本区域中心区气候特征

本区域中心区气候特征值
Regional climate characteristics in central area of the region

气候带：暖温带湿润气候 Climate region: Warm temperate humid climate	
年平均气温 /℃ Annual average temperature /℃	6.5
年平均最高气温 /℃ Annual average maximum temperature /℃	12.4
年平均最低气温 /℃ Annual average minimum temperature /℃	2.5
年降水量 /mm Annual precipitation /mm	677
≥10℃的积温 /℃ Daily temperature accumulated in a year (≥10℃) /℃	2359
年日照时数 /h Annual sunshine /h	2056
年平均相对湿度 /% Annual average relative humidity /%	69
干燥度 Dryness	0.58

本区域中心区月平均气温与月平均降水量
Monthly temperature and precipitation in central area of the region

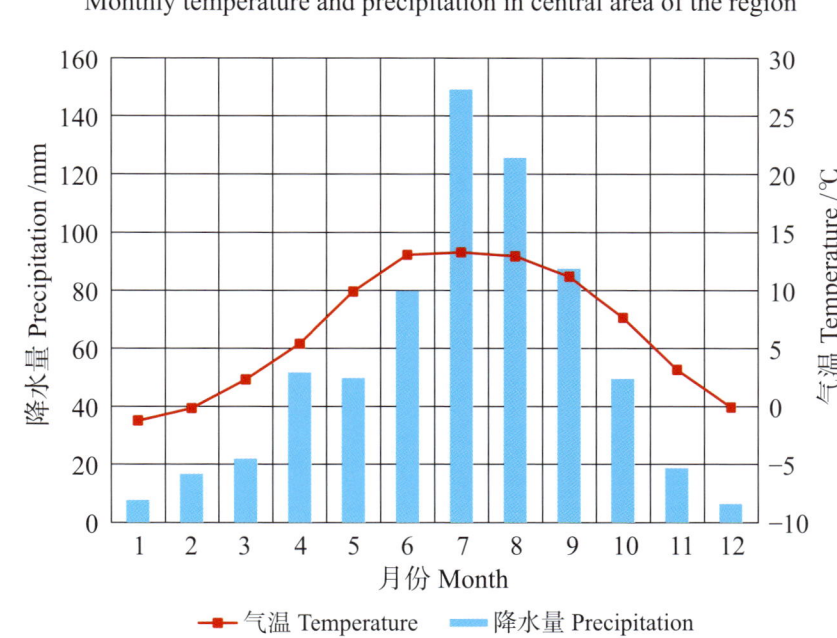

德钦县主要土壤类型与土壤剖面点分布图
1∶620 000

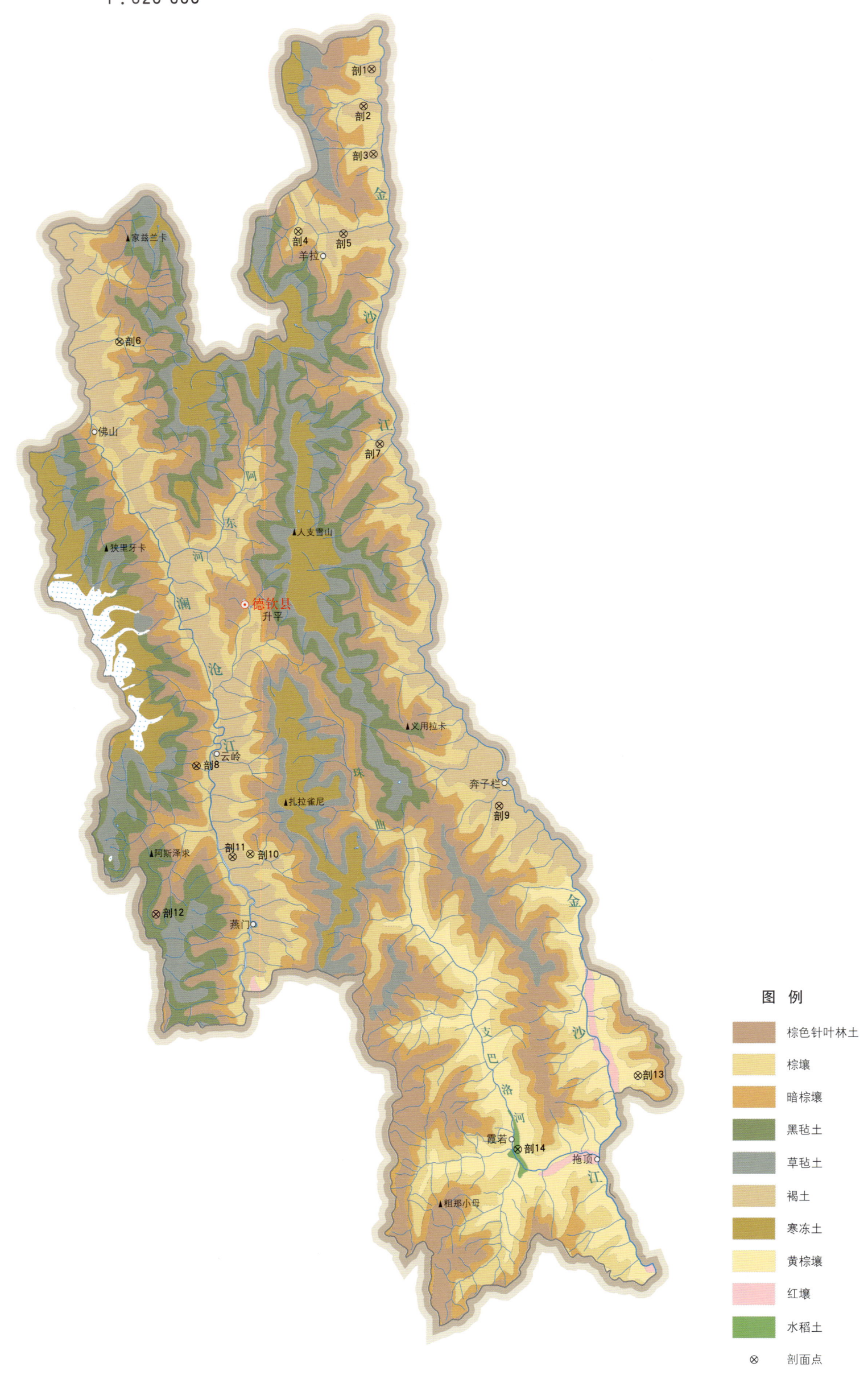

德钦县土壤剖面理化性状表

剖面号 Soil profile	土纲 Soil order	土类 Soil great group	亚类 Soil subgroup	土属 Soil genus	土种 Soil species	土层码 Layer code	土层厚度 Depth/cm	颜色 Soil color	质地 Soil texture	土壤结构 Soil structure	pH	有机质 OM/(g/kg)	全氮 TN/(g/kg)	全磷 TP/(g/kg)	全钾 TK/(g/kg)	碱解氮 AN/(mg/kg)	有效磷 AP/(mg/kg)	土壤母质 Parent material	剖面点坐标 Profile coordinate	匹配指数 Matching index/%
剖1	半淋溶土	褐土	燥褐土	泥质岩类燥褐土	粉砂土	A	0–23	褐红色	重壤土	粒状	8.3	17.7	4.57	0.34	3.7	29			E 99°05′47.8″ N 29°10′52.0″	72
						B	23–38	灰紫色	重壤土	粒状	7.4	24.1	3.62	0.50	8.3	38				
						BC	38–57	灰棕色	砾质中黏土	核状	7.7	31.0	2.46	0.07	10.7	24				
						C	57–100	褐黄色	砾质重黏土	块状	7.7	30.0	7.75	0.07	9.5	31				
剖2	半淋溶土	褐土	燥褐土	碳酸岩类燥褐土		A	0–21	褐黄色	砾质重黏土	粒状	8.3	34.0	1.60	0.10	1.0	12			E 99°05′03.8″ N 29°07′58.4″	84
						B	21–38	黄灰色	砾质轻黏土	核状	8.1	64.0	1.70	0.20	1.2	9				
						C	38–56	灰色	砾质中黏土	块状	8.2	90.0	2.00	0.20	0.8	6		泥质岩类		
剖3	半淋溶土	褐土	燥褐土	泥质岩类燥褐土	黄灰土	A	0–20	灰褐色	轻黏土	粒状	7.7	54.5	2.78	2.59	27.1	205			E 99°05′55.3″ N 29°04′13.4″	90
						B_1	20–30	黄棕色	轻黏土	核粒状	7.9	40.8	2.42	2.43	28.9	160				
						B_2	30–45	棕灰色	砾质轻黏土	核状	8.1	23.9	1.76	2.54	28.7	112				
						C	45–100	褐黄色	砾质重壤土	块状	8.1	24.4	1.55	2.36	28.7	100		碳酸岩类		
剖4	淋溶土	棕壤	棕壤	碳酸岩类棕壤		A	0–28	棕色		粒状	6.7	27.4	1.32	1.24	48.5	139			E 98°59′14.0″ N 28°58′15.4″	87
						B	28–43	棕红色	轻黏土	核状	6.4	11.0	0.55	0.66	42.0	41				
						C	43–67	浅棕色		块状	6.1	8.4	0.72	0.99	46.2	71				
剖5	半淋溶土	褐土	燥褐土	泥质岩类燥褐土		A	0–17	紫褐色	中壤土	粒状	8.4	8.4	0.48	0.45	22.8	28			E 99°03′15.5″ N 28°58′03.4″	84
						B_1	17–43	褐红色	砾质中壤土	小核粒状	8.5	8.4	0.51	0.48	24.4	29				
						B_2	43–73	灰褐色	砾质轻黏土	核状	8.2	7.9	0.43	0.51	26.4	41				
						C	73–100	褐黄色	砾质重壤土	块状	8.3	9.1	0.60	0.52	26.4	48		碳酸岩类		
剖6	淋溶土	棕壤	棕壤	碳酸岩类棕壤	黑土	A	0–25	棕色	砂壤土	粒状	7.7	52.8	3.35	3.28	24.9	152			E 98°43′21.4″ N 28°49′45.0″	100
						B	25–39	棕红色	砾质中壤土	粒状	7.6	39.3	2.32	2.91	23.6	98				
						C	39–100	灰棕色	砾质重壤土	块状	7.8	22.8	1.51	2.90	24.8	51		冲积物		
剖7	半淋溶土	褐土	燥褐土	冲积性褐土	粉砂土	A	0–20	灰黄色	砂壤土	粒状	7.6	15.3	3.71	0.50		37			E 99°07′08.4″ N 28°41′49.6″	74
						BC	20–25	灰棕色	中壤土	核状	7.1	30.2	2.27	0.35		40				
						C	25–50	灰灰黄色	轻黏土	块状	7.2	52.0	1.25	0.31		11				
							50–100	青灰色	砾质重壤土	块状	7.4	44.2	1.27	0.38		7		酸性结晶岩类		
剖8	淋溶土	暗棕壤	暗棕壤	酸性结晶岩类暗棕壤		A	0–17	暗棕色	砾质轻壤土	粒状	5.5	76.9	9.49	0.40	0.2	40			E 98°50′10.7″ N 28°16′47.5″	89
						AB	17–25	棕黄色	砾质轻黏土	核状	5.5	126.6	3.17	0.36	0.3	22				
						B	25–40	红棕色	重黏土	核状	5.6	308.1	5.51	0.57	0.2	19				
						BC	40–100	棕色	砾质重壤土	核状	5.6	171.5	4.14	0.65	0.3	20		泥质岩类		
剖9	半淋溶土	褐土	燥褐土	泥质岩类褐土		A	0–16	暗灰色	砂壤土	粒状	8.5	22.7	1.12	2.11	24.7	69			E 99°16′52.0″ N 28°13′35.6″	89
						B	16–35	灰棕色	砾质砂壤土	粒状	8.4	21.1	0.98	2.09	24.7	53				
						C_1	35–68	灰棕色	砾质中壤土	核状	8.6	6.5	0.35	1.36	18.2	34				
						C_2	68–120	黄棕色	砾质重壤土	块状	8.6	6.1	0.25	1.34	29.3	22		泥质岩类		
剖10	淋溶土	棕壤	棕壤	泥质岩类棕壤		A	0–17	棕红色	轻壤土	粒状	4.2	145.9	4.11	0.46	12.3	34			E 98°54′55.4″ N 28°09′55.4″	83
						B	17–24	灰棕色	中壤土	小核状	4.8	49.5	1.06	0.41	15.9	7				
						BC	24–45	棕色	轻黏土	核状	5.3	52.9	1.29	0.44	18.0	10				
						C	45–100	浅棕色	砾质轻壤土	块状	5.3	75.5	0.47	1.52	9.8	6		泥质岩类		
剖11	半淋溶土	褐土	燥褐土	冲积性褐土		A	0–18	褐红色	中壤土	粒状	8.2	60.6	2.16	3.01	34.5	165			E 98°53′21.1″ N 28°09′42.5″	98
						B	18–38	灰棕色	砾质中壤土	核状	7.8	26.1	1.00	2.82	35.1	80				
						C	38–100	灰黄色	砾质中壤土	核状	7.9	13.7	0.63	2.15	32.4	54				

续表 Continued

剖面号 Soil profile	土纲 Soil order	土类 Soil great group	亚类 Soil subgroup	土属 Soil genus	土种 Soil species	土层码 Layer code	土层厚度 Depth/ cm	颜色 Soil color	质地 Soil texture	土壤结构 Soil structure	pH	有机质 OM/ (g/kg)	全氮 TN/ (g/kg)	全磷 TP/ (g/kg)	全钾 TK/ (g/kg)	碱解氮 AN/ (mg/kg)	有效磷 AP/ (mg/kg)	土壤母质 Parent material	剖面点坐标 Profile coordinate	匹配指数 Matching index/%
剖12	淋溶土	棕色针叶林土	棕色针叶林土	黑夹泥	黑夹泥	Ao	0—5	暗棕色		粒状	4.3	326.5	6.73	1.91	21.9	241	13.2		E 98°46′36.5″ N 28°05′15.7″	98
						A₁	5—16	暗棕色	砾质壤土	小块状	4.6	37.1	1.10	0.52	30.2	9	2.3			
						A₂	16—28	灰白色	砾质壤土	块状	5.3	132.4	2.81	1.53	22.7	149	3.0			
						B	28—51	青黄色	黏壤土	块状	5.8	21.5	0.72	1.20	31.8	58	3.0			
						C	51—100	浅灰色	砾质黏壤土	碎块状										
剖13	淋溶土	黄棕壤	黄棕壤	泥质岩类黄棕壤		A	0—18	黄红色	中壤土	粒状	7.1	74.3	2.30	0.20	2.0	15			E 99°29′01.0″ N 27°52′33.6″	93
						B	18—38	黄棕色	砾质中壤土	核状	5.1	68.2	1.50	0.14	2.6	8				
						C	38—78	棕黄色	砾质重壤土	块状	5.3	58.5	2.50	0.50	1.3	7				
剖14	人为土	水稻土	淹育水稻土	冲积性淹育水稻土		A	0—41	褐灰色	中黏土	核粒状	5.3	24.8	0.72	1.72	32.2	53		冲积物	E 99°18′25.9″ N 27°46′55.9″	72
						B	41—83	灰色	黏土	核状	5.6	6.4	0.54	1.39	39.8	37				
						C	83—120	青灰色	黏土	块状	5.6	5.4	0.57	1.65	44.4	38				

维西傈僳族自治县

主要土类说明

暗棕壤是维西傈僳族自治县主要土壤类型，占本县地域面积的23%，分布在海拔2700—3400m的高山、半高山地区。成土过程以腐殖质积累、淋溶黏化、白浆化、潜育化等为主。黏土矿物以蛭石和伊利石为主。该土壤具O-A-B-C剖面构型，土壤湿润，土层深厚，有机质丰富，表土层常呈黑色或黑棕色。A层有机质含量可达200g/kg，弱酸性淋溶使铁、铝轻微下移。B层呈棕色，结构面见铁锰胶膜。

棕色针叶林土是维西傈僳族自治县第二大土壤类型，占本县地域面积的19%，分布在海拔3400—4000m的高山地区，多与暗棕壤交错分布。植被为针叶林，主要有冷杉、云杉、红杉等。成土过程为表层酸性泥炭化物质积累和土壤中可溶性铁铝锰化合物回流表土的过程。土层较浅薄，一般在40cm左右，土层内多砾质岩屑，质地较轻，以壤质为主。

紫色土是维西傈僳族自治县第三大土壤类型，占本县地域面积的18%，主要分布在气候条件良好的河谷坡地。成土母质为中生代的紫色砂页岩、杂色页岩坡积物和残积物。成土过程以母岩的快速物理崩解、频繁侵蚀堆积以及碳酸钙的不断淋失作用为主，生物积累作用相对较弱。母岩矿物成分复杂，所含黏粒吸水能力强，由其直接风化形成的土壤具A-C剖面构型。

棕壤占本县地域面积的13%，主要分布在海拔2400—2700m的半山温凉、中山冷凉地带。植被有云南松、华山松、大果红杉、铁杉、高山栎类等针阔叶混交林。成土母质为玄武岩、紫色砂页岩、砂岩、板片岩等。成土过程以淋溶过程、黏化过程和生物富集过程为主。其指示性黏土矿物以水云母和蛭石为主。

黄壤占本县地域面积的8%，主要分布在澜沧江、永春河、腊普河两岸海拔2000—2500m的河谷地带。植被为湿性常绿阔叶林和苔藓常绿阔叶林。成土过程以脱硅富铝化、生物富集和黄化过程为主。黏土矿物以蛭石为主，其次为高岭石和伊利石。本县黄壤多为暗黄壤亚类，B层呈明显的暗黄色。

黄棕壤占本县地域面积的8%，分布在海拔2500—2700m的中山冷凉、温凉疏林和落叶阔叶林坡地，与黄壤、棕壤交错分布。成土母质为泥质岩、砂岩、粉砂岩和第四纪古红土。土层弱度富铝化，黏聚现象明显，呈黄棕色。

草毡土占本县地域面积的6%。草毡土是发生于高寒区（青藏高原）平缓高原面上，具强度生草腐殖质积累与弱度氧化还原特征的高山土壤。由于寒冻，蒿草根累积并弱度分解，该土壤呈草毡状。土体滞水，冻融交替，弱度氧化还原交替进行，土壤氧化铁微弱游离。

小于本县地域面积3%的土壤类型有石灰（岩）土、水稻土、褐土和红壤。

本区域中心区气候特征

本区域中心区气候特征值
Regional climate characteristics in central area of the region

气候带：暖温带湿润气候 Climate region: Warm temperate humid climate	
年平均气温 /℃ Annual average temperature /℃	10.2
年平均最高气温 /℃ Annual average maximum temperature /℃	16.4
年平均最低气温 /℃ Annual average minimum temperature /℃	5.8
年降水量 /mm Annual precipitation /mm	927
≥10℃的积温 /℃ Daily temperature accumulated in a year (≥10℃) /℃	3721
年日照时数 /h Annual sunshine /h	2196
年平均相对湿度 /% Annual average relative humidity /%	69
干燥度 Dryness	0.64

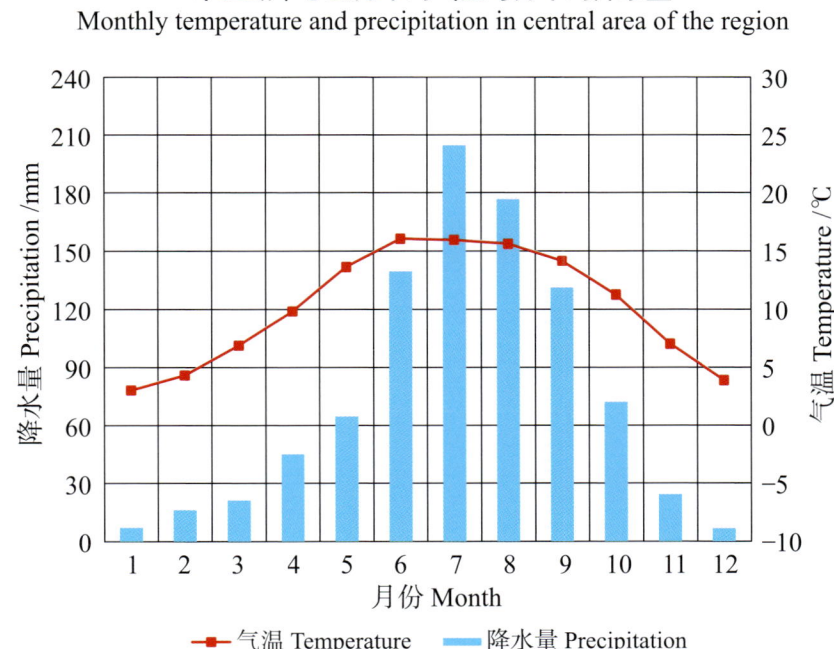

本区域中心区月平均气温与月平均降水量
Monthly temperature and precipitation in central area of the region

维西傈僳族自治县主要土壤类型与土壤剖面点分布图
1:410 000

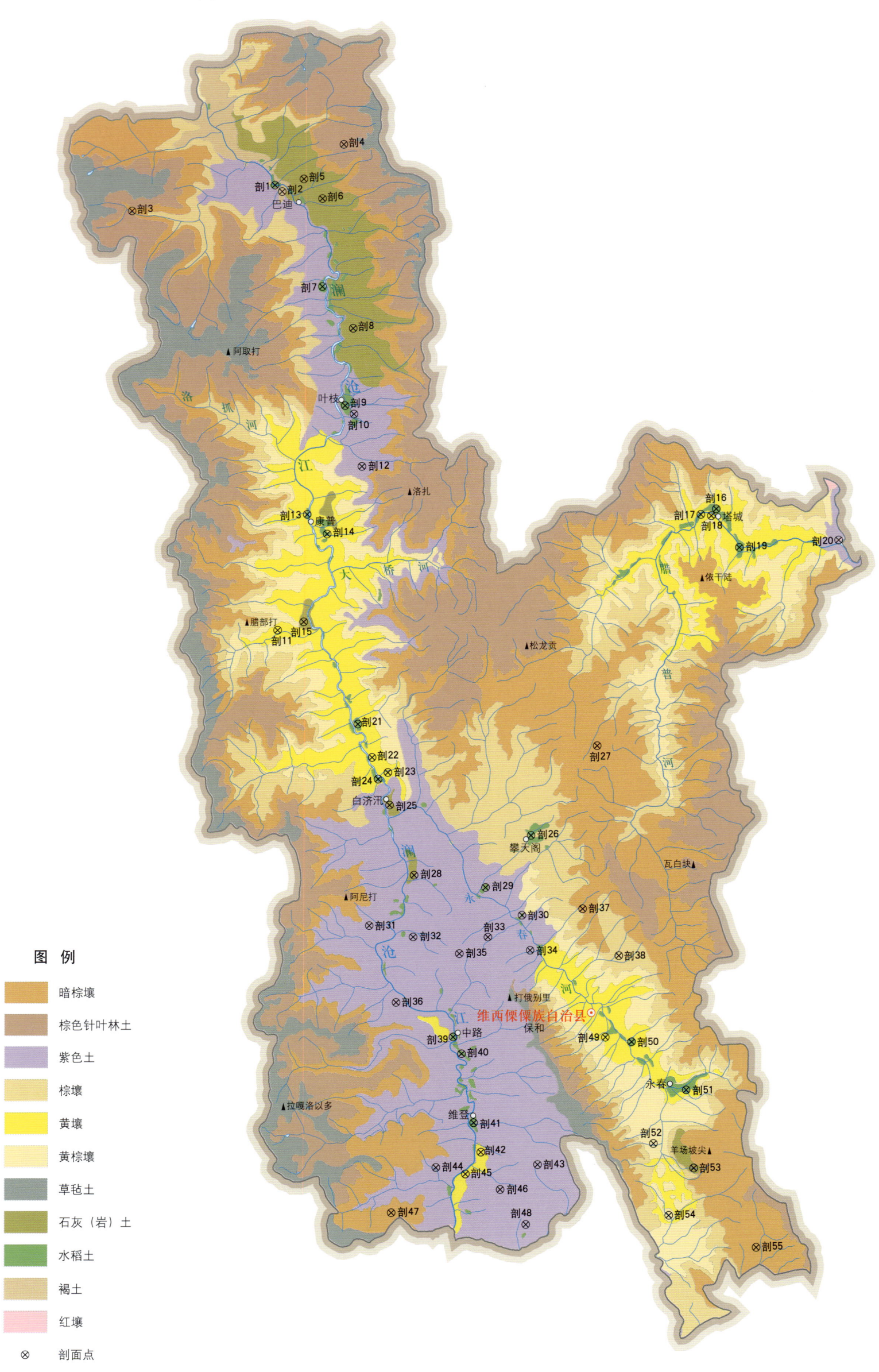

维西傈僳族自治县土壤剖面理化性状表

剖面号 Soil profile	土纲 Soil order	土类 Soil great group	亚类 Soil subgroup	土属 Soil genus	土种 Soil species	土层码 Layer code	土层厚度 Depth/cm	颜色 Soil color	质地 Soil texture	土壤结构 Soil structure	pH	有机质 OM/(g/kg)	全氮 TN/(g/kg)	全磷 TP/(g/kg)	全钾 TK/(g/kg)	碱解氮 AN/(mg/kg)	阳离子交换量CEC/(cmol/kg)	土壤母质 Parent material	剖面点坐标 Profile coordinate	匹配指数 Matching index/%
剖1	人为土	水稻土	潜育水稻土	冲积性潜育水稻土	灰泥田	A	0—13	棕色	轻砾质土	块状	6.5	13.3	2.43	0.68	19.9	113			E 98°58′48.7″ N 27°53′11.8″	79
						B	13—30	棕色	轻砾质壤质黏土	块状	7.0	2.3	1.39	0.56	28.8	43				
						C	30—100	红棕色	轻砾质壤质黏土	块状										
剖2	半淋溶土	褐土	褐土性土	基性结晶岩类褐土性土	砾质褐土	A	0—20	黑棕色	轻砾质土	团粒状	5.7	22.4	2.82	0.99	25.4	177			E 98°59′13.2″ N 27°52′52.0″	94
						P	20—39	黑棕色	轻砾质土	核状	5.7	23.0	2.82	0.92	23.9	146				
						G	39—50	黑棕色	轻砾质土	颗粒状	5.7	18.5	2.49	0.36	22.8	115				
剖3	淋溶土	暗棕壤	暗棕壤	泥质岩类暗棕壤		Ao	0—5	暗棕色			6.4	166.9	19.70	2.80		235	5.9		E 98°50′35.2″ N 27°51′54.0″	75
						A	5—18	黑棕色	砂质黏壤土	颗粒状	6.4	55.6	14.40	3.10		142	7.5			
						B	18—47	棕灰色	砂质黏壤土	粒状	6.9	28.4	0.39	2.50		129	7.9			
						C	47—95	棕灰色	砂质黏壤土	块状										
剖4	淋溶土	棕色针叶林土	棕色暗针叶林土			1	0—5	黑棕色		微团粒状	4.2	99.0	0.40	0.90	19.6	632			E 99°02′46.7″ N 27°55′16.3″	87
						2	5—11	黑棕色	粉砂质黏壤土	微团粒状	4.9	57.3	5.60	0.80	22.2	327				
						3	11—19	灰白色	砂质黏壤土	核状	5.0	33.8	4.00	0.50	28.0	166				
						4	19—40	棕色	中砾质黏壤土	块状	5.3	13.6	2.60	0.50	21.7	111				
						5	40—100	浅棕黄色	多砾质砂质壤土	块状										
剖5	初育土	石灰(岩)土	黄色石灰土	黄胶泥土	砂泥土	A	0—13	紫棕色	多砾质砂质壤土	块状	6.1	4.8	1.47	0.14	18.2	67			E 99°00′29.2″ N 27°53′30.5″	75
						P	13—18	紫棕色	多砾质砂质壤土	核状、块状	6.0	4.2	1.02	0.48	19.3	60				
						W	18—24	紫色	多砾质砂质壤土	梭角状	6.8	3.9	0.78	0.65	27.1	56				
						B	24—60	紫棕色	砾质土	颗粒状										
剖6	初育土	石灰(岩)土	黄色石灰土	黄胶泥土	红胶泥土	A	0—15	黑棕色	轻砾质土	块状	8.6	24.1	2.94	0.82	30.7	235			E 99°01′32.9″ N 27°52′30.0″	83
						P	15—29	暗棕色	轻砾质土	块状	8.5	17.8	2.58	0.89	27.1	206				
						G	29—50	暗棕色	轻砾质土	块状	8.6	16.9	2.52	0.79	22.9	184				
剖7	人为土	水稻土	潜育水稻土	冲积性潜育水稻土	黑砂田	A	0—12	紫棕色	轻砾质土	块状	8.7	9.9	2.18	1.02	27.9	97			E 99°01′32.2″ N 27°48′01.1″	98
						B	12—25	红黄色	多砾质砂质土	块状	8.4	7.7	1.48	0.99	22.9	48				
						C	25—40	棕色	粉砂质黏壤土	块状	8.2	4.2	1.31	0.95	27.9	44				
剖8	初育土	石灰(岩)土	黄色石灰土	黄胶泥土	灰砂土	A	0—19	暗棕色	中砾质黏壤土	碎块状	5.7	26.1	1.68	0.82	13.8	173			E 99°03′18.4″ N 27°45′54.0″	79
						P	19—25	暗黄色	多砾质黏壤土	棱柱状	5.6	26.0	1.47	0.79	26.4	151				
						W	25—44	永黄色	多砾质土	块状	6.6	26.2	1.33	0.89	26.9	111				
						C	44—80	浅棕黄色	多砾质黏壤土	碎块状	6.5	17.9	1.25	0.96	25.9	109				
剖9	人为土	水稻土	潜育水稻土	紫色土性潜育水稻土	暗紫泥田	A	0—15	紫棕色	轻砾质土	块状	7.0	4.1	1.38	0.59	18.9	69			E 99°02′50.3″ N 27°41′58.2″	73
						AB	15—35	暗棕色	轻砾质土	块状	7.1	1.9	0.97	0.52	18.5	56				
						B	35—50	棕色	中砾质土	核状	7.2	1.3	0.85	0.52	22.2	38				
						C	50—56	灰黄色		核状										
剖10	初育土	紫色土	石灰性紫色土	暗紫泥土	黄紫泥土	A	0—14	暗红棕色	轻砾质土	块状	8.2	24.1	2.29	0.47	21.5	175			E 99°03′20.5″ N 27°41′32.3″	86
						B	14—30	暗红棕色	轻砾质土	块状	8.3	23.7	2.17	0.57	26.3	168				
						C	30—100	暗棕色	轻砾质土	块状	8.4	13.1	1.81	0.67	28.4	97				
剖11	铁铝土	黄壤	黄壤	基性结晶岩类黄壤	黄砂泥土	A	0—10	暗棕色	中砾质土	团粒状	6.5	17.9	1.77	1.06	31.7	212			E 98°58′57.4″ N 27°30′33.5″	97
						B	10—24	浅棕色	中砾质土	团粒状	6.6	1.8	0.69	0.99	22.8	76				
						C	24—50	黄棕色	中砾质土	块状	6.7	1.7	0.51	0.95	32.3	73				
剖12	初育土	紫色土	石灰性紫色土	暗紫泥土	暗紫泥土	A	0—20	棕色	中砾质黏壤土	团粒状	5.8	21.4	1.82	0.68	17.8	178			E 99°03′47.9″ N 27°38′51.4″	90
						P	20—29	紫棕色	粉砂质黏壤土	块状	7.5	16.9	2.02	0.61	17.8	82				
						W	29—48	紫棕色	粉砂质黏土	核块状	7.8	12.2	1.33	0.64	16.8	78				
						C	48—80	紫灰色	粉砂质黏壤土	块状	7.9	4.5	1.17	0.51	27.9	55				

续表 Continued

剖面号 Soil profile	土纲 Soil order	土类 Soil great group	亚类 Soil subgroup	土属 Soil genus	土种 Soil species	土层码 Layer code	土层厚度 Depth/cm	颜色 Soil color	质地 Soil texture	土壤结构 Soil structure	pH	有机质 OM/(g/kg)	全氮 TN/(g/kg)	全磷 TP/(g/kg)	全钾 TK/(g/kg)	碱解氮 AN/(mg/kg)	阳离子交换量 CEC/(cmol/kg)	土壤母质 Parent material	剖面点坐标 Profile coordinate	匹配指数 Matching index/%
剖13	人为土	水稻土	潴育水稻土	冲积性潴育水稻土	灰黄砂泥田	A	0—12	暗红棕色	轻砾质土	团粒状	6.0	11.9	1.38	0.50	19.3	73		E 99°00′39.6″ N 27°36′26.6″	70
						B	12—24	暗红棕色	轻砾质土	核状	6.1	6.5	1.25	0.49	18.8	71			
						C	24—60	暗红棕色	轻砾质土	块状	5.8	0.4	0.67	0.48	23.4	51			
剖14	人为土	水稻土	淹育水稻土	黄壤性淹育水稻土	大土泥田	A	0—13	暗灰棕色	黏壤土	块状	5.7	13.5	1.56	0.64	20.7	203		E 99°01′48.0″ N 27°35′26.2″	76
						B(w)	13—18	暗灰棕色	黏壤土	块状	5.5	11.4	1.44	0.61	32.8	182			
						B	18—43	灰棕色	粉砂质壤土	块状	6.7	6.9	1.26	0.71	33.8	96			
						C	43—60	棕灰色	粉砂质壤土	块状	6.7	8.7	1.17	0.69	33.2	76			
剖15	初育土	石灰（岩）土	黄色石灰土	黄胶泥土	灰砂泥土	A	0—12	棕灰色	粉砂质黏壤土	团粒状	6.2	49.6	1.84	1.22	18.6	431		E 99°00′41.8″ N 27°31′19.2″	88
						P	12—23	棕灰色	粉砂质黏壤土	块状	6.0	32.3	3.40	1.06	19.6	296			
						W	23—40	棕色	粉砂质黏壤土	块状	5.9	18.7	2.39	1.14	17.5	210			
						C	40—80	灰黄棕色	砂质黏壤土	块状									
剖16	人为土	水稻土	淹育水稻土	紫色土性淹育水稻土	红紫泥田	A	0—11	暗黄棕色	中砾质壤土	碎粒状	5.1	18.4	1.63	1.19	20.3	204		E 99°24′08.6″ N 27°36′38.2″	83
						P	11—16	棕灰色	多砾质壤土	块状	6.8	11.1	1.99	1.29	19.2	122			
						B	16—26	灰棕色	中砾质壤土	块状	8.1	5.9	1.48	0.99	18.7	54			
						C	26—45	灰黄棕色	少砾质壤土	块状	8.1	0.8	1.51	0.39	18.2	21			
剖17	人为土	水稻土	冲积性淹育水稻土	河砂田		A	0—22	棕灰色	中砾质壤土	碎屑状	5.7	26.9	3.36	0.89	25.0	378	泥质岩类	E 99°23′15.4″ N 27°36′22.0″	93
						P	22—31	棕灰色	中砾质壤土	块状	5.8	19.3	3.24	0.85	24.5	263			
						W(g)	31—45	浅灰色	中砾质壤土	块状	6.3	5.0	1.74	0.83	23.4	148			
						C	45—70	浅棕色	中砾质壤土	核状	6.8	1.1	0.87	0.83	21.4	139			
剖18	铁铝土	黄壤	黄壤	泥质岩类黄壤		A	0—17	红棕色	轻砾质壤土	碎屑状	5.9	6.3	0.96	0.47	12.1	54		E 99°23′51.7″ N 27°36′17.6″	99
						B	17—47	红棕色	轻砾质壤土	核状	5.5	6.4	1.27	0.49	11.1	51			
						C	47—68	浅棕色	轻砾质壤土	核状	5.5	6.3	1.20	0.58	9.5	45			
剖19	人为土	水稻土	潴育水稻土	冲积性潴育水稻土	鸡粪土田	A	0—14	紫色	轻砾质壤土	块状	8.5	12.8	2.36	0.81	31.0	157		E 99°25′27.5″ N 27°34′39.7″	98
						B	14—38	紫色	中砾质壤土	核状	8.6	7.3	2.12	0.96	34.5	109			
						C	38—45		中砾质壤土	核状	8.8	4.5	1.78	0.60	28.6	40			
剖20	铁铝土	红壤	黄红壤	泥质岩类黄红壤	黄红土	A	0—14	灰黄色	少砾质黏壤土	团粒状	5.5	18.5	1.45	5.44	14.5	130		E 99°31′09.2″ N 27°35′00.4″	86
						B	14—35	灰黄色	粉砂质黏壤土	小块状	5.6	14.4	1.17	0.37	17.1	113			
						C	35—60	浅黄棕色	砂质黏壤土	柱状	5.5	5.3	0.68	0.28	17.6	62			
剖21	人为土	水稻土	淹育水稻土	紫色土性淹育水稻土	灰紫泥田	A	0—15	暗棕色	砂质黏壤土	块状	7.0	16.4	2.16	0.65	20.1	120		E 99°03′33.5″ N 27°25′45.5″	78
						P	15—22	浅棕色	砂质黏壤土	块状	7.1	9.4	1.36	0.61	12.2	75			
						C	22—50	浅灰棕色	砂质黏壤土	核状	7.2	5.5	0.84	0.84	17.5	42			
剖22	铁铝土	黄壤	黄壤	泥质岩类黄壤	黄泥土	A	0—14	暗黄棕色	砂质黏壤土	块状	6.8	12.7	3.32	0.38	11.4	110		E 99°04′22.8″ N 27°24′04.0″	77
						B	14—29	浅黄棕色	砂质黏壤土	块状	7.4	2.2	0.54	0.33	9.3	39			
						C	29—100	浅灰黄色	多砾质黏壤土	块状	8.1	2.0	0.57	0.43	8.3	37			
剖23	铁铝土	黄壤	黄壤	基性结晶岩类黄壤		A	0—10	灰棕色	多砾质黏壤土	块状	6.5	12.3	1.11	0.65	28.1	128	基性结晶岩类	E 99°05′16.8″ N 27°23′17.5″	81
						B	10—29	黄棕色	中砾质壤土	核状	6.4	2.6	0.45	0.59	26.5	53			
						C	29—50	黄棕色	中砾质壤土	核状	6.8	1.8	0.42	0.53	24.5	51			
剖24	人为土	水稻土	淹育水稻土	冲积性淹育水稻土	砂泥田	A	0—14	灰棕色	少砾质黏壤土	核状	5.8	21.8	0.72	0.31	14.0	70		E 99°04′43.7″ N 27°22′57.0″	98
						P	14—40	白色	少砾质黏壤土	核状	6.0	3.5	0.78	0.11	19.2	48			
						C	40—60	黄色	壤质黏壤土	核状	6.1	2.3	0.75	0.31	25.4	42			
剖25	初育土	石灰（岩）土	黄色石灰土	黄胶泥土	黄砂泥土	A	0—13	灰黄色	粉砂质黏土	块状	6.3	12.1	1.31	1.07	30.1	104		E 99°05′18.6″ N 27°21′42.5″	81
						P	13—22	暗黄棕色	轻砾质土	块状	6.5	9.0	1.28	0.98	28.6	82			
						W	22—31	灰棕色	多砾质壤土	块状	7.7	9.0	1.27	6.63	21.8	80			
						C	31—70	暗灰棕色	轻砾质土	块状	7.7	13.3	1.13	0.53	20.0	51			

续表 Continued

剖面号 Soil profile	土纲 Soil order	土类 Soil great group	亚类 Soil subgroup	土属 Soil genus	土种 Soil species	土层码 Layer code	土层厚度 Depth/cm	颜色 Soil color	质地 Soil texture	土壤结构 Soil structure	pH	有机质 OM/(g/kg)	全氮 TN/(g/kg)	全磷 TP/(g/kg)	全钾 TK/(g/kg)	碱解氮 AN/(mg/kg)	阳离子交换量 CEC/(cmol/kg)	土壤母质 Parent material	剖面点坐标 Profile coordinate	匹配指数 Matching index/%
剖26	人为土	水稻土	沼泽型水稻土	沼泽型水稻土	冷浸田	A	0–18	浅棕黄色	粉砂质黏土	团粒状	5.4	20.9	2.06	0.59	11.5	157			E 99°13′28.6″ N 27°20′04.6″	82
						B	18–31	浅棕黄色	粉砂质黏土	块状	5.5	18.4	1.98	0.58	10.0	155				
						C	31–60	浅黄棕色	粉砂质黏土	块状	5.5	11.5	0.91	1.55	21.0	100				
剖27	淋溶土	暗棕壤	暗棕壤	基性结晶岩类暗棕壤		A	0–16	暗棕色	轻砾质壤土	团粒状	5.2	60.8	5.10	0.70	19.6	375			E 99°17′16.1″ N 27°24′37.4″	98
						AB	16–32	棕色	粉砂质黏壤土	团粒状	5.3	54.3	2.10	0.40	26.9	192				
						B	32–45	浅黄棕色	粉砂质黏壤土	块状	5.3	30.8	0.80	0.80	30.0	84				
						C	45–100	浅黄棕色	粉砂质黏壤土	块状										
剖28	初育土	石灰（岩）土	黄色石灰土	黄胶泥土		A	0–11	黑棕色	多砾质黏壤土	团粒状	8.5	51.4	4.87	0.81	24.6	384			E 99°06′46.8″ N 27°18′04.3″	88
						B	11–46	暗棕色	多砾质黏壤土	核状	8.7	11.6	2.06	0.81	25.1	76				
						C	46–60	暗棕色	轻砾质壤土	核状	8.7	9.4	1.88	0.71	30.6	69				
剖29	人为土	水稻土	淹育水稻土	黄壤性淹育水稻土	黄胶泥田	A	0–18	紫棕色	少砾质壤土	块状	7.6	23.8	1.92	0.73	21.7	157			E 99°10′52.3″ N 27°17′26.2″	70
						P	18–30	紫棕色	多砾质黏壤土	块状	7.8	21.7	1.78	0.77	22.2	146				
						C	30–60	紫棕色	轻砾质壤土	块状	8.2	21.0	1.59	0.75	23.8	142				
剖30	人为土	水稻土	潴育水稻土	紫色土性潴育水稻土	紫砂泥田	A	0–7	暗红色	轻砾质壤土	团粒状	7.3	21.1	1.92	0.42	14.3	99			E 99°12′57.2″ N 27°16′00.8″	74
						B	7–20	暗红色	轻砾质黏土	块状	7.2	7.6	1.21	0.48	16.4	62				
						C	20–100	紫红色	轻砾质壤土	块状	7.4	7.0	0.99	0.51	18.6	37				
剖31	初育土	紫色土	中性紫色土	紫羊肝土		A	0–18	暗红棕色	多砾质黏壤土	团粒状	7.4	16.6	2.12	0.48	25.4	76			E 99°04′12.7″ N 27°15′30.6″	74
						B	18–38	暗红棕色	多砾质黏壤土	块状	7.6	7.3	2.06	0.48	23.8	75				
						C	38–100	暗红棕色	多砾质黏壤土	块状	7.2	3.1	1.05	0.46	22.7	53				
剖32	初育土	紫色土	中性紫色土	紫羊肝土	石子羊肝土	A	0–13	暗红棕色	粉砂质黏壤土	块状	7.1	18.4	2.21	0.94	28.4	155			E 99°06′43.9″ N 27°14′54.2″	77
						P	13–18	紫棕色	粉砂质粉黏土	棱块状	7.5	18.3	2.33	0.88	22.4	140				
						W	18–39	暗黄棕色	少砾质黏壤土	块状	7.6	18.9	1.78	0.78	24.7	122				
						C	39–60	紫色	中砾质壤黏土	块状	7.8	4.6	0.97	0.49	23.1	32				
剖33	初育土	紫色土	中性紫色土	暗红紫泥土		A	0–13	暗棕色	少砾质壤质黏土	块状	7.8	2.6	1.11	0.47	15.4	31			E 99°11′00.6″ N 27°14′53.5″	90
						B	13–35	暗棕红色	少砾质壤质黏土	核状	7.6	2.2	0.81	0.43	12.2	30				
						C	35–80	浅黄色	少砾质壤质黏土	块状	7.3	2.7	2.48	0.39	11.2	29				
剖34	初育土	紫色土	中性紫色土	暗红紫泥土	红紫泥土	A	0–20	暗黄棕色	轻砾质土	团粒状	6.5	22.4	2.98	0.80	29.6	216			E 99°13′25.7″ N 27°14′12.1″	92
						B	20–41	棕灰色	中砾质土	核状	7.0	12.8	2.49	1.08	29.0	123				
						C	41–81	暗黄棕色	中砾质土	核状	7.1	6.2	2.18	1.03	24.9	108				
剖35	初育土	紫色土	中性紫色土	棕紫泥土		A	0–5	紫棕色	粉砂质黏壤土	团粒状	7.0	61.0	3.17	0.65	18.2	102			E 99°06′22.3″ N 27°14′02.0″	84
						Ao	5–12	紫色	中砾质黏壤土	块状	6.0	5.5	0.90	0.58	20.3	59				
						B	12–20	紫色	轻砾质土	块状	5.5	4.5	0.78	0.54	22.4	47				
						C	20–50	紫灰色	轻砾质土	块状	5.6	1.1	0.69	0.50	23.1	42				
剖36	初育土	紫色土	中性紫色土	棕紫泥土	黄砂泥土	A	0–20	暗黄棕色	中砾质土	块状	7.8	11.5	1.56	0.76	19.9	88			E 99°09′45.6″ N 27°11′33.7″	88
						B	20–30	黄黄棕色	砂质黏壤土	块状	7.8	4.7	0.76	0.73	21.5	53				
						C	30–50	暗黄棕色	砂质黏壤土	块状	8.0	2.8	0.72	0.69	22.1	42				
剖37	初育土	紫色土	中性紫色土	棕紫泥土	灰塘土	Ao	0–27	暗棕色	多砾质黏壤土	团粒状	5.3	52.5	12.00	2.40	10.5	237			E 99°05′25.3″ N 27°14′20.3″	86
						B	27–93	浅黄棕色	砂质黏壤土	核状	6.0	13.3	1.93	1.64	23.1	78				
						C	93–120	浅黄棕色	多砾质黏壤土	块状										
剖38	淋溶土	暗棕壤	暗棕壤	基性结晶岩类暗棕壤	黄灰土	A	0–14	暗黄棕色	轻砾质黏土	块状	8.0	10.6	1.62	0.98	25.1	62			E 99°18′29.9″ N 27°13′55.2″	78
						B	14–74	暗棕色	轻砾质黏土	块状	8.0	10.9	1.56	1.76	21.5	60				
						C	74–100	暗棕色	轻砾质黏土	块状	8.0									
剖39	人为土	水稻土	淹育水稻土	冲积性淹育水稻土	黄砂田	A	0–13	灰棕色	重砾质黏壤土	块状	7.9	19.5	1.52	0.42	20.0	122			E 99°09′01.4″ N 27°09′47.9″	93
						P	13–23	暗黄棕色	重砾质黏壤土	块状	7.2	10.3	0.91	0.45	22.6	76				
						B	23–55	暗棕色	重砾质黏土	柱状	7.0	4.3	0.82	0.54	21.0	31				
						C	55–65	浅棕色	重砾质黏土	柱状										

续表 Continued

剖面号 Soil profile	土纲 Soil order	土类 Soil great group	亚类 Soil subgroup	土属 Soil genus	土种 Soil species	土层码 Layer code	土层厚度 Depth/cm	颜色 Soil color	质地 Soil texture	土壤结构 Soil structure	pH	有机质 OM/(g/kg)	全氮 TN/(g/kg)	全磷 TP/(g/kg)	全钾 TK/(g/kg)	碱解氮 AN/(mg/kg)	阳离子交换量CEC/(cmol/kg)	土壤母质 Parent material	剖面点坐标 Profile coordinate	匹配指数 Matching index/%
剖40	人为土	水稻土	潴育水稻土	冲积性潴育水稻土	黄泥田	A	0—15	暗棕灰色	少砾质壤土	碎块状	5.5	129.7	0.55	1.53	11.7	499		E 99°09′30.2″ N 27°08′56.8″	71
剖41	人为土	水稻土	潴育水稻土	紫色岩性潴育水稻土	紫泥田	P	15—20	黑棕色	中砾质砂质壤土	小块状	5.4	85.2	1.50	1.26	7.5	305		E 99°10′11.6″ N 27°05′27.2″	75
						G_1	20—32	浅灰色	轻砾质壤土	小块状	5.4	16.7	1.44	0.43	7.0	78			
						G_2	32—50	灰白色	轻砾质壤土										
剖42	铁铝土	黄壤		古红土质黄壤	耳巴泥土	A	0—20	暗灰棕色	轻砾质壤土	团粒状	6.7	17.7	1.42	0.51	17.8	132		E 99°10′36.8″ N 27°03′58.0″	82
						B	20—40	暗灰棕色	轻砾质壤土	团粒状	6.5	14.8	1.51	0.49	18.9	106			
						C	40—60	暗红棕色	轻砾质壤土	核状	6.6	11.3	1.08	0.46	17.8	93			
						D	60—100	暗红棕色	中砾质壤土	块状	6.6	11.3	1.08	0.46	17.8	93			
剖43	初育土	紫色土	酸性紫色土	紫砂泥		A	0—19	灰黄棕色	轻砾质黏壤土	核状	6.7	14.8	2.79	1.17	31.1	142		E 99°13′51.2″ N 27°03′20.2″	89
						B	19—46	紫棕色	轻砾质壤土	块状	7.0	12.7	1.93	1.01	31.9	135			
						C	46—64	紫色	轻砾质壤土	块状	7.2	8.8	1.92	0.96	31.1	109			
						D	64—80	紫色	轻砾质壤土	粒状									
剖44	初育土	紫色土	酸性紫色土	紫砂泥	紫油砂土	A	0—17	紫色	中砾质壤土	小块状	6.0	14.7	1.25	1.50	12.4	132		E 99°08′02.4″ N 27°03′11.5″	83
						B	17—44	紫色	多砾质壤黏土	团粒状	5.8	8.2	0.82	1.80	13.7	67			
						C	44—68	紫色	中砾质壤土	团粒状	6.2	7.2	0.65	2.10	14.2	61			
剖45	铁铝土	黄壤		古红土质黄壤	暗紫砂土	A	0—17	暗红棕色	多砾质砂质壤土	团粒状	6.6	9.9	1.78	0.53	14.6	124	古红土	E 99°10′01.2″ N 27°02′52.8″	93
						B	17—55	暗红棕色	多砾质砂质壤土	块状	6.5	9.6	1.73	0.45	13.6	120			
						C	55—70	黄色	中砾质砂质壤黏土	块状	6.6	3.4	1.47	0.44	11.0	109			
						D	70—100	棕色	少砾质砂质壤土	粒状									
剖46	初育土	紫色土	酸性紫色土	紫砂泥	紫油砂土	A	0—10	浅棕红色	多砾质砂质壤土	团粒状	6.8	33.6	2.26	0.72	19.8	250		E 99°11′42.7″ N 27°02′05.3″	86
						B	10—25	红棕色	多砾质壤黏土	块状	6.2	5.2	1.27	0.59	29.0	100			
						C	25—100	红黄色	多砾质壤黏土	块状	6.8	3.1	1.21	0.62	26.9	56			
剖47	淋溶土	暗棕壤		紫色岩类暗棕壤		A	0—17	红黄色	多砾质壤土	块状	8.3	16.0	2.16	1.21	31.6	140		E 99°08′02.4″ N 27°03′11.5″	94
						B	17—36	浅红棕色	轻砾质壤土	块状	8.5	20.6	2.13	1.19	30.6	139			
						C	36—54	黑棕色	轻砾质壤土	碎屑状	8.7	48.9	1.80	1.54	23.1	73			
剖48	初育土	紫色土	中性紫色土	紫红性肝土	羊肝土	A	0—17	棕色	中砾质壤土	团粒状	4.8	58.2	8.90	1.12	10.4	417		E 99°05′29.8″ N 27°00′55.8″	96
						AB	17—21	暗棕红色	中砾质壤土	块状	5.1	47.6	3.90	0.93	16.5	183			
						B	21—31	红棕色	多砾质壤土	碎块状	5.5	43.9	0.54	0.65	34.9	64			
						C	31—58	浅红棕色	轻砾质壤土	块状	5.5	9.0	0.41	0.56	35.1	56			
剖49	铁铝土	黄壤		基性结晶岩类黄壤	暗黄性泥田	A	0—12	灰黄色	多砾质壤土	团粒状	8.6	8.8	1.26	0.25	20.4	109		E 99°13′10.9″ N 27°00′19.8″	96
						B	12—39	灰棕色	轻砾质壤土	块状	8.5	8.6	1.20	0.61	21.4	92			
						C	39—50	灰黄色	多砾质壤土	块状	7.4	9.0	1.11	0.71	19.8	84			
剖50	人为土	水稻土	淹育水稻土	黄壤性淹育水稻土	灰砂泥田	A	0—20	暗黄棕色	多砾质壤土	块状	7.3	7.5	1.88	0.40	10.3	101		E 99°17′43.4″ N 27°09′46.8″	73
						B	20—55	紫黄棕色	粉砂质壤土	块状	7.5	6.1	1.23	0.42	11.8	84			
						C	55—100	紫灰色	粉砂质壤土	块状	7.2	20.9	1.17	0.36	14.3	65			
剖51	人为土	水稻土	潴育水稻土	冲积性潴育水稻土	黄砂泥田	A	0—15	暗黄棕色	粉砂质壤土	团粒状	7.0	33.9	3.09	0.55	27.4	269		E 99°19′13.4″ N 27°09′32.0″	87
						P	12—16	暗黄棕色	中砾质壤黏土	块状	7.5	34.6	3.04	0.49	25.9	258			
						C_1	16—35	紫灰色	多砾质壤黏土	块状	6.8	18.4	2.37	0.42	26.9	172			
						C_2	35—		多砾质壤土										
剖52	淋溶土	黄棕壤	暗黄棕壤	泥质岩类暗黄棕壤	蚂蚁土	A	0—15	红棕色	轻砾质壤土	块状	7.5	4.02	4.4	0.99	0.48	28.8	201		E 99°22′21.0″ N 27°07′05.9″	97
						B	15—28	棕色	粉砂质壤土	块状	6.9	4.8	0.99	0.49	26.8	154			
						C	28—110	红棕色	中砾质壤黏土	块状	8.0	4.4	0.96	0.48	25.1	63		E 99°20′28.3″ N 27°04′23.5″	

续表 Continued

剖面号 Soil profile	土纲 Soil order	土类 Soil great group	亚类 Soil subgroup	土属 Soil genus	土种 Soil species	土层码 Layer code	土层厚度 Depth/cm	颜色 Soil color	质地 Soil texture	土壤结构 Soil structure	pH	有机质 OM/(g/kg)	全氮 TN/(g/kg)	全磷 TP/(g/kg)	全钾 TK/(g/kg)	碱解氮 AN/(mg/kg)	阳离子交换量CEC/(cmol/kg)	土壤母质 Parent material	剖面点坐标 Profile coordinate	匹配指数 Matching index/%
剖53	初育土	石灰（岩）土	红色石灰土	红胶泥土		A	0—9	黑棕色	多砾质壤质黏土	团粒状	7.4	36.2	2.52	0.67	24.1	208			E 99°22′46.9″ N 27°03′08.6″	82
						B	9—35	暗棕红色	多砾质壤质黏土	块状	8.1	11.6	1.99	0.57	23.1	82				
						C	35—70	暗红棕色	中砾质壤质黏土	块状	8.5	8.8	1.60	0.59	22.0	59				
剖54	淋溶土	黄棕壤	暗黄棕壤	泥质岩类黄棕壤	灰泥土	A	0—10	棕色	中砾质壤质黏土	块状	7.3	12.4	1.68	1.19	23.2	95			E 99°21′20.5″ N 27°00′46.8″	72
						B	10—20	浅黄棕色	多砾质壤质黏土	块状	7.3	6.4	0.97	0.78	22.7	64				
						C	20—50				7.8	1.9	0.74	0.48	22.2	56				
剖55	淋溶土	暗棕壤	暗棕壤	紫色岩类暗棕壤	黑棕土	A	0—17	黑棕色	粉砂质壤土	团粒状	5.3	79.4	6.61	1.45	9.1	530			E 99°26′19.7″ N 26°59′10.0″	88
						AB	17—34	黑棕色	粉砂质壤土	团粒状	5.3	64.2	6.02	1.33	7.5	462				
						B	34—52	暗棕色	砂质黏壤土	块状	5.8	28.1	2.39	0.98	3.3	192				
						C	52—100	浅棕色	砂质黏壤土	块状										

中 国 土 壤 剖 面 数 据 集 · 贵 州、云 南 卷

附 录

附录1 贵州省县级行政区及分县主要土壤类型与土壤剖面点分布图地域名对照表

地级行政区划	县级行政区划[1]	分县主要土壤类型与土壤剖面点分布图地域名[2]	地级行政区划	县级行政区划[1]	分县主要土壤类型与土壤剖面点分布图地域名[2]
贵阳市	南明区	市辖区*	遵义市	务川仡佬族苗族自治县	务川仡佬族苗族自治县
	云岩区			凤冈县	凤冈县
	乌当区			湄潭县	湄潭县
	观山湖区			余庆县	余庆县
	花溪区	花溪区		习水县	习水县
	白云区			赤水市	赤水市
	开阳县	开阳县		仁怀市	仁怀县
	息烽县	息烽县	安顺市	西秀区	市辖区*
	修文县	修文县		平坝区	平坝县
	清镇市			普定县	
六盘水市	钟山区	市辖区*		镇宁布依族苗族自治县	
	水城区			关岭布依族苗族自治县	
	六枝特区	六枝特区		紫云苗族布依族自治县	
	盘州市	盘县特区	毕节市	七星关区	市辖区*
遵义市	红花岗区	市辖区*		大方县	大方县
	汇川区			金沙县	金沙县
	播州区	遵义县		织金县	
	桐梓县	桐梓县		纳雍县	纳雍县
	绥阳县	绥阳县			
	正安县	正安县			
	道真仡佬族苗族自治县	道真仡佬族苗族自治县			

续表

地级行政区划	县级行政区划¹⁾	分县主要土壤类型与土壤剖面点分布图地域名²⁾	地级行政区划	县级行政区划¹⁾	分县主要土壤类型与土壤剖面点分布图地域名²⁾
毕节市	威宁彝族回族苗族自治县	威宁彝族回族苗族自治县	黔东南苗族侗族自治州	三穗县	三穗县
	赫章县	赫章县		镇远县	镇远县
	黔西市	黔西县		岑巩县	
铜仁市	碧江区	市辖区*		天柱县	天柱县
	万山区			锦屏县	锦屏县
	江口县	江口县		剑河县	
	玉屏侗族自治县			台江县	台江县
	石阡县	石阡县		黎平县	黎平县
	思南县	思南县		榕江县	榕江县
	印江土家族苗族自治县	印江土家族苗族自治县		从江县	从江县
	德江县	德江县		雷山县	雷山县
	沿河土家族自治县	沿河土家族自治县		麻江县	麻江县
	松桃苗族自治县	松桃苗族自治县		丹寨县	丹寨县
黔西南布依族苗族自治州	兴义市	兴义市	黔南布依族苗族自治州	都匀市	都匀市
	兴仁市	兴仁县		福泉市	福泉县
	普安县			荔波县	荔波县
	晴隆县			贵定县	贵定县
	贞丰县			瓮安县	瓮安县
	望谟县			独山县	独山县
	册亨县			平塘县	
	安龙县			罗甸县	罗甸县
黔东南苗族侗族自治州	凯里市	凯里市		长顺县	
	黄平县	黄平县		龙里县	龙里县
	施秉县	施秉县		惠水县	惠水县
				三都水族自治县	三都水族自治县

注：1）为民政部于 2022 年 3 月发布的《2021 年中华人民共和国行政区划代码》中的县级行政区名称。该名称也作为本数据集分县目录。分县排序按《2021 年中华人民共和国行政区划代码》中的地级、县级行政区排列。

2）分县主要土壤类型与土壤剖面点分布图地域名是全国第二次土壤普查中分县采样调查、制图的县级行政区名称。分县主要土壤类型与土壤剖面点分布图采用的县级行政域是从国家测绘局获取的 1∶25 万 DLG（公众版）数据（使用许可协议编号：非 2011—1011）。附录 1 显示了全国第二次土壤普查时的县级行政区域名与《2021 年中华人民共和国行政区划代码》中的县级行政区名称之间的关联。附录 1 中仅有《2021 年中华人民共和国行政区划代码》中的县级行政区名称，而没有对应的分县主要土壤类型与土壤剖面点分布图地域名的分县，表示该县级行政区无土壤剖面数据，未纳入分县目录。

* 在附录 1 中，凡分县主要土壤类型与土壤剖面点分布图地域名表示为"市辖区"的地域，均指在全国第二次土壤普查中，在城市中心区及近郊区完成的采样调查和制图。此时，县级行政区名称与分县主要土壤类型与土壤剖面点分布图地域名不是完全的对应关系。如贵阳市市辖区（部分）主要土壤类型与土壤剖面点分布图代表土壤调查中贵阳市城区及近郊区的土壤分布状况。此时将"市辖区"作为这一节的标题。

附录2　云南省县级行政区及分县主要土壤类型与土壤剖面点分布图地域名对照表

地级行政区划	县级行政区划[1]	分县主要土壤类型与土壤剖面点分布图地域名[2]	地级行政区划	县级行政区划[1]	分县主要土壤类型与土壤剖面点分布图地域名[2]
昆明市	五华区	市辖区*	曲靖市	罗平县	罗平县
	盘龙区			富源县	富源县
	呈贡区			会泽县	会泽县
	官渡区	官渡区		宣威市	宣威市
	西山区	西山区	玉溪市	红塔区	市辖区*
	东川区	东川区		江川区	江川县
	晋宁区	晋宁县		通海县	通海县
	富民县	富民县		华宁县	华宁县
	宜良县	宜良县		易门县	易门县
	石林彝族自治县	路南彝族自治县		峨山彝族自治县	峨山彝族自治县
	嵩明县	嵩明县		新平彝族傣族自治县	新平彝族傣族自治县
	禄劝彝族苗族自治县	禄劝彝族苗族自治县		元江哈尼族彝族傣族自治县	元江哈尼族彝族傣族自治县
	寻甸回族彝族自治县	寻甸回族彝族自治县			
	安宁市	安宁县		澄江市	澄江县
曲靖市	麒麟区	市辖区*	保山市	隆阳区	市辖区*
	沾益区	沾益县		施甸县	
	马龙区	马龙县		龙陵县	龙陵县
	陆良县	陆良县		昌宁县	昌宁县
	师宗县	师宗县		腾冲市	腾冲县

续表

地级行政区划	县级行政区划 1)	分县主要土壤类型与土壤剖面点分布图地域名 2)	地级行政区划	县级行政区划 1)	分县主要土壤类型与土壤剖面点分布图地域名 2)
昭通市	昭阳区	市辖区*	临沧市	双江拉祜族佤族布朗族傣族自治县	双江拉祜族佤族布朗族傣族自治县
	鲁甸县	鲁甸县		耿马傣族佤族自治县	耿马傣族佤族自治县
	巧家县	巧家县		沧源佤族自治县	沧源佤族自治县
	盐津县	盐津县	楚雄彝族自治州	楚雄市	楚雄市
	大关县	大关县		禄丰市	禄丰县
	永善县	永善县		双柏县	双柏县
	绥江县	绥江县		牟定县	牟定县
	镇雄县	镇雄县		南华县	南华县
	彝良县	彝良县		姚安县	姚安县
	威信县	威信县		大姚县	大姚县
	水富市	水富县		永仁县	永仁县
丽江市	古城区	古城区、玉龙纳西族自治县		元谋县	元谋县
	玉龙纳西族自治县			武定县	武定县
	永胜县	永胜县	红河哈尼族彝族自治州	个旧市	个旧市
	华坪县	华坪县		开远市	开远市
	宁蒗彝族自治县	宁蒗彝族自治县		蒙自市	蒙自县
普洱市	思茅区	市辖区*		弥勒市	弥勒县
	宁洱哈尼族彝族自治县	宁洱哈尼族彝族自治县		屏边苗族自治县	屏边苗族自治县
	墨江哈尼族自治县	墨江哈尼族自治县		建水县	建水县
	景东彝族自治县	景东彝族自治县		石屏县	石屏县
	景谷傣族彝族自治县	景谷傣族彝族自治县		泸西县	泸西县
	镇沅彝族哈尼族拉祜族自治县	镇沅彝族哈尼族拉祜族自治县		元阳县	元阳县
	江城哈尼族彝族自治县	江城哈尼族彝族自治县		红河县	红河县
	孟连傣族拉祜族佤族自治县	孟连傣族拉祜族佤族自治县		金平苗族瑶族傣族自治县	金平苗族瑶族傣族自治县
	澜沧拉祜族自治县	澜沧拉祜族自治县		绿春县	绿春县
	西盟佤族自治县	西盟佤族自治县		河口瑶族自治县	河口瑶族自治县
临沧市	临翔区	市辖区*	文山壮族苗族自治州	文山市	文山县
	凤庆县	凤庆县		砚山县	砚山县
	云县	云县		西畴县	西畴县
	永德县	永德县		麻栗坡县	麻栗坡县
	镇康县	镇康县		马关县	马关县
				丘北县	丘北县
				广南县	广南县
				富宁县	富宁县

续表

地级行政区划	县级行政区划[1]	分县主要土壤类型与土壤剖面点分布图地域名[2]	地级行政区划	县级行政区划[1]	分县主要土壤类型与土壤剖面点分布图地域名[2]
西双版纳傣族自治州	景洪市	景洪市	德宏傣族景颇族自治州	瑞丽市	瑞丽市
	勐海县	勐海县		芒市	潞西县
	勐腊县	勐腊县		梁河县	梁河县
大理白族自治州	大理市	大理市		盈江县	盈江县
	漾濞彝族自治县	漾濞彝族自治县		陇川县	陇川县
	祥云县	祥云县	怒江傈僳族自治州	泸水市	泸水县
	宾川县	宾川县		福贡县	福贡县
	弥渡县	弥渡县		贡山独龙族怒族自治县	贡山独龙族怒族自治县
	南涧彝族自治县	南涧彝族自治县		兰坪白族普米族自治县	兰坪白族普米族自治县
	巍山彝族回族自治县	巍山彝族回族自治县	迪庆藏族自治州	香格里拉市	中甸县
	永平县	永平县		德钦县	德钦县
	云龙县	云龙县		维西傈僳族自治县	维西傈僳族自治县
	洱源县	洱源县			
	剑川县	剑川县			
	鹤庆县	鹤庆县			

注：1）为民政部于2022年3月发布的《2021年中华人民共和国行政区划代码》中的县级行政区名称。该名称也作为本数据集分县目录。分县排序按《2021年中华人民共和国行政区划代码》中的地级、县级行政区排列。

2）分县主要土壤类型与土壤剖面点分布图地域名是全国第二次土壤普查中分县采样调查、制图的县级行政区名称。分县主要土壤类型与土壤剖面点分布图采用的县级行政域是从国家测绘局获取的1∶25万DLG（公众版）数据（使用许可协议编号：非2011—1011）。附录2显示了全国第二次土壤普查时的县级行政区域名与《2021年中华人民共和国行政区划代码》中的县级行政区名称之间的关联。附录2中仅有《2021年中华人民共和国行政区划代码》中的县级行政区名称，而没有对应的分县主要土壤类型与土壤剖面点分布图地域名的分县，表示该县级行政区无土壤剖面数据，未纳入分县目录。

* 在附录2中，凡分县主要土壤类型与土壤剖面点分布图地域名表示为"市辖区"的地域，均指在全国第二次土壤普查中，在城市中心区及近郊区完成的采样调查和制图。此时，县级行政区名称与分县主要土壤类型与土壤剖面点分布图地域名不是完全的对应关系。如昆明市市辖区（部分）主要土壤类型与土壤剖面点分布图代表土壤调查中昆明市城区及近郊区的土壤分布状况。此时将"市辖区"作为这一节的标题。

附录3 专题图基础地理要素图例

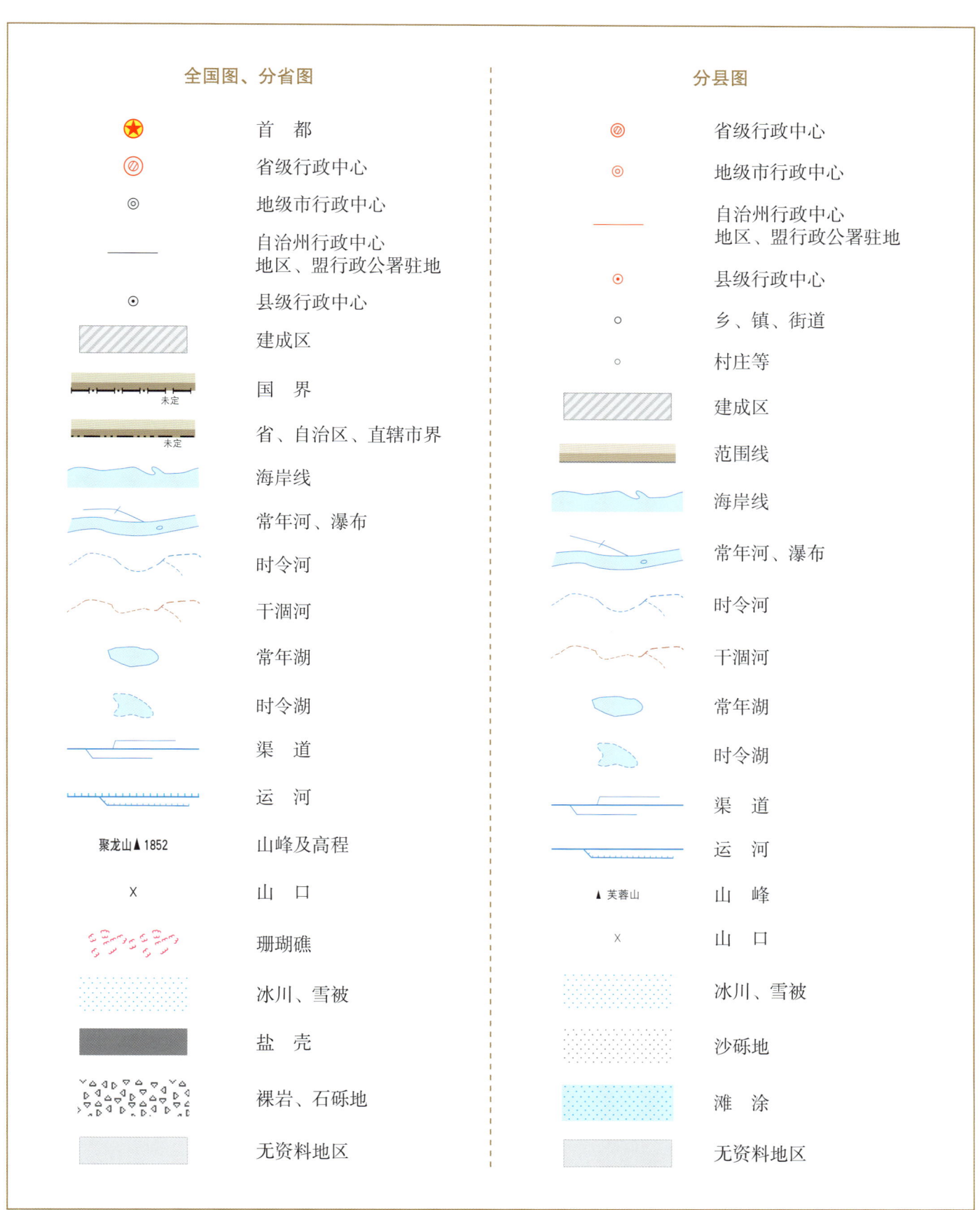

附录4 土壤图土类图例

图例	土类名	色码（RGB）	色码（CMYK）	图例	土类名	色码（RGB）	色码（CMYK）
	砖红壤	253，139，149	0，56，26，0		棕钙土	250，221，212	2，17，13，0
	赤红壤	253，160，170	0，47，17，0		灰钙土	230，214，165	11，15，40，1
	红　壤	252，199，209	1，29，6，0		灰漠土	246，237，182	4，6，36，0
	黄　壤	250，238，14	2，5，92，0		灰棕漠土	232，207，118	8，19，62，1
	黄棕壤	247，231，171	3，9，40，0		棕漠土	238，220，86	5，12，76，1
	黄褐土	249，236，121	2，5，64，0		黄绵土	249，223，2	1，13，93，0
	棕　壤	238，218，147	6，14，50，1		红黏土	247，149，143	1，52，33，0
	暗棕壤	226，181，98	9，33，68，2		新积土	184，199，156	30，11，44，2
	白浆土	223，226，205	15，7，22，0		龟裂土	254，252，55	0，7，86，0
	棕色针叶林土	206，169，142	18，35，40，4		风沙土	242，242，180	6，2，39，0
	灰化土	183，169，182	31，31，16，4		石灰（岩）土	176，175，85	28，21，75，9
	漂灰土*	220，219，162	15，9，44，1		火山灰土	223，167，170	11，41，19，2
	燥红土	250，161，9	0，46，95，0		紫色土	199，177，221	28，31，0，0
	褐　土	225，201，153	12，21，43，1		磷质石灰土	240，250，156	7，1，51，0
	灰褐土	228，219，186	12，12，30，0		石质土	171，181，150	35，18，43，5
	黑　土	142，164，151	46，21，38，8		粗骨土	196，187，132	23，21，53，4

续表

图例	土类名	色码（RGB）	色码（CMYK）	图例	土类名	色码（RGB）	色码（CMYK）
	灰色森林土	162，178，175	40，19，27，4		草甸土	128，171，117	51，14，63，7
	黑钙土	230，188，50	6，30，88，1		潮　土	169，219，118	34，1，68，0
	栗钙土	214，195，161	17，22，37，2		砂姜黑土	191，202，188	29，13，26，1
	栗褐土	240，213，157	5，18，43，1		林灌草甸土	171，191，44	31，12，93，5
	黑垆土	201，204，125	22，12，60，3		山地草甸土	132，184，161	52，9，42，3
	沼泽土	144，183，212	49，14，8，2		灌漠土	158，184，110	39，12，67，6
	泥炭土	150，140，173	46，41，10，6		草毡土	150，172，169	45，20，29，6
	草甸盐土	222，145，201	21，49，0，0		黑毡土	129，157，106	48，19，63，14
	滨海盐土	232，206，217	10，22，5，0		寒钙土	198，214，203	26，8，21，1
	酸性硫酸盐土	187，159，184	29，38，9，3		冷钙土	194，194，96	23，15，72，5
	漠境盐土	209，130，159	16，58，11，3		冷棕钙土	183，186，169	31，20，32，3
	寒原盐土	187，159，184	29，38，9，3		寒漠土	235，223，181	9，12，33，0
	碱　土	227，211，211	13，18，11，0		冷漠土	223，197，102	11，22，68，2
	水稻土	107，176，107	59，9，72，3		寒冻土	196，171，79	19，29，77，8
	灌淤土	136，146，47	38，24，90，21				

注：*漂灰土，《中国土壤分类与代码》（GB/T 17296—2009）中无此土类，在全国第二次土壤普查中完成的中国1:100万土壤图和分县土壤图中含漂灰土，主要分布于西藏自治区南部，总面积约为112 km²。

附录 5　中国主要土壤类型简表

土纲名[1]	土类名[2]	主要成土条件及特征[3]	分布区域	WRB 土组名[4]	MR[5]/%	百分比[6]/%
铁铝土纲 Ferrallisols	砖红壤 Latosols	热带雨林或季雨林下，强烈脱硅富铝化，游离铁占全铁的 80%，土壤呈砖红色，具 A–Bs–Bv–C 剖面构型	海南、广东等	Acrisols	29	0.46
	赤红壤 Latosolic red soils	南亚热带季雨林下，脱硅富铝化程度次于砖红壤、强于红壤，铁的游离度介于二者之间，土壤呈赤红色，具 A–Bs–C 剖面构型	广东、云南、广西、福建等	Acrisols	40	2.23
	红壤 Red soils	中亚热带常绿阔叶林下，中度脱硅富铝化，具有深厚红色土层，具 A–Bs–Bv 或 A–Bs–C 剖面构型	南部的江西、福建、湖南等	Cambisols	35	6.79
	黄壤 Yellow soils	亚热带湿润气候条件下，多见于海拔 700—1200m 的山区，中度富铝化，土壤有机质累积较多，土壤呈黄色，具 O–A–AB–B–C 剖面构型	贵州、四川、云南、西藏、台湾等	Cambisols	45	2.65
淋溶土纲 Alfisols	黄棕壤 Yellow-brown soils	北亚热带暖湿落叶阔叶林下，弱度富铝化，母质多为砂页岩及花岗岩风化物，黏化特征明显，土壤呈黄棕色，具 A–B–C 或 A–(B)–C 剖面构型	长江中下游沿江低山丘陵区，以及云南、贵州、四川、陕西、西藏等	Cambisols	39	2.37
	黄褐土 Yellow-cinnamon soils	北亚热带地区，黄土状母质，无游离碳酸钙，黏化淀积明显，土壤呈灰黄棕色，具 A–B–C 或 A–Bt–C 剖面构型	河南、安徽面积最大，陕南、鄂北、江苏、川东北、江西等地也有分布	Luvisols	58	0.59
	棕壤 Brown soils	湿润暖温带地区，处于硅铝风化阶段，盐基已淋失，土体见黏粒淀积，土壤呈棕色，具 O–A–Bt–C 剖面构型	辽东至苏北低山丘陵，以及内蒙古、河南、西藏、云南、湖北等地的山地垂直带	Luvisols	51	2.73
	暗棕壤 Dark brown soils	湿润温带地区，针阔叶混交林下，弱酸性淋溶，有机质富集明显，土体 B 层呈棕色，具 O–A–B–C 剖面构型	黑龙江、吉林、内蒙古等	Cambisols	48	4.12

续表

土纲名[1]	土类名[2]	主要成土条件及特征[3]	分布区域	WRB 土组名[4]	MR[5]/%	百分比[6]/%
淋溶土纲 Alfisols	白浆土 Bleached baijiang soils	湿润温带平缓岗地森林草原下，上层土壤周期性滞水，还原铁、锰，漂洗形成灰黄色至灰白色白浆土层 E，具 Ah–E–Bt–C 剖面构型	黑龙江、吉林等	Luvisols	46	0.49
	棕色针叶林土 Brown coniferous forest soils	寒温带针叶林下，酸性淋溶，表层盐基饱和度降低，B 层呈棕色，具 O–A–AB–B–C 剖面构型	内蒙古、黑龙江、四川、云南、吉林、新疆等	Cambisols	47	1.15
	灰化土 Podzolic soils	寒冷湿润针叶林下，表层有机质层深厚，强烈淋溶和 SiO_2 淀积形成灰化层 A_2，具 A_1–A_2–B–BC 剖面构型	西藏	Podzols	100	< 0.01
半淋溶土纲 Semi-alfisols	燥红土 Torrid red soils	热带、亚热带干旱河谷与雨区稀树草原下形成的盐基饱和的红色土壤，具 A–B–C（D）剖面构型	海南、贵州、云南、四川等	Luvisols	100	0.08
	褐土 Cinnamon soils	暖温带半湿润，黏化与钙质淋移淀积，盐基饱和，B 层呈棕褐色，具 A–B–Bk–C 剖面构型	河北、山西、北京等	Cambisols	48	2.88
	灰褐土 Gray-cinnamon soils	温带干旱、半干旱山地云冷杉下，腐殖质累积与钙积作用明显，弱黏淀特征，具 Ao–A–B–C 剖面构型	甘肃、内蒙古、新疆、西藏、青海、宁夏等地的山地垂直带	Cambisols	43	0.65
	黑土 Black soils	温带半湿润草甸草原下，具深厚的腐殖质层，无石灰性的黑色土壤，底层轻度淋溶，具 A–ABh–BhC–C 剖面构型	东北平原	Phaeozems	31	0.68
	灰色森林土 Gray forest soils	温带森林植被下，腐殖质层深厚，弱度淋溶，剖面下部见硅粉，具 O–A–AB 或（B）–BC–C 剖面构型	内蒙古、新疆、河北	Phaeozems	77	0.34
钙层土 Pedocals	黑钙土 Chernozems	温带半湿润草甸草原下，具深厚的腐殖质层、碳酸钙淋溶淀积层	内蒙古、新疆、吉林、黑龙江、青海、甘肃	Chernozems	50	1.51
	栗钙土 Castanozems	温带半干旱草原下，具有栗色腐殖质层和灰白色钙积层	内蒙古、新疆、河北、山西、吉林等	Kastanozems	61	4.18
	栗褐土 Castano-cinnamon soils	暖温带半干旱草原及灌木下，弱度黏化和弱度淋溶，通体有石灰反应	山西、内蒙古、河北	Cambisols	40	0.47
	黑垆土 Dark loessial soils	黄土高原上，由黄土母质发育，有机质含量低，腐殖质层深厚，无明显黏化层	甘肃面积最大，其次为陕北和宁南地区	Cambisols	59	0.21
干旱土 Aridisols	棕钙土 Brown caliche soils	温带干旱草原向荒漠过渡区，具浅棕色薄腐殖质层、灰白色薄钙积层，钙积层接近地表	内蒙古、甘肃、青海、新疆	Cambisols	36	2.81
	灰钙土 Sierozems	暖温带干旱草原下，母质多为黄土，低腐殖质、弱淋溶，具腐殖质层和钙积层	甘肃、宁夏、新疆、青海、内蒙古、陕西	Cambisols	63	0.50

续表

土纲名[1]	土类名[2]	主要成土条件及特征[3]	分布区域	WRB 土组名[4]	MR[5]/%	百分比[6]/%
漠土 Desert soils	灰漠土 Gray desert soils	温带干旱漠境边缘区	宁夏、内蒙古、甘肃、新疆等	Cambisols	44	0.72
	灰棕漠土 Gray-brown desert soils	温带干旱中心	新疆、内蒙古等	Cambisols	78	3.11
	棕漠土 Brown desert soils	暖温带极干旱漠境中心	新疆、甘肃等	Cambisols	65	2.69
初育土 Amorphic soils	黄绵土 Loessial soils	黄土高原上,由黄土母质直接翻耕形成,具 A–C 剖面构型	陕西、甘肃、山西、宁夏等	Cambisols	33	1.97
	红黏土 Red primitive soils	由第三纪红色黏土及部分第四纪老黄土发育	陕西、甘肃、河南、山西、辽宁等	Regosols	48	0.07
	新积土 Neo-alluvial soils	新近冲积、洪积、坡积、塌积或人工堆垫,具 A–C 或 (A)–C 剖面构型	全国各地,以吉林、陕西面积最大,其次为黑龙江、宁夏、四川等	Fluvisols	51	0.57
	龟裂土 Takyr	干旱、漠境地区山前细土洪积微弱发育,表层为不规则龟裂结皮	新疆、甘肃、内蒙古、宁夏	Cambisols	72	0.06
	风沙土 Aeolian soils	半干旱、干旱及滨海地区,由风成沙性母质发育	新疆、内蒙古、甘肃、青海等	Arenosols	75	7.03
	石灰(岩)土 Limestone soils	由热带、亚热带石灰岩母质发育	贵州、广西、四川、湖南等	Cambisols	80	1.73
	火山灰土 Volcanic ash soils	由火山喷发碎屑、粉尘状堆积物发育,具 A–C 剖面构型	黑龙江、江苏、海南等	Andosols	53	0.04
	紫色土 Purplish soils	由热带、亚热带紫红色岩层侵蚀发育,土层浅薄,具 A–C 剖面构型	四川、云南、湖南、贵州、广西等	Cambisols	68	2.44
	磷质石灰土 Phospho-calcic soils	热带珊瑚岛礁上,由海鸟粪与珊瑚礁风化物形成	南海的西沙、南沙、东沙、中沙诸岛	Arenosols	81	<0.01
	石质土 Lithosols	石质山地岩石风化残积物,风化层厚度一般小于 10cm,具 A–R 剖面构型	西北和华北山地	Leptosols	100	1.87
	粗骨土 Skeletal soils	基岩风化残积物、坡积物,属于 A–C 或 (A)–C 剖面构型	辽宁、内蒙古、山东、浙江等地的河谷阶地、丘陵、低山和中山	Regosols	93	1.76
水成土 Aqueous soils	沼泽土 Bog soils	所处地势低洼,长期地表积水,还原作用形成潜育层 G,泥炭层或腐泥层厚度小于 50cm,具 H–G 剖面构型	黑龙江、青海、内蒙古等地的沟谷、平原河湖滨低洼地区均有分布,主要分布于东北	Gleysols	53	1.53
	泥炭土 Peat soils	泥炭层 H 厚度大于 50cm,其下为潜育层 G,具 H–G 剖面构型	青海、四川、黑龙江、吉林等	Histosols	48	0.06

续表

土纲名[1]	土类名[2]	主要成土条件及特征[3]	分布区域	WRB 土组名[4]	MR[5]/%	百分比[6]/%
半水成土 Semi-aqueous soils	草甸土 Meadow soils	冷湿条件下受地下水浸润并在草甸植被下发育，有明显腐殖质累积，铁、锰氧化还原形成锈纹层 Cu，具 A-Cu 或 A-C-Cu 剖面构型	黑龙江、内蒙古、新疆、四川等	Cambisols	92	3.54
	潮土 Fluvo-aquic soils	河流冲积平原或低平阶地耕作土壤，地下水位高，底土氧化还原交替形成锈纹层 Cu，具 A_{11}-A_{12}-Cu 或 A_{11}-C-Cu 剖面构型	主要分布于黄淮海平原，内蒙古、辽宁、湖北等地的河谷平原，滨湖低地与山间谷地也有分布	Cambisols	85	3.71
	砂姜黑土 Lime concretion black soils	河湖沉积物经脱沼与长期耕作形成，底土见砂姜	主要分布于安徽、河南、山东、江苏等，河北、湖北、广西等地也有分布	Cambisols	79	0.54
	林灌草甸土 Shrubby meadow soils	漠境河谷平原沿河一带的胡杨林下发育，有交替氧化还原作用，具 Ao-AC-C 剖面构型	新疆、内蒙古、甘肃等	Cambisols	87	0.24
	山地草甸土 Mountain meadow soils	中海拔山顶平台草甸植被下发育的薄层土壤，草皮层 As 下见铁锰锈纹、胶膜，具 As-A-C-D 剖面构型	除青藏高原及西北高山区以外，各省、自治区、直辖市均有分布，以西部为多，西南部次之	Cambisols	60	0.04
盐碱土 Alkali-saline soils	草甸盐土 Meadow solonchaks	草甸土、潮土、沼泽土地区，盐分累积量大于 6g/kg，有盐化表土层 Az，具 Az-C 剖面构型	从长江口到松辽平原均有分布	Solonchaks	55	1.21
	滨海盐土 Coastal solonchaks	母质为滨海沉积物，盐分来自海水和高矿化潜水，通常含盐量为 10g/kg，具 Az-Cz 剖面构型	山东、浙江、福建等沿海地区	Solonchaks	47	0.31
	酸性硫酸盐土 Acid sulphate soils	热带、南亚热带滨海低平原的海潮可及处，红树林残体形成的硫化物经氧化形成硫酸，土壤呈强酸性	海南、广东、广西、福建、台湾等	Solonchaks	36	<0.01
	漠境盐土 Desert solonchaks	极端干旱的漠境条件，含盐量通常在 100g/kg 以上	新疆、青海、甘肃等	Solonchaks	50	0.31
	寒原盐土 Frigid plateau solonchaks	青藏高寒地区退缩内陆湖盆、河间洼地	西藏	Solonchaks	88	0.10
	碱土 Solonetzes	碱化度（交换性钠占阳离子交换量百分比）大于 20%	零星分布于东北、华北、西北的内陆地区	Solonetz	50	0.06
人为土 Anthrosols	水稻土 Paddy soils	长期季节性淹灌、排水，水下翻耕，氧化还原交替，形成多种发生层分异：淹育层 Aa、犁底层 Ap、渗育层 P、潴育层 W 与潜育层 G	全国各地，以四川、江西、湖南等地面积为大	Anthrosols	83	4.93
	灌淤土 Irrigated warped soils	引用高泥沙含量灌溉水淤灌，加厚土层大于 50cm	新疆、宁夏、甘肃、河北、青海、西藏等	Anthrosols	70	0.22

续表

土纲名[1]	土类名[2]	主要成土条件及特征[3]	分布区域	WRB 土组名[4]	MR[5]/%	百分比[6]/%
人为土 Anthrosols	灌漠土 Irrigated desert soils	干旱荒漠地区，坎儿井水长期耕灌	新疆、甘肃、宁夏、青海等地的荒漠绿洲地带	Anthrosols	68	0.12
高山土 Alpine soils	草毡土 Felty soils	高寒区平缓高原面上，强度生草腐殖质累积与弱度氧化还原形成草毡层	青海、西藏、四川、新疆等	Cambisols	69	5.46
	黑毡土 Dark felty soils	高寒区略较温湿的原面上，草毡层初步分解，色泽较暗，有机质含量较高	西藏、四川、新疆、甘肃等	Cambisols	61	2.73
	寒钙土 Frigid calcic soils	高寒半干旱区，弱度腐殖质累积，底层积钙	西藏、青海、新疆、甘肃等	Calcisols	70	7.88
	冷钙土 Cold calcic soils	高寒区冷凉半干旱原面下，具弱腐殖质累积与钙积特征	新疆、西藏、甘肃等	Cambisols	45	1.43
	冷棕钙土 Cold brown calcic soils	高寒区温凉的半干旱河谷处，土壤弱腐殖质累积，弱度淋溶与积钙	西藏	Cambisols	67	0.09
	寒漠土 Frigid desert soils	高寒干旱条件下成土	青藏高原西北部海拔4000m以上地区，涉及新疆、四川、西藏、青海等	Cryosols	87	0.29
	冷漠土 Cold desert soils	亚高山冷凉干旱条件下成土	西藏海拔4500m以下的湖盆、河谷及山地中下部	Cambisols	42	0.03
	寒冻土 Frigid frozen soils	高山冰川冰缘地带条件下，以物理风化为主	青藏高原冰缘地区，涉及新疆、西藏、甘肃等	Leptosols	100	3.23

注：1）中国土壤分类系统中土纲名及土纲英译名。
2）中国土壤分类系统中土类名及土类英译名。
3）本栏所用土层及后缀代码释义。
 自然土壤：A 表土层，As 草根层、草毡层，A_2 灰化层，B 母质特征消失的表下层，C 受成土作用影响小的母质层，D 未受成土作用影响的碎屑层，R 坚硬岩石层，E 漂白层、白浆层，H 泥炭状有机质层，Hi 纤维状泥炭层，He 半分解泥炭层，O 凋落物有机质层。
 旱地土壤：A_{11} 旱耕层，A_{12} 亚耕层，C_1 心土层，C_2 底土层。
 水田土壤：Aa 耕作层（淹育层），Ap 犁底层（淹育层），P 渗育层，W 潴育层，G 潜育层，Gw 脱潜层，M 腐泥层。
 土层后缀代码：d 漂灰特征，c 铁结核或硬结核，f 冰冻特征，h 有机质淀积，k 石灰聚积，n 碱化特征，q 硅聚积，t 黏粒淀积，v 网纹特征，x 脆盘，z 易溶盐聚积，su 硫化物聚积，b 埋藏或重叠，e 漂洗特征，g 潜育特征，i 弱分解有机质，m 胶结或固结，p 人工扰动，s 三氧化二物聚积，u 锈色斑纹，w 色泽或结构发育，y 石膏聚积，mo 铁锰胶膜。
4）世界土壤资源参比基础（world reference base for soil resources，WRB）工作组发布土组名，WRB 土组划分原则与中国土壤分类系统中土纲接近。
5）WRB 土组对中国土壤分类系统中各土类的最大可参比性（maximum referencibility，MR）。
6）该土类面积占各土类总面积的百分比。

附录6 贵州省、云南省主要土壤类型表

省域	土纲名[1]	土类名[2]	WRB 土组名[3]	MR[4]/%	百分比[5]/%
贵州省	铁铝土纲 Ferrallisols	红壤 Red soils	Cambisols	35	6.0
		黄壤 Yellow soils	Cambisols	45	41.1
	淋溶土纲 Alfisols	黄棕壤 Yellow-brown soils	Cambisols	39	6.2
		棕壤 Brown soils	Luvisols	51	0.4
	初育土 Amorphic soils	石灰（岩）土 Limestone soils	Cambisols	80	24.7
		紫色土 Purplish soils	Cambisols	68	5.4
		石质土 Lithosols	Leptosols	100	0.5
		粗骨土 Skeletal soils	Regosols	93	4.3
	水成土 Aqueous soils	沼泽土 Bog soils	Gleysols	53	0.1
	半水成土 Semi-aqueous soils	潮土 Fluvo-aquic soils	Cambisols	85	0.1
		山地草甸土 Mountain meadow soils	Cambisols	60	0.1
	人为土 Anthrosols	水稻土 Paddy soils	Anthrosols	83	9.5
云南省	铁铝土纲 Ferrallisols	砖红壤 Latosols	Acrisols	29	2.1
		赤红壤 Latosolic red soils	Acrisols	40	13.9
		红壤 Red soils	Cambisols	35	30.3
		黄壤 Yellow soils	Cambisols	45	7.4
	淋溶土纲 Alfisols	黄棕壤 Yellow-brown soils	Cambisols	39	10.5
		棕壤 Brown soils	Luvisols	51	6.0
		暗棕壤 Dark brown soils	Cambisols	48	2.5
		棕色针叶林土 Brown coniferous forest soils	Cambisols	47	1.9
	半淋溶土纲 Semi-alfisols	燥红土 Torrid red soils	Luvisols	100	1.3
		褐土 Cinnamon soils	Cambisols	48	0.3
	初育土 Amorphic soils	新积土 Neo-alluvial soils	Fluvisols	51	0.1
		石灰（岩）土 Limestone soils	Cambisols	80	3.7
		紫色土 Purplish soils	Cambisols	68	13.0
	人为土 Anthrosols	水稻土 Paddy soils	Anthrosols	83	4.8
	高山土 Alpine soils	草毡土 Felty soils	Cambisols	69	0.6
		黑毡土 Dark felty soils	Cambisols	61	0.9
		寒冻土 Frigid frozen soils	Leptosols	100	0.3

注：1) 中国土壤分类系统中土纲名及土纲英译名。
2) 中国土壤分类系统中土类名及土类英译名。
3) 世界土壤资源参比基础（world reference base for soil resources，WRB）工作组发布土组名，WRB 土组划分原则与中国土壤分类系统中土纲接近。
4) WRB 土组对中国土壤分类系统中各土类的最大可参比性（maximum referencibility，MR）。
5) 该土类面积占贵州省、云南省各省域面积百分比，土类面积不足本省省域面积0.05%的土类未列入本表。

附录 7　分省土壤有机质含量图有机质含量分级图例

图例	分级序号	色码（CMYK）	色码（RGB）	图例	分级序号	色码（CMYK）	色码（RGB）
	1	2, 2, 17, 0	255, 255, 220		8	38, 0, 74, 0	157, 218, 104
	2	4, 1, 35, 0	248, 255, 190		9	42, 0, 80, 0	146, 210, 90
	3	8, 0, 47, 0	238, 255, 165		10	48, 1, 85, 0	132, 200, 80
	4	17, 0, 53, 0	220, 249, 150		11	52, 4, 89, 1	123, 190, 70
	5	23, 0, 60, 0	203, 242, 135		12	54, 11, 94, 3	115, 175, 55
	6	28, 0, 62, 0	185, 235, 130		13	61, 18, 98, 7	92, 158, 37
	7	34, 0, 68, 0	169, 225, 118		14	64, 24, 100, 15	70, 138, 20

附录 8 贵州省、云南省典型剖面 0—20cm 土层土壤理化性状中位数与平均数

土壤理化性状[1]	贵州省[2]			云南省[2]			贵州省、云南省[2]			西南地区[3]			全国[4]		
	中位数	平均数	样本量*	中位数	平均数	样本量*	中位数	平均数	样本量*	中位数	平均数	样本量*	中位数	平均数	样本量*
有机质 /（g/kg）	29.8	36.3	1539	30.0	38.5	3113	29.9	37.8	4652	23.6	33.2	11258	18.6	25.4	53243
pH	6.2	6.2	1753	6.0	6.2	3071	6.1	6.2	4824	6.5	6.6	11668	6.8	6.8	54014
全氮 /（g/kg）	1.61	1.89	1518	1.58	1.96	3083	1.59	1.94	4601	1.31	1.65	9621	1.06	1.37	49409
全磷 /（g/kg）	0.48	0.68	1463	0.86	1.19	2962	0.69	1.02	4425	0.67	0.96	10208	0.60	0.78	50185
全钾 /（g/kg）	14.2	14.3	221	15.3	16.4	2609	15.2	16.3	2830	10.0	11.9	6093	18.0	17.5	29736
碱解氮 /（mg/kg）	148	150	143	133	158	2834	134	158	2977	103	131	7200	90	114	19316
有效磷 /（mg/kg）	4.6	7.4	1106	5.4	8.6	166	4.8	7.5	1272	5.0	8.3	4749	4.4	7.5	23100
速效钾 /（mg/kg）	110	132	1106	113	132	2	110	132	1108	91	115	4606	90	110	23841
阳离子交换量 /（cmol/kg）	15.5	17.0	582	13.9	17.6	1277	14.5	17.4	1859	15.5	17.3	4382	13.1	14.8	22361

注：1）土壤全氮、全磷、全钾、碱解氮、有效磷、速效钾含量均以 N、P、K 纯养分量计。

2）本卷收录的贵州省、云南省典型土壤剖面分别为 1826 个和 3625 个，共计 5451 个。通过对剖面数据的土层厚度转换，全国第二次土壤普查典型剖面采样为贵州省、云南省采样，而非网格化采样。0—20cm 土层土壤理化性状中位数与平均数不代表本省土壤理化性状平均状况。但全国第二次土壤普查是我国最早的大样本量调查，附录 8 所示的 0—20cm 土层土壤理化性状中位数与平均数对了解贵州省、云南省 20 世纪 80 年代土壤肥力性状具有一定参考价值。

3）西南地区包括云南、贵州、四川和西藏 5 个省、自治区、直辖市，本数据集收录该地区的剖面共计 12873 个。

4）本数据集全集收录的剖面共计 63792 个。

* 样本量的单位为 "个"。

附录9 贵州省、云南省主要土地利用类型 0—30cm 土层土壤有机质含量[1]

土地利用类型	贵州省		云南省		贵州省、云南省		西南地区[2]		全国	
	占省域面积百分比[3]/%	有机质/(g/kg)	占省域面积百分比[3]/%	有机质/(g/kg)	占地域面积百分比/%	有机质/(g/kg)	占地域面积百分比/%	有机质/(g/kg)	占地域面积百分比/%	有机质/(g/kg)
耕地	19.73	27.44	14.09	25.52	15.86	20.99	7.05	20.99	13.52	18.65
园地	3.23	27.38	6.72	23.07	5.62	21.27	1.99	21.27	2.13	16.68
林地	63.68	27.83	65.20	27.81	64.72	28.72	36.16	28.72	30.04	26.96
草地	1.07	31.33	3.45	31.32	2.70	19.50	39.21	19.50	27.97	19.18
湿地	0.04	30.94	0.10	33.19	0.08	15.95	2.40	15.95	2.48	17.56

注：1）各土地利用类型 0—30cm 土层土壤有机质含量由本卷编制的贵州省土壤有机质含量图、云南省土壤有机质含量图和自然资源部土地科学数据中心编制的 2019 年 1:100 万比例尺全国土地利用现状图通过叠加计算生成。其中，耕地包括水田、水浇地和旱地；园地包括果园、茶园和其他园地；林地包括有林地、灌木林地、人工牧草地和其他林地；草地包括天然牧草地、人工牧草地和其他草地；湿地包括沼泽地、沿海滩涂和内陆滩涂。

2）西南地区包括云南、贵州、重庆、四川和西藏 5 个省、自治区、直辖市。

3）土地利用类型占省域面积百分比根据第三次全国国土调查发布的 2019 年土地利用现状分类面积汇总数据计算生成。

附录 10 贵州省、云南省耕地、园地、林地和草地中主要土壤类型占比 1)

贵州省

耕地		园地		林地		草地	
土类名	占比 /%	土类名	占比 /%	土类名	占比 /%	土类名	占比 /%
红壤	39.1	赤红壤	30.6	红壤	29.6	红壤	23.6
水稻土	12.7	砖红壤	22.2	紫色土	14.3	棕壤	16.3
赤红壤	11.1	红壤	18.4	赤红壤	13.8	黑色土	8.1
紫色土	10.9	紫色土	8.4	黄棕壤	12.4	燥红土	7.8
黄壤	8.1	水稻土	7.2	黄壤	7.6	黄棕壤	7.3
黄棕壤	6.4	黄棕壤	5.6	棕壤	7.3	暗棕壤	7.3
石灰（岩）土	6.4	黄棕壤	3.0	石灰（岩）土	3.3	棕色针叶林土	6.7
棕壤	2.3	燥红土	2.8	暗棕壤	3.2	紫色土	5.4
合计	97.0	合计	98.2	合计	91.5	合计	82.5

云南省

耕地		园地		林地		草地	
土类名	占比 /%	土类名	占比 /%	土类名	占比 /%	土类名	占比 /%
黄壤	35.1	黄壤	41.8	黄壤	44.0	石灰（岩）土	34.8
石灰（岩）土	24.9	石灰（岩）土	19.2	石灰（岩）土	24.7	黄壤	24.7
水稻土	14.1	水稻土	14.4	红壤	8.0	黄棕壤	20.9
黄棕壤	10.5	红壤	9.8	水稻土	7.1	棕壤	6.7
紫色土	6.4	紫色土	5.7	紫色土	5.0	山地草甸土	2.8
粗骨土	4.1	粗骨土	3.7	黄棕壤	4.5	粗骨土	2.7
红壤	1.1	黄棕壤	2.0	粗骨土	4.4	水稻土	1.1
棕壤	1.0	石质土	0.7	石质土	0.3	红壤	0.7
合计	97.2	合计	97.3	合计	98.0	合计	94.4

贵州省、云南省

耕地		园地		林地		草地	
土类名	占比 /%	土类名	占比 /%	土类名	占比 /%	土类名	占比 /%
红壤	22.6	赤红壤	27.2	红壤	23.2	红壤	21.8
黄壤	19.8	砖红壤	19.7	黄壤	18.4	棕壤	15.6
石灰（岩）土	14.4	红壤	17.4	紫色土	11.5	黄棕壤	8.4
水稻土	13.3	黄壤	9.6	黄棕壤	10.1	黑色土	7.4
紫色土	9.0	紫色土	8.1	赤红壤	9.7	燥红土	7.2
黄棕壤	8.2	水稻土	8.0	石灰（岩）土	9.7	暗棕壤	6.7
赤红壤	6.3	石灰（岩）土	3.2	棕壤	5.2	棕色针叶林土	6.1
粗骨土	1.8	黄棕壤	2.9	水稻土	3.8	石灰（岩）土	5.4
合计	95.4	合计	96.1	合计	91.6	合计	78.6

续表

西南地区[2]								全国							
耕地		园地		林地		草地		耕地		园地		林地		草地	
土类名	占比/%	土类名	占比/%	土类名	占比/%	土类名	占比/%	土类名	占比/%	土类名	占比/%	土类名	占比/%	土类名	占比/%
紫色土	29.8	紫色土	19.2	黄壤	14.7	寒钙土	47.7	水稻土	14.9	水稻土	14.3	红壤	16.7	寒钙土	21.8
水稻土	21.4	赤红壤	17.9	红壤	11.5	草毡土	20.1	潮土	14.3	红壤	13.1	暗棕壤	10.3	草毡土	14.4
黄壤	13.6	水稻土	16.3	紫色土	11.4	寒冻土	9.6	草甸土	9.1	砖红壤	11.5	黄壤	7.0	栗钙土	9.7
红壤	12.7	红壤	14.7	黄棕壤	9.5	黑毡土	8.1	褐土	6.1	褐土	10.5	黄棕壤	6.3	棕钙土	7.4
石灰（岩）土	8.7	砖红壤	12.9	暗棕壤	8.4	冷钙土	2.4	紫色土	4.8	赤红壤	9.6	棕壤	5.8	寒冻土	5.3
黄棕壤	4.8	黄壤	9.3	棕壤	7.6	草甸土	2.1	红壤	4.7	紫色土	5.6	赤红壤	5.1	风沙土	4.8
赤红壤	3.3	石灰（岩）土	3.2	黑毡土	6.8	石质土	1.2	黑土	3.4	粗骨土	5.0	褐土	4.6	灰棕漠土	4.4
棕壤	1.1	黄棕壤	2.4	石灰（岩）土	6.3	沼泽土	1.2	黑钙土	3.2	潮土	4.8	紫色土	4.5	黑钙土	4.0
合计	95.4	合计	95.9	合计	76.2	合计	92.4	合计	60.5	合计	74.4	合计	60.3	合计	71.8

注：1）耕地、园地、林地和草地中主要土壤类型占比由本卷编制的贵州省土壤图、云南省土壤图和自然资源部土地科学数据中心编制的2019年1∶100万比例尺全国土地利用缩编图通过叠加、计算生成。其中，耕地包括水田、水浇地和旱地；园地包括果园、茶园和其他园地；林地包括有林地、灌木林地和其他林地；草地包括天然牧草地、人工牧草地和其他草地。当某省、自治区、直辖市中某土地利用类型所含土壤类型较多时，本表仅列出占比较大的土壤类型。

2）西南地区包括云南、贵州、重庆、四川和西藏5个省、自治区、直辖市。

附录 11 《中国土壤剖面数据集》参编单位

国家科技基础性工作专项重点项目"我国 1∶5 万土壤图籍编撰及高精度数字土壤构建"主持与参加单位	
中国农业科学院农业资源与农业区划研究所	湖南农业大学
中国科学院南京土壤研究所	西北农林科技大学
中国农业科学院农业环境与可持续发展研究所	沈阳大学
中国科学院地理科学与资源研究所	山东省国土测绘院
国家基础地理信息中心	辽宁省基础测绘院
全国农业技术推广服务中心	黑龙江省农业科学院土壤肥料与环境资源研究所
中国农业大学	海南省农业科学院
华中农业大学	上海市农业科学院生态环境保护研究所
中国地质大学（北京）	城信迪赛（北京）科技有限公司
参加数据集各分卷审核和修订工作的单位	
北京市农林科学院植物营养与资源研究所	广西农业科学院农业资源与环境研究所
河北省农林科学院农业资源环境研究所	重庆市农业技术推广总站
山西省农业科学院农业环境与资源研究所	贵州省农业科学院土壤肥料研究所
辽宁省农业科学院植物营养与环境资源研究所	云南省农业科学院农业环境资源研究所
吉林省农业科学院农业资源与环境研究所	甘肃省农业科学院土壤肥料与节水农业研究所
江苏省农业科学院农业资源与环境研究所	青海省农林科学院土壤肥料研究所
福建省农业科学院	宁夏农林科学院农业资源与环境研究所
江西省土壤肥料技术推广站	新疆农业科学院土壤肥料与农业节水研究所
山东省农业科学院农业资源与环境研究所	西藏自治区农牧科学院
湖南省土壤肥料研究所	

续表

参加分县大比例尺纸质土壤图与土种志收集的单位	
北京市耕地建设保护中心	福建省农田建设与土壤肥料技术总站
天津市农田建设管理处	山东省土壤肥料总站
河北省土壤肥料总站	河南省土壤肥料站
山西省耕地质量监测保护中心	湖北省耕地质量与肥料工作总站（湖北省土壤肥料调查测试中心）
内蒙古自治区土壤肥料和节水农业工作站	湖南省土壤肥料工作站
辽宁省土壤肥料总站	广东省农业科学院农业资源与环境研究所
吉林省土壤肥料总站	河池市土壤肥料工作站
黑龙江八一农垦大学	成都土壤肥料测试中心
上海市农业技术推广服务中心	云南省土壤肥料工作站
江苏省农业科学院	陕西省耕地质量与农业环境保护工作站
扬州市土壤肥料站	甘肃省耕地质量建设保护总站
安徽省土壤肥料总站	

注：表中各参编单位仅出现一次，参与多项工作的单位不重复列出。

参考文献

[1] 张维理，徐爱国，张认连，等.土壤分类研究回顾与中国土壤分类系统的修编[J].中国农业科学，2014，47（16）：3214-3230.

[2] 张维理，KOLBE H，张认连，等.世界主要国家土壤调查工作回顾[J].中国农业科学，2022，55（18）：3565-3583.

[3] MCBRATNEY A B, MENDONÇA SANTOS M L, MINASNY B. On digital soil mapping[J]. Geoderma, 2003（117）: 3-52.

[4] USDA. Natural Resources Conservation Service[EB/OL]. Soils National Soil Information System（NASIS）[2021-12-01]. http://www.nrcs.usda.gov/wps/portal/ nrcs/detail/soils/survey/cid=nrcs142p2_053552.

[5] CSIRO Land and Water. Australian Soil Resource Information System（ASRIS）[EB/OL].［2021-12-01］. http://www.asris.csiro.au/asris.

[6] European Soil Data Centre[EB/OL].［2021-12-01］. http://eusoils.jrc.ec.europa.eu/.

[7] 全国土壤普查办公室.全国第二次土壤普查暂行技术规程[M].北京：农业出版社，1979.

[8] 张维理，张认连，徐爱国，等.中国1∶5万比例尺数字土壤的构建[J].中国农业科学，2014，47（16）：3195-3213.

[9] 张维理，傅伯杰，徐爱国，等.中国土壤调查结果的地统计特征[J].中国农业科学，2022，55（13）：2572-2583.

[10] 张维理.海量空间数据提取、整合与制图表达方法概要[J].中国农业科学，2014，47（16）：3231-3249.

[11] 张维理.智能化海量空间信息分析与地图制图软件包IMAT设计及构建[J].中国农业科学，2014，47（16）：3250-3263.

[12]《第一次全国地理国情普查地图集》编纂委员会.第一次全国地理国情普查地图集[M].北京：中国地图出版社，2019.

[13] 中国地图出版社.中国地图集[M].3版.北京：中国地图出版社，2022.

[14] 全国土壤质量标准化技术委员会.土壤制图1∶25 000 1∶50 000 1∶100 000 中国土壤图用色和图例规范：GB/T 36501—2018[S].北京：中国标准出版社，2018.

[15] 张维理，KOLBE H，张认连.土壤有机碳作用及转化机制研究进展[J].中国农业科学，2020，53（2）：317-331.

[16] 周北燕，石家星.中国地形图[M].北京：中国地图出版社，2009.

[17]《中华人民共和国气候图集》编委会.中华人民共和国气候图集[M].北京：气象出版社，2002.

[18] 中国标准化与信息分类编码研究所，全国农业技术推广服务中心.中国土壤分类与代码：GB/T 17296—1998[S].

[19] 中国标准研究中心.中国土壤分类与代码：GB/T 17296—2000[S].

[20] 全国信息分类编码标准化技术委员会.中国土壤分类与代码：GB/T 17296—2009[S].北京：中国标准出版社，2009.

[21] ISSS，ISRIC，FAO. World Reference Base for Soil Resources. Wageningen/Rome，1998.

［22］SHI X Z, YU D S, XU S X, et al. Cross-reference for relating Genetic Soil Classification of China with WRB at different scales［J］. Geoderma, 2010（155）: 344-350.

［23］全国土壤普查办公室. 中国土种志　第一卷［M］. 北京: 中国农业出版社, 1993.

［24］全国土壤普查办公室. 中国土种志　第二卷［M］. 北京: 中国农业出版社, 1994.

［25］全国土壤普查办公室. 中国土种志　第三卷［M］. 北京: 中国农业出版社, 1994.

［26］全国土壤普查办公室. 中国土种志　第四卷［M］. 北京: 中国农业出版社, 1995.

［27］全国土壤普查办公室. 中国土种志　第五卷［M］. 北京: 中国农业出版社, 1995.

［28］全国土壤普查办公室. 中国土种志　第六卷［M］. 北京: 中国农业出版社, 1996.

［29］全国土壤普查办公室. 中国土壤［M］. 北京: 中国农业出版社, 1998.